K_M	Michaelis constant	ミカエリス定数
LDL	Low-density lipoprotein	低密度リポタンパク質
Mb	Myoglobin	ミオグロビン
NAD^+	Nicotinamide adenine dinucleotide(oxidized form)	ニコチンアミドアデニンジヌクレオチド（酸化型）
NADH	Nicotinamide adenine dinucleotide(reduced form)	ニコチンアミドアデニンジヌクレオチド（還元型）
$NADP^+$	Nicotinamide adenine dinucleotide phosphate(oxidized form)	ニコチンアミドアデニンジヌクレオチドリン酸（酸化型）
NADPH	Nicotinamide adenine dinucleotide phosphate(reduced form)	ニコチンアミドアデニンジヌクレオチドリン酸（還元型）
P_i	Phosphate ion	リン酸イオン
PAGE	Polyacrylamide gel electrophoresis	ポリアクリルアミドゲル電気泳動
PCR	Polymerase chain reaction	ポリメラーゼ連鎖反応
PEP	Phosphoenolpyruvate	ホスホエノールピルビン酸
PIP_2	Phosphatidylinositol *bis*phosphate	ホスファチジルイノシトールビスリン酸
PKU	Phenylketonuria	フェニルケトン尿症
Pol	DNA polymerase	DNA ポリメラーゼ
PP_i	Pyrophosphate ion	ピロリン酸イオン
PRPP	Phosphoribosylpyrophosphate	ホスホリボシルピロリン酸
PS	Photosystem	光化学系
RF	Release factor	終結因子
RFLPs	Restriction-fragment-length polymorphisms	制限断片長多型
RNA	Ribonucleic acid	リボ核酸
RNase	Ribonuclease	リボヌクレアーゼ
mRNA	Messenger RNA	メッセンジャーRNA
rRNA	Ribosomal RNA	リボソーム RNA
tRNA	Transfer RNA	トランスファーRNA
snRNP	Small nuclear ribonuclear protein	核内低分子リボ核タンパク質
S	Svedberg unit	スベドベリ単位
SCID	Severe combined immune deficiency	重症複合免疫不全症
SSB	Single-strand binding protein	一本鎖 DNA 結合タンパク質
SV40	Simian virus 40	シミアンウイルス 40
T	Thymine	チミン
TDP	Thymidine diphosphate	チミジン二リン酸
TMP	Thymidine monophosphate	チミジン一リン酸
TTP	Thymidine triphosphate	チミジン三リン酸
U	Uracil	ウラシル
UDP	Uridine diphosphate	ウリジン二リン酸
UMP	Uridine monophosphate	ウリジン一リン酸
UTP	Uridine triphosphate	ウリジン三リン酸
V_{max}	Maximal velocity	

キャンベル・ファーレル
生化学

― 第6版 ―

京都大学名誉教授
立命館大学教授・糖鎖工学研究センター長
川嵜 敏祐

名城大学薬学部教授
金田 典雄

監訳

東京 廣川書店 発行

===== 訳者一覧（五十音順） =====

阿刀田	英子	明治薬科大学教授
井上	晴嗣	大阪薬科大学准教授
岡	昌吾	京都大学大学院医学研究科教授
奥	直人	静岡県立大学薬学部教授
金田	典雄	名城大学薬学部教授
川嵜	敏祐	京都大学名誉教授 立命館大学教授・糖鎖工学研究センター長
川嵜	伸子	立命館大学総合理工学研究機構客員教授
佐藤	文彦	京都大学大学院生命科学研究科教授
占野	廣司	福岡大学薬学部教授
鈴木	健二	立命館大学薬学部教授
鈴木	康夫	中部大学生命健康科学部教授
添田	秦司	福岡大学薬学部教授
田中	智之	岡山大学大学院医歯薬学総合研究科准教授
中林	利克	武庫川女子大学薬学部教授
林	恭三	岐阜薬科大学名誉教授
福井	哲也	星薬科大学教授
吉田	雄三	武庫川女子大学薬学部教授

キャンベル・ファーレル 生化学 —第6版—

監訳　川嵜（かわさき）敏祐（としすけ）　金田（かねだ）典雄（のりお）

平成22年12月5日　初版発行©

発行者　廣川節男

発行所　株式会社　廣川書店

〒113-0033　東京都文京区本郷3丁目27番14号
電話　03(3815)3651　FAX　03(3815)3650

BIOCHEMISTRY 6th EDITION

Mary K. Campbell
Mount Holyoke College

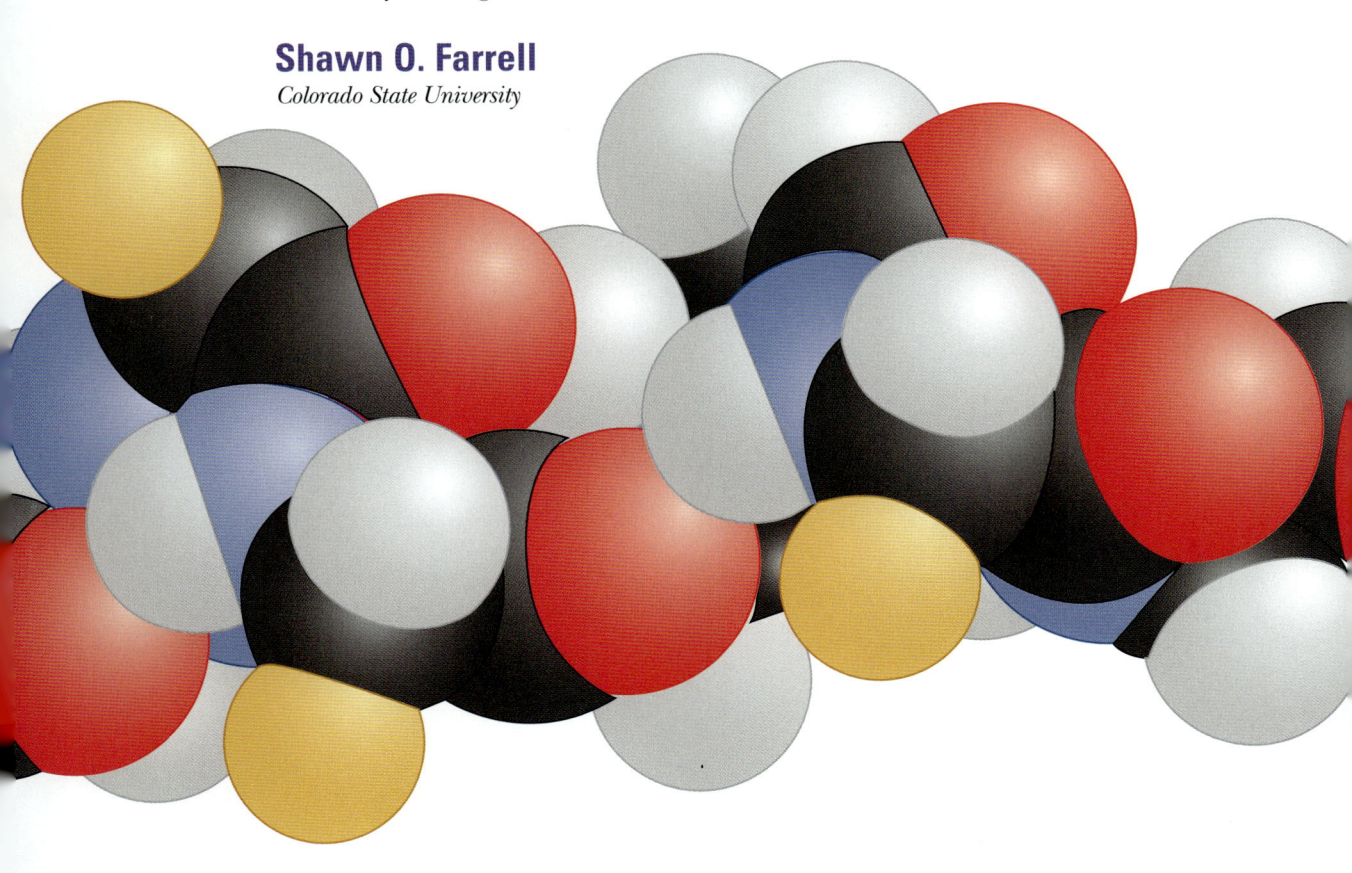

Shawn O. Farrell
Colorado State University

THOMSON
BROOKS/COLE

Australia • Canada • Mexico • Singapore • Spain
United Kingdom • United States

Copyright © 2009 Thomson Brooks/Cole, a part of The Thomson Corporation. Thomson, the Star logo, and Brooks/Cole are trademarks used herein under license.

ALL RIGHTS RESERVED. No part of this work covered by the copyright hereon may be reproduced or used in any form or by any means—graphic, electronic, or mechanical, including photocopying, recording, taping, web distribution, information storage and retrieval systems, or in any other manner—without the written permission of the publisher.

© 2010 日本語翻訳出版権所有　廣川書店
　無断転載を禁ず．

監訳者序文

「生化学」とは生命現象を化学的側面から研究する学問であり，あらゆる生体分子と生物，その環境が対象となる．生体は多種多様な有機化学物質の集合体であるばかりでなく，それらの化学物質は相互に連携し，調和がとれた物質の独立した再生・生産システムを形成している．

生化学が研究対象とする生体プロセスは，大きく分けると物質代謝と遺伝情報発現の二つにわかれる．前者は伝統的な生化学の分野であるが，後者は1980年代以降急速に進展した分野で生化学とは別に分子生物学と呼ぶことがある．しかし，分子生物学は生命現象を分子のレベルで理解する学問であるので，理念的にも両者を区別することは困難である．また，両者は，生体から目的の分子を取り出して試験管内（*in vitro*）で実験を行うことを主な研究手法とする点でも共通の基盤に立っている．そこで，現在では，世界的に，生化学・分子生物学を一つの融合した学問体系として捉えることが一般的になってきている．

本書はこのような理念に基づく，現在の「生化学」の教科書である．生化学は際限のない広い研究対象をもつことから，多くの学問分野と密接な連携をもっている．生理学，細胞生物学，生物物理学，神経科学，免疫学，微生物学，発生学，遺伝学などの基礎科学を始めとして，医学，薬学，応用化学，生物工学などの応用科学の諸分野とほとんど明確な境界がないほどの深い関係をもっている．言い換えると，生命科学のどの分野で学ぶ学生であっても，生化学の基本的な知識を正確に理解することがその専門分野の学習にとって欠かせないものであり，また，生化学は異なる分野の専門家がコミュニケーションする際の共通言語としてますます重要な役割を担ってきている．

生化学の研究対象は生体物質全般であるが，タンパク質，核酸，糖質など生体由来の高分子は生化学システムを構成する主役であり，また，生体膜の主成分である脂質は細胞および細胞内器官を形成する重要な構成成分である．20世紀中頃より生化学は目覚ましい発展を遂げてきたが，その背景には，様々な研究技術の進歩がある．

これらの技術には，ゲル濾過やアフィニティークロマトグラフィーなどの各種クロマトグラフィー，放射性同位元素標識，超遠心機，X線回折，NMR（核磁気共鳴），質量分析計，電子顕微鏡，ペプチドシークエンサー，DNAシークエンサー，細胞融合法，PCR増幅，トランスジェニック生物の作成などの各種遺伝子操作法，分子イメージング，バイオインフォーマティクスなどがある．教科書はこれまでに積み上げられてきた知識体系を明確に，わかりやすく，また，親しみやすく記述することが重要であるが，理解を深めるためには，これらの知識がどのような実験により導かれてきたのか，その手法を知ることも大切である．

本書は，原本で約750頁の中型の教科書であるが，世界の標準教科書の一つとしてこれらの要求に十分に応える，大変充実した優れた教科書である．生化学を専攻する学生のみならず，医学，薬学，農学，工学，健康科学など，生命科学を学ぶ学生に広く推薦したい良書である．

最後に，本書の出版にあたり，翻訳を快く認められた Thomson 社，および献身的なご尽力をいただいた廣川書店社長廣川節男氏，ならびに廣川書店編集部の方々に心から感謝の意を表したい．

2010 年 10 月

川　嵜　敏　祐

本書を実現させる力となったすべての人々に，そして特にこれから本書を使おうとするすべての学生に捧げる．
　　　　　　　　　　　　　　　　― メアリー・K・キャンベル

私のクラスの社会人学生，特に子供や常勤職をもちながら学んでいる人々に称賛をもって捧げる．
　　　　　　　　　　　　　　　　― ショーン・O・ファーレル

著者紹介

Mary K. Campbell

　メアリー・K・キャンベル Mary K. Campbell は，マウントホールヨーク大学 Mount Holyoke College の化学の名誉教授で，彼女はそこで1学期間コースの生化学を教え，また，生化学研究コースに参加している学部学生に助言を与えてきた．彼女はまた，一般化学や物理化学を教えることもあった．マウントホールヨーク大学での36年間の中で，彼女は有機化学の講義部分を除けば，化学のすべての分野を教えた．彼女は書物の執筆に情熱を注ぎ，これまでに編集した5版の本教科書はいずれも素晴らしい成功を収めている．彼女はフィラデルフィアの出身で，インディアナ大学 Indiana University で博士号を取得し，その後，ジョンズホプキンス大学 Johns Hopkins University でポスドクとして生物物理化学の研究を行った．彼女の研究上の関心は，生体分子の物理化学，特にタンパク質-核酸相互作用の分光学的研究に向けられている．

　彼女は旅行を愛し，最近ではオーストラリアやニュージーランドを訪ねている．また，しばしばアパラチアの山道をハイキングしている姿が目にされている．

Shawn O. Farrell

　ショーン・O・ファーレル Shawn O. Farrell は北カリフォルニアで育ち，カリフォルニア大学デービス校 University of California, Davis で糖質代謝を学び，生化学の学士号を受けた．その後，ミシガン州立大学 Michigan State University で脂肪酸代謝を研究し，生化学の博士号を授与されている．この18年間はコロラド州立大学 Colorado State University に在職し，学部学生に生化学を講義し，また実習の指導をしている．彼は生化学の教育に関心をもっており，生化学教育についての多くの論文を科学雑誌に執筆している．彼はまた，リン・E・テイラー Lynn E. Taylor と共著で"生化学実験：実験操作マニュアル Experiments in Biochemistry：A Hands-On Approach"を執筆している．

　彼は大学時代に自転車競技に熱中するようになり，同時に生化学に興味をもつようになった．活発なアウトドアスポーツマンとして，17年間自転車競技に参加し，現在では世界中の自転車競技の審判を務めている．彼は現在，米国の自転車競技に関する国の運営組織である全米自転車連盟のテクニカルディレクターを努めている．彼はまた，長距離ランナーでもあり，熱心な毛針釣り愛好家でもある．最近，テコンドーの黒帯三段とハプキドー（合気道）の黒帯初段も取得している．また，釣りの専門誌 *Salmon Trout Steelheader* に毛針釣りに関する記事を書いている．彼はサッカー，チェス，外国語にも大変興味をもち，スペイン語，フランス語を流暢に話し，現在さらにドイツ語とイタリア語を勉強している．

主要目次

- **Chapter 1** 生化学と細胞の構成　*1*
- **Chapter 2** 水：生化学反応の溶媒　*47*
- **Chapter 3** アミノ酸とペプチド　*81*
- **Chapter 4** タンパク質の三次元構造　*109*
- **Chapter 5** タンパク質の精製と特性解明のための技術　*155*
- **Chapter 6** タンパク質の性質：酵素　*181*
- **Chapter 7** タンパク質の性質：酵素の反応機構と活性調節　*215*
- **Chapter 8** 脂質とタンパク質は生体膜中で結びついている　*251*
- **Chapter 9** 核酸：核酸の構造はどのようにして遺伝情報を伝えるのか　*293*
- **Chapter 10** 核酸の合成：複製　*331*
- **Chapter 11** 遺伝暗号の転写：RNAの生合成　*365*
- **Chapter 12** タンパク質の合成：遺伝情報の翻訳　*423*
- **Chapter 13** 核酸工学技術　*465*
- **Chapter 14** ウイルス，がん，免疫学　*521*
- **Chapter 15** 代謝におけるエネルギー変化と電子伝達の重要性　*565*
- **Chapter 16** 糖　質　*591*
- **Chapter 17** 解　糖　*629*
- **Chapter 18** 糖質の貯蔵機構と糖質代謝の調節　*661*
- **Chapter 19** クエン酸回路　*693*
- **Chapter 20** 電子伝達系と酸化的リン酸化　*729*
- **Chapter 21** 脂質代謝　*767*
- **Chapter 22** 光合成　*813*
- **Chapter 23** 窒素代謝　*845*
- **Chapter 24** 代謝の統合：細胞内シグナル伝達　*887*

Magazine：生化学におけるホットトピックス
- スポーツにおけるドーピング　*927*
- 鳥インフルエンザ　*932*
- 一塩基多型　*936*
- HPVワクチン　*940*
- 幹細胞　*943*
- かくれんぼ　*947*

まえがき

　本書は，将来，生化学を専攻する予定はないが，1学期間，生化学の入門を学びたいと思っているあらゆる理系分野または工学分野の学生を対象にしている．本書を執筆するに当たってのわれわれの主な目的は，生化学をできるだけ明快に，そして実際に即して解説することである．生物学，化学，物理学，地学，栄養学，スポーツ生理学，そして農学を学ぶ学生にとって，生化学はそのいずれの分野の内容に対しても，特に医学とバイオテクノロジーの領域において大きな影響を与えている．工学部の学生，特に生命工学領域あるいは何らかのバイオテクノロジーの仕事に就きたいと望む学生にとって，生化学を勉強することは大切である．

　本書を使う学生としては中級レベルの学習者を想定しており，初級生物学，一般化学，そして少なくとも1学期間，有機化学を履修していることを前提としている．

本改訂版の新たな特色

　本教科書はいずれも学生および教師の興味やニーズに合うよう進化し，最新の知見を取り入れている．本改訂版の特色として，次のものがある．

本文中に挿入された質問形式

　本改訂版では，生化学の重要な概念をより明確にするため，新たに本文中に質問文を挿入した構成となっている．生化学の重要な概念が学生の頭に自然に浮かぶよう，明確なQ＆A形式による質問文が挿入されている．質問文は，学生が各章における生化学の必須概念を身につけるのを手助けするためのものである．本文中に設けられた質問文とその答えは，各章末に要約されており，学生が重要事項を容易に学習できるようになっている．

新たな各章末の要約

　各章末の要約は，章全体の中で提起された質問について，学生が重要な概念を身につけやすいよう，"Q＆A"形式でまとめられている．

新たな各セクションの要約

　番号の付された各セクションの最後に箇条書きの要約を入れた．そのセクションで考察した重要な事項について，学生の理解を深めるためにそのセクションにおける必須の知識が強調されている．

新たな"生化学におけるホットトピックス"記事

　この新しい追補は，生化学領域における最新のブレークスルーやトピックスに関する記事である．この中には，血液ドーピング，鳥インフルエンザ，SNPs，HPV，幹細胞，ならびにHIVなどが含まれる．

さらに充実した"身の周りに見られる生化学"

"身の周りに見られる生化学（旧版　生化学的関連事項）"を増やしてほしいとの読者の要望に添って，"乳酸——常に悪者であるわけではない"，"発酵によるバイオ燃料"，さらに"グリーンケミストリーのための触媒"など，新たにいくつかの話題を追加した．

厳選された広範囲かつ最新の内容

Chap. 12においてタンパク質フォールディングについて議論を展開するための基礎として，Chap. 4にタンパク質フォールディングにおけるシャペロンについての理論が記載されている．同様に，Chap. 13における遺伝子チップ技術を理解するための準備として，Chap. 5にプロテオミクスについて記載してある．RNA干渉については，Chap. 11に範囲を拡大して記載した．また，メッセンジャーRNAを転写中のRNAポリメラーゼの作用を明確に表す新しい図をChap. 11に入れた．この図の使用を許可していただいたスタンフォード大学ロジャー・コーンバーグ Roger Kornberg教授の好意に感謝する．Chap. 12には，いわゆるサイレント変異と呼ばれる新しい話題について記載した．Chap. 13には，バイオテクノロジーの重要な一面であるマイクロアレイ（遺伝子チップ技術）について幅広く新たに記載した．Chap. 14では，今回，ウイルス，がん，免疫に焦点を当てている．この章は，"ホットトピックス"記事を十分に理解するために必須の基礎知識を提供している．栄養摂取と体重コントロールとの間の明確な関連については，Chap. 17～21の代謝のところに追加した．Chap. 21の脂肪酸の生合成に関しては，今回，脂肪酸シンターゼの構造に関する最近の知見を加えた．Chap. 22の光合成では，クロロプラスト遺伝子の役割に関する新しい知見を加えた．Chap. 24では，カロリー制限と寿命に関する問題を取り上げている．

新しい図版デザインと表示の強調

本書全体にわたって図版の表示を改善し，読みやすくしたことにより，学生が重要な概念をより理解しやすくなっている．本書の図版の更新によって，デザインや色彩も改善されている．

旧版から定評のある特色

最新テクノロジーの統合

生化学の学習において成績評価ができる最初の自己学習ツールであるBiochemistryNow™を取り入れたのは本書が始めてである．この効果的な対話型のオンライン教材は，学生が自分の学習の目的が何であるかを明らかにするのに有用で，彼らに個別学習プランを提供する．個別のプランにより，学習時間を特定の理論の理解に集中したり，計算問題や，理解を深めるのに必要な練習問題に集中することができる．BiochemistryNow™は，学生に学習を自己管理する資質と責任感を与える．本システムには，学生が援助を必要とするかどうかの学力診断テスト，学生の弱点を強みに変えるオンライン個別指導，概念をより生き生きと表示するための動画などが含まれている．

視覚効果

本書の最も優れた特色は，視覚効果である．本書の広範囲にわたる4色刷りの図版には，故アービング・ガイス Irving Geis，ジョンならびにベット・ウルジー John and Bette Woolseyとグレッグ・ガンビーノ Greg Gambinoらによる2064点の作品が含まれている．図版はとても効果的

身の周りに見られる生化学

"身の周りに見られる生化学"では，学生が特に興味をもついくつかのトピックスについて特別に取り上げた．トピックスは多くの場合，がん，エイズ，栄養など，臨床医学的に重要な意味をもつものである．"身の周りに見られる生化学"は，生化学が現実の社会といかに結びついているかを学ぶためのものである．

応用問題

応用問題は，各章の中に散在させ，学生に問題解決を経験させることを目的としている．ここに選ばれた問題は，通常，学生が最も苦手とするものである．解き方と解答が与えられており，特定の問題についての問題を解決する仕方が示されている．

早い段階での熱力学の導入

本書のはじめに，熱力学に関する厳選された題材が登場する．それらは，Chap. 1 のエネルギーとその変化，生化学反応の自発性，さらに生命と熱力学のつながりの各セクションにおいて述べられている．また，Chap. 4 では，タンパク質フォールディングの動力学のセクションで多くのページを割いている．それは，学生が生物における化学反応の駆動力が何であるかを理解し，実際，生物における多くの過程（タンパク質のフォールディング，タンパク質-タンパク質間相互作用，低分子化合物の結合など）が水分子の有益な無秩序化によって引き起こされることを理解することは重要であると考えるからである．

要約と練習問題

各章の最後には，簡潔な要約，幅広く選ばれた練習問題，さらに注釈付きの参考文献がある．すでに記したように，要約は全面的に改訂し，本文中の"Q & A"形式に対応するようにした．本改訂版では，内容の理解の程度を自分で判定し，さらに自宅学習の材料を提供するため，練習問題の数を増やした．この練習問題は，復習，演習，計算，関連の四つに小分類されている．復習は，学生が内容を理解できたかどうかを簡単に判断できるように考えられている．演習は，学生がさらに深く考えることによって勉強するためのものである．関連は，その章に紹介した"身の周りに見られる生化学"に関する問題である．計算は，必要な問題が選ばれている．それらの問題は定量的な性質のものであり，計算が中心である．

用語解説と解答

本書の巻末には，練習問題の解答，重要な専門用語や概念（その用語が最初に出てきたセクション番号も示す）に対する用語解説，ならびに詳細な索引がある．

本書の構成

生化学は多岐の分野にわたる学問であるので，さまざまな背景をもつ学生に生化学を紹介するに当たって最初にしなくてはならないことは，生化学を他のさまざまな科学領域と関連づけるこ

とである．Chap. 1と2では，必要な基礎知識を提供し，生化学を他の科学領域に結びつける．Chap. 3〜8では，重要な細胞構成成分の構造と動的側面に焦点を当てる．Chap. 9〜14では，分子生物学について説明する．本書の最後の部分で中間代謝について述べる．

　糖質代謝の調節など，いくつかの話題は何度か繰り返して議論される．2度目以降の議論は，学生がすでに学んだ知識を使い，それをさらに積み上げるためのものである．学生がある話題を吸収し，それについて十分考える時間をもった後，再びその話題に立ち返ることはとりわけ有効である．

　本書の最初の二つの章では，生化学を他の科学分野と関連づける．Chap. 1は，一見あまり明白ではない関連分野を扱う．例えば，主に生命の起源の問題についての生化学と物理学，天文学，そして地学との関係などである．また，有機化合物の官能基について，生化学におけるそれらの役割に焦点を当てながら議論する．さらにこの章では，より明白な生化学と生物学との関係，特に原核生物と真核生物の違い，ならびに真核細胞におけるオルガネラの役割について述べる．Chap. 2では，緩衝液や水の溶媒としての性質などの一般化学から親しんできた内容を扱うが，それらに対する生化学的観点に力点を置いて解説する．

　Chap. 3〜8は，細胞構成成分の構造についてであるが，ここでは分子生物学のいくつかの面を紹介することに加え，タンパク質と膜に関してその構造と動的側面に焦点を当てる．Chap. 3, 4, 6, 7, そして8では，アミノ酸，ペプチド，そして酵素触媒を含むタンパク質の構造とその作用について扱う．Chap. 4では，疎水性相互作用などの熱力学に関する内容を扱う．酵素についての議論は，二つの章（Chap. 6と7）に分け，学生が十分な時間をかけて酵素反応速度論と反応機構を学習できるようにした．Chap. 5では，タンパク質の分離法と，研究に用いられる技術について焦点を当てる．Chap. 8では，生体膜の構造とその脂質成分を取り扱う．

　Chap. 9〜14は，分子生物学のトピックスを紹介する．Chap. 9では，核酸の構造を紹介する．Chap. 10では，DNAの複製について議論する．Chap. 11では，遺伝子の転写とその調節に焦点を絞る．このように核酸の生合成についての内容は二つの章に分け，学生が十分時間をかけて，これらの過程がどのように進行するかを理解できるようにしている．Chap. 12は遺伝情報の翻訳とタンパク質合成について述べる．Chap. 13では，バイオテクノロジーに焦点を当て，Chap. 14ではウイルス，がん，および免疫について扱う．

　Chap. 15〜24までは，中間代謝について紹介する．Chap. 15では，本書を通しての統一的な主題であるいくつかの化学の原理について述べる．一般化学およびChap. 1で学んだ熱力学理論は，共役反応などの生化学上の特定の話題に応用される．さらにこの章では，代謝と電子輸送（酸化還元）反応とを明確に関連づけている．補酵素はこの章で紹介されるが，それらが実際に働く反応に関連して，後の章でも再び議論される．Chap. 16では，糖質について紹介する．Chap. 17では，解糖を議論しながら代謝経路を概観する．グリコーゲン代謝，糖新生，ペントースリン酸回路（Chap. 18）は，糖質代謝の調節機構を学ぶ上での基礎である．クエン酸回路の議論に続いて，電子伝達系と酸化的リン酸化について，Chap. 19と20で述べる．脂質代謝の異化および同化過程については，Chap. 21で述べる．Chap. 22では，光合成について説明し，糖質代謝の議論を締めくくる．Chap. 23では，アミノ酸，ポルフィリン，核酸塩基などの含窒素化合物の代謝について詳細に述べる．Chap. 24はまとめの章である．ホルモンやセカンドメッセンジャーを含めて，代謝を統合的に概観する．代謝の概観には，栄養学についての短い議論および免疫機構についてのやや長い議論が含まれる．

　本書は，生化学における興味深い重要な話題を概観することと，最近の目覚ましい生化学の進歩が，どのように他の科学の領域に入り込んでいるかを明らかにしようとするものである．本書

の長さは，教師がこの中から気に入った話題をいくつか取り出すには十分で，しかし，1学期間という限られた時間に対して長すぎないよう配慮されている．

授業における選択

教える学生によっては，必要に応じて各章を扱う順序は入れ替えることが可能である．熱力学に関する内容は，先に教えるほうが望ましいが，熱力学に関するChap. 1と4の内容の一部は，Chap. 15 "代謝におけるエネルギー変化と電子伝達の重要性" の冒頭でも扱われる．分子生物学を扱うChap. 9〜14は，教師の判断によって，それらすべてを代謝の前に教えてもいいし，後にすることもできる．分子生物学をどこで教えるかは，教師の好みに従えばよい．

補助教材　（注　日本語版には以下の補助教材は対応していません）

このキャンベル-ファーレル生化学第6版には，次のような一連の豊富な補助教材が添付されている――これらには，Webを利用するもの，電子媒体を利用するもの，ならびに印刷物がある．

教師用教材
教師用CD教材のPowerLecture

このデュアルプラットフォームCD-ROMは電子図書館ならびにプレゼン用ツールでもあり，Brooks/Cole社の教科書専用のパワーポイント®スライドを含んでいる．教師は必要に応じてそこへ自分の講義スライドやその他の教材を取り込むことができる．そのCDはまた，教師用マニュアル，TestBank, ExamView®テスト用ソフトウェアーの他に，教科書中のさまざまな電子媒体による図版，写真，表，ならびに授業を補完するためのマルチメディア動画を含んでいる．ExamView®対応インターフェースを用いれば，教師は本書のために特別に作成された問題に基づいてテスト問題を新規作成したり，配信したり，または自分用に修正することができる．

オンライン教師用マニュアル

オンライン教師用マニュアルは，ペンシルベニア州立大学のマイケル・A・スタイプス Michael A. Stypes によって作成された．各章には，章の要約，講義の概要，すべての問題に対する解答が含まれている．この電子ファイルは，教師用ウェブサイトからダウンロードすることにより入手可能である．

eBank上のTestBank

ペンシルベニア州立大学のマイケル・A・スタイプスによって作成された多選択肢問題は，ワードまたはPDFファイルとして，またPowerLecture CD-ROM上のExamView®において入手可能である．また，申し込めば，eBankからそれらをダウンロードすることもできる．

OHP用シート

本書に含まれる150のフルカラーOHP用シートは，授業用として入手可能である．

学生用教材
BiochemistryNow™

この対話型オンライン教材は教科書に合わせて作られており，学生が自分独自の学習ニーズが何であるかを決定するのに有効である．各章には短い注釈が付けられており，学生は，それらの注釈によって，問題解決能力や理論を理解するのに有用な個別指導，動画ならびに解法付き問題への関心を喚起させられる．さらに学生には，学力診断用 Pre-Test の結果に基づいて，各学生の学習ニーズに的を絞った個別学習プランが提供される．BiochemistryNow™ へのアクセスには，PIN コードが必要であるが，それは教科書を購入すれば付いている．また，それを別途購入することもできる．

生化学実験：実験操作マニュアル Experiments in Biochemisty : A Hands-On Approach

ショーン・O・ファーレル Shawn O. Farrell とリン・E・テイラー Lynn E. Taylor によるこの対話型マニュアルは，生化学入門実験コースのためのものである．このマニュアルには，教室で実施できる多種多様な実験が含まれており，それらはいずれも通常の実習期間内に完結するようにつくられている．

講義ノートブック

このノートブックは，すべての教師用 OHP 用シートを小冊子に印刷したもので，学生が書き込みのできるページも用意されている．教科書を購入すれば無料で提供される．

謝　辞

本書を制作することができたのは多くの人々の支援のおかげである．ドレフェス財団 Dreyfus Foundation からの研究費により，入門実験コースを実施することが可能となり，そこから本書をつくる基となる多くのアイデアが生まれた．マウントホールヨーク大学のエドウィン・ウィーバー Edwin Weaver とフランシス・デトーマ Francis DeToma は，この実験コースを始めるために多くの時間とエネルギーを費やしてくれた．マウントホールヨーク大学の他の多くの人々，とりわけアナ・ハリソン Anna Harrison，リリアン・スウ Lilian Hsu，ダイアン・バラノウスキー Dianne Baranowski，シーラ・ブラウン Sheila Browne，ジャニス・スミス Janice Smith，ジェフリー・ナイト Jeffrey Knight，シュー・エレン Sue Ellen，フレデリック・グリューバー Frederick Gruber，ピーター・グリューバー Peter Gruber，マリリン・プライア Marilyn Pryor，クレイグ・ウダード Craig Woodard，ダイアナ・シュタイン Diana Stein そしてシュー・ルシーキー Sue Rusiecki は，われわれを支援し，励まし，そして新しいアイデアを与えてくれた．また図書館科学司書サンディ・ワード Sandy Ward，2004 年度の生化学専攻の学生であるロザリア・タンガラーサ Rosalia Tungaraza に特別の謝意を表したい．さらにコロラド州立大学のローリ・スタージェル Laurie Stargell，マーブ・ポール Marve Paule，そしてスティーブン・マックブライアント Steven McBryant には，その助力と編集作業の支援に特別の感謝の意を贈りたい．本書の旧版を使用し，意見を残してくれた生化学を学ぶ多くの学生たちに感謝する．本書の原稿を批評し，さまざまな考えを寄せてくれたわれわれの同僚に感謝したい．何人かのレビューアーには本書そのものに関する特別な質問に答えていただいた．レビューアーの方々の努力と多くの有益な意見に感謝する．

レビューアーへの謝辞

Clanton C. Black, *University of Georgia*
Daniel D. Clark, *California State University, Chico*
Helen Henry, *University of California, Riverside*
Roger E. Koepper II, *University of Arkansas*
Lisa Lindert, *California Polytechnic State University, San Luis Obispo*
Smita Mohanty, *Auburn State University*
Kerry Smith, *Clemson University*
Sandra Turchi, *Millersville University*
Bryan A. White, *University of Illinois*

　われわれはまた，本書の発行に不可欠であったセンゲージラーニング Cengage Learning 傘下の Brooks/Cole 社の方々に感謝する．発行編集者であるアリッサ・ホワイト Alyssa White の創造的な考えは，本改訂版の随所に活かされている．上級プロダクトマネージャーのテレサ・トリゴ Teresa Trego は，本書の制作を指揮し，退屈で面倒な作業を大変容易にしてくれた．発行者であるデイビッド・ハリス David Harris ならびに編集責任者のリサ・ロックウッド Lisa Lockwood には，常に大きな励ましを頂いた．

　ラキナ出版社 Lachina Publishing Services のシーラ・マッギール Sheila McGill は，われわれの制作編集者として熱心に働いていただいた．写真研究家であるデナ・ディジリオ・ベッツ Dena Digilio-Betz は，多くの素晴らしい写真を多大な努力をもって見つけ出してくれた．われわれは，ここに挙げた人々の他に，本書を出版する機会を与えてくれたすべての人々に心からの感謝の気持ちを捧げる．故ジョン・ボンデリング John Vondeling は，この企画の方向付けにあずかった．ジョンは出版界の伝説的人物である．彼の指導と友情は決して忘れることはないだろう．

メアリー・K・キャンベルから最後に一言

　最後に，私が仕事をするに当たり，精神的に支えてくれた私の家族と友人に感謝します．それは私にとってとても大きな存在でした．何年か前にこの企画を始めたとき，これが私の生活の大きな部分を占めることになるとは考えていませんでした．振り返って見ると，それは本当に満足できる充実した生活でありました．

ショーン・O・ファーレルから最後に一言

　世捨て人のように裏の仕事部屋にこもって働く私に不満一つ言わず，夫としてまた父親として受け入れてくれた私の素晴らしい家族がいなかったら，この企画を実行することは不可能であった．この感謝の気持ちを言い表す適当な言葉を見出すことはできない．妻コートニー Courtney は，毎晩4時間しか眠らず働き続ける私と生活することがどんなに挑戦的なことか知っている．とても素敵な生活とは言えないし，このような生活にこんなに理解を示す人も極めて少ないであろう．このような道に私を引きずり込んでくれた出版社代表のデイビッド・ホール David Hall と，私に新しいタイプの教科書の企画の機会を与えてくれた故ジョン・ボンデリング John Vondeling

に感謝したい.

　最後に，この第6版の校正を手伝ってくれた私の学生たちに感謝していることは言うまでもない.

目　次

Chapter 1　生化学と細胞の構成 ………………………………………………… *1*
1.1　基本的なテーマ　*2*
1.2　生化学の化学的基盤　*4*
　　　身の周りに見られる生化学　有機化学―構造式はなぜ非常に重要なのか　*7*
1.3　生物学の始まり：生命の起源　*8*
　　　地球と地球の年齢　*8*
　　　生体分子　*10*
　　　分子から細胞へ　*14*
1.4　最も大きい生物学的区分――原核生物と真核生物　*18*
1.5　原核生物細胞　*20*
1.6　真核生物細胞　*21*
1.7　生物の五界説と3ドメイン説　*27*
　　　身の周りに見られる生化学　バイオテクノロジー―好極限性細菌類：産業界の花形　*30*
1.8　すべての細胞に共通の基盤　*31*
1.9　生化学エネルギー論　*34*
1.10　エネルギーとその変化　*36*
1.11　生化学反応の自発性　*37*
1.12　生命と熱力学　*38*
　　　身の周りに見られる生化学　熱力学―反応を予測する　*40*

Chapter 2　水：生化学反応の溶媒 ……………………………………………… *47*
2.1　水分子の極性　*48*
　　　水の溶媒特性　*49*
2.2　水素結合　*53*
　　　身の周りに見られる生化学　化学―基礎化学は生命にどのように影響しているか：水素結合の重要性　*57*
　　　他の生物学的に重要な水素結合　*58*
2.3　酸，塩基，pH　*58*
2.4　滴定曲線　*63*
2.5　緩衝液　*66*
　　　身の周りに見られる生化学　緩衝液の化学―緩衝液の選択　*72*
　　　身の周りに見られる生化学　血液の化学―血液の緩衝作用のもつ生理的重要性　*74*
　　　身の周りに見られる生化学　酸とスポーツ―乳酸――常に悪者であるわけではない　*75*

Chapter 3　アミノ酸とペプチド ………………………………………………… *81*
3.1　アミノ酸は三次元に存在する　*82*
3.2　個々のアミノ酸：構造と性質　*84*
　　　特殊なアミノ酸　*88*
　　　身の周りに見られる生化学　神経生理学―脳を鎮静化するアミノ酸と活性化するアミノ酸　*90*

3.3 アミノ酸は酸としても塩基としても働く　*92*
3.4 ペプチド結合　*96*
3.5 生理活性をもつ小さなペプチド　*98*
　　身の周りに見られる生化学　有機化学—アミノ酸はさまざまなところで機能する　*100*
　　身の周りに見られる生化学　栄養学—甘味ペプチド——アスパルテーム　*101*
　　身の周りに見られる生化学　保健関連—フェニルケトン尿症——小さな分子が大きな影響をもつ　*103*
　　身の周りに見られる生化学　保健関連—ペプチドホルモン——大きな影響を与える小さな分子　*104*

Chapter 4　タンパク質の三次元構造　109
4.1 タンパク質の構造と機能　*110*
4.2 タンパク質の一次構造　*111*
4.3 タンパク質の二次構造　*112*
　　タンパク質骨格の周期構造　*113*
　　身の周りに見られる生化学　栄養学—完全タンパク質と栄養　*114*
　　規則構造の中の不規則性　*117*
　　超二次構造とドメイン　*118*
　　コラーゲンの三重らせん　*121*
　　二つのタンパク質コンホメーション：繊維状タンパク質と球状タンパク質　*124*
4.4 タンパク質の三次構造　*125*
　　三次構造の形成に関与する力　*125*
　　ミオグロビン：タンパク質構造の一例　*129*
　　変性とリフォールディング　*132*
4.5 タンパク質の四次構造　*134*
　　ヘモグロビン　*135*
　　ヘモグロビン機能に伴うコンホメーション変化　*137*
4.6 タンパク質フォールディングの動力学　*141*
　　疎水性相互作用：熱力学による事例研究　*143*
　　正しいフォールディングの重要性　*146*
　　タンパク質をフォールディングするシャペロン　*147*
　　身の周りに見られる生化学　医学—プリオンと疾患　*148*

Chapter 5　タンパク質の精製と特性解明のための技術　155
5.1 細胞から純粋なタンパク質の抽出　*156*
5.2 カラムクロマトグラフィー　*158*
5.3 電気泳動　*165*
5.4 タンパク質の一次構造の決定　*168*
　　タンパク質のペプチドへの切断　*169*
　　ペプチドのアミノ酸配列決定：エドマン分解法　*172*
　　身の周りに見られる生化学　プロテオミクス—ひとまとめにして沈降させる　*175*

Chapter 6　タンパク質の性質：酵素　181
6.1 酵素は極めて効率のよい生体触媒である　*182*

6.2　触媒作用：反応の速度論と熱力学的側面　*182*
　　　身の周りに見られる生化学　健康科学—疾患のマーカーとなる酵素　*185*
6.3　酵素反応速度論　*186*
6.4　酵素-基質複合体の形成　*188*
6.5　酵素触媒反応の例　*191*
6.6　ミカエリス-メンテンモデルによる酵素反応速度論　*193*
6.7　酵素反応の阻害　*201*
　　　身の周りに見られる生化学　物理有機化学—反応速度論データから得られる知識　*202*
　　　身の周りに見られる生化学　医学—酵素阻害剤によるエイズ治療　*208*

Chapter 7　タンパク質の性質：酵素の反応機構と活性調節　……………… *215*

7.1　アロステリック酵素の性質　*216*
7.2　アロステリック酵素の協奏モデルと逐次モデル　*221*
7.3　リン酸化による酵素活性の調節　*225*
7.4　チモーゲン　*228*
7.5　活性部位の性質　*229*
7.6　酵素の触媒機構に見られる化学反応　*235*
　　　身の周りに見られる生化学　有機化学—酵素はよく知られている有機化学反応を触媒する　*239*
7.7　活性部位と遷移状態　*240*
　　　身の周りに見られる生化学　健康関連—酵素群（ファミリー）としてのプロテアーゼ　*242*
7.8　補酵素　*243*
　　　身の周りに見られる生化学　健康関連—コカインに対する触媒抗体　*244*
　　　身の周りに見られる生化学　環境毒物学—グリーンケミストリーのための触媒　*247*

Chapter 8　脂質とタンパク質は生体膜中で結びついている　……………… *251*

8.1　脂質の定義　*252*
8.2　脂質類の化学的性質　*252*
　　　身の周りに見られる生化学　健康関連—多発性硬化症は脂質と密接に関連している　*259*
8.3　生体膜　*261*
　　　身の周りに見られる生化学　栄養—バター対マーガリン——どちらがより健康的か　*266*
8.4　膜タンパク質の種類　*267*
8.5　膜構造の流動モザイクモデル　*269*
　　　身の周りに見られる生化学　健康関連—薬物送達における膜　*271*
8.6　膜の機能　*271*
　　　身の周りに見られる生化学　生理学—脂肪滴は単なる大きな脂肪の球ではない　*277*
8.7　脂溶性ビタミンとその機能　*278*
　　　ビタミン A　*278*
　　　ビタミン D　*280*
　　　身の周りに見られる生化学　神経科学—視覚は化学に基づいている　*281*
　　　ビタミン E　*282*
　　　ビタミン K　*283*
8.8　プロスタグランジンとロイコトリエン　*285*

身の周りに見られる生化学　栄養—鮭をもっと多く食べたほうが良いのはなぜか　***288***

Chapter 9　核酸：核酸の構造はどのようにして遺伝情報を伝えるのか　*293*
9.1　核酸構造のレベル　***294***
9.2　ポリヌクレオチドの共有結合構造　***294***
　　　身の周りに見られる生化学　遺伝学—DNA系統樹　***300***
9.3　DNAの構造　***301***
　　　身の周りに見られる生化学　医薬品化学—三重らせんDNAがドラッグデザインのために有用である理由は何か　***312***
9.4　DNAの変性　***313***
　　　身の周りに見られる生化学　遺伝学—ヒトゲノムプロジェクト：宝箱か，それともパンドラの箱か　***314***
9.5　主要なRNAの種類と構造　***316***
　　　身の周りに見られる生化学　遺伝学—一卵性双生児でもまったく同じでないのはなぜか　***324***

Chapter 10　核酸の合成：複製　*331*
10.1　細胞内における遺伝情報の流れ　***332***
10.2　DNAの複製　***333***
　　　半保存的複製　***333***
10.3　DNAポリメラーゼ　***337***
　　　DNAの半不連続的な複製　***337***
　　　大腸菌のDNAポリメラーゼ　***339***
10.4　DNA複製に必要なタンパク質　***342***
　　　超らせん化と複製　***342***
　　　プライマーゼの反応　***344***
　　　新生DNA鎖の合成と連結　***345***
10.5　校正と修復　***346***
　　　身の周りに見られる生化学　遺伝学—DNAには，ウラシルではなくチミンが含まれているのはなぜか　***351***
10.6　真核生物におけるDNAの複製　***352***
　　　身の周りに見られる生化学　微生物学—大腸菌のSOS応答　***353***
　　　真核生物のDNAポリメラーゼ　***355***
　　　真核生物の複製フォーク　***357***
　　　身の周りに見られる生化学　健康関連—テロメラーゼとがん　***358***

Chapter 11　遺伝暗号の転写：RNAの生合成　*365*
11.1　転写の概観　***366***
11.2　原核生物における転写　***367***
　　　大腸菌のRNAポリメラーゼ　***367***
　　　プロモーターの構造　***368***
　　　開始反応　***370***
　　　伸長反応　***371***
　　　終結反応　***373***

11.3 原核生物における転写調節　*375*
　　　選択的 σ 因子　*375*
　　　エンハンサー　*376*
　　　オペロン　*377*
　　　転写の減衰　*383*
11.4 真核生物における転写　*385*
　　　RNA ポリメラーゼⅡの構造　*386*
　　　Pol Ⅱ プロモーター　*387*
　　　転写の開始　*388*
　　　伸長反応と終結反応　*391*
　　　身の周りに見られる生化学　遺伝学と健康関連―TFⅡH――ゲノム情報の最大限の利用　*392*
11.5 真核生物における転写調節　*394*
　　　エンハンサーとサイレンサー　*394*
　　　応答配列　*395*
　　　RNA 干渉　*399*
　　　身の周りに見られる生化学　遺伝学と内分泌学―CREB――最も重要なタンパク質だと知っていましたか　*400*
11.6 DNA 結合タンパク質の構造モチーフ　*400*
　　　いろいろな DNA 結合ドメイン　*401*
　　　ヘリックス・ターン・ヘリックスモチーフ　*401*
　　　ジンクフィンガー　*403*
　　　塩基性領域-ロイシンジッパーモチーフ　*404*
　　　転写活性化ドメイン　*405*
11.7 RNA の転写後修飾　*406*
　　　トランスファーRNA とリボソーム RNA　*406*
　　　メッセンジャーRNA　*408*
　　　スプライシング反応：投げ縄とスヌープ　*410*
　　　選択的 RNA スプライシング　*412*
　　　身の周りに見られる生化学　医学―全身性エリテマトーデス：RNA のプロセシングが関連する自己免疫疾患　*413*
11.8 リボザイム　*414*
　　　身の周りに見られる生化学　進化生物学―転写段階での校正はあるのか――失われた駒を RNA が補う　*416*

Chapter 12　タンパク質の合成：遺伝情報の翻訳　……………………………… *423*
12.1 遺伝情報を翻訳するということ　*424*
12.2 遺伝暗号　*425*
　　　コドン-アンチコドンの対応とゆらぎ　*429*
12.3 アミノ酸の活性化　*432*
12.4 原核生物における翻訳　*435*
　　　リボソームの構築　*435*
　　　開始反応　*435*
　　　伸長反応　*439*

　　　　　終結反応　*442*
　　　　　身の周りに見られる生化学　分子遺伝学—21番目のアミノ酸か　*442*
　　　　　リボソームはリボザイムである　*444*
　　　　　ポリソーム　*445*
12.5　真核生物における翻訳　*447*
　　　　　開始反応　*448*
　　　　　伸長反応　*451*
　　　　　終結反応　*451*
　　　　　真核生物で転写と翻訳は共役して起こるか　*451*
　　　　　身の周りに見られる生化学　生物物理化学—シャペロン：不適切な会合の防止　*452*
12.6　タンパク質の翻訳後修飾　*453*
　　　　　身の周りに見られる生化学　遺伝学—サイレント変異が常にサイレントであるとは限らない　*455*
12.7　タンパク質の分解　*456*
　　　　　身の周りに見られる生化学　生理学—われわれはどのようにして高地に適応するか　*458*

Chapter 13　核酸工学技術　*465*

13.1　核酸の精製と検出　*466*
　　　　　分離技術　*466*
　　　　　検出方法　*467*
13.2　制限酵素　*469*
　　　　　多くの制限酵素は"付着末端"を作り出す　*471*
13.3　クローニング　*472*
　　　　　組換えDNAの構築には"付着末端"を使う　*473*
13.4　遺伝子工学　*482*
　　　　　DNA組換えは自然界でも起こる　*483*
　　　　　"タンパク質工場"としての細菌　*483*
　　　　　身の周りに見られる生化学　植物科学—農業における遺伝子工学　*484*
　　　　　タンパク質発現ベクター　*487*
　　　　　真核生物における遺伝子工学　*489*
　　　　　身の周りに見られる生化学　健康関連—遺伝子組換え技術で作られるヒトのタンパク質　*490*
　　　　　身の周りに見られる生化学　分析化学（クロマトグラフィー）—融合タンパク質とその迅速精製法　*492*
13.5　DNAライブラリー　*493*
　　　　　DNAライブラリーから個々のクローンを見つけ出す方法　*494*
13.6　ポリメラーゼ連鎖反応　*497*
13.7　DNAフィンガープリント法　*500*
　　　　　身の周りに見られる生化学　法医学—科学捜査（CSI）と生化学——DNA鑑定の法医学への適用　*502*
　　　　　制限酵素断片長多型：法医学分析に貢献する強力な方法　*503*
13.8　DNAの塩基配列決定法　*506*
　　　　　身の周りに見られる生化学　分子生物学—RNA干渉——遺伝子を研究する最新の方法　*508*

目次　xxv

13.9　ゲノミクスとプロテオミクス　*510*
　　　　マイクロアレイの威力——ロボット技術と生物学の出会い　*511*
　　　　タンパク質アレイ　*512*

Chapter 14　ウイルス，がん，免疫学 ………………………………………… *521*

14.1　ウイルス　*522*
　　　　ウイルスの種類　*524*
　　　　ウイルスの生活環　*526*
14.2　レトロウイルス　*530*
　　　　身の周りに見られる生化学　医学——ウイルスは遺伝子治療に用いられる　*532*
14.3　免疫系　*534*
　　　　自然免疫——生体防御の最前線　*535*
　　　　獲得免疫——細胞の側面から　*537*
　　　　Ｔ細胞の機能　*538*
　　　　Ｔ細胞による記憶　*543*
　　　　免疫系：分子レベルから見た側面　*543*
　　　　自己と非自己を区別する　*546*
　　　　身の周りに見られる生化学　ウイルス学——ウイルスRNAは免疫系の裏をかく　*548*
14.4　がん　*549*
　　　　がん遺伝子　*551*
　　　　がん抑制因子　*553*
　　　　ウイルスとがん　*555*
　　　　がんの治療に役立つウイルス　*557*
　　　　身の周りに見られる生化学　免疫学と腫瘍学——病気ではなく症状に対処する　*560*

Chapter 15　代謝におけるエネルギー変化と電子伝達の重要性 ……………… *565*

15.1　自由エネルギー変化に関わる標準状態　*566*
15.2　生化学的応用のための標準状態の補正　*567*
　　　　身の周りに見られる生化学　熱力学——生物はエネルギーを必要とする——生物はそれをどのように利用しているか　*568*
15.3　代謝の本質　*568*
　　　　身の周りに見られる生化学　熱力学——生物は独特の熱力学系である　*570*
15.4　代謝における酸化と還元の役割　*571*
15.5　生物学的に重要な酸化-還元反応に関与する補酵素類　*573*
15.6　エネルギーの生成と利用の共役　*577*
15.7　代謝経路の活性化における補酵素Aの役割　*583*

Chapter 16　糖　質 ……………………………………………………………… *591*

16.1　糖：構造と立体化学　*592*
16.2　単糖の反応　*600*
　　　　身の周りに見られる生化学　栄養——ビタミンCは糖と関係がある　*602*
　　　　身の周りに見られる生化学　植物科学——フルーツ，花，目立つ色，そして薬の使用　*606*
16.3　重要なオリゴ糖　*608*
　　　　身の周りに見られる生化学　栄養——ラクトース不耐症：なぜ人々は牛乳を飲みたがらないの

xxvi　目　次

　　　　　　　か　*610*
16.4　多糖の機能と構造　*612*
　　　　身の周りに見られる生化学　健康—なぜ，食物繊維は身体に良いのか？　*618*
16.5　糖タンパク質　*622*
　　　　身の周りに見られる生化学　栄養—低糖質食品　*624*
　　　　身の周りに見られる生化学　健康—糖タンパク質と輸血　*624*

Chapter 17　解　糖　………………………………………………………… *629*

17.1　解糖系の概観　*630*
　　　　身の周りに見られる生化学　環境科学—発酵によるバイオ燃料　*633*
17.2　グルコースのグリセルアルデヒド3-リン酸への変換　*634*
17.3　グリセルアルデヒド3-リン酸のピルビン酸への変換　*641*
17.4　ピルビン酸の嫌気的反応　*649*
　　　　身の周りに見られる生化学　健康関連—嫌気的代謝と歯垢との関連　*652*
　　　　身の周りに見られる生化学　健康関連—胎児アルコール症候群　*653*
17.5　解糖のエネルギー論的考察　*654*

Chapter 18　糖質の貯蔵機構と糖質代謝の調節　………………………… *661*

18.1　グリコーゲンはどのように合成され分解されるか　*662*
　　　　身の周りに見られる生化学　運動生理学—運動選手はなぜグリコーゲンを蓄えようとするのか　*670*
18.2　糖新生はピルビン酸からグルコースを生成する　*671*
18.3　糖質代謝の調節　*676*
18.4　グルコースは時にペントースリン酸回路を介して転用される　*682*
　　　　身の周りに見られる生化学　保健関連—ペントースリン酸回路と溶血性貧血　*687*

Chapter 19　クエン酸回路　……………………………………………… *693*

19.1　代謝におけるクエン酸回路の中心的役割　*694*
19.2　クエン酸回路の概説　*695*
19.3　ピルビン酸のアセチルCoAへの変換　*698*
19.4　クエン酸回路の各反応　*701*
　　　　身の周りに見られる生化学　植物科学—植物毒とクエン酸回路　*705*
19.5　クエン酸回路のエネルギー論とその調節　*710*
19.6　グリオキシル酸回路：クエン酸回路に関連した代謝経路　*713*
19.7　異化反応におけるクエン酸回路　*714*
19.8　同化反応におけるクエン酸回路　*716*
　　　　身の周りに見られる生化学　進化—どうして動物は植物や細菌と同じエネルギー源を利用できないのか　*718*
　　　　身の周りに見られる生化学　栄養—体重を減らすのは，なぜそんなに難しいのか　*722*
19.9　酸素との関連　*723*

Chapter 20　電子伝達系と酸化的リン酸化　……………………………… *729*

20.1　代謝における電子伝達系の役割　*730*
20.2　電子伝達系における還元電位　*732*

目 次　xxvii

20.3　電子伝達系複合体の構成　735
20.4　電子伝達系とリン酸の連結　744
20.5　酸化的リン酸化における共役機構　747
20.6　呼吸阻害剤は電子伝達系の研究に使われる　752
20.7　シャトル機構　755
　　　　身の周りに見られる生化学　栄養—褐色脂肪組織は肥満とどのような関係があるか　756
20.8　グルコースの完全酸化によるATPの収量　758
　　　　身の周りに見られる生化学　保健関連—スポーツと代謝　760
　　　　身の周りに見られる生化学　スポーツ医学—スポーツの影の側面　762

Chapter 21　脂質代謝　767

21.1　脂質はエネルギーの産生と貯蔵に関わる　768
21.2　脂質の分解　768
21.3　脂肪酸酸化からのエネルギー収量　774
21.4　不飽和脂肪酸および奇数個の炭素からなる脂肪酸の分解　776
21.5　ケトン体　780
　　　　身の周りに見られる生化学　栄養—ケトン体と効率的な減量　782
21.6　脂肪酸の生合成　783
21.7　アシルグリセロールと複合脂質の合成　791
　　　　トリアシルグリセロール　791
　　　　身の周りに見られる生化学　遺伝学—肥満遺伝子　791
　　　　身の周りに見られる生化学　栄養学—アセチルCoAカルボキシラーゼ：肥満に対する挑戦
　　　　　の新たな標的　793
21.8　コレステロールの生合成　796
　　　　身の周りに見られる生化学　健康関連—アテローム性動脈硬化症　806

Chapter 22　光合成　813

22.1　クロロプラストは光合成の場である　814
22.2　光化学系Ⅰ・Ⅱと光合成の明反応　818
　　　　身の周りに見られる生化学　物理学—光の波長とエネルギーの関係　819
　　　　光化学系Ⅰにおける循環的電子伝達系　823
22.3　光合成とATP合成　826
22.4　酸素を発生する光合成と発生しない光合成の進化上の関連性　828
　　　　身の周りに見られる生化学　植物科学—光合成を阻害することにより雑草を枯死させる
　　　　　829
22.5　光合成の暗反応により二酸化炭素が固定される　831
　　　　身の周りに見られる生化学　遺伝学—クロロプラストの遺伝子　836
22.6　熱帯の植物による炭酸固定　837

Chapter 23　窒素代謝　845

23.1　窒素代謝：その概観　846
23.2　窒素固定　847
　　　　身の周りに見られる生化学　植物科学—肥料中の窒素含量が重要なのはなぜか　849
23.3　窒素代謝におけるフィードバック阻害　850

23.4　アミノ酸の生合成　*851*
23.5　必須アミノ酸　*861*
23.6　アミノ酸の異化　*862*
　　　余分な窒素の排泄　*863*
　　　身の周りに見られる生化学　生理学—窒素代謝廃物の廃棄と水　*864*
　　　身の周りに見られる生化学　医学—化学療法と抗生物質——葉酸が必須であることの利用　*868*
23.7　プリンの生合成　*869*
　　　イノシン一リン酸の同化　*869*
23.8　プリンの異化　*872*
　　　身の周りに見られる生化学　医学—レッシュ-ナイハン症候群　*875*
23.9　ピリミジンの生合成と異化　*876*
　　　ピリミジンヌクレオチドの同化　*876*
　　　ピリミジンの異化　*878*
23.10　リボヌクレオチドのデオキシリボヌクレオチドへの変換　*879*
23.11　dUDP を dTTP に変換する反応　*880*

Chapter 24　代謝の統合：細胞内シグナル伝達　*887*

24.1　代謝経路のつながり　*888*
24.2　生化学と栄養学　*889*
　　　身の周りに見られる生化学　健康関連—飲酒とアルコール中毒　*890*
　　　食品ピラミッド　*894*
24.3　ホルモンとセカンドメッセンジャー　*898*
　　　ホルモン　*898*
　　　セカンドメッセンジャー　*903*
　　　サイクリック AMP と G タンパク質　*903*
　　　セカンドメッセンジャーとしてのカルシウムイオン　*907*
　　　受容体チロシンキナーゼ　*909*
24.4　ホルモンと代謝調節　*910*
24.5　インスリンとその作用　*914*
　　　インスリン受容体　*915*
　　　グルコースの取込みにおけるインスリンの作用　*916*
　　　身の周りに見られる生化学　栄養学—インスリンと低糖質食　*916*
　　　多くの酵素に影響を与えるインスリン　*917*
　　糖尿病　*917*
　　　インスリンと運動　*918*
　　　身の周りに見られる生化学　健康関連—毎日のトレーニングは糖尿病予防に有効か　*919*
　　　身の周りに見られる生化学　健康関連—長寿の探求　*920*

Magazine：生化学におけるホットトピックス ………………………………………… *927*
  スポーツにおけるドーピング *927*
  鳥インフルエンザ *932*
  一塩基多型 *936*
  HPVワクチン *940*
  幹細胞 *943*
  かくれんぼ *947*

用語解説 ……………………………………………………………………………… *953*
練習問題の解答 ……………………………………………………………………… *973*
索　引 ………………………………………………………………………………… *1057*

CHAPTER 1

生化学と細胞の構成

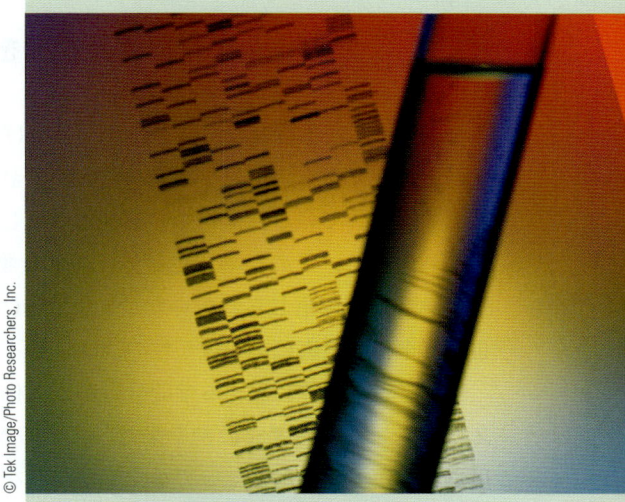

生化学は人体の神秘を解き明かす．

概　要

- 1.1　基本的なテーマ
  - 1.1.1　生化学は生命過程をどのように記述するか
  - 1.1.2　生命体はどのようにして生まれたか
- 1.2　生化学の化学的基盤
  - 1.2.1　化学者は実験室で生体分子をつくることができるか
  - 1.2.2　生体分子の特徴は何か
- 1.3　生物学の始まり：生命の起源
  - 1.3.1　地球は，いつ，どのようにしてできたのか
  - 1.3.2　生体分子は原始の地球上で，どのようにしてつくられたのだろうか
  - 1.3.3　触媒分子か遺伝分子か，いずれが先にできたのか
- 1.4　最も大きい生物学的区分――原核生物と真核生物
  - 1.4.1　原核生物と真核生物の違いは何か
- 1.5　原核生物細胞
  - 1.5.1　原核生物の DNA は核なしでどのように組織化されているか
- 1.6　真核生物細胞
  - 1.6.1　最も重要なオルガネラは何か
  - 1.6.2　他の重要な細胞成分は何か
- 1.7　生物の五界説と 3 ドメイン説
  - 1.7.1　科学者は今日では生物をどのように分類しているか
  - 1.7.2　生物を分類するための，より単純な基準はあるか
- 1.8　すべての細胞に共通の基盤
  - 1.8.1　真核生物は原核生物から進化してきたのか
  - 1.8.2　共生は真核生物の進化に何らかの役割を果たしたか
- 1.9　生化学エネルギー論
  - 1.9.1　生命過程におけるエネルギーの源は何か
  - 1.9.2　生化学におけるエネルギーの変化はどのようにして測るか
- 1.10　エネルギーとその変化
  - 1.10.1　生細胞ではどのようなエネルギー変化が起こるか
- 1.11　生化学反応の自発性
  - 1.11.1　生細胞ではどのような反応が起こるかをどのようにして予測できるか
- 1.12　生命と熱力学
  - 1.12.1　生命は熱力学的に存在しうるものか

1.1 基本的なテーマ

1.1.1 生化学は生命過程をどのように記述するか

　ヒトのような生物体は，それをつくり上げる細胞の一つ一つでさえも，非常に複雑で多種多様である．しかしながら，単純な細菌から人類に至るまで，ある種の共通の特徴が生きているものすべての間で共有されている．すべての生き物は同じ種類の生体分子 biomolecule を利用し，そしてエネルギーを利用する．そのため，生命体は化学と物理学の手法によって研究することができる．19世紀の生物学者により信じられていた"生命力"（生命体の中にだけ存在すると考えられていた力）説が，自然界全体の根底にある統一性の認識にとって代わられてから，すでに長い年月が経っている．

　生化学と無関係に思える学問分野が，生化学の重要な疑問に答えを出すことがある．例えば，ヘルスサイエンスで重要な役割を果たしている MRI（核磁気共鳴画像）検査は，物理学者によりつくり出されたが，化学者にとってなくてはならないツールとなり，今や生化学の研究において大きな役割を果たしている．生化学は多くの学問分野を必要とする分野である．この学際的な性質のため，生化学は生命現象の分子レベルにおける理解を進めるために，多くの科学分野における成果を利用するのである．また，このような生化学の知識が医療に関連した分野において利用されることは非常に重要である．健康と病気を分子レベルで理解することにより，多くの病気をより効果的に治療することができるようになる．

　細胞内での活動は，都市の交通体系に似ている．自動車，バス，そしてタクシーが，細胞内での反応（または，反応系列）に関与する分子に相当する．これらの乗り物が通る道筋は，細胞という生命の中で行われる反応にたとえられる．多くの乗り物は複数の道筋を通ることに，特に注意しよう．例えば自動車とタクシーはどこにでも行ける．しかし一方では，地下鉄や路面電車のように，より特化した交通手段は，一つの道筋に限られている．同じように，いくつもの役割を果たす分子もあれば，特定の反応系においてしか働かない分子もある．また，すべての道筋は同時に働くのである．このことが，細胞内での多くの反応に当てはまることをこれから見ていこう．

　この比較を続けると，大都市の交通体系は小さな都市よりも多くの種類の交通手段をもつであろう．小さな都市は，自動車，バス，そしてタクシーしかもたないかもしれないが，一方，大都市はそれらすべてに加えて地下鉄や路面電車のように他の交通手段ももつであろう．これに似て，すべての細胞に見出される反応もあれば，特定の種類の細胞にしか見出されない反応もある．さらにまた，大きな生物に見られる，より大きくて複雑な細胞は，細菌のような単純な生物の細胞よりも構造的にも多様である．

　このように複雑なものを記述するためには必然的に多くの専門用語を必要とする．多くの新しい用語を覚えることも生化学の勉強にとって必須のことである．細胞内で起こっている反応過程には多くのつながりがある．このため，本書では，互いに参照しあう箇所が多々見出されるであろう．

1.1.2 生命体はどのようにして生まれたか

あらゆる種類の細胞に共通する基本的な類似性があることから，生命の起源について推察することは，意義のあることである．われわれの身体の構成成分はどのようにしてできてきて，今のような働きをするようになったのか．生命の分子とは何か．比較的小さな生体分子でさえ，いくつかの部分よ

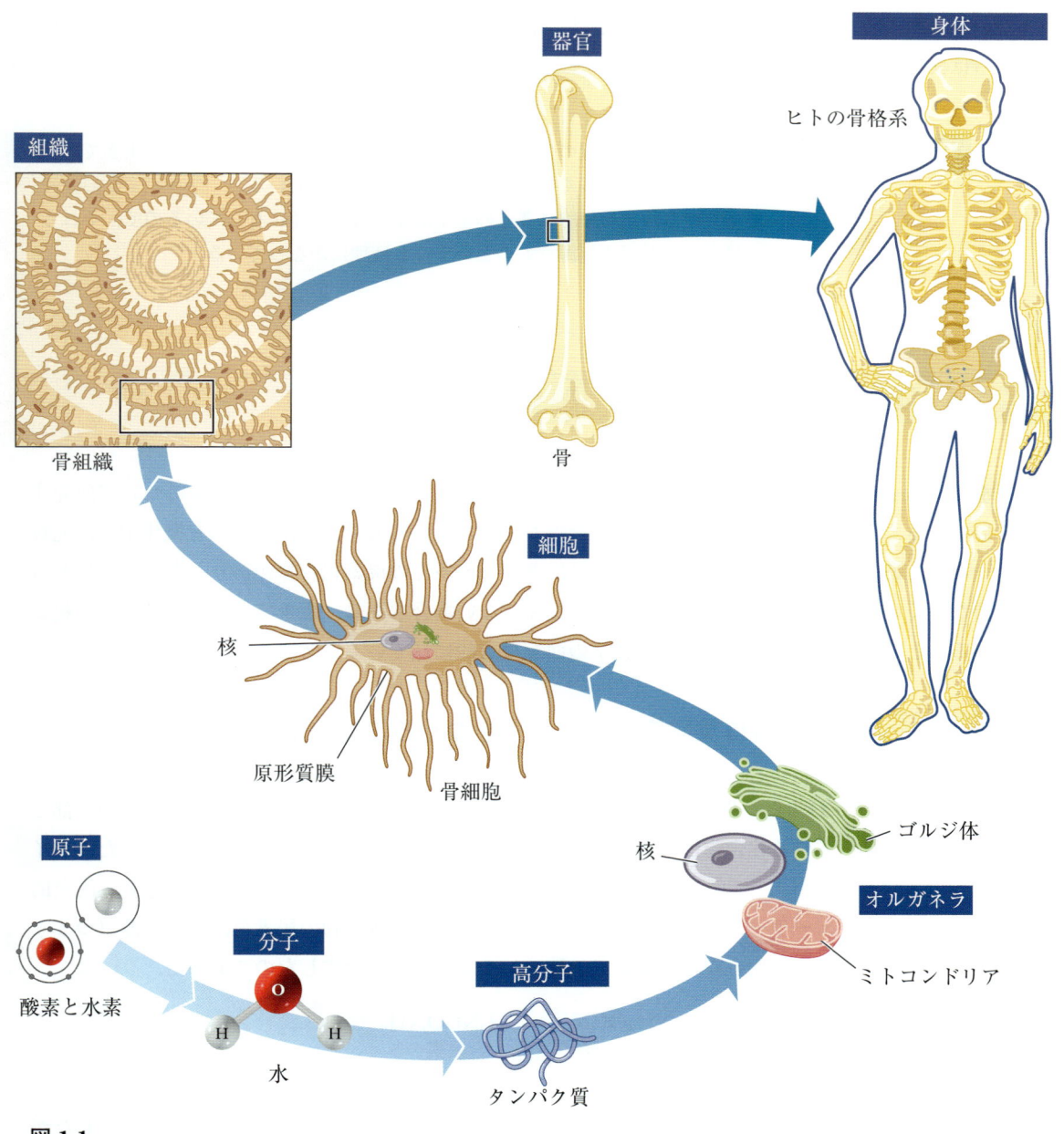

図 1.1

人体の構造組織のレベル
単純から複雑へと階層ができていることに注意せよ．

り成り立っている．タンパク質や核酸のような大きな生体分子は，より複雑な構造をもっている．そして，生きている細胞はこれらと比べてとてつもなく複雑である．しかしたとえそうであっても，分子も細胞も究極的には，水，メタン，二酸化炭素，アンモニア，窒素，水素のような非常に単純な分子から生まれてきたのである（図1.1）．そして，これらの単純な分子は原子から生み出されてきたのである．宇宙そのものと，宇宙を構成する原子がどのようにして存在するようになったのかという問題は，宇宙物理学者にとっても他の科学者にとっても非常に興味のある問題である．原子が結合することによって単純な分子が生成し，その単純な分子が反応して，より複雑な分子ができる．今日，生きている細胞の中で役割を果たしている分子は，有機化学に出てくる分子と同じものである．しかし，それらは異なる状況で働いているのである．

> **Sec. 1.1 要約**
> ■生化学は生命過程の分子的な性質について記述するものである．生きている細胞の中では，多くの化学反応が同時に起こっている．
> ■あらゆる種類の細胞は多くの基本的な性質を共通に有しているので，それらはすべて共通の起源をもつということは理にかなっている．

1.2 生化学の化学的基盤

有機化学 organic chemistry は炭素と水素から成る化合物，およびそれらの誘導体について研究する学問である．生命体の細胞内装置は炭素化合物からできているので，生体分子は有機化学の研究対象の一部でもある．しかし，どの生命体にも見出されない多くの炭素化合物があり，有機化学にとって重要な多くのトピックスが生物にはほとんど関係しない場合もある．生きている細胞において起こっていることを理解するのに必要な有機化学の面を重点的に見ていくことにする．

1.2.1 化学者は実験室で生体分子をつくることができるか

19世紀初頭まで，おそらく生物に特有の"生命力"の存在が広く信じられていた．この説の一部として，生体内に見出される化合物は実験室ではつくり出すことができないという考えがあった．ドイツの化学者，フリードリヒ・ヴェーラー Friedrich Wöhler は，1828年にこの考えを否定する決定的な実験を行った．ヴェーラーは動物の代謝においてよく知られた排出物の尿素を，鉱物資源（つまり生物でない）より得られた化合物であるシアン酸アンモニウムから合成したのであった．

$$NH_4OCN \rightarrow H_2NCONH_2$$
　　シアン酸　　　　　尿素
　　アンモニウム

それ以来，生命体に存在する化合物はどれも実験室で合成可能であることが示された．しかしながら，多くの場合，これらを合成することは最高度の技術をもった有機化学者にとってさえ手強い挑戦であったのである．

Chapter 1 生化学と細胞の構成　5

　生体分子の反応は有機化学の手法で記述することができる．その手法とは，化合物をその**官能基** functional group によって分類することである．つまり，生体分子の反応は，それぞれの官能基の反応に基づいている．

1.2.2　生体分子の特徴は何か

　表1.1に，生物学的に重要な官能基を挙げた．これらの官能基のほとんどが，最も電気陰性度の高い元素である酸素と窒素を含んでいることに注目して欲しい．その結果，これらの官能基の多くが極性であり，この極性をもつという性質がこれらの物質の反応性において重要な役割を果たしている．有機化学者にとってはきわめて重要な意味をもついくつかの官能基，例えば，ハロゲン化アルキルやアシル塩化物のようなものが，表1.1にはない．なぜなら，これらの官能基を含む分子は生化学においては特別な実用性をもたないからである．逆に，リン酸の炭素含有誘導体は有機化学の初等課程ではほとんど扱われていないが，リン酸のエステルやリン酸の無水物（図1.2）は生化学では極めて重

表1.1　生化学的に重要な官能基

化合物の種類	一般構造式	特徴的な官能基	官能基の名称	例
アルケン	$RCH=CH_2$ $RCH=CHR$ $R_2C=CHR$ $R_2C=CR_2$	$C=C$	二重結合	$CH_2=CH_2$
アルコール	ROH	$-OH$	ヒドロキシ基	CH_3CH_2OH
エーテル	ROR	$-O-$	エーテル基	CH_3OCH_3
アミン	RNH_2 R_2NH R_3N	$-N\big\langle$	アミノ基	CH_3NH_2
チオール	RSH	$-SH$	スルフヒドリル基	CH_3SH
アルデヒド	$R-\overset{O}{\underset{\|}{C}}-H$	$-\overset{O}{\underset{\|}{C}}-$	カルボニル基	$CH_3\overset{O}{\underset{\|}{C}}H$
ケトン	$R-\overset{O}{\underset{\|}{C}}-R$	$-\overset{O}{\underset{\|}{C}}-$	カルボニル基	$CH_3\overset{O}{\underset{\|}{C}}CH_3$
カルボン酸	$R-\overset{O}{\underset{\|}{C}}-OH$	$-\overset{O}{\underset{\|}{C}}-OH$	カルボキシ基	$CH_3\overset{O}{\underset{\|}{C}}OH$
エステル	$R-\overset{O}{\underset{\|}{C}}-OR$	$-\overset{O}{\underset{\|}{C}}-OR$	エステル基	$CH_3\overset{O}{\underset{\|}{C}}OCH_3$
アミド	$R-\overset{O}{\underset{\|}{C}}-NR_2$ $R-\overset{O}{\underset{\|}{C}}-NHR$ $R-\overset{O}{\underset{\|}{C}}-NH_2$	$-\overset{O}{\underset{\|}{C}}-N\big\langle$	アミド基	$CH_3\overset{O}{\underset{\|}{C}}N(CH_3)_2$
リン酸エステル	$R-O-\overset{O}{\underset{OH}{\overset{\|}{P}}}-OH$	$-O-\overset{O}{\underset{OH}{\overset{\|}{P}}}-OH$	リン酸エステル基	$CH_3-O-\overset{O}{\underset{OH}{\overset{\|}{P}}}-OH$
リン酸無水物	$R-O-\overset{O}{\underset{OH}{\overset{\|}{P}}}-O-\overset{O}{\underset{OH}{\overset{\|}{P}}}-OH$	$-\overset{O}{\underset{OH}{\overset{\|}{P}}}-O-\overset{O}{\underset{OH}{\overset{\|}{P}}}-$	リン酸無水物基	$HO-\overset{O}{\underset{OH}{\overset{\|}{P}}}-O-\overset{O}{\underset{OH}{\overset{\|}{P}}}-OH$

1 リン酸とヒドロキシ基の反応により，P-O-R 結合を含むエステルが形成される．リン酸はこの図では非イオン化型で示されている．リン酸とそのメチルエステルの空間充填モデルを示す．赤い球は酸素原子を表し，白は水素原子，黄緑色は炭素原子，オレンジ色はリン原子を表す．

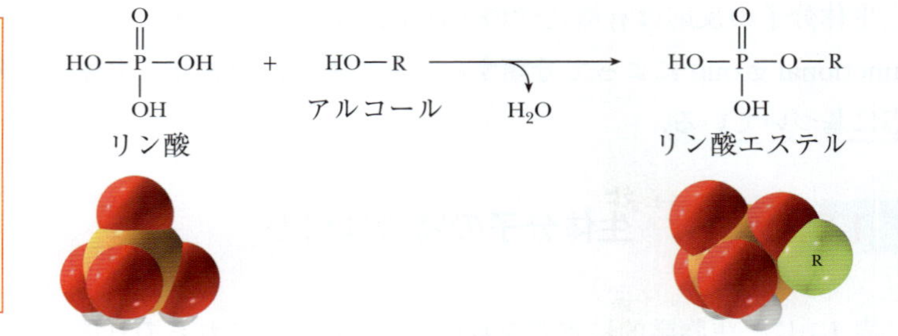

2 2分子のリン酸が反応して P-O-P 結合を含む無水物を作る反応．リン酸無水物の空間充填モデルを示す．

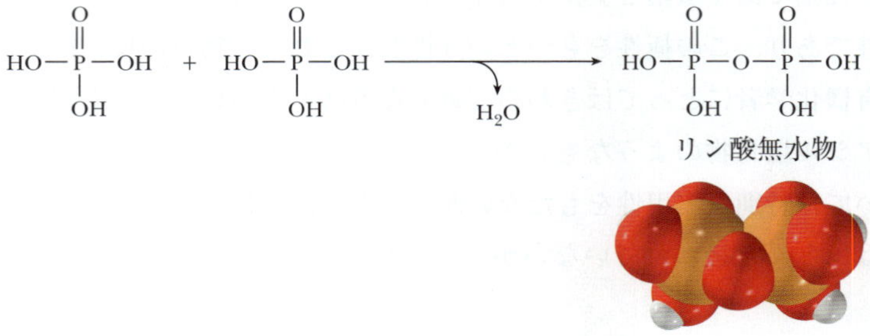

3 ATP（アデノシン三リン酸 *a*de-nosine *tri*phosphate）の構造，二つの無水結合と一つのエステル結合を示す．

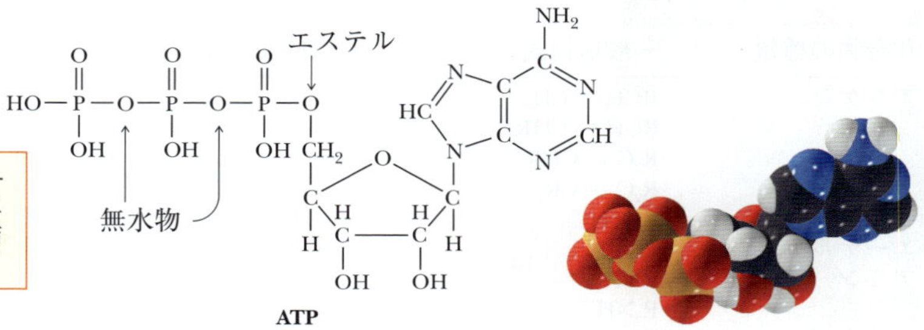

図 1.2

ATP とその生成反応

要である．細胞のエネルギー通貨であるアデノシン三リン酸（ATP）は，リン酸エステルと無水リン酸結合の両方を含んでいる．

　重要な生体分子は，それらの反応を決定する特有の官能基をもっている．ある化合物に存在する官能基の反応性を考慮して，その化合物の反応を考えることになる．

> **Sec. 1.2 要約**
> ■生命は炭素化合物に基盤を置いている．これは，有機化学の主題である．
> ■有機化合物の反応はそれらのもつ官能基の反応であり，官能基とはさまざまな異なる条件下で同じように反応する，特別に結合した原子団である．

身の周りに見られる生化学　有機化学

構造式はなぜ非常に重要なのか

　表1.2を見ると，生命体の元素分布が宇宙全体（すなわち地殻，海洋，大気）のものとは非常に異なることがはっきりとわかる．地殻中に最も豊富にある元素のうちの二つはケイ素とアルミニウムで，それぞれ重量で26％と7.5％を占めている．これら二つの元素は生物にはほとんど存在しない．宇宙の水素，酸素，窒素の多くは気体状の元素の形で見出され，複雑な化合物中に結合して存在してはいない．

　いい換えれば，ほとんどの生命体は非金属，すなわち，共有 covalent 結合に基づいた複合分子をつくっている元素でできている．生体分子はたった六つの元素でできていることが多い——すなわち，炭素，水素，酸素，窒素，イオウ，リンである．生体分子の中心を成しているのが炭素であり，炭素は炭素同士が長い鎖状で結合することができるというユニークな性質をもっている．この炭素同士で結合するという性質は生命体にとって非常に重要なことである．なぜならこれにより，すでにある骨格を単に再配置するだけで多種類の化合物をつくることができ，化合物を個々の元素にばらばらにしてからそれをまた寄せ集めてつくり直すということをしなくてもよいからである．例えば，炭素四つから成る鎖状分子でさえ，三つの異なる骨格構造をもつ．この単純な分子に酸素1個を加えると，あるいは二重結合を加えると多くの異なる構造ができ，それぞれは異なる生物学的機能を潜在的にもつことになる．

　次に図示した二つは，小さな構造上の変化が違いをつくる例である．単糖にはグルコース（それほど甘くはないアルデヒド）とフルクトース（非常に甘いケトン）があるが，どちらも分子式は $C_6H_{12}O_6$ である．テストステロン（男性ホルモン）とエストロゲン（女性ホルモン）の化学構造の違いはわずかであるが，生物学的な違いは大きい．

1.3　生物学の始まり：生命の起源

地球と地球の年齢

　われわれは今日まで，生命すなわち，われわれ自身を疑う余地なく維持している惑星をただ一つ知っている．それはわれわれ自身の惑星，地球である．地球とその水はわれわれの知っているような生命の源であり，これを支える大黒柱であると普遍的に理解されている．最初に当然発せられるであろう疑問は，地球は，地球をその一部として包んでいる宇宙と共に，どのようにしてできたのかということである．

1.3.1　地球は，いつ，どのようにしてできたのか

　現在のところ，最も広く受け入れられている宇宙の起源についての宇宙理論は，天変地異的大爆発ビッグバン big bang である．ビッグバン宇宙論によれば，宇宙のすべての物質は元々比較的小さな容積の空間に閉じ込められていたのである．あるとてつもなく大きな爆発の結果，この"原始火の玉"は巨大な力で膨張を始めた．ビッグバンの直後に，宇宙はきわめて高温となり，それは150億（15×10^9）K（ケルビン温度は度の記号をつけずに書くことに注意せよ）のオーダーであった．膨張の結果，宇宙の平均温度はそれ以来ずっと下がり続けており，この低い温度のために星や惑星の生成が可能になったのである．初期段階において，宇宙は非常に簡単な組成をしていた．水素，ヘリウム，そしていくらかのリチウム（周期表において，これらは三つとも非常に小さく単純な元素である）が存在していたが，これらは最初のビッグバンの爆発によってつくられた．その他の化学元素は次の3通りの方法で形成されたと考えられている．(1) 星で通常発生する核融合反応，(2) 星の爆発の過程，

表1.2　炭素に対する比で表した重要元素の存在量[*]

元素	生体での頻度	宇宙での頻度
水素	80〜250	10,000,000
炭素	1,000	1,000
窒素	60〜300	1,600
酸素	500〜800	5,000
ナトリウム	10〜20	12
マグネシウム	2〜8	200
リン	8〜50	3
硫黄	4〜20	80
カリウム	6〜40	0.6
カルシウム	25〜50	10
マグネシウム	0.25〜0.8	1.6
鉄	0.25〜0.8	100
亜鉛	0.1〜0.4	0.12

[*]炭素原子を1,000としたときの各元素数を示す．

(3) 銀河形成後の星の外部での宇宙線の作用，の三つである．星の中で元素が形成される過程は，宇宙物理学者だけでなく化学者にとっても興味深い話題である．われわれにとって注目に値することは，炭素，酸素，窒素，リン，イオウ等，生物学的に重要な元素の最も豊富な同位体は，特に安定な原子核 particularly stable nuclei をもつということである．これらの元素は，宇宙の始まりの後につくられた第一世代の星での核反応によってつくり出されたものである（表1.2）．多くの第一世代の星は超新星 supernova と呼ばれる爆発によって破壊され，その星の物質は，われわれの太陽のような第二世代の星を太陽系と共につくるために再利用されたのである．放射年代測定によると，これは不安定な原子核の崩壊を利用するものであるが，地球の（そしてその他の太陽系の）年齢は，40億〜50億（$4〜5×10^9$）年であることが示されている．原始の地球の大気はわれわれの周りにあるようなものとはかなり違っており，おそらく現在のような構成になるまでにいくつかの段階を経たであろう．地球の起源に関するほとんどの理論によると，最も大きな相違点は，原始の段階では遊離の酸素（O_2）がごくわずか，または全く存在しなかったことである（図1.3）．原始の地球は太陽からの紫外線に絶え間なく照らされていた．なぜなら，紫外線を遮るオゾン層（O_3）が大気中に存在しなかったからである．このような条件下で，単純な生体分子を生み出す化学反応が起こったのである．

原始の地球の大気中に存在したと通常推定される気体は NH_3，H_2S，CO，CO_2，CH_4，N_2，H_2 である．そして（蒸気，液体両方の状態の）H_2O を含む．しかしながら，最終的に生体分子を生み出したこれらの構成物の相対的な量に関して，一般的な合意はない．以前の生命の起源に関する理論の多くは CH_4 を炭素の源として仮定していたが，最近の研究により，相当な量の CO_2 が大気中に少なくと

図1.3
原始の地球上での生体分子の生成
原始地球の環境条件は，現在の生物種の多くにとって生存不可能なものであっただろう．酸素（O_2）はごくわずか，もしくは全く存在しなかった．火山が噴火してガスを吹き出し，激しい雷を伴う嵐が大地を覆い豪雨をもたらした．緑色の矢印は，単純な前駆物質から生体分子が生成されることを示す．

も 38 億（3.8×10^9）年前には存在したことが示されている．

この結論は地質学的な証拠に基づいている．知られている最も古い岩は 38 億年前のもので，これらは CO_2 から生じた炭酸塩である．元々存在した NH_3 はすべて海に溶け込んでいたはずであり，大気中に残された N_2 はタンパク質や核酸を形成するための窒素源となったのである．

生体分子

1.3.2 　生体分子は原始の地球上で，どのようにしてつくられたのだろうか

原始の大気中の簡単な化合物が，原始の地球において存在したかもしれないさまざまな条件下で反応するかどうか，実験が行われた．その結果，これらの単純な化合物は，無生物的 abiotically に反応する，すなわち，この言葉が意味するように（a, "ない", $bios$, "生命"）生命のないところで反応し，タンパク質や核酸の構成成分のような生物学的に重要な化合物が生み出されることが示されたのである．図 1.4 で模式的に示したミラー-ユーレイ Miller-Urey の有名な実験は歴史的に興味深いものである．雷の模擬実験として，1 回の実験ごとに，電気的放電が H_2O, H_2, CH_4, NH_3 を含む閉鎖系を通り抜けるようにしてある．ホルムアルデヒド（HCHO）やシアン化水素（HCN）のような簡単な有機分子がそのような反応の結果できてくる典型的な生成物であった．ある理論によれば，このような反応は地球の原始の海で起こったということである．別の研究者は，このような反応は原始の地球上に存在した粘土粒子の表面で起こった，という仮説を立てている．粘土に類似した無機物質が多くの種類の反応において触媒として働きうることはもちろん事実である．どちらの理論も支持者を得ており，残された疑問に答えるためにはさらなる研究が必要であろう．

生物の細胞は，タンパク質や核酸，多糖などの非常に大きな分子を含むものの寄せ集まりである．これら大きな分子は，自身をつくる小さい分子に比べて 10 の何乗倍もの大きさをもつ．何千，何百というこれらの小さな分子，すなわち**モノマー** monomer はつながりあって高分子，すなわち**ポリマー** polymer と呼ばれるものをつくる．ここで，炭素のもつ多彩な性質が重要となってくる．炭素は，4 価であり，炭素原子同士で結合し，また多くの他の元素と結合してアミノ酸，ヌクレオチド，単糖（糖質のモノマー）などの種々のモノマーをつくり上げる．

今日存在する細胞では，アミノ酸（モノマー）は重合により**タンパク質** protein となり，ヌクレオチド（同様にモノマー）は結合して**核酸** nucleic acid となる．また，糖モノマーの重合により多糖がつくられる．原始の地球の条件のもとで行われたアミノ酸を用いた重合反応実験によりタンパク質様のポリマーがつくり出された．同様の実験がヌクレオチドと糖の無生物的な重合について行われたが，これらの重合はアミノ酸の場合に比べて起こりにくいことがわかった．タンパク質と核酸は生命過程において重要な役割を果たしている．

いくつかの種類のアミノ酸や核酸は同じ大きさ，同じ構成であってもそれぞれを互いに簡単に区別することができる．アミノ酸が水分子を失って自発的な過程によりポリマーをつくるとき，アミノ酸の結合順序は，生成したタンパク質の性質を決める．同様に，ヌクレオチドモノマーが重合して核酸，

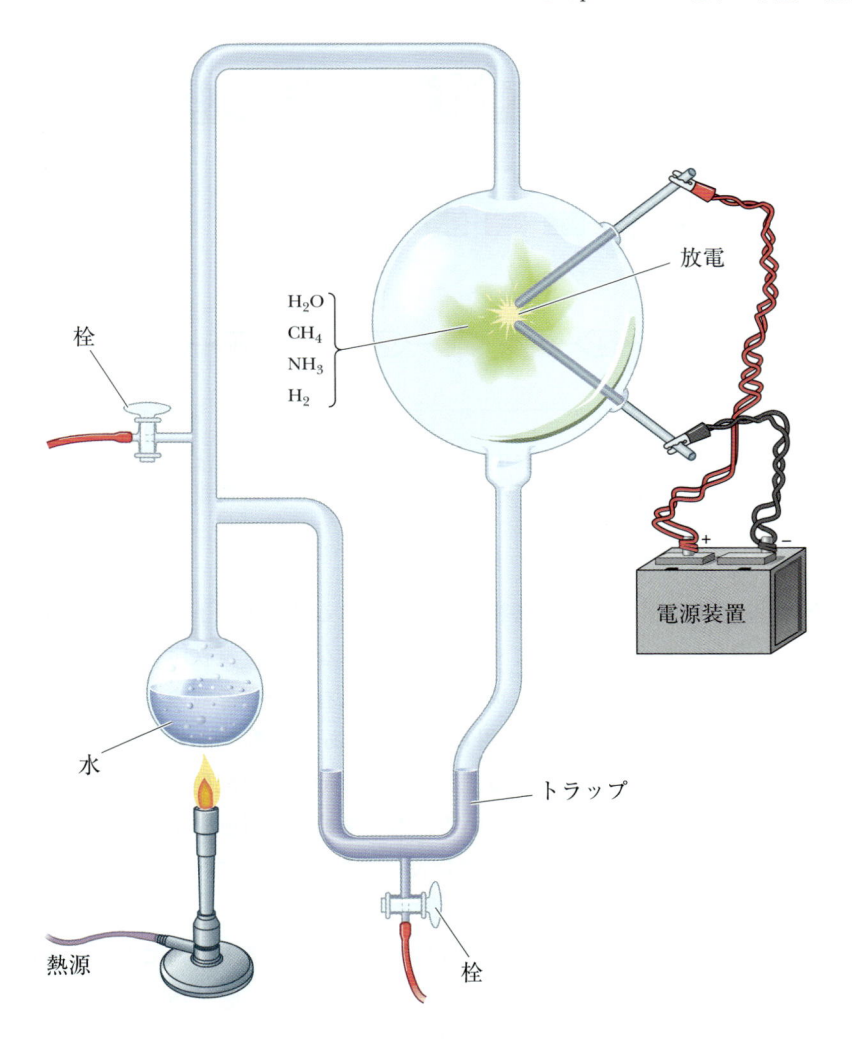

図 1.4

ミラーとユーレイの実験の一例
水は閉鎖系の中で加熱される．この系には，CH_4, NH_3, H_2 が含まれている．雷光を模倣してこの気体混合物に放電する．数日間放置して反応させておくと，ホルムアルデヒド（HCHO）やシアン化水素（HCN）のような有機分子が溜まってくる．アミノ酸もまたこのような反応の結果生じる物質としてしばしば見られている．

すなわち遺伝分子をつくるとき，遺伝暗号はモノマーであるヌクレオチドの配列に内在している（図 1.5）．しかしながら，多糖ではモノマーの配列はポリマーの性質を決定するのに通常それほど重要な影響を与えないし，モノマーの配列が何らかの遺伝情報をもつこともない（モノマー間の結合 linkage に関する他の性質は多糖類において重要であるが，これは Chap. 16 で糖質を扱う際に述べる）．ポリマーの構成単位は，すべてモノマーのレベルにおいても，"頭"と"尾"をもち，一種の方向性を有していることに注目して欲しい（図 1.6）．

　モノマーの配列がポリマーの特性に与える影響を別の例によって示す．**酵素** enzyme と呼ばれる種類のタンパク質は**触媒活性** catalytic activity を示す．触媒活性とは化学反応の速度を，触媒がない反応と比べて増加させることを意味する．生命の起源の問題を考えてみると，触媒活性分子は大量の複

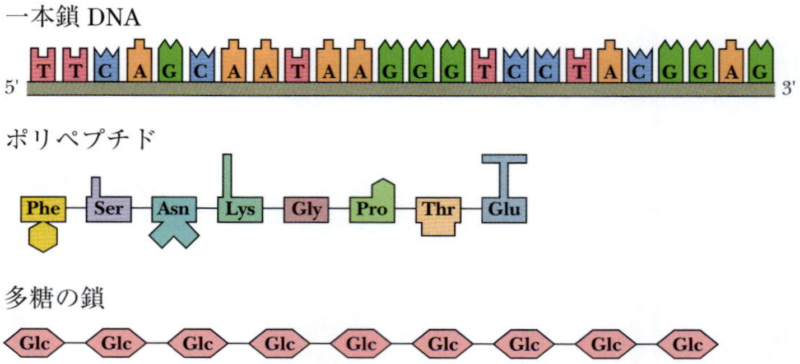

一本鎖 DNA

5' TTCAGCAATAAGGGTCCTACGGAG 3'

ポリペプチド

Phe - Ser - Asn - Lys - Gly - Pro - Thr - Glu

多糖の鎖

Glc - Glc - Glc - Glc - Glc - Glc - Glc - Glc

図 1.5

情報高分子
生体高分子は情報分子である．生物にあるポリマーのモノマー単位の配列は，その配列順序が過度に繰り返されていない限り，潜在的に情報が含まれている．核酸とタンパク質は情報高分子であるが，多糖は情報高分子ではない．

合分子の生成を促し，そのような分子を蓄積する．関連する多数の分子群が蓄積すると，生命体の特徴をいくつかもった複合システムが生じてくる．そのような系は，無秩序でない構造をもち，それ自身を再生しようとする傾向があり，また，環境中の単純な有機分子を他の系と競合して取り合う．タンパク質の最も重要な機能の一つは**触媒作用** catalysis であり，ある酵素の触媒効率は，そのタンパク質のアミノ酸配列によって決められている．アミノ酸の特異的な配列が，最終的には，酵素を含めてあらゆる種類のタンパク質の性質を決めている．もしタンパク質触媒がなかったら，われわれの身体の中で起こる反応はあまりに遅く生命過程には役に立たないであろう．この点については Chap. 6 および Chap. 7 で詳しく述べる．

現存の細胞では，タンパク質のアミノ酸配列は核酸のヌクレオチド配列によって決められている．この遺伝情報をアミノ酸配列に翻訳する過程は非常に複雑である．暗号物質として働いているのは核酸の一つである DNA（デオキシリボ核酸 deoxyribonucleic acid）である．**遺伝暗号** genetic code とは，核酸のヌクレオチド配列とタンパク質のアミノ酸とを関連づけるものである．この関連づけの結果，すべての生物の構造と機能の情報は次の世代へと引き継がれていく．遺伝暗号の働きは，もはや完全に神秘的というわけではないが，しかし完全な理解からはまだ遠い．生物の起源に関するいくつかの理論は，遺伝暗号の系がどのようにして発生してきたかを考察している．そして，この領域で新しい発見がなされれば，今日の遺伝暗号の謎の解明にも役立つであろう．

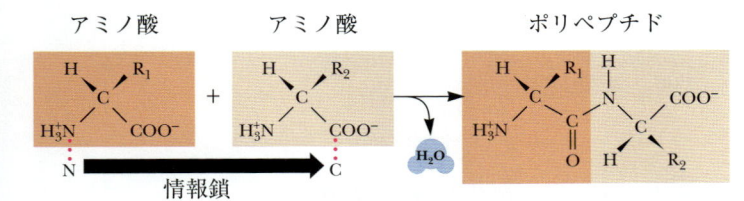

Ⓐ アミノ酸はある一つのアミノ酸のカルボキシ基を次の
アミノ酸のアミノ基につないでタンパク質を構築する.

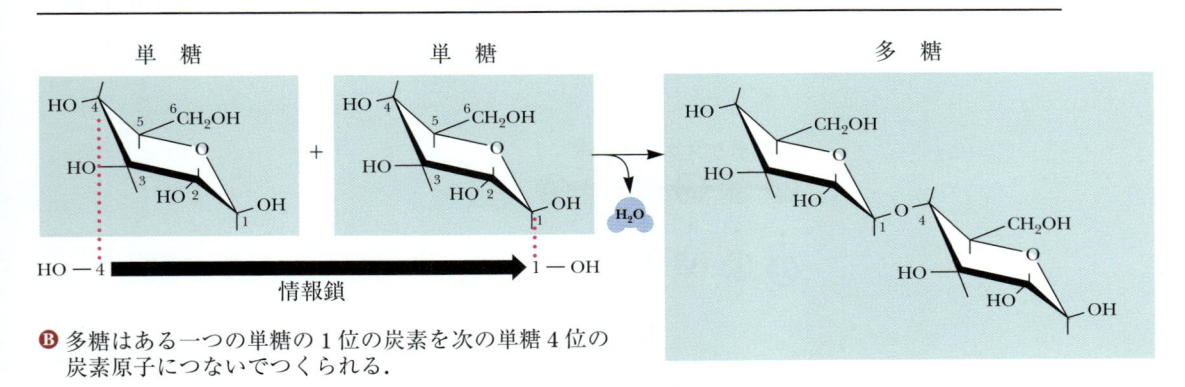

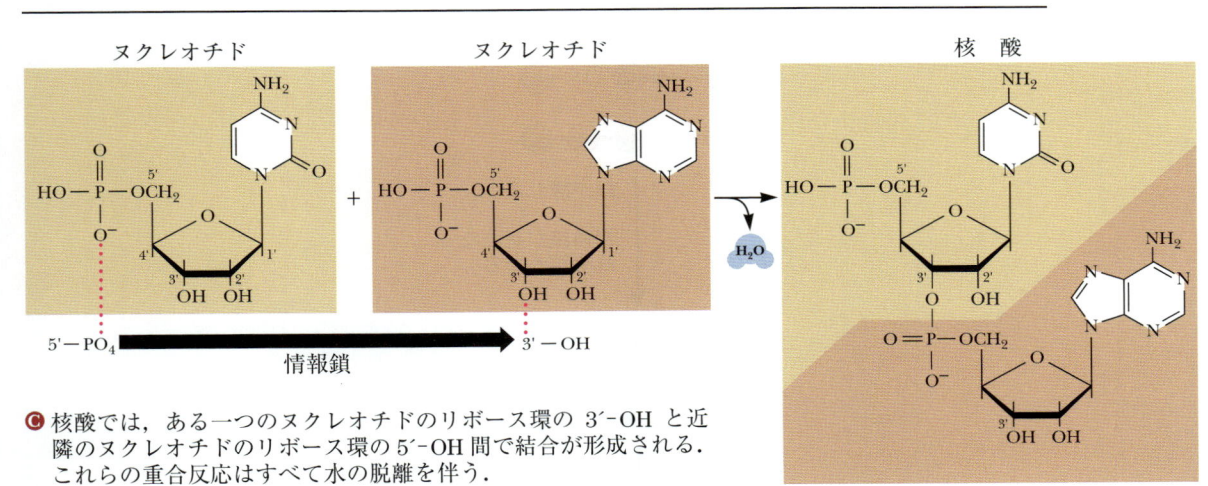

Ⓑ 多糖はある一つの単糖の1位の炭素を次の単糖4位の
炭素原子につないでつくられる.

Ⓒ 核酸では，ある一つのヌクレオチドのリボース環の 3′-OH と近
隣のヌクレオチドのリボース環の 5′-OH 間で結合が形成される．
これらの重合反応はすべて水の脱離を伴う．

図 1.6

高分子における方向性
生体高分子とその構成単位は，"情報" あるいは方向性をもっている．

分子から細胞へ

1.3.3 触媒分子か遺伝分子か，いずれが先にできたのか

　もう一つの核酸，RNA（リボ核酸 ribonucleic acid）が自身のプロセシングを触媒することができるという発見は，生命の起源を論じるに当たって重大な影響を与えるものであった．この発見がなさ

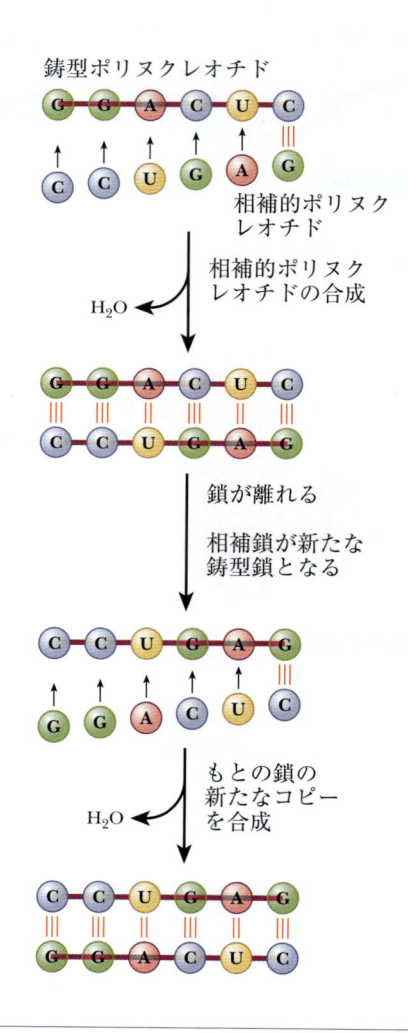

図 1.7

ポリヌクレオチドの合成における鋳型の役割
ポリヌクレオチドは鋳型機構により自身と全く同じコピーをつくる．つまり，比較的弱い相互作用により，GはCと対をつくり，AはUと対をつくる．もとの鎖は相補鎖の合成を指示する鋳型として働く．次に，相補鎖は，もとの鎖のコピーをつくるための鋳型として働く．もとの鎖は，多数の相補鎖の鋳型となることができ，それぞれの相補鎖は次にもとの鎖の多数のコピーをつくり出すことに注目せよ．この過程はもとの配列を何倍にも増幅することができる．（A. Alberts, D. Bray, J. Lewis, M. Raff, K. Roberts, J. D. Watson 著, The Molecular Biology of the Cell, 第 3 版, 1994, Garland Publishing, New York より，Garland Science/Taylor & Francis Books, Inc. の許可を得て転載）

れるまで，触媒活性にはタンパク質のみが関係していると考えられていた．今では，多くの科学者が元々はDNAよりもむしろRNAが遺伝暗号物質であったと考えており，ある種のウイルスでは今でもRNAがこの働きをしている．一つの分子中に触媒機能と暗号機構が存在するという考えは，生命の起源に関するより深い研究の出発点となっている（本章末のCech, T. R.の論文を参照）．"RNAワールド"は今では一般的な見識となっているが，この見解に関して，まだ多くの解決すべき問題がある．

RNAワールド仮説によれば，自身の複製のための暗号をもつことのできる形のRNAが出現することが生命の起源における転換点であった．ポリヌクレオチドは，その配列がもとのものとそっくり同じコピーをつくるよう指示することができる．この過程は鋳型機構（図1.7）によるものであり，全く同じコピーをつくる点において効果的であるが，比較的ゆっくりとしたプロセスである．しかしその点，ポリペプチドは，ポリヌクレオチドより効率的な触媒ではあるが，ポリペプチドが自身と全く同じコピーをつくるよう指示できるかどうかは疑問の残るところである．現存の細胞では，遺伝暗号は核酸に基づいており，触媒機能は主にタンパク質に依存していることを思い出して欲しい．核酸合成（多くのタンパク質酵素を要する）とタンパク質合成（アミノ酸の配列順序を決めるために遺伝暗号を要する）はどのようにしてできてきたのであろうか．この仮説によれば，最初はRNA（あるいはRNAに関連するある系）が触媒することと，自身の複製を暗号化することの両方の役割を果たし

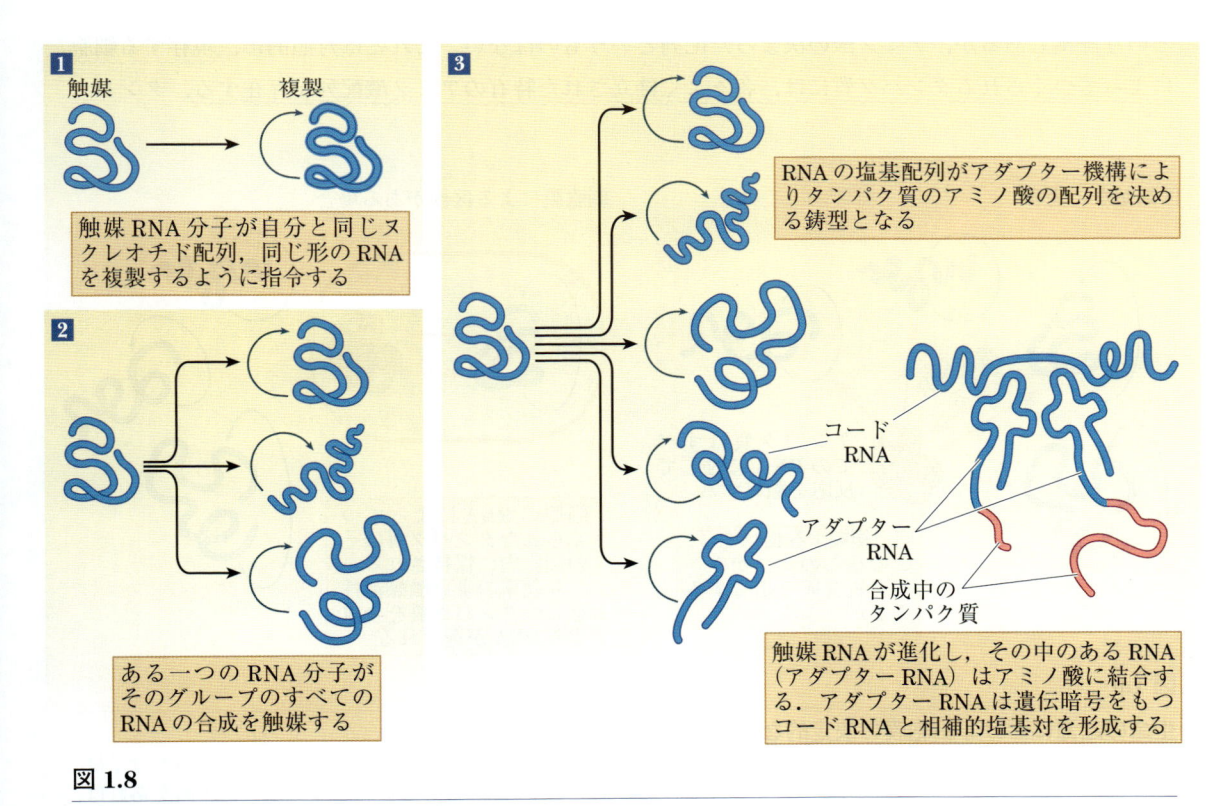

図1.8

RNAの自己複製系の進化を示す段階
一段階ごとに，RNA群は複雑さを増し，ついには，より効率的な触媒としてのタンパク質の合成へと進む．（A. Alberts, D. Bray, J. Lewis, M. Raff, K. Roberts, J. D. Watson 著, The Molecular Biology of the Cell, 第3版, 1994, Garland Publishing, New York より，Garland Science/Taylor & Francis Books, Inc. の許可を得て転載）

ていた．そしてついには，その系が，より効率的な触媒であるタンパク質の合成を暗号化することができるまでに進化したのである（図1.8）．さらに後になって，DNAが第一義的な遺伝物質としてRNAにとって代わり，より多目的に使える分子であるRNAは，DNAに含まれる遺伝暗号の指示に従ってタンパク質を合成するに当たっての中間的な役割へと追いやられた．この説にはいくらかの矛盾点があるが，最近かなりの注目を集めている．生命の起源に関するRNAの役割については，いまだに解明されていない問題も多いが，その役割が重要であることは明らかである．

　生きている細胞の進化においてのもう一つの重要な点は，細胞を環境から隔離している細胞膜の形成である．遺伝暗号分子群と触媒作用分子群を一つの区画に集めておくと，各々の群に含まれる分子同士を互いに近くで接触させることができ，無関係な物質を排除することができる．Chap. 2, Chap. 8で詳しく見ることになるが，脂質は細胞膜を形成するのに完璧に適している（図1.9）．このシナリオは本章末のChen, I. の論文に大変良くまとめられている．この論文は若手の科学者向けのエッセイコンテストで大賞を受賞している．

　生命の起源についてのいくつかの説は，始原細胞の進化におけるタンパク質の重要性に焦点を当てている．タンパク質の重要性を示す強力な実験的事実の一つは，無生物条件でアミノ酸は生成しやすいが，核酸は非常に生成しにくいということである．プロテノイドは人工的に合成されたアミノ酸のポリマーであり，その性質は本物のタンパク質の性質と比較することができる．人工的に合成されたプロテノイドにおいて，アミノ酸の結合順序が完全にランダムではない——ある順序が好まれる——という証拠もあるが，アミノ酸の決まった配列というものはない．これとは対照的に，現存する細胞によってつくられるタンパク質には，各々よく確立された特有のアミノ酸配列が存在する．タンパク

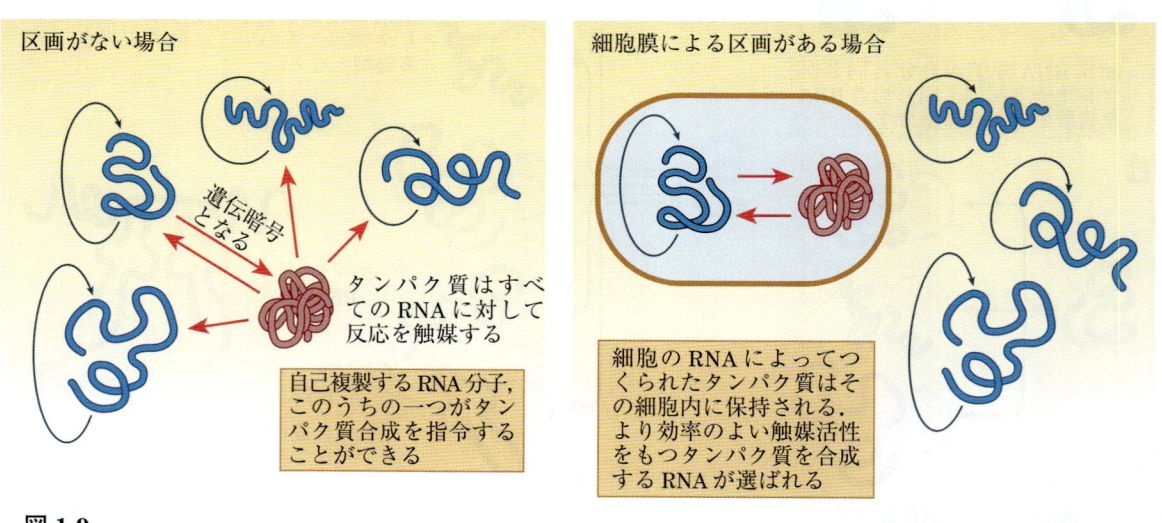

図 1.9
生命の起源における細胞膜の決定的な重要性
生命の起源において細胞膜は決定的な重要性をもつ．区画がなければ，タンパク質を合成できるRNA分子は，合成しようとするタンパク質に対して，その周りにある他のRNAと競合しなければならない．区画があれば，RNA分子にとって，自分が合成するタンパク質は自分専用となる．また，両者は互いに接近して存在するため反応が進みやすくなる．(A. Alberts, D. Bray, J. Lewis, M. Raff, K. Roberts, J. D. Watson 著, The Molecular Biology of the Cell, 第3版, 1994, Garland Publishing, New York より, Garland Science/Taylor & Francis Books, Inc. の許可を得て転載)

質が第一に重要であるとする説によれば，原始の地球上のおそらく海または波打ち際で，プロテノイドの集合体が形成された．これらの集合体は，無生物的に生み出された生体分子前駆体を寄せ集めて始原細胞 protocell，つまり本物の細胞の前駆体となったのである．何人かの研究者により始原細胞のモデル系が提案されている．あるモデルでは，人工的に合成されたプロテノイドは誘導されて集合し，微小球（ミクロスフェア microsphere）と呼ばれる構造を形成する．プロテノイド微小球は名前の通り球形をしており，特定の試料中ではそれらの直径はすべてほぼ同一である．このような微小球はもちろん細胞ではないが，これらは始原細胞のモデルとなるものである．触媒作用をもったプロテノイドより調製された微小球はプロテノイドと同じ触媒活性を示す．さらに，原始的な細胞のモデルとして複数の種類の触媒活性を備えた集合体をつくり上げることも可能である．これらの集合体は暗号機構をもたないことに注意すべきである．ペプチドの自己複製（暗号化と触媒作用が同一分子によって成される）についての報告もあるが（本章末の Lee, D. et al. の論文を参照せよ），この研究は単一のペプチドについて行われており，ペプチドの集合体について行われたものではない．

　近年，これらの二つの考え方を一つに合体させた，二重起源説 double-origin theory も提案されている．この考え方によれば，触媒の発生と暗号機構の発生は別々に起こり，これら二つが合体することによってわれわれの知っているような生命が生み出されたというのである．種々の反応を触媒することのできる分子の集合体の出現が生命の起源の一つであり，核酸に基づいた暗号機構の出現がもう一つの起源である．

　生命が粘土粒子の表面で発生したという理論は二重起源説の一種である．

　この考え方に基づけば，最初に発生したのは遺伝暗号だが，その暗号物質は自然に発生した粘土の表面であったのである．粘土表面上のイオンの模様が暗号として働き（本章末の Cairns-Smith, A. G. の論文を参照せよ），結晶成長の過程が複製として働いたのであろうと考えられている．まず単純な分子が，次いでタンパク質酵素が粘土表面上で生み出され，そしてついには基本的に区画の性質を備えた集合体が生まれたのである．その後ある時，RNA が生まれることによって，粘土よりもはるかに効率的な暗号システムが生み出され，粘土を基盤とした細胞は RNA を基盤とした細胞にとって代わられたのである．このシナリオでは，このような過程において時間が制限因子とはならないことを前提としている．

　本書が書かれている時点では，ここに挙げた生命の起源に関する理論のうちのどれ一つとして完全に確立されてはいないが，しかし，どれ一つとして完全に否定されてもいない．この問題は，今でも活発に研究されているのである．生命がいかにしてこの惑星上に出現したかを明確に理解できる可能性はきわめて少ないといえる．しかし，それを推測することによって，いくつかの重要な問い，例えば，触媒か遺伝暗号かについての疑問などを，われわれは問い続けることになり，本書においても何度もそれらについて見ていくことになるであろう．

Sec. 1.3 要約

- 地球を含むわれわれの太陽系は，第一世代の星によって産生された化学元素からつくられたと仮定される．原始の地球は，簡単な化学物質からなる大気を有していた．
- 原始の地球の大気の状態において，生命の過程で役割を果たすアミノ酸のような分子がつくられた．
- 成分となる分子からの生きた細胞の起源については，いくつかの説がある．どの説も遺伝暗号と触媒活性についての説明を要し，いずれも RNA の役割の重要性を認めている．

1.4 最も大きい生物学的区分──原核生物と真核生物

すべての細胞は，DNA をもっている．一つの細胞の中の DNA 全体を**ゲノム** genome と呼ぶ．機能を有するタンパク質または RNA をコードすることにより，個々の形質を支配する遺伝の単位が**遺伝子** gene である．

最も初期に進化した細胞は非常に単純で，生命の過程に必要な最小限の装置を備えたものであったに違いない．現存する生命体のうち，この原始の細胞に最も類似していると思われるのは，**原核生物** prokaryote である．このギリシャ語由来の単語は，文字どおり "核 (*karyon*, "中心部，栗などの堅い果実の実") 以前" を意味する．原核生物には，細菌 bacteria, シアノバクテリア cyanobacteria が含まれる（シアノバクテリアは以前は藍藻と呼ばれていた．新しい名前が示すように，これらは細菌により近い）．原核生物は単細胞生物であるが，それらは集まって，細胞機能に違いをもったコロニーを形成して存在することができる．

1.4.1 原核生物と真核生物の違いは何か

eukaryote という単語は "真の核" を意味する．**真核生物** eukaryote は，より複雑な生命体で，多細胞の場合も単細胞の場合もある．膜によって細胞の他の部分とは分離した明確に区画化された核をもつことが，真核生物を原核生物と分ける主な特徴の一つである．増えつつある一連の化石証拠の示すところによれば，真核生物は今から約 15 億 (1.5×10^9) 年前，地球に最初の生物が出現してから約 20 億年後に原核生物から進化した．単細胞の真核生物の例としては，酵母やゾウリムシ *Paramecium*（初等生物学の授業でしばしば扱われる生物）が含まれる．多細胞生物（例えば，動物や植物）はすべて真核生物である．予想されるように，真核生物細胞は原核生物細胞に比べて，通常，大きく，より複雑である．典型的な原核生物細胞の直径は，$1 \sim 3\ \mu m$ ($1 \sim 3 \times 10^{-6}\ m$) であるのに対し，真核生物細胞の直径は，だいたい $10 \sim 100\ \mu m$ である．原核細胞と真核細胞の区別は大変基本的なものであるので，今では，この区別は，生物の分類をする上での最も重要なポイントとなっている．この区別は植物と動物の区別に比べてもはるかに重要である．

原核生物と真核生物の主な相違点は，真核生物にはオルガネラ，特に核が存在することである．オ

表 1.3　原核生物と真核生物の比較

オルガネラ	原核生物	真核生物
核	明確な核はない：DNA はあるが，細胞の他の部分と分離していない．	あ　る
細胞膜（原形質膜）	あ　る	あ　る
ミトコンドリア	ない：酸化反応のための酵素は原形質膜上に位置する．	あ　る
小胞体	な　い	あ　る
リボソーム	あ　る	あ　る
クロロプラスト	ない：光合成（のある場合）はクロマトフォアに局在する．	緑色植物にある

オルガネラ organelle とは独自の機能をもった細胞の一部分であり，細胞の中でさらに自分自身の膜によって囲まれている．対照的に，原核生物の構造は比較的単純であり，膜によって囲まれたオルガネラをもたない．しかしながら，原核生物も真核生物と同じように細胞膜すなわち原形質膜をもち，外の世界から隔離されている．これが原核生物に見られる唯一の膜である．原核生物においても真核生物においても，細胞膜はさまざまなタンパク質が埋め込まれた脂質分子の二重の層（二重層）から成っている．

　各々のオルガネラは特定の機能をもっている．典型的な真核生物は核膜を備えた核をもっている．ミトコンドリア mitochondria（呼吸オルガネラ）と小胞体 endoplasmic reticulum として知られる内部膜系もまた，すべての真核生物に共通である．エネルギーを産生する酸化反応は真核生物のミトコンドリアの中で行われる．原核生物では同じような反応は原形質膜上で起こる．リボソーム ribosome（RNA とタンパク質より成る粒子）はすべての生物においてタンパク質の合成部位であるが，真核生物ではしばしば小胞体に結合している．原核生物ではリボソームはサイトゾル中に遊離して存在している．サイトゾルと細胞質は区別する必要がある．細胞質 cytoplasm は核以外の細胞の部分を指し，サイトゾル cytosol は膜によって仕切られたすべてのオルガネラを除いた細胞の可溶性部分を指す．クロロプラスト chloroplast は光合成オルガネラであり，植物細胞と藍藻中に見られる．光合成の可能な原核生物の細胞では，光合成反応はクロロプラストではなく，原形質膜の延長であるクロマトフォア chromatophore と呼ばれる薄膜の中で行われる．

　表 1.3 に，原核細胞と真核細胞間の基本的な相違点についてまとめておく．

Sec. 1.4 要約　■細胞は DNA を含んでおり，まわりの環境から細胞膜で隔離されている．原核生物細胞は顕著な細胞内の膜をもたないが，真核生物の大きい細胞では膜系が発達している．細胞内の膜系は特有の機能をもった細胞小器官，つまりオルガネラをつくり出す．

1.5 原核生物細胞

原核生物は明確に区分された核をもたないものの,細胞の DNA は**核域 nuclear region** と呼ばれる一つの領域に集中している.細胞のこの部分は,真核生物の核が行うのと同様に,細胞の働きを支配している.

1.5.1 原核生物の DNA は核なしでどのように組織化されているか

原核生物の DNA は,真核細胞の場合のように DNA がタンパク質と複合体を形成して特有の構造をもって配列しているということはない.一般的に,原核生物は閉じた環状の DNA を一つだけもつ.この環状の DNA はゲノムであり,細胞膜に付着している.原核生物細胞が分裂をする前に DNA は自身を複製し,二つの DNA は両方とも原形質膜に結合する.次に,細胞は分裂を行い,二つの娘細胞はそれぞれ一つずつ DNA を受けとる(図 1.10).

原核生物ではサイトゾル(核域の外部にある細胞の液体部分)は,**リボソーム ribosome** が存在す

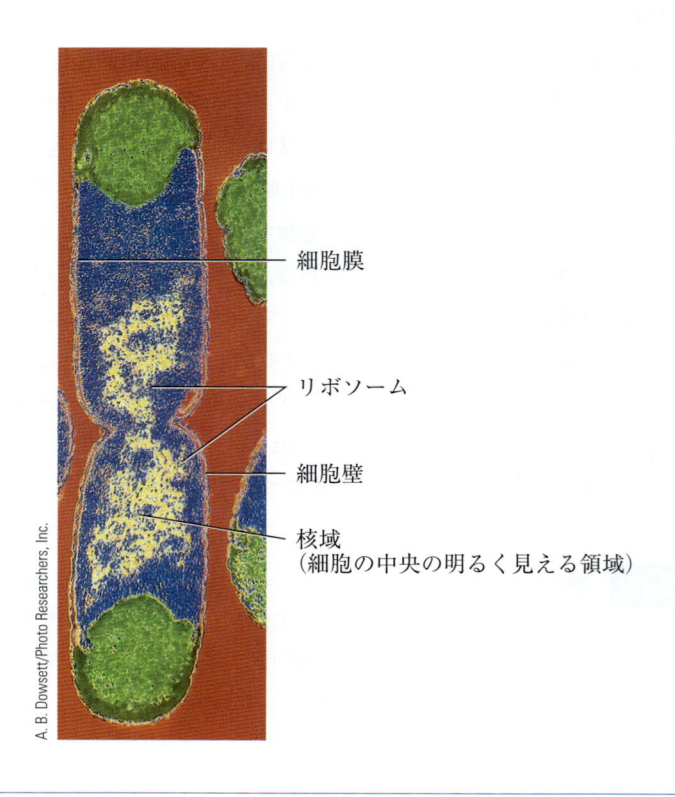

図 1.10

細菌の電子顕微鏡像
典型的な原核生物:細菌 *Escherichia coli*(大腸菌)の電子顕微鏡像のカラーイメージング(拡大率 16,500 倍).中央でつながっている一対の細胞で二つの細胞への分裂がほぼ完了している.

るためにやや顆粒状に見えることが多い．リボソームは，RNAとタンパク質から成るのでリボ核タンパク質粒子 ribonucleoprotein particle とも呼ばれ，すべての生物においてタンパク質合成を担う部位である．リボソームの存在は，原核生物のサイトゾルにおける主な目に見える特徴である（真核生物に特徴的な膜によって囲まれたオルガネラは，原核生物には見られない）．

　細胞はすべて**細胞膜** cell membrane，すなわち原形質膜によって外界から隔離されており，これらの膜は脂質分子やタンパク質から成り立っている．原核生物である細菌細胞は細胞膜に加えてその外部に大部分が多糖より成る**細胞壁** cell wall をもっており，これは真核生物の植物細胞と共通した特徴である．原核生物と真核生物の細胞壁の化学的な性質はいくらか異なるものの，双方に見られる多糖は糖が重合してできているという共通した特徴をもつ．細胞壁は堅い材質でできており，細胞を保護する働きをしている．

> **Sec. 1.5 要約** ■原核生物細胞は，DNAを含む核域とタンパク質合成部位であるリボソームを主たる構造物としてもつ．原核生物細胞は細胞膜をもつが，細胞内膜系をもたない．

1.6 真核生物細胞

　多細胞性の植物や動物は，原生生物や菌類と同様，共に真核生物であるが，これら4種の真核生物の間には明らかな違いがある．それらの違いは細胞レベルにも反映されている．真核生物と原核生物の最も大きい違いの一つは，細胞内オルガネラの存在の有無である．

　真核生物において最も重要な三つのオルガネラは，核，ミトコンドリア，クロロプラストである．それぞれは，二重膜によって細胞の他の部分と隔てられている．核は細胞のDNAの大部分を含み，RNA合成の場所である．ミトコンドリアは重要なエネルギー産生反応を触媒する酵素を含んでいる．

　クロロプラストは緑色植物および藍藻に見出され，光合成の場所である．ミトコンドリアもクロロプラストもDNAを含んでいるが，これらは核に見出されるDNAとは異なり，いずれも核によって指令されるものとは異なる転写とタンパク質合成を行っている．植物細胞は細菌と同じように細胞壁をもっている．植物の細胞壁の大部分は多糖のセルロースで，細胞に形と機械的な強度を与えている．緑色植物と藻類では光合成のオルガネラである**クロロプラスト** chloroplast が見られる．

　動物細胞は，細胞壁もクロロプラストももたない．図1.11は典型的な動物細胞，植物細胞，そして原核細胞の間の重要な違いを示している．

図 1.11

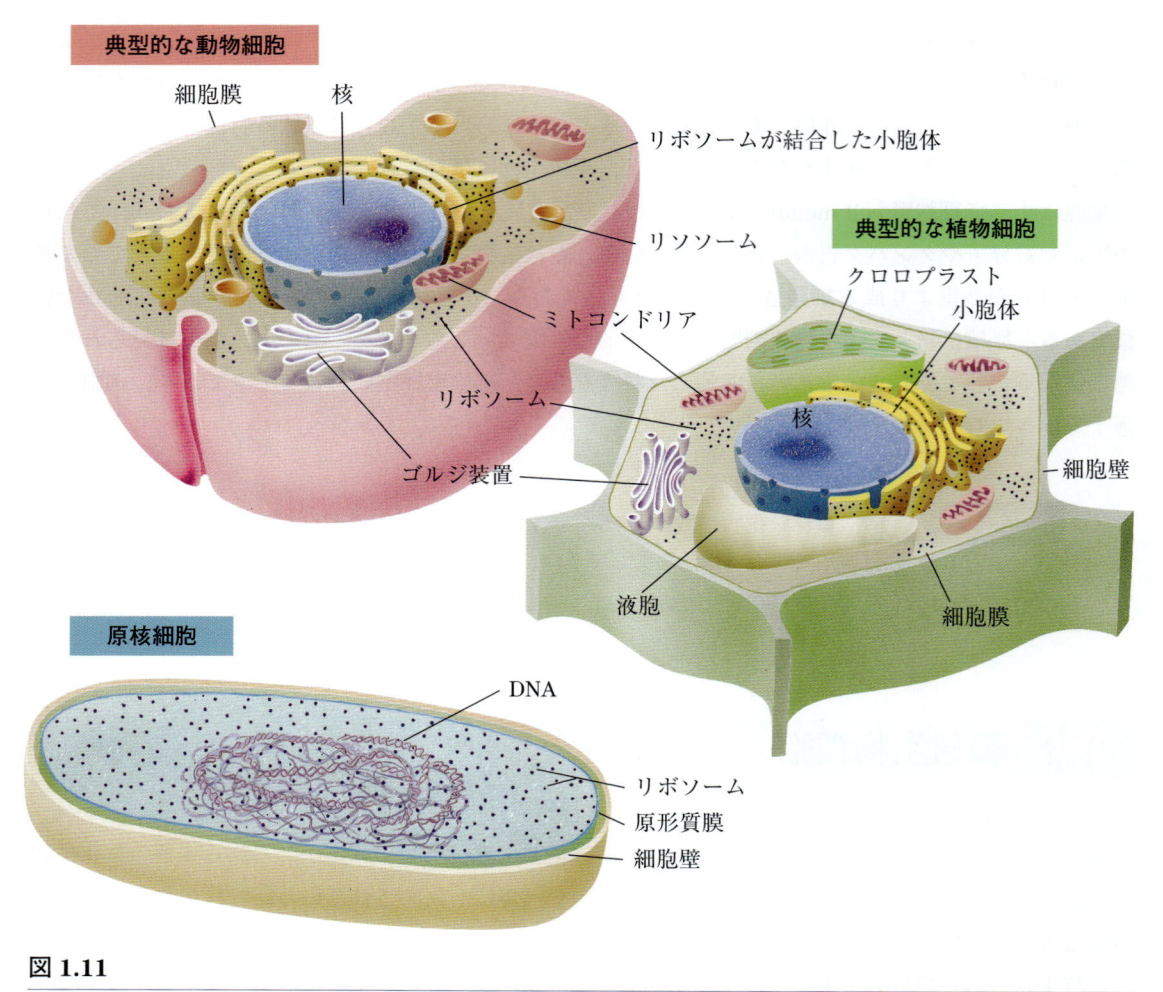

典型的な動物細胞，典型的な植物細胞，原核細胞の比較

1.6.1　最も重要なオルガネラは何か

　核 nucleus は真核生物のおそらく最も重要なオルガネラである．典型的な核はいくつかの重要な構造上の特徴を示す（図 1.12）．核は核二重膜 nuclear double membrane（通常，核膜と呼ばれる）によって囲まれている．核の顕著な特徴の一つは**核小体** nucleolus を含むことである．これは RNA に富んでいる．細胞の RNA（ミトコンドリアやクロロプラストのようなオルガネラでつくられる少量の RNA は除く）は核小体の中で DNA 鋳型の上で合成され，核膜孔を通って細胞質へと運び出される．この RNA は最終的にはリボソームへと向かう．核膜付近にしばしば見つかるものは，DNA とタンパク質の集合体である**クロマチン** chromatin である．主な真核生物のゲノム（核の DNA）は原核生物のゲノムと同様，細胞分裂が始まる前に複製される．真核生物では後に娘細胞の間で分配される複製された DNA の双方ともにタンパク質と結合している．細胞が分裂を始める直前になると，緩やかにまとめられていたクロマチンの糸はきつく巻きつけられ，顕微鏡によって**染色体** chromosome が観

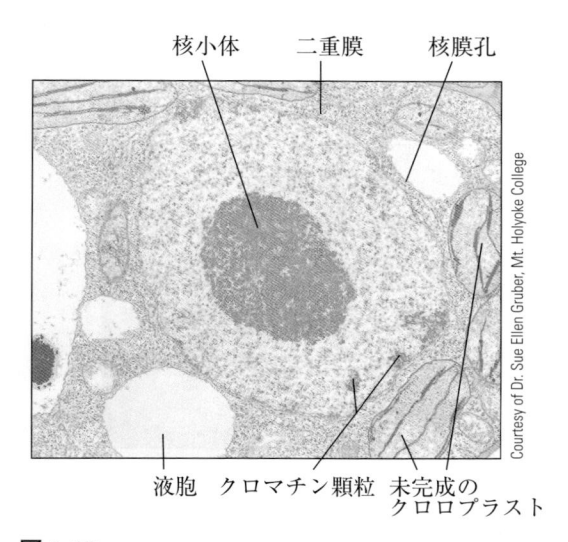

図 1.12
タバコ葉細胞の核（拡大率 15,000 倍）

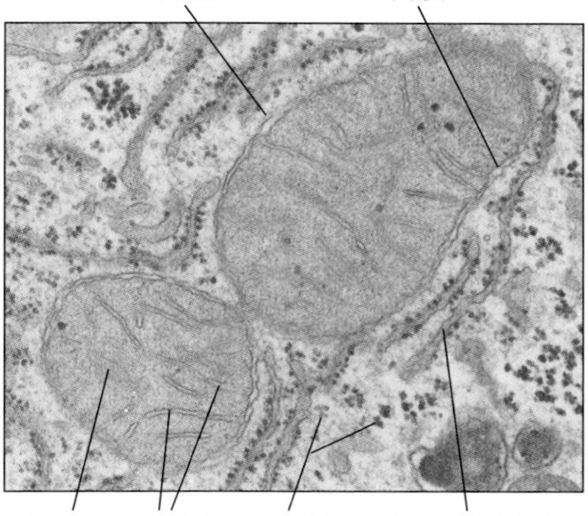

図 1.13
マウス肝臓のミトコンドリア（拡大率 50,000 倍）

察されるようになる．遺伝形質を世代から世代へ伝える役割をもつ遺伝子は，それぞれの染色体の中に見られる DNA の一部分である．

　二番目に非常に重要な真核生物のオルガネラは**ミトコンドリア** mitochondria であり，これは核と同じように二重膜をもっている（図 1.13）．外側の膜は非常になめらかな表面をしているが，内側は**クリステ** cristae と呼ばれるたくさんの襞（ひだ）をもっている．内側の膜の内部の空間は**マトリックス** matrix と呼ばれる．ミトコンドリア内部で行われる酸化反応は細胞のエネルギーを生み出す．これらの重要な反応に関与する酵素のほとんどは，ミトコンドリアの内膜に結合している．ミトコンドリア内部のマトリックス内には，酸化反応に必要な他の酵素と，核にある DNA とは異なる DNA が存在する．ミトコンドリアはまた，細菌に見られるのと同じようなリボソームを含んでいる．ミトコンドリアは多くの細菌とほぼ同じ大きさをしており，典型的には直径約 1 μm，長さ約 2〜8 μm である．このため，ミトコンドリアは，より大きな宿主細胞に取り込まれた好気性細菌から発生したものではないかと考えられている．

　小胞体 endoplasmic reticulum（ER）は細胞全体に行きわたる連続した一重の膜系である．膜はそれ自体で折り重なっているので，電子顕微鏡で見ると二重膜のように見える．小胞体は細胞膜と核膜に付着している．小胞体は 2 種類の形態で存在しており，粗面のものと滑面のものがある．<u>粗面小胞体 rough endoplasmic reticulum</u> には，膜に結合したリボソームが散在している（図 1.14）．リボソームは，すべての生物におけるタンパク質の生合成部位である．サイトゾル内にも遊離した状態で存在しているが，<u>滑面小胞体 smooth endoplasmic reticulum</u> には，リボソームは結合していない．

　クロロプラストは緑色植物と藍藻にのみ見られる重要なオルガネラである．クロロプラストは膜をもち，比較的大きく，典型的には直径は 2 μm，長さは 5〜10 μm である．光合成装置は，**グラナ** grana（単数形 granum）と呼ばれる特殊な構造の中にある．グラナは電子顕微鏡で容易に観察できる（図 1.15）．クロロプラストはミトコンドリアと同じように，核にあるのとは異なった固有の DNA をもつ．クロロプラストとミトコンドリアは，細菌に見られるものに類似したリボソームをもつ．

ミトコンドリア

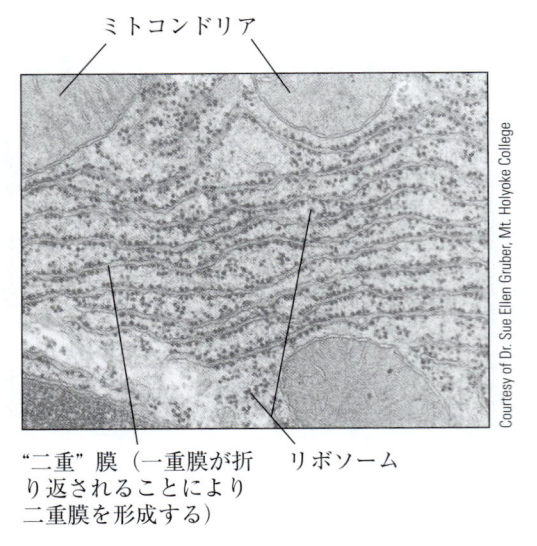

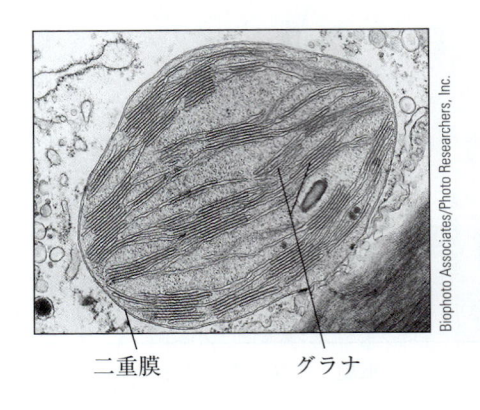

"二重"膜（一重膜が折　リボソーム
り返されることにより
二重膜を形成する）

二重膜　　　　グラナ

図 1.14

マウス肝細胞の粗面小胞体（拡大率 50,000 倍）

図 1.15

藻類ニテラ *Nitella* のクロロプラストの電子顕微鏡像（拡大率 60,000 倍）

1.6.2　他の重要な細胞成分は何か

　いくつかのまだ十分に解明されていないオルガネラの構造においても膜は重要である．その一つ，**ゴルジ装置** Golgi apparatus は小胞体からは分離しているが，しばしば滑面小胞体の近くに見られる．これは膜状の嚢である（図 1.16）．ゴルジ装置は細胞からのタンパク質の分泌に関与しているが，タンパク質分泌が主な機能ではない細胞にも見られる．特にゴルジ装置は細胞内で，糖が，例えばタンパク質のような他の細胞構成成分に結合する場所である．このオルガネラの機能はいまだに研究中である．

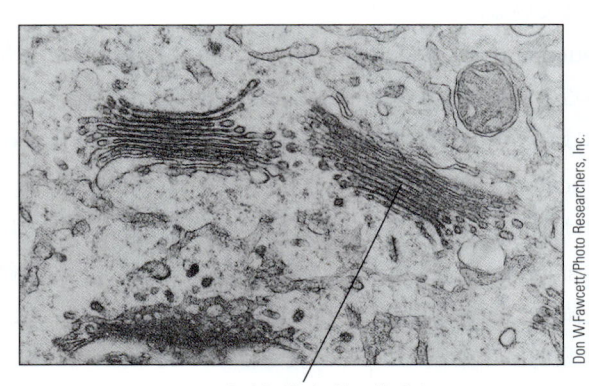

扁平な膜小嚢の集まり

図 1.16

哺乳動物細胞のゴルジ装置（拡大率 25,000 倍）

真核生物の他のオルガネラは，一重の滑面の膜によって仕切られ，特殊な機能をもっているという点でゴルジ装置と似通っている．例えば**リソソーム** lysosome は，加水分解酵素を含んだ膜に囲まれた囊で，これらの酵素は脂質，タンパク質，核酸から物理的に隔離しておかなければ，これらを攻撃して細胞に多大な損傷を与えてしまう．リソソームの内部でこれらの酵素は，通常外部から取り入れた標的分子を，細胞に栄養分を提供する第一段階として，バラバラに分解してしまう．**ペルオキシソーム** peroxysome はリソソームに似ている．その主要な特徴は，細胞毒である過酸化水素（H_2O_2）の代謝に関与する酵素を含むことである．ペルオキシソーム内に存在するその酵素，カタラーゼ catalase は H_2O_2 の H_2O と O_2 への転換を触媒する．**グリオキシソーム** glyoxysome は植物細胞のみに見られる．グリオキシソームはグリオキシル酸回路 glyoxylate cycle を触媒する酵素を含んでいる．グリオキシル酸回路とは，脂質を中間体のグリオキシル酸を経て糖質へと転換する反応経路である．

サイトゾル cytosol は，単なる粘度の高い液体にしかすぎないと長い間考えられてきたが，電子顕微鏡による最近の研究により，細胞のこの部分にはいくつかの内部構造が存在することが明らかになってきた．一般にオルガネラは，大部分がタンパク質から成ると思われる細い糸でできた格子によって固定されている．この**細胞骨格** cytoskeleton，すなわち，微小柱網状格子 microtrabecular lattice はすべてのオルガネラにつながっている（図 1.17）．細胞骨格の細胞構造における機能については多くの謎が残っているが，細胞の基本構造を維持する上でのその重要性については疑いはない．

真核生物の細胞膜（原形質膜）は細胞を外界から隔離する働きをもつ．細胞膜は脂質の二重層より成っており，その脂質マトリックスにはさまざまなタンパク質が埋め込まれている．そのタンパク質のいくつかは膜障壁を乗り越えて特定の物質を輸送する．輸送はどちらの方向にも起こり得る．細胞

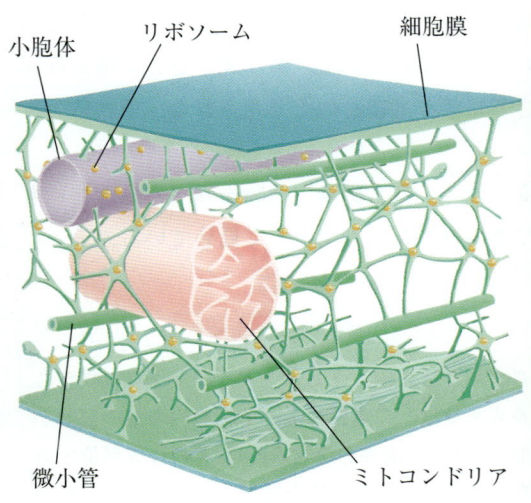

Ⓐ この繊維の網状組織は細胞骨格とも呼ばれ，サイトゾル全体に広がっている．微小管と呼ばれる繊維はタンパク質チューブリンから成ることが知られている．ミトコンドリアのようなオルガネラはこのような繊維に付着している．

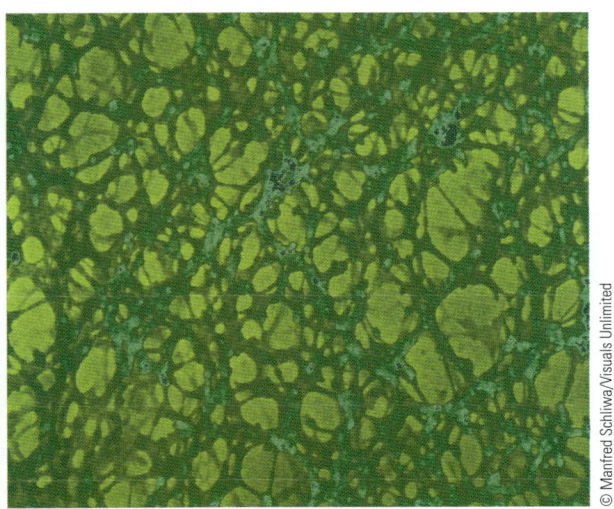

Ⓑ 微小柱網状格子の電子顕微鏡写真（拡大率 87,450 倍）．

図 1.17

微小柱網状格子

表 1.4　オルガネラとその機能についてのまとめ

オルガネラ	機　能
核	主要ゲノムを含む部位．大部分の DNA, RNA の合成部位．
ミトコンドリア	エネルギーを産生する酸化反応部位；自身の DNA をもつ．
クロロプラスト	緑色植物と藻類の光合成部位；自身の DNA をもつ．
小胞体	細胞全体にわたる連続した膜；粗面部にはリボソーム ribosome（タンパク質合成部位）*が散在している．
ゴルジ装置	一連の扁平な膜；細胞からのタンパク質分泌と，糖を他の細胞構成成分に結合させる反応に関与．
リソソーム	膜によって囲まれた加水分解酵素を含む囊．
ペルオキシソーム	過酸化水素の代謝に関係する酵素を含む囊．
細胞膜	細胞の内容物を外界から隔離；内容物にはオルガネラ（細胞骨格 cytoskeleton*によって固定されている）とサイトゾル cytosol が含まれる．
細胞壁	植物細胞外部の堅牢な層．
液胞	膜に囲まれた囊（植物細胞）．

*オルガネラとは，膜によって囲まれた細胞の部分と定義されているので，リボソームは厳密にはオルガネラではない．滑面小胞体にはリボソームは付着しておらず，またリボソームはサイトゾル中にも遊離して存在する．このオルガネラ（細胞内小器官）という定義は細胞膜，サイトゾル，また細胞骨格の取扱いにも関係する．

にとって役に立つ物質を取り込み，不要な物質を排出する．

　動物細胞にはないが，植物細胞（および藻類）は原形質膜の外側に細胞壁をもっている．植物の細胞壁を形成するセルロースは，植物を構成する主要な成分である．木材，木綿，リネン，そしてほとんどの種類の紙は大部分がセルロースである．同じく植物細胞に存在するものに，細胞の真ん中にある大きな**液胞** vacuole，一重膜に包まれた細胞質中の囊がある．液胞は動物細胞に見られることもあるが，植物細胞の液胞はより顕著である．液胞は植物が生長するにつれて，数，大きさ共に増える傾向がある．液胞の重要な働きは，植物が環境に分泌できる量よりも多くつくりだされた，植物にとって有毒な老廃物を隔離することである．

　この老廃物はおいしくないか，あるいは有毒でさえあるため，草食動物（植物を食べる生き物）も食べるのを思いとどまるらしく，このため植物にとってある種の防御機構として働いている．

　表 1.4 にオルガネラとその機能についてまとめる．

> **Sec. 1.6 要約**
> ■真核細胞の三つの重要なオルガネラは，核，ミトコンドリア，クロロプラストである．これら三つのオルガネラは，二重膜によって細胞内の他の部分から隔離されている．核は細胞の DNA の大部分を含み，RNA の合成部位である．ミトコンドリアは重要なエネルギー産生反応を触媒する酵素を含んでいる．クロロプラストは緑色植物および藻類に見られ，光合成の部位である．ミトコンドリアとクロロプラストは核に見られる DNA とは異なる固有の DNA を含んでおり，核によって指令されるものとは異なる転写とタンパク質合成を行っている．
> 他のオルガネラはそれぞれ特殊な役割を果たしている．これには，ゴルジ装置，リソソーム，ペルオキシソームが含まれる．

1.7　生物の五界説と3ドメイン説

　生物体を分類する方法はいろいろある．18世紀に確立された最初の生物分類体系は，すべての生物を二つの生物界に分類した．動物と植物である．この体系では，植物とは太陽から直接食べ物を得る生物であり，動物とは，食べ物を求めて動き回る生き物であった．しかしながら，他の分類方法もたくさんある．例えば，その生物が細胞壁をもっているか否か，あるいはその生物が単細胞であるか否か，などに基づいて生物を区別することも可能であろう．ところが，研究者たちは，最初の生物分類体系では，ある種の生物，特に細菌はどちらの生物界にも明らかな関係をもたないことを発見した．さらにまた，生命体のより基本的な境界線は，実は植物と動物の間にあるのではなく，原核生物と真核生物の間にあることが明らかとなった．20世紀には，生物を二つ以上の生物界に区分する分類法がいくつか導入された．

1.7.1　科学者は今日では生物をどのように分類しているか

　生物の五界分類法は，原核生物と真核生物の違いを考慮すると同時に，植物でも動物でもない真核生物に対する分類を可能にした．
　モネラ Monera 界は，原核生物のみから成る．細菌とシアノバクテリアがこの生物界を構成する．他の四つの生物界は真核生物より成る．**原生生物界** Protista は，ミドリムシ *Euglena*，オオヒゲマワリ *Volvox*，アメーバ *Amoeba*，ゾウリムシ *Paramecium* のような単細胞生物を含む．原生生物の中には藻類のような多細胞生物もある．主として多細胞真核生物（単細胞真核生物が少数含まれる）によって構成されている三つの生物界は，菌界，植物界，動物界である．菌界は，酵母，カビ，キノコを含む．菌類，植物，動物は，より単純な祖先真核生物から進化したには違いないが，進化における大きな変化は，原核生物から真核生物が発生したということであった（図1.18）．
　明確に区分された核をもたないという基準からすれば，原核生物に分類される一群の生物が存在する．これらの生物は，**真正細菌** Eubacteria（真の細菌）と区別するため，**古細菌** Archaebacteria（原始細菌）と呼ばれる．なぜなら，これら2種類の生物の間には顕著な違いがあるからである．古細菌は，過酷な生育環境で見出され（p.30の《身の周りに見られる生化学》を参照），そのため好極限性細菌とも呼ばれる．古細菌と他の生物との間の違いのほとんどは，細胞壁や膜，そしてある種のRNAの分子構造の生化学的な特性である（本章末のWoese, C. R.の論文は，古細菌と他の生物の生化学的な比較を行っている）．

図 1.18

生物の五界分類法の図式

1.7.2　生物を分類するための，より単純な基準はあるか

　生物学者の中には五界分類法よりも，3ドメイン分類法——**細菌** Bacteria（真正細菌），**古細菌** Archaea，**真核生物** Eukarya ——を好む者もいる（図 1.19）．この分類が好まれる理由は，分類の基礎として生化学が強調されているからである．

　3ドメイン分類法は，今後，明らかにより重要になってくるだろう．古細菌である *Methanococcus jannaschii* のゲノムの完全塩基配列が決められている（本章末の Morell, V. の論文を参照）．この生物の遺伝子の半分以上（56 %）が既知の原核細胞，真核細胞の遺伝子と著しく異なっているので，これは3ドメイン分類法を強く支持する一つの根拠である．これらの三領域のさまざまな生物について，ゲノム完全配列が解読されつつある．インフルエンザ菌 *Haemophilus influenzae*（訳注：インフルエンザの病原体ではない）や，多くの生化学的な経路がよく研究されている大腸菌 *Escherichia coli* などの細菌もその中に含まれる．*Saccharomyces cerevisiae*（醸造用酵母），*Arabidopsis thaliana*（シロイヌナズナ），*Caenorhabditis elegans*（線虫）のゲノム配列もわかっている（図 1.20）．マウス（*Mus*

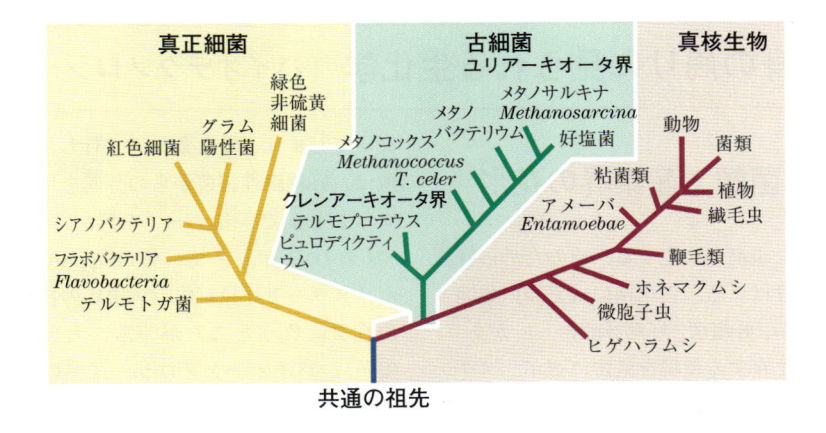

図 1.19

生物の3ドメイン分類法の図式
真正細菌と古細菌の二つのドメインは，原核生物から成る．三つ目のドメインは真核生物より成る．これら三つのドメインは，進化の初期において，共通の祖先をもつ．（Science **273**, *1044 [1996]* より，許可を得て転載）

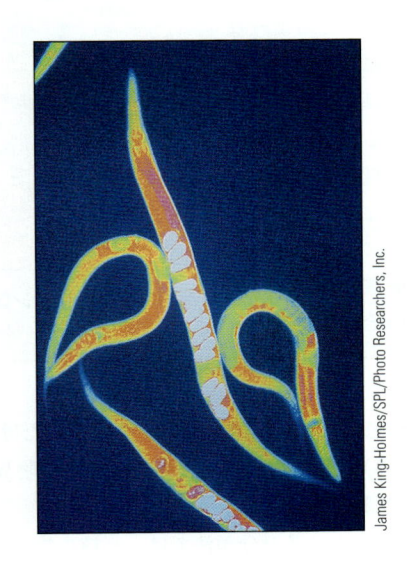

図 1.20

ゲノム配列の決定された生物
ヒトゲノムと同様に，線虫の全ゲノムも解読された．*C. elegans* は遺伝的設計図を研究するのに理想的である．なぜなら，自家受精により繁殖する傾向があるからである．これにより，親と全く同一の子孫が得られる．

musculus）やショウジョウバエ（*Drosophila melanogaster*）のゲノムも解読され，また，他の多くの生物のゲノム配列の解読も進んでいる．ゲノム配列解読プロジェクトの中で，最も有名なものがヒトゲノムの解読であり，広く世界に公開され，世界中のウェブでその結果は利用に供されている．

身の周りに見られる生化学　バイオテクノロジー

好極限性細菌類：産業界の花形

　古細菌は極端な環境で生息する．そのため，好極限性細菌類とも呼ばれる．古細菌には三つの集団——メタン生成菌，好塩菌，好熱好酸菌——があり，これらはすべて生存する環境を厳密に選ぶ．メタン生成菌 methanogens は完全な古細菌で，二酸化炭素（CO_2）と水素（H_2）よりメタン（CH_4）を生み出す厳密に嫌気性の菌である．

　好塩菌 halophiles は死海に見られるような非常に高い塩濃度を生育に必要とする．好熱好酸菌 thermacidophiles は高熱と強酸性を生育に必要とし，典型的には 80〜90 ℃，pH 2 である．このような生育条件は，原始地球の過酷な条件に適応した結果であるかもしれない．これらの生物はその生育条件に耐えられるので，それらの産生する酵素も安定であるはずである．一方，真正細菌や真核生物より単離されたほとんどの酵素はそのような条件では不安定である．バイオテクノロジー産業にとって非常に重要ないくつかの反応は，酵素で触媒されており，しかも，たいていの酵素が短時間にその触媒活性を失ってしまうような条件下で行われている．この問題は，好極限性細菌からの酵素を用いることで回避することができる．一つの例が，*Thermus aquaticus* の DNA ポリメラーゼ（Taq polymerase）である．ポリメラーゼ連鎖反応（PCR）の技術は，この酵素の性質に負うところが非常に大きい（Sec. 13.6 を参照）．バイオテクノロジー産業の人たちは，そのような酵素を求めて海底の熱の噴出口や温泉をいつも探索している．

イエローストーン国立公園の温泉
ある種の細菌はこのような過酷な条件でも繁殖する．

Sec. 1.7 要約

- 生物の五界分類法では，原核生物はそれだけで一つの生物界を成している（モネラ界）．残り四つの生物界——原生生物界，菌界，植物界，動物界——は真核生物から成る．
- 生物の3ドメイン分類法では，真核生物はそれだけで一つのドメインを成している．他の二つのドメインは原核生物から成っている．真正細菌はよく見られる原核生物である．古細菌は原始の地球で見られたような極限環境に生息する生物である．

1.8 すべての細胞に共通の基盤

1.8.1 真核生物は原核生物から進化してきたのか

　真核生物は複雑なため，どのようにしてこのような細胞が，より単純な祖先から生まれてきたのかに関して多くの疑問が生じる．真核生物の誕生に関する現在の理論では，共生が大きな役割を果たしている．つまり，二つの生物間での共生により，元々の生物双方の特性を備えた新しい生物が生まれたのではないかと考えられている．相利共生 mutualism と呼ばれる種類の共生は，関係する生物双方に利益を与えるが，反対に寄生共生 parasitic symbiosis では一方の生物種が他方を犠牲にして利益を得る．共生の古典的な例として（時には疑問視されることもあるが），菌類と藻類より成る地衣植物がある．菌類は藻類に対して水と保護を与え，藻類は光合成を行って菌類に栄養を与える．別の例は根粒系で，これはムラサキウマゴヤシやインゲン豆のようなマメ科の植物と，嫌気性窒素固定細菌より成る（図 1.21）．植物は有用な窒素化合物を得，バクテリアは有害な酸素から保護されている．さらにもう一つの実際上非常に興味深い相利共生の例は，ヒトとその腸管内に住む *Escherichia coli* のような細菌との間の共生である．このような細菌は養分と保護を周囲の環境から受けている．代りに，それらの細菌はわれわれの消化作用を助ける．腸内細菌がいなければ，われわれはすぐにでも下痢や他の腸疾患にかかるであろう．これらの細菌はまた，ある種のビタミン源になる．なぜなら，これらの細菌はわれわれの合成できないようなビタミン類を合成することができるからである．なお

図 1.21

マメ科植物の根粒系
マメ科植物は，その根粒系で窒素固定細菌と共生する．

時々，ニュースに出てきた病原性大腸菌は，自然状態で腸管内に棲んでいるものとは非常に異なるものである．

1.8.2　共生は真核生物の進化に何らかの役割を果たしたか

遺伝的共生では，大きな宿主細胞が遺伝的に決められた数の小さな生物を内包する．一つの例は原生生物 *Cyanophora paradoxa* であり，この真核宿主細胞は遺伝的に決定された数のシアノバクテリア（藍藻）を含んでいる．シアノバクテリアが宿主細胞に含まれることからわかるように，このような相互関係は**内部共生** endosymbiosis の一例である．シアノバクテリアは好気性原核生物であり，光合成を行う能力をもつ（図 1.22）．この宿主細胞は光合成産物を手に入れることができ，代りにシアノバクテリアは外界より保護され，なおかつ同時に宿主細胞の大きさが小さいために，酸素と太陽光線を得ることができるのである．このモデルでは，シアノバクテリアは世代を重ねるうちに次第に単独で生きる能力を失い，新しいより複雑な種類の細胞の中でオルガネラとなっていったのである．こ

図 1.22

ストロマトライト化石
ストロマトライトは，シアノバクテリア（藍藻）の多重層から成る大きな石のクッションのような塊であり，シアノバクテリアが炭酸カルシウムを分泌することができたので保存されてきた．現存する有機物として見出された最古のものである．この標本は約 24 億年前のものである．ストロマトライトの生成は後期先カンブリア時代（40 億〜5.7 億年前）が最盛期であったが，今もまだできてきている．この標本はアルゼンチンで発見されたものである．

のような過程を経て，単独では生きることができないクロロプラストが生まれたのである．このようなオルガネラに独自のDNAやリボソームタンパク質合成装置はもはや不必要であるが，これらのオルガネラが独自のDNAをもち，タンパク質合成が可能であるというまさにその事実は，遠い昔，これらのオルガネラが単独で生活していたことを示唆するものである．

同じようなモデルが，ミトコンドリアの起源についても提案されている．次のようなシナリオを考えてみよう．大きな嫌気性の宿主細胞が，たくさんの小さな好気性細菌を吸収したのである．大きな細胞は小さな細胞を保護し，栄養を与える．クロロプラストの例と同じように，小さな細胞は依然として酸素を利用することができた．大きな細胞は自身では養分を好気的に酸化することができなかったが，この細胞の行う嫌気的酸化による最終生産物は，小さな細胞のより効率的な好気的代謝によってさらに酸化できたのである．その結果，この大きな細胞は細菌を取り込まないときに比べて，一定の量の食物からより大きなエネルギーを得ることができるのである．そのうちに，この協調関係にあった二つの生物は，元の好気性細菌に由来するミトコンドリアを含む一つの新しい好気性生物へと進化したのである．

ミトコンドリア，クロロプラストのどちらも，細胞の核内に見られるDNAとは異なった独自のDNAをもつという事実は，このモデルを支持する重要な生化学的証拠の一つである．加えて，ミトコンドリアもクロロプラストも，自身のタンパク質とRNAの合成装置を備えている．ミトコンドリアの遺伝暗号は核内のものとは少し異なり，これはミトコンドリアが元々独立した生物に起源をもつという考えを支持するものである．すなわち，RNAとタンパク質を合成する装置が残っているということは，オルガネラが以前は単独に生活する細胞であったことを反映していると考えられる．好気性細菌を吸収した大きな単細胞生物は，細菌からミトコンドリアを進化させ，ついには動物細胞を生み出したのだと結論付けるのが妥当である．他の種類の単細胞生物は好気性細菌とシアノバクテリアの両方を吸収し，ついには緑色植物を生み出したのだ．

原核生物と真核生物を結びつけるこれらの提案は完全に確かなものとして立証されたものではなく，多くの疑問点を残している．しかし，これらの考えは，細胞内で起こる反応の起源と進化を考える際に，よりどころとなる興味深い枠組みである．

Sec. 1.8 要約
- ■真核生物が原核生物より誕生したという理論の多くは，共生が果たす役割に焦点を当てている．
- ■より大きい細胞が小さい細胞を内包する内部共生の概念が，真核生物細胞の中にオルガネラを誕生させたというシナリオを考える上で，大きい役割を果たしている．

1.9 生化学エネルギー論

1.9.1　生命過程におけるエネルギーの源は何か

　すべての細胞は，いろいろな目的のためにエネルギーを必要とする．細胞内で起こる多くの反応，特に高分子の合成に関わる反応は，エネルギーが供給されないと起こらない．太陽は地球上のあらゆる生命にとって究極のエネルギー源である．光合成生物は光のエネルギーを捕捉し，それを，炭酸ガスと水を糖質と酸素に変換するときのエネルギー要求性反応の原動力としている（これらの反応は**還元** reduction という化学的過程に関与していることに注意）．動物のように糖質を消費する非光合成生物は，これらをエネルギー源として用いる（エネルギーを遊離する反応は**酸化** oxidation という化学的過程に関与する）．酸化還元反応が細胞内の諸過程で果たす役割については，Chap. 15 で取り上げ，さらにそれに続く章でそのような反応の多くの例を論じることになる．ここでは当面，酸化が電子を失うことであり，還元は電子を得ることであることを一般化学より思い出すことが有用であり，また，それで十分である．

1.9.2　生化学におけるエネルギーの変化はどのようにして測るか

　どの過程についても最も重要な問題の一つは，その過程がエネルギー的に好都合であるかどうかということである．**熱力学** thermodynamics は，この問題を扱う科学の分野である．肝心な点はエネルギーを産生する過程は好まれるということである．逆にいうと，エネルギーを要する過程は好まれない，ということである．エネルギーの変化量は過程の出発点で存在している分子の状態と過程の終わりに存在している分子の状態にのみ依存している．問題としているその過程が，結合の生成であれ切断であれ，あるいは分子間相互作用の形成であれ破壊であれ，あるいはまたエネルギーを要求もしくは遊離するどのような過程についても，このことは成り立つ．これらの点については，Chap. 4 のタンパク質のフォールディングを見るときに，また Chap. 15 で代謝におけるエネルギーを考えるときにかなり詳しく論じることになる．この題材はきわめて重要であり，多くの読者にとって取り組みがいのあるものとなるだろう．今ここで，これについて言えることは，後の章で取り扱うほうが容易になるだろうということである．

　多くの生化学的過程の一部として起こる一つの反応は，アデノシン三リン酸，すなわち ATP という化合物の加水分解である（Sec. 1.2）．

この反応はエネルギーを遊離する（30.5 kJ/モル ATP = 7.3 kcal/モル ATP）．この点にさらに付け加えることは，この反応によって遊離されたエネルギーはエネルギー要求性の反応を進めるということである．エネルギーの転移を表すのに多くの方法がある．最もよく用いられるものの一つは，一般化学で議論される自由エネルギー G である．さらに，エネルギーの低下（遊離）はその系をより安定な状態に導くということを一般化学より思い出して欲しい．エネルギーが低下するということは，しばしば対象物が坂を転がり落ちる絵（図 1.23），あるいは滝が落ちていく絵にたとえて示される．この表現は日常的な体験を呼び起こし，理解を助ける．

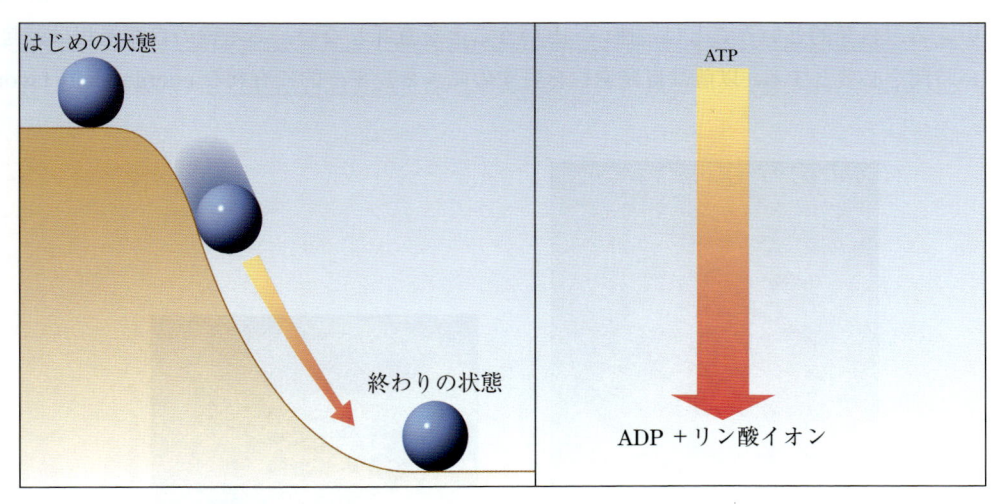

Ⓐ ボールが坂を転がり落ち，ポテンシャルエネルギーを遊離する．

Ⓑ ATP は加水分解されて ADP とリン酸イオン P_i を生じ，エネルギーを遊離する．ボールが坂を転がり落ちる時のポテンシャルエネルギーの遊離は化学反応におけるエネルギーの遊離に似ている．

図 1.23

エネルギーの低下を示す模式図

Sec. 1.9 要約

- 太陽は地球上のすべての生命にとって，エネルギーの源である．太陽は光合成のエネルギーを提供し，これにより酸素のみならず，糖質を産生する．糖質はエネルギーを遊離する化学反応において変化していくことができる．
- エネルギーを遊離する反応は好まれ，起こりやすい．熱力学は反応の起こりやすさを予測する科学の分野である．

1.10 エネルギーとその変化

1.10.1 生細胞ではどのようなエネルギー変化が起こるか

　エネルギーは，いくつかの形態をとることが可能であり，一つの形態から別の形態に変換することができる．すべての生命体は，さまざまな形態のエネルギーを必要とし，それを利用している．例えば，運動では機械エネルギーを必要とし，体温の維持には熱エネルギーを利用している．光合成には太陽からの光エネルギーが必要であるし，ある種の魚類やウナギ類のような生物では，電気エネルギーを生成するために化学エネルギーを利用している（図1.24）．また，生体分子の生成と分解は，結果として化学エネルギーの変化を伴っている．

　熱力学の見方に立てば，外からの介入なしに実際に起こるいかなる過程も**自発的** spontaneous であるといえる．自発的ということは"速い"ということを意味しない．ある種の自発過程は，起こるのに長い時間を必要とする．以前は自発過程を表すのにエネルギー的に有利な energetically favorable

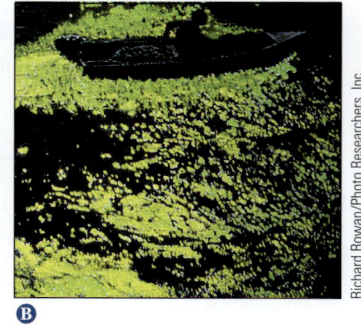

図 1.24

生物系におけるエネルギー転換の二つの例
Ⓐ シビレエイ（シビレエイ科 Torpedinidae の海水魚）は，化学エネルギーを電気エネルギーに変換する．
Ⓑ リン光細菌は，化学エネルギーを光エネルギーに変換する．

という言葉を使っていた．熱力学の諸法則は，エネルギーの転換を伴う何らかの変化が起こるか否かを予測するのに利用することができる．このような変化の例としては，共有結合が切断されたり，新しく形成されたりする化学反応がある．もう一つの例は，タンパク質が折りたたまれて特有の三次元構造を形成するときに見られる水素結合や疎水性相互作用のような非共有結合性の相互作用である．また，極性物質と非極性物質が別々の相に存在しようとする傾向は，個々の分子間の相互作用のエネルギー，いい換えれば，相互作用の熱力学の反映である．

Sec. 1.10 要約 ■自発的な反応は，外からの介入なしに起こる反応をいう．これは，反応速度を規定するものではない．ある種の自発過程は，起こるのに長い時間を必要とする．

1.11 生化学反応の自発性

1.11.1 生細胞ではどのような反応が起こるかをどのようにして予測できるか

　反応過程の自発性を予測する上で最も有効な基準は，記号 G で表される**自由エネルギー** free energy である（厳密にいえば，この基準を使用するためには，生化学分野における熱力学では通例となっている一定温度，一定圧力の条件が必要である）．エネルギーの絶対値を測定することは不可能であるが，反応過程で起こるエネルギーの変化 change は測定できる．したがって，この自由エネルギーの変化の値（ΔG，記号 Δ は変化を表す）から，検討対象となる反応過程の自発性に関して，必要な情報を得ることができる．

　反応系の自由エネルギーは，自発的（エネルギー放出）過程では減少するため，ΔG は負である（$\Delta G < 0$）．このような過程を**発エルゴン的** exergonic といい，エネルギーが放出されることを意味して

J・ウィラード・ギブス J. Willard Gibbs （1839 ～ 1903）．記号 G は，彼に敬意を表し，自由エネルギーに対して付与されている．彼の研究は生化学的熱力学の基礎となっており，彼はアメリカが生んだ偉大な科学者の一人である．

いる．一方，自由エネルギーの変化が正（$\Delta G > 0$）であれば，その過程は非自発的である．非自発的過程が起こるためには，外からエネルギーが供給されなければならない．そのため，非自発的過程は，**吸エルゴン的** endergonic ともいわれ，エネルギーが吸収されることを意味している．反応過程がどちらの方向にも進まず，**平衡** equilibrium 状態にあるときには，自由エネルギー変化はゼロ（$\Delta G = 0$）である．すなわち，自由エネルギー変化の記号，ΔG は，反応の方向を示している．

$\Delta G < 0$　自発的，発エルゴン的——エネルギー放出
$\Delta G = 0$　平衡
$\Delta G > 0$　非自発的，吸エルゴン的——エネルギー要求

　自発的過程の例としては，グルコースの好気的な代謝がある．すなわち，グルコースは酸素と反応し，二酸化炭素，水および生命体にとって必要なエネルギーを生成する．

$$\text{グルコース} + 6O_2 \rightarrow 6CO_2 + 6H_2O \quad \Delta G < 0$$

非自発的過程の例としては，Sec 1.9 で見た反応の逆反応，すなわち ADP（アデノシン二リン酸）のリン酸化による ATP（アデノシン三リン酸）の産生（Sec 1.9）がある．この反応が生体内で起こるのは，上記のような代謝過程からエネルギーが供給されるためである．

$$\text{ADP} + {}^-\text{O}-\overset{\overset{\text{O}}{\|}}{\underset{\text{OH}}{\text{P}}}-\text{O}^- + \text{H}^+ \longrightarrow \text{ATP} + \text{H}_2\text{O} \quad \Delta G > 0$$

アデノシン　リン酸　　　　アデノシン
二リン酸　　　　　　　　　三リン酸

> **Sec. 1.11 要約**
> - ある反応に伴う自由エネルギー（ΔG）の変化は，その反応がある温度，圧力の条件下で自発的に起こるかどうかを決定する．
> - 負の自由エネルギーの変化（$\Delta G < 0$）は，自発的反応に特徴的である．正の自由エネルギーの変化（$\Delta G > 0$）は，その反応が自発的反応ではなく，その逆反応が自発的であることを示している．自由エネルギーの変化がゼロであるとき（$\Delta G = 0$）は，反応が平衡状態にある．

1.12　生命と熱力学

　時折，生命あるものの実在は，熱力学の法則，なかでも第二法則に反しているとする表現に出会うことがある．本法則をよく見れば，生命が熱力学と矛盾するものでないことがはっきりするであろうし，熱力学についてさらに考察を進めていけば，この重要な問題への理解も深まるであろう．

1.12.1　生命は熱力学的に存在しうるものか

　熱力学の法則については，いろいろないい方がある．あるいい方に従えば，第一法則は"あなたは勝てない"，そして第二法則は"あなたは五分五分になれない"と表現できる．やや重々しく表現すると，第一法則は，100％以上の効率で，エネルギーをある形態から別の形態に変換することは不可能であることを示している．いい換えると，熱力学の第一法則は，エネルギー保存の法則である．第二法則は，エネルギーの変換が100％の効率でさえも不可能であることを表している．
　これら二つの熱力学の法則は，よく知られている次の式を使うことによって，自由エネルギーと関係づけることができる．

$$\Delta G = \Delta H - T\Delta S$$

この式において，G は前と同じく自由エネルギーであり，H は**エンタルピー** enthalpy を表し，S はエントロピー entropy である．第一法則の論点は，**一定圧力下での反応熱**，すなわち，エンタルピー変化 ΔH に焦点を合わせている．この量は，比較的簡単に測定することができる．そこで，数多くの重要な反応に対するエンタルピー変化が測定されており，それらは，一般化学の教科書に収載されるなど，広く利用されている．第二法則は，エントロピー変化 ΔS に焦点を当てている．ただ，ΔS の概念について説明するのは，エンタルピーほど簡単ではないし，また，これを測定するのもエンタルピーの変化を測定するほど容易ではない．しかし，生化学にとって，エントロピー変化は，極めて重要なものである．
　エントロピーに関する最も有用な定義の一つは，統計学的な考察から生じている．統計学的な観点からとらえると，ある反応系（観察対象物質あるいは物質群）のエントロピーの増大は，対象物質，例えば，個々の分子のようなものの可能な配置の数が増大することを意味する．例えば，本は，図書館の書棚にきちんと整理されているときよりも，閲覧室内に散乱しているときのほうが高いエントロピーをもつことになる．散らかされた本は，棚の上にある本よりも明らかに乱雑な状態にある．つまり，宇宙の自然な流れは，エネルギーの散乱が増大する方向に進み，そして生物は，この流れに抵抗

ルートビッヒ・ボルツマン Ludwig Boltzmann（1844～1906）．宇宙の無秩序性にかかわるエントロピーについて表した式 $S = k \ln W$ は，彼の輝かしい業績の一つであり，その式は，彼の墓碑に刻まれている．

身の周りに見られる生化学　熱力学

反応を予測する

エントロピーの概念について，極めて簡単な系を用いて考えてみよう．一つの容器の中に四つの分子が置いてある．各分子が容器の左側あるいは右側に置かれるチャンスは均等である．数学的にいえば，ある一つの決められた分子が一方の側に見出される確率 probability は，1/2 である．どんな確率も，0（不可能）から 1（完全に確実）の範囲の分数として表すことができる．容器の中の四つの分子の配置には，16 通りの状態があることがわかる．このうち，四つの分子すべてが左側に配置するのは一つだけであるが，四つの分子が左右二つの側に等しく分布する配置は 6 種類ある．規則性のより低い（より分散した）配置のほうが，規則性の高い配置よりもずっと起こりやすい．エントロピーは，可能な分子配置の数の面から定義できる．

すなわち，エントロピー S に関するボルツマンの式は，$S = k \ln W$ となっている．この式で，W は起こりうる分子配置の数，$\ln$ は底 e に対する対数，k は一般にボルツマン定数と呼ばれている定数を表す．また，ボルツマン定数は，R/N に等しい．ここで，R は気体定数，N は 1 モル中に含まれる分子の数，アボガドロ定数（6.02×10^{23}）である．

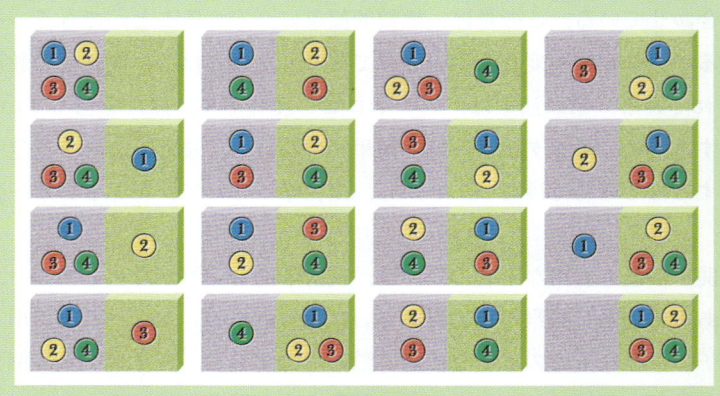

容器の両側にいる四つの分子の系に対する 16 通りの状態
このうち，四つの分子すべてが左側に配置されるのは，一つだけである．

して秩序を維持するために多くのエネルギーを注ぎ込むということになる．親ならば誰でもわかるように，親は 2 歳児の部屋を片づけるのに多くの時間を費やすが，子供はそのすべてをあっという間に台無しにしてしまう．これと同様に，細胞は，多くの異なる配置へと分散しようとする自然の傾向に抵抗して，細胞構造を無傷に保つために多くのエネルギーを使っている．

第二法則について別のいい方をすれば，いかなる自発的過程においても宇宙のエントロピーは増大する（$\Delta S_{宇宙} > 0$）と表現できる．この表現は普遍的なものであり，いかなる条件下でも当てはまる．また，これは定温，定圧といった特殊なケースに限定されない．この点，自発的過程では自由エネルギーが減少するという表現と同じである．エントロピーの変化は，タンパク質のフォールディングのエネルギー論を論じる上で特に重要である．

Sec. 1.12 要約

■生物は分子の秩序立った集合体である．それらはエントロピーの局所的な減少を表している．宇宙のエントロピーは自発的過程により増大するので，この局所的エントロピーの減少は周囲のエントロピーの増加により相殺される．そして，全体としてのエントロピーは増加する．

SUMMARY 要約

◆**生化学は生命過程をどのように記述するか**　生化学は生命現象を分子レベルで探求する学際的な分野である．

◆**生命体はどのようにして生まれたか**　あらゆる種類の生物に共通する基本的な類似性があることから，生命の起源について推察することは意義のあることである．

◆**化学者は実験室で生体分子をつくることができるか**　有機化学も生化学も両方とも，炭素を含んだ分子の反応を扱う．これらの分子の構造は，生物に由来していても実験室でできたものであっても同じなので，生体分子を実験室でつくることは可能であるが，時には非常に難しいこともある．

◆**生体分子の特徴は何か**　有機化学も生化学も両方とも，その考えは官能基の振舞いに重点を置いているが，それぞれが強調する点は異なっている．なぜなら，有機化学にとって重要な官能基のいくつかは生化学では何の役割も果たしておらず，その逆もあるからである．生化学において重要な官能基には，カルボニル基，ヒドロキシ基，カルボキシ基，アミン，アミド，エステルが含まれる．エステルや無水物のようなリン酸誘導体も同じように重要である．

◆**地球は，いつ，どのようにしてできたのか**　地球は他の太陽系と共に，第一世代の星によって産生された元素から40億～50億年前に生まれた．

◆**生体分子は原始の地球上で，どのようにしてつくられたのだろうか**　重要な生体分子は無生物的な（生物ではない）条件下で，原始地球上の大気に存在したと仮定される単純な化合物より生み出せることが示された．これらの単純な生体分子は，また無生物的な条件で重合し，タンパク質や核酸に類似した化合物を生み出した．

◆**触媒分子か遺伝分子か，いずれが先にできたのか**　すべての細胞内活動は，化学反応速度を上げる触媒と，触媒の合成を指示する遺伝暗号の存在に依存している．現存生物の細胞では，触媒作用にはタンパク質が関与しており，遺伝暗号の伝達には核酸，特にDNAが関与している．これらの機能は両方とも，かつては一つの分子RNAによって行われていたのかもしれない．RNAは最初の遺伝暗号物質であるという仮定がある．最近になって，RNAは触媒作用ももつことが示されている．タンパク質の生合成において，ペプチド結合の形成がリボソームのRNA部分によって触媒される．

◆**原核生物と真核生物の違いは何か**　生物は，その細胞構造に基づいて二つの主要なグループに分けられる．原核生物prokaryoteでは，細胞内膜系をもたないが，真核生物eukaryoteは膜系をもつ．特有の機能をもった，膜で囲まれた細胞内の部分，つまりオルガネラは真核細胞に特有のものである．

◆**原核生物のDNAは核なしでどのように組織化されているか**　原核生物では，細胞は，膜で明確に区切られた核をもたず，内部膜系ももたない．DNAを含む細胞の領域である核域と，自身を外界から隔離する細胞膜のみをもつ．原核細胞の内部に見られるその他の重要な特徴は，タンパク質合成部位であるリボソームが存在することである．

◆**最も重要なオルガネラは何か** 真核生物の細胞は明確に区分された核と，細胞膜だけでなく内部膜系をもち，原核生物細胞よりもはるかに複雑な内部構造をしている．真核生物では，核は二重膜によって他の細胞の部分から隔離されている．核内のDNAはタンパク質，特にヒストンと呼ばれる種類のタンパク質と結合している．この結合物は特有の構造モチーフをもつが，これは原核生物には当てはまらない．また，細胞内全体にわたって，小胞体と呼ばれる連続した膜系が存在する．真核生物のリボソームはしばしば小胞体に付着しているが，サイトゾル中に遊離しているものもある．膜によって囲まれたオルガネラは真核細胞に特有のものである．この中でも最も重要な二つのオルガネラは，エネルギー生産反応の部位であるミトコンドリアと光合成部位のクロロプラストである．

◆**他の重要な細胞成分は何か** 真核生物細胞の他の構成物には，ゴルジ装置（細胞からのタンパク質の分泌），リソソーム（加水分解酵素の容れもの），細胞骨格（種々のオルガネラをつなぎ止めて構築する枠組み）などの特徴的なものがある．

◆**科学者は今日では生物をどのように分類しているか** 生物を分類する二つの方法があるが，いずれも原核生物と真核生物間の区別に基づいている．五界分類法では，原核生物はそれだけで一つの生物界を成している（モネラ界）．残り四つの生物界——原生生物界，菌界，植物界，動物界——は真核生物から成る．

◆**生物を分類するための，より単純な基準はあるか** 3ドメイン分類法では，原核生物は二つのドメイン，すなわち，それらの生化学的な差に基づいて，真正細菌と古細菌に分けられる．真核生物はそれだけで一つのドメインを成している．

◆**真核生物は原核生物から進化してきたのか** どのようにして真核生物が原核生物からできたかという問題に関してかなり研究が進んだ．

◆**共生は真核生物の進化に何らかの役割を果たしたか** 内部共生 endosymbiosis の概念が広く受け入れられている．すなわち，より大きい細胞が好気性細菌を吸収して，ミトコンドリアが生成した，あるいは光合成細菌を吸収してクロロプラストをもたらした，というものである．

◆**生命過程におけるエネルギーの源は何か** すべての細胞は生命活動を行うためにエネルギーを要する．太陽は地球上の究極のエネルギー源である．光合成生物は，太陽から得た光エネルギーをそれらがつくり出す糖質の化学エネルギーとして捕える．これらの糖質は，次に他の生物のエネルギー源となる．

◆**生化学におけるエネルギーの変化はどのようにして測るか** ある反応過程で，遊離されるあるいは吸収されるエネルギーの量を測ることにより，その反応が起こりやすいか否かを知ることができる．エネルギーを遊離する反応はエネルギー的に有利であるが，エネルギーを要求する反応はエネルギー的に不利である．

◆**生細胞ではどのようなエネルギー変化が起こるか** エネルギーは，いくつかの形態を取ることが可能であり，一つの形態から別の形態に変換することができる．熱力学は，ある反応過程が起こるかどうかを決めているエネルギーの変化を取り扱う．外からの介入なしに起こる過程を自発的 spontaneous という．

◆**生細胞ではどのような反応が起こるかをどのようにして予測できるか** 自発的過程では，自由エネルギーは減少する（$\Delta G < 0$）．非自発的過程では，自由エネルギーは増大する．

◆**生命は熱力学的に存在しうるものか** 自由エネルギーに加えて，エントロピーもエネルギー学で重

要な量である．宇宙のエントロピーは，自発的過程においていつも増大する．エントロピーが全体として増大する中でも，局所的なエントロピーの減少がある．生物体は，エントロピーの局所的な減少を表している．

EXERCISES　練習問題

各章末の練習問題は，種々の性質をもつ教材を復習しやすいように，二つまたは三つの種類に分かれている．

復習では，重要な事項についての理解を自己テストできるようになっている．章によっては，定量的な計算に役立つ問題もある．それらの章では，**計算**の見出しが見られるだろう．**演習**では，その章における概念を適度に創造的に使うことを要求する問題がある．最後に，**関連**では，囲み記事《身の周りに見られる生化学》に特に関連した問題が示されている．

1.1　基本的なテーマ

1. **復習**　以下の用語が生化学において重要である理由を述べよ：ポリマー，タンパク質，核酸，触媒，遺伝暗号．

1.2　生化学の化学的基盤

2. **関連**　a欄のそれぞれに適合するものをb欄から一つずつ選べ．a欄には重要な官能基名が，b欄には，それらの構造が示してある．

a 欄	b 欄
アミノ基	CH_3SH
カルボニル基（ケトン）	$CH_3CH=CHCH_3$
ヒドロキシ基	$CH_3CH_2\overset{O}{\overset{\|\|}{C}}H$
カルボキシ基	$CH_3CH_2NH_2$
カルボニル基（アルデヒド）	$CH_3\overset{O}{\overset{\|\|}{C}}OCH_2CH_3$
チオール基	$CH_3CH_2OCH_2CH_3$
エステル結合	$CH_3\overset{O}{\overset{\|\|}{C}}CH_3$
二重結合	$CH_3\overset{O}{\overset{\|\|}{C}}OH$
アミド結合	CH_3OH
エーテル	$CH_3\overset{O}{\overset{\|\|}{C}}N(CH_3)_2$

3. **復習**　次の化合物中に見られる官能基を挙げよ．

グルコース

トリグリセリドの一種

ペプチドの一種

ビタミンA

4. **演習**　1828年に，ヴェーラーは，はじめて有機化合物，尿素をシアン酸アンモニウムより合成した．このことは，突き詰めると，生化学 biochemistry に対してどのように貢献したか．

5. **演習**　健康食品と有機栽培に熱心な友人があなたに，尿素は"有機的"なのか，それとも"化学的"なのか，と尋ねた．あなたはどのように答えるか．

6. **演習**　生化学は有機化学と異なるか．あなたの答えを説明せよ（溶媒，濃度，温度，速度，副反応，内部調節などの特徴について考えよ）．

7. **関連**　炭素原子5個の分子に対して，何種類の炭素骨格がつくれるか．炭素同士の結合以外は

全部水素原子が結合しているとして考えよ．

8. **関連** 問題7の構造に酸素を1個だけ加えると，何種類の異なる構造が考えられるか．

1.3 生物学の始まり：生命の起源

9. **演習** 初期の火星探検隊がもっていた機器が火星の表面にアミノ酸が存在することを検出した．科学者たちはこの発見になぜ興味をかき立てられたのか．

10. **演習** 通常のタンパク質は20種類のアミノ酸から成るポリマーである．アボガドロ数と同じ数の異なる配列をもつためには，ペプチド鎖の長さはいくら必要となるか．

11. **演習** 核酸はたった4種類のモノマーが直線的に配列したポリマーである．40個のモノマーから1個のポリマーをつくるとすると，何種類の異なる配列ができるか．この数をアボガドロ数と比べるとどうか．

12. **演習** RNAは，しばしば最初の"生物学的に活性な"分子として特徴づけられる．RNAが生命の進化に対して重要な役割を果たしたと考えられる二つの性質あるいは活性は何か．ヒント：タンパク質もDNAももっていない性質．

13. **演習** 触媒の出現が生命の出現に対して重要なのはなぜか．

14. **演習** 生物のもつ酵素触媒が，酸や塩基のような他の単純な化学的触媒に比して有利である主な点を二つ挙げよ．

15. **演習** 遺伝暗号システムが生命の進化に対して重要であったのはなぜか．

16. **演習** 生命の起源説において触媒と遺伝暗号におけるRNAの役割についてコメントせよ．

17. **演習** 細胞が細胞膜をもたない裸の細胞質から生じることができるという推測は，道理にかなったことだと考えられるか．

1.4 最も大きい生物学的区分——原核生物と真核生物

18. **復習** 原核生物と真核生物の違いを示せ．

19. **復習** タンパク質合成部位は，真核生物と原核生物とで異なるか．

1.5 原核生物細胞

20. **演習** ある科学者が，細菌の中にミトコンドリアを発見したと主張したとする．この主張は妥当なものと考えられるだろうか．

1.6 真核生物細胞

21. **復習** 一般的な動物細胞の図を描き，構成部分の名称と機能を示せ．

22. **復習** 一般的な植物細胞の図を描き，構成部分の名称と機能を示せ．

23. **復習** 緑色植物の光合成機構と光合成細菌のそれとの違いは何か．

24. **復習** 二重膜によって囲まれているのはどのオルガネラか．

25. **復習** DNAを含むのはどのオルガネラか．

26. **復習** エネルギー産生反応が起こるのはどのオルガネラか．

27. **復習** 以下のオルガネラは，構造と機能の点で互いにどのように異なるのか述べよ：ゴルジ装置，リソソーム，ペルオキシソーム，グリオキシソーム．また，これらは互いにどのように似通っているか．

1.7 生物の五界説と3ドメイン説

28. **復習** 生物を分類する五生物界を挙げよ．それぞれの生物界に属する生物の例を少なくとも一つずつ挙げよ．

29. **復習** 原核生物から成っている生物界はどれか．真核生物から成る生物界はどれか．

30. **復習** 生物を分類する3ドメインを挙げよ．3ドメイン分類法は五界分類法の図式とどのように異なるかを示せ．

1.8 すべての細胞に共通する基盤

31. **演習** 真核細胞であることの有利性は何か（原核細胞と比べて）．

32. **演習** ミトコンドリアとクロロプラストは（真核生物細胞の）核DNAよりも原核生物細胞のDNAに似ているある種のDNAを含む．この情報を用いて真核生物がどのように発生してきたかを推測せよ．

33. **演習** 化石の証拠からは，原核生物が約35億年前にでき，一方，真核生物が発生してから，たったの15億年ぐらいしか経っていない．このように進化の年数は少ないにもかかわらず，真核生物のほうが原核生物よりもずっと広汎（ずっと多くの種がある）であるのはなぜか，推論せよ．

1.9 生化学エネルギー論

34. **復習** 次のいずれの反応過程が起こりやすい

か：エネルギーを要する反応，エネルギーを遊離する反応．

1.10　エネルギーとその変化

35. **復習**　熱力学でいうところの自発的過程とは，速く起こる過程をいうのか．

1.11　生化学反応の自発性

36. **関連**　次の過程　非極性溶質＋H_2O 溶液 → 溶液　において，ΔS_{univ}，ΔS_{sys}，ΔS_{surr} は何を意味するか．それぞれの答えについて理由も述べよ（ΔS_{surr} は，周囲，すなわち系以外の宇宙のすべてのエントロピーの変化をいう）．

37. **復習**　次のうち，自発的過程はどれか．各々について，その理由を述べよ．
    (a) ATP の ADP と P_i への分解
    (b) 生体によるグルコースの CO_2 と H_2O への酸化
    (c) ADP の ATP へのリン酸化
    (d) 光合成における CO_2 と H_2O からのグルコースと O_2 の生成

38. **演習**　次の過程のうち，エントロピーが増大するのはどれか．各過程について，その理由を述べよ．
    (a) アンモニアのビンの蓋が開いている．間もなく，アンモニアの臭気が部屋中に立ちこめる．
    (b) 塩化ナトリウムを水に溶かす．
    (c) タンパク質を構成アミノ酸にまで完全に加水分解する．

ヒント：問題 39 ～ 41 については，式 $\Delta G = \Delta H - T(\Delta S)$ を念頭において考えよ．

39. **演習**　ΔG 値の一覧表をつくるときに温度を特定することが必要なのはなぜか．

40. **演習**　系のエントロピーは，なぜ温度に依存するのか．

41. **演習**　ある反応は 23 ℃で $\Delta G° = +1\ kJ\ mol^{-1}$ を示す．この反応が 37 ℃で自発的となるのはなぜか．

42. **演習**　尿素はきわめて容易に水に溶けるが，その溶液は尿素が溶けるとき大変冷たくなる．これはなぜか．溶液がエネルギーを吸収していることは明らかである．

43. **演習**　ATP → ADP ＋ P_i の反応は，エントロピーの減少，あるいは増大のどちらを伴うか．また，その理由を述べよ．

1.12　生命と熱力学

44. **演習**　真核生物細胞の中にオルガネラが存在することは，原核生物に見られるよりもより高度に組織化されていることを表す．このことは，宇宙のエントロピーにどのような影響を与えるか．

45. **演習**　細胞がオルガネラをもつことは，なぜ有利であるか．熱力学の立場からこの概念について論ぜよ．

46. **演習**　よく知られている二重らせんをしている DNA と，別々の一本鎖で存在している DNA を比べると，どちらの形がエントロピーが高いと考えられるか．

47. **演習**　問題 31 を熱力学の観点から考えた場合，答えをどのように変えるか．

48. **演習**　現存する細胞が木星のようなガス惑星上でできてきた場合，どのようなものになると考えられるか．

49. **演習**　問題 48 への妥当な答えを見出すには，どのような熱力学的考察をすればよいか．

50. **演習**　現存するような種類の細胞が太陽系の他の惑星で生まれてきたと考える場合，火星か木星かいずれでできてくると考えられるか．また，なぜそう考えるか理由を述べよ．

51. **演習**　タンパク質のフォールディングの過程は，熱力学的な意味では，自発的である．折りたたまれていないタンパク質に比べてより低いエントロピーをもつ高度に秩序だったコンフォメーションを生じる．なぜそうなるのか．

52. **演習**　生化学では，好気的代謝においてグルコースと酸素を二酸化炭素と水に変換する発エルゴン過程は，二酸化炭素と水がグルコースと酸素に変換される光合成の逆反応と考えられる．これらの過程は，いずれも発エルゴン的と考えるか，それとも吸エルゴン的と考えるか，あるいはどちらか一つが発エルゴン的，他方は吸エルゴン的と考えるか．そう考える理由は何か．また，はたして両過程が同じ方法で進むと考えることができるか．その理由は何か．

ANNOTATED BIBLIOGRAPHY 参考文献

Allen, R. D. The Microtubule as an Intracellular Engine. *Sci. Amer.* **256** (2), 42–49 (1987). [The role of the microtrabecular lattice and microtubules in the motion of organelles is discussed.]

Barinaga, M. The Telomerase Picture Fills In. *Science* **276**, 528–529 (1997). [A Research News article about the identification of the catalytic component of telomerase, the enzyme that synthesizes telomeres (chromosome ends).]

Cairns–Smith, A. G. The First Organisms. *Sci. Amer.* **252** (6), 90–100 (1985). [A presentation of the point of view that the earliest life processes took place in clay rather than in the "primordial soup" of the early oceans.]

Cairns–Smith, A. G. *Genetic Takeover and the Mineral Origins of Life.* Cambridge, England: Cambridge Univ. Press, 1982. [A presentation of the idea that life began in clay.]

Cech, T. R. RNA as an Enzyme. *Sci. Amer.* **255** (5), 64–75 (1986). [A discussion of the ways in which RNA can cut and splice itself.]

Chen, I. Emergence of Cells during the Origin of Life. *Science* **314**, 1558–1559 (2006). [A particularly clear summary of current theories.]

de Duve, C. The Birth of Complex Cells. *Sci. Amer.* **274** (4), 50–57 (1996). [A Nobel laureate summarizes endosymbiosis and other aspects of cellular structure and function.]

Duke, R., D. Ojcius, and J. Young. Cell Suicide in Health and Disease. *Sci. Amer.* **275** (6), 80–87 (1996). [An article on cell death as a normal process in healthy organisms and the lack of it in cancer cells.]

Eigen, M., W. Gardiner, P. Schuster, and R. Winkler–Oswatitsch. The Origin of Genetic Information. *Sci. Amer.* **244** (4), 88–118 (1981). [A presentation of the case for RNA as the original coding material.]

Horgan, J. In the Beginning. . . . *Sci. Amer.* **264** (2), 116–125 (1991). [A report on new developments in the study of the origin of life.]

Knoll, A. The Early Evolution of Eukaryotes: A Geological Perspective. *Science* **256**, 622–627 (1992). [A comparison of biological and geological evidence on the subject.]

Lee, D., J. Granja, J. Martinez, K. Severin, and M. R. Ghadri. A Self–replicating Peptide. *Nature* **382**, 525–528 (1996). [An example of a research article, in this case one that offers evidence that coding and catalysis can be performed by peptides as well as by RNA.]

Madigan, M., and B. Marrs. Extremophiles. *Sci. Amer.* **276** (4), 82–87 (1997). [An account of various kinds of archaebacteria that live under extreme conditions and some of the useful enzymes that can be extracted from these organisms.]

Morell, V. Life's Last Domain. *Science* **273**, 1043–1045 (1996). [A Research News article about the genome of the archaebacterium *Methanococcus jannaschii*. This is the first genome sequence to be obtained for archaebacteria. Read in conjunction with the research article on pages 1058–1073 of the same issue.]

Pennisi, E. Laboratory Workhorse Decoded: Microbial Genomes Come Tumbling In. *Science* **277**, 1432–1434 (1997). [A Research News article about the genome of the bacterium *Escherichia coli*. This organism is widely used in the research laboratory, making its genome particularly important among the dozen bacterial genomes that have been obtained. Read in conjunction with the research article on pages 1453–1474 of the same issue.]

Robertson, H. How Did Replicating and Coding RNAs First Get Together? *Science* **274**, 66–67 (1996). [A short review on possible remains of an "RNA world."]

Rothman, J. E. The Compartmental Organization of the Golgi Apparatus. *Sci. Amer.* **253** (3), 74–89 (1985). [A description of the functions of the Golgi apparatus.]

Waldrop, M. Goodbye to the Warm Little Pond? *Science* **250**, 1078–1079 (1990). [Facts and theories on the role of meteorite impacts on the early Earth in the origin and development of life.]

Weber, K., and M. Osborn. The Molecules of the Cell Matrix. *Sci. Amer.* **253** (4), 100–120 (1985). [An extensive description of the cytoskeleton.]

Woese, C. R. Archaebacteria. *Sci. Amer.* **244** (6), 98–122 (1981). [A detailed description of the differences between archaebacteria and other types of organisms.]

CHAPTER 2

水：生化学反応の溶媒

生命過程は水の性質に依存している．

概要

2.1　水分子の極性

  2.1.1　極性とは何か

  2.1.2　ある化学物質が水に溶け，あるものは溶けないのはなぜか

  2.1.3　油と水を混ぜると，二層に分離するのはなぜか

2.2　水素結合

  2.2.1　水はなぜそのような興味あるユニークな性質をもっているのか

2.3　酸，塩基，pH

  2.3.1　酸とは何か，塩基とは何か

  2.3.2　pHとは何か

  2.3.3　なぜpHを知りたいと思うのか

2.4　滴定曲線

2.5　緩衝液

  2.5.1　緩衝液はどのように働くか

  2.5.2　緩衝液はどのようにして選ぶか

  2.5.3　緩衝液を実験室でどのようにしてつくるか

  2.5.4　生理的pHをもつ緩衝液が生体には存在するか

2.1 水分子の極性

水はほとんどの細胞にとって主要な構成成分である．水分子の幾何学的配置とその溶媒としての性質は，生命機構の性質を決定する上で主要な役割を果たしている．

化学結合においてある原子が電子を自分自身に引きつけようとする（すなわち負になる）傾向は，**電気陰性度** electronegativity と呼ばれる．同じ元素の原子同士はもちろん結合内で平等に電子を共有する．つまり，同じ電気陰性度をもっている．しかし異なった原子同士は必ずしも同じ電気陰性度をもたない．酸素と窒素はいずれも高い電気陰性度を，つまり炭素や水素よりもずっと高い電気陰性度をもつ（表2.1）．

表2.1　元素の電気陰性度

元　素	電気陰性度*
酸　素	3.5
窒　素	3.0
イオウ	2.6
炭　素	2.5
リ　ン	2.2
水　素	2.1

*電気陰性度の値は相対的なもので，正の数値で表し，ある種の金属元素の1より小さい値からフッ素の4までの範囲にある．

2.1.1　極性とは何か

同じ電気陰性度をもつ二つの原子が結合を形成するとき，電子は両原子間に平等に共有される．しかし，異なる電気陰性度をもつ原子が結合するときは，電子は均等に共有されず，陰性電荷は一方の原子により近づいている．水のO−H結合では，酸素は水素よりも電気陰性度が高いので，結合電子は酸素のほうにより近く引きつけられる．このような酸素，水素間の電気陰性度の違いにより，部分的な正または負の電荷が生じる．これらは通常それぞれ，δ^+ と δ^- で表される（図2.1）．このような結合は**極性結合** polar bonds と呼ばれる．メタン（CH_4）のC−H結合にみられるように，電気陰性度の違いが非常に小さいときには結合における電子の共有は極めて平等に近く，この結合は本質的に**非極性** nonpolar である．

幾何学的配置によっては，極性結合をもつにもかかわらず分子としては非極性であることもある．二酸化炭素が一つの例である．二つのC＝O結合は極性をもっているが，CO_2分子は直線形であり，一方の結合中の酸素原子が電子を引きつける力は，分子の反対側に位置する酸素原子が同じ力で反対方向に電子を引きつけることにより打ち消されるのである．

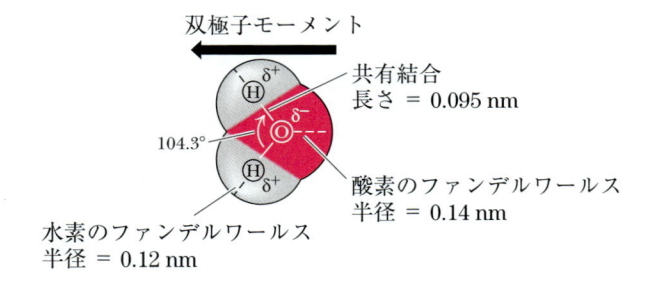

図 2.1
水の構造
酸素は部分的に負の電荷をもち，水素は部分的に正の電荷をもつ．電荷が不均等に共有されるため，水は強い双極子モーメントをもつ．この図で双極子モーメントは，物理や物理化学の表記法に従い負から正の方向に向かっているが，有機化学ではこれとは逆の方向に描く．

$$\overset{\delta^-}{O}=\overset{2\delta^+}{C}=\overset{\delta^-}{O}$$

　水は折れ曲がった形の分子で結合角は 104.3°（図 2.1）であり，二つの結合中の不平等な電子の共有は CO_2 の場合と異なり打ち消されない．その結果，結合電子は水素側の結合末端よりも酸素側のほうに見出されることが多い．正末端と負末端をもつ分子は**双極子** dipoles と呼ばれる．

水の溶媒特性

2.1.2　ある化学物質が水に溶け，あるものは溶けないのはなぜか

　水が極性をもつという性質により，水の溶媒特性の大部分が決定されている．塩化カリウム（KCl，溶液中では K^+ と Cl^-）のような完全に電荷をもった**イオン** ionic 化合物や，エチルアルコール（C_2H_5OH）やアセトン（$(CH_3)_2C=O$）のような部分的に電荷をもった**極性** polar 化合物（つまり双極子）は，水に溶ける傾向がある（図 2.2，および 2.3）．この性質の基礎となる物理学的な原理は，異なった電荷間での静電気的引力である．水双極子の負末端は正イオンまたは別の双極子の正末端を引きつける．水分子の正末端は負イオンまたは別の双極子の負末端を引きつける．静電気的引力のためにお互いに接近して保たれている反対の電荷をもつ集合体は，このような相互作用が起こらない場合と比べて低いエネルギーをもつ．ある系においてエネルギーを低くすると，その系はより安定になり存在する可能性が高くなる．これらの**イオン−双極子間** ion－dipole，**双極子−双極子間** dipole－dipole 相互作用は，関与するエネルギー量からいえば水分子自身の間の相互作用と類似している．水によく溶ける極性化合物の例は，一つかそれ以上の負の電荷をもつ原子（酸素や窒素など）を含むアルコール，アミン，カルボン酸を含んだ小さな生体分子である．これらの分子の双極子と水の双極子の間の引力のためにこれらは水に溶けるのである．イオン物質や極性物質はその性質より，**親水性** hydrophilic（"水を好む"というギリシャ語から）であるといわれる．

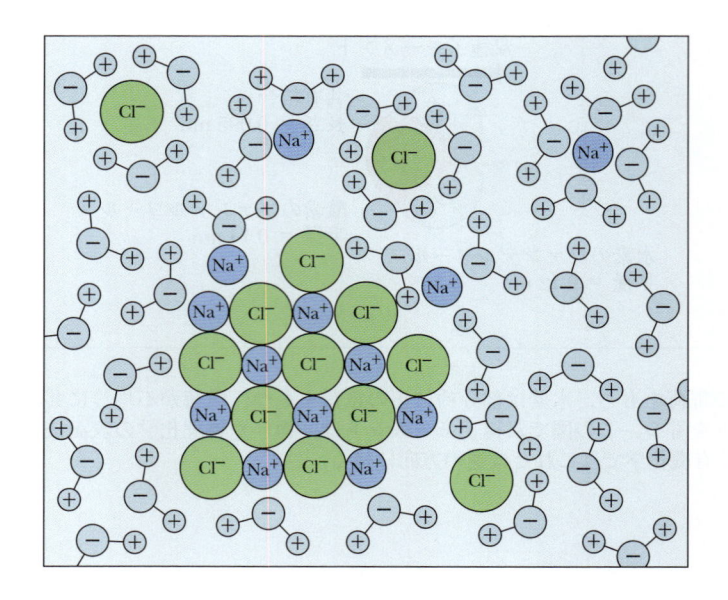

図 2.2
溶液中のイオンの周囲の水和殻
水分子の部分的に負に荷電した部分が正に荷電したイオンに引きつけられる．同様に，水分子の一方の端の正に荷電した部分は負に荷電したイオンに引きつけられる．

図 2.3
イオン−双極子間，双極子−双極子間の相互作用
イオン−双極子間，双極子−双極子間の相互作用により，イオン化合物や極性化合物は水に溶けやすくなっている．

表 2.2　疎水性物質と親水性物質の例

親水性	疎水性
極性共有結合化合物（例：C_2H_5OH［エタノール］のようなアルコール，$(CH_3)_2C=O$［アセトン］のようなケトン）	非極性共有結合化合物（例：C_6H_{14}［ヘキサン］のような炭化水素）
糖	脂肪酸，コレステロール
イオン性化合物（例：KCl）	
アミノ酸，リン酸エステル	

　炭化水素（炭素と水素のみを含む化合物）は非極性である．イオン化合物，極性化合物の水溶性に寄与しているイオン-双極子間，双極子-双極子間相互作用は，非極性化合物には存在しない．だから，これらの化合物は水に溶けない傾向がある．非極性分子と水分子間の相互作用は双極子同士間の相互作用に比べて弱い．水分子の永久双極子は，結合中の電子の空間配置をゆがめることにより非極性分子中に一時的に双極子を誘起する．非極性分子中に誘起された双極子と水分子の永久双極子の間には静電的引力が働きうる（**双極子－誘起双極子間相互作用** dipole-induced dipole interaction）．しかし，これは永久双極子間の相互作用に比べてそれほど強いものではない．つまり，この相互作用の結果低下するエネルギー量は，水分子がお互いを引きつけることによって生じるエネルギー低下量に比べて小さいものである．非極性分子と水分子の結合は，水分子同士の結合に比べてはるかに起こりにくいのである．

　非極性分子がなぜ水に不溶であるかを十分に議論するためには，Chap. 4 および 15 で行う熱力学的な議論が必要となる．しかしながら，分子間相互作用についてここで述べた点は，この問題を扱うに当たって有益な基礎知識となるであろう．しばらくの間は，水分子にとって非極性分子と結合することは他の水分子と結合する場合に比べて熱力学的に不利である，ということを知っているだけで十分である．結果的に，非極性分子は水に溶けず，**疎水性** hydrophobic（ギリシャ語で"水を嫌う"）であるという．炭化水素は特に水性の環境から分離する傾向がある．非極性の固体は水中に不溶性の物質として残る．非極性の液体は水中に二重層組織をつくる．一つの例は油層である．非極性分子間の相互作用は，**疎水性相互作用** hydrophobic interaction，あるいは時には**疎水結合** hydrophobic bond と呼ばれる．

　表 2.2 に親水性物質と疎水性物質の例をいくつか挙げる．

2.1.3　油と水を混ぜると，二層に分離するのはなぜか

　一つの分子の中に極性部分（親水性）と非極性部分（疎水性）の両方をもつことがありうる．このような種類の物質は**両親媒性** amphipathic であるといわれる．極性のカルボン酸基と長い炭化水素の部分をもった長い脂肪酸は，両親媒性物質の主要な例である．"頭部"のカルボン酸基は炭素と水素に加えて二つの酸素原子を含んでいる．この部分は非常に極性が高く，中性 pH でカルボン酸陰イオンを形成する．分子の残りの部分，"尾部"は炭素と水素のみを含んでおり，それゆえ非極性である（図 2.4）．このような化合物は水中で**ミセル** micelles と呼ばれる構造をつくる傾向がある．ミセル中では極性をもった頭部は水性の環境と接触し，非極性の尾部は水から隔離されている（図 2.5）．イタリア

ンサラダドレッシングで見られるように，油と水の分離も同様の過程による．振り混ぜると，最初はドレッシングは混ざる．その後すぐに，小さい球すなわち油の小滴が見えるであろう．小滴は水の上に浮かんで，上のほうに移動し，融合して油の層となる．

非極性分子間の相互作用は非常に弱く，その結合は短寿命の一時的双極子とそれが誘起した双極子との間の引力に依存している．非極性分子の大きな集団の中では，分子の一端に共有電子が瞬間的に

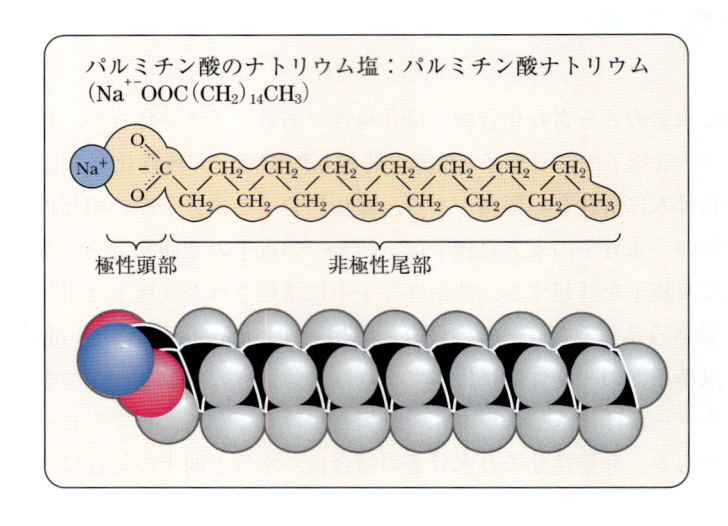

図 2.4

両親媒性分子であるパルミチン酸ナトリウム
両親媒性分子は，親水性の極性頭部を表す球と非極性の炭化水素尾部を表すジグザグ線でシンボル化して示されることが多い．

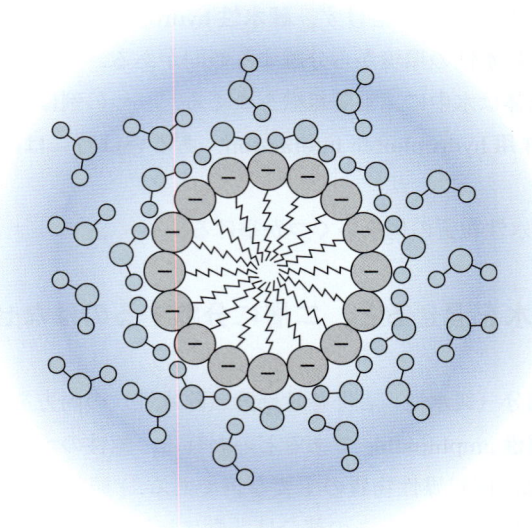

図 2.5

両親媒性分子の水溶液中でのミセルの形成
ミセルが形成すると，イオン化した極性基は水と接触し，分子の非極性部分は水との接触から守られる．

凝集することによって引き起こされる一時的双極子をもった分子が常にいくつか存在する．この一時的双極子は永久双極子が行うのと同じように，隣の分子の中に別の双極子を誘起する．この結合はとても短寿命なので相互作用エネルギーは低い．このような結合は，**ファンデルワールス相互作用** van der Waals interaction と呼ばれる（ファンデルワールス結合とも呼ばれる）．細胞中の分子の配置は，ミセルで見たように分子の極性に強く左右される．

> **Sec. 2.1 要約**
> ■水は極性分子であり，酸素原子上に部分陰性電荷，水素原子上に部分陽性電荷をもつ．
> ■異なる電荷間には引きつけ合う力が存在する．
> ■極性物質は水に溶けやすく，非極性物質は水に溶けにくい傾向がある．
> ■水の性質は生体分子の振る舞いに直接の影響をもたらす．

2.2 水素結合

　Sec. 2.1 で扱った相互作用に加えて，もう一つ重要な非共有結合として**水素結合** hydrogen bonding がある．水素結合は静電気的な要因から生じており，双極子－双極子相互作用の特別な例として考えられる．水素が電気陰性度の高い酸素，窒素のような元素と共有結合を行うと，極性結合によりその水素原子は局部的な正電荷を帯びる．このような状況は水素が炭素に共有結合している場合は起こらない．水素原子のこの局部的な正電荷は，別の負に帯電した原子の非共有（非結合）電子対（負電荷の供給源となる）と相互作用することができる．これら三つの原子は直線上にならび水素結合が形成される．この配列により，水素原子上に，最大の局部的正電荷が生じることになり，結果的に，もう一つの負に帯電した原子の非共有電子対と最大の相互作用を生じることが可能となる（図2.6）．水素に共有結合している負に帯電した原子を含む基は<u>水素結合供与体</u> hydrogen-bond donor と呼ばれ，この相互作用に非共有電子対を提供している負に帯電した原子は<u>水素結合受容体</u> hydrogen-bond acceptor と呼ばれる．水素原子は，通常の水素結合の意味でいえば，受容体に共有結合していない．

　最近の研究では，水素結合にいくらかの共有結合性があることを示す実験的な証拠が得られており，

図 2.6

直線形水素結合と非直線形水素結合の比較
非直線形結合は三つの原子がすべて直線上に並ぶ結合に比べて弱い．

この見解に疑問を投げかけている．これらの研究の一部は本章末の Hellmans, A. の論文に記載されている．

2.2.1　水はなぜそのような興味あるユニークな性質をもっているのか

HF，H_2O，NH_3 における水素結合の位置を考えることにより，有益な洞察力を得ることができる．図 2.7 は，水が，それぞれの分子が形成する水素結合の数が最大になるように配置されることを示している．水には水素結合をする水素が二つあり，また酸素には他の水分子が水素結合をする 2 個の非共有電子対がある．それぞれの水分子は，水素結合供与体として二つ，受容体として二つ，計四つの水素結合に関与する．フッ化水素は，供与体として水素結合をする水素を一つしかもっていないが，フッ素原子上には他の水素に水素結合する三つの非共有電子対がある．アンモニアでは水素結合供与体となる水素は三つあるが，非共有電子対は，窒素原子上に一つしかない．

水素結合をしている水分子の幾何学的配置は，水の溶媒としての性質に大きく関係をしている．水分子の結合角は図 2.1 に示すように 104.3° であり，非共有電子対間の角度も同じぐらいである．この結果，水分子は正四面体の配置をとる．液体の水は氷の結晶に似た水素結合をした配列をとる．これらの配列は最大 100 個の水分子を含む．水分子間の水素結合は氷の規則的な結晶格子ではもっと明らかである（図 2.8）．しかしながら，このような液体状態の水の水素結合による配列と，氷の結晶構造

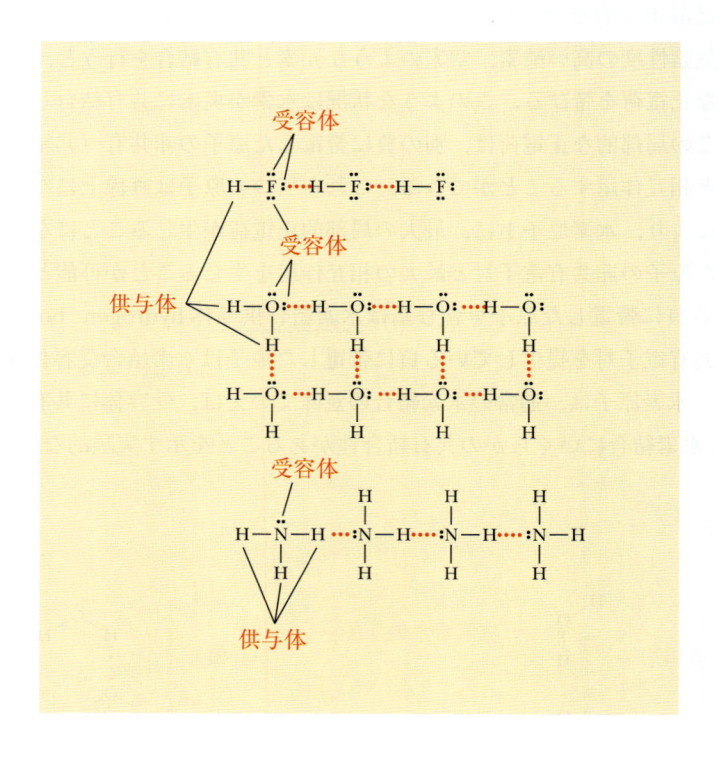

図 2.7

水素結合部位
HF，H_2O，NH_3 における水素結合部位の数の比較（実際の幾何学的配置は示されていない）．
HF 分子はそれぞれ一つの水素結合供与体と三つの水素結合受容体をもつ．H_2O 分子はそれぞれ二つの供与体と二つの受容体を，NH_3 分子は三つの供与体と一つの受容体をもつ．

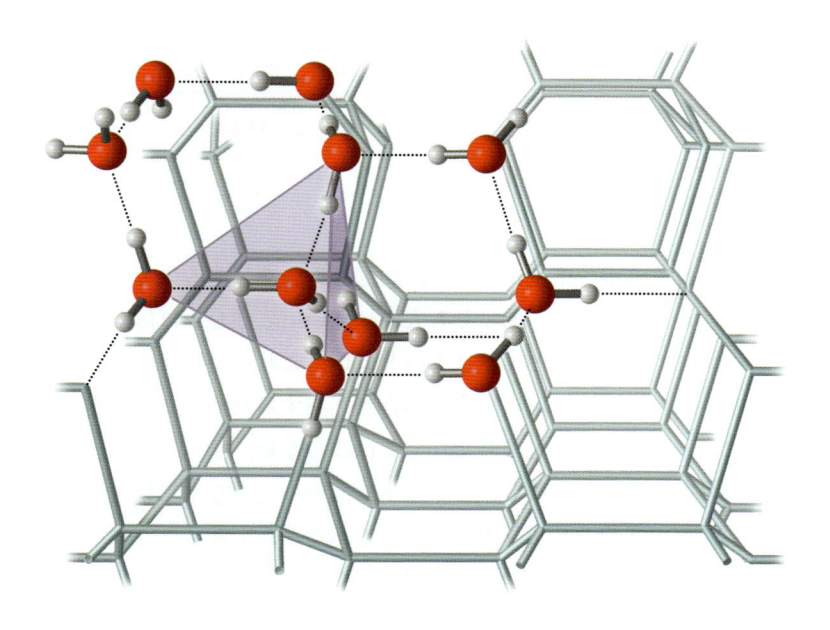

図 2.8
H_2O の正四面体水素結合
氷結晶中の H_2O 分子の配列．各 H_2O 分子は四つの H_2O 分子と水素結合している．

の間にはいくつかの違いが存在する．液体状態の水では，水素結合は絶えず壊され，新しい結合が絶えず形成されている．離れていく水分子もあれば，結合に参加するものもある．水素結合による水分子の集合体は，25 ℃の水中では 10^{-10} から 10^{-11} 秒の間に壊れ，再形成される．これに対して氷の結晶はある程度安定な水素結合の配列をしており，この配列中の水分子の数はもちろん 10 の 100 乗を超えるものである．

水素結合は普通の共有結合と比べて非常に弱い．O−H 共有結合を切るのに必要なエネルギーが 460 kJ mol^{-1}（110 kcal mol^{-1}）であるのに対し，水中の水素結合を切るエネルギーは，20 kJ mol^{-1}（5 kcal mol^{-1}）である（表 2.3）．この比較的小さな量のエネルギーでさえ，水の性質，特に水の融点，

表 2.3 結合エネルギー

	結合様式	エネルギー*	
		(kJ mol^{-1})	(kcal mol^{-1})
共有結合（強い）	O—H	460	110
	H—H	435	104
	C—H	413	99
非共有結合（弱い）	水素結合	20	5
	イオン-双極子相互作用	20	5
	疎水性相互作用	4〜12	1〜3
	ファンデルワールス結合	4	1

*2種類のエネルギー単位が本書で用いられることに注意．キロカロリー（kcal）は生化学の文献で一般的に使われている．キロジュール（kJ）のほうは SI 単位で，今後ますます使われるようになるであろう．キロカロリー（kcal）は食品のラベルに表示されている"Calorie"と同等である．

表 2.4　水，アンモニア，メタンの性質の比較

物　質	分子量	融点（℃）	沸点（℃）
水（H_2O）	18.02	0.0	100.0
アンモニア（NH_3）	17.03	−77.7	−33.4
メタン（CH_4）	16.04	−182.5	−161.5

沸点，そして氷の密度に対する水の密度に関して，劇的な影響を与えるのである．水の融点，沸点はともに水の分子の大きさから予想される値よりも大幅に高い（表2.4）．ほぼ同じ分子量をもつ物質，例えばメタンやアンモニアでは，融点と沸点はずっと低い．これらの物質の分子間の引力は水分子間の引力に比べて弱いが，これは水分子間には水素結合が存在するためである．氷を溶かしたり水を沸騰させたりするためには，この引力に打ち勝たなくてはならない．

　氷の密度は液体の水の密度に比べて低い．これは氷結晶中の完全な水素結合による配列は，液体の水における分子の配列に比べてその詰まり方がまばらであるからである．液体の水はそれほど広範囲に水素結合をしておらず，そのために水の密度は氷の密度よりも高い．ほとんどの物質では凝固すると収縮するが，水ではこれが反対なのである．寒い天気のときには車の冷却器の氷結防止を行って，水が凍って膨張しエンジンブロックを破損しないようにしなければならない．同じ原理が，凍結と融解を何度か繰り返して細胞を破壊するという実験室での細胞分画法にも使われている．そしてさらに，水生生物は寒冷な気候でも生きのびることができるということになる．なぜなら，氷と液体の水の密度が異なるので，湖や川は表面から底のほうに向かって凍り始め，その逆ではないからである．

　水素結合は，水の溶媒としての振る舞いにおいても重要な役割を果たしている．ある極性をもった溶質が水素結合の供与体または受容体であれば，その溶質は水と水素結合を形成することができるのに加えて，一般的な双極子－双極子相互作用にも関与することができる．図2.9にいくつかの例を示す．アルコール，アミン，カルボン酸，エステル，アルデヒド，ケトン，これらはすべて水と水素結合を形成できるので水に可溶である．地球上に生命が存在する上で，水の重要性はいくら強調しても足りないほどであり，水以外のものを溶媒に用いた生命を想像することは困難である．次の《身の周りに見られる生化学》では，このことに関連する意味をいくつか考察する．

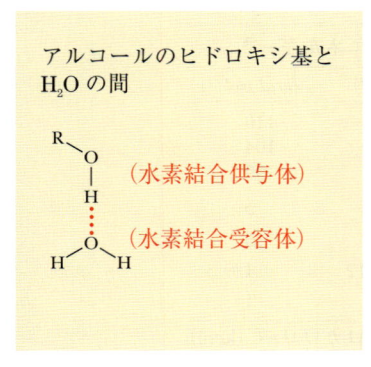

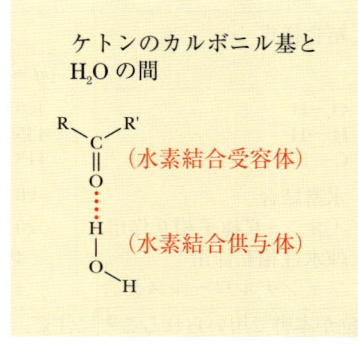

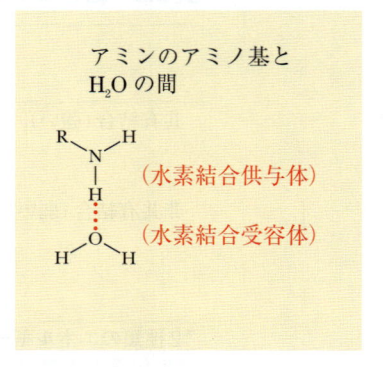

図 2.9

極性基と水の間での水素結合

身の周りに見られる生化学　化学

基礎化学は生命にどのように影響しているか：水素結合の重要性

　多くの著名な生化学者が，水素結合は生命の進化にとって必須のものであると考えている．ちょうど炭素，ポリマー，立体化学と同じように，水素結合は，地球外に生命があるかどうかを探索するときに用いる判断基準の一つである．たとえ，個々の水素結合は弱いものであっても，多くの水素結合を形成できることから，それが集まれば非常に強い力を発揮することができることを意味している．事実，水のユニークな性質のすべて（高い融点と沸点，氷と密度の特性，溶媒としての能力）は1分子当たり多くの水素結合が形成できる結果である．

　Na^+ や Cl^- のような簡単なイオンの溶解性を見てみると，水がこれらのイオンに極性によって引きつけられていることがわかる．さらに，これらの水分子は，周囲の水分子と水素結合を形成し，溶解している1イオン当たり，典型的には20もしくはそれ以上の水分子と結合している．グリセルアルデヒドのような単純な生体分子を考えると，水素結合は分子それ自体と形成し始める．少なくとも8個の水分子が直接グリセルアルデヒド分子に結合し，その8個の水分子にさらに水分子が結合する．

　ポリマーにおいては，水素結合が秩序正しく繰り返し配列することにより，その形が決まる．セルロースの伸びた構造とペプチドのβ構造は鎖間の水素結合によって，強力な繊維状構造を形成することになる．一重らせん（デンプンにあるような）やタンパク質のαヘリックスは，鎖内水素結合で安定化されている．DNAの二重らせん，コラーゲンの三重らせんにはそれぞれ2本の鎖，または3本の鎖の間の水素結合が関与している．コラーゲンは余分のヒドロキシ基をもついくつかの特別なアミノ酸を含んでおり，さらに水素結合が加わることにより安定化する．水素結合はまた遺伝情報の伝達の特異性についても基本的なものである．DNAの二重らせんの相補的な性質は水素結合により保たれている．遺伝暗号は，その特異性と変異を起こすという両方の性質が，水素結合に基づいている．事実，遺伝的変異を起こす化合物の多くは，水素結合のパターンを変えることによって作用するものである．例えば，フルオロウラシルはヘルペス口内炎（ウイルス性口唇炎）に対してしばしば歯科医によって処方されるくすりであるが，それはこの化合物が口内炎の原因となっている単純ヘルペスウイルスに変異を起こさせるからである．

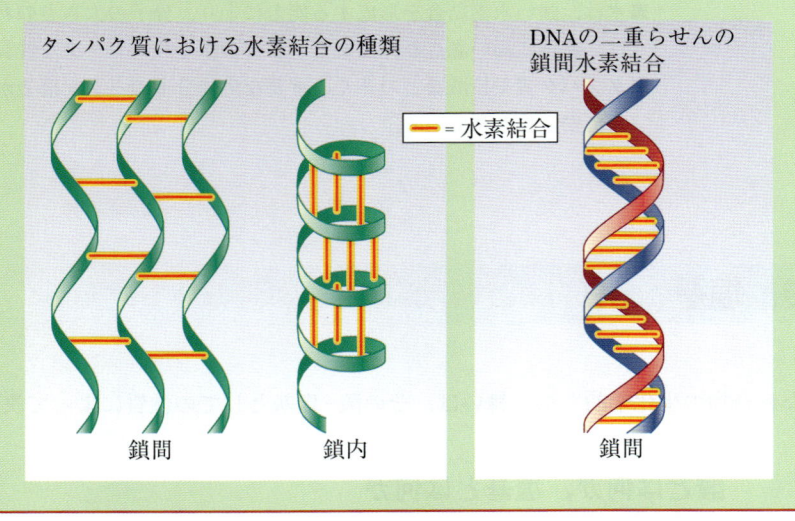

他の生物学的に重要な水素結合

水素結合は，DNA，RNA，タンパク質を含む生物学的に重要な分子の三次元構造の安定化に極めて重要な役割をもっている．相補的塩基間の水素結合はDNAの二重らせん構造のもつ最大の特徴である（Sec. 9.3）．トランスファーRNAも特徴的な水素結合領域をもつ複雑な三次元構造をつくる（Sec. 9.5）．タンパク質中の水素結合は二つの重要な構造，αヘリックスとβ構造を生み出した．両方の構造ともタンパク質中に広く現れるものである（Sec. 4.3）．表2.5に生体分子中の水素結合のうち，最も重要なもののいくつかをまとめた．

表2.5 生物学的に重要な分子中に見られる主な水素結合

結合配列	水素結合のできる分子
—O—H·····O— 　　　　　　H	H_2O 内に形成される水素結合
—O—H·····O=C<	水と他の分子の結合
N—H·····O— 　　　　　H N—H·····O=C< N—H·····N >N—H·····N◯NH	タンパク質や核酸の構造において重要

Sec. 2.2 要約
- 水素結合は双極子–双極子結合の特殊な例である．
- 水分子同士は互いに広範囲に水素結合をしている．
- 水は，強い水素結合を形成する能力により，分子の大きさのわりには，例えば，非常に高い融点と沸点をもつなどの多くのユニークな性質をもつ．
- タンパク質や核酸などの多くの重要な生体分子の三次元構造が水素結合によって安定化されている．

2.3 酸，塩基，pH

多くの重要な化合物の生化学的な振る舞いは，その酸-塩基としての性質によって決まる．

2.3.1 酸とは何か，塩基とは何か

酸とはプロトン（水素イオン）供与体であると定義され，塩基はプロトン受容体であると定義され

ている．酸，塩基のプロトンの失いやすさ，または得やすさは，その化合物の化学的な性質によって決まる．例えば，水中での酸の解離度は，本質的に完全に解離する強酸から，事実上全く解離しない非常に弱い酸まで幅広く，この間のいかなる値もとることができるのである．

　酸の強度 acid strength を数値で測る基準を導くと便利である．酸の強度とは，ある一定量の酸が水に溶けたときに遊離される水素イオンの量である．このような数値として，**酸解離定数** acid dissociation constant または K_a と呼ばれる値が，以下の式に従って反応するいかなる酸，HA，についても導かれる．

$$HA \rightleftharpoons H^+ + A^-$$
酸　　　　　共役塩基

$$K_a = \frac{[H^+][A^-]}{[HA]}$$

　この式では，カギ括弧はモル濃度，つまり，1リットル当たりのモル数による濃度を表している．それぞれの酸について，一定の温度下では K_a の値は一定である．この値が大きいほど，その酸はより強く解離する．つまり K_a が大きければ大きいほど，その酸は強いのである．

　厳密にいえば，上に挙げた酸-塩基反応は，水が溶媒として働くのと同時に，塩基としても働いているプロトン転移反応である．より正確な式は次のように書くことができる．

$$HA(aq) + H_2O(\ell) \rightleftharpoons H_3O^+(aq) + A^-(aq)$$
酸　　　　塩基　　　　H_2O の　　　　HA の
　　　　　　　　　　　共役酸　　　　共役塩基

　（aq）という記号は水溶液中の溶質を表し，（ℓ）は液体の状態の水を表す．溶液中には，"裸のプロトン"（遊離水素イオン）は存在しないことは確実に証明されており，ヒドロニウムイオン（H_3O^+）でさえ，水溶液中での水素イオンの水和の程度を少なめに見積もったものである．すべての溶質は，水溶液中ではかなりの程度水和されている．ここでは単純にするために酸の解離を短い形の式で書くことにするが，これからの議論を通してこのような水の役割を心に留めておかなくてはならない．

2.3.2　pH とは何か

　水は溶媒としての中心的な役割をもつために，水の酸-塩基としての性質は生体反応において重要な役割を演じる．水が水素イオンと水酸化物イオンに解離する程度は以下のように表される．

$$H_2O \rightleftharpoons H^+ + OH^-$$

　ごくわずかながらも，このような解離が起こるという事実により，多くの溶質の重要な性質が決定されるのである（図 2.10）．水溶液中のイオンがすべてそうであるように，水素イオン（H^+）と水酸化物イオン（OH^-）もまた，両方ともいくつかの水分子と結びついており，式中の水分子自身もまた，このようにイオンと結びついている水分子の集団の一部なのである（図 2.11）．水の解離度を定量的に見積もることは特に重要であるので，まずこの式から始めることにしよう．

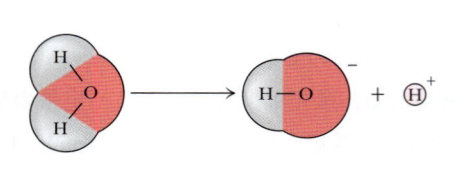

図 2.10
水のイオン化

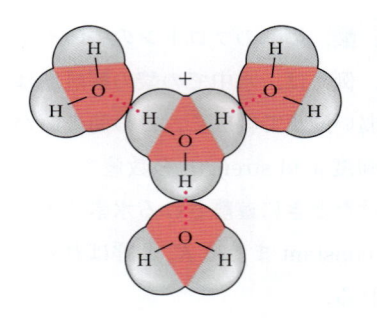

図 2.11
水素イオンの水中における水和

$$K_a = \frac{[H^+][OH^-]}{[H_2O]}$$

純水のモル濃度，$[H_2O]$ は，いかなる溶質の濃度に比べても極めて大きく，一定であると見なすことができる（その数値は，$55.5\,M$ である．これは1リットルの水のグラム数1000を水の分子量，18グラム/モルで割って得た数値である．$1000/18 = 55.5\,M$）．これより，

$$K_a = \frac{[H^+][OH^-]}{55.5}$$

$$K_a \times 55.5 = [H^+][OH^-] = K_w$$

新しい定数 K_w，**水のイオン積** ion product constant for water がここに定義された．水の濃度はこの値の中に含まれている．

K_w の数値は，純水の水素イオン濃度を測定することにより実験的に決定することができる．水素イオン濃度は定義に従って，水酸化物イオン濃度に等しい．なぜなら，水は1価の酸（1分子当たり一つのプロトンを放出する酸）だからである．純水中 25℃ では

$$[H^+] = 10^{-7}\,M = [OH^-]$$

よって，25℃ での K_w の値は以下の式で与えられる．

$$K_w = [H^+][OH^-] = (10^{-7})(10^{-7}) = 10^{-14}$$

純水より得られたこの関係は，中性，酸性，塩基性のいかなる水溶液についても成り立つ．

水溶液中で水素イオンと水酸化物イオン濃度は広範囲な値をとり得るため，これらの濃度を表すためには，指数関数で表記するよりも便利な単位を定義するのが望ましい．この単位は pH と呼ばれ，10 を底とする対数を用いて以下のように定義される．

$$pH = -\log_{10}[H^+]$$

対数が含まれているために，1 pH の違いは水素イオン濃度 $[H^+]$ では 10 倍の違いを表すことに注意してほしい．いくつかの典型的な水溶液試料の pH の値は簡単な計算により決定される．

応用問題

pH の計算

章によっては，このような "応用問題" がときどき入る．これらは学んだことを直ちに演習する機会を与えるためである．

純水では，$[H^+] = 10^{-7} M$ で pH = 7 である．以下の水溶液の pH を計算せよ．

   a. $10^{-3} M$ HCl   **b.** $10^{-4} M$ NaOH

極めて希薄な溶液の場合を除いて，水の自己解離がヒドロニウムイオンと水酸化物イオンの濃度に寄与しないと仮定せよ．

答   解答の鍵は pH の定義の式にある．a，b，共に pH の定義の式を用いるが，b では水の自己解離式も必要である．

   a. $1 \times 10^{-3} M$ HCl に対して，$[H_3O^+] = 1 \times 10^{-3} M$；ゆえに，pH = 3．

   b. $1 \times 10^{-4} M$ NaOH に対しては $[OH^-] = 1 \times 10^{-4} M$，$[OH^-][H_3O^+] = 1 \times 10^{-14}$ なので，$[H_3O^+] = 1 \times 10^{-10} M$；ゆえに pH = 10．

溶液の pH が 7 の時，純水のように，その溶液は中性である，という．酸性の水溶液の pH は 7 より低く，塩基性の水溶液の pH は 7 より高い．

表 2.6 いくつかの酸の酸解離定数

酸	HA	A⁻	K_a	pK_a
ピルビン酸	$CH_3COCOOH$	CH_3C—COO^-	3.16×10^{-3}	2.50
ギ酸	$HCOOH$	$HCOO^-$	1.78×10^{-4}	3.75
乳酸	$CH_3CHOHCOOH$	CH_3CH—$HCOO^-$	1.38×10^{-4}	3.86
安息香酸	C_6H_5COOH	$C_6H_5COO^-$	6.46×10^{-5}	4.19
酢酸	CH_3COOH	CH_3COO^-	1.76×10^{-5}	4.76
アンモニウムイオン	NH_4^+	NH_3	5.6×10^{-10}	9.25
シュウ酸(1)	$HOOC$—$COOH$	$HOOC$—COO^-	5.9×10^{-2}	1.23
シュウ酸(2)	$HOOC$—COO^-	^-OOC—COO^-	6.4×10^{-5}	4.19
マロン酸(1)	$HOOC$—CH_2—$COOH$	$HOOC$—CH_2—COO^-	1.49×10^{-3}	2.83
マロン酸(2)	$HOOC$—CH_2—COO^-	^-OOC—CH_2—COO^-	2.03×10^{-6}	5.69
リンゴ酸(1)	$HOOC$—CH_2—$CHOH$—$COOH$	$HOOC$—CH_2—$CHOH$—COO^-	3.98×10^{-4}	3.40
リンゴ酸(2)	$HOOC$—CH_2—$CHOH$—COO^-	^-OOC—CH_2—$CHOH$—COO^-	5.5×10^{-6}	5.26
コハク酸(1)	$HOOC$—CH_2—CH_2—OOH	$HOOC$—CH_2—CH_2—COO^-	6.17×10^{-5}	4.21
コハク酸(2)	$HOOC$—CH_2—CH_2—COO^-	^-OOC—CH_2—CH_2—COO^-	2.3×10^{-6}	5.63
炭酸(1)	H_2CO_3	HCO_3^-	4.3×10^{-7}	6.37
炭酸(2)	HCO_3^-	CO_3^{2-}	5.6×10^{-11}	10.20
クエン酸(1)	$HOOC$—CH_2—$C(OH)(COOH)OCH_2$—$COOH$	$HOOC$—CH_2—$C(OH)(COOH)$—CH_2—COO^-	8.14×10^{-4}	3.09
クエン酸(2)	$HOOC$—CH_2—$C(OH)(COOH)OCH_2$—COO^-	^-OOC—CH_2—$C(OH)(COOH)$—CH_2—COO^-	1.78×10^{-5}	4.75
クエン酸(3)	^-OOC—CH_2—$C(OH)(COOH)OCH_2$—COO^-	^-OOC—CH_2—$C(OH)(COO^-)$—CH_2—COO^-	3.9×10^{-6}	5.41
リン酸(1)	H_3PO_4	$H_2PO_4^-$	7.25×10^{-3}	2.14
リン酸(2)	$H_2PO_4^-$	HPO_4^{2-}	6.31×10^{-8}	7.20
リン酸(3)	HPO_4^{2-}	PO_4^{3-}	3.98×10^{-13}	12.40

生化学でよく出てくる酸は，たいてい弱酸である．これらの酸は，1よりはるかに小さなK_a値をもっている．大きい負の指数の付いた数字を用いなくてもよいように，pHの定義と同様に，pK_aが定義されている．

$$pK_a = -\log_{10} K_a$$

pK_aは酸の強度を測定するための，より便利な尺度である．その数値が小さいほど，強い酸である．これは，K_aはその値が大きいほど強い酸を表したのと反対になっている（表2.6）．

2.3.3 なぜpHを知りたいと思うのか

あらゆる弱酸のK_aと，その酸とその共役塩基とを含む水溶液のpHを関係づける式がある．この関係は，生化学での応用に幅広く利用されており，特に最適反応条件を得るためにpHを調節する必要があるときに利用されている．ある種の反応は，pHが最適な値から外れると起こらなくなってしまう．重要な生体高分子は極端なpHでは活性を失ってしまう．図2.12に三つの酵素の活性が，pHによってどのように影響を受けるかを示している．それぞれの活性は，pHが至適値からずれるにつれて，急激に最大の活性値から低下することに注意されたい．さらに，体内でのpHの揺らぎによって，劇的な生理的影響が引き起こされることがある．Sec. 2.5では，pHはどのように調節できるかについてより詳しく述べる．これに関係した式を導くためには，まずK_a平衡式の両辺の対数をとる必要がある．

$$K_a = \frac{[H^+][A^-]}{[HA]}$$

$$\log K_a = \log [H^+] + \log \frac{[A^-]}{[HA]}$$

$$-\log[H^+] = -\log K_a + \log \frac{[A^-]}{[HA]}$$

ここでpHとpK_aの定義を用いると，

$$pH = pK_a + \log \frac{[A^-]}{[HA]}$$

この関係は，**ヘンダーソン-ハッセルバルヒの式** Henderson - Hasselbalch equation として知られ，反応混合物のpHを調整するのに使う緩衝溶液の性質を予測するのに有用である．Sec. 2.5において緩衝溶液を扱う際には，酸の濃度[HA]と共役塩基の濃度[A$^-$]が等しい状態（[HA] = [A$^-$]）に注目する．このとき，[A$^-$]/[HA]の比率は1に等しく，1の対数は0である．それゆえ，水溶液が弱酸とその共役塩基を同じ濃度含む場合には，水溶液のpHはその弱酸のpK_aの値と等しくなるのである．

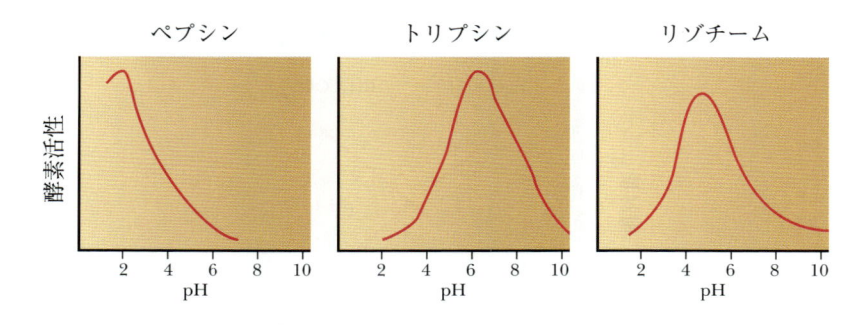

図 2.12

pH 対酵素活性

ペプシン，トリプシン，リゾチームはすべて鋭い至適 pH 曲線を示す．ペプシンは胃の中の消化酵素として予想されるように，強い酸性条件下で最大の活性をもつ．リゾチームは pH 5 近辺で最大の活性をもつが，トリプシンは pH 6 近くで最も高い活性を示す．

Sec. 2.3 要約

- 酸とはプロトン供与体であり，塩基とはプロトン受容体である．
- 水は，プロトンを受容することもできるし，プロトンを供与することもできる．
- 酸の強さはその酸の酸解離定数 K_a によって測ることができる．K_a が大きいほど，酸は強く，より多くの H^+ が解離する．
- H^+ の濃度は便宜的に pH，すなわち水素イオン濃度の逆数の常用対数で表される．
- 同様の表し方として，pK_a が K_a に代わりに用いられる．$pK_a = -\log K_a$．
- 弱酸とその共役塩基の溶液の pH は，ヘンダーソン-ハッセルバルヒの式によって，酸と塩基の濃度およびその酸の pK_a と関連づけることができる．

2.4 滴定曲線

酸に塩基を加えると溶液の pH は変化する．**滴定** titration とは，一定量の酸にさまざまな量の塩基を加える実験である．pH メーターで反応の過程を追うのが便利で直接的である．滴定で，酸がちょうど中和された点を**当量点** equivalence point と呼ぶ．

滴定の過程で，酢酸に塩基を加えて pH を記録していくと，pH が酢酸の pK_a に等しくなったときに滴定曲線内の変曲点に達する（図 2.13）．ヘンダーソン-ハッセルバルヒの式を取り扱った際に見たように，pH が pK_a に等しいということは，弱酸とその共役塩基の濃度が等しいことを示している．この場合は，弱酸とその共役塩基はそれぞれ酢酸と酢酸イオンに対応する．変曲点での pH は 4.76 であり，これは酢酸の pK_a に等しい．変曲点に達するのは，0.5 当量の塩基を加えたときである．変曲点の付近では，さらに塩基を加えても pH の変化は非常に緩やかである．

1 モルの塩基が 1 モルの酸に加えられると当量点に達し，本質的にすべての酢酸は酢酸イオンへと変わる（章末の問題 44 を参照）．図 2.13 では NaOH を加えていった際の酢酸と酢酸イオンの相対量もプロットしている．酢酸と酢酸イオンのパーセンテージを足すと 100 % になることに注意してほし

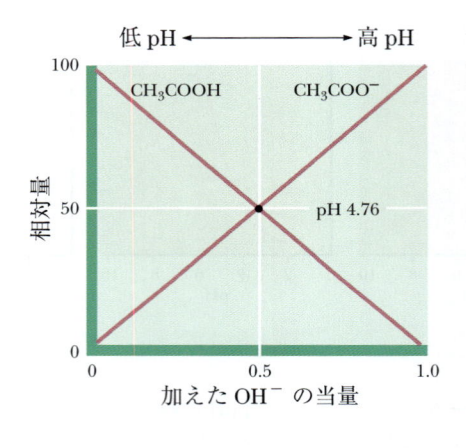

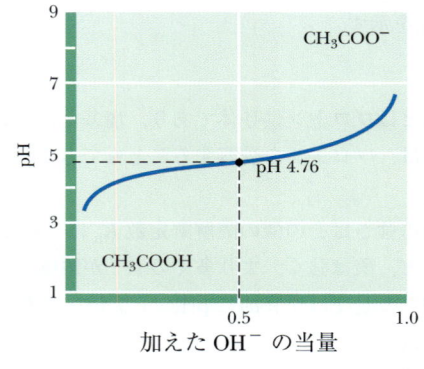

図 2.13
酢酸の滴定曲線
pK_a の近辺で，滴定曲線が比較的平たんになる領域があることに注目すること．いい換えれば，滴定曲線のこの領域で塩基を加えたとき，pH 変化は非常にわずかである．

い．NaOH が加えられていき，滴定が進むにつれて，酸（酢酸）は徐々にその共役塩基（酢酸イオン）へと変わる．滴定で起こる反応の意味を完全に理解するためには，このように共役酸と共役塩基の割合を追うのが便利である．図 2.13 の曲線の形は一般的な 1 価の弱酸の振る舞いに応用できるが，変曲点の pH の値や当量点は，それぞれの酸の pK_a の値によって決定される．

応用問題

弱酸とその塩基の pH の計算

1 モルの酢酸を水酸化ナトリウムで滴定したとき，次の各点において存在する酢酸と酢酸イオンの相対量を計算せよ．また，ヘンダーソン-ハッセルバルヒの式を用いて，これらの点での pH の値を求めよ．得られた結果を図 2.13 と比較せよ．
a. 0.1 モルの NaOH を加えたとき
b. 0.3 モルの NaOH を加えたとき
c. 0.5 モルの NaOH を加えたとき
d. 0.7 モルの NaOH を加えたとき
e. 0.9 モルの NaOH を加えたとき

答 この問題を化学量論的に解くことにしよう．加えたモル数の塩基とこれに反応した酸のモル数の比は 1：1 である．酸の始めのモル数と反応後のモル数の差が残っている酸のモル数である．これらは，それぞれ，ヘンダーソン–ハッセルバルヒの式の分子と分母にあてはめられる数値である．

a. 0.1 モルの NaOH を加えたとき，0.1 モルの酢酸がそれと反応して，0.1 モルの酢酸イオンを生成するので，酢酸は 0.9 モル残る．組成は 90％酢酸と 10％酢酸イオンである．

$$pH = pK_a + \log \frac{0.1}{0.9}$$

$$pH = 4.76 + \log \frac{0.1}{0.9}$$

$$pH = 4.76 - 0.95$$

$$pH = 3.81$$

b. 0.3 モルの NaOH を加えたとき，0.3 モルの酢酸がそれと反応して，0.3 モルの酢酸イオンを生成するので，酢酸は 0.7 モル残る．組成は 70％酢酸と 30％酢酸イオンである．

$$pH = pK_a + \log \frac{0.3}{0.7}$$

$$pH = 4.39$$

c. 0.5 モルの NaOH を加えたとき，0.5 モルの酢酸がそれと反応して，0.5 モルの酢酸イオンを生成するので，酢酸は 0.5 モル残る．組成は 50％酢酸と 50％酢酸イオンである．

$$pH = pK_a + \log \frac{0.5}{0.5}$$

$$pH = 4.76$$

この問題は，さほど数学を用いなくても解答が可能であることに気づいてもらいたい．［HA］＝［A⁻］のとき，pH = pK_a であることがわかっている．したがって，0.5 モルの NaOH を 1 モルの酢酸に加えたということを見たとたんに，酸の半量を共役塩基型に換えるのに十分な量の NaOH を加えたことがわかる．

d. 0.7 モルの NaOH を加えたとき，0.7 モルの酢酸がそれと反応して，0.7 モルの酢酸イオンを生成するので，酢酸は 0.3 モル残る．組成は 30％酢酸と 70％酢酸イオンである．

$$pH = pK_a + \log \frac{0.7}{0.3}$$

$$pH = 5.13$$

e. 0.9 モルの NaOH を加えたとき，0.9 モルの酢酸がそれと反応して，0.9 モルの酢酸イオンを生成するので，酢酸は 0.1 モル残る．組成は 10％酢酸と 90％酢酸イオンである．

$$pH = pK_a + \log \frac{0.9}{0.1}$$

$$pH = 5.71$$

表 2.6 にいくつかの酸の酸解離定数 K_a と pK_a を示した．これらの酸は三つのグループに分類されていることに注意してほしい．最初のグループは 1 価の酸であり，1 個の水素イオンを放出し，一つの K_a 値と一つの pK_a 値をもつ．二番目のグループは 2 価の酸で，2 個の水素イオンを放出し，二つの K_a 値と二つの pK_a 値をもつ．三番目のグループは多価の酸で，3 個以上の水素イオンを放出する．ここでの多価の酸の例は，3 個の水素イオンを放出し，三つの K_a 値と三つの pK_a 値をもつクエン酸とリン酸である．Chap. 3 の主題であるアミノ酸とペプチドは 2 価または多価の酸として振る舞う．

後で，その滴定曲線の例を見ることにしよう．酸とその共役塩基のプロトン化された型および脱プロトン化された型を追う方法があり，これは 2 価および多価の酸の場合，特に有用である．ある溶液の pH が酸の pK_a より小さいとき，プロトン化された型のほうが多くなる（pH の定義が逆数の対数を含んでいることを思い出そう）．一方，溶液の pH が酸の pK_a より大きいとき，脱プロトン化された型（共役塩基）のほうが多くなる．

$$pH < pK_a$$

H^+ あり，物質はプロトン化されている

$$pH > pK_a$$

H^+ なし，物質は脱プロトン化されている

Sec. 2.4 要約
- 水溶液中では，弱酸とその共役塩基の相対的濃度は酸の滴定曲線に関連づけられる．
- 滴定曲線において，酸または塩基を加えていく際に pH の変化がわずかである領域では，酸／塩基濃度比は一定の狭い範囲（10：1 から 1：10）で変化している．

2.5　緩衝液

緩衝 buffer とは，変化に抵抗するものである．酸と塩基の化学でいうところの**緩衝溶液 buffer solution** は強酸や強塩基をある程度加えても，そのpHを変えようとしない傾向がある．緩衝溶液は弱酸とその共役塩基の混合物より成る．

2.5.1　緩衝液はどのように働くか

pH 7 の純水と pH 7 の緩衝溶液に同じ量の強酸または強塩基を加えて pH の変化を比べることにしよう．99.0 mL の純水に，0.1 M の HCl を 1.0 mL 加えると，pH は劇的に下がる．0.1 M の HCl の代わりに 0.1 M NaOH を用いてこの実験を行うと，pH は劇的に上昇する（図 2.14）．

応用問題

緩衝液の働き方
　99.0 mL の純水に，0.1 M の HCl を 1.0 mL 加えたときの pH の値を求めよ．また，99.0 mL の純水に 0.1 M の NaOH を 1.0 mL 加えたときの pH の値を求めよ．ヒント：最終的に体積が 100 mL となり，酸，塩基ともに薄められることに注意せよ．

答 HClは強酸なので，0.1 M HClは完全解離して0.1 M H_3O^+ を生成するであろう．1 mLの酸があれば，H_3O^+ の量は次のように計算される．

$$1 \text{ mL} = 1 \times 10^{-3} \text{ L}$$

$$1 \times 10^{-3} \text{ L} \times 0.1 \text{ mol/L} = 1 \times 10^{-4} \text{ mol } H_3O^+$$

1 mLを99 mLに加えるので，1×10^{-4} mol H_3O^+ は100 mLすなわち0.1 Lに希釈される．H_3O^+ の終濃度は次のように計算される．

$$1 \times 10^{-4} \text{ mol } H_3O^+ / 0.1 \text{ L} = 1 \times 10^{-3} M$$

pHは定義に基づき，次のように計算される．

$$\text{pH} = -\log[H_3O^+] = -\log(1 \times 10^{-3}) = 3$$

塩基を加えたときは，生成される[OH^-]の濃度を同様に次のように計算できる．同じ濃度の同じ容積の塩基を用いるので，[OH^-]も$1 \times 10^{-3} M$に等しい．

したがって，[H_3O^+]はOH^-の濃度と水のイオン積を用いて計算できる．

$$[OH^-][H_3O^+] = 1 \times 10^{-14}$$

$$[H_3O^+] = 1 \times 10^{-14}/[OH^-] = 1 \times 10^{-14}/1 \times 10^{-3} = 1 \times 10^{-11}$$

ゆえに，pHは次のようになる．

$$\text{pH} = -\log(1 \times 10^{-11}) = 11$$

　純水の代わりに99.0 mLの緩衝溶液を使うと結果は異なってくる．リン酸一水素イオンとリン酸二水素イオン，HPO_4^{2-} と $H_2PO_4^-$ を適切な割合で含む溶液は，このような緩衝液として働くことができる．ヘンダーソン-ハッセルバルヒの式を用いて，pH 7.0に対応する[HPO_4^{2-}]/[$H_2PO_4^-$]の比率

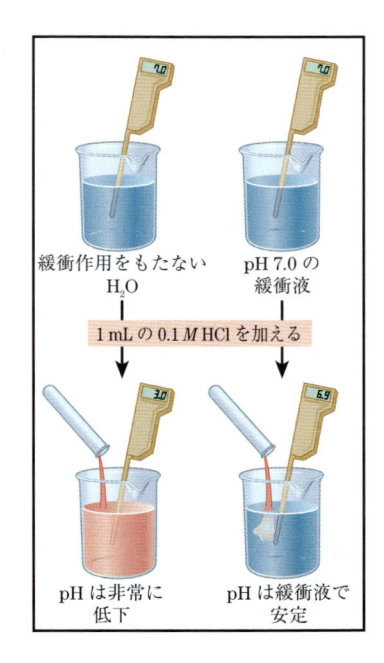

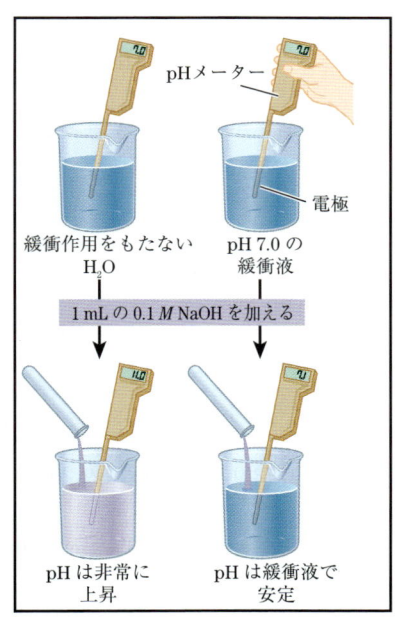

図 2.14
緩衝作用
左側の二つのビーカーに酸を加えた．緩衝作用のないH_2OのpHは劇的に下がったのに対し，緩衝液のpHは安定している．右側の二つのビーカーに塩基を加えた．緩衝作用のないH_2OのpHは劇的に上がったのに対し，緩衝液のpHは安定している．

を計算することができる．

応用問題

ヘンダーソン-ハッセルバルヒの式を使う

まず，この計算を行って，pH 7.00 に対する適当な比率は，HPO_4^{2-} 0.63 に対し $H_2PO_4^-$ が 1 であることを確認せよ．

答 ヘンダーソン-ハッセルバルヒの式で，pH = 7.00, pK_a = 7.20 と入れよ．

$$pH = pK_a + \log \frac{[A^-]}{[HA]}$$

$$7.00 = 7.20 + \log \frac{[HPO_4^{2-}]}{[H_2PO_4^-]}$$

$$-0.20 = \log \frac{[HPO_4^{2-}]}{[H_2PO_4^-]}$$

$$\frac{[HPO_4^{2-}]}{[H_2PO_4^-]} = \text{antilog} -0.20 = 0.63$$

説明のために，濃度がそれぞれ $[HPO_4^{2-}]$ = 0.063 M，$[H_2PO_4^-]$ = 0.10 M の溶液を考える．これはつまり，すでに見てきているように，共役の塩基／弱酸の比が 0.63 である．この緩衝溶液 99.0 mL に 0.10 M の HCl を 1.0 mL を加えると，以下の反応が起こり，

$$HPO_4^{2-} + H^+ \rightleftharpoons H_2PO_4^-$$

加えたほとんどすべての H^+ が使われてしまう．HPO_4^{2-} と $H_2PO_4^-$ の濃度は変化し，この新しい濃度が計算できる．

濃度（mol/L）

	$[HPO_4^{2-}]$	$[H^+]$	$[H_2PO_4^-]$
HCl を加える前	0.063	1×10^{-7}	0.10
HCl を加えた―まだ反応は起こっていない	0.063	1×10^{-3}	0.10
HCl を添加後 HPO_4^{2-} と反応する	0.062	計算せよ	0.101

新しい pH は，ヘンダーソン-ハッセルバルヒの式とリン酸イオンの濃度を用いて計算できる．この場合，適切な pK_a として，7.20 を用いる（表 2.6）．

$$pH = pK_a + \log \frac{[HPO_4^{2-}]}{[H_2PO_4^-]}$$

$$pH = 7.20 + \log \frac{0.062}{0.101}$$

$$pH = 6.99$$

HCl を加えた後の pH は 6.99 であり，緩衝作用のない純水で起こった変化に比べるとずっと小さい（図 2.14）．同様に，1.0 mL の 0.1 M NaOH を用いると，滴定中に次の反応が起こる．

$$H_2PO_4^- + OH^- \rightleftharpoons HPO_4^{2-} + H_2O$$

加えた OH^- がほとんど全部使いきられるが，少量が残る．この緩衝液は水溶液であるので，やはり $K_w = [H^+][OH^-]$ が成り立つ．水酸化物イオン濃度が上昇すると，水素イオン濃度が減少し，pH が上がることを意味する．ヘンダーソン-ハッセルバルヒの式を用いて新しい pH の値を計算し，結果が pH = 7.01 になることを確認されたい．ここでも，この変化は純水で起こった変化に比べてずっと小さい（図 2.14）．多くの生物学的な反応は，pH がかなり狭い範囲に留まっていなければ起こらない．したがって，緩衝液は生化学の実験室では，実際，非常に重要である．

2.5.2 緩衝液はどのようにして選ぶか

緩衝液がどのように働いているかを滴定曲線から考察することができる（図 2.15A）．滴定されている試料の pH の変化は，滴定曲線の変曲点付近では非常にわずかである．また，変曲点では元々あった酸の半分が共役塩基に変わっている．リン酸の第二段階のイオン化，

$$H_2PO_4^- \rightleftharpoons H^+ + HPO_4^{2-}$$

がここで例に挙げた緩衝液の基本である．滴定の変曲点での pH は 7.20 であり，この値はリン酸二水素イオンの pK_a に等しい．この pH では，溶液中に同じ濃度のリン酸二水素イオンとリン酸一水素イオンを酸，塩基として含んでいる．ヘンダーソン-ハッセルバルヒの式を用いれば，pK_a がわかっている場合，どんな pH 値においても共役塩基と共役酸の比を計算することができる．例えば，$H_2PO_4^-$ と HPO_4^{2-} とから成る緩衝液について，pH 8.2 の場合を考えるならば，その比は次のように求めることができる．

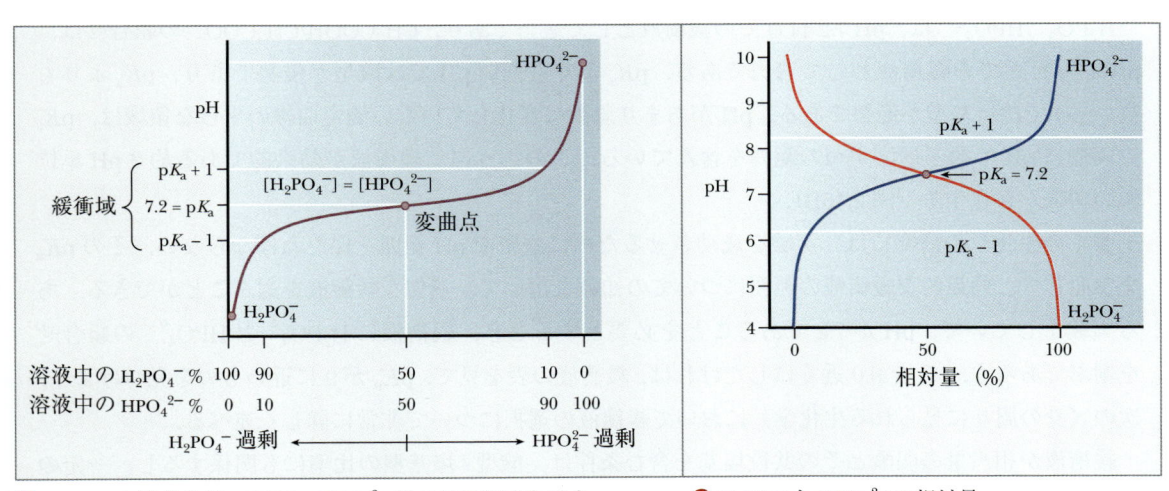

Ⓐ $H_2PO_4^-$ の滴定曲線．$H_2PO_4^-/HPO_4^{2-}$ 対の緩衝領域を示す．　Ⓑ $H_2PO_4^-$ と HPO_4^{2-} の相対量．

図 2.15

$H_2PO_4^-$ における緩衝作用と滴定曲線の関係

表 2.7　緩衝液における pH の値と塩基/酸の比との関係

pH 値と pK_a 値の関係	塩基型/酸型の比
pK_a − 3	1/1000
pK_a − 2	1/100
pK_a − 1	1/10
pK_a	1/1
pK_a + 1	10/1
pK_a + 2	100/1
pK_a + 3	1000/1

$$\mathrm{pH} = \mathrm{p}K_a + \log \frac{[\mathrm{HPO_4^{2-}}]}{[\mathrm{H_2PO_4^-}]}$$

$$8.2 = 7.2 + \log \frac{[\mathrm{HPO_4^{2-}}]}{[\mathrm{H_2PO_4^-}]}$$

$$1 = \log \frac{[\mathrm{HPO_4^{2-}}]}{[\mathrm{H_2PO_4^-}]}$$

$$\frac{[\mathrm{HPO_4^{2-}}]}{[\mathrm{H_2PO_4^-}]} = 10$$

このように，pH が pK_a より 1 単位高ければ，共役塩基の共役酸に対する比は 10 倍となる．pH が pK_a より 2 単位高ければ，その比は 100 となる，という具合である．表 2.7 に pH が pK_a 値に対して増していったいくつかの場合について，共役塩基の共役酸に対する比の関係が示してある．

　緩衝溶液が pH の値を比較的一定に保てるのは，酸とその共役塩基が相当量存在するからである．このような条件は，pH の値が酸の pK_a に近いときに満たされる．$\mathrm{OH^-}$ が加えられても，溶液中にはこの加えられた塩基と反応する酸型の緩衝液が相当量存在する．もし $\mathrm{H^+}$ が加えられても，同様に，この酸と反応する塩基型の緩衝液が相当量存在する．

　$\mathrm{H_2PO_4^-}/\mathrm{HPO_4^{2-}}$ は，pH 7.2 付近での緩衝液として適当であり，$\mathrm{CH_3COOH/CH_3COO^-}$ の組合せは，pH 4.76 付近での緩衝液として適当である．pK_a よりも低い pH では酸型が優勢であり，pK_a よりも高い pH では塩基型が優勢である．pH があまり急激に変化していない滴定曲線の平らな領域は，pK_a の両側に pH で約 1 単位ずつの範囲を含んでいる．このように，緩衝液が効果的である約 2 pH 単位幅の領域が存在する（図 2.15B）．

　多くの生化学の研究では，実験を成功させるために厳密な pH 範囲を保たねばならない．その pK_a を参照して，効果的な緩衝液の範囲についての知識を用いて，適切な緩衝液を選ぶことができる．ある実験をしていて，pH が 7.2 であることを必要とするとき，緩衝液に $\mathrm{H_2PO_4^-}$ と $\mathrm{HPO_4^{2-}}$ の組合せを選ぶであろう．pH を 9.0 近くにしたければ，緩衝液の表を見て，pK_a が 9 に近いものを見つけよう．次の《身の周りに見られる生化学》において緩衝液の選択について非常に詳しく述べる．

　緩衝液が相当量の弱酸とその共役塩基を含む条件は，酸型/塩基型の比率にも関係するし，一定の溶液中に存在する両方の型の絶対量にも関係する．たとえ緩衝溶液中の酸/塩基比は適切であってもその両方の濃度が非常に低ければ，ほんのわずか酸を加えただけで塩基型をすべて使いきってしまうだろうし，その逆もまた同じである．弱酸，共役塩基双方ともに濃度が低い緩衝溶液は，その**緩衝能**

buffering capacity が低いという．弱酸，共役塩基双方ともに濃度が高い緩衝溶液は，高い緩衝能をもっている．

2.5.3　緩衝液は実験室でどのようにしてつくるか

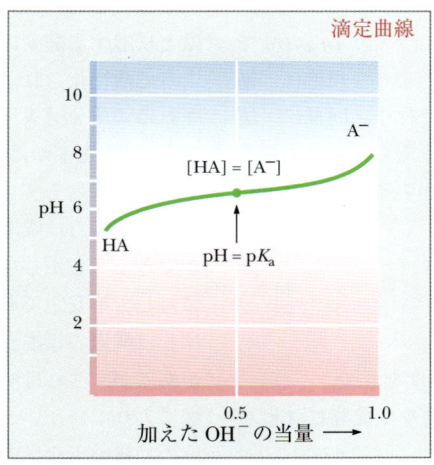

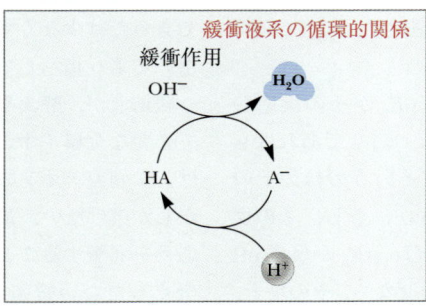

　緩衝液を理論的に学ぶ場合は，しばしばヘンダーソン-ハッセルバルヒの式を用いて共役塩基型と共役酸型の濃度比を計算する．しかしながら，実際に，緩衝液をつくるのはもっと簡単である．ある緩衝液をつくるのに必要なことは，その溶液中に緩衝液の二つの型（塩基型，酸型）が適切な濃度で存在していることだけである．あらかじめ決めておいた量の共役塩基型（A^-）を酸型（HA）に加えていくことでできる，つまり一方をつくることから始めてもう一方をつくっていく．これが緩衝液を実際につくるときのやり方である．HA と A^- は強酸または強塩基を加えることにより相互に変換することを思い出そう（図 2.16）．ある緩衝液をつくるのに，HA 型から始めて，pH メーターで測りながら，その pH になるまで，NaOH を加えていく．A^- から始めて，その pH になるまで HA を加えていってもよい．得ようとする緩衝液の pH と pK_a の関係により，どちらからスタートしたほうが便利かが決まる．例えば，pH 5.7 の酢酸/酢酸塩の緩衝液をつくる場合，まず，A^- 型の溶液をつくり，

図 2.16
緩衝液の二通りの見方
滴定曲線の図で，[HA] ＝ [A^-] の領域近辺で，pH 値がほんのわずかしか変化しないことがわかる．緩衝液系の循環的関係の図で，緩衝液に OH^- を加えると HA が A^- に変わり，H^+ を加えると A^- は HA に変わることがわかる．

そこへ少量の HA を加えて pH を 5.7 まで下げていくほうが，合理的である．HA 型から始めると，pH を pK_a を超えて高い値までもってくるのに多量の NaOH を加えていかなければならない．

2.5.4 生理的 pH をもつ緩衝液が生体には存在するか

ここまでは，実験をコントロールしようとする化学者の観点から緩衝液を考察してきた．しかしながら緩衝液の真の重要性は，それらが生命にとって決定的に重要な意味をもつことである．生物体や実験室での緩衝液系は，多くの種類の化合物に基づいている．多くの生物で生理的な pH は 7 ぐらいに保たれているので，現存生物内ではリン酸緩衝機構が広く使われているのであろうと推測される．これはほとんどの細胞内液のように，リン酸イオンが緩衝液としての効果をもつのに十分な濃度で存

身の周りに見られる生化学　緩衝液の化学

緩衝液の選択

生化学の研究では，試験管内，つまり in vitro で酵素反応を行うことが多い．そのような反応は，通常，緩衝液を用いて一定の pH で行う．同様に，実際，酵素の単離や組織培養での細胞の増殖にも緩衝溶液が用いられる．生化学反応用の緩衝液を選ぶ際の基準は，以下のようである．

1. 緩衝液として適切な pK_a をもつ
2. 反応や分析を妨害しない
3. 緩衝液として適切なイオン強度をもつ
4. 緩衝液の存在によって反応物や生成物に沈殿を生じさせない
5. その緩衝液が生物学的な活性をもたない

ここでのだいたいの目安は，pK_a がその反応の pH の ±1 の中にあることである．±1/2 であればもっとよい．完璧な一般的緩衝液というのは，その pH が pK_a に等しいものであろうが，もし，その反応が酸性の物質を生成する場合は，pK_a が反応 pH よりも低いほうが有利である．なぜなら，その場合，緩衝能力は反応の進行とともに増すからである．

時に，緩衝液が反応や定量法に抵触することがある．例えば，リン酸塩や CO_2 を必要とする，あるいは生成する反応は，反応液中にリン酸塩や炭酸塩が多過ぎると阻害されるかもしれない．その対イオンが重要である場合もある．普通，リン酸緩衝液や炭酸緩衝液は，Na^+ 塩や K^+ 塩から調製される．核酸と反応する酵素は，これら二つのイオンの一方によって活性化され，もう一方のイオンによって阻害されることが多いので，対イオンとして Na^+ を選ぶか K^+ を選ぶかは重要な点である．ある緩衝液が，その保とうとしている pH で緩衝能力が低い場合，その緩衝能力は濃度を増すことによって上げることができる．しかしながら，多くの酵素は高濃度の塩に対して不安定である．生化学に初歩の学生は，しばしば酵素の単離と活性測定において苦労することがあるが，これは酵素が失活しやすいことを十分考慮に入れていないからである．幸いにして，たいていの初級の生化学実験マニュアルでは，この問題をできるだけ少なくするように，非常に安定な酵素を用いるよう指示している．

緩衝液が，酵素やある場合には反応の補因子として必要な金属イオンを沈殿させることがある．例えば，二価カチオンの多くのリン酸塩は，ほんのわずかしか溶けない．最後に，研究しようとしている反応系を邪魔することがないよう，生物学的な活性を全くもたない緩衝液を使用することが望ましい．TRIS は反応を妨害することがめったにないので，非常に望ましい．HEPES と PIPES（表 2.8）のような特別な緩衝液が，組織培養における細胞の生育のために開発されている．

在している場所に当てはまる．$H_2PO_4^-/HPO_4^{2-}$ の組合せは細胞内での主要な緩衝液である．血液中では，リン酸イオンの濃度は，緩衝作用には十分でなく，異なる緩衝系が働いている．

血液中での緩衝機構は，炭酸（H_2CO_3）の解離に基づいている．

$$H_2CO_3 \rightleftharpoons H^+ + HCO_3^-$$

H_2CO_3 の pK_a は 6.37 である．ヒトの血液の pH は 7.4 であり，これはこの緩衝液系の緩衝領域の端に近いが，ここにはまたもう一つ別の要素が関与している．二酸化炭素は，水や血液のような水を基本とする液体には溶ける．溶けた二酸化炭素は炭酸を形成し，これは次に重炭酸イオンを生成する．

$$CO_2(g) \rightleftharpoons CO_2(aq)$$
$$CO_2(aq) + H_2O(\ell) \rightleftharpoons H_2CO_3(aq)$$
$$H_2CO_3(aq) \rightleftharpoons H^+(aq) + HCO_3^-(aq)$$
$$\text{正味の反応式：} CO_2(g) + H_2O(\ell) \rightleftharpoons H^+(aq) + HCO_3^-(aq)$$

血液の pH は炭酸の pK_a よりも 1 高く，溶けた CO_2 のほとんどは HCO_3^- として存在している．排出されるために肺に運ばれる CO_2 は重炭酸イオン型をとる．血液の pH と肺における二酸化炭素の分圧との間には，直接的な関係が存在する．血液中の酸素運搬タンパク質であるヘモグロビンの性質も血液の緩衝系に関係がある（Chap. 4 の《身の周りに見られる生化学》を参照）．

リン酸緩衝液系は生体内（*in vivo*）と同様に，実験室（*in vitro*：試験管内）でも一般的である．TRIS［トリス（ヒドロキシメチル）アミノメタン］緩衝液系もまた，*in vitro* で広く用いられている．

表 2.8　いくつかの有用な生化学的緩衝溶液の酸，塩基型

酸　型		塩基型	pK_a
TRIS－H^+ プロトン化型 $(HOCH_2)_3CNH_3^+$	N－トリス［ヒドロキシメチル］ アミノメタン（TRIS） $\rightleftharpoons$	TRIS 遊離アミン $(HOCH_2)_3CNH_2$	8.3
$^-$TES－H^+ 双性イオン型 $(HOCH_2)_3CNH_2CH_2CH_2SO_3^-$	N－トリス［ヒドロキシメチル］メチル－ 2－アミノエタンスルホン酸（TES） $\rightleftharpoons$	$^-$TES アニオン型 $(HOCH_2)_3CNHCH_2CH_2SO_3^-$	7.55
$^-$HEPES－H^+ 双性イオン型 $HOCH_2CH_2N^+\!\!\bigcirc\!\!NCH_2CH_2SO_3^-$ 　　　　H	N－2－ヒドロキシエチルピペラジン－ N'－2－エタンスルホン酸（HEPES） $\rightleftharpoons$	$^-$HEPES アニオン型 $HOCH_2CH_2N\!\!\bigcirc\!\!NCH_2CH_2SO_3^-$	7.55
$^-$MOPS－H^+ 双性イオン型 $O\!\!\bigcirc\!\!^+NCH_2CH_2CH_2SO_3^-$ 　　H	3－［N－モルホリノ］プロパン スルホン酸（MOPS） $\rightleftharpoons$	$^-$MOPS アニオン型 $O\!\!\bigcirc\!\!NCH_2CH_2CH_2SO_3^-$	7.2
$^{2-}$PIPES－H^+ プロトン化2価アニオン型 $^-O_3SCH_2CH_2N\!\!\bigcirc\!\!NCH_2CH_2SO_3^-$ 　　　　　　　H	ピペラジン－N, N'－ビス［2－エタン スルホン酸］（PIPES） $\rightleftharpoons$	$^{2-}$PIPES 2価アニオン型 $^-O_3SCH_2CH_2N\!\!\bigcirc\!\!NCH_2CH_2SO_3^-$	6.8

身の周りに見られる生化学　血液の化学

血液の緩衝作用のもつ生理学的重要性

呼吸の過程は，血液の緩衝作用に重要な役割を果たしている．とくに，H^+ の増加には呼吸を増すことで対応することができる．まず，増えた水素イオンは重炭酸イオンに結合して炭酸を生じる．

$$H^+(aq) + HCO_3^-(aq) \rightleftharpoons H_2CO_3(aq)$$

炭酸の量が増すと，溶けている二酸化炭素の量が上昇し，結局，肺の気体状二酸化炭素の量が上昇する．

$$H_2CO_3(aq) \rightleftharpoons CO_2(aq) + H_2O(\ell)$$
$$CO_2(aq) \rightleftharpoons CO_2(g)$$

呼吸速度を速くすることにより肺から過剰の二酸化炭素を取り除き，先行する反応すべての平衡点を移動させる．気体状 CO_2 を取り除くと，溶解 CO_2 の量は減少する．水素イオンは HCO_3^- と反応し，この過程の中で，血液中の H^+ 濃度は元の値に戻る．このようにして，血液のpHは一定に保たれているのである．

これに対して，過度に深く速い呼吸，すなわち過呼吸 hyperventilation を行うと，肺から大量の二酸化炭素が取り除かれてしまうために血液中のpHが上昇し，脱力や失神をもたらすほど危険なレベルにまで達する．しかし，短距離走者は過呼吸によって生じる血中 pH の上昇を利用する術を心得ている．激しい運動を短時間で行うと，グリコーゲンの嫌気的分解によって血液中に多量の乳酸が生み出される．乳酸が多量にあると血中のpHは下がる傾向があるが，非常に瞬発的な激しい運動（例えば400 m 短距離走，100 m 競泳，1 km 自転車走，など30秒か1分程度しか続かない運動）の前に短時間の（30秒）過呼吸を行うと乳酸が増加することによる影響を打ち消すこととなり，pHの平衡が保たれるのである．

血液中の H^+ の増加は，何らかの酸が大量に血流中に流入することでも引き起こされる．アスピリンは乳酸と同じように酸であり，アスピリンを大量に服用することによる過剰な酸性は，アスピリン中毒 aspirin poisoning を引き起こす．標高が高いところ high altitudes にさらされることは，海面高度での過呼吸と似た効果をもたらす．薄い大気に対応するために呼吸速度が速くなる．過呼吸に伴って，いつもより多くの二酸化炭素が吐き出されて，最終的に血液中の H^+ の量を下げ，pHを上げる．普段，海面高度で生活している人が急に高地に行くと，順応するまで一時的に血液中のpHが上昇するのである．

最近広く使われるようになってきた別の緩衝液は**双性イオン** zwitterion であり，これは正，負両方の電荷をもつ化合物である．双性イオンは以前から使われているいくつかの緩衝溶液に比べて，生化学反応を干渉しにくいと通常考えられている（表2.8）．

ほとんどの生体機構はpH 7付近で働く．カルボキシ基やアミノ酸のような多くの官能基の pK_a 値は7よりもかなり高いか，かなり低い．そのため，生理的条件の下では多くの重要な生体分子は多かれ少なかれ電荷を帯びた状態で存在する．この事実の実際面での重要性については，上記の《身の周りに見られる生化学》でさらに述べることにする．

身の周りに見られる生化学　酸とスポーツ

乳酸—常に悪者であるわけではない

　スポーツについて詳しい人に乳酸について訊ねれば，それは筋肉痛や筋肉疲労を引き起こす酸であるという答えが返ってくるであろう．これは，嫌気的条件下において筋肉組織に乳酸が蓄積するという最初の論文が書かれた1929年以来のドグマである．しかしながら，乳酸は生化学的に何もかも悪いというわけではなく，事実，最近では今までわれわれが知らなかった利点のあることも示唆されている．

　まず第一に，乳酸から解離した水素イオンと乳酸の共役塩基である乳酸塩を区別すべきである．解離したH^+イオンは，反応性の高い化学種であり，筋肉における乳酸の集積に伴う痛みの主原因であるらしい．細胞のpHが下がると，種々の酵素や筋肉の系に影響を与える．一方，共役塩基の乳酸塩は血流にのり，肝臓に運ばれる．いったん肝臓に入ると，Chap. 18 に出てくる糖新生と呼ばれる過程を経てグルコースに換えられる．入院中の患者は，血糖レベルを間接的に保つために，乳酸溶液を静脈注射で投与されることがよくある．

　最近まで，どの運動選手も乳酸は筋肉のパフォーマンスにとって悪であると公言してきた．しかし，最近の証拠では，乳酸は，実際，疲労している筋肉に好ましい効果をもつことが示唆されている（本章末の参考文献の Allen, D., and H. Westerblad および Pedersen, T. H. et al. の論文を参照）．この研究の結果は，筋肉が疲れてきている状況で，乳酸は，筋肉の膜が脱分極した後，再分極する能力を維持し，筋肉が疲労してもより長く収縮できるように作用することを示していた．単離した筋肉細胞から乳酸を取り除くと，細胞の疲労はむしろ促進した．同様の証拠が筋肉グリコーゲンを分解する酵素を欠く病気に苦しむ人の場合にも見られた．筋肉グリコーゲンの分解ができなければ，嫌気的代謝は不可能であり，乳酸は蓄積しない．しかし，結果は，これらの患者の筋肉はより速く疲れるというものであった．筋肉疲労に対する乳酸の好ましくない効果についての"知識"のいくぶんかは，筋肉痛が筋肉のパフォーマンスを低下させるということに結びついているかも知れない．筋肉痛の原因と推定される乳酸は，それゆえに，疲労の原因でもあると推測された．これは，活発に研究されている分野であり，まだ多くの解明すべき点がある．何十年にもわたる研究と，一般的な認識があるにもかかわらず，何が筋肉の疲労の本当の原因であるかは，まだ正確にはわかっていない．

Sec. 2.5 要約

- 緩衝溶液は少量の強酸あるいは強塩基が加えられたとき，pHの変化に抵抗する傾向を示すという特徴がある．
- 緩衝液は，弱酸と塩基の濃度が酸の滴定曲線で狭い範囲内に保たれているために働く．
- 多くの実験は，安定なpHを保つために緩衝液系をもたねばならない．
- 重炭酸塩血液緩衝液やリン酸緩衝液のような多くの生理学的緩衝液が生理的pHを保つために働いている．

| SUMMARY | 要　　約 |

◆**極性とは何か**　同じ電気陰性度をもつ二つの原子が結合を形成するとき，電子は両原子間に平等に共有される．しかし，異なる電気陰性度をもつ原子が結合するときは，電子は均等に共有されず，陰性電荷は一方の原子により近づいている．

◆**ある化学物質が水に溶け，あるものは溶けないのはなぜか**　水が極性をもつという性質により，水の溶媒特性の大部分が決定されている．完全に電荷をもったイオン化合物や部分的に電荷をもった極性化合物は水に溶ける傾向がある．この性質の基礎となる物理学的な原理は，異なった電荷間での静電的引力である．水双極子の負末端は正イオンまたは別の双極子の正末端を引きつける．水分子の正末端は負イオンまたは別の双極子の負末端を引きつける．

◆**油と水を混ぜると，二層に分離するのはなぜか**　油の分子は両親媒性―極性（親水性）頭部と非極性（疎水性）尾部をもつ―である．油と水が層に分かれると，油分子の極性頭部の基は水性の環境に接し，非極性の尾部は水から隔離される．非極性分子間に働くファンデルワールス相互作用はこの自発的な分子配置のエネルギーの基礎となる．

◆**水はなぜそのような興味あるユニークな性質をもっているのか**　水は，その分子の大きさのわりには，非常に高い融点と沸点をもつなどのユニークな性質をもつ．これは，水分子間に形成される広範囲な水素結合によるものである．それぞれの水分子は二つの部分正電荷と二つの部分負電荷をもつ．このため，水は固体の状態ではきちっとした配列をとり，液体の状態では他の多数の水分子と結合する．広範囲に形成される水素結合は，それを壊すのに大量のエネルギーを必要とし，そのために水は同じくらいの大きさの他の分子に比べて高い温度で融け，かつ沸騰する．

◆**酸とは何か，塩基とは何か**　酸とは，水溶液中で水素イオン（プロトン）を遊離する化合物である．いい換えれば，酸はプロトン供与体である．塩基はプロトン受容体である．

◆**pHとは何か**　pHの数学的定義は，水素イオン濃度の逆数を常用対数で示したものである．溶液の酸性度を測るものである．pHが低いほど溶液は，より酸性である．対数であるので，pHが1単位変化すると，水素イオン濃度は10倍変化することを意味する．

◆**なぜpHを知りたいと思うのか**　多くの生物学的反応が非常に厳密な範囲のpHを要求するので，pHを知ることは重要である．例えば，pH 7.0で活性である酵素がpH 8.0では完全に不活性であることがある．科学で用いられる溶液は，実験が正確に遂行されるためにはそのpHがコントロールされなければならない．ある種の細胞内オルガネラではpHの局所的な変化が起こっているものの，細胞が生き永らえるためにはpHを中性付近に保たなければならない．

◆**緩衝液はどのように働くか**　緩衝液はその緩衝液を構成している弱酸とその共役塩基の性質に基づいて働く．緩衝溶液に余分の水素イオンが加えられると，それは共役塩基と反応して弱酸を生成する．水酸化物イオンが緩衝液に加えられると，それは弱酸と反応して水と共役塩基を生成する．このようにして，H^+あるいはOH^-のどちらも，緩衝液に加えることによって，それらは使い切ってしまわれる．このようにして，非緩衝液系に同じ酸や塩基が加えられたときよりもはるかにpHが安定に保たれる．

◆**緩衝液はどのようにして選ぶか**　まず，維持したいと思うpHを知ることによって緩衝液を選ぶ．例えば，ある実験をしていて溶液をpH 7.5に保ちたいとき，7.5のpK_aをもつ緩衝液を探す．なぜ

なら，緩衝液は pH がその緩衝液の pK_a に近いときに最も効果的であるからである．

◆**緩衝液を実験室でどのようにしてつくるか**　実験室で緩衝液をつくる最も効率的な方法は，その緩衝液の弱酸型あるいは弱塩基型のいずれかの化合物を容器に入れ，水を加えて pH メーターで pH を測定する．pH は望む緩衝液の pH より低すぎるか，高すぎるであろう．そこで，つくりたい緩衝液の pH になるまで，共役酸または共役塩基を加える．次に，溶液の濃度を正確に合わせるために，溶液の体積を最終体積にもっていく．

◆**生理的 pH をもつ緩衝液が生体には存在するか**　緩衝液は実験室で用いられる人工的なものだけではない．生命系は生体内に存在している化合物によって緩衝液化されている．生体内に存在するリン酸あるいは炭酸緩衝液が生理的 pH を 7.0 近くに維持するのを助けている．

EXERCISES　練習問題

2.1　水分子の極性

1. **演習**　水はなぜ生命にとって必須のものなのか．
2. **演習**　原子がその電気陰性度において差がないとしたらどうなるかを，生化学的に考察せよ．

2.2　水素結合

3. **復習**　構造の一部として水素結合をもっている高分子は何か．
4. **関連**　遺伝情報の伝達に水素結合はどのように関与しているか．
5. **演習**　CH_4 分子間には水素結合が見られない事実を説明せよ．
6. **演習**　水素結合を形成することのできる分子の例を 3 種類挙げて，図示せよ．
7. **復習**　水素結合を形成するために必要な分子の条件は何か（どのような原子が存在し，結合にあずからなければならないか）．
8. **演習**　酢酸の特徴の多くは，水素結合二量体を考えることにより説明することができる．このような二量体の構造を示せ．
9. **演習**　以下に示したグルコースの分子に何個の水分子が直接水素結合で結合できるか．ソルビトール，リビトールの場合はどうか．

グルコース

ソルビトール　　　リビトール

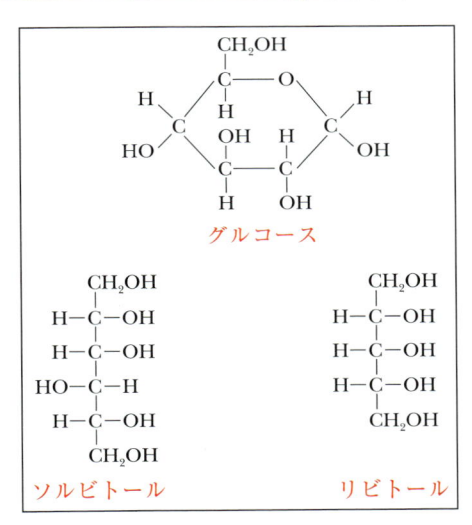

10. **演習**　RNA も DNA も，それらの構造の一部に負に荷電したリン酸基をもつ．核酸に結合するイオンは正または負に荷電していると予想されるか，またそれはなぜか．

2.3　酸，塩基，pH

11. **復習**　以下に挙げる物質の組合せにおける共役酸および共役塩基を同定せよ．

    (a) $(CH_3)_3NH^+/(CH_3)_3N$

    (b) $^+H_3N-CH_2COOH/^+H_3N-CH_2-COO^-$

    (c) $^+H_3N-CH_2-COO^-/H_2N-CH_2-COO^-$

    (d) $^-OOC-CH_2-COOH/^-OOC-CH_2-COO^-$

    (e) $^-OOC-CH_2-COOH/HOOC-CH_2-COOH$

12. **復習**　以下に挙げる物質の組合せにおける共役酸および共役塩基を同定せよ．

(a) $(HOCH_2)_3CNH_3^+$ $(HOCH_2)_3CNH_2$

(b) $HOCH_2CH_2N\overset{}{\bigcirc}NCH_2CH_2SO_3^-$

$HOCH_2CH_2\underset{H}{N^+}\bigcirc NCH_2CH_2SO_3^-$

(c) $^-O_3SCH_2CH_2\bigcirc\underset{H}{N^+}CH_2CH_2SO_3^-$

$^-O_3SCH_2CH_2N\bigcirc NCH_2CH_2SO_3^-$

13. **演習** アスピリンは pK_a が 3.5 の酸であり，その構造にカルボキシ基を含む．アスピリンが血流中に吸収されるためには，胃や小腸を裏打ちしている膜を通過する必要がある．電気的に中性の分子は，電荷をもった分子に比べて容易に膜を通過することができる．胃液の pH が約 1 である胃か，pH が約 6 である小腸か，いずれにおいてアスピリンは吸収されやすいか予測せよ．またその理由を述べよ．

14. **復習** 水素イオン濃度が 10 倍変わると，pH が 1 単位変わってくるのはなぜか．

15. **計算** 以下に挙げる物質のそれぞれの水素イオン濃度 $[H^+]$ を計算せよ．
    (a) 血漿，pH 7.4
    (b) オレンジジュース，pH 3.5
    (c) ヒトの尿，pH 6.2
    (d) 一般家庭用アンモニア，pH 11.5
    (e) 胃液，pH 1.8

16. **計算** 以下に挙げる物質のそれぞれの水素イオン濃度 $[H^+]$ を計算せよ．
    (a) 唾液，pH 6.5
    (b) 肝臓の細胞内液，pH 6.9
    (c) トマトジュース，pH 4.3
    (d) グレープフルーツジュース，pH 3.2

17. **計算** 問題 16 で挙げたそれぞれの物質の水酸化物イオン濃度，$[OH^-]$ を計算せよ．

2.4 滴定曲線

18. **復習** 以下に挙げる用語を定義せよ．
    (a) 酸解離定数
    (b) 酸強度
    (c) 両親媒性
    (d) 緩衝能
    (e) 当量点
    (f) 親水性
    (g) 疎水性
    (h) 非極性
    (i) 極性
    (j) 滴定

19. **演習** 図 2.15 と表 2.8 を見て答えよ．図に示された滴定曲線に最も類似した滴定曲線を示す化合物は表中のどれか，また，それはなぜか．

20. **演習** 図 2.15 を見て答えよ．リン酸塩の代わりに，TRIS を用いてこの滴定を行ったとすると，滴定曲線はこの図に比べてどのようになるだろうか．説明せよ．

2.5 緩衝液

21. **関連** 生化学反応用の緩衝液を選択するときの基準を挙げよ．

22. **関連** pK_a と緩衝液の有効な pH 範囲の関係について説明せよ．

23. **計算** pH 5.0 の酢酸緩衝液の $[CH_3COO^-]/[CH_3COOH]$ 比はいくらか．

24. **計算** pH 4.0 の酢酸緩衝液の $[CH_3COO^-]/[CH_3COOH]$ 比はいくらか．

25. **計算** pH 8.7 の TRIS 緩衝液の TRIS/TRIS-H^+ の比はいくらか．

26. **計算** pH 7.9 の HEPES 緩衝液における HEPES/HEPES-H^+ の割合はいくらか．

27. **計算** 結晶 K_2HPO_4 と 1 M の HCl 溶液を用いて pH 7.5，0.05 M のリン酸緩衝液 1 L を調製するにはどうすればよいか．

28. **計算** 問題 27 で必要とされた緩衝液は，結晶 NaH_2PO_4 と 1 M の NaOH 溶液を用いても調製できる．この方法を述べよ．

29. **計算** 75 mL の 1.0 M 乳酸（表 2.6 参照）と 25 mL の 1.0 M 乳酸ナトリウムを混合して得られる緩衝液の pH を計算せよ．

30. **計算** 25 mL の 1.0 M 乳酸と 75 mL の 1.0 M 乳酸ナトリウムを混合して調製した緩衝溶液の pH を計算せよ．

31. **計算** 0.10 M の酢酸（表 2.6）と 0.25 M の酢酸ナトリウムを含む緩衝溶液の pH を計算せよ．

32. **計算** 研究室の冊子に，0.0500 M，pH 8.0 の TRIS 緩衝液を 1 L 作製する方法が次のように書いてある．2.02 g の TRIS（遊離塩基，MW 121.1 g/mol）と 5.25 g TRIS 塩酸（酸型，MW = 157.6 g/mol）を水に溶かして全容を 1 L にせよ．この方法が正しいかどうかを確かめよ．

33. **計算** 同体積の 0.1 M の HCl 溶液と 0.2 M の TRIS（表 2.8 参照）（遊離アミン型）を混合した．結果的に得られた溶液は緩衝液か．さらに，なぜそれは緩衝液なのか，またはなぜそれは緩衝液でないのか述べよ．

34. **計算** 問題 33 で述べた溶液の pH はいくらになるか．

35. **計算** pH 8.3 の 0.10 M TRIS 緩衝液（表 2.8 参照）100 mL に 1 M HCl を 3.0 mL 加えると pH はいくらになるか．

36. **計算** 1 M HCl をあと 3.0 mL 余計に加えると，問題 35 の溶液の pH はいくらになるか．

37. **計算** 水中での純粋な弱酸は，pH = (pK_a − log[HA])/2 であることを示せ．

38. **計算** pH 5.12 の溶液における酢酸イオンと解離していない酢酸の比はいくらか．

39. **関連** あなたはある触媒反応を pH 7.5 で行う必要がある．友人は，緩衝液の主成分として pK_a が 3.9 の弱酸を使うことを助言した．この物質とその共役塩基は適当な緩衝液となるか．さらに，なぜそうなるのか，またはなぜそうならないのか答えよ．

40. **計算** 問題 39 で提案されたような緩衝液がつくられたとすると，共役塩基／共役酸の比はいくらになるか．

41. **関連** 以下に挙げる物質それぞれの緩衝領域を示せ．
    (a) 乳酸（pK_a = 3.86）とそのナトリウム塩
    (b) 酢酸（pK_a = 4.76）とそのナトリウム塩
    (c) プロトン化型と遊離アミン型の TRIS（表 2.8 参照，pK_a = 8.3）
    (d) 双性イオン型と陰イオン型の HEPES（表 2.8 参照，pK_a = 7.55）

42. **関連** pH 7.3 の緩衝液をつくるためには，表 2.8 に示した緩衝液のうち，どれを選ぶか．また，それはなぜか．

43. **計算** 問題 27 において，遊離塩基もその共役酸もどちらもが 0.050 M でなくても，溶液の濃度が 0.050 M であると称される．なぜ，0.050 M と称することが正しいのか，説明せよ．

44. **演習** Sec. 2.4 で，"酢酸の滴定における当量点では，ほとんどすべての酢酸は酢酸イオンに変わっている"と述べた．なぜ，すべての酢酸は酢酸イオンに変わっているといわないのか．

45. **計算** 緩衝能を定義せよ．以下の緩衝液は緩衝能においてどのように異なっているか．また pH においてはどのように異なっているか．
    緩衝液 a：0.01 M Na$_2$HPO$_4$ と 0.01 M NaH$_2$PO$_4$
    緩衝液 b：0.1 M Na$_2$HPO$_4$ と 0.1 M NaH$_2$PO$_4$
    緩衝液 c：1.0 M Na$_2$HPO$_4$ と 1.0 M NaH$_2$PO$_4$

46. **関連** pH 8.3 の HEPES 緩衝液をつくりたいが，手許に HEPES 酸も HEPES 塩基もあるとき，どちらを使って緩衝液の作成を始めればよいか．またその理由は何か．

47. **関連** 完璧な緩衝液とは，通常，その pH が pK_a に等しいものであると言われているが，pK_a よりも pH 0.5 単位高い緩衝液をもっているほうが有利であると思われる場合を一例挙げよ．

48. **復習** 双性イオンのどのような性質がそれらを好ましい緩衝液にしているか．

49. **演習** HEPES や PIPES のような，今日，よく使われている緩衝液の多くは，希釈によっても pH が変化しにくいなどの好ましい性質をもつので開発された．希釈による pH 変化がしにくいことが有利であるのはなぜか．

50. **演習** HEPES のような最近よく使われる緩衝液のもう一つの特徴は，温度の変化による pH 変化がほとんどないということである．これはなぜ好ましいか．

51. **演習** 問題 11 に挙げた物質の中で双性イオンのものを選べ．

52. **関連** しゃっくりの対処法としてよく勧められるのは息を止めることである．この結果，引き起こされる状況，過小呼吸は肺の中に二酸化炭素を留める．血中の pH に与える影響を予測せよ．

ANNOTATED BIBLIOGRAPHY

参考文献

Allen, D., and H. Westerblad. Lactic Acid–The Latest Performance-Enhancing Drug. *Science* **305**, 1112–1113 (2004). [An article refuting certain assumptions about lactic acid buildup and muscle fatigue].

Barrow, G. M. *Physical Chemistry for the Life Sciences*, 2nd ed. New York: McGraw-Hill, 1981. [Acid–base reactions are discussed in Chapter 4, with titration curves treated in great detail.]

Fasman, G. D., ed. *Handbook of Biochemistry and Molecular Biology: Physical and Chemical Data Section*, 2 vols., 3rd ed. Cleveland, OH: Chemical Rubber Company, 1976. [Includes a section on buffers and directions for preparation of buffer solutions (vol. 1, pp. 353–378). Other sections cover all important types of biomolecules.]

Ferguson, W. J., and N. E. Good. Hydrogen Ion Buffers. *Anal. Biochem.* **104**, 300–310 (1980). [A description of useful zwitterionic buffers.]

Gerstein, M., and M. Levitt. Simulating Water and the Molecules of Life. *Sci. Amer.* **279** (5), 101–105 (1998). [A description of computer modeling as a tool to investigate the interaction of water molecules with proteins and DNA.]

Hellmans, A. Getting to the Bottom of Water. *Science* **283**, 614–615 (1999). [Recent research indicates that the hydrogen bond may have some covalent character, affecting the properties of water.]

Jeffrey, G. A. *An Introduction to Hydrogen Bonding.* New York: Oxford Univ. Press, 1997. [An advanced, book-length treatment of hydrogen bonding. Chapter 10 is devoted to hydrogen bonding in biological molecules.]

Olson, A., and D. Goodsell. Visualizing Biological Molecules. *Sci. Amer.* **268** (6), 62–68 (1993). [An account of how computer graphics can be used to represent molecular structure and properties.]

Pauling, L. *The Nature of the Chemical Bond*, 3rd ed. Ithaca, NY: Cornell Univ. Press, 1960. [A classic. Chapter 12 is devoted to hydrogen bonding.]

Pedersen, T. H., O. B. Nielsen, G. D. Lamb, and D. G. Stephenson. Intracellular Acidosis Enhances the Excitability of Working Muscle. *Science* **305**, 1144–1147 (2004). [Primary article on lactic acid and its effects on muscle contraction.]

Rand, R. Raising Water to New Heights. *Science* **256**, 618 (1992). [A brief perspective on the contribution of hydration to molecular assembly and protein catalysis.]

Westhof, E., ed. *Water and Biological Macromolecules.* Boca Raton, FL: CRC Press, 1993. [A series of articles about the role of water in hydration of biological macromolecules and the forces involved in macromolecular complexation and cell–cell interactions.]

CHAPTER 3

アミノ酸とペプチド

健康食品の店で手に入るタンパク質栄養補助食品．ラベルにはアミノ酸含有量の一覧と必須アミノ酸が示されている

概　要

3.1　アミノ酸は三次元に存在する

　3.1.1　なぜアミノ酸の三次元構造を特定することが重要なのか

3.2　個々のアミノ酸：構造と性質

　3.2.1　なぜアミノ酸側鎖がそれほど重要なのか

　3.2.2　非極性側鎖をもつのはどのアミノ酸か（グループ1）

　3.2.3　電気的に中性の極性側鎖をもつのはどのアミノ酸か（グループ2）

　3.2.4　側鎖にカルボキシ基をもつのはどのアミノ酸か（グループ3）

　3.2.5　塩基性側鎖をもつのはどのアミノ酸か（グループ4）

　3.2.6　タンパク質中にあまり一般的には見られないのはどのアミノ酸か

3.3　アミノ酸は酸としても塩基としても働く

　3.3.1　アミノ酸を滴定するとどのようになるか

3.4　ペプチド結合

　3.4.1　アミノ酸のどの官能基が反応してペプチド結合を形成するのか

3.5　生理活性をもつ小さなペプチド

　3.5.1　小さなペプチドのもつ生物学的機能にはどのようなものがあるか

3.1 アミノ酸は三次元に存在する

3.1.1 なぜアミノ酸の三次元構造を特定することが重要なのか

　すべてのアミノ酸の中で，タンパク質中に通常見つかるのは 20 種類だけである．アミノ酸の一般式には**アミノ基** amino group と**カルボキシ基** carboxyl group が含まれており，両者は α 炭素（カルボキシ基の隣の炭素）に結合している．この α 炭素には水素および "R" で示される**側鎖** side‐chain group も結合している．この R 基が個々のアミノ酸の個性を決定する（図 3.1）．ここに示した二次元構造式は各アミノ酸に共通の構造を部分的にしか表していない．というのは，アミノ酸の最も重要な性質の一つはその三次元の形，すなわち原子（団）の**空間的配置** stereochemistry にあるからである．

　どのような物にも鏡像が存在する．多くの場合，実像とその鏡像は，一方を裏返しにすれば，完全に重ね合わせることができる．例えば，二つの同じ無地の取っ手つきのコーヒーカップはこの関係にある．しかし，右手と左手の関係のように二つの像を重ね合わせられない場合もある．このように互いに重ね合わせられない鏡像の関係は，**キラル** chiral（ギリシャ語で "手" を意味する）と呼ばれている．多くの重要な生体分子はキラルである．生体分子中でキラル中心となるのはほとんどの場合，

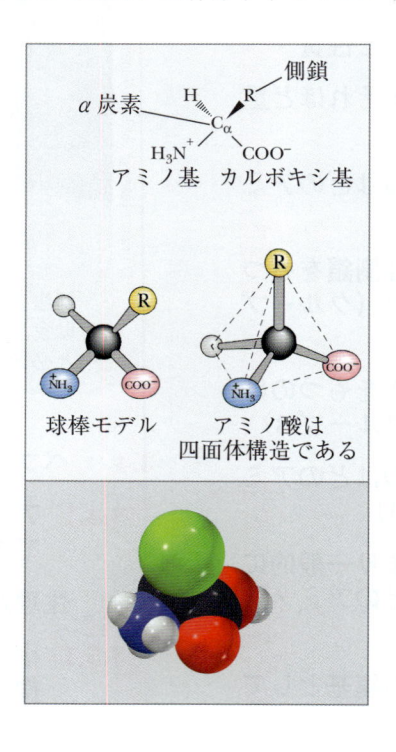

図 3.1

アミノ酸の一般式
pH 7 におけるイオン形を示す．

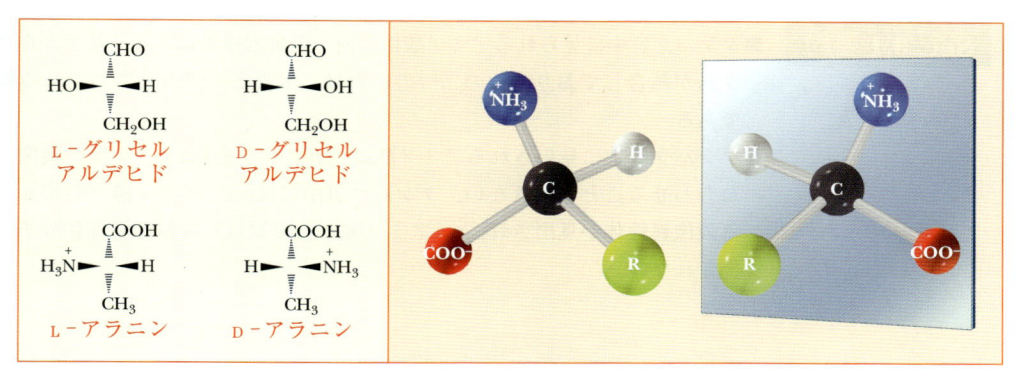

図 3.2
アラニンとグリセルアルデヒドの空間的配置
タンパク質中に見出されるアミノ酸は L-グリセルアルデヒドと同じ，いい換えれば D-グリセルアルデヒドと反対のキラリティーをもつ．

四つの手にそれぞれ異なる基が結合した炭素原子である（図 3.1）．このようなキラル中心はグリシンを除くすべてのアミノ酸に存在している．グリシンでは α 炭素に 2 個の水素原子が結合している．すなわち，グリシンの側鎖（R）は水素である．したがって，グリシンは左右対称の形となり，キラルではない（あるいは**アキラル** achiral であるという）．他の通常のタンパク質中に見出されるアミノ酸はすべて，α 炭素に 4 個の異なる基が結合しており，二つの重ね合わせることのできない鏡像関係にある異性体をもつ．図 3.2 に R 基が $-CH_3$ であるアラニンの二つの**立体異性体** stereoisomer を示した．こちらから見て紙面の奥に伸びる結合を点線のくさび型（三角形）で，平面上の結合を実線で，紙面から手前に突き出す結合を黒塗りのくさび型で表している．

アミノ酸以外のキラル化合物であるグリセルアルデヒドの二つの可能な立体異性体（L 型および D 型）をアラニンと比較して示した．グリセルアルデヒドのこれら二つの構造は，アミノ酸を L 型と D 型に分類する上での基礎となっている．この命名は，直線偏光がこれらの光学活性化合物中を通過する際，その振動面が左または右に回転することから，それぞれラテン語で"左"を表す *laevus*，または"右"を表す *dexter* の頭文字に由来している．アミノ酸の 2 種の立体異性体は基準となるグリセルアルデヒドとの構造類似性をもとに **L-および D-アミノ酸**と呼ばれる．図 3.2（フィッシャーの投影図という）に示すように，ある特定の方向から描くと L 型グリセルアルデヒドの水酸基は左側に，D 型では右側にくる．アミノ酸では，L 型か D 型であるかを明示するために図に示すように描く．すなわち，アミノ基が α 炭素の左側についている場合は L 型，右側についている場合は D 型となる．タンパク質中に見出されるアミノ酸はすべて L 型である．自然界で見出される D-アミノ酸の大部分は，細菌の細胞壁やいくつかの抗生物質中に存在し，タンパク質中には存在しない．

Sec. 3.1 要約

- タンパク質中に見られるアミノ酸は，同一の炭素原子にアミノ基とカルボキシ基が結合しており，他の二つの結合は，水素と，図のRで示される側鎖である．
- タンパク質中に見出されるアミノ酸は（グリシンを除いて），その鏡像と重ね合わせることはできない．タンパク質中には，L-アミノ酸として知られる鏡像異性体が見出され，D-アミノ酸として知られる鏡像異性体分子は見出されない．

3.2 個々のアミノ酸：構造と性質

3.2.1 なぜアミノ酸側鎖がそれほど重要なのか

R基，すなわち個々のアミノ酸は，いくつかの特性によって分類することができるが，なかでも次の二つの特性が重要である．一つは側鎖の性質が極性か非極性かであり，もう一つは側鎖に酸性基または塩基性基があるかどうかである．そのほかの分類に役立つ特性として，側鎖に酸性または塩基性基以外の官能基が存在するかどうか，およびそれらの官能基の性質がある．

すでに述べたように，最も単純なアミノ酸であるグリシンの側鎖は水素原子であり，この場合に限り α 炭素に2個の水素原子が結合している．その他のすべてのアミノ酸では側鎖はもっと大きく複雑である（図3.3）．側鎖の炭素原子は α 炭素から数え，ギリシャ文字のアルファベットを用いて表される．これらの炭素原子は順に β，γ，δ，そして ε 炭素原子（図3.3のリシンを参照）と呼ばれる．一番末端の炭素原子はアルファベットの最後の文字に因んで ω 炭素と呼ばれる．アミノ酸の名称は3文字または1文字の省略名で表されるが，最近では1文字省略名のほうがよく用いられている．これらの省略名を表3.1に示す．

3.2.2 非極性側鎖をもつのはどのアミノ酸か（グループ1）

アミノ酸の一つのグループは，非極性側鎖をもっている．このグループは，グリシン，アラニン，バリン，ロイシン，イソロイシン，プロリン，フェニルアラニン，トリプトファンおよびメチオニンからなる．このグループのいくつかのアミノ酸，すなわちアラニン，バリン，ロイシンおよびイソロイシンは，脂肪族炭化水素の側鎖をもっている（有機化学では"脂肪族 aliphatic"とはベンゼン環やそれに類似の構造をもたないことを意味している）．プロリンは脂肪族の環状構造をもち，窒素原子に2個の炭素原子が結合している．有機化学ではプロリンのアミノ基は二級アミンであるので，プロリンはイミノ酸 imino acid と呼ばれることがある．一方，他の通常のアミノ酸のアミノ基はすべて一級アミンである．フェニルアラニンでは，側鎖は脂肪族ではなく，ベンゼン環と同様の芳香環である．トリプトファンでは，側鎖はやはり芳香族であるインドール環をもつ．メチオニンの側鎖は脂肪

表 3.1　標準アミノ酸の名前と省略名

アミノ酸		3 文字表記	1 文字表記
アラニン	Alanine	Ala	A
アルギニン	Arginine	Arg	R
アスパラギン	Asparagine	Asn	N
アスパラギン酸	Aspartic acid	Asp	D
システイン	Cysteine	Cys	C
グルタミン酸	Glutamic acid	Glu	E
グルタミン	Glutamine	Gln	Q
グリシン	Glycine	Gly	G
ヒスチジン	Histidine	His	H
イソロイシン	Isoleucine	Ile	I
ロイシン	Leucine	Leu	L
リシン	Lysine	Lys	K
メチオニン	Methionine	Met	M
フェニルアラニン	Phenylalanine	Phe	F
プロリン	Proline	Pro	P
セリン	Serine	Ser	S
トレオニン	Threonine	Thr	T
トリプトファン	Tryptophan	Trp	W
チロシン	Tyrosine	Tyr	Y
バリン	Valine	Val	V

注：1 文字表記は，通常，アミノ酸の頭文字が使われる．複数のアミノ酸が同じ頭文字になる場合は，*R*ginine, aspar*D*ic, *F*enylalanine, t*W*yptophan のように発音から近い文字が用いられる．二つ以上のアミノ酸が同じ文字で始まる場合，最も小さいアミノ酸の 1 文字表記が頭文字と一致する．

族炭化水素に分類されるが，硫黄原子を含んでいる（図 3.3 参照）．

3.2.3　電気的に中性の極性側鎖をもつのはどのアミノ酸か（グループ 2）

　別のグループのアミノ酸は，中性の pH では電気的に中性（電荷をもたない）の極性側鎖をもっている．このグループにはセリン，トレオニン，チロシン，システイン，グルタミンおよびアスパラギンが含まれる．グリシンは非極性の側鎖をもっていないので，便宜上，このグループに分類される場合もある．

　セリンおよびトレオニンの極性基は脂肪族炭化水素に結合しているヒドロキシ（−OH）基である．チロシンのヒドロキシ基は芳香環に結合しており，高い pH ではプロトン（H$^+$）が解離する（チロシンのヒドロキシ基はフェノール性ヒドロキシ基であり，脂肪族アルコールよりも強い酸である．したがって，チロシンの側鎖のヒドロキシ基は滴定されてプロトンを失うが，セリンやトレオニンのヒドロキシ基が解離するにはこれらの側鎖の pK_a 値は通常では載せられないほど高い pH を必要とするだろう）．システインの極性側鎖はチオール（−SH）基をもっており，他のシステイン残基のチオール基と酸化的に反応して，タンパク質中でジスルフィド（−S−S−）架橋を形成する（Sec. 1.9）．チオール基もまたプロトンを解離する．グルタミンとアスパラギンは側鎖にアミド基をもち，これらはいずれもカルボキシ基からできたものである．アミド結合は生化学で扱う通常の pH 領域では電離しない．グルタミンとアスパラギンは，それぞれ，グループ 3 のアミノ酸，すなわち側鎖にカルボキシ基をもつグルタミン酸とアスパラギン酸の誘導体であると考えられる．

Ⓐ 非極性（疎水性）

ロイシン（Leu, L）

プロリン（Pro, P）

アラニン（Ala, A）

バリン（Val, V）

グリシン（Gly, G）

セリン（Ser, S）

Ⓑ 極性，無電荷

アスパラギン（Asn, N）

グルタミン（Gln, Q）

Ⓒ 酸性

アスパラギン酸（Asp, D）

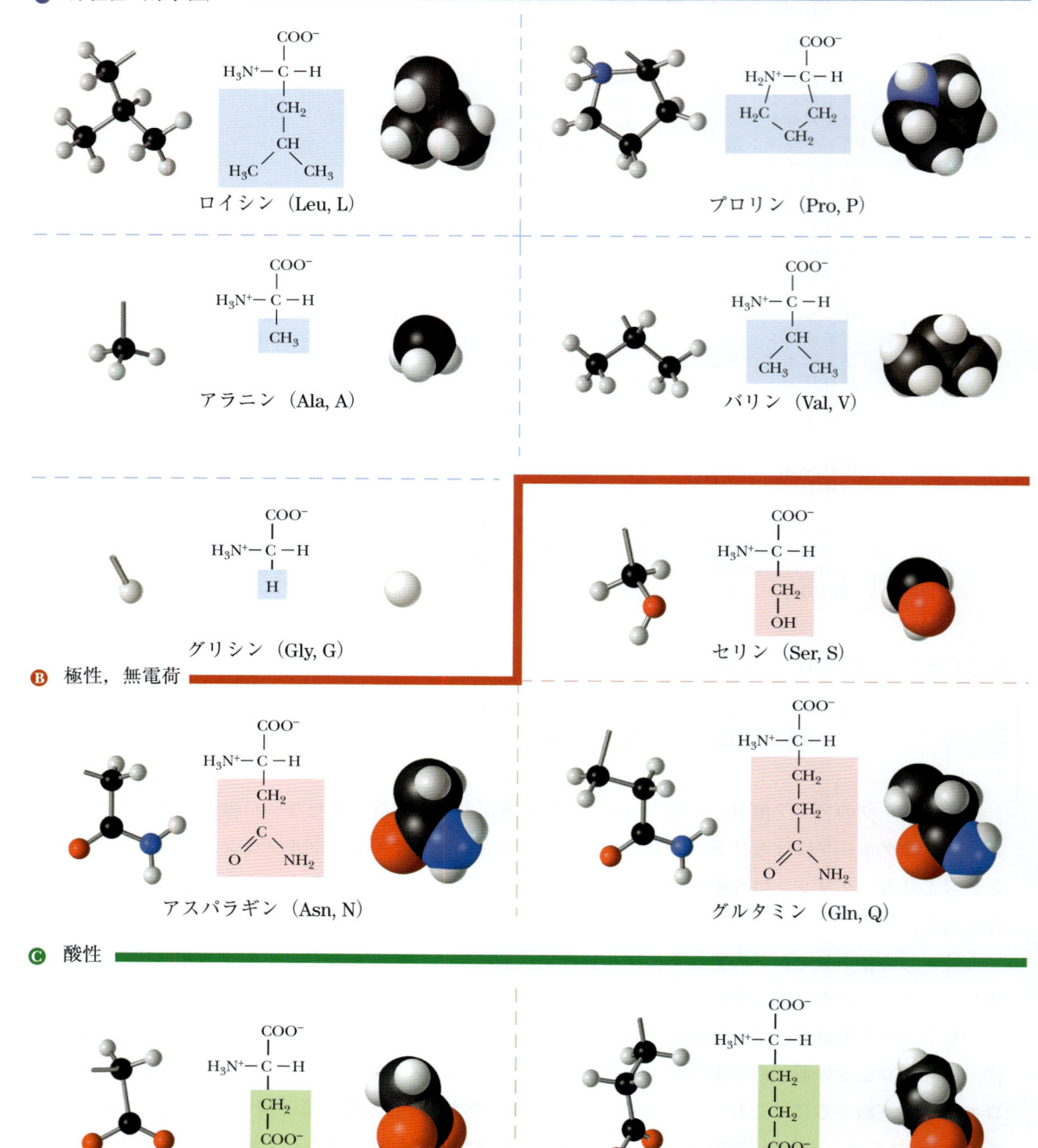

グルタミン酸（Glu, E）

図 3.3
タンパク質中に通常見出されるアミノ酸の構造
タンパク質の構成単位である 20 種類のアミノ酸は，Ⓐ非極性（疎水性），Ⓑ極性，Ⓒ酸性，Ⓓ塩基性に分類することができる．アミノ酸を表すための 1 文字および 3 文字表記も示す．各アミノ酸において，側鎖のみを球棒モデル（左）と空間充塡モデル（右）で示す．（イラスト：*Irving Geis*. 著作権はハワード・ヒューズ医学研究所が所有．許可なく複製を禁ず）

Ⓐ 非極性（疎水性）

メチオニン（Met, M）

トリプトファン（Trp, W）

フェニルアラニン（Phe, F）

イソロイシン（Ile, I）

Ⓑ 極性，無電荷

トレオニン（Thr, T）

システイン（Cys, C）

チロシン（Tyr, Y）

ヒスチジン（His, H）

Ⓓ 塩基性

リシン（Lys, K）

アルギニン（Arg, R）

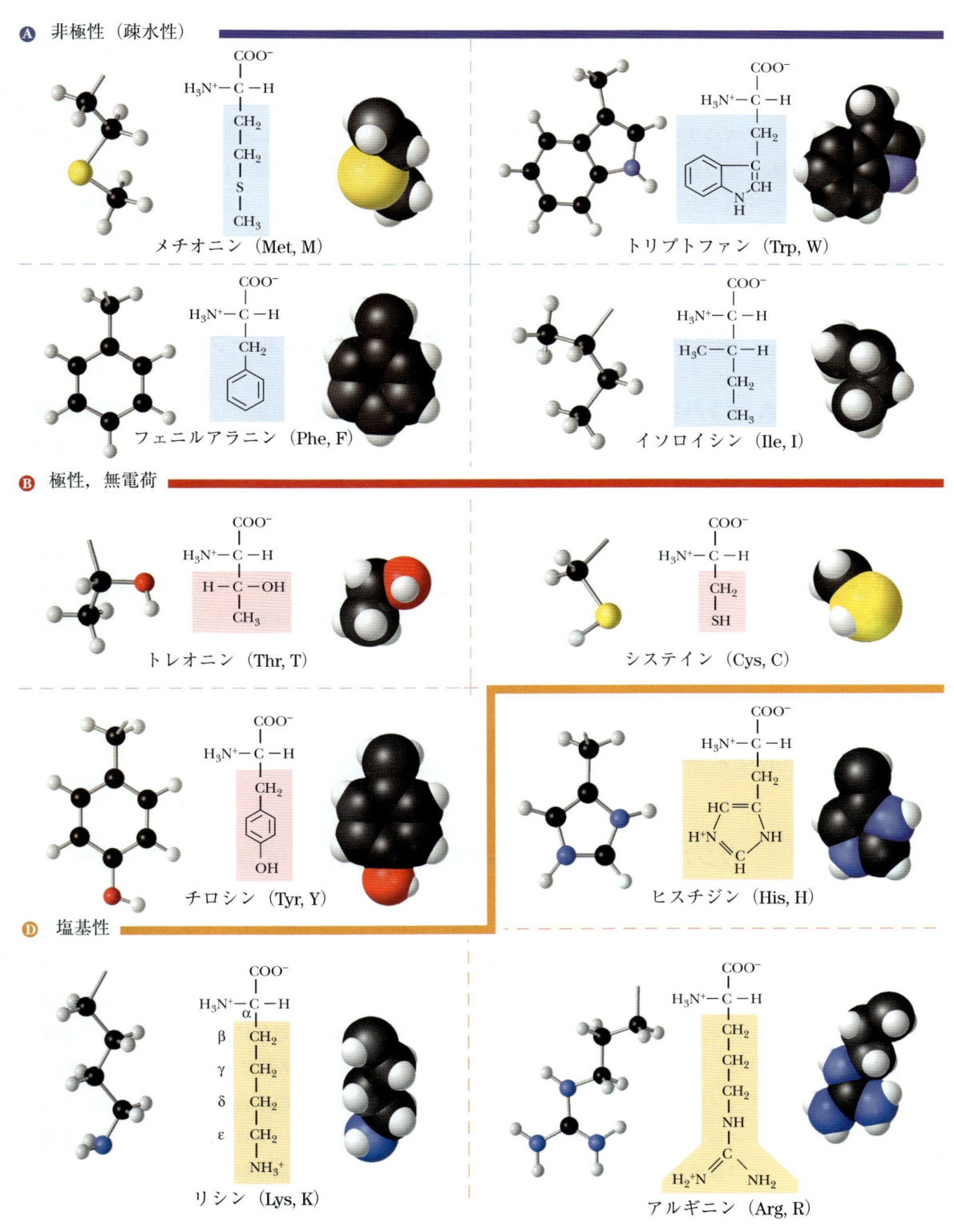

図 3.3（つづき）

3.2.4 側鎖にカルボキシ基をもつのはどのアミノ酸か（グループ 3）

グルタミン酸とアスパラギン酸の二つのアミノ酸は，すべてのアミノ酸に存在するカルボキシ基のほかに，側鎖にもう一つのカルボキシ基をもっている．この二つのアミノ酸ではカルボキシ基はプロトンを遊離して，それぞれ対応するカルボキシレートアニオン（Sec. 2.5）であるグルタミン酸塩とアスパラギン酸塩を生成する．カルボキシ基が存在するため，これら二つのアミノ酸の側鎖は中性の pH では負に荷電する．

3.2.5 塩基性側鎖をもつのはどのアミノ酸か（グループ 4）

三つのアミノ酸，すなわちヒスチジン，リシン，アルギニンは塩基性側鎖をもち，それぞれの側鎖はいずれも中性付近の pH では正に荷電している．リシンでは側鎖のアミノ基は脂肪族炭化水素鎖の端についている．アルギニンでは側鎖の塩基性のグアニジノ基はアミノ基より複雑な構造をしているが，これも脂肪族炭化水素鎖の端に結合している．遊離のヒスチジンでは，側鎖のイミダゾール基の pK_a は 6.0 であり，生理的 pH に近い．アミノ酸の pK_a は周囲の環境に依存し，タンパク質中の微少環境によって大きく変わることがある．ヒスチジンはタンパク質中でプロトン化した形，または，していない形で見られ，多くのタンパク質の性質はそれぞれのヒスチジン残基が荷電しているか，荷電していないかに依存している．

特殊なアミノ酸

3.2.6 タンパク質中にあまり一般的には見られないのはどのアミノ酸か

上記のアミノ酸に加えて，ほかにも多くのアミノ酸が存在することが知られている．それらは，必ずしもすべてのタンパク質中にあるわけではないが，いくつかのタンパク質中に見られる．そのような多くの特殊アミノ酸のうちいくつかの例を図 3.4 に示す．これらのアミノ酸は通常のアミノ酸に由来するが，生体中でタンパク質が合成された後に翻訳後修飾と呼ばれる過程によって元のアミノ酸が修飾されてつくられる．ヒドロキシプロリンおよびヒドロキシリシンは側鎖にヒドロキシ基（水酸基）をもつ点で，元のアミノ酸と異なり，それらはコラーゲンのような少数の結合組織タンパク質にのみ見られる．チロキシンは側鎖にヨウ素を含む芳香環をもう一つもつ点で，チロシンと異なり，甲状腺でのみ産生され，それはチログロブリンというタンパク質のチロシン残基の翻訳後修飾によって生成される．チロキシンはその後，チログロブリンからタンパク質の分解によってホルモンとして遊離される．

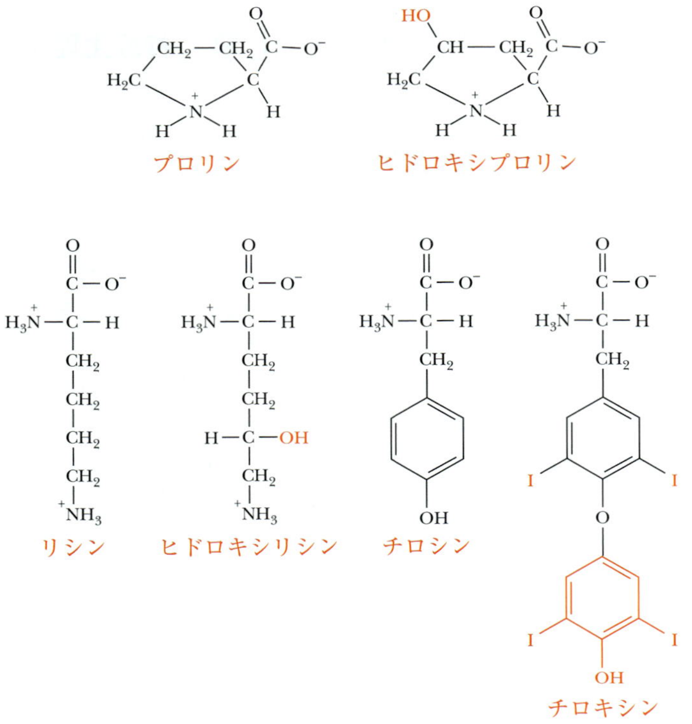

図 3.4
ヒドロキシプロリン，ヒドロキシリシンおよびチロキシンの構造
元となるアミノ酸の構造――ヒドロキシプロリンにはプロリン，ヒドロキシリシンにはリシン，チロキシンにはチロシン――も比較のために示した．これらのアミノ酸はすべて，pH 7 で主として存在するイオン形で表してある．

応用問題

アミノ酸：構造と性質
1. 次のアミノ酸の中から非極性側鎖をもつアミノ酸と塩基性側鎖をもつアミノ酸を示せ．
   アラニン，セリン，アルギニン，リシン，ロイシン，フェニルアラニン
2. ヒスチジンの側鎖のイミダゾール基の pK_a は 6.0 である．pH 7.0 では電荷をもつ側鎖ともたない側鎖の比はいくらになるか．

答　この応用問題において，問1はこの章で学んだ内容についての確認であり，問2は以前の章で学んだ内容の復習と応用となっている．
1. 図 3.4 を参照．非極性側鎖をもつアミノ酸：アラニン，ロイシン，フェニルアラニン
   塩基性側鎖をもつアミノ酸：アルギニン，リシン
   セリンは極性の側鎖をもつのでどちらのグループにも属さない．
2. pH が pK_a より1高いので，比は 1：10 となる．

身の周りに見られる生化学　神経生理学

脳を鎮静化するアミノ酸と活性化するアミノ酸

　種々のホルモンや神経伝達物質（神経刺激の伝達に関与する物質）の主要な前駆体として二つのアミノ酸は特に重要である．神経伝達物質の研究は現在も進行中であるが，いくつかの鍵となる分子が関与するらしいことがわかっている．神経伝達物質の多くは生物学的半減期が極めて短く，かつ極めて低濃度で作用するため，これらの分子の他の誘導体が実際の生理活性物質なのかもしれないと考えられている．

　神経伝達物質の二つのグループは，二つのアミノ酸，すなわち**チロシン** tyrosine および**トリプトファン** tryptophan の簡単な誘導体である．いずれも神経伝達物質として活性があるのはそれらのモノアミン誘導体であり，それらはさらにモノアミン酸化酵素（MAO）によって分解され不活性化される．

　トリプトファンはセロトニンに変換される．セロトニンはより厳密には5-ヒドロキシトリプタミンと呼ばれる．

　チロシンは，通常はフェニルアラニンから生合成され，カテコールアミンと呼ばれる一群の物質に変換される．一般にアドレナリンという商標名で知られるエピネフリンは，カテコールアミンの一種である．

　L-ジヒドロキシフェニルアラニン（L-ドパ）はチロシンからドパミンへの代謝の中間体であることに注目されたい．パーキンソン病患者ではL-ドパのレベルが正常者より低下している．チロシンやフェニルアラニンの補充によってもドパミンレベルは増加するかもしれないが，ドパミンの直前の前駆体であるL-ドパは血液-脳関門を通過してすばやく脳内に入るので，通常はL-ドパが処方される．

　チロシンとフェニルアラニンはノルエピネフリンやエピネフリンの前駆体でもある．ノルエピネフリンとエピネフリンはともに受容体に対して刺激的に働く．エピネフリンは"闘争か逃走 fight or flight"するホルモンとしてよく知られている．エピネフリンはグルコースや他の栄養物質を血中に遊離し，かつ脳機能を活性化する．MAO阻害剤を服用している人は精神状態が高揚するが，ときには高揚しすぎることがある．それはエピネフリンが代謝されにくくなるからである．トリプトファンはセロトニンの

Sec. 3.2 要約
- アミノ酸は二つの主な特性，すなわち側鎖の極性と側鎖における酸性基または塩基性基の存在によって分類される．
- タンパク質中には四つのグループのアミノ酸が存在する．1番目は非極性側鎖をもつもの，2番目は電気的に中性で極性側鎖をもつもの，3番目は側鎖にカルボキシ基をもつもの，4番目は塩基性側鎖をもつものである．

前駆体である．セロトニンには鎮静作用があり，心地よい気分になる．セロトニンレベルが極めて低いとうつ状態になるが，逆に極端に高いと躁状態になる．したがって，躁うつ病（双極性障害とも呼ばれる）はセロトニンやその代謝物のレベルをコントロールすることにより治療することができる．

チロシンとフェニルアラニンに対して予期しない反応を示す人がある．例えばアスパルテーム（低カロリー甘味料）由来のフェニルアラニンによって頭痛を起こす人がいることがわかっている．アスパルテームについてはp.101の《身の周りに見られる生化学》で詳しく述べる．メスカリンやシロシンのような多くの非合法な幻覚剤はこれらの神経伝達物質の作用を模倣したり，あるいは妨害したりすると考えられる．最近のアカデミー賞受賞映画である「ビューティフル・マインド」は，統合失調症に関連した憂慮すべき問題に焦点を当てていた．最近まで，統合失調症の研究では，主として神経伝達物質のドパミンが注目されていた．ごく最近，神経伝達物質のグルタミン酸の不規則な代謝が統合失調症の原因となることが示唆されている（本章末のJavitt, D. C., and J. T. Coyleの論文を参照）．

チロシンは朝に摂取すると活動量を上げるのに有効で，一方，トリプトファンは夜に摂取すると眠りにつきやすくなるのに有効であると主張する人たちもいる．ミルクに含まれるタンパク質はトリプトファン含量が高く，寝る前に飲む温かい一杯のミルクは眠りを誘う助けになると広く信じられている．チーズや赤ワインはチラミン含量が高く，チラミンはエピネフリンの作用を模倣する．したがって，朝食にチーズオムレツを食べることは，多くの人々にとって，一日を元気にスタートする上でよい方法かもしれない．

3.3 アミノ酸は酸としても塩基としても働く

遊離のアミノ酸は，中性の pH では一般構造式のアミノ基とカルボキシ基は荷電しており，カルボキシ基が負に，アミノ基が正に荷電している．したがって，荷電した側鎖をもたないアミノ酸は，中性の溶液中では双性イオン zwitterion として存在し，実効電荷は 0 となる．双性イオンは正と負の電荷の数が同じであり，溶液中では電気的に中性である．

したがって，$NH_2-CHR-COOH$ のような電荷をもたない形の中性のアミノ酸は存在しない．

3.3.1　アミノ酸を滴定するとどのようになるか

アミノ酸を滴定して得られる滴定曲線はそれぞれの官能基と水素イオンとの反応を示している．アラニンではカルボキシ基とアミノ基が滴定に関与する二つの官能基である．極めて低い pH ではアラニンはプロトン化した（すなわち電荷をもたない）カルボキシ基と，同じくプロトン化して正に荷電したアミノ基をもつ．このような条件下では，アラニンの実効電荷は +1 である．そこに塩基を加えると，カルボキシ基はそのプロトンを失い，負に荷電したカルボキシレート基となり（図 3.5A），溶液の pH は上昇する．そしてアラニンの実効電荷はなくなる．さらに塩基を加えて pH が上がると，プロトン化していたアミノ基（弱酸）はそのプロトンを失い，アラニン分子の電荷は -1 となる．アラニンの滴定曲線は二塩基酸の滴定曲線となる（図 3.6）．

ヒスチジンではイミダゾール側鎖も滴定に関与している．極めて低い pH ではイミダゾール基とアミノ基の両方が正電荷をもつので，ヒスチジン分子の電荷は +2 である．塩基を加えて pH が上がると，上記と同様にカルボキシ基はプロトンを失いカルボキシレート基となり，ヒスチジンの電荷は +1 となる（図 3.5B）．さらに塩基を加えると荷電したイミダゾール基もプロトンを失い，このときヒスチジンが実効電荷をもたなくなる点である．さらに高い pH では，アラニンの場合と同様にアミノ基のプロトンが失われるため，ヒスチジン分子の電荷は -1 となる．したがって，ヒスチジンの滴定曲線は三塩基酸の滴定曲線となる（図 3.7）．

Chap. 2 で述べた酸と同様に，アミノ酸にもその滴定に関与する官能基について特徴的な pK_a 値が存在する．α-カルボキシ基の pK_a 値はかなり低く，約 2 である．アミノ基の pK_a 値はかなり高く，9～10.5 の範囲である．側鎖のカルボキシ基やアミノ基などの官能基の pK_a 値はその基の化学的性質によって変わる．アミノ酸の滴定に関与する各官能基の pK_a を表 3.2 に示す．アミノ酸が酸性であるかまたは塩基性であるかという分類は，側鎖の官能基の pK_a 値だけでなく，その化学的性質によっても決まる．ヒスチジンの pK_a は弱酸性領域にあるが，ヒスチジン，リシンおよびアルギニンは塩基性アミノ酸である．それは，これらの各側鎖がプロトン化された状態あるいはされていない状態で存在できる窒素原子を含む官能基をもっているからである．アスパラギン酸とグルタミン酸は側鎖に低い pK_a 値を示すカルボキシ基をもっているので酸性アミノ酸である．これらの官能基はアミノ酸がペプチドやタンパク質中に取り込まれていても滴定することができるが，側鎖の官能基の pK_a

図 3.5

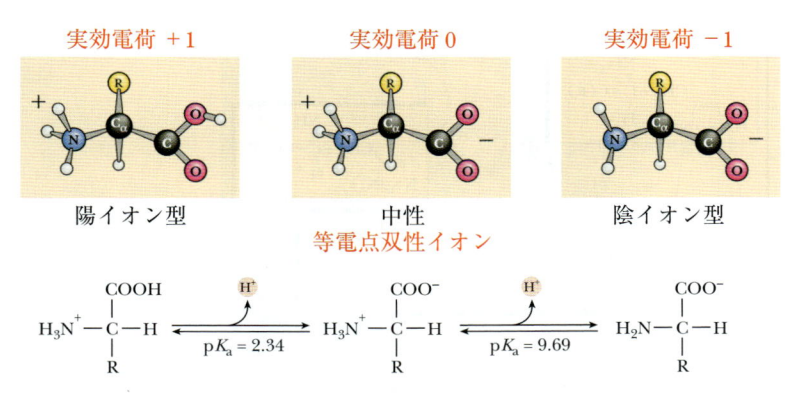

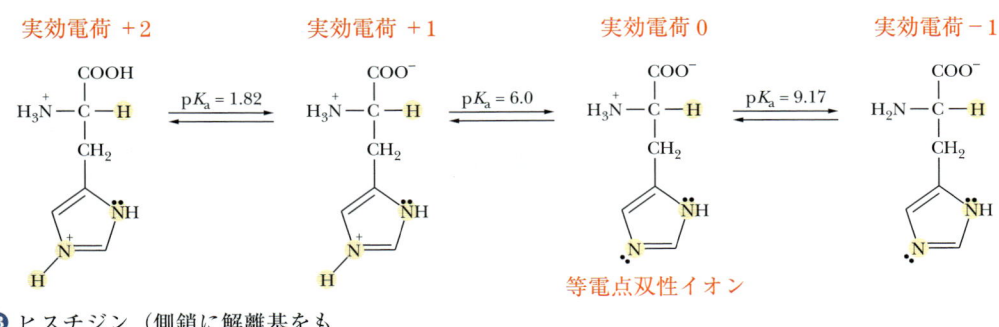

A アミノ酸の各イオン形.ここでは側鎖のイオン化は考慮していない.陽イオン型は低い pH での形であり,これを塩基で滴定すると双性イオン型を経て,最後に陰イオン型になる.

B ヒスチジン(側鎖に解離基をもつアミノ酸)のイオン化

アミノ酸のイオン化

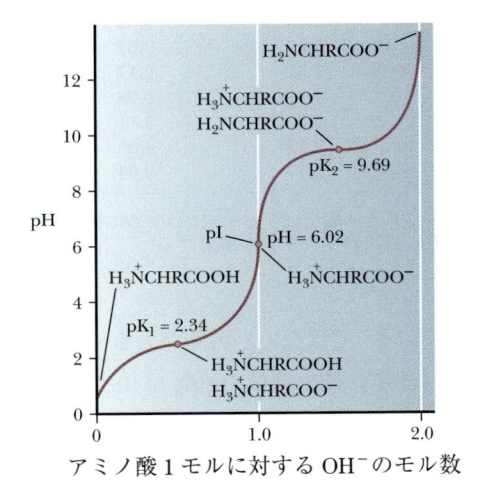

図 3.6

アラニンの滴定曲線

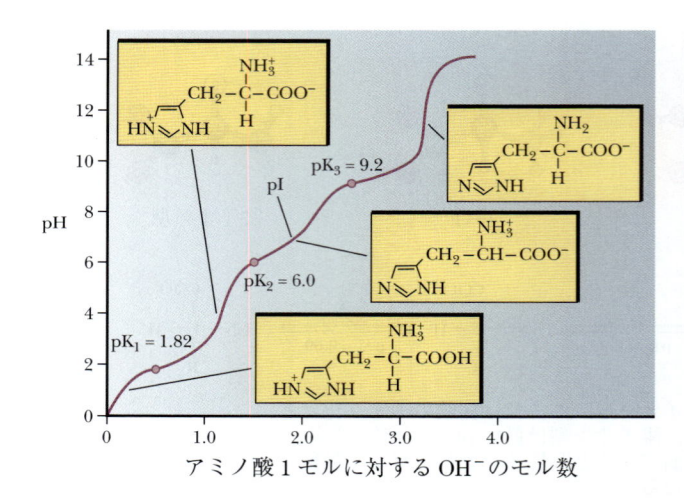

図 3.7
ヒスチジンの滴定曲線
等電点（pI）は正電荷と負電荷の総和が等しくなる pH である．この時，分子の実効電荷は 0 となる．

表 3.2　標準アミノ酸の pK_a 値

アミノ酸	α-カルボキシ基	α-アミノ基	側鎖
Gly	2.34	9.60	
Ala	2.34	9.69	
Val	2.32	9.62	
Leu	2.36	9.68	
Ile	2.36	9.68	
Ser	2.21	9.15	
Thr	2.63	10.43	
Met	2.28	9.21	
Phe	1.83	9.13	
Trp	2.38	9.39	
Asn	2.02	8.80	
Gln	2.17	9.13	
Pro	1.99	10.6	
Asp	2.09	9.82	3.86*
Glu	2.19	9.67	4.25*
His	1.82	9.17	6.0*
Cys	1.71	10.78	8.33*
Tyr	2.20	9.11	10.07
Lys	2.18	8.95	10.53
Arg	2.17	9.04	12.48

* これらのアミノ酸では，$\alpha-NH_3^+$ のプロトンが解離する前に側鎖のプロトンが解離する．

は遊離のアミノ酸の値とは必ずしも同一ではない．実際，大きく異なることがあり，例えばチオレドキシンというタンパク質のアスパラギン酸の側鎖の pK_a は 9 と報告されている（詳しくは本章末の Wilson, N. *et al.* の論文を参照）．

　アミノ酸，ペプチドおよびタンパク質がそれぞれ異なる pK_a をもっているということは，ある特定の pH でそれらは異なる電荷をもつことを示している．例えば，アラニンとヒスチジンはいずれも pH 10 以上では，カルボキシ基のみが負に荷電しているため，実効電荷は −1 である．pH 5 付近の

より低い pH では，アラニンは実効電荷をもたない双性イオンであるが，ヒスチジンは，この pH ではイミダゾール基がプロトン化されているため，実効電荷は +1 となる．このような性質は**電気泳動** electrophoresis（電場で分子を分離する一般的な方法）で役立つ．電気泳動はタンパク質や核酸の性質を明らかにする上でたいへん有用な方法である．タンパク質への応用については Chap. 5 で，また核酸への応用については Chap. 14 で述べる．分子の実効電荷が 0 となる pH は，**等電点** isoelectric pH（または isoelectric point）と呼ばれ，**pI** で表される．等電点では分子は電場の中を移動しない．この性質は等電点電気泳動法などの分子の分離に利用されている．アミノ酸の pI は次の式によって求めることができる．

$$pI = \frac{pK_{a1} + pK_{a2}}{2}$$

大部分のアミノ酸では pK_a は二つしかないので，この式から容易に pI を計算することができる．しかし，酸性アミノ酸や塩基性アミノ酸の pI を求めるには適切な二つの pK_a 値から平均を求めなければならない．この場合，pK_{a1} はその等電点で水素を解離している官能基に対するものである．もし等電点で 2 個の官能基が水素を解離していれば，それらのうち，pK_a の高い方が pK_{a1} である．したがって，pK_{a2} は等電点で水素を解離していない官能基に対するものである．もし水素を解離していない 2 個の官能基があれば，pK_a 値の低いほうを用いる．次の応用問題を見てもらいたい．

応用問題

アミノ酸の滴定
1. 次のアミノ酸の中で，低い pH において実効電荷が +2 となるもの，また，高い pH で実効電荷が −2 となるものはどれか．
   アスパラギン酸，アラニン，アルギニン，グルタミン酸，ロイシン，リシン
2. ヒスチジンの pI はいくらか．

答　この応用問題の問 1 では，個々のアミノ酸の滴定に関与する官能基がプロトンを連続的に失うことについての定性的な問題のみを扱っている．問 2 では，滴定曲線を参照するとともに，pH 値の数値計算を行う必要がある．

1. アルギニンとリシンは塩基性の側鎖をもつので，低い pH では実効電荷が +2 となる．アスパラギン酸とグルタミン酸は側鎖にカルボキシ基をもつので，高い pH で実効電荷が −2 となる．アラニンとロイシンは滴定されうる側鎖をもたないのでどちらのグループにも属さない．
2. まず，低い pH におけるヒスチジンの構造を描きなさい．それは図 3.5B の左端の構造式である．この構造は実効電荷が +2 である．等電型になるには，負電荷が加わるか，正電荷が取り除かれなければならない．このような反応は，溶液中では pK_a の低いものから順に起こる．したがって，カルボキシ基は最も低い pK_a (1.82) をもつので，まず初めにカルボキシ基の水素が解離する．これにより左から 2 番目の構造になる．この構造の実効電荷は +1 であるので，等電型に達するにはまだもう一つの水素が取り除かれなければならない．この水素は次に高い pK_a (6.0) をもつ側鎖のイミダゾールに由来する．そして等電型（右から 2 番目）となる．ここで，水素を解離している官能基のなかで最も高い pK_a 値と，まだ水素を保持している官能基のなかで最も低い pK_a 値を平均する．ヒスチジンの場合，計算式に代入すべき数値は 6.0 (pK_{a1}) と 9.17 (pK_{a2}) であり，pI 7.58 が得られる．

> **Sec. 3.3 要約**
> ■ すべてのアミノ酸のカルボキシ基は酸性であり，アミノ基は塩基性である．カルボキシレート基はカルボキシ基の共役塩基であり，プロトン化したアミノ基はアミノ基の共役酸である．それに加えていくつかの側鎖が酸塩基特性をもつ官能基をもっている．
> ■ アミノ酸に対して滴定曲線が得られ，それはちょうど二塩基酸や多塩基酸のような曲線となる．アミノ酸の電荷は，いかなる pH においても求めることができる．

3.4 ペプチド結合

3.4.1 アミノ酸のどの官能基が反応してペプチド結合を形成するのか

個々のアミノ酸は共有結合によってつなぐことができる．この結合はあるアミノ酸の α-カルボキシ基と次のアミノ酸の α-アミノ基との間で形成される．この過程で水が外れ，結合したアミノ酸は**アミノ酸残基** residue となる（図 3.8）．このようにして形成される結合は**ペプチド結合** peptide bond

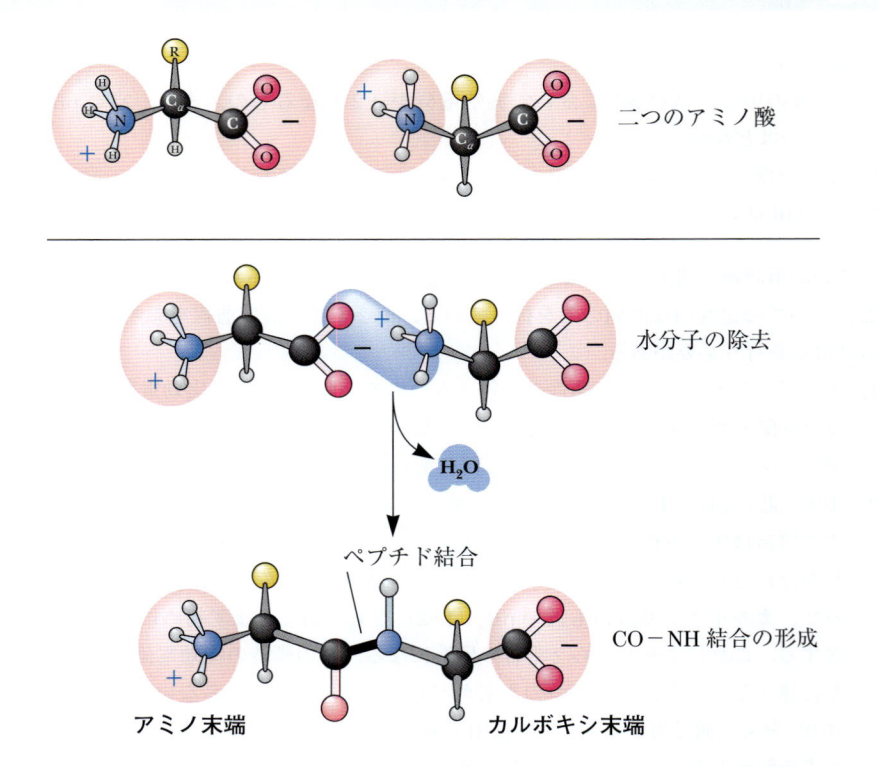

図 3.8

ペプチド結合の形成
（イラスト：*Irving Geis*. 著作権はハワード・ヒューズ医学研究所が所有．許可なく複製を禁ず）

図 3.9
ペプチド鎖の方向（N 末端から C 末端へ）を示す小さなペプチド

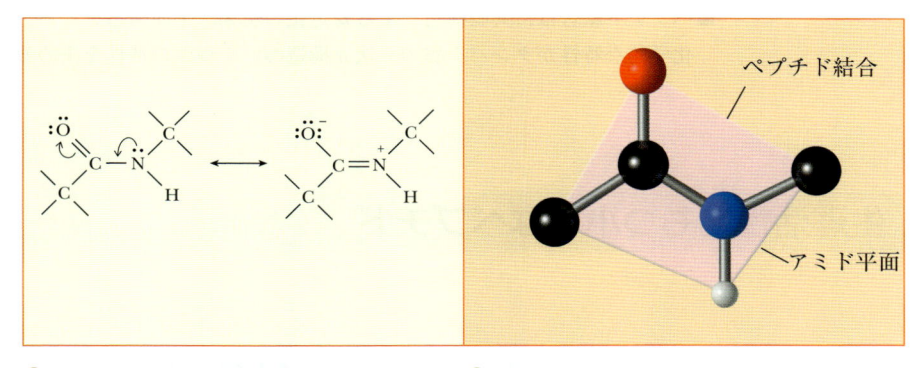

図 3.10
ペプチド結合の共鳴構造はペプチド結合を平面状にする
（イラスト：*Irving Geis*. 著作権はハワード・ヒューズ医学研究所が所有．許可なく複製を禁ず）

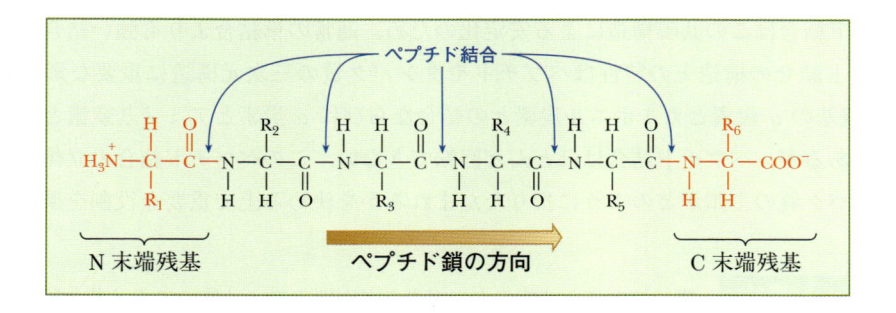

Ⓐ ペプチド結合の共鳴構造　　Ⓑ 平面状のペプチド結合

と呼ばれる．**ペプチド** peptide とは，2 個から数十個の比較的少数のアミノ酸が結合した化合物である．タンパク質では，通常，100 個以上の多数のアミノ酸がペプチド結合でつながっており，**ポリペプチド鎖** polypeptide chain を形成している（図 3.9）．カルボキシ基とアミノ基との反応で形成される化合物はアミド amide とも呼ばれる．

　二つのアミノ酸がペプチド結合によって結合する時に形成される炭素と窒素の間の結合は，通常二つの原子の間で一つの電子対が共有されている単結合で表される．しかし，1 対の電子の位置の単純な移動で，この結合を二重結合として表すことができる．このような電子の移動は有機化学でよく知られており，互いに電子の位置のみが異なった構造である**共鳴構造** resonance structure を生じる．同じ化合物において，ある共鳴構造の二重結合と単結合の位置を互いに変えると別の共鳴構造となる．化合物の実際の結合状態を一つの共鳴構造で書き表すことはできない．いい換えれば，すべての共鳴構造が実際の結合の様子を表すのに寄与しているのである．

　ペプチド結合は図 3.10 に示すように，二つの共鳴構造（すなわち炭素－窒素間の結合が単結合のものと二重結合のもの）の混成物として書き表すことができる．このようにペプチド結合は部分的な二重結合の性質をもつ．その結果，二つのアミノ酸の間に形成されるペプチド結合は平面構造をとる．

また，ペプチド結合はこの共鳴構造による安定化のため，通常の単結合よりも強い結合となる．

このペプチド結合の構造上の特性はペプチドやタンパク質の三次元構造に重要な影響を与えている．アミノ酸残基の α 炭素とカルボニル炭素との結合ならびに α 炭素とアミノ基窒素との結合は自由回転が可能であるが，ペプチド結合はほとんど回転できない．このペプチド結合の立体化学的な回転の制約はタンパク質の主鎖がどのように折りたたまれるかを決める上で重要な役割を果たしている．

> **Sec. 3.4 要約**
> ■ 一つのアミノ酸のカルボキシ基が別のアミノ酸のアミノ基と反応してアミド結合を生じて水を脱離したとき，ペプチド結合が形成される．タンパク質では，100個以上のアミノ酸がそのように連結されて，ポリペプチド鎖を形成する．
> ■ ペプチド結合は，共鳴構造による安定化の結果，平面構造をとる．この立体化学的な特性がタンパク質の三次元構造のいくつかの特性を決める．

3.5 生理活性をもつ小さなペプチド

3.5.1 小さなペプチドのもつ生物学的機能にはどのようなものがあるか

アミノ酸が共有結合によってつながった最も単純な化合物は，2個のアミノ酸が一つのペプチド結合でつながったジペプチドである．自然界で見出されるジペプチドの一例は筋肉組織中のカルノシンである．別名 β-アラニル-L-ヒスチジンであるこの化合物は，興味深い特徴的な構造をしている（ペプチドの系統的な命名法では，遊離のアミノ基をもつ **N 末端** N-terminal アミノ酸残基を 1 番目とし，その他の残基は順に番号が付けられる．遊離のカルボキシ基をもつ **C 末端** C-terminal アミノ酸が最後である）．カルノシンの N 末端アミノ酸残基は β-アラニンで，今まで述べてきた α-アミノ酸と

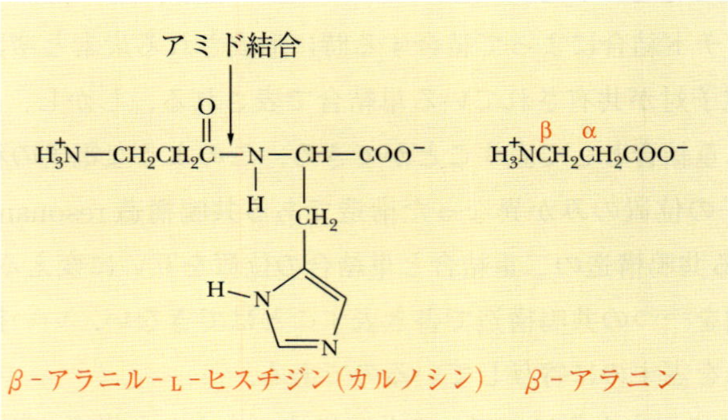

図 3.11
カルノシンとその構成アミノ酸の β-アラニンの構造

は異なる構造をもつ．β-アラニンは名前に示されるように，アミノ基がカルボキシ基から数えて2番目のβ炭素に結合している（図3.11）．

> **応用問題**
>
> **ペプチドの配列**
> アラニンとグリシンがペプチド結合によってジペプチドを形成するとき，ジペプチド産物の構造式を示せ．この反応の生成物として考えられるものは一つだけだろうか．
>
> **答** ここで大切な点は，ペプチド結合を形成するとき，アミノ酸は一つ以上の順序で結合できる可能性があることに気付くことである．したがって，アラニンとグリシンが反応したとき，二つの反応生成物が考えられる．一つはアラニルグリシンで，これはN末端がアラニン，C末端がグリシンである．もう一つはグリシルアラニンで，N末端がグリシン，C末端がアラニンである．

グルタチオンは広く存在するトリペプチドで，酸化剤を消去する働きがあるため生理的に極めて重要な物質である．Sec. 1.9で，酸化とは電子を失うことであり，酸化剤は他の物質から電子を奪うものであるということを学んだ（種々の酸化剤は生体にとって有害であり，発がんにも関与すると考えられている）．グルタチオンはアミノ酸組成とその配列からγ-グルタミル-L-システイニルグリシンである（図3.12A）．この表記法のγ（ガンマ）はギリシャ文字のアルファベットの3番目であり，この場合，アミノ基が結合している炭素から数えて3番目の炭素を指している．ここでもやはりN末端アミノ酸が1番目である．グルタチオンでは，グルタミン酸のγ-カルボキシ基（側鎖のカルボキシ基）がペプチド結合によりシステインのアミノ基と結合し，さらにシステインのカルボキシ基はグリシンのアミノ基と結合している．グリシンのカルボキシ基が分子のC末端となる．図3.12Aに示すグルタチオン分子は還元型で，酸化剤と反応することにより酸化剤を消去する．酸化型グルタチ

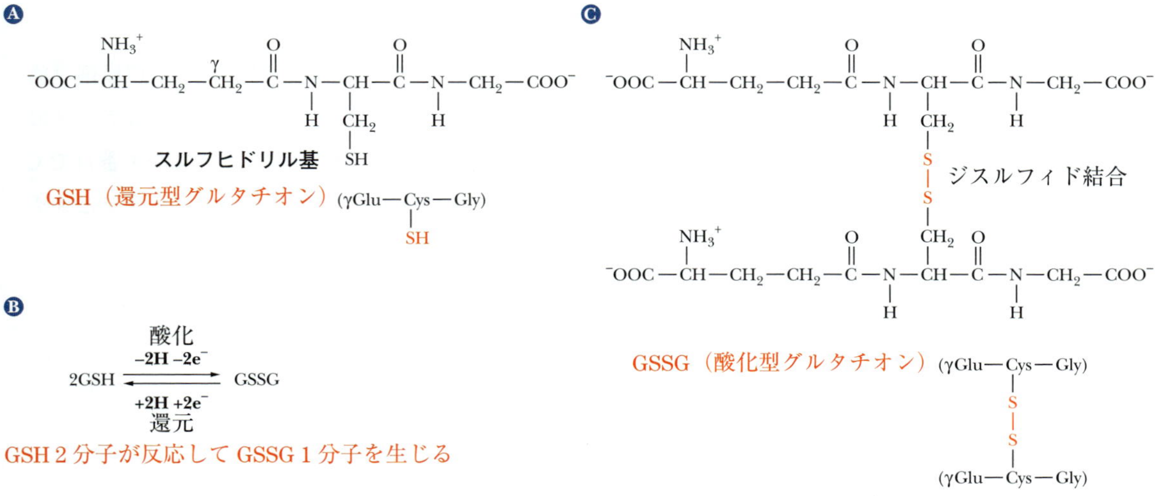

図3.12

グルタチオンの酸化と還元
Ⓐ 還元型グルタチオンの構造．Ⓑ 酸化-還元反応の模式図．Ⓒ 酸化型グルタチオンの構造．

身の周りに見られる生化学　有機化学

アミノ酸はさまざまなところで機能する

なぜアミノ酸が健康食品店で注目されるのか

アミノ酸はタンパク質やオリゴペプチドの構成基本単位としての働き以外に生物学的な機能をもっている．次にいくつかのアミノ酸についてそのような例を紹介しよう．

分枝アミノ酸

健康食品店で売られている製品の中には，分枝アミノ酸のイソロイシン，ロイシン，およびバリンを含んでいることを目玉にしているものがある．これらのアミノ酸は身体がこれらを生合成できないことから，必須アミノ酸 essential amino acid である．通常の環境では，適切な食事によって，タンパク質が摂取され，すべての必須アミノ酸は十分量が供給される．猛特訓に励んでいる運動選手は筋肉の減少を避けて筋肉量を増やしたいと思っている．その結果，彼らはタンパク質栄養補助食品，特に分枝アミノ酸の摂取に注意を払っている（決してこれら三つのアミノ酸だけが必須アミノ酸というわけではないが，ここでは特に取り上げられている）．

グルタミン酸

グルタミン酸一ナトリウム塩（MSG）はグルタミン酸誘導体であり，調味料として広く用いられている．しかし，MSGによって寒気，頭痛または目まいなどの生理的反応を起こす人がいる．中華料理にはしばしば多量のMSGが含まれているので，この症状はチャイニーズレストラン症候群 Chinese restaurant syndrome とも呼ばれている．

ヒスチジン

ヒスチジンのカルボキシ基が取り除かれるとヒスタミンになる．ヒスタミンは強力な血管拡張剤であり，血管の直径が拡がる．ヒスタミンが免疫反応の一つとして遊離されると，局所の血管透過性が亢進する．このことが風邪をひいたときの腫れや鼻づまりの原因である．多くの風邪薬には鼻づまりを抑えるために，抗ヒスタミン剤が含まれている．

ヒスタミン

オンは2分子の還元型グルタチオンのシステイン残基の−SH基同士が反応してジスルフィド結合を形成することにより生じる（図3.12B）．酸化型グルタチオンの構造を図3.12Cに示す．

脳内に見出されるエンケファリンと呼ばれる2種類のペンタペプチドは天然に存在する鎮痛剤（痛みを取り除く物質）である．これくらいの大きさの分子を書き表すには，化学構造式よりもアミノ酸の省略名が使われる．この表記法はアミノ酸配列を示す時に用いられ，N末端アミノ酸が1番目でC末端アミノ酸が最後になるように書く．問題の二つのペプチドであるロイシンエンケファリンとメチオニンエンケファリンは互いにC末端アミノ酸が異なるだけである．

Tyr—Gly—Gly—Phe—Leu （3文字表記）
Y—G—G—F—L　（1文字表記）
ロイシンエンケファリン

Tyr—Gly—Gly—Phe—Met
Y—G—G—F—M
メチオニンエンケファリン

これらのペプチドではチロシンやフェニルアラニンの芳香族側鎖が活性に重要な働きをしていると考えられている．また，モルヒネなどの鎮痛剤とエンケファリンの三次元構造は互いに類似している

身の周りに見られる生化学　栄養学

甘味ペプチド——アスパルテーム

　ジペプチドの L-アスパルチル-L-フェニルアラニンは大きな商品価値がある．分子の N 末端にはアスパラギン酸残基の遊離の α-アミノ基があり，C 末端にはフェニルアラニン残基の遊離のカルボキシ基がある．このジペプチドは砂糖より約 200 倍も甘い．このジペプチドのメチルエステルはジペプチド自体よりさらに大きな商品価値がある．この化合物は C 末端のカルボキシ基にエステル結合したメチル基をもっている．このメチルエステル誘導体はアスパルテーム aspartame と呼ばれ，砂糖代用品として "Nutra Sweet" の商品名で市販されている．

　アメリカ合衆国における砂糖の消費量は年間 1 人当たり約 100 ポンド（45 kg）である．多くの人々は肥満にならないよう砂糖の摂取量を少なくしようと努力している．その他，糖尿病患者は砂糖の摂取を制限しなければならない．このためによく用いられるのがダイエット飲料である．清涼飲料水メーカーはアスパルテームの最も大きな市場の一つである．この人工甘味料は，1981 年，アメリカ FDA（食品医薬品局）による厳しい審査の後に，その使用が認められたが，その安全性についてはいまだに議論がなされている．アスパルテームを使用しているダイエット飲料にはフェニルアラニン含有のラベルが表示されている．この表示はフェニルアラニン代謝の遺伝疾患であるフェニルケトン尿症の患者にとっては生命に関わる重要な情報である（p.103 の《身の周りに見られる生化学》を参照）．二つのアミノ酸はともに L 型であることに注目する必要がある．もし一方または両方のアミノ酸を D-アミノ酸に置換すると，甘味よりも苦味が強くなってしまう．

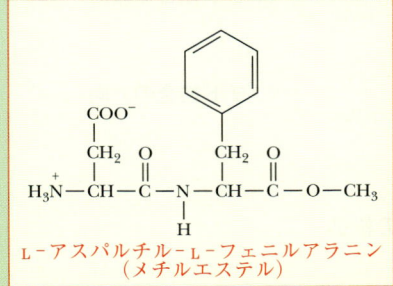

Ⓐ アスパルテームの構造　　　Ⓑ アスパルテームの空間充填モデル

と考えられている．これらの構造類似性のため，鎮痛剤はエンケファリンが作用する脳内でエンケファリン受容体に結合し，その生理活性を示すのである．

　重要なペプチドの中には環状構造のものもある．よく知られているのはオキシトシンとバソプレッシンであり，これらは構造上，多くの共通の特徴をもっている（図 3.13）．これらのペプチドはどちらも酸化型グルタチオンと同様の −S−S− 結合をもち，このジスルフィド結合は環状構造をとるのに必要である．いずれも 9 個のアミノ酸残基からなり，C 末端は遊離のカルボキシ基ではなくアミド基になっており，1 番目と 6 番目のシステイン残基間でジスルフィド結合をしている．二つのペプチドの違いはオキシトシンは 3 番目にイソロイシン，8 番目にロイシンをもっているのに対し，バソプレッシンは 3 番目にフェニルアラニン，8 番目にアルギニン残基をもっていることである．これらのペプチドはどちらもホルモンとして極めて重要な生理的役割をもっている（p.104 の《身の周りに見

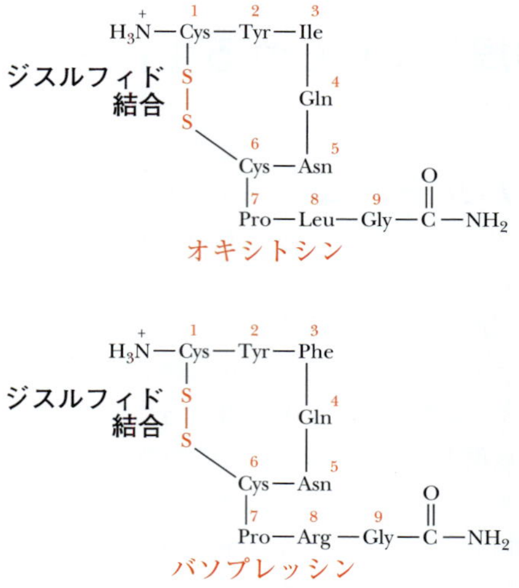

図 3.13
オキシトシンとバソプレッシンの構造

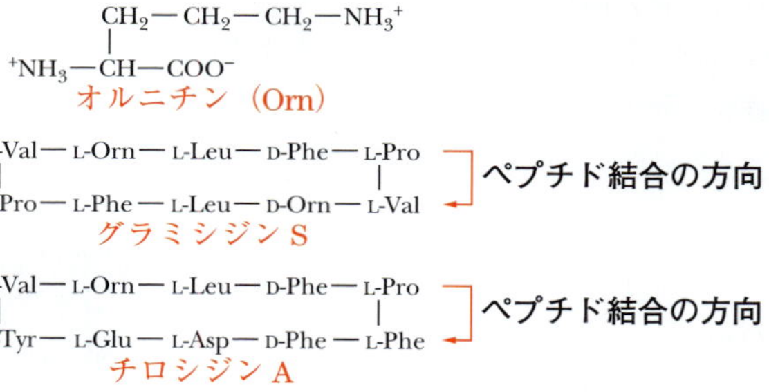

図 3.14
オルニチン，グラミシジン S およびチロシジン A の構造

られる生化学》を参照).

　その他，ペプチド結合そのものによって環状構造をとるものもある．細菌のバチルス・ブレビス *Bacillus brevis* により産生される二つの環状デカペプチド（10 個のアミノ酸からなるペプチド）は興味深い例である．これらのグラミシジン S とチロシジン A の両ペプチドは抗生物質であり，通常の L-アミノ酸の他に D-アミノ酸を含んでいる（図 3.14）．さらにこれらはいずれもオルニチン（Orn）というアミノ酸を含んでいる．オルニチンはタンパク質中には含まれていないが，種々の代謝経路における代謝中間体として重要な役割を果たしている（Sec. 23.6）.

Sec. 3.5 要約

■小さなペプチドは生体で多くの役割を果たす．オキシトシンやバソプレッシンのように重要なホルモンもある．その他に，グルタチオンのように酸化還元反応を調節するものもある．さらに，エンケファリンのように天然に存在する鎮痛剤もある．

身の周りに見られる生化学　保健関連

フェニルケトン尿症──小さな分子が大きな影響をもつ

　酵素の欠損を伴う疾患はその患者のDNAに原因があるため，通常，"先天性代謝異常症"と呼ばれる．アミノ酸代謝に関与する酵素の異常は，多くの場合，重度の知的障害などを引き起こす．フェニルケトン尿症（PKU）はそのよく知られた例である．フェニルアラニン，フェニルピルビン酸，フェニル乳酸およびフェニル酢酸がいずれも血中ならびに尿中に蓄積する．フェニルケトンであるフェニルピルビン酸は，脳において，ピルビン酸からアセチルCoA（多くの生化学反応における重要な中間体）への変換を妨害することにより知的障害を引き起こすことがわかっている．またこれらの物質が脳の神経細胞内に蓄積することが浸透圧のバランスを壊し，水が細胞内に流入することも考えられる．その結果，発達途上の脳の神経細胞は互いに膨張して，破裂してしまう．いずれにしても脳は正常に発達できなくなる．

　幸い，PKUは新生児で容易に検出することができるので，アメリカ合衆国の50州すべてとワシントンD.C.では新生児の検査を実施することが取り決められている．なぜなら，この疾患は特別食で治療した方が，通常は，生涯にわたって入院が必要な知的障害者に対する費用よりも安くすむからである．食事療法は比較的簡単である．フェニルアラニンはタンパク質合成に必要な最低限度に抑えられている．フェニルアラニンはもはやチロシンの供給源とならないので，チロシンを補充しなければならない．アスパルテームを含む食品には，この人工甘味料中のフェニルアラニンに関する注意が表示されていることに気づくだろう．"アラテーム Alatame"という商品名で知られるアスパルテームの代用品はフェニルアラニンの代わりにアラニンを含んでいる．これが導入されたのは，フェニルアラニンに伴う危険性がなく，しかもアスパルテームの利点を維持しているからである．

フェニルケトン尿症（PKU）の発症に関わる反応．フェニルアラニンからチロシンへの変換を触媒する酵素の欠損は，フェニルケトンであるフェニルピルビン酸の蓄積を引き起こす．

SUMMARY　　要　約

◆**なぜアミノ酸の三次元構造を特定することが重要なのか**　タンパク質の最小構成単位であるアミノ酸は，アミノ基とカルボキシ基が同じ炭素原子に結合した共通の構造をもっている．Rで表される側鎖の性質がアミノ酸の性質の違いを決めている．グリシンを除いてアミノ酸はすべてL型とD型で表される2種の立体異性体をもつ．これら二つの立体異性体は互いに重ね合わせることのできない鏡像関係にある．タンパク質中に見出されるアミノ酸はL型であるが，自然界にはD型アミノ酸も存在する．

身の周りに見られる生化学　保健関連

ペプチドホルモン——大きな影響を与える小さな分子

　オキシトシンとバソプレッシンはともにペプチドホルモンである．オキシトシンは妊婦の陣痛を促し，子宮筋の収縮を制御する．妊娠期間中に子宮壁にあるオキシトシン受容体の数が増加する．出産予定日には，オキシトシン受容体の数は，妊娠末期には身体でつくられる微量のオキシトシンだけで子宮平滑筋を収縮させるのに十分な数となる．胎児は子宮の収縮の強さと頻度により子宮頸部の方へ動く．子宮頸部は脳の視床下部に神経刺激のインパルスを送りながら拡張する．このインパルスが視床下部に到達すると，正のフィードバックにより下垂体後葉からさらにオキシトシンが分泌される．オキシトシンが多く分泌されればされるほど，子宮は強く収縮し，胎児は子宮頸部から押し出され，赤ん坊が生まれる．オキシトシンはまた授乳中の母親からの母乳分泌を促す働きもある．赤ん坊がお乳を吸うことにより，神経シグナルが母親の視床下部に送られる．オキシトシンは分泌されると血流を介して乳腺に運ばれる．オキシトシンは乳腺の平滑筋の収縮を引き起こし，母乳の分泌を促す．お乳を吸い続けるとさらにホルモンが分泌され，さらに多くの母乳がつくられる．

　バソプレッシンは血管平滑筋の収縮を制御することにより血圧を調節している．オキシトシンと同様にバソプレッシンは視床下部の働きにより下垂体後葉から分泌され，血流を介して特異的な受容体まで運ばれる．バソプレッシンは腎臓による水の再吸収を促進し，抗利尿作用を示す．水分がより多く保持される結果，血圧は上昇する．

授乳はオキシトシンの遊離を刺激し，母乳の産生を促す．

- ◆**なぜアミノ酸側鎖がそれほど重要なのか**　アミノ酸は側鎖の性質に基づいて分類することができる．特に重要な二つの性質は側鎖が極性か非極性かということ，また側鎖に酸性基または塩基性基があるかどうかということである．
- ◆**非極性側鎖をもつのはどのアミノ酸か（グループ1）**　アミノ酸の一つのグループは非極性側鎖をもつ．その側鎖は大部分が脂肪族または芳香族炭化水素であるか，またはその誘導体である．
- ◆**電気的に中性の極性側鎖をもつのはどのアミノ酸か（グループ2）**　アミノ酸の二番目のグループは酸素，窒素，および硫黄のような電気陰性度の高い原子を含む側鎖をもつ．
- ◆**側鎖にカルボキシ基をもつのはどのアミノ酸か（グループ3）**　グルタミン酸とアスパラギン酸の二つのアミノ酸は側鎖にカルボキシ基をもつ．
- ◆**塩基性側鎖をもつのはどのアミノ酸か（グループ4）**　ヒスチジン，リシンおよびアルギニンの三

つのアミノ酸は塩基性の側鎖をもつ．

◆ **タンパク質中にあまり一般的には見られないのはどのアミノ酸か** 少数のタンパク質でのみ見つかるアミノ酸もある．それらはタンパク質が細胞で生合成された後，標準アミノ酸から生じる．

◆ **アミノ酸を滴定するとどのようになるか** 中性のpHでは，遊離アミノ酸のカルボキシ基は負に荷電し，アミノ基は正に荷電している．側鎖に荷電した官能基をもたないアミノ酸は中性の溶液中では実効電荷が0の両性イオンとして存在する．アミノ酸の滴定曲線から，官能基がプロトンを獲得したり，または失うpH領域を知ることができる．アミノ酸の側鎖も滴定に関与しており，側鎖の電荷（もしあるなら）もアミノ酸の実効電荷を決定する上で考慮しなければならない．

◆ **アミノ酸のどの官能基が反応してペプチド結合を形成するのか** ペプチドは一つのアミノ酸のカルボキシ基ともう一つのアミノ酸のアミノ基が共有結合（アミド結合）によってつながったものである．タンパク質はポリペプチド鎖からなり，タンパク質中のアミノ酸残基の数は，通常，100個以上である．ペプチド結合は平面構造をとり，この立体化学的な特性がペプチドやタンパク質の三次元構造を決定する上で重要な役割を果たしている．

◆ **小さなペプチドのもつ生物学的機能にはどのようなものがあるか** 2～数十個のアミノ酸残基からなる小さなペプチドは，生体のなかで重要な生理作用を発揮している．

EXERCISES 練習問題

3.1 アミノ酸は三次元に存在する

1. 復習　D-アミノ酸はL-アミノ酸とどこが違うか．D-アミノ酸を含むペプチドはどのような生物学的役割を演じているか．

3.2 個々のアミノ酸：構造と性質

2. 復習　厳密な意味でアミノ酸ではないアミノ酸はどれか．キラル炭素をもっていないのはどのアミノ酸か．

3. 復習　R基に次のものをもつアミノ酸の名前を記せ．
   ヒドロキシ基　硫黄原子　二つ目のキラル炭素原子　アミノ基　アミド基　酸性基　芳香族環　分枝した側鎖

4. 復習　次のアミノ酸配列をもつペプチドにおいて，極性アミノ酸，芳香族アミノ酸および硫黄を含むアミノ酸はどれか．
   Val - Met - Ser - Ile - Phe - Arg - Cys - Tyr - Leu

5. 復習　次のペプチドにおいて，非極性アミノ酸と酸性アミノ酸を示せ．
   Glu - Thr - Val - Asp - Ile - Ser - Ala

6. 復習　タンパク質中に通常の20種のアミノ酸以外のアミノ酸は見出されるか．もしそうなら，それらのアミノ酸はどのようにしてタンパク質中に取り込まれるのか．そのようなアミノ酸の例とそれらが存在するタンパク質の名前を示せ．

3.3 アミノ酸は酸としても塩基としても働く

7. 計算　次の各アミノ酸のpH 7における最も主要なイオン形を示せ．
   グルタミン酸，ロイシン，トレオニン，ヒスチジン，アルギニン

8. 計算　次の各アミノ酸のpH 4において荷電した状態の構造式を示せ．
   ヒスチジン，アスパラギン，トリプトファン，プロリン，チロシン

9. 計算　問題8のアミノ酸において，pH 10での主要なイオン形はどのようなものか．

10. 計算　次の各アミノ酸の等電点を示せ．
    グルタミン酸，セリン，ヒスチジン，リシン，チロシン，アルギニン

11. 計算　システインの滴定曲線を書き，すべての滴定に関与する官能基のpK_a値を示せ．このアミノ酸の実効電荷が0となるpHを示せ．

12. 計算　リシンの滴定曲線を書き，すべての滴定に関与する官能基のpK_a値を示せ．このアミノ酸の実効電荷が0となるpHを示せ．

13. 計算　有機化学者にとって一般に反応収率が

95％であれば十分である．ポリペプチドを合成する場合，各アミノ酸の収率が95％であるとすると，最初のアミノ酸から10残基まで合成したときの全体の収率はいくらになるか．また50残基あるいは100残基での収率はいくらになるか．このように低い収率は生化学的に考えた場合，"満足できる"ものであろうか．それでは生化学的には，この収率の低下をどのようにして回避しているか．

14. **計算** アスパラギン酸の滴定曲線を書き，すべての滴定に関与する官能基のpK_a値を示せ．また，共役酸-塩基対である Asp＋1 と Asp 0 が緩衝剤として働く pH 領域を示せ．

15. **演習** アミノ酸は，通常，中性のpHよりも酸性またはアルカリ性に片寄ったpHにおいて溶解度が大きい（これはアミノ酸が中性のpHで不溶性であるということを意味しているのではない）．その理由を説明せよ．

16. **演習** 次の各アミノ酸のイオン解離の反応式を示せ．
    アスパラギン酸，バリン，ヒスチジン，セリン，リシン

17. **演習** pH 8で緩衝剤として働くアミノ酸は存在するか．存在する場合はどのアミノ酸か．表3.2の記述に基づいて答えよ．

18. **演習** グルタミン酸のγ炭素に結合した水素が，別のアミノ基で置換されているアミノ酸を仮定しよう．このアミノ基のpK_aが10であるとすると，このアミノ酸のpH 4, 7, 10における主要なイオン形はどのようなものになるか．

19. **演習** 問題18の仮想アミノ酸のpIはいくらになるか．

20. **演習** 問題4に示されたペプチドのなかでpH 1 および pH 7において電荷をもつ官能基を示せ．このペプチドの両pHにおける実効電荷はいくらか．

21. **演習** 次のペプチドについて問いに答えよ．
    Phe－Glu－Ser－Met と Val－Trp－Cys－Leu
    これら二つのペプチドはpH 1において実効電荷は異なるか．またpH 7ではどうか．両pHにおける電荷を示せ．

22. **演習** 次の各グループのアミノ酸において，滴定曲線から最も容易に他の二つと区別することのできるアミノ酸はどれか．
    (a) グリシン，ロイシン，リシン
    (b) グルタミン酸，アスパラギン酸，セリン

23. **演習** アミノ酸のグリシンは緩衝剤として用いることができるだろうか．もしそうだとすると，どのようなpH領域が有用だろうか．

3.4 ペプチド結合

24. **復習** ペプチド結合の共鳴構造を書け．

25. **復習** ペプチド結合の共鳴構造がどのようにして原子を平面上に配置しているのか説明せよ．

26. **関連** 神経伝達物質であるアミノ酸またはアミノ酸誘導体を示せ．

27. **関連** モノアミン酸化酵素とは何か．またそれはどのような機能を果たしているか．

28. **演習** Ser－Glu－Gly－His－Ala と Gly－His－Ala－Glu－Ser の2種のペプチドは，どのように違うか．

29. **演習** 問題28の2種のペプチドの滴定曲線は互いに異なると考えられるか．またその理由を述べよ．

30. **演習** アスパラギン酸，ロイシン，フェニルアラニンの3種のアミノ酸からなるトリペプチドとして可能な配列をすべて記せ．アミノ酸の3文字表記を用いて答えよ．

31. **演習** 問題30の答えをアミノ酸の1文字表記を用いて表せ．

32. **演習** 多くのタンパク質は100個以上のアミノ酸残基からなる．もし，100 merのタンパク質を合成するとき，配列のそれぞれの位置に20種の異なるアミノ酸を用いるとすると，何種類の異なる分子をつくることができるだろうか．

33. **関連** L－アスパルチル－L－フェニルアラニンは砂糖よりずっと甘いのに対して，D－アスパルチル－D－フェニルアラニンは苦味がある．このことを立体化学に基づいて考察せよ．

34. **関連** 夜にコップ一杯の暖かなミルクを飲むと眠りやすくなるのはなぜか．

35. **関連** 試験の前に一杯のミルクを飲むか，一片のチーズを食べるか，どちらが良いだろうか．それはなぜか．

36. **演習** アミノ酸は他の生体高分子の基本構成単位（糖，ヌクレオチド，脂肪酸など）に比べてその安定性はどうであるか推察せよ．

37. 演習 タンパク質を構成する通常の20種のアミノ酸の性質がすべてわかっていれば、それらから作られるタンパク質（または大きなペプチド）の性質を予測することはできるだろうか。

38. 演習 チロキシンとヒドロキシプロリンはそれぞれもとのアミノ酸のチロシンとプロリンから翻訳後修飾によって作られる。その理由を考えよ。

39. 演習 ペプチド Gly - Pro - Ser - Glu - Thr（直鎖型）と Gly - Pro - Ser - Glu - Thr（トレオニンとグリシンの間でペプチド結合した環状型）を考える。これら2種のペプチドは化学的に同一であるか。

40. 演習 問題39の2種のペプチドを電気泳動により分離することは可能であるか。

41. 演習 生体が糖質のみを栄養源としていると、アミノ酸の生合成、さらにはタンパク質の生合成も最終的に止まってしまう。その理由を考えよ。

42. 演習 友人が pH 7でのアラニンの構造を書いているとする。アラニンは、カルボキシ基（－COOH）とアミノ基（－NH$_2$）をもっているが、あなたはどのようなアドバイスをするか。

43. 演習 アミノ酸は重合してタンパク質となるが、ポリペプチド鎖間の架橋は比較的少ない。その理由を考えよ。

44. 演習 ペプチド結合が平面構造でないとすると、ペプチドの構造にどのような影響があるかについて考えよ。

45. 演習 もし通常のアミノ酸の中に硫黄を含むアミノ酸が一つも存在しないとすると、タンパク質やペプチドの性質はどのようになるだろうか。

46. 演習 もしアミノ酸がキラルでないとすると、作られるタンパク質の性質はどのようになるだろうか。

3.5 生理活性をもつ小さなペプチド

47. 復習 ペプチドホルモンのオキシトシンとバソプレッシンの構造上の違いは何か。またそれらの機能はどのように違うか。

48. 復習 グルタチオンの酸化型と還元型は互いにどのように違うか。

49. 復習 エンケファリンとは何か。

50. 演習 D-アミノ酸をそれに対応する α-ケト酸に変換する D-アミノ酸酸化酵素は、ヒトの体の中で最も強力な酵素の一つである。この酵素がこのように高い活性をもっている理由を考えよ。

ANNOTATED BIBLIOGRAPHY / 参考文献

Barrett, G. C., ed. *Chemistry and Biochemistry of the Amino Acids.* New York: Chapman and Hall, 1985. [Wide coverage of many aspects of the reactions of amino acids.]

Javitt, D. C., and J. T. Coyle. Decoding Schizophrenia. *Sci. Amer.* **290** (1), 48–55 (2004).

Larsson, A., ed. *Functions of Glutathione: Biochemical, Physiological, Toxicological, and Clinical Aspects.* New York: Raven Press, 1983. [A collection of articles on the many roles of a ubiquitous peptide.]

McKenna, K. W., and V. Pantic, eds. *Hormonally Active Brain Peptides: Structure and Function.* New York: Plenum Press, 1986. [A discussion of the chemistry of enkephalins and related peptides.]

Siddle, K., and J. C. Hutton. *Peptide Hormone Action–A Practical Approach.* Oxford, England: Oxford Univ. Press, 1990. [A book that concentrates on experimental methods for studying the actions of peptide hormones.]

Stegink, L. D., and L. J. Filer, Jr. *Aspartame–Physiology and Biochemistry.* New York: Marcel Dekker, 1984. [A comprehensive treatment of metabolism, sensory and dietary aspects, preclinical studies, and issues relating to human consumption (including ingestion by people with phenylketonuria and consumption during pregnancy).]

Wilson, N., E. Barbar, J. Fuchs, and C. Woodward. Aspartic Acid in Reduced *Escherichia coli* Thioredoxin Has a pK_a 9. *Biochem.* **34**, 8931–8939 (1995). [A research report on a remarkably high pK_a value for a specific amino acid in a protein.]

Wold, F. *In Vivo* Chemical Modification of Proteins (Post-Translational Modification). *Ann. Rev. Biochem.* **50**, 788–814 (1981). [A review article on the modified amino acids found in proteins.]

CHAPTER 4

タンパク質の
三次元構造

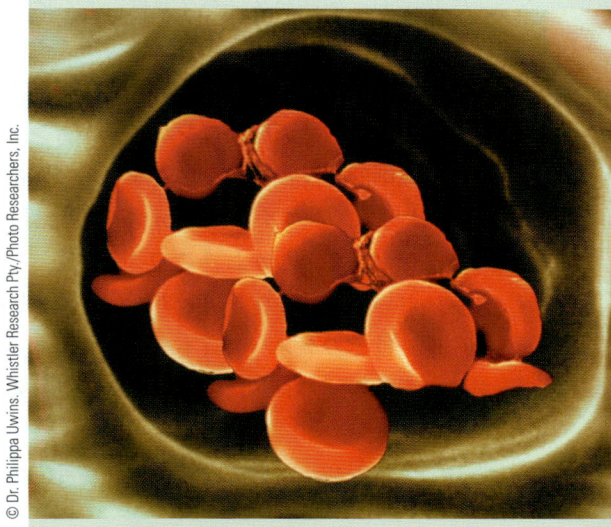

赤血球に含まれるヘモグロビンはタンパク質構造が明らかな典型的な例である

概　要

4.1　タンパク質の構造と機能

　4.1.1　タンパク質構造のレベルとは何か

4.2　タンパク質の一次構造

　4.2.1　一次構造を知ることがなぜ重要か

4.3　タンパク質の二次構造

　4.3.1　αヘリックスはなぜよく見られるか

　4.3.2　β構造はαヘリックスとどう違うか

4.4　タンパク質の三次構造

　4.4.1　タンパク質の三次元構造はどのようにして決定されるか

　4.4.2　酸素がヘムと不完全な結合をしているのはなぜか

4.5　タンパク質の四次構造

　4.5.1　ヘモグロビンはどのように機能するか

4.6　タンパク質フォールディングの動力学

　4.6.1　アミノ酸配列がわかればタンパク質の三次構造を予測できるか

　4.6.2　何が疎水性相互作用を有利にするか

4.1　タンパク質の構造と機能

　生物学的に活性なタンパク質は，アミノ酸が共有結合（ペプチド結合）でつながった高分子である．タンパク質のような大きな分子は，多くの異なるコンホメーション（三次元構造）を取り得る．これらの多くの構造のうち，一つまたは多くても二,三のものが生物学的活性をもつにすぎない．これら活性のある構造は**天然のコンホメーション** native conformation と呼ばれる．多くのタンパク質には，明確な規則的な反復構造を示さない領域がある．その結果，これらのタンパク質は，"ランダム構造"（または**ランダムコイル** random coil）と呼ばれる大きなセグメント segment をもっていると記述されることが多い．しかし，この"ランダム"という用語は全くの誤称である．なぜなら，あるタンパク質において，天然のコンホメーションをとるすべての分子中に同じ非反復性の構造が存在し，また，その構造はそのタンパク質本来の機能にとって必要なものだからである．タンパク質の構造は複雑であるので，四つのレベルに分けて定義される．

4.1.1　タンパク質構造のレベルとは何か

　一次構造 primary structure とは，アミノ酸が互いに共有結合で連結している順序である．ペプチド Leu - Gly - Thr - Val - Arg - Asp - His（N末端アミノ酸を最初に書くことを思い起こそう）は，ペプチド Val - His - Asp - Leu - Gly - Arg - Thr と同じ種類と同じ数のアミノ酸をもつにもかかわらず，後者とは異なる一次構造をもつ．アミノ酸の順序は一つの線上に描かれることに注意しよう．一次構造は，タンパク質の三次元構造を特定するときの一次元の最初の段階である．一次構造はシステインにより形成されるジスルフィド結合も含め，すべての共有結合を含むと定義する生化学者もいるが，ここではジスルフィド結合は後で述べる三次構造の一部分と考えることとする．

　1本のポリペプチド鎖の二次および三次構造と呼ばれる三次元構造は，二つの側面から別々に考えることができる．**二次構造** secondary structure とはポリペプチド骨格の原子の空間配置である．αヘリックスとβ構造は二つの異なるタイプの二次構造である．二次構造は，ペプチド骨格のアミド N−H 基とカルボニル基の間の水素結合による反復性の相互作用からなっている．アミノ酸の側鎖のコンホメーションは二次構造には含まない．多くのタンパク質では，ポリペプチド鎖の一部分の折りたたみが，他の部分の折りたたみとは独立して起こることがある．タンパク質のそのような独立に折りたたまれた部分は，**ドメイン** domain または**超二次構造** supersecondary structure と呼ばれる．

　三次構造 tertiary structure には，側鎖およびあらゆる**補欠分子族** prosthetic group（アミノ酸以外の原子団）の原子を含むタンパク質の原子のすべての三次元配置が関与している．

　タンパク質は，**サブユニット** subunit と呼ばれる複数のポリペプチド鎖から構成されることがある．サブユニットの相対的な空間配置は**四次構造** quaternary structure である．サブユニット間の相互作用は，水素結合，静電的相互作用および疎水性相互作用のような非共有結合性相互作用を介して起こる．

> **Sec. 4.1 要約**
>
> - タンパク質はアミノ酸の長い鎖である．アミノ酸組成とその順序がタンパク質の機能にとって重要である．
> - どのような天然のタンパク質でも，正しく機能するのは，一つかあるいは二〜三の三次元構造のときだけである．
> - タンパク質の構造は，一次構造，二次構造，三次構造，四次構造に分けて考えることができる．
> - 一次構造はアミノ酸の配列順序である．二次構造はペプチド骨格の反復構造によって規定される．三次構造はタンパク質の完全な三次元構造に相当する．四次構造は複数のポリペプチド鎖からなるタンパク質を表す．

4.2 タンパク質の一次構造

　タンパク質のアミノ酸配列（一次構造）はその三次元構造を決定し，それが次にタンパク質の性質を決定する．すべてのタンパク質において，正しい機能の発現には正しい三次元構造が必要である．

4.2.1　一次構造を知ることがなぜ重要か

　一次構造の重要性の最も顕著な例証の一つは，鎌状赤血球貧血症 sickle‑cell anemia に関係しているヘモグロビンに見出される．この遺伝性疾患では，赤血球は効率よく酸素を結合することができない．この赤血球はまた特徴的な鎌状の形をとるので，その名がこの病気に付けられた．この鎌状細胞は毛細血管中にトラップされる傾向をもつので，血液循環を遮断し，それによって組織の損傷をもたらす．このように顕著な結果が，一次構造の配列におけるたった一つのアミノ酸残基の変化から起こる．

　タンパク質の機能に及ぼす一次構造の変化の影響を明らかにするために，多くの研究がなされている．部位特異的変異導入法などの分子生物学的技術を用いると，タンパク質中の特定のアミノ酸残基を，他のアミノ酸残基に置換することが可能である．そしてこの変異タンパク質のコンホメーションと生物学的活性を明らかにすることができる．このようなアミノ酸置換の結果は，タンパク質の性質と変異を導入した残基の性質に依存して，無視できるほど小さな効果しか示さないものから，活性が完全に消失するものまである．

　タンパク質のアミノ酸配列の決定は古典的な生化学における手順に沿った操作ではあるが，重要なものである．それは数段階から成り，正確な結果を得るには，注意深く行われなければならない（Sec. 5.4）．

　次の《身の周りに見られる生化学》では，種々のタンパク質のアミノ酸組成の実用面における重要性について述べる．アミノ酸組成は，タンパク質源（植物または動物）により著しく異なっており，ヒトの栄養に重要な影響を及ぼす．

Sec. 4.2 要約	■タンパク質の一次構造は，他のレベルの構造を規定する． ■単一のアミノ酸の置換でも，鎌形赤血球貧血の場合のように，機能を失ったタンパク質をつくり出してしまうことがある．

4.3　タンパク質の二次構造

　タンパク質の二次構造は，タンパク質の骨格，すなわちポリペプチド鎖の水素結合により形成される立体配置である．ここでポリペプチド骨格を形成している結合の性質が重要な役割を演じる．各アミノ酸残基にはかなり自由な回転をもつ二つの結合がある．それらはアミノ酸残基の (1) α 炭素とアミノ窒素との間の結合と，(2) α 炭素とカルボキシ炭素との間の結合である．平面状のペプチド結合と二つの自由に回転する結合との組合せは，ペプチドやタンパク質の三次元コンホメーションにとって重要な意味をもっている．ポリペプチド骨格は一つながりになったトランプカードとして描くことができ，それぞれのカードは平面状のペプチド結合を表している．これらのカードは，それぞれのカードの対角の隅で回り継ぎ手（さるかん）により連結しており，このことは，それらの結合の周り

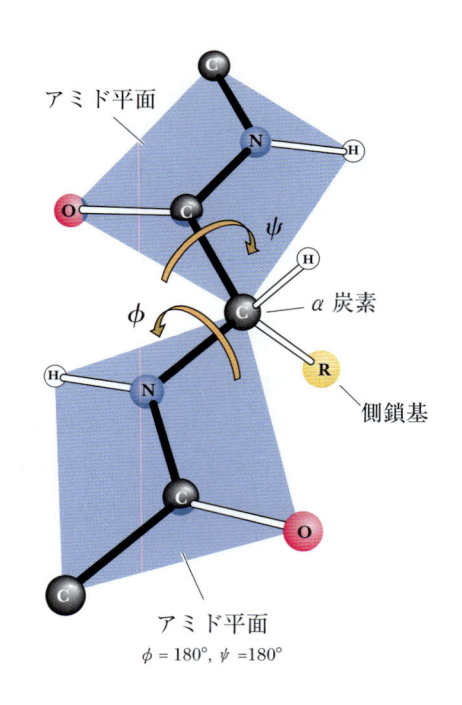

図 4.1
ペプチド骨格の ϕ と ψ
ポリペプチド鎖のコンホメーションを決定する角度の定義．堅い平面状のペプチド結合（本文中では"トランプカード"と呼ばれる）には陰（青色）がつけてある．C^α－N 結合の周りの回転角は ϕ（ファイ）と名付けられ，C^α－C 結合の周りの回転角は ψ（プサイ）と名付けられる．これらの二つの結合は周りに回転の自由度がある．（イラスト：*Irving Geis*. 著作権はハワード・ヒューズ医学研究所が所有．許可なく複製を禁ず）

にかなりの回転の自由度があることを表している（図4.1）．側鎖もタンパク質の三次元構造の決定において極めて重大な役割を演じるが，二次構造では骨格だけを考慮する．

創始者ラマチャンドラン G. N. Ramachandran に因んで，しばしばラマチャンドラン角 Ramachandran angle と呼ばれる角度 ϕ（ファイ）と ψ（プサイ）は，それぞれ C−N 結合および C−C 結合の周りの回転を示すのに使われる．タンパク質骨格のコンホメーションは，それぞれの残基に対する ϕ と ψ の値（$-180°$ ～ $180°$ まで）を指定することにより記述することができる．タンパク質にしばしば見られる2種類の二次構造は，水素結合による反復性の **α ヘリックス** α - helix および **β 構造** β - pleated sheet（または β - sheet）である．角度 ϕ と ψ は，規則的な二次構造の中で連続したアミノ酸において繰り返して現れる．二次構造は α ヘリックスと β 構造だけではないが，それらは最も重要なので，さらに詳しくみておく必要がある．

タンパク質骨格の周期構造

α ヘリックスと β 構造は周期的な構造である．すなわち，それらの特徴的な構造は規則的な間隔で繰り返される．α ヘリックスは棒状で1本のポリペプチド鎖のみから成る．β 構造は二次元の配列をつくり，1本または複数のポリペプチド鎖から成る．

4.3.1　α ヘリックスはなぜよく見られるか

α ヘリックスは，1本のポリペプチド鎖の骨格内で，らせん軸に平行な水素結合により安定化されている．N 末端から数えて，それぞれのアミノ酸残基の C=O 基は，共有結合でつながった配列中の4残基離れたアミノ酸の N−H 基と水素結合している．このらせん構造によって，水素結合に関与する原子の直線的な配置が可能となり，その配置によって水素結合が最大の強度となり，したがって，らせん構造が非常に安定になる（Sec. 2.2）．らせんの一回転当たり 3.6 残基が存在し，らせんのピッチ pitch（らせん上の同じ位置に対応する2点間の直線距離）は 5.4 Å である（図4.2）．

オングストローム単位 $1 Å = 10^{-8}$ cm $= 10^{-10}$ m は分子内の原子間距離に対して便利であるが，国際単位系 Système International (SI) ではない．ナノメートル（1 nm $= 10^{-9}$ m）やピコメートル（1 pm $= 10^{-12}$ m）が原子間距離に対して用いられる SI 単位である．SI 単位では，α ヘリックスのピッチは 0.54 nm または 540 pm である．図4.3 に α ヘリックスに富んだ二つのタンパク質の構造を示す．

タンパク質はさまざまな量の α ヘリックス構造をもっており，その量は 2, 3 % からほぼ 100 % までさまざまである．いくつかの因子が α ヘリックスを壊すことが知られている．アミノ酸のプロリンは環状 cyclic 構造のために骨格に折れ曲りをつくる．プロリンは次の理由のために α ヘリックスに適合することができない．(1) 窒素原子と α 炭素原子の間の結合の回転は厳しく制限されており，(2) プロリンの α - アミノ基はペプチド鎖内の水素結合形成に関与することができない．側鎖が関与する他の局所的な因子には，正に荷電したリシンやアルギニン残基の側鎖，または負に荷電したグルタミン酸やアスパラギン酸残基の側鎖など，いくつかの同符号の荷電基が近接することによる強い静電的反発がある．もう一つの可能性は，いくつかのかさ高い側鎖が近接することにより起こる込み合

身の周りに見られる生化学　栄養学

完全タンパク質と栄養

　完全タンパク質 complete protein とは，ヒトの生存にとって適当な量のすべての必須アミノ酸（Sec. 23.5）を備えているものをいう．これらのアミノ酸はヒトでは合成されず，タンパク質の生合成に必要である．リシンとメチオニンは，植物タンパク質でしばしば不足している二つの必須アミノ酸である．

　コメやトウモロコシのような穀物は，通常，リシンに乏しく，豆類は通常メチオニンに乏しいので，菜食主義者は穀物と豆類の両方を食べないと栄養失調の危険にさらされる．このため，必須アミノ酸のすべてを供給する混合物である補完タンパク質 complementary proteins という考えが生まれた．例えばスコタシュ succotash にトウモロコシと豆を入れたり，トウモロコシのトルティーヤに豆のブリートをのせたりする．成人男性に対する特別推奨食事性許容量（RDA）は以下のようである．妊娠中または授乳期でない成人女性の必要量は，成人男性に対して示された量よりも20％少ない．

　タンパク質効率比 protein efficiency ratio（PER）は，タンパク質が必須アミノ酸をどれくらい適切に供給するかを示す．このパラメータは，どれくらい食物を食べる必要があるかを決定するのに有用である．たいていの大学生年齢の，妊娠していない女性は，1日あたり46ｇまたは約1.6オンスの完全タンパク質を必要とし，男性は58ｇまたは約2オンスの完全タンパク質を必要とする．食事のとき，タンパク質源として一つだけ選ぶとすれば，卵は高品質タンパク質であるので，おそらく最善の選択であろう．女性にとって1.6オンスの完全タンパク質の要求は，10.7オンスまたは約4個の（男性には13.6オンスまたは5個より少し多めの）特大の卵で満たされる．同じ要求は1枚の脂肪の少ない赤身のステーキで満たされるが，ビーフステーキはPERが低いので，女性には345ｇまたは0.75ポンド（男性では431ｇまたは約1ポンド）が必要である．トウモロコシしか食べない場合，女性では1日あたり1600ｇ，男性では1日あたり2000ｇ（1600ｇは約3.6ポンドの新鮮なトウモロコシの穀粒―1日あたり，8インチ（約20 cm）のトウモロコシ160本！）が必要である．しかし，少量の大豆またはエンドウ豆をそのトウモロコシと混ぜ合わすと，それはトウモロコシの低いリシン含量を補充するので，タンパク質はすぐに完全なものになる．このようなことは，標準的な食品を摂取すれば容易に行うことができる．

　いくつかの家畜用作物の栄養価を高めようとして，科学者たちは遺伝子技術を用いて，野生型トウモロコシよりもずっとリシン含量が高いトウモロコシの系統をつくり出した．これは，ブタで成育速度を高めるのに有効であることがわかった．現在，多くの野菜作物が，貯蔵期間を延ばし，傷みを減らし，そして害虫に対する防御力を作物に与えるために，バイオテクノロジーを用いて生産されている．これらの遺伝的に修飾された食品については，現在多くの議論と論争が行われている．

	RDA		RDA
Arg*	未定	Met	0.70 g
His*	未定	Phe	1.12 g（Tyr を含む）
Ile	0.84 g	Thr	0.56 g
Leu	1.12 g	Trp	0.21 g
Lys	0.84 g	Val	0.96 g

＊ His と Arg を含めるかどうかは，しばしば議論の的となる．His と Arg は成長期の子供と，傷ついた組織の修復のためにのみ必要であり，Arg は男性の生殖能力に必要である．

タンパク質	PER	％タンパク質
全卵	100	15
牛肉	84	16
牛乳	66	4（大部分はH_2O）
ピーナツ	45	28
トウモロコシ	32	9
小麦	26	12

Chapter 4 タンパク質の三次元構造

— H 結合

らせんの1回転

1回転あたり3.6残基；5.4Å（ピッチ）

側鎖基
α炭素

水素結合はαヘリックス構造を安定化する．

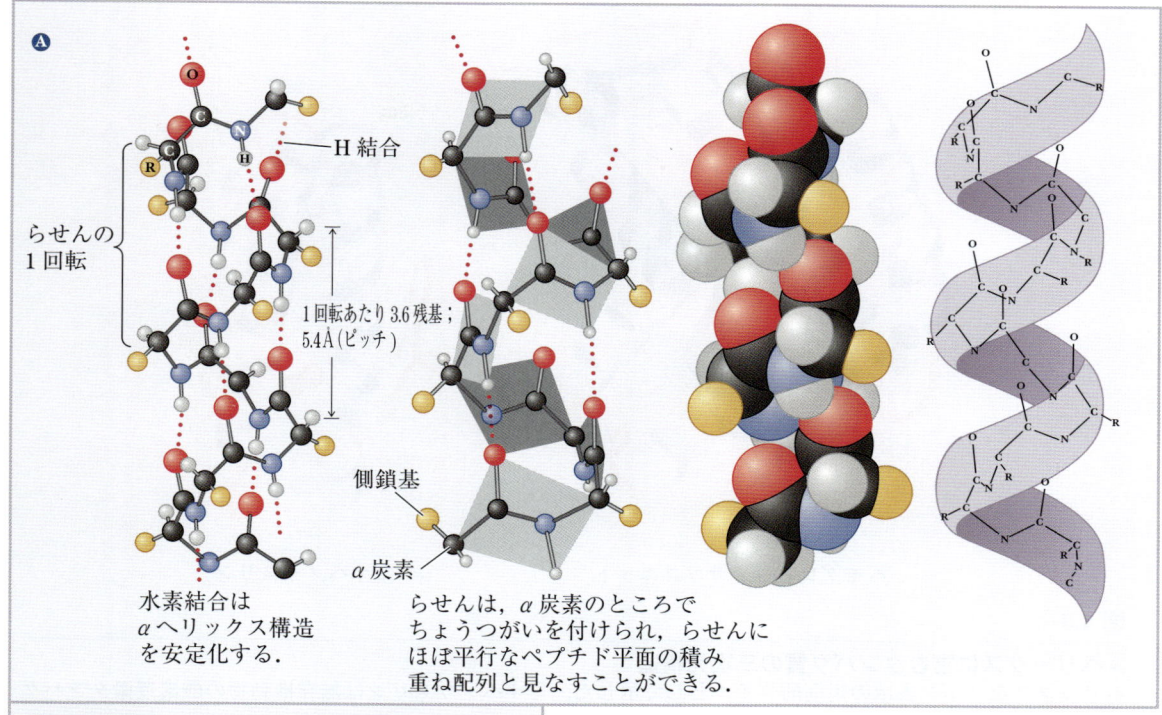

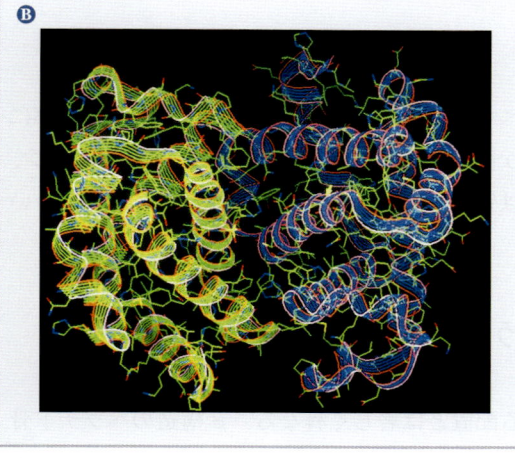

らせんは，α炭素のところでちょうつがいを付けられ，らせんにほぼ平行なペプチド平面の積み重ね配列と見なすことができる．

図 4.2

αヘリックス
Ⓐ 左から右へ，説明を付したαヘリックスの球棒モデル；平面状のペプチド結合に陰をつけた球棒モデル；コンピュータで作成したαヘリックスの空間充填モデル；αヘリックスの概要．Ⓑ ヘリックス領域を示したタンパク質ヘモグロビンの分子モデル．（イラスト：*Irving Geis*．著作権はハワード・ヒューズ医学研究所が所有．許可なく複製を禁ず）

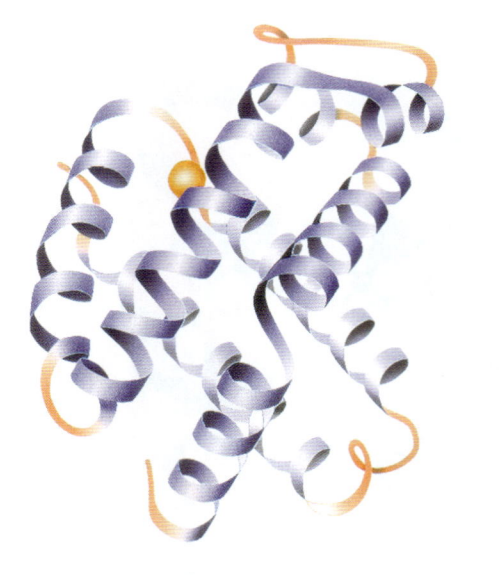

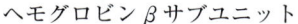

ヘモグロビンβサブユニット　　　　　　　　ミオヘメリスリン

図 4.3

αヘリックスに富むタンパク質の三次元構造
ヘリックスをリボン表示の規則的コイルとして示した．ミオヘメリスリンは無脊椎動物の酸素運搬タンパク質である．

い（立体的反発）である．αヘリックス構造では，すべての側鎖はらせんの外側に出ており，内部にはそれらのための十分な場所がない．β炭素はらせんのすぐ外側にあるので，バリン，イソロイシン，およびトレオニンの場合のように，β炭素が水素原子以外の二つの原子と結合していると，込み合いが起こることがある．

4.3.2　β構造はαヘリックスとどう違うか

β構造における原子の配置は，αヘリックスにおける配置とは著しく異なる．β構造のペプチド骨格はほとんど完全に伸びきっている．水素結合は，自らの上に折り返した1本の鎖の異なる部分との間で形成されるか（鎖内結合 intrachain bonds），または異なる鎖の間で形成される（鎖間結合 interchain bonds）．ペプチド鎖が同じ方向へ向かう場合（すなわち，ペプチド鎖がすべてN末端とC末端を揃えて整列する），平行β構造が形成される．ペプチド鎖が交互に反対向きになる場合は，逆平行β構造が形成される（図4.4）．β構造のペプチド鎖間での水素結合形成は，反復性のジグザグ構造を生じる．それゆえ，β構造は"プリーツシート pleated sheet"と呼ばれることもある（図4.5）．水素結合はポリペプチド鎖の方向と直角を成しており，αヘリックスの場合のように，平行でないことに注意しよう．

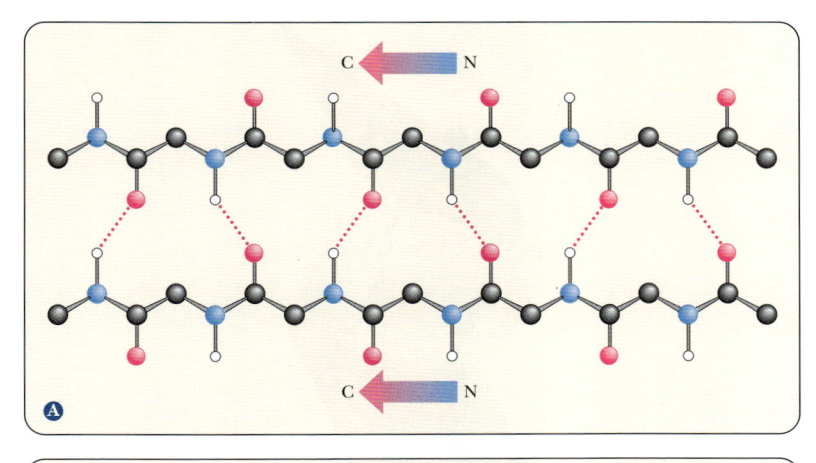

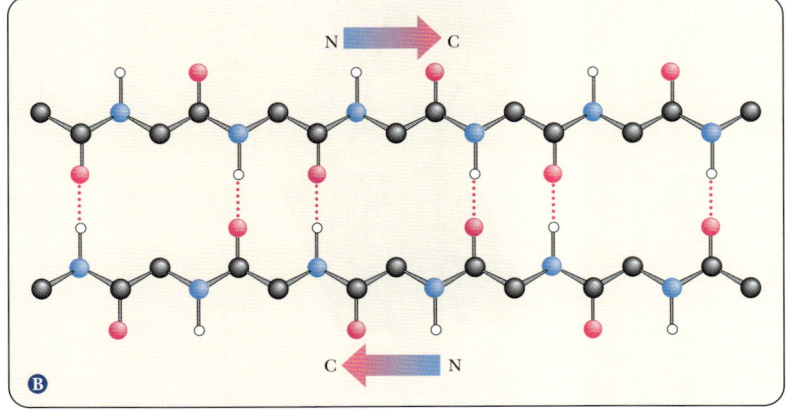

図 4.4
β 構造中の水素結合
Ⓐ 平行 β 構造と Ⓑ 逆平行 β 構造内の水素結合を示す球棒モデル表示．

規則構造の中の不規則性

　タンパク質には他のらせん構造も見出される．これらは，しばしば α ヘリックスよりも短い領域で見出され，ときには α ヘリックスの規則的な性質を破壊する．最も一般的なものは 3_{10}-ヘリックスと呼ばれるもので，それは1回転あたりに3残基から成り，水素結合によって形成される環状構造に10原子をもつ．その他のらせん構造として，3_{10}-ヘリックスと同じ命名法に従って，2_7-ヘリックス，および 4.4_{16}-ヘリックスと呼ばれる構造がある．

　β バルジ β-bulge は，逆平行 β 構造によく見出される非反復性の不規則構造の一つである．それは，二つの正常な β 構造の水素結合間で起こり，一つの鎖の2残基ともう一方の鎖上の1残基が関与する．図 4.6 は典型的な β バルジを示す．

　タンパク質のフォールディング（折りたたみ）には，ペプチド骨格や二次構造が方向を変えることが必要である．**β ターン**は，しばしば，ある二次構造ともう一つの二次構造の間の変移点となる．ポリペプチド鎖が方向を変える **β ターン** reverse turn には，立体的（空間的）な理由から，しばしばグ

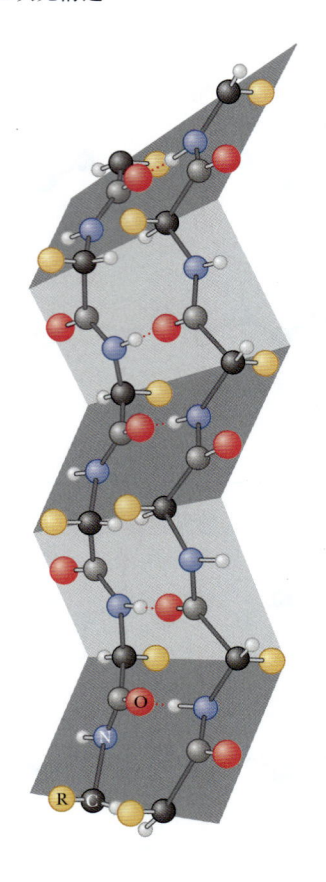

図 4.5
逆平行 β 構造の三次元の形
鎖は互いの上に折り返さずに，完全に伸びたコンホメーションをとる．（イラスト：*Irving Geis*. 著作権はハワード・ヒューズ医学研究所が所有．許可なく複製を禁ず）

リシンが存在する．それは側鎖が 1 個の水素原子だけであり，込み合いを防ぐからである（図 4.7A と 4.7B）．また，プロリンの環状構造は β ターンにとって適正な形状をしていることからも，β ターンにプロリンが存在することが多い（図 4.7C）．

超二次構造とドメイン

タンパク質分子内でポリペプチド鎖が折りたたまれるとき，α ヘリックス，β 構造および他の二次構造がさまざまなやり方で組み合わされる．α ヘリックスと β 構造の組合せによって，タンパク質には多くの種類の超二次構造が生じる．この種の最も一般的な構造は，βαβ ユニット βαβ unit であり，これは 2 本の平行 β 構造が 1 本の α ヘリックスで連結されたものである（図 4.8A）．αα ユニット αα unit（ヘリックス・ターン・ヘリックス）は，2 本の逆平行 α ヘリックスから構成される（図 4.8B）．この配置では，2 本の α ヘリックスの側鎖間にエネルギー的に有利な接触が存在する．β メアンダー（蛇行構造）β - meander では，何本ものポリペプチド鎖をつないでいる一連の強固な β ターンによって，逆平行シートが形成される（図 4.8C）．もう一種類の逆平行シートは，ギリシャキー（ギ

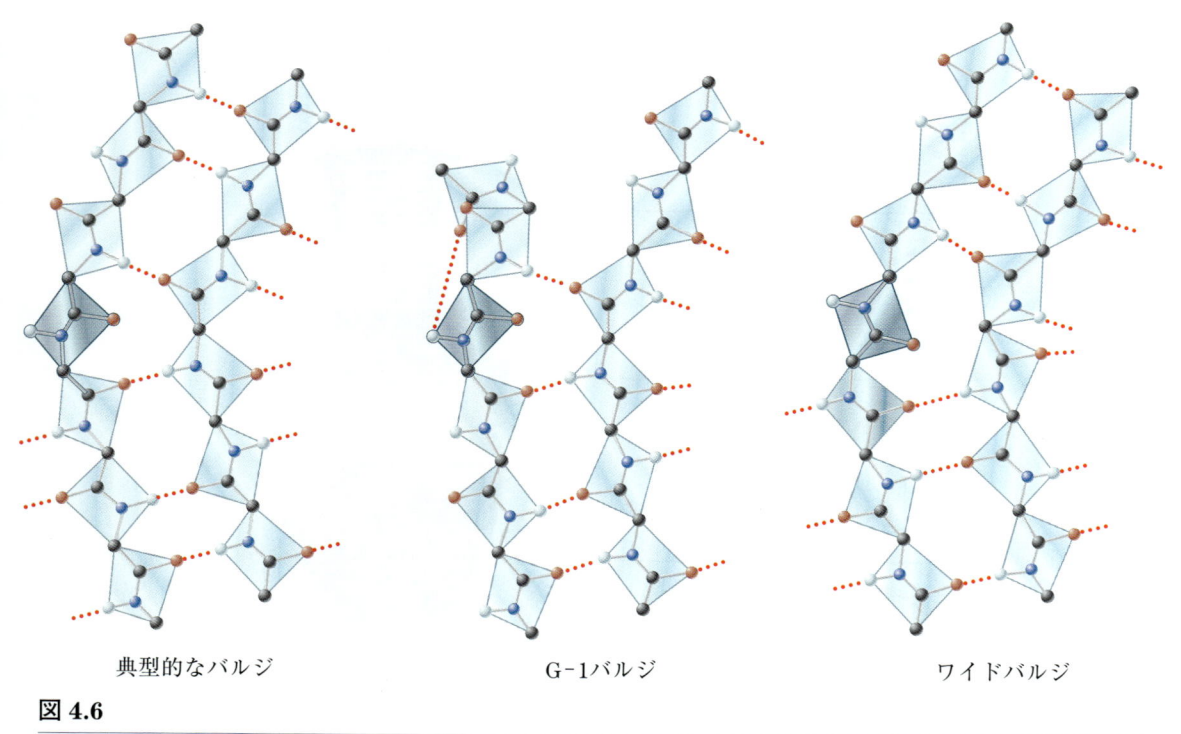

典型的なバルジ　　　　　　　G-1 バルジ　　　　　　　ワイドバルジ

図 4.6

β バルジ
三つの異なる β バルジ構造の球棒モデル．水素結合は赤色の点線で示す．

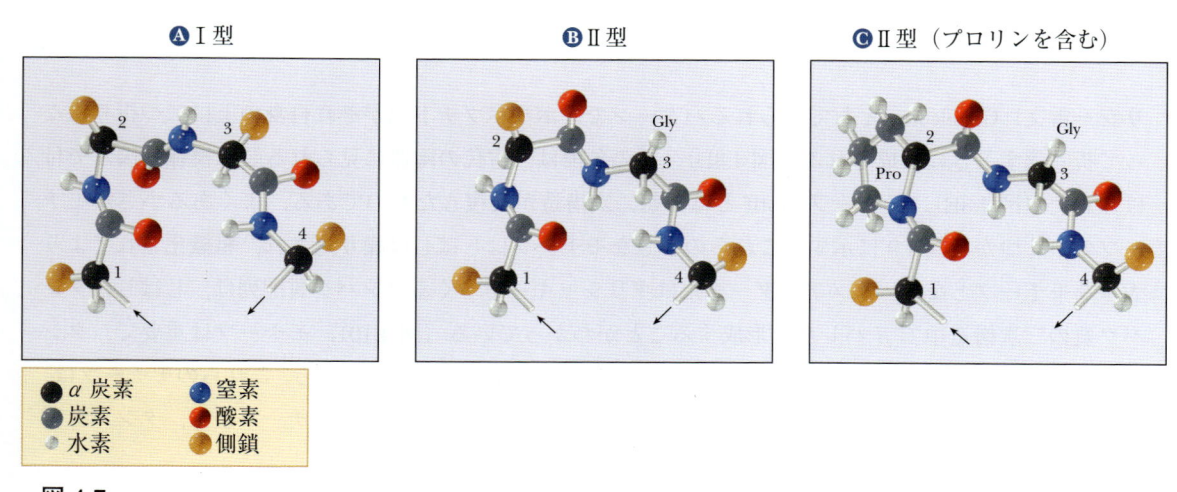

Ⓐ Ⅰ 型　　　　　　　　　Ⓑ Ⅱ 型　　　　　　　　Ⓒ Ⅱ 型（プロリンを含む）

- α 炭素
- 炭素
- 水素
- 窒素
- 酸素
- 側鎖

図 4.7

β ターンの構造
矢印はポリペプチド鎖の方向を示す．Ⓐ Ⅰ 型 β ターン．残基 3 において，側鎖（黄）はループの外側にあり，どのようなアミノ酸もこの位置を占めることができる．Ⓑ Ⅱ 型 β ターン．残基 3 の側鎖は Ⅰ 型ターンでの位置から 180°回転し，ループの内側にくる．グリシンの水素原子側鎖だけがこの空間に適合できるので，Ⅱ 型 β ターンの第 3 の残基はグリシンでなければならない．Ⓒ プロリンの五員環は β ターンにとって適正な形状をもつ．この残基は通常 β ターンの第 2 の残基として存在する．ここに示したターンは Ⅱ 型であり，グリシンを第 3 の残基としてもっている．

図 4.8

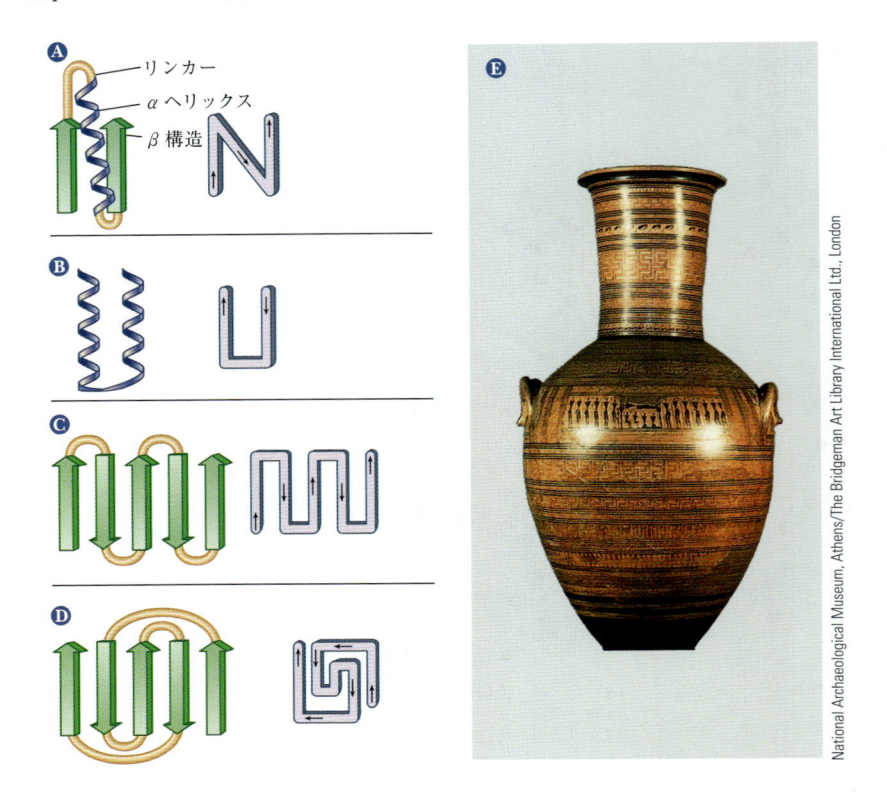

超二次構造の概念図
矢印はポリペプチド鎖の方向を示す．Ⓐ $\beta\alpha\beta$ ユニット．Ⓑ $\alpha\alpha$ ユニット（ヘリックス・ターン・ヘリックス）．Ⓒ β メアンダー．Ⓓ ギリシャキー．Ⓔ タンパク質構造におけるギリシャキーモチーフはこの古代ギリシャの花瓶の幾何学模様と似ているため，この名が付いた．

リシャ雷文) Greek key として知られるパターンで，ポリペプチド鎖がそれ自身の上に二つ折りになって折り返すときに形成される（図 4.8D）．この名前は，古代の陶器に見られる装飾模様に因んで付けられた（図 4.8E）．**モチーフ** motif とは，超二次構造が反復したものである．よくある小さなモチーフのいくつかを図 4.9 に示す．これらの小さなモチーフはしばしば繰り返され，組織化されてより大きなモチーフとなる．β メアンダーまたはギリシャキーをつくるタンパク質配列は，しばしばタンパク質の三次構造中で β バレルを形成することがわかっている（図 4.10）．モチーフは重要で，タンパク質のフォールディングについて多くのことを教えてくれる．しかしながら，これらのモチーフは，あまり機能の似ていないタンパク質や酵素にも見出されるので，これらのモチーフから，タンパク質の生物学的機能について何かを予想することはできない．

　同じタイプの機能をもつタンパク質は多くの場合，よく似たタンパク質構造をもつ．したがって，互いに類似したコンホメーションをもつドメインは，特定の機能と関係しているといえる．タンパク質を DNA に結合させる三つの異なるタイプのドメインなど，これまでに多くの種類のドメインが同定された．また，タンパク質のアミノ酸配列上のある種の短いポリペプチド配列は，タンパク質の翻訳後修飾や細胞内での局在化を指令する．例えば，ある配列は糖タンパク質（ポリペプチド鎖に糖鎖を結合したタンパク質）の形成に関わり，その他，あるタンパク質が膜に結合されるか，あるいは細

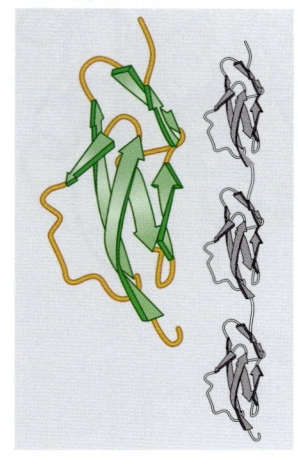

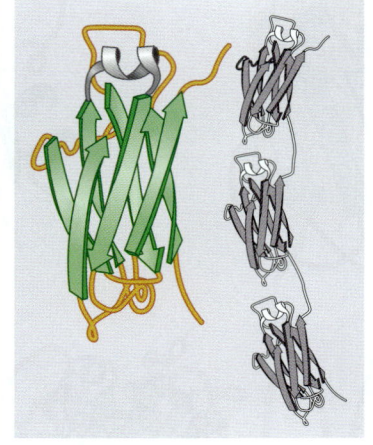

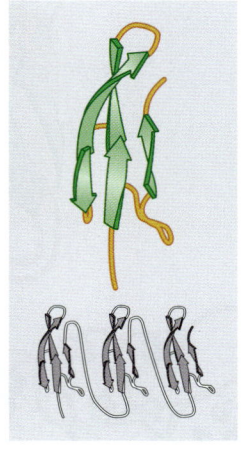

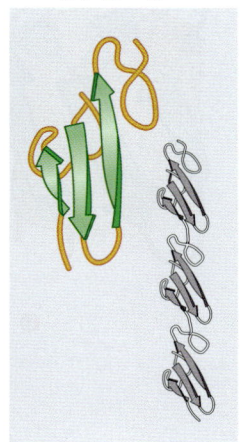

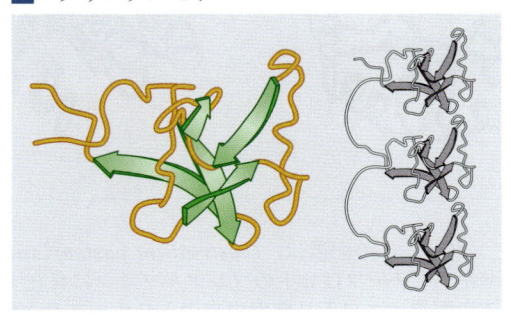

図 4.9
モチーフとモジュール
モチーフとは繰り返しのある超二次構造で，モジュールとも呼ばれる．これらのモジュールはすべて，タンパク質中で繰り返される特別な二次構造を有する．
(*Protein modules*. Trends in Biochemical Sciences **16**: 13–17 (1991), Elsevier より，許可を得て転載)

胞から分泌されるべきかを指示する特異的な配列もある．さらに他の特異的な配列は，特定の酵素によるタンパク質のリン酸化のための目印となる．

コラーゲンの三重らせん

　骨や結合組織の成分であるコラーゲンは，脊椎動物に最も豊富に存在するタンパク質である．それは会合して，水に不溶性で高い強度をもった繊維となる．コラーゲン繊維は，3本のポリペプチド鎖が互いに巻きついて縄状のより糸，すなわち三重らせん状になったものである．3本の鎖はそれぞれ，三つのアミノ酸残基の繰り返し配列 X－Pro－Gly または X－Hyp－Gly をもつ．ここで，Hyp はヒドロキシプロリンを表し，最初の X で示した位置はいずれのアミノ酸でもよい．
　プロリンとヒドロキシプロリンはコラーゲンのアミノ酸残基の 30 ％までを占める．ヒドロキシプ

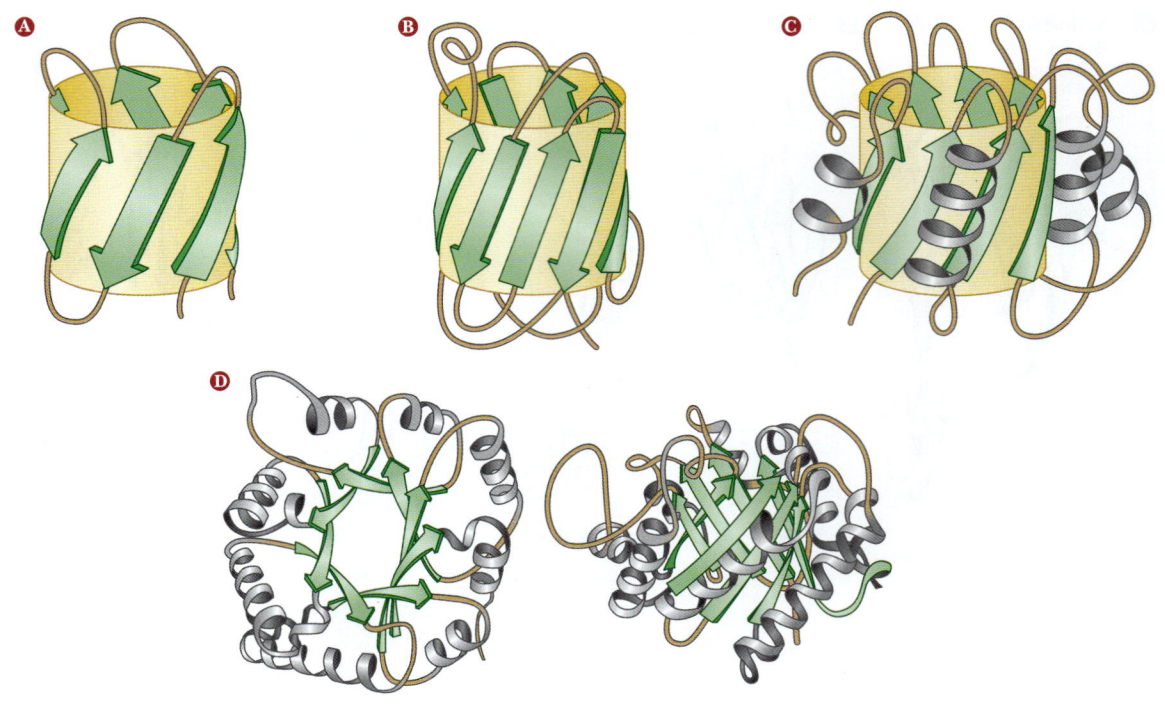

図 4.10

いくつかの β バレル配置

Ⓐ つながった一連の β メアンダー．この配置は，*Clostridium pasteurianum* 由来のタンパク質ルブレドキシンに存在する．Ⓑ ギリシャキーモチーフはヒトのプレアルブミンに存在する．Ⓒ いくつかの交互する βαβ ユニットを含む β バレル．この配置はニワトリ筋肉由来のトリオースリン酸イソメラーゼに存在する．Ⓓ トリオースリン酸イソメラーゼにおけるポリペプチド骨格配置の上面図と側面図．α ヘリックス部分が β バレルの外側にあることに注意．

ロリンは，アミノ酸が互いに連結した後，特異的な水酸化酵素によってプロリンから生成される．ヒドロキシリシンもコラーゲン中に存在する．コラーゲンのアミノ酸配列では，3 番目毎の位置は常にグリシンでなければならない．この三重らせんでは，各ポリペプチド鎖の 3 番目毎の残基がらせんの内側になるように配置される．唯一，グリシンは十分に小さいため，この空間に適合することができ

ヒドロキシリシン　　ヒドロキシプロリン

図 4.11

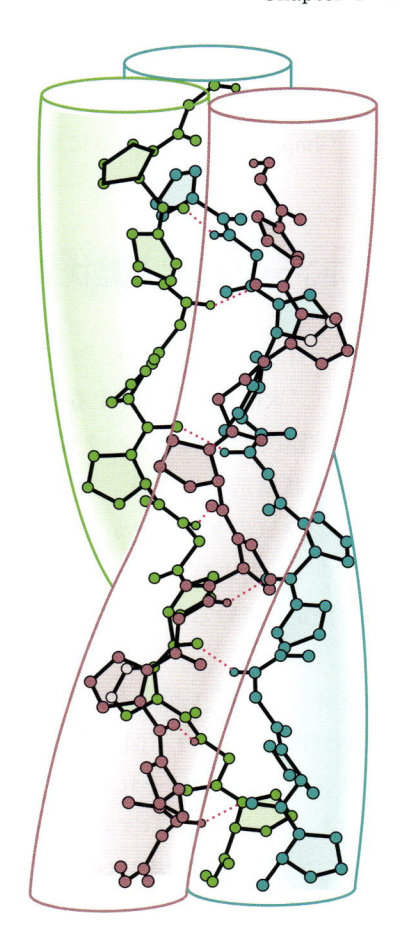

三重らせん

ポリ（Gly−Pro−Pro）は3本の左巻きらせん鎖から成るコラーゲン様の右巻き三重らせんを形成する．
(*Miller, M. H., and H. A. Scheraga, Calculation of the structures of collagen models. Role of interchain interactions in determining the triple-helical coiled-coil conformations. I. Poly [glycyl-prolyl-prolyl]. Journal of Polymer Science Symposium* **54**: *171 - 200 (1976)*, John Wiley & Sons, Inc. より，許可を得て転載)

る（図 4.11）．

　3本の各コラーゲン鎖はそれら自身，α ヘリックスとは異なるらせん構造である．それらは，超らせん配置の中で互いにねじれて硬い棒を形成する．この三重らせん分子はトロポコラーゲン tropocollagen と呼ばれ，長さ 300 nm（3000 Å），直径 1.5 nm（15 Å）である．3本の鎖は，ヒドロキシプロリンとヒドロキシリシン残基が関与する水素結合によって束ねられている．この三重らせん分子の分子量は約 300,000 で，それぞれの鎖は約 800 個のアミノ酸残基を含んでいる．コラーゲンは，リシンとヒスチジン残基の反応によって形成される共有結合によって，分子内および分子間の両方で架橋されている．組織における架橋の量は年齢とともに増加する．これは，老いた動物の肉が若い動物の肉よりも硬いことの理由である．

　プロリン残基が適切にヒドロキシプロリンに水酸化されていないコラーゲンは，正常なコラーゲンよりも安定性が低い．歯肉からの出血や皮膚の変色などの壊血病の症状は，不安定なコラーゲンが生

じた結果である．プロリンを水酸化し，それによってコラーゲンを正常な状態に維持する酵素は，その活性発現のためにアスコルビン酸（ビタミンC）を必要とする．壊血病は，食餌のビタミンC不足により引き起こされる病気である．Chap. 16 の《身の周りに見られる生化学》を参照されたい．

二つのタンパク質コンホメーション：繊維状タンパク質と球状タンパク質

二次構造と三次構造の間に明確な線を引くことは難しい．タンパク質の側鎖（三次構造の一部）の性質が，その骨格のフォールディング（二次構造）に影響することがある．コラーゲンを絹や羊毛の繊維と比較してみるとよく理解できる．絹繊維は主にタンパク質のフィブロインから構成されており，フィブロインはコラーゲンのような繊維状構造をもつが，コラーゲンとは違って主にβ構造から構成されている．羊毛の繊維は主にタンパク質のケラチンから構成されており，ケラチンは主にαヘリックスである．コラーゲン，フィブロインおよびケラチンを構成するアミノ酸が，これらのタンパク質がとるコンホメーションの違いを決定しているが，いずれも**繊維状タンパク質** fibrous protein である（図4.12A）．

他のタンパク質では，骨格はそれ自身の上に折り返し，多かれ少なかれ球状の形を形成する．これらは**球状タンパク質** globular protein と呼ばれており（図4.12B），今後それらの多くの例を学ぶ．球状タンパク質のらせん部分やプリーツシート部分は，それらのアミノ酸配列の末端が互いに三次元的に近くになるように配置されることがある．球状タンパク質は，繊維状タンパク質と異なり，水溶性で緻密な構造をもっている．それらの三次構造と四次構造はきわめて複雑である．

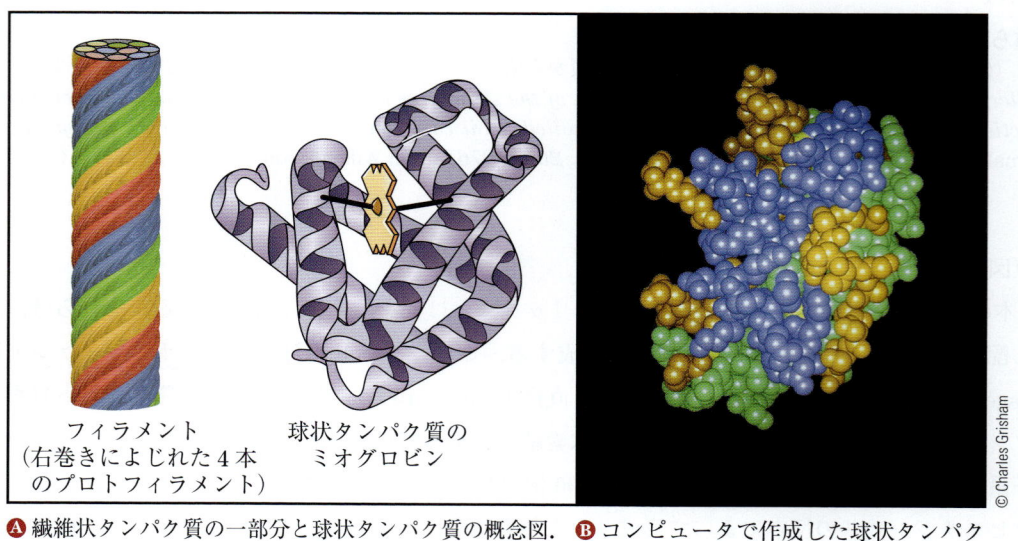

Ⓐ 繊維状タンパク質の一部分と球状タンパク質の概念図．
フィラメント（右巻きによじれた4本のプロトフィラメント）
球状タンパク質のミオグロビン

Ⓑ コンピュータで作成した球状タンパク質のモデル．αヘリックスを青色，β構造を緑色，ランダムコイルを金色で示す．

図 4.12
繊維状タンパク質と球状タンパク質の形状の比較

> **Sec. 4.3 要約**
> ■二次構造はペプチド骨格の周期的構造に基づいている．
> ■最もよく見られる二次構造は，αヘリックスとβ構造である．
> ■天然のタンパク質は種々の二次構造の組合せでできている．
> ■二次構造はさらに組み合わされて，超二次構造，モチーフやドメインを形成する．
> ■結合組織の大半を構成するコラーゲンは，最も豊富に存在するタンパク質の一つであり，その構造は三重らせんである．

4.4 タンパク質の三次構造

　タンパク質の三次構造とは，分子中のすべての原子の三次元配置のことである．したがって，三次構造にはらせん部分とプリーツシート部分の互いの三次元的関係だけでなく，側鎖の立体配座や補欠分子族の三次元的位置も含まれる．全体の形が長い棒状の繊維状タンパク質では，二次構造はまた三次構造に関する多くの情報を与える．なぜなら，繊維状タンパク質のらせん骨格は折り返しがなく，二次構造によって特定できない三次構造上の唯一重要な側面は，側鎖の原子配置だけであるからである．

　球状タンパク質の場合には，より多くの情報が必要である．側鎖の原子やあらゆる補欠分子族の位置に加えて，らせんやプリーツシート部分が互いの上に折り返すやり方を決定する必要がある．側鎖間の相互作用がタンパク質のフォールディングにおいて重要な役割を演じる．フォールディングの様式によっては，アミノ酸配列で遠く離れている残基が，天然のタンパク質の三次構造の中ですぐ近くにくることがしばしばある．

三次構造の形成に関与する力

　タンパク質を正しい天然のコンホメーションに保つために，多様な結合や相互作用が関与している．それらの一部は共有結合であるが，多くはそうではない．タンパク質の一次構造——ポリペプチド鎖中のアミノ酸の順序——は，共有結合であるペプチド結合の形成による．骨格のコンホメーション（二次構造）やタンパク質中のすべての原子の位置（三次構造）のような高次レベルの構造は，非共有結合性の相互作用に基づいている．タンパク質がいくつかのサブユニットから構成されている場合，サブユニット間の相互作用（四次構造，Sec.4.5）もまた非共有結合性の相互作用である．非共有結合性の相互作用により，個々のタンパク質はその最も安定な構造，すなわちエネルギー状態の最も低い構造をとる．

　タンパク質にはいくつかのタイプの水素結合が存在する．ポリペプチド骨格 backbone の水素結合は，二次構造の主要な決定因子の一つである．タンパク質では，アミノ酸の側鎖間の水素結合も可能である．非極性残基は，疎水性 hydrophobic 相互作用の結果として，タンパク質分子の内部で互い

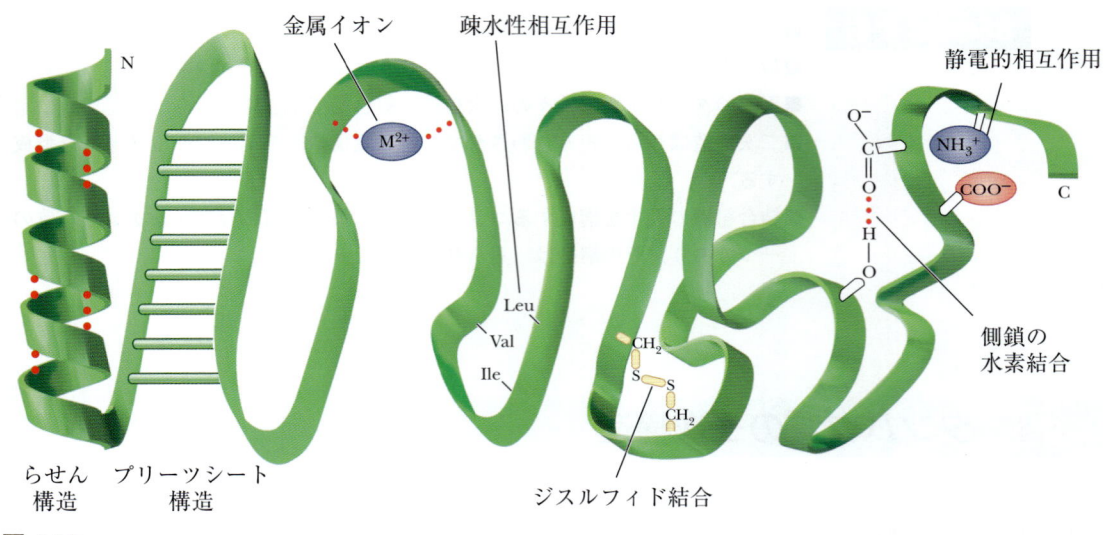

図4.13
タンパク質の三次構造を安定化する力
らせん構造とプリーツシート構造は主鎖の2種類の水素結合であることに注意．主鎖の水素結合は二次構造の一部であるが，主鎖のコンホメーションによって側鎖の可能な配置は制限される．

に集まる傾向がある．分子の表面でしばしば起こる反対符号の電荷をもつ残基間の静電的 electrostatic な引力は，それらの残基を互いに接近させる．複数のアミノ酸側鎖が1個の金属イオンに配位する complexed ことがある（金属イオンはまた補欠分子族の一部として存在することもある）．

　これらの非共有結合性の相互作用に加えて，ジスルフィド結合 disulfide bond はシステイン残基の側鎖間に共有結合性の結合を形成する．そのような結合ができると，それらはポリペプチド鎖がとりうるフォールディングの様式に制限を加える．タンパク質中のジスルフィド結合の数と位置を決定するためのいくつかの特別な実験法がある．ジスルフィド結合の位置に関する情報を一次構造の知識と組み合わせると，タンパク質の完全な共有結合構造 complete covalent structure を得ることができる．ここで，この微妙な違いに注意しよう．すなわち，一次構造はアミノ酸の配列順序であるのに対し，完全な共有結合構造はジスルフィド結合の位置の決定も含んでいる（図4.13）．

　すべてのタンパク質が，必ずしもすべての構造上の特徴を示すとは限らない．例えば，酸素貯蔵と輸送のタンパク質であり，タンパク質構造の典型的な研究例であるミオグロビンとヘモグロビンにはジスルフィド架橋がないが，それらはともに，補欠分子族の一部分として Fe（Ⅱ）イオンを含んでいる．対照的に，酵素トリプシンとキモトリプシンは配位した金属イオンを含んでいないが，ジスルフィド架橋をもっている．水素結合，静電的相互作用および疎水性相互作用はたいていのタンパク質に存在する．

　タンパク質の三次元コンホメーションは，構造を安定化するすべての力の相互作用の結果である．例えば，プロリンは α ヘリックス構造に適合しないので，もしプロリンがあるとポリペプチド鎖は屈曲し，一つの α ヘリックスの部分を終わらせることが知られている．しかし，プロリンの存在はポリペプチド鎖が曲がるための必要条件 requirement ではない．ポリペプチド鎖の屈曲点に他の残基がくることもよくある．ポリペプチド鎖の曲がり角にある部分およびらせんやプリーツシート構造に

含まれないタンパク質の他の部分は，しばしば"ランダム"または"ランダムコイル"と呼ばれる．実際には，それぞれのタンパク質を安定化するいくつかの力が，そのコンホメーションを保っているのである．

4.4.1 タンパク質の三次元構造はどのようにして決定されるか

タンパク質の三次構造を決定するのに用いられる実験方法は，**X線結晶構造解析法** X-ray crystallography である．いくつかのタンパク質では，注意深く条件を調節することにより，完全な結晶をつくることができる．このような結晶中では，すべてのタンパク質分子は同一の三次元コンホメーションと同一の配向をもっている．このような質の高い結晶は，極めて純度の高いタンパク質からしか生成させることができない．タンパク質を結晶化できないと，構造を知ることはできない．

ふさわしい純度をもつ結晶にX線ビームを照射すると，回折パターン diffraction pattern が写真乾板（図4.14A）または放射線カウンター上に生じる．そのパターンは，分子内のそれぞれの原子の電子がX線を散乱するときに生じる．原子内の電子の数がX線の散乱強度を決定する．したがって，重い原子ほど，軽い原子よりも効果的にX線を散乱する．個々の原子からの散乱X線は互いに強めたり打ち消し合ったりして（建設的または破壊的な干渉によって），それぞれの分子に特徴的なパターンを生じる．いくつかの角度から撮られた一連の回折パターンは，三次構造を決定するために必要な情報を含んでいる．その情報は，その回折パターンからフーリエ級数 Fourier series と呼ばれる数学的解析によって引き出される．一つのタンパク質の構造を決定するためには，何千回ものそのような計算が必要であり，たとえそれらがコンピュータにより行われるにしても，その過程はかなり長いものである．この計算法を改良することは活発な研究テーマの一つである．本章末の Hauptmann, H. の論文と Karle, J. の論文は，この分野の成果のいくつかを概説している．

X線回折法を補うもう一つの技術が近年広く用いられるようになった．それは，**核磁気共鳴（NMR）分光法** nuclear magnetic resonance (NMR) spectroscopy である．2D（二次元）NMR と呼ばれるこの特殊な NMR の応用法では，大量の収集データがコンピュータ解析にかけられる（図4.14B）．X線回折法と同様，この方法も結果の解析にフーリエ級数を用いる．この方法は，他の点でもX線回折法と似ている．すなわち，それは時間のかかる長い過程であること，また，かなりの量の計算処理能力と mg 量のタンパク質を必要とすることである．2D NMR がX線回折法と異なる一つの点は，結晶ではなく，水溶液のタンパク質試料を用いることである．この水溶液は細胞内のタンパク質の環境に近く，これは NMR 法の大きな利点の一つである．タンパク質の構造決定に最も広く用いられている NMR 法は，究極的には水素原子間の距離に依存しているので，X線結晶解析法により得られる結果とは独立の結果を与えてくれる．NMR 法は絶えず進歩しており，これらの進歩によって，本法はより大きなタンパク質に適用されつつある．

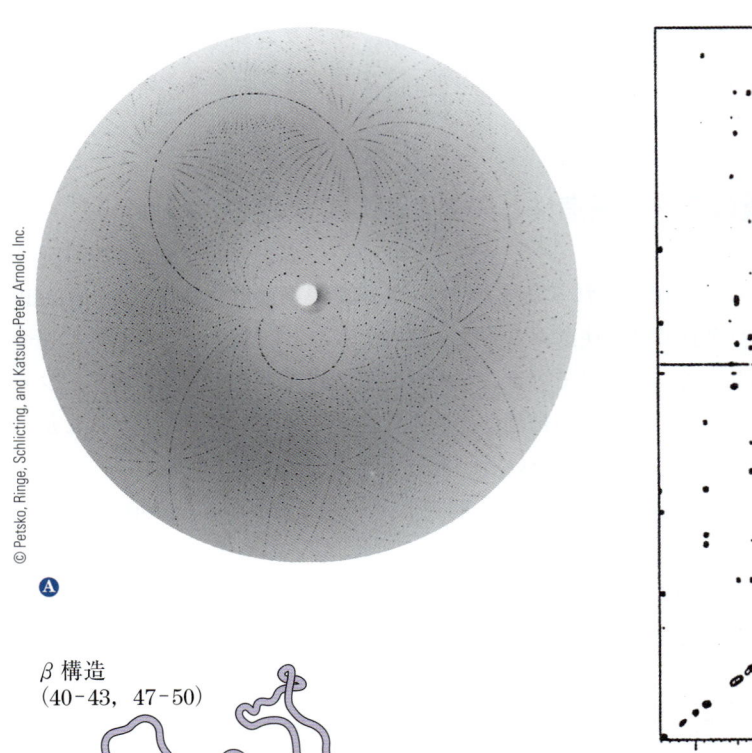

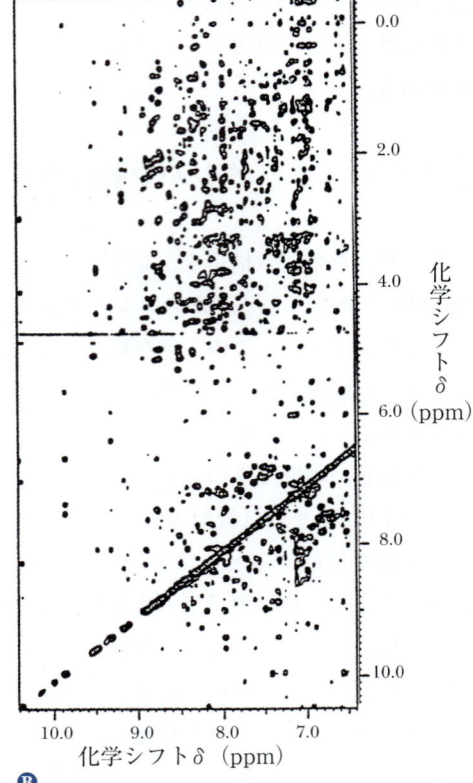

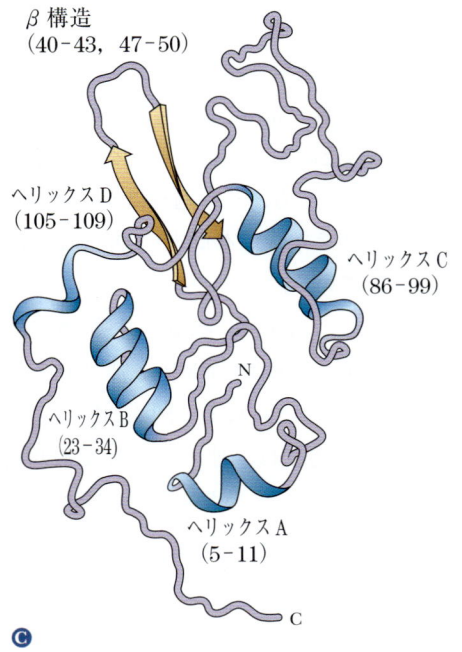

図 4.14
タンパク質の三次構造を決定するためには膨大な数のデータ点が必要である
Ⓐ グルタチオンシンテターゼの X 線回折写真. Ⓑ α-ラクトアルブミンの NMR データ, 大きなスペクトルの内の重要な一部分の詳細図. X 線と NMR の結果はどちらもコンピュータによるフーリエ解析によって処理される. Ⓒ α-ラクトアルブミンの三次構造 (X 線結晶解析法により決定されたミオグロビンの構造は図 4.15 を参照). (Ⓑ は Professor C. M. Dobson, University of Oxford の好意による)

ミオグロビン：タンパク質構造の一例

多くの点で，ミオグロビンは球状タンパク質の典型的な例である．ここで，三次構造の事例研究の一つとしてミオグロビンを取り上げてみよう（多くの他のタンパク質の三次構造については，生化学におけるそれらのタンパク質の役割について議論するとき，関連して学ぶことにする）．ミオグロビンは，完全な三次構造（図 4.15）が X 線結晶構造解析により決定された最初のタンパク質であった．完全なミオグロビン分子はアミノ酸残基 153 個の 1 本のポリペプチド鎖から成り，ヘモグロビンにも存在する補欠分子族の**ヘム** heme を含んでいる．ヘムを含むミオグロビン分子は緻密な構造をもち，内部の原子は互いに非常に近接している．この構造はタンパク質の三次元構造に必要な多くの力について，その実例を示している．

ミオグロビンには，八つの α ヘリックス領域があるが β 構造はない．ミオグロビンのアミノ酸残基の約 75 % はこれらのヘリックス領域に見出され，各ヘリックスは A から H までの文字で区別される．ポリペプチド骨格内での水素結合形成は α ヘリックス領域を安定化し，アミノ酸側鎖も水素結合に関与している．極性の高い残基は分子の外部に存在する．タンパク質の内部は，ほとんど例外なしに非極性アミノ酸残基を含んでいる．二つの極性の高いヒスチジン残基が内部に見出されるが，そ

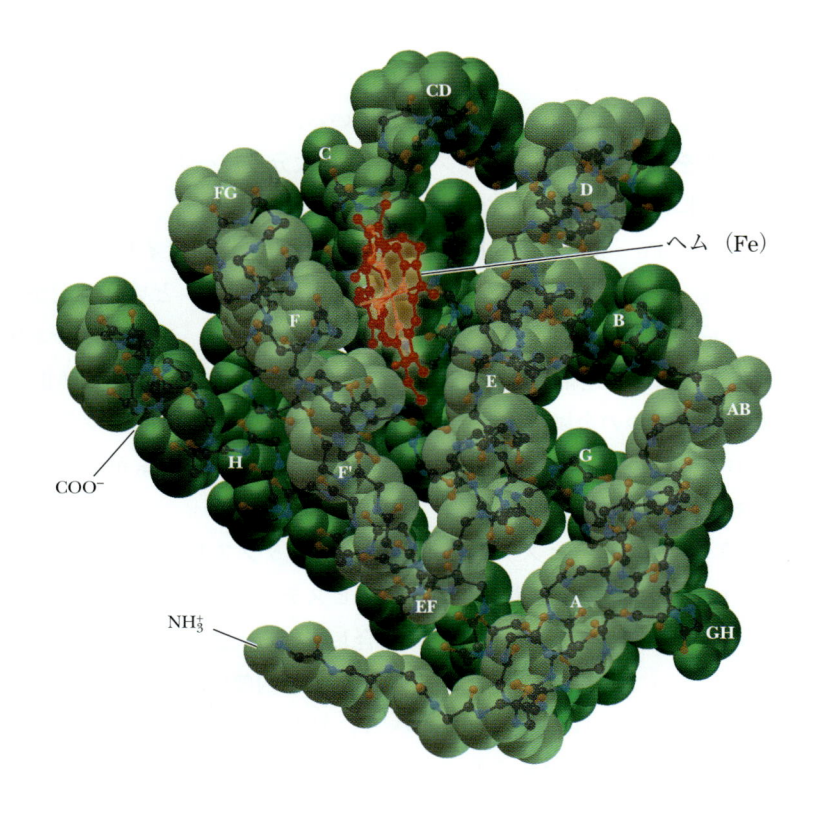

図 4.15

ミオグロビンの構造
ペプチド主鎖とヘムを重ねて示した空間充塡モデル．ヘリックス構造を示す領域は A から H までの文字によって示されている．NH_3^+ と COO^- はそれぞれ N 末端と C 末端を示す．

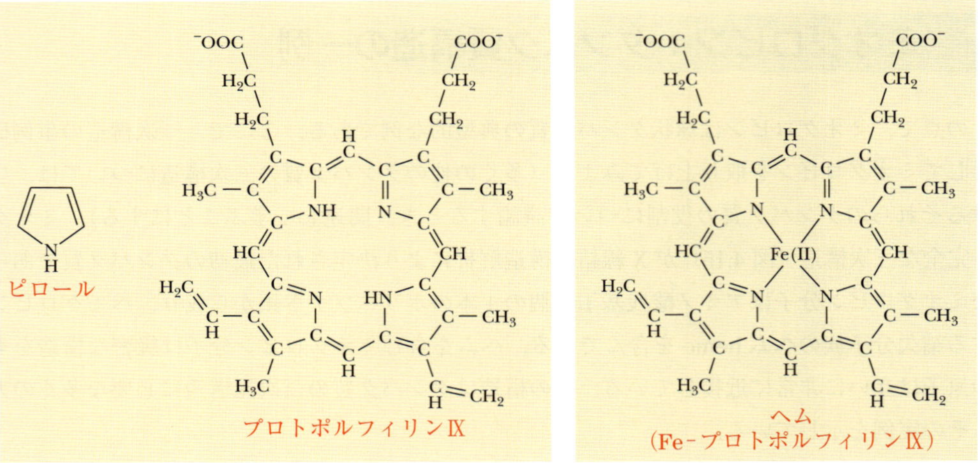

図 4.16

ヘムの構造
四つのピロール環は架橋基によって連結され，平面状のポルフィリン環を形成する．側鎖の性質と配置によって，いくつかのポルフィリン環の異性体が可能である．ヘムに見出されるポルフィリン異性体はプロトポルフィリン IX である．プロトポルフィリン IX に鉄を付加するとヘムが生成する．

れらはヘムと酸素との結合に関与し，この分子の機能において重要な役割を演じる．平面状のヘムは，この分子のタンパク質部分の疎水性ポケットに適合し，ヘムのポルフィリン環とタンパク質の非極性側鎖の間の疎水性引力によって，正しい位置に保たれている．ヘムの存在は，ポリペプチドのコンホメーションに著しい影響を与えている．アポタンパク質（補欠分子族ヘムを欠くポリペプチド鎖のみ）は，その完全な分子ほどには強固に折りたたまれていない．

　ヘムは 1 個の金属イオン Fe（II）と，有機化合物であるプロトポルフィリン IX（図 4.16）から構成される（錯体中に金属イオンが存在するとき，Fe^{2+} よりも Fe（II）という表記が望ましい）．ポルフィリン部分はピロール構造に基づく四つの五員環から構成される．これらの四つの環はメチン基（−CH＝）で架橋することにより連結されて，四角形の平面構造を形成する．Fe（II）イオンは六つの配位部位（座）をもち，六つの金属イオン錯体結合を形成する．六つの配位座のうち四つは，ポルフィリンの四つのピロール型の環の窒素原子により占有されて，完全なヘムが生じる．ヘムの存在はミオグロビンが酸素を結合するのに必要である．

　Fe（II）イオンの第 5 配位座は，ヒスチジン残基 F8（ヘリックス F の 8 番目の残基）のイミダゾール側鎖の窒素原子の一つにより占有されている．このヒスチジン残基は，分子内部の二つのヒスチジンのうちの一つである．酸素は鉄の第 6 配位座に結合している．第 5 配位座と第 6 配位座はポルフィリン環の平面に直角になっており，平面の両側にある．分子内部のもう一方のヒスチジン残基である残基 E7（ヘリックス E の 7 番目の残基）は，ヘムに対して結合した酸素と同じ側にある（図 4.17）．この第 2 のヒスチジンは鉄とは結合していないし，ヘムのどの部分とも結合していないが，酸素がヘムに結合するために疎水性ポケットに入るとき，開いたり閉じたりするゲートとして働く．E7 ヒスチジンは，酸素がヘム平面に直角に結合するのを立体的に阻害することから，生物学的に重要な影響をもつ．

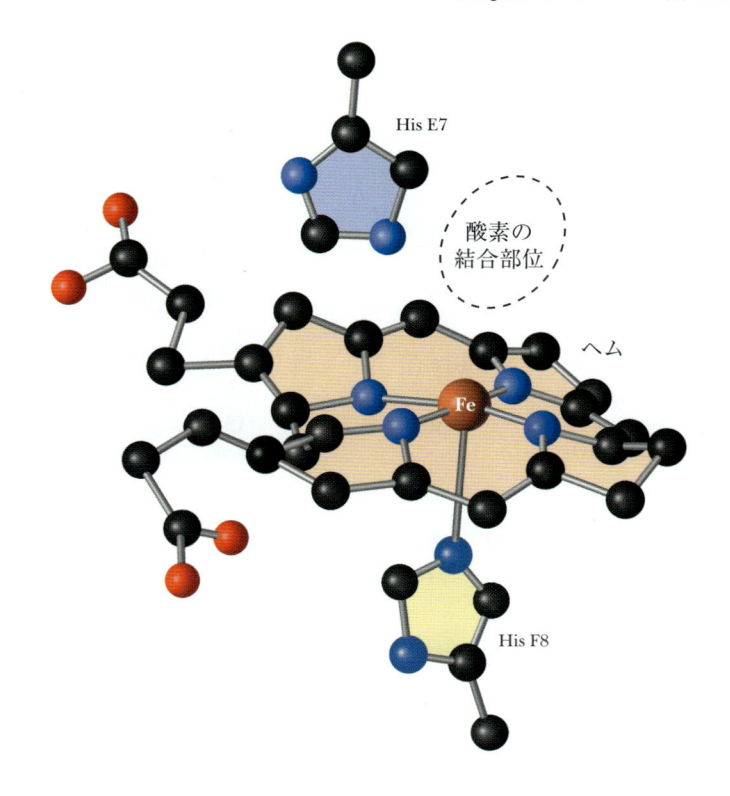

図 4.17
ミオグロビンの酸素結合部位
ポルフィリン環は，Fe（Ⅱ）の六つの配位座のうちの四つを占有する．ヒスチジン F8（His F8）は鉄の第 5 配位座を占有する（本文参照）．酸素はこの鉄の第 6 配位座に結合し，ヒスチジン E7 はその酸素の近傍に存在する．(*Leonard Lessin/Waldo Feng/Mt. Sinai CORE*)

4.4.2　酸素がヘムと不完全な結合をしているのはなぜか

　第一に，酸素がヘムに対して不完全にしか結合しないというのは直感に反するように思われるかもしれない．結局，ミオグロビンやヘモグロビンの仕事は酸素に結合することである．酸素と強力に結合することが，果たして道理にかなっているだろうか．その答えは，1 種類以上の分子がヘムに結合できるという事実の中にある．酸素だけでなく，一酸化炭素もヘムに結合できる．遊離のヘムの一酸化炭素（CO）に対する親和性は，酸素に対する親和性よりも 25,000 倍大きい．一酸化炭素が His E7 による立体障害のため，ミオグロビンに斜めに結合するようになると，酸素に対する優位性は 2 桁低下する（図 4.18）．これにより，代謝で生じる痕跡量の CO がヘムの酸素結合部位のすべてを占有することを防いでいる．それにもかかわらず CO は，ヘモグロビンへの酸素結合や電子伝達鎖の最終段階の両方に影響を及ぼすため，多量では強力な毒である（Sec. 20.5）．われわれの代謝系にとって，ヘモグロビンやミオグロビンが酸素に結合することは必要ではあるが，かといってヘムが酸素を離さないとしたら，もっと困ったことになるだろう．したがって，あまりに完璧な結合性をもつことは，酸素運搬タンパク質にあっては目的に適わないことになるのである．
　タンパク質がないと，ヘムの鉄は酸化されて Fe（Ⅲ）となる．酸化されたヘムは酸素と結合でき

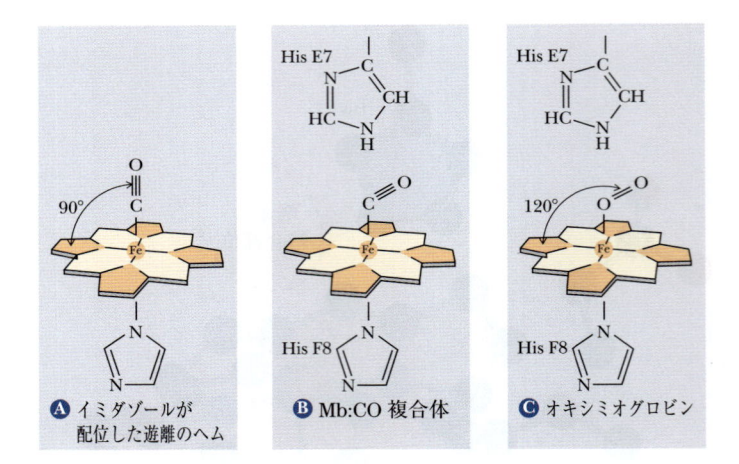

図 4.18
ミオグロビンのヘムに対する酸素と一酸化炭素の結合
E7 ヒスチジンの存在により，酸素または CO の結合は 120 度の角度を強いられる．

ない．したがって，ヘムがタンパク質と結合することは，貯蔵のために酸素を結合するのに必要である．

変性とリフォールディング

　タンパク質の三次元構造を維持する非共有結合性の相互作用は弱いので，それらが容易に壊されることは驚くべきことではない．タンパク質のアンフォールディング unfolding（すなわち三次構造の破壊）は**変性** denaturation と呼ばれる．ジスルフィド結合を還元すると（Sec. 3.5），三次構造はより広範にほどける．タンパク質の三次構造を完全に破壊したいときには，しばしば，変性とジスルフィド結合の還元が組み合わされる．適切な実験条件下では，壊れた構造を再び完全に回復させることができる．変性とリフォールディングのこの過程は，タンパク質の一次構造と三次構造を決定する力の間に深い関係があることを示している．多くのタンパク質では，完全なリフォールディングのために

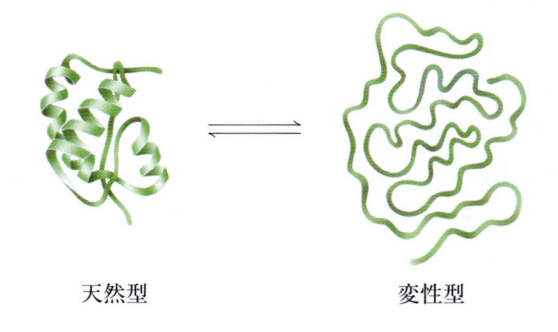

図 4.19
タンパク質の変性
変性条件が取り除かれると，天然型のコンホメーションが回復する．

は種々の他の因子が必要であるが，重要な点は，一次構造が三次構造を決定するということである．

タンパク質は，いくつかの方法により変性させることができる．一つは熱 heat である．温度の上昇は分子内の振動にとって都合がよく，これらの振動のエネルギーが十分に大きくなると，三次構造を壊すことができる．極端に高いまたは低い pH では，タンパク質の電荷の少なくともいくつかは消失する．そのため，通常はタンパク質の天然の活性な形を安定化している静電的相互作用が著しく減

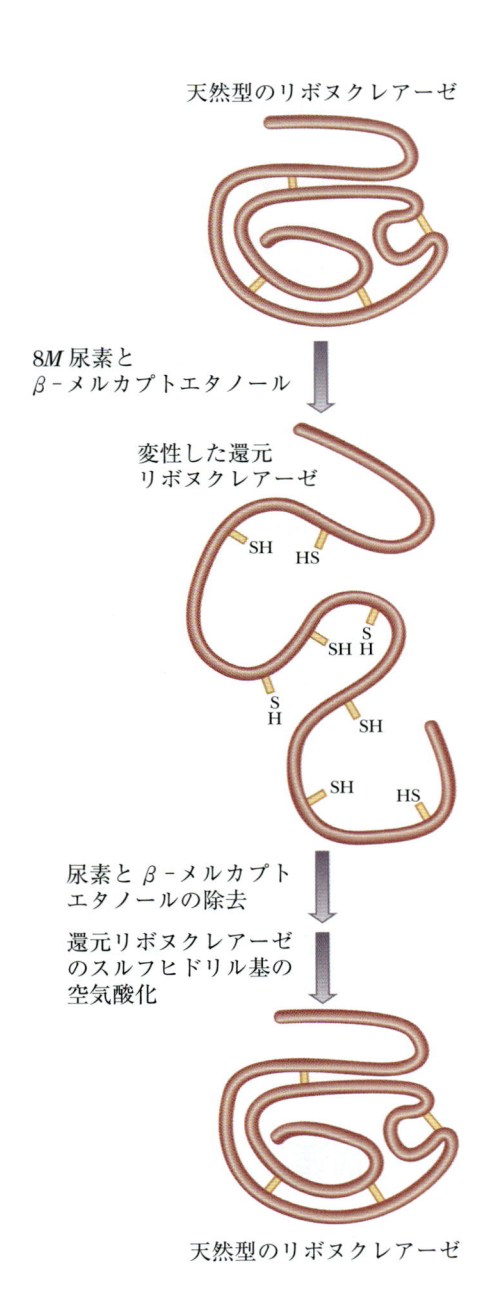

図 4.20

リボヌクレアーゼの変性とリフォールディング
タンパク質リボヌクレアーゼは，尿素とメルカプトエタノールの作用により完全に変性させることができる．変性条件が取り除かれると，活性は回復する．

少し，その結果，変性が起こる．

　ドデシル硫酸ナトリウム（SDS）のような界面活性剤 detergent の結合もタンパク質を変性させる．界面活性剤は疎水性相互作用を壊す傾向がある．界面活性剤が荷電していると，それはタンパク質内での静電的相互作用も壊すことができる．尿素 urea や塩酸グアニジン guanidine hydrochloride のような試薬は，タンパク質に対して，タンパク質内の水素結合よりも強い水素結合を形成する．これらの二つの試薬はまた，界面活性剤と全く同じ方法で疎水性相互作用を破壊することもできる（図 4.19）．

　β-メルカプトエタノール β-mercaptoethanol（$HS-CH_2-CH_2-OH$）はしばしば，ジスルフィド基を還元して二つのスルフヒドリル基にするために用いられる．このとき通常，タンパク質のアンフォールディングを促進してジスルフィド結合に還元剤が近づきやすくするため，反応混合液に尿素が加えられる．実験条件を適切に選べば，メルカプトエタノールと尿素の両者を除去したとき，タンパク質の天然のコンホメーションを回復させることができる（図 4.20）．この種の実験は，タンパク質のアミノ酸配列が，完全な三次元構造に必要な情報のすべてを含んでいることの明確な証拠を提供している．タンパク質の研究者達は，タンパク質を（ジスルフィドの還元を含めて）変性させ，その後に天然のコンホメーションを回復させることができる条件を，興味をもって追求し続けている．

> **Sec. 4.4 要約**
> ■ 三次構造は，タンパク質を構成するすべての原子の完全な三次元の配置である．
> ■ タンパク質の三次構造は，いろいろな共有結合や非共有結合によって保たれている．
> ■ 水素結合は，ペプチド骨格の原子間ばかりでなく，側鎖の原子間にも生じる．
> ■ 陽性荷電と陰性荷電の間の静電的引力も重要である．
> ■ タンパク質の三次構造は，X線回折法や核磁気共鳴法によって決定される．
> ■ 最初に三次構造が決定されたタンパク質であるミオグロビンは，酸素を貯蔵するための球状タンパク質である．
> ■ ミオグロビンは 153 残基のアミノ酸からなる一本鎖ポリペプチドで，八つの α ヘリックスとヘムと呼ばれる補欠分子族を含む．
> ■ ヘムは構造の中心に配位結合した鉄イオンを有し，これに酸素が結合する．
> ■ タンパク質は，熱，pH および化学薬品によって変性させることができる．変性はタンパク質の天然の三次構造を失わせる．
> ■ ある種の変性はまた元に戻せるが，戻せないものもある．

4.5　タンパク質の四次構造

　四次構造は最終レベルのタンパク質構造であり，二つ以上のポリペプチド鎖から構成されるタンパク質に見られる．それぞれの鎖はサブユニット subunit と呼ばれる．鎖の数は 2 個から十数個以上にわたり，鎖は同一であることもあれば，異なることもある．よく見られる例は**二量体** dimer, **三量体** trimer, **四量体** tetramer であり，それぞれ二つ，三つ，四つのポリペプチド鎖から構成される（少数

のサブユニットから作られるそのような分子を総称して**オリゴマー oligomer** という）．これらの鎖は，静電的引力，水素結合，および疎水性相互作用を介して互いに非共有結合で相互作用する．

　これらの非共有結合性の相互作用の結果，あるタンパク質分子の一つの部位における微妙な構造変化が，それとは離れた部位の性質に著しい変化を引き起こすことがある．このような性質を示すタンパク質は**アロステリック allosteric** であるという．すべての多サブユニットタンパク質がアロステリック効果を示すわけではないが，多くはその効果を示す．

　四次構造と，それがタンパク質の性質に及ぼす影響について，古くから知られている例は，アロステリックタンパク質であるヘモグロビンと，1本のポリペプチド鎖から成るミオグロビンとの比較に見ることができる．

ヘモグロビン

　ヘモグロビンは，四つのポリペプチド鎖，すなわち，二つの α 鎖と二つの β 鎖から構成される四量体である（図 4.21）（オリゴマータンパク質では，ポリペプチド鎖のタイプはギリシャ文字で示す．この場合，α や β の文字は α ヘリックスや β 構造を意味しているわけではなく，それぞれ異なるサブユニットであることを示す）．ヘモグロビンの二つの α 鎖は，二つの β 鎖がそうであるように，同一のものである．ヘモグロビンの全体構造は，ギリシャ文字表記法では $\alpha_2\beta_2$ である．ヘモグロビンの α 鎖と β 鎖は，両者ともミオグロビンの鎖と非常によく似ている．α 鎖は 141 残基の長さであり，β 鎖は 146 残基の長さである．因みにミオグロビン鎖は 153 残基の長さである．α 鎖，β 鎖およびミ

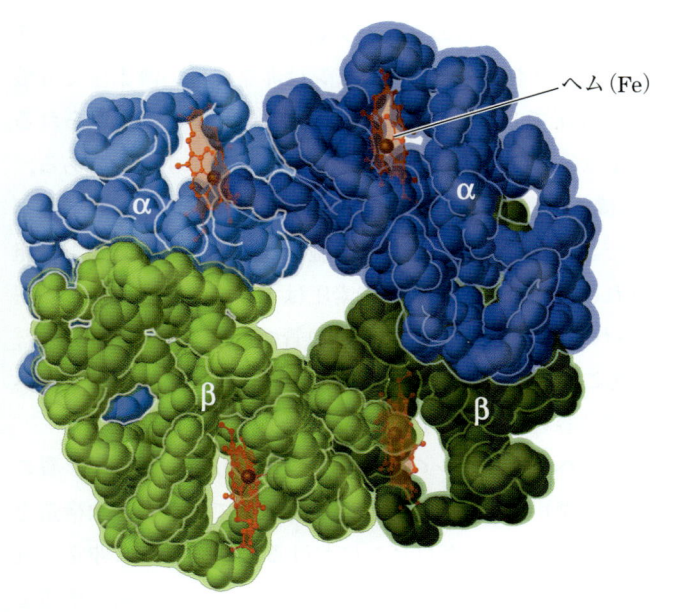

図 4.21
ヘモグロビンの構造
ヘモグロビン（$\alpha_2\beta_2$）は，四つのポリペプチド鎖（二つの α 鎖と二つの β 鎖）から構成される四量体である．

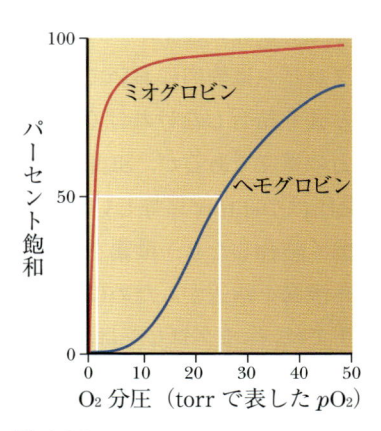

図 4.22
ミオグロビンとヘモグロビンの酸素結合の挙動の比較
ミオグロビンの酸素結合曲線は双曲線形であるが，ヘモグロビンの酸素結合曲線は S 字形である．ミオグロビンは，1 torr の分圧で酸素によって 50% 飽和される．ヘモグロビンは，酸素分圧が 26 torr になるまで 50% 飽和に達しない．

オグロビンのアミノ酸の多くは相同的 homologous である．すなわち，同じアミノ酸残基が同じ位置に存在する．ヘムはミオグロビンもヘモグロビンも同じである．

われわれはすでに，1分子のミオグロビンが1分子の酸素を結合することを学んできた．したがって，4分子の酸素が1分子のヘモグロビンに結合することができる．ヘモグロビンとミオグロビンは両者とも酸素と可逆的に結合するが，ヘモグロビンに対する酸素の結合が**正の協同性** positive cooperativity を示すのに対し，ミオグロビンに対する酸素の結合は協同性を示さない．正の協同性とは，一つの酸素分子が結合すると，次の酸素分子がより結合しやすくなることを意味する．ヘモグロビンとミオグロビンの酸素結合特性を示すグラフは，この違いを示す最もよい方法の一つである（図4.22）．

酸素によるミオグロビンの飽和度を酸素圧に対してプロットすると，完全な飽和が達成されて曲線が頭打ちになるまで，着実な上昇が観察される．このようなミオグロビンの酸素結合曲線は，**双曲線形** hyperbolic であるといわれる．対照的に，ヘモグロビンの酸素結合曲線の形は **S 字状** sigmoidal である．この形は，最初の酸素分子の結合が第2の酸素の結合を促進し，それが第3の酸素の結合を促進し，それがさらに第4の酸素の結合を促進することを示す．このことはまさに，"協同的結合 cooperative binding" という用語が意味することである．しかし，協同的結合は前の酸素の結合よりもその次の酸素の結合が容易であることを意味するが，結合曲線はすべての酸素圧で，ミオグロビンの結合曲線よりもまだ低いことに注意しよう．いい換えれば，ミオグロビンはヘモグロビンよりもすべての酸素圧で酸素飽和度が高いのである．

4.5.1 ヘモグロビンはどのように機能するか

ヘモグロビンとミオグロビンが示す異なる性質は，これらのタンパク質の機能に関係している．ミオグロビンは筋肉において酸素貯蔵 storage の機能をもつ．ミオグロビンは非常に低い酸素圧でも酸素と強く結合しなければならず，1 torr の酸素分圧で 50 % 飽和される（**トル** torr は広く用いられる圧力の単位であるが，SI 単位ではない．1 torr は，0 ℃ で 1 mm の高さの水銀柱が示す圧力である．1 気圧は 760 torr に等しい）．ヘモグロビンの機能は酸素の輸送 transport であり，条件に応じて酸素と強く結合したり，酸素を容易に放出したりできなければならない．肺胞（ここでヘモグロビンは組織へ酸素を輸送するために酸素と結合しなければならない）では，酸素圧は 100 torr である．この圧力下では，ヘモグロビンは酸素で 100 % 飽和される．活動中の筋肉の毛細血管では酸素圧は 20 torr で，これはヘモグロビンの 50 % 飽和（26 torr で起こる）以下に相当する圧力である．いい換えると，ヘモグロビンは，酸素要求性が高い毛細血管中では容易に酸素を放出するのである．

低分子物質の結合によって起こる構造変化は，ヘモグロビンのようなアロステリックタンパク質の特徴である．ヘモグロビンは酸素結合型（オキシ型）と非結合型（デオキシ型）で異なる四次構造をもつ．オキシヘモグロビンの二つの β 鎖は，デオキシヘモグロビンにおけるよりも互いに非常に近接している．その変化は非常に顕著なので，この二つの型のヘモグロビンは互いに異なる結晶構造をもつ（図 4.23）．

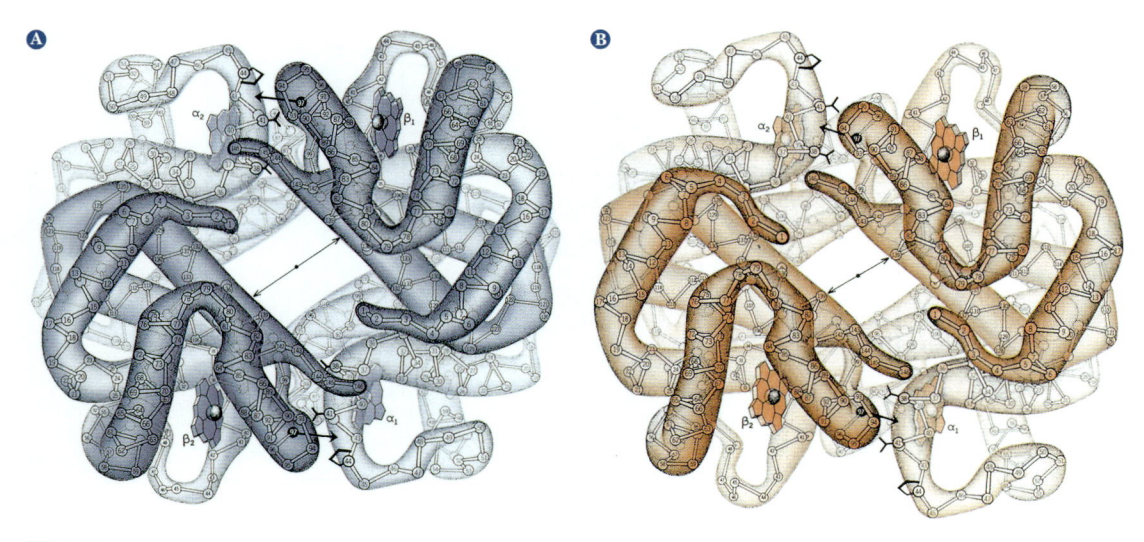

図 4.23
Ⓐデオキシヘモグロビンと Ⓑオキシヘモグロビンの構造
サブユニット間の相対的な動きに注目すること．オキシヘモグロビンの中央部には非常に狭い空間しかない．
（イラスト：*Irving Geis*. 著作権はハワード・ヒューズ医学研究所が所有．許可なく複製を禁ず）

ヘモグロビン機能に伴うコンホメーション変化

　ヘモグロビンに酸素が結合するときの協同効果に，他のリガンドも関与する．ヘモグロビンに結合する H^+ と CO_2 はともに，微妙ではあるが重要な方法でタンパク質の三次元構造を変化させることにより，酸素に対するヘモグロビンの親和性に影響を与える．H^+ の影響（図 4.24）は，発見者クリスチャン・ボーア Christian Bohr（物理学者ニールス・ボーア Niels Bohr の父）に因んでボーア効果 Bohr effect と呼ばれる．なお，ミオグロビンの酸素結合能力は，H^+ または CO_2 の存在によって影響されない．

　H^+ 濃度の増加（すなわち pH の低下）はヘモグロビンの酸素親和性を低下させる．H^+ の増加は，α 鎖の N 末端および β 鎖の His^{146} を含む重要なアミノ酸のプロトン化を引き起こす．プロトン化したそのヒスチジンは，塩橋により Asp^{94} に引き寄せられて安定化される．このことはヘモグロビンのデオキシ型にとって都合がよい．酸素を必要とするような活発に代謝している組織は H^+ を放出するので，その局所環境は酸性になる．ヘモグロビンは，このような条件下では酸素に対する親和性が低

$$HbO_2 + H^+ + CO_2 \underset{\text{肺の肺胞}}{\overset{\text{活発に代謝している組織（筋肉など）}}{\rightleftarrows}} O_2 + Hb \begin{matrix} CO_2 \\ H^+ \end{matrix}$$

図 4.24
ボーア効果の一般的特徴
活発に代謝している組織では，ヘモグロビンは酸素を放出し，CO_2 と H^+ の両方を結合する．肺において，ヘモグロビンは CO_2 と H^+ の両方を放出する．

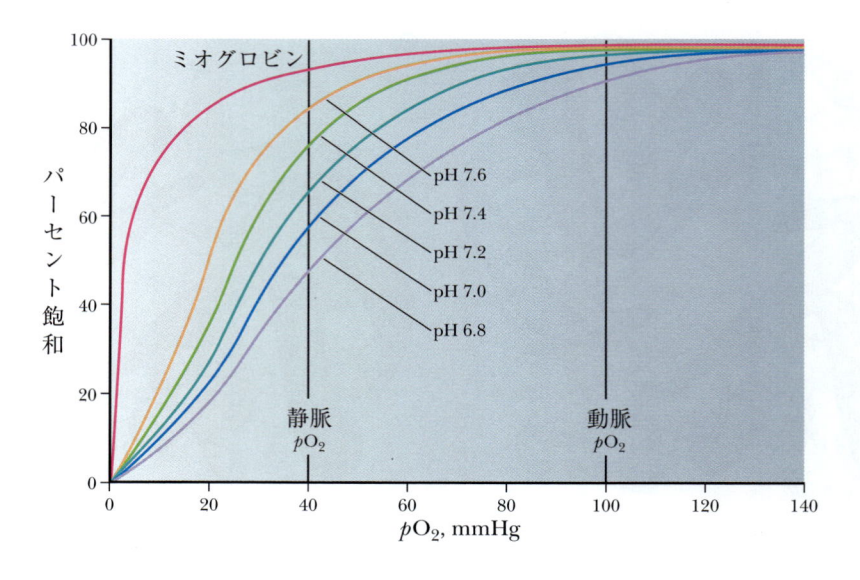

図 4.25

ミオグロビンと，五つの異なる pH におけるヘモグロビンの酸素飽和曲線

表4.1　ボーア効果の要約

肺	活発に代謝している組織
活発に代謝している組織よりも高い pH	H^+ の産生のため，より低い pH
ヘモグロビンは O_2 を結合	ヘモグロビンは O_2 を放出
ヘモグロビンは H^+ を放出	ヘモグロビンは H^+ を結合

くなるので，必要とされるところで酸素を放出することができる（図4.25）．ヘモグロビンの酸－塩基としての性質は，ヘモグロビンの酸素結合特性と互いに影響を及ぼし合う関係にある．ヘモグロビンのオキシ型はデオキシ型よりも強い酸である（より低い pK_a をもつ）．すなわち，デオキシヘモグロビンは，オキシヘモグロビンよりも H^+ に対して高い親和性をもっているのである．このようにして，ヘモグロビンはそれ自身の四次構造の変化を通して血液の緩衝作用を調節することができる．

表 4.1 にボーア効果の重要な特徴を要約する．

大量の CO_2 が代謝によって産生され，CO_2 は次に炭酸 H_2CO_3 を生成する．H_2CO_3 の pK_a は 6.35 である．血液の正常な pH は 7.4 である．結果として，溶解している CO_2 の約 90% は重炭酸イオン HCO_3^- として存在し，H^+ を遊離する（この点を確かめるために，ヘンダーソン-ハッセルバルヒの式 Henderson–Hasselbalch equation を用いることができる）．血液中の H_2CO_3 と HCO_3^- を含む生体内 in vivo 緩衝系については Sec. 2.5 で議論した．CO_2 産生の結果としての大量の H^+ の存在は，デオキシヘモグロビンに特有の四次構造にとって都合がよい．このようにして，ヘモグロビンの酸素に対する親和性が低下する．一方，HCO_3^- は肺へ輸送され，そこで，ヘモグロビンが酸素化されるときに放出される H^+ と結合して H_2CO_3 を生成する．次いで，H_2CO_3 は CO_2 を放出し，次にそれは呼気として吐き出される．ヘモグロビンはまたいくらかの CO_2 を直接に輸送することもできる．CO_2

濃度が高いと，それはヘモグロビンの遊離のα-アミノ基と結合してカルバメートを形成する．

$$R-NH_2 + CO_2 \rightleftharpoons R-NH-COO^- + H^+$$

この反応によって，ヘモグロビンのα-アミノ末端はアニオンに変わり，α鎖のArg^{141}と相互作用できるようなり，デオキシ型が安定化する．

呼吸している組織のように，大量のH$^+$やCO$_2$が存在すると，ヘモグロビンは酸素を放出する．肺における大量の酸素の存在はこの過程を逆行させ，ヘモグロビンに酸素を結合させる．オキシヘモグロビンは次に，酸素を組織へ輸送することができる．この過程は複雑であるが，CO$_2$とO$_2$のレベルと同様にpHの微妙な調整を可能にする．

血液中のヘモグロビンはまた，もう一つのリガンドである**2,3-ビスホスホグリセリン酸** 2,3-bisphosphoglycerate（**BPG**）（図4.26）と結合し，それによってヘモグロビンの酸素結合能力は著しい影響を受ける．ヘモグロビンに対するBPGの結合は静電的であり，BPGの負電荷とタンパク質の正電荷の間に特異的な相互作用が起こる（図4.27）．BPGが存在する場合，50％のヘモグロビンが酸

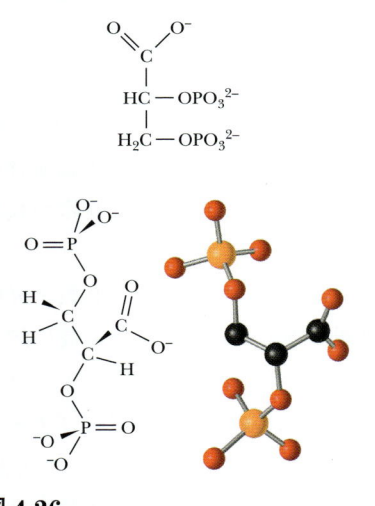

図4.26
BPGの構造
BPG（2,3-ビスホスホグリセリン酸）はヘモグロビンの重要なアロステリックエフェクターである．

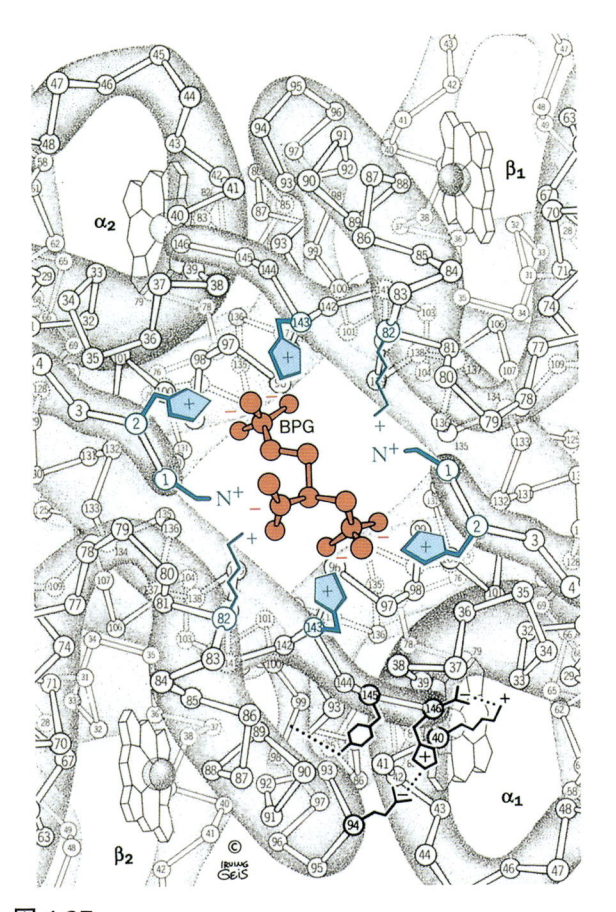

図4.27
デオキシヘモグロビンへのBPGの結合
BPGとこのタンパク質との静電的相互作用に注目すること．（イラスト：*Irving Geis*. 著作権はハワード・ヒューズ医学研究所が所有．許可なく複製を禁ず）

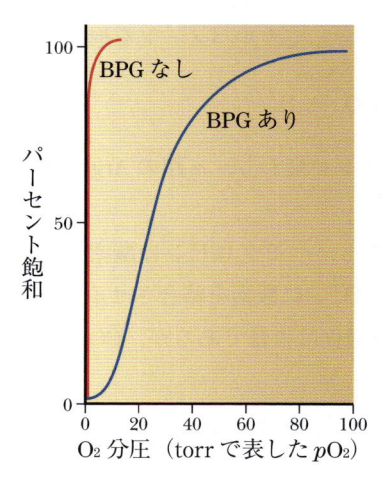

図 4.28
BPG の存在下と非存在下におけるヘモグロビンの酸素結合能の比較
BPG の存在はヘモグロビンの酸素親和性を著しく減少させることに注目すること．

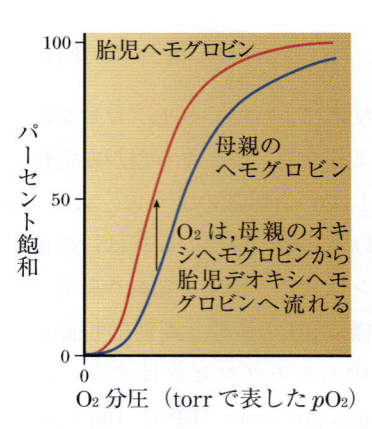

図 4.29
胎児と母親のヘモグロビンの酸素結合能の比較
胎児ヘモグロビンは BPG とあまり強く結合しない．その結果，酸素に対して母親のヘモグロビンよりも強い親和性をもつ．

素と結合する分圧は 26 torr である．もし BPG が血液中に存在しないならば，ヘモグロビンの酸素結合能力は非常に高い（約 1 torr で 50％のヘモグロビンが酸素と結合する）ので，酸素は毛細血管中でほとんど放出されないであろう．血液から単離され，さらにこの内因性の BPG が取り除かれた"裸の"ヘモグロビンはこの挙動を示す（図 4.28）．

　BPG はまた，発育しつつある胎児に酸素を供給する上で重要な役割を果たす．胎児は胎盤を経由する母親の血流から酸素を得る．胎児ヘモグロビン（Hb F）は母親のヘモグロビンよりも高い酸素親和性をもつので，母親から胎児への酸素の効率的な移行が可能である（図 4.29）．胎児ヘモグロビンの二つの特徴がこの高い酸素結合能力に寄与している．第 1 の特徴は二つの異なるポリペプチド鎖の存在である．Hb F のサブユニット構造は $\alpha_2\gamma_2$ であり，Hb F では，通常の成人ヘモグロビン（Hb A）の β 鎖が，構造は似ているが同一ではない γ 鎖により置換されていることである．第 2 の特徴は，Hb F は Hb A ほど強く BPG と結合しないことである．成人ヘモグロビンの β 鎖では，His^{143} が BPG と塩橋をつくる．胎児ヘモグロビンでは，γ 鎖は His^{143} がセリンに置換している．正に荷電したアミノ酸から中性アミノ酸への変化により，ヘモグロビンと BPG の接触の数が減少し，アロステリック効果が著しく減弱する結果，胎児ヘモグロビンは成人ヘモグロビンよりも高い酸素結合曲線を示す．

　よく研究されているヘモグロビンとして，鎌状赤血球ヘモグロビン，Hb S がある．Hb S の β 鎖では，一残基のグルタミン酸がバリンに変異している．この極性アミノ酸から非極性アミノ酸への変異が，この疾患に特有の結果を引き起こす．非極性アミノ酸が分子の表面に位置する結果，非極性相互作用によって分子の集合を引き起こす．このような集合によって，赤血球の鎌状化が起こる．

応用問題

ヘモグロビンにおける pH に対する酸素の応答

400 m 走を考えてみよう．筋肉中の pH は 7.6 から 7.0 に下がるが，pO_2 は 40 mmHg で一定とする．筋肉中のヘモグロビンの酸素結合性はどうなるか．そのことの意味は何であるか．ミオグロビンにはどのような影響があるか．

答 図 4.25 を使うと，pH が 7.6 で pO_2 が 40 mmHg のとき，ヘモグロビンは約 82 % が酸素で飽和されていることがわかる．pH が 7.0 に下がると，ヘモグロビンの酸素飽和度は 58 % に低下する．このことは pH が低いとヘモグロビンが酸素と結合しにくくなることを意味する．いい換えれば，ヘモグロビンは筋肉により多くの酸素を放出するということである．ミオグロビンにはボーア効果がないので，pH が低下しても影響はない．

Sec. 4.5 要約

- 四次構造は最終レベルのタンパク質構造であり，複数のポリペプチド鎖からなるタンパク質に見られる．各鎖はサブユニットと呼ばれる．
- サブユニット同士は非共有結合によって相互作用する．
- 複数のサブユニットからなるタンパク質はアロステリックタンパク質である場合があり，一つのサブユニットにリガンドが結合すると，他のサブユニットへの結合が影響を受けるようなサブユニット間の相互作用がある．
- ヘモグロビンはタンパク質四次構造の典型的な例である．このタンパク質は四つのサブユニット，二つの α 鎖と二つの β 鎖からなり，正の協同性を示す．すなわち，酸素が一つのサブユニットに結合すると，他のサブユニットへの酸素結合がより容易になる．
- ヘモグロビンの酸素に対する親和性は，酸素分圧や pH を含め，いくつかの因子により調節されている．pH が低下したり酸素分圧が低い場合，ヘモグロビンは組織に酸素を供給する．逆に肺と血液の接触面のように pH が高く酸素濃度が高い場合は，ヘモグロビンは酸素に結合する．
- ヘモグロビンは，四つのサブユニットを架橋する 2,3-ビスホスホグリセリン酸に結合する．2,3-ビスホスホグリセリン酸がないとき，ヘモグロビンはアロステリックでなく，ミオグロビンのような挙動を示す．

4.6 タンパク質フォールディングの動力学

タンパク質のアミノ酸配列が三次元構造を決定するということはよく知られている．また，タンパク質は自発的に天然型のコンホメーションをとることができ，図 4.20 にあるように，変性してもまた元の形に戻ることも知られている．これらの事実から以下の疑問が生じる．

4.6.1 アミノ酸配列がわかればタンパク質の三次構造を予測できるか

　最近のコンピュータ技術を用いれば，タンパク質の構造を予測することができる．より高性能なコンピュータが大量の情報を処理できるようになるにつれ，その可能性はより高くなった．生化学とコンピュータの出会いによって，バイオインフォマティクスという新しい分野が生まれた．タンパク質構造の予測は，バイオインフォマティクスの基本的応用の一つである．もう一つの重要な応用として，塩基配列の比較がある．これについては，核酸に関する他の手法とともに，Chap. 14 で議論する．そこで述べるように，現在ではタンパク質をコードする遺伝子の塩基配列がわかれば，タンパク質の構造や機能を予測することができる．

　タンパク質構造を予測するための第一段階は，調べようとするタンパク質と既に構造がわかっているタンパク質との間の配列の相同性 sequence homology をデータベースで検索することである．**相同性** homology という語は，二つあるいはそれ以上の配列間の類似度を意味している．もし，研究対象タンパク質の配列がある既知タンパク質の配列と十分に似ていれば，その既知タンパク質の構造が比較モデリング法 comparative modeling の出発点になりうる．研究対象タンパク質と既知タンパク

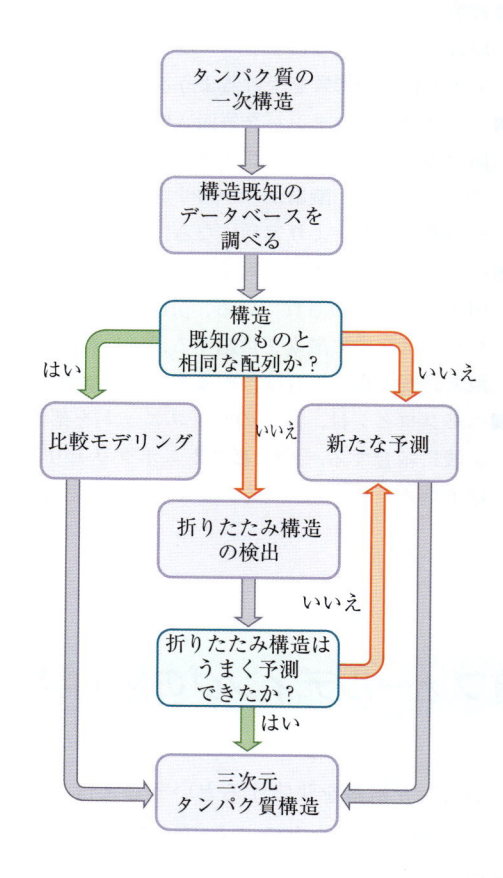

図 4.30

タンパク質のコンホメーションの予測
タンパク質のコンホメーションを予測するためにデータベースの情報を利用するときのフローチャート．(*Rob Russell EMBL* の好意による)

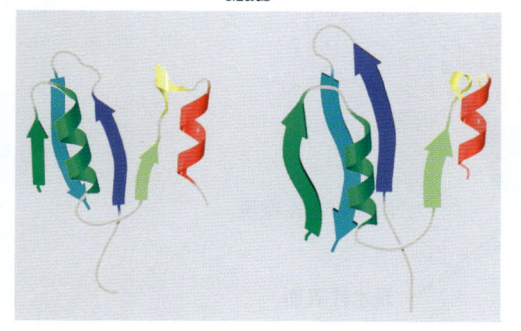

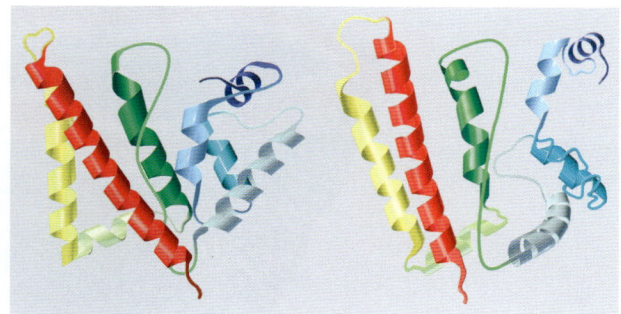

図 4.31

タンパク質の予測された構造と実際の構造
二つのタンパク質について，予測された構造（右）と結晶構造（左）を示す．MutS：DNA 修復タンパク質，HI0817：バクテリアのタンパク質．（University of Washington, Seattle の好意による）

質を比較するモデリング計算によって，構造の予測ができる．この方法は，相同性が 25～30％ 以上のときに最も有用である．一次構造の相同性が 25～30％ 以下の場合は，別の方法が有用である．すなわち，フォールド認識法 fold recognition 計算法を用いると，いろいろな二次構造によく見られる既知のフォールディングモチーフと比較することができる．Sec. 4.3 で様々なモチーフを見てきたが，これはその情報の応用である．また別の方法として，化学，生物学，物理学の原理に基づいて構造を予測する de novo 予測法 de novo prediction がある．この方法も構造を予測したのち，X 線結晶解析による確認が必要である．図 4.30 のフローチャートは，データベースから得られる情報が，構造の予測にどのように使われるかを示す．図 4.31 には，二つのタンパク質（DNA 修復タンパク質 MutS と，バクテリアのタンパク質 HI0817）について，それぞれの図の右側に予測された構造を，左側に結晶構造解析で明らかにされた構造を示している．

タンパク質のアミノ酸配列や構造に関して，多くの情報を World Wide Web で入手することができる．最も重要な情報源の一つは，Research Collaboratory for Structural Bioinformatics (RCSB) により運営されている Protein Data Bank であり，その URL は **http://www.rcsb.org/pdb** である．このサイトは，高分子に関する構造情報の唯一のサイトであり，タンパク質だけでなく，核酸に関するデータも含まれている．また，そのホームページには教育用アプリケーションにリンクしたボタンがある．

本項で述べた方法によって予測した構造は，Web 上でも入手できる．最も有用な URL の一つは，**http://predictioncenter.gc.ucdavis.edu** である．その他の優れた情報源としては，米国立衛生研究所 National Institutes of Health（**http://pubmedcentral.nih.gov/tocrender.fcg?iid=1005** と **http://www.ncbi.nlm.nih.gov**）および ExPASy（Expert Protein Analysis System）のサーバー（**http://us.expasy.org**）が利用できる．

疎水性相互作用：熱力学による事例研究

Sec. 4.4 で疎水性相互作用の概念について簡単に説明した．疎水性相互作用は生化学的に重要であ

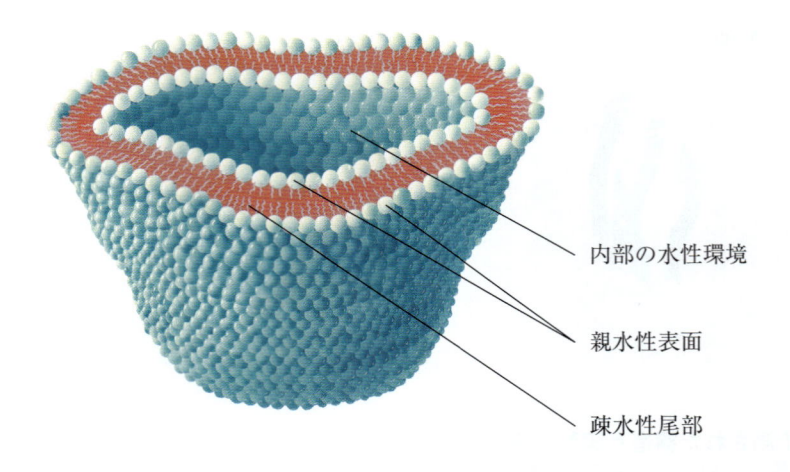

図 4.32
リポソームの模式図
脂質の親水性頭部が水環境に接するように三次元構造がつくられる．疎水性尾部は互いに接し合い，水に近づかない．

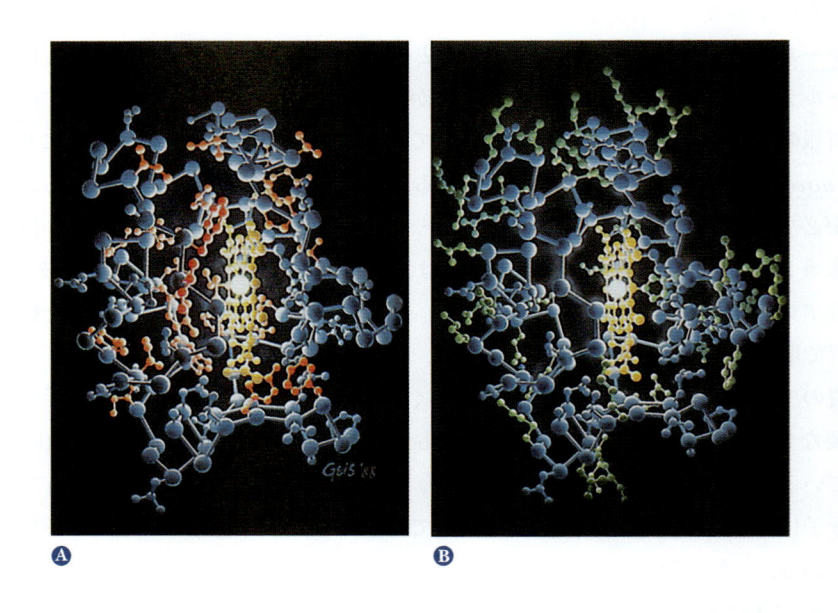

図 4.33
シトクロム c の三次元構造
Ⓐ 疎水性側鎖（赤）は分子の内部に見られる．Ⓑ 親水性側鎖（緑）は分子の外側に存在する．（イラスト：*Irving Geis*. 著作権はハワード・ヒューズ医学研究所が所有．許可なく複製を禁ず）

り，タンパク質のフォールディングにおいて主要な役割を果たしている．多くの分子の配列は疎水性相互作用の結果，一定の構造が決まる．既にリン脂質二重層がこのような構造を形成するやり方について述べてきた．リン脂質が極性頭部と長い炭化水素の疎水性尾部をもつ分子であることを思い出そう（Chap. 2, Sec. 2.1）．脂質二重層は折りたたまれたタンパク質ほど複雑ではないが，その形成に関与している相互作用は，タンパク質のフォールディングにおいてもきわめて重要な役割を果たしている．適切な条件下では，二重層を形成する分子の極性頭部が水に接し，非極性尾部は互いに接触しあ

って水を避けるように配向する．これらの脂質二重層は**リポソーム** liposome と呼ばれる三次元構造を形成する（図 4.32）．このような構造は生体膜の有用なモデル系であり，生体膜はこれと同じような二重層にタンパク質が埋まった構造をしている．二重層とそれに埋まっているタンパク質の相互作用も疎水性相互作用の例である．同様の疎水性相互作用がタンパク質のフォールディングに重要な役割を担っている．

疎水性相互作用は，タンパク質が，酵素や酸素運搬体あるいは構造タンパク質として機能するために必要な特異的三次元構造をとるための主要な因子である．非極性の疎水性側鎖は水から隔離されて分子の内側に存在し，極性の親水性側鎖は分子の外側にきて水に接するようにタンパク質が折りたたまれやすいことが，実験的にわかっている（図 4.33）．

4.6.2　何が疎水性相互作用を有利にするか

疎水性相互作用は自発的なプロセスである．なぜなら，疎水性相互作用が起こると宇宙のエントロピーは増大するからである．

$$\Delta S_{宇宙} > 0$$

例えば，液体炭化水素であるヘキサン（C_6H_{14}）を水と混ぜようとしても均一な溶液にはならず，ヘキサンと水の二層になることを考えてみよう．この場合，均一な溶液の形成は自発的には起こらず，二層の形成が自発的に起こる．溶液が形成されるには，溶媒（この場合，水分子）が溶質の周りにきちんと整列することが必要だとすると，不利なエントロピー項が入ってくる（図 4.34）．すなわち，非極性分子を取り囲む水分子は互いに水素結合することができるが，周りをすべて他の水分子で囲まれている場合に比べて配向の自由度が少ない．このことによって秩序が高まり，液体の水よりも氷の結晶格子のように，エネルギーの分散が妨げられ，エントロピーは減少する．このエントロピーの減

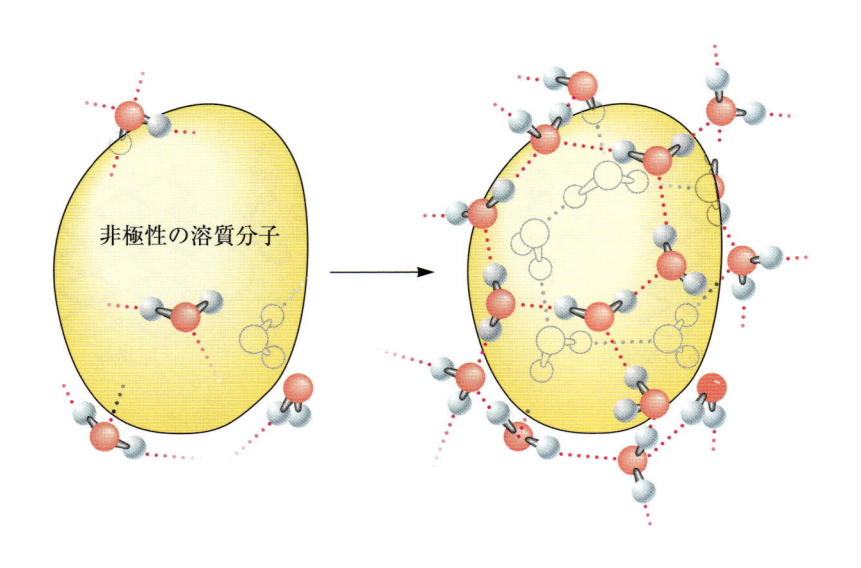

図 4.34

非極性溶質を取り巻く水分子の"かご"

少があまりにも大きいため，溶液となるプロセスは進行しない．したがって，非極性物質は水に溶けず，むしろ非極性分子同士が疎水性相互作用によって集まり，水から締め出される．

アミノ酸間の疎水性相互作用を逆に考えている人が多い．例えば，図 4.13 でのロイシン，バリン，イソロイシンの間の疎水性相互作用をみるとき，疎水性相互作用はこれらのアミノ酸が互いに引き合うためのものと考えがちである．しかし，実際は非極性アミノ酸が互いに引きつけ合うのではなく，水がそれらのアミノ酸と相互作用できないため，結果的に互いに近づいているのである．

正しいフォールディングの重要性

一次構造は正しい三次構造を作り出すのに必要な全ての情報を伝えるが，生体内でのフォールディングの過程は，もう少し複雑なものかもしれない．タンパク質が密に存在する細胞環境では，タンパク質は産生されると正しくないフォールディングを始めたり，フォールディングの過程を終了しないうちに他のタンパク質と結合し始めたりすることがある．真核生物では，タンパク質は細胞小器官の膜を通過して運ばれるためには，十分に長い時間を折りたたまれずにいる必要がある．

正しく折りたたまれたタンパク質は，通常，水を含む細胞環境に溶けているか，あるいは膜に正しく結合している．しかし，タンパク質が正しく折りたたまれていない場合，それらは他のタンパク質と相互作用し，図 4.35 に示すような凝集塊をつくる．これは，本来タンパク質の内側に埋め込まれるはずの疎水性部分が表面に残り，他の分子の疎水性部分と相互作用するためである．アルツハイマ

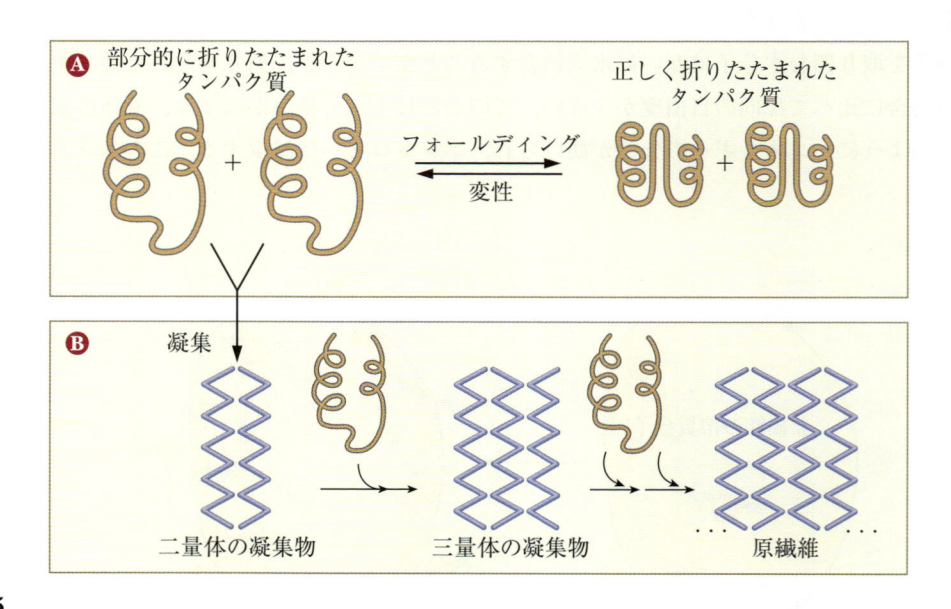

図 4.35

タンパク質凝集の問題
Ⓐリボソーム（タンパク質合成装置）から遊離した部分的に折りたたまれたポリペプチド鎖は，通常，正しく折りたたまれて機能を有するタンパク質となる．しかし，Ⓑ部分的に折りたたまれたタンパク質同士が会合して，凝集物を形成することがある．このような凝集物は可溶性であってもなくても細胞に毒性を示すことがある．("*Danger — Misfolding Proteins*" by R. J. Ellis and T. J. T. Pinheiro, **Nature 416**, *483–484 (2002)* より，許可を得て転載）

一病やパーキンソン病，ハンチントン病などいくつかの神経変性疾患は，このような凝集塊が蓄積することによって引き起こされる．タンパク質の不正な折りたたみによって引き起こされる致命的疾患については，p.148の《身の周りに見られる生化学》を参照されたい．

タンパク質をフォールディングするシャペロン

　タンパク質が誤って折りたたまれるのを避けるために，シャペロンと呼ばれる特別なタンパク質が，多くのタンパク質の正しくかつ時宜を得たフォールディングを助けている．最初に発見されたシャペロンはhsp70（分子量70,000の熱ショックタンパク質heat-shock protein）と呼ばれるファミリー分子で，至適温度以上の高温で生育させた大腸菌 E. coli で産生されるタンパク質である．シャペロンは原核生物からヒトまでの生物に存在し，その作用メカニズムが現在研究されている（本章末のHelfand, S. L. の論文を参照）．タンパク質のフォールディングの動力学が生体内でのタンパク質機能に重要なことは，ますます明らかになってきている．この章のタンパク質の構造についての学習を終えるに当たって，ヘモグロビンの適切な形成に必要なシャペロンについて見てみることにしよう．

　血液中ではヘモグロビンは，単一のタンパク質としては非常に多く，340 g/Lの濃度で蓄積している．グロビン遺伝子の発現調節は複雑で，しかも α 鎖と β 鎖がそれぞれ別の遺伝子からつくられ，さらにそれらが別々の染色体上にあることでますます複雑なものになっている．また，各 β グロビン遺伝子に対して二つの α グロビン遺伝子があり，α 鎖が常に過剰に存在する．過剰な α 鎖は図 4.36 に示すような凝集塊をつくり，赤血球にダメージを与えたり，サラセミア thalassemia と呼ばれる病気を引き起こすことがある．α 鎖同士が凝集し，役に立たない形のヘモグロビンを形成することもある．ヘモグロビン産生の成功の秘訣は二種類のグロビン鎖の適切な量比が保たれることにある．α 鎖

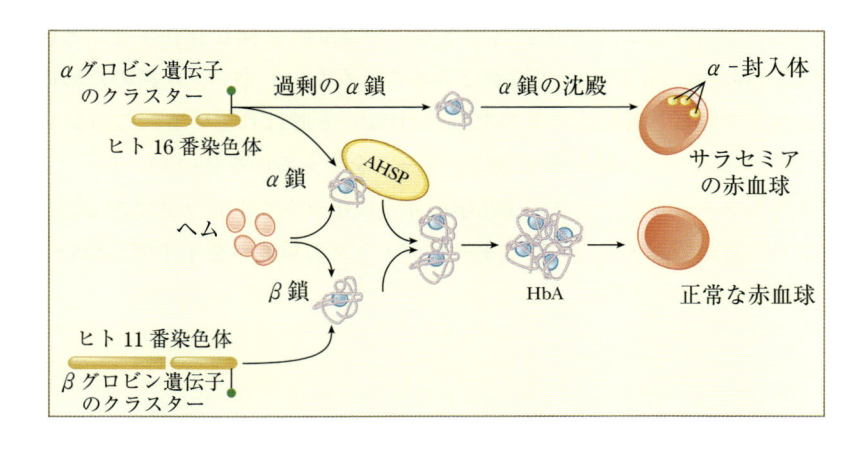

図 4.36

ヘモグロビン構成成分のバランス
α グロビンおよび β グロビン遺伝子はそれぞれ別の染色体上にあり，α グロビンが過剰に産生される．もし過剰な α 鎖同士が相互作用すると，α 封入体と呼ばれる凝集物を形成して赤血球を傷害する．グロビンシャペロン（AHSP）は α グロビンに結合して，α グロビン同士が結合するのを防ぐとともに，β グロビンのところへ運んで α グロビンと β グロビンが結合して活性な四量体を形成できるようにする．("Haemoglobin's Chaperone" by L. Luzzatto and R. Notaro, Nature *417*, 703–705 (2002) より，許可を得て転載）

身の周りに見られる生化学　医学

プリオンと疾患

　狂牛病（ウシ海綿状脳症またはBSEとも呼ばれる）の原因物質は，関連するヒツジの病気であるスクレイピーや，シカやヘラジカの慢性消耗症（CWD），ヒトの海綿状脳症（クールー kuru やクロイツフェルト-ヤコブ病 Creutzfeldt-Jakob disease）と同様に，プリオンと呼ばれる小さな（28 kDの）タンパク質であることが証明された．（生化学者は原子量をダルトン dalton, Da と略記，で表す習慣であることに注意．）プリオンは，神経組織の細胞膜に見出される糖タンパク質である．最近，プリオンタンパク質が血液細胞の前駆細胞である造血幹細胞の細胞膜上に見出され，プリオンが細胞の成熟を助けているという証拠が見つかっている．上に挙げた病気は，正常型のプリオンタンパク質（PrP）（図A）が，PrP^{SC}（図B）と呼ばれる誤った型に折りたたまれると起こる．異常型プリオンタンパク質は，他の正常型プリオンタンパク質を異常型に変換させることができる．最近発見されたように，この変換は脳組織で伝播する．以前からスクレイピーは知られていたが，それが動物の種の壁を越えることは知られていなかった．次に，狂牛病の発生は，ウシの飼料中にヒツジの肉が含まれていたことから起こったことが示された．今では，狂牛病で汚染した牛肉を食べると，新しい変異型クロイツフェルト-ヤコブ病 variant Creutzfeldt-Jakob disease（vCJD）と呼ばれる海綿状脳症をヒトに引き起こすことがあることがわかっている．正常型プリオンは α ヘリックスの割合が高いが，異常型はより多くの β 構造を含んでいる．この例は，同一のタンパク質（単一で，完全に明らかな配列をもつ）が二つの形で存在し得ることを示している．異常タンパク質の β 構造は，タンパク質間で相互作用して不溶性のプラーク（斑）を形成する．このような結末はアルツハイマー病でも見られている．摂取された異常プリオンは，免疫系のマクロファージを利用して神経組織と接触するまで体内を移動する．それらは次に，神経全体に伝播して，脳に達する．

　この機構は，最初に提案されたとき，かなりの論争の対象となった．多くの科学者はこれらの神経学

が α 鎖同士で凝集せずにすめば，β 鎖と会合できる十分な量の α 鎖が存在することになる．そうなれば α 鎖は β 鎖に占有され，α 鎖の凝集塊ができることもない．幸い，α 鎖のための特異的シャペロンが存在し，α ヘモグロビン安定化タンパク質（AHSP）と呼ばれている．このシャペロンは β 鎖に α 鎖を引き渡すだけでなく，α 鎖が赤血球にダメージを与えるのを防いでいる．

　今日，タンパク質のフォールディングは生化学の非常にホットなトピックである．上の《身の周りに見られる生化学》において，タンパク質フォールディングの重要さを示す例について述べる．

的疾病の究極の原因として，ゆっくりと作用するウイルスを想定していた．この病気に対する感受性は遺伝するので，何がしかのDNA（またはRNA）の関与も予想された．スタンレイ・プルシナー Stanley Prusiner がプリオンの発見に対して1997年のノーベル医学・生理学賞を受けたとき，"異論"すら唱える人もいたが，プリオン自体に感染性があり，ウィルスも細菌も関わっていないことが明らかにされている．現在，異常型プリオンに対する感受性（罹りやすさ）遺伝子はすべての脊椎動物に存在しており，病気の伝染にパターンが見られるように思われる．しかし，その遺伝的感受性をもつ多くの個体でも，外部の異常プリオンに接触しない限り発病しない．本章末のFerguson, N. M. *et al.* と Peretz, D. *et al.* の論文を参照のこと．

最近の研究で，vCJDの症候を示すヒトはすべて，そのプリオン中に同じアミノ酸の置換をもつことがわかり，129番目のメチオニン残基の置換がこの病気に対する高い感受性を与えていることが明らかになった．vCJDは減少しているが，ヨーロッパにおける狂牛病の増加とヒトへの感染のピークとの時間的ずれがあまりに短いことを警告する研究者もいる．彼らは，現在，感染のピークが過ぎているのは，極端に感受性が高くなる最も重篤な変異をもった集団についてなのではないかと危惧している．つまり，他の変異をもつ人たちもいて，その人たちの病気に対する感受性が最初の集団よりも低い可能性があるという．このような集団に属する人たちは，より長い潜伏期をもつので，vCJD発病の危険性はまだ去っていないのかもしれない．

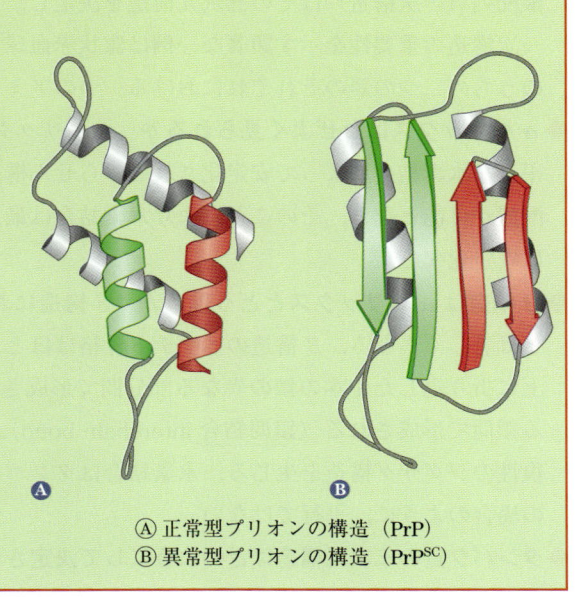

Ⓐ 正常型プリオンの構造（PrP）
Ⓑ 異常型プリオンの構造（PrP^{SC}）

Sec. 4.6 要約

- コンピュータを利用することにより，今やアミノ酸配列がわかっていればタンパク質の三次構造を予測することができる．
- タンパク質の構造や配列に関する膨大な情報を，World Wide Web 上で見つけることができる．
- シャペロンは，タンパク質が正しい天然のコンホメーションをとるのを助けるタンパク質である．
- ヘモグロビンの形成に特異的なシャペロンが存在する．
- タンパク質のフォールディングは，タンパク質の適切な機能にとって必須である．誤って折りたたまれたタンパク質によって引き起こされる病気もある．最も悪名高い例は，プリオンと呼ばれるタンパク質が，誤って折りたたまれることによって引き起こされる病気である．誤って折りたたまれたプリオンは，酪農業における狂牛病やヒトのクロイツフェルト-ヤコブ病と呼ばれる海綿状脳症を引き起こす．

SUMMARY　　　　　　　　　　　　　　　　　　　　　　　　　　　　　　　　　要　　約

◆**タンパク質構造のレベルとは何か**　タンパク質の構造には四つのレベルがある．一次構造，二次構造，三次構造，四次構造である．すべてのタンパク質が四つのレベルの構造をもつわけではない．例えば，四次構造を有するのは複数のペプチド鎖からなるタンパク質のみである．

◆**一次構造を知ることがなぜ重要か**　一次構造は，アミノ酸が共有結合で互いに連結している順序である．タンパク質の一次構造は化学的な方法によって決定することができる．タンパク質のアミノ酸配列（一次構造）はその三次元構造を決定し，三次元構造は次にタンパク質の性質を決定する．一次構造の重要性を示す顕著な一例は鎌状赤血球貧血症であり，それは，ヘモグロビンの四つの鎖のうちの二つの鎖のそれぞれにおける一つのアミノ酸の変化によって引き起こされる病気である．

◆**αヘリックスはなぜよく見られるか**　αヘリックスは一本のペプチド鎖の骨格内で，らせん軸と平行な水素結合によって安定化される．らせん構造によって，水素結合に関与する原子の直線的な配置が可能となり，そのことにより水素結合は最大の強度となる．したがって，らせん構造は非常に安定化する．

◆**β構造はαヘリックスとどう違うか**　β構造における原子の配置は，αヘリックスにおける配置とは著しく異なる．β構造のペプチド骨格はほとんど完全に伸びきっている．水素結合は，自らの上に折り返した1本の鎖の異なる部分間で形成されるか（鎖内結合 intrachain bond），または異なる鎖間で形成される（鎖間結合 interchain bond）．β構造のペプチド鎖間での水素結合形成は，反復性のジグザグ構造を生じる．水素結合はタンパク質鎖の方向と直角をなしており，αヘリックスの場合のように，平行ではない．

◆**タンパク質の三次元構造はどのようにして決定されるか**　タンパク質の三次構造を決定するのに用いられる実験技術はX線結晶学である．タンパク質の完全な結晶は，注意深く調節された条件下で成長する．ふさわしい純度をもつ結晶にX線ビームを照射すると，回折パターン diffraction pattern が写真乾板または放射線カウンター上に生じる．そのパターンは，分子内のそれぞれの原子の電子がX線を散乱するときに生じる．個々の原子からの散乱X線は互いに強めたり打ち消し合ったりして（建設的または破壊的な干渉によって），それぞれの分子に特徴的なパターンを生じる．

◆**酸素がヘムと不完全な結合をしているのはなぜか**　ヘムには，一種類以上の分子が結合できる．酸素ばかりでなく，一酸化炭素もヘムに結合できる．遊離のヘムの一酸化炭素（CO）に対する親和性は，酸素に対する親和性よりも25,000倍大きい．一酸化炭素がミオグロビンにおける角度で結合しなければならなくなると，酸素に対する一酸化炭素の優位性は二桁低下する．これにより，代謝で生じる痕跡量のCOがヘムの酸素結合部位のすべてを占有することを防いでいる．

◆**ヘモグロビンはどのように機能するか**　ヘモグロビンの機能は酸素の輸送 transport であり，条件に応じて酸素と強く結合したり，酸素を容易に放出したりできなければならない．ヘモグロビンでは，酸素との結合は協同的であり（酸素が一つ結合すると，次の酸素との結合がより容易になる），H^+やCO_2，BPGなどのリガンドにより制御されている．これに対し，ミオグロビンと酸素の結合は協同的ではない．

◆**アミノ酸配列がわかればタンパク質の三次構造を予測できるか**　ある程度までは，アミノ酸配列からタンパク質の三次元構造を予測できる．コンピューターのアルゴリズムには2種類ある．一つは

既にフォールディングが明らかにされているタンパク質と配列を比較することに基づくもの．もう一つはいろいろなタンパク質にみられるフォールディングモチーフに基づくものである．

◆**何が疎水性相互作用を有利にするか** 疎水性相互作用は自発的なプロセスである．疎水性相互作用が起こると宇宙のエントロピーは増大する．疎水性相互作用は，非極性の溶質を取り囲む水和水のエントロピーが不利になることに基づいており，タンパク質のフォールディングにおいて特に重要な要素である．

EXERCISES 練習問題

4.1 タンパク質の構造と機能

1. **復習** タンパク質の構造に関する次の記述を適切な構造レベル，(i) 一次構造，(ii) 二次構造，(iii) 三次構造，(iv) 四次構造に対応させよ．
   (a) すべての原子の三次元配置
   (b) ポリペプチド鎖におけるアミノ酸残基の順序
   (c) 一つ以上のポリペプチド鎖から構成されるタンパク質におけるサブユニット間相互作用
   (d) ポリペプチド骨格の水素結合した配置

2. **復習** 二次，三次，および四次構造の見地から変性を定義せよ．

3. **復習** タンパク質の"ランダム"構造の性質はどのようなものか．

4.2 タンパク質の一次構造

4. **演習** タンパク質の特定の側鎖が化学的に異なる性質になるよう化学修飾したところ，可逆的変性ができなくなったという実験結果について，説明を考えよ．

5. **演習** 以下のことを合理的に説明せよ．
   (a) セリンはタンパク質の構造や機能にあまり影響を与えずに置換可能なアミノ酸である．
   (b) トリプトファンの置換はタンパク質の構造や機能に多大な影響を与える．
   (c) Lys → Arg や Leu → Ile といった置換は，通常，タンパク質の構造や機能にほとんど影響を与えない．

6. **演習** グリシンはタンパク質に高度に保存されているアミノ酸残基である（すなわちそれは，関連タンパク質の一次構造の同じ位置に見出される）．このことが起こる理由を一つ示せ．

7. **演習** あるタンパク質のアラニン残基をイソロイシンに変える変異は，活性の消失を引き起こす．同じ部位でそのイソロイシンをさらにグリシンに変異させると，活性が回復する．なぜか．

8. **演習** 生化学を学んでいるある学生は，肉を料理する過程はタンパク質を変性させる行為であると定義した．この意見の正当性を論評せよ．

9. **関連** 重症複合免疫不全症（SCID）は，免疫系の完全な欠如がその特徴である．SCID のマウスの系統が開発された．プリオン病の遺伝的体質をもつ SCID マウスが PrP^{SC} に感染したとき，それらはプリオン病を発症しない．このような事実はプリオン病の伝染とどのように関係しているか．

10. **関連** ある孤立した羊の系統がニュージーランドで見出された．この系統の羊はスクレイピーになりやすい体質の遺伝子をもっていたが，その病気になったものはまだいない．これらの事実はプリオン病の伝播とどのように関係しているか．

4.3 タンパク質の二次構造

11. **復習** 繊維状タンパク質と球状タンパク質の三つの主要な違いを挙げよ．

12. **関連** タンパク質の効率比とは何か．

13. **関連** どの食品が最高の PER 値をもっているか．

14. **関連** 必須アミノ酸とは何か．

15. **関連** 最近，科学者達が遺伝子改変した食品をつくることを試みているのはなぜか．

16. **復習** ラマチャンドラン角とは何か．

17. **復習** β バルジとは何か．

18. **復習** β ターンとは何か．二つのタイプの β ターンを描け．

19. **復習** 二次構造の α ヘリックスと β 構造の違

いを挙げよ．

20. 復習　超二次構造におけるαヘリックスとβ構造の可能な組合せを挙げよ．
21. 復習　ミオグロビンとヘモグロビンの両者において，ポリペプチド鎖が折れ曲がるところにしばしばプロリンがあるのはなぜか．
22. 復習　コラーゲンの三重らせんにおいて，グリシンが規則正しい間隔で必ず見出されるのはなぜか．
23. 演習　あなたは，羊毛と絹の違いが，らせん構造とプリーツシート構造の違いであるという説明を聞いている．これは正しい見解だと思うか．なぜそう思うか，またなぜそう思わないか．
24. 演習　羊毛の衣類は湯で洗うと縮むが，絹でできた衣類は縮まない．この章からの情報に基づいて一つの理由を示せ．

4.4　タンパク質の三次構造

25. 復習　二次構造の一部である水素結合と，三次構造の一部である水素結合の二つの水素結合を描け．
26. 復習　一つのポリペプチド鎖における二つのアミノ酸の間で可能な静電的相互作用の一つを描け．
27. 復習　一つのポリペプチド鎖における二つのシステインの間のジスルフィド架橋を描け．
28. 復習　非極性側鎖を含む疎水性ポケットを示すポリペプチド鎖の領域を描け．
29. 演習　立体配置 configuration と立体配座 conformation という用語が分子構造の記述に用いられる．これらはどのように違うか．
30. 演習　理論的には，タンパク質は実質的に無限大の数の立体配置と立体配座をとることができる．この数を著しく制限するいくつかの要因を示せ．
31. 演習　コラーゲンに見出される最も高いレベルのタンパク質構造は何か．

4.5　タンパク質の四次構造

32. 復習　ヘモグロビンとミオグロビンの間の二つの類似性と二つの違いを挙げよ．
33. 復習　ミオグロビンとヘモグロビンの両者のヘムの近傍にある二つの重要なアミノ酸は何か．
34. 復習　ミオグロビンの最も高いレベルの構造は何か．ヘモグロビンでは何か．
35. 復習　ヘモグロビンとミオグロビンの機能の違いは，それぞれの酸素結合曲線の形にどのように反映されているか．
36. 復習　ボーア効果について述べよ．
37. 復習　ヘモグロビンによる酸素の結合に及ぼす2,3-ビスホスホグリセリン酸の影響について述べよ．
38. 復習　胎児ヘモグロビンの酸素結合曲線は，成人ヘモグロビンの酸素結合曲線とどのように異なるか．
39. 復習　ヘモグロビンのβ鎖とγ鎖の間の重要なアミノ酸の違いは何か．
40. 演習　オキシヘモグロビンにおいて，β鎖の146位のヒスチジンのpK_aは6.6である．デオキシヘモグロビンでは，この残基のpK_aは8.2である．この情報はボーア効果とどのように関係づけることができるか．
41. 演習　あなたは，ボーア効果について書いている友達と一緒に勉強している．彼女はあなたに，肺でヘモグロビンが酸素を結合して水素イオンを放出するため，結果として，pH値は増大すると話す．彼女は，活発に代謝している筋肉組織では，ヘモグロビンが酸素を放出して水素イオンを結合するため，結果として，pH値は減少すると続けて話す．あなたは彼女の説明に同意するか．同意するのはなぜか，また同意しないのはなぜか．
42. 演習　ヘモグロビンのβ鎖とγ鎖の違いは，Hb A と Hb F の酸素結合の違いをどのように説明するか．
43. 演習　鎌状赤血球傾向をもつヒトは，高度飛行中に，ときには呼吸障害を起こすという観察結果について，その理由を示せ．
44. 演習　Hb S に対してホモ接合性の胎児は正常な Hb F をもっているか．
45. 演習　胎児 Hb が胎生動物の生存に必須であるのはなぜか．
46. 演習　鎌状赤血球貧血症に苦しんでいる成人に，いくらかの Hb F を見出すことが予想されるのはなぜか．
47. 演習　デオキシヘモグロビンが最初に結晶で単離されたとき，研究者は顕微鏡下で観察し，結晶が紫から赤に変色し，形も変わることに気付

いた．分子レベルで何が起こっているのか．ヒント：結晶は，ゆるくはめ込むカバーガラス付の顕微鏡スライドに載せられた．

4.6 タンパク質フォールディングの動力学

48. **演習** あなたはそのアミノ酸配列がリボヌクレアーゼAと約25％の相同性を有する新規タンパク質を発見した．どうしたら実験的な決定法によらずに，このタンパク質の三次構造を予測できるか．
49. **演習** この章に載っている情報を考慮して，タンパク質フォールディングのエネルギー論について述べよ．
50. **演習** Protein Data BankのRCSBサイト（**http://www.rcsb.org/pdb**）にアクセスし，シャペロン chaperone 分子のプレフォルディン prefoldin について簡潔に説明せよ．
51. **復習** シャペロンとは何か．
52. **関連** プリオンとは何か．
53. **関連** 異常なプリオンによって引き起こされる既知の病気は何か．
54. **関連** 正常プリオンと感染性プリオンの間で異なるタンパク質の二次構造は何か．
55. **復習** 誤って折りたたまれたタンパク質によって引き起こされる病気にはどのようなものがあるか．
56. **復習** 何がタンパク質を凝集させるか．
57. **演習** もしもグロビンシャペロンの必要がなかったならば，他にどのようなグロビン遺伝子の構成があり得たか．
58. **関連** プリオン病を最も発症しやすくするプリオン変異の性質はなにか．
59. **関連** 研究者達が心配しているプリオン病の潜伏期間とは何か．
60. **関連** スクレイピーや海綿状脳症伝播のどのようなところが遺伝病のようなのか．また，どのようなところが感染症のようなのか．

ANNOTATED BIBLIOGRAPHY / 参考文献

Couzin, J. The Prion Protein Has a Good Side? You Bet. *Science* **311**, 1091 (2006)

Ellis, R. J., and Pinheiro, T. J. T. Danger–Misfolding Proteins. *Nature* **416**, 483–484 (2002).

Ensrink, M. After the Crisis: More Questions about Prions. *Science* **310**, 1756–1758 (2005).

Ferguson, N. M., A. C. Ghan, C. A. Donnelly, T. J. Hagenaars, and R. M. Anderson. Estimating the Human Health Risk from Possible BSE Infection of the British Sheep Flock. *Nature* **415**, 420–424 (2002). [The title says it all.]

Gibbons, A., and M. Hoffman. New 3–D Protein Structures Revealed. *Science* **253**, 382–383 (1991). [Examples of the use of X–ray crystallography to determine protein structure.]

Gierasch, L. M., and J. King, eds. *Protein Folding: Deciphering the Second Half of the Genetic Code*. Waldorf, MD: AAAS Books, 1990. [A collection of articles on recent discoveries about the processes involved in protein folding. Experimental methods for studying protein folding are emphasized.]

Hall, S. Protein Images Update Natural History. *Science* **267**, 620–624 (1995). [Combining X–ray crystallography and computer software to produce images of protein structure.]

Hauptmann, H. The Direct Methods of X–ray Crystallography. *Science* **233**, 178–183 (1986). [A discussion of improvements in methods of doing the calculations involved in determining protein structure; based on a Nobel Prize address. This article should be read in connection with the one by Karle, and provides an interesting contrast to the articles by Perutz and Kendrew, both of which describe early milestones in protein crystallography.]

Helfand, S. L. Chaperones Take Flight. *Science* **295**, 809–810 (2002). [An article about using chaperones to combat Parkinson's Disease.]

Holm, L., and C. Sander. Mapping the Protein Universe. *Science* **273**, 595–602 (1996). [An article on searching databases on protein structure to predict the three–dimensional structure of proteins. Part of a series of articles on computers in biology.]

Karle, J. Phase Information from Intensity Data. *Science* **232**, 837–843 (1986). [A Nobel Prize address on the subject of X–ray crystallography. See remarks on the article by Hauptmann.]

Kasha, K. J. Biotechnology and the world food supply. *Genome* **42** (4), 642–645 (1999). [Proteins are frequently in short supply in the diet of many people in the world, so biotechnology can help improve the situation.]

Legname, G., I. V. Baskakov, H. B. Nguyen, D. Riesner, F. E. Cohen, S. J. DeArmond, and S. B. Prusiner. Synthetic Mammalian Prions. *Science* **305**, 673–676 (2004)

Luzzatto, L., and R. Notaro. Haemoglobin's Chaperon. *Nature* **417**, 703–705 (2002).

Mitten, D. D., R. MacDonald, and D. Klonus, Regulation of Foods Derived from Genetically Engineered Crops. *Curr. Opin. Biotechnol.* **10**, 298–302 (1999). [How genetic engineering can affect the food supply, especially that of proteins.]

O'Quinn, P. R., J. L. Nelssen, R. D. Goodband, D. A. Knabe, J. C. Woodworth, M. D. Tokach, and T. T. Lohrmann. Nutritional Value of a Genetically Improved High–Lysine, High–Oil Corn for Young Pigs. *J. Anim. Sci.* **78** (8), 2144–2149 (2000). [The availability of amino acids affects the proteins formed.]

Peretz, D., R. A. Williamson, K. Kaneko, J. Vergara, E. Leclerc, G. Schmitt–Ulms, I. R. Mehlhorn, G. Legname, M. R. Wormald, P. M. Rudd, R. A. Dwek, D. R. Burton, and S. B. Prusiner. Antibodies Inhibit Prion Propagation and Clear Cell Cultures of Prion Infectivity. *Nature* **412**, 739–742 (2001). [Description of a possible treatment for prion diseases.]

Perutz, M. The Hemoglobin Molecule. *Sci. Amer.* **211** (5), 64–76 (1964). [A description of work that led to a Nobel Prize.]

Perutz, M. The Hemoglobin Molecule and Respiratory Transport. *Sci. Amer.* **239** (6), 92–125 (1978). [The relationship between molecular structure and cooperative binding of oxygen. Also see remarks on the articles by Kendrew.]

Ruibal–Mendieta, N. L., and F. A. Lints. Novel and Transgenic Food Crops: Overview of Scientific versus Public Perception. *Transgenic Res.* **7** (5), 379–386 (1998). [A practical application of protein structure research.]

Yam, P. Mad Cow Disease's Human Toll. *Sci. Amer.* **284** (5), 12–13 May (2001). [An overview of mad cow disease and how it has crossed over to infect people.]

CHAPTER 5

タンパク質の精製と特性解明のための技術

カラムクロマトグラフィーはタンパク質の精製に広く用いられている

概　要

5.1　細胞から純粋なタンパク質の抽出

　5.1.1　どのようにして細胞からタンパク質を取り出すか

5.2　カラムクロマトグラフィー

　5.2.1　クロマトグラフィーの種類にはどのようなものがあるか

5.3　電気泳動

　5.3.1　アガロースゲルとポリアクリルアミドゲルの違いは何か

5.4　タンパク質の一次構造の決定

　5.4.1　配列決定のためにタンパク質を小断片に切断するのはなぜか

5.1 細胞から純粋なタンパク質の抽出

一つの細胞には多くの異なるタンパク質が含まれる．いずれのタンパク質でも，その性質を詳細に研究するには，1種類の分子のみから構成される均一な試料が必要である．タンパク質を他の成分から分離すること，すなわち精製は，更なる実験のための必須の第一段階である．一般に，分離技術はサイズ，電荷，および極性——すなわち分子の違いの源——に焦点を合わせる．不純物を除去し，目的のタンパク質の純粋な標品を得るために，多くの技術が使われる．精製段階を進めるとき，タンパク質の回収率と純度の表を作成し，成果を評価する．表5.1はある酵素の典型的な精製を示す．**パーセント回収率** percent recovery は，目的のタンパク質がそれぞれの段階でどれくらいの量で得られたかを示す．この数値は通常，精製に伴い徐々に低下する．しかし，タンパク質が純粋に精製されたとき，タンパク質の性質を解明するための研究に必要な十分量の標品が残されていなければならない．**比活性** specific activity は，それぞれの段階でのタンパク質の純度の比較である．この値は精製がうまくいっていれば上昇するはずである．

表5.1　タンパク質の精製例：酵素キサンチンデヒドロゲナーゼの真菌類からの精製

画　分	体　積 (mL)	全タンパク質 (mg)	全活性	比活性	パーセント回収率
1. 粗抽出物	3,800	22,800	2,460	0.108	100
2. 塩析	165	2,800	1,190	0.425	48
3. イオン交換クロマトグラフィー	65	100	720	7.2	29
4. ゲル沪過クロマトグラフィー	40	14.5	555	38.3	23
5. イムノアフィニティークロマトグラフィー	6	1.8	275	152.108	11

5.1.1　どのようにして細胞からタンパク質を取り出すか

実際の精製を始める前に，まずタンパク質を細胞やオルガネラ（細胞小器官）から遊離させなければならない．最初の段階は**ホモジナイゼーション**（均質化）homogenization と呼ばれ，これは細胞を破砕することである．これには幅広い種類の技術が用いられる．最も簡単な方法は，適切な緩衝液中で組織をブレンダーで細かく破砕することである．細胞は破壊され，可溶性タンパク質が遊離する．この過程はミトコンドリア，ペルオキシソームおよび小胞体などのオルガネラの多くを破壊する．より穏やかな方法は，ポッター－エルベージェム Potter‒Elvejhem 型ホモジナイザーと呼ばれるぴったりと合うプランジャーが通過する肉厚の試験管を使用する．プランジャーの周りのホモジネートを圧搾することにより細胞は砕かれるが，オルガネラの多くは元のままで残る．超音波処理と呼ばれるもう一つの方法では，細胞を破砕するのに超音波を用いる．細胞はまた，凍結と融解を繰り返すことにより破壊することもできる．目的のタンパク質が膜に強く結合していると，タンパク質を引き離す

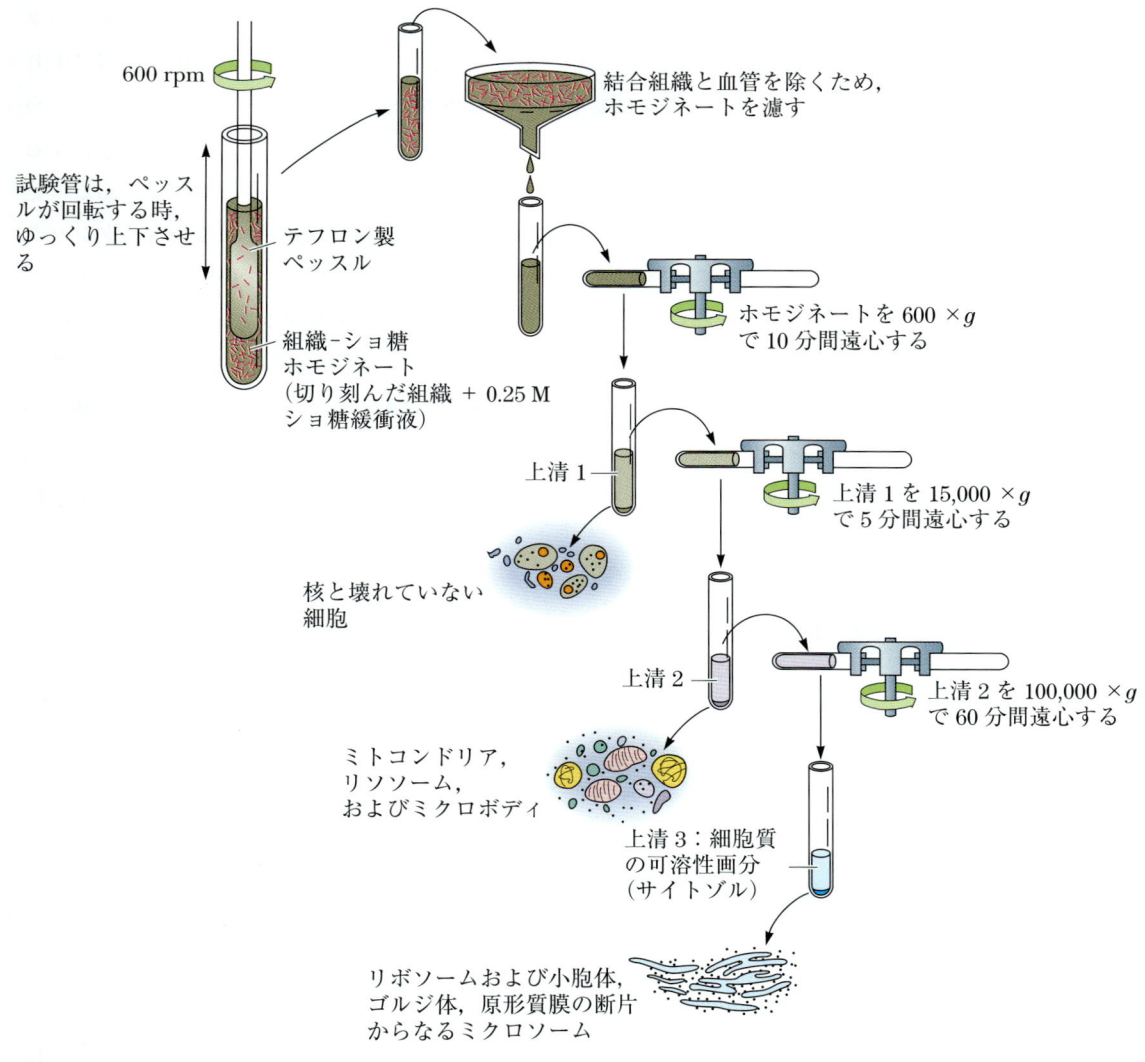

図 5.1

分画遠心分離
分画遠心分離は細胞構成成分を分離するのに使われる．細胞ホモジネートに徐々に g の力をかけていくと，異なる細胞構成成分がペレット状になる．

ために，界面活性剤を加えねばならないことがある．細胞はホモジナイズした後，**分画遠心分離** differential centrifugation にかける．

試料を重力の600倍（$600 \times g$）で遠心すると，壊れていない細胞と核のペレットが得られる．目的のタンパク質が核に存在しないならば，この沈殿は捨てる．この上清については，次に $15,000 \times g$ の高速で遠心し，ミトコンドリアを沈降させる．さらに $100,000 \times g$ で遠心すると，リボソームと膜断片からなるミクロソーム画分が沈降する．目的のタンパク質が可溶性ならば，この遠心上清を集めるが，ここでは，核やミトコンドリアがすでに除去されているので，目的タンパク質はすでに部分的に精製されている．図 5.1 は分画遠心分離法による典型的な分離を示す．

タンパク質を可溶化した後，多くの場合溶解度に基づく大まかな精製を行う．硫酸アンモニウムは

この段階で用いられる最も一般的な試薬であり，この方法は**塩析** salting out と呼ばれる．タンパク質の溶解度は，極性およびイオン性化合物の溶液中で変化する．タンパク質は水との相互作用により水に溶けた状態である．あるタンパク質溶液に硫酸アンモニウムを加えると，タンパク質からいくらかの水が奪われて，塩との間でイオン-双極子結合が形成される．その結果，タンパク質を水和するのに利用できる水が少なくなり，タンパク質は疎水結合によって互いに相互作用し始める．ある一定量の硫酸アンモニウムを加えると，目的としない夾雑タンパク質が沈殿するので，これらのタンパク質は遠心分離して捨てる．次に，さらに塩を加えると通常，目的タンパク質を含む異なる一群のタンパク質が沈殿する．この沈殿を遠心分離によって沈降させ，回収する．硫酸アンモニウムの量は通常，100％飽和溶液と比較して表す．一般的な方法では，溶液をまず約40％飽和にし，生成する沈殿を遠沈する．次に，上清にさらに硫酸アンモニウムを加え，通常，60〜70％飽和濃度にする．多くの場合，生成する沈殿は目的タンパク質を含んでいる．これらの予備的な方法では一般に，それほど純粋な試料を得ることはできないが，次に述べるさらに効果的な精製方法のための粗ホモジネートを調製するという重要な役割を果たしている．

Sec. 5.1 要約

■ 精製過程を始めるにあたり，さまざまな物理的手法を用いたホモジナイゼーションによって，タンパク質を細胞から遊離させる．
■ 最初の精製段階は，分画遠心分離と硫酸アンモニウムを用いた塩析によって行われる．

5.2 カラムクロマトグラフィー

クロマトグラフィー chromatography という用語は，ギリシャ語のクロマ chroma すなわち"色"と，グラフェイン graphein すなわち"書くこと"に由来する．この技術は20世紀の初頭，いろいろな色をもつ植物色素を分離するために最初に用いられた．それ以来，無色の化合物を分離することも，それらを検出する方法がありさえすれば可能となった．クロマトグラフィーは，化合物が異なるとそれらは二つの異なる相，すなわち二つの分離しうる物質間に，さまざまな程度に分配されるという事実に基づいている．一つの相は**固定相** stationary phase であり，もう一つは**移動相** mobile phase である．移動相は固定相の上を流れて，分離されるべき試料を共に運ぶ．試料中の各成分が，固定相と相互作用する程度は異なる．いくつかの成分は固定相と比較的強く相互作用するので，強く相互作用しない成分よりもゆっくりと移動相によって運ばれる．成分の示す異なる移動速度がこの分離技術の基盤である．

タンパク質の研究に用いられる多くのクロマトグラフィー技術は**カラムクロマトグラフィー** column chromatography であり，この場合，固定相を構成する材料がカラムに充填されている．試料は，小容量の濃縮溶液としてカラムの上端に添加される．溶離液 eluent と呼ばれる移動相をカラムに流す．試料は溶離液によって希釈されるので，この分離過程で試料が占める体積は増加する．うまくいった実験では，試料全体が最終的にカラムから出てくる．図5.2にカラムクロマトグラフィーの一例

Chapter 5 タンパク質の精製と特性解明のための技術

図 5.2

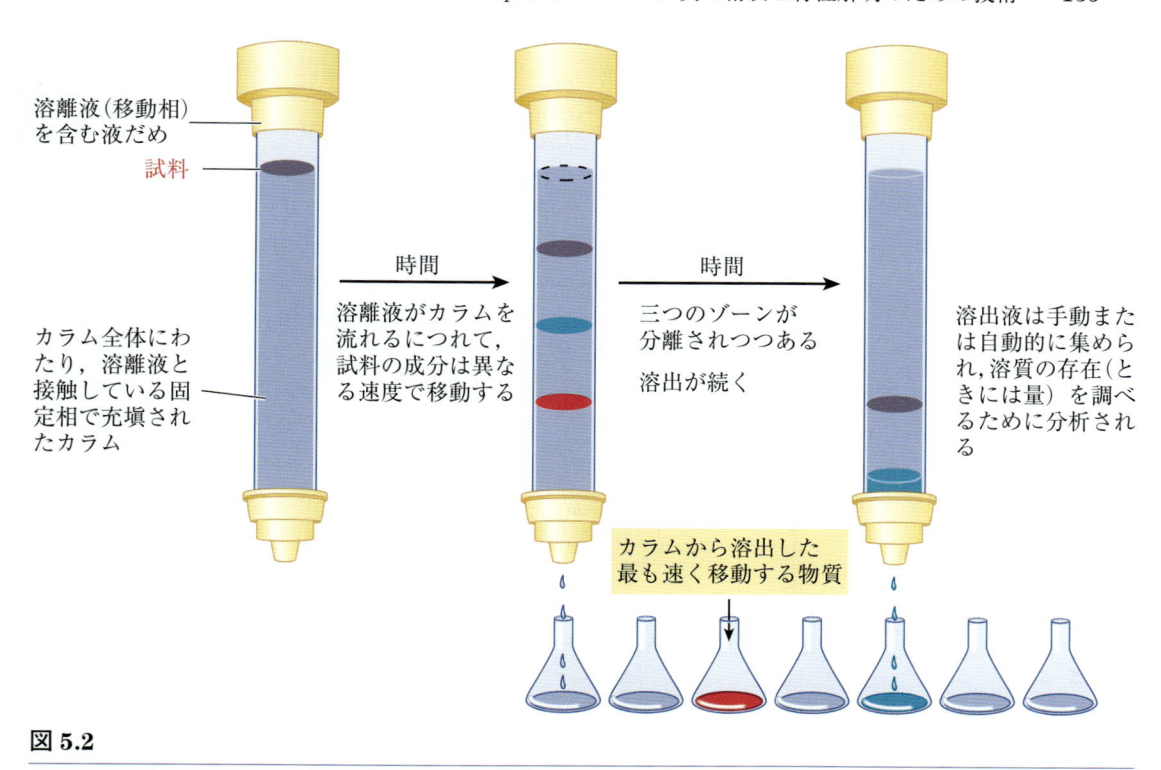

カラムクロマトグラフィー
いくつかの成分を含む試料をカラムにかける．種々の成分は異なる速度で移動するので，個別に集めることができる．

を示す．

5.2.1 クロマトグラフィーの種類にはどのようなものがあるか

　サイズ排除クロマトグラフィー size-exclusion chromatography は，ゲル沪過クロマトグラフィー gel-filtration chromatography とも呼ばれ，サイズに基づいて分子を分離し，種々の分子量のタンパク質を分別するための有用な方法である．カラムクロマトグラフィーの一種であり，固定相は架橋されたゲル粒子から構成される．ゲル粒子は通常，ビーズ状で，2種類のポリマーのうちの一つから構

図 5.3

カラムクロマトグラフィーに用いられるアガロースの反復二糖単位

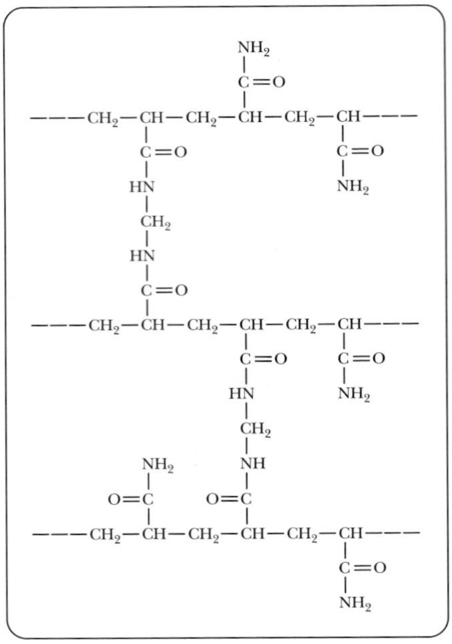

図 5.4
架橋されたポリアクリルアミドの構造

成される．最初のものは**デキストラン** dextran または**アガロース** agarose のような糖質ポリマーであり，それぞれ商品名セファデックス Sephadex またはセファロース Sepharose の名で通っている（図 5.3）．2 番目のものは，**ポリアクリルアミド** polyacrylamide に基づいており（図 5.4），商品名バイオゲル Bio-Gel という名で販売されている．これらのポリマーの架橋構造によって多数の穴が作られる．架橋の程度は，目的の穴のサイズを選択するために調節することができる．ある試料をカラムにかけると，小さい分子は，大きい分子と違って穴に入り込み，カラムを下降する過程で遅れる傾向がある．結果として，大きい分子が最初に溶出し，その後，小さい分子が穴から逃れて溶出される．ゲル濾過クロマトグラフィーの原理は図 5.5 に模式的に示されている．この種類のクロマトグラフィーの利点は，(1) サイズに基づいて分子を分離する方法としての便利さと，(2) この方法が，試料を一組の標準タンパク質と比較することにより，分子量を見積るのに用いることができることである．用いるゲルはそれぞれのタイプにより，分子量の対数に直線的に比例して分離できる特定の分画範囲をもっている．また，それぞれのゲルには排除限界があり，これは穴の内部に入ることができないタンパク質の大きさを示す．したがって，その大きさまたはそれ以上大きなタンパク質は，すべて最初に一緒に溶出する．

アフィニティークロマトグラフィー affinity chromatography は，多くのタンパク質のもつ特異的な結合特性を利用するもので，あるポリマー材料を固定相として用いる別種のカラムクロマトグラフィーである．アフィニティークロマトグラフィーの大きな特徴は，そのポリマーが，目的タンパク質と特異的に結合する**リガンド** ligand と呼ばれるある化合物と共有結合で結合していることである（図 5.6）．試料中の他のタンパク質はそのカラムに結合しないので，緩衝液によって容易に溶出されるが，結合したタンパク質はカラムに残る．次に，結合したタンパク質は，固定相と競争してそのタンパ

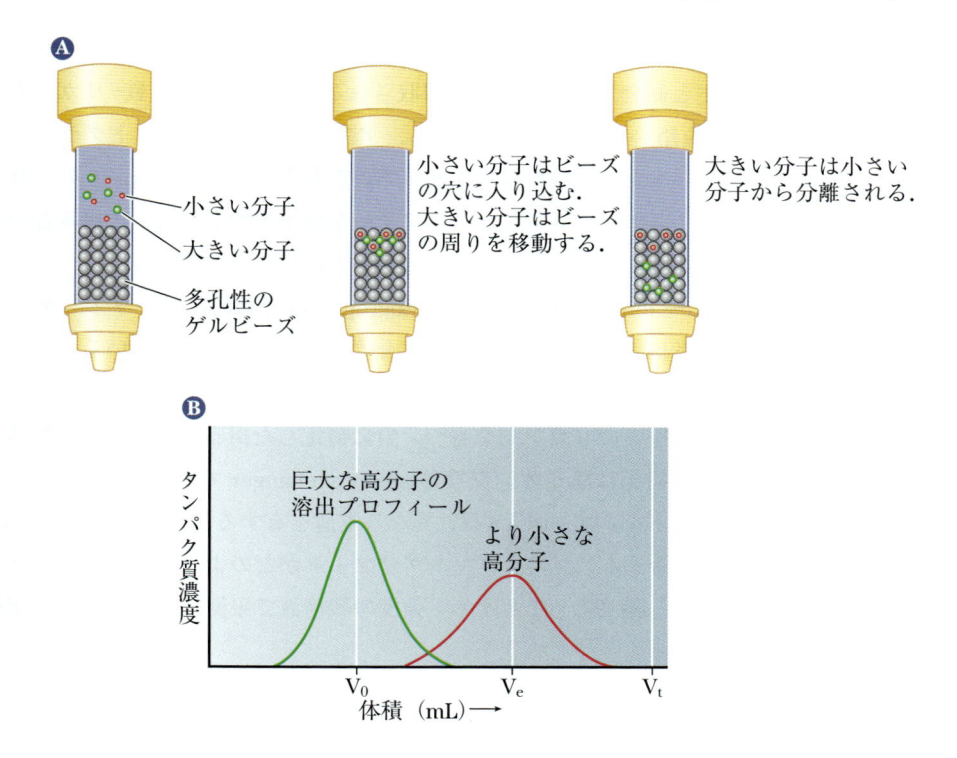

図 5.5

ゲル濾過クロマトグラフィー
大きい分子はゲルから排除され，カラム中をより速く移動する．小さい分子はゲルビーズの内部に入り込むので，溶出するのに長い時間を要する．

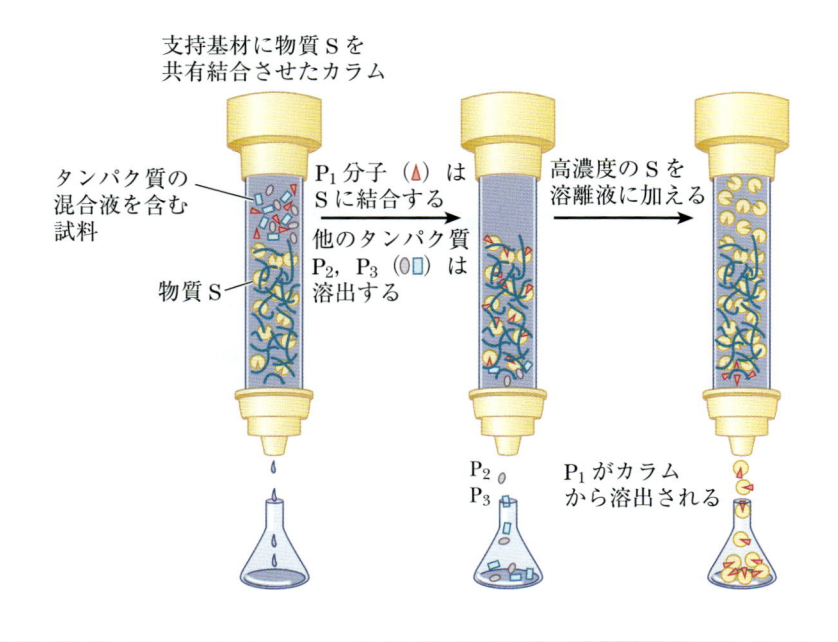

図 5.6

アフィニティークロマトグラフィーの原理
タンパク質の混合物の中で，P_1 で示されたタンパク質のみが基質と呼ばれる物質 S と結合する．基質はカラムのマトリックスに結合されている．他のタンパク質 P_2 と P_3 が洗い出されたあと，P_1 は，高塩濃度の溶液または遊離の S を加えることにより溶出することができる．

質と結合できるほどの高濃度の遊離型リガンドを添加することにより，カラムから溶出される．タンパク質は，移動相中のリガンドと結合してカラムから回収される．このタンパク質-リガンド相互作用は，pHやイオン強度の変化を用いて壊すこともできる．アフィニティークロマトグラフィーは便利な分離法で，非常に純度の高いタンパク質を得ることができる利点をもつ．Chap. 13 の《身の周りに見られる生化学》では，アフィニティークロマトグラフィーを分子生物学的技術と組み合わせて，あるタンパク質を一段階で精製することを可能にした興味深い方法について述べる．

イオン交換クロマトグラフィー ion-exchange chromatography は理論的にはアフィニティークロマトグラフィーと似ている．両者は，目的タンパク質を結合するカラム用樹脂を用いる．しかし，イオン交換クロマトグラフィーでは，相互作用の特異性は低く，それは実効電荷に基づいている．イオン交換樹脂は正の電荷または負の電荷のリガンドをもつ．負に荷電した樹脂は**陽イオン交換体** cation exchanger であり，正に荷電した樹脂は**陰イオン交換体** anion exchanger である．図5.7 は，いくつかの典型的なイオン交換用リガンドを示す．図5.8 は，異なる電荷を有する三つのアミノ酸を用いて，その操作原理を示す．図5.9 は，陽イオン交換クロマトグラフィーがどのようにしてタンパク質を分離するかを示す．カラムは最初に，適切なpHとイオン強度の緩衝液で平衡化する．イオン交換樹脂

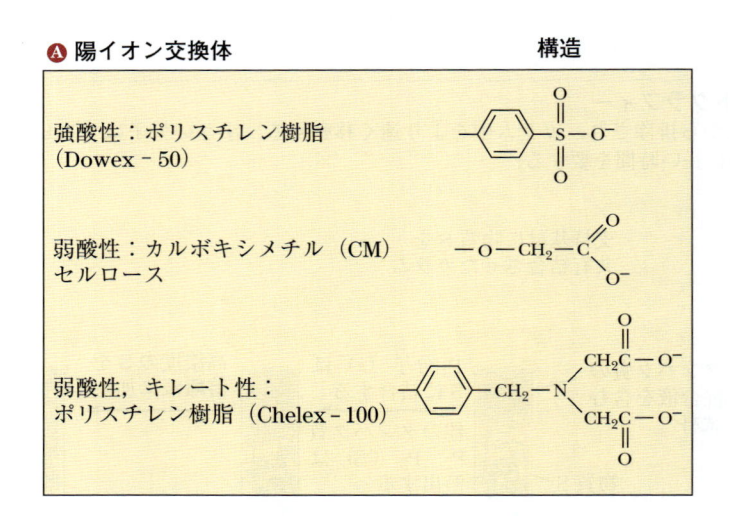

図 5.7

イオン交換クロマトグラフィーに使われる樹脂
生化学的分離によく使われる Ⓐ 陽イオン交換体と Ⓑ 陰イオン交換体．

は対イオンと結合している．陽イオン交換樹脂は通常，Na^+ または K^+ イオンと結合し，陰イオン交換樹脂は通常，Cl^- と結合している．タンパク質の混合物はカラムにかけられ，カラムを通って流下する．このとき，この交換体と反対符号の実効電荷をもつタンパク質はカラムに結合し，結合していた対イオンと場所を交換 exchange する．実効電荷をもたないタンパク質やイオン交換体と同じ電荷をもつタンパク質は溶出する．結合しないタンパク質のすべてが溶出した後，溶離液を結合したタンパク質の電荷を取り除くような pH の緩衝液，またはより高い塩濃度の緩衝液のどちらかに変更する．

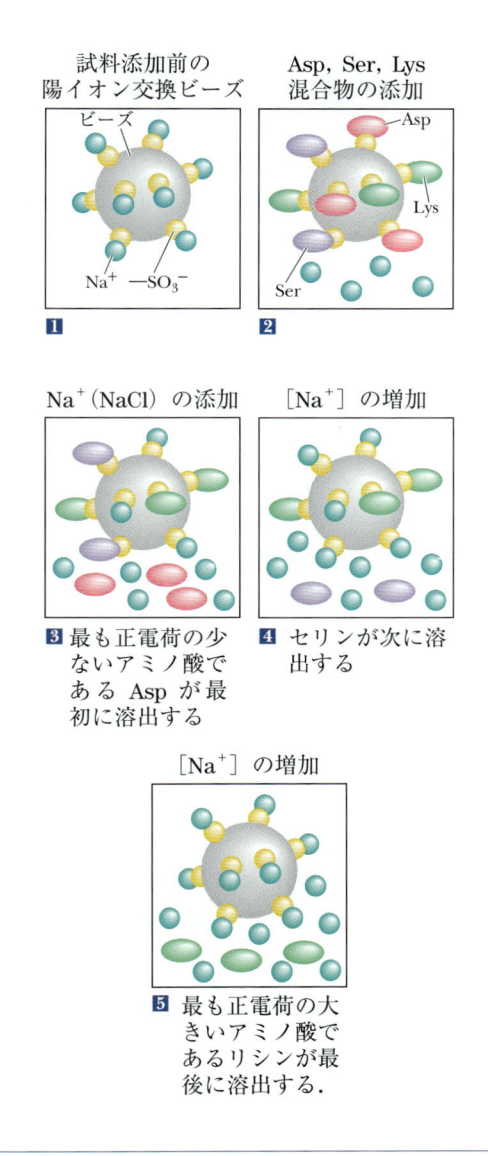

図 5.8
アスパラギン酸，セリン，リシンの混合物を分離する陽イオン交換カラムの操作
1. 最初の Na^+ 型の陽イオン交換樹脂．
2. アスパラギン酸，セリン，リシンの混合物を，その樹脂の入ったカラムに添加する．
3. 溶離塩（例えば NaCl）の勾配をカラムに流す．アルパラギン酸（最も正荷電の少ないアミノ酸）が最初に溶出する．
4. 塩濃度が増加するにつれて，セリンが溶出する．
5. 塩濃度がさらに増加すると，リシン（三つのアミノ酸のうち最も正電荷が大きい）が最後に溶出する．

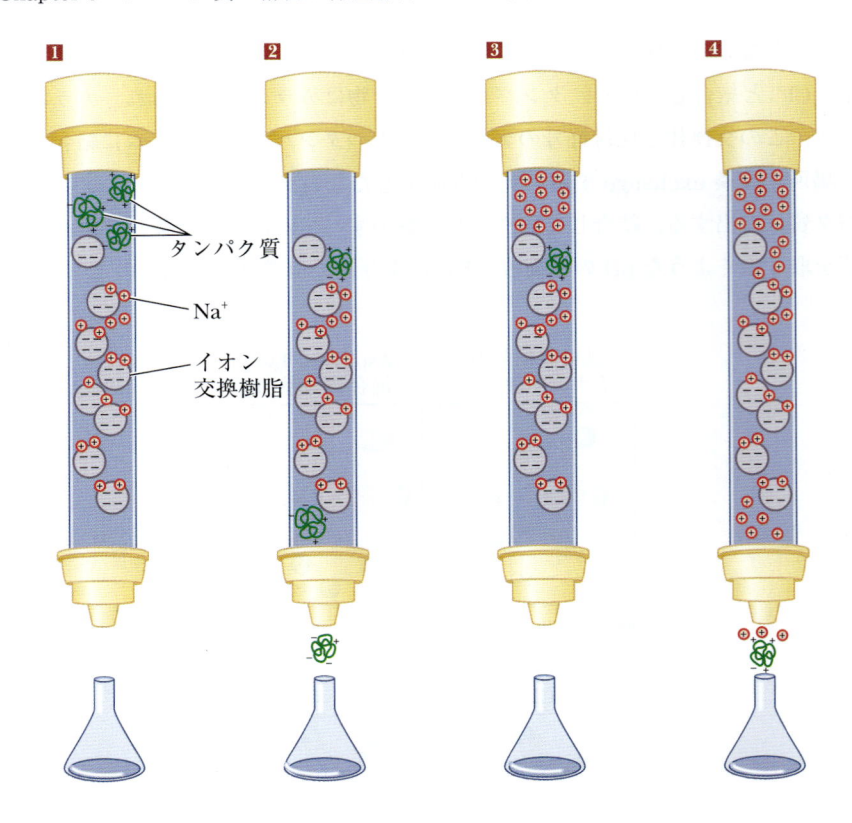

図 5.9

陽イオン交換体を用いるイオン交換クロマトグラフィー

1. 最初に種々のタンパク質がカラムにかけられる．カラムの樹脂は Na^+ 対イオン（小さな赤い球）と結合している．
2. 実効電荷が 0 か負のタンパク質はカラムを通過する．正の実効電荷をもつタンパク質はカラムに結合し，Na^+ イオンと置き換わる．
3. 次に過剰の Na^+ イオンがカラムに加えられる．
4. Na^+ イオンは，樹脂上の結合部位において，結合したタンパク質と競合し，その結果タンパク質は溶出する．

後者の緩衝液は，カラム上の限られた結合空間に結合しているタンパク質と競争し解離させる．このようにして，一旦カラムに結合した分子は，多くの夾雑分子から分離して溶出される．

Sec. 5.2 要約

- タンパク質の精製に一般的に用いられる技術のいくつかは，カラムクロマトグラフィーである．
- ゲル濾過クロマトグラフィーでは，タンパク質はサイズによって分離される．
- イオン交換クロマトグラフィーでは，特定の電荷をもつ分子がカラムに選択的に結合し，結合しないタンパク質から分離され，その後溶出される．
- アフィニティークロマトグラフィーでは，分子は結合したリガンドとの特異的な相互作用を介してカラムに結合する．結合しないタンパク質を除去した後，目的とするタンパク質を溶出することができる．

5.3　電気泳動

電気泳動 electrophoresis は，電場において荷電粒子が反対電荷の電極に向かう運動に基づいている．高分子は，それらの電荷，形状，およびサイズに基づいて，異なる移動度を示す．電気泳動には紙や液体などの多くの支持体が用いられてきたが，現在最も広く用いられる支持体は，カラムクロマトグラフィーに用いられる支持体と類似のアガロースやアクリルアミドのポリマーである．試料は，支持体中につくられたウェル well に添加される．最も望ましい分離ができるように調節した電圧下で，支持体を通して電流を流す（図 5.10）．タンパク質がゲル内で分離された後，図 5.11 に示すように，ゲルを染色しタンパク質の位置を知る．

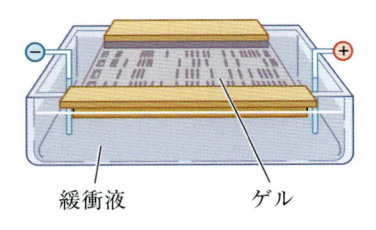

図 5.10

ゲル電気泳動の実験装置
試料はゲルの左端に入れる．電流が流れると，負に荷電した分子は陽極に向かって移動する．

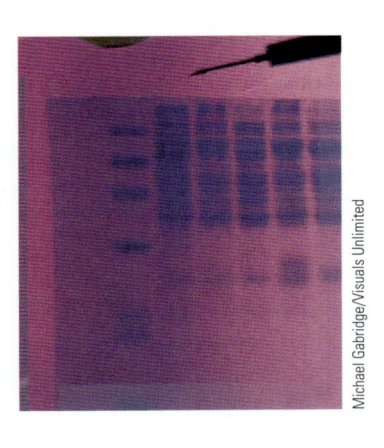

図 5.11

ゲル電気泳動によるタンパク質の分離
ゲル中に見られるそれぞれのバンドは異なるタンパク質を示す．SDS-PAGE では，試料はゲルにかける前に界面活性剤で処理される．等電点電気泳動では，pH 勾配がゲルの端から端まで形成される．

5.3.1　アガロースゲルとポリアクリルアミドゲルの違いは何か

アガロースゲルは核酸を分離するために最も頻繁に用いられており，Chap. 13 で述べる．タンパク質に関しては，アガロースが使われる場合もあるが，ポリアクリルアミドが最も一般的に使われる電気泳動の支持体である（図 5.4）．ポリアクリルアミドゲルは，カラムクロマトグラフィーで用いるビーズ型ではなく，連続した架橋マトリックスとして調製され，成形される．ポリアクリルアミドゲル電気泳動の一つの変法では，ゲルにかける前にタンパク質試料を界面活性剤ドデシル硫酸ナトリウム（SDS）で処理する．SDS の構造は $CH_3(CH_2)_{10}CH_2OSO_3^- Na^+$ である．この陰イオンは非特異的吸着によってタンパク質に強く結合する．タンパク質は大きいほど，より多くのこの陰イオンを吸着する．SDS はタンパク質を完全に変性させ，三次構造と四次構造を決定する非共有結合性相互作用のすべてを破壊する．このことは，複数のサブユニットからなるタンパク質をその構成ポリペプチド鎖として分析できることを意味する．試料中のすべてのタンパク質は，陰イオン性の SO_3^- 基を吸着する結果，負の電荷をもつ．それらのタンパク質はランダムコイル状のほぼ同じ形状となる．**SDS－ポリアクリルアミドゲル電気泳動** SDS-polyacrylamide gel electrophoresis（SDS-PAGE）において，アクリルアミドゲルは，小さい分子より，大きい分子に対して，より大きい抵抗性を示す．したがって，試料中のすべてのタンパク質の形状と電荷がほぼ同じになるので，タンパク質のサイズが分離の決定因子となり，小さいタンパク質は大きいタンパク質よりも速く移動する．ゲル沪過クロマトグラフィーと同様に，SDS-PAGE は，試料を標準タンパク質と比較することにより，タンパク質の分子量の測定に用いることができる．大抵のタンパク質に対して，分子量の対数は図 5.12 に示すように，SDS-PAGE 上の移動度と直線的な関係にある．SDS 非存在下のアクリルアミドでもタンパク質を分離することができ，その場合，ゲルは**ネイティブゲル** native gel と呼ばれる．これはあるタンパク質を天然のコンホメーションで研究するときに有効である．しかしながら，この場合には移動度はサイズと特に関係するのではなく，サイズ，形状，および電荷の三つの変数によってゲルの移動度が制御される．

等電点電気泳動 isoelectric focusing はゲル電気泳動のもう一つの変法である．異なるタンパク質は異なる滴定基をもつので，異なる等電点をもっている．等電点（pI）とは，タンパク質（またはアミ

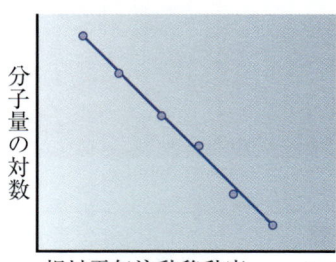

図 5.12

分子量と移動度の関係
個々のポリペプチドの分子量の対数に対する SDS-PAGE 上でのタンパク質の相対電気泳動移動度のプロットはほぼ直線になる．

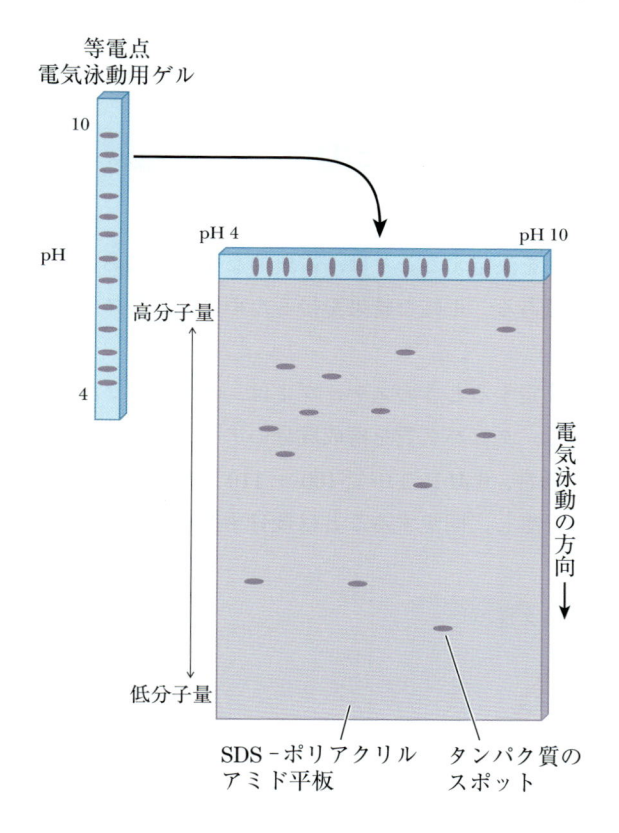

図 5.13

二次元電気泳動
タンパク質の混合物は，等電点電気泳動により一方向に分離される．等電点電気泳動されたタンパク質は，次に等電点電気泳動の方向と直角方向に SDS-PAGE を用いて泳動される．したがって，ゲル上に現れるバンドは，最初は電荷によって，次にサイズによって分離されたものである．

ノ酸またはペプチド）が実効電荷をもたない pH であることを思い起こそう（Sec. 3.3）．pI では，正電荷の数が負電荷の数とちょうど釣り合う．等電点電気泳動実験では，ゲル内に電場勾配と平行に pH 勾配を調製する．タンパク質は，電場の影響下でゲル内を移動するにつれて異なる pH の領域に入り，タンパク質の電荷は変化する．最終的に，それぞれのタンパク質は，実効電荷をもたない点，すなわち等電点に到達し，それ以上は移動しなくなる．タンパク質はそれぞれの pI に相当するゲルの位置に留まるので，有効な分離法となる．

二次元ゲル（2D ゲル）電気泳動と呼ばれる分離能を向上させた巧妙な方法がある．ここではまず一次元で等電点電気泳動を行い，次に最初の泳動に対して直角方向に SDS-PAGE を行う（図 5.13）．

Sec. 5.3 要約
- 電気泳動はゲル内を流れる電流によってゲル支持体上で分子を分離する．
- タンパク質はゲル上でそのサイズ，形状，および電荷に基づいて分離される．
- SDS-ポリアクリルアミドゲル電気泳動では，タンパク質は分子量に基づいて分離される．

5.4 タンパク質の一次構造の決定

タンパク質のアミノ酸配列を決定することは，古典的な生化学において，決まった手順に沿ったものではあるが，重要な操作である．正確な結果を得るためには，各ステップを注意深く行わねばならない（図5.14）．

タンパク質の一次構造を決定するときのステップ1は，どのアミノ酸がどのような割合で含まれているかを確定することである．タンパク質を構成成分のアミノ酸にまで分解することは比較的容易である．タンパク質溶液は，通常，6 M HCl 中で 100～110℃で，12～36 時間加熱してペプチド結合を加水分解する．生成物を分離し，同定することは幾分手間のかかることであるが，アミノ酸分析機

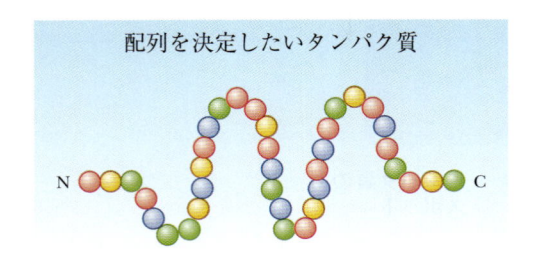

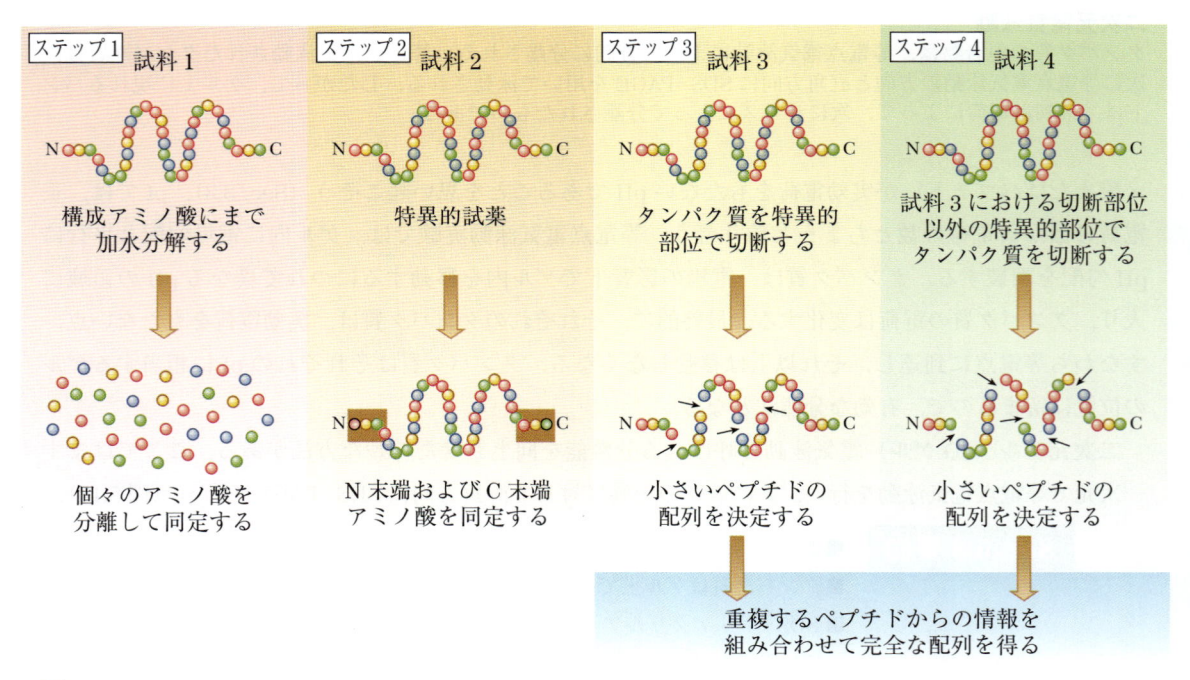

図5.14
あるタンパク質の一次構造を決定するための方策
四つに分けた同じタンパク質試料について，四つの異なる分析を行うことによって，アミノ酸配列が決定できる．

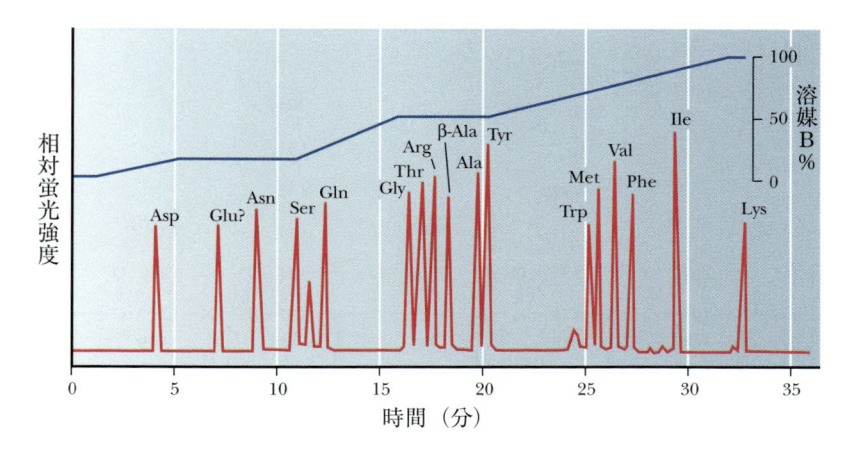

図 5.15
アミノ酸分離の HPLC クロマトグラム

によって行うことができる．この自動分析装置により，アミノ酸の種類に関する定性的な情報と，それらのアミノ酸の相対的な量に関する定量的な情報を得ることができる．それはアミノ酸組成を明らかにするだけでなく，その後の配列決定にどの手順を選ぶべきかについての情報を与えてくれる（図5.14 のステップ 3 とステップ 4 を参照）．アミノ酸分析機はアミノ酸混合物をイオン交換クロマトグラフィーまたは**高速液体クロマトグラフィー** high-performance liquid chromatography（HPLC）によって分離するが，HPLC は多くのアミノ酸を短時間かつ高分解能で分離することができるクロマトグラフィー技術である．図 5.15 は，この技術を用いたアミノ酸分離の典型的な結果を示す．

ステップ 2 では，タンパク質の N 末端および C 末端アミノ酸残基を同定する．この行程は，ペプチドの配列決定法が進歩するにつれて次第に不必要になりつつあるが，タンパク質が一つのペプチド鎖から構成されているか，あるいは二つのペプチドを含むかどうかを確かめるために用いることができる．

ステップ 3 と 4 では，タンパク質をより小さな断片に切断し，アミノ酸配列を決定する．自動配列決定装置では，N 末端から始まる段階的修飾を行い，続いて配列中の各アミノ酸を切断し，切断された各修飾アミノ酸を，順次，同定する．この過程は**エドマン分解** Edman degradaton と呼ばれる．

5.4.1 配列決定のためにタンパク質を小断片に切断するのはなぜか

エドマン分解法はアミノ酸残基の数が増えるにつれて難しくなる．多くのタンパク質は，鎖の長さは 100 残基以上である．長いポリペプチドのアミノ酸配列の決定には，通常，後に説明する理由で 20 〜 50 残基の断片に分解することが必要である．

タンパク質のペプチドへの切断

タンパク質は，酵素または化学試薬によって特異的な部位で切断することができる．酵素**トリプシン** trypsin は，リシンやアルギニンのような正に荷電した R 基をもつアミノ酸のところで，特異的に

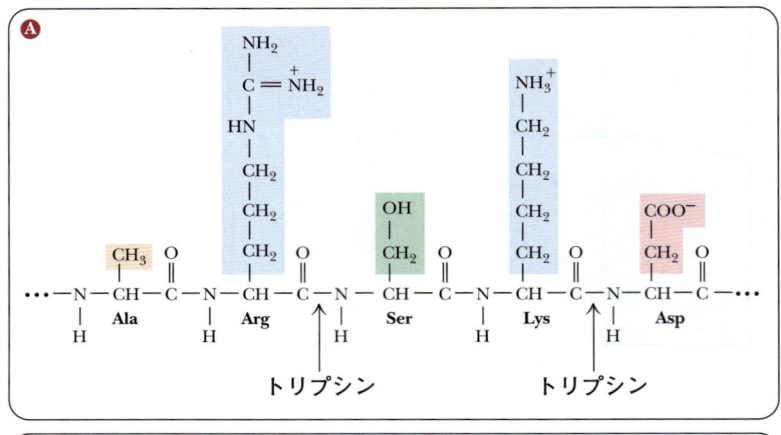

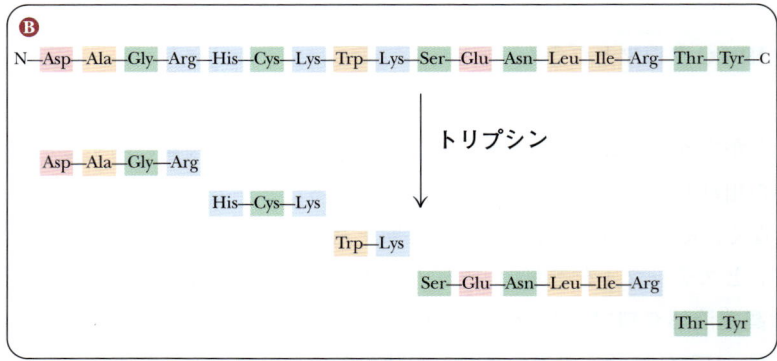

図 5.16

トリプシンによるペプチド消化

Ⓐ トリプシンはアルギニンまたはリシンがカルボニル基を与えるペプチド結合のみを特異的に切断するタンパク質加水分解酵素，すなわちプロテアーゼである．

Ⓑ 反応産物は，C 末端に Arg または Lys 残基をもつペプチド断片と，元のポリペプチドの C 末端から生じる単一のペプチドとの混合物である．

ペプチド結合を切断する．切断は，荷電した側鎖をもつアミノ酸が，反応によって生じるペプチドの C 末端になるような方法で起こる（図 5.16）．元のタンパク質の C 末端アミノ酸は 20 種のアミノ酸のどれかであり，多くの場合，切断が起こるアミノ酸残基とは異なる．したがって，その C 末端残基が切断部位に特異的なアミノ酸でないならば，そのペプチドは，自動的に元のタンパク質鎖の C 末端ペプチドであると同定できる．

もう一つの酵素**キモトリプシン** chymotrypsin は，チロシン，トリプトファンおよびフェニルアラニンのような芳香族アミノ酸のペプチド結合を特異的に切断する．芳香族アミノ酸は，この反応により生じるペプチドの C 末端残基となる（図 5.17）．

化学試薬である**臭化シアン** cyanogen bromide（CNBr）の場合，切断部位は内部のメチオニン残基のところである．メチオニンの硫黄原子は臭化シアンの炭素原子と反応し，新たに生じる断片の C 末端にホモセリンラクトンを生じる（図 5.18）．

これらの試薬によってタンパク質を切断すると，いずれもペプチドの混合物を生じる．それらを次に高速液体クロマトグラフィーによって分離する．配列決定しようとする一つのタンパク質に対して，

図 5.17

キモトリプシンによるタンパク質の切断
キモトリプシンは芳香族アミノ酸のところでタンパク質を加水分解する．

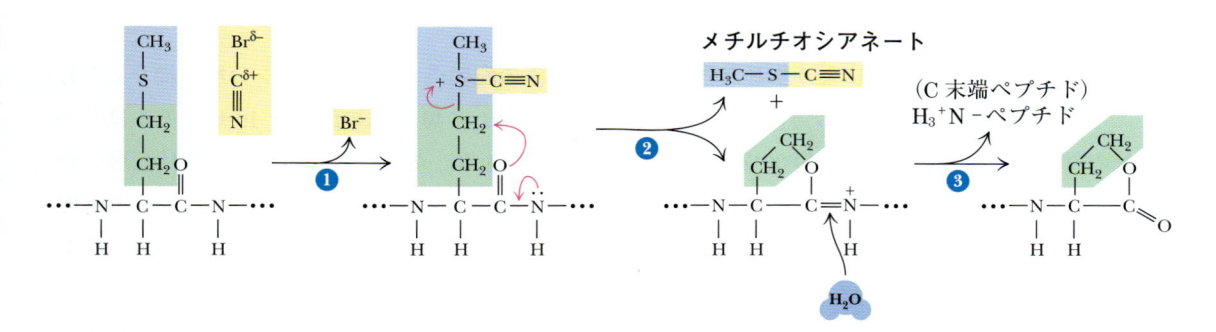

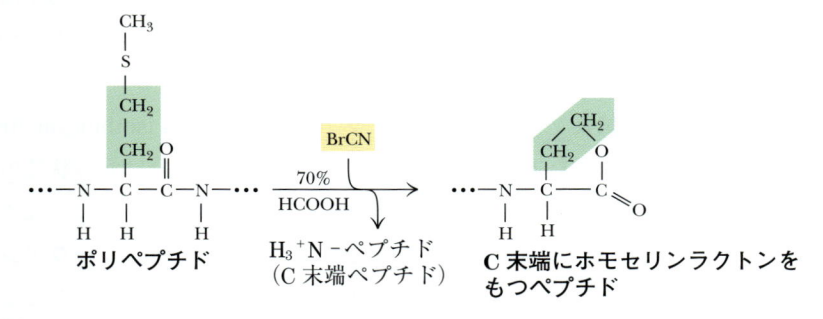

図 5.18

臭化シアンによる内部のメチオニン残基のところでのタンパク質の切断

いくつかのこのような試薬を用いると，各々異なる混合物を生じる．ある試薬により生じた一組のペプチドの配列は，別の試薬により生じる配列と重複するであろう（図 5.19）．したがって，それらの配列を決定すれば，各ペプチドを正しい順序に並べることができる．

キモトリプシン	H₃N⁺—Leu—Asn—Asp—Phe	
臭化シアン	H₃N⁺—Leu—Asn—Asp—Phe—His—Met	
キモトリプシン		His—Met—Thr—Met—Ala—Trp
臭化シアン		Thr—Met
臭化シアン		Ala—Trp—Val—Lys—COO⁻
キモトリプシン		Val—Lys—COO⁻
全体の配列	H₃N⁺—Leu—Asn—Asp—Phe—His—Met—Thr—Met—Ala—Trp—Val—Lys—COO⁻	

図 5.19

タンパク質の配列を決定するための重複配列の利用
キモトリプシンと臭化シアンにより部分消化が行われた．明確にするため，元のペプチドのN末端とC末端だけを区別して示す．

ペプチドのアミノ酸配列決定：エドマン分解法

　タンパク質の特異的切断により生じた各ペプチドの実際の配列決定は，エドマン分解を繰り返し行うことにより達成できる．この方法によって，ペプチドの10～40残基の配列を10ピコモルほどの少量の材料から，1残基当たり約30分で決定することができる．ただし，読める残基数は精製したペプチドの量や配列の複雑さにもよる．例えば，プロリンは化学反応性が低いため，セリンよりも配列決定が難しい（図5.19の各ペプチドのアミノ酸配列は，ペプチドを互いに分離した後，エドマン法によって決定された）．異なる試薬によって生じたペプチド配列を重複させることにより，パズルを解く鍵が得られる．すなわち，異なるペプチド上の同じ配列を並べると，全体の配列を導き出すことができる．エドマン法は極めて効率よくなったので，タンパク質のN末端やC末端を化学的または酵素的方法により同定する必要はなくなった．しかし，結果を解釈する際には，タンパク質が一つ以上のポリペプチド鎖から構成されている可能性について留意しておく必要がある．

　ペプチドの配列決定において，エドマン試薬フェニルイソチオシアネート phenyl isothiocyanate はペプチドのN末端残基と反応する．修飾されたアミノ酸は，ペプチドの残りの部分は元の状態のままで切り取られ，そのアミノ酸のフェニルチオヒダントイン誘導体として検出される．次に，元のペプチドの2番目，3番目のアミノ酸も同じ方法で処理することができる．この過程は，**シークエンサー** sequencer と呼ばれる自動分析装置（図5.20）を用いて，ペプチド全体の配列が決定されるまで繰り返される．

　もう一つの配列決定法は，タンパク質のアミノ酸配列がそのタンパク質をコードする遺伝子の塩基配列を反映していることを利用する．現在利用されている方法では，DNAの塩基配列を得ることは，タンパク質の配列を得ることよりも容易なことが多い（核酸の配列決定法については，Sec. 13.11を参照）．遺伝暗号（Sec. 12.2）を用いると，タンパク質のアミノ酸配列をただちに決定することができる．　この方法は便利であるが，ジスルフィド結合の位置を決定したり，ヒドロキシプロリンのような翻訳後修飾されるアミノ酸残基を検出することはできない．また，真核生物の遺伝子で見られる

ような，タンパク質が最終的に完成する前に起こる広範なプロセッシング反応については，情報を得ることができない（Chap. 11 および Chap. 12）．

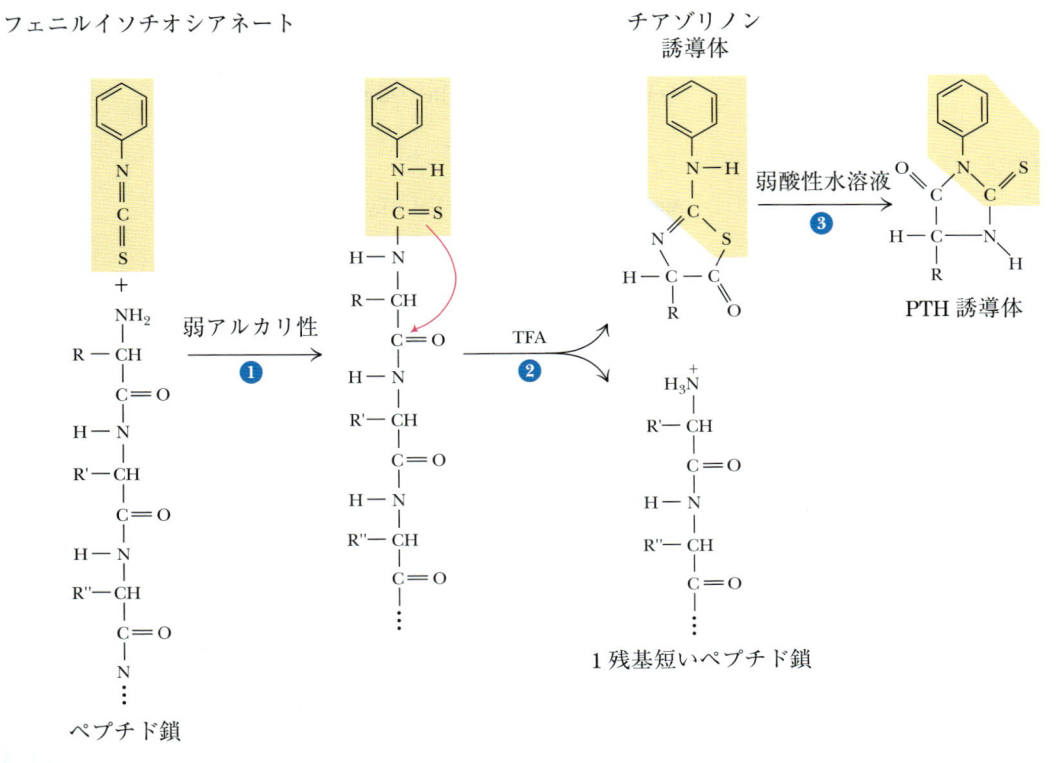

図 5.20
エドマン法によるペプチドの配列決定
① 弱アルカリ性条件の下で，フェニルイソチオシアネートはペプチドの N 末端に結合して，フェニルチオカルバモイル置換体を形成する．
② TFA（トリフルオロ酢酸）で処理すると，環化して N 末端アミノ酸残基はチアゾリノン誘導体として遊離される．しかし，その他のペプチド結合は加水分解されない．
③ 有機溶媒で抽出し，酸性水溶液で処理することによって N 末端アミノ酸をフェニルチオヒダントイン（PTH）誘導体として得る．全体のペプチドが配列決定されるまで，ペプチド鎖の残りに対して各段階で露出した N 末端を決定するという過程が繰り返される．

応用問題

ペプチドのアミノ酸配列の決定

未知の配列のペプチドの溶液を二つの試料に分けた．一つの試料はトリプシンで，もう一つの試料はキモトリプシンで処理した．トリプシン処理により得られた小さいペプチドは，次の配列をもっていた．

Leu−Ser−Tyr−Ala−Ile−Arg
LSYAIR

および

Asp−Gly−Met−Phe−Val−Lys
DGMFVK

キモトリプシン処理により得た小さいペプチドは次の配列をもっていた．

Val−Lys−Leu−Ser−Tyr
VKLSY

Ala−Ile−Arg
AIR

および

Asp−Gly−Met−Phe
DGMF

元のペプチドの配列を導きなさい．

答 ここでのキーポイントは二つの異なる酵素で処理することによって生じた断片が重なる配列をもっていることである．これらの重なる配列を比較することで完全な配列を決定できる．トリプシン処理の結果は，ペプチドには二つの塩基性アミノ酸，アルギニンとリシン，があることを示す．これらの二つ以外のC末端アミノ酸をもつ断片は生じなかったので，これらのうちの一つはC末端アミノ酸であるはずである．C末端の位置に塩基性残基以外のアミノ酸があったならば，トリプシン処理だけで配列が決定できたであろう．キモトリプシンによる処理は必要な情報を与える．ペプチドの配列 Val−Lys−Leu−Ser−Tyr（VKLSY）はリシンが内部残基であることを示す．完全な配列は Asp−Gly−Met−Phe−Val−Lys−Leu−Ser−Tyr−Ala−Ile−Arg（DGMFVKLSYAIR）である．

本項を終わるにあたって，なぜタンパク質をバラバラに切る必要があるのかという問題に戻ろう．アミノ酸シークエンサーが配列を決定してくれるので，100アミノ酸からなるタンパク質を一度に分析でき，タンパク質をトリプシン，キモトリプシンまたはその他の試薬で消化しなくても，その配列を手に入れられるだろうと思うかもしれない．しかし，エドマン分解を行うときの現実について，論理的に考えなければならない．図5.20のステップ1に示したように，ペプチドをエドマン試薬であるフェニルイソチオシアネート（PITC）と反応させる．この反応の化学量論は1モルのペプチドが1モルのPITCと反応するということである．その結果，次のステップ3におけるPTH誘導体が1モル生成する．残念なことに，化学量論通りに正確に適合させることは非常に難しい．例えば，Asp−Leu−Tyr−…という配列をもつペプチドを分析するとしよう．われわれは完全に正確に量を測定することはできないので，簡単にするため，98分子のPITCに100分子のペプチドを添加すると仮定してみよう．そうするとどうなるだろうか．まず，ステップ1でPITCが制限されているので最終的には98分子のアスパラギン酸がPTH誘導体になる．そして，それを正確に分析することによってN末端

身の周りに見られる生化学　プロテオミクス

ひとまとめにして沈降させる

　この章で紹介した技術は現代の生物科学の基盤であり，本書の中でも，それらを使って得られた情報とともに，それらの技術そのものをしばしば目にすることだろう．このことは，**プロテオミクス** proteomics と呼ばれる近年の流行において，まさに言えることである．プロテオミクスとは，ある生物のタンパク質の全体像（**プロテオーム** proteome）を系統的に解析することであり，最も急速に成長している分野の一つである．本章末の Kumar, A. and M. Snyder の論文は，細胞系におけるタンパク質間の相互作用を決定するための優れた方法について述べているが，その方法にはすでに述べた三つの技術が含まれている．彼らは図のタンパク質1として示す"ベイト（おとり）"と呼ばれるタンパク質を作成した．これらにはアフィニティータグをつけ，他の細胞構成成分と反応させた後，タグをつけたベイトタンパク質をアフィニティーカラムに結合させた．カラムとの結合で，ベイトタンパク質はベイトと結合した他のどのタンパク質をも捕らえる．結合した複合体をカラムから溶出し，SDS-PAGE で精製した．各バンドを切り出し，トリプシンで消化した後，各断片は質量分析法によって同定された．このようにしてベイトタンパク質と会合するタンパク質の同定法が確立された．本書を通して，多くのタンパク質相互作用の例を見ることになるが，ここに示した例はそのような情報を集める手段の一つである．

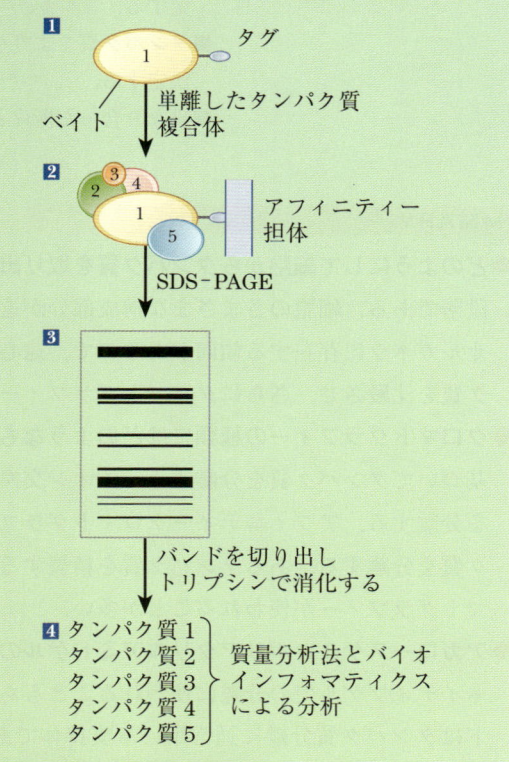

タンパク質相互作用の解析
ここで示した方法では，ステップ1でまずアフィニティータグを標的タンパク質（ベイト）にくっつけ，他の細胞タンパク質と反応させる．ステップ2で，ベイトタンパク質はアフィニティー担体と結合して沈殿する．ベイトタンパク質と相互作用するいずれのタンパク質も同様に沈殿する．ステップ3で，これらのタンパク質はSDS-PAGEを用いて分離される．ステップ4で，そのタンパク質は，ゲルから切り出され，トリプシンで消化され，その断片は質量分析法で同定される．（Kumar, Anuj & Snyder, Michael, Proteomics: Protein complexes take the bait. Nature **415**, fig 1, p123–124 (10 Jan 2002) より，許可を得て転載）

がアスパラギン酸であることがわかる．反応の2サイクル目では，さらに PITC が加えられるが，今度は2種類のペプチド（ロイシンから始まる98分子のペプチドとアスパラギン酸から始まる2分子のペプチド）が存在している．2サイクル目のPTH誘導体を分析すると，誘導体の一つはロイシン，もう一つはアスパラギン酸という二つのシグナルが得られる．2サイクル目では，アスパラギン酸のPTH誘導体は少量なので，正しい2番目のアミノ酸を知る上で，それは妨害にはならない．しかし，サイクルが進むにつれて，さらに多くの副産物が現れるので，状況はますます悪くなる．ある時点でPTH誘導体を分析しても同定できなくなる．こういうわけで，シグナルが悪化する前にそれらの配列を分析できるよう，より小さな断片で始めなければならないのである．

> **Sec. 5.4 要約**
> ■タンパク質のアミノ酸配列は多段階の過程を経て，決定される．
> ■最初にタンパク質を構成アミノ酸にまで加水分解し，そのアミノ酸組成を決定する．
> ■タンパク質をより小さな断片に切断し，各断片をエドマン分解によって配列決定する．
> ■重なり合った断片とその配列から，もとのタンパク質の配列が推定できる．

SUMMARY　　　　　　　　　　　　　　　　　　　　　　　　　　　要　　約

◆**どのようにして細胞からタンパク質を取り出すか**　細胞を破壊することがタンパク質精製の最初の段階である．細胞のさまざまな構成部分が遠心分離によって分離できる．タンパク質はある特定のオルガネラに存在する傾向があるので，遠心分離は有効な手段である．高濃度の塩によってタンパク質を沈殿させ，さらにクロマトグラフィーや電気泳動によって分離する．

◆**クロマトグラフィーの種類にはどのようなものがあるか**　ゲル沪過クロマトグラフィーはサイズに基づいてタンパク質を分離する．イオン交換クロマトグラフィーは実効電荷に基づいてタンパク質を分離する．アフィニティークロマトグラフィーは特異的なリガンドとの親和性に基づいてタンパク質を分離する．あるタンパク質を精製するためには，多くの技術が使われ，複数の異なったクロマトグラフィーが使われることが多い．

◆**アガロースゲルとポリアクリルアミドゲルの違いは何か**　アガロースゲル電気泳動はタンパク質のネイティブゲルでの分離に使われることもあるが，主として核酸の分離に使われる．アクリルアミドはタンパク質分離に通常用いる支持体である．アクリルアミドゲルは SDS とともに電気泳動を行うと，タンパク質は大きさのみに基づいて分離する．

◆**配列決定のためにタンパク質を小断片に切断するのはなぜか**　エドマン分解では，サイクルが進むとまぎらわしいデータが出てくるので，タンパク質から切り出して解析できるアミノ酸の数に事実上，制限がある．この問題を避けるため，タンパク質は酵素や化学薬品を用いて小さな断片に切断し，これらの断片をエドマン分解によって配列決定する．

EXERCISES　　　　　　　　　　　　　　　　　　　　　　　　　　練習問題

5.1 細胞から純粋なタンパク質の抽出

1. 復習　タンパク質を可溶化するために利用できるホモジナイゼーション技術の種類には，どのようなものがあるか．
2. 復習　ブレンダーの代わりにポッター-エルベージェム型ホモジナイザーを使うのはどのようなときか．
3. 復習　塩析とは何を意味するか．その機構は何か．
4. 復習　硫酸アンモニウム沈殿法によりタンパク質を分画できるのはタンパク質のどのような違いによるのか．
5. 復習　分画遠心分離法を用いて，どのようにして肝細胞からミトコンドリアを単離できるか．
6. 復習　分画遠心分離法だけで，ペルオキシソームとミトコンドリアを分離することができるか．
7. 復習　1回の分画遠心分離だけで，タンパク質を部分的に単離するシナリオの例を挙げよ．
8. 復習　ミトコンドリア膜に強く埋め込まれているタンパク質を単離する方法を述べよ．
9. 演習　あるタンパク質を初めて精製しようとしている．まず，ブレンダーでホモジナイゼーションにより可溶化し，次に分画遠心分離した．

次の段階として硫酸アンモニウム沈殿を行うとすると，加える硫酸アンモニウムの量について何の予備知識もない状態で，用いるべき硫酸アンモニウムの適切な濃度（％飽和）を見出す実験をデザインせよ．

10. **演習** ペルオキシソームの内部に見出される可溶性の酵素タンパク質Xがある．これを，ミトコンドリアの膜に局在する類似の酵素タンパク質Yから分離したい．これらのタンパク質を単離するためには，最初にどのような技術を使うべきか．

5.2 カラムクロマトグラフィー

11. **復習** 次の技術によるタンパク質の分離の基盤は何か．
    (a) ゲル沪過クロマトグラフィー
    (b) アフィニティークロマトグラフィー
    (c) イオン交換クロマトグラフィー

12. **復習** ゲル沪過カラム上のタンパク質の溶出順序はどのようになるか．なぜそうなるか．

13. **復習** ある化合物をアフィニティーカラムから溶出させる二つの方法は何か．それぞれの利点と欠点は何か．

14. **復習** ある化合物をイオン交換カラムから溶出させる二つの方法は何か．それぞれの利点と欠点は何か．

15. **復習** イオン交換カラムから，結合したタンパク質を溶出させるのに，多くの場合，pHを変える代わりに塩濃度を上げるのはなぜか．

16. **復習** カラムクロマトグラフィーの担体を構成する2種類の化合物は何か．

17. **復習** 陽イオン交換体となる化合物の一例を描け．陰イオン交換体についても，一例を描け．

18. **復習** ゲル沪過クロマトグラフィーにより，あるタンパク質の分子量を推定するにはどのようにすればよいか．

19. **演習** セファデックスG-75は，球状タンパク質に対して分子量80,000の排除限界をもつ．アルコールデヒドロゲナーゼ（MW 150,000）をβ-アミラーゼ（MW 200,000）から分離するためにこのカラム材を用いると，どのようになるか．

20. **演習** 上記の問題19と関連して，β-アミラーゼをウシ血清アルブミン（MW 66,000）から分離することができるか．

21. **演習** 陰イオン交換カラムを用いて，等電点7.0のタンパク質Xを精製する実験をデザインせよ．

22. **演習** 上記の問題21で，タンパク質Xは，pH 6と6.5の間でのみ安定であることがわかった．イオン交換クロマトグラフィーを用いて，タンパク質Xをどのようにして精製するか．

23. **演習** 第三級アミン［樹脂-$NH^+(CH_2CH_3)_2$］の代わりに，第四級アミン［樹脂-$N^+(CH_2CH_3)_3$］を基材とする陰イオン交換樹脂を用いることの利点は何か．

24. **演習** 酵素Aを，混入している酵素BとCから分離し精製したい．酵素Aはミトコンドリアのマトリックスに存在する．酵素Bはミトコンドリア膜に埋め込まれており，酵素Cはペルオキシソームに存在する．酵素AとBは60,000ダルトンの分子量をもち，酵素Cは100,000ダルトンの分子量をもつ．酵素AのpIは6.5であり，酵素BとCのpIは7.5である．Aを他の二つの酵素から分離する実験をデザインせよ．

25. **演習** リシン，ロイシン，およびグルタミン酸からなるアミノ酸混合物は，pH 3.5で陽イオン交換樹脂にかけ，同じpHの溶離緩衝液を用いて溶出するイオン交換クロマトグラフィーにより分離される．これらのアミノ酸のうち，どれが最初にカラムから溶出するか．これらのアミノ酸の一つをカラムから溶出させるのに，何か他の処置が必要か．

26. **演習** フェニルアラニン，グリシン，およびグルタミン酸からなる混合物はHPLCによって分離される．固定相は水性で，移動相は水よりも極性が低い溶媒である．これらのアミノ酸のうち，どれが一番速く移動するか．どれが一番遅いか．

27. **演習** 逆相HPLCでは，固定相は非極性で，移動相は中性pHの極性溶媒である．問題26の三つのアミノ酸のうち，どれが一番速く逆相HPLCカラムを移動するか．どれが一番遅いか．

28. **演習** ゲル沪過クロマトグラフィーは，タンパク質溶液から硫酸アンモニウムのような塩を除去するのに有用な方法である．このような分離

がどのようにして達成されるかを述べよ．

5.3 電気泳動

29. **復習** タンパク質の電気泳動の移動度を制御する物理的パラメーターは何か．
30. **復習** 電気泳動で用いられるゲルを構成する化合物の種類は何か．
31. **復習** カラムクロマトグラフィーと電気泳動で用いられる二つの主要なポリマーのうち，細菌や他の生物体による汚染にあまり影響されないのはどちらか．
32. **復習** どのような種類の高分子が通常，アガロースゲル電気泳動で分離されるか．
33. **復習** 異なるサイズ，形状および電荷をもつタンパク質の混合物を電気泳動で分離したとき，どのようなタンパク質がより速く陽極（＋極）に向かって移動するか．
34. **復習** SDS-PAGEとは何か．SDS-PAGEを行う利点は何か．
35. **復習** ドデシル硫酸ナトリウムのタンパク質への添加は，電気泳動の分離の基盤にどのように影響を与えるか．
36. **復習** ゲル濾過とゲル電気泳動では，マトリックスを作るのにしばしば同じ化合物を用いるにもかかわらず，サイズに基づく分離の順序が反対なのはなぜか．
37. **復習** 次の図はSDS-PAGEを用いた電気泳動実験の結果である．左のレーンは次の標準試料を含む．ウシ血清アルブミン（MW 66,000），卵白アルブミン（MW 45,000），グリセルアルデヒド3-リン酸デヒドロゲナーゼ（MW 36,000），カルボニックアンヒドラーゼ（MW 24,000），およびトリプシノーゲン（MW 20,000）．右のレーンは未知試料である．未知試料のMWを計算せよ．

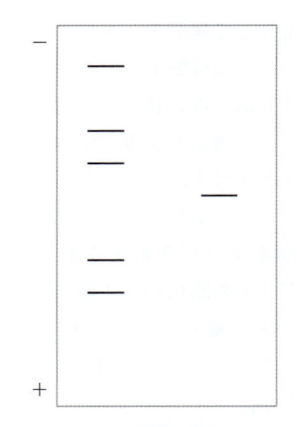

5.4 タンパク質の一次構造の決定

38. **復習** タンパク質のN末端アミノ酸を別の実験として決定することは，もはや必要ないと考えられるのはなぜか．
39. **復習** 別の実験としてN末端アミノ酸を決定したならば，どのような有用な情報が得られるか．
40. **演習** N末端残基としてロイシンをもつペプチドに適用するエドマン法の最初の段階を，（構造を含む）一連の式によって示せ．
41. **演習** エドマン分解は非常に長いペプチドでは有効に用いることができないのはなぜか．（ヒント：ペプチドとエドマン試薬の化学量論的関係およびそれらが関与する有機化学反応のパーセント収率について考えよ．）
42. **演習** エドマン分解によるアミノ酸配列決定の実験で，ペプチドのモル数の2倍量のエドマン試薬を偶然に加えた場合，何が起こるか．
43. **演習** 未知ペプチドの試料を二つに分けた．一つはトリプシンで処理し，もう一つは臭化シアンで処理した．生じた断片について次のような（N末端からC末端までの）配列が与えられたとき，元のペプチドの配列を導け．

トリプシン処理
Asn－Thr－Trp－Met－Ile－Lys
Gly－Tyr－Met－Gln－Phe
Val－Leu－Gly－Met－Ser－Arg
臭化シアン処理
Gln－Phe
Val－Leu－Gly－Met
Ile－Lys－Gly－Tyr－Met
Ser－Arg－Asn－Thr－Trp－Met

44. **演習** 未知配列のペプチド試料をトリプシンで処理した．同じペプチドのもう一つの試料をキモトリプシンで処理した．トリプシン消化により生じた小断片の（N 末端から C 末端までの）配列は次のとおりであった．

   Met－Val－Ser－Thr－Lys
   Val－Ile－Trp－Thr－Leu－Met－Ile
   Leu－Phe－Asn－Glu-Ser－Arg

   キモトリプシン消化により生じた小断片の配列は次のとおりであった．

   Asn－Glu－Ser－Arg－Val－Ile－Trp
   Thr－Leu－Met－Ile
   Met－Val－Ser－Thr－Lys－Leu－Phe

   元のペプチドの配列を導け．

45. **演習** あるタンパク質のアミノ酸配列を決定しようとしているが，矛盾した結果が得られた．すなわち，ある実験では，N 末端アミノ酸としてグリシン，C 末端アミノ酸としてアスパラギンが示された．しかし一方，もう一つの実験では，N 末端アミノ酸としてフェニルアラニン，C 末端アミノ酸としてアラニンが示された．この見かけの矛盾はどのように説明できるか．

46. **演習** あるペプチドのアミノ酸配列を決定しようとしている．トリプシン消化後，エドマン分解を行い，次のペプチド断片を得た．

   Leu－Gly－Arg
   Gly－Ser－Phe－Tyr－Asn－His
   Ser－Glu－Asp－Met－Cys－Lys
   Thr－Tyr－Glu－Val－Cys－Met－His

   これらの結果は何が異常か，それを引き起こした問題点は何だったのか．

47. **演習** アミノ酸組成は，タンパク質を 6 M HCl 中で加熱し，その加水分解物をイオン交換カラムを通すことにより決定することができる．アミノ酸配列を決定しようとしているとき，最初にアミノ酸組成を得ようとするのはなぜか．

48. **演習** あなたは 100 個のアミノ酸を含むタンパク質についてアミノ酸配列を決定しようとしている．アミノ酸分析が次のようなデータを示したならば，タンパク質を切断して断片にするのに通常用いられる薬品や酵素のうち，最も役に立たないと思われるのはどれか．

アミノ酸	残基数
Ala	7
Arg	23.7
Asn	5.6
Asp	4.1
Cys	4.7
Gln	4.5
Glu	2.2
Gly	3.7
His	3.7
Ile	1.1
Leu	1.7
Lys	11.4
Met	0
Phe	2.4
Pro	4.5
Ser	8.2
Thr	4.7
Trp	0
Tyr	2.0
Val	5.1

49. **演習** 問題 48 のタンパク質を切断するのに，どの酵素や薬品を選ぶか．それはなぜか．

50. **演習** 問題 48 のタンパク質を配列決定するのに，キモトリプシンはどのようなアミノ酸配列に対して効果的な試薬だろうか．それはなぜか．

51. **関連** プロテオミクスとは何か．

52. **関連** 《身の周りに見られる生化学》に書かれたベイトタンパク質のタグの目的は何か．

53. **関連** 《身の周りに見られる生化学》に書かれた実験の原理において，その背景にあるいくつかの仮定は何か．

ANNOTATED BIBLIOGRAPHY / 参考文献

Ahern, H. Chromatography, Rooted in Chemistry, Is a Boon for Life Scientists. *The Scientist* **10** (5), 17–19 1996. [A general treatise on chromatography.]

Boyer, R. F. *Modern Experimental Biochemistry*. Boston: Addison–Wesley, 1993. [A textbook specializing in biochemical techniques.]

Dayhoff, M. O., ed. *Atlas of Protein Sequence and Structure*. Washington, DC: National Biomedical Research Foundation, 1978. [A listing of all known amino acid sequences, updated periodically.]

Deutscher, M. P., ed. *Guide to Protein Purification*. Vol. 182, *Methods in Enzymology*. San Diego: Academic Press, 1990. [The standard reference for all aspects of research on proteins.]

Dickerson, R. E., and I. Geis. *The Structure and Action of Proteins*, 2nd ed. Menlo Park, CA: Benjamin Cummings,

1981. [A well-written and particularly well-illustrated general introduction to protein chemistry.]

Farrell, S. O., and L. Taylor. *Experiments in Biochemistry: A Hands-On Approach*. Menlo Park, CA: Thomson Learning, 2005. [A laboratory manual for undergraduates that focuses on protein purification techniques.]

Kumar, A. and M. Snyder. Protein Complexes Take the Bait. *Nature* **415**, 123–124 (2002). [An article that pulls together several protein purification techniques and shows how they can be used to answer real questions in protein biochemistry.]

Robyt, J. F. and B. J. White. *Biochemical Techniques Theory and Practice*. Monterey, CA: Brooks/Cole, 1987. [An all-purpose review of techniques.]

Whitaker, J. R. Determination of Molecular Weights of Proteins by Gel Filtration on Sephadex®. *Analytical Chemistry* **35** (12), 1950–1953 (1963). [A classic paper describing gel filtration as an analytical tool.]

タンパク質の性質：酵素

CHAPTER 6

化学反応の進行は山道の峠を越えて行くことによく似ている．触媒はこの過程をスピードアップすることができる．

概　要

6.1 酵素は極めて効率のよい生体触媒である

6.2 触媒作用：反応の速度論と熱力学的側面

    6.2.1 反応が自発的な場合，その反応は速く進むといえるか

    6.2.2 反応温度を上げると反応速度は増大するか

6.3 酵素反応速度論

    6.3.1 酵素の反応速度は常に反応物質の濃度とともに増大するか

6.4 酵素−基質複合体の形成

    6.4.1 酵素が基質と結合するのはなぜか

6.5 酵素触媒反応の例

    6.5.1 キモトリプシンとATCアーゼが異なる反応速度曲線を示すのはなぜか

6.6 ミカエリス−メンテンモデルによる酵素反応速度論

    6.6.1 グラフからどのようにしてK_MとV_{max}を求められるか

    6.6.2 K_MとV_{max}は何を意味しているか

6.7 酵素反応の阻害

    6.7.1 競合阻害剤はどのようにして同定できるか

    6.7.2 非競合阻害剤はどのようにして同定できるか

6.1 酵素は極めて効率のよい生体触媒である

タンパク質はいろいろな機能をもつが，その中で最も重要なものは多分その**触媒作用** catalysis であろう．その触媒作用がなければ生体システムのほとんどの反応が遅すぎて，生物が生きていくのに必要な物質が適切に得られなくなる．生体内でのこの機能を担う触媒を**酵素** enzyme と呼ぶ．例外としてある種の RNA（リボザイム）が触媒活性をもっているが（Sec. 11.7, 12.4），それを除けば，すべての酵素は球状のタンパク質である（Sec. 4.3）．酵素は最も効率のよい触媒であり，無触媒反応に比べて 10^{20} 倍も反応速度を上げることができる．一方，非酵素触媒はせいぜい $10^2 \sim 10^4$ 倍程度である．

次の二つの章で述べるように，酵素は化合物の立体異性体をも区別できるくらいの高い特異性を有し，反応速度を大幅に増大することができる．多くの場合，その酵素作用はさまざまな調節機構により微調整を受けている．

> **Sec. 6.1 要約**
> ■触媒は化学反応速度を増大させる物質である．
> ■酵素は身体の中で起こる代謝反応の速度を増大させる生体触媒である．
> ■ほとんどの酵素は球状タンパク質である．

6.2 触媒作用：反応の速度論と熱力学的側面

反応の速度と，反応が熱力学的に有利であるかどうかは，互いに関連してはいるが，別々の事象である．このことは，反応に触媒が関与しているかいないかにかかわらず，すべての反応でいえることである．ある化学反応における反応物（初期状態）と生成物（最終状態）のエネルギーの差を**標準自由エネルギー変化** standard free energy change または $\Delta G°$ と呼び，その反応のエネルギー変化を表す．エネルギー変化はいくつかの関連した熱力量によって記述することができるが，ここでは，標準自由エネルギー変化を用いて考えることにする．一つの平衡反応がどちらに進むかは，その $\Delta G°$ により決まる（Sec. 1.9, 15.2 を参照）．酵素は，触媒すべてがそうであるが，反応速度を上げることはできるが，決して平衡定数や自由エネルギー変化を変えることはできない．反応速度は，その反応を開始するのに必要なエネルギーである活性化の自由エネルギー，すなわち**活性化エネルギー** activation energy（$\Delta G°^{\ddagger}$）によって決まる．非触媒反応の活性化エネルギーは，触媒反応の活性化エネルギーよりも高い．すなわち，非触媒反応では反応が進むのに多くのエネルギーが必要であり，触媒反応よりも反応が遅い．

グルコースと分子状の酸素が反応し二酸化炭素と水になる反応は，多数の酵素触媒を必要とする反

応の一例である．

$$グルコース + 6O_2 \longrightarrow 6CO_2 + 6H_2O$$

この反応は，自由エネルギー変化が負であるので（$\Delta G° = -2880$ kJ/mol $= -689$ kcal/mol）熱力学的には好都合である（熱力学的に自発的な反応である）．

6.2.1　反応が自発的な場合，その反応は速く進むといえるか

　反応が自発的であるという場合，"速く進行する"ことを意味してはいない．グルコースは空気中で酵素が無限に供給されていても安定である．反応を起こさせるにはエネルギーが必要である（そして反応はエネルギーを放出しながら進行する）．すなわち，これが活性化エネルギーである．この様子は，いったん丘の頂上まで荷物を運び上げると，後は反対側にころがり落ちていくのと似ている．
　活性化エネルギーと反応の自由エネルギー変化の関係は，グラフにするとわかりやすい．図 6.1A で x 座標は反応の進行過程を示し，y 座標は標準状態での反応における自由エネルギーを示す．活性化エネルギーの変化 activation energy profile は反応の初期状態と最終状態の間に中間段階があることを示している．触媒反応を考えるとき，この活性化エネルギーの概念は重要である．活性化エネルギーは直接反応速度に影響を与える．触媒はその反応機構を変え，活性化エネルギーを低くすることにより，反応速度を上げる．図 6.1A は，グルコースの完全酸化のような発エルゴン性の自発的反応のエネルギー変化をプロットしたものである．この初期状態から最終状態までの曲線で極大値を示すところを**遷移状態** transition state といい，ここでは生成物をつくるために必要な反応エネルギーと適切な原子配置をもっている．活性化エネルギーは，反応物を遷移状態に移行するのに必要な自由エネルギーであるということもできる．
　この活性化エネルギーの変化は，しばしば二つの谷の間の山の峠を越えることになぞらえて議論される．エネルギー変化は高度の変化に，反応過程はたどった道のりに相当する．山の頂上が遷移状態ということになる．今まで化学者や生化学者は，さまざまな反応の初期状態と最終状態の間の中間過程を明らかにし，その反応経路や機構を解明するため，多くの研究を行ってきた．反応機構の中間段階の研究は反応動力学と呼ばれ，現在活発に研究されている分野の一つである．Chap. 7 において，遷移状態アナログと呼ばれる遷移状態を模倣した分子の利用について述べる．遷移状態アナログは酵素触媒の特異的な反応機構の研究に活用されている．
　化学反応における触媒の最も重要な働きは，図 6.1B に示すように，同じ反応の活性化エネルギーを触媒があるときとないときで比較すると明らかである．その反応における標準自由エネルギー変化 $\Delta G°$ は触媒が存在しても変化しないが，活性化エネルギー $\Delta G°^{\ddagger}$ は低くなる．山道めぐりでいえば，触媒はいわばガイドで，二つの谷間にある山道の中で一番楽なルートを見つけてくれる．サンフランシスコからロサンゼルスへ行く場合を考えれば，国道 5 号線の最高地点はティジョン山間道路（海抜 1342 m）で，無触媒ルートにたとえられる．US ハイウェイ 101 号線の最高地点は海抜 300 m 程度もない．したがって，US ハイウェイ 101 号線のほうが楽な道路で，触媒ルートということができる．この 2 ルートとも出発地点と到着地点は同じであるが，その経路が異なっている．これはまさに無触媒反応と触媒反応において，その反応機構が異なっていることに該当する．酵素があると，基質分子

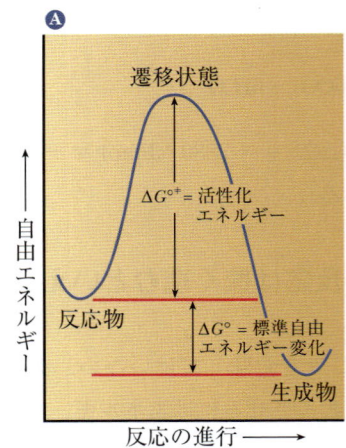

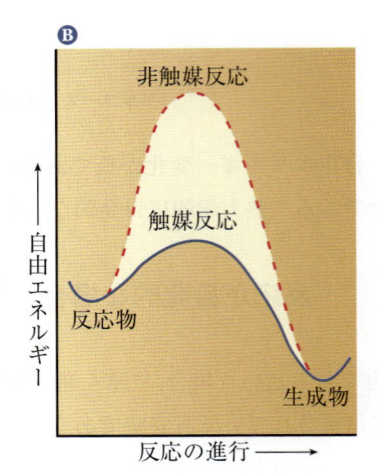

図 6.1

反応における自由エネルギーの変化
Ⓐ 一つの典型的な反応における自由エネルギーの変化を示す．この図は発エルゴン反応（エネルギー発生）の場合である．反応の活性化エネルギー（$\Delta G^{\circ \ddagger}$）と反応の標準自由エネルギー変化（$\Delta G^{\circ}$）との違いに注意すること．
Ⓑ 触媒反応と非触媒反応における活性化エネルギーの比較．触媒反応での活性化エネルギーは非触媒反応の活性化エネルギーに比べてはるかに低い．

が遷移状態に達するのに必要な活性化エネルギーが低下する．遷移状態の濃度が著しく増加し，その結果，触媒反応の反応速度は無触媒反応に比べてはるかに速くなる．酵素触媒では反応速度は10の何乗倍も速くなる．

生化学的反応の例として，過酸化水素（H_2O_2）が分解して水と酸素になる場合の活性化エネルギーに及ぼす触媒の影響を考えてみよう．

$$2H_2O_2 \longrightarrow 2H_2O + O_2$$

表6.1に示すように，この反応の活性化エネルギーは白金触媒の存在下で小さくなるが，酵素であるカタラーゼの存在下ではさらに小さくなる．

表 6.1 過酸化水素の分解における触媒による活性化エネルギーの低下

反応条件	活性化エネルギー		相対速度
	kJ mol^{-1}	kcal mol^{-1}	
無触媒	75.2	18.0	1
白金触媒	48.9	11.7	2.77×10^4
カタラーゼ	23.0	5.5	6.51×10^8

相対速度は，無触媒で37℃での速度を1として表示した．

身の周りに見られる生化学　健康科学

疾患のマーカーとなる酵素

　ある種の酵素は特定の組織にしか存在しないか，あるいは限られた組織にしか存在しない．乳酸デヒドロゲナーゼ（LDH）は二つの異なるサブユニットにより構成されており，一つは主に心臓に見られるタイプ（H）であり，他方は骨格筋に見られるタイプ（M）である．この二つのサブユニットは互いにそのアミノ酸組成，配列が少し異なっており，電荷の差により，電気泳動あるいはクロマトグラフィーで区別できる．LDH は四つのサブユニットから成る四量体であり，M, H サブユニットのいろいろな組合せが可能である．LDH には組織により5種の型があり，これらを**アイソザイム** isozyme と呼ぶ．どのような型の LDH が血液中に増加したかにより，どの組織が損傷を受けているかがわかる．心臓発作は心臓型 LDH の増加により診断が確定される．同様に，クレアチンキナーゼ（CK）は脳，心臓，骨格筋にそれぞれ異なった型のアイソザイムがある．血中に脳型 CK が検出されれば脳卒中や脳腫瘍が疑われ，心臓型であれば心臓発作とされる．心臓発作の後，血中 CK は LDH よりも早期に上昇が見られる．この二つの酵素を検査することにより，診断の可能性が広がり，かつ実際に有効である．なぜなら，弱い心臓発作の場合には診断が難しいことがあるか

らである．血液中に心臓型アイソザイムの濃度が上昇することは心臓に障害が起きていることを明確に示している．
　神経の伝達を制御しているアセチルコリンエステラーゼ（ACE）も特に有用な酵素である．多くの殺虫剤はこの酵素を阻害するので，農家の人はこれら農薬の毒に曝されていないかどうかを時々検査している．現在，20種類以上の酵素が臨床検査室で測定され，疾患の診断に使われている．膵臓，赤血球，肝臓，心臓，脳，前立腺，ならびにいくつかの内分泌腺などに極めて特異性の高いマーカー酵素が見出されている．これらの酵素は比較的測定が容易で，自動化もされているので，血液検査の"標準"として一般化している．

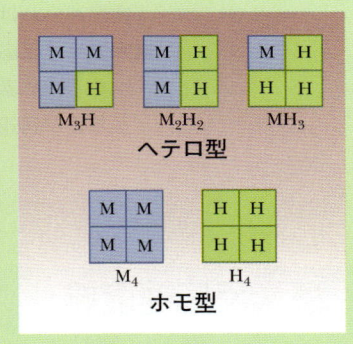

乳酸デヒドロゲナーゼの各種アイソザイム．M は骨格筋型のデヒドロゲナーゼを示し，H は心臓型のデヒドロゲナーゼを示す．

6.2.2　反応温度を上げると反応速度は増大するか

　一般に化学反応では，反応液の温度を上げれば，反応物が遷移状態に到達するために利用できるエネルギーが増加する．その結果，化学反応速度は温度とともに上昇する．同じことが生化学反応でも起こると考える人がいるかもしれない．しかし実際には，生化学反応では温度上昇に伴う反応速度の上昇はごく限られた範囲でしか起こらない．酵素反応の場合も，最初は反応温度の上昇とともに反応速度も上がるが，やがて酵素の熱変性（Sec. 4.4）が起こる温度に達する．この温度を超えると，温度を上げれば上げるほど多くの酵素が熱変性し，したがって反応速度が下がる．酵素反応における温度の影響を示す典型的な曲線を図 6.2 に示す．上の《身の周りに見られる生化学》では，酵素の特殊な性質を利用した臨床的応用について記載している．

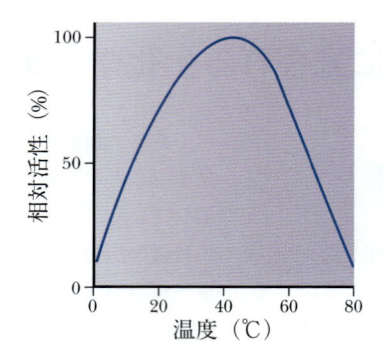

図 6.2
酵素活性に及ぼす温度の影響
各温度に対する酵素の相対活性．50℃以上での活性の減少は熱による酵素タンパク質の変性による．

Sec. 6.2 要約
- 生化学反応の熱力学から，ある反応が自発的かどうかがわかる．自発的な反応ではギブズの自由エネルギー，すなわち $\Delta G°$ は負となる．
- 速度論から反応速度がわかる．$\Delta G°$ が負で自発的な反応であっても，反応速度が速いわけではない．
- 酵素は，反応の活性化エネルギーを低下させることによって反応速度を増大させる．酵素は，反応のエネルギー図における最高点である遷移状態に酵素と基質が到達しやすくなるように作用している．

6.3　酵素反応速度論

　化学反応速度は一般に一定時間での反応物あるいは生成物の量の変化によって表される．さまざまな実験方法を用いてその濃度の変化が測定される．A＋B→Pの反応の場合，その反応速度はどちらかの反応物の減少あるいは生成物の増加によって表される．ここで，AとBは反応物，Pは生成物とすると，物質Aの減少は $-\Delta[A]/\Delta t$ となり，この Δ は変化量を表し，$[A]$ は物質Aのモル濃度，t は時間を表す．同様に，物質Bの減少速度は $-\Delta[B]/\Delta t$ となり，物質Pの生成速度は $\Delta[P]/\Delta t$ となる．反応速度としては，これら物質の濃度変化のどれを用いてもよい．なぜなら，これらの生成物の増加，反応物の減少の速度は，それぞれ次の化学量論式により関係づけられるからである．

$$\text{速度} = \frac{-\Delta[A]}{\Delta t} = \frac{-\Delta[B]}{\Delta t} = \frac{\Delta[P]}{\Delta t}$$

物質AおよびBの濃度変化に負符号が付くのは，反応が進むと物質Pは濃度が増加するのに対して，物質AおよびBは減少することを示している．
　ある時点での反応速度は，反応物のそれぞれの濃度のべき乗の積に比例することが知られている．

$$\text{速度} \propto [A]^f [B]^g$$

式で示せば，

$$\text{速度} = k[A]^f [B]^g$$

ここで，k は**速度定数** rate constant と呼ばれる比例定数である．指数の f と g は実験により求めなければならない値である．f と g は必ずしも平衡式における各物質の係数というわけではないが，多くの場合，それらと一致する．かぎ括弧は濃度を示し，一般にモル濃度で表す．速度式の指数を実験的に求めたとき，その式により反応の機構，すなわち反応物と生成物の間の詳しい部分段階反応が示される．

速度式の濃度の指数は，多くの場合 1 か 2 の小さな整数であり，0 の場合もある．この指数は反応機構を構成する各々の段階反応において，それぞれどれだけの分子が関わっているかを示している．**全反応次数** overall order はこの指数をすべて加えた値である．例えば，A → P の反応速度が次の式で与えられる場合，

$$\text{速度} = k[A]^1 \tag{6.1}$$

ここで k は速度定数であり，物質 A の濃度の指数は 1 であるから，この反応は物質 A から見て**一次反応** first order であり，また，反応全体としても一次反応になる．アイソトープトレーサーとしてよく用いられる ^{32}P（原子量 32）の放射性崩壊速度は ^{32}P の濃度にのみ依存する．これは一次反応の例である．^{32}P 原子のみが，放射性崩壊の機構に関与しており，式で表すと次のようになる．

$$^{32}P \longrightarrow \text{崩壊産物}$$
$$\text{速度} = k[^{32}P]^1 = k[^{32}P]$$

反応式 A + B → C + D の場合，その速度は次式となる．

$$\text{速度} = k[A]^1 [B]^1 \tag{6.2}$$

ここで k は速度定数であり，物質 A の濃度の指数，物質 B の濃度の指数とも 1 であるから，この反応は物質 A，B のそれぞれから見て一次反応であり，反応全体として**二次反応** second order となる．

グリコーゲン$_n$（n 個のグルコースが重合したポリマー）が無機リン酸と反応してグルコース 1-リン酸とグリコーゲン$_{n-1}$ が生成する反応を例にとれば，この場合の反応速度は二つの反応物質の濃度に依存している．

$$\text{グリコーゲン}_n + P_i \longrightarrow \text{グルコース 1-リン酸} + \text{グリコーゲン}_{n-1}$$
$$\text{速度} = k[\text{グリコーゲン}]^1 [P_i]^1 = k[\text{グリコーゲン}][P_i]$$

ここで k は速度定数であり，この場合，グリコーゲンとリン酸はともに反応に関与する．このグリコーゲンとリン酸の反応は，グリコーゲンからみて一次反応，リン酸からみても一次反応であり，反応全体では二次反応である．

多くの一般的な反応は一次か二次反応である．実験的に反応の次数が決まれば，その反応機構を提

6.3.1 酵素の反応速度は常に反応物質の濃度とともに増大するか

速度式における指数がゼロに等しい場合もある．この場合，A → B の反応の速度は次式で表される．

$$\text{速度} = k[A]^0 = k \tag{6.3}$$

このような反応を**ゼロ次反応** zero order と呼び，反応速度は一定となる．この場合，反応速度は反応物質の濃度によって影響されず，触媒の存在など別の要因によって決まる．酵素反応ではゼロ次反応を示すことがあるが，この場合，反応物質の濃度が酵素に比べ十分に高く，酵素が反応物質分子によって完全に飽和されている状態にある．この酵素反応については次節で詳しく述べるが，ここではイメージとして次の交通渋滞の場面を思い浮かべてみよう．多くの車が6車線で走っており，橋に来て2車線に減った場合である．このとき，通過できる車の数は，橋を渡ろうと待っている車の数によって決まるのでなく，橋上の車線の数によって決まるのである．

> **Sec. 6.3 要約**
> - 化学反応の速度は生成物の増加速度あるいは基質の減少速度によって測定される．
> - 反応速度は数学的には速度定数 k と指数をつけた基質濃度の積に等しい．
> - 反応の次数は速度式の指数によって表される．反応次数はゼロ次，1次，2次反応が一般的である．
> - 速度定数 k と指数は，各反応ごとに実験的に求めなければならない．

6.4 酵素−基質複合体の形成

酵素が触媒となる反応では，酵素はまず反応物質の一つである**基質** substrate と結合し複合体を形成する．この複合体はいったん遷移状態と呼ばれる状態となり，次に生成物質がつくられる．この酵素反応における遷移状態の性質については，それ自体，大きな研究分野であるが，いくつかの一般的法則が知られている．基質は酵素の**活性部位** active site と呼ばれる小さな部位に，通常，非共有結合的に結合するが，この部位は多くの場合，酵素タンパク質の割れ目あるいは裂け目の部分であり，酵素活性に必須なアミノ酸残基から成っている（図 6.3）．触媒反応はこの活性部位で起こり，反応は通常，数段階の過程を経て進む．

6.4.1 酵素が基質と結合するのはなぜか

まず基質は酵素に結合するが，この結合は，基質の構造と酵素の活性部位を構成するアミノ酸残基の側鎖やペプチド骨格の構造により決まる，きわめて特異性の高いものである．この結合過程を説明

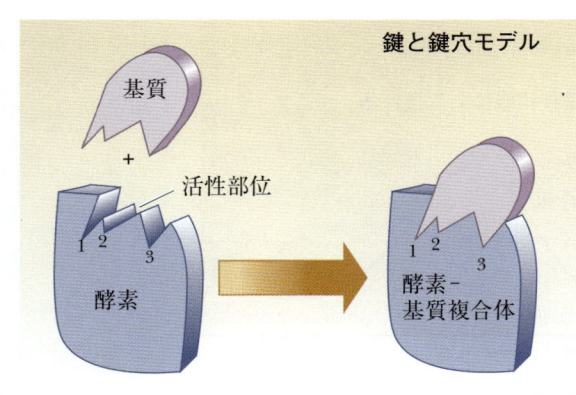

A 鍵と鍵穴モデルでは，基質分子の形と酵素の活性部位の立体構造が互いに相補的である．

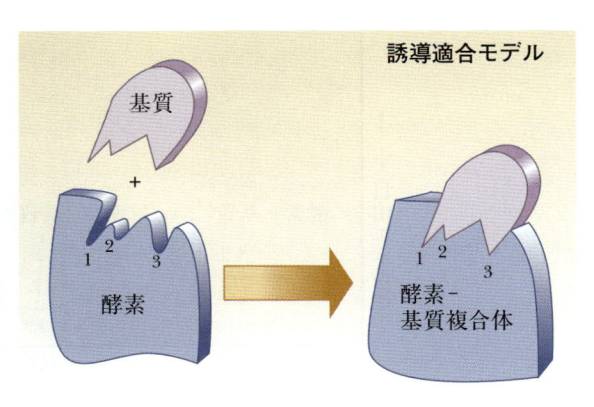

B 誘導適合モデルでは，酵素の立体構造が基質の結合により変化する．活性部位の立体構造は基質が酵素に結合した後に初めて基質の形と相補的になる．

図 6.3
酵素と基質の二つの結合モデル

する二つの重要なモデルが考えられている．一つは**鍵と鍵穴モデル** lock-and-key model と呼ばれるもので，基質分子の形が酵素の結合部位の割れ目の形と高い類似性をもつと考えるものである（図 6.3A）．基質は，鍵と鍵穴のように，あるいは三次元ジグソーパズルのように，自身と相補的な形をもつ結合部位に結合する．このモデルは直感的にはわかりやすいものであるが，タンパク質の重要な性質の一つである立体構造の柔軟性が考慮されていないため，今ではあまり採用されていない．二つ目のモデルは，タンパク質がある程度の三次元的柔軟性をもつという事実に基づいたものである．この**誘導適合モデル** induced-fit model によれば，基質と結合する前には酵素の結合部位の立体構造は基質分子の構造と完全には一致しておらず，基質の結合によって酵素タンパク質の立体構造に変化が誘導され，その結果，酵素と基質が相補的に結合できるのである（図 6.3B）．この誘導適合モデルは，酵素の遷移状態の性質，また酵素触媒反応での酵素による活性化エネルギーの低下を考えるのにきわめて都合がよい．ともあれ，まずはじめに酵素と基質が結合して ES 複合体をつくらねばならない．この結合があまりにも完全であれば，どういうことになるだろうか．図 6.4 が E と S が結合したときの様子を示している．E と S は結合に当たり，それぞれを引き寄せる．この力により，ES 複合体のエネルギーレベルをはじめの E ＋ S のレベルより低下させる．この ES 複合体は，次に立体構造を変えて遷移状態の構造 $EX^‡$ になる．もし E と S の結合がより完全なものであれば，ES 複合体のエネルギーレベルは低くなり，その結果，ES と $EX^‡$ の差が極めて大きくなって反応速度を低下させることになる．多くの研究から，酵素は ES 複合体のエネルギーレベルを上げる一方，遷移状態 $EX^‡$ のエネルギーレベルを低下させることにより，反応速度を上昇させることが明らかにされている．鍵と鍵穴モデルよりも誘導適合モデルのほうが，これらの知見をよりよく説明している．実際，誘導適合モデルは遷移状態を模倣したものといえる．

　基質が結合し，遷移状態になったとき，初めて触媒活性が生まれる．このためには結合が再配列されねばならない．遷移状態では，基質はそれが反応する原子の近傍に結合する．さらに，基質はこれらの原子に対して正しい向きに配置される．これら二つの効果，すなわち近傍性と配向性により，反応が加速される．そして基質分子の結合が切断され，新しい結合が形成されて基質は生成物に変換さ

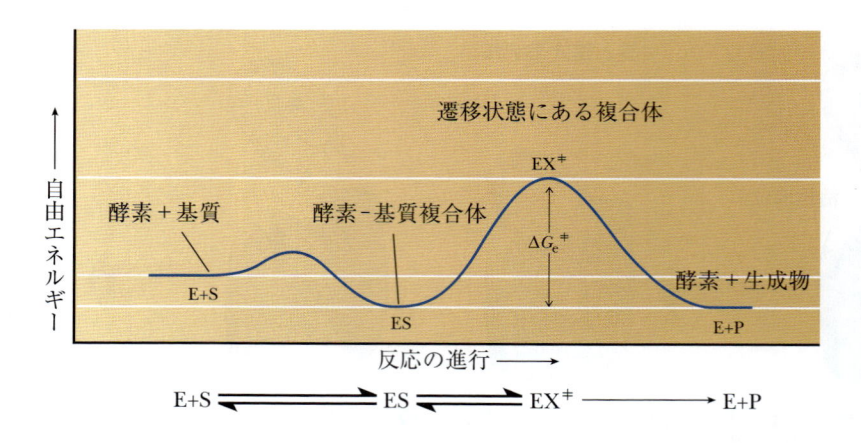

図 6.4
酵素と基質が強く結合して，酵素−基質複合体を形成するときの活性化エネルギーの推移

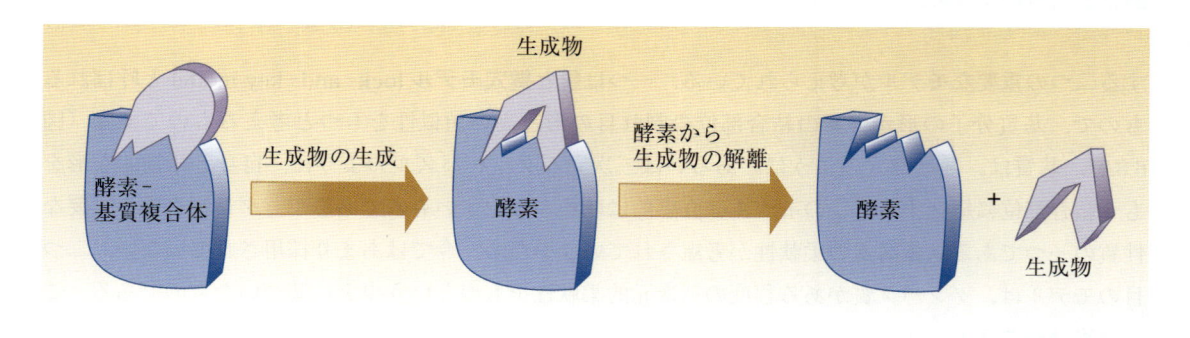

図 6.5
酵素に結合した基質からの生成物の生成とその後の酵素からの解離

れる．酵素は生成物を解離し，再び別の基質分子と結合して反応し生成物を生じる（図6.5）．酵素はそれぞれ独特の機構で触媒作用を示すが，このことは酵素がそれぞれ厳密な特異性を有していることからも想像できる．しかしながら，その多様性にもかかわらず，酵素反応にはいくつかの一般的な触媒機構がある．キモトリプシンとアスパラギン酸トランスカルバモイラーゼの二つの酵素が，この一般的な原理を示す良い例である．

Sec. 6.4 要約

- 触媒反応が始まるには，まず酵素と基質が結合しなければならない．
- 基質は酵素の活性部位と呼ばれる特殊なポケットに結合する．
- 活性部位への結合は可逆的であり，非共有結合的な相互作用による．
- 酵素と基質の結合を説明するのに，鍵と鍵穴モデルならびに誘導適合モデルの二つのモデルがよく用いられる．
- 誘導適合モデルのほうが，EとSの結合から遷移状態への移行をうまく説明しているので，ES複合体の形成をより正確に反映しているといえる．

6.5 酵素触媒反応の例

キモトリプシン chymotrypsin はタンパク質のペプチド結合を加水分解する酵素の一つであり，主に芳香族側鎖をもつアミノ酸残基に特異性を有する．その他，ロイシン，ヒスチジン，グルタミンなどのペプチド結合を切ることもあるが，芳香族アミノ酸残基に比べるとその頻度は低い．また，エステル結合の加水分解も触媒する．

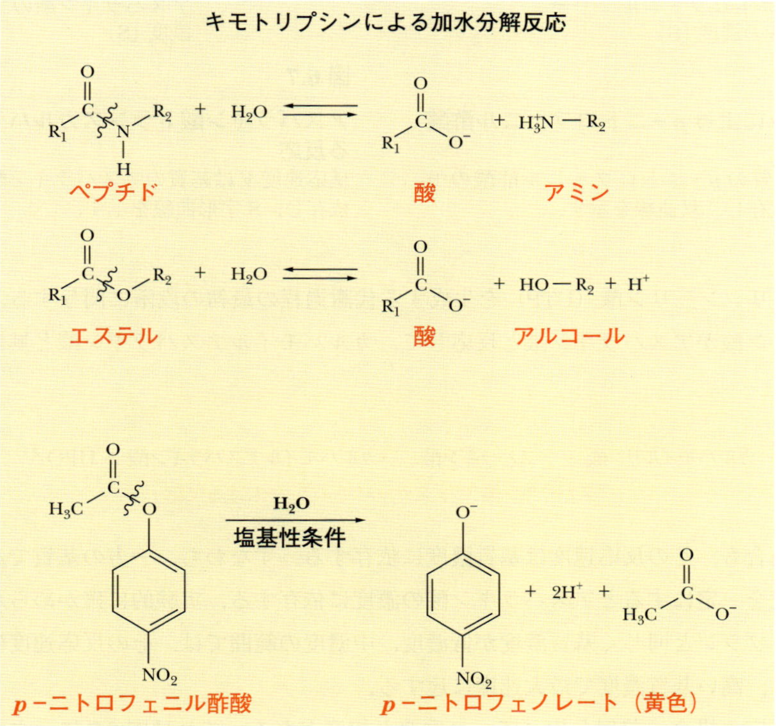

キモトリプシンによる加水分解反応

ペプチド + H_2O ⇌ 酸 + アミン

エステル + H_2O ⇌ 酸 + アルコール

p-ニトロフェニル酢酸 $\xrightarrow[\text{塩基性条件}]{H_2O}$ p-ニトロフェノレート（黄色） + $2H^+$ + 酢酸

このエステル結合の加水分解作用は，キモトリプシンのタンパク質の消化という本来の生理的機能にとっては重要でないが，酵素による加水分解の触媒機構を研究する上で好都合なモデルである．通常の研究室での実験としては，基質として p-ニトロフェニルエステル類を用い，反応の進み具合を，生成する p-ニトロフェノレートイオンの黄色を測定することにより追跡する．

p-ニトロフェニルエステルがキモトリプシンによって加水分解される典型的な反応では，その反応速度は用いた基質濃度，すなわち p-ニトロフェニルエステルの濃度に依存する．低い基質濃度では，反応速度は基質濃度が高くなると上昇する．高い基質濃度では，反応速度は基質濃度を上げてもそれほど上昇せず，ついには最大速度に達し，一定となる．これをグラフに描くと図6.6になり，その曲線は双曲線を示す．

もう一つの酵素触媒反応の例は，**アスパラギン酸トランスカルバモイラーゼ** aspartate transcarbamoylase（ATCase）による反応である．この酵素は RNA，DNA の生合成に必要なシチジン三リン

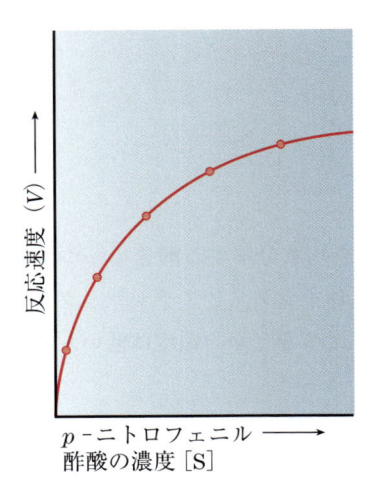

図 6.6
キモトリプシンによる p-ニトロフェニル酢酸の加水分解
反応速度 V は基質の p-ニトロフェニル酢酸のモル濃度 [S] に依存し，双曲線を示す．

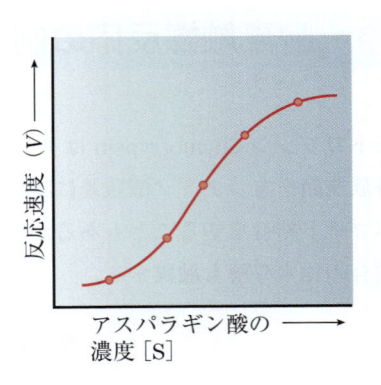

図 6.7
アスパラギン酸トランスカルバモイラーゼによる反応
反応速度 V は基質のアスパラギン酸の濃度 [S] に依存し，S 字形曲線を示す．

酸（CTP）やウリジン三リン酸（UTP）を生成する代謝過程の最初の段階に関与する．この反応ではカルバモイルリン酸がアスパラギン酸と反応して，カルバモイルアスパラギン酸と無機リン酸を生成する．

$$\text{カルバモイルリン酸 + アスパラギン酸} \longrightarrow \text{カルバモイルアスパラギン酸} + HPO_4^{2-}$$
アスパラギン酸トランスカルバモイラーゼによる反応

この酵素の場合も，その反応速度は基質濃度に依存する．すなわち，一方の基質であるカルバモイルリン酸の濃度を一定にするとアスパラギン酸の濃度に依存する．実験的に確かめられているが，ここでもキモトリプシンと同じく基質濃度が低濃度，中濃度の範囲では，その反応速度は基質濃度に依存して高くなり，高い基質濃度で最大速度に達する．

ただしこの反応の場合，前例と比べて一つ重要な相違がある．それは図 6.7 に示すように，その反応速度は基質濃度に対して双曲線ではなく，S 字形曲線を示すことである．

6.5.1　キモトリプシンと ATC アーゼが異なる反応速度曲線を示すのはなぜか

ここに挙げたキモトリプシンおよびアスパラギン酸トランスカルバモイラーゼの速度論的性質は，他の多くの酵素に見られる代表的なものである．多くの酵素の全体的な速度論的性質はキモトリプシンに類似したものであるが，酵素によってはアスパラギン酸トランスカルバモイラーゼに類似したものもある．このような知見を用いて，酵素の反応速度論についてのいくつかの一般的な結論を引き出すことができる．このキモトリプシンと ATC アーゼの速度論上の関係は，Chap. 4 で示した酸素結合に関するミオグロビンとヘモグロビンの関係とよく似ていることに気付く．ATC アーゼとヘモグロビンはアロステリックタンパク質であり，キモトリプシンとミオグロビンは非アロステリックタンパ

ク質である（Sec. 4.5 で述べたように，アロステリックタンパク質では，タンパク質分子のある部分における小さな構造変化が，そのタンパク質の他の部分の構造と機能に影響することを思い出そう．ヘモグロビンの場合，最初に1分子の酸素が結合すると他の酸素分子がさらに結合しやすくなるが，この協同作用がアロステリックタンパク質の特徴的な性質である）．このようなアロステリックタンパク質と非アロステリックタンパク質との違いは，その二種のタンパク質のそれぞれ構造上の違いをもとに考えるとわかりやすい．以下の章で多くの酵素触媒反応の機構を考えるとき，非アロステリック酵素の速度論的データがなぜ双曲線を示すのか，また，アロステリック酵素ではなぜS字形曲線を示すのかを説明するモデルが必要である．非アロステリック酵素の反応速度論には，ミカエリス–メンテンモデルが広く用いられているが，アロステリック酵素については二，三のモデルが考えられている．

> **Sec. 6.5 要約**
> - キモトリプシンは芳香族アミノ酸残基の近傍でペプチド結合を切断する酵素である．その速度論的研究は，p-ニトロフェニル酢酸などの基質類似体を用いて行われる．
> - キモトリプシンの加水分解速度を基質濃度に対してプロットすると，その曲線は双曲線となる．
> - アスパラギン酸トランスカルバモイラーゼはヌクレオチド合成に関与する酵素の一つである．
> - アスパラギン酸トランスカルバモイラーゼの反応速度を基質であるアスパラギン酸濃度に対してプロットするとその曲線はS字形となる．
> - キモトリプシンとアスパラギン酸トランスカルバモイラーゼの反応速度曲線の違いは，それらがアロステリック酵素であるか非アロステリック酵素であるかの違いを示している．

6.6　ミカエリス–メンテンモデルによる酵素反応速度論

　1913年にレオノール・ミカエリス Leonor Michaelis とモード・メンテン Maud Menten は，酵素触媒反応の速度論に関して大変有用なモデルを提唱した．このモデルは，現在でも非アロステリック酵素反応の解析の基本的なモデルであり，その後，多くの修正が加えられているものの，広く用いられている．
　典型的な反応は基質Sから生成物Pへの変換で，この化学量論式は

$$S \longrightarrow P$$

酵素触媒反応の機構は，次のように要約される．

$$E + S \underset{k_{-1}}{\overset{k_1}{\rightleftharpoons}} ES \overset{k_2}{\longrightarrow} E + P \tag{6.4}$$

ここでは生成物が基質に戻る反応は無視できると仮定している．式中のEは酵素，Sは基質で，k_1

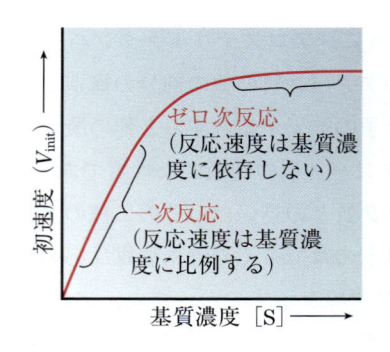

図 6.8

酵素反応における反応速度論
反応速度は基質濃度に依存する．酵素濃度 [E] は一定である．

は酵素-基質複合体 ES を生成する反応の速度定数である．k_{-1} は逆反応，すなわち ES 複合体の遊離酵素と基質への解離反応の速度定数である．そして，k_2 は ES 複合体を生成物 P に変換し，次いで生成物を酵素から遊離させる反応の速度定数である．酵素は反応機構の中で明確に位置付けられており，遊離酵素 E と酵素-基質複合体 ES の濃度はともに速度式に入っている．触媒は，反応が終われば再生するのが特徴であるが，酵素の場合もその通りである．

　さまざまな基質濃度で酵素反応を行い，その反応速度を測定すると，それは基質濃度 [S] によって変化することがわかる．このとき，反応速度として，初速度（酵素と基質を混合してすぐに測定した速度）を測定する．それは，この条件では生成物が基質に戻ることがほとんどないからである．反応速度は，それが初速度であることを示すために，ときとして V_{init} あるいは V_0 と書く．しかし，ここで覚えておいてほしい重要な点は，酵素反応速度論での計算では，速度の値はすべて初速度を用いるという前提で行っていることである．実験結果をグラフにすると図 6.8 のようになる．曲線の初めの部分（基質が低濃度の範囲）では，反応は一次反応（Sec. 6.3）であり，反応速度 V は基質濃度 [S] にほぼ比例する．曲線の後半の部分（基質が高濃度の範囲）はゼロ次反応であり，速度は基質濃度に依存しなくなる．このとき，酵素の活性部位はすべて基質で飽和されている．基質濃度が無限大での反応速度は，最大速度と呼ばれ，V_{max} で表す．

　この最大速度の 1/2 の値を示す基質濃度は特別の意味をもつ．この濃度は K_{M} という記号で表され，酵素の基質に対する親和性の逆の尺度と考えることができる．すなわち，K_{M} が小さいほど，酵素と基質の親和性が高いことになる．

　これらの値 [E]，[S]，V_{max} と K_{M} について，数学的関係を調べてみよう．酵素反応の一般的な反応機構は，まず酵素 E が基質と結合して複合体 ES がつくられ，これから生成物ができる．この酵素-基質複合体 ES の生成速度は

$$\text{生成速度} = \frac{\Delta[\text{ES}]}{\Delta t} = k_1 [\text{E}][\text{S}] \tag{6.5}$$

ここで，$\Delta[\text{ES}]/\Delta t$ は一定時間 Δt での複合体の濃度変化 $\Delta[\text{ES}]$ を示し，k_1 は複合体生成の速度定数である．

　生成した ES 複合体は，酵素と基質に戻る反応と，生成物を生成し酵素を遊離する反応の二方向に

別れる．複合体の分解速度はこの二つの反応速度の和ということになる．

$$\text{分解速度} = \frac{-\Delta[\text{ES}]}{\Delta t} = k_{-1}[\text{ES}] + k_2[\text{ES}] \tag{6.6}$$

$-\Delta[\text{ES}]/\Delta t$ の負符号は，複合体の分解によってその濃度が減少することを示し，k_{-1}，k_2 は，それぞれ複合体が解離して酵素と基質に戻る反応および複合体から生成物と酵素を生成する反応の速度定数である．

　酵素は基質を非常に効率よく処理することができるので，短時間のうちに**定常状態** steady state になる．定常状態では，酵素-基質複合体の生成速度はその分解速度に等しい．酵素-基質複合体はほんのわずかしか存在せず，その代謝回転は速いが，複合体の濃度は時間に対して一定となる．すなわち，定常状態の速度論 steady-state theory に従うと，酵素-基質複合体の生成速度はその分解速度に等しい．

$$\frac{\Delta[\text{ES}]}{\Delta t} = \frac{-\Delta[\text{ES}]}{\Delta t} \tag{6.7}$$

したがって，

$$k_1[\text{E}][\text{S}] = k_{-1}[\text{ES}] + k_2[\text{ES}] \tag{6.8}$$

　複合体［ES］の濃度を知るためには，反応に関与する他の分子種の濃度を知ることが必要である．基質の初濃度は既知の実験条件であり，反応のごく初期段階ではほとんど変化しないと考えられる．この濃度は酵素濃度に比べるとはるかに高い．酵素の全濃度 $[\text{E}]_\text{T}$ は加えた酵素の量からわかるが，その大部分は，複合体を形成している．遊離酵素濃度［E］は，酵素の全濃度 $[\text{E}]_\text{T}$ と複合体濃度［ES］の差となり，次式のように記述できる．

$$[\text{E}] = [\text{E}]_\text{T} - [\text{ES}] \tag{6.9}$$

遊離酵素濃度［E］を式 6.8 に代入すると，

$$k_1([\text{E}]_\text{T} - [\text{ES}])[\text{S}] = k_{-1}[\text{ES}] + k_2[\text{ES}] \tag{6.10}$$

各々の反応の速度定数をすべて一辺に集めると，

$$\frac{([\text{E}]_\text{T} - [\text{ES}])[\text{S}]}{[\text{ES}]} = \frac{k_{-1} + k_2}{k_1} = K_\text{M} \tag{6.11}$$

　ここで，K_M は**ミカエリス定数** Michaelis constant と呼ばれる．式 6.11 を酵素-基質複合体濃度［ES］について解くと，

$$\frac{([\text{E}]_\text{T} - [\text{ES}])[\text{S}]}{[\text{ES}]} = K_\text{M}$$

$$[\text{E}]_\text{T}[\text{S}] - [\text{ES}][\text{S}] = K_\text{M}[\text{ES}]$$

$$[\text{E}]_\text{T}[\text{S}] = [\text{ES}](K_\text{M} + [\text{S}])$$

すなわち，

$$[ES] = \frac{[E]_T[S]}{K_M + [S]} \tag{6.12}$$

　反応初期には生成物はほとんどなく，生成物から複合体への逆反応は考慮しなくともよい．したがって，酵素反応において通常測定される初速度は，酵素-基質複合体が生成物と酵素に分解する速度を示すことになる．ミカエリス-メンテンモデルでは，生成物生成の初速度 V は，ES 複合体が生成物と酵素に分解する速度によってのみ決まる．

$$V = k_2[ES] \tag{6.13}$$

式 6.12 から［ES］を代入すると，

$$V = \frac{k_2[E]_T[S]}{K_M + [S]} \tag{6.14}$$

ここで基質濃度が十分に高く，酵素が基質で完全に飽和されるならば（［ES］=［E］$_T$），反応は可能な最大の速度（V_{max}）で進む．そこで，式 6.13 の［ES］を［E］$_T$ で置換すれば，

$$V = V_{max} = k_2[E]_T \tag{6.15}$$

酵素の全濃度は一定であるから，

$$V_{max} = 一定$$

この V_{max} の式は，式 6.3 で示したゼロ次反応の速度式と似ている．

$$速度 = k[A]^0 = k$$

式 6.3 では，式 6.15 の酵素濃度［E］の代わりに，基質濃度［A］を含むことに注意してほしい．酵素が基質で飽和すると，基質濃度に対してゼロ次反応となる．
　式 6.14 に V_{max} を代入すると，ある特定の基質濃度での酵素反応の初速度と最大速度とを関係づけることができる．

$$V = \frac{V_{max}[S]}{K_M + [S]} \tag{6.16}$$

　前記の図 6.8 は，基質濃度と反応速度の関係を示したグラフである．この実験では，数種の基質濃度における反応速度を，基質の消失あるいは生成物の生成などを適当な方法で測定することにより求めた．基質濃度が低い範囲では一次反応を示し，酵素が飽和する高い基質濃度（K_M の 10 倍以上）では，ゼロ次反応の特徴である反応速度一定となる．
　酵素が基質で飽和されたときの一定の反応速度，すなわちその酵素の最大速度 V_{max} は前記のグラフから概算することができる．また，K_M 値も同様にグラフから求められる．

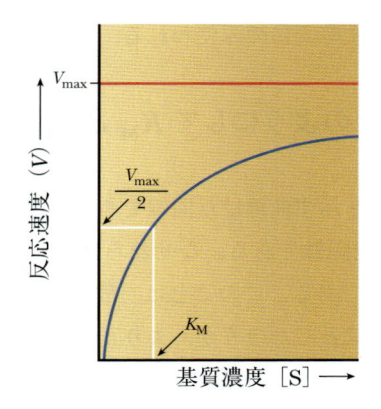

図 6.9
反応速度 V と基質濃度 [S] のグラフを用いた V_{max}, K_M 値の決定
V_{max} 値は酵素が基質で完全に飽和され，一定になったときの値であり，このグラフから推定される．

$$V = \frac{V_{max}[S]}{K_M + [S]}$$

式 6.16 で，実験条件を基質濃度 [S] = K_M としたら，

$$V = \frac{V_{max}[S]}{[S] + [S]}$$

したがって

$$V = \frac{V_{max}}{2}$$

すなわち，反応速度が最大速度の半分になるときの基質濃度はミカエリス定数と同じ値になる（図6.9）．したがって，実測グラフから K_M 値を決定することができる．

　ミカエリス–メンテンの式はもともと最も単純な酵素反応，すなわち一つの基質が一つの生成物になる反応について導かれたものである点に注意する必要がある．多くの酵素反応では，二つ，あるいはそれ以上の数の基質に反応する．この複数の基質が関与する酵素反応においてもこの式を適用することができるが，同時に扱えるのは一つの基質についてのみである．例えば，次の酵素反応でも，ミカエリス–メンテン式を用いて解析できる．

$$A + B \longrightarrow P + Q$$

Aの濃度を十分に高くして飽和させておき，Bの濃度を広い範囲で変化させると，[B]と反応速度の関係は双曲線を示し，Bに対する K_M 値が得られる．逆にBの濃度を十分に高くし，Aの濃度を変化させれば，Aに対する K_M 値が得られる．ある種の酵素は二つの基質に反応し，[基質A]に対してはVはミカエリス–メンテン型の双曲線を示すが，[基質B]に対しては，図6.7のアスパラギン酸トランスカルバモイラーゼで見られたようなS字形曲線を与えるものがある．厳密には，K_M 値は基質

濃度に対する反応速度が双曲線を示す酵素にのみ使われる．

6.6.1　グラフからどのようにして K_M と V_{max} を求められるか

　非アロステリック酵素の反応速度を示す曲線は双曲線である．この曲線から直接，その酵素の最大速度 V_{max} を正確に求めることは大変困難である．なぜならば，曲線は漸近線であり，最大値がどの濃度で得られるかはわからないからである．このことは，酵素の K_M 値を決めるのは大変難しいことを示している．式を変形して直線の式としたほうが，より正確にこれらの値を求めることができる．
　そこで，双曲線の式 6.16 の両逆数をとり，直線の式に導く．

$$\frac{1}{V} = \frac{K_M + [S]}{V_{max}\,[S]}$$

$$\frac{1}{V} = \frac{K_M}{V_{max}\,[S]} + \frac{[S]}{V_{max}\,[S]}$$

$$\frac{1}{V} = \frac{K_M}{V_{max}} \times \frac{1}{[S]} + \frac{1}{V_{max}} \tag{6.17}$$

　この式では $y = mx + b$ の形式をとった直線式になる．すなわち，y 軸に $1/V$，x 軸に $1/[S]$ としてプロットする．勾配 m は K_M/V_{max} となり，切片 b は $1/V_{max}$ となる．図 6.10 はこれらを図示したもので，**ラインウィーバーーバークの二重逆数プロット** Lineweaver-Burk double-reciprocal plot と呼ばれる．一般に，いくつかの点をもとに，これらを通る直線を引くことは曲線上の点の位置を測定するよりも容易である．また，一連の実験値に最もよく符合する直線を求める便利なコンピュータープログラムもある．基質濃度が高い位置での酵素活性は，基質の溶解度の問題があったり費用がかかるため実験的に求めにくく，直線を外挿する．この直線から V_{max} 値を得ることができる．

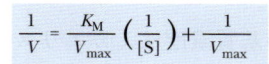

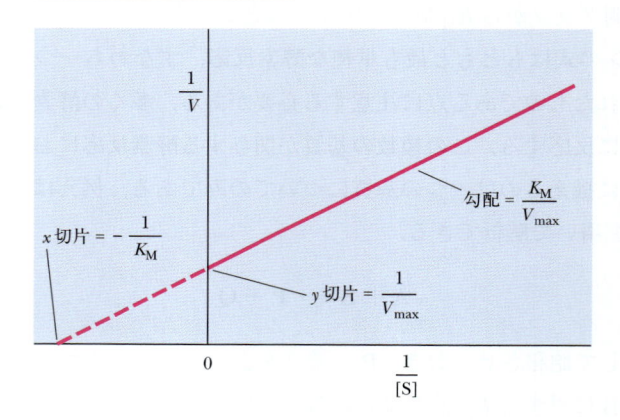

図 6.10
酵素反応速度論におけるラインウィーバーーバークの二重逆数プロット
反応速度の逆数 $1/V$ を基質濃度の逆数 $1/[S]$ に対してプロットする．勾配は K_M/V_{max}，y 軸切片は $1/V_{max}$ となる．x 軸切片は $-1/K_M$ となる．

応用問題

次のデータはある酵素反応の結果を示したものである．ラインウィーバー–バーク法によるプロットを行って，K_M および V_{max} 値を求めよ．なお，mM はミリモル濃度を示す．1 mM = 1 × 10^{-3} mol/L（すべての測定で酵素濃度は同じ）．

基質濃度 (mM)	反応速度 (mM 秒$^{-1}$)
2.5	0.024
5.0	0.036
10.0	0.053
15.0	0.060
20.0	0.061

答 基質濃度と速度の逆数をとると

1/[S] (mM^{-1})	1/V (mM 秒$^{-1}$)$^{-1}$
0.400	41.667
0.200	27.778
0.100	18.868
0.067	16.667
0.050	15.625

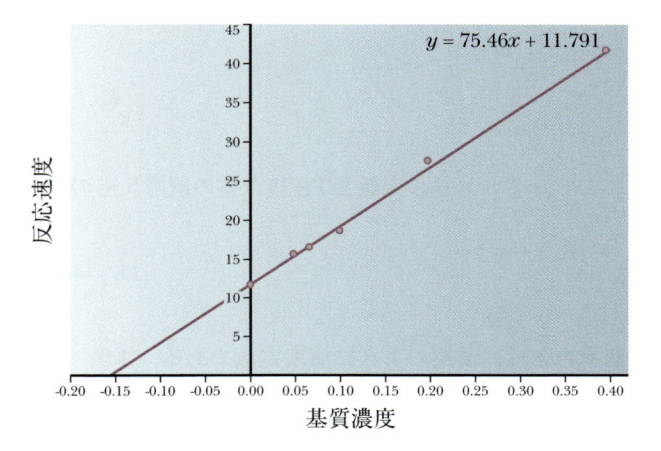

作図により直線が得られる．グラフから y 軸切片が 12，x 軸切片が − 0.155 と読み取れる．y 軸切片の逆数が V_{max} なので，V_{max} = 0.083 mM 秒$^{-1}$ である．x 軸切片の負の逆数 = K_M = 6.45 mM となる．実験値に最もよく一致する式 1/V = 75.46(1/[S]) + 11.8 を用いることもできる．この式から求めると，K_M = 6.39 mM，V_{max} = 0.0847 mM 秒$^{-1}$ となる．

6.6.2　K_M と V_{max} は何を意味しているか

すでに，反応速度 V が最大速度の半分（$V = V_{max}/2$）であるとき，その基質濃度 [S] = K_M であることを学んだ．ミカエリス定数 K_M の一つの解釈として，K_M は酵素の活性部位の 50 % が基質と結合する基質濃度に等しいともいえる．したがって，ミカエリス定数は濃度の単位をもつ．

K_M 値のもう一つの解釈は，酵素反応速度論としてミカエリス–メンテンモデルが最初に考えられた際の重要な仮定と関係している．前記の反応式 6.4 では，

$$E + S \underset{k_{-1}}{\overset{k_1}{\rightleftharpoons}} ES \overset{k_2}{\longrightarrow} E + P$$

前述のように，k_1 は酵素と基質から酵素-基質複合体 ES が生成する速度定数であり，k_{-1} はその逆反応の速度定数，すなわち複合体が遊離酵素と基質に解離する速度定数，k_2 は，生成物 P がつくられ次いで P が酵素から遊離される反応の速度定数である．また，前記の式 6.11 は

$$K_M = \frac{k_{-1} + k_2}{k_1}$$

E + S → ES の反応が ES → E + P の反応よりもより頻繁に起こると考えると，速度論では解離の速度定数 k_{-1} が生成物を生成する速度定数 k_2 より大きいことになる．もし，ミカエリスとメンテンが定常状態モデルで仮定したように k_{-1} の値が k_2 よりもはるかに大きい（$k_{-1} \gg k_2$）とすると，K_M は次のように近似できる．

$$K_M = \frac{k_{-1}}{k_1}$$

ここで，ミカエリス定数と ES 複合体の解離反応の平衡定数との関係を考えよう．すなわち，

$$ES \underset{k_1}{\overset{k_{-1}}{\rightleftharpoons}} E + S$$

個々の k は，前述のように速度定数である．平衡（解離）定数 K_{eq} は次のようになる．

$$K_{eq} = \frac{[E][S]}{[ES]} = \frac{k_{-1}}{k_1}$$

この式は K_M の式と同じである．すなわち，$k_{-1} \gg k_2$ の仮定が成立するかぎり，K_M 値はまさに ES 複合体の解離定数と一致することになる．K_M 値は，基質が酵素にどの程度強く結合するかの指標となり，K_M 値が大きければ大きいほど，酵素と基質との結合は弱いことになる．定常状態モデルでは，k_2 の値は k_{-1} に比べて小さいと仮定されているわけではない．したがって，K_M の値は，しばしば，酵素の基質に対する親和性を示すために用いられているが，厳密にいうと解離定数ではないことに注意する必要がある．

V_{max} は酵素の**代謝回転数** turnover number に関連しており，代謝回転数は触媒定数 k_2 と同じである．触媒定数は k_{cat} あるいは k_p とも表す．

$$\frac{V_{max}}{[E_T]} = 代謝回転数 = k_{cat}$$

この代謝回転数とは，1 分子の酵素が単位時間に反応する基質の分子数を示す．このとき，酵素は基質で飽和しており，したがって反応は最大速度で進行することを仮定している．表 6.2 にいくつかの典型的な酵素の代謝回転数を示した．数値はすべて 1 秒間についての値である．

表 6.2 典型的な酵素の代謝回転数と K_M 値

酵素	機能	k_{cat}= 代謝回転数*	K_M**
カタラーゼ	過酸化水素を水と酸素に分解	4×10^7	25
カルボニックアンヒドラーゼ	炭酸ガスの水和を触媒	1×10^6	12
アセチルコリンエステラーゼ	神経刺激の化学伝達物質アセチルコリンを酢酸とコリンに分解	1.4×10^4	9.5×10^{-2}
キモトリプシン	タンパク質分解酵素	1.9×10^2	6.6×10^{-1}
リゾチーム	細菌の細胞壁多糖の分解	0.5	6×10^{-3}

* 代謝回転数の定義は，酵素1分子が1秒間に変換できる基質の分子数であり，単位は秒$^{-1}$である．
** K_M の単位は mM．

　この代謝回転数は，酵素の触媒としての効率が高いことを非常によく示している．特に効率の高い酵素の例としてカタラーゼがある．Sec. 6.1 で過酸化水素を水と酸素に分解するカタラーゼの機能について述べたが，表6.2 に示すように，カタラーゼは毎秒4千万分子の基質を生成物に変換することができる．次の《身の周りに見られる生化学》に，本章で学んだ速度論のパラメータから得られる実用的な情報について記されている．

> **Sec. 6.6 要約**
>
> ■ミカエリスとメンテンは，多くの非アロステリック酵素の反応速度論に関する一連の式を導いた．
> ■ミカエリス-メンテンの式は，最大速度 V_{max} ならびにミカエリス定数 K_M という二つの速度パラメータを含んでいる．
> ■V_{max} は，飽和濃度の基質存在下における酵素反応速度である．V_{max} は，ES複合体が反応して E + P に分解する反応速度定数である k_p の値を求めるのに用いられる．
> ■ミカエリス定数 K_M は V_{max} の 1/2 を与える基質濃度に等しい．
> ■ラインウィーバー-バークプロットは，1/[S] に対して 1/V を二重逆数プロットしたもので，K_M と V_{max} を求めるのに用いることができる．

6.7　酵素反応の阻害

　阻害剤 inhibitor はその名前が示すように，酵素の作用を妨げ，反応速度を低下させる物質のことである．阻害剤を加えることにより生じる反応の変化を観察することで，酵素反応に関する多くの情報が得られる．阻害剤による酵素の阻害様式は大きく2通りに分けることができる．可逆的阻害剤は酵素の特定の部位に可逆的に結合して阻害し，阻害剤を除去すれば酵素活性は回復する．一方，不可逆的阻害剤は酵素と反応して酵素活性をもたないタンパク質を生じ，このタンパク質から元の酵素を再生することはできない．

　可逆的阻害剤はそれが酵素に結合する部位によって2種類の型式に分けられる．一つは基質と化学構造がよく似た化合物である．この場合，阻害剤は酵素の活性部位に結合し，基質の接近を妨げる．この阻害様式を**競合阻害** competitive inhibition と呼ぶ．阻害剤は酵素の活性部位を基質と奪い合う

身の周りに見られる生化学　物理有機化学

反応速度論データから得られる知識

　酵素反応速度論の数学的解析は確かにわれわれの思考を刺激する．実際，各種の速度論的パラメータを理解することにより，生体組織におけるその酵素の機能に関する重要な知見が得られる．このような速度論的パラメータを求めるためのいくつかのプロット法が物理有機化学者によって考案され，速度論的なデータに基づいて多くの種類の反応機構が提案されている（Sec. 7.6 参照）．四つの有用な注目点がある．それらは，酵素の K_M 値，k_{cat} すなわち代謝回転数，k_{cat}/K_M 比の比較およびその酵素の生体における組織局在性である．

K_M 値の比較

　まず，糖代謝の初期反応に関与する二つの酵素，ヘキソキナーゼとグルコキナーゼの K_M 値を比較してみよう．両酵素とも糖の水酸基にリン酸エステル結合をつくる反応を触媒する．ヘキソキナーゼは，基質として，スクロース（いわゆる砂糖）の構成糖であるグルコースとフルクトースなどを含む数種類の六炭糖すべてに反応する．グルコキナーゼは，ヘキソキナーゼのアイソザイムの一つで，おもにグルコース代謝に関与している．ヘキソキナーゼのグルコースに対する K_M 値は 0.15 mM，フルクトースに対しては 1.5 mM である．

　肝臓特異的な酵素であるグルコキナーゼのグルコースに対する K_M 値は 20 mM である（ここでは K_M 値という表現を用いているが，ある種のヘキソキナーゼはミカエリス–メンテンモデルに適しないとの報告もあり，$K_{0.5}$ 値としたほうがより適当であるかもしれない．すべての酵素が K_M 値をもつわけでないが，少なくとも最大速度の半分を示すときの基質濃度は求められるはずである）．

　この数値の比較により糖代謝について多くのことがわかる．血中グルコースの正常値は約 5 mM であることから，身体中のすべてのヘキソキナーゼは完全に活性な状態であると考えられ，肝臓は他の細胞とグルコースを取り合うことはない．しかし，高糖質食を摂取すると，しばしば血中グルコース濃度は 10 mM を超え，この濃度では肝グルコキナーゼはかなりの活性を示すようになる．この酵素は肝臓にのみあることから，過剰なグルコースは優先的に肝臓に取り込まれ，エネルギー源として必要とされるまで，グリコーゲンとして貯蔵される．ヘキソキナーゼの活性からみると，グルコースのほうがフルクトースよりも栄養源として明らかに優れている．

　同様に，乳酸デヒドロゲナーゼの心臓型と筋肉型アイソザイムを比較すると，これらは酵素タンパク質のアミノ酸組成がほんの少し異なっており，この差によりピルビン酸を乳酸に変換する活性に影響が出る．心臓型は高い K_M 値，すなわちピルビン酸に対して親和性が低く，筋肉型は低い K_M 値で親和性が高い．このことは，筋肉ではピルビン酸は主に乳酸に変換されるが，心臓ではむしろ好気的な代謝に

からである．もう一つの可逆的阻害剤は酵素の活性部位以外の部位に結合し，その結果，酵素の立体構造，特に活性部位付近の構造を変える．この場合，基質は酵素に結合することができるが，酵素の触媒活性を発現できない．このような阻害様式を**非競合阻害** noncompetitive inhibition と呼ぶ（図 6.11）．

　この二つの阻害様式は実験的に区別することが可能である．すなわち，阻害剤の存在下で数種の基質濃度で反応を行い，その反応速度を阻害剤を加えない場合と比較する．これらの結果を前記のラインウィーバー–バークプロットで描くことにより，その阻害型式を比較することができる．

使われると考えられる．この考えは，両組織のこれまでの生物学や代謝研究などの結果と一致している．

代謝回転数の比較

表 6.2 に見られるように，カタラーゼとカルボニックアンヒドラーゼの二つの酵素はきわめて高い活性を示す．カタラーゼは酵素の中でも特に代謝回転数の高いものの一つである．両酵素が高い代謝回転数をもつことは，カタラーゼでは過酸化水素の無毒化，カルボニックアンヒドラーゼでは，血液における炭酸ガスの気泡の発生の防止の面できわめて重要であることを示している．キモトリプシンとアセチルコリンエステラーゼの数値は，普通の代謝酵素としての範囲に入るものである．リゾチームは細菌の細胞壁の多糖成分を分解する酵素であり，身体の多くの組織に存在している．低い触媒効率であるが，正常な状態では多糖を分解するのにこれで十分であるらしい．

k_{cat}/K_M の比較

基質濃度が十分に高く酵素が飽和している状態では k_{cat} が酵素の触媒効率を示すが，生理的条件下では多くの酵素は基質濃度が低く，飽和していることはほとんどない．in vivo での $[S]/K_M$ 比はしばしば 0.01〜1 の範囲であり，活性部位は基質で満たされてはいない．この条件下では，基質濃度が低く，ほとんどの酵素は基質と結合していないため，遊離酵素量は全酵素量の値に近い．すなわち，ミカエリス−メンテンの式は次のように書くことができる．

$$V = \frac{V_{max}[S]}{K_M + [S]} = \frac{k_{cat}[E_T][S]}{K_M + [S]}$$

ここで E_T を E に換え，$[S]$ が K_M に比べて無視できるくらい低ければ，式は次のようになる．

$$V = (k_{cat}/K_M)[E][S]$$

すなわち，この条件では K_M に対する k_{cat} の比は二次反応速度定数であり，基質濃度が低く酵素が飽和していない条件下での触媒効率を表す値になる．異なる酵素での比較でも，K_M に対する k_{cat} の比は K_M あるいは k_{cat} 単独よりも変動が少ない．表 6.2 の上から三つの酵素について計算すると，k_{cat} は約 3000 倍の範囲であり，K_M は約 300 倍の範囲である．しかし，K_M に対する k_{cat} の比ではわずか 4 倍の範囲である．二次反応速度定数の上限値は，いかに速く基質と酵素が出会うかという拡散律速限界に依存しており，この値は水溶液では 10^8〜10^9 の範囲である．多くの酵素では，実際，この限界値での反応が行われていることを示す k_{cat}/K_M 比を示す．これは触媒として完璧であるということである．

酵素の局在性

すでにわれわれはこの重要な例を見てきた．ヒトでは，唯一，肝臓がグルコキナーゼをもっているので，当然ながら過剰に摂取した糖は，グリコーゲンとして主に肝臓に貯蔵されるはずである．同様に，血液中のグルコース濃度を維持するために，組織ではグルコースホスファターゼが働いてリン酸基を水解してグルコースを生成している．この酵素は少しは腎臓にもあるが，ほとんどが肝臓に存在するため，肝臓が血中グルコース濃度の維持に主要な役割を果たしていることが理解できる．

6.7.1 競合阻害剤はどのようにして同定できるか

競合阻害剤が存在する場合，そのラインウィーバー−バークプロットにおける直線の勾配は変化するが，その y 軸切片は阻害剤を加えない場合と同じである（x 軸切片は変化する）．すなわち，V_{max} は変わらないが，K_M 値は増大する．また，この場合，一定の反応速度を得るためには，阻害剤を含まないときに比べ，より高い基質濃度が必要となる．このことは $V_{max}/2$ という特別の意味をもつ値にもあてはまる（$V_{max}/2$ においては，基質濃度 $[S]$ は K_M 値に等しいことを思い出してほしい）（図

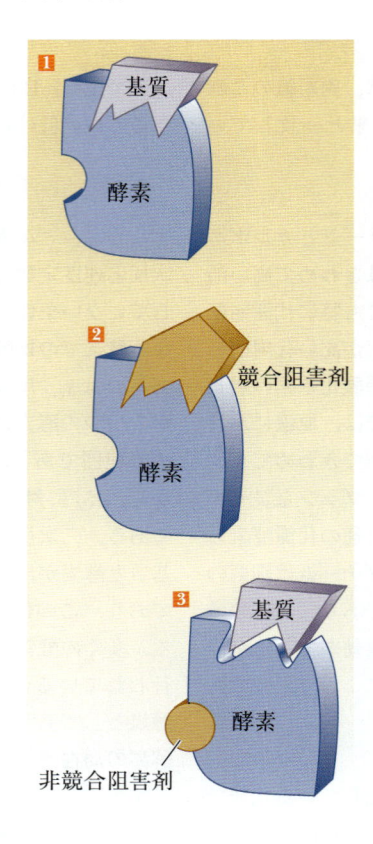

図 6.11
阻害剤の作用様式
競合阻害剤と非競合阻害剤との区別は，競合阻害剤は基質の酵素への結合を妨げるのに対して，非競合阻害剤は基質の酵素への結合を阻害しないことである．(1) 阻害剤非存在下での酵素-基質複合体．(2) 競合阻害剤が酵素の活性部位に結合して基質は結合できない．(3) 非競合阻害剤は酵素の活性部位以外で結合しているので，基質は結合できる．しかし，阻害剤の結合により酵素は触媒作用を示さない．

6.12)．競合阻害は十分に高い基質濃度を用いることにより，これを打ち消すことができる．

競合阻害剤を加えた場合，その酵素反応の式は次のようになる．

$$EI \rightleftharpoons E \underset{+I}{\overset{+S}{\rightleftharpoons}} ES \rightarrow E + P$$

ここで EI は酵素-阻害剤複合体を表す．また，この複合体の解離定数は次のようになる．

$$EI \rightleftharpoons E + I$$

$$K_I = \frac{[E][I]}{[EI]}$$

ここでは示さないが，代数的に解を求めると，阻害剤を加えた場合，K_M 値は次の係数をもって増加する．

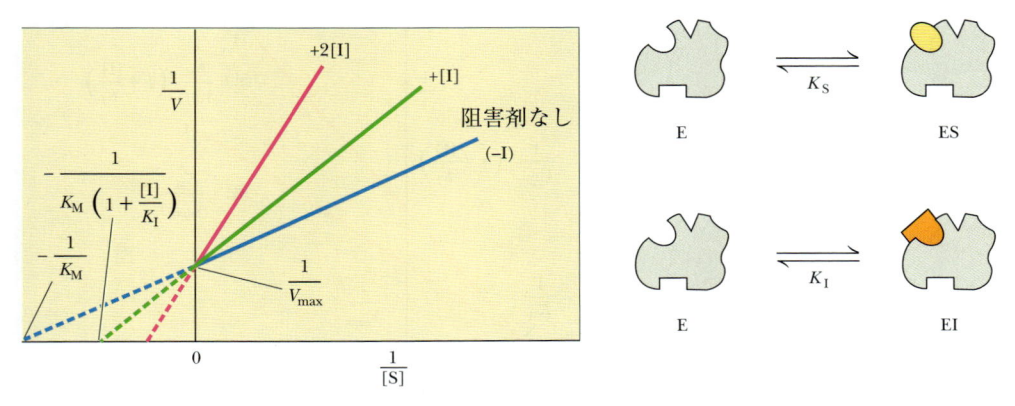

図 6.12
競合阻害におけるラインウィーバー–バークの二重逆数プロット

$$1 + \frac{[I]}{K_I}$$

$K_M(1 + [I]/K_I)$ を式 6.17 の K_M に代入すると，

$$\frac{1}{V} = \frac{K_M}{V_{max}} \times \frac{1}{[S]} + \frac{1}{V_{max}}$$

$$\frac{1}{V} = \frac{K_M}{V_{max}}\left(1 + \frac{[I]}{K_I}\right) \times \frac{1}{[S]} + \frac{1}{V_{max}}$$
$$y = \quad m \quad \times \quad x \quad + \quad b \tag{6.18}$$
競合阻害

ここでは，前記の式 6.17 と同様に，y 軸には $1/V$ の項を，x 軸には $1/[S]$ をとっている．直線式の b 項にあたる切片 $1/V_{max}$ の値は阻害剤がないときと変わらない．しかし，式 6.17 の勾配 K_M/V_{max} の値は，$(1 + [I]/K_I)$ 倍増加している．したがって，直線式の m 項にあたる勾配は次のようになり，ラインウィーバー–バークプロットの勾配の変化を説明している．

$$\frac{K_M}{V_{max}}\left(1 + \frac{[I]}{K_I}\right)$$

なお，y 切片の値は変化していない．このように代数的に誘導して得られた競合阻害の式は多くの実験例での結果とよく一致し，このモデルの正しさを示している．これは，ちょうど基になる酵素活性に関するミカエリス–メンテンモデルの正しさが多くの実験により証明されているのと同様である．競合阻害剤の最大の特徴として，基質も阻害剤も酵素に結合できるが，両者は同時には結合できないことを記憶しておくことは大切である．両者は同じ結合部位を取り合うわけだから，基質濃度が十分に高い場合は，阻害剤を追い出してしまうことになる．これが，基質濃度が無限大であるときの反応速度，すなわち V_{max} 値が変化しないわけである．

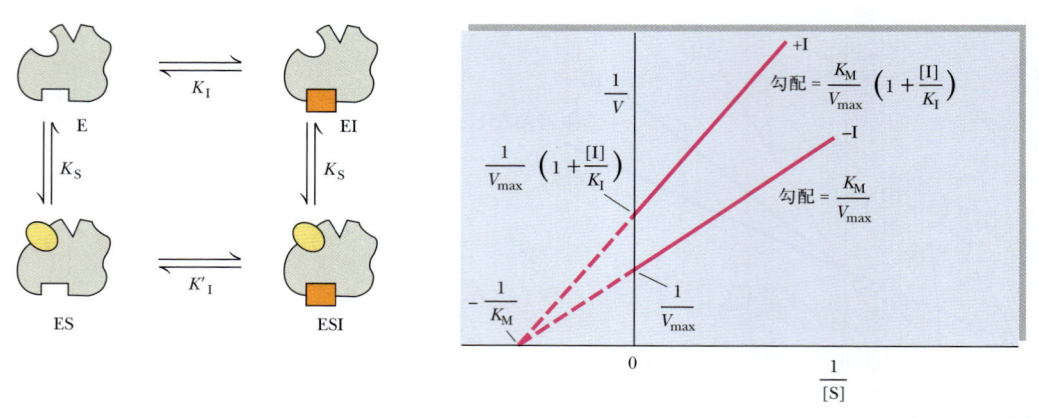

図 6.13
非競合阻害におけるラインウィーバー−バークの二重逆数プロット

6.7.2　非競合阻害剤はどのようにして同定できるか

　非競合阻害の速度論は競合阻害の場合と異なる．非競合阻害剤の存在下および非存在下の反応のラインウィーバー−バークプロットを描くと図6.13に示すように，阻害剤を加えた場合，x軸切片が変化せず勾配およびy軸切片がともに変化する．すなわち，V_{max}は減少するがK_Mは変わらず，阻害剤は基質の活性部位への結合を阻害しない．また，この阻害様式では基質濃度を十分に高くしても阻害はなくならない．なぜなら，阻害剤と基質は同じ部位を競合しないからである．

　非競合阻害剤を加えた場合の反応経路はかなり複雑で，いくつかの平衡式を考える必要がある．

$$\begin{array}{c} +S \\ E \rightleftharpoons ES \longrightarrow E + P \\ +I \updownarrow \quad \updownarrow +I \\ EI \rightleftharpoons ESI \\ +S \end{array}$$

非競合阻害剤 I を加えた場合の最大速度 V^I_{max} は次のようになる（式の誘導はここでは省略する）．

$$V^I_{max} = \frac{V_{max}}{1 + [I]/K_I}$$

ここでK_Iは酵素–阻害剤複合体 EI の解離定数である．最大速度V_{max}はラインウィーバー−バークプロットの式6.17で勾配とy軸切片の両方に出てくる．

$$\frac{1}{V} = \frac{K_M}{V_{max}} \times \frac{1}{[S]} + \frac{1}{V_{max}}$$
$$y \;=\; m \;\times\; x \;+\; b$$

この式に，非競合阻害剤を加えた場合のV^I_{max}をV_{max}に代入すると，次の式が得られる．

応用問題

スクロース（いわゆる砂糖）は加水分解するとグルコースとフルクトースを生じる（Sec. 16.3）．この反応は，インベルターゼという酵素が触媒し，古くから反応速度論の実習によく使われる．以下の測定データを用いて，この酵素反応の $2\,M$ 尿素による阻害が，競合阻害か非競合阻害であるかをラインウィーバー–バークのプロットによって決定せよ．

スクロース濃度 (mol L^{-1})	V, 阻害剤なし（任意の単位）	V, 阻害剤添加（同じ任意の単位）
0.0292	0.182	0.083
0.0584	0.265	0.119
0.0876	0.311	0.154
0.117	0.330	0.167
0.175	0.372	0.192

答 x 軸にスクロース濃度の逆数，y 軸に二つの反応速度の逆数をそれぞれプロットしなさい．二つの直線では，勾配と y 軸での切片がそれぞれ異なるのが認められる．典型的な非競合阻害を示しており，x 軸での切片は同じ値であり，これから $-1/K_\text{M}$ が求められる．

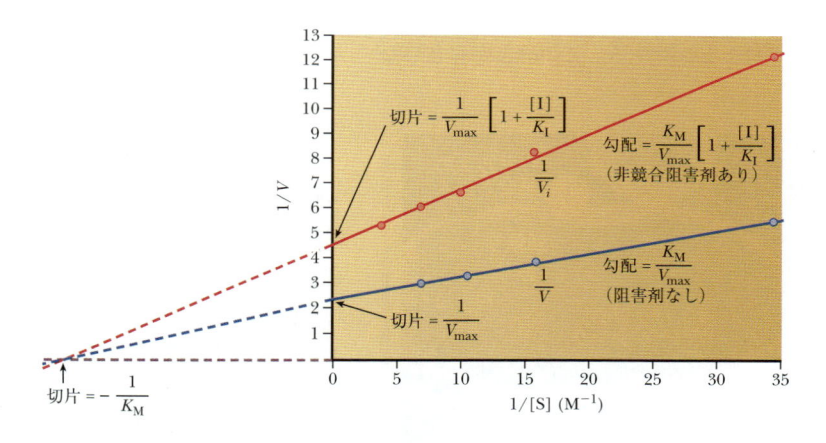

$$\frac{1}{V} = \frac{K_\text{M}}{V_\text{max}}\left(1 + \frac{[I]}{K_\text{I}}\right) \times \frac{1}{[S]} + \frac{1}{V_\text{max}}\left(1 + \frac{[I]}{K_\text{I}}\right) \quad (6.19)$$

$$y \;=\; m \;\times\; x \;+\; b$$

非競合阻害

この非競合阻害の式で表される勾配，切片の値は阻害剤が存在しない場合のラインウィーバー–バークの式に比べより複雑になったが，実際の実験結果はこの式によく一致している．厳密な非競合阻害では，基質の結合は阻害剤の結合に影響せず，また，この逆も真である．K_M 値は酵素と基質の親和性の指標であり，また，阻害剤は基質の結合に影響しないので，非競合阻害での K_M 値は変化しない．

ここまでで，二つの異なる阻害様式について述べてきたが，そのほかにも別の阻害様式がある．不

身の周りに見られる生化学　医学

酵素阻害剤によるエイズ治療

　後天性免疫不全症候群，エイズの治療の鍵は，これを発症するヒト免疫不全ウイルス（HIV）特有の酵素を選択的に阻害する薬剤を開発することである．現在，この治療薬を見出すため多くの研究室で，このアプローチにそった研究が行われている．エイズ治療において，現在，鍵となる標的酵素は，逆転写酵素，インテグラーゼ，プロテアーゼの三つである．

　最も重要な標的酵素の一つとして，感染細胞において新しいウイルス粒子が生成するのに必須の酵素であるHIVプロテアーゼがある．このプロテアーゼはHIVに特有なもので，感染細胞でウイルスタンパク質をプロセシングする．この酵素が存在しないと，ウイルス粒子は放出されず他の細胞に感染できなくなる．HIVプロテアーゼの立体構造は，X線結晶解析によりその活性部位の構造も含めて解明されている．研究者はこの構造を念頭におき，この活性部位によく結合する化合物を考え，多くの化合物を合成した．ドラッグデザインにより，このHIVプロテアーゼの活性部位に結合する一連の化合物の構造に改良が重ねられた．これらの化合物の構造もまたX線結晶解析により明らかにされた．このような経過を経て，いくつかの製薬会社により数種の化合物が市販された．すなわち，ホフマン-ラロッシュ社のHIVプロテアーゼ阻害剤，サキナビル saquinavir，アボット社のリトナビル ritonavir，メルク社のインジナビル indinavir，ファイザー社のビラセプト viracept，ベルテックス社のアンプレナビル amprenavir などである（これらの会社については，インターネットのWorld Wide Web（WWW）のホームページで最新情報が得られる）．

　最近，最も注目されている標的はインテグラーゼと呼ばれる酵素である．この酵素はウイルスが宿主細胞中にウイルスDNAのコピーを組み込むときに必要なものである．メルク社のMK-0518と呼ばれる新薬はこのインテグラーゼの阻害剤である．エイズ治療には各種薬物を組み合わせて投与することで最も効果が上がっており，HIVプロテアーゼ，インテグラーゼならびに逆転写酵素に対する阻害剤は重要な役割を果たしている．鍵となるウイルス酵素に対する阻害剤を複数用いることで，個々の薬物濃度を細胞毒性がでる濃度以下に保つことができる．

細胞がHIVに感染した時点から，ウイルスの複製に逆転写酵素，インテグラーゼならびにプロテアーゼの三つの重要な酵素が関与している．（Science *311*, 943 (2006) より，許可を得て転載）

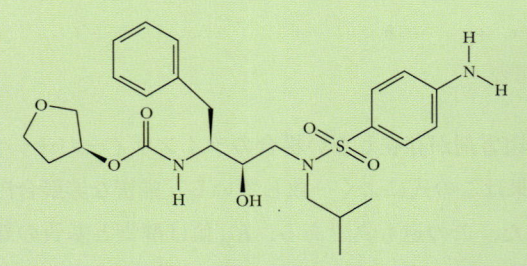

ベルテックス社によって開発されたHIVプロテアーゼ阻害剤，アンプレナビル amprenavir（VX-478）の化学構造（*Vertex Pharmaceuticals, Inc.*）

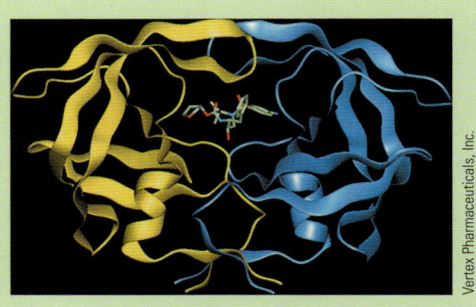

HIV-1プロテアーゼの活性部位に結合したVX-478

競合阻害 uncompetitive inhibition といわれる阻害様式では，阻害剤は ES 複合体のみに結合し，遊離の酵素には結合しない．この不競合阻害のラインウィーバー-バークプロットでは，平行な 2 本の直線が得られ，V_{max} と見かけの K_M 値がともに減少する．**混合型阻害** mixed inhibition では，結合反応式は図 6.13 で示した非競合阻害様式と同じ経路であるが，この場合は阻害剤が酵素に結合することにより，酵素と基質の結合にも影響を与え，また逆に酵素と基質の結合によっても阻害剤と酵素の結合に影響を与える．非競合阻害様式の場合はこの影響がない例であり，この混合型阻害様式の特異な一つの例ともいえる．混合型阻害のラインウィーバー-バークプロットでは，図の左側で二つの直線が交差する．K_M 値は増大し，V_{max} は減少する．

Sec. 6.7 要約
- 阻害剤は酵素に結合して酵素の反応速度を低下させる化合物である．
- 阻害剤の主な二つの様式は，競合阻害と非競合阻害である．
- 競合阻害剤は，酵素の活性部位に結合し，基質が同じ場所に結合するのを阻害する．
- 非競合阻害剤は，酵素の活性部位とは別の場所に結合するが，活性部位の立体構造を変化させることによって，酵素の触媒効率を低下させる．
- 阻害様式は，ラインウィーバー-バークプロットによって決定できる．

SUMMARY 要約

◆**反応が自発的な場合，その反応は速く進むといえるか** 熱力学的に反応が自発的であるということは，その反応が速く進むかどうかを意味してはいない．反応の速さは ES 複合体と遷移状態におけるエネルギー状態の性質によって決まる．酵素は，エネルギー図において，ES 複合体と遷移状態間のエネルギー差が小さくなるような状態をつくり出すことによって反応の速度を上げる．

◆**反応温度を上げると反応速度は増大するか** 一般の化学反応は，温度が高くなると反応速度が上昇する．しかし，酵素反応の場合には，このことはある特定の温度範囲でしか成り立たない．温度を高く上げすぎると，酵素タンパク質が変性し，反応速度は著しく減少し，場合によってはゼロになってしまう．

◆**酵素の反応速度は常に反応物質の濃度とともに増大するか** 多くの場合，反応物の濃度は酵素の反応速度に影響を及ぼす．しかし，ごくわずかの酵素に対して，飽和濃度の基質が存在する場合には，酵素分子はすべて基質と結合する．このような条件下でさらに基質を追加しても反応速度は増加しない．このとき酵素はすでに最大速度 V_{max} で働いており，ゼロ次反応を示す．

◆**酵素が基質と結合するのはなぜか** 酵素と基質は静電相互作用のような非共有結合型相互作用によって互いに引き寄せられる．酵素の活性部位は，アミノ酸残基が基質とうまく結合できるように特異的に配向している．エネルギー図から，ES 複合体のエネルギーは E + S がそれぞれ単独で存在している状態より低いことがわかる．

◆**キモトリプシンと ATC アーゼが異なる反応速度曲線を示すのはなぜか** キモトリプシンとアスパラギン酸トランスカルバモイラーゼは異なる反応速度曲線を示す．キモトリプシンは非アロステリック酵素であり，反応速度曲線は双曲線を示す．ATC アーゼは，複数のサブユニットから成るアロステリック酵素であり，一つの基質分子の結合は次の基質分子の結合に影響を与える．ATC ア

ーゼはS字形の反応速度曲線を示す.

◆**グラフからどのようにして K_M と V_{max} を求められるか** K_M と V_{max} は,基質濃度 [S] に対して反応速度 V をプロットすることによって見積もることができる.しかし,より正確に求める方法は,1/[S] に対して 1/V をプロットするラインウィーバー–バークプロットを行うことである.このグラフを用いると,y 軸切片は 1/V_{max} となるので,そこから V_{max} を求める.また,x 軸切片は $-1/K_M$ であるので,そこから K_M を求めることができる.

◆**K_M と V_{max} は何を意味しているか** 数学的には,K_M は $V_{max}/2$ を与える基質の濃度に等しい.また,K_M 値は大まかには,酵素と基質の間の親和性を表すものであり,K_M 値が小さいということは親和性が大きいことを示す.V_{max} は,酵素が基質で飽和している条件下で,酵素がどのくらい速く生成物を生じさせることができるかを表す.

◆**競合阻害剤はどのようにして同定できるか** 阻害剤を加えた場合と加えない場合のラインウィーバー–バークプロットを比較したとき,二つの直線が y 軸上で交差すれば,その阻害剤は競合阻害剤である.

◆**非競合阻害剤はどのようにして同定できるか** もし非競合阻害剤であれば,上記のラインウィーバー–バークプロットで二つの直線は x 軸上で交差する.

EXERCISES 練習問題

6.1 酵素は極めて効率のよい生体触媒である

1. **復習** 酵素の触媒としての効率は非酵素触媒に比べてどれくらい高いか.
2. **復習** 酵素はすべてタンパク質であるか.
3. **計算** カタラーゼは無触媒の反応に比べて,1000万倍も速く過酸化水素を分解する.無触媒の反応が1年かかるとすると,カタラーゼではどれくらいの時間がかかるか.
4. **演習** 酵素触媒では,単純な H^+ や OH^- による酸・塩基触媒に比べて,1000〜10万倍も効率よく反応が進む.この理由を二つ挙げよ.

6.2 触媒作用:反応の速度論と熱力学的側面

5. **復習** グルコースが酸素で酸化されて二酸化炭素と水になる反応において,

    グルコース + $6O_2 \longrightarrow 6CO_2 + 6H_2O$

    その自由エネルギー変化 $\Delta G°$ は -2880 kJ mol^{-1} と強い発エルゴン反応である.しかし,グルコースを酸素のある状態においてもこの反応は起こらない.この理由を説明せよ.
6. **演習** 酵素反応でその $\Delta G°$ が -0.8 kcal mol^{-1} だとしたら,その反応は正方向または逆方向のどちらにも進むだろうか.もし,$\Delta G°$ が -5.3 kcal mol^{-1} ではどうか.
7. **演習** 酵素溶液を加熱するとその酵素活性は急激に低下する,その理由を考えよ.また,高濃度の基質を共存させるとその活性の低下を防ぐ場合が多い.なぜか.
8. **演習** ある酵素反応モデルを考え,これが誤差の範囲内で実験値に符合したとすると,このことによりこのモデルが証明されたことになるか.
9. **演習** 触媒は化学反応での標準自由エネルギー変化を変えることができるか.
10. **演習** 触媒は反応の活性化エネルギーにどのような影響を与えるか.
11. **演習** ADPとリン酸イオンからATPの生成を触媒する酵素は,逆反応すなわち,ATPの加水分解にも影響を与えるか.
12. **演習** 触媒はその反応の生成物の量を増加するか.

6.3 酵素反応速度論

13. **復習** 次の反応式

    $3A + 2B \longrightarrow 2C + 3D$

    について,この反応速度は実験的に次のように決められた.

    速度 = $k[A]^1[B]^1$

    この反応は化合物 A から見て,あるいは化合物 B から見て,何次反応となるか.

また，全反応として何次反応となるか．
化合物 A，B のそれぞれの何分子がこの反応にかかわっているか．

14. **演習** 乳酸デヒドロゲナーゼは次の反応を触媒する．

    ピルビン酸 + NADH + H$^+$ ⟶ 乳酸 + NAD$^+$

    NADH は紫外領域の 340 nm の光を吸収するが，NAD$^+$ は吸収しない．この波長の光を測定できる分光光度計があるとして，上記の反応での反応速度を測定する方法を考えよ．

15. **演習** 問題 14 で，反応経過を測定するのに pH メーターを使うか．使わないか．それはなぜか．

16. **演習** 酵素反応はなぜ緩衝液中で行うのか．

6.4 酵素−基質複合体の形成

17. **復習** 酵素と基質の結合に関する鍵と鍵穴モデルと誘導適合モデルの違いについて説明せよ．

18. **復習** エネルギー図を用いて，鍵と鍵穴モデルでは酵素反応機構を十分に説明できない理由を示せ．（ヒント：酵素が触媒作用を示すには遷移エネルギーが減少しなければならない）

19. **演習** 他の条件は同じとして，基質にあまりにも親和性が高い酵素は反応を進める上で，エネルギー的に不利である．なぜか．

20. **演習** 触媒活性に必須なアミノ酸であるのに，酵素のアミノ酸配列上では離れて存在している．活性部位の構造としてどのように考えればよいか．

21. **演習** 酵素のほんのわずかなアミノ酸残基が触媒作用に関与しているとしたら，なぜ酵素はあのような長いアミノ酸配列を必要とするのか．

22. **演習** 化学者は酵素反応における遷移状態の基質の構造に類似した新しい化合物を合成する．この化合物は実験的に強い酵素阻害作用を示す．この場合，この化合物はほんとうに遷移状態アナログといえるか．

6.5 酵素触媒反応の例

23. **復習** ミカエリス−メンテン型酵素とアロステリック酵素について，その反応速度と基質濃度との関係を図で示せ．

24. **復習** すべての酵素がミカエリス−メンテン式に従うか．そうでなければ，どのような酵素が挙げられるか．

25. **復習** ミカエリス−メンテン式に従わない酵素であるかどうかはどうすればわかるか．

6.6 ミカエリス−メンテンモデルによる酵素反応速度論

26. **復習** 反応速度における酵素濃度の影響を図示せよ．酵素濃度を上げると反応は頭打ちとなるか．

27. **復習** 酵素反応における定常状態の意味を説明せよ．また，この状態を仮定することにより，反応速度論上どのような利点があるのか．

28. **復習** 酵素反応の代謝回転数と最大速度 V_{max} の関係を述べよ．

29. **計算** 次の条件下におけるミカエリス−メンテン型酵素の反応速度 V（V_{max} の % として）を求めよ．

    (a) $[S] = K_M$ (b) $[S] = 0.5 K_M$
    (c) $[S] = 0.1 K_M$ (d) $[S] = 2 K_M$
    (e) $[S] = 10 K_M$

30. **計算** 下記の β-ケト酸の脱炭酸反応のデータを用いて，この酵素反応における K_M 値および V_{max} 値を求めよ．

基質濃度 (mmol L^{-1})	反応速度 (mM 分$^{-1}$)
2.500	0.588
1.000	0.500
0.714	0.417
0.526	0.370
0.250	0.256

31. **計算** カルボニックアンヒドラーゼによる炭酸ガスと水から重炭酸イオンと水素イオンを生じる反応

    $CO_2 + H_2O \longrightarrow HCO_3^- + H^+$

    において，以下のデータが得られた［H. De Voe and G.B. Kistiakowsky, *J. Am. Chem. Soc.* **83**, 274（1961）］．このデータから，反応の K_M 値および V_{max} 値を求めよ．

CO$_2$ 濃度 (mmol L^{-1})	1/反応速度 (M^{-1} 秒)
1.25	36×10^3
2.5	20×10^3
5.0	12×10^3
20.0	6×10^3

32. **計算** β-メチルアスパルターゼは β-メチルアスパラギン酸の脱アミノ化を触媒する．

$$\text{}^-\text{OOC}-\underset{\underset{\text{CH}_3}{|}}{\text{CH}}-\underset{\underset{\text{NH}_3^+}{|}}{\text{CH}}-\text{COO}^- \rightleftharpoons \text{}^-\text{OOC}-\underset{\underset{\text{CH}_3}{|}}{\text{C}}=\text{CH}-\text{COO}^- + \text{NH}_4^+$$

メサコン酸は 240 nm に吸収がある.

[V. Williams and J. Selbin, *J. Biol. Chem.* **239**, 1636（1964）]

反応速度は生成物の 240 nm での吸光度（A_{240}）を測ることにより求められた．以下のデータからこの反応の K_M 値を求めよ．また，問題 30，問題 31 と，どの点で算出法が異なっているか．

基質濃度 (mol L^{-1})	反応速度 (ΔA_{240} 分$^{-1}$)
0.002	0.045
0.005	0.115
0.020	0.285
0.040	0.380
0.060	0.460
0.080	0.475
0.100	0.505

33. **計算** α-キモトリプシンによるフェニルアラニン含有ペプチドの加水分解を行い，以下のデータが得られた．K_M 値と V_{max} 値を算出せよ．

ペプチド濃度 (M)	反応速度 (M 分$^{-1}$)
2.5×10^{-4}	2.2×10^{-6}
5.0×10^{-4}	3.8×10^{-6}
10.0×10^{-4}	5.9×10^{-6}
15.0×10^{-4}	7.1×10^{-6}

34. **計算** 問題 30 で得られた V_{max} 値を用いて，代謝回転数（反応速度定数）を求めよ．ただし，用いた酵素濃度は 1×10^{-4} mol/L とする．

35. **計算** ある酵素反応の実験で V_{max} を計算したところ，100 μmol 分$^{-1}$ であった．この実験で用いた酵素は，0.2 mg/mL の溶液を 0.1 mL 使った．酵素の分子量を 128,000 として，代謝回転数を求めよ．

36. **演習** D-アミノ酸は生体に毒性を示す可能性があるので，D-アミノ酸オキシダーゼの代謝回転数は非常に高い．芳香族アミノ酸に対する K_M 値は 1〜2 mM であり，セリン，アラニンや酸性アミノ酸に対する K_M 値は 15〜20 mM である．どちらのグループのアミノ酸が基質として優れているか．

37. **演習** 酵素反応で速度データをプロットするのに，曲線よりも直線のほうが有用なのはなぜか.

38. **演習** どのような条件下であれば，K_M 値を酵素と基質の親和性の指標とすることができるか．

6.7 酵素反応の阻害

39. **復習** 競合阻害と非競合阻害における見かけの K_M 値の違いを述べよ．

40. **復習** 競合阻害では V_{max} が変わらないのはなぜか．

41. **復習** 非競合阻害では K_M 値が変わらないのはなぜか．

42. **復習** 競合阻害と非競合阻害における阻害機構の違いについて説明せよ．

43. **復習** 酵素阻害は必ず可逆的に起こるのか．

44. **復習** 酵素反応を速度論で解析する上で，ラインウィーバー-バークの二重逆数プロットが有用なのはなぜか．

45. **復習** ラインウィーバー-バークプロットにおいて，競合阻害の場合，二つの直線はどこの位置で交差するか，非競合阻害ではどうか．

46. **計算** 下記の実験データを用いてラインウィーバー-バークプロットによるグラフを作図せよ．

[S] (mM)	V, 阻害剤なし (mmol 分$^{-1}$)	V, 阻害剤あり (mmol 分$^{-1}$)
3.0	4.58	3.66
5.0	6.40	5.12
7.0	7.72	6.18
9.0	8.72	6.98
11.0	9.50	7.60

阻害剤がある場合とない場合における K_M 値，V_{max} 値を求めよ．また，この阻害は競合阻害，非競合阻害のどちらと考えられるか．

47. **計算** 下記のアスパルターゼ（問題 32 を参照）のヒドロキシメチルアスパラギン酸による阻害反応データから，K_M 値を求め，さらにこの阻害が競合阻害か非競合阻害かを決定せよ．

[S]（モル濃度）	V, 阻害剤なし（任意の単位）	V, 阻害剤あり（任意の単位）
1×10^{-4}	0.026	0.010
5×10^{-4}	0.092	0.040
1.5×10^{-3}	0.136	0.086
2.5×10^{-3}	0.150	0.120
5×10^{-3}	0.165	0.142

48. **演習** 酵素が可逆的に阻害されることは，良いことなのか，悪いことか．それはなぜか．

49. **演習** 非競合阻害は，結合した阻害剤が酵素と基質の結合親和性に影響せず，基質の結合も阻害剤の結合に影響しないとした限定された場合である．阻害剤が p.206 の反応式（非競合阻害反応）で示すように結合するが，結合した阻害剤が EI と基質の結合を弱める場合では，そのラインウィーバー–バークプロットはどのようになるかを考えよ．

50. **関連** あなたが製薬会社で AIDS 治療薬の開発に関わっているとしたら，本章のどの内容が役に立つと思うか．

51. **演習** 不可逆的阻害剤は酵素と共有結合で結合するか，非共有結合すると考えられるか．それはなぜか．

52. **演習** ある酵素の非競合阻害剤の化学構造は，その酵素の基質の構造と類似しているか．

ANNOTATED BIBLIOGRAPHY

参 考 文 献

Althaus, I., J. Chou, A. Gonzales, M. Deibel, K. Chou, F. Kezdy, D. Romero, J. Palmer, R. Thomas, P. Aristoff, W. Tarpley, and F. Reusser. Kinetic Studies with the Non–Nucleoside HIV–1 Reverse Transcriptase Inhibitor U–88204E. *Biochemistry* **32**, 6548–6554 (1993). [How enzyme kinetics can play a role in AIDS research.]

Bachmair, A., D. Finley, and A. Varshavsky. *In Vivo* Half-Life of a Protein Is a Function of Its Amino Terminal Residue. *Science* **234**, 179–186 (1986). [A particularly striking example of the relationship between structure and stability in proteins.]

Bender, M. L., R. L. Bergeron, and M. Komiyama. *The Bioorganic Chemistry of Enzymatic Catalysis*. New York: Wiley, 1984. [A discussion of mechanisms in enzymatic reactions.]

Cohen, J. Novel Attacks on HIV More Closer to Reality. *Science* **311**, 943 (2006). [A brief summary of current progress in the fight against AIDS.]

Danishefsky, S. Catalytic Antibodies and Disfavored Reactions. *Science* **259**, 469–470 (1993). [A short review of chemists' use of antibodies as the basis of "tailor–made" catalysts for specific reactions.]

Dressler, D., and H. Potter. *Discovering Enzymes*. New York: Scientific American Library, 1991. [A well-illustrated book that introduces important concepts of enzyme structure and function.]

Dugas, H., and C. Penney. *Bioorganic Chemistry: A Chemical Approach to Enzyme Action*. New York: Springer–Verlag, 1981. [Discusses model systems as well as enzymes.]

Fersht, A. *Enzyme Structure and Mechanism*, 2nd ed. New York: Freeman, 1985. [A thorough coverage of enzyme action.]

Hammes, G. *Enzyme Catalysis and Regulation*. New York: Academic Press, 1982. [A good basic text on enzyme mechanisms.]

Kraut, J. How Do Enzymes Work? *Science* **242**, 533–540 (1988). [An advanced discussion of the role of transition states in enzymatic catalysis.]

Lerner, R., S. Benkovic, and P. Schultz. At the Crossroads of Chemistry and Immunology: Catalytic Antibodies. *Science* **252**, 659–667 (1991). [A review of how antibodies can bind to almost any molecule of interest and then catalyze some reaction of that molecule.]

Marcus, R. Skiing the Reaction Rate Slopes. *Science* **256**, 1523–1524 (1992). [A brief, advanced–level look at reaction transition states.]

Moore, J. W., and R. G. Pearson. *Kinetics and Mechanism*, 3rd ed. New York: Wiley Interscience, 1980. [A classic, quite advanced treatment of the use of kinetic data to determine mechanisms.]

Rini, J., U. Schulze–Gahmen, and I. Wilson. Structural Evidence for Induced Fit as a Mechanism for Antibody–Antigen Recognition. *Science* **255**, 959–965 (1992). [The results of structure determination by X–ray crystallography.]

Sigman, D., ed. *The Enzymes*, Vol. 20, *Mechanisms of Catalysis*. San Diego: Academic Press, 1992. [Part of a definitive series on enzymes and their structures and functions.]

Sigman, D., and P. Boyer, eds. *The Enzymes*, Vol. 19, *Mechanisms of Catalysis*. San Diego: Academic Press, 1990. [Part of a definitive series on enzymes and their structures and functions.]

CHAPTER 7

タンパク質の性質：酵素の反応機構と活性調節

信号機によって車の流れがコントロールされるように，生化学反応は酵素によって調節される

概　要

7.1　アロステリック酵素の性質
　7.1.1　アロステリック酵素はどのように制御されているか

7.2　アロステリック酵素の協奏モデルと逐次モデル
　7.2.1　アロステリック酵素の協奏モデルとはどのようなものか
　7.2.2　アロステリック酵素の逐次モデルとはどのようなものか

7.3　リン酸化による酵素活性の調節
　7.3.1　リン酸化は常に酵素活性を増大させるか

7.4　チモーゲン

7.5　活性部位の性質
　7.5.1　必須アミノ酸残基はどのようにして決定されるか
　7.5.2　活性部位の構造は触媒活性にどのように影響するか
　7.5.3　活性部位アミノ酸はどのようにしてキモトリプシンの酵素反応を触媒するか

7.6　酵素の触媒機構に見られる化学反応
　7.6.1　最も一般的な化学反応は何か

7.7　活性部位と遷移状態
　7.7.1　遷移状態の性質はどのようにして決定されるか

7.8　補酵素

7.1 アロステリック酵素の性質

　多くの酵素反応はほとんどがミカエリス–メンテンモデルによってうまく説明することができるが，アロステリック酵素はこのモデルとは異なる特性を示す．前章にてキモトリプシンの酵素作用とミオグロビンの酸素結合反応がよく似た挙動を示し，これらが非アロステリックな性状を示す典型的な例であることを説明した．これとよく似た関係が，アロステリック酵素であるアスパラギン酸トランスカルバモイラーゼ（ATCアーゼ）とヘモグロビンの酸素結合反応に認められる．ATCアーゼとヘモグロビンは共にアロステリックタンパク質であり，いずれの機能もその四次構造の微細な構造変化によって協同的に高められる（四次構造 quaternary structure と正の協同性 positive cooperativity を思い出してもらいたい．四次構造とは，非共有結合的な相互作用によるサブユニットの空間的配置である．正の協同性とは，一つのサブユニットが基質と結合するとタンパク質全体の触媒作用または結合反応性が高められ，残りのサブユニットの基質との結合親和性がより増加することをいう）．このような協同的な反応速度論に加えて，アロステリック酵素は阻害剤に対しても，前述のミカエリス–メンテンモデルが適用される非アロステリック酵素とは異なる挙動を示す．

7.1.1 アロステリック酵素はどのように制御されているか

　ATCアーゼは，シチジン三リン酸（CTP）の生合成経路の最初のステップを触媒する酵素であり，生成物であるCTPはRNAやDNAの合成の原料になる（Chap. 9）．ヌクレオチドを生合成する経路では，多くのエネルギーが消費され，多くのステップを経由する．ATCアーゼの触媒反応は，ヌクレオチドの合成経路においてヌクレオチドが過剰合成されないよう，どのような制御機構が存在しているかを知る上で良い例となる．DNAやRNAが生合成される際，各々のヌクレオチド三リン酸の量が調節されている．CTPは合成経路の最初の反応を触媒するATCアーゼの阻害剤として働く．この現象はフィードバック阻害 feedback inhibition（または最終生成物阻害とも呼ばれる）の一例であり，最終生成物によって一連の反応経路の初発反応が阻害されるものである（図7.1）．すなわち，最終生成物が過剰に生成されると，一連の反応全体が止まり，中間物質が蓄積されないことから，フィードバック阻害はきわめて効率のよい調節機構である．フィードバック阻害は生体内の代謝調節には一般的な機序であり，アロステリック酵素のみで起こるわけではない．ここでは典型的なアロステリック酵素の例としてATCアーゼの速度論的性状や阻害機構について述べる．

　ATCアーゼはアスパラギン酸とカルバモイルリン酸が結合してカルバモイルアスパラギン酸が生成される反応を触媒する．基質となるアスパラギン酸の濃度を上昇させて，反応速度をグラフ化すると，そのグラフはS字状曲線となり，前述の非アロステリック酵素で見られた双曲線とは異なる（図7.2A）．このS字状曲線はアロステリック酵素の特徴である協同性を示すものである．この反応の基質は2種類であるが，ここではアスパラギン酸の濃度を変え，カルバモイルリン酸の濃度は十分高い濃度に保たれている．

図 7.1

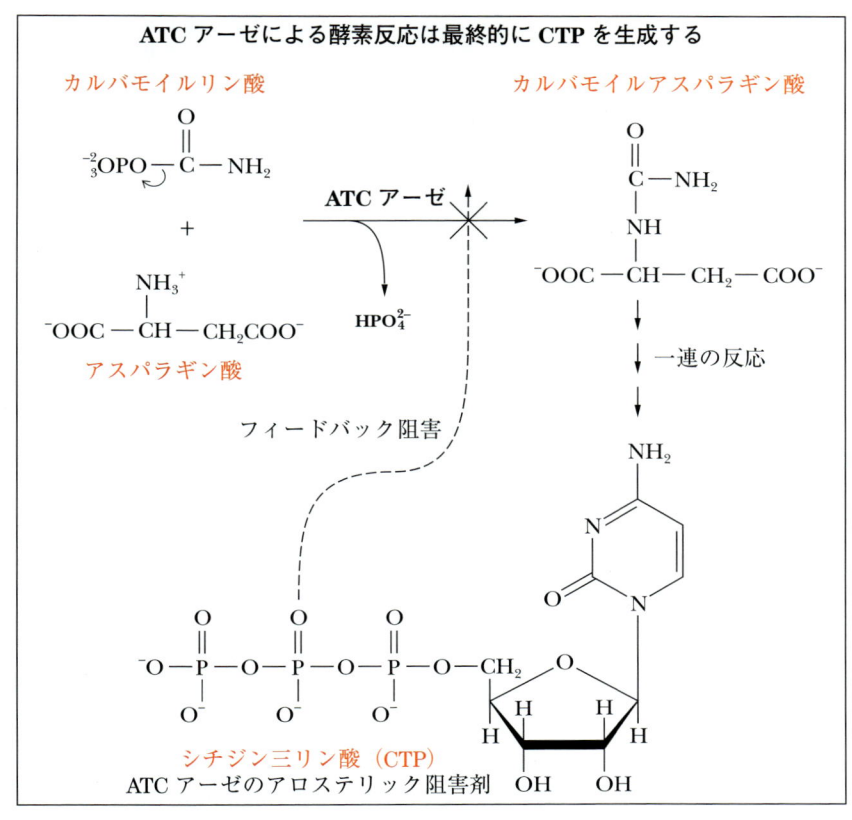

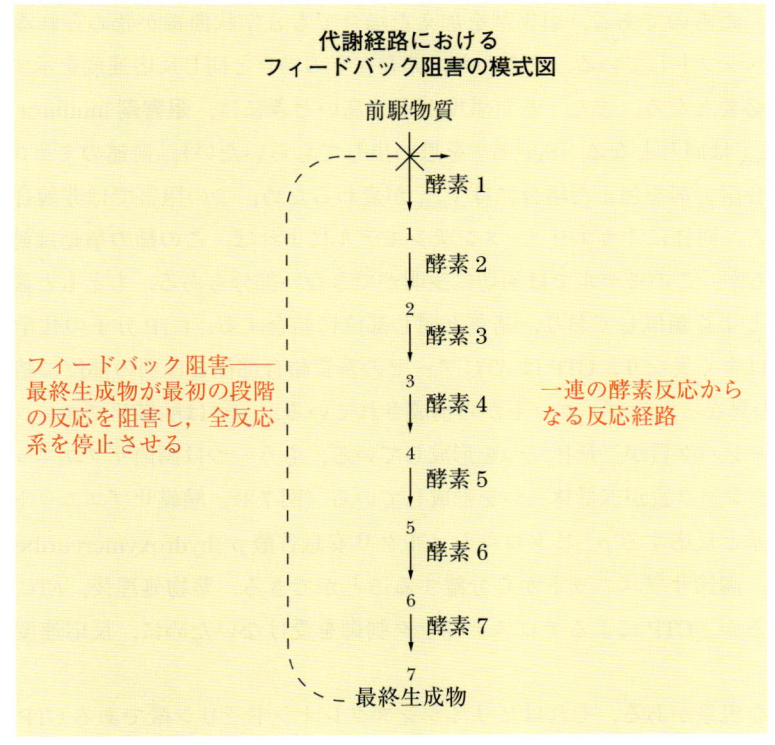

代謝経路におけるフィードバック阻害の模式図

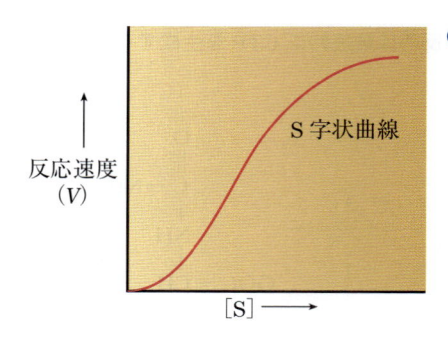

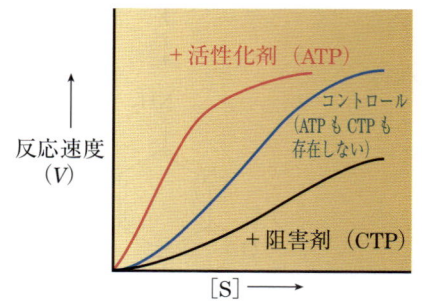

図 7.2

Ⓐ アスパラギン酸トランスカルバモイラーゼの基質濃度（アスパラギン酸）－反応速度プロット．

（縦軸：反応速度 (V)，横軸：[S]，S字状曲線）

Ⓑ アロステリック酵素に対する阻害剤と活性化剤の影響．

（縦軸：反応速度 (V)，横軸：[S]；＋活性化剤（ATP），コントロール（ATPもCTPも存在しない），＋阻害剤（CTP））

　図7.2BはATCアーゼの反応速度をATCアーゼの阻害剤であるCTPが存在するときと，存在しないときとで比較したものである．阻害剤を加えた場合でもS字状曲線が認められるが，曲線は基質濃度の高いほうへシフトしている．すなわち，非存在下の場合と同じ反応速度を示すためには，より高い基質濃度が必要となる．また，基質濃度が十分高いときには，**阻害剤 inhibitor** の有無にかかわらず最大速度 V_{max} は同じとなる（Sec. 6.7を思い出してもらいたい）．前述のミカエリス-メンテン機構では，非競合阻害剤を加えた場合には V_{max} が変わるため，この阻害では非競合阻害は起こっていないことになる．同様にミカエリス-メンテンモデルによれば，この種の挙動は競合阻害と関連性があることになるが，このモデルでは適切に説明ができない部分もある．もともと競合阻害剤はその化学構造が基質とよく類似しており，基質と同じ部位に結合する．CTP分子の化学構造は基質のアスパラギン酸とは全く異なり，CTPはATCアーゼの基質結合部位とは別の部位に結合する．ATCアーゼは，2種類の異なったサブユニットから構成されている．一つは触媒サブユニットであり，六つのサブユニットタンパク質が三量体二つを形成している．もう一つは調節サブユニットであり，六つのサブユニットタンパク質が二量体三つを形成している（図7.3）．触媒サブユニットは，タンパク質のシステイン残基と反応する p-ヒドロキシメルクリ安息香酸 p-hydroxymercuribenzoate で処理することによって，調節サブユニットから分離することができる．薬物処理後，ATCアーゼはまだ触媒能を有しているが，CTPによるアロステリック制御を受けないために，反応速度曲線は双曲線型となる．

　さらに不思議な現象がある．それはピリミジンヌクレオシド三リン酸であるCTPが存在しない場合，プリンヌクレオシド三リン酸であるATPが存在すると反応が促進することである．CTPとATPの化学構造はよく似ているが，ATPはATCアーゼによって始まるCTP生合成経路では生成されない

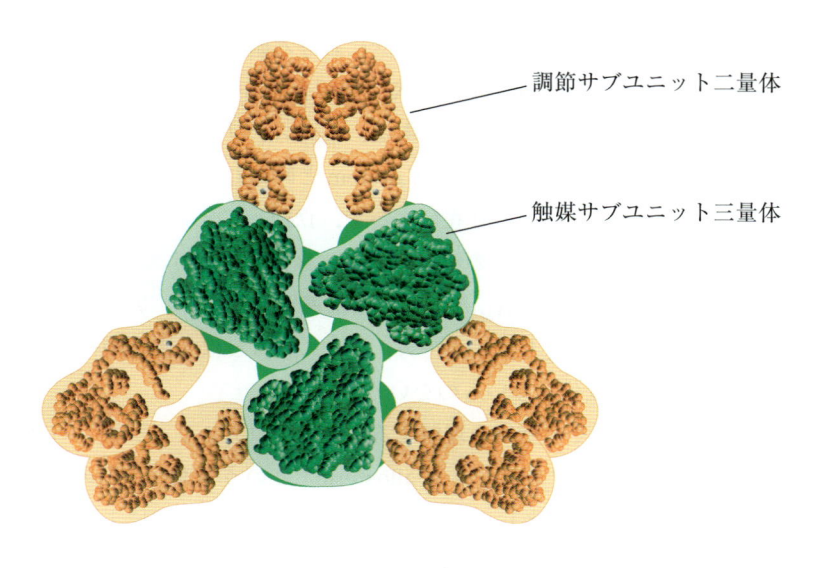

図 7.3

アスパラギン酸トランスカルバモイラーゼの構造
二つの触媒サブユニット三量体と三つの調節サブユニット二量体から成る．

化合物である．ATPとCTPは共にRNAやDNAの合成に必須となる化合物である．ATPとCTPの相対的な割合は生体の必要性に応じて決められている．ATPに比べてCTPが不足すると，ATCアーゼはCTPがより生成されるためのシグナルを受ける．すなわち，ATPの存在下では，低濃度のアスパラギン酸でも反応速度が増加し，その反応曲線はS字状よりもむしろ双曲線に近くなる（図7.2B）．いい換えると，反応における協同性が減少するのである．酵素内のATPの結合部位がCTPの結合部位と同じであることは，両者の化学構造がきわめて類似していることから容易に想像できるが，ATPがCTPのような阻害剤としてではなく，逆に活性化剤として作用することは驚きである．つまり，生体内でCTPが不足するとATCアーゼの酵素反応は阻害されずに，ATPが結合することによって，さらに酵素活性が上昇するのである．

アデノシン三リン酸（ATP）
プリンヌクレオチドであり，
ATCアーゼの活性化剤である．

アロステリック酵素の阻害を非アロステリック酵素における阻害様式で考えようとしても，いくつかの用語は適切ではない．そもそも，"競合阻害"や"非競合阻害"という用語は，ミカエリス−メンテンの反応速度論に従う酵素に用いられる用語である．アロステリック酵素では状況はやや複雑であり，一般に，**Kシステム** K system と **Vシステム** V system と呼ばれる2種類の酵素システムが存在する．Kシステムとは，阻害剤や活性化剤の存在によって，$1/2\ V_{max}$ を示す基質濃度が変わるようなシステムである．ATCアーゼは，Kシステムの一例である．今，ミカエリス−メンテンモデルの酵素について議論しているわけではないので，K_M という用語は適切ではない．アロステリック酵素においては，$1/2\ V_{max}$ を示す基質濃度を $K_{0.5}$ と表す．一方，Vシステムとは，阻害剤や活性化剤の効果によって V_{max} が変化するが，$K_{0.5}$ は変化しないものをいう．

アロステリック酵素の協同性やその制御を理解する鍵は，アロステリックタンパク質には種々の四次構造が存在することにある．"アロステリック allosteric" という言葉は "別の" という意味の allo と "立体の" という意味の steric に由来し，タンパク質の立体構造の変化によってその性状が変わることを意味する．基質，阻害剤あるいは活性化剤が結合することにより，アロステリックタンパク質の四次構造が変化し，その構造変化がアロステリックタンパク質の性状に影響を及ぼす．アロステリックタンパク質に結合して，その四次構造を変化させ，その性状を変化させる物質を一般に**アロステリックエフェクター** allosteric effector と呼ぶ．"エフェクター" という言葉は，基質，阻害剤，活性化剤に用いられる．アロステリック酵素の反応モデルがいくつか提唱されており，それらを比較することは重要である．

まず，二つの用語について説明しよう．**ホモトロピック** homotropic 効果とは，数個の同一化合物が一つのタンパク質に結合するときに見られるアロステリック相互作用のことである．ATCアーゼにその基質であるアスパラギン酸が結合するときのように，基質分子が酵素の複数の部位に結合するのが，ホモトロピック効果の一例である．一方，**ヘテロトロピック** heterotropic 効果とは，異なる化合物（例えば，阻害剤と基質）がタンパク質に結合するときに見られるアロステリック相互作用のことである．ATCアーゼ反応における CTP の阻害作用や ATP の活性化作用はともにヘテロトロピック効果である．

Sec. 7.1 要約

- アロステリック酵素は非アロステリック酵素とは異なる反応速度論を示し，ミカエリス−メンテン式は当てはまらない．
- アロステリック酵素では，基質濃度［S］に対する反応速度のプロットはS字状を示す．
- アロステリック酵素でよく見られる制御機構の一つにフィードバック阻害と呼ばれるものがある．
- 阻害剤や活性化剤はアロステリック酵素の活性を制御することができる．

7.2 アロステリック酵素の協奏モデルと逐次モデル

アロステリック酵素の性状を説明する主なモデルとして，協奏モデルと逐次モデルの二つがある．これらはそれぞれ 1965 年と 1966 年に提唱され，現在でもアロステリック酵素の実験結果を解析するときの基本原理として用いられている．協奏モデルは比較的単純であり，このモデルによっていくつかのアロステリック酵素の性状がうまく説明できる．

逐次モデルは少々複雑であるが，酵素タンパク質の構造や性状について，より具体的に説明できる点で優れており，これもまた，いくつかの酵素の性状を説明するのに適している．

7.2.1 アロステリック酵素の協奏モデルとはどのようなものか

1965 年にジャック・モノー Jacques Monod，ジェフリー・ワイマン Jeffries Wyman とジャン・ピエール・シャンジュー Jean-Pierre Changeux はアロステリックタンパク質の性状を説明するモデルとして**協奏モデル** concerted model を提唱した．この論文は生化学における古典的重要文献の一つである（本論文は章末に引用されている）．彼らはその報告で，アロステリックタンパク質には二つの

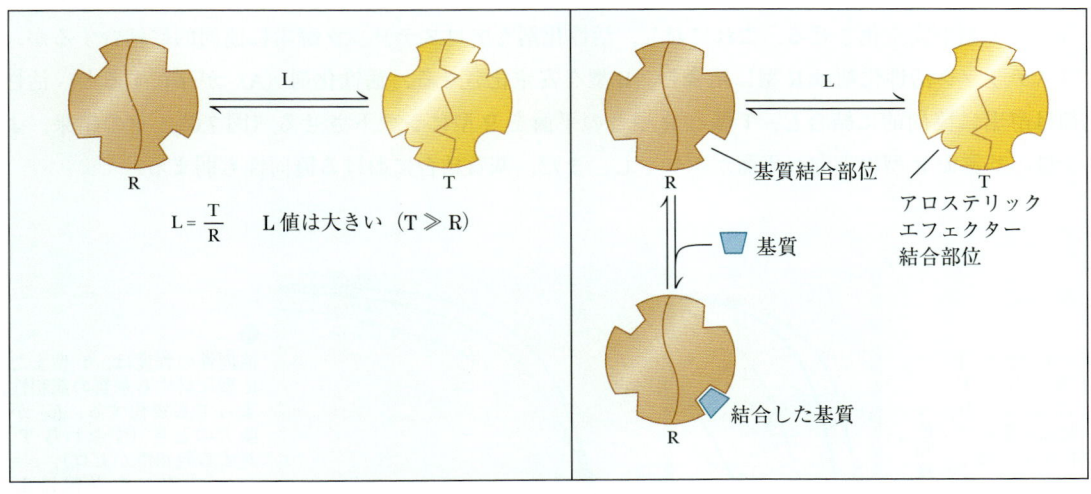

Ⓐ 二量体タンパク質は，平衡状態にて T（緊張 taut）型，R（弛緩 relaxed）型のどちらかの立体構造で存在している．L 値は R 型に対する T 型の存在比である．ほとんどのアロステリック系では L 値は大きく，酵素は主に R 型よりも T 型で存在している．

Ⓑ 基質の結合により非結合状態の R 型が減少すると，ル・シャトリエ Le Chatelier の法則により，平衡が R 型の方向にシフトする．酵素 – 基質複合体の解離定数は，R 型の場合を K_R，T 型の場合を K_T とする．$K_R < K_T$ であるので，基質は R 型のほうに強く結合する．K_R/K_T 比を c で表す．この図は，T 型が基質と全く結合しない状態，すなわち K_T が無限大の場合（$c = 0$）を示している．

図 7.4
モノー–ワイマン–シャンジューモデル（協奏モデル）によるアロステリック転移

コンホメーション，すなわち基質と強固に結合する活性なR型（弛緩 relaxed）と，基質とゆるく結合する不活性なT型（緊張 tight あるいは taut と呼ばれる）があるとした．このモデルの特徴は，タンパク質を構成するすべてのサブユニットのコンホメーションが同時に協奏的に変化する点である．図7.4Aに二つのサブユニットからなるタンパク質の例を示す．二つのサブユニットが同時に不活性なT型から活性のあるR型へとコンホメーションを変える．すなわち，協奏的なコンホメーションの変化が起こるのである．平衡状態におけるT型とR型の比T/RをLと呼び，その値は高いと仮定すると，非結合状態のR型より非結合状態のT型のほうが多いことになる．それぞれの型における基質との結合能は，酵素と基質との解離定数Kで示すことができ，T型よりR型のほうが基質親和性が高い．したがって，$K_R \ll K_T$となる．K_R/K_Tの値をcで表す．図7.4Bは，K_TがK_Rに比べ無限に大きいとき（すなわち$c = 0$）の限定された条件を示している．いい換えれば，基質がT型には全く結合しないことを意味する．このモデルでは，アロステリック効果はT型とR型との間の平衡が変化することによって説明される．最初，R型の酵素は少量であるが，基質がR型に結合すると非結合状態のR型は減少する．このことにより，再び平衡状態が変化し，非結合状態のR型がより生成され，基質が結合しやすくなる．この平衡のシフトがアロステリック効果の原動力である．モノー－ワイマン－シャンジューモデルでは，アロステリック酵素がS字状効果を示すことが数学的にも証明されている．その曲線の形状はL値とc値に基づいて変化する．L値が増加する（非結合状態のT型が増加する）につれて，曲線の形状はより強くS字状になる（図7.5）．また，c値が減少する（基質とR型の親和性がより強くなる）につれて，曲線の形状はよりS字状になる．

協奏モデルでは，阻害剤や活性化剤の効果も酵素のT型とR型との平衡を変えることによると考えられている．阻害剤はアロステリック酵素に協同的に結合する．アロステリック阻害剤はT型に結合してT型を安定化させる．これに対し，活性化剤もアロステリック酵素に協同的に結合するが，アロステリック活性化剤はR型に結合し，R型を安定化させる．活性化剤（A）が存在すると，活性化剤は酵素に協同的に結合し，T型とR型との平衡をR型にシフトさせる（図7.6）．その結果，より少量の基質でR型の方向へ平衡がシフトし，また，基質結合における協同性も弱まる．

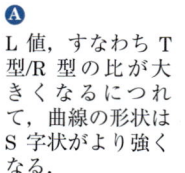

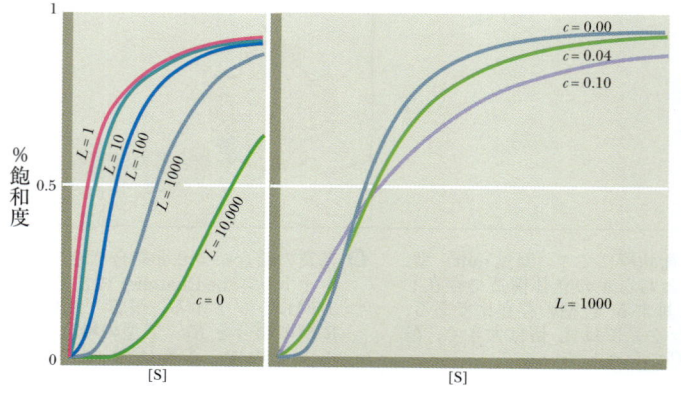

A L値，すなわちT型/R型の比が大きくなるにつれて，曲線の形状はS字状がより強くなる．

B 協同性の程度は，T型またはR型に対する基質の親和性によっても変化する．K_Tが無限大のとき（すなわちTに対する親和性がゼロ），$c = 0$（$c = K_R/K_T$）の青線によって示されるように，協同性は大きくなる．c値が増加するにつれ，T型とR型の結合能の違いがなくなり，曲線はS字状でなくなる．

図7.5

モノー－ワイマン－シャンジューモデル（協奏モデル）
(*Monod, J., Wyman, J., and Chaugeux, J.-P., 1965. On the nature of allosteric transitions: A plausible model.* Journal of Molecular Biology **12**:92 を改変)

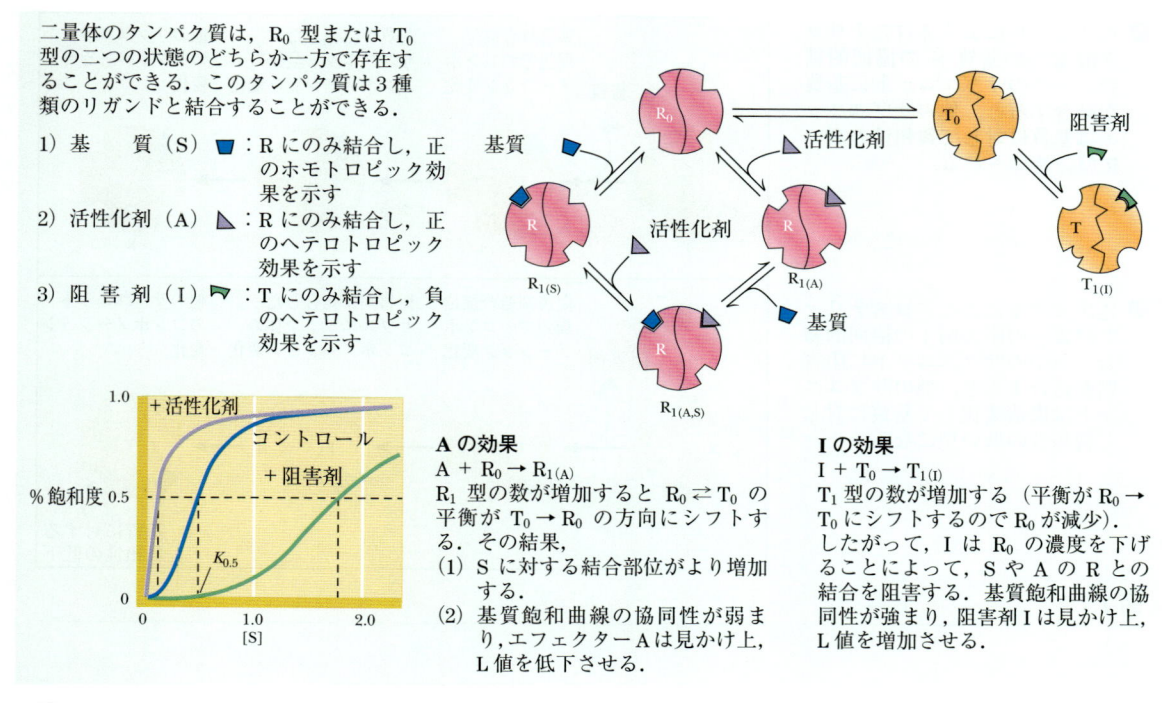

二量体のタンパク質は，R_0 型または T_0 型の二つの状態のどちらか一方で存在することができる．このタンパク質は 3 種類のリガンドと結合することができる．

1) 基　　質（S）▪：R にのみ結合し，正のホモトロピック効果を示す
2) 活性化剤（A）▴：R にのみ結合し，正のヘテロトロピック効果を示す
3) 阻 害 剤（I）▸：T にのみ結合し，負のヘテロトロピック効果を示す

A の効果
$A + R_0 \rightarrow R_{1(A)}$
R_1 型の数が増加すると $R_0 \rightleftarrows T_0$ の平衡が $T_0 \rightarrow R_0$ の方向にシフトする．その結果，
(1) S に対する結合部位がより増加する．
(2) 基質飽和曲線の協同性が弱まり，エフェクター A は見かけ上，L 値を低下させる．

I の効果
$I + T_0 \rightarrow T_{1(I)}$
T_1 型の数が増加する（平衡が $R_0 \rightarrow T_0$ にシフトするので R_0 が減少）．
したがって，I は R_0 の濃度を下げることによって，S や A の R との結合を阻害する．基質飽和曲線の協同性が強まり，阻害剤 I は見かけ上，L 値を増加させる．

図 7.6
協奏モデルにおける活性化剤および阻害剤の効果
活性化剤は R 型を安定化させる分子であり，阻害剤は T 型を安定化させる分子である．

　阻害剤（I）が存在すると，阻害剤は酵素に協同的に結合し，T 型と R 型の平衡を T 型にシフトさせる（図 7.6）．その結果，R 型の方向へ平衡を移動させるためにはより多くの基質が必要となる．また，基質の結合において，より強い協同性が見られるようになる．

7.2.2　アロステリック酵素の逐次モデルとはどのようなものか

　ダニエル・コシュランド Daniel Koshland はアロステリック酵素の**逐次モデル** sequential model の提唱者として知られている．このモデルの特徴は，基質の結合によって T 型から R 型へのコンホメーション変化がもたらされる点にあり，この変化は誘導適合 induced-fit 仮説に基づいている（このモデルの原著論文は章末に引用されている）．一つのサブユニットが T 型から R 型へコンホメーション変化を起こすと，逐次的に他のサブユニットも R 型への変換が起こりやすくなる．このことが，このモデルにおける協同的結合を説明する上での基礎となっている（図 7.7A）．

　この逐次モデルでは，基質結合の場合と同様に，活性化剤および阻害剤との結合に際しても，誘導適合機構が適用できる．阻害剤や活性化剤の結合により，一つのサブユニットに生じたコンホメーション変化が他のサブユニットのコンホメーションにも影響を与える．その結果，活性化剤の存在下では R 型が，阻害剤の存在下では T 型が多くなる（図 7.7B）．阻害剤が一つのサブユニットに結合すると，その立体構造は変化し，T 型は以前よりもさらに基質と結合しにくくなる．このサブユニットのコンホメーション変化は他のサブユニットにも伝わり，阻害剤はさらに結合しやすく，基質はさらに

Ⓐ 逐次モデルによるアロステリック酵素への基質 S の協同的結合．一つのサブユニットに基質が結合すると，他のサブユニットは基質に対して親和性の高いR 型に誘導される．

Ⓑ 逐次モデルによるアロステリック酵素への阻害剤 I の協同的結合．一つのサブユニットに阻害剤が結合すると，他のサブユニットは構造変化して基質に対して親和性の低い型になる．

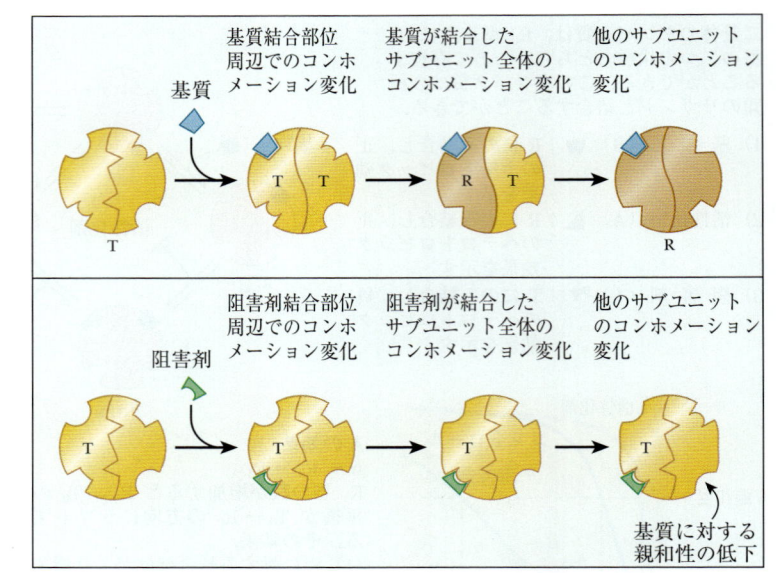

図 7.7

結合しにくい立体構造に変わる．これは酵素の協同的阻害の例である．同様に，活性化剤の場合は，その結合によって基質がより結合しやすい立体構造に変わり，その効果が一つのサブユニットから他のサブユニットに伝わるのである．

逐次モデルには，基質などさまざまなタイプのエフェクターのアロステリック酵素への結合において，協奏モデルでは見られないユニークな特性がある．例えば，一つのサブユニットにエフェクターが結合してそのコンホメーションが変化すると，他のサブユニットに同じタイプの分子が逆に結合しにくくなるという現象がある．この現象は**負の協同作用** negative cooperativity と呼ばれ，いくつかの酵素において見出される．その一例は，タンパク質の生合成に関わるチロシル tRNA シンテターゼ（合成酵素）である．この酵素が触媒する反応では，アミノ酸のチロシンはトランスファーRNA（tRNA）と共有結合する．その後，チロシンは伸長しつつあるタンパク質の配列の中に渡される．この酵素は二つのサブユニットで構成されており，いずれか一方のサブユニットに最初の基質が結合すると，もう一方のサブユニットへの基質の結合が阻害される．

逐次モデルはこのチロシル tRNA シンテターゼで見られるような負の協同作用をうまく説明することができるが，先に述べた協奏モデルでは説明できない．

Sec. 7.2 要約

- アロステリック酵素の性質を説明する主な二つのモデルは協奏モデルと逐次モデルと呼ばれる．
- 協奏モデルでは，酵素は緊張型のT型または弛緩型のR型として存在していると考える．サブユニットはすべてT型かR型のどちらかをとり，それらの間には平衡があると考える．
- 基質はT型よりR型により結合しやすく，阻害剤はT型を安定化し，活性化剤はR型を安定化する．
- 逐次モデルでは，酵素のサブユニットは順次T型からR型へ変化したり，また元に戻ることができる．
- 一つのサブユニットに基質が結合するとサブユニットはR型に変換し，さらに他のサブユニットもR型に変換していく
- 一つのサブユニットに阻害剤が結合すると，他のサブユニットは基質に対する親和性が低い型に変換される．一つのサブユニットに活性化剤が結合すると，他のサブユニットは基質に対する親和性が高い型に変換される．

7.3 リン酸化による酵素活性の調節

タンパク質のリン酸化は，酵素の最も一般的な活性調節機構の一つである．セリン，トレオニン，チロシンの側鎖のヒドロキシ基はすべてリン酸エステルを形成することができる．細胞内にカリウムを取り込み，細胞外にナトリウムを汲み出す Na^+/K^+ ポンプなどの細胞膜輸送体は良い例である（Sec. 8.6）．Na^+/K^+ ポンプの構成タンパク質のリン酸化をはじめ，その他多くの酵素のリン酸化に必要なリン酸基は，細胞内の至る所に存在するATPから供給される．ATPが加水分解されて，アデノシン二リン酸（ADP）になるとき，大量のエネルギーが放出され，エネルギー的に不利な反応であってもそれを行うことができる．Na^+/K^+ ポンプの場合，369番目のアスパラギン酸にATPのリン酸基が転

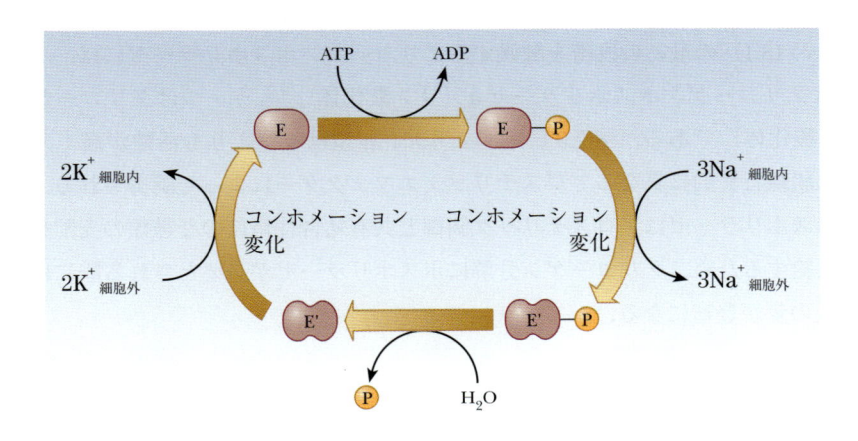

図7.8
Na^+/K^+ ポンプのリン酸化は，この膜タンパク質がナトリウム結合型となるか，あるいはカリウム結合型となるかを決めている

移することにより，コンホメーション変化が起こる（図7.8）．このようなリン酸化反応を触媒するタンパク質は**プロテインキナーゼ** protein kinase と呼ばれている．キナーゼとは基質へリン酸基の転移を触媒する酵素のことであり，ほとんどの場合，ATPからリン酸基が転移する．プロテインキナーゼは代謝反応において重要な役割を担っている．

そのような例は糖質代謝などのエネルギー産生に関わる反応系で多く見られる．貯蔵グリコーゲンの分解反応（Sec. 18.1）の最初の段階を触媒するグリコーゲンホスホリラーゼには，二つのタイプが存在し，一つはグリコーゲンホスホリラーゼ a（リン酸化体），もう一つはグリコーゲンホスホリラーゼ b（脱リン酸化体）である．図7.9に示すように，a型はb型よりも活性が高く，これら二つのタイプの酵素は組織特異的に異なるアロステリックエフェクターによって制御される．このように，グリコーゲンホスホリラーゼはアロステリック制御と共有結合性修飾の2種類の支配を受けている．エネルギーを供給するため，グリコーゲン分解にホスホリラーゼが必要とされる際には，最終的には活性の高いa型の量が豊富になる．

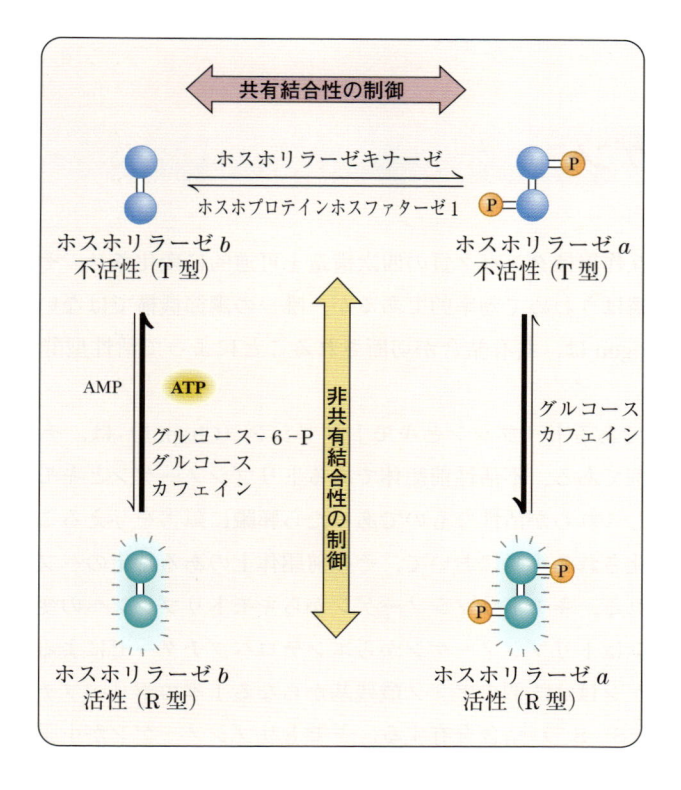

図 7.9
グリコーゲンホスホリラーゼの活性はアロステリック制御とリン酸化を介する共有結合性修飾によって調節されている
リン酸化型はより活性が高い．ホスホリラーゼにリン酸基を結合させる酵素はホスホリラーゼキナーゼと呼ばれる．

7.3.1　リン酸化は常に酵素活性を増大させるか

　リン酸化は常に酵素活性を増大させるというモデルが成り立つならそれは都合の良いことであるが，生化学はそれほどわれわれにとって容易ではない．実際，リン酸化が酵素活性を増大させるか，あるいは減少させるかを予測することはできない．いくつかの系では，互いに逆向きの反応を担う二つの酵素に対するリン酸化の影響は協調している．例えば，ある分解経路の鍵酵素がリン酸化によって活性化される場合，その反対方向の合成経路の酵素はリン酸化によって活性が阻害される．

> **Sec. 7.3 要約**
> ■ 多くの酵素はリン酸化によって活性が制御されている．
> ■ キナーゼと呼ばれる酵素は酵素の特定のアミノ酸残基にリン酸基を転移するため，ATPなどの高エネルギー化合物を用いる．
> ■ これらのアミノ酸残基は，通常，セリン，トレオニンまたはチロシン残基である．
> ■ リン酸化は酵素活性を増大させることもあれば，低下させることもある．

7.4 チモーゲン

　アロステリックな相互作用はタンパク質の四次構造を可逆的に変化させ，そのタンパク質の機能を調節する．この調節機構はきわめて効率的であるが，唯一の調節機構ではない．酵素の不活性前駆体である**チモーゲン** zymogen は，共有結合が切断されることによって活性型酵素に不可逆的に変換される．

　タンパク質分解酵素であるトリプシンとキモトリプシン（Chap. 5）は，チモーゲンとその活性化を考える上で代表的な例である．不活性前駆体であるトリプシノーゲンとキモトリプシノーゲンは膵臓でつくられるが，もしこれらが活性なものであったら膵臓に障害を与えることになる．これらの前駆体はタンパク質が消化される小腸において，その前駆体上のある特定のペプチド結合が切断されることによって活性化される．キモトリプシノーゲンからキモトリプシンへの変換はトリプシンによって触媒され，トリプシンはトリプシノーゲンからエンテロペプチダーゼによる切断反応によって生じる．キモトリプシノーゲンは245個のアミノ酸残基からなる1本のポリペプチド鎖であり，分子内に五つのジスルフィド（−S−S−）結合を有する．キモトリプシノーゲンが小腸に分泌されると，消化管に存在するトリプシンによってキモトリプシノーゲンのN末端から15番目のアルギニンと16番目のイソロイシンの間のペプチド結合が切断される（図7.10）．この切断によって，活性なπ-キモトリプシンが生成する．この切断された15個のアミノ酸残基からなるペプチド断片は，ジスルフィド結合を介してまだタンパク質と結合している．このπ-キモトリプシンは完全な酵素活性を有するが，これが一連の反応の最終産物ではない．π-キモトリプシンはさらに自身に作用して二つのジペ

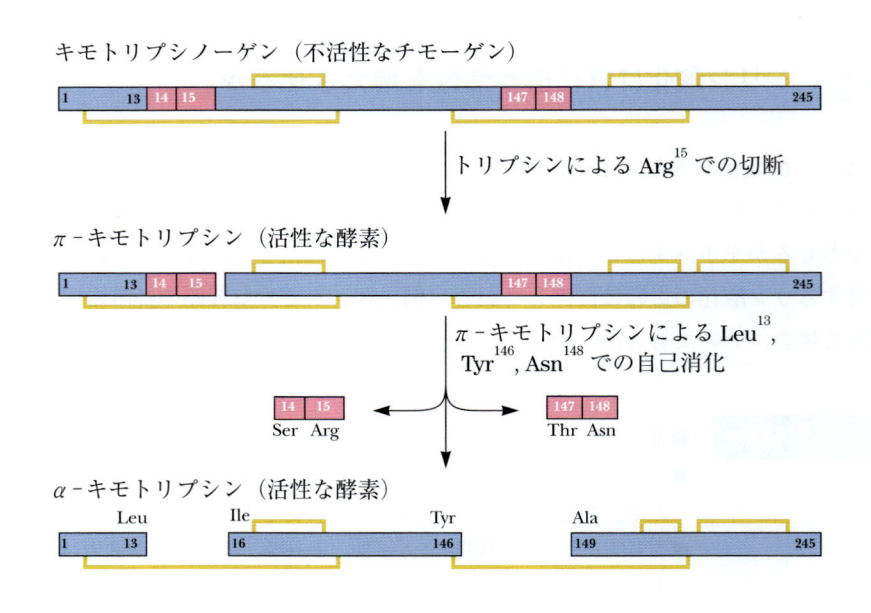

図 7.10

キモトリプシンの限定分解による活性化

プチド断片を切り出し，完全な酵素活性を有する α-キモトリプシンとなる．このとき，切り出されるジペプチドは Ser^{14}-Arg^{15} と Thr^{147}-Asn^{148} の二つである．最終活性型酵素である α-キモトリプシンは，3本のポリペプチド鎖から成り，それらは最初の五つのジスルフィド結合のうちの二つのジスルフィド結合によって結合している（他の三つのジスルフィド結合は各々のポリペプチド鎖内にそのまま残っている）．π-あるいは α-と特定せずに単に"キモトリプシン chymotrypsin"といったときは，最終型の α-キモトリプシンを意味している．

　キモトリプシノーゲンから α-キモトリプシンへの変換に伴う一次構造の変化は，その三次構造にも変化を与える．酵素の活性発現にはその三次構造が重要であり，チモーゲンが不活性であるのも，同様にその三次構造に基づいている．キモトリプシンの三次元構造はX線結晶解析により決定された．最初の切断反応によって露出するイソロイシン残基のプロトン化したアミノ基と194番目のアスパラギン酸の側鎖カルボキシ基がイオン結合する．このイオン結合は活性部位の近傍に位置し，酵素が活性型の立体構造をとるために必要である．キモトリプシノーゲンはこの結合がないので活性型の立体構造をとれず，基質と結合できない．

　血液凝固系においても，数種類のタンパク質の一連のタンパク質分解に基づく活性化が見られる．なかでもプロトロンビンからトロンビン，フィブリノーゲンからフィブリンへの変換がよく知られている．血液凝固の機構は複雑であるが，ここではチモーゲンの活性化がこの機構にとって重要な役割を果たしていることを理解してもらいたい．血液凝固の最終段階で最もよく研究された過程は，可溶性タンパク質であるフィブリノーゲンが不溶性タンパク質のフィブリンに変換される反応であり，これにはフィブリノーゲン内部の4か所のペプチド結合が切断される．この切断はタンパク質分解酵素であるトロンビンの作用によるが，このトロンビンもチモーゲンであるプロトロンビンからつくられる．プロトロンビンからトロンビンへの変換には，多くの凝固因子 clotting factor と呼ばれるタンパク質と共に，Ca^{2+} が必要である．

> **Sec. 7.4 要約**
> ■チモーゲンは不活性な酵素前駆体である．
> ■チモーゲンは分子内の特定のペプチド結合が不可逆的に切断されることによって活性型に変換される．
> ■トリプシンやキモトリプシンなどの多くの消化酵素は最初チモーゲンとして合成され，実際の作用場所に到達して初めて活性型になる．

7.5　活性部位の性質

　ここでは酵素が化学反応速度を増加させることができる特別な機構について見てみよう．この機構は活性部位におけるアミノ酸残基の正確な空間配置に基づいている．酵素の作用様式についていくつかの解決すべき問題があるが，その中で重要なものは次の点である．

1. 酵素の活性部位（この用語は Chap. 6 に記述されている）にはどのようなアミノ酸残基が存在し，

触媒作用に関与しているのか，すなわち，酵素の必須アミノ酸残基は何か．
2. 活性部位における必須アミノ酸残基の空間的な位置関係はどのようになっているのか．
3. 必須アミノ酸残基が触媒する反応機構はどのようなものか．

　これらの疑問に対する答えはキモトリプシンに関して得られている．ここでは酵素反応の例としてキモトリプシンの反応機構について説明する．キモトリプシンで得られた知見から他のすべての酵素においても当てはまる一般的な原理が導かれる．すなわち，酵素は多種多様な化学反応を触媒するが，どんな反応でも必ず酵素の反応基と基質との相互作用があり，この点ではすべて同じである．タンパク質においては，その構成アミノ酸のα-アミノ基およびα-カルボキシ基はペプチド結合を形成しているので遊離していない．したがって，側鎖の官能基が酵素触媒作用に関与していると考えられる．炭化水素の側鎖は官能基をもたないので触媒反応には関与しない．ヒスチジンのイミダゾール基，セリンのヒドロキシ基，アスパラギン酸やグルタミン酸の側鎖のカルボキシ基，システインのSH基，リシンの側鎖アミノ基，チロシンのフェノール性ヒドロキシ基などが触媒作用に関与する．また，ペプチド鎖の両末端のα-カルボキシ基またはα-アミノ基が活性部位に位置するなら，それらも重要な役割を果たすだろう．

　キモトリプシンはタンパク質中の芳香族アミノ酸に隣接するペプチド結合を加水分解し，他のアミノ酸を攻撃することはまれである．さらに，キモトリプシンはエステル結合も加水分解し，この分解反応は研究室でのモデル実験としてよく用いられる．このようなモデル実験は反応の本質をより単純な形で与えてくれ，自然のままの形で研究するよりも研究しやすいため，生化学においてよく行われる手法である．アミド（ペプチド）結合とエステル結合はよく似ており，この酵素は両化合物を共に基質として認識することができる．したがって，エステルの加水分解の実験は，ペプチド結合の加水分解反応のモデルとしてよく使われる．

　このモデルでの典型的な基質はp-ニトロフェニル酢酸で，これは2段階の反応で加水分解される．基質のアセチル基が最初の反応で酵素と共有結合する（第一段階）．この段階でp-ニトロフェノレートイオンは酵素から遊離する．次に，アシル化酵素中間体が加水分解されて酢酸が生成するとともに，酵素は再生される（第二段階）．p-ニトロフェニル酢酸とキモトリプシンを混合すると，最初に急速な反応"爆発"が起こり，次にゆっくりとした反応が起こる（図7.11）．このような二相性の反応は，しばしばアシル化酵素中間体を経由する酵素で見られる．

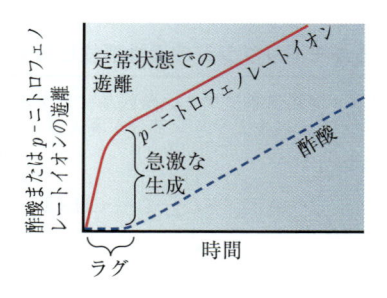

図 7.11
キモトリプシンによる加水分解反応の反応速度論
p-ニトロフェノレートイオンは反応初期に急速に生成されるが，その後，もう一つの反応生成物である酢酸の生成に一致して緩やかに生成される．

7.5.1　必須アミノ酸残基はどのようにして決定されるか

　キモトリプシンの活性にはその195番目のセリン残基が不可欠である．これは**セリンプロテアーゼ** serine protease と呼ばれる一群の酵素に共通の特徴であり，キモトリプシンは，その典型的な例である．前述したトリプシンとトロンビンもセリンプロテアーゼである（p.242の《身の周りに見られる生化学》を参照）．キモトリプシンの195番目のセリンとジイソプロピルフルオロリン酸（DIPF）が反応してセリン側鎖とDIPFが共有結合すると，酵素は完全に不活性化される．このようにタンパク質中の特定のアミノ酸側鎖を共有結合で修飾することを**標識する** labeling といい，実験上よく行われる手法である．なお，キモトリプシンの場合，195番以外のセリン残基は反応性が低く，DIPFによって標識されない（図7.12）．

　キモトリプシンの57番目のヒスチジンも必須なアミノ酸残基である．このヒスチジン残基も，キモトリプシンの活性発現に関わることが化学修飾によって明らかにされている．この場合，必須アミノ酸残基の標識に用いる試薬は N-トシルアミド-L-フェニルエチルクロロメチルケトン（TPCK）である．また，別名トシル-L-フェニルアラニルクロロメチルケトンとも呼ばれる．キモトリプシンが芳香族アミノ酸残基に特異性を示すので，TPCKのフェニルアラニン部分が酵素の活性部位に結合し，次いで活性部位にあるヒスチジン残基が本来の基質と構造的に似ているこの標識試薬と反応す

図 7.12
ジイソプロピルフルオロリン酸（DIPF）によるキモトリプシンの活性部位セリン残基の標識

TPCK によるキモトリプシンの活性部位ヒスチジンの標識

キモトリプシンの芳香族アミノ酸残基に対する特異性に基づき，フェニルアラニン部分が導入されている

TPCK の反応基

キモトリプシンの標識試薬 N-トシルアミド-L-フェニルエチルクロロメチルケトン（TPCK）の化学構造
［R′はトシル（トルエンスルホニル）基を示す］

ヒスチジン 57

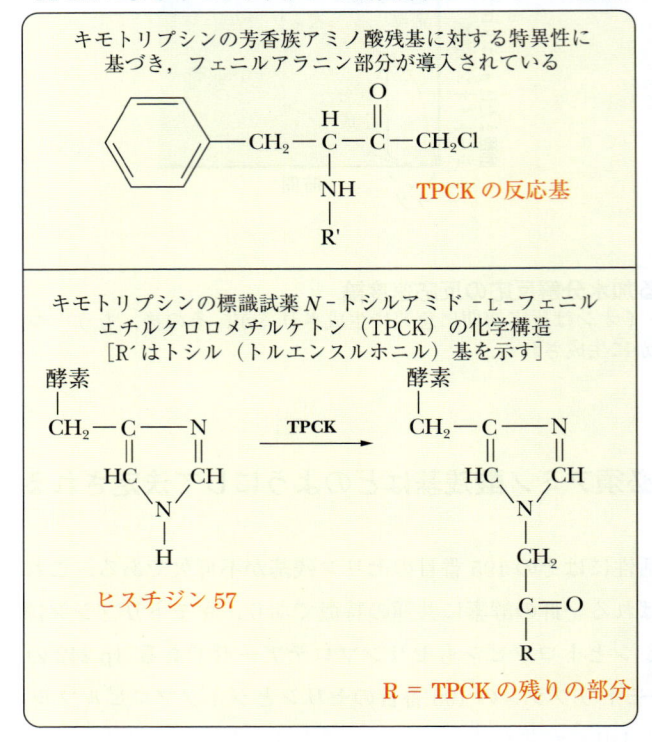

R = TPCK の残りの部分

るのである．

7.5.2　活性部位の構造は触媒活性にどのように影響するか

　キモトリプシンの活性発現には，195番目のセリンと57番目のヒスチジンの両方が必須である．したがって，両者は活性部位において近接しているに違いない．実際に，X線結晶解析による酵素の三次元構造の決定によって，活性部位に位置するこれらのアミノ酸残基が空間的に近接していることが確かめられている．キモトリプシンの骨格はほとんどが逆平行 β シート構造をとり，その折りたたみにより，必須アミノ酸は活性部位ポケットの周りに位置する（図7.13）．活性発現に直接関与するアミノ酸残基はほんのわずかであるが，全体的な構造が必須アミノ酸を三次元的に適切な位置に配置するために重要となる．

　キモトリプシンとその基質アナログの間で複合体が形成される過程で，活性部位の三次元構造に関する他の重要な知見が得られている．ホルミル-L-トリプトファンのような基質アナログが酵素に結合すると，トリプトファン側鎖は195番目のセリンに近い疎水性のポケットに入る．この基質アナログの結合はキモトリプシンが芳香族アミノ酸残基に特異性を示すことを考えると驚くことではない．

　このX線結晶解析によって，基質分子の芳香族アミノ酸側鎖と結合する部位の他に，酵素の触媒活性に関与するアミノ酸側鎖の正確な配置が明らかにされ，その残基として195番目のセリンと57番目のヒスチジンが挙げられた．

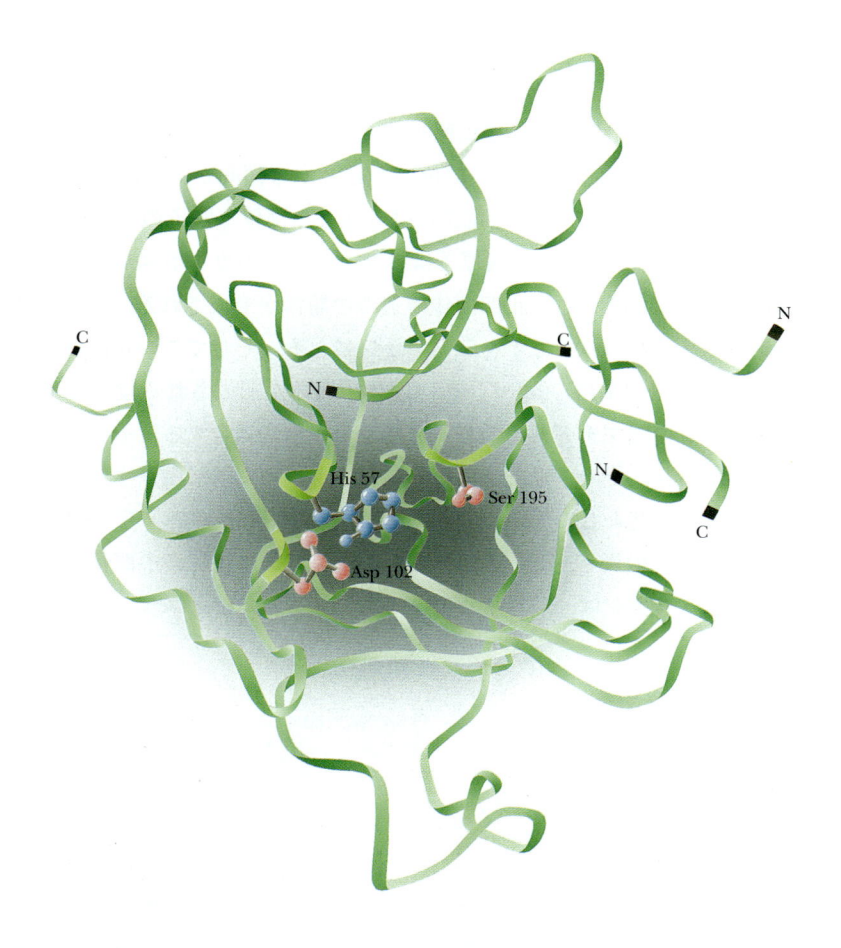

図 7.13
キモトリプシンの三次構造では必須アミノ酸残基は互いに近接する
活性に必須なアミノ酸残基は青色と赤色で示されている．(Abeles, R., Frey, P., Jencks, W. Biochemistry© Boston: Jones and Bartlett, Publishers, 1992 より，許可を得て転載)

ホルミル-L-トリプトファンの構造

7.5.3 活性部位アミノ酸はどのようにしてキモトリプシンの酵素反応を触媒するか

　ある反応機構を想定した場合，もし実験結果と一致しなければ，想定した反応機構を修正あるいは破棄しなければならない．ここで述べる反応機構は，すべて認められているわけではないが，主要な

点に関しては認められている．

　必須アミノ酸残基である195番目のセリンと57番目のヒスチジンは触媒作用に関与している．有機化学の用語では，セリン側鎖の酸素は**求核試薬** nucleophile または求核性物質である．求核試薬は，正に荷電または分極した部位（電子の少ない部位）と結合する傾向がある．対照的に，**求電子試薬** electrophile または親電子性物質は，負に荷電または分極した部位（電子の多い部位）と結合する傾向がある．195番目のセリンの求核性の酸素原子はペプチド結合のカルボニル炭素原子を攻撃する．ここで炭素原子は四つの単結合をもち，正四面体構造の中間体が形成される．元の>C=O結合は単結合となり，カルボニル基の酸素原子はオキシアニオンになる．そしてこの正四面体構造からアシル化酵素中間体が形成される（図7.14）．まず，正四面体中間体が形成される段階では，キモトリプシンのヒスチジン残基と基質のペプチド結合のアミノ基部分が水素結合する．そのとき，イミダゾール基は既にプロトン化しており，そのプロトンはセリンのヒドロキシ基に由来する．ヒスチジンはセリンからプロトンを引き離す塩基として働いており，このことは有機化学でいう一般塩基触媒にあたる．次いで，基質のペプチド結合の炭素−窒素結合が切断され，アシル化酵素中間体ができる．ヒスチジンによって引き抜かれたプロトンは，遊離するアミノ基に渡される．ヒスチジンは中間体形成におい

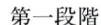

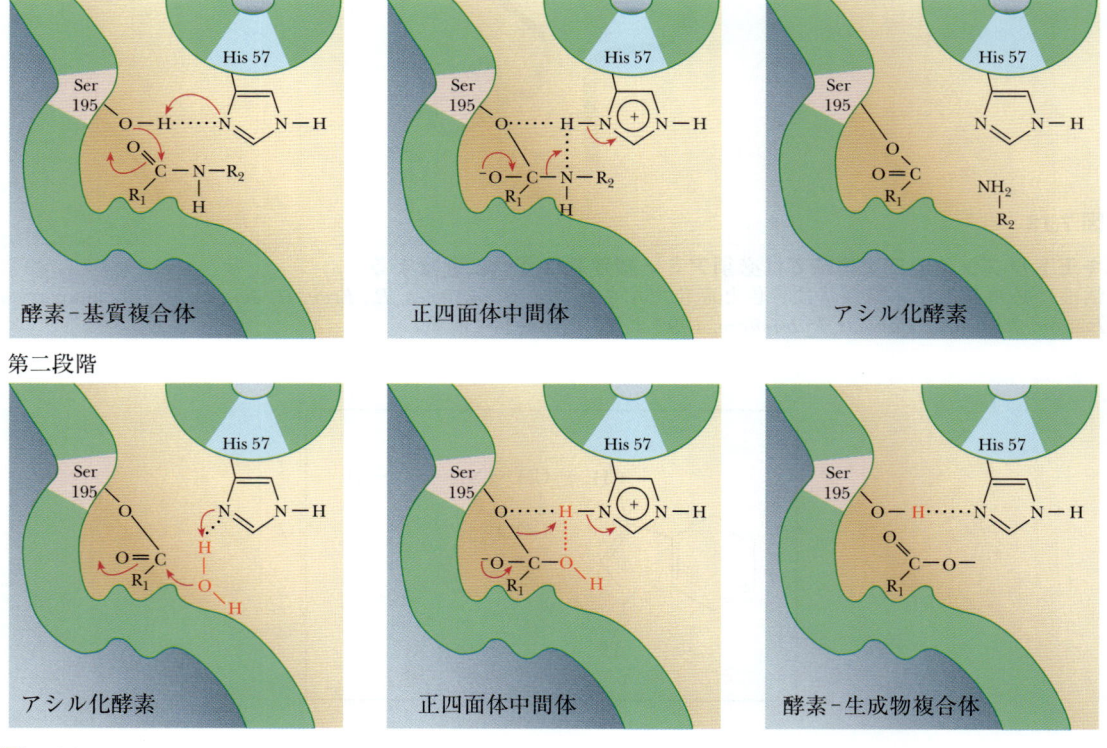

図 7.14

キモトリプシンの反応機構

反応の第一段階において，195番目の求核性のセリン残基は基質のカルボニル炭素原子を攻撃する．第二段階において，水分子は求核性試薬としてアシル化酵素中間体を攻撃する．この両段階に57番目のヒスチジンが関与している点が重要である．（Hammes, G. : Enzyme Catalysis and Regulation, *New York : Academic Press, 1982* より）

ては塩基として作用したが，この正四面体中間体の開裂の段階ではプロトンを供与する酸として作用している．

脱アシル化反応においては，水分子が求核試薬として作用し，逆の反応が起こる．この段階の水分子はヒスチジンと水素結合しており，この水分子中の酸素原子が，基質のペプチド結合に由来するアシル基炭素原子に対して求核攻撃をする．これにより，再度，正四面体構造の中間体が形成される．反応の最後の段階では，セリンの酸素原子とカルボニル炭素原子との間の結合が切断され，元のペプチド結合のところがカルボキシ基となった新たな生成物が遊離し，酵素が再生される．そして，再びセリンはヒスチジンと水素結合し，この結合が次の第一段階反応におけるセリンの求核攻撃の駆動力となる．それに対して水分子とヒスチジンとの水素結合は第二段階における水分子の求核攻撃の駆動力となる．

キモトリプシンの反応機構は特によく研究されており，多くの点で典型的なものである．酵素反応として多くの反応機構が知られているが，これらの点については各々の酵素の触媒反応との関係で述べることにしたい．その基礎としていくつかの一般的な触媒の反応機構を学び，その反応機構が酵素反応の特異性にどのように影響するかを考えることは重要なことである．

> **Sec. 7.5 要約**
> ■活性部位におけるアミノ酸残基の特異な空間配置が化学触媒反応を促進する．
> ■酵素による触媒機構を理解するためには，活性部位の必須アミノ酸残基を同定しなければならない．この目的のために標識試薬がしばしば用いられる．
> ■キモトリプシンの反応機構において，57番目のヒスチジンと195番目のセリンは最も重要な役割を果たす．

7.6 酵素の触媒機構に見られる化学反応

キモトリプシンの例で見られるように，酵素反応全体の反応機構は大変複雑である．しかし，これを分割して考えると，かなり単純になる．有機反応での求核的反応と酸触媒の概念は酵素反応にも適用でき，これら二つの原理から多くの一般的な法則を導くことができる．

7.6.1　最も一般的な化学反応は何か

求核置換反応 nucleophilic substitution reaction は有機化学の研究において重要な反応であり，反応機構を明らかにするためには反応の速度論的解析が重要であることを見事に示している．求核試薬は電子密度の高い原子であり，電子密度の低い原子を攻撃する．このタイプの反応は以下の一般的な化学反応式によって表される．

$$R{:}X + {:}Z \rightarrow R{:}Z + X$$

ここでは :Z が求核試薬であり，X は脱離基 leaving group である．生化学分野では，カルボニル基（>C=O）の炭素がしばしば求核試薬によって攻撃される原子である．求核試薬はセリン，トレオニン，チロシンの酸素原子であることが多い．この反応速度が単に R:X の濃度のみに依存する場合，この求核反応は **S_N1**（単分子求核置換）反応と呼ばれる．S_N1 反応において，R と X の間の結合が切断される反応速度は遅く，それに比べて求核試薬である Z の付加は非常に速い．したがって，S_N1 反応は一次反応式に従う (Chap. 6)．一方，求核試薬が R:X を攻撃する際，X が結合したまま反応が進むとすると，R:X の濃度と :Z の両方の濃度が重要となる．このような反応は二次反応式に従い，**S_N2**（二分子求核置換）反応と呼ばれる．S_N1 反応と S_N2 反応の違いは生化学では非常に重要である．なぜなら，その違いによって生成物の立体特異性についての多くのことが説明できるからである．S_N1 反応はしばしば立体特異性の消失をもたらす．S_N1 反応では脱離基は求核基が入る前に離れるので，求核基が結合する際には，活性部位の構造特異性が配位に影響することもあるが，通常，配位は二つのうちどちらの方向からも起こりうる．一方，S_N2 反応では脱離基が結合したまま反応が進むため，求核試薬は特定の方向からしか結合できず，そのため生成物は決まった立体特異性を示すことになる．キモトリプシンの求核攻撃は S_N2 反応の一例であるが，攻撃されるカルボニル基は反応の終点にて再度カルボニル基になり，キラルでないため立体特異性は見られない．

酸塩基触媒について議論するために，ここで酸と塩基の定義を再度考えてみたい．ブレンステッド-ローリー Brønsted-Lowry の定義では，酸はプロトン供与体であり，塩基はプロトン受容体である．**一般酸・塩基触媒** general acid-base catalysis の概念はプロトンの授受に基づくもので，アミノ酸のイミダゾール基，ヒドロキシ基，カルボキシ基，スルフヒドリル基，アミノ基，フェノール性ヒドロキシ基などの官能基が関与する．これらの官能基はいずれも酸または塩基として働く．このプロトンの授受は酵素反応において結合の切断と再形成をもたらす．

次のように，酵素反応において水素イオンを供与するアミノ酸残基が関与する場合，この反応を一般酸触媒という．

$$R-H^+ + R-O^- \rightarrow R + R-OH$$

また次のように，アミノ酸残基が基質から水素イオンを受けとる場合，この反応を一般塩基触媒という．

$$R + R-OH \rightarrow R-H^+ + R-O^-$$

ヒスチジンは生理的な pH で解離しうるイミダゾール側鎖を有しており，そこには反応性のある水素イオンが存在するので，ヒスチジンは酸・塩基触媒の両方の触媒能力をもつアミノ酸である．キモトリプシンの反応機構では，ヒスチジンによる酸触媒と塩基触媒の両方を見ることができる．

第二の酸・塩基触媒の概念は，より一般的な酸・塩基の定義に基づくものである．ルイス Lewis の定義によると，酸とは電子対受容体であり，塩基とは電子対供与体である．したがって，Mn^{2+}，Mg^{2+}，Zn^{2+} などの生物学的に重要な金属イオンはルイス酸であり，これらの金属イオンは**金属イオン触媒** metal-ion catalysis（ルイス酸・塩基触媒ともいう）として働く．このタイプの例として，カルボキシペプチダーゼ A の酵素反応における Zn^{2+} の関与がある．カルボキシペプチダーゼ A はタンパク質の C 末端のペプチド結合を加水分解する．この酵素活性に必要な2価の Zn(II) は，69番目と

196番目のヒスチジンのイミダゾール側鎖および72番目のグルタミン酸のカルボキシ基と複合体を形成する．また，亜鉛イオンは基質とも複合体を形成する．

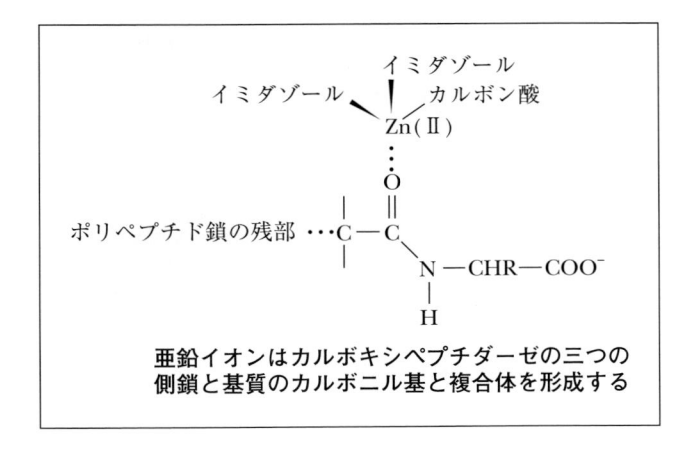

```
                  イミダゾール
       イミダゾール  │ カルボン酸
           ＼  Zn(Ⅱ) ／
                  ⋮
                  O
                  ‖
ポリペプチド鎖の残部 ⋯C─C
                  │  ＼N─CHR─COO⁻
                      │
                      H
```

亜鉛イオンはカルボキシペプチダーゼの三つの側鎖と基質のカルボニル基と複合体を形成する

　この複合体における亜鉛イオンとの結合の型は，ヘム基における大きな環状構造と鉄イオンとの結合に似ている．基質が亜鉛イオンに結合するとペプチド結合のカルボニル基が分極して，水分子による攻撃を受けやすくなり，その結果，加水分解反応は非触媒の場合に比べてずっと速く進行する．
　酸・塩基の概念と，求核試薬とその反対の求電子試薬の考えとの間には明らかな関連性がある．すなわち，ルイス酸は求電子試薬であり，ルイス塩基は求核試薬である．酵素の触媒反応は，その高い特異性も含めて，複合体としての環境下で機能しているこのよく知られた化学的原理に基づいている．
　酵素の活性部位の性質は，酵素の特異性を決めるうえで特に重要な役割を果たしている．ある一つの基質だけから特定の生成物が生じるような反応を触媒する絶対特異性 absolute specificity を示す酵

カルボキシペプチダーゼAによる触媒反応

```
              Zn(Ⅱ)
                ⋮
                O
                ‖
ポリペプチド鎖の残部─C─C─N─CHR─COO⁻
                │      │
                       H
            H─Ö
               │
               H
               ↓
                          O
                          ‖
        ポリペプチド鎖の残部─C─C─O⁻
                          │
                          ＋
                       H₃N─CHR─COO⁻
```

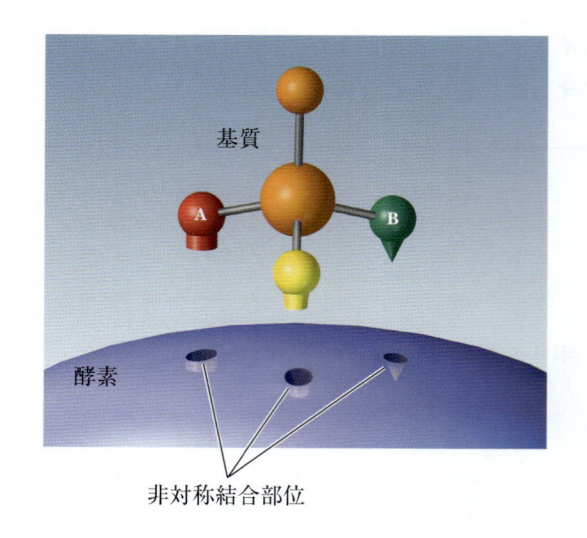

図 7.15

酵素分子上の非対称的な結合部位はAとBのような同一官能基を区別できる
結合部位は三つの部分から成り，1か所が他の2か所と異なるため，結合は非対称的になる．

素は，基質との結合において，鍵と鍵穴モデルで説明されるようなかなり硬い活性部位をもつと考えられる．一方，構造的に類似した基質からそれぞれに対応する生成物を生じる反応を触媒する相対特異性 relative specificity を示す多くの酵素では，それらの活性部位はより柔軟性があり，酵素−基質結合の誘導適合モデルで説明される．キモトリプシンはその良い例である．最後に，光学異性体に特異性を示す光学特異性 stereospecific を示す酵素がある．この酵素の場合，その基質結合部位自体が非対称でなければならない（図7.15）．この酵素が光学活性な基質と特異的に結合するとき，その結合部位は基質と同じ形をしており，基質の鏡像体とは異なる構造をもつ必要がある．また，新たに光学活性体を生成する酵素もある．この場合，基質自身は光学活性ではない．生成物は光学異性体の混合物ではなく，考えられる二つの光学異性体のどちらか一方のみとなる．

Sec. 7.6 要約
- 酵素はよく知られている有機化学反応を触媒する．
- 最も一般的な酵素反応の一つは求核置換反応であり，それには S_N1 と S_N2 という二つの主要な反応型がある．
- 他によく見られる反応として，一般酸・塩基触媒反応と金属イオン触媒反応がある．

身の周りに見られる生化学　有機化学

酵素はよく知られている有機化学反応を触媒する

　生化学の反応には有機化学の教科書で扱われるようなアルコール，アルデヒド，ケトンなどの重要な化合物が数多く登場する．カルボン酸もまたカルボン酸誘導体，エステルおよびアミドとしてさまざまな反応に関与している．また，縮合と呼ばれる反応では新しい炭素-炭素結合が形成され，逆縮合反応ではその名前の通り，炭素-炭素結合が切断される．

糖の分解反応は後者の良い例である．すなわち，六炭素化合物であるグルコースは解糖系によって三炭素化合物であるピルビン酸に変換される（Chap. 17）．六炭素化合物のグルコース誘導体であるフルクトース 1,6-ビスリン酸は，逆縮合反応によって二つの三炭素化合物であるグリセルアルデヒド 3-リン酸とジヒドロキシアセトンリン酸に分解される．

フルクトース 1,6-ビスリン酸 ⇌ ジヒドロキシアセトンリン酸 + D-グリセルアルデヒド 3-リン酸

　グリセルアルデヒド 3-リン酸はさらに 1,3-ビスホスホグリセリン酸に変換されるが，この反応ではアルデヒド基はリン酸と混合無水結合することのできるカルボン酸に変換される．
　アルデヒドからカルボン酸への変換は酸化反応であり，NAD^+ が酸化剤として用いられる．これらの反応は，他のすべての生化学反応と同様に，特異的な酵素によって触媒される．上記の二つの反応のように，多くの場合，触媒の反応機構が解明されている．いくつかの一般的な有機化学の反応機構が生化学反応でも数多く見受けられる．

グリセルアルデヒド 3-リン酸 + NAD^+ + H_2O ⇌ 3-ホスホグリセリン酸 + $NADH$ + $2H^+$

7.7 活性部位と遷移状態

これまで反応機構と活性部位について述べてきたが，再び酵素触媒の特性について考えてみよう．まず，酵素は遷移状態に達するのに必要なエネルギーを低下させることにより，活性化エネルギーを低下させることを思い出してもらいたい（図6.1）．遷移状態の本質は，構造上，基質と生成物との中間に相当する化学種が形成されることである．しかし，遷移状態ではしばしば基質とも生成物とも全く構造の異なるものが生じることがある．例えば，キモトリプシンの場合，基質には求核性のセリン残基によって攻撃されるカルボニル基がある．そのカルボニル基の炭素原子には三つの結合手があり，それらの配向は平面状である．そこへセリンによる求核攻撃が起こると，炭素原子は四つの結合手をもち，正四面体構造をとる．この正四面体構造が反応の遷移状態であり，活性部位ではこのような構造変化が容易に起こるようになっている．

7.7.1 遷移状態の性質はどのようにして決定されるか

これまでに遷移状態での基質の形状に類似した分子，すなわち**遷移状態アナログ** transition state analog を用いて，酵素が遷移状態を安定化することが証明されている．プロリンラセマーゼはL-プロリンからD-プロリンへの変換反応を触媒する．この反応の過程で，α炭素は正四面体構造から平面構造を経て，再び正四面体構造に戻るが，この時二つの結合手の方向は逆になる（図7.16）．この反応の阻害剤であるピロール-2-カルボン酸はα炭素に相当する炭素原子が常に平面構造を形成することから，構造的に遷移状態のプロリンと類似している．この阻害剤は，プロリンそのものより160倍も強くプロリンラセマーゼと結合する．遷移状態アナログは選択的に酵素を阻害するためだけでなく，遷移状態の反応機構やその構造を明らかにするために多くの酵素で用いられている．1969年，ウィリアム・ジェンクス William Jencks は，もし免疫原（抗体産生を引き起こす分子）がある反応の遷移状態の構造に類似したものであれば，その免疫原は触媒能を有する抗体を産生できることを提唱した．1986年，リチャード・ラーナー Richard Lerner とピーター・シュルツ Peter Schultz は初めて触媒抗体を作製し，この仮説を証明した．抗体は免疫原の特定の分子と特異的に結合するタンパク質であるため，抗体はそもそも酵素の活性部位に類似している．例えば，ピリドキサールリン酸とアミノ酸が反応してピリドキサミンリン酸とα-ケト酸が生じる反応は，アミノ酸代謝において大変重要な反応であるが，N^{α}-(5'-ホスホピリドキシル)-L-リシンはこの反応に対する遷移状態アナログである．このアナログ分子を抗原として用いた場合，産生される抗体は触媒能を有し，**アブザイム** abzyme と呼ばれる（図7.17）．つまり，遷移状態アナログは酵素の遷移状態の特性の解明や阻害剤の開発のみならず，さまざまな反応を触媒する人工酵素をつくり出す可能性をもっている．

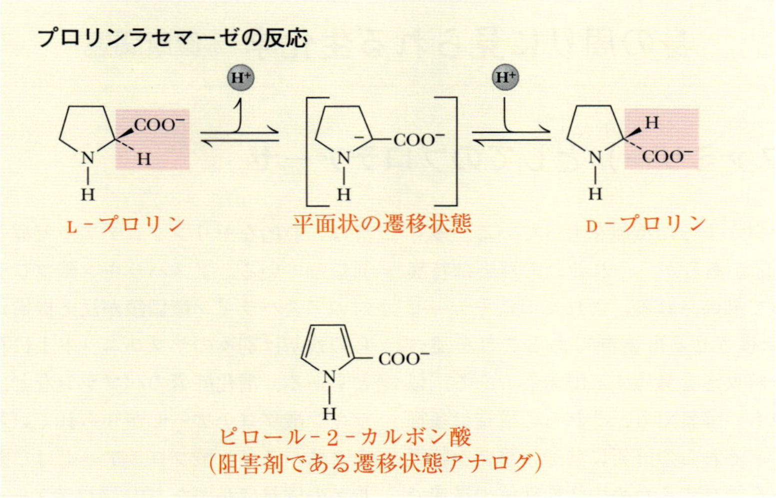

図 7.16

プロリンラセマーゼによるラセミ化反応
ピロール-2-カルボン酸および⊿-1-ピロリン-2-カルボン酸は，この反応の平面状の遷移状態に類似している．

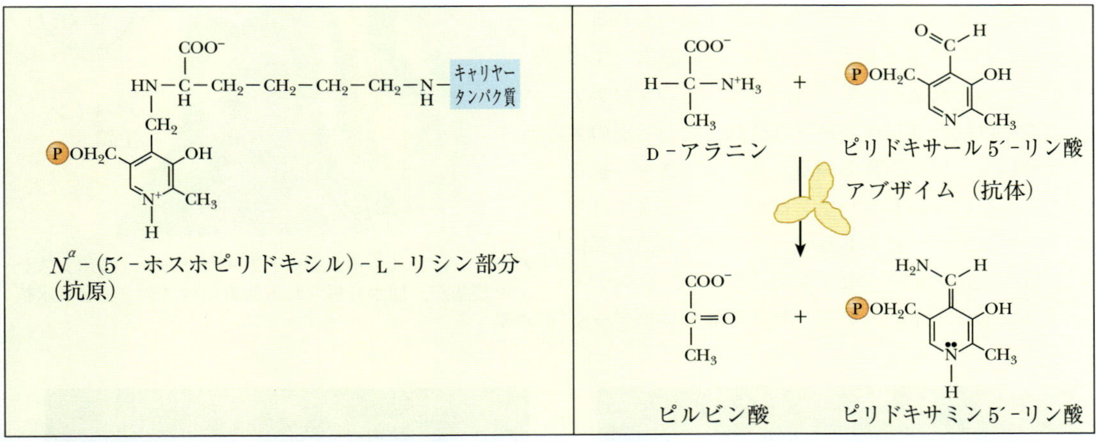

Ⓐ N^{α}-(5′-ホスホピリドキシル)-L-リシン部分は，アミノ酸とピリドキサール5′-リン酸との反応における遷移状態アナログである．この部分をタンパク質に結合して宿主に注射すると，これが抗原となり，宿主は触媒能をもつ抗体（アブザイム）を産生する．

Ⓑ アブザイムは，図に示すような反応を触媒するために用いられる．

図 7.17
アブザイム

身の周りに見られる生化学　健康関連

酵素群（ファミリー）としてのプロテアーゼ

　多くの酵素が似かよった機能をもっている．多くの酸化-還元反応があるが，それぞれの反応は特異的な酵素によって触媒される．これまでにキナーゼはリン酸基を転移させる酵素群であることを述べた．また加水分解反応を触媒する酵素群もある．似かよった機能をもつ酵素でも，それらの構造は多様である．しかし，それらの酵素に共通の重要な特徴は，各々の反応を触媒するための活性部位の構造である．多くの酵素がタンパク質の加水分解を触媒する．キモトリプシンは，セリンプロテアーゼの一種であるが，他にも結合組織タンパク質のエラスチンを分解するエラスターゼや消化酵素のトリプシンなど多くのセリンプロテアーゼが知られている（プロテインシーケンシングにトリプシンが用いられることを思い出してもらいたい）．これらの酵素はすべて似かよった構造をしている．一方，他のプロテアーゼ群では活性部位における求核試薬として別のアミノ酸残基が用いられている．例えば，食肉の軟化剤として用いられるパパインはパパイアに含まれるタンパク質分解酵素であるが，この酵素の活性部位における求核試薬は，セリン残基ではなくシステイン残基である．また，アスパラギン酸プロテアーゼ群は一般的なセリンプロテアーゼ群と構造上大きく異なっている．アスパラギン酸プロテアーゼでは一対のアスパラギン酸側鎖が反応機構に関与し，これらの残基は別々のサブユニット上に存在していることもある．消化酵素のペプシンなど，多くのアスパラギン酸プロテアーゼが知られているが，最も有名なアスパラギン酸プロテアーゼはヒト免疫不全ウイルスの成熟に必要なHIVプロテアーゼである．

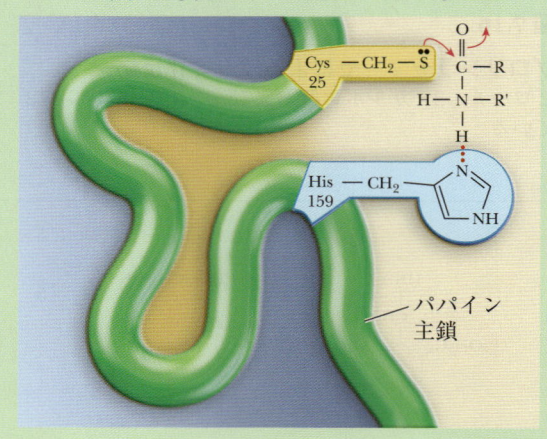

パパインはシステインプロテアーゼである．必須システイン残基が，加水分解される基質のペプチド結合に求核攻撃する．

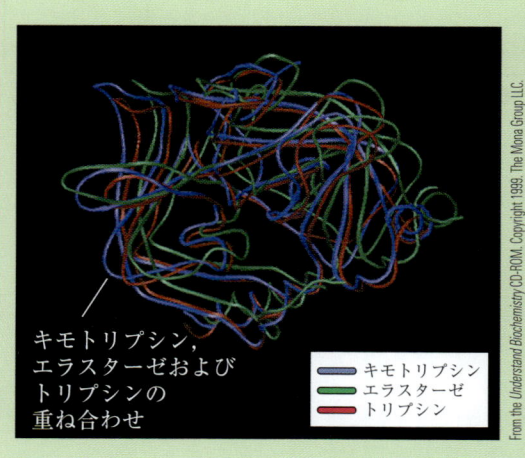

キモトリプシン，エラスターゼ，トリプシンはセリンプロテアーゼであり，互いに似た構造をしている．

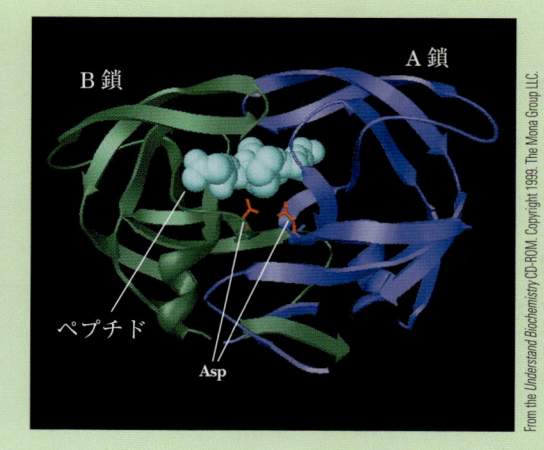

HIV-1プロテアーゼはアスパラギン酸プロテアーゼの一つである．二つのアスパラギン酸残基が反応に関与する．

7.8 補酵素

補因子 cofactor は非タンパク質性の物質であり多くの酵素反応にかかわるが，消費されずにさらなる反応のために再生される．金属イオン類はしばしばそのような役割を果たしており，補因子の重要な二つのクラスのうちの一つである．もう一つの重要なクラスである**補酵素** coenzyme は種々の有機化合物であり，その多くはビタミンまたはビタミンに関連した化合物である．

金属イオンはルイス酸（電子対受容体）であるので，ルイスの酸・塩基触媒として働く．金属イオンはまたルイス酸として配位化合物を形成することができ，この場合，金属イオンに配位する基はル

表 7.1 補酵素とそれに関与する反応ならびに前駆体ビタミン

補酵素	反 応	前駆体ビタミン	参 照（Sec.）
ビオチン	カルボキシ化	ビオチン	18.2, 21.6
補酵素 A	アシル基転移	パントテン酸	15.9, 19.3, 21.6
フラビン補酵素	酸化-還元	リボフラビン（B_2）	15.9, 19.3
リポ酸	アシル基転移	――	19.3
ニコチンアミドアデニン補酵素	酸化-還元	ナイアシン	15.9, 17.3, 19.3
ピリドキサールリン酸	アミノ基転移	ピリドキシン（B_6）	23.4
テトラヒドロ葉酸	1 炭素基転移	葉酸	23.4
チアミンピロリン酸	アルデヒド基転移	チアミン（B_1）	17.4, 18.4

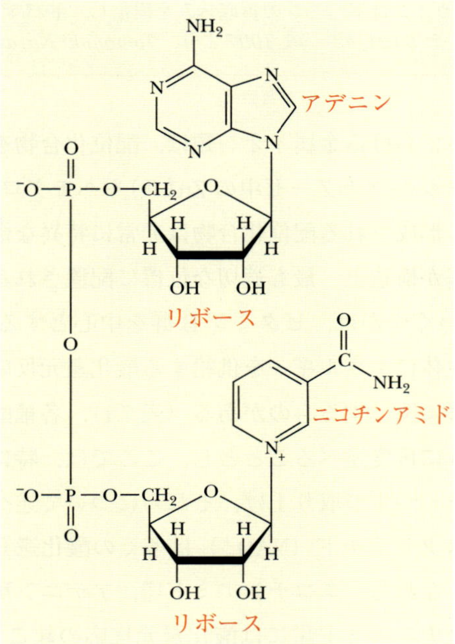

図 7.18
ニコチンアミドアデニンジヌクレオチド（NAD^+）の構造

身の周りに見られる生化学　健康関連

コカインに対する触媒抗体

　ヘロインのような習慣性のある薬物の多くは，神経細胞上の特定の受容体に結合して神経伝達物質様に作用する．ヒトがこのような薬物中毒になったときの一般的な治療法は受容体の遮断薬を投与し，受容体への薬物の結合を抑制することである．コカイン中毒は，コカインの作用機序が独特であるため，

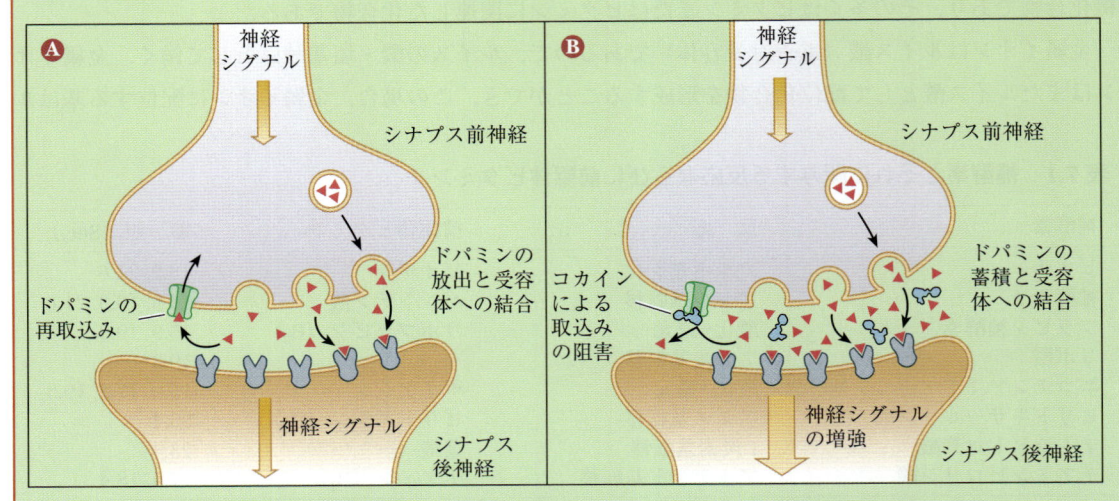

コカインの作用機序．Ⓐドパミンは神経伝達物質として働く．ドパミンはシナプス前神経終末から放出され，シナプス間隙を通り，シナプス後神経に存在するドパミン受容体に結合する．その後，ドパミンは解離し，シナプス前神経の小胞に取り込まれる．Ⓑコカインはドパミンの再取込みを阻止し，ドパミン受容体へのドパミンの作用時間を延長する．(Scientific American, *276* (2), 42–45, 1997 より，*Tomoyuki Narashima* の許可を得て転載)

イス塩基として作用する．生体における金属イオン類は，配位化合物を形成することによって重要な機能を発揮している．カルボキシペプチダーゼ中の $Zn(II)$ やヘモグロビン中の $Fe(II)$ の配位が良い例である．金属イオンによって形成される配位化合物は非常に特異な幾何学的形状をとりやすく，これによって反応に必要な官能基が構造上，最も適切な位置に配置されるのである．

　有機化合物である補酵素のいくつかは，ビタミンB群を中心とするビタミン類とその誘導体として重要である．その多くは，生体にエネルギーを供給する酸化還元反応に関与している．また，その他にも代謝過程で官能基の転移に関与するものがある（表7.1）．各補酵素に関しては，それらが関与する反応について議論するときに再度述べることとし，ここでは，特に重要な酸化還元補酵素および官能基転移に関与する補酵素を一つずつ取り上げ，それらについて述べる．

　ニコチンアミドアデニンジヌクレオチド（NAD^+）は多くの酸化還元反応の補酵素である．その構造（図7.18）は三つの部分，すなわち，ニコチンアミド環，アデニン環および互いにつながった二つの糖–リン酸基からなる．ニコチンアミド環には酸化還元反応の起こる部位がある（図7.19）．ニコチン酸は別名，ナイアシンとも呼ばれる．またアデニン–糖–リン酸部分は構造的にヌクレオチドに類似している．

これまでずっとその治療は困難であった．図に示すように，コカインは神経伝達物質であるドパミンの神経終末への再取込みを阻害する．その結果，ドパミンはシナプス間隙により長く存在し，脳の報酬系シグナルを伝える神経が過剰刺激され，中毒となる．受容体遮断薬を使用してもコカイン中毒には無効で，おそらくシナプス間隙からのドパミンの消失を起こりにくくするだけであろう．コカインは，コカインのエステル結合を加水分解する特異的なエステラーゼによって分解される．この加水分解の過程で，コカインはその構造を変化させた遷移状態を通過するはずである．そこで，コカインの加水分解反応の遷移状態に対する触媒抗体が作製された（本章末のLandry, D. W. *et al.* の論文を参照）．この触媒抗体をコカインの中毒患者に投与すると，抗体によってコカインは効率的に加水分解され，無害な分解産物の安息香酸とエクゴニン酸メチルエステルになった．コカインが分解されれば，ドパミン再取込みは阻害されないため，持続的な神経刺激がなくなり，コカイン中毒はやがて消失する．

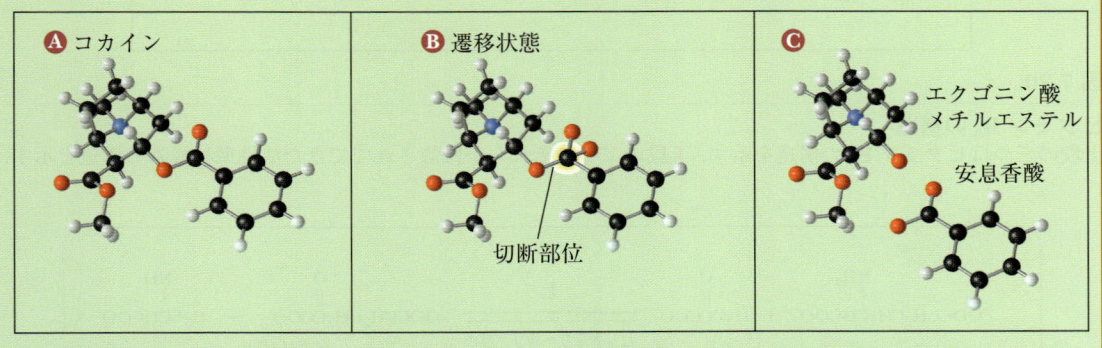

Ⓐ コカイン　　**Ⓑ 遷移状態**　　**Ⓒ エクゴニン酸メチルエステル／安息香酸**

切断部位

エステラーゼまたは触媒抗体によるコカインの分解．コカインⒶは加水分解されて安息香酸とエクゴニン酸メチルエステルⒸになるとき，遷移状態Ⓑを通過する．遷移状態アナログは，この反応に対する触媒抗体を作製するために用いられた．(*Scientific American*, **276** (2), 42–45, 1997 より，*Tomoyuki Narashima* の許可を得て転載)

ビタミン B_6 群（ピリドキサール，ピリドキサミン，ピリドキシンおよびこれらのリン酸化型；リン酸化型が補酵素として作用する）はアミノ酸の生合成における重要なステップであるアミノ基転移反応に関与している（図7.20）．この反応において，アミノ基はアミノ基供与体から補酵素へ転移され，次いで補酵素から最終的な受容体に転移される（図7.21）．

NAD$^+$（酸化型）　　NADH（還元型）　＋ H$^+$

共鳴　　:H$^-$ (H$^+$, 2e^-)

図 7.19

酸化−還元反応におけるニコチンアミド環の役割

R は分子の残りの部分を示す．この種の反応では，H$^+$ は2個の電子と共に移動する．

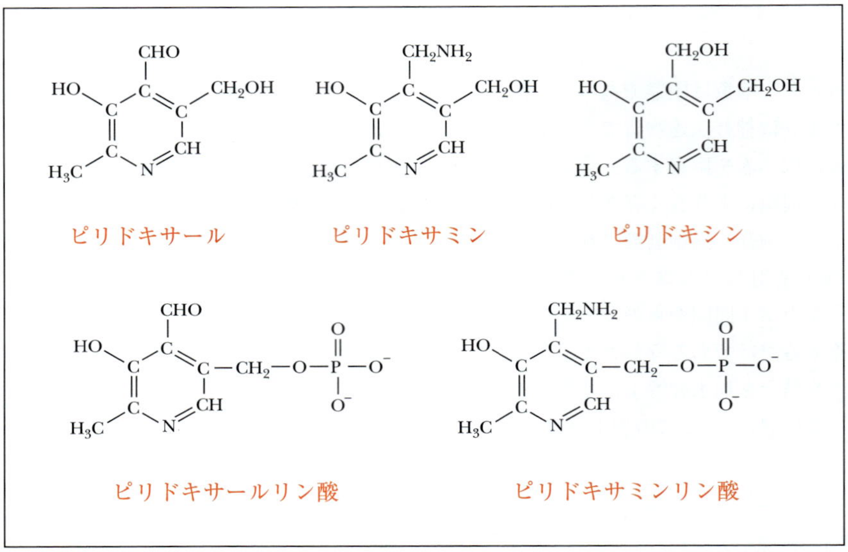

図 7.20
ビタミン B_6 の構造
上段の三つはビタミン B_6 の構造を示す．下段の二つはそれらが修飾されてできた活性型補酵素の構造を示す．

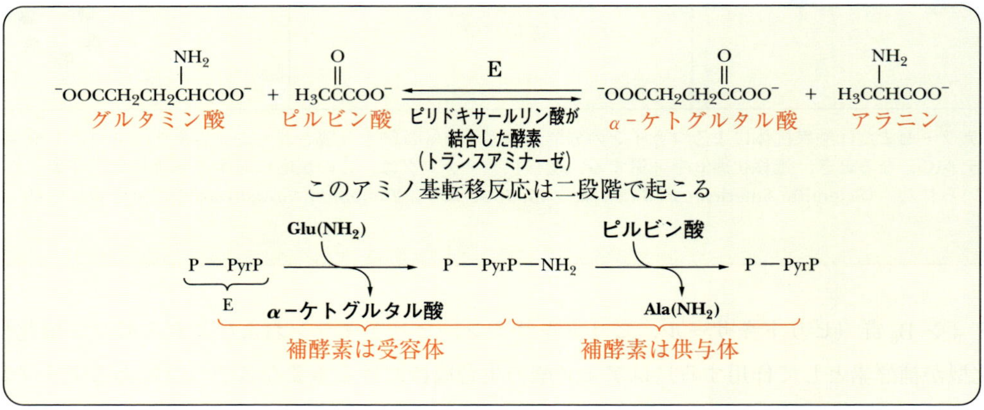

（上段：ピリドキサール，ピリドキサミン，ピリドキシン）
（下段：ピリドキサールリン酸，ピリドキサミンリン酸）

図 7.21
アミノ基転移反応における補酵素としてのピリドキサールリン酸の役割
PyrP はピリドキサールリン酸，P はアポ酵素（ポリペプチド鎖のみ），E は活性のあるホロ酵素（ポリペプチド鎖＋補酵素）を示す．

Sec. 7.8 要約
- 補酵素は非タンパク質性の物質で，酵素反応に関与し，さらなる反応のために再生される．
- 金属イオンはルイス酸として作用することにより，補酵素として働くことがある．
- 他にも NAD^+ や FAD など，多くの有機化合物の補酵素があり，それらの多くはビタミンまたはビタミンの構造類似体である．

身の周りに見られる生化学　環境毒物学

グリーンケミストリーのための触媒

　毎年，何十億ガロンもの有毒な廃棄物が環境中に排出されている．われわれの工業生産を中心としたライフスタイルによる被害と世界人口の激増のために，多くの科学者は地球が地球規模の環境破壊に向かって行くと予測している．これに対して，科学界と工業界ではともに工業的な合成によって産出される化合物の毒性を減少あるいは抑える方法について研究している．このような研究は**グリーンケミストリー** green chemistry と呼ばれる新しい分野を開拓した．グリーンケミストリーによって，それ以前の高毒性化合物は低毒性化合物によって徐々に置き換わりつつある．

　自然界は本来，過酸化水素や酸素などを用いたそれ自身の解毒システムをもっている．これら二つの化合物は協同的に作用して水を浄化したり，工場廃液を浄化することができる．しかし，実際そのような反応には，反応速度を十分なレベルに上げるためにペルオキシダーゼなどの酵素が必要である．最近の研究によると，ある反応に必要な触媒能を有する化学合成分子がいくつか考案されている．このような分子で重要なものの一つに **TAMLs**（tetra-amino macrocyclic ligands）と呼ばれるものがある．この分子の中心部分には，図に示すように，4個の窒素原子と結合した鉄原子があり，配位結合が可能な残り二つの部位にはリガンドの水分子が結合している．そして，大環状の炭素骨格 macrocycle がこの中心の鉄原子に結合している．ちょうどヘモグロビン中の鉄イオンが反応性に富み，酸素と結合するように，TAML もヘモグロビンに類似した優れた性質をもっている．TAML の場合には，H_2O_2 が反応してリガンドの水分子と置き換わる．次いで，その H_2O_2 はもう1分子の水分子を追い出し，その結果，リガンド結合部位において中心の鉄と陰イオン性の酸素原子との間で大きく電荷が分離した極めて反応性に富む分子種が生成される．この最終的な分子は極めて強力で，多くの化学的毒物と反応して，それらを分解することができる．また，TAML の構成要素を少し変えることにより，個々の毒物に適合した TAML を作成できる．その例として，炭疽菌 anthrax に類似した芽胞菌である *Bacillus atrophaeus* の芽胞の 99 % 以上を不活化できる TAML 誘導体がつくられた．また，TAML はパルプ工場からの廃棄物を脱色するためにも用いられる．TAML の研究者たちはさらに他の感染症の原因毒素や環境汚染物質を分解できる TAML を分子設計したいと考えている．

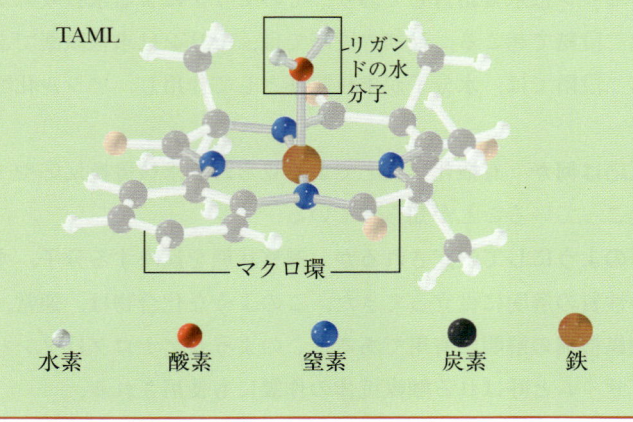

SUMMARY 要　　約

◆ **アロステリック酵素はどのように制御されているか**　アロステリック酵素は，可逆的に結合する分子によって，阻害されたり，活性化されるなど，多くの異なる機構によって制御される．フィードバック阻害は，複雑な代謝経路に見出されるアロステリック酵素を制御するための一般的な方法である．

◆ **アロステリック酵素の協奏モデルとはどのようなものか**　アロステリック酵素の協奏モデルでは，酵素の一つのサブユニットに基質，阻害剤または活性化剤が結合すると，基質を強固に結合する活性型酵素と，弱く結合する不活性型酵素との間の平衡がシフトする．またコンホメーションの変化はすべてのサブユニットにおいて同時に起こる．

◆ **アロステリック酵素の逐次モデルとはどのようなものか**　逐次モデルでは，基質が一つのサブユニットに結合すると，まずそのサブユニットのコンホメーション変化が起こり，それが逐次的に他のサブユニットに伝えられる．

◆ **リン酸化は常に酵素活性を増大させるか**　いくつかの酵素は，リン酸基の有無によって活性化あるいは不活性化される．リン酸化による酵素の共有結合性の修飾はアロステリック相互作用と協同して，酵素反応経路を高度に制御している．

◆ **必須アミノ酸残基はどのようにして決定されるか**　酵素反応の過程で，酵素の活性部位で起こる事柄について，いくつかの疑問が生じる．ここで最も重要なことは，必須アミノ酸残基の性状，その空間的配置および反応機構を明らかにすることである．標識試薬の利用やX線結晶解析により，活性中心に存在して触媒反応機構に必須のアミノ酸残基を決定することができる．

◆ **活性部位の構造は触媒活性にどのように影響するか**　酵素の反応機構が最もよく解明された例として，キモトリプシンが挙げられる．この酵素の必須アミノ酸残基は，195番目のセリンと57番目のヒスチジンであることが明らかにされている．またその活性部位の微細構造を含めた完全な三次元構造が，X線結晶解析により明らかにされている．

◆ **活性部位アミノ酸はどのようにしてキモトリプシンの酵素反応を触媒するか**　この酵素反応においては，ヒスチジンがセリンに水素結合しており，そのセリンによる求核攻撃が反応機構の主な特徴である．この反応は二段階で起こる．最初の段階では，セリンは求核試薬であり，アシル化酵素中間体が生成する．第二段階では，水分子が求核試薬として作用し，アシル化酵素中間体は加水分解される．

◆ **最も一般的な化学反応は何か**　有機化学反応でよく見られる求核置換反応や一般酸・塩基触媒は，酵素触媒反応でも起こっていることが知られている．

◆ **遷移状態の性質はどのようにして決定されるか**　遷移状態を反映する分子，すなわち遷移状態アナログの利用は触媒の性質の解明に役立ってきた．このような化合物は，通常，本来の基質よりも酵素に強く結合し，触媒機構の解明に有用である．このようなアナログはタンパク質の阻害剤の開発に使われたり，アブザイムと呼ばれる触媒抗体の作製にも使用される．

EXERCISES 練習問題

7.1 アロステリック酵素の性質

1. **復習** アロステリック制御を受ける酵素とミカエリス–メンテン式に従う酵素は，どのような酵素反応の特性によって区別されるか．
2. **復習** アスパラギン酸トランスカルバモイラーゼ（ATCアーゼ）の代謝上の役割は何か．
3. **復習** ATCアーゼの正のエフェクター（活性化剤）は何か．またATCアーゼの阻害剤は何か．
4. **復習** アロステリック酵素に K_M という用語は用いられるか．拮抗阻害と非拮抗阻害について説明せよ．
5. **復習** Kシステムとは何か．
6. **復習** Vシステムとは何か．
7. **復習** ホモトロピック効果とは何か．またヘテロトロピック効果とは何か．
8. **復習** ATCアーゼの構造について述べよ．
9. **復習** 基質濃度に対して反応速度をプロットした場合，アロステリック酵素の協同性はどのように現れるか．
10. **復習** 阻害剤が存在する場合，アロステリック酵素の協同性は強まるか，それとも弱まるか．
11. **復習** 活性化剤が存在する場合，アロステリック酵素の協同性は強まるか，それとも弱まるか．
12. **復習** $K_{0.5}$ の意味を説明せよ．
13. **演習** ATCアーゼの構造を決定するために用いられた実験について説明せよ．また，サブユニットを分離すると，その活性や活性制御にどのような変化が起こるか．

7.2 アロステリック酵素の協奏モデルと逐次モデル

14. **復習** アロステリック酵素の性状を示す協奏モデルと逐次モデルの違いを述べよ．
15. **復習** どちらのアロステリックモデルで負の協同作用を説明することができるか．
16. **復習** 協奏モデルに関して，どのような条件が協同性を強めることになるか．
17. **復習** 協奏モデルに関して，L値とは何か．また c 値とは何か．
18. **演習** この章に示されたモデル以外にアロステリック酵素の性状を表すモデルを想定することはできるか．

7.3 リン酸化による酵素活性の調節

19. **復習** プロテインキナーゼの機能は何か．
20. **復習** どのようなアミノ酸残基がプロテインキナーゼによってリン酸化されるか．
21. **演習** 酵素のリン酸化とアロステリック制御の組合せは，細胞にどのような有用性をもたらすか．
22. **演習** Na^+/K^+ ATPアーゼの機能にリン酸化がどのように関与しているか述べよ．
23. **演習** グリコーゲンホスホリラーゼの機能に，アロステリック効果と共有結合性修飾がどのように関わっているか説明せよ．

7.4 チモーゲン

24. **復習** チモーゲンの活性化機構に従うタンパク質の名前を三つ挙げよ．
25. **関連** プロテアーゼ3種と各々の基質を挙げよ．
26. **復習** 血液凝固系はチモーゲンの活性化機構とどのように関係しているか．
27. **演習** チモーゲンであるキモトリプシノーゲンは，15番目のアルギニンと16番目のイソロイシンの間の結合が切断されるとなぜ活性化されるか説明せよ．
28. **演習** 生体にとってチモーゲンはなぜ必要か，またその有用性は何か．
29. **演習** 生体にとって不活性型のホルモン前駆体の生成はなぜ必要か，またその有用性は何か．

7.5 活性部位の性質

30. **復習** キモトリプシンの活性部位にある二つの必須アミノ酸残基は何か．
31. **復習** キモトリプシンの酵素反応はなぜ二相性を示すか．
32. **演習** キモトリプシンの反応機構における求核的触媒作用を簡潔に説明せよ．
33. **演習** キモトリプシンの反応機構における57番目のヒスチジンの機能について述べよ．
34. **演習** キモトリプシンの触媒反応において，第一相反応に比べて第二相反応のほうが遅い理由を述べよ．
35. **演習** キモトリプシンの反応機構において，57番目のヒスチジンの pK_a の重要性について述

36. 演習　N-トシルアミド-L-フェニルエチルクロロメチルケトン（TPCK）はキモトリプシンの 57 番目のヒスチジンを選択的に標識する阻害剤である．トリプシンの活性部位を標識するには，この阻害剤の構造をどのように変えればよいか．

7.6　酵素の触媒機構に見られる化学反応

37. 演習　金属イオンのどのような特徴が有用な補因子として働くのに必要か．
38. 関連　"酵素反応における触媒機構は，有機化学での反応とは共通性がない"という文章は，正しいか，誤りか．またその理由は何か．
39. 演習　酵素反応機構における一般酸触媒について述べよ．
40. 演習　S_N1 と S_N2 反応機構の違いを述べよ．
41. 演習　問題 40 の二つの反応機構のうち，どちらが立体特異性の消失を引き起こすか．またその理由は何か．
42. 演習　酵素反応における触媒作用の機序を考えるにあたり，実験結果がそのモデルと誤差範囲内で一致した場合，そのモデルは正しいといえるであろうか．その理由を述べよ．

7.7　活性部位と遷移状態

43. 演習　キモトリプシンの反応機構における遷移状態アナログの特徴は何か．
44. 演習　酵素反応機構における遷移状態アナログと誘導適合モデルとの関連性は何か．
45. 演習　アブザイムの作製方法について述べよ．またアブザイムの使用目的は何か．
46. 関連　コカイン中毒がコカイン受容体の遮断薬で治療できないのはなぜか．
47. 関連　コカイン中毒の治療にアブザイムがどのように利用されるか説明せよ．

7.8　補酵素

48. 復習　補酵素の例を三つ挙げ，その機能を述べよ．
49. 復習　補酵素はビタミンとどのような関係があるか．
50. 復習　ビタミン B_6 はどのような反応に利用されるか．
51. 演習　酵素の反応機構に基づいて補酵素の役割を考察せよ．
52. 演習　ある酵素は NAD^+ を補酵素として利用する．図 7.19 を参照して，放射標識した $H:^-$ イオンは，ニコチンアミド環に対して選択的に一方向のみに配位するかどうかについて考えよ．

ANNOTATED BIBLIOGRAPHY

Collins, T. J., and C. Walter. Little Green Molecules. *Sci. Amer.* **294** (3): 82–90 (2006). [An article describing constructed molecules with enzymelike properties that clean up pollution.]

Danishefsky, S. Catalytic Antibodies and Disfavored Reactions. *Science* **259**, 469–470 (1993). [A short review of chemists' use of antibodies as the basis of "tailor–made" catalysts for specific reactions.]

Dressler, D., and H. Potter. *Discovering Enzymes*. New York: Scientific American Library, 1991. [A well-illustrated book that introduces important concepts of enzyme structure and function.]

Koshland, D., G. Nemethy, and D. Filmer. Comparison of Experimental Binding Data and Theoretical Models in Proteins Containing Subunits. *Biochemistry* **5**, 365–385 (1966).

Kraut, J. How Do Enzymes Work? *Science* **242**, 533–540 (1988). [An advanced discussion of the role of transition states in enzymatic catalysis.]

Landry, D. W. Immunotherapy for Cocaine Addiction. *Sci. Amer.*, **276** (2), 42–45 (1997). [How catalytic antibodies have been used to treat cocaine addiction.]

Landry, D. W., K. Zhao, G. X. Q. Yang, M. Glickman, and T. M. Georgiadis. Antibody Catalyzed Degradation of Cocaine. *Science* **259**, 1899–1901 (1993). [How antibodies can degrade an addictive drug.]

Lerner, R., S. Benkovic, and P. Schultz. At the Crossroads of Chemistry and Immunology: Catalytic Antibodies. *Science* **252**, 659–667 (1991). [A review of how antibodies can bind to almost any molecule of interest and then catalyze some reaction of that molecule.]

Marcus, R. Skiing the Reaction Rate Slopes. *Science* **256**, 1523–1524 (1992). [A brief, advanced–level look at reaction transition states.]

Monod, J., J. Wyman, and J.–P. Changeux. On the Nature of Allosteric Transitions: A Plausible Model. *J. Mol. Biol.* **12**, 88–118 (1965).

Sigman, D., ed. *The Enzymes*. Vol. 20. *Mechanisms of Catalysis*. San Diego: Academic Press, 1992. [Part of a definitive series on enzymes and their structures and functions.]

Sigman, D., and P. Boyer, eds. *The Enzymes*. Vol. 19. *Mechanisms of Catalysis*. San Diego: Academic Press, 1990. [Part of a definitive series on enzymes and their structures and functions.]

CHAPTER 8

脂質とタンパク質は生体膜中で結びついている

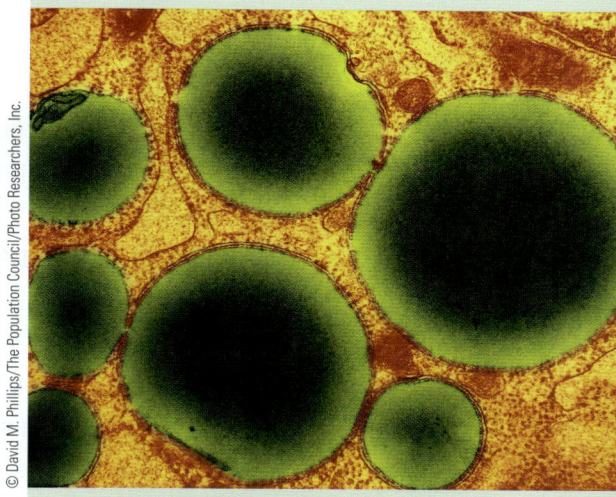

脂肪細胞の電子顕微鏡写真．細胞容積の大部分は脂肪滴である．

概　要

- **8.1　脂質の定義**
  - 8.1.1　脂質とは何か
- **8.2　脂質類の化学的性質**
  - 8.2.1　脂肪酸とは何か
  - 8.2.2　トリアシルグリセロールとは何か
  - 8.2.3　ホスホアシルグリセロールとは何か
  - 8.2.4　ろうおよびスフィンゴ脂質とは何か
  - 8.2.5　糖脂質とは何か
  - 8.2.6　ステロイドとは何か
- **8.3　生体膜**
  - 8.3.1　脂質二重層の構造はどのようなものか
  - 8.3.2　二重層の特性はその構成成分によってどのように影響されるか
- **8.4　膜タンパク質の種類**
  - 8.4.1　膜においてタンパク質は脂質二重層とどのように結びついているか
- **8.5　膜構造の流動モザイクモデル**
  - 8.5.1　膜においてタンパク質と脂質二重層は互いにどのように相互作用しているか
- **8.6　膜の機能**
  - 8.6.1　膜輸送はどのように行われるか
  - 8.6.2　膜受容体はどのように働いているか
- **8.7　脂溶性ビタミンとその機能**
  - 8.7.1　身体における脂溶性ビタミンの役割は何か
- **8.8　プロスタグランジンとロイコトリエン**
  - 8.8.1　プロスタグランジンとロイコトリエンは脂質とどのような関係があるか

8.1 脂質の定義

8.1.1 脂質とは何か

　脂質は自然界のあちこちに存在する化合物で，卵黄からヒト神経系に至るまでさまざまなところで見出される．脂質は植物，動物，微生物の膜の重要な構成要素である．脂質の定義はその溶解度に基づいている．脂質は水にかろうじて溶け，クロロホルムやアセトンのような有機溶媒に可溶である．溶解度の点からいえば，脂肪 fat と油 oil は典型的な脂質 lipid であるが，この事実はその化学的性質を真に定義したものではない．化学的観点からいえば，脂質は構造的類似性に基づいたある性質を共有する化合物の集まりであり，主に非極性グループが優勢である．

　化学的性質に基づいて分類すると，脂質は主に二つのグループに分かれる．第一のグループは，極性の頭部と長い非極性の尾部をもった開鎖化合物から成るもので，脂肪酸 fatty acid，トリアシルグリセロール triacylglycerol，スフィンゴ脂質 sphingolipid，ホスホアシルグリセロール phosphoacylglycerol と糖脂質 glycolipid を含む．第二のグループで主なものは縮合環化合物であるステロイド steroid から成り，このグループを代表する主なものはコレステロールである．

> **Sec. 8.1 要約**　■脂質は主に非極性グループからなる化合物である．脂質は，水にはわずかしか溶解しないが，有機溶媒には簡単に溶解する．

8.2 脂質類の化学的性質

8.2.1 脂肪酸とは何か

　脂肪酸は極性部にカルボキシ基をもち，非極性尾部に炭化水素鎖をもつ．脂肪酸は**両親媒性** amphipathic 化合物である．なぜなら，カルボキシ基は親水性で，炭化水素尾部は疎水性だからである．カルボキシ基は適当な条件下でイオン化される．

　生体系に存在する脂肪酸は，通常，偶数の炭素原子を含み，炭化水素鎖は枝分かれしていない（図 8.1）．もし鎖の中に炭素-炭素の二重結合が存在すると，脂肪酸は不飽和 unsaturated 脂肪酸と呼ばれる．単結合のみであれば，その脂肪酸は飽和 saturated と呼ばれる．表 8.1 および表 8.2 は，二つのグループのいくつかの例を示したものである．不飽和脂肪酸中の二重結合部位の立体化学は，通常，

パルミチン酸　　　　　　　　　　ステアリン酸　　　　　　　　　　オレイン酸

リノール酸　　　　　　　　　　　α-リノレン酸　　　　　　　　　　アラキドン酸

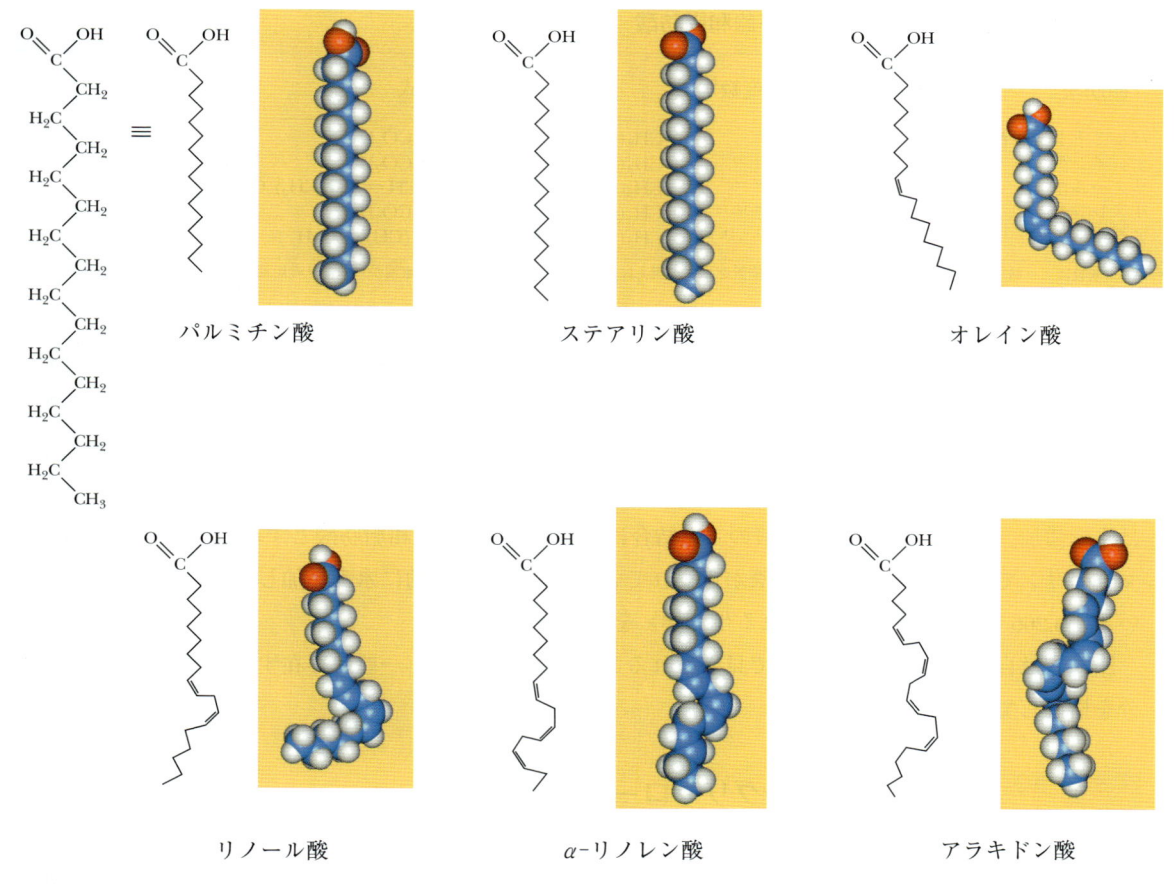

図 8.1

代表的な脂肪酸の構造
大部分の天然に存在する脂肪酸は偶数の炭素原子を含み，二重結合はほぼ常にシス型であり，共役していることはまれであることに注意してほしい．

表 8.1　天然に存在する典型的な飽和脂肪酸

脂肪酸	炭素原子数	構造式	融点 (°C)
ラウリン酸	12	$CH_3(CH_2)_{10}CO_2H$	44
ミリスチン酸	14	$CH_3(CH_2)_{12}CO_2H$	58
パルミチン酸	16	$CH_3(CH_2)_{14}CO_2H$	63
ステアリン酸	18	$CH_3(CH_2)_{16}CO_2H$	71
アラキジン酸	20	$CH_3(CH_2)_{18}CO_2H$	77

トランス trans ではなく，シス cis である．シスおよびトランス間の違いは全体の形に非常に重要である．シス型二重結合は長鎖炭化水素の尾にねじれを入れ，一方，トランス型脂肪酸の形は完全にのびた飽和脂肪酸に似た形をしている．二重結合はそれぞれがいくつかの単結合の炭素によって隔てられていることに注意してほしい．つまり脂肪酸は共役二重結合をもっていない．脂肪酸表示に用いた化学記号法は炭素原子数と二重結合の数を示している．18：0 は炭素数 18 の飽和脂肪酸（二重結合がない）を示し，18：1 は二重結合一つをもった炭素数 18 の脂肪酸を表す．表 8.2 における不飽和脂

表 8.2　天然に存在する典型的な不飽和脂肪酸

脂肪酸	炭素原子数	不飽和度数*	構造式	融点 (°C)
パルミトレイン酸	16	16:1—Δ^9	$CH_3(CH_2)_5CH=CH(CH_2)_7CO_2H$	-0.5
オレイン酸	18	18:1—Δ^9	$CH_3(CH_2)_7CH=CH(CH_2)_7CO_2H$	16
リノール酸	18	18:2—$\Delta^{9,12}$	$CH_3(CH_2)_4CH=CH(CH_2)CH=CH(CH_2)_7CO_2H$	-5
リノレン酸	18	18:3—$\Delta^{9,12,15}$	$CH_3(CH_2CH=CH)_3(CH_2)_7CO_2H$	-11
アラキドン酸	20	20:4—$\Delta^{5,8,11,14}$	$CH_3(CH_2)_4(CH=CHCH_2)_4(CH_2)_2CO_2H$	-50

*不飽和度数は二重結合を示す．肩付文字は二重結合の位置を示す．例えば，Δ^9 は分子のカルボキシル末端から 9 番目の炭素原子に二重結合が存在することを意味する．

肪酸は（アラキドン酸を除く）カルボキシ末端から 9 番目の炭素原子に二重結合があることに注目してほしい．二重結合の位置は不飽和脂肪酸の合成の過程で生じたものである（Sec. 21.6）．不飽和脂肪酸の融点は飽和脂肪酸の融点より低い．植物油は，固体になりやすい動物性脂肪に比べ，不飽和脂肪酸の割合が高いため室温では液体である．油から油脂への変換は商業的に重要な過程である．これは水素添加，すなわち不飽和脂肪酸の二重結合に水素を添加し，飽和脂肪酸とする過程を含む．特に，マーガリンでは，トランス型脂肪酸が含まれている植物油を部分的に水素添加したものが使用されている（p.266 の《身の周りに見られる生化学》を参照）．

脂肪酸は自然界では遊離の状態で見出されることはまれであり，一般に存在する多くの脂質の一部分を構成している．

8.2.2　トリアシルグリセロールとは何か

グリセロール glycerol は 3 個のヒドロキシ基をもつ単純化合物である（図 8.2）．3 個のアルコール基すべてが脂肪酸とエステル結合を形成すると，**トリアシルグリセロール** triacylglycerol が形成される．トリグリセリド triglyceride はこのタイプの化合物の古い名称である．3 個のエステル基は分子の極性部分であり，脂肪酸の尾部は非極性であることに注意してほしい．通常，同一のグリセロール分子の 3 個のアルコール残基には，それぞれ違った脂肪酸が結合する．トリアシルグリセロールは膜構成要素として存在する（別のタイプの脂質がそうであるように）のではなく，脂肪組織内（主に脂肪細胞）に蓄積し，特に動物では脂肪酸の貯蔵手段となっている．そして，高濃度の代謝エネルギーの貯蔵庫としての役割を担っている．つまり脂肪は完全に酸化されると 9 kcal g^{-1} のエネルギーを生じ，これに対して糖質とタンパク質は 4 kcal g^{-1} を生じる（Sec. 21.3, 24.2 参照）．トリアシルグリセロールは植物内では重要な役割を果たしていない．

生体が脂肪酸を利用するときは，**リパーゼ** lipase と呼ばれる酵素によってトリアシルグリセロールのエステル結合が加水分解される．同様な加水分解反応が，酸あるいは塩基を触媒として，生体外で起こることがある．水酸化ナトリウムあるいは水酸化カリウムを用いると，けん化 saponification（図 8.3）と呼ばれる反応が起こる．この生成物はグリセロールと脂肪酸のナトリウム塩あるいはカリウム塩である．これらの塩が石けんである．石けんを硬水とともに用いると水中のカルシウムイオンとマグネシウムイオンが脂肪酸と反応して沈殿を生じる．これが流しや風呂桶の内部に残る独特のうわかすである．けん化で生じる一方の生成物であるグリセロールは，クリームやローションに使用されるが，また，ニトログリセリンの製造にも使用される．

図 8.2
トリアシルグリセロールはグリセロールと脂肪酸から作られる

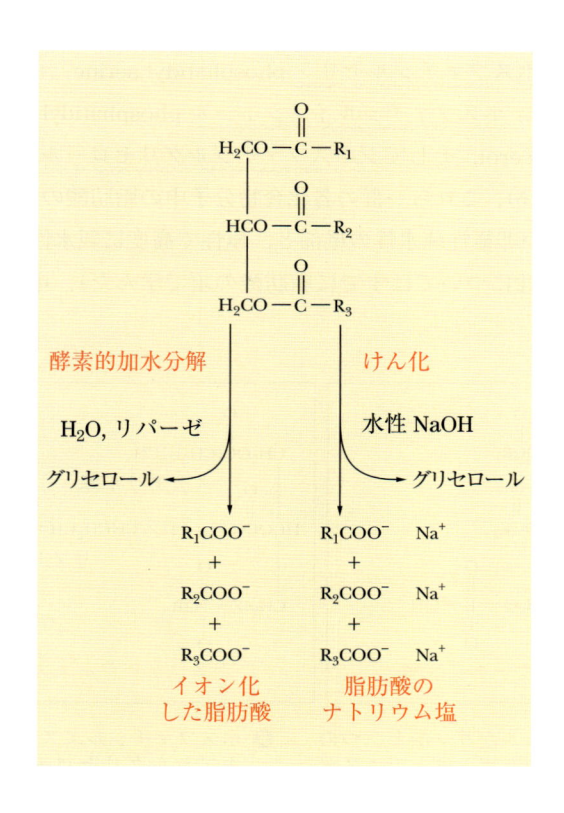

単純脂肪酸をもつトリアシルグリセロール（トリステアリン）

混合脂肪酸をもつトリアシルグリセロール（ミリスチン酸、ステアリン酸、パルミトレイン酸）

図 8.3
トリアシルグリセロールの加水分解

酵素的加水分解：H_2O, リパーゼ → グリセロール + R_1COO^- + R_2COO^- + R_3COO^-（イオン化した脂肪酸）

けん化：水性 NaOH → グリセロール + $R_1COO^-\ Na^+$ + $R_2COO^-\ Na^+$ + $R_3COO^-\ Na^+$（脂肪酸のナトリウム塩）

けん化という語は，水酸化ナトリウムあるいは水酸化カリウムとグリセリルエステルとが反応し，長鎖脂肪酸の塩，すなわち石けんを生成することに由来する．

8.2.3 ホスホアシルグリセロールとは何か

グリセロールのアルコール基の一つがカルボン酸ではなく，リン酸分子によってエステル化される場合がある．このような脂質分子においては，二つの脂肪酸がグリセロール分子へエステル結合する．その結果，生成した化合物は**ホスファチジン酸** phosphatidic acid（図 8.4A）と呼ばれる．脂肪酸は，通常，1 個のカルボキシ基のみがエステル結合し得る一塩基酸であるが，リン酸は三塩基酸であり，1 個以上のエステル結合を形成できる．リン酸分子は，一方でグリセロールとエステル結合し，もう一方で別のアルコールとエステル結合をして**ホスファチジルエステル** phosphatidyl ester（図 8.4B）を形成する．ホスファチジルエステルは**ホスホアシルグリセロール** phosphoacylglycerol として分類される．脂肪酸の性質は，トリアシルグリセロール中の脂肪酸と同様に多様である．したがって，脂肪酸を含むトリアシルグリセロールやホスホアシルグリセロールなどの脂質類の名称には，総称名を用いるべきである．

ホスファチジルエステルの分類は，リン酸とエステル結合している二つ目のアルコールの性質に基づいている．この部類の中で最も重要な脂質は，**ホスファチジルエタノールアミン** phosphatidyl ethanolamine（セファリン），**ホスファチジルセリン** phosphatidyl serine，**ホスファチジルコリン** phosphatidyl choline（レシチン），**ホスファチジルイノシトール** phosphatidyl inositol，**ホスファチジルグリセロール** phosphatidyl glycerol，そしてジホスファチジルグリセロール diphosphatidyl glycerol（カルジオリピン）である（図 8.5）．これら一群の各化合物分子中の脂肪酸の性質には大きな差異がある．これら化合物のすべてが長い非極性疎水性の尾部と，極性で高度に親水性の頭部をもっており，著しく両親媒性である（この特性についてはすでに脂肪酸の項で学んだ）．中性の pH では，リン酸基は

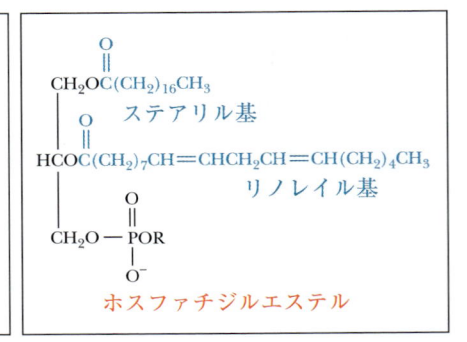

A グリセロールがリン酸と二つの異なったカルボン酸とでエステル結合したホスファチジン酸．R_1 と R_2 は二つのカルボン酸の炭化水素鎖を示す．

B ホスファチジルエステル（ホスホアシルグリセロール）．グリセロールが二つのカルボン酸（ステアリン酸とリノール酸）ならびにリン酸とエステル結合している．リン酸はさらに二つ目のアルコール，ROH とエステル結合している．

図 8.4
ホスホアシルグリセロールの分子構造

イオン化するため，ホスホアシルグリセロールの分子内では極性の頭部は荷電している．アミノアルコールがリン酸とエステル化したために，正に荷電したアミノ基が存在することがしばしばある．ホスホアシルグリセロールは生体膜の重要な構成成分である．

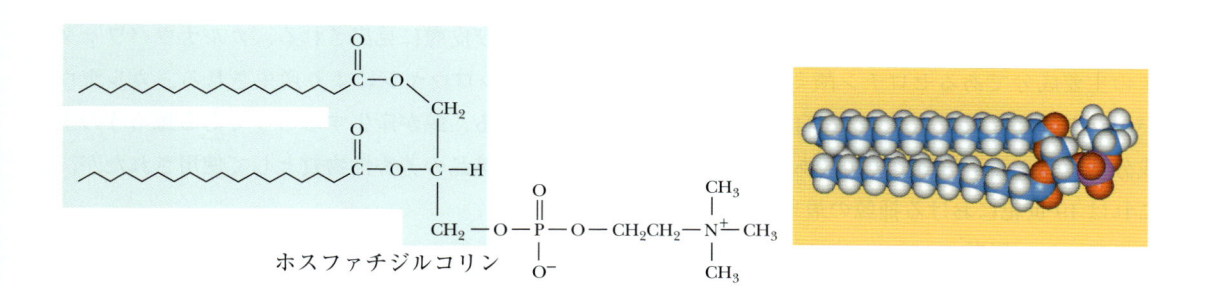

ホスファチジルコリン

他の頭部基をもつグリセロ脂質

ホスファチジルエタノールアミン

ジホスファチジルグリセロール（カルジオリピン）

ホスファチジルセリン

ホスファチジルグリセロール

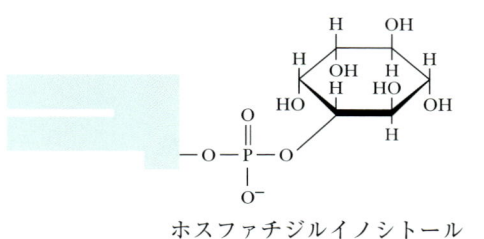

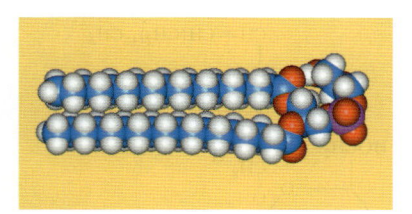

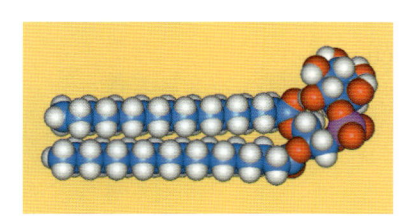

ホスファチジルイノシトール

図 8.5
いくつかのホスホアシルグリセロールの構造およびホスファチジルコリン，ホスファチジルグリセロール，ホスファチジルイノシトールの空間充填モデル

8.2.4　ろうおよびスフィンゴ脂質とは何か

　ろう wax は長鎖カルボン酸と長鎖アルコールとのエステルの混合物である．それらはしばしば植物および動物の両者に対して保護コートとして役立つ．植物において，それらは，幹，葉，そして果実をコートする．動物においては，それらは，毛皮，羽および皮膚に見出される．カルナウバワックスの主要成分であるセロチン酸ミリシル（図 8.6）はブラジルロウヤシにより産生される．カルナウバワックスは，床のワックスや自動車ワックスによく使われる．鯨が産生するろうである鯨ろうの主成分は，パルミチン酸セチルである（図 8.6）．鯨ろうは，化粧品の芳香性物質として使用されたが，これは 19 世紀における捕鯨の最も貴重な産物の一つであった．

　スフィンゴ脂質 sphingolipid はグリセロールを含有せず，長鎖のアミノアルコールであるスフィンゴシン sphingosine を含有しており，このグループの化合物の名称はここに由来している（図 8.6）．スフィンゴ脂質は植物，動物の両方に存在し，特に神経系に多量に見られる．このグループの最も単純な化合物はセラミドで，1 個の脂肪酸がスフィンゴシンのアミノ基にアミド結合により結合してい

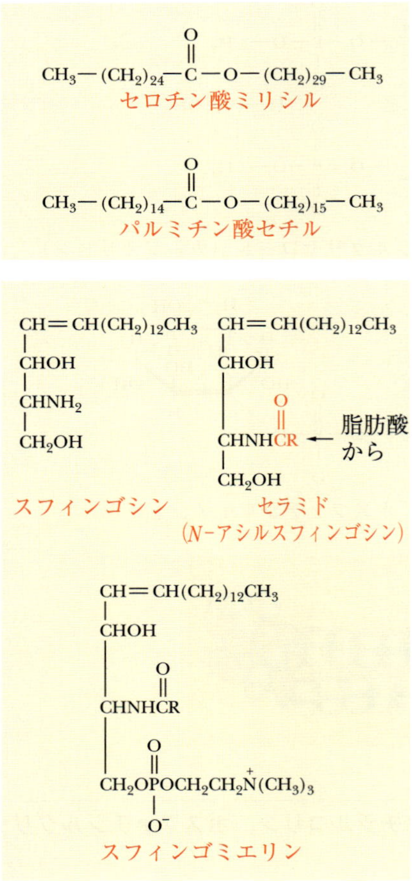

図 8.6
ろうおよびスフィンゴ脂質の構造

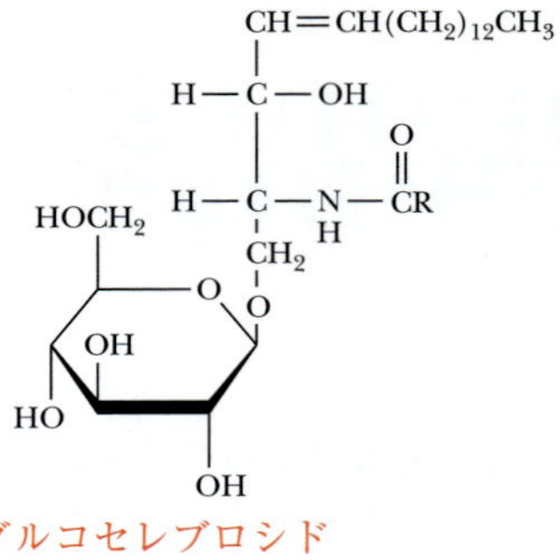

図 8.7
グルコセレブロシドの構造

Chapter 8 脂質とタンパク質は生体膜中で結びついている

身の周りに見られる生化学　　健康関連

多発性硬化症は脂質と密接に関連している

　ミエリン myelin は脂質に富む膜で，神経細胞の軸索を取り巻いており，高濃度のスフィンゴミエリンを含む．ミエリンは神経細胞のまわりを包む何層もの細胞膜から成る．この膜は，多くの別のタイプの膜とは異なり（Sec. 8.5），ごく少量のタンパク質しか埋め込まれておらず，本質的にはすべて脂質二重層である．有髄軸索部分とそれを分離する絞輪部分から成るミエリンの構造は，絞輪部から絞輪部への神経インパルスのすばやい伝達を促進する．ミエリンが欠如すると，神経伝達が低下し，最終的には停止する．身体の麻痺を起こし，結局不治の病である多発性硬化症 multiple sclerosis では，ミエリン鞘が硬化斑 sclerotic plaque によって進行性に破壊される．その結果，脳や脊髄が影響を受ける．これらの硬化斑は自己免疫疾患がその原因にあるとみられるが，疫学者は発症にはウイルス感染が関係している可能性を指摘している．病気の進行は，ミエリン破壊の起こらない時期と，活発に起こる時期を繰り返すことが特徴である．多発性硬化症に罹った人は，疲労，運動麻痺，言語障害，視力障害などに悩まされる．

アネット・ファニセロ Annette Funicello は，多発性硬化症を発症するまでは，テレビや映画ですばらしい活躍をしていた．彼女の病気は，初期の特徴である運動麻痺から始まった．このため，彼女を取り巻く周りの人たちに不安を抱かせた．種々の憶測を断ち切るため，彼女は多発性硬化症を発症したことを公表した．

る（図8.6）．**スフィンゴミエリン** sphingomyelin では，スフィンゴシンの第一級アルコール基がリン酸とエステル結合し，さらに，リン酸は別のアミノアルコールであるコリンとエステル結合している（図8.6）．スフィンゴミエリンと他のリン脂質間の構造類似性に注目してほしい．二つの炭化水素の長い鎖が，アルコール基を含む骨格に結び付いている．骨格のアルコール基の一つはリン酸とエステル結合している．二つ目のアルコール，ここではコリンもまたリン酸とエステル結合している．われわれはすでに，コリンはホスホアシルグリセロール分子内に存在することを学んでいる．スフィンゴミエリンは両親媒性分子であり，神経系の細胞膜に存在する（上の《身の周りに見られる生化学》を参照）．

8.2.5　糖脂質とは何か

　糖が脂質のアルコール基にグリコシド結合した化合物が**糖脂質** glycolipid である（グリコシド結合に関しては Sec. 16.3 を参照）．多くの場合，**セラミド** ceramide（図8.6を参照）が糖脂質の出発化合物となっており，セラミドの第一級アルコール基と糖残基との間にグリコシド結合が形成される．そ

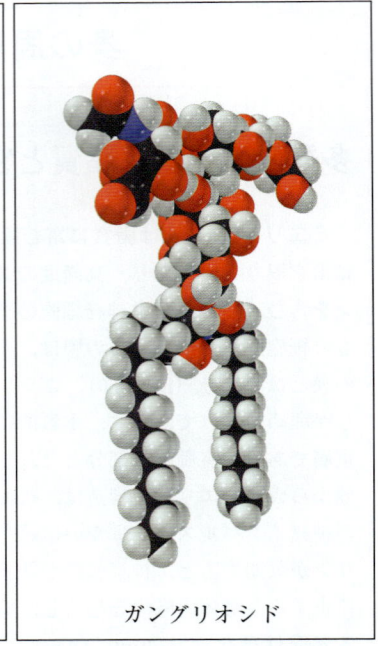

図 8.8
いくつかの重要なガングリオシドの構造
ガングリオシド G_{M1} の空間充填モデル．

の結果生じる化合物は**セレブロシド** cerebroside と呼ばれる．ほとんどの場合，糖はグルコースかガラクトースである．例えば，グルコセレブロシドは，グルコースを含むセレブロシドである（図 8.7）．名前が示すように，セレブロシドは神経細胞や脳細胞の主に細胞膜に存在する．これら化合物の糖部分は非常に複雑な構造をもつ．ガングリオシドは，三つ以上の糖から成る複雑な糖鎖部分をもつ糖脂質であり，それらの糖の一つは常にシアル酸である（図 8.8）．これらの物質は中性の pH において負電荷をもつので酸性スフィンゴ糖脂質とも呼ばれる．糖脂質はしばしば細胞膜上の目印として見出され，組織特異性や器官特異性の発現に大きな役割を演じている．ガングリオシドは神経組織にも多量に存在する．これらの生合成や分解については Sec. 21.7 で考察する．

8.2.6　ステロイドとは何か

機能は大きく異なっているが，次に述べる同一の共通構造を有する多くの化合物は**ステロイド** steroid として分類される．すなわち，ステロイドは 6 炭素原子環 3 個（A，B，C 環）と 5 炭素原子環（D 環）から成る縮合環状構造をもつ．性ホルモンを含む多数の重要なステロイドがある（生物学的に重要なステロイドの詳細は Sec. 24.3 を参照）．膜の構造を考える上で最も興味深いステロイドは**コレステロール** cholesterol である（図 8.9）．コレステロールの構造の中で，唯一の親水基は一つのヒドロキシ基であり，その結果，分子は非常に疎水性である．コレステロールは生体膜，特に動物細胞内に広範囲に存在するが，原核生物の細胞膜には存在しない．膜におけるコレステロールの存在は，膜結合タンパク質の役割を変化させる．コレステロールは，他のステロイドやビタミン D_3 の前駆体とし

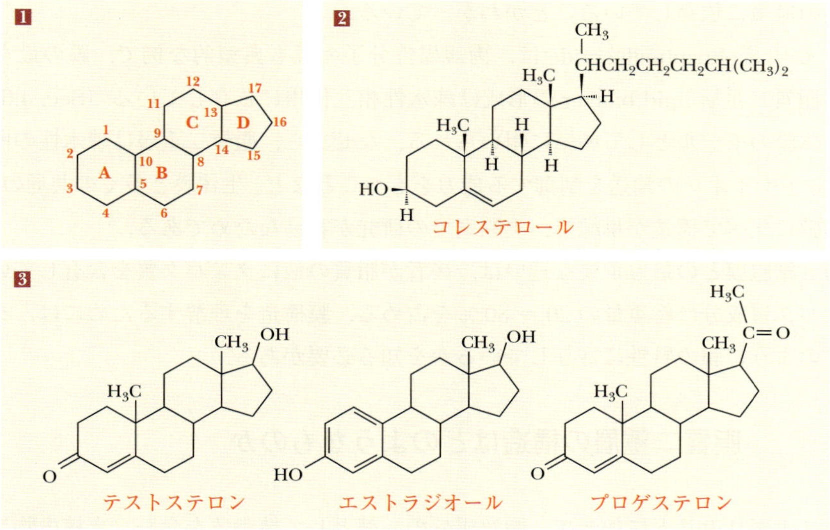

図 8.9
ステロイドの構造
① ステロイドの縮合環構造．② コレステロール．③ ステロイド骨格をもつ性ホルモン．

て多くの重要な生物学的機能をもつ．後に，炭素数5個の構造モチーフ（イソプレン単位）について述べるが，これはステロイドや脂溶性ビタミンに共通した構造であり，これらは生合成的に関連していることを示している（Sec. 8.7 および 21.8）．しかし，コレステロールは健康に有害な効果をもたらすことがよく知られている．コレステロールは動脈硬化症 atherosclerosis の進展に関与しているが，この疾患は脂質沈着物が血管を閉塞し，心臓疾患を招く（Sec. 21.8）．

> **Sec 8.2 要約**
> ■脂質は，しばしば，極性の頭部および長い非極性尾部をもち，伸びた鎖状の分子となる．
> ■脂質の分解物として，しばしば，グリセロール，脂肪酸ならびにリン酸が得られる．
> ■脂質のもう一つのクラスは縮合環状構造をもつステロイド類である．

8.3 生体膜

すべての細胞は細胞膜（形質膜ともいう）に覆われており，真核生物細胞は，核やミトコンドリアのような膜に覆われたオルガネラ（細胞小器官）をもつ．これら膜構造の分子基盤はその脂質とタンパク質成分にある．ここで，脂質二重層と膜タンパク質間の相互作用がどのように膜機能を決定するかを見てみよう．膜は細胞を外部環境から隔離しているだけでなく，特殊な物質を細胞内に，あるいは細胞外に輸送する重要な役割を果している．さらに，膜の中に多数の重要な酵素が含まれており，

その機能は膜の環境に依存していることがわかっている．

ホスホグリセリド phosphoglyceride は，両親媒性分子の最も典型的な例で，膜の最も主要な構成成分である．脂質二重層 lipid bilayer の形成は疎水性相互作用に依存している（Sec. 4.6）．この脂質二重層は，生体膜のモデルとして頻繁に用いられる．なぜなら，脂質二重層は疎水性の内部環境をもつことや，小分子やイオンの輸送を制御する能力をもつことなど，生体膜と多くの共通の特性を有し，しかも，生体膜に比べて構造が単純で，実験室での研究が容易なためである．

脂質二重層と細胞膜との最も重要な違いは，後者が脂質の他にタンパク質を含有していることである．膜のタンパク質成分は総重量の 20 ～ 80 ％ を占める．膜構造を理解するためには，タンパク質と脂質成分がどのように膜の特性に寄与しているかを知る必要がある．

8.3.1　脂質二重層の構造はどのようなものか

生体膜はホスホグリセリドに加えて，脂質成分の一部として糖脂質を含む．真核生物にはステロイド，すなわち，動物の膜にはコレステロールが，植物中にはフィトステロールと呼ばれる類似のステロイド化合物が存在する．膜の**脂質二重層** lipid bilayer 部分（図 8.10）では，極性の頭部が水に接しており，内部には非極性の尾部がある．全体の二重層配列はファンデルワールス van der Waals 力や疎水性相互作用のような非共有結合性の相互作用によって保たれている（Sec. 2.1）．二重層の表面は極性で，荷電した基をもっている．非極性炭化水素から成る二重層の内部は，脂肪酸の飽和鎖と不飽和鎖ならびに縮合環系のコレステロールから成り立っている．

二重層の内層と外層はともに脂質の混合物を含んでいるが，その組成は異なっており，その性質は内層と外層それぞれの区別に用いられることがある（図 8.11）．比較的大きな分子は外層に，小さい分子は内層に存在する傾向がある．

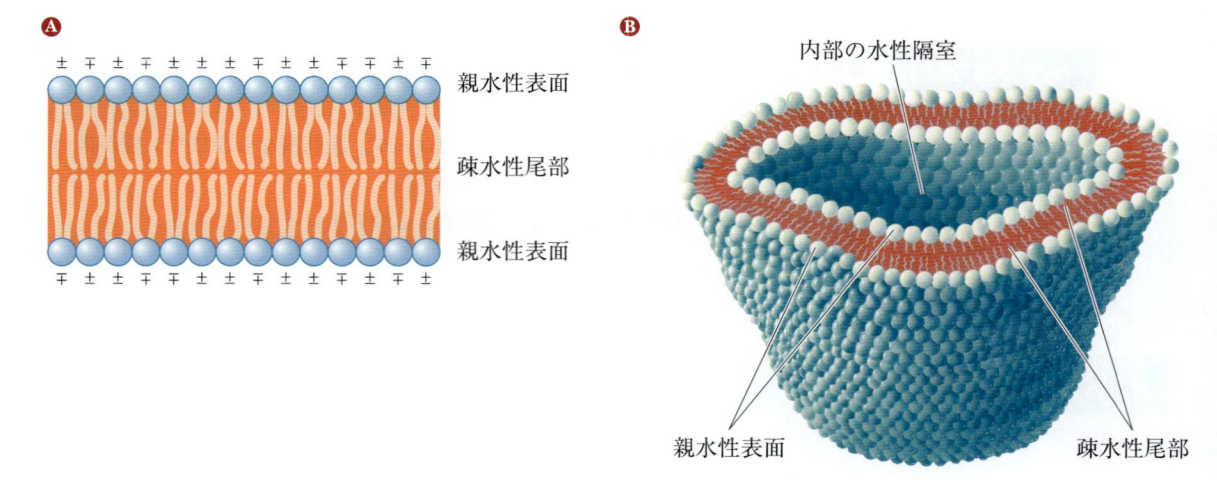

図 8.10

脂質二重層
Ⓐ リン脂質から成る二重層の部分模式図．二重層の極性表面は荷電基をもつ．炭化水素の "尾部" は二重層の内側にある．Ⓑ 脂質二重層の切断面．内側に水層がある．また内側の層が外側よりもっと密に詰まっていることに注目してほしい．（*Bretscher, M. S. The Molecules of the Cell Membrane. Scientific American, October 1985, p.103. Art by Dyna Burns-Pizer* より，許可を得て転載）

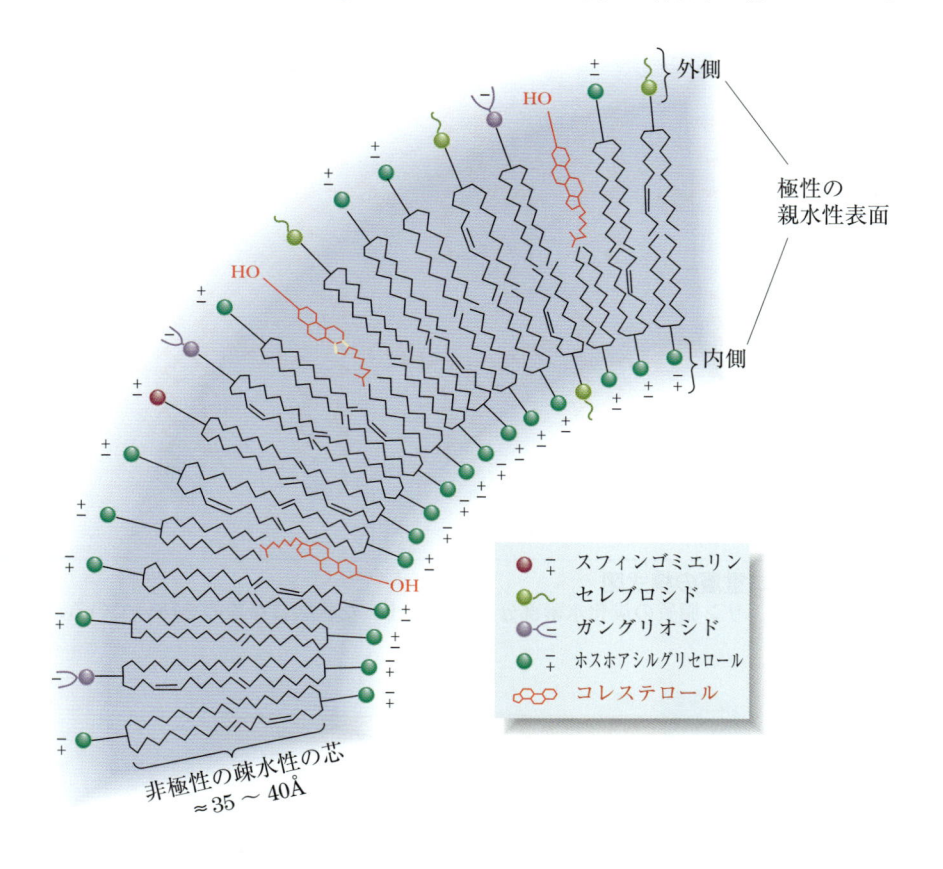

図 8.11
脂質二重層の非対称性
外側と内側の層の組成が異なる．大きな分子は空間のある外側の層に高濃度で存在する．

8.3.2 二重層の特性はその構成成分によってどのように影響されるか

　二重層の炭化水素内部の配列は整然と固定している場合もあるし，または，乱雑で流動的である場合もある．二重層の流動性は，その組成によって決まる．飽和脂肪酸では，炭化水素鎖が直線的に配

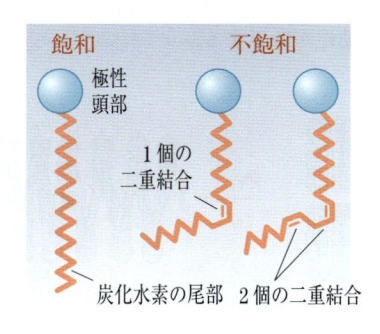

図 8.12
脂肪酸の炭化水素尾部のコンホメーションに及ぼす二重結合の効果
不飽和脂肪酸は，その尾の部分によじれを生じる．

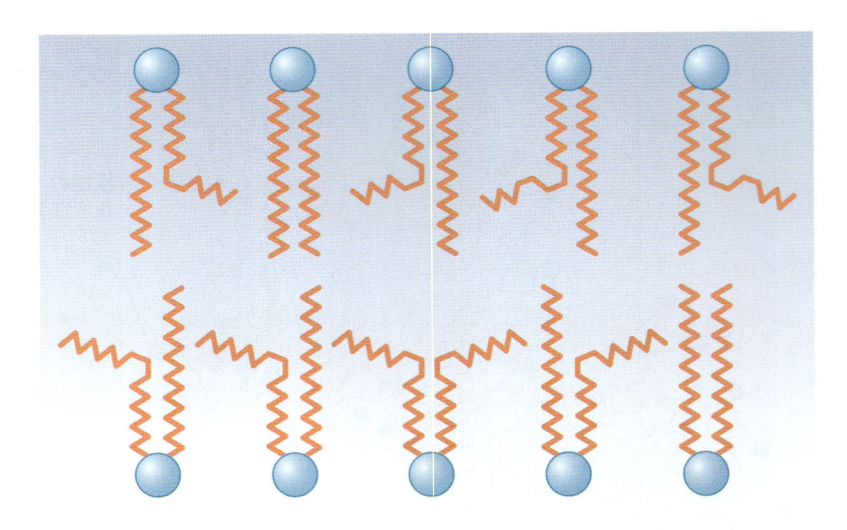

図 8.13

流動性の高いリン脂質二重層の模式図
不飽和側鎖内のよじれが，リン脂質の炭化水素部分が密に詰まった状態になるのを防いでいる．

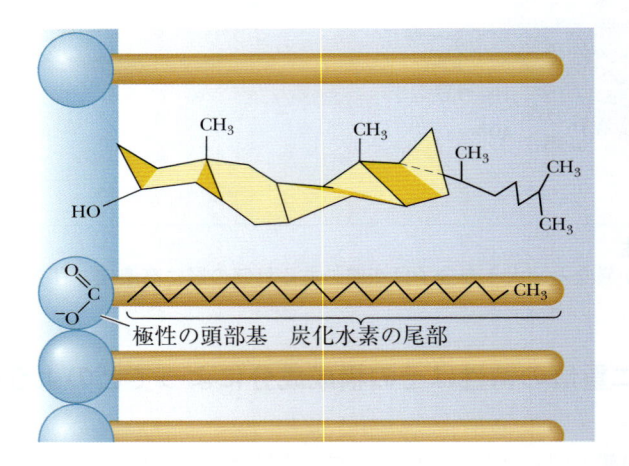

図 8.14

コレステロールによる脂質二重層の硬化
膜にコレステロールが存在すると，ファンデルワールス相互作用の結果，脂肪酸の炭化水素尾部の伸びたコンホメーションが安定化するので，流動性が低下する．

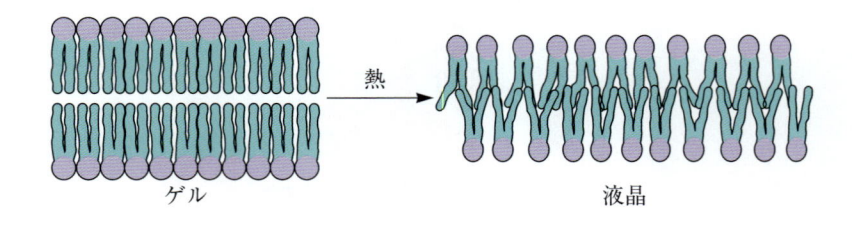

ゲル　　　　　液晶

図 8.15

膜を転移温度（T_m）以上に加温したときに起こるゲル–液晶相転移の模式図
膜が相転移すると，膜の表面積は増加し，厚さは減少することに注目されたい．転移温度以上では，脂肪酸側鎖の運動性が劇的に増加する．

列するため，二重層内部の分子が密に詰まった状態となり，流動性が低下する．不飽和脂肪酸では，飽和脂肪酸にはない炭化水素鎖のよじれがある（図8.12）．このよじれが，鎖の詰まった状態に乱れを引き起こし，直鎖飽和鎖の構造で見られるよりも自由度の高い状態となる（図8.13）．このシス二重結合（したがって，よじれ）をもつ不飽和脂肪酸の存在による構造の乱れが，二重層の流動性の増大を引き起こす．二重層の脂質構成成分は，大部分はより流動性の高い二重層へ，一部はより低いところへと，常に動いている．

　コレステロールの存在も，規則性ならびに膜の硬さを高めるといえる．コレステロールの縮合環自体はとても硬く，コレステロールが存在すると飽和脂肪酸の長く伸びた直鎖配列はファンデルワールス相互作用によって安定化する（図8.14）．植物の膜の脂質部分は不飽和脂肪酸，特に多不飽和（二つまたはそれ以上の二重結合をもつ）脂肪酸が，動物の膜の脂質部分より高い割合を占めている．さらにコレステロールの存在は動物の膜に特異的である．その結果，動物の膜は植物の膜より流動性が低く（より硬く），そして，ステロイドをほとんど含まない原核生物の膜は最も流動性が高い．植物ステロイドは食事によるコレステロールの取り込みを妨害する天然のコレステロール阻害剤であることが，研究により示唆されている．

　加熱によって，整然とした二重層の規則性は減少するが，もともと比較的不規則な二重層はさらに不規則になる．これは特定の温度で協同的な相転移が起こるためである．結晶の融解もまた協同的転移であるが，これと似ている（図8.15）．相転移温度は，比較的流動性があって無秩序な膜よりも，より硬くて規則的な膜のほうが高い．次の《身の周りに見られる生化学》では，脂質二重層や膜の脂肪酸組成とそれらの異なる温度での挙動との関連について述べている．

　脂質二重層の内側部分と外側部分において脂質の分布が異なっていることを思い出してほしい．二重層は弯曲しているので，内側の層の分子はより密に詰まっている（図8.11を参照）．セレブロシド（Sec. 8.2を参照）のような大きな分子は外側の層に局在する傾向がある．脂質の分子が一つの層から別の層へと"フリップ-フロップ flip-flop"移動する傾向は非常に少ないが，時に起こることがある．二重層の片側の層の内部での脂質分子の横方向への移動はしばしば起こり，それは特に流動性の高い二重層内において起こりやすい．脂質二重層内の分子の動きを追跡するのに，いくつかの方法がある．これらの方法は，容易に検出できる標識を用いて脂質構成成分のある部分を標識することによって行われる．通常，タグは蛍光性化合物であり，高感度な装置で検出可能である．別の標識方法は，いくつかの窒素化合物が不対電子をもっていることに基づいている．これらの化合物は標識（ラベル）として用いられ，電子スピン共鳴法で検出される．

Sec. 8.3 要約

- 脂質二重層は大きな分子集合体である．それらは脂質の極性の頭部が水性の環境に接するように並んでいる．脂質の非極性の尾部は，水性の環境に接することがないように並んでいる．二重層はサンドウィッチとして考えることができる．食パンの役割が極性の頭部であり，非極性の尾部が詰め物の部分である．
- かさ高い分子は，内側よりも外側に見出される傾向がある．
- 飽和脂肪酸およびコレステロールの存在は二重層を硬くする．
- 二重層における分子の詰め込みは，規則的な状態から不規則な状態への可逆的な転移を受ける．

身の周りに見られる生化学　栄養

バター対マーガリン——どちらがより健康的か

　われわれは動物性"脂肪"と植物性"油"というように言葉を使い分ける．なぜなら，これら二群の脂質は一方が固体であり，他方は液体であるからである．脂肪と油の主な違いは，トリグリセリド中や，ホスホグリセリド中の不飽和脂肪酸含有率にある．この違いは，脂肪酸鎖の長さが融点に影響すること以上に，はるかに重要である．ただし，バターは例外であり，短鎖脂肪酸を高含量に含むため，"口の中で溶ける"．膜は，機能を果すために，ある程度の流動性を保持していなくてはならない．したがって，不飽和脂肪酸は身体の異なる部分にさまざまな割合で分布している．温血哺乳動物体内の器官の膜は，皮膚組織の膜に比べて，より高い含有率で飽和脂肪酸を含んでいる．これにより，より高い温度をもつ内部器官の膜の硬さが保持されている．この際立った例がトナカイの脚と胴体に見られる．すなわち，脚と胴体では，飽和脂肪酸の含有率に著しい相違がある．

　細菌を異なる温度で生育させると，膜の脂肪酸組成は，低い温度では不飽和脂肪酸がより多くなり，高い温度では飽和脂肪酸がより多くなるように変化する．同様の相違は，組織培養された真核細胞においても見られる．

　植物油だけを見てみても，異なる種類の油には飽和脂肪酸が異なる含量で見出される．次の表はスプーン1杯分（14g）の種々の油に含まれる脂肪酸含量の分布を示している．

　飽和脂肪酸含量の高い食事と心臓血管疾患は相関しているので，不飽和脂肪酸含量がより多い食事は心臓発作や脳卒中のリスクを軽減するかもしれない．キャノーラ油は，飽和脂肪酸に対する不飽和脂肪酸の比率が高いので，食糧としては魅力的である．1960年代以来，われわれは多不飽和脂肪酸含量の高い食事は健康に良いことを知っている．しかし，オリーブ油はイタリア料理では一般的であり，キャノーラ油は他の料理に用いることが流行しているとはいっても，食パンまたはトーストの上に油を注ぐのはおいしそうではない．そこで，いくつかの会社は，室温で固体であるなどのバターの物理的性質を保持し，かつ不飽和脂肪酸を原料としたバター代用品（マーガリン）を市場に出し始めた．それらの会社では，油を構成している不飽和脂肪酸の二重結合を部分的に水素付加することで，この課題を解決した．皮肉なことに，バター中の飽和脂肪酸を食べるのを避けるために，マーガリンは，多不飽和脂肪酸から二重結合を一部除去すること，すなわち，飽和化することによりつくり出されたのである．しかし，健康的であるとして市販されたソフトスプレッドマーガリン（サフラワー油スプレッド，キャノーラ油スプレッド）の多くは実際に新たな健康リスクを引き起こすかもしれない．なぜなら，水素添加の過程で，いくつかの二重結合はシス型からトランス型に変換されるからである．現在，トランス型脂肪酸はHDL（高密度リポタンパク質）コレステロールに対するLDL（低密度リポタンパク質）コレステロールの比（心臓疾患との正の相関がある）を上昇させることが示されている．このように，トランス型脂肪酸は，飽和脂肪酸と類似の性質をもっている．しかし，ここ数年で，"トランス型脂肪酸をもたない"新しいマーガリンも市販され始めている．

油および脂肪の種類	例	飽和脂肪酸(g)	モノ不飽和脂肪酸(g)	多不飽和脂肪酸(g)
熱帯域の油	ココナッツ油	13	0.7	0.3
亜熱帯域の油	ピーナッツ油	2.4	6.5	4.5
	オリーブ油		10.3	1.3
温帯域の油	キャノーラ油	1	8.2	4.1
	サフラワー油	1.3	1.7	10.4
動物性脂肪	ラード	5.1	5.9	1.5
	バター	9.2	4.2	0.6

8.4　膜タンパク質の種類

8.4.1　膜においてタンパク質は脂質二重層とどのように結びついているか

　生体膜に含まれるタンパク質は，膜表面上で**周辺タンパク質** peripheral protein として，あるいは脂質二重層内で**内在性タンパク質** integral protein として，これらのどちらかの方法で脂質二重層と結合している（図8.16）．周辺タンパク質は，通常，極性相互作用または静電的相互作用のいずれかによって，あるいはその両作用によって脂質二重層の荷電した頭部基に結合している．周辺タンパク質は，溶媒のイオン強度を強めるなどの穏やかな処理によって，取り出すことができる．それは，高いイオン強度の溶媒中に存在する多数の荷電粒子が，脂質やタンパク質と静電的に強く相互作用するため，タンパク質と脂質の間の比較的弱い静電的相互作用が"打ち負かされる swamping out"からである．

　膜から内在性タンパク質を純粋な形で取り出すのはもっと難しい．通常，界面活性剤処理あるいは徹底的な超音波処理（超音波振動にさらす）といった，厳しい条件が必要である．このような方法では，しばしばタンパク質が変性し，しかもタンパク質を純粋な形で取り出そうとするあらゆる努力にもかかわらず，脂質が結合したままであることが多い．変性したタンパク質は，それに脂質が結合したままであるかどうかにかかわらず，もちろん不活性である．幸い，核磁気共鳴法により，生体組織中のこの種のタンパク質の研究が可能になった．ほとんどの膜タンパク質の活性には膜全体が構造的に完全であることが必要なようである．

　タンパク質はさまざまな様式で膜に結合している．あるタンパク質が膜を完全に貫通しているならば，それはしばしば α ヘリックスまたは β 構造をとる．これらの構造では，ペプチド骨格の極性部位と二重層内部の非極性脂質との接触が最少になっている（図8.17）．いくつかのタンパク質では，そのシステイン残基または遊離アミノ基と脂質アンカーとの共有結合を介して脂質層へ固定化されて

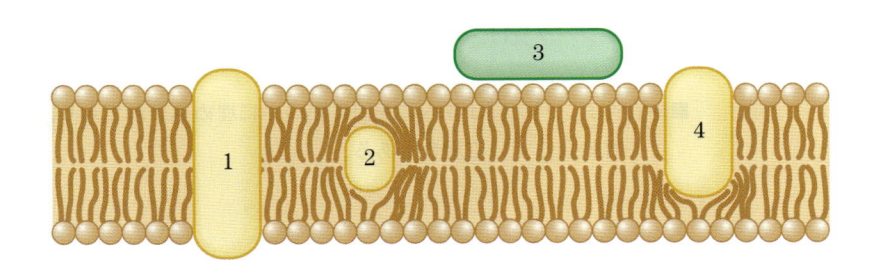

図 8.16

タンパク質と膜の結合様式
1，2，4で示されたタンパク質は内在性タンパク質，タンパク質3は周辺タンパク質である．内在性タンパク質は，いくつかの様式で脂質二重層と結合していることに注目してほしい．タンパク質1は膜を横切っており，タンパク質2は完全に膜の中にあり，タンパク質4は膜の内部へ突き出している．

図 8.17

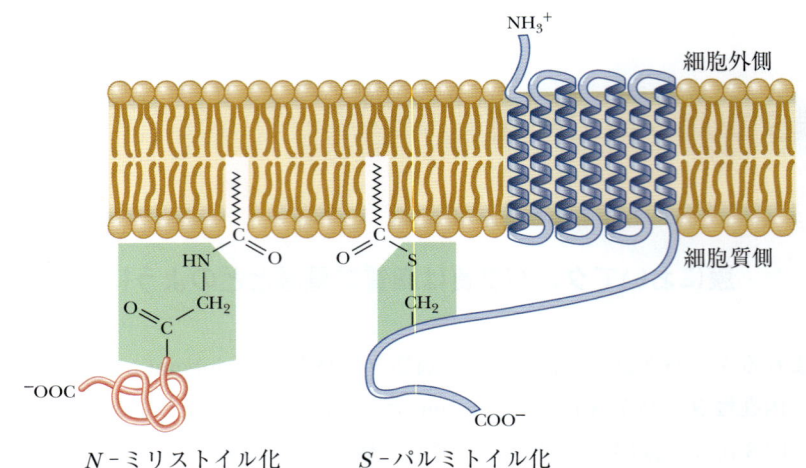

ある種のタンパク質は脂質アンカーにより生体膜に固定されている
特に一般的なものは，図に示した N-ミリストイル-および S-パルミトイル-アンカリングモチーフである．N-ミリストイル化は常に N 末端のグリシン残基に生じる．一方，チオエステル結合はポリペプチド鎖内部のシステイン残基に生じる．7回膜貫通領域をもつ G タンパク質共役型受容体では，C 末端領域のシステイン残基にチオエステル結合したパルミトイルアンカーが一つ（または二つ）存在する．

いる．ミリストイルおよびパルミトイル基は一般的に見られるアンカーである（図 8.17）．

　膜タンパク質はさまざまな機能をもっている．膜全体の重要な機能は，すべてではないが，多くのものが構成タンパク質の機能に基づいている．**輸送タンパク質** transport protein は，物質の細胞への出入りに貢献し，**受容体タンパク質** receptor protein は，ホルモンあるいは神経伝達物質のような細胞外の信号を細胞内に伝達するのに重要である．さらに，いくつかの酵素は膜に強固に結合している．例えば，好気的酸化反応に関係する多くの酵素がミトコンドリア膜の特定な部分に見出される．これらの酵素のいくつかは，膜の内側の表面に存在し，また，他の酵素は膜の外側の表面に存在する．すべての細胞膜の内側と外側におけるタンパク質の分布は，膜における脂質の非対称な分布と同様，不均一である．

Sec. 8.4 要約

- 生体膜はタンパク質と結合した脂質二重層から成っている．
- 周辺タンパク質は，水素結合または静電的引力により片方の表面にゆるく付着している．
- 内在性タンパク質はさらに強固に膜の中に埋め込まれており，脂質アンカーと共有結合している場合もある．

8.5　膜構造の流動モザイクモデル

8.5.1　膜においてタンパク質と脂質二重層は互いにどのように相互作用しているか

　これまでに，生体膜が脂質とタンパク質の両成分から成ることを学んだ．これら二つの成分はどのように生体膜の生成に関与しているのだろうか．現在，**流動モザイクモデル** fluid-mosaic model が，生体膜を説明する上で，最も広く受け入れられている．モザイク mosaic という言葉は，脂質とタンパク質が両者の中間的な性質をもつ別の物質を形成することなく，互いに隣り合って存在することを意味する．このモデルでは，生体膜の基本的な構造は脂質二重層で，タンパク質が二重層構造に埋め込まれている（図 8.18）．

　これらのタンパク質は膜内で特定の配向性をもつ．流動モザイク fluid mosaic という言葉は，すでに脂質二重層で見てきたように，膜内で起こる横方向の動きを表している．タンパク質は脂質二重層内で"浮遊"しており，膜の表面に沿って動くことができる．

　膜を凍結し，次いで，二重層の間の境界線に沿って割断することによって，膜の電子顕微鏡写真を作成することができる．外側の層は取り除かれ，膜の内部が露出する．内部には，内在性膜タンパク質が存在するので，それらが顆粒状に見える（図 8.19，8.20）．

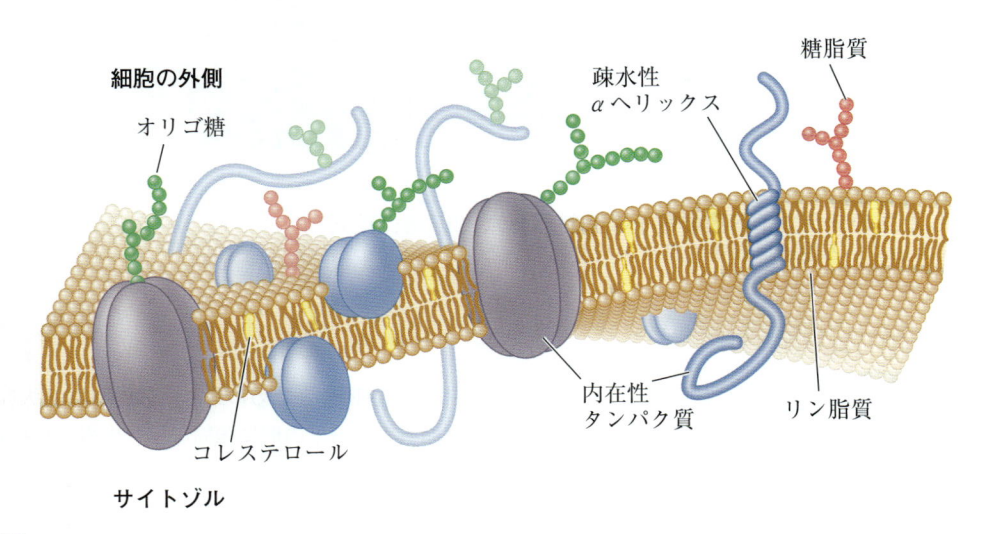

図 **8.18**

膜構造の流動モザイクモデル
膜タンパク質は脂質二重層に埋め込まれている．(*Singer, S. J., in G. Weissman and R. Claiborne, Eds.*, Cell Membranes: Biochemistry, Cell Biology, and Pathology, *New York: HP Pub., 1975, p.37.* より，許可を得て転載)

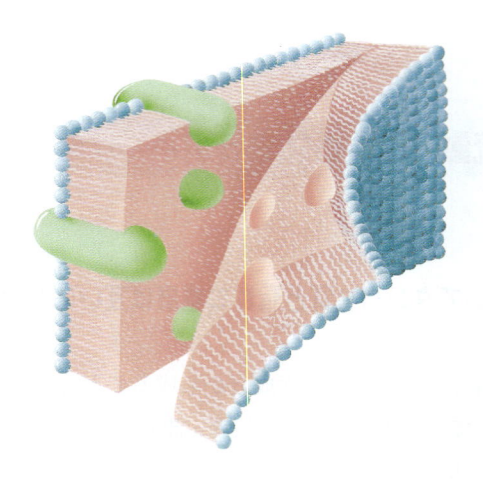

図 8.19

凍結割断面の模式図

凍結割断法で，膜表面に平行して脂質二重層を分割する．二つの層の炭化水素尾部が互いに分離されると，図に示したようにタンパク質は "丘" として見ることができる．もう一方の層ではタンパク質のある所は "谷" になっている．(*Singer, S. J., in G. Weissman and R. Claiborne, Eds.*, Cell Membranes: Biochemistry, Cell Biology, and Pathology, *New York: HP Pub., 1975, p.37.* より，許可を得て転載)

図 8.20

凍結割断した豆のチラコイド膜の電子顕微鏡写真（11万倍に拡大）
表面から突き出ている粒子は内在性膜タンパク質である．

Sec. 8.5 要約

■流動モザイクモデルは，膜構造を説明するための最も一般的な説である．このモデルでは，タンパク質と脂質二重層との間に強固な相互作用は存在せず，タンパク質は脂質二重層の中を "浮遊" していると考えられている．

身の周りに見られる生化学　健康関連

薬物送達における膜

　脂質二重層が形成される駆動力は脂質の疎水性領域からの水の排除であり，何らかの酵素を介したプロセスではないので，実験室で人工的な膜を作成することができる．**リポソーム** liposome は脂質二重層から成る安定な構造である．これは球状の小胞を形成する．これらの小胞は治療薬などを内側に入れて調製し，それらを標的組織へ送達するために使うことができる．

　毎年，100万人を超すアメリカ人が皮膚がんと診断される．最も多く見られる原因は，紫外線への長期暴露によるものである．紫外（UV）線はさまざまな方法で DNA に損傷を与えるが，その中で最も一般的なものは二つのピリミジン塩基間に起こるダイマー形成である（Chap. 9.5）．体毛が少なく，太陽光を好む種であるヒトは，皮膚における DNA 損傷に対する備えが十分ではない．130種の既知のヒト DNA 修復酵素のうち，UV 暴露により引き起こされる主な DNA 損傷部位を修復するのはただ一つのシステムのみである．いくつかの下等な動物種は，われわれにはない修復酵素をもっている．

　研究者たちは紫外線の影響を打ち消すスキンローションを開発した．これは，T4 エンドヌクレアーゼ V と呼ばれるある種のウイルスから得られた DNA 修復酵素で満たされたリポソームを含んでいる．リポソームは皮膚細胞に入り込む．ひとたび内部に入ると酵素は核へと移行し，そこでピリミジンダイマーを攻撃し，DNA 修復機構を開始する．そして，正常な細胞活動が完了する．このスキンローションは AGI デルマティクスにより商品化されようとしており，現在，臨床試験が行われている．臨床試験成績に関する情報は AGI デルマティクスの web site（http://www.agiderm.com）でチェックできる．

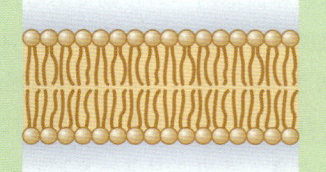

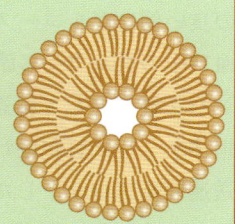

Ⓐ 脂質二重層　　　Ⓑ 一重膜リポソーム

脂質二重層と一重膜リポソームの模式図．脂質二重層の端が溶媒に露出したままでは不安定であり，広がった二重層は，通常，自発的に閉鎖して，小胞を形成する．

8.6　膜の機能

　すでに述べたように，膜の機能には，すべての細胞の仕切りおよび入れ物として，また真核細胞内のオルガネラの入れ物としての構造的役割に加えて，膜上あるいは膜内において，以下に述べる三つの重要な機能がある．第一の機能は輸送 transport である．膜は，細胞やオルガネラへの物質の出入りに対して，半透性のバリアである．膜を通過する輸送には，膜タンパク質と脂質二重層がかかわっている．後の二つの重要な機能には主に膜タンパク質が関与している．その一つは触媒作用 catalysis である．すでに学んできたように，酵素は（ある例では非常に強固に）膜に結合しており，膜の上で酵素反応が起こる．もう一つの重要な機能は受容体としての性質である．受容体タンパク質は，細胞内で生化学的反応の引き金となる生物学的に重要な物質と結合する．

　膜に結合した酵素については以下の章で述べる（特に Chap. 19 および 20 における好気的酸化反応

8.6.1 膜輸送はどのように行われるか

生体膜を通過する物質の輸送に関する最も重要な問題は，この過程が細胞によるエネルギー消費を必要とするかどうかである．**受動輸送** passive transport においては，物質は高濃度側から低濃度側へと移動する．いい換えると，物質の動きは濃度勾配 concentration gradient と同方向であり，細胞によるエネルギー消費はない．**能動輸送** active transport では，物質は低濃度側から高濃度側へと（濃度勾配に逆らって）移動し，この過程は細胞によるエネルギー消費を必要とする．

受動輸送は，さらに単純拡散と促進拡散の二つに分類される．**単純拡散** simple diffusion では，輸送される分子は膜を通って直接移動し，他の分子と相互作用を行わない．酸素，窒素，二酸化炭素のような小さな電荷をもたない分子は，単純拡散によって脂質二重層を通過することができる．膜を通過する移動速度は，単に膜間の濃度差のみに依存している（図8.21）．比較的大きな分子，特に極性分子やイオンは単純拡散によって膜を通過できない．分子が担体（キャリア）タンパク質に結合し，担体タンパク質を介して受動的に膜を通過する過程は，**促進拡散** facilitated diffusion と呼ばれる．その良い例はグルコースの赤血球内への移動である．血液中のグルコースの濃度は約 5 mM であり，赤血球中のグルコース濃度は 5 mM より低い．グルコースはグルコースパーミアーゼと呼ばれる担体タンパク質を介して輸送される（図8.22）．この過程が促進拡散であるのは，エネルギー消費がなく，担体タンパク質が使われているからである．さらに，促進拡散は，輸送される分子の濃度に対して輸送速度をプロットしたとき，ミカエリス-メンテン型の酵素速度論に類似した双曲線を与えることによって確認される（図8.23）．担体タンパク質は，主鎖と側鎖を折りたたむことにより孔をつくり出す．

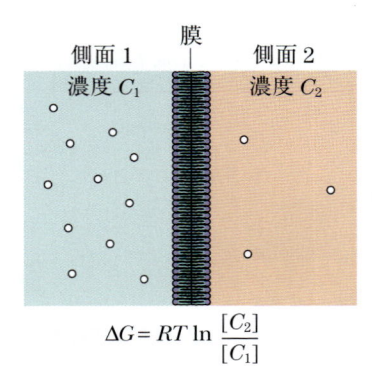

図 8.21
受動拡散
非荷電分子の受動拡散による膜の通過は，膜の両側における濃度（C_1 および C_2）のみに依存している．

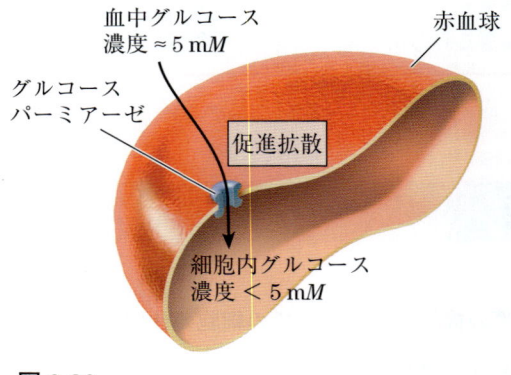

$$\Delta G = RT \ln \frac{[C_2]}{[C_1]}$$

図 8.22
促進拡散
グルコースは，グルコースパーミアーゼを介した促進拡散により赤血球の中へ入る．グルコースは受動輸送を介して，その濃度勾配に従って流入する（*Lehninger*, Principles of Biochemistry, *Third Edition, by David L. Nelson and Michael M. Cox.*©1982, 1992, 2000 by Worth Publishers., W. H. Freeman and Company より，許可を得て転載）．

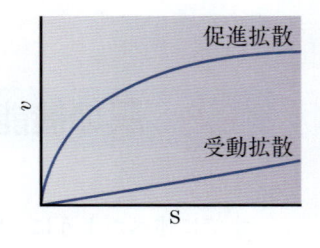

図 8.23
受動拡散と促進拡散はグラフ上で識別可能である
促進拡散に対するプロットは，酵素触媒反応のプロットに類似している（Chap. 6）．それらは飽和曲線を描く．v 値は輸送速度，S は輸送される基質の濃度を示す．

これらのタンパク質の多くは，膜を貫通するいくつかの α ヘリックス部分をもっている．別のタンパク質では，β バレル構造が孔を形成する．また，ある例では，タンパク質のらせん部分が膜を貫通し，脂質二重層と接する外側は疎水性で，一方，イオンの通過する内側は親水性である．この配向は水に可溶な球状タンパク質に見られるものと逆である．

能動輸送 active transport は濃度勾配に逆らって物質を輸送する．これは，担体タンパク質の存在と，勾配に逆らって溶質を移動させるのにエネルギー源の必要なことが特徴である．**一次能動輸送** primary active transport と呼ばれる輸送機構では，勾配に逆らった分子の移動は，ATP のような高エネルギー化合物の加水分解と直接関連している．最も詳しく研究されている能動輸送の例として，カリウムイオンを細胞内へ輸送し，同時にナトリウムイオンを細胞外へ輸送するシステムがあり，この状況は丘の上に向かって水を汲み上げるのによく似ているため，**ナトリウム-カリウムイオンポンプ** sodium-potassium ion pump と呼ばれている．

通常の状況下では，K^+ の濃度は細胞内では細胞外液より高い（$[K^+]_{内部} > [K^+]_{外部}$）が，Na^+ の

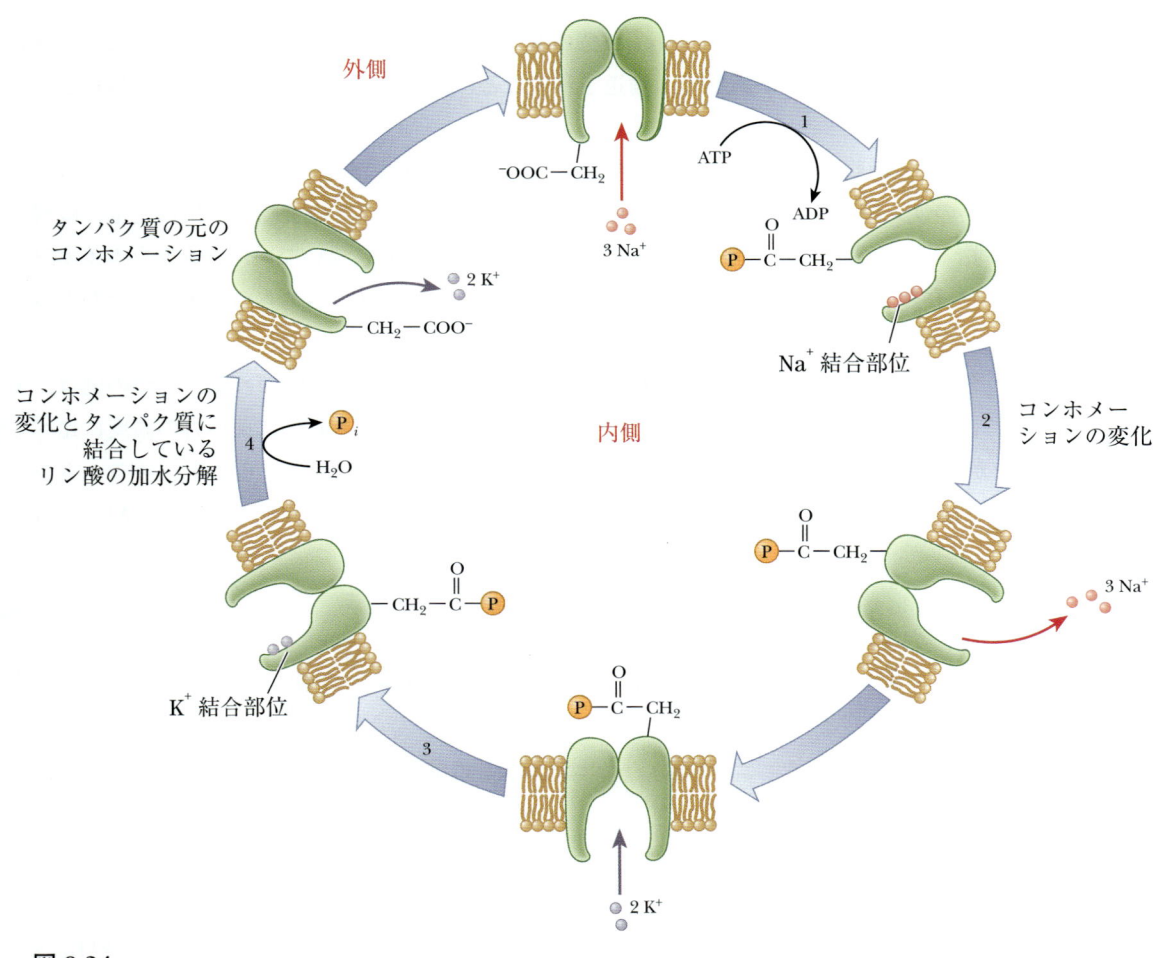

図 8.24

ナトリウム-カリウムイオンポンプ
（詳細は本文参照）

濃度は，外部より細胞内部のほうが低い（[Na^+]$_{内部}$＜[Na^+]$_{外部}$）．濃度勾配に逆らってこれらのイオンが移動するのに必要なエネルギーは，発エルゴン的（エネルギー放出）反応，つまり ATP から ADP と P_i（リン酸イオン）への加水分解によって得られる．ATP の加水分解なしにはイオンの輸送は起こらない．これを行うタンパク質は，ATP を加水分解する酵素（すなわち，ATP アーゼ）としての役割と，輸送タンパク質としての役割の両方を果しており，このタンパク質はいくつかのサブユニットから成っている．この加水分解反応の反応物と生成物，すなわち ATP，ADP ならびに P_i は細胞内に留まり，リン酸は反応の途中で輸送タンパク質に共有結合する．

Na^+-K^+ポンプの作用はいくつかのステップから成る（図 8.24）．タンパク質のサブユニットの一つが，ATP を加水分解して，リン酸基を別のサブユニット上のアスパラギン酸の側鎖に転移させる（第1段階）（ここで形成される結合は混合酸無水物である．Sec. 1.2 を参照）．同時に，細胞内から3個の Na^+ が結合する．一つのサブユニットがリン酸化されると，タンパク質にコンホメーション変化が起こり，チャネル，すなわち孔が開き，3個の Na^+ を細胞外液へ放出する（第2段階）．細胞外では2個の K^+ がポンプ酵素に結合するが，ポンプはリン酸化されたままである（第3段階）．酵素とリン酸基間の結合が加水分解されると，別のコンホメーション変化が起こる．この第二のコンホメーション変化によって酵素は元の形に再生され，2個の K^+ が細胞内へ流入する（第4段階）．このポンプ作用により，2個の K^+ イオンが細胞内へ輸送されるごとに，3個の Na^+ が細胞から外へ輸送される（図 8.25）．

このポンプ作用は，細胞外に K^+ イオンが存在せず，Na^+ が高濃度のときには逆行することがある．この場合，ADP のリン酸化によって ATP が生成される．Na^+-K^+ ポンプの実際の作用は完全には解明されておらず，多分，われわれが現在知っている以上に複雑であるに違いない．カルシウムイオン（Ca^{2+}）ポンプも存在し，これも盛んに研究されている．能動輸送のメカニズムの詳細はまだわかっていないので，将来のよい研究対象といえよう．

もう一つのタイプの輸送は，**二次能動輸送** secondary active transport と呼ばれる．一つの例は，細菌のガラクトシドパーミアーゼである（図 8.26）．菌体内のラクトース濃度は菌体外の濃度に比べて高い．したがって，ラクトースの菌体内への移動はエネルギーを必要とする．しかし，ガラクトシドパーミアーゼは ATP を直接加水分解するのではなく，代わりに水素イオンをその濃度勾配に従っ

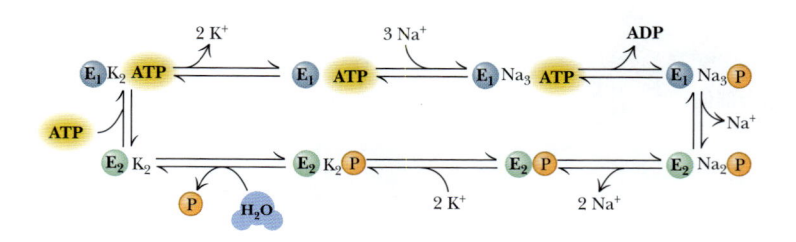

図 8.25

Na^+/K^+ ATP アーゼ（ナトリウム-カリウムイオンポンプ）の機構
このモデルは二つの主要なコンホメーション，すなわち，E_1 および E_2 を想定している．Na^+ イオンの E_1 への結合は，リン酸化と ADP の遊離をもたらす．Na^+ イオンは細胞外へ輸送されて，そこで遊離される．K^+ イオンは，酵素が脱リン酸化される前に結合する．K^+ の細胞内への輸送とそこでの遊離によってサイクルが完結する．

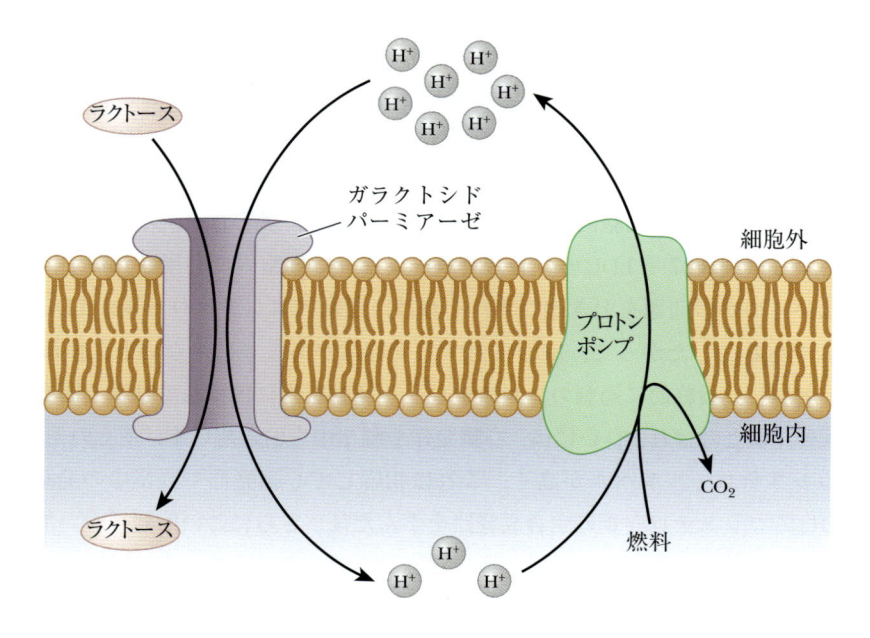

図 8.26

二次能動輸送の例
ガラクトシドパーミアーゼは細胞外のより高い H^+ を利用して，ラクトースを細胞内へ移動させる (*Lehninger, Principles of Biochemistry, Third Edition,* by David L. Nelson and Michael M. Cox. ©1982, 1992, 2000 by Worth Publishers., W. H. Freeman and Company より，許可を得て転載)．

て菌体内へ流入させることにより，エネルギーを利用している．すなわち，ラクトースを濃縮するのに必要なエネルギー（$+\Delta G$）以上に，水素イオンを流入させることができるだけのエネルギー（$-\Delta G$）が供給される限り，このプロセスは可能である．しかし，細胞内よりも細胞外により高濃度の水素イオンが存在する状況を作るために，別の一次能動輸送体が水素イオン勾配をつくり出さねばならない．これに必要な能動輸送体は**プロトンポンプ** proton pump と呼ばれる．

8.6.2 膜受容体はどのように働いているか

　生物学的に活性な物質が作用を示すうえでの最初の段階は，細胞の外側で，それらの物質が受容体タンパク質へ結合することである．受容体タンパク質とそれに結合する活性物質との間の相互作用は酵素–基質認識によく似ている．すなわち，両者とも適当な三次元コンホメーションをもつ，ある特定の官能基が必要である．受容体上であれ，酵素上であれ，結合部位は基質とうまく適合しなければならない．酵素作用の場合と同様，受容体結合においても，ある種の"毒"すなわち阻害剤により受容体タンパク質の作用を阻害することができる．多くの受容体は膜に強く結合した内在性タンパク質であり，その活性は周りの膜内環境により影響を受けるので，受容体タンパク質の研究は，酵素の研究ほど進んでいない．多くの場合，受容体は分子量数十万単位の大きなオリゴマータンパク質で，いくつかのサブユニットをもっている．さらに，各細胞内に含まれる受容体分子の数は非常に少ない．このことが，この種のタンパク質の分離と研究を非常に困難なものにしている．

　重要な受容体の一つに，血流中のコレステロールの主要な担体である低密度リポタンパク質（LDL）

に対する受容体がある．LDL はタンパク質と種々の脂質（特にコレステロールとホスホグリセリド）から成る粒子である．LDL 粒子のタンパク質部分は細胞の LDL 受容体に結合する．LDL と受容体との複合体はエンドサイトーシス endocytosis（受容体のこの重要な作用については，本章末の Brown, M. S., and J. L. Goldstein の論文と，Dautry-Varsat, A., and H. F. Lodish による論文で詳細に記述されている）と呼ばれるプロセスで細胞内へ取り込まれる．次いで，受容体タンパク質は，リサイクルされて細胞表面へ戻る（図 8.27）．LDL のコレステロール部分は細胞内で利用されるが，コレステロールの過剰供給はいくつかの問題を引き起こす．それは，過剰のコレステロールが LDL 受容体の合成を阻害するからである．したがって，LDL に対する受容体があまりに少ないと，血流中のコレステロールレベルが増加し，最終的に過剰のコレステロールは動脈内に蓄積して動脈を閉塞する．この動脈の閉塞は動脈硬化症と呼ばれ，ついには，心臓発作や脳卒中を引き起こす．多くの先進工業国では，一般的に血中コレステロールレベルが高く，これに相応して心臓発作や脳卒中の発症が多い（Sec. 21.8 で体内におけるコレステロールの生合成経路を学んだ後，さらにこの問題について述べる）．

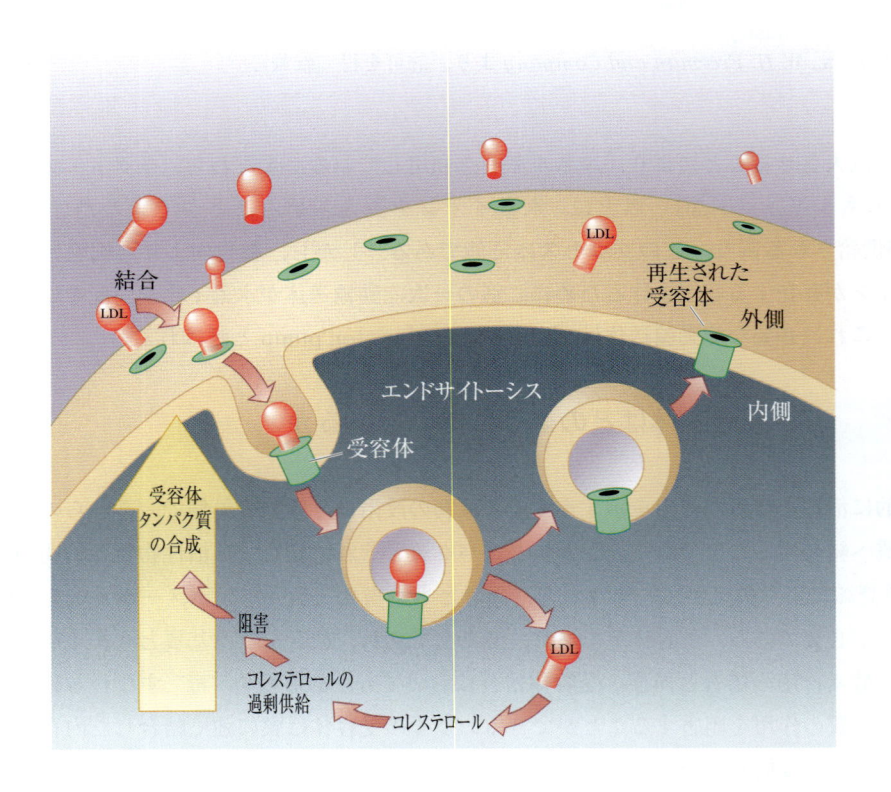

図 8.27
LDL 受容体の作用様式
LDL 受容体と結合している LDL とともに膜の一部が小胞として細胞内に取り込まれる．受容体タンパク質は LDL を放出し，小胞が細胞膜と融合することで，膜表面へ戻る．LDL は細胞内でコレステロールを放出する．コレステロールの過剰供給は，LDL 受容体タンパク質の合成を阻害する．受容体数が不十分であると血流内の LDL とコレステロールのレベルが上昇する．この状況は心臓発作のリスクを増大させる．

身の周りに見られる生化学　生理学

脂肪滴は単なる大きな脂肪の球ではない

本章の冒頭の写真は，脂肪細胞の電子顕微鏡写真である．見えるのは，大きな脂肪滴である．これらは，数十年の間，燃焼に使われるトリアシルグリセロールを貯蔵するための大きな脂肪の球であると考えられてきた．しかし，これら脂肪滴は薄いリン脂質膜で覆われ，その膜には，多彩な活性をもつ多くの膜タンパク質が含まれていたのである．脂肪滴の負の側面として，脂肪滴は，いくつかの脂質関連疾患，循環器疾患，糖尿病と関連している可能性がある．今では，これら脂肪滴はオルガネラの一つと考えられている．

脂肪滴が単なる脂肪の貯蔵庫ではないとする最初の研究は，1990年代の初期にコンスタンチン・ロンドス Constantine Londos によりもたらされた．彼と彼の仲間は，脂肪細胞の脂肪滴膜に**ペリリピン** perilipin と呼ばれるタンパク質を同定した．彼らは，脂肪滴中の脂肪酸の代謝を促進させると，このタンパク質がリン酸化されることを見出した．これは，これまで考えられていた以上に，脂肪細胞における脂肪消化の制御が複雑であることを示唆している．その後，脂肪滴の膜中に6種類以上のタンパク質が同定されている．

現在，ペリリピンは脂肪滴中の脂肪を保護していると考えられている．このタンパク質は，リン酸化されないとき，脂肪消化酵素がトリアシルグリセロールに作用できないようにしている．また，リン酸化されると，そのタンパク質はコンホメーションを変えて，脂肪消化酵素の作用を可能にする．ペリリピン遺伝子欠損マウスを用いて調べると，欠損マウスは，野生型に比べて非常にたくさん食べるが，過剰なカロリーの2/3を燃焼できることがわかった．写真は3匹の異なる系統のマウスを示している．左のマウスは正常，右は**レプチン** leptin と呼ばれる食欲抑制ホルモンに反応性を欠く系統の肥満マウスである．中央は，レプチンに対する反応性をもたず，かつペリリピンを欠損した二重改変マウスである．このマウスでは，増大した食欲による影響は，過剰脂肪の燃焼によってほとんど打ち消されている．このような脂肪滴の膜タンパク質のさらなる研究は，有効な抗肥満治療につながるだろう．

右：レプチン遺伝子の変異によりレプチンを産生できない肥満マウス．
中央：レプチンを生産できないが，ペリリピンの欠損により生じる脂肪代謝の促進が起こっているため，比較的正常な体重を維持しているマウス．
左：レプチンとペリリピンの両方を産生する正常マウス．（*Drs. Lawrence Chan and Pradip Saha, Baylor College of Medicine* の許可による）

Sec. 8.6 要約

- 物質はさまざまな方法によって細胞膜を介して輸送され，この過程で膜タンパク質が一定の役割を果たしている．
- 単純拡散においては，電荷をもたない小さな分子は担体タンパク質なしで膜を横切る．一方，促進拡散においては，物質は担体タンパク質と結合する．いずれの過程もエネルギーを必要としない．これら二つは共に受動輸送と呼ばれる．
- 能動輸送では，直接，間接を問わずエネルギーを必要とする．この過程において大きな膜タンパク質が重要な役割を果たしている．
- タンパク質は，細胞表面へ結合する物質に対する受容体として働いている．

8.7 脂溶性ビタミンとその機能

8.7.1 身体における脂溶性ビタミンの役割は何か

　本章で取り上げるいくつかのビタミンは，多様な機能を有しているが，それらが脂溶性であるという点で興味深いものである．これらの脂溶性ビタミンは疎水性であり，水に溶けにくい性質を示す（表8.3）．

表 8.3　脂溶性ビタミンとその機能

ビタミン	機　能
ビタミンA	視覚における主要な光化学反応の場として働く．
ビタミンD	カルシウム（とリン）代謝を調節する．
ビタミンE	抗酸化剤として働く；ラットで生殖に必要．おそらくヒトでも生殖に必要である．
ビタミンK	血液凝固調節機能をもつ．

ビタミンA

　高度に不飽和な炭化水素である**β-カロテン** β-carotene は，**ビタミンA** vitamin A の前駆体で，ビタミンAは**レチノール** retinol とも呼ばれる．名前が示すように β-カロテンはニンジン carrot に豊富で，その他の野菜，特に黄色野菜にも存在している．生体がビタミンAを必要とするとき，β-カロテンはビタミンAに変換される（図8.28）．

　ビタミンA誘導体は**オプシン** opsin と呼ばれるタンパク質に結合し，視力において重要な役割を果している．眼の網膜の錐体細胞は数種のオプシンを含有し，明るい光線のもとでの視覚や色覚に重要な役割を担っている．網膜の桿体細胞は単一種のオプシンを含有している．これは薄暗い光の中での視覚において重要な役割を果す．視覚の化学では，錐体細胞より桿体細胞のほうが詳しく研究され

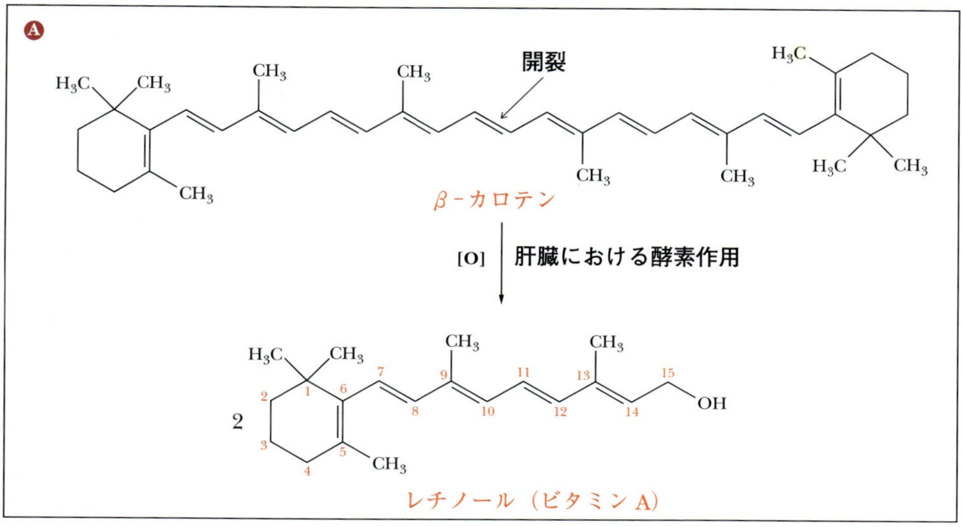

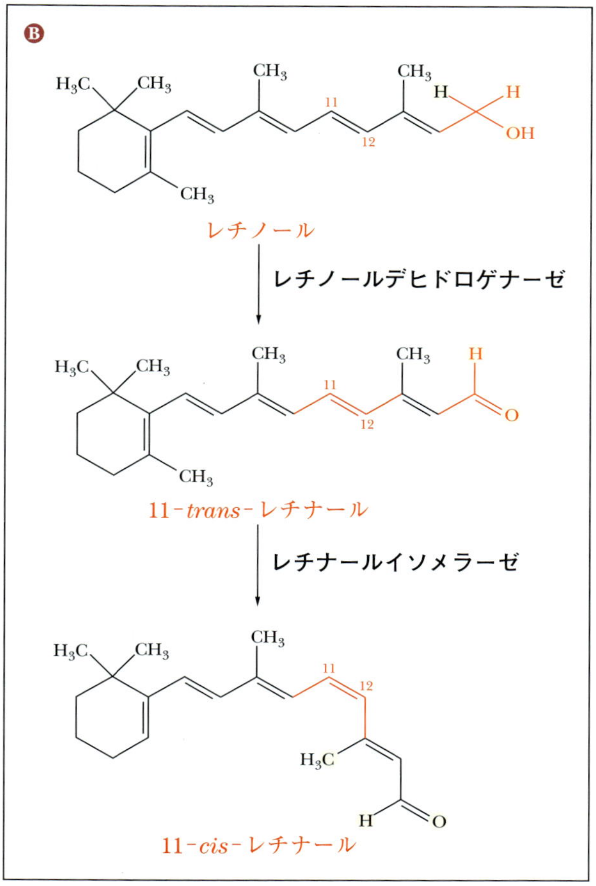

図 8.28

ビタミン A の反応
Ⓐ β-カロテンのビタミン A への変換．Ⓑ ビタミン A の 11-cis-レチナールへの変換．

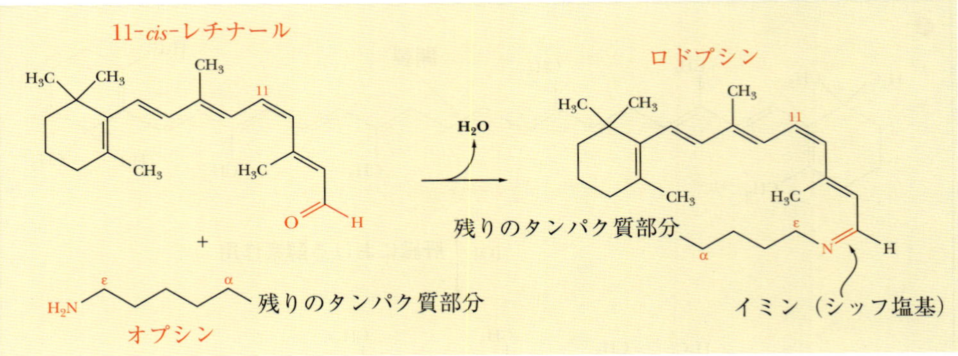

図 8.29

11-*cis*-レチナールとオプシンからロドプシンの生成

ているので，桿体細胞中で起こることについて考えてみよう．

ビタミン A は 1 個のアルコール基をもっており，これが酵素的にアルデヒド基に酸化されると，**レチナール** retinal が形成される（図 8.28B）．レチナールの構造上，ある一つの二重結合周辺でシス-トランス異性化が起こると，二つの異性体が生じるが，これら化合物は *in vivo* でのレチナールの働きに重要である．レチナールのアルデヒド基は，桿体細胞内のリシン残基の側鎖アミノ基とイミン（シッフ塩基とも呼ばれる）を形成する（図 8.29）．

レチナールとオプシンとの反応生成物は**ロドプシン** rhodopsin である．桿体細胞の外側部分は，平らな膜に囲まれた円板を有し，その膜は約 60 % のロドプシンと 40 % の脂質から成っている（ロドプシンに関する詳細は，次の《身の周りに見られる生化学》を参照）．

ビタミン D

ビタミン D vitamin D のいくつかの型は，カルシウムとリンの代謝調節において主要な役割を果している．これらのうち最も重要なビタミン D_3（コレカルシフェロール）は，太陽からの紫外線照射の作用によってコレステロールから生成される．ビタミン D_3 はさらに体内で処理されて，このビタミンの代謝活性型であるヒドロキシ化誘導体となる（図 8.30）．ビタミン D_3 は Ca^{2+} 結合タンパク質の合成を促進し，小腸内での食事からのカルシウム吸収を増加させる．この結果，カルシウムの骨への取込みが促進される．

ビタミン D が欠乏すると，成長段階にある子供の骨が軟らかくなり，その結果，骨格の奇形を生じる**くる病** rickets を引き起こすことがある．子供，特に乳幼児は，成人よりもビタミン D 要求性が高い．ほとんどの子供に，ビタミン D を補充したミルクを利用することができる．大人が通常量の日光にさらされている場合，通常，ビタミン D の補充は必要ない．

身の周りに見られる生化学　神経科学

視覚は化学に基づいている

　ロドプシンのレチナール部分にある一つの二重結合の周辺で起こるシス-トランス異性化は，視神経内で神経インパルスを発生させるための主要な視覚の化学反応である．ロドプシンが活性型（すなわち，可視光に反応できる）のとき，レチナール（11-*cis*-レチナール）の炭素原子11位と12位間の二重結合は，シス配向をしている．光を受けると，この二重結合で異性化が起こり，全 *trans*-レチナールが生成される．レチナールの全 *trans* 型はオプシンと結合できないので，全 *trans*-レチナールと非結合型オプシンが遊離する．この反応の結果，視神経内に電気的インパルスが発生し，これが脳へ伝えられ，そこで視覚的事象が成立する．全 *trans*-レチナールは酵素的異性化によって，再び11-*cis* 型へ戻り，引き続いてオプシンと結合することにより，活性型ロドプシンが再生される．

　視覚におけるビタミンAの重要性から予測されるように，その欠乏は著しい影響を及ぼす．特に子供では夜盲症，時には全盲さえ起こり得る．一方，過剰なビタミンAは骨の脆弱化といった有害な作用をもたらす．脂溶性化合物は，水溶性物質ほどには容易に排出されないので，過剰の脂溶性ビタミンは脂肪組織に蓄積する．

視覚における主要な化学反応

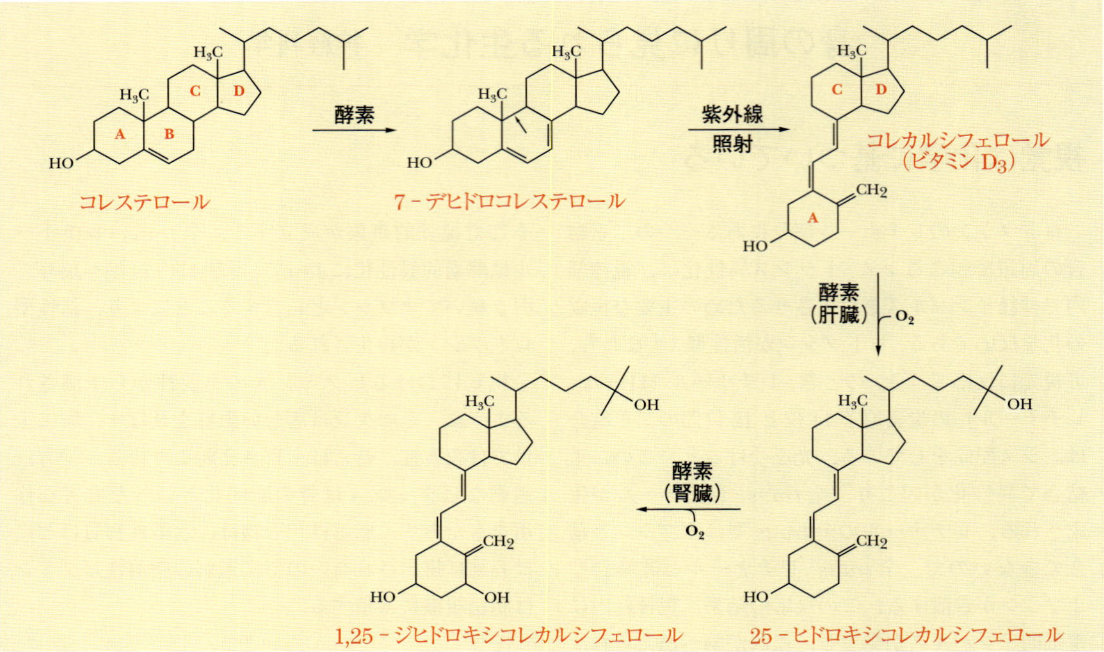

図 8.30

ビタミン D の反応

矢印で示した結合に光化学開裂が起こる．開裂後の電子再配列によりビタミン D_3 が生成する．最終生成物，1,25-ジヒドロキシコレカルシフェロールは，小腸でのカルシウムとリンの吸収を促進する上で，また骨の発達のためにカルシウムを動員する上で最も活性な形である．

ビタミン E

ビタミン E vitamin E の最も活性な形は **α-トコフェロール** α-tocopherol である（図 8.31）．ラットでは，ビタミン E は生殖と筋ジストロフィー muscular dystrophy の発症予防のために必要である．ヒトでもこの必要性があるかどうかはわかっていない．よく知られたビタミン E の化学的性質から，ビタミン E は**抗酸化剤** antioxidant（つまり，良好な還元剤）であるといえる．したがって，酸化剤が別の生体分子を攻撃する前に，ビタミン E はそれらの酸化剤と反応する．ビタミン E の抗酸化作用として，ビタミン A などの重要な化合物を分解から守ることが試験管内での実験から明らかにされている．おそらく，生体内でもこの機能が働いていると思われる．

最近の研究によって，ビタミン E と膜との相互作用が，抗酸化剤としてのビタミン E の効果を高めることがわかっている．ビタミン E などの抗酸化剤のもう一つの機能として，非常に反応性に富み，極めて危険な物質である**フリーラジカル** free radical と反応し，それらを除去することが挙げられる．フリーラジカルは少なくとも一つの不対電子を有し，この特性によってフリーラジカルの高い反応性が説明できる．フリーラジカルは，がんの発生や老化過程にも関与していると思われる．

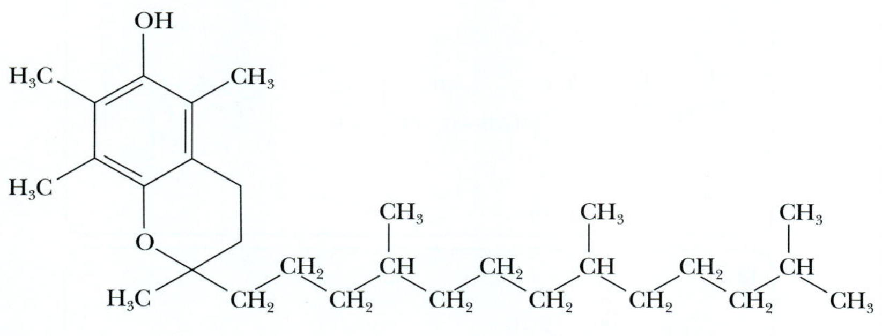

図 8.31

ビタミン E の最も活性な形は α-トコフェロールである．

ビタミン K

　ビタミン K vitamin K の名称はデンマーク語の凝集 Koagulation からきている．なぜなら，このビタミンは血液凝固過程で重要な役割をしているからである．二環系は二つのカルボニル基を含み，これらは分子内で唯一の極性基である（図 8.32）．イソプレン isoprene 単位の繰り返しから成る長い不飽和炭化水素側鎖があり，その数によってビタミン K の正確な形が決まる．このビタミンのいくつかの形が単一の生体内で見出される．しかし，この多様性の原因はよくわかっていない．ビタミン K は，イソプレン単位を含有するビタミンとして最初に見出されたものではないが，イソプレン単位の数とその飽和度に多様性のある最初のビタミンであった（ビタミン A と E の構造のどの部分がイソプレンから誘導されるか考えてもらいたい）．ステロイドもまた生合成的にイソプレンからつくられることが知られているが，構造的関係は明らかではない（Sec. 21.8）．

　血液凝固の複雑な過程において，ビタミン K の存在が必要である．この過程には多くの反応段階や多くのタンパク質が関与しており，すべての過程が解明されているわけではない．ビタミン K は，凝固系に関与するプロトロンビンやその他のタンパク質を修飾するために必要であることがわかっている．特にプロトロンビンの場合，分子内の数個のグルタミン酸残基の側鎖にさらにカルボキシ基がもう一つ付加されている．この側鎖の修飾によりγ-カルボキシグルタミン酸残基が生成する（図 8.33）．近接した二つのカルボキシ基は二座配位子（2本の歯）bidentate ligand を形成し，カルシウムイオン（Ca^{2+}）と結合する．もし，プロトロンビンがこのような修飾を受けないと，Ca^{2+} と結合できない．血液凝固とその過程におけるビタミン K の役割に関して，研究すべきことがたくさんあるが，Ca^{2+} が血液凝固に必要であることから，少なくとも上記のことは間違いのないことである（二つのよく知られた抗凝固剤であるジクマロールおよびワルファリン（殺そ剤）はいずれもビタミン K 拮抗剤である）．

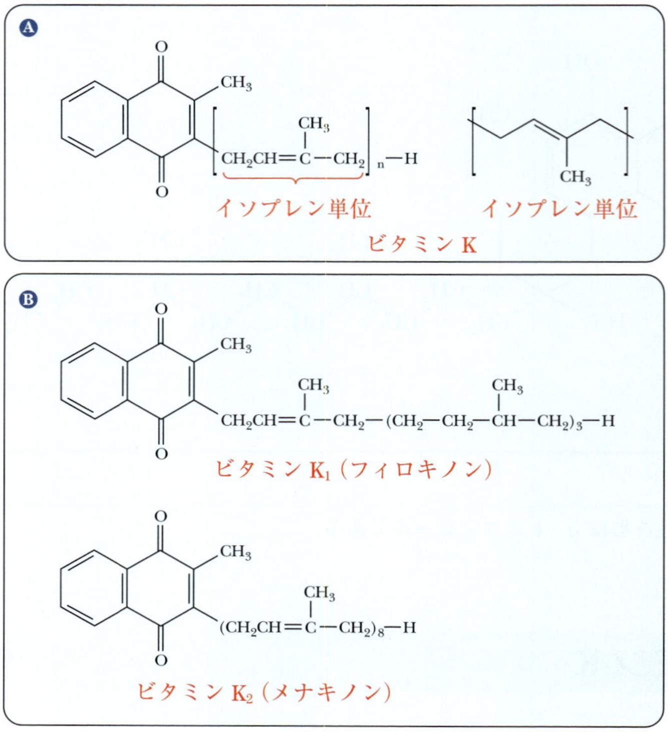

図 8.32

ビタミン K
Ⓐ 血液凝固に必要とされるビタミン K の一般構造. n 値は変化するが,通常,< 10 である.Ⓑ ビタミン K_1 は 1 個の不飽和イソプレン単位をもつ.その他は飽和されている.ビタミン K_2 は 8 個の不飽和イソプレン単位をもつ.

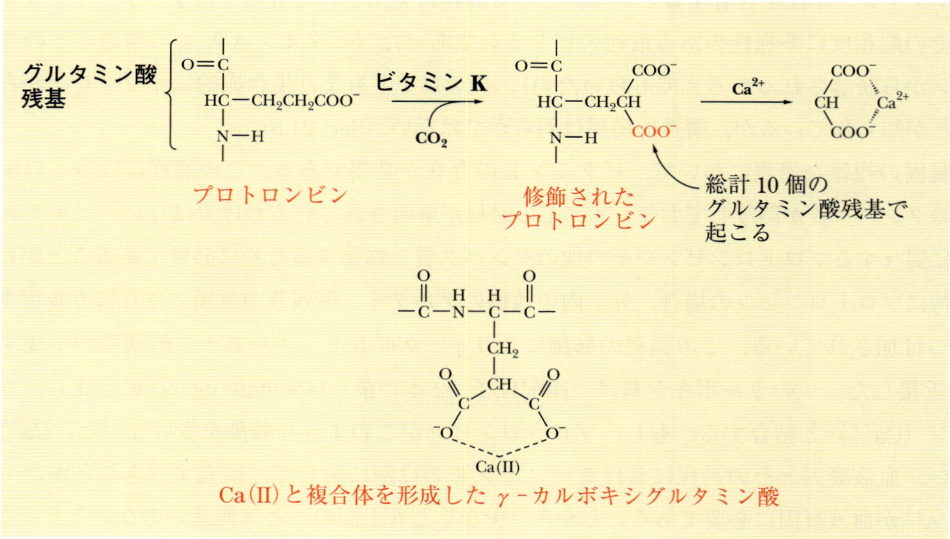

図 8.33

プロトロンビンの修飾におけるビタミン K の役割
下段はカルシウム複合体を形成した γ-カルボキシグルタミン酸の詳細な構造を示す.

Sec. 8.7 要約

- 脂溶性ビタミン，すなわちビタミンA，D，EおよびKの構造は，脂質生合成にも働いている炭素5個のイソプレン単位に由来している．
- ビタミンAは，視覚において極めて重要な働きをしている．ビタミンDは，カルシウムやリン代謝において役割を果しているので，骨の完全性に必要である．ビタミンEは重要な抗酸化剤であり，ビタミンKは血液凝固に関与している．

8.8 プロスタグランジンとロイコトリエン

8.8.1 プロスタグランジンとロイコトリエンは脂質とどのような関係があるか

　脂肪酸から誘導される一群の化合物は広範囲の生理作用をもち，これらの化合物は最初に前立腺 prostate gland によって作られる精液から発見されたため，**プロスタグランジン** prostaglandin と呼ばれる．それ以後，さまざまな組織内に広く分布していることがわかってきた．すべてのプロスタグランジンの代謝前駆体は**アラキドン酸** arachidonic acid である．これは20個の炭素原子と4個の二重結合をもつ脂肪酸で，二重結合は共役していない．アラキドン酸からのプロスタグランジン生成は酵素によって触媒されるいくつかの段階を経て行われる．プロスタグランジンはいずれも5員環をもち，

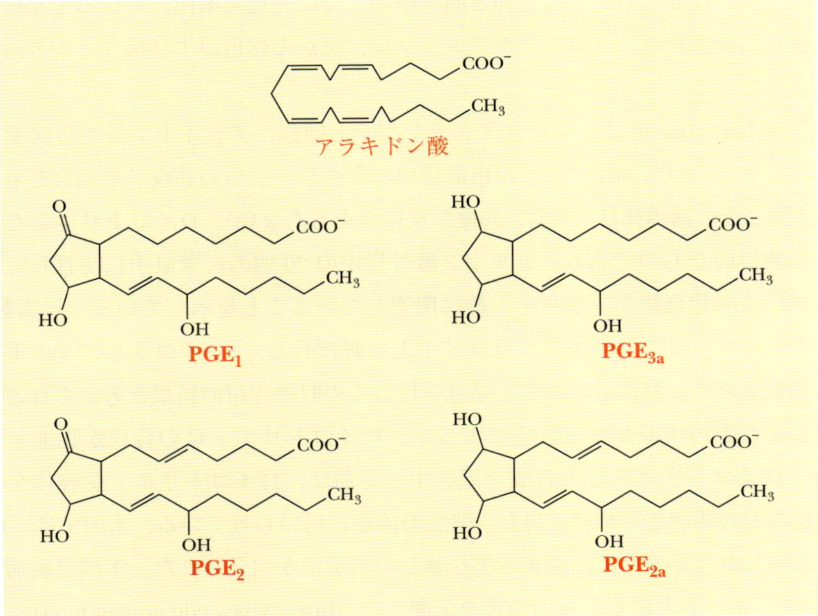

図 8.34
アラキドン酸といくつかのプロスタグランジン

図 8.35

ロイコトリエン C

ロイコトリエンに関する研究によって，図のような吸入器の必要性がなくなる新しい喘息治療法がもたらされるかもしれない．

それぞれ，二重結合と酸素含有官能基の数と位置が異なっている（図 8.34）．

プロスタグランジンの構造解明と実験室での合成は，有機化学者にとって非常に興味のある話題であった．なぜなら，これら化合物には多くの生理学的作用があり，製薬産業において有用であると考えられたからである．プロスタグランジンの機能として，血圧コントロール，平滑筋収縮促進，炎症の誘発が挙げられる．アスピリンは特に血小板におけるプロスタグランジンの合成を阻害するが，この性質は，アスピリンの抗炎症作用と解熱作用を説明するものである．コルチゾールや別のステロイドもプロスタグランジンの合成を阻害するので，抗炎症作用を示す．

プロスタグランジンは血小板の凝集を阻害することが知られているので，血液凝固防止の治療上，価値のあるものである．血液凝固は脳あるいは心臓への血液供給を妨害し，ある種の脳卒中や心臓発作の原因となる．この性質がプロスタグランジンの唯一の有効な作用であったとしても，研究を進めるのに値するだろう．なぜなら，心臓発作と脳卒中の二つは先進工業国における主な死亡原因であるからである．さらに最近では，プロスタグランジンは，抗がん作用および抗ウイルス活性があることから特に注目されている．

ロイコトリエン leukotriene は，プロスタグランジンと同様，アラキドン酸から誘導される化合物である．ロイコトリエンの名称は，これが白血球中に存在し，三つの共役二重結合をもつことに基づいている（脂肪酸とその誘導体は，通常，共役二重結合をもたない）．ロイコトリエン C（図 8.35）は，このグループの典型的なものである．カルボン酸骨格中の 20 個の炭素原子に注目してほしい．この構造上の特徴は，この化合物がアラキドン酸に関連していることを示している（炭素数 20 のプロスタグランジンやロイコトリエンはエイコサノイドとも呼ばれる）．ロイコトリエンの重要な性質は，平滑筋（特に気管支の）収縮作用である．喘息発作はこの収縮作用の結果と考えられる．なぜなら，花粉に対する反応などのアレルギー反応によって，ロイコトリエン C の合成が促進されると思われるからである．ロイコトリエン C の合成を阻害する薬剤は，ロイコトリエン受容体を阻害するようにデザインされた他の薬物と同様に，現在，喘息の治療に用いられている．米国では，1980 年以降，喘息の症例が急増した．そのため，さまざまな新しい治療法が開発された．米国立疾病制御センター（CDC）はインターネット上にそれらの情報を公開した（http://www.cdc.gov/asthma）．また，ロイコトリエンは炎症誘発作用をもち，慢性関節リウマチに関わっているかもしれない．

トロンボキサンはアラキドン酸の第 3 の誘導体である．これらは，構造中に環状エーテルを含む．

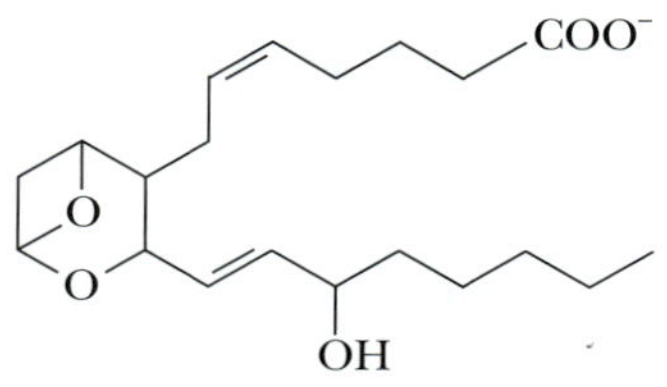

Chapter 8 脂質とタンパク質は生体膜中で結びついている

トロンボキサン A$_2$
(TxA$_2$)

図 8.36

トロンボキサン A$_2$

このグループ中で最も広く研究されているものはトロンボキサン A$_2$（TxA$_2$）である（図 8.36）．これは血小板の凝集および平滑筋の収縮を引き起こすことが知られている．

次の《身の周りに見られる生化学》では，本章で述べた話題が互いに関連していることがわかる．

Sec. 8.8 要約

- プロスタグランジンは，長鎖脂肪酸に由来する構造をもつ．プロスタグランジンは，多くの生理的役割をもち，平滑筋の収縮，炎症の発生，血小板凝集阻害作用などがある．これら三つの役割のうち，最後の作用によりプロスタグランジンは心臓疾患を予防するための研究対象になっている．
- ロイコトリエンもまた脂肪酸に由来している．これは，気管支平滑筋の収縮に関与している．気管支組織におけるロイコトリエンと受容体との結合を阻害する薬剤は，喘息治療のために研究されている．

SUMMARY 要 約

◆**脂質とは何か** 脂質は水に不溶性の化合物で，非極性溶媒に可溶である．脂質の第一のグループは開いた鎖状の化合物であり，それぞれ極性の頭部と長鎖の尾部をもつ．このグループには，脂肪酸，トリアシルグリセロール，ホスホアシルグリセロール，スフィンゴ脂質，糖脂質が含まれる．第二の主なグループは縮合環状化合物，すなわちステロイド類である．

◆**脂肪酸とは何か** 脂肪酸はカルボン酸であり，炭化水素部位に二重結合をもつものもあれば，もたないものもある．

◆**トリアシルグリセロールとは何か** トリアシルグリセロールは脂肪酸の貯蔵型であり，脂肪酸のカルボキシ基はグリセロールとエステル結合している．

◆**ホスホアシルグリセロールとは何か** ホスホアシルグリセロールは，トリアシルグリセロールと異なり，リンを含む部分がグリセロールにエステル化されている．これらの化合物は生体膜において重要な成分である．

◆**ろうおよびスフィンゴ脂質とは何か** ろうは長鎖脂肪酸と長鎖アルコールとのエステルである．スフィンゴ脂質はグリセロールをもたず，代わりに構造の一部にスフィンゴシンと呼ばれる長鎖アルコールをもつ．

◆**糖脂質とは何か** 糖脂質においては，脂質部分に糖鎖が共有結合している．

身の周りに見られる生化学　栄養

鮭をもっと多く食べたほうが良いのはなぜか

　血小板は血液中の成分であり，血液凝固因子を遊離して血液凝固を開始させたり，血小板由来増殖因子（PDGF）を遊離して組織の修復に関わる．血流の滞留は血小板の崩壊を引き起こす場合がある．脂肪沈着物の蓄積や動脈の分岐がそのような滞留を引き起こす．したがって，血小板やPDGFは血液凝固やアテローム性動脈硬化斑の成長と関係している．さらに，大きな斑沈着物ができたために生じる嫌気的条件は，動脈壁細胞の脆弱化や細胞死を引き起こし，問題をさらに悪化させる．

　あるエスキモー族のように，魚類を主な食料源とする人々は，たとえ高脂肪食を食べ，血中コレステロール値が高いとしても，心臓病が非常に少ない．彼らの食物を分析すると，魚や潜水哺乳動物の油中にはある種の高度不飽和脂肪酸が多いことがわかった．これらの脂肪酸の一つのクラスにオメガ-3（ω_3）と呼ばれるものがあり，その一例として，エイコサペンタエン酸（EPA）を示す．

$$CH_3CH_2(CH=CHCH_2)_5(CH_2)_2COOH$$

エイコサペンタエン酸（EPA）

　ここで，炭化水素鎖の端から3番目の炭素のところに二重結合があることに注意してほしい．ω系の命名法は，脂肪酸中の二重結合の位置付けをカルボニル基（デルタΔ系）からではなく，最末尾の炭素から数える方法である．すなわち，ωがギリシャ文字アルファベットの最末尾の文字であるからである．

　ω_3系脂肪酸は，ある種のプロスタグランジンやそれと構造類似のトロンボキサンAの生成を阻害する．崩壊した動脈から遊離したトロンボキサンは，その場所における血小板の凝集を引き起こし，血液凝固塊の大きさを増大させる．トロンボキサン合成を阻害すれば，血液凝固塊の形成が抑制され，動脈損傷は起こりにくくなる．

　アスピリンはEPAより効果は弱いが，プロスタグランジン合成の阻害剤である．アスピリンは炎症や疼痛知覚に関わるプロスタグランジンの合成を阻害する．アスピリンは，おそらく，EPAと類似のメカニズムで心臓疾患の頻度を減少させると考えられている．しかしながら，抗凝固剤で治療を受けている人や出血傾向のある人はアスピリンを服用すべきではない．

◆ **ステロイドとは何か**　ステロイドは特徴的な閉環構造をもつ．他の脂質は開いた鎖状構造をもつ．

◆ **脂質二重層の構造はどのようなものか**　生体膜は脂質部分とタンパク質部分から成る．脂質部分は二重層で，極性の頭部基は細胞内部と細胞外部で水に接触しており，脂質の非極性部分は膜内部にある．

◆ **二重層の特性はその構成成分によってどのように影響されるか**　膜における不飽和脂肪酸の存在は，飽和脂肪酸に比べて，より高い流動性を与える．膜の片方の層内で，しばしば脂質分子の横方

向の運動が起こる.

◆**膜においてタンパク質は脂質二重層とどのように結びついているか**　膜に存在するタンパク質には，膜表面上に見られる周辺タンパク質と脂質二重層内に埋めこまれた内在性タンパク質がある．例えば七つの α ヘリックスから成る束状構造のような構造モチーフは，膜を貫通するタンパク質にみられる.

◆**膜においてタンパク質と脂質二重層は互いにどのように相互作用しているか**　流動モザイクモデルは，生体膜内の脂質とタンパク質の相互作用を説明する．すなわち，タンパク質は脂質二重層内で"浮遊"している.

◆**膜輸送はどのように行われるか**　膜の内部または表面には，三つの重要な機能がある．第一は膜を介した物質の輸送で，膜タンパク質と脂質二重層が関与している．第二は触媒作用で，膜に結合した酵素によって行われる．生体膜を介して行われる物質の輸送に関して一番重要な問題は，この過程が細胞によるエネルギー消費を必要とするかどうかである．受動輸送では，物質は高濃度側から低濃度側へ移動するので，細胞によるエネルギー消費を必要としない．能動輸送は丘の上に向かって水を汲み上げるのに似た状況であり，濃度勾配に逆らって物質を移動させる．能動輸送には担体タンパク質とエネルギーが必要である．ナトリウム−カリウムイオンポンプは能動輸送の例である.

◆**膜受容体はどのように働いているか**　膜に存在する受容体タンパク質は，細胞に生化学的な応答を引き起こす生物学的に重要な物質と結合する．生物学的に活性な物質が効力を表す反応は，まず細胞の外側の受容体タンパク質へ活性物質が結合することから始まる．受容体タンパク質と活性物質との間の相互作用は，酵素が基質を認識するのによく似ている．受容体の作用は，しばしば受容体タンパク質のコンホメーション変化に依存している．受容体がリガンド依存性チャネルタンパク質であれば，これにリガンドが結合すると一時的にチャネルタンパク質が開口し，ここを通ってイオンなどの物質が濃度勾配に従って流れる.

◆**身体における脂溶性ビタミンの役割は何か**　脂溶性ビタミンは疎水性であり，水に溶けにくい性質を示す．ビタミン A 誘導体は視覚において重要な役割を果たす．ビタミン D はカルシウムとリン代謝を制御し，骨の構造的完全性に影響を与える．ビタミン E は抗酸化剤として知られているが，その他の代謝機能は未だ明確には解明されていない．血液凝固過程ではビタミン K の存在が必要である.

◆**プロスタグランジンとロイコトリエンは脂質とどのような関係があるか**　不飽和脂肪酸であるアラキドン酸は，幅広い生理活性をもつ化合物であるプロスタグランジンとロイコトリエンの前駆体である．平滑筋収縮の促進と，炎症誘発が両グループの化合物に共通である．プロスタグランジンは血圧のコントロールと血小板凝集阻害に関与している.

EXERCISES 練習問題

8.1 脂質の定義

1. **復習**　タンパク質，核酸，および糖質は，各々に共通に見られる構造的特性によって分類される．では，脂質として分類される根拠は何か．

8.2 脂質類の化学的性質

2. **復習**　トリアシルグリセロールとホスファチジルエタノールアミンとの構造上の共通な性質は何か．また，これらの二つの脂質の構造上の違いは何か．

3. **復習**　グリセロール，オレイン酸，ステアリン

酸およびコリンから成るホスホアシルグリセロールの構造を図示せよ．

4. **復習**　スフィンゴミエリンとホスファチジルコリンの構造上の共通点は何か．また相違点は何か．

5. **復習**　スフィンゴシンと脂肪酸のみを含む純粋な脂質を単離したとする．これはどのような脂質グループに属するか．

6. **復習**　スフィンゴ脂質におけるタンパク質と共通した構造上の特徴は何か．両者に機能的類似性はあるか．

7. **復習**　トリアシルグリセロールの構造式を書き，構成部分の名称を記せ．

8. **復習**　ステロイドは本章で述べた他の脂質と構造的にどのように異なるか．

9. **復習**　ろうの構造上の特徴は何か．このタイプの化合物は一般に何に使われるか．

10. **演習**　コレステロールとリン脂質はどちらが親水的か．あなたの考えを述べよ．

11. **演習**　問題7に述べたトリアシルグリセロールのけん化について，構造式とともに反応式を示せ．

12. **演習**　乾燥した地域に育つ多肉多汁の植物は，一般的にろう状の表面被覆物をもつ．これらの植物の生存にとって，このようなコーティングが大切である理由について述べよ．

13. **演習**　スーパーマーケットの食品部門では，野菜や果物（例えばキュウリ）は運搬や貯蔵のためにろうでコートされる．このような処理が行われる理由について述べよ．

14. **演習**　卵黄は高含量のコレステロールを含むが，レシチンも豊富に含む．食物と健康の観点から，これら二つの分子は互いにどのように補い合っているか．

15. **演習**　溶かしたバターと水を混ぜてソースをつくる場合，分離を防ぐために卵黄を加える．卵黄はどのようにして分離を防いでいるか　ヒント：卵黄はホスファチジルコリン（レシチン）を豊富に含む．

16. **演習**　原油が流出し，水鳥の羽が油で汚染されたとき，救助員は水鳥の汚染油を洗浄によって除去した．水鳥が洗浄後，ただちに放たれなかったのはなぜか．

8.3　生体膜

17. **復習**　次の脂質のうち動物の生体膜に存在しないのはどれか．
    (a) リン脂質
    (b) コレステロール
    (c) トリアシルグリセロール
    (d) 糖脂質
    (e) スフィンゴ脂質

18. **復習**　次の記述のうち，生体膜に関して知られている事実と一致するのはどれか．
    (a) 膜は2層の脂質にはさまれたタンパク質の層から成る．
    (b) 内側と外側の脂質層の組成は，個々の膜で同一である．
    (c) 膜は糖脂質と糖タンパク質を含む．
    (d) 脂質二重層は膜の重要な構成要素である．
    (e) ほとんどの膜では，脂質とタンパク質との間で共有結合が起こる．

19. **演習**　食品会社が，自社の製品（例えばトリアシルグリセロール）にトランス型二重結合をもつ多不飽和脂肪酸が含まれていることを宣伝することに経済的価値があるのはなぜか．

20. **演習**　部分的に水素添加された植物油が，加工食品においてこれほどたくさん使われている理由を推測せよ．

21. **関連**　クリスコ Crisco は，通常は液体である植物油から作られる．クリスコが固体であるのはなぜか．ヒント：ラベルを読むこと．

22. **関連**　米国心臓学会が料理でココナッツ油よりキャノーラ油またはオリーブ油の使用を勧めるのはなぜか．

23. **演習**　脂質二重層において，結晶の融解に似た規則性−不規則性の転移現象がある．大半の脂肪酸が不飽和である脂質二重層においては，大半の脂肪酸が飽和である場合に比べてこの転移はより高温で起こるか，それともより低温で起こるか，それとも同じ温度で起こるのか．また，その理由は何か．

24. **関連**　ヒトの神経系におけるミエリンの構造とその役割を簡単に述べよ．

25. **演習**　20℃で成育したバクテリアの細胞膜は，37℃で成育した同種のバクテリアの膜に比べ，不飽和脂肪酸の割合が高い傾向にある（いい換

えると，37 ℃で成育したバクテリアは細胞膜の飽和脂肪酸の割合が高い）．この結果について，理由を述べよ．

26. **演習** 寒冷気候に住む動物は，温暖な地に住む動物に比べ，脂質内の多不飽和脂肪酸の割合が高い．その理由を述べよ．

27. **演習** リン脂質二重層の形成に対する熱力学的推進力は何か．

8.4　膜タンパク質の種類

28. **復習** 糖タンパク質や糖脂質とは何か．定義を述べよ．

29. **復習** 膜に含まれるタンパク質はすべて膜の片側から反対側まで横切っているか．

30. **演習** 膜は重量として，タンパク質50 %とホスホグリセリド50 %から成る．脂質の平均分子量は800 Daで，タンパク質の平均分子量は50,000 Daである．タンパク質に対する脂質のモル比を計算せよ．

31. **演習** 一つのタンパク質系がナトリウムおよびカリウムイオンを細胞内へ，あるいは細胞外へ移動させることができるのはなぜか．

32. **演習** あなたが，細胞内外へのイオン輸送にかかわるタンパク質について研究していると仮定しよう．タンパク質の内部あるいは表面に非極性残基を見つけることが期待されるか．その理由について述べよ．また，タンパク質の内部あるいは表面に極性残基を見つけることが期待されるか．その理由について述べよ．

8.5　膜構造の流動モザイクモデル

33. **演習** 次の記述のうち，流動モザイクモデルと一致するのはどれか．
    (a) すべての膜タンパク質は膜の内部に結合している．
    (b) タンパク質も脂質も，膜の内側から外側へ縦方向（"フリップ-フロップ"）へ拡散する．
    (c) いくつかのタンパク質と脂質は，膜の内側あるいは外側の表面に沿って横方向へ拡散する．
    (d) 糖質は膜の外側に共有結合している．
    (e) "モザイク"という言葉は脂質のみの並びを表している．

8.6　膜の機能

34. **演習** K^+，Na^+，Ca^{2+}，Mg^{2+}などの無機イオンは，単純拡散によっては生体膜を横切らない理由を述べよ．

35. **演習** 膜輸送について既知の事実と一致する記述はどれか．
    (a) 能動輸送では，濃度の低いところから高いところへ物質を移動させる．
    (b) 輸送には膜内の孔あるいはチャネルを必要としない．
    (c) 輸送タンパク質は物質を細胞内へ運ぶのに関与していると思われる．

8.7　脂溶性ビタミンとその機能

36. **復習** ビタミンD_3とコレステロールの構造的な関連性は何か．

37. **復習** ビタミンEの化学的に重要な性質を挙げよ．

38. **復習** イソプレン単位とは何か．これらは本章で述べた物質とどのような関係があるか．

39. **復習** 脂溶性ビタミンを挙げ，それぞれの生理的役割を示せ．

40. **関連** レチナールのシス-トランス異性化の視覚における役割は何か．

41. **演習** ビタミンDはビタミンではないということが可能なのはなぜか．

42. **演習** 脂溶性ビタミンの過剰摂取によって毒性が発現する理由について述べよ．

43. **演習** ビタミンKのアンタゴニストは抗凝固剤として働くのはなぜか．

44. **演習** 多くのビタミン剤が抗酸化剤として売られているのはなぜか．このことは本章で述べた物質とどのように関連しているか．

45. **演習** 健康について意識の高い友人があなたに視力の向上やがんの予防にニンジンを食べたほうが良いか否かを尋ねた．あなたはどのように答えるか説明せよ．

8.8　プロスタグランジンとロイコトリエン

46. **関連** ω-3脂肪酸とは何か．定義を述べよ．

47. **復習** ロイコトリエンの構造上の主な特徴は何か．

48. **復習** プロスタグランジンの構造上の主な特徴は何か．

49. **演習** アラキドン酸由来の二つのグループの化合物を挙げよ．これら化合物の医科学的研究が盛んに行われている理由を示せ．

50. 関連 本章で述べた物質と血小板の安定性との関連について概説せよ．

ANNOTATED BIBLIOGRAPHY / 参考文献

Barinaga, M. Forging a Path to Cell Death. *Science* **273**, 735–737 (1996). [A Research News article describing a process apparently missing in cancer cells, and that depends on interactions among receptor proteins on cell surfaces.]

Bayley, H. Building Doors into Cells. *Sci. Amer.* **277** (3), 62–67 (1997). [Protein engineering can create artificial pores in membranes for drug delivery.]

Beckman, M. Great Balls of Fat. *Science* **311**, 1232–1234 (2006). [An article about lipid droplets and their organelle nature.]

Bretscher, M. S. The Molecules of the Cell Membrane. *Sci. Amer.* **253** (4), 100–108 (1985). [A particularly well-illustrated description of the roles of lipids and proteins in cell membranes.]

Brown, M. S., and J. L. Goldstein. A Receptor–Mediated Pathway for Cholesterol Homeostasis. *Science* **232**, 34–47 (1986). [A description of the role of cholesterol in heart disease.]

Dautry–Varsat, A., and H. F. Lodish. How Receptors Bring Proteins and Particles into Cells. *Sci. Amer.* **250** (5), 52–58 (1984). [A detailed description of endocytosis.]

Engelman, D. Crossing the Hydrophobic Barrier: Insertion of Membrane Proteins. *Science* **274**, 1850–1851 (1996). [A short review of the processes by which transmembrane proteins become associated with lipid bilayers.]

Hajjar, D., and A. Nicholson. Atherosclerosis. *Amer. Scientist* **83**, 460–467 (1995). [The cellular and molecular basis of lipid deposition in arteries.]

Karow, J. Skin so Fixed. *Sci. Amer.* **284** (3), 21 (2001). [A discussion of liposomes used to deliver DNA–repair enzymes to skin cells.]

Keuhl, F. A., and R. W. Egan. Prostaglandins, Arachidonic Acid, and Inflammation. *Science* **210**, 978–984 (1980). [A discussion of the chemistry of these compounds and their physiological effects.]

Wood, R. D., M. Mitchell, J. Sgouros, and T. Lindahl. Human DNA Repair Genes. *Science* **291** (5507), 1284–1289 (2001).

CHAPTER 9

核酸：核酸の構造はどのようにして遺伝情報を伝えるのか

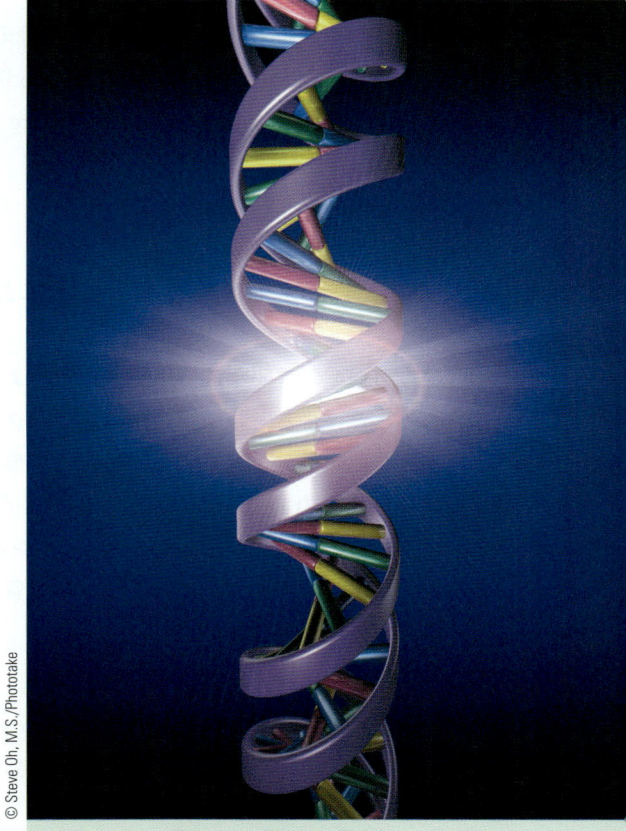

DNAの二重らせん構造の決定は，半世紀以上にわたって分子生物学の発展に貢献してきた

概　要

- 9.1 　核酸構造のレベル
  - 9.1.1 　DNAとRNAにはどのような違いがあるか
- 9.2 　ポリヌクレオチドの共有結合構造
  - 9.2.1 　ヌクレオチドの構造と構成成分とはどのようなものか
  - 9.2.2 　ヌクレオチドはどのように結合して核酸になるか
- 9.3 　DNAの構造
  - 9.3.1 　DNAの二重らせんはどのような性質をもっているか
  - 9.3.2 　二重らせんには多様な高次構造が存在しうるか
  - 9.3.3 　原核生物DNAはどのように超らせんを巻いて三次構造を形成するか
  - 9.3.4 　真核生物DNAでは超らせん形成はどのようにして起こるか
- 9.4 　DNAの変性
  - 9.4.1 　DNAの変性はどのようにして測定できるか
- 9.5 　主要なRNAの種類と構造
  - 9.5.1 　生命現象に関わっているのはどのようなRNAか
  - 9.5.2 　タンパク質合成でのトランスファーRNAの役割は何か
  - 9.5.3 　リボソームRNAはタンパク質とどのように結合し，タンパク質合成の場を形成するか
  - 9.5.4 　メッセンジャーRNAはタンパク質合成をどのように指令するか
  - 9.5.5 　核内低分子RNAはRNAのプロセッシングにどのように関与するか
  - 9.5.6 　RNA干渉とは何か，それが重要なのはなぜか

9.1 核酸構造のレベル

Chap. 4 では，タンパク質の構造は一次，二次，三次および四次構造の四つのレベルから成ることを示した．核酸も同様に構造のレベルで考えることができる．核酸の<u>一次構造</u> primary structure はポリヌクレオチド鎖の塩基配列のことであり，<u>二次構造</u> secondary structure は基本骨格の三次元の立体構造である．<u>三次構造</u> tertiary structure とは，特に核酸分子の超らせん（スーパーコイル）構造を指す．

核酸は基本的に 2 種類に分類され，DNA（デオキシリボ核酸）と RNA（リボ核酸）がある．

9.1.1　DNA と RNA にはどのような違いがあるか

DNA と RNA の重要な違いはその二次および三次構造にあり，両者の構造上の特徴については別々に述べることにする．核酸構造にはタンパク質の四次構造に相当するものはないが，核酸がタンパク質のような他の高分子と結合して複合体を形成する性質は，オリゴマー化したタンパク質におけるサブユニット同士の結合に類似している．よく知られている例として，**リボソーム** ribosome（細胞のタンパク質合成装置）における RNA とタンパク質の会合がある．もう一つの例はタバコモザイクウイルスの自己集合であり，コートタンパク質サブユニットが円筒構造をとり，その中にウイルス核酸がらせん状に埋め込まれている．

Sec. 9.1 要約
- 核酸は，基本的に DNA と RNA の 2 種類に分類される．
- 核酸の一次構造は塩基配列のことである．二次構造は基本骨格の三次元の立体構造である．三次構造とは核酸分子の超らせん（スーパーコイル）構造を指す．

9.2　ポリヌクレオチドの共有結合構造

ポリマーは常にさらに小さな単位へと分解されて行き，最終的にモノマーと呼ばれる基本単位になる．核酸の基本単位は**ヌクレオチド** nucleotide である．個々のヌクレオチドは共有結合で結ばれた三つの成分，すなわち，塩基，糖およびリン酸から成っている．

DNA の核酸塩基配列は，細胞が正しいアミノ酸配列でタンパク質をつくり出すために必要な情報をもっている．

9.2.1　ヌクレオチドの構造と構成成分とはどのようなものか

核酸塩基 nucleic acid base（または**核塩基** nucleobase とも呼ばれる）には，ピリミジン pyrimidine 塩基とプリン purine 塩基の二つのタイプがある（図9.1）．この場合，塩基 base という語句は NaOH のようなアルカリ性化合物ではなく，単環または2環性の含窒素芳香族化合物を意味している．**ピリミジン塩基** pyrimidine base（単環性芳香族化合物）には，通常，シトシン cytosine，チミン thymine，ウラシル uracil の3種類が存在する．シトシンは RNA と DNA の両方に存在するが，ウラシルは RNA にのみ存在する．DNA ではウラシルの代わりにチミンが用いられるが，微量のチミンはいくつかのタイプの RNA 中にも存在する．**プリン塩基** purine base（2環性芳香族化合物）は，通常，アデニン adenine とグアニン guanine であり，どちらも RNA と DNA の両方に存在する（図9.1）．"通常の" 五つの塩基に加えて，わずかに構造の異なる "特殊な" 塩基が存在し，それらは，必ずしもすべてではないが，主としてトランスファー RNA 中に見出される（図9.2）．多くの場合，その塩基はメチル化による修飾を受けている．

ヌクレオシド nucleoside は，塩基と糖が共有結合した化合物である．ヌクレオシドがヌクレオチドと異なる点は，その構造にリン酸基を欠いていることである．ヌクレオシドでは，塩基は糖とグリコシド結合を形成している．グリコシド結合と糖の立体化学については，Sec.16.2 で詳細に述べている．今ここで，糖の構造についての説明を見たいと思うかもしれないが，それには本格的に学習することが必要である．しかし，ここでは，**グリコシド結合** glycosidic bond とは，糖と他の分子とをつなぐ結合であるというにとどめる．ヌクレオシドの糖が β-D-リボースである場合，生じる化合物は**リボヌクレオシド** ribonucleoside であり，糖が β-D-デオキシリボースであると，**デオキシリボヌクレオシド** deoxyribonucleoside という（図9.3）．グリコシド結合は，糖の C-1′位がピリミジン塩基

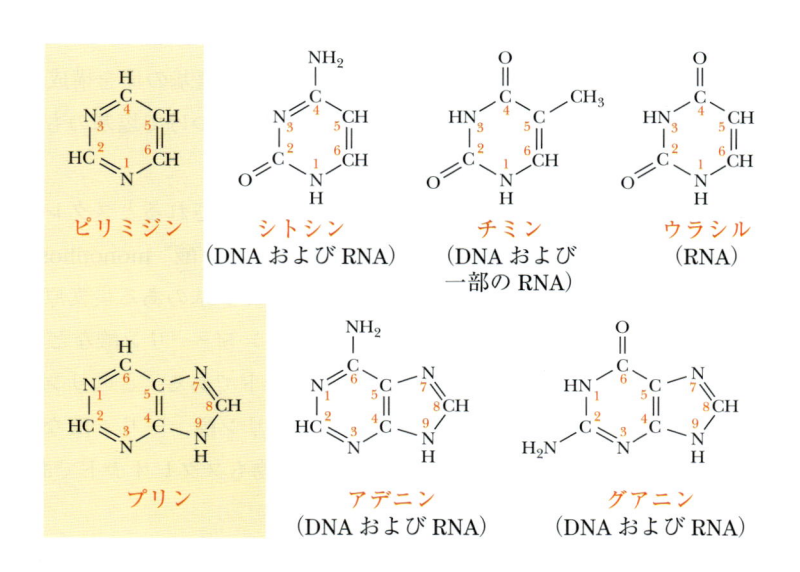

図 9.1

一般的な核酸塩基の構造
比較のためにピリミジンおよびプリンの構造も示す．

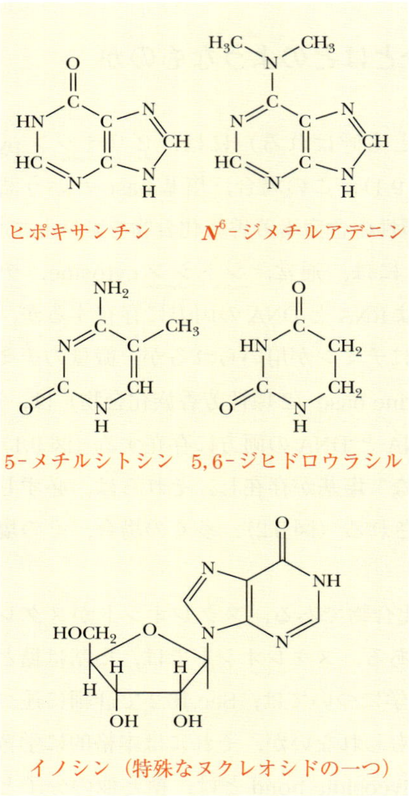

図 9.2
特殊な核酸塩基の構造
ヒポキサンチンに糖が結合したものをイノシンという．

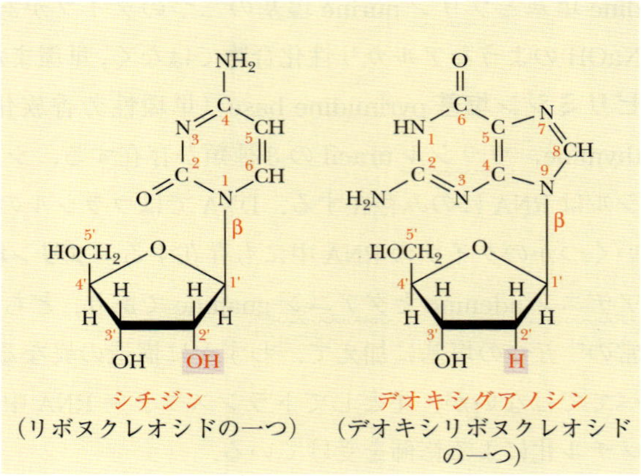

図 9.3
リボヌクレオシドとデオキシリボヌクレオシドの構造の比較
ヌクレオシドはその構造中にリン酸基を含まない．

のN-1位，またはプリン塩基のN-9位と結合したものである．塩基の環を構成する原子や糖の炭素原子にはともに番号を付し，糖の原子の番号にはダッシュ記号をつけて塩基のものと区別する．どちらの場合も，糖は窒素原子とN-グリコシド結合している．

ヌクレオシドの糖部分のヒドロキシ基の一つがリン酸エステル化されるとヌクレオチドが形成される（図9.4）．ヌクレオチドの名称はもとのヌクレオシドに"一リン酸" monophosphate という接尾語をつける．リン酸エステルの位置はエステル化されるヒドロキシ基のある炭素原子の番号によって示される．例えば，アデノシン3′-一リン酸，デオキシシチジン5′-一リン酸などである．

5′ヌクレオチドは自然界ではごく普通に存在するヌクレオチドである．このリン酸基に，酸無水物結合によってさらにリン酸が付加されると，ヌクレオシド二リン酸，三リン酸などが生じる．Sec. 2.2で述べたことをもう一度思い出してみよう．これらの化合物もヌクレオチドである．

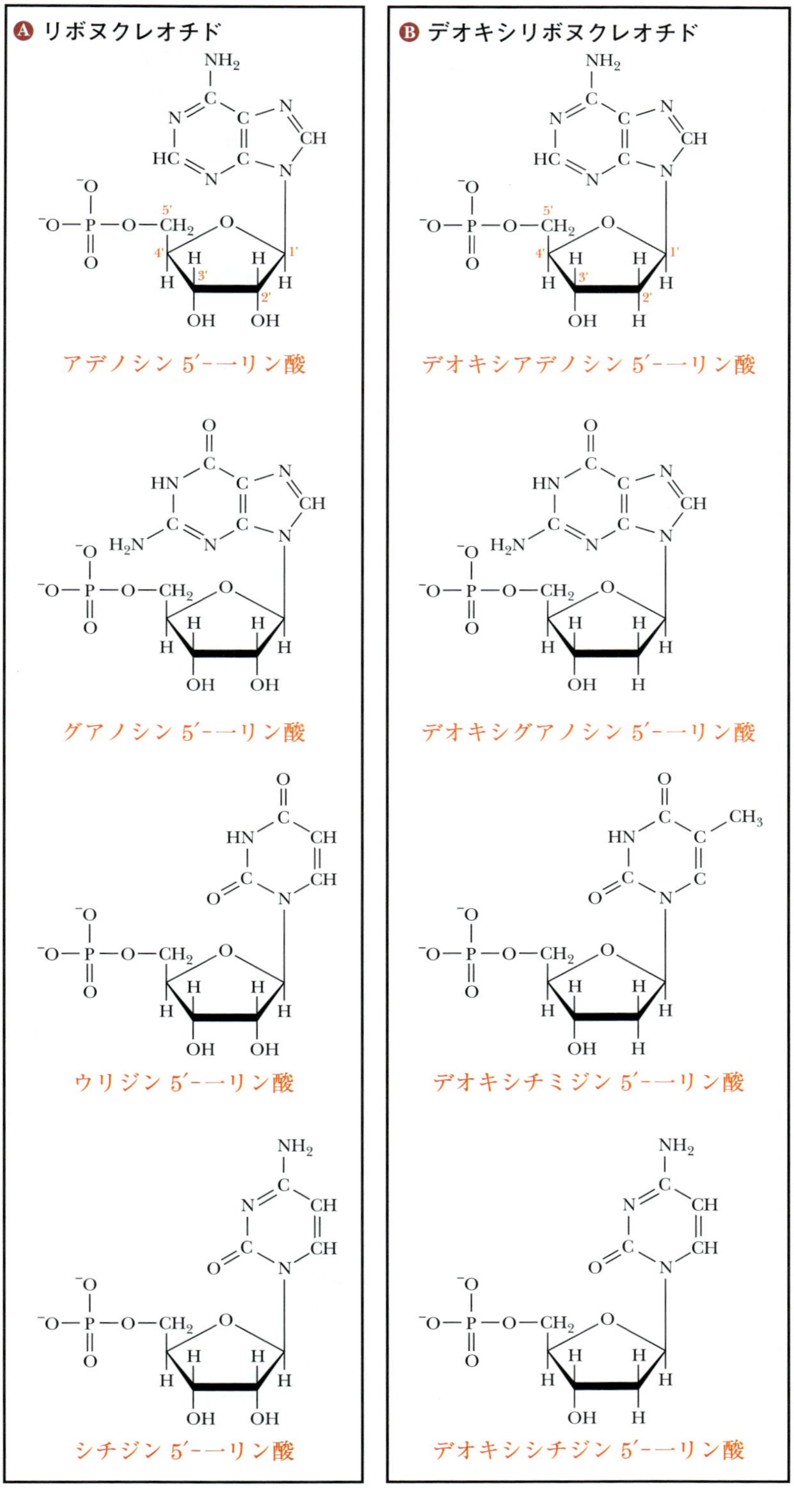

図 9.4
一般に存在するヌクレオチドの構造と名称
各ヌクレオチドはその構造中にリン酸基を含んでいる．構造はすべて pH 7 で存在する形を示す．

A リボヌクレオチド
- アデノシン 5′-一リン酸
- グアノシン 5′-一リン酸
- ウリジン 5′-一リン酸
- シチジン 5′-一リン酸

B デオキシリボヌクレオチド
- デオキシアデノシン 5′-一リン酸
- デオキシグアノシン 5′-一リン酸
- デオキシチミジン 5′-一リン酸
- デオキシシチジン 5′-一リン酸

9.2.2　ヌクレオチドはどのように結合して核酸になるか

　ヌクレオチドが重合したものが核酸である．核酸における各ヌクレオチド間の結合は，リン酸による二つのエステル結合による．リン酸エステル化されるヒドロキシ基は，隣接する糖の3′および5′炭素に結合したヒドロキシ基である．その結果，ヌクレオチドは**3′,5′-ホスホジエステル結合** 3′,5′-phosphodiester bond で連結される．核酸のヌクレオチドは5′末端から3′末端に向かって番号をつける．通常，5′末端はリン酸基を有するが，3′末端は遊離のヒドロキシ基である．

　図9.5にRNA鎖断片の構造を示す．糖-リン酸骨格 sugar-phosphate backbone が鎖に沿って繰り返されている．核酸の構造で最も大切なことは，それぞれの塩基の独自性である．この情報は，構造を略式化することで伝えることができる．ある表記法では，A，G，C，UおよびTの単一文字表記によって，それぞれの塩基を表す．たて線は各塩基が結合している糖部分を示し，"P"を通る斜線はホスホジエステル結合を示している（図9.5）．しかしながら，より一般的な表記法では，単一文字表記によって塩基の配列のみを示す．リン酸基の結合している糖のヒドロキシ基の位置を明示する必要がある場合は，5′ヌクレオチドを示すための"p"の文字を一文字塩基の左側に書き，また3′ヌクレオチドであることを示すためには一文字塩基の右側に書く．例えば，pAは5′-AMPを表し，Apは3′-AMPを表している．オリゴヌクレオチドの配列はpGpApCpApUのように，あるいはより単純に

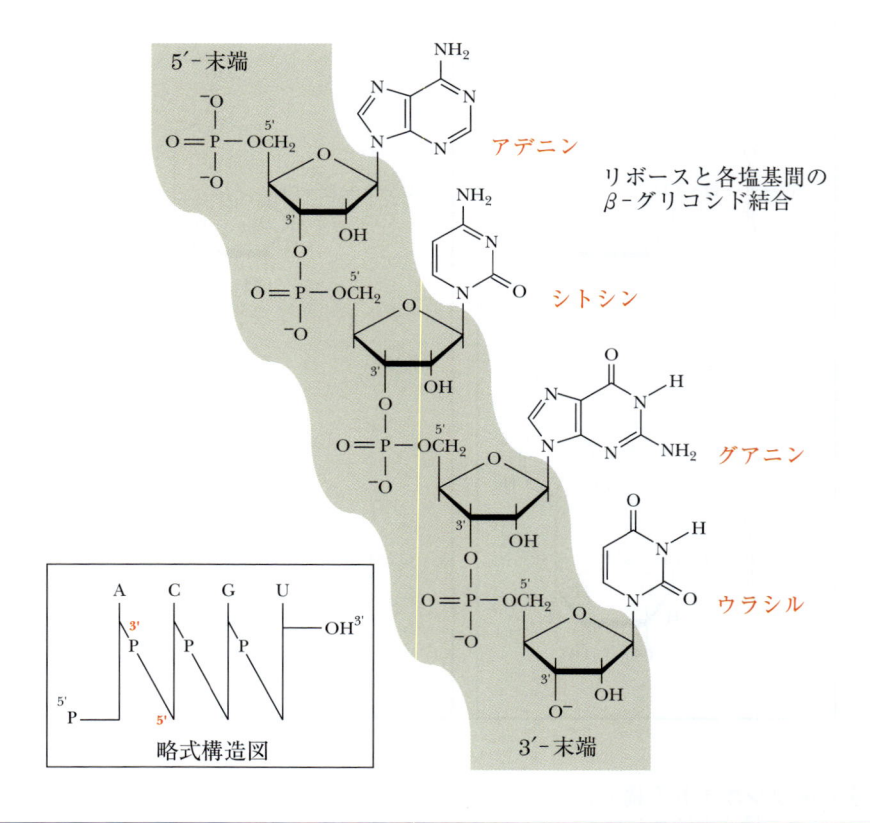

図 9.5

RNA鎖の部分構造

pGACAU と表記される．後者の場合，5′末端のリン酸基のみが示されており，ヌクレオシド同士を結合している他のリン酸基は省略されている．

　DNA 鎖は RNA 鎖と異なり，糖がリボースでなく 2′-デオキシリボースである（図 9.6）．略記法では，デオキシリボヌクレオチドも同様に表されるが，デオキシリボヌクレオチドであることを明示するために，"d" を付加することがある．例えば，G の代わりに dG を用い，上記のリボオリゴヌクレオチドのデオキシ体は d(GACAT) と表される．しかしながら，その配列中にはチミンが存在していることから DNA であることが容易に推測でき，GACAT という配列の表し方は明瞭で適切な略記方法である．

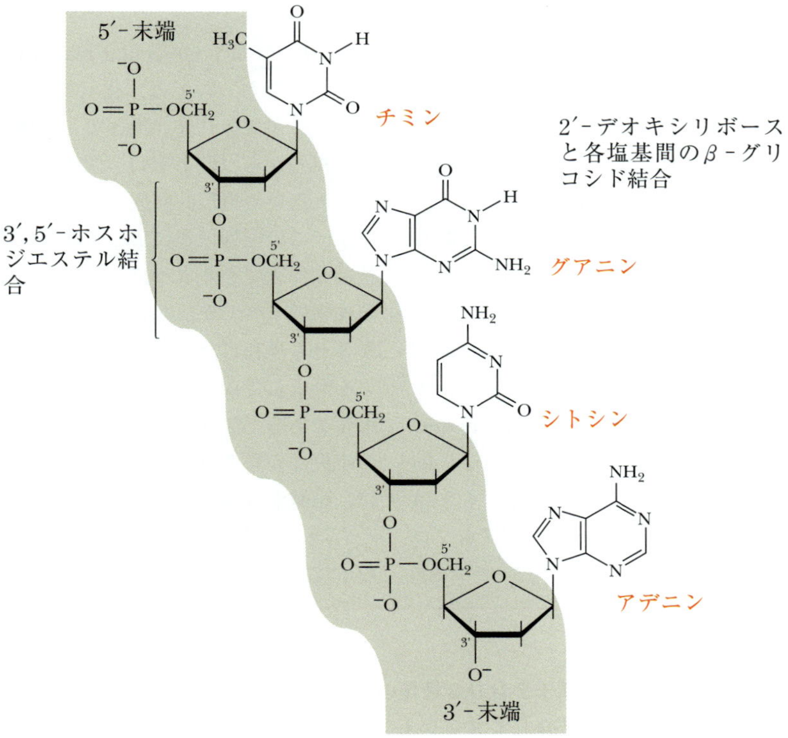

図 9.6

DNA 鎖の部分構造

身の周りに見られる生化学　遺伝学

DNA 系統樹

　DNA の塩基配列の決定が，技術的に自動化や無人化の進展によって格段と容易になってきたため，有益な配列データの蓄積量が爆発的に増加した．多くの科学雑誌もこれまでのように DNA の完全塩基配列を掲載することはなくなり，配列情報はいわゆる遺伝子バンクの大型コンピュータに入力されてデータベース化されるようになった．

　登録された DNA やタンパク質に関する配列情報は，誰でもインターネット上で検索できる．ゲノムデータベースを利用できるサイトとして，http://www.tigr.org（the J. Craig Venter Institute）やジュネーブ大学病院およびジュネーブ大学によって維持管理されている ExPASy molecular biology server の http://expasy.hcuge.ch がある．ExPASy サイトは，DNA のみならず，タンパク質に関する膨大な配列情報をもっている．特筆すべき有用なサイトは，米国立衛生研究所（NIH）の National Human Genome Research Institute が維持管理する http://www.genome.gov である．もう一つの政府管理サイトは http://genomics.energy.gov であり，ヒトゲノムプロジェクトの結果の最も重要な集積サイトの一つである．あまりにも膨大な情報がデータバンクにもたらされたことによって，これを処理する新たなコンピュータ技術の開発が必要になってきた．われわれは，集積された情報をいかに使いこなすか，真価を問われる時期にきている（Sec. 13.9）．今後，現時点では考えられないような応用が展開されていくであろう．ここでは，あらゆる生物の系統樹，すなわち，進化の分子的基盤についての新たな展開を紹介する．

　1. 分子分類学 molecular taxonomy． 以前は不可能であったが，今では，化石標本から DNA を採取することができれば，現存する生物と，これらの生物の祖先がもつ塩基配列を比較することができる．限られた数の遺伝的同族ファミリーについてではあるが，この配列情報によって非常に詳しい進化の系統図を作成できるようになった．ある場所に生息する植物のすべてが，互いにクローンであることを示すことも現在可能である．現存の最も巨大なクローンを形成している生物は，数エーカーにも広がる土壌菌である．アメリカスギは，森林火災のあと，根の中央部からクローンとして成長する．残念なことに，絶滅が危惧される多くの種は，残存数が少ないため，すべての現存個体が互いに遺伝的に大変近くなってしまっている．このことは，すべてのハワイ

Sec. 9.2 要約

- 窒素原子を含む 2 種類の核塩基であるピリミジン塩基およびプリン塩基は，糖と結合してヌクレオシドを形成する．
- DNA の糖はデオキシリボースであり，RNA ではリボースである．
- ヌクレオシドにリン酸基が結合すると，核酸の基本単位（モノマー）であるヌクレオチドになる．
- ヌクレオチド同士がホスホジエステル結合によって糖−リン酸骨格を形成すると，DNA や RNA になる．
- 核酸の一次構造の最も重要な特性はその塩基配列にある．なぜなら，その配列順序こそが RNA の塩基配列やタンパク質のアミノ酸配列を決定する遺伝情報だからである．

ガン，カリフォルニアコンドルに当てはまり，数種類のクジラについてもいえることである．これらの種が遺伝的多様性を欠いていることは，人間がいくら生存させる努力をしても，その種には絶滅が運命づけられていることを意味しているのかもしれない．

2. 太古の DNA ancient DNA. 北欧の泥炭地で発掘されたゲルマン民族兵士のミイラや，アルプスの山中で凍結状態で発見されたアイスマンなどの人類の化石標本から DNA が単離され，現代人のものと比較された．ミトコンドリア DNA の塩基配列の比較は，現在地球上にいるすべての人類は，およそ 10 万〜 20 万年前にアフリカの一つの地域から派生したものであることを示している．さらに，琥珀（こはく）の中に閉じ込められて保存されてきた太古の昆虫の DNA 塩基配列が，現在の昆虫のものと比較された．映画のジュラシックパークは，琥珀に閉じ込められた昆虫の体内に残っている恐竜の血液のDNA から，恐竜そのものをクローン化できるかもしれないという，奇想天外な発想に基づくものであるが，映画制作者にとっては娯楽性の面，また，収益性の面でもたまらない話である．太古の DNA から得られた塩基配列データをそのまま受け入れることはなかなか難しい．なぜならば，おそらく長い年月の間に DNA の分解が起こるであろうし，現代のDNA が混入してくることもあり，また，試料からDNA を取り出す際の化学的処理で傷害を受けることもありうるからである．

ハワイを原産とするハワイガンは，絶滅が危惧される種の一つである．ヨーロッパの動物園で飼育されている同種のものも例外ではない．

琥珀（こはく）の中に閉じ込められて保存されてきた昆虫．

9.3　DNA の構造

DNA の二重らせん構造を，科学誌ばかりでなく一般誌でも目にすることが多くなった．1953 年，ジェームズ・ワトソン James Watson とフランシス・クリック Francis Crick によって**二重らせん** double helix 構造が提唱されて以来，爆発的に研究が展開され，分子生物学の大きな進歩へとつながった．

9.3.1　DNA の二重らせんはどのような性質をもっているか

二重らせん構造は DNA のモデル構築と X 線回折パターンに基づいて決定された．X 線回折から得られた情報は，A と T が等量，かつ，G と C も等量存在するという今までに得られていた化学分析

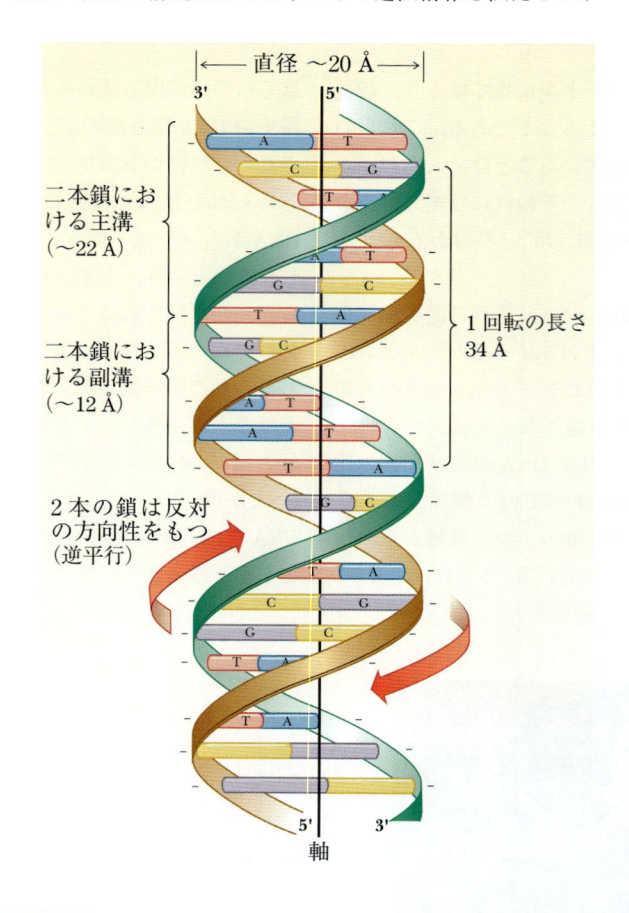

図 9.7
二重らせん

らせんは10塩基対で1回転し，1回転に要する距離は34 Å（3.4 nm）である．隣接する塩基対間の距離は3.4 Å（0.34 nm）である．塩基対のつくる構造は平面的で，この面はらせん軸に垂直である．らせんの内径は11 Å（1.1 nm）で，外径は20 Å（2.0 nm）である．二重らせんは円柱状であるが，外側に2種類の溝，すなわち主溝と副溝がある．どちらもポリペプチド鎖が結合するのに十分な大きさである．鎖に付したマイナス記号は，負荷電した多数のリン酸基を示しており，鎖の全長に及ぶ．

の結果を支持した．これら二つのデータから，DNAは2本のポリヌクレオチド鎖からできており，互いに巻き付いてらせんを形成するという結論が導き出された．向かい合う鎖の塩基間の水素結合によってらせんは直線状となり，塩基対はらせん軸と垂直の平面上に位置している．糖–リン酸骨格はらせんの外側部分を形成する（図9.7）．2本の鎖は互いに逆向きに走っており，一方は3′から5′方向へ，他方は5′から3′方向に向かっている．

　DNAのX線回折パターンによって，らせん構造とその直径が明らかにされた．X線回折と化学分析で得られた結果を組み合わせることにより，塩基対は相補的 complementary であるという結論が導かれた．すなわち，アデニンはチミンと，グアニンはシトシンと対をなして結合している．相補的塩基対は二重らせん全体にわたって形成されているので，2本の鎖は互いに相補鎖 complementary strand とも呼ばれる．1953年までに，多種のDNAの塩基組成についての研究が行われ，アデニンとチミンのモル百分率（全塩基中におけるこれら2塩基のモル数の百分率）は実験誤差内で等しく，また，グアニンとシトシンの場合にも同じことがいえることがすでに示されていた．アデニン–チミン

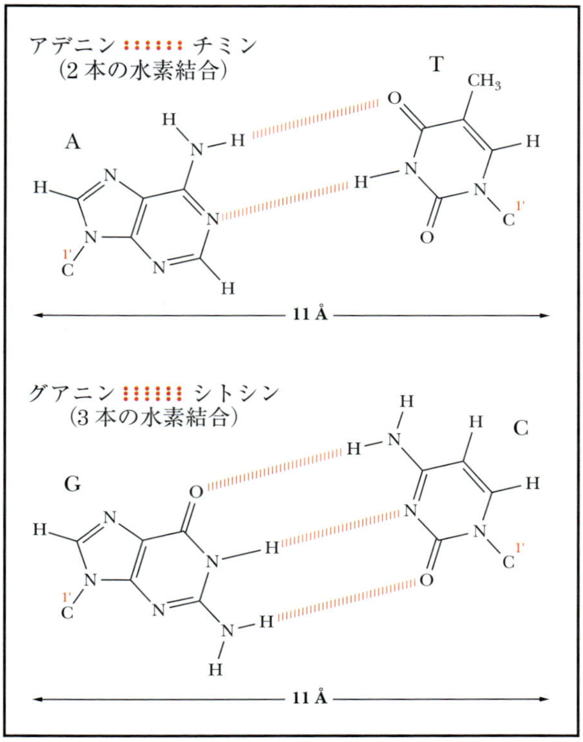

図 9.8
塩基対形成
アデニン–チミン（A–T）塩基対は2本の水素結合をもち，グアニン–シトシン（G–C）塩基対は3本の水素結合をもつ．

（A–T）塩基対には二つの水素結合が存在し，グアニン–シトシン（G–C）塩基対には三つの水素結合が存在する（図9.8）．

　二重らせんの糖–リン酸骨格の内径は約 11 Å（1.1 nm）であるが，塩基が共有結合している2点間の距離は，2種類の塩基対（A–TとG–C）でともに約 11 Å（1.1 nm）と等しく，二重らせんを滑らかで余りふくらみのないものにしている．A–TやG–C以外の塩基対も可能であるが，A–CまたはG–Tでは正しい水素結合ができず，プリン–プリン，または，ピリミジン–ピリミジン同士では正しいディメンションを構築できず，二重らせんの内径と完全に一致した大きさにはならない（図9.8）．らせんの外径は 20 Å（2 nm）である．らせん1回転に要する距離は 34 Å（3.4 nm）であり，10塩基対を含んでいる．2本のポリヌクレオチド鎖を形成している原子は二重らせんの円筒形の筒のまわりを完全に満たしているわけではなく，溝と呼ばれる空間が存在する．二重らせんは，幅の広い**主溝** major groove と狭い**副溝** minor groove をもち，どちらも薬物やポリペプチドがDNAに結合するときの結合部位となる（図9.7参照）．生理的な中性pHでは，糖–リン酸骨格の各リン酸基は負電荷を帯びている．Na^+ や Mg^{2+} などの陽イオンや側鎖に正電荷をもつポリペプチドは，しばしば静電的相互作用によってDNAと結合する．例えば，真核生物の細胞核の中では，DNAは正電荷を帯びたヒストンタンパク質と複合体を形成している．

9.3.2 二重らせんには多様な高次構造が存在しうるか

これまで述べてきたDNAは **B型DNA** B-DNA と呼ばれるものであり，天然に存在する大部分のDNAはB型であると考えられている．しかし，DNAは，結合している陽イオンの性質や塩基の配列

(a)

A型 DNA　　　B型 DNA　　　Z型 DNA

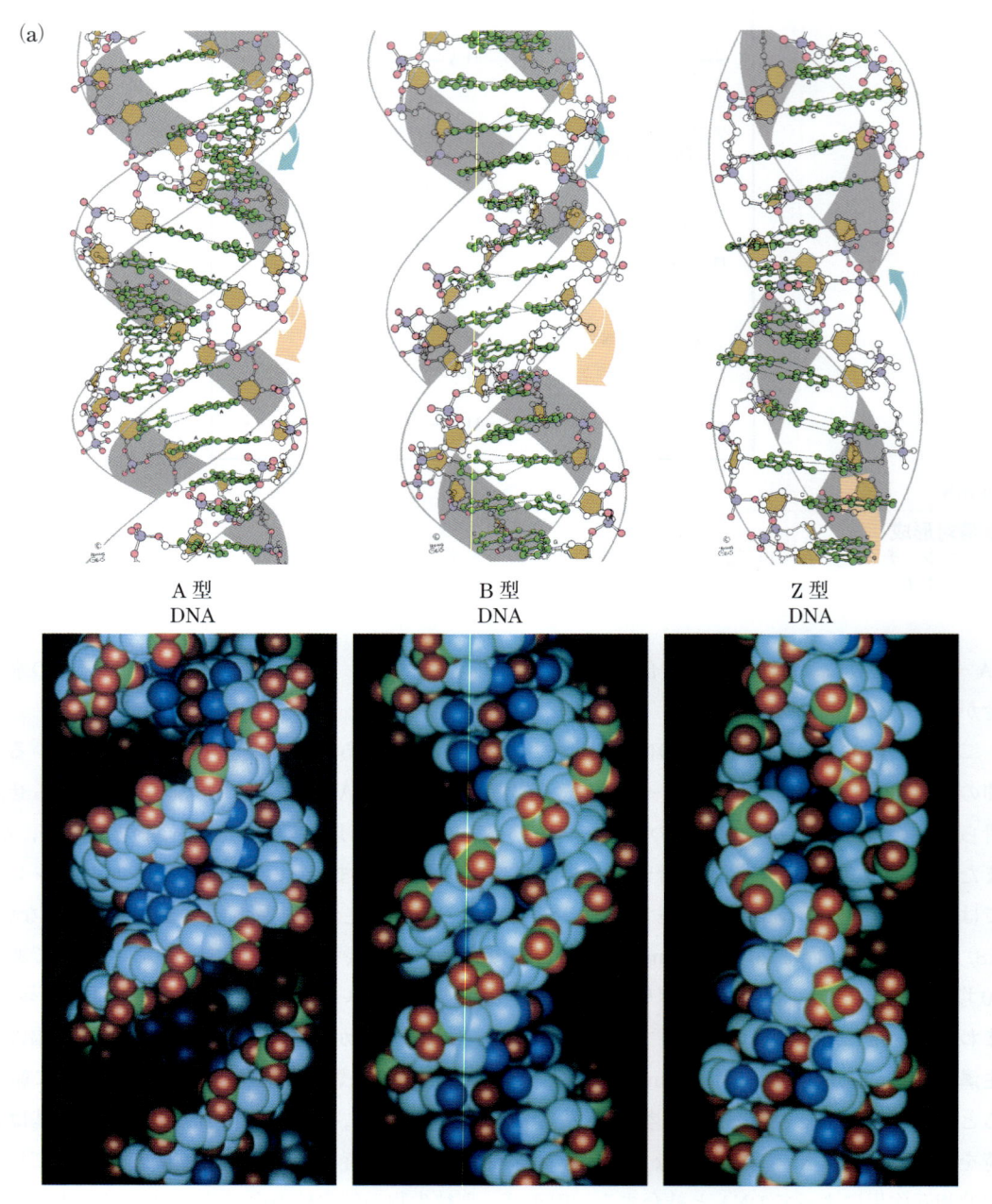

図 9.9

A型，B型およびZ型 DNA の比較
(a) らせん軸を横からみた図．(次頁へ続く)

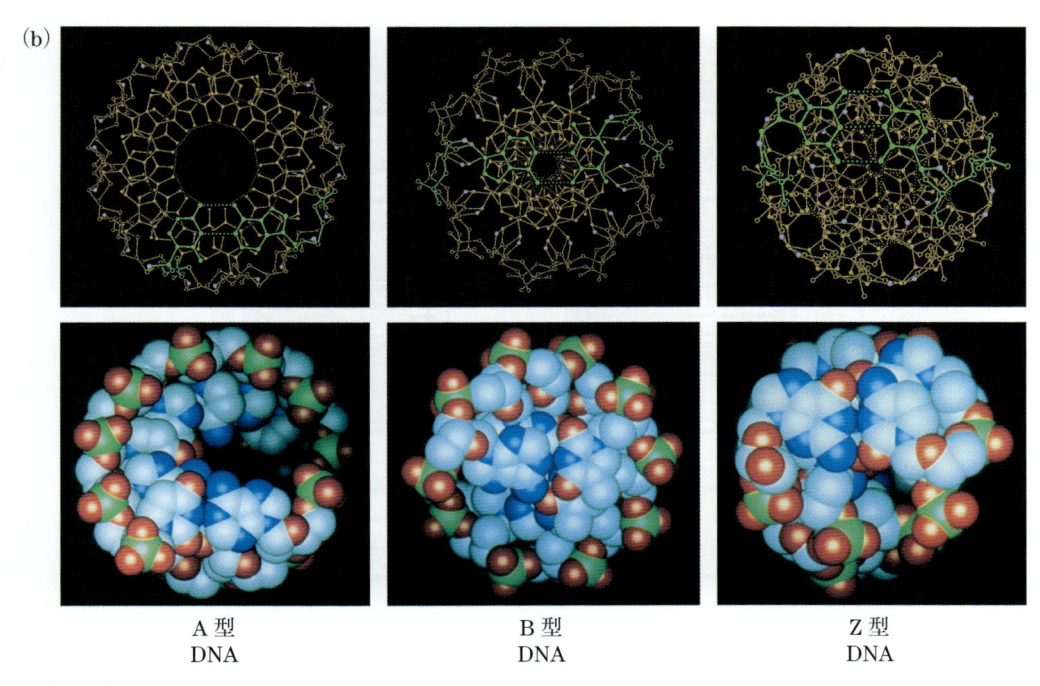

Chapter 9 核酸：核酸の構造はどのようにして遺伝情報を伝えるのか **305**

| A型 | B型 | Z型 |
| DNA | DNA | DNA |

図 9.9（続き）

(b) らせん軸を上からみた図．どちらも下側はコンピュータグラフィックスによる実体モデルを示す．上側はこれに対応する球棒モデルを示す．A型DNAでは，塩基対はらせん軸に対してプロペラ様の著しいねじれを生じる．B型DNAの塩基対は，らせん軸に対して垂直に近い平面上に存在する．Z型DNAは左巻きらせんで，この点で右巻きらせんのA型およびB型DNAとは異なる．(*Robert Stodala, Fox Chase Cancer Research Center.* イラスト：*Irving Geis.* 著作権はハワード・ヒューズ医学研究所が所有．許可なく複製を禁ず)

図 9.10

右巻きおよび左巻きらせんは右手と左手の関係に似ている

の仕方などの条件に応じて，別の二次構造をとることもできる．その一つが**A型DNA** A-DNA であり，らせんは11塩基対で1回転する．この塩基対がつくる面はらせん軸に対して垂直ではなく，プロペラの羽根のように垂直面より約20°の角度をなしている（図9.9）．A型DNAとB型DNAの重要な共通の特徴は，これらのらせんはともに右巻きであるということである．すなわち，らせんは，

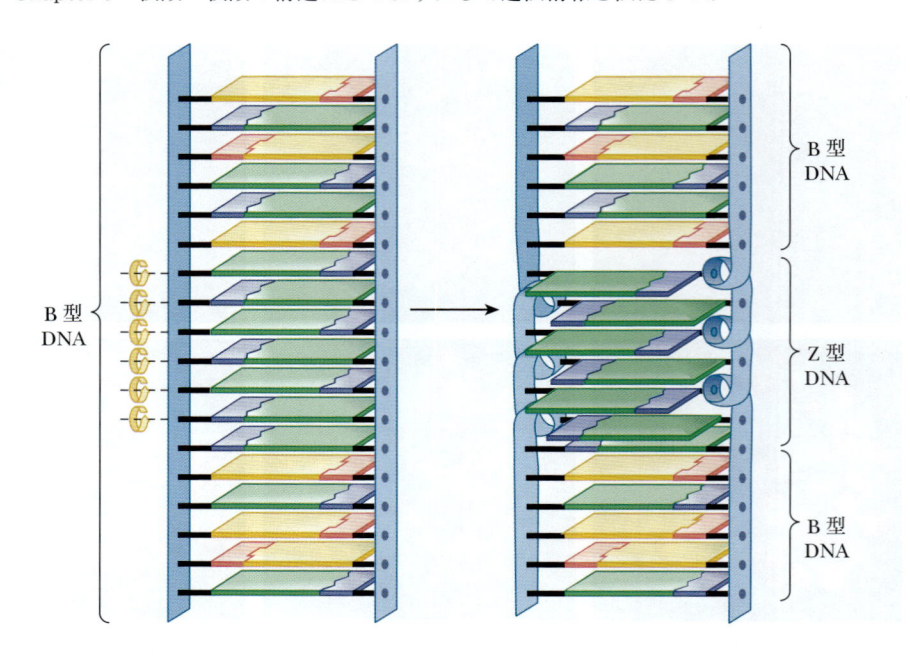

図 9.11
Z 型 DNA の形成
回転の矢印で示すように，B 型 DNA の一区画の中央部で塩基対が回転することによって Z 型 DNA がつくられる．

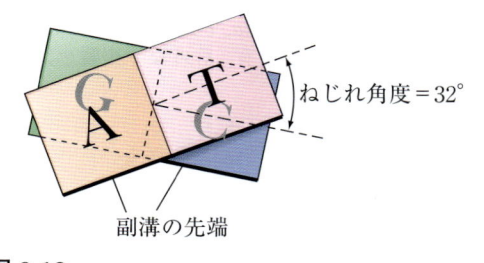

図 9.12
らせん状のねじれ
右回りに 32° らせん回転した二つの塩基対；副溝の先端は太線で示している．

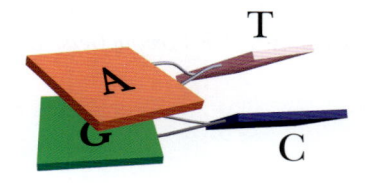

図 9.13
プロペラ様にねじれた塩基対
塩基間を結ぶ水素結合が歪められながらもいかに元の状態を保っているかに注意すること．塩基の陰の部分が副溝の先端を示している．

右手の親指を上向きにしたとき，他の指の向く方向に巻き上がる（図 9.10）．A 型 DNA は，水分含量の少ない DNA 試料から発見されたものであり，DNA の試料を調製するときに生じる人工産物であると考えられている．DNA：RNA 混成二重らせんは，リボースの 2′-OH の立体障害によって B 型 DNA 様のコンホメーションがとれず，A 型と似たものになる．RNA：RNA 混成物も A 型 DNA 様のコンホメーションになる．

　もう一つの変形型二重らせん構造をもつ **Z 型 DNA** Z-DNA は左巻きである．これは左手の親指を上に向けたとき，他の指の向く方向に巻き上がる（図 9.10）．Z 型 DNA は天然にも存在しており，dCpGpCpGpCpG といったプリン-ピリミジン塩基の繰り返し配列のあるところでしばしば見られる．ピリミジン環の 5 位のところがメチル化されたシトシンをもつことも Z 型 DNA の特徴であり，おそ

らく，遺伝子の発現調節に何らかの役割を果しているのであろう．Z型DNAは，生化学者の間で活発な研究対象の一つになっている．Z型DNAは，B型DNAが変形したものであり，糖-リン酸骨格も相補的塩基対の水素結合もそのまま維持され，各々の塩基対が糖-リン酸骨格に対して180°回転したものといえる．図9.11には，このようになる仕組みを示している．Z型とは，側面から見ると，ホスホジエステル骨格の並び方がジグザクに見えることから名付けられた．

　B型DNAが正規の生理的なDNAの形であると，長い間考えられていた．それはプリンとピリミジンの水素結合がもつ性質から予測されたものであり，後に実験的実証が得られた．DNAの塩基の対合や配列順序に注目しがちであるが，DNAの構造には，ほかにも重要な特性が存在する．DNA塩基の環構造部分は，非常に疎水性が高く，隣接する塩基がπ電子の共有によって積み重なるように並び安定化する．これは**塩基のスタッキング（積み重なり）** base stacking と呼ばれるものであり，一本鎖DNAでも塩基がスタッキングを起こす傾向がある．標準的なB型DNAの塩基対あたりの回転角は32°である（図9.12）．この形は，最大限に塩基を対合させることには適しているが，最大限に塩基を積み重ねるように並べて安定化することには適していない．さらに，副溝に露出した塩基の先端部は，この形で水と会合できなくてはいけない．塩基の多くは特有のねじれがあり，**プロペラ様ツイスト（ねじれ）** propeller-twist と呼ばれる（図9.13）．この形では，塩基対間の距離はそれほど

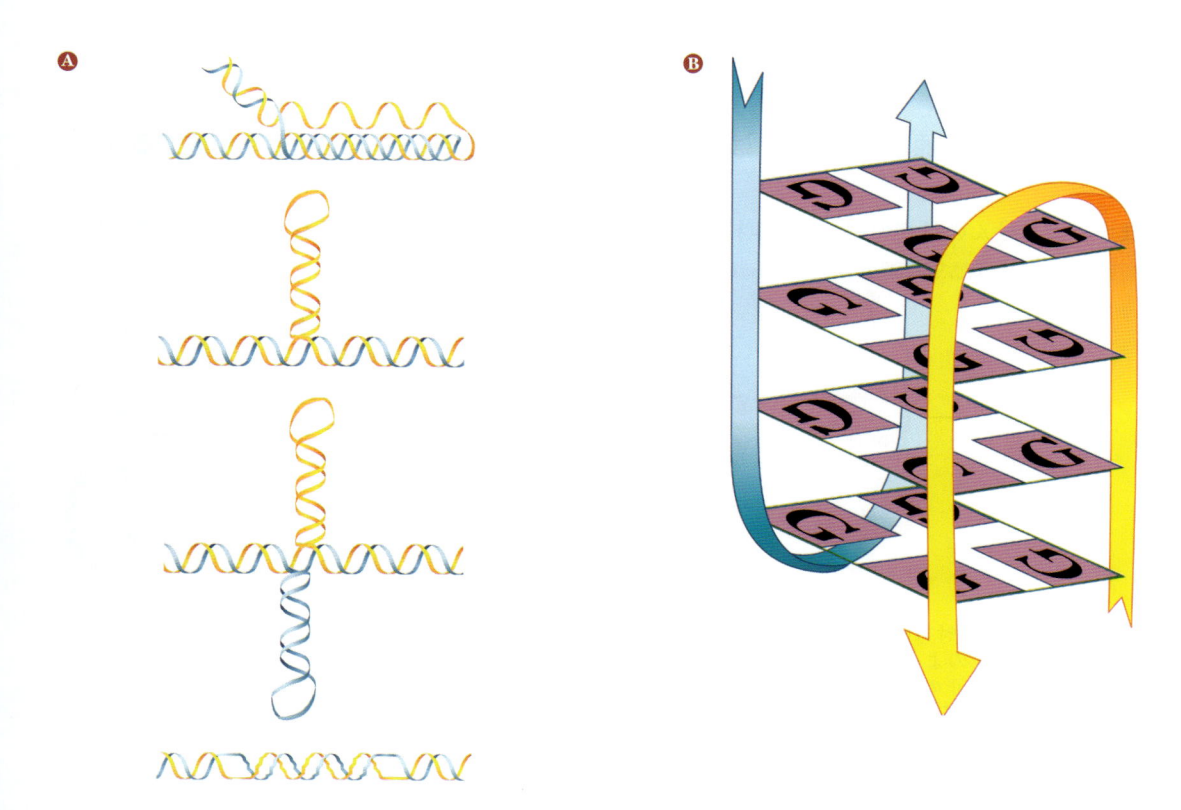

図9.14
異型DNA
Ⓐ三重らせん，T字形，十字形およびZ型DNA（上から下へ）．Ⓑ二つのDNAらせん上にグアニン塩基が繰り返し並んでいるとき形成される四重らせん．（*G. Wang and K. M. Vasquez, Mutation Research* ©2006 *Elsevier* より，許可を得て転載）

最適ではないが，塩基の積み重なりにはさらに都合が良くなり，そして水は副溝の塩基との会合から排除される．ねじれのほかに，塩基は上下の塩基同士がうまく相互作用しやすいように，横にずれている．ねじれとずれは塩基の種類によって決まる．研究者達は，DNAの構造を究明する上での基本単位は相補対を形成している二つの塩基であることを認めている．このジヌクレオチドをDNAの構造命名法では<u>ステップ（階段）step</u>と呼んでいる．例えば，図9.13ではAG/CTステップを見ており，これはGC/GCステップとはかなり違った構造になる．DNAの構造解明が進むにつれて，B型DNA標準モデルは良いモデルではあるが，DNAの詳しい局所立体構造を十分に説明しきれないこともわかってきている．DNA結合タンパク質の多くは，DNA塩基配列の全体構造を認識し，塩基配列そのものを認識するものではない．

最近の研究によって，十字形構造，三重らせん構造，そしてZ型構造の生命現象との関わりが明らかになった（図9.14A）．さらに，四本鎖構造のDNAが存在し，その構造が転写停止反応に影響を及ぼすことも示唆されている（図9.14B）．DNAの多様な高次構造については，本章末のPennisi, E.の2006年の論文を参照されたい．

DNAはその直径よりも長さのほうが，はるかに長い分子である．タンパク質が折り重なって三次構造を形成するように，DNA分子にも柔軟性があり，折り重なることができる．これまで述べてきた二重らせんは，らせんそのもののねじれ以外にはねじれのない弛緩したものである．この二重らせんはさらにねじれて**超らせん形成** supercoiling をすることができる．

9.3.3　原核生物DNAはどのように超らせんを巻いて三次構造を形成するか

まず，超らせんの最初の例として原核生物DNAについて考えてみたい．原核生物DNAの糖-リン

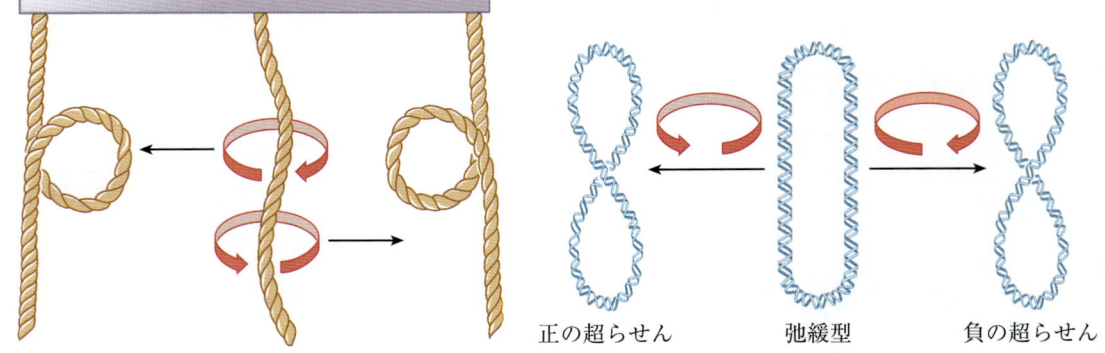

左巻き（時計の針と反対方向）にねじる．B型DNAのような右巻きらせんにおける正の超らせん形状に類似している．　末端を回転する　右巻き（時計の針方向）にねじる．B型DNAのような右巻きらせんにおける負の超らせん形状に類似している．

正の超らせん　弛緩型　負の超らせん

図9.15

超らせん化DNAのトポロジー
二重らせんDNAは2本が右巻きにより合わさったロープとよく似ている．ロープの一方の端を時計の針と反対方向に回転させると，ロープは巻き過ぎることになる（正の超らせん）．時計の針がまわる方向（右巻き）へねじるならば，2本のよりはほどけはじめる（負の超らせん）．実際に右巻きロープを使ってこの操作を行い，自分で確認してみよう．

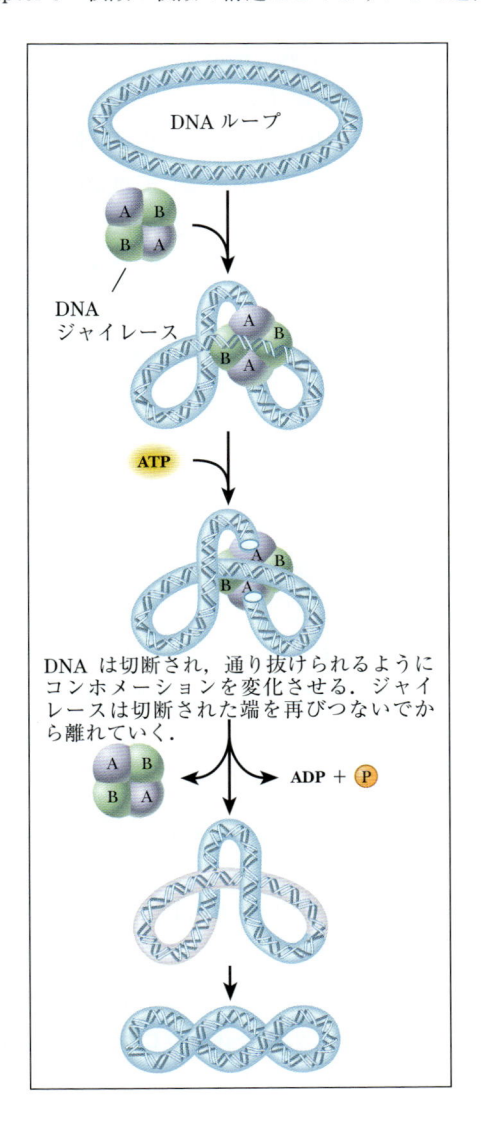

図 9.16
原核生物 DNA ジャイレース（Ⅱ型トポイソメラーゼ）の作用機構

酸骨格がそのまま共有結合によって環を形成するならば，その構造はねじれない．しかし，DNAの両端が結合して環を形成する前に二重らせんが少し巻き戻されると，余分なねじれが加わることになる．その結果，分子構造にひずみが生じ，DNAはそのひずみを補うために新たな立体構造をとる．巻き戻しによって，仮に右巻き二重らせんに一つの余分の左巻きらせん状のねじれ（超らせん）が生じた場合，この環状DNAは<u>負に</u> negatively 超らせん化したという（図9.15）．異なる条件下では，二重らせんの環がねじれ過ぎてできる右巻き，すなわち，<u>正に</u> positively 超らせん化することが可能である．正または負の超らせんの違いは，その右巻きまたは左巻きの性質にあり，二重らせんがねじれ過ぎているか，または巻き戻されているかによって決まる．

　DNAの超らせんに影響を与える酵素が種々の生物から単離されている．天然に存在する環状DNAは，正に超らせん化する複製時以外は，負に超らせん化している．この過程の調節は，細胞にとって

極めて大切なことである．この超らせんの形成と解消を触媒する酵素を**トポイソメラーゼ** topoisomerase と呼び，二つのタイプがある．Ⅰ型トポイソメラーゼは，二重らせんの片側の鎖のホスホジエステル結合を切断し，そのすき間にもう一方の鎖を通して再び切断部位をつなぐ．Ⅱ型トポイソメラーゼは，二本鎖を両方とも切断し，切断部に二本鎖を通して再び閉環する．いずれの場合も，超らせんは形成または解消される．後述するように，これらの酵素は，二重らせんの解離によって超らせん形成が起こる複製や転写時に，重要な役割を果たしている．**DNA ジャイレース** DNA gyrase とは負の超らせんを引き起こす原核生物のトポイソメラーゼであり，そのメカニズムを図 9.16 に示している．この酵素は，四量体のタンパク質であり，DNA の二本鎖を同時に切断するのでⅡ型トポイソメラーゼに属する．

超らせんは天然に存在する DNA で実験的に観察される．細菌，ウイルス，ミトコンドリア，クロロプラストなど多くの異なる材料から得られた環状 DNA の電子顕微鏡写真では，明らかにらせん状構造が観察され，超らせんが天然に存在する証拠が示されている．また，超遠心分離によって超らせん DNA を検出することが可能である．なぜなら，超らせん DNA は弛緩型 DNA よりも早く沈降するからである（Sec. 9.5 の超遠心分離の項を参照）．

原核生物の DNA が環状であることは科学者にとって周知のことであるが，超らせんは比較的新しい研究対象である．コンピュータモデリングにより，研究者は超らせん化 DNA のねじれや結び目ができる瞬間の様子を"静止"画像としてとらえることができるようになった．

9.3.4 真核生物 DNA では超らせん形成はどのようにして起こるか

真核生物（例えば，植物や動物など）の核内 DNA の超らせんは，原核生物の環状 DNA の超らせんよりもっと複雑である．真核生物 DNA は，生理的（中性）pH で豊富な正電荷側鎖をもつ塩基性タンパク質類と複合体を形成している．複合体形成には DNA のリン酸基の負電荷とタンパク質の正電荷との静電的相互作用が関与しており，この複合体を**クロマチン** chromatin と呼ぶ．超らせんというトポロジー変化は，ヒストンというクロマチン構成タンパク質によって調節されている．

クロマチンの主要なタンパク質は**ヒストン** histone であり H1, H2A, H2B, H3 ならびに H4 と呼ばれる五つのタイプがある．これらのタンパク質はいずれもリジンやアルギニンのような塩基性のアミノ酸残基を多数含んでいる．クロマチン構造中では，DNA は H1 以外のすべてのタイプのヒストンタンパク質と強固に結合している．H1 タンパク質は比較的容易にクロマチンから取り除くことができるが，他のヒストンをその複合体から解離させることはずっと困難である．ヒストン以外のタンパク質も真核生物の DNA と複合体を形成しているが，それらは量が少ないか，またはヒストンほどはよく研究されていないものである．

電子顕微鏡写真では，クロマチンは糸に通したビーズのように見える（図 9.17）．このように見えるのはタンパク質-DNA 複合体の分子組成を反映しているからである．各々の"ビーズ"は**ヌクレオソーム** nucleosome と呼ばれ，ヒストンのコア（芯）とそれに巻きついた DNA から成る．このコアタンパク質は八量体であり，H1 以外の各タイプのヒストンタンパク質を 2 分子ずつを含んでいる．すなわち，八量体の組成は $(H2A)_2(H2B)_2(H3)_2(H4)_2$ となる．"糸"の部分は**スペーサー領域** spacer region と呼ばれ，H1 ヒストンや非ヒストンタンパク質と複合体を形成している．ヌクレオソーム 1

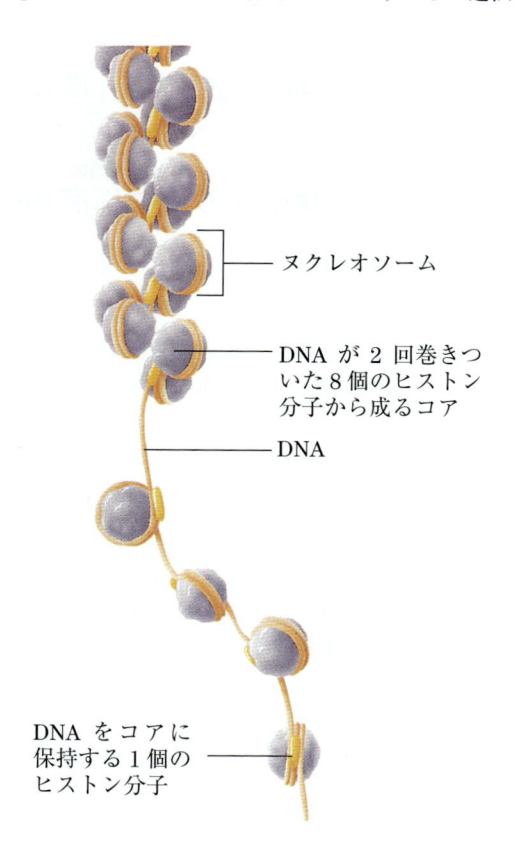

図 9.17
クロマチンの構造
DNAはビーズに糸を通したようにヒストンと結合している．"糸"はDNAで，それぞれの"ビーズ"（ヌクレオソーム）は8個のヒストン分子から成るタンパク質のコア（芯）とそれに巻きついたDNAからできている．DNAのスペーサー領域がさらに巻くと，細胞内で見られるようなコンパクトに折り重なったクロマチン構造ができあがる．

個に巻きついたDNAの長さは約150塩基対であり，スペーサー領域は約30〜50塩基対の長さである．ヒストンは，アセチル化，メチル化，リン酸化，ユビキチン化などの修飾反応を受ける．ユビキチンは他のタンパク質の分解にも関与する．このことはChap. 12でさらに詳しく述べる．ヒストンの修飾はそのDNA結合特性に変化をもたらすので，これらの変化が転写や複製にどのように影響するのかを調べる研究が活発に行われている（Chap. 11）．本章末のJenuwein, T., and C. D. Allisの論文を参照されたい．

身の周りに見られる生化学　医薬品化学

三重らせん DNA がドラッグデザインのために有用である理由は何か

　三重らせん DNA は，1957 年に合成ポリヌクレオチドの研究過程で最初に見いだされたが，その後，何十年もの間，実験室での興味の的にしかすぎなかった．最近の研究によると，合成オリゴヌクレオチド（通常，15 ヌクレオチド程度）は，天然に存在する二重らせん DNA の特定の配列に結合することができる．これらのオリゴヌクレオチドは，特異的な結合に必要な塩基配列をもつよう化学合成されたものである．3 本目のらせんを形成するオリゴヌクレオチドは，二重らせんの主溝に適合して，特異的な水素結合を形成する．3 本目の鎖が結合して主溝を占有してしまうと，本来そこへ結合するはずのタンパク質，特に，遺伝子 DNA の発現を活性化または抑制するタンパク質が近づけなくなる．この DNA の挙動は，三重らせんが生体内でも何らかの役割をもつ可能性を示唆しており，二重らせん DNA に短鎖 RNA が結合してできた混成型三重らせんは，特に安定である．

　この研究のもう一つの方向性として，三重らせんの研究者たちは，特定の塩基配列部位に結合して反応できる反応基をもったオリゴヌクレオチドを合成した．このような反応基は，特定の場所で DNA を選択的に修飾したり，切断するために用いることができる．このような DNA の特異的切断は，組換え DNA 技術や遺伝子工学にとって不可欠なものである．

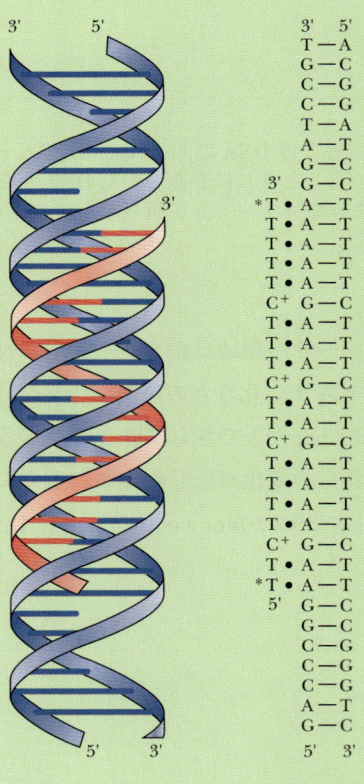

三重らせん
（左）三重らせんの模型．（中央）三重らせん複合体の模式図．C^+ はプロトン化したシトシン，$^*T$ は 3 本目のらせんの結合部位を示す．（右）三重らせん形成における水素結合．

> **Sec. 9.3 要約**
> - 二重らせんは DNA の象徴的な二次構造である．糖-リン酸骨格は 2 本の鎖の上を互いに逆向きに走っており，らせんの外側部分を形成する．鎖上の塩基は互いが水素結合によって塩基対を形成している．
> - 最も一般的な DNA の二重らせんでは，塩基対はらせん軸に対して垂直な面に存在する．しかし，構造としてはさまざまな変化が見られる．
> - DNA の三次構造は超らせん化によって形成される．原核生物では，環状 DNA の環が閉じる前にねじれが生じ，その結果，超らせん形成が起こる．真核生物では，超らせん化 DNA はヒストンと呼ばれるタンパク質と複合体を形成している．

9.4 DNA の変性

すでに述べたように，塩基対間の水素結合は二重らせん構造を構築する上で大切な要因である．水素結合による安定化エネルギーは大きいものではないが，多くの水素結合が配列することにより，2 本のポリヌクレオチド鎖を適切に配列させることができる．しかし，DNA の高次構造における塩基の積み重なりは安定化エネルギーに最も寄与している．DNA の水素結合を切断し，積み重なりによる相互作用を破壊するには，DNA 試料にエネルギーを加える必要がある．通常，これは DNA 溶液を加熱することによって行う．

9.4.1　DNA の変性はどのようにして測定できるか

DNA の熱変性は，融解 melting とも呼ばれ，紫外線吸収を測定することにより調べることができる．核酸の塩基は 260 nm の波長域の光を吸収する．DNA が加熱され，2 本の鎖が解離すると，吸収波長

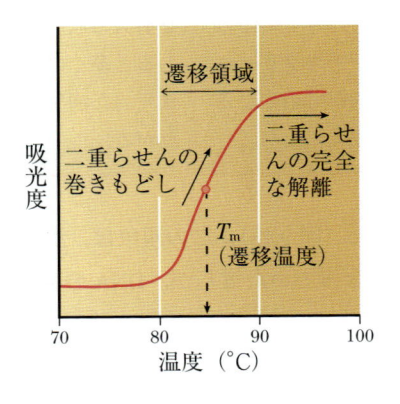

図 9.18
DNA 変性の測定
この図は DNA の典型的な融解曲線であり，加熱に伴う濃色効果を示している．遷移（融解）温度すなわち T_m は，グアニンとシトシンの含量百分率（GC 含量）の増加に伴い増加する．GC 含量が高い DNA ほど曲線全体は右へ移動し，GC 含量が低い DNA ほど曲線は左へ移動する．

身の周りに見られる生化学　遺伝学

ヒトゲノムプロジェクト：宝箱か，それともパンドラの箱か

　ヒトゲノムプロジェクト Human Genome Project（HGP）は，ヒトゲノム，すなわち，23対の染色体上に存在するおよそ33億塩基対の配列をすべて明らかにしようという壮大な試みであった．このプロジェクトは，公式には1990年に開始されたが，二つのグループによって推し進められてきた世界的規模の計画である．一つのグループはセレーラ・ジェノミクス社という民間企業であり，手始めの研究成果が*Science*誌の2001年2月号に論文として掲載された．もう一方は，国際ヒトゲノムシーケンス決定コンソーシアムと呼ばれる各国の公共研究機関の研究者からなるグループである．彼らの研究成果に関する論文は，*Nature*誌の2001年2月号に発表された．研究者たちは，ヒトゲノムにはわずか3万個の遺伝子しかないことに驚いた．この数字は最終的に25,000個に修正されており，線虫のような単純な真核生物とも余り差がないことになる．

　得られたゲノム情報を使って何ができるのか．究極のところ，われわれはヒトの全遺伝子を同定することができるであろうし，どの遺伝子の組合せが，遺伝病などのヒトの遺伝的特性をもたらすかを確定することができるであろう．遺伝子間には精緻な相互作用があり，欠陥遺伝子をもっているからといってその人に特有な病気を引き起こすというものではない．にもかかわらず，ある種の遺伝子スクリーニングは，将来，臨床検査として日常的なものになることは確実である．例えば，自分が他人に比べて，将来，心臓病に罹る確率が高いことを若いときに情報として得ることができれば，大変有益である．なぜなら，ライフスタイルや食生活上の悪習慣を改めることにより，将来，心臓病を患う確率を減らすことができるからである．

　一方，多くの人は遺伝情報の有用性が遺伝的差別をもたらす可能性を危惧している．このため，HGPは，科学プロジェクトとしてはまれな例であるが，研究の財政面でも計画面でも，かなりの部分が倫理的，法的，社会的意味付け Ethical, Legal, and Social Implications（ELSI）の研究に向けられた．疑問はしばしば次のような形で投げかけられる．あなたの遺伝情報を知る権利をもっているのは一体誰なのか，あなた自身であるのか，それともあなたの主治医なのか，あなたの配偶者か，雇い主か，あるいは保険会社なのか．答はいずれも簡単なものではなく，質問には答えられないままである．1997年の映画，"ガタカ Gattaca" は，その人がもつゲノムで資質が見分けられ，出生時に将来の社会的，経済的地位が決定されてしまう近未来社会の話である．多くの国民は，遺伝子スクリーニングが "遺伝的に問題のある" 人達に対する新たな差別や偏見を生み出すことを懸念している．治療法が見つからないような病気の原因遺伝子をスクリーニングしても無駄であると多くの人が考えている．しかし，親は子供が致死的な病気の形質を受け継いでいないことを知りたがる．

は変わらないが，吸光度が増加する．（図9.18）．この現象は，濃色効果 hyperchromicity と呼ばれる．これは元のDNAでは互いに重なり合っていた塩基が，DNAの変性に伴い重なり合いがなくなることによる．

　塩基は積み重なっている状態と，積み重なりがなくなった状態とでは相互作用の仕方が異なるため，吸光度が変化するのである．熱変性は一本鎖DNAを得るための一つの手技であり（図9.19），多方面で利用されている．いくつかの例をChap. 14で述べている．DNAの複製時には，二重らせんの一部は一本鎖になり，相補的塩基が結合していく．これと同じ原理を使って，DNAの塩基配列を決めるための化学反応が行われている（Chap. 14）．この反応の最も壮大な応用例は，上記の《身の周り

これに関して，二つの例を紹介する．

1. もし，ある女性が乳がんに対して高リスク家系でなければ，乳がん遺伝子の検査をしてもあまり意味がない．なぜなら，このような低リスクの個人がもつ"正常"遺伝子は，将来，突然変異が起こるかどうかについては何も語ってくれないからである．低リスクの個人が正常遺伝子をもっていても，乳がんのリスクは変わらないので，乳腺のX線写真による定期検診が必要であり，月に一度の自己触診が有効である（本章末のLevy‐Lahad, E., and S. E. Plon の論文と，Couzin, J. の"Twists and Turns"というタイトルの論文を参照されたい）．

2. ある遺伝子をもつからといって，その病気を発症するとは限らない．ハンチントン舞踏病の保因者であることがわかった後も，発病することなしに高齢になるまで生きた人もいる．生殖不能な男性の一部は囊胞性繊維症である場合がある．この病気はクロライドチャネルの機能不全を原因とするものであり，この機能不全に付随して男性不妊を引き起こす（Sec. 13.8 参照）．彼らは，子供ができないために不妊治療に訪れた際に，囊胞性繊維症であることを初めて知ることがある．なぜなら，彼らは幼児期に呼吸器障害が頻発したこと以外に，この病気の症状を実際に経験しないからである．

HGPに関するもう一つの領域は，遺伝子治療の可能性であり，多くの人がそれは"神のみわざ"に等しいものとして畏れる．一部の人たちは，良い遺伝形質だけを集めた，いわゆるデザイナーベイビーを産むことが可能になる時代が来ると想像している．もう少し穏やかな見解として，遺伝子治療によって，多くの致死的な難病を克服できるかもしれないという期待感がある．目下，"バブル・ボーイ"型の免疫不全症，囊胞性繊維症，その他いくつかの疾患に対してヒトにおける臨床試験が進行中である．アメリカ合衆国の現在のガイドラインでは，体細胞の遺伝子治療は許可されているが，次世代に受け継がれるような遺伝子の改変を行うことは許されていない（Sec. 14.2 および p.532 の《身の周りに見られる生化学》を参照）．本章末のChurch, G. M. の論文は，ヒト遺伝子シークエンシングのための技術と可能性がうまくまとめて解説されている．

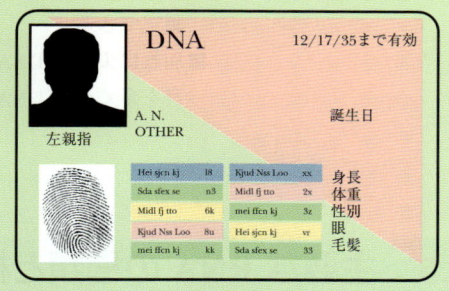

近い将来，あなたの遺伝情報がIDカードで管理される日が来るであろう．(*Fingerprint image: © Powered by Light Royalty‐Free/Alamy*)

に見られる生化学》で述べられている．

　ある一定の条件下では，異なる材料から得たDNAの融解曲線にはそれぞれに特徴的な中点（遷移温度または融解温度といい，T_mで表す）が存在する．このような性質を示す理由は，どのタイプのDNAも明確なある一定の塩基組成を有するからである．G‐C塩基対は3本の水素結合からなり，A‐T塩基対は2本の水素結合からなる．したがって，G‐C塩基対の含量百分率が高くなればなるほど，DNA分子の融解温度は高くなる．この塩基対効果に加えて，G‐C塩基対はA‐T塩基対よりも疎水性が高いため，積み重なりやすくなる．このことが融解曲線にも影響を与える．

　変性したDNAは，ゆっくりと冷却することによって再生が可能である（図9.18）．分離した鎖は

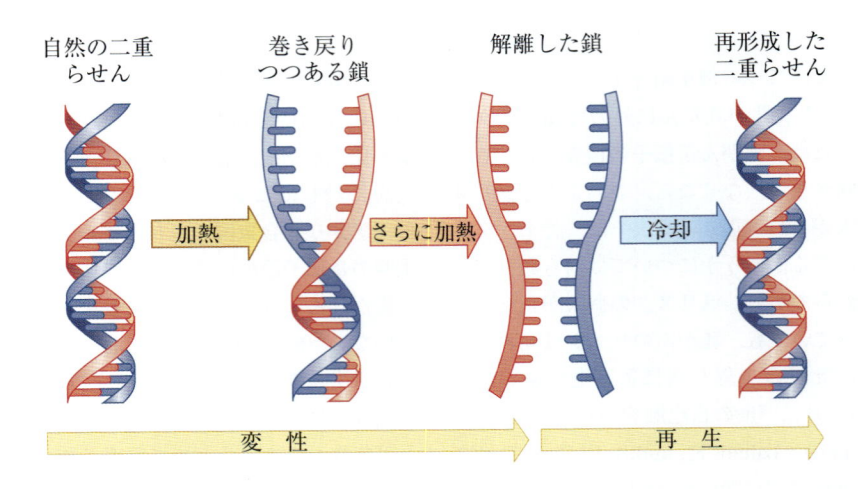

図 9.19
DNA 変性におけるらせんの巻戻し
DNA が変性すると二重らせんはほどけ，最終的に 2 本の鎖は解離する．ゆっくりとした冷却とアニーリングによる再生で二重らせんが再び形成される．

正確な相補的塩基対を再び形成し，元の二重らせん構造に戻る．

Sec. 9.4 要約
- 二重らせんの 2 本の鎖は，DNA 試料を加熱することで分離することができ，この過程を変性と呼ぶ．
- DNA の変性は，変性に伴って増加する紫外部吸収を観察することによって測定できる．
- 加熱によって DNA が変性する温度は，その塩基配列に依存する．G–C 塩基対を多く含む DNA ほど融解温度は高くなる．

9.5 主要な RNA の種類と構造

9.5.1 生命現象に関わっているのはどのような RNA か

6 種類の RNA——トランスファー RNA transfer RNA（tRNA），リボソーム RNA ribosomal RNA（rRNA），メッセンジャー RNA messenger RNA（mRNA），核内低分子 RNA small nuclear RNA（snRNA），マイクロ RNA microRNA（miRNA），および siRNA small interfering RNA——は細胞が生きていく上で重要な役割を果たしている．図 9.20 に情報伝達のプロセスを示す．種々の RNA が DNA の塩基配列に基づく一連のタンパク質合成反応に関与している．どのタイプの RNA も，その塩基配列は対応する DNA の塩基配列によって決定される．DNA の塩基配列が RNA に写される過程を転写と呼ぶ（Chap. 11）．

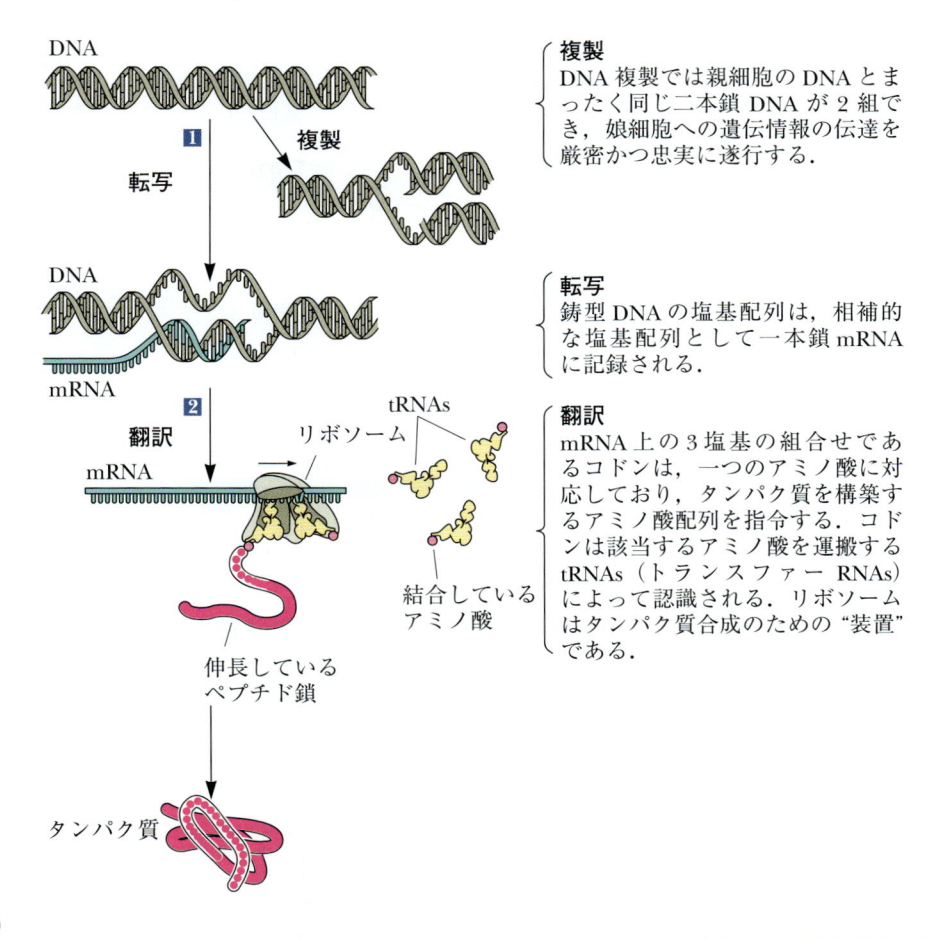

Chapter 9 核酸：核酸の構造はどのようにして遺伝情報を伝えるのか **317**

複製
DNA 複製では親細胞の DNA とまったく同じ二本鎖 DNA が 2 組でき，娘細胞への遺伝情報の伝達を厳密かつ忠実に遂行する．

転写
鋳型 DNA の塩基配列は，相補的な塩基配列として一本鎖 mRNA に記録される．

翻訳
mRNA 上の 3 塩基の組合せであるコドンは，一つのアミノ酸に対応しており，タンパク質を構築するアミノ酸配列を指令する．コドンは該当するアミノ酸を運搬する tRNAs（トランスファー RNAs）によって認識される．リボソームはタンパク質合成のための"装置"である．

図 9.20

細胞内情報転送の基本プロセス
1 DNA のヌクレオチド配列にコードされた情報は，その DNA 塩基配列に基づいて配列が決定される RNA 分子を合成することにより転写される．
2 この RNA の配列（連続した三つのヌクレオチド配列）はタンパク質合成装置によって読み取られ，その配列がタンパク質のアミノ酸配列として翻訳される．

　リボソームは，rRNA がタンパク質と会合してできたものであり，タンパク質合成のとき，アミノ酸が会合してポリペプチド鎖が伸長する場所である．各アミノ酸は tRNA に共有結合したアミノアシル tRNA として伸長部位に運ばれてくる．mRNA の塩基配列は，生成するタンパク質のアミノ酸配列を規定しており，この過程を遺伝情報の**翻訳** translation と呼ぶ．mRNA の三つの塩基の並び方によって，伸長中のポリペプチド鎖へ取り込まれるアミノ酸が決まる（タンパク質合成の詳細については Chap. 12 で述べる）．原核生物と真核生物とでは，これらの過程の細部が異なることを見ていこう（図 9.21）．原核生物では核膜が存在しないため，mRNA は転写されながら，同時にタンパク質の合成を指令することができる．一方，真核生物 mRNA はかなり複雑なプロセッシングを経ることになる．この過程で最も重要なことの一つは，介在塩基配列（イントロン）が除去されることであり，その結果，発現される mRNA の部分（エキソン）のみが互いに連結することになる．
　核内低分子 RNA は，真核細胞の核にのみに存在する点で，他のタイプの RNA とは異なっている．核内低分子 RNA は，mRNA 前駆体が成熟型にプロセッシングされるのに関与しており，生成した成

図 9.21

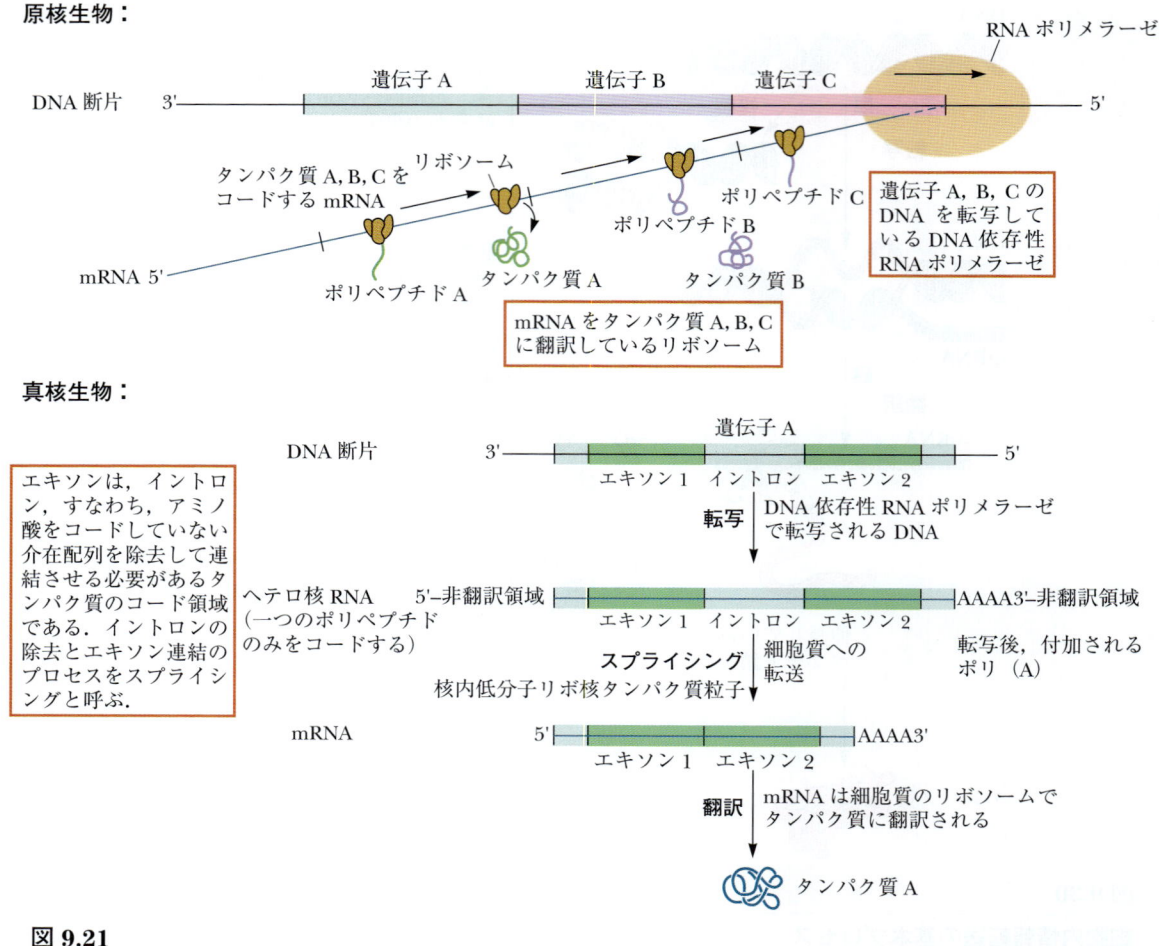

転写における mRNA の役割
原核生物および真核生物細胞の転写から翻訳までの mRNA 分子の性質の比較.

表 9.1　種々の RNA とその役割

RNA のタイプ	サイズ	機　能
トランスファー RNA	小さい	タンパク質合成部位へのアミノ酸の運搬
リボソーム RNA	種々の大きさ	タンパク質と結合して，タンパク質合成の場であるリボソームを形成
メッセンジャー RNA	種々の大きさ	タンパク質のアミノ酸配列を指定
核内低分子 RNA	小さい	真核細胞における前駆体 mRNA のプロセッシング
siRNA	小さい	遺伝子発現に影響を与える；任意の遺伝子をノックアウトする目的で科学者が用いる
マイクロ RNA	小さい	他の遺伝子の発現調節；成長，発達にとって重要

熟 mRNA は翻訳のために核内から細胞質へ輸送される．マイクロ RNA および siRNA は，ごく最近発見された RNA である．siRNA は **RNA 干渉** RNA interference（**RNAi**）と呼ばれるプロセスの主役であり，このプロセスは，最初に植物で発見され，後にヒトを含むほ乳動物でも見出されている．RNAi は特定の遺伝子の発現を抑制する（Chap. 11 を参照）．この RNAi 法は，ある遺伝子の機能を知るために，その遺伝子の働きを抑制したいと考える科学者に繁用されている（Chap. 13 を参照）．表 9.1 に RNA を分類してその機能を示した．

9.5.2　タンパク質合成でのトランスファー RNA の役割は何か

3 種類の重要な RNA の中で最も小さいものは tRNA である．細胞内には異なる種類の tRNA が存在する．それは，タンパク質を構成する各アミノ酸と特異的に結合する tRNA が，少なくとも 1 種類は存在するからである．

1 個のアミノ酸に対して，数種の tRNA 分子が存在することも多い．tRNA は約 73 ～ 94 ヌクレオチドからなる一本鎖のポリヌクレオチドであり，分子量は約 25,000 Da である（生化学者は，原子質

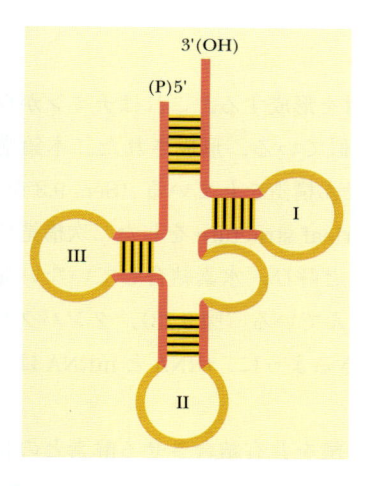

図 9.22
トランスファー RNA のクローバー葉構造モデル
二本鎖領域（赤線）は，分子の折りたたみによって形成され，相補的塩基対間の水素結合によって安定化されている．周辺部のループを黄色で示す．三つの大ループ（番号付）と種類によって大きさが異なる一つの小ループ（番号なし）がある．

図 9.23
トランスファー RNA にみられる修飾塩基の構造
プソイドウリジンのピリミジン環は，通常の N‐1 位ではなく，C‐5 位でリボースと結合していることに注意すべきである．

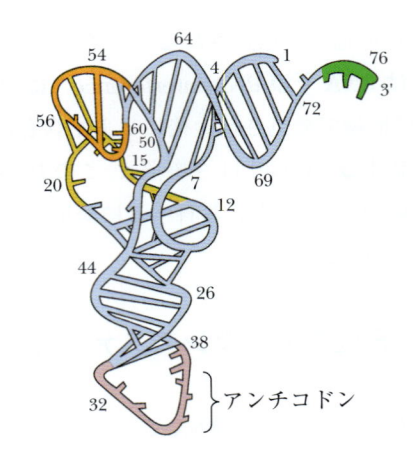

図 9.24

結晶化した酵母フェニルアラニン tRNA の X 線回折から推定される三次元構造
三次元の折りたたみ構造を示す．リボース–リン酸骨格を連続したリボンで表す．；水素結合はクロスバーで示されている．不対塩基は短い，つながっていない棒で示されている．アンチコドンループは底部にあり，アミノ酸結合部位である−CCA 3′の−OH 基は右上部に存在する．

量単位のことをダルトン dalton と呼び，Da と略す）．

　tRNA では分子内水素結合が生じ，A-U および G-C 塩基対を形成する．これはチミンがウラシルに置換している点を除けば，DNA で見られる塩基対とよく似ている．形成された二本鎖構造は，DNA でよく見られる B 型らせんというより，むしろ A 型らせん構造をしている（Sec. 9.3 を参照）．tRNA は，分子内塩基対形成により，クローバー葉構造 cloverleaf structure をした二次構造で表される（図 9.22）．分子内の水素結合している部分をステム stem と呼び，水素結合していない部分をループ loop と呼ぶ．これらのループのいくつかは修飾塩基を含んでいる（図 9.23）．タンパク質合成の間，正しい順序でアミノ酸が並び，ポリペプチド鎖が伸長できるように，tRNA と mRNA はどちらも一定の空間的配置のもとにリボソームと結合する．

　tRNA の特殊な三次構造は，その 2′または 3′末端にアミノ酸を共有結合させる酵素との相互作用に必要となる．この三次構造をとるために，tRNA は L 字型の立体構造に折りたたまれることが，X 線回折により明らかにされた（図 9.24）．

9.5.3　リボソーム RNA はタンパク質とどのように結合し，タンパク質合成の場を形成するか

　tRNA とは対照的に，rRNA は分子量がかなり大きく，細胞内には数種類の rRNA しか存在しない．rRNA はタンパク質と強く結合しているため，rRNA の構造を理解しようとする場合，リボソームそのものを研究対象にするとよい．

　リボソーム中の RNA の割合は全重量の 60 〜 65 ％であり，残りの 35 〜 40 ％をタンパク質が占める．リボソームをその構成成分に解離させることは，リボソームの構造や性質を研究する上で有用な方法であることが示されている．これまで，リボソームを構成する RNA とタンパク質の数と種類を明らかにすることに特別な努力が払われてきた．このアプローチはタンパク質合成におけるリボソー

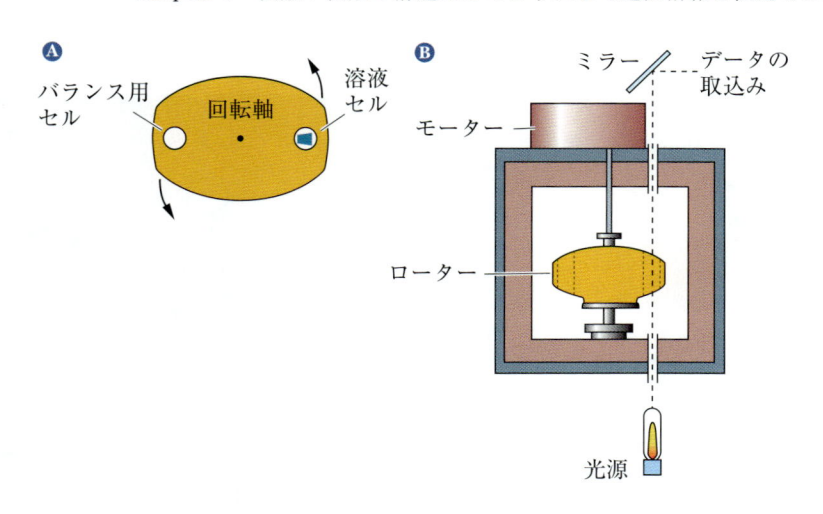

図 9.25
分析用超遠心機
Ⓐ 超遠心機ローターの上面図．溶液セルは光学窓を有し，1 回転ごとにセルは光路を通過する．Ⓑ 超遠心機ローター室の側面図．溶液セルが光路を通過すると吸光度測定が行われ，沈降する粒子の動きを吸光走査することができる．

ムの役割を解明する上で役立っている．原核生物および真核生物のどちらの場合も，リボソームは大きさが異なる大小二つのサブユニットから成っている．すなわち，小サブユニットは一つの大きな RNA 分子と約 20 種類の異なるタンパク質から成る．大サブユニットは，原核生物では二つの RNA 分子と約 35 種類の異なるタンパク質から成っている（真核生物では，三つの RNA 分子と約 50 種類の異なるタンパク質で構成される）．各サブユニットは溶液中の Mg^{2+} 濃度を下げることにより容易に解離する．Mg^{2+} 濃度をもとの濃度まで上げると，この反応は逆に進行し，活性型リボソームを再構成することができる．

　分析用超遠心 analytical ultracentrifugation と呼ばれる方法はリボソームの解離と再会合を観察するのに大変有用であることが示された．図 9.25 に分析用超遠心機を示す．ここでは，遠心条件下におけるリボソーム，RNA，そしてタンパク質の挙動を観測することが実験の基本原理であるということがわかれば，方法について詳しく知る必要はない．粒子の挙動は沈降係数 sedimentation coefficient で表し，単位は超遠心機を考案したスウェーデンの科学者，テオドール・スベドベリ Theodor Svedberg の名にちなんでスベドベリ単位 Svedberg unit（S）を用いる．S 値は沈降粒子の分子量に従って増加するが，正比例するわけではない．その理由は，粒子の形状もまた沈降速度に影響を与えるからである．

　リボソームやリボソーム RNA は，これまでに沈降係数を用いて詳しく研究されてきた．原核細胞系での研究のほとんどが大腸菌を用いて行われており，ここでも大腸菌を例に説明する．大腸菌のリボソームは一般に 70S の沈降係数をもっている．70S リボソームが解離すると，軽い 30S サブユニットと重い 50S サブユニットになる．このことは，沈降係数は加法的なものではなく，粒子の形状にも依存していることを示している．30S サブユニットは 16S rRNA と 21 個の異なるタンパク質を含む．50S サブユニットは，5S rRNA，23S rRNA ならびに 34 個の異なるタンパク質を含んでいる（図 9.26）．一方，真核細胞のリボソームは 80S の沈降係数をもち，40S の小サブユニットと 60S の大サ

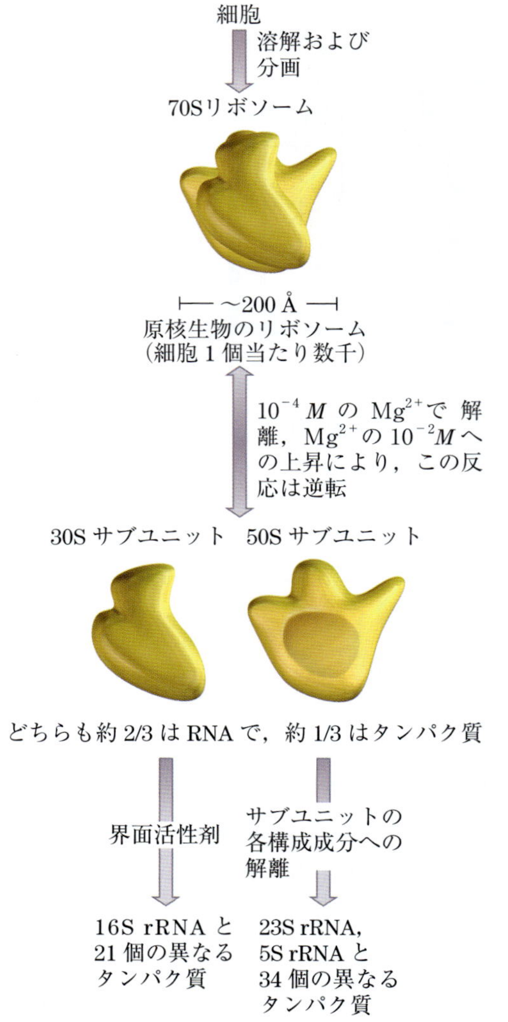

図 9.26
原核細胞のリボソームの構造
個々の構成成分を混ぜ合わせ，機能を有するサブユニット集合体を形成することができる．サブユニットの再会合によって元通りのリボソームになる．

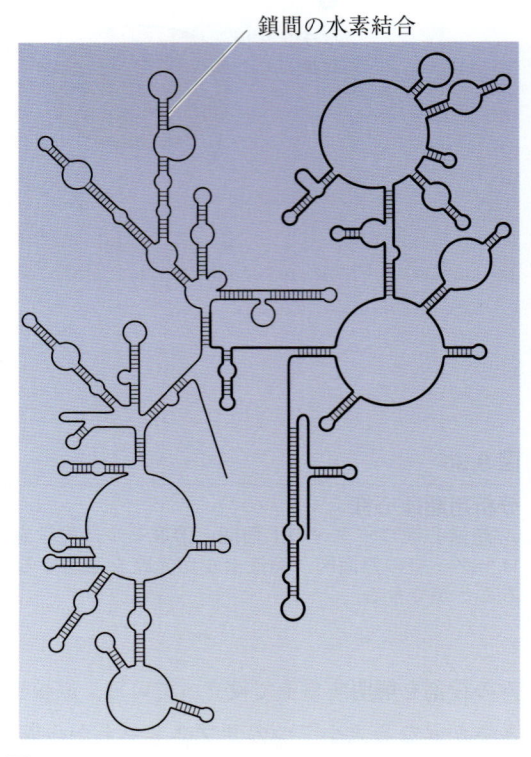

図 9.27
16S rRNA の推定二次構造
分子内の折りたたみパターンには，ループや二本鎖領域がある．鎖間の水素結合が広範にみられることに注意すること．

ブユニットから成る．小サブユニットは 18S rRNA を含み，大サブユニットは 5S, 5.8S および 28S の三つのタイプの rRNA 分子を含んでいる．

5S rRNA は多くの異なるタイプの細菌から単離され，その塩基配列が決定されている．典型的な 5S rRNA は約 120 ヌクレオチドの長さで，分子量が約 40,000 Da である．16S および 23S rRNA についても，一部の塩基配列が決定されており，それぞれ約 1,500 および 2,500 ヌクレオチドの長さをもっている．16S rRNA の分子量は約 500,000 Da であり，23S rRNA の分子量は約 100 万 Da である．このような分子量が大きい RNA では，二次および三次構造が存在する可能性が高いと思われる．16S rRNA については二次構造が提唱されており（図 9.27），タンパク質がどのように RNA と会合して

30Sサブユニットを形成するかが示唆されている．

リボソームの自己集合 self assembly of ribosomes は生細胞中で起こるものであるが，この過程は実験的にも再現することができる．リボソームの構造解析は活発な研究分野の一つである．細菌のリボソームサブユニットへ結合し，その自己集合を阻害するような抗生物質の研究も中心課題の一つである．真核生物，真正細菌および古細菌を比較対照する特徴の一つとして，リボソームの構造が用いられる (Chap. 1)．詳細については，本章末の参考文献に挙げた Lake, J. A. の文献，特に総説を参照するとよい．トーマス・チェック Thomas Cech がある種の RNA 分子に酵素のような触媒機能があることを明らかにした 1986 年，RNA の研究はこれまで以上にエキサイティングなものになった (Sec. 11.8)．細菌において，リボソーム内でペプチド結合の形成を触媒する役割を担うのはタンパク質ではなく，リボソーム RNA であるという最近の発見も同様に驚くべきものであった (Chap. 12)．この RNA 研究の展開についての詳細は，本章末の Cech, T. R. の論文を参照されたい．

9.5.4　メッセンジャー RNA はタンパク質合成をどのように指令するか

主要な RNA の中で最も含量の低いのが mRNA である．大部分の細胞では，mRNA はせいぜい全 RNA の 5〜10％ を占めるにすぎない．mRNA の塩基配列はタンパク質のアミノ酸配列を規定している．活発に増殖している細胞では，短期間に多くの異なるタンパク質が必要であり，タンパク質合成の速いターンオーバーが必須となる．したがって，mRNA はそれが必要なときにつくられてタンパク質合成を指令し，その後は分解されてヌクレオチドが再利用されることは理にかなっている．4 種類の RNA の中で，mRNA は細胞内で最も速く代謝回転する．tRNA や rRNA（リボソームも同様）はどちらも，タンパク質合成において何回も分解されずにそのままの形で再利用されている．

タンパク質合成を指令する mRNA の塩基配列は，そのタンパク質をコードする DNA の塩基配列を反映しているが，mRNA の配列は DNA から転写された配列そのものとは異なっている場合が多い．mRNA は，その配列が規定するタンパク質の大きさがさまざまであるように，分子の大きさが不均一である．転写が終了するまでの間に起こる折りたたみ (Chap. 11) を除けば，おそらく mRNA では分子内折りたたみ構造が存在する可能性は低い．また，タンパク質合成が進行中のある時点では，数個のリボソームが 1 本の mRNA 分子に結合していると思われる．真核生物では，転写直後の mRNA は，巨大な前駆体分子であり，**ヘテロ核 RNA** heterogenous nuclear RNA（hnRNA）と呼ばれる．hnRNA は**イントロン** intron と呼ばれる介在配列を含んでおり，この配列はタンパク質をコードしていない．イントロンは，転写後スプライシングによって除去される．さらに，mRNA が成熟型に変換する前に，5′-キャップ構造 5′-cap および 3′ ポリ(A)テール 3′poly(A)tail と呼ばれる保護構造が付加される (Sec. 11.7)．

9.5.5　核内低分子 RNA は RNA のプロセッシングにどのように関与するか

核内低分子 RNA small nuclear RNA（snRNA）は，最近発見された RNA 分子であり，その名称が示す通り真核細胞の核の中に存在する．このタイプの RNA は低分子で，約 100〜200 ヌクレオチドの長さである．しかし，snRNA は tRNA とも違うし，rRNA の小サブユニットでもない．細胞内では，

身の周りに見られる生化学　遺伝学

一卵性双生児でもまったく同じでないのはなぜか

　双子を研究することで，遺伝的要因と養育環境の及ぼす影響の違いについて多くのことを学ぶことができる．出生後，直ちに離された双子は，後に彼らにどのような違いが生じたかを調べるための研究対象になる．彼らの相違と類似性は，いかに多くの生理機能や行動が遺伝子の支配を受けているかをわれわれに考えさせる．しかしながら，一見，同じ境遇で成長した双子であっても，全く違って育ち上がる場合がある．一卵性双生児のDNA配列は確かに同一であるが，二人は他の多くの点で異なっている．エピジェネティクスの研究は，活発な研究領域の一つである．エピジェネティクスとは，塩基配列の変異とは異なる後成的なDNAの変化である．このDNAの後成的修飾は，特定の遺伝子の発現を活性化/不活性化するスイッチとして働く．この修飾機構が双子のそれぞれで異なっているとすると，彼らはもはや同一ではない．

　後成的修飾機構の中で最もよく知られている例はDNAのメチル化であり，図に示すように，シトシン残基にメチル基のタグが入る．これは通常，その遺伝子の発現を抑制することになる．もう一つの後成的修飾機構は，クロマチン再構築である．Sec. 9.3で述べたヒストンタンパク質は，メチル基，アセチル基，またはリン酸基によって修飾される．これが近接した遺伝子の活性に影響を及ぼすことになる．図に示すように，ヒストンのアセチル化は通常，遺伝子発現を活性化するが，メチル化は逆に抑制する．

　ある種の病気は後成的なものであるため，一卵性双生児の一方が病気を発症しても，他方は発症しないことがある．病気への罹りやすさは，その一家の特徴であることが多いが，病気になる実際のメカニズムには，細胞内DNAの後成的な変化が必要であるのかもしれない．後成的変化は，がん研究の領域では大変重要であるが，科学者たちが後成的な修飾と統合失調症，免疫不全症，肥満，糖尿病，心臓病などの他の病気との関連について研究を始めたのは，ごく最近のことである．

5-メチルシトシンの構造

エピジェネティックな違いを示すために調製された高性能マイクロアレイは，一卵性双生児がなぜ同一ではないかを示すことができる（Natureより，許可を得て転載）．

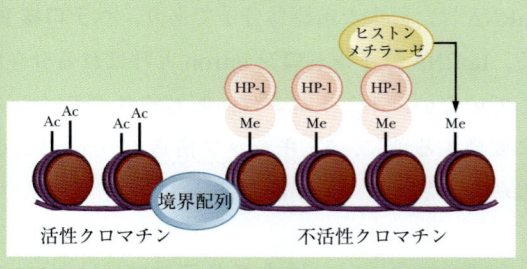

ヒストンのメチル化およびアセチル化は遺伝子発現を制御する（Bannister, A., Zegerman, P., Partridge, J.F., Miska E., Thomas, J.O., Allshire, R.C., Kouzarides, T.: Selective recognition of methylated lysine 9 on histone H3 by the HP1 chromo domain. Nature **410**, 120–124 (1 March 2001) より，許可を得て転載）．

snRNA はタンパク質と複合体をつくり**核内低分子リボ核タンパク質粒子** small nuclear ribonucleoprotein particle を形成している．通常，**snRNPs**（"スナープス snurps" と発音する）と略記する．これらの粒子の沈降係数は 10S である．転写直後の mRNA が核外へ移行するためには，成熟型へ変わる必要があるが，snRNA はそのプロセッシングに関与している．真核生物では，転写は核内で起こるが，タンパク質合成は細胞質で行われる．そのため，mRNA は核外へ出る必要がある．多くの研究者は，RNA スプライシングのプロセスについて研究を進めており，これについては Sec. 11.8 で詳しく述べる．

9.5.6　RNA 干渉とは何か，それが重要なのはなぜか

　RNA 干渉というプロセスが新時代の到来を告げるように登場したのは，2002 年の *Science* 誌であった．短鎖 RNA（20〜30 ヌクレオチドの長さ）が遺伝子発現を全般にわたって制御していることが見出された．

　このプロセスは，多くの生物種で保存されている防御機構の一つとして見出されたものであり，siRNA は無秩序な細胞増殖の原因となる好ましくない遺伝子や，ウイルス由来の遺伝子の発現を抑制するために機能している．また，これらの低分子 RNA は，遺伝子発現を研究する科学者に利用される．新しいバイオ技術が爆発的に急展開したのは，何百もの既知遺伝子をノックアウトするデザイナー siRNA をつくり，市場へ出すための企業がたくさん設立されたことによる．この技術は医療のさまざまな用途へも応用可能である．例えば，siRNA はマウスの肝臓をウイルス性肝炎から保護する目的や，ウイルス性肝炎に罹患した肝細胞を治療する目的で用いられた（本章末の Couzin, J. の論文，Gitlin, L. *et al.*，ならびに Lau, N. C., and D. P. Bartel の論文を参照）．RNA 干渉のバイオテクノロジーへの応用については Chap. 13 でさらに詳しく述べる．最近，RNA 干渉のさまざまな応用の可能性を探るため，多くの新しいバイオテクノロジー関連企業が出現している．

> **Sec. 9.5 要約**
> ■ タンパク質合成に関与するのは，4 種類の RNA，すなわち，トランスファー RNA，リボソーム RNA，メッセンジャー RNA および核内低分子 RNA である．
> ■ トランスファー RNA は，リボソーム RNA とタンパク質から構成されるリボソーム上のタンパク質合成部位へアミノ酸を運ぶ．
> ■ メッセンジャー RNA は，タンパク質のアミノ酸配列を指令する．核内低分子 RNA は，真核生物の mRNA がプロセッシングを受けて最終的な形に変換される過程に関与する．
> ■ RNA 干渉は短鎖の siRNA を必要とし，遺伝子の発現を制御する．

SUMMARY 要約

◆ **DNA と RNA にはどのような違いがあるか**　核酸には DNA（デオキシリボ核酸）と RNA（リボ核酸）の 2 種類がある．DNA の構成糖はデオキシリボースであるが，RNA は同じ位置にリボースを有する．この糖の違いが二次構造，三次構造の違いを引き起こす．核酸の一次構造とはポリヌクレオチドの塩基配列の順序のことであり，二次構造は骨格の三次元構造である．三次構造とは分子そのものの超らせん形成のことである．

◆ **ヌクレオチドの構造と構成成分とはどのようなものか**　核酸の基本単位（モノマー）はヌクレオチドである．個々のヌクレオチドは三つの要素，すなわち，窒素含有塩基，糖，そしてリン酸基からできており，互いに共有結合している．塩基は糖と結合し，ヌクレオシドを形成する．

◆ **ヌクレオチドはどのように結合して核酸になるか**　ヌクレオシドはリン酸とエステル結合することによってつながれ，ホスホジエステル骨格を形成する．

◆ **DNA の二重らせんはどのような性質をもっているか**　ワトソンとクリックによってはじめて提唱された二重らせん構造は DNA の最も顕著な特徴である．2 本のらせん化した鎖は互いに逆平行に走り，相補的塩基対間の水素結合によって保持されている．アデニンはチミンと，グアニンはシトシンと対を形成する．

◆ **二重らせんには多様な高次構造が存在しうるか**　二重らせんの一般的な構造（B 型 DNA）以外にもいくつかの変形した構造が存在することが知られている．A 型 DNA では塩基対はらせん軸に対して垂直な状態にあり，Z 型 DNA のらせんは，最も一般的な B 型 DNA のらせんが右巻きであるのに対し，左巻きである．これらの変形した構造も生理的役割をもつことが知られている．

◆ **原核生物 DNA はどのように超らせんを巻いて三次構造を形成するか**　超らせん形成は原核生物および真核生物 DNA の特徴である．原核生物 DNA は一般に環状であり，環が閉じる前にねじれて超らせん型になる．超らせんの形成は DNA の複製において重要な役割を果す．

◆ **真核生物 DNA では超らせん形成はどのようにして起こるか**　真核生物 DNA はヒストンおよび他の塩基性タンパク質と複合体を形成しているが，原核生物 DNA と結合するタンパク質に関してはほとんど知られていない．

◆ **DNA の変性はどのようにして測定できるか**　DNA を変性させると二重らせん構造が破壊される．この現象の進行は，紫外部吸収を測定することによって追跡することができる．DNA の融解温度は塩基組成に依存する．G–C 塩基対を豊富に含む DNA ほど融解温度は高くなる．

◆ **生命現象に関わっているのはどのような RNA か**　6 種類の RNA，すなわち，トランスファー RNA（tRNA），リボソーム RNA（rRNA），メッセンジャー RNA（mRNA），核内低分子 RNA（snRNA），マイクロ RNA（miRNA）および siRNA があり，それぞれの構造や機能が異なっている．

◆ **タンパク質合成でのトランスファー RNA の役割は何か**　トランスファー RNA は比較的低分子で，約 80 ヌクレオチドの長さである．この RNA は広範な分子内水素結合をもち，クローバー葉構造をした二次構造で表される．アミノ酸はトランスファー RNA と結合してタンパク質合成の場へ運ばれる．

◆ **リボソーム RNA はタンパク質とどのように結合し，タンパク質合成の場を形成するか**　リボソーム RNA 分子はかなり大きく，タンパク質と複合体をつくることでリボソームサブユニットを形成

する．リボソームRNAも広範な分子内水素結合をもつ．

◆ **メッセンジャーRNAはタンパク質合成をどのように指令するか** mRNAの塩基配列は特定のタンパク質のアミノ酸配列を決定する．mRNA分子の大きさは，コードするタンパク質の大きさによって変化する．

◆ **核内低分子RNAはRNAのプロセッシングにどのように関与するか** 真核生物のmRNAは，核内で4番目のRNAである核内低分子RNAによってプロセッシングを受ける．核内低分子RNAは，タンパク質と複合体を作ることで核内低分子リボ核タンパク質粒子（snRNPs）を形成する．真核生物mRNAは，はじめは未熟な前駆体のかたちで産生され，イントロンの除去と5′と3′末端への保護構造の付加によるプロセッシングを受ける．

◆ **RNA干渉とは何か，それが重要なのはなぜか** マイクロRNAとsiRNAはともに分子量が小さく，約20〜30塩基の長さである．これらは遺伝子発現の調節に関与しており，RNA研究においてごく最近発見されたものである．

EXERCISES 練習問題

9.1 核酸構造のレベル

1. **演習** タンパク質で定義される構造のレベル（一次，二次，三次，四次）の概念に照らし，以下のことを考察しなさい．
   (a) 二本鎖DNAはどの構造レベルを示しているか．
   (b) tRNAはどの構造レベルを示しているか．
   (c) mRNAはどの構造レベルを示しているか．

9.2 ポリヌクレオチドの共有結合構造

2. **復習** チミンとウラシルの構造上の違いは何か．
3. **復習** アデニンとヒポキサンチンの構造上の違いは何か．
4. **復習** A, G, C, TおよびUの各々につき，塩基名，リボヌクレオシド名，デオキシリボヌクレオシド名，リボヌクレオシド三リン酸名を答えよ．
5. **復習** ATPとdATPとの違いは何か．
6. **復習** ACGTAT，AGATCTおよびATGGTA（すべて5′→3′方向へ読む）について，相手鎖の塩基配列を記せ．
7. **復習** 問題6の3種類の塩基配列は，RNAそれともDNAのものか．その根拠は何か．
8. **演習** (a) DNAが安定であることは生物体にとって都合がよいことか．いずれにせよ，それはどのような理由か．(b) RNAが不安定であることは生物体にとって都合がよいことか．いずれにせよ，それはどのような理由か．
9. **演習** 友人がRNA中には4種類の塩基しかないといったら，どのように答えるべきか．
10. **演習** 分子生物学時代の幕開けの頃，RNAは，DNAと異なり，直鎖状の共有結合構造というより分枝鎖構造をとっていると推測されていた．このような推論がされた理由は何か．
11. **演習** RNAがDNAよりもアルカリ加水分解に弱い理由は何か．

9.3 DNAの構造

12. **復習** A型らせん，B型らせん，Z型らせん，ヌクレオソームおよび環状DNAは，天然にはどのような種類の核酸中に見出されるか．
13. **復習** G–C塩基対を図示せよ．A–T塩基対についても同様に図示せよ．
14. **復習** 次の記述で正しいものはどれか．
    (a) 細菌のリボソームは，40 Sおよび60 Sのサブユニットから成る．
    (b) 原核生物のDNAは，通常，ヒストンと複合体を形成している．
    (c) 原核生物のDNAは，通常，閉環構造をしている．
    (d) 環状DNAは，超らせん化している．
15. **関連** ポリペプチドや薬物がDNAと会合する際の結合部位は，主溝と副溝に存在する．正しいか，誤りか．
16. **復習** B型DNAの主溝と副溝は，A型DNAの

主溝と副溝とどのような違いがあるか．

17. 復習　次の記述のうちで正しいものはどれか．
    (a) DNA の二本鎖は，同じ 5′ 末端から 3′ 末端の方向へ走行している．
    (b) アデニン–チミン塩基対は，3 個の水素結合をもっている．
    (c) 正に荷電した対イオンは，DNA と結合する．
    (d) DNA の塩基対は，常にらせん軸と垂直に位置している．
18. 復習　超らせん supercoiling，正の超らせん positive supercoil，トポイソメラーゼ topoisomerase および負の超らせん negative supercoil について説明せよ．
19. 復習　プロペラ様ツイスト（ねじれ）とは何か．
20. 復習　AG/CT ステップとは何か．
21. 復習　なぜプロペラ様ツイスト（ねじれ）が生じるのか．
22. 復習　B 型 DNA と Z 型 DNA との違いは何か．
23. 復習　環状 B 型 DNA が正に超らせん化した場合，左巻きになるか，それとも右巻きか．
24. 復習　クロマチンの構造について簡潔に述べよ．
25. 関連　三重らせん DNA の形成を可能にする塩基間の結合様式を図示せよ．
26. 演習　らせん状 DNA 分子におけるねじれ応力を弛緩させるメカニズムを三つ列挙せよ．
27. 演習　DNA ジャイレースの作用の仕組みを説明せよ．
28. 演習　DNA とヒストンとの結合親和性において，アセチル化またはリン酸化はどのようなかたちで関わっているか．図式で示して説明せよ．
29. 演習　通常，DNA 中にアデニン–グアニン，またはシトシン–チミン塩基対は存在するか．理由も説明せよ．
30. 演習　最初に提唱された DNA 構造の一つは，すべてのリン酸基が長い繊維の中心に位置していた．この提案が否定された理由を述べよ．
31. 演習　グアニン含量が 22 ％である二本鎖真核生物 DNA の完全な塩基組成はどのようになるか．
32. 演習　問題 31 の DNA が二本鎖である必要があるのはなぜか．
33. 演習　一本鎖 DNA 分子の塩基分布について，

最もわかりやすい特色は何か．

34. 関連　ヒトゲノムプロジェクトの目的は何か．研究者たちはなぜヒトゲノムの詳細を知りたがるのか．
35. 関連　遺伝子治療を行う場合，法的，倫理的に考慮すべき事柄を説明せよ．
36. 関連　最近見た生物医学関連企業のコマーシャルによれば，将来，各個人が自分の完全な遺伝子型が記入されたカードを携帯するようになるとのことである．これによって生じる利害とは何か．
37. 演習　PCR と呼ばれる技法は，法医学の領域で DNA の複製を大量につくるときに用いられる（Chap. 13）．この技法を使うと，DNA は自動化装置の中で加熱されて分離する．この技法を用いるためには，その DNA の塩基配列情報が必要とされるのはなぜか．

9.4　DNA の変性

38. 演習　G–C 含量が高い DNA よりも A–T 含量が高い DNA のほうが，遷移温度（T_m）が低いのはなぜか．

9.5　主要な RNA の種類と構造

39. 復習　トランスファー RNA の典型的クローバー葉構造を図示せよ．そのクローバー葉パターンと，提唱されているリボソーム RNA 構造との間の類似性を指摘せよ．
40. 復習　核内低分子 RNA（snRNA）の役割は何か．核内低分子リボ核タンパク質粒子（snRNP）とは何か．
41. 復習　分子量が最も大きい RNA は何か．分子量が最も小さい RNA は何か．
42. 復習　二次構造を最も形成しにくい RNA は何か．
43. 復習　DNA 鎖がほどけると吸光度が増加するのはなぜか．
44. 復習　RNA 干渉とは何か．
45. 演習　より広範に水素結合をもつのは tRNA，mRNA のうちいずれか．それはどのような理由によるか．
46. 演習　tRNA の構造中には，通常の四つの塩基のほかにいくつかの特殊な塩基が含まれている．特殊塩基が存在する理由を述べよ．
47. 演習　細胞内でより速やかに分解されるのは

mRNA, rRNA のうちいずれか．それはどのような理由によるか．

48. **演習** DNA の突然変異と不適正な mRNA を形成させてしまう誤転写とでは，どちらが細胞にとってより有害か．理由についても述べよ．

49. **演習** 真核生物 mRNA が，タンパク質へ翻訳される段階に至るまでにどのようなことが起こるか．

50. **演習** 50S リボソームサブユニットと 30S リボソームサブユニットが会合すると，80S サブユニットにならずに 70S サブユニットになるのはなぜか．説明せよ．

ANNOTATED BIBLIOGRAPHY　　　　　　　　　　　　　参 考 文 献

たいていの有機化学の教科書には，核酸に関する章がある．

Baltimore, D. Our Genome Unveiled. *Nature* **409**, 814–816 (2001). [A Nobel Prize winner's guide to the special issue describing human genome sequencing.]

Berg, P., and M. Singer. *Dealing with Genes: The Language of Heredity*. Mill Valley, CA: University Science Books, 1992. [Two leading biochemists have produced an eminently readable book on molecular genetics; highly recommended.]

Cech, T. R. The Ribosome is a Ribozyme. *Science* **289**, 878–879 (2000). [The title says it all.]

Church, G. M. Genomes for All. *Sci. Amer.* **295** (1), 47–54 (2006). [An excellent summary of how human genomes are determined.]

Claverie, J. M. Fewer Genes, More Noncoding RNA. *Science* **309**, 1529–1530 (2005). [As more human genome information is discovered, the number of genes cording for proteins is decreasing and the amount of noncoding RNA products is increasing.]

Claverie, J. M. What If There Are Only 30,000 Human Genes? *Science*, **252**, 1255–1257. (2001). [Implications of the low gene number to human molecular biology.]

Collins, F., et al. (International Human Genome Sequencing Consortium). Initial Sequencing and Analysis of the Human Genome. *Nature* **409**, 860–921 (2001). [One of two simultaneous publications of the sequence of the human genome.]

Couzin, J. Mini RNA Molecules Shield Mouse Liver from Hepatitis. *Science* **299**, 995 (2003). [An example of RNA interference.]

Couzin, J. Small RNAs Make Big Splash. *Science* **298**, 2296–2297 (2002).[A description of the small, recently discovered forms of RNA.]

Couzin, J. The Twists and Turns in BRCA's Path. *Science* **302**, 591–593 (2003). [Genes involved in breast cancer have given researchers some big surprises and continue to do so.]

Dennis, C. Altered States. *Nature* **421**, 686–688 (2003). [Epigenetic states can control disease states and explain why identical twins are not so identical.]

Gitlin, L., S. Karelsky, and R. Andino. Short Interfering RNA Confers Intracellular Antiviral Immunity in Human Cells. *Nature* **418**, 430–434 (2002). [An example of RNA interference.]

Jeffords, J. M., and T. Daschle. Political Issues in the Genome Era. *Science* **252**, 1249–1251 (2001). [Comments on the Human Genome Project by two members of the U.S. Senate.]

Jenuwein, T., and C. D. Allis. Translating the Histone Code. *Science* **293**, 1074–1079 (2001). [An in-depth article about chromatin, histones, and methylation.]

Lake, J. A. Evolving Ribosome Structure: Domains in Archaebacteria, Eubacteria, Eocytes and Eukaryotes. *Ann. Rev. Biochem.* **54**, 507–530 (1985). [A review of the evolutionary implications of ribosome structure.]

Lake, J. A. The Ribosome. *Sci. Amer.* **245** (2), 84–97 (1981). [A look at some of the complexities of ribosome structure.]

Lau, N. C., and D. P. Bartel. Censors of the Genomes. *Sci. Amer.* **289** (2), 34–41 (2003). [An article primarily about RNA interference.]

Levy-Lahad, E., and S. E. Plon. A Risky Business–Assessing Breast Cancer Risk. *Science* **302**, 574–575 (2003). [A discussion of risk factors and probabilities for *BRCA* gene carriers.]

Moffat, A. Triplex DNA Finally Comes of Age. *Science* **252**, 1374–1375 (1991). [Triple helices as "molecular scissors."]

Paabo, S. The Human Genome and Our View of Ourselves. *Science* **252**, 1219–1220. (2001). [A look at human DNA and its comparison to other species.]

Peltonen, L. and V. A. McKusick. Dissecting Human Disease in the Postgenomic Era. *Science* **252**, 1224–1229 (2001). [How diseases may be studied in the genomic era.]

Pennisi, E. DNA's Molecular Gymnastics. *Science* **312**, 1467–1468 (2006). [A review of the alternative forms of DNA.]

Pennisi, E. The Evolution of Epigenetics. Science 293, 1063–1105 (2001). [A mini-symposium on epigenetics.]

Scovell, W. M. Supercoiled DNA. *J. Chem. Ed.* **63**, 562–565 (1986). [A discussion focused mainly on the topology of circular DNA.]

Venter, J. C., et al. The Sequence of the Human Genome. *Science* **291**, 1304–1351 (2001). [One of two simultaneous publications of the sequence of the human genome.]

Watson, J. D., and F. H. C. Crick. Molecular Structure of Nucleic Acid. A Structure for Deoxyribose Nucleic Acid. *Nature* **171**, 737–738 (1953). [The original article describing the double helix. Of historical interest.]

Wolfsberg, T., J. McEntyre, and G. Schuler. Guide to the Draft Human Genome. *Nature* **409**, 824–826 (2001). [How to analyze the results of the Human Genome Project.]

CHAPTER 10

核酸の合成：複製

原核生物の細胞は，二つにくびれて分裂する．

概　要

10.1 細胞内における遺伝情報の流れ

10.2 DNA の複製

- **10.2.1** 科学者たちはどのようにして複製が半保存的であることを確証したか
- **10.2.2** 複製はどちらに向かって進むか

10.3 DNA ポリメラーゼ

- **10.3.1** 二つの鎖が逆方向に合成されるとき，DNA を鎖に沿って複製するにはどうすればよいか．

10.4 DNA 複製に必要なタンパク質

- **10.4.1** 超らせん化した DNA を複製するにはどうするか
- **10.4.2** 複製している間，一本鎖になった DNA はどのように保護されるか
- **10.4.3** プライマーはどこから来るか

10.5 校正と修復

- **10.5.1** 校正は複製の忠実度をどれくらい高めるか

10.6 真核生物における DNA の複製

- **10.6.1** 複製と細胞周期はどのように結びつけられているか
- **10.6.2** 真核生物のポリメラーゼは原核生物のものとどの程度似ているか

10.1 細胞内における遺伝情報の流れ

　DNA の塩基配列は遺伝情報を記録している．細胞が分裂して娘細胞を作る際には，元と同じ塩基配列をもつ新しい DNA を作り，DNA を 2 倍にする必要がある．DNA を 2 倍にする過程を**複製** replication という．遺伝子産物を作り出す過程には RNA が必要である．DNA を鋳型として RNA を作り出す過程を**転写** transcription と呼び，Chap. 11 で学ぶ．RNA の塩基配列は DNA の塩基配列を反映している．タンパク質の生合成には 3 種の RNA が関与しているが，特に重要なものはメッセンジャー RNA（mRNA）であり，mRNA の三つの塩基の並びが遺伝暗号となり，一つのアミノ酸を指定する．塩基配列に基づいてアミノ酸配列が決められていく過程を**翻訳** translation と呼び，Chap. 12 で学ぶ．ほとんどすべての生物において，遺伝情報の流れは DNA → RNA → タンパク質という一方向になっており，唯一の重要な例外は，DNA ではなく RNA を遺伝物質とするある種のウイルス（レトロウイルス retrovirus と呼ばれる）である．このウイルスでは，RNA の指令で DNA を合成しており，その過程は**逆転写酵素** reverse transcriptase が触媒する（RNA を遺伝物質とするウイルスのすべてがレトロウイルスではないが，すべてのレトロウイルスは逆転写酵素をもち，実際，"レトロ"という言葉は転写が通常とは逆方向に進むことに由来している．本章末の Varmus, H. の論文を参照されたい）．この酵素は，HIV のようなレトロウイルス感染症に対する治療薬をデザインする際の標的となる．図 10.1 は，細胞内における情報伝達の流れをまとめて図示したものであり，この図は，分子生物学の"セントラルドグマ（中心命題）"と呼ばれている．

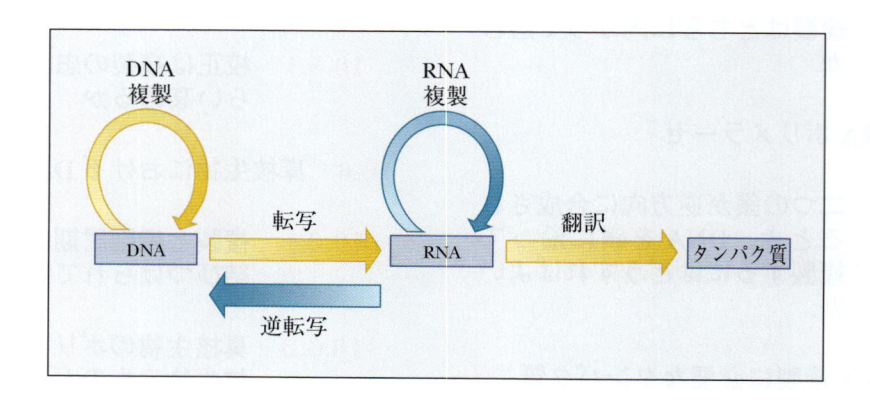

図 10.1

細胞内における遺伝情報の伝達機構
黄色の矢印は一般的な場合，青色の矢印は特殊な場合（大部分が RNA ウイルスのもの）を表している．

Sec. 10.1 要約
- 細胞分裂に先立って新しい DNA のコピーを作る必要があり，この過程を複製と呼ぶ．
- DNA を鋳型にして RNA を合成する過程を転写と呼び，これは次章で取り上げる．
- メッセンジャー RNA の塩基配列は，翻訳と呼ぶ過程でタンパク質合成の設計図として使われる．

10.2 DNA の複製

　自然界に存在する DNA には一本鎖と二本鎖があり，それぞれが直鎖状と環状構造をとることで多くの形を生じるので，起こりうるすべての場合を網羅した形で，DNA 複製を普遍的に説明するのは難しい．多くの DNA が二本鎖であるので，ここでは二本鎖 DNA の複製の一般的な特徴を説明する．この特徴は，直鎖状，環状いずれの DNA にも当てはまる．本章で述べる複製に関する詳しい機構の大部分は，原核生物，特に大腸菌 *Escherichia coli* を用いた研究によって明らかにされたものであり，この節における複製機構に関する説明の大部分は，大腸菌を用いた実験から得られた知見に基づくものである．なお，真核生物の複製機構が原核生物のものと異なる点については，Sec. 10.6 で検討する．

　1 分子の二重らせん DNA を複製して，2 分子の同じ二本鎖 DNA を作り出す過程は複雑である．この複雑さが高度な微調整を可能にしており，それによって複製の高い忠実度が保証されている．二重らせん DNA を複製する際には，細胞は三つの重要な課題に直面する．第一の課題は，2 本の DNA 鎖を分離することであるが，DNA の 2 本の鎖は，必要なときには巻き戻して一本鎖にできる形で互いに巻かれている．二重らせんを連続的にほどくことに加えて，ほどかれた DNA は一本鎖 DNA を選択的に攻撃する**ヌクレアーゼ** nuclease の作用から保護する必要もある．第二の課題は，DNA が 5′ 末端から 3′ 末端の方向にしか合成できないことに関連している．DNA の複製では，互いに逆向きになっている 2 本の鋳型鎖上で，二つの新しい逆平行二本鎖 DNA を同じ方向へ伸ばさなければならない．いい換えれば，鋳型も新しく作られる DNA も同じように 1 本の 5′→3′ 鎖と 1 本の 3′→5′ 鎖をもっている．第三の課題は，複製時の誤りの防止，すなわち，伸長するポリヌクレオチド鎖への正しいヌクレオチドの付加を常に保証することである．これらの課題に対する答えを見出すには，本節と後に続く三つの節の内容を理解する必要がある．

半保存的複製

　DNA の複製では，元になる 2 本の鎖が分かれて，それぞれを鋳型にして 2 本の新しい DNA が合成される．このようにして生じる新しい DNA 分子には，元の DNA に由来する鎖と新しく合成された鎖が 1 本ずつ含まれるので，この形の複製を**半保存的複製** semiconservative replication（図 10.2）と呼んでいる．複製過程の細部においては原核生物と真核生物との間に相違が認められるものの，複製が半保存的であることはすべての生物種に共通している．

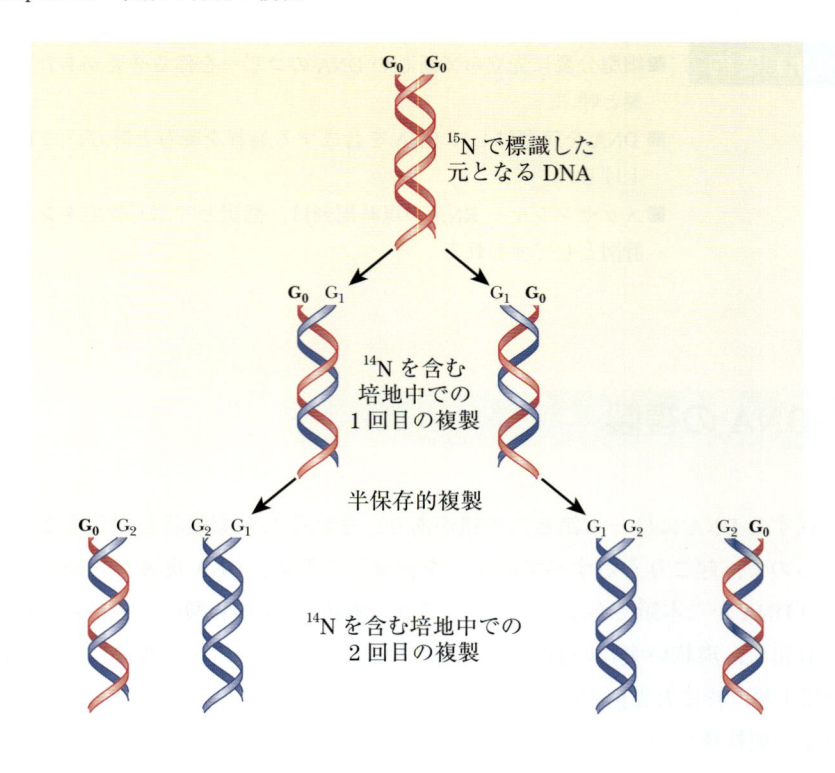

図 10.2
半保存的複製における ^{15}N で標識された鎖の分布パターン
G_0 は元の DNA の鎖であり，G_1 は第 1 世代で生じた新しい鎖．G_2 は第 2 世代で生じた新しい鎖．

10.2.1　科学者たちはどのようにして複製が半保存的であることを確証したか

　DNA の半保存的複製は，1950 年代後半にマシュー・メセルソン Matthew Meselson とフランクリン・スタール Franklin Stahl が行った実験によって明白な事実として証明された．$^{15}NH_4Cl$（^{15}N は重窒素であり，普通の窒素は ^{14}N である）を唯一の窒素源にして大腸菌を培養すると，プリン塩基やピリミジン塩基を含めて，新しく合成されたすべての窒素化合物が ^{15}N で標識され，^{15}N で標識された DNA は普通の窒素（^{14}N）を含む非標識の DNA よりも比重が大きくなる．メセルソンとスタールは，^{15}N で標識した大腸菌を ^{14}N のみを含む培地に移して培養し，新しい世代の菌体から DNA を採取して**密度勾配遠心法** density‐gradient centrifugation（図 10.3）で分析した．この実験の方法論は，^{15}N だけを含む重い DNA は遠心管の底部にバンドを形成し，^{14}N のみを含む軽い DNA は遠心管の上部にバンドを形成するという原理に基づいており，^{14}N と ^{15}N を 1：1 で含む DNA のバンドは両者の中間に現れると予測される．実験結果は半保存的複製の機構から予測された通りになり，1 世代の増殖後には ^{14}N と ^{15}N を 1：1 で含んだハイブリッド DNA が観察された．^{14}N を含む培地で 2 世代を経過した細胞では，半分が ^{14}N と ^{15}N が 1：1 のハイブリッド DNA，残りが軽い ^{14}N‐DNA となると予測され，これも実験的に確認された．

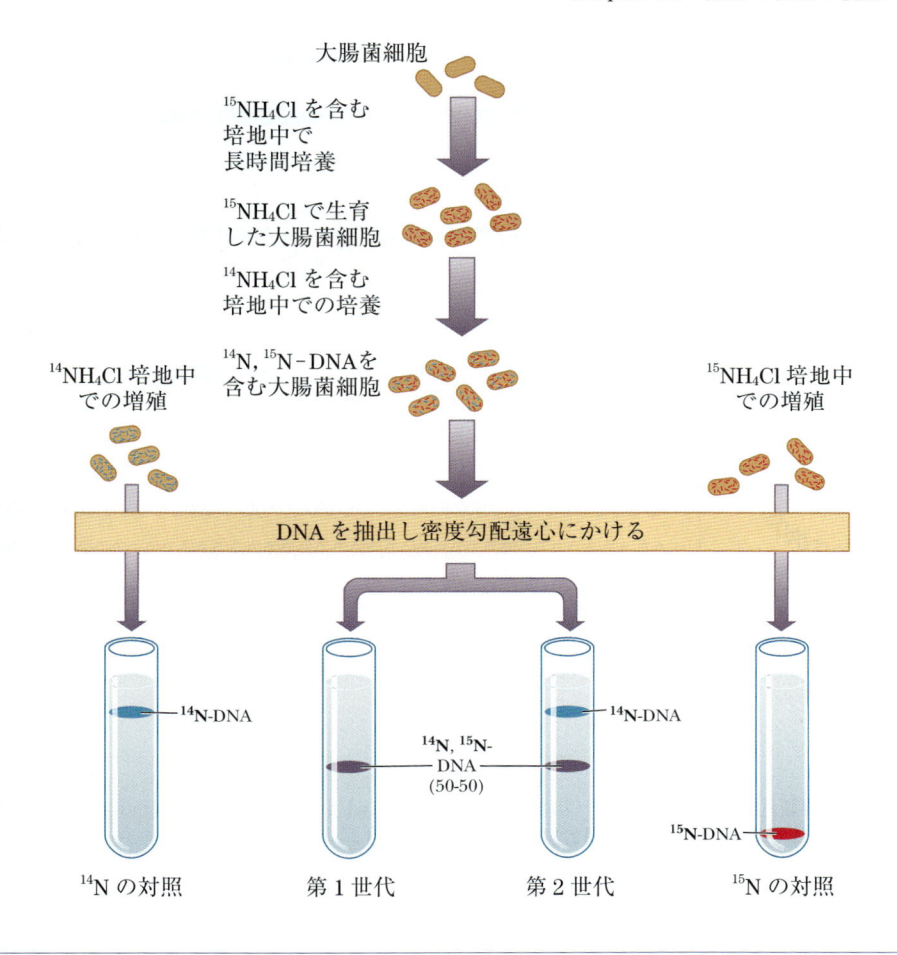

図 10.3

半保存的複製機構に対する実験的証拠

^{15}N で標識された重い DNA は，遠心管の底の近くにバンドを形成し，^{14}N をもつ軽い DNA は液面近くにバンドを形成する．両者の中間にバンドを形成する DNA は，1 本の重い鎖と 1 本の軽い鎖をもつものである．

10.2.2 複製はどちらに向かって進むか

　複製に際して，DNA の二重らせんは，**複製起点** origin of replication（大腸菌では oriC）と呼ばれる特定の場所から巻き戻され，一本鎖になったそれぞれの鎖が鋳型となって新しいポリヌクレオチド鎖が合成される．新しい鎖が伸長する方向としては，複製起点から二方向に進むか，あるいは一方向に進むかという二つの可能性が考えられるが，ほとんどの生物で複製は二方向に進むことが確認されており，例外として，少数のウイルスとプラスミド（細菌中に見出される環状 DNA で，細菌のゲノムとは独立して複製される．これについては Sec. 13.3 で議論する）が知られている．双方向に向かう複製では，新しいポリヌクレオチド鎖が作られている場所（**複製フォーク** replication fork）が一つの複製起点について二つできる．二つの複製フォークが反対方向に進んでいることは，新しく合成された DNA が古い DNA の間に入り込んだ "バブル bubble"（あるいは "眼 eye"）と呼ばれる構造ができることで確認される．この構造は，ギリシャ文字の "シータ" に似ているので，θ 構造と呼ばれ

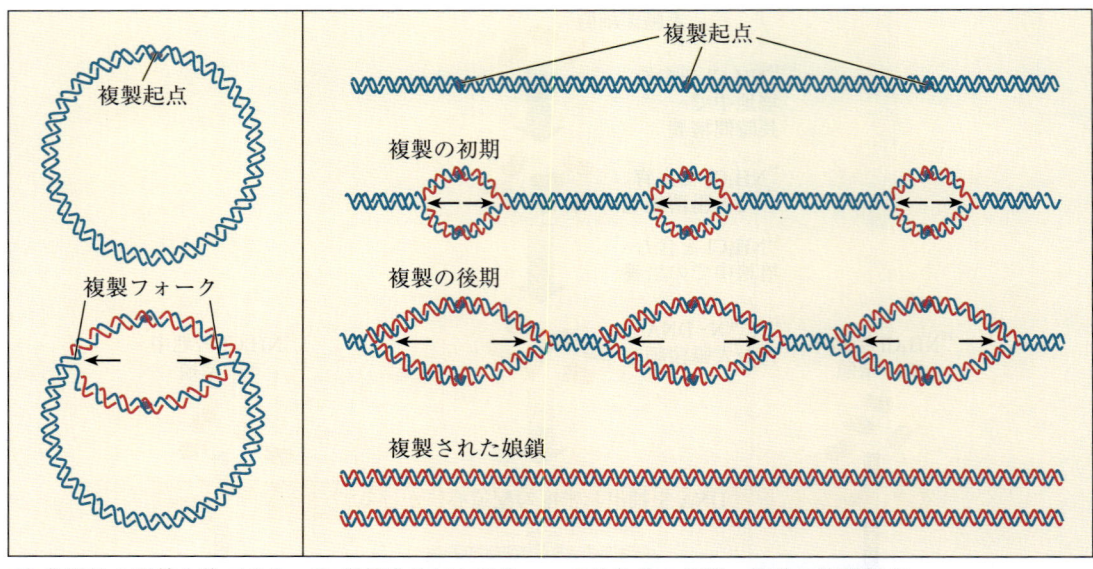

Ⓐ 典型的な原核生物である大腸菌ゲノムの複製．一つの複製起点と二つの複製フォークがある．

Ⓑ 真核生物における一つの染色体の複製．複数の複製起点があり，各複製起点について二つの複製フォークがある．各複製起点に生じた"バブル"は最終的には融合する．

図 10.4

二方向への複製
原核生物（一つの複製起点）と真核生物（複数の複製起点）におけるDNAの二方向への複製を示す．二方向への複製がDNA全体を合成する（この図と図10.6を比較せよ）．

ることもある．

　原核生物の環状DNAには一つのバブル（すなわち一つの複製起点）だけが見られ（図10.4A），真核生物では複数の複製起点があるので複数のバブルが見られる（図10.4B）．バブルは複製の進行に伴って拡大し，複数のバブルが一つになると2本の完全な娘DNAができる．2本の新生ポリヌクレオチドの二方向への伸長は，DNA鎖の正味合成 net chain growthであるので，新しく合成されるポリヌクレオチド鎖はいずれも，5′末端から3′末端の方向へ合成される．

Sec. 10.2 要約
- DNA複製では，複製される2本の鎖のそれぞれを鋳型にして相補的な新しい鎖が合成される．細胞分裂で生じる二つの細胞のそれぞれは，古い細胞がもっていたDNAの片方の鎖とそれに相補的な新しく合成された鎖をもつことになるので，この過程を半保存的複製と呼ぶ．
- DNA分子の複製は，元になる二本鎖が複製起点から解かれ，その場所から新しいDNAの合成が複製フォークと共に両方向に進む．

10.3 DNA ポリメラーゼ

DNA の半不連続的な複製

　すべてのポリヌクレオチド鎖の合成は，合成される鎖が 5′→3′ の方向に伸びるように進む．これは，DNA 合成反応の本質に基づくものである．伸長する鎖に付加された最後のヌクレオチドは糖の 3′ 位に遊離のヒドロキシ基をもち，次に来るヌクレオチドは糖の 5′ 位に三リン酸をもっている．伸長しつつある鎖の 3′ 末端ヒドロキシ基は，求核試薬として，次にやって来るヌクレオチド 5′-三リン酸の糖に隣接するリン原子を攻撃してピロリン酸を遊離させ，ホスホジエステル結合をつくる（図 10.5）．ヒドロキシ基による求核反応は，Sec. 7.5 でセリンプロテアーゼについて説明したが，この機構のもう一つの例をここで学んだことになる．図 10.5 に示した反応機構を覚えておくことは以後の学習で大いに役立つ．DNA についていろいろなことを学んでいくと，5′→3′ という方向性の表記が頻繁に出てきて，どちらの DNA 鎖を対象に議論しているのかがわかりにくくなってしまうことがある．このようなとき，ヌクレオチド鎖の合成はいかなる場合でも合成される鎖が 5′→3′ の方向に伸びることを思い出せば，事の成り行きが容易に理解できることになる．

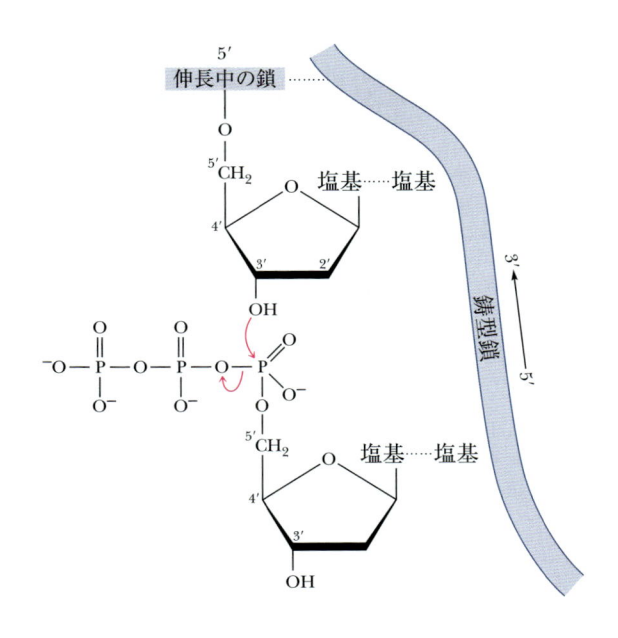

図 10.5

伸長する DNA 鎖へのヌクレオチドの付加
伸長している DNA 鎖の 3′ 末端ヒドロキシ基は求核試薬として働く．このヒドロキシ基が次に取り込むヌクレオチドの糖に隣接するリン原子を攻撃してピロリン酸を遊離させ，新しいホスホジエステル結合ができることで，DNA 鎖にヌクレオチドが追加される．

DNA 合成のもつこの普遍的な性質は，細胞に一つの問題を提示することになる．なぜなら，この機構で DNA 合成を進めることは，複製フォークにおいて二つの鎖が逆方向に伸長することになるからである．

10.3.1　二つの鎖が逆方向に合成されるとき，DNA を鎖に沿って複製するにはどうすればよいか

この問題は，伸長する 2 本の鎖のそれぞれを異なった様式で重合させることで解決されている．新生鎖の一方（リーディング鎖 leading strand）は，複製フォークの進行に伴い 3′ 末端から 5′ 末端に向けて露出していく鋳型鎖上で 5′ 末端から 3′ 末端に向かって連続的に合成される．これに対して，他方の鎖（ラギング鎖 lagging strand）は，その合成機構を最初に解明した科学者に因んで岡崎フラグメント Okazaki fragment と名付けられた小断片（典型的な長さは 1,000 〜 2,000 ヌクレオチド）として不連続的に合成される（図 10.6）．ラギング鎖の各断片は，複製フォークに近い側が 5′ 末端になる．ラギング鎖の各断片は，**DNA リガーゼ** DNA ligase と呼ばれる酵素により連結される．

Ⓐ 親鎖が 5′→3′ の方向に巻き戻されるもう一方の鎖では，複製が岡崎フラグメントと呼ばれる 1,000 〜 2,000 ヌクレオチドの長さの一連の断片として不連続的に行われる．岡崎フラグメントで構成される側の鎖をラギング鎖と呼ぶ．

Ⓑ 複製フォークにおいては，二量体のポリメラーゼによって，リーディング鎖とラギング鎖が協調的に合成される必要があるので，DNA ポリメラーゼの二量体がそろって親鎖の 5′→3′ の方向に動くことができるように，5′→3′ 方向に巻き戻される親鎖はトロンボーンのように曲げられた形をとる．この親鎖では，複製を終えた DNA ポリメラーゼが一旦鎖から離れ，巻き戻しが進むとフォークに近い場所で DNA に再結合して複製を始めることを繰り返すため，複製が不連続的になる．複製の進行に伴い，岡崎フラグメントは DNA リガーゼの作用で共有結合によって連結され，切れ目のない DNA 鎖が作られる．

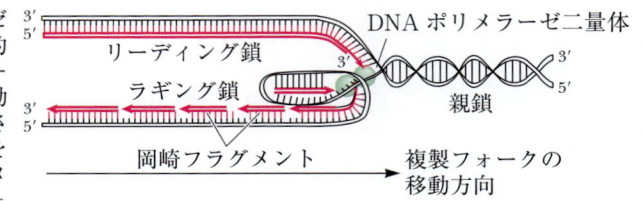

図 10.6
DNA の半不連続複製モデル
赤が新しく合成された DNA を表す．DNA ポリメラーゼは 5′→3′ の方向にヌクレオチドの重合を進めるので，どちらの鎖も新しい DNA は 5′→3′ の方向に合成する必要がある．3′→5′ 方向に巻き戻される親鎖に対する複製は連続的に進み，新生される鎖をリーディング鎖と呼ぶ．

大腸菌の DNA ポリメラーゼ

最初に発見された DNA ポリメラーゼは大腸菌のものである．**DNA ポリメラーゼ** DNA polymerase は，伸長する鎖に新しいヌクレオチドを順次一つずつ付け加える反応を触媒する．

大腸菌には少なくとも 5 種の DNA ポリメラーゼがあるが，よく研究されているのはそのうちの 3 種であり，それらの性質の一部を表 10.1 に示す．DNA ポリメラーゼ I（Pol I）が最初に見つけられ，ポリメラーゼ II（Pol II），ポリメラーゼ III（Pol III）が順次見つけられた．ポリメラーゼ I は 1 本のポリペプチド鎖で構成されているが，ポリメラーゼ II および III は複数のサブユニットで構成されているタンパク質であり，いくつかのサブユニットが両者で共通している．ポリメラーゼ II は複製には不要であり，むしろ修復に専念している酵素というべきで存在である．最近，Pol IV，Pol V という二つのポリメラーゼが発見されたが，それらは SOS 応答と呼ばれる特別な修復機構に関与する修復酵素である（p.353 の《身の周りに見られる生化学》を参照）．ポリメラーゼの働きを考える上で重要になる二つの性質は，反応の速さ（代謝回転数）と**連続伸長性** processivity，すなわち酵素が鋳型鎖から解離するまでに重合できるヌクレオチドの数である（表 10.1）．

応用問題

DNA の構造

ニュースにしばしば登場するヌクレオシド誘導体に，3′-アジド 3′-デオキシチミジン（AZT）がある．この化合物は，2′,3′-ジデオキシイノシン（DDI）とともに AIDS（後天性免疫不全症候群 acquired immune deficiency syndrome）の治療薬として広く用いられている．

これら二つの化合物が AIDS の治療に有効である理由を述べよ．
ヒント：これら二つの化合物がどのようにして DNA 鎖に組み込まれるかを考えよ．

答 両化合物とも糖部分の 3′ 位のヒドロキシ基を欠いている．そのため，両者は核酸に必須のホスホジエステル結合を形成することができない．したがって，これらの化合物は，核酸合成を阻害することにより，AIDS ウイルスの自己複製を妨害する．

ポリメラーゼⅢは，重合反応と3´エキソヌクレアーゼ活性をもつコア酵素（$\alpha, \varepsilon, \theta$ サブユニット），DNAとの結合に関わる β サブユニット二量体，およびDNAをとり囲んで重合反応の進行につれて動く"滑る留め金"として働く β サブユニットをコア酵素に固定している γ 複合体（$\gamma, \delta, \delta´, \chi, \psi$ サブユニット）で構成されている（図10.7）．DNAポリメラーゼⅢ複合体のサブユニット組成を表10.2に示す．ポリメラーゼはどれも，伸長しつつあるポリヌクレオチド鎖にヌクレオチドを付加することができるが，複製過程でそれぞれの酵素が果す役割は異なっている．表10.1に見られるように，DNAポリメラーゼⅢは最も高い代謝回転数をもち，ポリメラーゼⅠやⅡに比べて桁違いに大きい連続伸長性をもっている．

　DNAポリメラーゼは，DNA合成に必要なすべてのデオキシリボヌクレオシド三リン酸と共に一本鎖の鋳型DNAを加えても，何の反応も起こさない．このDNAポリメラーゼは，単独ではDNAの新規 de novo 合成を触媒できず，3種のポリメラーゼはいずれも，**プライマー** primer（複製の初期段階

表 10.1 大腸菌のDNAポリメラーゼの性質

性 質	Pol Ⅰ	Pol Ⅱ	Pol Ⅲ
質量（kDa）	103	90	830
代謝回転数（min^{-1}）	600	30	1200
連続伸長性	200	1500	$\geq 500{,}000$
サブユニット数	1	≥ 4	≥ 10
構造遺伝子名	polA	polB*	polC*
5´→3´ポリメラーゼ活性	+	+	+
5´→3´エキソヌクレアーゼ活性	+	−	−
3´→5´エキソヌクレアーゼ活性	+	+	+

*重合サブユニットのみをコードする．これらの酵素は複数のサブユニットをもち，それらのいくつかは両方の酵素に共通である．（＋：活性あり，−：活性なし）

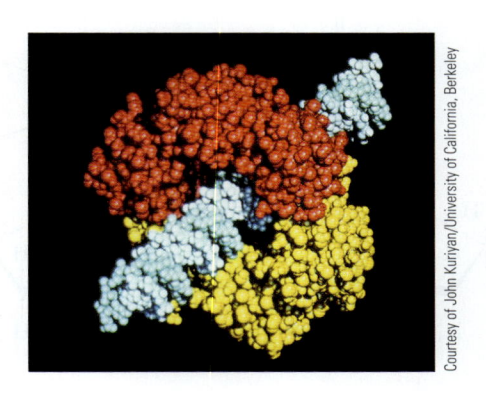

図 10.7
DNAに結合したDNAポリメラーゼⅢの β サブユニットの二量体
一方の単量体を黄色，他方を赤色で示す．二量体がDNA（青で示す）の周りで閉じた環を形成していることに注目してほしい．ポリメラーゼⅢホロ酵素の残りの部分は示されていないが，それらは，重合反応と3´エキソヌクレアーゼ活性をもつコア酵素（$\alpha, \varepsilon, \theta$ サブユニット）と β サブユニットにDNAを囲む留め金を形成させ，重合反応の進行と共にそれをDNAに沿って滑らせる γ 複合体（$\gamma, \delta, \delta´, \chi,$ および ψ サブユニット）とで構成されている．（Kong, X. P., et al. Three-Dimensional Structure of the Subunit of E. coli DNA Polymerase Holoenzyme: A Sliding DNA Clamp. Cell **69**, 425-437 (1992) より，許可を得て転載）

表 10.2　大腸菌 DNA ポリメラーゼⅢホロ酵素のサブユニット

サブユニット名	質量 (kDa)	構造遺伝子名	機能
α	130.5	polC (dnaE)	ポリメラーゼ
ε	27.5	dnaQ	3′エキソヌクレアーゼ
θ	8.6	holE	α と ε の組立てに関与？
τ	71	dnaX	DNA 上でのホロ酵素の組立て
β	41	dnaN	滑る留め金，連続伸長性
γ	47.5	dnaX (Z)	γ 複合体の構成要素*
δ	39	holA	γ 複合体の構成要素*
δ′	37	holB	γ 複合体の構成要素*
χ	17	holC	γ 複合体の構成要素*
ψ	15	holD	γ 複合体の構成要素*

*サブユニット γ, δ, δ′, χ, および ψ で構成される γ 複合体は，β サブユニット（滑る留め金）が DNA にはまり込むための役割を果し，クランプローダー（留め金装着装置）とも呼ばれる．δ と τ サブユニットは同じ遺伝子によってコードされている．

で，伸長するポリヌクレオチド鎖が結合する足場となる短いオリゴヌクレオチド）を必要とする．すなわち，DNA ポリメラーゼが DNA 鎖の合成に向けて最初のヌクレオチドを取り込むときには，それを受け入れる遊離 3′ ヒドロキシ基をもつオリゴヌクレオチド鎖が適切な場所にあらかじめ準備されていることが必要なのである．自然界で起こる複製で使われるプライマーは RNA である．

　DNA ポリメラーゼの反応には，4 種のデオキシリボヌクレオシド三リン酸 (dTTP, dATP, dGTP, dCTP) のすべてが必要であり，Mg^{2+}，鋳型となる DNA も必要である．また，複製を始めるには RNA プライマーが必要なので，その素材となる 4 種のリボヌクレオシド三リン酸 (ATP, UTP, GTP, CTP) も必要である．プライマー (RNA) は，鋳型 (DNA) に塩基相補的に水素結合しており，新生 DNA 鎖の伸長を始めるためのしっかりした足場を提供する．新しく合成される DNA 鎖は，プライマーの遊離 3′ ヒドロキシ基に共有結合した状態で伸長する．

　今日では，DNA ポリメラーゼⅠは DNA の修復と"つぎ当て patching"という複製における特別な機能に関わる酵素であり，DNA ポリメラーゼⅢが新生 DNA 鎖の重合で主要な役割を演じる酵素であることがわかっている．DNA ポリメラーゼⅡ，Ⅳ，Ⅴは主に修復酵素として働いている．表 10.1 に見られるエキソヌクレアーゼ活性は，ポリヌクレオチド鎖から不正なヌクレオチドを取り除いて正しいヌクレオチドを取り込む DNA ポリメラーゼの校正と修復の機能に必要なものである．3 種のポリメラーゼのすべてに備わっている 3′→5′ エキソヌクレアーゼ活性は，複製中に誤って取り込んだヌクレオチドを取り除いて，正しいものに置き換える**校正 proofreading** 機能に関わっており，1 回に 1 個のヌクレオチドを処理する．これに対して**修復 repair** では，5′→3′ エキソヌクレアーゼ活性が，数個のヌクレオチドを短い断片としてまとめて取り除くことが一般的であり，プライマー RNA の除去もこれと同じ方法で行われる．一部の DNA ポリメラーゼでは，校正と修復の機能はあまり有効には働かない．

> **Sec. 10.3 要約**
> - 逆平行になっている2本の鋳型鎖の上で5′→3′方向にDNAを合成するため，DNAポリメラーゼは一方の鎖を連続的に，他方の鎖を不連続的に合成する．
> - 連続的に合成される鎖はリーディング鎖，不連続的に合成される鎖はラギング鎖と呼ばれる．
> - 不連続に合成される断片は，岡崎フラグメントと呼ばれ，後でDNAリガーゼによって連結される．
> - DNA合成反応では，ヌクレオチドの3′ヒドロキシ基が，次に入ってくるヌクレオシド三リン酸のαリン酸に求核反応を起こす．
> - 大腸菌には，ポリメラーゼIからポリメラーゼVと呼ばれる，少なくとも5種のDNAポリメラーゼがある．ポリメラーゼIIIはDNAの新規合成を行う中心的な酵素であり，複数のサブユニットで構成されている．
> - DNAポリメラーゼIとIIは校正と修復に関与している．
> - すべてのDNA合成には，RNAプライマーが必要である．

10.4 DNA複製に必要なタンパク質

　複製のためにDNAの二本鎖を分離する際には，二つの問題が生じる．第一の問題は，二重らせんを連続的に巻き戻す方法である．この問題は，原核生物のDNAが超らせん化した環状構造（Sec. 9.3.3 "原核生物DNAはどのように超らせんを巻いて三次構造を形成するか"を参照）をとっていることで複雑になっている．第二の問題は，巻戻しされた結果，DNAが一本鎖になった部分を細胞内のヌクレアーゼによる攻撃からいかに保護するかである．

超らせん化と複製

　DNAジャイレース DNA gyrase（II型トポイソメラーゼ）と呼ばれる酵素は，片方の鎖が切断されて（ニックをもつ）弛緩した環状DNAを再びつないで（ニックを閉じる），正常な原核生物DNAに見られる超らせん型に変換する反応を触媒する（図10.8）．この場合，ニックを閉じる前に起こる二重らせんのわずかな巻戻しによって超らせん化が起こる．この反応に要するエネルギーはATPの加水分解によって供給される．弛緩した環状DNAを負の超らせん型へ変換する過程で，DNAジャイレースがDNAの二本鎖を共に切断することを示す証拠もある．

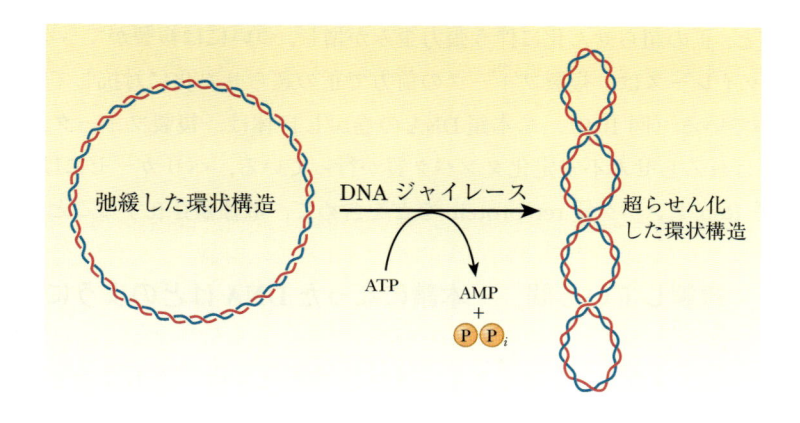

図 10.8

DNA ジャイレースは環状 DNA に超らせん構造を導入する

10.4.1 　超らせん化した DNA を複製するにはどうするか

　複製の過程では，DNA ジャイレースはやや別の役割を果すことになる．原核生物の DNA は，普通の状態では負の超らせん型で存在するが，複製によってらせんの巻戻しが起こると，その反作用として複製フォークの前方で正の超らせん化を起こす力が働く．この現象を実感するには，コイル状のコードをもつ古い電話器を見つけて，コードを端からしごいて真直ぐに伸ばしてみるとよい．複製フォ

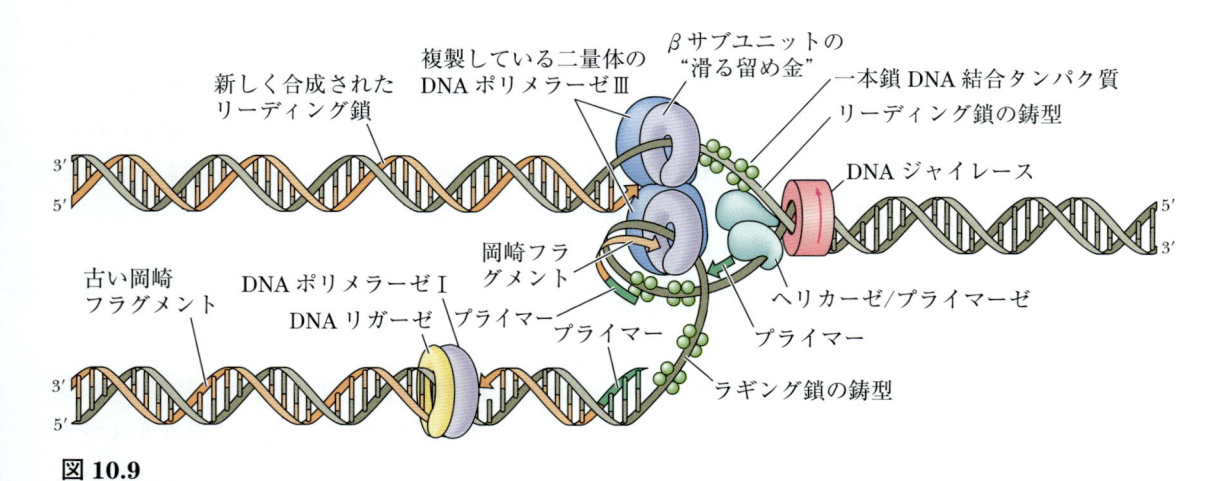

図 10.9

複製フォークの一般的特徴
DNA の二重らせんは DNA ジャイレースとヘリカーゼの働きによって巻き戻され，一本鎖部分は SSB（一本鎖 DNA 結合タンパク質）によって保護される．ラギング鎖では，プライマーゼが周期的に働いて DNA 合成を開始させるプライマーをつくっている．二量体で構成される DNA ポリメラーゼⅢの各複製ユニットは，βサブユニットの"滑る留め金"を介してそれぞれの DNA 鎖に結合しているホロ酵素である．DNA ポリメラーゼⅠは，複製の終わったラギング鎖の下流にある RNA プライマーを除去して DNA に置き換え，DNA リガーゼが岡崎フラグメントを連結する．

ークが進み続けると，正の超らせん化に伴う張力歪みが増し，ついには複製ができなくなってしまう．このとき DNA ジャイレースは，複製フォークの前方で正の超らせん化に対抗して負の超らせんを導入するように働いている（図 10.9）．二本鎖 DNA の巻戻し自体は，複製フォークに結合した**ヘリカーゼ** helicase と呼ばれるらせん不安定化タンパク質が行っている．ヘリカーゼには，DnaB タンパク質 DnaB protein や Rep タンパク質 rep protein などを含めて，数種類存在することが知られている．

10.4.2 複製している間，一本鎖になった DNA はどのように保護されるか

DNA の一本鎖部分は，ヌクレアーゼによる分解を受けやすいので，それに対する対策を講じておかなければ，DNA がダメージを受ける前に複製を完了させることが著しく困難になる．**SSB タンパク質（一本鎖 DNA 結合タンパク質** single‐strand binding protein）と呼ばれるもう一つのタンパク質は，DNA 分子の一本鎖部分に強く結合し，一本鎖になった領域を安定化する働きをもち，この DNA 結合タンパク質が一本鎖部分をヌクレアーゼによる加水分解から護っている．

プライマーゼの反応

DNA 複製の研究における一つの大きな驚きは，RNA が DNA 複製におけるプライマーとして働くという事実の発見であったが，今になってみれば，DNA 合成がプライマーを必要とするのに対して，RNA はプライマーなしに de novo 合成できることから，驚くにはあたらないことでもある．この発見はまた，生命が誕生した頃は，DNA でなく RNA が遺伝物質であったという仮説を支持するものでもある．RNA が触媒能力をもつことを示すいくつかの例（Chap. 11）があることも，この仮説を支持している．DNA 複製のプライマーとして働くためには，伸長する鎖の足場となる遊離の 3′ ヒドロキシ基が必要であるが，RNA には DNA と同じようにこのヒドロキシ基がある．RNA がプライマーとして働くという事実は，in vivo の研究ではじめて見つかった．研究初期に行われていた in vitro 実験では，プライマーは DNA であろうという予測の下に，プライマーとして DNA だけが使われていた．いうまでもないことであるが，生体は単離した分子で再構築した系（in vitro 系）よりずっと複雑であり，研究者が予想もしていなかった結果を与えることもある．

10.4.3 プライマーはどこから来るか

RNA プライマーの発見に続いて，**プライマーゼ** primase と名付けられた別の酵素が，鋳型 DNA の短い区間の塩基配列を写しとって，RNA プライマーを作ることが見出された．最初に発見されたプライマーゼは大腸菌のものであり，分子量約 60,000 の 1 本のポリペプチド鎖で構成されていた．大腸菌には通常，細胞 1 個当たり 50 〜 100 分子のプライマーゼが存在する．複製フォークでは，プライマーと複数のタンパク質分子が**プライモソーム** primosome を構成する．RNA プライマーを使うということを含めて，DNA 複製の一般的な特徴は，すべての原核生物に共通している（図 10.9）．

新生 DNA 鎖の合成と連結

2本の新しい DNA 鎖の合成は，DNA ポリメラーゼⅢによって開始される．新生 DNA 鎖は，RNA プライマーの 3′ヒドロキシ基に結合し，リーディング鎖，ラギング鎖の両方において，5′末端から 3′末端方向に合成される．リーディング鎖とラギング鎖を合成する 2 分子のポリメラーゼⅢは，**プライモソーム** primosome と物理的に結合しており，この多重タンパク質複合体を**レプリソーム** replisome と呼んでいる．複製フォークが移動すると，RNA プライマーはポリメラーゼⅠのエキソヌクレアーゼ活性によって除かれ，同じ酵素のポリメラーゼ活性によってデオキシリボヌクレオチドで置き換えられる（ポリメラーゼⅠによる RNA プライマーの除去と，それによって生じた新生 DNA 鎖の欠失部分の穴埋めは，前に説明した修復機能に相当する）．DNA ポリメラーゼは，最後に残るニックを連結できないので，DNA リガーゼが新生鎖を最終的に連結する酵素として働く．原核生物における DNA 複製過程の要点は，表 10.3 のようにまとめることができる．

表 10.3　原核生物における DNA 複製のまとめ

1. DNA 合成は二方向性であり，一つの複製起点から二つの複製フォークが反対方向に進む．
2. DNA 合成は，新生鎖の 5′末端から 3′末端の方向に進む．したがって，一方の鎖（リーディング鎖）は連続的に合成されるが，他方の鎖（ラギング鎖）は不連続的に合成され，生じた DNA の短い断片（岡崎フラグメント）が連結される．
3. 大腸菌では 5 種の DNA ポリメラーゼが発見されている．ポリメラーゼⅢが新生鎖の合成に第一義的な役割をもつ．最初に発見されたポリメラーゼであるポリメラーゼⅠは，合成，校正および修復に携わる．ポリメラーゼⅡ，Ⅳ，Ⅴは，それぞれに固有な条件下での修復に働く．
4. DNA ジャイレースは，複製フォークが移動する前方にスイベル点を導入する．らせん不安定化タンパク質，すなわちヘリカーゼは，複製フォークに結合して巻戻しを行う．露出した鋳型 DNA の一本鎖部分は DNA 結合タンパク質によって保護される．
5. プライマーゼが RNA プライマー合成を触媒する．
6. Pol Ⅲが新しい鎖の合成を触媒し，Pol Ⅰがプライマーを除去してデオキシリボヌクレオチドに置き換え，DNA リガーゼが残されたニックをつなぎ合わせる．

Sec. 10.4 要約

- 複製には DNA ポリメラーゼと共に多くのタンパク質が関わっている．2 本の DNA 鎖を分離させるには，巻戻しを行うヘリカーゼとそれに伴って生じる正の超らせん化を解消するために負の超らせん化を引き起こす DNA ジャイレースが必要であり，一本鎖になった領域は一本鎖 DNA 結合タンパク質によってヌクレアーゼから保護される．
- プライマーゼは，プライマーを合成してラギング鎖の合成を促し，DNA リガーゼは新生された DNA 断片をつなぎ合わせる．
- 複製フォークにあるプライマーとタンパク質の複合体をプライモソームと呼ぶ．
- DNA ポリメラーゼを含めた複製フォークにある複合体全体をレプリソームと呼ぶ．

10.5 校正と修復

DNA の複製は，RNA やタンパク質の合成のように繰り返し行われる過程ではなく，1 細胞世代に一度しか起こらない．したがって，複製エラーに起因する**突然変異** mutation を避けるために複製過程の忠実度をできるだけ高くしておくことが不可欠である．突然変異は，多くの場合，生物に有害であり，致命的になることも少なくないから，DNA の塩基配列を忠実にコピーすることを保障する仕組みがいくつも用意されている．

生物界で自然に起こる複製エラーは，$10^9 \sim 10^{10}$ 塩基対をコピーする間に一度程度にすぎない．これは，複製過程で誤ったヌクレオチドが伸長中の DNA に取り込まれると，校正 proofreading 機構が直ちにそれを取り除いているからである．ハンス・クレノウ Hans Klenow が示したように，DNA ポリメラーゼⅠは三つの活性中心をもち，二つの大きな断片に分割できる．一つの断片（クレノウフラグメント Klenow fragment）がポリメラーゼ活性と校正活性を，他方が 5′→3′ 方向のエキソヌクレアーゼ活性をもっている．DNA ポリメラーゼⅠが行っている校正の機構を図 10.10 に示す．伸長しつつある DNA 鎖には，誤った水素結合による塩基対形成によって，$10^4 \sim 10^5$ に一度程度の割合で誤ったヌクレオチドが取り込まれる．DNA ポリメラーゼⅠは，それ自身がもつ 3′ エキソヌクレアーゼ活性を使って誤って取り込んだヌクレオチドを除き，正しいヌクレオチドを取り込んでからポリメラーゼ活性による複製を再開する．このような DNA ポリメラーゼの校正機能によって複製の忠実度は高められ，複製エラーは，もし塩基相補性に基づく水素結合の特異性だけに依存するならば，$10^4 \sim 10^5$ 塩基対当たり 1 回の割合であるのに対し，$10^9 \sim 10^{10}$ 塩基対当たり 1 回程度に抑制されている．

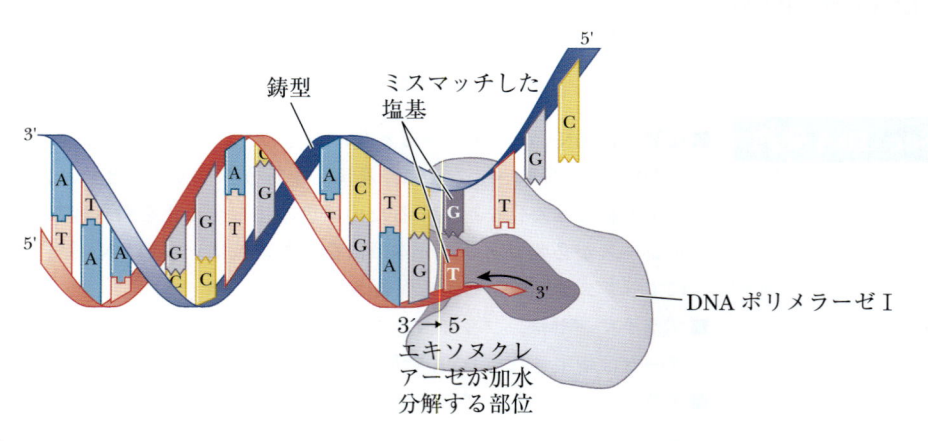

図 10.10

DNA ポリメラーゼによる校正
DNA ポリメラーゼⅠの 3′→5′ エキソヌクレアーゼ活性が，伸長中の DNA 鎖の 3′ 末端からヌクレオチドを取り除く．

10.5.1 校正は複製の忠実度をどれくらい高めるか

複製過程では，DNAポリメラーゼⅠが触媒する"切り取りとつぎ当て cut-and-patch"と呼ばれる反応も起こっている．"切り取り"はこのポリメラーゼの5′エキソヌクレアーゼ活性によるRNAプライマーの除去であり，"つぎ当て"は同じ酵素のポリメラーゼ活性による相補的なデオキシリボヌクレオチドの取込みである．ここで留意してほしいことは，この反応は，ポリメラーゼⅢが新しいポリヌクレオチド鎖の合成を完了した後に起こるということである．既存のDNAについても，一つまたはそれ以上の塩基が外的要因で損傷を受けたり，校正活性が塩基のミスマッチを見逃したりした場合には，ポリメラーゼⅠが切り取りとつぎ当ての手法を使って修復する．DNAポリメラーゼⅠはDNA鎖に沿って移動しながら，5′→3′エキソヌクレアーゼ活性を使ってRNAプライマーやDNAの間違い部分を取り除き，ポリメラーゼ活性を使って正しいデオキシリボヌクレオチドで埋めていく．この過程を**ニックトランスレーション** nick translation と呼んでいる（図10.11）．遺伝暗号の読み違えによって引き起こされる自然発生的な変異に加えて，生物はしばしば**変異原** mutagen（変異を誘発する要因）に曝される．一般的な変異原としては，紫外線，電離放射線（放射能）およびさまざまな化学物質があり，それらがDNAに与える変化は，自然発生的変異で生じる変化よりはるかに大きい．紫外線による最も一般的な変化は，ピリミジン二量体の形成である（図10.12）．この変化は，隣接するピリミジン環の2個の炭素原子に由来するπ電子がシクロブタン環を形成してDNAの正常な形を

Ⓐ ポリメラーゼⅠの5′→3′エキソヌクレアーゼ活性は，1本の鎖にあるニックの3′-OHの下流にある10個までのヌクレオチドを除去することができる．

Ⓑ 同じ酵素の5′→3′ポリメラーゼ活性が前の過程で生じたギャップを埋める．上記二つの過程を合わせたものがDNAポリメラーゼによるニックトランスレーションである．

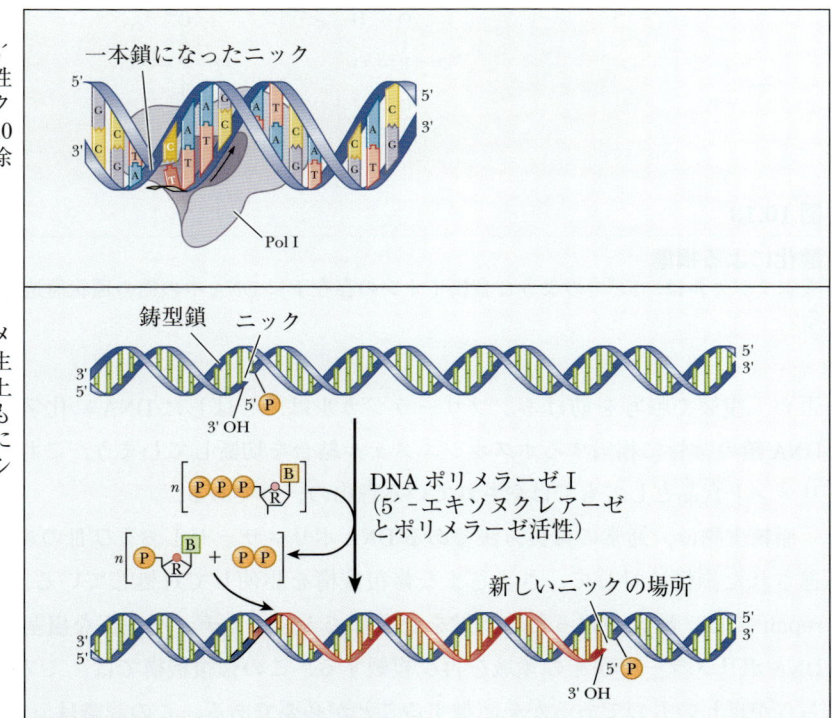

図 10.11

DNAポリメラーゼによる修復

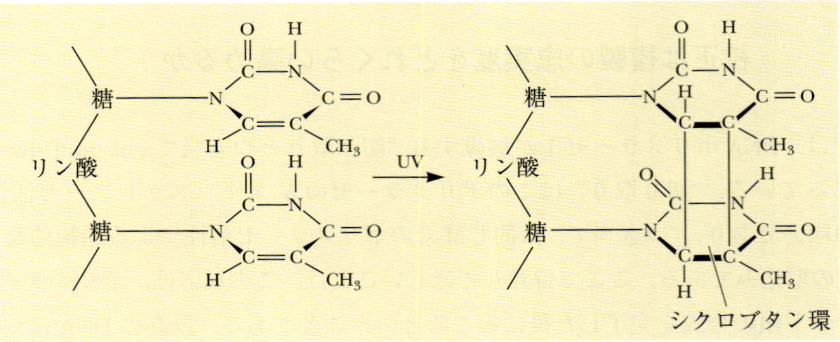

図 10.12
紫外線照射は隣接したチミン塩基の二量体化を引き起こす
ピリミジン環の5位と6位の炭素間でシクロブタン環が形成される。この二量体が存在すると、正常な塩基対形成ができなくなる。

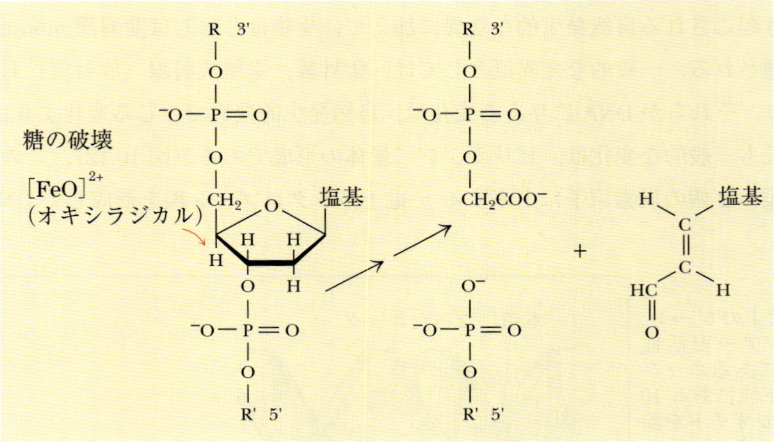

図 10.13
酸化による損傷
酸素ラジカルは、Fe^{2+} のような金属イオンの存在下にDNA中の糖の環状構造を破壊して、DNA鎖を切断する。

歪め、複製や転写を妨げる。フリーラジカルは、しばしばDNAに化学的損傷を与え（図10.13）、DNA鎖の背骨に相当するホスホジエステル結合を切断してしまう。これは、今日、抗酸化剤がサプリメント食品としてもてはやされている理由の一つである。

原核生物は、通常の修復方法であるDNAポリメラーゼⅠおよびⅢのエキソヌクレアーゼ活性で見逃された損傷に対して、さまざまな修復機構を駆使して対処している。**ミスマッチ修復** mismatch repair では、酵素が誤った塩基対を認識してミスマッチ（不適正な塩基対）のある領域を除去し、DNAポリメラーゼがその領域を再び複製する。この修復機構では、ミスマッチのある2本の鎖のどちらが正しいものであるかを認識することが必要である。この認識は、原核生物がDNAのある決まった領域（Chap. 13）にメチル基を付加する塩基修飾を行うことで可能になっている。この**メチル化** methylation は複製直後に行われることから、ミスマッチ修復に対応する用意が複製直後になされて

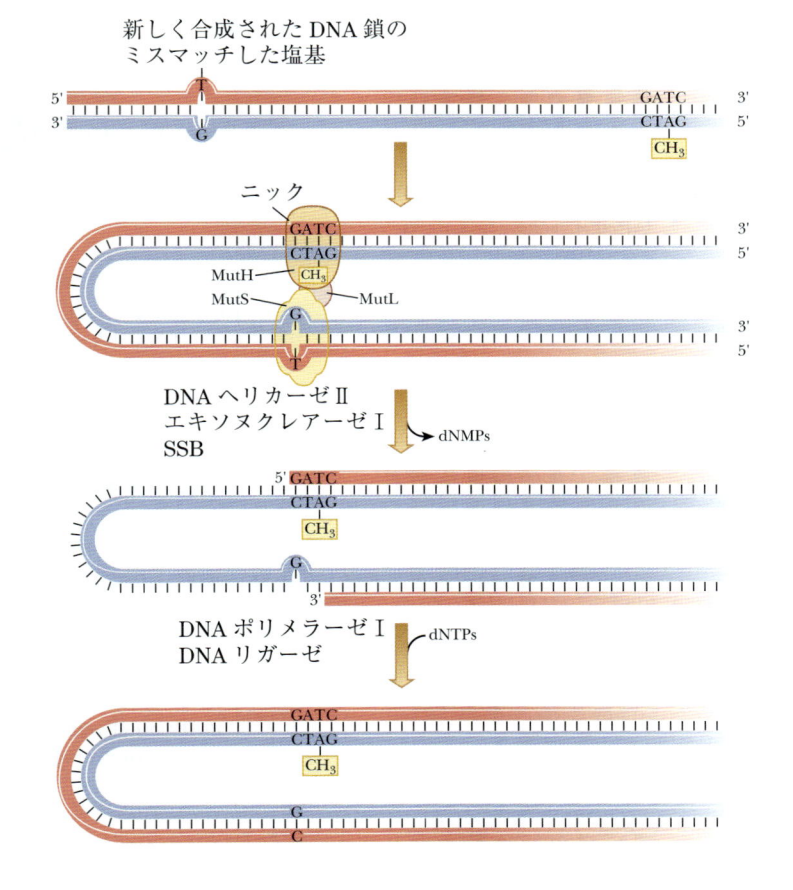

図 10.14

大腸菌におけるミスマッチ修復
(*Lehninger*, Principles of Biochemistry, *Third Edition*, by David L. Nelson and Michael M. Cox. © 1982, 1992, 2000 by Worth Publishers より，W. H. Freeman and Company の許可を得て改変)

Ⓐ 新しく合成された DNA（赤色で示す）に塩基対のミスマッチ（G – T）がある．

Ⓑ MutH，MutS および MutL が，ミスマッチ部位を最も近くにあるメチル化部位と結びつけ，メチル化されている青色の鎖が親鎖（正しい鎖）であることを認識する．

Ⓒ エキソヌクレアーゼが上記のタンパク質が結合している部分の間にある赤色の DNA 鎖を取り除く．

Ⓓ DNA ポリメラーゼが DNA の除去されている領域を正しい配列の DNA に置き換える．

いることになる．ミスマッチ修復がどのようにして行われるかを図 10.14 に示す．細菌がある特定の塩基配列にあるアデニンをメチル化していると仮定しよう．複製が始まる時点では 2 本の親鎖は共にメチル化されている．DNA が複製されるとき，G に対して誤って T が取り込まれると（図 10.14A），親鎖ではアデニンがメチル化されているので，修復に働く酵素群は，修飾塩基をもたない新生娘鎖を見分けることができる．このようにして，G ではなく T が誤りの塩基であると判断する．この修復過程には，数種のタンパク質と酵素が関与している．MutH，MutS および MutL が，誤りのある部位とメチル化されている部位との間でループを形成し，DNA ヘリカーゼ II が DNA を巻き戻すと，エキソヌクレアーゼ I exonuclease I が片方の DNA 鎖の誤りを含む領域を除去する（図 10.14B）．一本鎖 DNA 結合タンパク質が鋳型鎖（青色）を分解から保護し，DNA ポリメラーゼ I が除去された部分を埋める（図 10.14C）．

　もう一つの修復系は，**塩基除去修復** base-excision repair と呼ばれるものである（図 10.15）．この修復では，酸化や化学修飾により損傷を受けた塩基が DNA グリコシラーゼ DNA glycosylase により

図 10.16

ヌクレオチド除去修復
Ⓐ ピリミジン二量体のような重大な損傷が検出されると、ABCエキシヌクレアーゼがそこに結合する。Ⓑ ABCエキシヌクレアーゼが損傷箇所を含む大きなDNA断片を切り取る。Ⓒ DNAポリメラーゼⅠとDNAリガーゼがDNAの再合成と結合を行う。
(*Lehninger*, Principles of Biochemistry, *Third Edition, by David L. Nelson and Michael M. Cox.* © *1982, 1992, 2000 by Worth Publishers* より，W. H. Freeman and Company の許可を得て改変)

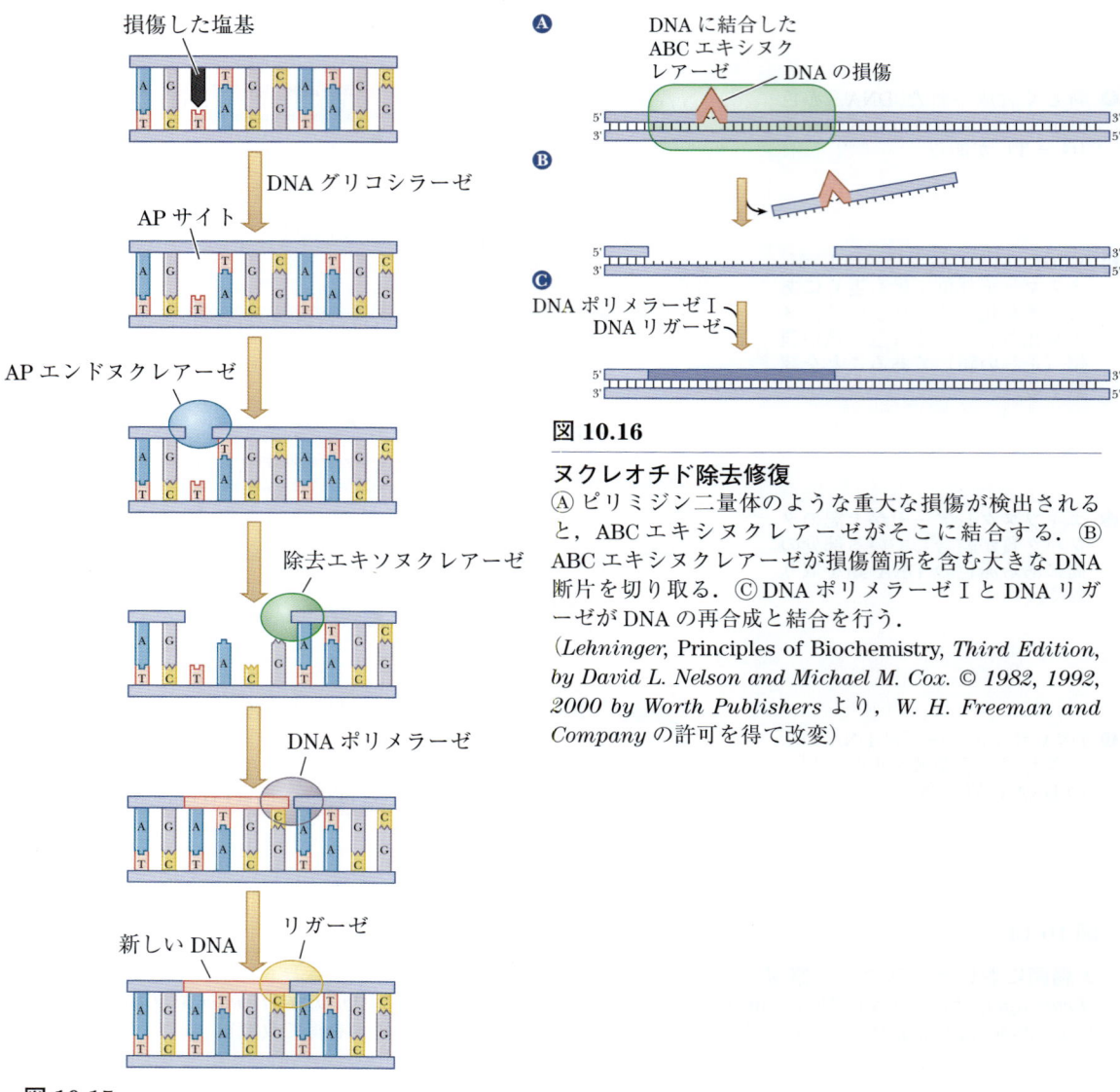

図 10.15

塩基除去修復
損傷を受けた塩基部分（黒色）が，DNAグリコシラーゼによって糖-リン酸骨格から切り取られ，APサイトが作られる．次いで，AP（無プリン/無ピリミジン）エンドヌクレアーゼがこの部位でDNA鎖を切断し，除去ヌクレアーゼがAPサイトと隣接する数個のヌクレオチドを除去する．生じたギャップをDNAポリメラーゼⅠが埋め，DNAリガーゼが鎖を連結する．

除かれ，プリンまたはピリミジンがなくなった（apurinic or apyrimidinic）APサイト AP site と呼ばれる場所ができる．次にAPエンドヌクレアーゼ AP endonuclease がヌクレオチド鎖から糖とリン酸だけになった部分を除去し，除去エキソヌクレアーゼ excision exonuclease がさらに数個の塩基を取り除く．最後に，生じたギャップをDNAポリメラーゼⅠが埋め，DNAリガーゼがニックをホスホジエステル結合でつなぐ．

　ヌクレオチド除去修復 nucleotide-excision repair は，DNA構造を変えることが多い紫外線や化

Chapter 10 核酸の合成：複製

身の周りに見られる生化学　遺伝学

DNA には，ウラシルではなくチミンが含まれているのはなぜか

　ウラシルとチミンの双方がアデニンと塩基対を作ることができるのに，RNA にはウラシルが含まれ DNA にはチミンが含まれているのはなぜだろうか．今日では，遺伝情報を担った最初の分子は RNA であり，DNA はその後の進化の過程で出現してきたものであると考えられている．ウラシルとチミンの構造を比較すると，その違いはチミンの C-5 にメチル基が存在することだけである．このメチル基はアデニンとの塩基対形成には影響しない位置にある．分子をメチル化するには炭素源とエネルギーが必要であるから，ウラシルと同じ働きをさせるために，作るのにより多くのエネルギーを要する塩基を採用して DNA 分子が進化したことには何か理由があるはずである．その答えは，チミンが複製の忠実度を保証するのに有益であるからである．自然界で起こる最も一般的な塩基の変異の一つは，シトシンの自発的脱アミノ化である．

シトシン
(2-oxy-4-amino pyrimidine)

ウラシル
(2-oxy-4-oxy pyrimidine)

チミン
(2-oxy-4-oxy 5-methyl pyrimidine)

シトシン → ウラシル （NH_3 放出, H_2O）

　少数とはいえ無視できない数のシトシンがアミノ基を失ってウラシルになる変異が常時起こっている．複製過程で C-G 塩基対が解離するとしよう．この時に C が脱アミノ化して U になると，G ではなく A との塩基対を作ろうとするであろう．もし，U が DNA の本来の塩基であるなら，DNA ポリメラーゼはアデニンをウラシルに対応させるだろうし，このウラシルが変異で生じた塩基であることを認識する方法は何もない．これでは複製の過程において変異が高頻度で起こるに違いない．ウラシルが DNA では不自然な塩基だからこそ，DNA ポリメラーゼがウラシルを不正な塩基であると認識して正しいものに置き換えることができるのである．このように，DNA の塩基としてチミンを導入したことは，エネルギー的にコスト高にはなるが，DNA の忠実な複製に役立っているのである．

学的な要因による DNA 損傷に対応する．この修復機構では，図 10.16 に示すように，損傷箇所を含む広い範囲の DNA 鎖が ABC エキシヌクレアーゼ ABC excinuclease で除去され，DNA ポリメラーゼⅠと DNA リガーゼが働いてギャップが埋められる．この修復は，哺乳動物がもつ紫外線障害に対する最も一般的な修復機構でもある．DNA 修復機構の欠損は生命維持に深刻な結果をもたらす．最も著名な例の一つは，色素性乾皮症 xeroderma pigmentosum と呼ばれる疾患である．この疾患の患者は，紫外線による障害の修復系をもたないため，若年で多発性皮膚がんを発症する．その病因は，DNA

の損傷部位を切り出すエンドヌクレアーゼの欠損であろうと推定されており，紫外線による損傷を認識するこの修復酵素は，疾患名にちなんで XPA タンパク質と命名されている．このがん性病変はやがて全身に広がり，患者は死に至る．

> **Sec. 10.5 要約**
> ■忠実度を高める何らかの機構がなければ，DNA 合成において，$10^4 \sim 10^5$ 塩基対当たり 1 回の割合で誤った塩基の取り込みが起こる．
> ■校正と修復機構によって，複製時に誤って取り込まれる塩基の数は $10^9 \sim 10^{10}$ 塩基対当たり 1 回にまで減少する．
> ■校正とは，伸長中の DNA 鎖に誤ったヌクレオチドが付加されると，その直後に DNA ポリメラーゼがそれを取り除く過程である．

10.6　真核生物における DNA の複製

　真核生物の複製に関しては，原核生物の複製ほどはよくわかっていない．それは，真核生物の高度な複雑さに起因する研究の難しさによるためである．真核生物の複製は，原理的には原核生物のものと共通する部分が多いが，次の基本的な三点でより複雑化している．第一は複製起点が複数存在する

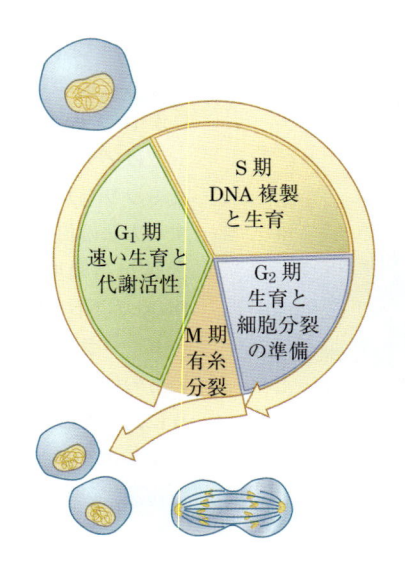

図 10.17

真核生物の細胞周期
有糸分裂と細胞分裂が起こる段階であることが M 期（有糸分裂期．"M" は有糸分裂 mitosis に由来する）の定義である．G_1 期（第一間期．"G" は，成長 growth ではなく間隙 gap に由来する）は細胞周期中における最長の期間であり，細胞の急速な発育と代謝活性が見られることが特徴である．休止状態，すなわち成長や分裂をしていない状態にある細胞（例えば神経細胞）は G_0 期にあるという．S 期（DNA 合成期）は DNA 合成の時期であり，S 期の後に細胞分裂の準備をする期間である比較的短い G_2 期（第二間期）がやってくる．細胞周期の時間は，24 時間以内（口腔や腸管壁表面の上皮細胞のような急速に分裂する細胞）から数百日に至るまでの幅がある．

身の周りに見られる生化学　微生物学

大腸菌の SOS 応答

　細菌が過酷な条件に曝されて多くの DNA 損傷が生じると，通常の修復機構では対処しきれなくなる．細菌の DNA は紫外線に長時間曝されると大きく損傷するが，細菌は，SOS 応答という格好な名前の修復の切り札をもっている．未解明の点が残る DNA ポリメラーゼ II を含めて，少なくとも 15 種類のタンパク質がこの反応のために活性化される．もう一つの重要なタンパク質は RecA と呼ばれるもので，この命名はこのタンパク質が組換えに関与することに基づいている．相同な塩基配列をもつ二つの DNA はさまざまな機構で組み換えられている．本書では組換えを取り上げていないが，ここでは，双方の鎖を交差させて入れ替えることができる DNA 配列がある場合に，組換えが起こることを知っていれば十分であり，組換えがどのように起こるかは下図に示されている．通常の修復酵素で処理できないようなあまりにも複雑な損傷があると，DNA ポリメラーゼがその損傷部分に新しい DNA を作ることができないため，複製の途中にギャップが残される．しかし，複製されつつあるもう一方の鎖（青で示す）は正しい相補鎖をもっているはずである．RecA および多数の他のタンパク質が働いて，正しい鎖の該当する DNA 領域を下側の鎖と組み換える．このことで上側の鎖には DNA の抜けた部分が残るが，その部分は正しい相補鎖（淡青色で示す）をもっているので，DNA ポリメラーゼで複製できるのである．

　障害を受けた鎖の損傷部分が多すぎる場合は，DNA ポリメラーゼ II が**誤りがちな修復** error-prone repair を行う．この場合，DNA ポリメラーゼが損傷部分を乗り越えて複製を継続するが，損傷部分では真に正しい塩基対を作ることができず，鋳型なしに"ヤマ勘"で塩基を挿入する．これは複製の忠実性という概念には逆行するが，損傷を受けた細胞にとっては何もしないよりはましである．この形で複製を試みると多くの場合は致命的な突然変異を生じ，多くの細胞が死んでしまうが，生き残るものもあるのであろう．そして，変異をもってでも生き延びられたということは，その細胞にとって死ぬよりましなことなのである．

Ⓐ DNA 親鎖（濃青色）の下側の鎖に損傷がある．上側の新しく合成された鎖（淡青色）は正しい配列をもっている．組換えによって，上側の青い鎖が交叉して損傷のある下側の青い鎖と対を形成することができる．

Ⓑ 上側の淡青色の鎖が複製されると図のような生成物ができる．

Ⓒ 損傷が多すぎて上で説明した系がうまく機能できない場合を示す．この場合，DNA ポリメラーゼ II がどうにかこうにか損傷部位を含めて穴埋めする"誤りがちな修復"が行われる．しかし，この過程では多くの誤りが生じてしまう．

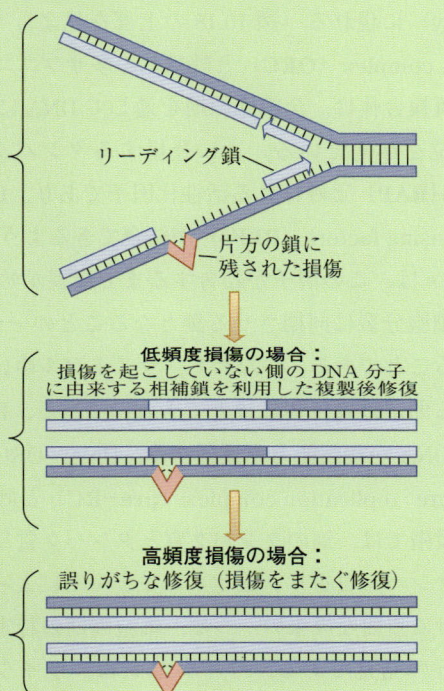

リーディング鎖

片方の鎖に残された損傷

低頻度損傷の場合：
損傷を起こしていない側の DNA 分子に由来する相補鎖を利用した複製後修復

高頻度損傷の場合：
誤りがちな修復（損傷をまたぐ修復）

低頻度損傷の修復には組換えが利用できる
(*Lehninger, Principales of Biochemistry, Third Edition,* by David L. Nelson and Michael M. Cox. © 1982, 1992, 2000 by Worth Publishers より，W. H. Freeman and Company の許可を得て改変)

こと，第二は複製を細胞分裂と同期させるように制御する必要があること，第三は複製に関わるタンパク質や酵素の種類が多いことである（本章末の Gilbert, D. M. の論文を参照されたい）．

ヒトの細胞では，三十億塩基対の DNA が細胞分裂周期に一度だけ複製されなければならない．細胞分裂は，M，G_1，S，および G_2 と名付けられた期に分けられる（図 10.17）．DNA の複製は数時間にわたる S 期の間に行われ，DNA が細胞周期に一度だけ複製されることを確実なものとするための機構が備わっている．真核生物の染色体は，この DNA 合成を多数の複製起点（**レプリケーター** replicator とも呼ばれる）から開始させることによって行っている．レプリケーターは，一般的には，情報を担う遺伝子に挟まれた領域にある特別な塩基配列で，平均的な大きさのヒトの染色体一つ当たり数百個のレプリケーターがあると考えられる．一続きの複製が行われる範囲は**レプリコン** replicon と呼ばれ，その大きさは生物種によって異なっている．高等哺乳動物のレプリコンの大きさには 500〜50,000 塩基対の幅がある．

10.6.1　複製と細胞周期はどのように結びつけられているか

真核生物の複製制御機構に関する最も詳しいモデルは，酵母細胞の研究成果に基づくものである（図 10.18）．DNA の複製を開始する能力は，G_1 期にある細胞の染色体だけがもっている．複製を細胞周期と同期させて行う機構にはたくさんのタンパク質が関与しており，それらのタンパク質には，初心者には馴染みにくく見えるが，短く表記することができる略号が使われることが一般的である．最初に働くタンパク質群は，G_1 期の前期から後期にかけての複製前複合体の形成時期（window of opportunity）に現れる（図 10.18 の上部を見よ）．複製起点に結合する**複製起点認識複合体** origin recognition complex（**ORC**）と呼ばれる多サブユニットタンパク質によって複製が開始される．このタンパク質複合体は，全細胞周期を通じて DNA に結合しており，複製を調節する数種のタンパク質に結合部位を与えている．次に登場するタンパク質は，**複製活性化タンパク質** replication activator protein（**RAP**）と呼ばれる活性化因子であり，RAP が結合することによって**複製認可因子群** replication licensing factors（**RLFs**）が結合できるようになる．酵母には少なくとも 6 種の異なる RLF がある．RLFs は，この因子が結合するまで複製が始まらないことから名づけられたタンパク質である．複製を細胞分裂に同期させる鍵となることの一つは，いくつかの RLF タンパク質がサイトゾル中に存在することである．すなわち，サイトゾル中に存在する RLFs は，有糸分裂が始まって核膜が消失している間だけ染色体に接近できるのである．RLFs が結合するまで複製は起こらず，それらが結合すると DNA が複製能力を獲得する．DNA，ORC，RAP および RLFs が集合して，研究者達が**複製前複合体** pre-replication complex（**pre-RC**）と呼ぶ構造物ができる．

次の段階では，別のタンパク質とタンパク質リン酸化酵素が関与する．生体内で起こる多くの過程が標的タンパク質をリン酸化するキナーゼによって制御されていることは Chap. 7 で学んだ．この分野における重要な成果の一つは，細胞周期の特定の時期に合成され，他の時期に分解される**サイクリン** cyclin の発見である．サイクリンは，**サイクリン依存性タンパク質キナーゼ** cyclin-dependent protein kinase（**CDK**）と呼ばれる特異的なタンパク質と結合する．サイクリンは CDK と結合することで DNA の複製を活性化するとともに，複製開始後に pre-RC が再構築されることを妨げる作用をもつ．DNA 合成が起こる時期は，CDK 群とサイクリン群の活性化状態によって決まる．サイクリン-

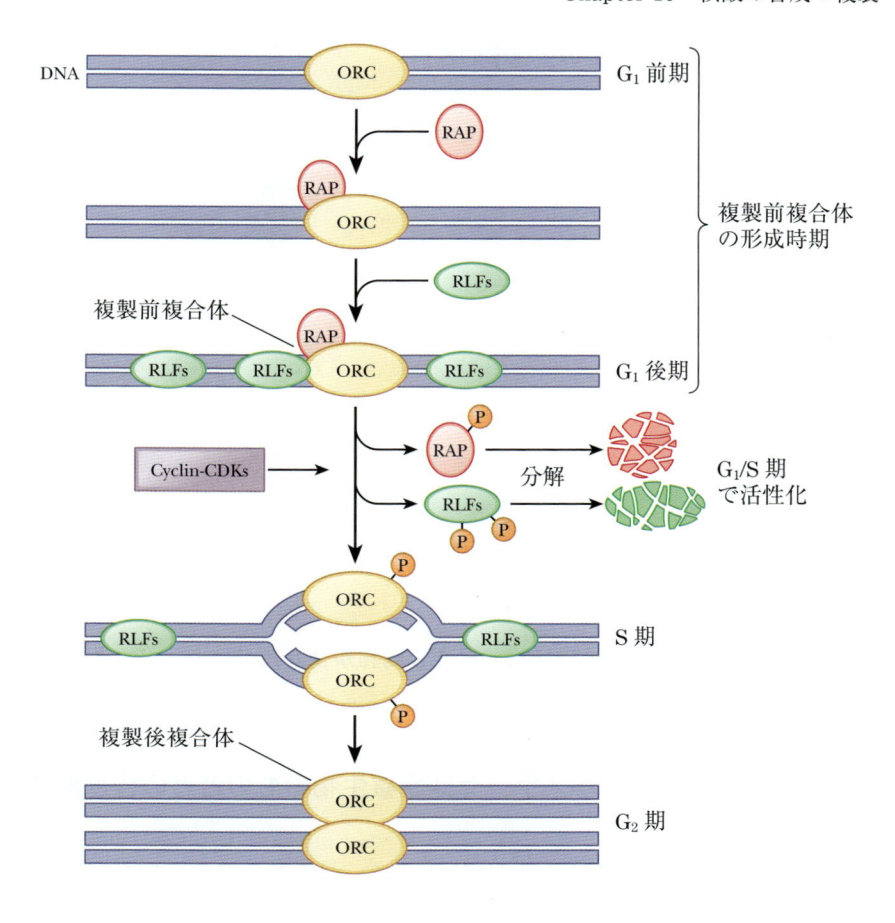

図 10.18
真核生物における DNA 複製サイクル開始機構の模式図
ORC は細胞周期の全期間を通じてレプリケーターに結合している．複製前複合体（pre-RC）は，ORC に RAP と RLFs が順に結合することにより構築され，それが可能となる時期はサイクリン-CDK 複合体化の状態によって決まる．RAP，ORC および RLFs のリン酸化が引き金となって複製が起こる．複製が始まると，複製後複合体（post-RC）状態となり，RAP と RLFs は分解する．(*Stillman, B., 1996. Cell Cycle Control of DNA Replication.* Science **274**: 1659 - 1663. © 1996 AAAS の図 2 より，許可を得て改変)

CDK 複合体は RAP，RLFs および ORC の特定の部位をリン酸化する．リン酸化されると，RAP と RLFs は pre-RC から解離し，リン酸化されて解離した RAP と RLFs は分解される（図 10.18，中段）．このようにして，サイクリン-CDK 複合体の活性化が DNA 複製を開始させ，別の pre-RC 形成を抑制する．G_2 期には，DNA の複製は完了している．倍加した DNA は有糸分裂によって娘細胞に分配される．それと同時に，核膜が消失しているため，サイトゾル中で生成された認可因子群は娘細胞の核内に入ることができ，新しい複製サイクルの開始が可能となる．

真核生物の DNA ポリメラーゼ

真核生物には少なくとも 15 種類の DNA ポリメラーゼが存在するが，詳しく調べられているのはその中の 5 種である（表 10.4）．真核生物の複製系の研究では，葉緑体にある独自の DNA 合成系は

表 10.4　真核生物 DNA ポリメラーゼの生化学的性質

性　質	α	δ	ε	β	γ
質量（kDa）					
天然型（ホロ酵素）	>250	170	256	36〜38	160〜300
触媒コア	165〜180	125	215	36〜38	125
他のサブユニット	70, 50, 60	48	55	0	35, 47
分布	核	核	核	核	ミトコンドリア
付随した機能					
3′→5′エキソヌクレアーゼ	−	+	+	−	+
プライマーゼ	+	−	−	−	−
性質					
連続伸長性	低	高	高	低	高
忠実性	高	高	高	低	高
複製能	+	+	+	−	+
修復能	−	?	+	+	−

（Kornberg, A., and Baker, T. A., 1992. DNA Replication, 2nd ed. New York: W. H. Freeman and Co. より改変）

特に複雑であることから，研究材料には植物ではなく動物が使われている．詳しく研究されている 5 種は α, β, γ, δ および ε と呼ばれており，α, β, δ および ε は核に，γ はミトコンドリアに存在する．

10.6.2　真核生物のポリメラーゼは原核生物のものとどの程度似ているか

ポリメラーゼ α（Pol α）は，最初に発見されたもので，最も多くのサブユニットから成る．この

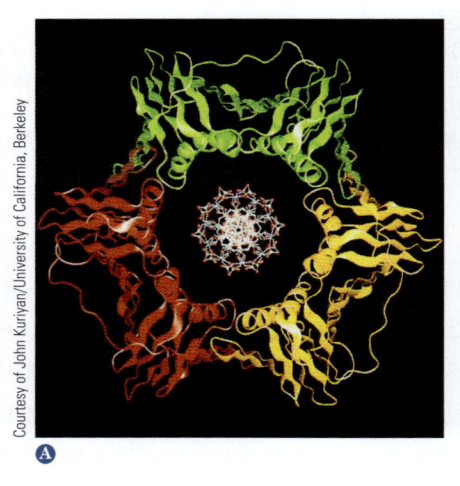

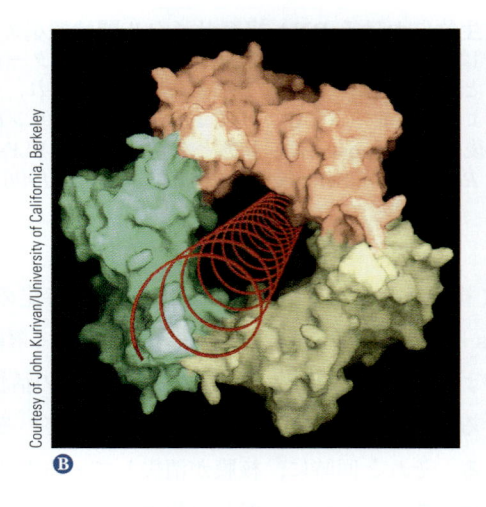

図 10.19

PCNA ホモ三量体の構造
真核生物の PCNA 三量体の環状構造が，原核生物における対応物である β サブユニット二量体の滑る留め金（図 10.7）とよく似ていることに注目して欲しい．Ⓐは，中心にある B 形 DNA を二重らせんの軸方向から見たもので，PCNA 三量体はリボン型構造モデルで示す．Ⓑは PCNA 三量体の分子表面構造モデルであり，単量体の一つずつを色分けして示す．赤色のらせんは B 形 DNA 二重らせんの糖とリン酸で構成される骨組みを表している．（Krishna, T. S., et al., 1994. Crystal Structure of the Eukaryotic DNA Polymerase Processivity Factor PCNA. Cell **79**: 1233–1243 の図 3 を改変）

酵素は，プライマーを作る能力をもつが，校正に必要な 3′→5′ エキソヌクレアーゼ活性を欠き，連続伸長性も低い．Pol α が RNA プライマーを合成し，その後に 20 個ほどのヌクレオチドを付け加えると，鎖の伸長は Pol δ と Pol ε に引き渡される．ポリメラーゼ δ は真核生物における主たる DNA ポリメラーゼであり，PCNA（増殖細胞核抗原 proliferating cell nuclear antigen）と呼ばれる特別なタンパク質と結合している．PCNA は，DNA 上を滑る留め金として働く Pol Ⅲ の一部分（β サブユニット）に相当する真核生物のタンパク質で，同一分子から成る三量体（ホモ三量体）を形成して DNA 鎖に巻きついている（図 10.19）．DNA ポリメラーゼ ε の役割はあまり明確ではないが，ラギング鎖の合成においてポリメラーゼ δ と置き換わっているようである．DNA ポリメラーゼ β は修復酵素であると考えられ，DNA ポリメラーゼ γ はミトコンドリア DNA の複製に関与している．動物から単離された DNA ポリメラーゼのいくつか（α および β 酵素）は 3′→5′ エキソヌクレアーゼ活性を欠いており，この点で動物の DNA ポリメラーゼは原核生物のものとは異なっている．動物細胞にはポリメラーゼとは独立した別の 5′→3′ エキソヌクレアーゼが存在する．

真核生物の複製フォーク

　真核生物における DNA 複製の一般的特徴は原核生物のものと類似しているが，両者間にはいくつかの相違点があり，それらを表 10.5 にまとめる．原核生物と同様，真核生物においても DNA 複製は半保存的であり，リーディング鎖は 5′→3′ 方向に連続的に合成され，ラギング鎖は 5′→3′ 方向に不連続的に合成される．原核生物の場合と同様，真核生物の DNA 複製でもプライマー RNA は特異的な酵素によってつくられるが，真核生物のプライマーゼ活性は Pol α に含まれている．真核生物の複製フォークの構造を図 10.20 に示す．岡崎フラグメント（真核生物での典型的な長さは 150〜200 ヌクレオチド）の合成は，Pol α によって始められる．RNA プライマーがつくられ，それに数個のヌクレオチドが付加されると，Pol α は解離して，PCNA タンパク質と結合した Pol δ に置き換わる．PCNA の Pol δ への結合には，RFC（複製因子 C replication factor C）と呼ばれるもう一つ別のタンパク質が関与する．RNA プライマーは最終的には分解されるが，真核生物の DNA ポリメラーゼにはこの分解に働く 5′→3′ エキソヌクレアーゼ活性がなく，別の酵素である FEN‑1 および RNase H1

表 10.5　原核生物と真核生物における DNA 複製の相違点

原核生物	真核生物
5 種類のポリメラーゼ（Ⅰ, Ⅱ, Ⅲ, Ⅳ, Ⅴ）	5 種類のポリメラーゼ（α, β, γ, δ, ε）
ポリメラーゼの機能 　Ⅰ：合成，校正，修復，プライマー RNA の除去 　Ⅱ：修復酵素 　Ⅲ：主たる重合酵素（DNA の合成と校正） 　Ⅳ, Ⅴ：特殊な条件下での修復酵素	ポリメラーゼの機能 　α：重合酵素 　β：修復酵素 　γ：ミトコンドリアの DNA 合成 　δ：主たる重合酵素 　ε：機能不明
すべてのポリメラーゼは 3′→5′ エキソヌクレアーゼ活性をもつ	すべてのポリメラーゼが 3′→5′ エキソヌクレアーゼ活性をもつわけではない
複製起点は 1 個	複製起点は複数
岡崎フラグメントは 1,000〜2,000 塩基の長さ	岡崎フラグメントは 150〜200 塩基の長さ
DNA と複合体を作るタンパク質は存在しない	ヒストンが DNA と複合体を形成

身の周りに見られる生化学　健康関連

テロメラーゼとがん

　直鎖状 DNA 分子の複製は，分子の末端部分に特別な問題を抱えている．合成途中にある DNA 鎖の 5′ 末端には短い RNA プライマーがついており，それは後で除去されて DNA に置き換えられねばならないことを思い起こしてもらいたい．このことは，鋳型が末端のない環状構造の DNA である場合は，プライマーの 5′ 側（一つ前の岡崎フラグメント）からやって来たポリメラーゼが RNA を DNA に置き換えることができるので，問題にならない．しかし，直鎖構造をとっている染色体の DNA ではそうはいかない．染色体の一つの末端には，DNA 鎖の 3′ 末端と 5′ 末端がそれぞれ存在する．染色体の端が 5′ 末端である鋳型鎖については，DNA ポリメラーゼが鋳型鎖上を 3′ から 5′ の方向へ進んで DNA を染色体の末端まで複製できるので問題はない．ところが，染色体の端が 3′ 末端である鋳型鎖は，図の A に示すような問題を抱えている．すなわち，新生鎖の 5′ 末端にある RNA プライマー（次のページの図で緑色で示す）を DNA に置き換える方法がないということである．DNA ポリメラーゼはプライマーを必要とするが，このプライマーの上流（5′ 側）には鋳型がないので，この RNA プライマーは DNA と置き換えることができない．RNA は不安定で，時間が経つとプライマーが分解されてしまうので，何か特別な機構が創り出されない限り，直鎖状の DNA 分子は複製の度に短くなるのである．

　真核生物の染色体末端はテロメア telomere と呼ばれ，その部分の DNA は一連の反復配列から成る特殊な構造をもっている．ヒトの精子や卵細胞の DNA では，この配列は 5′TTAGGG3′ であり，これが染色体末端で 1,000 回以上繰り返されている．この反復配列は遺伝情報をもっておらず，複製のたびに RNA プライマーが分解されて末端部分の DNA 配列が失われることに対する緩衝地帯として働く．テロメアの長さと寿命との間には相関性があるとい

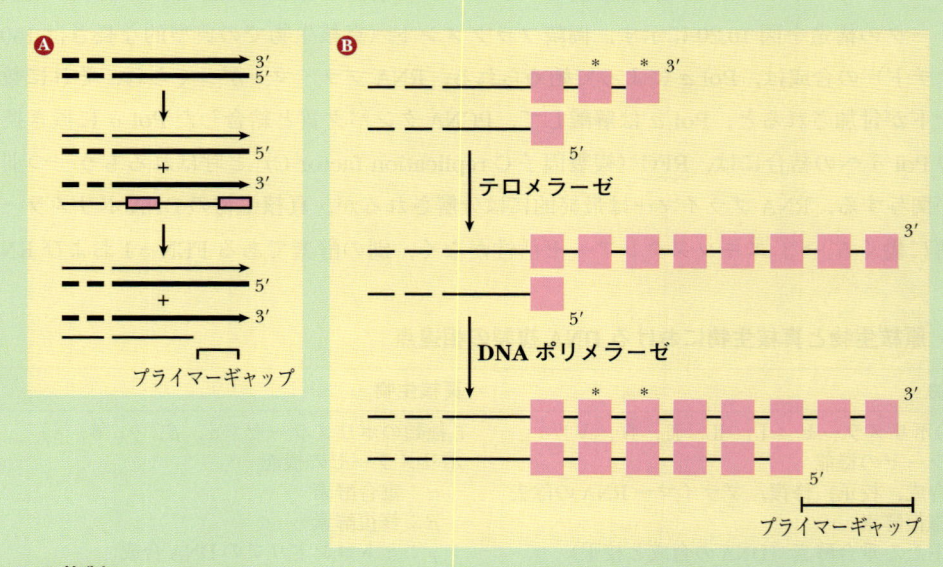

テロメアの複製
Ⓐ ラギング鎖の複製においては，短い RNA プライマー（ピンク色）が作られ，それを足場にして DNA ポリメラーゼが DNA 鎖を伸ばす．それぞれの鎖の 5′ 末端にあるプライマーが除かれた後は，次の複製で埋めることができないため，両方の鎖（図では片方の端だけが示されている）の 5′ 末端に欠損（プライマーギャップ）が生じる．
Ⓑ アステリスクは，通常の DNA 複製ではコピーできない 3′ 末端のヌクレオチド配列である．テロメラーゼによるテロメア DNA の合成が DNA 鎖の 3′ 末端を伸ばすと，アステリスクをつけた配列部分が通常の DNA 複製反応でコピーできるようになる．

う証拠がある．一部の研究者は，加齢に伴ってテロメアのDNAが失われていくことは自然な老化過程の一部であることを示唆している．テロメアは次第に短くなり，最終的にはDNAが生命力を失って細胞は死んでしまうのである．

　長いテロメアをもっているにしても，それは複製の繰り返しに伴って短くなっていくから，何らかの補償機構がない限り，結局は細胞が死んでしまう．この問題に対する積極的な解決策は，テロメアを合成する活性を有するテロメラーゼと呼ばれる酵素である（右図のB参照）．テロメラーゼは，テロメアと相補的なRNA部分をもつリボ核タンパク質であり，ヒトの酵素でのその配列は5´CCCUAA3´である．テロメラーゼは染色体の端でDNAの5´末端に結合し，自らのRNAを鋳型として，**逆転写酵素 reverse transcriptase**活性を使ってDNAの3´末端を延長する（赤色で図示）．これによって鋳型鎖（紫色で図示）が伸長され，テロメアは事実上延伸されることになる．

　テロメラーゼの本態が明らかになった当初は，これこそ"若さの泉"であり，その働きを保ち続ける方法を見つけ出せば，細胞は（そしておそらく個体も）不死になると信じられた．最近の研究によってテロメラーゼは，血球や腸管内壁，皮膚の細胞群など急速に増殖している組織においては活性な状態に保たれているが，成体のほとんどの細胞や組織では不活性になっていることが示されている．このような細胞では，新しい細胞への置き換えや組織の修復のために分裂しても染色体の末端は保護されないので，最終的にはDNAの消失部分が多くなり，生命維持に必要な遺伝子が失われて細胞は死んでしまう．これは老化と死に至る正常な過程の一部なのであろう．

　がん細胞ではテロメラーゼが再活性化されているという発見は大きな驚きであり，これによってがん細胞の不死性と急速な分裂を維持できる能力の一部を説明することができる．この知見はがん治療に新しい可能性を開いた．すなわち，もしもテロメラーゼの再活性化を妨げることができれば，がんは自然の成り行きで死滅するであろう．テロメラーゼの研究から明らかになったことは氷山の一角にすぎず，テロメラーゼの他にも，染色体を保全する機構があるに違いない．Chap. 13で述べる技術を使って，マウスのテロメラーゼを遺伝子工学的に欠損させる実験が行われた．テロメラーゼ欠損マウスは，複製と世代を繰り返すとテロメアが短縮し続けたが，最終的には染色体の短縮は止まり，何か別の過程で染色体の長さを保護することができていることが示唆された．現在，テロメア，組換え，DNA修復の三者間での関連性が研究されている（本章末のWu, L., and D. HicksonおよびKucherlapati, R., and R. A. DePinhoの論文を参照）．

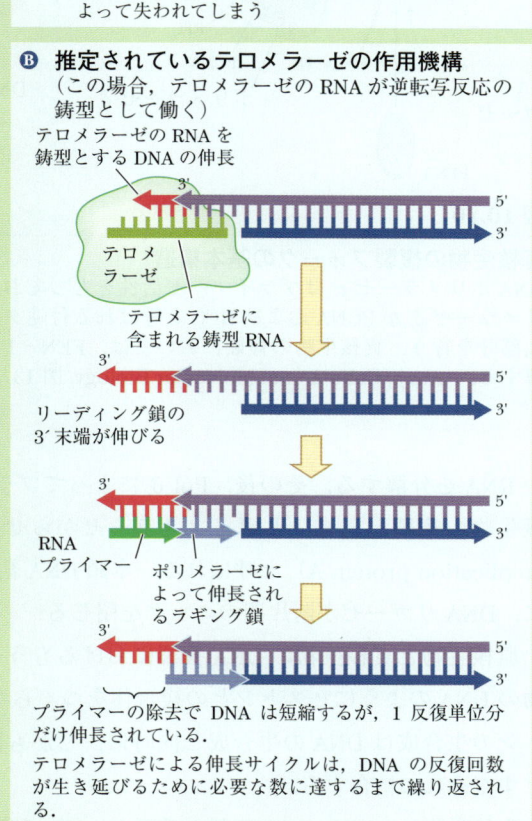

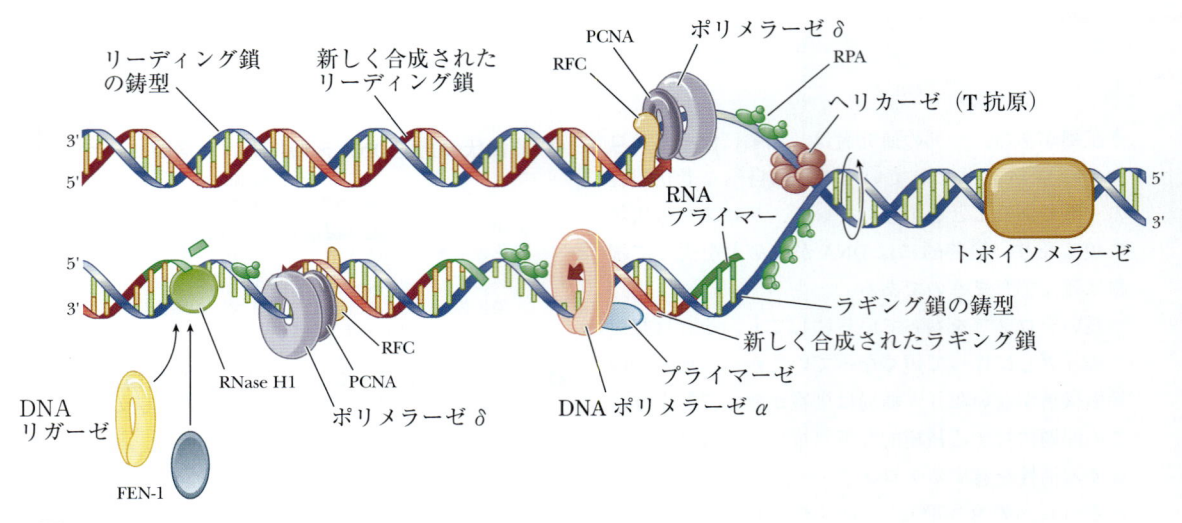

図 10.20

真核生物の複製フォークの基本構造

DNAポリメラーゼ α はプライマーゼ活性をもっており，数個のヌクレオチドを取り込む．すると，DNAポリメラーゼ δ がPCNAおよびRFCと呼ばれる付随タンパク質を伴ってDNAに結合し，複製に関わる合成の大部分を行う．真核生物の複製においては，FEN‑1とRNase H1という二つの酵素がRNAプライマーを分解する．(*Karp*, Cellular and Molecular Biology, 図13‑22, *John Wiley & Sons, Inc.* より，許可を得て転載)

がRNAを分解する．その後，Pol δ によってプライマーの除去で生じたギャップが埋められる．原核生物の複製と同様，トポイソメラーゼがらせんの巻き戻しで生じるねじれ歪みを緩和し，RPA（replication protein A）と呼ばれる一本鎖DNA結合タンパク質がDNAを分解から保護する．最終的に，DNAリガーゼが断片間のニックを閉じる．

原核生物と真核生物のDNA複製におけるもう一つの重要な相違点は，原核生物のDNAが真核生物のDNAのようにヒストンとの複合体をつくらないことである．真核生物の複製においては，ヒストンの生合成はDNAの生合成と同時に，しかも同じ速さで起こり，ヒストンはDNAが合成されるとすぐそれに結合する．

真核生物におけるDNA複製の重要な一面，特にヒトに与える影響に関する問題がp.358の《身の周りに見られる生化学》に記述されている．

Sec. 10.6 要約

- 真核生物の複製は，原核生物の複製と基本的な点で同じであるが，最も重要な相違点は，真核生物のDNAにはそれに結合するヒストンタンパク質が存在することである．
- 真核生物では，原核生物に比べて，複製には異なるタンパク質が用いられ，複製系はより複雑である．複製は細胞周期のS期に一度だけ起こるように制御されている．
- 真核生物には，DNAポリメラーゼ α, β, γ, δ, ε の5種類が存在し，ポリメラーゼ δ は，原核生物のポリメラーゼⅢに相当するもので，DNA合成において中核的な役割を担う酵素である．

SUMMARY　　　　　　　　　　　　　　　　　　　　　　　　　　　　　　要　約

- **科学者たちはどのようにして複製が半保存的であることを確認したか**　大腸菌を $^{15}NH_4Cl$ を唯一の窒素源にして培養する．このような条件下では，プリン塩基やピリミジン塩基を含むすべての新しく合成された窒素化合物が ^{15}N で標識される．^{15}N で標識した大腸菌を ^{14}N のみを含む培地に移して培養する．増殖した菌体から世代ごとに DNA を取り出して密度勾配遠心法で分析した．半保存的複製から予測された通り，1 世代の増殖後に，^{14}N と ^{15}N を 1：1 で含む DNA のバンドが重い DNA と軽い DNA の中間に現れた．

- **複製はどちらに向かって進むか**　複製は複製起点から双方向に進む．すなわち，DNA は両方の鎖が複製され，二つの複製フォークが複製起点から逆方向へ動いていく．

- **二つの鎖が逆方向に合成されるとき，DNA を鎖に沿って複製するにはどうすればよいか**　2本の DNA 鎖は別々の様式で伸長する．一方の鎖（リーディング鎖）は，3′から 5′に向かってほどかれる鋳型鎖を用いて，5′から 3′に向けて連続的に合成される．他方の鎖（ラギング鎖）は，岡崎フラグメントと呼ばれる小さな断片として不連続的に合成され，DNA リガーゼによって連結される．

- **超らせん化した DNA を複製するにはどうするか**　2本の DNA 鎖が巻き戻されることに伴って複製フォークの前方で生じる正の超らせんを打ち消す負の超らせんを導入するために，DNA ジャイレースが働く．この DNA ジャイレースの働きによって DNA にかかるねじれ歪みが減少する．

- **複製している間，一本鎖になった DNA はどのように保護されるか**　一本鎖 DNA 結合タンパク質と呼ばれる特別なタンパク質が一本鎖化した部分に結合して，ヌクレアーゼによる分解から保護している．

- **プライマーはどこから来るか**　プライマーゼという酵素が，DNA 鎖を鋳型にして DNA 合成のプライマーとなる相補的な RNA をつくる．

- **校正は複製の忠実度をどれくらい高めるか**　誤ったヌクレオチドの取り込みや自然に起こる塩基の変異などのエラーは，通常，$10^4 \sim 10^5$ 塩基当たり 1 回の割合で起こる．しかし，DNA ポリメラーゼの校正機能によって正しい塩基相補関係にないヌクレオチドを取り除くことができるので，エラーは $10^9 \sim 10^{10}$ に 1 回の割合に減少する．

- **複製と細胞周期はどのように結びつけられているか**　複製は，複製起点認識複合体，複製活性化タンパク質，複製認可因子群など，いくつかのタンパク質によって細胞分裂に結び付けられている．この過程はサイクリンと呼ばれるタンパク質によって調節されている．サイクリンは G_1 期と S 期につくられ，サイクリン依存性タンパク質リン酸化酵素に結合して，DNA の複製を活性化する．

- **真核生物のポリメラーゼは原核生物のものとどの程度似ているか**　原核生物の主なポリメラーゼが三つであるのに対して，真核生物には主なポリメラーゼが五つあり，それらには α から ε の記号が付されている．原核生物のポリメラーゼⅢにあたる，中核となるポリメラーゼは δ である．真核生物のさまざまなポリメラーゼは，分子の大きさ，構成タンパク質の複雑さ，連続伸長性およびエキソヌクレアーゼ活性や校正活性が大きく異なっている．γ 酵素はミトコンドリアに存在するが，他の酵素は核に存在する．

EXERCISES 練習問題

10.1 細胞内における遺伝情報の流れ

1. **復習** 複製，転写，翻訳を定義せよ．
2. **演習** 次の記述は正しいか，それとも誤りか．理由とともに述べよ．「細胞内における遺伝情報の流れは常にDNA→RNA→タンパク質である．」
3. **演習** DNAが正確に複製されることが正確に転写されることより重要であるのはなぜか．

10.2 DNAの複製

4. **復習** DNAの複製は半保存的であるといわれるのはなぜか．この過程が半保存的であることの実験的根拠は何か．もし，複製が全保存的であるなら，上記の実験はどのような結果を与えると予想されるか．
5. **復習** 複製フォークとは何か．それはなぜ複製に重要なのか．
6. **復習** 複製起点の構造上の特徴を述べよ．
7. **復習** 複製の過程でDNAのらせん構造を巻き戻すことが必要なのはなぜか．
8. **演習** DNA複製の半保存的性質を確定したメセルソンとスタールの実験で用いられた抽出法では，DNAの短い断片ができていた．もし，もっと長いDNAを用いていたらどのような実験結果が得られていたのであろうか．
9. **演習** DNAのらせんを巻き戻すことなしに複製が起こることがありえない理由を考えてみよ．

10.3 DNAポリメラーゼ

10. **復習** DNAポリメラーゼはエキソヌクレアーゼとしても機能するか．
11. **復習** 大腸菌のDNAポリメラーゼIとIIIを比較し，両者の違いを説明せよ．
12. **演習** 連続伸長性を定義し，DNA複製におけるこの概念の重要性を示せ．
13. **演習** 複製において，反応物であるヌクレオチド単量体のもつ二重の役割を説明せよ．
14. **演習** 核酸の生合成におけるピロホスファターゼの重要性は何か．
15. **演習** DNA合成は常に5′末端から3′末端の方向に起こり，鋳型となる二本鎖DNAは互いに逆向きになっている．自然は，この状況にどのように対処しているか．
16. **演習** 伸長中のDNA鎖が3′末端に遊離のヒドロキシ基をもっていなければ，複製過程に何が起こるか．
17. **演習** 伸長中のDNA分子にデオキシリボヌクレオチドを挿入する際に，過剰ともいえる大きなエネルギーが使われる理由について述べよ．（ホスホジエステル結合を作るのに15 kcal mol^{-1}のエネルギーが消費されるが，実際に必要なエネルギーはその約三分の一である．）
18. **演習** 伸長中のDNA鎖へのヌクレオチドの付加が求核置換反応によって起こるのが驚くべきことではないのはなぜか．
19. **演習** DNAに沿って滑る留め金を形成するDNAポリメラーゼIIIのβサブユニットは重合反応に対する活性部位をもたない．このようなことは珍しいことか．考えを述べよ．

10.4 DNA複製に必要なタンパク質

20. **復習** DNAポリメラーゼが触媒するDNAの複製に必要な物質を列挙せよ．
21. **復習** DNA複製におけるラギング鎖の不連続的合成について説明せよ．
22. **復習** DNA複製における，ジャイレース，プライマーゼ，リガーゼの機能は何か．
23. **復習** DNAの一本鎖部分は細胞内のヌクレアーゼによる攻撃を受けるが，DNAの一部分は複製過程で一本鎖の状態で存在する．この事実について説明せよ．
24. **復習** 複製過程におけるDNAリガーゼの役割について述べよ．
25. **復習** DNA複製におけるプライマーとは何か．
26. **演習** 超らせん構造をとっているDNA分子は，どのようにして複製されるのか．
27. **演習** 複製に短いRNAプライマーが必要なのはなぜか．

10.5 校正と修復

28. **復習** DNAの複製過程における校正はどのように行われているか．
29. **復習** 複製における校正は常に同じ過程で起こっているか．
30. **復習** チミン二量体の除去を例にして，DNA

の除去修復を説明せよ．

31. **関連** DNA がウラシルではなくチミンをもっていることにはどのような利益があるか．

32. **演習** あなたがもっている本には 200 万個の符号（文字，空白，句読点）があるとしよう．もしあなたが，原核生物である大腸菌の複製における塩基の取り込み，校正，修復と同じ正確さ（$10^9 \sim 10^{10}$ に約 1 ヌクレオチドの誤り）でタイプすることができるとするなら，一つの誤りが未訂正のまま見過ごされるまでに，同じような本を何冊タイプすることができるだろうか（誤りが起こる割合を 10^{10} に 1 回と仮定して計算せよ）．

33. **演習** 大腸菌は毎秒 250 ～ 1000 個のデオキシリボヌクレオチドを DNA に取り込む．高いほうの値を使って，これを 1 分間にタイプされる語数に換算せよ（問題 32 におけるタイピングと同様，1 ヌクレオチドを 1 文字とし，1 語の文字数を 5 と仮定せよ）．

34. **演習** 問題 33 で得られたタイプ速度では，一つの誤りが未訂正のまま見過ごされるまでに，大腸菌が示す忠実度（問題 32 参照）で，どれだけの時間タイピングし続けなければならないか．

35. **演習** DNA 複製において，ヌクレオチドのメチル化は何かの役割を果たし得るであろうか．もし，何かの役割を果たすとすれば，それはどのような役割か．

36. **演習** DNA 修復の欠損は，ヒトにおけるがんの発生においてどのような役割を演じるか．

37. **関連** 原核生物は，真核生物にはない方法で，DNA のひどい損傷を処理することができるだろうか．

10.6 真核生物における DNA の複製

38. **復習** 真核生物における複製起点の数は，原核生物より少ないか，多いか，あるいは同数か．

39. **復習** 真核生物の複製は原核生物の過程とどのように異なっているか．

40. **復習** DNA 複製において，ヒストンはどのような役割を演じているか．

41. **演習** (a) 真核生物の DNA 複製は原核生物のものより複雑である．そうでなければならない理由を一つ挙げよ．(b) 真核生物の細胞が，細菌より多種類の DNA ポリメラーゼを必要とするのはなぜか．

42. **演習** 真核生物の DNA ポリメラーゼは原核生物のそれとどう違っているか．

43. **演習** 真核生物における DNA 合成の調節と細胞周期の各段階との関連は何か．

44. **関連** もしテロメラーゼが不活化されたなら，DNA 合成にどのよう影響が生じるだろうか．

45. **演習** DNA 合成より速い速度でヒストン合成が起こることは，真核生物にとって有利なことだろうか．

46. **演習** 複製認可因子群とは何か．そのような名前がつけられたのはなぜか．

47. **演習** DNA 合成は，真核生物と原核生物のどちらが速いと考えられるか．

48. **演習** 逆転写酵素が鋳型 RNA から DNA を合成する一連の反応を概説せよ．

49. **関連** 環状と直鎖状の二本鎖 DNA の複製に見られる重要な相違点を列挙せよ．

50. **演習** 真核生物がミトコンドリアだけで働く DNA ポリメラーゼ（Pol γ）をもっている意義は何か．

ANNOTATED BIBLIOGRAPHY / 参考文献

Botchan, M. Coordinating DNA Replication with Cell Division: Current Status of the Licensing Concept. *Proc. Nat. Acad. Sci.* **93**, 9997–10,000 (1996). [An article about control of replication in eukaryotes.]

Buratowski, S. DNA Repair and Transcription: The Helicase Connection. *Science* **260**, 37–38 (1993). [How repair and transcription are coupled.]

Gilbert, D. M. Making Sense of Eukaryotic DNA Replication Origins. *Science* **294**, 96–100 (2001). [The latest information on replication origins in eukaryotes.]

Kornberg, A., and T. Baker. *DNA Replication*, 2nd ed. New York: Freeman, 1991. [Most aspects of DNA biosynthesis are covered. The first author received a Nobel Prize for his work in this field.]

Kucherlapati, R., and R. A. DePinho. Telomerase Meets Its Mismatch. *Nature* **411**, 647–648 (2001). [An article about a possible relationship between telomerase and mismatch repair.]

Radman, M., and R. Wagner. The High Fidelity of DNA Duplication. *Sci. Amer.* **259** (1), 40–46 (1988). [A description of replication, concentrating on the mechanisms for minimizing errors.]

Stillman, B. Cell Cycle Control of DNA Replication. *Science* **274**, 1659–1663 (1996). [A description of how eukaryotic replication is controlled and linked to cell division.]

Varmus, H. Reverse Transcription. *Sci. Amer.* **257** (3), 56–64 (1987). [A description of RNA–directed DNA synthesis. The author was one of the recipients of the 1989 Nobel Prize in medicine for his work on the role of reverse transcription in cancer.]

Wu, L., and D. Hickson. DNA Ends RecQ–uire Attention. *Science* **292**, 229–230 (2001). [An article describing various ways that the ends of chromosomes are protected.]

CHAPTER 11

遺伝暗号の転写：RNAの生合成

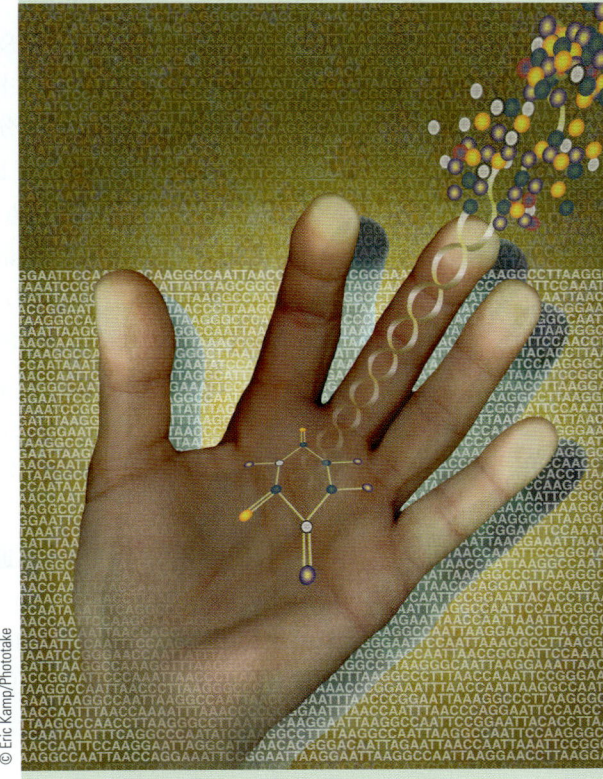

転写においては，相補的なRNA鎖をつくるためにDNAの鋳型鎖が使われる

概　要

- 11.1 転写の概観
  - 11.1.1 すべての転写に共通する基本原則は何か
- 11.2 原核生物における転写
  - 11.2.1 RNAポリメラーゼのサブユニットの役割は何か
  - 11.2.2 転写に使われるのはどちらのDNA鎖か
  - 11.2.3 RNAポリメラーゼは転写を始める場所をどのように認識するか
- 11.3 原核生物における転写調節
  - 11.3.1 原核生物の転写はどのように調節されるか
  - 11.3.2 エンハンサーとプロモーターの違いは何か
  - 11.3.3 *lac* オペロンにおける転写の抑制はどのように働くか
  - 11.3.4 RNAの二次構造は転写の減衰にどのように関わるか
- 11.4 真核生物における転写
  - 11.4.1 Pol Ⅱ は転写すべきDNAをどのように認識するか
  - 11.4.2 真核生物の転写因子の役割は何か
- 11.5 真核生物における転写調節
  - 11.5.1 応答配列はどのように働くか
- 11.6 DNA結合タンパク質の構造モチーフ
  - 11.6.1 DNA結合ドメインとは何か
  - 11.6.2 転写活性化ドメインとは何か
- 11.7 RNAの転写後修飾
  - 11.7.1 mRNAが転写後に修飾されるのはなぜか
  - 11.7.2 成熟mRNAをつくるためにイントロンはどのように切り取られるか
- 11.8 リボザイム
  - 11.8.1 リボザイムの特徴は何か

11.1 転写の概観

Chap. 10 で学んだように，分子生物学のセントラルドグマ（中心命題）によれば，DNA が RNA を作り，RNA がタンパク質を作る．DNA から RNA を作る過程を**転写** transcription と呼び，この過程は遺伝子の発現とタンパク質合成における主な調節段階になっている．

遺伝情報を読み出すには，二本鎖 DNA 分子の片方だけが塩基相補的に RNA へ転写される．RNA の塩基配列は，DNA 塩基のチミン（T）が RNA 塩基のウラシル（U）に置き換わっている点で DNA と異なっている．転写されるのは細胞のもつ DNA の一部だけである．転写では，あらゆる種類の RNA，すなわち，mRNA，tRNA，rRNA，snRNA，miRNA および siRNA がつくられており，新しい種類の RNA やそれらの新しい機能が毎年のように見出されている．

原核生物と真核生物の転写の仕組みは，細部で異なっている．例えば，真核生物の転写過程は，原核生物のものよりずっと複雑で，多数の転写因子が関与している．転写に関する研究の大部分は，原核生物，特に大腸菌を用いて行われてきたが，そこで見出された一般的な特徴は，RNA ウイルスの感染を受けた細胞を除けば，すべての生物に見られるものである．

11.1.1 すべての転写に共通する基本原則は何か

原核生物と真核生物の転写には多くの相違点があり，真核生物では種類が異なる RNA の転写にも違いがあるが，転写にはすべてに共通するいくつもの特徴がある．転写に共通する主な特徴を表 11.1 にまとめる．

表 11.1　RNA 合成の一般的特徴

1. RNA は，転写と呼ばれる過程で鋳型 DNA を用いて合成され，それを触媒する酵素は **DNA 依存性 RNA ポリメラーゼ** DNA-dependent RNA polymerase である．
2. 4 種類のリボヌクレオシド三リン酸（ATP，GTP，CTP，UTP）のすべてと Mg^{2+} が必要である．
3. RNA 合成では，プライマーは不必要であるが，鋳型となる DNA が必要である．
4. DNA 生合成の場合と同様，RNA 鎖も 5′ 末端から 3′ 末端の方向へ伸長し，鎖の 5′ 末端のヌクレオチドには三リン酸（pppと略記）が保持されている．
5. RNA ポリメラーゼは二本鎖 DNA の片方の鎖だけを RNA 合成の鋳型として使う．DNA の塩基配列中には RNA 合成の開始点と終結点を示す信号が含まれている．ポリメラーゼは鋳型鎖に結合して，その上を 3′ から 5′ の方向へ移動する．
6. 鋳型 DNA は全く変化しない．

> **Sec. 11.1 要約**
> - 転写は DNA を鋳型として RNA を合成する過程である．
> - 転写によって，メッセンジャー RNA（mRNA），転移 RNA（tRNA），リボソーム RNA（rRNA），マイクロ RNA（miRNA），small interfering RNA（siRNA），および核内低分子 RNA small nuclear RNA（snRNA）といった多種類の RNA がつくられる．
> - RNA 合成はプライマーを必要としない．
> - すべてのポリヌクレオチドの合成と同じく，転写における RNA 合成は，5′ 末端から 3′ 末端に向かって進む．

11.2　原核生物における転写

大腸菌の RNA ポリメラーゼ

　RNA を合成する酵素は **RNA ポリメラーゼ** RNA polymerase と呼ばれ，大腸菌から単離された酵素が最も詳しく研究されている．この酵素の分子量は約 470,000 Da であり，α，ω，β，β' および σ と名付けられた五つの異なるサブユニットから成る多サブユニット構造を有する．実際の分子は $\alpha_2\omega\beta\beta'\sigma$ という構成をしている．σ サブユニットは，**コア酵素** core enzyme と呼ばれる部分（$\alpha_2\omega\beta\beta'$ 部分）にゆるく結合しており，**ホロ酵素** holoenzyme は σ サブユニットを含めた全サブユニットで構成されている．

11.2.1　RNA ポリメラーゼのサブユニットの役割は何か

　β，β'，α および ω サブユニットは互いに結合して，重合反応を行う活性部位を構成し，σ サブユニットは特異的なプロモーターの認識に関わっている．重合反応の反応機構は活発な研究対象になっている．

11.2.2　転写に使われるのはどちらの DNA 鎖か

　図 11.1 には，DNA からタンパク質に至る情報伝達の基本概念が示されている．RNA 合成の鋳型となるのは二本鎖 DNA の片方の鎖であり，RNA ポリメラーゼは鋳型となる DNA 鎖を 3′ 末端から 5′ 末端の方向に読み取る．RNA ポリメラーゼが読みとる側の DNA 鎖はさまざまな名前で呼ばれる．最も一般的な呼び名は**鋳型鎖** template strand で，この鎖が，合成される RNA の構造を決める鋳型になっていることに由来している．この他には，この鎖が，合成される RNA に相補的であることから，**アンチセンス鎖** antisense strand と呼んだり，便宜的に**マイナス鎖**（−）strand と呼ぶこともある．もう一方の鎖は，塩基配列が転写で生じる RNA と同じ（T が U に置き換わっていることを除けば）

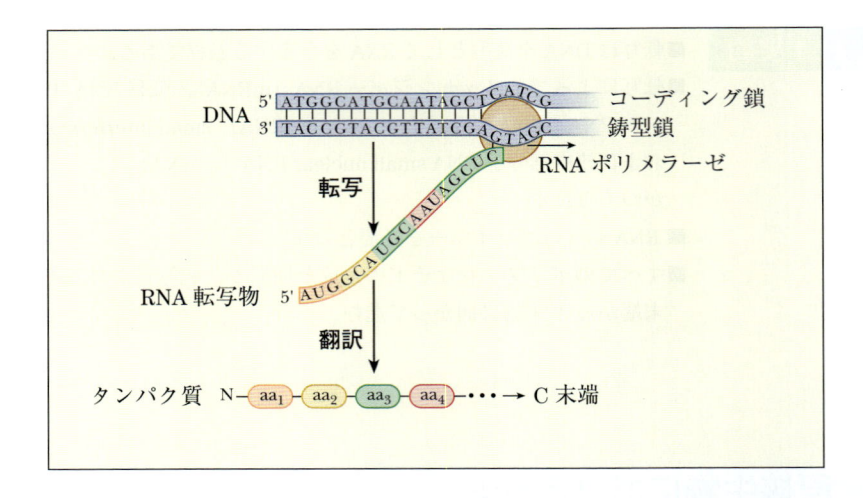

図 11.1
転写の基本機構
RNAポリメラーゼはDNAの鋳型鎖を使ってRNA転写を行う．生成したRNAは，TがUに置き換わっている以外はコーディング鎖DNAと同じ塩基配列を保持する．このRNAがmRNAである場合は，その後，タンパク質に翻訳される．

であることから，**コーディング鎖** coding strand と呼ばれる．この鎖はまた，mRNAの塩基配列がタンパク質のアミノ酸配列を決めることに因んで，**センス鎖** sense strand とも呼ばれる．また，便宜的に**プラス鎖**（＋）strand とか**非鋳型鎖** nontemplate strand と呼ぶこともある．本書では，鋳型鎖とコーディング鎖という名称を用いることとする．また，DNAのコーディング鎖と転写されたRNAとは同じ塩基配列をもつので，タンパク質の配列情報をもつ遺伝子の塩基配列やプロモーターならびにその他の調節配列として働くDNAの塩基配列は，コーディング鎖の配列で表すこととする．

　RNAポリメラーゼのコア酵素は，触媒活性は高いが鋳型鎖を特異的に認識することはできない．したがって，コア酵素単独では，遺伝情報が一方のDNA鎖にだけ含まれているとしても，両方の鎖を転写してしまうであろう．RNAポリメラーゼは，ホロ酵素となってはじめて，特定のDNA配列に結合して正しい鎖だけを転写するようになる．これは，**プロモーター部位** promoter locus（RNAへの転写開始を合図するDNA配列；Sec. 11.3参照）の認識をσサブユニットが行うためである．σサブユニットは，プロモーターの認識を基本的な役割としてコア酵素にゆるく結合しており，転写が始まって約10個のヌクレオチドがRNA鎖に付加された段階でコア酵素から離れる．原核生物は複数種類のσサブユニットをもち，RNAポリメラーゼが利用するσサブユニットの性質によって結合するプロモーターを選択し，細胞の代謝状態に適応したさまざまな遺伝子の転写を行うことができるようになっている．

プロモーターの構造

　単純な生物でも，転写されない大量のDNAをもっている．RNAポリメラーゼは，二本鎖DNAのどちらが鋳型鎖なのか，転写すべき部分は鋳型鎖のどこか，そして転写すべき遺伝子の先頭にくるヌクレオチドがどこにあるのかを認識する手段をもっている必要がある．

11.2.3　RNAポリメラーゼは転写を始める場所をどのように認識するか

プロモーターは，RNAポリメラーゼに転写の指令を与えるDNAの塩基配列である．RNAポリメラーゼが結合するプロモーター領域は，転写される遺伝子本体より鋳型鎖の3′末端側にある．RNAは5′末端から3′末端に向かって合成されるから，ポリメラーゼは鋳型鎖上を3′末端側から5′末端の方向に動く．しかし，便宜上，調節配列についてもすべてコーディング鎖（5′末端側から3′末端に向かう）を基にして定義するので，ポリメラーゼの結合部位は転写開始点の**上流** upstream，すなわち遺伝子からみてコーディング鎖の5′末端側に位置すると表現する．このような表現は，学生諸君に混乱を与える原因となりがちなので，方向の定義をここでしっかり理解しておくことが大切である．プロモーターの配列は，RNAポリメラーゼが実際に結合するのが鋳型鎖であるにもかかわらず，コーディング鎖の配列を用いて記述する．プロモーターが上流にあるということは，コーディング鎖の5′末端側，鋳型鎖の3′末端側にあることを意味している．

細菌のプロモーターの多くは，少なくとも三つの構成要素をもち，大腸菌の遺伝子に見られる代表的なプロモーターの配列は図11.2に示すようになっている．RNAに転写される最初のヌクレオチドに最も近いプロモーター配列は，その約10ヌクレオチド上流にある．慣例では，RNA鎖に転写される1番目のヌクレオチドを+1番と決めて**転写開始点** transcription start site（**TSS**）と呼び，それより上流に位置するヌクレオチドには負の番号が付けられる．

一つ目のプロモーターエレメントはTSSの約10塩基上流にあるので，−10領域と呼び，発見者にちなんで**プリブナウボックス** Pribnow boxと呼ぶこともある．プリブナウボックスの上流側は16〜18個の一様ではない配列がある．TSSの約35塩基上流には，二つ目のプロモーターエレメントがあり，単純に**−35領域** −35 regionもしくは**−35エレメント** −35 elementと呼んでいる．エレメン

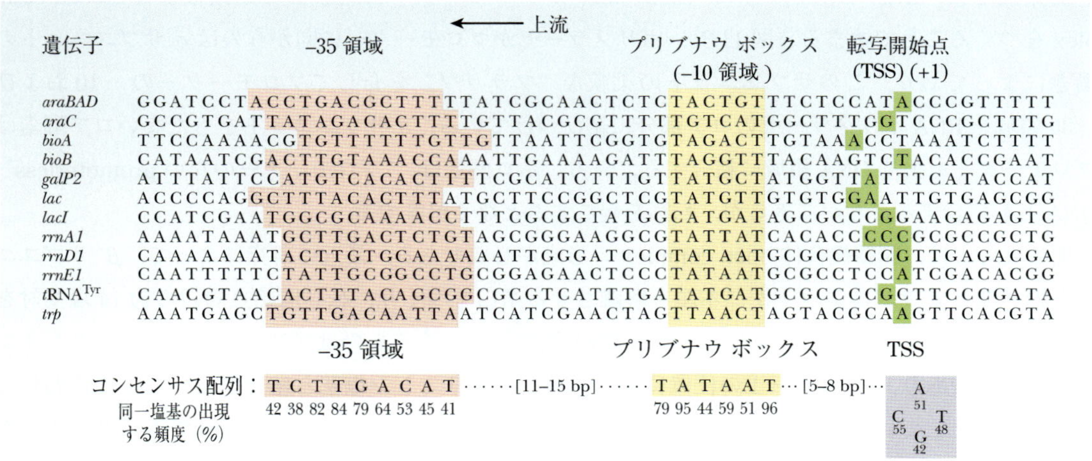

図11.2
大腸菌の代表的なプロモーターの塩基配列

プロモーターの構造は，コーディング鎖のDNA塩基配列を用いて，左から右に向かって5′から3′方向になるように表記することが慣例となっている．

トというのは転写の調節に何らかの重要性をもつ DNA の塩基配列を指す慣用的な用語である．-35 エレメントから TSS に至る領域を**コアプロモーター** core promoter と呼ぶ．コアプロモーターのさらに上流には，RNA ポリメラーゼの結合を促進する **UP エレメント** UP element として働く塩基配列が存在することがある．通常，UP エレメントは -40 〜 -60 塩基の範囲にあり，UP エレメントの端から転写開始点までを**拡張プロモーター** extended promoter と呼んでいる．

　原核生物の多くの遺伝子でプロモーター領域の塩基配列が決定され，プロモーター領域に多くの共通した塩基配列が存在するという注目すべき特徴が見出されており，そのような配列を**コンセンサス配列** consensus sequence と呼んでいる．プロモーター領域では 2 本の水素結合で塩基対を形成する A-T の含量が高く，その結果として 3 本の水素結合で塩基対を形成する G-C の含量が高い領域よりも DNA 鎖が解離しやすくなっている．図 11.2 は，-10 から -35 領域にかけてのコンセンサス配列を示したものである．

　-10 領域および -35 領域の塩基配列は，多くの遺伝子間でよく保存されているが，個々の生物における代謝にとって重要ないくつかの変化も見られる．プロモーターの塩基配列は，RNA ポリメラーゼに転写すべき遺伝子を正しく指示するだけでなく，その遺伝子を転写する頻度を調節している．プロモーターには働きの強いものと弱いものとがあり，RNA ポリメラーゼと強固に結合する強いプロモーターをもつ遺伝子は高い頻度で転写される．一般的に，プロモーターの塩基配列がコンセンサス配列から異なるにつれて RNA ポリメラーゼの結合は弱くなる．

開始反応

　転写の過程は（Chap. 12 で学ぶ翻訳の過程と同様），理解しやすいように複数の段階に分けるのが一般的である．**開始反応** chain initiation と呼ばれる転写の第一段階は，最もよく研究されており，転写の調節に最も重要な段階である．

　開始反応は，RNA ポリメラーゼ（RNA pol）がプロモーターに結合して**閉鎖複合体** closed complex をつくることで始まる（図 11.3）．ポリメラーゼがプロモーターに向かうのは σ サブユニットの働きによっており，このサブユニットの柔軟な"フラップ"を介してプロモーターの -10 および -35 領域を RNA ポリメラーゼのコア部分に結びつけている．σ サブユニットをもたないコア酵素はプロモーターを欠く DNA 領域に結合する．一方，ホロ酵素は，"プロモーターのない promoterless" DNA とも結合することができるが，転写を起こすことなく解離する．

　開始反応には，**開鎖複合体** open complex の形成が必要である．最近の研究によって，β′ サブユニットの一部と σ サブユニットが二本鎖を解離させる糸口をつくり，転写開始点周辺の約 14 塩基対を解離させることが示された．転写で生じる RNA 鎖の先頭にくるものはプリン塩基のリボヌクレオシド三リン酸であり，DNA の +1 の位置にある相補的なピリミジン塩基と結合する．ここで使われるプリン塩基としては，G より A が多く，先頭の残基には 5′ 位の三リン酸基（ppp で表示される）が保持されている（図 11.3）．

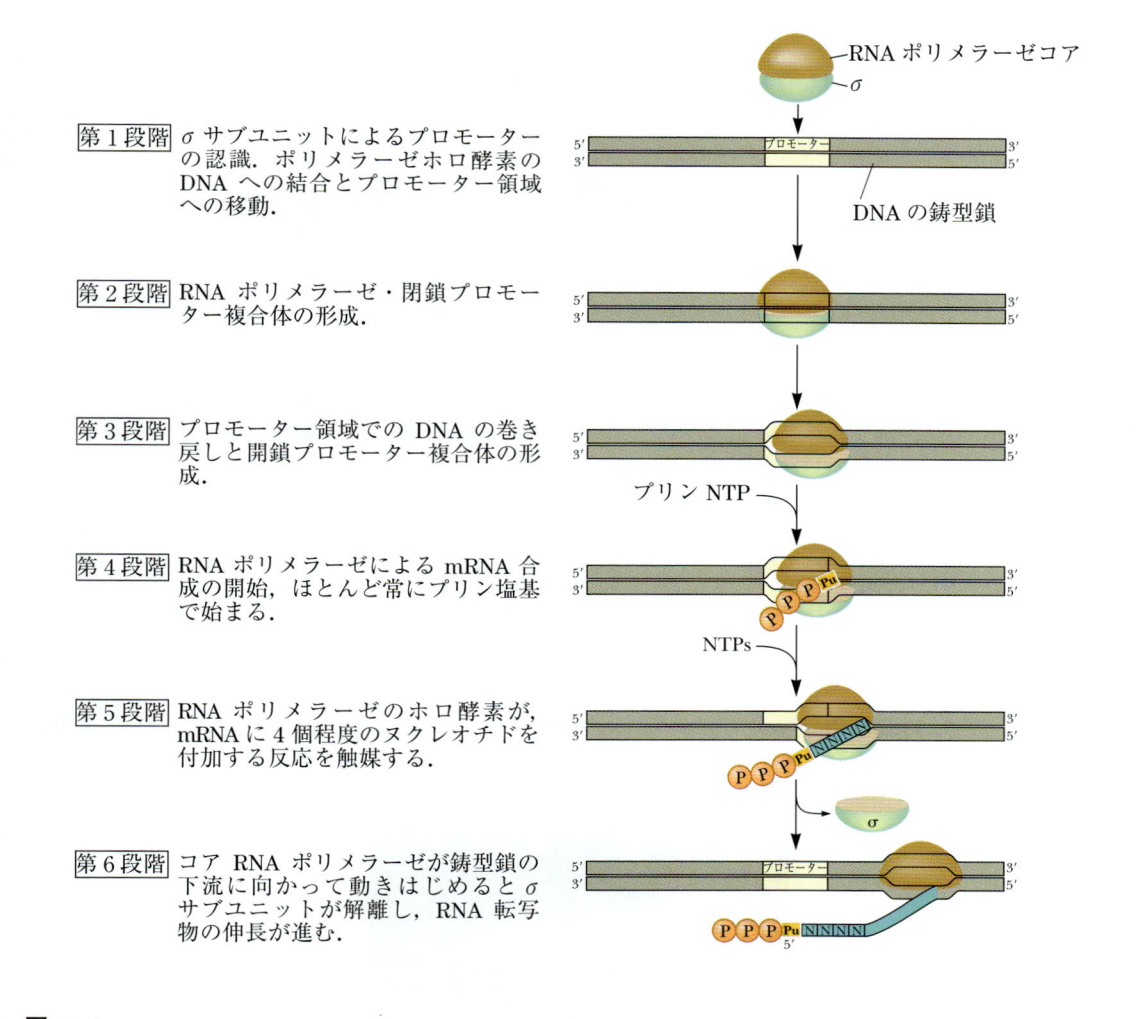

Chapter 11 遺伝暗号の転写：RNA の生合成

第1段階	σ サブユニットによるプロモーターの認識．ポリメラーゼホロ酵素の DNA への結合とプロモーター領域への移動．
第2段階	RNA ポリメラーゼ・閉鎖プロモーター複合体の形成．
第3段階	プロモーター領域での DNA の巻き戻しと開鎖プロモーター複合体の形成．
第4段階	RNA ポリメラーゼによる mRNA 合成の開始，ほとんど常にプリン塩基で始まる．
第5段階	RNA ポリメラーゼのホロ酵素が，mRNA に4個程度のヌクレオチドを付加する反応を触媒する．
第6段階	コア RNA ポリメラーゼが鋳型鎖の下流に向かって動きはじめると σ サブユニットが解離し，RNA 転写物の伸長が進む．

図 11.3
原核生物における転写の開始と伸長の順序
転写される領域のヌクレオチドは，転写開始点を +1 とする番号がつけられる．

伸長反応

DNA の二本鎖が解離して生じる約 17 塩基対の"転写バブル transcription bubble"が，転写される DNA 鎖の下流に向かって移動し（図 11.3），RNA ポリメラーゼは，取り込んだリボヌクレオチド間にホスホジエステル結合を形成する反応を触媒する．σ サブユニットは，伸長反応が始まり約 10 ヌクレオチドが取り込まれた段階でコア酵素から解離し，別の RNA ポリメラーゼのコア酵素に結合して再利用される．

転写の進行によって，図 11.4 に示すように，転写バブルの上流（負の超らせん）と下流（正の超らせん）に DNA の超らせんが生じるので，前進する転写バブルの前後でトポイソメラーゼが超らせん構造を緩和している．伸長反応が進む速さは一定ではない．RNA ポリメラーゼは，DNA のある領

Ⓐ RNA ポリメラーゼが DNA 二重らせんの軸の周りを回転しながら鋳型鎖を読み取るのであれば，DNA 鎖に歪みが生じることはないが，転写された RNA の鎖が約 10 残基で 1 回転する形で DNA の二重らせんに巻きついてしまう．このような機構は，転写物を DNA から解くことが困難なので，起こりそうにない．

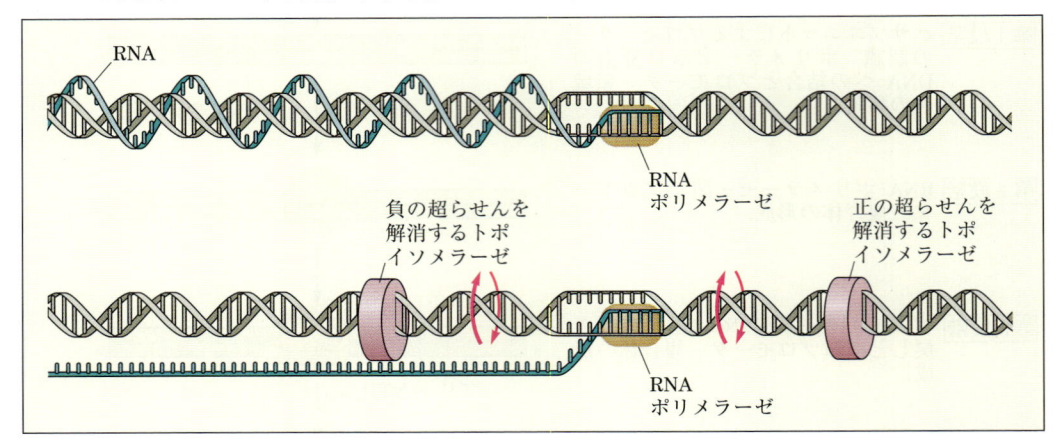

Ⓑ トポイソメラーゼによる DNA の超らせんの解消による別の機構．一つのトポイソメラーゼが，DNA のらせんをほどきながら進む転写バブルの前方に生じる正の超らせんを解消し，もう一つのトポイソメラーゼが，バブルの後ろ側に残される負の超らせんを解消する．

図 11.4
転写の伸長反応に関する二つのモデル
(*Futcher, B., 1988. Supercoiling and Transcription, or Vice Versa?* Trends in Genetics *4, 271-272* より，*Elsevier Science* の許可を得て改変)

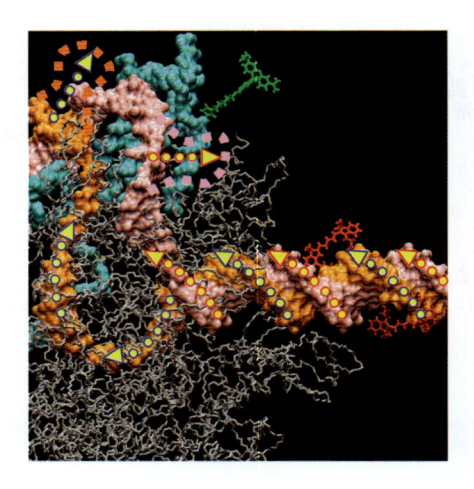

図 11.5
噛みこみ (scrunch) の準備段階を示すモデル
このモデルは，細菌の RNA ポリメラーゼ (RNAP) が RNA 合成を始める前に一時停止している状態にある開鎖複合体を示すもので，矢印は RNA 鎖を生成するために最初のヌクレオチドが結合することによって生じる DNA の動きの方向を示している．下流側の DNA (図の右側) が内向きに回転して分かれ，ポリメラーゼの活性部位にある溝に入り込む．DNA の鋳型鎖 (オレンジ色) とコーディング鎖 (ピンク色) は，モデルに示されている活性部位の溝にはまり込んで，鋳型鎖の上で RNA (図には示していない) が合成されるにつれて動く．1 本鎖 DNA の張り出し部分は，図の上方に縁どりした矢印で示す．青色は σ^{70} サブユニットを，灰色は RNAP のコア領域を構成するポリペプチド鎖を表す．また，緑色と赤色は"噛みこみ"現象に伴う酵素の動きをモニターするために使うタグとして結合させた蛍光色素を示している．(*Achillefs Kapandis [University of Oxford], Shimon Weiss [University of California, Los Angeles], Richard H. Ebright [Howard Hughes Medical Institute, Rutgers University]* の好意による)

域では速く，別の領域では遅く動く．1分間も止まった後に，転写が再開されることもある．

RNAポリメラーゼが，すべてのRNA鎖を完成させないで，大部分の鎖を5〜10個のヌクレオチドが結合した転写の開始直後に遊離させてしまうことがあり，この過程を<u>不完全転写</u> abortive transcription と呼ぶ．不完全転写は，RNAポリメラーゼがσサブユニットとプロモーターとの結合の切断に失敗することによって起こるもので，転写機構について今日知られているモデルはこの不完全転写の研究から導き出されたものである．RNA鎖の伸長が起こるには，RNAポリメラーゼがそれ自体をプロモーターから発進させる必要がある．σサブユニットとプロモーターとの結合が強いと，ポリメラーゼをプロモーターから発進させるのにかなりのエネルギーを必要とする．図11.5は，伸長反応を進めることが可能な状態になった開鎖複合体のモデルを示したものである．RNAポリメラーゼはDNAのプロモーター領域にしっかりと結合してDNAに食い込んでおり，引き離されたDNA鎖には張力歪みが生じている．この歪みが，弦が引かれてエネルギーをため込んでいる弓のように，ポリメラーゼを解き放つエネルギーとなる（RNAポリメラーゼがどのようにして転写を始め，伸長反応を進めるかについてのより新しい情報は，本章末の de Haseth, P. L. and T. W. Nilsen，Young, B. A. *et al*.，Kapanidis, A. N. *et al*.，Roberts, J. W.，ならびに Revyakin, A. *et al*. の論文を参照されたい）．

終結反応

終結反応には，RNAに転写される遺伝子コーディング領域の<u>下流</u> downstream にある，特別な塩基配列が関与する．転写の終結には二つの機構がある．第一の機構は，**内因性の終結** intrinsic termination と呼ばれるもので，**終結部位** termination site と呼ばれる特別な塩基配列によって制御される．終結部位の特徴は，数個の塩基を挟んだ逆方向の反復配列 inverted repeat である（図11.6）．逆方向反復配列は，同一の鎖内で折り返してループをつくることができる互いに相補的な塩基配列である．DNAには，その後に連続したウラシルをコードする領域（DNAの連続したT）がある．この部分がRNAに転写されると，逆方向反復配列によって形成されるRNAのヘアピンループが，RNAポリメラーゼを失速させる．それと同時に，ヘアピンループに続く連続したウラシルが鋳型鎖とRNAの間

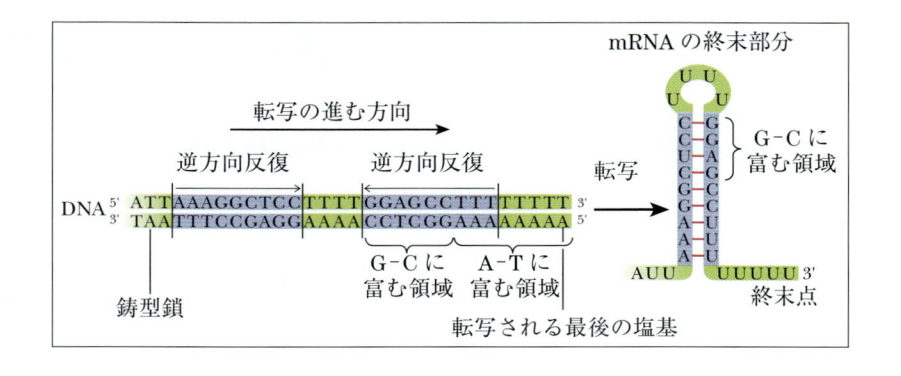

図11.6
逆方向反復配列が転写を終結させる
DNA配列中の逆方向反復配列を転写するとRNA分子にヘアピンループができる．この構造は，転写を終結させるためによく使われる．

に連続したA-U塩基対を形成する．A-U塩基対はG-C塩基対より水素結合による結合が弱いため，RNAが転写バブルから離れてしまい，転写が終結する．

終結のもう一つの機構ではロー rho（ρ）と呼ばれる特別なタンパク質が関与する．ρ因子依存性の終結反応にもヘアピンループを形成させる配列が関与している．この機構においては，図11.7に示すように，ρ因子は，転写されたRNAに結合した状態でポリメラーゼを追って移動する．ポリメラーゼがヘアピンループをつくるRNA領域（図には示していない）を転写すると，ポリメラーゼが失速してρ因子がポリメラーゼに追いつく機会ができる．ρ因子が終結部位に到達するとρ因子が転写装置を解離させる．ρ因子の移動と解離にはATPが必要である．

Ⓐ ρ因子がmRNA上の認識部位に結合する

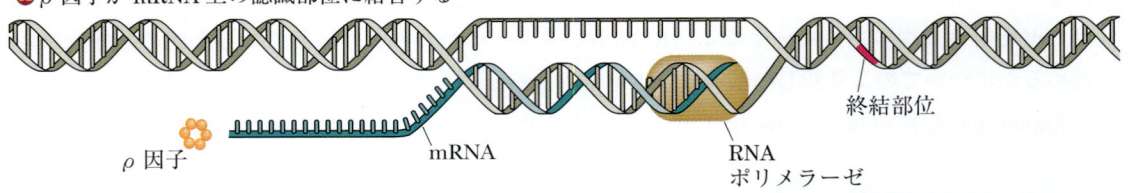

Ⓑ ρ因子がmRNA上を移動する

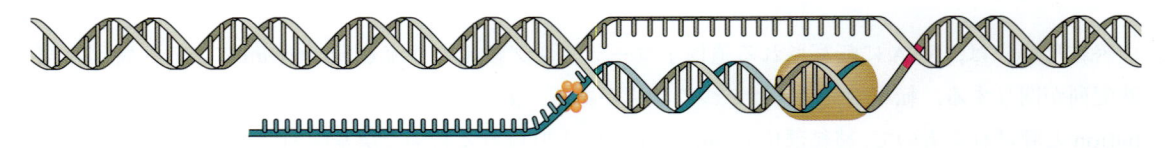

Ⓒ RNAポリメラーゼが終結部位で停止するとρ因子がRNAポリメラーゼに追いつく

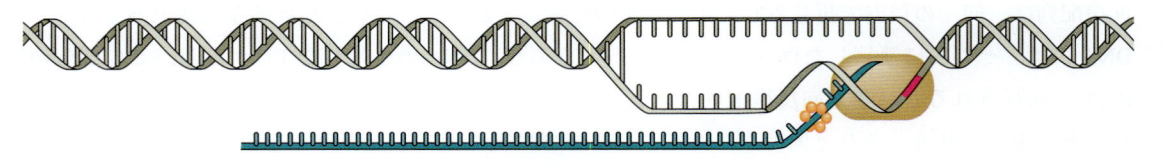

Ⓓ 新しく生成されたmRNAが遊離する

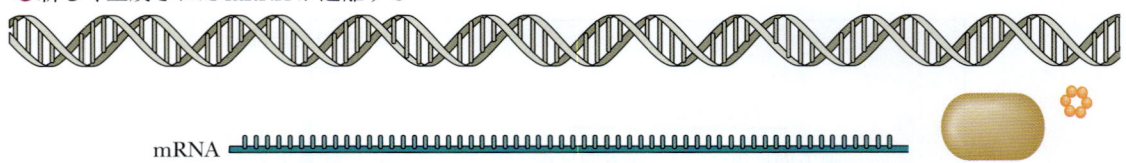

図11.7

ρ因子による転写終結
Ⓐ ρ因子が転写されつつあるmRNAに結合する．Ⓑ ρ因子がmRNAに沿って動いて，転写バブルを追いかける．Ⓒ ρ因子が終結部位で休止しているRNAポリメラーゼに追いつく．Ⓓ ρ因子，mRNAおよびRNAポリメラーゼがDNAから解離する．

> **Sec. 11.2 要約**
> - 原核生物の転写は，五つのサブユニット（α, ω, β, β' および σ）で構成される分子量 470,000 Da の酵素である RNA ポリメラーゼによって触媒される．
> - RNA ポリメラーゼは，DNA の鋳型鎖に相補的で DNA のコーディング鎖に対応する RNA を合成する．
> - RNA ポリメラーゼは，プロモーターと呼ばれる特別な塩基配列を認識して DNA に結合する．プロモーターは，RNA ポリメラーゼに対して転写すべき DNA 鎖がどれであるかを指示する．
> - σ サブユニットは RNA ポリメラーゼとゆるやかに結合して，プロモーターの認識に関わる．
> - 転写の過程は，開始，伸長，終結の三段階に分けられる．

11.3 原核生物における転写調節

簡単な原核生物でも多種類の RNA やタンパク質をつくっているが，すべてが同時につくられてはいないし，同じ量でつくられてもいない．原核生物は，主として転写の調節でタンパク質の産生量を調節している．事実，多くの研究者が転写調節を遺伝子の発現調節とみなしている．

11.3.1　原核生物の転写はどのように調節されるか

原核生物の転写は，主として四つの方法——選択的 σ 因子，エンハンサー，オペロン，および転写減衰——によって調節されている．以下，それらを順に検討していく．

選択的 σ 因子

ウイルスや細菌は，RNA ポリメラーゼを異なる遺伝子に振り向ける別の σ サブユニットを産生して，発現させる遺伝子をある程度制御することができる．この制御方法を示す典型的な例は，枯草菌 *Bacillus subtilis* に感染するウイルスである SPO1 ファージにおいて見られる．このウイルスは，正規の σ サブユニットを使う宿主の RNA ポリメラーゼによって転写される初期遺伝子群 early genes と呼ばれる遺伝子セットをもっている（図 11.8）．ウイルス初期遺伝子群の一つに gp28 と呼ばれるタンパク質がコードされている．このタンパク質は，感染中期 middle phase に宿主の RNA ポリメラーゼがより多くのウイルス遺伝子を選択的に転写するように仕向ける働きをする特別な σ サブユニットである．中期に転写される遺伝子産物である gp33 および gp34 は，共同して後期遺伝子群 late genes の転写を指示する σ 因子となる．σ 因子が繰り返し利用できることを思い出してほしい．感染の初期，*B. subtilis* は，正規の σ 因子を使って転写を行っているが，gp28 の量が増えると，それが正規の σ 因子と RNA ポリメラーゼを競合することになり，結局は宿主の転写装置を細菌用からウイルス用に転換してしまうのである．

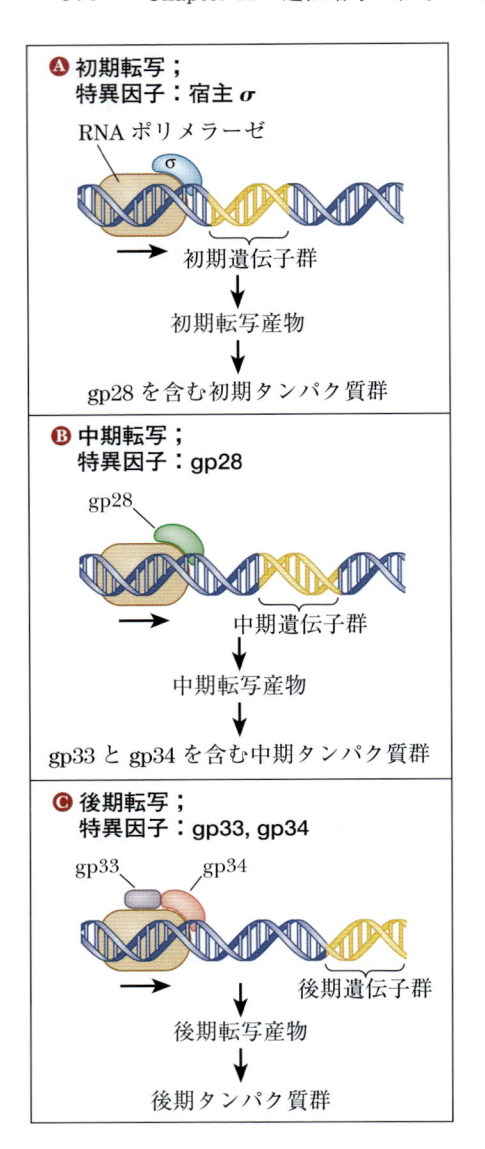

図11.8
異なる σ サブユニットを介した転写調節

Ⓐ ファージ SPO1 が *B. subtilis* に感染すると，宿主の RNA ポリメラーゼ（黄）と σ サブユニット（青）が感染したウイルス DNA の初期遺伝子群を転写する．初期遺伝子産物の一つは gp28（緑）である．Ⓑ gp28 は RNA ポリメラーゼに gp33（紫）と gp34（赤）を産生する中期遺伝子群を転写するよう指令する．Ⓒ gp33 および gp34 は，宿主の RNA ポリメラーゼに後期遺伝子群を転写するよう指令する．(Molecular Biology by R. F. Weaver, McGraw-Hill, 1999 より，許可を得て改変)

選択的 σ 因子のもう一つの例は，大腸菌が熱ショックに応答する際に見られる．大腸菌の正常な σ サブユニットは分子量が 70,000 Da であることから σ^{70} と呼ばれる．大腸菌を最適条件よりも高い温度で生育させると，それに対応して通常の条件では見られない一群のタンパク質が産生される．このときには σ^{32} と呼ばれる通常とは異なる σ 因子が生産されており，この σ 因子が RNA ポリメラーゼを，正常な環境下では σ^{70} によって認識されない別のプロモーターと結合するよう指令している．

エンハンサー

大腸菌の遺伝子には，拡張プロモーター領域より上流にも転写調節に関わる塩基配列をもっているものがある．リボソーム RNA の遺伝子は，Fis と呼ばれるタンパク質の結合部位であることから，**Fis 部位** Fis site と呼ばれる三つの上流部位をもっている（図11.9）．この部位は，−60 にある UP エ

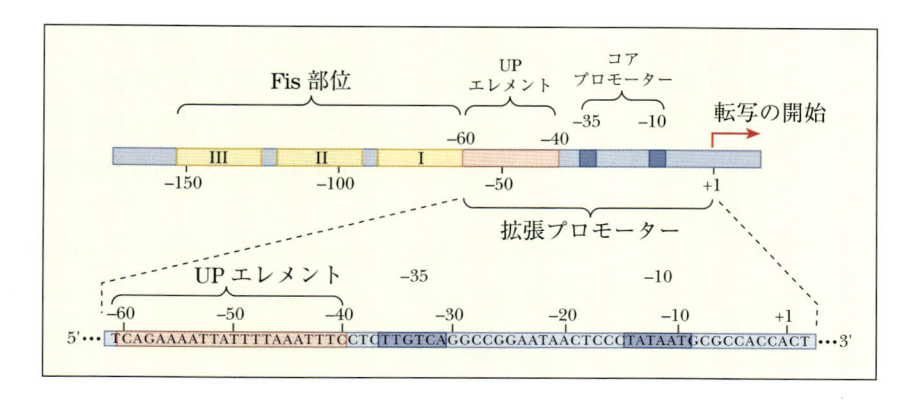

図 11.9
細菌プロモーターに存在するエレメントの模式図
−10 および −35 領域を含む部分がコアプロモーターであり，これに UP エレメントを含めたものが拡張プロモーターである．UP エレメントの上流は，大腸菌のリボソーム RNA をコードする遺伝子群のプロモーターに見られる Fis 部位のような，エンハンサーであると考えられている．Fis タンパク質は転写因子である．
(Molecular Biology *by R. F. Weaver*, McGraw‐Hill, 1999 より，許可を得て改変)

レメントの上流端から −150 までの範囲に広がっており，**エンハンサー** enhancer に分類される DNA 塩基配列の一例である．エンハンサーは，Sec. 11.4 および Sec. 11.5 で詳しく学ぶ**転写因子** transcription factor と呼ばれるタンパク質が結合する配列である．

11.3.2 エンハンサーとプロモーターの違いは何か

DNA のある塩基配列がプロモーターとされていることは，そこに RNA ポリメラーゼが結合することを意味する．一方，エンハンサーは，一般にプロモーターより上流に存在するある種の DNA 配列であり，ポリメラーゼとは結合しない．温度ショックのような細胞の代謝条件の変化に応答するエンハンサーを一般的に**応答配列** response element と呼ぶ．転写因子との結合で転写が促進される応答配列はエンハンサーであり，転写が抑制されるものは**サイレンサー** silencer と呼ぶ．エンハンサーの存在場所と向きは，プロモーターに存在する配列の場合ほど厳密ではない．分子生物学者は，調節配列に変化を加えることによって，その特性を解析することができる．エンハンサー配列の場合には，同じ DNA 上で存在場所を変えたり，向きを逆にしても，その機能は保れる．転写因子の数や性質に関する研究は，今日の分子生物学における最も一般的な課題となっている．

オペロン

原核生物では，ある代謝経路に属する複数の酵素をコードする遺伝子群が近接して共通のプロモーターの制御下おかれ，群として調節されていることが多い．このような遺伝子群を**オペロン** operon と呼ぶ．一般的には，それらの遺伝子が常時転写されていることはなく，コードされているタンパク質の産生は**インデューサー** inducer と呼ばれる物質の存在が引き金になっている．このような現象を**誘導** induction という．特に詳しく研究されている誘導タンパク質の例は，大腸菌の β-ガラクトシ

ダーゼである．

　β-ガラクトシダーゼは二糖類のラクトース lactose（β-ガラクトシドの一種；Sec. 16.3 参照）を基質とし，構成単糖であるガラクトースとグルコースとの間のグリコシド結合を加水分解する．大腸菌はラクトースを唯一の炭素源として生育できるが，そのためにはラクトース分解の第一段階を触媒する β-ガラクトシダーゼが必要である．

　β-ガラクトシダーゼは，ラクトースが存在する場合にだけ産生され，グルコースのような他の炭素源の存在する条件下では産生されない．インデューサーとしての実体は，ラクトースの代謝物であるアロラクトースで，β-ガラクトシダーゼは**誘導酵素** inducible enzyme である．

　β-ガラクトシダーゼは，**構造遺伝子** structural gene の *lacZ*（図 11.10）にコードされている．構造遺伝子は，オペロンに含まれている一連の生化学的過程に関与する遺伝子産物をコードしており，このオペロンには他に二つの構造遺伝子が含まれる．一つはラクトースを細胞内に取り込むラクトー

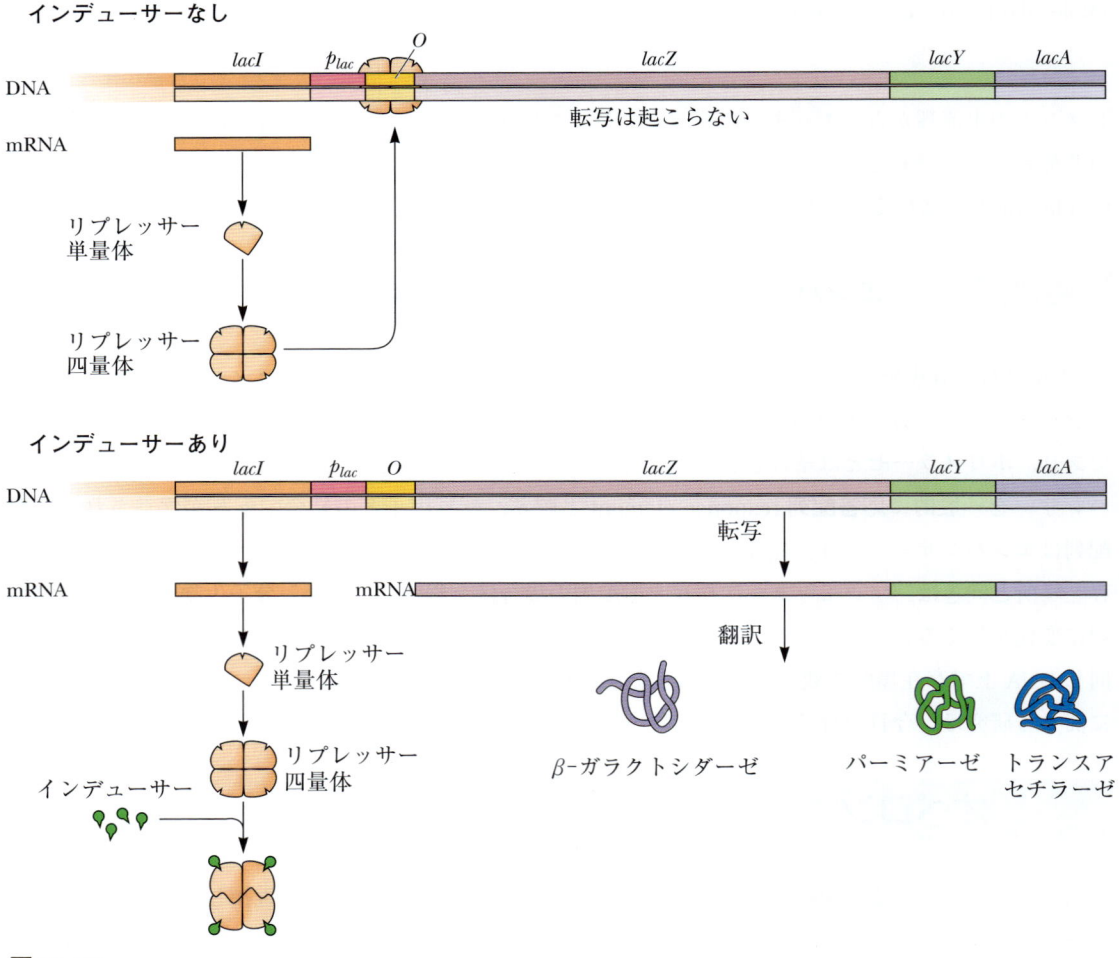

図 11.10

lac リプレッサーの作用機構
lacI 遺伝子は，オペレーターに結合すると *lac* オペロンを抑制するタンパク質を産生する．インデューサーが存在すると，リプレッサーはオペレーターに結合できなくなり，オペロンの遺伝子群が転写される．

スパーミアーゼをコードする *lacY* であり，もう一つはトランスアセチラーゼと呼ばれる酵素をコードする *lacA* である．後者の存在目的はまだよくわからないが，ラクトースパーミアーゼの作用で細胞内に侵入する可能性があるある種の抗生物質を不活性化する役割をもつという仮説がある．これらの構造遺伝子の発現は，**調節遺伝子** regulatory gene（*lacI*）の制御下にあり，この調節遺伝子の働きが *lac* オペロンの機構における最も重要な部分である．調節遺伝子は**リプレッサー** repressor タンパク質を産生し，リプレッサーは，その名前が示すように，構造遺伝子の発現を抑制する．この抑制はインデューサーが存在すると解除される．この機構は，**負の調節** negative regulation の一例である．なぜなら，*lac* オペロンは，それをオフにする何か（この場合はリプレッサー）が存在しない限りオンの状態を保つからである．

11.3.3　*lac* オペロンにおける転写の抑制はどのように働くか

lacI 遺伝子から作られるリプレッサータンパク質は，翻訳後に四量体を形成してオペロンの**オペレーター** operator（*O*）と呼ばれる部分に結合する（図 11.10）．リプレッサーがオペレーターに結合すると，構造遺伝子の発現を促す役割をもつ隣接したプロモーター領域（P_{lac}）に RNA ポリメラーゼが結合できなくなる．オペレーターとプロモーターは一体となって**調節部位** control site を構成している．

誘導が起こる時には，インデューサーがリプレッサーに結合し，オペレーターへの結合能のない不活性型リプレッサーに変える（図 11.10）．不活性型リプレッサーはオペレーターに結合できないので，RNA ポリメラーゼはプロモーターに結合し，構造遺伝子の転写と翻訳を起こすことができる．*lacI* 遺伝子は *lac* オペロンを構成する遺伝子の近くに存在するが，この位置関係は必須ではなく，離れた場所に調節遺伝子があるオペロンも多数知られている．

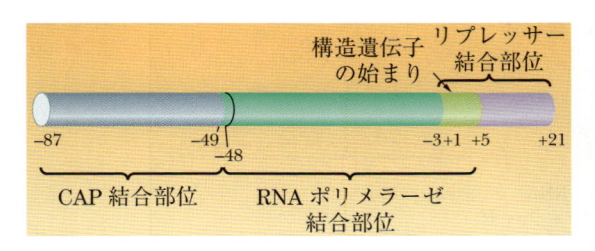

図 11.11
lac オペロンに存在する種々のタンパク質結合部位
図中の数字は塩基対番号を表しており，負の数字は上流の調節部位にある塩基対を，正の数字は +1 の塩基対から始まる構造遺伝子を表している．CAP 結合部位に隣接して RNA ポリメラーゼ結合部位が存在することがわかる．

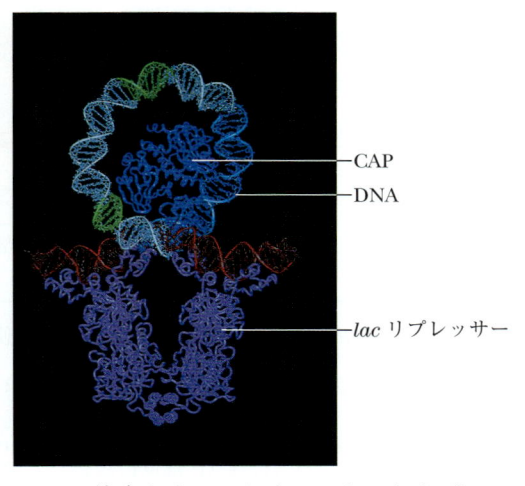

DNA に結合した *lac* リプレッサーおよび CAP（Science, *March 1, 1996 [vol 271] and Dr. Mitchell Lewis, University of Pennsylvania School of Medicine* より，許可を得て転載）

lac オペロンは，大腸菌が利用できる炭素源として，ラクトースは存在するが，グルコースが存在しない時に誘導される．グルコースとラクトースが共存するときには *lac* タンパク質は産生されない．グルコースによる *lac* タンパク質の合成抑制を**カタボライトリプレッション** catabolite repression という．大腸菌がグルコースの存在を認識する機構には，プロモーターが関与している．*lac* プロモーターには二つの領域があり，一つが RNA ポリメラーゼの結合部位であり，もう一つは調節タンパク質である**カタボライト活性化タンパク質** catabolite activator protein（**CAP**）の結合部位になっている（図 11.11）．また，RNA ポリメラーゼ結合部位は，一部がオペレーター領域のリプレッサー結合部位と重なっている．

CAP のプロモーターへの結合は，3′,5′-サイクリック AMP（cAMP）の有無に依存する．細胞内にグルコースがない時には，細胞の"飢餓信号"として使われる cAMP が産生され，CAP は cAMP と複合体を形成してプロモーターの CAP 部位に結合する．この複合体がプロモーターの CAP 部位に結合すると，RNA ポリメラーゼ結合部位が酵素と結合できる状態になり，ポリメラーゼが結合して転写が起こる（図 11.12）．*lac* プロモーターは活性が著しく弱いプロモーターであり，CAP 部位に CAP-cAMP 複合体が結合していないときには RNA ポリメラーゼとの結合能が最低になっている．CAP 部位はエンハンサーエレメントの一例で，CAP-cAMP 複合体は転写因子であり，CAP による転写活性の調節は，**正の調節** positive regulation の一つの型である．

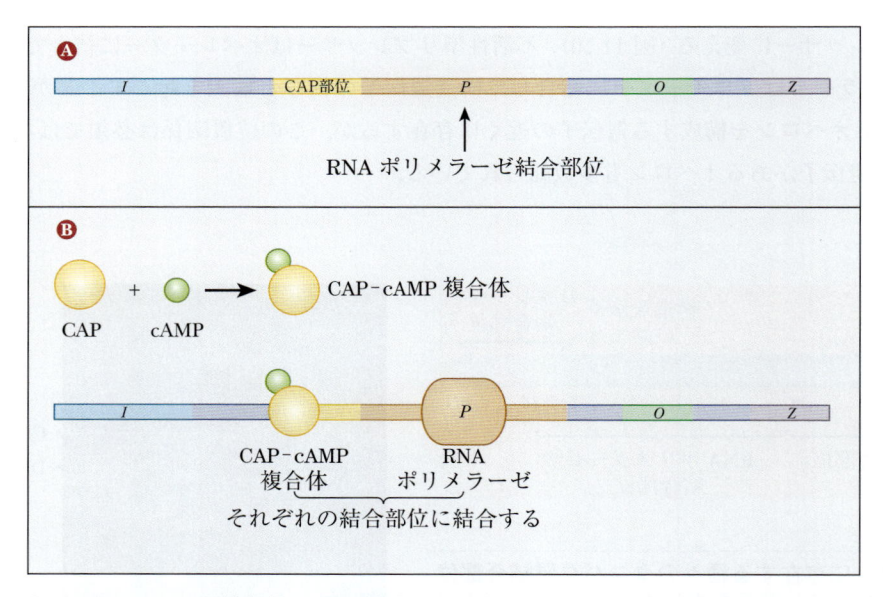

Ⓐ *lac* オペロンの調節部位．CAP 単独ではなく，CAP-cAMP 複合体が *lac* プロモーターの CAP 部位に結合する．プロモーター上の CAP 部位に上記の複合体が結合していない時は，RNA ポリメラーゼが結合できない．

Ⓑ グルコースが存在しない時には，cAMP が CAP と複合体を形成する．その複合体は，CAP 部位に結合して RNA ポリメラーゼがプロモーターの結合部位に結合できるようにし，構造遺伝子を転写させる．

図 11.12

カタボライトリプレッション

細胞に適量のグルコースが供給されているときには細胞内の cAMP 濃度は低い．CAP は cAMP と複合体を形成したときしかプロモーターに結合しない．したがって，*lac* オペロンが正と負の組合せによる調節を受けていることは，ラクトースの存在がオペロンに含まれる構造遺伝子の転写に対する必要条件ではあるが，十分条件とはならないことを意味している．オペロンが活性になるには，ラクトースが存在し，かつグルコースが存在しないことが必要である．後で学ぶように，多くの転写因子や応答配列は，普遍的な細胞内メッセンジャーである cAMP を利用している．

多くのオペロンが正または負の制御機構によって調節されている．オペロンはまた，発現調節を行う分子に対する応答様式によって，**誘導的** inducible，**抑制的** repressible，または両者を兼ね備えたものに分類される．オペロンの調節機構には，図 11.13 に示す四つの一般的な可能性がある．上段左は，誘導を起こす負の調節である．これは，リプレッサータンパク質がプロモーターに結合したときに転写が止まるので負の調節であり，*lac* オペロンに見られたように，インデューサーまたは**コインデューサー** co-inducer があると抑制が解除されるので誘導性の系である．負の制御系は，何らかの方法でリプレッサータンパク質の発現を止める遺伝子変異を起こすと，オペロンが常時発現するようになることで確認できる．常時発現している遺伝子は，**構成的である** constitutive という．上段右は，正の調節による誘導系である．調節タンパク質はプロモーターに結合して転写を促進するインデューサーであり，コインデューサーと結合したときにだけ働く．これは *lac* オペロンにおける CAP の働き

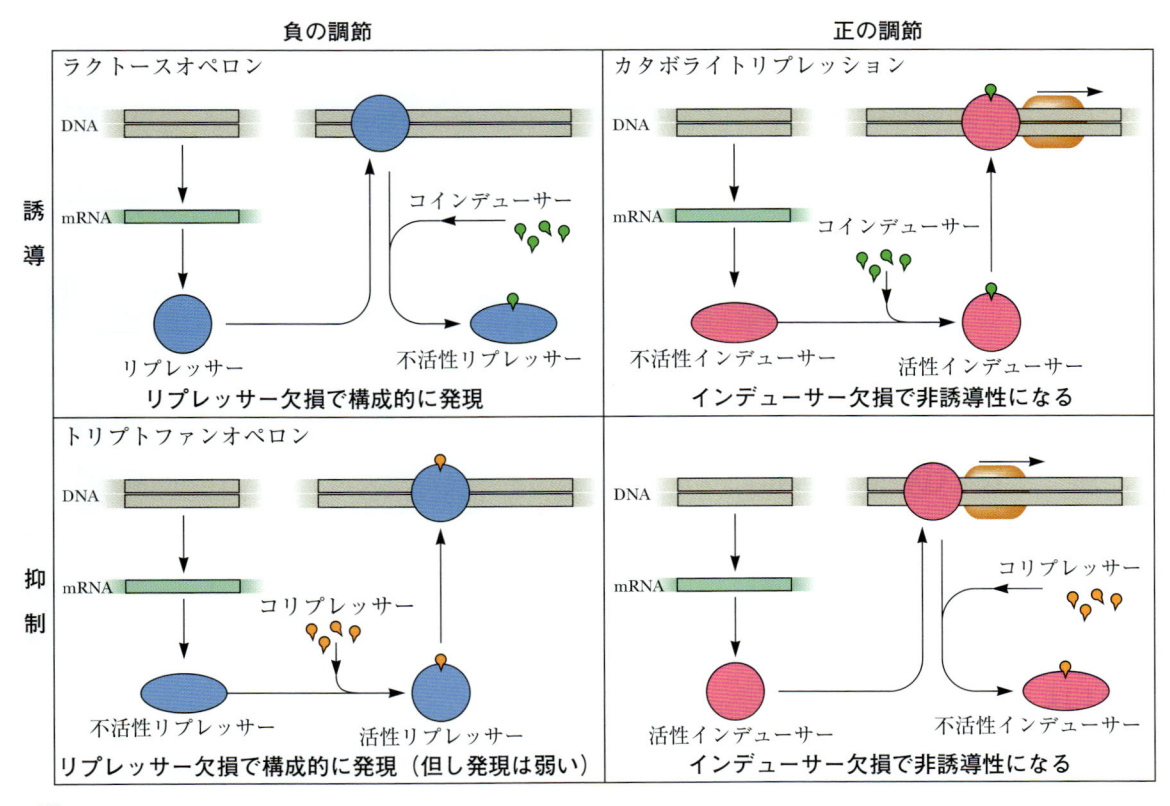

図 11.13

遺伝子発現に見られる基本的な調節機構

に見られたものである．このような正の調節を受けている系は，インデューサーの遺伝子を変異させると対象遺伝子が**非誘導性** uninducible という発現できない状態になることで確認できる．下段左は負の調節を受けている抑制系である．リプレッサーが転写を止めているが，リプレッサーは**コリプレッサー** co-repressor の存在下でしか機能しない．下段右は正の制御を受けた抑制系である．インデューサータンパク質がプロモーターに結合して転写を促進するが，コリプレッサーの存在下ではインデューサーが不活性になる．

　大腸菌の trp オペロンは，図 11.14 に示すように，リーダー配列（trpL）と trpE から trpA に至る5種のポリペプチドをコードしている．5種のタンパク質は4種の異なった酵素を作り（図の下段の三つの囲み），これらの酵素はコリスミ酸をトリプトファンに変換する多段階の代謝過程を触媒する．このオペロンの調節は，2分子のトリプトファンと結合するリプレッサータンパク質を介して行われている．トリプトファンが豊富に存在すると，リプレッサー－トリプトファン複合体が trp プロモーターの隣にある trp オペレーターに結合する．この結合が RNA ポリメラーゼの結合を阻害するので，オペロンの転写は起こらない．リプレッサーは，コリプレッサーであるトリプトファンと結合していない状態ではオペレーターに結合しないので，トリプトファンの濃度が下がると抑制が解除される．これは図 11.13 に示した抑制的な負の調節を受ける系の一例である．trp リプレッサータンパク質は，trpR オペロンによって産生されているが，そのオペロン自体を抑制する機能ももっている．これは，trpR オペロンの生成物がそれ自体の産生を調節する**自動制御** autoregulation の一例である．

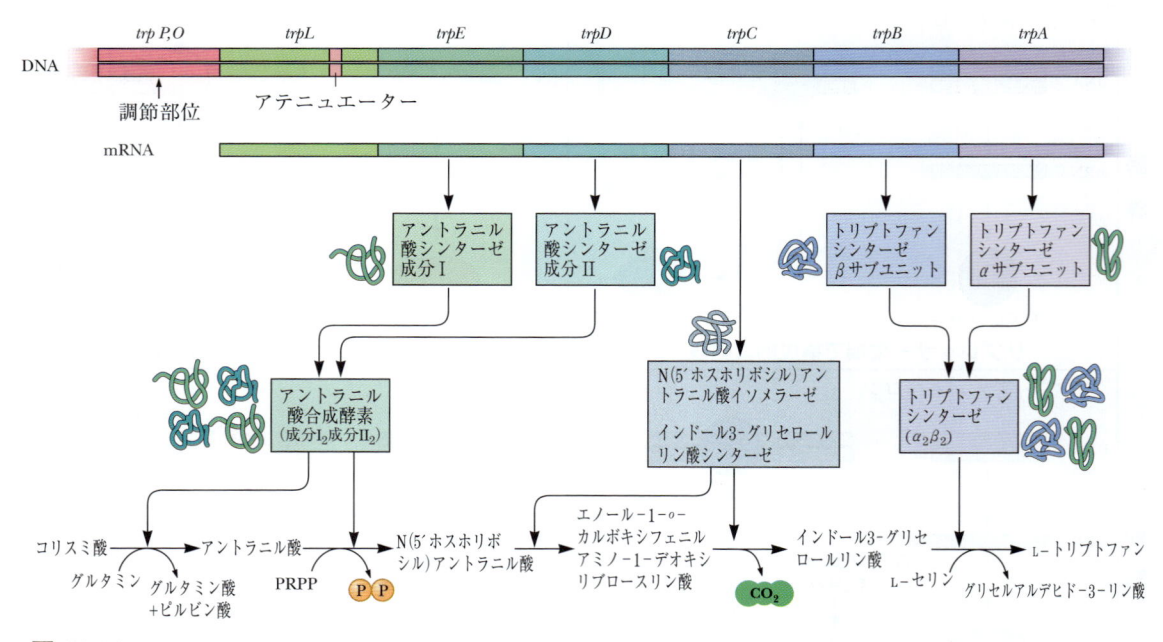

図 11.14

大腸菌の trp オペロン

転写の減衰

trp オペロンは，転写の抑制に加えて**転写の減衰** transcription attenuation によっても調節されている．この調節機構は，転写が始まった後で転写を終結あるいは休止させることで転写量を変化させる働きをする．原核生物では，真核生物のように転写と翻訳が分かれていないので，転写されつつある mRNA にリボソームが結合できる．*trp* オペロンの先頭にある遺伝子は，リーダーペプチドをコードしている *trpL* の配列であり，このリーダーペプチドには転写調節の鍵となるトリプトファンが 2 残基含まれている．リーダー配列 mRNA の翻訳は，トリプトファンを結合した tRNA（Chap. 9 および Chap. 12 参照）の供給量に依存している．トリプトファンが不足しているとオペロンは正常に転写，翻訳されるが，トリプトファンが豊富に供給されているとリーダー配列の 140 ヌクレオチドが転写されたところで転写が終結してしまう．この働きには，mRNA のリーダー配列内に形成される二次構造が関係している（図 11.15）．

11.3.4　RNA の二次構造は転写の減衰にどのように関わるか

この RNA は 3 種類のヘアピンループを形成する可能性があり，それらは，**1・2 休止構造** 1・2 pause structure, **3・4 ターミネーター** 3・4 terminator または，**2・3 アンチターミネーター** 2・3 antiterminator

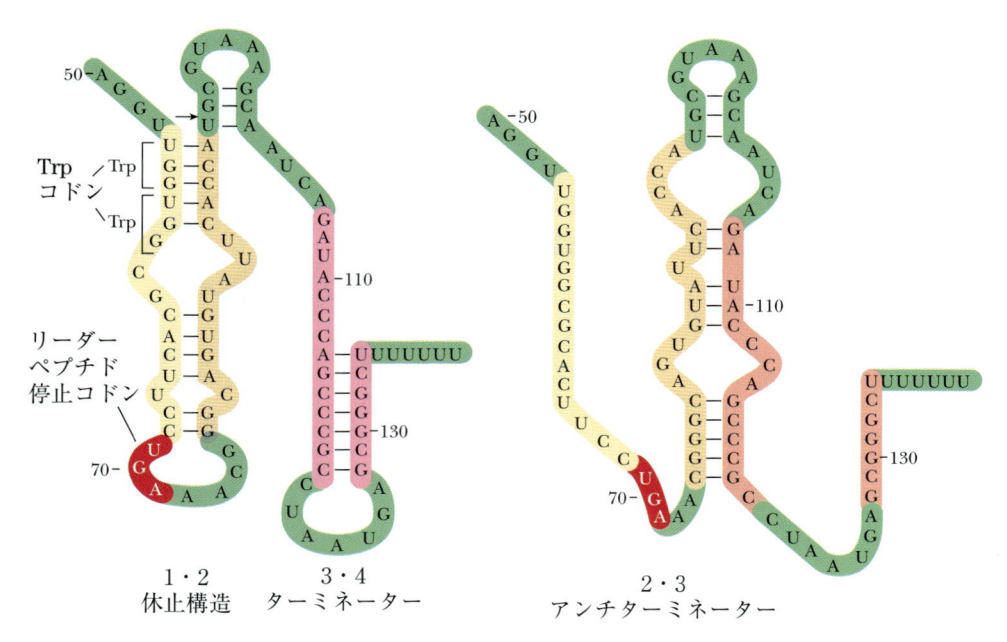

図 11.15

trp オペロンから生じる mRNA のリーダー配列は，可能な二つの二次構造の一方をとることができる 領域 1 と 2 の間に生じる水素結合（黄色と淡茶色）は休止構造と呼ばれ，領域 3 と 4（紫色）はターミネーターとして働くヘアピンループを形成する．領域 2 と 3 の間の水素結合は第二の構造であるアンチターミネーターを形成する．

である．リーダー配列の転写が正常に始まり，1・2休止構造を形成する92番目のヌクレオチドまで進むと，この構造がRNAポリメラーゼによるRNA合成を休止させる．リボソームがリーダー配列の翻訳を始めると，RNAポリメラーゼの休止状態が解除されて転写が再開できるようになる．図11.16にあるように，リボソームはRNAポリメラーゼの直後を移動する．リボソームは，mRNAのUGA終止コドン上で停止して2・3アンチターミネーターとなるヘアピン構造の形成を妨げる一方，3・4ターミネーターのヘアピン構造が形成できるようにする．このヘアピンはρ因子非依存性終結に特徴的な連続したウラシルをもっている．RNAポリメラーゼはこの終結構造が形成されると転写を止める．

　トリプトファン量が十分でないと，翻訳を始めたリボソームはリーダー配列mRNAのトリプトファンコドン上で立ち往生するため，mRNAが2・3アンチターミネーターとなるヘアピン構造を形成できるようになり，3・4ターミネーターが形成されないので，RNAポリメラーゼがオペロンの残りの部分の転写を続けることができるようになる．転写の減衰による調節は，アミノ酸合成に関与する他のオペロンでも行われている．それらの場合にも，ここに示した例におけるトリプトファンコドンと同じ様式で働く，対応する代謝経路の産物のアミノ酸に対するコドンが常に存在している．

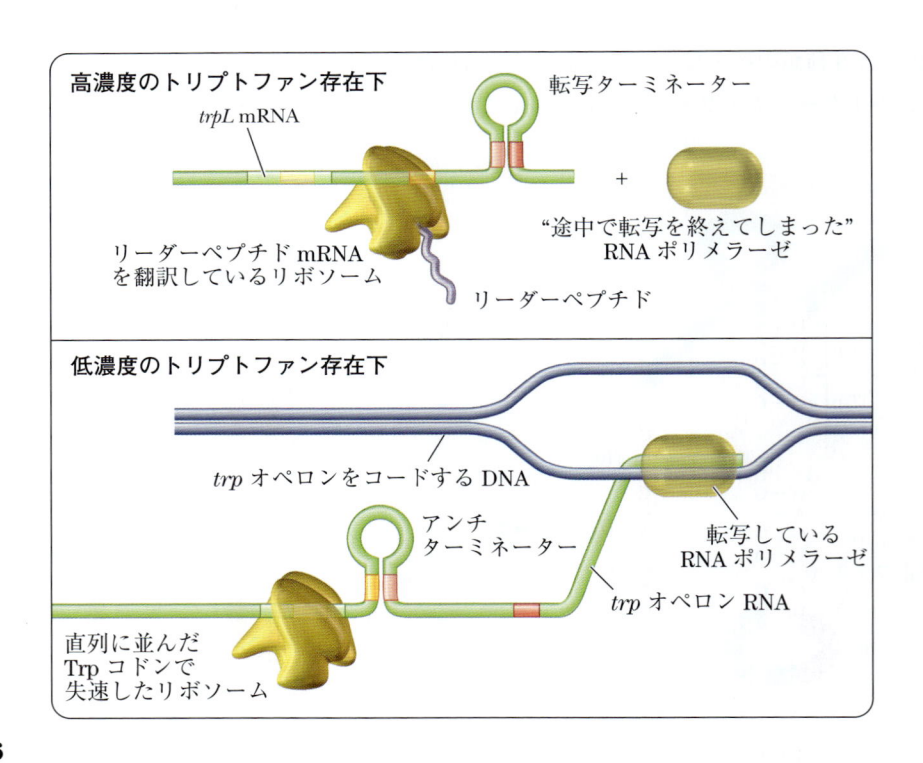

図 11.16
trp オペロンにおける転写減衰の機構
トリプトファン濃度が高いと，リボソームがTrpコドンを素早く通り過ぎて休止構造が形成され，これがターミネータールループの形成を可能にするので，転写は完了前に中止してしまう．トリプトファン濃度が低い場合は，リボソームがTrpコドン上で失速し，アンチターミネータールループが形成されて，転写は継続する．

> **Sec. 11.3 要約**
> - 原核生物における主な転写調節は，選択的 σ 因子，エンハンサー，オペロン，そして転写の減衰の四つである．
> - 選択的 σ 因子は，RNA ポリメラーゼを別のプロモーターに振り向けて，転写する RNA の選択性を変える．
> - エンハンサーとサイレンサーは，多くの場合プロモーターの上流に見出される DNA の塩基配列で，前者は転写を促進し，後者は転写を抑制する．エンハンサーとサイレンサーには転写因子と呼ばれる特別なタンパク質が結合する．
> - オペロンは，グループとして調節される一連の代謝過程に関わる遺伝子群であり，よく知られた例として，ラクトース代謝に関与する β-ガラクトシダーゼならびにその他の酵素を産生する大腸菌の lac オペロンがある．
> - オペロンによる調節には，インデューサーまたはリプレッサーを産生する調節遺伝子が関わり，コインデューサーまたはコリプレッサーとして働く代謝物が構造遺伝子の転写に影響を及ぼす．
> - 転写の減衰による調節は，転写が始まった後，転写される遺伝子に関連した代謝物の量によって転写を適正なレベルに調節する．例えば，trp オペロンでは，トリプトファン合成に関わる酵素群の遺伝子の転写がトリプトファン量で左右される．

11.4 真核生物における転写

　原核生物では，1種類の RNA ポリメラーゼが mRNA，tRNA，および rRNA のすべての合成に対応していることを学んだ．このポリメラーゼは，σ 因子を取り換えることで異なるプロモーターと相互作用するものに変わりはするが，コアポリメラーゼは同じものであった．真核生物の転写過程は，原核生物のものより複雑であろうことが予想できる．真核生物では活性の異なる3種の RNA ポリメラーゼの存在が知られており，各ポリメラーゼが転写する遺伝子群や認識するプロモーター群は異なっている．

1. RNA ポリメラーゼ I は，核小体に存在し，すべてではないが大部分のリボソーム RNA 前駆体を合成する．
2. RNA ポリメラーゼ II は，核のマトリックスに存在し，mRNA 前駆体を合成する．
3. RNA ポリメラーゼ III は，核のマトリックスに存在し，tRNA，5S リボソーム RNA の前駆体，および mRNA のプロセシングやタンパク質輸送に関係するさまざまな小型 RNA 分子を合成する．

　真核生物の3種の RNA ポリメラーゼはいずれも，10個あるいはそれ以上のサブユニットで構成された大きな複合体タンパク質（500〜700 KDa）である．それらは，分子全体としての構造は異なるが，数個の共通したサブユニットをもっている．また，すべての RNA ポリメラーゼが，原核生物ポリメラーゼの触媒ユニットを形成する β および β′ サブユニットとアミノ酸配列の相同性を示す二つの大

きなサブユニットをもっているが，結合すべきプロモーターをポリメラーゼに指示する原核生物のσサブユニットに相当するものはない．真核生物は，転写すべき遺伝子を見分けるのに原核生物とは異なる方法を用いており，その中心的な役割を演じるのは数百種以上にのぼる転写因子群である．これ以後は，RNAポリメラーゼIIによる転写に限定して話をすすめる．

RNAポリメラーゼIIの構造

3種のRNAポリメラーゼの中で，RNAポリメラーゼIIが最も詳しく研究されており，なかでも一般的なモデル系となっているのは酵母 *Saccharomyces cerevisiae* の酵素である．酵母のRNAポリメラーゼIIは，表11.2に示すように，RPB1～RPB12と呼ばれる12個のサブユニットで構成されている．**RPB** は **RNAポリメラーゼB** RNA polymerase B を意味する略号であり，ポリメラーゼをI，II，IIIではなくA，B，Cとする別の命名法に由来するものである．

多くのサブユニットの機能はまだよくわかっていないが，コアサブユニットであるRPB1～RPB3は，原核生物RNAポリメラーゼの類似構造をもつサブユニット（ホモログ）と同じ働きをしていると思われる．また，五つのサブユニットは，3種のポリメラーゼのすべてに含まれている．RPB1は，タンパク質の文字通りC末端領域にある**C末端ドメイン** C-terminal domain（**CTD**）に，"PTSPSYS"という反復配列をもっている．この配列に含まれているトレオニン，セリン，チロシンがタンパク質のリン酸化の対象となる残基であり，このリン酸化は転写開始反応の調節にとって重要である．

RNAポリメラーゼIIの構造は，X線結晶構造解析によって明らかにされた（本章末のCramer, P., *et al.* の論文を参照）．立体構造から明らかになった注目すべき特徴の一つは，PRB1，PRB5，PRB9サブユニットで形成される顎の形をした一対の構造であり，転写反応を行っている活性中心の下流部分でこの構造がDNA鎖をつかんでいるように見えることである．PRB1，PRB2，PRB6は，活性中心近くで留め金を形成してDNA：RNAハイブリッドをポリメラーゼに固定する役割をもつことで，転写ユニットの安定性を向上させていると思われる．RNAポリメラーゼIIの構造を図11.17に示す．

真核生物と原核生物のRNAポリメラーゼに関する最近の構造研究の成果から，この酵素の進化に

表11.2　酵母RNAポリメラーゼIIのサブユニット

サブユニット	大きさ (kDa)	特　徴	対応する大腸菌のサブユニット
RPB1	191.6	リン酸化部位	β'
RPB2	138.8	NTP結合部位	β
RPB3	35.3	コアの部品	α
RPB4	25.4	プロモーター認識	σ
RPB5	25.1	Pol I, II, IIIの構成成分	
RPB6	17.9	Pol I, II, IIIの構成成分	
RPB7	19.1	Pol IIに固有の成分	
RPB8	16.5	Pol I, II, IIIの構成成分	
RPB9	14.3		
RPB10	8.3	Pol I, II, IIIの構成成分	
RPB11	13.6		
RPB12	7.7	Pol I, II, IIIの構成成分	

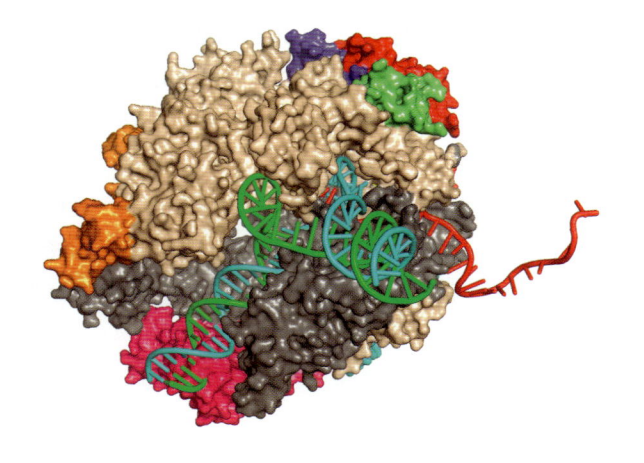

Chapter 11 遺伝暗号の転写：RNA の生合成

図 11.17
酵母 RNA ポリメラーゼ II の立体構造
DNA（らせん構造で示している）を RNA（赤色）に転写する過程を示している．DNA の鋳型鎖が青色，コーディング鎖が緑色で示されている．転写は，中央右側に位置する活性部位のクランプの領域で行われる．活性部位の下流側で DNA をくわえて保持する顎に当たる部分は図の左下に相当する．（*Prof. Roger Kornberg, Stanford University* の好意による）

関する興味深い結論が得られている．細菌，酵母，およびヒトの RNA ポリメラーゼのコア領域は，広い範囲にわたってアミノ酸配列の相同性が保たれており，RNA ポリメラーゼが，原核生物しか存在していなかった太古の時代から進化し続けてきたことが推測できる．複雑な生物の出現に伴って，真核生物の複雑な代謝や細胞内の区画化を反映して，他のサブユニットによる階層がコアポリメラーゼに付け加えられてきたのであろう．

11.4.1　Pol II は転写すべき DNA をどのように認識するか

Pol II プロモーター

Pol II によって認識されるプロモーターは四つのエレメントをもっている（図 11.18）．第一のエレメントはエンハンサーおよびサイレンサーとして働く種々の上流エレメントである．ここには，特異的なタンパク質が結合して，エンハンサーであれば転写を基底レベル以上に活性化し，サイレンサーであれば転写を抑制する．コアプロモーター近くには，GGGCGG という**コンセンサス配列** consen-

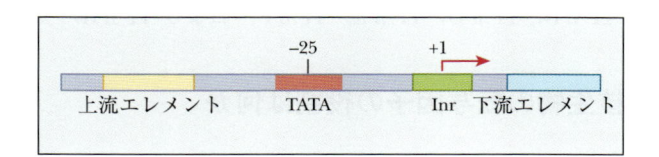

図 11.18
Pol II によって認識されるプロモーターの四つのエレメント

sus sequenceをもつGCボックス（−40付近）とGGCCAATCTというコンセンサス配列をもつCAATボックス（−110まで広がっている）という，二つの普遍的な配列がある．

第二のエレメントは，−25付近に存在するTATAA(T/A)というコンセンサス配列をもつ**TATAボックス** TATA boxである．

第三のエレメントは，+1の転写開始点（TSS）を含むものであり，真核生物では**開始エレメント** initiator element（*Inr*）と呼ばれる配列がTSSを囲んでいる．この配列はそれほど保存されてはおらず，特徴的な配列の一例は $_{-3}$YYCAYYYY$_{+6}$ で，Yはピリミジン塩基，AはTSSにあるプリン塩基である．

第四のエレメントは，下流の調節因子として働く可能性をもつものであるが，上流の調節エレメントに比べると存在する頻度は低い．生物中に見出されるプロモーターの多くは，これら四つのエレメントのうち少なくとも一つを欠いている．コアプロモーターを形成する開始エレメントとTATAボックスは，さまざまな生物種の多くの遺伝子に普遍的に存在する二つの基本的な構成要素であるが，一部の遺伝子はTATAボックスをもっておらず，それらは"TATAのない TATA-less"プロモーターと呼ばれる．また，いくつかの遺伝子ではTATAボックスが転写に不可欠で，欠失させると転写活性が失われてしまう．それら以外の多くの遺伝子のTATAボックスは，RNAポリメラーゼに正しい方向を示すために存在し，TATAボックスを除去すると転写を始める場所が一定しなくなってしまう．DNA上に見出されたある特定の調節エレメントの配列をプロモーターの構成要素とするか否かは，個々に判断されていることが多い．プロモーターの構成要素と判断されるものは，TSSの近く（上流50〜200塩基対の範囲）にあって，TSSからの距離と配列の向きがきちんと定まっているものであり，TSSから遠く離れているものや配列の向きが不規則なものはプロモーターの構成要素とは考えられない調節配列であるとされる．しかし，実験結果からは，逆向きに配置された配列が機能している例や，数千塩基対も離れた上流にあるものが機能している例も見つかっている．

転写の開始

原核生物と真核生物の転写における最も大きな相違点は，真核生物の場合は関与するタンパク質の種類が非常に多いことである．RNAポリメラーゼのサブユニット以外のもので，転写調節に関わるすべてのタンパク質は**転写因子** transcription factorである．これから検討するように，真核生物の転写には多くの転写因子が関与している．PolⅡとそれに付随する因子のすべてを含めた複合体全体の分子量は，250万Da以上もある．

転写の開始段階は**開始前複合体** preinitiation complexの形成で始まり，転写調節の大部分がこの段階で行われる．この複合体は通常，RNAポリメラーゼⅡと6種の**基本転写因子** general transcription factor（GTF）（TFⅡA，TFⅡB，TFⅡD，TFⅡE，TFⅡF，およびTFⅡH）で構成される．

11.4.2　真核生物の転写因子の役割は何か

基本転写因子はすべてのプロモーターに必要である．開始前複合体の各構成部分の構造と機能の解明に関しては，まだ多くの研究が続けられている．個々のGTFは，それぞれが特異的な機能をもち，

決まった順序で複合体に付加される．表 11.3 は，開始前複合体の構成要素をまとめたものである．

Pol Ⅱ によって転写が進められる順序を図 11.19 に示す．開始前複合体形成の第一段階は，転写因子 TFⅡD による TATA ボックスの認識である．この転写因子は数種のタンパク質の複合体である．中核となるタンパク質は **TATA ボックス結合タンパク質** TATA-box binding protein（**TBP**）と呼ばれる．TBP にはさらに多数の **TBP 結合因子** TBP-associated factor（**TAF$_\text{II}$s**）が結合する．TBP は，Pol Ⅰ および Pol Ⅲ による転写系にも必須であり，普遍的な転写因子であると考えられる．TBP は保存性が高いタンパク質であり，酵母，植物，ショウジョウバエ，ヒトといった進化的に隔たった種々の生物種間で，80％を超すアミノ酸配列の相同性がある．TBP は，C 末端ドメインの末尾にある 180 残基のアミノ酸を介して，TATA ボックス部分の DNA 副溝に結合する．この結合は，図 11.20 に示すように，TBP が鞍のように TATA ボックス上に乗る形になり，副溝が広げられて DNA は 80 度の角度に曲げられる．

図 11.19 に示すように，DNA に TFⅡD が結合すると，これに TFⅡA が結合して DNA と TFⅡD の双方と相互作用する．TFⅡB もまた TFⅡD に結合し，TBP と Pol Ⅱ の間に橋をかける．TFⅡA と TFⅡB はどの順に結合してもよく，両者間の相互作用はない．TFⅡB は開始複合体の構築と転写開始点の正しい位置決めに必要である．これらに続いて，TFⅡF が Pol Ⅱ に強く結合して非特異的に起こる結合を抑制し，Pol Ⅱ と TFⅡF がプロモーターにしっかりと結合する．TFⅡF は Pol Ⅱ，TBP，TFⅡB，および TAF$_\text{II}$ と相互作用すると共に，CTD リン酸化酵素の活性を調節する．

最後に結合する二つの因子は TFⅡE と TFⅡH である．TFⅡE はリン酸化されていない Pol Ⅱ と相互作用する．これらの二つの因子は Pol Ⅱ のリン酸化に関係する．TFⅡH はヘリカーゼ活性をもっている．これらすべての基本転写因子（GTF）がリン酸化されていない Pol Ⅱ と結合することで，開始前複合体は完成する．なお TFⅡH は，DNA の修復など別の機能をもつことも見出されている（p.392 の《身の周りに見られる生化学》を参照）．

転写の開始が可能になる前に，開始前複合体は開鎖複合体 open complex を形成する必要がある．

表 11.3　基本転写開始因子

因子	サブユニット	大きさ (kDa)	機能
TFⅡD-TBP	1	27	TATA ボックスの認識；TATA ボックス近傍に TFⅡB と Pol Ⅱ を配置
TFⅡD-TAF$_\text{II}$s	14	15〜250	コアプロモーターの認識（非 TATA エレメント）；正と負の調節
TFⅡA	3	12, 19, 35	TBP との結合の安定化；TAF-DNA 結合の安定化
TFⅡB	1	38	Pol Ⅱ と TFⅡF の動員；Pol Ⅱ の開始点認識
TFⅡF	3	全体で 156	Pol Ⅱ のプロモーターへの結合
TFⅡE	2	全体で 92	TFⅡH の動員；TFⅡH のヘリカーゼ，ATP アーゼ，キナーゼ活性の修飾；プロモーターの解離
TFⅡH	9	全体で 525	プロモーターの解離；CTD のリン酸化によるプロモーターからの離脱

開鎖複合体では，Pol II の CTD はリン酸化されており，二本鎖 DNA が解離した状態になっている（図 11.19）．

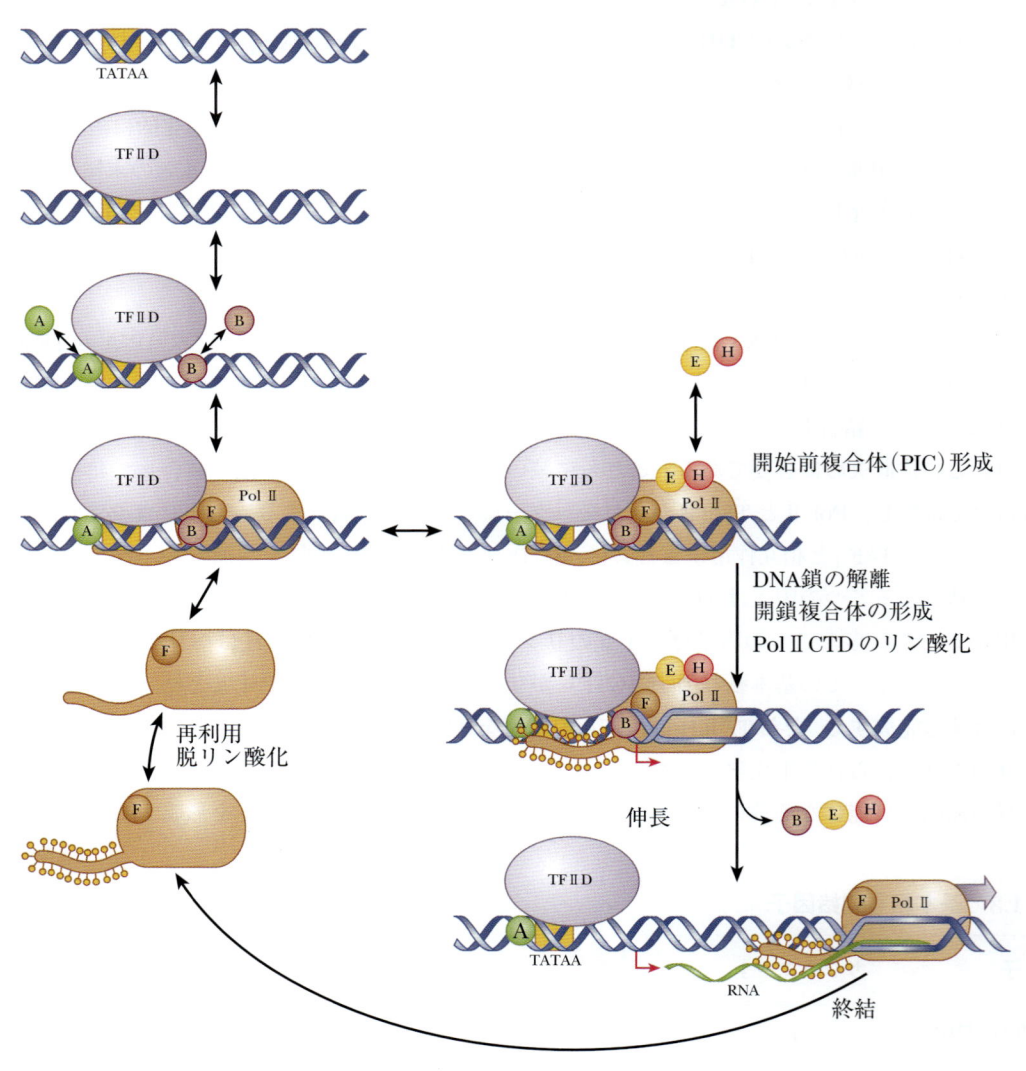

図 11.19

転写反応の進行順序を示す模式図

あらかじめ TATA 結合タンパク質（TBP）と結合した TF II D が TATA ボックスに結合する．次に TF II A と TF II B が結合すると，RNA ポリメラーゼ II と TF II F の複合体がプロモータに呼び込まれる．続いて TF II H と TF II E が結合して開始前複合体（PIC）が形成される．キナーゼが Pol II の C 末端ドメイン（CTD）をリン酸化することで，二本鎖 DNA が解離した開鎖複合体ができる．Pol II と TF II F が他の基本転写因子を残してプロモーターから離れると，RNA の伸長反応が始まり RNA が合成される．終結反応の段階に入ると，Pol II は DNA から離れ，CTD が脱リン酸化される．Pol II/TF II F 複合体は別のプロモーターと結合して再利用される．

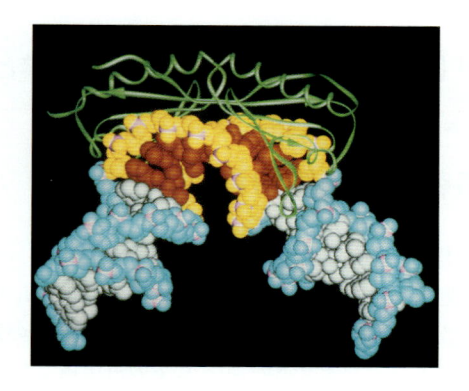

図11.20
DNAに結合した酵母TATA結合タンパク質（TBP）のモデル
TATAボックスのDNA骨格を黄色，塩基を赤色で示す．TATAボックスに隣接するDNAの配列は青色で示す．緑色で示すTBPが，鞍のような形でDNAの副溝の上に乗っている．（*Crystal Structure of a Yeast TBP/TATA-Box Complex* by Kim, Y., Geiger, J. H., Hahn, S., and Sigler, P. B., *Nature* 365, p.512 [1993] より転載）

伸長反応と終結反応

　真核生物における転写の伸長反応と終結反応について知られていることは，原核生物のそれらに比べると少ない．真核生物の転写に関する研究の大部分は，開始前複合体とエンハンサーおよびサイレンサーによる調節機構の解析に集中している．図11.19に示すように，リン酸化されたPol ⅡがRNAの合成を行いながらプロモーター領域から離れると，GTFはPol Ⅱから解離してプロモーター上に残る．

　Pol Ⅱだけを *in vitro* で働かせると，伸長反応の効率は低く，*in vivo* での伸長速度が1分間に1,500〜2,000ヌクレオチドであるのに，1分間に伸長できるヌクレオチドの数は100〜300個にとどまる．この差は伸長因子によるものである．伸長を促進する第一の因子はTFⅡFであり，開始前複合体の形成時における役割とは別に，伸長促進効果をもっている．第二の伸長因子は最近発見されたTFⅡSと命名されているものである．

　伸長反応は複数の方法で調節されている．DNA上には休止部位 pause site と呼ばれる配列があり，RNAポリメラーゼはこの部分で一旦停止する．これは原核生物の転写で学んだ減衰に似ている．ここで伸長反応が止まると成熟前転写終結となる．伸長反応を，最終的に正規の終結点まで進ませることを可能にする機構を抗転写終結 antitermination と呼ぶ．これは，TFⅡFのクラスに属する伸長因子が，Pol Ⅱを休止や解離を起こさない伸長能の高い形に固定して，休止部位を素早く通過するようにするためであろうと考えられる．

　TFⅡSのクラスに属する伸長因子は，停止解除因子 arrest release factor と呼ばれ，休止しているPol Ⅱが再び動き始めるのを助ける役割をもつ．伸長因子の第三のクラスは，P-TEF（正の転写伸長因子 positive-transcription elongation factor）とN-TEF（負の転写伸長因子 negative-transcription elongation factor）と呼ばれるタンパク質である．前者は，転写を進める状態を増やして転写を止める状態を減らすように働き，後者はその逆の働きをする．TFⅡFは，伸長反応または終結反応

身の周りに見られる生化学　遺伝学と健康関連

TFⅡH——ゲノム情報の最大限の利用

　数十年間にわたって，ヒトは他の生物種より複雑で，その複雑さはDNAの量と遺伝子の数が多いことに基づくものだというドグマが唱えられていた．しかし，明らかにされたヒトゲノムプロジェクトの予備的な結果によって，遺伝子数に関してヒトが他の生物より複雑であるとはいえないことが明確になった．では，ヒトと例えば線虫との間に見られる構造や代謝の大きな違いはどう説明すればよいだろうか．そのためには，タンパク質をコードする遺伝子の数ではなく，遺伝子から産生されるタンパク質の働きとその産生量の調節に注目する必要がある．複雑な生物は，限られた遺伝子産物から莫大な利益を上げねばならない．これは転写の場においてはっきりと見ることができる．真核生物には3種のRNAポリメラーゼがあるが，いくつかのサブユニットがすべてのポリメラーゼに共有されている．個々のポリメラーゼは，サブユニットと転写因子の固有の組合せをもつが，サブユニットや転写因子の多くは複数のポリメラーゼによって共有されている．中でも，TFⅡHは特に用途が広い転写因子である．TFⅡHは，PolⅡによる転写開始反応における役割と共に，サイクリン依存性タンパク質リン酸化酵素活性をもっている．サイクリンは細胞周期の制御に関与するタンパク質である．TFⅡHは，転写と細胞分裂を結びつける働きを有するだけでなく，Chap. 10で学んだように，DNAの修復にも関与している．

　ヒトの遺伝病である色素性乾皮症 xeroderma pigmentosum（XP）とコケイン症候群 Cockayne syndromeは，皮膚の日光に対する極度の過敏性が特徴である．前者の疾患には数個の遺伝子が関わっており，原因となる突然変異の大部分は修復酵素として働くDNAポリメラーゼの欠損もしくは欠陥である．しかし，XPに見られる二つの変異とコケイン症候群では，TFⅡHタンパク質に欠陥がある．TFⅡHタンパク質は，一般的な転写における役割とは別に，転写共役修復 transcription-coupled repair（TCR）と呼ばれるDNA修復機構に関与している．右図はTFⅡHの修復機能を模式的に示したものである．転写しているRNAポリメラーゼがDNAの損傷部にぶつかると，転写を継続できなくなり，ポリメラーゼがDNAから離れてしまう．すると，TFⅡHとXP遺伝子ファミリー産物の一つであるXPGタンパク質がDNAに結合する．これらの因子は，損傷の型に応じた適切な修復酵素を動員すると考えられている．

のどこかでPolⅡから解離する．

　終結反応は，RNAポリメラーゼの停止で始まる．真核生物には転写終結を意味するコンセンサス配列AAUAAAが，mRNAのタンパク質コード領域の3´末端から100～1,000塩基下流に存在する．終結反応が起こると，転写産物が遊離し，リン酸化された開鎖形のPolⅡがDNAから解離する．PolⅡのリン酸基はホスファターゼにより除かれ，PolⅡ/TFⅡF複合体は次の転写サイクルで再利用される（図11.19）．

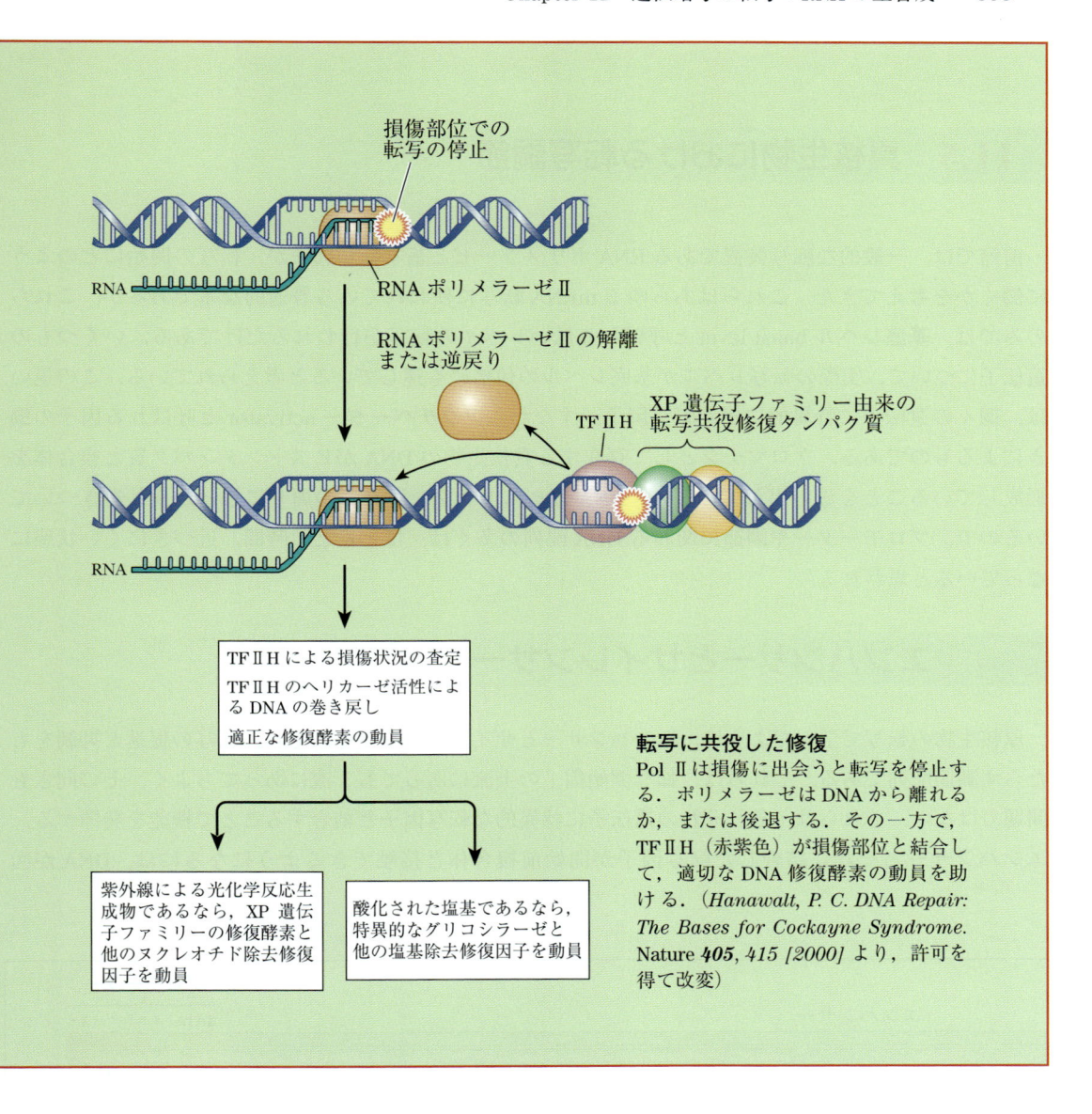

Chapter 11 遺伝暗号の転写：RNA の生合成

損傷部位での
転写の停止

RNA ポリメラーゼⅡ

RNA ポリメラーゼⅡの解離
または逆戻り

TFⅡH

XP 遺伝子ファミリー由来の
転写共役修復タンパク質

TFⅡH による損傷状況の査定
TFⅡH のヘリカーゼ活性によ
る DNA の巻き戻し
適正な修復酵素の動員

紫外線による光化学反応生
成物であるなら，XP 遺伝
子ファミリーの修復酵素と
他のヌクレオチド除去修復
因子を動員

酸化された塩基であるなら，
特異的なグリコシラーゼと
他の塩基除去修復因子を動員

転写に共役した修復
Pol Ⅱ は損傷に出会うと転写を停止する．ポリメラーゼは DNA から離れるか，または後退する．その一方で，TFⅡH（赤紫色）が損傷部位と結合して，適切な DNA 修復酵素の動員を助ける．(Hanawalt, P. C. DNA Repair: The Bases for Cockayne Syndrome. Nature **405**, 415 [2000] より，許可を得て改変)

Sec. 11.4 要約

- 真核生物の転写は，原核生物のものよりはるかに複雑である．
- 真核生物には 3 種の RNA ポリメラーゼがあり，その中の Pol Ⅱ が mRNA を合成する．
- Pol Ⅱ は少なくとも 12 個のサブユニットをもつ大きなタンパク質である．サブユニットのいくつかは，真核生物の Pol Ⅰ や Pol Ⅲ とだけでなく，原核生物の RNA ポリメラーゼとも相同性を保っている．
- 真核生物では，プロモーターやエンハンサーの構成もより複雑になっている．重要なプロモーター配列は −25 にある TATA ボックスである．
- 真核生物では転写開始の機構も複雑になっており，開始複合体の形成には，ポリメラーゼとプロモーターの他に六つの基本転写因子が関与している．

11.5　真核生物における転写調節

前節では，一般的な転写装置である RNA ポリメラーゼと基本転写因子が，転写の開始にどのように働くかを考えてきた．これらはあらゆる mRNA 転写に使われている普遍的な系であるが，これらのみでは，**基底レベル** basal level と呼ばれる低いレベルの転写が行われるだけである．いくつもの遺伝子について，実際の転写レベルが基底レベルの何倍にも達していると考えられている．この違いは，個々の遺伝子に特異的に働く転写因子，すなわち**アクチベーター** activator と呼ばれる因子の働きによるものである．クロマチンとして存在する真核生物の DNA がヒストンタンパク質と複合体を形成していることを思い出してほしい．DNA はヒストンタンパク質の周りにしっかりと巻きついているので，プロモーターや調節に関わる DNA 配列の多くは，ほとんどの時間，近づきにくい状態になっていると思われる．

エンハンサーとサイレンサー

原核生物の転写で学んだように，エンハンサーとサイレンサーはそれぞれ，転写の促進と抑制をもたらす調節配列である．それらは，転写開始因子の上流にあっても下流にあってもよく，その向きも問題ではない．それらは，それぞれの遺伝子に特異的な転写因子と結合することで機能を発揮する．エンハンサーとそれに結合した転写因子が開始前複合体と接触できるようになるには，DNA が図

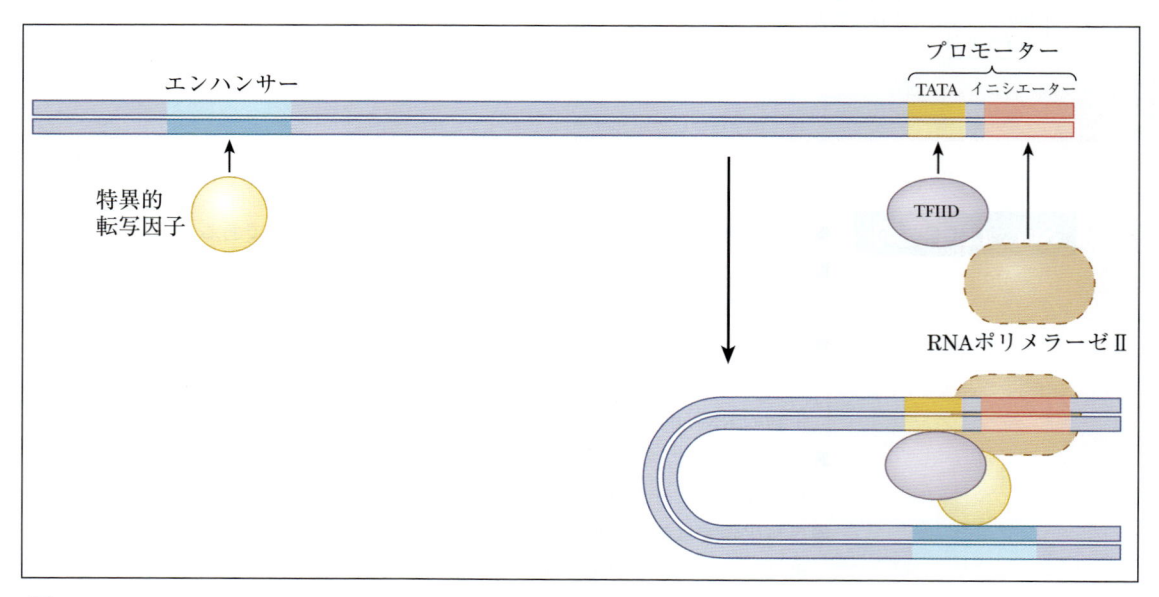

図 11.21
DNA のループ化が，エンハンサーを転写因子と RNA ポリメラーゼに接触できるようにしている

11.21 に示すような形に折れ曲がる必要があると考えられる．ただし，この湾曲した構造がどのような方法で転写を促進するかは未解明である．

応答配列

転写制御機構は，ある特定の代謝的な要因に対する応答性に基づいて分類されている．代謝的な要因に応答するエンハンサーは**応答配列** response element と呼ばれており，その例として，**熱ショック配列** heat-shock element（**HSE**），**グルココルチコイド応答配列** glucocorticoid-response element（**GRE**），**金属応答配列** metal-response element（**MRE**），**サイクリック AMP 応答配列** cyclic AMP-response element（**CRE**）などがある．

11.5.1　応答配列はどのように働くか

上に示した応答配列はいずれも，細胞がある特定の状況に置かれたときに産生されるタンパク質（転写因子）と結合し，複数の関連遺伝子を活性化する．しかし，この機構は，オペロンのように遺伝子群が一列につながって単一のプロモーターによって支配されているわけではなく，個別にプロモーターをもっている複数の遺伝子が共通に有する応答配列に対して，同一の転写因子が結合することにより，作用を発現するものと考えられる．

HSE の場合は，温度の上昇が特異的な熱ショック転写因子の産生を誘導し，この転写因子が関連遺伝子群を活性化する．ホルモンのグルココルチコイドがステロイド受容体に結合すると，受容体は GRE に結合する転写因子として働く．表 11.4 には，最も解析が進んでいる数種の応答配列がまとめられている．

真核生物における転写調節の例として，cAMP 応答配列について，もう少し詳しく検討してみよう．cAMP 応答配列を扱った論文は数百編もあり，多数の遺伝子がこの応答配列を調節機構の一部に組み入れていることが見出されている．cAMP は CAP タンパク質を介して原核生物オペロンの制御にも関与していたことも思い出してほしい．

表 11.4　応答配列とその性質

応答配列	生理的シグナル	コンセンサス配列	転写因子	大きさ (kDa)
CRE	cAMP によるプロテインキナーゼ A の活性化	TGACGTCA	CREB, CREM, ATF1	43
GRE	グルココルチコイドの存在	TGGTACAAATGTTCT	グルココルチコイド受容体	94
HSE	熱ショック	CNNGAANNTCCNNG*	HSTF	93
MRE	カドミウムの存在	CGNCCCGGNCNC*	?	?

*N は任意のヌクレオチド

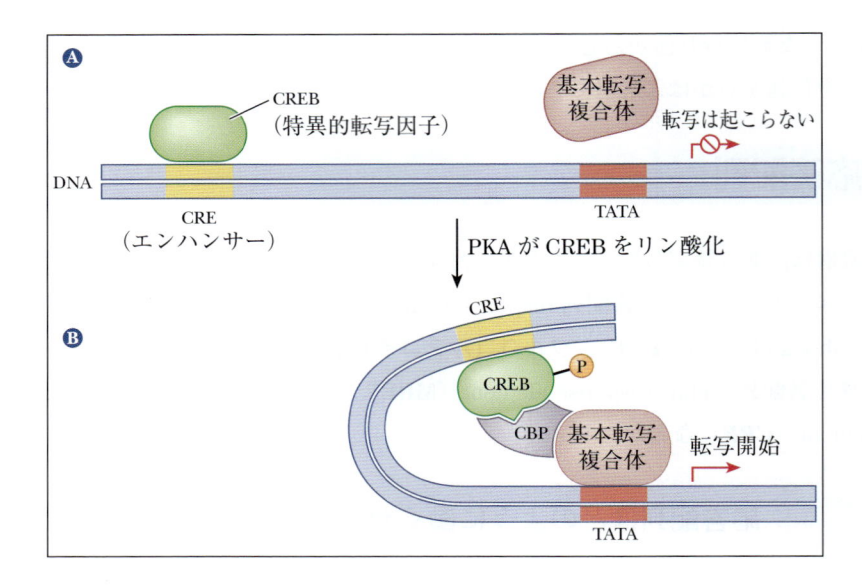

図 11.22

CREB と CBP による転写の活性化
Ⓐリン酸化されていない CREB は CREB 結合タンパク質と結合しないので，転写は起こらない．Ⓑ CREB のリン酸化が，CREB と CBP との結合を引き起こし，CBP は基本転写複合体（RNA ポリメラーゼおよび基本転写因子）と複合体を形成して転写を活性化する．（Molecular Biology, by R. F. Weaver, McGraw‒Hill, 1999 より，許可を得て改変）

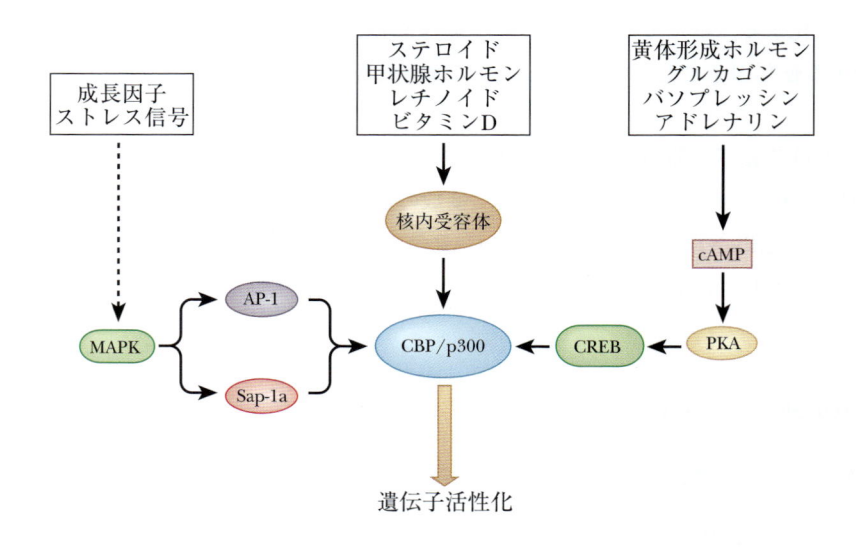

図 11.23

CBP と p300 が遺伝子発現に関与する複数の道筋
MAPK は CBP と結合する 2 種の転写因子，AP-1 および Sap-1a に働きかける．ステロイドホルモンは，核内受容体に作用して CBP との結合を起こさせる．他のホルモンは，cAMP カスケードを活性化して CREB をリン酸化することで CBP に結合させる．（Molecular Biology, by R. F. Weaver, McGraw‒Hill, 1999 より，許可を得て改変）

cAMPは，エピネフリンやグルカゴンのようなホルモンからの情報を伝達するセカンドメッセンジャーとして産生される（Chap. 24 参照）．cAMPの濃度が上昇すると，**cAMP 依存性プロテインキナーゼ** cAMP‑dependent protein kinase（プロテインキナーゼA　protein kinase A）が活性化される．この酵素は細胞内の多くのタンパク質や酵素をリン酸化して，細胞の代謝を異化様式（エネルギー産生に向けて高分子を分解する様式）に切り換えることに関与している．プロテインキナーゼAは，**cAMP 応答配列結合タンパク質** cyclic AMP‑response element binding protein（**CREB**）と呼ばれるタンパク質をリン酸化し，リン酸化されたCREBはcAMP応答配列（CRE）に結合して関連遺伝子を活性化する（p.400 の《身の周りに見られる生化学》を参照）．しかし，CREBは基本転写装置（RNAポリメラーゼおよびGTF）と直接は接触しておらず，活性化には別のタンパク質を必要とする．図11.22に示すように，**CREB 結合タンパク質** CREB‑binding protein（**CBP**）は，リン酸化されたCREBに結合して，応答配列とプロモーター領域との間を架橋し，それによって転写が基底レベル以上に活性化される．CBPは，メディエーター mediator あるいはコアクチベーター coactivator と呼ばれている．転写に関する用語には数多くの略号が使用されているので，それらの中の重要なものを表11.5にまとめておく．

表 11.5　転写に関して用いられる略号

略号	日本語　英語
bZIP	塩基性領域‑ロイシンジッパー　Basic-region leucine zipper
CAP	カタボライト活性化タンパク質　Catabolite activator protein
CBP	CREB結合タンパク質　CREB-binding protein
CRE	サイクリックAMP応答配列　Cyclic AMP-response element
CREB	CRE結合タンパク質　Cyclic AMP-response element binding protein
CREM	CRE変調タンパク質　Cyclic AMP-response element modulating protein
CTD	C末端ドメイン　C-terminal domain
GRE	グルココルチコイド応答配列　Glucocorticoid-response element
GTF	基本転写因子　General transcription factor
HSE	熱ショック応答配列　Heat shock-response element
HTH	ヘリックス・ターン・ヘリックス　Helix-turn-helix
Inr	開始配列　Initiator element
MRE	金属応答配列　Metal-response element
MAPK	分裂促進因子活性化タンパク質キナーゼ　Mitogen-activated protein kinase
NTD	N末端ドメイン　N-terminal domain
N-TEF	負の転写伸長因子　Negative transcription elongation factor
Pol II	RNAポリメラーゼII　RNA polymerase II
P-TEF	正の転写伸長因子　Positive transcription elongation factor
RPB	RNAポリメラーゼB　RNA polymerase B（Pol II）
RNP	リボ核タンパク質粒子　Ribonucleoprotein particle
snRNP	核内低分子リボ核タンパク質粒子　Small nuclear ribonucleoprotein particle（"スヌープ"）
TAF	TBP結合因子　TBP-associated factor
TATA	真核生物のコンセンサスプロモーター配列
TBP	TATAボックス結合タンパク質　TATA-box binding protein
TCR	転写共役修復　Transcription-coupled repair
TF	転写因子　Transcription factor
TSS	転写開始部位　Transcription start site
XP	色素性乾皮症　Xeroderma pigmentosum

図 11.23 に見られるように，CBP およびこれに類似した p300 と呼ばれるタンパク質は，数種のホルモン由来の信号の主な伝達経路になっており，cAMP カスケードを介して作用する数種のホルモンが CREB のリン酸化と CBP との結合を引き起こす．ステロイドホルモン，甲状腺ホルモンおよび他の数種のホルモンは，核内受容体を CBP/p300 に結合させる作用をもつ．成長因子やストレス信号は，MAP キナーゼ（MAPK）mitogen-activated protein kinase による転写因子 AP-1（activating protein 1）と Sap-1a（どちらも CBP と結合する）のリン酸化を引き起こす．より詳しい内容は本章末の Brivanlou, A. H., and J. E. Darnell による転写因子に関する総説を参照されたい．

研究者たちは，いくつかのよく知られたヒト疾患が CBP の活性レベルの低下に関連すると考えている．そのような疾患としては，ハンチントン病，脊髄小脳失調症，および脆弱 X 症候群があり，これらのいずれもが CAG を単位とするトリヌクレオチド反復（CAG リピート）の増加を伴う突然変異を有するという特徴をもっている．CAG リピートが転写，翻訳されるとポリグルタミンを生じ，生じたポリグルタミンは CBP を隔離することにより，転写や DNA 修復などの過程に利用される CBP を欠乏させる．DNA 修復能の低下は CAG リピートをさらに増加させ，世代を経るごとに起こる疾患の増悪，すなわち表現促進現象 genetic anticipation として知られる事態につながる．図 11.24 はこの症候群を模式的に説明したものである．

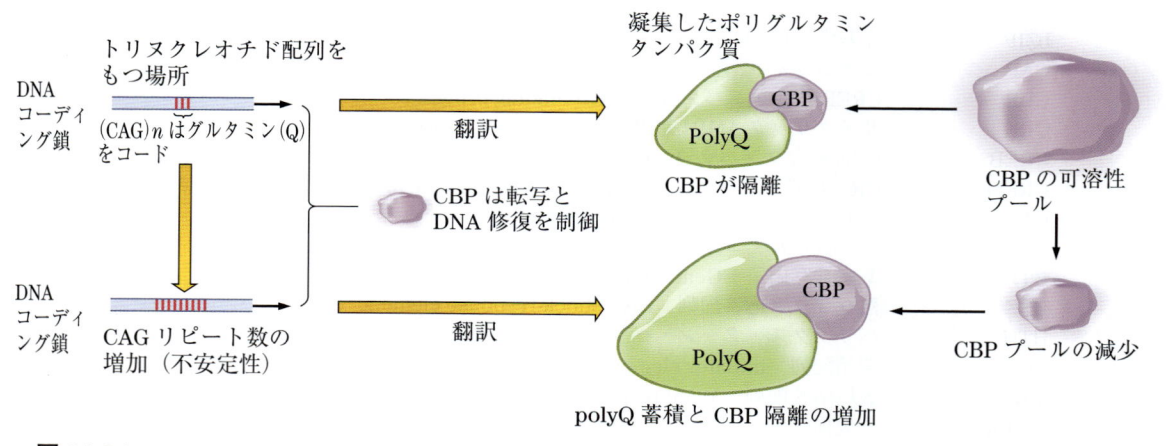

図 11.24

有害反応の循環
ポリグルタミン（polyQ）タンパク質は，DNA の転写と修復に関わる CBP の働きを妨害する．これが悪い循環に陥ってしまうと，CAG のトリヌクレオチドの反復が原因となる遺伝的不安定性が増すと考えられる．すなわち，CBP の機能を妨害する polyQ の産生が増せば CBP 機能の低下が大きくなり，CAG リピート数が増加し，それによってさらに CBP 機能が妨害されて遺伝的不安定性が積み重なっていく．（*Anticipating Trouble from Gene Transcription* by Mark E. Fortini, Science **315**, 1800-1801 [2007] より，許可を得て転載）

RNA 干渉

　転写が DNA の片方の鎖にだけ起こることが厳密に決まっていると考えることは便利であるが，今では逆側の鎖からも多くの転写産物が生じていることが知られている．鋳型鎖ではなくコーディング鎖を転写して作られる RNA を非コーディング RNA またはアンチセンス RNA と呼ぶ．このタイプの RNA は，マイクロ RNA または siRNA（Chap. 9）を生じることができ，それらの RNA は鋳型鎖に結合して RNA ポリメラーゼの結合を妨げたり，標的 RNA の完全な破壊をもたらす．このような，アンチセンス RNA の産生は，新しい階層での遺伝子調節機構である．RNA 干渉（RNAi）に関するさらに詳しい説明と分子生物学的研究におけるアンチセンス RNA の利用については，Chap. 13 で学ぶ．

　2006 年の後半，カリフォルニアの研究チームは，低分子 RNA が活性化因子としても働くことを見出したと発表した．このチームの研究者たちは，ヒトのがん抑制遺伝子である E－カドヘリンの転写を，RNAi を用いて阻止することを試みていた．彼らがその遺伝子 DNA を標的として設計した合成 RNA を加えてみたところ，がん抑制遺伝子産物の産生が，低下するのではなく，むしろ上昇することを見出した．この現象は，暫定的に RNA 活性化 RNA activation または RNAa と呼ばれている．現時点では，この現象が当該遺伝子の積極的な活性化なのか，他の何らかの遺伝子に対する妨害が間接的に E－カドヘリン遺伝子の活性化をもたらしたものなのかは明らかにされていない．この現象が科学者にとってもう一つの強力な武器となり，それによって遺伝子を操作して，遺伝病と戦う手段が広がるに違いない．詳しくは本章末の Garber, K. の論文を参照されたい．

Sec. 11.5 要約

- 真核生物における転写調節には，原核生物の転写で学んだものと同じ概念が多数含まれている．
- エンハンサーとサイレンサーの利用は原核生物より広範囲にわたっており，プロモーターはもっと複雑になっている．
- 多くの転写調節機構は，熱，重金属あるいはその他 cAMP のような特異的分子など，何らかの代謝系からの信号に応答する応答配列であるエンハンサーに基づいている．
- 一つの極めて重要な応答配列は cAMP 応答配列（CRE）である．CREB と呼ばれる特異的な転写因子と CBP と呼ばれる仲介タンパク質が真核生物の多くの代謝過程に関与している．
- 遺伝情報をもたない低分子 RNA が転写調節の新しい階層として，最近の分子生物学の話題になっている．それらの低分子 RNA は，鋳型鎖に結合して転写を妨害する．

身の周りに見られる生化学　遺伝学と内分泌学

CREB ——最も重要なタンパク質だと知っていましたか

　数百にも及ぶ遺伝子がcAMP応答配列（CRE）によって制御されている．CREにはCREB, **CREM**（cAMP-response element modulating protein）および**ATF-1**（activating transcription factor 1）を含む一群の転写因子が結合する．これらのタンパク質は相互に高いアミノ酸配列の相同性を有しており，すべてが塩基性領域-ロイシンジッパー型の転写因子である（Sec. 11.6参照）．CREBは，分子量が43 kDaのタンパク質であり，133番目にリン酸化される重要なセリン残基をもっている．この残基がリン酸化されたときだけ，CREBは転写を活性化できる．CREBはさまざまな機構でリン酸化される．最も典型的な機構は，cAMPによって活性化されるプロテインキナーゼAを介するものである．また，プロテインキナーゼC（Ca^{2+}で活性化される）やMAPKもCREBをリン酸化する．これらの過程を駆動する元の信号は，ペプチドホルモン，成長因子またはストレス因子，および神経活動である．リン酸化されたCREB単独では標的遺伝子の転写を促進できない．CREBは，CREBと基本転写装置の間で橋渡しをする265 kDaのタンパク質であるCREB結合タンパク質（CBP）と連携して働く．また，100種を超す既知の転写因子がCBPに結合する．転写調節の多様性は，転写後に起こるスプライシングの仕方を変える仕組み（Sec. 11.7参照）により，異なる形のCREBとCREMを産生することによってさらに増大する．CREMのアイソフォームは，多くが抑制的に働くが，中には促進的に働くものもある．

　研究はまだまだ続いているが，CREBが関与する転写は，細胞増殖 cell proliferation, 細胞分化 cell differentiation, 精子形成 spermatogenesis などといった，驚くほど多様な過程に含まれている．CREBは，成長ホルモンの分泌を阻害するホルモンであるソマトスタチンの分泌を調節している．CREBは，成熟Tリンパ球（免疫系細胞）の発育に重要であり，低酸素状態下で脳内の神経細胞を保護していることも示されている．また，松果体の代謝とサーカディアン（日周）リズムの調節にも関与している．CREBの量は，身体が激しい肉体運動に適応する過程で上昇することが知られている．CREBは，ペプチドホルモン，グルカゴンおよびインスリンによる糖新生の調節に関与し，ホスホエノールピルビン酸カルボキシキナーゼ（PEPCK）や乳酸デヒドロゲナーゼのような代謝酵素の転写に直接影響している．さらに興味深いことに，CREBは学習と長期記憶の保持に重要であることが示され，アルツハイマー病患者の脳組織でCREB量の低下が見出されている．

11.6　DNA結合タンパク質の構造モチーフ

　転写過程でDNAに結合するタンパク質は，これまでにタンパク質の構造や酵素で学んできたように，主として水素結合，静電引力，および疎水性相互作用によってDNAに結合する．RNAポリメラーゼⅡによる転写を活性化あるいは阻害するタンパク質のほとんどは，**DNA結合ドメイン** DNA-binding domain と**転写活性化ドメイン** transcription-activation domain という二つの機能ドメインをもっている．

11.6.1　DNA結合ドメインとは何か

いろいろなDNA結合ドメイン

大部分のDNA結合タンパク質は，ヘリックス・ターン・ヘリックス helix-turn-helix（**HTH**），**ジンクフィンガー** zinc finger，および**塩基性領域-ロイシンジッパー** basic-region leucine zipper（**bZIP**）という三分類のいずれかに属するDNA結合ドメインをもっている．これらのドメインは，DNA主溝または副溝のいずれかと相互作用するが，より一般的にはDNA主溝と相互作用する．

ヘリックス・ターン・ヘリックスモチーフ

DNAに結合するタンパク質に共通して見られる特徴は，主溝にはまり込むαヘリックス部分をもつことである．主溝とαヘリックス構造の幅がほぼ同じであるため，タンパク質のヘリックス部分はDNAの溝にうまく適合する．標準的なB型DNAの主溝のサイズはこの結合に適していて，結合のために鎖のトポロジーを変えなくてもよいので，HTHは最も標準的なモチーフとなっている．図11.25に示すように，多くの場合，結合タンパク質は二つのHTH領域をもつ二量体になっている．

HTHモチーフは，多くのDNA結合タンパク質間で保存されている20アミノ酸残基から成る配列である．数種の転写因子のHTH配列を表11.6に示す．最初のヘリックス領域は，前半の8残基で構成され，3ないし4残基のアミノ酸によって二番目のヘリックス領域と隔てられている．9番目の位

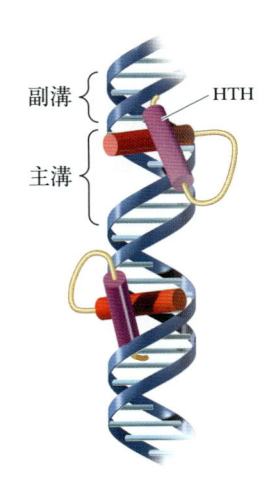

図11.25

ヘリックス・ターン・ヘリックス（HTH）モチーフ
二量体をつくったHTHタンパク質が主溝でDNAと結合している．（Annual Review of Biochemistry, Volume 58 © 1989 by Annual Reviews. www.annualreviews.org. より，許可を得て転載）

表 11.6 抜粋した転写調節タンパク質の HTH 領域におけるアミノ酸配列

434 Rep および Cro はバクテリオファージ 434 のタンパク質である；Lam Rep および Cro はバクテリオファージ λ のタンパク質である；CAP，Trp Rep および Lac Rep はそれぞれ，大腸菌のカタボライト活性化タンパク質，trp リプレッサー，lac リプレッサーである．Antp はショウジョウバエ *Drosophila melanogaster* のアンテナペディア遺伝子のホメオドメインのタンパク質である．各配列における番号は，種々のポリペプチドのアミノ酸配列内の HTH の部位を示す．

		ヘリックス						ターン							ヘリックス					
	1	2	3	4	5	6	7	8	9	10	11	12	13	14	15	16	17	18	19	20
434 Rep	17-Gln	Ala	Glu	**Leu**	**Ala**	Gln	Lys	**Val**	**Gly**	Thr	Thr	Gln	Gln	Ser	**Ile**	Glu	Gln	**Leu**	Glu	Asn-36
434 Cro	17-Gln	Thr	Glu	**Leu**	**Ala**	Thr	Lys	**Ala**	**Gly**	Val	Lys	Gln	Gln	Ser	**Ile**	Gln	Leu	**Ile**	Glu	Ala-36
Lam Rep	33-Gln	Glu	Ser	**Val**	**Ala**	Asp	Lys	**Met**	**Gly**	Met	Gly	Gln	Ser	Gly	**Val**	Gly	Ala	**Leu**	Phe	Asn-52
Lam Cro	16-Gln	Thr	Lys	**Thr**	**Ala**	Lys	Asp	**Leu**	**Gly**	Val	Tyr	Gln	Ser	Ala	**Ile**	Asn	Lys	**Ala**	Ile	His-35
CAP	169-Arg	Gln	Glu	**Ile**	**Gly**	Glu	Ile	**Val**	**Gly**	Cys	Ser	Arg	Glu	Thr	**Val**	Gly	Arg	**Ile**	Leu	Lys-18
Trp Rep	68-Gln	Arg	Glu	**Leu**	**Lys**	Asn	Glu	**Leu**	**Gly**	Ala	Gly	Ile	Ala	Thr	**Ile**	Thr	Arg	**Gly**	Ser	Asn-87
Lac Rep	6-Leu	Tyr	Asp	**Val**	**Ala**	Arg	Leu	**Ala**	**Gly**	Val	Ser	Tyr	Gln	Thr	**Val**	Ser	Arg	**Val**	Val	Asn-25
Antp	31-Arg	Ile	Glu	**Ile**	**Ala**	His	Ala	**Leu**	**Cys**	Leu	Thr	Glu	Arg	Gln	**Ile**	Lys	Ile	**Trp**	Phe	Gln-50

(Harrison, S. C., and Aggarwal, A. K., 1990, DNA recognition by proteins with the helix-turn-helix motif. *Annual Review of Biochemistry* **59**: 933-969 より改変)

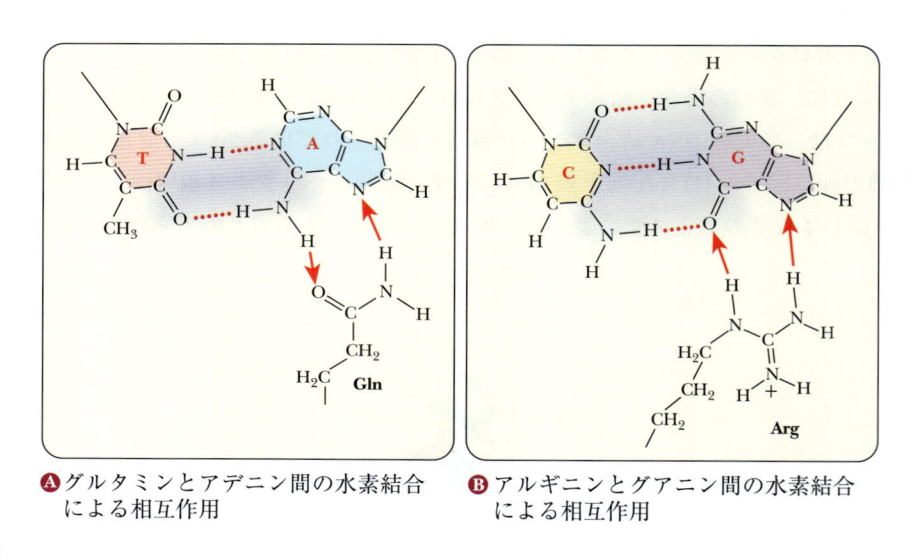

ⓐ グルタミンとアデニン間の水素結合による相互作用

ⓑ アルギニンとグアニン間の水素結合による相互作用

図 11.26

DNA とアミノ酸の相互作用

置は β ターン（Chap. 4）を生じるグリシンである．

　DNA の特定の塩基配列を認識するタンパク質は，主溝に結合することが多い．標準的な塩基対を形成している塩基は，個々の塩基に特徴的な構造の多くの部分を主溝の側に向けるように配置されている．図 11.26 はグルタミンとアルギニンが，それぞれアデニンとグアニンにうまく相互作用することを示すものである．しかし，副溝との相互作用の多くを含めて，DNA を間接的にしか認識していない相互作用もある．Chap. 9 で論じたように，B 型 DNA の構造はかつて考えられていたほど不動

のものではなく，実際は，塩基配列によってらせん構造に局所的な変化が生じている．この傾向は，A-Tに富んだ領域で特に顕著であり，塩基は広範囲にわたってプロペラの羽のようなねじれを起こしている．このような場所では，タンパク質が副溝に突き出た塩基の縁に結合することが多い．副溝に突き出た塩基の構造を模した人工分子が，DNAと同じように多くの転写因子と結合できることを示すいくつもの研究がある．

このように，塩基対形成がDNAに重要であることは言うまでもないことであるが，時には別の理由から，塩基全体の形が重要になる．ある種の結合タンパク質は，塩基の水素結合に関係する部分ではなく，溝の側に飛び出ている部分を認識している可能性がある．

ジンクフィンガー

1985年，RNAポリメラーゼIIIの転写因子であるTFIIIAが，それぞれ30残基のアミノ酸から成る9個の反復した構造をもっていることが見出された．また，各反復領域には，近接して存在する2個のシステインと，そこから12アミノ酸残基を隔てたところに存在する近接した2個のヒスチジンがあり，この構造単位には1個の亜鉛イオンがしっかり結合していることも明らかにされた．これを糸口にして，DNA結合タンパク質において，図11.27に示す構造をもつジンクフィンガー領域が見出された．

このモチーフの名前は，2個のシステインと2個のヒスチジンによって亜鉛イオンが保持されている点から12残基のアミノ酸のループ構造が指を立てた形に飛び出していることに因んでつけられた．TFIIIAがDNAと結合すると，図11.28に示すように，反復するジンクフィンガーが主溝に沿った形でDNAに結合する．

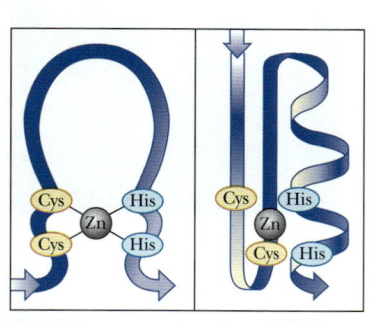

図11.27
システインとヒスチジンを2残基ずつ含む C_2H_2 ジンクフィンガーモチーフ
（Evans, R. M., and Hollenberg, S. M., 1988. Cell **52**: 1, Figure 1 より改変）

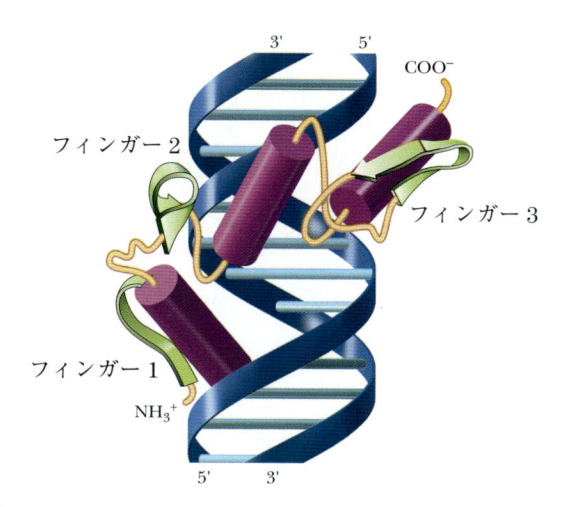

図11.28
DNAの主溝にはまり込んだジンクフィンガータンパク質
（Pavletich, N., and Pabo, C. O., 1991, Science **252**: 809, Figure 2, 著作権 © 1991 AAAS より，許可を得て改変）

塩基性領域-ロイシンジッパーモチーフ

塩基配列特異的に DNA に結合するタンパク質の第三のグループは，塩基性領域-ロイシンジッパーモチーフと呼ばれるもので，CREB（p.400 の《身の周りに見られる生化学》を参照）など，多く

タンパク質	塩基性領域A　塩基性領域B	ロイシンジッパー
C/EBP	278–DKNSNEYRVRRERNNIAVRKSHDKAKQRNVETQQKVL	ELTSDNDRLRKRVEQLSRELDTLRG–341
Jun	257–SQERIKAERKRMRNRIAASKCHKRKLERIARLEEKVKTL	KAQNSELASTANMLTEQVAQLKQ–320
Fos	233–EERRRIRRIRRERNKMAAAKCRNRRRELTDTLQAETDQL	EDKKSALQTEIANLLKEKEKLEF–296
GCN4	221–PESSDPAALKRARNTEAARRSRARKLQRMKQ	LEDKVEELLSKNYHLENEVARLKKLVGER–COOH
YAP1	60–DLDPETKQKRTAQNRAAQRAFHERERKMKE	LEKKVQSLESIQQQNEVEATFLRDQLITLVN–123
CREB	279–EEAARKREVRLMKNREAARECRKKKEYVKC	LENRVAVLENQNKTLIEELKALKDLYCHKSD–342
Cys-3	95–ASRLAAEEDKRKRNTAASARFRIKKKQREQA	LEKSAKEMSEKVTQLEGRIQALETENKYLKG–148
CPC1	211–EDPSDVVAMKRARNTLAARKSBERKAQR	LEELEAKIEELIAERDRYKNLALAHGASTE–COOH
HBP1	176–WDERELKKQKRLSNRESARRSRLRKQAECEE	LGQRAEALKSENSSLRIELDRIKKEYEELLS–239
TGA1	68–SKPVEKVLRRLAQRNEAARSRLRKKAYVQQ	LENSKLKLIQLEQELERARKQGMCVGGGVDA–131
Opaque2	223–MPTEERVRKRKESNRESARRSRYRKAAHLKE	LEDQVAQLKAENSCLLRRIAALNQKYNDANV–286

図 11.29

塩基性領域-ロイシンジッパーをもつ数種の DNA 結合タンパク質のアミノ酸配列
（*Vinson, C. R., Sigler, P. B., and McKnight, S. L., 1989. Science* **246**: 912, *Figure 1*, 著作権 © 1989 AAAS より，許可を得て改変）

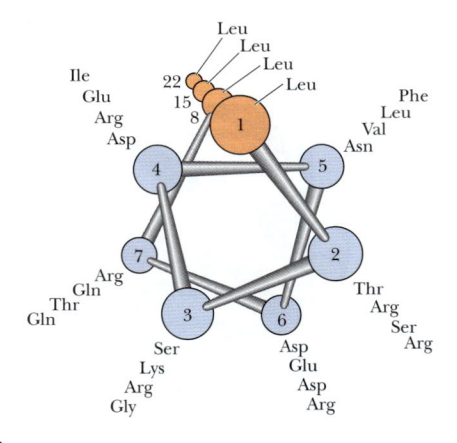

図 11.30

典型的な DNA 結合タンパク質に見られるロイシンジッパー領域の α ヘリックス構造を軸方向から見た構造
図に示されているアミノ酸残基の略号は，それらの残基が上から下に向かって α ヘリックス構造に沿って並んでいることを示す．ロイシンが α ヘリックス構造一つの側に整列して疎水性の突起を形成していることに注目せよ．（*Landshulz, W. H., Johnson, P. F., and McKnight, S. L., 1988, Science* **240**: 1759 – 1764, *Figure 1*, 著作権 © 1988 AAAS より，許可を得て改変）

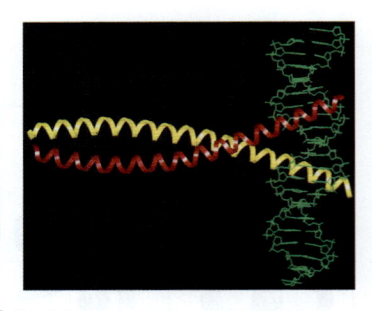

図 11.31

bZIP 転写因子の構造
AP-1 に対するコンセンサス標的配列である TGACTCA を含む DNA オリゴマーに結合した bZIP 転写因子である c-Fos：c-Jun の結晶構造．塩基性領域が DNA と結合する一方，二つのヘリックスのロイシン領域同士が疎水性相互作用を介して結合している．（*Glover, J. N. M., and Harrison, S. C., 1995, Crystal structure of the heterodimeric bZIP transcription factor c-Fos: c-Jun bound to DNA. Nature* **373**: 257 – 261 より改変）

の転写因子に含まれている．図11.29は，このモチーフをもつ数種の転写因子のアミノ酸配列相同性を示すものである．図に示す部分の半分は，保存されたリシン，アルギニン，およびヒスチジン残基を含む塩基性領域であり，残り半分は7残基おきにロイシンが存在する配列である．このロイシンの間隔は重要で，αヘリックスが3.6残基で1回転するため，7残基ごとに存在するロイシンは，図11.30に示すように，すべてがαヘリックスの同じ側に一列に並ぶことになる．この一列に並んだ疎水性のロイシン残基がもう一つのタンパク質の同じ領域と疎水結合によってかみ合うように結合することから，このモチーフにジッパー zipper という名前が付けられた．ロイシンジッパーをもつ DNA 結合タンパク質は，塩基性領域が DNA のリン酸部分と強い静電的相互作用をすることで DNA の主溝に結合する．図11.31に示すように，このタンパク質は二量体を形成し，ロイシンを含む半分でサブユニット同士が結合し，塩基性部分で DNA と結合する．

11.6.2 転写活性化ドメインとは何か

転写活性化ドメイン

上で説明した3種類のモチーフは，転写因子と DNA の結合に関与するものであるが，すべての転写因子が直接 DNA に結合するわけではない．あるものは他の転写因子とは結合するが DNA とは接触しない．その典型例は，CREB と RNA ポリメラーゼⅡ転写開始複合体を橋渡しする CBP である．転写因子が他のタンパク質を認識するモチーフは，三つに分類できる．

1. 酸性ドメイン acidic domain は，酸性アミノ酸に富む領域である．Gal4 は，酵母のガラクトース代謝に関連する酵素の遺伝子群を活性化する転写因子であり，49残基中11個残基が酸性アミノ酸で構成されるドメインをもっている．
2. 高グルタミンドメイン glutamine-rich domain は，数種の転写因子に見出される．Sp1 は，GC ボックス GC box と呼ばれる拡張プロモーター配列に作用して転写を活性化する転写因子で，グルタミンに富む二つの領域をもち，その一つは143残基のアミノ酸中39残基がグルタミンである．この領域は，CREB および CREM（p.400の《身の周りに見られる生化学》を参照）にも存在する．
3. 高プロリンドメイン proline-rich domain は，アクチベーター CTF-1 に見られ，84残基のアミノ酸中に19残基のプロリンを含む領域をもっている．CTF-1 は，CCAAT ボックスと呼ばれる拡張プロモーター配列に結合する転写因子群に属している．CTF-1 は，その N 末端のドメインがある種の遺伝子の転写調節に関与していることが示されているが，C 末端に転写調節部位があり，プロリンの反復領域を介してヒストンタンパク質と結合することが知られている．アセチル化などによるヒストンの修飾と転写との関連性は，活発に研究されている分野の一つであり，前節で学んだコアクチベーターである CBP もヒストンアセチルトランスフェラーゼとしての活性をもっている．詳しくは，本章末の Struhl, K. A. の論文を参照されたい．

転写因子は，見た目の複雑さのために圧倒されそうに感じることもあるだろうが，この節で説明したモチーフの類似性を手がかりとすることで，その解明が容易になりつつある．例えば，新しいDNA配列が明らかにされ，新しいタンパク質が見つかった場合，この節で説明してきたDNA結合タンパク質モチーフの有無を突き止めれば，それが転写因子としての役割をもつことが確証できる．

Sec. 11.6 要約

- DNAに結合する転写因子のようなタンパク質には，明確な構造上のモチーフをもつものが多い．
- 一般的なモチーフは，ヘリックス・ターン・ヘリックス，ジンクフィンガーおよび塩基性領域-ロイシンジッパーである．
- 多くの転写因子やその他のDNA結合タンパク質がそのようなモチーフをもっていることは，そのようなタンパク質の発見と同定に役立つ．
- 転写に関与するタンパク質の多くは，DNAと結合すると共に他のタンパク質とも結合する．
- タンパク質-タンパク質間結合ドメインの多くには，酸性ドメイン，高グルタミンドメイン，高プロリンドメインなどの見分けやすいモチーフがある．

11.7 RNAの転写後修飾

3種の主なRNA（tRNA，rRNAおよびmRNA）はそれぞれ，転写後に酵素反応による修飾を受けてから機能を発揮する成熟形になる．修飾の様式は，真核生物と原核生物とでは大きく異なっており，特にmRNAにおける違いは顕著である．転写された直後におけるRNAのサイズは，5′末端のリーダー配列と3′末端のトレーラー配列のために成熟型のサイズより大きい．リーダー，トレーラー配列の除去は必須であり，他の形のトリミング trimming も起こる．また，転写後に末端配列 terminal sequences が付加されることや塩基の修飾 base modification も見られ，それらは tRNA において顕著である．

トランスファーRNAとリボソームRNA

tRNAの前駆体は，多くの場合，数分子をまとめた1本の長いポリヌクレオチドとして転写される．転写されたtRNA前駆体が成熟tRNAに変換される過程には，修飾に見られる3種類の型――トリミング，末端配列付加，および塩基修飾――のすべてが含まれる（図11.32）．大腸菌ですべてのtRNAの5′末端形成に関与する酵素である RNase P（リボヌクレアーゼP）は，RNAとタンパク質で構成され，RNA部分に触媒活性がある．これは触媒活性をもつRNAの存在を示した最初の例の一つである（Sec. 11.8参照）．塩基修飾にはトリミングの前に起こるものと，後に起こるものがあり，よく見られる二つの型はメチル化と酸素の硫黄への置換である（Sec. 9.2と，修飾塩基の構造については，Sec. 9.5.2 "タンパク質合成でのトランスファー RNA の役割は何か"を参照）．なお，真核生物特有のメチル化ヌクレオチドとして，2′-O-メチルリボシル基を含むものがある（図11.33）．

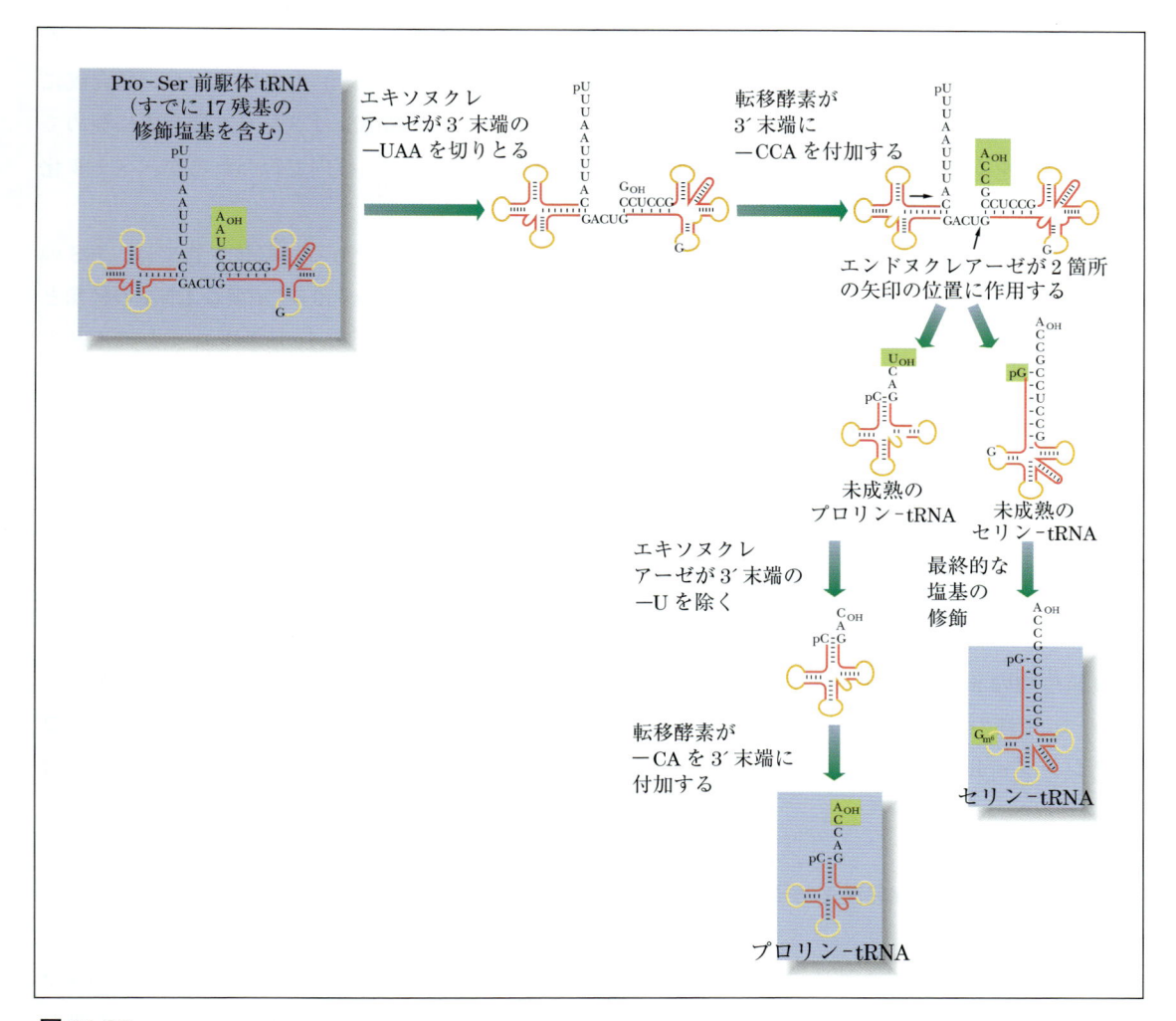

図 11.32
tRNA 前駆体の転写後修飾
点線は水素結合した塩基対を示す．G_{OH}，C_{OH}，A_{OH}，および U_{OH} の記号はリン酸基をもたない遊離の 3′ 末端を表し，G_{m^6} はメチル化されたグアニンを表す．

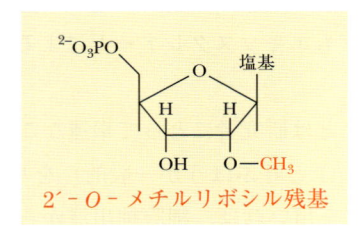

図 11.33
2′-O-メチルリボシル基を含むヌクレオチドの構造

適正なサイズと塩基配列をもつ成熟 tRNA は，トリミングと末端ヌクレオチドの付加によってつくられる．すべての tRNA は 3′ 末端に CCA という塩基配列をもっている．3′ 末端はタンパク質合成に供給するアミノ酸を結合する部位（Chap. 12）であるから，この末端部分はタンパク質合成に極めて大きな意義をもつ．真核生物では，大きな tRNA 前駆体のトリミングは核内で行われるが，メチル化酵素の大部分は細胞質中に存在する．

rRNA の修飾は，主としてメチル化と適正なサイズへのトリミングである．原核生物では，70S の沈降係数をもつリボソーム（沈降係数とリボソームの構造については Sec. 9.5 "主要な RNA の種類と構造"で取り上げている）は 3 種類の rRNA を含む．すなわち，30S の小サブユニットに 16S の RNA 1 分子が，50S の大サブユニットには 5S と 23S の 2 種類の RNA が含まれている．真核生物のリボソームは沈降係数が 80S であり，40S と 60S のサブユニットをもつ．40S サブユニットには 18S の RNA が含まれ，60S サブユニットには 5S，5.8S，28S の 3 種の RNA が含まれている．原核生物，真核生物いずれの rRNA も塩基修飾は主にメチル化によるものである．

メッセンジャー RNA

真核生物の mRNA 生成過程では広範な修飾が起こる．それらは，5′ 末端への**キャップの付加** capping，3′ 末端の**ポリアデニル化** polyadenylation（ポリ(A)鎖の付加）およびコーディング領域の**スプライシング** splicing であり，原核生物の mRNA 合成過程には，このような修飾（プロセシング）は見られない．

11.7.1　mRNA が転写後に修飾されるのはなぜか

真核生物の mRNA 5′ 末端に見られるキャップは，N-7 位がメチル化されたグアニル酸が隣のヌクレオチドと 5′-5′ 三リン酸結合で結合している（図 11.34）．その隣のヌクレオチドはリボシル部分の 2′ ヒドロキシ基がメチル化されている場合が多く，その次のヌクレオチドにも同様の修飾がみられる．3′ 末端の**ポリアデニル酸テール** polyadenylate tail（$poly\text{-}A$ または $poly[r(A)_n]$ と略記し，100〜200 ヌクレオチドの長さをもつ）は，mRNA が核から細胞質へ出る前に付加される．このテールがあることで，mRNA がヌクレアーゼやホスファターゼによる分解から保護されると考えられ，遺伝情報の本体を記録した部分が分解されるより先に，アデニル酸残基が徐々に切りとられる仕組みになっているのであろう．5′ キャップもエキソヌクレアーゼによる分解から mRNA を保護する役割をもっている．

mRNA にポリ(A)テールがあることは研究者にとって幸運なことであり，**ポリ(T)テール** poly-T tail（poly[d(T)] tail，訳注：オリゴ dT と呼ぶほうが一般的）をリガンドとするアフィニティクロマトグラフィー（Chap. 5 および 13）を用いれば，細胞抽出液から mRNA を迅速に取り出すことができる．このことによって，さまざまな条件におかれた細胞で，特定の時間にどの遺伝子が転写されているかを解析する研究が可能になった．

原核生物の遺伝子は情報を連続的に記録しており，遺伝子の塩基配列はすべてが mRNA の塩基配列に反映される．これに対して，真核生物の遺伝子は情報を連続的に記録しているとは限らず，最終

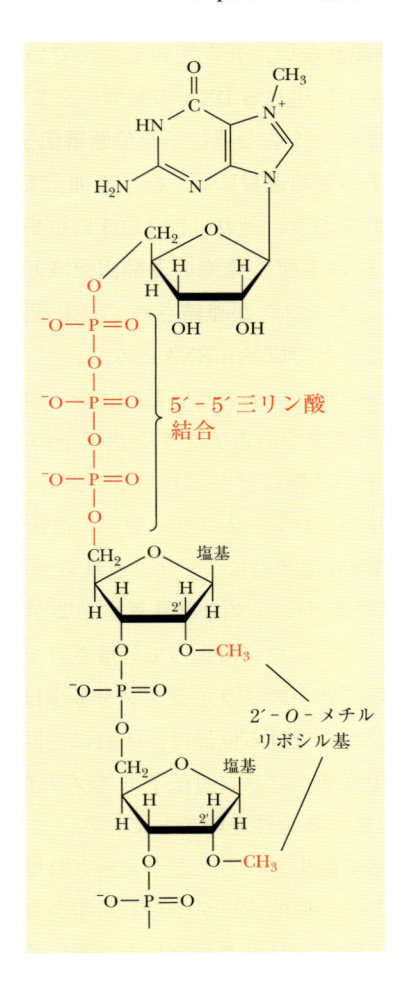

図11.34
典型的なmRNAのキャップ構造

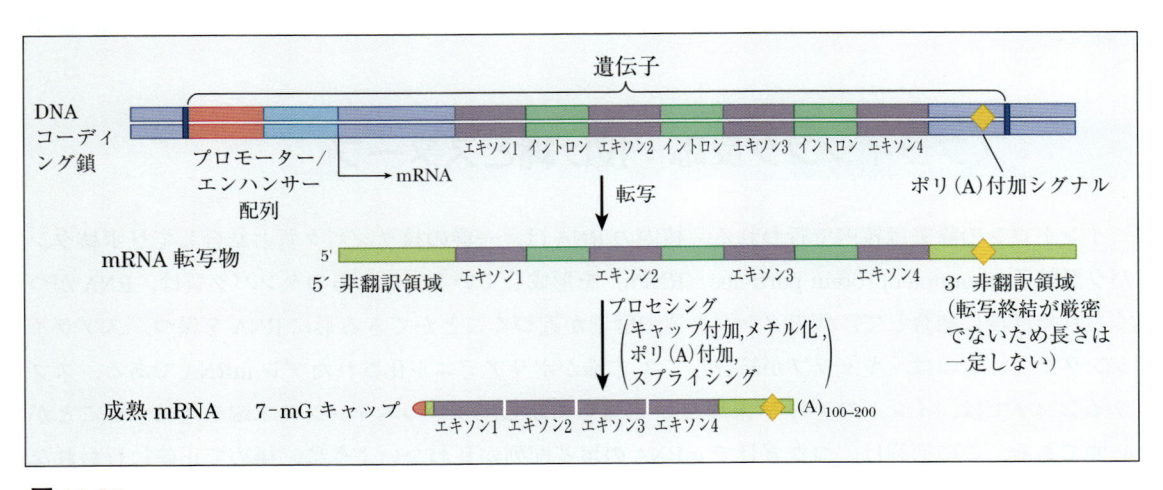

図11.35
真核生物の分断遺伝子の構成

的に生じる mRNA の塩基配列には現れない，介在配列を含んでいることが多い．遺伝情報として発現する DNA 配列（最終的な mRNA 中に現れる DNA の配列）を**エキソン** exon，発現しない介在配列を**イントロン** intron と呼び，イントロンを含む遺伝子を**分断遺伝子** split gene と呼ぶことが多い．したがって，真核生物における遺伝子の発現過程には，転写に加えて初期転写物を整形して成熟型に変換するプロセシングの過程が含まれており，それは図 11.35 に示すようなものとなっている．遺伝子の転写で生じる mRNA 前駆体は，5′ および 3′ 末端の非翻訳領域と緑色で表した複数のイントロンを含んでいる．イントロンが除かれてエキソンが連結され，3′ 末端がポリ A テールの付加による修飾を受け，7-mG キャップが結合することで成熟 mRNA となる．

　遺伝子には少数のイントロンしか含まないものと多数のイントロンを含むものがある．イントロン数が少ない例としては，筋肉タンパク質であるアクチン遺伝子の 1 個，ヘモグロビンの α および β 鎖遺伝子の 2 個，リゾチーム遺伝子の 3 個などがあり，多い例では，一つの遺伝子で 50 個のイントロンを含むものまである．ニワトリのプロ α-2 コラーゲンの遺伝子は，約 40,000 塩基対の長さをもつが，実際のコード領域はわずか 5,000 塩基対にすぎず，それらが 51 個のエキソンに分かれている．成熟 mRNA をつくるには何度もスプライシングを繰り返す必要があるので，スプライシングの機構は極めて厳密でなければならない．イントロンによって分離されてはいるが，遺伝子上にエキソンが遺伝情報の順序に従って並んでいることがスプライシングを多少は容易にしている．

　また，一次転写物がスプライシングを受ける位置は，一般に，同じ遺伝子であれば生物の全組織で同じである．これに対する例外が免疫グロブリン遺伝子のスプライシングであり，多様なスプライシングで mRNA をつくることで，抗体の多様性を維持している．また近年，多くの真核生物のタンパク質が選択的スプライシングによって産生されることが見出されている．このような機構が必要であることは，ヒトゲノムプロジェクトの予備的データからも示唆されている．スプライシングの多様性は，既知のタンパク質の数がゲノム解読で見出されたヒトの遺伝子数より多いという事実を説明するのに必要であるかもしれない．

11.7.2　成熟 mRNA をつくるためにイントロンはどのように切り取られるか

スプライシング反応：投げ縄とスヌープ

　イントロンの除去は核内で行われる．核内の RNA は，一群の核タンパク質と結合して**リボ核タンパク質粒子** ribonucleoprotein particles（RNPs）を形成している．これらのタンパク質は，RNA がつくられた直後に結合して，他のタンパク質や酵素が近づくことができる形に RNA を保つ．スプライシングを受けるのは，キャップが結合して 3′ 末端がポリアデニル化されたプレ mRNA である．スプライシングでは，イントロンの 5′ 末端と 3′ 末端を切断し，二つのエキソンの末端を連結することが必要である．この過程は，つなぎ目で mRNA の塩基配列が狂わないように，極めて正確に行われなければならない．このため，スプライス部位 splice site は特別な塩基配列をもち，高等真核生物ではイントロンの 5′ 末端が GU，3′ 末端が AG となっている．また，イントロン内にある分岐部位 branch

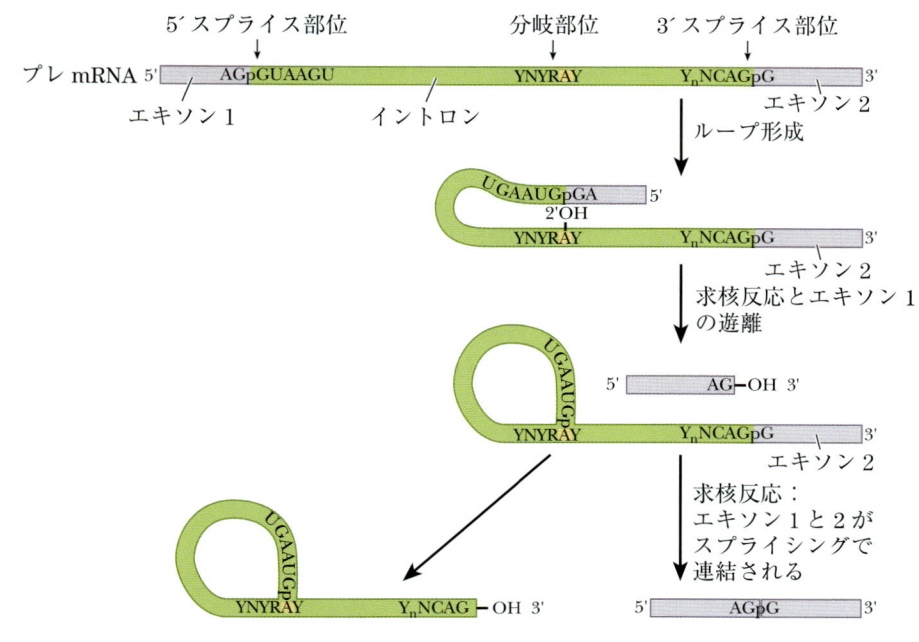

図 11.36

mRNA 前駆体のスプライシング
エキソン1とエキソン2は緑色で表示した介在配列（イントロン）により分断されている．二つのエキソンをスプライシングで連結する過程において，イントロンには投げ縄構造が形成される．(*Sharp, P. A.*, 1987, *Science* **235**: 766, *Figure 1* より改変)

site の塩基配列も保存されている．この部位は，3′ 側スプライス部位の 18 〜 40 塩基上流に見つかり，高等真核生物では分岐部位の配列が PyNPyPuAPy となっている．この配列で，Py はピリミジン塩基，Pu はプリン塩基であればよく，N は任意のヌクレオチドでよいが，A は完全に保存されている不変塩基となっている．

　図 11.36 はスプライシングがどのように起こるかを示している．まずイントロンの 5′ 末端に保存されている G が，分岐部位の不変塩基である A に接近してループ構造を形成する．次いで A の 2′ ヒドロキシ基が 5′ スプライス部位のホスホジエステル結合を求核的に攻撃して投げ縄 lariat 構造を形成し，エキソン 1 を切り離す．すると，遊離状態になったエキソン 1 の 3′ 末端にある AG が，3′ スプライス部位の G と同じ反応を起こして二つのエキソンが連結される．投げ縄構造は不安定ですぐに直鎖状に戻るが，投げ縄構造は電子顕微鏡によって観察されている．

　スプライシングの過程は，核内低分子リボ核タンパク質粒子 small nuclear ribonucleoprotein particles (snRNPs)（"スナープス snurps" と発音する）によって触媒される．snRNP は，mRNA, tRNA および rRNA とは別種類の基本的な RNA である．snRNP は，その名のとおり RNA とタンパク質を含んでおり，高等真核生物では，RNA 部分の大きさは 100 〜 200 ヌクレオチドで，タンパク質部分は 10 種以上ある．真核生物の細胞には，数種の snRNP が 100,000 コピー以上存在し，snRNP は最も大量に存在する遺伝子産物の一つである．snRNP は多数のウリジン残基を含むため，しばしば U1, U2 などといった名前が付けられている．snRNP はまた，AUUUUUG というコンセンサス配列をもっている．snRNP は，スプライスされる RNA と，分岐およびスプライス部位との間に形成される塩基

相補関係によって結合する．スプライシングには，**スプライソソーム** spliceosome と呼ばれる 50～60S の大きさの粒子が関与する．これはリボソームと同程度の大きさで，複数のサブユニットから成る粒子である．スプライソソームには数種の snRNP が含まれており，それらは決まった順序で結合して複合体をつくる．ある種の snRNP は，スプライシングの他に，転写における伸長反応を促進することも知られている．Sec. 11.8 で学ぶように，ある種の RNA がそれ自身の自己スプライシングを触媒することが広く知られている．ここで取り上げているリボ核タンパク質が関わる過程は，RNA の自己スプライシングから進化してきたものと思われる．双方の過程の重要な類似点は，どちらもスプライス部位をつなぎ合わせるのに投げ縄機構を介することである（さらに詳しい情報は，本章末の Steitz, J. A. の論文を参照）．次の《身の周りに見られる生化学》では snRNP の一つに対する抗体が産生されたときに発症する自己免疫疾患について紹介する．

選択的 RNA スプライシング

　RNA のスプライシング段階においても遺伝子の発現を調節することができる．多くのタンパク質では，mRNA をつくる過程で常に同じスプライシングを受けるが，スプライシングを変化させることによって，最終産物となるタンパク質にいくつかの**アイソフォーム** isoform を生じるものがある．ヒトでは産生するタンパク質の約 5% に選択的スプライシングによるアイソフォームが存在する．このような多様性は，同じ細胞内に 2 種の異なる mRNA を生じる場合と，一つの組織には一つの形の mRNA しかないが，組織によって形が異なる場合が見られる．選択的スプライシングは，一群の調節タンパク質がスプライス部位の認識を変えるよう指示することで可能になっている．

　アルツハイマー病患者の脳内にはタウと呼ばれるタンパク質の蓄積が見出されている．タウタンパク質には，スプライシングの違いによる 6 種類のアイソフォームがあり，それらは個体発生の種々の段階で特異的に発現する．ヒトのトロポニン T 遺伝子も，スプライシングの違いによる多数のアイソフォームをもつ筋肉タンパク質を産生する．図 11.37 はこの遺伝子の構成を示している．この遺伝子には，連結して成熟 mRNA をつくる 18 のエキソンがある．エキソン 1～3 および 9～15 は常に

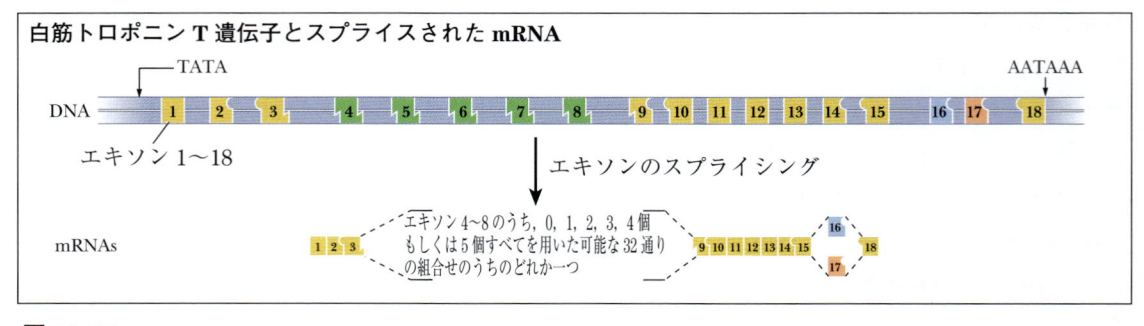

図 11.37

白筋トロポニン T 遺伝子の構成とそれから産生されうる 64 種の mRNA
黄色で示したエキソンは産生されるすべての mRNA 中に発現する恒常的なものである．緑色で示したエキソンは組み合わされて発現するもので，0～5 個すべてを用いた可能なすべての組合せが存在する．青色と橙色で示したエキソンは，どちらか一方のみが使われる．（*Annual Review of Biochemistry, Volume 58*, © 1989 by Annual Reviews. www.annualreviews.org. より，許可を得て転載）

身の周りに見られる生化学　医学

全身性エリテマトーデス：RNA のプロセシングが関係する自己免疫疾患

　全身性エリテマトーデス systemic lupus erythematosus（SLE）は致死性の自己免疫疾患である．この疾患は通常，思春期後期か早期青年期に発症し，前額と頬の紅斑により疾患名の由来となるオオカミに似た顔つき（lupus はラテン語の"オオカミ"）を呈する．本疾患は，関節炎，心臓周囲の体液貯留，肺の炎症とともに，重篤な腎障害を起こす．全身性エリテマトーデスの患者の 90％ は女性である．この疾患は自己免疫，特に snRNP の一種である U1-snRNP に対する自己抗体の産生が原因であることが明らかになっている．この snRNP はウラシル含量の高い RNA を含むことから U1 と名付けられており，mRNA の 5′ スプライス分岐点を認識する．

　mRNA のプロセシングは体内のあらゆる組織および臓器で起こるので，この疾患は広範な組織が標的となり，容易に広がる．

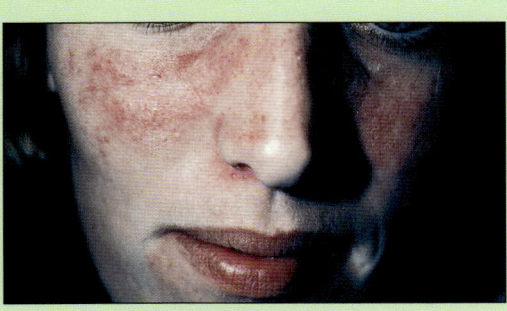

全身性エリテマトーデス患者の頬と前額にしばしば見られる特徴的紅斑

決まった順序で連結されるが，エキソン 4 〜 8 は理論的に考えられる 32 通りの組合せのどの順序にでも連結でき，エキソン 16 と 17 はどちらか一方が選択されて使われる．これによって，合計 64 種類のトロポニン分子を作り出すことが可能になり，mRNA のスプライシングによってタンパク質の構造と機能に途方もない多様性がもたらされることを示す典型例になっている．

Sec. 11.7 要約

- DNA から転写された後，多くの RNA は最終的な形になるまでに，しばしば広範な修飾を受ける．
- トリミング，末端配列の付加，および塩基修飾などのいくつかの修飾は，tRNA と rRNA に共通している．
- メッセンジャー RNA は，5′ 末端にキャップをつけ，3′ 末端にポリ(A)鎖をつける修飾を受ける．
- メッセンジャー RNA はまた，介在配列（すなわち，イントロン）を除去する修飾を受ける．
- イントロンを除去する反応には，中間体として投げ縄構造が関与する．スプライシングはまた，別のタイプの RNA である核内低分子リボ核タンパク質粒子 snRNP（"スナープ snurp"）に依存する．
- 選択的スプライシングは，真核生物では遺伝子の数よりタンパク質の種類が多いという事実を説明するのに有用である．

11.8 リボザイム

　長い間，触媒能をもつ生体高分子はタンパク質だけだと考えられていた．したがって，触媒活性をもつ RNA の発見は，生化学者の考え方に大きな衝撃を与えた．テロメラーゼ（Chap. 10）や，tRNA 前駆体から 5′ 末端の余分なヌクレオチドを切り離す酵素である RNase P（リボヌクレアーゼ P）のような，RNA を構成要素とする酵素が発見され，その後，RNase P では RNA 部分が触媒活性をもっていることが明らかにされた．触媒作用をもつ RNA（リボザイム ribozyme）に関する研究は，自分自身のスプライシングを触媒する RNA の発見から始まった．リボザイムが触媒する反応と snRNP による mRNA のスプライシングとの間に関連性があることは容易に理解できる．さらに最近，RNA がタンパク質合成に関わる反応を触媒できることも明らかにされており，これについては Chap. 12 でさらに説明する．触媒性 RNA の触媒能力はタンパク質の酵素には及ばないし，現存する RNA の触媒能力は RNA に加えてタンパク質のサブユニットが存在することで大幅に強化されている．多くの重要な補酵素が構造の一部にアデノシンリン酸を含んでいること（Sec. 7.8）を思い出してほしい．このような，代謝の中核に関わる重要な化合物の起源は古いに違いないので，これは RNA を基盤にした世界が存在していたことを支持するさらなる証拠である．そのような世界では，RNA は触媒性分子であると共に基本的遺伝情報分子でもあった．

11.8.1　リボザイムの特徴は何か

　リボザイムにはいくつかのグループが知られている．**グループ I リボザイム Group I ribozyme** は，切断過程にスプライス部位に共有結合する外因性グアノシンを必要とするもので，その実例は原生動物のテトラヒメナ *Tetrahymena* のプレ rRNA で起こる自己スプライシング（図 11.38）である．スプライス部位で起こるエステル転移（リン酸エステルの）によりイントロンの片方の末端が外因性グアノシンと結合して外れると，自由になったエキソンの 3′ 末端ヒドロキシ基が次のエキソンの 5′ 末端を攻撃して二つのエキソンがスプライスされ，イントロンが切り離される．その後，切り離されたイントロンの遊離 3′ 末端ヒドロキシ基が 5′ 末端から 15 残基目のヌクレオチドを攻撃して環状構造をつくり，遊離されたイントロンの 5′ 末端側の配列が切り離される．順序正しく進むこの反応は，反応過程を通じて分子内水素結合によって保持される RNA の折りたたみ構造に依存している．*In vitro* において，この触媒性 RNA は，真の触媒としての普通のやり方で再生されて繰り返し働くことができる．しかし，*in vivo* では，それ自身がスプライシングされてしまうので，ただ一度しか働かないと考えられる．**グループ II リボザイム Group II ribozyme** は，Sec. 11.7 で学んだ snRNP によって進む機構に似た投げ縄機構を生じる．この場合は，外因性のヌクレオチドが不要で，分子内にあるアデノシンの 2′ ヒドロキシ基が 5′ 側スプライス部位のリン酸エステルを攻撃する．2′ ヒドロキシ基をもたない DNA がこの様式で自己スプライシングを行うことはできないことは明らかである．

　タンパク質性触媒の場合と同様，触媒活性には RNA の折りたたみ構造が極めて重要であり，それ

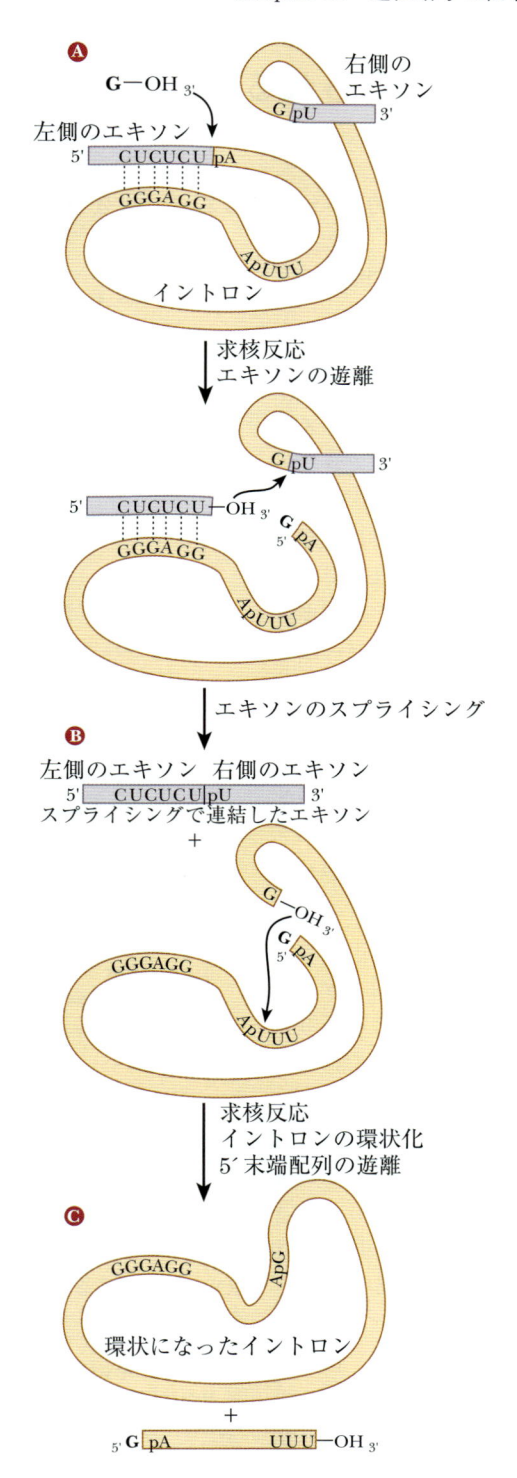

図 11.38
原生動物テトラヒメナのプレ rRNA の自己スプライシングを行うグループ I リボザイム
Ⓐ 1 分子のグアニンヌクレオチドが左側のエキソンのスプライス部位を攻撃し，エキソンに遊離 3′-OH 末端を生じる．Ⓑ エキソンの遊離 3′-OH 末端が右側のエキソンの 5′ 末端を攻撃して二つのエキソンがスプライスし，イントロンが遊離される．Ⓒ 次にイントロンの遊離 3′-OH 末端が，5′ 末端から 15 残基目のヌクレオチドを攻撃してイントロンを環状構造にして 5′ 末端側の配列を遊離する．

身の周りに見られる生化学　進化生物学

転写段階での校正はあるのか——失われた駒をRNAが補う

　複製過程で校正が行われていること（Chap. 10）は，以前からよく理解されていることである．しかし，転写過程に校正の機能があることは最近まで知られていなかったし，転写に校正が必須だとも考えられていなかった．これは，料理テキストのミスプリントと読み間違いの関係に例えることができる．前者，すなわち料理テキスト（DNA）自体が間違っている場合は，それに従ってつくる料理は何度やってもまずい仕上がりになってしまう．後者であれば，読み間違えた人がその時につくった料理がまずくなるだけであるように，誤ったRNAコピーは一度つくられるだけですむ．複製と転写の誤りはいずれも，間違ったRNAやタンパク質を作る方向への分かれ道になるという点では同じであるが，DNAが誤っていると，ずっと悪い結果を与えるに違いない．

　しかし，生命の起源が，複製能力と触媒機能を共に有するRNAを基盤としていたとする最近のモデルを完成させるには，足りない駒がある．もし，RNAが生命の起源において遺伝情報を担う分子であったなら，RNAを正確に複製することは必須であり，そこで何らかの校正機構を必要としたに違いない．DNAの校正では，DNAとは異なる別のタンパク質が使われるが，RNAワールド仮説が正しいものなら，その後で進化したタンパク質を校正に使うことはできず，RNA自身が校正機能をもっている必要があったはずである．本章末に引用したZenkin, N., *et al.* の研究によると，RNAが実際にそれ自身の校正を触媒できることが示されており，足りなかった駒が埋められつつある．彼らは，図に示すように，誤って取り込んだヌクレオチドを一つ前のヌクレオチドの側に折り曲げ，Mg^{2+}と水の存在下で自らのホスホジエステル結合を切断することを示した．

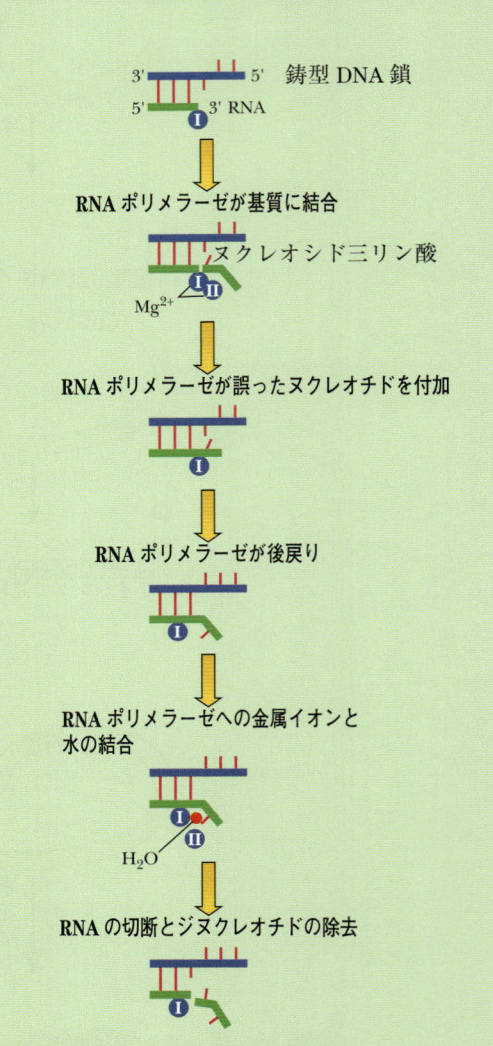

RNAが補助する転写段階での校正
転写によって伸長しつつあるRNAの末端へのヌクレオチドの取り込みエラーの訂正は，誤って取り込まれたヌクレオチドそのものによって促される．RNAポリメラーゼの触媒部位にはMg^{2+}イオンが結合している．（*Self-Correcting Massages by Patrick Carmer*, Science, **313**, 447 [2006] より，許可を得て転載）

には2価の陽イオン（Mg^{2+}またはMn^{2+}）が必要である．金属イオンは，リン酸基による負電荷の一部を中和することで，RNAの折りたたみ構造を安定化している可能性が極めて高い．43個のヌクレオチドで触媒活性を示す，知られている中では最小のリボザイムであるハンマーヘッドリボザイム（この名前は，簡易表記した水素結合による二次構造がハンマーの頭に似ていることに由来する）が働くときにも，1個の2価陽イオンが必須である（本章末のDoudna, J. A.の論文を参照）．RNAの折りたたみは，大規模なコンホメーション変化を極めて正確に起こすことができる．類似の大規模な変化は，タンパク質合成を行っているリボソームやmRNAのプロセシングを行っているスプライソソームで起こっている．細胞の触媒機能の大部分をタンパク質が受けもつようになった後にも，このようなRNAによる機構が残っていることは注目に値する．そのような過程では，必要とされる大きなコンホメーション変化を起こすことができるRNAの能力が触媒としての役割をうまく演じられるのであろう．最近，リボザイムを臨床に応用しようとする提案がなされている．AIDS (Sec. 14.2) を引き起こすウイルスであるHIVのRNAゲノムを切断できるリボザイムを考案できれば，この病気の治療を大きく前進させることになるであろう．このテーマに関する研究は，いくつかの研究室で進められている（本章末のBarinaga, M.の論文を参照）．

Sec. 11.8 要約

- タンパク質は触媒としての性質をもつ唯一の生体分子ではない．リボザイムと呼ばれるいくつかのRNAもある種の反応を触媒する．
- グループⅠリボザイムは働くときに外因性のグアノシンが必要である．グループⅡリボザイムはそれを必要としない．また，グループⅡの酵素は投げ縄機構を介して触媒する．

SUMMARY 要約

- ◆ **すべての転写に共通する基本原則は何か** RNA合成は，DNAの塩基配列をRNAの塩基配列に転写することであり，すべてのRNAは鋳型DNA上で合成される．この過程を触媒する酵素はDNA依存性RNAポリメラーゼであり，反応には4種のリボヌクレオシド三リン酸（ATP, GTP, CTP, UTP）のすべてとMg^{2+}が必要である．RNA合成にプライマーは不必要である．DNAの生合成と同様，RNA鎖は5′末端から3′末端へと伸長する．RNA合成の鋳型には，二本鎖DNAの一方の鎖（アンチセンス鎖，すなわち鋳型鎖）だけが使われる．

- ◆ **RNAポリメラーゼのサブユニットの役割は何か** 原核生物では，RNAポリメラーゼのα, β, β'およびωサブユニットがコア酵素をつくってRNA鎖にヌクレオチドを順次取り込む酵素活性を受けもち，σサブユニットはプロモーターの認識に使われる．

- ◆ **転写に使われるのはどちらのDNA鎖か** 特定のRNA産物をつくるため，RNAポリメラーゼは鋳型鎖と呼ばれるDNAの片方の鎖を読みとる．ポリメラーゼは，鋳型鎖上を3′末端から5′末端の方向に移動し，RNAを5′末端から3′末端に向けて合成する．もう一方のDNA鎖はコーディング鎖と呼ばれ，転写で生じるRNAと同じ塩基配列をもつ．真核生物では，コーディング鎖を使って遺伝情報をもたない小さなRNAがつくられることがあり，それらのRNAの遺伝子発現における役割は活発に研究されている．

- ◆ **RNAポリメラーゼは転写を始める場所をどのように認識するか** 原核生物の転写では，σサブユ

ニットが転写開始点の近くのプロモーターと呼ばれる DNA の塩基配列に結合することで，転写すべき遺伝子を RNA ポリメラーゼに指示する．原核生物のプロモーターではコンセンサス配列が確定している．鍵となる配列は −35 と −10 に存在し，後者はプリブナウボックスと呼ばれる．真核生物の転写では，RNA ポリメラーゼがプロモーターに結合することは同じであるが，σ サブユニットはなく，プロモーター認識のためには RPB4 という特別なサブユニットが存在する．

◆**原核生物の転写はどのように調節されるか** 転写の頻度はプロモーターの塩基配列によって調節されている．原核生物の転写調節には，上流にある補助的な塩基配列も関与しており，それらには転写を促進するエンハンサーと抑制するサイレンサーがある．エンハンサーとサイレンサーには，転写因子と呼ばれるタンパク質が結合する．原核生物では，代謝経路を構成する一連のタンパク質の産生に関わる複数の遺伝子がオペロンと呼ばれる遺伝子群として調節される．一部の遺伝子の発現は，転写の減衰によって調節される．

◆**エンハンサーとプロモーターの違いは何か** プロモーターは，DNA の転写開始点付近にある塩基配列であり，転写開始の段階で RNA ポリメラーゼが結合する．プロモーターの機能には，存在する場所と塩基配列の向きが重要である．エンハンサーは転写開始点から離れた場所にある DNA の塩基配列であり，エンハンサーの機能にとって，存在する場所と塩基配列の向きは重要ではない．エンハンサーに転写因子と呼ばれるタンパク質が結合すると，転写が基底レベル以上に促進される．

◆***lac* オペロンにおける転写の抑制はどのように働くか** *lac* オペロンの調節遺伝子である *lacI* はリプレッサーと呼ばれるタンパク質を産生する．このタンパク質は，転写，翻訳を経て単量体として産生されると，直ちに集合して四量体をつくる．この四量体は活性リプレッサーとして *lac* プロモーターのオペレーター部分に結合する．誘導剤であるラクトースが存在すると，リプレッサーはオペレーターに結合できない形になり，転写の抑制が解除される．

◆**RNA の二次構造は転写の減衰にどのように関わるか** 原核生物では，転写と翻訳が共役している．転写の減衰では，転写途中の RNA を使った翻訳が同時に進行しており，同時進行する翻訳の速度によって，転写された RNA は違ったヘアピンループ構造をとることができる．ある向きのヘアピンループは，終結因子として働き，タンパク質の実体が翻訳される前に転写が止まってしまうが，別の向きのヘアピンループになれば転写を続けることができる．

◆**Pol II は転写すべき DNA をどのように認識するか** プロモーターの認識には，RNA ポリメラーゼ II のサブユニットの一つを使う．最もよく研究されているプロモーター領域は TATA ボックスと呼ばれる．TATA ボックスをもたない遺伝子もいくつかあるが，真核生物で，RNA ポリメラーゼが認識するプロモーターとして最も普遍的なものは，TATA ボックスである．

◆**真核生物の転写因子の役割は何か** 転写因子は多くの種類がある．それらのあるものは基本転写因子と呼ばれ，転写の開始に関与している．基本転写因子は，プロモーターを認識して結合するという目的をもち，結合する順序と場所が決まっている．他の種類の転写因子は，エンハンサーあるいは応答配列に結合して転写速度を基底レベル以上に引き上げる．

◆**応答配列はどのように働くか** 応答配列はエンハンサーと同じような働きをする DNA の塩基配列であるが，代謝応答に関わるより大きな概念を包含している．一般的な応答配列には，熱ショック配列（HSE）と cAMP 応答配列（CRE）がある．CRE が関与する転写には数百にのぼる代謝過程がつながっている．

◆ **DNA結合ドメインとは何か**　転写因子には，ヘリックス・ターン・ヘリックス，ジンクフィンガーおよび塩基性領域-ロイシンジッパーのような，いくつかの共通で容易に見分けられるドメインが含まれている．タンパク質のそれらの構造がDNAとの結合を容易にしている．

◆ **転写活性化ドメインとは何か**　転写因子は，DNAとの結合に加えて他のタンパク質とも結合する．他のタンパク質との相互作用に関わる転写因子の部位は，酸性ドメイン，高グルタミンドメイン，高プロリンドメインといった共通のモチーフによって同定される．

◆ **mRNAが転写後に修飾されるのはなぜか**　真核生物のmRNAは複数の修飾を受けている．5′末端へのキャップ付加と3′末端のポリアデニル化という二種類の修飾は保護機構と考えられている．5′末端のキャップには，通常のヌクレアーゼが分解できないユニークな5′-5′結合が使われている．もう一つの主要な修飾はイントロンの除去である．真核生物のDNAには情報が連続的に記録されておらず，それを転写した直後のRNAには，情報をもたない介在配列が含まれているので，正しい情報をもつ成熟mRNAを得るにはスプライシングによってイントロンが取り除かれる必要がある．

◆ **成熟mRNAをつくるためにイントロンはどのように切り取られるか**　イントロンはRNAが関与する特異的スプライシング反応によって取り除かれる．その一つの形は，スプライシング反応にsnRNP（スナープ）と呼ばれるリボ核タンパク質粒子が関与するもので，もう一つの形は，スプライシングされるRNAそれ自体が触媒として働くものである．一般的なスプライシング機構には，イントロンの3′および5′末端にあるスプライス部位と分岐部位が関係する．スプライス過程の中間体は投げ縄の形をとる．

◆ **リボザイムの特徴は何か**　リボザイムは触媒能力をもつRNA分子である．いくつかのリボザイムはRNAとタンパク質の組合せで働くが，RNA単独で働くものもある．リボザイムは，反応を触媒する部分がRNAでなければならない．科学者たちは，RNAが複製可能な遺伝情報の運搬と反応を触媒する能力を併せもった最初の分子であったと考えている．最近，RNAが転写過程で自らの校正反応を触媒できることも示された．

EXERCISES　　　　　　　　　　　　　　　練習問題

11.2　原核生物における転写

1. 復習　RNAへの転写とDNA複製におけるプライマー要求性の違いは何か．
2. 復習　大腸菌RNAポリメラーゼの三つの重要な性質を列挙せよ．
3. 復習　大腸菌RNAポリメラーゼのサブユニット組成はどのようになっているか．
4. 復習　大腸菌RNAポリメラーゼのコア酵素とホロ酵素の違いは何か．
5. 復習　転写における役割によってDNAの二本の鎖を区別する用語は何か．
6. 復習　プロモーター領域とは何かを定義し，その性質を三つ挙げよ．
7. 復習　次の要素を正しい配列順に並べよ．UPエレメント，プリブナウボックス，TSS，−35領域，Fis部位
8. 復習　ρ因子依存性終結と内因性終結を区別して定義せよ．
9. 演習　転写されつつあるDNAの一部分を図示せよ．また，DNAの二本の鎖に与えられているさまざまな名称を記せ．

11.3　原核生物における転写調節

10. 復習　インデューサーとリプレッサーとは何かを定義せよ．
11. 復習　σ因子とは何か．それが転写に重要なのはなぜか．

12. 復習　σ^{70} と σ^{32} の相違点は何か．
13. 復習　カタボライト活性化タンパク質（CAP）の機能は何か．
14. 復習　転写の減衰とは何か．
15. 演習　原核生物における酵素の合成において，オペロンはどんな役割を演じているのか
16. 演習　逆方向反復配列が RNA 転写物の解離にどのように関与するかを示して，転写終結の機構を図示せよ．
17. 演習　選択的 σ 因子によって転写される遺伝子の選択が制御できる系の例を示せ．また，この系がどのように働いているかを説明せよ
18. 演習　trp オペロンで転写減衰がどのように働いているかを図示して説明せよ．

11.4　真核生物における転写

19. 復習　エキソンとイントロンとは何かを定義せよ．
20. 復習　原核生物と真核生物の転写における主な違いは何か．
21. 復習　真核生物の三つの RNA ポリメラーゼが与える生成物は何か．
22. 復習　真核生物の Pol II プロモーターの構成要素を列挙せよ．
23. 復習　Pol II の反応に必要な基本転写因子を列挙せよ．
24. 演習　TF II H の機能は何か．

11.5　真核生物における転写調節

25. 復習　真核生物の三つの応答配列の機能について述べよ．
26. 復習　CREB の存在意義は何か．
27. 演習　真核生物における転写調節は，原核生物の場合に比べてどのように異なっているか．
28. 演習　転写の減衰の機構はどのようなものか．
29. 演習　エンハンサーとサイレンサーの役割はどのように異なっているか．
30. 演習　応答配列はどのようにして RNA の転写を変化させるか．
31. 演習　どのタンパク質と核酸が相互に接触するかを示して，CRE と CREB の作用を受けている遺伝子の様子を図示せよ．
32. 演習　TF II D，TBP および TAFs の関係を説明せよ．
33. 演習　"すべての真核生物プロモーターは TATA ボックスをもっている"という記述は正しいか，それとも誤りか．説明せよ．
34. 演習　真核生物の転写における伸長過程が調節される複数の方法について説明せよ．
35. 演習　CREB の重要性を，それによって活性化される遺伝子を例示して説明せよ．
36. 演習　DNA ではなく，別のタンパク質と相互作用する転写因子中に見出される構造モチーフを例示せよ．

11.6　DNA 結合タンパク質の構造モチーフ

37. 復習　DNA 結合タンパク質の三つの重要な構造モチーフを列挙せよ．
38. 演習　DNA 結合タンパク質に見られる主要なモチーフを例示し，それらが DNA とどのように結合するかを説明せよ．

11.7　RNA の転写後修飾

39. 復習　転写後に RNA がプロセシングされる方法のいくつかを列挙せよ．
40. 復習　全身性エリテマトーデスと snRNP はどのような関係があるか．
41. 復習　タウタンパク質とトロポニンの共通点は何か．
42. 演習　tRNA と rRNA の前駆体の活性型への変換でトリミングの過程が重要であるのはなぜか．
43. 演習　真核生物の mRNA ができる過程で起こる三種類の分子変化を列挙せよ．
44. 演習　snRNP とは何か．真核生物 mRNA 前駆体のプロセシングにおけるその役割は何か．
45. 演習　遺伝情報の伝達以外に RNA はどのような役割を演じることができるか．
46. 演習　RNA のプロセシング過程における投げ縄構造の形成を図解せよ．
47. 演習　RNA が異なる様式でスプライシングされることが，ヒトゲノムプロジェクトから得られた情報と，どのように関連付けられるかについて説明せよ．

11.8　リボザイム

48. 復習　リボザイムとは何か．リボザイムのいくつかを列挙せよ．
49. 演習　RNA がそれ自身の自己スプライシングを触媒する機構の概要を説明せよ．
50. 演習　タンパク質は，RNA 分子に比べて，よ

り効率的な触媒であるのはなぜか.

ANNOTATED BIBLIOGRAPHY 参 考 文 献

Barinaga, M. Ribozymes: Killing the Messenger. *Science* **262**, 1512–1514 (1993). [A report on research designed to use ribozymes to attack the RNA genome of HIV.]

Bentley, D. RNA Processing: A Tale of Two Tails. *Nature* **395**, 21–22 (1998). [The relationship between RNA processing and the structure of the RNA polymerase that made it.]

Brivanlou, A. H., and J. E. Darnell. Signal Transduction and the Control of Gene Expression. *Science* **295**, 813–818 (2002). [A comprehensive review of eukaryotic transcription factors.]

Bushnell, D. A., K. D. Westover, R. E. Davis, and R. D. Kornberg. Structural Basis of Transcription: An RNA Polymerase II-TFIIB Cocrystal at 4.5 Angstroms. *Science* **303**, 983–988 (2004). [A study of enzyme structure using X-ray crystallography.]

Cammarota, M., et al. Cyclic AMP-Responsive Element Binding Protein in Brain Mitochondria. *J. Neurochem.* **72** (6), 2272–2277 (1999). [An article about the suspected relationship of CREB to memory.]

Cech, T. R. RNA as an Enzyme. *Sci. Amer.* **255** (5), 64–75 (1986). [A description of the discovery that some RNAs can catalyze their own self-splicing. The author was a recipient of the 1989 Nobel Prize in chemistry for this work.]

Cramer, P. Self-Correcting Messages. *Science* **313**, 447–448 (2006). [Recent paper indicating proofreading capability in transcription.]

Cramer, P., et al. Architecture of RNA Polymerase II and Implications for the Transcription Mechanism. *Science* **288**, 640–649 (2000). [Good overview of RNA polymerase structure and function.]

De Cesare, D., and P. Sassone-Corsi. Transcriptional Regulation by Cyclic AMP-Responsive Factors. *Prog. Nucleic Acid Res. Mol. Biol.* **64**, 343–369 (2000). [A review of cAMP response elements.]

deHaseth, P. L., and T. W. Nilsen. When a Part Is as Good as the Whole. *Science* **303**, 1307–1308 (2004). [An article describing the structure and function of RNA polymerase.]

Doudna, J. A. RNA Structure: A Molecular Contortionist. *Nature* **388**, 830–831 (1997). [An article about RNA structure and its relationship to transcription.]

Fong, Y. W., and Q. Zhou. Stimulatory Effect of Splicing Factors on Transcriptional Elongation. *Nature* **414**, 929–933 (2001). [An article about the link between transcription and splicing.]

Garber, K. Small RNAs Reveal an Activating Side. *Science* **314**, 741–742 (2006). [Preliminary information about how small RNAs might also regulate transcription by activation as well as interference.]

Grant, P. A., and J. L. Workman. Transcription: A Lesson in Sharing? *Nature* **396**, 410–411 (1998). [A review of TBP and TAFs that discusses the requirements for transcription.]

Hanawalt, P. C. DNA Repair: The Bases for Cockayne Syndrome. *Nature* **405**, 415 (2000). [The relationship between DNA repair and transcription factors.]

Kapanidis, A. N., E. Margaret, S. O. Ho, E. Kortkhonjia, S. Weiss, and R. H. Ebright. Initial Transcription by RNA Polymerase Proceeds through a DNA-Scrunching Mechanism. *Science* **314**, 1144–1147 (2006). [Primary research article about using fluorescence to determine the mechanism of polymerase action.]

Kuras, L., and K. Struhl. Binding of TBP to Promoters *in vivo* Is Stimulated by Activators and Requires Pol II Holoenzyme. *Nature* **399**, 609–613 (1999). [The nature of the TATA box and binding proteins.]

Kuznedelov, K., L. Minakhin, A. Niedzuda-Majka, S. L. Dove, D. Rogulja, B. E. Nickels, A. Hochschild, T. Heyduk, and K. Severinov. A Role for Interaction of the RNA Polymerase Flap Domain with the σ-Subunit in Promoter Recognition. *Science* **295**, 855–857 (2002). [The most recent structural information on bacterial RNA polymerase binding.]

Mandelkow, E. Alzheimer's Disease: The Tangled Tale of Tau. *Nature* **402**, 588–589 (1999). [Phosphorylation of a neuron protein leads to neurofibrillary tangles that are associated with Alzheimer's dementia.]

Montminy, M. Transcriptional Activation: Something New to Hang Your HAT On. *Nature* **387**, 654–655 (1997). [Transcription in eukaryotes requires opening the DNA/histone complex, which can be controlled by acetylation.]

Revyakin, A., C. Liu, R. H. Ebright, and T. R. Strick. Abortive Initiation and Productive Initiation by RNA Polymerase Involve DNA Scrunching. *Science* **314**, 1139–1143 (2006). [Primary research article about using fluorescence to determine the mechanism of polymerase action.]

Rhodes, D., and A. Klug. Zinc Fingers. *Sci. Amer.* **268** (2), 56–65 (1993). [How the structure of these zinc-containing proteins enables them to play a role in regulating the activity of genes.]

Riccio, A., et al. Mediation by a CREB Family Transcription Factor of NGF-Dependent Survival of Sympathetic Neurons. *Science* **286**, 2358–2361 (1999). [How CREB may help protect neurons in times of stress.]

Roberts, J. W. RNA Polymerase, a Scrunching Machine. *Science* **314**, 1097–1098 (2006). [Overview of two *Science* articles regarding the mechanism of RNA polymerase movement in chain elongation.]

Steitz, J. A. Snurps. *Sci. Amer.* **258** (6), 56–63 (1988). [A discussion of the role of small nuclear ribonucleoproteins, or snRNPs, in the removal of introns from mRNA.]

Struhl, K. A Paradigm for Precision. *Science* **293**, 1054–1055 (2001). [A recent article discussing how transcription factors, coactivators, and histone acetyltransferases work together to enhance transcription.]

Tupler, R., G. Perini, and M. R. Green. Expressing the Human Genome. *Nature* **409**, 832–833 (2001). [An excellent review of transcription and the use of data from the Human Genome Project to search for transcription factors.]

Westover, K. D., D. A. Bushnell, and R. D. Kornberg. Structural Basis of Transcription: Separation of RNA from DNA by RNA Polymerase II. *Science* **303**, 1014–1016 (2004). [An article describing the mechanism of separation of the DNA and RNA during transcription.]

Young, B. A., T. M. Gruber, and C. A. Gross. Minimal Machinery of RNA Polymerase Holoenzyme Sufficient for Promoter Melting. *Science* **303**, 1382–1384 (2004). [Research article about RNA polymerase structure and function.]

Zenkin, N., Y. Yuzenkova, and K. Severinov. Transcript-Assisted Transcriptional Proofreading. *Science* **313**, 518–520 (2006). [Current research on possible proofreading in transcription based on secondary structures formed by the RNA transcript.]

CHAPTER 12

タンパク質の合成：
遺伝情報の翻訳

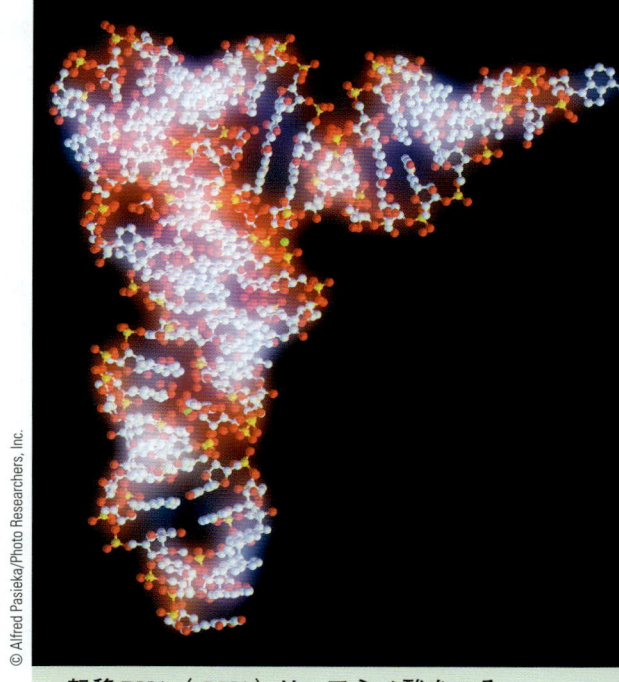

転移 RNA（tRNA）は，アミノ酸を，それが合成されつつあるペプチド鎖に取り込まれる場所まで運ぶ

概　要

12.1 遺伝情報を翻訳するということ

12.2 遺伝暗号

 12.2.1 科学者たちは遺伝暗号をどのようにして解読したか

 12.2.2 64種のコドンに対して，それより少ない tRNA でどのように対応しているか

12.3 アミノ酸の活性化

 12.3.1 "第二の遺伝暗号"とは何か

12.4 原核生物における翻訳

 12.4.1 リボソームはどのようにして翻訳開始場所を認識するか

 12.4.2 EF–Tu が大腸菌でそれほど重要なのはなぜか

12.5 真核生物における翻訳

 12.5.1 真核生物の翻訳はどのように違うか

12.6 タンパク質の翻訳後修飾

 12.6.1 修飾によってタンパク質は常に正しい三次元構造をとることができるか

12.7 タンパク質の分解

 12.7.1 細胞はどのようにして分解すべきタンパク質を知るか

12.1 遺伝情報を翻訳するということ

　タンパク質の生合成は，リボソーム，メッセンジャー RNA（mRNA），トランスファー RNA（tRNA），および多数のタンパク質因子が関与する複雑な過程であり，リボソームがタンパク質合成の場となる．タンパク質合成の過程では，リボソームに結合した mRNA と tRNA が，合成されるタンパク質のアミノ酸配列を正しく保つ役割を担う．

　伸長しつつあるタンパク質の鎖に組み込まれるアミノ酸は，tRNA と**アミノアシル tRNA シンテターゼ（合成酵素）** aminoacyl-tRNA synthetase と呼ばれる特異的な酵素群によって**活性化** activate される．この過程で，アミノ酸は tRNA と共有結合し，アミノアシル tRNA になる．ポリペプチド鎖の形成は3段階の反応によって進む．**開始反応** chain initiation の段階では，1番目のアミノアシル tRNA が，ポリペプチド合成の開始を指示する遺伝暗号の位置で mRNA に結合する．この mRNA は，リボソームと結合した複合体となっている．次に，2番目のアミノアシル tRNA が1番目のアミノアシル tRNA に隣接する結合部位でリボソームと mRNA との複合体に結合する．**伸長反応** chain elongation と呼ばれる段階では，隣接した二つのアミノ酸の間でペプチド結合が形成される．伸長反応はポリペプチド鎖が完成するまで繰り返され，最後に**終結反応** chain termination が起こる．これらの段階（図 12.1）には，それぞれに多くの特徴があり，以下に詳しく検討する．

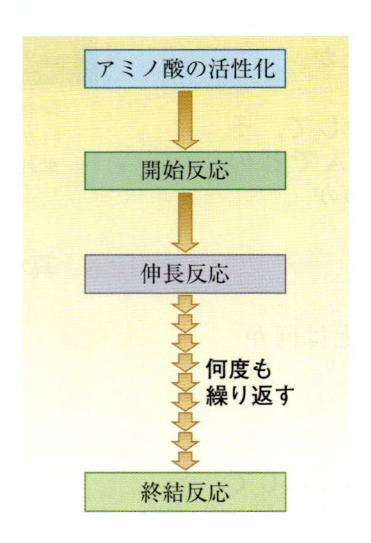

図 12.1
タンパク質生合成の各段階

> **Sec. 12.1 要約**
> ■翻訳には3種類の RNA と多くのタンパク質性の因子が関与する．
> ■アミノ酸は，アミノアシル tRNA シンテターゼによって活性化される．
> ■タンパク質の合成は，活性化，開始，伸長，終結の4段階で進む．

12.2 遺伝暗号

遺伝情報は，"トリプレット triplet"で，"重なりなし nonoverlapping"に，"句読点のない commaless"，"縮重した degenerate"，"普遍的な暗号 universal code"として記録されているということが，その重要な特徴である．これらの特徴には，それぞれ，遺伝暗号が翻訳される機構を説明する上で，明確な意味をもつ．

　トリプレット triplet コードとは，一つのアミノ酸を指定するのに三つの塩基の並び（**コドン codon** と呼ぶ）が必要であることを意味している．遺伝暗号は，4種の塩基で記述される DNA 言語をタンパク質中に見出される20種のアミノ酸で記述する言語に翻訳できるものでなければならない．もし，塩基とアミノ酸を1対1の対応関係でコード化すれば，4種の塩基では4種のアミノ酸しか指定できず，すべてのタンパク質は4種のアミノ酸の組合せになってしまうであろう．一つのコドンを二つの塩基の組合せによってつくるとすれば，4^2 通りの組合せができて，16種のアミノ酸を指定することが可能になるが，まだ不十分である．したがって，一つのコドンは少なくとも三つの塩基で構成することが必要になると考えられる．三塩基の組合せを使えば，4^3 通り，64種のコドンをつくることが可能で，20種のアミノ酸に対応するコードとして十分な量になる．重なりなし nonoverlap-

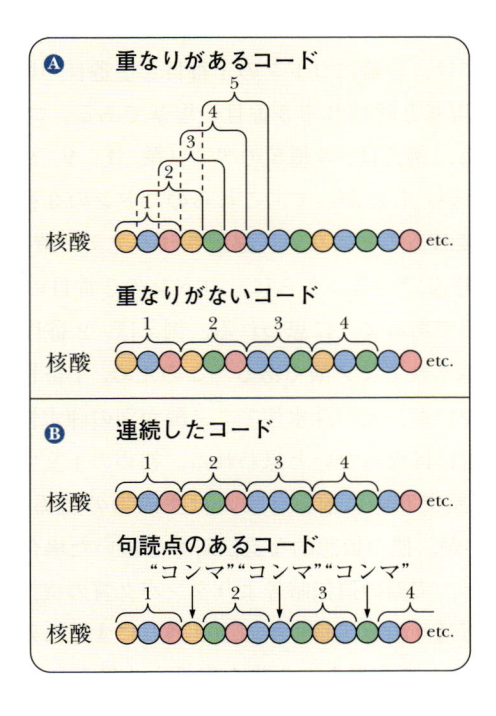

図 12.2

理論的に可能な遺伝暗号（コード）
Ⓐ 重なりがあるコードとないコードの比較．
Ⓑ 連続したコードと句読点のあるコードの比較．

pingという用語は，隣接したコドン間で共有する塩基がないことを意味している．リボソームがmRNA上を移動するときには，一塩基や二塩基でなく，三つの塩基に相当する長さを一度に動く（図12.2）．リボソームがmRNAに沿って一度に三塩基分より長く移動するならば，これは"句読点付きコード punctuated code"といわれるであろう．しかし，実際はコドン間に介在塩基はないので，遺伝暗号は句読点なし commaless である．縮重した degenerate コードとは，同じアミノ酸が2種類以上のトリプレットでコード化されていることを意味する．RNAに含まれる4種の塩基に対しては64種類（4×4×4）のトリプレットが可能であり，それらのすべてが20種のアミノ酸と3種類の停止信号に対する暗号として使われている．遺伝暗号が縮重しているということと遺伝暗号が曖昧であるということとは全く別の問題であることに注意する必要がある．縮重したコードでは，一つのアミノ酸が2種類以上のコドンをもつことになり，遺伝暗号に多少の冗長性を生じるが，各コドンがコードするアミノ酸は1種類だけである．これとは逆に，一つのコドンが2種以上のアミノ酸をコードしているならば，遺伝暗号は曖昧なものになり，タンパク質合成装置は配列に組み込むべきアミノ酸がわからなくなってしまうであろう．64種類のコドンはすべて解読され，そのうちの61種類がアミノ酸をコードし，残り3種類が終止コドンとなっている（表12.1）．

　トリプトファンとメチオニンの2種のアミノ酸は，それぞれ一つのコドンしかもたないが，その他のアミノ酸は二つ以上のコドンをもっている．ロイシンやアルギニンのように1種のアミノ酸が六つのコドンをもつことさえもある．遺伝暗号はもともと，アミノ酸をコードする塩基がランダムに選ばれてできたものだと考えられていたが，最近では，遺伝暗号が数億年を超える長期間にわたる自然淘汰に耐えてきた理由が明らかになりつつある．1種類のアミノ酸に対する複数のコドンは，表12.1中でランダムに散らばっているのではなく，1個または2個の共通した塩基を含んでいる．同じアミノ酸をコードする複数のコドンでは，一般にコドンの1番目と2番目の塩基は共通しており，変化が見られるのは"ゆらぎ wobble"塩基と呼ばれる3番目の塩基である．コードの縮重は有害な変異に対する緩衝材の役割を果している．例えば，8種類のアミノ酸（L, V, S, P, T, A, G, R）のコドンでは，3番目の塩基は何でもよい．したがって，これらのコドンの3番目に相当する塩基が変異しても，それによってアミノ酸が変わることはない．翻訳されるアミノ酸を変えないDNAの変異をサイレント変異 silent mutation と呼んでいる．さらに，コドンの2番目の塩基は，コードするアミノ酸の型を決めるうえで極めて重要であるように思われる．例えば，2番目の塩基がUになるコドンで指定されるアミノ酸は，すべて疎水性アミノ酸である．このため，1番目または3番目の塩基が変わった場合，サイレント変異ではないが，元の疎水性アミノ酸が別の疎水性アミノ酸に置き換えられることになり，それほど大きな障害にはならないと思われる．初めの1文字が同じコドンによってコードされるアミノ酸は，生合成経路で互いに前駆体または生成物の関係にあることが多い．*Scientific American* 誌に掲載された論文が，他の仮想的な遺伝暗号を用いた場合のアミノ酸を誤る割合について考察している．それによると，実際の遺伝暗号よりタンパク質の機能に与える影響を減らす上で有効だったのは，考えられる百万通りの遺伝暗号中の100通りにすぎなかったと計算している．事実，今の生物がもつ遺伝暗号は，DNAの変異から生物を保護する最良の方法の一つであるため，時間の試練に耐えたものといえる（本章末の Freeland, S. J., and L. D. Hurst の論文を参照）．

　しかし，さらに興味深いことに，科学者たちは，最近，サイレント変異の一部は，かつて考えられていたほどサイレントではないことを見出している．この話題の詳細については，p.455の《身の周

表 12.1　遺伝暗号

1番目の塩基 （5´側）	2番目の塩基				3番目の塩基 （3´側）
	U	C	A	G	
U	UUU Phe UUC Phe UUA Leu UUG Leu	UCU Ser UCC Ser UCA Ser UCG Ser	UAU Tyr UAC Tyr UAA Stop UAG Stop	UGU Cys UGC Cys UGA Stop UGG Trp	U C A G
C	CUU Leu CUC Leu CUA Leu CUG Leu	CCU Pro CCC Pro CCA Pro CCG Pro	CAU His CAC His CAA Gln CAG Gln	CGU Arg CGC Arg CGA Arg CGG Arg	U C A G
A	AUU Ile AUC Ile AUA Ile AUG Met*	ACU Thr ACC Thr ACA Thr ACG Thr	AAU Asn AAC Asn AAA Lys AAG Lys	AGU Ser AGC Ser AGA Arg AGG Arg	U C A G
G	GUU Val GUC Val GUA Val GUG Val	GCU Ala GCC Ala GCA Ala GCG Ala	GAU Asp GAC Asp GAA Glu GAG Glu	GGU Gly GGC Gly GGA Gly GGG Gly	U C A G

＊AUG は Met 残基に対する遺伝暗号であるとともに翻訳開始信号でもある．

3番目の塩基の縮重は以下の色別で表示する

3番目の塩基の関係	同じ意味をもつ3番目の塩基	コドン数
何でもよい	U, C, A, G	32（8群）
プリン	A または G	12（6対）
ピリミジン	U または C	14（7対）
4種中3種	U, C, A	3（AUX=Ile）
1種限定	G のみ	2（AUG=Met） 　（UGG=Trp）
1種限定	A のみ	1（UGA=停止信号）

りに見られる生化学》を参照されたい．

12.2.1　科学者たちは遺伝暗号をどのようにして解読したか

　トリプレットに対する遺伝暗号の割り当ては，いく通りもの方法で行われた実験から決まった．最も重要な実験の一つは，合成ポリリボヌクレオチドをmRNAとしたものである．実験室で行うポリペプチド合成で，ホモポリヌクレオチド（1種類の塩基だけで作ったポリリボヌクレオチド）を合成mRNA synthetic mRNA として用いると，ホモポリペプチド（1種類のアミノ酸だけでできたポリペプチド）が生成される．ポリUがメッセンジャーなら生成物はポリフェニルアラニンになる．ポリAをメッセンジャーとして用いるとポリリシンが生成される．ポリCに対する生成物はポリプロリンであり，ポリGを用いるとポリグリシンが得られる．この方法を使って，4種のホモポリマーに対

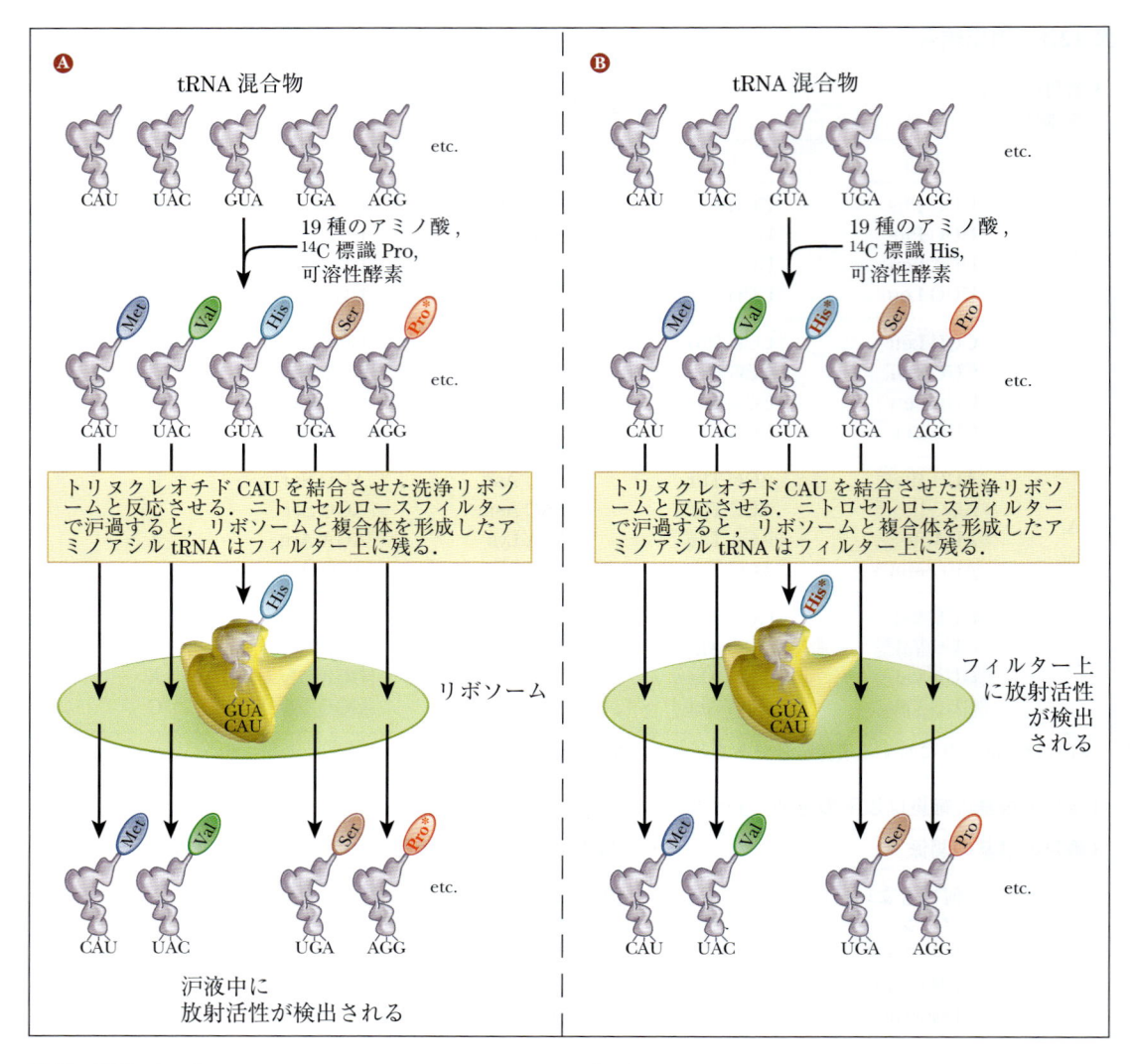

A ¹⁴C 標識プロリル tRNA.　　　　　　　　　　**B** ¹⁴C 標識ヒスチジル tRNA.

反応液に加えたトリヌクレオチドのコドンに対応するアミノアシル tRNA だけがリボソームに結合し，ニトロセルロースフィルターに保持される．フィルターに保持された放射能の量が，トリヌクレオチドの指令に基づく特定のアミノアシル tRNA のリボソームへの結合の尺度になる．この結合分析法を利用して，64 種のトリヌクレオチドコドンが 20 種の異なるアミノ酸に対してテストされた．その結果，トリプレットコードを個々のアミノ酸に対して迅速に割り当てることができ，遺伝暗号が解読された．

図 12.3

遺伝暗号解読のためのフィルター結合分析法
反応混合液には，精製したリボソーム，Mg^{2+}，特定のトリヌクレオチド，および 1 種類だけを放射能（¹⁴C）標識した 20 種のアミノアシル tRNA のすべてを加えておく．（Nirenberg, M. W., and Leder, P., 1964. RNA Codewords and Protein Synthesis. *Science* **145**, 1399–1407 を改変）

応する遺伝暗号がいち早く決定した．2種類の塩基を交互に並べたコポリマーをmRNAにすると，生成物として2種類のアミノ酸が交互に並んだポリペプチドが得られる．例えば，ポリヌクレオチドの配列がACACACACACACACACACACであると，生成したポリペプチドはトレオニンとヒスチジンが交互に並んだものとなる．このポリヌクレオチドには2種類のトリプレットコード（ACAおよびCAC）が含まれるが，この実験ではどちらがトレオニンに対するコードで，どちらがヒスチジンに対するコードなのかが決まらない．これを決めるには別の情報が必要になるが，この実験結果はコードがトリプレットであることの証明にもなっている．もし，ダブレットコードならば，生成物は2種のホモポリマー（一方はコドンACで，他方はコドンCAで指定されたアミノ酸のホモポリマー）の混合物になるはずである（このダブレットのように，メッセージを二通りの異なる様式で読むことを，異なる**読み枠** reading frame，/AC/AC/と/CA/CA/をもつという．トリプレットコードでは，/ACA/CAC/ACA/CAC/という一通りの読み枠だけが可能で，2種のアミノ酸が交互に並んだポリペプチドを与える）．別の合成ポリヌクレオチドを用いれば別のコードに割り当てられたアミノ酸が決まるが，上で指摘した疑問点は残る．

コドンの割り当てについて残された疑問点を解決するには，別の方法が必要になる．最も有効な方法の一つが，**フィルター結合分析法** filter-binding assay（図12.3）である．この方法は，1種類だけのアミノ酸に^{14}Cで放射性標識をつけたさまざまなアミノアシルtRNAの混合物を，フィルターに結合させたリボソームと合成トリヌクレオチドの複合体に反応させるもので，フィルター上に標識の放射能が検出されたら，そのアミノ酸をもつtRNAがフィルター上のリボソームに結合したことがわかる．標識した放射能が沪液中に検出されれば，そのアミノ酸をもつtRNAが結合しなかったことになる．この方法は，アミノアシルtRNAが，対応する正しいトリヌクレオチドの存在下で，リボソームに強く結合するという事実に基づくものである．この方法では，トリヌクレオチドがmRNAコドンの役割を果すので，コドンとして考えられるあらゆるトリヌクレオチドを化学合成して，個々のトリヌクレオチドについて結合性を解析する．例えば，ヒスチジンに対するアミノアシルtRNAがトリヌクレオチドCAUの存在下でリボソームに結合するならば，CAUという配列がヒスチジンに対するコドンであることが確定する．64種のコドンのうち，約50種がこの方法によって確定された．

コドン-アンチコドンの対応とゆらぎ

タンパク質合成の過程でアミノ酸が取り込まれるとき，コドンは相補的なtRNAの**アンチコドン** anticodonと塩基対を形成する．コドンは64種類あるのでtRNAにも64種の型があると思うかもしれないが，すべての細胞で実際に存在するtRNAは64種より少ない．

12.2.2　64種のコドンに対して，それより少ないtRNAでどのように対応しているか

一部のtRNAは1種類のコドンとしか結合できないが，多くのtRNAは塩基間水素結合を形成するパターンの多様性のために，2種類以上のコドンを認識できる．この多様性を"**ゆらぎ** wobble"と呼ぶ（図12.4）．これが当てはまるのはアンチコドンの1番目（5′末端）の塩基だけで，2, 3番目の塩基には当てはまらない．mRNAは5′末端から3′末端の方向に読まれるから，アンチコドンの先頭に

430 Chapter 12 タンパク質の合成：遺伝情報の翻訳

表 12.2　ゆらぎ機構における塩基対の組合せ

アンチコドン 5′ 末端塩基	コドン 3′ 末端塩基
I*	A, C または U
G	C または U
U	A または G
A	U
C	G

*I= ヒポキサンチン（ヌクレオチド名はイノシン酸なので略号は I を使う）
ゆらぎ部位が A または C のときは，対になる塩基に多様性がないことに注意．

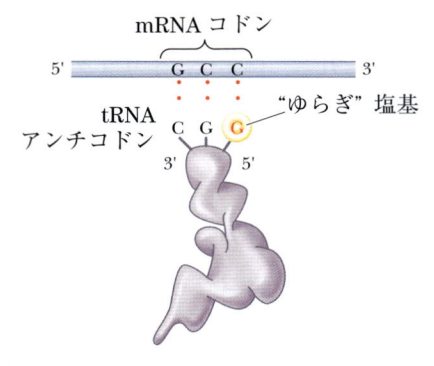

図 12.4

"ゆらぎ" を示す塩基対
アンチコドンのゆらぎ塩基は 5′ 末端の塩基である．この塩基は mRNA コドンの最後の塩基，すなわちコドンの 3′ 末端の塩基と水素結合を形成する．(*Crick, F. H. C., 1966. Codon - anticodon pairing: The wobble hypothesis.* Journal of Molecular Biology **19**, 548 - 555 を改変)

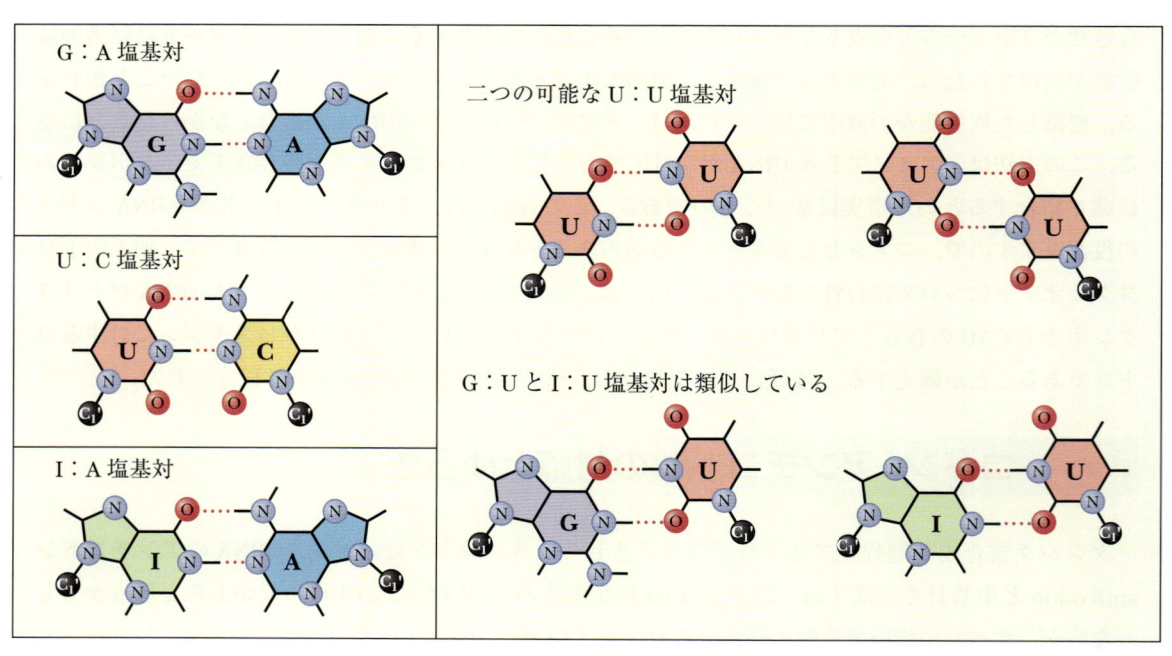

図 12.5

種々の代替塩基対
G：A 塩基対は起こりえない．水を立体配置的に追い出せたとしても，G の 2 位の $-NH_2$ が水素結合の一方を形成できないためである．U：C は二つの C＝O が近接していても可能と思われる．U：U は 2 種の組合せが可能である．G：U および I：U は共に可能で類似している．プリン同士の塩基対である I：A もまた可能である．(*Crick, F. H. C., 1966. Codon - anticodon pairing: The wobble hypothesis.* Journal of Molecular Biology **19**, 548 - 555 を改変)

位置する"ゆらぎ"塩基は，コドンの3′末端に位置する3番目の塩基と水素結合することになる．アンチコドンのゆらぎ部位にある塩基は，ワトソン-クリックの塩基対規則による塩基だけでなく，コドン側の複数種の塩基と塩基対を形成することができる（表12.2）．

アンチコドンのゆらぎ塩基がウラシルである場合，予測されるアデニンの他に，もう一つのプリン塩基であるグアニンとも塩基対を形成することができる．ゆらぎ塩基がグアニンの場合には，予測されるシトシンとともに他のピリミジン塩基であるウラシルとも塩基対を形成することができる．多くのtRNAのゆらぎ部位には，プリン塩基のヒポキサンチンがよく存在するが，この塩基はコドン側のアデニン，シトシンまたはウラシルと塩基対を形成することができる（図12.5）．しかし，アデニンとシトシンは，それぞれに予測される塩基であるウラシルとグアニン以外とは塩基対を形成しない（表12.2）．まとめると，ゆらぎ部位にI（イノシン酸，塩基としてヒポキサンチンを有するリボヌクレオチド），GあるいはUがある場合は水素結合に多様性が許されているが，AあるいはCがあるときには多様性が見られないことになる．

ゆらぎ仮説からコドンの縮重の意義が洞察できる．すべてとはいえないが多くの場合，一つのアミノ酸に対する縮重コドンでは，アンチコドンのゆらぎ塩基と対を作る3番目の塩基が変化している．これによって，一つのtRNAが複数のコドンと塩基対を作ることができ，必要とするtRNAの種類を減らすことができる．その結果，細胞は必要とするtRNAをより少ないエネルギー消費で合成できると考えられる．また，ゆらぎによって，遺伝暗号の読み違えによる障害を最小限に抑えることもできる．例えば，ロイシンのコドンであるCUUがmRNAに転写される過程でCUC，CUA，もしくはCUGに読み違えられても，これらのコドンはタンパク質合成の過程でロイシンとして翻訳されるので，生体への障害は起こらない．前章で，翻訳以外の場所での遺伝暗号の読み違えが重篤な結果をもたらすことを学んだが，ここではこのような影響が必ずしも不可避なものではないことを知った．

普遍的な universal コードというのは，生物はすべて同じコード体系を利用しているということである．遺伝暗号の普遍性は，ウイルス，原核生物，そして真核生物において確認されているが，若干の例外がある．ミトコンドリアで使われているいくつかのコドンは核で使われているものとは異なっている．また，少なくとも16種の生物でコドンに違いがある．例えば，海藻の一種，*Acetabularia* では，標準的には終止コドンとして働くUAGとUAAをグリシンに翻訳している．*Candida* 属の真菌は，セリンのコドンとして，大部分の生物ではロイシンを意味するCUGを使っている．現時点では，これらの違いに関する進化学的な起源は不明であるが，多くの研究者は，このような遺伝暗号の変化を理解することが進化の理解にとって重要であると考えている．

> **Sec. 12.2 要約**
> - 遺伝暗号は塩基三つの配列で一つのアミノ酸をコードすることが基本になっている．
> - 遺伝暗号は，ウイルスからヒトに至るすべての生物でほぼ同じである．遺伝暗号には句読点がなく，mRNAは3塩基を単位にして間を空けずに読まれる．遺伝暗号には重なりがなく，個々の塩基は一つの遺伝暗号にだけ関与する．
> - 遺伝暗号の解読には，人工mRNAを使って，既知の配列からどのようなタンパク質が翻訳されてくるかを調べるなど，さまざまな方法が使われた．
> - 三つの塩基には64通りの組合せがあり，64種類のコドンができるが，tRNAのアンチコドンの種類はそれより少ない．これは，標準的なワトソン-クリック塩基対が形成されないことがあることを意味し，コドンとアンチコドンの塩基対形成におけるゆらぎモデルでは，tRNAのアンチコドンの5′末端の塩基はコドンの複数の塩基と塩基対を形成することができる．

12.3　アミノ酸の活性化

　アミノ酸の活性化とアミノアシルtRNAの合成は，アミノアシルtRNAシンテターゼ（合成酵素）によって触媒される2段階の反応として進む（図12.6）．まず，アミノ酸がアデニンヌクレオチドに共有結合してアミノアシルAMPを生じる．この結合を形成するためのエネルギーは，ATPの加水分解で遊離される自由エネルギーによって供給される．次いで，アミノアシル部分がtRNAに転移してアミノアシルtRNAができる．

$$\begin{array}{l}\text{アミノ酸 + ATP} \rightarrow \text{アミノアシル AMP + PP}_i \\ \underline{\text{アミノアシル AMP + tRNA} \rightarrow \text{アミノアシル tRNA + AMP}} \\ \text{アミノ酸 + ATP + tRNA} \rightarrow \text{アミノアシル tRNA + AMP + PP}_i \end{array}$$

　アミノアシルAMPはカルボン酸とリン酸の混合酸無水物である．酸無水物は反応性に富む化合物であり，アミノアシルAMPの加水分解に伴う自由エネルギー変化が2段目の反応をうまく進ませる．この反応過程がもつもう一つの利点は，細胞内リン酸プールを補充するために，ピロリン酸（PP_i）が加水分解されてオルトリン酸（P_i）になる際にもエネルギーが放出されることである．

　反応の第2段階では，tRNAの3′末端にあるヌクレオチドのリボース部分の3′もしくは2′ヒドロキシ基とアミノ酸との間にエステル結合が形成される．アミノアシルtRNAシンテターゼには二つのクラスがあり，クラスIは2′ヒドロキシ基，クラスIIは3′ヒドロキシ基にアミノ酸を結合させる．これら二つのクラスの酵素間には進化的な関連性が見られず，収斂進化（訳注：起源を異にする複数のタンパク質が，進化の過程で類似の機能をもつようになる現象）の例であると考えられている．1種類のアミノ酸に対して複数種のtRNAが存在することはあるが，1種類のtRNAが2種以上のアミノ酸と結合することはない．アミノアシルtRNAシンテターゼは，反応にMg^{2+}を必要とし，アミノ

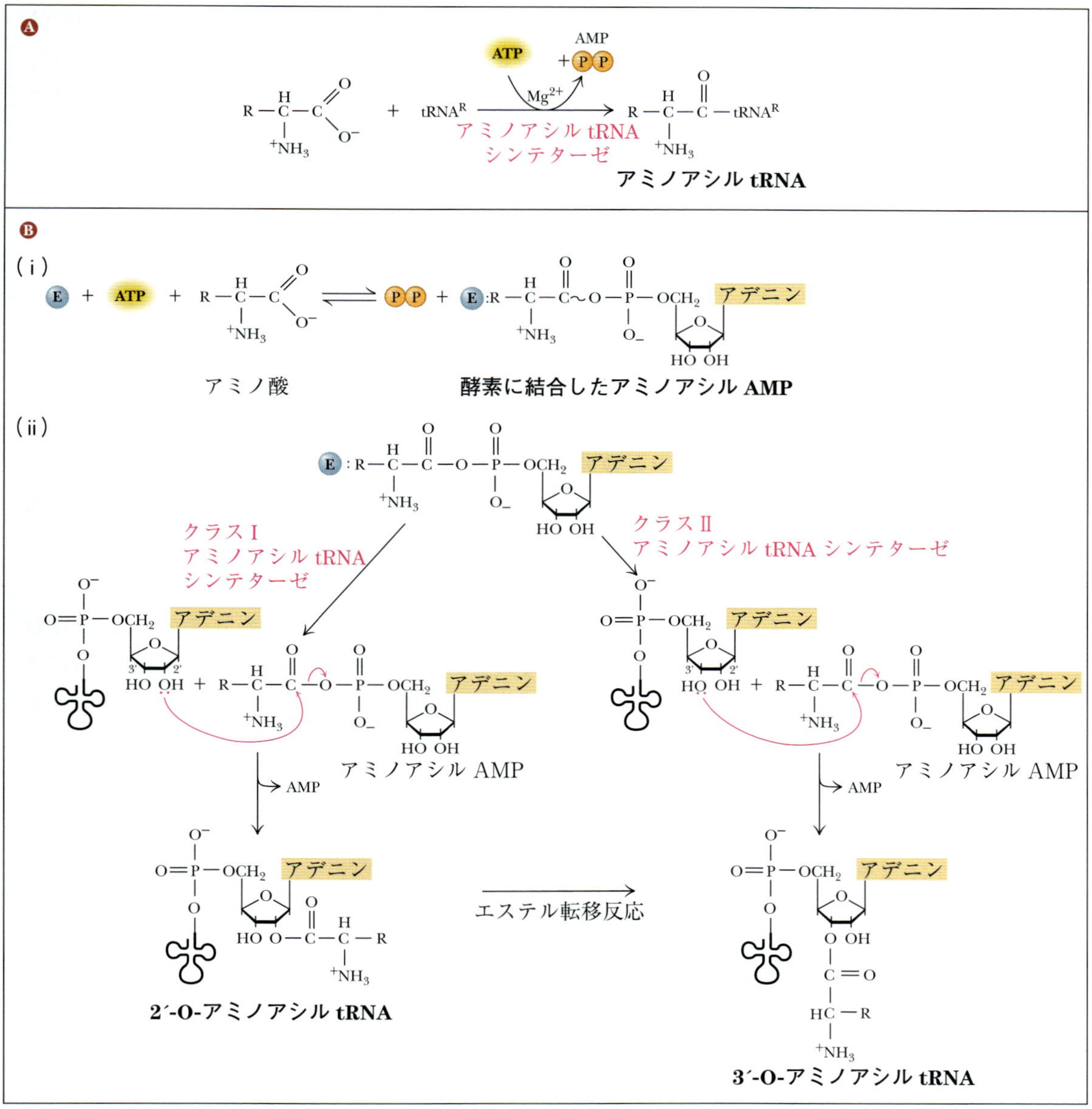

図12.6

アミノアシルtRNAシンテターゼの反応

Ⓐ 全体の反応．細胞内に常に存在しているピロホスファターゼは，アミノアシルtRNAシンテターゼの反応によって生成するPP$_i$を速やかに加水分解し，アミノアシルtRNAの合成を熱力学的に有利で，かつ実質的に不可逆的なものにしている．Ⓑ 全体の反応は，通常，2段階で進行する．すなわち，（ⅰ）アミノアシルアデニル酸の形成，および（ⅱ）混合酸無水物中の活性化アミノ酸部分の全tRNAに共通する3′-CCA末端の末端アデニル酸のリボース部分の2′-OH（クラスⅠアミノアシルtRNAシンテターゼ）もしくは3′-OH（クラスⅡアミノアシルtRNAシンテターゼ）への転移である．2′-アミノアシルエステルを形成しているアミノアシルtRNAは，アミノアシル基をtRNAの3′-OHに移動させるエステル転移反応を行う．3′-エステルのみがタンパク質合成の基質となる．

酸とtRNAの双方に対して高い特異性をもっている．各アミノ酸に対してはそれぞれ別個のシンテターゼが存在し，各シンテターゼは，そのアミノ酸に対応するすべてのtRNA分子に作用する．この酵

素の特異性は，翻訳過程を正確に進めることに貢献している．本書の旧版では，アミノアシル tRNA シンテターゼの反応をアミノ酸と tRNA とを引き合わせる"仲人"になぞらえていた．シンテターゼは，正しいアミノ酸が正しい tRNA と対をつくることを保証することが第一の機能であるが，別の段階で機能する活性ももっている．アミノアシル tRNA シンテターゼによる校正機能は，"第二の遺伝暗号"と呼ばれているものの一部である．

12.3.1 "第二の遺伝暗号"とは何か

アミノアシル tRNA の合成が 2 段階の反応で進むことによって，二つの段階（アミノ酸の段階と tRNA の段階）で選択が働く．第 1 段階の選択には，アミノアシル AMP が遊離されずに酵素に結合していることが利用される．例えば，イソロイシル tRNA シンテターゼは，イソロイシンだけでなく，イソロイシンと構造的に類似したバリンとのアミノアシル AMP を生成することがある．しかし，バリン残基がイソロイシンの代わりにイソロイシン用の tRNA に転移されると，シンテターゼの校正部位がそれを検出して，間違ってアシル化されたアミノアシル tRNA を加水分解する．すなわち，選択性はアミノ酸の段階ではなく，tRNA への転移の段階にある．

第 2 段階の選択は，アミノアシル tRNA シンテターゼによる tRNA の特異的な認識である．すなわち，tRNA 上の特異的結合部位をアミノアシル tRNA シンテターゼが認識する．この認識部位の正確な位置はシンテターゼによって異なり，この性質こそが高い選択性の源になっている．アンチコドンは，アミノアシル tRNA シンテターゼによって認識される部位であることが多いが，予想に反して，

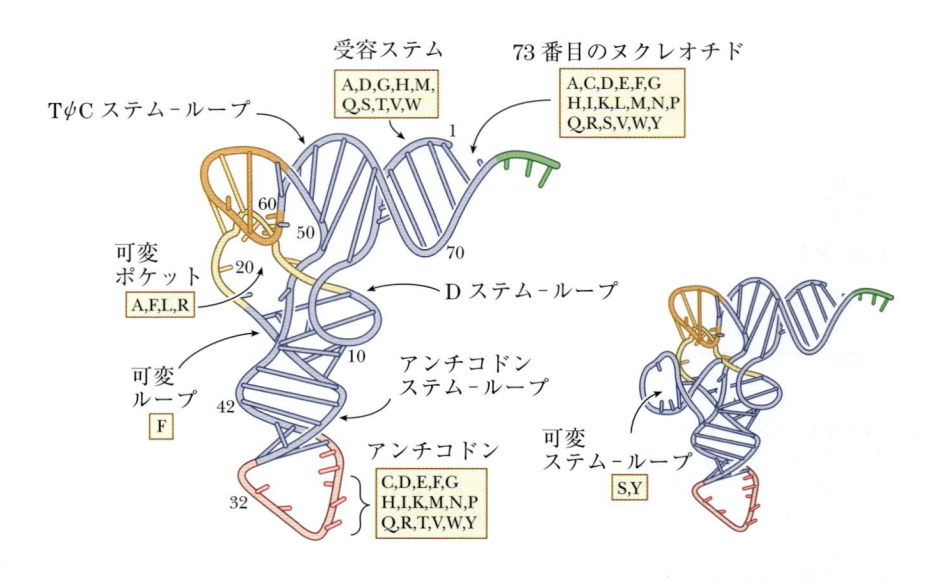

図 12.7
tRNA の三次構造のリボン式模式図
数字はコンセンサスヌクレオチド配列を表す．種々のアミノアシル tRNA シンテターゼによって認識されるヌクレオチドの部位を，枠で囲んだ 1 文字表記のアミノ酸によって示す．各アミノアシル tRNA シンテターゼは，識別塩基（73 位），受容ステム，可変ポケットおよび/もしくはループ，またはアンチコドンで相互作用している．図（右）は，ステム-ループ構造をつくることができる可変ループをもつ tRNA の，さらなる認識部位を示す．（Saks, M. E., Sampson, J. R., and Abelson, J. N., 1994. The transfer RNA problem: A search for rules. Science **263**, 191–197, Figure 2. 著作権©1994 AAAS より，許可を得て改変）

常に認識に関わる部位になっているわけではない．種々のアミノ酸に対応した tRNA について，アミノアシル tRNA シンテターゼによって認識される部位を図 12.7 に示す．

最終的な校正はその大部分がこの段階で行われるので，アミノアシル tRNA シンテターゼによる正しい tRNA の認識は，翻訳における忠実性を確保する上で極めて重要である．この問題に関する最新の知見については，本章末の LaRiviere, F. J. et al. と Ibba, M. による論文を参照されたい．

> **Sec. 12.3 要約**
> - アミノ酸は，ポリペプチドに取り込まれる前に，あらかじめ活性化される必要がある．
> - アミノ酸は ATP と反応し，AMP と結合した形として活性化される．この AMP と結合したアミノ酸が tRNA と反応することで，アミノアシル tRNA ができる．
> - この活性化に関与する酵素をアミノアシル tRNA シンテターゼと呼ぶ．

12.4　原核生物における翻訳

翻訳の過程を構成する一連の事象には，原核生物と真核生物の間で若干の違いがある．DNA や RNA の合成の場合と同様，この過程に関しても詳しい研究は原核生物で行われている．ここでは，タンパク質合成のあらゆる点が最もよく研究されていることから，主に大腸菌の系を取り上げる．複製および転写の場合と同様，翻訳も，開始反応，伸長反応，終結反応という段階に分けることができる．

リボソームの構築

タンパク質合成では，mRNA とアミノアシル tRNA がリボソームと特異的に結合することが必要で，リボソームはそれに適した特異的な構造をもつ．図 12.8 に示すように，tRNA 分子（オレンジ色）は，図の左寄りに分子の一部が示されている mRNA（金色）と塩基相補的に結合し，右寄りで，ペプチジルトランスフェラーゼがあるリボソームの中心部分にまで伸びている．リボソームの詳細な構造が解明できたことは，最近の X 線結晶解析学の成果である．

開始反応

すべての生物において，ポリペプチド鎖の合成は，N 末端から始まり C 末端に向かって進む．このことが，科学者たちが情報を記録する DNA 鎖の方向を 5′ 末端から 3′ 末端に選び，DNA のコーディング鎖および mRNA に注目している理由の一つになっている．DNA のコーディング鎖を 5′→3′ に読み，mRNA を 5′→3′ へ読むと，N 末端から C 末端に向けてタンパク質を合成する情報になる．原核生物においては，初めに取り込まれる N 末端アミノ酸は，すべてのタンパク質で N-ホルミル

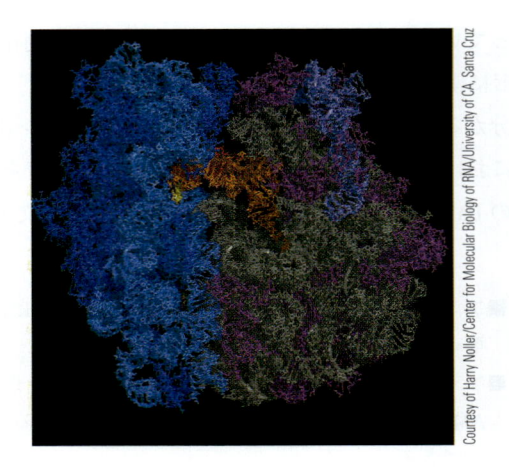

436　Chapter 12　タンパク質の合成：遺伝情報の翻訳

図 12.8
X 線結晶構造解析によって決定されたリボソームの構造
オレンジ色で示されている tRNA の左側に tRNA に水素結合している mRNA の一部（金色）が見えている．ペプチジルトランスフェラーゼは右半分に灰色で示されている．

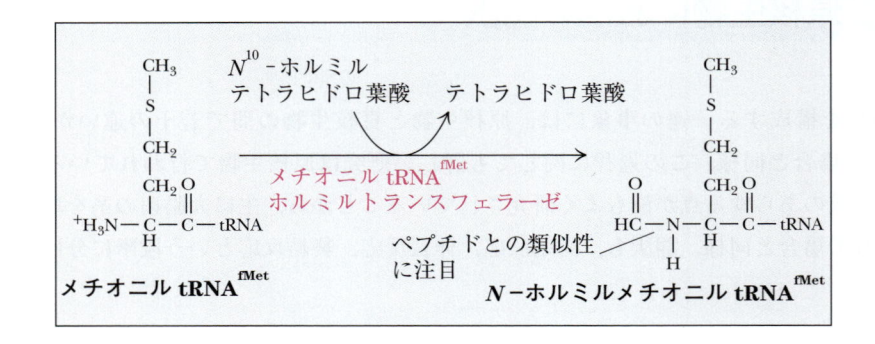

図 12.9
N-ホルミルメチオニル tRNA^{fMet} の生成（最初の反応）
tRNA^{fMet} に結合したメチオニンだけが特異的にホルミル化される．

メチオニン（fMet）（図 12.9）であるが，多くの場合，この残基はポリペプチド鎖の合成後に起こる翻訳後修飾によって除去される．大腸菌にはメチオニンに対する 2 種類の tRNA が存在する．一つは修飾されていないメチオニンに対するもの，もう一つは N-ホルミルメチオニンに対するものであり，それらはそれぞれ，tRNA^{Met} および tRNA^{fMet} と呼ばれる（tRNA の種類は上付き添字で区別する）．これらの tRNA とメチオニンが結合して生じるアミノアシル tRNA を，Met-tRNA^{Met} および Met-tRNA^{fMet} と呼ぶ（結合したアミノ酸は，tRNA の前に略号で示す）．Met-tRNA^{fMet} では，tRNA との結合後にメチオニンがホルミル化されて，**N-ホルミルメチオニル tRNA^{fMet}** N-formylmethionyl-tRNA^{fMet}（fMet-tRNA^{fMet}）になる．このホルミル基の供給源は N^{10}-ホルミルテトラヒドロ葉酸である（Sec. 23.4.3 "1 炭素転移の重要性は何か"を参照）．tRNA^{Met} と結合したメチオニンはホルミル化されない．

tRNA^{Met} および tRNA^{fMet} は，mRNA 上の **5′-AUG-3′** と塩基対を作る特異的な 3 塩基の並び（ト

図 12.10

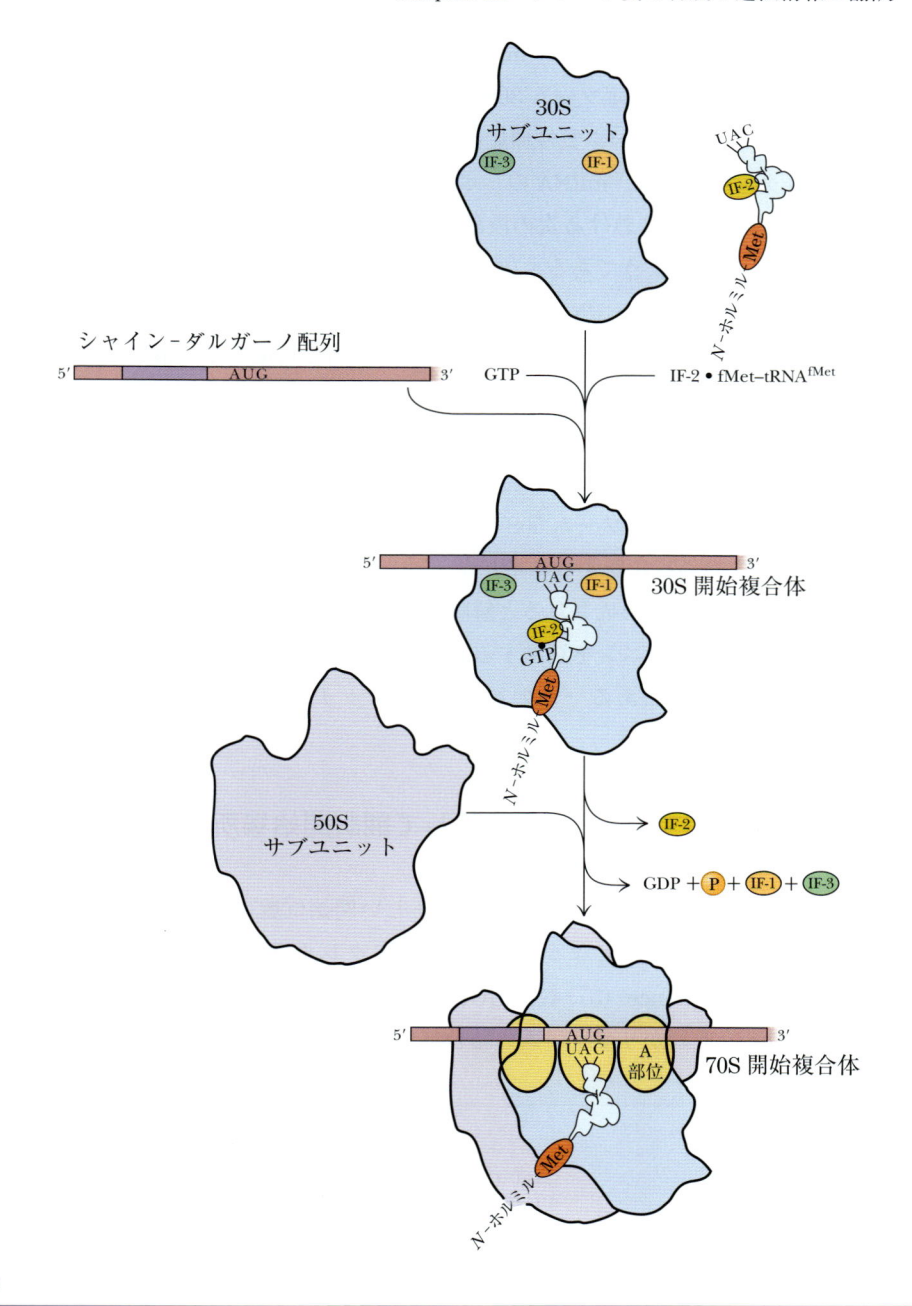

開始複合体の形成

リボソーム 30S サブユニットは，GTP と三つの開始因子，IF-1，IF-2，IF-3 の存在下，mRNA および fMet - tRNA^{fMet} と結合して 30S 開始複合体を形成する．これにリボソーム 50S サブユニットが付加されて，70S 開始複合体が形成される．

リプレット）である 3′-UAC-5′ をもっている．tRNA^{fMet} のトリプレット 3′-UAC-5′ は，mRNA の先頭部分にあって，ポリペプチドの合成を指令する**開始信号** start signal である AUG トリプレットを認識するが，tRNA^{Met} にある同じトリプレット 3′-UAC-5′ は，mRNA 配列の内部にある AUG トリプレットを認識する．

ポリペプチド合成の開始には，**開始複合体** initiation complex（図 12.10）をつくることが必要である．開始複合体の形成には，mRNA，リボソーム 30S サブユニット，fMet-tRNA^{fMet}，GTP，および IF-1，IF-2，IF-3 と呼ばれる三つのタンパク質性開始因子 initiation factor を含む，少なくとも 8 種類の成分が関与する．IF-3 タンパク質は，mRNA のリボソーム 30S サブユニットへの結合を促進する．このタンパク質はまた，開始過程における次の段階である 50S サブユニットの結合が，複合体の完成前に起こらないようにしているようである．IF-2 は GTP と結合し，利用できるすべてのアミノアシル tRNA の中から開始 tRNA（fMet-tRNA^{fMet}）を選択する役目を果たしている．IF-1 の機能はあまり明らかではないが，IF-3 および IF-2 に結合して両者の作用を促進する役割をもつとともに，リボソームの 30S と 50S サブユニットへの分離を触媒して，次の翻訳過程で利用できるように再生させる役割を果たしていると考えられている．これらの結果として，mRNA，リボソーム 30S サブユニット，および fMet-tRNA^{fMet} が組み合わされて，**30S 開始複合体** 30S initiation complex ができる（図 12.10）．この 30S 開始複合体にリボソーム 50S サブユニットが結合すると，**70S 開始複合体** 70S initiation complex となる．この過程に要するエネルギーは，GTP の GDP と P_i への加水分解によって供給され，開始因子はこの複合体が形成されると解離する．開始 tRNA を正しい位置に結合させることには，この tRNA と内側のメチオニンを認識する tRNA とのわずかな違いが関係する．すなわち，受容ステム acceptor stem の近くにある一つの C：A ミスマッチ塩基対が，30S サブユニットに開始 tRNA であることを認識させている．

12.4.1　リボソームはどのようにして翻訳開始場所を認識するか

mRNA を正しく翻訳するためには，リボソームを正しい開始位置にもってくる必要がある．開始信号の前（多くの場合，開始コドンとなる AUG の約 10 ヌクレオチド上流）には，**シャイン-ダルガーノ配列** Shine-Dalgarno sequence（5′-GGAGGU-3′）と呼ぶプリン塩基に富んだ mRNA のリーダー配列があり（図 12.10），それがリボソームの結合部位として働く．特徴的なシャイン-ダルガーノ

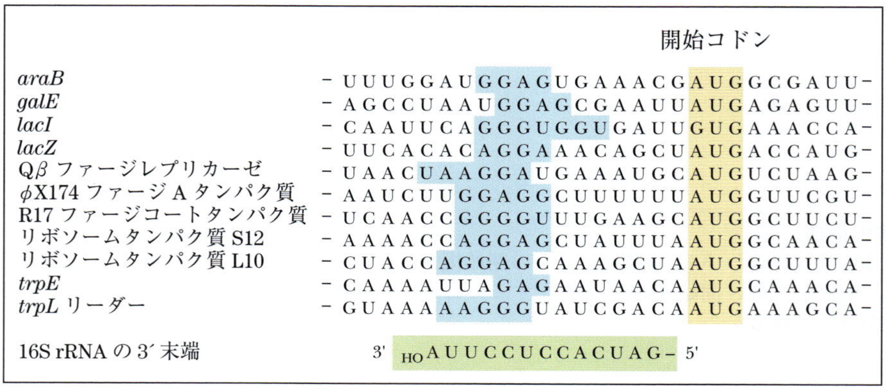

		開始コドン
araB	-UUUGGAUGGAGUGAAACGAUGGCGAUU-	
galE	-AGCCUAAUGGAGCGAAUUAUGAGAGUU-	
lacI	-CAAUUCAGGGUGGUGAUUGUGAAACCA-	
lacZ	-UUCACACAGGAAACAGCUAUGACCAUG-	
Qβ ファージレプリカーゼ	-UAACUAAGGAUGAAAUGCAUGUCUAAG-	
φX174 ファージ A タンパク質	-AAUCUUGGAGGCUUUUUUAUGGUUCGU-	
R17 ファージコートタンパク質	-UCAACCGGGGUUUGAAGCAUGGCUUCU-	
リボソームタンパク質 S12	-AAAACCAGGAGCUAUUUAAUGGCAACA-	
リボソームタンパク質 L10	-CUACCAGGAGCAAAGCUAAUGGCUUUA-	
trpE	-CAAAAUUAGAGAAUAACAAUGCAAACA-	
trpL リーダー	-GUAAAAGGGUAUCGACAAUGAAAGCA-	
16S rRNA の 3′ 末端	3′ HOAUUCCUCCACUAG- 5′	

図 12.11

大腸菌リボソームによって認識される種々のシャイン-ダルガーノ配列
これらの配列は，各遺伝子の AUG 開始コドンから約 10 ヌクレオチド上流にあり，大腸菌 16S rRNA の UCCU コア配列に対する相補性をもっている．この相補領域には，標準的な G：C および A：U 塩基対だけでなく，G：U 塩基対も含まれている．

配列のいくつかを図 12.11 に示す．このプリン塩基に富む領域が 30S サブユニットの構成要素である 16S リボソームのピリミジン塩基に富む配列と結合することで，AUG 開始コドンからの翻訳開始に適した位置にリボソームが結合する．

伸長反応

原核生物のタンパク質合成における伸長反応には，70S リボソームの 50S サブユニット上にある三つの tRNA 結合部位が使われる（図 12.12）．三つの tRNA 結合部位は，**P（ペプチジル）部位** P (peptidyl) site，**A（アミノアシル）部位** A (aminoacyl) site，および **E（離脱）部位** E (exit) site と呼ばれる．P 部位には伸長中のペプチド鎖を結合した tRNA が結合し，A 部位には新たに取り込まれるアミノアシル tRNA が結合する．E 部位には，リボソームから脱離する前にアミノ酸をもたない tRNA が結合する．伸長反応は，mRNA が指定する 2 番目のアミノ酸が 70S 開始複合体に取り込まれることから始まる（ステップ 1）．リボソームの P 部位には，70S 開始複合体由来の fMet-tRNA^{fMet} がすでに結合している．2 番目のアミノアシル tRNA は A 部位に結合する．tRNA 塩基のトリプレット（図 12.12 の例ではアンチコドン AGC）が mRNA 塩基のトリプレット（この例では GCU，アラニンに対するコドン）と水素結合を形成する．その他，GTP および二つのタンパク質性伸長因子である EF-Tu および EF-Ts（それぞれ，温度不安定性 temperature-unstable および温度安定性伸長因子 temperature-stable elongation factor）が必要である（ステップ 2）．EF-Tu は，アミノアシル tRNA を A 部位に誘導してアンチコドンと mRNA のコドンとを対応させ，両者が正しい対であることが認められたときにだけ，アミノアシル tRNA を A 部位に完全に入れる．ここで GTP の加水分解が起こり，EF-Tu は解離する．EF-Ts は EF-Tu-GTP の再生に関与する．小さなタンパク質である EF-Tu（43 kDa）は，大腸菌で最も多量に存在するタンパク質であり，細胞乾燥重量の 5% を占める．

12.4.2　EF-Tu が大腸菌でそれほど重要なのはなぜか

最近になって，EF-Tu が，これまで取り上げてきたものとは別の形で，翻訳の忠実度維持に関与することが示された．すなわち，正しいアミノ酸が正しい tRNA に結合していると，EF-Tu は活性化された tRNA をリボソームへ渡すことができるが，tRNA とアミノ酸が不適合である場合は，EF-Tu は活性化された tRNA とうまく結合できず，tRNA をリボソームまで運ぶことができなかったり，活性化された tRNA と強く結合しすぎて，リボソームへ渡すために遊離させることができなかったりする．この問題に関する詳細は，本章末の LaRiviere, F. J. et al. または Ibba, M. の論文を参照されたい．

次に来るのは，50S サブユニットの一部である**ペプチジルトランスフェラーゼ** peptidyl transferase が触媒する反応による，**ペプチド結合** peptide bond の形成である（ステップ 3）．この反応は，図 12.13 に示す機構で進む．すなわち，A 部位にあるアミノ酸の α アミノ基が P 部位の tRNA に結合したアミノ酸のカルボニル基を求核的に攻撃し，A 部位にはジペプチジル tRNA が，P 部位にはアミノ酸をもたない tRNA が存在する状態になる．

次のアミノ酸が伸長する鎖に付加される前に，**トランスロケーション** translocation 段階がある（図 12.12，ステップ 4）．この過程では，アミノ酸をもたない tRNA が，P 部位から E 部位に移動してか

図 12.12

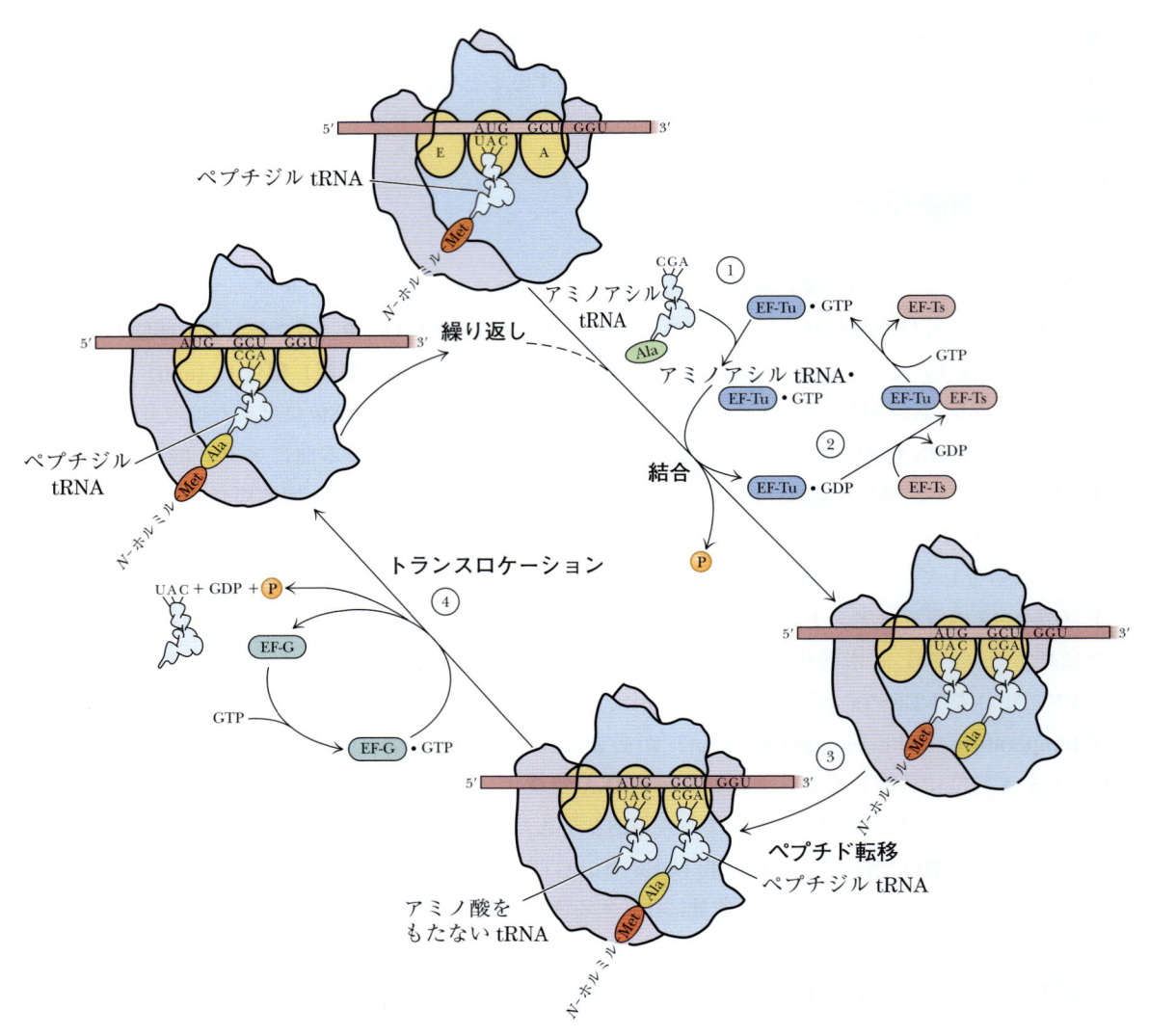

伸長反応の各反応段階のまとめ

　ステップ1：アミノアシル tRNA がリボソームの A 部位に結合する．この過程には伸長因子 EF-Tu（Tu）と GTP を必要とする．リボソームの P 部位には tRNA が結合している．

　ステップ2：伸長因子 EF-Tu がリボソームから離れ，伸長因子 EF-Ts（Ts）と GTP を必要とする過程で再生される．

　ステップ3：ペプチド結合が形成されて，アミノ酸をもたない tRNA が P 部位に残る．

　ステップ4：トランスロケーション段階では，アミノ酸をもたない tRNA が離脱して空になった P 部位にペプチジル tRNA が移動し，A 部位が空になって残る．アミノ酸をもたない tRNA は一旦 E 部位に移ってリボソームから離れる．この過程には伸長因子 EF-G と GTP が必要になる．

ら離脱し，mRNA とリボソームが相対的に動いて，ペプチジル tRNA が A 部位から空になった P 部位に移動する．この際には，別のタンパク質性伸長因子 EF-G が必要であり，GTP が GDP と P_i に加水分解される．

　伸長反応を構成する三つの段階である，アミノアシル tRNA の結合，ペプチド結合の形成，およびトランスロケーション（図 12.12 のステップ 1，3 および 4）のサイクルは，mRNA の遺伝情報によ

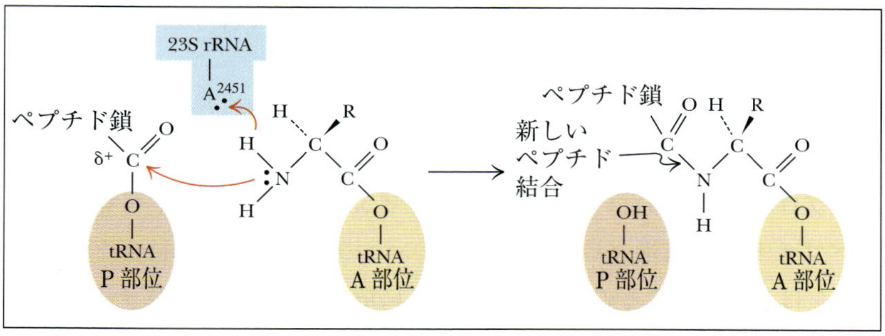

図 12.13

タンパク質合成におけるペプチド結合の形成

A部位に結合したアミノアシル tRNA の α アミノ基による，P部位に結合したペプチジル tRNA のカルボニル炭素に対する求核反応は，rRNA 中のプリン残基によるプロトン引き抜き反応で促進される．

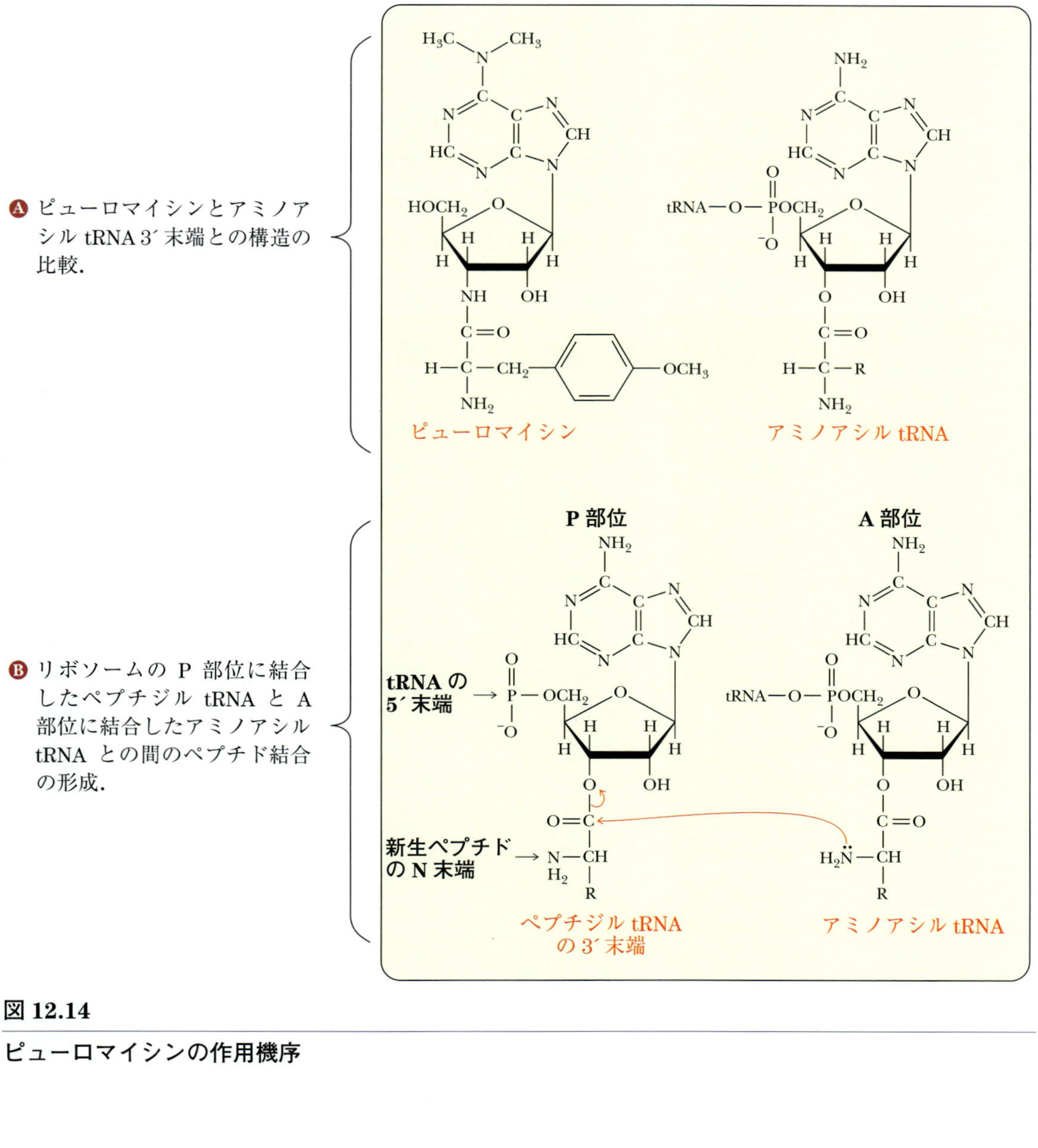

Ⓐ ピューロマイシンとアミノアシル tRNA 3′ 末端との構造の比較．

Ⓑ リボソームの P 部位に結合したペプチジル tRNA と A 部位に結合したアミノアシル tRNA との間のペプチド結合の形成．

図 12.14

ピューロマイシンの作用機序

って指定された個々のアミノ酸に対して，停止信号に達するまで繰り返される．図 12.12 のステップ 2 は，アミノアシル tRNA の再生である．

タンパク質合成のこの段階に関する情報の多くは，阻害剤を用いた実験によって得られた．ピューロマイシンはアミノアシル tRNA の 3′ 末端の構造類似体であり，その性質のために伸長反応の研究における有用なプローブになっている（図 12.14）．ピューロマイシンは，A 部位に結合して，伸長しつつあるポリペプチドの C 末端とピューロマイシンとの間にペプチド結合を形成する．ペプチジルピューロマイシンはリボソームとの結合が弱く容易に解離するので，ペプチド鎖が完成する前に反応が終わってしまい，不完全なタンパク質が生成される．ピューロマイシンはまた，P 部位に結合してトランスロケーションの過程を妨害するが，ペプチジル tRNA と反応するわけではない．A 部位と P 部位の存在は，ピューロマイシンを用いた実験によって明らかにされた．

終結反応

タンパク質合成を終わらせるには停止信号が必要である．コドン UAA，UAG，および UGA は終止コドンであり，どの tRNA によっても認識されず，終結因子 release factor と呼ばれるタンパク質によって認識される（図 12.15）．終結反応には，二つのタンパク質性終結因子（RF-1 もしくは RF-2）のいずれかと，GTP が結合した第三の終結因子である RF-3 が必要である．RF-1 は UAA および UAG と結合し，RF-2 は UAA および UGA と結合する．RF-3 は終止コドンとは結合しないが，他の

身の周りに見られる生化学　分子遺伝学

21 番目のアミノ酸か

　尿素サイクル中に見られるシトルリンやオルニチンなど，いくつかのアミノ酸はタンパク質の構成要素ではない．ヒドロキシプロリンのようなあまり標準的でないアミノ酸は，翻訳後修飾によって生じている．アミノ酸や翻訳について議論するときのマジックナンバーは常に 20 であり，20 個の標準アミノ酸だけがタンパク質合成のために tRNA 分子と結合すると考えられてきた．ところが 1980 年代後半，ヒトを含む真核生物や原核生物もともに，それらのタンパク質中にもう一つのアミノ酸が見出された．それはシステインの硫黄原子がセレン原子で置換されたもので，セレノシステインと呼ばれている．

　その後，セレノシステインは，tRNA^{Sec} と呼ばれる特異的な tRNA 分子に結合したセリンの側鎖の酸素がセレンで置換されることによって生成されることが示された．この tRNA^{Sec} は，UGA 終止コドンと対をつくるアンチコドンをもっており，特別の場合に，UGA が停止信号として認識されず，セレノシステイン tRNA^{Sec} が A 部位に入って翻訳が続けられる．したがって，セレノシステインを 21 番目のアミノ酸と呼ぶ人もいる．細胞がどのような時に UGA を停止信号として読まずにセレノシステインをタンパク質に取り込むべきかを認識する機構について，現在，研究が続けられている．

$$H-Se-CH_2-\underset{NH_3^+}{\overset{H}{\underset{|}{\overset{|}{C}}}}-COO^-$$

セレノシステイン

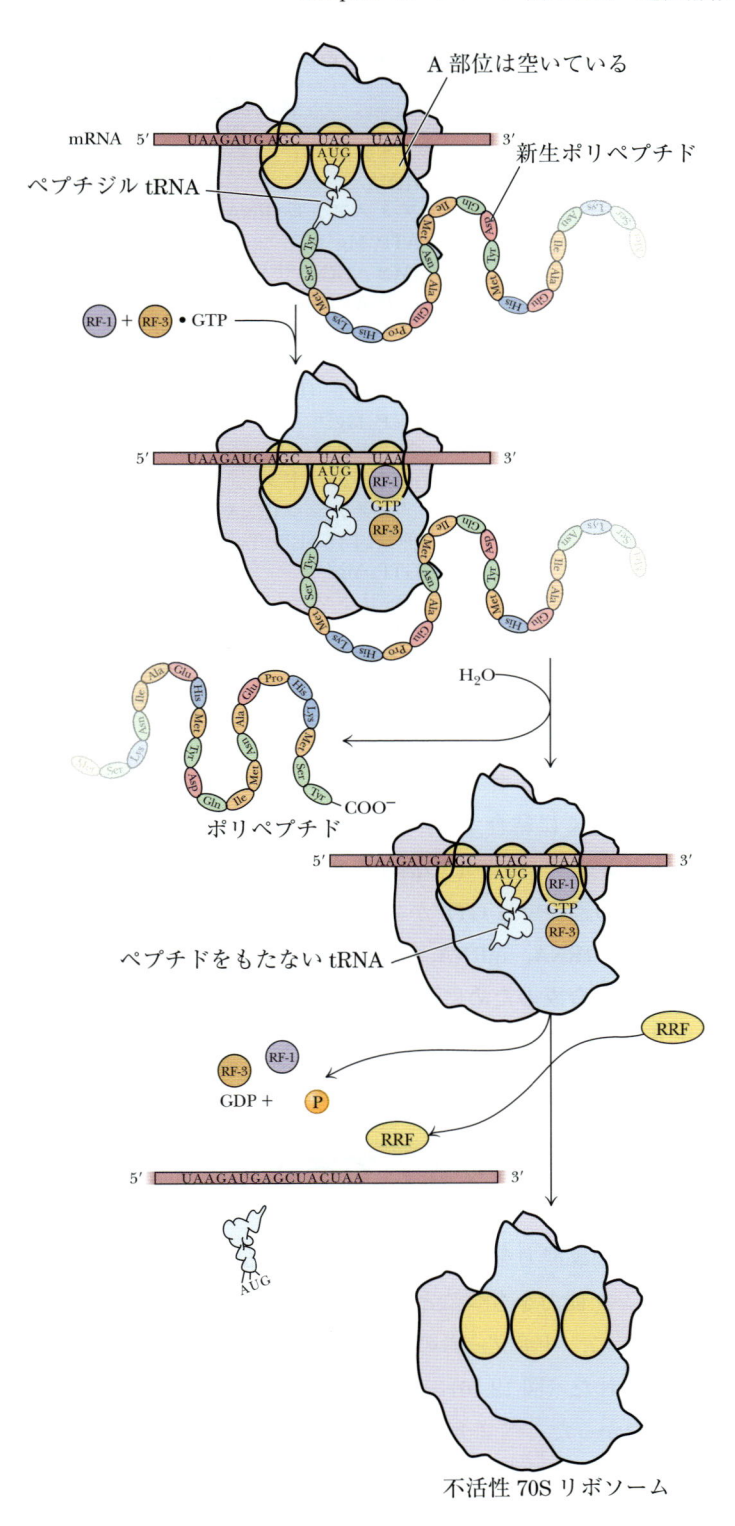

図 12.15
終結反応の過程で起こる事象

表 12.3　大腸菌のタンパク質合成の各段階に必要な構成要素

段　階	構成要素
アミノ酸の活性化	アミノ酸 tRNA アミノアシル tRNA シンテターゼ ATP, Mg^{2+}
開始反応	fMet - $tRNA^{fMet}$ mRNA の開始コドン（AUG） リボソーム 30S サブユニット リボソーム 50S サブユニット 開始因子（IF-1, IF-2, IF-3） GTP, Mg^{2+}
伸長反応	70S リボソーム mRNA のコドン アミノアシル tRNA 伸長因子（EF-Tu, EF-Ts, EF-G） GTP, Mg^{2+}
終結反応	70S リボソーム mRNA の終止コドン（UAA, UAG, UGA） 終結因子（RF-1, RF-2, RF-3） GTP, Mg^{2+}

二つの終結因子の活性を高める．リボソームが終止コドンの一つに達すると，RF-1，RF-2のどちらかがリボソームのA部位近くに結合する．終結因子は，新しいアミノアシル tRNA の結合を妨げると共に，ペプチジルトランスフェラーゼの活性を変化させてペプチドのカルボキシ末端と tRNA との結合を加水分解する．この過程では GTP がエネルギーを供給する．最終的には翻訳を行っていた複合体は分解し，終結因子，tRNA，mRNA，リボソームの 30S および 50S サブユニットがばらばらになり，新たなタンパク質の合成のために再利用される．表 12.3 は，タンパク質合成の段階と各段階に必要な成分をまとめたものである．p.442 の《身の周りに見られる生化学》では，興味ある終止コドンの変化について述べている．

リボソームはリボザイムである

最近まで，タンパク質が触媒能力をもつ唯一の分子であると考えられていたが，テトラヒメナのsnRNA が自己スプライシング能力をもつことが示されたことで，RNA もまた反応を触媒できることが明らかになった．2000年に，リボソームの大サブユニットの全構造が 2.4 Å（0.24 nm）解像度のX線結晶解析により決定された（図 12.16）．リボソームには 40 年に及ぶ研究歴があるが，その完全な構造はよくわかっていなかった．ペプチジルトランスフェラーゼの活性部位が調べられ，新しいペプチド結合の生成に関わる領域の近くには，タンパク質が全く存在しないことが明らかになったことは，RNA が触媒能力をもつことのさらなる証明になった．これは，何十年にもわたって科学者たちを悩ませてきた問題に対する解答を与える，わくわくするような発見であった．RNA が最初の遺伝物質であり，RNA が，触媒としての役割をもつタンパク質の遺伝暗号になり得たとしても，翻訳がタンパク質によって行われているならば，最初のタンパク質はどうやってつくられたのだろうか．

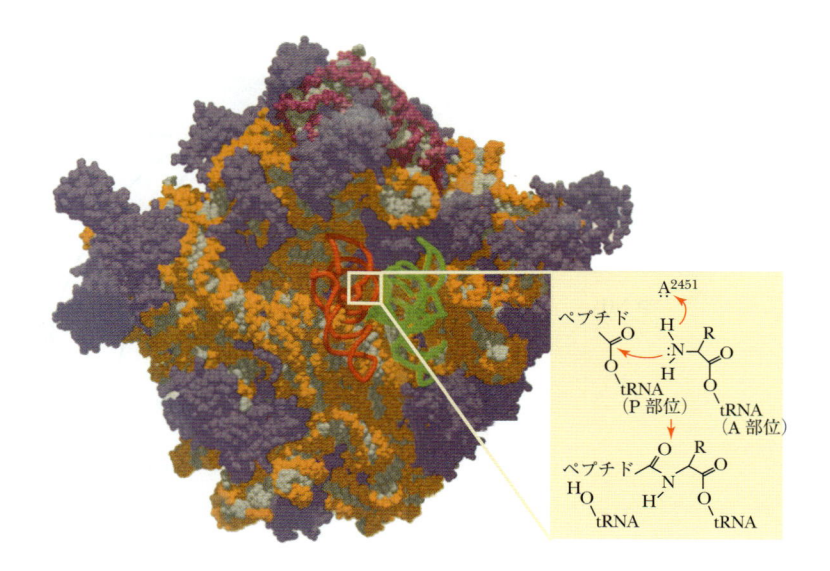

図 12.16
リボソームの構造
この図は小サブユニット側から見たリボソームの大サブユニットで，タンパク質を紫色，23S rRNAをオレンジ色と白色，5S rRNA（上側）を淡紅色と白色で示し，A部位（緑色）とP部位（赤色）にtRNAが結合している．四角の枠内には，RNAによって触媒されるペプチド転移の機構が示されている．反応に関わる塩基（大腸菌の23S rRNAでは2451番目のアデニン）は折りたたみ構造の内部環境によって異常に高い塩基性を示し，数段階の反応のどこででもプロトンを引き抜くことができ，この図に示されているのはそのうちの一つである．（*Thomas Cech, The ribosome is a ribozyme.* Science **289**, p.878. 著作権 © 2000 AAAS より，許可を得て転載）

RNAの触媒作用を基本とするペプチジルトランスフェラーゼが見つかったことによって，RNAが情報を運び，かつ，それを処理できるという"RNAワールド"を想像することが可能になったのである．この発見は非常に興味深いものではあるが，まだ多くの研究者に受け入れられたものにはなっておらず，触媒性RNAの性質に疑問を投げかけるような証拠もある．そのような研究の一つとして，触媒機構に関与していると推定されるRNAの塩基を変異させても，ペプチジルトランスフェラーゼの効率に有意な減少がないことを示したものがあり，化学的見地からRNAが触媒作用に関与しているといえるのかという問題を提起している（本章末のPolacek, N. *et al.* の論文を参照）．

ポリソーム

本書ではここまで，タンパク質合成について，一つのリボソーム上で起こる反応を対象にして考えてきた．しかしながら，1分子のmRNAに複数のリボソームが結合することは，可能だというだけでなく，ごく一般的に見られることである．これらのリボソームは，それぞれがmRNA上を移動しつつ，存在している位置に対応した完成段階の異なるポリペプチド鎖をもっている（図12.17）．mRNAに複数のリボソームが結合した複合体を，**ポリソーム** polysome，または別名ポリリボソーム polyribosome という．原核生物の翻訳は，mRNAが転写されると直ぐ始まるので，転写途中のmRNA分子に，さまざまな段階までそのmRNAを翻訳している複数のリボソームが結合できるし，

図 12.17

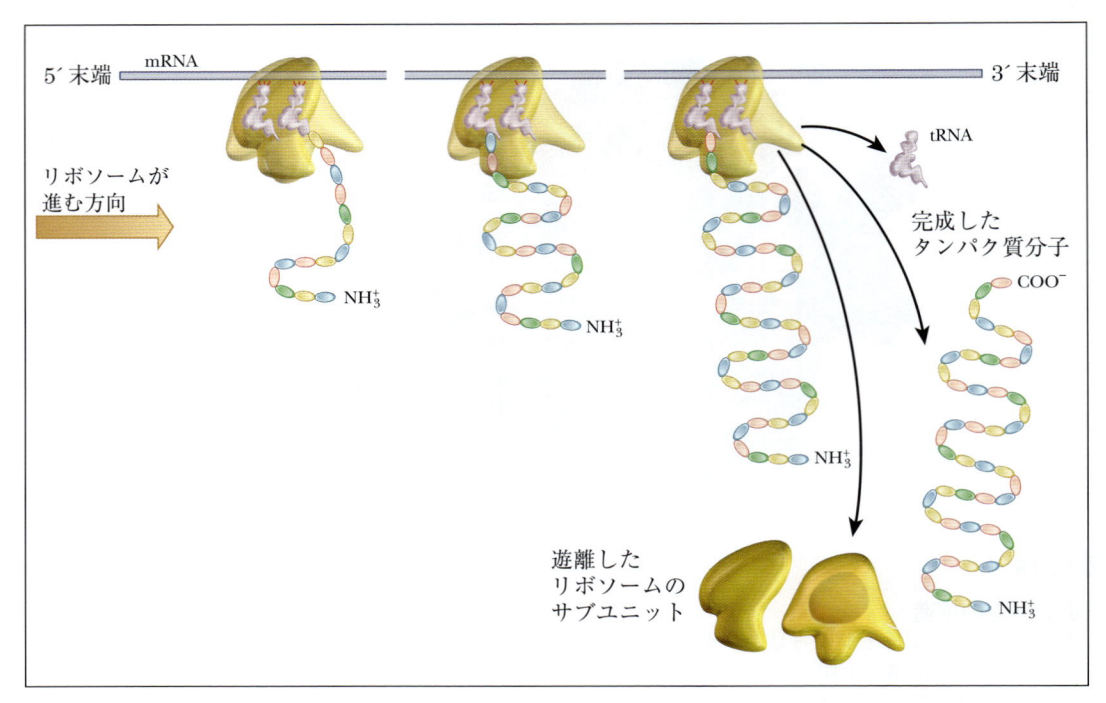

ポリソーム上でのタンパク質の同時合成
1分子の mRNA が複数のリボソームによって同時に翻訳されている．個々のリボソームは，mRNA が指示するポリペプチド鎖を一つずつ産生している．タンパク質が完成すると，リボソームはサブユニットに分かれて次のタンパク質合成に利用される．

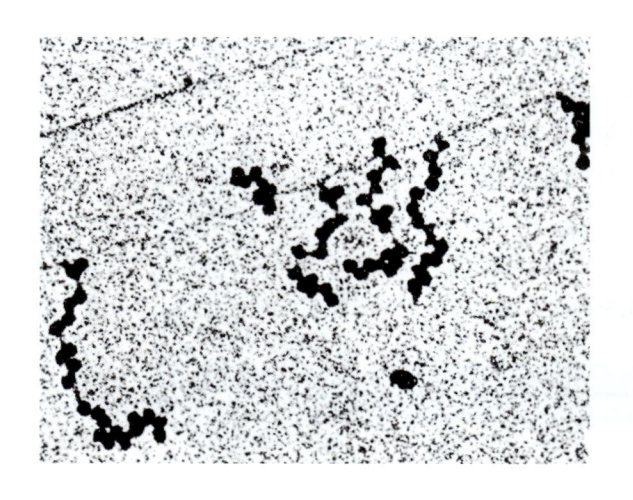

図 12.18

共役した翻訳を示す電子顕微鏡写真
黒い点はリボソームであり，mRNA の鎖の上でクラスターを作っている．数分子の mRNA が，中央から右上に向かう斜めの線として見える1本の DNA 鎖から転写されている．（写真は *Oscar L. Miller* の好意による．Miller, O. L., Jr., Hamkalo, B., & Thomas, C., 1970. Visualization of Bacteria Genes in Action. Science **169**, 392–395 より）

DNAにもさまざまな転写段階にある複数のmRNAが結合できる．このような状況では，一つの遺伝子に複数のRNAポリメラーゼ分子が結合して，それぞれがmRNA分子を合成し，さらにこのmRNA分子のそれぞれに多数のリボソームが結合していることになる．このように，原核生物の遺伝子は転写と翻訳を同時に行っており，これを共役した翻訳 coupled translation（図12.18）と呼ぶ．原核生物では細胞が区画化されていないので，このようなことができるのである．真核生物では，mRNAは核内でつくられ，大部分のタンパク質合成はサイトゾル中で起こっている．

Sec. 12.4 要約

- リボソームの独特で巧妙な構造が，アミノアシルtRNA分子とmRNAの結合を可能にしている．リボソームは一つのアミノ酸が次のアミノ酸を求核的に攻撃する反応を触媒することでタンパク質合成を行う．
- タンパク質合成は，mRNAのAUGコドンから始まる．リボソームとmRNAは，リボソームの二つのサブユニット，mRNA，GTPおよび三つの開始因子，IF-1，IF-2，IF-3を含む開始複合体をつくる．
- リボソームは，シャイン-ダルガーノ配列と呼ばれるコンセンサス配列に結合することで，翻訳を始める正しいAUGの位置を知る．
- リボソームに結合する最初のtRNAは，N-ホルミルメチオニンと結合しており，初めはリボソームのP部位に結合する．
- 伸長反応では，二番目のアミノアシルtRNAがA部位に結合する．このアミノ酸のαアミノ基は，ペプチド転移反応において，N-ホルミルメチオニンのカルボニル基を求核攻撃する．トランスロケーション段階では，リボソームがコドン一つ分動いて，ジペプチジルtRNAをA部位から離し，裸のtRNAを離脱部位に移動させる．この過程は，新しいアミノアシルtRNAがA部位に入ることで継続される．裸のtRNAはE部位から遊離する．
- リボソームが終止コドンに出会うと，GTPと三種の終結因子を必要とする過程によって，鎖の伸長が終わる．
- リボソームはリボザイムであり，ペプチド転移反応が起こる活性部位にはアミノ酸が存在しておらず，rRNAの特定の塩基が反応を触媒すると考えられている．

12.5 真核生物における翻訳

翻訳の主な性質は，原核生物でも真核生物でも同じであるが，細かい点では相違がある．真核生物のmRNAの特徴は，二つの大きな転写後修飾を受けていることである．それらは，5′末端のキャップ構造と3′末端のポリ(A)テールであり（図12.19），これらの修飾はともに，真核生物における翻訳にとって必須のものである．

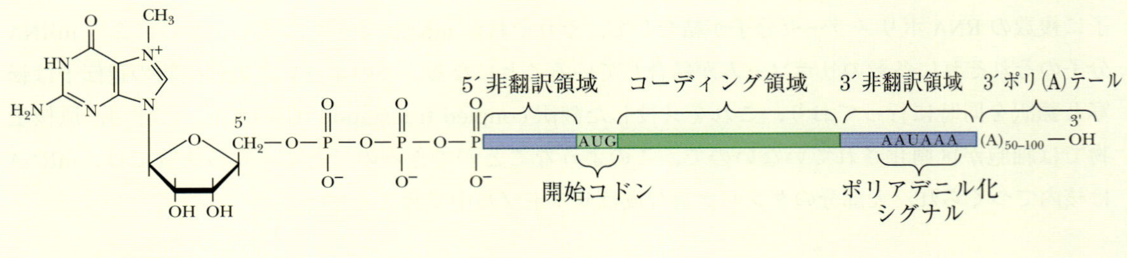

図12.19
真核生物の mRNA に特徴的な構造
成熟 mRNA の 5′ 末端と 3′ 末端の両方に存在する非翻訳領域は，40〜150 塩基の幅がある．5′ 末端の開始コドン（常に AUG）は，翻訳開始部位を示す．

12.5.1　真核生物の翻訳はどのように違うか

開始反応

　開始反応は，真核生物の翻訳が原核生物のものと最も異なる部分である．真核生物には，**真核生物開始因子** eukaryotic initiation factor（eIF）と名付けられた 13 種類以上の開始因子があり，それらの多くは多サブユニットタンパク質である．開始因子とその性質を表 12.4 にまとめておく．

　開始反応のステップ 1 は，43S 開始前複合体の構築である（図 12.20）．真核生物における開始アミノ酸はメチオニンであり，これは開始 tRNA としてのみ作用する $tRNA_i$ と結合する．真核生物には fMet がなく，$Met-tRNA_i$ が GTP および eIF-2 との複合体の形でリボソーム 40S サブユニットに結合する．40S リボソームには eIF-1A と eIF-3 も結合する．この過程が進む順序は，原核生物の場合とは異なり，mRNA の関与なしに，tRNA が最初にリボソームと結合し，mRNA はステップ 2 で動員される．開始コドンの位置を決めるシャイン-ダルガーノ配列はなく，**5′ キャップ** 5′cap が，ATP の加水分解によって駆動される，いわゆる走査機構 scanning mechanism によってリボソームを正しい AUG に向かわせる．eIF-4E もキャップに結合するタンパク質で，他のいくつかの eIF とともに複合体を形成しており，**ポリ(A)結合タンパク質** poly A binding protein（**Pab1p**）は**ポリ(A)テール** poly A tail と eIF-4G を連結している．eIF-40S リボソーム複合体は，初めに開始コドンの上流部分に結合し（図 12.21），正しい読み枠にある最初の AUG に出会うまで下流に向かって移動する．その位置は，開始コドンを囲む**コザック配列** Kozak sequence と呼ばれる数個の塩基によって決まっている．コザック配列は，$_{-3}$ACC**AUG**G$_{+4}$ というコンセンサス配列をもつことが特徴である．リボソームは，コザック配列の手前に AUG があっても，それは読み飛ばすようである．翻訳開始点を決めるもう一つの要素は mRNA の二次構造で，ヘアピンループが AUG の下流に形成されていると，その前の AUG が開始点に選ばれるようである．mRNA と 7 種の eIF が 48S 開始前複合体を構築する．ステップ 3

表 12.4 真核生物の翻訳開始因子の性質

因 子	サブユニット	大きさ(キロダルトン)	機 能
eIF-1		15	開始複合体形成を促進
eIF-1A		17	40S リボソームの Met-tRNA$_i$ との結合を安定化
eIF-2		125	Met-tRNA$_i$ と 40S リボソームとの GTP 依存性結合
	α	36	リン酸化により調節される
	β	50	Met-tRNA$_i$ を結合
	γ	55	GTP, Met-tRNA$_i$ を結合
eIF-2B		270	eIF-2 上のグアニンヌクレオチド交換を促進
	α	26	GTP を結合
	β	39	ATP を結合
	γ	58	ATP を結合
	δ	67	リン酸化により調節される
	ε	82	
eIF-2C		94	RNA 存在下で三者複合体を安定化
eIF-3		550	Met-tRNA$_i$, および mRNA 結合を促進
	p35	35	
	p36	36	
	p40	40	
	p44	44	
	p47	47	
	p66	66	RNA 結合
	p115	115	主なリン酸化されたサブユニット
	p170	170	
eIF-4A		46	RNA の結合；ATP アーゼ；RNA ヘリカーゼ；mRNA の 40S リボソームへの結合の促進
eIF-4B		80	mRNA の結合；RNA ヘリカーゼ活性化と mRNA の 40S リボソームへの結合を促進
eIF-4E		25	mRNA キャップに結合
eIF-4G		153.4	eIF-4A, eIF-4E, eIF-3 の結合
eIF-4F			複合体の mRNA との結合；RNA ヘリカーゼ活性；mRNA の 40S への結合を促進
eIF-5		48.9	eIF-2 の GTP アーゼ活性の促進，eIF の放出
eIF-6			80S の解離；60S に結合

(Clark, B. F. C., et al., eds. 1996. Prokaryotic and eukaryotic translation factors. *Biochimie* **78**, 1119-1122 を改変)

では，60S リボソームが動員されて 80S 開始複合体が形成され，GTP が加水分解されて開始因子が遊離される．

図 12.20

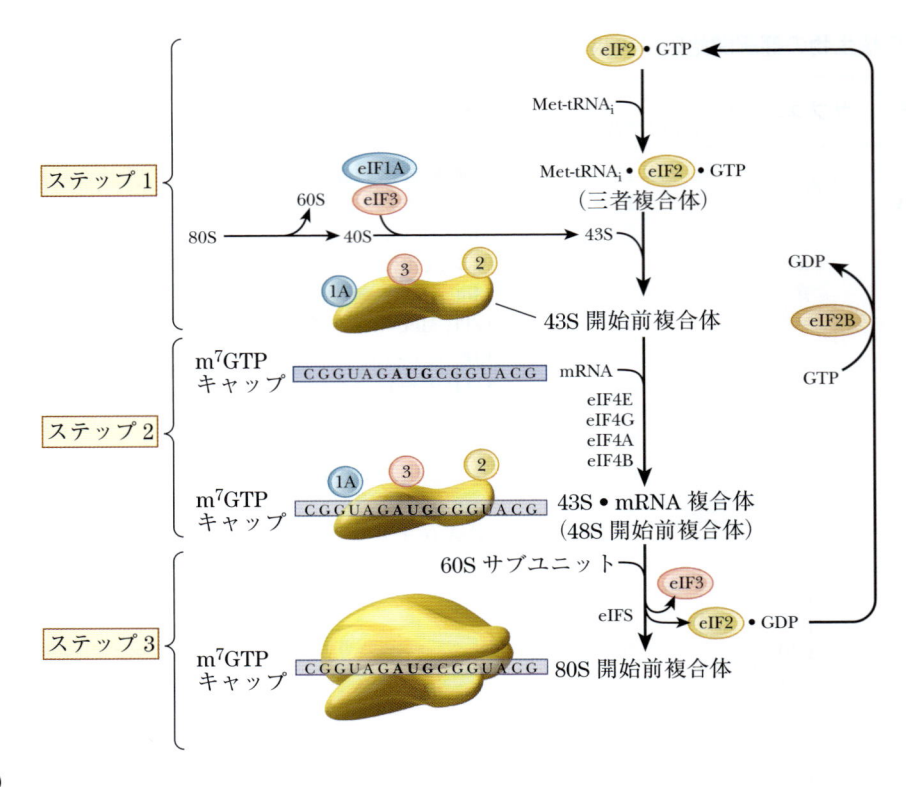

真核細胞の翻訳開始反応における三つのステップ
真核生物の開始因子（eIF）の機能の説明は表 12.4 を参照.

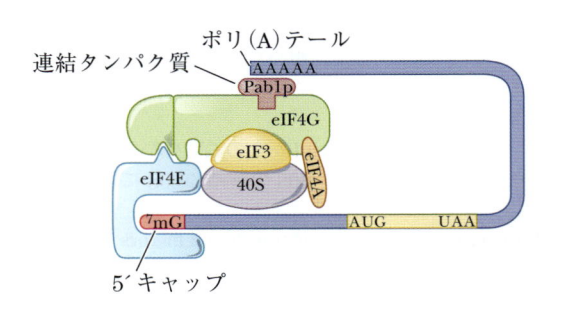

図 12.21

開始因子 eIF4G は，真核生物の翻訳開始において，^{7}mG（7-メチルグアニル酸）キャップ：eIF4E 複合体，Pab1p：poly(A)テール，およびリボソーム 40S サブユニットを結び合わせる多目的アダプターとしての役割を果している．(Heutze, H. W., 1997. eIF4G: A multipurpose ribosome adapter? Science *275*: 500-501. 著作権 © 1997 AAAS より，許可を得て改変)

伸長反応

　真核生物におけるペプチド鎖の伸長反応は，原核生物のものとよく似ている．ペプチジルトランスフェラーゼとリボソームのトランスロケーションには同じ機構が見られる．伸長反応に関係する真核生物リボソームの構造では，E部位がなく，AおよびP部位のみが存在するという点が原核生物と異なっている．真核生物には二つの伸長因子，eEF-1およびeEF-2がある．eEF-1はeEF-1AとeEF-1Bという二つのサブユニットから成り，1Aサブユニットが原核生物のEF-Tuに，1BサブユニットがEF-Tsに対応している．eEF-2タンパク質は，トランスロケーションを引き起こす原核生物のEF-Gに相当している．

　タンパク質合成阻害薬や毒物に対する反応性に関しては，真核生物と原核生物との間で多くの違いが見られる．例えば，抗生物質クロラムフェニコール（商標名クロロマイセチン）は，原核生物のA部位に結合してペプチジルトランスフェラーゼ活性を阻害するが，真核生物のリボソームには作用しない．この性質によって，クロラムフェニコールは細菌感染症の有効な治療薬となっているのである．一方，ジフテリア毒素は真核生物に対する毒素タンパク質として作用し，伸長因子eEF-2の活性を減少させてタンパク質合成を阻害する．

終結反応

　原核生物における終結反応と同様，リボソームはUAG，UAA，もしくはUGAのいずれかの終止コドンに到達するまで移動する．これらのコドンはtRNA分子には認識されない．原核生物では，3種の終結因子（RF-1，RF-2，およびRF-3）が使われ，それらの二つは終止コドンに応じて使い分けられているが，真核生物では，一つの終止因子が3種の終止コドンのすべてに結合して，完成したタンパク質のC末端アミノ酸とtRNAの結合の加水分解を触媒する．

　終止コドンを通り越して翻訳を続けさせる**サプレッサー tRNA** suppressor tRNAと呼ばれる特別なtRNAがある（この特殊なtRNAのアンチコドンは終止コドンに結合し，セレノシステイン残基を導入する．このようなtRNAについては，p.442の《身の周りに見られる生化学》を参照）．サプレッサー tRNAは，終止コドンが導入されるような突然変異を起こした細胞中によく見出される．

真核生物で転写と翻訳は共役して起こるか

　最近まで，真核生物では転写と翻訳は物理的に分離されているということが定説になっていた．すなわち，転写は核内で起こり，生じたmRNAが翻訳のためにサイトゾルへ運び出されるというものである．この方式は，通常の過程として認められているものであるが，最近になって，核に翻訳に必要なすべての構成成分（mRNA，リボソーム，タンパク質性因子）が存在することを示す証拠が得られている．さらに，単離した核を用いた実験系によって，核内でタンパク質が翻訳されていることを示す証拠が得られた．最も新しい論文では，細胞のタンパク質合成の10〜15％が核内で起こっていることを示唆している．本章末のHentze, M. W. ならびにIborra, F. J. et al. の論文を参照されたい．

身の周りに見られる生化学　　生物物理化学

シャペロン：不適切な会合の防止

　シャペロン（訳注：上流階級の令嬢の社交界デビューに付き添う婦人）の仕事は，不適切な出会いを防ぐことだといわれる．分子シャペロンと呼ばれる一群のタンパク質の働きは，新生タンパク質が活性な構造に折りたたまれるまでの間，不要な凝集が起こることを防ぐという点で，シャペロンの役割と同じである．タンパク質は，折りたたみに必要な情報をアミノ酸配列に内在しており，多くのタンパク質は図のⒶに示すように，外部からの助けを受けずに正しい折りたたみ構造をとる．しかし，いくつかのタンパク質は，初めにシャペロンと結合しないと，他のタンパク質と凝集したり，誤った二次，三次構造に折りたたまれてしまったりする．よく知られているシャペロンの例としては，熱ストレスによって細胞に出現する熱ショックタンパク質がある．熱ショックタンパク質の最初の例はHsp 70で，哺乳類のサイトゾル中に存在する70 kDaの熱ショックタンパク質として名付けられたタンパク質である（図のⒷ参照）．Hsp 70は新生ポリペプチドに結合して，それが他のタンパク質と相互作用することや，不活性な形に折りたたまれることを防いでいる．新生タンパク質が正しい折りたたみ構造を完成させるには，シャペロンから解放されることが必要であり，その過程はATPの加水分解エネルギーで駆動される．初期にはすべてのタイプの細胞にみられる熱ストレス応答因子として研究されていたHsp 70群のタンパク質は，原核生物と真核生物を通じて高度に保存された一次構造をもっている．

　タンパク質の約85％は，図のⒶとⒷに示された過程で折りたたまれる．残る15％のタンパク質の折りたたみには，別の熱ショックタンパク質群である**シャペロニン** chaperonin（60 kDaの分子量をもつことからHsp 60とも呼ばれる）が関与することが知られている．これらは，大きな多サブユニット構造をもつタンパク質であり，60 kDaのサブユニットが集合して檻を形成し，折りたたみ中の新生タンパク質を囲んで保護している（図のⒸ参照）．**GroEL**および**GroES**は，性質が最も詳しく解明されている大腸菌由来のシャペロニンである．GroELは，右の図に示すように，中央に空洞をもち，7個の60 kDaサブユニットで構成された環が二段に積み重なった形をしている．タンパク質の折りたたみは中央の空洞内で起こり，折りたたみはATPの加水分解エネルギーに依存している．GroESは7個の10 kDaサブユニットで構成される一重の環

Sec. 12.5 要約

■真核生物の翻訳には，対応する原核生物の翻訳よりも多種類のタンパク質性因子が関与している．
■5′キャップと3′ポリ(A)テールの両方が，開始コドンとして使われるべき正しいAUGにリボソームを向かわせることに関わっている．真核生物のmRNAにはシャイン-ダルガーノ配列がない．
■リボソームは，mRNAに結合すると，コザック配列と呼ばれるAUG周辺の短い配列によって規定される正しい読み枠のAUGを見つけるまで，mRNAを下流に向けて移動する．
■真核生物の伸長反応は，原核生物のものとよく似ている．終結反応では，三つの終止コドンのすべてに結合する終結因子は一つしかない．
■最近，真核生物の細胞核でも転写に共役した翻訳が起こることが見出されている．

で，GroEL の上に乗っている．タンパク質が折りたたまれる過程では，ポリペプチド鎖は空洞表面との間で結合と解離を繰り返す．ある場合には，タンパク質の折りたたみが完成するまでに 100 分子以上の ATP が加水分解される．

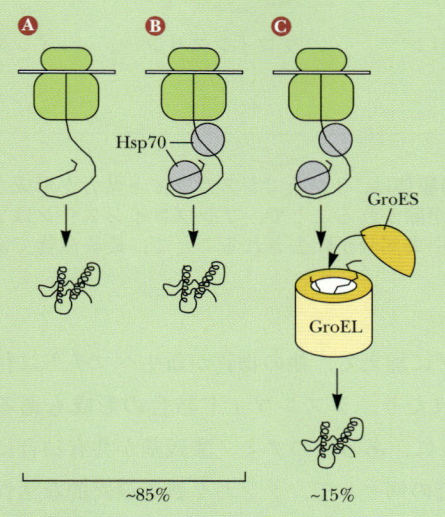

タンパク質の折りたたみ経路
Ⓐ シャペロンに無関係の折りたたみ．Ⓑ シャペロン（灰色），この場合は Hsp 70 タンパク質によって促進される折りたたみ．約 85 % のタンパク質が Ⓐ および Ⓑ で示した二つの機構のどちらかによって折りたたまれる．Ⓒ シャペロニン，この場合は GroEL および GroES によって促進される折りたたみ．(*Netzer, W. J., and Hartl, F. U., 1998. Protein folding in the cytosol: Chaperonin-dependent and -independent mechanisms.* Trends in Biochemical Sciences **23**: 68-73, Figure 2 より，許可を得て改変)

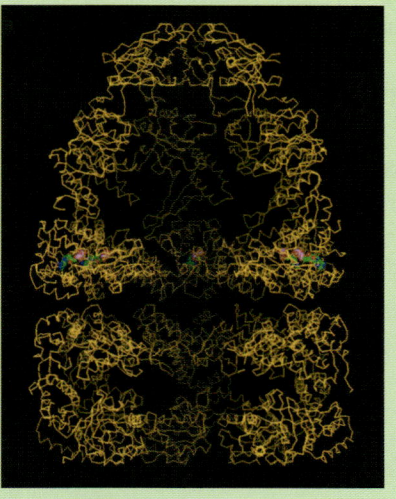

中央の空洞を強調した GroEL-GroES 複合体の構造
タンパク質はオレンジ色で表してある．結合した ADP 分子は緑色で，それに結合したマグネシウムイオンは赤色で示してある．(*Xu, Z., Horwich, A. L., and Sigler, P. B., 1997,* Nature **388**: 741-750, Figure 1 より，許可を得て改変．分子の図は *Paul B. Sigler, Yale University* の好意による)

12.6 タンパク質の翻訳後修飾

　新しく合成されたポリペプチドの多くは，生理的に活性な形になる前にプロセシングを受ける．原核生物において，*N*-ホルミルメチオニンが切り離されることはすでに述べた．プレプロインスリンのプロインスリン，プロインスリンのインスリンへの変換過程に見られるペプチド鎖切断のように，前駆体中の決まった位置の結合が加水分解されることもある（図 12.22）．細胞内の特定の領域や細胞外へ輸送されるタンパク質は，N 末端にリーダー配列（訳注：シグナル配列とも呼ぶ）をもっている．タンパク質に対して行き先を指示するこの配列は，小胞体膜を通過した後で，小胞体 endoplasmic reticulum に結合している特異的なプロテアーゼによって認識されて除去される．この過程を終えたタンパク質はゴルジ体 Golgi apparatus に移行し，そこで最終的な行き先の指示を受ける．

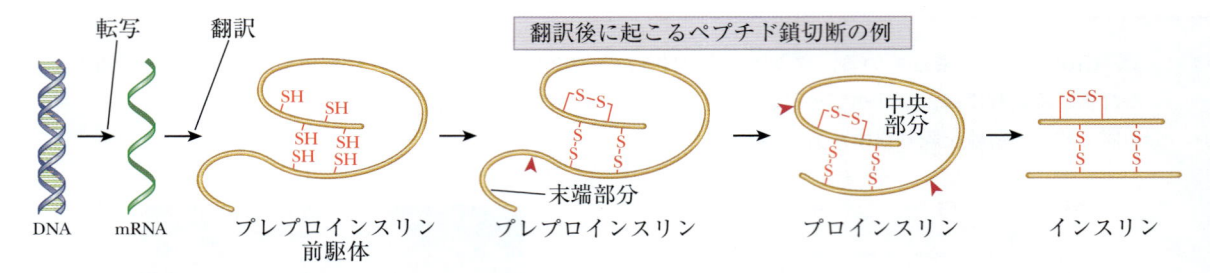

図 12.22

タンパク質の翻訳後修飾の例
転写-翻訳の過程を経て産生されたプレプロインスリンの前駆体は，3か所でジスルフィド結合が形成されてプレプロインスリンとなる．特異的切断によって末端部分が除かれることで，プレプロインスリンはプロインスリンに変換され，さらに2か所の特異的切断によって中央部分が除去されることで，最終産物であるインスリンが生成する．

　ペプチド結合の切断によるタンパク質のプロセシングに加えて，他の物質が新生ペプチドに付加されることがある．ヘムなど種々の補助因子が付加されたり，ジスルフィド結合の形成もある（図12.22）．プロリンのヒドロキシプロリンへの変換のように，ある種のアミノ酸残基が共有結合による修飾を受けることもある．その他の共有結合による修飾の例として，タンパク質を最終的に活性型にするための糖質や脂質の付加がある．タンパク質はまた，メチル化，リン酸化，およびユビキチン化（Sec. 12.7）されることがある．

12.6.1　修飾によってタンパク質は常に正しい三次元構造をとることができるか

　新生タンパク質を正しい構造に折りたたむことは極めて重要な問題である．原理的には，タンパク質の一次構造はその三次元構造を特定するのに十分な情報をもっている．しかし，細胞内では，折りたたみ過程の複雑さと可能なコンホメーションの多さのために，タンパク質が自発的に正しいコンホメーションに折りたたまれにくいこともある．*In vivo* でのタンパク質の折りたたみに関する過程については，p.452 の《身の周りに見られる生化学》で述べる．

Sec. 12.6 要約
- タンパク質は，通常，翻訳後に修飾される．
- タンパク質の修飾には，原核生物のタンパク質における N-ホルミルメチオニンの除去，特定のアミノ酸残基における切断，シグナル配列の付加などが含まれる．
- ヘモグロビンのヘムのように，タンパク質ではない物質が付加されるタンパク質もある．
- タンパク質は，正しい形になるように適切に折りたたまれることが必要である．シャペロンと呼ばれるタンパク質分子は，多くのタンパク質が正しい形に折りたたまれるのを助けている．

身の周りに見られる生化学　遺伝学

サイレント変異が常にサイレントであるとは限らない

　サイレント変異は，DNAには変化があるが，タンパク質に取り込まれるアミノ酸には変化がない変異である．例えば，コーディング鎖がUUCでフェニルアラニンをコードしている場合，これをUUUに変える変異がサイレント変異である．その理由は，UUCもUUUも同じアミノ酸（フェニルアラニン）をコードしているからである．サイレント変異という考え方は，少なくとも数十年間にわたって科学者に信じられてきた．しかし，最近になって，この考え方が常に真実であるとは言えないという証拠が示された．米国立がん研究所（NCI）の研究者たちは，がん細胞の多剤耐性に関連する*MDR1*と呼ばれる遺伝子の塩基配列を解析し，そこにいくつかの共通したサイレント変異があることに気付いた．興味深いことに，この遺伝子のサイレント変異には，ある種の医薬品に対する患者の応答性に違いを与える表現形の変化が伴うことが見出された．サイレント変異が遺伝子の最終産物に変化を与えることはないことから，これは衝撃的な事実であった．

　すべてのコドンが必ずしも同じように翻訳されてはいないことは明らかであり，特別なアミノ酸では，コドンが変わると別のtRNA分子種を必要とする．そのような場合でも，タンパク質に取り込まれるアミノ酸は同じものである．使われているコドンによって変わるのは，リボソームがアミノ酸を取り込む速度である．これは，Chap. 11で見た転写の減衰を思い起こさせる．図に示すように，翻訳の速度は最終産物の形に影響を与える．野生型のコドンが使われている場合には，翻訳が正常な速さで進み，正しいコンホメーションをもつタンパク質ができる．しかし，サイレント変異によってリボソームの進む速さが乱されると，タンパク質の折りたたみが変化して異常なコンホメーションのタンパク質がつくられることもある．これについては，本章末のKomar, A. A.またはSoares, C.の論文を参照されたい．

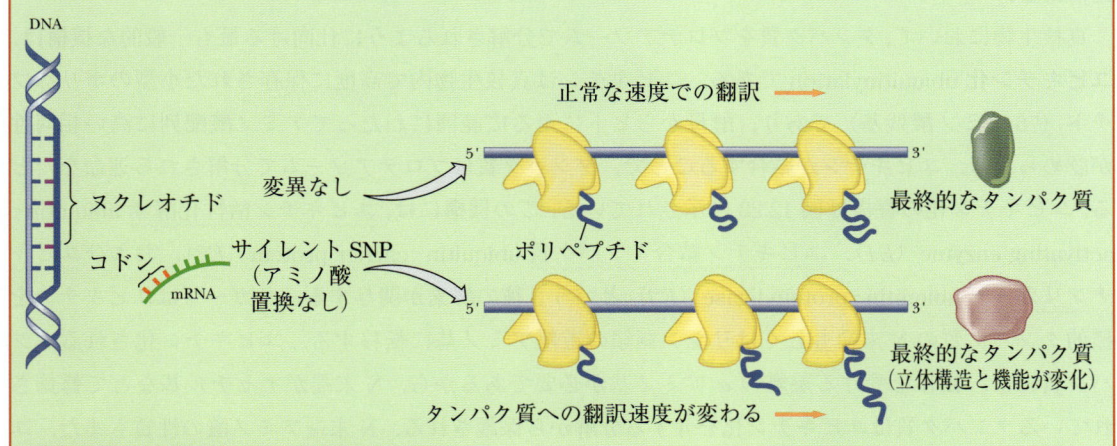

翻訳反応の速度論とタンパク質の折りたたみ
外部から影響されることなくタンパク質の合成が正常速度で進めば，タンパク質は正しく折りたたまれる．リボソームの移動速度がmRNAのある場所で遅くなったり速くなったりすることで翻訳速度が異常になると，最終的なタンパク質の立体構造に変化が生じることがある．野生型タンパク質のアミノ酸と同義のコドンを与えるサイレント一塩基多型（SNP）が，このような翻訳速度の異常を起こすことがある．このような同義語コドンへの置換は，mRNAの翻訳速度に変化をもたらし，最終的な立体構造やその機能が異なるタンパク質を生じることになる．
(*SNPs, Silent but not Invisible* by Anton A. Komar, Science **315**, 466－467 [2007]より，許可を得て転載)

12.7 タンパク質の分解

　遺伝子発現の調節で最も見落とされがちなことの一つは，タンパク質の分解段階における調節である．タンパク質は，動的な状態にあり，頻繁に置き換えられている．運動選手はこのことを痛切に実感している．それは，素晴らしい肉体をつくり上げるのには厳しいトレーニングが必要であるのに，それを止めるとすぐ元に戻ってしまうからである．あるタンパク質群は，その50％が3日で置き換わっており，転写や翻訳のエラーで生じる異常なタンパク質は速やかに分解されている．生体内では，タンパク質の分解物が見つかることは滅多にないことから，タンパク質は，そのペプチド骨格が1か所でも切断されるとそれが引き金となり，急速に分解が進むものと考えられる．

12.7.1 細胞はどのようにして分解すべきタンパク質を知るか

　タンパク質の分解が速やかに起こるなら，誤ってポリペプチド鎖を破壊してしまわないように，分解過程を厳密に制御しておく必要がある．タンパク質を分解する経路は，リソソームのような分解性のオルガネラである**プロテアソーム** proteasome と呼ばれる高分子構造体に限られている．タンパク質は，翻訳後に特別なシグナル配列が付加されることによってリソソームへ送られる．一旦，リソソームへ送られると，タンパク質は非特異的に分解される．プロテアソームは原核生物にも真核生物にも存在しており，タンパク質をプロテアソームと複合体を形成して分解するように仕向ける特別な経路がある．

　真核生物において，タンパク質をプロテアソームで分解されるように仕向ける最も一般的な機構は，**ユビキチン化** ubiquitinylation である．ユビキチンは真核生物内で高度に保存された小型のポリペプチド（76アミノ酸残基）であり，酵母からヒトに至る広範囲にわたってアミノ酸配列に高い相同性が認められる．ユビキチンが結合することで，タンパク質はプロテアソームで分解される運命をたどる．ユビキチン化の機構は図12.23に示されている．この機構には，ユビキチン活性化酵素 ubiquitin-activating enzyme（$E1$），ユビキチン結合タンパク質 ubiquitin-carrier protein（$E2$），およびユビキチンリガーゼ ubiquitin-protein ligase（$E3$）という3種の酵素が関与する．リガーゼはユビキチンを標的タンパク質のN末端もしくはリシン側鎖の遊離アミノ基に転移する．ユビキチン化されるタンパク質には，転移を受ける遊離のαアミノ基が必要であるから，N末端がアセチル基などで修飾されているタンパク質はユビキチン化を介する分解から保護される．N末端アミノ酸の性質もまた，ユビキチン化に対する感受性に影響する．N末端がMet，Ser，Ala，Thr，Val，Gly，もしくはCysのタンパク質はユビキチン化に対して抵抗性であり，一方，N末端がArg，Lys，His，Phe，Tyr，Trp，Leu，Asn，Gln，Asp，もしくはGluのタンパク質は，2～30分という非常に短い半減期で分解される．酸性アミノ酸をN末端にもつタンパク質では，分解過程の一部にtRNAが関与する．これは，アルギニンと結合したtRNA（Arg-tRNA^{Arg}）を使ってアルギニンを酸性アミノ酸のN末端に転移させることでタンパク質のユビキチンリガーゼに対する感受性を高めるというものである（図

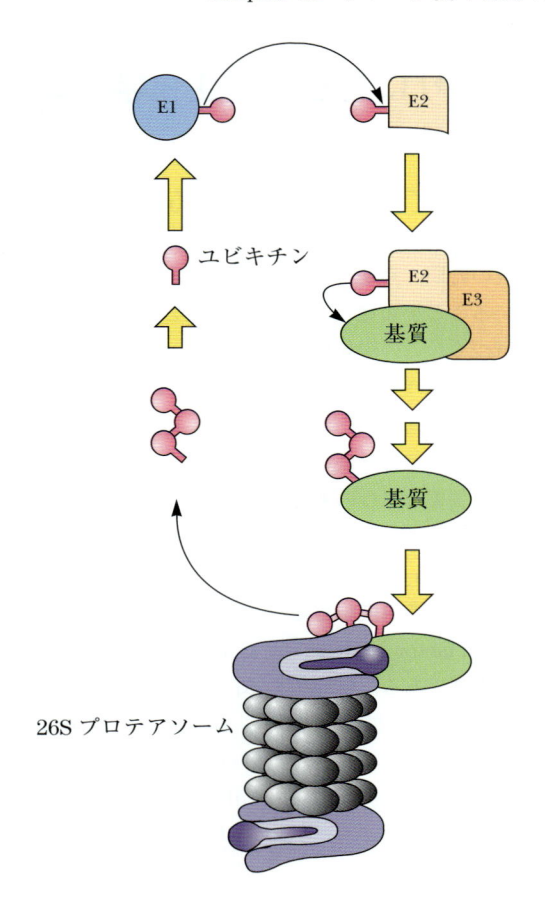

図 12.23
ユビキチン−プロテアソーム分解経路の模式図
棒付きキャンデー状のもの（ピンク色）はユビキチン分子を表す．（Hilt, W., and Wolf, D. H., 1996. Proteasomes: Destruction as a Program. Trends in Biochemical Sciences **21**: 96-102, Figure 1 より，許可を得て改変）

12.24）．次の《身の周りに見られる生化学》では，高度に対する適応過程の調節において，転写調節とタンパク質の分解機構がどのように協調的に働いているかを示す興味深い例を紹介する．

身の周りに見られる生化学　生理学

われわれはどのようにして高地に適応するか

　低地に住む人々は，ある程度の時間，高地に留まっていると，酸素が不足していることを知覚し，それに伴う生理的な変化に必ず気づく．この現象については，生理学者が，長年，研究を続けており，生化学者も細胞が酸素分圧を感知する機構や，それに身体が適応して変化する機構を見出す努力を続けている．酸素分圧の低下に適応する主要な二つの変化として，赤血球の増加と血管の新生がある．前者はホルモンである**エリスロポエチン** erythropoietin（**EPO**）によって促進され，後者は**血管内皮細胞増殖因子** vascular endothelial growth factor（**VEGF**）による新しい毛細血管の形成の促進である．研究者達は，細胞が低い酸素分圧，すなわち**低酸素状態** hypoxia に対応する方法について多くのことを知り，その成果は，炎症，心疾患，がんの治療薬の開発など，さまざまに応用されている．

　これらの過程では，**低酸素誘導因子** hypoxia inducible factor（**HIF**）と呼ばれる転写因子が鍵を握っている（図を参照）．血液中の酸素分圧が低くなると，HIF α および HIF β サブユニットで構成されるヘテロダイマーが DNA に結合し，さまざまな遺伝子の発現を促進する．体内の酸素は，人が高地にいたり，組織が非常に激しい運動をしなければならないなど，さまざまな理由で低下する．心臓発作や脳卒中を起こした時には，酸素分圧が低下し，上述した転写因子群が障害を軽減するために働く．

　HIF によって調節される遺伝子群は，好気的な代謝が障害された細胞において，エネルギーを供給するために必要な解糖系酵素の産生ばかりでなく，EPO の産生や血管新生をも促す．さらに，多くの種類のがんで HIF レベルの上昇が見出されている．これは，大量の酸素供給を必要とする腫瘍の増殖能に関係しているのであろう．結局のところ，細胞の増殖が調節されないと，HIF サブユニットの二量体化に歯止めがかからず，HIF で誘導される遺伝子の恒常的な発現がもたらされる．このようなことが起これば，内皮細胞が過剰に増殖して，腫瘍が誘発されることになる．どのような細胞でも，HIF β サブユニットは比較的一定量に保たれており，HIF α サブユニット量が調節される．この調節は主として HIF α サブユニットの分解によっている（図の右側を参照）．HIF α サブユニットの 564 番プロリンは，**プロリンヒドロキシラーゼ** proline hydroxylase（**PH**）によってヒドロキシ化される．ヒドロキシ化された HIF α は，がん抑制因子（がん抑制因子に関する詳細は Sec. 14.8 を参照）として最初に発見されたタンパク質である pVHL（von Hippel-Lindau protein）と結合する．pVHL との結合によって，HIF α サブユニットをユビキチン化する**ユビキチンリガーゼ** ubiquitin ligase（**UL**）との複合体形成が促進される．ユビキチンは，真核生物に非常に大量に，しかもよく保存されて存在する 76 残基から成るポリペプチドである．ユビキチンがタンパク質に結合すると，そのタンパク質はプロテアソームに運ばれて分解されてしまう．この経路が酸素分圧を感じとる身体能力とどのような関係にあるかについては，活発な研究が続けられている．プロリンヒドロキシラーゼが鉄と酸素を必要とするという証拠があるので，酸素が十分ではない条件下では，HIF のプロリンをヒドロキシ化する酵素は働けないと考えられる．すると，HIF α サブユニットは分解の標的から外れて HIF β サブユニットと活性な二量体を形成し，酸素分圧の低下に対する適応反応を促進できるようになるのであろう．

　最近，別のヒドロキシ化反応による第二の調節点があることが見出された．この場合のヒドロキシ化の標的は HIF α のアスパラギン残基である．HIF α サブユニットがこのヒドロキシ化を受けると，転写

を仲介する因子である p300（Chap. 11 参照）に結合できず，転写を誘導できなくなる．このように，酸素分圧が下がると，二つの異なるヒドロキシ化反応のレベルが低下するのである．

アスパラギンをヒドロキシ化する酵素反応レベルの低下は HIF α が仕事をできる状態をつくり，プロリンヒドロキシラーゼ反応の低下は，ユビキチンが関与する系による HIF α の分解を止める．多くの研究者は，これら二つの反応が酸素を感知する機構であると確信しているが，これらがまだ見つかっていない真の機構に付随して見られる偶然の現象に過ぎないと考える研究者もいる．

HIF はまた，インスリン様増殖因子 2 insulin-like growth factor 2（**IGF2**）とトランスフォーミング増殖因子 α transforming growth factor α（**TGFα**）によって正の調節を受けている．これらの因子は，いくつかの成長と分化経路で活性を発揮している一般的な増殖因子であり，酸素の利用度には関係していない．

多くのがんが高い HIF 発現レベルを伴うことが見出されており，がんの有力な治療薬として HIF の調節が注目されている．がんの増殖には酸素を必要とするので，がん細胞で起こる HIF による転写の活性化を止めれば，拡大する前の段階でがんに効果的な歯止めをかけることができる．

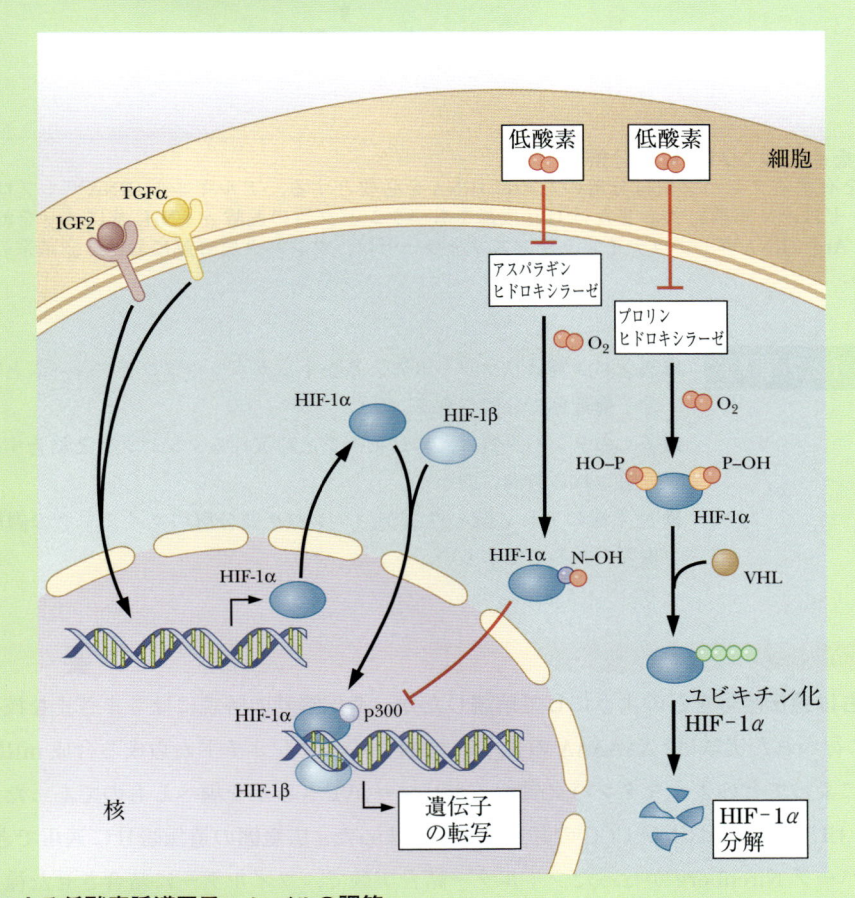

酸素濃度による低酸素誘導因子 α レベルの調節
(Marx, J., 2004. How cells endure low oxygen. Science **303**, 1454-1456. Illustration by Carin Cain. 著作権 © 2004 AAAS より，許可を得て改変)

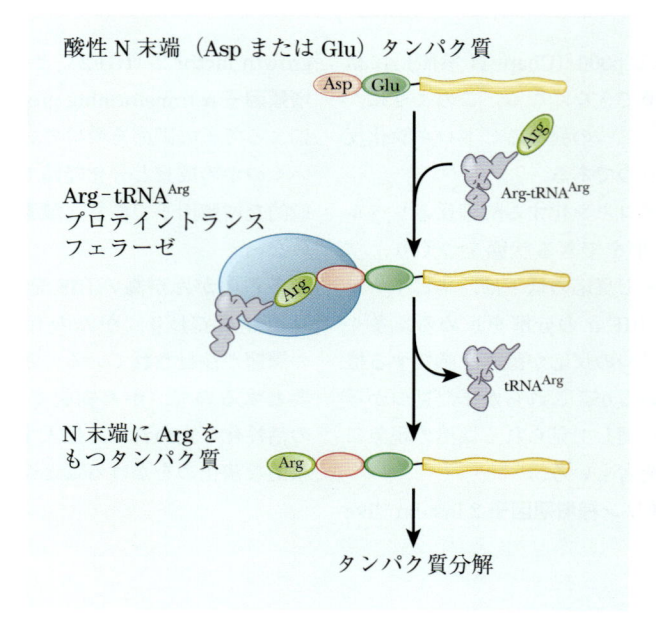

図 12.24
酸性 N 末端をもつタンパク質の分解
酸性 N 末端を有するタンパク質は分解のために tRNA を必要とする．アルギニル tRNA^{Arg}：プロテイントランスフェラーゼは，N 末端に Asp または Glu 残基をもつタンパク質の遊離 α-NH$_2$ 基に Arg を転移する反応を触媒する．Arg-tRNA^{Arg}：プロテイントランスフェラーゼは，タンパク質分解における認識系の一部として機能している．

> **Sec. 12.7 要約**
> ■タンパク質はリソソームのようなオルガネラやプロテアソームと呼ばれる高分子構造体で分解される．
> ■多くのタンパク質は，ユビキチンと呼ばれるタンパク質と結合することで，分解される方向に向かう．
> ■N 末端のアミノ酸の性質が，タンパク質分解のタイミングの調節に極めて重要であることが多い．

SUMMARY 要約

◆**科学者たちは遺伝暗号をどのようにして解読したか**　遺伝暗号の解読にはさまざまな技術が使われた．初めに行われた実験は，AAAAAA のように，1 種類のヌクレオチドから成る合成 mRNA を作り，その翻訳によってどのようなタンパク質ホモポリマーができるかを調べるものであった．この方法で，AAA，UUU，GGG および CCC の翻訳結果が決まった．広範囲の遺伝暗号に適用できる実験は，ニーレンバーグ Nirenberg が行ったフィルター結合実験で，フィルターに結合させた種々のトリヌクレオチドにどのアミノ酸に対応する tRNA が結合するかを調べた．

◆**64 種のコドンに対して，それより少ない tRNA でどのように対応しているか**　tRNA 分子の種類は，アミノ酸に対するコドンの約半数しかない．これは，tRNA のアンチコドンの 5′末端塩基に"ゆらぎ"があるためである．ゆらぎ塩基は，特定の条件下でワトソン–クリック規則に合わない塩基対を形成できる．例えば，ゆらぎ塩基として存在する U は，mRNA コドンの A の他に G とも結合

できる．したがって，tRNA 分子は種類が少なくても間に合うのである．

◆ **"第二の遺伝暗号" とは何か**　第二の遺伝暗号とは，アミノアシル tRNA シンテターゼがアミノ酸とそれに対応する tRNA とを厳密に選択して結合させる特異性のことである．この段階から後は，遺伝情報を校正する機会はほとんどないので，tRNA に正しいアミノ酸を結合させることは重要である．tRNA に誤ったアミノ酸が結合すると，シンテターゼはそれを速やかに加水分解することで誤りを取り除いている．

◆ **リボソームはどのようにして翻訳開始場所を認識するか**　原核生物の翻訳では，正しい翻訳開始コドンとなる AUG は，直前にシャイン-ダルガーノ配列と呼ばれるコンセンサス配列があることによって認識される．この配列は原核生物のリボソーム小サブユニットにある塩基配列と相補的であり，リボソームはまずシャイン-ダルガーノ配列に結合することで，開始コドンから正しい翻訳を始める位置につくことができる．

◆ **EF-Tu が大腸菌でそれほど重要なのはなぜか**　伸長因子の EF-Tu と EF-Ts は，タンパク質の伸長反応に複雑な過程をつけ加えている．研究の初期には，この複雑さは煩わしさだけのものとされていたが，実際には校正機構として働く重要な仕組みである．EF-Tu は，コドンとアンチコドンが一致した場合に限って，アミノアシル tRNA をリボソームの A 部位に結合させる．それに加えて，tRNA に結合しているアミノ酸が間違っていると，EF-Tu はそのアミノアシル tRNA をリボソームまで効率よく運ぶことはない．

◆ **真核生物の翻訳はどのように違うか**　真核生物の翻訳過程は，原核生物のそれと比べて，細部でいくつかの相違点がある．真核生物の mRNA は原核生物にはない多くの修飾を受けており，修飾で生じた 5′ 末端のキャップと 3′ 末端のポリ(A)テールが翻訳の開始複合体形成に関与する．真核生物にはシャイン-ダルガーノ配列はないが，コザック配列が正しい開始コドンとなる AUG を囲んでいる．開始因子と伸長因子の数は，真核生物のほうが原核生物より多い．真核生物では，終止コドンをサプレッサー tRNA が認識することがあり，セレノシステインのような非標準アミノ酸をタンパク質に挿入することができる．

◆ **修飾によってタンパク質は常に正しい三次元構造をとることができるか**　理論的には，タンパク質の三次元構造は一次構造によって決まる．しかし実際には，タンパク質が正しい構造にたどりつくにはシャペロンの助けを必要とすることが多い．これは，新生タンパク質が完成した形になる前に他のタンパク質との間で相互作用が起こったり，翻訳の早い段階で誤った折りたたみが始まってしまうためである．

◆ **細胞はどのようにして分解すべきタンパク質を知るか**　タンパク質は，リソソームのようなオルガネラやプロテアソームと呼ばれる高分子構造体で分解される．多くのタンパク質は，ユビキチンと呼ばれるタンパク質と結合することで分解の標的になる．N 末端アミノ酸配列の性質がタンパク質を分解する時期の調節に極めて重要である．損傷したタンパク質は極めて迅速に分解される．

EXERCISES 練習問題

12.1 遺伝情報を翻訳するということ

1. **復習** タンパク質合成の各段階を示すフローチャートをつくれ．

12.2 遺伝暗号

2. **復習** タンパク質合成において，2塩基で1アミノ酸を指定する遺伝暗号は不適切である．その理由を示せ．
3. **復習** 縮重したコードとは何かを定義せよ．
4. **復習** 塩基のトリプレットコードに対応するアミノ酸の決定において，フィルター結合法はどのように利用されたか．
5. **復習** ヌクレオチドがアンチコドンのゆらぎ部位に存在するときに，ワトソン-クリックの塩基対の規則を破っているヌクレオチドは何か．また，そうならないヌクレオチドは何か．
6. **復習** タンパク質合成の終結における終止コドンの役割を述べよ．
7. **演習** 鋳型DNAにおける5′…123…3′という三塩基の配列を考えてみよう．ここで，1，2，3はデオキシリボヌクレオチドの相対的位置を示す．以下に示す位置で起こる点変異（1塩基の置換）が起こった場合，生成するタンパク質に起こりうる影響について述べよ．
   (a) 位置1でプリン塩基が別のプリン塩基に変化した．
   (b) 位置2でピリミジン塩基が別のピリミジン塩基に変化した．
   (c) 位置2でプリン塩基がピリミジン塩基に変化した．
   (d) 位置3でプリン塩基が別のプリン塩基に変化した．
8. **演習** 単一のアミノ酸に対応する複数のコドンにおいては，最初の二つの塩基が共通で，3番目の塩基が異なることが可能である．実験的に見出されたこの事実が，ゆらぎの概念と一致するのはなぜか．
9. **演習** アンチコドンにおいて，ヌクレオシドのイノシンは，コドンの3番目の塩基に対応する位置に存在することが多い．このイノシンがゆらぎ塩基対形成で果たす役割は何か．
10. **演習** 同じアミノ酸に対する複数のコドンが1ないし2塩基を共有していることは，理にかなったことか．その理由を述べよ．
11. **演習** 一つのコドンが複数のアミノ酸の取り込みを指定できるとした場合（曖昧な暗号），タンパク質合成はどのような影響を受けるか．
12. **演習** ミトコンドリアに見られる遺伝暗号の違いに対する進化学的な意味について，考えを述べよ．

12.3 アミノ酸の活性化

13. **復習** アミノ酸の活性化におけるATPの役割は何か．
14. **復習** アミノ酸の活性化における校正過程の概略について述べよ．
15. **復習** タンパク質合成における忠実度を保証しているものは何か．この忠実度は複製や転写における忠実度と比較するとどうか．
16. **復習** 同じ酵素が，二つ以上のアミノ酸をそれぞれに対応するtRNAにエステル結合させることができるか．
17. **演習** 一人の友人が，アミノアシルエステルに関する研究に着手したと話し，これらのエステル化合物の生物学的な役割を説明してほしいと尋ねた．あなたは友人に何を話すか．
18. **演習** タンパク質合成における校正過程が，コドン-アンチコドン認識の段階ではなく，アミノ酸の活性化の段階にある理由について，考えを述べよ．
19. **演習** アミノ酸の活性化は，エネルギー論的に有利なことか．理由とともに答えよ．

12.4 原核生物における翻訳

20. **復習** 次のものについて，それらの機能を示して説明せよ．EF-G，EF-Tu，EF-Ts，ペプチジルトランスフェラーゼ．
21. **復習** タンパク質合成の開始複合体の構成成分は何か．また，それらの間にはどのような相互作用があるか．
22. **復習** 原核生物のタンパク質合成におけるリボソーム50Sサブユニットの役割は何か．
23. **復習** A部位およびP部位とは何か．タンパク質合成におけるそれらの類似の役割は何か．また，相違点は何か．E部位とは何か．

24. **復習** ピューロマイシンはどのようにしてタンパク質合成を阻害するか．
25. **復習** タンパク質合成における停止信号の役割を述べよ．
26. **復習** タンパク質の合成過程において，mRNA が結合するのはリボソームサブユニットの一方か，それとも両方か．
27. **復習** シャイン−ダルガーノ配列とは何か．それがタンパク質合成において演じる役割は何か．
28. **演習** あなたと一緒に勉強している友人が，tRNA 分子中で水素結合している部分は tRNA の機能には重要な役割をしていないと言った．あなたはどう答えるか．
29. **演習** 大腸菌はメチオニンに対して2種のtRNA をもっている．それらを区別する基準は何か．
30. **演習** 原核生物のタンパク質合成において，ホルミルメチオニン（fMet）は最初に取り込まれるアミノ酸であるのに対して，真核生物では，（普通の）メチオニン（Met）が取り込まれる．それらに対しては，同じコドン（AUG）が使われているが，Met が開始位置に取り込まれたり，fMet が中間に取り込まれたりするのを防いでいるのは何か．
31. **演習** N−ホルミルメチオニンに対応する tRNA が，mRNA の翻訳開始を特定している場所と相互作用する際の認識過程を説明せよ．
32. **演習** タンパク質合成の忠実度は，タンパク質合成の過程において二度保証されている．どのような方法でいつ行われるか．
33. **演習**
    (a) 150 アミノ酸から成るタンパク質では，活性化反応は何回必要か．
    (b) 150 アミノ酸から成るタンパク質では，開始反応は何回必要か．
    (c) 150 アミノ酸から成るタンパク質では，伸長反応は何回必要か．
    (d) 150 アミノ酸から成るタンパク質では，終結反応は何回必要か．
34. **演習** 原核生物のタンパク質合成における，1 アミノ酸当たりのエネルギー支出はいくらか．また，これをエントロピーの低下と関連づけよ．
35. **演習** mRNA と DNA を合成する過程を含めて，タンパク質合成のためのエネルギー支出を計算することは可能か．
36. **演習** ペプチジルトランスフェラーゼは，すべての生物界の酵素の中で最も保存された配列をもつものの一つであるという事実から導き出される結論について，考えを述べよ．
37. **演習** 初期のタンパク合成の研究において，もっぱらリボソームだけを含む高度に精製したリボソーム標品は，より精製度の低いリボソーム標品より，タンパク質合成活性が低いことが観察されていた．この結果に対する説明を考えよ．
38. **演習** リボソームに不可欠な要素としてのペプチジルトランスフェラーゼの起源と進化に関して，その筋書きを考えてみよ．
39. **演習** リボソームの構造に関する詳細な情報を得るために，電子顕微鏡に期待することができるだろうか．ヒント：図 12.18 を見よ．
40. **演習** リボソーム上で近接した場所に複数の tRNA 結合部位が存在することは，タンパク質合成の効率をいかに高めているか．
41. **演習** ウイルスはリボソームをもっていない．ウイルスはどのようにしてウイルスタンパク質合成を行っているか．

12.5 真核生物における翻訳

42. **復習** 細菌と真核生物のタンパク質合成における二つの主要な類似点は何か．また，二つの主要な相違点は何か．
43. **演習** 真核生物のタンパク質の N 末端に，メチオニン以外のアミノ酸が存在するのはなぜか．
44. **演習** ウイルス感染症の治療にピューロマイシンは有効であるか．有効または無効な理由を述べよ．また，クロラムフェニコールは有効か．
45. **演習** 真核生物におけるタンパク質合成の速度は，原核生物のそれより緩やかである．その理由について述べよ．
46. **演習** タンパク質合成において，終止コドンの働きを無視する機構をもつことが有利なのはなぜか．

12.6 タンパク質の翻訳後修飾

47. **演習** ヒドロキシキシプロリンはコラーゲン中

に見出されるアミノ酸であるが，ヒドロキシプロリンに対応するコドンはない．このアミノ酸が一般的なタンパク質中に存在しうる理由を説明せよ．

12.7 タンパク質の分解

48. **復習** タンパク質の分解におけるユビキチンの役割は何か．

49. **演習** ユビキチン化なしでのタンパク質分解を考えてみよ．その過程はより効率的だろうか．あるいはそうではないだろうか．

50. **演習** 細胞内のあらゆる場所でタンパク質分解が起こると考えるのは，理にかなっているか．

ANNOTATED BIBLIOGRAPHY 参考文献

Ban, N. The Complete Atomic Structure of the Large Ribosomal Subunit at 2.4 Ångstrom Resolution. *Science* **289**, 905–920. (2000). [Current information on the structure of the ribosome.]

Cech, T. R. The Ribosome Is a Ribozyme. *Science* **289**, 878–879 (2000). [A classic paper describing the RNA–based catalysis of the ribosome.]

Fabrega, C., M. A. Farrow, B. Mukhopadhyay, V. de Crecy–Lagard, A. R. Ortiz, and P. Schimmel. An Aminoacyl tRNA Synthetase Whose Sequence Fits into Neither of the Two Known Classes. *Nature* **411**, 110–114 (2001). [An article describing a tRNA synthetase discovered to not belong to one of the two known classes.]

Freeland, S. J., and L. D. Hurst. Evolution Encoded. *Sci. Amer.* **290** (4), 84–91 (2004). [An article on the evolutionary fitness of the genetic code.]

Goldberg, A. Functions of the Proteasome: The Lysis at the End of the Tunnel. *Science* **268**, 522–523 (1995). [A perspective view of the multisubunit proteins involved in protein degradation.]

Hartl, F. Molecular Chaperones in Cellular Protein Folding. *Nature* **381**, 571–579 (1996). [A review article on the various classes of molecular chaperones.]

Hentze, M. eIF4G: A Multipurpose Ribosome Adapter? *Science* **275**, 500–501 (1997). [A short review of translation initiation in eukaryotes.]

Hentze, M. W. Believe It or Not–Translation in the Nucleus. *Science* **293**, 1058–1059 (2001). [A recent article introducing the research that showed nuclear translation.]

Ibba, M. Discriminating Right from Wrong. *Science* **294**, 70–71 (2001). [A summary of the latest research showing a type of proofreading ability by EF–Tu.]

Iborra, F. J., D. A. Jackson, and P. R. Cook. Coupled Transcription and Translation within Nuclei of Mammalian Cells. *Science* **293**, 1139–1142 (2001). [The primary research showing translation in the nucleus.]

Komar, A. A. SNPs, Silent But Not Invisible. *Science* **315**, 466–467 (2007). [An article describing the nature of translation kinetics changes based on silent mutations.]

LaRiviere, F. J., A. D. Wolfson, and O. C. Uhlenbeck. Uniform Binding of Aminoacyl–tRNAs to Elongation Factor Tu by Thermodynamic Compensation. *Science* **294**, 154–168 (2001). [An in–depth article about the newest evidence that EF–Tu provides another level of fidelity in translation.]

Polacek, N., M. Gaynor, A. Yassin, and A. S. Mankin. Ribosomal Peptidyl Transferase Can Withstand Mutations at the Putative Catalytic Nucleotide. *Nature* **411**, 498–501 (2001). [An article questioning the ribozyme theory of peptidyl transferase.]

Soares, C. Codon Spell Check. *Sci. Amer.* **296** (5), 23–24 (2007). [An introduction to new information about how silent mutations are not always silent.]

Zhu, H., and H. F. Bunn. How do cells sense oxygen? *Science* **292** (5516), 449–451 (2001). [An article about protein degradation and gene expression in the system that allows adaptation to high altitude.]

CHAPTER 13

核酸工学技術

走査型電子顕微鏡で見たヒトの染色体

概　要

- **13.1　核酸の精製と検出**
  - 13.1.1　核酸はどのようにして分離できるか
  - 13.1.2　DNA はどのようにして可視化できるか
- **13.2　制限酵素**
  - 13.2.1　付着末端はなぜ重要か
- **13.3　クローニング**
  - 13.3.1　クローニングとは何か
  - 13.3.2　プラスミドとは何か
- **13.4　遺伝子工学**
  - 13.4.1　遺伝子工学の目的は何か
  - 13.4.2　ヒトのタンパク質をどのようにして細菌につくらせるか
  - 13.4.3　発現ベクターとは何か
- **13.5　DNA ライブラリー**
  - 13.5.1　ライブラリーからどのようにして目的の DNA 断片を見つけ出すか
- **13.6　ポリメラーゼ連鎖反応**
  - 13.6.1　PCR の利点は何か
- **13.7　DNA フィンガープリント法**
  - 13.7.1　個体間の DNA の違いはどのようにして検出するか
- **13.8　DNA の塩基配列決定法**
  - 13.8.1　ジデオキシヌクレオチドで DNA の塩基配列はどのようにして決められるか
- **13.9　ゲノミクスとプロテオミクス**
  - 13.9.1　マイクロアレイはどのように機能するか

13.1 核酸の精製と検出

　1997年の初頭，スコットランドの科学者がクローン（訳注：厳密には体細胞クローン）ヒツジを作ることに成功したというニュースが世界中の新聞の見出しを飾り，その後，他の数種の動物についてもクローン作りに成功したことも報じられた．DNA操作技術の威力を示すこのような衝撃的な事例は，大きな話題のきっかけになっている．本章では，バイオテクノロジーに用いられる最も重要な方法のいくつかに注目してみよう．

　核酸に関する実験では，分子サイズが大きく異なる極めて微量の材料を取り扱うことが多い．基本的かつ必須な二つの技術は，混合物を個々の成分に分離することと，核酸を検出することであり，幸い，どちらについても強力な方法が確立されている．

故ドリー，体細胞クローン技術で誕生し，世界一有名になったヒツジ．

13.1.1　核酸はどのようにして分離できるか

分離技術

　あらゆる分離技術は，分離すべき対象物間に見られる物性の差を利用している．分離によく利用される分子がもつ二つの特性は荷電とサイズで，分子生物学で最も一般的な技術の一つである**ゲル電気**

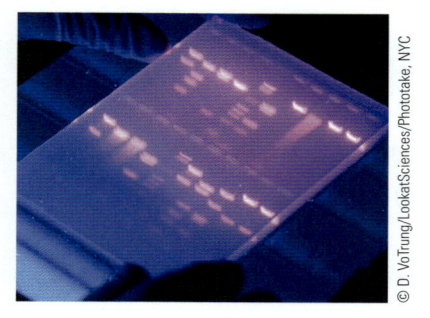

図 13.1
ゲル電気泳動によるオリゴヌクレオチドの分離
ゲル上に観察される各バンドが異なるオリゴヌクレオチドを表している．

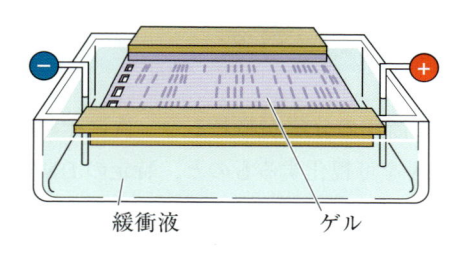

図 13.2
ゲル電気泳動に用いる実験装置
試料はゲル左側の四角い溝に入れる．電流を流すと，負に荷電したオリゴヌクレオチドは陽極に向かって移動する．

泳動法 gel electrophoresis は，それらの両方の特性を利用している．電気泳動は電場における荷電粒子の動きに基づくものであるが，本章の内容を理解するには，電場における荷電分子の動きは質量当たりの電荷量に依存するということを知っていればよいだろう．試料を支持体の一端に加え，目的とする分離を行うために電極から支持体に電流を流す．電気泳動用の支持体には連続した架橋をもつ基質に成形されたアガロースやポリアクリルアミドのような高分子ゲル（図 13.1）が用いられる．架橋構造が小孔を形成しており，アガロースかポリアクリルアミドかの選択は分離すべき分子のサイズによって決める．アガロースは大きい断片（数千塩基のオリゴヌクレオチド），ポリアクリルアミドは小さい断片（数百塩基のオリゴヌクレオチド）の分離に用いられる．

分離される分子がもつ電荷によって，分子は電荷と逆の電極に向かって，ゲル内を移動する．核酸やオリゴヌクレオチドの断片はリン酸基をもつため，中性付近の pH では負に荷電しており，電場ではすべて陽極に向かって移動する．核酸分子の総電荷は，個々のヌクレオチドのリン酸基がもつ負の電荷の和であり，一方，核酸やオリゴヌクレオチドの質量は構成するヌクレオチド数に比例する．したがって，核酸の電荷は，質量当たりでは分子の大きさには無関係で，ほぼ一定である．その結果，電気泳動における分離はゲルの篩（ふるい）効果にだけ依存し，単純に分子の大きさに基づいた分離が見られる．オリゴヌクレオチド混合物を電気泳動にかけると，小さなものは大きなものより速く移動する．つまり，オリゴヌクレオチドはその電荷によって電場を移動し，一定時間内に移動する距離は分子の大きさによって異なる（小さい分子ほど移動度が大きい）．

DNA 断片の分離を目的とするほとんどの実験は，ゲル全体が電気泳動槽の緩衝液中に沈んでいるサブマリンゲル submarine gel と呼ばれる，水平に置いたアガロースゲルを用いて行われる．DNA 塩基配列の解析（Sec. 13.8 参照）では，垂直にしたポリアクリルアミドゲルを用いる．ゲル電気泳動法では，1 枚のゲルで一度に多数の試料を分離できる．個々の試料をゲルの陰極側の端にある試料溝（スロット）に注入して，目的とする分離が行われるまで通電する（図 13.2）．

検出方法

DNA 断片の分離が終わると，次にそれらを可視化する処理が必要である．その方法には，すべての DNA を可視化するものと，特定の DNA 断片のみを特異的に検出するものとがある．

13.1.2　DNA はどのようにして可視化できるか

分離した DNA を検出する古典的な方法は，放射標識法である．分子の標識に用いる原子や分子を"ラベル"または"タグ"という．この目的で古くからよく使われてきたのは質量数 32 のリン同位体（^{32}P）であるが，最近では質量数 35 のイオウ同位体（^{35}S）が広く使われている．この方法を使うには，予め DNA に放射性同位元素を取り込ませる反応を行う．放射標識したオリゴヌクレオチドを分離した後，ゲルを X 線フィルムに密着させておく．すると，標識されたオリゴヌクレオチドのある場所でフィルムが感光し，現像するとそこが黒いバンドになる．この技術を**オートラジオグラフィー** autoradiography といい，フィルムに現れたイメージをオートラジオグラム autoradiogram（図 13.3）と呼ぶ．

科学論文にはオートラジオグラフィーを用いた実験例が多数見られるが，オートラジオグラフィーは，放射性物質を用いない，より安全な方法に置き換わりつつある．そのような方法の多くは，DNA 断片に結合させた化学標識の**発光** luminescence を利用したものであり，ピコモル量の対象物を検出し，定量することができる．標識を発光させる方法は実験目的によってさまざまである．DNA の塩基配列決定法では，標識物質として核酸塩基に対応した 4 種の蛍光物質が用いられる．分離された生成物を含むゲルにそれぞれの標識物質が特異的に吸収する波長のレーザー光を照射すると，それ

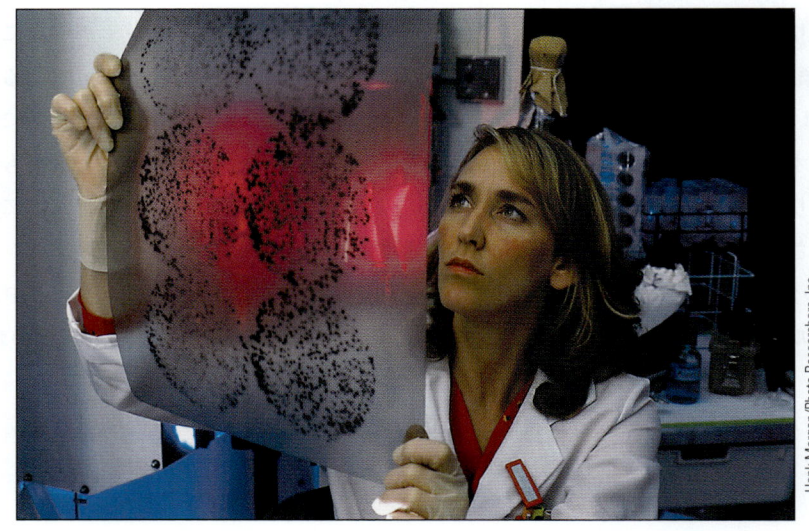

図 13.3

オートラジオグラムの例

それに固有で照射光より長波長の光が放射される．この現象を**蛍光** fluorescence と呼ぶ．蛍光を利用する別の検出法として，臭化エチジウム ethidium bromide を利用するものがある．臭化エチジウムの構造には，二重らせん DNA の塩基間にはまり込む平面部分があり，DNA に結合するとその蛍光特性が溶媒中における遊離分子のものから変化する．この性質を利用して，臭化エチジウムは，電気泳動ゲル中の DNA の蛍光染色に用いられる．臭化エチジウムを染み込ませたゲルに紫外線を照射すると，ゲル中の DNA はオレンジ色の蛍光を発するバンドとして検出される．

> **Sec. 13.1 要約**
> ■核酸の研究には，それらを分離し，同定する手段が必須である．
> ■最も一般的な分離技術はゲル電気泳動で，DNA 断片はその大きさによって分離される．
> ■ゲル上の DNA は，オートラジオグラフィーによって可視化できる．この方法では DNA に放射活性を有するヌクレオチドをあらかじめ取り込ませておく．
> ■DNA はまた，臭化エチジウムと呼ばれる化合物を用いた蛍光によって可視化することができる．この化合物は，DNA に結合すると紫外線照射によってオレンジ色の蛍光を発する．

13.2　制限酵素

核酸に作用する酵素には多くの種類がある．DNA を正確に複製するために協同的に働く酵素群や，DNA の塩基配列を RNA に転写する酵素群もある（本書では，これらの酵素群の働きの記述に Chap. 10，Chap. 11 のすべてを充てている）．**ヌクレアーゼ** nuclease と呼ばれる酵素群は，核酸の基本骨格であるホスホジエステル結合の加水分解を触媒する．ヌクレアーゼには，DNA に特異性を示すものと RNA に特異性を示すものとがある．また，分子の末端から順に分解を進めるもの（エキソヌクレアーゼ *exo*nuclease）と，分子を内部で切断するもの（エンドヌクレアーゼ *endo*nuclease）とがある．

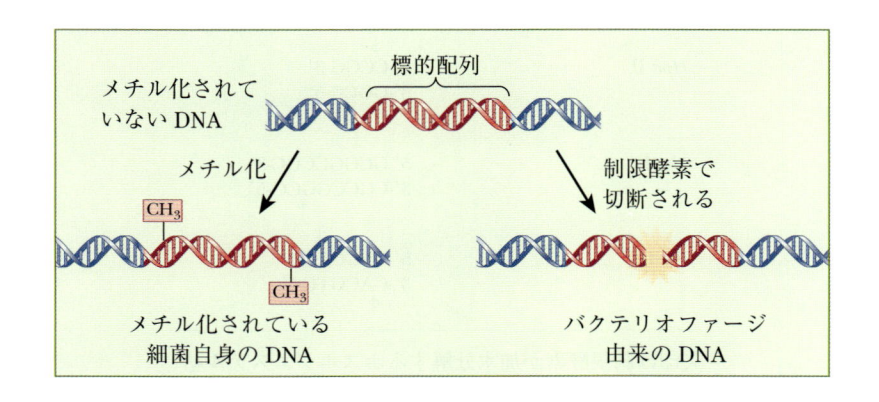

図 13.4

DNA のメチル化
細菌は内在性 DNA をメチル化することで，自らの制限酵素による内在性 DNA の分解を防いでいる．

さらに，ヌクレアーゼには一本鎖を特異的に切断するものと二本鎖を特異的に切断するものという区別もある．**制限酵素** restriction endonuclease は，ヌクレアーゼの一つのグループであり，組換えDNA技術の発展に重要な役割を演じてきた．

制限酵素は，細菌と細菌に感染するウイルスである**バクテリオファージ** bacteriophage（ファージphage はギリシャ語の"食べる"を意味する *phagein* に由来）の遺伝学的研究の過程で見出された．研究者たちは，ある細菌株でよく増殖するバクテリオファージが，同種の細菌でも別の株では増殖が抑制されるという現象（制限増殖 restricted growth）に気づいた．この現象について解析を進めてみると，その原因がファージのDNAと制限増殖を起こす細菌株のDNAとの間にわずかな違いがあることがわかった．その違いは，制限増殖が見られる細菌のDNAには特定の塩基配列中にメチル化された塩基があるのに対して，ファージのDNAはメチル化されていないというものであった．

ファージの増殖を制限できる細菌は，ファージDNA中のメチル化されていない特異的な塩基配列部分で二本鎖を切断する酵素，すなわち制限酵素をもっていた．制限酵素は，図13.4に示すように，メチル化された塩基を含む自らのDNAの同じ塩基配列には作用しない．したがって，これらの鎖切断酵素は，自己以外のものなら，どのような生物種由来のDNAでも分解することになる．制限酵素の本来の存在意義は，細菌細胞内でファージの増殖を抑制することにあるが，ここでの議論にとって

表13.1 代表的な制限酵素とその認識配列

酵素名*	認識する配列と切断部位
Bam HI	↓ 5′-GGATCC-3′ 3′-CCTAGG-5′ 　　　↑
Eco RI	↓ 5′-GAATTC-3′ 3′-CTTAAG-5′ 　　　↑
Hae III	↓ 5′-GGCC-3′ 3′-CCGG-5′ 　　↑
Hind III	↓ 5′-AAGCTT-3′ 3′-TTCGAA-5′ 　　　↑
Hpa II	↓ 5′-CCGG-3′ 3′-GGCC-5′ 　　↑
Not I	↓ 5′-GCGGCCGC-3′ 3′-CGCCGGCG-5′ 　　　　　↑
Pst I	↓ 5′-CTGCAG-3′ 3′-GACGTC-5′ 　　　↑

矢印は制限酵素が加水分解するホスホジエステル結合を示す．
*制限酵素名の初めの3文字は，その酵素の起源となっている細菌を表す略号である．例えば，Eco は *Escherichia coli* を表す．

重要なことは，いかなる起源の DNA でも，標的となる塩基配列があれば制限酵素で切断できることである．さまざまな細菌から 800 種を超す制限酵素が発見され，100 種以上の特徴的な塩基配列が一つまたはそれ以上の制限酵素で切断されることが明らかになっている．表 13.1 に制限酵素の標的となるいくつかの塩基配列を示す．

多くの制限酵素は"付着末端"をつくり出す

制限酵素は，DNA 中に存在するそれぞれの酵素に特異的な塩基配列内にある決まった結合を加水分解する．制限酵素が認識する配列（酵素の作用点）は，二本鎖 DNA の一方の鎖を左から読んだ場合とその相補鎖を右から読んだ場合とが同じになっており，そのような配列は文章学の用語で，**回文 palindrome** と呼ばれる（簡単な例に「タケヤブヤケタ」がある）．制限酵素の代表例として，大腸菌 *E. coli* から得られる *Eco*RI（制限酵素は，その起源である生物種の学名に由来する略号によって表記される）を取り上げる．*Eco*RI が認識する部位は，5´-GAATTC-3´ という塩基配列で，その相補鎖の塩基配列は 3´-CTTAAG-5´ となるから，前者を左から読む場合と後者を右から読む場合とが同

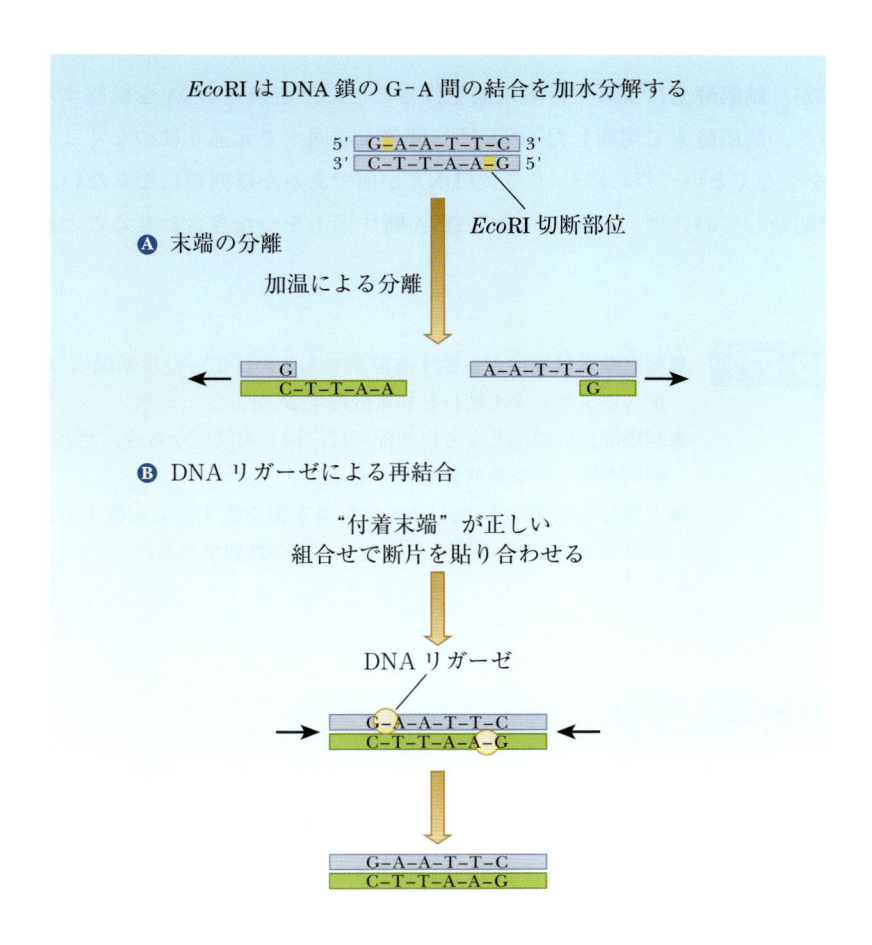

図 13.5
制限酵素による DNA の加水分解
Ⓐ 加水分解した末端の分離．Ⓑ 切断された末端部分の DNA リガーゼによる再結合．

じになっている．*Eco*RI は，この配列の G‐A 間のホスホジエステル結合を両方の鎖で加水分解する．その結果，それぞれの鎖の切断点には，四つの塩基（どちらの鎖にも 2 残基の A と 2 残基の T がある）から成る一本鎖部分が生じ，それらは互いに塩基相補的水素結合で結合できる**付着末端** sticky end となる．末端同士が水素結合で正しい位置に保たれれば，切断点は DNA リガーゼの作用によって再結合される（図 13.5）．DNA リガーゼが存在しなければ，切断点は切れたままであるが，加温したり撹拌したりして鎖を分離しない限り，付着末端は水素結合によって分子同士が貼りついた状態を保つことができる．なお，制限酵素には，*Hae*III のように平滑末端 blunt end を生じる切断を行うものもある．分子生物学者に生命をより難かしく感じさせているのは，いくつかの酵素が完全に特異的とはいえない切断をすることである．このような活性はスター（*）活性 star (*) activity と呼ばれ，切断に使う酵素濃度が高すぎたり，酵素と DNA との反応時間が長すぎたりする場合によく見られる．

$$
\begin{array}{ccc}
5'\text{-GGCC-}3' & & 5'\text{-GG} \quad\quad \text{CC-}3' \\
3'\text{-CCGG-}5' & \xrightarrow{Hae\text{III}} & 3'\text{-CC} \quad\quad \text{GG-}5'
\end{array}
$$

平滑末端を与える切断

13.2.1 付着末端はなぜ重要か

　次の項で学ぶが，制限酵素によって付着末端を作ることは，組換え DNA を構築する過程において極めて重要である．制限酵素で切断した DNA は，付着末端同士で元通りにつなぐことができる．付着末端で DNA をつなぐという点に限れば，元の DNA が何であるかは問題にならない．いい換えれば，同じ制限酵素で切断しておけば，起源の異なる DNA 断片同士をつなぎ合わせることができるのである．

Sec. 13.2 要約
- 制限酵素は細菌が産生する酵素であり，決まった塩基配列の場所で DNA のホスホジエステル結合を加水分解する．
- 制限酵素の標的となる塩基配列は，同じ末端側から読んだとき相補鎖の塩基配列が同じになる回文配列である．
- 大部分の制限酵素は，DNA に付着末端を残す形で切断する．これは，起源の異なる DNA の組換えに大変，役立つ性質である．

13.3 クローニング

　2 種またはそれ以上の起源をもつ DNA 断片を共有結合でつないだ DNA 分子を，**組換え DNA** recombinant DNA と呼ぶ（ギリシャ神話に出てくるライオンの頭，ヤギの胴体，蛇の尾をもつ "キメラ" と呼ばれる怪物に因んで，組換え DNA を**キメラ DNA** chimeric DNA と呼ぶこともある）．組換え DNA の作成が可能になったのは，制限酵素が単離されたことによる．

組換え DNA の構築には"付着末端"を使う

2種の生物から取り出した DNA を同じ制限酵素で処理してから混合すると，ある割合で異なる起源に由来する DNA 同士が付着末端でアニールしたものが生じる．このような形で結合している DNA のニック nick（訳注：二本鎖 DNA の片方の鎖にだけホスホジエステル結合の切れ目がある場所）を **DNA リガーゼ** DNA ligase（Sec. 10.4 参照）でつなぐと，組換え DNA が得られる（図 13.6）．

2種の DNA を制限酵素と DNA リガーゼを用いて結合して得られる組換え生成物の量は少量である．その DNA を使って実験を進めるには，DNA を大量に調製することが必要であるが，これは目的の DNA をウイルスまたは細菌由来の DNA に組み込んで増殖させることで可能となる．この目的に用いるウイルスとしてはバクテリオファージが一般的であり，細菌由来の DNA としては**プラスミド**

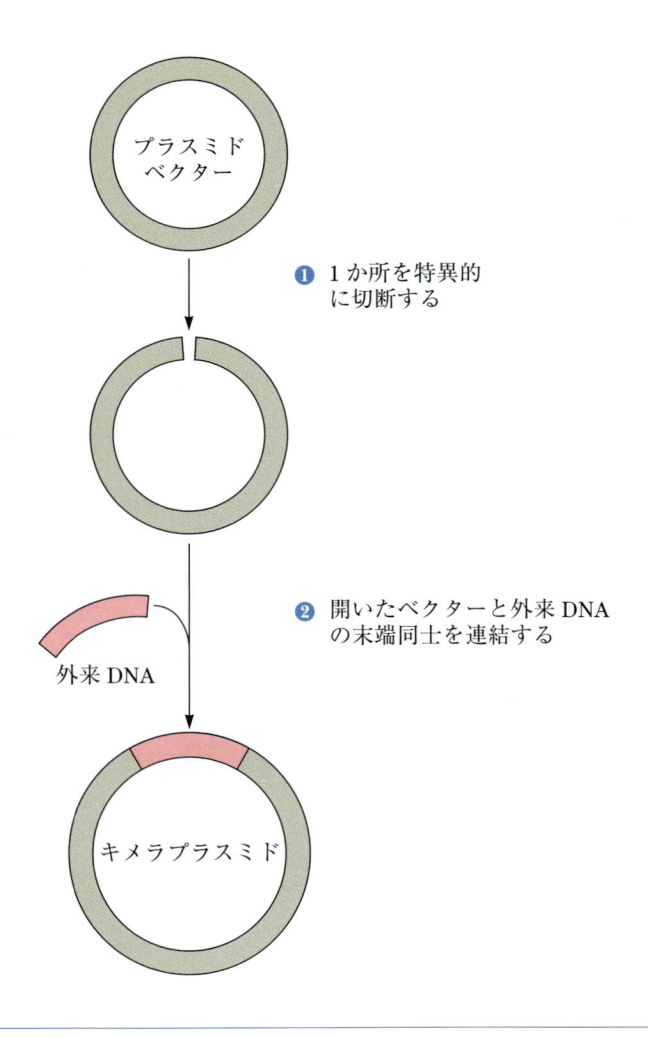

図 13.6
組換え DNA の作成
① 制限酵素で環状プラスミドを切断してプラスミドベクターに外来 DNA 断片を挿入する準備をする．
② 直鎖状に開いたプラスミド DNA と外来 DNA 断片の末端同士をつなぎ合わせて再環状化することによって，キメラプラスミドができる．

plasmid（細菌がもつ小型環状 DNA であり，同じく環状構造をもつ細菌のゲノム DNA の一部ではない）が典型的である．ウイルスまたはプラスミド DNA を組換え DNA の一方の成分にすることで，増殖が速いというウイルスや細菌の利点を利用して組換え DNA を大量に得ることができる．この方法で特定の DNA を大量に得る過程を**クローニング** cloning と呼ぶ．

13.3.1　クローニングとは何か

クローン clone とは，遺伝的に均一な集団を意味する用語である．その集団は，生物個体，細胞，ウイルス，DNA 分子のいずれでもよく，集団を構成するすべてのメンバーは，ただ一つの細胞，ウイルスまたは DNA 分子に由来する．個々のバクテリオファージや細菌の細胞が大量の子孫（クローン）をつくり出すことは容易に理解できる．細菌の増殖は速く，実験室で簡単に大量増殖させることができるし，ウイルスを増殖させることも容易である．以下，ウイルスと細菌を用いるクローニングを順次検討しよう．

ウイルスは，1 種類から多くても数種類までのタンパク質分子が集合してできたタンパク質の殻で覆われたゲノムであると考えることができる．ウイルスのゲノムは一本鎖または二本鎖の DNA か RNA であるが，ここでは議論の目的から，二本鎖 DNA をゲノムとする DNA ウイルスに限って話を進める．バクテリオファージを用いるクローニングでは，ディッシュに作った細菌の"ローン lawn"（訳注：細菌を芝生のように均一に増殖させた薄い寒天層）にファージを感染させる．個々のファージはローンの細菌に感染して自己複製し，その子孫が周囲の細菌に感染して破壊するので，ウイルス

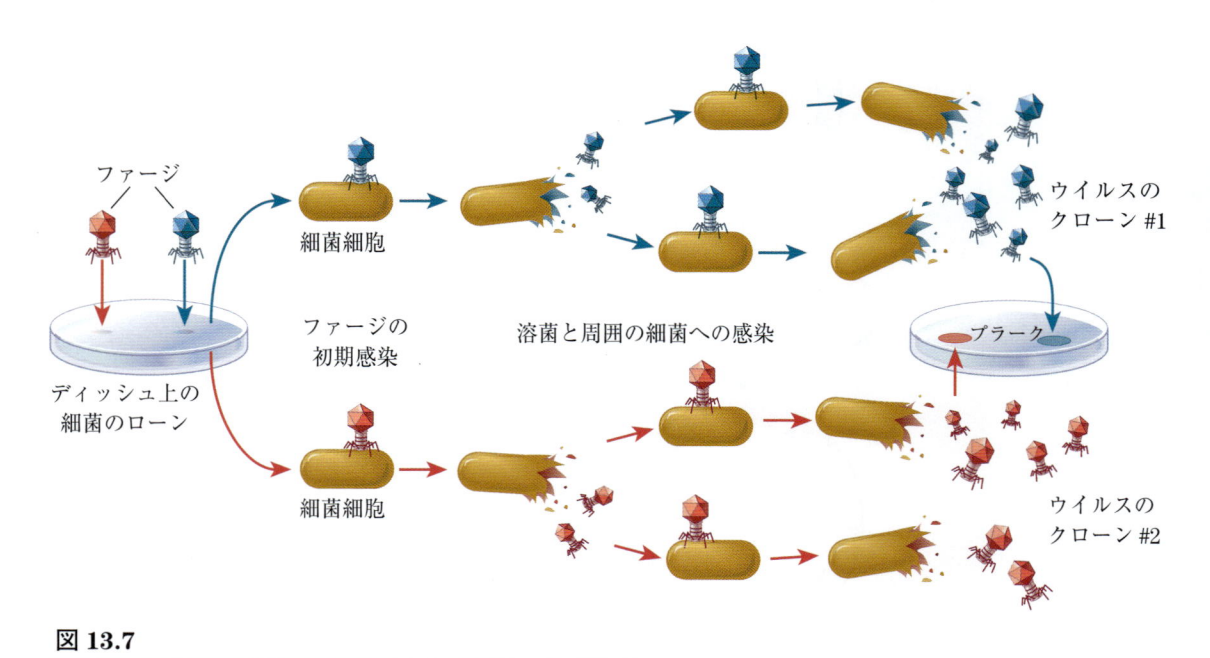

図 13.7

ウイルスのクローニング
個々のバクテリオファージ（細菌に感染するウイルス）はディッシュ上の細菌に感染して細胞を破壊し，プラークといわれる透明な斑点をつくる．それぞれのプラークにはファージのクローンが存在している．（Dealing with Genes: The Language of Heredity, *by Paul Berg and Maxine Singer*, ©1992 by University Science Books より，許可を得て改変）

図 13.8

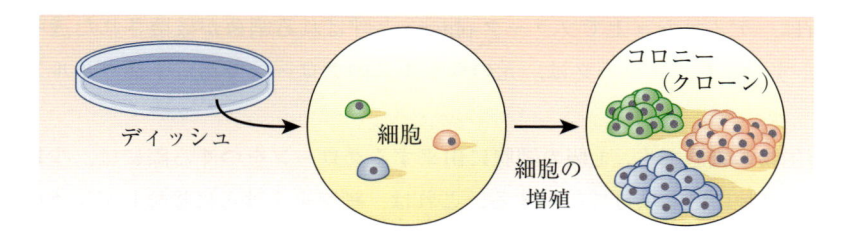

細胞のクローニング

個々の細胞は分裂を繰り返して細胞のコロニーをつくる．個々のコロニーがクローンである．(Dealing with Genes: The Language of Heredity, by Paul Berg and Maxine Singer, ©1992 by University Science Books より，許可を得て改変)

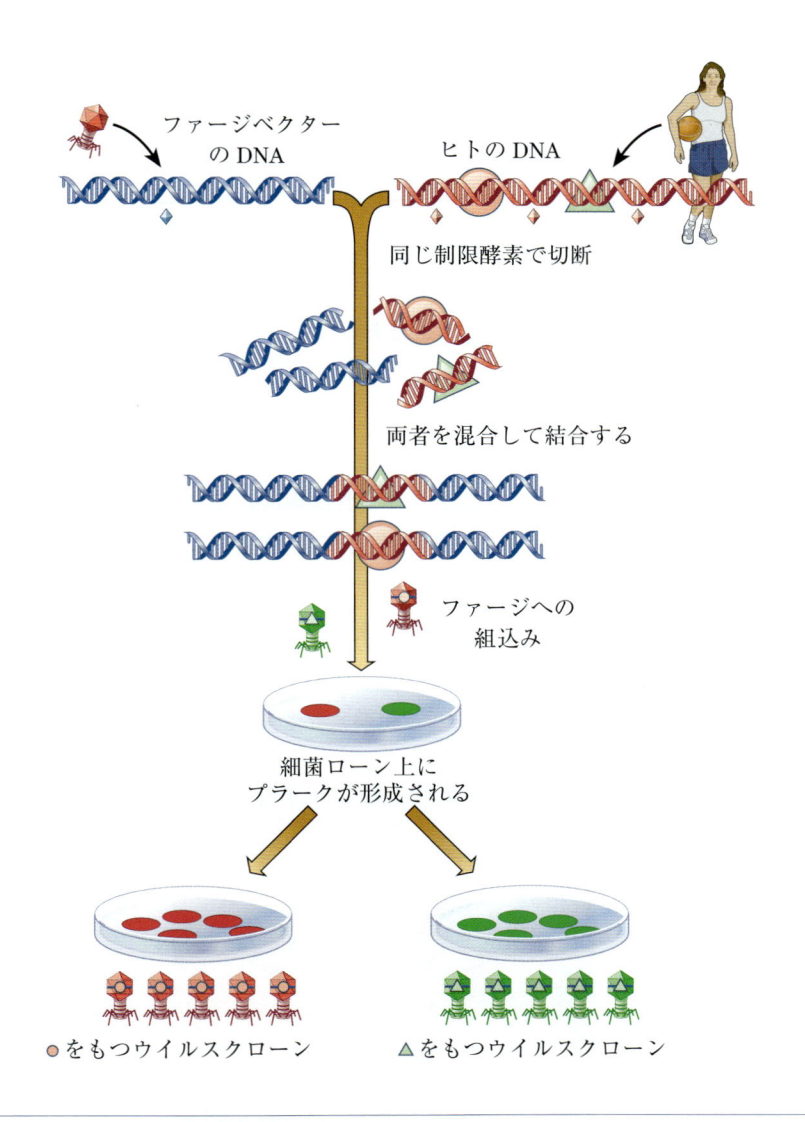

図 13.9

ウイルスベクターを用いたヒトの DNA 断片のクローニング

ヒトの DNA をウイルスの DNA に組み込んでクローニングする．(Dealing with Genes: The Language of Heredity, by Paul Berg and Maxine Singer, ©1992 by University Science Books より，許可を得て改変)

が増殖した場所は，ディッシュ上でプラーク plaque と呼ばれる細菌が破壊された透明なスポットになる（図13.7）．すなわち，プラークは，元のウイルスのクローンである子孫ウイルスの集団でできている．

　細菌でも真核生物の細胞でも，1個の細胞に由来するクローンをつくる際には，少量の細胞をその増殖に適した平板培地に薄く広げて接種する．これは，細胞をまばらに接種して個々の細胞が独立した状態で増殖できるようにするためで，個々のコロニーがそれぞれ，単一細胞に由来するクローンとなる（図13.8）．細菌やバクテリオファージは実験室で短時間に大量に増やすことができるから，大きくて生育の遅い生物のDNAを細菌やファージに導入してクローニングすることは，目的のDNA断片を大量に得るための有用な方法になる．例えば，大量に得ることが難しいヒトDNAのある部分をウイルスでクローニングするには，まずヒトとウイルスのDNAを同じ制限酵素で処理し，両者を混合して付着末端同士をアニールさせ，DNAリガーゼで処理してヒトとウイルスの組換えDNAをつくる．次に，ウイルスのコート（外殻）タンパク質を加えて，自己構築させたウイルス粒子にキメラDNAを取り込ませる．このウイルス粒子を宿主細菌のローン上に広げて接種し，プラークを形成させると，個々のプラークからクローニングされた目的のヒトDNAの断片を見つけ出すことができる（図13.9）．このような実験操作に用いるバクテリオファージを**ベクター** vector と呼ぶが，それはクローニングする目的遺伝子の運搬体という意味である．目的遺伝子は，"外来DNA foreign DNA"，"インサート insert"，"遺伝子X gene X" などさまざまな名前で呼んでおり，ときには"あなたの好きな遺伝子 your favorite gene，YFG" と呼ぶことさえある．

13.3.2　プラスミドとは何か

　もう一つの重要なベクターはプラスミドであり，それは細菌の環状染色体DNAに含まれない細菌のDNAである．プラスミドDNAは，多くの場合閉じた環状構造で存在し，ゲノムDNAとは独立して自己増殖し，細胞同士の接触によって同種細菌の一つの株から別の株へ伝達される．外来遺伝子は，図13.6に示すように，制限酵素とDNAリガーゼを順次働かせることによってプラスミドに組み込む．プラスミドが細菌内に取り込まれると，組み込まれた外来DNAはプラスミドと行動を共にする（図13.10）．活発に増殖できる条件下の発酵タンクで，組換えプラスミドを取り込んだ細菌を培養すると，

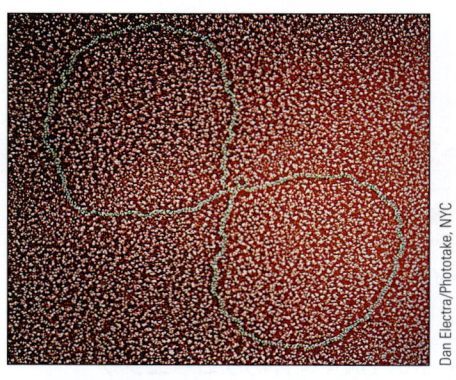

プラスミドDNAの電子顕微鏡写真
プラスミドは細菌の染色体外遺伝因子であり，自己複製することができる．

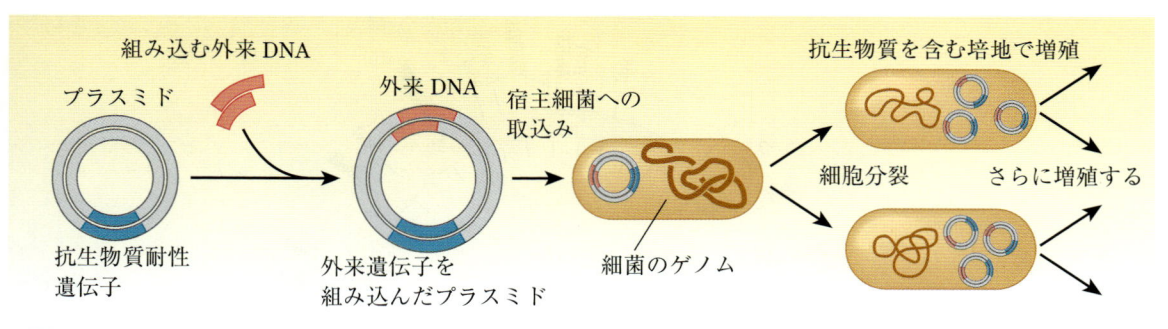

図 13.10
プラスミドに組み込んだ組換え DNA の選択
このプラスミドは抗生物質耐性遺伝子をもっている．細菌を抗生物質を含む培地で培養するとプラスミドを取り込んだ細胞だけが増殖し，プラスミドをもたない細胞はこの培地では増殖できない．（Dealing with Genes: The Language of Heredity, by Paul Berg and Maxine Singer, ©1992 by University Science Books より，許可を得て改変）

プラスミドに組み込んだ遺伝子を大量に増やすことができる．

　プラスミドを用いる DNA クローニングは，理屈の上では簡単に見えるが，実験を成功させるにはいくつもの配慮が必要である．宿主細胞に新しい DNA を取り込ませる過程を形質転換 transformation といい，プラスミドを取り込んだ細菌は，形質転換された transformed という．菌体内へ外来 DNA を取り込ませる方法は二つある．第一の方法は，42 ℃での加温とそれに続く氷冷という熱ショック heat shock を細菌に与えることであり，第二の方法は，菌体に瞬間的な高電圧を加えるエレクトロポレーション electroporation と呼ばれる技術を使う．

　プラスミドを取り込んだ細菌を見分けるにはどうすればよいだろうか．細菌は短時間で分裂して増殖するが，増殖させたいのはすべての細菌ではなく，プラスミドをもつものだけである．この目的で行う操作を**選択 selection** と呼ぶ．クローニング実験に用いるプラスミドは，増殖した細菌コロニーにそのプラスミドが存在することを示す**選択マーカー selectable marker** をもっている必要がある．マーカーとしてよく使われるものは，細菌に抗生物質耐性を与える遺伝子である．形質転換した細菌をプラスミドがもつ耐性遺伝子に対応する抗生物質を含む培地で培養すると，プラスミドを取り込んでいる細胞だけが選択的に増殖すると考えられる（図 13.10）．遺伝子クローニングの初期に用いられたプラスミドの一つに pBR322（図 13.11）がある．この簡単な構造のプラスミドは，大腸菌 *E. coli* で見出されたものを基にして人工的につくられた．すべてのプラスミドがそうであるように，pBR322 は複製起点をもち，大腸菌内でゲノムとは独立に複製する．このプラスミドはテトラサイクリンとアンピシリンという二つの抗生物質の耐性遺伝子（それぞれ，tet^r と amp^r と表記）をもつ．pBR322 プラスミドには複数の制限酵素認識部位があり，それらの存在場所と数はクローニング実験で重要な意味をもつ．外来 DNA の組込みには，制限酵素処理によってプラスミドの環状構造が 1 か所だけ開くようにするため，プラスミド内に一つしかない制限酵素認識部位を使う．また，選択マーカー内にある制限酵素認識部位を組込み場所に使えば，外来 DNA の挿入によって対応する抗生物質耐性が消失する．これは，プラスミドをもつ細胞を選択する原理的な方法として実際に使われており，tet^r 領域内にある制限酵素認識部位に外来 DNA を組み込み，テトラサイクリンを含む培地での増殖能が消失することを指標にした選択を行う．

図 13.11

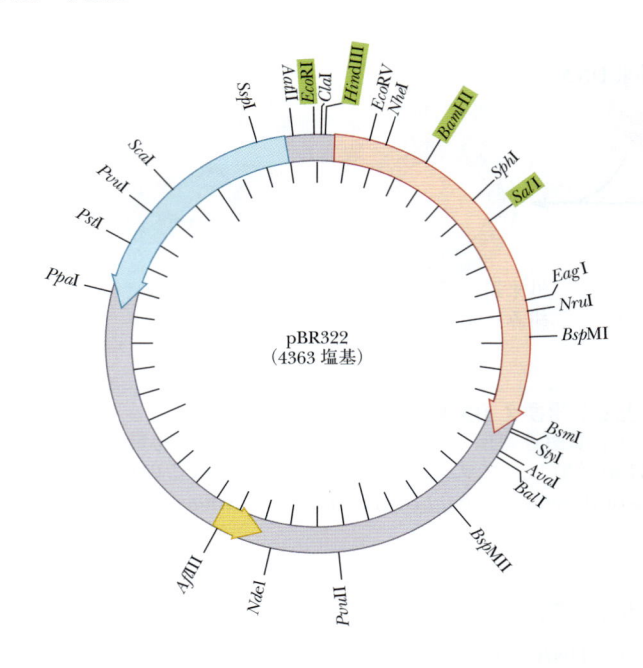

プラスミド pBR322

pBR322 は，研究初期から広く使われているクローニングベクターの一つである．この 4363 塩基対のプラスミドは，複製起点（ori）とアンピシリンおよびテトラサイクリンに対する薬剤耐性遺伝子（amp^r および tet^r）をもっている．図には制限酵素による切断位置も示されている．

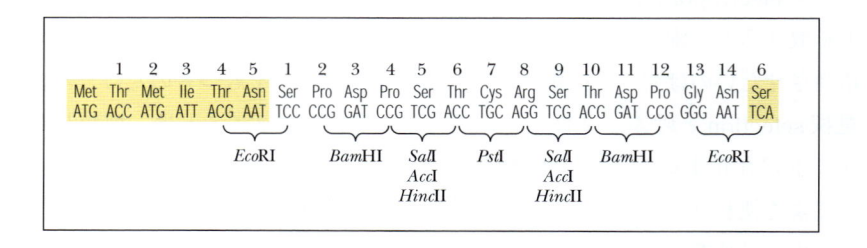

図 13.12

多数の制限酵素認識配列をもつベクターのクローニング領域

このような領域はポリリンカーまたはマルチクローニングサイト（MCS）と呼ばれる．色をつけたアミノ酸残基は，プラスミドの一部である lacZ 遺伝子に由来するもの．MCS がこの遺伝子の正常な読み枠を破壊してはいないので，このプラスミドは青・白スクリーニングに使うことができる（本文参照）．（Ausubel, F. M., et al., 1987, Current Protocols in Molecular Biology Figure 1.14.2, New York: John Wiley and Sons より，許可を得て改変）

　クローニング実験が初期に遭遇した困難の一つは，外来 DNA の切り出しに都合がよい制限酵素に対する認識部位をもつ適切なプラスミドが見つからないという問題であった．この問題は，プラスミド設計技術の進歩に伴って，狭い範囲に多種類の制限酵素認識部位をもつ，**マルチクローニングサイト** multiple cloning site（MCS）または**ポリリンカー** polylinker と呼ぶ領域を構築することで解決された（図 13.12）．現在最も一般的に利用されているクローニングベクター系は，pUC プラスミド（*u*niversal *c*loning *p*lasmid が略号の由来）（図 13.13）を基本にしたもので，多種類の制限酵素認識配列で構成された適用範囲の広い MCS をもっている．MCS は，組み込んだ DNA の方向性というクロ

図 13.13

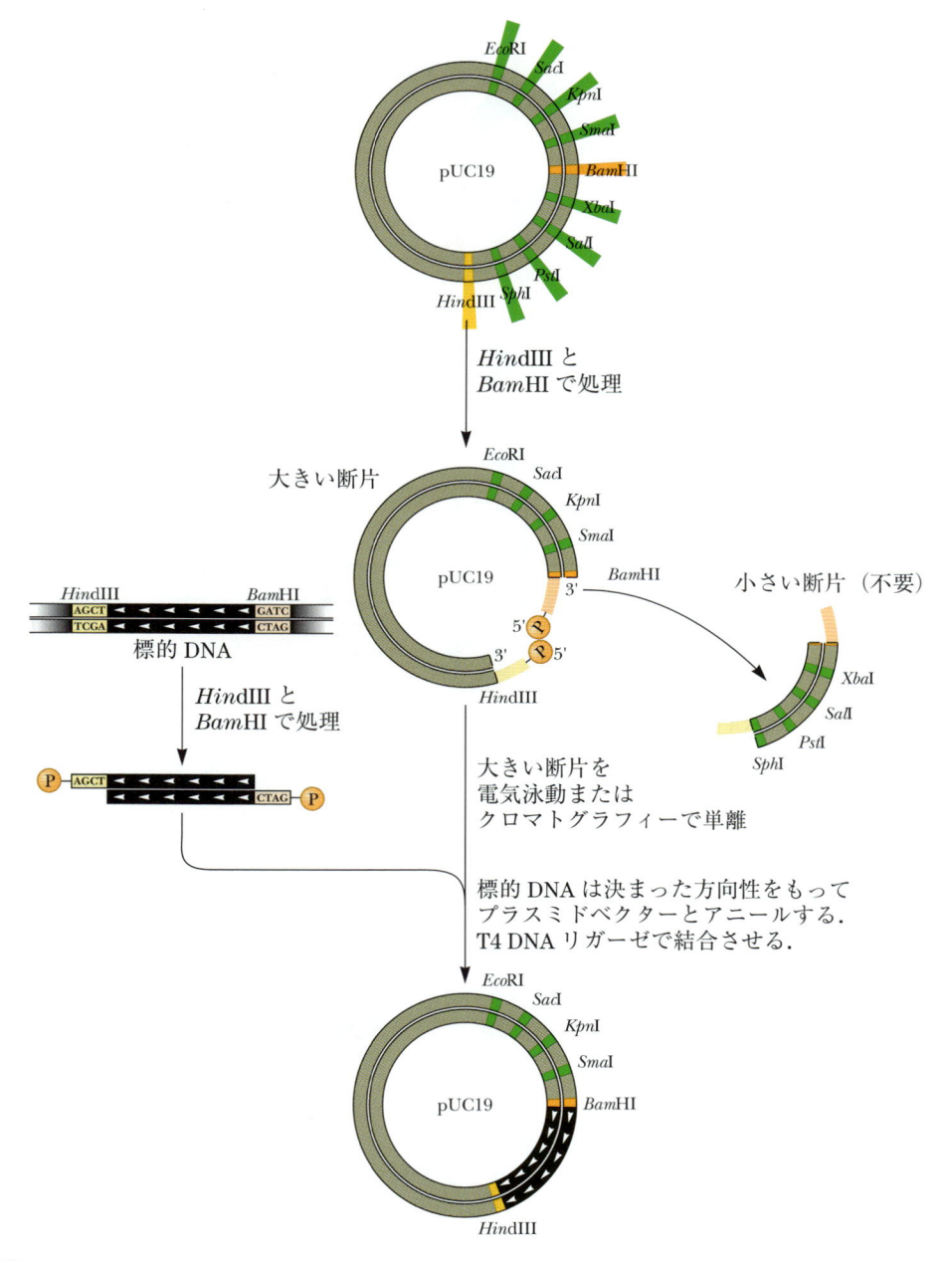

pUC プラスミドを用いるクローニング

pUC 系プラスミドは広く一般に使われている．この系統のプラスミドは適用範囲の広いマルチクローニングサイト（MCS）をもっており，図には方向性をもたせたクローニングの例が示されている．MCS の開裂とクローニングする DNA の切り出しに 2 種の制限酵素を使う．この方法を用いると，組み込まれる DNA は一つの方向に挿入される．

―ニングにおける別の問題点を解消する上でも有効である．クローニングした DNA は，その利用目的によっては，ベクターに組み込む方向を規定することが重要になる．1 種類の制限酵素（例えば，BamHI）を用いれば，DNA は二つの向きでプラスミドに組み込まれる．しかし，外来 DNA を，一

図 13.14

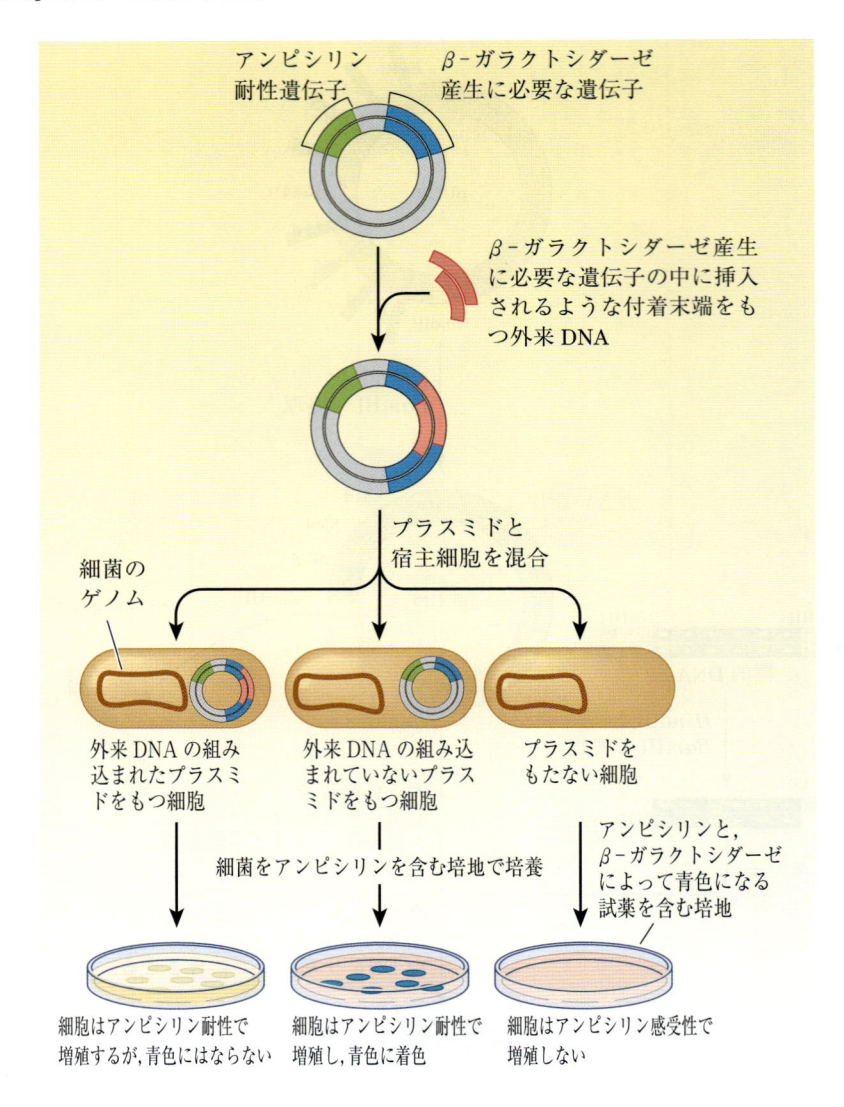

青・白スクリーニングを用いたクローンの選択

pUC プラスミドは，アンピシリン耐性遺伝子と β-ガラクトシダーゼの α サブユニットを作る lacZ 遺伝子をもっている．形質転換した細胞はアンピシリンと X-gal と呼ぶ色素を含む寒天培地で培養する．また，マルチクローニングサイトは lacZ 遺伝子領域内に存在する．このプラスミドとクローニングする DNA を制限酵素で切断して混合したときに得られる結果には，予定通り DNA が組み込まれる（図のプラスミドに組み込まれた赤色の部分）場合とプラスミドが再閉環してしまう場合の二つの可能性がある．このようなプラスミドの混合物を使って細菌を形質転換すると，次の 3 通りの結果が得られる．（図の左）：DNA を組み込んだプラスミドを取り込んだ細菌．この細胞はアンピシリン耐性を示すので増殖するが，挿入された DNA によって lacZ 遺伝子が不活化されているため，普通の"白色"のコロニーを形成する．（図の中央）：再閉環したプラスミドを取り込んだ細菌．この細胞はアンピシリン耐性であり増殖する．また，プラスミドが β-ガラクトシダーゼの α サブユニットを産生するので，β-ガラクトシダーゼによって X-gal が分解されて青色の色素を生じ，増殖した細胞は"青色"に着色する．（図の右）：プラスミドを全く取り込まなかった細菌．この細胞はアンピシリン感受性であるので増殖できない．（Dealing with Genes: The Language of Heredity, by Paul Berg and Maxine Singer, ©1992 by University Science Books より，許可を得て改変）

方の端を *Bam*HI で，他方の端を *Hind*III で材料から切りだして，それら二つの制限酵素で MCS を開いたプラスミドに組み込めば，両者の末端が一致する組込み方向は一つに限定されることになる(図 13.13)．

pUC プラスミドの利用は，選択の段階でも利点をもたらす．pBR322 を基にして構築された古いプラスミドには，外来 DNA をテトラサイクリン耐性遺伝子内に組み込むという難点がある．これは，プラスミドをもつ細胞集団から外来 DNA が組み込まれたプラスミドをもつものを特定する際，テトラサイクリンを含む培地では増殖しないことを指標にしなければならないということである．クローニングが成功している細胞が増殖しないということは，一つ前の段階に戻って適切なクローンを拾い出さなければならないという問題がある．これに対して，pUC プラスミドは，**青・白スクリーニング** blue/white screening と呼ぶ技術の基礎になる *lac*Z 遺伝子をもつことで，選択の過程が容易になるという特徴がある．*lac*Z 遺伝子は，二糖類であるラクトース（Chap. 16 参照）を加水分解する β-ガラクトシダーゼの α サブユニットをコードしている．MCS は *lac*Z 遺伝子領域内につくられているので，ここに外来 DNA を組み込むと *lac*Z 遺伝子が不活化される．この性質がいかに有用であるかということを図 13.14 で説明する．pUC プラスミドの MCS を適切な制限酵素で開き，同じ制限酵素で切り出した外来 DNA（赤色）と混合して DNA リガーゼで連結すると，二つの生成物が得られる．一つは目的の外来 DNA との組換え体であり，他方は組換えが起こらずプラスミドが再結合して元に戻ったものである．後者は，プラスミドを 2 種類の制限酵素を用いて開くことで起こりにくくすることができるが，それでもまれに起こることがある．この 2 種類のプラスミドの混合物で細菌を形質転換すると，(1) 外来 DNA を組み込んだプラスミドを取り込んだもの，(2) 外来 DNA を組み込まないで再閉環したプラスミドを取り込んだもの，(3) プラスミドを全く取り込まなかったものという 3 種類の細胞を生じる可能性がある．このような細菌の混合物を，アンピシリンと X-gal のような色素を生じる分子を含む培地上で培養する．X-gal は，β-ガラクトシダーゼによって分子内の結合が加水分解されると青色になる．形質転換する宿主には，α サブユニットをもたない欠陥 β-ガラクトシダーゼを産生する変異株の細菌を用いる．細菌がプラスミドを全く取り込まなければ，アンピシリン耐性遺伝子がないため，この培地では増殖できない．細菌が外来 DNA を組み込まれていないプラスミドを取り込めば，活性な *lac*Z 遺伝子をもつことで β-ガラクトシダーゼ α サブユニットがつくられ，活性な β-ガラクトシダーゼが X-gal を分解してコロニーが青色になる．外来 DNA が組み込まれたプラスミドを取り込んだ細菌では，*lac*Z 遺伝子が不活化されているので，寒天上には普通の細菌と同じ白色のコロニーが形成される．

> **Sec. 13.3 要約**
> ■クローニングとは，遺伝的に同一な集団をつくることである．
> ■DNA は付着末端を生じる制限酵素を使って組み換えることができる．これにより，実験者は目的の DNA 配列を含む組換え DNA を作成することができる．
> ■目的の DNA 配列を細菌のプラスミドまたはウイルス由来のベクターに組み込む．
> ■目的の DNA 配列を宿主細胞に導入し，その自然な細胞分裂を利用して多数のコピーに増幅する．
> ■目的の DNA 配列を有する細胞は，選択と呼ばれる過程で特定される．多くの場合，選択には抗生物質に対する耐性が利用される．

13.4 遺伝子工学

ここまでの項では，目的 DNA のベクターへの組込みとクローニングによる増幅の方法について述べてきた．遺伝子クローニングを行う重要な目的の一つは，他の方法では得られない遺伝子産物の大量生産を可能にすることである．生物が，人為的に本来とは異なる性質を示す分子レベルの改変を受けている場合，遺伝子を改変されたという．

ある意味では，人類が植物や動物の選択的交配を始めた時から，個体レベルでの**遺伝子工学** genetic engineering は始まっていたともいえる．しかし，この方法は遺伝物質の分子的性質を直接操作するものではなく，出現する遺伝形質を人類が制御できるものでもなかった．品種改良家は，自然に出現する変異を捉え，新しい特性を交配によって固定するか，捨て去るかの選択をするだけであった．遺伝現象の分子レベルでの性質に関する理解が深まり，遺伝を支配する分子を実験室で操作できるようになったことが，その当然の帰結として，遺伝形質の表れ方を制御することを可能にした．

13.4.1　遺伝子工学の目的は何か

農学と医学への応用を目的として生物を選択的に改変することは，組換え DNA 技術の進歩によるところが大きい．農作物の遺伝子改変は活発な研究分野の一つで，収穫量の改善や霜害や病原体への抵抗性を与える遺伝子が，イチゴ，トマト，トウモロコシなど商業的に重要な植物に導入されている．同じように，商業価値のある動物（その大部分は哺乳動物であるが，魚類も含まれている）の遺伝的

図 13.15

カ *Anopheles gambiae* のメスの成虫（腹側から見たもの）
左側は突然変異体．科学者たちは，マラリアの媒介者である野生のカと置き換えることを期待して，マラリアをヒトに感染できないカの突然変異体をつくり出すことを試みている．

改変も進められている．医学研究に関連する変異が動物に導入されており，遺伝的性質を改変したマウスは研究に多用されている．医学に関連したその他の分野における研究として，マラリアなど昆虫が媒介する伝染病の研究者は，ヒトに病原体を伝える能力をなくすことを目的に，カ *Anopheles gambiae* など昆虫の遺伝子操作を試みている（図 13.15）．上で取り上げた研究はすべて，新しい形質を子孫に伝わる形で導入することに焦点が当てられている．しかし，ヒトの遺伝病の治療では，子孫に遺伝するような変化を与えることは目的とされてはいない．ヒトを遺伝的に操作することは重大な倫理的問題を引き起こすので，研究の焦点は，病状の緩和をもたらす一つの方法として，個人の特定組織の細胞に対する**遺伝子治療** gene therapy を行うことに絞られている．この方法による治療の実現が近いと予測される疾患として，嚢（のう）胞性繊維症 cystic fibrosis，血友病 hemophilia，デュシェンヌ型筋ジストロフィー Duchenne muscular dystrophy，および重症複合型免疫不全症 severe combined immune deficiency（SCID）がある．免疫不全症患者は，感染を避けるために"バブル"と呼ばれる隔離装置の中で生活せねばならないので，SCID は"バブルボーイ症候群 bubble-boy syndrome"という別名で知られている．

DNA 組換えは自然界でも起こる

　組換え DNA 技術が初期段階にあった 1970 年代には，その安全性と倫理性に関して多くの懸念があった．中でも，倫理的問題のいくつかは未だに懸念材料になっている．そのような問題の一つは，DNA を切り貼りすることが自然の摂理に反する過程ではないかという疑問である．しかし，実際は，DNA 組換えは染色体交差において見られる一般的な過程である．生体内で自然に起こる DNA の組換えはさまざまな生物学的意義をもっており，特に遺伝的多様性の維持と損傷 DNA の修復（Sec. 10.5 参照）の二つは重要である．

　近年まで，生物に遺伝的な変化を起こすことができるのは突然変異だけであった．この分野の研究者は，自然に起こる突然変異と放射性物質やその他の変異誘発物質による突然変異の両方を利用して，目的とする性質をもった変異体集団を増やすために変異体同士の選択的交配を行ってきた．しかし，これらの方法では，遺伝子に"注文服を作るような"望みどおりの変化を与えることはできなかった．

　組換え DNA 技術の発展によって，生物の先天的性質を変えることを目的に，特定の遺伝子あるいは遺伝子中の特定の DNA 塩基配列を変化させることが（制限つきではあるが）可能になった．医学的および商業的に有用なタンパク質を大量につくり出すように細菌の性質を変えることが可能になった．遺伝病を治療したり症状を緩和したりすることを目的として動物の遺伝子を操作することや，農作物の収穫量を増加させたり，病害への抵抗性を上げることもできるようになった．次の《身の周りに見られる生化学》に，遺伝子工学の農業への応用例を示している．

"タンパク質工場"としての細菌

　われわれは細菌の増殖力を利用して，哺乳動物由来の有用タンパク質を大量につくり出すことができる．しかし，哺乳動物のタンパク質のほとんどが転写後ならびに翻訳後に広範な修飾（Sec. 12.7 参照）を受けるため，細菌を使って哺乳動物のタンパク質を生産する過程は予想より複雑なものになる

身の周りに見られる生化学　植物科学

農業における遺伝子工学

　ヒトを遺伝子工学的に改変しようとする考えは，"神を演じる"ことに対する敬虔な畏れから，人々に心理的動揺を与えることが多い．これに比べれば，懸念を抱く人々が多数いるとはいえ，植物を対象にした遺伝子操作に対する論争は少ないようである．このような事情から，植物を対象にした遺伝子改変は多数行われており，そのいくつかは，ひっそりとではあるが，実用化に成功している．以下にそれらの実例を紹介するが，大切なことは，遺伝子工学の手法を使って行われている多くの改変が，作物や家畜の生産性改善を目指して数世紀にわたって行われてきた選択的交配を，より制御された条件下で行えるように改良したものにすぎないと認識することである．

　1. 病害耐性：高い収穫が得られる農作物の大部分は，それに特化した株であるが故に真菌による病害や昆虫の被害を蒙りやすく，作物の成長期には，当然のように，大量の除草剤や殺虫剤が使われている．多くの場合，他の植物は病原体への抵抗性をもつことが多いので，抵抗性を与える遺伝子が分離できれば，それらを使って抵抗性のない植物を形質転換できる．さまざまな抵抗性遺伝子で作物植物を形質転換する試みは，部分的にではあるが成功している．2000年に，ケムシに対する毒素を産生する細菌の遺伝子を導入した農作物であるBtコーンをめぐる問題がニュースになったことで，多くの人たちが遺伝子改変 genetically modified 農作物（GM農作物）の存在をそれまで以上に認識するようになった．トウモロコシとワタに組み込んだ *Bacillus thuringiensis* 由来の遺伝子が，それらを食草にしているケムシの駆除に有効に働いて収穫量が増し，同時に作物の栽培に必要な殺虫剤の量を減らすことができた．一方，マイナス面としては，他の生物種にも危害を与える可能性がある．例えば，オオカバマダラ（チョウの一種）への有害作用が実験室で示された．このため，環境保護団体はBtコーンに反対している．

　2. 窒素固定：窒素固定は，ソラマメ，エンドウ，アルファルファなどのマメ科植物の根粒に寄生する細菌が容易に行っている機能であり，窒素固定に関わる細菌の遺伝子と宿主植物の遺伝子とは実質的な共生関係にあるとされている．窒素固定に関わる細菌の遺伝子を他の植物に導入することを目指す多くの研究が進められている．それらが成功すれば，作物植物の生育と収穫量を上げるために必要な窒素肥料の量を減らすことができるに違いない．

　3. 霜害を受けない植物：南極圏に生息する魚類などの海洋生物は，低温下での氷の結晶の生成を妨げることができる，疎水性の表面をもつことが特徴のタンパク質（いわゆる不凍タンパク質）を産生する．氷の結晶は植物に霜害をもたらす原因であるので，不凍タンパク質の遺伝子を，例えばイチゴやジャガイモに導入すれば，これらの作物を春の遅霜や生育時期が短い地域での栽培に耐えられるものにすることが期待できる．このような作物に対しては，植物由来ではない異種遺伝子を植物に導入することの是非について多くの論争が続いている．このよう

ことが多い．これは，細菌が転写後修飾をほとんど行わず，修飾に必要な酵素群をもたないからである．

13.4.2　ヒトのタンパク質をどのようにして細菌につくらせるか

　実用化されている重要な遺伝子工学の適用例の一つは，大腸菌によるヒトインスリンの生産である．インスリンは，初めて遺伝子工学による生産に成功したヒトのタンパク質であり，これによってイン

な異種生物間にまたがる遺伝子改変は，たとえ改変された作物の味や食感が改変していないものと区別できないとしても，多くの人々に懸念を抱かせている．

4. 日持ちの良いトマト：フレーバーセイバートマトは，新規遺伝子を導入した遺伝子改変ではなく，植物自身の遺伝子の一つを不活性化したものである．不活性化されている遺伝子は，成熟の鍵となる化合物であるエチレンの産生に関わるものである．このトマトは，エチレン産生に関わる遺伝子が不活性であるため，市場に出荷する時期である淡赤色に色づき始める段階まで，枝につけたまま成熟させることができる．改変していないトマト畑では，トマトの成熟速度にばらつきがあるため，多くの場合，9回も収穫しなければならず，また，改変していないトマトは熟するとエチレンをつくり続けて，過熟，軟化，品質低下を引き起こす．これに対して改変したトマトは，1，2度の収穫で済み，収穫後，必要に応じてエチレンガスに曝して成熟させることができる．フレーバーセイバーはエチレンを産生しないので，完熟状態ですぐに食べられる状態のトマトを長期間保存することができる．トマトの収穫に費す時間の短縮と保存期間の延長による経費節減により，安くて高品質な生産物が得られるようになった．何といっても，このトマトの味は天然のものと全く変わらない（著者の一人は，このトマトを何度も食べたことがある）．

5. 牛乳生産の増量：乳牛に牛乳生産量を増加させる代謝活性を有するホルモンであるウシのソマトロピン（ウシ成長ホルモン）（BST）を与えることには，多くの論争がある．論争の中心は，このホルモンをヒトが摂取することに関連したものである．しかし，ペプチドホルモンであるBSTは消化管中で加水分解されるので，ヒトの血流中に直接吸収されることはない（Sec. 24.3 参照）．さらに，このホルモンがなければウシは牛乳をつくれないので，どの牛乳にもこのホルモンがいくらかは含まれているはずである．この方法による牛乳増産に関する論争の中で，より確かな根拠に基づくものは，過剰にBSTを与えた乳牛にしばしば乳房炎が発症する問題である．乳房炎は細菌感染による乳房の炎症であり，その治療に高用量の抗生物質を用いることが多い．その結果，抗生物質の一部が牛乳に混入し，ヒトにある種の食物過敏症を引き起こす可能性がある．

6. 有益な捕食者の誘引：オランダの研究者たちは，草食性のハダニに非常に侵されやすいカラシナ *Arabidopsis thaliana* を研究しており，ハダニを捕食するダニに対する化学誘引物質を産生するイチゴの遺伝子をカラシナに導入している．

遺伝子改変を行ったカラシナは益虫となる捕食昆虫を誘引する
実験室でつくり出された遺伝子改変カラシナ *Arabidopsis thaliana*．この植物には，草食性のハダニ（挿入写真）を捕食するダニに対する化学誘引物質を産生するイチゴの遺伝子が導入されている．（写真提供：Marcel Dicke – Wageningen University – The Netherlands – www.ent.wur.nl の好意による）

スリン生産のために多数の実験動物を使うことや，ヒトに異種動物のペプチドを投与するという問題を避けることができた．しかし，そこに至るまでの過程には紆余曲折があった．重要な問題の一つは，インスリン遺伝子が分断されているということであった．インスリン遺伝子にはタンパク質合成の設計図となる mRNA になる過程で除かれる**イントロン** intron（Sec. 11.6 参照）があり，DNA の**エキソン** exon の塩基配列を転写した RNA が成熟 mRNA として機能する（図 13.16）．しかし，細菌には，転写した RNA からスプライシングによってイントロンを取り除き，活性な mRNA をつくり出す機能がない．この問題は，インスリンの mRNA から逆転写酵素反応によって作成した cDNA（Sec. 13.5

図 13.16

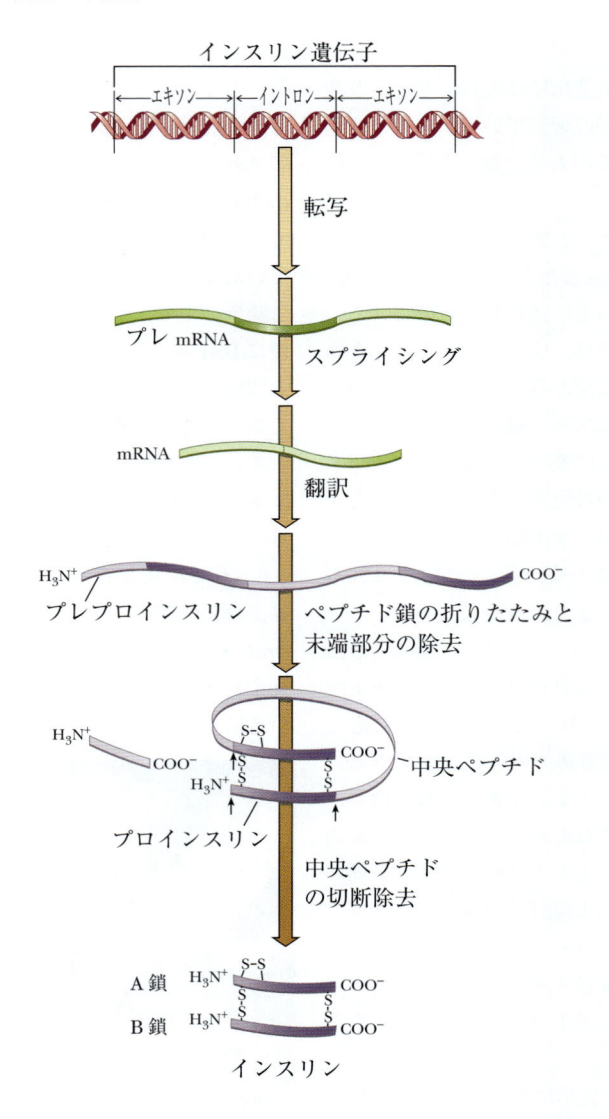

ヒトにおけるインスリンの合成
インスリン遺伝子は分断遺伝子である．介在配列（イントロン）はmRNAになる際のスプライシングの過程で転写産物であるRNAから除かれてしまう配列をコードしており，エキソンと呼ばれる遺伝子部分だけがmRNAの塩基配列に反映される．タンパク質として合成された後，ポリペプチド鎖の折りたたみ，切断，連結が起こる結果，最終産物である活性インスリンは，2本のポリペプチド鎖をもつことになる．(Dealing with Genes: The Language of Heredity, by Paul Berg and Maxine Singer, ©1992 by University Science Books より，許可を得て改変)

参照）を用いることで解決できると考えられた．しかし，次に出てきた問題は，インスリンのmRNAがコードしているポリペプチドには，インスリン産生細胞での翻訳後修飾の過程で，A鎖，B鎖という2本のペプチドがつくられる際に除かれる末端ペプチドと中央ペプチドが含まれていることであった（図13.16）．

この問題に対しては，A鎖とB鎖をコードする2種の合成DNAを使うアプローチが採用された．まず，有機合成化学の手法を使って研究室でつくった2種の合成DNAを別々のプラスミドベクター

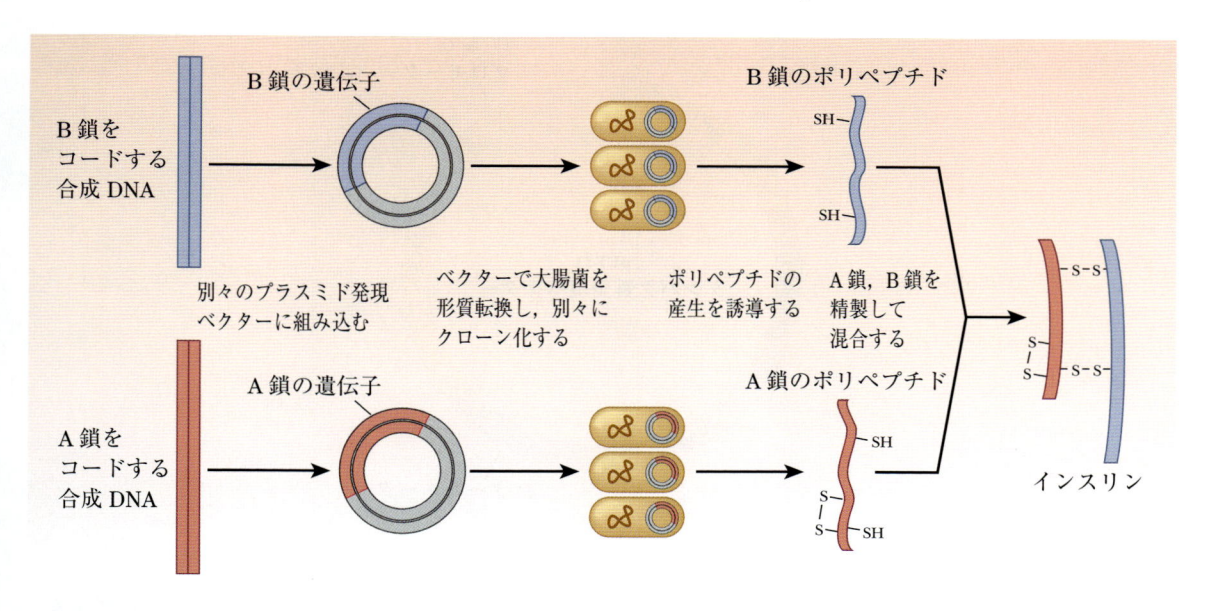

図 13.17
組換え型ヒトインスリンの生産
二つの異なる大腸菌群を用いて活性なヒトインスリンが生産される．二つの大腸菌群のそれぞれが，A鎖とB鎖を別々に産生する．活性インスリンは，得られた2種の鎖を組み合わせてつくられる．（Dealing with Genes: The Language of Heredity, by Paul Berg and Maxine Singer, ©1992 by University Science Books より，許可を得て改変）

に組み込んだ（図 13.17）．次に，それぞれのベクターを別々に大腸菌に導入してクローニングし，それぞれにインスリンの2種のポリペプチド鎖を片方ずつ産生させた．その後，それぞれから取り出したA鎖とB鎖を混合することで，最終的に機能をもったヒトインスリンをつくることができた．p.490の《身の周りに見られる生化学》では，大量供給が望まれているヒトタンパク質の生産について，他のいくつかの成功例を紹介する．

タンパク質発現ベクター

pBR322 や pUC のようなプラスミドベクターは**クローニングベクター** cloning vector と呼ばれ，外来 DNA を組み込んでその量を増やす目的に使われる．しかし，これらのベクターは，外来 DNA からタンパク質を産生させることを目的とする実験には適しておらず，この目的には**発現ベクター** expression vector が必要になる．

13.4.3　発現ベクターとは何か

発現ベクターは，複製起点，マルチクローニングサイト，少なくとも一つの選択マーカーをもつことなど，クローニングベクターと共通する基本的な性質を備えていることに加えて，形質転換した細菌の転写装置によって転写される必要がある．これは，発現ベクターが RNA ポリメラーゼの結合部

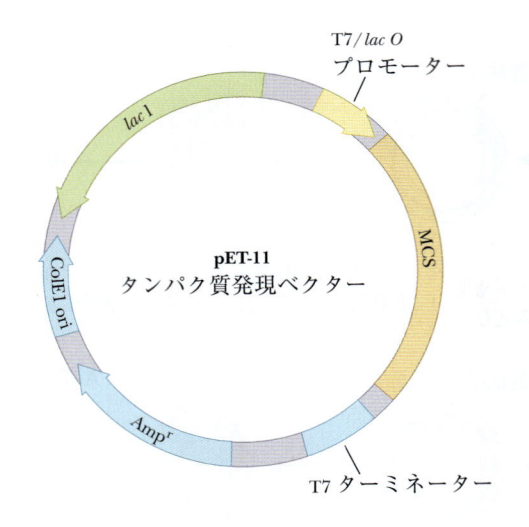

図 13.18

pET 発現ベクターの構造

この系統のプラスミドは，複製起点，MCS，抗生物質（アンピシリン）耐性遺伝子のような一般的なプラスミドの構成要素をもつが，それに加えて，T7 RNA ポリメラーゼが結合するプロモーターと T7 RNA ポリメラーゼに対するターミネーターの間に MCS が置かれているという特徴をもっている．この系統のベクターに組み込まれた外来遺伝子は，宿主細胞内で T7 RNA ポリメラーゼによって転写され，生じた mRNA がタンパク質に翻訳される．（原図は *Stratagene* 社の好意による）

位であるプロモーターをもっていなければならないことを意味する．また，転写で生じる RNA には，翻訳に必要なリボソーム結合配列がなければならない．さらに，発現ベクターには転写終結配列が必要で，それがなければ，挿入された遺伝子だけでなくプラスミド全体が転写されることになるであろう．図 13.18 は，発現ベクターを模式的に示したものである．外来 DNA を組み込む部位（MCS）の上流には，転写プロモーターがあり，これは多くの場合，**T7 ポリメラーゼ** T7 polymerase と呼ばれるウイルスの RNA ポリメラーゼに対するプロモーターである．MCS の他方の端には転写終結配列である T7 ターミネーター T7 terminator がある．外来 DNA をうまく組み込んだプラスミドで，*E. coli* JM109 DE3 株のようなタンパク質発現用大腸菌株を形質転換する．この株のユニークな特徴は，*lac* オペロン（Chap. 11 参照）の支配下にある T7 RNA ポリメラーゼ遺伝子をもっていることである．プラスミドを取り込んだ細菌を十分量まで増やした後，ラクトースのアナログである IPTG（isopropylthiogalactoside）を加える．IPTG は，細菌の *lac* オペロンを活性化して T7 RNA ポリメラーゼを産生し，それがプラスミドの T7 プロモーターに結合して，組み込まれている遺伝子を転写し，生じた mRNA からタンパク質が翻訳されるのである．外来性タンパク質は宿主細胞に対して毒性を示すことが多いため，このような選択的発現制御は重要で，外来遺伝子を発現させる時期は慎重に決める必要がある．図 13.18 に示したプラスミドは逆向きに転写される *lacI* 遺伝子をもっている．この遺伝子は *lac* オペロンのリプレッサーを産生しており，IPTG で誘導するまで，外来タンパク質の産生を確実に抑制する役割を果たしている．p.492 の《身の周りに見られる生化学》に，タンパク質発現系に関連した新しいタンパク質精製法の例を紹介している．

真核生物における遺伝子工学

　遺伝子操作の対象となる生物が動物や高等植物である場合は，それらが多様な組織をもつ多細胞生物であることを考慮しておく必要がある．単細胞生物である細菌では，一つの細胞の遺伝的性質を変化させることは，その生物全体を変えることを意味する．多細胞生物における遺伝子操作の第一の形は，分化した一種類の細胞だけで構成されている一つの組織の遺伝子を変えることである．いい換えれば，これは体 somatic 細胞の変化であり，与えた変化の影響は生物個体の特定組織に限定される．これに対して，生殖細胞（卵子や精子）に加えた変化，すなわち生殖系列 germ-line 細胞の変化は，次世代に伝えられる．生殖細胞を改変しようとする場合は，生殖細胞が生物体の他の部分から隔離されてしまう前の段階である発生初期の細胞に変化を加えねばならない．そのような変化を与える試みは，比較的少数の生物，例えば，高等植物，ショウジョウバエ，マウスのような哺乳動物で成功している．　高等植物の遺伝子操作に広く使われているベクターは，根頭がん腫（クラウンゴール）病菌 *Agrobacterium tumefaciens* 由来の細菌プラスミドである．根頭がん腫病菌は，傷害のある植物組織に結合して，自らのプラスミドを植物細胞に送り込み，プラスミド DNA の一部分を植物細胞の DNA に組み込む．これは細菌プラスミドから真核細胞ゲノムへの遺伝子移動が自然界で起こることが知られている唯一の過程である．植物細胞中でこのプラスミド遺伝子が発現するとクラウンゴール crown gall と呼ばれる腫瘍が形成され，この腫瘍細胞からは，それが生殖系列細胞ではないにもかかわらず，完全で健康な植物体が発生する（もちろん，このような過程は動物では起こらない）．クラウンゴール細胞から発生した植物体は繁殖力のある種子をつくることができ，形質転換された遺伝子が新しい株に受け継がれていく．*A. tumefaciens* のプラスミドには，いかなる起源の遺伝子でも組み込むことができ，それを植物に形質転換することができるのである．この方法は，ケムシによる落葉に抵抗性をもつ遺伝子改変トマト（図 13.19）をつくる際に用いられた．ケムシに対して毒性を示すタンパク

図 13.19

トランスジェニックトマト
組換え DNA 技術がケムシによる落葉に抵抗性の植物をつくり出した．このような研究のもう一つの成果として，日持ちの良いトマトの作成がある．

身の周りに見られる生化学　健康関連

遺伝子組換え技術でつくられるヒトのタンパク質

　遺伝子工学技術は，アミノ酸配列が解明されている多くのヒトのタンパク質の生産を可能にした．これは，目的タンパク質の遺伝子を単離して細菌または培養した真核細胞に導入することによって行われる．最近，ウシやヒツジのクローン作成実験が正当化される理由の一つは，これらの動物が，乳汁中へ分泌されると予測されるヒトのタンパク質の供給源となる可能性をもっているからである．どのようなタンパク質製品であっても，商業的な生産システムをつくり上げる過程で，産生されるタンパク質が産生細胞から分泌されて細胞外液中に蓄積できるように工夫しておけば，単離・精製が容易になる．

　ヒトのタンパク質の生産には，細菌を用いたシステムが多く用いられる．細菌は，培養が安価で取り扱いも容易である．真核細胞を用いる実験系は，タンパク質に糖鎖を付加することができたり，タンパク質が生物学的に活性なコンホメーションに折りたたまれやすいだろうといった優位性があるが，扱いにくく経費もかかる．しかし，細菌と組換えDNAを使って行うタンパク質の生産にも，それなりの面倒な問題がある．細菌内でタンパク質が作られるようにするには，mRNAにリボソームへの結合を保証するシャイン-ダルガーノ配列（Sec. 12.4参照）を付加しておく必要がある．また，異種生物である宿主内で生成物を得るために必要な遺伝子操作によって，N末端に若干の余分なアミノ酸残基が付加するなど，わずかではあるが修飾されたタンパク質をつくり出すことが多い．余分なアミノ酸残基の存在は，副作用に対する懸念が増すため，FDA（米国食品医薬品局）の承認を得る過程は面倒なものになる．

　ヒトタンパク質の生産における注目すべき成功例には以下のようなものがある．

　1．インスリン（本文参照）は，これまでウマとブタから単離して，I型糖尿病の治療に用いられてきた．しかし，何年にもわたって使用していると，糖尿病患者の約5％に異種タンパク質に対する重篤なアレルギーが発症する．糖尿病患者は今日，細菌が産生するヒトインスリンによる治療を受けることができ，その費用は動物由来のホルモンを使う場合に比べて，約1割高になるだけである．

　2．ヒト成長ホルモン（HGH）は，これまで解剖用献体の下垂体から抽出する方法でしか得ることができず，HIVや他の病原菌による原料細胞の汚染というリスクを抱えていた．HGHは，遺伝性小人症やAIDSを含む筋肉崩壊を伴う疾病の治療に用いられている．HGHは300個以上のアミノ酸残基から成る比較的大きなタンパク質であるが，糖鎖などをもたない単純タンパク質であり，細菌を使ったクローニングは比較的簡単であった．しかし，一方で安全なHGHが容易に使用できるようになったこと

質をコードする遺伝子が細菌のBacillus thuringiensisから取り出され，トマトに導入された．このような，有用性をもつ遺伝子改変は，他の食糧作物についても研究が続けられている．その一方で，このような一連の研究全体を監視している多くの人々が，この方法の安全性と倫理性に対して疑問の声をあげている．2000年に，B. thuringiensisの遺伝子を組み込んだトウモロコシ（Btコーン）がタコスの皮に混入していることが見つかったことで，一般の人々は遺伝子組換え食品（GM食品）の流通が拡大することへの警戒心を強めている．Btコーンは動物飼料に使うことだけが承認されており，ヒトにアレルギー作用を及ぼす可能性に関する研究が継続中であるため，ヒトが口にする食品への使用は承認されておらず，上記の問題は偶発的なものであったと考えられる（本章末のHopkin, K.の論文を参照）．また，環境学者は，二つの理由から，GM農作物が環境に及ぼす影響を懸念して

が，運動選手の筋肉増強を目的にこのホルモンを販売するブラックマーケットをつくり出してしまったという現実には注意しておく必要がある．

3. 組織プラスミノーゲンアクチベーター（TPA）とエンテロキナーゼ（EK）という二つのタンパク質は，血栓溶解作用のあることが知られている．心臓発作の臨界期の間にこれらのタンパク質を注射すれば，どちらかの作用で血栓による心臓や脳に対する破滅的作用を防いだり，あるいは最小限に抑えたりすることができる．遺伝子組換え技術がなければ，血栓治療の実用化に十分な量のこれらのタンパク質を供給することは不可能であっただろう．現在，二つの会社がこれらのタンパク質を生産している．

4. エリスロポエチン（EPO）は，骨髄に赤血球（RBCs）の産生を促すホルモンである．この比較的小さなタンパク質は腎透析で失われる．このホルモンは健常人の腎臓でも沪過されるが再吸収されている．そのため，腎移植までの間，透析治療を受ける慢性腎疾患患者は，赤血球の減少に伴う慢性貧血という余分な問題にも悩まされることになる．そのような患者は，通常の輸血を受けねばならないが，それには感染やアレルギー反応を併発する危険性がある．今日では，遺伝子工学的手法でつくられたエリスロポエチンであるエポジン Epogen がアムジェン Amgen 社から供給されており，遺伝子研究から生み出され商業的に最も成功したヒトのホルモン製剤の一つになっている．EPO はまた，本来の使用目的を歪められた遺伝子組換えタンパク質としても最も有名なものである．持久力系運動選手が EPO を使って赤血球を増加させておくと，競争相手に対する大きな優位性が得られることから，スポーツ界にEPO のブラックマーケットができている．この状況は，1998 年のツール・ド・フランスにおいて，おびただしい数の EPO のバイアルを携行したあるチームドクターが，フランスから入国を拒否されたことから大問題に発展し，さらにその EPO は病院から盗まれたものであることまで発覚してしまった．そのチームは競技から排除され，自転車競技の国際管理団体は EPO の悪用と戦うために，遺伝子組換え EPO の試験法開発を含めた巨額の投資を行うことになった．

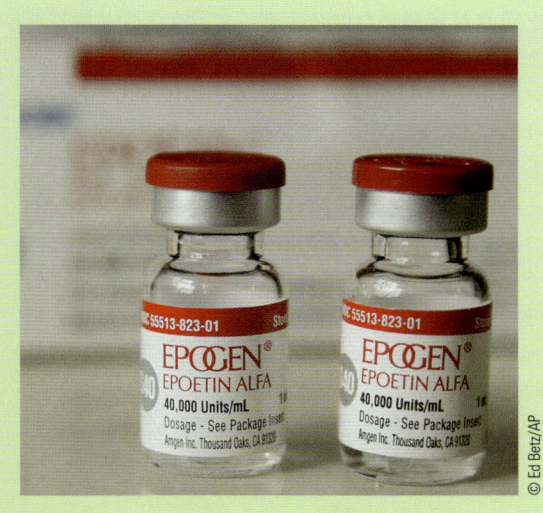

エポジン
遺伝子組換え型ヒトエリスロポエチンは，クローニングとタンパク質発現技術によって産生されるヒトのペプチドホルモンである．この医薬品は，手術や腎臓透析によって失血した患者に血球を増産させる目的で使われる．残念ながら，この薬は，運動能力を不正な方法で高めるための薬の一つにもなってしまった．

いる．第一の懸念は，Bt 遺伝子が産生する毒素に特に敏感なオオカバマダラ（チョウの一種）のような，駆除対象外の昆虫に対する悪影響であり，第二は，毒素の作用に対して偶然に免疫を獲得した昆虫が異常発生する潜在的危険性である（本章末の Brown, K. の論文を参照）．肯定的な面としては，Bt ワタを栽培している畑では，野生種のワタ畑に比べて殺虫剤の使用量を 80％ も少なくできたことがあげられる．

身の周りに見られる生化学　分析化学（クロマトグラフィー）

融合タンパク質とその迅速精製法

　タンパク質を精製する強力な手段の一つとして，アフィニティークロマトグラフィーを Chap. 5 で紹介した．分子生物学者はこのアイデアを一歩進めて，発現させるタンパク質にアフィニティークロマトグラフィーのリガンドと結合する部位を直接導入する方法を考案した．すなわち，目的とするポリペプチド鎖の N 末端または C 末端に余分なアミノ酸残基を付加した**融合タンパク質** fusion protein と呼ぶタンパク質を創り出したのである．この方法がどのように有用であるかを図で説明する．発現ベクターとして，T7 RNA ポリメラーゼに対応するプロモーターの下流に開始配列 ATG をもつものを使う．ATG コドンに続くヒスタグ His-tag 配列は 6 残基のヒスチジンをコードする．ヒスタグの次にはタンパク質分解酵素であるエンテロキナーゼ enterokinase で特異的に切断されるアミノ酸配列があり，最後に目的遺伝子をクローニングする MCS 配列がある．目的とする遺伝子をこのベクターにクローニングして，細菌を形質転換すると，タンパク質が発現する．翻訳された融合タンパク質は，開始メチオニンの後に 6 残基のヒスチジン，エンテロキナーゼ特異的アミノ酸配列，目的とするタンパク質がこの順に並んでいる．Chap. 5 において，アフィニティークロマトグラフィーでは目的タンパク質と特異的に結合するリガンドをもつ樹脂が使われると説明したことを思い出してほしい．この技術をヒスタグをもつ融合タンパク質の精製に適用するのである．ヒスチジン残基に極めて特異的なニッケルアフィニティーカラムを用意する．融合タンパク質を発現させた細胞を破砕して得た抽出液をこのカラムに通すと，融合タンパク質がニッケルカラムに強く結合し，それ以外のタンパク質はすべてカラムを素通りしてしまう．カラムに結合した融合タンパク質をヒスチジンのアナログであるイミダゾール溶液でカラムから溶離させ，エンテロキナーゼを作用させてヒスタグを切り離すと，目的タンパク質が得られる．理想的な条件下では，この方法による一段階の操作で，タンパク質をほぼ完全に精製できる．

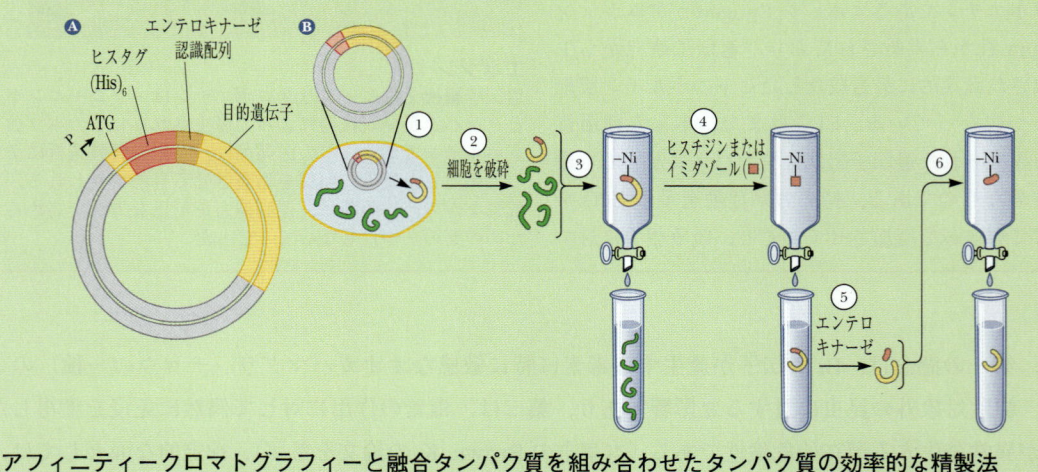

アフィニティークロマトグラフィーと融合タンパク質を組み合わせたタンパク質の効率的な精製法
Ⓐ 発現ベクターは，N 末端に開始コドンの ATG と 6 残基のヒスチジン（ヒスタグ）とエンテロキナーゼに特異的なアミノ酸配列をコードする塩基配列をもっており，その下流に精製しようとするタンパク質の遺伝子を組み込む．
Ⓑ ① プラスミドをクローニングして発現させ，融合タンパク質（赤と黄色で表す）を含むタンパク質をつくる．② 細胞を破砕し，③ 得られた抽出物をニッケルアフィニティーカラムに流す．ニッケルが融合タンパク質のヒスタグと結合し，他の細胞成分はカラムから洗い出される．④ 高濃度のヒスチジンまたはイミダゾール（赤い四角で表す）で融合タンパク質をカラムから溶離する．⑤ エンテロキナーゼでヒスタグ部分を切り離す．⑥ これをニッケルカラムに通すと，ヒスタグがカラムに結合して除かれ，目的タンパク質が得られる．（Molecular Biology, by R. F. Weaver, McGraw-Hill, 1999 より，許可を得て改変）

> **Sec. 13.4 要約**
> - 遺伝子工学は，医学的あるいは純粋に科学的な成果を目的として，関心のある遺伝子を特定の生物に導入する過程である．
> - 遺伝子治療は，失われた遺伝子を生物に導入することである．
> - クローン化した遺伝子からタンパク質を生産するための工場として，細菌を利用することが多い．この方法で，インスリンなどのヒトのタンパク質が生産できるようになった．
> - 目的遺伝子からタンパク質産物をつくるには，遺伝子を発現ベクターに組み込む必要がある．多くの発現ベクターは，宿主細胞中で転写と翻訳を行うことができる特別な性質をもつプラスミドである．
> - 農業分野では，害虫に対する抵抗性をもつ作物や店頭で長持ちする作物をつくるために，遺伝子工学が利用されている．

13.5　DNA ライブラリー

　対象生物のゲノム DNA の一部分を，ベクターに組み込んでクローニングする方法が確立されたことから，ある生物種の DNA 全体（ゲノム）を適当な大きさの断片とし，それらをクローニングすることができないかという問題は容易に思い浮かぶことである．その答は"できる"であり，できたものが **DNA ライブラリー** DNA library である．

　ヒトゲノムの DNA ライブラリーを構築することを考えよう．2 倍体（両親に由来する一組の染色体をもつ細胞）であるヒトの細胞には約 60 億塩基対の DNA が存在する．クローニングに適当な DNA 断片の長さを 20,000 塩基対とすると，最低でも 300,000 個の異なる組換え DNA をつくらねばならない．これだけの数の組換え体をつくるのは極めて手間のかかることである．実際には，組換えを起こしていないベクターを除外するなどして，完璧なものを得ることになるから，この数倍の組換え体をつくっておかなければならない．ここでは話を簡単にするため，ベクターとして細菌プラスミドを使って，適切な数の組換え DNA 分子を Sec. 13.3 で述べた方法で構築したとしよう（図 13.20）．

　次の段階は，プラスミド DNA 分子の集団を個々のメンバーに分けるために，クローニングすることである．このゲノム由来の DNA 断片をもつプラスミドを取り込んだ細菌クローンの集合体がライブラリーを構成することになる．ライブラリーは，その全体を将来の使用に備えて保存しておくことができるし，そこから一つのクローンを選び出して研究を進めることもできる．DNA ライブラリーの構築は極めて手間のかかる仕事であり，研究者は構築済みのライブラリーを他の研究室から入手したり，市販されているものを購入したりする．いくつかの科学雑誌では，掲載する論文で取り上げているライブラリーや個々のクローンを，それを必要とする他の研究者に自由に提供することを求めている．

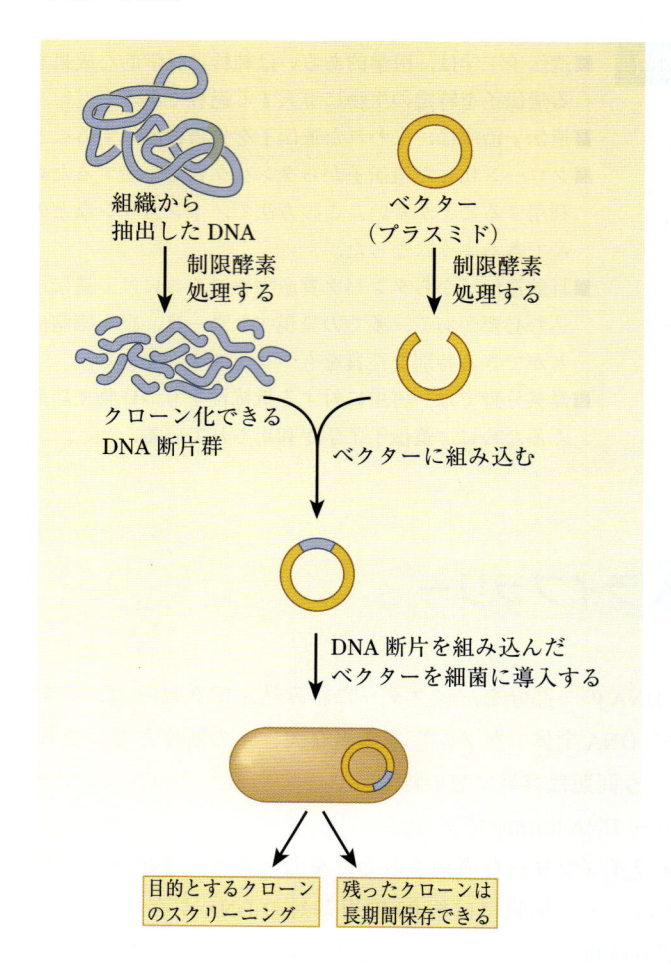

図 13.20
DNA ライブラリーの構築手順
対象となる生物の全 DNA を取り出し，制限酵素で処理する．得られた DNA 断片を細菌のプラスミドに組み込む．これらの中から研究に使うクローンを選択し，残りのクローンは将来の使用に備えて保存しておく．
(Dealing with Genes : The Language of Heredity, *by Paul Berg and Maxine Singer*, ©1992 by University Science Books より，許可を得て改変)

13.5.1　ライブラリーからどのようにして目的の DNA 断片を見つけ出すか

DNA ライブラリーから個々のクローンを見つけ出す方法

　DNA ライブラリーを構築した後で，それに含まれている数百，数千，ある場合には百万近くものクローンの中から，一つの目的クローン（例えば，遺伝病に関係する特定の遺伝子を含むもの）を見つけたいとしよう．このような規模で選択を行うためにはそれに適した技術が必要である．最も有用な技術の一つは，DNA 相補鎖の分離とアニーリングを利用するものである．最初に行う操作は，デ

イッシュ上で増殖した細菌のコロニー（あるいはファージのプラーク）の写しをとることである．ディッシュに円形のニトロセルロース膜を軽く押し付けてからはがすと，ディッシュ上での位置関係を保った状態で，コロニー（またはプラーク）の一部がニトロセルロース膜に移る．ディッシュ上に残った元のコロニーやプラークは後で必要になるので保存しておく（図 13.21）．

このようにして得たニトロセルロース膜を変性剤で処理し，結合している DNA を一本鎖に解離させ（DNA は，菌体やファージ粒子が破壊（溶菌）されることにより，露出する），一本鎖になった DNA を熱または紫外線処理によってニトロセルロース膜に恒久的に固定する．次の段階は，目的とするクローンの DNA のどちらか一方の鎖に対して相補的な塩基配列をもつ一本鎖の DNA（または RNA）プローブを含む溶液にニトロセルロース膜を浸す．プローブは目的の DNA とだけアニールする（図 13.21）．アニーリングが終わったら，余分な溶液はニトロセルロース膜を洗って除く．プローブが放射活性をもつ場合は，膜を X 線フィルムに密着させて感光させる（Sec. 13.1 参照）．プローブが DNA にアニールしている場所は放射活性を有するから，その場所は X 線フィルムが感光し，黒いスポットが現れる．元のディッシュは保存してあるから，感光しているスポットに対応するクローンを取り出して増殖させる．

目的とする DNA 断片の塩基配列が不明でプローブが使えない場合，手順は複雑になる．目的とする DNA が既知タンパク質の遺伝子であれば，クローニングを遺伝子の転写と翻訳ができる発現ベクターを用いて行う．この方法で発現させた目的タンパク質が，検出可能な機能をもっていれば，その機能を指標にして目的クローンを見つけることができる．また，別の方法として，目的タンパク質とだけ特異的に反応する標識抗体を使ってタンパク質を検出することもできる．

RNA は，DNA と同じ方法でライブラリーを構築したりクローン化したりすることができない．このため，逆転写酵素を用いて RNA（通常，mRNA）を相補的 DNA complementary DNA（cDNA）に変えたものをベクターに組み込む（図 13.22）．cDNA をベクターに組み込むには，合成リンカーが必要である．これ以降の **cDNA ライブラリー** cDNA library を構築する過程は，ゲノム DNA ライブラリーの構築と実質的に同じである．ある生物に関するゲノム DNA ライブラリーは，材料に選んだ組織による違いがなく，その組織で発現している遺伝子としていない遺伝子に相当する DNA のすべてを含んでいる．これに対して cDNA ライブラリーは，材料に用いた組織や細胞で発現している遺伝子を反映しており，それぞれに異なっている．

Sec. 13.5 要約

- DNA ライブラリーはゲノム全体の DNA 断片を含むクローンの集合体である．
- ゲノムを制限酵素で処理して得られる断片をベクターに組み込み，宿主細胞に導入してクローン化する．
- 放射性同位元素で標識した，目的塩基配列に特異的なプローブを，ライブラリーを構成する細菌コロニーの DNA を固定したフィルターに反応させると，プローブが目的の塩基配列に結合し，その場所がオートラジオグラフィーで検出できる．
- cDNA ライブラリーは，細胞内で mRNA から DNA を作る逆転写酵素を利用して構築する．cDNA ライブラリーは，ゲノム DNA ライブラリーと類似の方法で構築することができる．

図 13.21

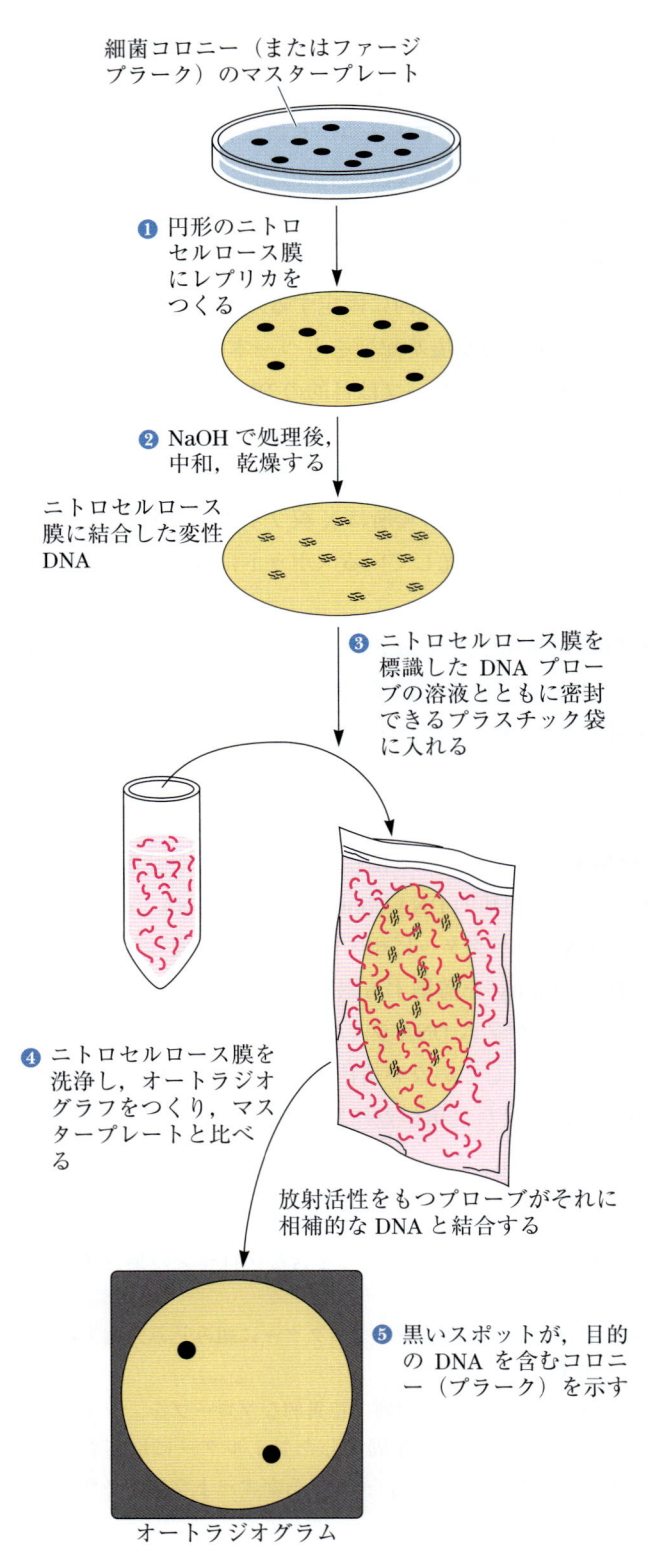

コロニーハイブリダイゼーション（またはプラークハイブリダイゼーション）による遺伝子ライブラリーのスクリーニング

① プラスミドベクター（またはファージベクター）を用いて構築した遺伝子ライブラリーで形質転換した（または感染させた）宿主細菌をディッシュ上の寒天培地で一晩培養し，細菌コロニー（またはファージプラーク）を形成させる．このコロニー（またはプラーク）に円形のニトロセルロース膜を軽く押しつけ，ニトロセルロース膜上にコロニー（またはプラーク）のレプリカをつくる．ニトロセルロース膜は核酸と強く結合するが，二本鎖DNAより一本鎖DNAがより強く結合する．ニトロセルロース膜にコロニー（またはプラーク）のレプリカを取ったら，元のディッシュは保存する．② ニトロセルロース膜は，2M NaOHで処理した後，中和して乾燥させる．NaOHは細菌（またはファージ粒子）を溶解し，二本鎖DNAを一本鎖に解離させるので，乾燥が終わったニトロセルロース膜にはDNAが固定化されている．③ 次に，乾燥したニトロセルロース膜を密封できるプラスチック袋に入れ，熱変性で一本鎖にした標識プローブDNAを加える．この袋を加温してプローブDNAをニトロセルロース膜上にある標的DNA配列にアニールさせる．④ ニトロセルロース膜を取り出し，洗浄してから乾燥し，X線フィルムに密着させてオートラジオグラムを作成する．⑤ X線フィルム上に現れた黒いスポットは標識プローブが標的DNAにハイブリダイズしている場所を示す．オートラジオグラム上のスポットの場所に基づいて，保存してあるディッシュから目的とするクローンの細菌コロニー（またはファージプラーク）を回収する．

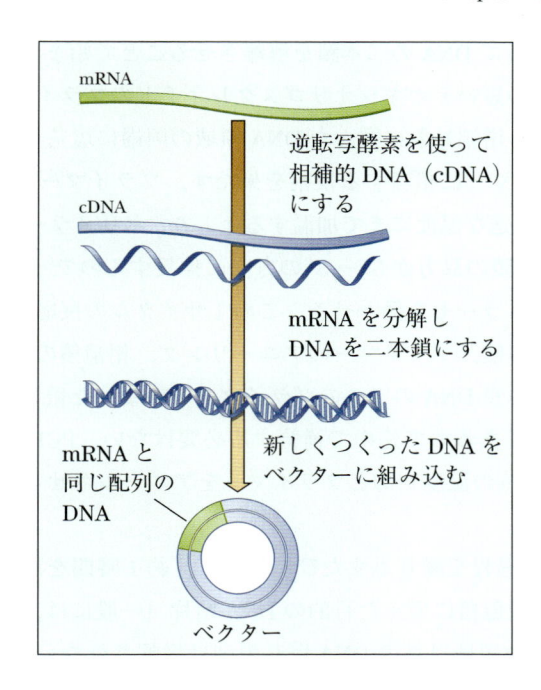

図 13.22
cDNA の生成
逆転写酵素が mRNA を鋳型にした相補的一本鎖 DNA（cDNA）の合成を触媒する．得られた cDNA を基にして 2 本目の DNA 鎖を合成し，二本鎖 DNA をベクターに組み込む．（Dealing with Genes : The Language of Heredity, *by Paul Berg and Maxine Singer*, ©1992 *by University Science Books* より，許可を得て改変）

13.6 ポリメラーゼ連鎖反応

　DNA をクローニングすることなく大量に増幅する方法がある．それを可能にした方法が**ポリメラーゼ連鎖反応** polymerase chain reaction（**PCR**）である．PCR は，いかなる DNA でも増幅が可能で，増幅操作に先立って対象とする DNA を試料中にある他の DNA から分離しておく必要もない．PCR は，DNA の対象領域を二本鎖として増幅する．研究者たちは，無細胞系で DNA の合成を自動的に行う方法の開発を待ち望んでいた．しかし，DNA の自動合成を行うには，システムをどのように工夫しても，複製過程で働いているトポイソメラーゼやヘリカーゼといった酵素を使わずに二本鎖を物理的に解離させるために高温で操作する必要があると考えられていた．しかし，そのような温度（90 ℃付近）では DNA 鎖を合成する DNA ポリメラーゼが変性して不活性化してしまうであろう．この DNA の自動合成を可能にしたのは，深海の熱水噴気孔という超高圧で 100 ℃を超える高い温度環境に生息している細菌の発見であった．このような環境で生息できる細菌の酵素は高温で働いているはずである．PCR に使われる耐熱性 DNA ポリメラーゼが取り出された細菌 *Thermus aquaticus* は，温泉に生息しているそのような細菌の一種であり，この酵素は *Taq* ポリメラーゼ *Taq* polymerase と呼ばれている．Chap. 1 でバイオ産業が極限の環境に生息する生物を血眼になって探索していることを述べた．この一例から，彼らがなぜそのようにしているかという理由が理解できる．

PCR の過程は，加熱によって DNA の二本鎖を解離させることで始まり，それに続く冷却の過程で反応系に加えてある大過剰の短いデオキシオリゴヌクレオチドのプライマーが目的とする DNA にアニールする．プライマーは，増幅対象に選んだ DNA 領域の両端に塩基相補性をもたせてあり，本来の複製における RNA プライマーに相当する役割を果たす．プライマーが DNA にアニールしたら，*Taq* ポリメラーゼの活性に最適な温度にまで加温すると，*Taq* ポリメラーゼがプライマーの 3′ 末端から DNA 鎖を合成する．相補鎖の双方が 5′→3′ の方向に伸長するので（図 13.23），望む長さの DNA が合成されるまで *Taq* ポリメラーゼを働かせる．この 1 サイクルの反応で，目的とする DNA 領域の量が 2 倍になる．二本鎖の解離，プライマーのアニーリング，相補鎖の複製の過程を繰り返すと，2 サイクル目以降の倍化は二本鎖 DNA の二つのプライマーで挟まれた領域だけで起こることになる．プライマーは大過剰に加えてあるので途中で補給する必要はない．PCR の全過程は自動化されており，DNA 鎖を解離させる加熱の温度制御とプライマーをアニールさせる温度の選択は極めて慎重に行われている．

DNA の量は，上記の反応過程を繰り返すたびに倍増し，約 1 時間をかけて 25〜40 サイクルの複製を行うと，数百万倍から数億倍に増えた目的の DNA 断片（一般には，数百〜数千塩基対の長さ）が得られる（図 13.23）．目的領域以外の DNA 塩基配列は増幅されないので，それらが PCR 反応自体や増幅した DNA のその後の利用を妨害することもない．

PCR を裏で支えている学問的に最も重要な問題はプライマーの設計である．プライマーが標的配列に特異的であるためには十分な長さをもつ必要があるが，長いプライマーを作成するのは経費がかかる．このため，プライマーは 18〜30 塩基の長さにするのが一般的である．プライマーは，鋳型 DNA 同士が再生する前に DNA とアニールできるような GC 含量にしておくなど，結合性を最適にしておかねばならない．また，二つのプライマーの融解温度を同じにするため，両者の GC 含量を近づけておくことも必要である．さらに，プライマーの塩基配列は，プライマー分子内やプライマー相互間で二次構造をつくるようなものであってはならない．さもなければ，プライマーは増幅すべき DNA にではなくそれ自身と結合してしまう．例えば，プライマーが AAAAATTTTT という塩基配列をもっていれば，分子内でヘアピンループ構造をとってしまい，鋳型 DNA に結合できないであろう．

ポリメラーゼ連鎖反応の考案者であり，1993 年のノーベル化学賞受賞者であるキャリー・マリス Kary B. Mullis.

図 13.23

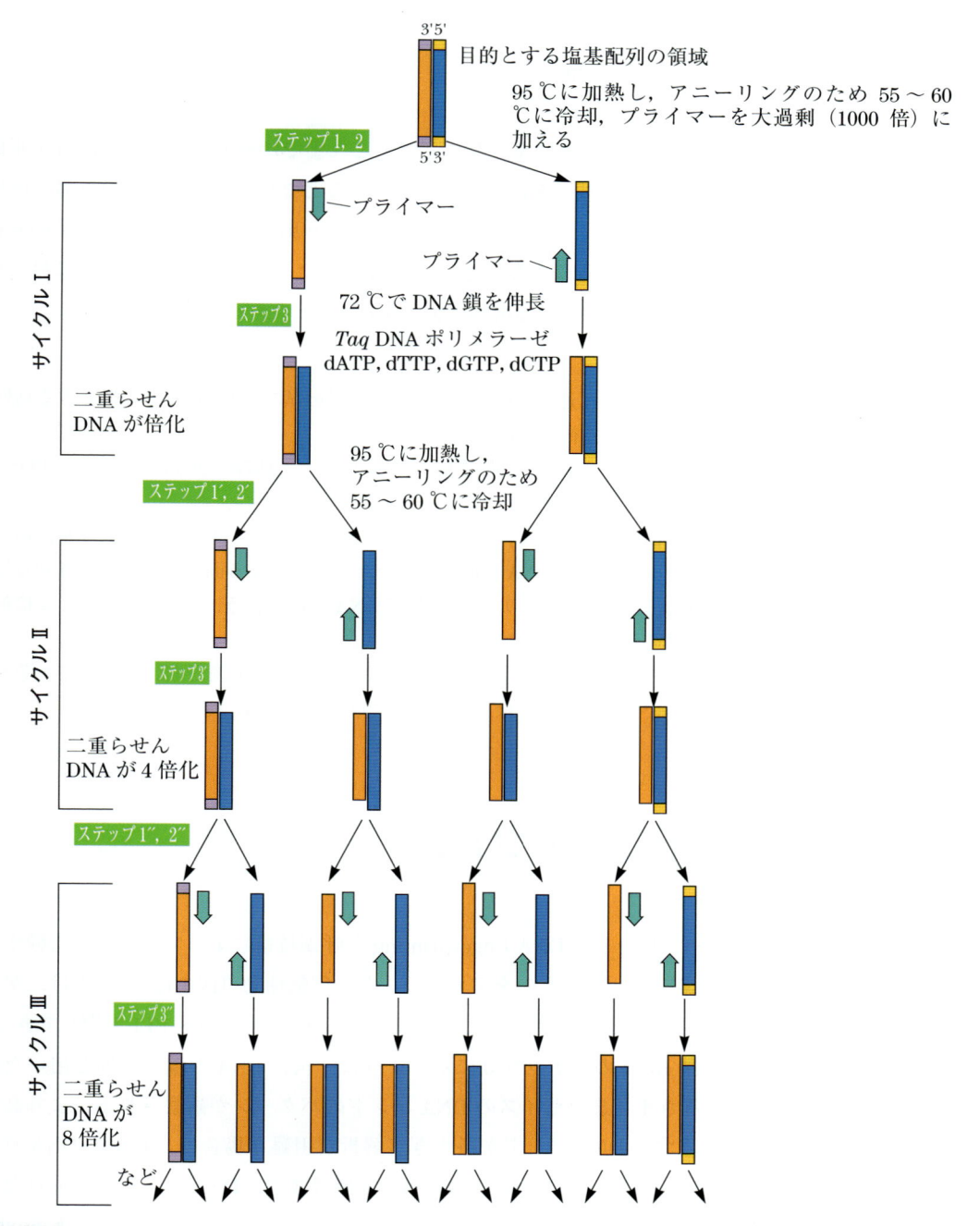

ポリメラーゼ連鎖反応（PCR）

任意の DNA 配列に対して相補的なオリゴヌクレオチドは，その配列を起点とする特異的な DNA 合成のプライマーとして働く．熱に安定な Taq DNA ポリメラーゼは加熱の繰り返しに耐えられる．理論上は，特異的プライマーを起点として合成される DNA 量が反応サイクルごとに 2 倍になる．

13.6.1　PCR の利点は何か

　極微量の試料中の DNA が増幅できるようになったことで，これまでは不可能であった解析を正確に行うことができるようになった．この技術を法医学に応用することで犯罪の被害者や容疑者の明確な割り出しができるようになった．また，エジプトのミイラから取り出したものなど，極微量の考古学的 DNA 試料を増幅して研究材料とすることもできるようになった．p.502 の《身の周りに見られる生化学》では，法医学における DNA 技術の応用例を紹介する．

> **Sec. 13.6 要約**
> - ポリメラーゼ連鎖反応（PCR）は，微量の試料から DNA を増幅できる高性能な自動化技術である．
> - 増幅したい DNA を，特異的なプライマー，dATP，dCTP，dGTP，dTTP，および耐熱性 DNA ポリメラーゼと混合する．
> - その混合物について，二本鎖 DNA の解離，プライマーとのアニール，ポリメラーゼによる DNA 合成のそれぞれに必要となる温度へ順次変化させる過程を 20〜40 サイクル繰り返して DNA 合成を行う．1 サイクルごとに標的領域の DNA が倍増する．
> - わずか数個の細胞からでも DNA が増幅でき，それを分析することで対象が特定できるこの技術は，科学捜査に革命をもたらした．

13.7　DNA フィンガープリント法

　DNA 試料を DNA フィンガープリント法 DNA fingerprinting と呼ぶ技術によって解析し，比較することができる．DNA を制限酵素で切断したものをアガロースゲル電気泳動（図 13.24）にかけ，ゲルに臭化エチジウム溶液を染み込ませて紫外線を当てると DNA 断片が可視化（Sec. 13.1 参照）できる．これら一連の処理を行うと，図 13.24 のステップ 3 に示すように，試料 DNA の塩基配列と用いた制限酵素の特異性によって決まるさまざまなサイズの DNA バンドのパターンが観察される．より高感度での検出が必要な場合や出現する DNA バンドが多すぎて解析が困難な場合は，特定の DNA バンドだけを可視化できるような方法を用いる．この方法の第 1 段階はまず，DNA バンドをニトロセルロース膜に移す操作である．これは発明者のサザン E. M. Southern に因んでサザンブロット Southern blot と呼ばれる．ニトロセルロース膜は一本鎖の DNA しか結合しないので，泳動後，アガロースゲルは NaOH 溶液に浸して DNA を解離させておく．アガロースゲルを緩衝液を吸い上げる沪紙の上に置き，その上にニトロセルロース膜を密着させ，さらに乾いた吸水紙を積み上げる．すると，緩衝液槽の緩衝液がゲルとニトロセルロース膜を通過して乾燥した吸水紙に吸い上げられ，それに伴って DNA バンドがゲルからニトロセルロース膜に移動して吸着する．次の段階は，ニトロセルロース膜上の DNA を可視化することである．^{32}P で標識した DNA プローブをニトロセルロース膜に反応させると，DNA プローブが，相補的な塩基配列をもつニトロセルロース膜上の DNA に結合するので，

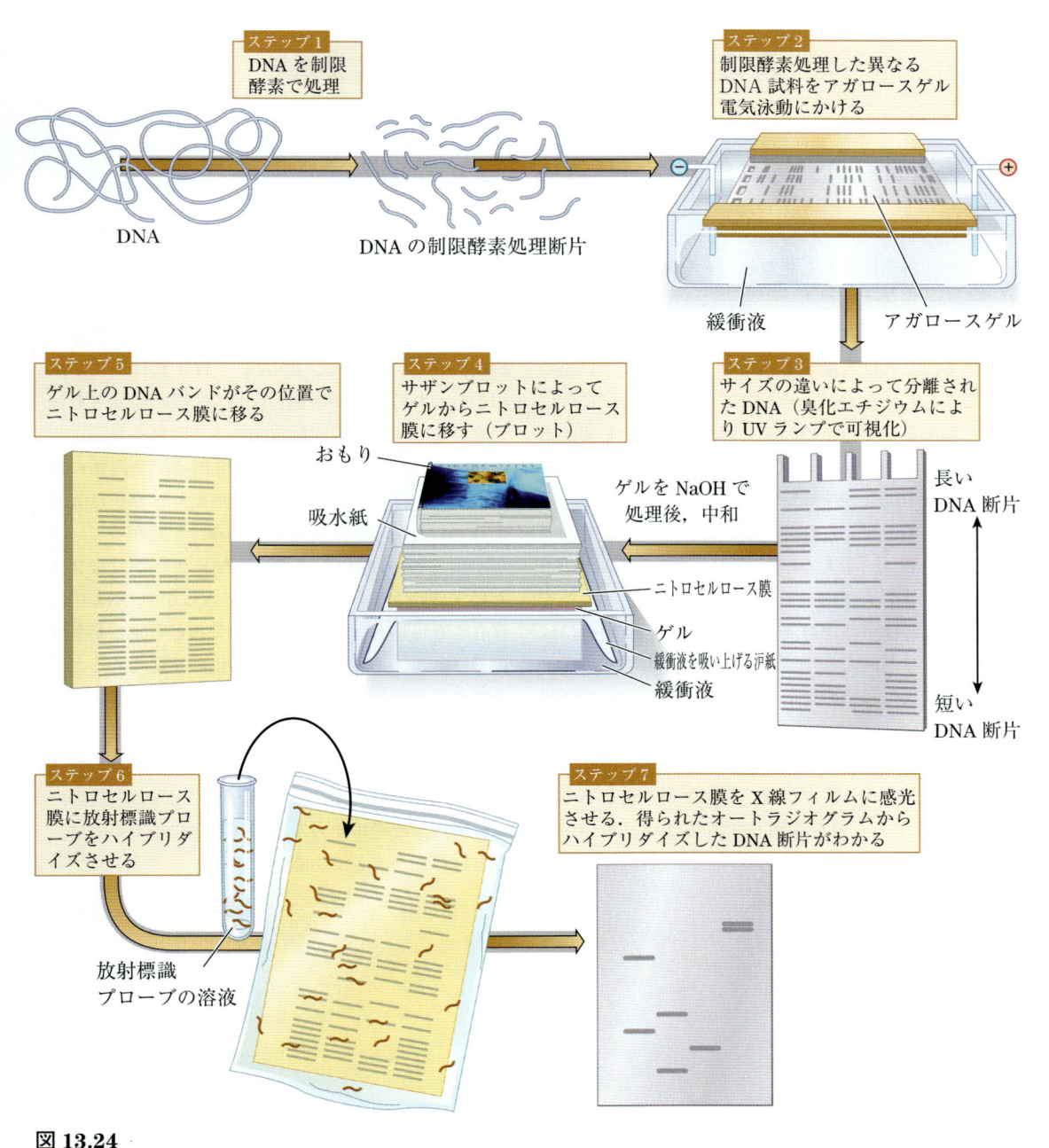

Chapter 13　核酸工学技術　　**501**

ステップ1 DNAを制限酵素で処理

ステップ2 制限酵素処理した異なるDNA試料をアガロースゲル電気泳動にかける

DNA　DNAの制限酵素処理断片　緩衝液　アガロースゲル

ステップ5 ゲル上のDNAバンドがその位置でニトロセルロース膜に移る

ステップ4 サザンブロットによってゲルからニトロセルロース膜に移す（ブロット）

ステップ3 サイズの違いによって分離されたDNA（臭化エチジウムによりUVランプで可視化）

おもり
吸水紙
ゲルをNaOHで処理後，中和
ニトロセルロース膜
ゲル
緩衝液を吸い上げる沪紙
緩衝液

長いDNA断片
短いDNA断片

ステップ6 ニトロセルロース膜に放射標識プローブをハイブリダイズさせる

ステップ7 ニトロセルロース膜をX線フィルムに感光させる．得られたオートラジオグラムからハイブリダイズしたDNA断片がわかる

放射標識プローブの溶液

図 13.24

サザンブロット法
電気泳動で分離したDNA断片をニトロセルロース膜に移す．目的のDNA配列に対する放射標識したプローブをニトロセルロース膜上のDNAに結合させ，DNAバンドをオートラジオグラムとして可視化する．

反応の終わった膜をX線フィルムに密着させてオートラジオグラム（Sec. 13.1 参照）を作成する．この方法によれば，特異的なプローブを用いることで観察されるDNAバンドの数を大幅に減らすことができ，検出対象となるDNAバンドの確認が容易になる．

身の周りに見られる生化学　法医学

科学捜査（CSI）と生化学――DNA鑑定の法医学への適用

　DNAフィンガープリント法（Sec. 13.7参照）によって，将来に起こる犯罪の犯人を割り出すことができるようにするために，過去に有罪となった全犯罪者から組織を採取しておくべきであるという考えがある．これは大変望ましいことであるように思われるかもしれないが，その前に倫理上ならびに合法性に関するいくつかの問題を解決しておく必要がある．それにもかかわらず，DNA鑑定は収監されている罪人が別の未解決犯罪に関与しているかどうかを知る目的で用いられている．この方法でよく調べられる犯罪は，犯人の体液が残されていることが多いレイプ事件である．DNA鑑定を利用することで多くの未解決事件が解決されており，ある場合には有罪とされた囚人の無実が判明する場合もある．その一方では，収監の理由となった事件についての無実が証明された犯人が，DNAが他の三つのレイプ事件の被害者から採取された標品と一致したことで，数週間のうちに再逮捕されたという例もある．

　DNA鑑定の威力を強調しすぎてはいけない．O. J. シンプソン事件の裁判においては，DNAが本人のものであることを疑う余地はなかったが，弁護側はその証拠は仕組まれたものであるという論争を起こすことに成功した．DNA鑑定では，得られた証拠から無実が証明され，被疑者が釈放される例が圧倒的に多い．しかし，DNAが一致すれば，司法取引の行われる割合が増加し，長くて費用のかさむ法廷審理をせずに犯罪が解決できることにもなる．

　DNA鑑定のよく知られた適用例に父子関係の確認がある．子供に見出されるDNAマーカーは父親か母親のどちらかに由来している．したがって，ある子供のDNA中に見出されたマーカーが，母親または父親かもしれない男性のどちらかのDNA中に存在しない場合は，その男性は父親と考える対象から外される．ある男性がある子供の父親であると確証することは相当難しいことである．なぜなら，父子関係があることを示す決定的な証拠を得るには，多くのマーカーを鑑定する必要があり，経費もかさむからである．しかし，父親候補が二，三人しかいない場合，その中から本当の父親を決めることは，通常，可能なことである．

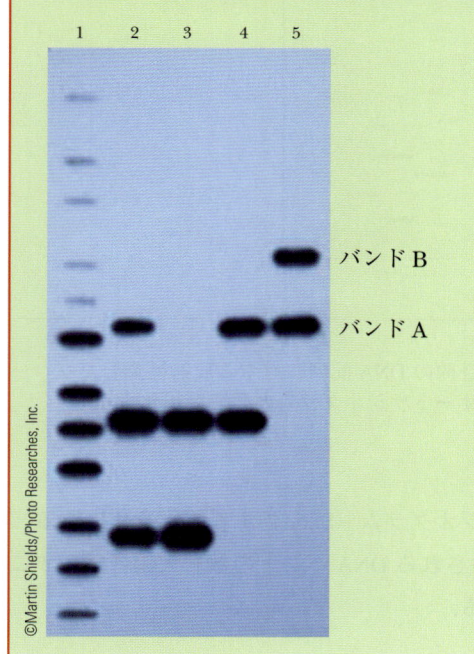

父子鑑定に使われるDNAフィンガープリント
ここに示しているゲルは，父子鑑定で使われるDNAフィンガープリントの一例である．レーン1はDNAのサイズを計算するためのDNAサイズマーカーのラダーであり，レーン2は母親のDNAパターン，レーン3と4は父親候補者のDNAパターン，レーン5が子供のDNAパターンである．子供に見られるすべてのバンドは，母親か父親のどちらかに見られなければならない．子供DNAのバンドAは母親に一致するバンドがあり，レーン4の父親候補者にも一致するバンドがある．しかし，子供DNAのバンドBは，母親DNAにも二人の父親候補者DNAにも一致するものが見出せない．この結果から，二人の候補者は共にこの子供の父親ではないといえる．

制限酵素断片長多型：法医学分析に貢献する強力な方法

　ヒトなどの一対になった染色体をもつ生物では，一方の染色体にある任意の遺伝子が他方の染色体の対応する遺伝子とわずかに異なっていることがある．遺伝学の用語でこのような遺伝子を**対立遺伝子**（または**アレル** allele）という．対立遺伝子が同じである個体はその遺伝子に関して**ホモ接合** homozygous であるといい，異なっている個体は**ヘテロ接合** heterozygous であるという．対立遺伝子間の違いは，たとえ1塩基対だけの変化であっても，ある制限酵素の認識部位が対立遺伝子の一方にあり他方にはないという可能性を生じる．このような場合には，その制限酵素による処理によって，対立遺伝子から長さの異なる制限酵素断片が得られることになる（図13.25）．このような現象を**制限断片長多型** restriction-fragment length polymorphisms，略して **RFLPs**（"リフリップス"と発音）と呼ぶ．
　この**多型** polymorphism（polymorphism とは"多くの型"を意味する）は，制限酵素処理した試料

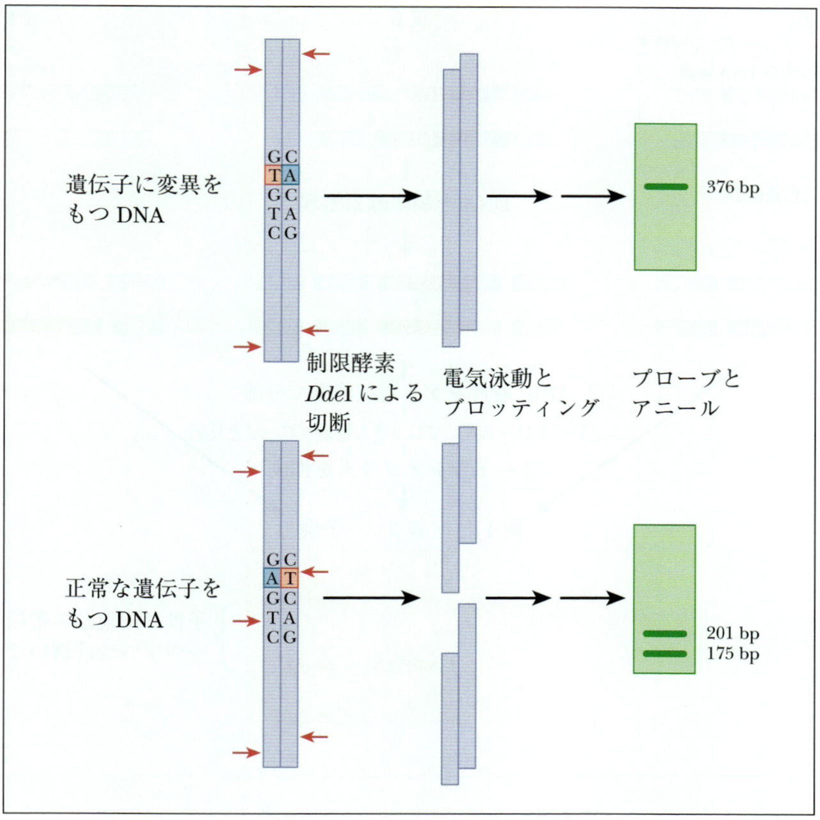

図 13.25
制限断片長多型の基本的概念
1塩基対の置換によって制限酵素認識配列が消失する．あるタンパク質をコードしている DNA のある場所に制限酵素 *Dde*I による切断部位があるが，変異遺伝子の該当箇所にはこの切断部位がない．この違いは，電気泳動とそれに続くブロッティングとこの断片に特異的なプローブとの反応によって検出できる．（略号の bp は塩基対を表す）（Dealing with Genes：The Language of Heredity, *by Paul Berg and Maxine Singer*, ©1992 *by University Science Books* より，許可を得て改変）

504　Chapter 13　核酸工学技術

をゲル電気泳動して DNA 断片を長さの違いで分離し，その後，ブロッティングと目的の塩基配列に結合するプローブとのアニーリングを行うことで分析できる．

13.7.1　個体間の DNA の違いはどのようにして検出するか

ゲノム研究により，DNA 構造の多型は，初期の遺伝子マッピングに利用されていた眼の色や先天性疾患のような遺伝形質の変異に比べ，より普遍的に見られるものであることがわかってきた．RFLPs は，古典的遺伝学の法則に従って遺伝するので，眼に見える遺伝形質の変異と同じように遺伝マーカーとして利用することができる（図 13.26）．RFLPs は，表現型の変化を伴う変異よりずっと高い頻度でゲノム中に出現するので，詳細な遺伝子地図を作成するために必要となる多数の遺伝マーカーを提供してくれる．図 13.26 は，RFLP 解析が父子関係の鑑定にどのように利用できるかを説明している．子供は，両親の対立遺伝子を一つずつ受け継いでいるから，子供がもつあらゆる断片は，

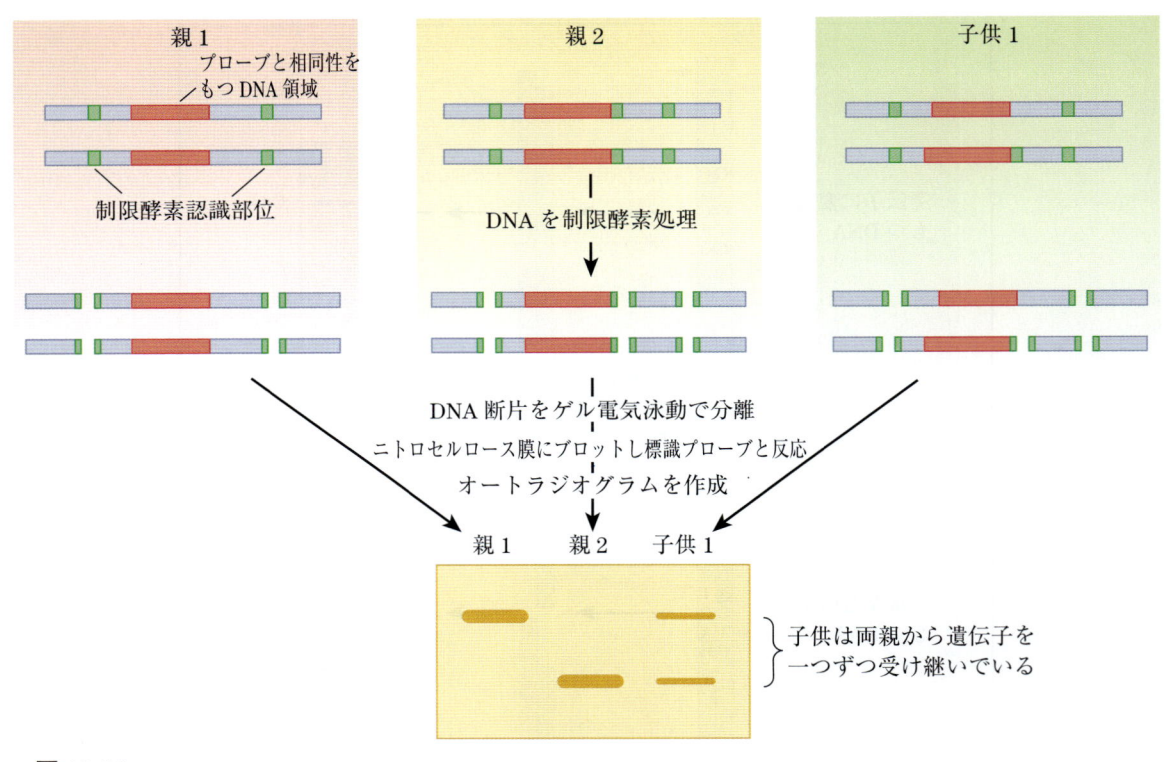

図 13.26

父子鑑定
制限断片長多型（RFLPs）は DNA に対して相同性をもったプローブによって検出できる．親1の DNA には，プローブに相同性をもつ領域付近に二つの制限酵素切断部位をもっている．親1は二つの対立遺伝子上に同じ制限酵素切断部位をもっているので，プローブと反応する大きな制限酵素断片が1個だけ検出される．親2は，各対立遺伝子上に三つの制限酵素切断部位をもっている．この場合は，同じプローブと反応する一つの小さな断片が検出される．この両親の子供にはそれぞれの対立遺伝子が1個ずつ遺伝している．したがって，子供の DNA からは，同じプローブと反応する大，小各一つの断片を与えることになる．(Dealing with Genes: The Language of Heredity, by Paul Berg and Maxine Singer, ©1992 by University Science Books より，許可を得て改変)

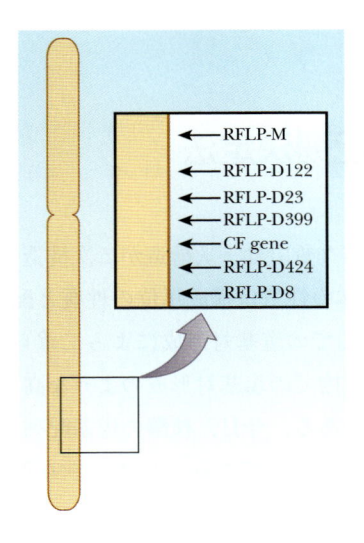

図 13.27

ヒト 7 番染色体上における囊胞性繊維症（CF）関連遺伝子の存在部位
RFLP マーカーには発見者による任意の名称がつけられている．CF 遺伝子の存在部位は，これらの RFLP マーカーとの相対的位置関係を基にして決められた．(Dealing with Genes : The Language of Heredity, by Paul Berg and Maxine Singer, ©1992 by University Science Books より，許可を得て改変)

必ずどちらか一方の親に存在する．この原理から，父子関係の鑑定で父親の候補者を除外することは容易である．すなわち，子供が，母親にも父親候補にも存在しない RFLP バンドをもっていれば，その父親候補は除外できる．同じような分析は，犯罪現場から得られた証拠に対しても行われている．被疑者から採取した DNA 試料の RFLPs が現場から採取された DNA 試料のそれと一致しない場合は，被疑者の無実が証明できる．RFLP 解析は，比較的よくある遺伝病である囊胞性繊維症の原因となる変異遺伝子の位置をゲノム上に特定する研究で徹底的に利用された．すなわち，囊胞性繊維症の原因遺伝子が 7 番染色体に存在することが決まった後，染色体上における正確な位置を決めるために一連の RFLP マーカーが使われた（図 13.27）．その後，制限酵素処理とクローニングによって原因遺伝子が単離され，産物であるタンパク質の性質が調べられた．問題のタンパク質は，塩素イオン（Cl^-）の膜輸送に関与するものであった．このタンパク質に欠陥があると細胞内に塩素イオンが蓄積し，浸透圧によって水が細胞外粘液から細胞内に取り込まれ，粘液が濃くなってしまう．肺では，濃くなった粘液によって感染症，特に肺炎が起こりやすくなる．この病気の結末は悲劇的で，発症後は長期間生存できない．病因に関する上記の知見は，囊胞性繊維症の本質に対する洞察を深め，新しい治療法開発への道を拓くことになるであろう．

Sec. 13.7 要約

- DNA フィンガープリントは，DNA の制限酵素処理で生じる断片をゲル電気泳動で分離して，ゲル上の DNA バンドを標識したプローブで可視化することによって作成される．
- 個体間における DNA バンドのパターンに生じる違いは各個体の DNA の塩基配列の違いに基づいており，その違いが制限酵素認識部位の違いをつくり出して長さの違う断片を生じる．

13.8　DNAの塩基配列決定法

すでに学んできたように，タンパク質では一次構造が二次構造と三次構造を決定している．同じことが核酸にも当てはまり，分子全体の性質は構成単位の性質と配列順序によって決まる．DNAに見られる2本のポリヌクレオチド鎖間での塩基対形成による二重らせん構造の形成や，RNAにしばしば見られる同じポリヌクレオチド鎖内での塩基対形成のような高次構造の形成には，相補的な塩基配列が連続して存在することが必要である．今日，核酸の塩基配列決定は完全に日常化された作業になっている．塩基配列をこれほど容易に決定できることは，1950年代や1960年代の科学者にとっては大きな驚きであるに違いない．

　サンガーSangerとクールソンCoulsonによって考案された核酸の塩基配列決定法（チェーンターミネーション法と呼ばれる）は，オリゴヌクレオチドの合成を塩基選択的に中断させるという原理に基づいている．この方法では，配列を決めようとする一本鎖のDNAを鋳型にして相補鎖の合成を行う．DNA鎖の合成は，5′末端から3′末端の方向に進む．鎖の伸長の一方向性はすべての核酸の合成に成り立ち（Chap. 10参照），核酸の合成は，ある分子集団について，考えられるあらゆる場所で中断させることができる．DNA合成にそのような中断を起こすには，2′,3′-ジデオキシリボヌクレオシド三リン酸2′,3′-dideoxyribonucleoside triphosphates（ddNTPs）の存在が必要である．

ddNTPでは，デオキシリボヌクレオシド三リン酸（DNA合成の構成単位）の3′-ヒドロキシ基が水素で置換されている．

13.8.1　ジデオキシヌクレオチドでDNAの塩基配列はどのようにしてを決められるか

　ddNTPは伸長中のDNA鎖に取り込まれるが，次のヌクレオチドが結合する足場になる3′-ヒドロキシ基をもっていない．そのため，伸長中の鎖がddNTPを取り込むと，その位置で鎖の伸長が止まってしまう．複製を行う反応系に少量のddNTPsを存在させておくと，鎖の伸長停止がランダムに起こることになる．

　DNAの配列を決定したい一本鎖DNAに相補鎖合成のプライマーとなる短いオリゴヌクレオチドを

加えると，プライマーは配列を決めたい DNA の 3′ 末端に水素結合する．このプライマーの結合した DNA 溶液を四つの反応液に分ける．それぞれの反応液には，4 種のデオキシリボヌクレオシド三リン酸（dNTPs）を入れ，その一つに，合成された鎖をオートラジオグラフィーあるいは蛍光法によって可視化する（Sec.13.1 参照）ための標識をつけておく．それぞれの反応液には，それらに加えて，4 種の ddNTPs のいずれか一つを入れておく．このように調製した 4 通りの反応液で DNA の合成を行わせると，鋳型 DNA 鎖上の ddNTP に相補的なすべての場所で，新しく合成される鎖の伸長停止が起こる．

　反応の終わった各反応液をゲル電気泳動にかけると，伸長反応が停止した位置に対応したサイズのバンドが現れる．鋳型 DNA に相補的な新しく合成された鎖の塩基配列は，このシーケンシングゲルから，図 13.28 に説明されているようにして直接 "読む" ことができる．この方法の変法として，4 種の塩基に対応させた異なる色の蛍光標識をつけた ddNTP を用いることにより，一つの反応液で塩基配列決定を行う方法が考案されている．各蛍光標識はそれぞれに固有の蛍光スペクトルによって検

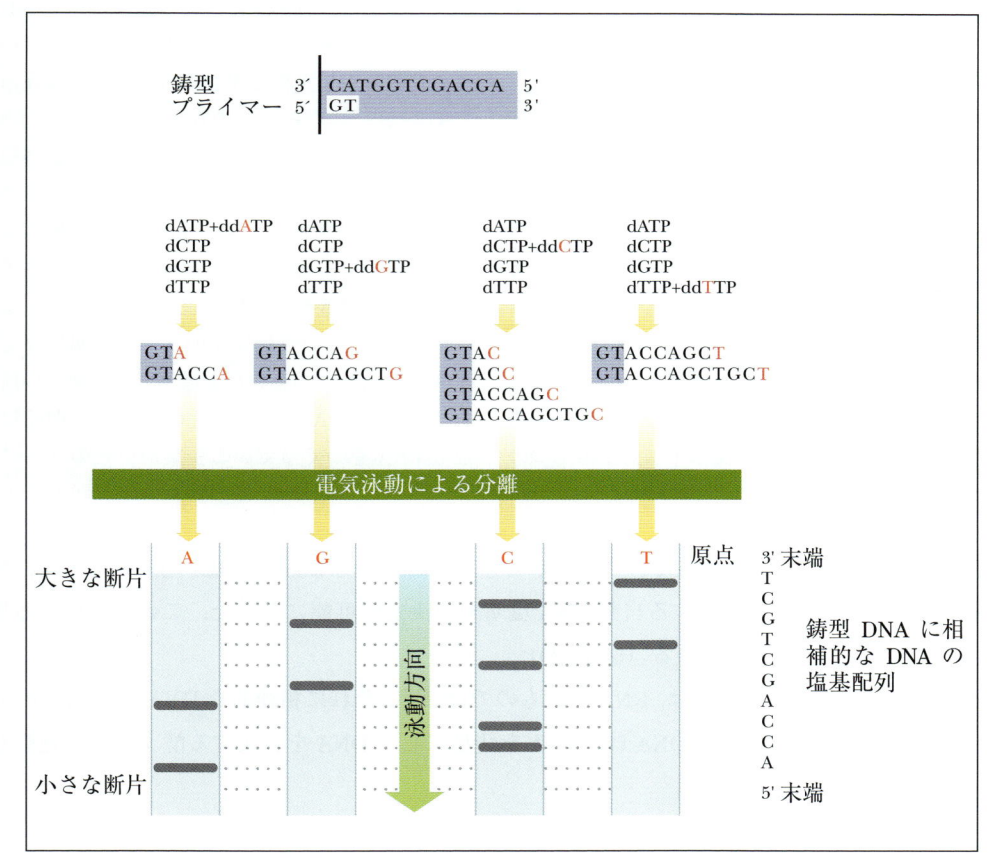

図 13.28
サンガー–クールソン法による DNA 塩基配列の決定
配列を決定しようとする DNA の 3′ 末端に，少なくとも 15 塩基の長さをもつプライマー（上図では末端の 2 塩基だけが示されている）を結合させる．各々が 4 種の dNTP と ddNTP の 1 種を含む 4 種の反応液を用意する．それらの反応液について DNA の複製反応を行うと，加えた ddNTP に対応する塩基の存在するすべての位置で合成が止まった断片の混合物が得られる．それらの断片を各反応液別に電気泳動で分離する．

身の周りに見られる生化学　分子生物学

RNA 干渉——遺伝子を研究する最新の方法

　RNA 干渉（RNAi）は，最初，線虫 *Caenorhabditis elegans* で発見されたもので，二本鎖 RNA（dsRNA）が配列特異的に遺伝子の発現抑制を起こすことが見出された．
　研究者たちは，遺伝子発現を制御する最も良い方法は RNA を使うことだと考えていた．その理由は，正確に対応した配列をもつ RNA は，DNA に結合して，その転写を阻害するはずだからである．遺伝子発現抑制物質としてのアンチセンス RNA（Sec. 11.1 参照）の有効性の検討過程で，遺伝子の発現を遮断する効率が二本鎖 RNA ではアンチセンス RNA より 10 倍以上高いことが見出された．さらに，RNAi による抑制作用が同じ生物の他の細胞にも伝達され，*C. elegans* では子孫にも伝わることが示された．その後，植物では，RNAi がウイルス RNA を標的としてそれを破壊する手段となっている自然現象であることが見出された．RNAi がショウジョウバエ *Drosophila melanogaster* で見つかり，より最近になって哺乳動物でも見つかったことで，RNAi は遺伝子発現を調節する制御機構の一つであると考えられるようになった．RNAi はまた，有害な産物を過剰に産生するがん遺伝子に対する一つの防御機構であると考えられている．

　RNAi の過程は，RNase III に属する**ダイサー Dicer** と呼ばれる酵素によって開始される．図に示すように，この酵素は dsRNA に結合し，それを 22 ～ 25 ヌクレオチドの長さをもつ small interfering RNA（siRNA）に切断する．生じた siRNAs は，**RISC（RNA-induced silencing complex）**と呼ばれるタンパク質複合体と結合する．siRNA-RISC 複合体は，siRNA と同じ相補的塩基配列をもつ標的 mRNA に結合してそれを分解する．このようにして，dsRNA の塩基配列は標的 mRNA の分解を制御している．この仕組みが自然界で生じてきた経過は現在研究中であるが，おそらく，内在の RNA 依存性 RNA ポリメラーゼが特定の mRNA の過剰産生を感知してその相補鎖を合成して dsRNA をつくるのであろう．それが結果的に，その mRNA を分解する引き金を引くのであろう．これと同じ理屈は，ウイルスに対する防御機構としての説明にも適用できる．

　RNAi は，その自然界での目的とは関係なく，分子生物学において急成長を遂げている新しい研究分野である．RNAi 用の試薬キットや反応開始に必要な dsRNA をつくっている企業が一夜のうちに多数

出できるから，分析も一つのゲルで行うことができる．このような蛍光標識を用いることで，すべての過程をコンピューターで制御する自動 DNA 塩基配列決定が可能になった．この方法による塩基配列決定用のキットが市販されている（図 13.29）．

　RNA の塩基配列を決定するには，RNA そのものではなく，それに相補的な DNA（cDNA）をつくり，cDNA の塩基配列を決定する．cDNA は，RNA を鋳型にして DNA を合成する酵素である逆転写酵素を用いて作られる．

出現した感がある．この技術は，特定の遺伝子の働きを止めること（訳注：遺伝子ノックダウンという）で生物に何が起きるかを調べる最新の方法として急速に普及している．この方法を使うために必要なものは，遺伝子の塩基配列の情報だけであり，それさえわかればその遺伝子の発現を遮断する siRNAs を産生する dsRNA をつくることができる．RNAi を用いることによって，*C. elegans* など特定の生物種がもつ数千もの遺伝子の染色体上での位置決定がより容易になった．その威力を示す例として，ビタミン K の代謝に関与する一つの酵素の染色体上での位置が，この方法でようやく決めることができたという事実を紹介する．この酵素，**ビタミン K エポキシドレダクターゼ** vitamin K epoxide reductase（**VKOR**）は，広く処方されている抗血液凝固薬の標的分子である．この酵素の存在は 40 年も前から知られていたが，その精製やヒトの染色体上での位置を決めることには成功していなかった．ヒトゲノムプロジェクトの情報からヒトの染色体地図がつくられ，VKOR の遺伝子としての特徴をもつ 13 の遺伝子候補が見出された．RNAi を用いることによって，数週間のうちにそれらの中の正しいものを単離することができ，数十年にわたってこの酵素を扱ってきた研究者にとっては大きなブレークスルーとなった．

医学領域の研究者もこの技術のもつ可能性を大いに期待している．RNAi に特異性があれば，ダイサー酵素に切断のきっかけを与える正しい塩基配列をもった dsRNA を用いることで，疾患の原因となっている変異した対立遺伝子の発現を抑えることができる．例えば，一方の対立遺伝子が変異し，他方が正常であるならば，RNAi は変異遺伝子の発現を抑え，正常遺伝子には影響を与えないようにすることができる．RNAi についての完全な総説としては，本章末の Hannon, G. J. の論文を参照されたい．

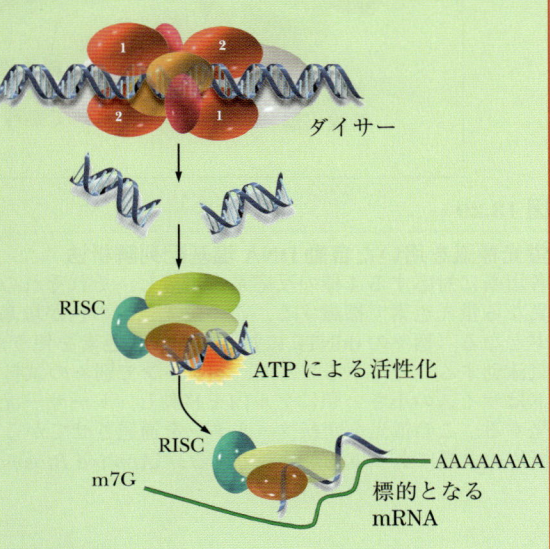

RNA 干渉
ダイサーと呼ばれる酵素複合体が二本鎖 RNA を切断して，small interfering RNA（siRNA）をつくる．それらは，RISC（RNA-induced silencing complex）と呼ばれるタンパク質複合体と結合する．RISC は，siRNA を一本鎖に解離させ，その一方が相補的な塩基配列をもつ mRNA と結合することで mRNA が分解される．

Sec. 13.8 要約

- DNA の塩基配列を決める方法は複数あるが，最も一般的な方法は，チェーンターミネーション法と呼ばれるものである．
- DNA 合成を停止させるためにジデオキシヌクレオチドが用いられる．各反応液に異なるジデオキシヌクレオチドを加えた 4 種類の反応を行う．
- 上記の反応によって，長さが異なる一連の DNA 断片が生じるので，それらをゲル電気泳動で分離し，四つのジデオキシヌクレオチドに対応するレーンごとに断片の長さを調べて塩基配列を決定する．

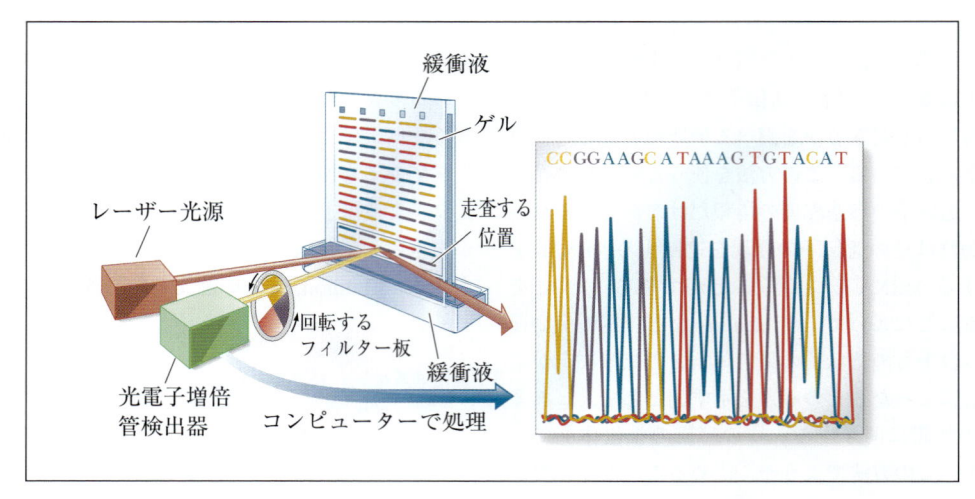

図 13.29

蛍光標識を用いた自動 DNA 塩基配列解析法
各塩基に対応する4種の反応系を用意し，それぞれの系に加えるプライマーの末端を塩基の種類に対応した異なる蛍光色素で標識する．この蛍光色素の色が塩基配列決定のプロトコルにおける塩基特異的カラーコードとなる（個々の ddNTP に対して固有の色素を使う）．反応後に4種の反応液を混合して一つのレーンで電気泳動する．そうすることで，各レーンで別々の試料の塩基配列解析を同時に行うことができる．DNA バンドはサイズの小さい順にゲル内を移動し，レーザー光線で走査している場所を通過するとき，標識が蛍光を発する．この蛍光を回転フィルターを通過させてから蛍光光度計で検出すると，蛍光の色によってその DNA 断片の末端にある塩基が識別できる．（Applied Biosystems, Inc., Foster City, CA）

13.9 ゲノミクスとプロテオミクス

　多くの完全な DNA の塩基配列情報が利用できるようになったので，機能が似ているタンパク質をコードしている遺伝子間に共通するパターンがあるかどうかを知る目的で，それらの塩基配列を比較することは興味深い．また，塩基配列データの増加に伴い，その処理にコンピューターの利用が不可欠となり，ゲノムとタンパク質の一次構造に関するデータベースが巨大化した結果，さまざまな問題を解析するためには最適化された情報技術（IT）を必要とする．例えば，ヒトゲノム DNA の全塩基配列の解明によって，これまで不可能であった方法で疾患の原因を究明することが可能になる．このような将来的な展望がヒトゲノムプロジェクトが企画された主な動機の一つであった．ヒトゲノムについての情報は，米国立衛生研究所（National Institutes of Health, NIH）の一部門である国立ヒトゲノム研究所（National Human Genome Research Institute）のウェブサイト（URL : http://www.genome.gov）から入手できる．

　多くのゲノム情報は，塩基配列を比較するソフトウェアと共にオンラインで入手することができる．その一例は，英国サンガー研究所（Sanger Institute, http://www.sanger.ac.uk）が提供しているさまざまな研究素材である．2003 年 11 月にサンガー研究所の研究者は，数種の生物（ヒト，マウス，ゼブラフィッシュ，酵母，線虫 Caenorhabditis elegans など）の DNA に含まれる 20 億塩基の配列を決定し終えたと発表しているが，これだけの量の DNA をらせん階段の長さにすれば，地球から月にま

で達する．

　ある生物のゲノムの構造が決定されると，次にくる問題は，解読された塩基配列を染色体上に対応づけすることである．これはかなりの難題で，適切なコンピューターアルゴリズムがなければ達成できない．しかし，それが達成できれば，より単純な生物のDNAに比べて複雑な生物のDNAにどのような変化が起きたかを知る目的で，ゲノム同士を比較することができる．

　このような応用の先には，容易ではないが，医学への応用があり，多くの驚くべき成果が期待できる．乳がんの発症に関与している二つの類似した遺伝子（*BRCA1*と*BRCA2*）は他の遺伝子やタンパク質と相互作用しており，そのことが研究上のホットなトピックになっている．これらの遺伝子と，一見，無関係に見える他の多くのがんとの関連については，解明に向けての研究が始められたばかりである（本章末の*Science*誌編集者による論文（2003年）に引用されたCouzinの論文を参照）．遺伝情報だけでなく，生物がそれを行動につなげていく機構の解明が必要であることは明らかである．

　プロテオーム proteomeは，ゲノムのタンパク質版である．DNAの塩基配列情報が入手できるすべての生物において，**プロテオミクス** proteomics（細胞中に存在する全てのタンパク質間の相互関係の研究）は生命科学で重要な位置を占めつつある．ゲノムを台本だとするなら，プロテオームはそれを上演することに相当する．遺伝子によって決められているタンパク質のアミノ酸配列は，タンパク質の構造とそれらがどのように相互作用すべきかを決め，タンパク質間の相互作用は，それらが生体内でどのように振る舞うべきかを決めている．ヒトプロテオームの医学への応用には大きな潜在的な可能性が秘められていることは明らかであるが，それらはまだ実現されるには至っていない．酵母やショウジョウバエ*Drosophila melanogaster*のような真核生物についてはすでにプロテオームに関する情報があり，それらを実現する過程で開発された実験方法はヒトプロテオームの解明にも有用であると考えられる．

マイクロアレイの威力——ロボット技術と生物学の出会い

　生物体内においては，多数の遺伝子とその産物（RNAやタンパク質）が複雑でしかも協調性を保った状態で働いているが，伝統的な分子生物学の研究方法では，残念なことに，1回の実験では一つの遺伝子に焦点を絞った解析しかできなかった．しかし，この数年の間で，**DNAマイクロアレイ** DNA microarray（**DNAチップ** DNA chip，あるいは**遺伝子チップ** gene chip）と呼ばれる新しい技術が，分子生物学者の大きな注目を集めるようになった．マイクロアレイ技術は，ゲノム全体を対象にした網羅的解析を1回の実験で行うことを可能にし，遺伝子発現（すなわち*in vivo*においてゲノムが転写される割合）の研究に活用されている．ある時点で遺伝子から転写されている分子全体を**トランスクリプトーム** transcriptomeという．マイクロアレイの原理は，特異的な塩基配列をもつ多数のポリヌクレオチドを整然と並べたもの（これをアレイという）を作成し，それらに異なる色の蛍光色素で標識したDNAあるいはRNAを塩基相補的に結合させるというものである．蛍光が観察されるアレイ上の位置と蛍光の色から結合が起こっているヌクレオチドの種類がわかり，蛍光の強さから結合したDNAやRNAを定量することができる．マイクロアレイチップは高速ロボット技術によって生産されており，1 cm角のガラス基板に数千種類のDNAを固定することができる．個々のDNAスポットの直径は200 μm以下である．研究対象となるDNAをチップ上に結合させる方法にはいろいろな

ものがあり，多くの企業が種々のマイクロアレイチップを生産している．

13.9.1　マイクロアレイはどのように機能するか

図 13.30 は，新しい医薬品の候補となる化合物が肝臓細胞に有害作用を示すかどうかを調べるために，マイクロアレイをどのように利用できるかを示している．ステップ1では，既製のマイクロアレイを購入するか，自作で数千種類の遺伝子に対応する一本鎖 DNA をマイクロアレイ用チップに位置を決めて結合させるかして用意する．ステップ2では，肝細胞から二つの異なる細胞群を調製する．一つは医薬品候補化合物を作用させたもの，他方は対照となる未処理群である．次にこれらの細胞内で転写された mRNA を取り出す．ステップ3では，mRNA を cDNA に変え，未処理細胞からの cDNA には緑色の蛍光標識を，化合物で処理した細胞からの cDNA には赤色の蛍光標識をつける．ステップ4では，標識した cDNA をチップに作用させる．cDNA のうち，チップ上にある一本鎖 DNA に対して相補的なものはチップ上に結合する．ステップ4の拡大図は，この段階で起きていることを分子レベルで示している．黒で示す配列はチップに結合してある DNA を表し，緑で示す配列は標的配列に結合した未処理細胞群由来の cDNA を，赤で示す配列は処理細胞群由来の cDNA を表している．チップに結合してある DNA には，いずれとも結合しないもの，赤か緑の一方とだけ結合するもの，およびそれら両方と結合するものがある．

ステップ5では，このチップを読み取り装置にかけて蛍光の情報をコンピューターで解析し，結果を色のついたスポットの組合せとして表す．赤いスポットは，医薬品候補で処理した細胞からの cDNA と結合する DNA 配列すなわち，その細胞で発現していた mRNA を表す．緑のスポットは，未処理の細胞で発現しているが医薬品候補で処理した細胞では発現しない mRNA を意味する．黄色のスポットは，未処理の細胞と処理した細胞の両方で同程度に発現していた mRNA を示す．黒く見えるスポットは，チップ上でその位置にある DNA 配列に対応する mRNA がどちらの細胞でも産生されていないことを示す．この医薬品候補が肝臓に対して毒性があるかどうかに答えるには，このマイクロアレイから得られた結果を，ステップ6で示すように，肝臓に対する既知の毒性薬物と無毒性薬物とを用いて同じ条件下で行った対象実験の結果と比較する必要がある．

図 13.31 は，複数のがん患者由来の細胞について，マイクロアレイが示す発現パターンと予後とを関連付ける目的でデザインされた研究結果を示すもので，四つのパターンについて転移を起こした患者の割合が比較されている．このような情報はがんの治療法の選択に重要であるに違いない．医師は，いくつかの治療法の中から適切なものを選択しなければならないが，その際，対象となる患者に関するこのようなデータがあれば，患者がより重篤な型のがんを発症する可能性について予知することができ，より適切な治療法を選ぶことが可能になる．

タンパク質アレイ

別のタイプのマイクロチップとして，DNA の代わりにタンパク質を結合させたものがある．このようなタンパク質アレイは，タンパク質と抗体との相互作用（Chap. 14）を基礎にしている．例えば，疾患の診断に使われている種々の既知抗体をマイクロアレイに利用することができる．このマイクロ

Chapter 13 核酸工学技術 513

この測定の目的：新しい医薬品の候補が肝障害につながる肝細胞遺伝子の発現に与える影響を調べることで，肝毒性の有無を試験する．

1 マイクロアレイを構築するか市販のマイクロアレイを購入する．

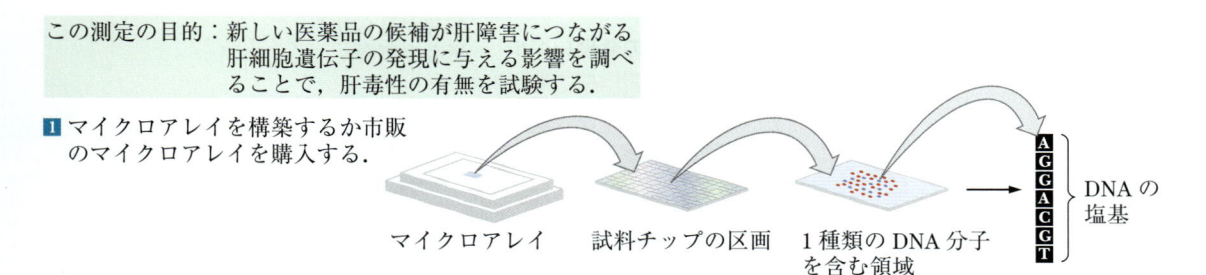

マイクロアレイ　試料チップの区画　1種類のDNA分子を含む領域　→ AGGACGT　DNAの塩基

---

2 2群の肝細胞（一方には医薬品を作用させておく）からmRNA分子を抽出する．

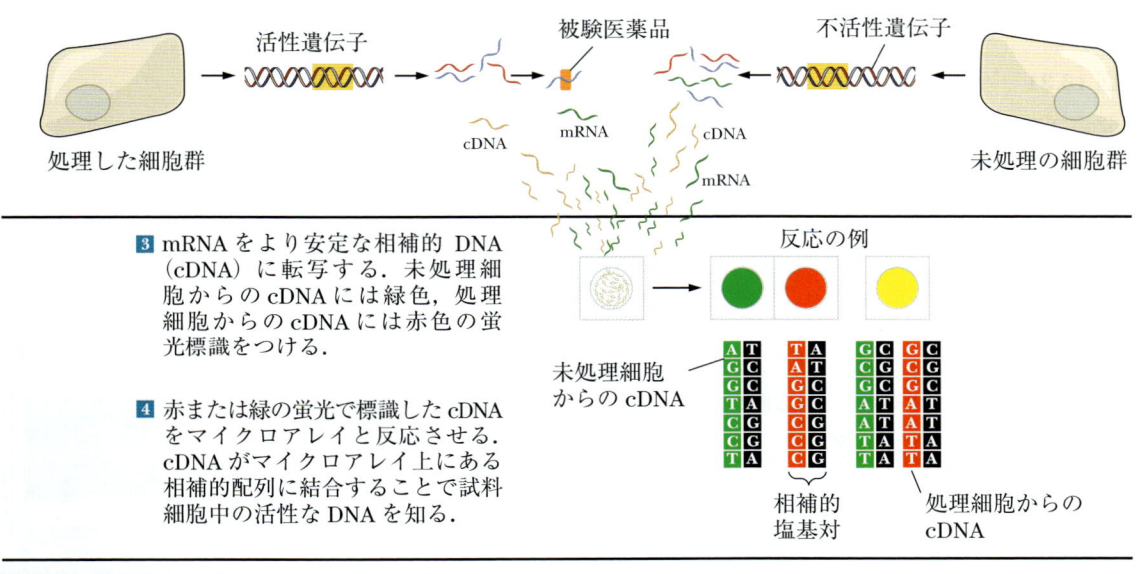

処理した細胞群 → 活性遺伝子 → 被験医薬品　cDNA　mRNA　不活性遺伝子 ← 未処理の細胞群

---

3 mRNAをより安定な相補的DNA（cDNA）に転写する．未処理細胞からのcDNAには緑色，処理細胞からのcDNAには赤色の蛍光標識をつける．

4 赤または緑の蛍光で標識したcDNAをマイクロアレイと反応させる．cDNAがマイクロアレイ上にある相補的配列に結合することで試料細胞中の活性なDNAを知る．

反応の例

未処理細胞からのcDNA　相補的塩基対　処理細胞からのcDNA

---

5 反応の終わったマイクロアレイをスキャナーで読み取り，コンピューターが赤色と緑色のスポットの比率を計算し，色分けした結果が作成される．

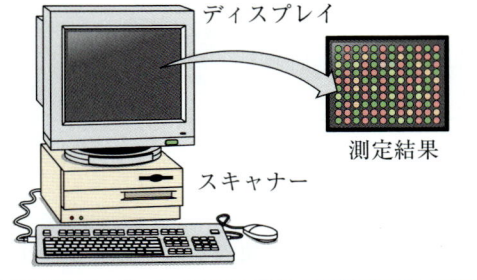

ディスプレイ　測定結果　スキャナー

- 処理細胞で強く発現
- 処理細胞で発現低下
- 両細胞で同程度に発現
- 両細胞で発現なし

---

6 発現パターンの類似性の高さから，新しい医薬品候補が毒性をもつ可能性を推定する．

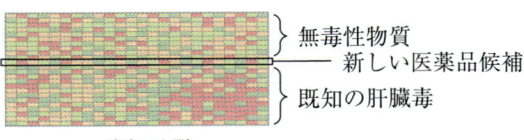

無毒性物質
新しい医薬品候補
既知の肝臓毒

遺伝子群

図 13.30
マイクロアレイの利用法

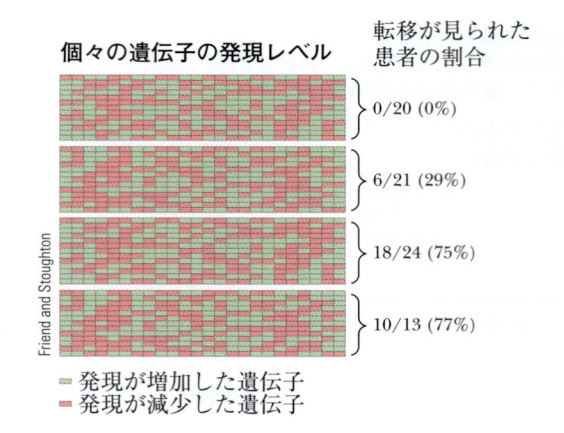

図 13.31

発現プロファイル
4人のがん患者に対するマイクロアレイから，タンパク質の発現パターンに違いが見られ，それぞれのパターンについて，後に転移が見られた患者の割合が比較されている．

タンパク質アレイ

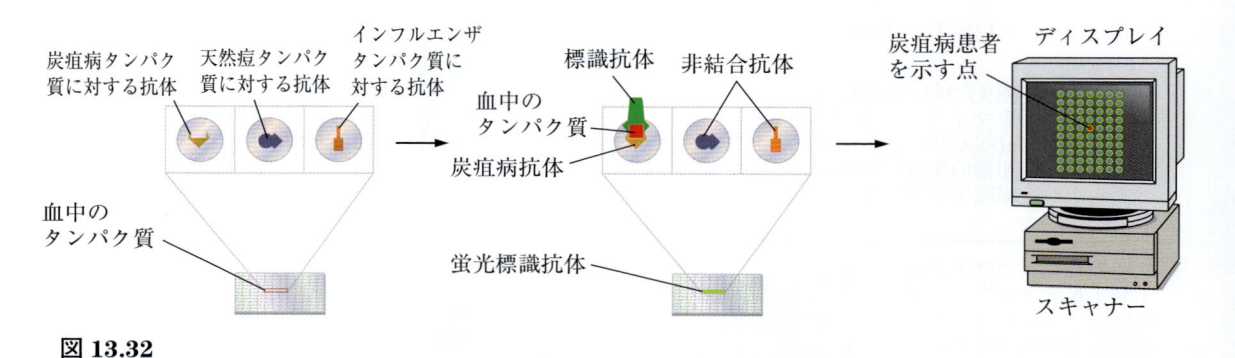

図 13.32

タンパク質アレイの利用

アレイに患者の血液検体を載せると，患者が検出対象の疾患をもっていれば，その疾患に特異的なタンパク質がマイクロアレイ上の対応する抗体に結合する．それに蛍光標識した二次抗体を反応させてから，マイクロアレイの蛍光をスキャンすると，先に説明したDNAマイクロアレイと同じような結果が得られる．図13.32は，この方法が炭疽菌に感染した患者の診断にいかに役立つかを示したものである．この技術は，一般的で有力な手段になりつつあるが，疾患を特異的に検出できる精製した抗体を開発できるかどうか鍵となっている．

Sec. 13.9 要約

- 利用できる DNA 塩基配列の数が増すことで，DNA の塩基配列を比較できるようになった．特に興味深いものは，類似機能をもつタンパク質をコードする遺伝子の比較から見えてくるある種のパターンである．
- 重要な医学的応用が始まりつつあり，新しい方法によって大量のデータの分析ができるようになった．今日では，真核生物でも完全なタンパク質間相互作用マップが利用できる．
  プロテオームはゲノムのタンパク質版であり，細胞で発現しているすべてのタンパク質が反映されている．プロテオミクスの研究は，生命科学にとって極めて重要になりつつある．
- 最近盛んになっている強力な技術は，DNA およびタンパク質マイクロチップの利用である．それらのチップには，何千種類もの DNA やタンパク質が載っており，それらと生体試料との結合を調べることができる．
- 上記の結合は蛍光標識した分子によって可視化され，コンピューターを使ってチップをスキャンすることによって情報が解析できる．蛍光標識のパターンが，その標品中でどのような mRNA やタンパク質が発現しているかを示す．

SUMMARY　　　　　　　　　　　　　　　　　　　　　　　　　　要　　約

◆**核酸はどのようにして分離できるか**　核酸を用いる実験に必要な二つの基本操作は，混合物中にある個々の成分の分離と検出である．DNA は制限酵素で断片化し，ゲル電気泳動で分離することができる．

◆**DNA はどのようにして可視化できるか**　DNA は種々の色素を用いて可視化できる．最も標準的な方法では，ゲル上の断片化した DNA を臭化エチジウムと反応させる．DNA のバンドは紫外線の照射によってオレンジ色の蛍光を発するので，容易に観察することができる．

◆**付着末端はなぜ重要か**　DNA の操作では制限酵素が大きな役割を演じる．制限酵素は，切断点に付着末端と呼ばれる短い一本鎖の張り出し部分をつくる．付着末端を利用して起源が異なる DNA 同士を結合する方法が得られたことで，真核生物の DNA を細菌のゲノムに挿入することが可能になった．

◆**クローニングとは何か**　制限酵素を用いて，起源が異なる 2 種の DNA を特定の場所で切断し，両者を DNA リガーゼで連結して組換え DNA をつくることで，ウイルスや細菌のゲノムに異種生物由来の DNA を導入することができる．細菌を宿主とする場合は，菌体内でゲノム DNA とは別に存在する小型環状 DNA であるプラスミドに外来 DNA を組み込むことが一般的である．このようにしてクローン化したウイルスや細菌を増殖させることで，組み込んだ DNA を大量に生産できる．

◆**プラスミドとは何か**　プラスミドは細菌由来の小型環状 DNA である．プラスミドは一般に，抗生物質耐性遺伝子などいくつかの有用な遺伝子をもっている．一旦，菌体内に取り込まれると，プラスミドは細菌の DNA 複製系によって複製される．

◆**遺伝子工学の目的は何か**　DNA のクローニングができれば，発現ベクターと発現細胞株を使ってその DNA の情報を発現させることができる．これによって，細菌を使って真核生物のタンパク質を迅速かつ安価に生産することが可能になる．マウスやトウモロコシなどにおいて，遺伝子改変生

物が，基礎科学と応用科学の両方での利用を目的として作成されており，今後，さらに多くの人工改変生物が作成されるであろう．

◆**ヒトのタンパク質をどのようにして細菌につくらせるか**　ヒトの遺伝子を組み込んだプラスミドを細菌内に導入すると，細菌の分裂に伴ってそのプラスミドも増える．プラスミドが発現ベクターであれば，そのプラスミド上のヒト遺伝子から転写とタンパク質への翻訳が行われる．このようにして，基礎科学や医学のために細菌内でヒトのタンパク質が生産されている．

◆**発現ベクターとは何か**　発現ベクターは，組み込んだ遺伝子から転写されたmRNAが宿主細胞内で翻訳されるように，リボソーム結合部位や翻訳終結部位の情報をもつプラスミドである．

◆**ライブラリーからどのようにして目的のDNA断片を見つけ出すか**　DNAライブラリーのコロニーを何枚ものディッシュの平板培地上につくり，それらを円形のニトロセルロース膜に移す．この膜に検出したいDNAの塩基配列と特異的に結合するDNAプローブを反応させる．プローブを^{32}Pで標識しておけば，オートラジオグラフィーでそれが結合した場所が検出できる．その場所に対応するコロニーを単離して増殖させて研究に用いる．

◆**PCRの利点は何か**　任意のDNAを大量に得ることができるもう一つの方法であるポリメラーゼ連鎖反応（PCR）は，酵素反応だけを用いるもので，ウイルスや細菌といった宿主生物を必要としない．この方法が自動化できたのは耐熱性DNAポリメラーゼの発見による．PCRの優位性は，結果を得るのにプラスミドや細菌の増殖を待つ必要がなく，迅速に大量のDNAが得られることである．

◆**個体間のDNAの違いはどのようにして検出するか**　基礎研究と法医学でDNA断片の解析が重要になっており，DNAフィンガープリント法によって，DNA試料による個人識別が可能になっている．DNAを制限酵素処理して電気泳動にかけると，DNAのバンドの特徴的なパターンが得られる．指紋と同様，このパターンが一致する個体はない．この技術は父子鑑定や犯罪者の特定によく利用されている．

◆**ジデオキシヌクレオチドでDNAの塩基配列はどのようにして決められるか**　サンガー－クールソン法によるDNAの塩基配列の決定法は，ジデオキシヌクレオチドを用いることによって可能になった．ジデオキシヌクレオチドは，合成されつつあるDNA鎖の伸長を止める．4種のヌクレオチドにジデオキシ体を1種だけ加えた四つのDNA合成反応を並行して行い，合成されたDNAを電気泳動にかけると，それぞれのゲル上の現れるバンドのパターンからDNAの塩基配列を読みとることができる．

◆**マイクロアレイはどのように機能するか**　ロボット技術を使って，数千に及ぶDNAやタンパク質標品を載せたマイクロチップを作成し，生体由来の試料をこのチップと反応させ，蛍光法によって結合状態を評価する．例えば，DNAチップの場合，細胞から取りだしたmRNAを赤色の蛍光分子で標識する．この検体をチップに反応させると，赤い点が検体中のmRNAに対応するDNAの場所を示す．異なる条件下で得た別の細胞からのmRNAを緑色の蛍光分子で標識する．同様の実験を行ってチップ上における赤と緑の点の場所を比べると，二つの条件下で発現するmRNAの違いがわかる．

EXERCISES 練習問題

13.1 核酸の精製と検出

1. **復習** DNA を標識する場合，蛍光標識が放射性標識に勝る点は何か．
2. **復習** 放射性標識された DNA を可視化するには，どのような方法が用いられるか．
3. **演習** 未変性条件下での電気泳動法でタンパク質を分離すると，移動度は分子のサイズ，形，荷電状態によって変化する．これに対して，DNA の分離では，分離は分子サイズだけに依存し，その形や荷電状態を気にしなくてもよいのはなぜか．

13.2 制限酵素

4. **復習** 異なる塩基配列を認識する制限酵素の利用は，DNA の塩基配列決定にどのように役立っているか．
5. **復習** 制限酵素の活性に関わるメチル化の重要性とは何か．
6. **復習** 制限酵素がそれを産生している生物の DNA を加水分解しないのはなぜか．
7. **復習** 囊胞性繊維症に関連する遺伝子の染色体上での位置決定で，制限酵素が果たした役割は何か．
8. **復習** 制限酵素という名前の由来はどこにあるか．
9. **復習** 次に示す文字の並びに見られる共通点は何か．MOM；POP；NOON；MADAM, I'M ADAM；A MAN A PLAN A CANAL PANAMA．
10. **復習** DNA に見られる回文配列の例を三つ挙げよ．
11. **復習** *Hae*III と *Bam*HI の認識部位に見られる三つの相違点は何か．
12. **復習** 付着末端とは何か．付着末端の組換え DNA 技術における重要性は何か．
13. **復習** クローニング実験で *Hae*III を用いる利点は何か．また，その欠点は何か．

13.3 クローニング

14. **復習** DNA クローニングについて説明せよ．
15. **復習** クローニングにはどのようなベクターを用いることができるか．
16. **復習** DNA を組み込んだプラスミドの細菌への取り込みを調べるための方法について述べよ．
17. **復習** 青・白スクリーニングとは何か．この方法を用いるプラスミドに不可欠な性質は何か．
18. **演習** 組換え DNA 技術に必要な一般的な"必要項目"は何か．
19. **演習** 組換え DNA 技術のある種の危険性（あるいは，前もって注意すべき事項）は何か．

13.4 遺伝子工学

20. **復習** 農業における遺伝子工学の利用目的は何か．
21. **復習** 遺伝子工学を利用して生産されているヒトのタンパク質にはどのようなものがあるか．
22. **復習** あなたが友人と田舎をドライブしているとき，ある標識のあるトウモロコシ畑を通った．友人たちは Bt とそれに続く番号で表されている暗号の意味が理解できなかったが，あなたは本章で学んだ情報に基づいて彼らの疑問に答えることができる．この標識は何を伝えようとしていたか．
23. **演習** 乳酸デヒドロゲナーゼついての情報を利用して，ヒトの乳酸デヒドロゲナーゼ 3（LDH3）を細菌にクローニングして発現させるにはどうすればよいか．
24. **演習** 発現ベクターが備えるべき条件は何か．
25. **演習** 融合タンパク質とは何か．融合タンパク質はクローニングや発現実験とどのような関わりがあるか．
26. **演習** ある女性の友人が，混入している BST（ウシ成長ホルモン）による過剰な刺激が成長に悪影響があるかもしれないから，自分の赤ん坊には高生産量牛乳は与えたくないと語った．あなたは彼女にどのような助言ができるか．
27. **演習** ヘモグロビンの α および β グロビン鎖の遺伝子はイントロンをもっている（すなわちそれらは分断された遺伝子である）．このことは，α グロビン遺伝子を細菌のプラスミドに組み込んで α グロビンを産生させようとすることにどのような影響を与えると考えられるか．
28. **演習** ヒトの成長ホルモン（小人症の治療に用いる物質）を細菌で産生させるために用いるべき方法の概要を述べよ．

29. 演習　細菌と酵母はプリオンタンパク質（Chap. 4 参照）をもっていないことが知られている．このことは，細菌ベクターを用いた哺乳類タンパク質の発現が一般化していることとどのような関係があるか．

13.5　DNA ライブラリー

30. 復習　DNA ライブラリーと cDNA ライブラリーの違いは何か．

31. 演習　DNA ライブラリーの構築が大仕事になるのはなぜか．

32. 演習　いくつかの学術雑誌が，DNA ライブラリーの構築を記載した論文の著者に対して，そのライブラリーを他の研究者に利用できるようにすることを求めているのはなぜか．

13.6　ポリメラーゼ連鎖反応

33. 復習　ポリメラーゼ連鎖反応で温度制御が極めて重要なのはなぜか．

34. 復習　ポリメラーゼ連鎖反応で耐熱性 DNA ポリメラーゼが重要な因子であるのはなぜか．

35. 復習　PCR における"良い"プライマーの基準は何か．

36. 演習　増幅すべき DNA に他の DNA が混入していた場合，ポリメラーゼ連鎖反応にはどのような問題が生じるか．

37. 演習　以下に示すプライマーの組合せはいずれも，うまく働くことができない問題点をもっている．その理由を説明せよ．
    (a) 正方向プライマー
        5´ GCCTCCGGAGACCCATTGG 3´
        逆方向プライマー
        5´ TTCTAAGAAACTGTTAAGG 3´
    (b) 正方向プライマー
        5´ GGGGCCCCTCACTCGGGGCCCC 3´
        逆方向プライマー
        5´ TCGGCGGCCGTGGCCGAGGCAG 3´
    (c) 正方向プライマー
        5´ TCGAATTGCCAATGAAGGTCCG 3´
        逆方向プライマー
        5´ CGGACCTTCATTGGCAATTCGA 3´

13.7　DNA フィンガープリント法

38. 演習　あなたが検察官であるとしよう．ポリメラーゼ連鎖反応の導入はあなたの仕事にどのような変化をもたらしてきたか．

39. 演習　DNA 鑑定は，犯人であることを証明するより，被疑者を犯人から除外するための証拠としての有用性が高いのはなぜか．

13.8　DNA の塩基配列決定法

40. 演習　5´ 末端を放射標識したプライマーを用いたサンガー法によって得られた次のシークエンスゲルから，鋳型として用いた DNA の塩基配列を示せ．

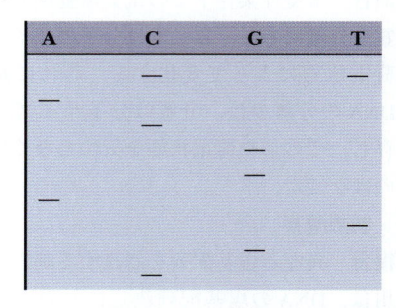

A	C	G	T
—			
	—		
		—	
		—	
			—
		—	

41. 演習　タンパク質のアミノ酸配列を直接決定する方法はあるが，それよりむしろ，そのタンパク質の遺伝子の塩基配列を決定し，遺伝暗号に基づいてアミノ酸配列を間接的に決定する方法がより一般的になっている．このような方法がタンパク質のアミノ酸配列の決定に使われる理由を示せ．

42. 演習　ある場合には，タンパク質をコードしている遺伝子の DNA 塩基配列がわかってもアミノ酸配列が決まらないことがある．なぜそのようなことになるかについて，いくつかの理由を示せ．

43. 演習　この問題は，正解が一つに限定されない思考問題なので，お茶を飲みながらでも，議論してもらえればよい．ヒトゲノムプロジェクトから得られる情報による遺伝的差別を防ぐには，どのようにすれば良いだろうか．

44. 演習　ツール・ド・フランスで 7 回優勝したランス・アームストロングが登場する最近のテレビコマーシャルで，将来どのような病気になるかを予知するのに必要な情報が含まれた遺伝子型カードを各個人がもつことになるだろうと話している．これが実現すれば，病気が発症する前にそれを止める医薬品を処方することが可能になるに違いない．これが利益をもたらすことになる例と有害となる例を一つずつ示せ．

13.9　ゲノミクスとプロテオミクス

45. 復習　ゲノムとプロテオームの違いは何か.
46. 復習　多細胞真核生物についてプロテオーム解析は行われているか.
47. 復習　DNAマイクロチップの機能について説明せよ.
48. 演習　好気的条件と嫌気的条件下における酵母の転写の性質を研究したいとすると, この目的を達成するためにDNAマイクロアレイはどのように利用できるか.
49. 復習　がんの予後を知るために患者の細胞をスクリーニングする上で, DNAマイクロアレイはどのように利用されるか.
50. 復習　DNAマイクロアレイとタンパク質マイクロアレイの基本的な違いは何か. また, それらは研究でどのように使われるか.

ANNOTATED BIBLIOGRAPHY 参考文献

Anderson, N. L., and G. Valkers. Protein Arrays—A New Option. *Sci. Amer.* **286** (2), 51 (2002). [A good overview of protein arrays and how they work.]

Berg, P., and M. Singer. *Dealing with Genes: The Language of Heredity.* Mill Valley, CA: University Science Books, 1992. [Two leading biochemists have produced an eminently readable book on molecular genetics. Highly recommended.]

Brown, K. Seeds of Concern. *Sci. Amer.* **284** (4), 52–57 (2000). [Discussion of potential environmental problems associated with genetically modified foods.]

Butler, D., and T. Reichhardt. Long-Term Effects of GM Crops Serves Up Food for Thought. *Nature* **398**, 651–653 (1999). [Reflections on possible problems with GM foods.]

DeRisi, J. L. Exploring the Metabolic and Genetic Control of Gene Expression on a Genomic Scale. *Science* **278**, 680–686 (1997). [Comprehensive discussion of microarray use for mapping transcription changes in yeast under anaerobic or aerobic conditions.]

Editors of *Science* et al. Genome Issue. *Science* **274**, 533–567 (1996). [A series of articles on genomes of organisms from yeast to humans, including a map of the human genome. The articles include an editorial about policy issues. A web feature is also associated with this issue.]

Editors of *Science* et al. Genome Issue. *Science* **302**, 587–608 (2003). [A series of articles on progress in applying genomic information to medicine. The article by Couzin on the *BRCA* genes appears on pp. 591–593.]

Friend, S. H., and R. B. Stoughton. The Magic of Microarrays. *Sci. Amer.* **286** (2), 44–49 (2002). [An in-depth article about microarray technology.]

Hannon, G. J. RNA Interference. *Nature* **418**, 244–251 (2002). [A description of one of the most important topics in nucleic acid manipulation.]

Hopkin, K. The Risks on the Table. *Sci. Amer.* **284** (4), 60–61 (2000). [Review of genetically modified crops, pros and cons.]

Li, T., C. Y. Chang, D. Y. Jin, P. J. Lin, A. Khvorova, and D. W. Stafford. Identification of the Gene for Vitamin K Epoxide Reductase. *Nature* **427**, 541–544 (2004). [A report on an important use of RNA interference.]

MacBeath, G. Printing Proteins as Microarrays for High-Throughput Function Determination. *Science* **289**, 1760–1763 (2000). [A research article on protein microchips.]

Marx, J. DNA Arrays Reveal Cancer in Its Many Forms. *Science* **289**, 1670–1672 (2000). [The use of DNA chips in the study of common cancers.]

O'Brien, S., and M. Dean. In Search of AIDS-Resistance Genes. *Sci. Amer.* **277** (3), 44–51 (1997). [Genetic resistance to HIV infection may provide the basis of new approaches to prevention and therapy of AIDS.]

Pennisi, E. Laboratory Workhorse Decoded: Microbial Genomes Come Tumbling In. *Science* **277**, 1432–1434 (1997). [A Research News article on the determination of the complete genome of the bacterium *Escherichia coli*, with a discussion of information available on genomes of other organisms. To be read in conjunction with the research article on pp. 1453–1474 of the same issue.]

Pennisi, E. New Gene Boosts Plant's Defenses against Pests. *Science* **309**, 1976 (2005). [An article about how transgenic plants can aid agricultural production by attracting a beneficial type of predator.]

Reichhardt, T. Will Souped Up Salmon Sink or Swim. *Nature* **406**, 10–12 (2000). [A description of genetically modified oversized salmon.]

Ronald, P. Making Rice Disease-Resistant. *Sci. Amer.* **277** (5), 100–105 (1997). [Genetic engineering to improve yields of one of the world's most important food crops.]

Service, R. F. Protein Arrays Step Out of DNA's Shadow. *Science* **289**, 1673 (2000). [A single-page review of protein microchips.]

CHAPTER 14

ウイルス, がん, 免疫学

ヒト免疫不全ウイルス（HIV）は細胞間を伝播する．ウイルス RNA は赤い円錐構造の内部に収められており，宿主由来の膜がそれを取り囲んでいることもある．この写真は，感染したヘルパー T 細胞からウイルスが飛び出すところを示している．このウイルスはやがて別の細胞に結合し，感染する．

概　要

14.1　ウイルス

- 14.1.1　ウイルスはなぜ重要なのか
- 14.1.2　ウイルスはどのような構造をしているか
- 14.1.3　ウイルスはどのように細胞に感染するか

14.2　レトロウイルス

- 14.2.1　レトロウイルスはなぜ重要か

14.3　免疫系

- 14.3.1　免疫系はどのように働いているか
- 14.3.2　T 細胞や B 細胞の働きは何か
- 14.3.3　抗体とは何か

14.4　が　ん

- 14.4.1　がん細胞の特徴は何か
- 14.4.2　がんの発生する原因は何か
- 14.4.3　がんとどう戦うか

14.1 ウイルス

　ウイルスは，一般的な分類学による分類が難しい存在であった．ウイルスが生物であるかどうかについては，数多くの議論が行われてきた．ウイルスは独立して自己を複製できず，エネルギーを生み出したり，タンパク質を合成したりすることもできない．したがって，ウイルスは私たちが昔から定義してきた生命に関する要件をすべて満たしているわけではない．しかし，ウイルスが生命体でないとすれば，それはいったい何であろうか．一番簡潔な定義は，ウイルスとはタンパク質でできた殻に包まれた比較的少量の遺伝物質であるというものである．たいていのウイルスは，DNA あるいは RNA，どちらか一方の核酸のみをもつ．ウイルスによるが，この核酸は一本鎖である場合と二本鎖である場合がある．

14.1.1　ウイルスはなぜ重要なのか

　ウイルスはそれが引き起こす病気のために知られている．ウイルスは細菌や植物，動物の病原体である．その中には致命的な結果をもたらすものもあり，例えば速効性の**エボラウイルス** Ebola virus は 85% 以上の致死率を示し，遅効性ではあるが同じくらい致命的な**ヒト免疫不全ウイルス** human immunodeficiency virus（HIV）は**後天性免疫不全症候群** acquired immunodeficiency syndrome（AIDS）を引き起こす．他のウイルスはそれほどひどくはないが，**ライノウイルス** rhinovirus のように風邪の原因となることもある．

14.1.2　ウイルスはどのような構造をしているか

　ウイルスは核酸とタンパク質から成るきわめて小さな粒子である．ウイルス粒子全体のことを**ビリオン** virion という．ビリオンの中心に核酸がある．これを取り囲むのが**キャプシド** capsid というタンパク質の殻である．核酸とキャプシドの組合せは**ヌクレオキャプシド** nucleocapsid と呼ばれ，ライノウイルスのような一部のウイルスでは，これがウイルス粒子そのものである．HIV を含むその他の多くのウイルスはヌクレオキャプシドを囲む**エンベロープ膜** membrane envelope をもっている．また多くのウイルスはタンパク質からなる**スパイク** protein spike を有しており，これは宿主の細胞への接着に働く．図 14.1 はウイルスの主要な特徴を表している．
　ウイルスの全体的な形態はさまざまである．文献にしばしば登場する古典的なウイルスの形は，六角形のキャプシドをもち，そこから突き出た棒が宿主の細胞に結合し，注射器のように働いて核酸を注入するというものである．図 14.2 に示す大腸菌に感染する T2 バクテリオファージは，こうしたタイプのウイルスの典型的な例である．一方で，タバコモザイクウイルス tobacco mosaic virus（TMV）は，図 14.3 のように棒状の構造である．

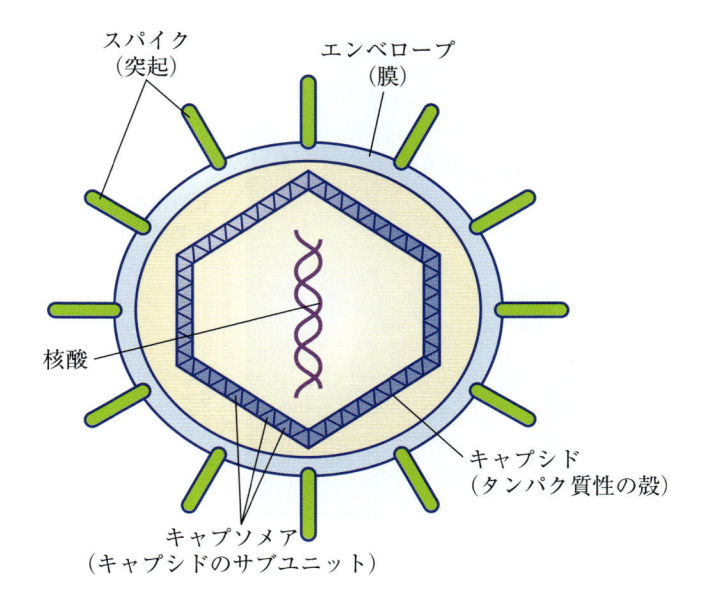

図 14.1
典型的なウイルスの構造
ウイルスの核酸は中央に位置し，キャプシドと呼ばれるタンパク質の殻に包まれている．多くのウイルスはエンベロープ膜をもち，通常そこにはタンパク質からなるスパイクがある．

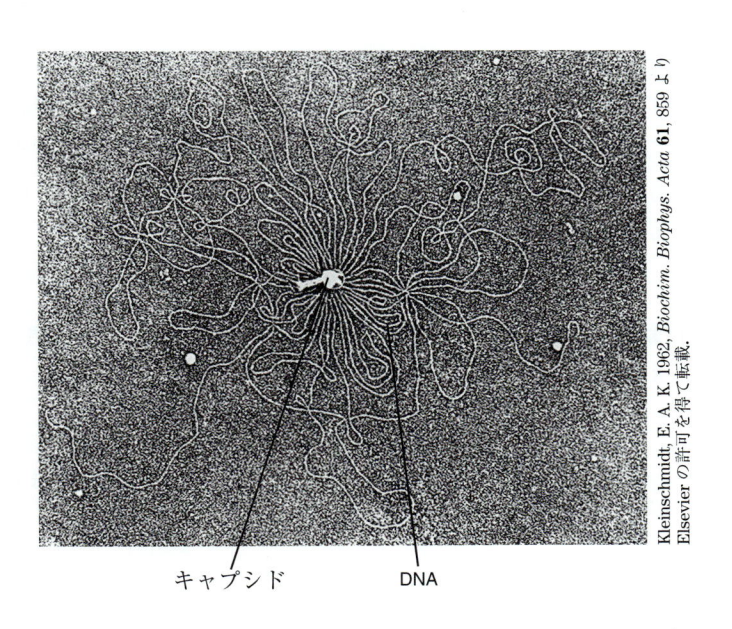

図 14.2
六角形構造のウイルスの電子顕微鏡像
T2バクテリオファージを穏やかに壊すと，内部のDNAが放出され，ウイルスの外側にたくさんの輪として見ることができる．

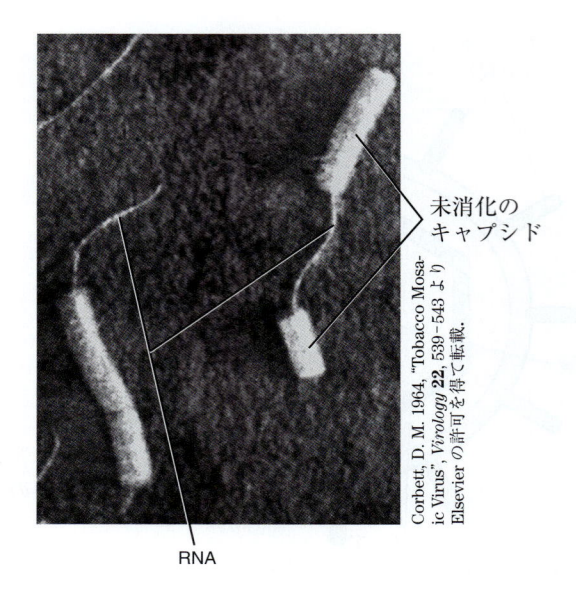

図 14.3
棒状構造をもつタバコモザイクウイルスの電子顕微鏡像

（図中ラベル：未消化のキャプシド、RNA、Corbett, D. M. 1964, "Tobacco Mosaic Virus", *Virology* **22**, 539–543 より Elsevier の許可を得て転載．）

ウイルスの種類

ウイルスを分類する指標はたくさんあるが，通常はそのウイルスのゲノムが DNA か RNA かという違いや，エンベロープの有無によって区別される．さらに，核酸の性質（直鎖状か環状か，小さいか大きいか，一本鎖か二本鎖か）や，宿主への取り込まれ方（核酸が独立したままか，あるいは宿主の染色体に組み込まれるか）によってもウイルスは区別される．ウイルスにより引き起こされる疾患とその原因となるウイルスについて，表 14.1 に示した．

表 14.1　脊椎動物に感染するウイルスとそれにより引き起こされる疾患

DNA ウイルス，エンベロープなし	
アデノウイルス	呼吸器，消化器疾患
サーコウイルス	ニワトリの貧血
イリドウイルス	昆虫，魚類，カエルのさまざまな疾患
パポバウイルス	
パピローマウイルス	イボ
ヒトパピローマウイルス	子宮頸がん
パルボウイルス	
ヒトパルボウイルス B19	伝染性紅斑
イヌパルボウイルス	イヌのウイルス性胃腸炎
DNA ウイルス，エンベロープあり	
アフリカブタコレラウイルス	アフリカブタコレラ（ヒトではまれ）
ヘパドナウイルス	B 型肝炎

（次ページにつづく）

表 14.1　つづき

ヘルペスウイルス	
サイトメガロウイルス	出生異常
エプスタイン-バールウイルス（EBV）	感染性単核球症，バーキットリンパ腫
単純ヘルペスウイルス（HSV）Ⅰ型	ヘルペス
単純ヘルペスウイルス（HSV）Ⅱ型	陰部ヘルペス
水疱瘡ウイルス（帯状疱疹ウイルス）	水疱瘡，帯状疱疹
ポックスウイルス	
サル痘ウイルス	サル痘
天然痘ウイルス	天然痘
RNA ウイルス，エンベロープなし	
アストロウイルス	胃腸炎
ビルナウイルス	鳥類，魚類，昆虫のさまざまな疾患
カリシウイルス	ノーウォーク胃腸炎（流行性胃腸炎）
ピコルナウイルス	
A 型肝炎ウイルス	A 型肝炎
ポリオウイルス	急性灰白髄炎
ライノウイルス	一般的な風邪
レオウイルス	
ロタウイルス	幼児胃腸炎
RNA ウイルス，エンベロープあり	
アレナウイルス	
ラッサウイルス	ラッサ熱
アルテリウイルス	
ウマアルテリウイルス	ウマウイルス性動脈炎
ブニヤウイルス	
カリフォルニア脳炎ウイルス	カリフォルニア脳炎
ハンタウイルス	流行性出血熱，流行性出血性肺炎
コロナウイルス	呼吸器疾患，胃腸炎
フィロウイルス	
エボラウイルス	エボラ出血熱
マールブルグウイルス	マールブルグ病
フラビウイルス	
デングウイルス	デング熱
C 型肝炎ウイルス	C 型肝炎
セントルイス脳炎ウイルス	セントルイス脳炎
黄熱病ウイルス	黄熱病
オルトミクソウイルス	インフルエンザ
パラミクソウイルス	
麻疹ウイルス	麻疹
流行性耳下腺炎ウイルス	流行性耳下腺炎（おたふく風邪）
呼吸器合胞体ウイルス（RSV）	肺炎
レトロウイルス	
ヒト T 細胞白血病ウイルス（HTLVs）	白血病，リンパ腫
ヒト免疫不全ウイルス（HIV）	後天性免疫不全症候群（AIDS）
ラブドウイルス	
狂犬病ウイルス	狂犬病
トガウイルス	
風疹ウイルス	風疹
東部ウマ脳炎ウイルス（EEEV）	脳脊髄炎

ウイルスの生活環

　ほとんどのウイルスは細胞外で長期間生存することはできないので，速やかに次の細胞に到達しなければならない．それにはいくつかの仕組みがあり，抗ウイルス薬の開発を目指す製薬会社はウイルスの細胞への接触を防ぐことを重視してきた．図 14.4 はウイルスの細胞への感染の一般的な例が示されている．ウイルスは宿主の細胞膜に結合し，その DNA を細胞内に放出する．ウイルスの DNA は宿主の DNA ポリメラーゼによって複製され，宿主の RNA ポリメラーゼによって転写される．こ

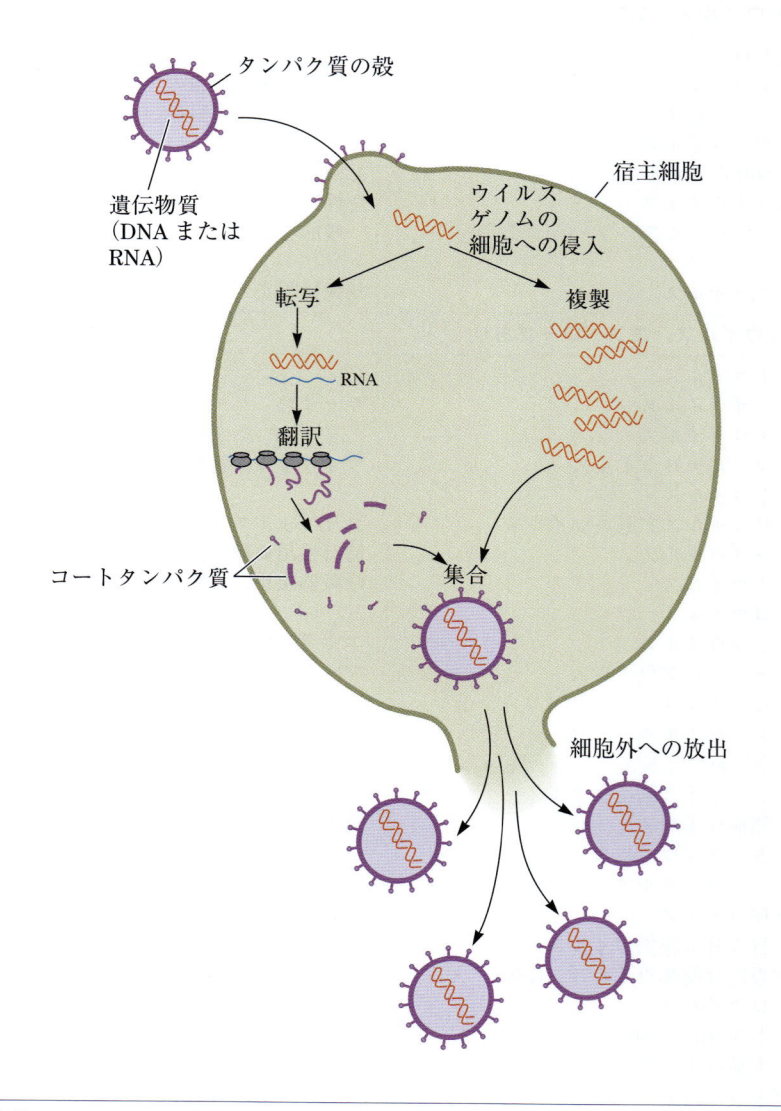

図 14.4

ウイルスの生活環
ウイルスはタンパク質の殻に封入された遺伝情報を運ぶ小さな乗り物である．遺伝情報を載せる媒体は DNA か RNA のどちらかである．ひとたびこの遺伝物質が宿主細胞に侵入すると，宿主の高分子合成システムは乗っ取られ，ウイルス特異的な核酸やタンパク質の合成のために動員される．こうしてできたウイルスの部品が集合することにより，成熟したウイルス粒子が形成され，細胞外へと放出される．こうしたウイルスの寄生サイクルにより，しばしば宿主の細胞死や疾患が引き起こされる．

の転写により生成したmRNAが翻訳され，キャプシドのコートタンパク質を構成するために必要なタンパク質が準備される．新たに生成したビリオンはやがて細胞外へと放出される．この過程では宿主細胞が壊されることから，これを**溶菌経路** lytic pathway という．

一方で，ウイルスがいつも溶菌を引き起こすわけではない．**溶原性** lysogeny と呼ばれる過程では，ウイルスDNAは宿主の染色体に組み込まれる．**シミアンウイルス 40** simian virus 40（SV40）はDNAウイルスの例である．これは一見したところ球形のウイルスであるが，実際は図14.5のように，20面の正三角形からなる正20面体の構造をとっている．このウイルスのゲノムは，二本鎖DNAの閉環構造であり，五つのタンパク質のアミノ酸配列がコードされている．このうち三つがコートタンパク質である．残りの二つのうち一つはラージT抗原であり，これは感染細胞においてウイルスが増殖する過程に関与している．もう一方は，スモールT抗原と呼ばれるが，こちらの機能は不明である．

SV40の感染により起こる出来事は，感染した動物により異なる．サルの細胞に感染した場合は，ウイルスは細胞に侵入した後に，その殻を脱ぐ．ウイルスDNAはまずmRNAとして発現し，その後タンパク質が生じる．ラージT抗原は最初に合成され（図14.6），ウイルスDNAの複製の引き金となり，その後ウイルスのコートタンパク質が合成される．ウイルスは，DNAの複製およびタンパク質合成という宿主の仕組みをともに占拠する．そして，新たなウイルス粒子が集合し，最終的には感染した細胞が破裂し，放出された新生ウイルスは別の細胞に感染する．

SV40が，げっ歯類の細胞に感染した場合には，異なる結果となる．ラージT抗原が合成されるところまでは同じであるが，ウイルスDNAの複製は起こらない．SV40由来のDNAは消失するか，あるいは宿主細胞のDNAに組み込まれる．SV40由来のDNAが消失した場合は，感染による変化は見られない．一方，宿主のDNAに組み込まれた場合は，感染細胞は自身の増殖を制御できなくなる．

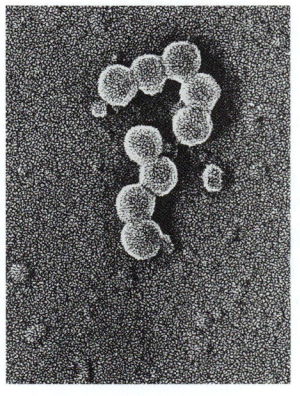

Ⓐ ウイルス粒子は電子顕微鏡ではほぼ球形に見えるが，より精確な方法を用いれば正20面体構造として見えるはずである．

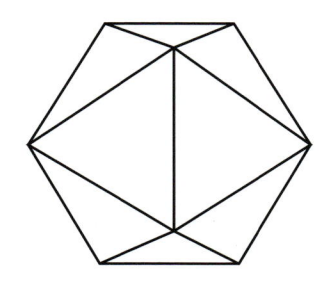

Ⓑ 正20面体の形状．この正多面体は20の面をもち，それらはすべて同じ大きさの正三角形からなる．

図 14.5

シミアンウイルス 40（SV40）の構造
(*Dr. Jack Griffith/Lineberger Comprehensive Cancer Center, UNC*)

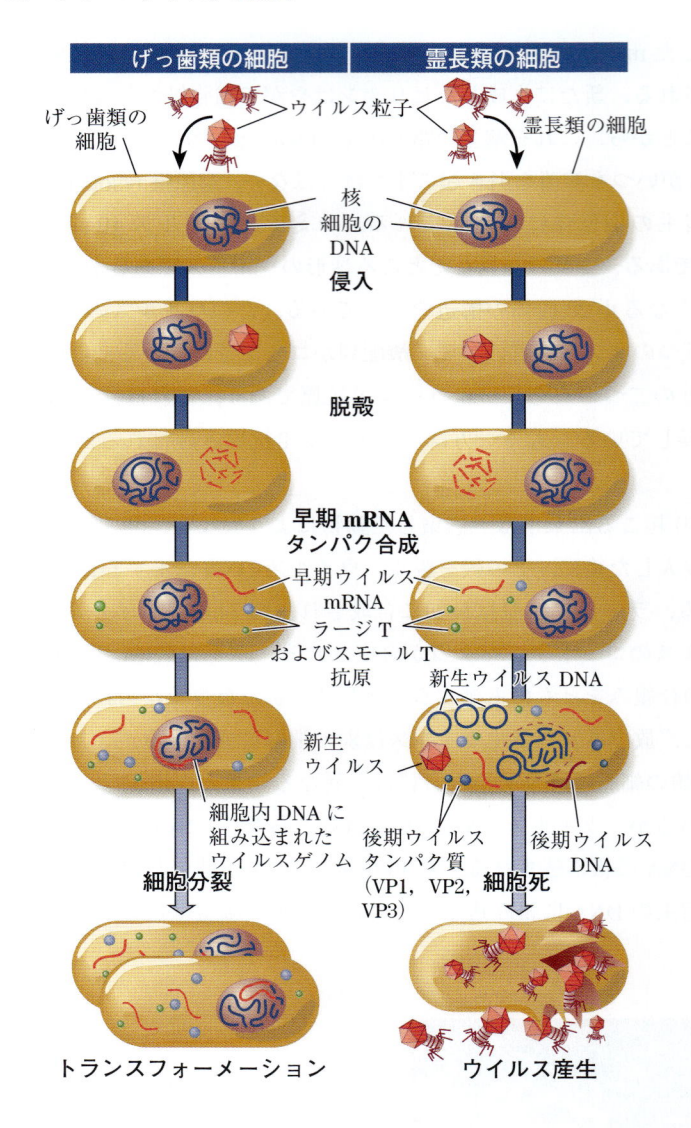

図 14.6

シミアンウイルス 40 の生活環
シミアンウイルス 40 の感染により起こることは細胞の性質によって異なる．霊長類の細胞に感染した場合，ラージ T 抗原が合成され，それによって最終的には新たなウイルス DNA とコートタンパク質が合成される．新たにつくられたウイルス粒子は放出されるが，この際に宿主細胞が死滅する．一方，げっ歯類の細胞に感染した場合，ウイルスゲノムは宿主細胞の DNA に組み込まれる．（Dealing with Genes : The Language of Heredity, by Paul Berg and Maxine Singer, © 1992 by University Science Books より改変）

ラージ T 抗原が蓄積することにより，感染細胞は一種のがん細胞のようにふるまう．ラージ T 遺伝子は，がんを引き起こす**がん遺伝子** oncogene である．ラージ T 抗原による発がんのメカニズムは盛んに研究されている．ウイルスとがんとの関連は，Sec. 14.4 においてより詳しく触れる．

14.1.3　ウイルスはどのように細胞に感染するか

　ウイルスは，宿主の細胞に侵入する前にまず接着しなければならない．そのため，ウイルスが宿主細胞に接着するメカニズムに関して数多くの研究が行われている．一般的な接着の方法は，ウイルスのエンベロープ上のスパイクタンパク質が，宿主細胞の表面の特異的な受容体に結合するというものである．図 14.7 には HIV の接着の例が示されている．gp120 という特異的なスパイクタンパク質が，ヘルパー T 細胞表面の CD4 という受容体に結合する．その後，共受容体が CD4 と gp120 との複合体を形成する．そして，別のスパイクタンパク質である gp41 が，キャプシドが細胞内に侵入できるように膜に穴をあける．

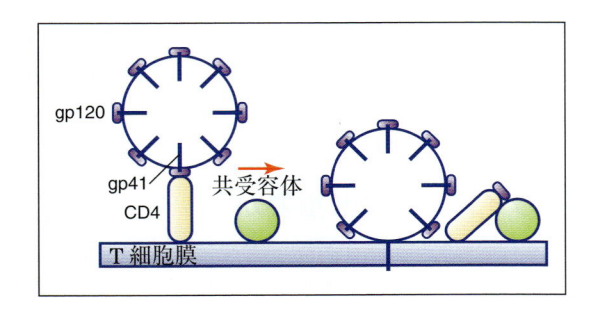

図 14.7

HIV のヘルパー T 細胞への接着
特異的なスパイクタンパク質である gp120 は，ヘルパー T 細胞表面の CD4 という受容体に結合する．その後，CD4，gp120 と共受容体が複合体を形成する．さらに別のスパイクタンパク質である gp41 がキャプシドが細胞内に侵入できるように，膜に穴をあける．

Sec. 14.1 要約

- ウイルスは，RNA あるいは DNA から成る単純な遺伝子であり，細胞に感染し，感染した細胞の複製，転写，翻訳システムを支配する．
- ウイルスは，その構造，核酸の種類，それが一本鎖か二本鎖か，あるいはその感染の方法によって特徴づけられる．
- ウイルスは数多くの疾患を引き起こすが，それらは特定の種や細胞のタイプに特異的である．
- ウイルスは細胞表面の特異的な受容体に結合することを介して細胞内に侵入する．ウイルスはひとたび細胞内に入ると，自らを複製し，新たなウイルスをつくり，宿主細胞を破壊する．
- ウイルスは自らの DNA を宿主 DNA に組み込むことによって隠すことがある．

14.2 レトロウイルス

レトロウイルスは，その複製において，RNAからDNAをつくるという，分子生物学のセントラルドグマとは逆方向の過程をたどることから，その名前が付けられている．レトロウイルスのゲノムは一本鎖RNAである．レトロウイルスが細胞に感染すると，このRNAが鋳型となって二本鎖のDNAがつくられる．この反応を触媒するのはウイルス遺伝子にコードされている逆転写酵素である．レトロウイルスの生活環における独特な点として，逆転写により合成されたDNAは必ず宿主のDNAに組み込まれることが挙げられる．これは合成されたDNAが長い末端反復配列 long terminal repeats（LTRs）をもつために起こる．LTRsはDNA組換えにおいて有名であるが，この配列の働きによりウイルスDNAを宿主DNAに結合させることができる．図14.8にレトロウイルスの複製サイクルを示す．

14.2.1 レトロウイルスはなぜ重要か

レトロウイルスが近年のウイルス学において重要な研究対象となっていることには，いくつかの理由がある．まず，レトロウイルスはがんと関連があり，ウイルスとがんとの関係に関しては日々新たな発見が続いている．次に，**ヒト免疫不全ウイルス** human immunodeficiency virus（HIV）がレトロ

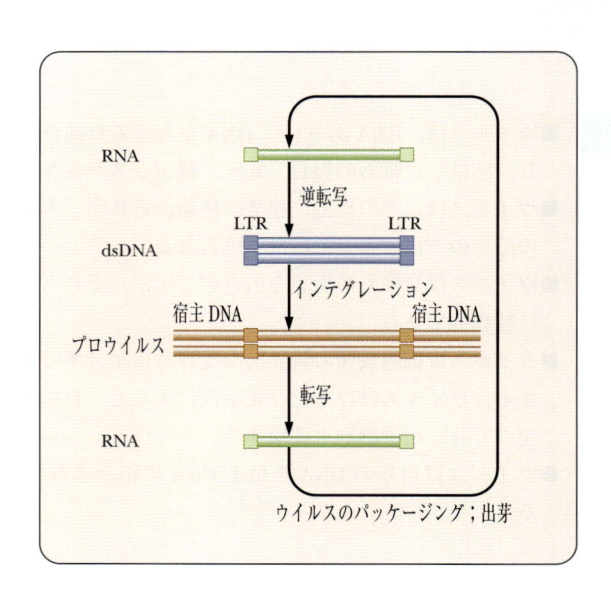

図 14.8
レトロウイルスの生活環
ウイルスRNAが細胞内に放出されると，ウイルス由来の逆転写酵素がこれをもとに二本鎖DNAを合成する．合成されたDNAは長い反復配列 long terminal repeats（LTRs）を利用して，宿主のDNAに組み込まれる．最終的にはこのDNAはRNAへと転写され，新たなウイルス粒子として封入される．

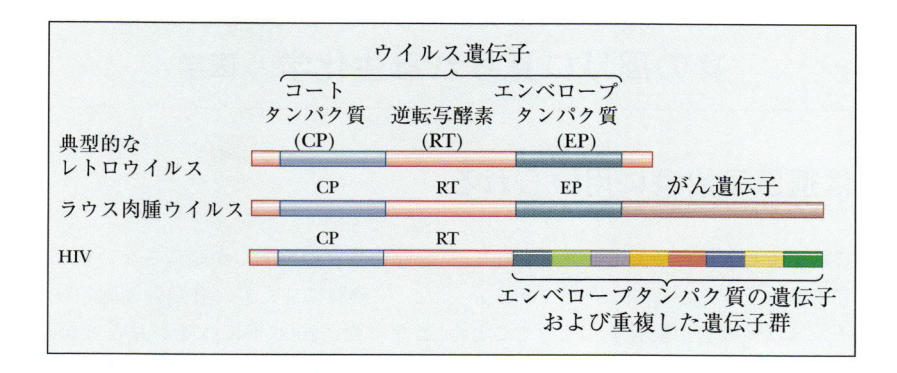

図 14.9
典型的なレトロウイルス遺伝子
すべてのレトロウイルスの RNA ゲノムには，コートタンパク質（CP），逆転写酵素（RT），エンベロープタンパク質（EP）の遺伝子が含まれる．こうした必須の遺伝子に加えて，ラウス肉腫ウイルスは肉腫の原因となるがん遺伝子をもっている．HIV のゲノムはより複雑であり，エンベロープタンパク質やその他のタンパク質を重複してコードする数多くの遺伝子が含まれている．(Dealing with Genes : The Language of Heredity, *by Paul Berg and Maxine Singer*, © 1992 by University Science Books より改変)

ウイルスであることが挙げられる．HIV は**後天性免疫不全症候群** acquired immunodeficiency syndrome（AIDS）の原因である．AIDS の治療と確実な治癒の手段を探すことは，今もなおレトロウイルス研究の最優先の目標の一つである．HIV は，巻末の"Biochemistry"において，さらに詳しく取り上げている．三つ目は，レトロウイルスは遺伝子治療に用いられることが挙げられる．これについては，p.532 の《身の周りに見られる生化学》で述べる．

　すべてのレトロウイルスは共通した遺伝子をもっている．一つは，**コートタンパク質** coat proteins（CP）と呼ばれるヌクレオキャプシドのタンパク質の遺伝子である．また，**逆転写酵素** reverse transcriptase（RT）や**エンベロープタンパク質** envelope proteins（EP）の遺伝子も共通している．図 14.9 は一般的なレトロウイルスの RNA ゲノムの模式図を示している．ラウス肉腫ウイルスでは，腫瘍形成を引き起こすがん遺伝子がゲノムに含まれている（Sec. 14.4 参照）．

Sec. 14.2 要約

- レトロウイルスのゲノムは RNA である．細胞に感染すると，ウイルス RNA は逆転写酵素により DNA に変換される．生成した DNA は宿主の DNA ゲノムに組み込まれ，この過程がレトロウイルスの複製サイクルの一環となっている．
- すべてのレトロウイルスはいずれも，コートタンパク質，逆転写酵素，エンベロープタンパク質をコードする遺伝子をもっている．
- レトロウイルスの中には，肉腫の原因となるラウス肉腫ウイルスのがん遺伝子のように，きわめて特徴的な独自の遺伝子をもつものがある．

身の周りに見られる生化学　医学

ウイルスは遺伝子治療に用いられる

ウイルスはこれまでヒトにとっては厄介な存在であったが，現在ではウイルスが有益な存在である分野がある．ウイルスは体細胞に変異をもたらすことができるために，これを用いて失われたタンパク質の遺伝子を導入することにより遺伝病が治療される．これを**遺伝子治療** gene therapy という．これまでに最も成功した遺伝子治療は，プリン体の代謝 (Sec. 23.8) に関わる酵素である**アデノシンデアミナーゼ** adenosine deaminase (ADA) 遺伝子を対象としたものである．この酵素を欠く場合，dATP が組織に蓄積し，リボヌクレオチドレダクターゼ ribonucleotide reductase の酵素活性を阻害する．その結果，dATP 以外の 3 種のデオキシリボヌクレオシド三リン酸 (dNTPs) が不足する．過剰な dATP と不足した他の 3 種の dNTPs はいずれも DNA 合成の原料である．この不均衡は，免疫応答の多くを支配するリンパ球の DNA 合成にとりわけ大きな影響を与える．アデノシンデアミナーゼをホモで欠損する個体は，**重症複合免疫不全症** severe combined immune deficiency (SCID)，いわゆる "バブルボーイ" 症候群となる．これらの個体では，免疫システムが大きく傷害されており，そのために感染症に極めて罹りやすい．この疾患に対する究極の治療法とは，罹患した患者の骨髄細胞を採取し，ウイルスをベクター（運搬係）としてアデノシンデアミナーゼ遺伝子を導入し，その骨髄細胞を再び生体に戻してやり，欠損した酵素をつくらせることである．ADA-SCID に対する治験は 1982 年から開始され，当初は患者に ADA を注射するという単純な酵素の補充療法であった．その後の治験では，成熟 T 細胞における遺伝子欠失の補償に焦点がおかれ，1990 年には遺伝子導入した T 細胞が患者に移植されている．

米国立衛生研究所 National Institutes of Health (NIH) における治験では，治療開始当初 4 歳と 9 歳であった二人の少女において治療効果が認められ，彼女たちは通常の公立学校に通い，平均と変わらない程度の感染しか起こさない程度にまで回復した．T 細胞に加えて，骨髄幹細胞の移入は次の段階となった．2000 年には 4 か月と 8 か月の幼児がこの方法の治験対象となった．10 か月を経過した段階で，二人は健康であり，免疫系は回復していた．

ヒトの遺伝子治療ではその遺伝子運搬方法に二つのタイプがある．一つ目は，生体外 *ex vivo* で行うもので，SCID の治療に用いられたタイプである．生体外での遺伝子導入とは，患者から体細胞を取り出し，遺伝子治療を施し，その後患者にその細胞を戻すというものである．これに最もよく使われるベクターはレトロウイルスである**モロニーマウス白血病ウイルス** Moloney murine leukemia virus (MMLV) である．図はウイルスが遺伝子治療で利用される方法を示している．MMLV から *gag*, *pol*, *env* の遺伝子をすべて除き，増殖ができないようにしたものを利用し，これらの代わりに**発現カセット** expression cassette を導入する．ここには，導入される遺伝子，例えば ADA 遺伝子が，適当なプロモーター (Chap. 11) とともに入れられている．このような変異ウイルスをパッケージ細胞に感染させる．正常な MMLV もまたパッケージ細胞に感染させるために用いられるが，この細胞株は MMLV に感受性ではない．正常な MMLV はパッケージ細胞内では複製できないが，その *gag*, *pol*, *env* 遺伝子は，感染した変異ウイルスの複製能をこの細胞内でのみ回復させる．このようなコントロールは，変異ウイルスを別の細胞に感染させないために必要である．変異ウイルス粒子はパッケージ細胞から回収され，標的細胞への感染に用いられる．SCID の場合であれば骨髄細胞が対象となる．MMLV はレトロウイルスであるので，感染した標的細胞ではウイルスの RNA ゲノムから DNA が合成され，それが細胞のゲノムに組み込まれる．プロモーターと ADA 遺伝子の両者が同時に組み込まれる．このようにして標的細胞に遺伝子が導入され，ADA が合成されるようになる．この細胞がその後，患者へと戻される．

二つ目の遺伝子導入方法は，生体内 in vivo で行うものであるが，これは患者の細胞に直接ウイルスを感染させるというやり方である．この目的で最もよく使われるベクターは DNA ウイルスである**アデノウイルス** adenovirus である．一方で標的組織に発現する特異的な受容体に基づいて，特定のウイルスが利用される場合もある．アデノウイルスの受容体は肺や肝臓の細胞に存在し，これまでに嚢胞性線維症 cystic fibrosis やオルニチンカルバモイルトランスフェラーゼ欠損症 ornithine transcarbamoylase deficiency に対する遺伝子治療の治験で用いられている．

ヒトにおける嚢胞性線維症やいくつかのがんに対する遺伝子治療の治験は現在進行中である．マウスでは遺伝子治療は糖尿病の治療でも効果をあげている．遺伝子治療の分野はエキサイティングで，前途有望なテーマであるが，ヒトでの成功にはまだたくさんの障害がある．また，たくさんのリスクも抱えている．例えば，遺伝子を運搬するベクターに対して危険な免疫応答が起こることや，あるいは染色体上で発がんを誘導する遺伝子を活性化するような位置にウイルス遺伝子が挿入されることなどが挙げられる．後者の可能性に関しては，Sec. 14.4 でさらに議論する．

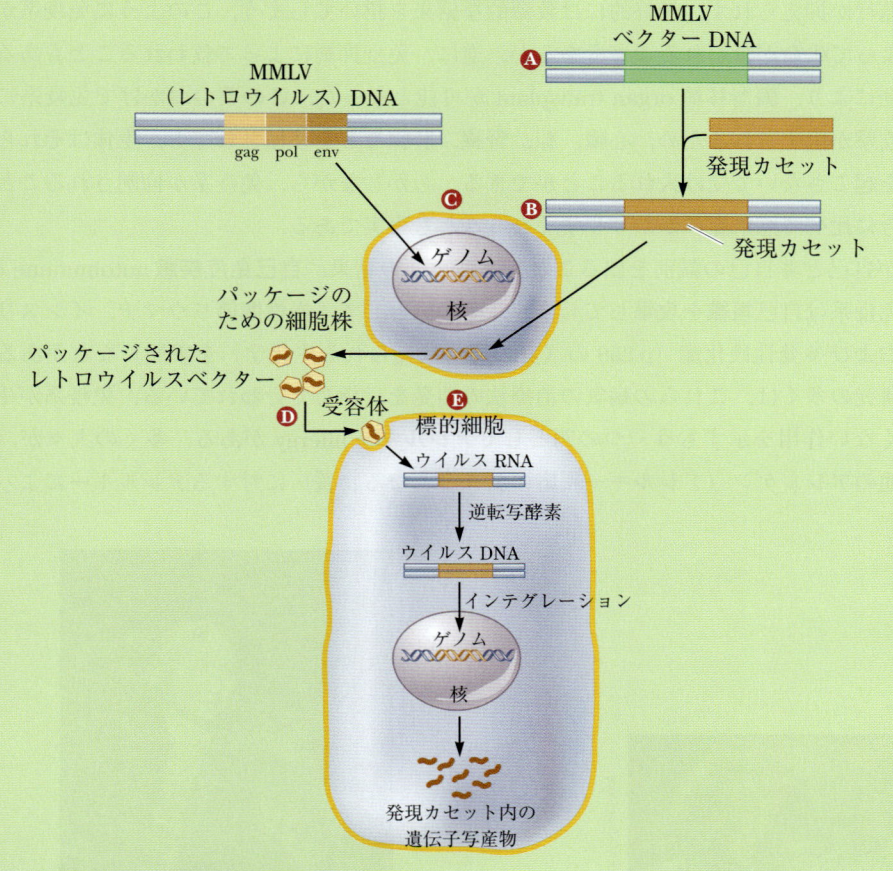

レトロウイルスを介した遺伝子治療

モロニーマウス白血病ウイルス Moloney murine leukemia virus (MMLV) は，生体外 ex vivo の遺伝子治療に利用される．Ⓐ 複製に必須の遺伝子（gag, pol, env）はウイルスからあらかじめ除かれ，Ⓑ 遺伝子治療で導入される遺伝子を含む発現カセットに置換される．必須遺伝子の除去によりウイルスは増殖不能となる．Ⓒ その後，変異ウイルスは複製を許容するパッケージ細胞内で増幅される．Ⓓ ウイルスは回収され，遺伝子治療が必要な患者から採取し，培養した標的細胞へ感染させる．Ⓔ 変異ウイルスは RNA を放出し，標的細胞内で逆転写酵素により DNA に変換される．この DNA は患者の細胞のゲノムに組み込まれ，その結果必要なタンパク質が細胞内で合成されるようになる．こうしてできた培養細胞を患者の体内に戻す．(Figure 1 in Crystal, R. G., 1995. Transfer of genes to humans: Early lessons and obstacles to success. Science **270**, 404 より改変)

14.3 免疫系

　免疫系の大きな特徴は，自己と非自己を識別する能力をもつことである．この能力のおかげで，細胞や免疫系を構成する分子は，病原体（ウイルスや細菌のような疾患を引き起こす要因のこと）が体内に侵入した際に，これを認識し破壊することができる．免疫系は自己の細胞ですら，それががん化した際には，これを認識し，破壊することができる．感染症は命に関わることもあり，免疫系が正しく働くかどうかは生死に関わる問題である．このことは，AIDS（後天性免疫不全症候群）患者の寿命を考えてみれば明らかである．この病気は免疫機能を低下させるため，AIDS 患者が感染症にかかるとその進行が抑えられず，最終的には致命的な結果を招いてしまう．このように免疫系が抑制されることによって生命が奪われることもあるが，逆に，免疫抑制によって救われることもある．免疫抑制薬の開発により，臓器移植 organ transplant が可能となった．この薬のおかげで免疫系による移植組織への攻撃が阻止されるため，心臓，肺，腎臓，肝臓などを移植されても，生体はそれらに対する拒絶反応を起こさないで受け入れることができる．しかしながら，免疫系が抑制されることにより，通常の場合に比べて感染症にかかりやすくなることも事実である．

　免疫系が自己と非自己の識別を誤ることもある．その結果，**自己免疫疾患** autoimmune disease が起こり，免疫系は自己組織を攻撃してしまう．その例として，慢性関節リウマチ，インスリン依存性糖尿病，および多発性硬化症（p.259 の《身の周りに見られる生化学》を参照）などがある．免疫系に関する研究の多くは，これらの病気の治療法の開発を目指して行われている．免疫系が生体にとって好ましくない作用を示すもう一つの例として**アレルギー** allergy がある．多くの人々が，植物の花粉やその他のアレルゲン（アレルギー反応の引き金となる物質）に対するアレルギーによって起こる

アレルギー反応は，免疫系が非病原性の物質を攻撃するときに起こる．花粉に対するアレルギーは一般的であり，くしゃみのような症状が引き起こされることはよく知られている．

エドワード・ジェンナー Edward Jenner は 1796 年に世界で初めてワクチンを開発した．これは天然痘に対する安全で有効な予防法であり，最終的に天然痘は根絶された．

喘息に苦しんでいる．また，食物アレルギーは生命を危険にさらすような激しい反応を引き起こすことがある．

長い年月にわたり，研究者は免疫系がもつ謎の一部を解明し，その性質を病気の治療に応用してきた．最初の**ワクチン** vaccine は天然痘に対するものであり，約 200 年前に開発された．それ以来，このワクチンは極めて有効な予防手段として使用され，その結果，天然痘はついに根絶された．この種のワクチンの作用のもととなるのは，弱毒化した病原体を接種したときに起こる反応である．免疫系は攻撃力を高め，病原体との接触の記憶を維持する．その後，同じ病原体に遭遇したときには，免疫系は迅速かつ効果的な防御応答をすることができる．"記憶"を維持する能力は，免疫系のもう一つの主要な特徴である．最近では，AIDS を治療するワクチンを感染者から得る方法が研究により見出されるかもしれないと期待されている．自己免疫疾患の治療法を見つけることにも研究の目が向けられている．免疫系を利用してがん細胞を攻撃，破壊する試みも引き続き行われている．

14.3.1　免疫系はどのように働いているか

免疫応答のプロセスには二つの重要な側面がある．一つは細胞レベルでの働きであり，もう一つは分子レベルでの働きである．さらに，免疫系は獲得されるものなのか，あるいは構成的なものであるのかという点にも目を向ける必要がある．次に，これらを順に議論していこう．

免疫系の主要な構成要素は，**白血球** leukocyte と呼ばれる一群の細胞である．すべての血球細胞と同様に，白血球もまた骨髄に存在する共通した前駆細胞（幹細胞）から生じる．しかし，他の血球細胞とは異なり，白血球は血管を離れリンパ系を循環することができる．リンパ組織（リンパ節，脾臓，そして何より重要な胸腺）は免疫系の仕組みが機能する上で重要な役割を果たしている．

自然免疫──生体防御の最前線

われわれの身体が対処しなければならない細菌，ウイルス，寄生虫，毒素の数は膨大なものであり，病気にならないことが不思議なくらいである．たいていの学生は高校で抗体について学ぶが，近年では AIDS との関わりから T 細胞についても学習する．しかし，免疫系がもつ防御系は T 細胞や抗体ばかりではない．実際，病原体が最前線の防御システムを破ろうとすることによっても病気になることがある．この最前線の防御システムのことを**自然免疫** innate immunity と呼ぶ．

自然免疫はいくつかの部分に分けることができる．一つは，皮膚や粘膜，涙といった物理的なバリアである．これらはいずれも病原体の侵入を妨げているが，病原体と戦うための特別な細胞が必要とされるわけではない．ところが，細菌，ウイルス，寄生虫の何であれ，病原体がこの表面のバリアを破ると，自然免疫の細胞戦士たちが働き始める．これから紹介する自然免疫を構成する細胞は，**樹状細胞** dendritic cell，**マクロファージ** macrophage，**ナチュラルキラー細胞** natural killer（NK）cell である．この中で最も重要な細胞が樹状細胞であるが，これは長い触手状の樹状突起をもつことからそう呼ばれている（図 14.10 参照）．樹状細胞は皮膚，粘膜，肺，脾臓といった組織に存在し，その守備範囲に侵入したウイルスや細菌に最初に対応する自然免疫の細胞である．樹状細胞は吸盤のような形をした受容体を用いて，侵入者を捕捉し，エンドサイトーシスを介してこれを飲み込む．その後，

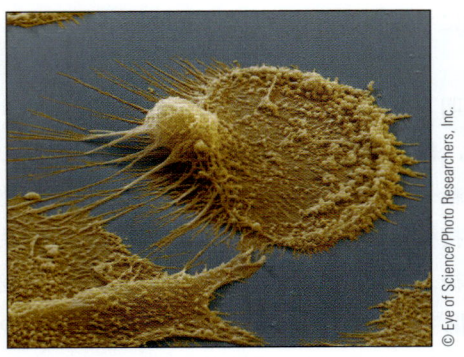

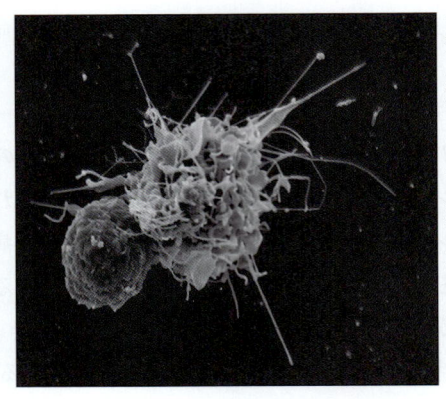

図 14.10
樹状細胞の名前は触手のような突起をもつことからきている
これはヒトの樹状細胞である．

図 14.11
免疫系における樹状細胞と他の細胞
この図はラットの樹状細胞がT細胞と相互作用しているところを示している．このような相互作用を通じて，樹状細胞は獲得免疫のシステムに何を攻撃すべきかを教えている．

取り込んだ病原体を細かく破砕し，得られたタンパク質の一部を細胞表面に輸送する．このとき，病原体タンパクの断片は，**主要組織適合性抗原** major histocompatibility complex（MHC）というタンパク質に結合した状態で細胞表面に並べられる．樹状細胞はリンパ管から脾臓へと移動し，そこでこの病原体由来のタンパク質断片（抗原）を免疫系の別の細胞である**ヘルパー T 細胞** helper T cell（T_H cell）に提示する．樹状細胞は，**抗原提示細胞** antigen-presenting cell（APC）というカテゴリーに分類される細胞であるが，古くから免疫系と関連づけて捉えられてきたほとんどの反応において，その開始点に位置する細胞である．樹状細胞がその抗原をヘルパー T 細胞に提示すると，ヘルパー T 細胞は**サイトカイン** cytokine と呼ばれる物質を放出する．サイトカインは，**キラー T 細胞** killer T cell（細胞傷害性 T 細胞あるいは T_C cell）や **B 細胞** B cell といった免疫系の他の細胞を刺激する．図 14.11 は樹状細胞と他の免疫細胞間で通常見られる関係を示している．MHC タンパク質には，その構造と結合する相手が異なる 2 種（クラス I とクラス II）が知られている．MHC クラス I にはキラー T 細胞が結合し，MHC クラス II にはヘルパー T 細胞が結合する．MHC に基づいた樹状細胞と T 細胞間の結合に加えて，T 細胞が抗原を認識して活性化し，増殖するためには，もう一つの（あるいはもう二つの）結合が必須である．こうした二つのシグナルが要請されることはほとんどの免疫細胞の応答の特徴であり，免疫系が誤って活性化しないことを保証する仕組みの一つと考えられている．

T 細胞に抗原を提示することは樹状細胞の基本的な役割であるが，近年，樹状細胞は，抗腫瘍作用を有する抗体の生産を目指す企業に大変な人気である．一方で，樹状細胞には影の面もある．HIV が，ヘルパー T 細胞に出会うまで，樹状細胞表面の受容体を利用してリンパ系を移動することが最近見出されている．HIV が体内を移動する速度を低下させることを期待して，この相互作用を阻害する化合物について研究を進めている研究室もある．この魅力的な樹状細胞についてさらに知りたければ，本章末の Serbina, N. V., and E. G. Pamer，あるいは Bancbereau, J. の論文を参照されたい．

自然免疫系における重要な細胞としては，**ナチュラルキラー（NK）細胞** natural killer（NK）cell も挙げられる（図 14.12）．NK 細胞は，リンパ球系幹細胞 lymphoid stem cell と呼ばれる幹細胞から分化することから，リンパ球に分類される．NK 細胞はウイルスに感染した細胞や，がん化した細胞

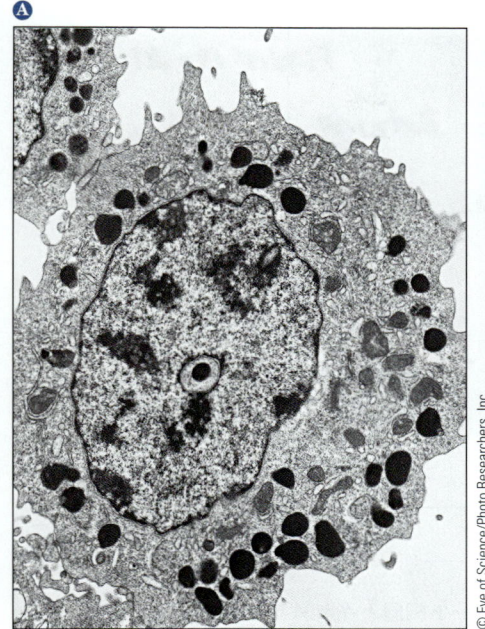

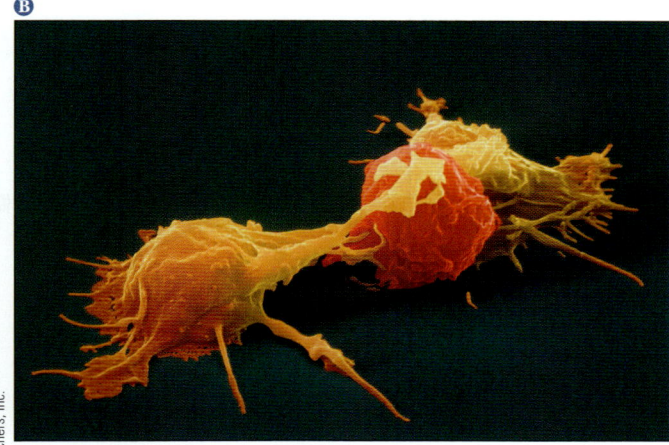

Chapter 14 　ウイルス，がん，免疫学　**537**

図 14.12

ナチュラルキラー（NK）細胞は免疫応答にいち早く関わる細胞である
NK細胞は貪食細胞ではないが，ウイルスに感染した細胞やがん細胞に結合して破壊することができる．
Ⓐ電子顕微鏡像．Ⓑ高解像度の光学顕微鏡像．

を死滅させる働きがある．また，NK細胞はサイトカインを分泌して，微生物を破壊するマクロファージなどの他の自然免疫の細胞を動員する．NK細胞はある意味で樹状細胞とともに働いている．感染の程度が低い場合は，NK細胞は感染した樹状細胞を最終的に死滅させるため，それ以上の免疫応答は起こらない．そのため，NK細胞は獲得免疫のシステムが稼働するかどうかを決定しているといえる．NK細胞はがんとの戦いにおいても重要である．NK細胞は，抗ウイルス活性を示す糖タンパク質であるインターフェロンにより活性化される．インターフェロンは，がんの治療における第一選択肢の一つであり，臨床応用のためにつくられた組換えタンパク質としては最初のものである（Chap. 13）．マクロファージやその他の自然免疫系の細胞は，残念なことに，がんにおいて諸刃の剣として働く重要な役者であることが明らかにされている．それらの細胞によってがん細胞が直接的に攻撃されることもあれば，それらの細胞が炎症を引き起こし，そのおかげでがん細胞が前がん段階から完全な増殖サイクルに入り，がん細胞の生育が促進されることもある．この点についてさらに詳しくは，本章末のStix, G.による総説を参照されたい．

獲得免疫：細胞の側面から

獲得免疫は，T細胞とB細胞というNK細胞とは別の2種類のリンパ球の働きに依存している．**T細胞** T cellsは主に胸腺 thymus glandで，**B細胞** B cellsは主に骨髄 bone marrowで分化することから，その名前がついている（図 14.13）．細胞の働きという観点から獲得免疫を見るとT細胞が重要

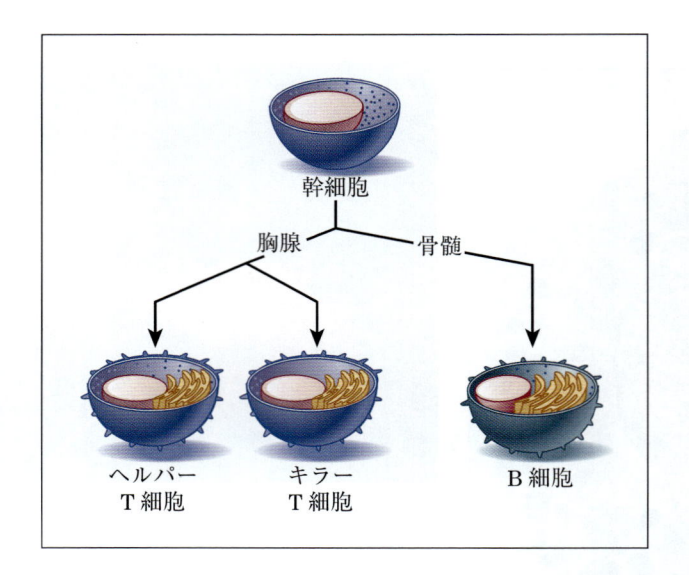

図 14.13

リンパ球の分化
すべてのリンパ球は骨髄の幹細胞に由来する．胸腺では，ヘルパー T 細胞とキラー T 細胞という 2 種類の T 細胞が分化する．B 細胞は骨髄で分化する．

であり，一方で分子的な側面から捉えると B 細胞が大事な役割を果たしている．

14.3.2　T 細胞や B 細胞の働きは何か

T 細胞の機能

　T 細胞にはたくさんの機能がある．T 細胞の分化に伴い，その機能は特化していく．T 細胞の機能のうち，例えば**キラー T 細胞** killer T cells であれば，その表面に発現する **T 細胞受容体** T-cell receptors（TCRs）を挙げることができる．T 細胞受容体は，免疫応答の引き金となる異物である**抗原** antigen を認識する．抗原はマクロファージや樹状細胞といった抗原提示細胞 antigen-presenting cell（APC）により，T 細胞に提示される．APC は抗原を取り込み，分解し，その断片を T 細胞に提示する．処理された抗原は，短いペプチドとして APC の細胞表面の MHC クラス I 分子に結合する．図 14.14 はマクロファージによる抗原提示を示している．マクロファージは MHC 分子以外に，B7 という名称で分類される膜タンパク質をもち，これは T 細胞の表面の CD28 という膜タンパク質に結合する．B7 に関する研究は活発に行われている（本章末の 2002 年の Cohen, J. の論文を参照）．この二つのシグナルが同時に入力されることにより，T 細胞の増殖，分化が進行し，成熟したキラー T 細胞が生じる．キラー T 細胞の増殖は，T 細胞に結合したマクロファージが**インターロイキン** interleukin と呼ばれる低分子量のタンパク質を産生する場合にも起こる．T 細胞はマクロファージと結合している間はインターロイキン受容体を発現しているが，マクロファージと解離した際にはその受容体をつくら

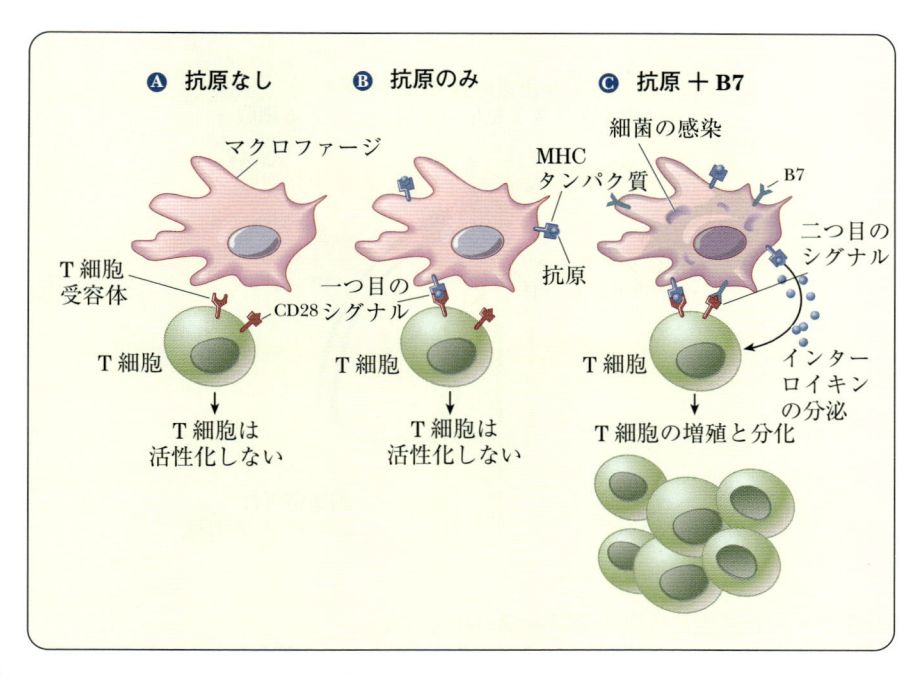

図 14.14

二段階の過程で T 細胞は増殖，分化する

Ⓐ 抗原が存在しないときには T 細胞の増殖は起こらない．Ⓑ 抗原だけがある場合，マクロファージの細胞表面で MHC タンパク質により提示された抗原を T 細胞が認識する．それでも，第二のシグナルが入力されていないので，T 細胞の増殖は起こらない．このような方法で，生体は自身由来のタンパク質に対する不適切な免疫応答が起こることを防ぐことができる．Ⓒ 感染が起こると，それに応じて B7 タンパク質がマクロファージでつくられる．感染した細胞表面の B7 タンパク質は，未成熟な T 細胞の表面の CD28 タンパク質と結合し，これが第二のシグナルとなって，T 細胞の増殖を促す．("How the Immune System Recognizes Invaders," by Charles A. Janeway, Jr.; illustration by Ian Warpole. Sci. Amer. *269* [3] [1993] より改変)

なくなる．インターロイキンは，サイトカインと呼ばれるタンパク質のグループの一員である．先に自然免疫について触れた際に，サイトカインとはある細胞が別の細胞に影響を与えるために合成される可溶性タンパク質であることを説明した．このように，T 細胞は無秩序に増殖するわけではない．キラー T 細胞はまた CD8 という膜タンパク質をもっており，これは図 14.15 に示すように抗原提示細胞の MHC 分子と結合する．実際，CD8 がもつこの特徴をふまえて，多くの研究者は<u>キラー T 細胞 killer T cell</u> という代わりに <u>CD8 陽性細胞 CD8$^+$ cell</u> という用語を用いる．

こうした条件が満たされた場合に，<u>ある特定の抗原に結合する</u> T 細胞のみが増殖する．ここで，免疫系には特異性があることに留意して欲しい．天然には存在しないものも含め，数多くの物質が抗原となる．きわめて多様な侵入者に対応できるという驚くべき適応力は，免疫系の特徴の一つである．侵入してきた抗原に対して，それに対して反応することができる T 細胞のみが，他の T 細胞に優先して増殖することを**クローン選択** clonal selection という（図 14.16）．免疫系はこの仕組みを利用して，自らが出会う異物に対して万全の備えをすることができる．クローン選択は，獲得免疫とは何かを定義づける原理である．T 細胞の応答は通常，それが選択され，急激に増殖するという反応に基づいている．要するに，われわれの身体は必要なときに，必要な数の T 細胞を準備する．しかし，抗原を認識する T 細胞受容体をもつ細胞が少なくとも一つはあらかじめ存在しなければならない．このよ

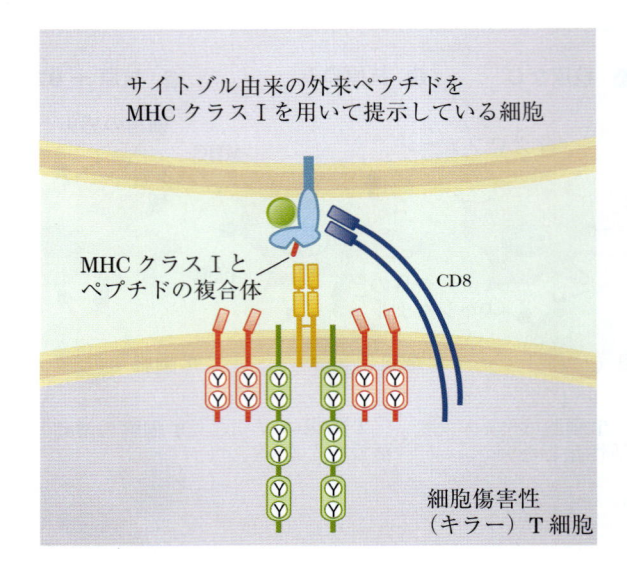

図 14.15
細胞傷害性（キラー）T 細胞と抗原提示細胞間の相互作用
感染細胞の細胞質の病原体由来のペプチドは，MHC クラス I タンパク質を介して細胞表面に提示される．この複合体はキラー T 細胞の T 細胞受容体と結合する．CD8 と呼ばれる結合タンパク質が両者の間の結合を強める．

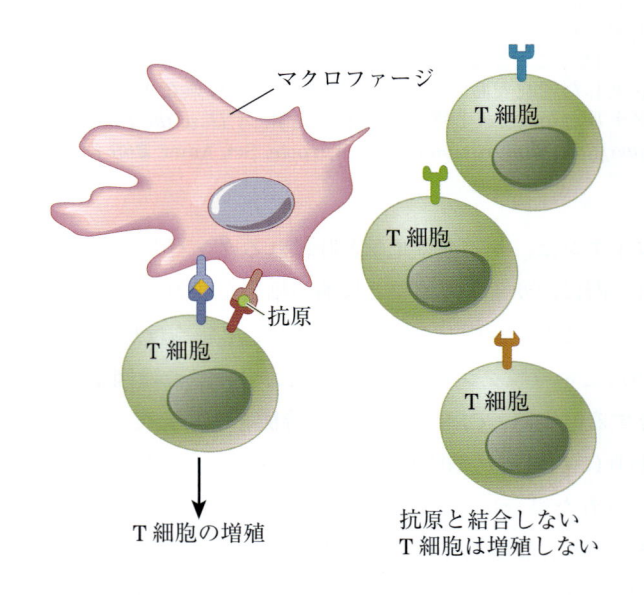

図 14.16
クローン選択
クローン選択のメカニズムにより，免疫系は，これから出会う可能性のある多彩な抗原のそれぞれに対して，効率的な応答をすることが可能となっている．免疫系では非常にたくさんのタイプの細胞が用意されるため，事実上あらゆる病原体に対応することができる．現にあるものの中から抗原に反応する細胞のみが大量に用意されることになるが，これは無駄のない仕組みである．

うなT細胞受容体は必要だからといって，その都度つくられるわけではない．T細胞受容体は幹細胞がT細胞に分化する際に，ランダムな過程を経てつくられる．幸い，T細胞受容体は多様性に富んでおり，T細胞受容体には数百万の異なる特異性のバリエーションがある．

　免疫応答のピークではT細胞は非常に速やかに分裂しており，1日に3〜4回細胞分裂が起こることもしばしばである．その結果，選択されたT細胞は数日間で1,000倍以上に増えることになる．

　その名の通り，キラーT細胞は感染細胞を破壊する．キラーT細胞は標的感染細胞に結合し，その形質膜に穴をあけるタンパク質を放出する．こうした免疫系の仕組みは，ウイルスに感染した宿主細胞を取り除くことにより，ウイルス感染の拡大を抑制するという点で，とりわけ効率的である．こうした状況では，抗原はウイルスのコートタンパク質の一部，あるいは全部であると考えられる．感染が収束すると，記憶細胞として残るものがあり，同じウイルスが再び感染した際の備えとなる．

　免疫系におけるT細胞の役割は他にもある．別のタイプのT細胞は，MHCクラスⅡというMHCタンパク質による抗原提示を認識する受容体をもっている．この細胞は**ヘルパーT細胞** helper T cellsであり，キラーT細胞と同じように分化，成熟する．ヘルパーT細胞はCD4陽性細胞 CD4$^+$ cellとも呼ばれるが，これはCD4という特徴的な膜タンパク質をもつためである．CD4は，図14.17に示すようにヘルパーT細胞と抗原提示細胞のMHCとの結合を助ける．ヘルパーT細胞は主としてB細胞の活性化を助ける．成熟途上のB細胞はその細胞表面にMHCクラスⅡがあり，そこに抗原ペプチドが結合している．重要な点は，MHCタンパク質が免疫系の鍵を握っていることである．MHCのもつこの特性のために，その構造を決定することを目標として，X線結晶解析を含む膨大な研究が行われている．B細胞のMHCクラスⅡはヘルパーT細胞との結合部位をもっている．ヘルパーT細胞とB細胞の結合は，ヘルパーT細胞によるインターロイキン（IL-2とIL-4）の産生につながり，B細胞が形質細胞へと分化する引き金となる（図14.18）．B細胞も形質細胞もともに**抗体** antibody（**免疫グロブリン** immunoglobulinとしても知られる）を合成するが，抗体は後述するように主として免

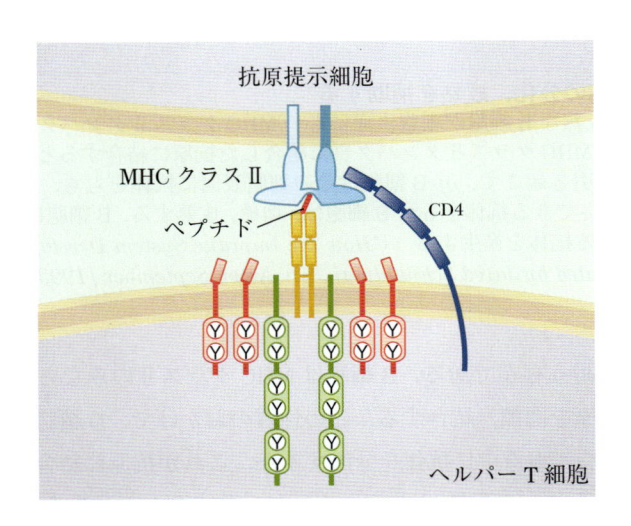

図14.17
ヘルパーT細胞と抗原提示細胞間の相互作用
外来抗原由来のペプチドは，細胞表面にあるMHCクラスⅡタンパク質により提示される．MHCクラスⅡはヘルパーT細胞のT細胞受容体に結合する．CD4という結合因子が二つの細胞をつないでいる．

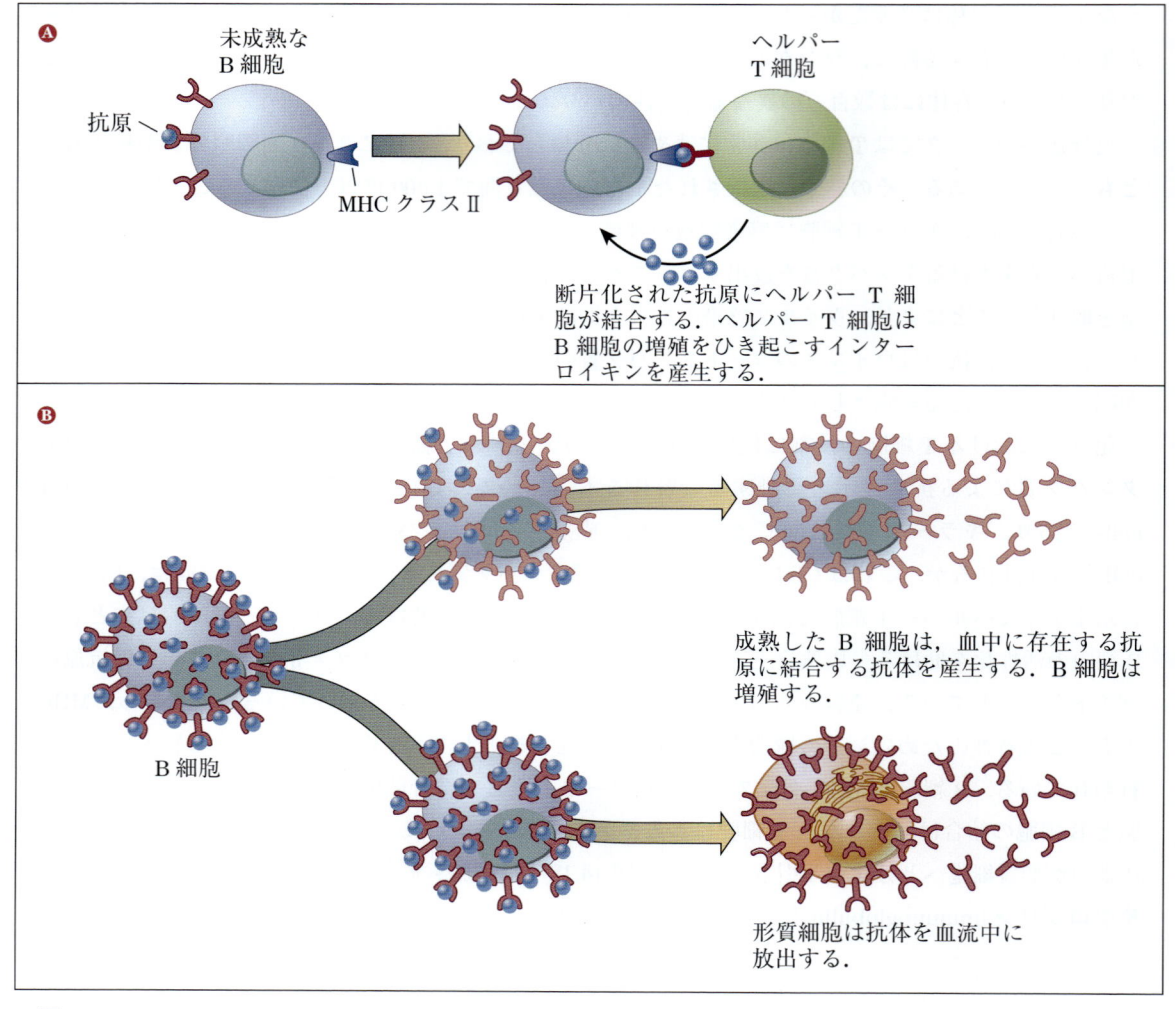

図 14.18

ヘルパー T 細胞は B 細胞の分化，成熟を補助する

Ⓐ ヘルパー T 細胞は，未成熟な B 細胞が細胞表面にもつ MHC クラス II タンパク質に対する受容体をもっている．ヘルパー T 細胞は，MHC クラス II タンパク質に結合した抗原に結合すると，インターロイキンを放出し，B 細胞の増殖と成熟を引き起こす．Ⓑ B 細胞はその細胞表面に抗体をもち，それを介して抗原と結合することができる．抗原に反応できる抗体をもつ B 細胞は，増殖，成熟する．B 細胞は形質細胞へと分化するが，その結果，血流中を循環する抗体を産生する．("How the Immune System Develops," by Irving L. Weissman and Max D. Cooper; illustrated by Jared Schneidman. Sci. Amer. September [1993] より改変)

疫応答の分子的な側面を担う存在である．B 細胞は MHC クラス II のみならず，抗体をその表面に露出させている．抗体は抗原を認識，結合する．この性質のおかげで，B 細胞は抗原に吸着し，処理することができる．形質細胞は血液中に抗体を分泌するが，これが抗原に結合し，免疫系が破壊するための目印として働く．ヘルパー T 細胞はまた，インターロイキンの産生を介して，キラー T 細胞や抗原提示細胞を刺激する．

T細胞による記憶

獲得免疫の大きな特徴の一つは，記憶である．免疫系は初めて出会う抗原に対する応答は遅いが，二度目以降はより速やかに応答する．ある特定の抗原に対するT細胞による記憶が成立するプロセスでは，ほとんどのT細胞は死滅する．一方で，応答した細胞のうち，ごく少数（5～10%）が記憶細胞として生き残る．そうはいっても，その数は抗原が最初に侵入する前と比べればはるかに多い．こうした記憶細胞は抗原が存在しない状況でも，ナイーブT細胞（自らが認識できる抗原と一度も出会っていないT細胞のこと）より大きな増殖速度を示す．

インターロイキンはこうしたプロセスで重要な働きを担っている．インターロイキン7はナイーブキラーT細胞数を低いレベルに維持する．抗原により刺激されると，インターロイキン2の作用により，細胞傷害性T細胞（キラーT細胞）（T_C cell）の増殖が刺激される．一方で，メモリーT_C細胞はインターロイキン15の作用により維持されている．

T細胞による免疫応答の記憶では，キラーT細胞とヘルパーT細胞が協力関係にある．近年の研究から，CD4陽性細胞が不在の状況でCD8陽性細胞が抗原と出会うと，CD8陽性細胞のクローン増殖は起こるものの，有効な記憶細胞は生じてこないことが明らかとなっている．

免疫系：分子レベルから見た側面

14.3.3 抗体とは何か

抗体はY字型の分子であり，ジスルフィド結合により連結された2本の重鎖と2本の軽鎖から成る（図14.19）．抗体は糖タンパク質であり，重鎖にはオリゴ糖が結合している．重鎖の種類により，抗体にはそれぞれ異なるクラスがある．クラスによっては，重鎖が二量体，あるいは五量体を形成することもある．軽鎖と重鎖には，それぞれ定常部と可変部がある．可変部（V領域 V domain とも呼ばれる）はYの字の両側の突起に相当し，抗原と結合する部分である（図14.19）．抗体が結合する抗原の部位のことを**エピトープ** epitope という．ほとんどの抗原にはそうした抗体が結合する部位が複数あるため，免疫系は自然界に存在する抗原を攻撃するための複数のルートをもつことになる．一つの抗体は二つの抗原と同時に結合することができ，一方で抗原は，通常，多数の抗体結合部位を有することから，これらが複合体を形成することにより沈降物が生じる（図14.20）．この現象は免疫学のさまざまな実験法の原理として利用されている．定常部（C領域 C domain）はYの字型のヒンジと幹の部分に相当する．抗体のこの領域は貪食細胞や補体系（抗体が結合した抗原を破壊する免疫系を構成するタンパク質群）によって認識される．

本質的にあらゆる抗原を認識することができるといってよいほどの，きわめて多様な抗体を，生体はどのようにしてつくり出すのだろうか．生体がつくることのできる抗体の数は事実上無限であり，それは英語の単語の数と同じように考えることができる．言語ではアルファベット文字を無数に組み

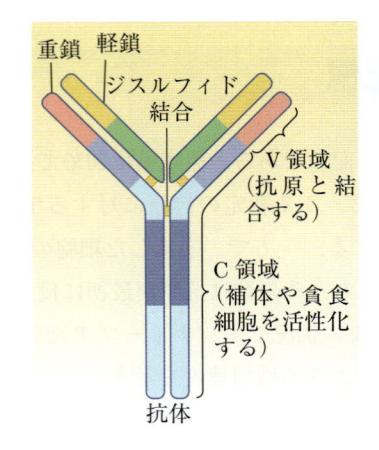

図 14.19
抗体
典型的な抗体分子はY字型の分子であり，ジスルフィド結合により結合した同一の軽鎖2本，同一の重鎖2本から成る．軽鎖と重鎖は，それぞれが定常部と可変部から構成されている．可変部はYの字型の突起部に位置し，抗原と結合する．Y字型の根元に相当する定常部は，貪食細胞や，抗体が結合した抗原を破壊する免疫系の一部である補体系を活性化する．("How the Immune System Recognizes Invaders," by Charles A. Janeway, Jr.; illustration by Ian Warpole. Sci. Amer. September [1993] より改変)

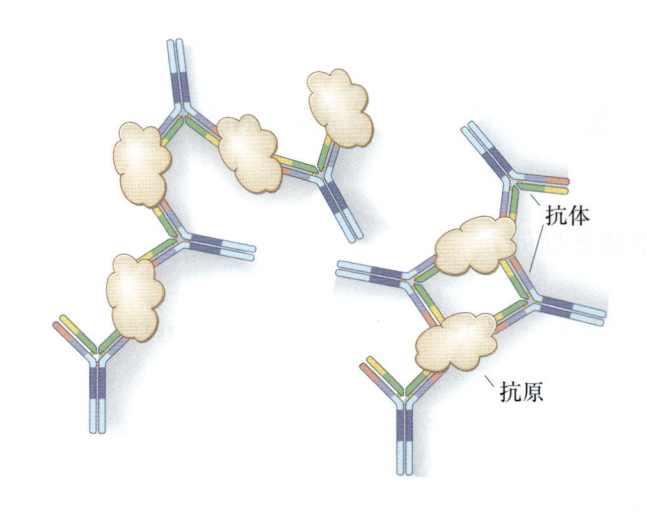

図 14.20
抗原抗体反応により沈降物が生じる
バクテリアやウイルスといった抗原は，通常，複数の抗体結合部位をもつ．抗体の可変部（Y字の突起）はそれぞれ別の抗原と結合することもある．こうした抗原，抗体の凝集は沈降物を形成し，貪食細胞や補体系の攻撃目標となる．

合わせることによって，膨大な数の単語が生み出される．抗体の鎖をコードする遺伝子の断片についても，言葉と同じように並べ替えを行うことによって，多様なタンパク質を生み出すことができる．抗体遺伝子は小さな断片として世代間を受け継がれるが，B細胞の分化の過程において，個々のB細胞の中で結合し，完全な遺伝子となる（図14.21）．遺伝子の断片が結合される際に，この過程を触媒する酵素は断片同士のつなぎ目にランダムな配列のDNAを挿入する．こうして生じるきわめて大

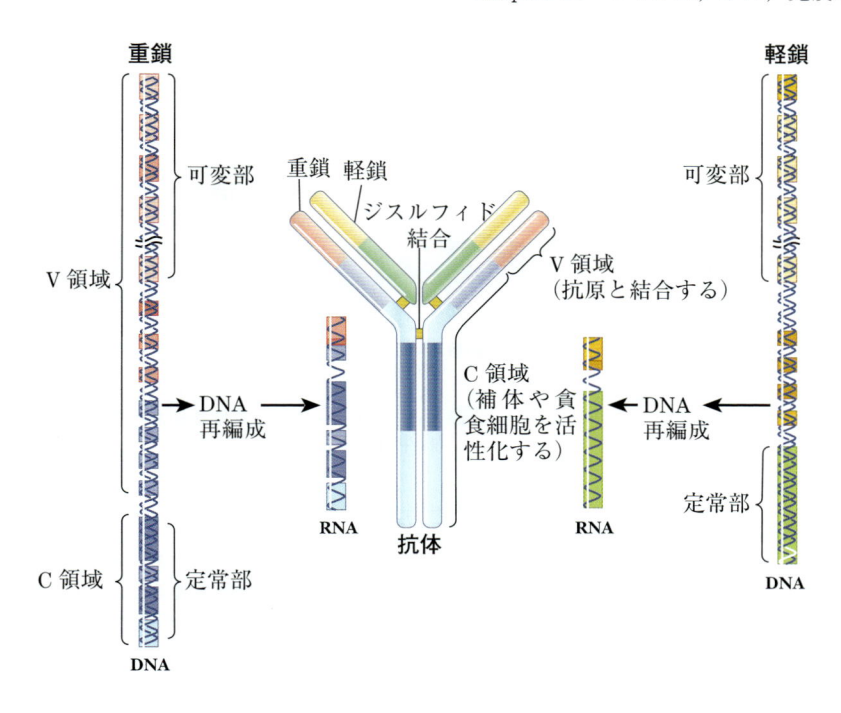

図 14.21

抗体の重鎖と軽鎖

抗体の重鎖や軽鎖をコードする遺伝子は多数の DNA 断片からなる．これらは再編成され，その過程で個々の B 細胞において別々の配列をコードする遺伝子となる．遺伝子断片の結合には多様性があるために，比較的少数の遺伝子断片から数百万の異なる抗体が生み出される．("*How the Immune System Recognizes Invaders,*" by Charles A. Janeway, Jr.; illustration by Ian Warpole. *Sci. Amer. September [1993]* より改変)

きな多様性は，実験的にも確認することができる．この遺伝子の再編成は軽鎖，重鎖どちらの遺伝子においても起こる．(Chap. 11 で述べたエクソンスプライシングや mRNA プロセシングもやはり起こることに留意すること)．こうした要因に加えて，B リンパ球はとりわけ高頻度に体細胞変異を起こす．体細胞変異とは，B 細胞が分化する過程で DNA の塩基配列に変化が起こることである．生殖細胞以外の細胞で起こった変異は，その個体限りのものであり，後の世代に受け継がれることはない．

　B 細胞（およびその成熟型である形質細胞）では，一つの細胞はただ 1 種類の抗体しか産生しない．原理的には，一つの細胞を単離することで単一の抗体を産生する細胞を得ることができるはずである．しかしながら，培養系においてリンパ球は継続して増殖することはないため，このアイデアは現実には不可能である．1970 年代後半に，ジョルジュ・ケーラー Georges Köhler とセーサル・ミルスタイン César Milstein はこの問題点を回避する方法を開発し，その功績により 1984 年にノーベル医学・生理学賞を受賞した．その方法は，目的とする抗体を産生するリンパ球をマウスの骨髄腫細胞と融合させるというものである．得られた**ハイブリドーマ** hybridoma（ハイブリッドの骨髄腫細胞）は，あらゆるがん細胞がそうであるように，培養系でクローン化することが可能（図 14.22）であり，目的とする抗体を産生する．クローン化した細胞群は単一の細胞に由来するため，すべて同一の分子である**単クローン抗体** monoclonal antibody が産生されることになる．こうして，あらゆる抗原に対する抗体を大量に調製することが可能となった．単クローン抗体は抗原として取り扱うことが可能な生理物質の定量にも用いることができる．その有用性がよくわかる例として，血液中の HIV の検査をあ

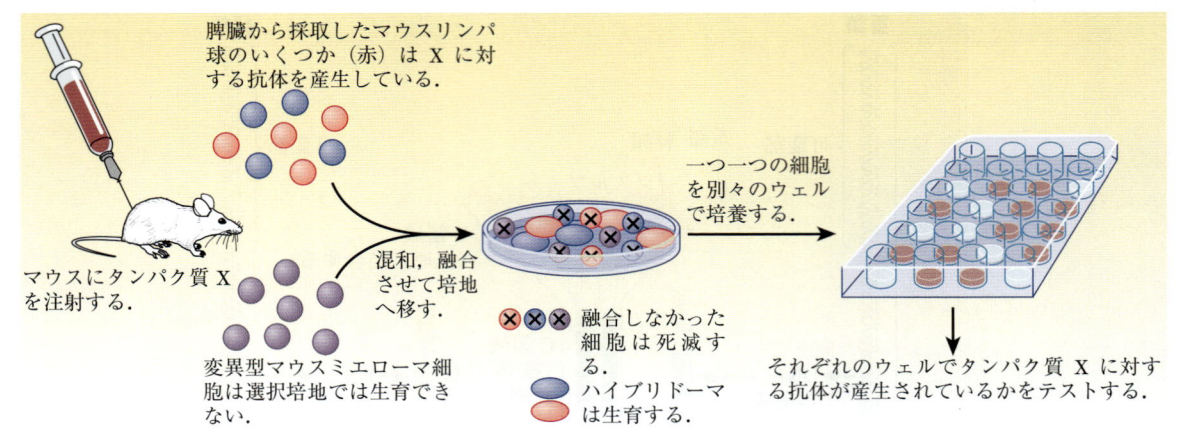

図 14.22

タンパク質性抗原 X に対する単クローン抗体の調製法
マウスが抗原 X によって感作されると，脾臓のリンパ球の一部は抗体を産生する．そこで，この脾臓リンパ球を骨髄腫細胞と融合させる．この骨髄腫細胞はリンパ球がもつある酵素を欠くために，特定の培地では生育を続けることができない．リンパ球は培養系で生育できず，骨髄腫細胞はこの培地中で生存できないために，融合しなかった細胞はいずれも死滅する．融合した細胞は一つ一つ別のウェルで培養され，タンパク質 X に対する抗体を産生しているかどうかがチェックされる．

げることができる．献血により得られた血液の品質を維持するために，この検査は欠かせないものとなっている．

自己と非自己を区別する

われわれ自身の細胞もまたタンパク質や他の高分子により表面が覆れているため，免疫系が外界からの侵入者を攻撃する際には，慎重にその力を行使する必要がある．免疫系が自身の細胞を攻撃しない仕組みは，複雑で興味深い問題である．生体が誤って自己の細胞を攻撃すると，それは**自己免疫疾患** autoimmune disease と呼ばれ，関節リウマチ，狼瘡（ループス），糖尿病の一部などがそれに該当する．

T 細胞や B 細胞はその表面に多様性に富む抗原受容体をそれぞれもっている．抗原に対する受容体の親和性はまちまちである．リンパ球の受容体と抗原との遭遇は，両者の間の親和性が，ある閾値を超えない限りは，そのリンパ球が活性化し増殖を始める引き金とはならない．両リンパ球には複数の分化段階があり，骨髄，あるいは胸腺において最初のステージ，すなわち細胞表面に抗原受容体がはじめて現れる段階を迎える．

T 細胞の場合，**ダブルポジティブ細胞** DP cell と呼ばれる前駆細胞は，CD4，CD8 両方を発現している．この段階は T 細胞の運命の分かれ道である．DP 細胞のもつ受容体が自己抗原や自己の MHC を認識できないときには，その細胞は無視されることにより死んでしまう．受容体が自己ペプチドおよび自己の MHC を低い親和性で認識できる場合は，ポジティブセレクションと呼ばれる過程を経て，図 14.23 に示すように，キラー T 細胞，あるいはヘルパー T 細胞へと分化する．一方で，受容体が高い親和性で自己抗原を認識する場合は，**ネガティブセレクション** negative selection と呼ばれる過程

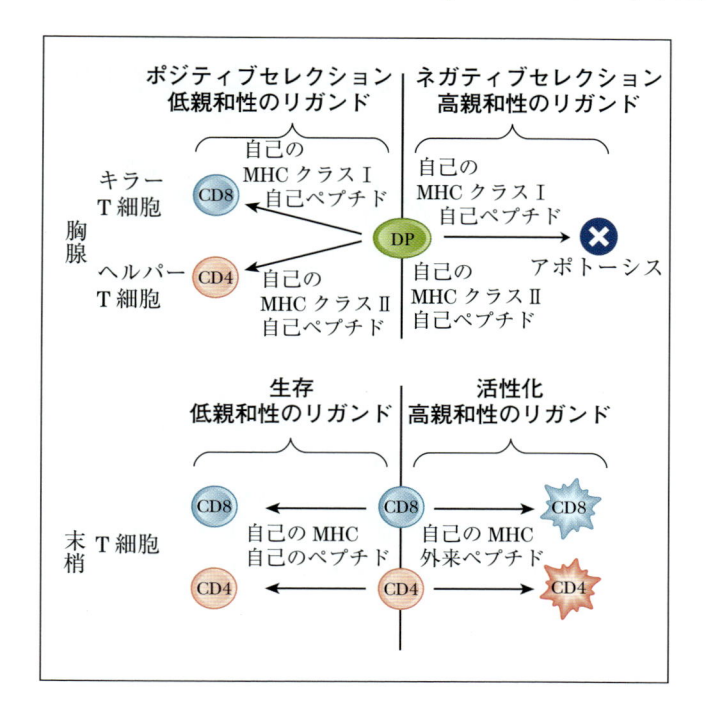

図 14.23

T細胞の分化
DP細胞と呼ばれるT細胞の前駆細胞の段階は，T細胞の運命の分かれ道である．DP細胞が自己抗原や自己のMHCをはじめ何ものにも反応しないとき，その細胞は放置されて死滅する（図には示していない）．DP細胞が自己抗原や自己のMHCを高い親和性で認識する場合には，その細胞がアポトーシスにより死滅することで，自己免疫応答が回避される．DP細胞が自己抗原や自己のMHCを低い親和性で認識するとき，その細胞はキラーT細胞やヘルパーT細胞へと分化する．("Signaling Life and Death in the Thymus: Timing Is Everything," by G. Werlen, B. Hausmann, D. Naeher, and E. Palmer. Science 299, 1859–1863. Copyright © 2003 AAAS より許可を得て転載)

を経て，その細胞はアポトーシスにより死滅する．

　したがって，リンパ球が骨髄や胸腺から循環血中に送り出される際には，自己抗原に反応性をもつような危険な細胞群はほぼ取り除かれている．一方で，個々のリンパ球を見れば，自己抗原に対して非常に低い親和性を示す受容体をもつものもいる．これらが骨髄や胸腺をうまくすり抜けた場合でも，そのリンパ球の自己抗原に対する親和性は活性化に必要な最低限の閾値より低く，かつ活性化には常に抗原以外の二次的なシグナルが要求されるため，免疫応答の開始には至らない．また，活性化にはマクロファージのように抗原提示ができる別の細胞も必要である．B細胞の場合は，抗原の受容体への結合に加えて，同一の抗原により活性化したヘルパーT細胞から放出されるインターロイキン2を受け取らなければ活性化されない．

　こうした安全装置の働きにより，森羅万象あらゆる分子に結合できる多様性をもつと同時に，自己として認識される無数のタンパク質には反応しないという，免疫系に必要とされる微妙な均衡が保たれている．

身の周りに見られる生化学　ウイルス学

ウイルス RNA は免疫系の裏をかく

　ヘルペスウイルスは，長期間の潜伏感染をすることで知られる病原性の DNA ウイルスである．ヘルペスの中には性病として生殖器の外傷につながるものもある．口唇の周囲にできる"熱の花（風邪の花）"もヘルペスである．ウイルスが宿主の細胞に感染すると，ウイルスゲノムは転写され，ウイルス mRNA と低分子の RNA が生じる．後者は総称してノンコーディング RNA，ncRNA と呼ばれる．ncRNA には非常に小さい，マイクロ RNA，miRNA（Chap. 9）と呼ばれるものと，100 塩基程度の，より長いものがある．Chap. 11 で取り扱ったように，miRNA は選択的に遺伝子発現を抑制する働きを有する．一方で，つい最近まで長い方の ncRNA の機能は明らかではなかった．

　ヒトサイトメガロウイルス（HCMV）と呼ばれるヘルペスウイルスの研究者たちは，この長い方のncRNA の機能の一つは，図に示すように，感染した細胞が自然免疫応答に捕捉されることを回避するためであることを最近明らかにした．RNA は免疫系と戦う上での優れた武器である．RNA は翻訳する必要がないため，速やかに働くことができ，一方で獲得免疫系にとって，RNA は標的としにくい．HCMV は新生児や免疫力の低下したヒトに重篤な疾患を引き起こす．ゲノムには少なくとも二つの長い ncRNA，および 11 種類の miRNA が含まれている．これまでの研究成果は，これらのうち二つのncRNA は免疫応答の抑制因子であることを示唆している．

　HCMV 感染から数時間程度で，2.7 kb のウイルス由来 ncRNA（$\beta 2.7$）が蓄積し，全ウイルス RNA の 20 % を占めるようになる．この RNA はミトコンドリアの電子伝達系複合体 I（MRCC-I）に結合し，その働きを安定化することにより，細胞のアポトーシスに対する抵抗性を高める．$\beta 2.7$ はこうしてウイルス感染細胞の早すぎる死を抑制し，ウイルス生活環における安定した ATP 供給を維持する．HCMV

Sec. 14.3 要約

- 脊椎動物は免疫系という複雑だが洗練された生体防御の仕組みをもつ．
- 自然免疫は，皮膚のような物理的なバリアと樹状細胞のような戦闘に加わる細胞から構成されている．このシステムは常時待機しており，侵入者はもちろん，がん化した細胞まで攻撃する．
- もう一方の免疫システムである獲得免疫は，T 細胞（キラー T 細胞とヘルパー T 細胞）と B 細胞という 2 種類の細胞の働きに基づいている．両細胞は，想像を絶する数の抗原に対する特異的な受容体をそれぞれもった細胞として，ランダムな過程を経てつくられる．
- T 細胞や B 細胞が抗原と出会うと，それぞれは増殖を開始し，侵入者を攻撃できる細胞の数を指数的に増加させる．
- 獲得免疫に関与する細胞の一部は記憶細胞として残るので，同じ病原体が侵入した際には，生体は速やかにこれを排除することができる．
- 免疫細胞は自己と非自己を区別して認識することができる．T 細胞と B 細胞は，その分化初期において，自己由来のタンパク質を認識しないように選別されている．
- このシステムが破綻した際には，自らの免疫系により攻撃を受けることになり，これが自己免疫疾患である．

はまた miR-UL 112 と呼ばれる miRNA も産生する．この miRNA はナチュラルキラー（NK）細胞を引きつける働きをもつ，細胞表面のリガンドタンパク質の mRNA 産生を抑制する．すなわち，これら2種類の RNA 分子は，NK 細胞による感染細胞の破壊を抑制し，宿主細胞の細胞死に対する抵抗性を高める働きがある．

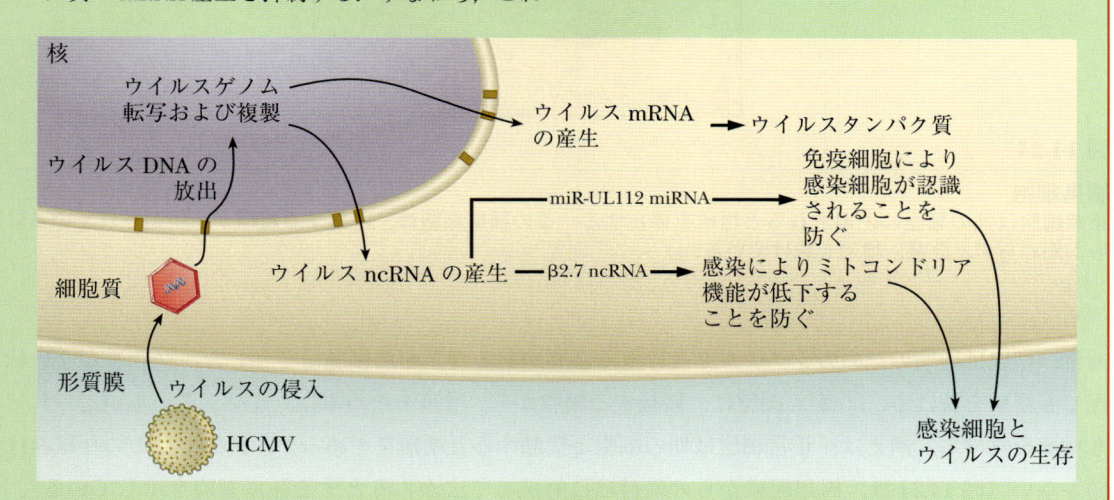

ウイルス RNA は免疫応答を遮断する
HCMV の感染は細胞内の代謝に負荷をかけ，通常それは細胞死やアポトーシスといった宿主の免疫応答の引き金となると考えられる．しかし，HCMV はこうした免疫応答を二つの ncRNA を通じて回避している．$\beta 2.7$ という ncRNA はミトコンドリアの電子伝達系複合体 I に結合し，ミトコンドリアにおけるエネルギー産生を安定化させる．miR-UL 112 という miRNA はナチュラルキラー細胞を引き寄せる細胞表面の MICB というリガンド分子の発現を抑制する．その結果，MICB を認識して細胞死を引き起こす免疫細胞からの攻撃を回避することができる．("Outwitted by Viral RNAs," Science **317**, 329 [2007] by Bryan R. Cullen より，許可を得て転載）

14.4 がん

がんはヒトの主要な死因の一つであり，アメリカだけでも1日当たり1,500人ががんで亡くなっている．がんは無秩序に増殖，分裂する細胞を特徴とするが，これはしばしば他の組織へと広がり，それらの組織をも腫瘍化してしまう．一生のうちにがんになる人は全体の1/3という推計もあり，がんは明らかに誰にとっても理解しておくべき疾患である．一般に高年齢になるほどかかりやすい．70歳では20歳と比べると100倍ほどがんになりやすい．

14.4.1　がん細胞の特徴は何か

致命的ながんには少なくとも六つの共通点があり，多くの問題が一つの細胞内で起こって初めてがん化が起こる．そのため，がんは誰でも知っている疾患ではあるが，たいていの人はがんとは無縁に老年を迎える．① がん細胞は，正常細胞ならば増殖しない状況においても，活発に増殖し続ける．

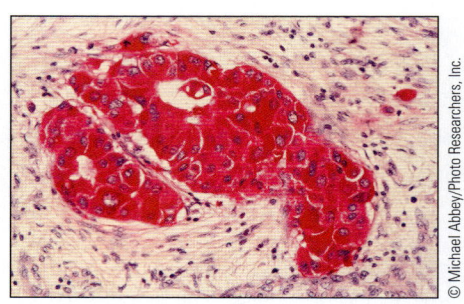

図 14.24

腫瘍細胞
正常細胞は他の細胞に圧迫されると増殖を停止する．この腫瘍細胞は，隣接する組織から圧迫されているにもかかわらず，分裂，増殖を続けている．

通常，細胞は増殖のためのシグナルを受け取る必要があるが，がん細胞はそうしたシグナルがない状況でも増殖を続ける．② がん細胞は，隣接する細胞から"増殖を止める"ようなシグナルが送られても増殖を続ける．例えば，正常細胞は他の細胞と接触すると増殖をやめるが，腫瘍ではこの仕組みは働かない（図 14.24 は，周辺組織からの締付けに対抗して広がろうとする腫瘍細胞を示している）．③ がん細胞は，DNA 損傷が起こった際の通常の応答である"自滅"シグナルを回避して，生き続ける．④ がん細胞は体内の血管系を取り込むことができる．がん細胞は血管新生を誘導し，がん化した細胞に栄養を供給する．⑤ がん細胞は，本質的に不死化している．正常細胞は限られた回数しか分裂できず，通常，それは 50〜70 回程度である．一方で，がん細胞や腫瘍ははるかにたくさんの回数，分裂することができる．⑥ 上記の五つの特徴をもつ細胞は確かに厄介ではあるが，がん細胞がもとの場所を抜け出し，身体の別のところへと移動し，新たな腫瘍を形成するという特徴は致命的なものである．このプロセスのことを**転移** metastasis という．移動しない腫瘍は外科的に切除することができる．しかしながら，がんが拡大し始めれば，それを止めるのはほとんど不可能である．肺，腸，乳がんといったがんによる死亡では，9 割が転移したがんによるものである．

14.4.2　がんの発生する原因は何か

がんの原因とされるものについては枚挙にいとまがない．喫煙はがんの原因である．放射線もがんの原因である．アスベストや調理した肉もがんの原因となる．しかしながら，これらにはある一定の役割はあるだろうが，本当の意味でのがんの究極の原因とはいえない．真の原因はおそらく細胞への一連の傷害であり，これが細胞を悪性化する．がんは最終的には DNA の傷害である．がんは一つの細胞内の DNA に起きた変化から始まる．何らかの形で，これらの変化によって細胞分裂の秩序が失われたり，あるいは上記のがん細胞の特徴的な変化がもたらされたりする．

DNA の変異が複数起こると，細胞周期の調節に関わっていた特定のタンパク質に変異がもたらされる．がんに関係する DNA の変異の多くは，2 種類の遺伝子に影響を与える．一つは，**がん抑制遺伝子** tumor suppressor であり，この遺伝子には細胞の分裂能力を制限するタンパク質がコードされている．もし，がん抑制遺伝子に損傷が起こると，細胞はブレーキを失い無秩序に増殖する．もう一

つは，**がん遺伝子** oncogene と呼ばれ，その産物は細胞増殖を促進する．がん遺伝子の変異には，その遺伝子産物が常時活性化された状態にするようなものがある．科学者たちは，現在もがんの直接の原因となる遺伝子の変化を探し求めている．これまでに 100 種類以上のがん遺伝子と，15 種類のがん抑制遺伝子が，がんと関係づけられている．さまざまながんにおいて変異が確認された DNA 配列のデータベースの編集が現在進行している．この方法では，約 350 種類のがん関連遺伝子が同定されている．おそらくこの変異の多くは，がんとの対応関係はあるが原因ではないと思われるため，目下の仕事は，この数を病気の進行に重要な変異に的を絞って削減することである．がんの生化学的理解の現状についての詳細は，本章末の Collins, F. S., and A. D. Barker の総説を参照されたい．

がん遺伝子

　がん遺伝子とは，がんとの関連が明らかにされた遺伝子のことである．語根の onco とは "がん" のことを意味する．1911 年に，ペイトン・ラウス Peyton Rous という科学者はニワトリの上皮がんから得た溶液が，他の細胞に感染し，がんを起こすことを示した．これは，がんウイルスの初めての報告であり，ラウスは 1966 年にこの業績によりノーベル賞を授与された．このウイルスは**ラウス肉腫ウイルス** Rous sarcoma virus と呼ばれ，がんの原因となるレトロウイルスとして初めて見出された．このがんに特異的な遺伝子を **v-src** というが，これはウイルスによる肉腫 viral sarcoma に因んでいる．この遺伝子は，宿主細胞をがん細胞に形質転換させるタンパク質をコードしている．こうして，**がん遺伝子** oncogene という名前が付けられるようになった．v-src がコードするタンパク質を **pp60^{src}** というが，これは肉腫ウイルス（src）由来の分子量 60,000 - Da のリン酸化されたタンパク質という意味である．

　その後，この遺伝子の配列ときわめて類似した配列をもつ遺伝子が真核細胞に存在することが見出された．こうした遺伝子を**がん原遺伝子** proto - oncogene という．多くのがん原遺伝子は正常細胞に存在し，真核細胞の適切な増殖に必要である．しかしながら，がんへの形質転換では，ウイルス感染などが原因となって，がん原遺伝子が制御不能な状態になることがある．一方，ウイルス感染以外の理由で，がん原遺伝子ががん遺伝子になるケースについてはわかっていない．表 14.2 にヒトの腫瘍

表 14.2　ヒト腫瘍に関与するがん原遺伝子の代表的な例

がん原遺伝子	悪性新生物（がん）
abl	慢性骨髄性白血病
erbB-1	扁平上皮がん，星状細胞腫
erbB-2 (neu)	乳がん，子宮がん，胃がん（腺がん）
myc	バーキットリンパ腫（肺，乳腺，子宮頸部）
H-ras	大腸がん，肺がん，膵臓がん，メラノーマ
N-ras	尿道がん，甲状腺腫，メラノーマ
ros	星状細胞腫
src	大腸がん
jun	複数のがん
fos	

(Bishop, J. M. 1991, Molecular themes in oncogenesis, Cell **64**: 235 - 248 より)

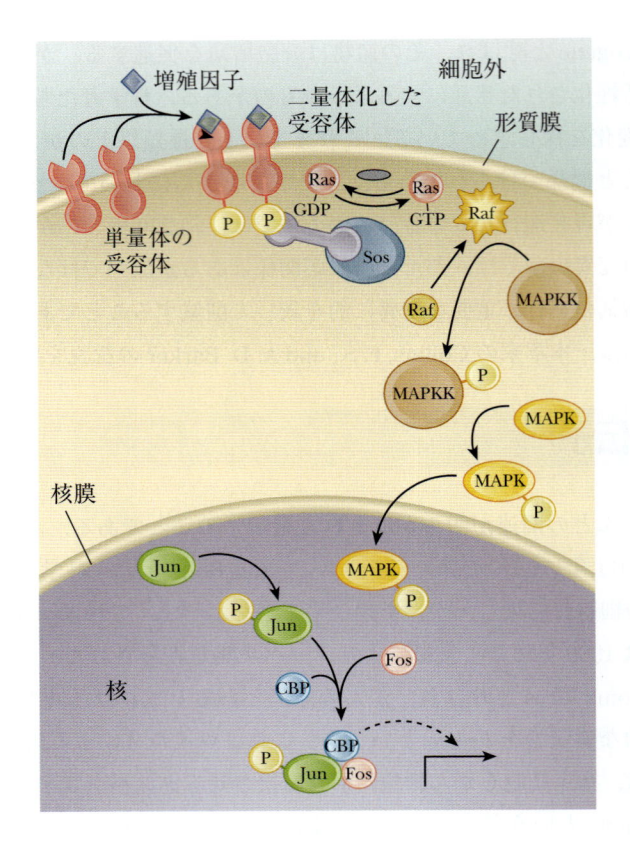

図 14.25

MAP キナーゼを介したシグナル伝達
増殖因子（青色）が細胞膜上の単量体の受容体（赤色）に結合することから，シグナル伝達が始まる．増殖因子の受容体はチロシンリン酸化酵素であり，互いに隣接した受容体自身をリン酸化する．リン酸化された受容体は GRB2（薄紫色）に認識されるが，これはさらに Ras のグアニンヌクレオチド交換因子である Sos（青色）と結合する．Sos は活性化して Ras（ピンク色）に結合した GDP を GTP と交換し，Ras を活性化する．Ras は Raf（黄褐色）を膜近傍に引き寄せ，そこで Raf が活性化する．Raf は MAP キナーゼキナーゼをリン酸化し，これは次に MAP キナーゼ（黄色）をリン酸化する．MAP キナーゼは核へ移行し，Jun（薄緑色）をリン酸化する．リン酸化された Jun は Fos や CBP と結合し，転写が活性化される．（Molecular Biology, by R. F. Weaver, 2nd ed., p.375, McGraw-Hill より許可を得て転載）

に関連するがん原遺伝子を挙げた．これらの遺伝子の多くは，細胞分裂の速度を上げる遺伝子の転写に影響を与えるシグナル伝達経路に関与するものである．Chap. 11 で真核細胞の転写調節に触れた際，多くのシグナル伝達経路は CBP/p300 コアクチベーターを経由することに注目した（図 11.23 参照）．この経路の一つに **MAP キナーゼ** mitogen activated protein kinase（MAPK）と転写因子 **AP-1** が関与するものがある．表 14.2 に示す多くのがん原遺伝子の本質を知るためには，この経路について別の視点から眺める必要がある．

　一連の出来事は，最初に細胞外のシグナルが細胞膜の受容体に結合することにより始まる（図 14.25 参照）．この受容体は自身がチロシンリン酸化酵素であり，二量体となって，互いに他をリン酸化する．受容体がリン酸化されると，そこにアダプター分子が結合する．**GRB2**（"グラブ 2" と発音する）というアダプタータンパク質は，リン酸化チロシンを認識するドメインをもっており，それは pp60^{src} タンパク質に見られるドメインと極めてよく似ている．GRB2 は，受容体結合部位と反対側

の部分を使って **Sos** というタンパク質と結合する．

この段階で，非常に重要な 21-kDa の分子量をもつタンパク質との相互作用が生じる．このタンパク質は，**p21^{ras}** あるいは単に **Ras** と呼ばれ，ヒト腫瘍の 30% と関連する．*Ras* の命名は，最初にこの遺伝子が見出されたラットの肉腫 *Rat sarcoma* からきている．Ras ファミリーは GTP 結合タンパク質である．休止状態では，Ras は GDP と結合している．細胞がシグナルを受け取ると，Sos はこの GDP を GTP と置換する．Ras は GTP を加水分解することができるので，加水分解により不活性状態へと戻るが，その反応速度は低い．GTP 加水分解酵素活性化タンパク質 GTPase-activating protein（GAP）はこの加水分解反応を促進し，Ras の働きを調節している．GAP は GTP の加水分解反応を促進することにより Ras を不活性化する．がんを引き起こすタイプの Ras は GTPase 活性を失っており，GAP に非感受性である．そのため，Ras には GTP が結合したままの状態になり，持続的に細胞分裂のためのシグナルが送られる．

Ras の種々の変異は，がんにつながる遺伝子変異として最も研究されたものであるが，Ras は最終的に細胞分裂につながる過程のかなり早い段階に位置していることがわかる．活性化した Ras は **Raf** という別のタンパク質を引き寄せる．Raf はその後，**MAP キナーゼキナーゼ** mitogen-activated protein kinase kinase（MAPKK）のセリン，トレオニン残基をリン酸化する．その名称からも想像できるように，この酵素は MAPK をリン酸化する．MAPK は核内に移行し，**Jun** と呼ばれる転写因子をリン酸化する．Jun は別の転写因子である **Fos** と結合する．両者は協働して AP-1 と呼ばれる転写因子を構成し，これがさらに CBP と結合して，急速な細胞分裂に必要な遺伝子群の転写が誘導される．表にもあるが，*jun* と *fos* がん遺伝子はそれぞれタンパク質の Jun，Fos をコードしている．2002 年に，378 人のがん試料から 20 種類の異なる遺伝子が検索され，悪性メラノーマの 70% が *Raf* 遺伝子に変異をもつことが明らかにされた．

がん抑制因子

ヒトには，**がん抑制因子** tumor suppressor と呼ばれるタンパク質をコードする遺伝子がたくさん存在する．がん抑制因子は，DNA の複製を促進するために必要な転写を抑制する．がん抑制因子に変異が生じると，DNA の複製や細胞分裂は制御できなくなり，腫瘍が発生する．表 14.3 にヒトのがん抑制遺伝子をあげた．

表 14.3　ヒト腫瘍に関与するがん抑制遺伝子の代表的な例

がん抑制遺伝子	悪性新生物（がん）
RB1	網膜芽腫，骨肉腫，乳がん，膀胱がん，肺がん
p53	星状細胞腫，乳がん，大腸がん，肺がん，骨肉腫
WT1	ウィルムス腫瘍
DCC	大腸がん
NF1	I 型神経線維腫
FAP	大腸がん
MEN-1	副甲状腺腫，膵臓がん，下垂体腺腫，副腎皮質腺腫

（Bishop, J. M. 1991, Molecular themes in oncogenesis, *Cell* **64**: 235-248 より改変）

p53と名付けられた分子量53-kDaのタンパク質は，がん研究において注目を集めている．ヒトのがんの半分以上で，p53をコードする遺伝子には変異が見出されている．この遺伝子が正常に機能している場合は，p53はがん抑制因子として働く．一方で，この遺伝子に変異が起こった場合，p53は非常に広い範囲のがんの発生と関連する．1993年までに，*p53*遺伝子の変異は51種類のヒト腫瘍で見出されている．p53の役割は細胞分裂を減速させることであり，DNAが損傷した場合や細胞がウイルスに感染した場合に，細胞死（アポトーシス）を引き起こすことである．

p53は基本転写因子群に結合することが知られている（TFIIDに結合するTATAボックス結合タンパク関連因子（TAF）の一つ．Chap. 11参照）．がんの原因となる変異がp53に生じると，p53はもはや正常にDNAに結合することがなくなる．p53のがん抑制因子としての作用には二つの側面がある．図14.26に示すように，p53は複数の遺伝子の転写，翻訳に"スイッチを入れる"ための転写活性化因子として働く．p53に活性化されるものに，*Pic1*という遺伝子があるが，これは21-kDaの分子量をもつタンパク質**p21**をコードしており，これはDNA合成および細胞分裂の主要な調節因子である．正常細胞には存在するが，がん細胞では消失（あるいは変異）しているp21は，サイクリン依存性プロテインキナーゼ cyclin-dependent protein kinase（CDK）という酵素に結合するが，CDKはその名のとおり，サイクリンというタンパク質と結合したときのみ活性化する．Sec. 10.6で，細胞分裂がサイクリン依存性プロテインキナーゼの活性に依存していることを述べたことを思い出して欲しい．これまでに述べたがん遺伝子の中には，結果としてCDKタンパク質を過剰に産生させ，そのために細胞分裂が継続して起こるという働きをするものもある．正常レベルのp53タンパク質はがん細胞においてこうした遺伝子群をオフにできないが，正常細胞ではオフにできる．結果として，

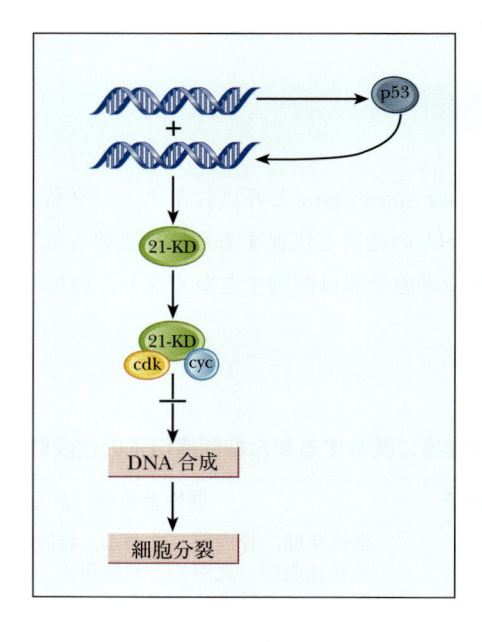

図 14.26

p53 の機能
p53タンパク質は21-kDaの分子量をもつタンパク質の合成を促進する．これはサイクリン依存性プロテインキナーゼ（CDK）とサイクリンの複合体に結合する．その結果として，DNA合成および細胞増殖の阻害が起こる．（Science, *Figure 1, Vol. 262, 1993, p. 1644, by K. Sutliff*, © 1993 by the AAAS より改変）

正常な細胞では，細胞周期は，有糸分裂段階と次世代の細胞分裂に備えたDNAの複製段階の二つの段階の途中で停止する．DNAの修復はこの段階で起こる．DNAの修復が失敗に終わったときには，p53は正常細胞の特徴であり，がん細胞では起こらないプログラム細胞死であるアポトーシスを引き起こす．

重要な点は，二つの異なるメカニズムがここで作用していることである．一つは，車のブレーキが壊れた状態（異常な，あるいは欠失したp53タンパク質）に似ており，もう一方（CDKの過剰産生）は，アクセルが入ったままの状態に等しい．二つの対照的なメカニズムは同じ結果，すなわち衝突事故を引き起こす．

われわれががんと呼ぶ疾患の多様性を説明するには，数々の要因をあわせる必要がある．DNAの変異は，直接，細胞分裂を引き起こしたり，あるいは細胞分裂の進行を維持したりして，細胞増殖を制御する種々のタンパク質に変化をもたらす．DNA修復を妨げるような変異もある．こうした関連因子と，それらが互いにどのように影響し合うかを理解することが，新しいがんの治療法を見出す可能性を高める．そしておそらく最終的には，がんの完全な治癒につながる道となるだろう．

ウイルスとがん

ラウスによる最初の研究は，ウイルスが特定の状況でいかにしてがんを発生させるかを示すものであった．ウイルスに見られるがん遺伝子と，哺乳類ゲノムに見られるがん原遺伝子とは高い相同性をもつことから，多くの研究者はがん遺伝子はもともと哺乳類に起源をもつという仮説を立てた．繰り返し起こる感染と伝播の過程において，ウイルスは宿主のDNA断片をもち去り，あるいは別の遺伝子断片を宿主に運び込んだりしたのかもしれない．レトロウイルスにおける急速な変異により，がん原遺伝子はがん原性をもつようになった可能性が考えられる．

ヒトにがんを起こすレトロウイルスの例が知られている．ある種の白血病（免疫系のT細胞に感染するHTLV-ⅠやHTLV-Ⅱ）はよく知られたケースであるが，子宮頸がんがパピローマウイルスにより起こることもよく知られている．理論的には，DNAを宿主の染色体に挿入するレトロウイルスであれば何であれ，がん抑制遺伝子を不能にしたり，あるいはがん原遺伝子の近傍に強いプロモーター配列を挿入することにより，がん遺伝子を有効にしたりする可能性がある．ヒトの遺伝子治療（Sec. 14.2を参照）において，遺伝子を運搬する際に最も懸念されることの一つは，ウイルスにより運搬された遺伝子がヒト染色体に挿入される際に，正常ながん抑制遺伝子を誤って分断してしまうことである．遺伝子治療は，患者が失った機能的な遺伝子を供与することを通じて個人の疾患を治療する強力な手段となるが，一方で懸念される事態が起こった場合は，はるかに重大な問題を引き起こしてしまう．残念なことに，この恐れは，2003年にフランスでX連鎖重症複合型免疫不全症（Sec. 14.2を参照）の患者のウイルスベクターによる治療の際に現実のものとなった．ウイルスベクターによる遺伝子治療は，11例のうち9例で患者の免疫系を回復させた．ところが，2例において白血病が発症した．後の調査により，それぞれの例において，白血病を引き起こす原因となる遺伝子の近傍に，ウイルスが自らの遺伝子を挿入していたことが判明した．この事例は，ウイルスによる遺伝子治療の取組みにおける大きな痛手であり，現在各国が代表を派遣して，こうした治療法の将来像について議論が進められている．

14.4.3　がんとどう戦うか

がんの治療法はさまざまである．従来からある方法としては，外科的ながんの切除，放射線治療，がん化した細胞を死滅させる化学療法，特定の腫瘍を標的とした単クローン抗体による治療といったものが挙げられる．

現在最も注目を集めるアプローチとして，がん化した組織においてその機能を失った p53 を再度活性化するというものがある．この単一の遺伝子は非常に多くのがんの原因として知られることから，この方法はわかりやすい作戦である．マウスを用いた臨床試験では，p53 の機能が失われた腫瘍では，p53 の活性を回復させることにより腫瘍増殖は停止し，腫瘍サイズの縮小まで起こることが見出された．p53 は，腫瘍細胞に対して 2 種類の持続的な攻撃を与えることを思い出そう．一つは細胞増殖の停止であり，もう一つは細胞死（アポトーシス）の促進である．初期の試みでは，しばしば活性化した p53 遺伝子を導入するために遺伝子治療（Sec. 14.2 を参照）の手法が用いられた．しかしながら，ヒトの治療においては，そうした方法は現実的ではないことが多い．現時点で注目を集めているのは，p53 の発現量を増大させる医薬品の開発である．図 14.27 に，最近の候補化合物の作用点を示した．Prima-1 と CP-31398 という二つの化合物は，変異型 p53 に作用して正しいフォールディング（タンパク質の折りたたみ）を取らせる働きを介して，p53 を再び活性化させると考えられている．Nutlins という別のタイプの治療薬の候補は，p53 の内在性の阻害因子である MDM2 を阻害する．がん研究がしばしばそうであるように，細胞増殖に関わる過程に手を加える際には，科学者や医師はきわめて慎重に取り組む必要がある．過去の研究の中には，実験動物で p53 を再活性化したところ，標的となる腫瘍のみならず，ほとんどの細胞に細胞死が引き起こされてしまうという致命的な結果に終わったものもある．

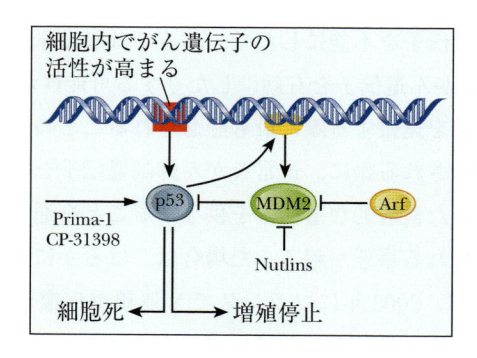

図 14.27

p53 経路における薬物の標的
がんと戦うために開発された薬物の中には，Prima-1 や CP-31398 のように，変異した p53 を再活性化させるものがある．これらは変異型タンパク質をより適切な高次構造にすることによって機能するらしい．Nutlins のような薬物は，p53 の内在性の阻害因子である MDM2 に働き，これが p53 と相互作用できなくすることにより，p53 の機能を強める．（Science magazine, "Recruiting the Cell's Own Guardian for Cancer Therapy," Science 315, 1211–1213 [2007] by Jean Marx より，許可を得て転載）

がんの治療に役立つウイルス

　本章で取り上げたように，ウイルスにはたくさんの種類があり，数多くの疾患を引き起こす．ウイルスが侵入するためには細胞表面のタンパク質受容体が必要となるため，ウイルスは特定の細胞種に特異的に感染する．肝臓の細胞は，神経細胞がもたない受容体をもっているし，その反対もある．腫瘍研究者（がん専門医）は長年，放射線療法や化学療法といった治療法を用いてきた．こうした方法はがん細胞を標的とするものではあるが，最終的には，がん以外の細胞も同様に破壊してしまう．言い方を変えれば，化学療法の到達目標は，患者を殺してしまわないうちに，がん細胞を殺傷するというものである．もし，医師が完全にがん細胞特異的な治療法を見出すことがあれば，それはがんの進行を止め，治療している間の患者の生活の質を高める上で大きく貢献するだろう．こうした状況は，研究者がウイルスを有効に活用する機会となった．

　1990年代には，**ウイルス療法** virotherapy と呼ばれる新たなタイプのがん治療法が始まった．この

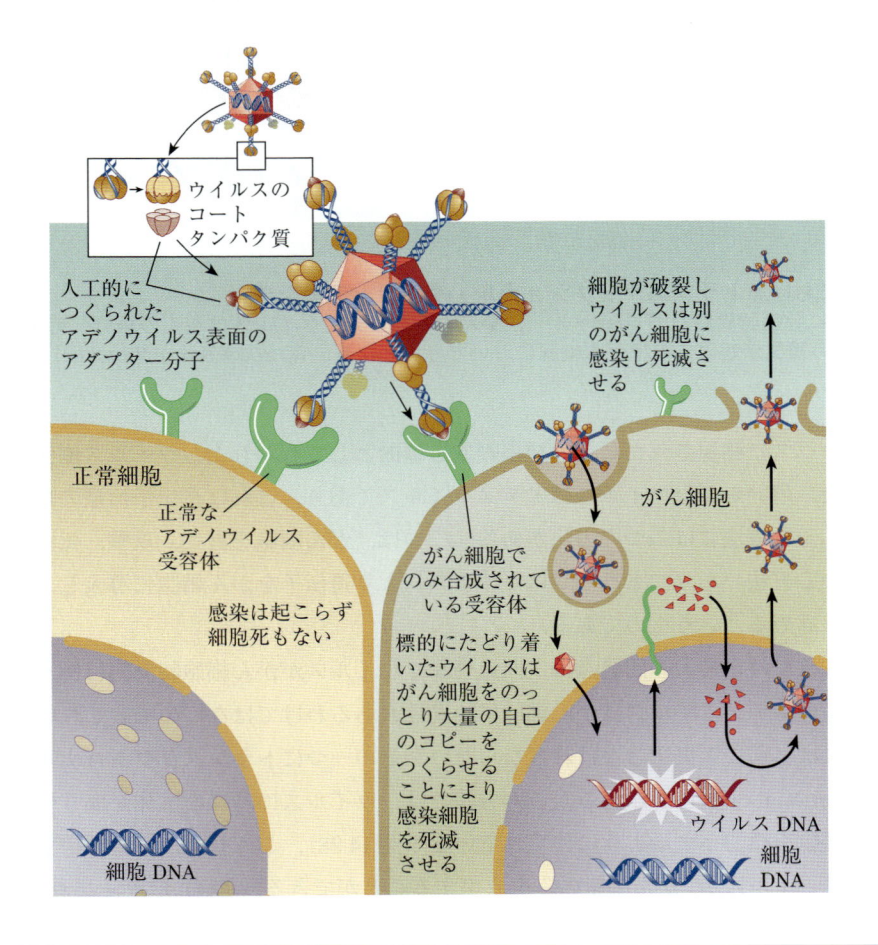

図 14.28
ウイルス療法におけるトランスダクショナル・ターゲッティング
アデノウイルスのようなウイルスは，がん細胞に選択的に感染し，これを破壊するために用いられる．アデノウイルスのスパイクに変異を導入して，がん細胞に特異的な受容体を認識させる．ウイルスはがん細胞に選択的に感染し，破壊する．（© 2003 Terese Winslow）

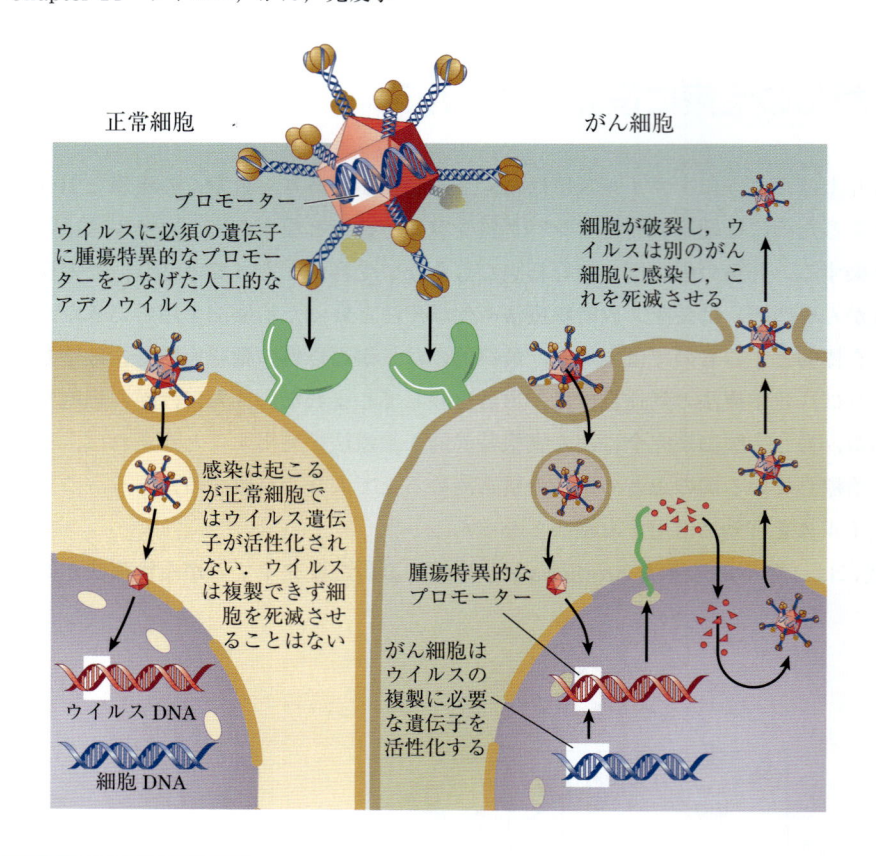

図 14.29

ウイルス療法におけるトランスクリプショナル・ターゲッティング
アデノウイルスに腫瘍特異的なプロモーターを導入する．アデノウイルスは多くの細胞に感染するが，活性化されウイルスの複製が起こるのはがん細胞においてのみとなる．(© 2003 Terese Winslow)

 方法は，まずマウスに移植されたヒトの腫瘍細胞を標的として行われた．ウイルス療法は完全にヒト腫瘍を排除した．用いられたウイルスはアデノウイルスであり，これは遺伝子治療の項目でも取り上げている．ウイルス療法には二つの方法がある．一つは，がん細胞を直接，攻撃，死滅させるためにウイルスを用いる方法であり，もう一つはウイルスにより遺伝子をがん細胞に導入し，化学療法剤に対する感受性を高めるというものである．

 ウイルス療法における最大の問題点は，間違いなくウイルスががん細胞特異的に働くようにすることである．一般のアデノウイルスはがん細胞に特異性があるわけではないので，これをウイルス療法に用いるためには，別に工夫をしなければならない．その一つに**トランスダクショナル・ターゲッティング** transductional targeting がある．この方法では，ウイルスに特殊な抗体が取り付けられる．その抗体はがん細胞を標的とするように作られている（図 14.28）．こうして，通常は宿主を区別する能力のないアデノウイルスが，がん細胞のみを攻撃することができる．細胞に取り込まれたウイルスは，自身を複製し，最終的には宿主細胞を破壊する．

 もう一つは**トランスクリプショナル・ターゲッティング** transcriptional targeting と呼ばれるもので，図 14.29 に示した．この方法では，アデノウイルスの複製のための遺伝子が，がん細胞に特異的なプロモーターの下流に存在する．例えば，皮膚の細胞は他の細胞と比べて，はるかに大量のメラニ

ン色素を産生する．したがって，メラニン合成に関わる酵素の遺伝子は，皮膚細胞において他の細胞種と比べてはるかによく転写されている（図 14.29 を参照）．アデノウイルスを改変することにより，ウイルス複製に関わる遺伝子の近傍にメラニン合成酵素遺伝子のプロモーターを導入することができる．がん化した皮膚細胞では，このプロモーターが何度も活性化し，その結果，アデノウイルスが速やかに複製されることによって皮膚がん細胞は特異的に傷害を受ける．同様の手法は，肝がんや前立腺がん細胞においても用いられている．

これら以外の基本的な戦略として，ウイルスにより遺伝子を導入し，がん細胞の化学療法に対する感受性を高めるというものがある．このような仕組みの一つに，高速に分裂する細胞を標的とするウイルスを用いるものがある．ウイルスにより導入された遺伝子の働きを通じて，無害なプロドラッグは，標的となる細胞のみにおいて抗腫瘍活性のある化合物に変換される．このようなウイルスは，がん細胞のみを選択する能力をもつことから，"賢いウイルス" と呼ばれることもある．この仕組みのおかげで，正常細胞には害を与えずに抗がん剤を利用することができる．

p.560 の《身の周りに見られる生化学》では，がんと戦う上記とは異なるアプローチについて述べる．

Sec. 14.4 要約

- 致命的な結果を招く可能性のあるがんは，いずれも共通点をもっている．それらは，不死化や，近隣の細胞からの "増殖阻止" シグナルを無視して分裂すること，自らの周辺に血管形成を促進すること，あるいは身体の別の場所へと広がることである．
- がんが進展するためには，正常な代謝過程にいくつもの破綻が生じる必要がある．
- ほとんどのがんは，がん遺伝子と呼ばれる特定の遺伝子，あるいはがん抑制遺伝子と関連づけられている．こうした遺伝子が変異すると，細胞はその複製を制御できなくなる．
- がんの治療には，放射線治療や化学療法といった古くからの方法がたくさんある．両治療法はともに正常細胞にも強いダメージを与えるものであり，そのため，患者にも大きな負担となる．
- ウイルスを利用した新たな治療法は，より直接的にがん細胞を攻撃するために現在試行されており，それらのうちの一部はきわめて有望である．

SUMMARY 要約

◆ **ウイルスはなぜ重要なのか**　ウイルスは多くの疾患の原因として知られており，特定の種や細胞に特異性を示すようである．ウイルスは，細胞表面の特定の受容体に結合して細胞内に侵入する．細胞内に入ると，ウイルスは自身を複製し，新たなウイルスを形成し，宿主の細胞を破壊する．あるいは自身の DNA を宿主の DNA に挿入し，潜むこともある．ウイルスは，がんの発症と関連する一方で，遺伝子治療における輸送システムとしても利用される．近年で最も悪名高いウイルスは HIV であり，これは AIDS を引き起こす．

◆ **ウイルスはどのような構造をしているか**　ウイルスの中心には核酸がある．核酸はタンパク性の殻であるキャプシドにより取り囲まれている．核酸とキャプシドからなる単位をヌクレオキャプシドという．多くのウイルスはヌクレオキャプシドを取り囲むように，エンベロープ膜をもっている．

身の周りに見られる生化学　免疫学と腫瘍学

病気ではなく症状に対処する

　前章では自然免疫について学んだ．免疫系の中で，自然免疫は獲得免疫のおまけのように長年扱われてきたが，炎症反応との関係から，近年ではよりその地位を向上させている．マクロファージやその他の自然免疫の細胞種が関わるプロセスの多くは炎症につながる．炎症は，関節炎，クローン病，糖尿病，心臓疾患，アルツハイマー病，脳梗塞といった，ほとんどすべてのヒトの慢性疾患の背景に潜む原因の一つである．近年では，炎症はがんとも関連していることが明らかにされている．

　がんでは，一連の遺伝的な変化を通じて細胞は過剰に増殖し，それがさらに進行すると，身体の別の場所で新たながんのコロニーを形成する段階へと至る．しかしながら，がんの進展には段階があり，数多くの因子により制御されている．研究者たちは，今では，がんの転移には自然免疫系の細胞の助けが必要であることを理解している．これらの細胞は，通常は傷害や疾患を救助するために働くが，がんでは腫瘍を助け，患者を苦しめるように働くことがある．図に示すように，自然免疫系の細胞はがんと戦う上で，有益なことも有害であることもある．抗原提示細胞として，樹状細胞やマクロファージはT細胞やB細胞を刺激し，その結果，腫瘍細胞が攻撃される．しかしながら，樹状細胞やマクロファージは同時に炎症応答を引き起こし，サイトカインや増殖因子の産生を通じて腫瘍の増殖が促進される．マクロファージ周辺で起こる炎症が，前がん段階の組織を完全ながんに転換することを促進することも証明されている．

　こうした理解が進むことにより，研究者たちは根本的ながん治療を模索することに疑問をもつようになった．もしかすると，より多くの費用と時間を，症状に対処することにあてた方が良いのかもしれない．AIDSには根治療法は未だに存在しないが，AIDS患者の寿命や生活の質に関してはかなりの進展があった．がん研究者は今までずっとがんの根治を目指してきたが，もし彼らが炎症への対処を行うことができるのであれば，疾患の進行を止めることができるという可能性もある．そうなれば，がんは本質的には対処可能な慢性疾患となるだろう．患者は，初発のがんにより死ぬことは減多にない．むしろ転移のせいで死亡するのである．現在の研究では，アスピリンのような非ステロイド性抗炎症薬，あるいはより選択的なプロスタグランジン E_2 の阻害，IL-6やIL-8のようなサイトカインの特異的な阻害といった医薬品による治療が注目されている．

宿主の細胞に結合する際に働くスパイクタンパク質をもつウイルスもある．ウイルスの形態はさまざまである．タバコモザイクウイルスのように棒状のものもあれば，T2バクテリオファージのように六角形のものもある．

◆**ウイルスはどのように細胞に感染するか**　一般的には，ウイルスの表面にあるスパイクタンパク質が，宿主の表面にある特異的なウイルス受容体に結合することにより感染が起こる．

◆**レトロウイルスはなぜ重要か**　レトロウイルスはRNAゲノムをもっている．レトロウイルスが細胞に感染すると，そのRNAはDNAへと変換される．変換されたDNAは宿主のゲノムDNAへと組み込まれるが，こうした過程はウイルスの生活環の一環である．最も悪名高いウイルスはヒト免疫不全ウイルス（HIV）であり，これはAIDSを引き起こす．レトロウイルスはいくつかのがんとも関わりがある．一方で，レトロウイルスは遺伝子治療においても用いられている．

◆**免疫系はどのように働いているか**　自然免疫と呼ばれるシステムは，皮膚のような物理的なバリア

免疫学的パラドックス

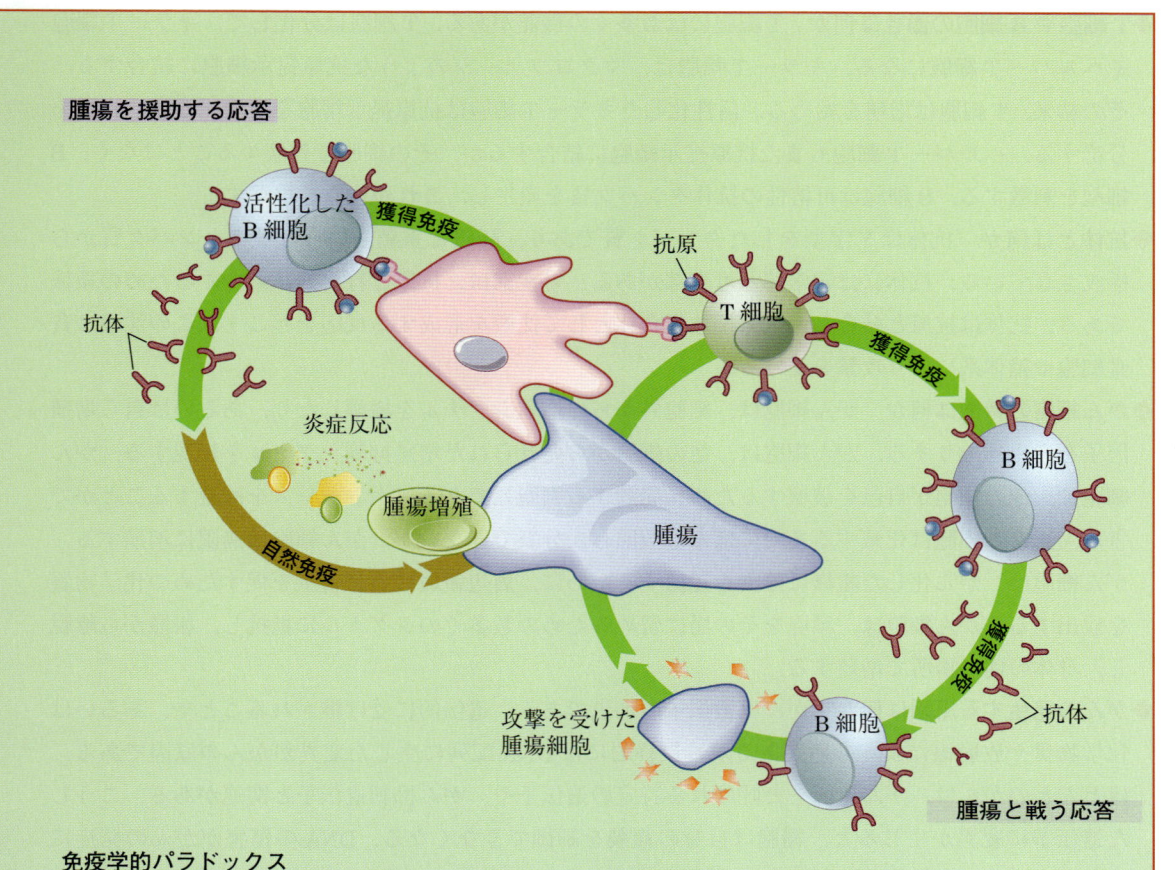

自然免疫と獲得免疫という免疫系の両腕は，病原体との戦いに対しては見事な適応ぶりを見せるが，がんとの戦いではその役割は逆説的な関係となる．自然免疫は侵入する病原体を無差別に攻撃することによって，微生物感染に対して初期の炎症反応を引き起こす．一方で，獲得免疫は特定の病原体に焦点を絞った遅延型の応答を起こす．がんでは，両システムが腫瘍を攻撃することもある．しかしながら，腫瘍は，自らの拡大に助けとなる自然免疫系を呼び寄せることにより，自己を防衛する．（Scientific American, "A Malignant Flame" by Gary Stix, Scientific American, **297** [1], 60–67 [2007] より，許可を得て転載）

や，樹状細胞のような細胞戦士から構成されている．これは常時待機しているシステムであり，侵入してきた生物はもちろん，がん化した細胞すらも攻撃する．もう一方の免疫系として獲得免疫があり，これは2種のT細胞（キラーT細胞とヘルパーT細胞）とB細胞からなる．これらの細胞はそれぞれが，ランダムな過程を経て，事前に想定することの不可能な数多くの抗原に対して特異的な受容体をもつ細胞になる．特異的な抗原にこれらの細胞が遭遇すると，増殖応答が起こり，侵入してきた生物と戦うことができる細胞の数は指数関数的に増大する．獲得免疫系の細胞はメモリー細胞を残すことにより，再び同じ病原体が現れた際に速やかにこれを排除することができる．

免疫細胞はまた自己と非自己を区別することができなければならない．T細胞やB細胞は，分化の初期段階において，その個体由来のタンパク質を認識することがないように選別される．このシステムが破綻することもあり，その時には自分自身の免疫系により攻撃を受けることになり，自己免疫疾患の発症につながる．

- ◆**T 細胞や B 細胞の働きは何か**　T 細胞には数多くの機能がある．T 細胞は分化して，キラー T 細胞やヘルパー T 細胞になる．キラー T 細胞は，マクロファージのような抗原提示細胞に結合する．その結果，T 細胞は増殖を始める．活性化したキラー T 細胞は抗原提示細胞を破壊する化学物質を分泌する．ヘルパー T 細胞もまた抗原提示細胞に結合するが，その細胞を破壊することはなく，B 細胞を刺激する．B 細胞は可溶性の抗体タンパク質を産生し，これが抗原を攻撃する．
- ◆**抗体とは何か**　抗体は Y 字型をしたタンパク質であり，軽鎖と重鎖という 2 種のタンパク質から構成されている．抗体には定常部と可変部がある．可変部は，抗原と特異的に結合するための領域である．抗体は抗原と結合し，抗原抗体複合体として沈殿を形成する反応を起こす．この沈殿は貪食細胞や補体系により攻撃を受ける．
- ◆**がん細胞の特徴は何か**　がん細胞は，細胞外からの増殖シグナルを増幅したり，あるいは自ら増殖因子を産生したりする．がん細胞は，他の細胞から発せられた増殖抑制シグナルを無視する．がん細胞は，他の細胞が自己を破壊するために発動する細胞死であるアポトーシスを回避することができる．正常な細胞は死滅するまでにほんの数回しか分裂できないが，がん細胞は無限に増殖する．がん細胞は，がん化した組織に酸素を運搬するために，周辺領域に血管新生を促すための化学物質を放出する．がん細胞は，細胞をその場に留めるための数多くのシグナルに抵抗し，組織から離脱し，身体の別の場所で増殖する．
- ◆**がんの発生する原因は何か**　がんは遺伝子の疾患である．遺伝的に受け継がれることや，あるいは化学物質や放射線によるものがあるが，最終的には DNA 配列に生じた変異ががんの原因である．ほとんどのがんは，がん遺伝子と呼ばれる特定の遺伝子や，がん抑制遺伝子と関連がある．こうした遺伝子に変異が生じると，細胞は自身の複製を制御できなくなる．DNA の傷害ががんの発症につながるが，自然免疫系が関連する炎症応答が，多くのがんの進展を促進することもわかってきている．
- ◆**がんとどう戦うか**　従来から，放射線治療や化学療法といった数多くのがんの治療法がある．しかし，どちらの方法も正常な細胞に対してきわめて過酷なものであるので，患者に対する負担も大きい．がん細胞を直接標的とするために，ウイルスを利用した新しい方法が現在検討されており，その一部はきわめて有望のようである．また，変異して機能を失った p53 遺伝子が半数以上のがんに関わることから，p53 の活性を再生することが，がん研究において最近注目を集めている．

EXERCISES　練習問題

14.1　ウイルス

1. 復習　ウイルスにおける遺伝物質は何か．
2. 復習　次の用語を定義せよ．
    (a) ビリオン
    (b) キャプシド
    (c) ヌクレオキャプシド
    (d) スパイク
3. 復習　何に基づいてウイルスは分類されるか．
4. 復習　ウイルスはどのように細胞に感染するか．
5. 復習　溶菌性経路と溶原性経路の違いは何か．
6. 演習　ウイルス感染の速度とその致死率との間には相関があるか．説明せよ．
7. 演習　あなたが抗ウイルス薬を設計することになった場合，何を標的として設計するか．
8. 演習　ウイルスによっては，同じ宿主に感染する場合ですら，溶菌的に働く場合と溶原的に働くことがある．この理由はなぜか．どんな状況の時にウイルスは一方の戦略を選択するのか．
9. 演習　HIV 感染に抵抗性のヒトの細胞の特徴と

はどのようなものか．

14.2 レトロウイルス

10. 復習　レトロウイルスの生活環の特徴とは何か．
11. 復習　レトロウイルスのウイルスDNA合成を触媒する酵素は何か．
12. 復習　今日，レトロウイルスが盛んに研究されている理由を三つ挙げよ．
13. 復習　遺伝子治療とはどのようなものか．
14. 復習　遺伝子治療の二つの方法を挙げよ．
15. 復習　遺伝子治療にはどのような種類のウイルスが用いられているか，またそれらを有用なものにするためにどのような手が加えられているか．
16. 復習　遺伝子治療における事故の可能性とはどのようなものか．
17. 演習　遺伝子治療に用いるベクター（遺伝子の運搬役）を選ぶ上で配慮することは何か．
18. 演習　ADA-SCIDやI型糖尿病はともにある特定のタンパク質の欠損がもとで起こる．遺伝子治療の初期の取組みにおいて，糖尿病ではなくSCIDが治療対象として注目されたのはなぜか．

14.3 免疫系

19. 復習　免疫系の異常は健康状態にどのような影響を与えるか．
20. 復習　自然免疫とは何か．獲得免疫とは何か．
21. 復習　自然免疫を構成するものを挙げよ．
22. 復習　獲得免疫を構成するものを挙げよ．
23. 復習　主要組織適合性抗原の働きとは何か．
24. 復習　クローン選択とは何か．
25. 演習　自然免疫系と獲得免疫系の関係を述べよ．
26. 演習　初めてクローニングされたヒトタンパク質のうちの一つがインターフェロンであった．研究室でインターフェロンを産生できるように

なることがなぜ重要か．

27. 演習　獲得免疫系の細胞が，外来抗原を認識し自己抗原を認識しないように分化する仕組みを述べよ．
28. 復習　がんの進展と関連する免疫系のシステムとは何か．
29. 関連　ヘルペスウイルスのどのウイルスRNAが免疫系を混乱させるか．
30. 関連　ヘルペスウイルスRNAの作用機序と，それらがどのように免疫系を混乱させるかを述べよ．

14.4 がん

31. 復習　がん細胞はどのような特徴を示すか．
32. 復習　がん抑制因子とは何か．がん遺伝子とは何か．
33. 復習　p53やRasといったタンパク質は，なぜ近年盛んに研究されているのか．
34. 復習　ウイルスとがんはどのように関連するか．
35. 演習　ウイルス療法とは何か．
36. 演習　"喫煙はがんの原因である"という表現が正確でないのはなぜか．
37. 演習　実際にがんの原因となる上で，がん抑制因子とがん遺伝子の相違について述べよ．
38. 演習　Ras，Jun，Fosの関係について述べよ．
39. 演習　対がん戦略としてのp53の再活性化の原理を述べよ．
40. 演習　Prima-1とnutlinsの抗がん作用の違いを述べよ．
41. 演習　p53を欠く細胞にp53を復元するための手法をいくつか説明せよ．
42. 関連　自然免疫系が，がんに与える良い影響と悪い影響について述べよ．
43. 関連　一部の研究者が，がんの根治を目指す代わりに，がんの進行に伴う炎症反応に注目するべきであると考えている理由を説明せよ．

ANNOTATED BIBLIOGRAPHY　　　　　参考文献

Bakker, T. C. M., and M. Zbinden. Counting on Immunity. *Nature* **414**, 262–263 (2001). [An article about how, in some species, individuals select mates that have major histocompatibility proteins as dissimilar to their own as possible.]

Banchereau, J. The Long Arm of the Immune System. *Sci. Amer.* **187** (5), 52–59 (2002). [An in-depth article about dendritic cells.]

Batzing, Barry. *Microbiology: An Introduction*. Pacific Grove, CA: Brooks/Cole, 2002. [Basic textbook in microbiology, including chapters on viruses.]

Check, E. Back to Plan A. *Nature* **423**, 912–914 (2003). [A discussion of the different strategies for using antibodies in the fight against AIDS.]

Check, E. Trial Suggests Vaccines Could Aid HIV Therapy. *Nature* **422**, 650 (2003). [An article about the efficacy of using antibodies to fight HIV.]

Cohen, J. Confronting the Limits of Success. *Science* **296**, 2320–2324 (2002). [An article about the problems associated with finding vaccines and other treatments for AIDS.]

Cohen, J. Escape Artist par Excellence. *Science* **299**, 1505–1508 (2003). [An article about how HIV confounds the immune system.]

Collins, F. S., and A. D. Barker. Mapping the Cancer Genome. *Sci. Amer.* **291** (3), 50–57 (2007). [A comprehensive review of the status of cancer research and the genes involved.]

Cullen, B. R. Outwitted by Viral RNAs. *Science* **317**, 329–330 (2007). [A recent article about how small RNA molecules produced by herpes viruses can confound the immune system of the host.]

Editors of *Science, et al.* Challenges in Immunology. *Science* **317**, 611-629 (2007). [A special section that covers some of the latest research in the field.]

Ezzell, C. Hope in a Vial. *Sci. Amer.* **286** (6), 40–45 (2002). [An article about potential AIDS vaccines.]

Ferbeyere, G., and S. W. Lowe. The Price of Tumour Suppression. *Nature* **415**, 26–27 (2002). [An article about the trade-offs between aging and tumor suppression.]

Gibbs, W. W. Roots of Cancer. *Sci. Amer.* **289** (1), 57–65 (2003). [An in-depth article about the many causes of cancer.]

Greene, W. AIDS and the Immune System. *Sci. Amer.* **269** (3), 98–105 (1993). [A description of the HIV virus and its life cycle in T cells.]

Janssen, E. M., E. E. Lemmens, T. Wolfe, U. Christen, M. G. von Herrath, and S. P. Schoenberger. CD4[+] T Cells Are Required for Secondary Expansion and Memory in CD8[+] T Lymphocytes. *Nature* **421**, 852–855 (2003). [An in-depth article about the research that led to the understanding of the CD4/CD8 cell relationship in memory.]

Jardetzky, T. Conformational Camouflage. *Nature* **420**, 623–624 (2002). [An article about how HIV can hide from antibodies.]

Kaech, S. M., and R. Ahmed. CD8 T Cells Remember with a Little Help. *Science* **300**, 263–265 (2003). [An article about how memory develops in immune cells.]

Kaiser, J. Seeking the Cause of Induced Leukemias in X-SCID Trial. *Science* **299**, 495 (2003). [An article about the search for information about why two patients receiving gene therapy developed leukemia.]

Marx, J. Recruiting the Cell's Own Guardian for Cancer Therapy. *Science* **315**, 1211–1213 (2007). [Recent article about promising research into reactivation of p53 in cancer patients.]

McCune, J. M. The Dynamics of CD4+ T-Cell Depletion in HIV Disease. *Nature* **410**, 974–979 (2001). [An in-depth article about T cells and how they are affected by HIV.]

McMichael, A. J., and S. L. Rowland-Jones. Cellular Immune Responses to HIV. *Nature* **410**, 980–987 (2001). [An in-depth review of the immune response to HIV infection.]

Nettelbeck, D. M., and D. T. Curiel. Tumor-Busting Viruses. *Sci. Amer.* **289** (4), 68–75 (2003). [An article describing a new use for viruses as specific weapons against cancer.]

Nossal, G. J. V. A Purgative Mastery. *Nature* **412**, 685–686 (2001). [An article about the diversity of the immune system.]

Parham, P. The Unsung Heroes. *Nature* **423**, 20 (2003). [An article about the innate immune system.]

Piot, P., et al. The Global Impact of HIV/AIDS. *Nature* **410**, 968–973 (2001). [A summary of the social and economic impacts of AIDS worldwide.]

Reusch, T. B. H., M. A. Häberli, P. B. Aeschlimann, and M. Milinski. Female Sticklebacks Count Alleles in a Strategy of Sexual Selection Explaining MHC Polymorphism. *Nature* **414**, 300–302 (2001). [An article about how female sticklebacks select mates based on diversity of MHC proteins.]

Serbina, N. V., and E. G. Pamer. Giving Credit Where Credit Is Due. *Science* **301**, 1856–1857 (2003). [An article about the importance of dendritic cells.]

Sprent, J., and D. F. Tough. T Cell Death and Memory. *Science* **293**, 245–247 (2001). [An article about how T cells are selected.]

Stix, G. A Malignant Flame. *Sci. Amer.* **297** (1), 60–67 (2007). [A comprehensive article about inflammation and cancer.]

Straus, E. Cancer-Stalling System Accelerates Aging. *Science* **295**, 28–29 (2002). [An article about the apparent link between aging and cancer protection.]

Weiss, R. A. Gulliver's Travels in HIVland. *Nature* **410**, 963–967 (2001). [An excellent review of the current information on HIV and AIDS.]

Werlen, G., B. Hausmann, D. Naeher, and E. Palmer. Signaling Life and Death in the Thymus: Timing Is Everything. *Science* **299**, 1859–1863 (2003). [An article about how immune cells must be selected that recognize foreign molecules but not self.]

CHAPTER 15

代謝における
エネルギー変化と
電子伝達の重要性

滝の頂上にある水の位置エネルギーは，劇的な姿で運動エネルギーに転換される．

概　要

15.1 自由エネルギー変化に関わる標準状態

　15.1.1 標準状態とは何か

　15.1.2 標準状態は自由エネルギー変化とどのように関係しているか

15.2 生化学的応用のための標準状態の補正

　15.2.1 生化学的応用のための標準状態の補正が必要なのはなぜか

15.3 代謝の本質

　15.3.1 代謝とは何か

15.4 代謝における酸化と還元の役割

　15.4.1 酸化と還元は代謝にどのように関わっているか

15.5 生物学的に重要な酸化−還元反応に関与する補酵素類

　15.5.1 酸化−還元反応の鍵となる補酵素は何か

15.6 エネルギーの生成と利用の共役

　15.6.1 エネルギー生成反応はエネルギー要求反応にどのように利用されるか

15.7 代謝経路の活性化における補酵素Aの役割

　15.7.1 補酵素Aが活性化の良い例であるのはなぜか

15.1 自由エネルギー変化に関わる標準状態

Chap. 1において，分子レベルでは分散を意味するエネルギーの低下が，熱力学の見地からは，いかに自発的なものであるのかを見てきた．本章では，エネルギー論的な考え方をどのように代謝に適用していくかについて見ていく．数多くのさまざまな反応過程を比較していくので，そのためには，ある一つの基準をもつことが有用となろう．

15.1.1 標準状態とは何か

標準条件 standard condition は，どのような反応過程に対しても定義でき，その標準条件はいくつかの反応を比較するための基準として用いることができる．標準条件の選択は任意である．標準条件下にある反応過程では，反応に関与するすべての物質が**標準状態** standard state にあり，その場合，それらの物質は単位活量 unit activity にあるともいわれる．純粋な固体や純粋な液体の場合，その標準状態は純粋な物質自身である．気体の場合，その標準状態は，通常，その気体の圧力が1.00気圧とされている．また，溶質の標準状態は，通常，1.00モル濃度とされている．厳密にいえば，気体や溶質に対するこのような定義は，近似的なものではあるが，最も精密な研究に適用する場合を除けば，妥当なものである．

15.1.2 標準状態は自由エネルギー変化とどのように関係しているか

一般的な反応，

$$aA + bB \rightarrow cC + dD$$

に対して，どのような条件下であっても，その反応に対する自由エネルギー変化（ΔG）は，標準条件下での自由エネルギー変化（$\Delta G°$：上付きの°は，標準条件を表す）と関係づけて，次の式に表すことができる．

$$\Delta G = \Delta G° + RT \ln \frac{[C]^c [D]^d}{[A]^a [B]^b}$$

この式で，かぎ括弧はモル濃度を表し，R は気体定数（$8.31 \text{ J mol}^{-1}\text{K}^{-1}$），$T$ は絶対温度である．$\ln$ は，$\log$ で表す底10に対する対数ではなく，自然対数（底 e）である．この式は，あらゆる条件下での反応に適用することができ，したがって，反応が平衡状態にある必要もない．式から明らかなように，ある一定条件下での ΔG の値は，$\Delta G°$ の値と反応物ならびに生成物の濃度（式の第2項に示されている）によって決まる．ただ，大部分の生化学的な反応は，標準条件下（すなわち，溶質濃度がすべて$1.00 M$）の ΔG である $\Delta G°$ によって表される．それは，一定温度では，ある反応に対する

$\Delta G°$ は一つだけであるからである．

一方，反応が平衡状態に達すると，$\Delta G = 0$ である．したがって，

$$0 = \Delta G° + RT \ln \frac{[\text{C}]^c [\text{D}]^d}{[\text{A}]^a [\text{B}]^b}$$

$$\Delta G° = -RT \ln \frac{[\text{C}]^c [\text{D}]^d}{[\text{A}]^a [\text{B}]^b}$$

このとき，各濃度は平衡濃度になっているので，上式は次のように書き換えることができる．

$$\Delta G° = -RT \ln K_{eq}$$

ここで，K_{eq} は反応の平衡定数である．この式は，反応物および生成物の平衡濃度と標準自由エネルギー変化との間の関係を表している．したがって，何らかの適当な方法を用いて反応物の平衡濃度を決定すれば，平衡定数 K_{eq} を計算できる．さらに，その平衡定数から，標準自由エネルギー変化 $\Delta G°$ を算出することができる．

> **Sec. 15.1 要約**
> - 標準状態は，広い範囲にわたる条件下での反応過程におけるエネルギー変化を比較するために選択された基準となる条件である．
> - 標準条件下における自由エネルギー変化は，よく知られた式を用いて，任意の条件下における自由エネルギー変化と関係づけることができる．

15.2 生化学的応用のための標準状態の補正

15.2.1 生化学的応用のための標準状態の補正が必要なのはなぜか

これまで見てきた標準自由エネルギー変化の計算には，すべての物質が標準状態，すなわち，溶質に関しては近似的に1モル濃度であるという条件が含まれている．もし，溶液中の水素イオン濃度が1モルであるとすれば，そのpHは0となる（1の対数は，いかなる底であっても0であることを思い出してもらいたい）．しかし，生細胞の内部では，細胞内成分がたいてい水溶液の形で存在しており，しかも，このような系のpHは，通常，中性域にある．また，実験室における生化学反応も，通常，中性ないしは中性付近のpHを有する緩衝液を使って行われている．このため，生化学実験では，本来の標準状態に代えて補正した標準状態を設定するほうが便利である．補正された標準状態では，水素イオン濃度だけが $1\,M$ から pH 7 を意味する $1 \times 10^{-7}\,M$ に変えられているが，他の条件はすべて本来の標準状態と同じである．この補正された標準状態を基にして計算した自由エネルギー変化は，記号 $\Delta G°{'}$（デルタGゼロプライム）で表す．生体への熱力学の特殊な応用については，次ページの《身の周りに見られる生化学》に記述する．

身の周りに見られる生化学　熱力学

生物はエネルギーを必要とする——生物はそれをどのように利用しているか

　ギブスの自由エネルギー ΔG は，生物系におけるエネルギー変化を測定するのにおそらく最も適した方法である．なぜなら，この方法は生きている状態を表す定温，定圧下での仕事に利用できるエネルギーを測定するものだからである．冷血生物でさえ，ある特定の時点においては定温，定圧下にあるといえる．すなわち，生物系は温度や圧力の変化がゆっくりであるので，ΔG の測定に影響を与えない．

反応の自発性と可逆性

　自発性というものの概念は混乱しやすいが，自発性とは，単に反応が外からのエネルギーの付加なしに起こり得ることを意味している．これは，丘の上にあるダムに貯えられている水に似ている．それは，山麓に流れ落ちる位置エネルギーを有しているが，誰かがダムを開けない限り起こらない．水は勝手に流れ落ちるので，それは自由エネルギー変化が負（$-\Delta G$）の方向である．一方，ポンプで水を汲み上げることは非自発的（エネルギーが必要）であり，自由エネルギー変化は正（$+\Delta G$）となる．もし，反応がどちらの方向に進むにせよ，自由エネルギー変化がわずか 1 kcal mol^{-1}（約 4 kJ mol^{-1}）程度であれば，その反応は完全に可逆的であると考えられる．すなわち，反応物を添加するか生成物を除去すれば，反応は右にシフトし，反応物を取り除くか生成物を添加すれば，反応は左にシフトする．これは多くの代謝経路にとって重要なことである．経路の中間にある多くの反応は全く可逆的であるように見える．これは，経路がある物質を分解する過程にあろうが，合成する過程にあろうが，同じ酵素が使われることを意味している．

　可逆的な代謝経路において，経路の最終段階の反応だけが不可逆的反応であることがしばしば見られる．したがって，最終段階の反応を進めたり止めることによって，全体の経路を進めたり止めたり，あるいは場合によっては，逆方向に進めることさえできる．

吸エルゴン反応の推進

　反応はしばしば共役して起こる．こうした例は，グルコースのリン酸化が，ATP の 1 個のリン酸基の加水分解と共役して起こるときに見られる．もちろん，二つの反応が実際に別々に起こるのではなく，酵素は単に ATP からそのリン酸基を直接グルコースに転移させているに過ぎない（Sec. 15.6 を参照）．しかし，グルコースのリン酸化と ATP の加水分解を一つの反応の二つの部分とみなすことができる．そこで，全体のエネルギー変化を求めるためにこれら二つの反応を合算すると，この反応は全体として発エルゴン的であることが確かめられる．

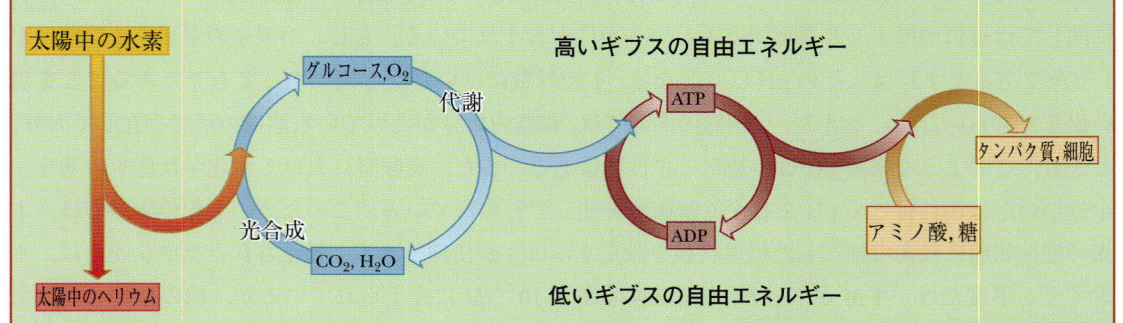

植物におけるグルコースやその他の糖の合成，ADP からの ATP の産生，そしてタンパク質やその他の生体分子の精巧な作りのためには，すべての過程でその系のギブスの自由エネルギーが増大しなければならない．これらは他の過程との共役を介してのみ起こり，その共役過程では，より大きな量のギブスの自由エネルギーが減少する．宇宙のより高いエントロピーを費やして局部的なエントロピーの減少が起こる．

応用問題

ΔG°′ 決定のための平衡定数の利用

pH 7, 25 ℃（298 K）の条件下で行われたある反応について，反応物の相対的な濃度が決定されたと仮定しよう．これらの濃度は，平衡定数 K'_{eq} を求めるために用いることができ，さらに，K'_{eq} はその反応に対する標準自由エネルギー変化 $\Delta G°′$ を計算するのに使うことができる．この種の計算を適用できる典型的な例として，pH 7 における ATP の加水分解反応を取り上げてみよう．本反応で ATP は，ADP，第二リン酸イオン（P_i と記載）および H^+ に分解される（既に学んだ反応の逆である）．

$$ATP + H_2O \rightleftharpoons ADP + P_i + H^+$$

$$K'_{eq} = \frac{[ADP][P_i][H^+]}{[ATP]} \qquad \text{pH 7, 25°C}$$

ここで，各溶質の活量を近似するものとして濃度を用いる．また，水の活量は 1 である．この反応に対する K'_{eq} の実測値は，2.23×10^5 である．そこで，式 $\Delta G°′ = -RT \ln K'_{eq}$ に然るべき数値を代入すれば，標準自由エネルギー変化を計算できる．肝心な点は，正しい数量を選び，単位を間違えないことである．$R = 8.31 \text{ J mol}^{-1}\text{K}^{-1}$, $T = 298$ K および $\ln K'_{eq} = 12.32$ を次式に代入すると，

$$\Delta G°′ = -RT \ln K'_{eq}$$
$$\Delta G°′ = -(8.31 \text{ J mol}^{-1}\text{K}^{-1})(298 \text{ K})(12.32)$$
$$\Delta G°′ = -3.0500 \times 10^4 \text{ J mol}^{-1} = -30.5 \text{ kJ mol}^{-1} = -7.29 \text{ kcal mol}^{-1}$$

1 kJ = 0.239 kcal

このように生化学分野の研究においては，補正された標準状態を用いるほうが便利である．また，$\Delta G°′$ 値が負であることから，ATP の ADP への加水分解反応がエネルギーを放出する自発的過程であることもわかる．

Sec. 15.2 要約

- 通常の熱力学的標準状態は，関係する系が生物ではめったに見られない pH = 0 であることを意味している．補正した標準状態では，系は pH = 7 であることを明示している．

15.3 代謝の本質

15.3.1 代謝とは何か

これまでは，基本的な化学原理，ならびに生細胞を構成している分子の性質について考えてきた．ここでは，**代謝** metabolism，すなわち，すべての生命過程の生化学的基盤となっている生体分子自身の化学反応について述べる．生体は，摂取した糖質，脂肪およびタンパク質分子を，さまざまな方法を用いて処理している（図 15.1）．大きな分子を小さな分子に分解することを，**異化** catabolism と呼ぶ．一方，小さな分子は，タンパク質や核酸などの大きくて複雑な分子を合成するさまざまな反応

身の周りに見られる生化学　熱力学

生物は独特の熱力学系である

　生体は熱力学の法則に従うのか否か，しばしば疑問が生じる．これに対する端的な答えは，生体は明らかにその法則に従っているということである．熱力学に関する最も古典的な取扱いでは，平衡状態にある閉鎖系について論じている．閉鎖系は周りの環境とエネルギーを交換できるが，物質の交換はできない．

　生体は言うまでもなく閉鎖系ではなく，周りの環境と物質およびエネルギーを交換できる開放系である．生体は開放系であるため，次の図に示すようにそれが生きている限り平衡状態になり得ない．しかし，生体は安定な状態である定常状態 steady state に到達することはできる．定常状態は，生体が最大の熱力学的効率のもとで働くことのできる状態である．このことは，非平衡熱力学に関する研究で1977年にノーベル化学賞を受賞したイリヤ・プリゴジーン Ilya Prigogine によって確立された．彼は非平衡系では規則正しい構造は乱雑な構造から生じることを明らかにした．熱力学に関するこの取扱いは，極めて進歩的であり，かつ非常に数学的なものであるが，その成果は古典的な熱力学よりも生物系により直接的に応用できる．このアプローチは，生体のみならず都市の発展や自動車交通量の予測にも応用可能なものである．

イリヤ・プリゴジーン（1917〜2003）．イリヤ・プリゴジーンは，1917年にモスクワで生まれた．彼の家族はロシア革命から逃れるためにドイツに移住し，その後，ベルギーに移った．彼はブリュッセル自由大学で学び，非平衡熱力学に関する研究を行うために大学教員としてそこに残った．彼はテキサス大学とも連携していたが，それによってノーベル賞を受けることになる独特の方法を見出した．テキサス大学のキャンパスにある塔では，大学のスポーツチームが優勝するとイルミネーションが点灯されるが，彼のノーベル賞受賞が公示されたときにも点灯された．

孤立系：
物質あるいはエネルギーの交換なし

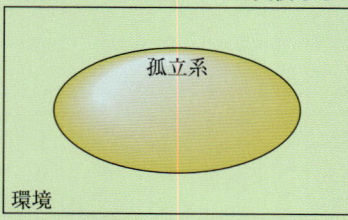

閉鎖系：
エネルギーの交換が起こり得る

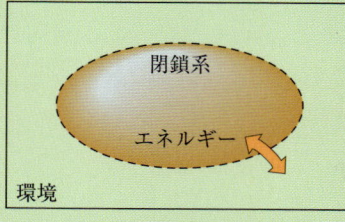

開放系：
エネルギーの交換および/または物質の交換が起こり得る

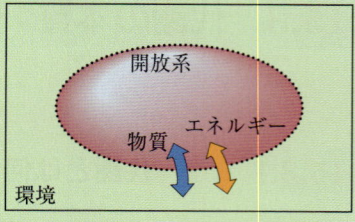

孤立・閉鎖および開放系の特徴．孤立系は，周囲の環境と物質の交換もエネルギーの交換もしない．閉鎖系は，環境とエネルギーの交換をすることはあり得るが，物質の交換はしない．開放系では，環境との間で物質またはエネルギーの交換が起こり得る．

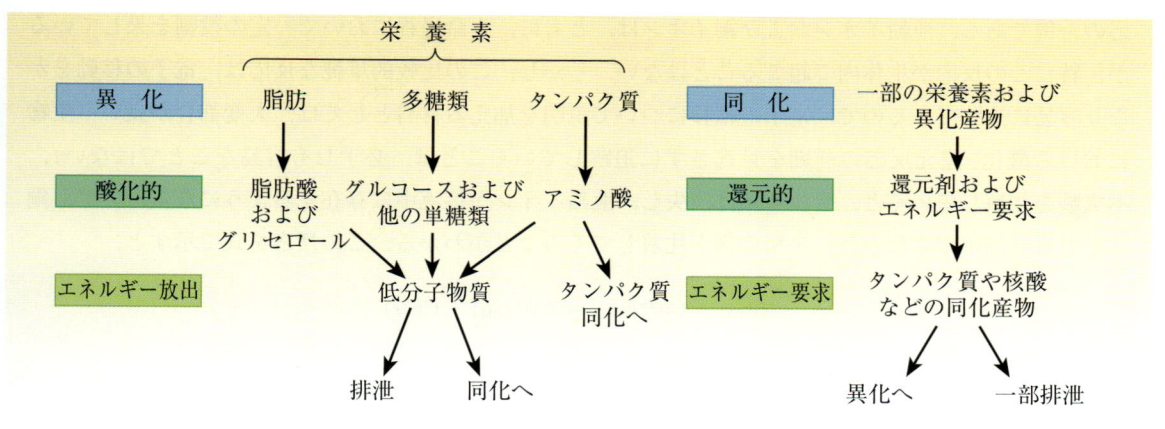

図 15.1
異化と同化の比較

の出発物質として使われるが，この過程を**同化** anabolism という．異化と同化は，別々の経路であり，単純に互いの経路を逆行することはない．

異化はエネルギーを放出する酸化過程であり，同化はエネルギーを要求する還元過程である．このような表現の意味を理解してもらうためには，なお数章を必要とするのではないかと思われるが，本章では酸化と還元（電子伝達反応），ならびにそれらと生細胞によるエネルギーの利用との関係に焦点を絞って述べる．前ページの《身の周りに見られる生化学》では，生体特有のエネルギー論を別の視点から述べている．

Sec. 15.3 要約 ■代謝とは，生物における生体分子の化学反応の総計である．

15.4 代謝における酸化と還元の役割

15.4.1 酸化と還元は代謝にどのように関わっているか

酸化-還元反応 oxidation-reduction reaction は，**レドックス** redox 反応とも呼ばれ，電子が供与体から受容体に転移される反応である．**酸化** oxidation とは電子を失うことであり，**還元** reduction とは電子を獲得することである．電子を失う物質（電子供与体），すなわち，酸化される物質を，**還元剤** reducing agent または還元体という．電子を獲得する物質（電子受容体），すなわち，還元される物質を，**酸化剤** oxidizing agent または酸化体という．電子の転移（酸化-還元反応）が起こるためには，酸化剤および還元剤の両方が必要である．

金属亜鉛の小片を，銅イオンを含む水溶液に入れたときに起こる反応は，このような酸化-還元反

応の一例である．亜鉛イオンおよび銅イオンは，ともに，生命過程において一定の役割を果しているが，特にこの反応が生体内で起こることはない．しかし，この比較的単純な反応は，電子の移動をかなり容易に追跡できるので，電子の転移について説明を加える材料としては，大変都合が良い（生物における酸化-還元反応の詳細を見逃さずに追跡していくことは，必ずしも容易なことではない）．本実験を観察していくと，金属亜鉛は消失し，亜鉛イオンが溶液中に存在するようになる一方で，銅イオンは溶液中から除かれ，金属の銅が沈着してくることがわかる．この反応を式で示すと，

$$Zn(s) + Cu^{2+}(aq) \rightarrow Zn^{2+}(aq) + Cu(s)$$

となる．

記号（s）は固体を表し，（aq）は水溶液中の溶質を表す．

　金属亜鉛と銅イオンの間の反応において，Zn は 2 電子を失って Zn^{2+} イオンとなり，酸化されている．全体の反応のうち，この部分だけを取り上げ，別式に示すと，

$$Zn \rightarrow Zn^{2+} + 2e^-$$

と書くことができ，これを**酸化半反応** half reaction という．Zn は還元剤である（Zn は電子を失い，電子供与体であり，自らは**酸化**される）．

　同様に，Cu^{2+} イオンは 2 電子を獲得して Cu となり，還元されている．全体の反応のうち，この部分も取り出して式に示すことができ，それを還元半反応という．

$$Cu^{2+} + 2e^- \rightarrow Cu$$

ここで，Cu^{2+} は酸化剤である（Cu^{2+} は電子を獲得し，電子受容体であり，自らは還元される）．

　半反応で示した上記二つの式を合わせると，全体の反応を表す式になる．

$$\begin{array}{ll} Zn \rightarrow Zn^{2+} + 2e^- & \text{酸　化} \\ \underline{Cu^{2+} + 2e^- \rightarrow Cu} & \text{還　元} \\ Zn + Cu^{2+} \rightarrow Zn^{2+} + Cu & \text{全反応} \end{array}$$

この反応は，電子の転移を示す極めて良い例である．以上の基本原理を心に留めておけば，好気的代謝で起こるもっと複雑な酸化-還元反応における電子の流れを考えるときに役立つはずである．大部分の生体内酸化-還元反応においては，炭素原子の酸化状態に変化が見られる．図 15.2 は，最も還元された状態にある炭素（アルカン）がアルコール，アルデヒド，カルボン酸，そして最後に二酸化炭

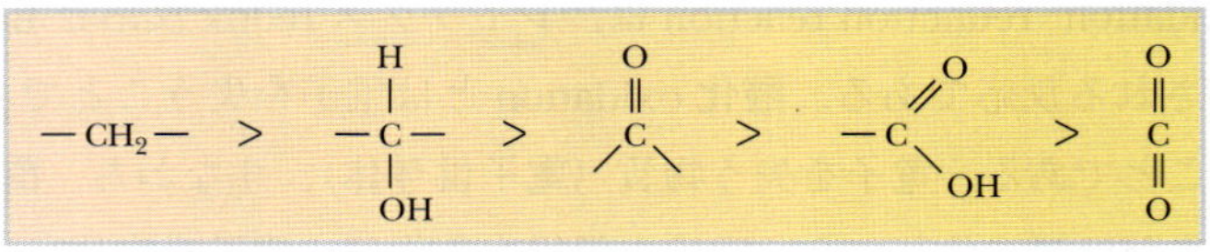

$$-CH_2- \; > \; -\underset{OH}{\underset{|}{\overset{H}{\overset{|}{C}}}}- \; > \; \underset{}{\overset{O}{\overset{\|}{C}}} \; > \; -\underset{OH}{\overset{O}{\overset{\|}{C}}} \; > \; \underset{O}{\overset{O}{\overset{\|}{\underset{\|}{C}}}}$$

図 15.2

生体分子中における炭素原子の還元状態の比較
$-CH_2-$（脂肪）＞ $-CHOH-$（糖質）＞ $-C=O$（カルボニル）＞ $-COOH$（カルボキシ）＞ CO_2（二酸化炭素，異化の最終産物）

素へと酸化されていくときに起こる変化を示したものである．これらの酸化過程の各々で，電子が2個ずつ失われていく．

> **Sec. 15.4 要約**
> ■異化においては，大きな分子が低分子の生成物へと分解される．そのとき，エネルギーの放出やさまざまな種類の電子受容体への電子の転移が起こる．全体の過程は酸化反応である．
> ■同化においては，低分子のものが反応して高分子を生成する．この過程は，エネルギー要求性であり，種々の電子供与体から電子を受け取る．全体の過程は還元反応である．

15.5　生物学的に重要な酸化-還元反応に関与する補酵素類

15.5.1　酸化-還元反応の鍵となる補酵素は何か

　酸化-還元反応については，一般化学や無機化学の教科書に詳しく述べられている．ただ，エネルギーを供給するために起こる生体における栄養素の酸化では，生体特有の処理が施されている．ところで，無機化合物の場合，酸化数によって酸化-還元反応を表す方法が広く用いられている．この方法は，炭素を含む分子の酸化を取り扱うときにも利用できる．このような観点から半反応式を図示し，反応物と生成物の官能基，そして転移した電子の数に注意を払えば，酸化-還元反応に対する理解は容易に進むであろう．エタノールをアセトアルデヒドへ変換する場合の酸化半反応を例示してみよう．

エタノールのアセトアルデヒドへの酸化半反応

$$H_3C\text{—}\overset{H}{\underset{H}{C}}\text{—}\overset{..}{\underset{..}{O}}\text{:}H \rightleftharpoons H_3C\text{—}\overset{H}{C}\text{::}\overset{..}{O} + 2H^+ + 2e^-$$

エタノール　　　　　　　　　　　アセトアルデヒド
（反応に関与する基に12電子）　　（反応に関与する基に10電子）

　このように，反応に関与する官能基について，ルイス電子ドット構造 Lewis electron-dot structure を描けば，電子の転移を的確に捉えることができる．エタノールの酸化において，エタノール分子中の反応に関与する部分には12個の電子があり，アセトアルデヒド分子中の対応する部分には10個の電子がある．そして，2個の電子が電子受容体（酸化剤）に転移されている．このような表記は，生化学反応を取り扱うときにも有用である．この例のように，多くの生物学的な酸化反応では，プロトン（H^+）の転移を伴う．また，酸化反応が起こるかあるいは還元反応が起こるかは，共存する他の試薬に依存しているため，酸化半反応は可逆反応として表記する．

　酸化半反応に関するもう一つの例として，NADH（ニコチンアミドアデニンジヌクレオチドの還元

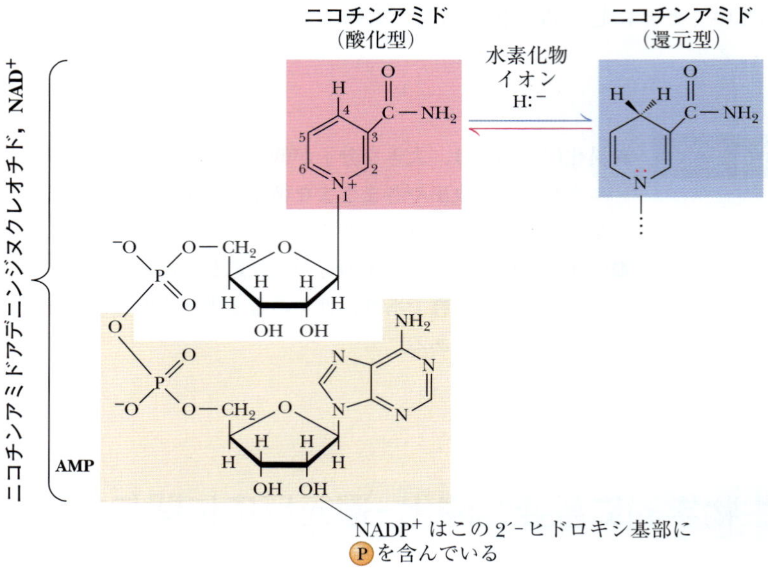

図 15.3
ニコチンアミド補酵素の構造と酸化還元状態
水素化物イオン（2個の電子をもつプロトン）は，NAD^+ に転移され，NADH が生成する．

型）からその酸化型である NAD^+ への変換を取り上げてみよう．この物質は，数多くの反応において重要な**補酵素** coenzyme となっている．

図 15.3 に NAD^+ と NADH の構造を示す．なお，この図においてニコチンアミド部分は，反応に関与する官能基であるため，赤と青で示してある．ニコチンアミドは，ビタミン B 群に属するニコチン酸（ナイアシンともいう）の誘導体である（Sec. 7.8 を参照）．類似化合物としては，NADPH（これの酸化型は $NADP^+$）がある．NADPH は，リン酸基を1個多くもっている点で NADH と異なっており，図 15.3 には，このリン酸基のリボースへの結合部位も示してある．NADH が NAD^+ に変換されるときに失われる2個の電子は，炭素と離脱する水素の間の結合に由来し，その際，窒素の孤立電子対はピリジン核内の結合に取り込まれるものと考えられる．1個の水素と2個の電子の喪失は，NADH による水素化物イオン（$H:^-$）の喪失とみなすことができ，しばしばそのように記述されることに注意してほしい．

NADH から NAD^+ へ，ならびにエタノールからアセトアルデヒドへの反応式は，どちらも酸化半反応で書かれている．仮に，エタノールと NADH を試験管内で混ぜたとしても，電子受容体が存在しないために反応は起こらない．しかし，NADH を酸化体であるアセトアルデヒドと混ぜれば，電子の転移が起こってエタノールと NAD^+ が生成する（この反応は，反応を触媒する酵素が存在しない場合，極めてゆっくり起こるであろう．これは，反応に対する熱力学的観点と速度論的観点の違いを示す非常に良い例である．この反応は熱力学的な観点からは自発的な反応であるが，速度論的に見れば極めて遅い反応である）．

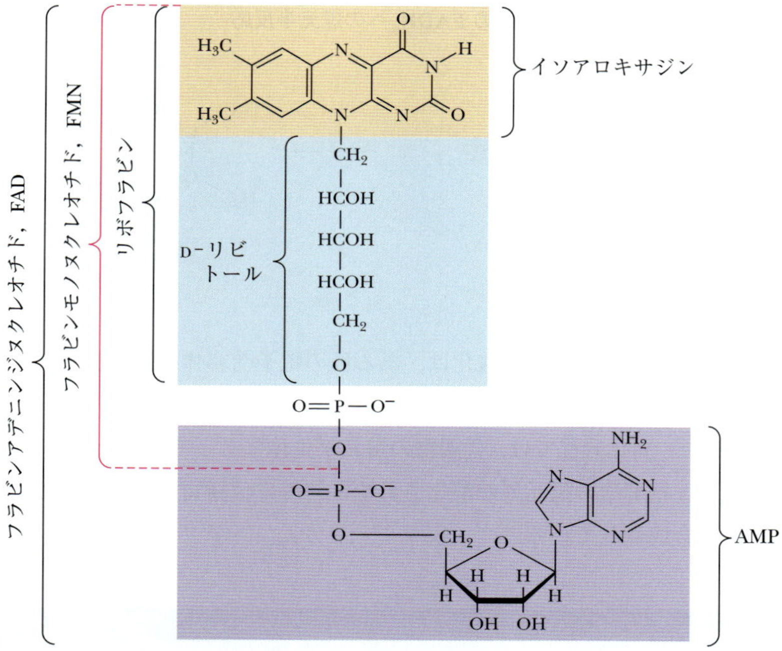

図 15.4
リボフラビン，フラビンモノヌクレオチド（FMN），およびフラビンアデニンジヌクレオチド（FAD）の構造

多くの酸化-還元サイクルをニコチンアミド補酵素類（NADH および NADPH）に頼っている生物においてさえ，フラビン補酵素類は必須の役割を担っている．フラビン類は，NAD^+ や NADP よりも強い酸化剤である．それらは1電子経路および2電子経路のいずれによっても還元され，分子状酸素によって容易に酸化される．反応の進行のためフラビンを利用する酵素—フラビン酵素—はさまざまな種類の酸化-還元反応に関わっている．

$$NADH \rightarrow NAD^+ + H^+ + 2e^- \quad \text{酸化半反応}$$
$$CH_3CHO + 2H^+ + 2e^- \rightarrow CH_3CH_2OH \quad \text{還元半反応}$$
$$NADH + H^+ + CH_3CHO \rightarrow NAD^+ + CH_3CH_2OH \quad \text{全反応}$$

アセトアルデヒド　　　エタノール

このような反応は，アルコール発酵の最終段階として，ある種の生物で実際に起こっている．本反応において，NADH は酸化され，アセトアルデヒドは還元されている．

もう一つの重要な電子受容体は，$FADH_2$ の酸化型である FAD（フラビンアデニンジヌクレオチド）である（図 15.4）．$FADH_2$ という表し方は，電子とともにプロトン（水素イオン）が FAD によって受け取られることを示している．次の反応式で示した構造式には，この反応で転移する電子も示してある．フラビン基を含む補酵素は他にも数種類あり，それらはビタミンのリボフラビン（ビタミン B_2）から誘導される．

FAD の FADH₂ への還元半反応

$$\text{FAD (酸化型)} + 2H^+ + 2e^- \longrightarrow \text{FADH}_2 \text{ (還元型)}$$

生体にエネルギーを供給する栄養素の酸化は，ある種の電子受容体の還元なしには起こり得ない．好気的な酸化反応における最終的な電子受容体は酸素であるが，代謝過程には中間電子受容体がいくつか存在している．また，同化過程では，代謝物の還元が生体にとって大切な役割を果すことになる．すなわち，生体内では，補酵素の還元型が酸化されると同時に代謝物が還元される多くの反応によって，重要な生体分子が合成されている．

応用問題

酸化と還元

次の反応について，酸化される物質，還元される物質，酸化剤および還元剤を示せ．

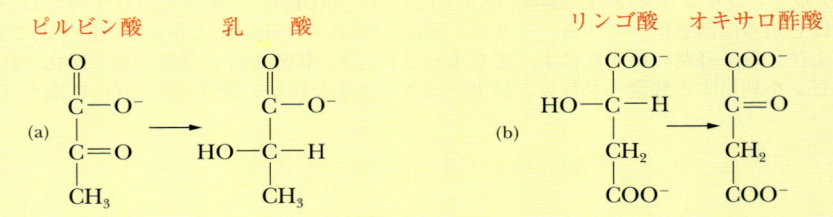

(a) ピルビン酸 → 乳酸
ピルビン酸 + **NADH** + **H**⁺ ⟶ 乳酸 + **NAD**⁺

(b) リンゴ酸 → オキサロ酢酸
リンゴ酸 + **NAD**⁺ ⟶ オキサロ酢酸 + **NADH** + **H**⁺

答 この問題を解くためには，NADH が補酵素の還元型であることを思い出すことである．NADH は酸化され，還元剤として働くはずである．NAD⁺ は酸化型である．したがって，NAD⁺ は還元され，酸化剤として働く．最初の反応では，ピルビン酸が還元され，NADH は酸化されている．したがって，ピルビン酸が酸化剤であり，NADH は還元剤である．2番目の反応では，リンゴ酸が酸化され，NAD⁺ は還元されている．したがって，NAD⁺ が酸化剤であり，リンゴ酸は還元剤である．

Sec. 15.5 要約

■ 二つの補酵素，NADH と FADH₂ は，生物の酸化-還元反応において決定的な役割を果している．水素イオンは，電子とともに転移される．

15.6 エネルギーの生成と利用の共役

　代謝に関するもう一つの重要な疑問は，"生体は，栄養素の酸化によって放出されるエネルギーをどのように捕捉し，利用しているのか"ということである．生体は，この放出されたエネルギーを直接利用することはできない．したがって，これをたやすく利用できる化学エネルギーの形に変えなければならない．

　Sec. 1.11 で述べたように，ATP を始めとする数種のリン酸含有化合物は，容易に加水分解を受けて，エネルギーを放出することが知られている．中でも，ATP は，栄養素の酸化に由来するエネルギーの放出と密接に結び付いて産生される．すべての生物において，エネルギー生成反応とエネルギー要求反応の共役は，代謝上極めて重要な特徴となっている．

15.6.1　エネルギー生成反応はエネルギー要求反応にどのように利用されるか

　ADP（アデノシン二リン酸）のリン酸化による ATP（アデノシン三リン酸）の生成にはエネルギーが必要であるが，そのエネルギーは栄養素の酸化によって供給される．反対に，ATP の加水分解による ADP の生成は，エネルギーを放出する（図 15.5）．

　本章で示した ADP と ATP の形は，pH 7 でのイオン化状態を表している．また，リン酸イオンを記号 P_i で表しているが，これは生化学分野で用いられている "無機リン酸 inorganic phosphate" という呼称に基づいている．ATP には 4 個の負電荷があり，ADP のそれは 3 個であること，すなわち，この静電的反発力のために ATP のほうが ADP より不安定になることに注意してほしい．ADP には既にリン酸基が存在しており，これに負に荷電したリン酸基をもう一つ共有結合させるためには，エネルギーを消費しなければならない．さらに，ADP が ATP にリン酸化されるときにはエントロピー

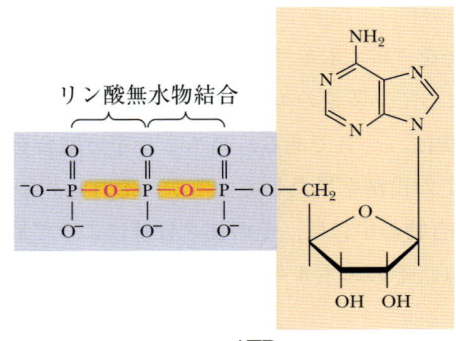

ATP
（アデノシン-5′-三リン酸）

図 15.5
ATP 中のリン酸無水物結合は，"高エネルギー" 結合である．これは本結合が反応の方向に依存して，使いやすい量のエネルギーを要求したり，放出したりする事実に関係している．

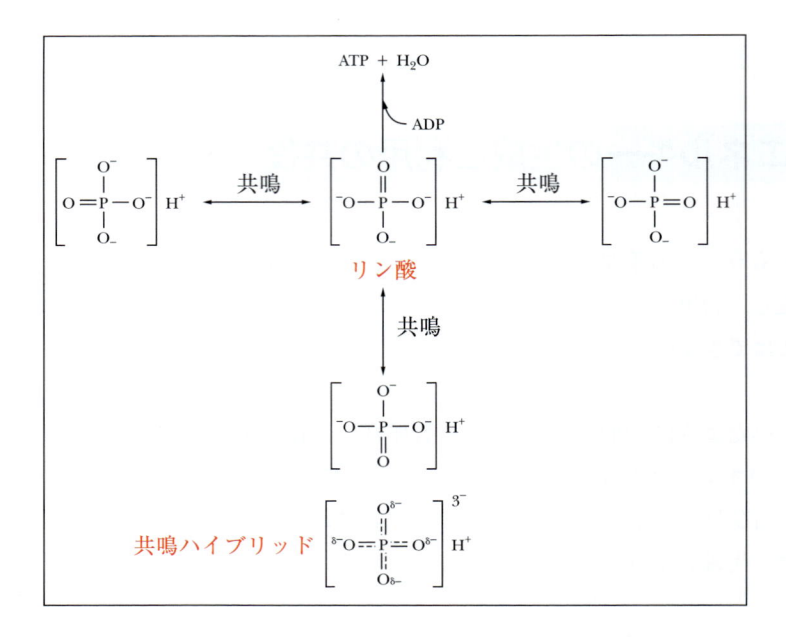

図 15.6
ATP 生成時における共鳴安定化リン酸イオンの喪失

の減少が起こる．無機リン酸は多くの共鳴構造をとり得るが，無機リン酸が ADP に結合すると，これらのとり得る共鳴構造がなくなり，エントロピーの減少をきたす（図 15.6）．この反応の $\Delta G^{\circ\prime}$ は，水素イオンに対する標準状態として，通常の生化学的な慣例である pH 7 を適用したものである（Sec. 15.2）．なお，ADP のリン酸化による ATP の生成には，静電的反発作用の著しい増加があることに注意してほしい（図 15.7）．

逆反応である ATP からの ADP とリン酸イオンへの加水分解は，生体がエネルギーを必要とするときに起こり，30.5 kJ mol^{-1}（7.3 kcal mol^{-1}）を放出する．

$$ATP + H_2O \rightarrow ADP + P_i + H^+$$
$$\Delta G^{\circ\prime} = -30.5 \text{ kJ mol}^{-1} = -7.3 \text{ kcal mol}^{-1}$$

この反応で加水分解される結合を"高エネルギー結合"と呼ぶことがあるが，これは，ある特異的な結合が加水分解されることによって，多量のエネルギーを放出する時に使われる用語である．このような結合を表すもう一つの方法は，〜P である．高エネルギー結合を有する有機リン酸化合物は数多く存在し，代謝において一定の役割を果たしているが，それらの中で最も重要な化合物は ATP である（表 15.1）．有機リン酸化合物の中には，その加水分解によって放出される自由エネルギーが，ATP のそれを上回るものもあり，そのエネルギーは，ADP をリン酸化して ATP を産生するのに用いられることがある．

この表の一番上にあるのは，解糖のところで学ぶホスホエノールピルビン酸（PEP）である．この化合物は，加水分解されたときに遊離するリン酸の共鳴安定化効果（ATP で見られるのと同じ）とピルビン酸のケト-エノール互変異性化が可能であるために，極めて高い高エネルギー化合物である．これら二つの効果は，加水分解に際して，エントロピーを増大させる（図 15.8）．

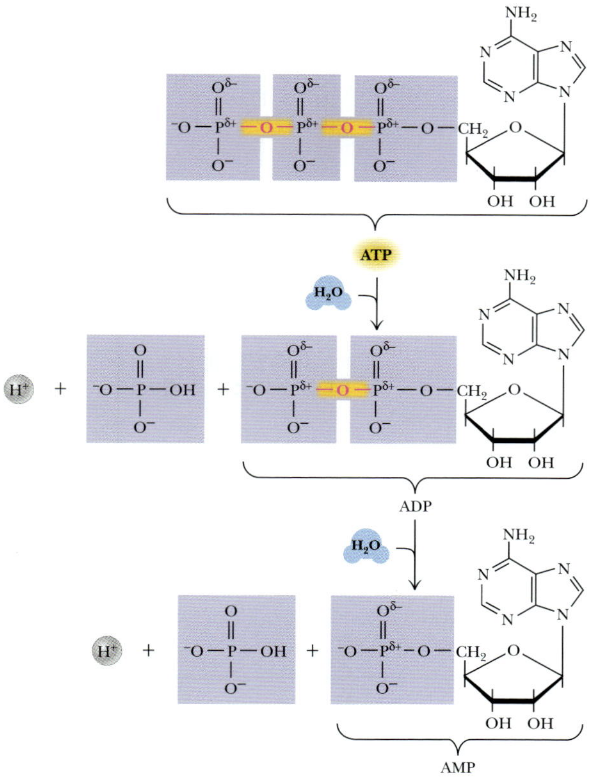

図 15.7
ATPの加水分解による静電的反発作用の減少
ATPの加水分解によるADPの生成（ならびにADPの加水分解によるAMPの生成）は，静電的反発作用を軽減する．

表 15.1　有機リン酸エステルの加水分解時に放出される自由エネルギー

化合物	$\Delta G°'$	
	kJ mol^{-1}	kcal mol^{-1}
ホスホエノールピルビン酸	−61.9	−14.8
カルバモイルリン酸	−51.4	−12.3
クレアチンリン酸	−43.1	−10.3
アセチルリン酸	−42.2	−10.1
ATP（ADPへ）	−30.5	−7.3
グルコース 1-リン酸	−20.9	−5.0
グルコース 6-リン酸	−12.5	−3.0
グリセロール 3-リン酸	−9.7	−2.3

　ATPの加水分解によるエネルギーは，電流と同様，貯蔵エネルギーではない．ATPと電流は，どちらもそれらが必要とされるときに，生物あるいは発電装置によってつくり出されなければならない．代謝過程におけるATPとADPのサイクルは，エネルギーを必要に応じてその生成過程（栄養素の酸化による）から利用過程（必要不可欠な化合物の生合成または筋肉の収縮など）に切り替える方法である．酸化過程は，生物がATPの加水分解によって放出されるエネルギーを必要とするときに起こる．化学エネルギーは，通常，脂肪や糖質の形で蓄えられ，それらは必要なときに代謝される．クレアチ

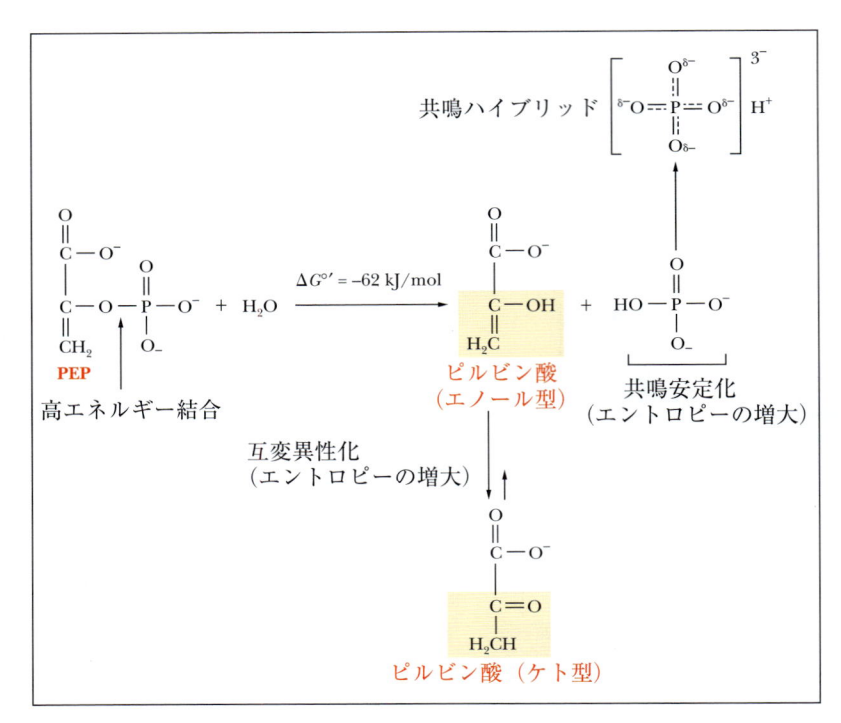

図 15.8
ホスホエノールピルビン酸の加水分解によるエントロピーの増大

ホスホエノールピルビン酸が加水分解されてピルビン酸とリン酸を生じるとき，エントロピーの増大が起こる．ピルビン酸のケト型の形成とリン酸の共鳴構造の形成がともにエントロピーの増大をもたらす．

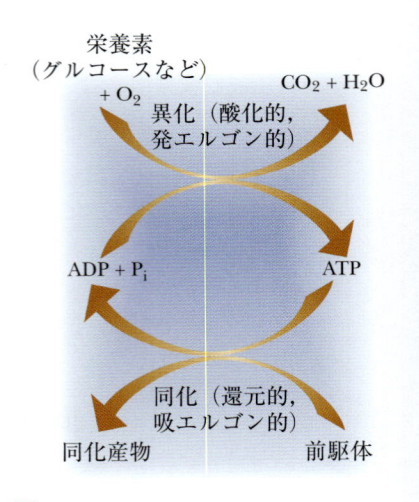

図 15.9
エネルギー生成過程とエネルギー利用過程をつなぐエネルギー通貨としての ATP の役割

ンリン酸のような低分子量の生体分子も化学エネルギーの貯蔵手段として用いられている．生命現象に伴う多くの吸エルゴン反応のために供給しなければならないエネルギーは，直接的には ATP の加水分解，間接的には栄養素の酸化に由来する．後者は，ADP をリン酸化して ATP を産生するのに必要なエネルギーをつくり出している（図 15.9）．

エネルギーを放出する生物学的な反応をいくつか検討し，そのエネルギーのうち，どのくらいが ADP をリン酸化して ATP を産生するのに利用されるのか見てみよう．グルコースは多くの段階を経て乳酸イオンに変換されるが，この過程は発エルゴン的，かつ嫌気的である．グルコース 1 モルの代謝に伴い，2 モルの ADP がリン酸化されて ATP になる．この過程において基礎となる反応は，発エルゴン反応である乳酸の生成と，

$$\text{グルコース} \rightarrow 2\text{乳酸イオン} \quad \Delta G^{\circ\prime} = -184.5 \text{ kJ mol}^{-1} = -44.1 \text{ kcal mol}^{-1}$$

吸エルゴン反応である ADP のリン酸化（グルコース 1 モル当たり 2 モル）である．

$$2\text{ ADP} + 2\text{ P}_i \rightarrow 2\text{ ATP}$$
$$\Delta G^{\circ\prime} = 61.0 \text{ kJ mol}^{-1} = 14.6 \text{ kcal mol}^{-1}$$

（なお，ADP のリン酸化に関する式では，簡略化するために，ADP，P_i および ATP のみを用いている）

全反応を次式に示す．

$$\text{グルコース} + 2\,\text{ADP} + 2\,\text{P}_i \rightarrow 2\,\text{乳酸イオン} + 2\,\text{ATP}$$

$$\Delta G°'\text{全反応} = -184.5 + 61.0 = -123.5 \text{ kJ mol}^{-1} = -29.5 \text{ kcal mol}^{-1}$$

全反応式を得るために，二つの化学反応を合わせ，さらに全体の自由エネルギー変化を明らかにするために，二つの反応における自由エネルギー変化を合算する．このような取り扱いができるのは，自由エネルギー変化が**状態関数** state function であるからである．すなわち，状態関数は，検討対象となっている系の最初と最後の状態だけに依存し，これら二つの状態間の経路には依存しない．上記の反応式から明らかなように，発エルゴン反応がエネルギーを供給し，それが吸エルゴン反応を駆動している．こうした現象は**共役** coupling と呼ばれる．放出されるエネルギーのうち，ADP のリン酸化に使われる割合は，嫌気的代謝のエネルギー利用効率を表すことになるが，その値は（61.0/184.5）× 100，すなわち約 33 % である．61.0 という数字は，2 モルの ADP をリン酸化して ATP にするのに必要なキロジュール数であり，184.5 という数字は 1 モルのグルコースから 2 モルの乳酸が生成するときに放出されるキロジュール数である．

グルコースの分解は，嫌気的条件下よりも好気的条件下のほうが，さらに先まで進行する．すなわち，好気的な酸化による最終産物は，グルコース 1 モル当たり，6 モルの二酸化炭素と 6 モルの水である．グルコース 1 モルがこのように二酸化炭素と水にまで完全に分解されるのに伴って，ADP のリン酸化が起こり，最大 32 モルの ATP が産生される．

グルコースの完全酸化に関する発エルゴン反応は，

$$\text{グルコース} + 6\,\text{O}_2 \rightarrow 6\,\text{CO}_2 + 6\,\text{H}_2\text{O}$$

$$\Delta G°' = -2867 \text{ kJ mol}^{-1} = -685.9 \text{ kcal mol}^{-1}$$

である．
また，リン酸化に関する吸エルゴン反応は，

$$32\,\text{ADP} + 32\,\text{P}_i \rightarrow 32\,\text{ATP}$$

$$\Delta G°' = 976 \text{ kJ} = 233.5 \text{ kcal}$$

である．全反応は，

$$\text{グルコース} + 6\,\text{O}_2 + 32\,\text{ADP} + 32\,\text{P}_i \rightarrow 6\,\text{CO}_2 + 6\,\text{H}_2\text{O} + 32\,\text{ATP}$$

$$\Delta G°' = -2867 + 976 = -1891 \text{ kJ mol}^{-1} = -452.4 \text{ kcal mol}^{-1}$$

となる．

全体反応とそのときの自由エネルギー変化を求めるために，上記二つの反応とそれに対応する自由エネルギー変化が合算されていることに再度注目してほしい．グルコースの好気的な酸化の効率は，(976/2867) × 100 で，約 34 % と計算できる（同様な計算をグルコースの嫌気的な酸化の項でも行った）．このことは，ATP がグルコースの嫌気的な酸化過程より好気的な酸化過程と共役することによって，より多く産生されることを示している．さらに，グルコースの分解（好気的または嫌気的）に

よって産生された ATP は，その加水分解を通して，運動する時の筋肉の収縮といった吸エルゴン過程と共役することになる．ジョギングをする人や長距離泳者なら誰でも知っているように，好気的代謝によって，多量のエネルギーが極めて効率的に生成される．以上，本節では発エルゴン過程と吸エルゴン過程の共役に関して，二つの例，すなわち，グルコースの好気的な酸化とグルコースの嫌気的な代謝を取り上げ，これらが異なった量のエネルギー生成に関係していることを明らかにした．

応用問題

反応の予測：自由エネルギーの計算

表 15.1 の値を使って，次の反応に対する $\Delta G°'$ を計算し，反応が自発的であるか否かを判断してみよう．ここで最も重要な点は，代数的に合算することである．特に，反応の方向を逆にしたとき，$\Delta G°'$ の符号を変えることを思い出さねばならない．

$$\text{ADP} + \text{ホスホエノールピルビン酸} \rightarrow \text{ATP} + \text{ピルビン酸}$$

表 15.1 から，

$$\text{ホスホエノールピルビン酸} + \text{H}_2\text{O} \rightarrow \text{ピルビン酸} + \text{P}_i$$
$$\Delta G°' = -61.9 \text{ kJ mol}^{-1} = -14.8 \text{ kcal mol}^{-1}$$

また，

$$\text{ATP} + \text{H}_2\text{O} \rightarrow \text{ADP} + \text{P}_i \quad \Delta G°' = -30.5 \text{ kJ mol}^{-1} = -7.3 \text{ kcal mol}^{-1}$$

2番目の反応の逆反応は，

$$\text{ADP} + \text{P}_i \rightarrow \text{ATP} + \text{H}_2\text{O} \quad \Delta G°' = +30.5 \text{ kJ mol}^{-1} = +7.3 \text{ kcal mol}^{-1}$$

そこで，これら二つの反応と，そのときの自由エネルギー変化を加え合わせると，

$$\text{ホスホエノールピルビン酸} + \text{H}_2\text{O} \rightarrow \text{ピルビン酸} + \text{P}_i$$
$$\underline{\text{ADP} + \text{P}_i \rightarrow \text{ATP} + \text{H}_2\text{O}}$$
$$\text{ホスホエノールピルビン酸} + \text{ADP} \rightarrow \text{ピルビン酸} + \text{ATP} \quad \text{(全反応)}$$

$$\Delta G°' = -61.9 \text{ kJ mol}^{-1} + 30.5 \text{ kJ mol}^{-1} = -31.4 \text{ kJ mol}^{-1}$$
$$\Delta G°' = -14.8 \text{ kcal mol}^{-1} + 7.3 \text{ kcal mol}^{-1} = -7.5 \text{ kcal mol}^{-1}$$

となる．

$\Delta G°'$ から明らかなように，反応は自発的である．ただし，たとえ本反応が自発的であるとしても，これらの化学物質を試験管内に入れるだけでは何も起こらない．生化学的反応には，その反応を触媒する酵素が必要である．

Sec. 15.6 要約

- ATP の ADP への加水分解は，エネルギーを放出する．
- 生化学的反応の共役においては，一方の反応によるエネルギーの放出，例えば ATP の加水分解が，もう一方の反応にエネルギーを供給する．

15.7　代謝経路の活性化における補酵素 A の役割

　Sec. 15.6 で述べたグルコースの酸化的代謝は，1 段階で終わるものではない．グルコースの嫌気的分解には多くの段階を必要とし，さらにグルコースが二酸化炭素と水にまで完全酸化されるには，それ以上に多くの段階を経なければならない．グルコースの酸化を含め，多段階性を示すすべての代謝過程に関して最も重要な点の一つは，多くの段階を経ることによりエネルギーの効率的な生成と利用を図っていることである．例えば，グルコースの酸化によって生じた電子は，いくつかの中間電子受容体を経て，最終的な電子受容体である酸素に伝達されていくが，これらに関わっている複数の中間段階は，ADP のリン酸化による ATP の産生と共役している．

15.7.1　補酵素 A が活性化の良い例であるのはなぜか

　代謝においてしばしば出くわす段階に，**活性化** activation 過程がある．この種の反応では，ある代謝物（代謝経路の一構成成分）が補酵素のような他の分子と結合し，そしてこの新しく形成された結合が切断されるときの自由エネルギー変化は，負に傾いている．すなわち，代謝経路における次の反応が発エルゴン的となることを意味している．例えば，物質 A をある代謝物とし，それが物質 B と反応して AB を生成すると仮定すると，次のような一連の反応が起こる．

$$A + 補酵素 \rightarrow A-補酵素 \qquad 活性化段階$$
$$A-補酵素 + B \rightarrow AB + 補酵素 \qquad \Delta G^{\circ\prime} < 0 \qquad 発エルゴン反応$$

このような方法でより反応性に富む物質が形成されることを，活性化といい，代謝過程にはこうした活性化の例が数多く存在する．そのうち，最も有用な例の一つとして知られている補酵素 A（CoA）を取り上げ，こうした点について見てみよう．

　CoA の構造は複雑である．CoA は，共有結合で連なっている数種の小さな成分から構成されている（図 15.10）．図に示すように，CoA の一部分は，糖にエステル結合したリン酸基を有するアデノシン誘導体，3′-P-5′-ADP である．もう一つの部分は，ビタミンのパントテン酸に由来している．また，CoA 分子のなかで活性化反応に関与する部分には，チオール基が含まれている．実際，チオール基がこの分子の反応部位であることを強調するために，補酵素 A のことを，しばしば CoA-SH と記載する．例えば，カルボン酸は，CoA-SH とチオエステル結合を形成する．カルボン酸の代謝的に活性な形は，対応するアシル CoA チオエステルであり，このチオエステル結合が高エネルギー結合となっている（図 15.11）．チオエステル類は，加水分解後の生成物が解離しうることや，生成物が共鳴構造を取りうることから，高エネルギー化合物である．例えば，アセチル CoA が加水分解されると，CoA 分子の端にある −SH 基はわずかに解離して H^+ と $CoAS^-$ を形成する．一方，加水分解によって遊離した酢酸は共鳴によって安定化する．アセチル CoA は，特に重要な代謝中間体であり，他のアシル CoA 類も脂質代謝において大切な役割を担っている．

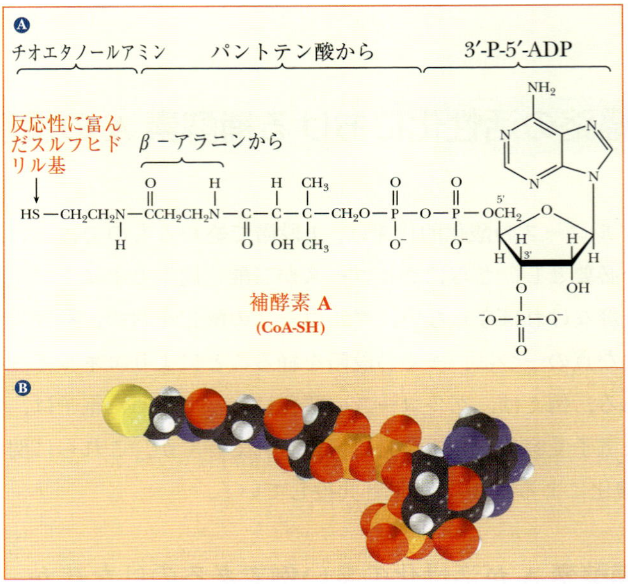

図 15.10

補酵素 A に対する二つの見方
Ⓐ 補酵素 A の構造．
Ⓑ 補酵素 A の空間充塡モデル．

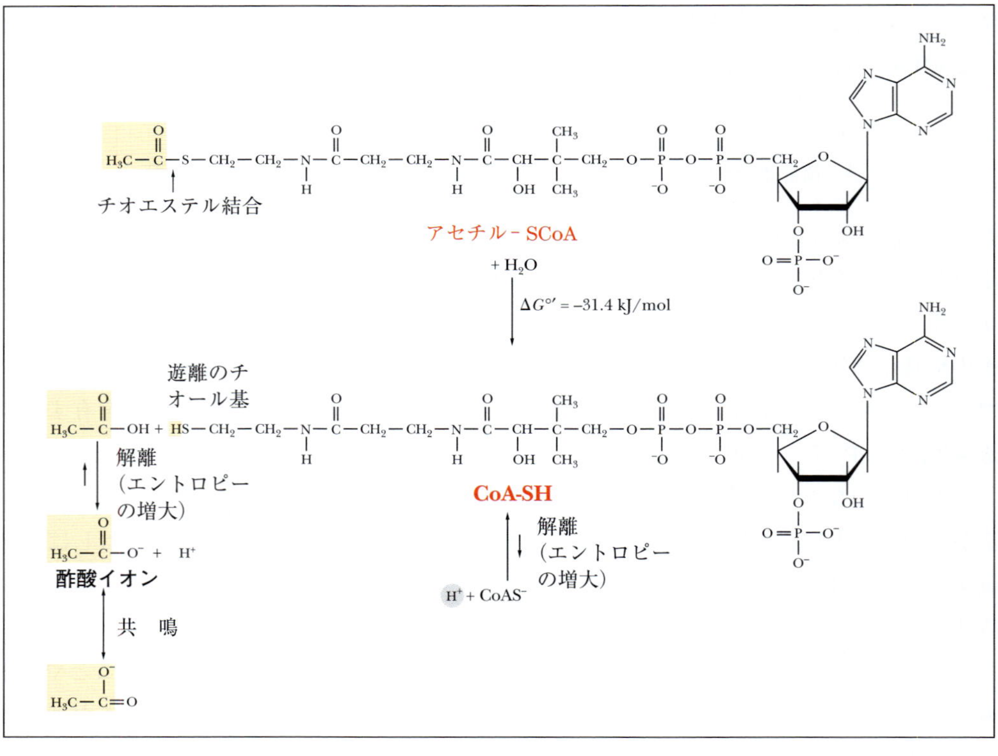

図 15.11

アセチル CoA の加水分解
その生成物は共鳴と解離によって安定化される．

本章で取り上げた NAD$^+$，NADP$^+$，FAD および補酵素 A といった重要な補酵素は，すべて ADP を含んでいる点で，重要な構造上の特徴を共有している．ただ，NADP$^+$ は，ADP のリボース基の 2′位にもう一つのリン酸基をもっており，CoA の場合は 3′位にリン酸基が一つ付加されている．

異化と同様に，同化も段階的に進行する．エネルギーを放出する異化と異なり，同化はエネルギーを要求する．そこで，異化によって産生された ATP が加水分解を受けて必要なエネルギーを放出する．代謝物が還元される反応は，同化の一部であるが，これらの反応には，本章で述べた補酵素の還元型である NADH，NADPH および FADH$_2$ のような還元剤が必要である．これらの補酵素の酸化型は，異化で必要な中間代謝物の酸化剤として働いている．一方，同じ補酵素の還元型は，生合成過程で必要な"還元力"を提供し，その場合，これらの補酵素は還元剤として働くことになる．

さて，同化および異化の本質に関するこれまでの考え方を，もっと広げてみよう．図 15.12 は，代謝における二つの重要な特徴，すなわち，電子伝達の役割ならびにエネルギーの生成と利用における ATP の役割を明確に示した代謝経路の概略図である．この図は，図 15.1 に比べ，かなり詳しくなっているが，これでもまだ極めて概略的なものである．より重要で特異的な経路が詳しく研究され，そのうちのいくつかは，現在もなお活発な研究の対象となっている．後の章では，こうした最も重要な代謝経路について述べていく．

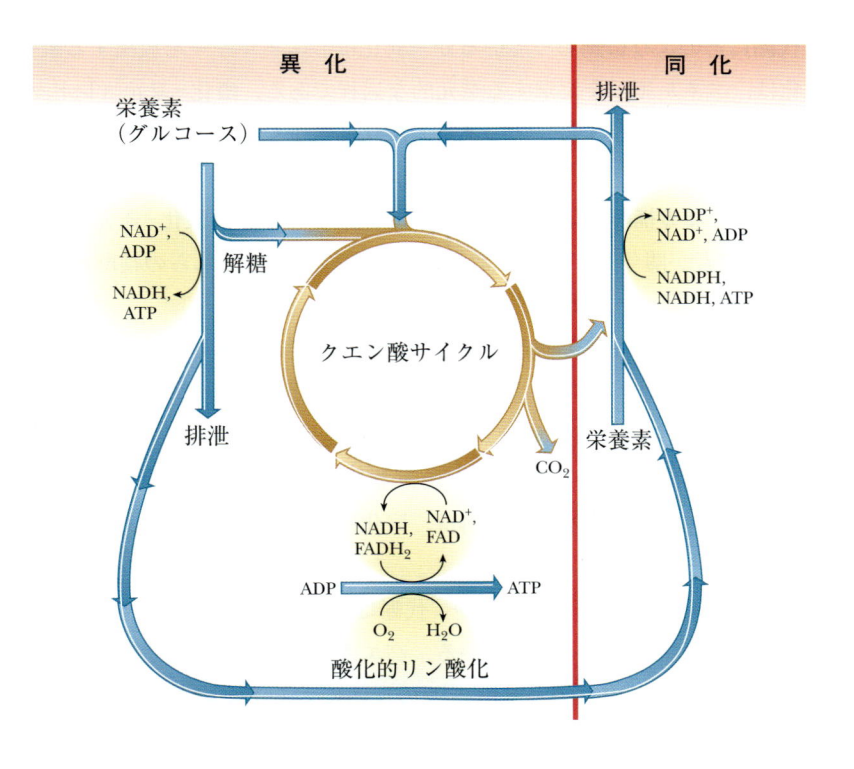

図 15.12

代謝における電子伝達と ATP 産生の役割
NAD$^+$，FAD および ATP は常にリサイクルされている．

Sec. 15.7 要約

■ 代謝経路は，エネルギーの効率的な利用を図りながら，多くの段階を経て進行する．
■ 多くの補酵素，なかでも補酵素 A（CoA）は代謝において重要な役割を担っている．

SUMMARY 要約

◆**標準状態とは何か** いかなる条件下での自由エネルギーの変化も，標準状態での自由エネルギー変化（$\Delta G°$）と比較することができる．標準状態では，溶液中のすべての反応物質の濃度は，$1\,M$ である．

◆**標準状態は自由エネルギー変化とどのように関係しているか** 標準状態における自由エネルギー変化は，次式のように反応の平衡定数と関係づけることができる．

$$\Delta G° = -RT \ln K_{eq}$$

◆**生化学的応用のための標準状態の補正が必要なのはなぜか** 生化学的な反応が $1\,M$ の水素イオン濃度下で自然に起こることはないので，生化学的な標準状態での自由エネルギー変化（$\Delta G°'$）がよく用いられる．このとき，$[H^+]$ は $1 \times 10^{-7}\,M$（pH = 7.0）である．

◆**代謝とは何か** 細胞における生体分子の反応は代謝を構成している．大きな分子から小さな分子への分解を異化という．小さな分子から大きくて複雑な分子を生成する反応を同化という．異化と同化は，単なる互いの逆反応ではなく，別々の経路である．代謝はすべての生命現象の生化学的な基盤である．

◆**酸化と還元は代謝にどのように関わっているか** 異化は，エネルギーを放出する酸化的な過程である．一方，同化は，エネルギーを要求する還元的な過程である．酸化－還元（レドックス）反応は，電子が供与体から受容体に転移する反応である．酸化は電子を失うことであり，還元は電子を獲得することである．

◆**酸化－還元反応の鍵となる補酵素は何か** 生物学的に重要な多くの酸化－還元反応には，NADH や FADH$_2$ のような補酵素が関与している．数多くの反応においてこれらの補酵素は，一つの酸化還元反応を表す二つの半反応の一方に見られる．

◆**エネルギー生成反応はエネルギー要求反応にどのように利用されるか** エネルギー生成反応とエネルギー要求反応の共役は，すべての生物の代謝における重要な特徴である．異化において，酸化反応は ADP のリン酸化による吸エルゴン反応の ATP 産生と共役している．好気的な代謝は，栄養素の化学エネルギーを利用する上で，嫌気的な代謝よりも，はるかに効率的な手段である．ATP の高エネルギー結合の発エルゴン的な加水分解は，同化における吸エルゴン的な還元反応を進行させるのに必要なエネルギーを供給する．

◆**補酵素 A が活性化の良い例であるのはなぜか** 代謝は段階的に進み，しかも，その多くの段階で，エネルギーの効率的な産生と利用を図っている．高エネルギー中間体を生じる活性化過程は，多くの代謝経路で起こるが，カルボン酸と補酵素 A の反応によるチオエステル結合の形成は，いくつかの代謝経路で見られる活性化過程の一例である．

EXERCISES 練習問題

15.1 自由エネルギー変化に関わる標準状態

1. **復習** ある反応に対する自由エネルギー変化とその平衡定数の間には関係があるか．もし，関係があるとすれば，それは何か．

2. **演習** ある反応が記述されている通りに進むか否かに関して，次の指標から何がわかるか．
   (a) 標準自由エネルギー変化は正である．
   (b) 自由エネルギー変化は正である．
   (c) 反応は発エルゴン的である．

3. **演習** 次の反応について考えよ．
   グルコース6-リン酸 + H_2O ⟶ グルコース + P_i

   $$K_{eq} = \frac{[グルコース][P_i]}{[グルコース6-リン酸]}$$

   pH 8.5, 38℃における K_{eq} は122である．この情報から反応速度を計算できるか．

15.2 生化学的応用のための標準状態の補正

4. **復習** 熱力学の生化学的応用のために補正した標準状態を定義する必要があるのはなぜか．

5. **復習** 生化学への適用のために補正された標準状態について，正しい表現はどちらか．その理由も述べよ．
   (a) $[H^+]$ は $1 \times 10^{-7} M$ であり，$1 M$ ではない．
   (b) どの溶質の濃度も $1 \times 10^{-7} M$ である．

6. **復習** ある反応について与えられたギブスの標準自由エネルギーは，化学的な標準状態に対するものか，それとも生物学的な標準状態に対するものか，説明せよ．

7. **復習** 熱力学的指標の $\Delta G°$ は，生物における反応の速さを予言できるか否かについて述べよ．

8. **計算** 次の K_{eq} 値：1×10^4, 1, 1×10^{-6} に対する $\Delta G°$ を算出せよ．

9. **計算** 次式で示される25℃ (298 K), pH 7 におけるATPの加水分解に関し，次の問に答えよ．
   ATP + H_2O ⟶ ADP + P_i + H^+
   加水分解の標準自由エネルギー変化（$\Delta G°'$）が -30.5 kJ mol^{-1}（-7.3 kcal mol^{-1}），標準エンタルピー変化（$\Delta H°'$）が -20.1 kJ mol^{-1}（-4.8 kcal mol^{-1}）であるとき，本反応に対する標準エントロピー変化（$\Delta S°'$）を，ジュールおよびカロリーの双方で計算せよ．また，本反応の性質から解答の符号は正であると予想されるが，それはなぜか．ヒント：Chap. 1 に記載されている事項について復習すること．

10. **計算** $\Delta G° = 0.00$ での反応 A ⇌ B + C について，下の（a）～（c）に答えよ．
    (a) A, B および C の初濃度が $1 M$, $10^{-3} M$ および $10^{-6} M$ であるときの ΔG（$\Delta G°$ ではない）値を求めよ．
    (b) 各々の濃度が上の問題と同じであるときの反応 D + E ⇌ F の ΔG 値を求めよ．
    (c) G が $1 M$, H が $10^{-3} M$ のときの反応 G ⇌ H の ΔG 値を求めよ．

11. **計算** 問題10の（a）と（b）に対する解答を（c）に対する解答と比べよ．
    （a），（b）および（c）に対するあなたの解答は，反応に及ぼす反応物と生成物の濃度の影響についてどう答えているか．

12. **計算** クエン酸 ⟶ イソクエン酸への反応に対する $\Delta G°'$ は，$+6.64$ kJ mol^{-1} = $+1.59$ kcal mol^{-1} である．
    イソクエン酸 ⟶ α-ケトグルタル酸への反応に対する $\Delta G°'$ は，-267 kJ mol^{-1} = -63.9 kcal mol^{-1} である．クエン酸の α-ケトグルタル酸への変換に対する $\Delta G°'$ はいくらか．また，その反応は発エルゴン的か，吸エルゴン的か．理由とともに述べよ．

13. **計算** 反応 A ⟶ B で $\Delta G°'$ が 20 kJ mol^{-1} であるとき，本反応が熱力学的に有利であるためには，基質/生成物比はどうでなければならないか．

14. **計算** 表15.1 に示した有機リン酸化合物は，どれもATPと同じ様式で加水分解反応を受ける．次の式は，グルコース1-リン酸の場合を示している．
    グルコース1-リン酸 + H_2O ⟶ グルコース + P_i
    $\Delta G°' = -20.9$ kJ mol^{-1}
    表15.1 の自由エネルギーの値を用い，次の反応が書かれている方向に進むか否かを予想せよ．また，反応物は当初，1：1のモル比で存

在していると仮定して，各反応に対する $\Delta G^{\circ\prime}$ を計算せよ．
(a) ATP ＋ クレアチン ⟶ クレアチンリン酸 ＋ ADP
(b) ATP ＋ グリセロール ⟶ グリセロール 3-リン酸 ＋ ADP
(c) ATP ＋ ピルビン酸 ⟶ ホスホエノールピルビン酸 ＋ ADP
(d) ATP ＋ グルコース ⟶ グルコース 6-リン酸 ＋ ADP

15. 演習 式 $\Delta G^{\circ\prime} = -RT \ln K'_{eq}$ は，問 3 の情報から $\Delta G^{\circ\prime}$ を得るのに利用できるか．

16. 演習 ΔG° 値が厳密には生化学的な系に適用できないのはなぜか．

15.3 代謝の本質

17. 復習 次の語句を関連する二つの群に分けよ．異化，エネルギー要求性，還元的，同化，酸化的，エネルギー放出性

18. 関連 生命の存在は熱力学の第二法則に反しているとする主張について，Chap. 1 で学んだ概念に，本章で示された考えを加えて，意見を述べよ．

19. 演習 光合成における植物による糖の生成は，発エルゴン的過程あるいは吸エルゴン的過程のどちらであると思うか．その理由についても述べよ．

20. 演習 生体における構成アミノ酸からのタンパク質の生合成は，発エルゴン的過程あるいは吸エルゴン的過程のどちらであると思うか．その理由についても述べよ．

21. 演習 成人は 1 日の間に大量の ATP を合成するにもかかわらず，体重には目立った変化が認められない．また，この間，人体の構造や組成もそれほど変化を示さない．この一見，矛盾している事柄について説明せよ．

15.4 代謝における酸化と還元の役割

22. 復習 次の反応で酸化される分子および還元される分子を特定し，半反応を記せ．
(a) $CH_3CH_2CHO + NADH \longrightarrow CH_3CH_2CH_2OH + NAD^+$
(b) $Cu^{2+}(aq) + Fe^{2+}(aq) \longrightarrow Cu^+(aq) + Fe^{3+}(aq)$

23. 復習 問題 22 の各反応について，酸化剤および還元剤を示せ．

15.5 生物学的に重要な酸化–還元反応に関与する補酵素類

24. 復習 NAD^+，$NADP^+$ および FAD に共通する構造上の特徴は何か．

25. 復習 NADH と NADPH の構造的な違いは何か．

26. 復習 NADH と NADPH の間には反応に及ぼす影響に差があるか．

27. 演習 次の記述のうち，正しいものはどれか．その理由についても述べよ．
(a) すべての補酵素は，電子伝達剤である．
(b) 補酵素は，リンも硫黄も含まない．
(c) ATP を産生することは，エネルギーを貯蔵することである．

28. 演習 ある生化学反応は 60 kJ mol^{-1} (15 kcal mol^{-1}) のエネルギーを転移する．この転移に関与しうる一般的な過程にはどのようなものがあるか．どのような補因子（補助基質）が使われそうか．逆に，使われそうにない補因子は何か．

29. 演習 次の半反応は，代謝において重要な役割を果たしている．

$$\frac{1}{2} O_2 + 2H^+ + 2e^- \longrightarrow H_2O$$
$$NADH + H^+ \longrightarrow NAD^+ + 2H^+ + 2e^-$$

上の反応式のうち，酸化半反応はどちらか．還元半反応はどちらか．また，全反応式を書け．酸化剤（電子受容体）はどれか．還元剤（電子供与体）はどれか．

30. 演習 NAD^+ および FAD が還元されるとき，電子や水素はどこに付加されるのか，図示せよ．

31. 演習 糖質代謝において，グルコース 6-リン酸が $NADP^+$ と反応し，6-ホスホグルコノ-δ-ラクトンと NADPH になる反応がある．

グルコース 6-リン酸   6-ホスホグルコノ-δ-ラクトン

この反応では，どの物質が酸化され，どの物質

が還元されるのか．酸化剤はどの物質か，また，還元剤はどれか．

32. **演習** コハク酸がFADと反応し，フマル酸とFADH$_2$を生じる反応がある．

$$^-OOC-\underset{H}{\underset{|}{\overset{H}{\overset{|}{C}}}}-\underset{H}{\underset{|}{\overset{H}{\overset{|}{C}}}}-COO^- \xrightarrow[FAD]{FADH_2} \underset{H}{\overset{^-OOC}{C}}=\underset{COO^-}{\overset{H}{C}}$$

　　　コハク酸　　　　　　　　　　フマル酸

この反応では，どの物質が酸化され，どの物質が還元されるのか．酸化剤はどの物質か，また，還元剤はどれか．

33. **演習** 一般に異化経路がNADHおよびFADH$_2$を生成するのに対し，同化経路では一般にNADPHが用いられるのはなぜか．

15.6　エネルギーの生成と利用の共役

34. **計算** 問題14（c）の反応を有利な反応にするのに必要な基質濃度を示せ．

35. **計算** 表15.1のデータを用い，次の反応に対する$\Delta G^{\circ\prime}$値を計算せよ．

　　クレアチンリン酸 + グリセロール ⟶
　　　　　クレアチン + グリセロール3-リン酸

（ヒント：この反応は段階的に進行する．ATPの産生は第一段階で起こり，ATPからグリセロールへのリン酸基の転移は第二段階で起こる．）

36. **計算** 表15.1を参考にして，次の反応に対する$\Delta G^{\circ\prime}$値を計算せよ．

　　グルコース1-リン酸 ⟶
　　　　　　　　　　　　グルコース6-リン酸

37. **計算** ATPのAMPと2P$_i$への加水分解では，次の二つの経路のうち，どちらをとっても同じ量のエネルギーが放出されることを示せ．

　経路1　ATP + H$_2$O ⟶ ADP + P$_i$
　　　　　ADP + H$_2$O ⟶ AMP + P$_i$
　経路2　ATP + H$_2$O ⟶
　　　　　　　　　　AMP + PP$_i$（ピロリン酸）
　　　　　PP$_i$ + H$_2$O ⟶ 2P$_i$

38. **計算** アルギニン + ATP ⟶
　　　　　　　　　　ホスホアルギニン + ADP

この反応に対する標準自由エネルギー変化は，+ 1.7 kJ mol^{-1}である．これと表15.1のデータから，次の反応の$\Delta G^{\circ\prime}$を計算せよ．

　　ホスホアルギニン + H$_2$O ⟶
　　　　　　　　　　　　アルギニン + P$_i$

39. **演習** 典型的な細胞においてATPとADPの通常のイオン型はどうなっているか．この知識は，ATPがADPへ変換する反応に対する自由エネルギー変化に何か関係があるか．

40. **演習** ATPのリン酸結合の加水分解の標準自由エネルギー変化（− 30.5 kJ mol^{-1}；− 7.3 kcal mol^{-1}）について，他の有機リン酸化合物（例えば，糖リン酸，クレアチンリン酸）のそれと関連させながら説明せよ．

41. **演習** 友人が，健康食品店で売っているクレアチンサプリメントを見て，その理由を尋ねる．あなたは，友人にどのように説明するか．

42. **演習** ホスファチジルコリンがその構成部分（グリセロール，2個の脂肪酸，リン酸およびコリン）に加水分解されるとき，エントロピーの増大あるいは減少のどちらが起こると思うか．その理由は何か．

43. **演習** ホスホエノールピルビン酸が高エネルギー化合物である理由を説明し，図示せよ．

44. **演習** 極めて有利な反応の一つに，ADPとホスホエノールピルビン酸からのATPとピルビン酸の生成がある．この共役反応に対する標準自由エネルギー変化を示せ．また，次の反応が起こらないのはなぜか．

　　PEP + 2ADP ⟶ ピルビン酸 + 2ATP

45. **演習** 短距離走のような短時間の運動は，乳酸の生成と酸素負債状態を招くことが特徴である．本章で述べたことをもとに，この事実に対する考えを述べよ．

15.7　代謝経路の活性化における補酵素Aの役割

46. **演習** 活性化の過程が，代謝において有用な戦略となっているのはなぜか．

47. **演習** 大きなエネルギー変化を伴う単一の反応よりも，比較的小さなエネルギー変化を伴う数多くの反応から成る経路のほうが起こりやすい分子論的な考え方について述べよ．

48. **演習** チオエステル類が高エネルギー化合物であると見なせるのはなぜか．

49. **演習** いくつかの生化学的経路が，経路の開始に関わる分子に補酵素Aを付加することによって，始まる理由を説明せよ．

50. **演習** これは推測上の問である．もし，補酵素Aの活性部位がチオエステルであるならば，この分子が複雑な構造を有しているのはなぜか．

ANNOTATED BIBLIOGRAPHY / 参考文献

二つの標準的なシリーズ本が個々の代謝経路について詳しく解説している．一つは *The Enzymes*（P. D. Boyer ed., New York: Academic Press）第3版で，1970年からシリーズとして出版されている．もう一つは，*Comprehensive Biochemistry*（M. Florkin and E. H. Stotz eds., New York: Elsevier）で1962年から出版されている．

Atkins, P. W. *The Second Law*. San Francisco: Freeman, 1984. [A highly readable nonmathematical discussion of thermodynamics.]

Chang, R. *Physical Chemistry with Applications to Biological Systems*, 2nd ed. New York: Macmillan, 1981. [Chapter 12 contains a detailed treatment of thermodynamics.]

Fasman, G. D., ed. *Handbook of Biochemistry and Molecular Biology*, 3rd ed., Sec. D, *Physical and Chemical Data*. Cleveland, OH: CRC Press, 1976. [Volume 1 contains data on the free energies of hydrolysis of many important compounds, especially organophosphates.]

Harold, F. M. *The Vital Force: A Study of Bioenergetics*. New York: Freeman, 1986. [Energetic aspects of many important life processes.]

Hinkle, P. C., and R. E. McCarty. How Cells Make ATP. *Sci. Amer.* **238** (3), 104–125 (1978). [Getting old, but a particularly good treatment of energy coupling.]

Prigogine, I., and I. Stengers. *Order out of Chaos*. Toronto: Bantam Press, 1984. [A comparatively accessible treatment of the thermodynamics of biological systems. Prigogine won the 1977 Nobel Prize in chemistry for his pioneering work on the thermodynamics of complex systems.]

CHAPTER 16

糖　質

概　要

16.1　糖：構造と立体化学
　16.1.1　糖の構造的特徴は何か
　16.1.2　糖は環状構造をとるとどうなるか

16.2　単糖の反応
　16.2.1　糖の酸化-還元反応とは何か
　16.2.2　糖の重要なエステル化反応とは何か
　16.2.3　グリコシドとは何か，またそれはどのように形成されるか
　16.2.4　その他の重要な糖誘導体にはどのようなものがあるか

16.3　重要なオリゴ糖
　16.3.1　どうしてスクロースは重要な化合物であるか
　16.3.2　他の二糖でわれわれに重要なものは何か

16.4　多糖の機能と構造
　16.4.1　セルロースとデンプンの違いは何か
　16.4.2　デンプンは一つの構造だけであるか
　16.4.3　グリコーゲンとデンプンの関係は何か
　16.4.4　キチンとは何か
　16.4.5　細胞壁の構造における多糖の役割は何か
　16.4.6　結合組織において多糖類は特異的な役割を果たしているか

16.5　糖タンパク質
　16.5.1　糖質はどのように免疫応答に重要か

パン，穀物，パスタ，果物，野菜は糖質の供給源であり，エネルギーのもととなる．

16.1 糖：構造と立体化学

　糖質 carbohydrate という用語がつくられたとき，それは本来一般式 $C_n(H_2O)_n$ で表される化合物を意味していた．正確には単純糖もしくは**単糖** monosaccharide のみがこの一般式に適合する．オリゴ糖や多糖などのその他のタイプの糖質は，単糖を単位として構成されたものであり，その一般式はわずかに異なる．**オリゴ糖** oligosaccharide は少数（ギリシャ語：*oligos*）の単糖が結合して形成され，**多糖** polysaccharide は多数（ギリシャ語：*polys*）の単糖が互いに結合して形成される．単糖単位が付加して糖鎖が伸長していく反応では，結合が新たにできるごとに1分子の H_2O が失われ，このことが一般式の違いの原因となる．

　普段見られる糖質の多くは多糖であり，動物に見られるグリコーゲン，植物に見出されるデンプンとセルロースはこれに属する．糖質は生化学において多くの重要な役割を果たしている．その第一は主要なエネルギー源であることであり（Chap. 17～20 が糖質の代謝に割かれている），第二はオリゴ糖が細胞表面で起こる種々の生化学的過程，特に細胞間相互作用や免疫認識で重要な役割を演じていることである．さらに，多糖はいくつかの生物種の必須の構造成分である．セルロースは草や木の主成分であり，他の多糖は細菌細胞壁の主成分である．

16.1.1　糖の構造的特徴は何か

　糖質の構成要素は，**単糖**と呼ばれる単純な糖である．単糖はポリヒドロキシアルデヒド（**アルドース** aldose）あるいはポリヒドロキシケトン（**ケトース** ketose）である．最も単純な単糖は3個の炭素原子から成り，トリオース triose と呼ばれる（*tri* は "three" を意味する）．グリセルアルデヒド glyceraldehyde は3個の炭素原子をもつアルドース（アルドトリオース）であり，ジヒドロキシアセトン dihydroxyacetone は3個の炭素原子をもつケトース（ケトトリオース）である．図 16.1 はこれらの分子を示している．

　4個，5個，6個あるいは7個の炭素原子をもつアルドースは，それぞれアルドテトロース，アルドペントース，アルドヘキソースあるいはアルドヘプトースと呼ばれる．対応するケトースは，ケトテトロース，ケトペントース，ケトヘキソースあるいはケトヘプトースである．天然には炭素原子6個の糖（六炭糖）が最も多く存在するが，リボースとデオキシリボースの二つの五炭糖は，それぞれ RNA と DNA の構造中に存在する．四炭糖と七炭糖は，光合成や他の代謝経路で役割を担っている．

　Sec. 3.1 ですでに述べたように，鏡像に重ね合わせることのできない分子があり，これらの分子は互いに**光学異性体** optical isomer（**立体異性体** stereoisomer）であるという．アミノ酸の場合と同様に，不斉（キラル）炭素原子が光学異性を引き起こす原因となる．不斉炭素をもつ最も単純な糖質はグリセルアルデヒドである．これは互いに鏡像の関係にある二つの異性体として存在する［図 16.1(2)，(3)］．この二つの異性体では，中央の不斉炭素に結合したヒドロキシ基の位置が異なることに注目して欲しい（ジヒドロキシアセトンには不斉炭素がなく，重ね合わせることのできない鏡像体は存在し

1 グリセルアルデヒド（アルドトリオース）とジヒドロキシアセトン（ケトトリオース）の比較	$CH_2OH-CHOH-CH{=}O$ グリセルアルデヒド $CH_2OH-\underset{\underset{O}{\|\|}}{C}-CH_2OH$ ジヒドロキシアセトン
2 D-グリセルアルデヒドの構造とD-グリセルアルデヒドの空間充填模型	CHO H—C—OH CH₂OH CHO H—C—OH CH₂OH D-グリセルアルデヒド
3 L-グリセルアルデヒドの構造とL-グリセルアルデヒドの空間充填模型	CHO HO—C—H CH₂OH CHO HO—C—H CH₂OH L-グリセルアルデヒド

エミール・フィッシャー Emil Fischer (1852〜1919) はドイツ生まれの科学者で，1902 年に糖，プリン誘導体，ペプチドの研究でノーベル化学賞を受賞した．

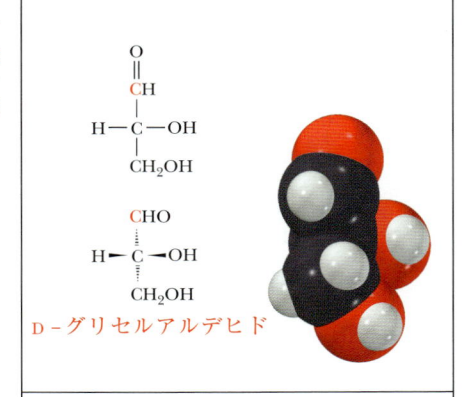

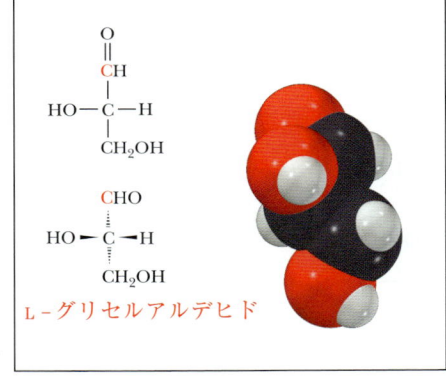

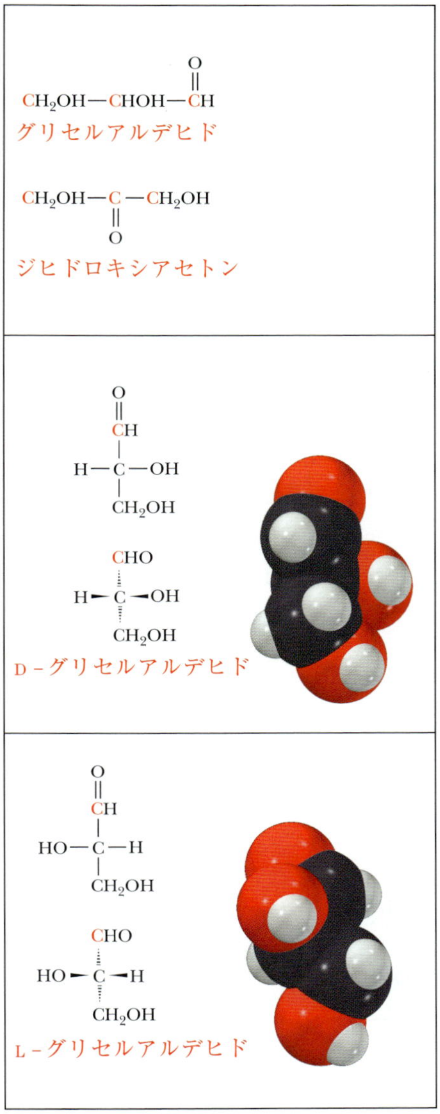

図 16.1
最も単純な糖質である三炭糖の構造
(*Leonardo Lessin/Waldo Feng/Mt. Sinai CORE*)

ない）．グリセルアルデヒドの二つの異性体は D-および L-グリセルアルデヒドとして表される．鏡像立体異性体は**エナンチオマー** enantiomer ともいわれ，D-グリセルアルデヒドと L-グリセルアルデヒドは互いにエナンチオマーの関係にある．立体異性体の三次元構造を二次元で表現するために，ある取決めがなされている．くさび型の破線は見る者から遠ざかる方向，すなわち紙面の下方への結合を表し，くさび型の実線は見る者のほうに向かった結合，すなわち紙面の上のほうに向かった結合を表す．**立体配置** configuration は不斉炭素原子に結合した基の三次元配置であり，立体異性体は互いにその立体配置が異なる．立体化学の DL 表示は広く生化学者に使われている．有機化学者は，より最近の表示である *RS* 表示を使う傾向にある．しかし，その二つの表示法は 1：1 に対応しておらず，

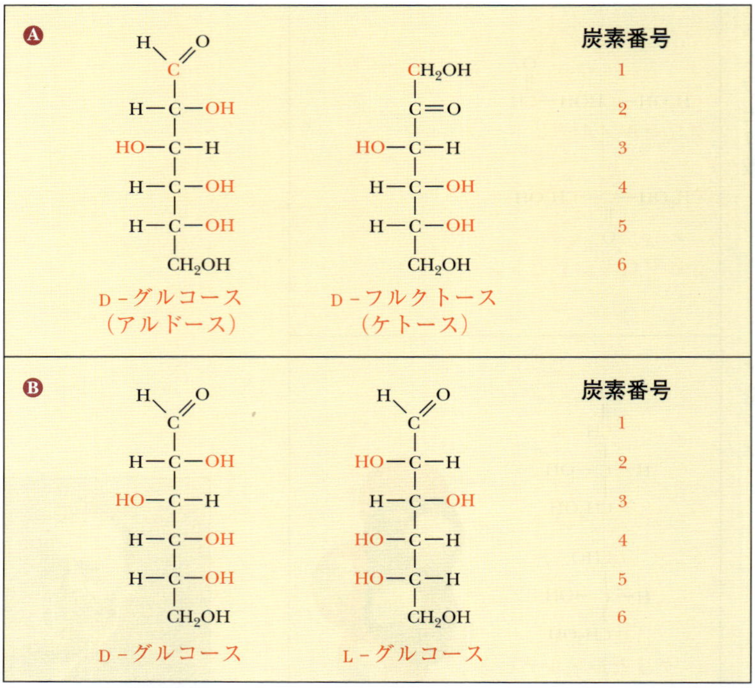

図 16.2
糖における炭素原子の番号
Ⓐ アルドース（D-グルコース）とケトース（D-フルクトース）の例．炭素原子の番号を示している．
Ⓑ D-グルコースとL-グルコースの構造の比較．

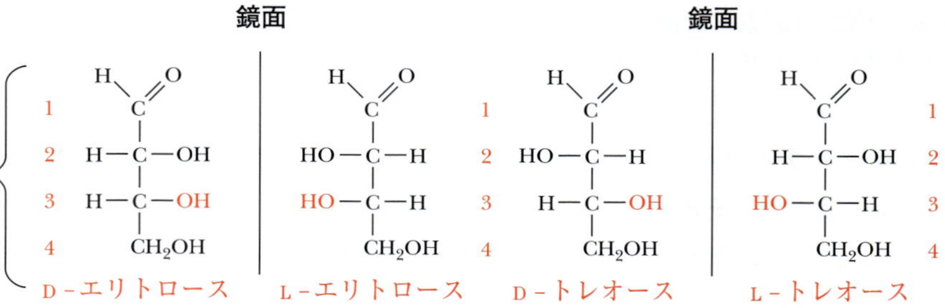

図 16.3
アルドテトロースの立体異性体

Ⓐ ジアステレオマー：D-エリトロースとD-トレオース．

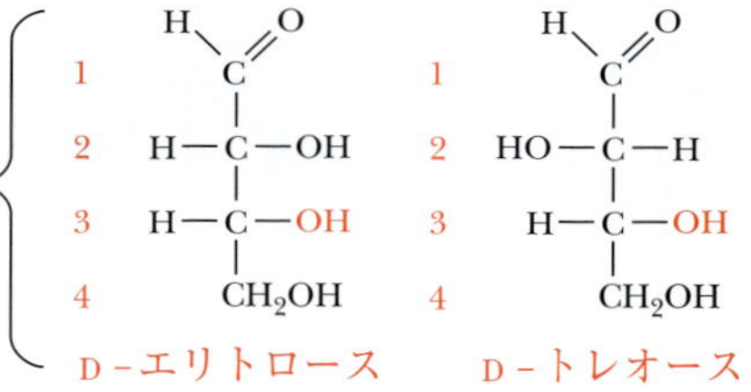

Ⓑ エナンチオマー：D-およびL-エリトロース，D-およびL-トレオース．炭素原子に番号を付けている．DまたはLの呼称は最も番号の大きい不斉炭素原子の立体配置による．

Chapter 16 糖 質

🅐 3〜6個の炭素原子を含むアルドース．炭素原子に番号を付けている．この図は異性体の半分だけを示していることに注意すること．ここに示した各異性体にはエナンチオマー（L系列）が存在するが，ここには示していない．

```
        CHO        1
    H—C—OH        2
       CH₂OH      3
    D-グリセルアルデヒド
```

D-エリトロース　　　　　　　　　D-トレオース

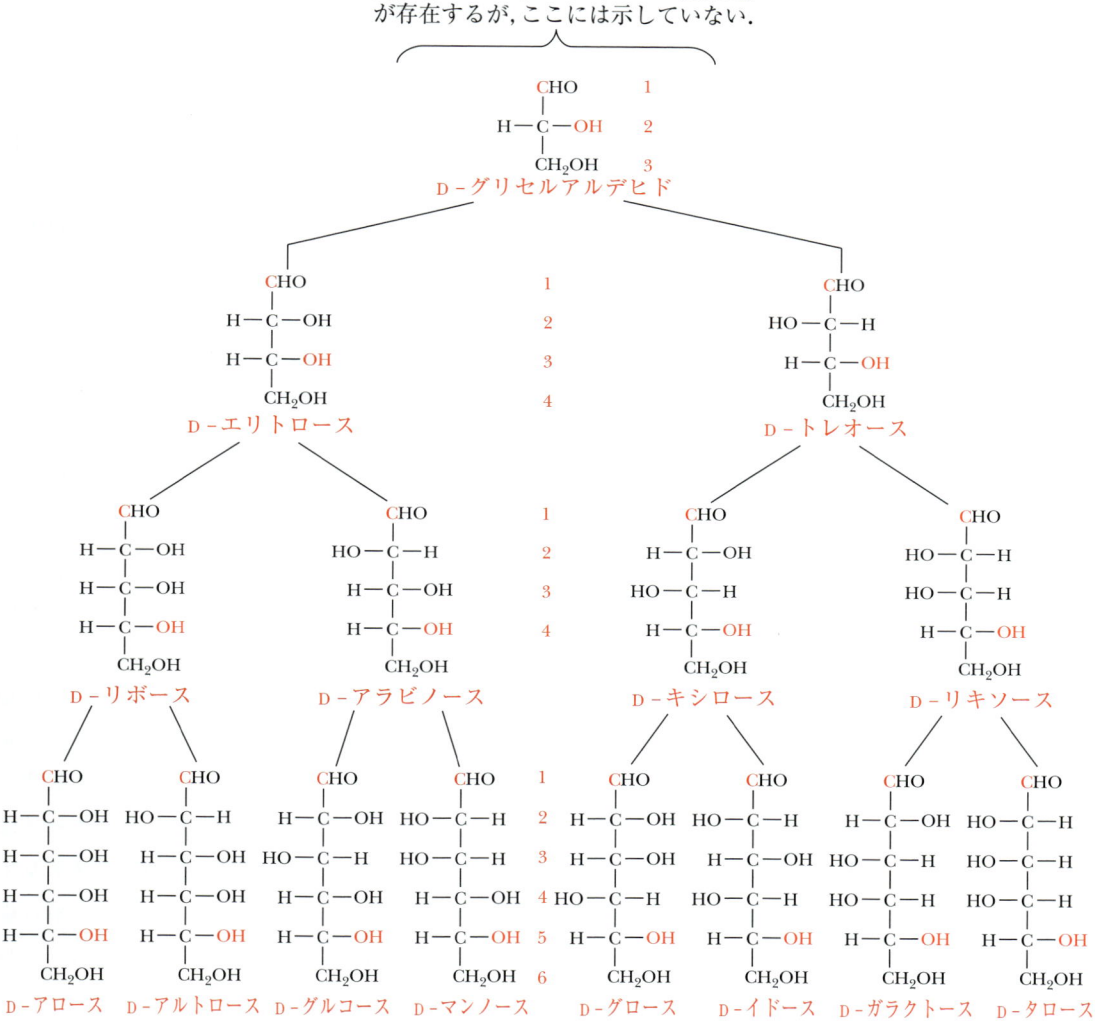

D-リボース　D-アラビノース　　D-キシロース　D-リキソース

D-アロース　D-アルトロース　D-グルコース　D-マンノース　D-グロース　D-イドース　D-ガラクトース　D-タロース

🅑 化学者と同様に数学者も鏡像体間の関係に興味をもった．"アリスの不思議の国の冒険"の著者であるルイス・キャロル Lewis Carroll（C. L. Dodgson）はエミール・フィッシャー Emil Fischer と同時代の人であった．

図 **16.4**

単糖の立体化学的関係

例えばD型異性体がRであったり，Sであったりする．

　グリセルアルデヒドの二つのエナンチオマーは三炭糖の唯一の立体異性体であるが，炭素数が増すと立体異性の可能性は高くなる．立体異性の関係にある分子の構造を示すためには，分子構造の二次元透視図法の取決めについて述べておく必要がある．この図法は，多くの糖の構造を明らかにしたドイツの化学者エミール・フィッシャー Emil Fischer に因んで**フィッシャー投影式** Fischer projection method と呼ばれる．ここでは，実例として一般的な六炭糖を用いて説明する．フィッシャーの投影式において，二次元の紙の上で"垂直"に書かれた結合は三次元においては紙の後ろ側に向かった結合を表し，"水平"に書かれた結合は三次元においては紙面の前方に向いた結合を表す．図 16.2 に示すように，最も酸化の程度が高い炭素（この場合は，アルデヒド基の炭素に相当する）は"一番上"に書かれ，炭素 1 または C-1 と称される．ケトースの場合，ケトン基は C-2 となり，この炭素は"上"から 2 番目である．最も一般的な糖はケトースよりもアルドースであるので，ここでの議論は主としてアルドースに焦点を合わせることにする．他の炭素は"一番上"から順に番号が付けられる．L や D のような立体配置の指定は最も番号の大きい不斉炭素の配置によって決められる．グルコースやフルクトースの場合では，これは C-5 である．D 配置のフィッシャー投影式では番号の一番大きい不斉炭素の右側にヒドロキシ基があり，L 配置では左側にある．グリセルアルデヒドに炭素が付加されて四炭糖になるとどうなるか，いい換えれば，アルドテトロースの可能な立体異性体は何かを考えてみよう．アルドテトロース（図 16.3）は C-2 と C-3 の二つの不斉炭素をもち，2^2 すなわち 4 個の立体異性体が存在する．この異性体のうち二つは D 配置であり，他の二つは L 配置である．二つの D 型異性体は C-3 の配置は同じであるが，もう一方の不斉炭素，C-2 の配置（−OH 基の配置）が異なる．これらの二つの異性体は，D-エリトロースおよび D-トレオースと呼ばれる．これらは互いに重ね合わせることができず，互いに鏡像でもない．このように，重ね合わせられず，鏡像でもない立体異性体を**ジアステレオマー** diastereomer という．二つの L 型異性体は L-エリトロースと L-トレオースである．L-エリトロースは D-エリトロースのエナンチオマー（鏡像）であり，L-トレオースは D-トレオースのエナンチオマーである．L-トレオースは D-および L-エリトロースのジアステレオマーであり，L-エリトロースは D-および L-トレオースのジアステレオマーである．1 個の不斉炭素でのみ立体配置が互いに異なるジアステレオマーは**エピマー** epimer と呼ばれる．例えば，D-エリトロースと D-トレオースはエピマーである．

　アルドペントースは 3 個の不斉炭素をもち，2^3 すなわち 8 個の立体異性体（4 個の D 型と 4 個の L 型）が存在する．アルドヘキソースは 4 個の不斉炭素をもち，8 個の D 型と 8 個の L 型を含む 2^4 すなわち 16 個の立体異性体が存在する（図 16.4）．この立体異性体の中のある種のものは他のものよりも天然に普通に見られ，ほとんどの生化学的な議論はこの天然に普通に見られる糖に集中している．例えば，L 型よりも D 型の糖が天然には多く存在しており，天然，特に食物中に存在する糖のほとんどは 5 個か 6 個の炭素原子を含んでいる．したがって，一般的なエネルギー源である D-グルコース（アルドヘキソース）と核酸の構造で重要な役割を果たしている D-リボース（アルドペントース）について，他の多くの糖よりもより詳しく述べることになる．

16.1.2　糖は環状構造をとるとどうなるか

炭素原子を5個または6個もつ糖は通常，これまでに示してきた直鎖型よりもむしろ環状型の分子として存在している．環状化はC-1とC-5のように離れた炭素の官能基間の相互作用で生じ，環状**ヘミアセタール** hemiacetal（アルドヘキソースの場合）を形成する．環状化のもう一つの可能性はC-2とC-5の間の相互作用であり（図16.5），環状**ヘミケタール** hemiketal（ケトヘキソースの場合）を形成する．いずれの場合においても，カルボニル炭素は**アノマー炭素** anomeric carbon と呼ばれる新しい不斉中心となる．環状型の糖はαとβで示される二つの異なる型をとり，これらを**アノマー** anomer と呼ぶ．

D型糖のα-アノマーのフィッシャー投影式はアノマー炭素の右側にアノマーヒドロキシ基（C-OH）をもち，D型糖のβ-アノマーはアノマー炭素の左側にアノマーヒドロキシ基をもつ（図16.6）．遊離のカルボニル基はα-アノマーかβ-アノマーのどちらかを容易に生成することができ，このアノマーは遊離のカルボニル型を介して一方から他方の型に変換することができる．ある種の生

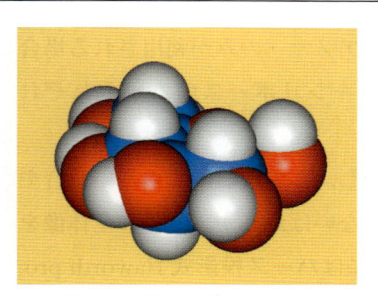

図 16.5
直鎖型のD-グルコースは分子内反応によって環状ヘミアセタールを形成する

図 16.6

グルコースの 3 種の型のフィッシャー投影式
α 型と β 型は直鎖型を介して相互に変換できることに注意すること．C-5 の配置が D 型を決定する．

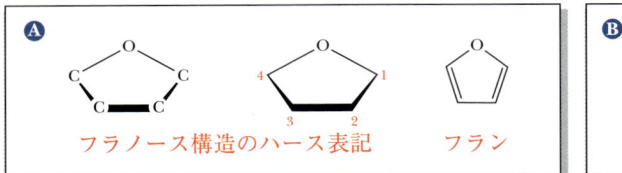

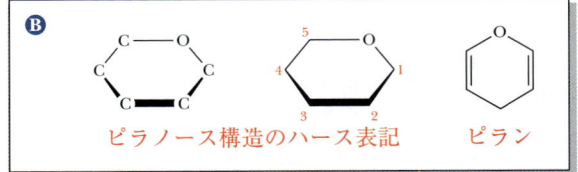

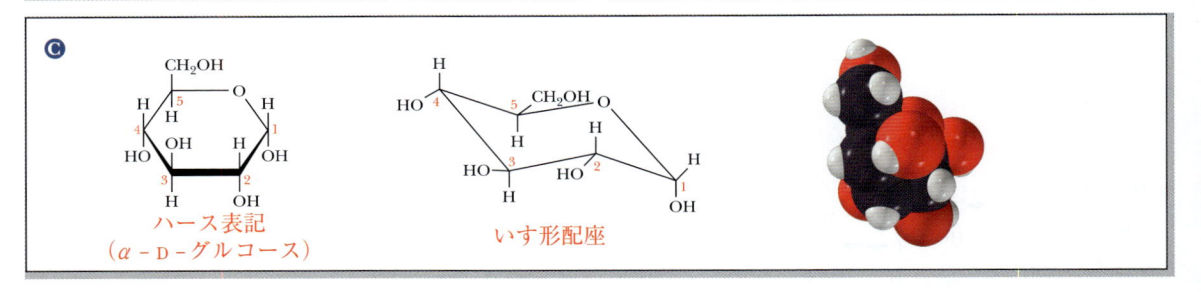

図 16.7

糖構造のハース表記法
Ⓐ フランの構造とフラノースのハース表記との比較．Ⓑ ピランの構造とピラノースのハース表記との比較．Ⓒ α-D-グルコピラノース：ハース表記法（左），いす形配座（中央），空間充填模型（右）．(*Leonard Lessin/Waldo Feng/Mt. Sinai CORE*)

　化学的な分子においてはいずれのアノマーも利用されうるが，一方のアノマーのみが利用される場合もある．例えば，生物体内では β-D-リボースおよび β-D-デオキシリボースのみがそれぞれ RNA および DNA に見出されている．
　フィッシャー投影式は糖の立体化学を論じる上で便利である．しかし，この投影式での長い結合や直角に曲がった姿は環状型における結合様式の実際の様相を示していないばかりか，分子の全体像をも正確に表していない．実際の結合様式や分子の全体像を表す目的には**ハース投影式** Haworth projection formula が最も便利である．ハース投影式では，糖の環状構造は五員環または六員環平面とし

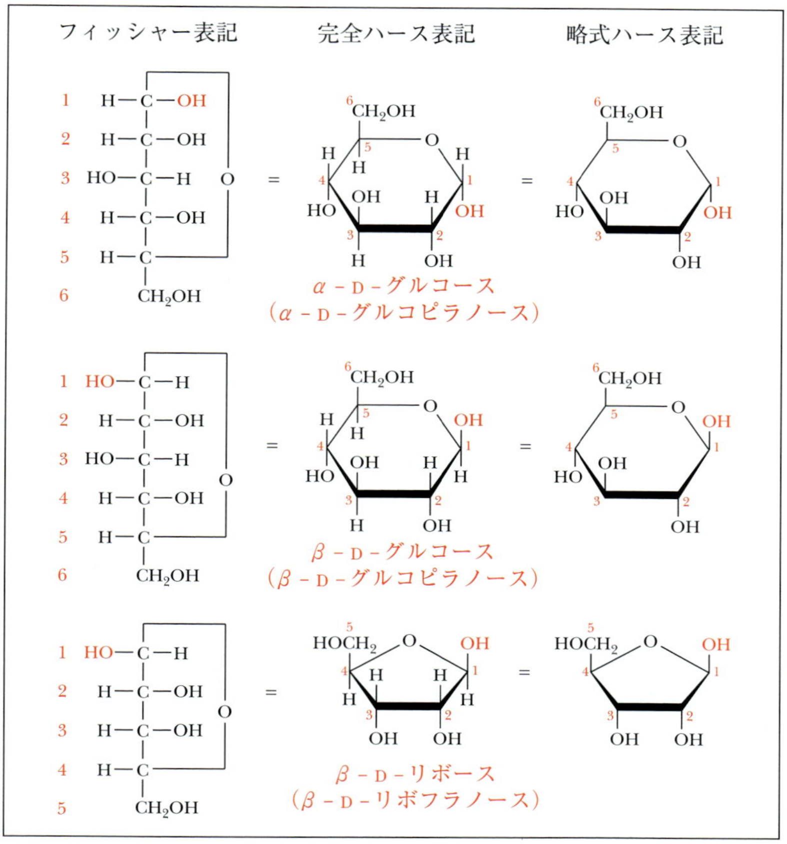

図 16.8

| フィッシャー表記 | 完全ハース表記 | 略式ハース表記 |

α- および β-D-グルコース（グルコピラノース）と β-D-リボース（リボフラノース）のフィッシャー表記法，完全ハース表記法，略式ハース表記法の比較

ハース表記法では，OH 基（赤色）が α-アノマーでは下向きに，β-アノマーでは上向きに表される．

て手前の辺から見た遠近法で示されている．五員環はフランと似ていることから**フラノース** furanose と呼ばれ，六員環はピランと似ているので**ピノース** pyranose と呼ばれる（図 16.7 A，B）．これらの環状式はフラノースのほうがピラノースより実際の分子形に近い．フラノースの五員環は実際にはほとんど平面であるが，ピラノースの六員環は実際には溶液中でいす形配座をとっている（図 16.7 C）．いす形配座は有機化学の教科書で広く見られる．この種の構造は分子認識を議論する場合に特に有効である．いす形配座とハース投影式は同じ情報を表す別の方法である．たとえハース投影式が近似式であったとしても，本書で示す多くの反応において反応物と生成物の構造の簡略表記に有効である．ハース投影式はフィッシャー投影式よりも糖の立体化学をより実際的に表しており，ハースの図はわれわれの目的に適している．たとえ有機化学者がいす形表記のほうを好んでも，生化学者がハース投影式を使うのはそういう理由である．本書での糖の議論にはハース投影式を使用していく．

D 型の糖において，フィッシャー投影式で炭素の右側に描かれた基はハース投影式では下側に描かれ，フィッシャー投影式で左側に描かれた基はハース投影式では上側に描かれる．最も番号の大きい炭素をもつ末端の－CH₂OH 基は上側に示される．このことは，ピラノースである α- および β-D- グルコースとフラノースである β-D-リボースの構造に例示されている（図 16.8）．α-アノマーで

は，アノマー炭素のヒドロキシ基が末端の－CH$_2$OH 基から見てリングの反対側（すなわち下向き）にあることに注目してほしい．β-アノマーでは，それはリングの同じ側（すなわち上向き）にある．フラノースのα-およびβ-アノマーについても同じ規則が成立する．

> **Sec. 16.1 要約**
> - 生化学的に重要なほとんどの糖は5個か6個の炭素をもち，その構造の中にカルボニル基（アルデヒドかケトンの型）といくつかのヒドロキシ基をもつ．
> - 光学異性は単糖の構造を考える上において非常に重要である．天然に見られる重要な糖の多くは，標準化合物である D-グリセルアルデヒドに見られるような D 配置である．
> - ほとんどの糖は五員環か六員環の環状型で存在する．環状化にはカルボニル基が関わり，糖分子にすでに存在していた不斉中心に加え，新たに別の不斉中心が生じる．その結果できる2種類の環状異性体はアノマーと呼ばれ，α と β で示される．

16.2 単糖の反応

16.2.1 糖の酸化-還元反応とは何か

　糖の酸化還元反応は生化学において重要な役割をしている．糖の酸化は生物にその生命過程に必要なエネルギーを供給する．糖質からのエネルギーは，糖が好気過程で CO$_2$ と H$_2$O に完全に酸化されたときに高収率で得られる．糖の完全酸化の逆は CO$_2$ と H$_2$O の糖生成への還元反応であり，この過程は光合成で起こる．

　糖の酸化反応のいくつかは糖を同定するのに利用できるので，それらは研究室での実習において重要である．アルデヒド基が酸化されると，酸としての性質をもつカルボキシ基になる．この反応はアルドースの存在を調べる試験の基礎となるものである．アルデヒドが酸化されるとき，酸化剤は還元されなければならない．アルドースはこの酸化剤の還元反応を行うので**還元糖** reducing sugar と呼ばれる．ケトースもアルドースに異性化するので還元糖である．アルドースの酸化で生成する環状型の化合物を<u>ラクトン</u> lactone（図 16.9 に示すように，カルボキシ基と糖アルコールの一つが結合した環状エステル）という．ヒトにとって非常に重要なラクトンについて，p.602 の《身の周りに見られる生化学》で述べる．

　還元糖の存在を検出するのに，研究室では2種類の試薬が用いられる．その一つはトレンス試薬 Tollens' reagent であり，銀アンモニア複合体イオン，Ag(NH$_3$)$_2^+$ を酸化剤として用いる．もし還元糖が存在すれば複合体イオンの Ag$^+$ が還元され，銀が遊離し，試験管壁に銀鏡ができる（図 16.10）．グルコースを検出する最新の方法は，グルコースに特異的な酵素であるグルコースオキシダーゼを利用した方法である．ただし，この方法では他の還元糖は検出しない．

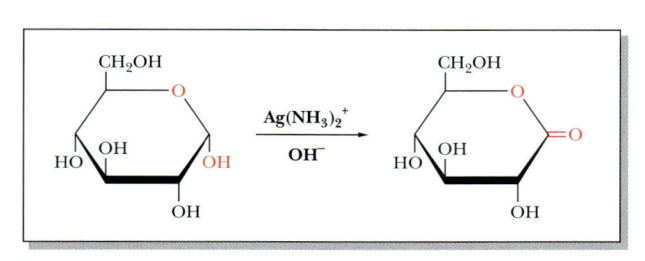

図 16.9
糖のラクトンへの酸化
糖の酸化反応の例：α-D-グルコースのヘミアセタールが酸化されてラクトンを生じる．銀鏡のような遊離銀の沈着は，反応が起こったことを示す．

図 16.10
アルデヒドによる銀鏡
アルデヒドにトレンス試薬を加えると，フラスコの内側に銀鏡ができる．

図 16.11
二つのデオキシ糖の構造
元の糖の構造と比較して示してある．

　酸化された糖のほかに，還元された糖にも重要なものがいくつかある．デオキシ糖 deoxy sugar では，糖のヒドロキシ基の一つが水素原子と置換している．これらのデオキシ糖の一つに L-フコース（L-6-デオキシガラクトース）がある．これは ABO 式血液型抗原を含むある種の糖タンパク質の糖部分に見られる（図 16.11）．糖タンパク質 glycoprotein という名称は，この物質がポリペプチド鎖のほかにある種の糖残基（glykos は"sweet"のギリシャ語である）を含む複合タンパク質であることを示している．デオキシ糖で最も重要なものは DNA に見られる D-2-デオキシリボースである（図 16.11）．

　糖のカルボニル基がヒドロキシ基に還元されると，アルジトール alditol と呼ばれる化合物になる．これはポリヒドロキシアルコールの1種である．この種の二つの化合物，キシリトールとソルビトールはそれぞれキシロースとソルボースという糖の誘導体であり，シュガーレスのチューインガムやキャンディーの甘味料として商業的に重要である．

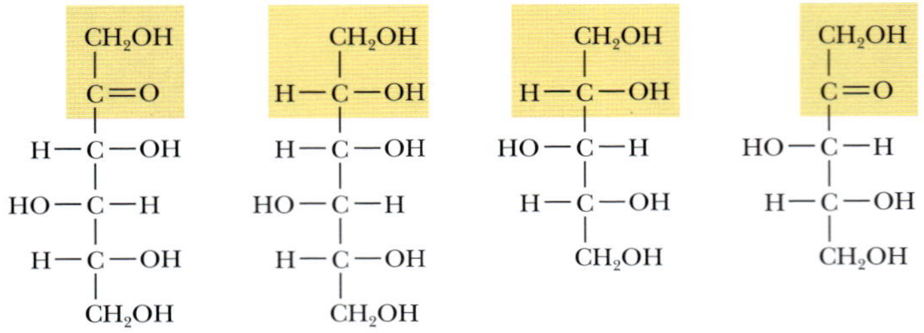

D−ソルボース　D−ソルビトール　D−キシリトール　D−キシルロース

16.2.2　糖の重要なエステル化反応とは何か

　糖のヒドロキシ基は酸や酸の誘導体と反応してエステルをつくる．この意味において，糖のヒドロキシ基は他のすべてのアルコールと同じように振る舞う．リン酸エステルはエネルギーを産生するための糖質の分解過程での通常の中間体であることから特に重要である．リン酸エステルはしばしばATP（アデノシン三リン酸）からのリン酸基転移によって生成され，図16.12に示すように，リン酸化糖とADP（アデノシン二リン酸）を生じる．このような反応は糖代謝において重要な役割を演じている（Sec. 17.2）．

身の周りに見られる生化学　栄養

ビタミンCは糖と関係がある

　ビタミンC（アスコルビン酸）は五員環構造をもつ不飽和ラクトンである．環状エステル結合にかかわっているカルボニル炭素以外の各炭素にはヒドロキシ基が結合している．ほとんどの動物はビタミンCを合成できる．例外はモルモットとヒトを含む霊長類である．そのため，モルモットと霊長類は食物からビタミンCを獲得しなければならない．アスコルビン酸の空気酸化はエステル結合の加水分解を伴い，ビタミンとしての活性を消失させる．したがって，新鮮な食物の摂取不足はビタミンC欠乏症を引き起こし，さらには壊血病を引き起こす（Sec. 4.3）．この疾患においては，コラーゲン構造の欠陥が，皮膚障害ともろい血管の原因となる．ヒドロキシプロリンは，おそらくコラーゲン繊維間の水素結合性架橋によるコラーゲンの安定化に必要である．アスコルビン酸はプロリルヒドロキシラーゼの活性に必須であり，この酵素がコラーゲンのプロリン残基をヒドロキシプロリンに変換する．アスコルビン酸の欠乏は結果的にもろいコラーゲンを生じ，壊血病の症状を引き起こす．

　イギリス海軍は18世紀に，長い航海中での壊血病を防ぐ目的で水兵の食事に柑橘類を加えた．多くの人々は今なおビタミンC摂取のために柑橘類を食べている．

　ジャガイモも，もう一つの重要なビタミンC源である．それはジャガイモがアスコルビン酸を高濃度に含むためだけではなく，大量に食べるためである．

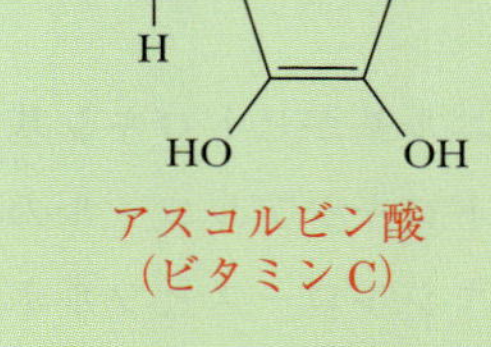

アスコルビン酸
（ビタミンC）

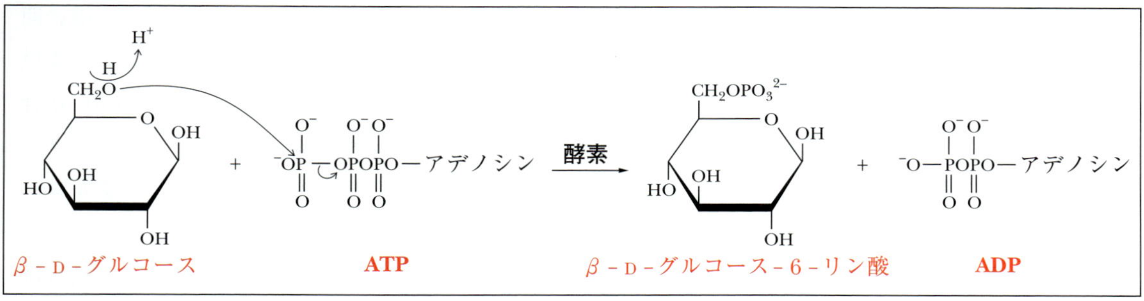

図 16.12
グルコースリン酸エステルの生成
ATPがリン酸基供与体である．酵素はC-6の−CH₂OHとの相互作用を規定する．

16.2.3　グリコシドとは何か，またそれはどのように形成されるか

　アノマー炭素に結合した糖のヒドロキシ基（ROH）は，他のヒドロキシ基（R′−OH）と反応してグリコシド結合（R′−O−R）を形成することができる．グリコシド結合は，元のアルコールに加水分解されるのでエーテルではない（R′−O−R 表記が誤解を招いている）．この反応にはしばしば環状型の糖のアノマー炭素に結合した−OH基が関与する（アノマー炭素は直鎖型の糖のカルボニル炭素であり，環状型では不斉中心になる炭素であることを思い出すとよい）．少し別のいい方をすると，ヘミアセタール炭素はメチルアルコールのようなアルコールと反応し，完全アセタール full acetal またはグリコシド glycoside を生じる（図 16.13）．新たに形成された結合はグリコシド結合 glycosidic bond と呼ばれる．本章で論じるグリコシド結合は O-グリコシドであり，糖はもう一方の分子の酸素原子と結合している（ヌクレオシドやヌクレオチドについて述べた Chap. 9 に出てくるグリコシド結合は N-グリコシドであり，糖は塩基の窒素原子に結合している）．フラノースのグリコシドをフラノシド furanoside といい，ピラノースのグリコシドをピラノシド pyranoside という．

　単糖間のグリコシド結合はオリゴ糖や多糖を形成する基礎となる．グリコシド結合は種々の型をとることができる．ある糖のアノマー炭素は第二の糖のいずれの−OH基とも結合することができ，α- または β-グリコシド結合を形成する．自然界では多くの組合せが見られる．−OH基はそれぞ

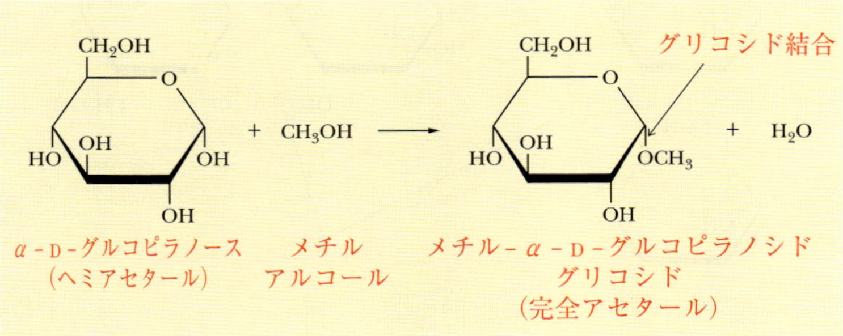

図 16.13
グリコシド形成の例
メチルアルコール（CH₃OH）と α-D-グルコピラノースが反応して，グリコシドを形成する．

れが区別できるように番号が付けられ，この番号付けは炭素原子の番号に従っている．二つの糖の間のグリコシド結合の表記は，結合に関与する糖のアノマー型と互いに結合している二つの糖の炭素原子によって規定される．2個のα-D-グルコース分子の結合にはα(1→4)結合とα(1→6)結合の2通りがある．前者の結合では，第一のグルコース分子のα-アノマー炭素（C-1）が第二のグルコース分子の4番目の炭素原子（C-4）にグリコシド結合している．後者の場合は，第一のグルコース分子のC-1が第二のグルコース分子のC-6に結合している（図16.14）．グリコシド結合のその他の可能性としては，2個のβ-D-グルコース分子間におけるβ, β(1→1)結合がある．この結合は二つのアノマー炭素間，すなわちそれぞれのC-1炭素間で起こるので，両方のC-1のアノマー型を明記しなければならない（図16.15）．

オリゴ糖や多糖がグリコシド結合によって生成するとき，これらの化学的性質は互いに結合した単糖と個々のグリコシド結合（例えば，アノマー型および互いに結合している炭素原子）に依存する．セルロースとデンプンの違いは，構成単位であるグルコース間に形成されるグリコシド結合による．グリコシド結合には多様なものがあるために，直鎖ポリマーや分枝鎖ポリマーが形成される．多糖の一部となった内部の単糖残基がグリコシド結合を2個だけ形成していれば，ポリマーは直鎖となる（もちろん，末端残基のグリコシド結合は1個だけである）．内部の単糖残基は3個のグリコシド結合を

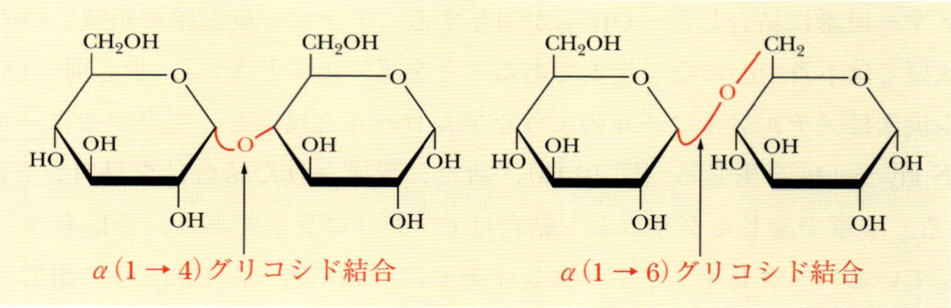

図 16.14
α-D-グルコースの2種の二糖
一方がα(1→4)結合を，他方がα(1→6)結合をもつために，これらの2種の化学物質の性質は異なる．

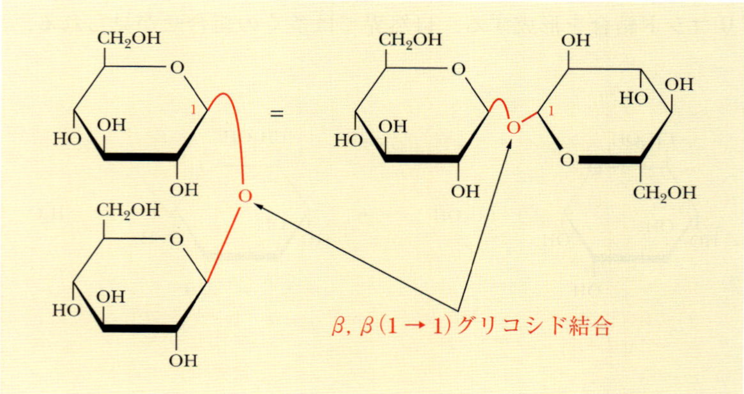

図 16.15
β-D-グルコースの二糖
両方のアノマー炭素（C-1）がグリコシド結合に関わっている．

形成することができ，この場合は分枝鎖構造を形成する（図 16.16）．

　グリコシドに関して別の観点から述べておく必要がある．すでに述べてきたように，アノマー炭素はしばしばグリコシド結合にかかわり，糖 ― 特に，還元糖 ― を検出する試験はアノマー炭素の官能基の反応による．一方，オリゴ糖の内部のアノマー炭素は遊離型ではなく，還元糖の試験で陽性を示すことはない．もし末端糖残基のアノマー炭素がグリコシド結合せず，遊離のヘミアセタールであ

Ⓐ 直鎖ポリグルコースはアミロースに見られる．グリコシド結合はすべて $\alpha(1 \to 4)$ 結合である．

Ⓑ 分枝鎖ポリマーはアミロペクチンとグリコーゲンに見られる．分枝鎖ポリグルコースの分枝点でのグリコシド結合は $\alpha(1 \to 6)$ であるが，鎖に沿ったグリコシド結合はすべて $\alpha(1 \to 4)$ 結合である．

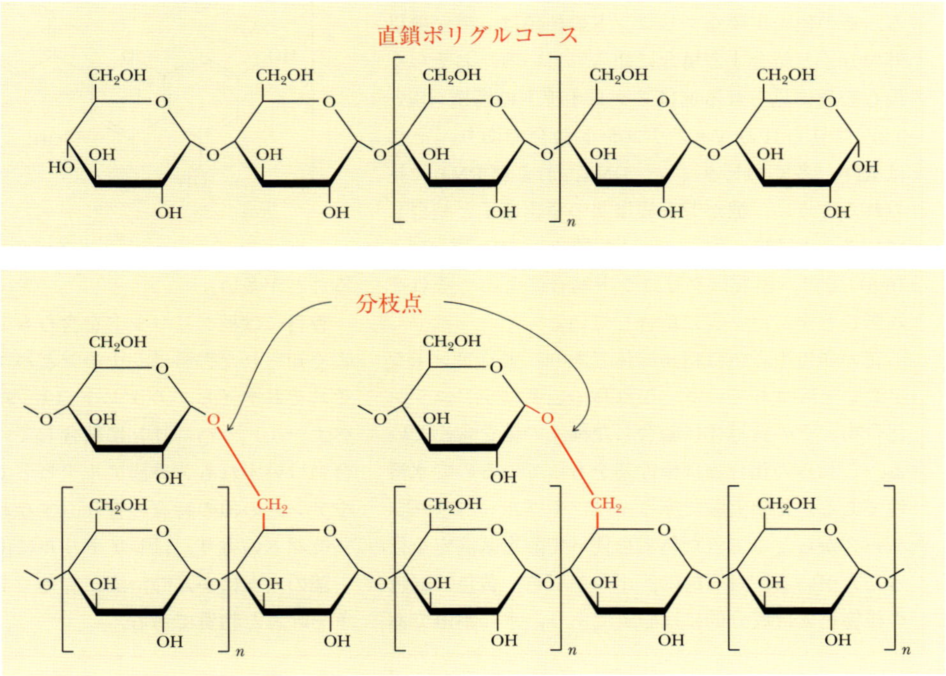

図 16.16
α-D-グルコースの直鎖および分枝鎖ポリマー
直鎖ポリグルコース．

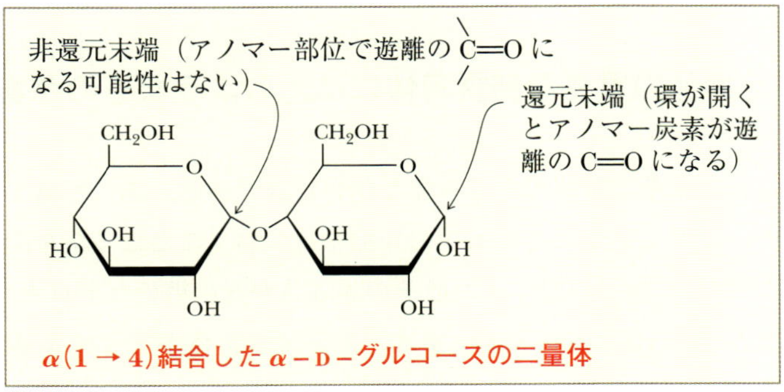

図 16.17

還元糖

遊離のヘミアセタール末端をもつ二糖は，遊離のアノマーアルデヒドのカルボニル基あるいは還元力をもつアルデヒド基が存在するので，還元糖である．

身の周りに見られる生化学　植物科学

フルーツ，花，目立つ色，そして薬の使用

　ショ糖，デンプン，およびその他の糖のポリマーでは O-グリコシド結合が糖と糖をくっつけている．その他の主要なグリコシドの種類は，糖が糖以外の分子と結合する場合に知られている．おそらく最も普通に見られる例はヌクレオチドの構造（Sec. 9.2）に見られる N-グリコシド結合であり，それは ATP，多くのビタミン，DNA，および RNA に見られるように，糖が芳香族塩基の窒素原子と結合している．糖脂質（Sec. 8.2）や糖タンパク質（Sec. 16.5）では，糖質はグリコシド結合によってそれぞれ脂質とタンパク質に結合している．

　花の赤色や青色は糖誘導体であり，よくアントシアニンと呼ばれている．これらの色素はシアニジン化合物とその誘導体に結合した種々の糖を含んでいる．これらの化合物は極性基をもっているので水溶性である．化学実験で赤キャベツやブルーベリージュースからとってきた色素を使って酸塩基滴定を行った人がいる．対照的に，オレンジ色，黄色，緑色の植物色素は成分的には脂質であり，水に不溶であ

塩化シアニジン

ることが多い．

　香料には糖グリコシドを含むものが多い．二つのよく知られた香料はシナモンとバニラであり，糖はそれぞれケイヒアルデヒド（3-フェニル-2-プロペナール）とバニリンに結合している．これらの化合物はいずれも芳香族アルデヒドである．モモの仁やアンズの種の特有の香り（すなわち苦みのあるアーモンドの香り）はレアトリルに由来する．これは一部の人々にがんの治療に有効であると提案され論争を呼んだ物質である．

るならば，還元糖の試験は陽性になる（図 16.17）．しかし，このような試験では検出レベルが重要な問題となる．高分子の多糖を数分子（各分子は 1 個の還元末端をもつ）だけ含む試料では検出に十分な還元末端がないので，試験は陰性となる．上記の《身の周りに見られる生化学》ではグリコシド結合を含んだいくつかの興味深い化合物について記述している．

16.2.4 　その他の重要な糖誘導体にはどのようなものがあるか

　アミノ糖 amino sugar は単糖に関連のある重要な化合物群である．ここではアミノ糖生成の化学にまでは踏み込まないが，これらについての多少の知識を得ておくことは多糖を論ずるときに役立つであろう．アミノ糖では，アミノ基（$-NH_2$）またはその誘導体が元の糖のヒドロキシ基と置換している．N-アセチルアミノ糖 N-acetyl amino sugar では，アミノ基自体がアセチル基（CH_3-CO-）を置換基としてもっている．

　N-アセチル-β-D-グルコサミンとその誘導体である N-アセチル-β-ムラミン酸の二つが特に重要である．N-アセチルムラミン酸はさらにカルボン酸側鎖ももっている（図 16.18）．これらの 2 種の化合物は細菌細胞壁の成分である．N-アセチルムラミン酸の立体配置が L 系列と D 系列のい

医学的に重要な物質にはその構造の一部にグリコシド結合をもっているものが多い．心臓の不整脈に処方されるジギタリスは糖の結合したいくつかのステロイド複合体の混合物である．レアトリルはグルクロン酸にグリコシド結合したベンズアルデヒド誘導体であり，一時はおそらくシアン部分が，急激に増殖するがん細胞に対して毒性を示し，がんと戦うと考えられていた．しかし，この治療はアメリカでは認可されていない．シアン化物がその効果よりもっと大きな副作用を引き起こす可能性が高いからである．米国立がん研究所はこの問題に関するウェブサイトを公開している（URL は http://cancer.gov）．

ケイヒアルデヒド

バニリン

レアトリル

キツネノテブクロは重要な心臓疾患治療薬であるジギタリスをつくる．

ずれに属するかについては明記せず，α-アノマーかβ-アノマーかについても明記しない．このような省略表現はβ-D-グルコースとその誘導体で普通の習慣になっており，D型の立体配置とβ-アノマー型が一般的であるので，特別の目的がある場合を除いて，それらを常に明記する必要はない．アミノ糖の議論は通常，構造がよく知られている 2，3 の化合物に限られているので，アミノ基の位置もまた明記しない．

N-アセチル-β-D-グルコサミン　　N-アセチルムラミン酸

図 16.18

N-アセチル-β-D-グルコサミンと N-アセチルムラミン酸の構造

Sec. 16.2 要約

- 糖は，エステルの形成と同様に酸化反応を起こすことができる．
- 単糖が結合してオリゴ糖や多糖を形成するのはグリコシド結合による．それは一つの糖のヒドロキシ基が別の糖のヒドロキシ基と結合を形成してできる．そのとき結合するヒドロキシ基の一つは通常アノマー炭素のヒドロキシ基である．グリコシド結合ではいくつかの異なった立体化学的な結合様式が可能であり，このようにして形成された物質の機能に重要な結果を与える．

16.3 重要なオリゴ糖

　糖のオリゴマーは，二つの単糖分子がグリコシド結合で連結して生成した**二糖** disaccharide としてしばしば見出される．オリゴ糖で最も重要なものはスクロース（ショ糖）sucrose, ラクトース lactose, マルトース maltose の3種の二糖である（図 16.19）．他の二糖のイソマルトース isomaltose

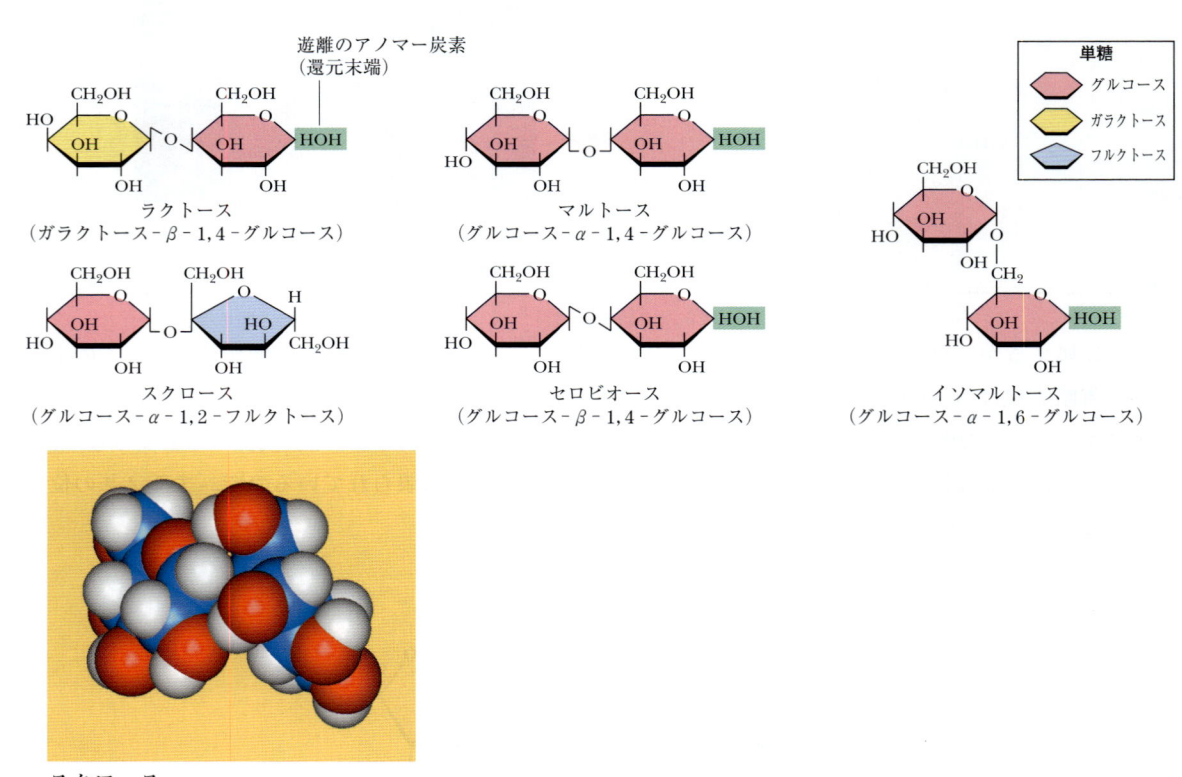

図 16.19

重要な二糖類の構造
－HOH の表記は立体配置が α または β のいずれかであることを意味する．D 型の糖がこのような表示で －OH が環の上側にあればその立体配置は β と呼び，－OH が環の下側にあれば α と呼ぶ．スクロースには遊離のアノマー炭素原子がない．

とセロビオース cellobiose は比較のために示してある．

16.3.1 どうしてスクロースは重要な化合物であるか

　スクロース sucrose は普通の食卓用の砂糖であり，サトウキビやサトウダイコンから抽出される．スクロースを構成する単糖は α-D-グルコースと β-D-フルクトースである．グルコース（アルドヘキソース）はピラノースであり，フルクトース（ケトヘキソース）はフラノースである．グルコースの α C-1 炭素はフルクトースの β C-2 炭素にグリコシド結合で結合しており，$\alpha, \beta(1 \to 2)$ と表記される（図 16.19）．スクロースは両方のアノマー基がグリコシド結合にかかわっているので，還元糖ではない．遊離のグルコースは還元糖であり，遊離のフルクトースもまた，直鎖型ではアルデヒドではなくケトンであるが，還元反応は陽性を示す．フルクトースおよび一般のケトースは複雑な再配列反応を経てアルドースに異性化するので，還元糖として作用する（この異性化の詳細を問題にする必要はない）．

　動物がスクロースを摂取すると，スクロースはグルコースとフルクトースに加水分解され，その後エネルギーを産生する代謝過程で分解される．ヒトはスクロースを大量に消費するが，この過剰摂取は健康問題にかかわってくる．このことは他の甘味料を調査・探索させることになり，これらの研究から提案された甘味料の一つはフルクトースそれ自体である．フルクトースはスクロースよりも甘く，そのためスクロースより少量で同じ甘味が得られ，カロリーも少ない．したがって，高フルクトース含有コーンシロップが調理用としてしばしば使用される．フルクトースの存在は食品の舌触りを変えるが，この変化に対する受け止め方は消費者の好みによる傾向にある．人工甘味料は実験室でつくられたものであり，有害な副作用をもつのではないかとしばしば疑われている．次の論争が甘味に対する人間の切望を雄弁に証明している．例えば，サッカリン saccharin はサイクラミン酸塩と同様に，実験動物で発がん性のあることが見出されたが，これらの結果をヒトの発がんに当てはめることには一部の人々によって異論が唱えられた．アスパルテーム（NeutraSweet：Sec. 3.5）は，特にフェニルアラニンの代謝異常（p.101 の《身の周りに見られる生化学》を参照）のある人々には神経学的な障害を引き起こすのではないかと考えられている．

　他の人工甘味料としてスクロースの誘導体がある．それはスクラロースと呼ばれ，スプレンダ Splenda という商標で販売されており，二つの点でスクロースと異なる（図 16.20）．最初の違いは，三つ

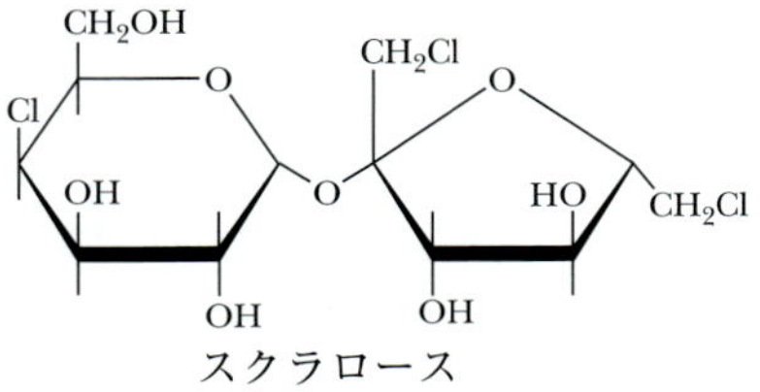

図 16.20

スクラロースの構造
スクラロース（商標名はスプレンダ Splenda）は三つのヒドロキシ基が塩素原子で置換されている点でスクロースと違っている．

のヒドロキシ基が三つの塩素原子で置換されていることである．第2の違いは，六員環ピラノースであるグルコースの4位の立体配置が逆になっており，ガラクトースの誘導体である．塩素原子で置換された三つのヒドロキシ基は，フルクトース分子の1位と6位の炭素，およびガラクトース分子の4位の炭素に結合している．スクラロースは体内で代謝されないので，カロリーを産出しない．現在までに行われた試験や間接的な証拠から，安全な糖の代用品であるので，近い将来広く使用されるようになると思われる．今後，議論を伴いながら太らない甘味料の探索が続いていくことが予想される．

16.3.2　他の二糖でわれわれに重要なものは何か

ラクトース lactose（下記の《身の周りに見られる生化学》を参照）は β-D-ガラクトースと D-グルコースからなる二糖である．ガラクトースはグルコースの C-4 エピマーである．いい換えれば，グルコースとガラクトースの違いは C-4 の立体配置が逆になっていることである．グリコシド結合は β 型ガラクトースのアノマー炭素 C-1 とグルコースの C-4 炭素との間の $\beta(1 \rightarrow 4)$ 結合である（図16.19）．グルコースのアノマー炭素はグリコシド結合にかかわらないので，α 型も β 型も存在する．ラクトースの2種のアノマー型はグルコース残基のアノマー型に基づいて明記される．ガラクトース

身の周りに見られる生化学　栄養

ラクトース不耐症：なぜ人々は牛乳を飲みたがらないのか

ヒトはいくつかの理由で牛乳や乳製品に過敏になる．糖不耐症はある種の糖を消化できないか，代謝できないことによって起こる．この問題は免疫応答（Sec. 14.5）を伴う食物アレルギーとは異なる．不耐症は，通常，食事中の糖に対して反応できないことによって起こるのに対して，アレルギーは牛乳などに含まれるタンパク質によって引き起こされる傾向にある．糖不耐症のほとんどが酵素の欠損や欠陥によるので，これは先天性代謝異常のもう一つの例である．

ラクトースはミルク中に存在するので，乳糖 milk sugar ともいわれる．ある種の成人では，小腸絨毛の酵素ラクターゼが欠損しているため，乳製品を摂取すると二糖の蓄積を引き起こす．これはこの酵素が，ラクトースを絨毛から血液中に吸収することのできるガラクトースとグルコースに分解するのに必要なためである．この酵素がないと，小腸に蓄積したラクトースは腸内細菌のラクターゼの作用を受け（絨毛の好ましいラクターゼとは対照的に），水素ガス，二酸化炭素，有機酸を生成する．細菌ラクターゼの作用によるこれらの生成物は未分解のラクトースと同様に，鼓腸や下痢などの消化障害を引き起こす．さらに，余分な細菌の増殖の副産物が小腸に水分を汲み出し，下痢を悪化させる．この疾患は，アメリカ合衆国の白人では約10％に見られるだけであるが，アフリカ系アメリカ人，アジア人，アメリカインディアン，ラテンアメリカ系の人々ではもっと一般的に見られる．

たとえ絨毛ラクターゼが存在し，ラクトースが体内で分解されるとしても，ガラクトースの代謝で別の，しかし関連のある問題が起こることがある．もしガラクトース代謝の最初の反応を触媒する酵素が欠損し，ガラクトースが蓄積すると，ガラクトース血症という状態になる．この病気は乳児にとって深刻な問題となっている．なぜなら，代謝されないガラクトースは細胞内に蓄積し，水酸化糖であるガラ

はラクトースの構造においては β 型が必要であるので，β-アノマーとして存在しなければならない．ラクトースはグルコース部分のアノマー炭素の官能基がグリコシド結合にかかわっていないので還元糖であり，酸化剤と自由に反応する．

マルトース maltose はデンプンの加水分解で得られる二糖であり，α(1→4) 結合した 2 分子の D-グルコース残基で構成されている．マルトースは，セルロースのグリコシド結合の加水分解で得られる二糖であるセロビオース cellobiose と，グリコシド結合の型のみ異なる．セロビオースでは，2 分子の D-グルコースは β(1→4) 結合で結合している（図 16.19）．哺乳動物はマルトースを消化できるが，セロビオースを消化することはできない．酵母，特にビール酵母は，発芽させた小麦（麦芽）のデンプンをまずマルトースに分解し，次いでビールの醸造で発酵させるグルコースにまで分解する酵素をもっている．マルトースは他に麦芽乳のような飲料にも使われている．

Sec. 16.3 要約

- 二糖のスクロースは普通の食卓用の砂糖である．グルコースとフルクトースがグリコシド結合で結合したものである．
- ミルク中に存在するラクトースやデンプンから得られるマルトースは他のよくある二糖である．

クチトールに変換されるからである．ガラクチトールは細胞から漏れ出ることができないので，これらの細胞は水を吸い込み，細胞の膨潤や浮腫を生じ損傷を与える．生まれてまだ完全に発達していない脳が危険な組織である．膨潤した細胞が脳組織を押し潰し，重篤で回復不能な知能遅延を引き起こす．この障害のための臨床検査は費用があまりかからず，アメリカ合衆国のすべての州で法律によって義務づけられている．

これらの二つの問題に対する食事療法は全く異なっている．ラクトース不耐症の人は終生ずっとラクトースを避けなければならない．幸いなことにラクトエイド Lactaid のような錠剤（ラクターゼを主成分とする）を通常の牛乳に加えて乳児用のラクトースやガラクトースを含まない人工乳として利用できる．ヨーグルトや多くのチーズ（特に年数を経たもの）などの真性発酵食品は，発酵の間にラクトースが分解されている．しかし，多くの食品がこのようにして処理されているわけではないので，ラクトース不耐症の人は食物の選択に注意を払う必要がある．

ガラクトース血症の人々にとってラクトエイドのような処理方法はないので，患者は子供時代に牛乳を避けなければならない．幸いなことに，ガラクトースを含まない食事は，単に牛乳を避けるだけで簡単に達成できる．思春期を過ぎれば，ほとんどの患者においてガラクトースの別の代謝経路が働いて大きな問題ではなくなる．牛乳を避けたい人のために，豆乳や米乳のような牛乳に代わるものがたくさんある．現在では，"Starbucks" でも豆乳を使用したラテやモカが提供されている．

これらの製品はラクトース不耐症の人がカルシウム必要量を満たすのを助ける．

16.4　多糖の機能と構造

多くの単糖が一緒に結合している時は多糖と呼ぶ．生物でつくられる**多糖** polysaccharide は通常，非常にわずかな種類の単糖成分で構成されている．1種類の単糖のみから成るポリマーを<u>ホモ多糖</u> homopolysaccharide といい，2種類以上の単糖からなるポリマーを<u>ヘテロ多糖</u> heteropolysaccharide という．グルコースが最も普通の構成単糖である．2種類以上の単糖を成分とするとき，しばしば2種類の単糖分子が繰り返し配列をしている．多糖の特性は構成単糖ならびにその単糖の配列の特徴を反映している．また，多糖でもグリコシド結合の型を明記することが必要である．グリコシド結合の性質が機能を決定するので，種々の多糖を論じるときにその結合の型が重要であることに気づくはずである．セルロースとキチンは β-グリコシド結合をもつ多糖であり，共に構造材料である．デンプンとグリコーゲンもまた多糖であるが，α-グリコシド結合をもつ．これらはそれぞれ植物および動物における貯蔵糖質ポリマーである．

16.4.1　セルロースとデンプンの違いは何か

セルロース cellulose は植物，特に木質と植物繊維の主要な構造成分である．これは β-D-グルコースの直鎖状ホモ多糖であり，すべての糖残基は $\beta(1\to 4)$ グリコシド結合で連結している（図16.21）．1本ずつの多糖鎖は互いに水素結合しており，植物繊維に機械的強度を与えている．動物はセルロースをグルコースに加水分解する<u>セルラーゼ</u> cellulase と呼ばれる酵素を欠いている．この酵素は構造ポリマーに共通なグルコース間の β-結合に作用する．一方，動物が消化できるグルコース間の α-結合は，デンプン starch のようなエネルギー貯蔵ポリマーの特徴である（図16.22）．セルラーゼは細菌に見出される．この細菌には，シロアリのような昆虫やウシやウマのような草食動物の

シロアリとウシは，セルロースを含む食糧を食べる
シロアリは木材のセルロースを消化することができ，ウシは草のセルロースを消化することができる．それは，小腸に棲む細菌が，セルロース中の β-グリコシド結合を加水分解する酵素，セルラーゼを産生するからである．

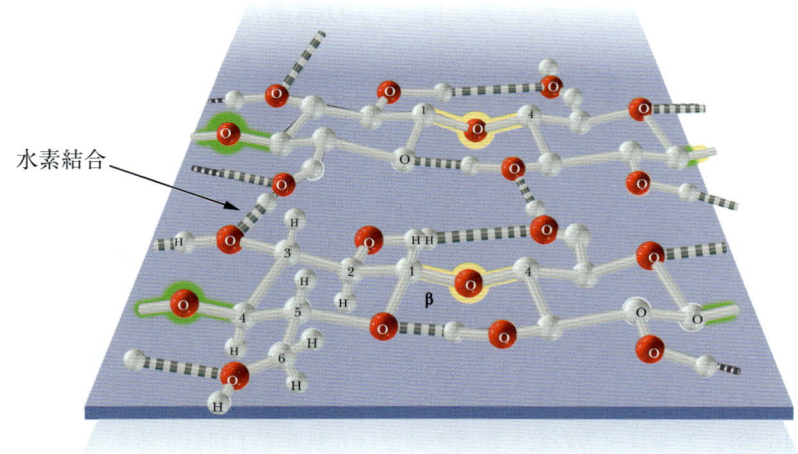

図 16.21

セルロースのポリマー構造

β-セロビオースが繰り返し二糖である．セルロースの構成単体はグルコースの β-アノマーであり，互いに水素結合することのできる長鎖を生じる．

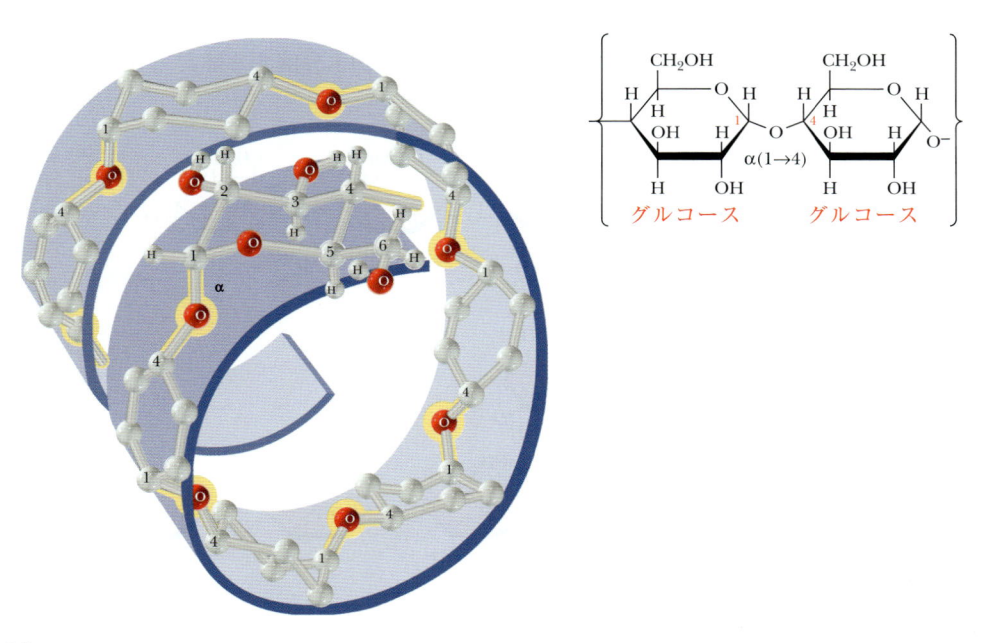

図 16.22

デンプンの構造は，グルコースの α-アノマーに基づいている

デンプンの構成単体はグルコースの α-アノマーであり，らせん状に巻いた鎖を生じる．繰り返し二量体はすべて α(1→4) 結合である．

消化管に棲む細菌も含まれる．ウシやウマが牧草や干し草で生きていくことができるのに，ヒトはなぜそれができないかという疑問に対しては，このような細菌の存在がその理由である．建物の木材部のシロアリによる損傷は，シロアリが木材のセルロースを栄養源として利用できる（消化管に適当な細菌が存在することによる）ために起こるのである．

16.4.2　デンプンは一つの構造だけであるか

糖質はエネルギー源としても重要であり，このことは多糖が代謝過程においても利用されることを示唆している．ここではグルコースの貯蔵手段として働くデンプンのような多糖類について詳しく述べる．

デンプン starch は α-D-グルコースのポリマーであり，一般に植物の細胞質中にデンプン粒として存在する．セルロースでは β-結合であるのに対して，デンプンでは α-結合であることに注目して欲しい．デンプンの種類は分枝鎖の程度によって分類される．**アミロース** amylose はグルコースの直鎖状ポリマーであり，すべての残基が $\alpha(1 \to 4)$ 結合で連結している．**アミロペクチン** amylopectin は分枝鎖ポリマーであり，$\alpha(1 \to 4)$ 結合鎖の途中で $\alpha(1 \to 6)$ 結合で枝分かれしている（図 16.23）．アミロースの最も普通の形態は 6 残基で 1 回転するらせん型である．ヨウ素分子がらせんの内側にぴったりはまり，デンプン-ヨウ素複合体を形成する．これは特徴的な濃青色を呈している（図 16.24）．この複合体の生成はよく知られたデンプンの確認試験法である．アミロペクチンでこのような構造が形成されるかどうかはまだ明らかではない（アミロペクチンやグリコーゲンがヨウ素と反応したときの色は赤褐色であり，青色でないことは知られている）．

デンプンは貯蔵分子であるので，生物がエネルギーを必要とするとき，デンプンからグルコースを遊離する機構がなければならない．植物も動物もデンプンを加水分解する酵素をもっている．α-お

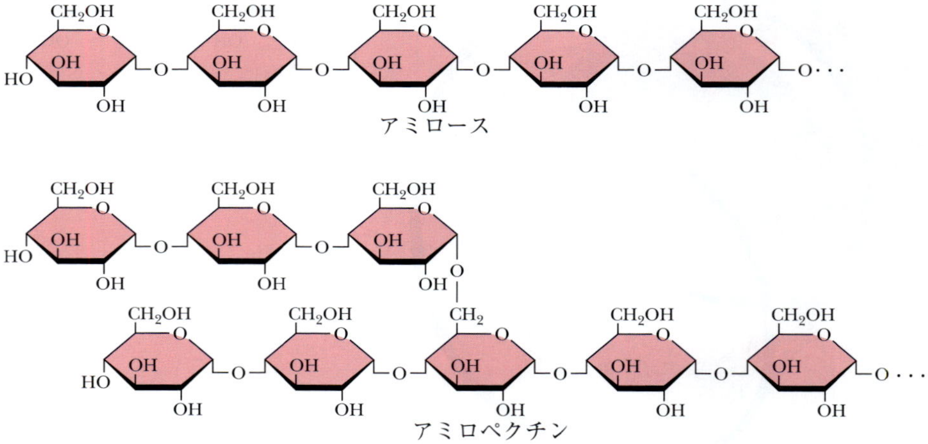

図 16.23

アミロースとアミロペクチンはデンプンの二つの型である
直鎖の結合は $\alpha(1 \to 4)$ 結合であるが，アミロペクチンの分枝鎖は $\alpha(1 \to 6)$ 結合で，結合している．多糖の枝分かれには単糖のヒドロキシ基が関与している．アミロペクチンは高度に枝分かれした構造をとり，12〜30 残基ごとに分枝が存在する．

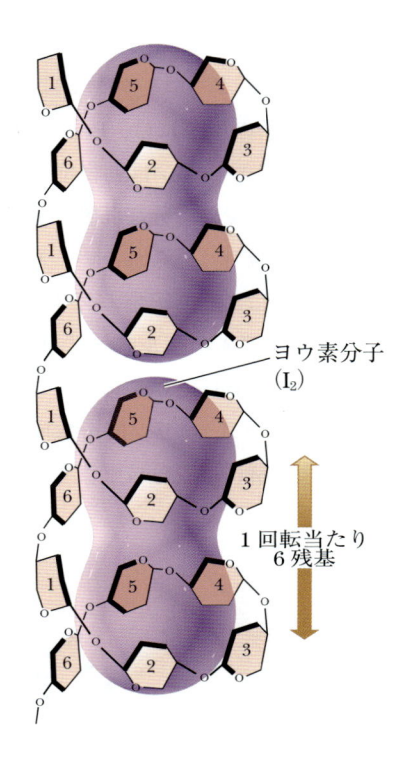

図 16.24

デンプン−ヨウ素複合体
アミロースは6残基で1回転するらせん構造をとっている．デンプン−ヨウ素複合体では，ヨウ素分子はらせんの長軸に平行である．この図には4回転らせんを示している．36残基のグルコースから成る6回転らせん構造が複合体の特徴的な青色を呈するのに必要である．

よび β-アミラーゼ amylase（この場合の α および β はアノマー型を意味しているのではない）という2種の酵素が $\alpha(1\rightarrow 4)$ 結合に作用する．β-アミラーゼは<u>エキソグリコシダーゼ</u> exoglycosidase であり，ポリマーの非還元末端から切断する．グルコースの二量体であるマルトースが反応生成物である．もう一方の酵素，α-アミラーゼは<u>エンドグリコシダーゼ</u> endoglycosidase であり，糖鎖の不特定箇所のグリコシド結合を加水分解し，グルコースとマルトースを産生する．アミロースはこの二つの酵素によって完全にグルコースとマルトースに分解される．しかし，アミロペクチンでは枝分かれしている結合が攻撃されないので，完全には分解されない．しかしながら，<u>脱分枝酵素</u> debranching enzyme が植物にも動物にも存在し，$\alpha(1\rightarrow 6)$ 結合を分解する．これらの酵素がアミラーゼと組み合わさって，両方の型のデンプンを完全に分解する．

16.4.3 グリコーゲンとデンプンの関係は何か

デンプンは植物で生成されるが，動物にもグリコーゲンという類似の貯蔵糖質ポリマーがある．グリコーゲン glycogen は α-D-グルコースの分枝鎖ポリマーであり，この点に関してデンプンのアミロペクチン部分と似ている．アミロペクチンと同様に，グリコーゲンは分枝点で $\alpha(1\rightarrow 6)$ 結合をもつ $\alpha(1\rightarrow 4)$ 結合鎖から成っている．グリコーゲンとアミロペクチンの主な相違点はグリコーゲンの

ほうがより多く枝分かれしていることである（図 16.25）．分枝点はグリコーゲンでは約 10 残基ごとに，アミロペクチンでは約 25 残基ごとに見られる．グリコーゲンでは平均鎖長は 13 グルコース残基であり，12 層の分岐がある．各グリコーゲン分子の中心には，Sec. 18.1 で議論するグリコゲニン glycogenin と呼ばれるタンパク質が存在する．グリコーゲンは動物細胞内に粒状で見出され，植物細胞でのデンプン粒と似ている．グリコーゲン粒は栄養の十分な肝臓や筋肉の細胞で観察される．しかし，正常状態の脳や心臓の細胞など，その他の細胞では見られない．ある種の運動選手，特に長距離ランナーはレース前に大量の糖質を摂取することによって予備のグリコーゲンを蓄積しようとする．生物がエネルギーを必要とするとき，種々の分解酵素がグルコース単位を切り離していく（Sec. 18.1）．グリコーゲンホスホリラーゼ glycogen phosphorylase はこのような酵素の一つであり，分枝鎖の非還元末端から逐次グルコースを切断し，グルコース 1 - リン酸を生成する．その後，これは糖質分解の代謝系に入っていく．グリコーゲンの完全分解には脱分枝酵素もその役割を果たしている．分岐点の

アミロペクチン　　　　　　　　　　グリコーゲン

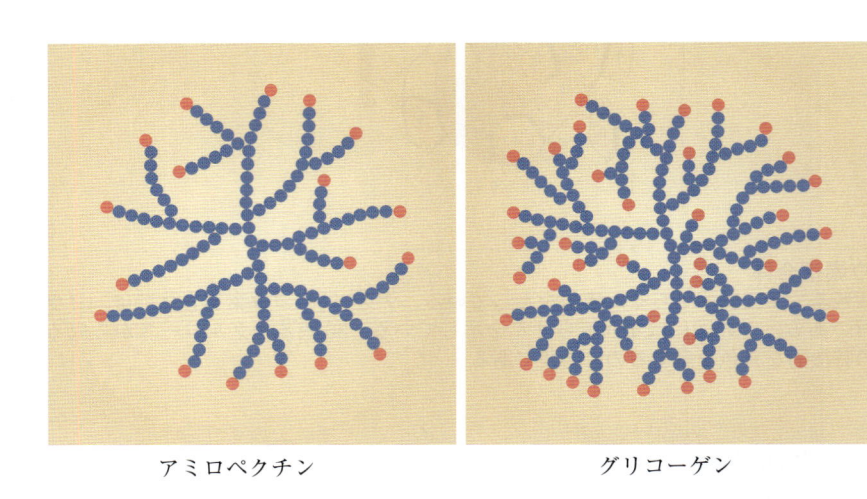

図 16.25

アミロペクチンとグリコーゲンの分岐度の比較

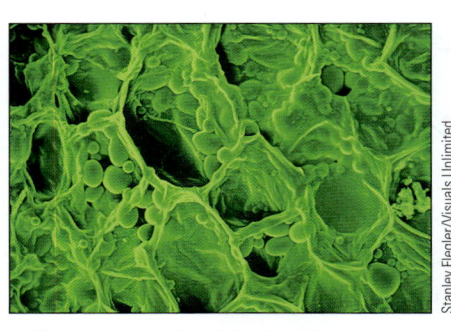

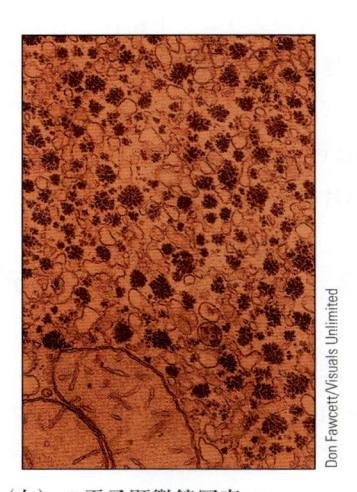

植物のデンプン粒（左）と動物のグリコーゲン粒（右）の電子顕微鏡写真

数は二つの理由で重要である．第一に，分岐の多い多糖ほど水に溶けやすいということである．このことは植物にとってはあまり重要ではないが，哺乳類にとって溶液中のグリコーゲン量は重要である．分枝酵素が通常よりも少ないことによって起こるグリコーゲン蓄積病（糖原病）がある．この場合，生成されたグリコーゲンはデンプンと似ており，溶けにくくなり，筋肉や肝臓でグリコーゲンの結晶を形成する．第二に，生物がエネルギーを緊急に必要とするときに，グリコーゲンホスホリラーゼは分岐が多いほど潜在性の高い標的をもつだろう．そのことが，グルコースのより速い動員を可能にする．一方，このことは植物にはそれほど重要なことではない．したがって，デンプンを高度に分岐させる進化的な圧力は働かなかったのである．

16.4.4　キチンとは何か

　キチン chitin は構造や機能がセルロースに類似した多糖であり，これもすべての糖残基が $\beta(1\rightarrow 4)$ 結合で連結した直鎖状ホモ多糖である．しかし，キチンの構成単糖の化学的性質はセルロースとは異なる．セルロースの構成単糖は β-D-グルコースであるが，キチンのそれは N-アセチル-β-D-グルコサミン N-acetyl-β-D-glucosamine である．N-アセチル-β-D-グルコサミンは C-2 炭素のヒドロキシ基（$-OH$）が N-アセチルアミノ基（$-NH-CO-CH_3$）に置換されており，この点がグルコースと異なる（図 16.26）．セルロースと同様に，キチンは構造的な役割を担い，各ポリマー分子それぞれが互いに水素結合で結合しているので，相当の機械的強度を有している．キチンは昆虫や甲殻類（ロブスターやエビの仲間）のような無脊椎動物の外骨格の主要な構造成分であり，藻類，カビ，酵母の細胞壁にも存在する．

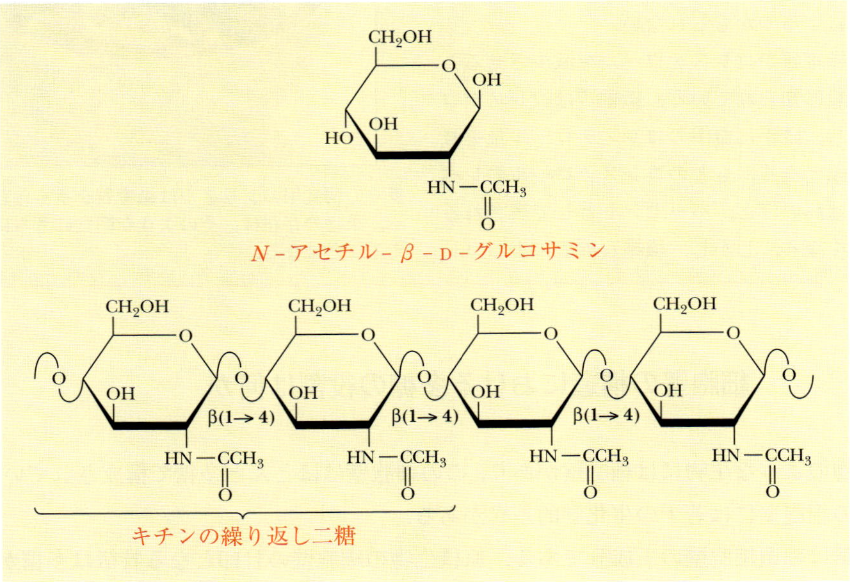

図 16.26

キチンのポリマー構造
N-アセチルグルコサミンが構成単体であり，N-アセチルグルコサミンの二量体が繰り返し二糖である．

身の周りに見られる生化学　健康

なぜ, 食物繊維は身体に良いのか？

　食物中の繊維質は食物繊維と呼ばれる．それは主に複合糖質からできているが，タンパク質成分を含むこともある．水には溶けにくいか，あるいは全く不溶である．繊維質は健康に良いということが最近理解され始めている．われわれは古くから，食物繊維はぜん動運動を刺激し，消化された食物が小腸を通って移動するのを助け，消化管の通過時間を減少させることを知っている．

　食物中や胆汁中に含まれる毒性物質は繊維質に結合して体から排出され，毒性物質が腸下部に害を与えたり，そこで再吸収されたりするのを潜在的に防いでいるのである．高繊維質はまた結腸がんや他のがんを減少させるということが統計的に証明されており，それはまさに繊維質が発がん性の疑われる物質を結合するためであるのに他ならない．高繊維質の食事で他のものを減らすことがその利点であるということもまたもっともである．高繊維質の食事を摂る人たちはまた，より低脂肪で低カロリーを摂る傾向にある．心臓病やがんにおける違いはこのような他の要因によるのかもしれない．

　食事中の繊維質がコレステロールを減少させることは広く一般に知られている．繊維質はコレステロールと結合し，確かに血中のコレステロール量を減少させる原因となる．もとのコレステロールのレベルが高ければ高いほど，パーセントとして表される減少率も高くなる．しかし，繊維質摂取によるコレステロールの低下によって心臓病が減るという明確な証拠はない．

　繊維質には水溶性と不溶性の二つの形態がある．最も普通に見られる不溶性繊維はセルロースであり，レタス，ニンジン，もやし，セロリ，玄米，その他ほとんどの野菜，多くの果皮，ライ麦パンなどに含まれる．不溶性繊維はさまざまな分子と結合するが，その他にも下部の腸で単純にかさばりを形成する．水溶性繊維はアミロペクチンとその他のペクチン類や複合デンプン類を含んでいる．生のまま，あるいは少し加工しただけの食品には，より高い割合で水溶性繊維が含まれている．表面積が増えることによって，これらの繊維質はますます有益になるようである．ぬか（特にオート麦ぬか），大麦，新鮮なフルーツ（皮付き），芽キャベツ，皮付きジャガイモ，豆，ズッキーニなどに多く含まれている．水溶性繊維は非常によく水と結合するので，胃の満腹感を増してくれる．

多くの朝食用のシリアルは繊維質を多く含むとされている．果物の存在は，そのような朝食にさらに繊維質を与えることになる．

16.4.5　細胞壁の構造における多糖の役割は何か

　細菌や植物のような生物には細胞壁があり，この細胞壁はほとんど多糖で構成されている．しかし，細菌と植物の細胞壁には若干の生化学的差異がある．

　ヘテロ多糖は細菌細胞壁の主成分である．原核生物の細胞壁の目印となる特徴は多糖がペプチドによって架橋していることである．多糖の繰り返し単位はセルロースやキチンの場合と同様に，$\beta(1 \rightarrow 4)$ グリコシド結合で連結した二つの糖残基から構成されている．二つの単糖の一方は，キチンに見られる N-アセチル-D-グルコサミンであり，もう一方の単糖は N-アセチルムラミン酸（図

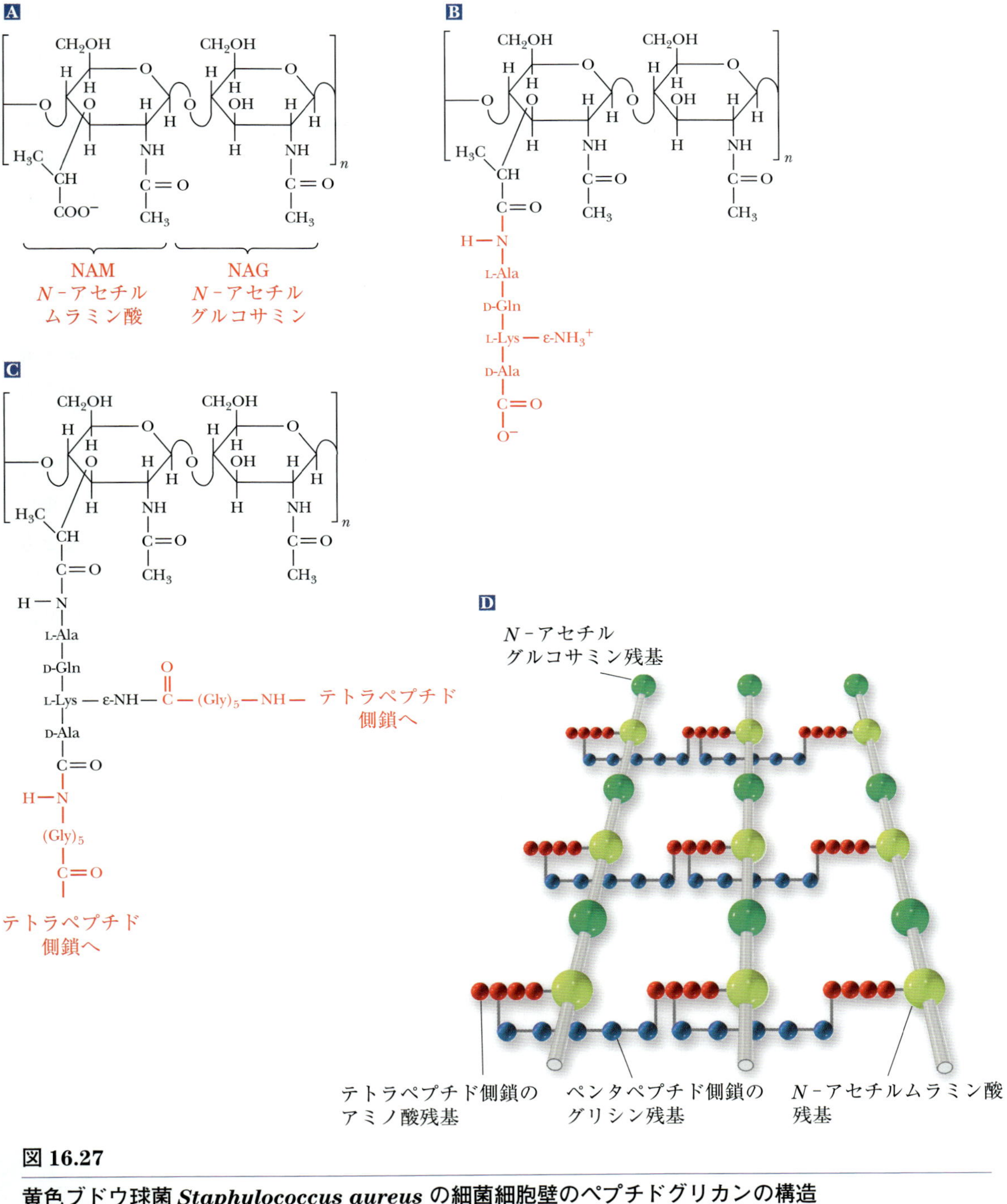

図 16.27

黄色ブドウ球菌 *Staphylococcus aureus* の細菌細胞壁のペプチドグリカンの構造
A 繰り返し二糖．B テトラペプチド側鎖（赤色で示した部分）をもつ繰り返し二糖．C ペンタグリシン（赤色で示した部分）を介した交差結合．D ペプチドグリカンの模式図．糖は大きな丸で表している．赤色の丸はテトラペプチドのアミノ酸残基を表し，青色の丸はペンタペプチドのグリシン残基を表している．

A: NAM (N-アセチルムラミン酸)／NAG (N-アセチルグルコサミン)

B: テトラペプチド側鎖 — L-Ala — D-Gln — L-Lys—ε-NH$_3^+$ — D-Ala — COO$^-$

C: ペンタグリシン (Gly)$_5$ を介した交差結合

D: N-アセチルグルコサミン残基／テトラペプチド側鎖のアミノ酸残基／ペンタペプチド側鎖のグリシン残基／N-アセチルムラミン酸残基

16.27A)である. N-アセチルムラミン酸の構造はC-3のヒドロキシ基（-OH）が乳酸側鎖（-O-CH(CH$_3$)-COOH）で置換されている点でN-アセチルグルコサミンの構造とは異なっている. N-アセチルムラミン酸は原核生物の細胞壁にのみ見出されており，真核生物の細胞壁には見られない．

細菌細胞壁の多糖は小ペプチドで架橋されている．図に示したような最もよく知られた例で説明すると，黄色ブドウ球菌 Staphylococcus aureus の細胞壁では4個のアミノ酸から成るオリゴペプチドがN-アセチルムラミン酸に結合して側鎖を形成しており（図16.27B），このテトラペプチドはそれ自体が別の小ペプチドで架橋されている．この場合の小ペプチドは5個のアミノ酸から成っている．

N-アセチルムラミン酸の乳酸側鎖のカルボキシ基はL-Ala-D-Gln-L-Lys-D-Ala の配列をもつテトラペプチドのN-末端とアミド結合を形成する．細菌細胞壁はD-アミノ酸が自然界で見られる数少ない場所の一つであることを思い出して欲しい．D-アミノ酸とN-アセチルムラミン酸が細菌細胞壁に存在し，植物細胞壁に存在しないことは原核生物と真核生物の間の構造的および生化学的差異を示している．

テトラペプチドは二つの架橋をもち，その両方ともが5個のグリシン残基から成るペンタペプチド，(Gly)$_5$ を介して形成されている．グリシンの五量体はテトラペプチドのC-末端とリシン残基側鎖の ε-アミノ基にペプチド結合している（図16.27C）．この架橋は広範囲に及び，大きな機械的強度をもつ三次元網目構造をつくりだしており，それは細菌細胞壁が非常に破壊されにくい原因となっている．ペプチドによる多糖の架橋で生じた物質は**ペプチドグリカン** peptidoglycan と呼ばれ（図16.27D），ペプチド成分と糖成分の両方をもっているためにそのように名付けられている．

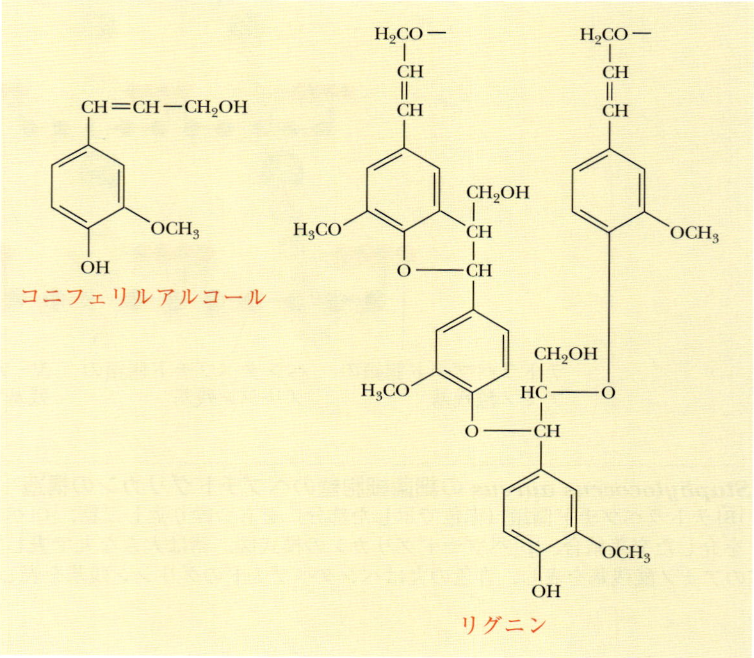

図 16.28

コニフェリルアルコールのポリマーであるリグニンの構造

植物の細胞壁はほとんど**セルロース** cellulose から構成されている．植物細胞壁で見られるもう一つの重要な多糖成分は**ペクチン** pectin であり，これはほとんど D-ガラクツロン酸で構成されているポリマーである．ガラクツロン酸は C-6 のヒドロキシ基がカルボキシ基に酸化されたガラクトースの誘導体である．

D-ガラクツロン酸

ペクチンはヨーグルト，果物の砂糖煮，ジャム，ゼリーのゲル化剤として食品加工産業において重要であり，植物から抽出される．植物細胞壁，特に樹木の主要な非多糖成分は**リグニン** lignin（ラテン語で *lignum*，"wood" の意）である．リグニンはコニフェリルアルコール coniferyl alcohol のポリマーであり，非常に硬く，耐久性のある物質である（図 16.28）．植物細胞壁は細菌細胞壁と異なり，ペプチドやタンパク質を比較的わずかしか含んでいない．

16.4.6　結合組織において多糖類は特異的な役割を果たしているか

グリコサミノグリカン glycosaminoglycan は，繰り返し二糖に基づいて分類された多糖の一種であり，その繰り返し二糖のうちの一つはアミノ糖であり，少なくとも一つの糖は硫酸基またはカルボキシ基に由来する負電荷をもっている．これらの多糖は広範囲にわたるさまざまな細胞の機能にかかわったり，組織に含まれたりしている．図 16.29 は最も普通に見られる二糖の構造を示している．ヘパリンは血液凝固を防ぐのを助ける天然の抗凝血剤である．ヒアルロン酸は眼球の硝子体液や関節の潤滑液の成分である．コンドロイチン硫酸とケラタン硫酸は結合組織の成分である．グルコサミン硫酸とコンドロイチン硫酸は，特にひざにおいて，すり減り損傷した軟骨が元に戻るのを助けるために使われる市販薬として大量に売られている．靱帯を痛めてひざの手術が必要であると勧められた人たちには，最初の 2, 3 か月間症状の改善を期待してこれらのグリコサミノグリカンの処方を受けた人が多い．この処置の効果には疑問があるので，将来どうなるか興味のある問題である．

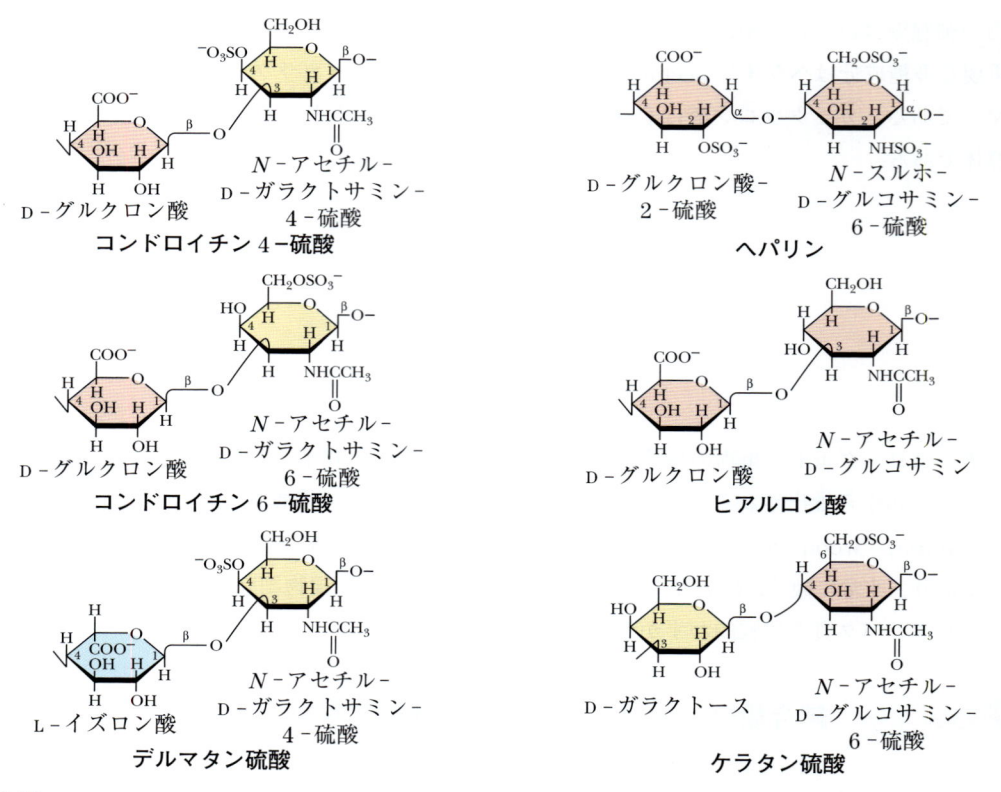

図 16.29
グリコサミノグリカンは繰り返し二糖から形成され，しばしばプロテオグリカンの成分としても見出される

Sec. 16.4 要約
- 多糖は単糖がグリコシド結合で連結してできる．
- デンプンとグリコーゲンは糖のエネルギー貯蔵ポリマーである．
- セルロースとキチンは構造ポリマーである．
- 多糖は細菌と植物における細胞壁の重要な構成成分である．

16.5 糖タンパク質

　糖タンパク質はポリペプチド鎖のほかに糖残基を含んでいる（Chap. 4 参照）．糖タンパク質の最も重要なものは免疫応答に関係するものである．例えば，抗原（生物を攻撃する物質）に結合して固定化する**抗体** antibody は，糖タンパク質である．糖質は**抗原決定基** antigenic determinant として重要な役割をしている．この抗原決定基は抗原分子の一部であり，抗体が認識して結合する部分である．

16.5.1　糖質はどのように免疫応答に重要か

　糖タンパク質のオリゴ糖部分の抗原決定基としての役割は，ヒトの血液型にその例を見ることができる．ヒトにはA，B，ABおよびO型の4種の血液型がある（p.624下の《身の周りに見られる生化学》参照）．これらの血液型の識別は赤血球の表面にある糖タンパク質や糖脂質のオリゴ糖部分によって決まる．このオリゴ糖部分にはすべての血液型でL-フコースが含まれている．L-フコースはデオキシ糖の例として本章の始めのほうで述べている．N-アセチルガラクトサミンはA型血液型抗原のオリゴ糖の非還元末端に見られる．B型血液では，N-アセチルガラクトサミンの代わりにα-D-ガラクトースが存在する．O型血液では，これらの末端残基のいずれも存在せず，AB型血液では両方のオリゴ糖が存在する（図16.30）．

　糖タンパク質は真核細胞の膜においても重要な役割を果たしている．糖鎖は，タンパク質がゴルジ体を通過して細胞表面に到達するまでにタンパク質に付加される．極めて糖質含量が高い（重量当たり85〜90％）糖タンパク質は，**プロテオグリカン** proteoglycan として分類される（Sec. 16.4で出てきた"ペプチドグリカン peptidoglycan"という言葉と似ていることに注意して欲しい）．プロテオグリカンは絶えず合成され分解される．もしプロテオグリカンを分解するリソソームの酵素が欠損すれば，プロテオグリカンが蓄積し，悲惨な結果を生じる．最もよく知られているものの一つはハーラー症候群 Hurler's syndrome という遺伝病であり，蓄積する物質の中に大量のアミノ糖を含んでいる（Sec. 16.2）．この病気は骨格の奇形や重い精神遅滞を引き起こし，幼児期に死亡する．

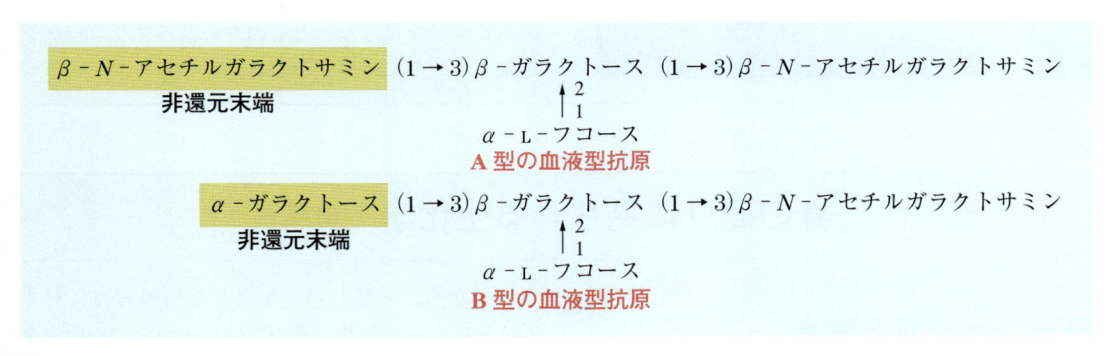

β-N-アセチルガラクトサミン　(1→3) β-ガラクトース　(1→3) β-N-アセチルガラクトサミン
非還元末端
　　　　　　　　　　　　　　　　　　↑2
　　　　　　　　　　　　　　　　　　1
　　　　　　　　　　　　　　　　α-L-フコース
　　　　　　　　　　　　　　A型の血液型抗原

α-ガラクトース　(1→3) β-ガラクトース　(1→3) β-N-アセチルガラクトサミン
非還元末端
　　　　　　　　　　　　　　　　　　↑2
　　　　　　　　　　　　　　　　　　1
　　　　　　　　　　　　　　　　α-L-フコース
　　　　　　　　　　　　　　B型の血液型抗原

図 16.30

血液型抗原決定基の構造

Sec. 16.5 要約
■いくつかのタンパク質には特異的な結合様式をもつ糖鎖が見られる．
■糖タンパク質はしばしば免疫応答において役割をもつ．

身の周りに見られる生化学　栄養

低糖質食品

1970年代には，最も健康に良い食べ物は，脂肪が少なく糖質が多いものであると考えられていた．あまり動かない人だけでなく，性別，年齢を問わず，すべての運動選手にも糖質の大量摂取が大流行した．30年後，考えは一変した．今や"Burger King"に行けばパンの代わりにレタスで巻いたハンバーガーを買うことができる．なぜ以前は健康に良いと思っていたものを人々は避けるのだろうか．答えは生命にとって主要な糖であるグルコースがどのように代謝されるかに関係がある．血中グルコース濃度が上昇するとそれに伴いインスリンの血中濃度も上昇する．インスリンは細胞へエネルギーを供給するため，あるいは血中のグルコース濃度を一定に保つためにグルコースを血中から細胞へと取り込むことを促進する．しかし，今では私たちはインスリンが脂肪の合成や蓄積を促進することや脂肪の燃焼を阻害することなどの不都合な効果をもつことも知っている．

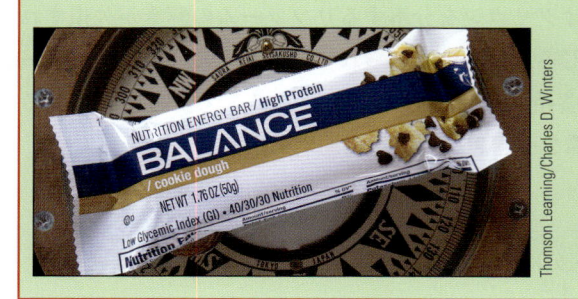

最近の一般的なダイエットとして"ゾーンダイエット"や"アトキンスダイエット"があるが，これらはインスリンの血中濃度が上昇しないように，また脂肪の蓄積が促進されないように糖質の摂取量を低く抑えることに基づいている．最近の"NutriSystem"や"Weight Watchers"などのダイエット法は，"善玉糖質 good carbs"と"悪玉糖質 bad carbs"との違いを"グリセミック指数 glycemic index"を使って示し，糖質の質と量に焦点を当てたものである．どんなダイエット方法であれ，100％確実な方法はないが，多くの医師は体重を減らしたいと思う患者にこのようなダイエット法を指示している．しかし，運動選手の場合は，低糖質食品が運動能力にとって効果的であるかどうかは根拠に乏しい．なぜなら，高糖質食品を摂らないと筋肉や肝臓のグリコーゲンを補充するのに時間がかかるからである．

身の周りに見られる生化学　健康

糖タンパク質と輸血

A型の血液がB型の患者に輸血される場合のように，もし輸血が不適合な血液型の間で行われると，B型の患者はA型血液に対する抗体をもつので抗原–抗体反応が起こる．A型血球の特徴的なオリゴ糖残基が抗原として作用する．抗原と抗体の間で結合反応が起こり，血球は凝集する．B型血液のA型患者への輸血の場合には，A型患者がもつB型血液に対する抗体が同じ結果を引き起こす．O型血液はいずれの抗原決定基ももたない．そのため，O型の人は誰にでも血液を提供することができる．しかしながら，O型の人はA型とB型の両方に対する抗体をもっており，そのために誰からでも血液を受け取れるわけではない．AB型の人は両方の抗原決定基をもち，結果としていずれの型の抗体も産生しない．したがって，AB型の人は誰の血液でも受け入れることができる．

輸血の相互関係

血液型	保有する血液型抗体	受血できる血液型	供血できる血液型
O	A, B	O	O, A, B, AB
A	B	O, A	A, AB
B	A	O, B	B, AB
AB	なし	O, A, B, AB	AB

SUMMARY 要約

- **糖の構造的特徴は何か** 最も単純な糖質は単糖であり，これは1個のカルボニル基と2個以上のヒドロキシ基をもつ．生化学によくでてくる単糖は3〜7個の炭素原子をもつ糖である．糖は1個以上のキラル中心をもち，立体異性体の立体配置はフィッシャーの投影式で表される．

- **糖は環状構造をとるとどうなるか** 糖は主に直鎖型よりむしろ環状型分子として存在する．ハース投影式は，糖の環状型の表現法としてはフィッシャーの投影式よりも実際的な方法である．五炭糖または六炭糖では多くの立体異性体が可能である．しかし，自然界にはこの可能性のうちのほんの一部が見られるだけである．

- **糖の酸化-還元反応とは何か** 単糖はさまざまな反応を受けることができる．酸化反応によって重要な官能基がつくられる

- **糖の重要なエステル化反応とは何か** 糖のリン酸エステル化反応は，糖代謝において重要な役割がある．

- **グリコシドとは何か，またそれはどのように形成されるか** 糖の最も重要な反応はグリコシド結合の形成である．この結合はオリゴ糖や多糖を生成する結合である．

- **その他の重要な糖誘導体にはどのようなものがあるか** アミノ糖は細胞壁の構造の基本となるものである．

- **どうしてスクロースは重要な化合物であるか** オリゴ糖の重要なものは，スクロース，ラクトース，マルトースの3種の二糖である．スクロースは普通の食卓用の砂糖であり，グルコースとフルクトースとがグリコシド結合で結合した二糖である．

- **他の二糖でわれわれに重要なものは何か** ラクトースはミルクに存在し，マルトースはデンプンを加水分解することにより得られる．

- **セルロースとデンプンの違いは何か** 多糖でのポリマーの繰り返し単位はしばしば1種または2種の単糖に限られている．セルロースとデンプンの違いはグリコシド結合のアノマー型に違いがある．セルロースではα結合であり，デンプンではβ結合である．

- **デンプンは一つの構造だけであるか** デンプンには直鎖状のアミロースと分枝構造をもつアミロペクチンの2種のポリマー構造が存在する．

- **グリコーゲンとデンプンの関係は何か** 植物で見られるデンプンと動物でつくられるグリコーゲンはそのポリマー構造中の分岐の度合いが互いに異なる．

- **キチンとは何か** セルロースとキチンは，それぞれグルコースあるいはN-アセチルグルコサミンの1種類の，モノマー単位から成る．両ポリマーとも生物で構造的役割を担っている．

- **細胞壁の構造における多糖の役割は何か** 細菌の細胞壁では多糖がペプチドで架橋されている．植物の細胞壁は主としてグルコースから構成されている．

- **結合組織において多糖類は特異的な役割を果たしているか** グリコサミノグリカンは繰り返し二糖によって分類された多糖の1種である．その繰り返し二糖のうちの一つの糖はアミノ糖であり，少なくとももう一つの糖は硫酸基またはカルボキシ基に由来する負電荷をもっている．それらは関節の潤滑液として，また血液凝固過程などに働いている．

- **糖質はどのように免疫応答に重要か** 糖タンパク質では，糖残基はペプチド鎖に共有結合している．

糖タンパク質は抗原の認識部位としての役割を果たしている．よく知られている例としてABO式血液型がある．その中の三つの主要な血液型はタンパク質に結合している糖分子の違いによる．

EXERCISES 練習問題

16.1 糖：構造と立体化学

1. **復習** 次の用語を定義せよ．多糖，フラノース，ピラノース，アルドース，ケトース，グリコシド結合，オリゴ糖，糖タンパク質

2. **復習** 次のどれがD-グルコースのエピマーか，もしあればその名前を述べよ．
 D-マンノース，D-ガラクトース，D-リボース

3. **復習** 次の組合せのうち，アルドースとケトースの組合せでないものがあるとすれば，それはどれか．
 D-リボースとD-リブロース
 D-グルコースとD-フルクトース
 D-グリセルアルデヒドとジヒドロキシアセトン

4. **復習** エナンチオマーとジアステレオマーの違いは何か．

5. **復習** D-グルコースにはいくつのエピマーが存在するか．

6. **復習** 糖の最も普通の環状型がフラノースとピラノースであるのはなぜか．

7. **復習** グルコースの直鎖型ではいくつのキラル中心があるか．環状型ではいくつか．

8. **演習** 次は一群の五炭糖のフィッシャー投影式である．これらの糖はすべてアルドペントースである．エナンチオマーの組合せとエピマーの組合せを示せ（ここに示した糖は存在しうる五炭糖すべてではない）．

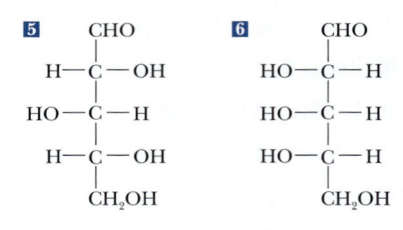

9. **演習** "シュガーレス"ガムやキャンディーにしばしば使われる糖アルコールはL-ソルビトールである．このアルコールの多くはD-グルコースの還元によってつくられる．これら二つの構造を比較し，どのようにこの反応が起こるのか説明せよ．

10. **演習** アラビノースとリボースの構造を検討せよ．
 ara-Cやara-Aのようなアラビノースのヌクレオチド誘導体が効果的な代謝阻害剤であるのはなぜか説明せよ．

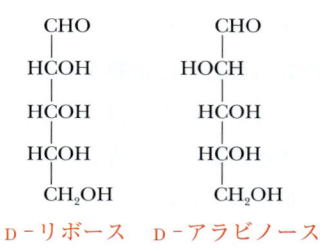

 D-リボース　D-アラビノース

11. **演習** 二つの糖は互いのエピマーである．共有結合を切断せずに一方から他方への変換は可能か．

12. **演習** 糖の環状化はどのようにして新しい不斉中心を生み出すか．

16.2 単糖の反応

13. **復習** 他の糖質の構造と比較して，N-アセチルムラミン酸の構造（図16.18）で変わっている点は何か．

14. **復習** リン酸化した糖とグリコシド結合している糖の化学的相違点は何か．

15. **復習** 還元糖という用語を定義せよ．

16. **関連** ビタミンCと糖の構造的な相違点は何か．このビタミンの空気酸化に対する感受性にこれらの構造的な違いが役割を果たしている

16.3 重要なオリゴ糖

17. **復習** スクロースとラクトースの相違点を二つ挙げよ．また類似点を二つ挙げよ．
18. **演習** 二糖であるゲンチオビオースのハース投影式を次の情報を参考にして描け．
    (a) グルコースの二量体である．
    (b) グリコシド結合は $\beta(1\rightarrow6)$ である．
    (c) グリコシド結合に関与しないアノマー炭素は α 配置である．
19. **関連** 胃腸障害がないのに大量の牛乳を消化できない大人が多いという所見の代謝的理由は何か．
20. **演習** 次のグリコシド結合をもつグルコースの二量体のハース投影式を描け．
    Ⓐ $\beta(1\rightarrow4)$ 結合（グルコースは共に β 型である）
    Ⓑ $\alpha,\alpha(1\rightarrow1)$ 結合
    Ⓒ $\beta(1\rightarrow6)$ 結合（グルコースは共に β 型である）．
21. **関連** ある友人が，彼女の子供の学校で昼食時に牛乳だけでなく別の飲み物を選択できるように希望している親がいるのはなぜかとあなたに尋ねた．あなたはその友人に何と話すか．

16.4 多糖の機能と構造

22. **復習** 植物細胞壁と細菌細胞壁の主たる違いは何か．
23. **復習** キチンは，構造と機能の面でセルロースとどのように異なるか．
24. **復習** グリコーゲンは，構造と機能の面でデンプンとどのように異なるか．
25. **復習** セルロースとデンプンの主たる構造上の違いは何か．
26. **復習** グリコーゲンとデンプンの主たる構造上の違いは何か．
27. **復習** 細菌の細胞壁は植物の細胞壁とどのように異なるか．
28. **演習** 植物の細胞壁に見出されるペクチンは6位の炭素がメチル化された D-ガラクツロン酸のポリマーとして天然に存在する．メチル化したモノマーとメチル化されていないモノマーが $\alpha(1\rightarrow4)$ 結合しているペクチンの繰り返し二糖単位のハース投影式を描け．
29. **演習** 運動選手が摂取するある栄養補助食品は，その棒状のエネルギーの固まりがグリコーゲン合成に最も適した2種類のグリコーゲン前駆体を含んでいると広告で宣伝していた．それらは何であったのか．
30. **演習** α-および β-グルコースの小さな構造上の違いが，どのようにしてそれら二つの単糖からつくられるポリマーの構造と機能の違いに関係するのか説明せよ．
31. **演習** 天然に存在するすべての多糖は遊離アノマー炭素を含む1個の末端残基をもっている．これらの多糖が還元糖の化学試験で陽性にならないのはなぜか．
32. **演習** アミロース鎖はグルコース5,000単位長である．平均2,500単位長，1,000単位長および200単位長に低下するにはそれぞれ何か所で切断されなければならないか．また，それぞれの場合で，加水分解されるグリコシド結合は何％か（部分加水分解でさえ，多糖の物理的性質を劇的に変化させ，生物での構造的役割に影響を及ぼす）．
33. **演習** $\alpha(1\rightarrow4)$ と $\beta(1\rightarrow4)$ のグリコシド結合が交互に存在するグルコースのポリマーが発見されたと仮定する．このような多糖の繰り返し四量体（二つの繰り返し二量体）のハース投影式を描け．このポリマーは生物にとって主として構造的役割をしているのか，それともエネルギー貯蔵の役割をしているのか．この多糖を食物源として利用できる生物がいるとしたら，それはどのようなものか．
34. **演習** グリコーゲンは高度に分岐している．動物にとってこのことはどのような利点があるか．
35. **演習** セルロースを消化できる動物はいない．この記述が，動物の多くはセルロースを食料源として大いに頼っている草食動物であるという事実と矛盾しないことを説明せよ．
36. **演習** ヒトによるグルコースポリマーの消化効率に関して，α 結合は β 結合と比較してどのような影響を与えるか．
    ヒント：二つの影響がある．
37. **演習** α-アミラーゼと β-アミラーゼによるデンプンの切断反応において，切断部位は互い

にどのように異なるか．
38. 関連　食物中の繊維質の利点は何か．
39. 演習　セルラーゼの活性部位はデンプンを分解する酵素の活性部位とどのように異なるか．
40. 演習　架橋は多糖の構造において役割を果たしているか．そうであるなら，その架橋はどのように形成されるか．
41. 演習　多糖における単糖の配列に含まれる情報と，タンパク質におけるアミノ酸残基の配列に含まれる情報を比較せよ．
42. 演習　多糖が分枝鎖をもつことが有利であるのはなぜか．この構造的な特徴はどのようにしてつくられるか．
43. 演習　多糖であるキチンがロブスターのような無脊椎動物の外骨格に適した原料であるのはなぜか．他のどのような種類の原料が同様な役割を果たすことができるか．
44. 演習　細菌の細胞壁は主にタンパク質から成るといえるだろうか．それはなぜか．
45. 演習　運動選手の中には試合前に糖質に富んだ食事を摂る人がいる．この実践に関する生化学的な根拠を示せ．
46. 演習　あなたは一般化学研究室の助手で，次の実験はヨウ素を使った酸化還元滴定である．あなたは貯蔵室からデンプン指示薬を取ってくる．なぜそれが必要か．
47. 演習　研究や医療検査で使われる血液サンプルには時々ヘパリンを加えることがある．なぜそのようなことをするのか．
48. 演習　グリコシド結合に関するあなたの知識に基づいて，糖タンパク質の糖とタンパク質部分の間の共有結合形成のしくみを提案せよ．

16.5　糖タンパク質

49. 復習　糖タンパク質とは何か．その生化学的な役割は何か．
50. 関連　血液型の抗原決定基としての糖タンパク質の役割を簡潔に述べよ．

ANNOTATED BIBLIOGRAPHY / 参考文献

ほとんどの有機化学の教科書は糖質の構造と反応に関する説明に1章以上をあてている．

Kritchevsky, K., C. Bonfield, and J. Anderson, eds. *Dietary Fiber: Chemistry, Physiology, and Health Effects*. New York: Plenum Press, 1990. [A topic of considerable current interest, with explicit connections to the biochemistry of plant cell walls.]

Sharon, N. Carbohydrates. *Sci. Amer.* **243** (5), 90–102 (1980). [A good overview of structures.]

Sharon, N., and H. Lis. Carbohydrates in Cell Recognition. *Sci. Amer.* **268** (1), 82–89 (1993). [The development of drugs to stop infection and inflammation by targeting cell-surface carbohydrates.]

Takahashi, N., and T. Muramatsu. *Handbook of Endoglycosidases and Glyco-Amidases*. Boca Raton, FL: CRC Press, 1992. [A source of practical information on how to manipulate biologically important carbohydrates.]

解 糖

CHAPTER 17

糖質の効率的な利用はアスリートに余裕の勝利をもたらす．

概 要

17.1　解糖系の概観

- 17.1.1　解糖によってピルビン酸はどのような化合物になるか
- 17.1.2　解糖にはどのような反応が関わっているか

17.2　グルコースのグリセルアルデヒド 3-リン酸への変換

- 17.2.1　グルコース 6-リン酸をグリセルアルデヒド 3-リン酸に変換するのはどのような反応か

17.3　グリセルアルデヒド 3-リン酸のピルビン酸への変換

- 17.3.1　グリセルアルデヒド 3-リン酸をピルビン酸に変換するのはどのような反応か
- 17.3.2　解糖を調節している段階はどこか

17.4　ピルビン酸の嫌気的反応

- 17.4.1　筋肉におけるピルビン酸の乳酸への変換はどのようにして行われるか
- 17.4.2　アルコール発酵はどのように行われるか

17.5　解糖のエネルギー論的考察

- 17.5.1　解糖からどれだけのエネルギーが得られるか

17.1 解糖系の概観

微生物からヒトに至る生物におけるグルコース代謝の最初の段階は**解糖** glycolysis と呼ばれ，最も古くに解明された生化学的経路である．解糖系では，1分子のグルコース（炭素数6の化合物）はフルクトース 1,6-ビスリン酸（これも炭素数6の化合物）に変換され，最終的に2分子のピルビン酸（炭素数3の化合物）を生じる（図17.1）．解糖系（エムデン-マイヤーホフ経路 Embden-Meyerhoff pathway ともいう）にはグルコースの代謝物が酸化される反応を含む多くの段階が関わっている．解糖系の各反応は，それぞれの反応に特異的な酵素により触媒される．解糖系の2箇所の反応では，グルコース1分子当たり ATP 1分子が加水分解され，この ATP 2分子の加水分解で遊離したエネルギーによって，共役した吸エルゴン反応が進行する．別の2箇所の各反応では，グルコース1分子当たりそれぞれ2分子の ATP が ADP のリン酸化でつくられ，全部で4分子の ATP を生じる．ATP 分子の加水分解される数（2個）と合成される数（4個）を比較すれば，解糖で処理されるグルコース1分子当たり，正味2分子の ATP が生成されることがわかる（Sec. 15.10）．解糖は，生物が栄養素からエネルギーを獲得する方法の中で主要な役割を果たしている．

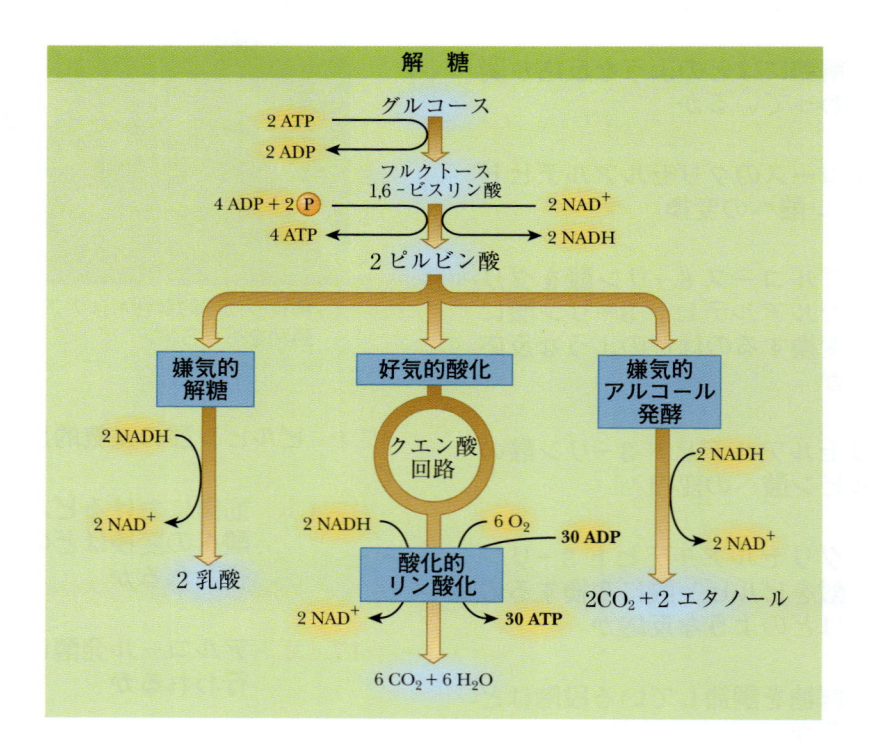

図 17.1
1分子のグルコースが2分子のピルビン酸に変換される
好気的条件下では，ピルビン酸はクエン酸回路（Chap. 19）と酸化的リン酸化（Chap. 20）で CO_2 と H_2O に酸化される．嫌気的条件下では，特に筋肉では乳酸が生成される．酵母ではアルコール発酵が起こる．グルコースのピルビン酸への変換で生成した NADH は，ピルビン酸のその後の反応で NAD^+ に再酸化される．

17.1.1 解糖によってピルビン酸はどのような化合物になるか

ピルビン酸が生成されると，それはいくつかの運命のうちのいずれか一つをたどることになる（図17.1）．好気的代謝（酸素の存在下）ではピルビン酸は二酸化炭素を失い，残った2個の炭素原子はアセチル基として補酵素A（Sec. 15.11）に結合し，アセチルCoAとなる．これはその後，クエン酸

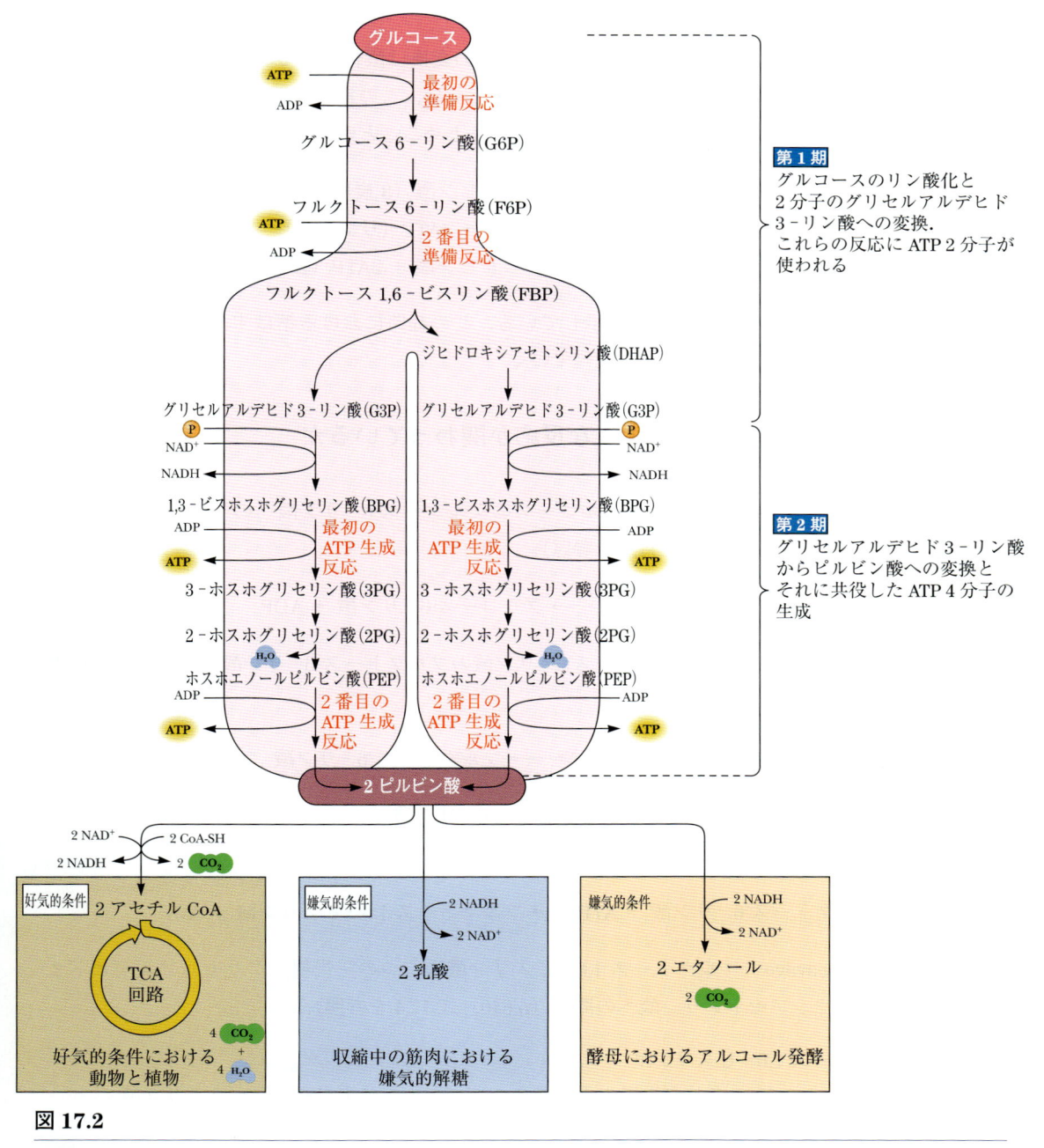

図 17.2

解糖経路

回路に入る（Chap. 19）．嫌気的代謝（酸素の非存在下）ではピルビン酸には二つの運命がある．アルコール発酵のできる生物では，ピルビン酸は二酸化炭素を遊離し，アセトアルデヒドとなる．これは順次，還元されてアルコールになる（Sec. 17.4）．嫌気的代謝でのピルビン酸のより一般的な運命は乳酸への還元であり，これは一般に解糖と呼ばれているグルコースのピルビン酸への変換と区別するために**嫌気的解糖** anaerobic glycolysis と呼ばれる．嫌気的代謝はサワーミルク中の乳酸菌 *Lactobacillus*，腐敗した缶詰食品中のボツリヌス菌 *Clostridium botulinum* などの数種の細菌の場合と同様に，哺乳動物の赤血球にとって唯一のエネルギー供給源である．p.633 の《身の周りに見られる生化学》では発酵の実用的応用について述べている．

これらすべての反応におけるグルコースの生成物への変換は酸化反応であり，NAD^+ が NADH に変換する還元反応を同時に必要とする．このことに関しては，この経路を詳細に述べるときに説明する．グルコースのピルビン酸への分解は，次のようにまとめることができる．

$$\text{グルコース（6 炭素原子）} \longrightarrow 2 \text{ ピルビン酸（3 炭素原子）}$$
$$2ATP + 4ADP + 2P_i \longrightarrow 2ADP + 4ATP \text{（リン酸化）}$$
$$\text{グルコース} + 2ADP + 2P_i \longrightarrow 2 \text{ ピルビン酸} + 2ATP \text{（正味の反応）}$$

図 17.2 は反応の流れを化合物の名前で示している．この経路における糖はすべて D 型の立体配置であり，本章ではこのことを前提として述べていく．

17.1.2　解糖にはどのような反応が関わっているか

第 1 段階． リン酸化 phosphorylation：グルコースのグルコース 6-リン酸へのリン酸化（ATP がリン酸基の供給源である）（p.636，式 17.1 を参照）．

$$\text{グルコース} + ATP \longrightarrow \text{グルコース 6-リン酸} + ADP$$

第 2 段階． 異性化 isomerization：グルコース 6-リン酸のフルクトース 6-リン酸への異性化（p.638，式 17.2 参照）．

$$\text{グルコース 6-リン酸} \longrightarrow \text{フルクトース 6-リン酸}$$

第 3 段階． リン酸化 phosphorylation：フルクトース 6-リン酸のフルクトース 1,6-ビスリン酸へのリン酸化（ATP がリン酸基の供給源である）（p.639，式 17.3 を参照）．

$$\text{フルクトース 6-リン酸} + ATP \longrightarrow \text{フルクトース 1,6-ビスリン酸} + ADP$$

第 4 段階． 開裂 cleavage：フルクトース 1,6-ビスリン酸の二つの三炭糖，グリセルアルデヒド 3-リン酸とジヒドロキシアセトンリン酸への開裂（p.640，式 17.4 を参照）．

$$\text{フルクトース 1,6-ビスリン酸} \longrightarrow \text{グリセルアルデヒド 3-リン酸} + \text{ジヒドロキシアセトンリン酸}$$

第 5 段階． 異性化 isomerization：ジヒドロキシアセトンリン酸のグリセルアルデヒド 3-リン酸への

身の周りに見られる生化学　環境科学

発酵によるバイオ燃料

　化石燃料，ことに石油の枯渇に対する重大な懸念から再生可能なエネルギー資源の開発に関心が高まっている．ほとんどの種類の有機物は燃料として利用可能である．木や動物の糞は何世紀にもわたって利用されてきたし，現在でも世界中の多くの場所で使われている．それでも，多くのエンジンは自動車のガソリンのような液体燃料で作動するように設計されている．エタノールは糖質の発酵によって得られる普通の液体産物であるが，その燃料としての利用が広く議論され始めている．

　様々な糖質資源を利用してエタノールを得ることが可能である．製紙工場から出るカスやピーナッツの殻，おがくずや生ゴミなどがこれまで使われてきた．紙やおがくずはそもそもグルコースのポリマーであるセルロースであることを思い出してほしい．発酵によりほとんどすべての植物資源はエタノールの生産に利用可能であり，エタノールは蒸留によって回収することができる．おそらくエタノールの原料として最もよく使われるのはトウモロコシであろう．トウモロコシはアメリカ合衆国において広く栽培されている作物であることはまちがいない．モロコシ（ソルガム）や大豆もエタノールの原料として考えられており，またそれらも広く栽培されている．アメリカ中西部の多くの農村ではこうした流れを経済的な利益として歓迎している．一方で食用作物のエネルギーへの転用に対する懸念が提起されはじめている．多くの経済学者がバイオ燃料への転換による食料作物の減少によって食料品の値段が上昇すると予言している．この問題は科学や経済を扱う幅広い報道機関における論説や投書のテーマになっている．バイオ燃料，特にエタノールの利用はまだ始まったばかりである．今しばらくはこの問題に関する多くの議論に耳を傾ける必要があるだろう．

異性化（p.640，式 17.5 を参照）．

$$\text{ジヒドロキシアセトンリン酸} \longrightarrow \text{グリセルアルデヒド 3-リン酸}$$

第 6 段階．酸化 oxidation：グリセルアルデヒド 3-リン酸の 1,3-ビスホスホグリセリン酸への酸化（とリン酸化）（p.641，式 17.6 を参照）．

$$\text{グリセルアルデヒド 3-リン酸} + NAD^+ + P_i \longrightarrow \text{1,3-ビスホスホグリセリン酸} + NADH + H^+$$

第 7 段階．リン酸基転移：1,3-ビスホスホグリセリン酸から ADP へのリン酸基転移（ADP の ATP へのリン酸化）による 3-ホスホグリセリン酸の生成（p.645，式 17.7 を参照）．

$$\text{1,3-ビスホスホグリセリン酸} + ADP \longrightarrow \text{3-ホスホグリセリン酸} + ATP$$

第 8 段階．異性化 isomerization：3-ホスホグリセリン酸の 2-ホスホグリセリン酸への異性化（p.646，式 17.8 を参照）．

3-ホスホグリセリン酸 ⟶ 2-ホスホグリセリン酸

第9段階. 脱水 dehydration：2-ホスホグリセリン酸のホスホエノールピルビン酸への脱水（p.647，式17.9を参照）．

2-ホスホグリセリン酸 ⟶ ホスホエノールピルビン酸 + H_2O

第10段階. リン酸基転移：ホスホエノールピルビン酸からADPへのリン酸基転移（ADPのATPへのリン酸化）によるピルビン酸の生成（p.647，式17.10を参照）．

ホスホエノールピルビン酸 + ADP ⟶ ピルビン酸 + ATP

この経路の10段階の反応のうちで，一つだけが電子伝達反応に関わっていることに留意してもらいたい．これらの反応のそれぞれについて，以下に詳細に述べる．

> **Sec. 17.1 要約**
> ■ 解糖において，グルコースは多段階の過程を経てピルビン酸に変換される．
> ■ ピルビン酸が生成されると，それは好気的反応によって二酸化炭素と水に変換される．ピルビン酸はまた嫌気的条件では乳酸に変換されたり，ある生物ではエチルアルコールに変換される場合もある．
> ■ グルコースは10段階の反応によってピルビン酸に変換されるが，そのうち酸化反応は一つだけである．

17.2　グルコースのグリセルアルデヒド3-リン酸への変換

解糖系の最初の数段階は，電子伝達およびADPのリン酸化のための準備段階であり，これらの反応はATPの加水分解で生じる自由エネルギーを利用する．図17.3は解糖系のこの部分（しばしば解糖の準備期 preparation phase と呼ばれる）をまとめている．

17.2.1　グルコース6-リン酸をグリセルアルデヒド3-リン酸に変換するのはどのような反応か

第1段階. グルコースはリン酸化されてグルコース6-リン酸になる．このリン酸化反応は吸エルゴン反応である．

グルコース + P_i ⟶ グルコース6-リン酸 + H_2O
$\Delta G^{\circ\prime} = 13.8 \text{ kJ mol}^{-1} = 3.3 \text{ kcal mol}^{-1}$

ATPの加水分解は発エルゴン反応である．

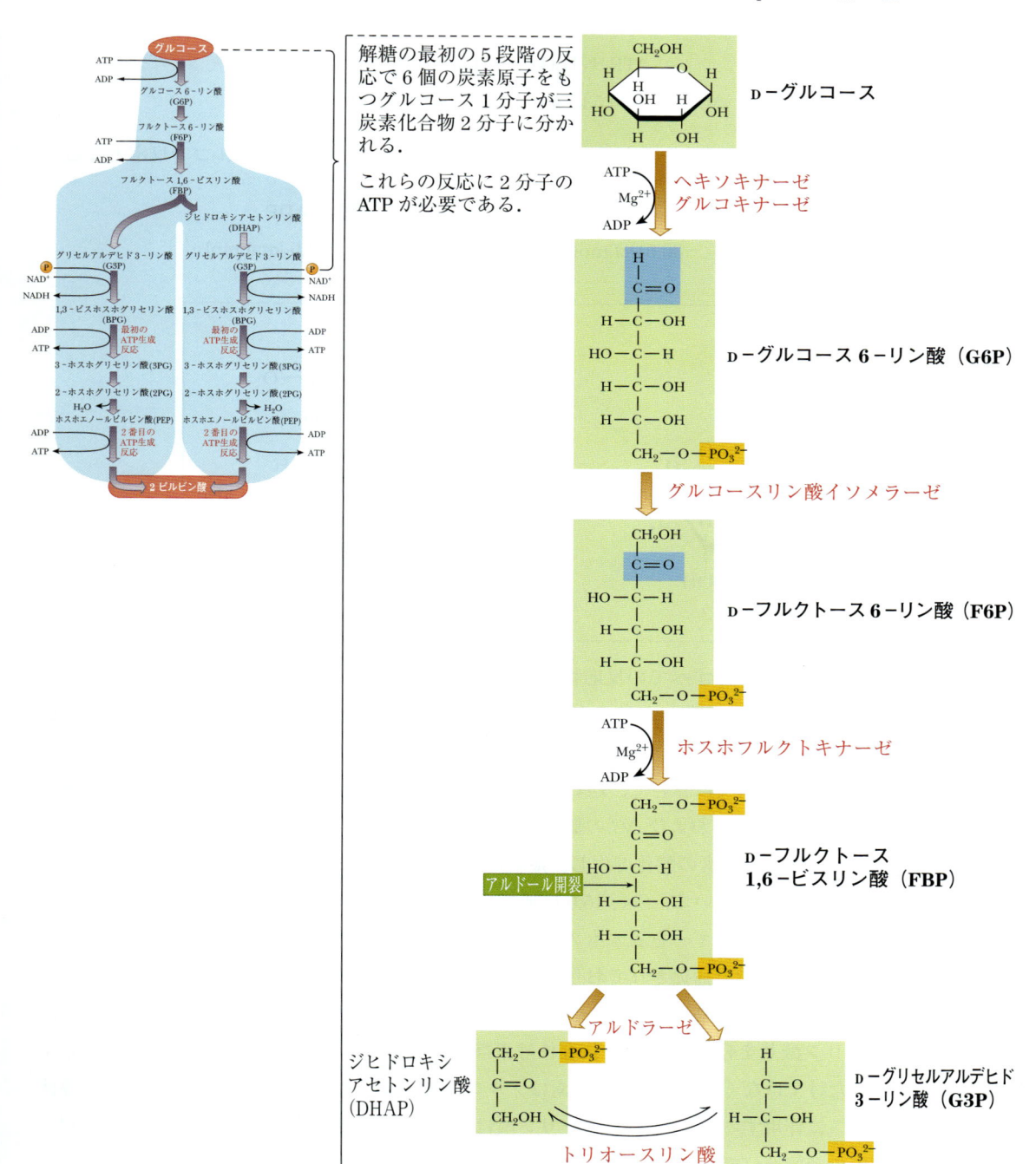

図 17.3
グルコースのグリセルアルデヒド 3-リン酸への変換
解糖の第一期（準備期）では，五つの反応により，1分子のグルコースが2分子のグリセルアルデヒド 3-リン酸に変換される．

$$\text{ATP} + \text{H}_2\text{O} \longrightarrow \text{ADP} + \text{P}_i$$
$$\Delta G°' = -30.5 \text{ kJ mol}^{-1} = -7.3 \text{ kcal mol}^{-1}$$

この二つの反応は共役しているので，全体の反応は二つの反応の和であり，発エルゴン反応となる．

$$\text{グルコース} + \text{ATP} \longrightarrow \text{グルコース 6-リン酸} + \text{ADP}$$
$$\Delta G°' = (13.8 + -30.5) \text{ kJ mol}^{-1} = -16.7 \text{ kJ mol}^{-1} = -4.0 \text{ kcal mol}^{-1}$$

グルコース　　　　　　　　　　　　　　　グルコース 6-リン酸　(17.1)

$\Delta G°'$ は，水素イオンを除いたすべての反応物と生成物が $1 M$ の濃度である標準状態で計算されることを思い出してほしい．もし細胞における実際の ΔG を調べると，その数字は細胞の種類や代謝状態によって変化するが，一般的には，$-33.9 \text{ kJ mol}^{-1}$，すなわち $-8.12 \text{ kcal mol}^{-1}$ である．したがって，この反応は普通の細胞内環境において，起こりやすい反応である．表 17.1 は，赤血球における嫌気的解糖のすべての反応の $\Delta G°'$ および ΔG の値を示す．

この反応は，もともと栄養素の酸化で生じ，最終的に ADP の ATP へのリン酸化によって捕捉された化学エネルギーを利用している．Sec. 15.6 に述べたように電流が貯蔵エネルギーを意味しないのと同様に，ATP も貯蔵エネルギーを表すものではない．栄養素の化学エネルギーは，酸化によって放出されたものが ATP の形で捕捉されており，要求があり次第直ちに利用することができる．

この反応を触媒する酵素は**ヘキソキナーゼ** hexokinase である．キナーゼ kinase という用語は，ATP から基質にリン酸基を転移する ATP 依存性酵素群に用いられる．ヘキソキナーゼの基質は必ずしもグルコースだけではなく，むしろこの酵素はグルコース，フルクトース，マンノースなどの幾種類かのヘキソースに作用する．グルコース 6-リン酸はヘキソキナーゼの活性を阻害する．すなわち，この段階は解糖の調節部位である．ある種の生物や組織では，ヘキソキナーゼのさまざまなアイソザイムが存在する．ヒト肝臓に見られるアイソフォームの一つはグルコキナーゼと呼ばれ，食後の血中グルコース濃度を低下させる．肝臓グルコキナーゼは飽和に達するためにはヘキソキナーゼよりもずっと高濃度の基質を必要とする．このためグルコース濃度が高くなると，肝臓が他の組織よりも優先して解糖を経てグルコースを代謝できるようになる．グルコース濃度が低くなってもヘキソキナーゼはすべての組織で働いている（p.202 の《身の周りに見られる生化学》を参照）．

ヘキソキナーゼに基質が結合すると，大きなコンホメーション変化が起こる．基質が存在しないとき，基質結合部位を取り囲む酵素分子の二つの構造部分は完全に分離していることが X 線結晶解析

表 17.1 解糖の反応とそれぞれの標準自由エネルギー変化

段階	反 応	酵 素	$\Delta G^{\circ\prime*}$ kJ mol^{-1}	$\Delta G^{\circ\prime*}$ kcal mol^{-1}	ΔG^{**} kJ mol^{-1}
1	グルコース + ATP ⟶ グルコース 6-リン酸 + ADP	ヘキソキナーゼ/グルコキナーゼ	−16.7	−4.0	−33.9
2	グルコース 6-リン酸 ⟶ フルクトース 6-リン酸	グルコースリン酸イソメラーゼ	+1.67	+0.4	−2.92
3	フルクトース 6-リン酸 + ATP ⟶ フルクトース 1,6-ビスリン酸 + ADP	ホスホフルクトキナーゼ	−14.2	−3.4	−18.8
4	フルクトース 1,6-ビスリン酸 ⟶ ジヒドロキシアセトンリン酸 + グリセルアルデヒド 3-リン酸	アルドラーゼ	+23.9	+5.7	−0.23
5	ジヒドロキシアセトンリン酸 ⟶ グリセルアルデヒド 3-リン酸	トリオースリン酸イソメラーゼ	+7.56	+1.8	+2.41
6	2(グリセルアルデヒド 3-リン酸 + NAD$^+$ + P$_i$ ⟶ 1,3-ビスホスホグリセリン酸 + NADH + H$^+$)	グリセルアルデヒド 3-リン酸デヒドロゲナーゼ	2(+6.20)	2(+1.5)	2(−1.29)
7	2(1,3-ビスホスホグリセリン酸 + ADP ⟶ 3-ホスホグリセリン酸 + ATP)	ホスホグリセリン酸キナーゼ	2(−18.8)	2(−4.5)	2(+0.1)
8	2(3-ホスホグリセリン酸 ⟶ 2-ホスホグリセリン酸)	ホスホグリセロムターゼ	2(+4.4)	2(+1.1)	2(+0.83)
9	2(2-ホスホグリセリン酸 ⟶ ホスホエノールピルビン酸 + H$_2$O)	エノラーゼ	2(+1.8)	2(+0.4)	2(+1.1)
10	2(ホスホエノールピルビン酸 + ADP ⟶ ピルビン酸 + ATP)	ピルビン酸キナーゼ	2(−31.4)	2(−7.5)	2(−23.0)
全体	グルコース + 2 ADP + 2 P$_i$ + 2 NAD$^+$ ⟶ 2 ピルビン酸 + 2 ATP + 2 NADH + 2 H$^+$		−73.3	−17.5	−98.0
	2(ピルビン酸 + NADH + H$^+$ ⟶ 乳酸 + NAD$^+$)	乳酸デヒドロゲナーゼ	2(−25.1)	2(−6.0)	2(−14.8)
	グルコース + 2 ADP + 2 P$_i$ ⟶ 2 乳酸 + 2 ATP		−123.5	−29.5	−127.6

* $\Delta G^{\circ\prime}$ の値は 25 ℃と 37 ℃で同じであると仮定し,標準状態の条件(反応物と生成物の濃度は 1 M で pH 7.0 の条件)で計算している.
** ΔG の値は 310 K(37 ℃)で,赤血球で見られる各代謝物の定常状態濃度を用いて計算している.

によって示されているが,グルコースが結合すると,上の構造部分は下の部分に接近し,グルコースはタンパク質でほとんど完全に取り囲まれたようになる(図 17.4).

このような挙動は酵素作用の誘導適合説 induced-fit theory と一致する(Sec. 6.4).基質が結合すると閉じてしまう裂け目 cleft が,構造の明らかになっているすべてのキナーゼに存在する.

第 2 段階. グルコース 6-リン酸は異性化して,フルクトース 6-リン酸になる.**グルコースリン酸イソメラーゼ** glucosephosphate isomerase がこの反応を触媒する酵素である.グルコース 6-リン酸の C-1 位のアルデヒド基はヒドロキシ基に還元され,C-2 位のヒドロキシ基は酸化されてフルクトース 6-リン酸のケトン基になる.この反応は正味の酸化あるいは還元を伴わない(Sec. 16.1 に,グルコースはアルドースであり,直鎖の非環状構造ではアルデヒド基が存在する糖であり,フルクトースはケトースで,ケトン基をもつ糖であることを示した).リン酸化型であるグルコース 6-リン酸とフルクトース 6-リン酸は,それぞれアルドースとケトースである.

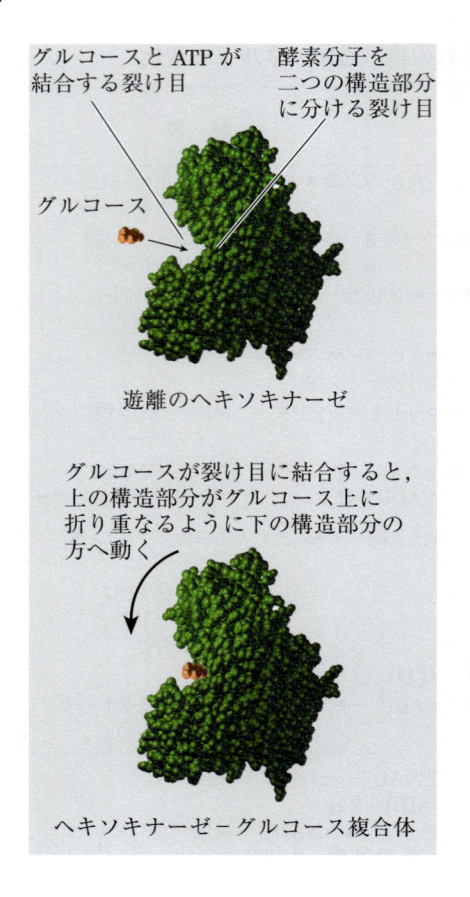

図 17.4

ヘキソキナーゼとヘキソキナーゼ−グルコース複合体のコンホメーションの比較

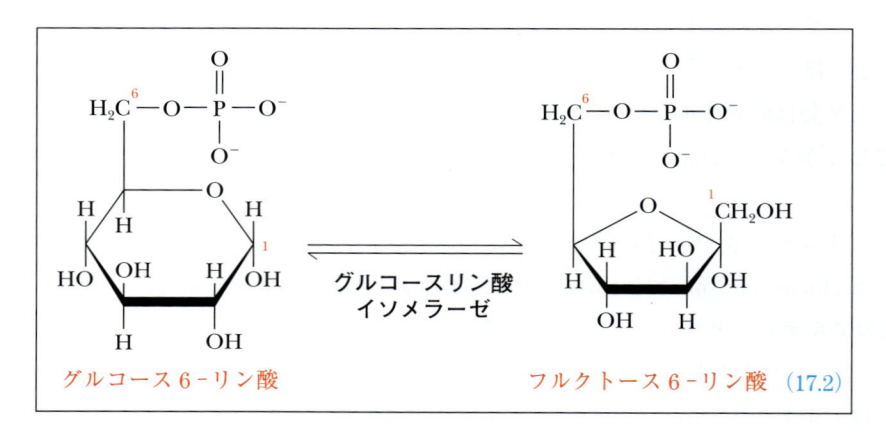

(グルコース 6-リン酸 ⇌ フルクトース 6-リン酸, グルコースリン酸イソメラーゼ) (17.2)

第 3 段階. フルクトース 6-リン酸はさらにリン酸化され,フルクトース 1,6-ビスリン酸になる.

第 1 段階の反応の場合と同様に,フルクトース 6-リン酸のリン酸化の吸エルゴン反応は ATP の加水分解の発エルゴン反応と共役しており,全体として発エルゴン反応となる.表 17.1 を参照のこと.

$$\text{フルクトース 6-リン酸} + \text{ATP} \xrightarrow[\text{ホスホフルクトキナーゼ}]{\text{Mg}^{2+}} \text{フルクトース 1,6-ビスリン酸} + \text{ADP} \tag{17.3}$$

　フルクトース 6-リン酸がリン酸化されてフルクトース 1,6-ビスリン酸になる反応は，この糖を解糖へと運命づける反応である．グルコース 6-リン酸とフルクトース 6-リン酸は他の経路でもさまざまな役割を果たすことができるが，フルクトース 1,6-ビスリン酸はそうではない．フルクトース 1,6-ビスリン酸が元の糖から生成すると，それは他の経路では利用されず，解糖のそれ以降の反応を辿ることになる．フルクトース 6-リン酸のリン酸化は強い発エルゴン反応であり，不可逆反応である．**ホスホフルクトキナーゼ** phosphofructokinase がこの反応を触媒する酵素であり，解糖の重要な調節酵素である．

　ホスホフルクトキナーゼは四量体であり，Chap. 7 で述べたアロステリックなフィードバック調節を受ける．それぞれ M および L で示される二つの型のサブユニットが存在し，結合して異なった組合せの四量体（M_4，M_3L，M_2L_2，ML_3，L_4）を形成する．これらのサブユニットの組合せは**アイソザイム** isozyme と呼ばれ，それらは物理的にも反応速度論的にも微妙な違いをもっている（図 17.5）．サブユニットのアミノ酸組成がわずかに異なるので，この二つのアイソザイムは電気泳動で互いに分離できる（Chap. 5）．筋肉で見られる四量体は M_4 と表され，肝のそれは L_4 と表される．赤血球では M と L の様々な組合せのいくつかが見出される．M 型酵素の合成を支配する遺伝子を欠損した人は，肝臓では解糖を行うことができるが，筋肉の酵素が欠損しているので筋力低下に苦しむことになる．

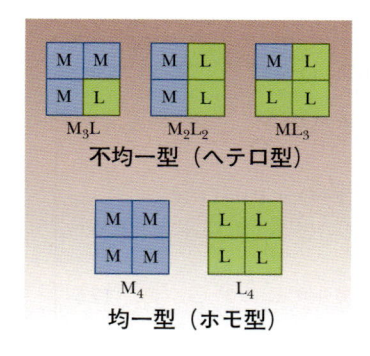

図 17.5

ホスホフルクトキナーゼのアイソザイム

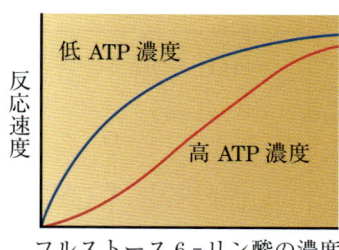

図 17.6

ホスホフルクトキナーゼにおけるアロステリック効果

高濃度の ATP 存在下では，ホスホフルクトキナーゼは協同的にふるまい，フルクトース 6-リン酸濃度に対して酵素活性をプロットすると S 字状曲線になる．高濃度の ATP は，このようにホスホフルクトキナーゼを阻害し，フルクトース 6-リン酸に対する酵素の親和性を減少させる．

基質（フルクトース6-リン酸）濃度を変えてホスホフルクトキナーゼの反応速度を測定すると，アロステリック酵素に典型的なS字状曲線が得られる．ATPはこの反応における一つのアロステリックエフェクターである．ATP濃度が高いと反応速度は抑制され，低いと反応が促進される（図17.6）．細胞内ATP濃度が高いと，多くの化学エネルギーをATPの加水分解で直ちに得ることができるので，細胞はエネルギー獲得のためにグルコースを代謝する必要がない．そのためATPはこの段階で解糖を阻害する．ホスホフルクトキナーゼにはさらに強力な別のアロステリックエフェクターがある．それはフルクトース2,6-ビスリン酸である．この作用様式については，Sec. 18.3で，糖質代謝の調節機構を述べる際に考察する．

第4段階． フルクトース1,6-ビスリン酸は二つの三炭素化合物に分割される．この開裂反応はアルドール縮合の逆反応であり，**アルドラーゼ** aldolase がこの反応を触媒する．動物から単離されたほとんどのアルドラーゼ（筋肉の酵素が最もよく研究されている）で，必須リシン残基の塩基性側鎖がその触媒作用に重要な役割を果たしている．システインのチオール基もまた塩基として作用する．

フルクトース1,6-ビスリン酸　⇌（アルドラーゼ）　ジヒドロキシアセトンリン酸　＋　D-グリセルアルデヒド3-リン酸　(17.4)

第5段階． ジヒドロキシアセトンリン酸はグリセルアルデヒド3-リン酸に変換される．

ジヒドロキシアセトンリン酸　⇌（トリオースリン酸イソメラーゼ）　D-グリセルアルデヒド3-リン酸　(17.5)

この反応を触媒する酵素は**トリオースリン酸イソメラーゼ** triosephosphate isomerase である（ジヒドロキシアセトンとグリセルアルデヒドは三炭糖である）．

グリセルアルデヒド3-リン酸1分子はアルドラーゼの反応ですでに生成しており，2分子目のグリセルアルデヒド3-リン酸がトリオースリン酸イソメラーゼの反応で生成する．この反応で6個の炭素原子をもつ出発分子のグルコースは，3個の炭素原子をもつグリセルアルデヒド3-リン酸2分

子に変換されたことになる．

　生理的条件におけるこの反応のΔGはわずかに正の値を示す（+2.41 kJ mol^{-1} または +0.58 kcal mol^{-1}）ので，この反応は起こらず，解糖はこの段階で停止すると考えてしまうかもしれない．しかし，ATPの加水分解を含んだ反応が共役している場合，反応全体としてΔGを合計したのと同様に，解糖は，反応を完結させる原動力となるような大きな負のΔG値をもつ多くの反応を含んでいることを思い起こさなければならない．解糖においていくつかの反応が小さな正のΔG（表17.1参照）をもつが，非常に大きな負のΔG値をもつ反応が四つあり，その結果，解糖全体のΔGは負になるのである．

> **Sec. 17.2 要約**
> ■解糖の前半で，グルコースは2分子のグリセルアルデヒド3-リン酸に変換される．
> ■この一連の反応の中で重要な中間体はフルクトース1,6-ビスリン酸である．この中間体を生成する反応は解糖の重要な調節部位であり，この反応を触媒する酵素ホスホフルクトキナーゼはアロステリック調節を受ける．

17.3　グリセルアルデヒド3-リン酸のピルビン酸への変換

　この時点までに，解糖系に入ったグルコース分子（六炭素化合物）は2分子のグリセルアルデヒド3-リン酸に変換されている．酸化反応はここまでの段階にはまだ出てきておらず，これ以降の段階で登場してくる．解糖の後半の反応では，2分子の三炭素化合物が出発物質である元のグルコース分子に代わって主役となることを覚えておいてほしい．図17.7は解糖の後半部分をまとめているが，そこではATPは消費されずに産生されるので，しばしば解糖の報酬期 payoff phase と呼ばれる．

17.3.1　グリセルアルデヒド3-リン酸をピルビン酸に変換するのはどのような反応か

第6段階． グリセルアルデヒド3-リン酸は酸化され，1,3-ビスホスホグリセリン酸になる．

グリセルアルデヒド3-リン酸　　　　　　　　　　　　　　　1,3-ビスホスホグリセリン酸　　(17.6)

　この反応は解糖の特徴的な反応であり，より綿密に考察する必要がある．この反応はグリセルアルデヒド3-リン酸からNAD$^+$への電子の移動のみならず，グリセルアルデヒド3-リン酸へのリン酸

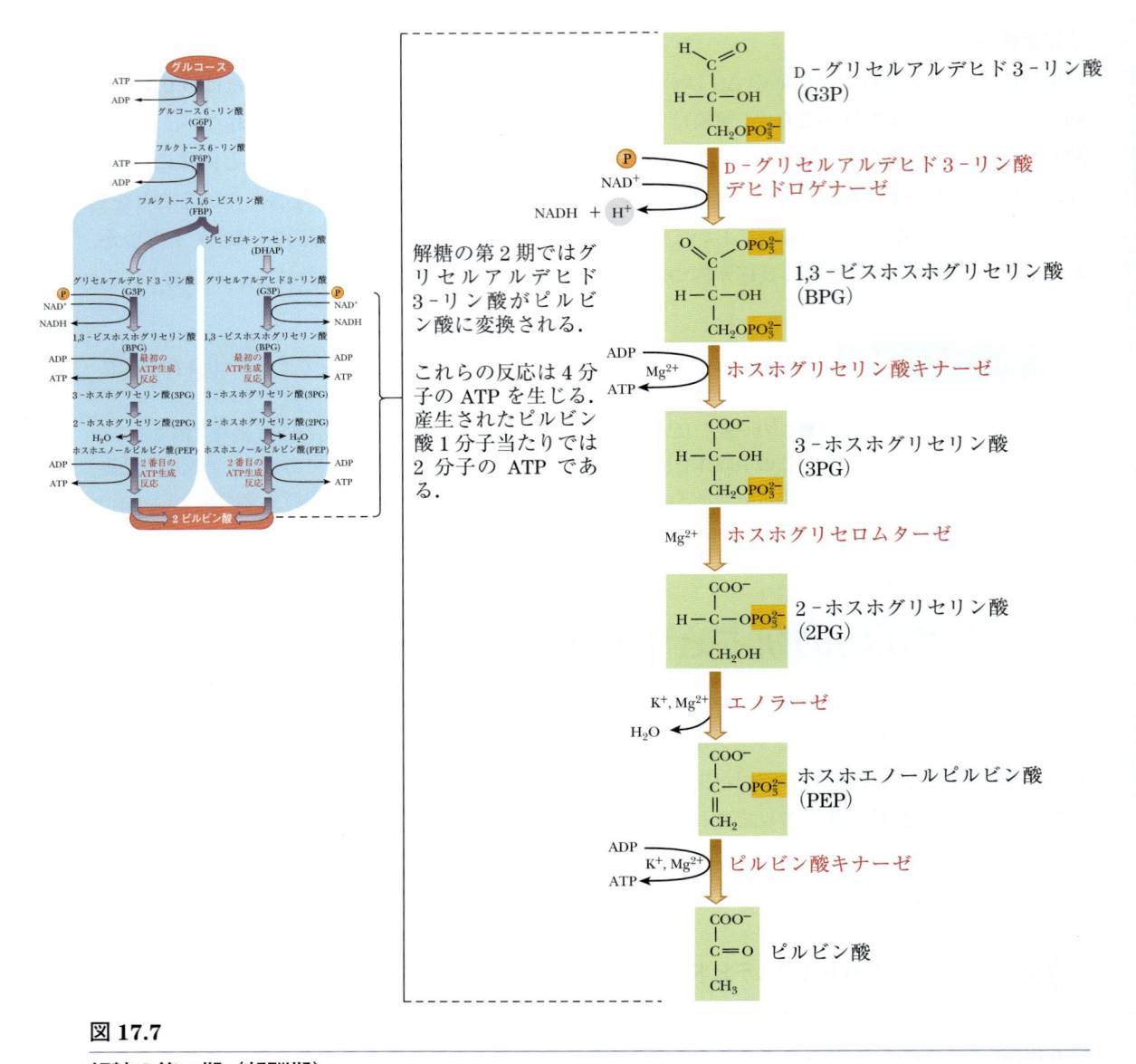

図 17.7
解糖の第二期（報酬期）

解糖の第2期ではグリセルアルデヒド3-リン酸がピルビン酸に変換される．

これらの反応は4分子のATPを生じる．産生されたピルビン酸1分子当たりでは2分子のATPである．

基の付加を含む．議論を簡単にするために，この二つを別々に考えることにしよう．

酸化反応はアルデヒドのカルボン酸への酸化であり，水がこの反応で取り込まれると考えることができる．

$$\text{RCHO} + \text{H}_2\text{O} \longrightarrow \text{RCOOH} + 2\text{H}^+ + 2e^-$$

還元反応は NAD^+ の NADH への還元である（Sec. 15.5 を参照）．

$$\text{NAD}^+ + 2\text{H}^+ + 2e^- \longrightarrow \text{NADH} + \text{H}^+$$

全体の酸化還元反応は次に示すとおりである．

$$\text{RCHO} + \text{H}_2\text{O} + \text{NAD}^+ \longrightarrow \text{RCOOH} + \text{H}^+ + \text{NADH}$$

ここで，R はアルデヒド基やカルボキシ基以外の部分を示す．酸化反応は標準状態で発エルゴン反応（$\Delta G^{\circ\prime} = -43.1 \text{ kJ mol}^{-1} = -10.3 \text{ kcal mol}^{-1}$）であるが，この酸化は全体の反応の一部にすぎない．

カルボキシ基とリン酸基はエステルを形成しない．なぜならば，エステル結合はアルコールと酸を必要とするからである．その代わりに，カルボキシ基とリン酸基は水を失い，混合型酸無水物を生成する（Sec. 2.2）．

$$3\text{-ホスホグリセリン酸} + P_i \longrightarrow 1,3\text{-ビスホスホグリセリン酸} + H_2O$$

ここで，この反応に関わる基質は pH 7 でイオン化型になっている．ATP と ADP はこの反応に関与しないことに注意する必要がある．リン酸基の起源は ATP ではなくリン酸イオンそのものである．このリン酸化反応は，標準状態で吸エルゴン反応（$\Delta G^{\circ\prime} = 49.3 \text{ kJ mol}^{-1} = 11.8 \text{ kcal mol}^{-1}$）である．

電子の移動とリン酸化を含む全体の反応は次のように表される．

$$RCHO + HOPO_3^{2-} + NAD^+ \rightleftharpoons R-\overset{O}{\underset{\|}{C}}-OPO_3^{2-} + NADH + H^+$$

または

$$\text{グリセルアルデヒド 3-リン酸} + P_i + NAD^+ \xrightarrow{\text{グリセルアルデヒド 3-リン酸デヒドロゲナーゼ}} 1,3\text{-ビスホスホグリセリン酸} + NADH + H^+$$

この反応を構成している二つの反応を見てみよう．

1. グリセルアルデヒド 3-リン酸の酸化（$\Delta G^{\circ\prime} = -43.1 \text{ kJ mol}^{-1} = -10.3 \text{ kcal mol}^{-1}$）

グリセルアルデヒド 3-リン酸 + NAD$^+$ + H$_2$O ⇌ 3-ホスホグリセリン酸 + NADH + 2H$^+$

2. 3-ホスホグリセリン酸のリン酸化（$\Delta G^{\circ\prime} = 49.3 \text{ kJ mol}^{-1} = 11.8 \text{ kcal mol}^{-1}$）

3-ホスホグリセリン酸 + HO–P(=O)(O$^-$)–O$^-$ + H$^+$ ⇌ 1,3-ビスホスホグリセリン酸 + H$_2$O

反応全体の標準自由エネルギー変化は，酸化反応とリン酸化反応の値の和である．全体の反応は平衡から大きくずれることはなく，ほんのわずかに吸エルゴン的である．

$$\Delta G°'(全体) = \Delta G°'(酸化) + \Delta G°'(リン酸化)$$
$$= (-43.1 \text{ kJ mol}^{-1}) + (49.3 \text{ kJ mol}^{-1})$$
$$= 6.2 \text{ kJ mol}^{-1} = 1.5 \text{ kcal mol}^{-1}$$

標準自由エネルギー変化のこの値は，1分子のグリセルアルデヒド3-リン酸の反応によるものである．グルコース1分子に対応する値を得るには，この値を2倍にしなければならない（$\Delta G°'$ = 12.4 kJ mol^{-1} = 3.0 kcal mol^{-1}）．細胞内の条件での ΔG はわずかに負の値である（-1.29 kJ mol^{-1}，すなわち -0.31 kcal mol^{-1}）（表 17.1）．グリセルアルデヒド3-リン酸の1,3-ビスホスホグリセリン酸への変換を触媒する酵素は，**グリセルアルデヒド3-リン酸デヒドロゲナーゼ** glyceraldehyde-3-phosphate dehydrogenase である．この酵素は NADH 依存性デヒドロゲナーゼ群の1種である．このグループの多くのデヒドロゲナーゼの構造は X 線結晶解析によって研究されており，全体の構造はあまり似ていなくても，NADH の結合部位の構造はこれらの酵素すべてで非常によく似ている（図 17.8）（酸化剤は NAD$^+$ である．補酵素の酸化型と還元型の両方が酵素に結合する）．結合部位におけるある部分はニコチンアミド環に特異的であり，別のある部分はアデニン環に特異的である．

グリセルアルデヒド3-リン酸デヒドロゲナーゼ分子は四量体であり，4個の同一のサブユニットから構成されている．各サブユニットには NAD$^+$ 1分子が結合し，必須のシステイン残基が存在する．システイン残基が関係するチオエステルはこの反応の重要な中間体である．リン酸化の段階で，チオエステルは高エネルギー中間体として作用する（チオエステルに関しては Chap. 15 を参照）．リン酸イオンはチオエステルに作用して，カルボン酸とリン酸の混合酸無水物を形成する（図 17.9）．この化合物は反応生成物である 1,3-ビスホスホグリセリン酸であり，これもまた高エネルギー化合物である．ATP の生成には出発物質として高エネルギー化合物を必要とするが，1,3-ビスホスホグリセリン酸はこの条件を満たし（すなわち，それは高いリン酸基転移ポテンシャルをもつ），大きな発エ

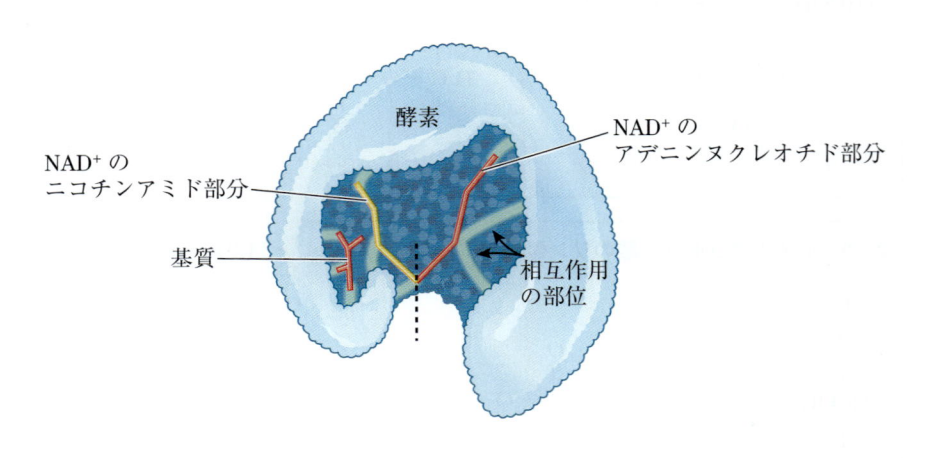

図 17.8
NADH 依存性デヒドロゲナーゼの結合部位の模式図
基質の結合部位のほかに，補酵素のアデニンヌクレオチド部分（破線の右側に赤色で示した部分）とニコチンアミド部分（破線の左側に黄色で示した部分）に対する特異的な結合部位がある．酵素との特異的な相互作用が基質と補酵素を最適な位置に保持する．相互作用の部位は一連の薄い緑色の線で示されている．

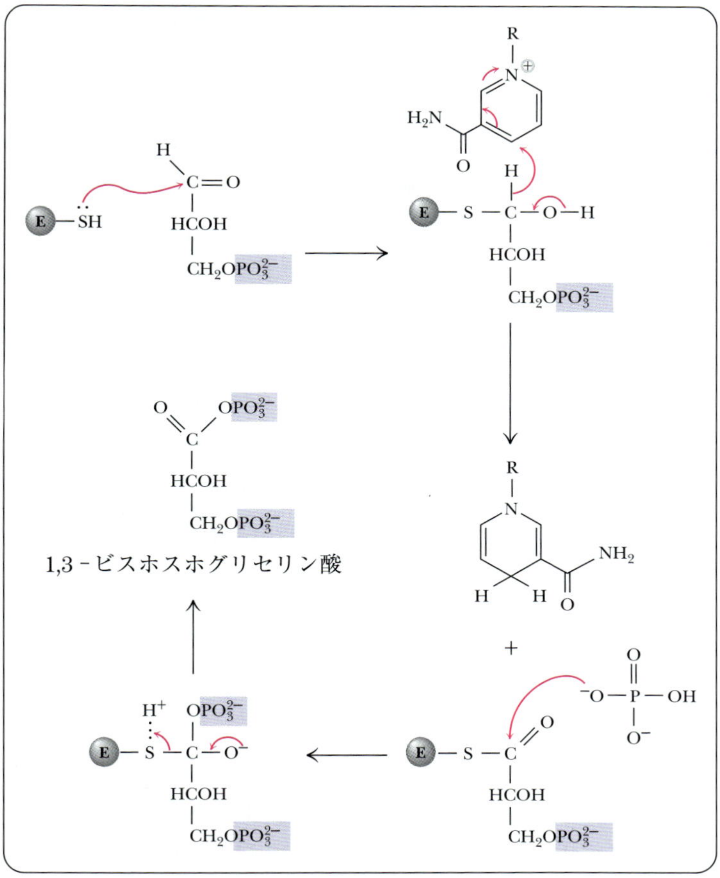

図 17.9
グリセルアルデヒド3-リン酸デヒドロゲナーゼの活性システイン残基の役割
リン酸イオンはグリセルアルデヒド3-リン酸デヒドロゲナーゼ（酵素）のチオエステル誘導体に作用して1,3-ビスホスホグリセリン酸を生成し，システインのチオール基を再生する．

ルゴン反応でリン酸基を ADP に転移する．

第7段階． この段階は，ATP が ADP のリン酸化で生成される二つの反応のうちの一つである．

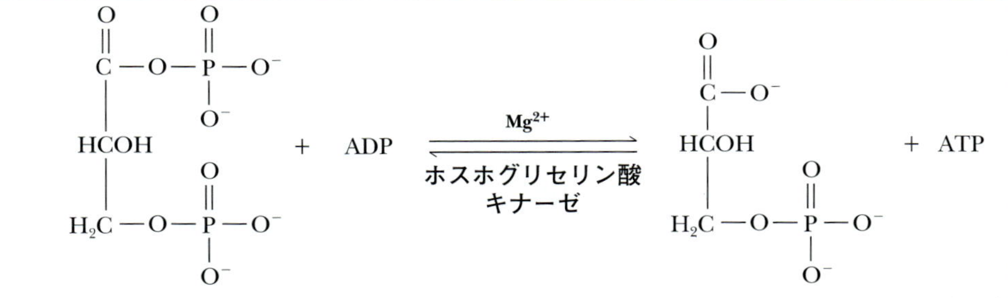

$$\text{1,3-ビスホスホグリセリン酸} + \text{ADP} \underset{\text{ホスホグリセリン酸キナーゼ}}{\overset{\text{Mg}^{2+}}{\rightleftharpoons}} \text{3-ホスホグリセリン酸} + \text{ATP} \quad (17.7)$$

この反応を触媒する酵素は，**ホスホグリセリン酸キナーゼ** phosphoglycerate kinase である．キナ

ーゼ kinase という用語は，ATP 依存性リン酸基転移酵素群の一般名としてすでに馴染みのあるはずである．この反応の最も際立った特徴は，リン酸基転移のエネルギー論と関連している．解糖のこの段階で，リン酸基が 1,3-ビスホスホグリセリン酸から ADP 分子に転移され，ATP を生成する．このような ATP 生成反応は解糖系に二つあるが，この反応はその最初の反応である．1,3-ビスホスホグリセリン酸が，容易にリン酸基を他の物質に転移できることはすでに述べた．基質，すなわち 1,3-ビスホスホグリセリン酸が ADP にリン酸基を転移することに注目してほしい．この転移は典型的な**基質レベルのリン酸化** substrate-level phosphorylation である．それは酸化的リン酸化（Sec. 20.1〜20.5）と区別することができる．酸化的リン酸化では，リン酸基の転移は酸素を最終的な電子受容体とする電子伝達反応と連結している．基質レベルのリン酸化に唯一必要なのは，加水分解反応の標準自由エネルギー変化が新しく生成したリン酸化合物の加水分解の標準自由エネルギー変化よりも大きな負の値を示すことである．1,3-ビスホスホグリセリン酸の加水分解の標準自由エネルギー変化は -49.3 kJ mol^{-1} であることを思い出そう．ATP の加水分解の標準自由エネルギー変化が -30.5 kJ mol^{-1} であることはすでに述べてきており，逆反応では自由エネルギー変化の符号を変えなければならない．

$$\text{ADP} + \text{P}_i + \text{H}^+ \longrightarrow \text{ATP} + \text{H}_2\text{O}$$
$$\Delta G^{\circ\prime} = 30.5 \text{ kJ mol}^{-1} = 7.3 \text{ kcal mol}^{-1}$$

正味の反応は

$$1,3\text{-ビスホスホグリセリン酸} + \text{ADP} \longrightarrow 3\text{-ホスホグリセリン酸} + \text{ATP}$$
$$\Delta G^{\circ\prime} = -49.3 \text{ kJ mol}^{-1} + 30.5 \text{ kJ mol}^{-1} = -18.8 \text{ kJ mol}^{-1} = -4.5 \text{ kcal mol}^{-1}$$

である．

　この反応によって，解糖系に入ったグルコース各 1 分子から ATP 2 分子が生成される．解糖の初期段階で，ATP 2 分子がフルクトース 1,6-ビスリン酸の合成に使われたが，それはこの反応過程で回収されたことになり，この時点で ATP の収支バランスはちょうど等しくなる．次の数段階の反応でグルコース 1 分子当たり 2 分子の ATP がさらに生成し，解糖で正味 2 分子の ATP を獲得することになる．

第 8 段階． リン酸基がグリセリン酸骨格の 3 位の炭素から 2 位の炭素に転移され，その後の反応の準備をする．

3-ホスホグリセリン酸 $\xrightleftharpoons[\text{ホスホグリセロムターゼ}]{\text{Mg}^{2+}}$ 2-ホスホグリセリン酸 (17.8)

この反応を触媒する酵素は，**ホスホグリセロムターゼ** phosphoglyceromutase である．

第9段階． 2-ホスホグリセリン酸分子は水1分子を失って，ホスホエノールピルビン酸となる．この反応は電子の移動を伴わない脱水反応である．この反応を触媒する酵素**エノラーゼ** enolase は補助因子として Mg^{2+} を必要とする．脱水される水分子は反応の過程で Mg^{2+} と結合する．

$$2\text{-ホスホグリセリン酸} \xrightleftharpoons[\text{エノラーゼ}]{Mg^{2+}} \text{ホスホエノールピルビン酸 (PEP)} + H_2O \qquad (17.9)$$

第10段階． ホスホエノールピルビン酸はそのリン酸基を ADP に転移し，ATP とピルビン酸を生成する．

$$H^+ + \text{ホスホエノールピルビン酸} + ADP \xrightarrow[\text{ピルビン酸キナーゼ}]{Mg^{2+}} \text{ピルビン酸} + ATP \qquad (17.10)$$

二重結合が C2 の酸素に移動し，水素が C3 に移る．ホスホエノールピルビン酸は高いリン酸基転移ポテンシャルをもつ高エネルギー化合物である．この化合物の加水分解の自由エネルギー変化は，ATP のそれよりもさらに大きな負の値である（-61.9 kJ mol^{-1} 対 -30.5 kJ mol^{-1}，または -14.8 kcal mol^{-1} 対 -7.3 kcal mol^{-1}）．この段階で起こる反応は，ホスホエノールピルビン酸の加水分解と ADP のリン酸化を合わせたものとして考えることができる．この反応は基質レベルのリン酸化のもう一つの例である．

$$\text{ホスホエノールピルビン酸} \longrightarrow \text{ピルビン酸} + P_i$$
$$\Delta G^{\circ\prime} = -61.9 \text{ kJ mol}^{-1} = -14.8 \text{ kcal mol}^{-1}$$

$$ADP + P_i \longrightarrow ATP$$
$$\Delta G^{\circ\prime} = 30.5 \text{ kJ mol}^{-1} = 7.3 \text{ kcal mol}^{-1}$$

正味の反応は

$$\text{ホスホエノールピルビン酸} + ADP \longrightarrow \text{ピルビン酸} + ATP$$
$$\Delta G^{\circ\prime} = -31.4 \text{ kJ mol}^{-1} = -7.5 \text{ kcal mol}^{-1}$$

である．グルコース1分子から2分子のピルビン酸が生成するので，この2倍のエネルギーが出発物質1分子から遊離することになる．

ピルビン酸キナーゼ pyruvate kinase がこの反応を触媒する酵素である．この酵素はホスホフルクトキナーゼと同様に，二つの異なる型（MとL）のサブユニット4個から成るアロステリック酵素である．ピルビン酸キナーゼはATPで阻害される．ホスホエノールピルビン酸のピルビン酸への変換は，細胞のATP濃度が高いとき，すなわち，細胞がATPの形でのエネルギーをあまり必要としないとき，遅くなる．ピルビン酸キナーゼのアイソザイムが筋肉と肝臓で異なることによって，これら二つの組織では解糖の調節が異なる．これについてはChap. 18で詳しく述べる．

17.3.2　解糖を調節している段階はどこか

あらゆる代謝経路について最も重要な問題の一つは，その代謝経路がどの段階の反応で調節されているのかということである．もしある生物が代謝産物をすぐに必要としない場合，生物は代謝経路を

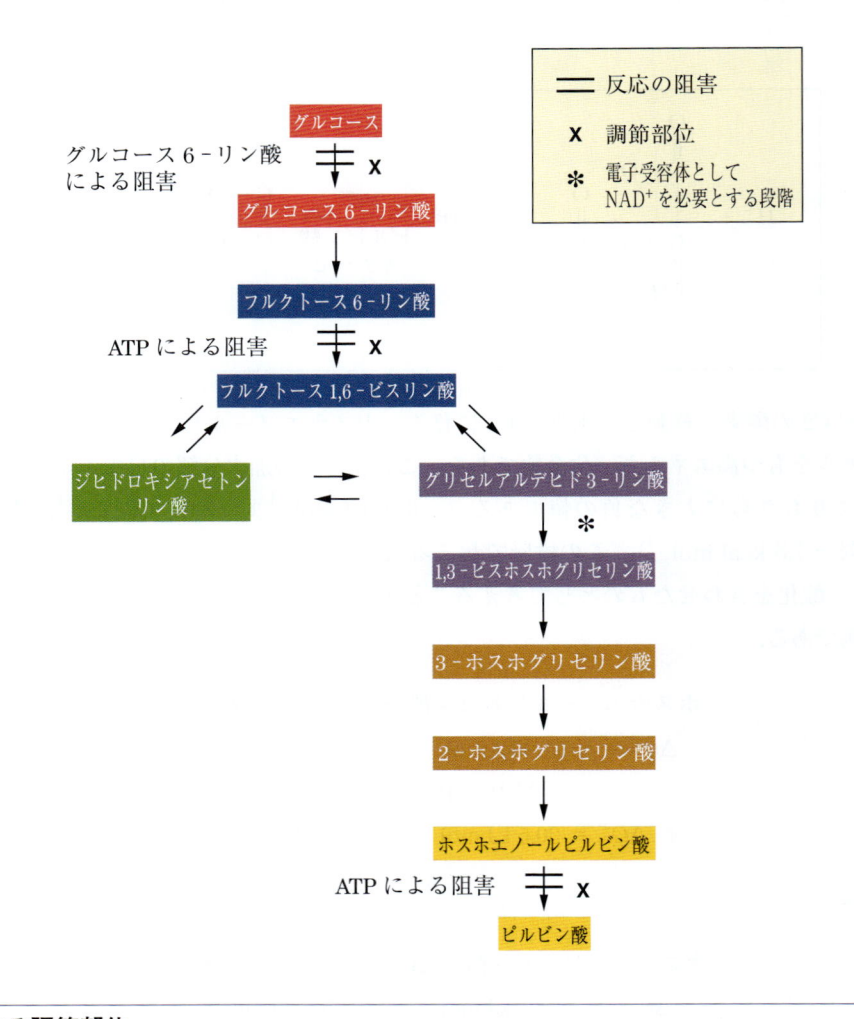

図 17.10

解糖における調節部位

"停止"してエネルギーの消費を抑えることができる．解糖では三つの反応が調節部位になっている．1番目はヘキソキナーゼによって触媒されるグルコースからグルコース6-リン酸への反応であり，2番目はホスホフルクトキナーゼによって触媒されるフルクトース1,6-ビスリン酸の生成反応であり，3番目はピルビン酸キナーゼによって触媒されるホスホエノールピルビン酸からピルビン酸への反応である（図17.10）．フルクトース1,6-ビスリン酸のような鍵となる代謝中間体を含む反応だけでなく，一般に代謝は経路全体の始まりや終わりに近い反応で調節されることが多い．糖質代謝についてさらに学んだ後で，いくつかの糖代謝経路の調節におけるホスホフルクトキナーゼとフルクトース1,6-ビスリン酸の役割についてもう一度考えることにする（Sec. 18.3）．

Sec. 17.3 要約
- 解糖の最終段階において，経路に入ったグルコース1分子当たり，2分子のピルビン酸が生成する．
- これらの反応は，電子の移動（酸化-還元）とグルコース1分子当たり正味2分子のATPの産生を伴う．
- 解糖には三つの調節段階がある．

17.4 ピルビン酸の嫌気的反応

17.4.1 筋肉におけるピルビン酸の乳酸への変換はどのようにして行われるか

嫌気的解糖の最終反応はピルビン酸の乳酸への還元である．

この反応もまた発エルゴン反応である（$\Delta G^{\circ\prime} = -25.1$ kJ mol^{-1} = -6.0 kcal mol^{-1}）．解糖経路に入ったグルコース1分子当たりで生じるエネルギーを求めるには，前と同じようにこの値を2倍する必要がある．乳酸は筋肉においては代謝の行き止まりであるが，肝臓では糖新生（"グルコースの新規合成"）と呼ばれる経路によって再利用され，ピルビン酸やさらにはグルコースが生成される．糖新生についてはSec. 18.2で述べる．

乳酸デヒドロゲナーゼ lactate dehydrogenase（LDH）がこの反応を触媒する酵素である．LDHはグリセルアルデヒド-3-リン酸デヒドロゲナーゼと同様に，NADH依存性デヒドロゲナーゼであり，

4個のサブユニットから成る．サブユニットにはMとHで表される2種類があり，それらはアミノ酸組成がわずかに異なる．四量体の四次構造は2種のサブユニットの相対的な量によって変わり，5種類のアイソザイムを生じる．ヒト骨格筋ではM_4型のホモ型四量体がほとんどであり，反対に心筋ではもう一方のホモ型であるH_4型四量体が主な酵素型となる．ヘテロ型のM_3H，M_2H_2，MH_3は血清中に見出される．この酵素の種々のアイソザイム型の存在量に基づいて，心疾患の非常に感度の高い臨床検査が行われる．心筋梗塞では，血清中のH_4とMH_3アイソザイムの相対量が正常血清に比べて著しく上昇する．異なるアイソザイムは，そのサブユニット組成によってわずかに異なる反応速度論的な性質を示す．H_4アイソザイム（LDH 1とも呼ばれる）は，基質としての乳酸により高い親和性をもつ．M_4アイソザイム（LDH 5）は，ピルビン酸によるアロステリック阻害を受ける．これらの違いは代謝におけるアイソザイムの一般的な役割を反映している．筋肉は非常に嫌気的な組織であるのに対し，心筋はそうではない．

ここで，ピルビン酸の乳酸（好気的生物の老廃物）への還元が，なぜ栄養素の酸化によって生物にエネルギーを供給する経路である嫌気的解糖の最終段階であるのかを考えてみよう．この反応について考える上で一つの重要な点は，細胞内のNAD^+と$NADH$の相対量に関することである．還元反応の半反応は，

$$\text{ピルビン酸} + 2H^+ + 2e^- \longrightarrow \text{乳酸}$$

と書くことができ，酸化反応の半反応は，

$$NADH + H^+ \longrightarrow NAD^+ + 2e^- + 2H^+$$

である．全体の反応は本節の最初で述べたように，

$$\text{ピルビン酸} + NADH + H^+ \longrightarrow \text{乳酸} + NAD^+$$

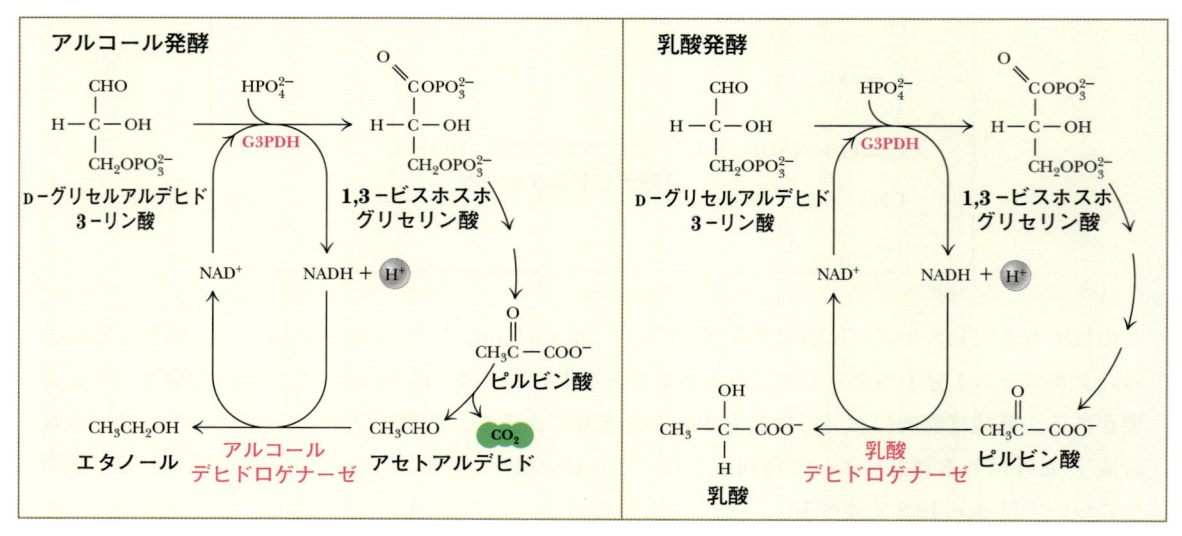

図17.11

嫌気的解糖でのNAD^+と$NADH$の再生利用

である．

　グリセルアルデヒド3-リン酸の酸化によってNAD^+から生成した NADH は細胞内で使い切られ，NADH と NAD^+ の相対量の正味の変化を伴わない（図 17.11）．嫌気的状態の細胞にとって，NAD^+ の再生は引き続き解糖を稼働させていくために必要である．この再生がなければ，発酵過程での酸化剤として働く NAD^+ が欠乏するので，嫌気的生物の酸化反応はすぐに停止するであろう．乳酸の産生は嫌気的代謝を行っている生物にとっては時間稼ぎとなり，また筋肉から肝臓へと負担の一部を移すことにもなる．それは，肝臓では糖新生によって乳酸をピルビン酸やグルコースへ再変換できるからである（Chap. 18）．このことはアルコール発酵についても当てはまることである（それについては次に考察する）．一方，NADH は多くの反応に関与する還元剤であり，乳酸の合成によって生体から失われていく．好気的代謝は NADH のような還元剤（"還元力"）をより効果的に利用する．なぜなら，好気的代謝ではピルビン酸の乳酸への変換は起こらないからである．ピルビン酸合成を行う解糖段階で生成する NADH は，還元剤を必要とする他の反応での利用に役立てられる．

17.4.2　アルコール発酵はどのように行われるか

　解糖に関連する別の二つの反応によってエタノールが生成する過程をアルコール発酵 alcoholic fermentation という．この過程はピルビン酸の三つの運命のうちの一つである（Sec. 17.1）．エタノールを合成する二つの反応の最初の段階で，ピルビン酸は脱炭酸（二酸化炭素の喪失）され，アセトアルデヒドを生じる．この反応を触媒する酵素は，ピルビン酸デカルボキシラーゼ pyruvate decarboxylase である．

　この酵素は，Mg^{2+} と補助因子チアミンピロリン酸 thiamine pyrophosphate（TPP）を必要とする（チアミン自体はビタミン B_1 である）．TPP のチアゾール環の窒素と硫黄の間の炭素原子（図 17.12）は

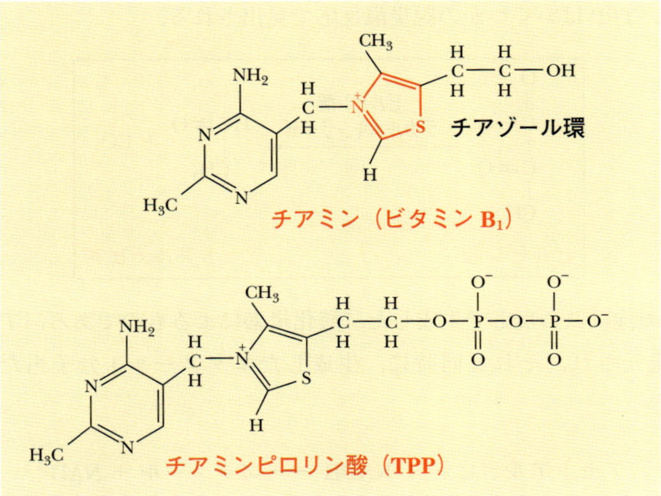

図 17.12
チアミンと活性型補酵素であるチアミンピロリン酸の構造

身の周りに見られる生化学　健康関連（歯学）

嫌気性代謝と歯垢との関連

　虫歯は，フッ化物やフロッシング（歯の隙間の掃除）などの現代的な治療により，若者での発生率は著しく減少したにもかかわらず，アメリカ合衆国で，そしておそらく世界中で最も蔓延している病気の一つである．虫歯は，砂糖を多く含んだ食事，歯垢の形成，嫌気的代謝などの複合的な要因で起こる．

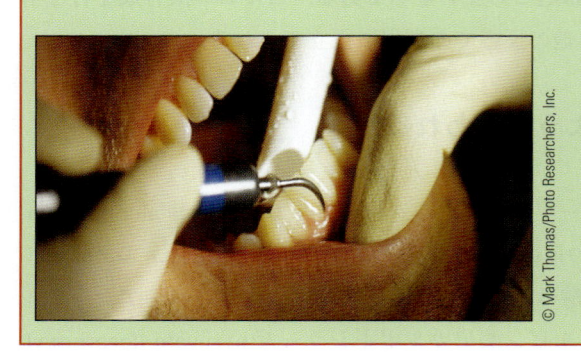

　糖を多く含んだ食事を摂ることによって，口中で細菌が素早く増殖する．このときスクロースがおそらく細菌にとって最も利用しやすい糖であり，細菌はこの非還元糖からより効率的に多糖の"接着剤"を作ることができる．細菌は粘着性のコロニーを広げ，歯の表面に歯垢を作りながら増殖する．ろうのような歯垢の表面を酸素が通過するのが困難であるため，歯垢の表面下で増殖する細菌は嫌気的代謝を利用せざるを得ない．二つの主な副産物である乳酸とピルビン酸は比較的強い有機酸であり，これらの酸が実際にエナメル質表面を破壊するのである．もちろん細菌は空いた穴の中で素早く増殖する．もしエナメル質が突き破られると，細菌はエナメル質の下のより柔らかな象牙質でさらに容易に増殖する．

　フッ素の添加はエナメル質表面をより強固にし，フッ化物は実際に細菌の代謝を阻害しているかもしれない．毎日，歯間を糸ようじで掃除すれば歯垢が落ち，嫌気的状態は決して起こらないであろう．

反応性に富んでいる．TPPはカルボアニオン（負に荷電した炭素原子イオン）を容易に形成し，このカルボアニオンはピルビン酸のカルボニル基を攻撃して付加物を形成する．二酸化炭素が切り離され，TPPに共有結合した2炭素フラグメントが残される．電子が移動し，2炭素フラグメントが切り離され，アセトアルデヒドが生じる（図17.13）．TPPに結合した2炭素フラグメントは活性アセトアルデヒドともいう．TPPはいくつかの脱炭酸反応で見出される．

$$\underset{\text{ピルビン酸}}{\begin{array}{c}\text{O}\\\parallel\\\text{C—O}^-\\|\\\text{C=O}\\|\\\text{CH}_3\end{array}} \xrightarrow{\text{ピルビン酸デカルボキシラーゼ}} \underset{\text{アセトアルデヒド}}{\begin{array}{c}\text{HC=O}\\|\\\text{CH}_3\end{array}} + CO_2$$

ビールや発泡ワインの泡はこの反応で生成した二酸化炭素によるものである．アセトアルデヒドはその後エタノールに還元され，それと同時に，生成したエタノール1分子当たり，NADH 1分子がNAD^+に酸化される．

$$\text{アセトアルデヒド} + \text{NADH} \longrightarrow \text{エタノール} + NAD^+$$

　NAD^+を再生し，嫌気的酸化（発酵）反応をさらに引き起こすという意味において，アルコール発酵の還元反応はピルビン酸の乳酸への還元と類似している．アルコール発酵の正味の反応は次のよ

身の周りに見られる生化学　健康関連

胎児アルコール症候群

　母親のエタノール摂取で生じる胎児の障害は，胎児アルコール症候群と呼ばれる．生体内でのエタノールの分解代謝（異化作用）で，最初の段階はアセトアルデヒドへの変換――アルコール発酵の最終反応の逆反応――である．妊婦の血中アセトアルデヒド濃度が胎児アルコール症候群の診断の鍵となる．

　最近，アセトアルデヒドは胎盤を通過し，胎児の肝臓に蓄積することが明らかにされた．アセトアルデヒドは有害であり，胎児アルコール症候群の最も重要な要因である．

　アセトアルデヒドの有害作用に加えて，妊娠中のエタノール摂取は他の方法でも胎児を傷つける．それは胎児への栄養の運搬を抑え，糖（低血糖症），ビタミン，必須アミノ酸の濃度が低くなる．酸素濃度も低下する（低酸素症）．この低酸素症は，飲酒に加えて母親が妊娠期間中に喫煙することによってさらに悪化する．

　現在，アルコール飲料のラベルには妊娠中の飲酒に対する警告文が書かれている．アメリカ医師会 The American Medical Association は，"妊娠中のアルコール摂取量の安全域は知られていない"と明確な警告を発している．

図 17.13
ピルビン酸デカルボキシラーゼの反応機構
TPP のチアゾール環のカルボアニオン型は強い求核性をもつ．カルボアニオンはピルビン酸のカルボニル炭素を攻撃して付加物をつくる．二酸化炭素が切り離され，補酵素に共有結合した 2 炭素フラグメント（活性アセトアルデヒド）となる．電子の移動でアセトアルデヒドが遊離し，カルボアニオンが再生する．

うに表される．

$$\text{グルコース} + 2\text{ADP} + 2\text{P}_i + 2\text{H}^+ \longrightarrow 2\text{エタノール} + 2\text{ATP} + 2\text{CO}_2 + 2\text{H}_2\text{O}$$

NAD$^+$ と NADH は正味の反応式には現れてこない．乳酸が生成するときと同様に，ここでも NADH

からの NAD^+ の再生が起こり，そのため嫌気的酸化が引き続き起こっていく．アセトアルデヒドのエタノールへの変換を触媒する酵素**アルコールデヒドロゲナーゼ** alcohol dehydrogenase は多くの点で乳酸デヒドロゲナーゼに似ている．両者の最も際立った類似点は，ともに NADH 依存性デヒドロゲナーゼであり，四量体であることである．

> **Sec. 17.4 要約**
> - ピルビン酸は，活発に代謝をしている筋肉のような嫌気的な組織で乳酸に変換される．この過程で NAD^+ が再生される．
> - ある種の生物において，ピルビン酸はエタノールに変換される．この過程では補助因子としてチアミンピロリン酸が用いられる．

17.5 解糖のエネルギー論的考察

17.5.1 解糖からどれだけのエネルギーが得られるか

これまでに解糖の各反応を見てきたので，この系全体の標準自由エネルギー変化の収支を表 17.1 のデータを用いて計算することができる．

解糖の全過程は発エルゴン的である．個々の段階の $\Delta G°'$ を合計することによって解糖の全過程の $\Delta G°'$ を計算することができる．トリオースリン酸イソメラーゼからピルビン酸キナーゼまでの反応はすべて 2 倍することを思い出してほしい．こうすることによって，グルコースから 2 個のピルビン酸までの最終的な数字は -73.4 kJ mol^{-1}，すなわち -17.5 kcal mol^{-1} と計算される．この過程の発エルゴン反応で遊離したエネルギーは吸エルゴン反応を進行させる．解糖の正味の反応は，ADP 2 分子のリン酸化という重要な吸エルゴン過程を含んでいることは明らかである．

$$2ADP + 2P_i \longrightarrow 2ATP$$
$$\Delta G°' \text{反応} = 61.0 \text{ kJ mol}^{-1} = 14.6 \text{ kcal mol}^{-1} \text{（消費したグルコース）}$$

ATP の生成を伴わない，グルコース 1 分子からピルビン酸 2 分子を生成する反応は，より発エルゴン的である．したがって ATP 合成を差し引くと次のようになる．

$$\begin{array}{ll}
\text{グルコース} + 2ADP + 2P_i \longrightarrow 2 \text{ピルビン酸} + 2ATP & \Delta G°' = -73.4 \text{ kJ mol}^{-1} = -17.5 \text{ kcal mol}^{-1} \\
-(2ADP + 2P_i \longrightarrow 2ATP) & \Delta G°' = -61.0 \text{ kJ mol}^{-1} = -14.6 \text{ kcal mol}^{-1} \\
\hline
\text{グルコース} \longrightarrow 2 \text{ピルビン酸} & \Delta G°' = -134.4 \text{ kJ mol}^{-1} \\
& = -32.1 \text{ kcal mol}^{-1} \text{（消費したグルコース 1 モル当たり）}
\end{array}$$

（1 分子のグルコースが 2 分子の乳酸に変換されるときの値は，-184.6 kJ mol^{-1} = -44.1 kcal mol^{-1} である）．ATP の生成がなければ，グルコースのピルビン酸への変換で遊離するエネルギーは生物に

利用されることなく，熱として放散してしまうであろう．グルコース1分子からATP2分子を生成する際に用いられたエネルギーは，ATPが他の代謝過程で加水分解されるときに生じるエネルギーとして生体に利用回収される．この点はChap. 15で嫌気的代謝と好気的代謝の熱力学的効率を比較したときに簡単に述べた．グルコースの乳酸への分解で遊離されたエネルギーに対して，ADPがATPにリン酸化されるときに生体によって"捕捉"されたエネルギーの割合が解糖でのエネルギーの利用効率であり，それは約33％（61.0/184.6）× 100）である．Sec. 15.6で求めたこの割合を思い出してほしい．2分子のADPをATPへとリン酸化するのに使われたエネルギーを，1分子のグルコースが2分子の乳酸へ変換された際に放出されたエネルギーに対する百分率として計算した値である．解糖におけるエネルギーの正味の遊離量，すなわち乳酸へ変換されたグルコース1分子当たり123.6 kJ（29.5 kcal）は生物体に熱として浪費される．他の代謝過程のエネルギー源として役立つためのATPの産生がないと，解糖で遊離したエネルギーは，温血動物の体温維持に役立つ以外には生物にとって役に立たない．氷を入れたソフトドリンクは（ダイエット飲料でなければ）糖分含量が高いので，冬の最も寒い日でさえ身体を暖かくするのに役立つのである．

　本節で示した自由エネルギー変化は，水素イオン以外のすべての溶質の濃度を1 M とした標準状態を仮定したときの標準値である．生理的条件下での濃度は標準値とは著しく異なることがある．しかし幸いにも，自由エネルギー変化の差を計算するためのよく知られた方法（Sec. 15.3）がある．また，濃度の大きな変化があっても自由エネルギー変化はしばしば比較的小さな差異，1モル当たり約数キロジュールにしかならないことがある．自由エネルギー変化は，生理的条件下ではここに示した標準状態での値と異なるかもしれないが，基本的原理とそれから導き出される結論は同じである．

Sec. 17.5 要約

- 解糖は発エルゴン的な過程で，1モルのグルコースが2モルのピルビン酸に変換されるとき，2分子のADPがATPへとリン酸化され，73.4 kJのエネルギーを放出する．
- ATPの生成をしない場合，解糖はより発エルゴン的となる．

SUMMARY　　　　　　　　　　　　　　　　　　　　　　要　約

◆ **解糖によってピルビン酸はどのような化合物になるか**　解糖では，1分子のグルコースは一連の長い反応系を経た後にピルビン酸2分子に変換される．それに伴って正味2分子のATPと2分子のNADHが生成される．好気的代謝によってピルビン酸はさらに二酸化炭素と水へと酸化される．嫌気的代謝での最終産物は乳酸であり，またアルコール発酵を行う生物ではエタノールである．

◆ **解糖にはどのような反応が関わっているか**　10の反応を経て1分子のグルコースは2分子のピルビン酸に変換される．それらの内訳は，四つのリン酸基の転移反応，三つの異性化反応，一つずつの開裂と脱水，および酸化反応である．

◆ **グルコース6−リン酸をグリセルアルデヒド3−リン酸に変換するのはどのような反応か**　解糖の前半において，グルコースはリン酸化されてグルコース6−リン酸になる．この過程ではATPが使われる．グルコース6−リン酸はフルクトース6−リン酸へと異性化され，さらにもう一つのATPを使ってリン酸化を受けフルクトース1,6−ビスリン酸に変換される．フルクトース1,6−ビスリン酸は重要な代謝中間体であり，その生成に関わるホスホフルクトキナーゼはこの系の重要な調節因

子である．フルクトース 1,6-ビスリン酸は続いて二つの 3 炭素化合物，グリセルアルデヒド 3-リン酸とジヒドロキシアセトンリン酸に分割される．ジヒドロキシアセトンリン酸はまたグリセルアルデヒド 3-リン酸に変換される．ここまでをまとめると，解糖の前半で 1 分子のグルコースは 2 分子の ATP を使って 2 分子のグリセルアルデヒド 3-リン酸に変換されることになる．

◆**グリセルアルデヒド 3-リン酸をピルビン酸に変換するのはどのような反応か** グリセルアルデヒド 3-リン酸は酸化されて 1,3-ビスホスホグリセリン酸になる．このとき NAD^+ が NADH へと還元される．次に 1,3-ビスホスホグリセリン酸は 3-ホスホグリセリン酸に変換されるが，このとき同時に ATP が生成される．3-ホスホグリセリン酸は 2 段階の反応を経て，重要な高エネルギー化合物であるホスホエノールピルビン酸になる．ホスホエノールピルビン酸はピルビン酸に変換され，同時にこの反応で ATP が生成される．解糖の後半では，2 分子のグリセルアルデヒド 3-リン酸が 2 分子のピルビン酸に変換され，4 分子の ATP を生成する．

◆**解糖を調節している段階はどこか** 解糖の経路には三つの調節段階がある．1 番目は解糖の初発反応でグルコースがグルコース 6-リン酸に変換される段階である．2 番目はフルクトース 1,6-ビスリン酸が生成する段階であり，3 番目は最後の反応であるホスホエノールピルビン酸がピルビン酸に変換される段階である．

◆**筋肉におけるピルビン酸の乳酸への変換はどのようにして行われるか** 嫌気的代謝において，ピルビン酸には二つの運命がある．よく見られるのは乳酸デヒドロゲナーゼによる乳酸への還元である．この過程で NAD^+ が再生される．

◆**アルコール発酵はどのように行われるか** アルコール発酵を行う生物では，ピルビン酸は二酸化炭素を失ってアセトアルデヒドとなり，続いて還元されてエタノールになる．チアミンピロリン酸はこの反応の補酵素である．

◆**解糖からどれだけのエネルギーが得られるか** 解糖の初めの二つの各反応で，グルコース 1 分子が代謝されるごとにそれぞれ 1 分子の ATP が加水分解される．別の二つの各反応で，グルコース 1 分子ごとに 2 分子の ATP が ADP のリン酸化によって生成し，全部で 4 分子の ATP が生じる．解糖で処理されるグルコース 1 分子ごとに正味 2 分子の ATP が得られる．グルコースの乳酸への嫌気的分解は次のようにまとめることができる．

$$\text{グルコース} + 2ADP + 2P_i \longrightarrow 2\,\text{乳酸} + 2ATP$$

解糖の全過程は発エルゴン的である．

反応	$\Delta G^{\circ\prime}$	
	kJ mol^{-1}	kcal mol^{-1}
グルコース + 2ADP + 2P$_i$ ⟶ 2 ピルビン酸 + 2ATP	−73.4	−17.5
2（ピルビン酸 + NADH + H$^+$ ⟶ 乳酸 + NAD$^+$）	−50.2	−12.0
グルコース + 2ADP + 2P$_i$ ⟶ 2 乳酸 + 2ATP	−123.5	−29.5

解糖は ATP を生成しなければより発エルゴン的であるが，そのように遊離するエネルギーはもはや生物が捕獲することはできず，単に熱として放散されてしまうだろう．

EXERCISES 練習問題

17.1 解糖系の概観

1. **復習** 本章に出てくる反応のうちで，ATPを必要とするもの，およびATPを生成するものはどれか．ATPを必要とする反応およびATPを生成する反応を触媒する酵素を挙げよ．

2. **復習** 本章に出てくる反応で，NADHを必要とするもの，またNAD$^+$を必要とするものはどれか．NADHを必要とする反応およびNAD$^+$を必要とする反応を触媒する酵素を挙げよ．

3. **復習** ピルビン酸は最終的には何に代謝されるか．

17.2 グルコースのグリセルアルデヒド3-リン酸への変換

4. **復習** 酵素アルドラーゼの名称の由来を説明せよ．

5. **復習** アイソザイム isozymes を定義し，本章で述べた酵素からその例を挙げよ．

6. **復習** アイソザイムとして見つかる酵素があるのはなぜか．

7. **復習** フルクトース1,6-ビスリン酸の生成が，なぜ解糖に決定的な段階であるのか説明せよ．

8. **演習** グルコース → 2グリセルアルデヒド3-リン酸の反応がわずかに吸エルゴン的（$\Delta G°' = 2.2$ kJ mol^{-1} = 0.53 kcal mol^{-1}）であること，すなわち，平衡がそれほどずれていないことを表17.1のデータを用いて説明せよ．

9. **演習** グルコースをリン酸化するのにヘキソキナーゼとグルコキナーゼの両方をもっていることの代謝的な利点を説明せよ．

10. **演習** ホスホフルクトキナーゼのMサブユニットを産生できない場合，代謝にどのような影響があるか．

11. **演習** ヘキソキナーゼで観察される作用様式は，どのような点で酵素作用の誘導適合説に合致するか．

12. **演習** ホスホフルクトキナーゼの反応に，ATPはアロステリックエフェクターとしてどのように作用するか．

17.3 グリセルアルデヒド3-リン酸のピルビン酸への変換

13. **復習** 解糖のどの段階からすべての反応が2倍起こると見なされるか．

14. **復習** 本章で述べた酵素のうち，NADH依存性デヒドロゲナーゼはどれか．

15. **復習** 基質レベルのリン酸化 substrate-level phosphorylation を定義し，本章で述べた反応から例を挙げよ．

16. **復習** 解糖を調節している段階はどの反応か．

17. **復習** どのような分子が解糖の阻害剤として働くか．また，どのような分子が活性化剤として働くか．

18. **復習** 多くのNADH依存性デヒドロゲナーゼは類似した活性部位をもっている．グリセルアルデヒド3-リン酸デヒドロゲナーゼにおいて，他の酵素とともに最も保存されている部位はどこか．

19. **復習** 解糖の酵素のいくつかは代謝過程でよく見られるグループに分類される．次のそれぞれの酵素はどのような型の反応を触媒するか．
    (a) キナーゼ
    (b) イソメラーゼ
    (c) アルドラーゼ
    (d) デヒドロゲナーゼ

20. **復習** イソメラーゼとムターゼの相違点は何か．

21. **演習** 2-ホスホグリセリン酸がホスホエノールピルビン酸へ変換される反応は酸化還元反応か．解答の理由も示せ．

22. **演習** グリセルアルデヒド3-リン酸デヒドロゲナーゼによって触媒される反応で，酸化状態が変化する炭素原子を示せ．その反応で変化する官能基は何か．

23. **演習** 解糖におけるアロステリック阻害剤と活性化剤について，なぜこれらの分子が働いているのかを論理的に述べよ．

24. **演習** 多くの種が第3の型のLDHサブユニットをもち，その大部分は精巣で発現している．もしCと呼ばれるこのサブユニットが他の組織で発現し，MやHサブユニットと会合できるなら，何種類のLDHアイソザイムが生じるか．またそれらはどのようなサブユニット組成をしているか．

25. **演習** 乳酸デヒドロゲナーゼのMとHサブユニットは大きさや形は非常に似ているが，アミノ酸組成が異なっている．もしこの2種類の違いが，Mサブユニットのセリン残基がHサブユニットでグルタミン酸に置換しているということだけであるなら，五つのLDHアイソザイムはpH 8.6におけるゲル電気泳動でどのように分離されるか（電気泳動の詳細はChap. 5を参照）．

26. **演習** フルクトース1,6-ビスリン酸の生成が解糖系の調節として機能する段階であるのはなぜか．

27. **演習** 高濃度のグルコース6-リン酸は解糖を阻害する．もしグルコース6-リン酸の濃度が減少すれば活性が回復する．なぜか．

28. **演習** ほとんどの代謝過程は比較的長く，非常に複雑であるように見える．例えば，解糖ではグルコースのピルビン酸への変換に10個の化学反応が関与している．その複雑さの理由を考えよ．

29. **演習** ホスホグリセロムターゼによって触媒される反応のメカニズムには，リン酸化された酵素中間体が関与していることが知られている．3-ホスホグリセリン酸を ^{32}P で放射標識したとき，反応生成物である2-ホスホグリセリン酸はいかなる放射活性ももたない．この事実を説明するメカニズムを考えよ．

17.4 ピルビン酸の嫌気的反応

30. **復習** 本章に出てくる物質で，ビールに関係のあるものは何か．また，筋肉の疲労や痛みに関係のある物質は何か．

31. **復習** もし乳酸が激しい筋肉活動による蓄積産物であるなら，なぜ入院中の患者に乳酸ナトリウムを点滴するのか．

32. **復習** 乳酸を産生する代謝上の目的は何か．

33. **演習** ルイスの点電子表記法を用いて，次の酸化還元反応での電子の移動を明示せよ．
    Ⓐ ピルビン酸 + NADH + H$^+$
    $\longrightarrow$ 乳酸 + NAD$^+$
    Ⓑ アセトアルデヒド + NADH + H$^+$
    $\longrightarrow$ エタノール + NAD$^+$
    Ⓒ グリセルアルデヒド3-リン酸 + NAD$^+$
    $\longrightarrow$ 3-ホスホグリセリン酸 + NADH
    + H$^+$ （酸化還元反応のみ）

34. **演習** 酵素反応におけるチアミンピロリン酸の役割を本章に出てくる物質を用いて簡潔に述べよ．

35. **演習** 脱炭酸反応に役立つTPPに独特の構造は何か．

36. **演習** 脚気は食餌中のビタミンB$_1$（チアミン）欠乏で起こる病気で，チアミンはチアミンピロリン酸の前駆体である．本章で学んだことを考慮に入れて，アルコール中毒患者にこの病気がよく見られる理由を説明せよ．

37. **演習** 走って死んだ動物の肉は酸っぱい味がすることはハンターの間ではよく知られている．この観察に対する理由を述べよ．

38. **演習** グルコースの乳酸への変換は，正味の酸化還元がないという点で代謝にどのような利点があるか．

39. **関連** がん細胞は非常に速く増殖し，大部分の体の組織よりも嫌気的代謝の速度が速い．特に腫瘍の中心部でその性質が顕著である．嫌気的代謝の酵素に対して毒性を示す薬物をがんの治療に使えるだろうか．また，それはなぜか．

17.5 解糖のエネルギー論的考察

40. **演習** 嫌気的解糖でのエネルギー利用効率を33％と推定した根拠を示せ．

41. **復習** 解糖反応で獲得される正味のATPは何分子か．

42. **復習** 問題41の結果はATPの総生成数とどのように異なるか．

43. **復習** 解糖のどの反応が共役した反応か．

44. **復習** 解糖のどの段階が生理的に不可逆的か．

45. **演習** ホスホエノールピルビン酸によるADPのリン酸化のエネルギー論を式を用いて示せ．

46. **演習** フルクトース，マンノース，ガラクトースが出発分子として使われた場合，解糖で正味何分子のATPが生成されるか．

47. **演習** 筋肉において，グリコーゲンは次の反応で分解される．
    グルコース$_n$ + P$_i$ $\longrightarrow$
        グルコース1-リン酸 + グルコース$_{n-1}$
    もしすべてのグルコースがグリコーゲンに由来するとしたら，筋肉ではグルコース1分子当り何分子のATPが生成されるか．

48. **演習** 表17.1を用いて，次の反応が熱力学的に可能かどうか予想せよ．

$$\text{ホスホエノールピルビン酸} + P_i + 2ADP \longrightarrow \text{ピルビン酸} + 2ATP$$

49. **演習** 問題48で示した反応は自然界に存在するか．もし存在しないならなぜか説明せよ．

50. **演習** 表17.1によれば，いくつかの反応は非常に大きな正の$\Delta G°'$値をもつ．これらの反応が細胞内で起こるとすれば，このことはどのように説明できるか．

51. **演習** 表17.1によれば，四つの反応が正のΔG値をもつ．このことはどのように説明できるか．

ANNOTATED BIBLIOGRAPHY / 参考文献

Bodner, G. M. Metabolism: Part I, Glycolysis, or the Embden–Meyerhoff Pathway. *J. Chem. Ed.* **63**, 566–570 (1986). [A clear, concise summary of the pathway. Part of a series on metabolism of carbohydrates and lipids.]

Boyer, P. D., ed. *The Enzymes*, Vols. 5–9. New York: Academic Press, 1972. [A standard reference with review articles on the glycolytic enzymes; lactate dehydrogenase and alcohol dehydrogenase appear in Volume 10.]

Florkin, M., and E. H. Stotz, eds. *Comprehensive Biochemistry*. New York: Elsevier, 1967. [Another standard reference. Volume 17, *Carbohydrate Metabolism*, deals with glycolysis.]

Karl, P. I., B. H. J. Gordon, C. S. Lieber, and S. E. Fisher. Acetaldehyde Production and Transfer by the Perfused Human Placental Cotyledon. *Science* **242**, 273–275 (1988). [A report describing some of the processes involved in fetal alcohol syndrome.]

Light, W. J. *Alcoholism and Women, Genetics, and Fetal Development*. Springfield, IL: Thomas, 1988. [A book that devotes a large amount of space to fetal alcohol syndrome.]

Lipmann, F. A Long Life in Times of Great Upheaval. *Ann. Rev. Biochem.* **53**, 1–33 (1984). [The reminiscences of a Nobel laureate whose research contributed greatly to the understanding of carbohydrate metabolism. Very interesting reading from the standpoints of autobiography and the author's contributions to biochemistry.]

CHAPTER 18

糖質の貯蔵機構と糖質代謝の調節

糖質代謝の調節は，あらゆる種類の身体の活動に重要である．

概　要

- **18.1　グリコーゲンはどのように合成され分解されるか**
  - 18.1.1　グリコーゲンの分解はどのように起こるか
  - 18.1.2　グリコーゲンはグルコースからどのように合成されるか
  - 18.1.3　グリコーゲン代謝はどのように調節されるか
- **18.2　糖新生はピルビン酸からグルコースを生成する**
  - 18.2.1　糖新生においてオキサロ酢酸が中間体であるのはなぜか
  - 18.2.2　糖新生における糖リン酸エステルの役割は何か
- **18.3　糖質代謝の調節**
  - 18.3.1　鍵酵素の調節によって糖質代謝はどのように制御されるか
  - 18.3.2　糖質代謝をそれぞれの器官はどのように分担しているか
  - 18.3.3　糖質代謝の調節において解糖の第 1 段階と最終段階はのような役割を果たすか
- **18.4　グルコースは時にペントースリン酸回路を介して転用される**
  - 18.4.1　ペントースリン酸回路の酸化的反応とは何か
  - 18.4.2　ペントースリン酸回路の非酸化的反応とは何か，またそれらの反応が重要なのはなぜか
  - 18.4.3　ペントースリン酸回路はどのように調節されるか

18.1　グリコーゲンはどのように合成され分解されるか

　糖質含量の高い食事が消化されると，即座に必要な量を超えたグルコースが供給されることになる．この余剰グルコースは，高分子のグリコーゲン（Sec. 16.4）として貯えられる．グリコーゲンは植物にみられるデンプンに似ており，デンプンとは鎖の枝分かれの程度が違うだけである．事実，この類似性からグリコーゲンは"動物デンプン"と呼ばれることがある．グリコーゲン代謝を見ると，グルコースがどのようにしてこの形で貯蔵され，必要に応じて利用されるかがわかる．グリコーゲンの分解では，枝分かれの各々の端からグルコース残基が遊離するので，直線状の高分子の場合のように端から1個ずつとしてではなく，一度に数残基が遊離する．

　この様式は，迅速にグルコースの供給を増やして，短時間のエネルギー需要に対応できるので，生体にとって好都合である（図18.1）．数理的モデルは，グリコーゲンの構造が，エネルギーを貯え，急速にしかもできるだけ長時間，供給することができるように最適化されたものであることを示している．この最適化の鍵は，枝分かれした鎖の平均長（13残基）である．もし，この平均鎖長がもっと長かったり，あるいはもっと短かったりすると，グリコーゲンはエネルギーを貯蔵し，需要により放出するのに効率的な媒体でなくなる．数理的モデルから導かれたこの結論は，実験結果からも支持されている．

18.1.1　グリコーゲンの分解はどのように起こるか

　グリコーゲンは，主として肝臓と筋肉に含まれている．肝臓に貯えられているグリコーゲンの分解

グリコーゲン

図 18.1
グリコーゲンの分枝構造
高度に枝分かれしたグリコーゲンの構造は，エネルギー需要に応じてグルコースを同時に何個も遊離できるような形になっている．このようなことは直線状の高分子では不可能である．赤丸はグリコーゲンから遊離される末端グルコースを示している．分枝点が多ければ多いほど，多くの末端のグルコース残基が同時に利用できる．

は，血中グルコース濃度の低下が引き金となる．肝臓グリコーゲンは，分解されてグルコース6-リン酸を生じ，これはさらに加水分解されてグルコースになる．このグリコーゲン分解による肝臓からのグルコースの放出が，血中へのグルコース補充の供給源となっている．筋肉では，グリコーゲン分解に由来するグルコース6-リン酸は，グルコースに加水分解されて血流に放出されるというよりはむしろ，直接，解糖経路に入る．

　グリコーゲンからグルコース6-リン酸への転換には三つの反応が働く．最初の反応では，グリコーゲンから切り出される各グルコース残基は，リン酸イオンと反応してグルコース1-リン酸になる．特に注目すべきは，この開裂反応が加水分解ではなく一種の**加リン酸分解** phosphorolysis であるということである．

$$(\text{グルコース})_n + \text{HO-P(=O)(O}^-\text{)-O}^- \rightleftharpoons (\text{グルコース})_{n-1} + \text{グルコース 1-リン酸}$$

2番目の反応では，グルコース1-リン酸は異性化されて，グルコース6-リン酸になる．

$$\text{グルコース 1-リン酸} \rightleftharpoons \text{グルコース 6-リン酸}$$

グリコーゲンの完全分解にはまた，グリコーゲン構造の枝分かれ点でグルコース残基のグリコシド結合を加水分解する脱分枝反応が必要である．これらの反応の最初の反応を触媒する酵素は**グリコーゲンホスホリラーゼ** glycogen phosphorylase であり，2番目の反応を触媒する酵素は，**ホスホグルコムターゼ** phosphoglucomutase である．

$$\text{グリコーゲン} + \text{P}_i \xrightarrow{\text{グリコーゲンホスホリラーゼ}} \text{グルコース 1-リン酸} + \text{グリコーゲンの残り}$$

$$\text{グルコース 1-リン酸} \xrightarrow{\text{ホスホグルコムターゼ}} \text{グルコース 6-リン酸}$$

　グリコーゲンホスホリラーゼは，グリコーゲンの $\alpha(1\rightarrow4)$ 結合を切断する．グリコーゲンの完全な分解には，$\alpha(1\rightarrow6)$ 結合を分解する**脱分枝酵素** debranching enzyme が必要である．最初の反応でATPが加水分解されないことに注目してほしい．ATPの関与なしに基質がリン酸によって直接リ

ン酸化される別の例が解糖経路にある．それはグリセルアルデヒド3-リン酸の1,3-ビスホスホグリセリン酸へのリン酸化である．グリコーゲン分解を介する反応は，解糖の第1段階を通らないので，グルコース1分子に対してATP1分子が"節約"できる解糖経路への別の入り方ともいえる．グルコースではなくグリコーゲンが解糖の出発物質であるときは，グルコース1個当たりのATPの産生は正味3分子であるが，グルコース自身が出発物質の場合のATPの産生は2分子である．このように，グリコーゲンはグルコースよりも有効なエネルギー源である．しかし，生化学には，"ただでもらえるもの"はないので，グルコースをグリコーゲンに組み入れる際にはエネルギーが必要になることはいうまでもない．このことは，後に述べる．

グリコーゲンの脱分枝（枝分かれ切断）には，グルコース3残基の"限界枝部分"の別の枝の末端への転移が伴う．転移部分はその後，グリコーゲンホスホリラーゼによって順次，切り離される．次いで同じグリコーゲン脱分枝酵素が，枝分かれ点に残っている最後のグルコース残基の $\alpha(1\rightarrow 6)$ グリコシド結合を加水分解する（図18.2）．

生体が急にエネルギーを必要とするとき，グリコーゲンの分解は重要である．筋肉組織は脂肪よりずっと容易にグリコーゲンを動員するが，これは嫌気状態で可能である．ジョギングあるいは長距離走のような集中度の低い運動には，脂質は好ましいエネルギー源であるが，集中度が増すにつれて，筋肉や肝臓のグリコーゲンがより重要になってくる．運動選手の中には，特に中距離ランナーや自転車選手は，レースの前に大量の糖質を摂取し，グリコーゲンの蓄えを増やそうとする．p.670の《身の周りに見られる生化学》でこの問題をより詳細に述べる．

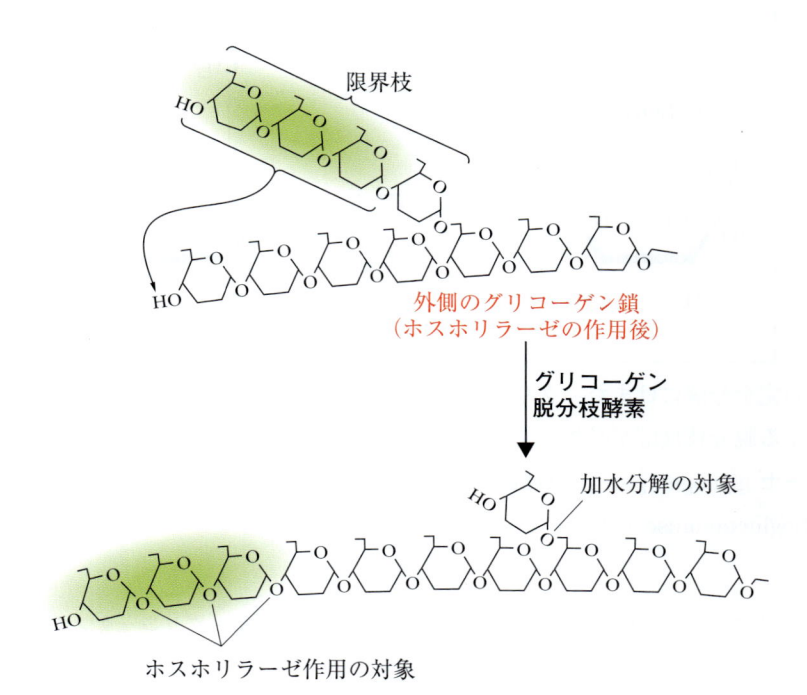

図 18.2
グリコーゲン分解における脱分枝酵素の作用様式
この酵素は，限界枝部分から $\alpha(1\rightarrow 4)$ 結合している3個のグルコース残基を，別の枝の末端に転移させる．同じ酵素が，枝分かれ点で $\alpha(1\rightarrow 6)$ 結合している残基の加水分解も触媒する．

18.1.2　グリコーゲンはグルコースからどのように合成されるか

　グルコースからのグリコーゲン合成は，グリコーゲンのグルコースへの分解の全くの逆というわけではない．グリコーゲンの合成にはエネルギーが必要であり，このエネルギーはヌクレオシド三リン酸の1種であるUTPの加水分解によって供給される．グリコーゲン合成の第1段階では，グルコース1-リン酸（グルコース6-リン酸の異性化反応で得られる）がUTPと反応し，ウリジン二リン酸グルコース（UDP-グルコースまたはUDPGとも呼ばれる）とピロリン酸（PP_i）を生成する．

ウリジン二リン酸グルコース
（UDPG）

　この反応を触媒する酵素は，UDP-グルコースピロホスホリラーゼ UDP-glucose pyrophosphorylase である．一つのリン酸無水結合を介する交換反応の自由エネルギー変化は，ほぼゼロである．無機ピロホスファターゼが，高い発エルゴン反応であるピロリン酸の2個のリン酸への加水分解反応を触媒する際，エネルギーが放出される．

　ピロリン酸の加水分解によって放出されるエネルギーと，ヌクレオシド三リン酸が加水分解されるときの自由エネルギーとが組み合わさっているのは，生化学では一般的なことである．これら二つの発エルゴン反応が，エネルギー的に有利ではない反応に共役すると，別の吸エルゴン反応が起こる．UTPはヌクレオシドリン酸キナーゼによって触媒されるATPとの交換反応によって補充される．

$$UDP + ATP \rightleftharpoons UTP + ADP$$

この交換反応により，どのようなヌクレオシド三リン酸の加水分解でもATPの加水分解とエネルギー的に等しくなる．

　グリコーゲンの伸長鎖へのUDPGの付加が，グリコーゲン合成の次の段階である．この各段階では，**酵素グリコーゲンシンターゼ** glycogen synthase によって触媒される反応により，新たな$\alpha(1\to4)$グリコシド結合が生成される（図18.3）．この酵素は，2個の単離状態のグルコース分子の間を単純に結合することはできず，$\alpha(1\to4)$グリコシド結合した既存の鎖にグルコースを付加する反応を触媒する．このため，グリコーゲン合成の開始にはプライマー primer が必要である．グリコゲニン glycogenin（37,300 Da）というタンパク質の特定のチロシンのヒドロキシ基がその役割りを果たして

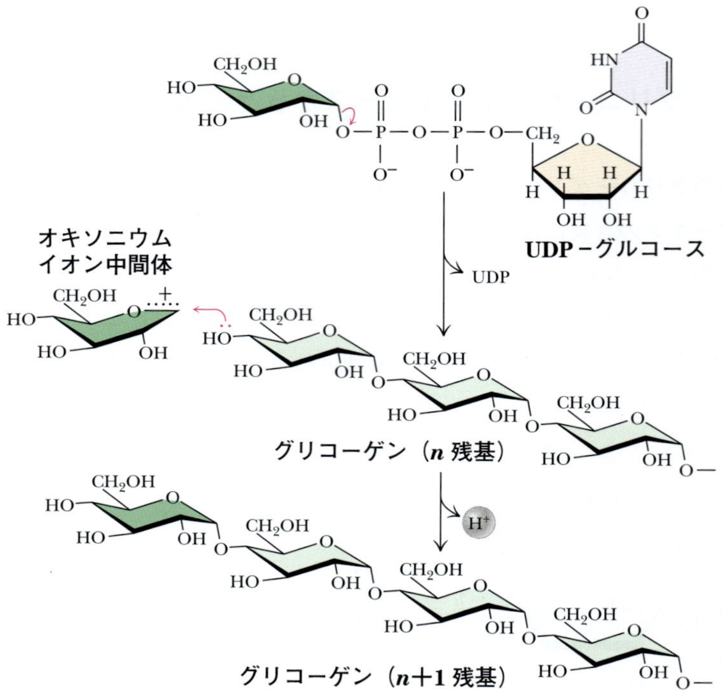

図 18.3

グリコーゲンシンターゼによって触媒される反応
UDPG からグルコース残基 1 個がグリコーゲン鎖の伸長末端に移され，$\alpha(1 \rightarrow 4)$ 結合する．

いる．グリコーゲン合成の第 1 段階で，まずグルコース残基がこのチロシンヒドロキシ基に結合する．次いで，これにグルコース残基が次々と付加していく．グリコゲニン分子自身が，グルコースの付加反応の触媒として働く．およそ 8 個のグルコース残基が結合すると，グリコーゲン合成は終わる．

	$\Delta G^{\circ\prime}$	
	kJ mol^{-1}	kcal mol^{-1}
グルコース 1 -リン酸 + UTP $\rightleftharpoons$ UDPG + PP$_i$	~0	~0
H$_2$O + PP$_i$ → 2 P$_i$	−30.5	−7.3
全体：グルコース 1 -リン酸 + UTP ⟶ UDPG + 2 P$_i$	−30.5	−7.3

　グリコーゲン合成には，$\alpha(1 \rightarrow 4)$ グリコシド結合と同様に，$\alpha(1 \rightarrow 6)$ グリコシド結合の形成が必要である．**分枝酵素** branching enzyme がこの役を果たす．この酵素は，鎖の伸長末端から長さ約 7 残基の断片を，枝分かれ点に転移させ，その枝分かれ点で $\alpha(1 \rightarrow 6)$ グリコシド結合を形成する（図 18.4）．この酵素は，このオリゴ糖断片の転移過程で，$\alpha(1 \rightarrow 4)$ グリコシド結合の切断を触媒していることに注意してほしい．転移される各断片は，少なくとも 11 残基の長さのある鎖から転移されなければならない．なぜなら，新しい枝分かれ点は，既存の枝分かれ点の中で最も隣接しているものから少なくても 4 残基は離れていなければならないからである．

図 18.4

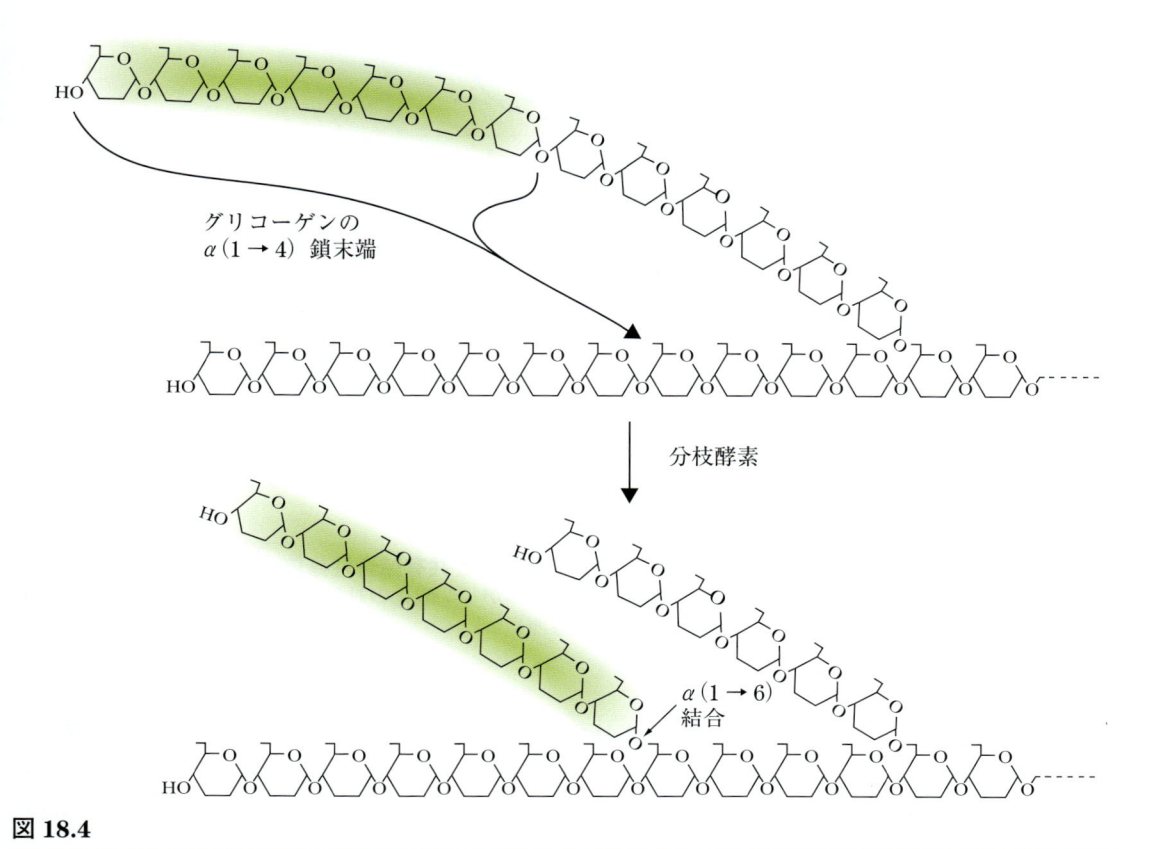

グリコーゲン合成における分枝酵素の作用様式
7残基の長さの断片が，伸長中の枝から新しい枝分かれ点に転移され，そこで $\alpha(1\to6)$ 結合が形成される．

18.1.3　グリコーゲン代謝はどのように調節されるか

　生体は，どのようにグリコーゲン合成とグリコーゲン分解が，同時に進行しないようにしているのであろうか．もし同時に起こったら，UTP が加水分解されるだけであり，リン酸無水物結合として蓄えられた化学エネルギーを無駄にするだけであろう．これを制御する主要な要因は，グリコーゲンホスホリラーゼの作用にある．この酵素は，アロステリック調節を受けるだけでなく，共有結合性修飾という別の形の調節を受ける．共有結合性修飾による調節の例は，Sec. 8.6 においてナトリウム－カリウムポンプについて前に見たところである．前の例では，酵素のリン酸化と脱リン酸化によって，酵素が活性であるかないかが決まったが，本例でも同じことがいえる．

　図 18.5 は，グリコーゲンホスホリラーゼの活性に影響する主な調節様式のいくつかを要約したものである．この酵素は，不活性な T 型（緊張した taut）と，活性な R 型（弛緩した relaxed）の二つの形態で存在する二量体である．T 型のとき（T 型のときだけ），この酵素は 2 個のサブユニットの各々にある特定のセリン残基のリン酸化による修飾が可能である．このセリンのリン酸によるエステル化は，ホスホリラーゼキナーゼ phosphorylase kinase という酵素によって触媒され，一方，脱リン酸化は，ホスホプロテインホスファターゼ phosphoprotein phosphatase によって触媒される．グリコー

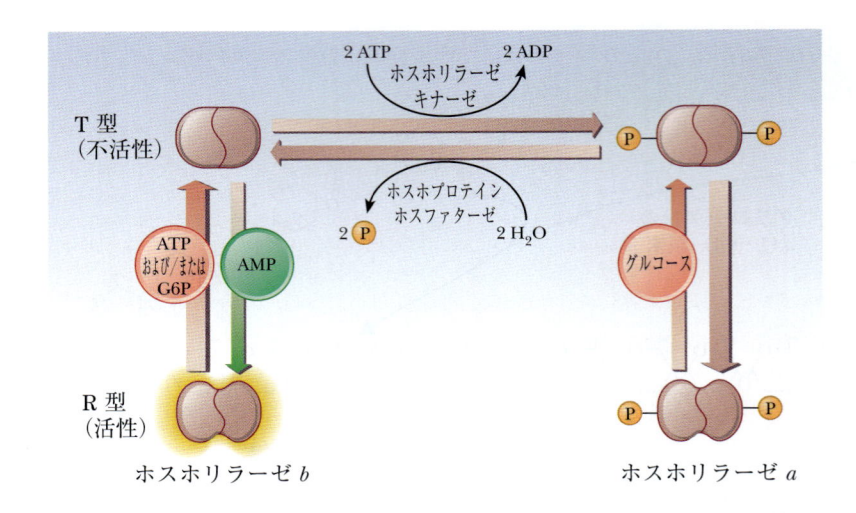

図 18.5

グリコーゲンホスホリラーゼ活性は，アロステリック調節と共有結合性修飾を受ける
本酵素の b 型は，リン酸化されると a 型に変わる．T 型だけがリン酸化の対象になる．a 型と b 型はそれぞれ異なるアロステリックエフェクターに応答する（本文参照）．

ゲンホスホリラーゼのリン酸化型は，**ホスホリラーゼ a** phosphorylase a，脱リン酸化型は**ホスホリラーゼ b** phosphorylase b と呼ばれる．ホスホリラーゼ b からホスホリラーゼ a への変換が，ホスホリラーゼ活性の主要な調節機構である．変換に要する時間は，秒から分のオーダーである．緊急時には，ホスホリラーゼはアロステリックエフェクターによって，より早く調節される．このときの応答時間は，ミリ秒のオーダーである．

　肝臓では，グルコースはホスホリラーゼ a のアロステリック阻害剤である．グルコースは，ホスホリラーゼ a の基質結合部位に結合し，T 状態への変移を容易にする．グルコースはまた，リン酸化されたセリンを露出させ，ホスファターゼが加水分解するのを助ける．これらのことは，ホスホリラーゼ b 側に平衡を移動させることになる．筋肉での主要なアロステリックエフェクターは ATP，AMP とグルコース 6‐リン酸（G6P）である．筋肉が収縮に ATP を使うと，AMP 濃度が上がる．この AMP 増加が，活性な R 状態のホスホリラーゼ b 形成を促進する．ATP が豊富にあるか，あるいはグルコース 6‐リン酸が蓄積すると，これらはアロステリック阻害剤として作用し，T 型に平衡を戻す．このような違いで，エネルギーが必要なとき，例えば高［AMP］，低［G6P］，低［ATP］のようなときにグリコーゲンは分解される．逆の場合（低［AMP］，高［G6P］，高［ATP］）には，エネルギーの要求とそれに伴うグリコーゲンの分解の必要性は少なくなる．グリコーゲンホスホリラーゼ活性を"一時的に停止させる"ことは，妥当な対応である．共有結合性修飾とアロステリック制御を組み合わせることで，それぞれ単独でははしえない微調整を可能にしている．ホルモン制御も同じ構図に入ってくる．エピネフリンが，ストレスに応答して，副腎から放出されると，これがグリコーゲンシンターゼの活性を抑制し，グリコーゲンホスホリラーゼを活性化するような一連の事象の引き金になる．このことは Sec. 24.4 で詳しく述べる．

　グリコーゲンシンターゼの活性は，グリコーゲンホスホリラーゼと同タイプの共有結合性修飾を受ける．違いはその応答の仕方が逆であることである．グリコーゲンシンターゼの不活性型は，リン酸

化された形である．活性型はリン酸化されていない．ホルモンの信号（グルカゴンまたはエピネフリン）が，cAMP依存性プロテインキナーゼと呼ばれる酵素を介して，グリコーゲンシンターゼのリン酸化を促進する（Chap. 24）．グリコーゲンシンターゼがリン酸化されると，不活性になり，同時にホルモンの信号がホスホリラーゼを活性化する．グリコーゲンシンターゼは，他のいくつかの酵素によりリン酸化を受ける．それらの酵素の中には，ホスホリラーゼキナーゼやグリコーゲンシンターゼキナーゼと呼ばれるいくつかの酵素が含まれている．グリコーゲンシンターゼは，ホスホリラーゼからリン酸を切り離すのと同じホスホプロテインホスファターゼで脱リン酸化される．グリコーゲンシンターゼのリン酸化は，分子中に多くのリン酸化部位があるので，より複雑である．9個もの異なったアミノ酸残基がリン酸化されることが知られている．リン酸化の程度が上がるにつれて，酵素の活性は低下する．

　グリコーゲンシンターゼもアロステリック調節を受ける．本酵素活性はAMPで阻害される．この阻害は，活性化因子であるグルコース6-リン酸で打ち消される．しかしながら，グリコーゲンシンターゼの二つの形はグルコース6-リン酸に対して全く違った応答をする．リン酸化した形（不活性）は高濃度のグルコース6-リン酸の存在下でのみ活性であるので，**グリコーゲンシンターゼD** glycogen synthase D（"グルコース6-リン酸依存性 dependent"という意味で）と呼ばれる．事実，有意な活性を示すのに必要な濃度は生理的な範囲を越えている．リン酸化されていない形は，グルコース6-リン酸が低濃度でも活性であるので，**グリコーゲンシンターゼI** glycogen synthase I（"グルコース6-リン酸非依存性 independent"という意味で）と呼ばれる．このように，精製した酵素がアロステリックエフェクターに応答することが示されたが，グリコーゲンシンターゼ活性の真の制御はリン酸化の程度に依存しており，このリン酸化の程度はホルモンによって制御されている（グリコーゲンシンターゼの詳細については，本章末のShulman, R. G., and D. L. Rothmanの論文を参照）．

　グリコーゲンホスホリラーゼとグリコーゲンシンターゼという二つの酵素が，同じ酵素によって同じ方法で修飾されるという事実は，グリコーゲンの合成と分解という逆の過程を，より一層密接に結びついたものにしている．

　最後につけ加えると，これら修飾酵素自身もまた，共有結合性修飾とアロステリック調節を受ける．このことが，関連する過程をきわめて複雑なものにしているが，一方で小さな条件変化への応答を増幅するのに役立っている．ある修飾酵素のアロステリックエフェクターの小さな濃度変化が，修飾されて活性型となった酵素濃度に大きな変化をもたらす．このような反応の増幅は，修飾酵素の基質自身が酵素であるということに基づいている．この点で，話は極めて複雑であるが，上記の例は分解と合成という反対の過程が，生体に都合よく，いかに調節されているかを示す良い例である．次節で，グルコースがどのように乳酸から合成（糖新生）されるかを見るとき，もう一つの例に出会うであろう．その例では，糖質代謝がいかに制御されているかをより詳細に見ていくために，解糖系と対比させて考える．

身の周りに見られる生化学　　運動生理学

運動選手はなぜグリコーゲンを蓄えようとするのか

　グリコーゲンは，安静時から激しく動き始める筋肉にとって最も重要なエネルギー源である．グリコーゲンの分解により生じる ATP 加水分解のエネルギーは，最初は嫌気的 anaerobically に産生され，乳酸の生成を伴うが，これは肝臓でグルコースに戻される．運動選手は調整がうまくできると，筋肉細胞のミトコンドリアが増え，エネルギーを得るための脂肪と糖質の好気的 aerobic 代謝が一層可能になる．

　好気的代謝に切り替わるには，数分かかる．運動選手が競技する前にウォームアップしなければならないのは，このためである．長距離種目では，短距離種目より以上に脂肪の代謝に依存する．しかし，どのようなレースでも最後にラストスパートがある．その状況での筋肉のグリコーゲン量が，勝者を決めるといっても差し支えない．

　グリコーゲン増量の背景にある発想は，利用できるグリコーゲン量が多ければ多いほど，長距離種目の終盤，あるいは努力次第ではその種目中を通して，より長時間に渡って嫌気的代謝をすることができるということである．恐らくそうであろうが，疑問もいくつかある．グリコーゲンはどのくらい長くもつのか．グリコーゲンを"蓄える"最良の方法は何か．それは安全か．理論的な計算上は，骨格筋のグリコーゲンを使い果たすのに 8 ～ 12 分かかる．しかしこの見積もり幅は，運動強度のレベルよって大きく変わる．余剰のグリコーゲンの蓄えがあれば，30 分はもつかもしれない．調整状態の良い運動選手では，より高い脂肪利用があるので，グリコーゲンは，よりゆっくり利用されるというデータもある．

　以前のグリコーゲン増量法は，高タンパク質食と過激な運動で 3 日間グリコーゲンを枯渇させ，次いで高糖質食と休息でグリコーゲンを増量するというものであった．この方法は顕著なグリコーゲンの増加をもたらしたが，そのうちのいくらかは心臓（通常，ほとんどあるいは全くグリコーゲンはない）にも蓄積した．運動は実際，心筋にストレスを与えるので，この方法に何らかの危険性があることは明らかである．高タンパク質食も，しばしば，ミネラルのアンバランスを招くので危険である．このアンバランスはまた心臓や腎臓にストレスを加える．ここにも危険がある．さらに運動選手は，低糖質食中は運動に困難を感じるし，増量期間中は，全くといってよいほど練習できないから，その 1 週間はトレーニングが至適条件にないことはしばしばである．事前の極端なグリコーゲンの枯渇を伴わない単なる糖質の増量だけでも，同じ程度にまではいかないにしても，グリコーゲンを増やすことはできる．また，この方法によるグリコーゲンの増量は，心臓にストレスをかける危険がない．

　この単純な増量法は，単に激しい運動をする前に数日間，パスタ，デンプン，複合糖質に富んだ食事を摂ることだけである．単純な増量法が有効であるかどうかは明らかでない．

　筋肉のグリコーゲン量を増やすことは可能であるが，それが激しい運動の間，どれほどの時間もつかは疑問が残る．結局のところ，運動選手に対する食事の配慮は千差万別で，ある選手に有効であっても他の選手には効かないかもしれない．

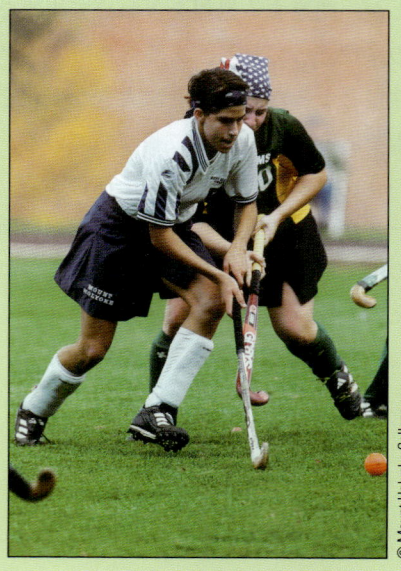

Sec. 18.1 要約
- グリコーゲンは，ヒトを含む動物のグルコースの貯蔵形である．グリコーゲンはエネルギーが強く要求されるとき，グルコースを遊離する．
- 生体が，さしあたってグルコースの分解で得られるエネルギーを必要としないとき，グルコースは重合してグリコーゲンになる．
- グリコーゲンの代謝は，共有結合性修飾やアロステリック調節など，多くの異なる機構によって制御される．

18.2 糖新生はピルビン酸からグルコースを生成する

　ピルビン酸のグルコースへの変換は，**糖新生** gluconeogenesis と呼ばれる過程で進行する．糖新生は解糖の完全な逆ではない．解糖の産物はピルビン酸であることを学んだが，グルコース同化反応の出発点としては別の供給源もある．解糖の反応のいくつかは実質的に不可逆的であり，これらの反応は糖新生では別経路をたどる．ハイカーが険しい坂を一直線に下るが，登りには別のやさしい道をとるのに似ている．これからも，多くの重要な生体分子の生合成と分解が異なる経路をとることを見ていくだろう．

　解糖には三つの不可逆的な反応があり，解糖と糖新生との相違がこの三つの反応に認められる．1番目の不可逆反応は，解糖でのホスホエノールピルビン酸からピルビン酸（と ATP）を生成する段階である．2番目は，フルクトース 6-リン酸からフルクトース 1,6-ビスリン酸を生成する段階，3番目はグルコースからグルコース 6-リン酸を生成する段階である．1番目の反応は発エルゴン的であるので，逆反応は吸エルゴン的である．また，2番目と3番目の反応を逆に進めるとすると，ADP からの ATP の産生が必要であり，これも吸エルゴン反応となるであろう．糖新生の正味の結果は，解糖のこれら三つの反応の逆反応を含んでいるが，経路は異なっており，用いられる反応や酵素も異なる（図 18.6）．

18.2.1　糖新生においてオキサロ酢酸が中間体であるのはなぜか

　糖新生におけるピルビン酸のホスホエノールピルビン酸への変換は，2段階で進行する．第1段階では，ピルビン酸と二酸化炭素とが反応してオキサロ酢酸を生じる．この段階はエネルギーを必要とし，これは ATP の加水分解により供給される．

ピルビン酸 + ATP + CO_2 + H_2O $\xrightleftharpoons[\text{アセチル CoA}\,\text{ビオチン}\,\text{ピルビン酸カルボキシラーゼ}]{Mg^{2+}}$ オキサロ酢酸 + ADP + P_i + 2 H^+

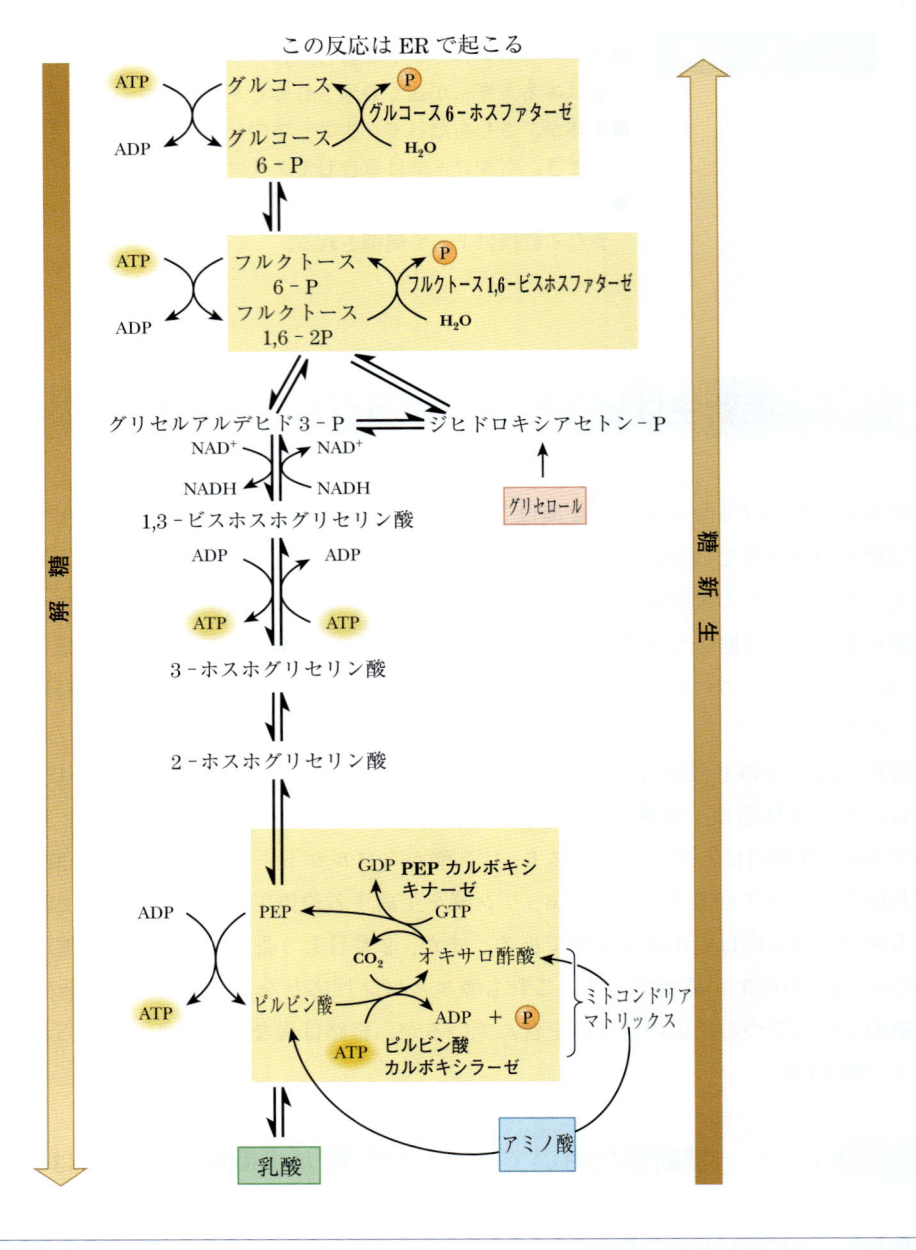

図 18.6

糖新生経路と解糖経路
青・緑・ピンク色の四角で囲んだ化合物は，（ピルビン酸に加えて）糖新生の別の入口である．

　この反応を触媒する酵素は，ピルビン酸カルボキシラーゼ pyruvate carboxylase で，これはミトコンドリアに存在するアロステリック酵素である．アセチル CoA はピルビン酸カルボキシラーゼを活性化するアロステリックエフェクターである．高濃度のアセチル CoA が存在すると（いい換えると，クエン酸回路への供給必要量以上のアセチル CoA が存在すると），ピルビン酸（アセチル CoA の前駆物質）は，糖新生に振り向けられる（クエン酸回路で生じるオキサロ酢酸もまた，しばしば糖新生の出発点となる）．この反応を効率的に触媒するには，マグネシウムイオン（Mg^{2+}）とビオチンが必要である．補助因子としての Mg^{2+} については前に述べたが，ビオチンはまだなので，ここで説明する．

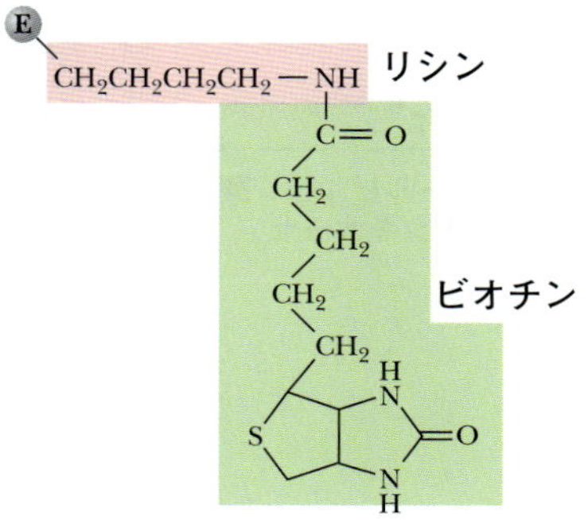

図 18.7
ビオチンの構造とそのピルビン酸カルボキシラーゼへの結合様式

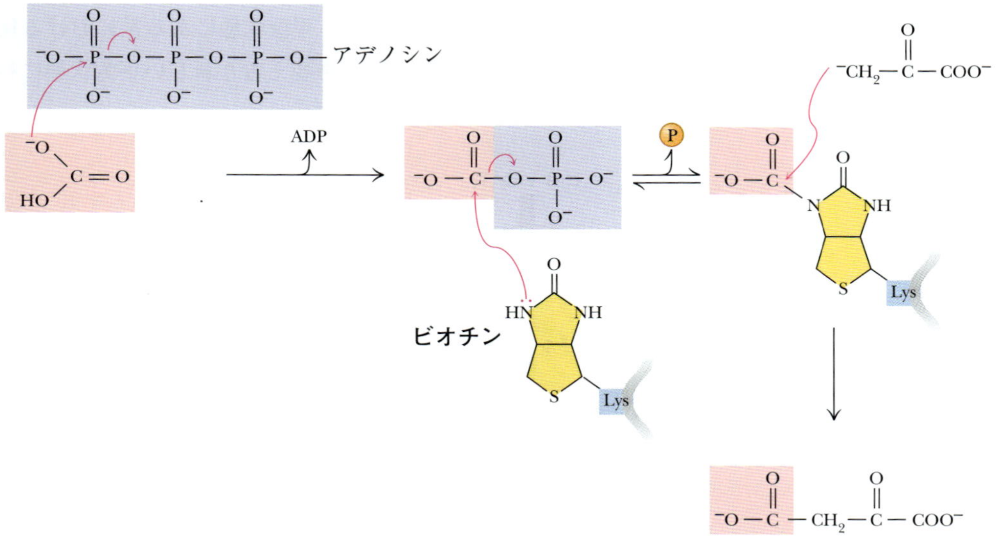

図 18.8
ピルビン酸カルボキシラーゼの 2 段階反応
二酸化炭素が，ビオチン化酵素に付加する．二酸化炭素は，ビオチン化酵素からピルビン酸に移り，オキサロ酢酸を生成する．ATP が最初の反応に必要である．

ビオチン biotin は，二酸化炭素が共有結合で付加する特殊な部位をもった二酸化炭素輸送担体である（図 18.7）．ビオチンのカルボキシ基が，ピルビン酸カルボキシラーゼの特定のリシン残基側鎖の ε-アミノ基とアミド結合を形成する．酵素に共有結合したビオチンに二酸化炭素が付加し，次いで二酸化炭素はピルビン酸に移されてオキサロ酢酸を生成する（図 18.8）．この反応で ATP が必要であることに注目してほしい．

オキサロ酢酸のホスホエノールピルビン酸への変換は，ホスホエノールピルビン酸カルボキシキナーゼ phosphoenolpyruvate carboxykinase（PEPCK）によって触媒される．この PEPCK はミトコンドリアとサイトゾルに存在する．この反応にはヌクレオシド三リン酸の加水分解が関与し，この場合は ATP よりむしろ GTP が用いられる．

$$\underset{\text{オキサロ酢酸}}{\begin{array}{c}\text{O}\\\parallel\\\text{C—O}^-\\|\\\text{C}=\text{O}\\|\\\text{CH}_2\\|\\\text{C—O}^-\\\parallel\\\text{O}\end{array}} + \text{GTP} \xrightarrow[\substack{\text{ホスホエノールピルビン酸}\\\text{カルボキシキナーゼ}}]{\text{Mg}^{2+}} \underset{\text{ホスホエノールピルビン酸}}{\begin{array}{c}\text{O}\\\parallel\\\text{C—O}^-\quad\text{O}\\|\qquad\parallel\\\text{C—O—P—O}^-\\|\qquad|\\\text{CH}_2\quad\text{O}^-\end{array}} + \text{CO}_2 + \text{GDP}$$

　これら一連のカルボキシ化と脱カルボキシ化反応は，共に平衡に近い（それらの標準自由エネルギーの値はいずれも低い）．結果として，ピルビン酸のホスホエノールピルビン酸への変換も平衡に近い（$\Delta G^{\circ\prime}$ = 2.1 kJ mol^{-1} = 0.5 kcal mol^{-1}）．オキサロ酢酸濃度が少し上昇すると，この平衡は右に移動し，ホスホエノールピルビン酸濃度が少し上昇すると，この平衡は左に移動する．一般化学でよく知られている概念，**質量作用の法則** law of mass action により，平衡状態にある系における反応物と生成物の濃度が関係づけられる．反応物あるいは生成物の濃度を変えると新しい平衡状態に移行す

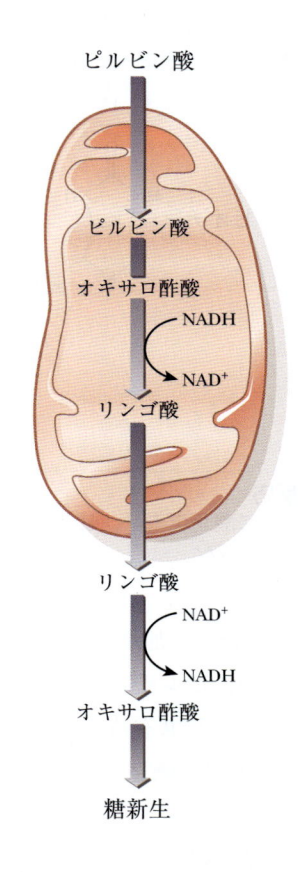

図 18.9

ピルビン酸カルボキシラーゼは，膜で仕切られた反応を触媒する
ピルビン酸はミトコンドリアでオキサロ酢酸に変換される．オキサロ酢酸は，ミトコンドリアの膜を横切って輸送できないので，リンゴ酸に還元されてサイトゾルに送られる．そこでリンゴ酸は酸化されて，オキサロ酢酸に戻り，糖新生が続けられる．

る．反応は，反応物を加えると右に，生成物を加えると左に進行する．

$$\text{ピルビン酸} + \text{ATP} + \text{GTP} \longrightarrow \text{ホスホエノールピルビン酸} + \text{ADP} + \text{GDP} + \text{P}_i$$

ミトコンドリアで産生されるオキサロ酢酸には，糖新生に絡んで二つの運命がある．一つは，オキサロ酢酸はホスホエノールピルビン酸（PEP）を産生し続ける．この PEP は特殊な輸送体によって，ミトコンドリアを離れてサイトゾルに移り，そこで糖新生が引き続き行われる．もう一つの可能性は，オキサロ酢酸が，ミトコンドリアのリンゴ酸デヒドロゲナーゼによって，リンゴ酸に変わることである．図 18.9 に示すように，この反応には NADH が使われる．次いで，リンゴ酸はミトコンドリアを離れ，サイトゾルのリンゴ酸デヒドロゲナーゼによって，逆戻りの反応を受ける．この二つの過程がある理由は，オキサロ酢酸はミトコンドリアを通過することはできないが，リンゴ酸はできるためである（リンゴ酸が関与した経路は肝臓で進行する．肝臓は糖新生が起こる主な場所である）．PEP をサイトゾルに取り込んで，糖新生を続けるために，二つの経路が存在するのはなぜか，疑問に思うだろう．解糖で馴染みの酵素，グリセルアルデヒド 3−リン酸デヒドロゲナーゼに戻ると答えが出てくる．Chap. 17 で学んだように，乳酸デヒドロゲナーゼの目的がピルビン酸を乳酸に還元することであり，その結果，NADH は解糖を継続するのに必要な NAD^+ の形に酸化されたことを思い起こしてほしい．この反応は糖新生では逆転していなければならず，サイトゾルでの NAD^+ に対する NADH の比率は低い．ミトコンドリアの外で，リンゴ酸デヒドロゲナーゼによってオキサロ酢酸を獲得するまわり道の狙いは，サイトゾルで NADH を産生して，糖新生を続けることにある．

18.2.2　糖新生における糖リン酸エステルの役割は何か

糖新生が解糖と異なる他の二つの反応は，糖のヒドロキシ基のリン酸エステル結合が加水分解される反応である．両反応はホスファターゼによって触媒され，どちらも発エルゴン的である．1 番目の反応では，フルクトース 1,6−ビスリン酸が加水分解されて，フルクトース 6−リン酸とリン酸イオンが生成する（$\Delta G°' = -16.7$ kJ mol^{-1} = -4.0 kcal mol^{-1}）．

この反応は，アデノシン一リン酸（AMP）によって強く阻害されるが，ATP によって活性化されるアロステリック酵素であるフルクトース 1,6−ビスホスファターゼ fructose−1,6−bisphosphatase によって触媒される．アロステリック調節を受けるので，この反応も糖新生経路の制御点である．細胞に ATP が豊富に供給されているときは，グルコースの分解よりむしろ合成に傾く．この酵素は，

Sec. 17.2 でホスホフルクトキナーゼの強力な活性化剤として出てきた化合物，フルクトース 2,6-ビスリン酸によって阻害される．この点については，次の節でも触れる．

2番目の反応は，グルコース 6-リン酸のグルコースとリン酸イオンへの加水分解である（$\Delta G^{\circ\prime} = -13.8 \text{ kJ mol}^{-1} = -3.3 \text{ kcal mol}^{-1}$）．この反応を触媒する酵素は，<u>グルコース 6-ホスファターゼ</u> glucose-6-phosphatase である．

解糖について述べたとき，これらのホスファターゼが触媒する二つの反応の逆反応であるリン酸化反応は，両方とも吸エルゴン的であることを学んだ．解糖においては，リン酸化反応は，反応を発エルゴン的にしてエネルギー的に許容されるようにするために，ATP の加水分解と組み合わされなければならない．糖新生においては，生体は糖リン酸の加水分解反応が発エルゴン的であることを直接利用している．この二つの経路において，対応する反応は互いの逆ではない．両者は ATP 要求性や関与する酵素に関して，互いに異なっている．グルコース 6-リン酸のグルコースへの加水分解は小胞体で起こる．したがって，糖新生経路は三つの細胞内部位（ミトコンドリア，サイトゾル，小胞体）を必要とする興味ある経路の一例といえる．

Sec. 18.2 要約

- グルコースはピルビン酸から生成される．このピルビン酸は，運動中，筋肉に溜まった乳酸から得られる．糖新生と呼ばれるこの過程は，乳酸が血液によって肝臓に運ばれて，肝臓で起こる．新たに生成されたグルコースは，血液によって筋肉に戻される．
- 糖新生は解糖におけるいくつかの不可逆反応を迂回する．糖新生経路において，オキサロ酢酸は中間体である．

18.3 糖質代謝の調節

これまでに解糖と糖新生，グリコーゲン分解と合成の相互関係等，糖質代謝の種々の側面を見てきた．これらの過程において，グルコースは中心的な役割を果たしている．解糖においては，グルコースは出発物質であり，分解されてピルビン酸を生じる．グリコーゲン合成においては，多数のグルコース残基が結合して，グリコーゲン高分子を形成する．グルコースはまた，糖新生の産物でもあり，

糖新生は実質的には解糖の逆反応として働いている．グルコースはまた，グリコーゲン分解からも得られる．解糖と糖新生，あるいはグリコーゲン分解とグリコーゲン合成といった相反する経路は，正味の結果としては互いに逆であるけれども，厳密には逆反応ではない．いい換えれば，同じ場所に到達するのに違った道を辿っているということである．次に，これらの関連する経路がどのように調節されているかを見ることにしよう．

18.3.1　鍵酵素の調節によって糖質代謝はどのように制御されるか

　この調節過程に関わる重要な物質として，フルクトース 2,6-ビスリン酸（F2,6P）がある．Sec. 17.2 で，この化合物が解糖の鍵酵素であるホスホフルクトキナーゼ（PFK）の重要なアロステリック活性化剤であることを述べたが，これはまた，糖新生で大きな役割をもっているフルクトースビスリン酸ホスファターゼ（FBPase）の阻害剤でもある．高濃度の F2,6P は解糖を促進するが，一方，低濃度になると糖新生を促進する．F2,6P の細胞内濃度は，ホスホフルクトキナーゼ-2 phosphofructokinase-2（PFK-2）によって触媒される合成反応と，フルクトースビスホスファターゼ-2 fructose bisphosphatase-2（FBPase-2）によって触媒される分解反応のバランスに依存している．F2,6P の生成と分解を制御する酵素自身，グリコーゲンホスホリラーゼとグリコーゲンシンターゼの場合（図 18.10）ですでに見たのと同様のリン酸化/脱リン酸化機構によって制御されている．この両酵素活性はいずれも，同一のタンパク質（分子量約 100 kDa の二量体）に存在する．この二量体タンパク質がリン酸化されると，FBPase-2 活性が増強し，F2,6P 濃度が低下して，最終的に糖新生が

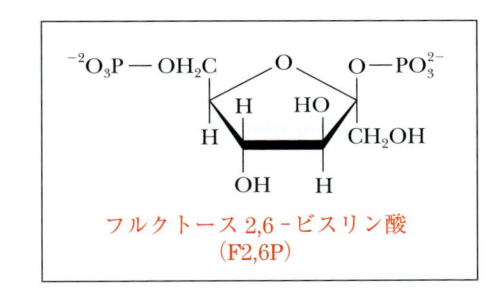

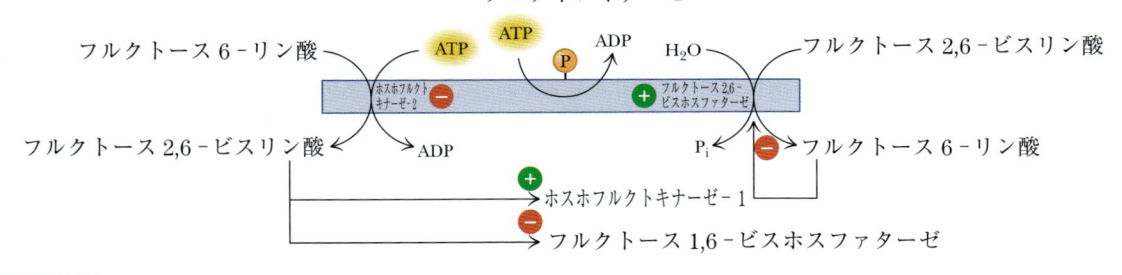

図 18.10
フルクトース 2,6-ビスリン酸（F2,6P）の生成と分解
この二つの過程は，同一タンパク質に存在する二つの酵素活性で触媒される．この二つの酵素活性は，リン酸化/脱リン酸化機構で制御されている．リン酸化は，F2,6P を分解する酵素を活性化し，脱リン酸化は，F2,6P を産生する酵素を活性化する．

促進される．また，この二量体タンパク質の脱リン酸化は，PFK‑2活性の増強とF2,6P濃度の上昇を引き起こし，最終的に解糖が促進する．全体の結果は，Sec. 18.1で見たグリコーゲンの合成と分解の制御に類似している．

図 18.11 は，フルクトース 2,6‑ビスリン酸の FBPase 活性に及ぼす効果を示す．それ自身でも阻害因子として作用するが，その効果は，アロステリック阻害剤である AMP の存在で大きく増大する．

表 18.1 は，重要な代謝制御機構を要約したものである．ここでは糖質代謝との関連で論じているが，これらはすべての代謝分野に関わるものである．表 18.1 に挙げた4種の制御機構——アロステリック調節，共有結合性修飾，基質回路，遺伝子発現制御——のうち，アロステリック調節と共有結合性

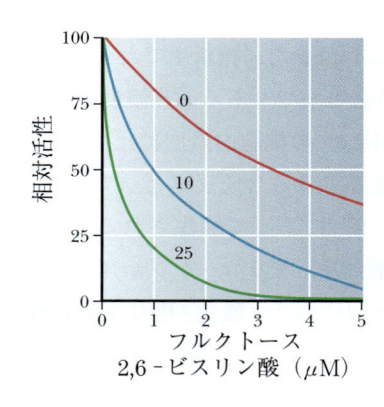

図 18.11
糖質代謝の調節におけるアロステリック効果
フルクトース 2,6‑ビスリン酸によるフルクトース 1,6‑ビスホスファターゼ阻害への AMP（0，10，25 μM）の影響．活性は 10 μM フルクトース 1,6‑ビスリン酸の存在下に測定された．(*Van Schaftingen, E., and H.G. Hers, 1981. Inhibition of fructose‑1,6‑bisphosphatase by fructose‑2,6‑bisphosphate*, Proc. Nat. Acad. Sci., U.S.A. **78**: 2861‑2863 を改変)

表 18.1　代謝調節機構

制御の種類	作用様式	例
アロステリック	経路のエフェクター（基質，産物または補酵素）が酵素を阻害したり，活性化したりする．（外部の刺激に素早く反応できる）	ATCアーゼ（Sec. 7.2） ホスホフルクトキナーゼ（Sec. 17.2）
共有結合性修飾	酵素の阻害や活性化は，結合の生成や開裂（しばしばリン酸化や脱リン酸化）による．（外部からの刺激に素早く反応できる）	ナトリウム–カリウムポンプ（Sec. 8.6） グリコーゲンホスホリラーゼ，グリコーゲンシンターゼ（Sec. 18.1）
基質回路	ある基質の生成と分解という二つの逆反応が異なる酵素によって触媒され，別々に活性化されたり阻害されたりする．（外部からの刺激に素早く反応できる）	解糖（Chap. 17）および糖新生（Sec. 18.2）
遺伝子発現制御	酵素の存在量がタンパク質合成によって増加する．（ここに挙げた他の機構より，長期的な制御である）	β‑ガラクトシダーゼの誘導（Sec. 11.2）

修飾についてはすでにいくつかの例を見てきた．Chap. 11 では，*lac* オペロンを例として，遺伝子発現制御について述べた．基質回路の機構は，ここで論じるのがふさわしいであろう．

基質回路 substrate cycling という用語は，逆反応が別の酵素によって触媒されるということを暗に示している．結果として，逆反応が独立して制御され，異なる速度で進行する可能性が生じる．もし，同一の酵素による触媒作用であれば，ある反応とその逆反応を同程度に加速するので，正逆反応の速度が異なるということはあり得ないであろう（Sec. 6.2）．基質回路の例として，フルクトース 6-リン酸のフルクトース 1,6-ビスリン酸への変換とフルクトース 6-リン酸に戻る反応を用いることにしよう．解糖においては，ホスホフルクトキナーゼによって触媒されるこの反応は，生理的条件下ではきわめて発エルゴン的である（$\Delta G^{\circ\prime} = -25.9 \text{ kJ mol}^{-1} = -6.2 \text{ kcal mol}^{-1}$）．

$$\text{フルクトース 6-リン酸} + \text{ATP} \longrightarrow \text{フルクトース 1,6-ビスリン酸} + \text{ADP}$$

糖新生の一部である逆反応も発エルゴン的で（生理的条件下で，$\Delta G^{\circ\prime} = -8.6 \text{ kJ mol}^{-1} = -2.1 \text{ kcal mol}^{-1}$），別の酵素，すなわちフルクトース 1,6-ビスホスファターゼによって触媒される．

$$\text{フルクトース 1,6-ビスリン酸} + \text{H}_2\text{O} \longrightarrow \text{フルクトース 6-リン酸} + \text{P}_i$$

この逆反応が，前の反応の完全な逆ではないことに注意してほしい．結局，これら二つの逆向きの反応を一緒にすると，正味の反応は次のようになる．

$$\text{ATP} + \text{H}_2\text{O} \rightleftharpoons \text{ADP} + \text{P}_i$$

ATP の加水分解は，これらの逆反応が独立して制御されることに対するエネルギー代価である．

18.3.2　糖質代謝をそれぞれの器官はどのように分担しているか

これらの制御機構の組合せを利用して，生体は組織や器官の間で分業する形で，グルコース代謝の制御を維持している．その特に顕著な例が，ここで述べようとするコリ回路 Cori cycle である．図 18.12 に示したコリ回路は，これを最初に報告したゲルティ Gerty とカール・コリ Carl Cori 夫妻に因んで名付けられている．筋肉における解糖と肝臓における糖新生の間にグルコースの循環がある．短距離走のように酸素不足の状態で急激に収縮しているような骨格筋では，解糖によって乳酸が産生される．速筋は比較的ミトコンドリアに乏しいので，この組織での代謝はかなり嫌気的である．乳酸の蓄積は，激しい運動後の筋肉痛の原因になる．糖新生は生じた乳酸を再利用する（乳酸はまず酸化されてピルビン酸になる）．この過程の大部分は乳酸が血液によって肝臓に運ばれた後，肝臓で進行する．肝臓で産生されたグルコースは，血液によって骨格筋に戻され，そこで次の運動のためのエネルギー源になる．運動選手が，運動後にマッサージを受け，常に整理運動をするのは，このためである．整理運動は，筋肉の血流を維持し，乳酸や他の酸が細胞から離れて血液に入るようにしている．運動後のマッサージが，この細胞から血液への動きを促進している．このように，筋肉と肝臓という二つの異なる器官の間で分業が行われることに注意してほしい．同じ細胞（タイプにかかわりなく）内では，解糖と糖新生というこれら二つの代謝経路が同時に高活性であることはない．細胞が ATP を必要とするときは解糖がより活発であり，ATP をほとんど必要としないときは糖新生がより活発である．

解糖と異なり，糖新生の反応においては，ATP と GTP が加水分解されるため，2分子のピルビン酸が1分子のグルコースに戻る経路は，全体として，発エルゴン的である（グルコース1分子当たり $\Delta G^{\circ\prime} = -37.6 \text{ kJ mol}^{-1} = -9.0 \text{ kcal mol}^{-1}$）．ピルビン酸の乳酸への変換は発エルゴン的で，このことは逆反応は吸エルゴン的であることを意味する．糖新生におけるピルビン酸からグルコースへの発エルゴン的変換によって放出されるエネルギーは，乳酸のピルビン酸への変換を促進する．

解糖 glycolysis：

$$\text{グルコース} + 2\text{NAD}^+ + 2\text{ADP} + 2\text{P}_i \longrightarrow 2\text{ ピルビン酸} + 2\text{NADH} + 4\text{H}^+ + \mathbf{2\text{ATP}} + 2\text{H}_2\text{O}$$

糖新生 gluconeogenesis：

$$2\text{ ピルビン酸} + 2\text{NADH} + 4\text{H}^+ + \mathbf{4\text{ATP}} + \mathbf{2\text{GTP}} + 6\text{H}_2\text{O} \longrightarrow \text{グルコース} + 2\text{NAD}^+ + 4\text{ADP} + 2\text{GDP} + 6\text{P}_i$$

全体 overall：

$$2\text{ATP} + 2\text{GTP} + 4\text{H}_2\text{O} \longrightarrow 2\text{ADP} + 2\text{GDP} + 4\text{P}_i$$

コリ回路の共同発見者である Gerty（左）と Carl Cori 夫妻

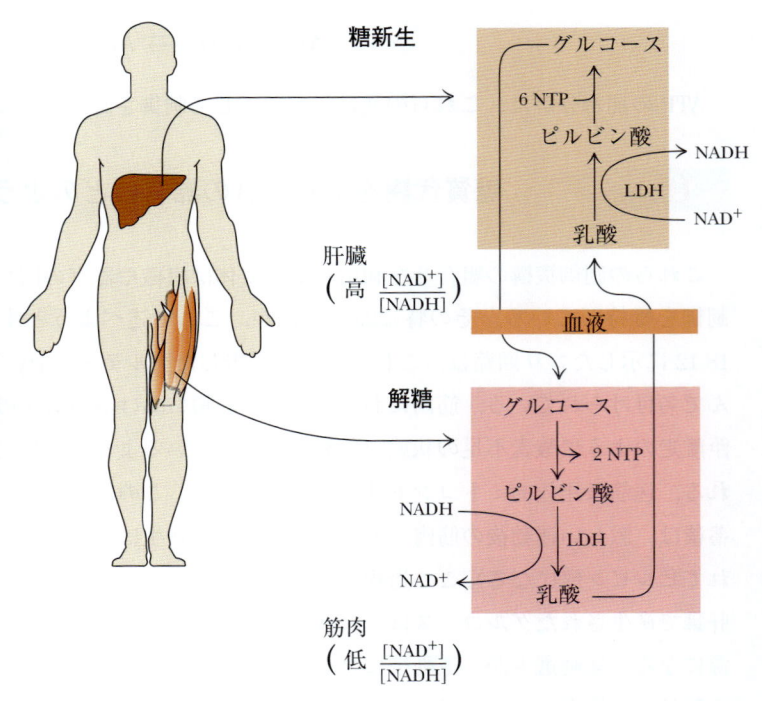

図 18.12

コリ回路
筋肉において解糖によって産生された乳酸は，血液によって肝臓に運搬される．肝臓における糖新生は乳酸をグルコースに戻し，このグルコースは再び血液によって筋肉に返送され，分解を受けるまでグリコーゲンとして貯蔵される．（NTP はヌクレオシド三リン酸である．）

コリ回路は，正味として2分子のATPと2分子のGTPの加水分解を必要とすることに注意してほしい．ATPはこの回路の解糖部分で産生されるが，糖新生を含む部分はGTPに加えてより多くのATPを必要とする．

ATPとGTPの加水分解は，これら二つの逆向きの経路が同時に促進的に制御される代償である．

18.3.3　糖質代謝の調節において解糖の第1段階と最終段階はどのような役割を果たすか

解糖の最終段階もまた，グルコース代謝の重要な調節点である．ピルビン酸キナーゼ（PK）は，いくつかの化合物によりアロステリックな影響を受ける．ATPとアラニンはいずれも阻害作用を示す．ATPが阻害を示すのは理解できる．なぜなら，ATPが豊富であれば，さらに多くのエネルギーを産生するために，グルコースを消費する必要はないからである．アラニンは，ちょっと理解しにくいかも知れない．アラニンはピルビン酸のアミノ化体である．いい換えれば，トランスアミナーゼという酵素が介在すると一段階の反応でピルビン酸はアラニンに変換する．したがって，高濃度のアラニンが存在するということは，高濃度のピルビン酸がすでに存在していたことを意味し，したがって，ピルビン酸をさらに産生するための酵素は，活動を停止する．フルクトース1,6-ビスリン酸は，解糖の最初の反応でできる産物が処理されていくように，PKをアロステリックに活性化する．

ピルビン酸キナーゼは，三つの異なったタイプのサブユニット，M，LとAをもったアイソザイムisozymeとして存在する．Mサブユニットは筋肉に，Lは肝臓に，Aはその他の組織にそれぞれ豊富に含まれる．ピルビン酸キナーゼ分子は，乳酸デヒドロゲナーゼやホスホフルクトキナーゼと同じように，四つのサブユニットをもっている．すでに述べたアロステリック調節に加えて，肝臓のアイソザイムは，図18.13に示すように，共有結合性修飾を受ける．血糖値の低下は，グルカゴンの遊離の引き金となり，このことは，グリコーゲンホスホリラーゼで見たように，プロテインキナーゼの産生につながる．プロテインキナーゼはPKをリン酸化して，その活性を低下させる．このようにして，血中グルコースが少ないとき，肝臓での解糖は中断される．

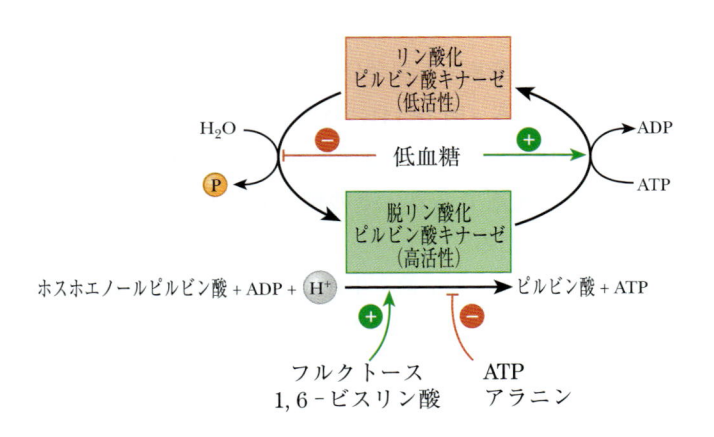

図 18.13
リン酸化による肝臓ピルビン酸キナーゼの調節
血中グルコースの濃度が低いと，ピルビン酸キナーゼのリン酸化が起こりやすくなる．リン酸化された形は活性が低いので，解糖速度が遅くなり，糖新生によるピルビン酸からのグルコースの産生を可能にする．

ヘキソキナーゼは，その産物であるグルコース6-リン酸の濃度が高くなると阻害される．解糖がホスホフルクトキナーゼを介して阻害されると，グルコース6-リン酸が蓄積し，ヘキソキナーゼの働きが停止する．このようにして，グルコースは，血液や他の組織で必要になると，肝臓での代謝が停止する．しかし，肝臓にはグルコースをリン酸化する第二の酵素，グルコキナーゼがある（p.202の《身の周りに見られる生化学》を参照）．グルコキナーゼはグルコースに対し，ヘキソキナーゼよりも高い K_M 値をもつので，グルコースが豊富なときにのみ機能する．もし，肝臓に過剰のグルコースが存在すると，グルコキナーゼがグルコースをグルコース6-リン酸にリン酸化する．このリン酸化の目的は，最終的にはグリコーゲンに重合させることにある．

Sec. 18.3 要約
- 糖質代謝には，数多くの調節機構が働いている．これらの調節機構には，アロステリック調節，共有結合性修飾，基質回路，遺伝子発現制御などがある．これらの機構は異なった方法，応答時間で鍵酵素に影響する．
- 基質回路の機構では，ある化合物の合成と分解が二つの異なる酵素によって触媒される．エネルギーが必要であるが，二つの相反する反応をそれぞれ独立に制御することができる．

18.4　グルコースは時にペントースリン酸回路を介して転用される

ペントースリン酸回路 pentose phosphate pathway は解糖系とは別の経路であり，いくつかの点で重要な違いがある．解糖で最も重要な事柄の一つはATPの産生であった．ペントースリン酸回路では，ATPの産生は重要なことではない．この経路ではその名称が示すように，グルコースからリボースを含む五炭糖が産生される．リボースおよびその誘導体のデオキシリボースは，核酸の構造に重要な役割を果たしている．ペントースリン酸回路のもう一つの重要な面は，ニコチンアミドアデニンジヌクレオチドリン酸（NADPH）の産生である．この化合物は，分子中のアデニンヌクレオチド部分のリボース環にエステル結合したリン酸基を1個余分にもっている点で，ニコチンアミドアデニンジヌクレオチド（NADH）と異なっている（図18.14）．さらに重要な相違は，これら2種の補酵素の働き方にある．NADHは，ATPを生成する酸化反応で産生される．NADPHは，まさにその本質が還元過程である生合成反応における還元剤である．その例としてChap. 21で，脂質の生合成においてNADPHが演じる重要な役割を見るだろう．

ペントースリン酸回路は，NADPHと五炭糖を生成する一連の酸化反応で始まる．経路のあとの部分は，関与する糖の炭素骨格を非酸化的に組み換える反応である．これら非酸化的反応の産物には，解糖に関与しているフルクトース6-リン酸やグリセルアルデヒド3-リン酸等がある．これらの炭素骨格の組換え反応のいくつかは，光合成による糖の生成を学ぶときにも出てくる．

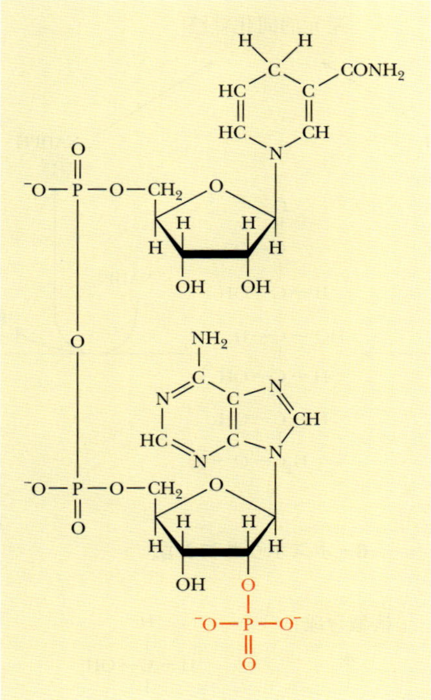

図 18.14

還元型ニコチンアミドアデニンジヌクレオチドリン酸（NADPH）の構造

18.4.1　ペントースリン酸回路の酸化的反応とは何か

　この経路の最初の反応では，グルコース 6 - リン酸が酸化されて，6 - ホスホグルコン酸となる（図 18.15，上段）．この反応を触媒する酵素は，グルコース 6 - リン酸デヒドロゲナーゼ glucose - 6 - phosphate dehydrogenase である．この反応で NADPH が産生されることに注意してほしい．

　その次の反応は酸化的脱炭酸で，再度，NADPH が産生される．6 - ホスホグルコン酸分子は，二酸化炭素を放出して，カルボキシ基を失い，炭素 5 個のケト糖（ケトース）であるリブロース 5 - リン酸を生成する．この反応を触媒する酵素は 6 - ホスホグルコン酸デヒドロゲナーゼ 6 - phosphogluconate dehydrogenase である．この過程で 6 - ホスホグルコン酸の C - 3 位のヒドロキシ基が酸化されて，β - ケト酸を生じるが，これは不安定で容易に脱炭酸され，リブロース 5 - リン酸を生じる．

18.4.2　ペントースリン酸回路の非酸化的反応とは何か，またそれらの反応が重要なのはなぜか

　ペントースリン酸回路の残りの段階では，いくつかの反応が炭素 2 個および 3 個の移動に関与する．糖の炭素骨格やアルデヒドおよびケトンといった官能基の変化を追跡するために，開環した鎖状の構造式で書くことにしよう．

　リブロース 5 - リン酸の異性化には，二つの反応がある．その一つの反応は，ホスホペントース 3 -

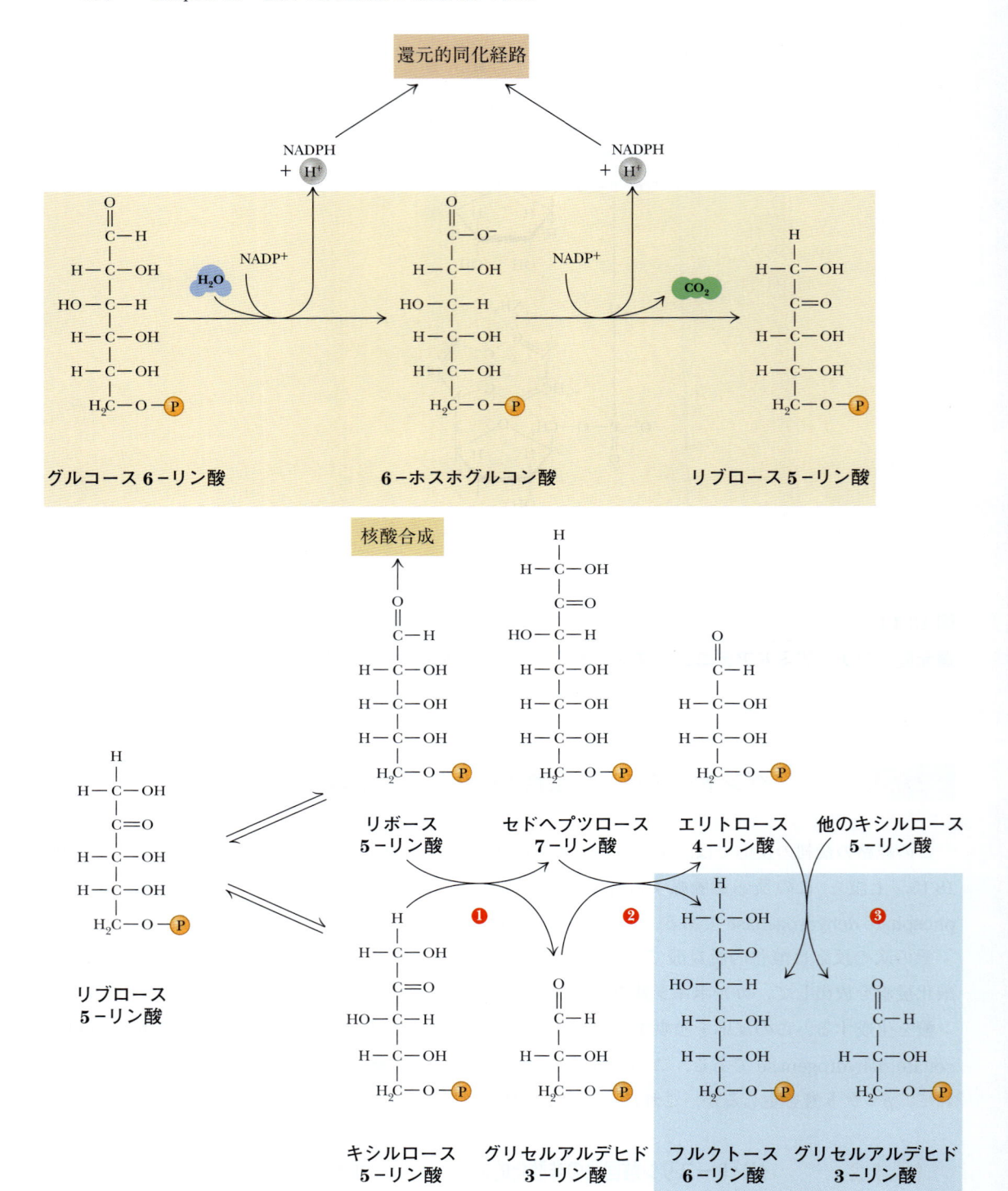

図 18.15
ペントースリン酸回路
赤丸の数字は本文中で述べた段階を示している.

エピメラーゼ phosphopentose‐3‐epimerase によって触媒され，3位の炭素原子の立体配置が反転して，ケトースであるキシルロース 5-リン酸を生じる（図 18.15, 下段）. もう一つの異性化反応は，ホスホペントースイソメラーゼ phosphopentose isomerase によって触媒され，ケトンではなくアルデヒド基をもつ糖（アルドース）を生じる．この 2 番目の反応では，リブロース 5-リン酸が異性化されてリボース 5-リン酸になる（図 18.15, 下段）．リボース 5-リン酸は，核酸や NADH 等の補酵素の合成に必要な構築素材である.

ペントースリン酸回路を解糖に連結させるグループ転移反応は，リブロース 5-リン酸の異性化によって生成される 2 種の五炭糖を必要とする．2 分子のキシルロース 5-リン酸と 1 分子のリボース 5-リン酸が再編成されて，2 分子のフルクトース 6-リン酸と 1 分子のグリセルアルデヒド 3-リン酸を生じる．いい換えると，3 分子のペントース（5 個の炭素原子から成る）から，2 分子のヘキソース（6 個の炭素原子から成る）と 1 分子のトリオース（3 個の炭素原子から成る）が生じることになる．炭素原子の総数（15）は変わらないが，グループ転移の結果，大幅な組換えが行われている.

トランスケトラーゼ transketolase とトランスアルドラーゼ transaldolase という二つの酵素が，三つの反応で構成されるこの回路の残りの部分で，リボース 5-リン酸とキシルロース 5-リン酸といった糖の炭素原子の組換えに働いている．トランスケトラーゼは炭素 2 個の単位を転移させ，トランスアルドラーゼは炭素 3 個の単位を転移させる．トランスケトラーゼはこの転移反応のうち，第 1 反応と第 3 反応を触媒し，トランスアルドラーゼは第 2 反応を触媒する．これらの転移の結果は，表 18.2 に要約されている．これらの反応の最初では，図 18.15, 下段，赤丸数字 1 に示すように，キシルロース 5-リン酸（炭素 5 個）からの炭素 2 個の単位がリボース 5-リン酸（炭素 5 個）に移されて，セドヘプツロース 7-リン酸（炭素 7 個）とグリセルアルデヒド 3-リン酸（炭素 3 個）を生じる.

トランスアルドラーゼによって触媒される反応では，炭素数 7 個のセドヘプツロース 7-リン酸から炭素数 3 個のグリセルアルデヒド 3-リン酸に炭素 3 個の単位が移される（図 18.15, 下段，赤丸数字 2）．この反応の生成物は，フルクトース 6-リン酸（炭素 6 個）とエリトロース 4-リン酸（炭素 4 個）である.

この回路におけるこの種の最後の反応では，キシルロース 5-リン酸がエリトロース 4-リン酸と反応する．この反応はトランスケトラーゼによって触媒される．反応生成物はフルクトース 6-リン酸とグリセルアルデヒド 3-リン酸である（図 18.15, 下段，赤丸数字 3）.

表 18.2 ペントースリン酸回路におけるグループ転移反応

	反応物	酵素	生成物
炭素 2 個の移動	$C_5 + C_5$	トランスケトラーゼ $\rightleftarrows$	$C_7 + C_3$
炭素 3 個の移動	$C_7 + C_3$	トランスアルドラーゼ $\rightleftarrows$	$C_6 + C_4$
炭素 2 個の移動	$C_5 + C_4$	トランスケトラーゼ $\rightleftarrows$	$C_6 + C_3$
正味の反応	$3C_5$	$\rightleftarrows$	$2C_6 + C_3$

ペントースリン酸回路においては，グルコース6-リン酸が解糖経路とは別の方式でフルクトース6-リン酸とグリセルアルデヒド3-リン酸に変換される．このことから，ペントースリン酸回路は，ヘキソース一リン酸経路 hexose monophosphate shunt とも呼ばれ，この名称を使っている教科書もある．ペントースリン酸回路の主な特徴は，リボース5-リン酸と NADPH の産生である．ペントースリン酸回路の調節機構を通して，生体はこれら二つの化合物のどちらか一方，あるいは両方に対する需要の変動に対応することができる．

18.4.3　ペントースリン酸回路はどのように調節されるか

これまで見てきたように，トランスケトラーゼとトランスアルドラーゼで触媒される反応は可逆的であり，このことが生体の必要性に応じたペントースリン酸回路の対応を可能にしている．出発物質のグルコース6-リン酸は，リボース5-リン酸と NADPH のどちらにより大きな需要があるかによって，違った反応を受けることになる．この回路の酸化的部分は，生体の NADPH 需要に強く依存して稼働する．リボース5-リン酸の需要は，他の方法でも間に合わせることができる．なぜなら，リボース5-リン酸は，ペントースリン酸回路の酸化的反応によらないでも，解糖の中間体からも得ら

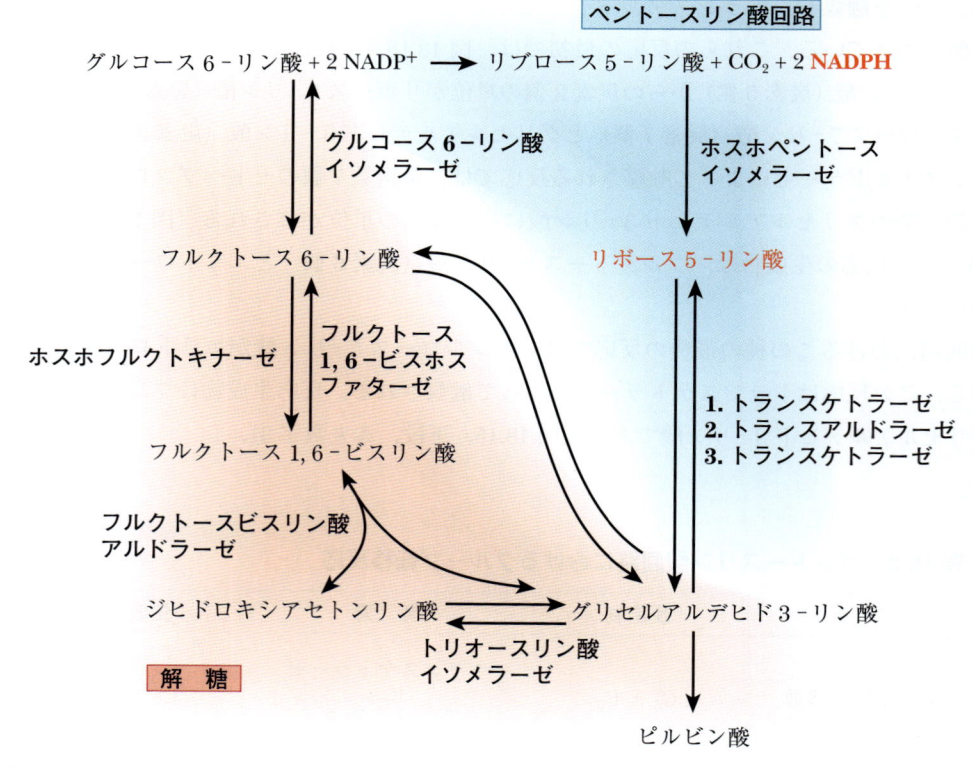

図 18.16

ペントースリン酸回路と解糖の関係
生体がリボース5-リン酸よりも NADPH を必要としている場合は，ペントースリン酸回路の全体が働く．生体が NADPH よりもリボース5-リン酸を必要としている場合は，ペントースリン酸回路の非酸化的反応が逆に進行し，リボース5-リン酸を産生する（本文参照）．

れるからである（図18.16）．

　生体が，リボース5-リン酸よりもNADPHを必要としている場合の反応経路は，先に述べた全経路を進むことになる．この回路の最初の酸化的反応は，NADPHの産生に必要である．この回路の酸化的部分の正味の反応は，次のようである．

身の周りに見られる生化学　　保健関連

ペントースリン酸回路と溶血性貧血

　ペントースリン酸回路は，赤血球におけるNADPHの唯一の供給源である．したがって，赤血球はこの回路に関わる酵素が適切に働くことに強く依存している．グルコース6-リン酸デヒドロゲナーゼの欠損は，NADPHの欠乏をもたらし，結果として赤血球の大規模な破壊による溶血性貧血 hemolytic anemia の原因となる．

　NADPH欠乏と貧血との関連は間接的なものである．NADPHは，ペプチドの一つであるグルタチオンのジスルフィド型から開いたチオール型への還元に際して必要である．哺乳類の赤血球には，多くの酸化還元反応をつかさどるミトコンドリアがない．

　その結果，赤血球が酸化還元バランスを処理する能力には限界がある．酸化還元反応に関わるグルタチオンなどの物質は，多数のミトコンドリアを含んでいる細胞に比べると，より一層，重要になると考えられる．還元型グルタチオンの存在は，ヘモグロビンのFe(II)を還元型に保つだけでなく，ヘモグロビンや他のタンパク質のSH基を還元型に保つ上で必要である．

　グルタチオンは，細胞膜の脂肪酸側鎖を分解しかねない過酸化物と反応することによって，赤血球の形態を保つのにも働いている．アフリカ系アメリカ人の約11%が，グルコース6-リン酸デヒドロゲナーゼ欠損症である．

　この疾患は，鎌状赤血球貧血の遺伝形質と同様，マラリアに対する抵抗性の上昇につながっている．したがって，本酵素の欠損自体は有害であるにもかかわらず，マラリアの多い環境ではこのような遺伝形質をもつ人々が存続しているのである．

還元型グルタチオン
（γ-グルタミルシステイニルグリシン）

グルタチオンとその反応
Ⓐ グルタチオンの構造．Ⓑ グルタチオンの生成におけるNADPHの役割．Ⓒ タンパク質のSH基を還元形に保つためのグルタチオンの役割．

$$6\text{ グルコース }6\text{-リン酸 } + 12\text{NADP}^+ + 6\text{H}_2\text{O} \longrightarrow$$
$$6\text{ リボース }5\text{-リン酸 } + 6\text{CO}_2 + 12\text{NADPH} + 12\text{H}^+$$

p.687 の《身の周りに見られる生化学》では，ペントースリン酸回路における酵素の機能不全が臨床症状としてどのように現れるかについて述べている．

生体が NADPH よりもリボース 5-リン酸のほうをより多く必要とする場合は，ペントースリン酸回路の酸化的部分を迂回して，トランスケトラーゼとトランスアルドラーゼの連続稼働によって，フルクトース 6-リン酸とグリセルアルデヒド 3-リン酸からリボース 5-リン酸を産生することができる（赤の影をつけた経路で，グリセルアルデヒド 3-リン酸まで下っていき，次いでリボース 5-リン酸まで上がる）（図 18.16）．トランスケトラーゼとトランスアルドラーゼによって触媒される反応は可逆的であり，このことは，生体が状況の変化に応じて代謝を調節する能力にとって，重要な役割を果たしている．これら二つの酵素の作用機構をここで簡単に見ることにしよう．

トランスアルドラーゼは，解糖経路で登場した酵素アルドラーゼと多くの共通点をもっている．異なる反応段階で，アルドール開裂とアルドール縮合の両方が起こる．解糖のアルドラーゼ反応を論じたとき，シッフ塩基の生成も含めてアルドール開裂の機構をすでに見たので，ここではこれ以上述べる必要はないであろう．

トランスケトラーゼは，Mg^{2+} とチアミンピロリン酸（TPP）を必要とする点で，ピルビン酸をアセトアルデヒドに変換する酵素ピルビン酸デカルボキシラーゼに似ている（Sec. 17.4）．ピルビン酸デカルボキシラーゼ反応で見たように，ピルビン酸のアセトアルデヒドへの変換に似た反応機構においてカルバニオンが重要な役割を果たしている．

Sec. 18.4 要約

■ ペントースリン酸回路では，二つの重要な過程がある．一つは，五炭糖，特に RNA の構成要素であるリボースの生成である．
■ 他は，多くの同化反応で必要な還元剤 NADPH の生成である．

SUMMARY 要約

◆ **グリコーゲンの分解はどのように起こるか** グリコーゲンはエネルギーの必要に応じて，容易にグルコースに分解する．グリコーゲンホスホリラーゼはグリコーゲンの $\alpha(1\to 4)$ 結合を開裂するのにリン酸を利用し，グルコース 1-リン酸とグルコースが 1 分子短いグリコーゲン分子を生成する．脱分枝酵素がグリコーゲン分子の $\alpha(1\to 6)$ 結合の周りの分解を助ける．

◆ **グリコーゲンはグルコースからどのように合成されるか** 生体は，解糖で直ちに必要とする以上の過剰のグルコースの供給があるときは，グルコースのポリマーであるグリコーゲンを生成する．グリコーゲンシンターゼはグリコーゲン分子と UDP-グルコースとの間の反応を触媒し，$\alpha(1\to 4)$ 結合を介してグリコーゲンにグルコース分子を付加する．分枝酵素はグルコース鎖の一部を移動させて，新たな $\alpha(1\to 6)$ 分枝点を生成する．

◆ **グリコーゲン代謝はどのように調節されるか** グリコーゲンの生成と分解が同時に働いて，エネルギーを浪費することがないように，制御機構が働いている．

◆ **糖新生においてオキサロ酢酸が中間体であるのはなぜか** ピルビン酸（解糖の生成物）のグルコー

スへの変換は，糖新生と呼ばれる過程によって進行する．糖新生は解糖の全く逆というわけではない．解糖には三つの不可逆的な段階がある．これらの不可逆段階の一つは，ホスホエノールピルビン酸からピルビン酸への変換である．糖新生では，ホスホエノールピルビン酸への変換を容易にするためにピルビン酸をオキサロ酢酸に変換するほうが有利である．

◆**糖新生における糖リン酸エステルの役割は何か** 糖リン酸の加水分解反応はエネルギー的に有利であるので，これらの反応は解糖のはじめに当たるエネルギーを必要とする段階において，解糖を逆に進行させる効果をもつ．

◆**鍵酵素の調節によって糖質代謝はどのように制御されるか** グリコーゲンシンターゼとグリコーゲンホスホリラーゼはリン酸化によって互恵的に調節されている．また，解糖と糖新生はいくつかの部位で調節されており，中でもホスホフルクトキナーゼとフルクトースビスホスファターゼの部位は最も重要である．

◆**糖質代謝をそれぞれの器官はどのように分担しているか** 同じ細胞内で，解糖と糖新生が同時に高活性であるということはない．細胞がATPを必要とするときは，解糖がより活性であり，ATP需要がほとんどないときは，糖新生がより活性である．解糖と糖新生はコリ回路で役割を果たしている．肝臓と筋肉の間での分業によって，解糖と糖新生が異なる器官で作動して，生体の需要に応じている．

◆**糖質代謝の調節において解糖の第1段階と最終段階はどのような役割を果たすか** 解糖で最初と最後の段階をそれぞれ触媒する酵素であるヘキソキナーゼとピルビン酸キナーゼもまた，重要な調節部位である．これらの酵素はエネルギーが必要でないときは経路の反応速度を低下させ，エネルギーが必要なときには速度を上げる機能をもっている．

◆**ペントースリン酸回路の酸化的反応とは何か** ペントースリン酸回路はグルコース代謝のもう一つの経路である．この回路では，リボースを含む五炭糖がグルコースから産生される．この回路の酸化的反応ではNADPHも産生される．

◆**ペントースリン酸回路の非酸化的反応とは何か，またそれらの反応が重要なのはなぜか** ペントースリン酸回路の非酸化的反応は五単糖，特にリボースを産生する．これらの反応は，生体がNADPHに対する必要性はあまりないが，糖を必要とするときに重要である．

◆**ペントースリン酸回路はどのように調節されるか** この回路の調節によって，生体は五炭糖とNADPHの産生の相対比をその需要に応じて調整することが可能である．

EXERCISES 練習問題

18.1 グリコーゲンはどのように合成され分解されるか

1. 復習 グリコーゲン合成を活性化する機構が同時にグリコーゲンホスホリラーゼを不活化することが，どうして重要なのか．
2. 復習 加リン酸分解と加水分解はどう違うか．
3. 復習 グリコーゲンの分解で，グルコースではなくグルコース6-リン酸が産生されることがどうして有利なのか．
4. 復習 グリコーゲンの生合成におけるUDPGの役割を簡潔に要約せよ．
5. 復習 グリコーゲンの生合成に関与する二つの制御機構の名前を挙げよ．またそれぞれの例を挙げよ．
6. 演習 グルコースでなくグリコーゲンが出発物質である場合，解糖におけるATPの正味の収量に違いがあるか．違うとすれば，どう違うか．
7. 演習 代謝において，グルコース6-リン酸

(G6P) は，グリコーゲン合成や解糖など，さまざまな使われ方をする．G6P を解糖でエネルギーに使うのではなく，グリコーゲンとして貯蔵するには，ATP にして，何分子を必要とするか．

ヒント：グリコーゲンの枝分かれ構造により，グルコース残基の 90％はグルコース 1-リン酸として，10％はグルコースとして遊離される．

8. **演習** グルコース 6-リン酸（G6P）をグリコーゲンとして貯蔵するときにかかる代償は，G6P が好気的代謝でのエネルギー生成のために使われるとすれば，問題 7 で得た答えとどう違うか．

9. **関連** あなたが過酷なハイキングを計画していたら，前もって数日間はパンやパスタなどの糖質の多い食事を摂るように助言された．この助言の理由を示せ．

10. **関連** 複合糖質ではなくスクロースの多いキャンディーバーを食べることは，グリコーゲン貯蔵の助けになるか．

11. **関連** 精製糖含量の高いキャンディーバーを，問題 9 の激しいハイキングの直前に，食べることは有利か．

12. **演習** 短距離走中には乳酸の血中濃度が急激に上がり，走行後およそ 1 時間で，ゆっくり下がる．乳酸濃度の急上昇の原因は何か．走行後，乳酸濃度がゆっくり減少する理由は何か．

13. **演習** ある研究者が，グリコーゲンの変種を発見したという．この変種は枝分かれが少なく（50 グルコース残基ほどに一つ程度），枝の長さも 3 残基しかない．この発見は後の研究で確認されるであろうか．

14. **演習** グルコース残基をグリコーゲンに付加するのに必要なエネルギー源は何か．それはどのように使われるか．

15. **演習** グリコーゲン合成にプライマーを必要とすることがなぜ有用なのか．

16. **演習** グリコーゲンシンターゼの反応は，発エルゴン的反応か吸エルゴン的反応か．その答えの理由は何か．

17. **演習** 次の変化は糖新生とグリコーゲン合成にどのような影響を及ぼすか．

(a) ATP 濃度の増加，(b) フルクトース 1,6-ビスリン酸濃度の低下，(c) フルクトース 6-リン酸濃度の増加．

18. **演習** "死にもの狂い"の激しいトレーニングを本章に出てくる物質の言葉で表せばどうなるか．

19. **演習** グルコース 6-リン酸のような糖リン酸ではなく，UDPG のような糖ヌクレオチドが，グリコーゲン合成に関与している理由を示せ．

18.2 糖新生はピルビン酸からグルコースを生成する

20. **復習** 本章で述べた，アセチル CoA またはビオチンを必要とする反応は何か．

21. **復習** 解糖で不可逆的な段階はどれか．この事実は，糖新生が解糖と異なる反応とどのように関連するか．

22. **復習** 糖新生におけるビオチンの役割は何か．

23. **復習** グルコース 6-リン酸の役割は糖新生と解糖ではどう違うか．

24. **演習** 卵白中のアビジンは，ビオチンと非常に強く結合するので，ビオチン要求性の酵素を阻害する．アビジンはグリコーゲン生成にどのような影響を及ぼすか．糖新生に対してはどうか．ペントースリン酸回路ではどうか．

25. **演習** フルクトース 1,6-ビスリン酸の加水分解反応は，解糖における生理学的には不可逆的な段階の一つをどのようにして逆行させるのか．

18.3 糖質代謝の調節

26. **復習** 本章で述べた反応のうち，ATP を必要とするものはどれか．どの反応が ATP を産生するか．ATP を必要とする反応と ATP を産生する反応を触媒する酵素を列挙せよ．

27. **復習** フルクトース 2,6-ビスリン酸はアロステリックエフェクターとしてどのように機能しているか．

28. **復習** グルコキナーゼとヘキソキナーゼは機能的にどのように異なっているか．

29. **復習** コリ回路とは何か．

30. **演習** かつての生化学者は基質回路を"無益回路"と呼んでいた．なぜそのような名前を選んだのか．また，それが間違いであるのはなぜか．

31. **演習** グリコーゲンの代謝にとって，二つの制

御機構——アロステリック調節と共有結合性修飾——が関与していることが有利なのはなぜか.

32. **演習** 調節機構の応答時間はさまざまである.どのように異なっているか.

33. **演習** グリコーゲン代謝における調節機構は,刺激に対する応答をどのように増幅しているか.

34. **演習** 基質回路の反応では,どうして異なる方向に対して異なる酵素があるのか.

35. **演習** コリ回路が肝臓と筋肉で起こる理由を示せ.

36. **演習** フルクトース2,6-ビスリン酸が,どのように二つ以上の代謝系で働いているかを説明せよ.

37. **演習** フルクトース2,6-ビスリン酸の合成と分解は,どのように独立に制御されているか.

38. **演習** 摂取したデンプンをグルコースに変換した後,そのグルコースをグリコーゲンに取り込むことは,動物にとってどのような利点があるか.

18.4 グルコースは時にペントースリン酸回路を介して転用される

39. **復習** NADHとNADPHにおける構造と機能の違いを三つ挙げよ.

40. **復習** グルコース6-リン酸の四つの可能な代謝物は何か.

41. **関連** 本章で述べた物質と溶血性貧血との関連は何か.

42. **復習** 解糖経路に連結しているペントースリン酸回路は,どのようにして次のことを行っているか.

 (a) NADPHとペントースリン酸をほぼ同量生成する.
 (b) 完全に,あるいはほぼ完全にNADPHだけを生成する.
 (c) 完全に,あるいはほぼ完全にペントースリン酸だけを生成する.

43. **復習** トランスケトラーゼとトランスアルドラーゼの主な相違点は何か.

44. **関連** グルタチオンの赤血球における機能の仕方を二つ挙げよ.

45. **復習** チアミンピロリン酸はペントースリン酸回路において何らかの役割を果たしているか.もし,果たしているとすれば,その役割は何か.

46. **演習** ルイスLewis電子ドット表示法を用いて,下記の酸化還元反応における電子の移動を明確に示せ.

グルコース6-リン酸 + NADP$^+$ ⟶
6-ホスホグルコノ-δ-ラクトン + NADPH + H$^+$

ラクトンは環状エステルで,6-ホスホグルコン酸産生の中間体である.

47. **演習** 異化反応で働くNADHとは異なる別の還元剤(NADPH)が,同化反応で使われる理由を示せ.

48. **演習** ペントースリン酸回路は,細胞のATP,NADPHおよびリボース5-リン酸に対する需要にどのように応答しているかを示せ.

49. **演習** グルコース6-リン酸が,開放鎖エステルではなくラクトン(問題46を参照)に酸化されると予想される理由は何か.

50. **演習** 糖の組換え反応を,イソメラーゼではなくエピメラーゼが触媒していることが,ペントースリン酸回路にどのように影響しているか.

ANNOTATED BIBLIOGRAPHY / 参考文献

Florkin, M., and E. H. Stotz, eds. *Comprehensive Biochemistry.* New York: Elsevier, 1967. [A standard reference. Volume 17, *Carbohydrate Metabolism*, deals with glycolysis and related topics.]

Horecker, B. L., in Florkin, M., and E. H. Stotz, eds. *Comprehensive Biochemistry.* New York: Elsevier, 1964. Transaldolase and Transketolase. [Volume 15, *Group Transfer Reactions*, includes a review of these two enzymes and their mechanism of action.]

Lipmann, F. A Long Life in Times of Great Upheaval. *Ann. Rev. Biochem.* **53**, 1–33 (1984). [The reminiscences of a Nobel laureate whose research contributed greatly to the understanding of carbohydrate metabolism. Very interesting reading from the standpoint of autobiography and the author's contributions to biochemistry.]

Shulman, R. G., and D. L. Rothman. Enzymatic Phosphorylation of Muscle Glycogen Synthase: A Mechanism for Maintenance of Metabolic Homeostasis. *Proc. Nat. Acad. Sci.* **93**, 7491–7495 (1996). [An in-depth article about metabolic flux and covalent modification of enzymes.]

クエン酸回路

CHAPTER 19

クエン酸回路は代謝における中心的な回路であり，細胞のエネルギー生産において非常に重要な役割を果たしている．

概　要

19.1 代謝におけるクエン酸回路の中心的役割

19.2 クエン酸回路の概説

 19.2.1 クエン酸回路は細胞内のどこにあるか

 19.2.2 クエン酸回路の主要な機能は何か

19.3 ピルビン酸のアセチル CoA への変換

 19.3.1 ピルビン酸のアセチル CoA への変換にはいくつの酵素が必要か

19.4 クエン酸回路の各反応

19.5 クエン酸回路のエネルギー論とその調節

 19.5.1 ピルビン酸デヒドロゲナーゼはどのようにしてクエン酸回路を調節するか

 19.5.2 クエン酸回路内における調節はどのようになされるか

19.6 グリオキシル酸回路：クエン酸回路に関連した代謝経路

19.7 異化反応におけるクエン酸回路

19.8 同化反応におけるクエン酸回路

 19.8.1 脂質同化はクエン酸回路とのように関連するか

 19.8.2 アミノ酸代謝はクエン酸回路とどのように関連するか

19.9 酸素との関連

19.1　代謝におけるクエン酸回路の中心的役割

　地球上で，栄養素が二酸化炭素と水に酸化される好気的代謝が進化したことは，生命の歴史において重要な段階であった．生命体は嫌気的酸化よりも好気的酸化によって栄養分からより多くのエネルギーを得ることができる．（酵母は，通常はアルコール発酵と呼ばれる嫌気的反応によって，パンやビール，ワインなどを生産するのに必要なものであるが，その酵母でさえ，クエン酸回路によりグルコースを二酸化炭素と水へ分解する．）Chap. 17 で解糖によりグルコースが代謝されると2分子のATPが産生されることを述べた．本章と次章で，1分子のグルコースが二酸化炭素と水へ好気的に酸化されることにより，30〜32分子のATPが産生されることを示す．本章で議論する**クエン酸回路** citric acid cycle，次章で述べる**電子伝達系** electron transport と**酸化的リン酸化** oxidative phosphorylation の三つの過程は好気的代謝において重要な役割を果たしている（図19.1）．これら三つの過程は好気的代謝において同時に働いているが，ここでは便宜的に別々に説明することにする．

　代謝は栄養素の酸化的分解である異化と，生体分子の還元的合成である同化とから成り立つ．クエン酸回路は異化と同化の両方で機能しており，**両方向性** amphibolic である．すなわちクエン酸回路は栄養素の好気的酸化経路（異化経路，Sec. 19.7）の一部であると同時に，この回路に含まれる分子のいくつかは生合成経路（同化経路，Sec. 19.8）の出発物質となる．それぞれを分けて話をするが，代謝経路というものは同時に働いている点に注意すべきである．

　クエン酸回路には二つの呼び方がある．一つは最初にこの代謝経路を研究したハンス・クレブスHans Krebs 卿（1953年，ノーベル賞受賞）に因んだ**クレブス回路** Krebs cycle である．もう一つの名前は，回路に含まれるいくつかの分子が三つのカルボキシ基をもつ酸であることから名付けられた**トリカルボン酸回路** tricarboxylic acid cycle（TCA回路 TCA cycle）である．まず，回路の概要から

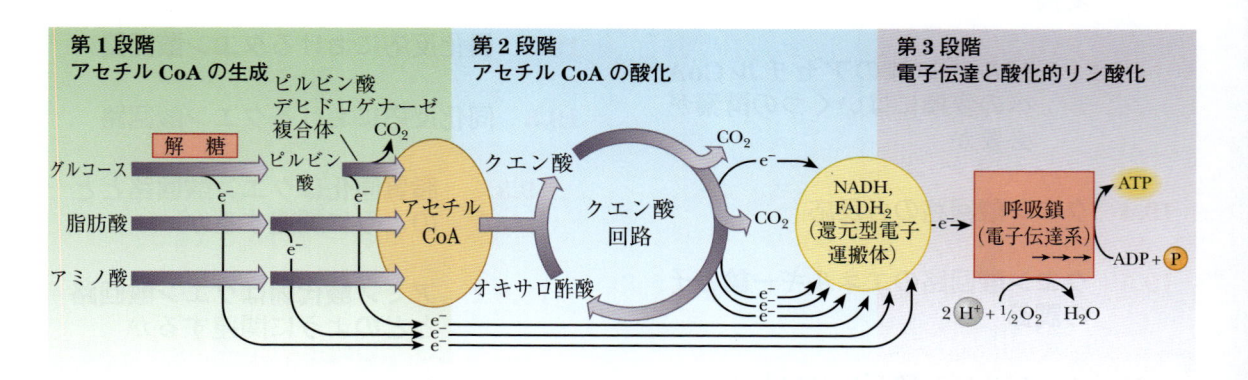

図 19.1
異化反応におけるクエン酸回路の主要な機能
異化反応の第1段階でアミノ酸，脂肪酸やグルコースはすべてアセチル CoA に変換され，第2段階でクエン酸回路に入る．第1，2段階で e^- と示してある還元された電子伝達体がつくられる．第3段階では電子がATPを産生する電子伝達系に入る．

Chapter 19 クエン酸回路

述べ，その後，個々の反応について述べる．

> **Sec. 19.1 要約**
> ■クエン酸回路は両方向性，すなわち異化と同化の両方の作用をもっている，まさに中心的な代謝経路である．

19.2 クエン酸回路の概説

　解糖とクエン酸回路の重要な違いは，細胞内のこれらの経路が存在する場所にある．真核細胞では解糖はサイトゾルに，クエン酸回路はミトコンドリアに存在する．これらクエン酸回路の酵素の大部分はミトコンドリアのマトリックス内に存在する．

19.2.1　クエン酸回路は細胞内のどこにあるか

　クエン酸回路と電子伝達系の構成成分の正確な存在場所を知るため，ミトコンドリアの構造を簡単に復習しよう．Chap. 1 で示したように，ミトコンドリアは内膜と外膜をもっている（図 19.2）．内膜によって囲まれた部分は**ミトコンドリアマトリックス** mitochondrial matrix と呼ばれ，内膜と外膜の

Ⓐ 走査電子顕微鏡によるミトコンドリアの内部構造の着色画像（19,200倍）．

Ⓑ 走査電子顕微鏡像の模式図．

Ⓒ ミトコンドリアの構造の透視模式図．

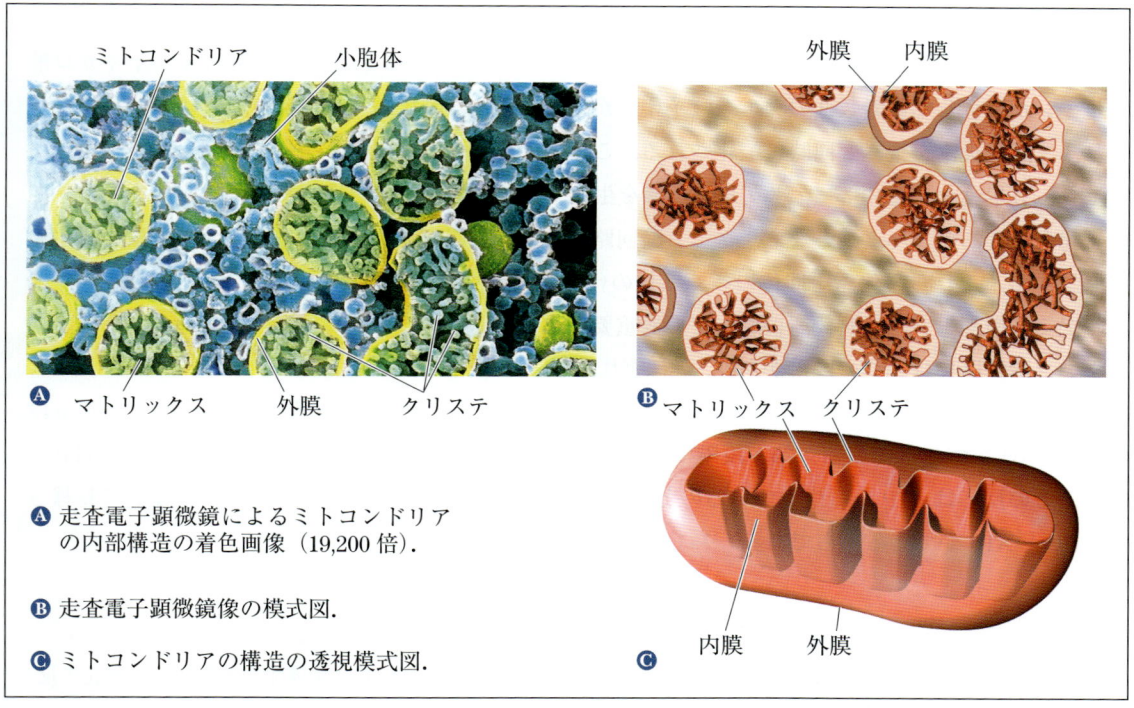

図 19.2

ミトコンドリアの構造
（ミトコンドリアの構造の電子顕微鏡像については図 1.13 を参照）

間には**膜間腔** intermembrane space がある．内膜はマトリックスとサイトゾルを仕切る強固な障壁であり，特異的な輸送タンパク質なしにこの障壁を通過することができる化合物はごくわずかしかない（Sec. 8.4）．クエン酸回路の反応は，中間電子受容体として FAD が関与する反応以外は，マトリックス内で行われる．FAD が関与する反応を触媒する酵素はミトコンドリア内膜に固有の成分であり，電子伝達系に直接つながっている（Chap. 20）．

19.2.2　クエン酸回路の主要な機能は何か

クエン酸回路の概要を図 19.3 に示した．解糖で作られたピルビン酸は好気的条件下で酸化され，最終産物である二酸化炭素と水になる．初めにピルビン酸は 1 分子の二酸化炭素と，補酵素 A（CoA）に結合した 1 分子のアセチル基とに酸化される（Sec. 15.7）．このアセチル CoA はクエン酸回路に入る．クエン酸回路ではさらに 2 分子の二酸化炭素がアセチル CoA からつくられ，電子が受容体に渡される．電子受容体は一つの例外を除いて NAD^+ であり，それは還元されて NADH となる．その例外の反応における電子受容体は，リボフラビン（ビタミン B_2）誘導体の FAD（フラビンアデニンジヌクレオチド）であり，2 個の電子と 2 個の水素イオンを受け取って還元型の $FADH_2$ に変化する．電子は NADH や $FADH_2$ から電子伝達系の酸化還元反応により伝達される．最終的な電子受容体は酸素であり，水を産生する．炭素数 3 のピルビン酸から始まってクエン酸回路が 1 回転すると，アセチル CoA の生成を経て，3 個の炭素が CO_2 として失われる．この回路は，電子伝達系に入ってエネルギーに変化する還元型の NADH や $FADH_2$ を産生するとともに，炭素骨格は効率良く失われる．また高エネルギー化合物である GTP（グアノシン三リン酸）を 1 分子，直接産生する．

クエン酸回路の最初の反応で，炭素数 2 のアセチル基（アセチル CoA）と炭素数 4 のオキサロ酢酸イオンが縮合して炭素数 6 のクエン酸イオンが生成する．これに続く数段階で，クエン酸は異性化され，二酸化炭素を失うと同時に酸化される．この反応は**酸化的脱炭酸** oxidative decarboxylation と呼ばれ，五炭素化合物の α-ケトグルタル酸を生成する．次にこれは再度，酸化的脱炭酸を受け，四炭素化合物であるコハク酸となる．クエン酸回路は次の数段階でコハク酸からオキサロ酢酸を再生して完結する．これらの代謝中間体の多くは他の代謝経路にも関係している．特に α-ケトグルタル酸は，アミノ酸やタンパク質代謝において大変重要である．

クエン酸回路には八つの段階があり，それぞれ異なった酵素により触媒される．このうち第 3, 第 4, 第 6 と第 8 の 4 段階が酸化反応である（図 19.3 参照）．第 3, 第 4, 第 8 段階では NAD^+ が，第 6 段階では FAD が酸化剤である．第 5 段階では GDP（グアノシン二リン酸）がリン酸化されて GTP となる．この反応は ATP を産生しているのと同じである．なぜなら，リン酸基は簡単に ADP に転移され GDP と ATP ができるからである．

Sec. 19.2 要約　■クエン酸回路は，ミトコンドリア内膜に局在している一つの酵素を除いてミトコンドリアのマトリックスに存在している．関連する酸化的リン酸化の反応はミトコンドリア内膜で起こる．

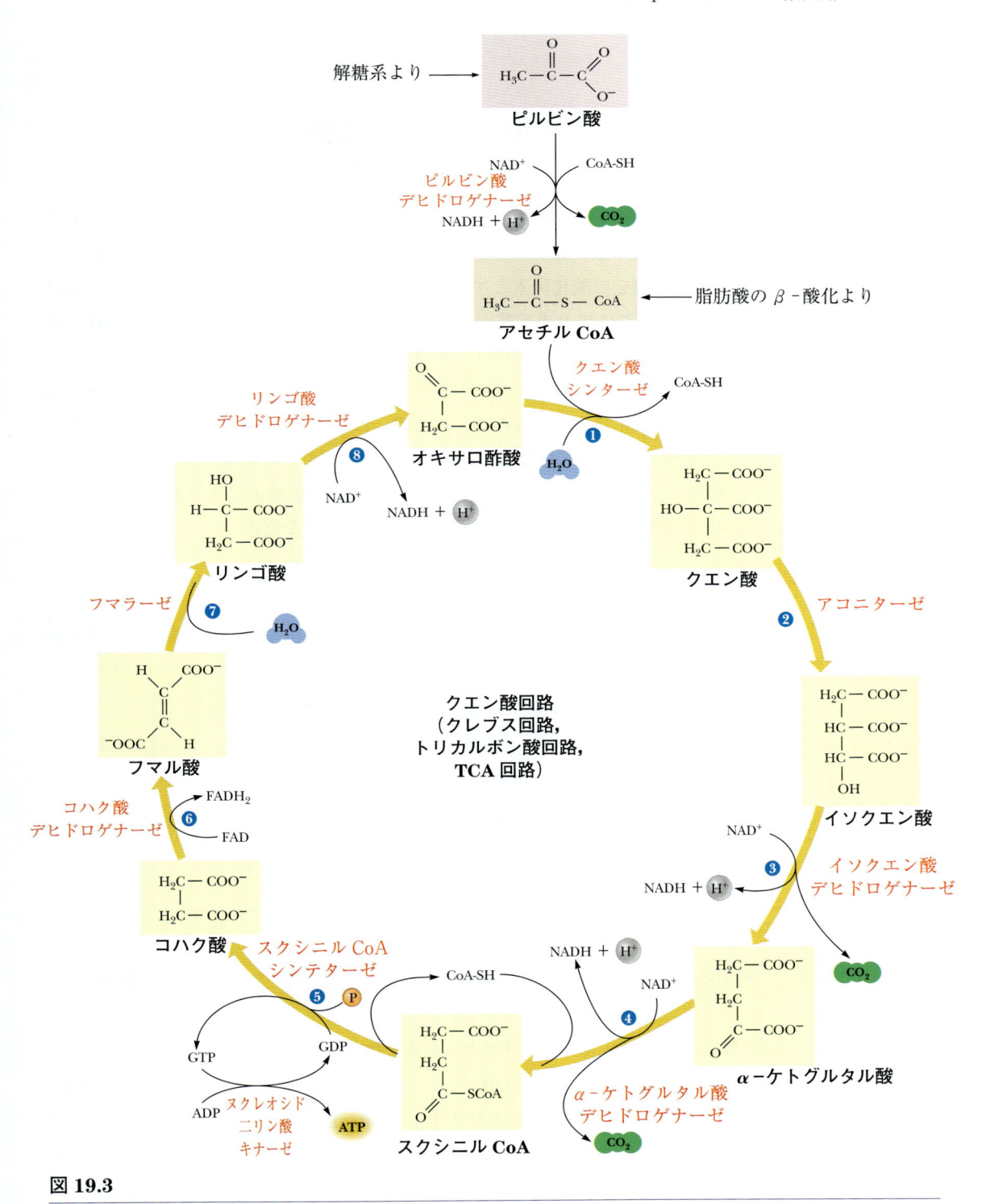

図 19.3
クエン酸回路の概要
酵素名，二酸化炭素の生成，GDP から GTP へのリン酸化，NADH や $FADH_2$ の生成などを示してある．

19.3　ピルビン酸のアセチル CoA への変換

ピルビン酸は解糖などのいくつかの経路からつくられ，サイトゾルからミトコンドリアへ特異的な輸送体で運ばれる．そして**ピルビン酸デヒドロゲナーゼ複合体** pyruvate dehydrogenase complex と呼ばれる酵素複合体がピルビン酸を二酸化炭素とアセチル CoA のアセチル基部分に変換する．CoA 分子の末端には SH 基があり，ここにアセチル基が結合する．このため，CoA は式で CoA-SH と表されることがある．CoA はチオール化合物（アルコールの S "チオ" 誘導体）であるので，アセチル CoA は通常のカルボン酸エステルの酸素原子が硫黄原子に置換された**チオエステル** thioester である．チオエステルは高エネルギー化合物であるので，この違いは重要である（Chap. 15）．いい換えれば，チオエステルの加水分解は他の反応を起こすのに十分なエネルギーを遊離することができる．アセチル基の CoA への転移に先立ち，酸化反応が起こる．反応は複数の酵素により触媒されるが，これら酵素はすべてピルビン酸デヒドロゲナーゼ複合体の一部である．全反応

$$\text{ピルビン酸} + \text{CoA-SH} + \text{NAD}^+ \longrightarrow \text{アセチル CoA} + \text{CO}_2 + \text{H}^+ + \text{NADH}$$

は発エルゴン反応（$\Delta G^{\circ\prime} = -33.4 \text{ kJ mol}^{-1} = -8.0 \text{ kcal mol}^{-1}$）であり，NADH は電子伝達系を経て ATP 合成に使用される（Chap. 20）．

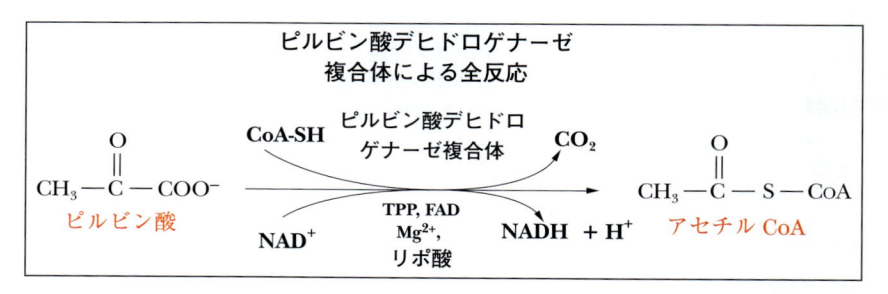

19.3.1　ピルビン酸のアセチル CoA への変換にはいくつの酵素が必要か

哺乳類では 5 種類の酵素がピルビン酸デヒドロゲナーゼ複合体を形成している．これらは<u>ピルビン酸デヒドロゲナーゼ</u> pyruvate dehydrogenase（PDH），<u>ジヒドロリポイルトランスアセチラーゼ</u> dihydrolipoyl transacetylase，<u>ジヒドロリポイルデヒドロゲナーゼ</u> dihydrolipoyl dehydrogenase，<u>ピルビン酸デヒドロゲナーゼキナーゼ</u> pyruvate dehydrogenase kinase と<u>ピルビン酸デヒドロゲナーゼホスファターゼ</u> pyruvate dehydrogenase phosphatase である．始めの 3 種類の酵素がピルビン酸をアセチル CoA に変換する．キナーゼとホスファターゼは PDH を制御し（Sec. 19.5），1 本のペプチド鎖として存在している．反応は 5 段階で行われる．ジヒドロリポイルトランスアセチラーゼとジヒドロリポイルデヒドロゲナーゼは，酸化型ではジスルフィド基，還元型では二つのチオール基をもつリポ酸 lipoic acid の反応を触媒する．

リポ酸は，多くの補酵素がビタミンの誘導体であるのに対して，ビタミンそのものである点で異なっている（表7.3参照）（リポ酸はある細菌や原生生物では増殖に必要であるが，ヒトでは食事による摂取が必要かどうかが明確でないため，ビタミンに分類することには疑問がある）．

　リポ酸は酸化剤として作用する．生物学的な酸化還元反応（Sec. 15.5）ではしばしば見られることであるが，このような反応では水素の転移が起こる．リポ酸のもう一つの反応は，アセチルCoAへ転移される前のアセチル基とチオエステル結合を形成することである．リポ酸は酸化剤として作用するだけでなく，二つの反応，すなわち酸化還元反応とエステル転移反応によりアセチル基の転移を行う．

　図19.4に示したように，ピルビン酸をCO_2とアセチルCoAに変える反応の最初の段階はピルビン酸デヒドロゲナーゼにより触媒される．この酵素は補酵素として，ビタミンB_1（チアミン）の誘導体であるチアミンピロリン酸 thiamine pyrophosphate（TPP）を要求する．この補酵素は酵素に非共有結合している．また酵素活性発現にMg^{2+}を必要とする．TPPの補酵素としての働きについては，すでに，ピルビン酸デカルボキシラーゼがピルビン酸をアセトアルデヒドに変換する反応の際に述べた（Sec. 17.4）．ピルビン酸デヒドロゲナーゼの反応において，α-ケト酸であるピルビン酸はCO_2を失い，残った二炭素化合物はTPPに共有結合する．

　反応の第2段階は，リポ酸を補酵素とするジヒドロリポイルトランスアセチラーゼによって行われる．リポ酸は酵素のリシン残基のε-アミノ基とアミド結合している．ピルビン酸から得られた二炭素化合物はチアミンピロリン酸からリポ酸へ転移される．この過程でヒドロキシ基はアセチル基に酸化される．リポ酸のジスルフィド基がその酸化剤であり，それ自身は還元され，反応でチオエステルを生成する．すなわち，アセチル基はチオエステル結合でリポ酸に共有結合する（図19.4参照）．

　反応の第3段階もまたジヒドロリポイルトランスアセチラーゼにより触媒される．CoA-SH分子がチオエステル結合を攻撃し，アセチル基を受け取る．アセチル基はチオエステル結合を保っているが，結合相手はリポ酸ではなくアセチルCoAの形となる．還元型リポ酸はジヒドロリポイルトランスアセチラーゼに共有結合したままである（図19.4参照）．ここでピルビン酸とCoA-SHの反応は生成物，すなわちCO_2とアセチルCoAを生成する段階になる．しかし，補酵素のリポ酸は還元型のままである．残りの段階はリポ酸を再生するためのものであり，トランスアセチラーゼがさらに反応を行うことができる．

　反応の第4段階では，ジヒドロリポイルデヒドロゲナーゼが，還元されたリポ酸のスルフヒドリル基をジスルフィド結合に再酸化する．この時もリポ酸はトランスアセチラーゼに共有結合したままである．デヒドロゲナーゼには補酵素FAD（Sec. 15.5）が非共有結合している．その結果，FADは還元されて$FADH_2$となり，次に再酸化される．酸化剤はNAD^+であり，NADHと再酸化されたFADが生成する．ピルビン酸デヒドロゲナーゼなどのようにFADと結合している酵素はフラビンタンパク質と呼ばれる．

　NAD^+からNADHへの還元ではピルビン酸のアセチル基への酸化が同時に起こるが，前ページの反応式で示されるようにピルビン酸からNAD^+への2個の電子の移動が起こる．NAD^+からNADHが作られる過程で得られた電子は，好気的代謝の次の段階である電子伝達系へと伝達される．Chap. 20で電子がNADHから最終的に酸素へ伝達される際に，2.5分子のATPが生成されることを学ぶ．グルコースはピルビン酸2分子に変換されるので，グルコース1分子からはこの段階だけで5分子のATPが産生されることになる．

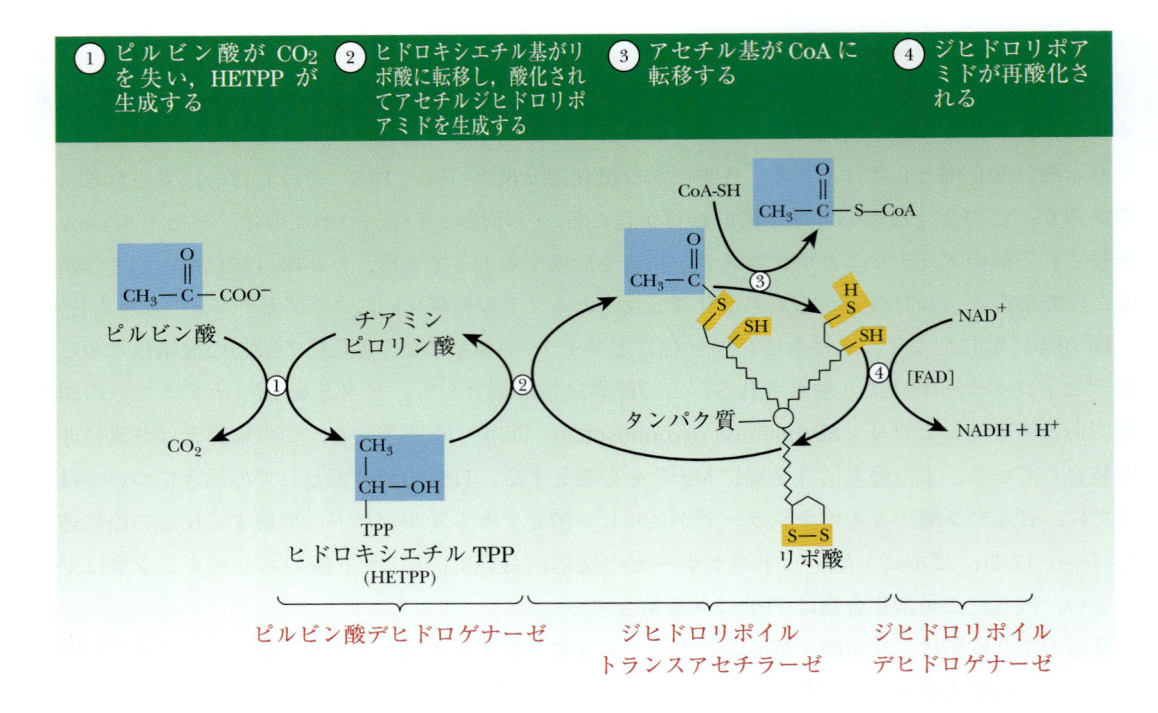

図19.4
ピルビン酸デヒドロゲナーゼの反応機構
ピルビン酸の脱炭酸はヒドロキシエチルTPPの生成とともに起こる（第1段階）．第2段階では二炭素化合物がリポ酸に転移され，アセチルCoAが次の第3段階でつくられる．第4段階でリポ酸が再酸化される．

　ピルビン酸からアセチルCoAを生成する反応は，NAD^+ に加えて，それぞれ異なった補酵素を必要とする三つの酵素が触媒する複雑な反応である．個々の酵素分子は相互に複雑な空間的な配置をもつ．大腸菌から分離された酵素では，反応の各段階が円滑に進行するよう各構成成分の配置が非常にコンパクトになっている．まず24個のジヒドロリポイルトランスアセチラーゼ分子がコア（芯）を形成する．24個のポリペプチド鎖は八つの三量体を形成し，それぞれの三量体は正六面体の各頂点に位置している．次にピルビン酸デヒドロゲナーゼの12個の $αβ$ 二量体は正六面体の各辺上に位置する．さらにジヒドロリポイルデヒドロゲナーゼの6個の二量体は正六面体の六つの各面上に位置する（図19.5）．このような酵素の複雑で多重的な構造はピルビン酸からアセチルCoAへの変換に最適な環境をつくり出している．この複合体内において，それぞれの酵素分子はそれぞれ独自の三次構造をとっているが，その全体としての配置は正六面体構造となる．
　ピルビン酸デヒドロゲナーゼ複合体に見られるようなコンパクトな配置は，各構成成分がバラバラに分散している場合と比較して二つの大きな利点がある．第一の利点は，反応物と酵素が互いに接近しているため，反応の各段階がより効率的に行われる点である．リポ酸の働きがここではとりわけ重要である．すなわち，リポ酸が複合体の中心部を占めるトランスアセチラーゼに共有結合していることである．リシン残基と結合しているリポ酸は，各反応が起こる場所に移動できる"自在アーム"として働くのに十分な長さをもっている（図19.4）．自在アームの動きによって，リポ酸はピルビン酸デヒドロゲナーゼから二炭素化合物を受け取り，それをトランスアセチラーゼの活性部位に移すこと

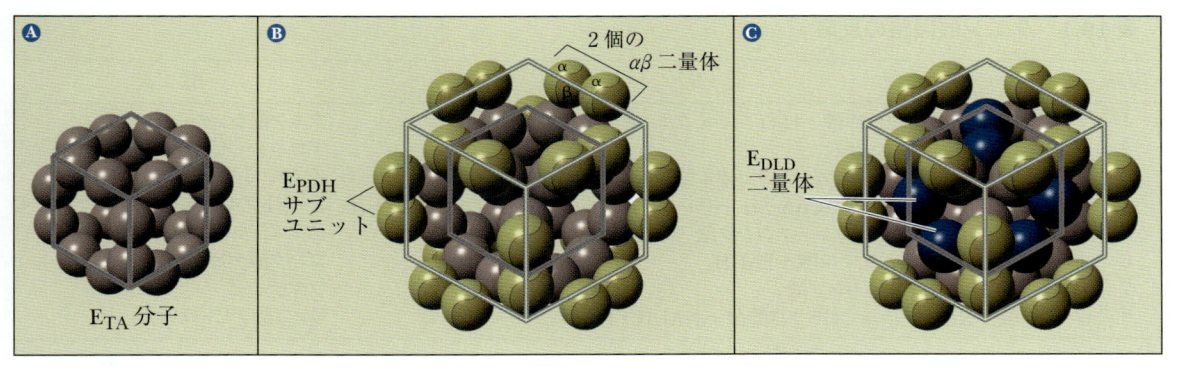

図 19.5

ピルビン酸デヒドロゲナーゼ複合体の構造
Ⓐ 24 個のジヒドロリポイルトランスアセチラーゼ（E_{TA}）サブユニット．Ⓑ 24 個の $\alpha\beta$ 二量体ピルビン酸デヒドロゲナーゼ（E_{PDH}）が Ⓐ の正六面体の各辺上に 2 個ずつ存在する．Ⓒ 12 個の二量体ジヒドロリポイルデヒドロゲナーゼ（E_{DLD}）サブユニットが正六面体の各面上に 2 個ずつ存在して完全な複合体を形成する．

ができる．次にアセチル基はリポ酸から CoA-SH にエステル転移される．最終的にリポ酸はデヒドロゲナーゼの活性部位に戻ってきて，スルフヒドリル基が再酸化されてジスルフィドとなる．

多酵素複合体の第二の利点は，単一酵素分子よりも効果的に調節が可能なことである．ピルビン酸デヒドロゲナーゼ複合体の場合，Sec. 19.5 で学ぶようにさまざまな調節因子が多酵素複合体にしっかりと結合している．

> **Sec. 19.3 要約**
> - クエン酸回路を開始するために必要な二炭素化合物は，ピルビン酸からアセチル CoA への変換によって得られる．
> - この変換反応には 3 種類の酵素から構成されるピルビン酸デヒドロゲナーゼ複合体と補酵素 TPP，FAD，NAD^+ およびリポ酸が必要である．
> - ピルビン酸デヒドロゲナーゼ複合体の全反応は，ピルビン酸，NAD^+ および CoA-SH からアセチル CoA，$NADH + H^+$ および CO_2 への変換である．

19.4 クエン酸回路の各反応

クエン酸回路における反応とそれを触媒する酵素群を表 19.1 に示した．次に各反応について順に述べる．

第 1 段階：クエン酸の生成　クエン酸回路の第 1 段階は，アセチル CoA とオキサロ酢酸 oxaloacetate からクエン酸 citrate と CoA-SH の生成反応である．この反応は新しい炭素－炭素結合が形成されるので縮合と呼ばれる．まず，アセチル CoA とオキサロ酢酸からシトリル CoA を生成する縮合反応が起こり，次にシトリル CoA の加水分解が起こって，クエン酸と CoA-SH を生成する．

表 19.1 クエン酸回路の反応

段階	反　　応	酵　　素
1	アセチルCoA + オキサロ酢酸 + H_2O ⟶ クエン酸 + CoA-SH	クエン酸シンターゼ
2	クエン酸 ⟶ イソクエン酸	アコニターゼ
3	イソクエン酸 + NAD^+ ⟶ α-ケトグルタル酸 + NADH + CO_2 + H^+	イソクエン酸デヒドロゲナーゼ
4	α-ケトグルタル酸 + NAD^+ + CoA-SH ⟶ スクニシルCoA + NADH + CO_2 + H^+	α-ケトグルタル酸デヒドロゲナーゼ
5	スクニシルCoA + GDP + P_i ⟶ コハク酸 + GTP + CoA-SH	スクニシルCoAシンテターゼ
6	コハク酸 + FAD ⟶ フマル酸 + $FADH_2$	コハク酸デヒドロゲナーゼ
7	フマル酸 + H_2O ⟶ L-リンゴ酸	フマラーゼ
8	L-リンゴ酸 + NAD^+ ⟶ オキサロ酢酸 + NADH + H^+	リンゴ酸デヒドロゲナーゼ

全反応：アセチルCoAとオキサロ酢酸からクエン酸を生成する縮合反応

オキサロ酢酸 + アセチルCoA + H_2O →（クエン酸シンターゼ）→ クエン酸 + CoA-SH

この反応は以前 "縮合酵素" と呼ばれていた**クエン酸シンターゼ** citrate synthase が触媒する．シンターゼとは，反応に ATP を要求しないで新しい共有結合をつくる酵素である．チオエステルは高エネルギー化合物であり，その加水分解はエネルギーを遊離するので発エルゴン反応（$\Delta G^{\circ\prime}$ = -32.8 kJ mol^{-1} = -7.8 kcal mol^{-1}）である．

第2段階：クエン酸のイソクエン酸への異性化　クエン酸回路の2番目の反応は，クエン酸のイソクエン酸への異性化であり，アコニターゼ aconitase により触媒される．この酵素は Fe^{2+} を要求する．この反応における最も興味深い点は，対称性化合物（アキラル）であるクエン酸が，非対称性化合物（キラル）であるイソクエン酸 isocitrate に変化することである．キラル化合物とは，その化

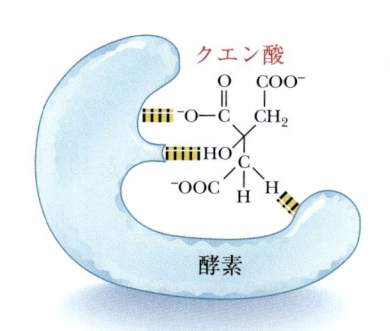

図 19.6
アコニターゼへの 3 点結合により，クエン酸の二つの $-CH_2-COO^-$ が立体的に等価でなくなる

合物が鏡像体と重ね合わせることができない分子のことである．

　キラル化合物はいくつかの異性体をもつ．イソクエン酸には4種類の異性体が存在するが，そのうちの1種類だけがこの反応により生成する（ここではイソクエン酸の異性体の命名法については述べない．他の異性体については，本章末の練習問題28を参照）．クエン酸をイソクエン酸に変換する反応を触媒するアコニターゼは，クエン酸分子の両端のうち一方の端だけを選択する．

【図：クエン酸（アキラル化合物）からのイソクエン酸（キラル化合物）の生成】

　この反応は酵素が対称性をもつ基質に非対称な結合部位で結合できることを示している．Sec. 7.6でこのような可能性が存在することを示したが，これがその実例である．酵素はクエン酸分子に対して非対称の3点で結合する（図19.6）．次にクエン酸から水分子を除き，cis-アコニット酸 cis-aconitate を生成する．そして水は cis-アコニット酸に再付加し，イソクエン酸を生成する．

【図：クエン酸からイソクエン酸への変換時に生成する中間体の cis-アコニット酸】

　反応の間，中間体である cis-アコニット酸は酵素に結合したままである．クエン酸が湾曲して円形に近い配置をとり，酵素の活性部位で2価の鉄 Fe(II) と複合体を形成している証拠が得られている．このような構造を"鉄の輪"と呼ぶ研究者もいる．

第3段階：最初の酸化反応による α-ケトグルタル酸と CO_2 の生成　　クエン酸回路の第3段階はイソクエン酸が α-ケトグルタル酸 α-ketoglutarate と二酸化炭素へ変換される酸化的脱炭酸である．この反応は，クエン酸回路における二つの酸化的脱炭酸反応のうち，最初のものである．この反応を触媒する酵素は**イソクエン酸デヒドロゲナーゼ** isocitrate dehydrogenase である．この反応は2段階で進行する（図19.7）．最初に，イソクエン酸は酵素に結合した状態でオキサロコハク酸 oxalosuccinate に酸化される．次に，オキサロコハク酸は脱炭酸され，二酸化炭素と α-ケトグルタル酸が遊離する．

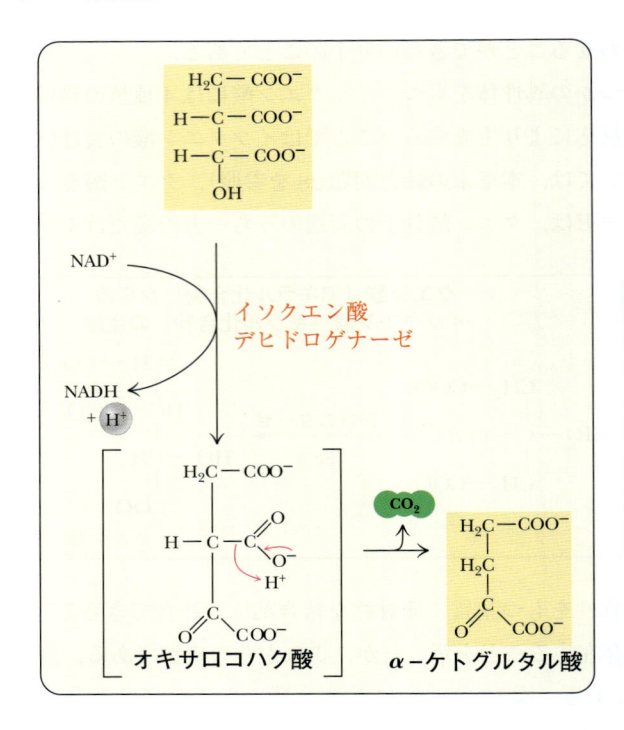

図 19.7
イソクエン酸デヒドロゲナーゼの反応

　これは NADH が生成する最初の反応である．酸化により 2 個の電子が奪われ，NAD^+ から 1 分子の NADH が生成する．ピルビン酸デヒドロゲナーゼ複合体で述べたように，生成した NADH は好気的な代謝の後半において 2.5 分子の ATP を生成する．すなわちグルコース 1 分子から 5 分子の ATP に相当する 2 分子の NADH が生成することになる．

第 4 段階：第 2 の酸化反応によるスクシニル CoA と CO_2 の生成　　クエン酸回路の第 4 段階は，2 回目の酸化的脱炭酸反応であり，α-ケトグルタル酸と CoA-SH から二酸化炭素とスクシニル CoA が生成される．

この反応は NAD^+ から NADH の生成を伴うピルビン酸のアセチル CoA への変換反応に似ている．ここでもまた，1 分子の NADH は最終的に 2.5 分子の ATP を与え，これは元のグルコースから見ると 5

身の周りに見られる生化学　植物科学

植物毒とクエン酸回路

　クエン酸シンターゼのもう一つの基質はフルオロアセチル CoA fluoroacetyl-CoA である．フルオロアセチル CoA は，ロコ草などの各種有毒植物の葉に見出されるフルオロ酢酸から生じる．これらの植物を食べた動物の体内では，フルオロ酢酸はフルオロアセチル CoA を経て，クエン酸シンターゼによりフルオロクエン酸となる．このフルオロクエン酸はクエン酸回路における次の反応を触媒するアコニターゼ aconitase の強力な阻害剤である．すなわち生命過程の強力な阻害剤の素を含むため，これらの植物は有毒である．

　羊の飼育業者が使用する毒薬 "1080 (ten eighty)" はフルオロ酢酸ナトリウムである．コヨーテの襲撃から羊を守るため，飼育業者はその敷地の外にこの毒薬を散布する．この毒薬を食べるとコヨーテは死ぬ．"1080" による毒性機構は植物毒の場合と同様である．

フルオロ酢酸からフルオロクエン酸の生成

$$\underset{\text{フルオロ酢酸}}{\begin{array}{c}COO^-\\|\\CH_2F\end{array}} \xrightarrow{\text{CoA-SH}} \underset{\text{フルオロアセチル CoA}}{\begin{array}{c}O\\\|\\C-S-CoA\\|\\CH_2F\end{array}} \xrightarrow[\text{オキサロ酢酸}]{\text{CoA-SH}} \underset{\text{フルオロクエン酸}}{\begin{array}{c}CH_2COO^-\\|\\HO-C-COO^-\\|\\CHF-COO^-\end{array}}$$

分子の ATP に相当する．

　反応は数段階から成り，ピルビン酸デヒドロゲナーゼ複合体と非常に類似した **α-ケトグルタル酸デヒドロゲナーゼ複合体** α-ketoglutarate dehydrogenase complex と呼ばれる酵素により触媒される．どちらの多酵素複合体も 3 個の酵素から成り立っている．反応は数段階で起こり，チアミンピロリン酸（TPP），FAD，リポ酸および Mg^{2+} を要求する．この反応はピルビン酸デヒドロゲナーゼによって触媒されるのと同じく，非常に強い発エルゴン反応（$\Delta G°' = -33.4$ kJ mol^{-1} = -8.0 kcal mol^{-1}）である．

　ここまでのクエン酸回路の酸化的脱炭酸反応で，2 分子の CO_2 が生成した．試験管内ではそれぞれの反応は可逆的ではあるが，生体内では CO_2 が除去されるのでクエン酸回路は不可逆的である．2 分子の CO_2 はアセチル CoA の 2 個の炭素原子からつくられると考えられるが，標識実験はこの推定が当てはまらないことを示している．この点についての詳しい議論はここでは行わない．

　2 分子の CO_2 はアセチル基が縮合したオキサロ酢酸の炭素原子に由来する．アセチル基の炭素は，次のサイクルで使用されるオキサロ酢酸に取り込まれる．本章の後半で取り上げるように，CO_2 の発生は哺乳類の生理機能に影響を与える．α-ケトグルタル酸デヒドロゲナーゼ複合体の反応は TPP を

要求する 3 番目の酵素反応である．

第 5 段階：コハク酸の生成　クエン酸回路の次の段階では，スクシニル CoA がチオエステル結合の加水分解でコハク酸と CoA-SH に変換されると同時に，GDP のリン酸化により GTP が生成する．反応は**スクシニル CoA シンテターゼ** succinyl-CoA synthetase により触媒される．シンテターゼは新しい共有結合を形成する酵素であり，このとき高エネルギーリン酸結合からエネルギーの供給を受ける．前にクエン酸シンターゼについて学んだ．シンターゼとシンテターゼとの違いは，シンターゼはリン酸結合の加水分解によるエネルギー供給を必要とせず，シンテターゼは必要とする点である．反応機構では，酵素に共有結合したリン酸基が直接 GDP に転移される．GDP のリン酸化による GTP の生成は，ADP から ATP を生成する場合と同じく吸エルゴン反応である（$\Delta G°' = 30.5$ kJ mol^{-1} = 7.3 kcal mol^{-1}）．

スクシニル CoA のコハク酸への変換

$$\begin{array}{c}\text{COO}^-\\|\\\text{CH}_2\\|\\\text{CH}_2\\|\\\text{C}=\text{O}\\|\\\text{S}-\text{CoA}\end{array} + \text{GDP} + \text{P}_i \xrightarrow{\text{スクシニル CoA シンテターゼ}} \begin{array}{c}\text{COO}^-\\|\\\text{CH}_2\\|\\\text{CH}_2\\|\\\text{COO}^-\end{array} + \text{GTP} + \text{CoA-SH}$$

スクシニル CoA　　　　　　　　　　　　　　コハク酸

GDP の GTP へのリン酸化に必要なエネルギーは，スクシニル CoA の加水分解によりコハク酸 succinate と CoA-SH を生成する反応により供給される．スクシニル CoA の加水分解による自由エネルギーの変化（$\Delta G°'$）は -33.4 kJ mol^{-1}（-8.0 kcal mol^{-1}）である．全反応はわずかな発エルゴン反応（$\Delta G°' = -3.3$ kJ mol^{-1} = -0.8 kcal mol^{-1}）であり，ミトコンドリアによるエネルギーの生産に大きくは寄与しない．スクシニル CoA シンテターゼという酵素名は逆反応を意味することに注意してほしい．実際，スクシニル CoA シンテターゼは，ATP や他の高エネルギーリン酸化合物を消費してスクシニル CoA を生成することもできる．しかし，ここに示す反応はこの反対である．

ヌクレオシド二リン酸キナーゼ nucleoside diphosphate kinase は，リン酸基を GTP から ADP に転移させ GDP と ATP を生成する反応を触媒する．

$$\text{GTP} + \text{ADP} \longrightarrow \text{GDP} + \text{ATP}$$

この反応は，電子伝達系と共役した ATP の生成反応と区別するため，基質レベルでのリン酸化と呼ばれる．この基質レベルの反応による ATP 産生は，クエン酸回路において，ATP という形の化学エネルギーが産生される唯一の場所である．この反応を除いて，好気的代謝に特徴的な ATP の生成は，次の Chap. 20 で述べる電子伝達系と共役している．嫌気的な解糖では 2 分子の ATP しか産生されないのに対して，嫌気的および好気的な酸化の組合せでは，グルコース 1 分子から約 30 〜 32 分子の ATP が得られる（この ATP 産生量の違いは Chap. 20 で述べるように，異なる組織での嫌気的および

好気的状態や電子伝達機構の違いによる）．ミトコンドリア内で行われるこのような反応は好気的生物にとって非常に重要である．

クエン酸回路の次の3段階（第6～8段階）で，四炭素化合物のコハク酸イオンがオキサロ酢酸イオンに変換される回路が完結する．

第6段階：FADの関与した酸化反応によるフマル酸の生成　第6段階では，コハク酸は**コハク酸デヒドロゲナーゼ** succinate dehydrogenase によってフマル酸に酸化される．この酵素はミトコンドリアの内膜に結合している．ミトコンドリア内膜に結合している酵素群については次のChap. 20で述べる．クエン酸回路の他の酵素はミトコンドリアのマトリックスに存在している．電子受容体は，NAD^+ ではなくFADであり，酵素に共有結合している．コハク酸デヒドロゲナーゼはフラビンを含むFADをもっているので，フラビンタンパク質と呼ばれている．コハク酸デヒドロゲナーゼの反応でFADは$FADH_2$に還元され，コハク酸は酸化されてフマル酸 fumarate となる．

全体の反応は次の式で表される．

$$コハク酸 + E\text{-}FAD \longrightarrow フマル酸 + E\text{-}FADH_2$$

式中の E-FAD と E-FADH$_2$ は電子受容体が酵素に共有結合していることを示している．FADH$_2$ もまた電子伝達系を経て酸素に電子を渡すが，NADH の場合の 2.5 分子と異なり 1.5 分子の ATP を生じる．

コハク酸デヒドロゲナーゼは鉄原子を含んでいるが，ヘムをもたないことから，**非ヘム鉄タンパク質** nonheme iron protein あるいは**鉄-硫黄タンパク質** iron-sulfur protein と呼ばれる．鉄-硫黄タンパク質の名称は，鉄と硫黄原子がそれぞれ 4 個ずつからなるクラスターをいくつか含むタンパク質であることに由来する．

第 7 段階：L-リンゴ酸の生成　第 7 段階の反応は，**フマラーゼ** fumarase により触媒される水和反応であり，フマル酸の二重結合に水が付加しリンゴ酸を生成する．この反応にも立体特異性がある．すなわちリンゴ酸 malate には 2 個のエナンチオマーである L- と D-リンゴ酸が存在するが，L-リンゴ酸のみが生成する．

フマル酸の L-リンゴ酸への変換

$$\text{}^-\text{OOC}-\text{CH}=\text{CH}-\text{COO}^- + H_2O \longrightarrow \text{HO}-\overset{\text{COO}^-}{\underset{\text{CH}_2-\text{COO}^-}{\text{C}}}-\text{H}$$

フマル酸　　　　　　　　　　　　　L-リンゴ酸

第 8 段階：最後の酸化反応によるオキサロ酢酸の再生　第 8 段階では，リンゴ酸はオキサロ酢酸に酸化され，1 分子の NAD$^+$ は NADH に還元される．この反応は**リンゴ酸デヒドロゲナーゼ** malate dehydrogenase で触媒される．オキサロ酢酸は再び新たな 1 分子のアセチル CoA と反応し，回路が再び開始される．

L-リンゴ酸のオキサロ酢酸への変換

$$\text{HO}-\overset{\text{COO}^-}{\underset{\text{CH}_2-\text{COO}^-}{\text{C}}}-\text{H} + NAD^+ \longrightarrow \overset{\text{COO}^-}{\underset{\text{CH}_2-\text{COO}^-}{\text{C}=\text{O}}} + NADH + H^+$$

L-リンゴ酸　　　　　　　　　　オキサロ酢酸

ピルビン酸デヒドロゲナーゼ複合体によるピルビン酸の酸化とクエン酸回路により 3 分子の CO$_2$ が生成する．これらの酸化反応の結果，1 分子の GDP がリン酸化されて GTP が，1 分子の FAD が還元されて FADH$_2$ が，4 分子の NAD$^+$ が還元されて NADH がそれぞれ生成する．生成する 4 分子の NADH のうち，3 分子はクエン酸回路から，1 分子はピルビン酸デヒドロゲナーゼ複合体の反応からつくられる．酸化反応全体の化学量論はピルビン酸デヒドロゲナーゼ複合体の反応とクエン酸回路の総和である．クエン酸回路において直接産生される高エネルギー化合物は GTP 1 分子だけであるが，NADH や FADH$_2$ の再酸化により多くの ATP が産生されることに注目してほしい．

ピルビン酸デヒドロゲナーゼ複合体：

$$\text{ピルビン酸} + \text{CoA-SH} + \text{NAD}^+ \longrightarrow \text{アセチルCoA} + \text{NADH} + CO_2 + H^+$$

クエン酸回路：

$$\text{アセチルCoA} + 3\,\text{NAD}^+ + \text{FAD} + \text{GDP} + P_i + 2\,H_2O \longrightarrow$$
$$2\,CO_2 + \text{CoA-SH} + 3\,\text{NADH} + 3\,H^+ + \text{FADH}_2 + \text{GTP}$$

全反応：

$$\text{ピルビン酸} + 4\,\text{NAD}^+ + \text{FAD} + \text{GDP} + P_i + 2\,H_2O \longrightarrow$$
$$3\,CO_2 + 4\,\text{NADH} + \text{FADH}_2 + \text{GTP} + 4\,H^+$$

ピルビン酸当たりの最終的なATP産生：

4 NADH → 10 ATP　（1分子のNADHは2.5分子のATPに相当）
1 FADH$_2$ → 1.5 ATP　（1分子のFADH$_2$は1.5分子のATPに相当）
1 GTP　→ 1 ATP

総計　ピルビン酸1分子当たり12.5分子のATP，すなわちグルコース1分子当たり25分子のATP

さらに，解糖によりグルコース1分子当たり2分子のATPと，2分子のNADHが生成し，NADHから5分子のATPが生成するので総計で7分子のATPとなる．次章では，グルコースの完全酸化によるATP産生について述べる．

ここで，これまで述べてきたクエン酸回路について要点を繰り返してみよう（図19.3参照）．このような代謝経路を学習するとき，詳しいことをたくさん学ぶことになるが，一方で全体像を知ることもできる．全体図はその反応経路に酵素名が書かれている．その中でNADH，FADH$_2$やGTPなどの重要な補助因子を含む反応は，最も重要な反応である．また，CO_2が発生する段階も重要である．

これらの重要な反応はまた，クエン酸回路が身体全体の代謝に寄与する際にも大切な役割を果たしている．この回路の目的はエネルギー生産であり，そのために直接，GTPを産生したり，NADHやFADH$_2$のような還元型電子運搬体を産生する．三つの脱炭酸反応は，回路に入ったピルビン酸の3個の炭素が効率よく除かれることを示しているが，そのことは次章で示されるように生体の代謝にとって多くの意味をもっている．

Sec. 19.4 要約
- クエン酸回路とピルビン酸デヒドロゲナーゼの反応において，酸化的脱炭酸により1分子のピルビン酸が3分子のCO_2に酸化される．
- 酸化と還元は同時に起こるので，1分子のピルビン酸の酸化に伴い，4分子のNAD$^+$がNADHに，1分子のFADがFADH$_2$にそれぞれ還元される．さらに1分子のGDPがリン酸化されてGTPとなる．

19.5 クエン酸回路のエネルギー論とその調節

ピルビン酸からアセチル CoA への変換は $\Delta G°'$ が -33.4 kJ mol^{-1} = -8.0 kcal mol^{-1} なので発エルゴン反応である．クエン酸回路自身も $\Delta G°'$ が -44.3 kJ mol^{-1} = -10.6 kcal mol^{-1} なので発エルゴン反応であり，この点はさらに本章末の練習問題 38 で取り上げる．個々の反応の標準自由エネル

表 19.2　ピルビン酸の CO_2 への変換のエネルギー論

段階	反　応	$\Delta G°'$ kJ mol^{-1}	$\Delta G°'$ kcal mol^{-1}
	ピルビン酸 + CoA-SH + NAD$^+$ ⟶ アセチルCoA + NADH + CO_2	-33.4	-8.0
1	アセチルCoA + オキサロ酢酸 + H_2O ⟶ クエン酸 + CoA-SH + H$^+$	-32.2	-7.7
2	クエン酸 ⟶ イソクエン酸	$+6.3$	$+1.5$
3	イソクエン酸 + NAD$^+$ ⟶ α-ケトグルタル酸 + NADH + CO_2 + H$^+$	-7.1	-1.7
4	α-ケトグルタル酸 + NAD$^+$ + CoA-SH ⟶ スクシニルCoA + NADH + CO_2 + H$^+$	-33.4	-8.0
5	スクシニルCoA + GDP + Pi ⟶ コハク酸 + GTP + CoA-SH	-3.3	-0.8
6	コハク酸 + FAD ⟶ フマル酸 + $FADH_2$	約0	約0
7	フマル酸 + H_2O ⟶ L-リンゴ酸	-3.8	-0.9
8	L-リンゴ酸 + NAD$^+$ ⟶ オキサロ酢酸 + NADH + H$^+$	$+29.2$	$+7.0$
全反応：	ピルビン酸 + 4 NAD$^+$ + FAD + GDP + Pi + 2 H_2O ⟶ 3 CO_2 + 4 NADH + $FADH_2$ + GTP + 4H$^+$	-77.7	-18.6

図 19.8
ピルビン酸をアセチル CoA に変換する反応ならびにクエン酸回路における調節点

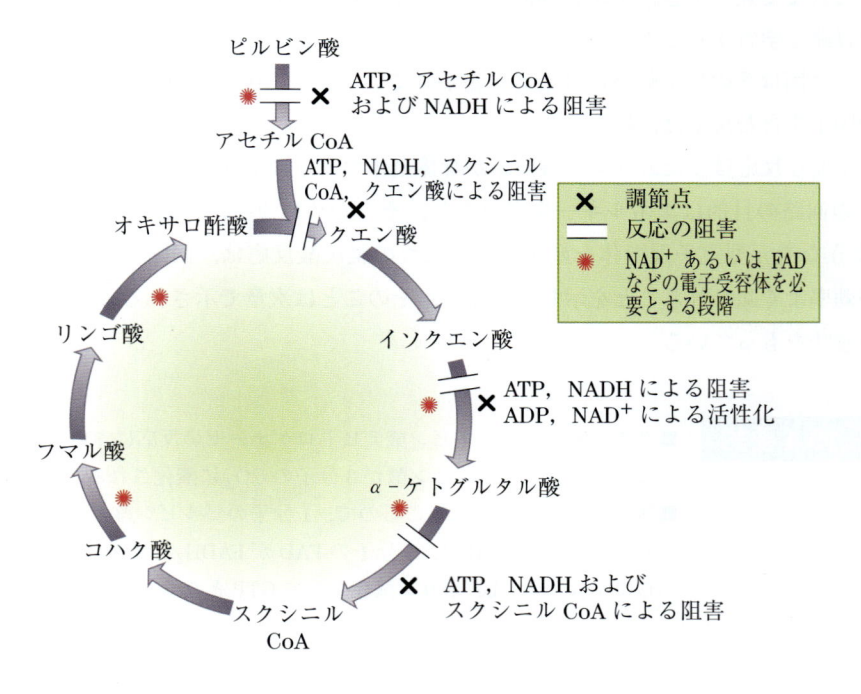

ギー変化を表 19.2 に示した．クエン酸回路の反応の中で，リンゴ酸をオキサロ酢酸へ酸化する反応（$\Delta G°' = +29.2 \text{ kJ mol}^{-1} = +7.0 \text{ kcal mol}^{-1}$）のみが大きな吸エルゴン反応である．しかし，この吸エルゴン反応はアセチル CoA とオキサロ酢酸との縮合でクエン酸と補酵素 A を生成する強い発エルゴン反応（$\Delta G°' = -32.2 \text{ kJ mol}^{-1} = -7.7 \text{ kcal mol}^{-1}$）と共役している（これらの自由エネルギー変化は標準状態での値であり，生体内での代謝産物の濃度の影響により大きく変化することを思い出してほしい）．酸化反応により遊離されるエネルギーに加えて電子伝達系から入ってくるエネルギーもある．ピルビン酸デヒドロゲナーゼ複合体とクエン酸回路で生成する 4 個の NADH と 1 個の $FADH_2$ は電子伝達系により再酸化され，かなりの量の ATP を産生する．クエン酸回路の調節は 3 か所で行われる．いい換えれば，クエン酸回路の三つの酵素が調節機能をもっている（図 19.8）．また，クエン酸回路に入る前のピルビン酸デヒドロゲナーゼによっても調節を受ける．

19.5.1　ピルビン酸デヒドロゲナーゼはどのようにしてクエン酸回路を調節するか

　クエン酸回路の反応は全体としてエネルギー産生経路の一部分である．したがって，クエン酸回路を開始する酵素が ATP や NADH によって阻害されるのは理にかなっている．なぜなら，これらの化合物は細胞が利用可能な多くのエネルギーをもっているときに，豊富に存在するからである．一連の反応の最終生成物が最初の反応を阻害するため，最終生成物が必要でない場合，中間反応も起こらない．同様に，ピルビン酸デヒドロゲナーゼ（PDH）複合体は，細胞がエネルギーを必要とするときに多量に存在する ADP によって活性化されるのも目的にかなっている．哺乳類においては，実際の阻害機構はピルビン酸デヒドロゲナーゼのリン酸化である．リン酸基は，ピルビン酸デヒドロゲナーゼキナーゼ pyruvate dehydrogenase kinase の作用により酵素に共有結合する．ピルビン酸デヒドロゲナーゼを活性化する必要があるときには，ホスホプロテインホスファターゼ phosphoprotein phosphatase によりリン酸エステル結合の加水分解（脱リン酸化）が行われる．この酵素はカルシウムで活性化される．哺乳類では，ピルビン酸からアセチル CoA への反応を効果的に調節するため，両酵素はピルビン酸デヒドロゲナーゼ複合体に結合している．PDH キナーゼと PDH ホスファターゼは PDH の同一ポリペプチド鎖上に見出される．高濃度の ATP はキナーゼを活性化する．また，ピルビン酸デヒドロゲナーゼは高濃度のアセチル CoA によっても阻害される．このことは代謝上，重要な意味がある．つまり脂肪が多量に存在し，エネルギー生産のために分解されると，アセチル CoA が生成する（Chap. 21）．したがって，大量のアセチル CoA が存在すると，糖質をクエン酸回路に送り込む必要がなくなり，ピルビン酸デヒドロゲナーゼは阻害され，クエン酸回路に必要なアセチル CoA は他の栄養素から供給されることになる．

19.5.2　クエン酸回路内における調節はどのようになされるか

　クエン酸回路における三つの調節点は，クエン酸シンターゼ，イソクエン酸デヒドロゲナーゼおよび α-ケトグルタル酸デヒドロゲナーゼ複合体による反応である．前にも述べたが，他の代謝経路で見られるのと同様に，クエン酸回路の最初の反応が調節を受ける．クエン酸シンターゼは ATP, NADH やスクシニル CoA，さらには反応生成物であるクエン酸により阻害されるアロステリック酵

表 19.3 細胞の代謝状態と ATP/ADP 比および NADH/NAD$^+$ 比との関係

代謝が休止状態の細胞
比較的少ないエネルギーを必要とする
ATPは高くADPは低いレベルなので，（ATP/ADP）比は高い
NADHは高くNAD$^+$は低いレベルなので，（NADH/NAD$^+$）比は高い
代謝が活発な状態の細胞
休止状態の細胞より多くのエネルギーを必要とする
ATPは低くADPは高いレベルなので，（ATP/ADP）比は低い
NADHは低くNAD$^+$は高いレベルなので，（NADH/NAD$^+$）比は低い

素である．

2番目の調節点はイソクエン酸デヒドロゲナーゼの反応である．この場合，ADP と NAD$^+$ が酵素のアロステリック活性化剤である．注目してほしいのは ATP と NADH が回路の酵素を阻害し，ADP や NAD$^+$ がこれらの酵素を活性化する機構が繰り返し現れることである．

3番目の調節点は α-ケトグルタル酸デヒドロゲナーゼ複合体である．ここでも ATP と NADH，さらにはスクシニル CoA が阻害剤である．代謝においてこのような機構が繰り返し存在するのは，これによって細胞が活発な状態と休止した状態に即応できることを示している．

代謝的に活発な細胞は速やかに ATP と NADH を消費し，多量の ADP や NAD$^+$ を産生する（表19.3）．いい換えれば，ATP/ADP 比が低ければ細胞はエネルギーを消費しているのであり，蓄えた栄養素から，より多くのエネルギーを産生する必要がある．低い NADH/NAD$^+$ 比もまた活発な代謝状態の特徴である．一方，休止している細胞では ATP と NADH は高いレベルを示す．休止している細胞では ATP/ADP 比と NADH/NAD$^+$ 比はともに高く，エネルギーを産生するために高い酸化レベルを維持する必要はない．

ATP/ADP 比と NADH/NAD$^+$ 比が高くて細胞のエネルギー要求性が低い場合，すなわち細胞の"エネルギー含量"が高いときには，多量の ATP と NADH は酸化反応を行う酵素を"停止"させる指令となる．一方，細胞のエネルギー含量が低いとき，すなわち ATP/ADP 比と NADH/NAD$^+$ 比が低く，より多くのエネルギーや ATP を産生する必要がある場合には，多量の ADP と NAD$^+$ の存在は酸化反応を行う酵素を"活動"させる指令となる．このようなエネルギー要求性と酵素活性との関係は，代謝経路のいくつかの重要な調節点における調節機構の基本である．

Sec. 19.5 要約

■ クエン酸回路は，自由エネルギーの変化から見れば発エルゴン反応である．さらに回路内でピルビン酸1分子から4分子の NADH，1分子の FADH$_2$ を生成する．これらの電子運搬体は再酸化され，25分子の ATP を生成する．

■ クエン酸回路には四つの調節点がある．一つはピルビン酸デヒドロゲナーゼ複合体の反応で，クエン酸回路外にある．他の三つは，クエン酸の生成反応と二つの酸化的脱炭酸反応である．ATP と NADH はクエン酸回路の阻害剤であり，ADP と NAD$^+$ は活性化剤である．

19.6　グリオキシル酸回路：クエン酸回路に関連した代謝経路

　植物やある種の細菌では，糖質生合成の出発物質としてアセチル CoA を利用することができるが，動物はできない．動物は糖質を脂質に変換できるが，脂質を糖質に変換できない（アセチル CoA は脂肪酸の異化からつくられる）．植物と細菌では，二つの酵素の働きで脂肪酸からグルコースをつくり出すことができる．**イソクエン酸リアーゼ** isocitrate lyase は，イソクエン酸を分解してグリオキシル酸とコハク酸を生成する．さらに**リンゴ酸シンターゼ** malate synthase は，グリオキシル酸とアセチル CoA からリンゴ酸を生成する反応を触媒する．

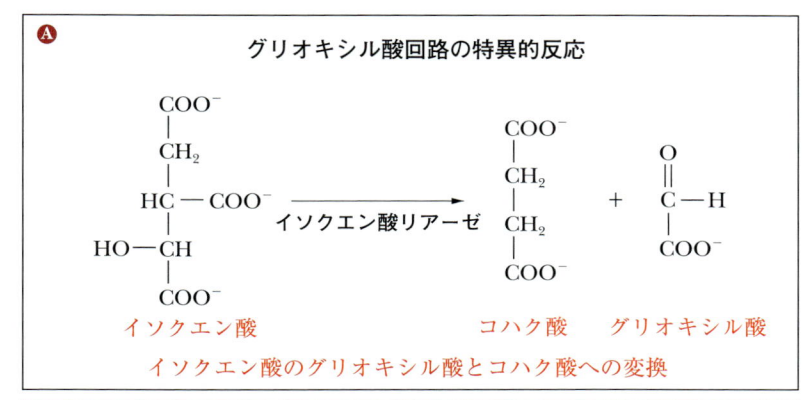

Ⓐ　グリオキシル酸回路の特異的反応

イソクエン酸 → （イソクエン酸リアーゼ） → コハク酸 ＋ グリオキシル酸

イソクエン酸のグリオキシル酸とコハク酸への変換

Ⓑ

グリオキシル酸 ＋ アセチル CoA → （CoA-SH） → リンゴ酸

グリオキシル酸とアセチル CoA からのリンゴ酸の生成反応

　連続するこの二つの反応は，クエン酸回路の二つの酸化的脱炭酸反応を迂回する．この回路は**グリオキシル酸回路** glyoxylate cycle（図 19.9）と呼ばれる．2 分子のアセチル CoA がグリオキシル酸回路に入ると，リンゴ酸 1 分子を生じ，次いでこれはオキサロ酢酸 1 分子となる．すなわち，2 分子の炭素数 2 の化合物（アセチル CoA のアセチル基）が炭素数 4 のリンゴ酸，さらにはオキサロ酢酸に変換される．次にオキサロ酢酸は糖新生によりグルコースへと変換される．これはグリオキシル酸回路とクエン酸回路とのわずかではあるが重要な違いである．アセチル CoA としてクエン酸回路に入った炭素骨格は脱炭酸反応により失われる．もしオキサロ酢酸（OAA）がグルコースをつくるために引き抜かれるならば，回路を保持するオキサロ酢酸はなくなるだろう．このため，脂肪は正味の net グルコースの生産を行うことはできない．グリオキシル酸回路では，脱炭酸反応を迂回する反応が起こり，クエン酸回路の出発原料を使い果たすことなくグルコースを合成することができる特別な extra 四炭素化合物をつくり出す．

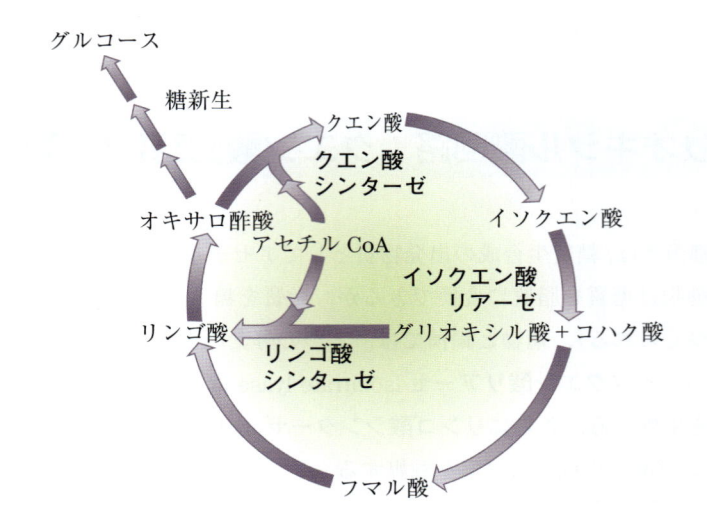

図 19.9

グリオキシル酸回路
この回路は二つのアセチル CoA をオキサロ酢酸に変換する．すべての反応は紫で示してある．グリオキシル酸回路に特異的な反応は，淡緑で強調して表示してある．

　グリオキシソーム glyoxysome と呼ばれる植物の特殊なオルガネラがグリオキシル酸回路の存在する場所である．この回路は発芽中の種子では特に重要である．種に蓄えられた脂肪酸は発芽中にエネルギーに変換される．最初に脂肪酸はアセチル CoA となり，クエン酸回路に入ってエネルギーを産生する．クエン酸回路とグリオキシル酸回路は同時に働くことができる．またアセチル CoA は，グルコースや芽の成長に必要な他の化合物の合成原料として利用される．糖質は，植物においてエネルギー源としてばかりでなく構成成分としても重要である．

　グリオキシル酸回路は細菌にも存在する．このことは，多くの細菌が非常に限定された炭素源の下でも生きられることを考えると驚くことではない．すなわち，細菌は非常に単純な分子から必要とするすべての生体分子を合成する代謝経路をもっているからである．グリオキシル酸回路の存在は細菌が厳しい環境下でも成育できる理由の一つである．

> **Sec. 19.6 要約**
> ■植物や細菌において，グリオキシル酸回路はクエン酸回路の二つの酸化的脱炭酸反応を迂回する回路である．その結果，植物ではアセチル CoA を糖質に変換することができる．しかし動物ではこれができない．

19.7　異化反応におけるクエン酸回路

　生体に取り込まれる栄養素には，大きな分子も含まれる．特に，動物においてこのようなことは一般的であり，脂質のほか多糖やタンパク質などの高分子も摂取している．核酸は食材にはほんの少量しか含まれていないので，ここではその異化反応については考慮しない．

栄養素の分解における最初の段階は，大きな分子をより小さな分子へと分解していくことである．例えば，デンプンのような多糖は，特異的酵素であるアミラーゼにより加水分解されて単糖となる．リパーゼは，トリアシルグリセロールを加水分解して脂肪酸とグリセロールを生じる．タンパク質は，プロテアーゼにより最終生成物であるアミノ酸に分解される．単糖，脂肪酸やアミノ酸は続いて特異的な異化経路に入る．

Chap. 17 では，糖がクエン酸回路に入るピルビン酸に変換される解糖について述べた．Chap. 21 では，脂肪酸がアセチル CoA に変換されるのを学ぶが，この Chap. 19 では，クエン酸回路におけるアセチル CoA の運命について学んだ．アミノ酸はいろいろな代謝経路でクエン酸回路に入ってくるが，アミノ酸の異化反応については Chap. 23 で学ぶことになる．

図 19.10 にはクエン酸回路に至るいろいろな異化経路を示した．異化反応はサイトゾルで起こり，クエン酸回路はミトコンドリア内に存在するので，異化反応の最終生産物の多くはミトコンドリア膜を通過してクエン酸回路に入っていく．この図には，アミノ酸がクエン酸回路の中間代謝物に代謝されていく経路の概略も示してある．糖，脂肪酸やアミノ酸がすべてこの異化経路図に示されている．"すべての道はローマに続く"の諺のように，すべての経路はクエン酸回路に続いている．

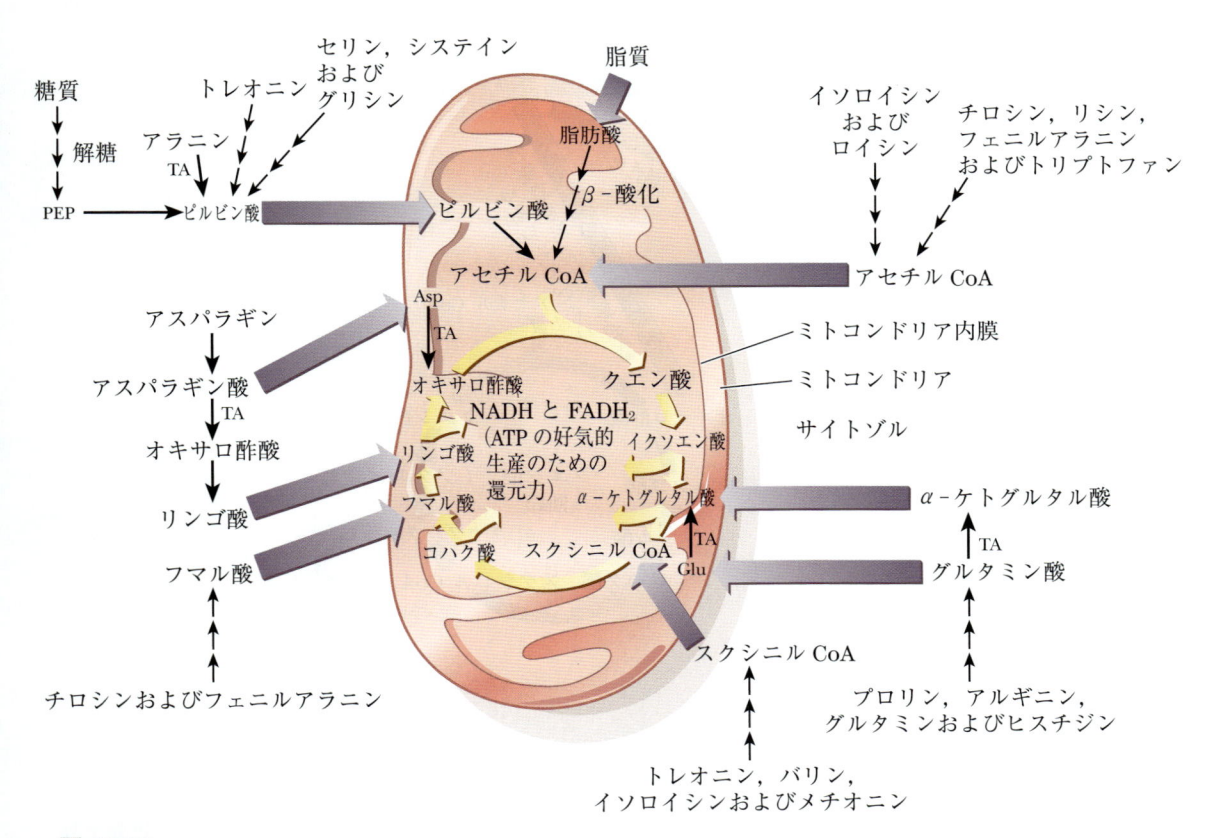

図 19.10
クエン酸回路が中心的な役割を果たしていることを示す異化反応のまとめ
糖質，脂質およびアミノ酸の異化反応の最終生成物のすべてがでてくることに注意すること（PEP はホスホエノールピルビン酸，TA はアミノ基転移反応，→→→は多段階反応を示す）．

19.8　同化反応におけるクエン酸回路

クエン酸回路は多くの重要な生体成分を生合成するための出発物質の供給源でもあるので，出発物質となる回路の各成分は，回路が回り続けるためには補給されなければならない（p.718の《身の周りに見られる生化学》を参照）．特にオキサロ酢酸は，アセチルCoAが回路に入るために十分な量が維持されなければならない．クエン酸回路の中間体の補給反応は**補充経路 anaplerotic reaction** と呼ばれる．生物の中には，グリオキシル酸回路（Sec. 19.6）により，アセチルCoAをオキサロ酢酸や他のクエン酸回路の中間体に変換できるものもあるが，哺乳類はできない．哺乳類では，オキサロ酢

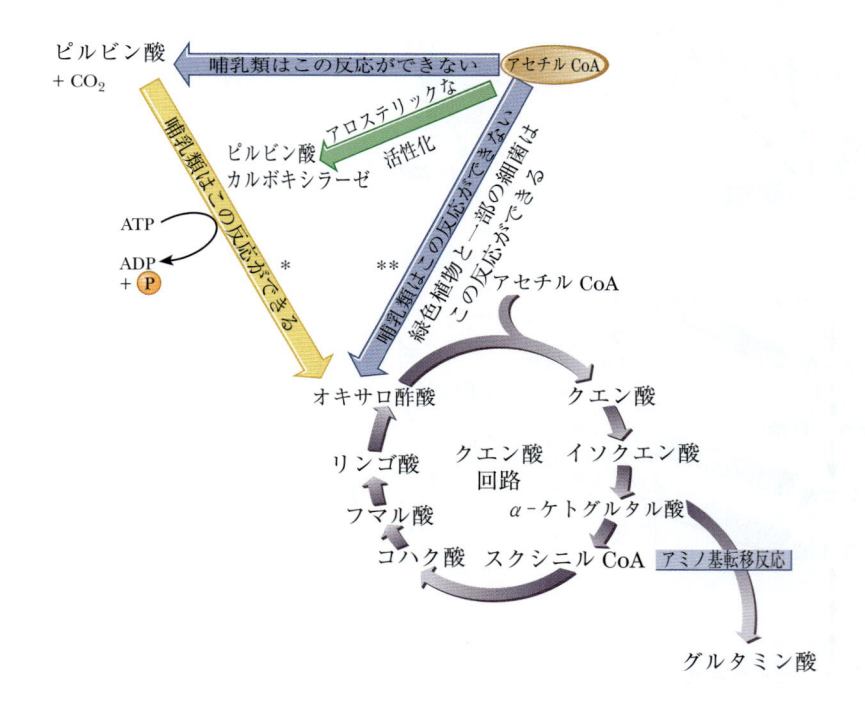

図 19.11

哺乳類はどのようにして必要な代謝中間体の供給を保持するのか
同化反応ではクエン酸回路の中間体が使われるため，回路の残りの部分と競合する（この例としては，α-ケトグルタル酸がアミノ基転移によりグルタミン酸へと変換される反応がある）．アセチルCoAの濃度が上昇すると，それがシグナルとなってピルビン酸カルボキシラーゼがアロステリックに活性化され，より多くのオキサロ酢酸が産生される．
　＊補充経路
＊＊グリオキシル酸回路

酸はピルビン酸からピルビン酸カルボキシラーゼ pyruvate carboxylase（図 19.11）によってつくられる．この酵素とその反応については糖新生（Sec. 18.2 参照）ですでに学んだが，この酵素反応は，非常に重要なもう一つの役割をもっている．ピルビン酸のような簡単に得られる前駆体からオキサロ酢酸をつくる方法がなければ，オキサロ酢酸はすぐに枯渇してしまうだろう．

　ピルビン酸からオキサロ酢酸を生成する反応は，異化と同化の両方向性を有するクエン酸回路と，糖の同化経路である糖新生とを結ぶ役割を果たす．糖質の同化において，哺乳類はアセチル CoA からピルビン酸を合成できないことをもう一度思い起こそう．アセチル CoA は脂肪酸異化反応の最終生成物であるので，哺乳類は脂肪または酢酸のみを炭素源としては生存できないことが理解できるだろう．すなわち，そのような状況下では，糖質代謝の中間体はすぐに枯渇してしまう．糖質は動物にとって一番のエネルギー源であり炭素源でもある（図 19.11）．脳細胞にとってグルコースは唯一のエネルギー源であるので，特に重要である．植物はアセチル CoA をピルビン酸やオキサロ酢酸に変換できるので，炭素源として糖質がなくても生存できる．ピルビン酸のアセチル CoA への変換は，動物と植物のいずれにおいても起こっている（Sec. 19.3 を参照）．

　糖新生による同化反応はサイトゾルで起こる．オキサロ酢酸はミトコンドリア膜を通過できないが，糖新生に必要な分子をミトコンドリアからサイトゾルへと輸送する二つの機構が存在する．一つは，

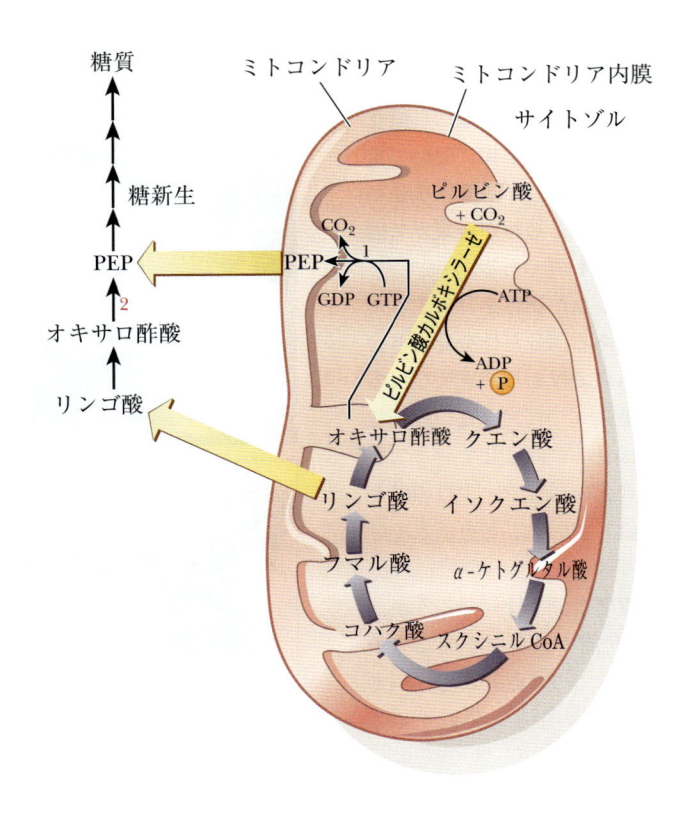

図 19.12
糖新生の出発物質のミトコンドリアからサイトゾルへの輸送
リンゴ酸と同様にホスホエノールピルビン酸（PEP）もミトコンドリアからサイトゾルに輸送される．オキサロ酢酸はミトコンドリア膜を通過できない（1 はミトコンドリアの PEP カルボキシキナーゼ，2 はサイトゾルの PEP カルボキシキナーゼ，他の記号は図 19.10 と同じである）．

身の周りに見られる生化学　進化

どうして動物は植物や細菌と同じエネルギー源を利用できないのか

　クエン酸回路は好気的代謝によるエネルギー源としてだけでなく、重要な代謝中間体を生合成するための中心経路として重要である。次章で、クエン酸回路はアミノ酸、糖質、ビタミン、核酸、そしてヘムの生合成の出発物質の供給源であるということを示す。このようにクエン酸回路の中間体が他の分子の生合成に使用されるなら、この回路の維持のために中間体は補充されなければならない。**補充 anaplerotic** という言葉は"満たす"という意味であり、クエン酸回路を補充する反応は補充経路と呼ばれる。すべての生物にとって必要な化合物の一つはアミノ酸である。アミノ酸は一段階の反応でクエン酸回路の中間体に変換できる。また、すべての生物が利用している単純な反応は、糖の代謝により生じるピルビン酸とホスホエノールピルビン酸に二酸化炭素を付加する反応である。細菌や植物において重要な他の経路として、Sec. 19.6で示したグリオキシル酸回路がある。この経路は、植物が炭酸ガス固定を行う上で、極めて重要なものである。

　嫌気性生物の中には、重要な前駆体を合成するためだけに、クエン酸回路のある部分だけを発展させたものもある。これらの単純ではあるが重要な反応を見ると、われわれが便宜的に"代謝経路"として分類している反応が、実は互いに関連していることが明らかとなる。また、進化の過程で、少数の鍵となる分子と代謝反応に収斂していくことを示している。

　代謝中間体として最も重要な分子は何だろうか。おそらくアセチルCoAが代謝の最も中心的な分子であろう。知られているすべての代謝経路を描いてみると、アセチルCoAは経路の中心に位置することがわかる。

　アセチルCoAが重要である理由は極めて単純である。それは、この化合物が三大栄養素の代謝経路を互いに連結しているからである。すべての糖質、すべての脂肪酸および多くのアミノ酸は、水と二酸化炭素に至るそれぞれの代謝経路で、必ずアセチルCoAを経由する。また、アセチルCoAは主な生体分子の生合成において、鍵をにぎる中間体として利用される点も同様に重要である。ある種の生物ではこれらすべての生体分子を互いに転換することができる。細菌はそのようなことができる生物であるが、ヒトはできない。多くの細菌は、酢酸を唯一の炭素源としてアセチルCoAに変換して生きることができる。アセチルCoAはさらに脂肪酸、テルペンやステロイドに変換される。さらに重要なことは、植物や細菌では2分子のアセチルCoAをグリオキシル酸回路を経由してリンゴ酸に変換できることである。リンゴ酸はアミノ酸と糖質の生合成の出発原料となることから重要な化合物である。Sec. 19.6で述べたように、この重要なグリオキシル酸回路の反応が、哺乳類には存在しないことは興味深い。

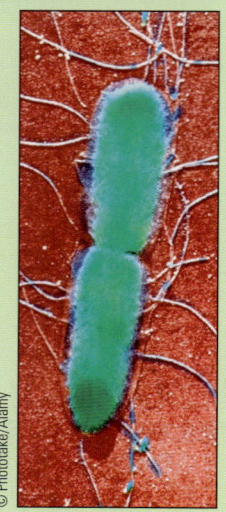

ミトコンドリアマトリックスの中でオキサロ酢酸から糖新生の次の段階であるホスホエノールピルビン酸がつくられることを利用しており，ホスホエノールピルビン酸はサイトゾルへと輸送され，それに続く反応が起こる（図 19.12）．もう一つの機構は，クエン酸回路の中間体であるリンゴ酸がサイトゾルへと輸送されることを利用している．サイトゾルにもミトコンドリアと同様にリンゴ酸デヒドロゲナーゼ malate dehydrogenase が存在するため，サイトゾルでリンゴ酸がオキサロ酢酸に変換される．

$$\text{リンゴ酸} + \text{NAD}^+ \longrightarrow \text{オキサロ酢酸} + \text{NADH} + \text{H}^+$$

オキサロ酢酸は次にホスホエノールピルビン酸に変換され，さらに糖新生の残りのステップが進行する（図 19.12）．

　糖新生は，光合成におけるグルコース生成と多くの段階で共通しており，また光合成はペントースリン酸回路と多くの反応が共通している．このように，自然は，あらゆる糖質代謝を共通に取り扱う方法を進化の中で発展させてきたのである．

19.8.1　脂質同化はクエン酸回路とどのように関連するか

　脂質同化の出発物質はアセチル CoA である．脂質代謝における同化反応は，糖質代謝と同様にサイトゾルで行われる．これらの反応は，膜に結合していない可溶性の酵素により触媒される．アセチル CoA は，ピルビン酸からつくられる場合も脂肪酸の分解により生じる場合も，主にミトコンドリアで生成される．クエン酸がサイトゾルへ運ばれることによって，間接的にアセチル CoA がサイトゾルへ運ばれる機構が存在する（図 19.13）．つまり，クエン酸が CoA-SH と反応してシトリル CoA となり，続いてこれが開裂してオキサロ酢酸とアセチル CoA を生成する．この反応を触媒する酵素は ATP 要求性で，ATP-クエン酸リアーゼと呼ばれる．全反応は次の通りである．

$$\text{クエン酸} + \text{CoA-SH} + \text{ATP} \longrightarrow \text{アセチル CoA} + \text{オキサロ酢酸} + \text{ADP} + \text{P}_i$$

植物でも動物でもアセチル CoA は，脂質同化の出発物質である．アセチル CoA は主に糖質の異化反応によって供給される．動物では脂質を糖質に変換できないが，糖質を脂質に変換することは可能である．動物で糖質の脂質への変換効率がよいということは，多くの人間にとって大変残念なことである（p.722 の《身の周りに見られる生化学》を参照）．

　サイトゾルのオキサロ酢酸は，前節の糖質の同化のところで述べた反応の逆反応によりリンゴ酸に還元される．

$$\text{オキサロ酢酸} + \text{NADH} + \text{H}^+ \longrightarrow \text{リンゴ酸} + \text{NAD}^+$$

リンゴ酸は能動輸送によりミトコンドリアを出たり入ったりすることができるので，この反応で生成したリンゴ酸は再びクエン酸回路で再利用することもできる．しかし，リンゴ酸はミトコンドリアに戻されるのではなく，NADP$^+$ 要求性のリンゴ酸酵素 malic enzyme により酸化的脱炭酸反応でピルビン酸となる．

$$\text{リンゴ酸} + \text{NADP}^+ \longrightarrow \text{ピルビン酸} + \text{CO}_2 + \text{NADPH} + \text{H}^+$$

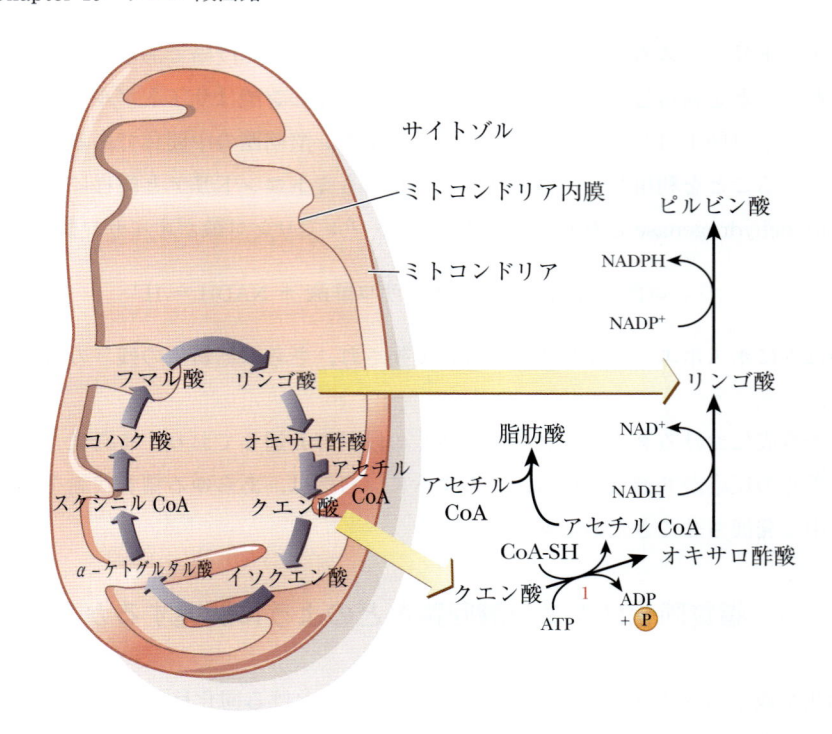

図 19.13

脂質同化反応の出発物質のミトコンドリアからサイトゾルへの輸送
（1 は ATP-クエン酸リアーゼ，他の記号は図 19.10 と同じ）アセチル CoA がミトコンドリアからサイトゾル に輸送されるかどうかについては明確には判明していない．

$$^-OOC-CH_2-\underset{O}{\overset{\|}{C}}-COO^- + NADH + H^+ \xrightarrow{\text{リンゴ酸デヒドロゲナーゼ}} {}^-OOC-CH_2-\underset{OH}{\overset{|}{C}H}-COO^- + NAD^+$$

オキサロ酢酸 → リンゴ酸

$$^-OOC-CH_2-\underset{OH}{\overset{|}{C}H}-COO^- + NADP^+ \xrightarrow{\text{リンゴ酸酵素}} CH_3-\underset{O}{\overset{\|}{C}}-COO^- + CO_2 + NADPH + H^+$$

リンゴ酸 → ピルビン酸

図 19.14

脂肪酸同化に用いられる NADPH を生産するクエン酸回路中間体の関与する反応
これらの反応はサイトゾルで起こることに注意すること．

　最後の二つの反応は還元反応とそれに続く酸化反応であり，正味の酸化は起こらないが，NADH を NADPH に変換したことになる．
　脂肪酸合成に関与する多くの酵素が NADPH を要求するので，この点は重要である．ペントースリン酸回路（Sec. 18.4）は多くの生物にとって NADPH の主要な供給源であるが，上記の反応はそれとは別の供給源となる（図 19.14）．
　NADPH を生成するための二つの経路は，すべての代謝経路が関係し合っていることを示している．すなわち，リンゴ酸とシトリル CoA の関与する NADH と NADPH の交換反応は脂質同化の調節機構であり，一方，ペントースリン酸回路は糖質代謝の一つの経路である．糖質と脂質はともに多くの生

物，特に動物における重要なエネルギー源である．

19.8.2 アミノ酸代謝はクエン酸回路とどのように関連するか

アミノ酸の生合成に関係する同化反応は，ミトコンドリア膜を通過してサイトゾルに移動できるクエン酸回路中間体を出発物質としている．リンゴ酸がミトコンドリア膜を通過してサイトゾルでオキサロ酢酸となることは既に述べた．オキサロ酢酸は，アミノ基転移反応を受けるとアスパラギン酸となり，アスパラギン酸はさらに反応して他のアミノ酸だけではなく，ピリミジンのような窒素含有化合物にも変換される．イソクエン酸も同様にミトコンドリア膜を通過することができ，サイトゾルでα-ケトグルタル酸になる．グルタミン酸は別のアミノ基転移反応により，α-ケトグルタル酸からつくられるが，さらに変換されて別のアミノ酸になる．スクシニル CoA はアミノ酸を生成するのではなく，ヘムのポルフィリン環を生成する．ヘムの生合成の最初の反応はスクシニル CoA とグリシ

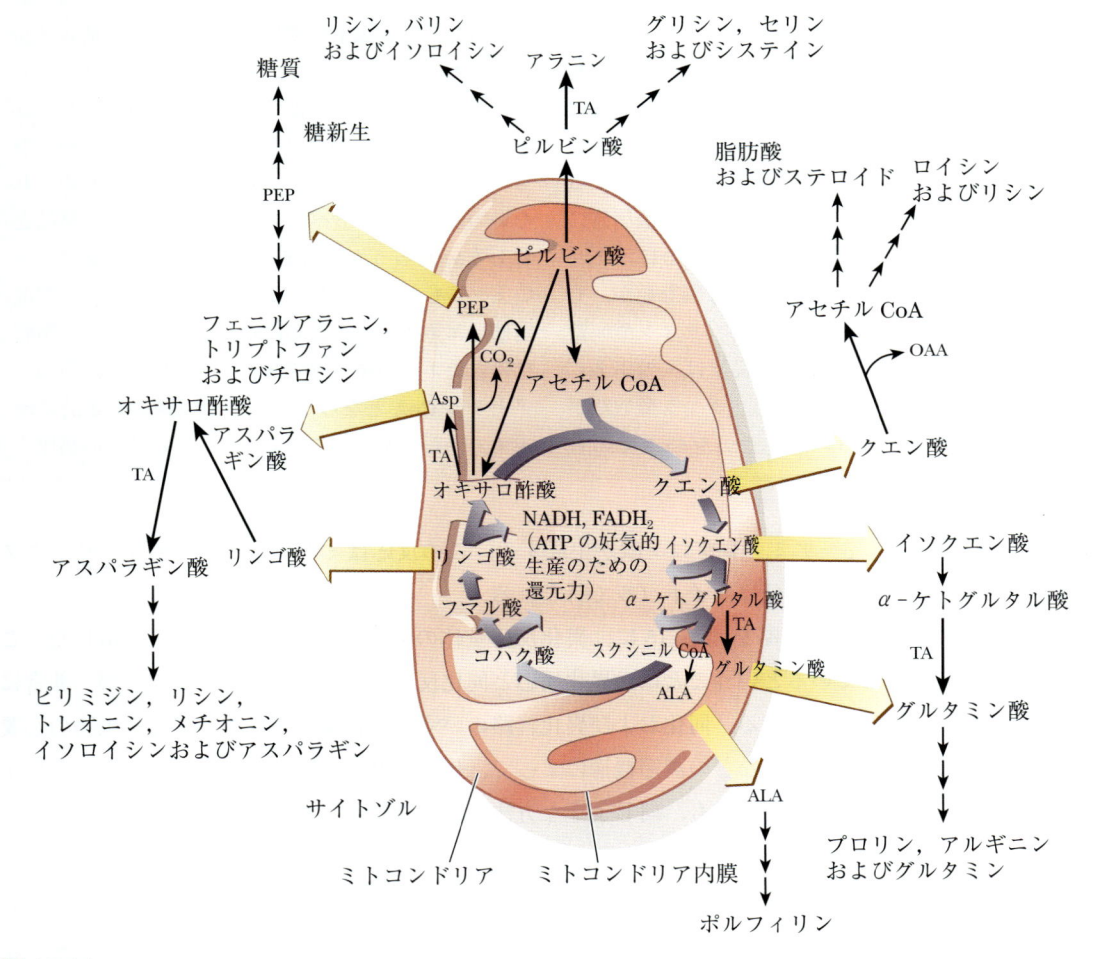

図 19.15
クエン酸回路が中心的な役割を果たしていることを示す同化反応のまとめ
ここには糖質，脂質およびアミノ酸の生合成経路がでてくることに注意すること（OAA はオキサロ酢酸，ALA は δ-アミノレブリン酸，他の記号は図 19.10 と同じである）

身の周りに見られる生化学　栄養

体重を減らすのは，なぜそんなに難しいのか

　人間の大きな悲劇の一つは，体重を増やすことは容易であるが，減らすことは難しいということである．もし，体重の増加を引き起こしている特別な化学反応を明らかにしたいと思うならば，クエン酸回路の反応，とりわけ脱炭酸反応を注意深く観察しなければならない．

　誰でも過剰の食べ物は脂肪として身体に蓄積することを知っている．このことは，糖質，タンパク質そしてもちろん脂質についていえることである．さらにこれらの分子は，Sec. 19.6 で述べたように，脂肪は糖質に変換できないという例外を除いて，相互に変換することが可能である．なぜ脂肪は糖質に変換できないのだろうか．その答えは，次の事実にある．すなわち，脂肪分子がグルコースを生成する唯一の方法があるとすれば，それはクエン酸回路にアセチル CoA として入り，糖新生のためにオキサロ酢酸として回路から抜けなければならないが，それができないのである．残念ながら，クエン酸回路に入ったアセチル CoA の二つの炭素は，効率よく脱炭酸反応により除かれてしまう（クエン酸回路が1回転すると，失われるのがアセチル CoA そのものに由来する二つの炭素ではないものの，いずれにしても二つの炭素が失われることには違いがないことをすでに学んだ）．このことは，異化反応と同化反応における不均衡をもたらす．

　すべての代謝経路は脂肪へと続いているが，脂肪は糖質には戻らない．人間は血液中のグルコースレベルには極めて敏感である．その理由は，グルコースを唯一のエネルギー源として利用する脳細胞を保護するために多くの代謝が行われているからである．もし，必要以上に糖質を摂取すれば，糖質は脂肪に変換される．誰もがよく知っているように，脂肪が身体に蓄積するのは容易である．特に歳をとるとそうである．逆のプロセスはどうであろうか．なぜ，われわれはちょっとでも食べることをやめられないのだろうか．食べるのを止めれば代謝経路は逆行しないだろうか．答えは，"はい"でもあり"いいえ"でもある．もし，食べるのを減らせば，貯蔵脂肪はエネルギーのために動員されるだろう．脂肪は優れたエネルギー源である．その理由は，脂肪はアセチル CoA となってクエン酸回路に安定的に流入するからである．このように，カロリーの摂取を

ンの縮合反応であり，δ-アミノレブロン酸が生成する．この反応はミトコンドリアのマトリックスで起こるが，経路の残りの部分はサイトゾルで行われる．

　これらの同化反応全体の概略を図 19.15 に，異化反応全体の概略を図 19.10 にそれぞれ示した．これらの図が大変類似しているということは，異化反応と同化反応がまったく同じではないが，非常に関連していることを意味している．同化および異化経路のいずれの代謝経路においても，生物の必要性に応じてフィードバック調節などの調節機構によって，代謝速度を"速くしたり""遅くしたり"することができる．他の多くの経路でも，同じような方法で代謝調節が行われている．

> **Sec. 19.8 要約**
> ■クエン酸回路は，異化と同様に同化経路においても中心的役割を果たしている．
> ■糖質，脂肪酸やアミノ酸を生成する経路は，すべてクエン酸回路の構成成分から始まる．

抑えることにより体重を減少させることが可能である．しかしながら，貯蔵グリコーゲンが消費されると，すぐに血糖値が低下する．ヒトは血糖値を保持するだけの十分なグリコーゲンを貯蔵していない．

血糖値が低下すると，意気消沈し行動が緩慢となり怒りっぽくなる．考え方が消極的となり"このダイエットは本当にばかげたことだ．1パイントのアイスクリームを食べるべきだ"と考えるようになる．もしダイエットを続け，そして脂肪は糖質に変換できないとなると，どこから血中のグルコースは供給されるだろうか．残された供給源はタンパク質である．タンパク質はアミノ酸に分解され，これらは糖新生のためのピルビン酸に変換される．このように，脂肪と同様に筋肉の減少が始まる．

これに関連して希望の光もある．生化学の知識を用いれば，ダイエット以外に体重を減少させるより良い方法のあることがわかる．それは運動である．もし正しく運動すれば，アセチルCoAをクエン酸回路に供給するため脂肪を使って体を鍛えることができる．もし正常なダイエットを続けることができれば，血糖値を維持することが可能であり，タンパク質を分解しなくても済む．摂取した糖質は血糖値を維持し，糖質を貯蔵するのに十分である．運動と食事，あるいは栄養素の適切なバランスをとることにより，貯蔵糖質やタンパク質を犠牲にすることなく脂肪の分解を高めることが可能である．すなわち，

ダイエットで体重を減少させるより，運動により体重を減少させるほうが容易であり，かつ健康的である．このことは昔から知られていたことであるが，今，その理由を生化学的に理解することができる．

19.9 酸素との関連

クエン酸回路は好気的代謝の一部と考えられているが，本章では酸素が関与する反応は出てこなかった．クエン酸回路の反応は，最終的には酸素へと導かれる電子伝達系や酸化的リン酸化と密接に関連している．クエン酸回路は，栄養素の化学エネルギーとATPの化学エネルギーとを結び付ける重要な役割を果たしている．酸素との結合の結果，多くのATP分子が産生されるが，その量はクエン酸回路で生成されるNADHやFADH$_2$に依存している．

グルコースの好気的酸化の基本式を思い出してほしい．

$$\text{グルコース} + 6\,O_2 \longrightarrow 6\,H_2O + 6\,CO_2$$

Chapter 19 クエン酸回路

解糖によるグルコースの代謝を前章で学んだ．本章で，CO_2 がクエン酸回路の三つの脱炭酸反応から生成することを知った．次章では，水と酸素はどこから来るかについて学ぶ．

> **Sec. 19.9 要約**
> ■クエン酸回路は，電子伝達系や酸化的リン酸化につながっているため，好気的代謝の一部である．クエン酸回路により産生される NADH や $FADH_2$ は，その電子を最終的に酸素に伝達する．

SUMMARY 要 約

◆ **代謝におけるクエン酸回路の中心的役割**　クエン酸回路は代謝において中心的な役割を果たしている．この回路は好気的代謝の最初の段階であり，両方向性，すなわち異化と同化の両方の作用をもっているといえる．

◆ **クエン酸回路は細胞内のどこにあるか**　細胞質で行われる解糖と異なり，クエン酸回路はミトコンドリアで行われる．クエン酸回路の酵素は，ほとんどすべてがミトコンドリアのマトリックス内に存在する．コハク酸デヒドロゲナーゼだけは例外で，ミトコンドリア内膜に局在する．

◆ **クエン酸回路の主要な機能は何か**　解糖で生成するピルビン酸は補酵素 A の存在下，酸化的脱炭酸によりアセチル CoA となる．次にアセチル CoA はクエン酸回路に入り，オキサロ酢酸と反応してクエン酸となる．クエン酸回路の反応は，六炭素化合物のクエン酸を四炭素化合物のコハク酸に変換するさらに二つの酸化的脱炭酸反応を含んでいる．回路は二つの酸化反応を含む数段階の反応で，コハク酸からオキサロ酢酸を再生して完了する．ピルビン酸から始まる全反応は次の通りである．

$$\text{ピルビン酸} + 4\,NAD^+ + FAD + GDP + P_i + 2\,H_2O \longrightarrow$$
$$3\,CO_2 + 4\,NADH + FADH_2 + GTP + 4\,H^+$$

NAD^+ や FAD は酸化反応の電子受容体である．回路は全体としては強い発エルゴン反応である．

◆ **ピルビン酸のアセチル CoA への変換にはいくつの酵素が必要か**　解糖により生産されるピルビン酸はサイトゾルに存在する．クエン酸回路はミトコンドリアのマトリックスに存在するので，ピルビン酸はトランスポーターを通過してマトリックスまで輸送されなければならない．そこには，ピルビン酸デヒドロゲナーゼと呼ばれる多サブユニットから構成される巨大タンパク質が存在する．ピルビン酸デヒドロゲナーゼは，アセチル CoA の生成に関与する 3 種類の酵素と，それらの活性を調節する 2 種類の酵素からなる複合体である．このピルビン酸デヒドロゲナーゼ複合体が作用するためには FAD，リポ酸や TPP などの補酵素が必要である．

◆ **クエン酸回路の各反応**　アセチル CoA は，オキサロ酢酸と縮合して六炭素化合物であるクエン酸となる．クエン酸は異性化してイソクエン酸となり，さらに 1 回目の酸化的脱炭酸反応により五炭素化合物である α-ケトグルタル酸，2 回目の酸化的脱炭酸反応により四炭素化合物であるスクシニル CoA に変換される．この 2 回の酸化的脱炭酸反応により 2 分子の NADH が生成する．スクシニル CoA は，コハク酸に変化すると同時に GTP を生成する．コハク酸は酸化されてフマル酸となり，$FADH_2$ が生成する．さらにフマル酸はリンゴ酸となり，さらに酸化されオキサロ酢酸に変換されるが，この時もう 1 分子の NADH が生成する．

全反応における $\Delta G°'$ は $-77.7\ \text{kJ mol}^{-1}$ であり，ピルビン酸から始まるこの回路では 4 分子の NADH と 1 分子の $FADH_2$ が産生される．GTP の直接の生成，ならびに電子伝達系による還元型電

子運搬体の再酸化により，クエン酸回路では 25 分子の ATP が産生される．クエン酸回路内の調節は 3 点で行われる．

◆**ピルビン酸デヒドロゲナーゼはどのようにしてクエン酸回路を調節するか**　クエン酸回路の調節は，回路外の点，すなわちピルビン酸からアセチル CoA を生成する反応で行われる．

◆**クエン酸回路内における調節はどのようになされるか**　クエン酸回路内での調節点は，クエン酸シンターゼ，イソクエン酸デヒドロゲナーゼと α‐ケトグルタル酸デヒドロゲナーゼ複合体が触媒する反応である．

　一般に，各調節点において，ATP と NADH は酵素の阻害剤であり，ADP と NAD^+ は活性化剤である．

　植物や細菌では，クエン酸回路に関連したグリオキシル酸回路が存在する．この回路はクエン酸回路の二つの酸化的脱炭酸反応を迂回する．この回路は，植物においてアセチル CoA を糖質に変換する役割を果たしている．動物にはこの回路は存在しない．

　クエン酸回路は生命を維持する代謝の巨大な環状路であり，そこへ出入りする多くの経路が存在する．タンパク質，脂質，糖質の三大栄養素は小さな分子に分解され，中間代謝物としてミトコンドリア膜を通過してクエン酸回路に入る．このようにして生物は摂取した食物からエネルギーを得ている．糖質および各種アミノ酸はピルビン酸あるいはアセチル CoA を経由して，脂質はアセチル CoA を経由してそれぞれクエン酸回路に取り込まれる．グルタミン酸と α‐ケトグルタル酸とのアミノ基転移反応を利用して，ある種のアミノ酸ではクエン酸回路に入れる α‐ケトグルタル酸を生成する．その他，アミノ酸をコハク酸，フマル酸あるいはリンゴ酸に変換してクエン酸回路に導入する経路もある．

　クエン酸回路はミトコンドリア内で働くが，同化反応の多くはサイトゾルで行われる．糖新生の出発物質であるオキサロ酢酸はクエン酸回路の構成成分の一つであるが，ミトコンドリア膜を通過することができない．しかし，リンゴ酸はそれが可能であり，ミトコンドリアからサイトゾルに移送されると，NAD^+ 要求性の酵素であるリンゴ酸デヒドロゲナーゼによりオキサロ酢酸に変換される．ミトコンドリア膜を通過できるリンゴ酸は，また脂質同化反応においても重要な役割を果たしている．なぜなら，リンゴ酸は $NADP^+$ 要求性の酵素により酸化的脱炭酸反応を受けてピルビン酸となり，NADPH を生成するからである．

◆**脂質同化はクエン酸回路とどのように関連するか**　リンゴ酸の反応は，脂質同化で NADPH の供給源として重要である．ペントースリン酸回路はもう一つの供給源である．

◆**アミノ酸代謝はクエン酸回路とどのように関連するか**　クエン酸回路の多くの代謝中間体は，アミノ酸や脂肪酸，ポルフィリン，ピリミジンとなる同化経路をもっている．

　解糖とクエン酸回路により，次のグルコース酸化の全反応式のいくつかの部分を説明できる．

$$C_6H_{12}O_6 + 6\,O_2 \longrightarrow 6\,H_2O + 6\,CO_2$$

グルコースはまず解糖の初めに出てきた．CO_2 の生成はクエン酸回路の脱炭酸反応により説明できる．しかし，この式に書かれている酸素は電子伝達系の最終段階まで出てこない．もし十分な酸素が供給されなければ，電子伝達系はクエン酸回路で産生された還元型電子運搬体を処理できなくなり，クエン酸回路そのものも低下する．このような状態が続けば，解糖で生成されたピルビン酸は嫌気的に乳酸に変化していく．

EXERCISES 練習問題

19.1 代謝におけるクエン酸回路の中心的役割

1. **復習** グルコースの好気的代謝経路および嫌気的代謝経路にはどのようなものがあるか．
2. **復習** 1分子のグルコースから好気的あるいは嫌気的代謝経路でそれぞれ産生されるATPの分子数はいくつか．
3. **復習** クエン酸回路の別名は何か．
4. **復習** 代謝経路が両方向性であるということはどのようなことか．説明せよ．

19.2 クエン酸回路の概説

5. **復習** クエン酸回路と解糖系が存在する細胞の部位はそれぞれどこか．
6. **復習** 解糖系で生成されたピルビン酸はどのように輸送されてピルビン酸デヒドロゲナーゼ複合体と反応するか説明せよ．
7. **復習** クエン酸回路で働く電子受容体は何か．
8. **復習** クエン酸回路で作られて直接あるいは間接的に高エネルギー化合物の原料となる3種類の分子は何か．

19.3 ピルビン酸のアセチルCoAへの変換

9. **復習** 動物のピルビン酸デヒドロゲナーゼ複合体を構成する酵素とその機能を説明せよ．
10. **復習** ピルビン酸デヒドロゲナーゼ複合体におけるリポ酸の二つの役割を説明せよ．
11. **復習** ピルビン酸デヒドロゲナーゼ複合体を構成する酵素の空間的な配置の利点は何か．
12. **復習** ピルビン酸デヒドロゲナーゼ複合体の反応で用いられる，4種のビタミン由来の補酵素は何か．
13. **演習** チアミンピロリン酸を補酵素として含む酵素における活性化された炭素基（活性アルデヒド）とチアミンピロリン酸とが結合している状態を構造式で書け（ヒント：ケト-エノール互変異性を考えよ）．
14. **演習** ピルビン酸デヒドロゲナーゼ複合体の3種の酵素が触媒するそれぞれの反応を，順を追って図示せよ．

19.4 クエン酸回路の各反応

15. **復習** クエン酸シンテーゼの触媒する反応が，縮合反応といわれるのはなぜか．
16. **復習** シンターゼ synthase とはどのような酵素か．説明せよ．
17. **関連** フルオロ酢酸とは何か．それはどのように利用されるか．
18. **復習** アコニターゼの触媒する反応が立体化学的に特異的である理由は何か．
19. **復習** ピルビン酸の好気的異化反応で二酸化炭素が発生するのはどの段階か．
20. **復習** ピルビン酸の好気的異化反応で，還元型の電子運搬体が生成するのはどの段階か．
21. **復習** イソクエン酸デヒドロゲナーゼとα-ケトグルタル酸デヒドロゲナーゼ複合体が触媒する反応の反応名を書け．
22. **復習** ピルビン酸デヒドロゲナーゼ複合体とα-ケトグルタル酸デヒドロゲナーゼ複合体が触媒する反応の類似点と相違点は何か．
23. **復習** シンテターゼ synthetase とはどのような酵素か．説明せよ．
24. **復習** GTPの産生は，ATPの産生と同じであるといえるのはなぜか．
25. **復習** クエン酸回路での酸化反応で，電子受容体としてNAD^+を使用するかFADを使用するかの主な違いは何か．
26. **復習** ATPはADPやAMPと同様に，リンゴ酸デヒドロゲナーゼに結合するNADHの競合阻害剤である．各化合物の構造から阻害の理由を説明せよ．
27. **復習** フマル酸からリンゴ酸への変換は，電子転移を伴う酸化還元反応か否か．理由を述べよ．
28. **演習** アコニターゼの反応により生成するイソクエン酸の可能な4種の異性体のうち1個が示されている．他の3個の立体配置を描け．
29. **演習** 次の反応で電子を失う分子の部位をルイス電子ドット構造で示せ．
    (a) ピルビン酸からアセチルCoAへの変換
    (b) イソクエン酸からα-ケトグルタル酸への変換
    (c) α-ケトグルタル酸からスクシニルCoAへの変換
    (d) コハク酸からフマル酸への変換
    (e) リンゴ酸からオキサロ酢酸への変換

19.5 クエン酸回路のエネルギー論とその調節

30. **復習** クエン酸回路におけるピルビン酸の好気的代謝の調節点はどこか.
31. **復習** ピルビン酸デヒドロゲナーゼ複合体の活性が調節される方法を述べよ.
32. **復習** クエン酸回路とピルビン酸デヒドロゲナーゼ複合体における最も一般的な2種の阻害剤は何か.
33. **演習** ADP/ATP比の増加が,イソクエン酸デヒドロゲナーゼの活性に影響を与える理由を述べよ.
34. **演習** NADH/NAD$^+$比の増加が,ピルビン酸デヒドロゲナーゼの活性に影響を与える理由を述べよ.
35. **演習** 細胞が高いATP/ADP比またはNADH/NAD$^+$比を示す時,クエン酸回路はより活性化されるか,または不活性化されるか.理由とともに答えよ.
36. **演習** チオエステルの加水分解の$\Delta G°'$は(a)大きくマイナス,(b)大きくプラス,(c)小さくマイナス,(d)小さくプラスのいずれと考えられるか.理由とともに答えよ.
37. **演習** アセチルCoAとスクシニルCoAは,高エネルギーチオエステルであるが,化学エネルギーは違った使われ方をする.これについて説明せよ.
38. **演習** クエン酸回路のある反応は吸エルゴン的であるが,全回路では発エルゴン的であることを示せ(表19.2参照).
39. **演習** "その価値をすべて絞り取る"という表現とクエン酸回路との関連について説明せよ.
40. **演習** Chap. 17〜19の情報を用いて,乳糖1分子が,解糖とクエン酸回路で好気的に代謝された場合に産生されるATPのモル数を計算せよ.

19.6 グリオキシル酸回路:クエン酸回路に関連した代謝経路

41. **復習** クエン酸回路の酵素の中で,グリオキシル酸回路には用いられない酵素はどれか.
42. **復習** グリオキシル酸回路における特異的な反応は何か.
43. **関連** 細菌は酢酸を唯一の炭素源として成育できるのに対して,ヒトはできないのはなぜか.

19.7 異化反応におけるクエン酸回路

44. **復習** クエン酸回路のもっている多くの目的について述べよ.
45. **演習** 解糖の中間体はリン酸化されているが,クエン酸回路の中間体はリン酸化されていない.その理由を述べよ.
46. **演習** 本章で示した反応例を使って,酸化的脱炭酸反応について説明せよ.
47. **演習** 多くのソフトドリンクは,クエン酸を香料として含んでいるが,これは良い栄養素となるか.

19.8 同化反応におけるクエン酸回路

48. **復習** NADHは異化反応で重要な補酵素であり,NADPHは同化反応の補酵素である.これらの変換がどのように行われているかを説明せよ.
49. **関連** 動物における補充経路とは何か.
50. **演習** アセチルCoAが代謝経路の中心分子であると考えられるのはなぜか.

19.9 酸素との関連

51. **演習** 分子状酸素がどの反応にも関与しないのに,クエン酸回路が好気的代謝の一部であると考えられるのはなぜか.

ANNOTATED BIBLIOGRAPHY / 参考文献

Bodner, C. M. The Tricarboxylic Acid (TCA), Citric Acid, or Krebs Cycle. *J. Chem. Ed.* **63**, 673–677 (1986). [A concise and well–written summary of the citric acid cycle. Part of a series on metabolism.]

Boyer, P. D., ed. *The Enzymes.* 3rd ed. New York: Academic Press, 1975. [There are reviews on aconitase in Volume 5 and on dehydrogenases in Volume 11.]

Krebs, H. A. *Reminiscences and Reflections.* New York: Oxford Univ. Press, 1981. [A review of the citric acid cycle, along with the autobiography.]

Popjak, G. Stereospecificity of Enzyme Reactions. In Boyer, P. D., ed., *The Enzymes*, 3rd ed., Vol. 2, Kinetics and Mechanism. New York: Academic Press, 1970. [A review of stereochemical aspects of the citric acid cycle.]

Chap. 16〜18の参考文献も参照.

CHAPTER 20

電子伝達系と酸化的リン酸化

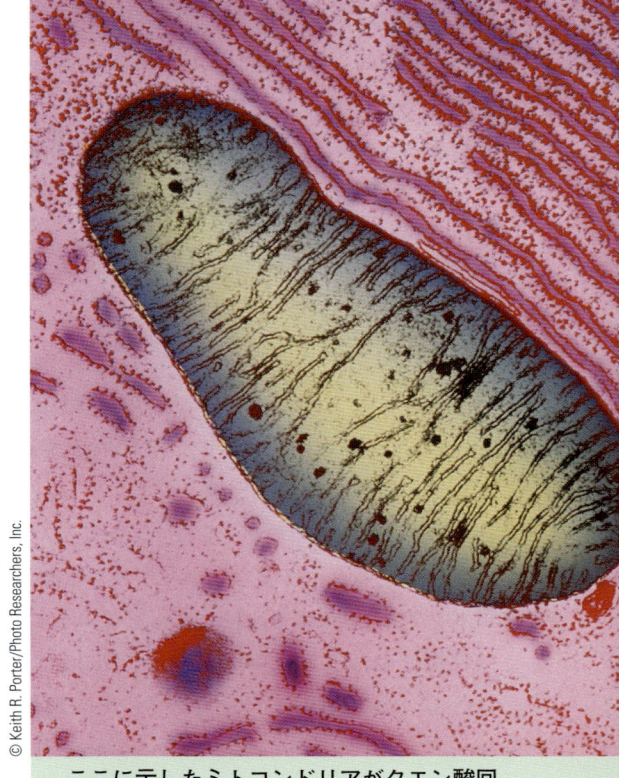

ここに示したミトコンドリアがクエン酸回路，電子伝達系，酸化的リン酸化の場である．

概 要

20.1 代謝における電子伝達系の役割
　20.1.1 ATP産生におけるミトコンドリア構造の重要性は何か

20.2 電子伝達系における還元電位
　20.2.1 電子の伝達方向の予測に還元電位はどのように使われるか

20.3 電子伝達系複合体の構成
　20.3.1 どのような反応が呼吸鎖複合体において起こるか
　20.3.2 電子伝達系における鉄含有タンパク質の本質は何か

20.4 電子伝達系とリン酸化の連結
　20.4.1 酸化的リン酸化における共役因子は何か

20.5 酸化的リン酸化における共役機構
　20.5.1 化学浸透圧共役とは何か
　20.5.2 立体構造共役とは何か

20.6 呼吸阻害剤は電子伝達系の研究に使われる
　20.6.1 呼吸阻害剤は呼吸鎖複合体と関連があるか

20.7 シャトル機構
　20.7.1 シャトル機構は互いにどのように違うか

20.8 グルコースの完全酸化によるATPの収量

20.1 代謝における電子伝達系の役割

　好気的代謝は，生体が栄養素からエネルギーを引き出すのにきわめて有効な手段である．真核細胞では，この好気的過程（ピルビン酸のアセチル CoA への転換，クエン酸回路，電子伝達系を含む）は，すべてミトコンドリアで進行するのに対して，解糖といった嫌気的過程は，ミトコンドリア外のサイトゾルで進行する．これまでは酸素が関与する反応については何も見てこなかったが，本章では**電子伝達系** electron transport chain における電子の最終受容体としての酸素の役割を論じることにしよう．電子伝達系の反応は，ミトコンドリアの内膜で進行する．

20.1.1　ATP 産生におけるミトコンドリア構造の重要性は何か

　生体は，栄養素の酸化によって放出されるエネルギーを，ATP の化学エネルギーの形で利用している．ミトコンドリアでの ATP の産生には，ADP がリン酸化されて ATP になる**酸化的リン酸化** oxidative phosphorylation という過程が必要である．酸化的リン酸化による ATP の産生（吸エルゴン反応）は，酸素への電子伝達（発エルゴン反応）とは別の過程であるけれども，電子伝達系の各々の反応は互いに強く結び付いており，ADP のリン酸化による ATP 合成と密接に共役している．電子伝達系が作動すると，ミトコンドリア内膜を横切ってプロトン（水素イオン）が汲み出され，pH 勾配（**プロトン勾配** proton gradient とも呼ばれる）ができる．このプロトン勾配がエネルギーの蓄積に相当し，共役機構の基礎になるのである（図 20.1）．この機構は**化学浸透圧共役** chemiosmotic coupling と呼ばれる（Sec. 20.5）．グルコースの完全酸化に伴う ATP 産生のほとんどは，酸化的リン酸化に基づい

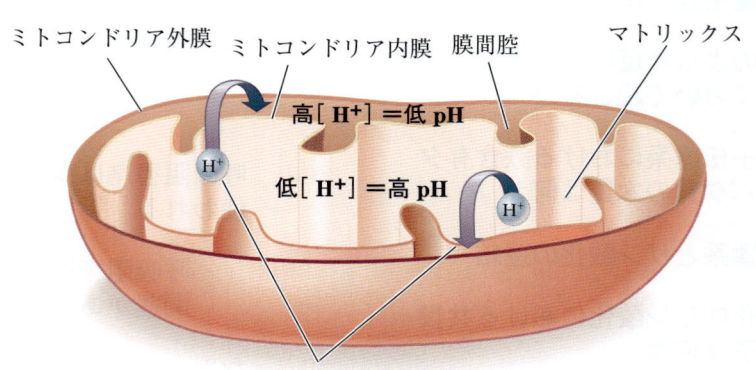

図 20.1
電子伝達の結果，ミトコンドリア内膜を挟んでプロトン勾配が形成される
電子伝達系を通じての電子の移動によって，マトリックスから膜間腔へプロトンが汲み出される．プロトン勾配（pH 勾配とも呼ばれる）は膜電位（膜内外の電位差）とともに ATP 合成を駆動する共役機構の基盤である．

図 20.2

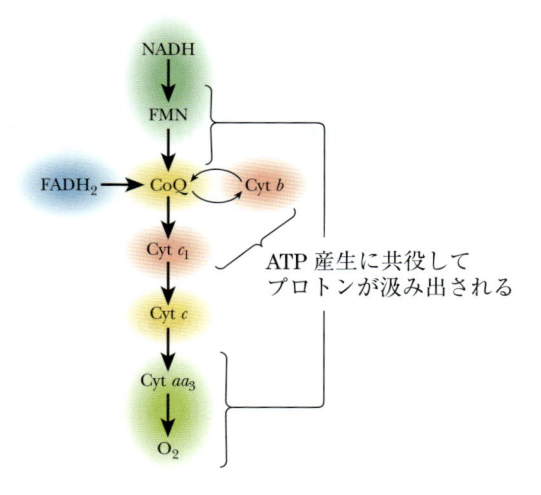

酸化的リン酸化に共役したプロトンの汲み出し部位を示す電子伝達系の模式図
FMN は，フラビン補酵素（フラビンモノヌクレオチド *flavin mononucleotide*）で，アデニンヌクレオチドを含んでいない点で FAD と異なっている．CoQ は，補酵素 Q（図 20.5 参照）．Cyt b, Cyt c_1, Cyt c, Cyt aa_3 は，それぞれ，ヘム含有タンパク質であるシトクロム b，シトクロム c_1，シトクロム c，シトクロム aa_3 を表す．

ている．

　解糖系やクエン酸回路で産生された NADH，FADH$_2$ 分子は，全体をまとめて電子伝達系と呼ばれる一連の反応を通して電子を酸素に移動させる．これらの NADH と FADH$_2$ は，NAD$^+$ と FAD に酸化され，種々の代謝経路で再利用される．電子の最終的な受容体である酸素は還元されて水を生成する．これでグルコースが二酸化炭素と水まで完全に酸化される過程が完了する．

　これまでにすでに，グルコースから生成されたピルビン酸から，ピルビン酸デヒドロゲナーゼ複合体とクエン酸回路によって，二酸化炭素がどのように生成されるかを見てきた．本章では水がどのように生成されるかを見ることにしよう．

　電子伝達系における一連の酸化−還元反応の全体像は図 20.2 に模式的に示した通りである．電子伝達系において最も重要な点は，電子伝達系に入ってきた NADH 1 分子につき平均 2.5 分子の ATP が，FADH$_2$ 1 分子については平均 1.5 分子の ATP が産生されることである．この過程の全体を概観すると，NADH は補酵素 Q に電子を渡し，FADH$_2$ も同様に補酵素 Q に電子を渡すが，電子伝達系への入り口が異なっている．電子は次いで，補酵素 Q からシトクロム（小文字を付して分類される）と呼ばれる一連のタンパク質を経て，最終的には酸素に渡される．

Sec. 20.1 要約
- 電子が一つの伝達体から別の伝達体に伝達されるときに，ミトコンドリア内膜を介したプロトン勾配が形成される．
- 好気的代謝ではプロトン勾配が ATP 産生と連動する．

20.2 電子伝達系における還元電位

これまでエネルギーを考えるとき，われわれはリン酸化ポテンシャルを想定してきた．Sec. 15.6 では，ATP の加水分解に伴う自由エネルギー変化が，どのように他の吸エルゴン反応を行うために使われるかを見てきた．その逆もまた真実であり，反応が極めて発エルゴン的である場合には，ATP の産生が起こるのである．電子伝達系におけるエネルギー変化をよく理解するためには，一つの伝達体から次の伝達体に移る電子の動きに伴うエネルギー変化を注意深く見ることが有効である．電子伝達系の各伝達体は，酸化型としても還元型としても存在でき（Sec. 15.5），それぞれの伝達体を単離して調べることができる．もし 2 種の電位の異なる電子伝達体がある場合，例えば NADH と補酵素 Q（Sec. 20.3 参照）では，電子が NADH から補酵素 Q に移されやすいか，あるいはその逆かをどうすれば知ることができるだろうか．これは各伝達体の**還元電位** reduction potential を測定することで知ることができる．高い還元電位をもつ分子は，より低い還元電位をもつ分子と対になると還元されやすくなる．還元電位は図 20.3 に示すような簡単な電池をつくることにより計ることができる．電池の右側の電極槽は参照電極で，水溶液中に水素ガスと平衡化した水素イオンが存在する．

$$2H^+ + 2e^- \rightarrow H_2$$

ここで水素イオンから水素ガスへの還元力を対照として用い，その電位（E）をゼロとする．調べる試料はもう一方の電極槽に入れる．電気回路は塩を含む寒天ゲルの塩橋により完成する．

20.2.1　電子の伝達方向の予測に還元電位はどのように使われるか

図 20.3 A はエタノールとアセトアルデヒドを試料槽に入れたときに何が起こるかを示している．電子は試料槽から参照槽に向かって流れる．これは水素イオンが還元されて水素ガスとなり，エタノールは酸化されてアセトアルデヒドとなることを意味する．したがって，水素/H^+対はエタノール/アセトアルデヒド対よりも高い還元電位をもつことがわかる．図 20.3 B では逆の現象が見られる．フマル酸とコハク酸を試料槽に入れたときには電子は逆方向に流れ，フマル酸がコハク酸に還元される一方で水素ガスが H^+ に酸化されることがわかる．電子の流れる方向と，観察される電位差を基にしてつくった表が表 20.1 である．この表は標準還元電位の表であるため，反応はすべて還元反応として示してある．測定値はそれぞれの半反応の生物学的標準電位 $E^{\circ\prime}$ である．この値は試料槽の化合物濃度を 1 M，pH 7，標準温度 25 ℃を基準に計算されている．

この表の値から電子の伝達方向を理解するためには，ここに含まれる電子伝達体の還元電位を見る必要がある．表の一番上の反応は，それより下に示す反応と組み合わせれば，表に示す通りの反応が起こる．例えば，電子伝達系の最終段階は，酸素の還元により水ができる反応であることはすでに学んだ．この反応は表 20.1 の一番上に書かれているように，還元電位 0.816 ボルト（V）という大変高い正の値を示す．仮にこの反応が直接，NAD^+/NADH 対と組み合わされたとすると，何が起こるだ

ろうか．NAD$^+$がNADHになる標準還元電位は表の下の方にあり，その値は -0.320 V である．

$$NAD^+ + 2\,H^+ + 2\,e^- \rightarrow NADH + H^+ \qquad E°' = -0.320\text{ V}$$

このことは，もしこの二つの半反応が直接，酸化還元反応として組み合わされたとき，NADHの反応は逆反応となることを意味する．NADHは電子をつなぎ止められず，酸素は水に還元される．

$$\begin{array}{rl}
& NADH + H^+ \rightarrow NAD^+ + 2\,H^+ + 2\,e^- \qquad 0.320 \\
& \frac{1}{2}O_2 + 2\,H^+ + 2\,e^- \rightarrow H_2O \qquad 0.816 \\
\hline
\text{合計} & NADH + \frac{1}{2}O_2 + H^+ \rightarrow NAD^+ + H_2O \qquad 1.136
\end{array}$$

この反応全体の電位差は各標準還元電位の合計となる．この場合には，0.816 V + 0.320 V，すなわち 1.136 V となる．ここで注意することは，NADHの反応の方向を逆にしたので，その標準還元電位の符号を変えなくてはいけないことである．

酸化還元反応の $\Delta G°'$ は次の式で計算される．

$$\Delta G°' = -nF\Delta E°'$$

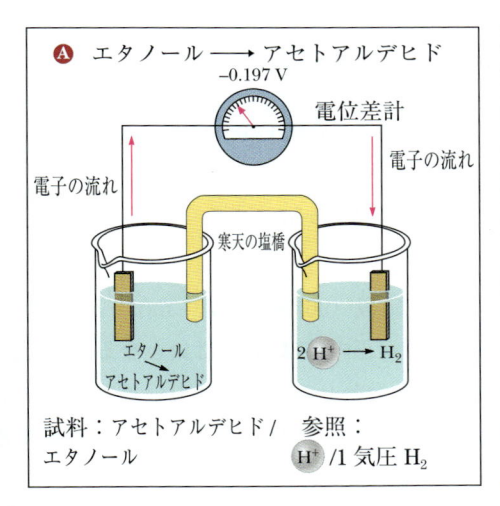

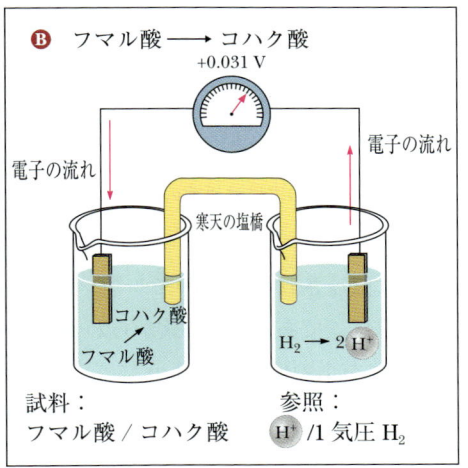

図 20.3

図に示した酸化還元対の標準還元電位測定に用いた実験装置
Ⓐ アセトアルデヒド／エタノールの対，Ⓑ フマル酸／コハク酸の対．Ⓐ はアセトアルデヒド／エタノール対の標準還元電位測定のための試料／参照電極槽の組合せを示している．電子の流れは試料槽から参照電極槽に向かっているため，標準還元電位は負，より正確には -0.197 V である．対照的にフマル酸／コハク酸対 Ⓑ は，参照電極槽から電子を受け取っている．すなわち，この系では自発的に還元が起こっており，標準還元電位は正である．それぞれの電極槽の反応は，実際に起こっている**半反応** half-cell reaction を書いてある．H^+/H_2 の参照槽に対するフマル酸／コハク酸の試料槽の組合せ Ⓑ では，実際に起こっている反応はフマル酸の還元である．

$$\text{フマル酸} + 2H^+ + 2e^- \longrightarrow \text{コハク酸}$$
$$E°' = +0.031\text{ V}$$

一方，アセトアルデヒド／エタノール試料槽 Ⓐ で起こっている反応は，エタノールの酸化であり，表20.1に載せた反応式の逆反応である．

$$\text{エタノール} \longrightarrow \text{アセトアルデヒド} + 2H^+ + 2e^-$$
$$E°' = -0.197\text{ V}$$

表 20.1 生物学的条件下における還元半反応の標準還元電位

還元半反応	$E^{\circ\prime}$(V)
$\frac{1}{2}O_2 + 2H^+ + 2e^- \rightarrow H_2O$	0.816
$Fe^{3+} + e^- \rightarrow Fe^{2+}$	0.771
Cyt $a_3(Fe^{3+}) + e^- \rightarrow$ Cyt $a_3(Fe^{2+})$	0.350
Cyt $a(Fe^{3+}) + e^- \rightarrow$ Cyt $a(Fe^{2+})$	0.290
Cyt $c(Fe^{3+}) + e^- \rightarrow$ Cyt $c(Fe^{2+})$	0.254
Cyt $c_1(Fe^{3+}) + e^- \rightarrow$ Cyt $c_1(Fe^{2+})$	0.220
$CoQH\cdot + H^+ + e^- \rightarrow CoQH_2$	0.190
$CoQ + 2H^+ + 2e^- \rightarrow CoQH_2$	0.060
Cyt $b_H(Fe^{3+}) + e^- \rightarrow$ Cyt $b_H(Fe^{2+})$	0.050
フマル酸 $+ 2H^+ + 2e^- \rightarrow$ コハク酸	0.031
$CoQ + H^+ + e^- \rightarrow CoQH\cdot$	0.030
$[FAD] + 2H^+ + 2e^- \rightarrow [FADH_2]$	0.003 〜 0.091*
Cyt $b_L(Fe^{3+}) + e^- \rightarrow$ Cyt $b_L(Fe^{2+})$	−0.100
オキサロ酢酸 $+ 2H^+ + 2e^- \rightarrow$ リンゴ酸	−0.166
ピルビン酸 $+ 2H^+ + 2e^- \rightarrow$ 乳酸	−0.185
アセトアルデヒド $+ 2H^+ + 2e^- \rightarrow$ エタノール	−0.197
$FMN + 2H^+ + 2e^- \rightarrow FMNH_2$	−0.219
$FAD + 2H^+ + 2e^- \rightarrow FADH_2$	−0.219
1,3-ビスホグリセリン酸 $+ 2H^+ + 2e^- \rightarrow$ グリセルアルデヒド-3-リン酸 $+ P_i$	−0.290
$NAD^+ + 2H^+ + 2e^- \rightarrow NADH + H^+$	−0.320
$NADP^+ + 2H^+ + 2e^- \rightarrow NADPH + H^+$	−0.320
α-ケトグルタル酸 $+ CO_2 + 2H^+ + 2e^- \rightarrow$ イソクエン酸	−0.380
コハク酸 $+ CO_2 + 2H^+ + 2e^- \rightarrow$ α-ケトグルタル酸 $+ H_2O$	−0.670

*コハク酸デヒドロゲナーゼのようなフラビンタンパク質中の結合型 FAD の還元における典型的な値.
表には電子伝達系の多くの成分について個別に載せたが,複合体の一部としての値は後で示す.この表には以前の章で示した多くの反応の値も載せてある.

ここで,n は伝達された電子のモル数,F はファラデー定数 (96.485 kJ V^{-1} mol^{-1}),$\Delta E^{\circ\prime}$ は二つの半反応の総電位差である.この式からわかるように $\Delta E^{\circ\prime}$ が正の時は $\Delta G^{\circ\prime}$ は負となる.したがって,$\Delta E^{\circ\prime}$ が最も大きな正の値となるように二つの半反応を組み合わせることにより,標準状態における酸化還元反応の進む方向を常に求めることができる.その例として $\Delta G^{\circ\prime}$ は次のように計算することができる.

$$\Delta G^{\circ\prime} = -(2)(96.485 \text{ kJ V}^{-1}\text{mol}^{-1})(1.136 \text{ V}) = -219 \text{ kJ mol}^{-1}$$

NADH が酸素を直接還元すると考えた場合のこの値は,とても大きな値である.次節で述べるように,NADH は最終的には酸素に至る鎖に沿ってその電子を伝達するが,酸素を直接的には還元するわけではない.

次節に移る前に,ΔG° と $\Delta G^{\circ\prime}$ の間に違いがあるように,ΔE° と $\Delta E^{\circ\prime}$ の間にも似たような違いがあることを覚えておこう.Chap. 15 を思い出してほしい.そこでは生化学反応における補正された標準状態を含め,標準状態とは何かということについていくつかの節を割いて説明した.ΔG と ΔE の表記は,それぞれ,任意の状態における自由エネルギー変化と還元電位を示す.ある反応のすべての成分が標準状態 (1気圧, 25 ℃, すべての溶質濃度が 1 M) にあるとき,標準自由エネルギー変化と標準還元電位をそれぞれ,ΔG° および ΔE° で表す.また,生化学反応における補正された標準状態

とは，水素イオン濃度を含め，すべての溶質が $1\,M$ でありうるかるかどうかに注目したものである．すなわち，水素イオン濃度が $1\,M$ ということは pH がゼロということである．そこで，生化学では，本来の標準状態とは異なり，pH 7 での標準状態を補正された標準状態として定義している．このような条件下における標準自由エネルギー変化と標準還元電位をそれぞれ，$\Delta G^{\circ\prime}$ および $\Delta E^{\circ\prime}$ で表す．また，細胞内における酸化還元反応において，反応物と生成物の濃度が $1\,M$ となることは絶対にないので，実際に電子が流れる方向は，それらの実際の細胞内濃度に基づいて決まる．

> **Sec. 20.2 要約**
> ■ 標準還元電位は，酸化還元反応を比較するための基準となる．
> ■ 電子伝達系の反応の順番は還元電位によって予測することができる．

20.3 電子伝達系複合体の構成

細胞から単離された無傷のミトコンドリアは，電子伝達系のすべての反応を行うことができる．また，この電子伝達装置を分画操作によって構成部分に分けることも可能である．ミトコンドリア内膜から別々の4種の呼吸鎖複合体 respiratory complex を単離することができる．これらの複合体は多酵素複合系である．前章で，これとは異なる多酵素複合体の例として，ピルビン酸デヒドロゲナーゼ複合体や α-ケトグルタル酸デヒドロゲナーゼ複合体について述べた．呼吸鎖複合体の各々は，電子伝達系の各部分の反応を進めている．

20.3.1 どのような反応が呼吸鎖複合体において起こるか

複合体 I 最初の複合体，**NADH-CoQ オキシドレダクターゼ** NADH-CoQ oxidoreductase は，電子伝達の第1段階，すなわち NADH から**補酵素 Q** coenzyme Q（CoQ）への電子の輸送を触媒する．この複合体はミトコンドリア内膜に膜貫通型の構成成分として組み込まれており，他にもサブユニットはあるが，鉄-硫黄クラスターを含む数種のタンパク質および NADH を酸化するフラビンタンパク質を含んでいる（サブユニットは全部で20種以上である．この複合体は活発な研究対象であるが，その複雑さゆえに挑戦的な研究課題である．特に鉄-硫黄クラスターの性質を一般化することは困難である．なぜなら，それらは種間で異なっているからである）．フラビンタンパク質はフラビンモノヌクレオチド，すなわち FMN と呼ばれる補酵素を含んでいる．FMN はアデニンヌクレオチドをもたない点で FAD と異なっている（図20.4）．

反応は，フラビンタンパク質と鉄-硫黄部位が連続的に酸化されたり還元されたりする形で，数段階で進行する．最初の段階は，NADH からフラビンタンパク質のフラビン部位への電子伝達である．

$$\text{NADH} + \text{H}^+ + \text{E-FMN} \rightarrow \text{NAD}^+ + \text{E-FMNH}_2$$

上式の E-FMN は，フラビンが酵素に共有結合していることを示す．第2の段階では，還元型フ

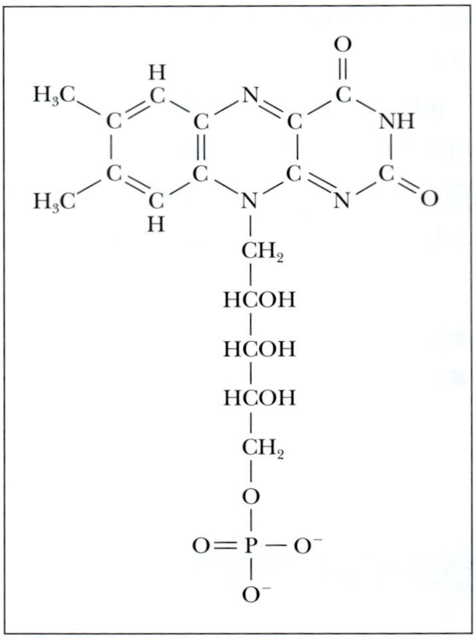

図 20.4
FMN（フラビンモノヌクレオチド）の構造

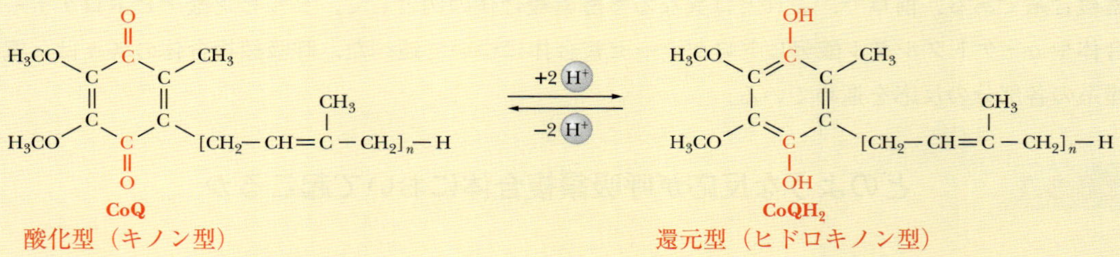

図 20.5
補酵素 Q の酸化型と還元型
補酵素 Q はユビキノンとも呼ばれる．

ラビンタンパク質は再酸化され，酸化型の鉄-硫黄タンパク質が還元される．還元された鉄-硫黄タンパク質は次にその電子を補酵素 Q に与え，CoQ は還元されて $CoQH_2$ となる（図20.5）．補酵素 Q はユビキノンとも呼ばれる．第 2 および第 3 段階の反応式をここに示す．

$$E-FMNH_2 + 2\ Fe-S_{酸化型} \rightarrow E-FMN + 2\ Fe-S_{還元型} + 2H^+$$

$$2\ Fe-S_{還元型} + CoQ + 2H^+ \rightarrow 2\ Fe-S_{酸化型} + CoQH_2$$

記号 Fe-S は，鉄-硫黄クラスターを示す．この反応全体の式は以下のようである．

$$NADH + H^+ + CoQ \rightarrow NAD^+ + CoQH_2$$

図 20.6

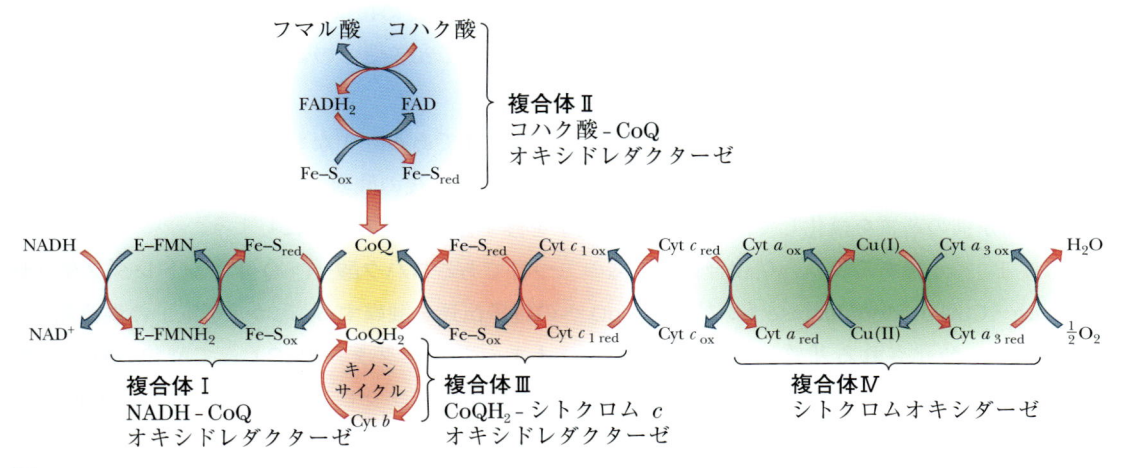

いくつかの呼吸鎖複合体から成る電子伝達系

還元型シトクロムにおいては鉄は Fe（Ⅱ）の状態，酸化型シトクロムにおいては鉄は Fe（Ⅲ）の状態である．

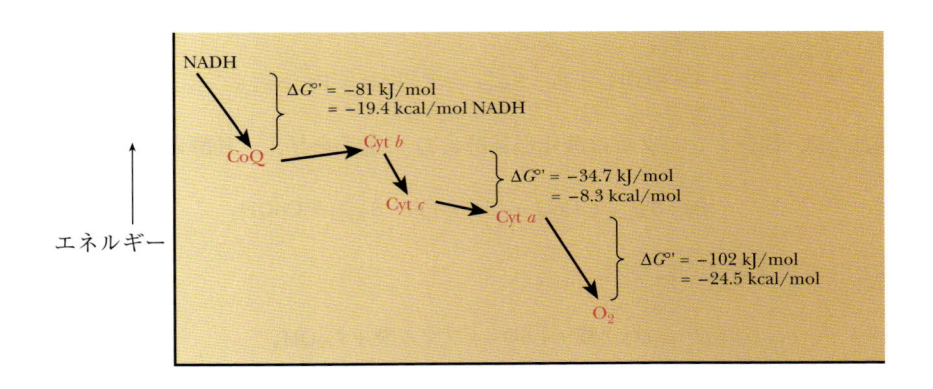

図 20.7

電子伝達系のエネルギー論

　この式は，pH（プロトン）勾配をつくり出すプロトンポンプの駆動に重要な三つの反応のうちの一つである（図 20.6）．標準自由エネルギー変化（$\Delta G^{\circ\prime} = -81$ kJ mol^{-1} = -19.4 kcal mol^{-1}）は，ADP をリン酸化して ATP を産生させるのに十分なエネルギーを放出する強い発エルゴン反応であることを示している（図 20.7）．プロトンポンプの駆動および電子伝達に関して，それぞれの電子伝達体の間に見られる微妙な違いは，とても重大である．それらはすべて酸化型あるいは還元型として存在できるにもかかわらず，Sec. 20.2 で述べたように，そのあるものが他のものを還元しうる順序がある．いい換えれば，還元型 NADH は補酵素 Q に電子を与えるが，逆は起こらない．したがって，これから述べる複合体を介した電子の流れには方向性がある．

　微細な違いとしてもう一つ重要なものがある．NADH のようないくつかの電子伝達体は還元型として電子と水素を運ぶが，少し前に述べた鉄-硫黄タンパク質などの他の伝達体は電子のみしか運べないことである．この違いが，最終的に ATP 産生につながるプロトンポンプを駆動させるもととなっている．NADH のような電子伝達体が鉄-硫黄タンパク質を還元するとき，電子は伝達されるが水

素の授受は行われない．膜の反対側へ水素イオンを通過させるためには，ミトコンドリア内膜とこれらの電子伝達体からなる組織立った構造が必要である．Sec. 20.5 でこのことをもう少し詳しく見てみよう．

複合体Ⅰの最終的な電子受容体である補酵素 Q は可動性である．すなわち，この物質は膜内を自由に動いて，それまでに得た電子を第3の複合体に渡し，その後の酸素への伝達を進める．次に，第2の複合体が別の基質を酸化して，補酵素 Q に電子を渡す様子を見ることにしよう．

複合体Ⅱ　4種ある膜結合型複合体のうちの二つ目である**コハク酸-CoQ オキシドレダクターゼ** succinate-CoQ oxidoreductase も，補酵素 CoQ への電子伝達を触媒する．しかし，電子の供給源（いい換えれば，酸化される基質）は，NADH-CoQ オキシドレダクターゼによって酸化される基質（NADH）とは異なる．この場合，基質はクエン酸回路においてフラビン酵素によってフマル酸に酸化されるコハク酸なのである（図 20.6 参照）．

$$\text{コハク酸} + E\text{-FAD} \rightarrow \text{フマル酸} + E\text{-FADH}_2$$

記号 E-FAD は，フラビン部分が酵素に共有結合で結合していることを示す．次の反応段階でこのフラビン部分は再酸化され，他の鉄-硫黄タンパク質が還元される．

$$E\text{-FADH}_2 + \text{Fe-S}_{\text{酸化型}} \rightarrow E\text{-FAD} + \text{Fe-S}_{\text{還元型}}$$

この還元された鉄-硫黄タンパク質は酸化型補酵素 Q に電子を与え，補酵素 Q は還元される．

$$\text{Fe-S}_{\text{還元型}} + \text{CoQ} + 2H^+ \rightarrow \text{Fe-S}_{\text{酸化型}} + \text{CoQH}_2$$

反応は全体としては次のようになる．

$$\text{コハク酸} + \text{CoQ} \rightarrow \text{フマル酸} + \text{CoQH}_2$$

この反応の第1段階は，クエン酸回路の一部としてコハク酸がフマル酸へ酸化されることを述べたときにすでに見てきた．コハク酸のフマル酸への酸化を触媒する本酵素（Sec. 19.3）は，古くからコハク酸デヒドロゲナーゼと呼ばれてきたが，後の研究で複合体Ⅱの一部であることが明らかにされた．コハク酸デヒドロゲナーゼは，フラビンタンパク質と鉄-硫黄タンパク質から構成されていることを思い出してほしい．複合体Ⅱのその他の成分は，1個の b 型シトクロムと2個の鉄-硫黄タンパク質である．複合体全体はミトコンドリア内膜に組み込まれている．標準自由エネルギー変化（$\Delta G°'$）は -13.5 kJ mol^{-1} = -3.2 kcal mol^{-1} である．この反応は全体として発エルゴン反応ではあるが，この反応からのエネルギーは，ATP 産生系を動かすのに十分ではなく，この段階でマトリックスから水素イオンが汲み出されることはない．

電子伝達系の以後の段階においては，電子は補酵素 Q から**シトクロム** cytochrome と呼ばれる一連の極めて類似したタンパク質のうちの最初のものに渡され，これに伴って補酵素 Q は再酸化される．シトクロム系タンパク質の各々はヘム化合物を含有し，各々のヘム内の鉄イオンは，還元されて Fe（Ⅱ）になったり，再酸化されて Fe（Ⅲ）になったりする変化を繰り返す．このような状況は，ヘモグロビンのヘム中の鉄が，血流中で酸素を運搬する全過程を通して Fe（Ⅱ）すなわち還元型にとどまる状況とは異なる．また，ヘモグロビンのヘムと種々のタイプのシトクロムのヘムとの間には構造

的相違もいくつか見られる．

シトクロムの連続的な酸化-還元反応は，シトクロムにより異なる．

$$\text{Fe(III)} + e^- \rightarrow \text{Fe(II)}\ （還元）\ \text{と}\ \text{Fe(II)} \rightarrow \text{Fe(III)} + e^-\ （酸化）$$

それは各々の反応の標準自由エネルギー変化 $\Delta G^{\circ\prime}$ が種々のタイプのヘムやタンパク質構造に影響されるため，互いに異なっているためである．これらそれぞれのタンパク質は構造的に少しずつ異なり，そのため各々のタンパク質は酸化還元反応への関わり方などの性質面でも少しずつ異なっている．これら異なるタイプのシトクロムは，小文字（$a, b, c,$）で分類され，さらに細かく c_1 のように下付き数字で分けられる．

複合体III　第3の複合体，**CoQH$_2$-シトクロム c オキシドレダクターゼ** CoQH$_2$ - cytochrome c oxidoreductase（シトクロムレダクターゼとも呼ばれる）は，還元型補酵素 Q（CoQH$_2$）の酸化を触媒する．この酸化還元反応により生成した電子は，多段階過程を経てシトクロム c に渡される．反応は全体としては次のようである．

$$\text{CoQH}_2 + 2\ \text{Cyt}\ c[\text{Fe(III)}] \rightarrow \text{CoQ} + 2\ \text{Cyt}\ c[\text{Fe(II)}] + 2\ \text{H}^+$$

補酵素 Q の酸化が2個の電子を生じるのに対して，Fe(III)の Fe(II)への還元は1個の電子で済むことに注意してほしい．したがって，補酵素 Q 1分子に対して2分子のシトクロム c が必要である．この複合体は構成要素としてシトクロム b（実際には2種の b 型シトクロム，シトクロム b_H とシトクロム b_L），シトクロム c_1，数種の鉄-硫黄タンパク質を含んでいる（図20.6）．シトクロムは電

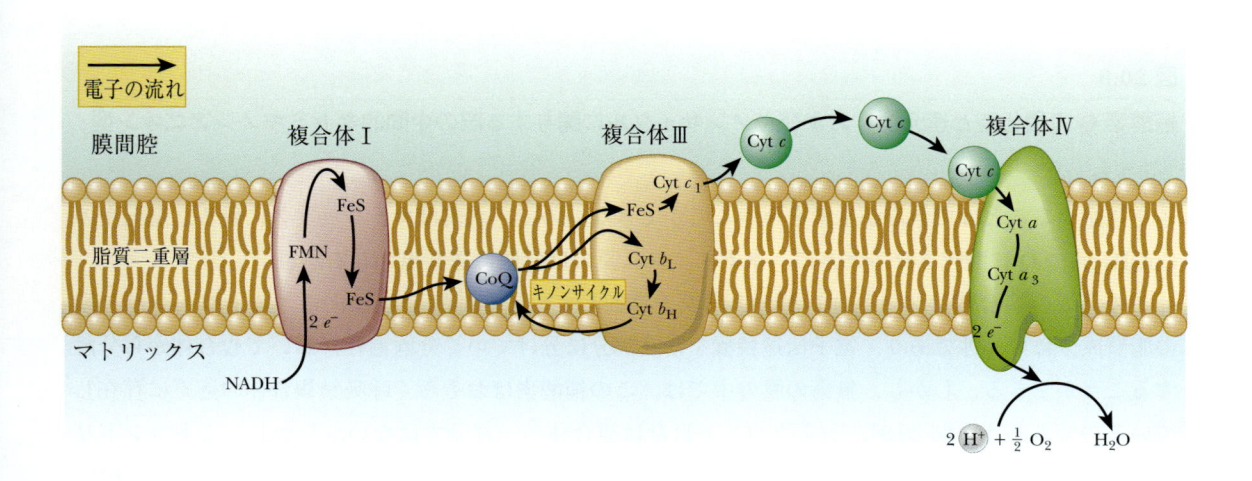

図20.8
ミトコンドリア内膜における NADH から酸素への電子の流れと，関与する呼吸鎖複合体の構成と位置
複合体IIは関与しないので示していない．NADH は電子をピルビン酸，イソクエン酸，α-ケトグルタル酸，リンゴ酸等の基質から受け取る．NADH の結合部位が膜のマトリックス側であることに注意．補酵素 Q は脂質二重層に可溶性である．複合体IIIはキノンサイクル（本文参照）に関与する2個の b 型シトクロムを含んでいる．シトクロム c は膜に緩く結合して，膜間腔の方に向いている．複合体IVにおける酸素の結合部位は，マトリックス側にある．

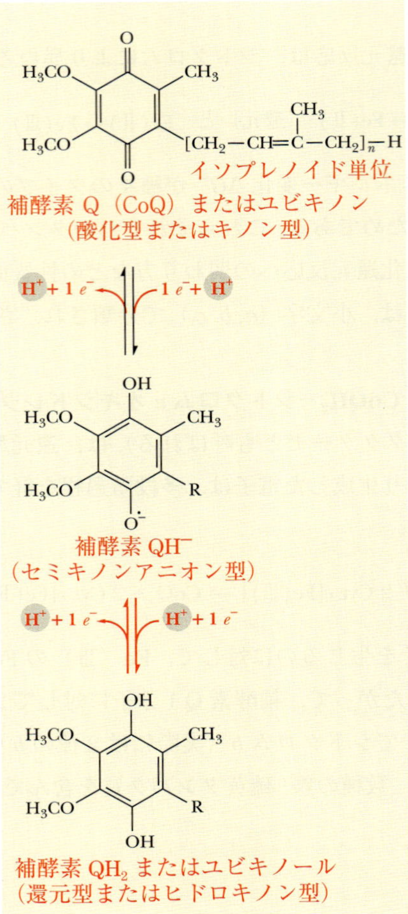

図 20.9
補酵素 Q の酸化型と還元型，およびキノンサイクルに関与する際の中間的なセミキノンアニオン型

子を運搬することはできるが水素を運ぶことができないので，水素はマトリックスに残る．還元型の $CoQH_2$ が CoQ に酸化されるときに，水素イオンは膜の反対側に送り出される．

この第3の複合体は，ミトコンドリア内膜を貫通している．補酵素 Q は，このミトコンドリア膜の脂質成分に可溶性であり，電子伝達装置を構成部分に分けていく分画過程において複合体から分離することができる．しかし，無傷の膜の中では，この補酵素はおそらく呼吸鎖複合体の近くに存在しているのであろう（図 20.8）．シトクロム c 自身は複合体の一部分ではない．しかし，ミトコンドリア内膜の外側表面に緩く結合しており，膜間腔の方に向いている．これらの2種の重要な電子伝達体，すなわち補酵素 Q とシトクロム c が呼吸鎖複合体の一部ではなく，膜内を自由に動けることは注目に値する．呼吸鎖複合体自身も膜内を動いている（Sec. 8.3 で述べた膜内の側方運動を思い出してほしい）．そしてこの動きにより呼吸鎖の一つの複合体が次の複合体に出会ったときに電子伝達が起こる．

還元型の補酵素 Q から複合体Ⅲの構成成分への電子の流れは，単純な直接的経路をたどるものではない．循環型の電子の流れに，補酵素 Q が2回関与していることが明らかになりつつある．これは，

補酵素 Q が 3 種の型のキノンとして存在し得るという事実に基づいている（図 20.9）．ここで酸化型と還元型の中間のセミキノン型が非常に重要である．補酵素 Q の関与が極めて重要であるため，本経路のこの部分は**キノンサイクル** Q cycle と呼ばれる．

キノンサイクルでは，1 個の電子が還元型補酵素 Q から鉄-硫黄クラスターに，さらにシトクロム c_1 に渡され，その結果，セミキノン型の補酵素 Q が生成する．

$$CoQH_2 \to Fe-S \to Cyt\ c_1$$

記号 Fe-S は，鉄-硫黄クラスターを示す．鉄-硫黄タンパク質を省略し，補酵素 Q とシトクロム c_1 を含む反応のみを示すと，以下のように書くこともできる．

$$CoQH_2 + Cyt\ c_1 (酸化型) \to$$
$$Cyt\ c_1 (還元型) + CoQ^- (セミキノンアニオン) + 2\ H^+$$

このセミキノンは，補酵素 Q の酸化型や還元型とともに，2 個の b 型シトクロムが交互に還元されたり酸化されたりする循環型の反応に関与する．さらに 2 番目の補酵素 Q 分子が関与し，二つ目の電子がシトクロム c_1 に渡され，それから可動性の伝達体シトクロム c に渡される．簡潔にするために，この過程の多くの詳細については省略する．キノンサイクルに関与している 2 個の補酵素 Q 分子の各々が 1 個の電子を失う．この結果は，正味としてはあたかも CoQ 1 分子が 2 個の電子を失ったのと同じことになる．1 分子の $CoQH_2$ が再生され，1 分子が CoQ に酸化されることが知られており，このことは図 20.9 に合致する．最も重要なのは，補酵素 Q からシトクロム c_1 への電子伝達が 1 個ずつ行われる機構としてキノンサイクルが働いているということである．

ATP 産生が共役するプロトンポンプは，この複合体の反応の結果，駆動する．キノンサイクルがその過程に関与すると考えられ，この話題全体が活発な研究対象になっている．電子伝達系に入ってきた NADH 1 モル当たりの標準自由エネルギー変化（$\Delta G°'$）は，-34.2 kJ $= -8.2$ kcal である（図 20.7 参照）．ADP のリン酸化には，30.5 kJ mol^{-1} = 7.3 kcal mol^{-1} を要することから，複合体Ⅲによって触媒される反応で供給されるエネルギーは ATP 産生系を働かせるのに十分である．

複合体Ⅳ　第 4 の複合体，**シトクロム c オキシダーゼ** cytochrome c oxidase は，電子伝達の最終段階であるシトクロム c から酸素への電子伝達を触媒する．

反応は全体としては次のようになる．

$$2\ Cyt\ c[Fe(Ⅱ)] + 2\ H^+ + \frac{1}{2} O_2 \to 2\ Cyt\ c[Fe(Ⅲ)] + H_2O$$

プロトンポンプはまた，この反応の結果としても駆動する．他の呼吸鎖複合体と同様に，シトクロムオキシダーゼはミトコンドリア内膜を貫通しており，電子伝達過程に関与しているシトクロム a と a_3，および 2 個の Cu^{2+} イオンを含有している．全体としてこの複合体はおよそ 10 個のサブユニットを含んでいる．電子が流れる順序を見ると，銅イオンは 2 個の a 型シトクロムの間に位置する電子受容中間体である．

$$Cyt\ c \to Cyt\ a \to Cu^{2+} \to Cyt\ a_3 \to O_2$$

表 20.2 電子伝達反応のエネルギー論

反　応	$\Delta G^{\circ\prime}$	
	kJ (mol NADH)$^{-1}$	kcal (mol NADH)$^{-1}$
NADH + H$^+$ + E－FMN → NAD$^+$ + E－FMNH$_2$	－38.6	－9.2
E－FMNH$_2$ + CoQ → E－FMN + CoQH$_2$	－42.5	－10.2
CoQH$_2$ + 2 Cyt b [Fe(Ⅲ)] → CoQ + 2H$^+$ + 2 Cyt b [Fe(Ⅱ)]	＋11.6	＋2.8
2 Cyt b[Fe(Ⅱ)] + 2 Cyt c_1[Fe(Ⅲ)] → 2 Cyt c_1[Fe(Ⅱ)] + 2 Cyt b [Fe(Ⅲ)]	－34.7	－8.3
2 Cyt c_1[Fe(Ⅱ)] + 2 Cyt c [Fe(Ⅲ)] → 2 Cyt c[Fe(Ⅱ)] + 2 Cyt c_1[Fe(Ⅲ)]	－5.8	－1.4
2 Cyt c[Fe(Ⅱ)] + 2 Cyt (aa_3) [Fe(Ⅲ)] → 2 Cyt (aa_3) [Fe(Ⅱ)] + 2 Cyt c [Fe(Ⅲ)]	－7.7	－1.8
2 Cyt (aa_3)[Fe(Ⅱ)] + $\frac{1}{2}$O$_2$ + 2 H$^+$ → 2 Cyt (aa_3)[Fe(Ⅲ)] + H$_2$O	－102.3	－24.5
反応全体： NADH + H$^+$ + $\frac{1}{2}$O$_2$ → NAD$^+$ + H$_2$O	－220	－52.6

これらシトクロムの反応をより厳密に記述すると次のようになる．

$$\text{Cyt } c \text{ [還元型, Fe(Ⅱ)]} + \text{Cyt } aa_3 \text{ [酸化型, Fe(Ⅲ)]} \rightarrow \text{Cyt } aa_3 \text{ [還元型, Fe(Ⅱ)]} + \text{Cyt } c \text{ [酸化型, Fe(Ⅲ)]}$$

シトクロム a と a_3 は，一緒になってシトクロムオキシダーゼとして知られる複合体を構成している．還元型のシトクロムオキシダーゼは次いで酸素によって酸化され，酸素自身は還元されて水になる．酸素の還元に関する半反応（酸素が酸化剤として働く）を示す．

$$\tfrac{1}{2}\text{O}_2 + 2\text{H}^+ + 2e^- \rightarrow \text{H}_2\text{O}$$

この反応は全体としては次のようになる．

$$2 \text{ Cyt } aa_3 \text{ [還元型, Fe(Ⅱ)]} + \tfrac{1}{2}\text{O}_2 + 2\text{H}^+ \rightarrow 2 \text{ Cyt } aa_3 \text{ [酸化型, Fe(Ⅲ)]} + \text{H}_2\text{O}$$

このように，好気的代謝における最後の反応は，分子状酸素につながっていることに注目してほしい．

電子伝達系に入ってきた NADH 1 モル当たりの標準自由エネルギー変化（$\Delta G^{\circ\prime}$）は，－110 kJ＝－26.3 kcal である（図 20.7 参照）．これまで見てきたように，電子伝達系において，電子伝達反応がプロトンの汲み出しを介して ATP 合成に共役している場所が 3 か所ある．これらの 3 か所とは，NADH デヒドロゲナーゼの反応，シトクロム b の酸化反応ならびにシトクロムオキシダーゼと酸素との反応である．シトクロムオキシダーゼによるプロトン輸送の機構はまだ解明されていない．電子伝達反応のエネルギー論を表 20.2 に要約する．

20.3.2 電子伝達系における鉄含有タンパク質の本質は何か

　NADH，FMN，CoQ等の電子伝達系の初期段階の電子伝達体とは対照的に，シトクロム類は高分子である．これらのタンパク質はすべての生物種に存在し，一般的には膜に局在している．真核細胞では，これらは通常，ミトコンドリア内膜に存在するが，ある種のシトクロムは小胞体にも存在している．

　すべてのシトクロムは，ヘモグロビンやミオグロビン（Sec. 4.5）の構造の一部にもなっているヘムを含んでいる．シトクロムの場合は，ヘムの鉄は酸素と結合しておらず，その代わりに，これまで見てきたように鉄は一連の酸化還元反応に関与している．電子伝達系のいろいろな段階で関与するシトクロムのヘムは，その側鎖に違いがある（図20.10）．これらの構造上の差異は，ポリペプチド鎖の違いやポリペプチド鎖とヘムの結合様式の違いと組み合わさって，電子伝達系に含まれるシトクロム分子にそれぞれ違った性質を与えている．

　非ヘム鉄タンパク質 nonheme iron protein は，その名の示す通り，ヘム基を含んでいない．呼吸鎖複合体の成分である鉄-硫黄タンパク質に見られるように，このグループに属する重要なタンパク質の多くは硫黄を含んでいる．鉄は通常，システインまたはS^{2-}に結合している（図20.11）．ミトコンドリアにおける鉄-硫黄タンパク質の局在部位や作用様式については，まだ不明な点が多い．

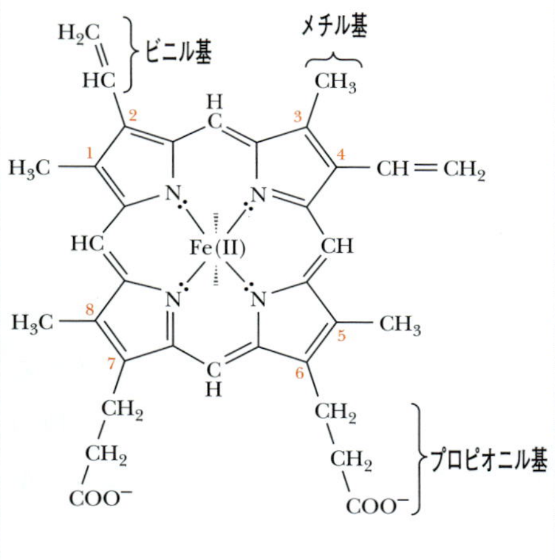

結合部位	a型シトクロム	c型シトクロム
1	同じ	同じ
2（aの場合）	$-CH-CH_2-(CH_2-CH=C-CH_2)_3H$ 　　　｜　　　　　　　　　｜ 　　　OH　　　　　　　　CH$_3$	
2（cの場合）		$-CHCH_3$ 　｜ S—タンパク質 （共有結合）
3	同じ	同じ
4	同じ	$-CHCH_3$ 　｜ S—タンパク質
5	同じ	同じ
6	同じ	同じ
7	同じ	同じ
8	$-C=O$（ホルミル基） 　｜ 　H	同じ

Ⓐ すべてのb型シトクロムとヘモグロビンおよびミオグロビンのヘムの構造．くさび型の結合手（破線）は鉄原子の第5，第6の配位結合部位を示す．

Ⓑ a型およびc型シトクロムの側鎖構造とb型シトクロムの側鎖構造の比較．

図 20.10
シトクロムのヘム

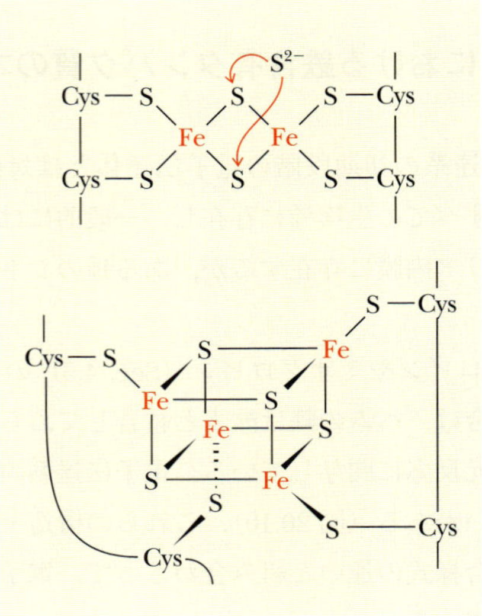

図 20.11

非ヘム鉄タンパク質における鉄-硫黄結合

> **Sec. 20.3 要約**
> ■電子伝達系は，4種の多サブユニット膜結合型複合体と，2種の可動性電子伝達体（補酵素 Q とシトクロム c）から構成される．これら複合体のうち，3種の複合体で起こる反応により，ADP を ATP にリン酸化するのに十分なエネルギーが産生される．
> ■電子伝達系の多くのタンパク質は，ヘムの一部としてあるいは硫黄と結合した形で，鉄を含んでいる．

20.4 電子伝達系とリン酸化の連結

　電子伝達系における酸化反応によって放出されるエネルギーの一部は，ADP のリン酸化を進めるのに利用される．この ADP リン酸化には，1モル当たり 30.5 kJ = 7.3 kcal が必要であるが，4種の呼吸鎖複合体のうちの3種によって触媒される反応が，このリン酸化反応を進めるのに十分なエネルギーを供給することは，これまで見てきた通りである．ただし，このエネルギーが直接的に使われることを意味してはいない．代謝において，一般的に細胞が利用するエネルギーは，必要に応じて ATP の化学的エネルギーに変換されて供給される．エネルギーを放出する酸化反応によって，プロトンが汲み出され，ミトコンドリア内膜の内外に pH 勾配をつくり出す．pH 勾配に加えて，内外のイオン濃度の違いによりつくられる膜を介した電位の違いが生じる．この膜を介した電気化学的ポテンシャル（電位差）のエネルギーが，共役過程によって ATP の化学エネルギーに変換されるわけである．

20.4.1　酸化的リン酸化における共役因子は何か

　酸化反応とリン酸化を結び付けるには共役因子が必要である．電子伝達系複合体とは別の複雑なオリゴマータンパク質が，この機能を担っている．このタンパク質全体はミトコンドリア内膜を貫通し，マトリックスの方に突き出している．このタンパク質の膜を貫通する部分は F_0 と呼ばれる．F_0 は 3 種の異なるポリペプチド鎖（a, b および c）で構成されており，その性状をさらに明らかにする研究が進められている．マトリックスに突き出た F_1 と呼ばれる部分は，$\alpha_3\beta_3\gamma\delta\varepsilon$ という比率から成る 5 種の異なるポリペプチドで構成されている．ミトコンドリアの電子顕微鏡写真は，このミトコンドリア内膜からマトリックスへの突起を示している（図 20.12）．図 20.13 に，このタンパク質の構成が模式的に示されている．球状の F_1 部分が ATP 合成の場である．このタンパク質複合体全体は，**ATP シンターゼ** ATP synthase と呼ばれる．これはまた，ミトコンドリア ATP アーゼとも呼ばれるが，それはこの酵素がリン酸化だけでなく，ATP 加水分解という逆反応も触媒することができるからである．この加水分解反応は，ATP 合成反応に先立って発見されたため，このような名前が付けられた．この酵素の構造と反応機構の解明によって，1997 年のノーベル化学賞はアメリカの科学者でカリフォ

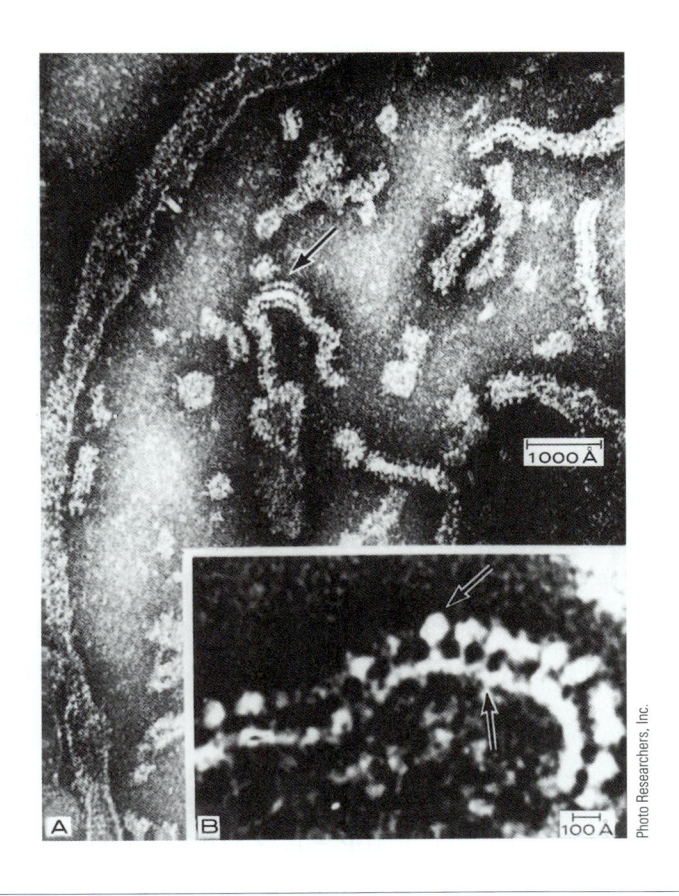

図 20.12
ミトコンドリアのマトリックス内への突出構造の電子顕微鏡写真
写真 A と B の倍率の違いに注意．A の矢印と B の上側の矢印はマトリックス側の F_1 サブユニットを示している．写真 B の下側の矢印は膜間腔を示している．

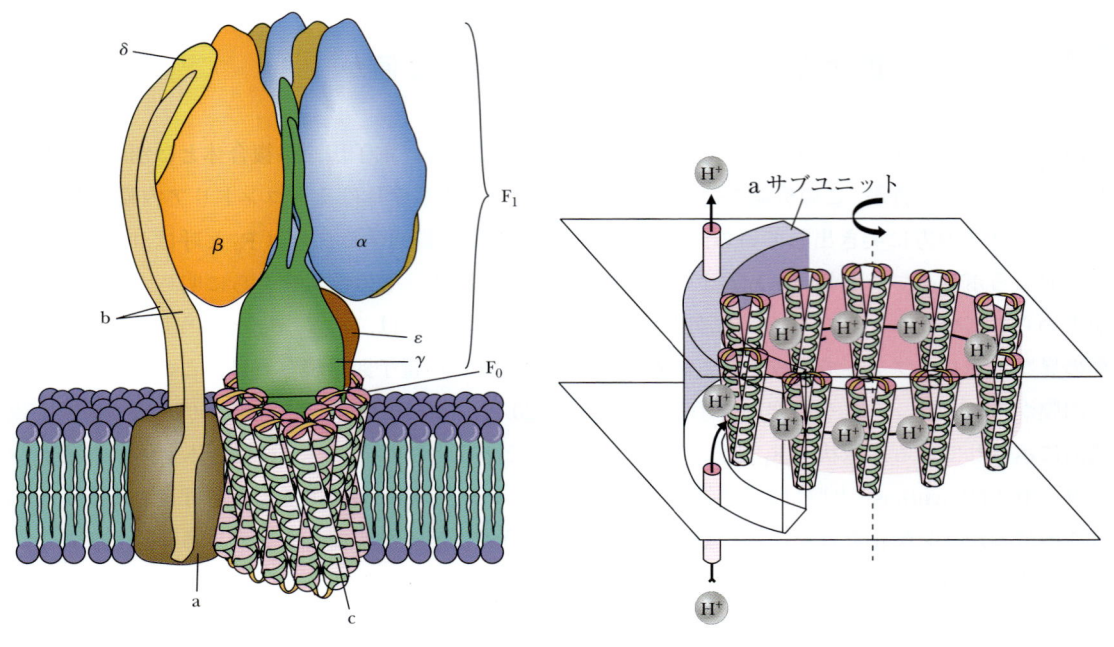

図20.13
分子モーターであるATPシンターゼの成分F_1とF_0のモデル
a, b, α, β, δサブユニットがモーターの固定子を構成し, c, γ, εサブユニットは回転子を構成する. この構造を通過するプロトンの流れが回転子を回転させ, αとβのコンフォメーション変化のサイクルを駆動させてATPを合成する.

ルニア大学ロサンゼルス校のポール・ボイヤー Paul Boyer とイギリスの科学者でケンブリッジ医学研究機構のジョン・ウォーカー John Walker の共同受賞となった(この賞のあと半分は, これもATPアーゼとして機能するナトリウム-カリウムポンプ[Sec.8.6]の研究により, デンマークの科学者ジェンス・スコウ Jens Skou に贈られた).

脱共役剤 uncoupler として知られる化合物は, 電子伝達に影響しないで, ADPのリン酸化のみを阻害する. 2,4-ジニトロフェノール 2,4-dinitrophenol は脱共役剤の例としてよく知られている. バリノマイシン valinomycin やグラミシジン A gramicidin A などの抗生物質も脱共役剤である(図20.14). ミトコンドリアの酸化過程が正常に作動しているときには, NADHやFADH$_2$から酸素への電子伝達の結果, ATPが産生される. 脱共役剤の存在下では, 酸素は還元されて水となるが, ATPは産生されない. 脱共役剤を除くと, 電子伝達に連動したATP合成が再び始まる.

ATP合成と電子伝達系の共役を示すのに, **P/O比** P/O ratio という用語が使われる. このP/O比は,

$$\frac{1}{2}O_2 + 2H^+ + 2e^- \rightarrow H_2O$$

という反応で消費される酸素1モルに対してADP + P$_i$ → ATP という反応で消費される無機リン酸P$_i$のモル数をいう. 既に述べたように, 1モルのNADHがNAD$^+$に酸化される際には2.5モルのATPが産生される. 酸素がNADHからの電子の最終的な受容体であり, NADH 1モルの酸化に対応して1/2モルの酸素分子(1モルの酸素原子)が還元されることを思い起こしてほしい. NADHが酸化さ

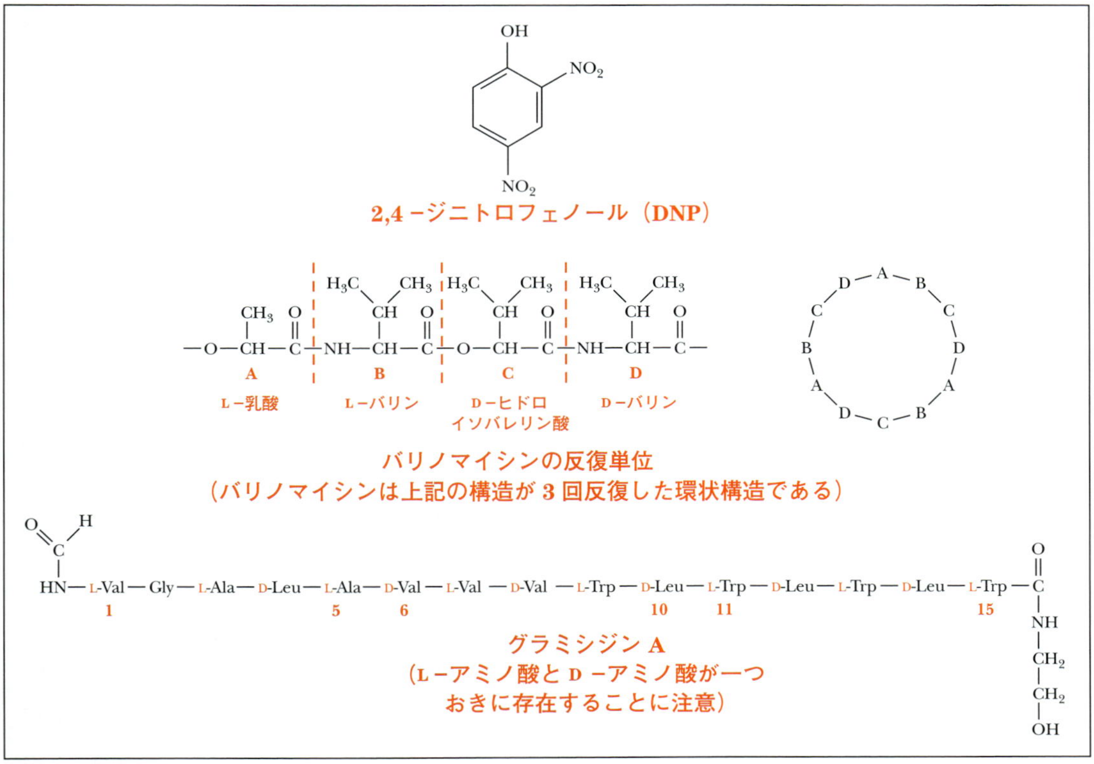

図 20.14

酸化的リン酸化の脱共役剤の例：2,4-ジニトロフェノール，バリノマイシン，グラミシジン A

れる基質であるとき，実験的に測定される P/O 比は 2.5 である．$FADH_2$ が酸化される基質である場合の P/O 比は 1.5 である（これも実験的に測定される値）．最近まで，生化学者は NADH と $FADH_2$ の酸化における P/O 比として，それぞれ 3 と 2 という整数を用いてきた．ここで示した値は整数ではないが最も認められている値で，電子伝達系，酸化的リン酸化およびそれらの共役様式の複雑さを明らかに強調するものである．

> **Sec. 20.4 要約**
> ■電子伝達系と酸化的リン酸化の共役には，多くのサブユニットからなる膜結合型酵素である ATP シンターゼが必要である．この酵素はミトコンドリアの膜間腔からマトリックスへプロトンが流れるためのチャネルである．
> ■プロトンの流れは ATP 合成と共役しており，その過程はこの酵素の立体構造の変化と関連していると思われる．

20.5　酸化的リン酸化における共役機構

電子伝達系と ATP 合成の共役については種々の機構が提唱されているが，すべての議論の出発点

となる機構は，化学浸透圧共役である．これは後に立体構造共役を含むように部分修正されている．

20.5.1　化学浸透圧共役とは何か

　最初に提唱されたように，**化学浸透圧共役** chemiosmotic coupling の機構は，活発に呼吸しているミトコンドリアにおける膜間腔とマトリックス間での水素イオン濃度の違いに基づいている．いい換えれば，ミトコンドリア内膜を挟んでのプロトン（水素イオン，H^+）濃度勾配が，この事象の根幹である．プロトン濃度勾配が生じるのは，呼吸鎖における電子伝達体タンパク質がミトコンドリア内膜の両側に対称的に配置されておらず，膜間腔側とマトリックス側での反応が異なるためである（図20.15）．図 20.15 は図 20.8 にプロトンの流れを加えたものであることに注目してほしい．呼吸鎖複合体により輸送されるプロトンの数は確定しておらず，論点にすらなっている．図 20.15 には，各複合

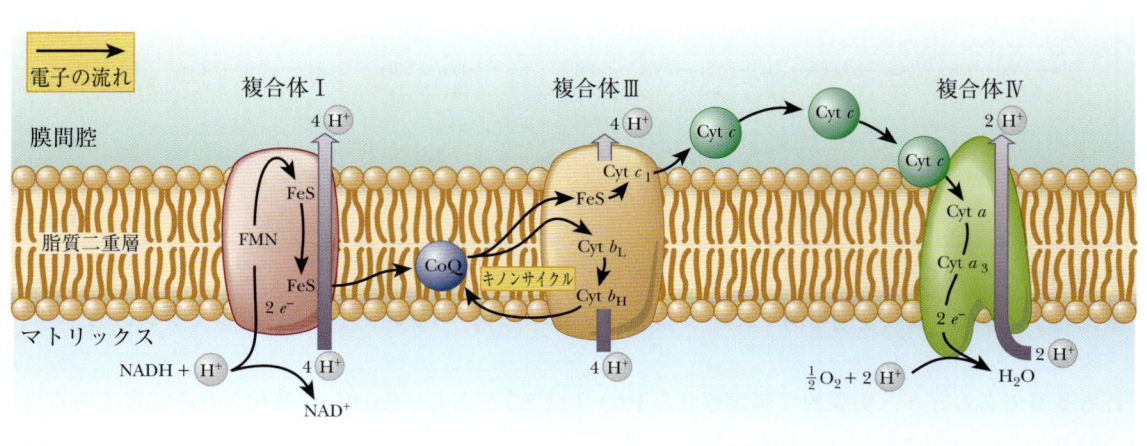

図 20.15

化学浸透圧共役におけるプロトン勾配の形成
一連の電子伝達反応の総合的作用によって，マトリックスから膜間腔にプロトン（H^+）が輸送され，膜を挟んで pH の差が生じる．

図 20.16

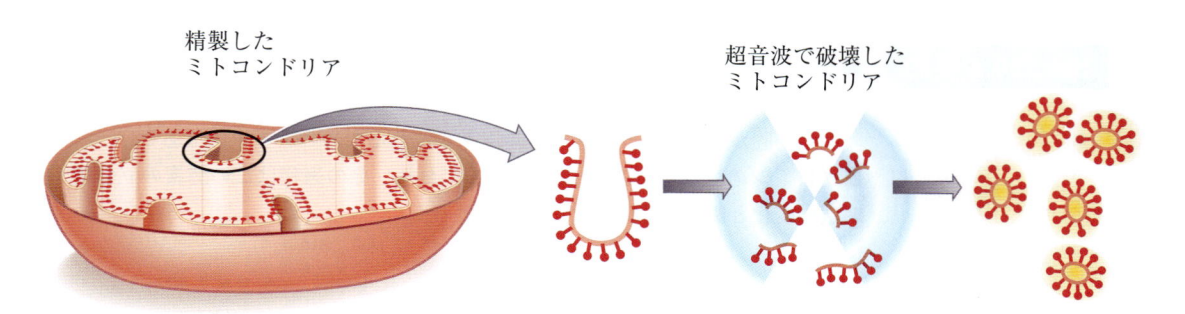

ミトコンドリアから調製した閉じた小胞は，プロトンポンプを動かし，ATP を合成することができる

体に対する最も認められている推定値を示してある．電子伝達過程において，呼吸鎖複合体のタンパク質はマトリックスから水素イオンを得て酸化還元反応へ送り込む．続いてこれらの電子伝達体が再酸化されるとき，水素イオンを膜間腔に放出し，プロトン勾配が形成される．その結果，膜間腔のプロトン濃度はマトリックスの濃度より高くなり，これがまさにプロトン勾配といわれるものである．膜間腔はマトリックスに比べて pH が低いことが知られているが，これは膜間腔のプロトン濃度がマトリックスより高いということと同じ意味である．次いで，このプロトン勾配は ATP 合成の原動力になる．ATP 合成はプロトンがマトリックスに逆流するときに起こる．

化学浸透圧共役が 1961 年にイギリスの科学者ピーター・ミッチェル Peter Mitchell により初めて提唱されて以来，これを支持するいくつかの実験的証拠が蓄積されている．

1. 内側と外側の区分が明確な系（閉じた小胞）が，酸化的リン酸化に必須である．区分がないもの，すなわち可溶化した試料や膜断片ではこの過程は起こらない．
2. ミトコンドリアを壊すことにより，内膜断片からなる閉じた小胞を含む標品を調製することができるが，この小胞は酸化的リン酸化を行うことができ，呼吸鎖複合体がこの膜に関して非対称的に分布していることを示す（図 20.16）．
3. 電子伝達系がなくても，プロトンを汲み出せば，酸化的リン酸化のモデル系を構築することができる．このモデル系は，再構成した膜小胞，ミトコンドリアの ATP シンターゼ，プロトンポンプから構成される．このポンプには，好塩菌の紫膜に見出されるタンパク質のバクテリオロドプシンを用いる．このタンパク質に光を当てると，プロトンポンプが作動する（図 20.17）．
4. pH 勾配の存在が実験的に示され，かつ確認されている．

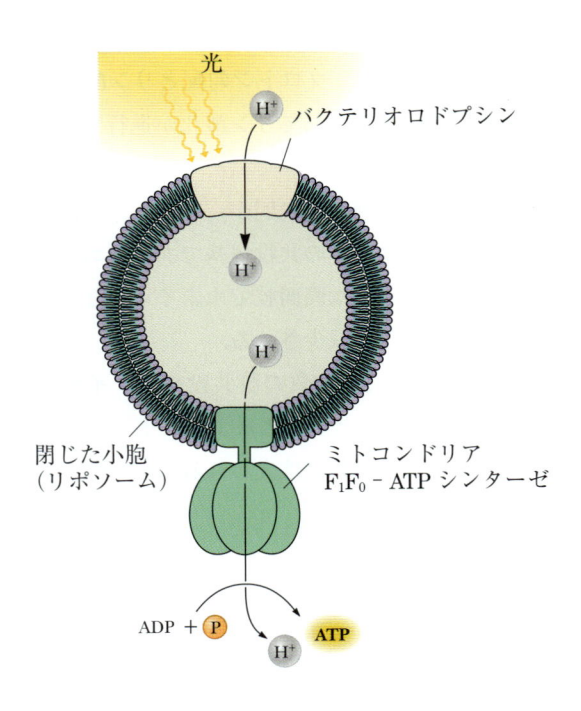

図 20.17
プロトンポンプとしてバクテリオロドプシンを膜に組み込んだ閉じた小胞により，ATP を合成することができる

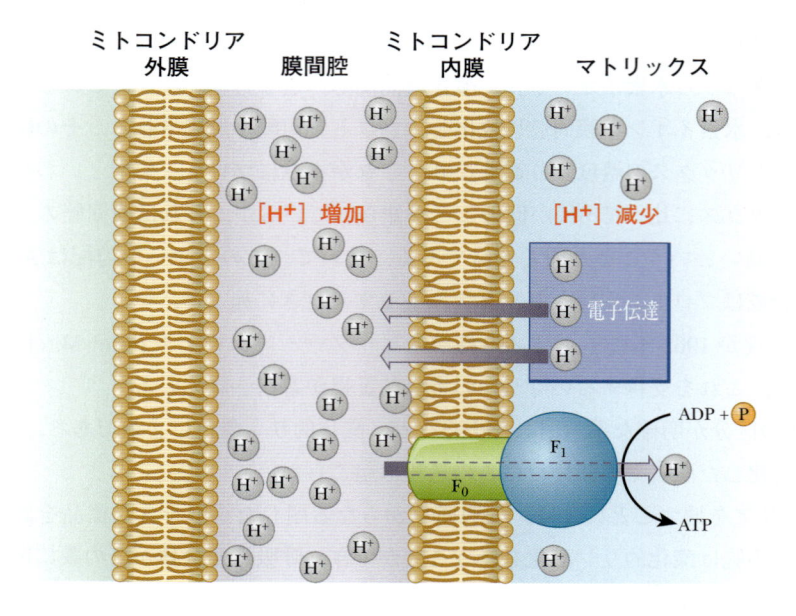

図 20.18
ATP 合成は，ミトコンドリアのマトリックスへ戻るプロトンの流れに付随して起こる

　プロトン勾配が ATP 合成に至る過程は，ミトコンドリア内膜を貫通しているイオンチャネルに基づいている．これらのチャネルは，ATP シンターゼの構造の一部である．プロトンはこの ATP シンターゼ中のイオンチャネルを通って，マトリックスに逆流する．つまり，このタンパク質の F_0 部分がプロトンチャネルなのである．このプロトンの流れに伴って，F_1 部位の中で ATP 合成が起こる（図20.18）．化学浸透圧共役のユニークな特色は，プロトン勾配とリン酸化反応が直接結びついていることである．プロトン勾配との結びつきの結果としてリン酸化が進行する過程の詳細は，上記のメカニズムの中では明確には記述されていない．

　脱共役剤の作用機構についての一つの合理的な説明が，プロトン勾配の存在という視点から提唱されている．ジニトロフェノールは酸であり，その共役塩基であるジニトロフェノレートアニオンが真の脱共役剤である．すなわち，このアニオンは膜間腔で水素イオンと反応することが可能であり，ミトコンドリア内膜内外の水素イオン濃度差を減少させる．

　グラミシジン A やバリノマイシン等の抗生物質の脱共役剤は，**イオノフォア** ionophore であり，H^+，K^+，Na^+ 等のイオンが膜を通過することができるようなチャネルを形成する．プロトン勾配がなくなり，結果として酸化反応とリン酸化の共役は失われる．p.756 の《身の周りに見られる生化学》で，天然の脱共役剤について述べる．

20.5.2　立体構造共役とは何か

　立体構造共役 conformational coupling では，プロトン勾配は間接的に ATP 産生に関与する．プロトン勾配は多くのタンパク質，特に ATP シンターゼそのものの立体構造を変化させる．最近の研究から，プロトン勾配の作用は立体構造を変化させ，その結果としてシンターゼに強く結合している

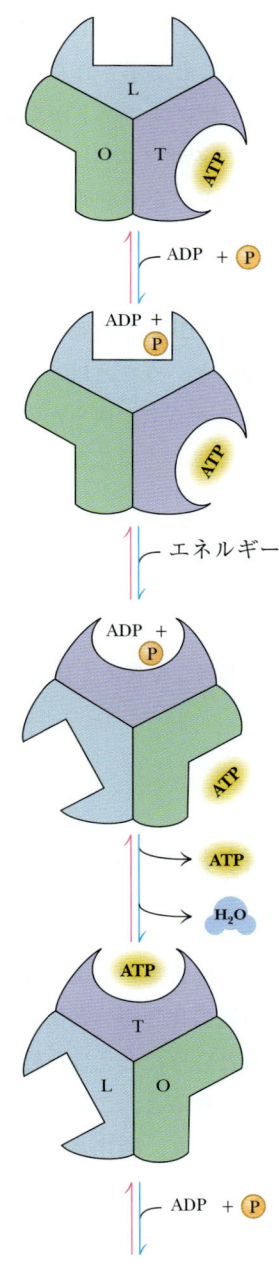

図 20.19
ATP シンターゼからの ATP 遊離における立体構造変化の役割
結合性の変化機構によると，プロトンの流れが立体構造の変化を起こさせ，この作用により既に合成されている ATP を ATP シンターゼから遊離させる．

ATP を遊離させるという証拠が得られている（図20.19）．シンターゼ上には三つの基質結合部位が存在し，3通りの立体構造をとることが可能である．すなわち，基質への親和性が低い開いた open（O）状態，触媒的には活性でないが基質が緩く結合した loose-binding（L）状態，触媒的に活性な強く結合した tight-binding（T）状態がある．どのような時点でも，3種の部位の各々が3通りの異なる立体構造のうちの一つの状態にある．シンターゼを貫通してプロトンが流れると，その結果，これらの状態は相互に変換する．シンターゼによって新たに合成された ATP は，T 状態の部位に結合しており，一方，ADP と P_i は L 状態の部位に結合している．プロトンの流れは T 状態の部位を O 状態に

変化させ，ATP を遊離させる．ADP と P_i が結合した部位は T 状態に変わり，ATP を合成する．最近になって，ATP シンターゼの F_1 部位が回転するモーターとして働くことが示された．c，γ，ε サブユニットが回転子で，$\alpha_3\beta_3$ 六量体と a，b サブユニットならびに δ サブユニットが形成する筒状の固定子の中を回転する（サブユニットの詳細は図 20.13 を参照）．γ，ε サブユニットは回転軸"シャフト"で F_0 でのプロトンの流れと F_1 における ATP 合成の間のエネルギー変換を仲介する．要するに，プロトン勾配の化学エネルギーがタンパク質の回転という機械エネルギーに変換され，この機械エネルギーは次に ATP の高エネルギーリン酸結合という化学エネルギーに変換され，蓄えられる．

電子顕微鏡写真は，ミトコンドリア内膜やクリステの立体構造が静止状態と活動状態で明らかに異なることを示している．ミトコンドリアの形態は静的なものではないということは，よく知られたことである．このことは，立体構造変化が酸化反応とリン酸化を共役させる上で何らかの役割を果たしているという考えを支持している．ATP アーゼの構造の詳細については，本章末の Stock, D. *et al.* の論文と 1999 年の Fillingame, R. H. の論文を参照されたい．

Sec. 20.5 要約
- 化学浸透圧共役の根幹は，プロトン勾配である．ATP シンターゼの穴を介したプロトン流が ATP 合成を駆動する．
- 立体構造共役では，ATP シンターゼが立体構造を変えて合成された ATP を遊離する．

20.6 呼吸阻害剤は電子伝達系の研究に使われる

もしパイプラインが詰まったら，流れは停滞するであろう．液体は障害点の上流に溜まり，下流では少なくなる．電子伝達系における電子の流れは，ある化合物から次の化合物へと伝わるのであり，パイプの中を流れていくのではないが，このパイプラインが詰まるというたとえは，経路の働きを理解するのに役立つ．一連の酸化還元反応において電子の流れが阻止されると，この経路での阻止点の前には還元型化合物が蓄積するであろう．還元とは電子を得ることであり，酸化とは電子を失うことであるというのを思い起こしてほしい．この阻止点の後にくる化合物は電子が欠乏し，酸化型として見出される（図 20.20）．**呼吸阻害剤** respiratory inhibitor の利用によっても，電子伝達経路における各構成要素の配列順序を決めるための根拠が得られる．

20.6.1 呼吸阻害剤は呼吸鎖複合体と関連があるか

電子伝達系の順序を決めるのに呼吸阻害剤を用いるのは，無傷のミトコンドリアにおけるさまざまな電子伝達体の酸化型と還元型の相対量の測定が可能であることに基づいている．この実験の論理は，詰まったパイプとの類似性からわかる．この実験では，上流の伝達体は電子を次の伝達体に渡すことができないので還元型が蓄積する．同様に，下流の伝達体は，受け取るはずの電子の供給が断たれるので，酸化型が蓄積する（図 20.20，例えば，伝達体 2 が還元型で蓄積し，伝達体 3 は酸化型が蓄積

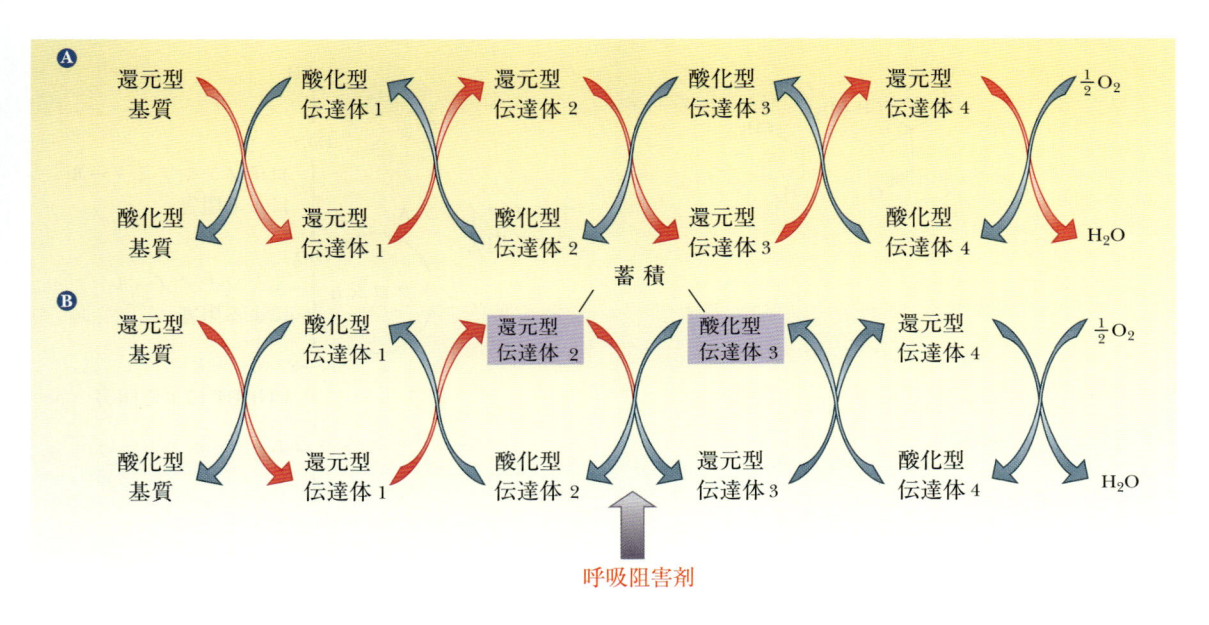

図 20.20
呼吸阻害剤の作用
Ⓐ 阻害剤がない場合．電子伝達を模式的に示す．赤色の矢印は，電子の流れを示す．Ⓑ 阻害剤がある場合．伝達体2から伝達体3への電子の流れは呼吸阻害剤によって阻害されている．伝達体2と3は互いに反応できないので，前者は還元型，後者は酸化型が蓄積する．

する)．細胞から注意深く単離した無傷のミトコンドリアは，酸化される基質があれば電子伝達を行うことができる．ミトコンドリアでの電子伝達を呼吸阻害剤の存在下および非存在下で行わせると，電子伝達体の酸化型と還元型の相対量は異なるであろう．

電子伝達体の酸化型と還元型の相対量を測定する実験では，これらの物質の分光学的特性が利用される．これにより酸化型と還元型のシトクロムを互いに区別することができる．特殊な分光学的技術を使えば，無傷のミトコンドリアにおける電子伝達体の存在を直接検出することもできる．シトクロムの種類は，吸光ピークが現れる波長により同定することができ，その相対的な量は吸光度の強さにより定量できる．

電子伝達系には呼吸阻害剤が作用する部位が3か所ある．その古典的な例のいくつかを見ることにしよう．第1の部位では，バルビツール酸（アミタールはその例である）が，フラビンタンパク質NADHレダクターゼから補酵素Qへの電子伝達を阻害する．ロテノンは，この部位に作用する別の阻害剤である．この化合物は殺虫剤として使用される．魚にも猛毒であるが，ヒトには無毒であるため，新しい種の魚を繁殖させる前に，湖にいる魚を殺すためにしばしば用いられる．阻害が起こる第2の部位は，b型シトクロム，補酵素Q，シトクロムc_1を含む電子伝達部位である．この部位に関連する古典的阻害剤は，抗生物質アンチマイシンA（図20.21）である．電子伝達系のこの部位に作用する新しく開発された阻害剤には，ミクソチアゾール myxothiazol, 5-n-ウンデシル-6-ヒドロキシ-4,7-ジオキソベンゾチアゾール 5-n-undecyl-6-hydroxy-4,7-dioxobenzothiazol（UHDBT）などがある．これらの化合物は，キノンサイクルの存在を確立する上で，重要な役割を果たした．阻害を受ける第3の部位は，シトクロムaa_3複合体から酸素への電子伝達部位である．シアン化物

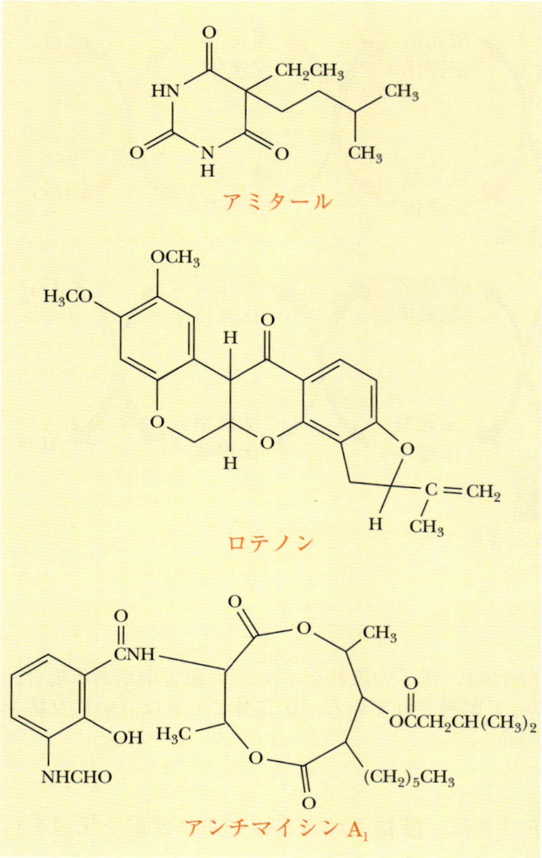

図 20.21
呼吸阻害剤の構造

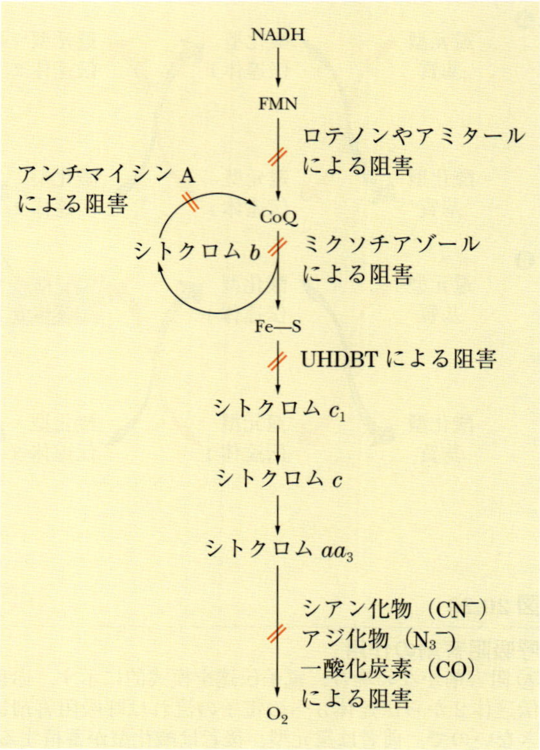

図 20.22
呼吸阻害剤の作用部位

(CN^-)，アジ化物（N_3^-），一酸化炭素（CO）等のいくつかの強力な阻害剤がこの部位に作用する（図 20.22）．呼吸阻害剤のこれら3種の作用部位が，それぞれ，呼吸鎖複合体の一つに対応していることに注意してほしい．なお，さらに最近になって開発されたいくつかの阻害剤については，研究が継続中であり，今後の研究によって電子伝達過程の詳細をさらに明らかにすることを目指している．

> **Sec. 20.6 要約**
> - 呼吸阻害剤は，対応するそれぞれの呼吸鎖複合体の部位で，電子伝達系を阻害する．
> - 多くが高い毒性を有するこれらの物質による実験が，呼吸における電子伝達経路を決めるのに用いられた．

20.7 シャトル機構

サイトゾルで進行する解糖系でも NADH は産生されるが，サイトゾルの NADH はミトコンドリア膜を通過して電子伝達系に入ることができない．しかしながら，電子は膜を通過できる担体に渡される．産生される ATP 分子数は担体の性質次第で，これはこの反応が進行する細胞の種類によって異なる．

20.7.1　シャトル機構は互いにどのように違うか

一つの担体系は**グリセロールリン酸シャトル** glycerol‐phosphate shuttle で，これは特に昆虫の飛翔筋で非常に詳しく研究されてきた．この機構には，ミトコンドリア内膜の外側面に存在し，グリセロールリン酸を酸化する FAD 依存性の酵素が使われる．グリセロールリン酸はジヒドロキシアセトンリン酸の還元によって産生され，この反応の進行過程で NADH が NAD^+ に酸化される．この反応における酸化剤（自身は還元される）は FAD で，生成物は $FADH_2$ である（図 20.23）．この $FADH_2$

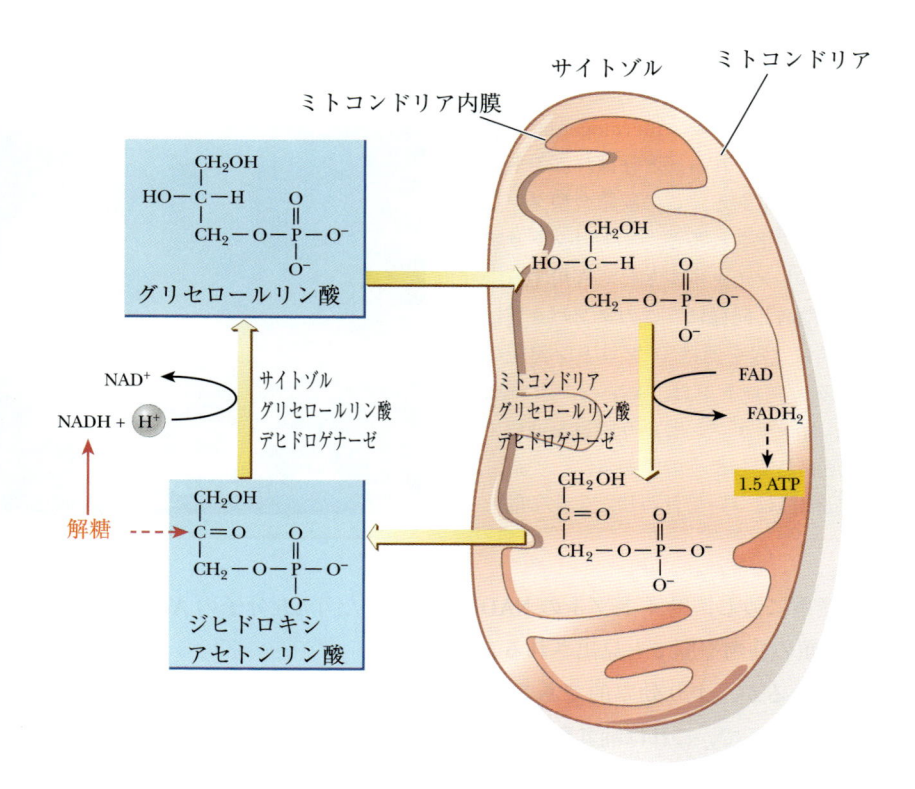

図 20.23
グリセロールリン酸シャトル

身の周りに見られる生化学　栄養

褐色脂肪組織は肥満とどのような関係があるか

　電子伝達系がプロトン勾配を形成するとき，産生されたエネルギーの一部は熱の形をとる．エネルギーを熱として消散させることが個体にとって有用な二つの場合がある．すなわち，寒さで身震いが起こるのを抑えるための熱産生と，食事で引き起こされる熱産生である．前者は動物がいったん寒冷状態に適応すれば，寒い中での生存を可能にする．後者は持続的な過食状態でも肥満の発症を防いでいる（食事の代謝分相当を脂肪として蓄積する代わりに，熱とすることでエネルギーを消散させる）．これら二つの反応過程は，生化学的には同一であろう．これらはすべてではないが，多くはミトコンドリアに富む褐色脂肪組織 brown adipose tissue（BAT）で起こることが確かめられている（褐色脂肪という名は，通常の白色脂肪細胞と異なって，そこに多数存在するミトコンドリアによる色に由来している）．褐色脂肪組織におけるこのような"非効率的な"エネルギー利用の鍵は，サーモゲニン thermogenin（"脱共役タンパク質"とも称される）と呼ばれるミトコンドリアのタンパク質にある．この膜結合型タンパク質は熱産生時に活性化されると，ミトコンドリア内膜を貫通するプロトンチャネルとして作用する．他のすべての脱共役剤と同様に，このタンパク質はミトコンドリア膜に"穴を開け"，プロトン勾配の効果を減少させる．プロトンは，ATP シンターゼ複合体を通らず，サーモゲニンという脇道を通ってマトリックスに逆流してしまうのである．

　ヒトの褐色脂肪組織について行われた生化学的・生理学的研究は非常に少ない．肥満や寒冷ストレスへの適応に関する研究のほとんどは，ラット，マウス，ハムスター等の小動物で行われたものである．ヒトにおける肥満の進展や防止に褐色脂肪組織がどのような役割（もしあるとすれば）を果たしているかは，今後の研究課題である．最近，研究者らは，肥満防止に関与する脱共役タンパク質をコードする遺伝子の同定に多くのエネルギーを注いでいる．この研究の最終目標は，肥満を克服するために，このタンパク質そのものあるいはタンパク質の活性を調節する薬剤を用いることにある．

　一部の研究者らはまた，乳幼児突然死症候群 sudden infant death syndrome（SIDS）と褐色脂肪組織における代謝との関連性を提唱している．彼らは BAT の欠損や，BAT から普通の脂肪組織への早過ぎる切り替わりが，中枢神経系への影響を介して，体温低下を招くと考えている．

は電子を電子伝達系に渡し，サイトゾルの NADH 1 分子当たり 1.5 分子の ATP 産生を引き起こす．この機構は，哺乳類の筋肉や脳でも見出される．

　これより複雑であるが，より効率的であるシャトル機構は，**リンゴ酸-アスパラギン酸シャトル** malate-aspartate shuttle で，これは哺乳類の腎臓，肝臓，心臓等に見出される．このシャトル機構は，リンゴ酸はミトコンドリア膜を通過できるが，オキサロ酢酸はできないという事実を利用している．このシャトル機構で注目すべき点は，サイトゾル内の NADH からの電子の転移が，ミトコンドリア内で NADH を産生することである．サイトゾルでは，オキサロ酢酸はサイトゾルのリンゴ酸デヒド

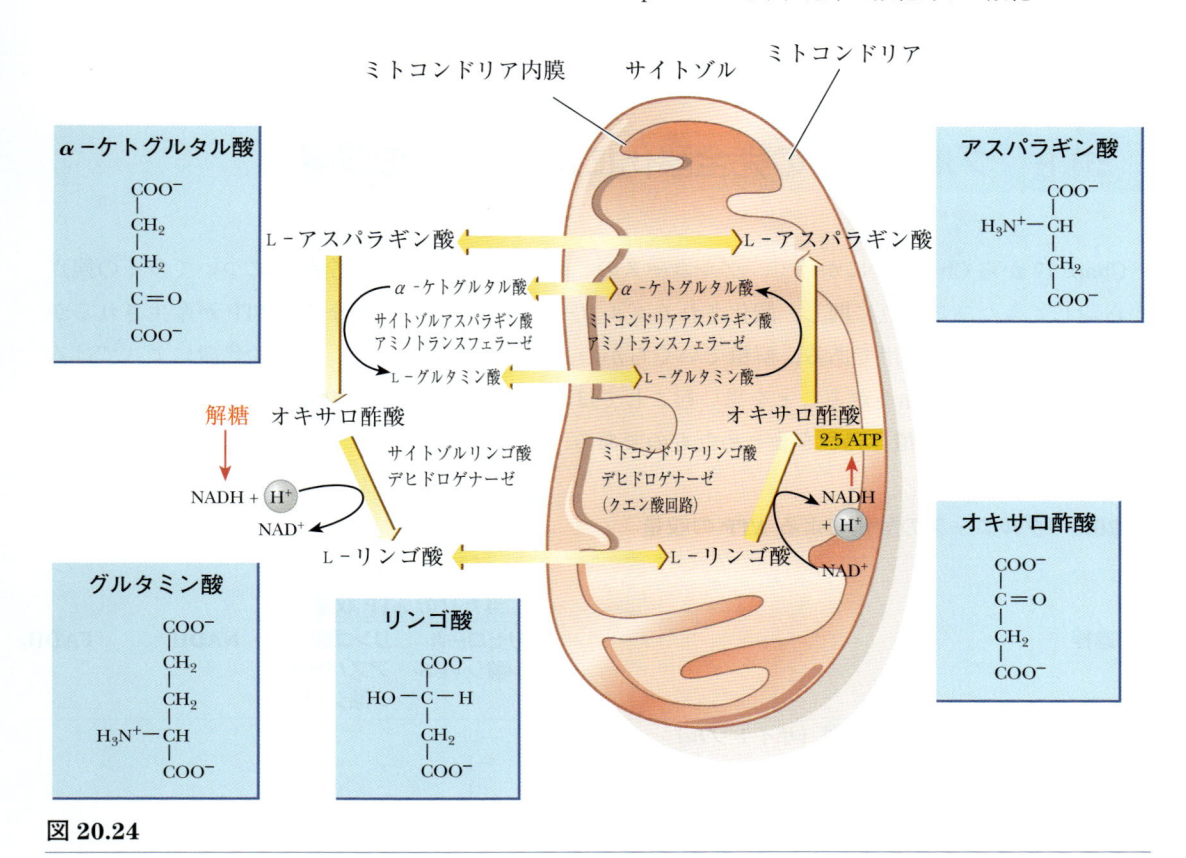

図 20.24

リンゴ酸−アスパラギン酸シャトル

ロゲナーゼによって還元されてリンゴ酸になり，これに伴ってサイトゾルのNADHはNAD$^+$に酸化される（図20.24）．このリンゴ酸は，ミトコンドリア膜を通過する．ミトコンドリア内では（クエン酸回路の酵素の一つである）ミトコンドリアリンゴ酸デヒドロゲナーゼによって触媒される反応により，リンゴ酸がオキサロ酢酸に戻る．オキサロ酢酸はアスパラギン酸に変換されるが，これはミトコンドリア膜を通過できる．アスパラギン酸はサイトゾルでオキサロ酢酸に転換され，この反応回路が終結する．

ミトコンドリア内で産生されたNADHは，電子伝達系に電子を渡す．リンゴ酸−アスパラギン酸シャトルでは，サイトゾルのNADH 1分子当たり2.5分子のATPが産生される．これはFADH$_2$が介在するグリセロールリン酸シャトルではATP産生が1.5分子であるのに比べて多い．p.760の《身の周りに見られる生化学》では，この異化反応過程の理解を実際に応用することについて述べている．

Sec. 20.7 要約

- シャトル機構は，電子（NADHではない）をサイトゾルからミトコンドリア内へ膜を横切って運ぶ．
- リンゴ酸−アスパラギン酸シャトルではサイトゾルのNADH 1分子に対して産生されるATPが2.5分子で，グリセロールリン酸シャトルの場合のATP 1.5分子より多い．この点が，組織の違いによるATPの全体収量に影響している．

20.8 グルコースの完全酸化による ATP の収量

Chap. 17 から Chap. 20 にかけて，グルコースの二酸化炭素と水への完全酸化について多くの観点から論じてきた．この点に関し，酸化されるグルコース 1 分子当たり何分子の ATP が産生されるかの収支を見ることは有用である．解糖でいくらかの ATP が産生されるが，好気的代謝によってはるかに多量の ATP が産生されることを思い起こしてほしい．表 20.3 は，ATP 産生を要約すると共に，NADH と $FADH_2$ の再酸化過程をまとめたものである．

表 20.3 グルコースの酸化による ATP の収量

反応過程	グルコース 1 分子当たりの ATP 収量		NADH	$FADH_2$
	グリセロールリン酸シャトル	リンゴ酸-アスパラギン酸シャトル		
解糖：グルコースからピルビン酸（サイトゾル）				
グルコースのリン酸化	−1	−1		
フルクトース 6-リン酸のリン酸化	−1	−1		
2 分子の 1,3-BPG の脱リン酸化	+2	+2		
2 分子の PEP の脱リン酸化	+2	+2		
2 分子のグリセルアルデヒド 3-リン酸の酸化による 2 NADH の生成			+2	
ピルビン酸からアセチル CoA への変換（ミトコンドリア）				
2 NADH の生成			+2	
クエン酸回路（ミトコンドリア）				
2 分子のスクシニル CoA から 2 分子 GTP 生成	+2	+2		
それぞれ 2 分子のイソクエン酸，α-ケトグルタル酸，リンゴ酸の酸化による 6 NADH の生成			+6	
コハク酸 2 分子の酸化による 2 $FADH_2$ の生成				+2
酸化的リン酸化（ミトコンドリア）				
解糖により生じた 2NADH の各々から，グリセロールリン酸シャトルによる酸化では 1.5 分子の ATP が，リンゴ酸-アスパラギン酸シャトルでは 2.5 分子の ATP が生成	+3	+5	−2	
2 分子のピルビン酸からアセチル CoA への酸化的脱炭酸：2 NADH の各々から 2.5 分子の ATP を生成	+5	+5	−2	
クエン酸回路による 2 $FADH_2$ の各々から 1.5 分子の ATP を生成	+3	+3		−2
クエン酸回路による 6 NADH の各々から 2.5 分子の ATP を生成	+15	+15	−6	
全体の収量	+30	+32	0	0

（NADH および $FADH_2$ のミトコンドリアにおける酸化時の P/O 比，2.5 と 1.5 は "最も認められている値" である．これらの値は実際の値を必ずしも反映してはいないだろうし，代謝の条件によっても変化するだろう．したがって，ここに示すグルコース酸化による ATP の収量は概算値である．）

> **Sec. 20.8 要約**
> ■グルコースの完全酸化では，シャトル機構に依存して，グルコース 1 分子から 30 または 32 分子の ATP が産生される．

SUMMARY 要約

◆ **ATP産生におけるミトコンドリア構造の重要性は何か** 好気的代謝の最終段階において，電子は電子伝達系と呼ばれる一連の酸化還元反応を経て，NADHから（最終的な電子受容体である）酸素に移動する．この過程で，プロトンがミトコンドリア内膜を横切って汲み出される．この反応は最終段階における酸素の存在に依存している．電子伝達系により，解糖，クエン酸回路ならびに他のいくつかの異化経路で生成した還元型電子伝達体が再酸化される．この経路は異化反応による真のATP産生の場である．ADPからATPへのリン酸化は，ミトコンドリアの膜による仕切り構造に基づいている．

◆ **電子の伝達方向の予測に還元電位はどのように使われるか** 電子伝達系の全反応は大きな負の$\Delta G°'$を示すが，これはNADHが関与する反応の還元電位と酸素が関与する反応の還元電位との間の大きな差に基づく．もしNADHが直接酸素を還元するならば，$\Delta E°'$は1Vを超える．実際には，多くの酸化還元反応が間にあり，それらの電子伝達系における正しい順序は，各反応の還元電位の比較から予測された．これは実験的に順序が決められるよりはるか前のことである．

◆ **どのような反応が呼吸鎖複合体において起こるか** 4種の別々に存在する呼吸鎖複合体は，ミトコンドリア内膜から単離することができる．これら呼吸鎖複合体の各々が，電子伝達系の各部分の反応を担っている．呼吸鎖複合体に加えて2種の電子伝達体として補酵素Qとシトクロムcが存在し，これらは複合体に結合しておらず膜内を自由に動くことができる．複合体ⅠはNADHの再酸化により補酵素Qに電子を渡す．複合体Ⅱは$FADH_2$を再酸化し，これもまたCoQに電子を渡す．複合体Ⅲはキノンサイクルが関与し，シトクロムcに電子を運ぶ．複合体Ⅳはシトクロムcから電子を受け取り，電子伝達系の最終段階として酸素に電子を渡す．

◆ **電子伝達系における鉄含有タンパク質の本質は何か** 電子伝達系に多くの鉄含有タンパク質が含まれる．シトクロムタンパク質では，鉄はヘムに結合している．他のタンパク質では，鉄は硫黄と共にタンパク質に結合している．

◆ **酸化的リン酸化における共役因子は何か** 酸化反応とリン酸化を連結する共役因子は複雑なオリゴマータンパク質で，このタンパク質全体はミトコンドリア内膜を貫通し，さらにマトリックスに突き出ている．このタンパク質の膜貫通部分はF_0と呼ばれる．これは3種の異なるポリペプチド鎖（a, b, c）で構成されている．

マトリックスに突き出た部分はF_1と呼ばれる．これは$\alpha, \beta, \gamma, \delta, \varepsilon$の5種の異なるポリペプチド鎖が，$\alpha_3\beta_3\gamma\delta\varepsilon$の比率で構成されている．この球状の$F_1$が，ATP合成部位である．このタンパク質全体はATPシンターゼと呼ばれる．これはミトコンドリアATPアーゼとも呼ばれる．電子伝達の過程で，供与できる電子とプロトンの両方をもつ還元型伝達体が，電子のみを受容できる伝達体に連結している反応がある．これらの反応時に，水素イオンがミトコンドリア内膜の反対側に遊離し，プロトン勾配を形成する．水素イオンの電気化学的勾配によるエネルギーを利用して，ATPシンターゼを介してミトコンドリア内に水素イオンが戻るときに，ADPがATPにリン酸化される．

◆ **化学浸透圧共役とは何か** 化学浸透圧共役と立体構造共役の二つの機構が，電子伝達系とATP合成との共役を説明するために提唱された．化学浸透圧共役は電子伝達系と酸化的リン酸化が互いに

身の周りに見られる生化学　保健関連

スポーツと代謝

　鍛えられた運動選手，特にトップクラスの選手は，運動しない人に比べて，嫌気的代謝と好気的代謝がもたらす結果についてよく知っている．運動選手として成功するためには，遺伝的な素質やトレーニングも重要であるが，生理機能と代謝を知ることも同様に大切である．本格的な運動選手は，適切に競技するための栄養摂取を図るために，その選手のスポーツ種目に関わる代謝の本質を理解すべきである．一定の休息後に，運動中の筋肉が利用できるエネルギー源には，次の異なる4種がある．

1. ADPを基質レベルで直接的にリン酸化してATPを産生するクレアチンリン酸．
2. 筋肉に蓄えられたグリコーゲンから生じ，運動初期に嫌気的代謝で消費されるグルコース．
3. やはり運動の初期に嫌気的代謝で消費される肝臓由来のグルコース．これには肝臓の貯蔵グリコーゲンからのグルコースと，筋肉で産生された乳酸が肝臓で糖新生（コリ回路）により生じたグルコースの両方がある．
4. 筋肉ミトコンドリアでの好気的代謝．

　運動の初期段階では，筋肉はこれら四つのエネルギー源を使うことができる．クレアチンリン酸が枯渇したときにも他の供給源が残っている．次に筋肉グリコーゲンが枯渇すると嫌気的なエネルギー供給は減少する．さらに肝臓のグリコーゲンがなくなると，二酸化炭素と水に至る好気的代謝だけが残ることになる．

　これらの栄養素の各々が，敏速に運動中の筋肉にどのくらい供給されるかを正確に計算することは難しい．しかしながら，単純計算ではクレアチンリン酸によるエネルギーの供給は1分以内で終了する．この1分以内という時間は，典型的には1分以内で終わる短距離走の時間とほぼ同じである．運動選手向けにクレアチン栄養剤が健康食品の店で売られている．また，重量挙げや100m走のような短距離走にこの栄養補給が効果的であることも，これまでの結果からわかっている．筋肉細胞のグリコーゲンは，運動量によっても大きく変わるが，だいたい10分から30分間は有効である．1500mから10kmまでの中・長距離走には，スタート時の筋肉グリコーゲン量が大きく影響する．したがって，グリコーゲン増量（Chap. 18）はこの距離に有意な影響を及ぼす．しかしながら，肝臓のグリコーゲンのどれくらいの割合が乳酸に代謝されるのか，またどれくらいの量のグリコーゲンが肝臓で代謝されるのかということが不確定であるため，これらを正確に計算するのは難しい．好気的代謝の一つの律速段階はNADHとピルビン酸が細胞質からミトコンドリアに入るシャトル機構であることが知られている．

　この点に関して，よく鍛えられうまく調整された運動選手が実際に筋肉細胞中に多数のミトコンドリアを有しているということは興味深い．マラソンやサイクリングなどの長距離競技では好気的代謝が働くようになるのは疑いのないことである．"脂肪の燃焼"という言葉はよく使われるが，これは代謝の実体を表している．脂肪酸はアセチルCoAに分解され，クエン酸回路に入る．マラソン選手や自転車競技選手はやせた体格で体脂肪も最小限であることが知られている．7時間にも及ぶプロの自転車競技に比べ，速い選手でも2時間から3時間の間で終わるマラソンでは，より多くの脂肪酸を用い，酸素取り込みレベルもより少ない．耐久レースという同じカテゴリーに属するスポーツの中でも，種目により明らかに代謝が異なるのである．

　おそらく近頃で最も研究された運動選手はランス・アームストロング Lance Armstrong という自転車競技選手であろう．彼は若いエリート選手として，

共役している様式を説明する機構として最も広く用いられている．この機構では，プロトン勾配がリン酸化過程に直接連結する．プロトン勾配がATP合成につながる機構は，ミトコンドリア内膜を貫通しているイオンチャネルに基づいている．これらのチャネルは，ATPシンターゼの構造の

1993年の世界プロフェッショナルロードレースチャンピオンとなり，ツール・ド・フランスのいくつかのステージにも優勝した．彼は強靭な肉体を持ち，タイムトライアルや1日限りのロードレースでは，ずば抜けた力を発揮した．しかしながら，主要なステージレースでは強敵とはみなされなかった．というのは主要なヨーロッパの山岳コースが苦手であったためである．彼は1996年のアトランタオリンピックで人々を失望させた後に，睾丸のがんの診断を受け，さらにがんは脳を含むいくつかの臓器に転移していた．彼はほとんど生きるチャンスはなかったにもかかわらず，数回の手術と強力な化学療法により，自転車競技を再開するまでに回復した．入院生活と化学療法により10 kg近く体重を落としたが，1998年には単なる競争相手としてのみならず，世界チャンピオンへの真の挑戦者としてスペインのツアー（ヴェルタ・エスパーニャ）に臨んだ．自転車競技のファンは，彼がスペインのピレネー山岳コースをうまく上ることに驚かされたが，さらにその後の数年間でツール・ド・フランスに7回も優勝するなど想像すらできなかった．アームストロング以前に6回でさえ優勝した人は誰もいないのである．

ランス・アームストロングはアメリカ人としてこの競技に優勝した2人目である．彼の肉体は常に驚くべき有酸素運動マシンであったので，かつての体重を山に持ち上げる必要がなくなった時点で，世界で一番速い山岳コース走行ができるようになったのである．もちろん，彼の真の強さは，がんを体験したことで得られた勝利への意欲からくるものである．

もう一人の偉大な自転車競技チャンピオンであるグレッグ・レモン Greg LeMondの話も運動選手にとって電子伝達系とミトコンドリアがいかに重要かを示している．レモンはツール・ド・フランスに優勝した最初のアメリカ人であり，彼も3回の優勝経験をもっている．ランス・アームストロングと同様，グレッグ・レモンもハンティング中に被弾するという悲劇を経験している．ツール・ド・フランスの最初の勝利のすぐ後で，背中に散弾銃の弾が当たった．彼は目に見えて回復し，さらに2回のツール・ド・フランス優勝を果たした．しかしながら，彼自身は本当に再び良くなったと感じることはなかった．彼の最後の勝利となった1990年のツール・ド・フランスの時でさえ，"何かが絶対におかしかった"と後に述べている．その後の数年は彼にとってもファンにとっても満足のいくものではなく，再びレースで一番になることはなかった．体も重くなり，トレーニングの手応えもなかった．最後に，失意のうちに，苦痛を伴う筋肉の生検を受け，ミトコンドリア性筋疾患というまれな病気にかかっていることが発見された．この疾患は，激しいトレーニングによりミトコンドリアが消失するというものである．彼は基本的には有酸素運動の運動選手でありながら，エネルギー源を好気的に処理する能力がなくなってしまったのである．この診断の直後に，彼は競技から引退してしまった．

© Reuters New Media Inc./CORBIS

© Lionel Cironneau/AP Photo

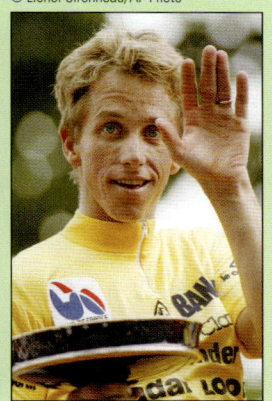

自転車選手のランス・アームストロングはがんを克服し，ツール・ド・フランスに優勝した．彼はツール・ド・フランスに7回連続優勝した後，2005年に引退した．

1986年，1989年，1990年のツール・ド・フランス優勝者のグレッグ・レモンは世界で最も有名な自転車競技で優勝した最初のアメリカ人である．

一部である．プロトンはATPシンターゼのF_0部分にあるプロトンチャネルを通ってマトリックスに逆流するが，このプロトンの流れに伴って，F_1部位でATPの合成が起こる．

◆**立体構造共役とは何か**　立体構造共役では，プロトン勾配はATP産生に間接的に関連する．最近

身の周りに見られる生化学　スポーツ医学

スポーツの影の側面

われわれはニュースで，それぞれ偉大なチャンピオンとなった運動選手について知るが，同様にスポーツの裏側，すなわち21世紀においてスポーツを害するドーピングについても知ることになる．それは人間性の悲しむべき一面を反映したものである．目標とする賞が大きいと，誰かがそれを不正に手に入れようとする．

好気的スポーツでは，組織にもたらされる酸素の量が競技で成功する重要な因子となる．運動選手は，長距離トレーニングにより心血管系を発達させると，赤血球の酸素運搬能力を増加できることを以前から知っていた．彼らはまた，高地でのトレーニングが，低地での競技に有利であることも見出した．その理由の一つは，高地でのトレーニングが，赤血球レベルを増加させるエリスロポエチンというホルモン濃度を増加させるためである．より多くの赤血球は，筋肉により多くの酸素を運び，その結果，好気的代謝がより行えるようになる．他の条件が同じならば，好気的代謝を最も早く行える選手が勝つだろう．

残念なことに，運動選手たちは好気的代謝能力を増加させる別の方法を用いることを学んでしまった．一つの方法はエリスロポエチン（EPO）を直接注射することである．EPOはもともと貧血治療のために開発された薬であるが，今ではスポーツで用いる薬物としてブラックマーケットが存在する．これの使用は危険である．なぜなら，過剰なEPOの使用により，血液が濃くなりすぎて，心臓が効率的に血液を送り出せなくなるからである．ヨーロッパでEPOが使われるようになった直後の1980年代後半から90年代初頭にかけて，数十人を超えるオランダやベルギーの自転車選手が突然の心臓発作で死亡した．スポーツを管轄する組織はEPOの使用を止めさせる方策を開始した．最初の段階は，血液中の赤血球量（％）を示すヘマトクリット値の管理であった．おそらく，この検査による最も大きな事件は，イタリアの自転車選手であるマルコ・パンターニ Marco Pantani であろう．パンターニは1999年のジロ・デ・イタリアでトップであったが，人為的に高いヘマトクリット値のために競技から除外された．彼のキャリアも実生活も元に戻ることはなく，2006年に哀れな最後を迎えた．

今日のEPO検査においては，ヒトの体内で作られた天然型EPOと，実験室で作られた組換え型EPOとの微妙な違いが利用されている．自転車競

の証拠によると，プロトン勾配の作用はATPの生成ではなく，立体構造変化の結果として，固く結合しているATPがシンターゼから遊離するためであるという．

◆**呼吸阻害剤は呼吸鎖複合体と関連があるか**　呼吸阻害剤を用いた実験によって，電子伝達系の働きが解明されてきた．これらの阻害剤は，呼吸鎖複合体の特異的な部位で電子伝達を特異的に阻害する．電子伝達系の最終段階を阻害するCOとCN^-や，NADHレダクターゼから補酵素Qへの電子伝達を阻害するロテノンが例として挙げられる．そのような阻害が起こると，阻害部位の手前に電子が蓄積し，酸化されない還元型伝達体が生じる．還元型で溜まる伝達体と酸化型で溜まる伝達体から，伝達体間の連関を決めることができる．

◆**シャトル機構は互いにどのように違うか**　二つのシャトル機構（グリセロールリン酸シャトルとリンゴ酸-アスパラギン酸シャトル）は，サイトゾルにおける反応で産生された電子（NADHではない）をミトコンドリア内に輸送する．これら二つのシャトルのうち，筋肉や脳で見出される前者では，電子はFADに移され，腎臓，肝臓，心臓等で見出される後者では，電子はNAD^+に移される．リンゴ酸-アスパラギン酸シャトルではサイトゾルのNADH 1分子に対して産生されるATPが2.5

技の世界では，組換え型 EPO の使用が明らかとなった選手は，初犯で 2 年間の出場停止，再犯は永久追放となる．

再び流行している旧式のドーピング法は，血液ドーピングである．これには，運動選手が提供者から赤血球を受け取る方法と，自分の血液の一部を抜いて新しい血液をつくらせた後，再び最初に除いた血液を戻す方法がある．他人から輸血する方法に対しては赤血球のタイプの違いを検出することが可能であるが，後者の方法に対しては，検出がほとんど不可能である．アメリカの自転車選手でオリンピックの金メダリストであるタイラー・ハミルトン Tyler Hamilton は，2004 年のスペインツアーの後，このような輸血を受けたとして有罪になった．彼は 2 年間の出場停止の後，2007 年に競技に復帰した．

ツール・ド・フランスとジロ・デ・イタリアの元優勝者であるマルコ・パンターニは，異常に高いヘマトクリット値により，1999 年のジロ・デ・イタリアで失格となった．彼のキャリアは二度と回復しなかった．

アメリカ人タイラー・ハミルトンは，タイムトライアル競技で 2004 年のオリンピックに優勝した．数週間後，赤血球レベルを上げるために輸血したことが検査でわかり，その罪で 2 年間の出場停止となった．

分子で，グリセロールリン酸シャトルの場合の ATP 1.5 分子より多く，この点がこれらの組織での ATP の全体収量に影響している．

電子伝達系に入ってきた NADH 1 分子については約 2.5 分子の ATP が，FADH$_2$ 1 分子については約 1.5 分子の ATP が産生される．グルコースが嫌気的に代謝されるとき，産生される正味の ATP は，基質レベルでのリン酸化過程のみでつくられる．これは解糖系に入ったグルコース 1 モル当たりたったの 2 分子の ATP である．解糖系で産生されたピルビン酸はクエン酸回路に入り，ここでできた NADH と FADH$_2$ は電子伝達系を介して再酸化され，二つの可能なシャトルの違いによって，全体として 30 または 32 分子の ATP が産生される．

EXERCISES / 練習問題

20.1 代謝における電子伝達系の役割

1. **復習** NADH から酸素までの電子伝達系の各段階を簡単に要約せよ．

2. **復習** 電子伝達と酸化的リン酸化は同一の過程か．もしそうならどうしてか，また違うならどうして違うのか．

3. **演習** NADHから酸素までの電子伝達反応のうちでADPのリン酸化を進行させるのに十分なエネルギーを放出する反応を示せ．

4. **演習** $FADH_2$が電子伝達系の出発点である場合，電子伝達系の反応は問題3の反応とどのように異なるかを示せ．またこの時，ADPのリン酸化を進行させるのに十分なエネルギーを放出する反応が，NADHを出発点とした反応過程とどのように異なるかを示せ．

5. **演習** ミトコンドリアの構造は好気的代謝，特にクエン酸回路と電子伝達系の統合にどのように寄与しているか．

20.2 電子伝達系における還元電位

6. **復習** 電子伝達過程が電池に例えられるのはなぜか．

7. **復習** 表20.1では，どうしてすべての反応が還元反応として記述されているのか．

8. **計算** 表20.2の情報を用いて，次の反応の$\Delta G^{\circ\prime}$を計算せよ．
2 Cyt aa_3［酸化型；Fe(Ⅲ)］＋ 2 Cyt b［還元型；Fe(Ⅱ)］$\longrightarrow$ 2 Cyt aa_3［還元型；Fe(Ⅱ)］＋ 2 Cyt b［酸化型；Fe(Ⅲ)］

9. **計算** 次の反応の$E^{\circ\prime}$を計算せよ．
NADH ＋ H^+ ＋ $\frac{1}{2}O_2 \longrightarrow NAD^+$ ＋ H_2O

10. **計算** 次の反応の$E^{\circ\prime}$を計算せよ．
NADH ＋ H^+ ＋ ピルビン酸 $\longrightarrow NAD^+$ ＋ 乳酸

11. **計算** 次の反応の$E^{\circ\prime}$を計算せよ．
コハク酸 ＋ $\frac{1}{2}O_2 \longrightarrow$ フマル酸 ＋ H_2O

12. **計算** 下記の反応に関して，電子供与体と電子受容体を示し，$E^{\circ\prime}$を計算せよ．
FAD ＋ 2 Cyt $c(Fe^{2+})$ ＋ $2H^+ \longrightarrow FADH_2$ ＋ 2 Cyt $c(Fe^{3+})$

13. **計算** NAD^+によるコハク酸からフマル酸への酸化と，FADによるそれとでは，どちらがエネルギー的に好ましいか．答えと共にその理由も述べよ．

14. **演習** ピルビン酸の乳酸デヒドロゲナーゼによる乳酸への還元は，
ピルビン酸＋ $2H^+$ ＋ $2e^- \longrightarrow$ 乳酸
という半反応で表され，その標準自由エネルギー変化はプラス（$\Delta G^{\circ\prime} = 36.2$ kJ mol^{-1} ＝ 8.8 kcal mol^{-1}）で，吸エルゴン的であることを示している．それにもかかわらず，この反応が強く発エルゴン的である（Chap. 15 参照）という事実について述べよ．

20.3 電子伝達系複合体の構成

15. **復習** シトクロムが有するヘモグロビンまたはミオグロビンとの共通点は何か．

16. **復習** 化学的な活性に関して，シトクロムはヘモグロビンやミオグロビンとどのように異なっているか．

17. **復習** シトクロム，フラビンタンパク質，鉄‒硫黄タンパク質，補酵素Qの中で，呼吸鎖複合体としての役割を果たさないものはどれか．

18. **復習** 呼吸鎖複合体のどれかがクエン酸回路において役割を果たすか．もしそうなら，その役割は何か．

19. **復習** すべての呼吸鎖複合体が，ADPをリン酸化してATPにするのに十分なエネルギーを産生できるか．

20. **演習** 2名の生化学を学ぶ学生が，ラット肝臓から単離したミトコンドリアを酸化的リン酸化の実験に用いようとしている．実験の手引き書には，起源は何でもよいが，精製したシトクロムcを加えるように指示してある．なぜシトクロムcを加える必要があるのか．またどうしてその供給源がミトコンドリアを得た種と同じである必要がないのか．

21. **演習** シトクロムオキシダーゼとコハク酸‒CoQオキシドレダクターゼをミトコンドリアから単離し，酸素存在下でシトクロムc，補酵素Q，およびコハク酸と共にインキュベートした．全体としてどのような酸化還元反応が起こると考えられるか．

22. **演習** 電子伝達系の構成成分がミトコンドリア内膜に埋め込まれていることの利点は何か．利点を二つ述べよ．

23. **演習** シトクロムと，ヘモグロビンおよびミオグロビンとの構造的類似性と機能的な違いが，進化の過程でどのように関連しながら生じてきたかを示せ．

24. **演習** 実験的証拠から，シトクロムのタンパク質部分はヘモグロビンやミオグロビンのタンパク質部分よりもゆっくりと，そして加水分解酵素と比べればさらにゆっくりと進化してきたことが強く示唆される（進化の速度は，100万年

当たりのアミノ酸変異の数から判断した). この理由として考えられることを述べよ.

25. **演習** 電子伝達体として膜結合型巨大複合体に加え, 可動性の電子伝達体があることの利点は何か.

26. **演習** キノンサイクルは複雑であるにもかかわらず, 電子伝達系に用いられることの利点は何か.

27. **演習** 電子伝達反応において, すべての反応が同じ鉄の酸化-還元反応を含んでいるにもかかわらず, シトクロム間で標準還元電位が異なるのはなぜか.

28. **演習** 電子伝達系の反応で, 1電子反応と2電子反応には本質的な違いはあるか.

29. **演習** シトクロム間で分光学的性質が異なることの根本的な理由は何か.

30. **演習** 呼吸鎖複合体の性質を研究するために, ミトコンドリア内膜から複合体を取り出す際に, 気をつけることは何か.

20.4 電子伝達系とリン酸化の連結

31. **復習** 酸化的リン酸化におけるATPシンターゼのF_1部位の役割を述べよ.

32. **復習** ミトコンドリアATPシンターゼは膜内在性タンパク質か.

33. **復習** P/O比という言葉の意味を明確にし, どうしてこれが重要なのかを述べよ.

34. **復習** どういう意味で, ミトコンドリアATPシンターゼがモータータンパク質なのか.

35. **演習** 無傷のミトコンドリアを酸素の存在下でコハク酸と共にインキュベートした場合, 期待されるP/O比はおよそいくらか.

36. **演習** P/O比を正確に求めることが難しいのはなぜか.

37. **演習** 呼吸鎖複合体によるミトコンドリア内膜を挟んでのプロトンの汲み出し量を正確に求めるのは, やや困難である. 何が難しいのか.

20.5 酸化的リン酸化における共役機構

38. **復習** 化学浸透圧共役説の主張を簡単にまとめよ.

39. **復習** どうしてATP産生には無傷のミトコンドリア膜が必要なのか.

40. **関連** 酸化的リン酸化における脱共役剤の役割を簡単に述べよ.

41. **復習** 化学浸透圧共役において, プロトン勾配が果たす役割は何か.

42. **関連** どうしてジニトロフェノールがかつてダイエットの薬として用いられたのか.

43. **演習** "化学浸透圧共役におけるプロトン勾配の役割は, ADPをリン酸化するためのエネルギーを供給することである"という一文を批判せよ.

20.6 呼吸阻害剤は電子伝達系の研究に使われる

44. **復習** 次に挙げる各々の物質は, 電子伝達系およびATP産生にどのような作用を示すか. どの反応が影響されるかも特定せよ.
    (a) アジ化物
    (b) アンチマイシンA
    (c) アミタール
    (d) ロテノン
    (e) ジニトロフェノール
    (f) グラミシジンA
    (g) 一酸化炭素

45. **復習** 電子伝達系の各成分の順序を示すために, どのように呼吸阻害剤を用いることができるか.

46. **演習** 脱共役剤と呼吸鎖複合体阻害剤の本質的な違いは何か.

20.7 シャトル機構

47. **復習** どうして筋肉や脳におけるグルコース1分子の完全酸化によるATP収量は, 肝臓, 心臓, 腎臓におけるそれと異なるのか. この違いを生む原因は何か.

48. **演習** リンゴ酸-アスパラギン酸シャトルにより, サイトゾルのNADH 1モル当たり約2.5モルのATPが産生される. どうして約1.5モルのATPしか産生しないグリセロールリン酸シャトルが自然界で使われているのか.

20.8 グルコースの完全酸化によるATPの収量

49. **計算** 次に示すそれぞれの物質の, 解糖, クエン酸回路, 電子伝達系および酸化的リン酸化による完全酸化により, 産生が期待されるATPの収量はいくらか.
    (a) フルクトース1,6-ビスリン酸
    (b) グルコース
    (c) ホスホエノールピルビン酸
    (d) グリセルアルデヒド3-リン酸

(e) NADH

(f) ピルビン酸

50. 計算 シトクロム aa_3 複合体の分子状酸素による酸化に関する自由エネルギー変化（$\Delta G°$）は，伝達される電子対1モル当たり -102.3 kJ $= -24.5$ kcal である．この過程で産生され得るATPのモル数は最大でどれほどか．また，実際に産生されるATPは何モルか．この過程の効率は何パーセントか．

ANNOTATED BIBLIOGRAPHY 参考文献

Cannon, B., and J. Nedergaard. The Biochemistry of an Inefficient Tissue: Brown Adipose Tissue. *Essays in Biochemistry* **20**, 110–164 (1985). [A review describing the usefulness to mammals of the "inefficient" production of heat in brown fat.]

Dickerson, R. E. Cytochrome *c* and the Evolution of Energy Metabolism. *Sci. Amer.* **242** (3), 136–152 (1980). [An account of the evolutionary implications of cytochrome *c* structure.]

Fillingame, R. The Proton–Translocating Pumps of Oxidative Phosphorylation. *Ann. Rev. Biochem.* **49**, 1079–1114 (1980). [A review of chemiosmotic coupling.]

Fillingame, R. H. Molecular Rotary Motors. *Science* **286**, 1687–1688 (1999). [A review of research on ATP synthase.]

Hatefi, Y. The Mitochondrial Electron Transport and Oxidative Phosphorylation System. *Ann. Rev. Biochem.* **54**, 1015–1069 (1985). [A review that emphasizes the coupling between oxidation and phosphorylation.]

Hinkle, P. C., and R. E. McCarty. How Cells Make ATP. *Sci. Amer.* **238** (3), 104–123 (1978). [Chemiosmotic coupling and the mode of action of uncouplers.]

Lane, M. D., P. L. Pedersen, and A. S. Mildvan. The Mitochondrion Updated. *Science* **234**, 526–527 (1986). [A report on an international conference on bioenergetics and energy coupling.]

Mitchell, P. Keilin's Respiratory Chain Concept and Its Chemiosmotic Consequences. *Science* **206**, 1148–1159 (1979). [A Nobel Prize lecture by the scientist who first proposed the chemiosmotic coupling hypothesis.]

Moser, C. C., et al. Nature of Biological Electron Transfer. *Nature* **355**, 796–802 (1992). [An advanced treatment of electron transfer in biological systems.]

Stock, D., A. G. W. Leslie, and J. F. Walker. Molecular Architecture of the Rotary Motor in ATP Synthase. *Science* **286**, 1700–1705 (1999). [An article about the structure and function of ATP synthase.]

Trumpower, B. The Protonmotive Q Cycle: Energy Transduction by Coupling of Proton Translocation to Electron Transfer by the Cytochrome bc_1 Complex. *J. Biol. Chem.* **265**, 11409–11412 (1990). [An advanced article that goes into detail about the Q cycle.]

Vignais, P. V., and J. Lunardi. Chemical Probes of the Mitochondrial ATP Synthesis and Translocation. *Ann. Rev. Biochem.* **54**, 977–1014 (1985). [A review about the synthesis and use of ATP.]

脂質代謝

北極グマが極寒の気候で生育し，数か月の冬眠に耐えられるのは脂質代謝による．

概　要

21.1 脂質はエネルギーの産生と貯蔵に関わる

21.2 脂質の分解

- **21.2.1** 脂肪酸は，酸化のためにどのようにしてミトコンドリアに運ばれるか
- **21.2.2** 脂肪酸酸化はどのように行われるか

21.3 脂肪酸酸化からのエネルギー収量

21.4 不飽和脂肪酸および奇数個の炭素から成る脂肪酸の分解

- **21.4.1** 不飽和脂肪酸の酸化は，飽和脂肪酸の酸化とどう違うか

21.5 ケトン体

- **21.5.1** アセトンとアセチル CoA は脂質代謝においてどのように関連するか

21.6 脂肪酸の生合成

- **21.6.1** 脂肪酸合成の最初の段階はどのように行われるか
- **21.6.2** 脂肪酸合成はどのような機序で行われるか

21.7 アシルグリセロールと複合脂質の合成

- **21.7.1** ホスホアシルグリセロールの生合成はどのように行われるか
- **21.7.2** スフィンゴ脂質の生合成はどのように行われるか

21.8 コレステロールの生合成

- **21.8.1** HMG-CoA はコレステロール生合成に重要であるのはなぜか
- **21.8.2** ステロイドの前駆体としてコレステロールはどのように働くか
- **21.8.3** 心疾患におけるコレステロールの役割は何か

21.1 脂質はエネルギーの産生と貯蔵に関わる

これまでの数章においては，糖質の好気的および嫌気的過程での代謝的分解によってエネルギーがどのように放出されるかを見てきた．Chap. 13 では，植物におけるデンプンや動物におけるグリコーゲンのようなポリマーとしての糖質が含まれること，これらは個体の要求に応じて加水分解されて糖質モノマーを生じ，それが酸化されてエネルギーを供給するという点で貯蔵エネルギーを意味することを見てきた．本章においては，脂質の代謝的酸化がアセチル CoA，NADH，$FADH_2$ の産生を介してどのように大量のエネルギーを放出し，また脂質が化学エネルギーを貯蔵するのにどれほど効率の良い化合物であるかを見ることにしよう．

21.2 脂質の分解

脂肪酸の酸化は，脂質の異化における主要なエネルギー源である．事実，ステロール（構造中にヒドロキシ基をもつステロイド；Sec. 8.2）性の脂質は，エネルギー源として分解されずに排泄されてしまう．脂質の化学エネルギーの主要な貯蔵型であるトリアシルグリセロールと，生体膜の重要な構成成分であるホスホアシルグリセロール（グリセロリン脂質）は，共にその一部として脂肪酸を共有結合した形でもっている．両方のタイプの化合物において，脂肪酸と分子の他の部分との間の結合は，トリアシルグリセロール（Sec. 8.2）の場合は**リパーゼ lipase**，ホスホアシルグリセロールの場合は**ホスホリパーゼ phospholipase** という酵素によって触媒される反応で加水分解される（図 21.1）．

数種あるホスホリパーゼは，リン脂質を加水分解する場合の分解部位に基づいて分類されている（図

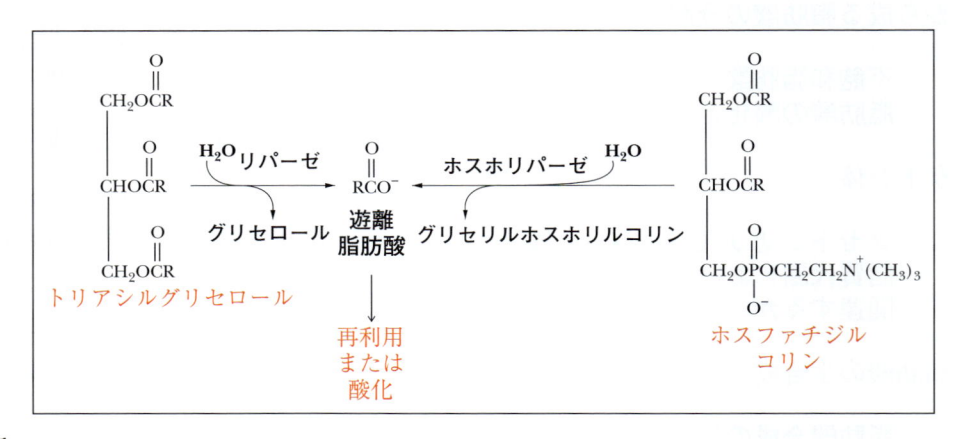

図 21.1

以後の利用のための脂肪酸の遊離
トリアシルグリセロール（左）およびホスファチジルコリン（右）などのリン脂質が脂肪酸の供給源となる．

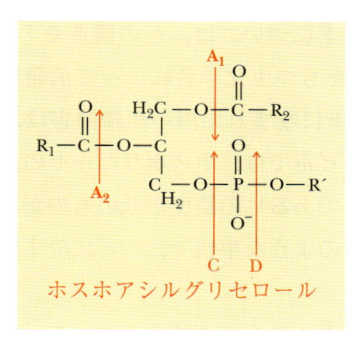

Chapter 21 脂質代謝 769

図 21.2
いくつかのホスホリパーゼが，ホスホアシルグリセロールを加水分解する
これらのホスホリパーゼは A_1，A_2，C，Dと命名されている．これらの作用点は図のようである．ホスホリパーゼ A_2 の作用部位は B 部位であるが，ホスホリパーゼ A_2 という名は歴史上の偶然の結果である（本文参照）．

図 21.3
脂肪組織におけるトリアシルグリセロールからの脂肪酸遊離はホルモンに依存して起こる

21.2). ホスホリパーゼA_2は自然界に広く存在する. この酵素については, その構造やミセル（Sec. 2.1）表面でのリン脂質の加水分解に関わる作用機構に興味をもつ生化学者によって活発に研究が進められている. ホスホリパーゼDは, クモ毒に存在し, クモに咬まれた際の組織障害は, この酵素のためである. ヘビ毒もホスホリパーゼを含む. ある種のヘビ毒では, ホスホリパーゼの濃度が特に高く, そのヘビ毒の特徴である毒素（通常は小さなペプチドである）の濃度が低いものがある. 脂質の加水分解産物は赤血球を溶解し, 血液凝固を阻止する. このような事情で, ヘビに咬まれた犠牲者は出血し, 死に至る.

脂肪細胞のトリアシルグリセロールからの脂肪酸の遊離はホルモンで調節されている. ホルモンは脂肪細胞の細胞膜受容体に結合するが（図21.3), この構図は糖質代謝のところで見慣れたような図であろう. このホルモンの結合がアデニル酸シクラーゼを活性化し, 活性のあるプロテインキナーゼA（cAMP依存性プロテインキナーゼ）の産生を誘導する. プロテインキナーゼは, グリセロール骨格から脂肪酸を切り出すトリアシルグリセロールリパーゼをリン酸化する. この効果をもつ主なホルモンはエピネフリンである. カフェインにもエピネフリンと類似の作用があり, トップランナーがレースの朝にしばしばカフェインを飲む理由となっている. 長距離走者は, レースの後半において不足する糖の蓄えを補うために, より効率的に脂肪を燃焼させたいと思っている.

21.2.1　脂肪酸は, 酸化のためにどのようにしてミトコンドリアに運ばれるか

脂肪酸の酸化は, この分子の**活性化** activation で始まる. この反応においては, 脂肪酸のカルボキシ基と補酵素Aのチオール基（CoA-SH）との間でチオエステル結合が形成される. 脂肪酸の活性化型はアシルCoAであり, その詳しい性質は各脂肪酸自身の性質に依存している. 脂肪酸はCoAのチオール基とエステル結合しているので, 本章の論議においてすべてのアシルCoA分子はチオエステルであることに留意してほしい.

このエステル結合の生成を触媒する酵素であるアシルCoAシンテターゼ acyl-CoA synthetase は, 反応にATPを必要とする. 反応過程中に, アシルアデニル酸中間体が形成される. 次いでアシル基はCoA-SHに移される. ATPはADPとリン酸（P_i）にではなくて, AMPとピロリン酸（PP_i）に転

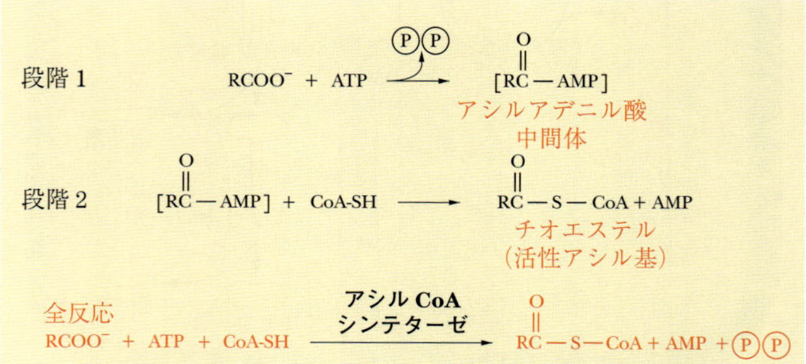

図21.4
アシルCoAの生成

換される．PP_i は加水分解され 2 分子の P_i になる．二つの高エネルギーリン酸結合の加水分解が，脂肪酸の活性化のためのエネルギーを供給するのだが，これは 2 分子の ATP の利用と等価である．二つの高エネルギー結合の加水分解によるエネルギーの供給がなければ，アシル CoA の形成反応は吸エルゴン的過程である．ATP の AMP と $2P_i$ への加水分解はエントロピーの増加を示すということにも留意してほしい（図 21.4）．このタイプの酵素は数種あり，あるものは長鎖の，あるものは短鎖の脂肪酸に特異的である．飽和脂肪酸も不飽和脂肪酸も，どちらもこれらの酵素の基質になり得る．このエステル化はサイトゾルで起こるが，脂肪酸酸化のその後の反応は，ミトコンドリアのマトリックス内で起こる．このため活性化された脂肪酸は，酸化過程の残りの反応を進めるためには，ミトコンドリア内に輸送されなければならない．

アシル CoA はミトコンドリア外膜を通過するが，内膜は通過しない（図 21.5）．膜間腔において，アシル基はエステル転移により**カルニチン** carnitine に移される．この反応は，内膜に存在する酵素，**カルニチンアシルトランスフェラーゼ** carnitine acyltransferase により触媒される．その結果，ミトコンドリア内膜を通過できる化合物，アシルカルニチンが形成される．この酵素は炭素数 14 ～ 18 の

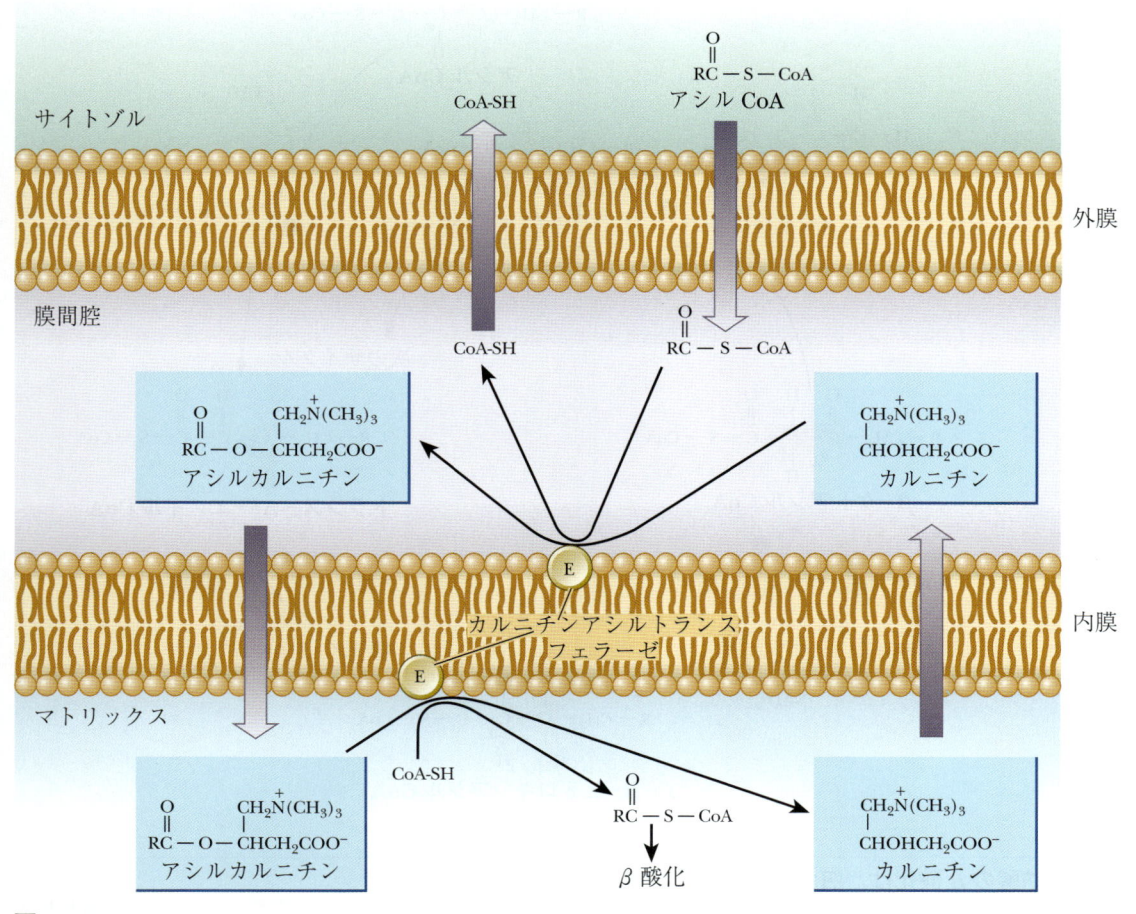

図 21.5

アシル基のミトコンドリアマトリックスへの輸送におけるカルニチンの役割

長鎖アシル基に特異的であり，この理由でしばしば**カルニチンパルミトイルトランスフェラーゼ** carnitin palmitoyltransferase（**CPT-Ⅰ**）とも呼ばれる．アシルカルニチンは，**カルニチントランスロカーゼ** carnitin translocase と呼ばれる特異的なカルニチン-アシルカルニチン輸送体によって，内膜を透過する．今度はマトリックスにおいて，アシル基は別のエステル転移反応によってアシルカルニチンからミトコンドリア性 CoA-SH に移される．この反応には膜の内側に局在する第二のカルニチンパルミトイルトランスフェラーゼ（**CPT-Ⅱ**）が関与する．

21.2.2 脂肪酸酸化はどのように行われるか

マトリックスにおいては，脂肪酸のカルボキシ末端から炭素 2 個ずつを順に切り放していく反応が繰り返し続く．この過程は，CoA にエステル結合したアシル基の β 炭素の位置で酸化的開裂が起こるので，**β 酸化** β-oxidation と呼ばれる．元の脂肪酸の β 炭素が次の分解段階でのカルボキシ炭素になる．全回路には下記の 4 段階の反応が含まれる（図 21.6）．

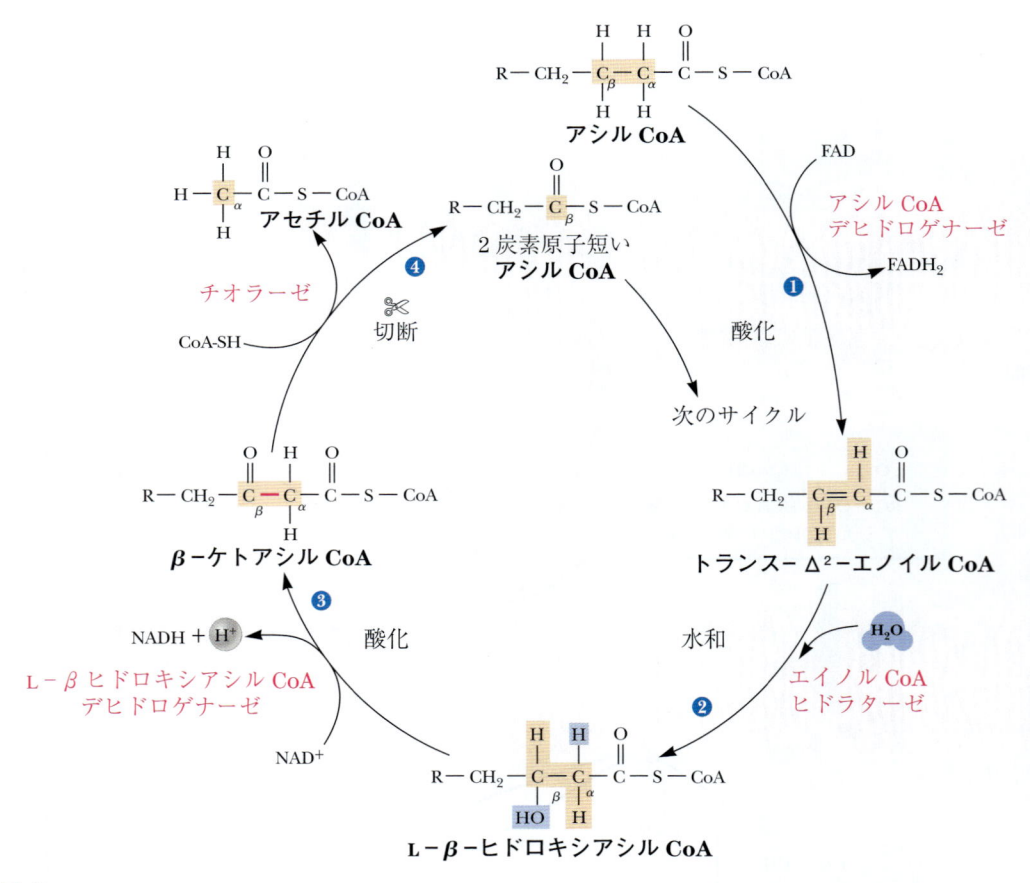

図 21.6

飽和脂肪酸の β 酸化は，四つの酵素が触媒する反応回路からなる
1 サイクルごとに 1 分子の $FADH_2$ と 1 分子の NADH を生成し，アセチル CoA が遊離する．その結果として脂肪酸は 2 炭素原子短くなる．Δ 印は二重結合を表し，Δ についている数字はカルボキシ基の炭素を 1 として数えたときの二重結合の位置を示す．

1. アシル CoA は酸化 oxidized され，α, β-不飽和アシル CoA（β-エノイル CoA とも呼ばれる）になる．この生成物は二重結合に関しトランス配位である．この反応は FAD 依存性のアシル CoA デヒドロゲナーゼによって触媒される．
2. 不飽和アシル CoA は水和 hydrated され，β-ヒドロキシアシル CoA を生じる．この反応は，酵素エノイル CoA ヒドラターゼにより触媒される．
3. 2回目の酸化 oxidation 反応は，NAD^+ 依存性酵素 β-ヒドロキシアシル CoA デヒドロゲナーゼによって触媒される．生成物は β-ケトアシル CoA である．
4. 酵素チオラーゼが，β-ケトアシル CoA の開裂 cleavage を触媒する．この反応には1分子の CoA が必要である．生成物は，アセチル CoA と，β 酸化回路に入った元の分子より炭素2個分短いアシル CoA である．CoA は，この小さくなったアシル CoA が新しいチオエステル結合を形成する反応に必要である．この小さくなった分子は，次回の β 酸化回路の基質になる．

偶数の炭素原子数の脂肪酸が β 酸化回路で続けて代謝される場合の産物は，アセチル CoA である（天然に見出される脂肪酸は一般に炭素原子数が偶数であるので，アセチル CoA が脂肪酸分解の通常産物なのである）．産生されるアセチル CoA 分子数は，元の脂肪酸中の炭素原子数の半数に等しい．例えば，ステアリン酸は18個の炭素原子から成り，1分子当たり9分子のアセチル CoA を生成させる．炭素数18のステアリン酸1分子からの9個の2炭素アセチル単位への変換には，β 酸化回路が8（9ではない）サイクルする必要があることに注意してほしい（図 21.7）．アセチル CoA はクエン酸回路に入り，クエン酸回路と電子伝達系を通じて，脂肪酸が最終的に二酸化炭素と水にまで酸化される．クエン酸回路の酵素のほとんどがミトコンドリアのマトリックスに局在することを思い起こしてほしい．そして今見てきたように，β 酸化回路もまたマトリックスで起こるのである．ミトコンドリアに加えて，β 酸化が起こる他の部位も知られている．ミトコンドリアに比べればはるかに少ない量であるが，酸化反応を行うペルオキシソームやグリオキシソーム（Sec. 1.6）でも β 酸化が起こる．ある種の抗高脂血症薬が肥満の抑制の目的で使われているが，それらのあるものはペルオキシソームにおける β 酸化を促進する働きがある．

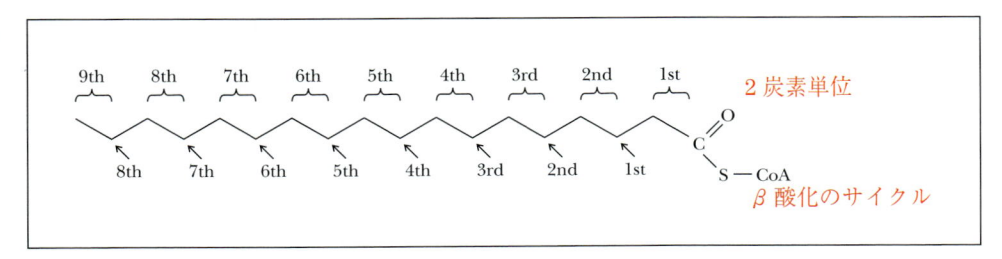

図 21.7

ステアリン酸（炭素数18）は，β 酸化が8サイクルした後に，9個の2炭素単位を生じる
9番目の2炭素単位は，8サイクルの β 酸化により，右側のカルボキシ末端から始めて2炭素単位を8回遊離させた後，CoA とエステル化した状態である．したがって，炭素数18の脂肪酸をすべてアセチル CoA にするのに8サイクルの β 酸化しか要しない．

Sec. 21.2 要約

- 脂肪酸は活性化され，さらに代謝を受けるためにミトコンドリアマトリックスに運ばれる．
- 脂肪酸の分解はミトコンドリアマトリックスで起こり，アセチル CoA として 2 炭素単位で順次切り離される．それぞれの 2 炭素部位の切断には，β 酸化と呼ばれる 4 段階の連続した反応が必要である．

21.3 脂肪酸酸化からのエネルギー収量

　糖代謝においては，酸化反応によって放出されるエネルギーは ATP 産生を進めるのに使われるが，ATP のほとんどは好気的過程で産生される．脂肪酸の β 酸化によってつくられるアセチル CoA の酸化により放出されるエネルギーも，同じ好気的過程——すなわち，クエン酸回路と酸化的リン酸化——で ATP 産生に利用される．ATP の全収量を計算する際，2 種の ATP 供給源があることに留意する必要がある．一つ目の供給源は，脂肪酸のアセチル CoA への β 酸化により産生される NADH と $FADH_2$ の再酸化である．二つ目の供給源は，クエン酸回路と酸化的リン酸化を通じてのアセチル CoA 処理による ATP 産生である．以下では，18 個の炭素から成るステアリン酸の酸化を例として述べることにしよう．

　1 モルのステアリン酸を 9 モルのアセチル CoA に変換するには，β 酸化が 8 サイクルする必要があり，この過程で 8 モルの FAD が $FADH_2$ に還元され，8 モルの NAD^+ が NADH に還元される．

$$CH_3(CH_2)_{16}\overset{O}{\underset{\|}{C}}-S-CoA + 8FAD + 8NAD^+ + 8H_2O + 8CoA-SH \longrightarrow$$
$$9CH_3-\overset{O}{\underset{\|}{C}}-S-CoA + 8FADH_2 + 8NADH + 8H^+$$

　1 モルのステアリン酸から 9 モルのアセチル CoA が産生されて，クエン酸回路に入る．クエン酸回路に入ったアセチル CoA 1 モルから 1 モルの $FADH_2$ と 3 モルの NADH が産生される．これと同時にクエン酸回路が 1 サイクルする間に，1 モルの GDP がリン酸化されて GTP を生じる．

$$9CH_3\overset{O}{\underset{\|}{C}}-S-CoA + 9FAD + 27NAD^+ + 9GDP + 9P_i + 27H_2O \longrightarrow$$
$$18CO_2 + 9CoA-SH + 9FADH_2 + 27NADH + 9GTP + 27H^+$$

　β 酸化とクエン酸回路で産生された $FADH_2$ と NADH は，電子伝達系に入り，酸化的リン酸化によって ATP が産生される．本例では，β 酸化から 8 モル，クエン酸回路から 9 モルで計 17 モルの $FADH_2$，β 酸化から 8 モル，クエン酸回路から 27 モルで計 35 モルの NADH が産生される．電子伝達系に入った NADH 1 モルからは 2.5 モルの ATP が，$FADH_2$ 1 モルからは 1.5 モルの ATP が生じる

ことを思い出してほしい．$17 \times 1.5 = 25.5$ で $35 \times 2.5 = 87.5$ となるので，次の式が書ける．

$$17\text{FADH}_2 + 8.5\text{O}_2 + 25.5\text{ADP} + 25.5\text{P}_i \longrightarrow 17\text{FAD} + 25.5\text{ATP} + 17\text{H}_2\text{O}$$

$$35\text{NADH}_2 + 35\text{H}^+ + 17.5\text{O}_2 + 87.5\text{ADP} + 87.5\text{P}_i \longrightarrow 35\text{NAD}^+ + 87.5\text{ATP} + 35\text{H}_2\text{O}$$

ステアリン酸の酸化からのATPの全収量は，クエン酸回路についての値と酸化的リン酸化についての値に β 酸化に関する等式を加えることによって得ることができる．この計算では，GDPはADPに等しく，GTPはATPに等しいとしている．ということは，FADH$_2$とNADHの再酸化で産生されたATP数に9を加えなければならない．クエン酸回路からの9GTPに等しい9ATPがあり，FADH$_2$との再酸化から25.5ATP，NADHの再酸化から87.5ATPであるから，総計は122ATPとなる．

$$\text{CH}_3(\text{CH}_2)_{16}\overset{\overset{\text{O}}{\|}}{\text{C}}-\text{S}-\text{CoA} + 26\text{O}_2 + 122\text{ADP} + 122\text{P}_i \longrightarrow$$
$$18\text{CO}_2 + 17\text{H}_2\text{O} + 122\text{ATP} + \text{CoA}-\text{SH}$$

ステアリルCoAが産生される活性化段階は，この計算には含まれていないので，その段階に必要なATPを差し引く必要がある．たとえ必要なATPはわずか1個であるにしても，2個の高エネルギーリン酸結合がAMPとピロリン酸（PP$_i$）の産生のときに失われる．PP$_i$は，代謝中間体としてリサイクルされるのに先立って，無機リン酸（P$_i$）に加水分解される必要がある．結果として，活性化段階のために，2ATP当量を差し引かなければならない．ステアリン酸が完全酸化される場合，その1モル当たりのATPの収量は，正味では120モルということになる．表21.1にその収支を示す．これらの値は理論値であり，すべての細胞に当てはまるものでないことを忘れてはならない．

比較として，1モルのグルコースの完全酸化からは32モルのATPが得られることに注意してほしい．しかし，グルコースが含むのは，18個でなく6個の炭素原子である．グルコース3分子で18個の炭素原子をもつことになり，ステアリン酸と炭素原子数が等しいグルコース3分子の酸化からの収量である $3 \times 32 = 96\text{ATP}$ と比較することは興味深いことである．炭素原子数を同じにしても，糖質の酸化からよりも，脂質の酸化からのほうがATPの収量は高い．この理由は，脂肪酸がカルボキシ

表21.1 ステアリン酸1分子の酸化に関する収支表

反 応	NADH分子	FADH$_2$分子	ATP分子
1. ステアリン酸 ⟶ ステアリル CoA（活性化段階）			− 2
2. ステアリル CoA ⟶ 9アセチル CoA（β 酸化8サイクル）	+ 8	+ 8	
3. 9アセチル CoA ⟶ 18CO$_2$（クエン酸回路）	+ 27	+ 9	
GDP ⟶ GTP（9分子）			+ 9
4. β 酸化回路からのNADHの再酸化	− 8		+ 20
5. クエン酸回路からのNADHの再酸化	− 27		+ 67.5
6. β 酸化回路からのFADH$_2$の再酸化		− 8	+ 12
7. クエン酸回路からのFADH$_2$の再酸化		− 9	+ 13.5
	0	0	+ 120

NADHとFADH$_2$の分子数については，プラスマイナスゼロであることに留意

基を除いて，すべて炭化水素である，すなわち高い還元状態にあるためである．糖は酸素含有基の存在からわかるように，既に部分的に酸化されている．栄養素の酸化により，電子伝達系に利用される還元型の電子伝達体を生じるので，脂肪酸のように，より還元状態にあるエネルギー源は，糖のような部分的に酸化されているエネルギー源よりも，よりいっそう酸化されやすいのである．

他の興味深い点は，脂肪酸の酸化で水が生成することである．糖質が完全酸化される場合も水が生成することは，既に見たとおりである．**代謝水** metabolic water の生成は，好気的代謝に一般的な現象である．この過程は，砂漠の環境で生きる生物には水の供給源となる．ラクダはよく知られた例で，こぶの中の脂質は砂漠を進む長い旅行中のエネルギーと水を供給する．カンガルーネズミは，乾ききった環境に適応する驚異的な例である．この動物は，水を飲まなくてもずっと生きることが観察されている．彼らは，脂質に富むが水はほとんど含まない種子を食べて生きている．カンガルーネズミが産生する代謝水は，水の必要量に見合っている．乾ききった条件でのこの代謝応答に呼応して，尿の排出量は少ない．

Sec. 21.3 要約

■ クエン酸回路と電子伝達系による脂肪酸の完全酸化により，莫大なエネルギーが放出される．
■ β酸化とクエン酸回路からのNADHとFADH$_2$の再酸化を考慮すれば，全収量としてステアリン酸1分子から120分子のATPが得られる．

21.4 不飽和脂肪酸および奇数個の炭素から成る脂肪酸の分解

炭素原子数が奇数である脂肪酸は，炭素原子数が偶数である脂肪酸ほどは，自然界には見出されない．奇数の脂肪酸もβ酸化過程で代謝される（図21.8）．この場合，β酸化の最後のサイクルで1分子のプロピオニルCoAが生じる．プロピオニルCoAをスクシニルCoAに変換する酵素系が存在し，スクシニルCoAはクエン酸回路に入る．この経路では，プロピオニルCoAはプロピオニルCoAカルボキシラーゼによって触媒される反応でカルボキシ化され，メチルマロニルCoAとなる．これが転移を受け，スクシニルCoAを生じる．プロピオニルCoAは数種のアミノ酸の異化産物でもあるので，プロピオニルCoAのスクシニルCoAへの転換はアミノ酸代謝でも認められる（Sec. 23.4）．メチルマロニルCoAからスクシニルCoAへの変換には，活性状態でCo(III)イオンをもつビタミンB$_{12}$（シアノコバラミン）を必要とする．

図 21.8

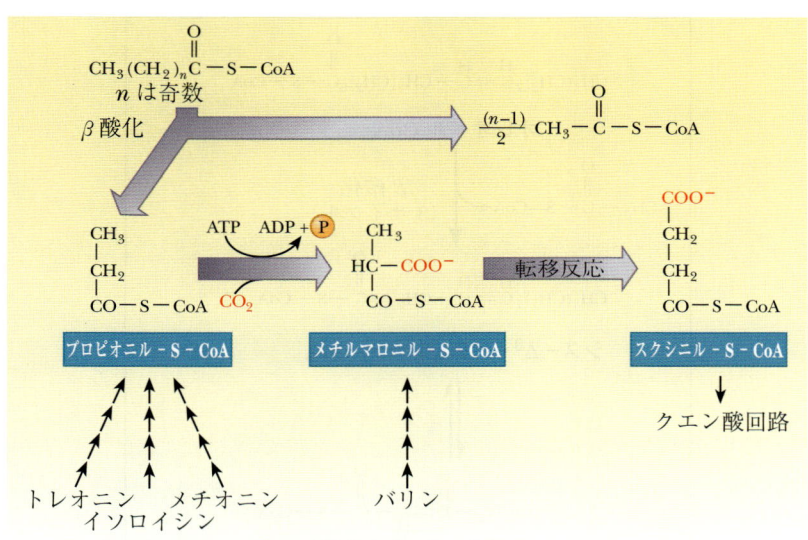

奇数の炭素原子から成る脂肪酸の酸化

21.4.1　不飽和脂肪酸の酸化は，飽和脂肪酸の酸化とどう違うか

　一価不飽和脂肪酸のアセチル CoA への変換には，飽和脂肪酸の酸化には出てこない反応，すなわちシス-トランス異性化反応を必要とする（図21.9）．オレイン酸（18：1）の連続した β 酸化が，これらの反応の例になる．天然に存在するほとんどの脂肪酸の二重結合はシスであるのに，β 酸化過程の間に二重結合がトランスである不飽和脂肪酸に変わってしまう．オレイン酸の場合，9位と10位の炭素間にシスの二重結合がある．β 酸化が3サイクルすると，3位と4位の炭素間にシス二重結合をもつ炭素数12の不飽和脂肪酸が生じる．β 酸化回路のヒドラターゼの基質としては，2位と3位の炭素間にトランス二重結合が必要である．そこでシス-トランス**イソメラーゼ** *cis-trans* isomerase が，3位と4位の炭素間のシス二重結合から2位と3位の炭素間にトランス二重結合をつくり出すのである．この時点から先は，この脂肪酸は飽和脂肪酸と同様に代謝される．オレイン酸が β 酸化を受ける時には，アシル CoA デヒドロゲナーゼが関与する最初の段階が省かれ，代わりにイソメラーゼにより反応が継続するようにシス二重結合を適切な部位と配向に置き換えられるのである．

　多価不飽和脂肪酸が β 酸化される際には，第2の二重結合を処理するもう一つの酵素が必要である．どのようにリノール酸（18：2）が代謝されるか調べてみよう（図21.10）．この脂肪酸は，図21.10に示すように9位と12位にシス二重結合があり，$cis-\Delta^9$，$cis-\Delta^{12}$ と表される．3サイクルの β 酸化が通常のように起こり，その後はオレイン酸の例のように，イソメラーゼが二重結合の位置と配向を変えなければならなくなる．β 酸化は，4位の炭素に二重結合（$cis-\Delta^4$）をもった10炭素原子から成るアシル CoA に到達するまでは引き続き進行する．そして β 酸化の最初の段階が起こり，2位と3位（α と β）の炭素間にトランスの二重結合を挿入する．この脂肪酸は二つの二重結合

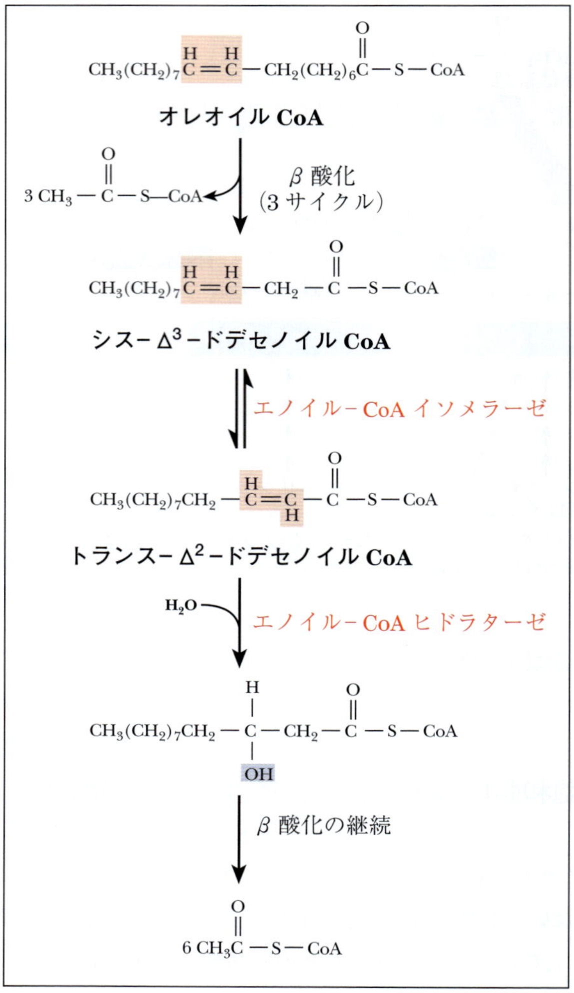

図 21.9

不飽和脂肪酸の酸化
オレオイル CoA の場合は 3 サイクルの β 酸化により 3 分子のアセチル CoA を生じ，シス-Δ^3-ドデセノイル CoA が残る．これはエノイル-CoA イソメラーゼによりトランス-Δ^2 の分子種に変換され，β 酸化経路が普通に進行する．

が接近して存在しているため，ヒドラターゼの基質とはなりにくく，通常の β 酸化はこの点以上には進行できない．そこで，第 2 の新たな酵素，2,4-ジエノイル CoA レダクターゼ 2,4-dienoyl-CoA reductase が NADPH を使ってこの中間体を還元する．その結果，3 位と 4 位の炭素間にトランス二重結合を一つもつアシル CoA が生成する．そしてイソメラーゼが二重結合を 3 位の炭素から 2 位へ変換し，β 酸化が継続する．

　リノレン酸（18：3）のような三つの二重結合をもつ分子は，二重結合を処理するために，この同じ 2 種の酵素を用いることになる．最初の二重結合の処理にはイソメラーゼを必要とする．そして第 2 の二重結合にはレダクターゼとイソメラーゼが必要であり，第 3 の二重結合にはイソメラーゼを必要とすることになる．練習のために，18 個の炭素原子から成り，シス二重結合を 9, 12, 15 位にも

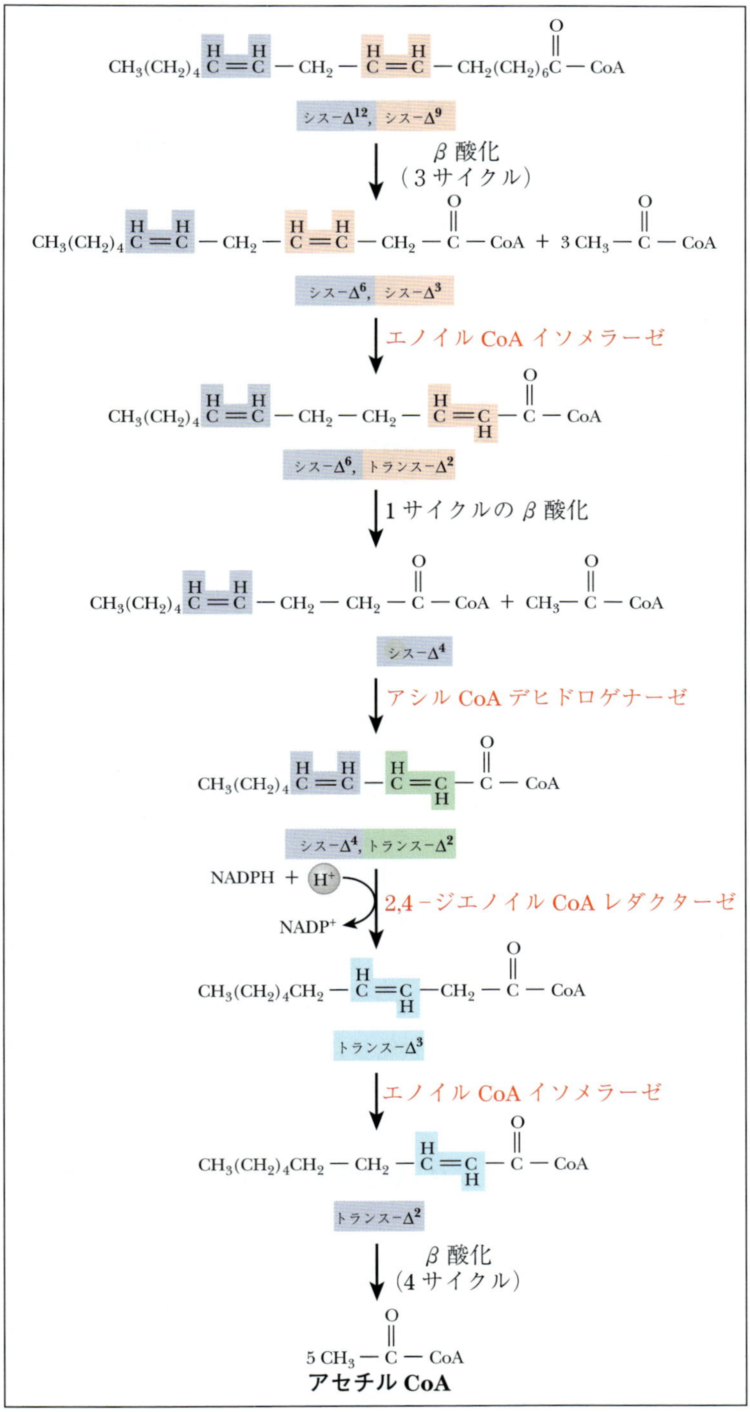

図 21.10

多価不飽和脂肪酸（リノール酸）の酸化経路図

3サイクルのβ酸化を受けたリノレオイル CoA は，シス-Δ^3，シス-Δ^6 の中間体を生成し，これはトランス-Δ^2，シス-Δ^6 中間体に変換される．もう1サイクルβ酸化が起こるとシス-Δ^4 エノイル CoA となり，この分子はアシル CoA デヒドロゲナーゼにより酸化されてトランス-Δ^2，シス-Δ^4 の分子種になる．引き続き 2,4-ジエノイル CoA レダクターゼの働きによりトランス-Δ^3 の産物となり，エノイル CoA イソメラーゼによりトランス-Δ^2 型に変換される．この後，普通のβ酸化により5分子のアセチル CoA が生成する．

つ分子のβ酸化の図式を書いて，これが本当かどうかを確かめてみよう．不飽和脂肪酸は貯蔵脂肪の脂肪酸のかなりの部分を占めている（オレイン酸だけでも40％である）ので，これらシス-トランスイソメラーゼおよび2,4-ジエノイルCoAレダクターゼの反応は重要である．

不飽和脂肪酸の酸化では，同じ炭素数の飽和脂肪酸によるほどのATP量は生じない．二重結合の存在は，アシルCoAデヒドロゲナーゼの働く過程をとばすことになるからで，$FADH_2$の産生量が少なくなる．

> **Sec. 21.4 要約**
> ■ 炭素数が偶数でない脂肪酸からは，β酸化の最終段階でプロピオニルCoAができる．プロピオニルCoAはスクシニルCoAに変換されクエン酸回路に入る．
> ■ 不飽和脂肪酸の酸化過程を進めるためには，シス二重結合をトランスに変える酵素が必要である．

21.5 ケトン体

β酸化により過剰量のアセチルCoAが生じる場合，アセトン関連物質である"**ケトン体 ketone bodies**"が産生される．このような事態は，クエン酸回路に入るはずの大量のアセチルCoAと反応するのに十分なオキサロ酢酸が供給されないときに起こる．オキサロ酢酸は，ピルビン酸カルボキシラーゼによって触媒される反応によってピルビン酸から産生されるので，解糖が供給源である．

上記のような状態は，生体が大量の脂質を摂取する一方で糖質の摂取量が少ないときに起こるが，飢餓や糖尿病など他の原因でも起こることもある．飢餓状態では，生体は脂肪を分解してエネルギーを得ようとするので，β酸化により大量のアセチルCoAが産生されることになる．このアセチルCoA量は，反応の相手であるオキサロ酢酸の供給量に比べて過剰である．糖尿病の場合は，不均衡の原因は糖質の摂取量が適切でないためではなく，むしろ糖代謝能が低いためである．

21.5.1　アセトンとアセチルCoAは脂質代謝においてどのように関連するか

ケトン体の原因になる反応は，2分子のアセチルCoAの縮合によるアセトアセチルCoAの生成に始まる．アセト酢酸 acetoacetate は，アセトアセチルCoAがもう1分子のアセチルCoAと縮合し，β-ヒドロキシ-β-メチルグルタリル-CoA（HMG-CoA）となる縮合反応を通して産生される（図21.11）．このHMG-CoAについては，コレステロール合成のところで，また学ぶことになる．次にHMG-CoAリアーゼがアセチルCoAを遊離させ，アセト酢酸が生成する．アセト酢酸は2通りに変化する．アセト酢酸が還元反応を受ける場合には，β-ヒドロキシ酪酸 β-hydroxybutyrate が生じる．もう一つの起こりうる反応は自発的な脱炭酸で，これによってアセトン acetone が生じる．適切な治療により病気が抑えられていない糖尿病患者の吐息は，しばしばアセトン臭がする．アセト酢酸，およびその結果としてのアセトンが過剰となる症状は，ケトーシス ketosis として知られる．アセト酢

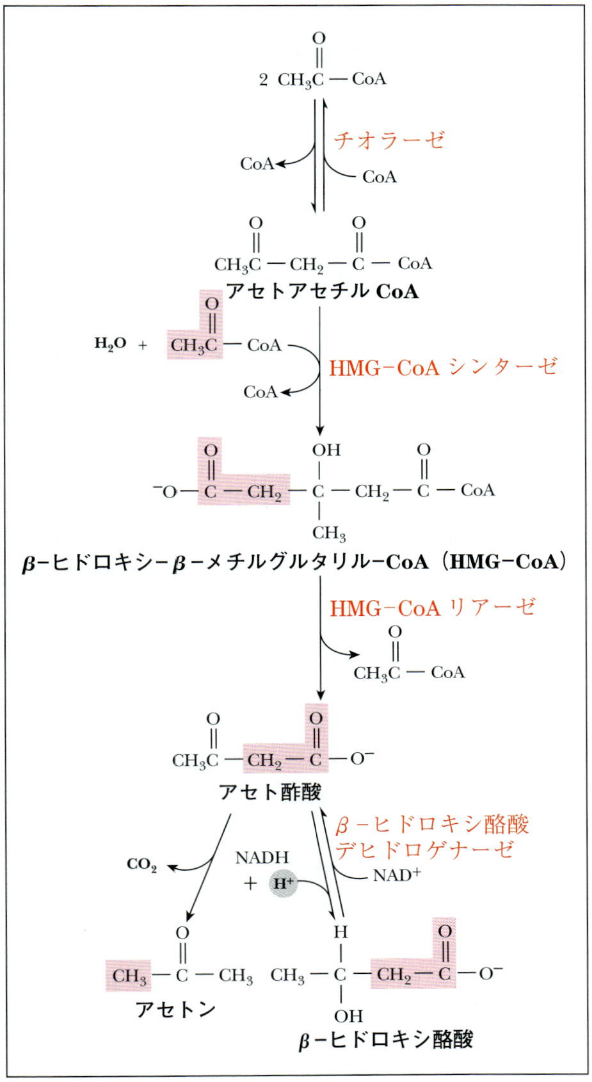

図 21.11
主に肝臓で合成されるケトン体の生成

酸やβ-ヒドロキシ酪酸は酸であるため，高濃度に存在すると血液の緩衝能力を超えてしまう．その結果，血液のpHが下がり（ケトアシドーシス），H^+を尿で排泄することになるが，これに伴ってNa^+, K^+や水分が排泄されてしまい，重篤な脱水症状が見られるようになる（極度の喉の乾きは糖尿病の典型的な症状である）．また，ケトアシドーシスに伴うもう一つの危険性は糖尿病性昏睡である．

　ケトン体の主な合成部位は肝臓のミトコンドリアであるが，ケトン体からアセチルCoAに回復させるための酵素が肝臓に欠損しているため，肝臓でケトン体が利用されることはない．脂肪酸と異なり，ケトン体は水溶性であり，血清アルブミンのようなタンパク質に結合する必要がなく，血流を介して体内を運ばれる．肝臓以外の器官は，ケトン体，特にアセト酢酸を利用する．グルコースは，ほとんどの組織や器官の通常のエネルギー源であるが，アセト酢酸もエネルギー源として利用される．

身の周りに見られる生化学　栄養

ケトン体と効率的な減量

　過剰となるカロリー源が何であろうと（糖質，脂質，タンパク質，あるいはアルコールでさえ）常に食べ過ぎていると，体重増加を引き起こす．あなたの体重が増えるときに，あなたの脂肪組織では細胞数が増加し，また既にある細胞が肥大するようになる．重篤な肥満の人では脂肪細胞が増加していることが明らかになっている．肥満児もまた，必ずしも極端に体重がオーバーしていなくても，脂肪細胞数が増加している．肥満児は増加した細胞を生涯にわたり維持する．減量中にはこのような細胞が単に収縮するだけで，再び大きくなる機会を待っている多くの"飢えた"細胞が存在することになる．多くの人が簡単に体重を取り戻してしまうのは，これらの飢えた細胞の存在によって説明できるかもしれない．

　ほとんどの時間帯で，身体の細胞は血液中のグルコースをエネルギー源としている．夜間は血液中の糖質量が減るので，血液中のタンパク質が肝臓で分解されてグルコースとなる．脂肪組織でもある程度の分解が起こる．ダイエットが行われると，身体は筋肉（タンパク質）を分解してグルコースに変換し始める．数日から一週間経つと，窒素の欠乏が大きくなる．身体は，グルコースから脂肪組織の脂肪にエネルギー源を変える．これらの脂肪は脂肪酸とグリセロールに代謝されるが，このグリセロールはグルコースに変換することができ，グルコースを特に必要とする特別な組織を保護する．

　脂肪酸は通常，ケトン体と呼ばれる β-ヒドロキシ酪酸や β-ケト酪酸などの短鎖のオキシ酸に変換されるが，これらは水に溶けやすく，容易に血液中を循環する．ケトン体は，ミトコンドリアに直接入り好気的代謝を受けるので，効率的な栄養素である．心臓は常にケトン体を用いている．脂肪組織は心臓を取り囲み，また心臓中に潜り込み，この常に働いている組織に直接的で効率的なエネルギー源を供給している．約一週間の絶食後では，脳はケトン体を栄養素として使えるように適応する．これまで脳では糖だけが用いられると信じられていたので，これは驚くべき知見である．この段階で，減量の効率が非常に上がる．

　なぜそんなに効率よく減量できるのか，その答の一部はケトン体が本質的に有害な物質であることによっている．ケトン体は比較的強い有機酸で，血液の pH を下げてアシドーシスを起こす可能性がある．低 pH ではヘモグロビンが酸素と結合しにくくなることを思い出してほしい．このようにケトン体は有害であるため，多量に飲み物を飲むことにより，腎臓から尿中にケトン体を排泄して pH を調整することになる．この段階であなたは過剰のカロリーを文字通り"無駄に捨てる"ことにより効率的に減量することができるのである．かくして"スティルマン Stillman 博士の水ダイエット"の水にはそれなりの理由がある．

　長く続くケトーシス／アシドーシスは危険であり，命取りにもなることに注意することが大切である．一つの理由は過度の尿排泄が二次的にミネラルバランスを崩すが，これは特に心臓の弱い人には危険である．医学的管理のもとでのダイエットでは危険なケトーシス状態を避けるように，カロリー制限ダイエットを受ける人は常に医師の管理下に置いている．あなたは，朝起きたときに口中の金属のような味覚（アセトン臭）により，ケトーシスであるかどうかを知ることができる．

心筋や腎臓皮質では，アセト酢酸がよく利用されるエネルギー源である．

グルコースが主要なエネルギー源である脳のような器官においてさえ，飢餓状態ではアセト酢酸をエネルギー源として利用するようになる．この状況では，アセト酢酸は 2 分子のアセチル CoA に変換され，クエン酸回路に入ることができる．ここで重要なことは，飢餓が，数分という短期間ではなく，数時間あるいは数日間という長期に及ぶ代謝制御を引き起こすことである．数日間にわたる血中グルコース濃度の低下により，特にインスリンやグルカゴンを含む，身体のホルモンバランスが変化する（Sec. 24.4 参照）．（アロステリック相互作用や共有結合性修飾などによる短期間の調節制御は数分の出来事である．）血中グルコース濃度の低下した条件下では，タンパク質合成や分解の速度が変化する．関与する特異的な酵素は，脂肪酸の酸化に関わる酵素（酵素量が増加）と脂質生合成に関わる酵素（酵素量が減少）である．

Sec. 21.5 要約

- アセチル CoA が過剰となると，生体は"ケトン体"と呼ばれるアセトン関連物質を産生する．
- この状況は，糖質に比べて脂質摂取が過剰のときや，糖尿病で起こる．

21.6 脂肪酸の生合成

脂肪酸の同化は，β 酸化の単純な逆反応ではない．一般的に，同化と異化は互いの完全な逆反応ではない．例えば，糖新生（Sec. 18.2）は，解糖の単純な逆反応ではない．脂肪酸の分解と生合成の相違の最初の例は，生合成反応がサイトゾルで起こることである．これまで見てきたように，β 酸化による分解反応はミトコンドリアのマトリックス内で起こる．したがって，脂肪酸生合成の第 1 段階はアセチル CoA のサイトゾルへの輸送である．

アセチル CoA は，脂肪酸の β 酸化またはピルビン酸の脱炭酸によって産生される（数種のアミノ酸の分解もアセチル CoA を生成させる．Sec. 23.6 を参照）．これらの反応のほとんどはミトコンドリア内で起こるので，脂肪酸生合成にはアセチル CoA をサイトゾルに送り出す輸送機構が必要になる．この輸送機構は，クエン酸がミトコンドリア膜を通過できるという事実に基づいている．アセチル CoA はオキサロ酢酸（これはミトコンドリア膜を通過できない）と縮合し，クエン酸を生成する（これがクエン酸回路の最初の反応であるのを思い起こしてほしい）．

21.6.1 脂肪酸合成の最初の段階はどのように行われるか

サイトゾルに輸送されたクエン酸は逆反応を受け，オキサロ酢酸とアセチル CoA を生じる（図 21.12）．アセチル CoA は脂肪酸合成経路に入り，一方，オキサロ酢酸は一連の反応を受ける．その間に NADH が NADPH に置き換わる（Sec. 19.8 の脂質同化についての考察を参照）．NADPH は脂肪酸同化に必要であるから，この置換により経路が調節される．

図 21.12

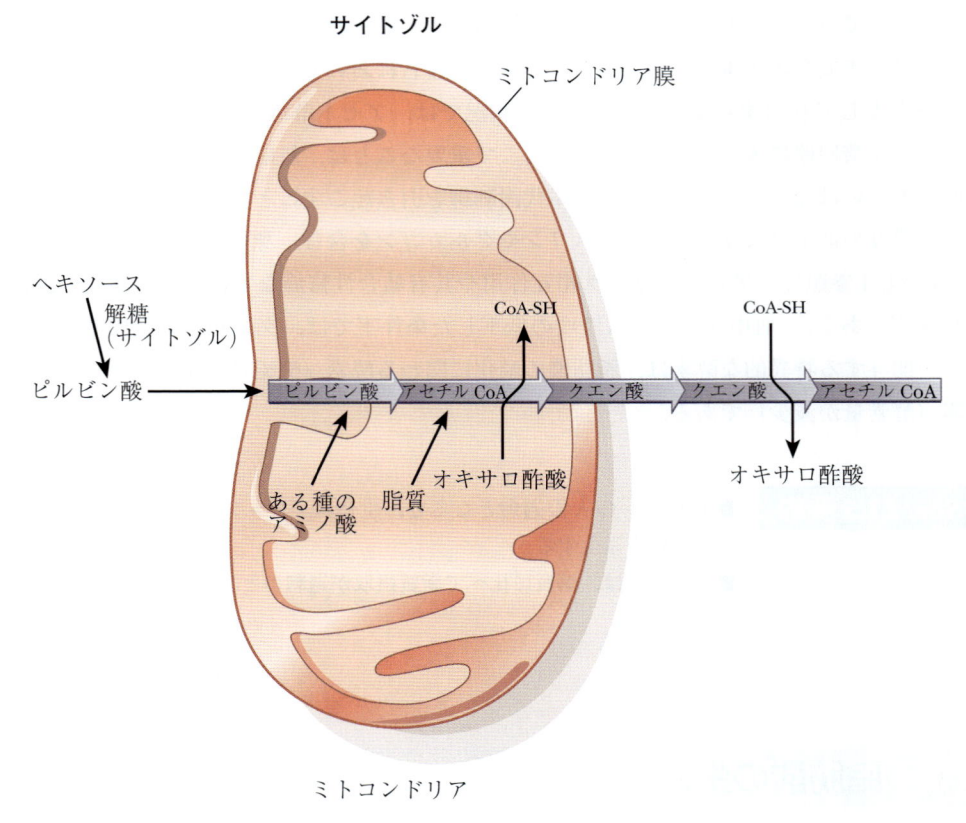

ミトコンドリアからサイトゾルへのアセチル基の輸送

図 21.13

アセチル CoA カルボキシラーゼによって触媒されるマロニル CoA の生成

　サイトゾルにおいて，アセチル CoA にカルボキシ基が導入され，脂肪酸生合成の鍵となる中間産物，**マロニル CoA** malonyl-CoA が生じる（図 21.13）．この反応はアセチル CoA カルボキシラーゼ acetyl-CoA carboxylase 複合体によって触媒される．本複合体は 3 種の酵素から成り，ATP，Mn^{2+} とビオチンを必要とする，これまでに，数段階の反応を触媒する酵素は，数種の別々のタンパク質分子で構成されていることを見てきたが，この酵素もその典型である．アセチル CoA カルボキシラーゼは，ビオチンカルボキシラーゼ biotin carboxylase，ビオチンキャリヤータンパク質 biotin carrier protein，カルボキシルトランスフェラーゼ carboxyl transferase という 3 種のタンパク質で構成されて

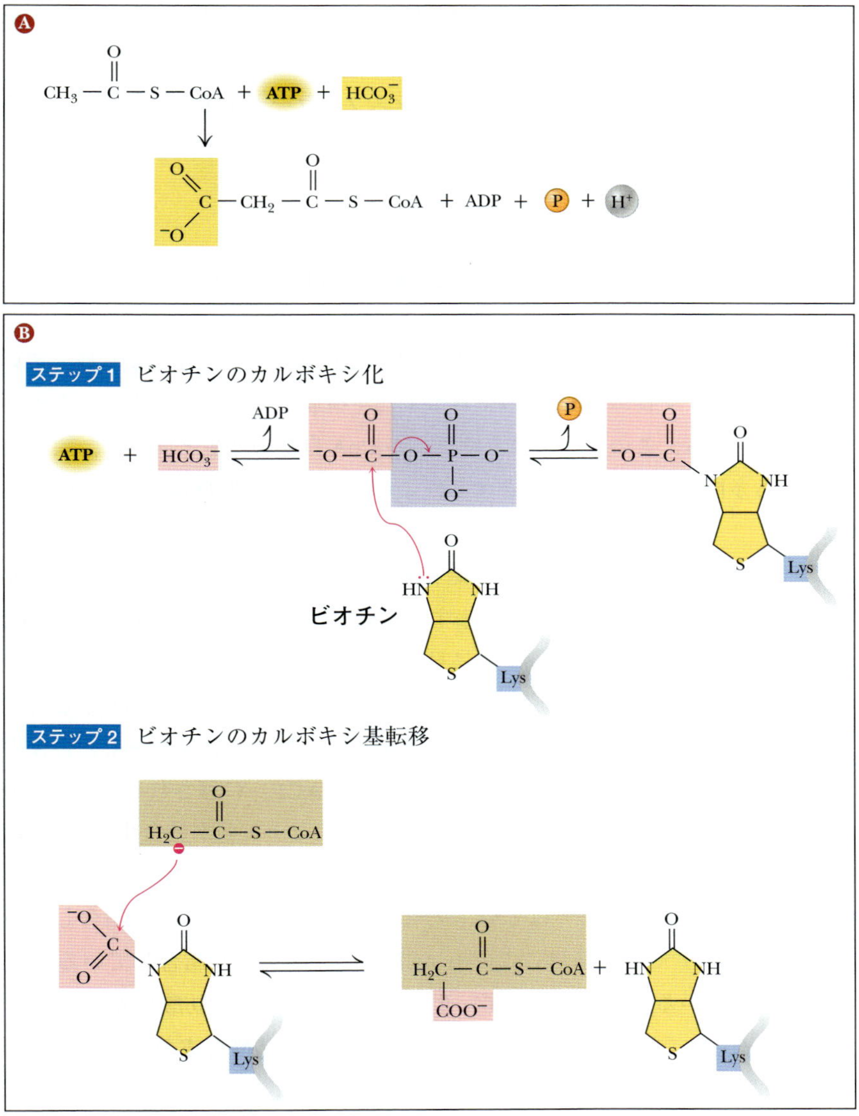

図 21.14
アセチル CoA カルボキシラーゼの反応

Ⓐ アセチル CoA カルボキシラーゼの反応により脂肪酸合成のためのマロニル CoA が生成する．Ⓑ アセチル CoA カルボキシラーゼの反応機構．二酸化炭素は，カルボキシ化反応のために，N-カルボキシビオチン生成により活性化する．ATP は，カルボニルリン酸中間体を一時的に作ることにより，反応を前進させる（ステップ1）．典型的なビオチン依存性反応において，N-カルボキシビオチンのカルボキシ炭素に，アセチル CoA カルボアニオンが求核的に反応し（カルボキシ基転移），カルボキシ化産物ができる（ステップ2）．

いる．ビオチンカルボキシラーゼはビオチンへのカルボキシ基の転移を触媒する．すなわち"活性化された二酸化炭素"（重炭酸イオン HCO_3^- 由来のカルボキシ基）がビオチンに共有結合する．ビオチンは（カルボキシ化されていても，いなくても）リシン側鎖の ε アミノ基とのアミド結合を介して，ビオチンキャリヤータンパク質に結合する．ビオチンをキャリヤータンパク質に結び付けるこの側鎖とのアミド結合は十分長く，また柔軟性に富み，カルボキシルトランスフェラーゼによって触媒され

る反応でカルボキシ基をアセチル CoA に転移する位置に，このカルボキシ化ビオチンを移動させ，マロニル CoA を産生する（図 21.14）．脂肪酸合成の出発点としての役割に加え，マロニル CoA はミトコンドリア内膜の外側で，カルニチンアシルトランスフェラーゼ I を強く阻害する．これにより，脂肪酸がミトコンドリアで β 酸化を受けてアセチル CoA となり，サイトゾルでまた脂肪酸に合成されるという無駄な代謝回転が避けられる．

21.6.2　脂肪酸合成はどのような機序で行われるか

　脂肪酸合成は，炭素が 2 個単位で伸長中の鎖に継続的に付加していく反応から成っている．生合成反応の 1 サイクルごとに，マロニル CoA のマロニル基を構成する 3 個の炭素のうちの 2 個が，伸長中の脂肪酸鎖に付加される．この反応には，マロニル CoA 自身の産生と同様に，膜に結合せずにサイトゾルに局在する多酵素複合体を必要とする．この複合体は，**脂肪酸シンターゼ** fatty acid synthase と呼ばれる．

　脂肪酸同化の一般的な産物は，炭素数 16 の飽和脂肪酸，パルミチン酸 palmitate である．16 個の炭素はすべてアセチル CoA のアセチル基に由来する．直前の前駆物質であるマロニル CoA が，どのようにアセチル CoA から生成されるかはすでに見てきた．ただ，ここでははじめにプライミングの段階があり，産生されるパルミチン酸 1 分子について，1 分子のアセチル CoA を必要とする．このプライミングの段階で，アセチル CoA からのアセチル基は，脂肪酸シンターゼ複合体の一部分と考えられる**アシルキャリヤータンパク質** acyl carrier protein（**ACP**）に移される（図 21.15）．アセチル基はタンパク質にチオエステル結合する．タンパク質上でアセチル基が結合する反応基は，4′-ホスホパンテテイン基で，この基はセリン側鎖に結合している．図 21.16 に示すように，この基が構造的に CoA-SH に似ていることに注意してほしい．アセチル基は，チオエステル結合していた CoA-SH から ACP に移されるが，アセチル基はここでも ACP とチオエステル結合している．ACP の官能基が CoA-SH のそれと似ているにもかかわらず，サイトゾルにおける脂肪酸合成には ACP しか使われないことに注目してほしい．要するに，ACP はアセチル基が脂肪酸合成のためのものであるという目印をつける役割を果たしている．

　アセチル基は，今度は ACP から別のタンパク質に移されるが，これにはシステインの SH にチオエステル結合する．このタンパク質は，β-ケトアシル-S-ACP シンターゼである（図 21.15）．マロニル基の 3 個の炭素のうち 2 個が脂肪酸に継続的に付加していく反応の最初は，この点から始まる．マロニル基自身は，CoA-SH とのチオエステル結合から，もう一つの ACP とのチオエステル結合へと移動するわけである（図 21.15）．次の段階は，アセトアセチル-ACP を生成する縮合反応である（図 21.15）．いい換えれば，この反応の主要産物は ACP にチオエステル結合したアセトアセチル基である．アセト酢酸の 4 個の炭素のうち 2 個は，プライミング段階のアセチル基に，後の 2 個はマロニル基に由来する．マロニル基に由来する炭素原子は，硫黄に直接結合している原子と，その隣の $-CH_2-$ 基の原子である．CH_3CO- 基はプライミング段階のアセチル基に由来する．マロニル基の残りの炭素は二酸化炭素として遊離する．この遊離する二酸化炭素は，アセチル CoA をカルボキシ化してマロニル CoA を生成するのに用いられた元の二酸化炭素に当たる．このシンターゼはもはやチオエステル結合をもたない．これは，それがないと進まない縮合反応を駆動するため脱炭酸反応が用

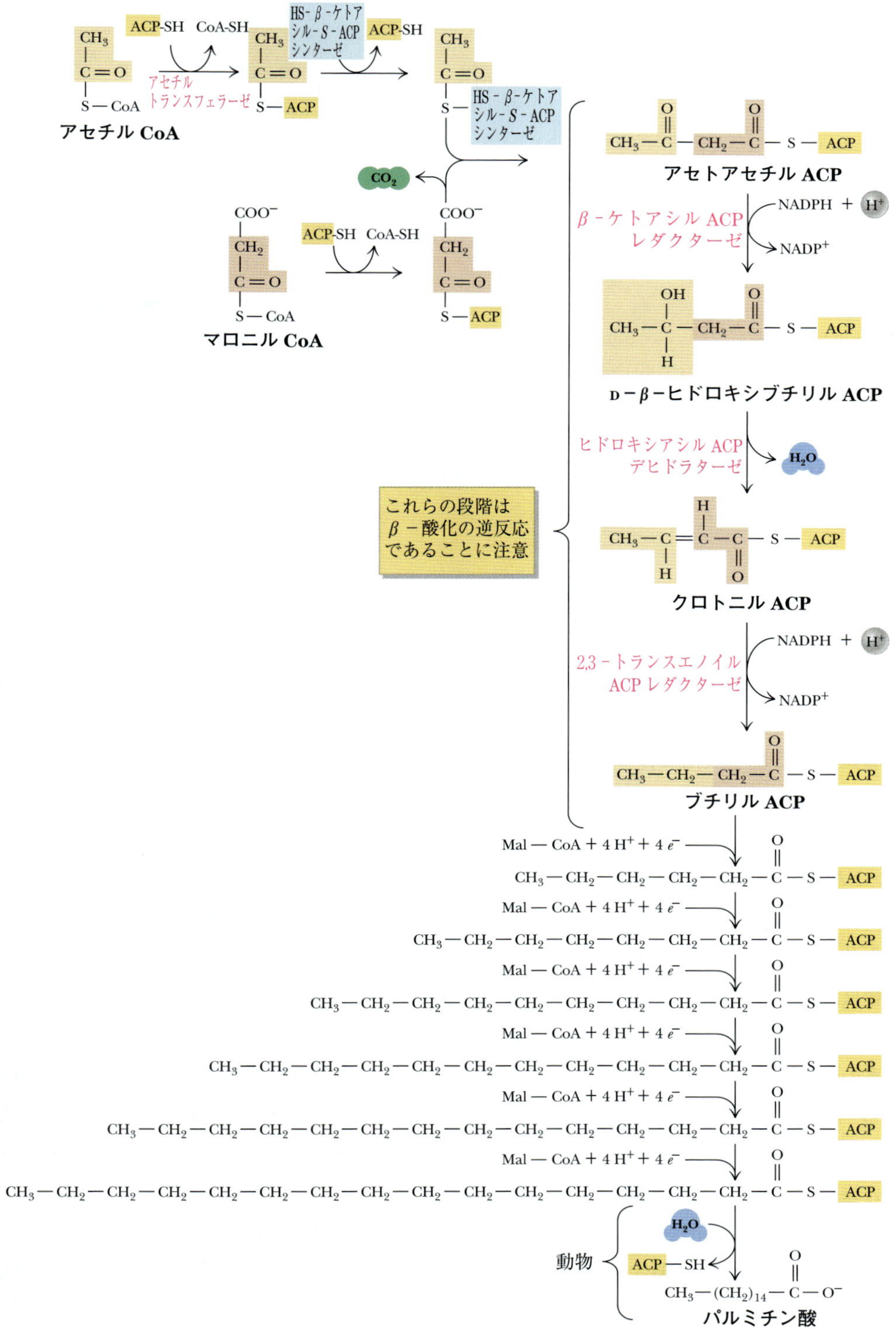

図 21.15

アセチル CoA とマロニル CoA からのパルミチン酸合成経路

アセチル，マロニルの構築ブロックはアシルキャリヤータンパク質複合体に導入される．脱カルボキシ反応が β-ケトアシル ACP シンターゼを駆動し，伸長する鎖に炭素2個単位を付加する．ほとんどの細胞で遊離の脂肪酸濃度は極めて低く，新しく合成された脂肪酸は主にアシル CoA エステルとして存在する．

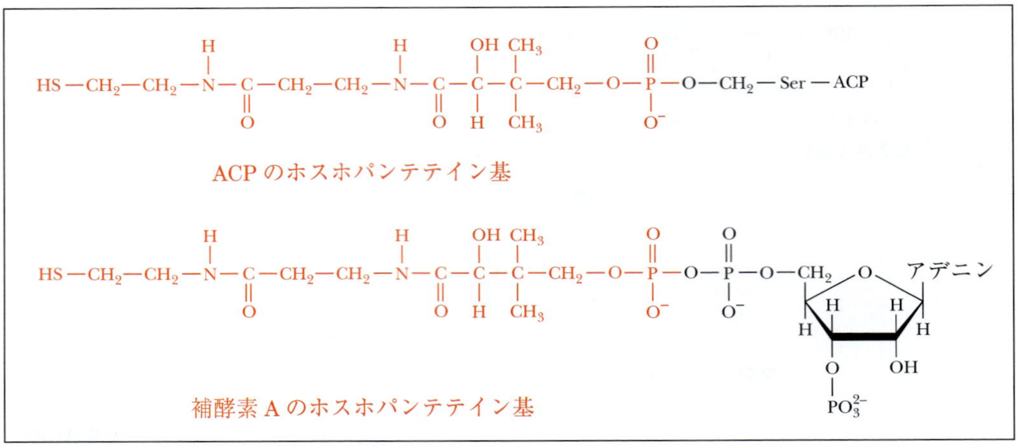

図 21.16

補酵素 A と ACP のホスホパンテテイン基との構造類似性

　いられる例である．

　アセトアセチル ACP は，2 回の還元と 1 回の脱水反応から成る一連の反応によってブチリル ACP に変換される（図 21.15）．1 回目の還元で，β-ケト基はアルコールに還元され，D-β-ヒドロキシブチリル ACP を生じる．この過程では NADPH が NADP$^+$ に酸化され，この反応を触媒する酵素は β-ケトアシル ACP レダクターゼである（図 21.15）．β-ヒドロキシアシル ACP デヒドラターゼによって触媒される脱水段階で，クロトニル ACP が生じる（図 21.15）．この二重結合はトランス配置であることに注意してほしい．β-エノイル ACP レダクターゼによって触媒される 2 回目の還元で，ブチリル ACP が生じる（図 21.15）．この還元においては，この一連の反応の 1 回目の還元の場合と同様に，NADPH が補酵素である．

　脂肪酸生合成の 2 サイクル目では，ブチリル ACP が 1 サイクル目のアセチル ACP の役割をする．ブチリル基がシンターゼに移され，マロニル基が ACP に移される．そしてもう 1 回，マロニル ACP との縮合反応がある（図 21.15）．この 2 サイクル目では，この縮合で炭素 6 個の β-ケトアシル ACP が生成される．この付加炭素原子 2 個は，1 サイクル目の場合と同様に，マロニル基に由来する．還元と脱水の反応が前回同様に起こり，ヘキサノイル ACP が生じる．パルミトイル ACP が生成するまで，同じ一連の反応が繰り返される．哺乳動物の系では，この過程は炭素数 16 で停止する．脂肪酸シンターゼがこれ以上長い鎖をつくれないからである．哺乳動物は，このシンターゼ反応で生成した脂肪酸の修飾によって，さらに長鎖の脂肪酸を産生する．

　他種の生物からの脂肪酸シンターゼは，著しく異なった性質をもっている．大腸菌 *Escherichia coli* では，この多酵素系は ACP を含めそれぞれ個々に独立した酵素の集合体で構成されている．ACP が複合体の中で最も重要であり，中心的位置を占めていると考えられている．ホスホパンテテイン基が，本章で前に論じたビオチンの場合によく似た"振り子の腕"の役をしている．この細菌の系は詳細に研究され，脂肪酸シンターゼの典型例と考えられてきた．しかしながら真核生物では，脂肪酸合成は多酵素複合体により行われる．酵母では，この複合体は，α と β と呼ばれる 2 種の異なる型のサブユニットで構成されており，$\alpha_6\beta_6$ 複合体を形成している．哺乳動物では，脂肪酸シンタ

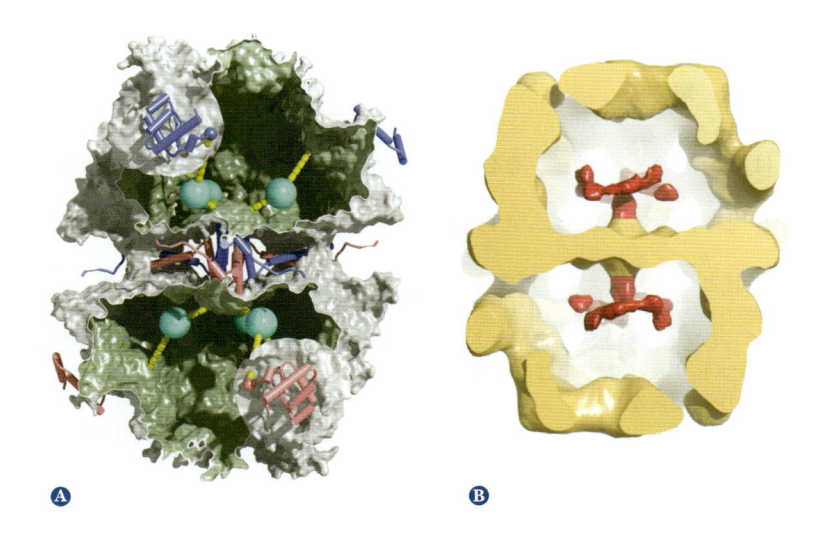

図 21.17
真菌の脂肪酸シンターゼの構造
Ⓐ 2個の反応区画を横から見た図．1個がもう1個の上にある．ACP部位は青色の球体と黄色い線で示す．
Ⓑ 電子顕微鏡に基づく構造模式図．（S. Jenni et al., Science **316**, 258（2007）より，許可を得て改変）

ーゼは一つの型のサブユニットしか含んでおらず，活性型の酵素はこの単一なサブユニットの二量体である．X線結晶解析から，哺乳動物のシンターゼは二つの区画から成り，それぞれの区画に含まれる各種の成分は，反応が進むにつれて互いに接近するように保たれている．それぞれのサブユニットは多機能酵素 multifunctional enzyme であり，大腸菌の系ではいくつかの異なるタンパク質を必要とする反応を触媒している．真菌の脂肪酸シンターゼの構造については，最近になってX線結晶解析により，さらに詳細に解明された．その結果によれば，シンターゼ反応の複数の活性部位が反応区画に整列しており，ACP結合基質の円運動に伴い，それぞれの特異的な活性部位に基質を運ぶことができる（図 21.17）．伸長中の脂肪酸鎖は，"振り子の腕"としてACPを使い，異なるサブユニットが含む酵素活性の間を行きつ戻りつ揺れる．細菌の系と同様に，真核生物の系は，反応に関与する因子のすべてを互いに近接するように維持しており，これも多酵素複合体の利点を示す一例である．真核細胞のシンターゼの構造に関する情報は，本章末の Jenni, S. et al. と Maier, T. et al. の論文を参照されたい．

脂肪酸鎖の伸長や二重結合の導入には，いくつかの付加的反応が必要である．哺乳動物がパルミチン酸より鎖が長い脂肪酸を産生するとき，反応にはサイトゾルの脂肪酸シンターゼは関与しない．鎖の伸長反応は，小胞体とミトコンドリアの2箇所で起こる．ミトコンドリアにおける鎖伸長反応では，中間体はアシルACP型ではなくアシルCoA型である．別のいい方をすれば，ミトコンドリアでの鎖伸長反応は脂肪酸の異化反応の逆で，付加する炭素原子の供給源はアセチルCoAである．これが，脂肪酸生合成の主要経路とこれら修飾反応との間の相違点である．小胞体においては，付加する炭素原子の供給源はマロニルCoAである．小胞体での修飾反応は，ミトコンドリアでの反応と同じように，ACPに結合した中間体がないという点で，パルミチン酸生合成と異なっている．

脂肪酸に二重結合が導入される反応は，主として小胞体で起こる．二重結合の挿入は，分子状酸素（O_2）とNAD(P)Hを必要とする混合機能オキシダーゼによって触媒される．この反応の過程で，

表 21.2　脂肪酸の分解と生合成の比較

分　解	生合成
1. 産物はアセチル CoA である.	前駆体はアセチル CoA である
2. マロニル CoA は関与しない．ビオチンを必要としない．	マロニル CoA が炭素 2 個の単位の供給源である．ビオチンを必要とする．
3. 酸化過程；NAD^+ と FAD を必要とし，ATP を産生する．	還元過程；NADPH と ATP を必要とする．
4. 脂肪酸は CoA－SH とチオエステルを形成する．	脂肪酸はアシルキャリヤータンパク質（ACP－SH）とチオエステルを形成する．
5. カルボキシ末端（$-CH_2COO^-$）から開始する．	メチル末端（CH_3CH_2-）から開始する．
6. ミトコンドリアのマトリックスで起こる．配列された酵素の集まりによらない．	サイトゾルで起こる．配列された多酵素複合体によって触媒される．
7. β-ヒドロキシアシル中間体は L 型配置をもつ．	β-ヒドロキシアシル中間体は D 型配置をもつ．

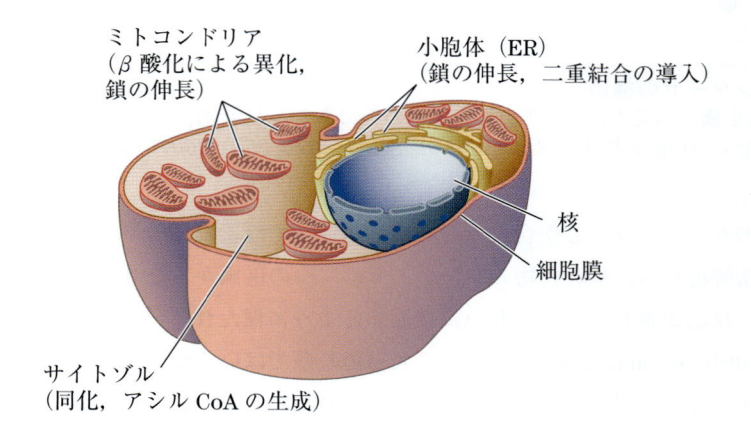

図 21.18

種々の脂肪酸代謝の場を示した動物細胞の部分図

サイトゾルは脂肪酸同化の場で，アシル CoA 生成の場でもある．アシル CoA はミトコンドリアに輸送され，そこで β 酸化による異化を受ける．（炭素 16 個以上への）鎖伸長反応のあるものはミトコンドリアで起こる．他の鎖伸長反応は，二重結合導入反応と同じように，小胞体で起こる．

NAD(P)H と脂肪酸は酸化されるが，酸素は還元されて水になる．分子状酸素に連結している反応は比較的まれである（Sec. 19.9）．哺乳動物は，脂肪酸の（カルボキシ基から数えて）9 番目の炭素原子よりも先には二重結合を導入できない．そのため，哺乳動物は二重結合を 2 個含むリノール酸 [$CH_3-(CH_2)_4-CH=CH-CH_2-CH=CH-(CH_2)_7-COO^-$] と，二重結合を 3 個含むリノレン酸 [$CH_3-(CH_2)_4-CH=CH-CH_2-CH=CH-CH_2-CH=CH-(CH_2)_4-COO^-$] は，食物から摂取しなければならない．これらは，プロスタグランジンを含めた他の脂質の前駆物質であるので，**必須脂肪酸** essential fatty acid である．

　脂肪酸の同化と異化は，どちらも炭素 2 個の単位の継続的反応を必要とするとはいえ，これら二つの経路はお互いに完全な逆反応ではない．これら 2 経路間の相違は，表 21.2 に要約してある．種々の同化反応と異化反応の起こる細胞内部位は，図 21.18 に示すとおりである．

Sec. 21.6 要約
- アセチル CoA はサイトゾルに運ばれてマロニル CoA に変換される．脂肪酸伸長はサイトゾルで起こる．
- 脂肪酸の生合成は炭化水素鎖に新たに2炭素単位を追加する方法で進む．この反応は多くの生物では，脂肪酸シンターゼと呼ばれる多機能酵素複合体により触媒されている．

21.7 アシルグリセロールと複合脂質の合成

トリアシルグリセロール，ホスホアシルグリセロール，ステロイド等の脂質は，脂肪酸およびアセトアセチル CoA 等の脂肪酸代謝物に由来する．遊離脂肪酸が細胞内に大量存在することはなく，これらは通常は，トリアシルグリセロールやホスホアシルグリセロールに取り込まれた形で見出される．これら2種の化合物の生合成は，主として肝細胞や脂肪細胞の小胞体で起こる．

トリアシルグリセロール

脂質のグリセロール部分は，解糖から供給される化合物，グリセロール三リン酸に由来する．肝臓や腎臓では，他にアシルグリセロールの分解で遊離したグリセロールが供給源となる．脂肪酸のアシ

身の周りに見られる生化学　遺伝学

肥満遺伝子

肥満は糖尿病やがんなどの病態と関連しており，現代社会のホットな話題となっている．研究者は最近，肥満傾向に明らかに関連する最初の遺伝子を見出した．この遺伝子は FTO と称される．興味深いことに，この遺伝子が肥満と正の相関を示すにも関わらず，それが何をしているかはわかっていない．英国の研究チームが4000人以上の試料を調査し，肥満度（肥満度指数，BMI）との相関を示す FTO を同定した．FTO に一塩基が変化した特異的な変異体を見出した．変異体を2コピーもつ人は，変異体をもたない人に比べて1.67倍肥満になりやすい．現時点で遺伝子の機能はわからないが，肥満との高い相関から早急な理解が求められると研究者は言っている（本章末の Kaiser, J. の論文を参照）．

© Jeff J. Mitchell/Getty Images

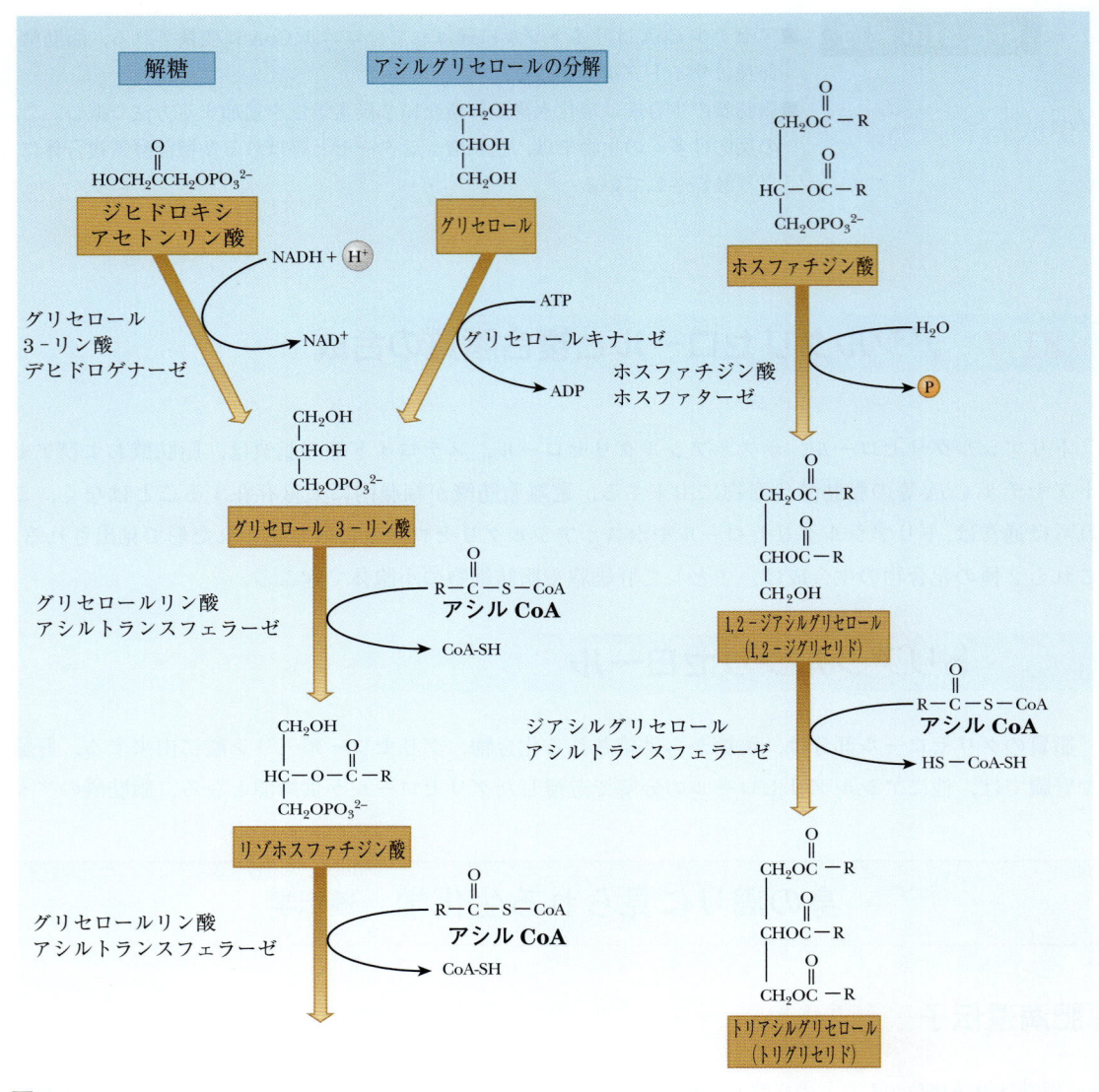

図 21.19

トリアシルグリセロールの生合成経路

ル基はアシル CoA から転移される．この反応の産物は，CoA‐SH とリゾホスファジン酸 lyso-phosphatidate（モノアシルグリセロールリン酸）（図 21.19）である．この反応式では，アシル基はグリセロールの 2 番目の炭素原子（C‐2）にエステル結合しているが，全く同じように C‐1 にエステル結合をすることもできる．同じ酵素によって触媒される二つ目のアシル化反応が起こると，ホスファジン酸 phosphatidate（ジアシルグリセロールリン酸）が生じる．ホスファジン酸は膜に存在し，他のリン脂質の前駆物質である．ホスファジン酸のリン酸基は加水分解によって除かれ，ジアシルグリセロール diacylglycerol を生じる．三つ目のアシル基は，同様に遊離脂肪酸ではなくアシル CoA のアシル基を供給源とする反応で付加される．

身の周りに見られる生化学　栄養学

アセチル CoA カルボキシラーゼ：肥満に対する挑戦の新たな標的

　マロニル CoA は代謝において二つの重要な機能を担っている．第一は脂肪酸合成の中間体としてであり，第二はカルニチンパルミトイルトランスフェラーゼ I の強力な阻害により脂肪酸酸化を阻害することである．サイトゾルのマロニル CoA レベルにより，脂肪を酸化するか蓄えるかが決まる．マロニル CoA を産生する酵素はアセチル CoA カルボキシラーゼ（ACC）であり，これには異なる遺伝子にコードされた二つのアイソフォームがある．ACC1 は肝臓と脂肪組織に発現し，ACC2 は心筋と骨格筋に存在する．ACC2 は高濃度のグルコースやインスリンで活性化され，運動は逆の効果をもたらす．すなわち運動しているときには AMP 依存性プロテインキナーゼが ACC2 をリン酸化して不活性化する．

　最近の研究では体重の増加と減少について ACC2 との関連が調べられている（本章末の Ruderman, N., and J. S. Flier と Abu-Elheiga, L. et al. の論文を参照）．この研究者らは ACC2 遺伝子欠損マウスを作製したが，このマウスは野生型マウスに比べてよく食べるにもかかわらず，脂肪の蓄積が有意に低かった（骨格筋では通常より 30 ～ 40 %，心筋では 10 % 減少していた）．さらに ACC1 を発現している脂肪組織においても，トリアシルグリセロールの蓄積が最大 50 % まで減少した．このマウスに他の異常は認められず，正常に成長して繁殖し，平均的な寿命を示した．この研究者たちは，冒頭に述べたマロニル CoA の二つの機能を考慮し，ACC2 欠損によるマロニル CoA の減少が，カルニチンパルミトイルトランスフェラーゼ I の阻害を取り除くことによる β 酸化の促進と，脂肪酸合成の抑制を導いたと結論づけている．彼らによれば ACC2 は肥満に対する薬の良い標的である．

ACC2 遺伝子を欠損したマウス（左）の皮下脂肪の量は，遺伝子を有するマウス（右）の皮下脂肪の量より少ない．

21.7.1　ホスホアシルグリセロールの生合成はどのように行われるか

　ホスホアシルグリセロール（ホスホグリセリド）は，ホスファチジン酸を基本形とし，このリン酸基に別のアルコール（エタノールアミンのような窒素を含むアルコールであることが多い）がエステル結合している（Sec. 8.2 のホスホアシルグリセロール［ホスホグリセリド］を参照）．ホスファチジン酸の他のリン脂質への転換には，ヌクレオシド三リン酸，特にシチジン三リン酸 cytidine triphosphate（CTP）の存在がしばしば必要である．この生合成経路の詳細は哺乳動物と細菌では同じではなく，CTP の役割は生物の種に依存して変わる．ホスホグリセリド生合成でしばしば見られる反応の一例として，ホスファチジルエタノールアミン合成について哺乳動物と細菌で比較してみよう（図 21.20）．

　細菌では，CTP はホスファチジン酸と反応し，シチジン二リン酸ジアシルグリセロール（CDP ジグリセリド）を生じる．この CDP ジグリセリドがセリンと反応し，ホスファチジルセリンを生じる．

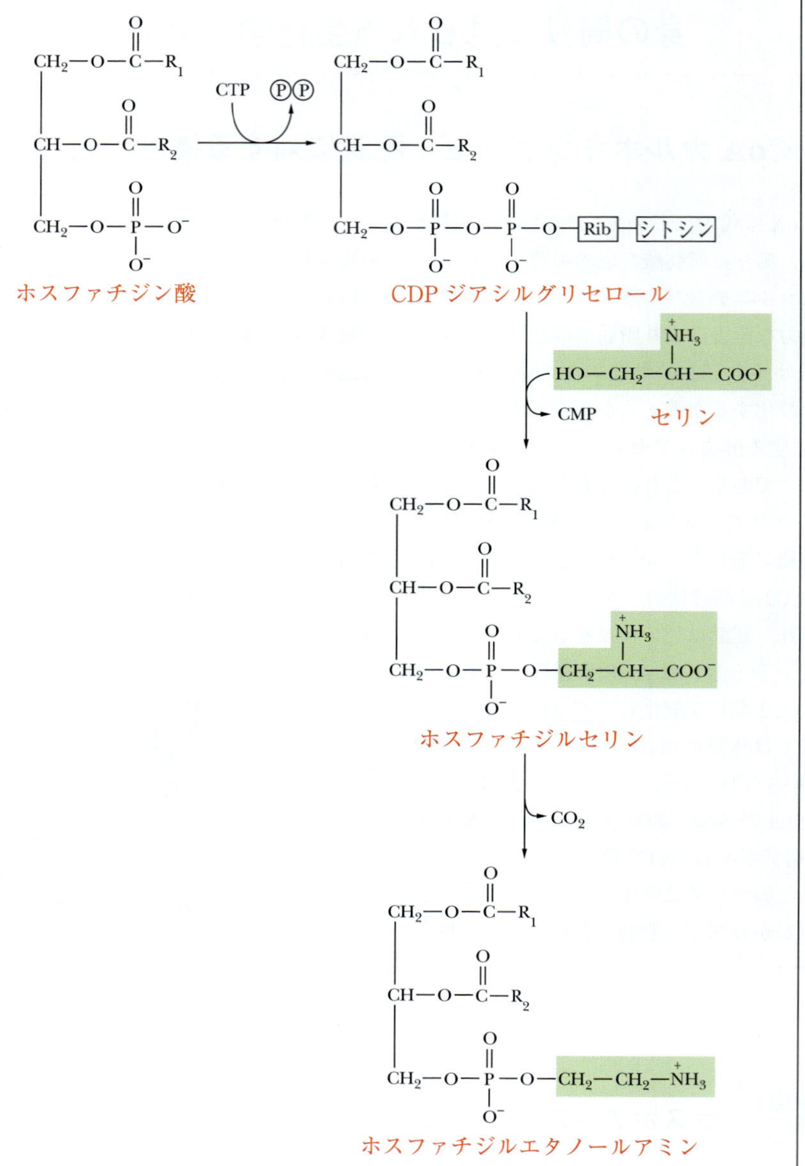

図 21.20
細菌におけるホスファチジルエタノールアミン生合成経路
哺乳動物における経路との違いの詳細は本文を参照．

次にホスファチジルセリンが脱炭酸され，ホスファチジルエタノールアミン phosphatidylethanolamine が生成する．真核生物では，ホスファチジルエタノールアミンの合成は構成成分の一部が処理される二つの予備反応段階が必要である（図21.21）．その第1段階は，加水分解によるホスファチジン酸からのリン酸の除去であり，ジアシルグリセロールを生じる．第2段階では，ホスホエタノールアミンがCTPと反応して，ピロリン酸（PP_i）とシチジン二リン酸エタノールアミン（CDPエタノールアミン）を生じる．このCDPエタノールアミンとジアシルグリセロールが反応して，ホスファ

図 21.21

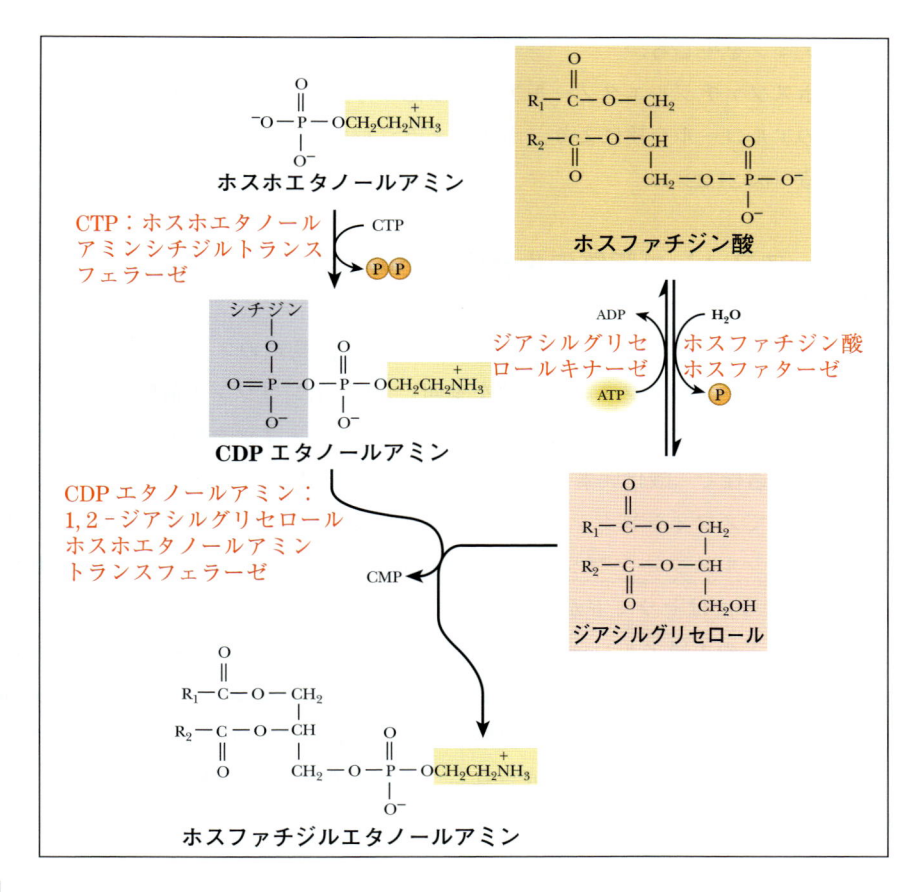

真核生物におけるホスファチジルエタノールアミン産生

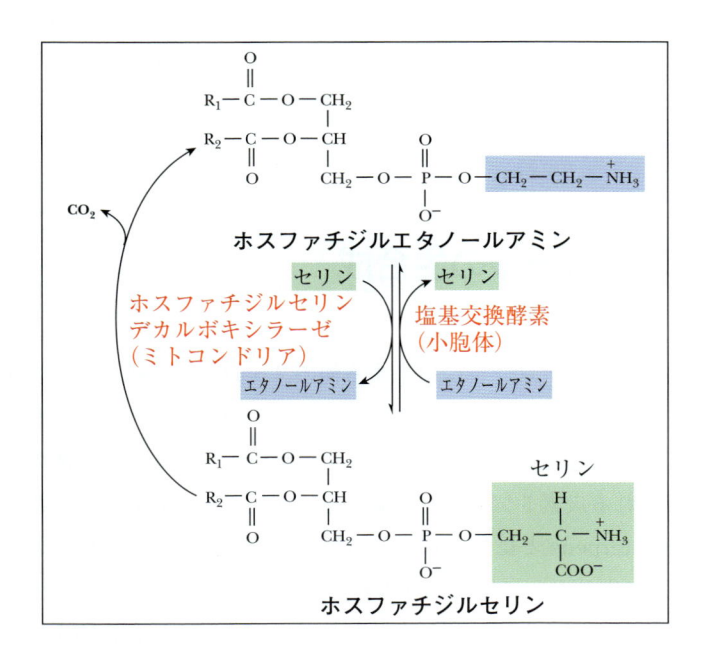

図 21.22

哺乳動物におけるホスファチジルエタノールアミンとホスファチジルセリンの相互変換

チジルエタノールアミンを生じる.

哺乳動物では，ホスファチジルエタノールアミンは他の方法でつくることができる．セリンからエタノールアミンへのアルコール交換により，ホスファチジルエタノールアミンとホスファチジルセリンは相互変換できる（図 21.22）.

21.7.2　スフィンゴ脂質の生合成はどのように行われるか

スフィンゴ脂質の構造の基本は，グリセロールではなくて，長鎖のアミンである**スフィンゴシン** sphingosine である（Sec. 8.2 のスフィンゴ脂質を参照）．スフィンゴシンの前駆物質はパルミトイル CoA とアミノ酸のセリンで，これらが反応してジヒドロスフィンゴシンを生成する．セリンのカルボキシ基は，この反応過程で二酸化炭素として放出される（図 21.23）．次に酸化反応により二重結合が導入され，結果としてスフィンゴシンが生じる．スフィンゴシンのアミノ基と他のアシル CoA との反応の結果，*N*-アシルスフィンゴシン *N*-acylsphingosine が生成される．これは**セラミド** ceramide とも呼ばれる．今度はセラミドが，スフィンゴミエリン，セレブロシド，ガングリオシド等の母体になる．セラミドの 1 級アルコール基にホスホリルコリンが付加すると**スフィンゴミエリン** sphingomyelin を生じ，同じ部位にグルコース等の糖が付加すると**セレブロシド** cerebroside を生じる．**ガングリオシド** ganglioside は，シアル酸残基を含有するオリゴ糖が，この場合もセラミドの 1 級アルコール基に付加することによって生成される．これらの化合物の構造については，Sec. 8.2 のスフィンゴ脂質を参照されたい.

Sec. 21.7 要約
- トリアシルグリセロール，ホスホアシルグリセロール，スフィンゴ脂質などの主な複合脂質は脂肪酸を前駆体とする.
- 脂肪酸は，トリアシルグリセロール，ホスホアシルグリセロールのグリセロール，スフィンゴ脂質のスフィンゴシンなど土台となる分子に結合する．他にも官能基が付加され，特異的な分子ができる.

21.8　コレステロールの生合成

コレステロールおよびコレステロールに由来する他のステロイドを構成する全炭素原子の起源となる物質は，アセチル CoA のアセチル基である．ステロイドの合成は多段階を要する．3 個のアセチル基の縮合によって，6 個の炭素から成るメバロン酸が生成する．メバロン酸の脱炭酸により，脂質構造中にしばしば見出される炭素 5 個のイソプレン単位が生じる．**イソプレン単位** isoprene unit は，ステロイドや，テルペン terpene と総称されるその他多くの化合物の生合成において鍵となる物質である．ビタミン A，E，および K はこれらのテルペンが関与する反応によって生成されるが，ヒトではこれらの反応を行うことができない．これが，われわれがこれらの化合物をビタミンとして必要とする理由である．残りの脂溶性ビタミンであるビタミン D は，コレステロール（Sec. 8.8）からつく

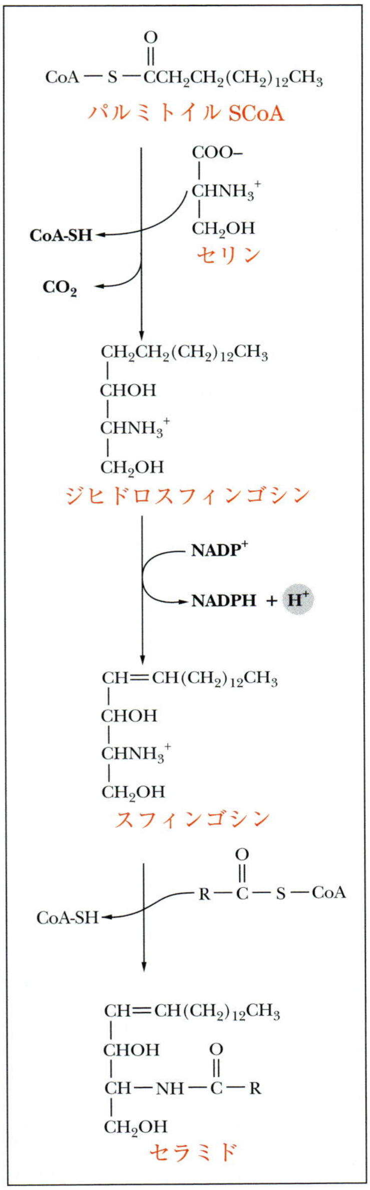

図 21.23

スフィンゴ脂質の生合成
セラミドが生成されると，この化合物は，(a) コリンと反応してスフィンゴミエリンを，(b) 糖と反応してセレブロシドを，(c) 糖，シアル酸と反応してガングリオシドを生成する．

られる．イソプレン単位は，ユビキノン（補酵素 Q）や，特殊な炭素 5 個の単位が付加しているタンパク質や tRNA の誘導体の生合成にも関与している．イソプレン単位は，しばしばタンパク質に付加して，タンパク質が膜に結合する時のいかりの役目を果たす．

イソプレン単位 6 個が縮合すると，30 個の炭素原子から成るスクアレンが生成する．最終的に，スクアレンは 27 個の炭素原子から成る**コレステロール** cholesterol に変換される（図 21.24）．また，

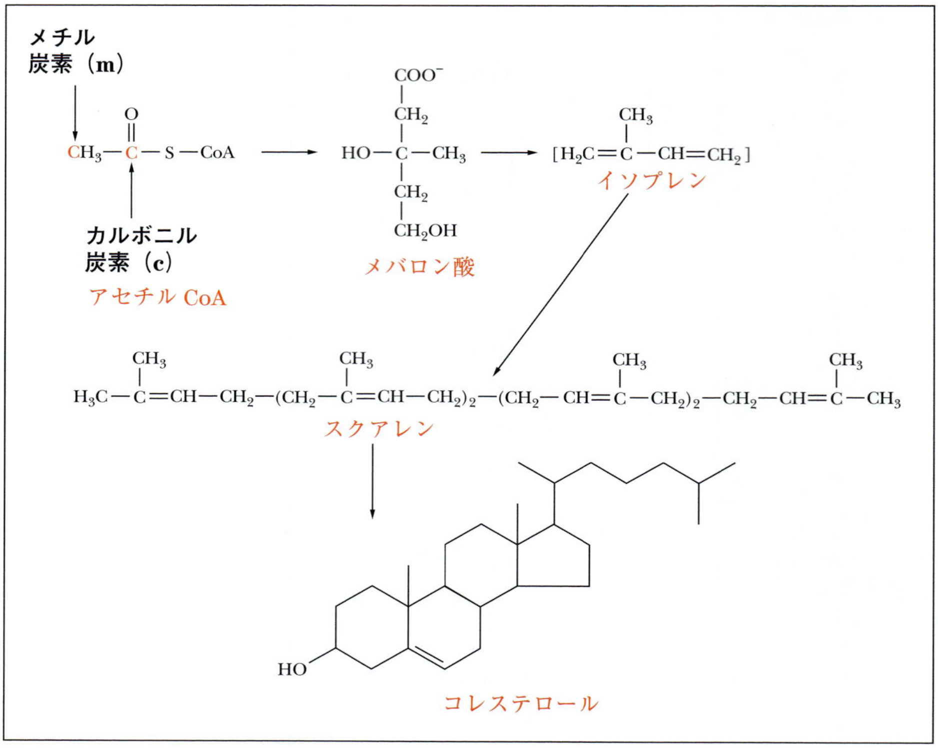

図 21.24

コレステロール生合成の概略

スクアレンは他のステロールにも変換される．

$$\text{酢 酸} \rightarrow \text{メバロン酸} \rightarrow [\text{イソプレン}] \rightarrow \text{スクアレン} \rightarrow \text{コレステロール}$$
$$\text{C}_2 \qquad\qquad \text{C}_6 \qquad\qquad \text{C}_5 \qquad\qquad\qquad \text{C}_{30} \qquad\qquad\quad \text{C}_{27}$$

　コレステロールの炭素原子のうち 12 個は，アセチル CoA のアセチル基のカルボニル炭素に由来することが明らかにされている．これらは図 21.25 で "c" という印がついている炭素である．他の 15 個の炭素原子は，アセチル基のメチル炭素に由来する．これらは，"m" という印のついた炭素である．ここで，この過程での各段階を詳しく見ることにしよう．

　3 個のアセチル CoA のアセチル基のメバロン酸 mevalonate への変換は段階的に起こる（図 21.26）．これらの段階の第 1 番目である 2 個のアセチル CoA からのアセトアセチル CoA の産生については，ケトン体の生成や脂肪酸代謝を論じた際，すでに述べた．3 番目のアセチル CoA 分子は，アセトアセチル CoA と縮合して，β-ヒドロキシ-β-メチルグルタリル CoA β-hydroxy-β-methyl-glutaryl-CoA（HMG-CoA や 3-ヒドロキシ-3-メチルグルタリル CoA とも呼ばれる）を生成する．

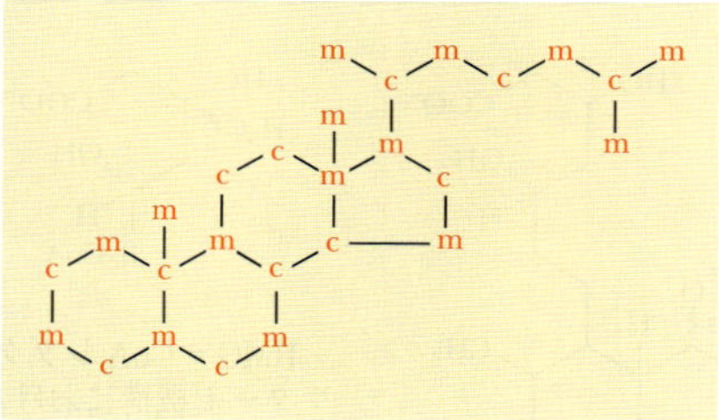

図 21.25
コレステロールの標識様式
m はメチル炭素，c はカルボニル炭素．すべてアセチル CoA に由来する．

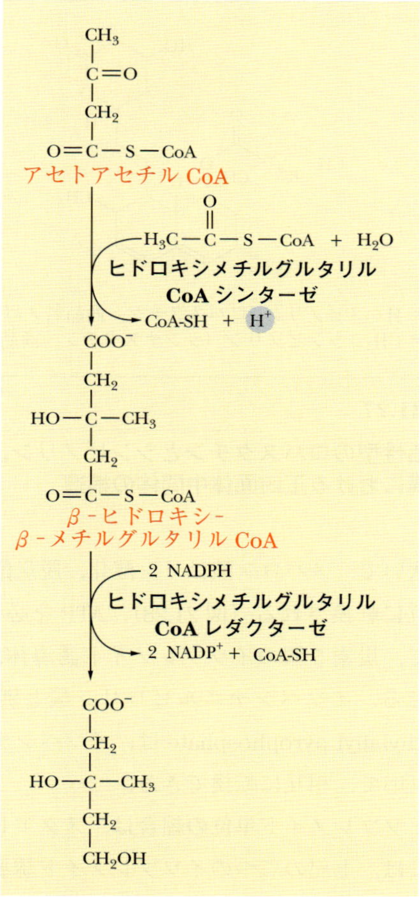

図 21.26
メバロン酸の生合成

21.8.1　HMG-CoA はコレステロール生合成に重要であるのはなぜか

　HMG-CoA を生成する反応は，ヒドロキシメチルグルタリル CoA シンターゼという酵素により触媒され，この過程で 1 分子の CoA-SH が遊離する．次の反応におけるヒドロキシメチルグルタリル CoA からのメバロン酸の産生は，ヒドロキシメチルグルタリル CoA レダクターゼ（HMG-CoA レダクターゼ）という酵素によって触媒される．CoA-SH にチオエステル結合しているカルボキシ基はヒドロキシ基に還元され，CoA-SH は遊離する．この段階は高濃度のコレステロールによって阻害され，コレステロール合成の主な調節点となっている．この段階はまた，生体内コレステロール濃度低下を目指す薬の標的でもある．ロバスタチン lovastatin などの薬は HMG-CoA レダクターゼを阻害し，血中コレステロール濃度を下げるために広く処方されている．この薬はメビノリン酸 mevinolinic acid に代謝されるが，これは HMG-CoA レダクターゼが触媒する反応の遷移状態に現れる正四面体構造をした中間体の構造類似体である（図 21.27）．

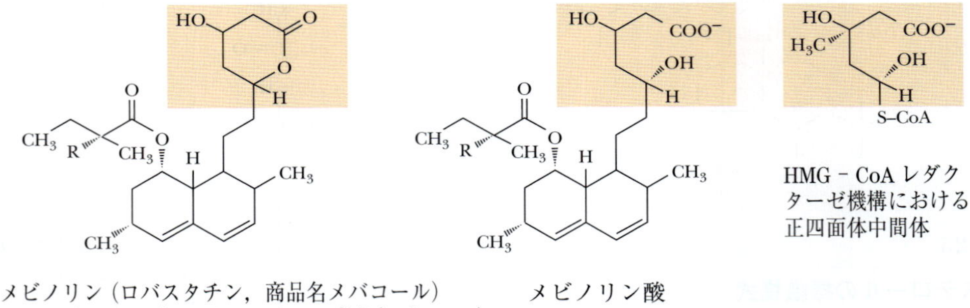

図 21.27
不活性型のロバスタチンとシンビノリン，活性型のメビノリン酸，および HMG−CoA レダクターゼ機構における正四面体中間体の構造

　次いで，メバロン酸はリン酸化，脱炭酸，および脱リン酸の反応の組合せによってイソプレノイド単位に転換される（図 21.28）．ATP を必要とする酵素によって触媒される 3 回のリン酸化反応によって，炭素 5 個のイソプレノイド誘導体，イソペンテニルピロリン酸 isopentenyl pyrophosphate を生じる．イソペンテニルピロリン酸と別のイソプレノイド誘導体，ジメチルアリルピロリン酸 dimethylallyl pyrophosphate は，イソペンテニルピロリン酸イソメラーゼという酵素によって触媒される反応で，相互に転換できる．

　イソプレノイド単位の縮合は，スクアレンの産生に，究極的にはコレステロールの産生に至る．これには，上記の二つのイソプレノイド誘導体が共に必要である．二つの縮合反応がさらに起こり，その結果，炭素数 15 の化合物ファルネシルピロリン酸 farnesyl pyrophosphate が産生される．2 分子のファルネシルピロリン酸の縮合により，炭素数 30 の化合物スクアレン squalene が産生される．この反応はスクアレンシンターゼによって触媒され，NADPH が必要である．

　図 21.29 は，スクアレンのコレステロールへの転換を示している．この転換の詳細は，かなり複雑なものである．スクアレンは，NADPH および分子状酸素（O_2）を必要とする反応でスクアレンエポキシド squalene epoxide に変換される．この反応はスクアレンモノオキシゲナーゼによって触媒される．次いで，スクアレンエポキシドは複雑な環状化反応を受け，ラノステロール lanosterol を生じる．この注目すべき反応は，スクアレンエポキシドシクラーゼによって触媒される．この反応は，個々の部分が他の部分に対し重要な影響を与えながら進行する協奏的機構である．協奏反応は段階的に起こるのではなく，全部が同時に起こるので，反応の一部が進行しなかったり，変化したりすることはない．ラノステロールのコレステロールへの転換は，複雑な過程である．3 個のメチル基を除去し 1 個の二重結合を移動させるために，20 段階を要することが知られている．しかし，この過程の詳細はここでは省略する．

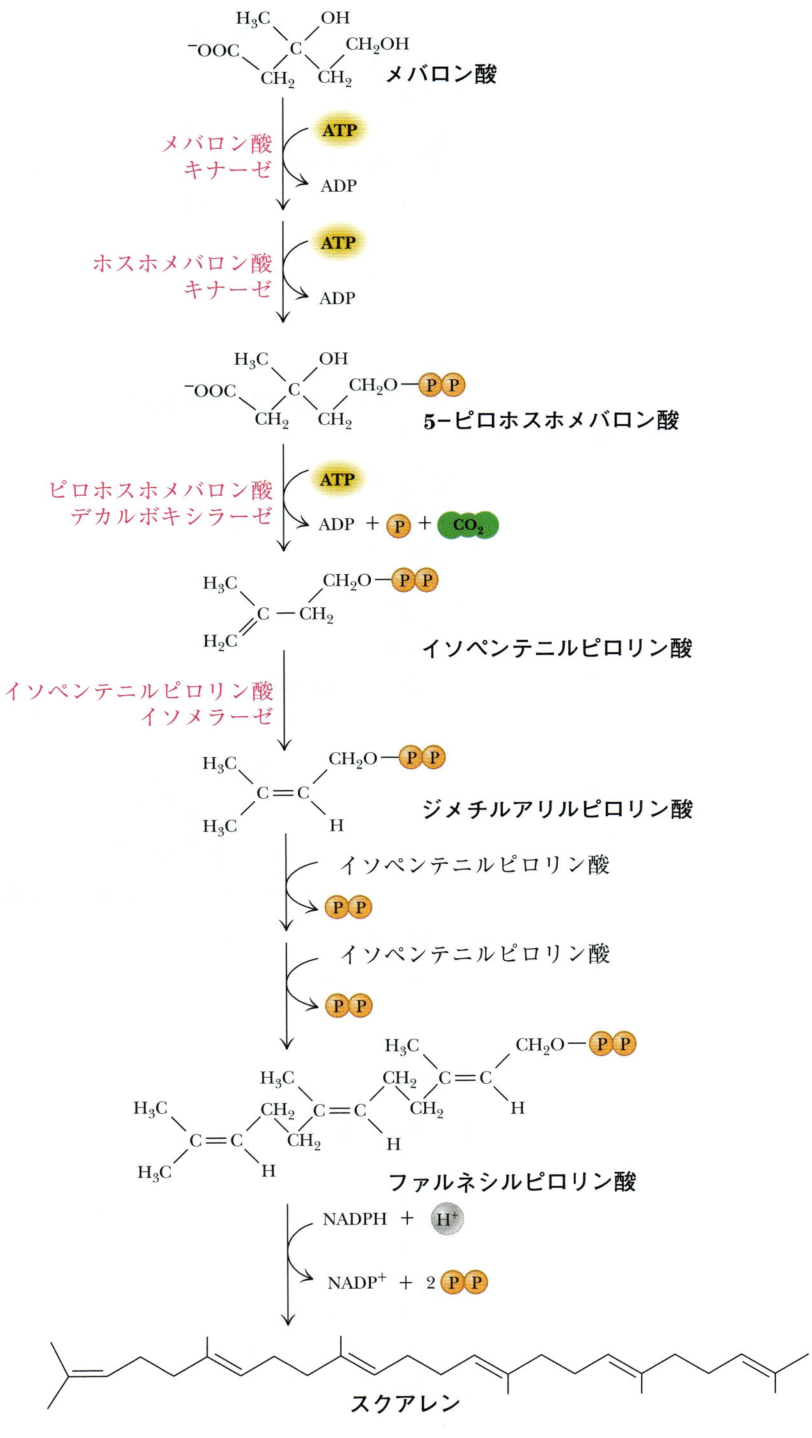

図 21.28

メバロン酸からスクアレンへの変換

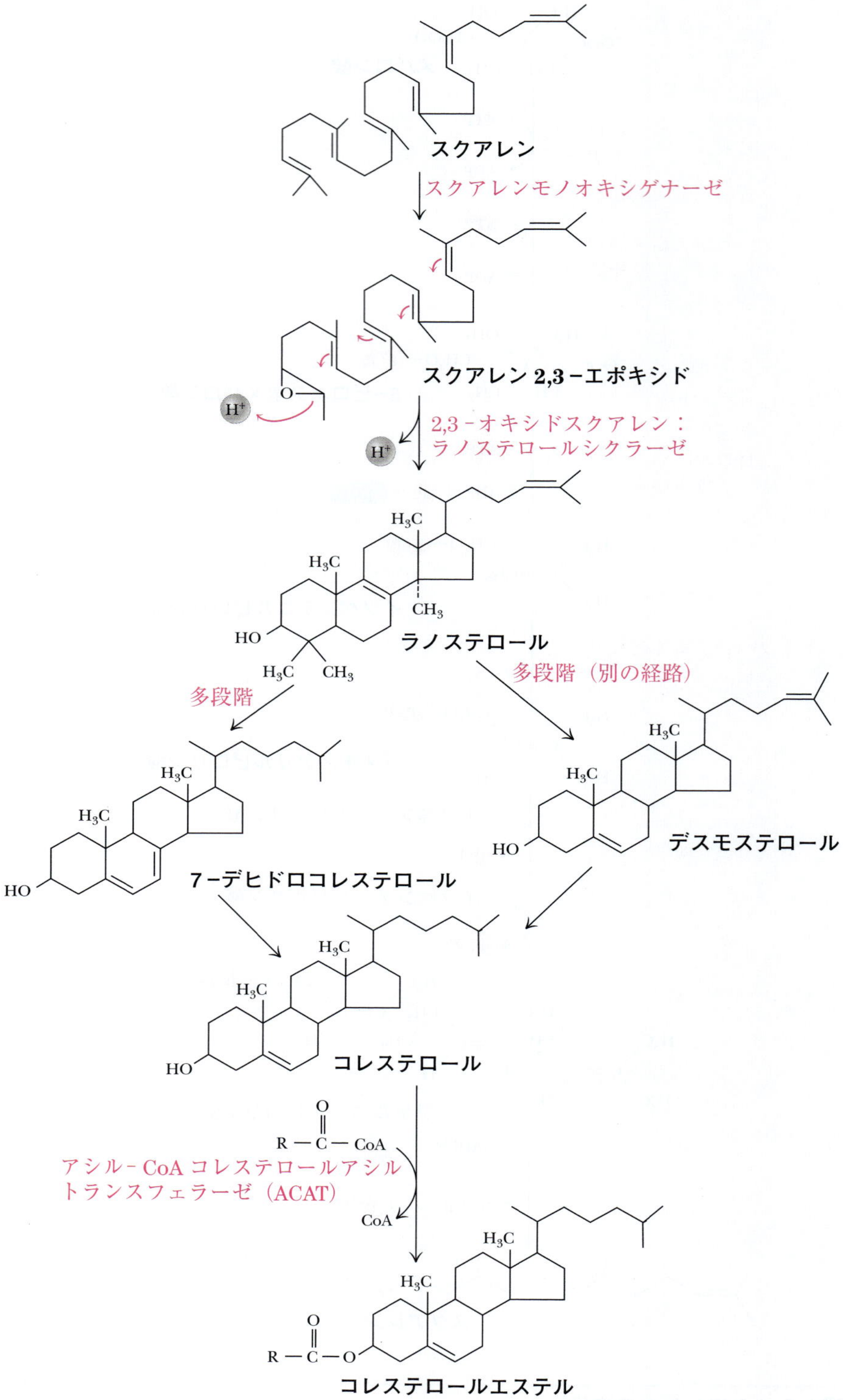

図 21.29
ラノステロールを介してスクアレンからコレステロールが合成される
ラノステロールからの主な経路は 20 段階を経る．最終段階は 7-デヒドロコレステロールからコレステロールへの変換である．別の経路としてコレステロールの前段階中間体としてデスモステロールがつくられる．

21.8.2 ステロイドの前駆体としてコレステロールはどのように働くか

いったんコレステロールが生成されると，これが広汎にわたって多様な生理作用を有する他のステロイドに転換される．滑面小胞体はコレステロールの合成と他のステロイドへの転換の両方において重要な場である．肝臓は哺乳動物におけるコレステロール合成の主要な場所である．肝臓で産生されたコレステロールの大部分は，コール酸やグリココール酸等の胆汁酸 bile acid に変換される（図21.30）．これらの化合物は，脂肪滴を乳化して消化酵素の作用を受けやすくすることにより，脂肪の消化を助ける．

コレステロールは，胆汁酸に加えて，重要な**ステロイドホルモン** steroid hormone の前駆物質である（図21.31）．すべてのホルモンと同じように，化学的性質に関わらず（Sec. 24.3），ステロイドホルモンは細胞内の代謝過程を制御する細胞外からの信号として働く．ステロイドは，性ホルモンとして最もよく知られている（これらは避妊用ピルの成分でもある）が，他の役割も果たしている．プレ

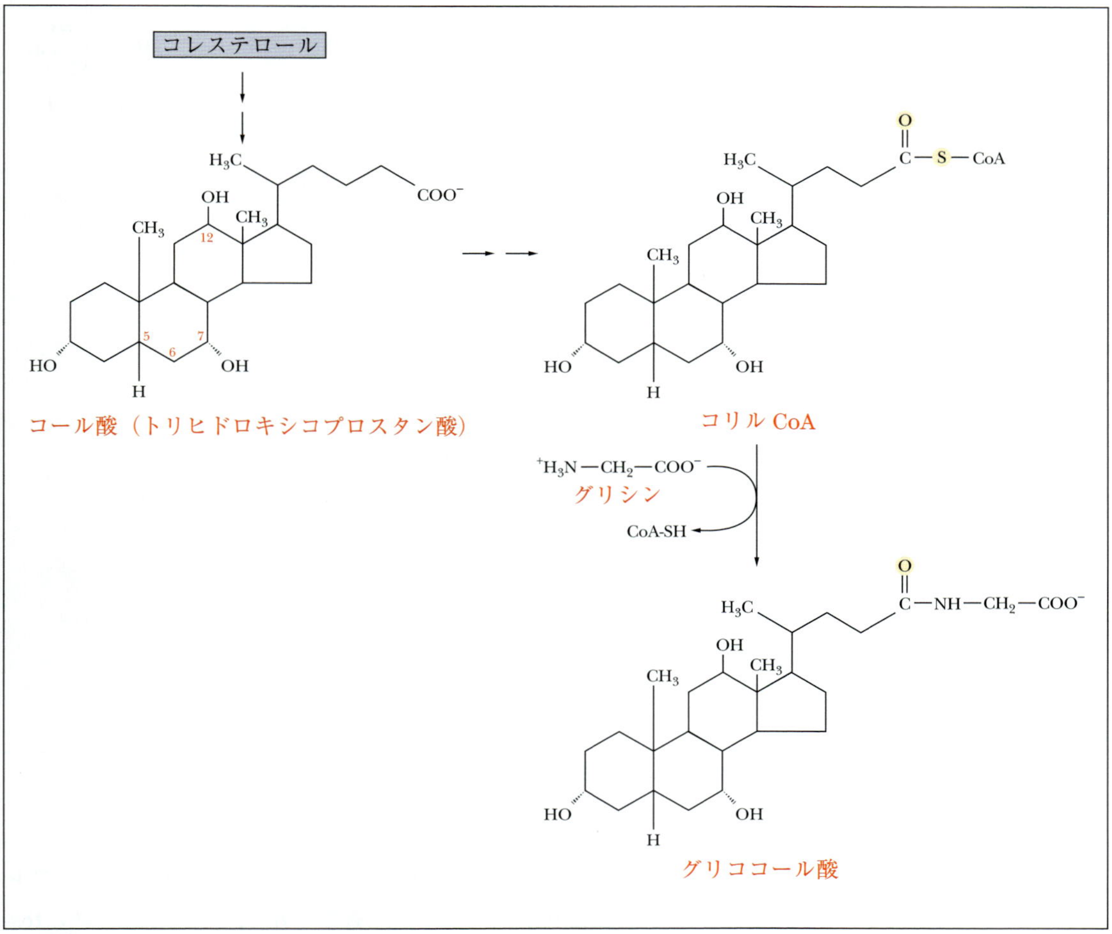

図 21.30

コレステロールからの胆汁酸の合成

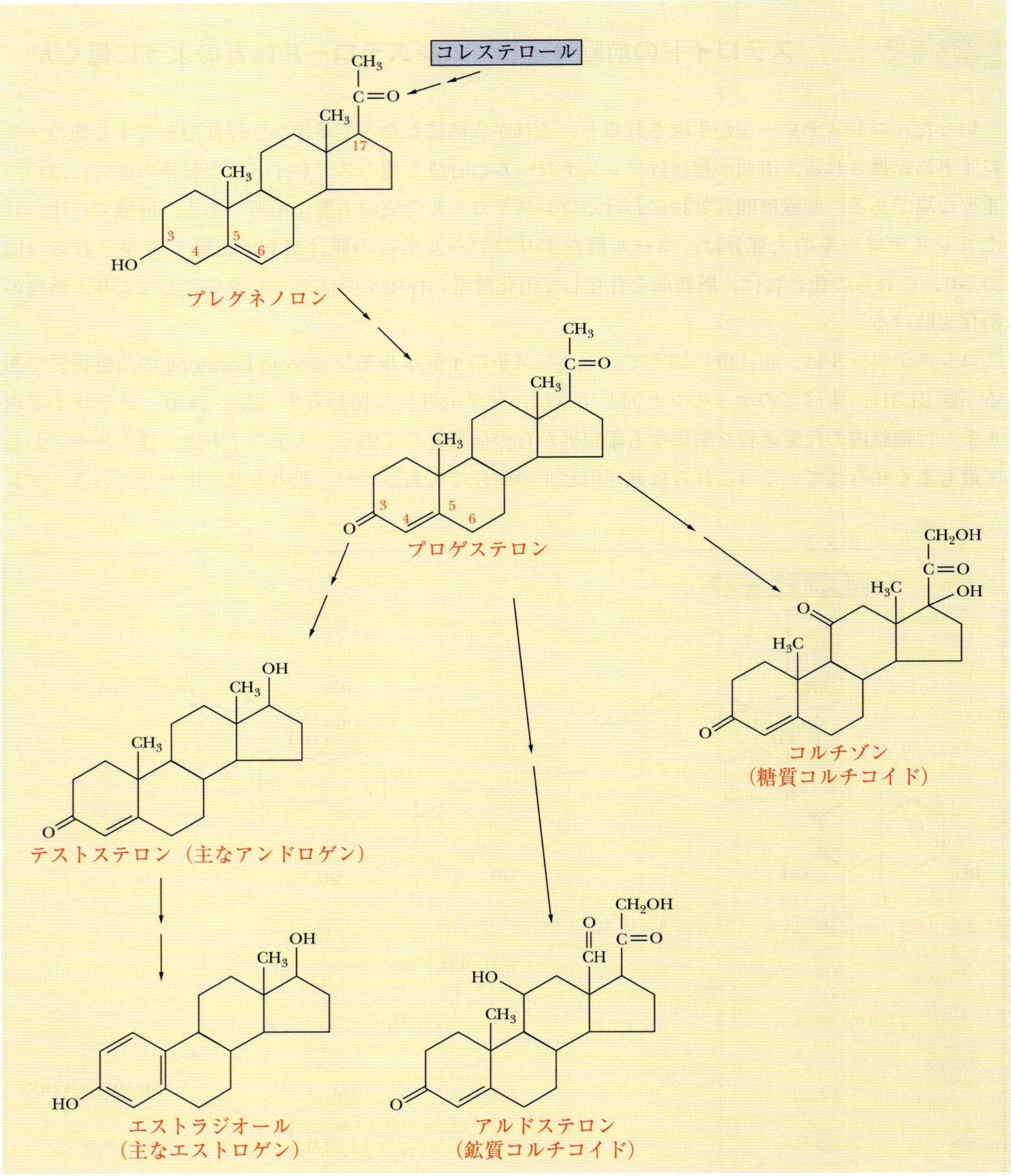

図 21.31
コレステロールからのステロイドホルモンの合成

グネノロン pregnenolone は，コレステロールから生成され，プロゲステロン progesterone は，プレグネノロンから生成される．プロゲステロンは自身が性ホルモンである一方で，テストステロン testosterone やエストラジオール estradiol（エストロゲンの 1 種）等の他の性ホルモンの前駆物質でもある．その他の種類のステロイドホルモンも，プロゲステロンからつくられる．性成熟における性ホ

ルモンの役割については，Sec. 24.3 で述べる．コルチゾン cortisone は，糖質コルチコイド glucocorticoid の 1 種で，その名の示すとおり，糖代謝に関与しているが，タンパク質や脂肪酸の代謝にも働く．鉱質コルチコイド mineralocorticoid は，金属イオン（"ミネラル"）や水を含め電解質の代謝に関与する別のホルモン群である．アルドステロン aldosterone は鉱質コルチコイドの 1 種である．コレステロールがステロイドホルモンに転換される細胞においては，滑面小胞体の拡大がしばしば認められ，この過程が起こる部位であることを示している．

21.8.3　心疾患におけるコレステロールの役割は何か

　アテローム性動脈硬化症は，コレステロール粥状（じゅくじょう）斑の沈着によって，程度はさまざまであるが，動脈が閉塞され，心臓発作に至る疾患である．動脈の閉塞が起こる過程は複雑である．アテローム性動脈硬化症の進展には食事と遺伝的素因が関与している．脂肪やコレステロール，特に飽和脂肪の多い食事は，血流中のコレステロール濃度を高くする．コレステロールは細胞膜に必須の成分であるから，生体は自分でもコレステロールを合成する．食事からよりも，内因性の（体内で合成される）コレステロールのほうが多いこともある．

　血液中を輸送されるためには，コレステロールは包み込まれていなければならない．数種のリポタンパク質（表 21.3 に要約）が，血液中の脂質輸送に関与している．これらのリポタンパク質集合体は，通常，それらの密度によって分類されている．これらにはキロミクロン，超低密度リポタンパク質（**VLDL**），中密度リポタンパク質（**IDL**），低密度リポタンパク質（**LDL**），および高密度リポタンパク質（**HDL**）がある．密度はタンパク質含量が多くなるにしたがって増加する．LDL と HDL が，心臓疾患の論議で主要な役割を果たすことになる．これらの集合体のタンパク質部分は，非常に多様である．主な脂質は，一般にコレステロールと，そのヒドロキシ基が脂肪酸とエステル結合しているコレ

表 21.3　ヒト血漿中の主なリポタンパク質

リポタンパク質	密度（g mL^{-1}）
キロミクロン	< 0.95
VLDL	0.95 〜 1.006
IDL	1.006 〜 1.019
LDL	1.019 〜 1.063
HDL	1.063 〜 1.210

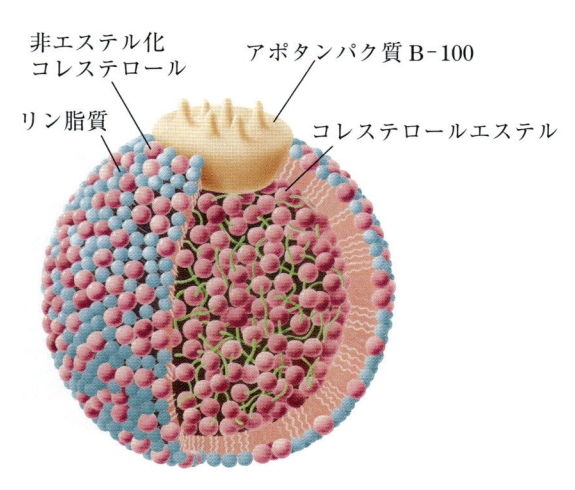

図 **21.32**

LDL 粒子の模式図
(*M. S. Brown and J. L. Goldstein, 1984, How LDL Receptors Influence Cholesterol and Atherosclerosis*, Sci. Amer. **251** *(5), 58 - 66* より引用)

身の周りに見られる生化学　健康関連

アテローム性動脈硬化症

　アテローム性動脈硬化症は，毎年，がん以上の死因となっている．これは胸痛，心筋梗塞，脳卒中の原因となる．アテローム性動脈硬化症は，悪玉のLDLが血管のプラーク（塊）に沈着し血管を塞ぐ，という単純なモデルで長年記述されてきた．しかしながら最近の知見は，この旧モデルが単純すぎることを示している．脂質代謝とLDLは発症に明らかに関与しているが，より重要な元凶は炎症の過程である．

　この図はアテローム性動脈硬化発症の，より現実的で包括的な図となっている．過剰のLDLは関与しているが，単なるLDLの沈着にはよらない．第一段階で，過剰のLDLは動脈組織に侵入し修飾を受ける．修飾されたLDLは接着分子の産生を促す．これらの接着分子は単球やT細胞を引き寄せる．動脈壁の内皮細胞もまたケモカインを分泌し，動脈内膜に単球を引き寄せる．第二段階では，単球が活性をもつマクロファージに成熟し，多くの炎症物質を産生する．マクロファージはLDLを貪食排除する．第三段階では，マクロファージがLDLを消化し続け，脂肪の小滴で満たされるために，泡沫細胞 foam cell と呼ばれる．これらの細胞はアテローム性動脈硬化の最初のしるしである脂肪線条を形成する．第四段階では，炎症がプラークの増大を促進し，脂質を繊維質の被膜が覆う．この被膜は血流中につき出すが，同時に血液の沈着を防ぐ．最終段階では，さらなる炎症物質が被膜を壊す．また泡沫細胞は血液凝固を促す組織因子を放出する．破壊されたプラークは動脈に血栓，血液凝固を起こす．塊が十分に大きければ心筋細胞の死である心筋梗塞の原因となる．

　実際に覚えておいてほしいことは以前と同じである．すなわち，健康な心臓を保つためにはLDLを減らす習慣が必要である．しかしながら，研究者が医学的な対応策を講じる場合には，動脈硬化に関連する化学因子のすべてについて十分に理解することが治療を達成するのに重要となる．

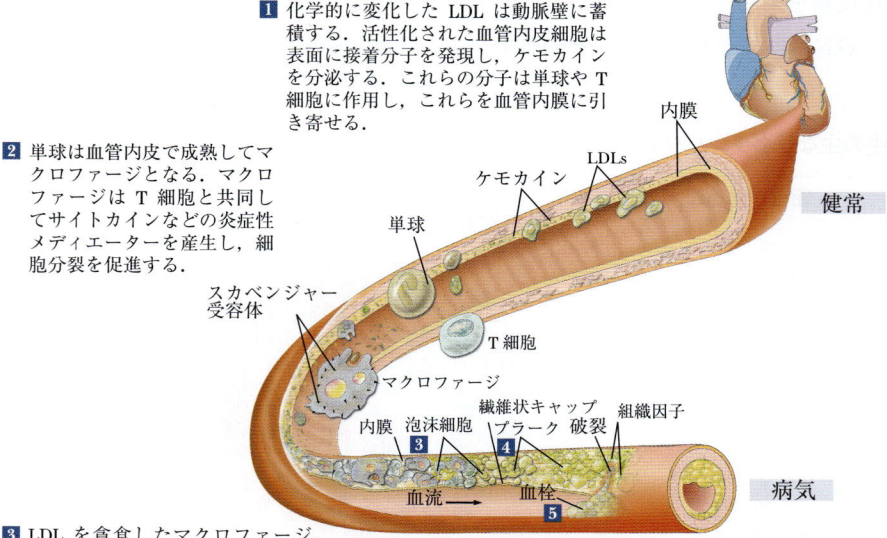

1 化学的に変化したLDLは動脈壁に蓄積する．活性化された血管内皮細胞は表面に接着分子を発現し，ケモカインを分泌する．これらの分子は単球やT細胞に作用し，これらを血管内膜に引き寄せる．

2 単球は血管内皮で成熟してマクロファージとなる．マクロファージはT細胞と共同してサイトカインなどの炎症性メディエーターを産生し，細胞分裂を促進する．

3 LDLを貪食したマクロファージは脂肪の小滴で満たされるようになる．これらの脂肪で充満したマクロファージ（泡沫細胞と呼ばれる）は，T細胞とともに最も初期のアテローム性動脈硬化プラークをつくる．

4 炎症性分子がプラークの成長を促進し，脂質性沈着物の上に繊維状のキャップを形成する．これらの繊維状のキャップは脂質性沈着物を封じ込め血流から遮断する．

5 泡沫細胞は消化活性をもつマトリックス分子を分泌してキャップを弱体化させる．弱体化したキャップが破れると，泡沫細胞上に発現している組織因子が血液中の血液凝固因子と反応し血栓 （thrombus）を生じる．

冠動脈におけるアテローム性動脈硬化症の発生，アテローム性動脈硬化プラークの成長
（P. Libby, Atherosclerosis: The New View. Sci. Amer. **286** (5), 50–51 (2002) より引用）

ステロールエステルであるが，トリアシルグリセロールもこれらの集合体の中に見出される．キロミクロンが食物からの脂質の輸送に関与するのに対して，他のリポタンパク質は内因性の脂質に関係する．

　図21.32は，LDL顆粒の構築を示したものである．この内部には多数のコレステロールエステル分子（コレステロールのヒドロキシ基がリノール酸等の不飽和脂肪酸とエステルを形成している）が詰まっている．表面は，タンパク質（アポタンパク質B-100），リン脂質，遊離型（非エステル化）コレステロール等から成り，血漿という水性溶媒と接触している．LDL顆粒のタンパク質部分は，一般に細胞の表面に存在する受容体に結合する．LDL顆粒が細胞内に取り込まれる過程における受容体の作用に関しては，Sec. 8.6の膜受容体の項を参照してもらいたい．この過程は，細胞による脂質の取込み機構の典型であり，このLDL処理を一例として見ることにしよう．LDLはアテローム性動脈硬化症発症の主役である．

　LDL粒子は細胞内で分解される．LDLの細胞への取込みは，高度に調節されたエンドサイトーシス過程で起こる（Sec. 8.6）．この過程で，LDL粒子とその受容体を含む細胞膜の一部が細胞内に入る．受容体は細胞表面に戻り，LDL粒子はリソソーム（分解酵素を含むオルガネラ，Sec. 1.6参照）で分解される．LDLのタンパク質部分は構成するアミノ酸にまで加水分解される．一方，コレステロールエステルは，コレステロールと脂肪酸にまで加水分解される．次いで遊離型コレステロールは，膜の成分として直接利用される．脂肪酸は本章の前のほうで述べた同化や異化のどちらかの道をたどることになる（図21.33）．膜の合成に必要とされないコレステロールは，オレイン酸やパルミチン酸のエステルとして貯えられる．これらのエステルでは脂肪酸がコレステロールのヒドロキシ基とエステルを形成している．これらのエステルの産生は，アシルCoAコレステロールアシルトランスフェラーゼ（ACAT）によって触媒され，遊離型コレステロールの存在はACAT酵素活性を促進する．これに加えて，遊離のコレステロールはヒドロキシメチルグルタリルCoAレダクターゼ（HMG-CoAレダクターゼ）の産生と酵素活性を阻害する．この酵素はコレステロール合成において重要な段階であるメバロン酸産生反応を触媒している．このことは重要な意味をもっている．食物中のコレステロールは，体内，特に肝臓以外の組織におけるコレステロール合成を抑制する．細胞内に遊離型コレステロールが存在することの三つ目の影響は，LDL受容体合成の阻害である．受容体数減少の結果，コレステロールの細胞内取込みは阻害され，LDLの血中濃度は上昇して，アテローム動脈硬化性の粥状斑が沈着する．

　血流中のコレステロール濃度の維持に関するLDL受容体の決定的な役割が明らかになるのは，特に家族性高コレステロール血症 familial hypercholesterolemia の場合である．この疾患は，活性型受容体をコードする遺伝子の欠陥に起因する．一方の遺伝子は活性型受容体をコードするが，他方は欠陥遺伝子である個体は，ヘテロ接合性（ヘテロ接合体）である．ヘテロ接合体は血中コレステロール濃度が平均より高く，したがって，一般の人よりも心臓疾患に罹患する危険度が高い．双方が欠陥遺伝子で，活性型LDL受容体がない個体はホモ接合性（ホモ接合体）である．ホモ接合体は生まれたときから血中コレステロール濃度が著しく高く，2歳で心臓発作を起こしたという記録がある．家族性高コレステロール血症に関しホモ接合性である患者は，通常20歳前に死亡する．高コレステロール血症を引き起こす他の遺伝子異常としては，IDLやVLDLの成分であり細胞による脂質の取込みに関与するリポタンパク質Eのタンパク質成分の欠陥に帰せられるものがある．いずれの場合も，不幸な結末になることは同じである．

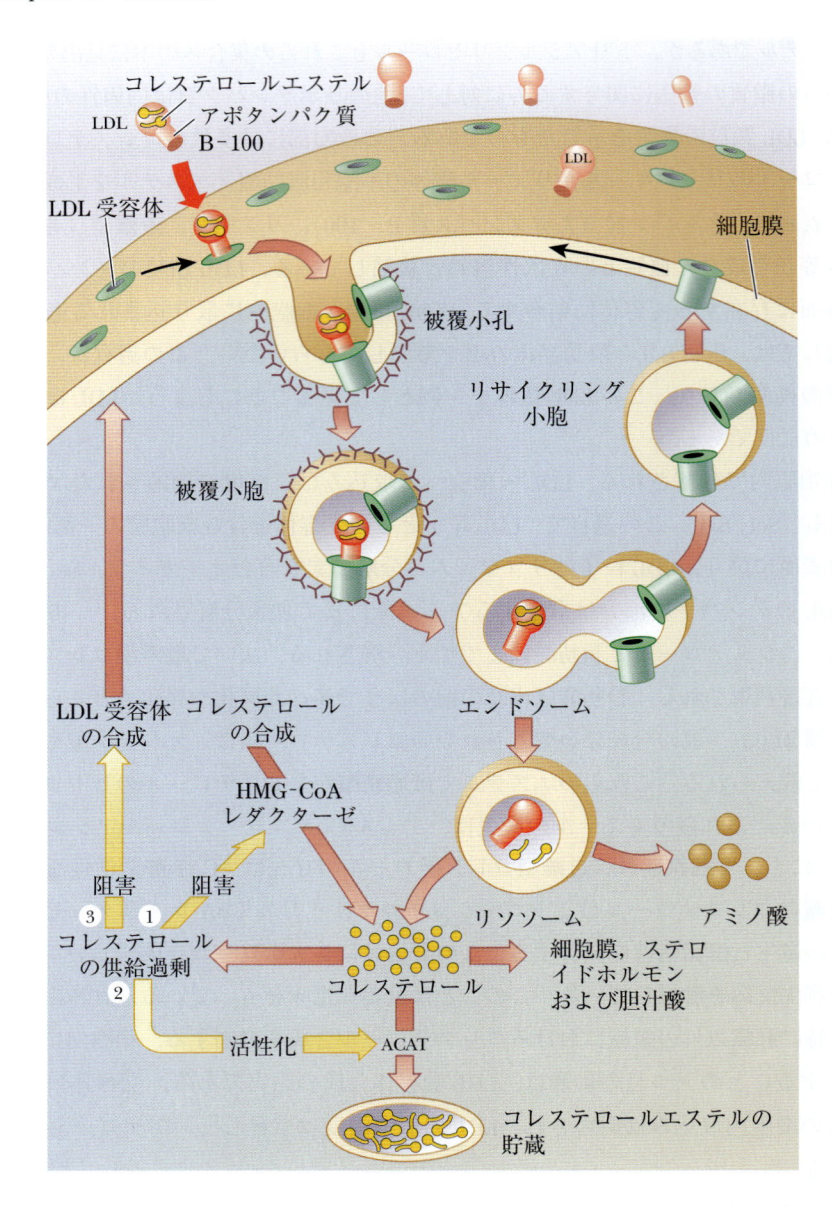

図 21.33

細胞内におけるコレステロールの動き（本文参照）
ACATはコレステロールをエステル化し，貯蔵に向かわせる酵素である．（*M. S. Brown and J.L. Goldstein, 1984, How LDL Receptors Influence Cholesterol and Atherosclerosis,* Sci. Amer. **251** (5), 58 - 66 より引用）

　この論議を終える前に，"善玉"のコレステロールである高密度リポタンパク質（HDL）のことを述べる必要がある．肝臓から身体の他の部分にコレステロールを運ぶLDLと違って，HDLはコレステロールをその胆汁酸への分解の場である肝臓に運び戻す．血流中のコレステロールとLDLが低濃度であることは望ましいが，全コレステロールのうちでHDLの割合がなるべく高いことも望ましい．LDL濃度が高くHDL濃度が低いことが，心臓疾患の進展に関連することはよく知られている．規則的で十分量の運動のように，HDL濃度を上昇させることが知られている要因は，心臓疾患の可能性を低下させる．喫煙はHDL濃度を低下させ，心臓疾患と高い相関がある．

> **Sec. 21.8 要約**
>
> ■コレステロールの生合成は，炭素5個から成るイソプレノイド単位の縮合により進む．
> ■イソプレノイド単位は三つのアセチルCoAの反応に由来する．
> ■生成したコレステロールは，他のステロイドの前駆物質となる．
> ■コレステロールが血流で運搬されるためには小胞に包み込まれる必要がある．この形のコレステロールのあるものは心疾患に関与する．

SUMMARY　　　　　　　　　　　　　　　　　　　　　　　　　　　　　要　　約

◆**脂質はどのようにエネルギーの産生と貯蔵に関わるか**　これまでに糖質がどのように合成や分解を受けるかを見てきた．脂質はもう一つの栄養素である．脂質の異化的酸化は大量のエネルギーを放出する．一方，同化的な脂質の合成は化学エネルギーを貯蔵する効果的な方法である．

◆**脂肪酸は，酸化のためにどのようにミトコンドリアに運ばれるか**　サイトゾルにおける最初の活性化段階，すなわちそれぞれの脂肪酸に対応したアシルCoAの形成の後，それぞれのアシル基は，ミトコンドリア膜間腔を横切る輸送のためにカルニチンにエステル転移される．アシル基は再びエステル転移され，アシルCoAとなる．

◆**脂肪酸酸化はどのように行われるか**　ミトコンドリアのマトリックス内で起こる脂肪酸の酸化は，脂質異化における主要なエネルギー供給源である．この過程においては，脂肪酸のカルボキシ末端から炭素2個の単位が継続して除去されて，アセチルCoAを生成する．このアセチルCoAは引き続いてクエン酸回路に入る．脂肪酸からアセチルCoAを生成する反応でNADHとFADHが産生され，これらが電子伝達系を介してATPを産生する．

◆**脂肪酸酸化から得られるエネルギー収量はいくらか**　ステアリン酸（炭素18個の化合物）1分子が二酸化炭素と水にまで完全に酸化される場合，正味120分子のATPが産生される．これらのATPの源は，β酸化経路でつくられるNADHとFADH$_2$，およびアセチルCoAが電子伝達系で処理されるときにつくられるNADH，FADH$_2$とGTPである．

◆**不飽和脂肪酸の酸化は，飽和脂肪酸の酸化とどう違うか**　脂肪酸の異化経路には，飽和脂肪酸と同様に不飽和脂肪酸が代謝される反応も含まれている．炭素数が奇数の脂肪酸も，それら特有の分解産物であるプロピオニルCoAをクエン酸回路の中間体であるスクシニルCoAに転換することによって代謝される．

◆**アセトンとアセチルCoAは脂質代謝においてどのように関連するか**　ケトン体は，β酸化の結果，アセチルCoAが過剰になった際に産生されるアセトンに関連した物質である．このような状態は，脂質摂取が過剰で糖質摂取が少ない場合や，糖代謝不全が糖質と脂質の間で分解産物の不均衡を起こすような糖尿病患者において起こる．

◆**脂肪酸合成の最初の段階はどのように行われるか**　脂肪酸の同化は，β酸化とは異なる経路で進行する．アセチルCoAがサイトゾルに運ばれ，マロニルCoAに変換される．脂肪酸の同化と異化における最も重要な相違は，ビオチンが同化に必要であるのに対して，異化には不要であること，また，同化においてはNADPHを必要とするのに対して，異化ではむしろNAD$^+$を必要とすること等である．

◆**脂肪酸合成はどのような機序で行われるか**　脂肪酸生合成はサイトゾルで起こり，脂肪酸シンターゼと呼ばれる順序だった多酵素複合体によって触媒される．

◆**ホスホアシルグリセロールの生合成はどのように行われるか**　トリアシルグリセロール，ホスホアシルグリセロール，スフィンゴ脂質などの複合脂質のほとんどは，脂肪酸を前駆物質とする．ホスホアシルグリセロールの場合には，土台となるグリセロールに脂肪酸2分子とリン酸が付加する．残った官能基の付加にはヌクレオシド三リン酸が必要であり，付加様式は哺乳類と細菌で異なる．

◆**スフィンゴ脂質の生合成はどのように行われるか**　脂肪酸が，土台となるスフィンゴシン分子に結合し，セラミドができる．糖を含む他の部位の付加により，ガングリオシドや他の化合物が産生される．

◆**HMG-CoA はコレステロール生合成に重要であるのはなぜか**　ステロイド生合成の出発物質はアセチル CoA である．イソプレン単位は，最終的にコレステロールに至る長い過程の早い時期にアセチル CoA から産生される．HMG-CoA は鍵となる中間体で，その生成反応は抗コレステロール薬の標的となる．

◆**ステロイドの前駆体としてコレステロールはどのように働くか**　コレステロールは，胆汁酸，性ホルモン，糖質コルチコイド，鉱質コルチコイドなど，他のステロイドに変換される．

◆**心疾患におけるコレステロールの役割は何か**　コレステロールが血流で運搬されるためには小胞に包み込まれることが必要であり，それには数種のリポタンパク質が関与する．一つは LDL (低密度リポタンパク質，すなわち "悪玉コレステロール") で，もう一つは HDL (高密度リポタンパク質，すなわち "善玉コレステロール") である．食事からのコレステロールと遺伝的要因の両方が，心疾患におけるコレステロールの作用に影響する．

EXERCISES　　　　　　　　　　　　　　　　　　練習問題

21.1　脂質はエネルギーの産生と貯蔵に関わる

1. 演習　(a) 動物の主なエネルギー貯蔵物質は (筋肉を除き) 脂肪である．これにはどういう利点があるか．
  (b) 植物ではどうして脂肪/油を主なエネルギー貯蔵物質として用いていないのか．

21.2　脂質の分解

2. 復習　ホスホリパーゼ A_1 と A_2 の違いは何か．
3. 復習　リパーゼは，ホルモンによりどのように活性化されるか．
4. 復習　脂肪酸を補酵素 A に連結している代謝上の目的は何か．
5. 復習　アシル CoA のミトコンドリアへの輸送におけるカルニチンの役割を概説せよ．いくつの酵素が関係するか．それらの名称を述べよ．
6. 復習　アシル CoA デヒドロゲナーゼにより触媒される酸化様式と，β-ヒドロキシ CoA デヒドロゲナーゼによる酸化様式の違いは何か．
7. 復習　炭素数6の脂肪酸を描き，β 酸化の最初の段階で形成される二重結合の位置を示せ．
8. 演習　パルミチン酸 (問題12を参照) の8分子のアセチル CoA への分解に，なぜ8サイクルでなく7サイクルの β 酸化過程を必要とするか．
9. 演習　ホルモンによるリパーゼの活性化の特性を考えると，そのような状況下ではどのような糖代謝経路が活性化，あるいは阻害されるのか．

21.3　脂肪酸酸化からのエネルギー収量

10. 復習　酸化的代謝におけるグルコースとステアリン酸のエネルギー収量を比べよ．正しく比較するために，炭素原子当たりの ATP 当量と，グラム当たりの ATP 量を計算せよ．
11. 復習　β 酸化で生成する還元電子が電子伝達系を通して処理される場合と，β 酸化により産生されるアセチル CoA がクエン酸回路と電子伝達系を通して処理される場合で，どちらがより

多くの ATP を生み出すか．

12. **計算** パルミチン酸（炭素数 16）1 分子が完全に酸化される場合の ATP 収量を計算せよ．またステアリン酸（炭素数 18）の場合との違いはどうか．β 酸化，およびクエン酸回路と電子伝達系によるアセチル CoA の代謝を考慮せよ．

13. **演習** ラクダは，砂漠での長い旅のために，こぶに水を蓄えているとしばしばいわれる．この説明を，本章の内容に基づいて，どのように修正したらよいか．

21.4 不飽和脂肪酸および奇数個の炭素から成る脂肪酸の分解

14. **復習** 奇数炭素の脂肪酸の β 酸化が，偶数炭素の場合とどのように違うかを簡単に述べよ．

15. **復習** 不飽和脂肪酸の酸化は飽和脂肪酸の酸化と全く同じグループの酵素を必要とすると友人が言うのを聞いたとしよう．この説明は正しいか，誤りか．それはなぜか．

16. **復習** 1 価不飽和脂肪酸の β 酸化に必要な特徴的な酵素は何か．

17. **復習** 多価不飽和脂肪酸の β 酸化に必要な特徴的な酵素は何か．

18. **計算** 炭素数 17 の飽和脂肪酸が完全に処理される場合の ATP 収量を計算せよ．β 酸化，およびクエン酸回路と電子伝達によるアセチル CoA の代謝を考慮せよ．

19. **計算** オレイン酸（$18:1\Delta^9$）の ATP 収量を計算せよ．ヒント：アシル CoA デヒドロゲナーゼを介さない段階を思い出すこと．

20. **計算** リノール酸（$18:2\Delta^{9,12}$）の ATP 収量を計算せよ．計算では，NADPH の消失が NADH の消失と同じであると仮定せよ．

21. **演習** 炭素数 17 の脂肪酸代謝には何サイクルの β 酸化が必要か．

22. **演習** 脂肪酸から糖質産生はできないとよくいわれる．しかし，産生量は少ないものの奇数炭素の脂肪酸がこの法則を壊していると考えられる．これはどうしてか．

21.5 ケトン体

23. **復習** どのような状態の時にケトン体がつくられるか．

24. **復習** ケトン体の産生に関する反応を簡単に概説せよ．

25. **演習** 糖尿病患者が気絶したとき，医師はその吐息のにおいを嗅ごうとするかもしれない．それはなぜか．

26. **演習** アルコール中毒患者は"脂肪肝"かもしれない．それはなぜか．

27. **演習** ダイエットしている友人が，朝，口の中に変な味がすると言う．歯の詰め物が取れてしまったような感じで，金属の感覚に悩まされると彼は言う．あなたは何と言うか．

21.6 脂肪酸の生合成

28. **復習** 脂肪酸の分解経路と生合成経路を対比せよ．これらの 2 経路はどの点で共通し，どの点で異なるか．

29. **復習** アセチル CoA からのマロニル CoA の産生に関する段階を概説せよ．

30. **復習** 代謝におけるマロニル CoA の重要性は何か．

31. **復習** 脂肪酸分解には，補酵素 A，ミトコンドリアマトリックス，トランス二重結合，L-アルコール，β 酸化，NAD^+ と FAD，アセチル CoA，そして個別の酵素が登場する．脂肪酸合成において，それぞれに相対するものは何か．

32. **復習** β 酸化における二つの酸化還元反応は，脂肪酸合成において対応する酸化還元反応とどのように異なるか．

33. **復習** アシルキャリヤータンパク質（ACP）は補酵素 A とどのように似ているか．またどのように異なるか．

34. **復習** ACP を脂肪酸合成に特徴的な活性体として用いるのはなぜか．

35. **復習** リノール酸やリノレン酸が必須脂肪酸と考えられるのはなぜか．多価不飽和脂肪酸の合成において，どの段階が哺乳動物では行えないか．

36. **演習** アシル CoA 中間体を介さずに，脂肪酸を他の脂質に変換することは可能か．

37. **演習** ミトコンドリアからサイトゾルへのアセチル基の輸送におけるクエン酸の役割は何か．

38. **演習** ミトコンドリアでは，アセチル CoA からアセチル基をカルニチンに転移する短鎖カルニチンアシルトランスフェラーゼがある．これは脂質生合成にどう関係しているか．

39. **演習** 脂肪酸合成では，アセチル CoA でなく

マロニル CoA が "縮合基" として使われる. この理由を推論せよ.

40. **演習** (a) 前章までに, 脂肪酸合成におけるアシルキャリヤータンパク質 (ACP) の働きに似た内容が出てきた箇所がある. どこで出てきたか.

    (b) ACP の働きのうち, 特徴的な働きは何か.

21.7 アシルグリセロールと複合脂質の合成

41. **復習** トリアシルグリセロール合成においてグリセロールの供給源は何か.

42. **復習** ホスホアシルグリセロールの形成に使われる活性基は何か.

43. **復習** ホスファチジルエタノールアミン合成は原核生物と真核生物では何が違うか.

21.8 コレステロールの生合成

44. **復習** コレステロール生合成や他の生化学過程においてイソプレン単位はどのように重要か.

45. **復習** カルボニル基を ^{14}C で標識したアセチル CoA を前駆物質として用い, コレステロール標品を調製した. コレステロールのどの炭素原子が標識されるか.

46. **復習** コレステロールを前駆物質とする分子には何があるか.

47. **演習** すべてのステロイドに共通した構造的特徴は何か. この共通した特徴に, 生合成はどのように関与しているか.

48. **演習** ステロイド合成において, スクアレンは酸化されてスクアレンエポキシドとなる. この反応は, 還元剤 (NADPH) と酸化剤 (O_2) の両方を必要とするなど, やや普通の反応と異なる. どうして還元剤と酸化剤の両方を必要とするのか.

49. **演習** 血流中のコレステロール輸送では, コレステロールが遊離型としてではなく, 小胞に包み込まれた形でなければならないのはなぜか.

50. **演習** 血中コレステロール濃度を下げる薬は, 胆汁酸合成を促進する効果がある. このことがどのように血中コレステロール濃度を下げるのか. ヒント: これには二つの観点がある.

ANNOTATED BIBLIOGRAPHY / 参考文献

Abu–Elheiga, L., M. M. Matzuk, K. A. H. Abo-Hashema, and S. J. Wakil. Continuous Fatty Acid Oxidation and Reduced Fat Storage in Mice Lacking ACC2. *Science* **291**, 2613–2616 (2001). [An article about metabolic effects seen in mice lacking one of the isoforms of acetyl–CoA carboxylase.]

Bodner, C. M. Lipids. *J. Chem. Ed.* **63**, 772–775 (1986). [Part of a series of concise and clearly written articles on metabolism.]

Brown, M. S., and J. L. Goldstein. How LDL Receptors Influence Cholesterol and Atherosclerosis. *Sci. Amer.* **251** (5), 58–66 (1984). [A description of the role of cholesterol in heart disease by the winners of the 1985 Nobel Prize in medicine.]

Jenni, S., M. Leibundgut, D. Boehringer, C. Frick, B. Mikolasek, B., and N. Ban. Structure of Fungal Fatty Acid Synthase and Implications for Iterative Substrate Shuttling. *Science* **316**, 254–261 (2007). [An in-depth look at the reaction sites for a multiple-subunit enzyme.]

Kaiser, J. Mysterious, Widespread Obesity Gene Found through Diabetes Study. *Science* **316**, 185 (2007). [A single-page article that describes the discovery of a gene highly correlated with obesity.]

Krutch, J. W. *The Voice of the Desert*. New York: Morrow, 1975. [Chapter 7, "The Mouse That Never Drinks," is a description, primarily from a naturalist's point of view, of the kangaroo rat, but it does make the point that metabolic water is this animal's only source of water.]

Lawn, R. Lipoprotein(a) in Heart Disease. *Sci. Amer.* **266** (6) 54–60 (1992). [Relates the properties of lipids and protein structure to the blockage of arteries characteristic of heart disease.]

Libby, P. Atherosclerosis: The New View. *Sci. Amer.* **286** (5), 47–55 (2002). [The role of inflammation in the development of heart disease.]

Maier, T., S. Jenni, and N. Ban. Architecture of Mammalian Fatty Acid Synthase at 4.5 Å Resolution. *Science* **311**, 1258–1262 (2006). [A pictorial view of the active site of a large enzyme.]

Ruderman, N., and J. S. Flier. Chewing the Fat — ACC and Energy Balance. *Science* **291**, 2558–2561 (2001). [A summary of information about acetyl-CoA carboxylase and lipid metabolism.]

Wakil, S. J., and E. M. Barnes. Fatty Acid Metabolism. *Compr. Biochem.* **18**, 57–104 (1971). [Extensive coverage of the topic.]

CHAPTER 22

光合成

青々と茂る熱帯雨林の植物．光合成は酸素を発生し，植物や動物など，すべての生命に本質的な役割を果たしている．

概　要

22.1 クロロプラストは光合成の場である

 22.1.1 クロロプラストの構造はどのように光合成に影響を及ぼすか

22.2 光化学系Ⅰ・Ⅱと光合成の明反応

 22.2.1 光化学系Ⅱはどのように水を分解し，酸素を発生するか

 22.2.2 光化学系Ⅰはどのように $NADP^+$ を還元するか

 22.2.3 光合成の反応中心の構造について何がわかっているか

22.3 光合成とATP合成

 22.3.1 クロロプラストにおけるATP産生はミトコンドリアにおけるATP産生とどのように似ているか

22.4 酸素を発生する光合成と発生しない光合成の進化上の関連性

 22.4.1 酸素を発生しない光合成は可能か

22.5 光合成の暗反応により二酸化炭素が固定される

 22.5.1 カルビン回路とは何か

 22.5.2 カルビン回路において基質はどのように再生されるか

22.6 熱帯の植物による炭酸固定

 22.6.1 熱帯の植物における炭酸固定は何が違うか

22.1　クロロプラストは光合成の場である

緑色植物のような光合成する生物が，二酸化炭素（CO_2）と水をグルコース（ここでは $C_6H_{12}O_6$ と表す）などの糖質と分子状酸素（O_2）に変換することはよく知られている．

$$6\,CO_2 + 6\,H_2O \rightarrow C_6H_{12}O_6 + 6\,O_2$$

この反応は実際には二つの過程から成っている．一つは水が酸化されて酸素を発生する過程（明反応 light reaction）であり，これは太陽の光エネルギーを必要とする．原核生物や真核生物における光合成の明反応は太陽エネルギーに依存しており，反応に必要な光エネルギーは**クロロフィル** chlorophyll によって吸収される．明反応はまた NADPH を産生するが，これは暗反応における還元剤として必要である．もう一つは CO_2 を固定して糖を生成する過程（暗反応 dark reaction）である．この過程は太陽エネルギーを直接的には使わないが，明反応で生成した ATP や NADPH を用いるので，太陽エネルギーを間接的に利用していることになる．

シアノバクテリアのような原核生物では，光合成は細胞膜に結合した顆粒で起こる．緑色植物や緑藻類のような真核生物では，光合成は Sec. 1.6 で述べた膜構造をもつオルガネラ（細胞小器官）である**クロロプラスト** chloroplast（図 22.1）で行われる．ミトコンドリアと同様にクロロプラストは内膜，外膜および膜間部をもっている．さらにクロロプラストの内部には，**チラコイド** thylakoid disk と呼ばれる扁平な袋状の膜と，それが積み重なった**グラナ** grana と呼ばれる小器官が存在する．グラナどうしは<u>グラナ間ラメラ</u> intergranal lamellae と呼ばれる膜によってつながっている．チラコイドはク

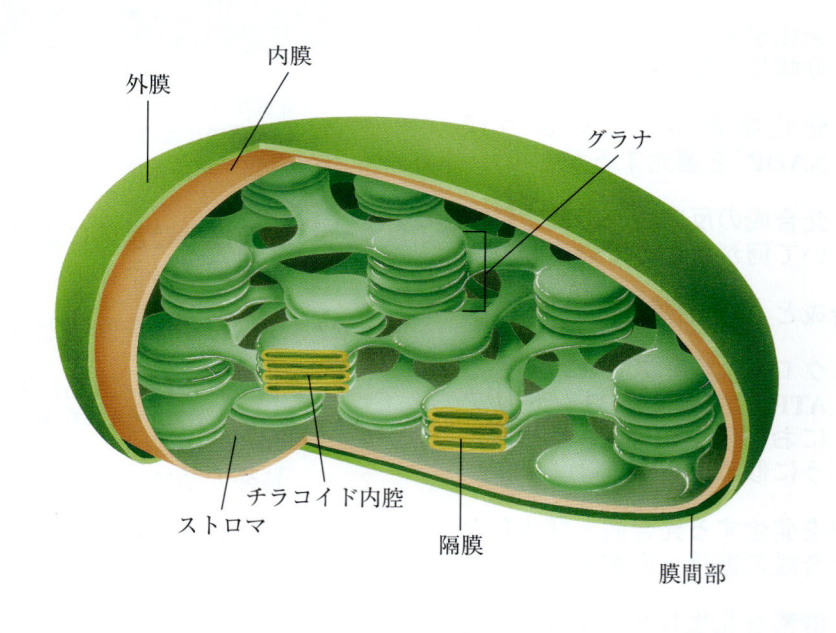

図 22.1

クロロプラストの膜構造

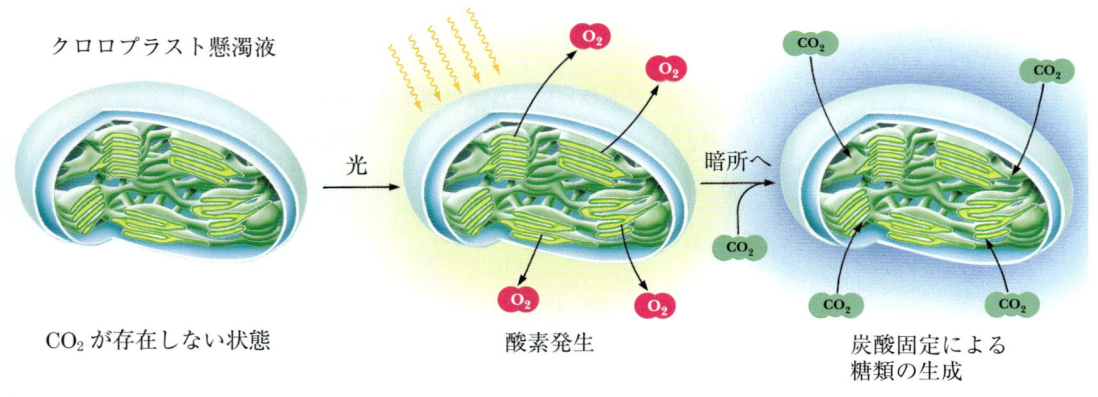

図 22.2
光合成の明反応と暗反応
明反応はチラコイド膜で，暗反応はストロマで起こる．

ロロプラスト内部の膜が折りたたまれて形成されている．チラコイド膜の折りたたみによって，クロロプラスト内部に膜間部の他に二つの空間がつくり出される．一つは**ストロマ** stroma であり，クロロプラスト内膜とチラコイド膜との間の空間である．もう一つはチラコイド内部の**チラコイド内腔** thylakoid space である．光の捕捉と酸素の発生はチラコイドで起こるのに対して，CO_2 が糖質に固定される暗反応（光-非依存的反応とも呼ばれる）はストロマで起こる（図22.2）．

22.1.1　クロロプラストの構造はどのように光合成に影響を及ぼすか

　光合成における最初の反応は，クロロフィルによる光の吸収であることはよく知られている．クロロフィルが高いエネルギー状態（励起状態）になることは光合成において必須の反応である．なぜなら，明反応において吸収された光エネルギーは次々と受け渡され，化学エネルギーに変換されるからである．クロロフィルにはクロロフィル a chlorophyll a とクロロフィル b chlorophyll b の二つの主なタイプがある．緑色植物や緑藻類などの真核生物はクロロフィル a とクロロフィル b の両方を含んでいる．

　シアノバクテリア（以前はラン藻と呼ばれた）のような原核生物はクロロフィル a だけを含んでいる．シアノバクテリア以外の光合成細菌はバクテリオクロロフィルをもっており，なかでもバクテリオクロロフィル a bacteriochlorophyll a が最も一般的である．バクテリオクロロフィルをもつ緑色硫黄細菌および紅色硫黄細菌などの光合成細菌は，光合成の酸化還元反応における最初の電子供給源として水を用いないため酸素が発生しない．その代わりにそれらの細菌は H_2S のような他の電子供与体を利用し，酸素の代わりに硫黄元素を生成する．バクテリオクロロフィルをもつ細菌は嫌気的で，また光化学系は一つしかもっていない．これに対して，緑色植物はこれから見ていくように二つの異なる光化学系をもっている．

　クロロフィルの構造はミオグロビン，ヘモグロビンおよびシトクロム類に含まれるヘムの構造と類似しており，ポルフィリンのテトラピロール環をもっている（図22.3）（Sec. 4.4 参照）．テトラピロール環に結合している金属イオンはヘムに見られるような鉄ではなく，マグネシウム Mg(Ⅱ) である．

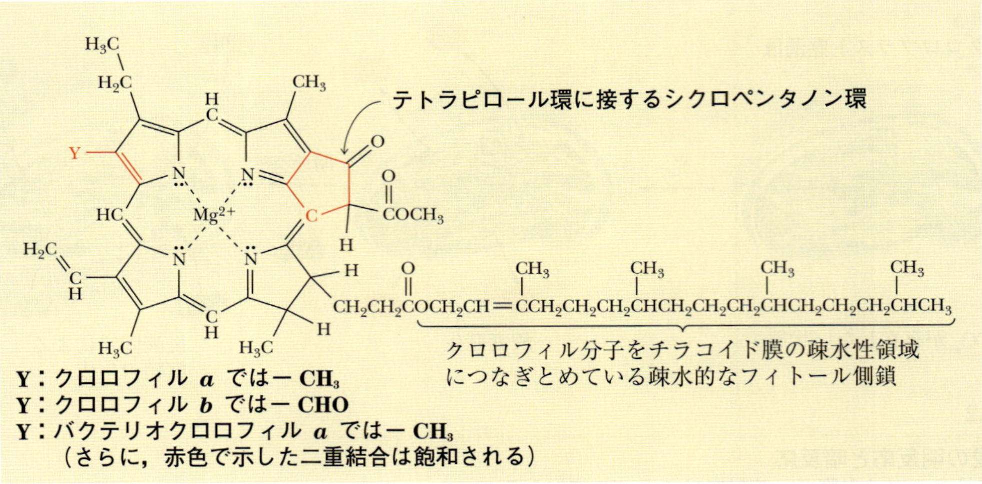

Y：クロロフィル *a* では－CH₃
Y：クロロフィル *b* では－CHO
Y：バクテリオクロロフィル *a* では－CH₃
（さらに，赤色で示した二重結合は飽和される）

クロロフィル分子をチラコイド膜の疎水性領域
につなぎとめている疎水的なフィトール側鎖

テトラピロール環に接するシクロペンタノン環

図 22.3

クロロフィル *a*，クロロフィル *b* ならびにバクテリオクロロフィル *a* の分子構造

クロロフィルとヘムのもう一つの違いは，クロロフィルにはテトラピロール環に接したシクロペンタノン環が存在することである．また長い疎水性側鎖のフィトール基があり，この中には4個のイソプレノイド骨格（多くの脂質に見出される炭素5個からなる基本骨格，Sec. 21.8）が含まれ，それはチラコイド膜と疎水性相互作用により結合している．フィトール基はフィトールのアルコール性ヒドロキシ基とポルフィリン環のプロピオン酸側鎖との間のエステル結合によりクロロフィル分子と共有結合している．クロロフィル *a* とクロロフィル *b* の違いは，クロロフィル *a* のポルフィリン環にあるメチル基がクロロフィル *b* ではアルデヒド基に置換していることである．バクテリオクロロフィル *a* とクロロフィル *a* との違いは，クロロフィル *a* のポルフィリン環の二重結合の一つがバクテリオクロロフィル *a* では飽和していることである．バクテリオクロロフィルのポルフィリン環には共役系（交互に現れる二重結合および単結合）が存在しないため，バクテリオクロロフィル *a* による光の吸収はクロロフィル *a* や *b* による吸収と比べて大きく異なっている．

クロロフィル *a* とクロロフィル *b* の吸収スペクトルはわずかに異なっている（図 22.4）．どちらも可視領域における赤色光および青色光（それぞれ 600〜700 nm および 400〜500 nm）を吸収する．両方のタイプのクロロフィルが存在すると，どちらか一方のみが存在する場合より，広い波長領域の可視光線を吸収できる．クロロフィル *a* は酸素を発生するすべての光合成生物において見出される．クロロフィル *b* は緑色植物や緑藻類のような真核生物に見出されるが，量はクロロフィル *a* に比べて少ない．しかし，クロロフィル *b* が存在すると吸収される可視スペクトル領域が広がり，緑色植物における光合成の効率はシアノバクテリアに比べて増大する．クロロフィルの他に，種々の**補助色素** accessory pigment が光を吸収し，クロロフィルにエネルギーを伝達する（図 22.4B）．酸素を発生しない光合成生物に特徴的な分子であるバクテリオクロロフィルは，より長波長側の光を吸収する．バクテリオクロロフィル *a* の吸収極大波長は 780 nm であり，その他のバクテリオクロロフィルでは 870 nm または 1050 nm といった，さらに長波長側の吸収極大を示す．800 nm より長波長の光は可視というよりむしろ赤外領域に属する．光のエネルギーは波長に反比例するので（p.819 の《身の周り

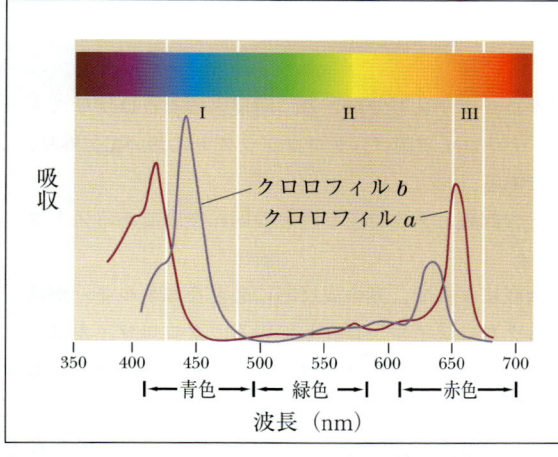

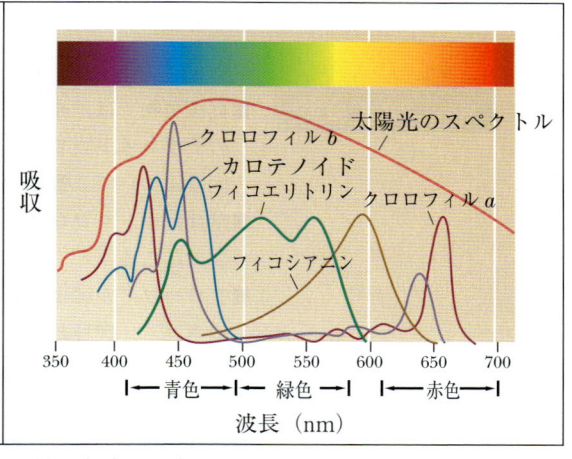

Ⓐ クロロフィル a および b の可視光線の吸収スペクトル．領域 I，II および III はクロロプラストの励起を引き起こすスペクトル領域である．特に二つの大きな吸収極大のある領域 I と領域 III では強く励起される．領域 I および III の光がクロロプラストに吸収されると，高レベルの O_2 の発生が引き起こされる．補助色素のいくつかが吸収を示す領域 II では，弱い（しかし測定可能な）光励起作用が見られる．

Ⓑ 補助色素の吸収スペクトル（クロロフィル a および b の吸収スペクトルに重ね書きしたもの）．補助色素は光を吸収し，そのエネルギーをクロロフィルに渡す．

図 22.4

クロロフィルの吸収スペクトル

に見られる生化学》を参照)，吸収される光の波長は光合成の明反応において重要な意味がある．

　クロロプラスト中に存在するクロロフィル分子の大部分は単に光を集めるだけである（アンテナクロロフィル）．アンテナ複合体においても，または 2 種類の **光化学系** photosystem（明反応を行う膜結合型のタンパク質複合体）においても，クロロフィルはすべてタンパク質に結合している．集光性分子は，その励起エネルギーをそれぞれの光化学系に特徴的な **反応中心** reaction center にある特別な一対のクロロフィル分子に渡す（図 22.5）．光エネルギーが反応中心に到達すると光合成の化学反応が始まる．アンテナクロロフィルと反応中心クロロフィルの環境は異なるため，これら 2 種の分子の特性も異なっている．典型的なクロロプラストでは，反応中心に存在する特別なクロロフィル分子に対し，数百分子の集光性アンテナクロロフィルが存在している．現在，原核および真核生物におけ

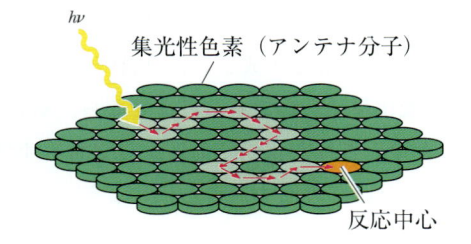

図 22.5

光合成単位の模式図

集光性色素，すなわちアンテナ分子（緑色）は光を吸収し，そのエネルギーを反応中心（オレンジ色）を構成している特別なクロロフィル対（二量体）に渡す．

る反応中心の正確な性質を明らかにするため活発な研究が行われている．

> **Sec. 22.1 要約**
> - 真核生物では，光合成はクロロプラストで起こる．明反応はクロロプラストのチラコイド膜で起こる．チラコイド膜は，クロロプラストにおいて，外膜，内膜についで3番目の膜である．
> - 暗反応は，クロロプラストの内膜とチラコイド膜との間の空間であるストロマで起こる．
> - クロロフィルによる光の吸収によって，光合成反応に必要なエネルギーが供給される．数種類の異なるクロロフィルが存在している．クロロフィルはいずれもヘムのポルフィリンに類似したテトラピロール環状骨格をもっているが，構造がわずかずつ異なるため，互いに異なる波長の光を吸収する．
> - 異なる種類のクロロフィル分子をもつことにより，1種類のクロロフィルだけからなる場合に比べ，より広い波長領域の太陽光線を吸収することができる．

22.2 光化学系Ⅰ・Ⅱと光合成の明反応

光合成の明反応では水は酸化されて酸素に変換され，$NADP^+$ は NADPH に還元される．一連の酸化還元反応は，**光リン酸化反応** photophosphorylation と呼ばれる過程により，ADP から ATP へのリン酸化反応と共役している．

$$H_2O + NADP^+ \rightarrow NADPH + H^+ + O_2$$
$$ADP + P_i \rightarrow ATP$$

明反応は，二つの異なるが互いに関連する光化学系から成っている．一つは $NADP^+$ の NADPH への還元反応を行う**光化学系Ⅰ** photosystem Ⅰ（**PS Ⅰ**）である．もう一つは水を酸化して酸素を発生する反応を行う**光化学系Ⅱ** photosystem Ⅱ（**PS Ⅱ**）である．どちらの光化学系も酸化還元反応（すなわち電子の伝達）を行う．二つの光化学系はこれらをつなぐ電子伝達系を介して間接的に相互作用している．光合成における ATP 合成はこの電子伝達系と共役しており，ミトコンドリアにおける電子伝達系を介した ATP 合成と類似している．

暗反応では CO_2 を固定するため，明反応で生成された ATP と NADPH がそれぞれエネルギーと還元力として供給される．暗反応も酸化還元反応である．なぜなら，糖質中の炭素原子は，CO_2 の高度に酸化された炭素原子より，ずっと還元された状態にあるからである．明反応と暗反応はもちろん別々に起こるわけではないが，ここでは分けて説明することにしよう．

二つの光化学系を合わせた全体の電子伝達反応は，NADH が NADPH であること以外は，ミトコンドリアの電子伝達系の逆反応である．還元の半反応は $NADP^+$ の NADPH への反応であり，酸化の半反応は水から酸素を生じる反応である．

身の周りに見られる生化学　物理学

光の波長とエネルギーの関係

　光の波長とエネルギーの関係を表す有名な式は，ここでの議論にとって極めて重要である．マックス・プランク Max Planck は20世紀初頭に光のエネルギーはその振動数に直接比例することを確立した．

$$E = h\nu$$

ここで E はエネルギー，h は定数（プランク定数という），ν は光の振動数を表す．光の波長は振動数と次の関係にある．

$$\nu = \frac{c}{\lambda}$$

ここで λ は波長，ν は振動数，c は光速を表す．

そこで光のエネルギーを振動数ではなく，波長を用いて書き表すと，

$$E = h\nu = \frac{hc}{\lambda}$$

　短い波長（高い振動数）の光は長い波長（低い振動数）の光より，高いエネルギーをもっている．

高振動数 ──────────→ 低振動数（ν）
高エネルギー ────────→ 低エネルギー（E）
短波長 ───────────→ 長波長（λ）

光の振動数，エネルギーと波長の関係　可視光では，青色光は赤色光よりも波長（λ）が短く，高い振動数（ν），高いエネルギー（E）をもつ．可視スペクトルの他の光は中間の値を示す．

$$NADP^+ + 2\,H^+ + 2\,e^- \rightarrow NADPH + H^+$$
$$H_2O \rightarrow \tfrac{1}{2} O_2 + 2\,H^+ + 2\,e^-$$
$$\overline{NADP^+ + H_2O \rightarrow NADPH + H^+ + \tfrac{1}{2} O_2}$$

これは正の $\Delta G°' = +220$ kJ mol^{-1} $= +52.6$ kcal mol^{-1} をもつ吸エルゴン反応（反応の進行に伴いエネルギーが吸収される反応）である．どちらの光化学系においてもクロロフィルによって吸収された光エネルギーは，この吸エルゴン反応に必要なエネルギー源である．チラコイド膜に埋め込まれた一連の電子伝達体は，これらの反応に関与している．これらの電子伝達体は，ミトコンドリアにおける電子伝達体と極めてよく似た配置をしている．

　光化学系Ⅰは700 nm より短波長の光によって励起されるのに対し，光化学系Ⅱの励起には680 nm より短波長の光が必要である．クロロプラストが NADPH，ATP および O_2 を産生するためには，両方の光化学系が作動しなければならない．なぜなら，二つの光化学系は電子伝達系によって連結されているからである．しかし，クロロプラストにおける二つの光化学系は構造的に異なっている．すなわち，光化学系Ⅰは界面活性剤で処理することによりチラコイド膜から選択的に遊離させることができる．二つの光化学系の反応中心によって，その中に含まれる特別なクロロフィルに対する環境は異なっている．光化学系Ⅰの反応中心クロロフィルは P_{700} と呼ばれ，P は色素 pigment を，700 は反応を開始するために吸収される最も長波長（700 nm）の光を意味している．同様に光化学系Ⅱの反応中心クロロフィルは，反応を開始できる最も長波長の光は 680 nm であるので P_{680} と名付けられている．電子の流れは光化学系Ⅰからではなく，光化学系Ⅱから始まることに特に留意してもらいたい．光化学系Ⅰという名前が付けられた理由は，光化学系Ⅰのほうが光化学系Ⅱよりチラコイド膜から抽出し

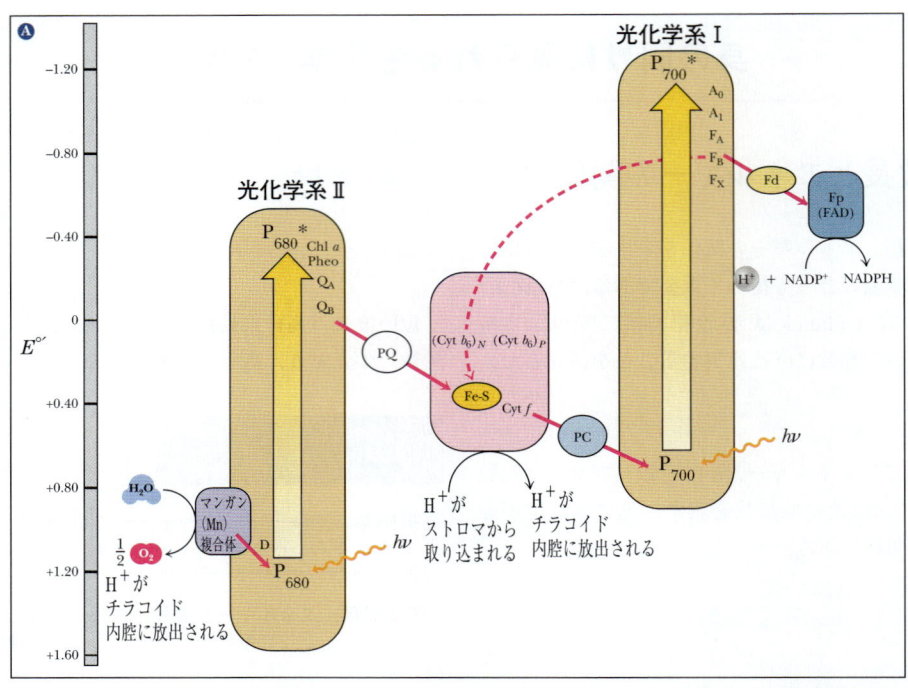

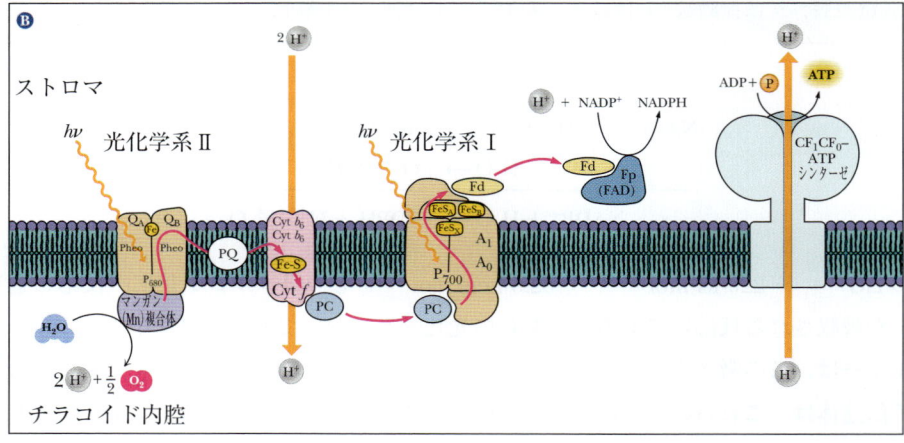

図 22.6

光合成のZスキーム

Ⓐ Zスキームは，H_2O から $NADP^+$ への光合成的電子伝達を図示したものである．エネルギー準位を図の左側に示す $E^{\circ\prime}$ スケールから読み取ることができる．下から上に行くほど標準還元電位は低く，したがって還元力は強くなる．光のエネルギーは P_{680}，P_{700} において吸収され，2本の太い矢印で示す変化をもたらす．P_{680}^*，P_{700}^* はそれぞれの励起状態を示す．P_{680}^*，P_{700}^* は電子を失い，P_{680}，P_{700} に戻る（訳注：正しくは P_{680}^+，P_{700}^+ となり，それぞれは H_2O，もしくは PC から電子を受け取り，元の状態に戻る）．三つの超分子複合体（光化学系Ⅰ，Ⅱ，シトクロム b_6-f 複合体）の代表的な成分を黒枠で囲んだボックス中に示す．クロロフィルやキノンはAやQ，フェレドキシンはFというようにアルファベットで表記し，さらに下付き文字で区別する．プロトン依存的ATP合成を可能とするプロトンの輸送も書き加えている．Ⓑ チラコイド膜における光化学系Ⅱ，シトクロム b_6-f 複合体，光化学系Ⅰ，光合成的 CF_1CF_0-ATPシンターゼの機能的関係を示す．電子（e^-）受容体である Q_A（光化学系Ⅱ），A_1（光化学系Ⅰ）はチラコイド膜のストロマ側に，一方，電子（e^-）供与体である P_{680}，P_{700} はチラコイド膜の内腔側に存在していることに注目すること．このことは電荷分離（ストロマと内腔）が膜を横断して生じることを意味している．同様にプロトンがチラコイド膜内腔に輸送され，CF_1CF_0-ATPシンターゼによるATP合成のための動力源となる化学浸透圧勾配を生み出していることにも注目されたい．

やすく，そのため初期の頃から詳しく研究されてきたためである．二つの光化学系の反応経路において，光の吸収によってエネルギーが供給され，吸エルゴン反応が起こる場所が2箇所ある（図22.6）．

この反応経路において，どちらの反応中心クロロフィルもそのままでは電子を次の物質に渡すことができるほど強い還元剤ではないが，二つの光化学系のクロロフィルが光を吸収すると，そのような反応を引き起こすのに十分なエネルギーが供給される．Chl_{II}（P_{680}）が光を吸収すると，光化学系IIと光化学系Iを連結している電子伝達系に電子が渡され，その結果，強力な酸化剤が生じ，水が分解されて酸素を発生する．Chl_I（P_{700}）が光を吸収すると，最終的に $NADP^+$ を還元するのに必要なエネルギーが供給される（図22.6の縦軸はエネルギー差を示していることに注目してほしい．この図はZを横向きにした形をしており，一般にZスキーム Z scheme とも呼ばれる．どちらの光化学系においても，エネルギー（光）を供給することはポンプで水を汲み上げることに似通っている．

22.2.1　光化学系IIはどのように水を分解し，酸素を発生するか

光合成において電子は水から供給される．まず光化学系IIによって水から電子が奪われ（酸化され）て，酸素が発生する．これらの電子は電子伝達系によって光化学系IIから光化学系Iへ次々に渡される．1個の光子が吸収されると，1個の電子が光化学系IIから電子伝達系へ与えられる．その結果生じる"穴"を埋めるために水の電子が必要となる．

水の酸化により遊離した電子は，まず P_{680} に渡され P_{680} が還元される．水を酸化するには4個の電子が必要であるが，P_{680}^* は一度に1個の電子しか受け取ることができないため，この反応にはマンガン含有タンパク質複合体や数種の他のタンパク質成分の介在が必要である．酸素を発生する過程で4個の電子が引き抜かれるが，その際，光化学系IIの**酸素発生複合体** oxygen-evolving complex は5段階の異なる酸化状態（S_0 から S_4）を経る（図22.7）．光子1個当たり，1個の電子が水分子から引き抜かれて PS II に渡される．この過程で反応中心の各構成成分は順に S_1 から S_4 までの酸化状態をたどる．S_4 は自発的に崩壊して S_0 状態に戻るが，その過程で2分子の水が酸化されて1分子の酸素が発生する．この時，プロトンが4個同時に遊離することに注目してほしい．P_{680} クロロフィルに直接，電子を供与しているのは，図22.6でDと示されたマンガンを含まないあるタンパク質成分のチロシン残基である．種々のキノン類が1分子の水に由来する4個の電子を運ぶ中間電子運搬体として働いている．マンガンを介する酸化還元反応も重要な役割を果たしている（この複合体の作用に

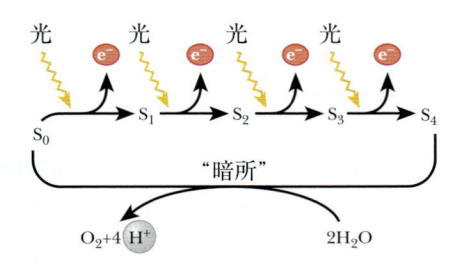

図22.7
光化学系IIの反応中心は酸素を発生する過程で S_0 から S_4 までの五つの異なる酸化状態を経る

図22.8
プラストキノンの構造
脂肪族側鎖の長さは生物によって異なる．

関しては本章末の Govindjee and W. J. Coleman の論文を参照）．ここに示した機序でさえ，簡略化しすぎている．S_4 から直接酸素が生成することを観察しようとする試みによると，ある中間体（S_4'）が S_3 の酸化と S_4 による電子の消失の後，酸素を直接生成することが示唆されている．詳細は本章末の Haumann, M. et al. の論文を参照されたい．重要なことは酸素発生複合体は非常に複雑であるということである．

光化学系 II においても光化学系 I と同様，反応中心のクロロフィルが光を吸収すると，クロロフィルは励起状態となる．このときの波長が 680 nm であることから，光化学系 II の反応中心クロロフィルは P_{680} とも呼ばれる．励起されたクロロフィルは 1 個の電子を最初の電子受容体に渡す．光化学系 II の最初の電子受容体は光合成装置の補助色素の一つである**フェオフィチン** pheophytin（Pheo）分子である．フェオフィチンとクロロフィルの構造の違いは，フェオフィチンはクロロフィルのマグネシウムが 2 個の水素に置換しているだけである．電子の伝達は反応中心での反応を介して行われる．次の電子受容体は**プラストキノン** plastoquinone（PQ）である．プラストキノン（図 22.8）はミトコンドリアの呼吸鎖電子伝達系（Sec. 20.2）の補酵素 Q（ユビキノン）と構造が似ており，電子や水素イオンの運搬において互いに類似した役割を担っている．

二つの光化学系をつなぐ電子伝達系は，フェオフィチン，プラストキノン，植物シトクロム複合体（b_6-f 複合体），**プラストシアニン** plastocyanin（PC）と呼ばれる銅タンパク質ならびに酸化型 P_{700} から成っている（図 22.6 参照）．植物シトクロム b_6-f 複合体は 2 個の b 型シトクロム（シトクロム b_6）と 1 個の c 型シトクロム（シトクロム f）から成っている．この複合体はミトコンドリアの bc_1 複合体と構造が似ており，ミトコンドリアと同じように電子伝達系の中心部に存在している．光合成装置の電子伝達系は活発な研究対象である．キノンサイクル（Sec. 20.3 を思い起こしてほしい）がここでも同様に働いている可能性があり，研究の目的の一つは実際にキノンサイクルが働いているかどうかを明らかにすることである．プラストシアニンでは銅イオンが実際の電子伝達体であり，銅イオンは酸化型 Cu（II）および還元型 Cu（I）として存在する．この電子伝達系は ATP の産生と共役しているという点でもミトコンドリアの電子伝達系と類似している．

酸化型クロロフィル P_{700} が電子伝達系から電子を受け取ると，P_{700} は還元されて電子を光化学系 I に渡し，光化学系 I は 2 回目の光子の吸収を行う．光化学系 II による光の吸収は，$NADP^+$ を還元することができるほど電子を高いエネルギー状態に励起するわけではないので，それに必要なエネルギーは光化学系 I によって吸収された光子によって供給される．このエネルギー状態の差によって Z スキームは歪んだ形になるが，電子は円滑に流れることができる．

22.2.2　光化学系 I はどのように $NADP^+$ を還元するか

P_{700} によって光が吸収されると，光化学系 I の一連の電子伝達反応が引き起こされる．励起状態のクロロフィル P_{700}^* はまずクロロフィル a に電子を与えるが，この電子伝達は反応中心でのいくつかの過程を介して行われる．その次の電子受容体は，光化学系 I の膜に存在する鉄-硫黄タンパク質である膜結合型フェレドキシンである．膜結合型フェレドキシンはその電子をストロマの可溶性フェレドキシンに渡す．次に可溶性フェレドキシンは，FAD 含有酵素であるフェレドキシン-NADP レダクターゼを還元する．還元されたこの酵素の FAD 部分が，$NADP^+$ を NADPH に還元する（図 22.6）．

要約すると，これらの反応は次の二つの式で表すことができる．ここでフェレドキシンは可溶性フェレドキシンを表している．

$$\text{Chl}_I{}^* + \text{フェレドキシン}_{酸化型} \longrightarrow \text{Chl}_I{}^+ + \text{フェレドキシン}_{還元型}$$

$$2\text{フェレドキシン}_{還元型} + \text{H}^+ + \text{NADP}^+ \xrightarrow{\text{フェレドキシン-NADPレダクターゼ}} 2\text{フェレドキシン}_{酸化型} + \text{NADPH}$$

$\text{Chl}_I{}^*$ は 1 個の電子をフェレドキシンに与えるのに対して，FAD および NADP^+ の電子伝達反応には 2 個の電子が関与する．したがって 2 分子のフェレドキシンからそれぞれ 1 個の電子が NADPH の生成に必要となる．

光化学系 I と II を合わせた全体の反応は，水から NADP^+ へ電子が流れる反応として表すことができる（図 22.6 参照）．

$$2\text{ H}_2\text{O} + 2\text{ NADP}^+ \rightarrow \text{O}_2 + 2\text{ NADPH} + 2\text{ H}^+$$

光化学系 I における循環的電子伝達系

上記の電子伝達反応に加えて，光化学系 I では循環的電子伝達系が ATP 合成に共役することも可

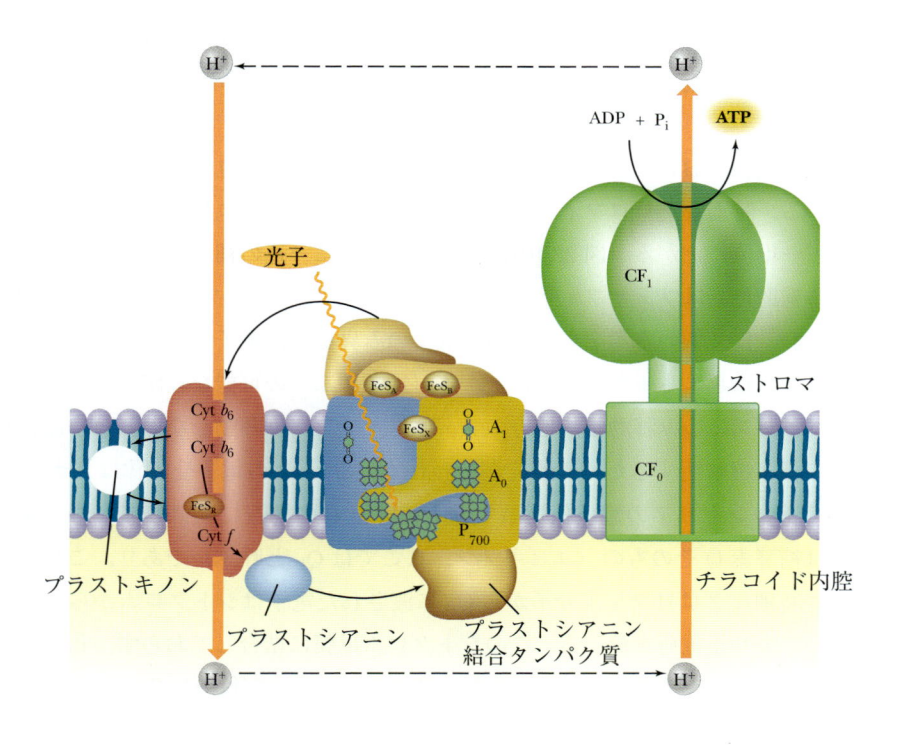

図 22.9
光化学系 I における循環的光リン酸化反応
水は分解されず NADPH も生成しないことに注意．（Arnon, D. I., 1984. *The Discovery of Photosynthetic Phosphorylation*. Trends Biochem. Sci. **9**, 258－262 を改変）

能である（図 22.9）．この過程では NADPH は生成されない．また光化学系 II も関与せず，O_2 も発生しない．この循環的光リン酸化反応は細胞内の NADPH／$NADP^+$ 比が高いと起こる．これは細胞内の $NADP^+$ 量が不十分なため，P_{700} の励起によって生成した電子をすべて受け取ることができないからである．（訳注：循環的電子伝達系は NADPH 等の還元力の消費とともに，後に述べる光呼吸や C_4 光合成 ATP の補充のために役立っていると考えられている．）

22.2.3　光合成の反応中心の構造について何がわかっているか

　光化学系の分子構造は，生化学者にとって大きな関心の的であった．最も詳しく研究されているのは嫌気性紅色光合成細菌ロドシュードモナス属 *Rhodopseudomonas* の系である．これらの細菌は，光合成を行っても分子状酸素を発生しない．しかし，ロドシュードモナス属の光合成反応と酸素を発生する光合成反応とは非常によく似ているため，この系の研究を通して，すべての生物における反応中心の性質が明らかにされようとしている．ロドシュードモナスの光化学系の構造が X 線結晶構造解析により解明され，さらに，光化学系 I ならびに光化学系 II の構造が決定され，これらの構造が非常に似ていることが明らかにされている．ロドシュードモナス属の反応中心における過程は重要であるので，さらに詳しく見てみよう．

　ロドシュードモナス・ビリディス *Rhodopseudomonas viridis* の反応中心には一対のバクテリオクロロフィル分子（この分子を励起できる最も長波長の光は 870 nm であり，P_{870} とも呼ばれる）が存在することはよく知られている．この重要なクロロフィル対は光合成膜の膜貫通型タンパク質複合体中に埋め込まれている（以後，議論を簡略化するためバクテリオクロロフィルのことを単にクロロフィルと呼ぶ）．

　補助色素は，集光過程において働いており，上記の特別な一対のクロロフィル分子の近くの特定の場所に存在している．特別なクロロフィル対が光を吸収すると，クロロフィルの 1 個の電子が励起されて高いエネルギー準位に上がる（図 22.10）．この電子は次に一連の補助色素に受け渡される．最初に電子を受け取る補助色素はフェオフィチンである．この分子はクロロフィルの構造に類似しており，マグネシウムの代わりに 2 個の水素をもっている点でのみ異なる．電子がフェオフィチンに渡されると，フェオフィチンは励起エネルギー準位に上がる（電子は二つの可能な経路のうちの一方，すなわち片方のフェオフィチンにのみ移動し，他方のフェオフィチンには移動しないことに注目してもらいたい．現在，この機序を解明するための研究が行われている）．次の電子受容体はメナキノン（Q_A）であり，これはミトコンドリアの電子伝達系で働く補酵素 Q の構造に類似している（図 22.11）．最後の電子受容体は補酵素 Q そのもの（ユビキノン，ここでは Q_B と呼ぶ）であり，これもまた励起状態に上げられる．特別なクロロフィル分子から Q_B に渡された電子はシトクロムから補充され，シトクロムはこの反応により正電荷を帯びる．このシトクロムは膜に結合しておらず，正電荷をもったまま拡散していく．これらの全過程は 10^{-3} 秒以内に起こる．正および負の電荷はクロロフィル対から互いに反対方向に移動していき，分離される．これは，ミトコンドリアにおいてプロトン勾配の存在が最終的には酸化的リン酸化の原動力になっている，という状況と似ている．

　電荷が分離しているということは，貯蔵エネルギーの一つの形であるバッテリーと同じである．反応中心は一種のエネルギー変換器として働いており，エネルギーの必要な光合成反応を行うために光

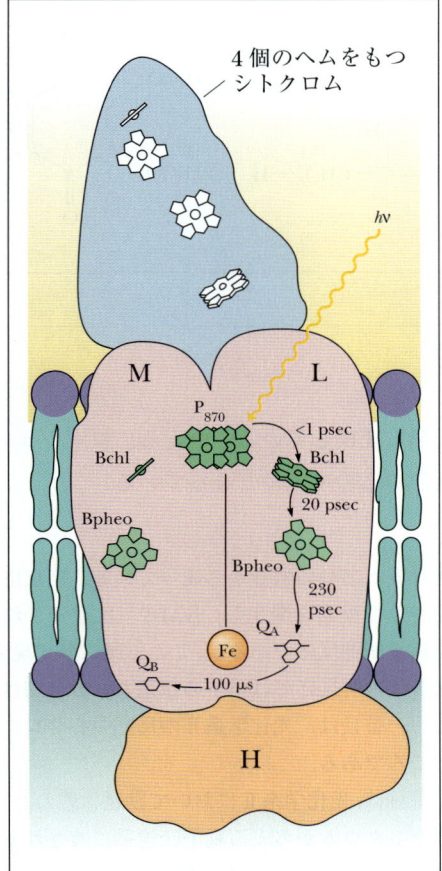

図 22.10
紅色光合成細菌ロドシュードモナス・ビリディスの反応中心の構造と活性のモデル

4個のポリペプチド鎖（シトクロム, M, L, H）から膜内在型複合体である反応中心がつくられている．シトクロムはN末端のシステイン残基とチオエステル結合したジアシルグリセロール基によって膜に結合している．MとLはともに5個の膜を貫通するαヘリックス鎖をもつ．Hは膜を1回貫通するαヘリックス鎖から成る．補欠分子族はP_{870}^*からQ_Bへのe^-の迅速な移動が可能になるように空間的に配置されている．P_{870}の光による励起によりL鎖のBchlのみが1ピコ秒（psec）以内に還元される．P_{870}はシトクロムのヘムから電子を受け取り，再還元される．

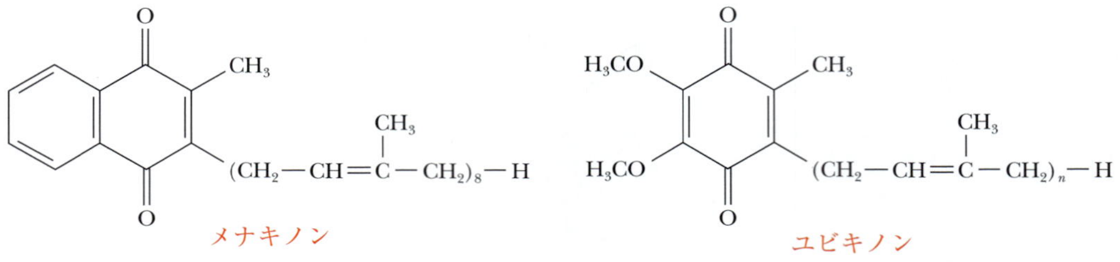

図 22.11

メナキノンとユビキノンの構造

エネルギーを細胞が利用可能な形に変換しているといえる．ロドシュードモナスにおいて起こる過程は，酸素を発生する光合成の反応中心のモデルとなっている．

Sec. 22.2 要約

- 光合成は二つの過程から成っている．明反応は電子伝達反応であり，水が酸化されて酸素を発生し，$NADP^+$ は還元されて NADPH となる．暗反応もまた電子伝達反応であるが，ここでは二酸化炭素が還元されて糖質を生成する．
- 光合成の明反応では電子の伝達される経路は大きく三つの部分から成っている．一番目は，光化学系Ⅱの反応中心クロロフィルに水から電子が渡されるところである．
- 二番目は，光化学系Ⅱにおいて励起状態のクロロフィルから，補助色素や種々のシトクロムから成る電子伝達系に渡されるところであり，励起に必要なエネルギーは光子の吸収によって供給される．この電子伝達系の構成成分は，ミトコンドリア電子伝達系のそれと類似しており，電子は電子伝達系から光化学系Ⅰの反応中心クロロフィルに渡される．
- 最後の三番目は，光化学系Ⅰの励起状態のクロロフィルから最終的な電子受容体である $NADP^+$ に電子が渡されるところであり，NADPH を生成する．ここでもまた，励起に必要なエネルギーは光子の吸収によって供給される．

22.3 光合成と ATP 合成

Chap. 20 で，ミトコンドリア内膜を介したプロトン勾配が呼吸鎖における ADP のリン酸化の原動力になっていることを学んだ．光リン酸化反応の機序は，本質的には呼吸鎖の電子伝達系における ATP 合成の機序と同じである．実際，リン酸化が電子伝達系と共役しているという化学浸透圧共役説を強く支持するいくつかの根拠が，ミトコンドリアよりもむしろクロロプラストを用いた実験から得られている．クロロプラストは pH 勾配さえ存在していれば，暗所でさえも ADP と P_i から ATP を合成することができる．

単離したクロロプラストを pH 4 の緩衝液中に数時間放置して平衡化させると，内部の pH も 4 に

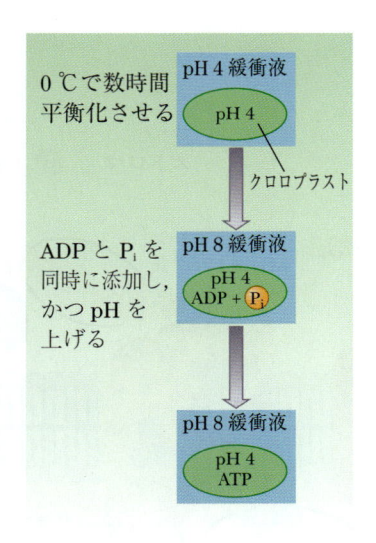

図 22.12
プロトン勾配，ADP および P_i の存在下，クロロプラストは暗所において ATP を合成する

なるであろう．次に緩衝液の pH を 8 に急上昇させ，同時に ADP と P_i を加えると ATP が合成される（図 22.12）．ATP の合成に光はなくてもよく，pH の差によってつくられたプロトン勾配がリン酸化の原動力となっている．この実験は化学浸透圧共役説の機序が正しいことの確かな証拠である．

22.3.1 クロロプラストにおける ATP 産生はミトコンドリアにおける ATP 産生とどのように似ているか

活発に光合成している細胞では，いくつかの反応がクロロプラストでのプロトン勾配の形成に寄与している．水の酸化により H^+ はチラコイド内腔に遊離される．光化学系 II および光化学系 I からの電子伝達では，プラストキノンやシトクロムを含む過程において，プロトン勾配が形成される．光化学系 I はストロマにおいて H^+ を利用して $NADP^+$ を還元し，NADPH を生成する．その結果，チラコイド内腔の pH はストロマの pH より低くなる（図 22.13）．同様のことは Chap. 20 でミトコンドリアのマトリックスから膜間部へのプロトンの汲み出しを議論したときにも学んだ．クロロプラストの ATP シンターゼは CF_1 と CF_0 という二つの部分から成っており，ミトコンドリアの ATP シンターゼと類似している．ここで C（クロロプラスト）の文字は，対応するミトコンドリアの F_1 および F_0 と区別するためである．クロロプラストの電子伝達系を構成する各成分はミトコンドリアの場合と同様，チラコイド膜の中で非対称に配列している．この非対称な配列には重要な意味がある．なぜなら，この非対称性のために明反応によって生成された ATP と NADPH はストロマ側に遊離され，ストロマにおける光合成の暗反応に必要なエネルギーと還元力を供給することができるからである．

ミトコンドリアの電子伝達系では四つの呼吸鎖複合体が存在し，それらは可溶性の電子伝達体によってつながれている．チラコイド膜の電子伝達系も，いくつかの大きな膜結合型複合体から成っているという点で類似している．それらは PS II（光化学系 II 複合体），シトクロム b_6-f 複合体ならびに PS I（光化学系 I 複合体）である．ミトコンドリアの電子伝達系と同様に，数種の可溶性電子伝達

図 22.13

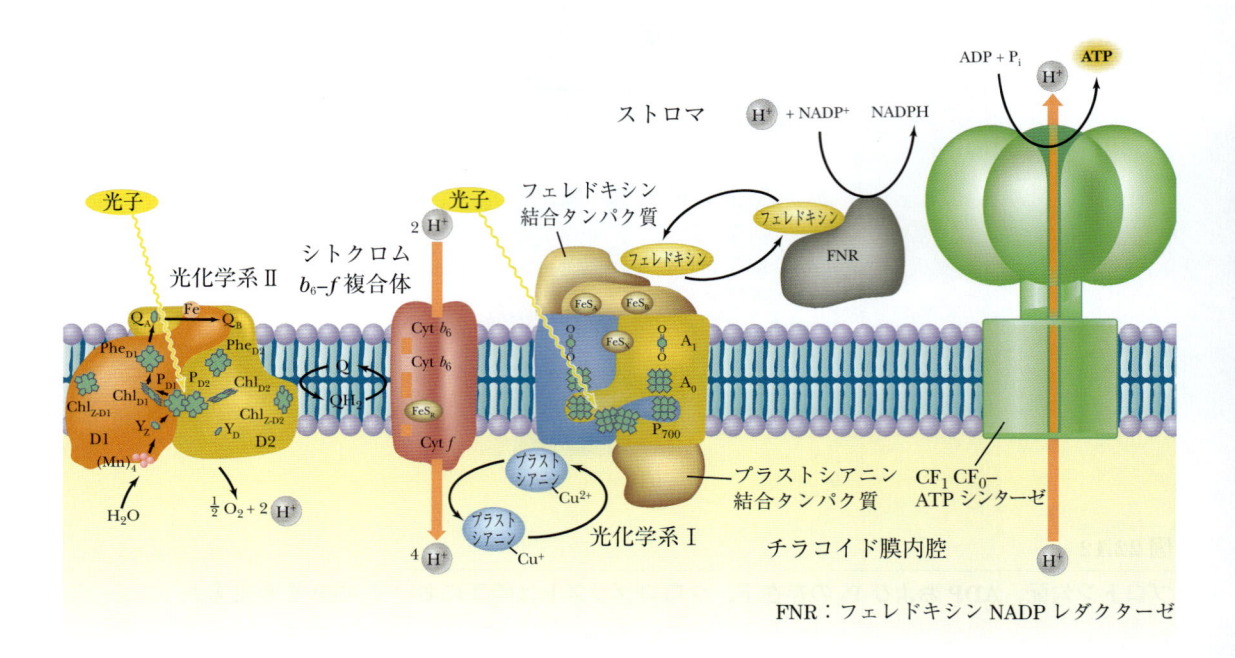

光リン酸化のしくみ
光合成的電子伝達によってプロトン勾配が形成され，この勾配を用いて CF_1CF_0 − ATP シンターゼによって ATP が合成される．重要なことは光合成電子伝達系と ATP 合成系の膜結合成分がチラコイド膜において非対称的に存在していることである．このことにより H^+（プロトン）の方向性をもった分離と取り込みが起こり，プロトンによる起電力が生じる．ATP 合成に使われるプロトンの数は生物種によって異なっており，活発に研究されている．

体がタンパク質複合体間をつないでいる．チラコイド膜での可溶性電子伝達体はプラストキノンとプラストシアニンであり，それらはミトコンドリアの補酵素 Q やシトクロム c に類似した役割をもっている（図 22.13）．ミトコンドリアの場合と同様，電子伝達系によってつくり出されるプロトン勾配がクロロプラストにおける ATP 合成の原動力となっている．

Sec. 22.3 要約

- クロロプラストにおける ATP 合成の機序はミトコンドリアにおける機序に似ている．クロロプラストの ATP シンターゼの構造はミトコンドリアのものと似ている．

22.4　酸素を発生する光合成と発生しない光合成の進化上の関連性

シアノバクテリア以外の光合成細菌は一つの光化学系のみをもち，酸素を発生しない．このような細菌のクロロフィルは，酸素を発生する光化学系のクロロフィルとは異なっている（図 22.14）．酸素

身の周りに見られる生化学　植物科学

光合成を阻害することにより雑草を枯死させる

　除草剤の主な目的は雑草が作物の成長を阻害しないように，それらを枯死させることである．そのための一つの方法は，雑草の光合成を選択的に阻害し，かつ作物の光合成は阻害しないことである．良い例は 2,4-D および 2,4,5-T である．これらはタンポポのような広葉の雑草を芝生の成長には影響を与えずに死滅させることができる．面積当たりでは芝生はアメリカ合衆国で最も広範囲に栽培されている植物である．

　除草剤の作用の特異性は必ずしも絶対的なものではなく，多くの因子の影響を受ける．除草剤が植物に吸収される段階だけでなく，作用部位に運ばれる段階も重要である．最も大切な因子の一つに，除草剤が栽培植物において，雑草におけるよりも速く解毒されるということがある．除草剤に対する耐性のいくつかは遺伝的に規定されていることから，Chap. 13 で述べたバイオテクノロジーの技術を用いて，この特性をさらに強めるための研究が現在行われている．

　他の多くの除草剤は，特異的な方法で光合成を阻害する．アミトロール amitrole はクロロフィルやカロテノイドの生合成を阻害する．除草剤を散布された植物はこれら特徴的な色素が欠乏するため，枯れる前に葉が白くなる．もう一つの除草剤であるアトラジン atrazine は，水が酸化されて水素イオンと酸素になるのを阻害する．さらに他の除草剤は二つの光化学系における電子伝達を妨害する．ジウロン diuron 除草剤は光化学系 II においてプラストキノンへの電子伝達を阻害し，ビピリジリウム bipyridylium 除草剤は，光化学系 I における電子受容体と競合し電子を受け取ることによって電子伝達を阻害する．光化学系 I において作用する阻害剤としてジクワット diquat やパラコート paraquat がある．パラコートは法律で禁じられている大麻を駆除するため，大麻畑に噴霧されたことで有名になった．

選択的に光合成を阻害する除草剤によって死滅した広葉の雑草　後ろのトウモロコシは作用を受けていないことに注目されたい．

を発生しない光合成（嫌気的光合成）は酸素を発生する光合成（好気的光合成）ほどは効率が良くないが，それは進化の過程の一つの段階であると考えられる．嫌気的光合成は，細菌が自分に必要な栄養分やエネルギーを太陽エネルギーから得るための一つの手段である．それは ATP を効率良く合成することができるが，炭酸固定の効率は好気的光合成に比べると劣っている．

22.4.1　酸素を発生しない光合成は可能か

　光合成の進化の道筋は，それまでの従属栄養型細菌がバクテリオクロロフィルと思われるある種のクロロフィルをもつようになったことから始まったと考えられる（従属栄養生物 heterotroph とは，

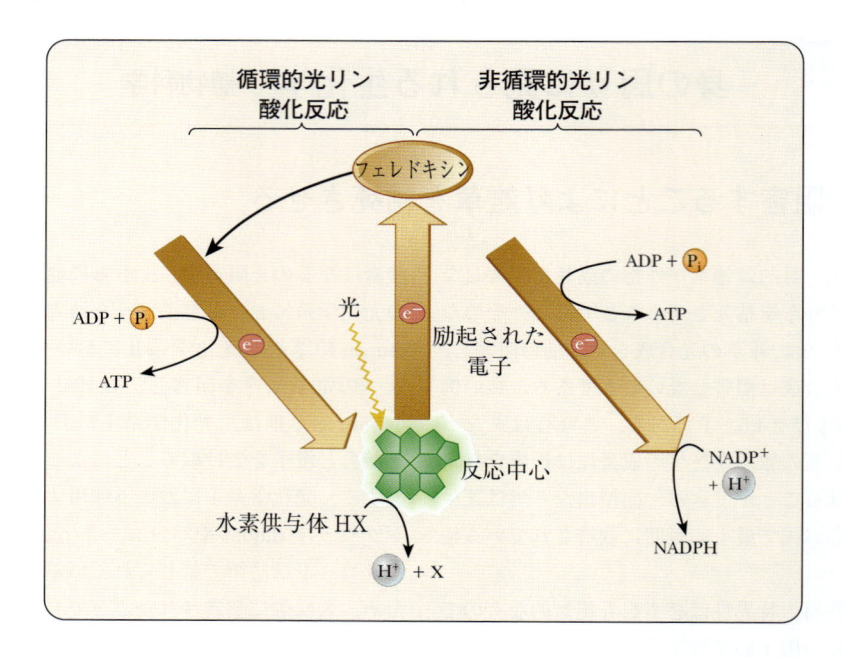

図 22.14
嫌気性光合成生物において考えられる二つの電子移動経路
循環型および非循環型両方の光リン酸化反応を示す．HX は水素供与体となりうる任意（H_2S のような）の化合物を示す．（L. Margulis, 1985. Early Life, *Science Books International*, Boston, p.45 より）

有機栄養素やエネルギーをまわりの環境に依存している生物である）．そのような細菌では，クロロフィルによって吸収された光エネルギーを ATP や NADPH の形で蓄えることができる．この一連の反応で大切な点は，光リン酸化が起こることによりその細菌に必要な ATP が他に依存せずに供給できるようになったということである．さらに NADPH の供給によって，CO_2 のような簡単な材料から生体高分子を合成することも容易になった．栄養素の供給が十分でない条件下では，必要な栄養素を自ら合成することのできる生物は生存に有利である．

このような生物は独立栄養生物 autotroph（生体分子の材料を外界に依存しない）であるが，嫌気性生物でもある．すなわちこれらの細菌では，最終的な電子の供給源として水ではなく，現在の緑色硫黄細菌（および紅色硫黄細菌）で見られるような H_2S や，現在の紅色非硫黄細菌で見られるような種々の有機化合物などのより容易に酸化される物質が利用される．これらの生物は，H_2S や他の有機化合物よりずっと豊富に存在する電子供給源である水を分解できるだけの強力な酸化剤をもちあわせていない．電子の供給源として水を利用できる能力は，進化の過程でさらに有利な条件になるのである．

生体での酸化還元反応においてはしばしば見られることであるが，電子だけでなく水素もともに供与体から受容体へ移動する．緑色植物，緑藻類およびシアノバクテリアでは，水素供与体および水素受容体はそれぞれ H_2O および CO_2 であり，その結果，酸素を発生する．それ以外の細菌のような生物は，水以外の水素供与体を用いた光合成を行う．そのような供与体として H_2S，$H_2S_2O_3$ やコハク酸がある．例えば H_2S が水素および電子の供給源であるとした場合，光合成の反応式は次のようになり，酸素ではなく硫黄が生成する．

$$CO_2 + 2 H_2S \rightarrow (CH_2O) + 2 S + H_2O$$

水素受容体　水素供与体　　糖質

水素受容体は NO_2^- や NO_3^- であることも可能で，この場合 NH_3 が発生する．CO_2 を最終水素受容体として酸素を発生する光合成は，多くの生物に広く見られる，より一般的な光合成反応に対して，むしろ特別な事例といえる．

　シアノバクテリアが，光合成における最終電子供与体として水を利用する能力を進化させた最初の生物であることは明らかである．これまで学んできたように，この能力を獲得するには，生物はバクテリオクロロフィルとは異なるクロロフィル a という新しいタイプのクロロフィル，ならびに二番目の光化学系を発達させることが必要であった．しかし，この段階ではクロロフィル b はまだ出現していなかった．それは真核生物において初めて登場することになる．好気的光合成の基本型はシアノバクテリアにおいてでき上がった．シアノバクテリアによる好気的光合成が行われた結果，地球は高い酸素含量をもつ現在の大気で覆われるようになった．したがって，他のすべての好気的生物が存在するようになったのは，究極的にはシアノバクテリアの活動によるものである．

> **Sec. 22.4 要約**　■最初の光合成が出現したとき，生物は水以外の化合物を主な電子供与体としていた可能性が高い．シアノバクテリアは水を電子供与体とした最初の生物であり，現在の酸素を含む大気をつくり出した．

22.5　光合成の暗反応により二酸化炭素が固定される

　光合成によって二酸化炭素からつくられた糖質は，実際はグルコースとしてではなく二糖類（例えば，サトウキビやサトウダイコンにおけるスクロースなど）や多糖類（デンプンやセルロースなど）として植物中に貯蔵される．しかし，糖質はグルコースとして表すのが通例であり，かつ便利であるため，ここではこの慣例に従うこととする．

　炭酸固定はストロマで起こる．全体の反応式は光合成反応の他のすべての式と同様，驚くほど簡単である．

$$6\,CO_2 + 12\,NADPH + 18\,ATP \xrightarrow{酵素} C_6H_{12}O_6 + 12\,NADP^+ + 18\,ADP + 18\,P_i$$

実際の反応経路は，解糖やペントースリン酸サイクルといくつか共通の特徴がある．

　6分子の二酸化炭素から1分子のグルコースを合成するためには，炭素5個からなる鍵となる中間体であるリブロース1,5−ビスリン酸 ribulose−1,5−bisphosphate 6分子のカルボキシ化が必要であり，その結果，炭素6個からなる不安定な中間体6分子が生成する．次にこの中間体は，開裂して12分子の3−ホスホグリセリン酸 3−phosphoglycerate を生じる．このうち2分子の3−ホスホグリセリン酸どうしが反応して最終的にグルコースを生成する．残り10分子の3−ホスホグリセリン酸は6分子のリブロース1,5−ビスリン酸に再生される．全体の反応経路は環状になっており，最初にこの

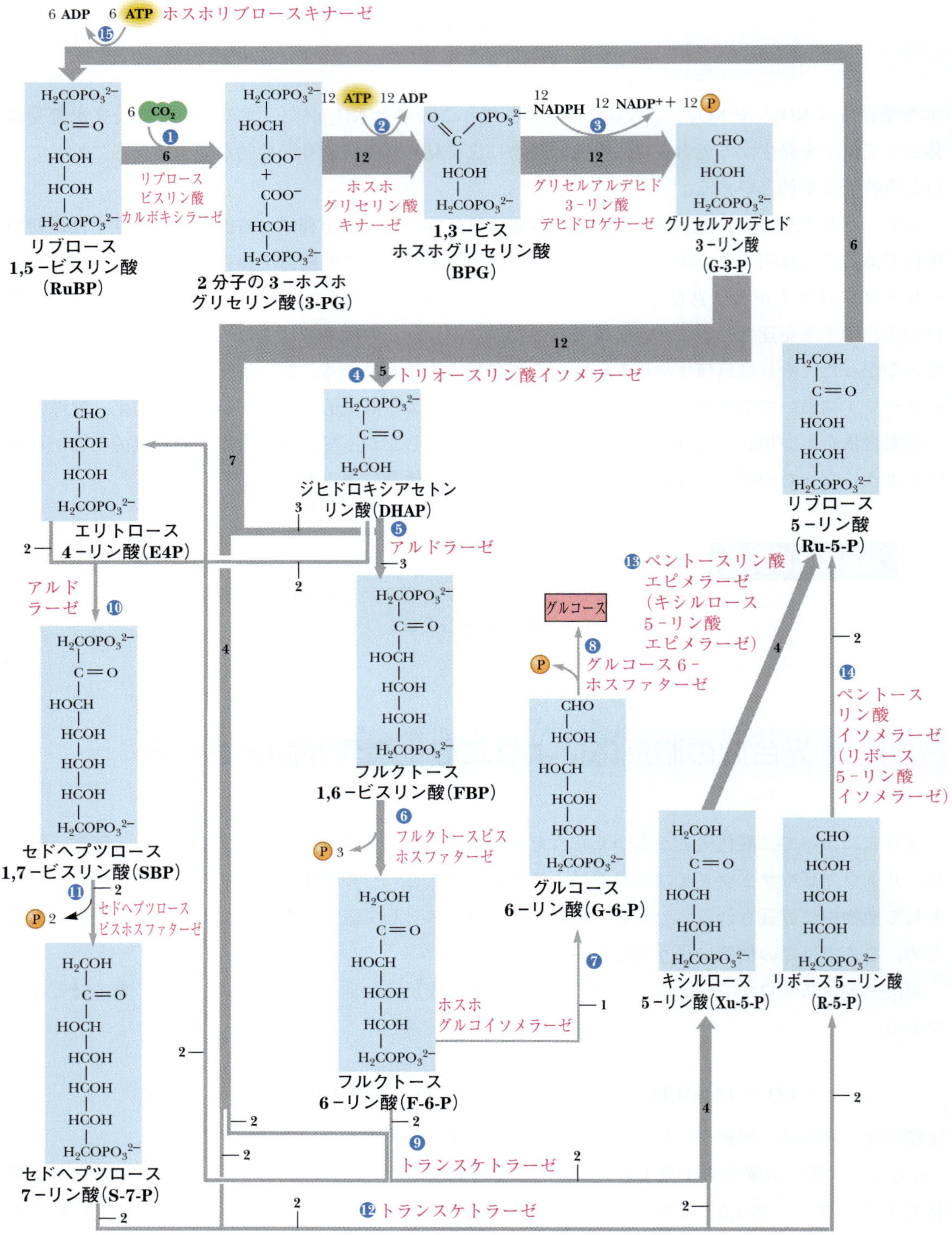

図 22.15

カルビン回路の反応

反応の各段階で示される数字は1分子のグルコースを生成するために必要な分子の数である．反応の番号は表 22.1 に対応している（訳注：本文中の酵素名と対応する名前を括弧書きで示す）．

経路を研究し，1961年にノーベル化学賞を受賞した科学者メルビン・カルビン Melvin Calvin の名をとり，カルビン回路 Calvin cycle（あるいは，還元的ペントースリン酸回路 reductive pentose phosphate cycle）（図22.15）と呼ばれる．

22.5.1　カルビン回路とは何か

カルビンサイクルの最初の反応はリブロース1,5-ビスリン酸と二酸化炭素との結合で，炭素6個の中間体2-カルボキシ3-ケトリビトール1,5-ビスリン酸が生成する．しかし，これはすぐに加水分解されて2分子の3-ホスホグリセリン酸を生じる（図22.16）．この最初の反応はリブロース1,5-ビスリン酸カルボキシラーゼ/オキシゲナーゼ ribulose-1,5-*bis*phosphate carboxylase/oxygenase（ルビスコ rubisco）によって触媒される．この酵素はストロマに局在しており，おそらく自然界で最も豊富に存在するタンパク質の一つであろう．このタンパク質はクロロプラストの全タンパク質の約15％を占めている．リブロース1,5-ビスリン酸カルボキシラーゼ/オキシゲナーゼの分子量は約560,000で，8個の大サブユニット（分子量55,000）と8個の小サブユニット（分子量15,000）から構成されている（図22.17）．大サブユニットのアミノ酸配列はクロロプラストの遺伝子にコードされており，小サブユニットの配列は核の遺伝子にコードされている．真核生物の進化についての細胞内共生説（Sec. 1.7）では，オルガネラはもともと独立した遺伝物質をもっている．したがって，大サ

図 22.16
リブロース1,5-ビスリン酸と CO_2 との反応は，最終的には2分子の3-ホスホグリセリン酸を生成する

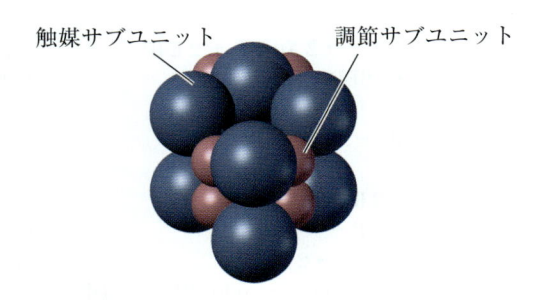

図 22.17
リブロース1,5-ビスリン酸カルボキシラーゼ/オキシゲナーゼ（ルビスコ）のサブユニット構造

ブユニット（クロロプラストの遺伝子由来）に触媒活性があり，小サブユニット（核の遺伝子由来）に調節機能があるという事実は，クロロプラストのようなオルガネラが，進化上，細胞内共生によって生じたという考え方に一致している．

CO_2 が取り込まれて 3-ホスホグリセリン酸を生じる反応が実際の固定過程であり，それ以外の反応は生成した糖質の反応である．固定反応に続く二つの反応によって 3-ホスホグリセリン酸が還元されてグリセルアルデヒド 3-リン酸が生じる．この還元反応は糖新生と同様の反応であるが，一つだけ異なる特徴がある（図 22.15）．すなわちクロロプラストにおける反応では，1,3-ビスホスホグリセリン酸のグリセルアルデヒド 3-リン酸への還元に NADH ではなく NADPH が必要とされる点である．グリセルアルデヒド 3-リン酸が生成すると，それは次の 2 通りの道筋をたどっていく．一つは六炭糖の合成であり，もう一つはリブロース 1,5-ビスリン酸の再生である．表 22.1 に，回路における反応をまとめるとともに，その化学量論を示す．

グリセルアルデヒド 3-リン酸からグルコースの合成は糖新生と同様の方法で起こる（図 22.15 ならびに表 22.1 における反応 4〜8）．グリセルアルデヒド 3-リン酸は，容易にジヒドロキシアセトンリン酸へ変換される（Sec. 17.2）．次にジヒドロキシアセトンリン酸はすでに学んだ一連の反応に

表 22.1　カルビン回路の一連の反応

反応 1〜15 は 1 分子のグルコースを生成するために必要な回路を形成している．反応を触媒する酵素，反応の概略と反応における炭素の収支を示す．括弧書きの数字は基質および産物中の炭素の数である．括弧の前の数字は正味の反応の収支をあわせるために必要な各反応の数を化学量論的に示している．

1. リブロース 1,5-ビスリン酸カルボキシラーゼ／オキシゲナーゼ：
   $6\,CO_2 + 6\,H_2O + 6\,RuBP \longrightarrow 12\,\text{3-PG}$ $6(1) + 6(5) \rightarrow 12(3)$
2. ホスホグリセリン酸キナーゼ：
   $12\,\text{3-PG} + 12\,ATP \longrightarrow 12\,\text{1,3-BPG} + 12\,ADP$ $12(3) \rightarrow 12(3)$
3. NADP-グリセルアルデヒド 3-リン酸デヒドロゲナーゼ：
   $12\,\text{1,3-BPG} + 12\,NADPH \longrightarrow 12\,NADP + 12\,\text{G-3-P} + 12\,P_i$ $12(3) \rightarrow 12(3)$
4. トリオースリン酸イソメラーゼ：$5\,\text{G-3-P} \longrightarrow 5\,DHAP$ $5(3) \rightarrow 5(3)$
5. アルドラーゼ：$3\,\text{G-3-P} + 3\,DHAP \longrightarrow 3\,FBP$ $3(3) + 3(3) \rightarrow 3(6)$
6. フルクトースビスホスファターゼ：
   $3\,FBP + 3\,H_2O + 3\,\text{F-6-P 1} \longrightarrow 3\,P_i$ $3(6) \rightarrow 3(6)$
7. ホスホグルコイソメラーゼ：$1\,\text{F-6-P} \longrightarrow 1\,\text{G-6-P}$ $1(6) \rightarrow 1(6)$
8. グルコース 6-ホスファターゼ：
   $1\,\text{G-6-P} + 1\,H_2O \longrightarrow 1\,\text{グルコース} + 1\,P_i$ $1(6) \rightarrow 1(6)$

残りの経路はグルコース合成に使われなかった 2 分子の F-6-P（12 C），4 分子の G-3-P（12 C），2 分子の DHAP（6 C）から 6 分子の RuBP 基質（30 C）を再生する．

9. トランスケトラーゼ：$2\,\text{F-6-P} + 2\,\text{G-3-P} \longrightarrow 2\,\text{Xu-5-P} + 2\,E4P$ $2(6) + 2(3) \rightarrow 2(5) + 2(4)$
10. アルドラーゼ：$2\,E4P + 2\,DHAP \longrightarrow 2\,SBP$ $2(4) + 2(3) \rightarrow 2(7)$
11. セドヘプツロースホスファターゼ：
    $2\,SBP + 2\,H_2O \longrightarrow 2\,\text{S-7-P} + 2\,P_i$ $2(7) \rightarrow 2(7)$
12. トランスケトラーゼ：
    $2\,\text{S-7-P} + 2\,\text{G-3-P} \longrightarrow 2\,\text{Xu-5-P} + 2\,\text{R-5-P}$ $2(7) + 2(3) \rightarrow 4(5)$
13. ペントースリン酸エピメラーゼ：$4\,\text{Xu-5-P} \longrightarrow 4\,\text{Ru-5-P}$ $4(5) \rightarrow 4(5)$
14. ペントースリン酸イソメラーゼ：$2\,\text{R-5-P} \longrightarrow 2\,\text{Ru-5-P}$ $2(5) \rightarrow 2(5)$
15. ホスホリブロースキナーゼ：$6\,\text{Ru-5-P} + 6\,ATP \longrightarrow 6\,RuBP + 6\,ADP$ $6(5) \rightarrow 6(5)$

正味の反応式：$6\,CO_2 + 18\,ATP + 12\,NADPH + 12\,H^+ + 12\,H_2O \longrightarrow$
$\text{グルコース} + 18\,ADP + 18\,P_i + 12\,NADP$ $6(1) \rightarrow 1(6)$

よって，グリセルアルデヒド 3-リン酸と反応してフルクトース 6-リン酸を生じ，最終的にグルコースとなる．これらの反応についてはすでに述べているので，ここでは触れないことにする．

22.5.2　カルビン回路において基質はどのように再生されるか

　この過程は 4 段階に分けることができる．すなわち，準備 preparation，再編成 reshuffling，異性化 isomerization およびリン酸化 phosphorylation である．準備段階はグリセルアルデヒド 3-リン酸のジヒドロキシアセトンリン酸への変換（トリオースリン酸イソメラーゼによる反応）から始まる．この反応は六炭糖の合成においても用いられている．グリセルアルデヒド 3-リン酸の一部とジヒドロキシアセトンリン酸の一部が反応してフルクトース 1,6-ビスリン酸が生成される（アルドラーゼによる反応）．フルクトース 1,6-ビスリン酸は加水分解されてフルクトース 6-リン酸となる（フルクトース 1,6-ビスホスファターゼによる反応）（図 22.15 参照，表 22.1 に示す反応の 4～6 が相当する）．これによりグリセルアルデヒド 3-リン酸，ジヒドロキシアセトンリン酸およびフルクトース 6-リン酸が供給され，再編成反応を始めることができる．

　再編成段階の反応の大部分は，これまでにペントースリン酸回路（Sec. 18.4）の一部として学んだものと同じである．したがって，ここではこの過程の大まかな特徴に注目し，その結果を図 22.15 と表 22.1 にまとめて示す．トランスケトラーゼ transketolase，アルドラーゼ aldolase，そして，セドヘプツロースビスホスファターゼ sedoheptulose *bis*phosphatase（表 22.1 の反応 9～12）によって順次，触媒される反応は，カルビン回路において炭素骨格が再編成される反応である．

　異性化段階（表 22.1 の反応 13～14）では，リボース 5-リン酸とキシルロース 5-リン酸の両者がリブロース 5-リン酸に変換される．リボース 5-リン酸イソメラーゼ ribose-5-phosphate isomerase はリボース 5-リン酸のリブロース 5-リン酸への変換を触媒し，キシルロース 5-リン酸エピメラーゼ xylulose-5-phosphate epimerase はキシルロース 5-リン酸のリブロース 5-リン酸への変換を触媒する（図 22.15）．これら二つの反応の逆反応は，同じ酵素によってペントースリン酸回路において起こっている．

　最後の段階（表 22.1 の反応 15）で，リブロース 5-リン酸のリン酸化によってリブロース 1,5-ビスリン酸が再生される．この反応には ATP が必要で，ホスホリブロキナーゼ phosphoribulokinase によって触媒される．表 22.1 に示すリブロース 1,5-ビスリン酸が再生されるまでの各反応をまとめると，正味の反応が得られる．すなわち，これらのことを考え合わせ，光合成における炭素原子の反応経路は最終的には次のようになる．

$$6\ CO_2 + 18\ ATP + 12\ NADPH + 12\ H^+ + 12\ H_2O \rightarrow$$
$$\text{グルコース} + 12\ NADP^+ + 18\ ADP + 18\ P_i$$

　光合成におけるエネルギーの利用効率は比較的容易に求めることができる．CO_2 をグルコースへ還元する反応の $\Delta G°'$ は CO_2 1 モル当たり $+478$ kJ（$+114$ kcal）であり（練習問題 37 を参照），波長 600 nm の光エネルギーは 1593 kJ mol^{-1}（381 kcal mol^{-1}）である．ここでは光エネルギーの計算方法について詳しくは述べないが，これらの値は $E = h\nu$ の式から求められる．波長が 680 nm や 700 nm の光は 600 nm の光に比べエネルギーが小さい．したがって，光合成の効率は少なくとも

身の周りに見られる生化学　遺伝学

クロロプラストの遺伝子

クロロプラストはミトコンドリアと同様，それ自身のDNAをもっている．科学者たちは，クロロプラストは元々シアノバクテリアが細胞内共生（Sec. 1.8）によって，真核生物に取り込まれてできたと考えている．細胞核の遺伝子とクロロプラストの遺伝子の間でいくつかの興味深い複雑な相互作用が生じた．クロロプラストのタンパク質はおよそ3000種あるが，そのうち約95％が核遺伝子にコードされている．

炭酸固定の主要酵素であるルビスコは，核とクロロプラストの遺伝子の興味深い相互作用を示す一例である．この酵素の大サブユニットはクロロプラストの遺伝子にコードされており，小サブユニットは核の遺伝子にコードされている．両サブユニットが等モルずつ産生されるようにそれらの合成は調節されているに違いないが，その機構はまだ解明されていない．

核の遺伝子は細胞質中で翻訳された後，シャペロニンによって保護されながら，ターゲッティング機構（Sec. 12.6を参照）によってクロロプラストに輸送される．種々の核の遺伝子産物をクロロプラストの特定の場所に向かわせるには，特別なターゲッティング配列が用いられるとともに，ATPの加水分解が必要である．シャペロニンの保護作用によって活性のある最終的な複合体が形成される．

クロロプラストDNAには，クロロプラストのRNAポリメラーゼ，リボソームRNA，トランスファーRNAの遺伝子，さらにリボソームタンパク質の約1/3の遺伝子がコードされている．

一方，DNAポリメラーゼ，アミノアシルtRNAシンテターゼおよび残りのリボソームタンパク質は核遺伝子にコードされている．一つの植物の中でも，組織が異なるとクロロプラストで用いられる核遺伝子の種類が異なる．植物の種類が異なると，たとえすべて同じタンパク質がクロロプラストを形成するとしても，核にコードされる遺伝子の種類は異なっている．これら多くの核にコードされているタンパク質の配列は，他の核の遺伝子の配列よりも細菌の遺伝子に類似している．クロロプラストrRNAの塩基配列も同様に細菌のrRNAの配列に類似している．クロロプラストにコードされているRNAポリメラーゼの四つのサブユニットは，細菌のRNAポリメラーゼの四つのサブユニットと似ている．さらにクロロプラストのmRNAは，リボソームに結合するためシャイン-ダルガーノ Shine-Dalgarno 配列をもっているのに対し，キャップ構造やポリ（A）テールはもっていない．これらのことは，クロロプラスト（およびミトコンドリア）は細菌様の生物に由来し，進化初期の細胞に共生によって取り込まれ，その後，その遺伝子の一部を核に移行させたとする考え方と大変よく一致するものである．

遺伝物質が核とクロロプラストに離れて存在することから，二つの場における転写を協調させる必要

（478/1593）× 100，すなわち30％となる．

> **Sec. 22.5 要約**
> ■光合成の暗反応では，鍵となる中間体であるリブロース 1,5-ビスリン酸 が二酸化炭素と反応して2分子の3-ホスホグリセリン酸を生成し，二酸化炭素が固定される．この反応は自然界で最も豊富に存在するタンパク質の一つであるリブロース 1,5-ビスリン酸カルボキシラーゼ/オキシゲナーゼ（ルビスコ rubisco）という酵素によって触媒される．
> ■暗反応の残りの部分では，カルビン回路によってリブロース 1,5-ビスリン酸 が再生される．

がある．このことは現在活発に研究されている．情報のやり取りは二つのオルガネラ間で双方向であることがわかっている．核からクロロプラストへのシグナルの伝達は，より"一般的"経路と考えられ，**順行性シグナル伝達** anterograde signaling と呼ばれている．一方，クロロプラストから核へのシグナルは**逆行性シグナル伝達** retrograde signaling と呼ばれている．最近，三つの異なる逆行性シグナル伝達のしくみが緑藻，高等植物で見つかっている．

逆行性シグナルで最もよく研究が進んでいるのは，クロロフィル生合成において生成するテトラピロール分子，Mg-プロトポルフィリンIX Mg-protoporphyrin IX である．また，クロロプラストの遺伝子の発現によるシグナル伝達や光合成の電子伝達鎖（PET）によるシグナル伝達もよく研究されている．細胞質からのストレスシグナルや発生の傷害は，二つの関連するタンパク質 GUN 4 と GUN 5 のレベルを増加させる．これらの3種の逆行性シグナルは，いずれも，高等植物において大きなファミリーを形成している機能未知の転写因子の一つである GUN 1（非共役ゲノム 1 genomes uncoupled 1）を介して作用する．三つのシグナルは GUN 1 のクロロプラストにおける量に作用することが知られている（図参照）．現時点では，GUN 1 がいかに核にシグナルを送るかは不明である．一方，核では，ABI 4（アブシジン酸不感受性因子 4 abscisic acid insensitive 4）と呼ばれる転写因子を増加させ，クロロプラストにおける代謝に関わる標的核遺伝子の発現を阻害することが明らかにされている．このように共通経路が GUN 1 タンパク質に集中することにより，核が，多くの環境シグナルに対してクロロプラストの代謝をスムーズに調節することを可能としている．詳細については，本章末の Zhang, D. あるいは Koussevitzky, S. et al. の論文を参照されたい．

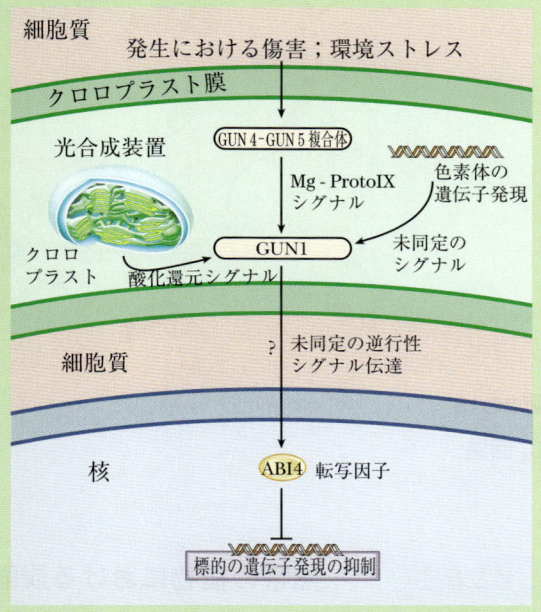

3種の異なるクロロプラストシグナルが一つの共通のシグナル分子，GUN 1 に収束される　機構は未解明であるが，シグナルはクロロプラストから核に送られ，核の転写因子 ABI 4 を介して核遺伝子の転写に影響する．(Zhang, Da-Peng: Signaling to the Nucleus with a Loaded GUN. Science 4 may 2007: vol. 316, no. 5825, pp. 700-701. AAAS の許可を得て転載)

22.6　熱帯の植物による炭酸固定

　熱帯植物には，炭素数4の化合物を含むことから C_4 回路と呼ばれる経路が存在する（図 22.18）．この経路（別名**ハッチ-スラック回路** Hatch-Slack pathway とも呼ばれる）は最終的にはカルビン回路の C_3（3-ホスホグリセリン酸の炭素数3に基づく）回路につながっている（他の C_4 回路も存在するが，この C_4 回路が最もよく研究されている．トウモロコシは，C_4 回路をもつ植物の例として重要である．C_4 回路は熱帯植物に限定したものではない）．

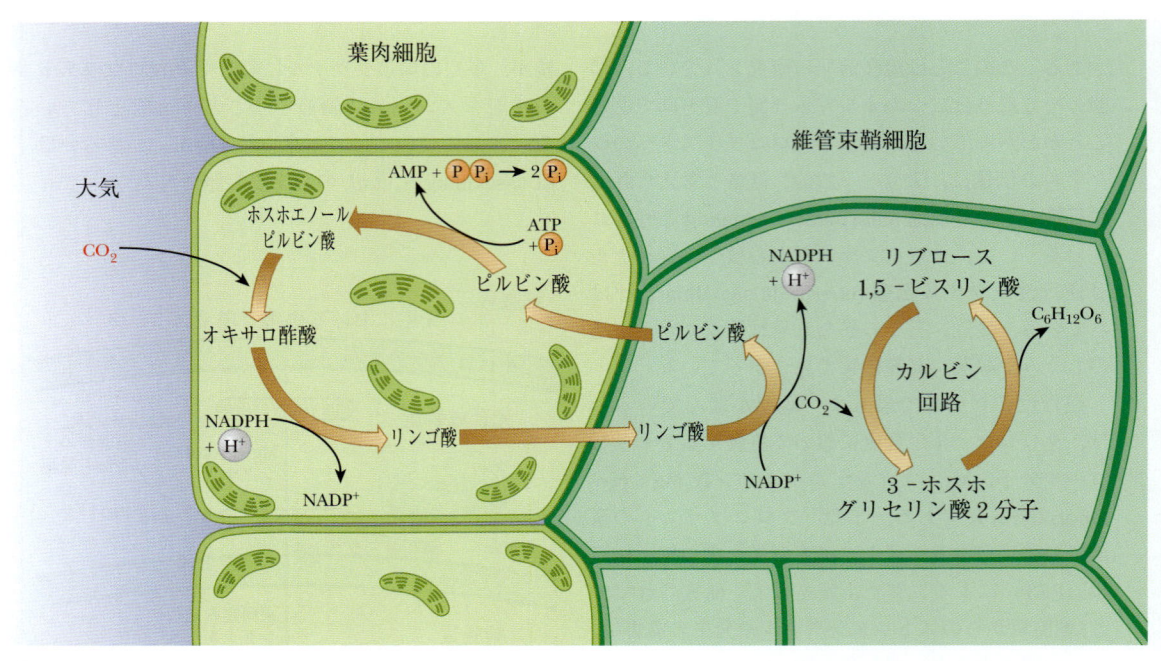

図 22.18

C_4 回路

22.6.1　熱帯の植物における炭酸固定は何が違うか

　CO_2 は葉の外層にある気孔（葉の通気孔）を通って中に入ると，葉肉細胞において，まずホスホエノールピルビン酸と反応してオキサロ酢酸と P_i を生成する．NADPH の酸化によりオキサロ酢酸はリンゴ酸に還元される．次に，リンゴ酸はチャネルを介して維管束鞘細胞（隣接する内部の細胞層）に運ばれる．

　維管束鞘細胞でリンゴ酸は脱炭酸されてピルビン酸と CO_2 になる．この過程で $NADP^+$ は NADPH に還元される（図 22.19）．CO_2 は，リブロース 1,5 - ビスリン酸と反応してカルビン回路に入っていく．ピルビン酸は葉肉細胞に逆輸送され，そこでリン酸化されてホスホエノールピルビン酸になる．ホスホエノールピルビン酸は CO_2 と反応し，次の C_4 回路が始まる．ピルビン酸がリン酸化されるとき，ATP は加水分解されて AMP と PP_i になる．これは 2 分子の ATP を利用したのと同じであり，二つの高エネルギーリン酸結合が消失する．その結果，C_4 回路はカルビン回路のみの場合に比べて，グルコースに取り込まれる CO_2 1 分子当たり 2 分子の ATP が余分に必要となる．このように C_4 回路はカルビン回路に比べてより多くの ATP を必要とするが，熱帯では十分な光があるので，これらの植物は光合成の明反応によって多くの ATP を合成することができるのである．

　CO_2 は葉肉細胞の C_4 回路で固定されるが，固定された CO_2 は維管束鞘細胞において再び解離した後，C_3 回路に入っていくことに注目してもらいたい．熱帯植物にとって C_4 回路を用いる利点はどこにあるのだろうか．この問題に関しては，これまで CO_2 の役割に焦点が当てられていたが，これ以外にもっと多くの役割があると考えられている．従来の考えによると，C_4 回路の大切な点は，この

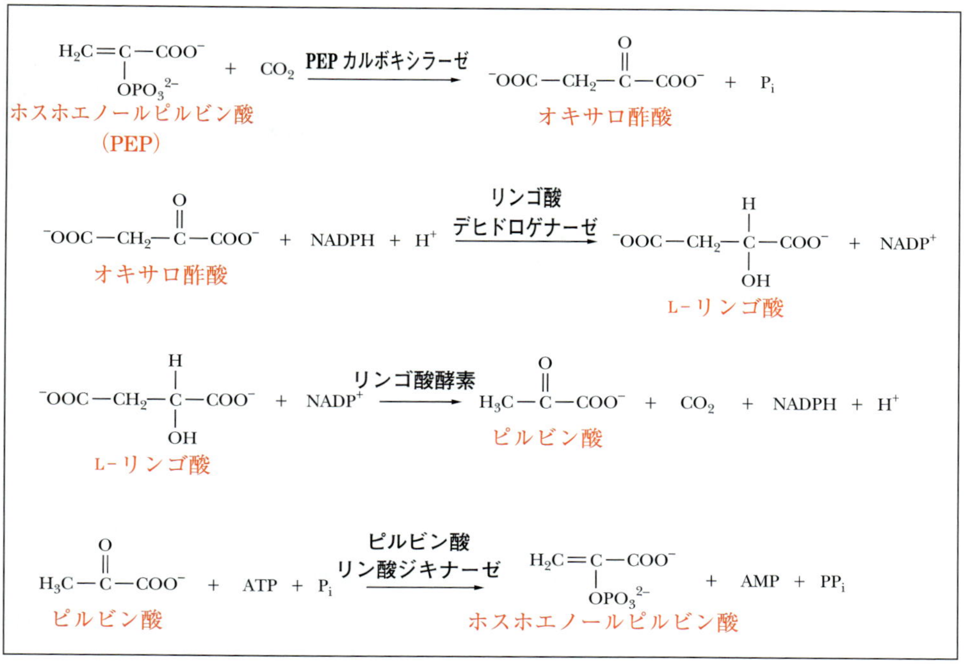

$$\underset{\text{ホスホエノールピルビン酸}\atop\text{(PEP)}}{\text{H}_2\text{C}=\overset{\text{OPO}_3^{2-}}{\underset{|}{\text{C}}}-\text{COO}^-} + \text{CO}_2 \xrightarrow{\text{PEP カルボキシラーゼ}} \underset{\text{オキサロ酢酸}}{{}^-\text{OOC}-\text{CH}_2-\overset{\text{O}}{\underset{\|}{\text{C}}}-\text{COO}^-} + \text{P}_i$$

$$\underset{\text{オキサロ酢酸}}{{}^-\text{OOC}-\text{CH}_2-\overset{\text{O}}{\underset{\|}{\text{C}}}-\text{COO}^-} + \text{NADPH} + \text{H}^+ \xrightarrow[\text{デヒドロゲナーゼ}]{\text{リンゴ酸}} \underset{\text{L-リンゴ酸}}{{}^-\text{OOC}-\text{CH}_2-\overset{\text{H}}{\underset{\text{OH}}{\overset{|}{\underset{|}{\text{C}}}}}-\text{COO}^-} + \text{NADP}^+$$

$$\underset{\text{L-リンゴ酸}}{{}^-\text{OOC}-\text{CH}_2-\overset{\text{H}}{\underset{\text{OH}}{\overset{|}{\underset{|}{\text{C}}}}}-\text{COO}^-} + \text{NADP}^+ \xrightarrow{\text{リンゴ酸酵素}} \underset{\text{ピルビン酸}}{\text{H}_3\text{C}-\overset{\text{O}}{\underset{\|}{\text{C}}}-\text{COO}^-} + \text{CO}_2 + \text{NADPH} + \text{H}^+$$

$$\underset{\text{ピルビン酸}}{\text{H}_3\text{C}-\overset{\text{O}}{\underset{\|}{\text{C}}}-\text{COO}^-} + \text{ATP} + \text{P}_i \xrightarrow[\text{リン酸ジキナーゼ}]{\text{ピルビン酸}} \underset{\text{ホスホエノールピルビン酸}}{\text{H}_2\text{C}=\overset{\text{OPO}_3^{2-}}{\underset{|}{\text{C}}}-\text{COO}^-} + \text{AMP} + \text{PP}_i$$

図 22.19
C_4 回路に特徴的な反応

回路は CO_2 を濃縮し，その結果，光合成を促進するということである．なぜなら，熱帯植物の葉は水の損失を最小限にするため小さな気孔しかもっていない．そのため，植物への CO_2 の取込みも減少するからである．しかし，もう一つ考えなければならない点は，ホスホエノールピルビン酸カルボキシラーゼの CO_2 に対する K_M はルビスコの CO_2 に対する K_M より低く，外側の葉肉細胞でより低濃度の CO_2 を固定できるということである．このため外気と葉の間での CO_2 の濃度勾配が大きくなり，CO_2 は気孔を通って葉の内部に入りやすくなる．熱帯地域では光量は十分あるので，光合成の速度は植物が利用できる CO_2 の量によって決まる（訳注：ホスホエノールピルビン酸カルボキシラーゼが固定する CO_2 は実際には，HCO_3^- であり，弱アルカリ性の細胞質においては CO_2 よりも高い濃度で存在することも知っておいてほしい）．

　C_4 回路は熱帯植物の置かれた状況下で有用であり，熱帯植物が C_3 回路を利用する植物より速く成長し，葉の単位面積当たり，より多くのバイオマスを産生することを可能にしている．この問題をより全体的に理解するには，酸素の役割や**光呼吸**（こうこきゅう）photorespiration について考えなければならない．光呼吸では，CO_2 の代わりに O_2 がルビスコと反応する．

　光呼吸の真の生物学的役割は明らかではないが，いくつかの点は明らかにされている．ルビスコのオキシゲナーゼ活性はやむを得ずもっている不用な活性と考えられる．光呼吸は，ルビスコのオキシゲナーゼ活性のために失われる炭素をいくらかでも回収するための再利用経路である．植物にとってはATPと還元力を消費してでも，光呼吸は必須なものである．事実，光呼吸に影響を及ぼすような遺伝子変異をもつ植物は致死的である．光呼吸において酸化される主な基質は<u>グリコール酸 glyco-late</u>（図 22.20）である．グリコール酸は細胞内のペルオキシソーム（Sec. 1.5）で酸化されて<u>グリオ</u>

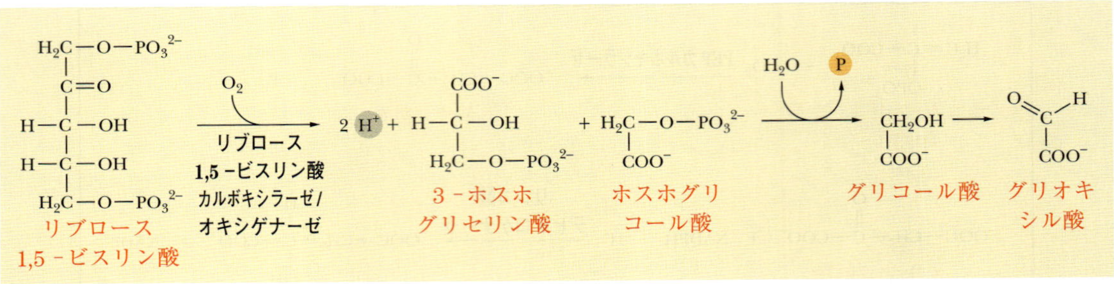

840　Chapter 22　光合成

図 22.20
光呼吸に特徴的な反応

キシル酸 glyoxylate になる（光呼吸はペルオキシソームで起こる）（訳注：実際にはミトコンドリアも関与している）．グリコール酸は，実際にはリブロース 1,5-ビスリン酸の酸化的分解から生じている．この反応を触媒する酵素はリブロース 1,5-ビスリン酸カルボキシラーゼ/オキシゲナーゼ（ルビスコ）であり，ここでは CO_2 を固定して 3-ホスホグリセリン酸を生成するカルボキシラーゼ（CO_2 と反応）としてより，むしろオキシゲナーゼ（O_2 と反応）として働いている（訳注：光呼吸は C_3 植物が現在の CO_2 濃度に適応するために不可欠なしくみと考えられている）．

O_2 レベルが CO_2 レベルに比べて高いと，リブロース 1,5-ビスリン酸は，通常のカルボキシ化反応による 2 分子の 3-ホスホグリセリン酸の生成ではなく，光呼吸によって酸素が添加され，ホスホグリコール酸（これからグリコール酸が生じる）と 3-ホスホグリセリン酸を生じる．このような反応は C_3 植物で起こる．C_4 植物では気孔が小さく，葉への CO_2 の取込みだけでなく O_2 の取込みも減少する．C_4 回路により維管束鞘細胞における O_2 に対する CO_2 の割合は相対的に高くなり，カルボキシ化反応が起こりやすくなる．C_4 植物はコンパートメント化することによってオキシゲナーゼ活性をうまく減少させ，光呼吸が起こりにくいようにしている．このことは，C_4 植物が主として生息している熱帯気候下でこれらの植物の生育にとって有利な条件となっている．

Sec. 22.6 要約

- 熱帯植物では，炭酸固定経路において炭素数 4 の化合物の関与が頻繁に認められる．
- この代替経路（C_4 回路）は葉への CO_2 の輸送を促進し，水の損失を防ぐ．

SUMMARY　　　要　約

◆**クロロプラストの構造はどのように光合成に影響を及ぼすか**　真核生物では，光合成の明反応は，クロロプラストのチラコイド膜において起こる．一連の膜結合型の電子伝達体と色素が，太陽の光エネルギーを利用する．光合成の反応式

$$6\,CO_2 + 6\,H_2O \rightarrow C_6H_{12}O_6 + 6\,O_2$$

は実際は二つの過程を表している．一つは水が酸化されて酸素を発生する反応で，これには太陽の光エネルギーが必要である．もう一つは CO_2 を固定して糖を作る反応で，これは太陽エネルギー

を間接的に利用している．光の捕捉はクロロプラスト内の反応中心で起こり，この過程には特別な環境にある一対のクロロフィルが必要である．

◆**光化学系 II はどのように水を分解し，酸素を発生するか**　明反応では水は酸化されて酸素を発生し，同時に $NADP^+$ は NADPH に還元される．明反応は二つの部分から成っており，それぞれは別個の光化学系によって作動する．光化学系 II が水から電子伝達系へ電子を輸送することに伴い，酸素が発生する．

◆**光化学系 I はどのように $NADP^+$ を還元するか**　光化学系 II により生じた電子は光化学系 I において $NADP^+$ を還元し，NADPH を生じる．

◆**光合成の反応中心の構造について何がわかっているか**　反応中心においては，特別なクロロフィル分子は膜貫通型のポリペプチドと結合して存在している．全体の組立ては，光合成反応を行うために電子の移動が容易になるように配置されている．

◆**クロロプラストにおける ATP 産生はミトコンドリアにおける ATP 産生とどのように似ているか**　二つの光化学系は ATP 合成に共役した電子伝達系によってつながれている．プロトン勾配は，ミトコンドリアにおける呼吸と同様，光合成における ATP 合成の原動力になっている．

◆**酸素を発生しない光合成は可能か**　ある種の細菌も光合成を行う．ただし，これらの細菌はただ一つの光化学系をもち，より簡単な光合成システムを利用している．初期の光合成細菌は，おそらく水以外の電子供与体を用い，酸素を発生しなかった．その後出現してきた細菌は，真核生物同様，二つの光化学系と水から酸素を発生する能力を獲得した．この能力によって，地球は酸素に富む大気に包まれるようになった．

◆**カルビン回路とは何か**　糖質を合成する反応経路は全体として環状であり，カルビン回路と呼ばれる．光合成の暗反応では，6分子の CO_2 から正味1分子のグルコースが合成される．6分子の CO_2 から1分子のグルコースを合成する反応には，5個の炭素原子から成る，鍵となる中間体であるリブロース 1,5‐ビスリン酸6分子のカルボキシ化が必要で，最終的に12分子の3‐ホスホグリセリン酸が生成される．このうち，2分子の3‐ホスホグリセリン酸が反応し，グルコースを生じる．

◆**カルビン回路において基質はどのように再生されるか**　残りの3‐ホスホグリセリン酸10分子は，炭素骨格の再編成と異性化を含む一連の反応により，リブロース 1,5‐ビスリン酸6分子を再生するために用いられる．

◆**熱帯の植物における炭酸固定は何が違うか**　熱帯植物では，カルビン回路に加え，4炭素化合物を含むことから，C_4 回路と呼ばれる炭酸固定の別の経路が存在する．この経路では，CO_2 は外側にある葉肉細胞においてホスホエノールピルビン酸と反応し，オキサロ酢酸と P_i を生成する．次にオキサロ酢酸はリンゴ酸へ還元される．リンゴ酸は，それが生成された葉肉細胞から内部の維管束鞘細胞に輸送され，そこで最終的にカルビン回路へ渡される．C_4 回路が働いている植物は，カルビン回路のみが働いている C_3 植物に比べ，より速く成長し，葉の単位面積当たり，より多くのバイオマスを生産することができる．

EXERCISES 練習問題

22.1 クロロプラストは光合成の場である

1. **復習** クロロフィルは緑色である．これはクロロフィルの光吸収が他の波長に比べ，緑色光において弱いからである．落葉樹の葉の補助色素は赤や黄色であることが多いが，それらの色はクロロフィルの色によって隠されている．これらのことは，多くの地域で見られる秋の紅葉とどのように関連しているかについて考えよ．

2. **復習** 食料品店で売っているもやしは白くて，緑色でないのはなぜか．

3. **復習** クロロプラストの電子伝達系で用いられている主な金属イオンは何か．ミトコンドリアのそれと比較せよ．

4. **復習** クロロプラストの構造はミトコンドリアの構造とどのようなところが類似しており，また異なっているか．

5. **復習** クロロフィルの構造とヘムの構造が異なる点を三つ挙げよ．

6. **演習** 植物がクロロフィル a や b の他に，光を吸収する補助色素を有しているのはなぜか．理由を考えよ．

7. **演習** クロロプラストにおけるタンパク質合成では，最初のアミノ酸が N-ホルミルメチオニンである．この事実は何を意味しているか．

22.2 光化学系Ⅰ・Ⅱと光合成の明反応

8. **復習** クロロプラストにおける NADPH 合成は，ミトコンドリアにおける NADH の酸化反応の単なる逆反応といってもよいか．説明せよ．

9. **復習** 紅色光合成細菌ロドシュードモナス属の光合成の反応中心における反応の概略を述べよ．

10. **復習** 光合成の明反応において光エネルギーが必要な2箇所はどこか．またエネルギーが正確にこれらの場所で供給されなければならないのはなぜか．

11. **復習** 光合成の反応中心にあるクロロフィル分子はすべて，光合成の明反応において同じ働きをしているか．

12. **復習** クロロプラストとミトコンドリアの電子伝達系におけるいくつかの類似点を述べよ．

13. **演習** クロロプラストの電子伝達系とミトコンドリアの電子伝達系では，進化上どちらが先に出現したと考えられるか．その理由を説明せよ．

14. **演習** ミトコンドリアにおける酸化的リン酸化の脱共役剤は，クロロプラストにおける光電子伝達や ATP 合成をも脱共役する．このことについて説明せよ．

15. **演習** ATP を1分子合成するのにクロロプラストのほうがミトコンドリアよりも大きなプロトン勾配を必要とする．その理由を考えよ．ヒント：チラコイド膜のほうがミトコンドリアの内膜よりも，容易にイオンを通過させることができる．

16. **演習** 光合成研究のパイオニアであるアルバート・セントジョルジ Albert Szent-Gyorgi は "生命を駆動させているのは，太陽光線によって維持されるわずかな電流である" と述べている．この言葉は何を意味しているか．

17. **関連** 光化学系ⅠとⅡでは，それらを駆動するのに必要な光の波長に違いがある（光化学系Ⅰは 700 nm，光化学系Ⅱは 680 nm）という事実から，それらのエネルギー要求について，どのようなことがいえるか．

18. **演習** 光合成の各反応について，標準還元電位（Chap. 20 を参照）を挙げることは意味があるかないか．その理由を述べよ．

19. **演習** 光合成の反応中心は，なぜバッテリーに相当するのか．

20. **演習** アンチマイシン A はクロロプラストにおける光合成のインヒビターである．作用部位として考えられるところを挙げ，そこを選んだ理由を示せ．

21. **演習** 光合成によって発生する酸素の原料として H_2O または CO_2 のどちらが考えられるだろうか．理由を付して答えよ．

22. **演習** 光合成において，電子の流れは光化学系Ⅱから始まり光化学系Ⅰで終わるように記述するのはなぜか．いい換えれば，なぜその命名がⅡからⅠへと "逆向き" なのか．

23. **演習** ミトコンドリアでは，電子伝達系の各段階においてミトコンドリア膜を横切って汲み出されるプロトン数を確定するための研究が非常

に多くなされてきた．チラコイド膜の場合には，汲み出される電子の数を決定するのは困難であると思うか．またその理由は何か．

24. 演習　水の酸化では4個の電子が引き抜かれるが，クロロフィル分子は一度に1個の電子しか移動させることができない．この問題はどのように解決されているか．

25. 演習　紅色光合成細菌ロドシュードモナス属の反応中心での反応において，ゆるく結合したシトクロムがユニークな役割を果たしているのはなぜか．

26. 演習　クロロプラストとミトコンドリアにおけるATPシンターゼの構造と機能が互いに類似していることは，進化上どのような意味があるか．

22.3　光合成とATP合成

27. 復習　光化学系Ⅰにおける循環的光リン酸化反応においては，水が分解しなくてもATPが合成される．この反応はいかにして起こるか説明せよ．

28. 復習　クロロプラストとミトコンドリアにおけるATP合成の主な類似点と相違点は何か．

29. 復習　光化学系Ⅰの循環的光リン酸化反応において，プロトン勾配はどのようにしてつくられるか．

30. 演習　暗所でクロロプラストによるATP産生は起こるだろうか．理由を付して答えよ．

31. 演習　光リン酸化反応において循環型または非循環型経路があるということは，植物にとってどのような有利な点があるか．

22.4　酸素を発生する光合成と発生しない光合成の進化上の関連性

32. 復習　光合成において，水は唯一の電子供与体であるか．そうであるか否かの理由を述べよ．

33. 演習　クロロフィル a とクロロフィル b の両方をもつ原核生物が発見されたとしよう．このような発見の進化上の関連性について述べよ．

22.5　光合成の暗反応により二酸化炭素が固定される

34. 復習　ルビスコは自然界において最も多く存在するタンパク質であると考えられるのはなぜか．

35. 関連　ルビスコのアミノ酸配列は細胞核の遺伝子にコードされているかどうかについて説明せよ．

36. 復習　光合成の暗反応と類似の反応を有する他の代謝経路の名前をいくつか挙げよ．

37. 演習　Sec. 15.3ならびに15.6の情報を用いて，光合成において固定される炭酸ガス1分子当たりの $\Delta G^{\circ\prime}$ の値478 kJ（114 kcal）はどのようにして得られたかを示せ．問題の反応式は
$$6\,CO_2 + 6\,H_2O \rightarrow \text{グルコース} + 6\,O_2$$
である．

38. 演習　もし光合成植物を $^{14}CO_2$ 存在下で生育させたならば，合成されるグルコースの炭素原子はすべて放射性炭素で標識されるであろうか．理由とともに述べよ．

39. 演習　ルビスコのターンオーバー数は大変低く，1秒間当たり約 $3\,CO_2$ である．この低いターンオーバー数から，ルビスコの進化についてどのようなことがいえるか．

40. 関連　クロロプラスト（ならびにミトコンドリア）のどのような特徴が，これらがかつてバクテリアであったとする説と一致するのか．特徴的な点を三つ挙げよ．

41. 演習　グリセルアルデヒド3-リン酸からリブロース1,5-ビスリン酸を再生する経路が進化したことは"重大事"ではなかった．その理由を考えよ．

42. 関連　自然はなぜルビスコという，酸素と非常によく反応して光呼吸を起こさせる鍵となる酵素を進化させたのだろうか．

43. 演習　カルビン回路全体は炭酸固定を表しているか．そうであるか否かの理由を述べよ．

44. 演習　カルビン回路には他の経路と共通の反応が多くあるということは，生物の進化上どのような有利な点があるだろうか．

45. 演習　二酸化炭素6分子（6炭素原子）からグルコース1分子（これも6炭素原子）への変換を"正味の"反応というのはなぜか．

22.6　熱帯の植物による炭酸固定

46. 復習　熱帯植物における糖の合成はカルビン回路による糖の合成とどのように異なるか．

47. 復習　C_4 植物の光合成は C_3 植物の光合成とどのように異なるか．

48. 復習　光（こう）呼吸とは何か．

49. 演習　熱帯植物にとって，炭酸固定に C_3 回路より C_4 回路を用いるほうが有利なのはなぜか．

50. 演習　もし光呼吸が存在しなかったなら，植物にどのような影響があるだろうか．

ANNOTATED BIBLIOGRAPHY / 参 考 文 献

Bering, C. L. Energy Interconversions in Photosynthesis. *J. Chem. Ed.* **62**, 659–664 (1985). [A discussion of basic concepts of photosynthesis, concentrating on the light reactions and photosystems.]

Bishop, M. B., and C. B. Bishop. Photosynthesis and Carbon Dioxide Fixation. *J. Chem. Ed.* **64**, 302–305 (1987). [Concentrates on the Calvin cycle.]

Danks, S. M., E. H. Evans, and P. A. Whittaker. *Photosynthetic Systems: Structure, Function, and Assembly.* New York: Wiley, 1983. [A short book with excellent electron micrographs of chloroplasts and related structures in Chapter 1.]

Deisenhofer, J., and H. Michel. The Photosynthetic Reaction Center from the Purple Bacterium *Rhodopseudomonas viridis. Science* **245**, 1463–1473 (1989). [The authors' Nobel Prize address describing their work on the structure of the reaction center.]

Deisenhofer, J., H. Michel, and R. Huber. The Structural Basis of Photosynthetic Light Reactions in Bacteria. *Trends Biochem. Sci.* **10**, 243–248 (1985). [A discussion of the photosynthetic reaction center in bacteria.]

Dennis, D. T. *The Biochemistry of Energy Utilization in Plants.* New York: Chapman and Hall, 1987. [A short book on plant biochemistry.]

Govindjee and W. J. Coleman. How Plants Make Oxygen. *Sci. Amer.* **262** (2), 50–58 (1990). [Focuses on the water-oxidizing apparatus of photosystem II.]

Halliwell, B. *Chloroplast Metabolism: The Structure and Function of Chloroplasts in Green Leaf Cells.* New York: Oxford Univ. Press, 1981. [A detailed description of chloroplast activity.]

Hathway, D. *Molecular Mechanisms of Herbicide Selectivity.* New York: Oxford Univ. Press, 1989. [A short book primarily devoted to the differences in enzyme activity in weeds and desirable plants.]

Haumann, M., P. Liebisch, C. Muller, M. Barra, M. Grabolle, and H. Dau. Photosynthetic O_2 Formation by Time-Resolved X-Ray Experiments. *Science* **310**, 1019–1021 (2007). [Experimental observation of the oxygen-producing state and possible intermediates in oxygen evolution.]

Hipkins, M. F., and N. R. Baker, eds. *Photosynthesis: Energy Transduction: A Practical Approach.* Oxford, England: IRL Press, 1986. [A collection of articles about research methods used to study photosynthesis.]

Karplus, P., M. Daniels, and J. Herriott. Atomic Structure of Ferredoxin-NADP$^+$ Reductase: Prototype for a Structurally Novel Flavoenzyme Family. *Science* **251**, 60–66 (1991). [The structure of a key enzyme involved in nitrogen and sulfur metabolism, as well as in photosynthesis.]

Koussevitzky, S., A. Nott, T. C. Mockler, F. Hong, G. Sachetto-Martins, M. Surpin, J. Lim, R. Mittler, and J. Chory. Signals from Chloroplasts Converge to Regulate Nuclear Gene Expression. *Science* **316**, 715–718 (2007). [A primary research article about how chloroplast and nuclear gene expression is coordinated.]

Margulis, L. *Early Life.* Boston: Science Books International, 1982. [Chapters 2 and 3 discuss the evolutionary development of photosynthesis.]

Youvan, D. C., and B. L. Marrs. Molecular Mechanisms of Photosynthesis. *Sci. Amer.* **256** (6), 42–48 (1987). [A detailed description of a bacterial photosynthetic reaction center and the molecular events that take place there.]

Zhang, D. Signaling to the Nucleus with a Loaded GUN. *Science* **316**, 700–701 (2007). [A prelude to the Koussevitzky article regarding coordination of nuclear and chloroplast gene expression.]

Zuber, H. Structure of Light-Harvesting Antenna Complexes of Photosynthetic Bacteria, Cyanobacteria and Red Algae. *Trends Biochem. Sci.* **11**, 414–419 (1986). [Concentrates on the protein portion of the photosynthetic reaction center.]

CHAPTER 23

窒素代謝

マメ科植物の根粒は、窒素固定において中心的な役割を果たしている.

概 要

- **23.1** 窒素代謝：その概観
- **23.2** 窒素固定
  - **23.2.1** 大気中の窒素は、どのようにして生物にとって有益な化合物に取り込まれるか
- **23.3** 窒素代謝におけるフィードバック阻害
- **23.4** アミノ酸の生合成
  - **23.4.1** アミノ酸の生合成に共通の特徴は何か
  - **23.4.2** アミノ酸の生合成においてアミノ基転移反応が重要なのはなぜか
  - **23.4.3** 1炭素転移の重要性は何か
- **23.5** 必須アミノ酸
- **23.6** アミノ酸の異化
  - **23.6.1** アミノ酸の分解で、その炭素骨格はどこへ行き着くか
  - **23.6.2** アミノ酸の分解における尿素回路の役割は何か
- **23.7** プリンの生合成
  - **23.7.1** イノシン一リン酸はどのようにしてAMPとGMPに変換されるか
  - **23.7.2** AMPとGMPの産生に必要なエネルギーはどのくらいか
- **23.8** プリンの異化
- **23.9** ピリミジンの生合成と異化
- **23.10** リボヌクレオチドのデオキシリボヌクレオチドへの変換
- **23.11** dUDPをdTTPに変換する反応

23.1 窒素代謝：その概観

これまでに，アミノ酸，ポルフィリン，ヌクレオチドなど，多くのタイプの窒素含有化合物の構造について説明してきたが，それらの代謝についてはまだ述べていない．すなわち，これまでに述べてきた代謝経路は，主に糖や脂肪酸など，炭素，水素，酸素の化合物に関連するものであった．したがって，ここでは窒素代謝について，重要なトピックを中心に考察を加える．まずその第一として重要なのが**窒素固定** nitrogen fixation，すなわち大気中の分子状無機性窒素（N_2）をまずアンモニアに，

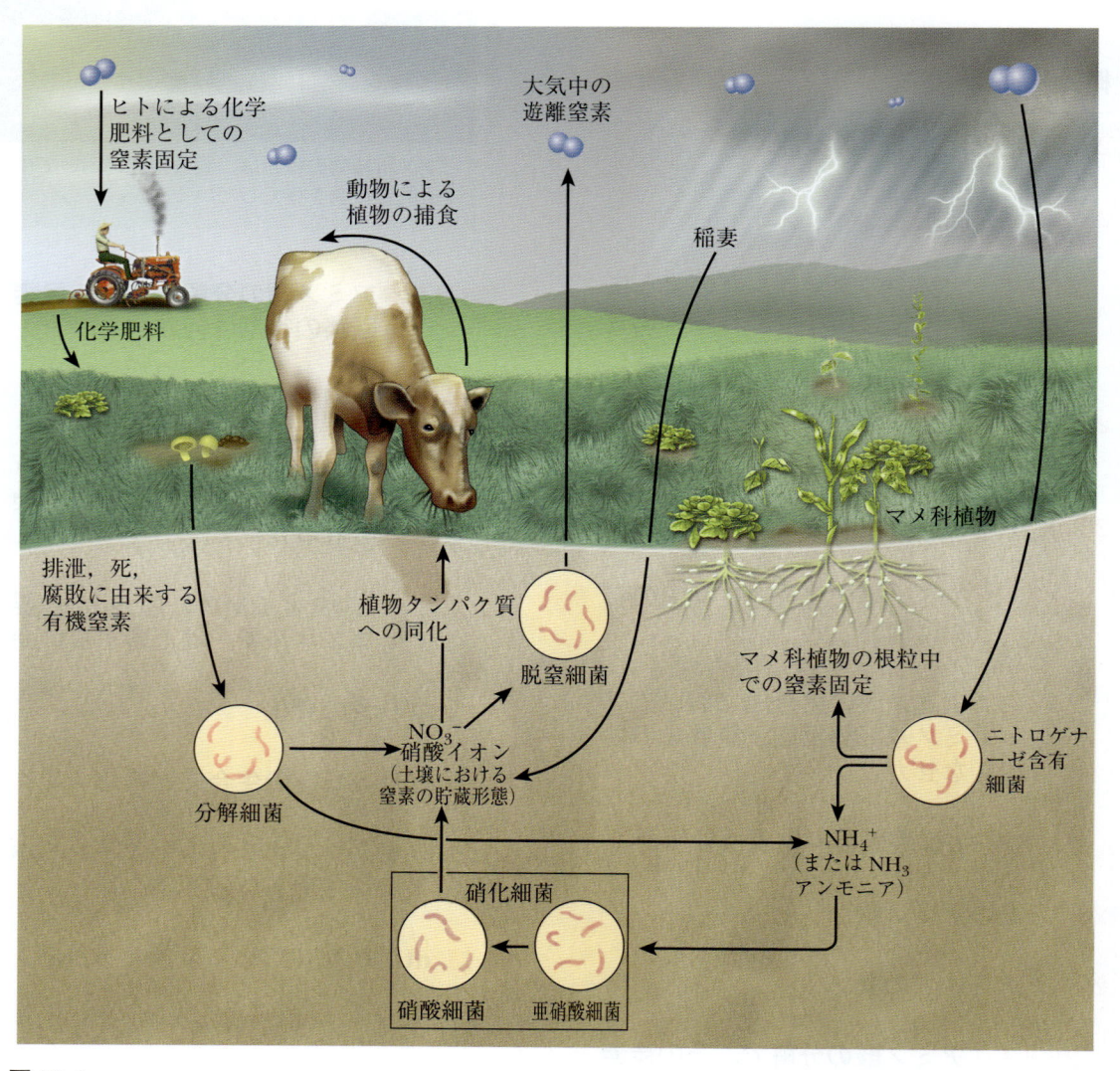

図 23.1

生物圏における窒素原子の流れ

そしてさらに生物が利用できるような有機化合物へと取り込むプロセスである．また，硝酸イオン（NO_3^-）はもう一種の無機性窒素で，土壌に見られる窒素の存在形態である．肥料などの多くは硝酸塩，特に硝酸カリウムを含むことが多い．**硝酸同化** nitrate assimilation のプロセス（硝酸をアンモニアまで還元すること）は生物が窒素を得るためのもう一つの方法である．硝酸イオンと亜硝酸イオン（NO_2^-）は**脱窒素** denitrification にも関与しており，窒素を大気へと戻す役割をもっている（図23.1）．

窒素固定もしくは硝酸同化の経路により生成したアンモニアは生物界の一員となる．まず，アンモニアは植物によって有機性窒素に変換される．そしてこの有機性窒素が，食物連鎖により動物に取り込まれる．最後には，尿素のような動物には不要な代謝老廃物となり排泄され，これが微生物によりアンモニアへと分解される．"アンモニア ammonia" という言葉は，北アフリカの寺院 temple of Jupiter Ammon で初めてラクダの糞から調製された塩化アンモニウム sal ammoniac に由来している．植物も動物も死んで腐敗するとアンモニアを遊離する．脱窒素を行うバクテリアは，アンモニアを硝酸へ変換する反応を行い，さらに NO_3^- を大気中の N_2 としてリサイクルする（図23.1）．

窒素代謝に関する項目には，アミノ酸 amino acid，プリン purine，およびピリミジン pyrimidine などの生合成と分解があり，またポルフィリン porphyrin の代謝もアミノ酸代謝に関連している．これらの代謝経路の多く，特に同化経路は長く複雑である．そこで，内容が膨大で細部にわたるような経路について説明する際には，最も重要な点に的を絞ることにする．特に，代謝全体の成り立ちや，他の項目にも深く関係するような興味深い反応に焦点を合わせて説明する．また，健康に関係するような点にも注意を払って述べることにする．

Sec. 23.1 要約

- 大気中の窒素（N_2）は反応性に富むわけではないので，アンモニアもしくは硝酸塩に変換されることにより，まず植物，さらには動物にとっても生物学的に利用可能な形となる必要がある．
- 生物圏の窒素化合物にはアミノ酸，プリン，ピリミジンなどがある．それらの生合成および分解の経路は長く複雑であるのが普通である．

23.2 窒素固定

N_2 をアンモニア（NH_3）へと還元する役割を担っているのが細菌である．典型的な窒素固定細菌は共生生物であり，ダイズやアルファルファ（ムラサキウマゴヤシ）などのマメ科植物の根に根粒を形成する．共生を営まない多くの微生物や，ある種のラン藻類も窒素を固定する．植物および動物は窒素固定を行うことができない．分子状窒素をアンモニアに変換するプロセスは，硝酸塩からくるものを除いては，生物界における唯一の窒素源となっている．NH_3 の共役酸であるアンモニウムイオン（NH_4^+）は，有機化合物の合成の第一段階で使われる窒素の形態である．ちなみに，窒素と水素から化学合成で得られた NH_3 は，肥料の多くを産生するための出発点となっている．これらの肥料には硝酸塩を含むものが多い．

23.2.1 大気中の窒素は，どのようにして生物にとって有益な化合物に取り込まれるか

窒素固定細菌中に存在する**ニトロゲナーゼ** nitrogenase 酵素複合体は，分子状窒素からアンモニアを生成する反応を触媒する．N_2 の還元にかかわる部分の反応（図 23.2A）は

$$N_2 + 8\,e^- + 16\,ATP + 10\,H^+ \longrightarrow 2\,NH_4^+ + 16\,ADP + 16\,P_i + H_2$$

である．この場合，6 電子が分子状の窒素を還元するのに用いられ，残りの 2 電子が水素イオンを H_2 に還元するのに用いられる．全体のニトロゲナーゼ反応は 8 電子還元反応である．

なお，生物の種類が異なれば電子を供給するために酸化される物質が異なるので，酸化反応も異なってくる．ニトロゲナーゼ複合体にはいくつかのタンパク質が含まれており，フェレドキシンもその一つである（このタンパク質は光合成における電子伝達にも重要な役割を果たしている；Sec. 22.3）．さらにニトロゲナーゼ反応に特有のタンパク質が 2 種存在する．一つは**ジニトロゲナーゼレダクターゼ** dinitrogenase reductase と呼ばれる鉄-硫黄（Fe-S）タンパク質で，もう一つが**ジニトロゲナーゼ** dinitrogenase と呼ばれる鉄-モリブデン（Fe-Mo）含有タンパク質である．電子は，フェレドキシンからジニトロゲナーゼレダクターゼ，ジニトロゲナーゼ，窒素へと流れる（図 23.2B）．このニトロゲナーゼ複合体の性質に関しては現在精力的に研究が行われている．特に X 線結晶構造解析による *Azotobacter vinelandii* の鉄含有タンパク質と鉄-モリブデン含有タンパク質の 3 次元構造が決定されたことにより，多くの重要なことが明らかとなった（図 23.3）．すなわち，この鉄含有タンパク質は二量体（"鉄の蝶々"）を形成しており，この蝶々の頭のような部分に鉄-硫黄クラスターが位置している．ジニトロゲナーゼのほうはもう少し複雑で，数種のサブユニットの四量体を形成している．フェレドキシン，ジニトロゲナーゼレダクターゼ，ジニトロゲナーゼは電子を 1 個ずつ伝

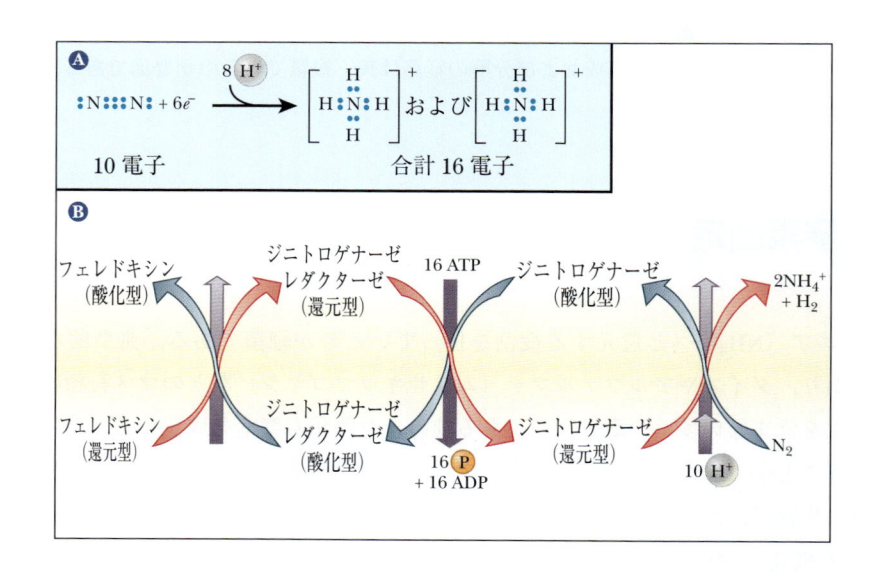

図 23.2

ニトロゲナーゼ反応のいくつかの側面
Ⓐ N_2 から 2 分子の NH_4^+ への還元．Ⓑ フェレドキシンから N_2 への電子の受け渡し．

達していくことができるように結びついており，最終的には N_2 を還元して $2NH_4^+$ を生成するのに必要な8電子の移動を行う．留意すべきは，窒素固定の反応が非常に多量のエネルギーを消費することである．マメ科植物の場合，光合成で得られた ATP の約半分が窒素固定に使われる．

身の周りに見られる生化学　植物科学

肥料中の窒素含量が重要なのはなぜか

合衆国における1エーカーあたりの農作物収穫量は，他の多くの国々よりも多い．その理由の一つとして，肥料，特に植物が容易に利用できる形で窒素を供給するような肥料を多量に使用していることが挙げられる．これにはアンモニアおよび硝酸のイオンが使用されている．アンモニアの場合には，これを溶かすための十分な水が土壌中に存在するならば，ガスをポンプで土中に送り込むことさえ可能である．

アンモニアは動物にとっては有毒であるので，アンモニアガスそのものを肥料として使うことができるということに驚く人も多い．植物は速やかにアンモニアを同化することができるが，通常それを行うチャンスは滅多にない．なぜならば，土壌の硝化細菌，特に *Nitrosomonas* と *Nitrobacter* により，アンモニアはまず亜硝酸に，さらに亜硝酸は硝酸へと速やかに変換されてしまうからである．最終産物である硝酸は容易にアンモニアへと再変換されうるが，この過程にはエネルギーが必要である．したがって，アンモニア肥料は特に早春の時期の発芽中の植物には有効である．すなわち，春の時期には通常，土壌はアンモニアを溶かすのに十分な湿気を含んでいるので，アンモニアは植物に到達することができるのである．早春の頃は日光の照射が十分ではないので，若い植物はクロロプラストが十分に発達するまでは，硝酸をアンモニアにまで戻すためのエネルギーを十分には得ることができない．しかし，幸運なことに上述のような土壌の条件下では，アンモニアは土壌細菌に邪魔されずに，直接植物に到達できるのである．

窒素固定に携わる酵素の遺伝子については活発に研究が行われているが，特に農作物に遺伝子を導入できないかどうかについては多くの研究が行われている．これが成功すれば，植物の成長や作物の収穫量を最大にするために必要な窒素肥料の量を節約することができるようになるだろう．

見過ごされることが多いのであるが，さらにもう2種の窒素固定の手段がある．一つは H_2 と N_2 から化学的にアンモニアを合成する方法で，その発見者であるドイツの化学者フリッツ・ハーバー Fritz Haber の名前をとってハーバー法と呼ばれている．この反応は化学肥料の生産にとって非常に重要であるとともに，現在，生物圏に存在する有機窒素のかなり多くの量がこれに由来している．窒素固定のもう一つは稲妻の作用によるものである．

窒素固定細菌はアルファルファの根に根粒を形成する．

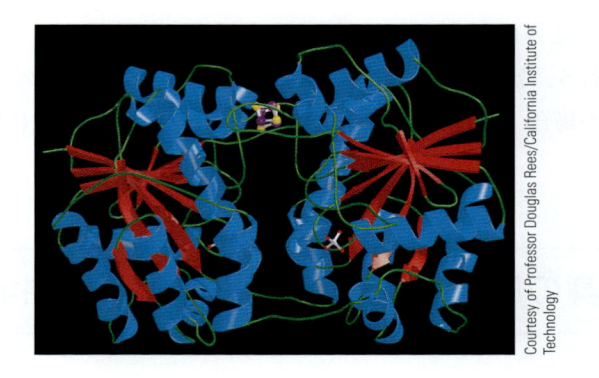

図 23.3
X線結晶構造解析による *Azotobacter vinelandii* の鉄含有タンパク質二量体の構造

> **Sec. 23.2 要約**
> ■ 窒素固定のプロセスを経て窒素は生物圏の一員となる．すなわち大気中の窒素が，共役酸であるアンモニウムイオンの形で，アンモニアに変換される．
> ■ マメ科植物の根粒に存在する酵素であるニトロゲナーゼは，窒素固定において決定的な役割をもつ反応を触媒する．

23.3 窒素代謝におけるフィードバック阻害

　アミノ酸および核酸の塩基（プリンとピリミジン）を生成する生合成経路は長く複雑であり，生物にとっては多くのエネルギーを投入しなければならないプロセスである．したがって，もしアミノ酸やヌクレオチドなどの最終産物が高濃度に存在する場合には，細胞はそれを合成しないことでエネルギーを節約することができる．しかし，そのためには細胞が特定の物質の合成にストップをかけるシグナルが必要となる．多くの場合，このシグナルとして**フィードバック阻害** feedback inhibition 機構が用いられ，その際に，代謝経路の最終産物が経路の最初の酵素を阻害する．Sec. 7.1 では，アロステリック酵素であるアスパラギン酸トランスカルバモイラーゼについて考察を加えたが，それがこのような調節機構の一つの例である．すなわち，この酵素はピリミジンヌクレオチド生合成の初期の段階の反応を触媒するが，経路の最終産物であるシチジン三リン酸（CTP）によりその反応が阻害される．フィードバック阻害は，アミノ酸やヌクレオチドの生合成の場には何度も登場する．アミノ酸生合成の鍵酵素の一つであるグルタミンシンテターゼの活性調節は，フィードバック阻害によるアロステリック調節のもう一つの最も重要な例である（図 23.4）．そこには九つのアロステリック阻害剤がかかわっている（グリシン，アラニン，セリン，ヒスチジン，トリプトファン，CTP，AMP，カルバモイルリン酸，およびグルコース 6 - リン酸）．
　グリシン，アラニン，およびセリンは細胞のアミノ酸代謝を知る手掛かりとなる指標である．それ以外の六つの化合物はグルタミンからの生合成経路の最終産物である．1 個の反応産物分子が，何百，何千もの反応産物分子をつくり出す酵素を阻害するのであるから，このフィードバック阻害は非常に効率が良いといえる．

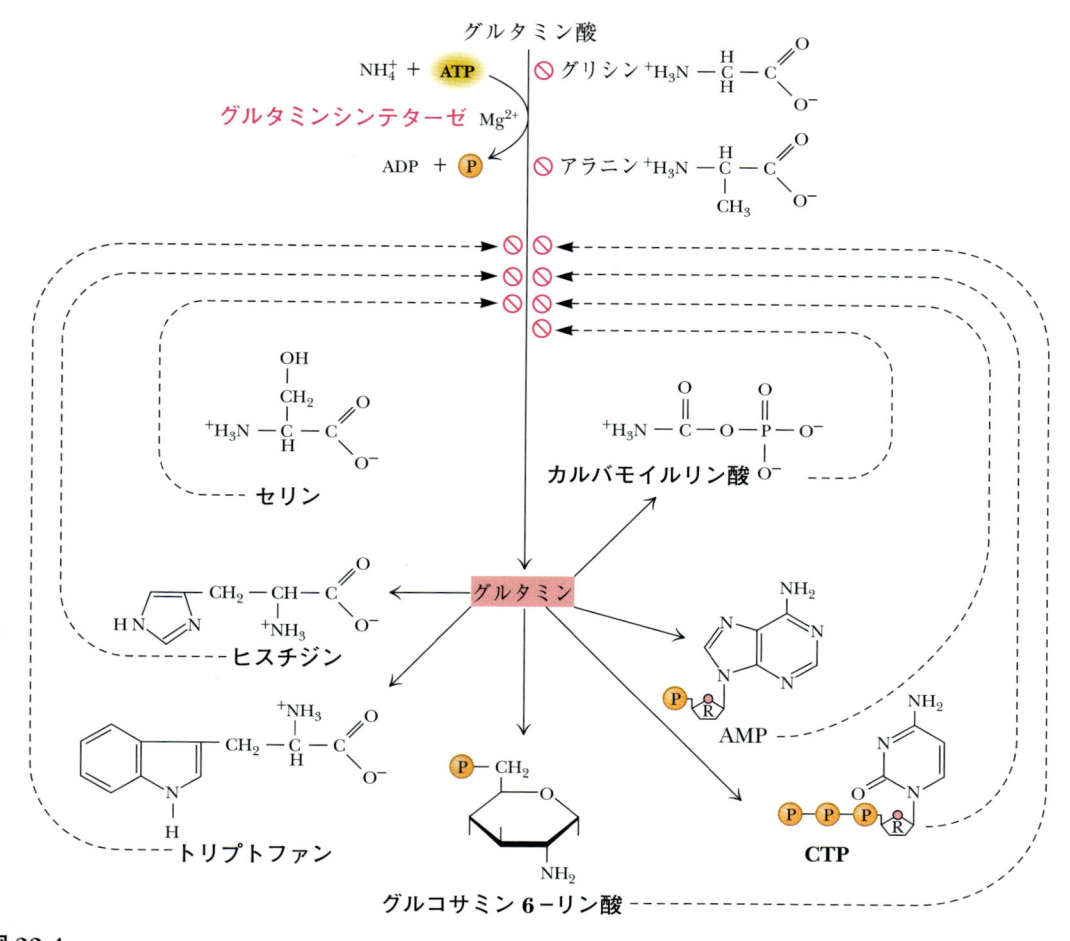

図 23.4
フィードバック阻害によるグルタミンシンテターゼ活性のアロステリック調節

> **Sec. 23.3 要約**
> ■多くの窒素含有化合物の生合成経路は長く複雑であるため，ある特定の化合物が必要でない場合には，その生合成経路を不活化することにより，生物はエネルギーを節約している．これはフィードバック阻害によってなされる場合が多い．

23.4 アミノ酸の生合成

アンモニアは，この章の初めに説明したように窒素固定反応で生成するが，高濃度では有毒なので，生物はこれを取り込んで有用な化合物に変換しなければならない．グルタミン酸とグルタミンは，その場合の中心的な役割を果たす重要なアミノ酸である．**グルタミン酸** glutamate は α-ケトグルタル酸から，そして**グルタミン** glutamine はグルタミン酸から作られる（図23.5）．グルタミン酸の生成

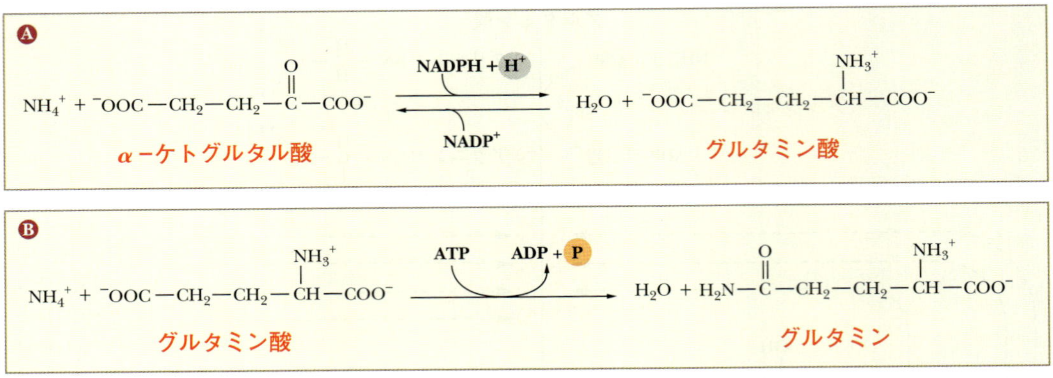

A

$NH_4^+ + {}^-OOC-CH_2-CH_2-\underset{\|}{\underset{O}{C}}-COO^- \xrightleftharpoons[NADP^+]{NADPH + H^+} H_2O + {}^-OOC-CH_2-CH_2-\underset{|}{\underset{NH_3^+}{CH}}-COO^-$

α-ケトグルタル酸　　　　　　　　　　　　　　　　　　　　　　　グルタミン酸

B

$NH_4^+ + {}^-OOC-CH_2-CH_2-\underset{|}{\underset{NH_3^+}{CH}}-COO^- \xrightleftharpoons[]{ATP \quad ADP + P} H_2O + H_2N-\underset{\|}{\underset{O}{C}}-CH_2-CH_2-\underset{|}{\underset{NH_3^+}{CH}}-COO^-$

グルタミン酸　　　　　　　　　　　　　　　　　　　　　　　　　　　グルタミン

図 23.5

グルタミン酸とグルタミンの生合成
Ⓐ α-ケトグルタル酸からのグルタミン酸の生成．Ⓑ グルタミン酸からのグルタミンの生成．

は還元的アミノ化反応，グルタミンの生成はアミド化反応により行われる．それ以外のアミノ酸の同化反応においては，グルタミン酸の α-アミノ基およびグルタミンの側鎖のアミノ基が，**アミノ基転移** transamination 反応により他の化合物に移される．

23.4.1　アミノ酸の生合成に共通の特徴は何か

　アミノ酸の生合成は，ある共通した反応の組合せにより行われる．アミノ基転移反応以外には，ホルミル基やメチル基などのような炭素1個の単位を転移する反応もよく登場する．ここでは，アミノ酸が生成する反応の詳細のすべてについて考察することは避けるつもりである．その代わりに，アミノ酸を共通の前駆体をもついくつかのファミリーに分けて説明する（図 23.6）．個々のアミノ酸ファミリーの反応の中には，アミノ基転移反応や一炭素転移反応など，一般に重要と考えられている反応の良い例となるものがある．

　アミノ酸代謝に関しては，アミノ酸の炭素骨格とクエン酸回路との関係，およびそれに関連するピルビン酸やアセチル CoA の反応との関係について概括する（図 23.7）．すなわちクエン酸回路は両方向性を示しており，異化と同化の両方の局面をもっている．そしてアミノ酸の生合成に関しては，クエン酸回路の同化的な局面が重要となる．一方，異化的な局面はアミノ酸の分解反応と明らかに関係している．すなわち最終的にはアミノ酸は排出へと導かれるが，その際にはクエン酸回路に関連した反応が用いられる．

図 23.6

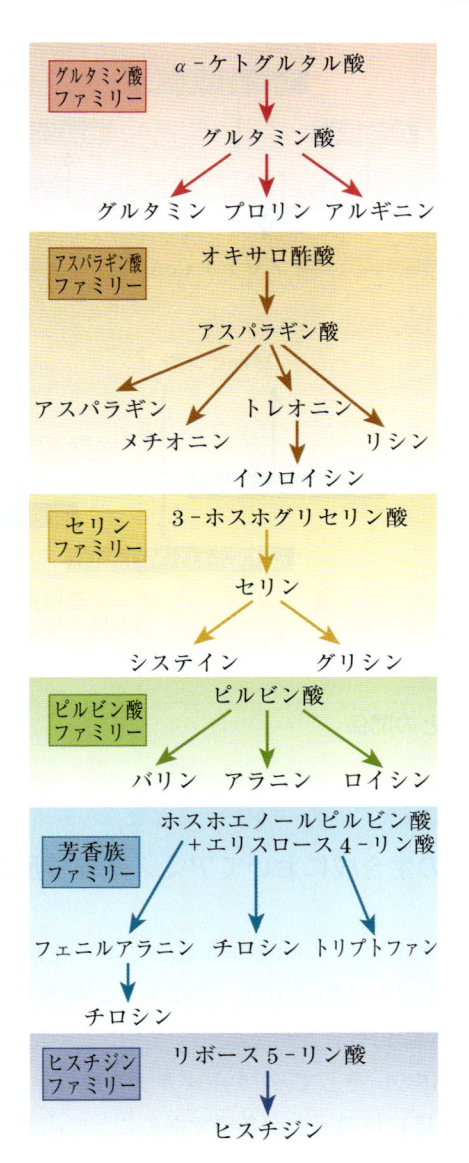

```
グルタミン酸        α-ケトグルタル酸
ファミリー              ↓
                   グルタミン酸
                  ↙    ↓    ↘
              グルタミン プロリン アルギニン

アスパラギン酸      オキサロ酢酸
ファミリー              ↓
                  アスパラギン酸
                ↙    ↓    ↘
           アスパラギン  トレオニン  リシン
                 メチオニン
                     ↓
                  イソロイシン

セリン          3-ホスホグリセリン酸
ファミリー              ↓
                     セリン
                    ↙    ↘
                システイン  グリシン

ピルビン酸          ピルビン酸
ファミリー         ↙    ↓    ↘
                バリン  アラニン  ロイシン

芳香族       ホスホエノールピルビン酸
ファミリー    +エリスロース4-リン酸
             ↙      ↓      ↘
        フェニルアラニン チロシン トリプトファン
             ↓
           チロシン

ヒスチジン        リボース5-リン酸
ファミリー              ↓
                   ヒスチジン
```

生合成経路に基づいて分類したアミノ酸のファミリー
各々のファミリー内では1個の共通な前駆体が用いられている．

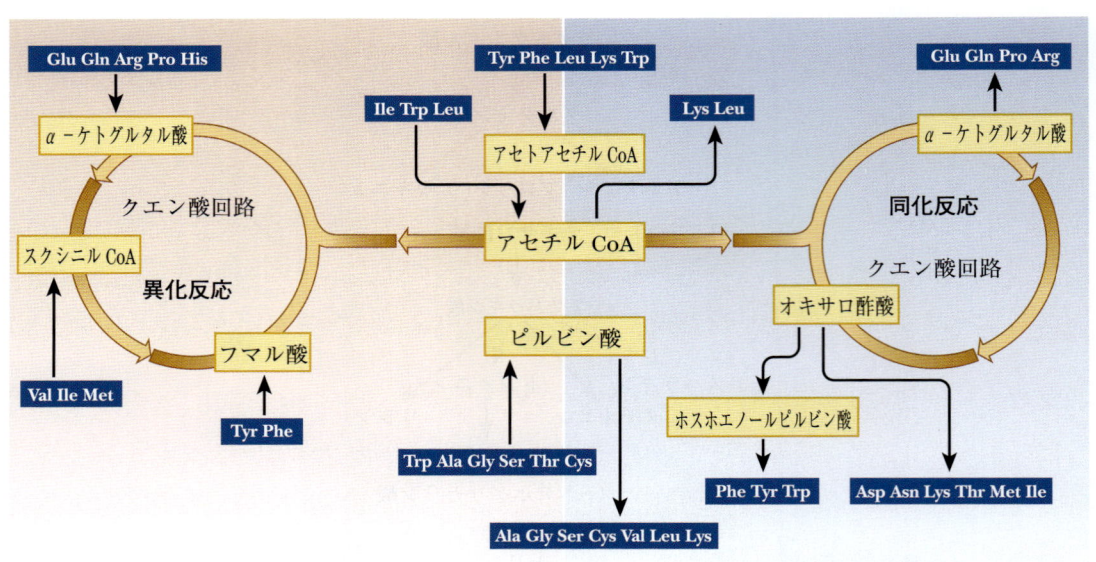

図 23.7
アミノ酸の代謝とクエン酸回路との関係

23.4.2　アミノ酸の生合成においてアミノ基転移反応が重要なのはなぜか

　グルタミン酸は NH_4^+ と α-ケトグルタル酸の還元的アミノ化反応により生成し，その際には NADPH が必要である．この反応は可逆的であり，**グルタミン酸デヒドロゲナーゼ** glutamate dehydrogenase（GDH）により触媒される．

　グルタミン酸はアミノ基供与体の，そして α-ケトグルタル酸はアミノ基受容体のそれぞれ代表例である（図 23.5A 参照）．この反応には還元力が必要であることに注意して欲しい．

$$NH_4^+ + α\text{-ケトグルタル酸} + NADPH + H^+ \longrightarrow \text{グルタミン酸} + NADP^+ + H_2O$$

　グルタミン酸をグルタミンに変換する反応は ATP 要求性であり，**グルタミンシンテターゼ** glutamine synthetase（GS）により触媒される（図 23.5B 参照）．

$$NH_4^+ + \text{グルタミン酸} + ATP \longrightarrow \text{グルタミン} + ADP + P_i + H_2O$$

　これらの反応により無機性窒素（NH_3）が固定されて，アミノ酸のような有機性（炭素含有）窒素化合物が生成するのであるが，この順序のとおりにはいかない場合も多い．実際，窒素源が特に豊富に得られるような生物は確かに，ほとんどの場合に上述のような GDH と GS の共同作業によってアンモニアを同化して有機化合物をつくっている．しかし，一般に植物においては窒素源が不足することが多く，そういう場合の窒素同化においては，GS 反応における K_M 値が GDH と比べてかなり小さいため，グルタミン酸からグルタミンへの反応のほうが優先してしまうことになる．すなわち，何らか

の方法で補充しない限りグルタミン酸が枯渇してしまうのである．こういう場合の補充に用いられるのが，グルタミンのアミド窒素を窒素源としてα-ケトグルタル酸を還元的にアミノ化する反応である．

還元性物質 ＋ α-ケトグルタル酸 ＋ グルタミン ⟶ 2グルタミン酸 ＋ 酸化された還元性物質

還元性物質としてはNADH，NADPH（酵母や細菌の場合）や還元型フェレドキシン（植物の場合）が用いられる．この反応を触媒する酵素はグルタミン酸シンターゼ glutamate synthase，もしくはグルタミン酸：オキソグルタル酸アミノトランスフェラーゼ（GOGAT）と呼ばれる．植物にはGSとGOGATが複合体として存在し，窒素供給の不足に対処している．アミノ基転移反応を触媒する酵素

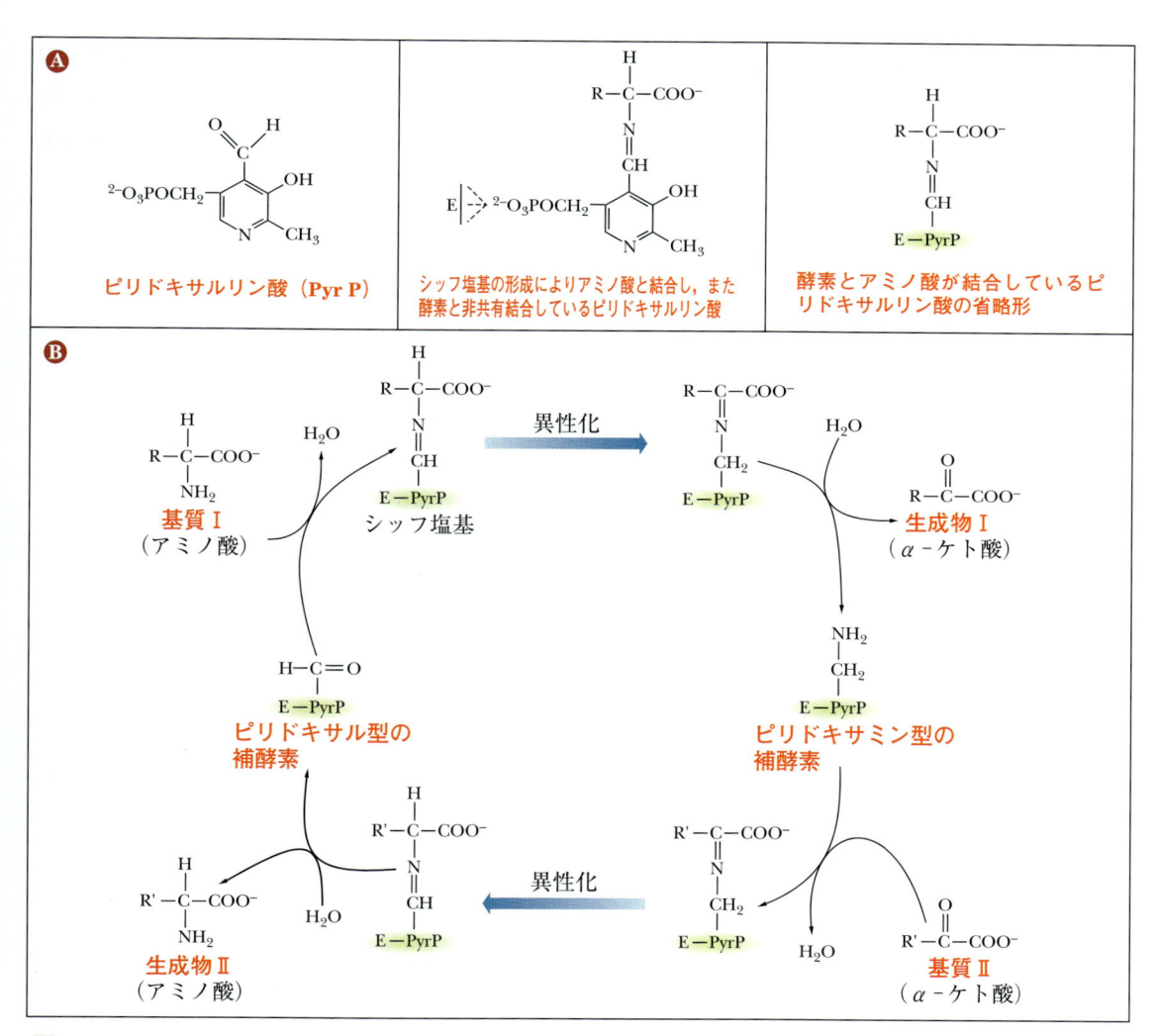

図 23.8

アミノ基転移反応におけるピリドキサルリン酸の役割
Ⓐ酵素（E）および基質のアミノ酸に対するピリドキサルリン酸（PyrP）の結合様式．Ⓑ実際の反応．最初の基質であるアミノ酸が脱アミノ化を受ける．そしてα-ケト酸がアミノ化されてアミノ酸となる．正味の反応はアミノ基転移反応である．補酵素が再生されることおよび最初の基質と最後の産物が共にアミノ酸であることに注意すること．

は，補酵素としてピリドキサルリン酸を必要とする（図23.8）．この化合物については，Sec. 7.8 で代表的な補酵素の例として説明したが，ここではその作用様式について述べることにする．

　ピリドキサルリン酸（PyrP）は基質Ⅰ（アミノ基供与体）のアミノ基と反応してシッフ塩基を形成する．次の段階で異性化，それに続いて加水分解が起こり，生成物Ⅰ（基質Ⅰに対応するα-ケト酸）が遊離する．そして補酵素はアミノ基を結合した形（ピリドキサミン）となる．次に基質Ⅱ（もう一方のα-ケト酸）がこのピリドキサミンとシッフ塩基を形成する．ここで再度，異性化に続く加水分解が起こり，生成物Ⅱ（アミノ酸）が生成してピリドキサルリン酸が再生する．正味の反応は，アミノ酸（基質Ⅰ）とα-ケト酸（基質Ⅱ）との反応によるα-ケト酸（生成物Ⅰ）とアミノ酸（生成物Ⅱ）の生成である．すなわち基質Ⅰから基質Ⅱへアミノ基が転移されて，生成物Ⅱのアミノ酸が生成する反応である．図23.9に，全体の反応を一般化して表した場合と特定の反応の場合を示す．ピリドキサル基は，基質と結合していない場合には酵素の活性中心のリシンのε-アミノ基にシッフ塩基を形成して結合している．ピリドキサルリン酸は他の反応にも広く利用されている補酵素で，例えば，脱炭酸反応，ラセミ化反応，後述のセリンからグリシンへの変換において登場するヒドロキシメチル基の転移反応などにも関与している．

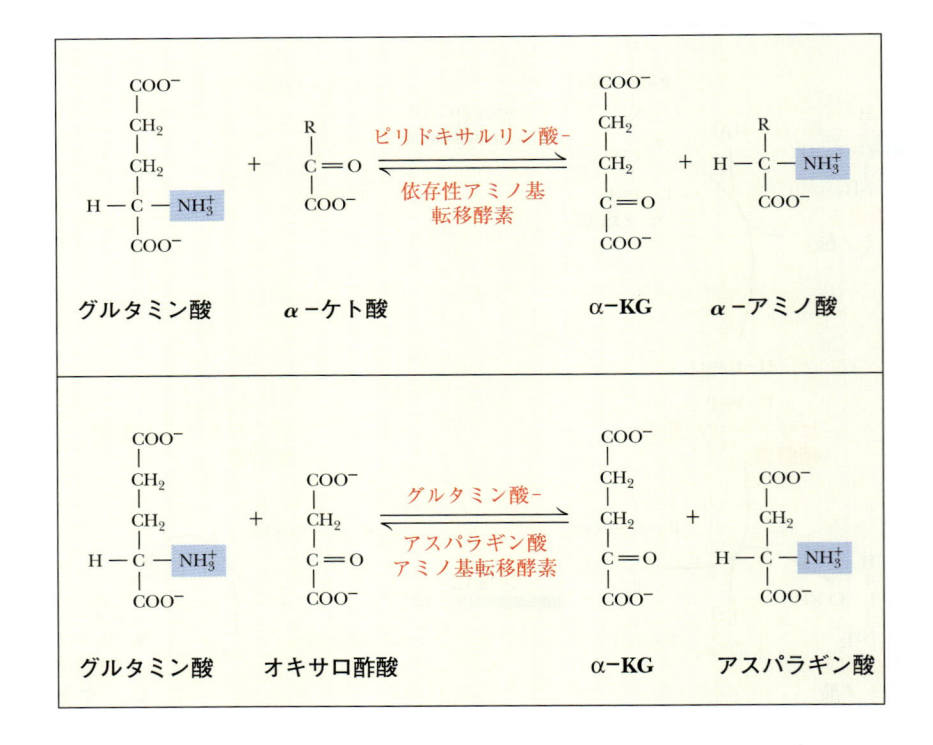

図 23.9

アミノ基転移反応は，あるアミノ酸のアミノ基を他のα-ケト酸に移す反応である
アミノ基の供与体と受容体の一方の組合せはグルタミン酸とα-ケトグルタル酸（α-KG）である．（上段）一般化して表した反応．（下段）もう一方のアミノ基の供与体と受容体の組合せが，それぞれアスパラギン酸とオキサロ酢酸である場合の例．

23.4.3　1炭素転移の重要性は何か

　アミノ酸の生合成においては，アミノ基転移反応とともに1炭素転移反応も頻繁に登場する．1炭素転移が起こる良い例として，セリンファミリーに属するアミノ酸の生成反応が挙げられる．このファミリーにはグリシンとシステインも含まれる．セリンとグリシン自身は他の生合成経路での前駆体となることも多い．なお後述のシステイン合成についての考察を読めば，窒素のみならずイオウの代謝についても理解を深めることができるはずである．

　セリン合成の出発前駆体は解糖系で生じる3-ホスホグリセリン酸である．まずその2位の炭素のヒドロキシ基がケト基へと酸化されてα-ケト酸となる．次にグルタミン酸をアミノ基供与体とするアミノ基転移反応が起こり，3-ホスホセリンとα-ケトグルタル酸が生成する．そしてリン酸基が加水分解を受けてセリンが生成する（図23.10）．

　セリンがグリシンに変換される際に，セリンからある種の受容体へ1炭素単位の転移が起こる．この反応は<u>セリンヒドロキシメチルトランスフェラーゼ</u> serine hydroxymethyltransferase により触媒され，その際にはピリドキサルリン酸が補酵素として働く．この反応における受容体は，葉酸の誘導体である**テトラヒドロ葉酸** tetrahydrofolate であり，多くの代謝経路中にしばしば登場する1炭素単位の運搬体である．その構造は三つの部分，すなわちプテリジン環，p-アミノ安息香酸，およびグルタミン酸からなる（図23.11）．葉酸は，もともと異常出産を防ぐのに必要な因子として同定されたビタミンで，現在ではすべての妊娠可能な年齢の女性にサプリメントとして推奨されている．また，50歳以上の男女の心臓疾患を防ぐ可能性も示されている．

$$\text{セリン} + \text{テトラヒドロ葉酸} \longrightarrow \text{グリシン} + \text{メチレンテトラヒドロ葉酸} + H_2O$$

この反応で転移された1炭素基は，テトラヒドロ葉酸と結合してN^5,N^{10}-メチレンテトラヒドロ葉酸となるが，その場合，メチレン基はこの運搬体の2か所の窒素と結合した形をしている（図23.12）．なお，テトラヒドロ葉酸のみが唯一の1炭素単位の運搬体なのではなく，既に学んだようにビオチンはCO_2の運搬体である．糖新生（Sec. 18.2）や脂肪酸の同化（Sec. 21.6）におけるビオチンの役割については以前に説明した．

　セリンからシステインへの変換の過程には興味深い反応が関与している．動物の硫黄源は，後述のとおり植物やバクテリアのものとは異なっている．植物やバクテリアにおいては，セリンはアセチル化されてO-アセチルセリンとなる．この反応は<u>セリンアシルトランスフェラーゼ</u> serine acyltransferase により触媒され，アセチル CoA がその際のアシル供与体となる（図23.13）．次のO-アセチルセリンをシステインに変換する反応に際しては，硫黄供与体による硫化物の生成が必要となる．その際，植物とバクテリアにおいては3'-ホスホ5'-アデニル硫酸が硫黄供与体で，その硫酸基はまず亜硫酸に，そして硫化物へと還元される（図23.14）．そして硫化物は共役酸 HS^- の形でO-アセチルセリンのアセチル基と置き換わる結果，システインが生成する．動物の場合は，今述べた硫酸から硫化物への変換にかかわる酵素をもっていないので，これとは異なった経路でセリンからシステインを生成する．すなわち動物における反応にはアミノ酸であるメチオニンが関与する．

　メチオニンは，バクテリアと植物においては，アスパラギン酸ファミリーでの反応により生成する

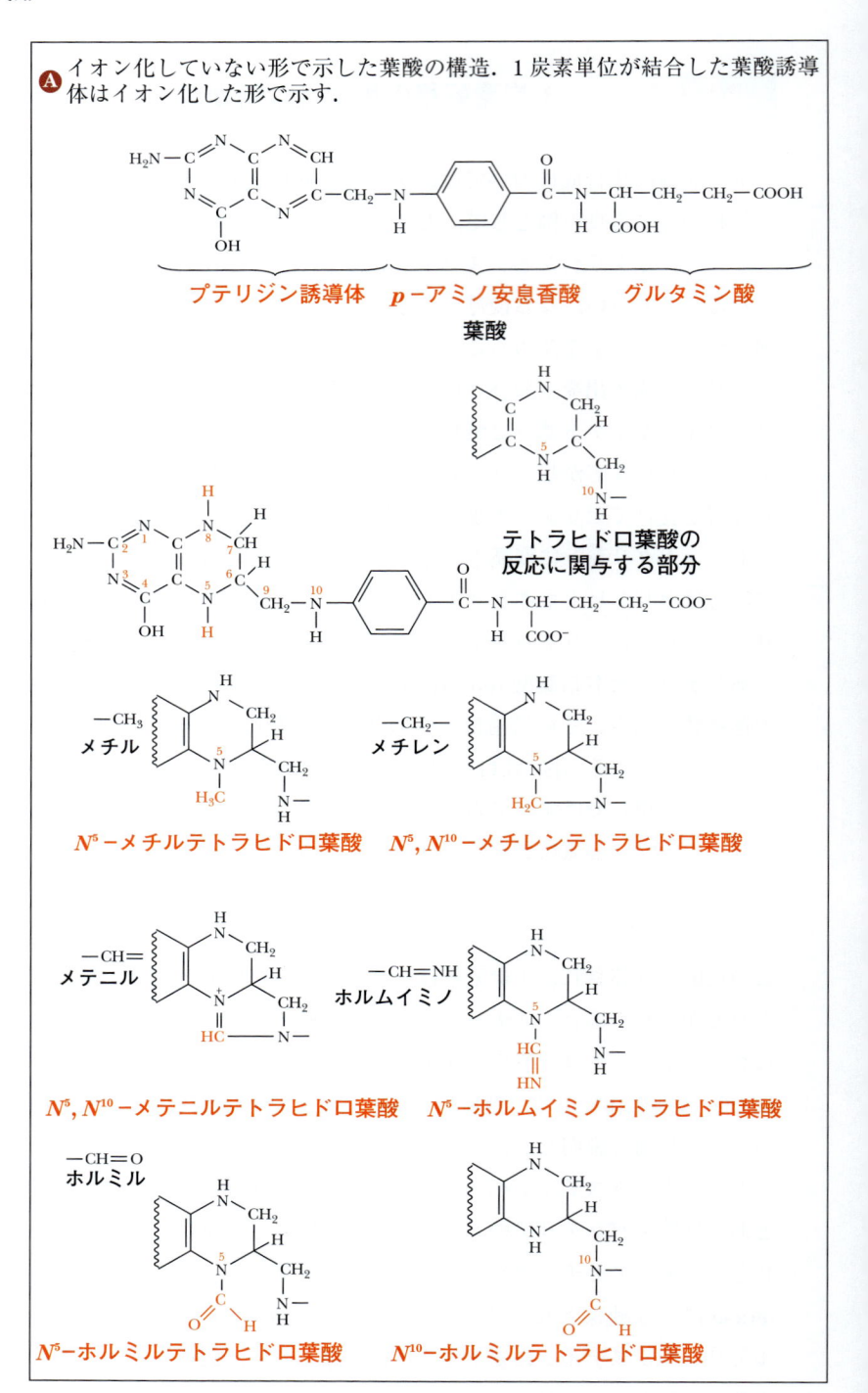

図 23.10
セリンの生合成

A イオン化していない形で示した葉酸の構造．1炭素単位が結合した葉酸誘導体はイオン化した形で示す．

プテリジン誘導体　p-アミノ安息香酸　グルタミン酸

葉酸

テトラヒドロ葉酸の反応に関与する部分

N^5-メチルテトラヒドロ葉酸　　N^5,N^{10}-メチレンテトラヒドロ葉酸

メチル　　メチレン

メテニル　　ホルムイミノ

N^5,N^{10}-メテニルテトラヒドロ葉酸　　N^5-ホルムイミノテトラヒドロ葉酸

ホルミル

N^5-ホルミルテトラヒドロ葉酸　　N^{10}-ホルミルテトラヒドロ葉酸

図 23.11
葉酸の構造と反応
Ⓐ イオン化していない形で示した葉酸の構造．Ⓑ 3種の異なった酸化状態（−2, 0, および 2）のどれかにある炭素をそれぞれ 1 個もつ 7 種の異なった葉酸中間体が，テトラヒドロ葉酸（THF）に 1 炭素単位を導入する反応でつながれている．
(T. Brody et al., in L. J. Machlin. *Handbook of Vitamins*. New York: Marcel Dekker, 1984 より)

（続く）

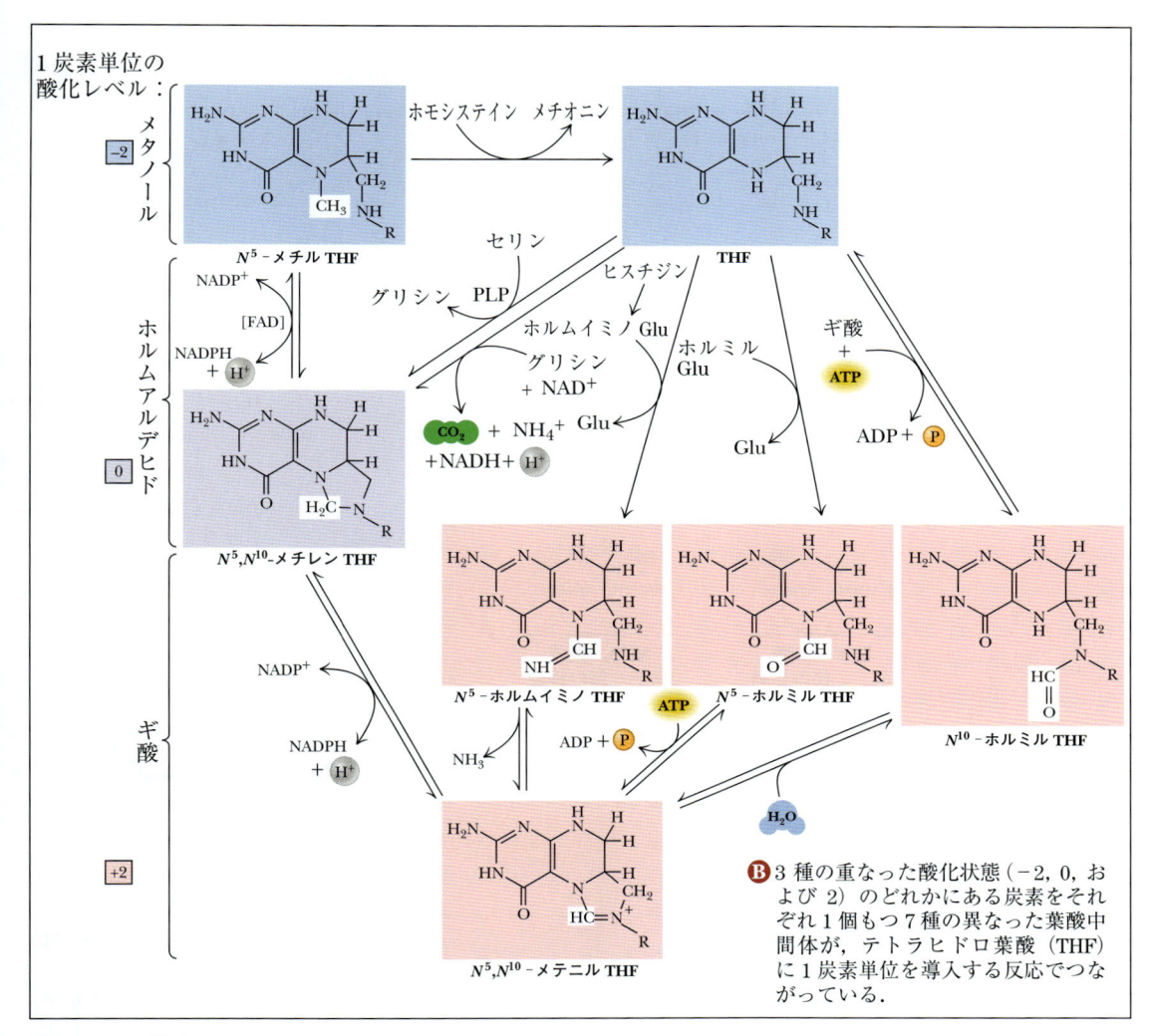

図 23.11　続き

B 3種の重なった酸化状態（-2, 0, および 2）のどれかにある炭素をそれぞれ1個もつ7種の異なる葉酸中間体が，テトラヒドロ葉酸（THF）に1炭素単位を導入する反応でつながっている．

図 23.12
セリンをグリシンに変換する反応とテトラヒドロ葉酸の役割

図 23.13
植物と細菌におけるシステインの生合成

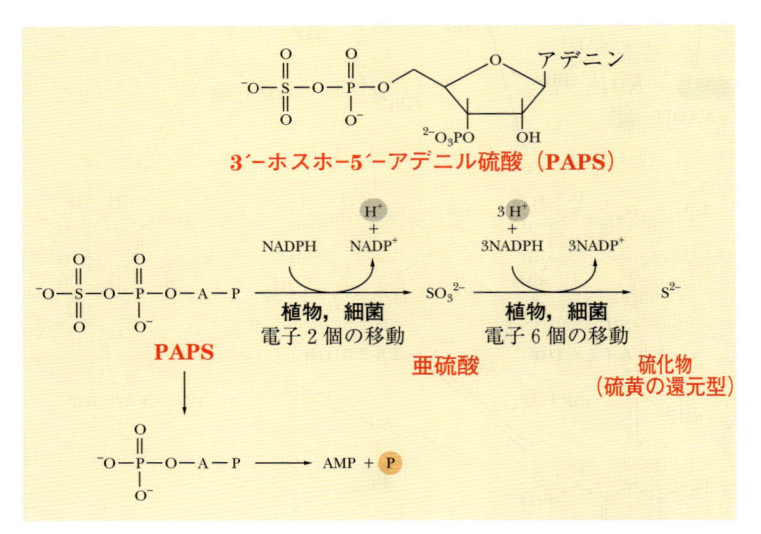

図 23.14
植物と細菌における硫黄の電子移動反応

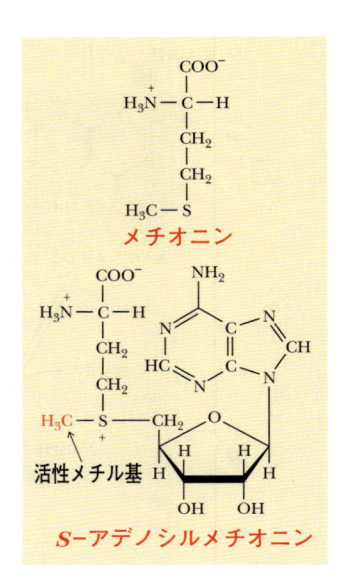

図 23.15
S-アデノシルメチオニン（SAM）の構造
比較としてメチオニンの構造も示す．

図 23.16
動物におけるシステインの生合成
Aは受容体を表す．

が，動物はこれを合成できないので，食事により摂取する必要がある．体内で合成することができないという理由から，このアミノ酸は**必須アミノ酸** essential amino acid と呼ばれている．摂取されたアミノ酸は ATP と反応して，極めて反応性の高いメチル基をもつ***S*-アデノシルメチオニン** *S*-adenosylmethionine（**SAM**）となる（図 23.15）．この化合物は多くの反応においてメチル基の運搬体として働いている．*S*-アデノシルメチオニンのメチル基の受容体は数多く存在するが，そのどれか一つにメチル基が移されてしまうことにより *S*-アデノシルホモシステインが生成する．次に，この *S*-アデノシルホモシステインが加水分解を受けるとホモシステインが生成する．このホモシステインとセリンからシステインが合成されるが，動物においては，これがシステインを生合成することができる唯一の経路である（図 23.16）．ここでは，まずセリンとホモシステインが反応してシスタチオニンとなり，これが加水分解を受けた結果，システイン，NH_4^+，および α-ケト酪酸が生成する．

ここで特に言及しておきたいことは，これまでに3種の重要な一炭素基運搬体が登場していることである．すなわち，それらは CO_2 の運搬体であるビオチン，メチレンとホルミル基の運搬体であるテトラヒドロ葉酸（FH_4），そしてメチル基の運搬体である *S*-アデノシルメチオニンである．

> **Sec. 23.4 要約**
> ■アミノ酸の生合成経路で最も重要な反応として，アミノ基転移反応と1炭素転移反応の二つがある．
> ■グルタミン酸およびグルタミンの2種のアミノ酸がアミノ基転移反応における最も代表的なアミノ基供与体である．
> ■1炭素基の運搬体にはビオチン，*S*-アデノシルメチオニン，葉酸誘導体などがある．

23.5 必須アミノ酸

タンパク質の生合成を行うためには，その構成アミノ酸がすべて存在していることが必要である．もし20種のアミノ酸の1種類でも欠けているか不足していれば，タンパク質の生合成は阻害されてしまう．大腸菌 *Escherichia coli* などのように，必要とするアミノ酸をすべて合成することができる生物もいくらか存在するが，その他の生物種においては，ヒトをはじめとして，ある種のアミノ酸を食事より摂取する必要がある．表 23.1 に，ヒトにとって必須のアミノ酸であるとされているものを挙げておく．これらのアミノ酸の中には，特に成長期の子供の場合のように，体内で合成することは可能であるが，十分に必要量を満たすことはできないものも含まれている．そのような，特に小児に必要とされているアミノ酸がアルギニンとヒスチジンである．アミノ酸は貯蔵されないので（タンパク質中のアミノ酸は除外する），定期的に必須アミノ酸を含む食事を摂取しなければならない．タンパク質が欠乏したとき，特に長期にわたって必須アミノ酸を含むタンパク質が欠乏した場合には，**クワシオルコル** kwashiorkor という病気になる．この病気の厄介な点は，単なる飢餓状態ではなく，身体自体のタンパク質の分解が起こるということであり，成長期の子供にとっては特に危険である．

表 23.1　ヒトにおけるアミノ酸の要求性

必須アミノ酸	非必須アミノ酸
アルギニン*	アラニン
ヒスチジン†	アスパラギン
イソロイシン	アスパラギン酸
ロイシン	システイン
リシン	グルタミン酸
メチオニン	グルタミン
フェニルアラニン	グリシン
トレオニン	プロリン
トリプトファン	セリン
バリン	チロシン

*哺乳動物はアルギニンを合成することができるが，その大部分を分解して尿素を生成する（Sec. 23.6）．
†幼児には必須であるが，大人には必要ではない．

Sec. 23.5 要約

- ある種のアミノ酸は，ヒトの体内では各種代謝に必要な量を満たすほどつくり出すことができない．これを必須アミノ酸と呼ぶ．
- 必須アミノ酸は食事により摂取しなければならない．

23.6　アミノ酸の異化

　アミノ酸の異化反応を考えるに際して，まず第一に触れなければならないのはアミノ基転移反応による窒素の除去である．このアミノ基転移反応はアミノ酸の同化においても重要な反応である．さらに，同化経路と異化経路が正確に逆反応の関係にあるというのではなく，また，両者がまったく同じ酵素群の働きで作動しているのでもないということを思い起こすことも，ここでは重要である．異化反応においては，元のアミノ酸のアミノ基の窒素がα-ケトグルタル酸に移されてグルタミン酸が生成し，あとには炭素骨格が残る．この炭素骨格と窒素が，その後どのような道筋をたどるかについては別々に説明することにする．

23.6.1　アミノ酸の分解で，その炭素骨格はどこへ行き着くか

　アミノ酸の炭素骨格の分解経路は一般に2種類あり，両者の違いは経路の最終産物のタイプに依存している．その一つは**糖原性** glucogenic アミノ酸で，これが分解するとピルビン酸かオキサロ酢酸となる．オキサロ酢酸は糖新生によるグルコース産生のための出発物質である．もう一つは**ケト原性** ketogenic アミノ酸で，これが分解するとアセチル CoA かアセトアセチル CoA となり，ケトン体の生成をもたらす（表 23.2 および Sec. 21.5 参照）．すなわち，アミノ酸の炭素骨格は，ピルビン酸，アセチル CoA，アセトアセチル CoA，α-ケトグルタル酸，スクシニル CoA，フマル酸，オキサロ酢酸などのような代謝中間体のもととなるが（図 23.7 参照），オキサロ酢酸はクエン酸回路と糖新生の両方に役割をもっているため，アミノ酸の炭素骨格の分解において特に重要な中間体と位置づけられ

表 23.2　糖原性およびケト原性アミノ酸

糖原性アミノ酸	ケト原性アミノ酸	糖原性かつケト原性のアミノ酸
アスパラギン酸	ロイシン	イソロイシン
アスパラギン	リシン	フェニルアラニン
アラニン		トリプトファン
グリシン		チロシン
セリン		
トレオニン		
システイン		
グルタミン酸		
グルタミン		
アルギニン		
プロリン		
ヒスチジン		
バリン		
メチオニン		

る．アセチル CoA やアセトアセチル CoA へと分解されるアミノ酸はクエン酸回路で利用されるが，哺乳動物の場合，アセチル CoA からグルコースを合成することはできない．このためアミノ酸は糖原性とケト原性とに区別されるのである．すなわち，糖原性のアミノ酸はオキサロ酢酸を中間体としてグルコースに変換されるが，ケト原性のアミノ酸はグルコースには変換されない．また，アミノ酸によっては複数の異化経路をたどるものがある．表 23.2 に"糖原性かつケト原性"としてリストしてある 4 種のアミノ酸がそれである．

余分な窒素の排泄

アミノ酸の窒素部分は，生合成のためばかりでなく，分解のためのアミノ基転移反応にも関与している．過剰の窒素は，アンモニア ammonia（アンモニウムイオンとして），尿素 urea，尿酸 uric acid の 3 種のうちのどれか一つの形で排泄される（図 23.17）．

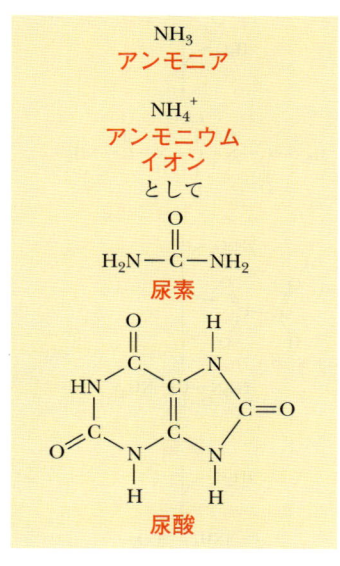

魚類のように水中に棲む動物は窒素をアンモニアとして排泄するが，その場合，アンモニアが体から取り除かれることのみならず，排泄されたアンモニアが外部の水によって急速に希釈されることも，高濃度のアンモニアの有毒な作用から身を守ることに役立っている．陸生生物の場合は，窒素代謝で生じる老廃物は主に尿素（水溶性化合物）である．この化合物が関与する反応はクエン酸回路と比較すると興味深い．鳥類の場合には窒素排泄は尿酸の形で行われるが，この物質は水には不溶である．すなわち，老廃物を廃棄するた

図 23.17
アミノ酸の異化反応で生成する窒素含有化合物

身の周りに見られる生化学　生理学

窒素代謝廃物の廃棄と水

　アンモニアガスはほとんどの生物にとっては有毒であり，通常，速やかに廃棄処理しなければならない．そして，もしその生物がどのくらいの量の水を利用できるかがわかれば，ある意味では，窒素代謝老廃物の廃棄のメカニズムはほとんど推定できてしまうといってもよい．例えば細菌や魚は"無限の"水が得られる環境に住んでいるので，アンモニアをただ単に外界の水に放出すればよい．そしてそれが，より原始的な生物によって利用されることになる．魚はトリメチルアミンを産生することもあるが，これも非常に水に溶けやすく，また特有の"魚臭さ"のもととなっている物質である．ほとんどの陸生生物は"無限の"水を得ることはできないが，哺乳動物の場合，膀胱をもっているので，適当量の水は確保できる状況にある．そこで，ほとんどの有毒物質は，水溶性の物質にし，尿を介して排泄するというのがその廃棄のメカニズムである．したがって，尿素が哺乳動物における窒素代謝の主要な副産物となっている．

　一方，爬虫類およびその他の砂漠に棲む動物は，通常それほど多くの水を利用することはできないし，また鳥類には，液体で満たされた膀胱のような重い器官を運ぶ余裕はない．

　したがってこれらの動物は尿素をつくらず，窒素代謝老廃物は，鳥が落とす糞でもお馴染みの，白い濃縮固体である尿酸（図23.17）に変換される．砂漠に棲むある種の哺乳動物，例えばカンガルーネズミなどは水はまったく飲まず，体内の代謝で生じる水に依存して生きているが，この動物もまた窒素代謝廃物の一部は尿酸に変換し，水が尿として使われてしまうのを防いでいる．

　尿酸はプリンの典型的な代謝廃物であるが，霊長類においてはその溶解度の低さが困った問題をもたらす．すなわち，尿酸が関節や手足に沈着することにより痛風を引き起こす（Sec. 23.8）．その他の哺乳動物では，尿酸は水溶性の非常に高いアラントインに変換されるので，このような問題は生じない．

カンガルーネズミは窒素代謝廃物の一部を尿酸に変換する．

尿酸の，アンモニアとCO_2への異化反応．

めに飛行の邪魔となる恐れがある余計な重さの水を運ぶ必要がないのである．

23.6.2　アミノ酸の分解における尿素回路の役割は何か

　窒素代謝の中心に位置する経路が**尿素回路** urea cycle である（図 23.18）．尿素回路に入る窒素にはいくつかの供給源がある．尿素分子の一つの窒素はミトコンドリアで供給されるが，その直接の前駆体はグルタミン酸である．そしてグルタミン酸デヒドロゲナーゼの作用によりアンモニアを放出するが，グルタミン酸のアンモニア性窒素はアミノ基転移反応を介して導入されるので，最終的には多くの供給源に由来していることになる．また，ミトコンドリアのグルタミナーゼも尿素回路に入るアンモニアを供給している．アンモニウムイオンは二酸化炭素と縮合して**カルバモイルリン酸** carbamoyl phosphate となるが，この反応にはカルバモイルリン酸 1 分子に対して 2 分子の ATP の加水分解が必要である．そしてカルバモイルリン酸は**オルニチン** ornithine と反応して**シトルリン** citrulline となる（ステップ 1）．シトルリンはその後サイトゾルに運ばれる．次に，アスパラギン酸がシトルリンと反応して**アルギニノコハク酸** argininosuccinate が生成するが，これも ATP 要求性の反応（反応生成物は AMP と PP$_i$ である；ステップ 2）で，その際にもう一つの窒素が尿素回路に入ってくる．すなわち，この一連の反応で生成する尿素のうちの 2 番目の窒素源はアスパラギン酸のアミノ基なのである．さらに，アルギニノコハク酸は開裂して**アルギニン** arginine と**フマル酸** fumarate とが生成する（ステップ 3）．最後にアルギニンが加水分解されて，尿素が生成するとともにオルニチンが再生され，これは再びミトコンドリアに運ばれる（ステップ 4）．尿素回路を別の視点から見れば，アルギニンは尿素の直接の前駆体であり，その反応の過程でオルニチンが生成すると考えることができる．この観点からすると，回路の残りの部分はオルニチンからのアルギニンの再生の過程である．

　フマル酸の合成のところで尿素回路とクエン酸回路とがつながっている．フマル酸は当然のことながらクエン酸回路の中間体であるので，オキサロ酢酸に変換される．そしてオキサロ酢酸は，アミノ基転移反応によりアスパラギン酸に変換されるので，ここでも両回路の接点が生じる（図 23.19）．このことは両経路が同一人物，すなわちハンス・クレブス Hans Krebs によって発見されていることからも理解できる．尿素回路では，4 個の高エネルギー結合の消費が必要とされるが，それはアスパラギン酸からアルギニノコハク酸への変換過程でピロリン酸が生成するからである．

　ヒトにおいては，例えば高タンパク質食を摂取したような場合に生じる余分な窒素を排泄するために尿素が合成される．そしてこの経路は肝臓にのみ存在している．尿素の直接の前駆体であるアルギニンは最も窒素含有量の高いアミノ酸であるが，その窒素の由来はさまざまであることに注意する必要がある．尿素回路における主要な調節点はミトコンドリアの酵素である**カルバモイルリン酸シンターゼ** carbamoyl-phosphate synthetase（CPS-I）であり，カルバモイルリン酸の生成反応のステップがこの経路で中心的な役割を果たしている．CPS-I は N-アセチルグルタミン酸によりアロステリ

図23.18

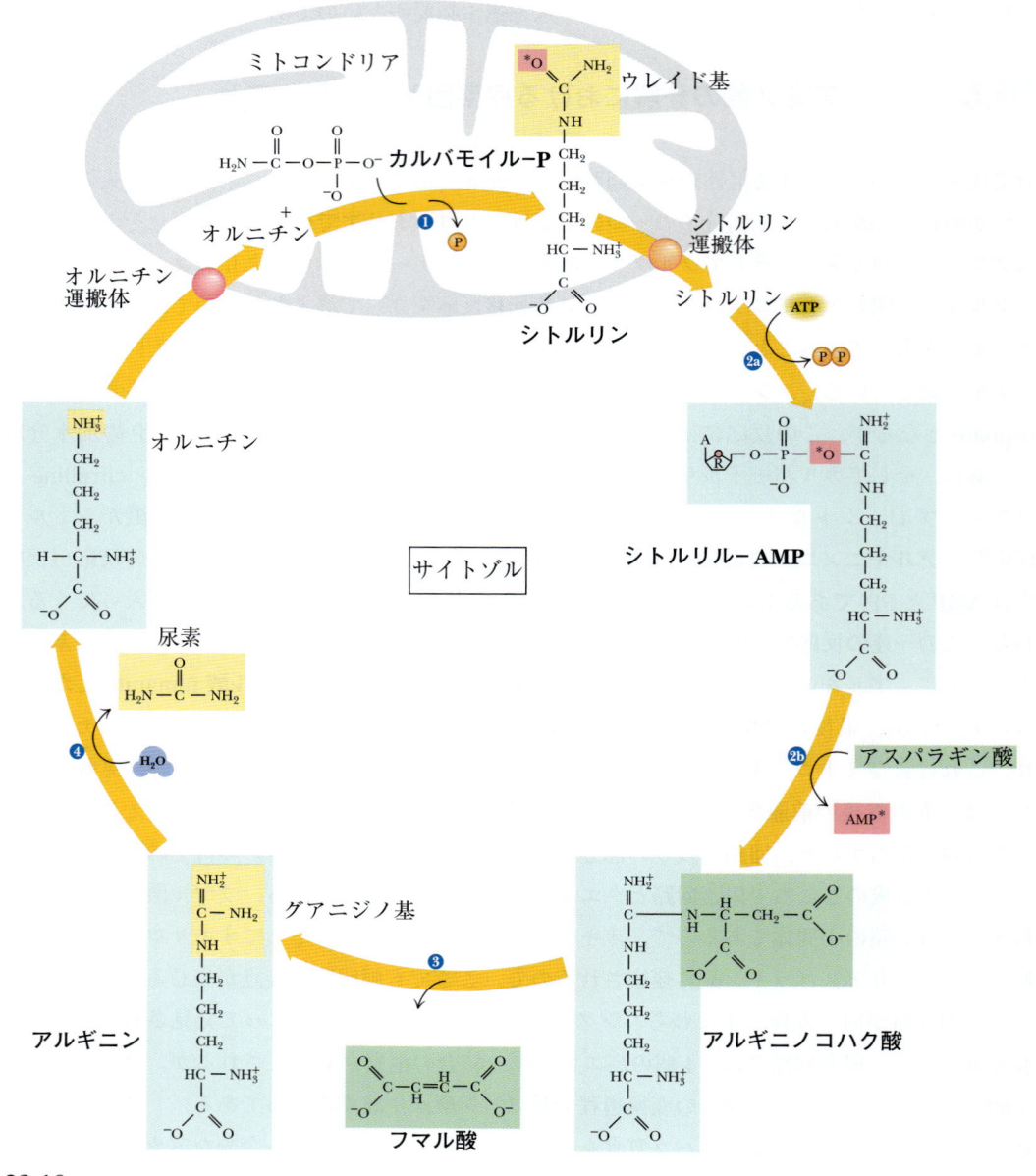

尿素回路における一連の反応

オルニチントランスカルバモイラーゼ（OTCアーゼ，反応1）により，カルバモイル-Pのカルバモイル基がオルニチンに移されてシトルリンが生じる．次にシトルリンのウレイド基がATPとの反応により活性化されてシトルリル-AMP中間体が生じ（反応2a），そのAMPがアスパラギン酸と置き換わるが，その際，アスパラギン酸はそのα-アミノ基を介してシトルリンの炭素骨格に結合する（反応2b）．反応2がこのように進行することは^{18}Oで標識したシトルリンを用いて確かめることができる．その場合，^{18}O標識（アスタリスク，*で示す）はAMPに回収される．すなわち，シトルリンとAMPはウレイド*O原子を介してつながっていることがわかる．この反応で生成するのがアルギニノコハク酸で，反応2の二つのステップを触媒するのがアルギニノコハク酸シンテターゼである．次のステップ（反応3）を司るのはアルギニノスクシナーゼで，アルギニノコハク酸からフマル酸を非加水分解的に除去してアルギニンを生成する反応を触媒する．アルギニンはアルギナーゼにより加水分解され（反応4），尿素とオルニチンが生成して尿素回路が完結する．

ックな活性化を受ける．

　N-アセチルグルタミン酸はグルタミン酸とアセチル CoA から生成するが，この反応は N-アセチルグルタミン酸シンターゼにより触媒される．この酵素はアルギニンの濃度が増加すると活性化される．アミノ酸の異化作用が活発な状況下では，グルタミンの分解，グルタミン酸デヒドロゲナーゼによる合成，さらにはアミノ基転移などの反応によりグルタミン酸が大量に生成することになるが，その結果，N-アセチルグルタミン酸が増加し，それにより尿素回路の活性は上昇する．また，タンパ

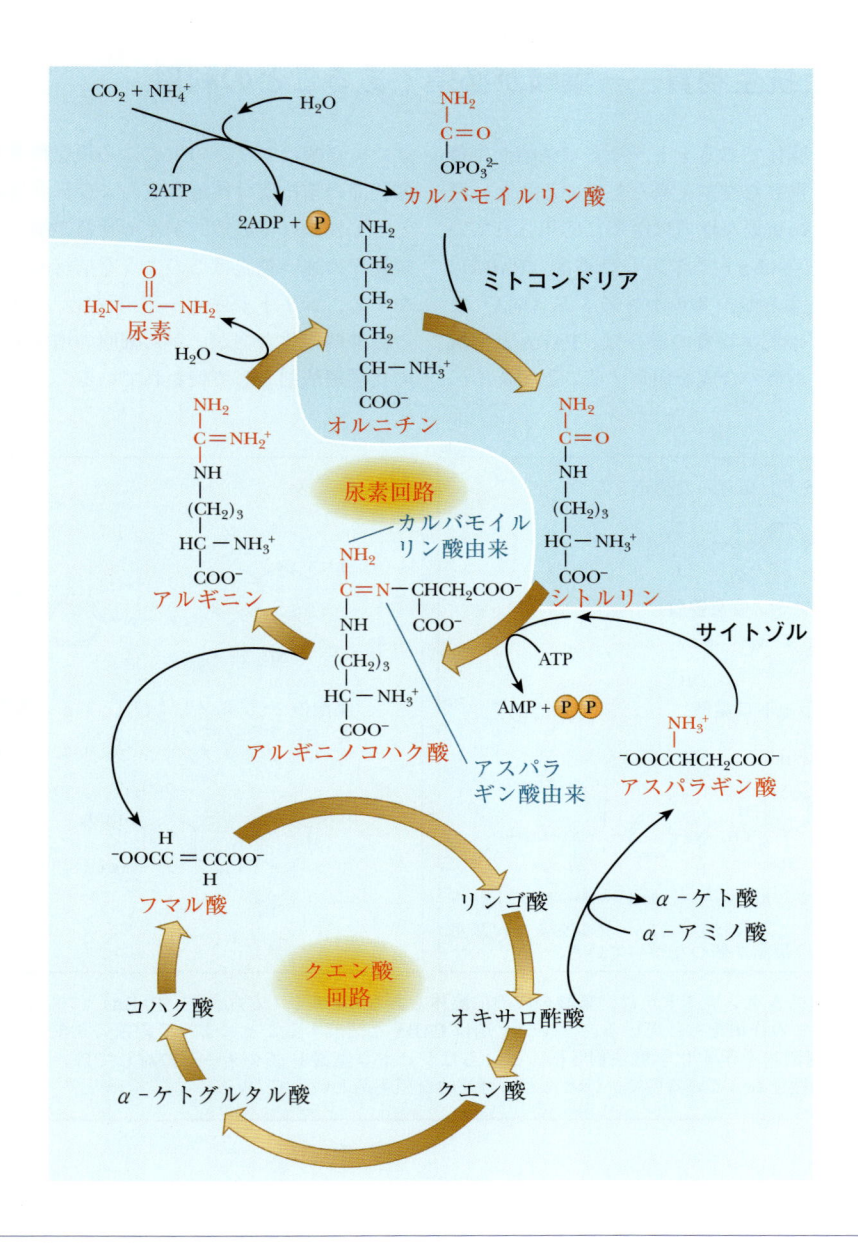

図 23.19

尿素回路およびその一部とクエン酸回路とのつながり
回路の一部の反応はミトコンドリアで起こり，残りはサイトゾルで起こる．フマル酸とアスパラギン酸はクエン酸回路と直接つながっている．すなわち，フマル酸はクエン酸回路の中間体であり，アスパラギン酸はクエン酸回路の中間体であるオキサロ酢酸からアミノ基転移反応により生成する．

ク質の異化反応が起こっている場合，あるいは CPS-I の活性が低いためにオルニチンが蓄積している場合，アルギニンが増加するので，これが N-アセチルグルタミン酸の合成を高め，その結果 CPS-I の活性を増加させる．

身の周りに見られる生化学　医学

化学療法と抗生物質──葉酸が必須であることの利用

　葉酸とその誘導体であるテトラヒドロ葉酸が生体の反応において重要な役割を果たしていることは既に述べたが，その重要な性質は医療に応用されている．例えば，細菌は p-アミノ安息香酸（PABA）から葉酸を合成するが，スルホンアミド（図A）と呼ばれるタイプの抗生物質の働きは，PABA と拮抗することにより葉酸の合成を阻害することである．

　また，葉酸はプリンの生成に必須な物質なので，葉酸代謝の拮抗薬は核酸合成および細胞増殖の阻害剤として使われている．がんや腫瘍の細胞のように分裂速度の速い細胞はこのような拮抗薬の作用を受けやすく，メトトレキセート（図B）など，いくつかの葉酸関連化合物が，がん細胞の増殖を抑えるための化学療法剤として使われている．

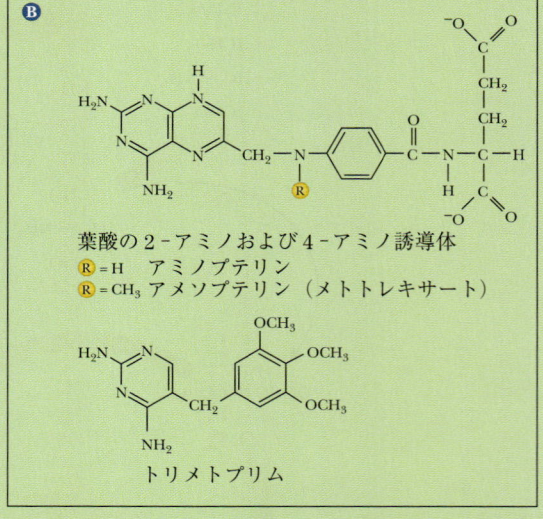

Ⓐ スルホンアミドは似通った構造をもつ．

PABA（p-アミノ安息香酸）

THF（テトラヒドロ葉酸）

6-メチルプテリン — PABA — グルタミン酸

ここにはさらに γ-グルタミル残基が最高 7 個つながっている．

Ⓑ

葉酸の 2-アミノおよび 4-アミノ誘導体
Ⓡ = H　　アミノプテリン
Ⓡ = CH$_3$　アメソプテリン（メトトレキサート）

トリメトプリム

Ⓐ サルファ剤（スルホンアミド）は，葉酸合成の前駆体である p-アミノ安息香酸（PABA）に構造が似ているため抗生物質としての作用をもっている．サルファ剤は PABA と拮抗することによって細菌の葉酸合成を停止させる．Ⓑ 葉酸代謝阻害を示す化学療法剤 3 種．これらはジヒドロ葉酸レダクターゼに対しては，ジヒドロ葉酸の 1000 倍もの親和性をもっているので，ほとんど不可逆的な阻害剤といってよい．

Sec. 23.6 要約

■ 炭素骨格は分解されて辿り着く先が2通り存在する．すなわち，ピルビン酸かオキサロ酢酸となって糖新生に使われるような炭素骨格がある一方，アセチル CoA かアセトアセチル CoA となって脂質のもととなる炭素骨格もある．

■ 尿素回路はクエン酸回路と連携しており，窒素代謝において中心的な役割を果たしている．この回路はアミノ酸の同化反応，異化反応の両方に関わっている．

23.7 プリンの生合成

ペントースリン酸回路においてリボース5-リン酸が生成することについては既に説明した（Sec. 18.4）．プリンおよびピリミジンヌクレオチドの生合成経路には，ここで生成したリボース5-リン酸が用いられる．プリンとピリミジンは互いに異なった方法で合成されるので，ここでは別々に解説する．

イノシン一リン酸の同化

プリンヌクレオチドの合成においては，リボースリン酸に対して環の生成反応系が作用し，プリン骨格が形成されていく．まず最初に5員環，続いて6員環が形成されて最終的にイノシン5′-一リン酸が生成する．プリン環の4個の窒素原子はすべてアミノ酸から導入されるが，その内の2個はグルタミン酸，1個はアスパラギン酸，そしてもう1個がグリシンに由来する．また5個の炭素原子も，その内の（グリシンに由来する窒素の隣の）2個はグリシンから導入され，もう2個はテトラヒドロ葉酸誘導体に，残りの1個は CO_2 に由来する（図23.20）．イノシン一リン酸（IMP）の生成に至るこの一連の反応は長く複雑である．

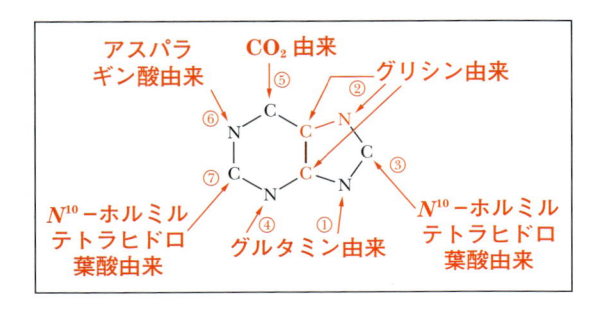

図 23.20
プリンヌクレオチドの生合成におけるプリン環原子の由来
図中の番号は，原子もしくは原子団が導入された順番を示す．

23.7.1　イノシン一リン酸はどのようにしてAMPとGMPに変換されるか

　IMPはAMP，GMP両方の前駆体である．IMPは2段階の反応でAMPに変換される（図23.21）．最初のステップはアスパラギン酸がIMPと反応してアデニロコハク酸を生成する反応である．この反応はアデニロコハク酸シンテターゼにより触媒されるが，その際にはATPではなくGTPがエネルギー源として必要とされる（ATPを使うと効率が悪いので）．次にアデニロコハク酸が開裂してフマル酸とAMPが生成するが，この反応はアデニロスクシナーゼ（アデニロコハク酸リアーゼとも呼ばれる）により触媒される．この酵素はIMPの6員環の合成にも関与している．

　IMPはGMPに変換される際にも2段階の反応を経由する（図23.21）．最初のステップでは，C-2の位置のC-H基が酸化されてケト基になる．反応の際の酸化剤はNAD$^+$，酵素はIMPデヒドロゲナーゼである．この酸化反応で生成するヌクレオチドはキサントシン5′-リン酸（XMP）である．次にXMPのC-2の位置のケト基がグルタミン酸の側鎖のアミノ基と置き換わってGMPが生成する．この反応はGMPシンテターゼにより触媒されるが，その際にATPがAMPとPP$_i$とに加水分解される．両プリンヌクレオチドの濃度比に対しては，ある種の調節が働いていることに注意する必要がある．すなわち，アデニンヌクレオチドの合成にはGTPが必要であるが，その一方でグアニンヌクレ

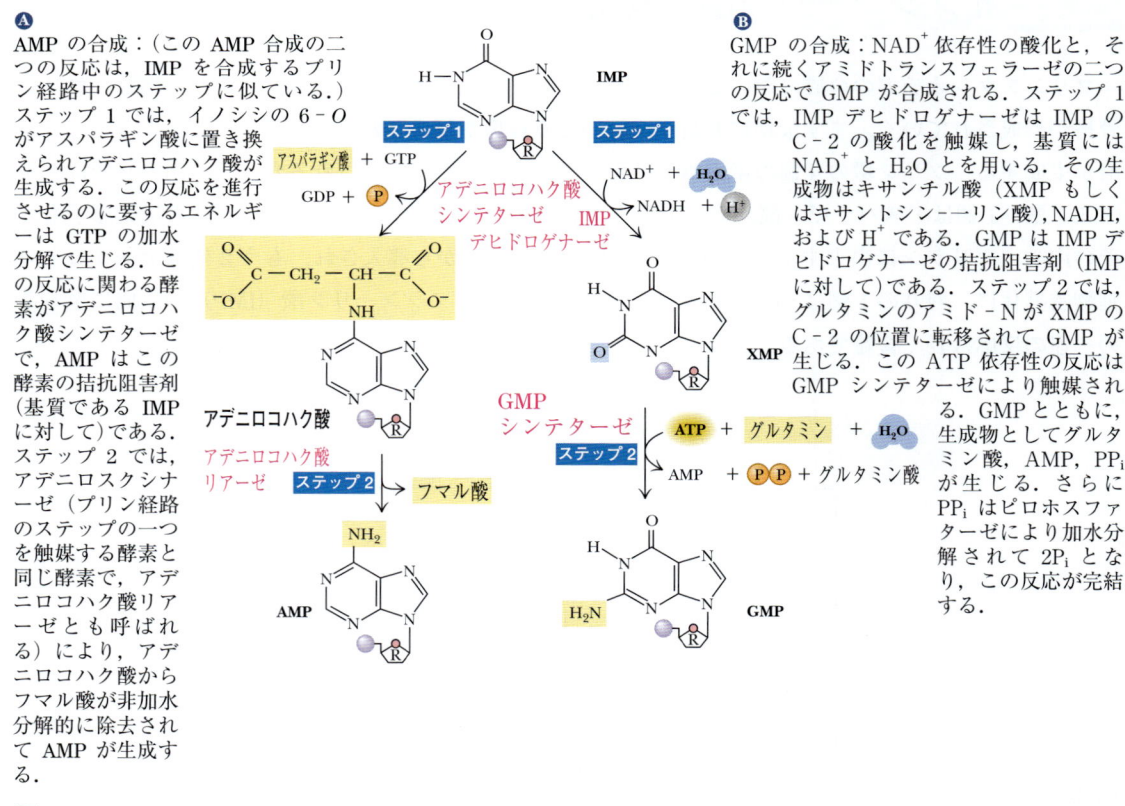

Ⓐ
AMPの合成：(このAMP合成の二つの反応は，IMPを合成するプリン経路中のステップに似ている．) ステップ1では，イノシシの6-Oがアスパラギン酸に置き換えられアデニロコハク酸が生成する．この反応を進行させるのに要するエネルギーはGTPの加水分解で生じる．この反応に関わる酵素がアデニロコハク酸シンテターゼで，AMPはこの酵素の拮抗阻害剤（基質であるIMPに対して）である．ステップ2では，アデニロスクシナーゼ（プリン経路のステップの一つを触媒する酵素と同じ酵素で，アデニロコハク酸リアーゼとも呼ばれる）により，アデニロコハク酸からフマル酸が非加水分解的に除去されてAMPが生成する．

Ⓑ
GMPの合成：NAD$^+$依存性の酸化と，それに続くアミドトランスフェラーゼの二つの反応でGMPが合成される．ステップ1では，IMPデヒドロゲナーゼはIMPのC-2の酸化を触媒し，基質にはNAD$^+$とH$_2$Oとを用いる．その生成物はキサンチル酸（XMPもしくはキサントシン一リン酸），NADH，およびH$^+$である．GMPはIMPデヒドロゲナーゼの拮抗阻害剤（IMPに対して）である．ステップ2では，グルタミンのアミド-NがXMPのC-2の位置に転移されてGMPが生じる．このATP依存性の反応はGMPシンテターゼにより触媒される．GMPとともに，生成物としてグルタミン酸，AMP，PP$_i$が生じる．さらにPP$_i$はピロホスファターゼにより加水分解されて2P$_i$となり，この反応が完結する．

図 23.21
IMPからのAMPとGMPの合成

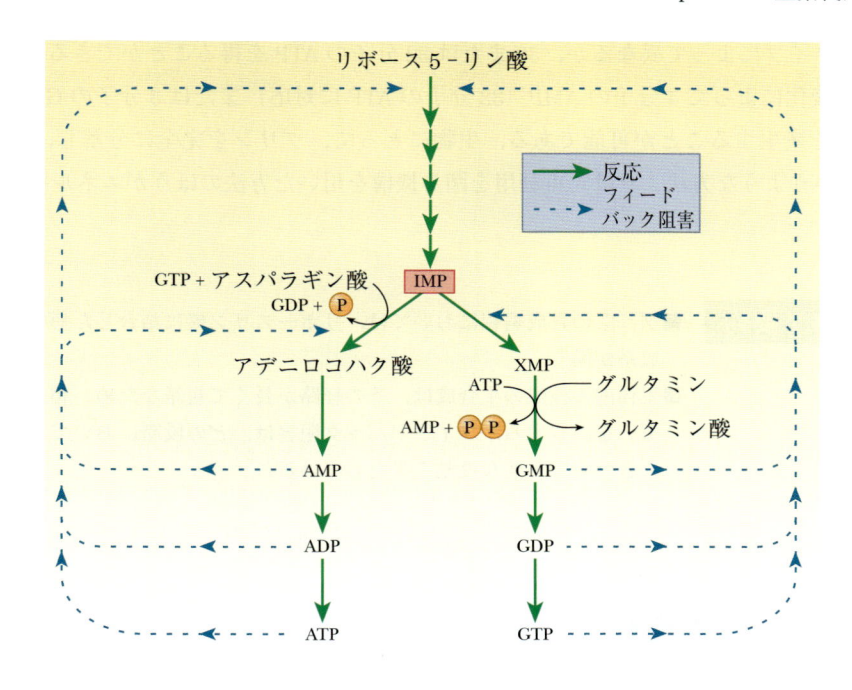

図 23.22

プリンヌクレオチドの生合成の調節におけるフィードバック阻害の役割

オチドの合成には ATP が要求されるため，各々のプリンヌクレオチドは，もう一方が合成されるためには，ある程度高濃度生成することが必要となる．

次にリン酸化反応が起こるとプリンヌクレオシド二リン酸（ADP と GDP）および三リン酸（ATP と GTP）が生成する．プリンヌクレオシド一リン酸，二リン酸，三リン酸はすべて，それ自身の合成の最初の段階の反応のフィードバック阻害剤である．また，AMP，ADP，ATP は IMP をアデニンヌクレオチドに変換する反応を阻害し，また GMP，GDP，GTP は IMP がキサンチル酸へ，そしてグアニンヌクレオチドへと変換される反応を阻害する（図 23.22）．

23.7.2　AMP と GMP の産生に必要なエネルギーはどのくらいか

リボース 5-リン酸から IMP を産生するには 7 当量の ATP が必要である（この章の終わりの参考文献中の Meyer らによる論文参照）．IMP を AMP に変換するためには，さらにもう 1 個の高エネルギー結合（この場合は GTP）の加水分解が必要である．したがって，リボース 5-リン酸から AMP を生成するには 8 当量の ATP が必要である．一方，IMP が GMP に変換される際には，ATP が AMP と PP_i とに加水分解される反応が起こるので，2 個の高エネルギー結合が必要である．したがって，リボース 5-リン酸から GMP を生成するには 9 当量の ATP が必要である．ところで，グルコースが嫌気的に酸化される際には，1 分子のグルコースから 2 分子の ATP しか産生されない（Sec. 17.1）．したがって，嫌気的生物は，1 分子の AMP を産生するためには 4 分子のグルコース（8 分子の ATP のもととなる），GMP の場合には 5 分子のグルコース（10 分子の ATP のもととなる）を必要とする．しかし，このプロセスは好気的生物の場合にはもっと効率が良い．好気的生物は 1 分子のグルコース

から，組織のタイプによって異なるが，30 または 32 分子の ATP を得ることができるので，1 分子の グルコースの酸化によって 4 分子の AMP（32 分子の ATP に対応）または 3 分子の GMP（36 分子の ATP に対応）を産生することが可能である．生物にとって，プリンを完全に分解し，また全く新たに合成するというような方法よりは，再利用を図る機構を用いた方法のほうがエネルギーの節約になる．

> **Sec. 23.7 要約**
> ■プリンの合成過程においては，リボースリン酸に結合した形でプリン環の生成系が働く．
> ■生体内の核酸の生合成は，その経路が長くて複雑なため，相当多くのエネルギーを消費する．フィードバック阻害は，どの段階においても，経路の調節にきわめて重要な役割を果たしている．

23.8 プリンの異化

プリンヌクレオチドは異化反応の過程でまずヌクレオシドへ，そして遊離の塩基へと加水分解された後，さらに分解を受ける．グアニンの場合，脱アミノ反応によりキサンチンが，そしてアデニンの脱アミノ化では，図 23.23A に示したヌクレオシド，イノシンの塩基部分に相当するヒポキサンチンが生成する．ヒポキサンチンは酸化されるとキサンチンになるので，キサンチンはアデニンとグアニン両方に共通の分解産物であるといえる．キサンチンは次に酸化されて**尿酸** uric acid となる（Sec. 23.6）．鳥類，一部の爬虫類，昆虫において，またダルメシアン種のイヌと霊長類（ヒトも含む）においては，尿酸がプリン代謝の最終産物であり，体外に排出される．それ以外の哺乳動物を含む他のすべての陸生動物においてはアラントインが生成し排出される．一方，魚類においてはアラントイン酸が生成する．微生物や両生類の一部においては，図 23.23B に示すように，アラントイン酸はさらにグリオキシル酸と尿素にまで分解される．**痛風** gout は尿酸の過剰産生により起こるヒトの病気である．すなわち水にほとんど溶けない尿酸の沈殿が，手や足の関節に沈着してしまうのである．アロプリノール allopurinol は痛風の治療に使用される化合物で，ヒポキサンチンがキサンチンに，またキサンチンが尿酸に分解される反応を阻害して尿酸の沈殿が蓄積するのを防止する．

アロプリノールは痛風の治療に使用される化合物である．

プリン塩基の合成に必要なエネルギー量を考えればわかるように，プリンヌクレオチドの代謝においては**再利用経路（サルベージ経路）** salvage reaction が重要である．ヌクレオチドの開裂により生

じた遊離プリン塩基は，ホスホリボシルピロリン酸（PRPP）と反応することにより，もとのヌクレオチドに変換する．PRPP は，ATP のリン酸基がリボース 5-リン酸に転移されて生成する（図 23.24）．

再利用経路の反応は，プリン環に対する特異性が異なる 2 種の別々の酵素により触媒される．すなわち，

$$\text{アデニン} + \text{PRPP} \longrightarrow \text{AMP} + \text{PP}_i$$

の反応はアデニンホスホリボシルトランスフェラーゼにより触媒され，グアニンとヒポキサンチンに

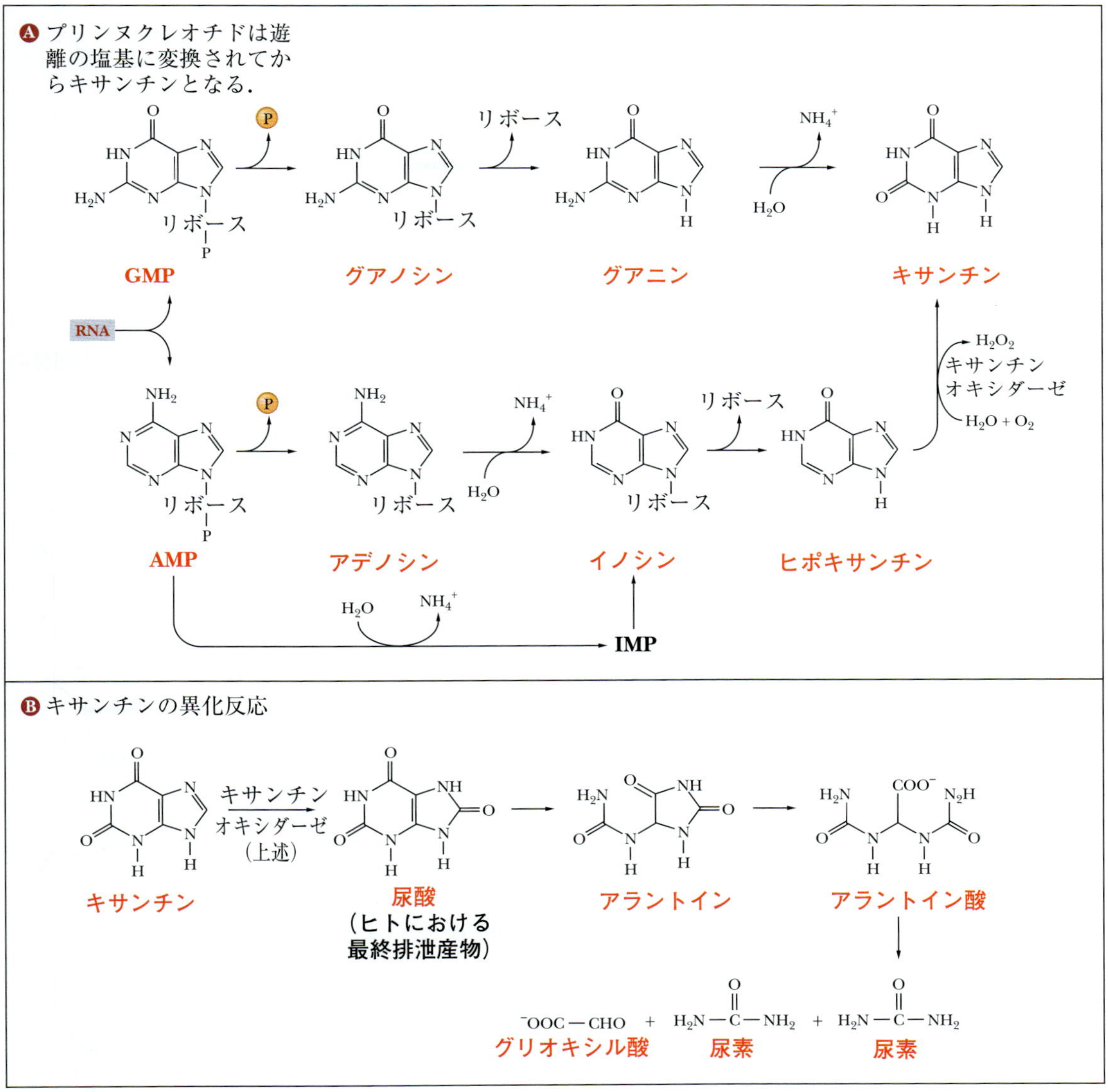

図 23.23

プリンの異化反応
Ⓐ プリンヌクレオチドは遊離の塩基に変換されてからキサンチンとなる．Ⓑ キサンチンの異化反応．

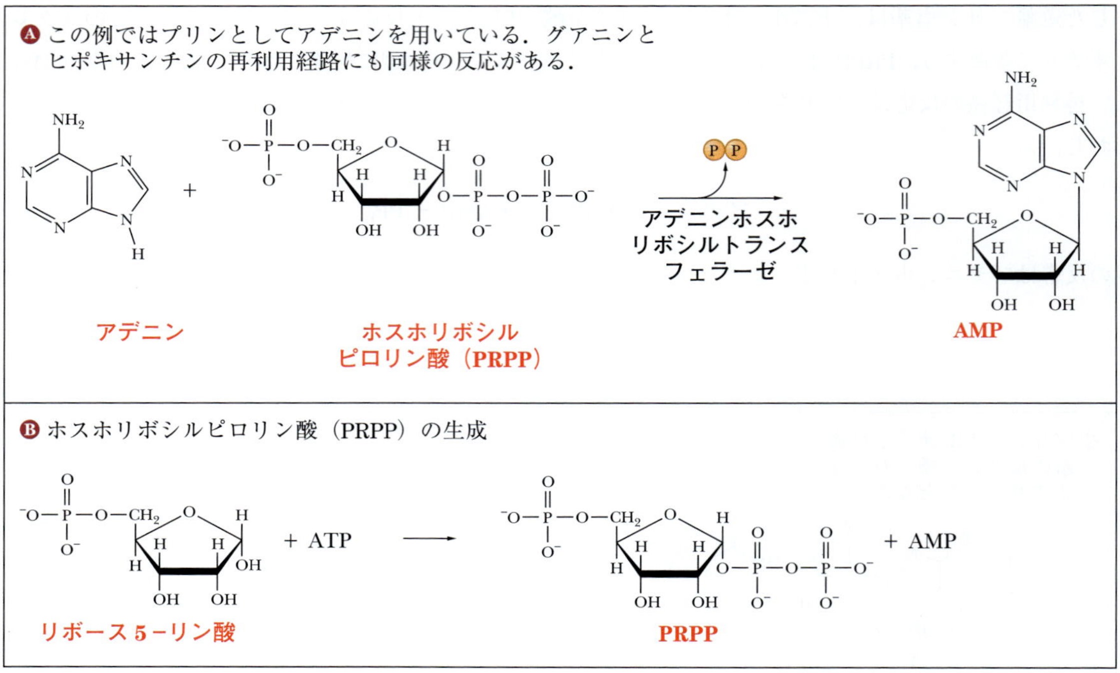

Ⓐ この例ではプリンとしてアデニンを用いている．グアニンと
ヒポキサンチンの再利用経路にも同様の反応がある．

アデニン　　　　　ホスホリボシル　　　　　　　　　　　　　　　AMP
　　　　　　　　　ピロリン酸（PRPP）

Ⓑ ホスホリボシルピロリン酸（PRPP）の生成

リボース 5-リン酸　　　　　　　　　　　　PRPP

図 23.24

プリンの再利用経路

Ⓐ この例ではプリンとしてアデニンを用いている．グアニンおよびヒポキサンチンの再利用経路にも同様の反応がある（下図参照）．Ⓑ ホスホリボシルピロリン酸（PRPP）の生成．

ヒポキサンチン　　PRPP　　　　　　　　　　　　　　IMP

グアニン　　　　　PRPP　　　　　　　　　　　　　　GMP

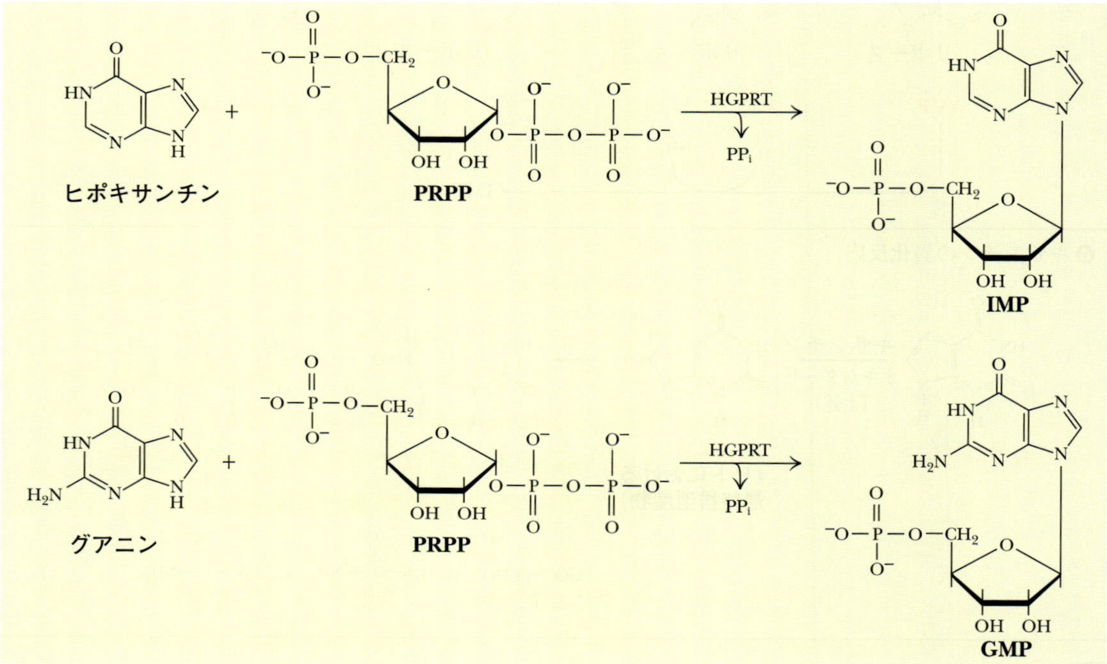

図 23.25

HGPRT によるプリンの再利用経路

対する同様の反応

$$\text{ヒポキサンチン} + \text{PRPP} \xrightarrow{\text{HGPRT}} \text{IMP} + \text{PP}_i$$

$$\text{グアニン} + \text{PRPP} \xrightarrow{\text{HGPRT}} \text{GMP} + \text{PP}_i$$

はヒポキサンチン-グアニンホスホリボシルトランスフェラーゼ（HGPRT）により触媒される（図23.25）．HGPRT の欠損により，**レッシューナイハン症候群** Lesch-Nyhan syndrome として知られる重篤な障害が起こる（下記の《身の周りに見られる生化学》を参照）．

Sec. 23.8 要約

- プリンは霊長類（ヒトを含む）では尿酸にまで分解され，他の生物ではその後，さらに分解される．ヒトでは尿酸の過剰産生により痛風が起こる．
- 再利用経路はプリンの一部を再度利用するために存在する．

身の周りに見られる生化学　医学

レッシューナイハン症候群

遺伝病レッシューナイハン症候群 Lesch-Nyhan syndrome は HGPRT の欠損により起こる．その結果，生化学的所見としては PRPP 濃度の上昇，そしてプリンおよび尿酸の産生増加などが見られる．尿酸の蓄積により腎臓結石や痛風が起こるが，最も顕著な臨床症状は神経障害である．特にこの症候群の患者は自傷行為にとりつかれる傾向にあり，指や唇の一部を噛み切ったりすることもしばしばである．腎臓結石の進行や痛風の症状はアロプリノールの投与により防ぐことができるが，自傷行為および知能障害と，それに伴う痙攣症状を治療するための有効な方法はない．この病気が多様な症状を呈することから明らかなように，代謝というものは極めて複雑なプロセスであって，ある機能をもつ酵素が1種でも欠損すると，それが触媒する反応をはるかに越えたところにまでその影響が及ぶのである．

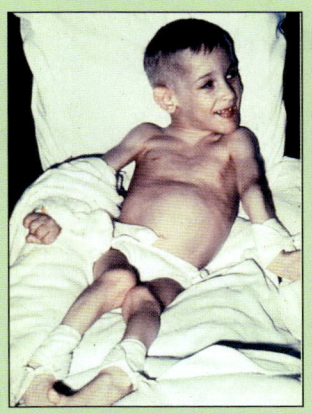

23.9 ピリミジンの生合成と異化

ピリミジンヌクレオチドの同化

ピリミジンヌクレオチドは生合成の過程で，リボース5-リン酸と結合する前にピリミジン環が形成されるという点においてプリンヌクレオチドとは異なっている．ピリミジン環の炭素原子と窒素原

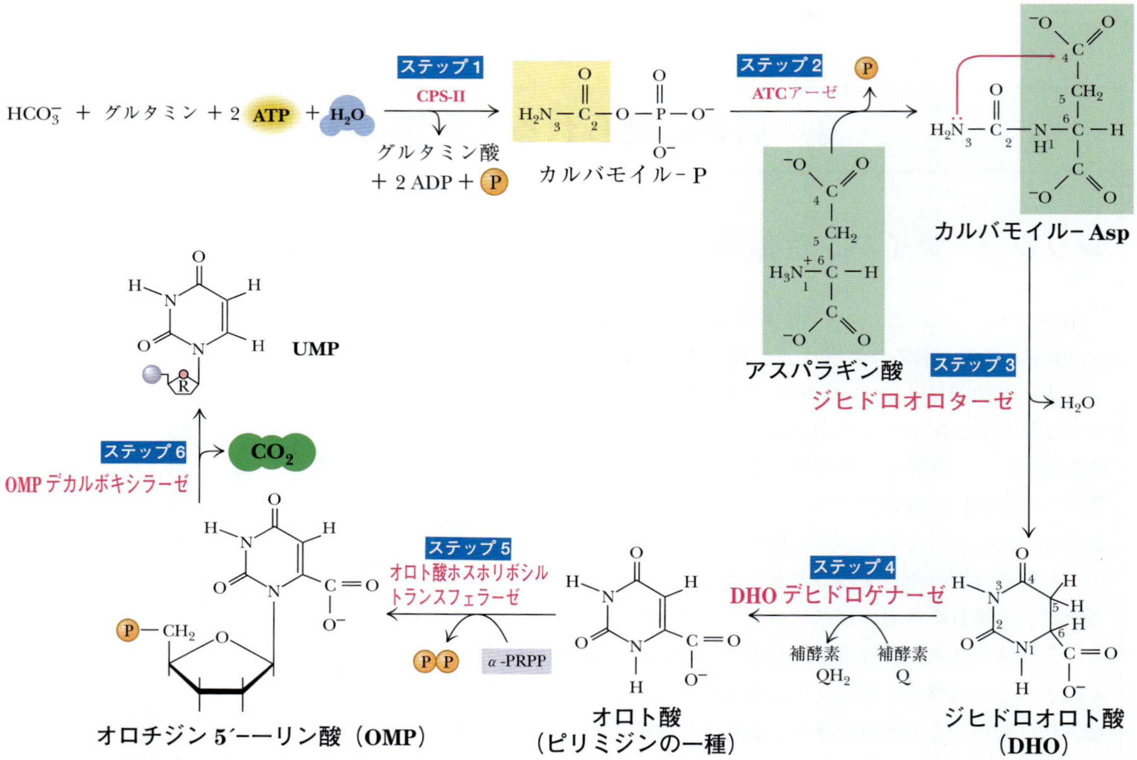

図 23.26

ピリミジンの生合成経路
ステップ1：カルバモイル-Pの合成．ステップ2：カルバモイルリン酸とアスパラギン酸が縮合してカルバモイルアスパラギン酸が生じる反応．アスパラギン酸トランスカルバモイラーゼ（ATCアーゼ）により触媒される．ステップ3：ジヒドロオロターゼが触媒する分子内縮合反応で，ピリミジンに特有の6員環から成る複素環が生じる．反応生成物はジヒドロオロト酸（DHO）である．ステップ4：ジヒドロオロト酸デヒドロゲナーゼにより DHO が酸化されてオロト酸が生じる（バクテリアでは DHO から電子を受け取る受容体は NAD^+ である）．ステップ5：PRPP によりそのリボース5-Pが与えられて，オロト酸はピリミジンヌクレオチドであるオロチジン5′-一リン酸となる．オロト酸ホスホリボシルトランスフェラーゼが，リボシル基にピリミジンのN-1を正しく β 配置で結合させることに留意すること．PP_i が加水分解されることは，この反応において熱力学的に有利に働く．ステップ6：OMPデカルボキシラーゼにより OMP が脱炭酸されて UMP が生成する．

子はカルバモイルリン酸とアスパラギン酸とに由来している．ピリミジン生合成用のカルバモイルリン酸の生成はサイトゾルで起こり，その窒素供与体はグルタミンである（カルバモイルリン酸の生成反応については既に Sec. 23.6 の尿素回路のところでも述べたが，その場合の反応はミトコンドリアで起こり，窒素供与体が NH_4^+ であるという点で，ここでの反応とは異なる）．

$$HCO_3^- + グルタミン + 2\,ATP + H_2O \longrightarrow カルバモイルリン酸 + グルタミン酸 + 2\,ADP + P_i$$

次の，カルバモイルリン酸とアスパラギン酸とが反応して N-カルバモイルアスパラギン酸が生成する反応は，ピリミジン生合成専用のステップである．"専用のステップ"とは，この経路のここまでの反応に関与する物質は他の代謝経路にも用いられるが，これ以降における N-カルバモイルアス

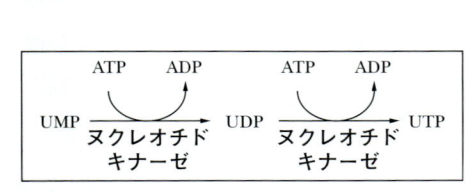

図 23.27
UMP を UTP に変換する反応

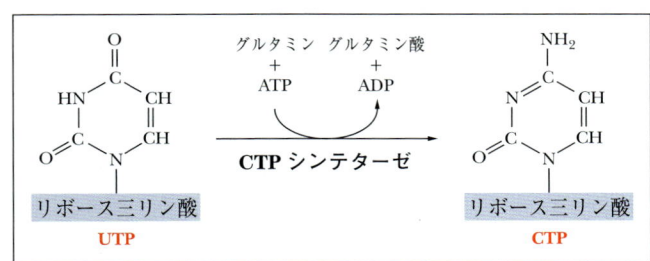

図 23.28
UTP を CTP に変換する反応

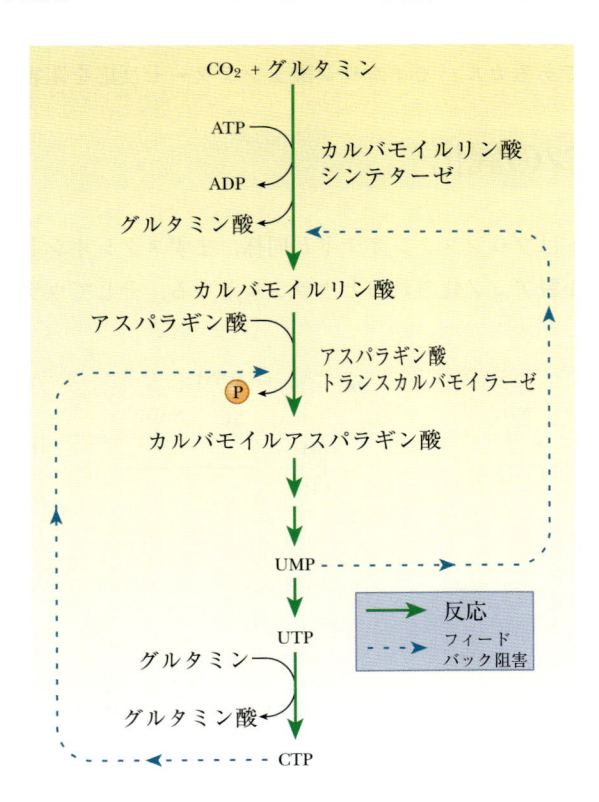

図 23.29
ピリミジンヌクレオチドの生合成の調節におけるフィードバック阻害の役割

パラギン酸はピリミジンの生成にのみ用いられることを意味する．この反応はアスパラギン酸トランスカルバモイラーゼにより触媒されるが，この酵素については，フィードバック調節を受けるアロステリック酵素の代表例として，Chap. 7 に詳しい説明がある．次はこの N-カルバモイルアスパラギン酸をジヒドロオロト酸に変換するステップであるが，これは分子内の脱水に伴って環化が起こる反応であり，ジヒドロオロターゼにより触媒される．ジヒドロオロト酸はさらにジヒドロオロト酸デヒドロゲナーゼによりオロト酸へと変換されるが，それに伴って NAD^+ が NADH に変換される．そしてオロト酸が PRPP と反応してオロチジン 5′-一リン酸（OMP）となることにより，ピリミジンヌクレオチドが生成する．この反応はプリンの再利用経路（Sec. 23.8）における反応と似ており，オロト酸ホスホリボシルトランスフェラーゼにより触媒される．最後に，OMP がオロチジン 5′-一リン酸デカルボキシラーゼにより UMP（ウリジン 5′-一リン酸）に変換される（図 23.26）．この UMP は他のピリミジンヌクレオチドの前駆体となる．

UMP は続けて二度リン酸化を受けると UTP になる（図 23.27）．そしてウラシルがシトシンに変換される反応はこの三リン酸の形で行われ，CTP シンテターゼにより触媒される（図 23.28）．その際にはグルタミンが窒素供与体で，また ATP が必要であることは，少し前に述べた類似の反応と同じである．

$$UTP + グルタミン + ATP \longrightarrow CTP + グルタミン酸 + ADP + P_i$$

ピリミジンヌクレオチド生合成のフィードバック阻害には数通りの方法がある．例えば CTP はアスパラギン酸トランスカルバモイラーゼおよび CTP シンテターゼの阻害剤であり，また UMP はさらにもっと前のステップであるカルバモイルリン酸シンテターゼ反応を阻害する（図 23.29）．

ピリミジンの異化

ピリミジンヌクレオチドはプリンヌクレオチドと同様，まずヌクレオシドに，そしてさらに塩基へと分解される．シトシンが脱アミノ化されるとウラシルとなる．そしてウラシル環の二重結合は還元

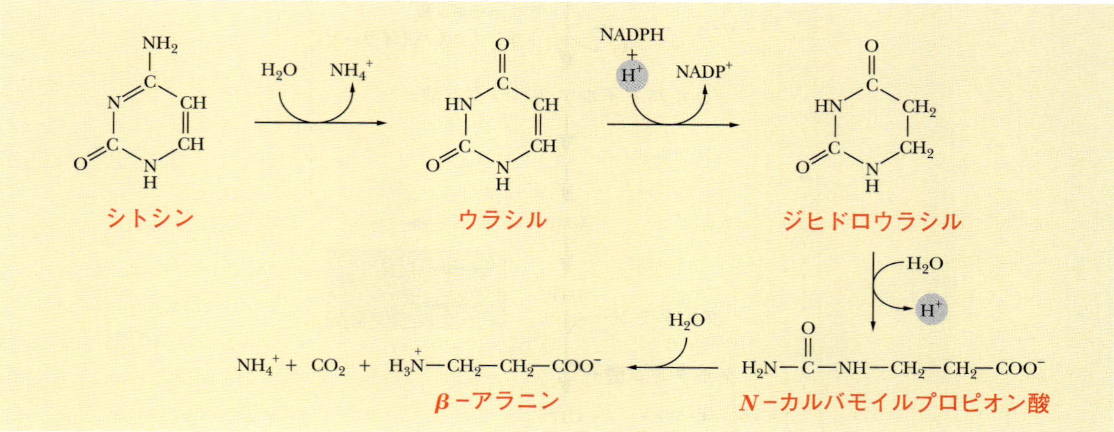

図 23.30

ピリミジンの異化反応

されてジヒドロウラシルが生成する．これが開環してN-カルバモイルプロピオン酸となり，さらにNH_4^+，CO_2，およびβ-アラニンにまで分解される（図23.30）．

> **Sec. 23.9 要約**
> ■ ピリミジンの場合，その環は，リボースリン酸に結合する前に形成されている．
> ■ 分解過程では，まずヌクレオシドが生成し，その次に塩基が生成する．さらに塩基の開環反応が起こって分解過程が終了する．

23.10　リボヌクレオチドのデオキシリボヌクレオチドへの変換

すべての生物において，リボヌクレオシド二リン酸は還元されて2′-デオキシリボヌクレオシド二

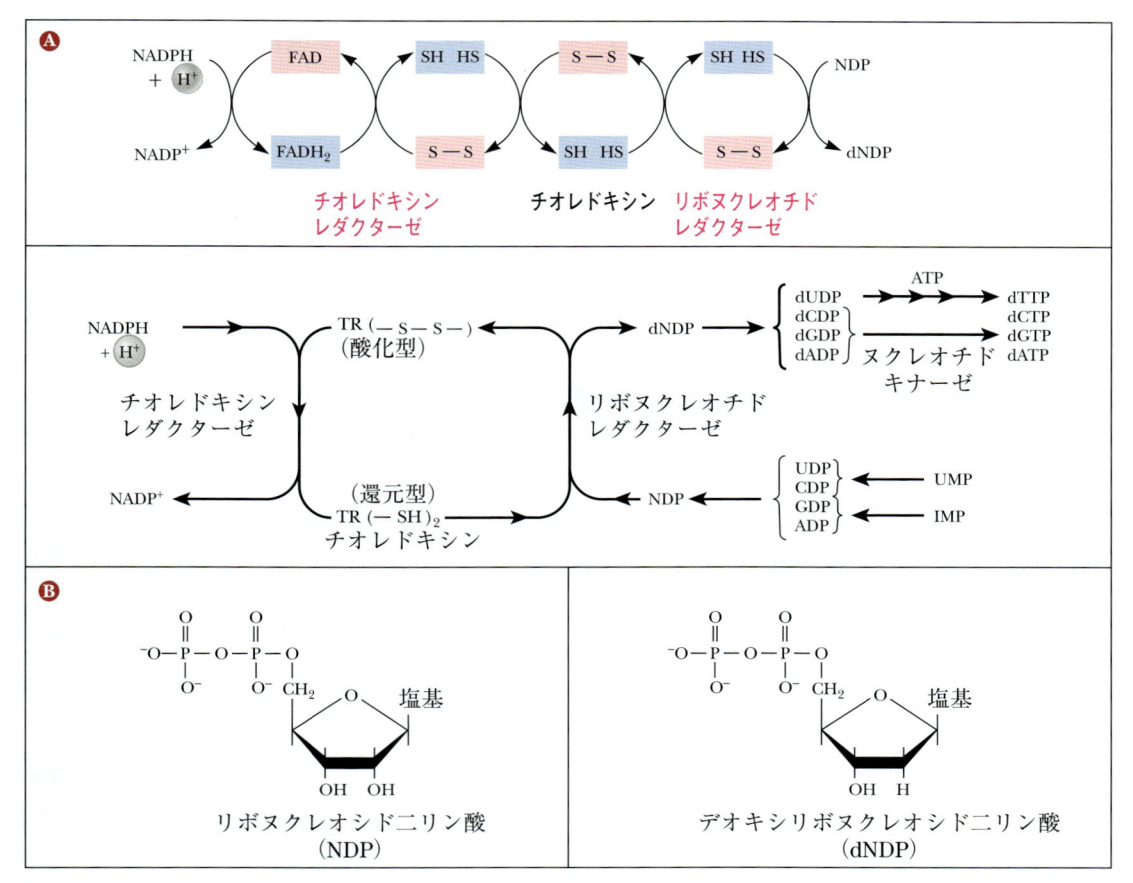

図 23.31
リボヌクレオシド二リン酸をデオキシリボヌクレオシド二リン酸に変換する反応
Ⓐ（—S—S—）／（—SH HS—）酸化-還元サイクルには，リボヌクレオチドレダクターゼ，チオレドキシン，チオレドキシンレダクターゼ，および NADPH が関わっている．
Ⓑ NDP と dNDP の構造．

リン酸となる（図23.31A）．その際にはNADPHが還元剤となる．

リボヌクレオシド二リン酸 + NADPH + H$^+$ ⟶
デオキシリボヌクレオシド二リン酸 + NADP$^+$ + H$_2$O

この反応はリボヌクレオチドレダクターゼ ribonucleotide reductase により触媒されるが，実際の反応は上述の反応式から推察される以上に複雑であり，そこには電子伝達中間体も関与している．*E. coli* のリボヌクレオチドレダクターゼ系については詳しく研究されているので，その作用様式を知ることによって，反応の性質を明らかにする手がかりを得ることができる．反応には上述の酵素以外にチオレドキシンおよびチオレドキシンレダクターゼの2種のタンパク質が必要である．**チオレドキシン** thioredoxin の酸化型は分子内に1個のジスルフィド基を，還元型は2個のスルフヒドリル基（−SH）をもっている．まず**チオレドキシンレダクターゼ** thioredoxin reductase による反応でNADPHがチオレドキシンを還元する．還元されたチオレドキシンは次にリボヌクレオシド二リン酸（NDP）を還元してデオキシリボヌクレオシド二リン酸（dNDP）にする（構造を図23.31Bに示す）．リボヌクレオチドレダクターゼが実際に触媒する反応はこの部分である．この反応で生成するのはdADP，dGDP，dCDP，dUDPであることに注意してほしい．はじめの3種はリン酸化されて，それぞれ対応する三リン酸に変換され，DNA合成の基質となる．DNA合成に必要なもう1種の基質はdTTPである．以下には，どのようにしてdUDPからdTTPが合成されるかについて述べる．

Sec. 23.10 要約 ■この過程では，いくつかの酵素と電子伝達中間体が関わっており，そこで，NADPHは最終的な還元剤として働いている．

23.11　dUDPをdTTPに変換する反応

ウラシルにメチル基を付けてチミンに変換するためには1炭素転移反応が必要である．そして，この変換において最も重要であるのがチミジル酸シンテターゼ thymidylate synthetase の触媒する反応である（図23.32）．炭素1個単位の供給源は N^5,N^{10}-メチレンテトラヒドロ葉酸であり，反応に伴ってジヒドロ葉酸に変換される．1炭素運搬体としての代謝活性をもつのはテトラヒドロ葉酸なので，反応を持続させるためにはジヒドロ葉酸を還元してテトラヒドロ葉酸に戻す必要がある．それにはNADPHとジヒドロ葉酸レダクターゼ dihydrofolate reductase が必要である．

DNA合成にはdTTPの供給が必要であるため，dTTPの生成を触媒する酵素を阻害すれば，分裂が活発な細胞の増殖は抑えられる．がん細胞の場合，すべての増殖の速い細胞と同様，その増殖には連続的なDNA合成が必要である．したがって，フルオロウラシル（練習問題50を参照）のようなチミジル酸シンテターゼの阻害剤，およびアミノプテリンやメトトレキセートのようなジヒドロ葉酸レダクターゼの阻害剤（葉酸の誘導体）が，がんの化学療法に用いられてきた（図23.33）．このような療法の目的は，がん細胞のdTTPの生成，そして結果的にDNAの合成を抑えることにより，がん細胞を殺しつつ，もっとゆっくり増殖する正常細胞には最小限の作用を及ぼすにとどめることである．

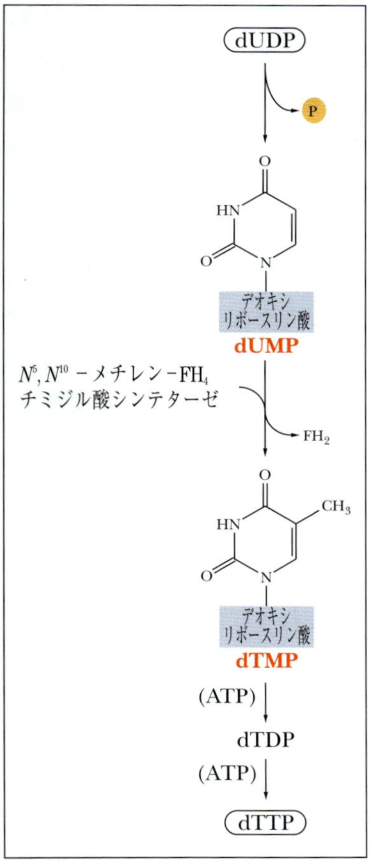

図 23.32
dUDP を dTTP に変換する反応
FH_4 はテトラヒドロ葉酸, FH_2 はジヒドロ葉酸を表す.

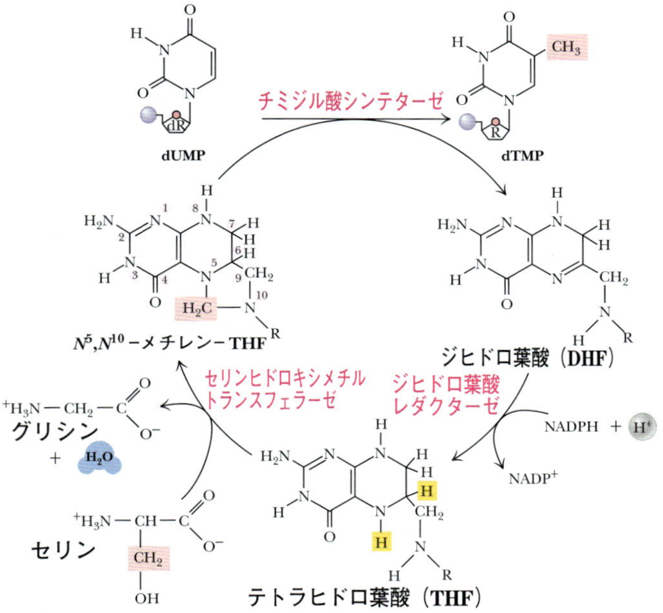

図 23.33
チミジル酸シンテターゼの反応
5位の CH_3 基は最終的にはセリンの β-炭素に由来している.

しかしながら,化学療法に用いられる薬のほとんどはきわめて毒性が強いため副作用を生じ,がん細胞よりは少ないにせよ,正常細胞もかなりの影響を受けてしまう.そこで,安全かつ効果的な治療法の発見に的を絞った膨大な量の研究が行われている.

> **Sec. 23.11 要約**
> ■ウラシルにメチル基を付けてチミンにするためには,1炭素運搬体としてテトラヒドロ葉酸が必要である.このプロセスは,がんの化学療法の標的となっている.

SUMMARY 要約

◆ **窒素代謝とは何か** 窒素の代謝には,アミノ酸,ポルフィリン,ヌクレオチドの同化と異化を含む多くの話題が含まれている.生体分子中のこの元素の最終的な供給源は大気中の窒素である.

◆ **大気中の窒素は,どのようにして生物にとって有益な化合物に取り込まれるか** 窒素固定とは,大

気中の分子状窒素をアンモニアの形に変えて，生物が利用できるようにするプロセスのことをいう．また硝酸同化反応においては，NO_3^- が NH_3 に変換されるため，これも窒素原子の供給源となる．

◆**窒素代謝におけるフィードバック阻害とは何か** フィードバック阻害機構は，窒素化合物の生合成経路全体に普遍的に登場するメカニズムである．窒素代謝経路のほとんどは長く複雑で多量のエネルギーを消費するため，最終産物が十分につくられているときには，そのプロセスを停止させることが，細胞のエネルギー消費にとっては重要なことである．

◆**アミノ酸の生合成に共通の特徴は何か** アミノ酸の同化においては，アミノ基転移反応が重要な役割を果たしている．その際，グルタミン酸とグルタミンがアミノ基の供与体となることが多い．アミノ基転移反応を触媒する酵素の多くは，補酵素としてピリドキサルリン酸を必要とする．また，一炭素転移反応もアミノ酸の同化に働いている．炭素1個の基が転移するためには運搬体が必要で，テトラヒドロ葉酸がメチレン基とホルミル基の，そして S-アデノシルメチオニンがメチル基の運搬体となる．

◆**必須アミノ酸とは何か** ヒトを初めとするある種の生物は，タンパク質合成に必要なアミノ酸のすべてを合成することはできないので，そのような必須のアミノ酸は食事から得なければならない．ヒトでは，20種類の標準アミノ酸の約半分が必須アミノ酸であり，それらには，アルギニン，ヒスチジン，イソロイシン，ロイシン，リシン，メチオニン，フェニルアラニン，トレオニン，トリプトファン，バリンが含まれる．

◆**アミノ酸の分解で，その炭素骨格はどこへ行き着くか** アミノ酸の異化経路は二つの部分に分けて考えることができる．すなわち，窒素のたどる道筋と炭素骨格のたどる道筋とである．炭素骨格の方は，糖原性アミノ酸の場合にはピルビン酸かオキサロ酢酸に，ケト原性アミノ酸の場合にはアセチル CoA かアセトアセチル CoA に変換される．

◆**アミノ酸の分解における尿素回路の役割は何か** アミノ酸の異化で遊離した窒素は尿素回路で尿素に変換される．尿素回路はアミノ酸の生合成にも関与している．

◆**イノシン一リン酸はどのようにして AMP と GMP に変換されるか** ヌクレオチド生合成に関わる同化経路は，プリンの場合とピリミジンの場合とで異なっている．両経路は共に，既に生成しているリボース5-リン酸を利用しているが，経路のどの時点で糖リン酸が塩基に結合するかという点に関して両者は異なっている．すなわち，プリンヌクレオチドの場合には，糖リン酸に結合した状態で塩基が合成されていき，最終的にイノシン一リン酸となる．そしてこの化合物が，高度にフィードバック調節を受けている反応を経て AMP と GMP に変換される．

◆**AMP と GMP の産生に必要なエネルギーはどのくらいか** AMP と GMP の産生には，両者ともに30分子以上の ATP に相当する大きなエネルギーが必要である．

◆**プリンの異化とは何か** 異化経路においてはプリン塩基は再利用されることが多く，もう一度糖リン酸に結合する．そうでない場合には，プリンは尿酸にまで分解される．

◆**ピリミジンの生合成と異化とは何か** ピリミジンの生合成では，先に塩基が生成してから糖リン酸に結合する．異化においてはピリミジンは β-アラニンにまで分解される．

◆**リボヌクレオチドのデオキシリボヌクレオチドへの変換とは何か** DNA 合成に必要なデオキシリボヌクレオチドは，リボヌクレオシド二リン酸がデオキシリボヌクレオシド二リン酸へと還元されて生成する．

◆ **dUDP を dTTP に変換する反応とは何か**　DNA 合成の基質を産生するために特に必要なもう一つの反応はウラシルをチミンに変換する反応である．この経路は，1 炭素転移を行うための運搬体としてテトラヒドロ葉酸の誘導体を用いることから，がんの化学療法を行う際の標的の一つとなっている．

EXERCISES　練習問題

23.1　窒素代謝：その概観

1. **復習**　窒素固定を行うことができるのはどういう生物か．またできないのはどういう生物か．

23.2　窒素固定

2. **復習**　窒素はどのようにして固定されるか（N_2 から NH_4^+ まで変換されるか）．さらには，どのようにして有機化合物にまで同化されるか．
3. **関連**　ハーバー法 Haber process とは何か．
4. **復習**　ニトロゲナーゼ酵素複合体による窒素固定の全体反応を示せ．
5. **復習**　ニトロゲナーゼ酵素複合体について説明せよ．この酵素はどのように構成されており，またどのような特異成分をもっているか．

23.3　窒素代謝におけるフィードバック阻害

6. **復習**　窒素を利用する経路はどのようなフィードバック阻害によって調節されているか．
7. **演習**　長い生合成経路におけるフィードバック調節機構が生体にとって有益であることの理由について簡単に述べよ．
8. **演習**　代謝回路（カルビン回路，クエン酸回路，尿素回路）はかなり多くの生物に共通している．なぜこれらの回路は生物にとって有益なのか．

23.4　アミノ酸の生合成

9. **復習**　アミノ酸の同化における α-ケトグルタル酸，グルタミン酸，グルタミンの相互関係を示せ．
10. **復習**　α-ケトグルタル酸とアラニンとの間のアミノ基転移反応の反応式を図示せよ．
11. **復習**　アンモニアと α-ケトグルタル酸からグルタミンを生成する際のグルタミン酸デヒドロゲナーゼおよびグルタミンシンテターゼの反応式を図示せよ．
12. **復習**　グルタミンシンテターゼとグルタミナーゼの違いを説明せよ．
13. **復習**　ピリドキサルリン酸を介するアミノ基転移反応の反応機構を示せ．
14. **復習**　アミノ酸の異化反応における 1 炭素転移反応の補因子は何か．
15. **復習**　葉酸の構造式を図示し，それがどのようにして 1 炭素基の運搬体として働くのかを示せ．
16. **復習**　S-アデノシルメチオニンをメチル基供与体として，ホモシステインをメチオニンに変換してもメチオニンを余分に得たことにはならない．それはなぜか．
17. **復習**　アミノ酸の生合成においてグルタミン酸が中心的な役割を果たしている理由を，代表的な反応式を用いて示せ．
18. **復習**　メチル基の運搬体としての S-アデノシルメチオニンを構造式を用いて説明せよ．
19. **演習**　スルファニルアミドやその誘導体のサルファ剤は，ペニシリンや，もっと進歩した薬が容易に手に入るようになる以前は，細菌が原因となる病気の治療に広く用いられていた．このスルファニルアミドが細菌の増殖を抑える作用は p-アミノ安息香酸により消失する．スルファニルアミドの作用様式を推定せよ．

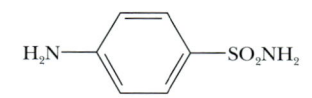

$H_2N-\underset{}{\bigcirc}-SO_2NH_2$

スルファニルアミド

20. **演習**　タンパク質にはメチオニンが含まれているが α-アミノ-n-ヘキサン酸は含まれていない．両者の構造の違いは，単に −S− が −CH_2− に置き換わっただけであり，大きさも疎水性の程度もよく似ている．なぜ，メチオニンのほうが α-アミノ-n-ヘキサン酸よりも生体にとって都合がよいのか．

23.5　必須アミノ酸

21. **復習**　一般に，どういうカテゴリーのアミノ酸がヒトにとって必須であり，また非必須であるのか．

22. 復習　フェニルケトン尿症をもつ成人にとっての必須なアミノ酸のリストを示し，それらを正常な成人における必要性と比較せよ．

23.6　アミノ酸の異化

23. 復習　尿素回路に直接関与している α-アミノ酸は何種類か．それらの内でタンパク質合成に使われるのは何種類か．
24. 復習　尿素回路の正味の反応式を記せ．また尿素回路がどのようにしてクエン酸回路とつながっているのかを示せ．
25. 復習　シトルリンとオルニチンについて，20の標準アミノ酸のうちのどれに類似しているかを中心に説明せよ．
26. 復習　尿素回路とクエン酸回路をつなぐアミノ酸はどれか．またそのつながりを説明せよ．
27. 復習　尿素回路が一回転するためには何分子のATPが必要か．そのATPはどの部分で消費されるか．
28. 復習　カルバモイルリン酸シンテターゼI（CPS-I）の活性はどのようにして調節されているか．
29. 復習　高濃度のアルギニンにより N-アセチルグルタミン酸シンターゼが正の調節を受けることの論理的な理由は何か．
30. 復習　グルタミン酸の濃度は尿素回路にどのように影響するか．
31. 復習　糖原性アミノ酸が異化された場合，その炭素骨格から生成する最終産物は何か．また，ケト原性アミノ酸の場合はどうか．
32. 復習　以下の分子にまで異化されるアミノ酸は糖原性であるかケト原性であるかを判別せよ．
    (a) ホスホエノールピルビン酸
    (b) α-ケトグルタル酸
    (c) スクシニルCoA
    (d) アセチルCoA
    (e) オキサロ酢酸
    (f) アセト酢酸
33. 関連　余分な窒素をアンモニアの形で排泄するのはどのような生物種か．また尿酸の場合はどうか．
34. 関連　ダチョウの場合，余分な窒素を尿酸，尿素，アンモニアのうちのどの形で排泄すると思うか．理由を示して答えよ．
35. 演習　アルギニンは尿素回路内でつくられるのに，なぜ必須アミノ酸なのか．
36. 演習　高タンパク質食を摂取している人々には多量の水を飲むことが推奨されているが，それはなぜか．
37. 演習　マラソンをしているときには，アミノ酸を含む飲み物よりも，エネルギー源となる糖を含む飲み物を摂取するほうが良いのはなぜか．
38. 演習　尿素回路は進化によって得られてきたものではないらしいと，論理的に主張してみよ．次いで，それに論理的に反対してみよ．

23.7　プリンの生合成

39. 関連　化学療法において葉酸のどのような点が重要か．
40. 復習　プリン塩基中の炭素原子および窒素原子の由来を示せ．
41. 復習　イノシンとアデノシンの構造上の違いは何か．
42. 復習　プリンの生合成においてテトラヒドロ葉酸はどのように重要か．
43. 復習　IMPがGMPに変換される際には，直接的にせよ間接的にせよ，ATPは産生されるか消費されるか．どちらであるかを理由を示して答えよ．
44. 復習　プリン含有ヌクレオチドの同化反応におけるフィードバック阻害の役割について論ぜよ．

23.8　プリンの異化

45. 復習　PRPPを用いた再利用反応によりグアニンからGMPが生成する経路では，何個の"高エネルギー"リン酸結合の加水分解が必要か．IMPを経てGMPに至る経路での必要量と比較して答えよ．
46. 演習　霊長類以外の哺乳動物はほとんどが痛風にならない．それはなぜか．

23.9　ピリミジンの生合成と異化

47. 復習　プリンヌクレオチドとピリミジンヌクレオチドの生合成において，両者の間の重要な違いは何か．
48. 復習　プリンおよびピリミジンの異化反応の産物の最終的な成り行きを比較せよ．

23.10　リボヌクレオチドのデオキシリボヌクレオチドへの変換

49. **復習** ヌクレオチドの代謝において，チオレドキシンとチオレドキシンレダクターゼはどのような役割を果たしているか．

20.11 dUDP を dTTP に変換する反応

50. **復習** がんの化学療法に用いられる際のフルオロウラシルの作用様式を推定せよ．

51. **演習** FdUMP（UMP の誘導体で，フルオロウラシル部分を含有している）やメトトレキセートなどのような細胞毒性のある（細胞致死性の）薬物による化学療法を受けている患者は一時的に頭が禿げてしまうが，それはなぜか．

ANNOTATED BIBLIOGRAPHY / 参 考 文 献

Bender, D. A. *Amino Acid Metabolism*, 2nd ed. New York: John Wiley, 1985. [A general treatment of the topic, with a particularly good section on tryptophan metabolism.]

Benkovic, S. On the Mechanism of Action of Folate- and Biopterin-Requiring Enzymes. *Ann. Rev. Biochem.* **49**, 227–254 (1980). [A review of one-carbon transfers.]

Braunstein, A. E. Amino Group Transfer. In Boyer, P. D., ed. *The Enzymes*, Vol. 9, 3rd ed. New York: Academic Press, 1973. [A dated, but standard, reference.]

Karplus, P., M. Daniels, and J. Herriott. Atomic Structure of Ferredoxin-NADP$^+$ Reductase: Prototype for a Structurally Novel Flavoenzyme Family. *Science* **251**, 60–66 (1991). [The structure of a key enzyme involved in nitrogen and sulfur metabolism, as well as in photosynthesis.]

Kim, J., and D. Rees. Crystallographic Structure and Functional Implications of the Nitrogenase Molybdenum-Iron Protein from *Azotobacter vinelandii*. *Nature* **360**, 553–560 (1992). [X-ray crystallography makes an important contribution to understanding the structure of a key protein of the nitrogen fixation process.]

Meyer, E., N. Leonard, B. Bhat, J. Stubbe, and J. Smith. Purification and Characterization of the *pur*E, *pur*K, and *pur*C Gene Products: Identification of a Previously Unrecognized Energy Requirement in the Purine Biosynthetic Pathway. *Biochem.* **31**, 5022–5032 (1992). [The discovery of a hitherto unsuspected requirement for additional ATP in the biosynthesis of purines.]

Orme-Johnson, W. Nitrogenase Structure: Where to Now? *Science* **257**, 1639–1640 (1992). [Thoughts about nitrogen fixation based on the determination of the structure of nitrogenase by X-ray crystallography].

Stadtman, E. R. Mechanisms of Enzyme Regulation in Metabolism. In Boyer, P. D., ed. *The Enzymes*, Vol. 1, 3rd ed. New York: Academic Press, 1970. [A review dealing with the importance of feedback control mechanisms.]

CHAPTER 24

代謝の統合：細胞内シグナル伝達

大きな街の中心部では，警官が交通の混乱を制御している．同じように，体内の生化学的経路も，複雑な制御機構によって制御されている．

概要

24.1 代謝経路のつながり

24.2 生化学と栄養学

    24.2.1　必須栄養素とは何か

    24.2.2　ビタミンが必要なのはなぜか

    24.2.3　ミネラルとは何か

    24.2.4　以前の食品ピラミッドは今でも有効か

    24.2.5　肥満とは何か

24.3 ホルモンとセカンドメッセンジャー

    24.3.1　ホルモンとは何か

    24.3.2　セカンドメッセンジャーはどのように働くか

24.4 ホルモンと代謝調節

    24.4.1　糖質代謝を調節するのはどのようなホルモンか

24.5 インスリンとその作用

    24.5.1　インスリンとは何か

    24.5.2　インスリンの役割は何か

24.1　代謝経路のつながり

前章までに多くの代謝経路について個別に学んだ．しかし，ピルビン酸，オキサロ酢酸およびアセチル CoA のように，一つ以上の経路に登場する代謝中間体も存在する上に，複数の代謝反応が同時に起こることもあるので，反応や経路を作動させたり停止させたりする調節機構を考慮に入れることが大切である．

あらゆる代謝は，究極のところ太陽のエネルギーと光合成につながる（図 24.1）．光合成の明反応は ATP と NADPH を生産し，暗反応ではこれらを用いて糖質をつくり出す．糖質は他の生物体にとって栄養源である．ATP と NADPH は，異なる代謝系を調和のとれたかたちで結んでいる．これらは，

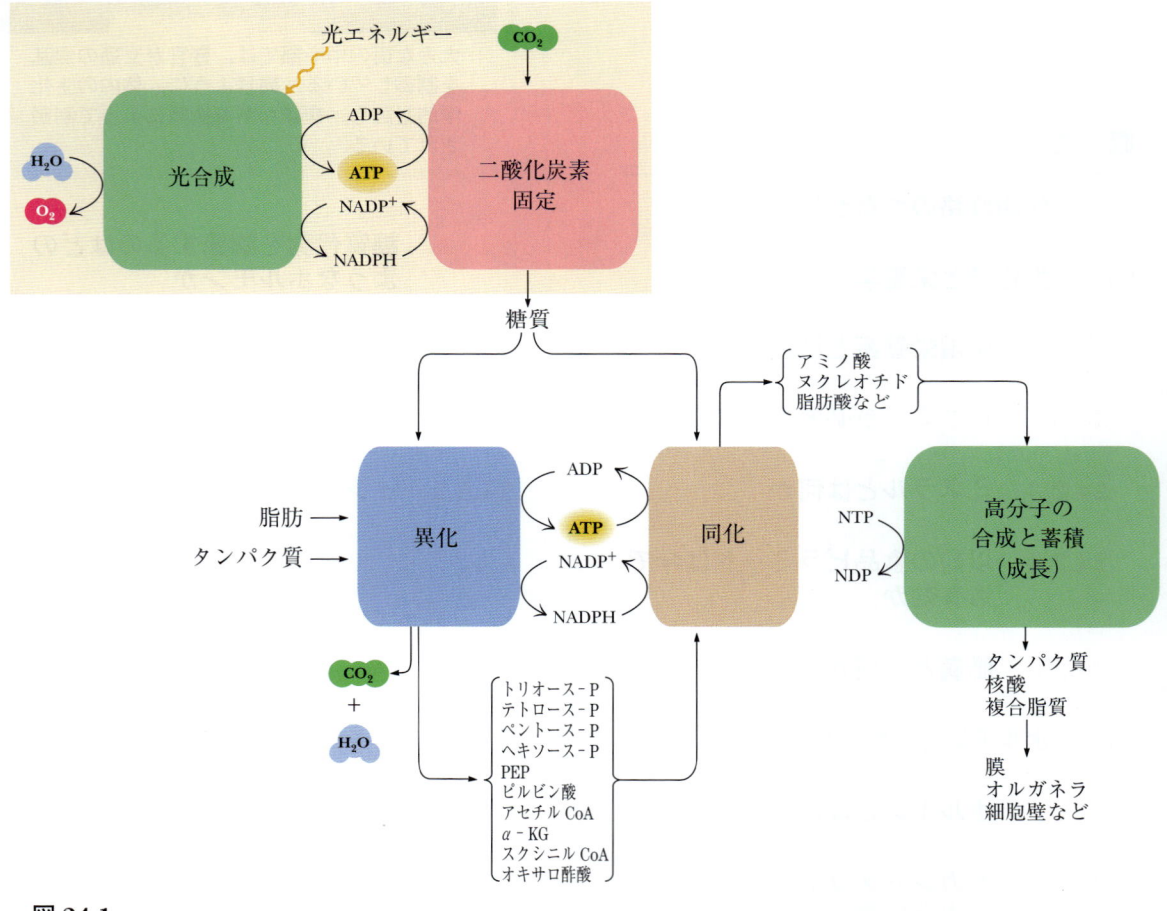

図 24.1

代謝はすべてつながっている
この中間代謝のブロック図は，同化ならびに異化作用と多くの経路で見られる共通代謝産物との関係を示している．

光合成の明反応と暗反応を結ぶ以外にも，異化と同化を最も直接的に結び付けている（図24.1）．糖，PEP，ピルビン酸，そしてアセチルCoAなどのありふれた分子も異化と同化の過程の橋渡しをしている．ここでは，さまざまな生化学反応に対する生理的応答を考えながら，代謝経路間の相互関係に注目してみたい．

クエン酸回路 citric acid cycle は，代謝における中心的な役割を果たしている．その主な理由として，次の3点がある．1点は，三大栄養素である糖質，脂質およびタンパク質の異化におけるクエン酸回路の役割である（Sec. 19.7）．2点目は，糖質，脂質およびアミノ酸の同化におけるクエン酸回路の働きである（Sec. 19.8）．3点目は，個々の代謝経路とクエン酸回路との関わりである．これらのことを広い見地から考察すると，個々の細胞やそれらの細胞中で起こる諸反応に関する疑問を超えた，例えば，組織や器官全体では何が起こっているのかというような疑問がわいてくるのは当然であろう．本章では，栄養，ホルモン調節，そして広い範囲にわたるシグナル経路の影響について述べる．次の《身の周りに見られる生化学》では，一つの化合物がどのようにして生体全体に影響を及ぼすかについて述べる．

Sec. 24.1 要約

- すべての代謝経路は互いに関係し合っており，いくつかの経路に重複して登場するような代謝産物も存在する．
- 多くの代謝反応は同時に起こりうる．
- クエン酸回路は，異化と同化の両方の代謝経路で中心的な役割を果たしている．糖，脂肪酸およびアミノ酸の分解産物は，すべてクエン酸回路に入る．

24.2　生化学と栄養学

われわれは従属栄養生物（食物摂取に依存する生物）であるので，異化反応の対象となる分子は最終的に体外から取り入れている．本節では，摂取した食物がどのようにして異化反応の基質となるのかについて簡単に触れる．また，栄養学は，生化学だけでなく生理学とも関係していることにも留意しなければならない．初期の多くの生化学者が元々は生理学者であったことからも，こうした見解の正しさがわかるであろう．

24.2.1　必須栄養素とは何か

ヒトでは，エネルギー供給のための**主要栄養素** macronutrient（糖質，脂肪およびタンパク質）の異化反応は，栄養学的に見て重要である．アメリカでは，ほとんどの食事が栄養学的に適切なカロリー数を超えている．典型的なアメリカの食事は，必須脂肪酸（Sec. 21.6）がまれに不足することはあるかもしれないが，脂肪分が豊富である．注意すべきは，適切な量のタンパク質がその食事に含まれているかどうかである．タンパク質の摂取が十分であれば，通常，必須アミノ酸（Sec. 23.5）の供給も十分である．食品の包装にはタンパク質含有量が表示されていることが多いが，これには，タンパ

身の周りに見られる生化学　健康関連

飲酒とアルコール中毒

アメリカでは，アルコールは最も乱用されている薬物であり，アルコール依存症は最もありふれた病気の一つである．飲酒運転による死亡統計はよく目にするが，どれほど多くの不慮の事故死が間接的であるにしてもアルコールによって引き起こされているかを知る人は少ない．アルコール依存症になる背景には，何か特別に生化学的なことが関わっていると考えている人が多い．別々に離れて養育された一卵性双生児を対象とした基準研究で明らかになったように，遺伝的素因が関係することは確かである．"アルコール依存症の原因遺伝子"は見つかっていないが，複雑な遺伝的背景があると考えられる．

アルコールデヒドロゲナーゼは誘導酵素であり，アルコール量に応じて発現量が増加する．飲酒家では最初の代謝反応が非常に速く，アルコールによる陶酔効果も減弱している（酒1オンス当たりの陶酔度）．飲酒家は，他の人にとっては致死的ともいえる血中アルコール濃度にも耐えられる．次の代謝反応がすべての人にとって律速段階であり，アセトアルデヒドは頭痛，嘔吐，二日酔いの原因になる．飲酒家の間では，栄養失調は普通である．その理由は，アルコールは大切な栄養素，とりわけビタミン類を含まない"無駄なカロリー"源だからである．

アルコールがもつ生化学的，心理学的，そして栄養学的効果は，すべての人にとって同じではない．双生児の研究から明らかになったことであるが，初めて口にしたときから酒におぼれる"生まれながら"の飲酒家もいる．胎児性アルコール症候群（p.653の《身の周りに見られる生化学》を参照）は女性において特に懸念される．エタノールは催奇形性因子であり，妊娠中にアルコールの"安全"域は存在しない．胎児性アルコール症候群は，出生1000人当たり約5人が発症する．本症の特徴は，発育不全，中枢神経系の障害，顔面の形態異常などである．

薬物中毒には明らかに生化学的要素がある．向精神薬の多くはセロトニンやエピネフリンの構造類似物質であり（p.90の《身の周りに見られる生化学》を参照），これらを服用するとセロトニンやエピネフリンの作用が増大したり，抑制されたりすることは容易に想像できる．また，脳自身が産生する麻薬性鎮痛作用をもつ小ペプチドであるエンドルフィンやエンケファリン（Sec. 3.5）の産生に及ぼす一般薬物の効果についても関心が高まっている．アルコール依存症でない人は，エタノールによってエンケファリンの合成が抑えられるが，これはアルコールの快感効果によってエンケファリンを必要としなくなるからである．二日酔いの苦痛の一部はエンケファリンの不足によって起こる．したがって，二日酔いは，通常，これらの鎮痛性ペプチドが正常レベルに戻るまで持続する．

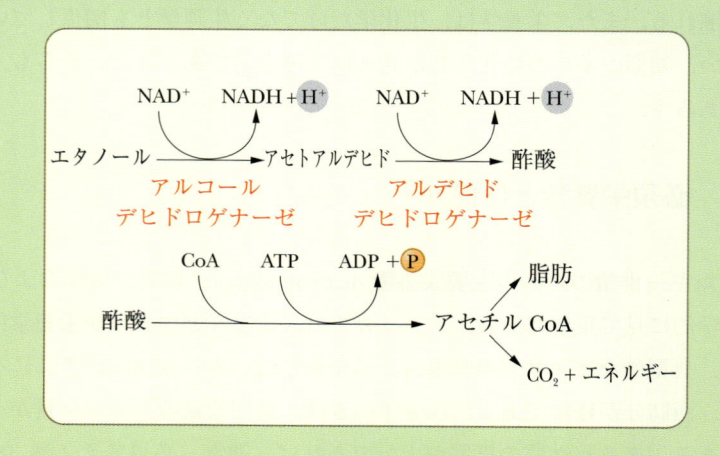

エタノール →(アルコールデヒドロゲナーゼ, NAD^+ → $NADH + H^+$)→ アセトアルデヒド →(アルデヒドデヒドロゲナーゼ, NAD^+ → $NADH + H^+$)→ 酢酸

酢酸 →(CoA, ATP → ADP + P)→ アセチル CoA → 脂肪 / CO_2 + エネルギー

表 24.1　19〜22歳までの平均的な男性および女性の1日所要量

栄養素	男性	女性
タンパク質	56 g	44 g
脂溶性ビタミン		
ビタミン A	1 mg RE*	0.8 mg RE*
ビタミン D	7.5 μg**	7.5 μg**
ビタミン E	10 mg α-TE†	8 mg α-TE†
水溶性ビタミン		
ビタミン C	60 mg	60 mg
チアミン（ビタミン B_1）	1.5 mg	1.1 mg
リボフラビン（ビタミン B_2）	1.7 mg	1.3 mg
ビタミン B_6	3 μg	3 μg
ビタミン B_{12}	3 μg	3 μg
ナイアシン	3 μg	3 μg
葉酸	19 mg	14 mg
パントテン酸（推定量）	10 mg	10 mg
ビオチン（推定量）	0.3 mg	0.3 mg
ミネラル		
カルシウム	800 mg	800 mg
リン	800 mg	800 mg
マグネシウム	350 mg	300 mg
亜鉛	15 mg	15 mg
鉄	10 mg	18 mg
銅（推定量）	3 mg	3 mg
ヨウ素	150 μg	150 μg

* RE＝レチノール当量．1レチノール当量＝1μgのレチノールまたは6μgのβ-カロテン．Sec. 8.7を参照．
** コレカルシフェロールとして．Sec. 8.7を参照．
† α-TE＝α-トコフェロール当量．1α-トコフェロール当量＝1μgのD-α-トコフェロール．Sec. 8.7を参照．
全米科学アカデミー米国学術研究会議・食品栄養委員会（ワシントンD.C.）の1988年の資料に基づく．

ク質のグラム数と1日所要量 daily value（DV）に対するパーセンテージが併記されている．この1日所要量は全米科学アカデミーの米国学術研究会議の指導のもと，食品栄養委員会が推奨したものである（表24.1を参照）．以前は食品の包装には推奨1日許容量 recommended daily allowances（RDAs）が記載されていたが，現在は1日所要量に変わっている．

　食事のタンパク質を分析する場合，いくつかの生化学的概念を知っておく必要がある．第一に，タンパク質には貯蔵型がないことである．そのため，タンパク質を摂りすぎると，その後のタンパク質必要量を満たしてしまうので，身体にとって良いことではない．必要量を超えて摂取されたタンパク質はすべて糖質か脂肪になり，アミノ基の窒素は尿素回路を経て排出されなければならない（Sec. 23.6）．タンパク質の過剰摂取は排出されるべきアンモニアを過剰生産することになり，結果的に肝臓や腎臓に負担をかけることになる．筋肉をつけるために高窒素含有化合物であるクレアチンを摂取しているスポーツ選手も，これと同じ危険性をもっている．

　第二に，タンパク質がつくられるためには毎日必須アミノ酸を摂取しなければならない．ほとんどのタンパク質は，一般的な20種のアミノ酸のすべての種類を少なくとも1残基は含んでいる．この20種のアミノ酸のうち半分は必須アミノ酸であり，食事でこれらの必須アミノ酸が一つでも欠けているか少ないと，タンパク質の合成は不可能となる．また，すべてのタンパク質が平等につくられているわけではない（p.114の《身の周りに見られる生化学》を参照）．タンパク質効率 protein efficiency ratio（PER）は，そのタンパク質がどの程度完全であるかの目安である．しかし，いくつかのタンパク質を正しく組み合わせて摂取することは重要であり，菜食主義者はこの点に詳しい．例えば，リシンが少ないタンパク質はタンパク質効率の値が低いだろう．しかし，トリプトファンが少なくタンパク質効率の低い二番目のタンパク質を先の低リシンタンパク質と組み合わせることによりタンパク質効率が高くなる．ただし，これは二つのタンパク質を同時に摂取した場合にのみいえることである．

第三に，タンパク質は常に分解している（Chap. 12）．そのため，活動を何もしていないように見える人でも，タンパク質の補充が必要であり，体の構造を保つために常に上質なタンパク質が必要である．スポーツ選手はこのことを嫌というほど知っている．彼らは絶えずトレーニングしなければならず，やめればすぐに身体がなまってしまう．このことは，中年に達する選手では特に顕著である．

24.2.2　ビタミンが必要なのはなぜか

微量栄養素 micronutrient（ビタミンおよびミネラル）も食品の包装に表示されている．われわれが必要とするビタミンは，代謝過程で必要な化合物であり，体内で合成できないか，合成できても必要量を満たすことができないものである．したがって，ビタミンを食事から摂らなければならない．脂溶性ビタミン——ビタミン A，D，E（Sec. 8.7）——に対しては 1 日所要量が示されているが，これらのビタミンは過剰摂取しないように注意が必要である．過剰摂取により脂溶性ビタミンが脂肪組織に蓄積すると，有害となるからである．ビタミン A の過剰摂取は特に有害である．これに対して，水溶性ビタミンは代謝回転が速く，通常は過剰摂取による危険はない．

1 日所要量が記載されている水溶性ビタミンは，壊血病（Sec. 4.3）の予防に必要なビタミン C，そしてビタミン B 群——ナイアシン，パントテン酸，ビタミン B_6，リボフラビン，チアミン，葉酸，ビオチンおよびビタミン B_{12}——である．ビタミン B 群は，表 7.1 に示す代謝反応において重要な補

表 24.2　ビタミンの化学的および生化学的関連事項

ビタミン	代謝における機能	参　照
水溶性		
B_1（チアミン）	アルコール発酵とクエン酸回路における 　アルデヒド基転移，脱炭酸	Sec. 17.4, 19.3
B_2（リボフラビン）	特にクエン酸回路と電子伝達系における 　酸化還元反応	Sec. 19.3, 20.2
B_6（ピリドキシン）	特にアミノ酸のアミノ基転移反応	Sec. 23.4
ナイアシン（ニコチン酸）	多くの代謝過程における酸化還元反応	Sec. 17.3, 19.3, 20.2
ビオチン	糖質および脂質代謝における 　カルボキシ化反応	Sec. 18.2, 21.6
パントテン酸	多くの代謝過程におけるアシル基転移	Sec. 15.7, 21.6
葉酸	特に含窒素化合物合成におけるC1単位の転移	Sec. 23.4, 23.11
C（アスコルビン酸）	コラーゲンのヒドロキシ化	身の周りに見られる 生化学（p.602）
リポ酸（？） 　（リポ酸がビタミンであるかどうかは疑問）	アシル基転移，酸化還元	Sec. 19.3
脂溶性		
A	異性化による視覚反応	Sec. 8.7
D	特に骨におけるカルシウムとリンの代謝調節	Sec. 8.7
E	抗酸化作用	Sec. 8.7
K	血液凝固に必要なタンパク質の修飾	Sec. 8.7

酵素の前駆体であり，表には，補酵素が関わる反応が記述されている節を参考までに示している．NADH，NADPH，FAD，TPP，ビオチン，ピリドキサールリン酸，ならびに補酵素Aが登場する多くの経路を学んできたが，これらはいずれもビタミンの誘導体である．ビタミンとその代謝における役割を表24.2にまとめている．ビタミンが実際に生化学的な役割を果たすのは，多くの場合，ビタミン自身ではなくその代謝物によるが，いずれにしても，食事から摂取することが必要である．

24.2.3　ミネラルとは何か

栄養学でいう**ミネラル** mineral とは，イオンもしくは遊離の元素の形で生体反応に必要とされる無機物質のことである．主要ミネラル（多量に必要とされる元素）は，ナトリウム，カリウム，塩素，マグネシウム，リン，およびカルシウムである．カルシウム以外のミネラルは，通常の食事でその必要量を満たすことができる．カルシウムは不足しやすく，不足例もしばしば見られる．カルシウム不足は，骨の脆弱化を招き，骨折の危険性が高まるので，特に高齢の女性にとっては問題となる．このような場合には，カルシウム補助食品が必要である．ある種の微量ミネラルの必要性は必ずしも明確ではない．例えば，生化学的にはクロムはグルコースの代謝に必要（最近，その役割がピコリン酸ク

身の周りに見られる生化学　栄養学

鉄：ミネラル要求の一例

鉄は 2 価 Fe（II）または 3 価 Fe（III）の形で存在し，通常，体内ではタンパク質と結合している．血中では，鉄は"遊離型"では存在しない．鉄を含むタンパク質は，体内に広く分布しているため，食事として摂取する必要がある．深刻な鉄不足は，鉄欠乏性貧血を引き起こす．

食物中の鉄は，通常，3 価の形で存在する．料理される鉄鍋から出る鉄もこの形である．しかし，鉄が吸収されるためには 2 価鉄になる必要がある．3 価鉄から 2 価鉄への還元は，アスコルビン酸（ビタミン C）やコハク酸によって行われる．鉄の吸収に影響を与える因子として，鉄化合物の溶解度，消化管内の制酸剤，鉄源などがある．例えば，鉄はリン酸やシュウ酸と不溶性の複合体を形成し，また，消化管内に制酸剤があると鉄の吸収が阻害される．肉類中の鉄は植物に含まれる鉄よりも吸収されやすい．

鉄の必要量は年齢や性別によって異なる．乳児と成人男子は，1 日当たり 10 mg を必要とする．乳児は，生後 3～6 か月分の必要量を蓄えて生まれてくる．小児と女性（16～50 歳）は，1 日当たり 15～18 mg を必要とする．女性は 1 回の月経期間中，20～23 mg の鉄を失う．妊婦や授乳中の女性は，1 日当たり 18 mg 以上の鉄を必要とする．失血した場合には，年齢・性別に関係なく上記の量以上の鉄が必要になる．特にマラソンのような長距離走者は，長距離を走る間，何千回も足を地面にたたきつけることによって足の血液細胞が失われ貧血になる危険性がある．鉄分が不足している人たちは，粘土，チョーク，氷のような食料品以外の物を渇望することもあるようである．

ロムの効果から示唆されている）であり，マンガンは骨形成に必要であることは知られているが，これらの元素の欠乏症については報告されていない．一方，鉄，銅，亜鉛，ヨウ素およびフッ素の必要性は，十分，認められており，フッ素を除いて1日所要量が示されている．銅と亜鉛は，食事によって容易に必要量を満たせるが，過剰摂取は有毒である．ヨウ素の不足は，甲状腺肥大（Sec. 24.3）を招き，アメリカのいくつかの地域では長年問題となってきた．ヨウ素不足を補うためにヨード塩が使われており，ヨウ素が添加されていない食卓塩を探すほうが大変なくらい普及している．フッ素は子供の虫歯を予防するために水道水に添加されたが，その功罪についてはかなりの論争をまき起こしたこともある．鉄は，体内に広く存在するヘムタンパク質の構造の一部をなしているため重要である．出産可能な年齢に達した女性は，他の年齢層の人々より鉄欠乏症になりがちであり，鉄を含む食品を補充することが勧められる場合もある．ミネラル推奨量は年齢によっても異なるものであり，活動のレベルによっても適宜補正する必要がある．

食品ピラミッド

健康を保つための食品の選択指針を明示する手段として食品指導ピラミッドがつくられた．この図は，栄養素を十分に含むが，過剰にはならないような食事を摂ることに重きを置いたものである（図24.2）．その目的は，食事をうまく選択することにより健康増進を図ることである．この図をつくる

図 24.2

食品指導ピラミッド（USDA）
糖質を基本とした食事を選択することが推奨されている．タンパク質と脂質は，糖質に比べて少量でも身体の要求を満たすには十分である．

に際して，多くの人の混乱を避けるために，以前から慣れ親しまれている基本的な食品分類による食事指針を考慮する必要があった．この新しい指針では，食事中の食物繊維量を増やし，脂肪量を減らすように注意が払われている．多種類の食品を適量にということが，この図の重要な概念である．生化学的な観点からすれば，糖質を基本とし，必須アミノ酸（Sec. 23.5）の要求量を満たすタンパク質が十分に含まれた食事を摂ることである．図 24.2 では，糖質が基盤となっており，複合糖質が豊富なパン，シリアル，米，パスタといった食べ物の 6～11 品目摂取が適量とされる．脂質は 1 日のカロリー数の 30 % 以上になってはならないが，典型的なアメリカの食事の場合，現在のところ約 45 % の脂肪を含んでいる．高脂肪食を摂り続けると心臓疾患やある種のがんを引き起こすため，脂質摂取に関する指針は極めて重要である（この話題についての詳細は，本章末の Willett, W. の論文を参照されたい）．

24.2.4　以前の食品ピラミッドは今でも有効か

　食品ピラミッドの詳細については多くの科学者が疑問をもっている．特定の種類の脂質は健康に必要であり，実際，心疾患の危険性を減らしている．また，糖質の大量摂取が有益であるとする主張を支持する証拠はほとんど得られていない．多くの人が，1992 年に発行された最初の食品ピラミッドには重大な欠陥があると感じている．それは，糖質を過剰にたたえ，すべての脂質を悪者としている．さらに，肉，魚，鶏肉，卵をまるで健康上同じであるかのようにひとまとめにしてしまったのである．飽和脂肪と，高コレステロールや心疾患の危険性との関連を示す証拠は多くあるが，一価および多価不飽和脂肪には逆の効果がある．多くの科学者は，このようなさまざまな脂質の違いを認識していたが，一般の人々はその違いを理解しないだろうと考え，最初の食品ピラミッドは，脂質は悪いものだという単純なメッセージを送ることにした．脂質は悪いということの当然の帰結は，糖質は良いということであった．しかし，数年の研究の後も，脂質からのカロリーが 30 % 以下の食事が，30 % 以上の食事よりも健康的であるという証拠は見つかっていない．

　さらに複雑なことに，コレステロールの輸送型であるリポタンパク質の影響も考慮しなければならない．高密度リポタンパク質（HDL）型で輸送されるコレステロールが高値であることは健康な心臓と関連しているが，低密度リポタンパク質（LDL）型で輸送されるコレステロールが高値であることは心疾患の高い危険性と関連している（Chap. 21）．飽和脂肪のカロリーを糖質に置き換えると，LDL と総コレステロール量は減少するが，同時に HDL の濃度も低下する．LDL の HDL に対する比率は極端には下がらないので，健康上の効果はほとんどない．しかし，糖質の増加は，インスリン産生が増加することで脂肪合成が増加することがわかっている．不飽和脂肪からのカロリーが糖質からのカロリーに置き換えられた場合には，もっと悪い結果となる．LDL 濃度は HDL 濃度に比較して上昇する．

　図 24.3 は，最新の証拠や栄養学者たちからの推奨を取り入れた現代版食品ピラミッドである．注目すべき点は，ピラミッドの底辺には健康の核心である運動と体重管理があることである．健康でいるためには，運動と総カロリー数の制限に替わるものはない．次の段には，良い種類の糖質と脂質が主要な場所を陣取っている．全粒粉の食品は複合糖質なのでゆっくりと消化されるので，精白米やパスタといった精製糖質のように血糖値の増加やインスリン濃度の上昇といったことはない．健康的な

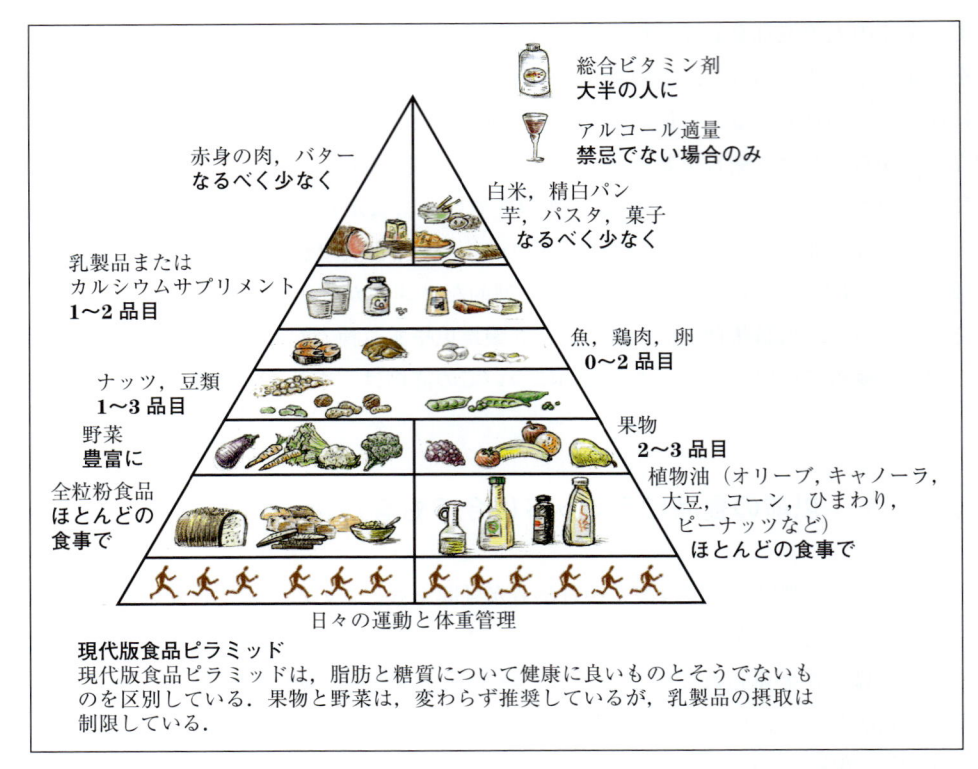

図 24.3

現代版食品ピラミッド
現代版では，さまざまな種類の食品の推奨摂取量に，糖質や脂肪の種類が健康に良いタイプかそうでないタイプかの違いが反映されている．また，以前のピラミッドに比べて，乳製品の推奨摂取量が減っている（© *Richard Borge* より，許可を得て転載）

脂肪は植物油由来である．野菜と果物はこのピラミッドでも重要な位置を占めており，すぐ上にはナッツ類と豆類が位置している．その上の段には，魚，鶏肉，卵などの良質なタンパク質源がある．ここでは推奨品目が 0〜2 であることに注目してほしい．ここがやり方を変えているところである．タンパク質の種類が重要であり，実際このガイドでは，動物性タンパク質は全く摂る必要がないといっている．この新しいピラミッドでは，乳製品はかなり上位に位置する．コマーシャルでは，"皆，牛乳が必要"と勧めているが，乳製品の摂取による健康上の危険もいくつか指摘されている．乳製品をたっぷり摂る文化圏には，心疾患が高頻度で発生するところもあるが，恐らく，牛乳とバターに含まれる高含量の飽和脂肪酸によるものであろう．さらに，多くの成人は乳タンパク質アレルギーで，多くの人々はラクトースを消化できない．ピラミッドの頂点は，赤身の肉や精製糖質，じゃがいものような自然の糖質源などで，これらは節食を心がけるべきものである．米農務省は，2006 年 4 月に栄養ウェブサイトを立ち上げた（http://www.mypyramid.gov）．このサービスは，健康的なライフスタイルを選択するために，食品と運動の役割についての情報を個人に提供している．ウェブサイトには，毎日の栄養摂取量を記録するワークシートなど，栄養源の選択やライフスタイルを評価できるような対話型プログラムも含まれている．

24.2.5 肥満とは何か

　肥満症はアメリカがかかえる主要な国民健康問題の一つである．米国立衛生研究所の最近の統計によると，人口の 1/3 の人が標準体重を少なくとも 20 % 以上も超えた肥満である．痩せたい人たちのために，人工甘味料が登場し，時に論議の的になってきた（p.101 の《身の周りに見られる生化学》を参照）．ごく最近，代用脂肪が市場に現れ，再び議論を呼んでいる．一つ明らかなことは，この種の話題は大きな関心をもって迎えられ続けるということである．なぜなら，人々の心は美味しいものを食べるか健康志向でいくかの狭間を揺れ動き，このことが新しい健康食品を生み出す推進力になるからである．

　肥満の制御におけるタンパク質レプチンの役割がマウスで解明され，ヒトにおいてもその作用に関する情報が集積されてきている．マウスのレプチンは 16 kDa のタンパク質であり，肥満 obesity（ob）

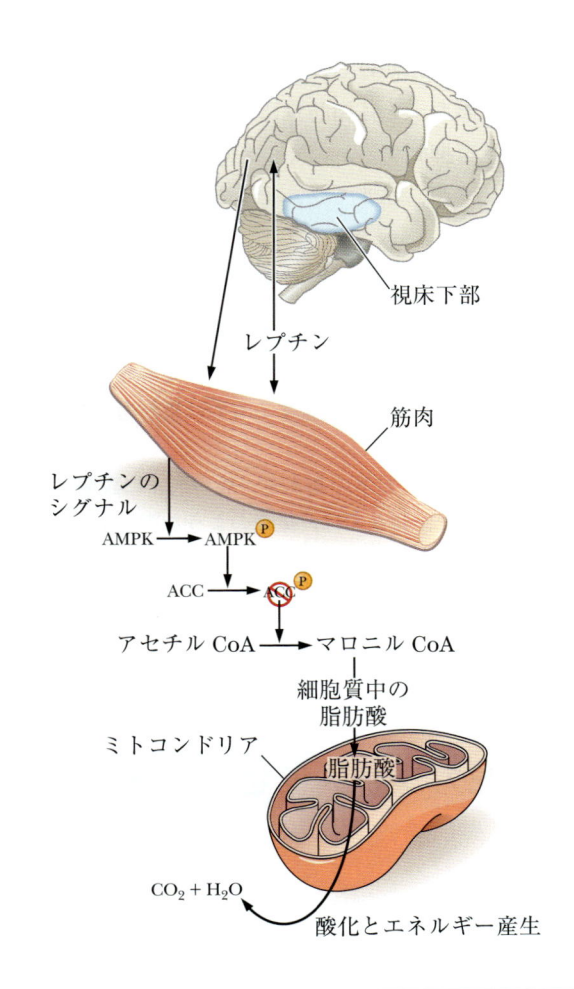

図 24.4

レプチンは代謝においてさまざまな作用を示す
レプチンは脳に作用して，食欲を減らす．また，アセチル CoA カルボキシラーゼ（ACC）を不活性化する．ACC の活性低下はマロニル CoA の減少を引き起こし，脂肪酸酸化は促進し，脂肪酸合成は減少する．（Nature, Vol. 415 [January 17, 2002], Fig. 1, p.268. Copyright © 2002 Nature より，許可を得て転載）

遺伝子から産生される．この遺伝子の変異によってレプチンが不足すると，摂食量の増加と同時にエネルギー消費の低下が起こり，最終的には肥満になる．変異遺伝子をもつマウスにレプチンを注射すると，摂食量が抑制されエネルギー消費が亢進する結果，肥満が解消する．レプチンが不足した人にレプチンを投与すれば，肥満が減少すると報告されているが，肥満症の患者の中には血中レプチンレベルが高値を示す例がしばしば見受けられるため，一部の患者ではレプチン欠乏ではなく，レプチンに対する応答性の低下（レプチン抵抗性）である可能性がある．

　レプチンは脂肪酸の酸化と筋細胞によるグルコースの取込みを促進する．これは，レプチンがAMP活性化プロテインキナーゼを活性化することで，筋細胞内のアセチルCoAカルボキシラーゼ（ACC）のアイソフォームがリン酸化され，その酵素活性を下げることによる（図24.4）．Sec. 21.6で述べた脂質代謝におけるACCの重要な役割を思い出してもらいたい．ACC活性が減少すると，マロニルCoA濃度が減少し，ミトコンドリアが脂肪酸を取り込み，酸化する．レプチンは，また飽和脂肪酸へ二重結合を加える酵素である肝臓ステアロイルCoAデサチュラーゼのmRNAの産生を抑制し，脂質合成を減少させる．

　レプチンはまた，神経系にも直接働きかける．レプチンとインスリン（Sec. 24.5）は共に食欲の長期的な調節因子である．これらはおおよそ体脂肪量に比例する濃度で血中を循環し，視床下部の特定の神経細胞を抑制することで食欲を抑制する．いくつかの研究室では，この知見をヒトの肥満の治療法開発に利用しようとしている．食事，ホルモン，そして肥満に関する理論をp.916の《身の周りに見られる生化学》で述べる．

> **Sec. 24.2 要約**
> - 異化反応および同化反応の原材料は，食品に含まれる栄養素から得られる．
> - 人は食事を選ぶ際，十分な必須栄養素の摂取につとめる一方で，飽和脂肪など過剰摂取で健康を害するものは摂り過ぎないように注意を払うことが重要である．
> - 1992年，栄養学の基本を一般の人々に説明するために食品ピラミッドが発表された．現在では，従来のような脂質がすべて悪く，糖質がすべて良いというメッセージを送るのではなく，さまざまな種類の脂質と糖質の違いを認識した新しい改訂版が使われている．

24.3　ホルモンとセカンドメッセンジャー

ホルモン

　細胞内の代謝反応は，しばしば細胞外からのシグナルによって制御を受ける．細胞間の情報伝達は，通常，**内分泌系** endocrine system の働きを介して行われ，内分泌腺は細胞間のメッセンジャーとして**ホルモン** hormone を産生する．

24.3.1　ホルモンとは何か

　ホルモンは，合成された場所から，血流によって作用を発揮する場所に運ばれる（図24.5）．ホルモンは化学構造によって分類され，エストロゲン，アンドロゲン，ミネラルコルチコイドのようなステロイド（Sec. 21.8），インスリンやエンドルフィンのようなポリペプチド（Sec. 3.5），そしてエピネフリンやノルエピネフリンのようなアミノ酸誘導体（表24.3）に分類される．

　ホルモンは生体内でいくつかの重要な機能をもっている．ホルモンは，**恒常性** homeostasis の維持，すなわち生体内の生物学的活性のバランスを維持するために働いている．インスリンによって血糖値が一定の範囲内に維持されるのは，このような機能の一例である．"闘争あるいは逃走"反応におけるエピネフリンとノルエピネフリンの働きは，ホルモンが外界刺激に対する応答反応を仲介する一例である．成長ホルモンや性ホルモンの作用からわかるように，ホルモンは成長や発育にも関わっている．したがって，生化学と生理学の方法論や考え方は，内分泌系の働きを明らかにする上で大きな助けになる．

　ホルモンは，分泌されると標的器官の細胞の働きを調節する一方，そのホルモン自身を分泌している内分泌腺の働きを調節するような機構も存在する．これは，そのホルモンの作用によって自らの分泌がフィードバック阻害されるといった単純なフィードバック機構を想定することができる（図24.6）が，実際，内分泌系の働きは単純ではなく，より高度な調節が可能なように複雑にできている．わかりやすい例でいえば，血糖値の速やかな上昇に呼応してインスリンが分泌される．もし調節機構がなければ，過剰のインスリンによって血糖値が低下した**低血糖症** hypoglycemia を招くおそれがあ

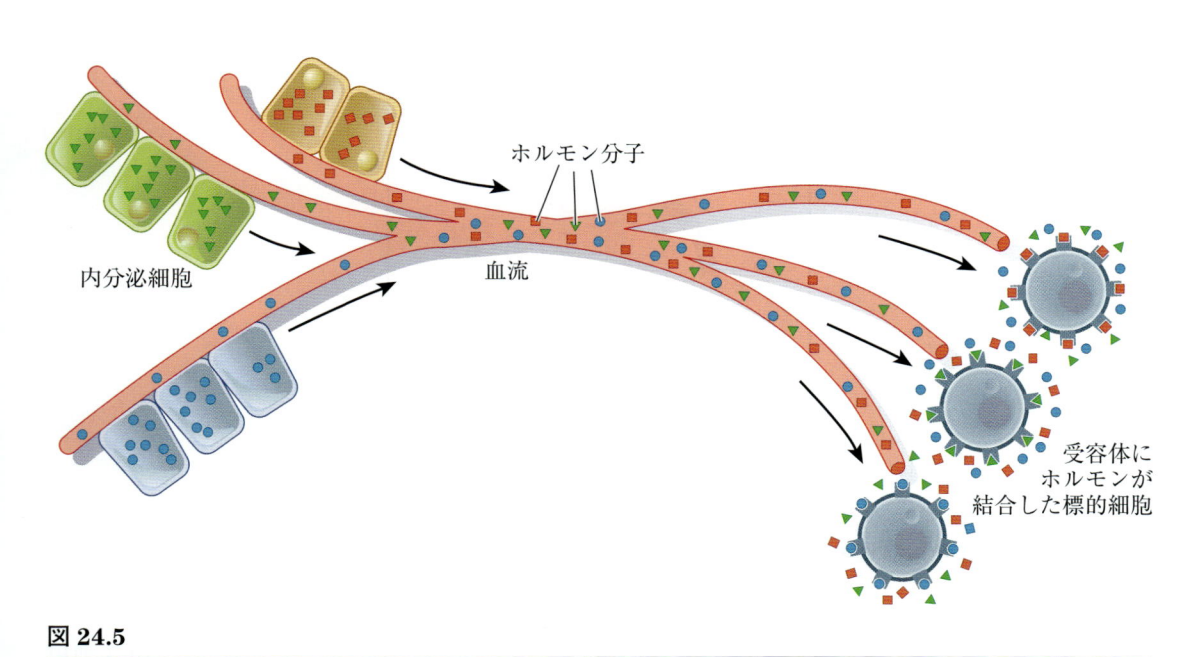

図 24.5

血液はさまざまなホルモンを運ぶ
内分泌細胞は血流中にホルモンを分泌し，ホルモンは血流によって標的細胞へ運ばれる．標的細胞には特定のホルモンに対する特異的な受容体があり，ホルモンが結合することによって細胞の代謝に影響を及ぼす．

表 24.3　代表的なヒトのホルモン

ホルモン	分泌部位	主な作用
ポリペプチド		
副腎皮質刺激ホルモン放出因子（CRF）	視床下部	ACTHの放出促進
性腺刺激ホルモン放出因子（GnRF）	視床下部	FSHとLHの放出促進
甲状腺刺激ホルモン放出因子（TRF）	視床下部	TSHの放出促進
成長ホルモン放出因子（GRF）	視床下部	成長ホルモンの放出促進
副腎皮質刺激ホルモン（ACTH）	下垂体前葉	副腎皮質ステロイドの放出促進
甲状腺刺激ホルモン（TSH）	下垂体前葉	チロキシンの放出促進
卵胞刺激ホルモン（FSH）	下垂体前葉	卵巣における排卵とエストロゲン合成の促進；精巣における精子形成の促進
黄体形成ホルモン（LH）	下垂体前葉	卵巣におけるエストロゲンとプロゲステロンの合成促進；精巣におけるアンドロゲンの合成促進
メチオニンエンケファリン	下垂体前葉	中枢神経系での麻薬性鎮痛作用
ロイシンエンケファリン	下垂体前葉	中枢神経系での麻薬性鎮痛作用
βエンドルフィン	下垂体前葉	中枢神経系での麻薬性鎮痛作用
バソプレッシン	下垂体後葉	腎臓での水の再吸収促進と血圧上昇
オキシトシン	下垂体後葉	子宮収縮と乳汁の分泌促進
インスリン	膵臓（ランゲルハンス島のβ細胞）	血中グルコースの取込み促進
グルカゴン	膵臓（ランゲルハンス島のα細胞）	血中へのグルコース放出促進
ステロイド		
グルココルチコイド	副腎皮質	抗炎症，抗ストレス作用
ミネラルコルチコイド	副腎皮質	電解質と水のバランス保持
エストロゲン	性腺と副腎皮質	女性における第二次性徴の発達促進
アンドロゲン	性腺と副腎皮質	男性における第二次性徴の発達促進
アミノ酸誘導体		
エピネフリン	副腎髄質	心拍数と血圧の上昇
ノルエピネフリン	副腎髄質	末梢循環の低下と脂肪組織での脂肪分解促進
チロキシン	甲状腺	基礎代謝の亢進

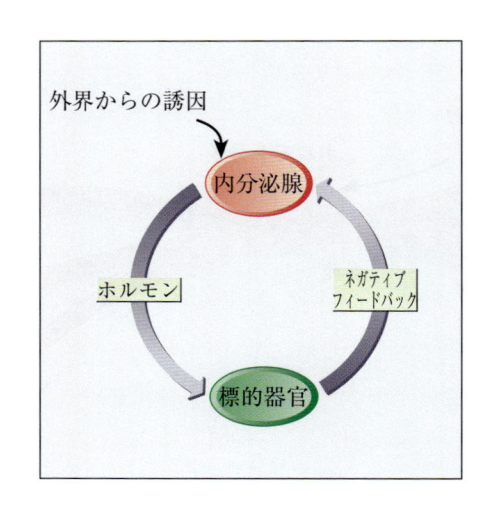

図 24.6

内分泌腺と標的器官が関与する簡単なフィードバック調節機構

る．実際には，インスリンの分泌に対する負のフィードバック調節に加え，グルカゴンの作用も血中のグルコースレベルを回復させるのに寄与している．すなわち，二つのホルモンは共同して血糖調節を行っている．次節でもわかるように，この例はかなり限局的である．インスリンについては，Sec.

24.5 で詳しく述べる．

さらに精巧な調節機構が，視床下部 hypothalamus，下垂体 pituitary，および特定の内分泌腺 endocrine gland の作用に関与している（図 24.7）．まず，中枢神経系が視床下部に対してシグナルを送る．**視床下部** hypothalamus はホルモン放出因子を分泌し，ホルモン放出因子は下垂体前葉による刺激ホルモンの放出を促進させる（表 24.3）（視床下部は下垂体後葉に対して神経刺激を介して作用する）．**刺激ホルモン** trophic hormone は特定の**内分泌腺** endocrine gland に作用してホルモンを放出させ，放出されたホルモンは標的器官に運ばれる．この過程の各段階にフィードバック調節が存在することに留意してほしい．チモーゲンの活性化機構（Sec. 7.4）によって，さらに微細な調節が可能であり，多くのホルモンにこの調節機構が存在している．

ホルモンの化学的性質が細胞シグナリングにおいても重要な役割を占めることは予想できる．例えば，ステロイドホルモンは細胞膜から直接細胞内に入るか，細胞膜受容体に結合することができる．非ステロイドホルモンは，細胞膜受容体に結合した場合のみ細胞内に入ることができる（図 24.8）．

表 24.3 に示した放出因子と刺激ホルモンの多くはペプチド性であるが，各内分泌腺から放出されるホルモンの化学的性質は変化に富んでいる．例えば，甲状腺で産生されるチロキシンは，アミノ酸

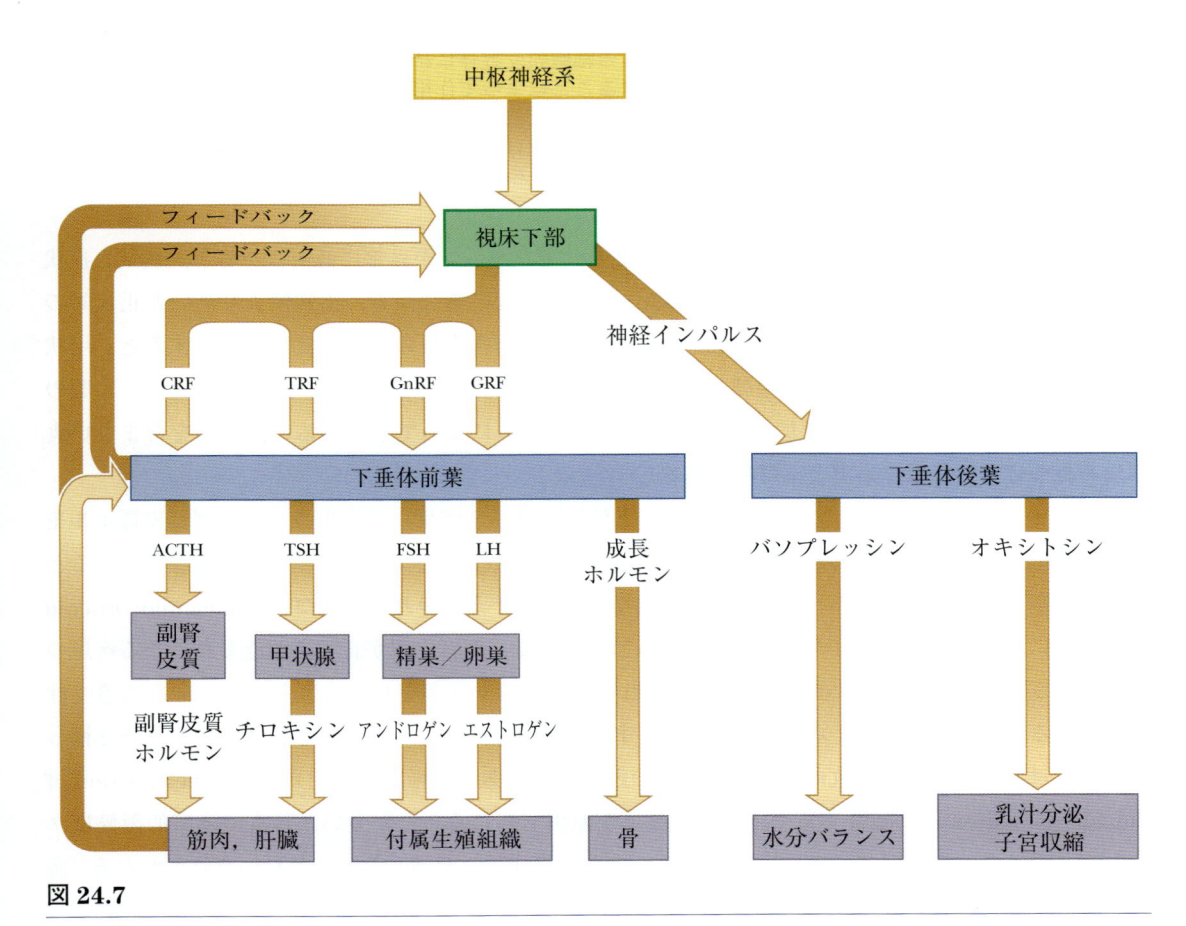

図 24.7

ホルモン調節
このホルモンの調節機構から，視床下部，下垂体，および標的組織の役割がわかる．
ホルモンの名称に関しては表 24.3 を参照．

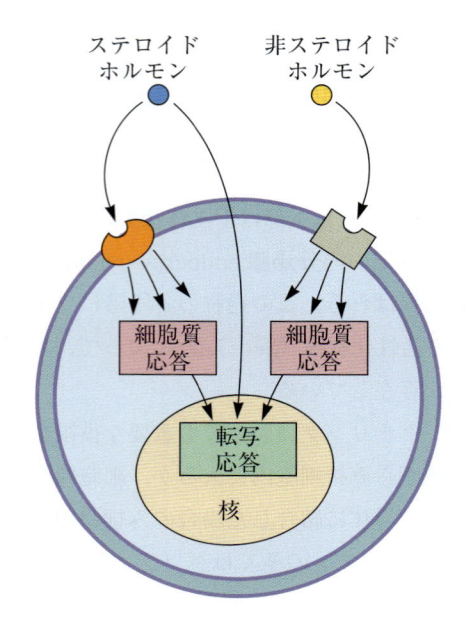

図 24.8

ホルモンの作用

非ステロイドホルモンはすべて，細胞応答を仲介する細胞膜受容体に結合する．一方，ステロイドホルモンは細胞膜受容体に結合するか，または核まで拡散することによって作用する．ステロイドホルモンは核において転写を制御する（訳注：ステロイドホルモン受容体の大部分は細胞内に含まれている．一方，最近，細胞膜上にも少量のステロイドホルモン受容体が存在し，ステロイドホルモンによる速い反応に関与していると考えられている．次頁，"セカンドメッセンジャー"の項を参照）．

であるチロシンのヨウ素化誘導体である（Sec. 3.2）．チロキシンが異常に低値になると，無気力症状や肥満を特徴とする**甲状腺機能低下症** hypothyroidism が起こる．一方，正常値より高いと正反対の症状（甲状腺機能亢進症 hyperthyroidism）を示す．ヨウ素含有量の少ない食事を摂取すると，甲状腺機能低下症や甲状腺肥大（甲状腺腫 goiter）を引き起こすことが多い．症状のほとんどは，市販の食卓塩にヨウ化ナトリウムを添加すること（"ヨード"塩）によって消失する（ヨウ素を含まない食卓塩を見つけることは，事実上不可能である）．

ステロイドホルモン（Sec. 21.8）は副腎皮質と性腺（精巣と卵巣）で産生される．**副腎皮質ホルモン** adrenocortical hormone のうち，**グルココルチコイド** glucocorticoid は，糖代謝に影響を与えるとともに炎症反応を調節し，ストレス反応にも関与している．**ミネラルコルチコイド** mineralocorticoid は，腎臓における水と電解質の排泄レベルを調節している．副腎皮質が正常に機能しなくなる疾患の一つにアジソン病 Addison's disease があり，患者は低血糖や衰弱を起こすとともにストレス感受性が増大する．この病気は，ミネラルコルチコイドとグルココルチコイドを投与してその不足分を補ってやらなければ，ついには致命的となる．その逆の状態である**副腎皮質機能亢進症** hyperfunction of the adrenal cortex は，副腎皮質や下垂体の腫瘍が原因で起こることが多い．特有の臨床的徴候はクッシング症候群 Cushing's syndrome と呼ばれており，高血糖，浮腫，そして容易にそれとわかる"満月様顔貌"などを示す．

副腎皮質もアンドロゲン androgen やエストロゲン estrogen などのステロイド性の性ホルモンを産生するが，これらの主な産生部位は性腺である．エストロゲンは雌の性成熟と性機能のために必要で

あるが，哺乳動物の雌の胎児期の性的発育には必要ではない．遺伝的に雄の胎児が，もし胎児発育期にアンドロゲンを除かれた場合には，雌の表現型を示す発育をする．最後に，ポリペプチド性のホルモンである成長ホルモン（GH）に触れておきたい．GHの過剰産生は，通常，下垂体腫瘍によって起こる．骨格がまだ成長段階にある時期に過剰産生が起こると，**巨人症** gigantism になる．また，GHの過剰産生が起こる前に骨格の成長が停止していた場合には，大きな手足と特異な顔貌を特徴とする**先端巨大症** acromegaly になる．GHの産生低下は**小人症** dwarfism を引き起こすが，骨格の成長が停止する前にヒトGHを注射することで治療できる．動物由来のGHはヒトの小人症の治療には無効である．ヒトGHが遺体からしか得られなかった時代には供給も限られていたが，現在は組換えDNA技術によって合成することができる（p.104の《身の周りに見られる生化学》では，オキシトシンとバソプレッシンについて，ペプチドホルモンを別の観点から述べているので参照されたい）．ヒトの成長ホルモン（hGH）には老化を遅らせる効果があると信じる人たちは，最近，hGHを手に入れることが可能となった．hGHのレベルが中年期以降に減少することは知られているが，多くの人は，もし買う余裕があって成長ホルモンを入手できるなら，いつまでも若さが保てると考えるようになった．現時点では結論は出ていないが，hGHはすでに処方されており，医学界は成長ホルモンの使用を条件付きで認めている．例えば，医師は40歳を超えた患者には処方することを検討することになるだろう．このホルモンはまた，持久系スポーツ選手の間で不法に使用されているが，今のところ使用をチェックする信頼度の高い検査法は確立されていない．

セカンドメッセンジャー

ホルモンが標的細胞の特異的受容体に結合すると，一連の反応が開始され，その結果，細胞内応答が引き起こされる．受容体にはさまざまなタイプのものが知られている．ステロイドホルモン受容体は細胞膜部分よりもむしろ細胞内に存在する（ステロイドホルモンは自由に細胞膜を通過できる）．ステロイドホルモン–受容体複合体は，特定の遺伝子の転写に影響を及ぼす．一方，多くの受容体タンパク質は細胞膜の一部分として存在している．ホルモンが受容体に結合すると，セカンドメッセンジャーの濃度変化を引き起こす．**セカンドメッセンジャー** second messenger は，一連の反応を引き起こして細胞内に変化をもたらす．

24.3.2　セカンドメッセンジャーはどのように働くか

サイクリック AMP と G タンパク質

サイクリック AMP（アデノシン 3′,5′-一リン酸；cAMP）はセカンドメッセンジャーの一例である．ホルモンが β_1 または β_2 アドレナリン受容体と呼ばれる特異的受容体に結合すると，それが引き金となって**アデニル酸シクラーゼ** adenylate cyclase が活性化され ATP から cAMP を産生する．この反応は，α，β および γ の3種のサブユニットからなる三量体の促進性Gタンパク質によって仲介される．

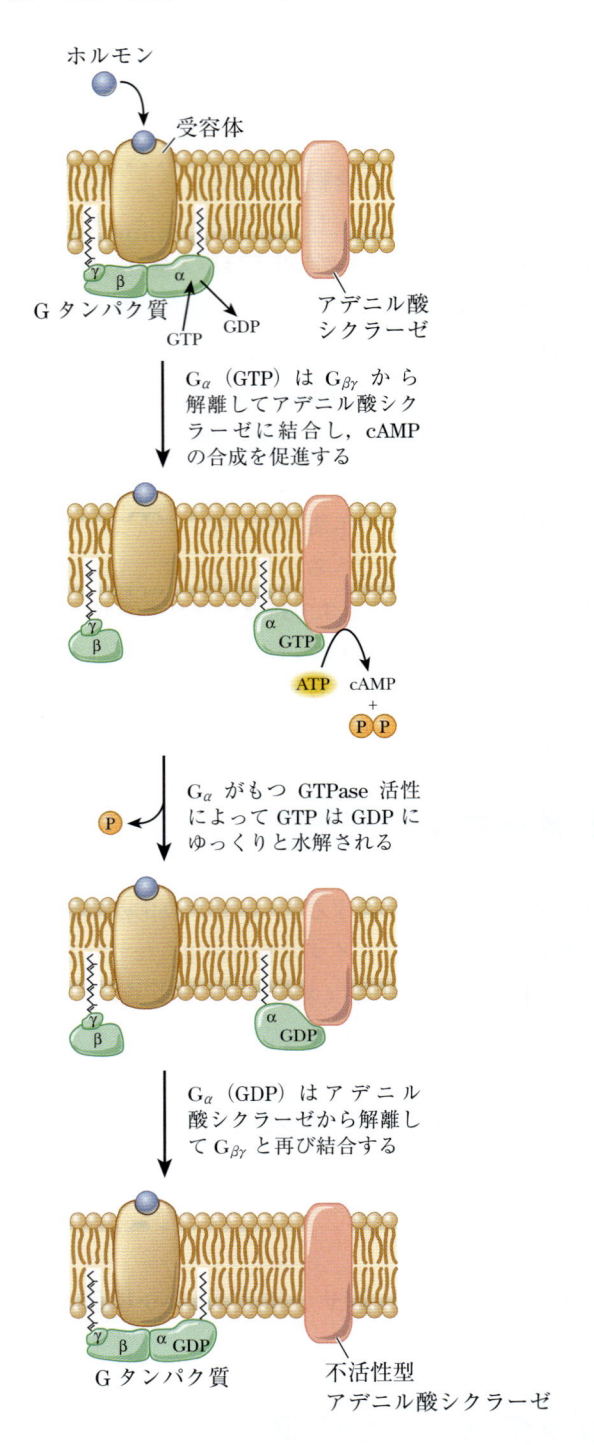

図 24.9

ヘテロ三量体 G タンパク質によるアデニル酸シクラーゼの活性化

受容体にホルモンが結合すると，受容体はコンホメーション変化を起こし，G_α に結合している GDP は GTP に置き換わる．この G_α（GTP）複合体は $G_{\beta\gamma}$ から解離して，cAMP の合成を触媒するアデニル酸シクラーゼと結合する．G_α に結合している GTP は，内在性の GTP アーゼによってゆっくりと水解される．G_α（GDP）はアデニル酸シクラーゼから解離して，$G_{\beta\gamma}$ と再び結合する．G_α と G_γ は脂質 – アンカータンパク質である．アデニル酸シクラーゼは，12 箇所の膜貫通型 α ヘリックス領域をもった膜タンパク質である．

すなわち，ホルモンが受容体に結合するとGタンパク質が活性化され，αサブユニットがGTPと結合し，GDPを放出する．Gタンパク質という名前は，この性質に由来している．活性化されたタンパク質はGTPアーゼ活性をもっており，GTPを加水分解し，Gタンパク質を不活性な状態に戻す．GDPは，次回にこのタンパク質が活性化される際にGTPと置き換わることができるように，αサブユニットに結合したままになっている（図24.9）．Gタンパク質とアデニル酸シクラーゼは細胞膜に結合しているが，cAMPは細胞の内部に放出されてセカンドメッセンジャーとして作用する．すでにいくつかの経路で見てきたように，cAMPは，多くの酵素や転写因子をリン酸化するプロテインキナーゼAを活性化させる．受容体へのホルモンの結合がアデニル酸シクラーゼを促進しないで，逆に抑制するような例（α_2受容体）も知られている．この場合，別の種類のαサブユニットをもつGタンパク質が反応を仲介する．このタイプのGタンパク質は，ホルモンの結合に対する応答を促進するタイプのものと区別するために，抑制性Gタンパク質 inhibitory G protein と呼ばれている（図24.10）．

真核細胞におけるcAMPの作用機構は，二つの調節サブユニットと二つの触媒サブユニットで四量体を形成しているcAMP依存性プロテインキナーゼを活性化することである．cAMPが調節サブユニットの二量体に結合すると，二つの活性型触媒サブユニットが遊離する．この活性型キナーゼは，標的となる酵素または転写因子のリン酸化を触媒する（図24.11）．図24.11の模式図は，リン酸化によって酵素が活性化されることを示している．リン酸化によって標的酵素が失活するような例（グリコーゲンシンターゼ；Sec. 24.4）も知られている．リン酸化される部位は，通常，セリンまたはトレオニンのヒドロキシ基である．ATPが，酵素に転移されるリン酸基の供給源となる．リン酸化された酵素は細胞応答を引き起こす．

Gタンパク質は真核細胞において，非常に重要なシグナル伝達分子であり，種々のホルモンの組合せで活性化される．例えば，エピネフリンとグルカゴンは，いずれも肝細胞内の促進性Gタンパク質を介して作用する．この作用は累加的であるので，もしグルカゴンとエピネフリンが共に放出され

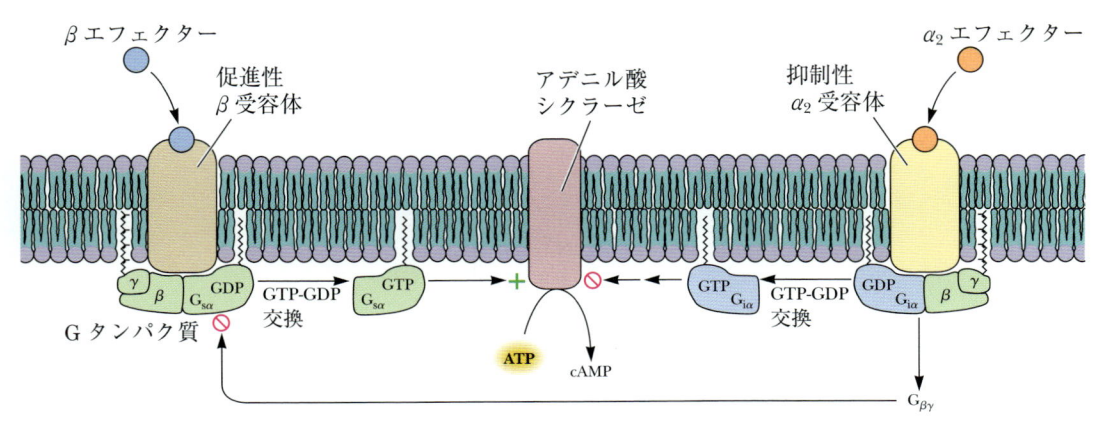

図 24.10
アデニル酸シクラーゼの調節
アデニル酸シクラーゼ活性は促進性（G_s）および抑制性（G_i）Gタンパク質によって調節されている．ホルモンがβ受容体に結合すると，G_sを介してアデニル酸シクラーゼが活性化される．一方，α_2受容体に結合するホルモンはアデニル酸シクラーゼ活性を抑制する方向に働く．この抑制は，$G_{i\alpha}$によるシクラーゼ活性の直接阻害，または$G_{s\alpha}$への$G_{i\beta\gamma}$の結合によって起こると考えられる．

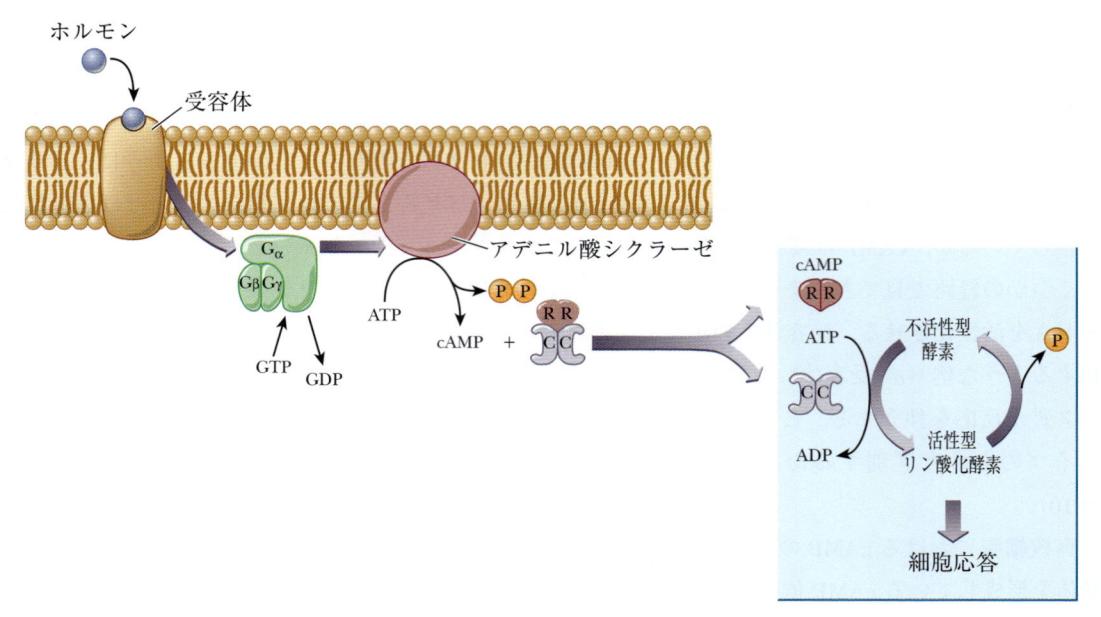

図 24.11

ホルモンが受容体に結合することによって起こるアデニル酸シクラーゼの活性化と cAMP の作用様式
ホルモンが受容体に結合すると，アデニル酸シクラーゼによって ATP から cAMP が生成する．この反応は G タンパク質によって仲介される．生成した cAMP は，プロテインキナーゼの調節サブユニット (R) に結合することによってプロテインキナーゼを活性化する．すなわち，活性をもつ触媒サブユニット (C) が遊離し，これが標的となる酵素をリン酸化する．リン酸化された酵素は，ホルモンに対する細胞応答を引き起こす．この模式図は，リン酸化によって標的酵素が活性化される場合を示している．

れば，細胞への効果はより大きくなる．G タンパク質は cAMP の濃度に影響するだけでなく，細胞膜イオンチャネルの開閉やホスホリパーゼ C の活性化など，さまざまな細胞過程の活性化に関連している．G タンパク質はまた，視覚や嗅覚にも関連している．現在，100 種類以上の G タンパク質共役型受容体と，20 種類以上の G タンパク質が知られている．

サイクリック AMP

サイクリック AMP（環状アデノシン 3′,5′-一リン酸，cAMP）

Gタンパク質はコレラ毒素によって恒常的に活性化された状態となり，その結果，アデニル酸シクラーゼの過剰な活性化とcAMP濃度の慢性的上昇が起こる．コレラ cholera はコレラ菌 Vibrio cholerae の感染によって起こるが，この病気の危険な点は，下痢によって激しい脱水症状が起こることである．小腸の上皮細胞内のcAMPはNa^+の能動輸送を促進するので，アデニル酸シクラーゼの活性亢進が制御不能になれば下痢を起こしてしまう．すなわち，小腸上皮細胞でcAMPが過剰になると，大量のNa^+と水が上皮細胞の粘膜側から腸管内に流出する．コレラ患者が失った水と電解質を補充することができれば，感染自体は免疫系によって数日のうちに排除される．

セカンドメッセンジャーとしてのカルシウムイオン

もう一つの代表的なセカンドメッセンジャー系として，カルシウムイオン（Ca^{2+}）が関与するものがある．カルシウムを介する応答の多くは，細胞内の貯蔵部位からCa^{2+}が遊離することによって起こり，これは神経筋接合部が機能する際に筋小胞体からCa^{2+}が遊離することに類似している．リン脂質二重層の内層成分であるホスファチジルイノシトール4,5-ビスリン酸 phosphatidylinositol-4,5-bisphosphate（PIP_2）もこの系に必要である（図24.12）．

外部刺激因子が細胞膜の受容体に結合すると，ホスホリパーゼC phospholipase C が活性化され（Sec. 21.2），PIP_2を加水分解してイノシトール1,4,5-トリスリン酸 inositol-1,4,5-trisphosphate（IP_3）とジアシルグリセロール diacylglycerol（DAG）を生じるが，この過程はまた別のGタンパク質ファミリーのメンバーの一つによって仲介される．IP_3はセカンドメッセンジャーであり，サイトゾルを拡散して小胞体（ER）に達し，Ca^{2+}の遊離を促進する．遊離したCa^{2+}はカルシウム結合タンパク質であるカルモジュリンと複合体を形成する．このカルシウム-カルモジュリン複合体は，サイトゾルに存在するプロテインキナーゼを活性化し，cAMPセカンドメッセンジャー系と同様に，標的酵素をリン酸化する．この系に関与しているDAGは非極性であるため，細胞膜を拡散する．DAGは，膜結合型プロテインキナーゼCに遭遇すると，セカンドメッセンジャーとして機能してこの酵素（実際は，酵素ファミリー）を活性化する．**プロテインキナーゼC protein kinase C** も標的酵素をリン酸化する．標的となる酵素には，細胞内外へのCa^{2+}の流れを調節するチャネルタンパク質なども含まれる．このセカンドメッセンジャー系は，たとえ細胞内の貯蔵部位にあるCa^{2+}が枯渇しても，Ca^{2+}の流入を調節することによって応答を持続させることができる（この点に関して詳しく知りたい場合は，本章末のRasmussen, H. の論文を参照されたい）．

図 24.12

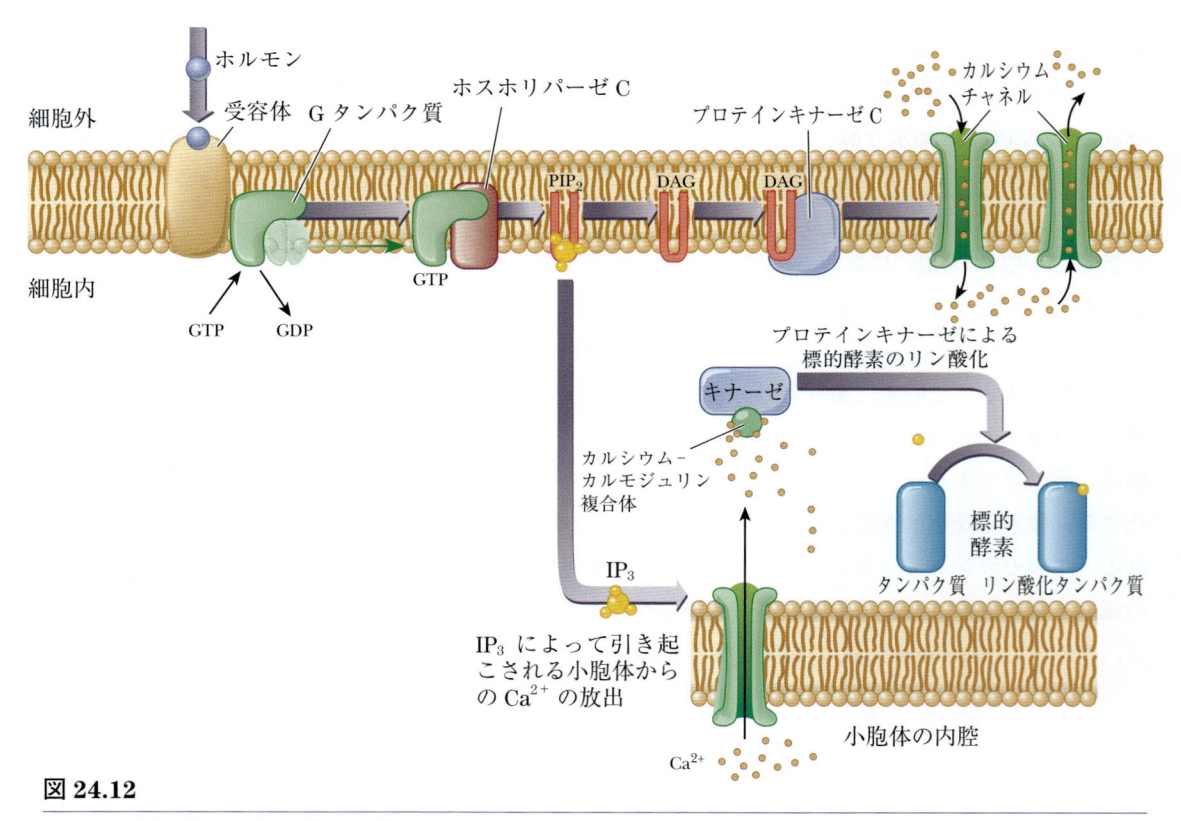

PIP₂ セカンドメッセンジャー系
ホルモンが受容体に結合すると，G タンパク質を介してホスホリパーゼ C が活性化される．ホスホリパーゼ C は PIP_2 を水解し，IP_3 と DAG を生じる．IP_3 は ER にある細胞内貯蔵部位からの Ca^{2+} 遊離を促進する．Ca^{2+} はカルシウム結合タンパク質であるカルモジュリンと結合して，サイトゾルに存在するプロテインキナーゼを活性化する．その結果，キナーゼの標的となる酵素がリン酸化される．一方，DAG は細胞膜に結合してとどまり，膜結合型プロテインキナーゼ C (PKC) を活性化する．PKC は，細胞内外への Ca^{2+} の流れを調節するチャネルタンパク質もリン酸化する．したがって，細胞内の貯蔵部位で Ca^{2+} が枯渇し，供給が途絶えた場合でも，細胞外から Ca^{2+} を流入させることにより，応答を持続させることができる．

受容体チロシンキナーゼ

もう一つの重要なセカンドメッセンジャー系の種類に**受容体型チロシンキナーゼ** receptor tyrosine kinase がある．これらの受容体は，細胞膜を貫通しており，外側にホルモン結合部位，内側にチロシンキナーゼの部分をもっている．図 24.13 に示すように，これらの受容体キナーゼはいくつかのサブクラスに分類される．最もよく知られているのはインスリン受容体（詳細は Sec. 24.5 で述べる）を含むクラス II である．

これらのキナーゼはアロステリック酵素である．細胞の外側の結合領域にホルモンが結合すると，チロシンキナーゼ領域に構造変化が生じ，キナーゼ活性が促進される．活性化されたチロシンキナーゼはさまざまな標的タンパク質のチロシン残基をリン酸化し，イオンやアミノ酸の膜輸送，および特定の遺伝子の転写活性に変化を引き起こす．ホスホリパーゼ C（図 24.12 参照）は，チロシンキナーゼの標的分子の一つである．他にも，プロテインホスファターゼ 1 をリン酸化し活性化する**インスリン感受性プロテインキナーゼ** insulin-sensitive protein kinase というものもある．

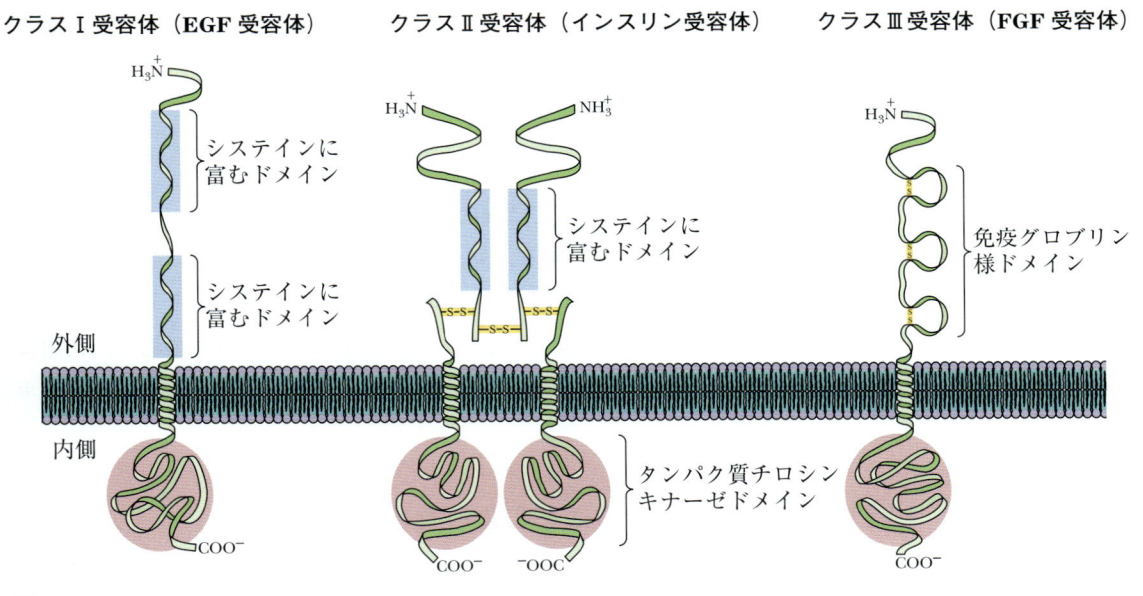

図 24.13
受容体型チロシンキナーゼの三つのクラス

クラス I 受容体は単量体で，システインに富む反復配列を二つ含んでいる．典型的なクラス II 受容体であるインスリン受容体は，2 種類のサブユニットから成る糖タンパク質で，$\alpha_2\beta_2$ 四量体を形成する．α および β サブユニットは，N 末端シグナル配列と共に一本のペプチド鎖として合成され，その後のタンパク質分解の過程で，個々の α および β サブユニットが生じる．620 残基から成る β サブユニットは，1 回膜貫通 α ヘリックスと，細胞外にアミノ末端，細胞内にカルボキシ末端をもつ完全な膜貫通タンパク質である．735 残基から成る α サブユニットは，β サブユニットとジスルフィド結合によってつながっている細胞外タンパク質である．インスリン結合ドメインは，α サブユニットのシステインに富む領域にある．クラス III 受容体は，複数の免疫グロブリン様ドメインを含んでいる．ここに示すのは，三つの免疫グロブリン様ドメインをもつ線維芽細胞増殖因子（FGF）受容体である．(A. Ullrich and J. Schlessinger, 1990. Signal Transduction by Receptors with Tyrosine Kinase Activity. Cell, *61*, 203-212 [1990] より，許可を得て転載)

> **Sec. 24.3 要約**
> - 多細胞生物における代謝反応の精緻な調節は，ホルモンとセカンドメッセンジャーの働きによって可能になる．
> - ヒトでは，放出因子（視床下部による調節），刺激ホルモン（下垂体による調節），および標的臓器に特異的なホルモン（内分泌腺による調節）から成る複雑なホルモン系が進化した．
> - この系のどの段階においてもフィードバック調節が働いている．
> - 重要なシステムの一つに，膜結合型Gタンパク質を活性化するホルモンがある．このGタンパク質は，アデニル酸シクラーゼを活性化して，cAMPを生成する．この場合，cAMPがセカンドメッセンジャーである．
> - もう一つの重要なシステムでは，ホルモンはホスホリパーゼCを活性化する別のGタンパク質を活性化する．ホスホリパーゼCは，ホスファチジルイノシトール 4,5 - ビスリン酸（PIP_2）をジアシルグリセロール（DAG）とイノシトール 1,4,5 - トリスリン酸（IP_3）に変換する．これらのどちらもカルシウムチャネルを開き，Ca^{2+} の遊離を促進する．この場合，Ca^{2+} がセカンドメッセンジャーである．
> - 受容体型チロシンキナーゼは，セカンドメッセンジャー系に関係する三つ目の重要な膜タンパク質である．

24.4　ホルモンと代謝調節

　細胞内応答の引き金となるホルモンの作用については既にある程度学んできたので，ここではホルモンによる代謝調節に戻って詳しく述べることにする．Sec. 18.3 では，糖質代謝の調節機構について一部解説した．すなわち，解糖と糖新生はどのような仕組みで調節されているか，そしてグリコーゲンの合成と分解が生体の要求に対してどのように対応しているかを学んだ．これらの場合，代謝に関与する酵素のリン酸化と脱リン酸化が極めて重要な役割を果たしていたが，実は，その系全体がホルモンによる支配を受けているのである．

24.4.1　糖質代謝を調節するのはどのようなホルモンか

　エピネフリン，グルカゴンおよびインスリンの3種類のホルモンが糖質代謝の調節に関与している．エピネフリンは筋肉組織に働き，要求に応じてグルコースの濃度を上昇させる．同様に，グルカゴンは肝臓に働き，血中のグルコース濃度を高める．この過程にはフィードバック調節が働いており，利用できるグルコース量が過剰にならないように制御されている（Sec. 24.3）．インスリンの役割は，このような調節ができるようにフィードバック応答の引き金を引くことである．
　エピネフリン（アドレナリン adrenalin とも呼ばれる）は，アミノ酸のチロシンの構造と似ている．エピネフリンはストレス（"闘争あるいは逃走" 反応）に応答して副腎髄質から放出される．エピネフリンが特異的受容体に結合すると，血中グルコース濃度の上昇や，筋細胞内の解糖の促進，エネルギー産生のための脂肪酸分解の促進といった一連の反応が開始される．グルカゴン（29個のアミノ

酸残基から成るペプチド）は，膵ランゲルハンス島のα細胞から放出され，特異的受容体に結合すると，生体が利用可能なグルコースをつくり出すための一連の反応を開始させる．エピネフリンであれグルカゴンであれ，一つのホルモンがその特異的受容体に結合するたびに，多くの促進性Gタンパク質が活性化される．これがホルモンシグナルの増幅の始まりである．活性化されたGタンパク質は，Gタンパク質自身がもつGTPアーゼ活性によって不活性化されるまでに何度かアデニル酸シクラーゼを活性化するため，さらなる増幅が行われることになる．アデニル酸シクラーゼの活性上昇に伴って産生されたcAMPは，cAMP依存性プロテインキナーゼを活性化することにより，グルコース濃度を上昇させる作用をもつ標的酵素のリン酸化を行う．すなわち，解糖とグリコーゲン合成に関与する酵素の活性を減少させるとともに，糖新生とグリコーゲン分解に関与する酵素の活性を増加させる．この一連の増幅ステップを**カスケード** cascade と呼ぶ．微量のホルモンが極めて顕著な作用を示すことができる背景には，増幅のカスケード効果がある．

　図24.14には，エピネフリンが特異的受容体に結合すると，どのようにして筋肉のグリコーゲン分解が促進され，グリコーゲン合成が抑制されるかを示している．ホルモン刺激によってアデニル酸シクラーゼが活性化されると，その結果cAMP依存性プロテインキナーゼが活性型になり，グリコーゲンホスホリラーゼの活性化と同時に，グリコーゲンシンターゼの不活性化をもたらす．

　グルカゴンは受容体に結合すると肝臓の糖新生を促進して解糖を抑制するが，この作用はアロステリックエフェクターとして重要なフルクトース2,6-ビスリン酸（F2,6P）の濃度変化によって決まる．Sec. 18.3で述べたことであるが，この物質は，解糖系の鍵酵素であるホスホフルクトキナーゼの重要なアロステリック活性化剤であると同時に，糖新生において重要な役割を担っているフルクトースビスリン酸ホスファターゼの阻害剤であることを思い起こしてほしい．F2,6Pは，高濃度であれば解糖を促進するが，低濃度では糖新生を促進する．F2,6Pの細胞内濃度は，その合成（ホスホフルクトキナーゼ-2［PFK-2］により触媒される）と分解（フルクトースビスホスファターゼ-2［FBPase-2］により触媒される）とのバランスによって決まる．単一タンパク質でF2,6Pの合成と分解をともに制御する多機能性タンパク質としての酵素活性は，それ自身がリン酸化／脱リン酸化を受けることによって調節されている．すなわち，先に述べたグリコーゲン代謝関連酵素のホルモン調節と同じ様式に

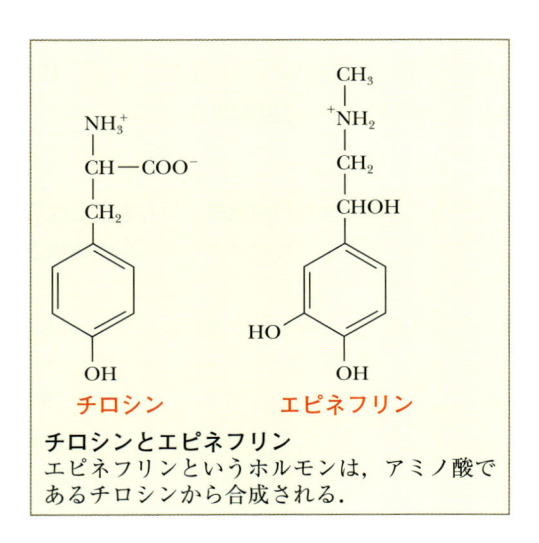

チロシンとエピネフリン
エピネフリンというホルモンは，アミノ酸であるチロシンから合成される．

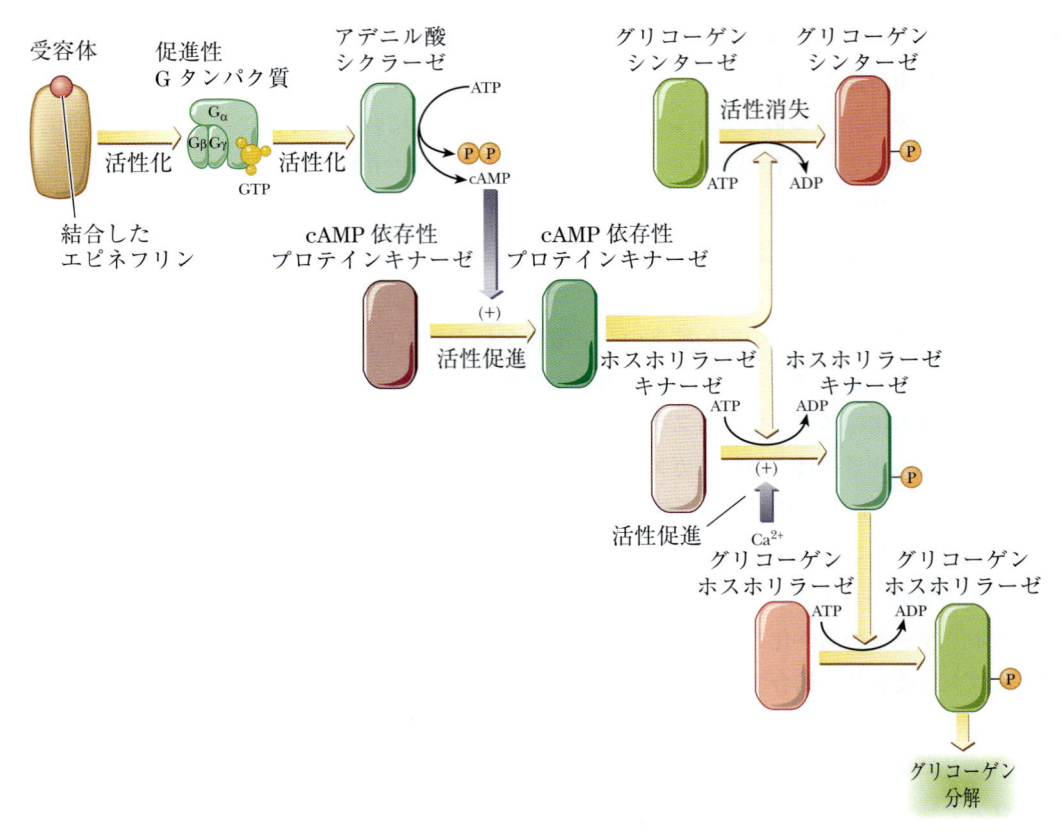

図 24.14

エピネフリンの作用
エピネフリンが受容体に結合すると促進性Gタンパク質が活性化され，次いでアデニル酸シクラーゼが活性化される．その結果生成したcAMPが，cAMP依存性プロテインキナーゼを活性化する．このcAMP依存性キナーゼによるリン酸化反応の結果，グリコーゲンシンターゼ活性が抑制され，ホスホリラーゼキナーゼ活性が促進される．ホスホリラーゼキナーゼはグリコーゲンホスホリラーゼを活性化し，グリコーゲンの分解が起こる．

従う．図24.15には，グルカゴンが特異的受容体に結合した結果，肝臓で糖新生が促進されるに至る一連の反応をまとめている．次の《身の周りに見られる生化学》で，代謝全体から見たインスリンの役割について，また，最近の食事の傾向について説明する．

Sec. 24.4 要約

- ホルモンが標的細胞の細胞膜上に存在する受容体に結合すると，セカンドメッセンジャーによってカスケード反応が開始され，細胞応答が引き起こされる．
- 最も重要な二つのセカンドメッセンジャーは，サイクリック AMP（cAMP）とホスファチジルイノシトール 4,5-ビスリン酸（PIP_2）であり，これらは鍵酵素をリン酸化するプロテインキナーゼを活性化する．また，PIP_2の作用にはカルシウムイオンが密接に関係している．

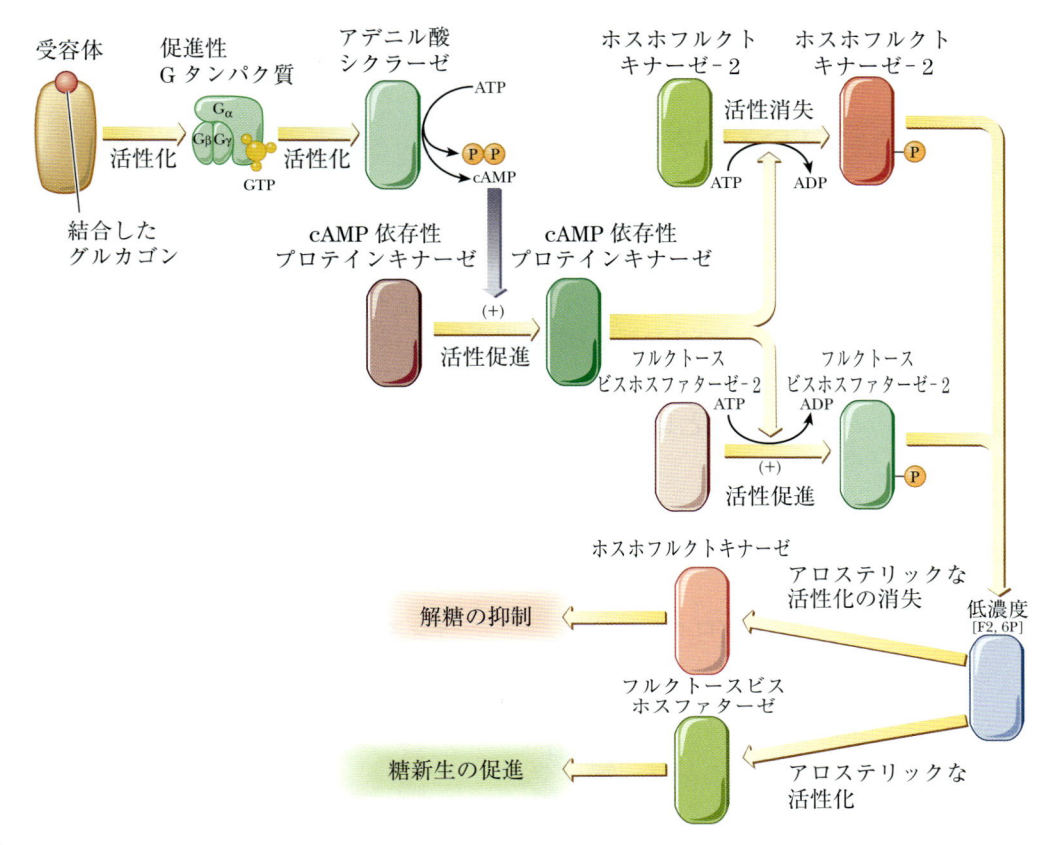

図 24.15

グルカゴンの作用

グルカゴンが受容体に結合すると，cAMP 依存性プロテインキナーゼの活性化につながる一連の反応が開始される．この場合，リン酸化される酵素はホスホフルクトキナーゼ-2 とフルクトースビスホスファターゼ-2 であり，前者は不活性化，後者は活性化される．これら二つの酵素が共にリン酸化される結果，フルクトース 2,6-ビスリン酸（F2,6P）の濃度が低下する．F2,6P 濃度が低下すると，フルクトースビスホスファターゼがアロステリックな活性化を受け，糖新生が促進する．F2,6P の濃度低下は，同時に，ホスホフルクトキナーゼの強力なアロステリック活性化因子を失うことを意味し，結果として解糖が抑制される．

- エピネフリンは筋細胞内のアデニル酸シクラーゼを活性化し，cAMP 依存性プロテインキナーゼを活性化する．最終的にはグリコーゲンホスホリラーゼを活性化し，エネルギー産生のためのグリコーゲン分解を促す．
- グルカゴンは肝細胞内のアデニル酸シクラーゼを活性化し，cAMP 依存性プロテインキナーゼを活性化する．これにより，ホスホフルクトキナーゼ-2 は抑制され，フルクトースビスホスファターゼ-2 は活性化される．その結果，フルクトース 2,6-ビスリン酸の濃度が下がり，肝臓の解糖は抑制，糖新生が促進され，グルコース産生が増加する．
- ホルモンは，生体の要求に対して効率よく応答するために，代謝の調節，例えば，アロステリックな活性化や共有結合性修飾といった別のレベルでも引き金となる．

24.5 インスリンとその作用

インスリンは，糖尿病で欠乏するホルモンとして，一般の人々に最もよく知られており，確かにそのことがこの興味深いホルモンの研究を推進している．最近になって，インスリンがこれまで考えられていたものとは違った形でさまざまな細胞過程に関連していることがわかってきている．

24.5.1　インスリンとは何か

インスリンは，膵臓から分泌されるペプチドホルモンの一種であり，活性型はA鎖とB鎖がジスルフィド結合によってつながった51アミノ酸残基から成るペプチドである．Chap. 13で説明したよう

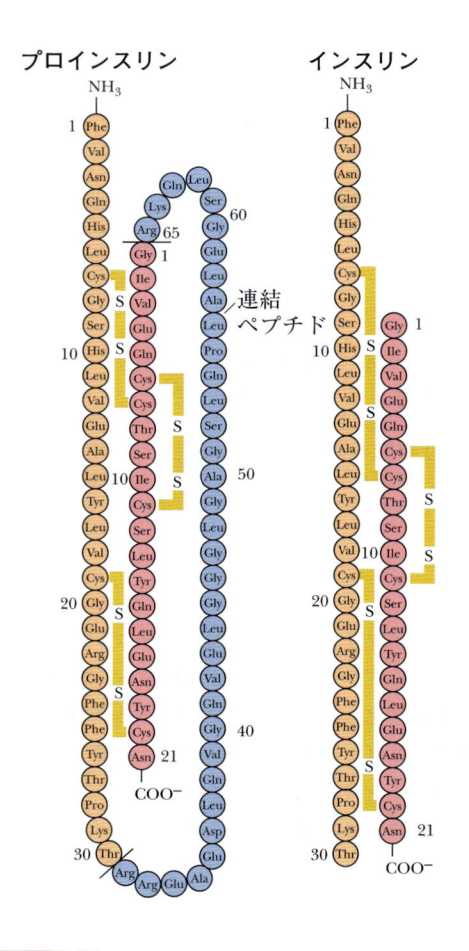

図 24.16
インスリンのアミノ酸配列
プロインスリンは86残基から成るインスリン前駆体である（図の配列はヒトのプロインスリン）．タンパク質分解により，残基31〜65が除去されるとインスリンとなる．残基1〜30（B鎖）は，残基66〜86と鎖間ジスルフィド架橋によってつながったままである．

に，インスリンはヒトに対する必要性のために遺伝子がクローニングされ，発現された最初のタンパク質の一つである．インスリンは，プロインスリン proinsulin と呼ばれるアミノ酸 86 残基から成る前駆体として合成され，プロインスリンの残基 31〜65 までがタンパク質分解によって除去されて活性型となる．ヒトのインスリンのアミノ酸配列を図 24.16 に示す．

インスリン受容体

Sec. 24.3 で述べたように，インスリン受容体はチロシンキナーゼ型受容体の一つである．図 24.17 に示すように，インスリンが細胞膜外側のリガンド結合部位に結合すると，β サブユニットが活性化され，細胞膜内側のチロシン残基の自己リン酸化が起こる．受容体のチロシン残基がリン酸化されると，**インスリン受容体基質** insulin-receptor substrate（IRS）と呼ばれる複数の標的タンパク質のチロシン残基をリン酸化する．次いで IRS はセカンドメッセンジャーとして働き，さまざまな細胞応答を引き起こす．

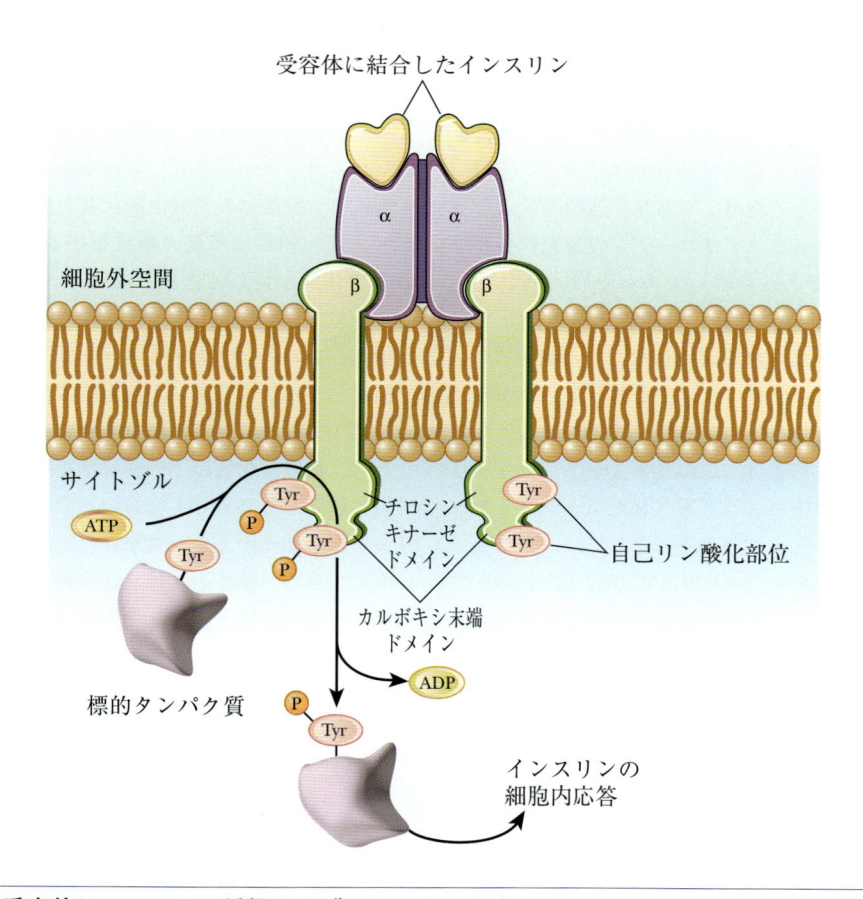

図 24.17

インスリン受容体は α，β の 2 種類のサブユニットから成る
α サブユニットは細胞膜の外側にあり，インスリンと結合する．β サブユニットは細胞膜を貫通している．インスリンが α サブユニットに結合すると，β サブユニットはチロシン残基を自己リン酸化する．そしてこれらは，インスリン受容体基質（IRS）と呼ばれる標的タンパク質をリン酸化する．この IRS は細胞内でセカンドメッセンジャーとして機能する．（*Lehninger*, Principles of Biochemistry, *Second Edition*, by David L. Nelson and Michael M. Cox. © 1982, 1992 by Worth Publishers. W. H. Freeman and Company より，許可を得て転載）

24.5.2 インスリンの役割は何か

グルコースの取込みにおけるインスリンの作用

身体は，血中グルコース濃度の大幅な変化には耐えられない．インスリンの最も重要な役割は，血中から筋細胞や脂肪細胞へのグルコースの輸送を増加させ，血中のグルコースを取り除くことである．

身の周りに見られる生化学　　栄養学

インスリンと低糖質食

1970年代，食事に極めて多くの糖質を取り入れることが，運動選手はもちろん幅広い年齢層に支持された．60〜70％の糖質と，脂肪とタンパク質をそれぞれ15〜20％含む食事が最も健康的（糖質/脂肪が高比率であるため）であり，運動選手にとってもこの食事は最良（グリコーゲンの補充に必要な糖質が高含量であるため）であると考えられた．1990年代になると，新たに低糖質を基本とした食事が広く受け入れられるようになった．糖質/タンパク質/脂肪の割合が70/15/15であったものから，60/20/20または50/25/25の割合が推奨されるようになった．注目すべきは，この食事法が基になりバリー・シアーズ博士により考案されたゾーンダイエットがある．この食事法の考え方としては，カロリー摂取が問題ではなく，カロリー源が問題だということである．しかし，人々は糖質の方が脂肪よりも健康的だと考え，高糖質食を続けていた．その理由としては，多くの人が脂肪のとり過ぎが原因で健康を害していたことが挙げられる．例え，この高糖質食が論理に叶ったものであり，脂肪の過剰摂取が有益であると主張する者はほとんどいないとしても，糖質の摂り過ぎも問題になる可能性がある．一つには，過剰に摂取された糖質は脂肪となる．このことは，持久系運動選手と違って，迅速かつ頻繁に筋肉や肝臓のグリコーゲンを補う必要のない一般の人々にとって考えねばならない大きな問題である．また，高糖質食を摂ると，インスリン産生が促進される．イ

ンスリンは，脂肪をエネルギーに変換するという，本来，生体がもつ能力を低下させ，脂肪の取込みと，中性脂肪として貯蔵することを促進する．また，高糖質食を摂ると，**反応性低血糖症** reactive hypoglycemia を招く可能性がある．この症状は，高血糖によって多量のインスリンが放出されるために起こるが，グルコースがあまりにも速やかに血中から消失する結果，直後に異常低血糖状態を引き起こす．多くの人は，朝食に多量の糖質を摂ると，10時くらいまで体調が優れず，眠気を催す．Sec. 24.2 で見たように，脂肪を糖質に置き換えても HDL/LDL 比は増加しない．ゾーンダイエットは，反応性低血糖を回避し，インスリンによる脂肪蓄積が起こらないように工夫されている．糖質と脂肪の違いから，すなわち，糖質は脂質ほどの満腹感を与えないため，一般に脂肪としてよりも糖質の形でより多くのカロリーをとる傾向がある．食事はたいへん個人性の強いものである．多くの人は，低糖質食を摂ると体重も減り体調も良いと感じるであろう．しかし，全く逆の印象をもつ人もいる．低糖質食がスポーツ選手に効果的であることを示す証拠はほとんどない．

インスリンのシグナルは，**GLUT4** と呼ばれるグルコース輸送タンパク質の細胞内小胞から細胞膜への移動を引き起こす．この移動の機序はまだ研究段階であるが，一旦，GLUT4 タンパク質が細胞膜に移行すると，もっと多くのグルコースが細胞内に入り，血中グルコースの濃度が下がる．インスリンのこの効果は最もよく知られている．グルコース輸送の障害は糖尿病の主な特徴であり，重大なリスクである．

多くの酵素に影響を与えるインスリン

インスリンは多くの酵素活性に影響を与えている．そのほとんどがグルコースの排除に関するものだが，脂肪代謝にも影響を与えている．グルコースをリン酸化し，グルコース 6-リン酸にするグルコキナーゼは肝酵素である（p.202 の《身の周りに見られる生化学》を参照）．グルコキナーゼはインスリンによって誘導されるため，インスリンが存在すると，肝臓内のグルコースはペントースリン酸経路や解糖といった異化経路に送られる．インスリンはまた，肝グリコーゲンシンターゼを活性化，グリコーゲンホスホリラーゼを不活性化し，グルコースを多量体型にする．さらに，インスリンはホスホフルクトキナーゼとピルビン酸デヒドロゲナーゼを活性化することで解糖を促進する．インスリンは脂肪酸代謝にも大きな影響を与えている．インスリンはアセチル CoA カルボキシラーゼ（ACC）を活性化することで脂肪酸合成を促進し，また，リポタンパク質リパーゼを活性化することでトリアシルグリセロール合成を増加させる．また，ヒドロキシメチルグルタリル CoA レダクターゼを活性化することでコレステロール合成も増加させる（Sec. 21.8）．表 24.4 に，代謝におけるインスリンの作用をまとめている．

表 24.4　代謝におけるインスリンの作用

代謝過程	部位	作用	標的分子
グルコース取込み	筋肉	増加	GLUT4 輸送体
グルコース分解	肝臓	増加	グルコキナーゼ
解糖	筋肉および肝臓	増加	PFK-1
アセチル CoA 産生	筋肉および肝臓	増加	ピルビン酸デヒドロゲナーゼ
グリコーゲン合成	筋肉および肝臓	増加	グリコーゲンシンターゼ
グリコーゲン分解	筋肉および肝臓	減少	グリコーゲンホスホリラーゼ
脂肪酸合成	肝臓および筋肉	増加	アセチル CoA カルボキシラーゼ
トリアシルグリセロール合成	脂肪細胞	増加	リポタンパク質リパーゼ

糖尿病

インスリンについて多くのことが，糖尿病との関連で知られるようになった．古典的な 1 型糖尿病（すなわち，インスリン依存性糖尿病）の患者はインスリンがつくれないか，不足している．これは，通常，ある種の自己免疫疾患により膵臓のランゲルハンス島の β 細胞が破壊されることが原因である．1 型糖尿病の唯一の治療法は，定期的なインスリン注射であり，このために組換え DNA 技術を用いてインスリンが製造されている（Chap. 13）．

医学界では 2 型糖尿病（インスリン非依存性糖尿病）の大幅な増加も懸念されており，これはイン

スリンに対して細胞が正常に反応しなくなることが特徴である．この場合，患者のインスリンの量は正常でも，受容体に正常に結合しないか，受容体がセカンドメッセンジャーに正しく伝達しないかにより，十分な効果が得られない．この病気は，しばしば中年期以降に発症するので**成人発症型糖尿病** adult-onset diabetes と呼ばれる．1型糖尿病の人は痩せていることが多いのに対して，2型糖尿病の人はしばしば肥満である．高齢者の2型糖尿病は，筋肉ミトコンドリアの機能障害との関連を示す証拠がある．

最近，2型糖尿病の人はアルツハイマー病のリスクも高くなるということが発見された．2型糖尿病では，グルコースが細胞内に移行するのに，より多くのインスリンが必要となるので，インスリンの量が増加する．インスリンは脳内の老人斑を形成する β アミロイドタンパク質の濃度を増加させるようである．**インスリン分解酵素** insulin-degrading enzyme（IDE）という脳タンパク質がインスリンの結合と分解に関連している．この酵素は β アミロイドタンパク質にも結合し，それを脳内から取り除く．インスリン濃度が高いと，IDE はより多くの時間をインスリンとの結合に費やし，β アミロイドタンパク質の除去のためにあまり時間が使われない．高糖質食品を食べると大量のインスリンがつくられることから，ファーストフードや糖分の高い食事やそのようなライフスタイルがアルツハイマー病患者の増加と関連しているであろうことは容易に理論づけることができるだろう．インスリンとアルツハイマー病との関連については，本章末の Taubes, G. の論文を参照されたい．

インスリンと運動

スポーツ選手は，最大限の力を発揮するために食事をコントロールできなければならない．有酸素運動のスポーツ選手にとって，レース直前の朝食の選択において，インスリンは大きな役割をもっている．もし選手が糖質たっぷりの朝食をたくさん摂ると，血糖値が上がりインスリンが増加する．インスリンの増加は，時には血糖値を最低レベル以下まで落としてしまい，血糖値が正常値に回復するまでに数時間かかるだろう．さらに，高濃度のインスリンは，脂肪とグリコーゲンの合成を促し，グリコーゲン分解を抑制する．したがって，糖質の多い朝食を摂ると，しばらくの間は選手は実質的に空腹の状態で走ることになる．このことが理由で，多くの走者は朝の競技前には朝食を摂らないか，摂る場合でも血糖インデックス glycemic-index（GI）の高い食物を多く摂ることはしない．選手はよくコーヒーや紅茶を朝に摂取する．それは，カフェインが中枢神経を刺激する他，インスリンの産生を抑制し，脂質代謝を促進するからである．

身の周りに見られる生化学　健康関連

毎日のトレーニングは糖尿病予防に有効か

　どちらが原因かはわからないが，肥満と2型糖尿病には関連があるようである．GLUT4はたくさんあるグルコース輸送担体の一つであるが，最もインスリン濃度の影響を受ける．また，トレーニングによって濃度が影響を受けるタンパク質でもある．運動によって起こる大きな変化の一つは，筋肉中のGLUT4量の増加ということがわかっている．トレーニングした状態では，していない状態に比べて，人はより多くの糖分を細胞内に送ることができる．わずか1週間の緩やかな運動（最大酸素摂取量の70％で1日1～2時間）で，GLUT4のタンパク質量がデスクワーク中心の人の筋肉に含まれる量の2倍になることが研究によって示された．

　2型糖尿病は，グルコース輸送の機能低下であると定義される．運動による効果は，仮に運動をしなければ，わずか数日でGLUT4の活性が正常の半分にまで低下するというものである．幸運にも，少なくとも若者から中年まで，トレーニングの強度自体はその効果にはあまり関係がない．2型糖尿病と肥満は明らかに関連しており，適量のグルコース輸送体を維持するための一つの方法は，太らず健康を維持することである．

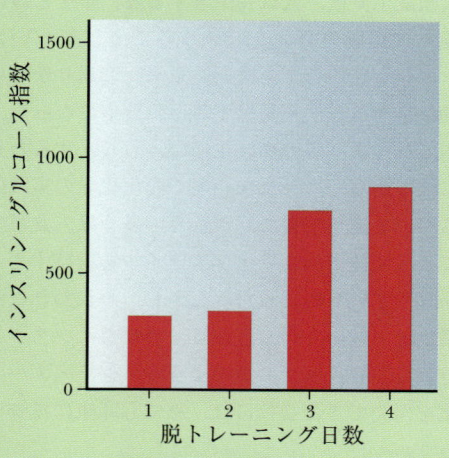

インスリン-グルコース指数 対 脱トレーニング時間
穏やかな運動をしている中年男性を対象として，彼らの筋肉による血液からグルコースを消失させる能力が，脱トレーニングによってどのように影響されるかを調べた（インスリン-グルコース指数は，血中からグルコースを消失するのに必要なインスリン量，として測定）．結果は，脱トレーニング3日目に，グルコースを消失させるために必要なインスリンの量が著しく増加した．
(*"Metabolic basis of the health benefits of exercise"* by Adrianne Hardman, The Biochemist **20** *[3], pp.18-22 [1998]* を改変)

Sec. 24.5 要約

- インスリンの主な働きは，血液からグルコースを取り除くために，筋肉内のグルコース輸送担体，特にGLUT4輸送体を活性化することである．
- さらに，インスリンにはグリコーゲン分解を止め，グリコーゲン合成を始めるなど，幅広い細胞内での作用があり，肝臓や筋肉内の解糖を活性化し，肝臓内の糖新生を止め，脂肪酸の合成と貯蔵を促進する．
- 最近，血中の高インスリンがアルツハイマー病と関連している可能性が見出された．
- 運動トレーニングはインスリンに対するGLUT4輸送体の応答性を増大させるので，スポーツ選手は血中のグルコースを排除するために，運動しない人ほどインスリンを必要としない．

身の周りに見られる生化学　健康関連

長寿の探究

　人類誕生直後，人は長生きすると，年をとるにつれ徐々に健康の衰えを経験することに気づいた．人々は年をとることを嫌い，以来，若返りかせめて加齢を止める方法を見出すことに夢中になった．この本では，より質の高い生活に，もしかすると長生きにつながるかもしれない多くの生化学の実践的応用について述べてきた．これらの多くは，食事と運動によって健康的なライフスタイルを維持するなどわかりやすいものだった．しかし，われわれは決して満足してはいない．現在は，喜びもインスタントの時代であり，若さの源のようなアンチ・エージング薬を開発できる会社には，誰でも即座に投資するだろう．

　老化の正確な原因は未だにはっきりとしていないが，身体が本来もっている維持力と回復力が長い時間をかけて徐々に消耗していくと考えられている．理論的には自然淘汰は長寿について何もできないことがわかっている．なぜなら，70歳まで生きるか130歳まで生きるかの違いは，生殖可能期間を過ぎてから起こるので，長寿についての選択圧はないからである．

　カロリー制限 calorie restriction（CR）が，酵母やげっ歯類など多様な生物種の長寿化と関係があることは，70年以上も前に発見された．摂取カロリーを生物種ごとの通常摂取量より30％制限すると，寿命が30％以上延びることが示され，これがこれまでに完全に証明された唯一の寿命を延ばす方法である．寿命を延ばす以外にも，CRはより質の高い生活や，がん，糖尿病，炎症，さらには神経変性疾患といった多くの疾病の予防となる．長寿化の機構については多くの考えが提唱されており，体重の減少といった一般的な健康上の効果や，代謝副産物として生成される酸化化合物の濃度を下げることによるDNA管理の向上といったものがある．しかし，約15年前，研究者たちは，出芽酵母 *Saccharomyces cerevisiae* のある遺伝子ファミリーがカロリー制限による長寿化の中心に存在するようであると指摘し始めた．これら遺伝子の中で最もよく研究されているのは *SIR2* である．他の個々の遺伝子も多く研究されてはいるが，*SIR2* がこの長寿機構における主要調節因子であることが立証されている．酵母と線虫において，*SIR2* 遺伝子の数を倍増する遺伝子操作によって，寿命は50％延びた．*SIR2* 遺伝子の翻訳産物はヒストンデアセチラーゼ（Chap. 10）であるが，その機能はかなり広範囲に及ぶようである．

　カロリー制限は，自然な食料不足のような生物学的ストレス因子である．Sir2タンパク質は，ストレスに対し生物が生き残るための全身性反応の中心にあるように思われる．このファミリーに属する酵素はサーチュイン sirtuin と総称され，多くのメンバーが知られている．この酵母遺伝子の哺乳類版は，*SIRT1* と呼ばれ，タンパク質 Sirt1 をコードする．図に示すように哺乳類の Sirt1 は，DNAの安定性の向上，修復と防御能の増加，細胞生存の持続，エネ

SUMMARY　　　　　　　　　　　　　　　　　　　　　　　　　要　約

◆**必須栄養素とは何か**　必須栄養素とは，食事で摂取しなければならないものであり，日頃より注意しておく必要のあるものである．時としてそれは地域によって異なる．例えばアメリカでは，アメリカ人の食事には糖質と脂肪分が豊富なので，注意しておく主要栄養素は一般的にはタンパク質のみである．微量栄養素としては，さまざまなビタミンやミネラルが最も健康な状態を保つために必要である．

◆**ビタミンが必要なのはなぜか**　ビタミンは，われわれの体内では合成できない代謝に必要な低分子物質である．脂溶性ビタミンA，D，E，水溶性ビタミンC，B群などがある．ビタミンB群は，

ルギー生産と消費の増強，その他の協調的なストレス反応を通して，長寿においてきわめて重要な役割を担っている．人工的に*SIRT1* を欠損させたマウスでは，カロリー制限による長寿化は見られなかった．さらに，ある生物の*SIRT1* 遺伝子の数を倍増すると，カロリー制限に対し無反応となる．したがって，一般にサーチュインファミリーの，具体的にはSirt1 の活性化によって，カロリー制限は寿命を延ばすことが現在一般に受け入れられている．

もちろん，人々は長寿化の恩恵をこうむるために貧困生活を送ることを望まないだろう．そこで，*SIRT1* 活性化剤の探索が始まった．サーチュインの天然の活性化剤として最初に見つかった化合物の一つは，レスベラトロール resveratrol という小分子である．レスベラトロールは赤ワインに含まれており，多くの植物がストレスを受けると産生するものである．酵母，線虫，ハエにレスベラトロールを与えるか，カロリー制限下に置くと，*SIR2* 遺伝子をもつ場合に限り，寿命が約 30 % 延びた．

マウスとラットにおいて Sirt1 を増加させると，通常ならプログラム細胞死の引き金となるストレス条件下においても，いくらかの細胞が生き残ることができる．これは，p53（Chap. 14）といった他の重要な細胞タンパク質を調節することによって起こっている．さらに，Sirt1 は $NAD^+/NADH$ 比の増加によっても活性化されるが，$NAD^+/NADH$ 比が増加する状況は，断食中にも見られるように呼吸が増加するときに起こる．したがって，Sirt1 は，栄養素利用性のセンサーと，肝臓の反応の調節因子の両方の役目をもっていると考えられる．Sirt1 はまた，インスリンおよびインスリン様成長因子の調節とつながりがあると考えられている．この項で見てきたように，インスリンは生物の一般的な代謝状態において重要な役割をもっている．

私たちが真の長寿薬を手に入れるまでにはまだ何十年もかかるだろうが，ここに挙げた研究はこのような化合物がいずれ見つかるだろうことを示唆している．よくあることだが，宝物があるとはっきりしていると，それを見つけやすいものである．サーチュインの研究から得た知識は，将来いつかではあるが，私たちがやがて私たち自身の寿命運命を制御できるかもしれないという最初の兆しである．より詳しくは，本章末の Sinclair, D. A. and L. Guarente の論文を参照されたい．

Sirt1 と健康および長寿の推定される関係
Sirt1 酵素は，哺乳類におけるカロリー制限の健康と長寿増強効果に関与しているようである．食料不足や他の生物学的ストレスが Sirt1 の活性増加の引き金となり，細胞内のさまざまな活性を変化させる．Sirt1 はまた，インスリンのような特定のシグナル分子の生成を増加させることにより，身体全体のストレス反応を協調させているかもしれない．(Scientific American, *"Unlocking the Secrets of Longevity Genes" by David A. Sinclair and Lenny Guarente*, March 2006 より，許可を得て転載)

NAD，FAD，TPP といった重要な補酵素の前駆体である．

◆**ミネラルとは何か** 栄養学的には，ミネラルはナトリウム，カリウム，塩素，マグネシウム，リン，カルシウムといった無機物質である．多くのミネラルについて一日最小摂取量が示されており，食品のラベルにもこれらのミネラルの含有量が記載されている．

◆**以前の食品ピラミッドは今でも有効か** 以前の食品ピラミッドは，今でも本で見かけることがあるが，多くの科学者は新しい食品ピラミッドの利用を推奨している．新しい食品ピラミッドは，例えば，すべての脂肪が悪いわけでもなく，またすべての糖質が良いわけでもないというように，いくつかの構成成分の性質をよりよく反映したものである．新しいピラミッドは，同じカテゴリーに属

◆**肥満とは何か**　肥満は，アメリカが抱える大きな公衆衛生上の問題である．肥満の臨床的定義は，身長体重指数（height-to-weight index）で標準体重より20％以上超えている場合をいう．

◆**ホルモンとは何か**　ホルモンは，身体のある部分でつくられ，身体の他の部分の細胞に影響を与える化学物質である．これは，内分泌系器官の働きによる．腺から分泌されたホルモンは，血流によってそれに対する受容体をもつ細胞まで運ばれる．ホルモンが細胞受容体に結合すると，細胞の代謝に変化をきたす．化学的には，ホルモンはペプチド，ステロイド，またはアミノ酸誘導体である．

◆**セカンドメッセンジャーはどのように働くか**　セカンドメッセンジャーは，ホルモンの細胞膜受容体への結合とホルモンが示す代謝作用の間の橋渡しの役目をする分子である．一般的なセカンドメッセンジャーには，サイクリックAMPとカルシウムイオン（Ca^{2+}）がある．cAMPがセカンドメッセンジャーの場合，ホルモンが受容体に結合すると，Gタンパク質を活性化する．Gタンパク質は酵素アデニル酸シクラーゼを活性化し，cAMPを産生する．そして，cAMPは代謝作用につながる標的酵素に作用する．

◆**糖質代謝を調節するのはどのようなホルモンか**　糖質代謝を調節する重要なホルモンは，エピネフリン，グルカゴンおよびインスリンである．エピネフリンはエネルギー産生のためのグルコースの利用を促進し，筋肉における糖質の異化代謝を促進する．グルカゴンは，身体が血糖をあげる必要がある時に放出され，肝臓で糖新生を促進する．

◆**インスリンとは何か**　インスリンは，膵臓から分泌されるペプチドホルモンの一種であり，活性型はA鎖とB鎖がジスルフィド結合によってつながれた51アミノ酸残基のペプチドである．

◆**インスリンの役割は何か**　インスリンの主な役割は，血中グルコースの細胞への取込みを促進することである．このことは，糖尿病の研究を通じてよく知られている．インスリンを産生できない，もしくは不足している人は，1型糖尿病である．インスリンは産生しているが，インスリンに細胞が正常に反応しない人は，2型糖尿病である．

　インスリンはまた，多くの酵素に作用する．一般にインスリンは身体を同化状態にし，グリコーゲンと脂肪の産生を促進し，グリコーゲンの利用と脂肪分解を抑制する．

EXERCISES　練習問題

24.1　代謝経路のつながり

1. **復習**：同化反応と異化反応をつなぐ二つの重要な分子は何か．
2. **復習**：複数の代謝経路で見られる重要な代謝中間体をいくつか挙げよ．
3. **復習**：解糖系やクエン酸回路の構成成分の多くは，他の物質の代謝経路の出口や入口となっている．以下の化合物の他の代謝経路との関係を示せ．(a) フルクトース6-リン酸　(b) オキサロ酢酸　(c) グルコース6-リン酸　(d) アセチルCoA　(e) グリセルアルデヒド3-リン酸　(f) α-ケトグルタル酸　(g) ジヒドロキシアセトンリン酸　(h) スクシニルCoA　(i) 3-ホスホグリセリン酸　(j) フマル酸　(k) ホスホエノールピルビン酸　(l) クエン酸　(m) ピルビン酸
4. **演習**：減量を始めると，しばしば最初の数日間の内に急速な体重の減少がみられる．これは単に，身体から水分が失われるからであるが，水分が失われるのはなぜか．
5. **演習**：ある特定の代謝経路の機能は，その経路の調節酵素のみならず，しばしば，他の代謝経路の調節酵素によっても変わることがある．次に示された条件下では，その代謝経路にどのよ

うなことが起こるか．また，影響を受ける他の代謝経路について説明せよ．（a）高濃度のATPまたはNADHとクエン酸回路．（b）高濃度のATPと解糖系．（c）高濃度のNADPHとペントースリン酸回路．（d）高濃度のフルクトース2,6-ビスリン酸と糖新生．

6. **演習**：代謝経路を個別に学ぶことは，誤解をまねくことになりかねないのはなぜか．

7. **演習**：代謝経路はどの程度可逆的であると考えられるか．説明せよ．

8. **演習**：真核細胞では，代謝経路はミトコンドリアやサイトゾルといった特定の場所に局在している．その結果，どのような物質輸送の方法が必要になってくるか．

9. **演習**：一つの代謝経路に多くのステップが存在するほうが好都合であるのはなぜか．

10. **発展**：この教科書に出てきたいくつか話題の中から研究テーマを選択するとすると，あなたはどれを選ぶか．そのテーマが重要かつ興味深いと考えた理由は何か．

24.2 生化学と栄養学

11. **復習**：以前の食品ピラミッドと新しい食品ピラミッドの違いは何か．

12. **復習**：タンパク質には貯蔵型がないとはどういうことか．脂肪や糖質とどのように違うか．

13. **復習**：飽和脂肪酸とLDLとの関係はどのようなものか．

14. **復習**：レプチンとは何か．またその働きは何か．

15. **復習**：ビタミンDは，ビタミンというよりホルモンといったほうが適切であることが示唆されている．これは正しいか．

16. **演習**：最近はカロリー源としては，糖質が50～55％，脂肪が25～30％，そしてタンパク質が20％の割合で含まれる食事をすべきであると推奨されている．このような推奨の根拠を示せ．

17. **関連**：飲酒家で，かつハロゲン化合物に曝露される人は，しばしば肝障害のため死に至る．これは必然性のある結果であるが，それはなぜか．

18. **演習**：薬局などで売られている健康食品としてのビタミンAには，摂取量の上限をもうける必要があることが示唆されている．上限をもうける必要がある理由とは何か．

19. **復習**：甲状腺腫は，20世紀の初頭まではアメリカ中西部では比較的ありふれた病気であった．それはなぜか．また，その後激減したのはどのような理由からか．

20. **演習**：ルカラスLucullusという名の猫は甘やかされて育ったため，新しく開けた缶入りのまぐろしか食べない．一方，グリセルダGriseldaという猫は，その飼い主が甘やかさないので，ドライキャットフードのみを与えられている．缶入りのまぐろはほとんどすべてタンパク質から成るが，ドライキャットフードは70％の糖質と30％のタンパク質から成ると考えられる．他の食物を摂らないものと仮定した場合，両者の異化反応の相違点および類似点について説明せよ（猫の名前には，ちょっとした含みをもたせている）．

21. **演習**：未成熟ラットを全必須アミノ酸のうちのある1種を欠いている食餌で飼育した．6時間後，その欠けているアミノ酸を与えたが，このラットは成長しなかった．この結果について説明せよ．

22. **演習**：クワシオルコルという病気はタンパク質欠乏症の一つであり，通常，幼児に発症する．その症状は，痩せ細った手足と体液バランスの不良による腹部膨満などを特徴とする．この病気に罹った子供が適正な食事を与えられると，その子供の体重は最初のうちは減少する傾向を示す．この結果について説明せよ．

23. **演習**：アルギニンやヒスチジンのようなアミノ酸は，子供のときには比較的大量に必要であるが，成人ではそれほど必要とされないのはなぜか．成人はこれらのアミノ酸をつくることができない．

24. **関連**：アメリカでは，植民地時代，鉄欠乏性貧血という病気はほとんど存在しなかったが，それはなぜか．ヒント：これらの時代の人々の食物とは関係がない．

25. **演習**：食物繊維を多く含む食事を摂る人は，あまり摂らない人に比べ，それが消化されないにもかかわらず，がん（とりわけ大腸がん）に罹りにくく，血清コレステロールも低値である．食物繊維の効能を説明せよ．

26. **演習**：ほとんどのカルシウム保健食品の主成分

は，炭酸カルシウムである．クエン酸カルシウムを主成分とする保健食品では，この形のほうが吸収性が高いと宣伝している．この宣伝は根拠のあることと考えるか．根拠があるとすれば，それはなぜか．

27. 関連：アルコール依存症者は栄養障害を起こしやすく，チアミンの欠乏は特に重大な問題である．その理由を説明せよ．

28. 演習：生物学的にも，栄養学的にも重要な微量元素といえば金属であるが，これらの生化学的な機能とは何か．

29. 演習：ある運動好きの友人がマラソン走行のための調整をしており，グリコーゲンを体内に蓄積したいと考えている．誰かがその友人に次のように言ったとする．グリコーゲン蓄積量を増やそうと思えば2日間激しい練習をして，今ある貯蔵グリコーゲンを完全に消費してしまうとよい．あなたはこの療法についてどう思うか．

30. 演習：成人は，さほど体重が変化することもなく，数十年間で何トンもの栄養素と2万リットル以上の水を消費する．どのような仕組みでこのようなことが可能であるのか．また，それは化学平衡の一例といえるか．

24.3　ホルモンとセカンドメッセンジャー

31. 復習：ホルモンの分類は，その化学構造と密接な関係があるか．

32. 復習：視床下部の障害によってホルモンの産生はどのような影響を受けるか．また，副腎皮質の障害ではどうか．

33. 復習：視床下部と下垂体は，内分泌腺の働きにどのような影響を及ぼすか．

34. 復習：チロキシンは経口投与されるが，インスリンは注射で投与する必要があるのはなぜか．

35. 復習：Gタンパク質と受容体型チロシンキナーゼとの違いは何か．それぞれを使用するホルモンの例を挙げよ．

36. 復習：セカンドメッセンジャーの例を三つ挙げよ．

37. 演習：インターネットに接続したコンピュータをもつ一般の男性は，バイアグラや減量ピルなどさまざまなスパムメールを受け取る．これらの中に，若返りを保証するヒト成長ホルモン薬の広告もあるが，これがあり得ないことであるのはなぜか．

24.4　ホルモンと代謝調節

38. 復習：セカンドメッセンジャー cAMP を介して作用するホルモンを二つ挙げよ．

39. 復習：グルカゴンは次の酵素に対してどのように働くか．(a) グリコーゲンホスホリラーゼ (b) グリコーゲンシンターゼ (c) ホスホフルクトキナーゼ-1

40. 復習：エピネフリンは，問題39の酵素にどのように働くか．

41. 復習：Gタンパク質が関与するホルモンの応答において，抑制因子は何か．

42. 演習：PIP_2 が加水分解されると，DAG は細胞膜に留まるが，IP_3 はサイトゾル中に拡散していくのはなぜか．

43. 演習：cAMP がセカンドメッセンジャーとして働く場合に起こる一連の反応について簡単に述べよ．

44. 演習：本章で述べた3種類のホルモンについて，各々の産生部位，化学的性質，ならびに作用様式について述べよ．

45. 演習：制御機構をもたない代謝経路というものは存在しうるか．

46. 演習：コレラは，セカンドメッセンジャーに影響を及ぼすことによって生体を障害する．どのようにして障害が起こるか説明せよ．

47. 演習：図24.14のエピネフリンが関与する"増幅カスケード"は6ステップあり，一つの段階を除いて，すべて酵素触媒によるものである．このカスケードは，グリコーゲンホスホリラーゼの活性化を引き起こす．本酵素はグリコーゲンに作用してグルコース1-リン酸（G1P）を生成する．(a) 酵素触媒によらないのはどのステップか．(b) 各触媒ステップの代謝回転数（酵素1分子が反応する基質の分子数）が10とすると，1分子のエピネフリンから何分子の G1P が生成するか．(c) このようなカスケードの生化学上の利点は何か．

48. 演習：問題47の増幅カスケードは，どのような仕組みで逆反応を起こすか．

49. 関連：インスリンと低糖質ダイエットとの互いの関係を説明せよ．

24.5 インスリンとその作用

50. 復習：インスリンの主要な役割は何か．
51. 復習：インスリン応答におけるセカンドメッセンジャーは何か．
52. 復習：受容体へのインスリン結合と最終的なセカンドメッセンジャーとの関連は何か．
53. 復習：次のものに対するインスリンの作用を述べよ．（a）グリコーゲン分解　（b）グリコーゲン合成　（c）解糖　（d）脂肪酸合成　（e）脂肪酸貯蔵
54. 演習：インスリンとエピネフリンはともに，筋肉の解糖を促進することができるのはなぜか．
55. 演習：午前9時から5 kmのレースを控えている選手が，インスリンに関心をもっているのはなぜか．
56. 関連：GLUT4がトレーニンググルコース輸送担体とも呼ばれるのはなぜか．
57. 演習：インスリン，GLUT4，肥満，2型糖尿病の関連を述べよ．
58. 関連：Sirt1と長寿の関係について説明せよ．

ANNOTATED BIBLIOGRAPHY 参考文献

Bose, A., A. Guilherme, S. I. Robida, S. M. C. Nicoloro, Q. L. Zhou, Z. Y. Jiang, D. P. Pomerleau, and M. P. Czech. Glucose Transporter Recycling in Response to Insulin Is Facilitated by Myosin Myo1c. *Nature* **420**, 821–824 (2002). [An article about the transcription factors that have been shown to affect glucose transport.]

Cohen, P., M. Miyazaki, N. D. Socci, A. Hagge-Greenberg, W. Liedtke, A. A. Soukas, R. Sharma, L. C. Hudgins, J. M. Ntambi, and J. M. Friedman. Role for Stearoyl-CoA Desaturase-1 in Leptin-Mediated Weight Loss. *Science* **297**, 240–243 (2002). [An article about one mechanism by which leptin affects weight loss.]

Cowley, M. A., J. L. Smart, M. Rubinstein, M. G. Cerdan, S. Diano, T. L. Horvath, R. D. Cone, and M. J. Low. Leptin Activates Anorexigenic POMC Neurons through a Neural Network in the Arcuate Nucleus. *Nature* **411**, 480–484 (2001). [An article about leptin and obesity.]

Friedman, J. Fat in All the Wrong Places. *Nature* **415**, 268–269 (2002). [A review article about obesity.]

Gura, T. Obesity Sheds Its Secrets. *Science* **275**, 751–753 (1997). [A Research News article on the role of the protein hormone leptin in obesity research and on the possibility of obesity therapies that might arise from this research.]

Minokoshi, Y., Y. B. Kim, D. P. Odile, L. G. D. Fryer, C. Muller, D. Carling, and B. B. Kahn. Leptin Stimulates Fatty-Acid Oxidation by Activating AMP-Activated Protein Kinase. *Nature* **415**, 339–343 (2002). [An article about another mechanism for leptin-associated weight loss.]

Rasmussen, H. The Cycling of Calcium as an Intracellular Messenger. *Sci. Amer.* **261** (4), 66–73 (1989). [An article on the role of calcium as a second messenger.]

Schwartz, M. W., and G. J. Morton. Keeping Hunger at Bay. *Nature* **418**, 595–597 (2002). [An article about hunger, hormones, and weight loss.]

Sinclair, D. A., and L. Guarente. Unlocking the Secrets of Longevity Genes. *Sci. Amer.* **294** (3), 48–57 (2006). [A fascinating article about a family of genes that confer longevity on species from yeast to mammals.]

Taubes, G. Insulin Insults May Spur Alzheimer's Disease. *Science* **301**, 40–41 (2003). [An article linking Alzheimer's disease and high insulin levels.]

White, M. F. Insulin Signaling in Health and Disease. *Science* **302**, 1710–1711 (2003). [A review of insulin and its effects on health.]

Willett, W. Diet and Health: What Should We Eat? *Science* **264**, 532–537 (1994). [An excellent summary of many aspects of a complex topic.]

Willett, W. C., and M. J. Stampfer. Rebuilding the Food Pyramid. *Sci. Amer.* **288** (1), 64–71 (2003). [A thorough explanation of the changes in nutrition recommendations since the old food pyramid was published.]

Chap. 17 〜 23 の参考文献も参照のこと．

Biochemistry

スポーツにおけるドーピング

最先端科学の悪用

スポーツが考案されて以来，人類は常に競争を有利にするための方法を求めてきた．そしてその方法には倫理に適ったものだけでなく倫理に反するものも種々存在している．能力を向上させるための倫理に適った方法としては，質の高いトレーニング，食事の改善，栄養サプリメント，十分な休息，理学療法，マッサージ，ストレッチや多くのスポーツ心理学的な技法が挙げられる．フェアプレーと不正行為の境界は時として明確でないこともあるが，人類が地球上に誕生して以来，競争を有利にするために不正行為をする人々が常にいたことは残念なことである．

過去数十年間にドーピングにまつわる多くのスポーツスキャンダルが明らかとなった．定義によると**ドーピング doping** とは，競技での優位性を得るために禁止薬物または方法を用いることである．用いられる薬物は運動の種類によって異なり，また，瞬発系種目の選手と持久系種目の選手とでは異なる方法が用いられる．国際オリンピック委員会（IOC）には，フェアプレーの観点から特定のスポーツに対して"不法"とみなされる全ての薬物や方法の包括的なリストがある．しかし，"倫理に反する手段"とか"不法な手段"というものは誰にでも同じようにいえるものではないことに注意すべきである．もし，われわれが風邪を引いたならば，エフェドリンを含む風邪薬を飲むことができる．われわれにとってこのことは不法でもなければ倫理に反することでもない．しかし，プロの自転車選手の場合，エフェドリンは禁止薬物リストに載っているため，その風邪薬を飲むことはできない．その薬を飲むことは不法ではないが，ルール違反と見なされて選手はペナルティーを課される．以下に，いくつかのより一般的なドーピングの実際について見ていこう．

スポーツにおけるドーピングは，プロの自転車選手であるトム・シンプソン Tom Simpson が 1967 年 7 月 13 日にツール・ド・フランス中に死亡して以来，厳しく監視されるようになった．シンプソンだけでなく当時の多くの選手は高地でもより長時間，より速く走行できるようにアンフェタミンなどの興奮剤を用いていた．アンフェタミンは馬を死ぬまで走らせることができるが，不幸なことに，同じことは人間にも当てはまる．薬を飲んでいない通常の身体は，人が死ぬまで走ることのないようにコントロールされる．しかし，アンフェタミン服用下では，後で回復することができないような大きな酸素不足を生み出してしまう．これがあの悲劇の日に荒々しい火山であるモン・ヴァントゥの坂でシンプソンに起きたことである．彼は酸素を吸入されたにもかかわらず，数分後に衰弱して死亡した．シンプソンの悲劇を受けて，自転車競技の世界的な運営組織である国際自転車連合（UCI）は，競技時には正式に薬物検査することを開始した．以来，自転車競技はドーピングとの戦いにおいて，常にその先頭に立ってきた．しかし，このことが図らずもスポーツ界全体に大きな影を落とすこととなった．自転車競技で行われる検査項目は，その他のスポーツで行われる検査の 10 倍である．このため，自転車競技では

イギリスの自転車競技選手であるトム・シンプソンは 1967 年ツール・ド・フランス中にモン・ヴァントゥの坂で急死した．彼の死はスポーツにおける薬物使用を明らかにし，アンチドーピングの新しい時代をもたらした．

他の競技に比べ，薬物使用が陽性と判明するケースがより多い．薬物使用はここ数年急速に拡大しており，自転車の有名な大会であるツール・ド・フランスにおいて特に顕著である．

1960年代後半から現在に至るまで，アンフェタミンの使用は検査方法の改良や，選手やコーチに対するアンフェタミン使用の危険性についての教育などによって減少した．代わって1970年代から80年代は，同化ステロイド使用の時代と位置づけられる．これらの多くは，重量挙げや短距離走などの瞬発系のスポーツに見られる．近年まで，ステロイドの使用はプロ野球やプロフットボールなど，いくつかのスポーツでほぼ容認されてきた．ステロイド使用の最も悪名高い事件の一つは，1988年のオリンピック後，カナダのベン・ジョンソン Ben Johnson が失格となったことである．最近では，何人かのプロ野球選手が同化ステロイドの使用疑惑について世間の厳しい目にさらされている．2007年の夏，ステロイドを使用した選手の一人であるバリー・ボンズ Barry Bonds はハンク・アーロン Hank Aaron が1976年に樹立した通算本塁打記録を破った．ハンク・アーロンや偉大な前記録保持者のベーブ・ルース Babe Ruth のファンは，ボンズの新記録は比べるに値しないものであると考えている．

瞬発系種目の選手は，1980年代に筋力と瞬発力の増強を目的としてステロイドの誘惑にさらされていたが，一方，持久系種目の選手は，二つの薬物を試していた．一つはここでもまたステロイドの一種であるテストステロンやその前駆物質である．持久系種目の選手の場合は，テストステロンは筋力増強というよりも筋肉の疲労回復のために用いられた．持久系種目には当然ながら長時間の練習が必要で，成功するためには練習の後，急速に回復できる能力が必要である．余剰のテストステロンは持久系種目の選手が翌日に再び厳しい練習に備えるための助けとなる．したがって，この薬物を使用すると，選手はより激しい練習をすることが可能となる．しかも，テストステロンは本来，身体にあるホルモンなので，それを使用したことを検出するのは難しい．

持久系種目の選手はまた同時に，自身の循環器系からより大きな酸素運搬能力を引き出すための方法を模索してきた．高地練習は好んで行われる方法であり，高地で練習した選手は，低地で練習した選手より，多くの赤血球を有するようになる．この方法のマイナス面は，人間の身体は高地では効果的に練習できないことである．したがって，理想的な組合せは低地で練習しながら，しかも高地練習での利点を得ることである．このようにして1980年代初めから半ばは，血液ドーピング時代の始まりと位置づけられている．血液ドーピング blood doping では，選手はまず血液を一定量抜いて赤血球を保存しておく．その間に，選手は失われた血液量と赤血球を再生する．そして競技の直前に，選手は保存しておいた血液を再注入する．この方法によって，選手は高地での非効果的な練習を必要とせずに多くの赤血球を得ることができる．しかし，この方法は全く危険性がないわけではな

カナダの短距離選手であるベン・ジョンソンは1988年オリンピックの100m走の優勝後にステロイド使用のため失格となった．

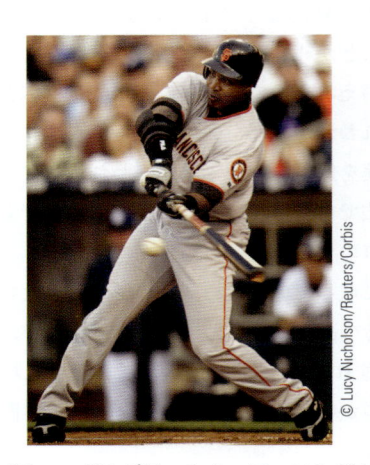

2007年，バリー・ボンズはハンク・アーロンが30年間保持した本塁打記録を破った．ステロイド使用の絶え間ない疑惑はボンズの輝かしい経歴に暗い影を落としている．

い．なぜなら，赤血球によって血液の粘度が高くなると，致命的な結果をもたらすことがあるからである．現に何人かの選手が，血液の粘度が高くなったことが原因で，競技中に心不全で死亡している．

1984年のロサンゼルスオリンピックでは，血液ドーピングは最も盛んに行われていたが，この行為はその時点ではIOCによって公式には禁止されていなかった．選手は自身の血液を体内に入れており，また検査によって検出されるような非天然物質も存在しないため，血液ドーピングを検出することは不可能であった．しかし一方で，血液ドーピングは重大なマイナス面をもっていることも認識され始めていた．練習によって上達するほとんどのスポーツでは，選手は一年を通して厳しい練習をする．したがって，血液を抜いた選手が造血している期間中であっても，練習量を減らすことができる時期はないのである．また，ドーピングに用いる血液は長期間の保存に耐えられないため，選手は競技シーズンのピーク時に血液を抜かなければならない．このことから，選手が数か月間続けて競争力を維持しなければならないようなスポーツにとって，今日では血液ドーピングは問題の多い方法となっている．1984年のオリンピック直後にIOCとUCIは，血液ドーピングがほとんど検出不可能であるにもかかわらず，この方法を禁止した．1980年代後半になると，血液の抜去を必要としない別の方法，すなわち組換え型エリスロポエチン（EPO, Chap. 12参照）を使用する方法が開発された．EPOは赤血球の産生を促進する天然のホルモンである．このホルモンは，本来，手術患者や腎透析患者が失った血液を補充するのを補助するための医療用として調製されたものである．EPOを使用することにより，持久系種目の選手は高地での練習や血液抜去をしなくても赤血球を増加させられるという利点を得られる．

1980年代の終わりから1990年代のはじめにかけて，EPO使用が蔓延する一方，悲惨な結果ももたらした．4年間で20人以上の選手がEPOの使用で死亡したが，その原因は彼らの大半が過剰のホルモンを摂取し，赤血球濃度が安全なレベルとはかけ離れた高い値となっていたためである．赤血球の濃度は，赤血球の体積と血漿の体積を比較するヘマトクリット hematocrit と呼ばれる簡単な方法で測定される．1990年代に，EPOを使用した自転車選手はヘマトクリット値が60台であった．ちなみに正常値は30台後半から40台半ばである．天然型EPOと組換え型EPOの違いは非常にわずかであり，そのためEPO使用についての信頼性の高い検査法は，当時まだ存在していなかった．

EPOのバブルがはじけたのは，プロの自転車競技チームであるフェスティナのチームドクターがツール・ド・フランス中に何百本ものEPOやステロイドのバイアルをフランス国境を越えて持ち込もうとして捕まった1998年のことであった．この年，フェスティナはチーム全体がツール・ド・フランスから追放された．このようにプロの自転車競技は，他の持久系競技と同様，重大な危機に直面していた．競技シーズンの終わりに，プロチーム，選手，コーチとUCIが集まり，これから何をしなければいけないかについて話し合った．選手の立場は，競技のために薬物を摂取したくないが，自分たちはプロであり一部の選手が摂取しているため，生き残って家族を養うためには摂取しなければならないというものであった．上位チームは，他のすべてのチームが全薬物の使用を中止するならば，すべて中止することに同意した．不正が行われることを未然に防ぐため，選手は定期的なヘマトクリット値の血液検査を受けることに同意した．自転車競技安全委員会は，大会中にヘマトクリット値が50を超えた選手は競技を続けられず，失格を宣言することを決定した．この決定はドーピング違反に対する失格と同じ効果をもつが，ドーピングのような汚名はかからない．なぜなら，違反薬物を摂取したという証拠はないからである．すなわち，ヘマトクリット値が基

イタリアの自転車競技のスター選手であるマルコ・パンターニは1998年ツール・ド・フランスの優勝者であった．彼は1999年のジロ・デ・イタリアで個人総合1位であったが，高いヘマトクリット値のため大会を追放された．彼は仕事と生活を失い，2006年に自殺した．

準を超えても，選手は自分はもともとヘマトクリット値が高かったとか，最近，高地から帰ってきた，あるいは極度に脱水状態にあったなど，いずれも血漿に対する赤血球の割合を増加させる理由をしばしば口にした．この取り決めが初めて実際に試されるまでに長くはかからなかった．1999年のツール・オブ・イタリー（ジロ・デ・イタリア）において，ツール・ド・フランスの前年優勝者であるマルコ・パンターニ Marco Pantani はヘマトクリット値が50を超えたため大会の終盤に失格となった．パンターニはその時点で個人総合1位であった．イタリアのある有名なコーチがコメントを求められたとき，「3週間のステージにわたるレースの後，私のチームの選手のヘマトクリット値は全員5下がったが，パンターニの値だけは5上昇した．これであなた方は結論を下すことができるでしょう．」と答えた．長期にわたる出場停止期間を終えて，パンターニはついに競技へ復帰したが，以前の名声や評判を取り戻すことはなかった．2006年に彼は自宅アパートで死体として発見され，おそらく自殺によるものであると推定された．

スポーツにおける血液検査は2004年から新しい基準に引き上げられた．上位の選手は競技中と競技外の両方で頻繁に検査される．選手は24時間自らの所在を知らせなければならず，アンチドーピング審査官は事前に告知することなく何時でも選手の家もしくはホテルに現れることができる．スポーツのアンチドーピングは，現在，世界アンチ・ドーピング機関（WADA）が管理し，各国に支部が存在している．アメリカにおける支部は米国アンチ・ドーピング機関（USADA）である．2000年代初頭，組換え型EPOに対する信頼性の高い検査法が考案された．その結果，この薬を用いていた多くの選手が捕まり，直ちに最大2年間の出場停止期間におかれ，再犯した場合は永久追放される可能性もあることとなった．同時に，血液細胞の複数の型を検出できるように血液検査法も改良された．EPOは発見が容易となり，また，標準的な血液ドーピングは前に述べた理由から問題があるため，血縁者からの輸血を始める選手もいた．選手は両親，兄弟や姉妹から血液を提供してもらい，次いでその赤血球を注射する．しかしながら，似ているということと同一であることとは別の問題である．赤血球は蛍光法によって検出できる非常に特異的なマーカー（Chap. 16）をもっている．一人の人間の血液は，一つの型の血液細胞しかもたないはずであるが，一卵性双生児の場合

2007年ツール・ド・フランスは，カザフスタンの自転車競技のスター選手であるアレクサンドル・ヴィノクロフの追放を含むいくつかのスキャンダルに見舞われた．彼は赤血球数を増加させるために自己輸血したことを告発された．

を除けば，誰かから血液をもらった人は複数の細胞の型やマーカーをもつことになる．この技術によって，2007年ツール・ド・フランス後にアレクサンドル・ヴィノクロフ Alexandre Vinokourov 選手は失格となり，彼のそれまでの輝かしい長い経歴に終わりを告げる結果となった．

そしてついに，天然物と人工合成品を判別するために，炭素原子の同位体の割合を用いる方法が完成した．この方法によって数人の選手から合成テストステロンが検出されることとなった．2006年にアメリカのフロイド・ランディス Floyd Landis は，前チャンピオンであるランス・アームストロング Lance Armstrong の引退後，ツール・ド・フランスに優勝してその座についた．しかし残念ながら，第17ステージ後，ランディスはテストステロンの前駆物質であるエピテストステロンに対するテストステロンの割合が高く，検査結果陽性となった．続く炭素同位体率の検査で，試料中に合成テストステロンが含まれていることが示された．ランディスはこの検査結果について，その検査方法にいくつかの不正があるとして，アメリカ仲裁協会（AAA）で争っている．2007年5月に聴聞会が開かれ，2007年9月，AAAはフランスの研究所で用いられた検査方法は理想的なものとはいえないが，その結果はランディスがドーピング違反を犯したと結論するのに十分であると裁定した．彼は2006年ツール・ド・フランスのタイトルを剥奪され，現在2年間の出場停止期間にある．

スポーツ全般，特に自転車競技は非常事態である．過

去数年間で多くの選手がドーピング違反で有罪となり，また，現役時代に禁止薬物を使用していたことを認める多くの元運動選手も現れている．スポーツの名声も選手の名声も苦難の中にある．選手やチームはスポンサーを見つけることが難しく，一般の人々はスポーツにおけるヒーローについて，どのように考えればよいかわからなくなっている．この問題を解決するために極端な二つの考え方がある．一つは最終的な健康上のリスクは自身で管理するとして，プロ選手が望むことをさせることである．もう一つは，選手を毎日検査することである．これらの極端な方法は実際は困難であろう．最初の方法は，競争力をつけるために選手に薬物摂取を強いることになるかもしれないが，本当にそうなるかどうかは確かに議論の余地がある（このトピックの議論として参考文献のFitzgerald, M. の論文を参照）．二つめの方法はきわめて費用がかかる．参考までに，一つの試料の分析に200〜400ドルの費用がかかる．ツール・ド・フランスでは，個人総合1位の選手は21日間，毎日検査を受ける．ツール・ド・フランスで7勝したランス・アームストロングは明らかにスポーツ史上最も検査された選手であり，彼はその長い経歴の中で何百回もの抜き打ち検査を受けたことは言うまでもない（注目すべきは，一つの陽性反応もなかったことである）．

過去数年間のドーピングスキャンダルにより，プロ選手の生活や経歴は詳細に調べられた．そして多くの人々は，この問題はプロ選手だけにとどまらず，趣味でやっている選手や"マスターズ"の年代に入る高齢者にまで同様に広がっているのではないかと疑っている．2006年，2007年のツール・ド・フランスでのドーピング疑惑は，選手全員が公正かつ公平に競っていると私たちが信じるにはまだほど遠いということの確たる証拠である．今後数年以内に，スポーツ界はこの問題に関して大きな改革をすることは間違いない．一方，研究者はヒト成長ホルモンの使用のような最新のドーピング法に対する信頼性の高い検査法を開発するべく研究している．研究者は，次の最先端のドーピングとして，筋肉増強や持久力増強のために重要な遺伝子を送達する遺伝子治療技術（Chap. 13）を用いた遺伝子ドーピングが関与することを懸念している．この遺伝子ドーピングの可能性についての詳しい内容は参考文献のSweeney, H. L. の論文を参照されたい．

フロイド・ランディスは，ランス・アームストロングが引退した後を受けて，2006年ツール・ド・フランスで優勝した．残念なことに，第17ステージでのランディスの検査はテストステロン値の上昇で陽性であった．試料は後に合成テストステロンを含むことが示された．2007年9月，アメリカ仲裁協会は，2006年のツール・ド・フランスの第17ステージの後に採取されたランディスの試料がドーピングを示唆しているという2007年5月に提出された証拠は決定的なものであるとの裁定を下した．フロイド・ランディスは2006年ツール・ド・フランスのタイトルを剥奪され，現在2年間の出場停止中である．

参考文献

Fitzgerald, M. No Need to Cheat. *Running Times* (January/February), 35–40 (2006). [A point/counterpoint debate between two famous runners over whether it is possible to compete clean at the world level.]

Sweeny, H. L. Gene Doping. *Sci. Amer.* (July), 63–69 (2004). [An article describing what might be the next wave in doping in sports-doping at the genetic level.]

Biochemistry

鳥インフルエンザ

次の大流行は

　皆さんはおそらく誰でも，これまでにインフルエンザにかかったことがあるだろう．多くの人にとって，インフルエンザは日常生活を煩わせる程度の病気であると思われている．多くのインフルエンザに似た病気があるが，それらをインフルエンザそのものと区別することは可能である．冬には，ニュースメディアはインフルエンザと一般の風邪の区別の仕方についての情報を提供している．インフルエンザと風邪の違いは，インフルエンザがインフルエンザウイルスによって引き起こされることである．人類はこのウイルスと長い間付き合ってきたが，未だ現代医学によって抑えることのできないウイルスである．インフルエンザウイルスは毎年，流行があり，文書として残っている最初の流行の記録は，紀元前412年に医学の父と呼ばれるヒポクラテスによるものである．1918年のインフルエンザの大流行で2,000万人以上が死亡したが，これは史上最悪の感染症の一つであった．なぜなら，これをエイズと比較すると，2006年12月の国連エイズ計画の推定によると，世界中で3950万人の人々がHIVをかかえながらも生存しているからである．毎年のインフルエンザの流行の合い間に，われわれがほとんど抵抗力をもっていない新しい型のウイルスが誕生している．

　1個のインフルエンザウイルス粒子（ビリオン）は脂質二重膜から突き出たコートタンパク質とゲノムとしての一本鎖鋳型RNAから成っている．図BF-1にインフルエンザウイルスの構造的特徴が示されている．ウイルスには三つの主要な型が存在し，タンパク質の違いによってA，B，C型と命名されている．インフルエンザウイルスは上気道の感染を引き起こし，発熱，筋肉痛，頭痛，鼻づまり，喉の痛み，咳などをもたらす．最も大きな問題の一つは，インフルエンザにかかった人が，しばしば肺炎などの二次感染を起こすことであり，このことからインフルエンザは潜在的に致死的なウイルスであるといえる．

　3種のウイルスの中で最もヒトの病気の原因となるA型インフルエンザウイルスについて見てみよう．このウイルスを包む脂質二重膜の最も顕著な特徴は，2種類のスパイクタンパク質をもっていることである．一つは**ヘマグルチニン** hemagglutinin（HA）と呼ばれ，それは赤血球同士を凝集させることから命名された．もう一つは**ノイラミニダーゼ** neuraminidase（NA）であり，シアル酸とガラクトースまたはガラクトサミンとの結合を加

渡り鳥はH5N1型ウイルスの宿主であり，ウイルスの拡大に重要な役割を果たす．（*Science* **312**, 337 [2006] より，許可を得て転載）

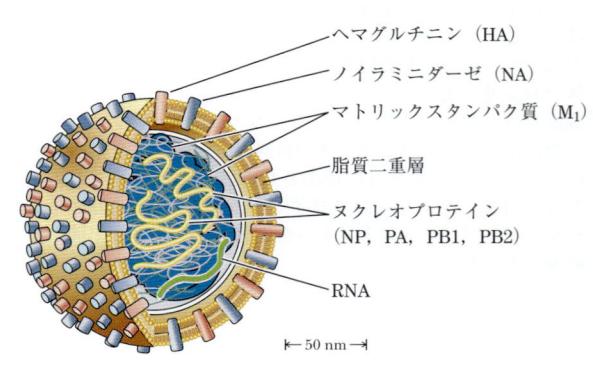

図BF-1　インフルエンザウイルス粒子の断面図
HAやNAの突起はウイルスのエンベロープを形成している脂質二重層に埋め込まれている．マトリックスタンパク質であるM1は，この膜の内側表面を被っている．ウイルス粒子のコア（核）はNP，PA，BP1，BP2の各タンパク質とウイルスゲノムを構成する8本の一本鎖RNAが複合体を形成し，ヌクレオキャプシドと呼ばれるらせん構造を形成している．（Bunji Tagawa氏より，許可を得て転載）

水分解する酵素である（Chap. 16 参照）．HA はウイルスが標的細胞を認識するのに必要なものと考えられている．NA は宿主の粘膜を通過するのに必要なものと考えられている．HA は 16 種の亜型が知られており（H1 〜 H16 と命名），NA は 9 種の亜型（N1 〜 N9 と命名）に分類されている．H1, H2, H3, N1, N2 はヒトに感染する主要な既知のウイルスに存在している．各々の A 型インフルエンザウイルスは，例えば H1N1 または H3N2 などのように HA と NA の亜型によって命名される．ニュースで大きく取り上げられた鳥インフルエンザを引き起こすウイルスは H5N1 型である．H5 タンパク質が存在するとヒトにも感染するが，今までのところ他の HA の亜型に比べるとその作用は弱い．当然，このウイルスはトリに感染し，ニワトリ，アヒル，ガチョウなどの多くの鳥を死亡させる．大きな懸念は，このウイルスによって大規模なヒトへの感染拡大が生じるかどうかということである．家禽との接触が主な感染経路であるが，軽い接触によるヒトからヒトへの感染はこれまで確認されていない．ヒトへの感染についての懸念は大きく，New England Journal of Medicine に H5N1 型ウイルスのヒトへの感染についての総説が掲載され，ウェブサイトで無料で閲覧できる（http://content.nejm.org/cgi/content/full/353/13/1374）．この総説は 10 か国以上の言語に翻訳され，翻訳版は上記 URL から入手することができる．

渡り鳥がインフルエンザウイルスの一次宿主であり，それらは次に家禽類へ感染を広げる．その間に遺伝子組換えが起こり，ヒトに感染しうるウイルスが生じる．1997 年の中国での流行は，この過程がどのようにして起こるのかということを示す驚くべき具体例であった．当時，出現した致死性の高いウイルス株は，中国本土のウズラ，ガチョウ，コガモ由来の 3 種のウイルス株の混合型であった．遺伝子組換えは香港の家禽市場で起きたのであるが，このときウズラは H5N1 型ウイルスの貯蔵庫となっていた（図 BF-2）．次にニワトリが感染し，最終的にヒトへ感染した．家禽の大量処分の後，次いでウズラは香港家禽市場から追放された．2001 年に香港で H5N1 型ウイルスが再出現し，2 度目のニワトリの大量処分が行われた（図 BF-3）．

ほとんどの場合，鳥インフルエンザはアジアで発生し，感染した人は高い致死率を示す．ここで二つの疑問が浮かび上がるが，順に検討してみよう．まず最初の疑問は，"このヒトに感染する H5N1 型ウイルスの特徴として，何が新しいのか"である．もう一つは"ヒトへの

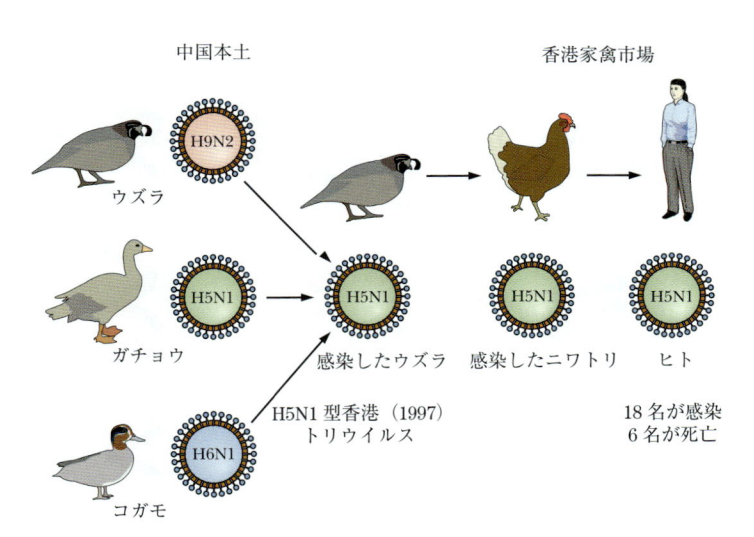

図 BF-2　1997 年に出現した致死性の高いインフルエンザウイルスは中国本土のウズラ，ガチョウ，コガモ由来の 3 種のウイルス株の組合せ体であった
遺伝子の組換えは香港家禽市場で起こり，ウズラが H5N1 型ウイルスの貯蔵庫となっていた．ニワトリがその次に感染し，最終的にヒトが感染した．家禽の大量処分の後，次いでウズラは香港家禽市場から追放された．2001 年に香港で H5N1 型ウイルスが再出現し，2 度目のニワトリの大量処分が行われた．(*Emma Skurnick*, American Scientist, *91*, 2, p.126 [2003] より，許可を得て転載)

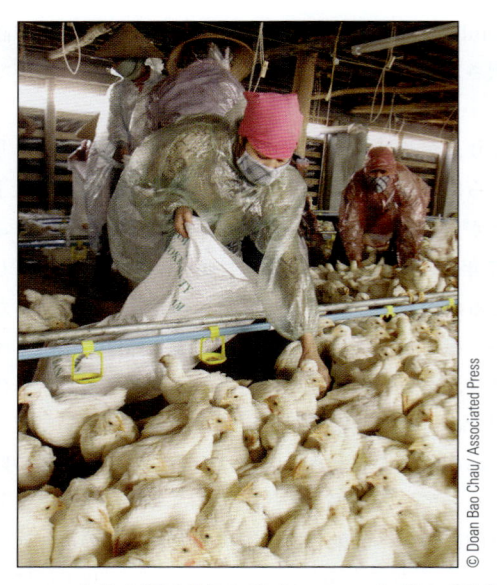

図 BF-3 トリの殺処分はトリインフルエンザの感染拡大を阻止するための対策の一つである

感染はどのようにして起こるのか"である．カリフォルニアの研究者は，2004 年にベトナムの 10 歳の男子から分離された H5N1 型インフルエンザウイルス由来の HA の構造と受容体への特異性を調べた．X 線結晶解析の結果，この HA は受容体結合部位に関して，1918 年に大流行を引き起こした代表的なヒト感染性ウイルスである H1N1 型の HA と共通した多くの特徴をもつことが明らかになった．図 BF-4 は，ベトナムの男子から単離されたウイルス（Viet04）とアヒル H5 ならびに 1918 年のヒト H1 を比較したものである．Viet04 の HA はそれ自体，H5 に分類されるのであるが，突然変異の結果，立体構造上はトリ H5 よりむしろ 1918 年に大流行した H1 に類似している．この点はウイルスがヒトへ侵入する機構を解明するための手がかりとなる．

感染は上気道の受容体にウイルスが結合することで起こる．ヒトではこの受容体は 2,6 ガラクトース受容体と呼ばれ，鼻から肺までの上気道全体に存在している．したがって，H1N1 型のようなヒトインフルエンザウイ

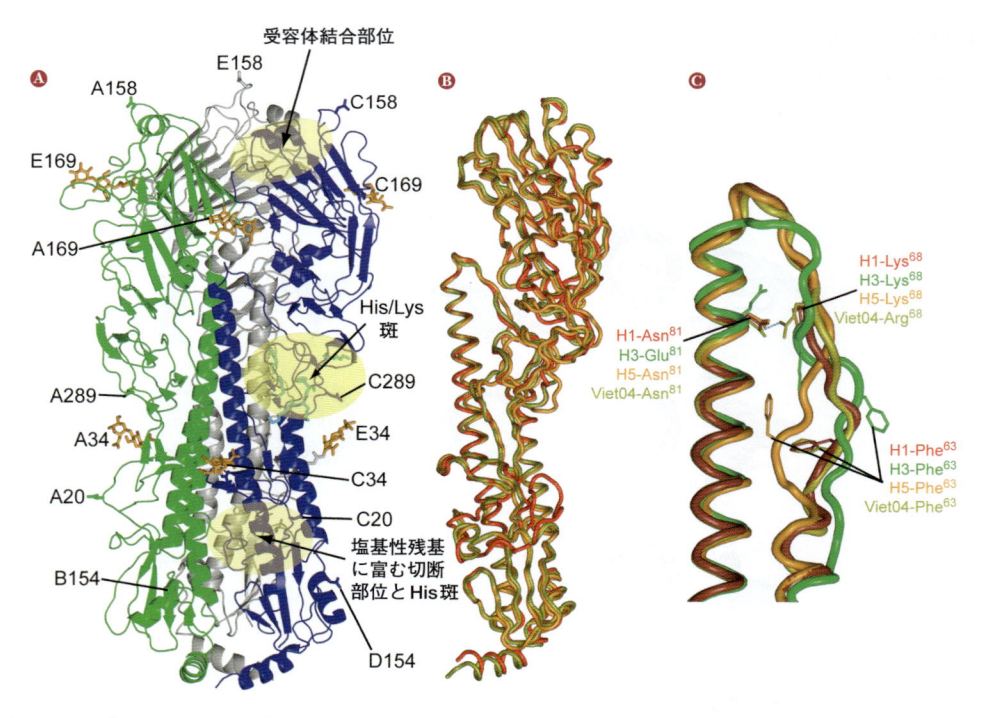

図 BF-4 鳥インフルエンザウイルス Viet04 の HA の結晶構造と他の HA との比較
Ⓐ Viet04 の HA 結晶構造．分子は三量体で，それぞれのサブユニットを別の色で示してある．Ⓑ Viet04 の HA 単量体（オリーブ）とアヒル H5 型（茶）ならびにヒト 1918H1 型（赤）との比較．Ⓒ Viet04 の長いらせん領域と 1918H1 型，トリ H5 型，ヒト H3 型との比較．Viet04 のループの構造はトリ H5 型よりむしろヒトの HA に近い．（Structure and Receptor Specificity of the Hemagglutinin from an H5N1 Influenza Virus, J. Stevens, O. Blixt, T. M. Tumphey, J. K. Taubenberger, J. C. Paulson, I. A. Wilson, Science **312**, 5772, 404–410 [2006] より，許可を得て転載）

スは，2,6ガラクトース受容体に結合することで感染を引き起こす．咳やくしゃみはウイルス感染拡大の原因となる．一方，鳥インフルエンザウイルスはヒト上気道ではほとんど発現していない2,3ガラクトース受容体に選択的に結合する．さらに重要なことに，2,3ガラクトース受容体は肺の奥の酸素交換の場である肺胞に発現している．このため，咳やくしゃみによってウイルスを体外に追い出すことは難しい．これが鳥インフルエンザウイルスはヒトとヒトとの接触では広がりにくい理由である．ウイルスに感染した人は高い致死率を示すにもかかわらず，ヒト同士での軽い接触では感染が広がらないため，おそらく大流行は起こらないと考えられる．ヒトとヒトとの接触などによって簡単にウイルスが広がることのできる変異が起これば，悲惨な結果を招くだろう．

鳥インフルエンザの予防と治療法の開発のために，多くの努力がなされている．このインフルエンザの型に特異的なワクチンは極めて価値がある．HAはウイルス表面の主要なタンパク質であるので，インフルエンザウイルスに対する抗体の主要な攻撃部位となる．また，HAは極めて遺伝子変異が起こりやすく，新しいウイルス株が常に出現したり，長期間有効なワクチンの開発が困難なことの原因となっている．またこのことは，現在見つかっている株に対して特異的であると考えられる新しいインフルエンザワクチンが，毎年，つくられる理由でもある．抗生物質はウイルス感染の治療には無効であるが，抗ウイルス薬は使える．したがって，それらを供給できるよう備蓄しておく必要がある．世界保健機構（WHO）は，世界中で鳥インフルエンザが確認された事例とその感染拡大について監視している．最新情報はWHOのウェブサイト（http://www.who.int/csr/disease/avian_influenza/en）から入手できる．

世界中の多くの機関は，鳥インフルエンザの大流行に備えた緊急事態対応計画を作成している．これにはワクチンの接種，薬の供給，隔離の仕方などの問題がすべて含まれている．一方で，倫理学者はワクチンの供給が限られている場合，誰にワクチンを接種すべきかの問題について検討している．鳥インフルエンザは次に爆発的に大流行するかどうかはわからない．大きな問題はヒトからヒトへの鳥インフルエンザのうつりやすさが増大するかどうかという点である．もし仮に鳥インフルエンザが拡大し始めても，時宜を得た薬の使用や隔離により，鳥インフルエンザの爆発的流行をそれが始まる前に食い止めることができるかもしれない．しかし，一つ明らかなことがある．それは原因が鳥インフルエンザウイルスH5N1の亜型であってもなくても，いずれ別のインフルエンザの大流行が起こるだろうということである．

参考文献

Enserink, M. Drugs, Quarantine Might Stop a Pandemic before It Starts. *Science* **309**, 870–871 (2005). [A news article about possible ways to deal with a disease outbreak before it becomes widespread.]

Normile, D. Studies Suggest Why Few Humans Catch the H5N1 Virus. *Science* **311**, 1692 (2006). [A single–page news article about the role of receptors in the respiratory tract in infection by the H5N1 virus.]

Stevens, J., O. Blixt, T. Tumpey, J. Taubenberger, J. Paulson, and I. Wilson. Structure and Receptor Specificity of the Hemagglutinin from an H5N1 Influenza Virus. *Science* **312**, 404–410 (2006). [A study of the avian influenza virus.]

Webster, R., and E. Walker. Influenza. *American Scientist* **91**, 122–129 (2003). [A well–illustrated article about the origins of a pandemic.]

Biochemistry 一塩基多型

一塩基の変化が大きな違いをもたらす

　DNAのトリプレット（3塩基連鎖）コドンのうち一つの塩基が変化したものは一塩基多型 Single Nucleotide Polymorphisms（SNPs）と呼ばれる．SNPsはヒトゲノム中で最も一般的に見られるDNAの変異である．ヒト集団中には通常，7百万以上のSNPsが存在していると推測されている．SNPsは一人の人が他の人とどのように異なるのかということに大きく関わっているが，SNPの生じる機序は明らかではない．

　よく知られていることの一つは，遺伝暗号が縮重しているということである（Sec. 12.2）．異なるヌクレオチド配列から成る数種のトリプレットが，一つのアミノ酸をコードしている．したがって，一塩基が変化して元のアミノ酸と同じアミノ酸をコードするコドン（同義コドン）を生じたとしても，生成されるタンパク質のアミノ酸組成や配列に変化は生じない．理論上は，同義コドンを生じるSNPの結果できる遺伝子から発現するタンパク質に違いはないはずである．すなわち，このような変化は"サイレント"である．多くの場合，この予測はあてはまるが，例外も存在する．その顕著な例が多剤耐性遺伝子産物であるP糖タンパク質P-glycoproteinの基質特異性で見つかっている．P糖タンパク質は細胞内の薬物を細胞外へ輸送するポンプの働きをする膜貫通タンパク質であり，薬剤に対する応答性の変化は，SNPの存在に起因している．この特性は，がんの化学療法に計り知れない影響を及ぼす．P糖タンパク質のSNPsには，もともと存在するものと人工的な理由で生じるものがある．

　P糖タンパク質の変異体は，野生型と異なる立体構造をとるため，薬剤に対して異なる反応性を示す．すなわち，ヌクレオチドに変異をもつmRNAは翻訳速度が変

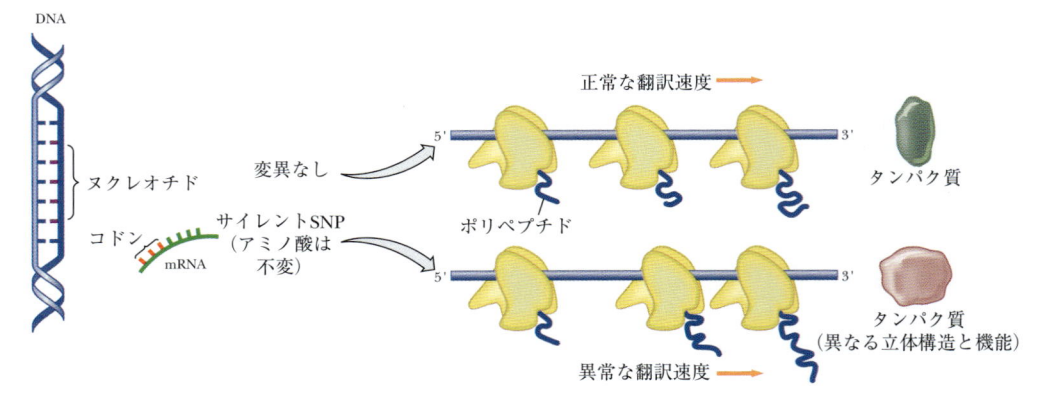

図 SNP-1　タンパク質の折りたたみは翻訳の速度に依存する
変異がない場合の翻訳速度は正常で，正しく折りたたまれたタンパク質が生成する．mRNAのある領域をリボソームが正常より速くまたは遅く移動すると，タンパク質の折りたたみに影響が出る．一塩基多型は翻訳速度を変化させることがある．（Science *315*, 466 [2007] より，許可を得て転載）

化する結果，タンパク質の立体構造に変化が生じる（図SNP-1）．変異のない場合は，タンパク質合成速度が正常であるため，翻訳されたタンパク質は正常に折りたたまれる．しかし，SNPが存在すると，翻訳は異なる速度で進み，異なって折りたたまれたタンパク質を生じる．P糖タンパク質の異なる立体構造は，薬剤を細胞外へ輸送する仕方に影響を及ぼし薬剤耐性を生じるのである．このような効果はヒト細胞株だけでなく，他の霊長類由来の細胞株でも観察されている．

P糖タンパク質の一例を見ただけでも，一つのヌクレオチドレベルでの遺伝子変異がヒトの健康に計り知れない影響を及ぼすことがわかる．そこで，このような効果を示す例は，他にもあるのではないかという疑問がすぐに浮かび上がるだろう．その答えは，多くの遺伝子変異が多因子疾患の危険因子になっているということである．したがって，遺伝子解析によって得られる多型とヒトの健康との関係を明らかにするための研究が活発に行われている．

ゲノムワイド関連解析法 techniques of genome-wide association は莫大な全ゲノムデータと統計解析技術を用いて，多因子疾患の発症に関連する遺伝子マーカーを推定する方法である．最初の段階は，がん，心臓病，糖尿病のような多因子疾患の患者群ならびに健常対照群の数千人もの人々のゲノムDNAを入手することである．近年，遺伝子チップの技術が開発されたため，より多くの遺伝子情報が入手できるようになった（Sec. 13.9）．ある疾患の患者群と健常対照群とで全ゲノムに渡ってスキャンした結果を比較すると，どこでSNPが起こっているかが明らかになる．対照群と疾患群との差異が統計学的に有意な場合，病気の発症における遺伝的要素の強力な証拠となる．図SNP-2はゲノムワイド関連解析法について示してある．遺伝子チップ技術を用いると，数千人の人々に対してそれぞれ約50万種類の遺伝子マーカー（SNPs）を決定することができる．統計学的解析によって，疾患群と健常対照群に対して，対立遺伝子の頻度を比較する（対立遺伝子 allele という用語は，相同染色体において互いに対応する異なる遺伝子を意味する）．通常，多くのマーカーは有意な差を示さないが，マーカーに有意差があると（オレンジで示した対立遺伝子3），それは病気の遺伝的な危険因子であることを示している．そのようなマーカーの存在は，統計学的解析によって初めて見出すことができる．

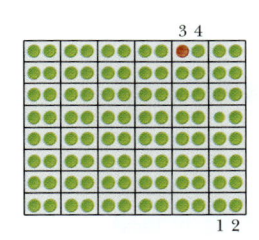

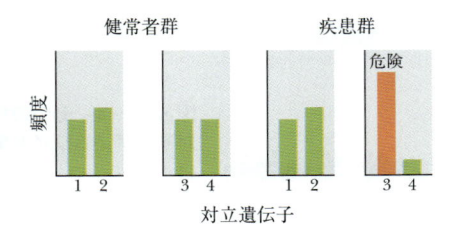

図SNP-3は，クローン病のゲノムワイド関連解析の結果を示したものである．色のついた棒は染色体を表している．たて軸の値は疾患群と対照群を比較した結果を反映している．上側の線より上の点はこの病気に対する高い危険性を表している．このような明確な結果は有用であるが，さらに多くのデータを得ることが必要である．

数々の疾患のゲノムワイド関連研究がすでに発表されており，現在も多くの研究が進行中である．2007年6月，イギリスの研究機関から，関節リウマチ，高血圧症，クローン病（炎症性腸疾患の一つ），冠動脈疾患，双極性気分障害，1型および2型糖尿病の七つの疾患に関する研究が発表された．この研究には50の研究チームが参加し，17,000人のゲノムについてそれぞれ50万種類の遺伝子マーカーが用いられた．この研究は，各疾患ごとにそれぞれ2,000人ずつから成る七つのグループと，健常対照群として共通に用いる3,000人から成っていた．

図SNP-4は，これら七つの疾患に関して，全ゲノムに渡ってスキャンした結果を示している．その結果，これらの疾患に関連する合計24の遺伝子マーカーが同定された．これらの疾患の患者数は非常に多いことから，このニュースが多くの人々の興味を引いたことは言うまで

図SNP-2　ゲノムワイド関連解析法
現在，遺伝子チップ技術を用いると，一つの研究で数千人の人々に対して，それぞれ約50万種類のSNPsの解析ができる．二つの対立遺伝子は，相同染色体において互いに対応する異なる遺伝子を意味する．通常，多くのSNPsは多因子疾患の患者群と健常対照群との間でほとんど差異を示さない．しかし，ある場合には疾患の危険因子であることを示唆する明らかな変異が見られることがある（この例では対立遺伝子3）．（Nature **447**, 645 [2007] より，許可を得て転載）

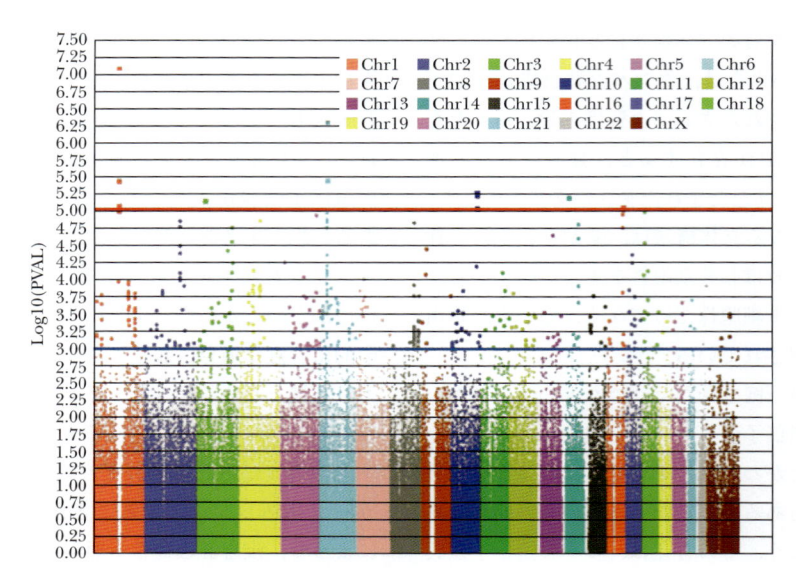

図 SNP-3　クローン病のゲノムワイド関連解析の結果
グラフで棒の色の違いはそれぞれの染色体を表している．たて軸の値は数十万の遺伝子マーカーを比較した結果を反映している．上の赤線より上部の点はクローン病と高い関連性があることを示している．(Rioux et al: Genome-wide association study identifies new susceptibility loci for Crohn…, Nature Genetics, **39**, 5, 596–604 [2007] より，許可を得て転載)

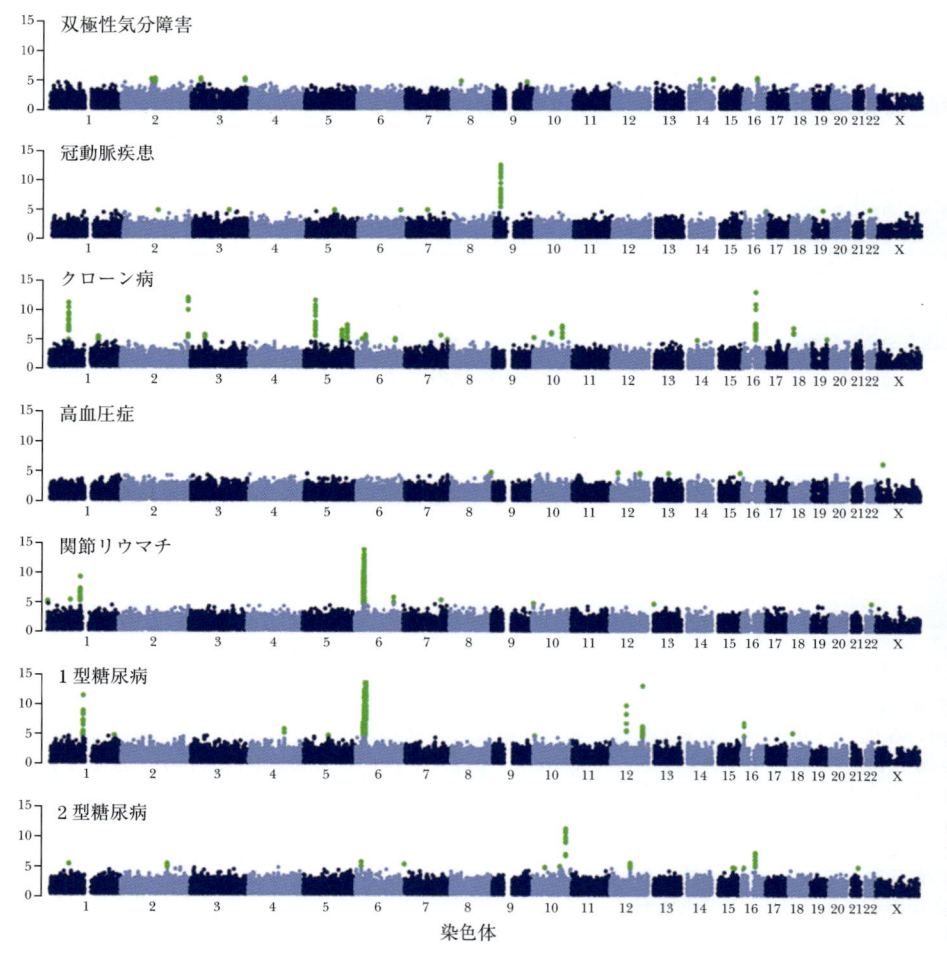

図 SNP-4　七つの疾患に対するゲノムワイド関連解析
危険因子であることを示唆するマーカーは緑で示してある．(Genome-wide association study of 14,000 cases of seven common diseases and 3,000 shared controls, the Wellcome Trust Case Control Consortium. Nature **447**, 661–678, fig. 4 [2007] より，許可を得て転載)

もない．発表のあった日，この話題はBBCのニュースウェブサイトで最も人気のある項目となった．

これらの研究から得られる情報は，明らかに医療現場に大きな衝撃を与えるだろう．しかし，いつ，そしてどのような形で病気になるかを予測するのは難しい．一つの重要な点は，ある疾患に対する危険因子のマーカーをもっていると，その疾患を発症する確率がどの程度増加するのかということである．心疾患または肺がんを発症する危険性が3％から4％に増加するのか，あるいは3％から30％に増加するのであろうか．また発症の危険性に関連しているマーカーの数が三つ，四つあるいは七つになると，どのような影響が出るのだろうか．これらの疑問に対する答えは現在の医学知識を総動員しても全くわからない．そして，各個人に対する発症の危険性の増加を予測することなど，なおさらできないことである．しかし，自分が遺伝的危険因子をもっていると知っている人々は，その危険性を減らすために生活習慣を変えるかもしれない．例えば，心疾患の危険性が高い人は，実際にその疾患を発症してしまわないようにダイエットしたり運動の目標を立てるかもしれない．同様のことが，2型糖尿病の危険性の高い人にも当てはまる．

研究者が基礎科学の知識を活用すれば，これらの疾患を予防し，さらに治療するための新しい治療法が生み出されるかもしれない．これらのマーカー遺伝子の機能が解明されるには，これまで以上に多くの研究が行われなければならないだろう．いくつかの遺伝子マーカーはDNAの非コード領域に存在しており，それは研究者にとって一つの謎である．さらに，心疾患と糖尿病の遺伝子マーカーはDNAの同じ領域にあり，糖尿病とクローン病のマーカーも同様にDNAの同じ領域にある．このことはまた別の謎ではあるが，人体の作用についてより多くのことが発見される新たな機会となるかもしれない．また，遺伝的要因と環境要因との間に複雑な相互作用が存在しており，遺伝的要因と疾患の発症リスクをつなぐ上で，この相互作用についてより多くのことを知る必要がある．この研究の有効性はいかに大量のデータを収集するかによって決まるが，幸い最新の技術がこれを可能にしている．方法論の更なる進歩によってその有効性はさらに高まるだろう．

今後，より多くこのような研究が行われるであろうことは間違いない．そこから得られる遺伝情報は，マサチューセッツ州フラミンガムで行われたような大規模臨床研究につながっていくだろう．この研究から具体的に何が生まれて来るかを予測することは大変難しいが，何か有用なものが生まれることは間違いない．いずれにしても，常に最新情報から目を離さないことである．

参考文献

Bowcock, A. Guilt by Association. *Nature* **447**, 645–646 (2007). [A News and Views article about the genome-wide association study of seven disease.]

Couzin, J., and J. Kaiser. Genome-Wide Association: Closing the Net on Common Disease Genes. *Science* **316**, 820–822 (2007). [Comparison of large amounts of DNA information from people with common diseases with that from healthy controls can correlate genetic markers with increased risk for disease.]

Komar, A. SNPs, Silent but Not Invisible. *Science* **315**, 466–467 (2007). [A description of the effect of single-nucleotide polymorphisms on translation kinetics and protein folding.]

Wellcome Trust Case Control Consortium. Genome-Wide Association Study of 14,000 Cases of Seven Common Diseases and 3,000 Shared Controls. *Nature* **447**, 661–678 (2007). [A comparison of gene markers and disease risks, based on a very large data set.]

Biochemistry

HPV ワクチン

子宮頸がんとの戦い

アメリカでは毎年，子宮頸がんで3,700人の女性が死亡し，発展途上国での死亡者数はこれよりさらに多い．世界保健機構によると，子宮頸がんによる年間死亡率はアメリカ，カナダ，オーストラリア，中国では人口10万人あたり9.4人である．メキシコでの子宮頸がんによる年間死亡率は，10万人あたり33人である．図HPV-1に示すように，コロンビア，ベネズエラならびにいくつかのアフリカの国々では，10万人あたり87人と最も高い死亡率が見られる．1975年に，ウイルス学者のヘラルド・ツール・ハウゼン Harald zur Hausen は，ヒトパピローマウイルス（HPV）が子宮頸がんを引き起こすことを証明した．この発見は，1999年に複数の研究により，子宮頸がんの99.7％にHPVのDNAが存在することが明らかになったことから確かめられた．

HPVは非常に広く流行している性感染症（STD）の原因であり，推計によると性交経験のあるアメリカ人成人の約半分が一生のいずれかの時点で感染することが示されている．ある調査では図HPV-2に示すように，調査対象の女性の60％が，大学に入学してからの5年間で感染していた．幸い，アメリカでは子宮頸がんによる死亡者数は減少している．2002年には5,000人が死亡しているが，これは1950年の75％減に相当する．この減少は主に予防薬，教育，子宮頸がんのスメアー検査法の普及によるものである．しかし，HPVは依然として大きな問題である．これまでに100種類以上の異なったHPVの型が同定されており，生殖器に感染するのはそのうちの40種類だけである．それらの中には生殖器にイボをつくるものや，直腸にイボをつくるものもある．またある株は子宮頸がんと関連があるが，その他の株は一見，何の症状も引き起こさない．これら100株すべてのうち，約15株だけが女性に子宮頸がん発症の高い危険性をもたらすが，ほとんどの場合，免疫系は感染に打

世界の子宮頸がんによる年間死亡率

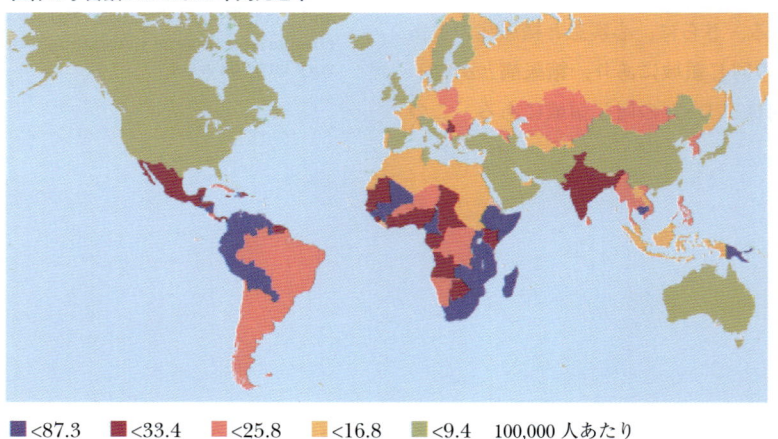

■ <87.3　■ <33.4　■ <25.8　■ <16.8　■ <9.4　100,000人あたり

図 HPV-1　衝撃的な死亡率の不均衡
子宮頸がんのスメアー検査が裕福な国々で普及するにつれて，子宮頸がんの患者と死亡者は世界の貧しい国々にますます集中している．(*High Hopes and Dilemmas for a Cervical Cancer Vaccine*, by Jon Cohen, Science **308**, 618 [2005] より，許可を得て転載）

HPV ワクチン 941

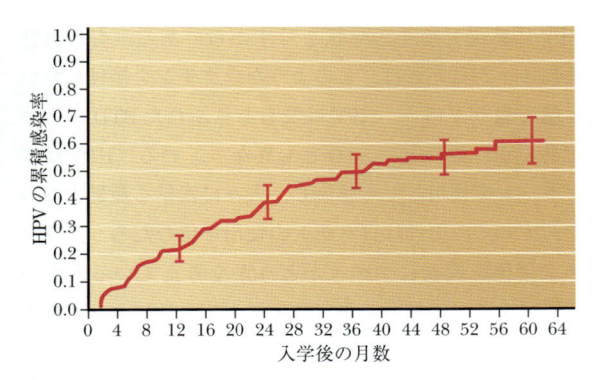

図 HPV-2　大学における大量のウイルス
ワシントン大学の調査によると，調査対象女子学生の 60％以上が 5 年間に HPV に感染することが明らかになった．(*High Hopes and Dilemmas for a Cervical Cancer Vaccine, by Jon Cohen*, Science **308**, 620 [2005] より，許可を得て転載)

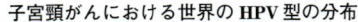

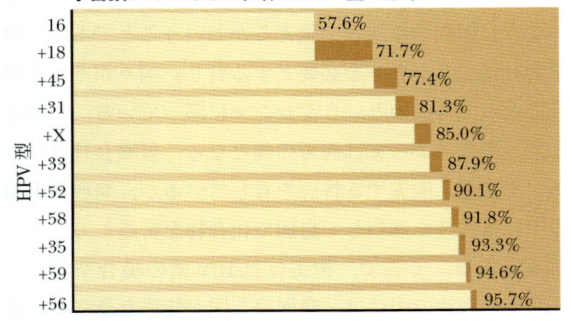

図 HPV-3　典型的なウイルスの型
女性に子宮頸がんをもたらす高い危険性のある HPV ウイルスの型の国際的な統計によると，主要な 6 種の型が患者の 90％近くを占めていることがわかる．メルク社と GSK 社製のワクチンは現在，有効性試験の実施中であるが，どちらのワクチンも子宮頸がんの発症に最も関与している HPV16 型と 18 型の両方を含んでいる．(*High Hopes and Dilemmas for a Cervical Cancer Vaccine, by Jon Cohen*, Science **308**, 621 [2005] より，許可を得て転載)

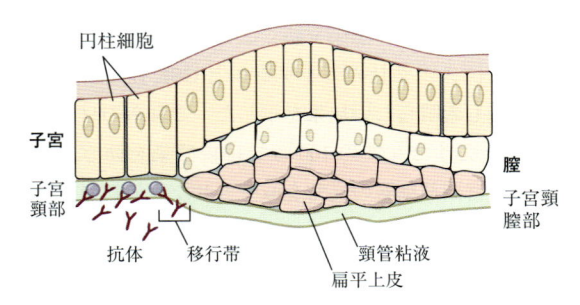

図 HPV-4　ウイルス侵入の阻止
HPV は子宮頸部の上皮細胞に感染する．ワクチンによって産生される抗体は L1 タンパク質に結合し，HPV の感染を防ぐ．(*High Hopes and Dilemmas for a Cervical Cancer Vaccine, by Jon Cohen*, Science **308**, 619 [2005] より，許可を得て転載)

ち勝って，ウイルスを除去することができる．HPV の 16 型または 18 型の二つの型は子宮頸がんのうち 70％以上に存在しており，図 HPV-3 に示すように，16 型と 18 型以外では 45 型をもっている人が 6％，また 31 型をもっている人が 4％存在する．

HPV は子宮頸部の粘膜の下にある上皮細胞に感染する（図 HPV-4 参照）．子宮頸がんに最も関与している HPV16 型と 18 型が産生するタンパク質は，二種のがん抑制遺伝子産物に結合するが，そのうちの一つは Chap. 24 で述べた p53 がん抑制遺伝子である．これらのタンパク質ががん抑制遺伝子に結合することで上皮細胞に異常な増殖を引き起こす．しかし，異常な上皮細胞が円柱細胞に接触するときにがんが起こる理由はまだよくわかっていない．

この数年，メルク社とグラクソ・スミスクライン（GSK）社の二つの製薬会社は，抗 HPV ワクチンの開発を競ってきた．GSK 社は，ヨーロッパにおける使用の承認を得ることに焦点を合わせていた．一方，メルク社は，アメリカで有効性試験を進めていた．2006 年 6 月に，アメリカ食品医薬品局（FDA）は，メルク社のワクチンが HPV16 型と 18 型に対して有効であるとしてその使用を認可した．メルク社のワクチンはガルダシル Gardasil と呼ばれた．ワクチンは非常に有効であるが，免疫するのに 360 ドルの費用がかかり，決して安くはない．一旦，感染が起こってしまうと，免疫してもほとんど効果がないことから，ワクチン接種が推奨される対象は，性的交渉する前の若い女性である．6 月 29 日の FDA の発表によると，12〜26 歳の少女と女性はワクチンの接種を受けること，ならびに 9 歳以上の少女は医師の助言に従ってワクチンの接種を受けることが推奨された．この推奨年齢は，後で述べるように主な論点となっている．

両社が開発したワクチンは，同一の科学的理論に基づくものである．L1 と呼ばれる特異的なタンパク質は，ウイルスエンベロープの大部分を構成している．L1 の遺伝子配列を組換え DNA 技術を用いて別のウイルスまたは酵母粒子に挿入することにより，ウイルス DNA をもたない外側だけの偽ウイルス粒子がつくられた．次に，この偽ウイルスタンパク質を宿主動物に注射し，抗体が回収された（Chap. 24）．図 HPV-4 に示すように，この抗体は体内で本当の HPV ウイルスを攻撃すること

により，ウイルスの感染を防ぐことができる．

治験で，メルク社のガルダシルとGSK社のワクチンはどちらも素晴らしい結果を示した．これらのワクチンは接種を受けた女性の100％で持続感染を防ぎ，90％以上で子宮頸部細胞の異常を減少させた．最初のワクチンはHPV16株と18株に基づくものであった．その後，メルク社は他の二つの株である6株と11株を含む4価ワクチンを開発している．

臨床成績は驚くほど素晴らしいものであったが，ワクチン治療の実現は解決すべき多くの問題を残した．一つの重要な問題は，誰がワクチンの費用を払うかである．ワクチンは非常に高価であり，ワクチンによって大きな恩恵を受けようとする国は，それを購入するために大きな負担がかかる．医師や科学者は，人類全体の健康問題と考えているが，製薬会社は非営利組織でもなく，研究開発に数百万ドルを既に投資している．したがって，製薬会社はワクチンを安く売ることができない．さらに，アメリカでそのワクチンが果たす役割がどれほど重要であるかは不明確である．なぜなら，すでに子宮頸がんの割合は他の医療行為によって減少しているからである．

もう一つ重要な問題は，誰に接種するかということである．これまでの研究によると，接種対象として最も適当なのは若い少女であることが明らかであるが，このことは大きな物議を醸し出した．いくつかの宗教団体は，不特定多数との性行為を認める考えを助長する危険性があるとの理由で，少女へのワクチン接種に反対している．宗教団体は，STDに対する手段として，ワクチンではなく，むしろ禁欲することを求めているのであろう．医師の中には，10代の少女や若い女性は性的に活動期にあることから，これらの若い年齢層が最初に接種を受けるべきであると考える人もいる．しかし，9歳の少女をもつ母親で，現在，STDに対して娘にワクチンの接種をすることを考えている人はほとんどいない．もう一つ別の重要な論点は，免疫はどのくらいの期間持続するかであり，今なおそれについての正確な情報は得られていない．もし，免疫活性が性的交渉をする年齢に達する前に消滅するなら，9歳の少女にワクチンを接種することはあまり意味のないことである．

また，別の重要な問題は，男性もワクチン接種を受けるべきかどうかということである．なぜなら，男性もHPVに感染してその症状を示すからである．もし男性器にイボが見えれば，このようなワクチンを接種したいと強く思うだろう．HPVは最もありふれたSTDの一つであるが，他のどのSTDとも異なっている．HPVはコンドームを使用しても感染し，人々に素早く蔓延するので，すべての男性はワクチンの使用を望むだろう．ワクチン接種を義務にすべきかどうかを考えている人もいる．ワクチン接種の義務化は生産する会社にとって極めて大きな利益となるが，その費用を誰が支払うかという問題が大きくなってくる．それは詰まるところ，政府となるが，いわゆる"トリクルダウン trickle-down 効果"（浸透効果）を介して，結局は納税者の負担ということになる．

最も重要な問題がまだ残っている．それは，ワクチンを最も必要とする発展途上国にそれを届けるために，どのように国際的な垣根を越えるかということである．製薬会社は，ワクチンを必要とする貧しい国々がそれを買うことができないというジレンマに陥っている．このことは，場合によっては両刃の剣となる．製薬会社はワクチンを生産し販売する特許を有しているが，発展途上国の中には特許を無視して自国で化合物を密造しているところもある．そこで，例えば抗HIV薬の場合など，アメリカの会社の中には，発展途上国が特許を遵守し，その薬を密造しないことと引き換えに，薬を低価格で販売する特別な契約をしているところもある．

HPVに対するワクチン療法の構想とその開発は科学者にとって素晴らしい勝利であったが，今，見てきたようにワクチンの開発自体はまだ容易な部分であった．現在，国際法の調整，国民意識の問題，倫理上の問題，企業の経営上の問題などに関するたいへんな仕事が始まっている．

参考文献

Cohen, J. High Hopes and Dilemmas for a Cervical Cancer Vaccine. *Science* **308**, 618–621 (2005). [An overview of the issues surrounding a cervical cancer vaccine.]

Cohen, J. HPV's Peculiarities, from Infection to Disease. *Science* **308**, 619 (2005). [A more in depth article about the subtleties of HPV compared to other viruses.]

Kennedy, D. News on Women's Health. *Science* **313**, 273 (2006). [A brief synopsis of the status of approval for the HPV vaccine as of 2006.]

Biochemistry

幹細胞

希望か過剰な期待か

　幹細胞はすべての細胞型（細胞のタイプ）の前駆体である．幹細胞は未分化細胞であり，増殖して多くの幹細胞を複製することができるだけでなく，分化してどのような細胞型を形成することも可能である．幹細胞は多くの細胞型に分化できることから，しばしば**前駆** progenitor 細胞と呼ばれる．**全能性** pluripotent 幹細胞は胚由来または成人由来ですべての細胞を生じさせることができる細胞である．また，すべての細胞型ではないが複数の細胞型に分化できることから，**多能性** multipotent 幹細胞と呼ばれる細胞もある．細胞は，受精卵の状態から発生過程が進めば進むほど，細胞の多分化能は低下する．幹細胞，特に**胚性幹細胞** embryonic stem (ES) cells を用いた研究は，ここ数年間，たいへん活気に満ちた研究分野となっている．

幹細胞研究の歴史

　幹細胞の研究は，1970年代に精巣がんとして発見された悪性奇形腫の細胞の研究から始まった．悪性奇形腫の細胞は分化した細胞と未分化細胞との奇異な混合物である．この未分化な細胞は**胚性腫瘍細胞** embryonal carcinoma (EC) cell と呼ばれた．この細胞は多能性をもつことが明らかとなり，その細胞を治療に用いることが考えられた．しかし，EC細胞は腫瘍由来であることから，その使用は危険であることや染色体数が異常な**異数体** aneuploid であったことから，このような研究は中断された．

　胚性幹（ES）細胞の初期の研究は，胚から取り出し

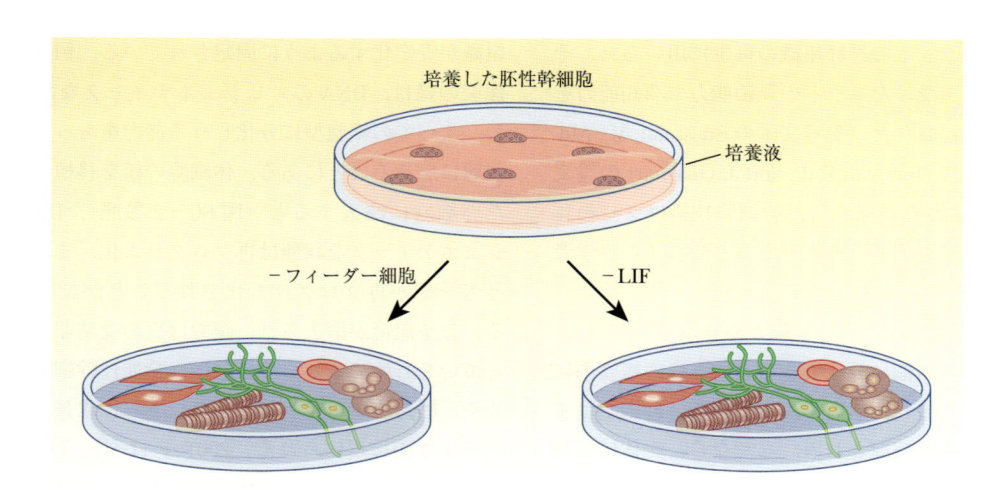

図 SC-1　全能性胚性幹細胞は細胞培養できる
この細胞は繊維芽細胞などの特定のフィーダー細胞上または白血病阻害因子（LIF）を用いることによって未分化の状態で培養維持できる．フィーダー細胞やLIFを取り除くと，さまざまな組織に分化し始める．それを採取し，組織療法のためにさらに培養する．（Donovan, P. J., and Gearhart, J. Nature **414**, 92–97 [2001] より，許可を得て転載）

て培養した細胞を用いて行われた．研究者はこの幹細胞が，長期間培養して維持できることを見出した．一方，分化してしまった細胞はほとんどが長期間培養することはできない．ES細胞は白血病阻害因子やフィーダー細胞（繊維芽細胞のような非腫瘍細胞）を加えることによって培養，維持することができる．

図SC-1に示すように，ES細胞は一旦これらの制御から外れると，すべての種類の細胞に分化する．

希望をもたらす幹細胞

幹細胞は血液のような特定の組織中に入れると，分化，成長して血液細胞になる．同様に，幹細胞を脳内に入れると，それらは脳細胞になる．これは非常に面白い発見であった．なぜなら，神経細胞は通常，再生しないため，脊髄損傷やその他の神経損傷を受けた患者はほとんど治る望みがないと考えられていたからである．理論上は，アルツハイマー病あるいはパーキンソン病のような神経変性疾患の治療のために幹細胞から神経細胞をつくることができる．筋細胞も筋ジストロフィーや心疾患の治療のためにつくることができる．ある研究において，マウス幹細胞が心筋梗塞を起こしたマウスの心臓に注入された．幹細胞は正常部位から梗塞部位に広がり，新しい心臓組織に成長し始めた．また，ヒト全能性幹細胞が脳梗塞を起こさせたラットの神経組織の再生に用いられ，それらの神経損傷を受けたラットの運動能力や認知能力を改善することが示された（参考文献のSussman, M., Aldhous, P., ならびにDonovan P. J., and J. Gearhartの論文を参照）．このような結果から，幹細胞技術はクローニング技術以来の最も重要な進歩であると断言する科学者もいる．

事実，全能性幹細胞は主に胚組織から採取されており，この細胞は種々の組織に分化できるとともに，培養系において複製できる優れた能力をもっている．幹細胞はまた，成体組織からも採取される．なぜなら，生体は成長後の段階でも常にいくつかの幹細胞をもっているからである．これらの体性幹細胞は，数種の異なる細胞型を形成することができるため一般に多能性であるが，ES細胞のように全能性ではない．このため，多くの研究者は，ES細胞のほうが体性幹細胞より，組織療法の材料としてより優れていると考えている．幹細胞を採取し，それらを使うには，**細胞再プログラミング** cell reprogrammingと呼ばれる技術が必要である．この技術は，クローンとして作製された世界で最も有名なヒツジ"ドリー"のような哺乳動物の個体クローニングに必要な基本技術の一つである．成体の大部分の体細胞は同じ遺伝子をもっているが，発生に伴って遺伝子の発現パターンが大きく異なる別々の組織になっていく．DNAの塩基配列を実際に変えずに遺伝子の発現状態を制御する機構は**エピジェネティック** epigeneticな機構と呼ばれる．細胞におけるDNAのエピジェネティックな状態は一つの遺伝形質であり，それによって細胞内に"分子レベルでの記憶"が存在することになる．例えば，肝細胞は自分がどこからやってきたかを記憶しており，分裂して肝細胞であり続けるのである．このようなエピジェネティックな状態には，シトシン-グアニンジヌクレオチドにおけるシトシンのメチル化や，クロマチンタンパク質との相互作用が関連している．哺乳類の遺伝子はまた，DNAがそれぞれ父親または母親のどちらに由来するかを分子記憶できる**インプリンティング** imprintingと呼ばれるさらに別のレベルでのエピジェネティックな情報をもっている．父系のDNAは母系のDNAとは異なってインプリンティングされる．正常な発生では，両親から来たDNAだけが組み合わさって生存能力のある胎児ができる．

通常，体細胞のエピジェネティックな状態は分化した組織が安定化するように固定されている．個体クローン作製の鍵は，DNAのエピジェネティックな状態を消去し，すべての細胞型に分化しうる能力をもった受精卵の状態に戻せることにある．体細胞の核を移植先の脱核した卵細胞に注入すると（図SC-2参照），DNAのエピジェネティックな状態は再プログラム化，または少なくとも一部が再プログラム化されることが証明されている．分子記憶が消去され，細胞は真の受精卵のような振る舞いをし始める．このことは，全能性幹細胞を得るためや，胚盤胞を母体へ移植して，さらに成長・発生させたりするのに用いられる．2001年11月，このような方法で最初のヒトクローン化胚盤胞が作製されたが，これは研究のために十分な量の全能性幹細胞を採取することを目的としたものであった．

幹細胞をめぐる論争

　現在，ES 細胞の使用をめぐって世界中で論争が巻き起こっている．問題点は，倫理の問題と生命の定義である．ES 細胞は，中絶した胎児やへその緒，人工授精を行っている病院由来の胚などの多くの材料から供給される．ヒトクローン化 ES 細胞樹立の報道は議論を増大させた．アメリカ政府は，幹細胞研究のための財政支援を中止したが，既存のすべての胚由来の細胞株に関する研究は継続を認めている．社会に突きつけられたいくつかの大きな問題は次の通りである．クローン治療のために，自分の体細胞からつくられた細胞は，生命といえるだろうか．もし，これらの細胞が生命といえるならば，これらの細胞は，自然に妊娠して生まれた人間と同じ権利をもっているのだろうか．もし，そのようなことが成り立つなら，誰かが自分のクローン細胞を成人にまで成長させることも許されるのであろうか．

　一般の人々は，幹細胞にまつわる政治や宗教や科学について論争しているが，研究者はこのような問題が発生しない幹細胞をつくり出す方法を模索している．コロンビア大学の研究者は，分裂が停止した胚は幹細胞の良い材料になると提案した．つまり，人工授精を行っている不妊治療病院は成功した胚よりずっと多くの失敗した胚をもっている．病院が胚に生存能力がないと認定し，移植しないことを決定した時点で，それらの胚から幹細胞を採取することができる．幹細胞を作成する他の試みには，胚とは別の組織を用いるものもある．現在の研究によると，羊水から幹細胞を採取することができ，それらは真の全能性細胞ではないが，全能性細胞が有する多くの特性をもっていることが示されている．ミネソタ大学のキャサリン・ベルフェイリー Catherine Verfaillie は，骨髄から多能性成体前駆細胞 multipotent adult progenitor cells（MAP）と呼ばれる細胞を単離した．この細胞は，ES 細胞ほど万能ではないが，彼女の研究によると，この細胞は新しい治療法として極めて有用なものになりうると思われる．この研究で，彼女はまずマウスに放射線を照射して血液細胞を破壊し，そこへ MAP を移植した．倫理的問題の少ない幹細胞の作製方法については，参考文献の Holden, C. の論文を参照されたい．

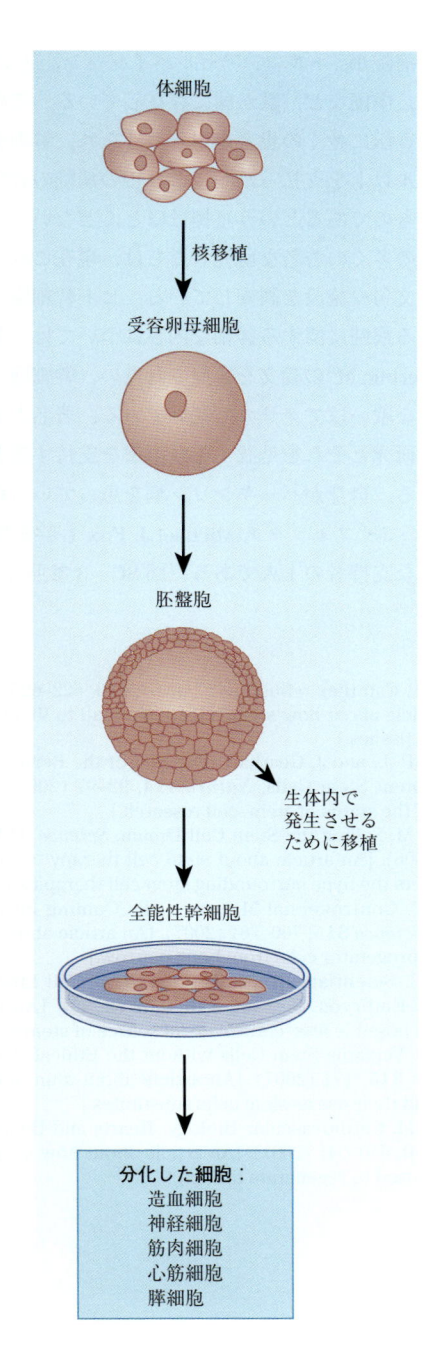

図 SC-2　体細胞の核の再プログラミング
体細胞の核が卵に移植されると，体細胞核は細胞質性因子に応答し，分化全能性を有する状態に戻るように再プログラミングされる．これらの細胞質性因子は体細胞の分子記憶を消去する．このような細胞は，次に多能性幹細胞を採取するために用いたり，母体に胚盤胞移植して体内で個体になるまで発生させることができる．（Surani, M. A. Nature **414**, 122–127 [2001] より，許可を得て転載）

幹細胞は現代の「がまの膏（あぶら）」か

　分別ある研究者なら，動物実験レベルでは多くの有望な結果が出ているものの，脊髄損傷が来年あたりには治せるようになるだろうとは誰も言わないだろう．神経組織の修復が難しいことを考えると，幹細胞によって何らかの改善が見られたという事実は驚くべきことではあるが，手軽に治療を受けられるようになるには，まだ何年あるいは何十年もの年月がかかるだろう．しかし，残念なことに，幹細胞治療で治るかもしれないという希望から，治療の絶望的な患者に対して，そのような結果を期待させる多くの病院が現れた．治療用と称する幹細胞が十数社の製薬会社によって生産されており，幹細胞治療のための病院が，トルコ，アゼルバイジャン，ドミニカ，オランダ，中国など，数か国に存在している．このような会社の宣伝に多くの患者が引きつけられ，幹細胞治療に2万ドル以上を支払ったが，これらの病院の宣伝文句が妥当なものであるという証拠はほとんどない．幹細胞研究分野の多くの著名な研究者たちは，現在これらの会社の宣伝文句や施設を調査している．ヒト幹細胞治療を行っている病院に関する詳細な内容については，参考文献の Enserink, M. の論文を参照されたい．幹細胞をめぐる政治的な戦いはアメリカで続いている．著名人までもが幹細胞研究とそれを是認する政治家を支持すると名乗り出ている．自身がパーキンソン病を患っている俳優のマイケル・J・フォックス Michael J. Fox も幹細胞研究の積極的な支持者の1人である（図SC–3参照）．

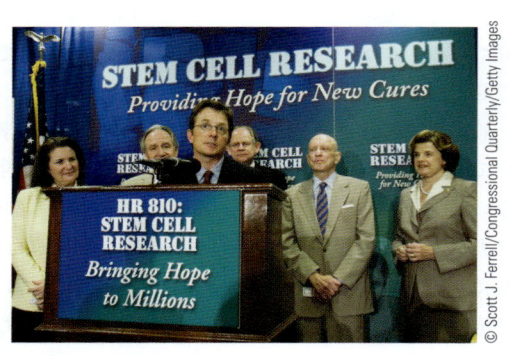

図 SC–3　著名人の活動家
マイケル・J・フォックスは，幹細胞研究に関するアメリカの政策について，数多くのインタビューを受けている．彼は，幹細胞研究を支持する政治家に対する支援活動も行っている．

参考文献

Aldhous, P. Can they rebuild us? *Nature* **410**, 622–625 (2001). [An article about how stem cells might lead to therapies to rebuild tissues.]

Donovan, P. J., and J. Gearhart. The End of the Beginning for Pluripotent Stem Cells. *Nature* **414**, 92–97 (2001). [A review of the status of stem–cell research.]

Enserink, M. Selling the Stem Cell Dream. *Science* **313**, 160–163 (2006). [An article about stem cell therapy clinics that considers the hype surrounding stem cell therapies.]

Holden, C. Controversial Marrow Cells Coming into Their Own? *Science* **315**, 760–761 (2007). [An article about multipotent progenitor cells from bone marrow.]

Holden, C. Scientists Create Human Stem Cell Line from "Dead" Embryos. *Science* **313**, 1869 (2006). [An article about a possible less–controversial source of stem cells.]

Holden, C. Versatile Stem Cells without the Ethical Baggage? *Science* **315**, 171 (2007). [An article about amniotic fluid cells and their use as stem cells substitutes.]

Sussman, M. Cardiovascular Biology: Hearts and Bones. *Nature* **410**, 640–641 (2001). [An article about how stem cells can be used to regenerate tissue.]

Biochemistry

かくれんぼ

HIV 治療法の探索

　ヒト免疫不全ウイルス（HIV）は後天性免疫不全症候群，すなわち AIDS の病原体であることから，最も悪名高いレトロウイルスである．AIDS は世界中で 6,000 万人が罹患しており，これまで AIDS を撲滅する試みはいずれも成功していない．現在，最も有効な薬でもウイルスの増殖は遅らせるものの，増殖を止めることはできない．HIV は，レンチウイルスの一種であるが，ネコや霊長類のような別の哺乳動物にも HIV に似た多くのウイルスが存在している．実際，HIV は，ヒト以外の霊長類における HIV に類似したウイルスが変異したものであると考えられている．ヒト以外の霊長類における HIV 様ウイルスには多くの種類があるが，このような霊長類は大量のウイルスを保有しているにもかかわらず，AIDS 様の疾患を発症することは滅多にない．この差異は，なぜヒトが他の霊長類と違うのかについて研究者を悩ませることとなった．感染形態の正確な違いが明らかになれば，それは有効な治療法を探し出すための絶好の出発点となるであろう．HIV の由来，ならびに多くのヒト遺伝子がこのウイルスの感染や疾患の進行に影響を及ぼすことについての概要は，参考文献の Heeney, J. L. *et al.* の論文を参照されたい．

　HIV のゲノムは，周囲をウイルス固有の逆転写酵素やプロテアーゼなどの数多くのタンパク質で包まれた一本鎖 RNA 分子である．別のタンパク質の被膜がこの RNA −タンパク質集合体を取り巻いて，全体は円錐台の形をしている．最後に，エンベロープが円錐台の被膜を覆っている．エンベロープは図 HIV−1 に示すようにウイルスの生活環で初期に感染した細胞の脂質二重層および gp41 や gp120 のようないくつかの特異的な糖タンパク質で構成されている．

　HIV の作用様式はレトロウイルスの作用様式の典型例である．HIV の感染はウイルス粒子が細胞表面の受容体に結合することから始まる（図 HIV−2）．次に，ウイルスのコアが細胞内に挿入され部分的に崩壊する．そして，逆転写酵素はウイルス RNA からの DNA 合成を触媒する．生成されたウイルス DNA は宿主細胞の DNA 中に組み込まれ，組み込まれたウイルス DNA を含む宿主 DNA は RNA に転写される．まず，ウイルスを制御するタンパク質のアミノ酸配列をコードする小さな RNA が産生される．次に，ウイルスの酵素とコートタンパク質のアミノ酸配列をコードするより大きな RNA が産生される．また，ウイルスのプロテアーゼ（Chap. 6,《身の周りに見られる生化学》, p.208）は新しいウイルス粒子の出芽に特に重要であると考えられている．出芽するとき，ウイルス RNA とウイルスタンパク質の両方が感染細胞の細胞膜の一部とともにウイルス粒子に取り込まれる．

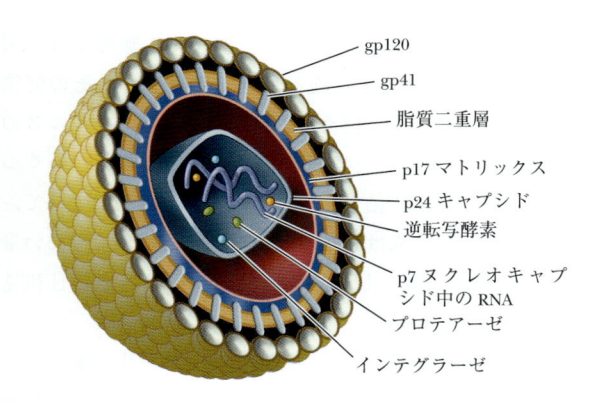

図 HIV−1　HIV の構造
ゲノム RNA は p7 ヌクレオキャプシドタンパク質といくつかのウイルス酵素，すなわち逆転写酵素，インテグラーゼ，プロテアーゼによって覆われている．円錐台は p24 キャプシドタンパク質のサブユニットで構成されている．p17 マトリックス（別のタンパク質層）は，脂質二重層と gp41 や gp120 などの糖タンパク質で構成されるエンベロープの内側に位置している．

図 HIV-2　HIV の感染はウイルス粒子が細胞表面の CD4 受容体に結合することから始まる（ステップ1）．ウイルスのコアが細胞内に挿入され，部分的に崩壊する（ステップ2）．逆転写酵素がウイルス RNA からの DNA 合成を触媒し，生成したウイルス DNA は宿主細胞の DNA 中に組み込まれる（ステップ3）．組み込まれたウイルス DNA を含む宿主 DNA は RNA に転写される（ステップ4）．まず，ウイルスを制御するタンパク質のアミノ酸配列をコードしている小さな RNA が産生される（ステップ5）．次に，ウイルスの酵素とコートタンパク質のアミノ酸配列をコードしているより大きな RNA が産生される（ステップ6）．ウイルスのプロテアーゼは新しいウイルス粒子の出芽に特に重要であると考えられている（ステップ7）．出芽するとき，ウイルス RNA とウイルスタンパク質の両方が感染細胞の細胞膜の一部とともにウイルス粒子に取り込まれる（ステップ8）．（*AIDS and the Immune System, by Warner C. Green, illustration by Tomo Narachima*, Sci. Amer. [1993] を改変）

HIV はヒトの免疫系を混乱させる

　なぜ，このウイルスはそれほど致死的でかつ増殖を止めることが難しいのだろうか．普通の風邪を引き起こすだけのアデノウイルスのようなウイルスがある一方，エボラ出血熱ウイルスのような致死的なウイルスの例もある．同時に，アデノウイルスが未だに私たちの身の回りに存在する一方，2000年代初頭に急速に広まった致死的な SARS ウイルスなど，いくつかのウイルスの完全な撲滅も目にしている．HIV は私たちに持続感染して，最終的に死に至らしめるいくつかの特徴をもっている．結局のところ，このウイルスが致死的であるのはヘルパーT 細胞がウイルスの標的であるからである．ヒトの免疫系はこのウイルスによって絶え間なく攻撃を受け，何百万ものヘルパーT 細胞とキラーT 細胞が，その何倍ものウイルス粒子と闘うために動員される．ウイルスの出芽によるヘルパーT 細胞の細胞膜の破壊と，いくつかのカスパーゼの活性化が引き起こす細胞死によって，HIV に感染した人はもはや適切な免疫応答ができない量まで T 細胞が減少し，最終的に肺炎やその他の日和見感染症で死亡する．

　この疾患が持続感染となるのは多くの理由がある．一つはウイルスの作用が極めて遅いことである．SARS が非常に早く根絶された主な理由は，ウイルスの作用が早いため，疾患が拡散する前に感染した人を発見することが容易であったからである．これは HIV の場合と状況は大きく異なる．なぜなら，HIV に感染した人は，自分が感染していることに気づく前に何年も過ごしてしまうからである．しかし，これは HIV を殺すのが非常に難

しい理由のごく一部でしかない．

　HIVは発見するのが難しいため，殺すことが難しい．免疫系がウイルスと闘うためには，抗体やT細胞受容体と結合することのできる特異的な高分子がウイルス上に存在する必要がある．HIVの逆転写酵素は，その逆転写活性が極めて不正確である．その結果，HIVの急速な変異をもたらし，このことはエイズの治療法を開発しようとする人々にとって大きな課題となっている．HIVは非常に早く変異するので，一人の個人が多くの異なるHIV株を抱え込むこともある．

　ウイルスのもつもう一つの仕掛けは，gp120タンパク質がT細胞上のCD4受容体に結合したときに起こるgp120タンパク質の立体構造の変化である．正常な立体構造をしたgp120の単量体は，抗体産生反応を引き起こすが，得られるこれらの抗体はほとんど有効ではない．なぜなら，gp120タンパク質はCD4と結合するとき，gp120はgp41タンパク質と複合体を形成し，gp120はその立体構造を変えるからである．gp120はまた，T細胞上で，通常はサイトカインが結合する第二の部位にも結合する．このgp120の構造変化によって，それまで分子内部に隠れており，抗体産生反応を引き起こすことができなかったgp120の構造の一部が露出する．

　HIVは巧妙な手口で固有の免疫系からも逃れている．ナチュラルキラーT細胞はウイルスを攻撃しようとするが，HIVはキャプシドにシクロフィリンと呼ばれる特異な細胞内タンパク質を結合し，そのことにより制限因

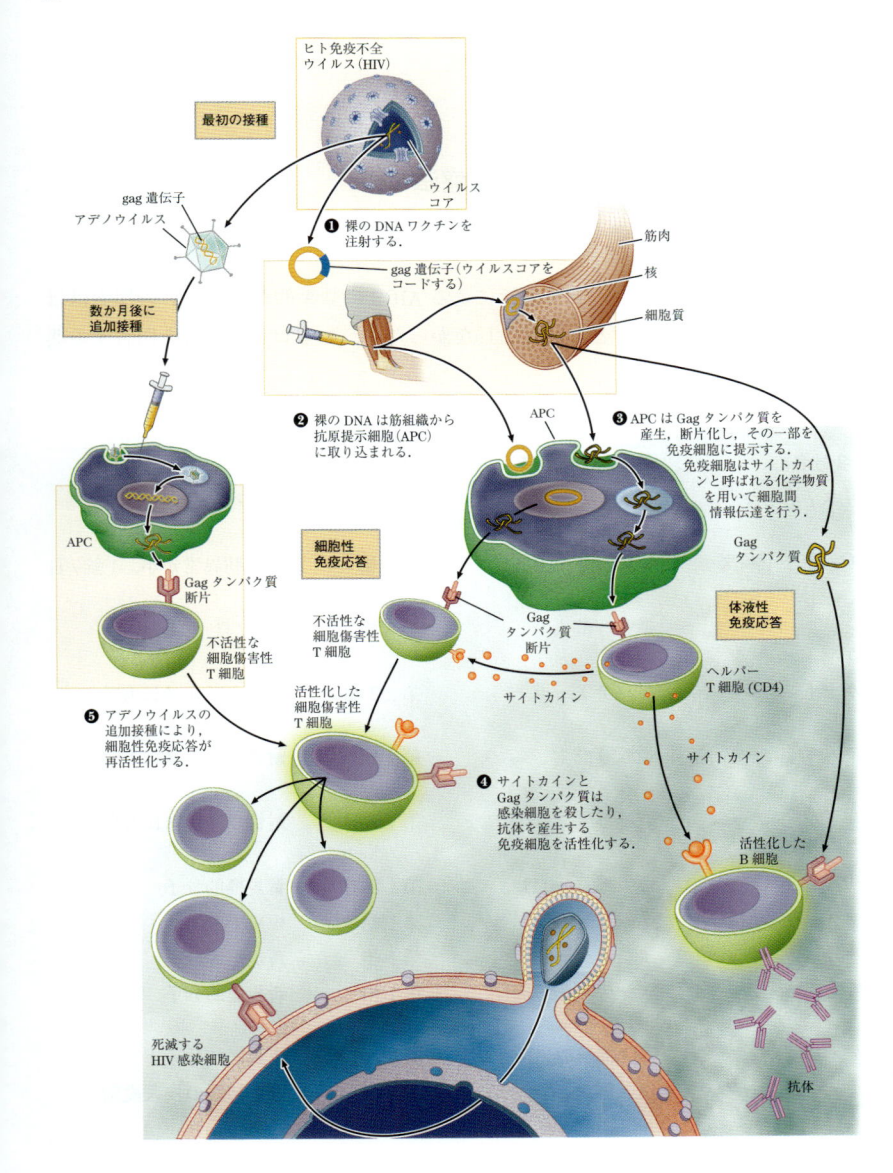

図 HIV-3　エイズに対するワクチン治療戦略の一つ（© 2003 Terese Winslow.）

子1と呼ばれる抗ウイルス分子の作用を阻害する．CEM‐15と呼ばれる抗ウイルス剤は，通常，ウイルスの生活環を破壊することによりその作用を示すが，別のHIVタンパク質はこのCEM‐15を阻害する．

最後に，HIVはウイルス外膜を，たいていの宿主細胞で見られる糖鎖に非常に類似した糖鎖で覆うことにより，免疫系による監視の目を眩ませて生体内にひそかに隠れている．

ワクチンの探索

HIVに対するワクチンを見出そうとする試みは"聖杯"の探索と似ていて，聖杯の探索が成功するのと同じくらい困難なことであった．ワクチンの使用により，HIVに対する身体の免疫系を刺激する一つの戦略が，図HIV‐3に示してある．まず，gag遺伝子のようなHIV固有の遺伝子DNAを筋肉に注射する．gag遺伝子はGagタンパク質を産生し，抗原提示細胞に取り込まれ，その細胞表面に提示される．次に，抗原提示によって細胞性免疫応答が引き起こされ，キラーT細胞，ヘルパーT細胞が活性化する．また，体液性免疫応答も刺激され，抗体の産生が引き起こされる．図HIV‐3は，gag遺伝子を運ぶ変異型アデノウイルスを追加接種する治療の第2段階についても示してある．しかし，残念ながら抗体を作らせるほとんどの試みは失敗に終わった．VaxGen社によって徹底的なワクチン作成が試みられ，治験第3相まで開発が続けられた．1,000人以上のハイリスクの人々にワクチンを接種し，一方，ワクチンを接種していない1,000人と比較した．その結果，プラセボ群では5.8％の人が感染したのに対して，ワクチンを接種した群では最終的に5.7％の人が感染した．多くの人がこのデータを分析し，ある人種には良い反応があると示そうとしたが，結局，治験は失敗であるといわざるを得なかった．このAIDSVAXと呼ばれたワクチンはgp120に対するワクチンであった．

抗ウイルス療法

製薬会社によるAIDSに効果的なワクチンの探索はほとんど成功しなかったが，レトロウイルスを阻害する薬

表HIV‐1　治験中の抗HIV薬

医薬品名	会社名	標的分子	ステージ	特性
T‐20	トライメリス/ホフマン・ラ・ロシュ	侵入部（gp41）	第3相	新規標的分子
アタザナビル	ブリストル・マイヤーズスクイブ	プロテアーゼ	第3相	体脂肪異常が小，1錠/日
FTC（エムトリシタビン）	トライアングル ファーマシューティカルズ	逆転写酵素	第3相	1錠/日
ティプラナビル	ベーリンガーインゲルハイム	プロテアーゼ	第2/3相	耐性ウイルスに有効
DPC‐083	ブリストル・マイヤーズスクイブ	逆転写酵素	第2相	耐性ウイルスに有効
DAPD	トライアングル ファーマシューティカルズ	逆転写酵素	第1/2相	耐性ウイルスに有効
T‐1249	トライメリス	侵入部（gp41）	第1/2相	新規標的分子
TMC 125	ティボテック・ヴィルコ	逆転写酵素	第1相	極めて強力
L‐870,810	メルク	インテグラーゼ	第1相	新規標的分子
S‐1360	塩野義/グラクソ・スミスクライン	インテグラーゼ	第1相	新規標的分子
SCH‐C	シェリング・プラウ	侵入部（CCR5）	第1相	新規標的分子
BMS‐806	ブリストル・マイヤーズスクイブ	侵入部（gp120/CD4）	第1相	最も初期の侵入段階

剤の設計では成果が見られた．1996年までに，HIVの逆転写酵素阻害剤またはプロテアーゼ阻害剤は，16種類あった．そのうちのいくつかは，既に述べたAZTやサキナビルなどであり，その他の数種は，gp41やgp120を標的として，ウイルスの侵入を防ぐことをめざした治験中の薬剤であった．表HIV-1に，現在，治験中のいくつかの薬剤が示してある．いくつかのレトロウイルス阻害剤を組み合わせた治療法は**多剤併用療法** highly active antiretroviral therapy（HAART）と呼ばれている．HAART療法の初期の試みは大いに成功した．ウイルス量はほとんど検出できないところまで減少し，同時にCD4陽性細胞数の回復が見られた．しかし，HIVでは常に見られるように，ウイルスを抑え込みはしたが，完全にはウイルスを叩きのめせていないことが明らかとなった．HIVは体内に潜んだままであり，治療を止めればウイルスはすぐに回復してくるのである．したがって，AIDS患者にとって最善のシナリオは，生涯にわたって高額な薬物療法を続けることしかない．しかし，長期間HAART療法を続けると，慢性悪心や貧血だけでなく，糖尿病の症状，骨の脆弱化ならびに心疾患を引き起こすことも明らかとなっている．

二度目のチャンスをつかんだ抗体

患者がずっとHAART療法を続けなくて済むように，数人の研究者はHAART療法とワクチンの併用を試みた．ほとんどのワクチンは，単独で投与した場合には効果がないにもかかわらず，HAART療法との組合せで効果を示した．さらに，ワクチンを用いることで患者は抗ウイルス薬の休薬期間がとれ，肉体的にも精神的にも抗ウイルス療法の副作用から回復する時間を得ることができた．

抗体研究の新しい展望

HIVに対するワクチン作成の初期の試みは，それらのワクチンが多くの役に立たない抗体を誘導したことから失敗に終わった．患者が必要とするのは**中和抗体** neu-tralizing antibody，すなわち標的である抗原を完全に除去できる抗体である．何人かの研究者によって，HIVに感染して6年になるがエイズを全く発症していないある一人の患者が発見された．そこで彼らは患者の血液を調べ，珍しい抗体があることを見出し，それを**b12**と名づけた．いくつかの実験から，b12はほとんどのHIV株の増殖を止めることが明らかとなった．b12が他の抗体と異なるのは何が違うからであろうか．構造解析の結果，b12抗体は通常の免疫グロブリンとは異なる形をしていることが明らかになった．b12は長い巻きひげ状の領域をもち，それがgp120の折りたたまれたところにぴったり収まるのである．このgp120の折りたたまれた部位は，変異が非常に起こりにくくなっている．もし，変異が起こりやすいと，gp120はCD4受容体にうまく結合できなくなるからである．また，別の抗体が，HIVに耐性があると見られる別の患者から発見された．このb12と異なる抗体は実は二量体であり，典型的な抗体の形であるY型ではなく，むしろI型に近い形をしていた．この抗体は**2G12**と呼ばれ，HIVに固有の外膜上のいくつかの糖鎖を認識する．

このようないくつかの新しい抗体の発見によって，研究者は従来の方法とは逆の方向から，ワクチンを探索することができるようになった．すなわち，研究者はワクチンを注射して，どのような抗体が産生されてくるのかを見るのではなく，既に有用な抗体を手にしており，そのような抗体の産生を引き起こすワクチンを見つけることが課題であることから，この新しい方法は**レトロワクチネーション** retrovaccinationと呼ばれる．中和抗体による治療戦略のより詳しい内容は，参考文献のNabel, G. J.の論文を参照されたい．

隠れているHIVへの攻撃

HIVの最大の問題の一つは，一旦，感染した細胞からHIVを根絶することが難しいことである．レトロウイルスであるHIVは，感染した宿主細胞のDNA中に自身のDNAを組み込む．生体の免疫系は，一般に，ウイルス感染細胞を攻撃するが，このような免疫学的な戦略はAIDSの治療に対しては効果がない．なぜなら，ヘルパーT細胞を破壊することがHIVの一番の特徴であり，

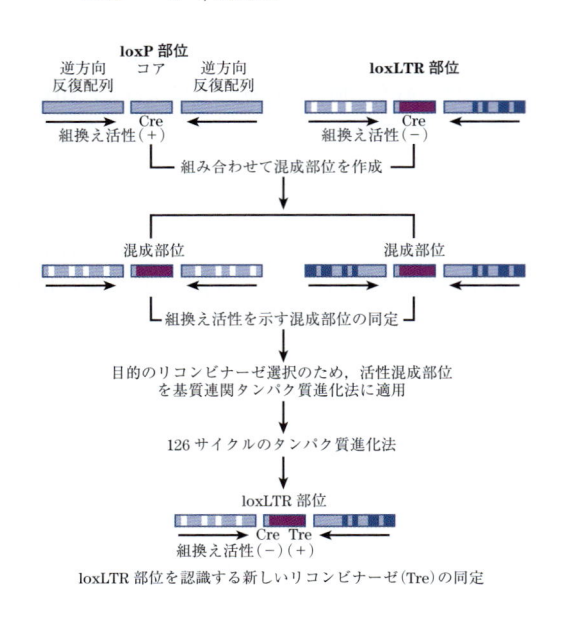

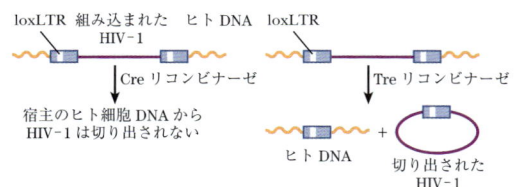

図 HIV-4　Cre リコンビナーゼは DNA の LoxP を認識するが，HIV-1 の DNA に存在する LoxLTR は認識しない

研究者は Tre リコンビナーゼと呼ばれる変異型 Cre リコンビナーゼを作り出すために何回もの in vitro タンパク質進化法を用いた．得られた Tre リコンビナーゼは効率的に LoxLTR を認識し，ヒトの染色体 DNA に組み込まれた HIV の DNA を切り出すことが示された．（Science **316**, 1856 [2007] より，許可を得て転載）

免疫系による攻撃は，さらにその T 細胞を無力化することになってしまうからである．2007 年 6 月，この問題に対する新しいアプローチが試みられた．研究者らは，感染細胞において宿主 DNA から HIV ゲノムだけを切り出す新しい酵素を作り出した．彼らは，バクテリオファージ P1 で発現しているリコンビナーゼである Cre と呼ばれる酵素を改良した．リコンビナーゼは，DNA の両端に存在する LTRs（末端反復配列）と呼ばれる特異的な配列を認識して組み換える．天然の Cre 酵素が認識するのは LoxP と呼ばれる部位であるが，組み込まれる HIV ゲノムに隣接しているのは LoxLTR と呼ばれる部位である．"基質連関タンパク質進化法" substrate-linked protein evolution と呼ばれる強力な方法を用いることで，研究者は LoxLTR 間で DNA 組換え活性を示す変異型 Cre リコンビナーゼを作り出し，Tre と命名した．図 HIV-4 に示すように，単離培養細胞を用いた実験で，Tre 酵素により宿主 DNA から HIV の DNA を除去することに成功した．

この最新の方法は，この致死的なウイルスに対する有望な武器の一つとなるだろう．現在，研究者は生理的な生体におけるこの酵素の有効性について研究中である．この新しい話題の詳しい内容は，参考文献の Engelman, A. の論文を参照されたい．

参考文献

Check, E. Back to Plan A. *Nature* **423**, 912–914 (2003). [A discussion of the different strategies for using antibodies in the fight against AIDS.]

Check, E. Trial Suggests Vaccines Could Aid HIV Therapy. *Nature* **422**, 650 (2003). [An article about the efficacy of using antibodies to fight HIV.]

Cohen, J. Confronting the Limits of Success. *Science* **296**, 2320–2324 (2002). [An article about the problems associated with finding vaccines and other treatments for AIDS.]

Cohen, J. Escape Artist par Excellence. *Science* **299**, 1505–1508 (2003). [An article about how HIV confounds the immune system.]

Engelman, A. A Reversal of Fortune in HIV–1 Integration. *Science* **316**, 1855–1857 (2007). [An article describing an encouraging new method of attack on HIV.]

Ezzell, C. Hope in a Vial. *Sci. Amer.* **286** (6), 40–45 (2002). [An article about potential AIDS vaccines.]

Greene, W. AIDS and the Immune System. *Sci. Amer.* **269** (3), 98–105 (1993). [A description of the HIV virus and its life cycle in T cells.]

Heeney, J. L., A. G. Dalgleish, and R. A. Weiss. Origins of HIV and the Evolution of Resistance to AIDS. *Science* **313**, 462–466 (2006). [A detailed look at the origins of HIV and patterns of resistance.]

Jardetzky, T. Conformational Camouflage. *Nature* **420**, 623–624 (2002). [An article about how HIV can hide from antibodies.]

McMichael, A. J., and S. L. Rowland-Jones. Cellular Immune Responses to HIV. *Nature* **410**, 980–987 (2001). [An in-depth review of the immune response to HIV infection.]

Nabel, G. J. Close to the Edge: Neutralizing the HIV–1 Envelope. *Science* **308**, 1878–1879 (2005). [A detailed article about the possible attachment sites for neutralizing antibodies against HIV.

Piot, P., et al. The Global Impact of HIV/AIDS. *Nature* **410**, 968–973 (2001). [A summary of the social and economic impacts of AIDS worldwide.]

Weiss, R. A. Gulliver's Travel in HIV land. *Nature* **410**, 963–967 (2001). [An excellent review of the current information on HIV and AIDS.]

用語解説

abzyme アブザイム：基質の遷移状態アナログに対して作成された抗体で，天然の酵素に似た酵素活性をもつ（7.7）

accessory pigment 補助色素：クロロフィル以外の光合成に関与する色素（22.1）

acid dissociation constant 酸解離定数：酸の強さを表す数値（2.3）

acidic domain 酸性ドメイン：転写因子の転写活性化ドメイン部分に共通に含まれるモチーフ（11.6）

acid strength 酸の強度：酸が水素イオンと共役塩基に解離する傾向（2.3）

acromegaly 先端巨大症：骨格が成長を止めた後も成長ホルモンが過剰に産生するために生じる病気．手・足・顔の造作の肥大を特徴とする（24.3）

activation energy 活性化エネルギー：反応を開始するのに必要なエネルギー（6.2）

activation step 活性化段階：多段階反応の最初の段階．ここで基質はより反応性に富む化合物に変換される（12.1）

active site 活性部位，活性中心：基質が結合し，反応が進行する酵素分子上の部位（6.4）

active transport 能動輸送：濃度勾配にさからって物質を細胞内へ輸送するエネルギー依存性の過程（8.6）

acyl carrier protein アシルキャリヤータンパク質：脂肪酸の生合成過程で活性化された中間体の担体として働くタンパク質（21.6）

acyl-CoA synthetase アシルCoAシンテターゼ：脂肪分解の活性化段階を触媒する酵素（21.6）

adenine アデニン：核酸を構成するプリン塩基の一つ（9.2）

S-adenosylmethionine S-アデノシルメチオニン：アミノ酸代謝における重要なメチル基供与体（23.4）

adenylate cyclase アデニル酸シクラーゼ：サイクリックAMPを生成する酵素（24.3）

A-DNA A型DNA：DNA二重らせんの立体配置の一つであり，B型DNAに比べて1回転当たり少ない塩基対をもち，主溝と副溝の深さの差がB型DNAに比べて少ない（9.3）

ADP (adenosine diphosphate) ADP（アデノシンニリン酸）：エネルギー担体としての役割をもつ化合物．リン酸化されてATPとなる（15.6）

adrenocortical hormone 副腎皮質ホルモン：副腎皮質より分泌されるステロイドホルモンで炎症に有効．塩や水のバランス調節にも関与（24.3）

affinity chromatography アフィニティークロマトグラフィー：生体分子とリガンドとの特異的結合性を利用した強力なカラム分離技術（5.2）

agarose アガロース：複雑な構造をもつ多糖．カラムや電気泳動担体として利用（5.2）

alcoholic fermentation アルコール発酵：嫌気的にグルコースをエタノールへ変換する経路（17.1）

aldolase アルドラーゼ：解糖において，フルクトース1,6-ビスリン酸のアルドール縮合の逆反応を触媒する酵素（17.2）

aldose アルドース：アルデヒド基をもつ糖（16.1）

allele 対立遺伝子：染色体中で対をなして存在する各々の遺伝子（13.7）

allosteric アロステリック：オリゴマー構造をもつタンパク質において，一つのサブユニットに生じた立体構造変化が他のサブユニットの変化を誘導すること（4.5）

allosteric effector アロステリックエフェクター：アロステリック酵素に結合して活性に影響を与える物質—基質，阻害剤あるいは活性化剤（7.4）

amino acid アミノ酸：タンパク質の構成単位．アミノ基とカルボキシ基を結合した炭素原子を含む（3.1）

amino acid activation アミノ酸の活性化：アミノ酸と対応するtRNAの間のエステル結合が形成されること．それぞれのアミノ酸に特異的なシンテターゼ（合成酵素）により触媒される（12.1）

amino acid analyzer アミノ酸分析機：タンパク質に含まれるアミノ酸の種類やその数を知る装置（5.4）

aminoacyl-tRNA synthetase アミノアシルtRNAシンテターゼ：アミノ酸とtRNAの間のエステル結合を生成する酵素（12.1）

amino group アミノ基：NH_2基（3.1）

amphibolic 両方向性：合成と分解の両面をもつ代謝（19.1）

amphipathic 両親媒性：一端に極性（親水性）基を，別の一端に非極性（疎水性）炭化水素基をもつ分子の性質（2.1）

amylopectin アミロペクチン：デンプンの主な構成成

分．枝分れ構造をもつグルコースポリマー（16.4）

amylose アミロース：デンプンの構成成分．グルコースの直鎖ポリマー（16.4）

anabolism 同化作用：単純な化合物から生体分子を合成すること（15.3）

anaerobic glycolysis 嫌気的解糖：グルコースの乳酸への変換．グルコースをピルビン酸へ変換する解糖とは異なる（17.1）

analytical ultracentrifugation 分析用超遠心：超遠心機内で粒子が沈降する様子を測定する技術（10.2）

anaplerotic 補充経路：重要な代謝中間体が不足したとき補給するための代謝経路（19.8）

anion-exchange chromatography 陰イオン交換クロマトグラフィー：正荷電イオン交換樹脂を用いるクロマトグラフィー．カラムを流れる溶液中の負に荷電した分子を捕捉する（5.2）

anomer アノマー：糖が環状構造をとる際に生じる二つの立体異性体（16.1）

anomeric carbon アノマー炭素：糖が環状構造をとる際に新たに不斉中心となる炭素原子（16.1）

antibody 抗体：細胞が異物と認める分子（抗原）を特異的に認識し，結合する糖タンパク質（14.3）

anticodon アンチコドン：特定のアミノ酸を指定するmRNA上の三塩基配列（トリプレット）と水素結合するtRNA上のトリプレット配列（12.2）

antigen 抗原：免疫応答を引き起こす物質（14.3）

antigenic determinant 抗原決定基：抗体により異物と認識され，抗体と結合する分子内の部位（14.3）

antioxidant 抗酸化剤：強い還元剤．自身が容易に酸化されることにより他の物質の酸化を抑制する（8.7）

antisense strand アンチセンス鎖：DNA二本鎖の内，RNA合成の鋳型となるDNA鎖（11.2）

2・3 antiterminator 2・3アンチターミネーター：転写減衰過程において形成されるヘアピンループ構造で，終結シグナルを無視するように働く（11.3）

AP (apurinic) site AP部位：DNA鎖中のプリン塩基が欠けた部位．修復酵素のターゲットとなる（10.5）

arachidonic acid アラキドン酸：炭素数20個よりなり，4個の二重結合をもつ脂肪酸．プロスタグランジンおよびロイコトリエンの出発物質（8.8）

aspartate transcarbamoylase (ATCase) アスパラギン酸トランスカルバモイラーゼ（ATCアーゼ）：ピリミジン合成の初期段階反応を触媒する酵素．古くから知られるアロステリック酵素の例（6.5）

ATP (adenosine triphosphate) ATP（アデノシン三リン酸）：普遍的なエネルギー保持分子（15.6）

ATP synthase ATPシンターゼ：ミトコンドリアでのATP産生を担う酵素（20.4）

attenuation アテニュエーション，転写減衰：転写制御の一種．転写が開始された後で，転写の暫時停止や未成熟なRNA配列の放出などにより転写を調節する（11.3）

autoimmune disease 自己免疫疾患：自己の組織に対する免疫応答反応の結果生じる疾患（14.3）

autoradiography オートラジオグラフィー：感光フィルムに露出することにより放射性標識物質の位置を決定する方法（13.1）

bacterial plasmid 細菌プラスミド：細菌の主ゲノムとは別の環状DNA（13.3）

bacteriophage バクテリオファージ：細菌に感染する一種のウイルス．分子生物学において細胞間でDNAを輸送する際にしばしば用いられる（13.2）

β-barrel βバレル：β構造が何度も折り返してできる樽状構造（4.3）

base-excision repair 塩基除去修復：DNA損傷の修復機構の一つ（10.5）

base stacking 塩基スタッキング：DNA鎖における隣の塩基との間の相互作用（9.3）

basic-region leucine zipper (bZIP) 塩基性領域−ロイシンジッパー：転写因子によく見られる構造モチーフ（11.6）

B cell B細胞：免疫系において重要な働きをもつ白血球の一種．抗体の産生を行う（14.3）

B-DNA B型DNA：DNA二重らせんの最も一般的な立体構造（9.3）

binding assay 結合分析法：特異的な結合性を利用して多くの多様な分子の中から一つの分子を選択する実験方法．遺伝コードのトリプレットの解読に用いられた（12.2）

bioinformatics バイオインフォーマティクス：生化学研究で得られる莫大な情報を処理するコンピュータ技術（4.6）

biotin ビオチン：CO_2輸送分子（18.2）

blotting ブロッティング：試料の一部を次の分析のために膜に移す技術（13.7）

blue/white screening 青/白スクリーニング：バクテリアが目的とする遺伝子を含むプラスミドを取り込んでいるかどうかを決定する方法（13.3）

用語解説

Bohr effect ボーア効果：CO_2 と H^+ の結合によりヘモグロビンの酸素結合能が減少する現象（4.7）

buffering capacity 緩衝能：どれだけの酸または塩基の添加に対して一定の pH を保てるかの目安（2.5）

buffer solution 緩衝液：強酸，強塩基の添加による pH 変化を抑える作用をもつ溶液（2.5）

Calvin cycle カルビン回路：光合成における CO_2 固定の代謝回路（22.5）

5′ cap 5′ キャップ：真核生物 mRNA の 5′ 末端に見られる修飾構造（11.6）

capsid キャプシド：ウイルスの遺伝物質を含むタンパク質の殻（14.1）

carboxyl group カルボキシ基：−COOH 基．解離してカルボキシアニオン −COO^- と水素イオンを生じる（3.1）

β−carotene β−カロテン：ビタミン A の前駆体となる不飽和炭化水素（8.7）

carrier protein 担体（キャリア）タンパク質：細胞内への受動輸送において輸送される物質と結合する膜タンパク質（8.6）

cascade カスケード：ホルモンによる代謝調節などに見られる，一連の酵素が次々と反応することにより少量のホルモンの作用が増幅される一連のステップ（24.4）

catabolism 異化作用：栄養素を分解し，エネルギーを供給すること（15.3）

catabolite activator protein (CAP) カタボライト活性化タンパク質：cAMP との複合体がプロモーターに結合すると，RNA ポリメラーゼがプロモーターに結合できるようになるタンパク質（11.3）

catabolite repression カタボライトリプレッション：グルコースによる *lac* タンパク質の合成抑制（11.3）

catalysis 触媒作用：化学反応速度を上昇させる作用（1.3）

cation−exchange chromatography 陽イオン交換クロマトグラフィー：負荷電イオン交換樹脂を用いるクロマトグラフィー．カラムを流れる溶液中の正に荷電した分子を捕捉する（5.2）

cDNA (complementary DNA) cDNA（相補的 DNA）：mRNA を鋳型として合成される DNA．したがって，翻訳配列を直接反映している（13.5）

cell membrane 細胞膜：細胞を外部環境と分け隔てる膜（1.5）

cellulose セルロース：グルコースのポリマー．植物の構造を保つ重要な働きをもつ（16.4）

cell wall 細胞壁：細菌や植物の細胞の最外部の被膜（1.5）

ceramide セラミド：スフィンゴシンに 1 分子の脂肪酸がアミド結合した脂質（8.2）

cerebroside セレブロシド：スフィンゴシンに脂肪酸が結合したセラミドに糖鎖が結合した糖脂質（8.2）

chaperon シャペロン：タンパク質の正しい三次元構造の形成を促進し，他のタンパク質との間違った結合を妨げる働きをもつタンパク質（4.6）

chemiosmotic coupling 化学浸透圧共役：ミトコンドリア内膜のプロトン勾配を利用して電子伝達系と酸化的リン酸化を共役させる機構（20.5）

chimeric DNA キメラ DNA：複数の DNA に由来する DNA を共有結合で結合させた DNA（13.3）

chiral キラル：その鏡像を重ね合わせることのできない構造的性質（3.1）

chlorophyll クロロフィル：太陽の光エネルギーを捕捉するための主要な光合成色素（22.1）

chloroplast クロロプラスト：緑色植物における光合成の場所となるオルガネラ（1.6, 22.1）

cholera コレラ：コレラ菌 *Vibrio cholerae* により引き起こされる病気．上皮細胞の Na^+ 輸送が異常亢進することにより脱水症状を生じる（24.3）

cholesterol コレステロール：細胞膜に含まれるステロイドの一つ．他の生体内ステロイドの前駆体となる（8.2, 21.8）

chromatin クロマチン：真核細胞の核に見られる DNA とタンパク質の複合体（1.6）

chromatography クロマトグラフィー：分子の性質に基づき物質を分離する実験方法（5.2）

chromosome 染色体：遺伝物質（核酸）とそれに結合したタンパク質を含む直鎖状の構造体（1.6）

chymotrypsin キモトリプシン：タンパク質分解酵素の一種．芳香族アミノ酸の C 末端アミド結合を選択的に切断する（5.4）

cis−trans isomerase シス−トランスイソメラーゼ：不飽和脂肪酸の分解において，シス−トランス異性化を触媒する酵素（21.2）

citrate synthase クエン酸シンターゼ：クエン酸回路の最初の反応を触媒する酵素（19.4）

citric acid cycle クエン酸回路：中心的なグルコース代謝経路．好気的代謝の一部（19.1）

clonal selection クローン選択：抗原は生体内に備わ

っている多数のリンパ球クローンより特定のクローンを選択し，これらの細胞が増殖し，抗体を産生するという説（14.3）

clone クローン：遺伝的に同一の性質をもつ一群の生物，細胞，ウイルス，または DNA 分子（13.3）

cloning of DNA DNA クローニング：特定の DNA 断片を複製可能な形でベクターに組み込んだもの（13.3）

closed complex 閉鎖複合体：転写が開始する前に，RNA ポリメラーゼと DNA の間に形成される複合体（11.2）

coding strand コーディング鎖：鋳型をもとに合成された RNA の塩基配列と同一の配列をもつ DNA 鎖（11.2）

codon コドン：特定のアミノ酸を指定する mRNA 上の連続した三塩基配列（12.2）

coenzyme 補酵素：酵素活性に関与する非タンパク質性の物質．反応終了時に元の形に再生される（7.8）

coenzyme A 補酵素 A：カルボン酸の担体．カルボン酸は－SH 基にチオエステル結合する（15.7）

coenzyme Q 補酵素 Q：ミトコンドリア電子伝達系の酸化還元反応に関与する補酵素の一つ（20.3）

column chromatography カラムクロマトグラフィー：固定相がカラムに充填されているクロマトグラフィーの一種（5.2）

committed step 始動反応：代謝経路において，ある物質が合成されると以後は他の代謝経路に入ることなく，それに続く反応が進行する段階（17.2）

competitive inhibition 競合阻害：基質類似体が活性中心に結合することにより酵素活性を阻害すること（6.7）

complementary 相補性：核酸中の，アデニンとチミン（あるいはウラシル），グアニンとシトシンの間の特異的な水素結合のこと（9.3）

complete protein 完全タンパク質：すべての必須アミノ酸を含むタンパク質（4.2）

concerted model 協奏モデル：アロステリック作用を説明するモデルの一つ．すべてのサブユニットが同時にコンホメーション変化を起こす（7.2）

configuration 立体配置：不斉炭素原子に結合する置換基の三次元的配置（16.1）

conformational coupling 立体構造共役：電子伝達系と酸化的リン酸化の共役を説明するモデル．ATP シンターゼのコンホメーションの変化によるという考え（20.5）

consensus sequence コンセンサス配列：RNA ポリメラーゼが結合する DNA 上の塩基配列．多くの生物で同一（11.2）

constitutive expression 構成的発現：RNA ポリメラーゼのプロモーターへの固有の結合によって，常に一定レベルの遺伝子の転写や翻訳が行われること（11.3）

control site 調節部位：オペレーターとプロモーター領域．その支配下にある構造遺伝子により規定されるタンパク質の合成を調節する（11.3）

cooperative binding 協同的結合：いくつかの結合部位があるとき，最初のリガンドが結合すると次のリガンドの結合が容易になること（4.7）

cooperative transition 協同的遷移：例えば，結晶の融解のような全か無か型の遷移（4.7）

co‐repressor コリプレッサー：リプレッサータンパク質に結合し，これを活性化してオペレーター遺伝子に結合できるようにする物質（11.3）

core promoter コアプロモーター：原核生物の転写における，転写開始位置から－35 領域までの DNA 部分（11.2）

Cori cycle コリ回路：筋肉における解糖と肝臓における糖新生を結びつける糖質代謝回路（18.3）

coupled translation 共役した翻訳：原核生物において，遺伝子の転写とその翻訳が同時に進行すること（12.4）

coupling 共役：発エルゴン反応が吸エルゴン反応にエネルギーを供給する仕組み（15.6）

C‐terminal C 末端：タンパク質やペプチドの末端のうち，遊離のカルボキシ基をもつ末端（3.4）

C‐terminal domain C 末端ドメイン：タンパク質の C 末端領域．特に，真核細胞の RNA ポリメラーゼ B では重要な役割をもつ（11.4）

cut and patch 切り取りとつぎ当て：DNA 修復機構の一つ．酵素反応により間違ったヌクレオチドを除去し，正しいヌクレオチドに置き換える（10.5）

cyanogen bromide 臭化シアン：タンパク質をメチオニン残基の位置で切断する試薬（5.4）

cyclic AMP サイクリック AMP：アデノシンの 3′ と 5′ のヒドロキシ基の間にリン酸基がエステル結合して生じる環状ヌクレオチド．重要なセカンドメッセンジャー分子（24.3）

cyclic AMP‐response element (CRE) サイクリック AMP 応答配列：細胞内でのサイクリック AMP 産生により調節される真核生物の重要な応答配列（11.5）

cyclic AMP－response－element binding protein (CREB)　サイクリック AMP 応答配列結合タンパク質：サイクリック AMP 応答配列に結合し，転写を活性化する真核生物の重要な転写因子（11.5）

cyclin　サイクリン：キナーゼ群の活性を制御することにより，細胞周期の調節に重要な働きを示すタンパク質（10.6）

cytochrome　シトクロム：呼吸鎖に含まれる一連のヘム含有タンパク質（20.3）

cytokine　サイトカイン：細胞より分泌され，他の細胞の成長などを調節する可溶性タンパク質（14.3）

cytosine　シトシン：ピリミジン塩基をもつ核酸の成分の一つ（9.2）

cytoskeleton (microtrabecular lattice)　細胞骨格：タンパク質により形成されるサイトゾル内の細い繊維状格子（1.6）

cytosol　サイトゾル：核や他の膜により囲まれたオルガネラを除く細胞内部分（1.6）

debranching enzyme　脱分枝酵素：アミロペクチンのような分枝構造をもつポリマーを加水分解する酵素（18.1）

degenerate code　縮重コード：同一のアミノ酸が複数組みのトリプレットによりコードされること（12.2）

denaturation　変性：高分子の立体構造の破壊．非共有結合の切断により生じる（4.4）

dendritic cell　樹状細胞：自然免疫応答に重要な役割を担う細胞（14.3）

denitrification　脱窒素：硝酸塩および亜硝酸塩を分子状窒素に分解する反応（23.1）

density－gradient centrifugation　密度勾配遠心：超遠心機により試料を分離する技術．密度勾配をもつ溶液の上に試料を添加し遠心する（10.2）

deoxyribonucleoside　デオキシリボヌクレオシド：核酸塩基とデオキシリボースがグリコシド結合で結ばれて形成される化合物（9.2）

deoxyribose　デオキシリボース：DNA を構成する糖（9.2）

deoxy sugar　デオキシ糖：ヒドロキシ基の一つが水素に還元された構造をもつ糖（16.2）

dextran　デキストラン：複雑な構造をもつ多糖．カラムクロマトグラフィーの担体としてよく用いられる（5.2）

diastereomer　ジアステレオマー：重ね合わせることのできない，鏡像でない立体異性体（16.1）

dimer　二量体：二つのサブユニットからなる分子（4.5）

dipole　双極子：結合内の電子分布の不均一性のため，一端が正に一端が負に荷電した分子（2.1）

disaccharide　二糖：二つの単糖がグリコシド結合した化合物（16.3）

DNA　DNA：デオキシリボ核酸．遺伝暗号を担う（9.3）

DNA－binding domain　DNA 結合ドメイン：転写因子上の DNA 結合部位（11.6）

DNA chip　DNA チップ：DNA チップは 1 枚のコンピュータ基板の上に多種類の DNA 断片を貼り付けたもので，多数の遺伝子の発現を一度に測定できる（13.9）

DNA gyrase　DNA ジャイレース：閉じた環状 DNA を超らせん化する酵素（9.3）

DNA library　DNA ライブラリー：ある生物の全ゲノムを含む DNA クローンの集まり（13.5）

DNA ligase　DNA リガーゼ：DNA 断片を連結する酵素（10.3）

DNA polymerase　DNA ポリメラーゼ：DNA を鋳型としてデオキシリボヌクレオチドより DNA を合成する酵素（10.3）

DNase　DN アーゼ：デオキシリボヌクレアーゼ．DNA を特異的に分解する酵素（13.2）

domain　ドメイン：他の領域の構造とは独立に一定の立体構造をもつポリペプチドの領域（4.3）

downstream　下流：転写においては，転写される遺伝子よりも 5′末端に近い DNA 領域．DNA は 3′末端より 5′末端方向に読まれ，RNA は 5′末端より 3′末端方向へ合成される．翻訳においては，mRNA の 3′末端に近い領域を指す（13.1）

dwarfism　小人症：成長ホルモンの欠損により生じる疾患（24.4）

Edman degradation　エドマン分解：ペプチドやタンパク質のアミノ酸配列を決定する方法（5.4）

electronegativity　電気陰性度：化学結合においてその原子に電子を引きつける度合（2.1）

electron transport to oxygen　酸素への電子伝達：栄養素の酸化により生じる電子を酸素に渡す一連の酸化還元反応（19.1）

electrophile　求電子試薬：負電荷をもつ原子と反応する試薬（7.5）

electrophoresis　電気泳動：電荷の相違を利用して試料を分離する実験技術（3.3）

－35 element (－35 region)　－35 エレメント（－35 領域）：細菌の RNA 合成調節に重要な働きをもつ

RNA 転写開始部位の 35 塩基上流の DNA 配列（11.2）

elongation step 伸長段階：タンパク質合成において，ペプチド結合の生成が進行する段階（12.4）

enantiomer 鏡像異性体，エナンチオマー：鏡像，重ね合わせることのできない立体異性体（16.1）

endergonic 吸エルゴン：エネルギーを吸収する（1.11）

endocrine system 内分泌系：内分泌腺より血流中に放出されるホルモンによる液性調節系（24.3）

endocytosis エンドサイトーシス：液体や粒子を細胞内に取り込む仕組み．物質を細胞膜の一部で包み込んで細胞内に取り込む（8.6）

endonuclease エンドヌクレアーゼ：ポリヌクレオチド鎖の内部でホスホジエステル結合を加水分解する酵素（13.2）

endoplasmic reticulum (ER) 小胞体：細胞内に囊状構造として存在する一重膜よりなる膜系（1.6）

endosymbiosis 内部共生：小さな生物が大きな生物の内部に完全に取り込まれた形の共生関係（1.8）

enhancer エンハンサー：転写因子に結合し，転写の速度を上昇させる DNA 配列（11.3）

enthalpy エンタルピー：熱力学上の数量．一定圧条件での反応熱として測定される（1.11）

entropy エントロピー：熱力学上の数量．系の秩序の度合いを示す値（1.11）

enzyme 酵素：生体触媒．通常，球状タンパク質であるが，唯一，例外的なものとして，自己触媒性の RNA がある（6.1）

epimerase エピメラーゼ：炭素原子の周りの立体配置を反転する酵素

epimer エピマー：複数の炭素原子の周りの立体配置の相違により生じる立体異性体（16.1）

epitope エピトープ：抗体との反応に関与する抗原上の部位（14.3）

equilibrium 平衡：正反応と逆反応が同一速度で進行する状態（1.11）

essential amino acid 必須アミノ酸：体内で合成できず食物として摂取する必要のあるアミノ酸（23.4）

essential fatty acid 必須脂肪酸：リノール酸のような多価不飽和脂肪酸．体内で合成できず食物として摂取する必要がある（21.6）

eukaryote 真核生物：しっかりとした形をもつ核および膜に囲まれたオルガネラをもつ生物（1.4）

excision repair 除去修復：DNA 修復の仕組み．酵素反応により間違ったヌクレオチドを除去し，正しいヌクレオチドに置き換える（10.5）

exergonic 発エルゴン：エネルギーを放出する（1.11）

exon エキソン：DNA の塩基配列のうち，mRNA の配列として発現される部分（11.7）

exonuclease エキソヌクレアーゼ：ポリヌクレオチド鎖を末端より加水分解する酵素（13.2）

expression cassette 発現カセット：遺伝子治療における発現カセット．導入しようとする遺伝子の集まり（14.2）

expression vector 発現ベクター：目的のタンパク質の生合成を指令する仕組みを有するプラスミド（13.4）

extended promoter 拡張プロモーター：真核生物の転写において，転写開始部位から UP エレメントまでの DNA 領域（11.2）

facilitated diffusion 促進拡散：物質が細胞に取り込まれる仕組みの一つ．物質は膜上の担体タンパク質に一度結合する．エネルギーを必要としない（8.6）

fatty acid 脂肪酸：一端にカルボキシ基を，他端に長い，通常，直鎖状の炭化水素をもつ化合物．炭化水素部分は飽和の場合も不飽和の場合もある（8.1）

feedback inhibition フィードバック阻害：一連の代謝経路の最終産物が最初の段階の反応を阻害すること（7.1, 23.3）

fibrous protein 繊維状タンパク質：全体の形が細長い棒状構造をもつタンパク質（4.3）

filter–binding assay フィルター結合分析法：多くの mRNA コドンの塩基配列の解読に用いられた方法（12.2）

first–order reaction 一次反応：速度が単一の反応物の濃度の一乗に依存する反応（6.3）

Fischer projection フィッシャーの投影式：分子の三次元立体構造を二次元で表現する方法の一つ（16.1）

Fis site Fis 部位：原核生物 rRNA の転写のエンハンサー（11.3）

fluid–mosaic model 流動モザイクモデル：生体膜の構造モデル．脂質二重層に膜タンパク質分子が非共有結合で組み込まれたモデル（8.5）

fluorescence 蛍光：光の吸収によって励起され，光を放つ物質の検出や同定のための高感度な方法（13.1）

folate reductase 葉酸レダクターゼ：ジヒドロ葉酸をテトラヒドロ葉酸に還元する酵素．がん化学療法のターゲットの一つ（23.11）

fold purification 精製倍率：タンパク質の精製実験において，精製の度合いを示す数値（5.1）

用語解説　**959**

N-formylmethionine-tRNA^{fmet}　N-ホルミルメチオニンtRNA^{fmet}：原核生物におけるタンパク質合成の開始に必須の因子．メチオニンのアミノ基がホルミル化され，特異的なtRNAに共有結合で結合している（12.4）

free energy　自由エネルギー：熱力学上の数量．一定温度における反応の自発性の目安となる（1.11）

functional group　官能基：有機化合物の特徴的な反応に関与する原子の集まり（1.2）

Fungi　菌類：全生物を分類する五大生物界の一つ．カビやキノコを含む（1.7）

furanose　フラノース：6員環をもつ糖の一種．フランの環状構造と似ている（16.1）

furanoside　フラノシド：フラノースを含む配糖体（16.2）

fusion protein　融合タンパク質：末端に他のタンパク質の一部が結合したタンパク質（13.4）

β-galactosidase　β-ガラクトシダーゼ：ラクトースをガラクトースとグルコースに加水分解する酵素．古くから知られる誘導酵素の例（11.3）

gel electrophoresis　ゲル電気泳動：分子サイズ当たりの電荷の大きさにより試料を分離する方法．ゲルは支持体として，また分子篩（ふるい）物質として働く（5.3）

gel-filtration chromatography　ゲル沪過クロマトグラフィー：カラムクロマトグラフィーの一種．ゲルの網目構造の大きさにより，カラムを通過する際に分子はその大きさに従って分画される（5.2）

gene　遺伝子：遺伝を担う一つの単位（1.4）

general acid-base catalysis　一般酸・塩基触媒：プロトンの転移による触媒作用の一形式（7.6）

gene therapy　遺伝子治療：遺伝子欠損による遺伝病を正常遺伝子を導入することにより治療する方法（13.4）

genetic code　遺伝暗号：すべての生物の構造と機能に関する情報（1.3）

genome　ゲノム：細胞の全DNA（1.4）

gigantism　巨人症：骨格系が成長を停止する以前に起こる成長ホルモンの過剰産生により引き起こされる疾患（24.3）

globular protein　球状タンパク質：全体の形が球状をしたタンパク質（4.3）

glucocorticoid　グルココルチコイド，糖質コルチコイド：糖質の代謝に関与するステロイドホルモンの一種（24.3）

glucogenic amino acid　糖原性アミノ酸：分解産物としてピルビン酸あるいはオキサロ酢酸を生じるアミノ酸（23.6）

gluconeogenesis　糖新生：乳酸からグルコースを生じる経路（18.2）

glucose　グルコース：単糖の一種．最も普遍的な代謝物（16.1）

glyceraldehyde　グリセルアルデヒド：不斉炭素をもつ最も単純な糖．光学異性体を記述するシステムの出発点（16.1）

glyceraldehyde-3-phosphate　グリセルアルデヒド3-リン酸：糖代謝の鍵となる代謝中間体（17.3）

glyceraldehyde-3-phosphate dehydrogenase　グリセルアルデヒド3-リン酸デヒドロゲナーゼ：解糖と糖新生における重要な酵素（17.3）

glycerol phosphate shuttle　グリセロールリン酸シャトル：サイトゾルのNADHからミトコンドリアのFADH$_2$に電子を転移する機構（20.7）

glycogen　グリコーゲン：グルコースのポリマーの一種．動物における重要なエネルギー貯蔵分子（16.4）

glycolipid　糖脂質：糖鎖を結合した脂質（8.2）

glycolysis　解糖：グルコースから三炭素化合物への嫌気的分解（17.1）

glycoside　配糖体：一つ以上の糖が他の分子に結合した化合物（16.2）

glyoxylate cycle　グリオキシル酸回路：高等植物および微生物に見られる代謝回路の一つ．クエン酸回路に代わる回路であり，いくつかのクエン酸回路反応を迂回する（19.6）

glyoxysome　グリオキシソーム：グリオキシル酸回路の酵素を含む膜に囲まれたオルガネラ（19.6）

Golgi apparatus　ゴルジ装置：平らな膜嚢胞からなるオルガネラ．タンパク質の分泌に関与する（1.6）

G protein　Gタンパク質：アデニル酸シクラーゼの活性を調節する膜結合タンパク質（24.3）

grana　グラナ：光合成の場所であるチラコイドから成るクロロプラスト内の顆粒（22.1）

guanine　グアニン：核酸の成分としてのプリン塩基の一つ（9.2）

half reaction　半反応：酸化還元反応の酸化側あるいは還元側のみの反応を示す式（15.4）

Haworth projection formula　ハース投影式：糖の環状構造を投影法により表現した（16.1）

helicase (rep protein)　ヘリカーゼ（repタンパク質）：複製の過程でDNAの二重らせん構造を巻き戻すタンパク質（10.4）

α-helix　αヘリックス：タンパク質の骨格構造として最もよく見られる折りたたみ方の一つ（4.3）

helix-turn-helix　ヘリックス・ターン・ヘリックス：転写因子のDNA結合ドメインによく見られるモチーフ（4.3）

helpter T cell　ヘルパーT細胞：ヒト免疫系の細胞成分．AIDSウイルスの標的細胞（14.3）

heme　ヘム：シトクロム，ヘモグロビン，ミオグロビンなどに見られる鉄を含む環状化合物（4.4）

hemiacetal　ヘミアセタール：アルデヒドとアルコールの反応により生じる化合物．糖の環状構造に見られる（16.1）

hemiketal　ヘミケタール：ケトンとアルコールの反応により生じる化合物．糖の環状構造に見られる（16.1）

Henderson-Hasselbalch equation　ヘンダーソン・ハッセルバルヒの式：酸とその共役塩基より成る溶液のpHと酸のpK_aの間を関連づける式（2.4）

heteropolysaccharide　ヘテロ多糖：複数種の単糖より構成される多糖（16.4）

heterotropic effect　ヘテロトロピック効果：基質以外のリガンドの結合によるアロステリック効果（7.1）

heterozygous　ヘテロ接合性：染色体上のある遺伝子が，相同染色体上の対応する遺伝子と異なっていること（13.7）

hexokinase　ヘキソキナーゼ：解糖の最初の酵素（17.2）

hexose monophosphate shunt　ヘキソース一リン酸経路：ペントースリン酸回路と同義語．グルコースは五炭糖へと変換され同時にNADPHを産生する（18.4）

high-performance liquid chromatography (HPLC)　高速液体クロマトグラフィー：高速高性能な精製を可能にする洗練されたクロマトグラフィー技術（5.4）

histone　ヒストン：真核生物DNAと結合している塩基性タンパク質（9.3）

hnRNA (heterogeneous nuclear RNA)　ヘテロ核RNA：真核細胞の核に存在する，イントロンを含むmRNA前駆体（9.5）

holoenzyme　ホロ酵素：補酵素およびすべてのサブユニットを含む完全な酵素（11.2）

homeostasis　恒常性，ホメオスタシス：体内における生物学的諸反応の均衡（24.3）

homology　相同性，ホモロジー：高分子間における構成成分の配列相同性（4.6）

homopolysaccharide　ホモ多糖：1種類の糖より構成される多糖（16.4）

homotropic effect　ホモトロピック効果：複数の同一分子の結合により生じるアロステリック効果（7.1）

homozygous　ホモ接合性：染色体上のある遺伝子と相同染色体上の対応する遺伝子の間に相違がないこと．（13.7）

hormone　ホルモン：内分泌腺より産出され，血流により標的細胞に運ばれ，そこで作用を発揮する物質（24.3）

hsp 70　hsp 70：大腸菌でシャペロンとして働くタンパク質．hspは熱ショックタンパク質 heat shock proteinのこと．このシャペロンは大腸菌を温度を上げて培養したときに産生される．（12.6）

hyaluronic acid　ヒアルロン酸：関節の潤滑液中に含まれる多糖（16.4）

hydrogen bonding　水素結合：電気陰性度の高い原子に共有結合した水素原子と，他の電気陰性度の高い原子の孤立電子対間の非共有結合性の結合（2.2）

hydrophilic　親水性：水に溶ける性質（2.1）

hydrophobic　疎水性：水に溶けにくい性質（2.1）

hydrophobic bond　疎水結合：水環境において非極性分子の間の会合を起こさせる親和力．疎水性相互作用 hydrophobic interactionとも呼ぶ（2.1）

β-hydroxy-β-methylglutaryl-CoA　β-ヒドロキシ-β-メチルグルタリルCoA：コレステロール生合成の中間体（21.8）

hyperbolic　双曲線形：最初急速に上昇し，やがて一定値に接近するグラフ上の曲線（4.5）

hyperglycemia　高血糖：血液中のグルコース濃度が高い状態（24.3）

hypoglycemia　低血糖：血液中のグルコース濃度が低い状態（24.3）

hypothalamus　視床下部：内分泌系の働きを調節している脳の一部（24.3）

immunoglobulin　免疫グロブリン：抗体の別名．免疫系で重要な役割をもつタンパク質（14.3）

induced-fit model　誘導適合モデル：基質が酵素に結合すると，基質の形に合うように酵素のコンホメーションが変化するというモデル（6.4）

inducible enzyme　誘導酵素：ある物質，すなわち誘導物質により生合成が誘導される酵素（11.3）

induction of enzyme synthesis　酵素合成の誘導：特

異的な誘導物質により特定の酵素の生合成が誘導されること（11.3）

inhibitor　阻害剤：酵素触媒反応の速度を低下させる物質（6.7）

initial rate　初速度：反応開始直後の，すなわち生産物の蓄積がほとんどない状態での反応速度（6.6）

initiation complex　開始複合体：mRNA，N－ホルミルメチオニン tRNA，リボソームサブユニットおよびタンパク質合成開始に必要な開始因子より成る複合体（12.4）

initiation factor　開始因子：タンパク質合成の開始に働くタンパク質群（12.5）

initiation step　開始段階：タンパク質合成の開始段階．開始複合体を形成（12.4）

initiator element　開始エレメント：真核細胞 DNA の転写開始部位周辺に存在する緩く保存された配列（11.4）

integral protein　内在性タンパク質：膜に埋め込まれたタンパク質（8.4）

interleukin　インターロイキン：免疫系において働く可溶性タンパク質群（14.3）

intermembrane space　膜間腔：ミトコンドリアの内膜と外膜の間の空間（19.2）

intrinsic termination　内因性の終結：ρ 因子に依存しない転写終結（11.2）

intron　イントロン：最終的な成熟 mRNA の配列に含まれない DNA の介在配列（11.7）

ion-exchange chromatography　イオン交換クロマトグラフィー：荷電状態の違いを利用して試料を分離する方法（5.2）

ion product constant for water　水のイオン積：水の H^+ と OH^- の解離の程度を表す値（2.3）

irreversible inhibition　不可逆的阻害：阻害剤が酵素に共有結合し，永久的に不活性化すること（6.7）

isoelectric focusing　等電点電気泳動：等電点の差を利用して試料を分離する方法（5.3）

isoelectric point (isoelectric pH)　等電点：分子の実効電荷がゼロとなる pH（3.3）

isoprene　イソプレン：炭素数 5 個よりなる不飽和化合物．多くの脂質の構造単位として含まれている（21.8）

isozyme　アイソザイム，イソ酵素：単一の生物種に由来する，同一の反応を触媒する複数の酵素．物理化学的性質および速度論的性質がわずかに異なる（6.2）

ketogenic amino acid　ケト原性アミノ酸：代謝産物としてアセチル CoA またはアセトアセチル CoA を生じるアミノ酸（23.6）

α-ketoglutarate dehydrogenase complex　α-ケトグルタル酸デヒドロゲナーゼ複合体：クエン酸回路の酵素．α-ケトグルタル酸をスクシニル CoA に変換する（19.4）

ketone body　ケトン体：糖質が制限された場合，脂肪酸の過剰利用により肝臓で産生されるケトン構造をもつ分子（21.5）

ketose　ケトース：構造中にケトン基を含む糖（16.1）

killer T cell　キラー T 細胞：ヒト免疫系の細胞成分（14.3）

kinase　キナーゼ：リン酸化酵素．多くの場合，ATP をリン酸供与体とする（17.3）

Kozak sequence　コザック配列：真核生物におけるタンパク質合成の開始コドン周囲にあるコンセンサス配列（12.5）

Krebs cycle　クレブス回路：クエン酸回路の別名（19.1）

K system　K システム：アロステリック酵素と阻害剤あるいは活性化剤との組合せにおいて，阻害剤あるいは活性化剤により V_{max} は変化せず，$1/2\,V_{max}$ を与える基質濃度（$K_{0.5}$）が変わる系（7.1）

kwashiorkor　クワシオルコル：タンパク質欠乏により生じる疾患（23.5）

labeling　標識：酵素中の特定の残基を共有結合的に修飾すること（7.5）

lac operon　lac オペロン，ラクトースオペロン：β-ガラクトシダーゼと関連したタンパク質の誘導に関与するプロモーター，オペレーターおよび構造遺伝子（11.3）

lactate dehydrogenase　乳酸デヒドロゲナーゼ：NADH 依存性のデヒドロゲナーゼ．ピルビン酸を乳酸に変換する（17.4）

lagging strand　ラギング鎖：DNA 複製の際，初め短い断片として複製され，次いで DNA リガーゼにより連結されて完成する DNA 鎖（10.2）

L and D amino acids　L-および D-アミノ酸：立体化学の基準である L-および D-グリセルアルデヒドと同じ立体化学をもつアミノ酸（3.1）

lanosterol　ラノステロール：コレステロール合成の中間体（21.8）

leading strand　リーディング鎖：DNA 複製の際，1本の長い鎖として連続的に複製される DNA 鎖（10.3）

Lesch–Nyhan syndrome レッシュ–ナイハン症候群：重度の精神遅滞と強迫性自傷を特徴とする代謝性疾患．プリンの再利用経路の酵素の欠損により生じる（23.8）

leucine zipper (bZIP) ロイシンジッパー：DNA結合タンパク質に見られる構造モチーフ（11.6）

leukocyte 白血球：免疫系において重要な機能をもつ血球細胞（14.3）

leukotriene ロイコトリエン：白血球より得られた物質で3個の二重結合をもつ，重要な医薬品の一つ（8.8）

lignin リグニン：コニフェリルアルコールのポリマー．木材の構造成分（16.4）

Lineweaver–Burk double–reciprocal plot ラインウィーバー–バークの二重逆数プロット：酵素触媒反応の速度論的解析に用いる表示法（6.6）

lipase リパーゼ：脂質を加水分解する酵素の一つ（8.2）

lipid 脂質：水に不溶で有機溶媒に溶ける化合物（8.1）

lipid bilayer 脂質二重層：水と接する両面に極性の頭部，内部に疎水性の尾部をもつ脂質二分子膜（8.3）

liposome リポソーム：水と接する外表面に脂質の極性頭部を内部に疎水性の尾部をもつ脂質二分子膜により形成される球状小胞（8.5）

lock–and–key model 鍵と鍵穴モデル：基質と酵素の結合において，酵素活性中心と基質の形が鍵と鍵穴のように符合するという考え（6.4）

luminescence ルミネセンス（発光）：化学反応の結果（化学発光）あるいは吸収した光の再放出（蛍光）による発光（13.1）

lymphocyte リンパ球：白血球の一種．免疫系で主要な役割をもつ細胞群（14.3）

lymphokine リンホカイン：リンパ球により産生される可溶性タンパク質．他の細胞に対する生理活性をもつ（14.3）

lysosome リソソーム：多くの加水分解酵素を含む膜で囲まれたオルガネラ（1.6）

macronutrient 主要栄養素：多量に摂取する必要のある栄養素．タンパク質，糖質，脂質など（24.2）

macrophage マクロファージ：自然免疫系の細胞成分（14.3）

major histocompatibility complex (MHC) 主要組織適合複合体：免疫系細胞の表面に抗原を提示するタンパク質（14.3）

malate–aspartate shuttle リンゴ酸–アスパラギン酸シャトル：サイトゾルのNADHからミトコンドリアのNADHへ電子を移送する機構（20.7）

malonyl–CoA マロニルCoA：脂肪酸の生合成に重要な炭素数3個の中間体（21.6）

matrix (mitochondrial) マトリックス（ミトコンドリアの）：ミトコンドリアの内膜に囲まれた部分（1.6, 19.2）

metabolic water 代謝水：栄養素の完全酸化の結果生じる水．砂漠に生育する生物にとっては唯一の水供給源であることもある（21.3）

metabolism 代謝：生体内で進行する生化学的諸反応の総称（15.3）

metal–ion catalysis (Lewis acid–base catalysis) 金属イオン触媒作用（ルイス酸・塩基触媒作用）：触媒作用の一種．ルイスの定義による電子対受容体としての酸と電子対供与体としての塩基の作用による（7.6）

micelle ミセル：両親媒性の物質により形成される分子集合体．極性部分が水に接する面に，非極性部分が内部に配向する（2.1）

Michaelis constant ミカエリス定数：基質の酵素への結合の強さを示す値．酵素速度論での重要なパラメーター（6.6）

micronutrient 微量栄養素：ビタミン，無機質など少量必要とされる栄養素（24.2）

mineralocorticoid ミネラルコルチコイド，鉱質コルチコイド：ステロイドホルモンの一種．無機イオンの濃度の調節を行う（24.3）

mineral ミネラル：栄養素としてイオンあるいは遊離元素の形で必要とされる無機物質（24.2）

miRNA (micro RNA) マイクロRNA：遺伝子発現に影響を及ぼし，増殖や分化に重要な役割を果たす短鎖RNA（9.5）

mismatch repair ミスマッチ修復：傷ついたDNAを修復する反応（10.5）

mitochondrion ミトコンドリア：栄養素の好気的酸化を行う装置を含むオルガネラ（1.6）

mitogen–activated protein kinase (MAPK) MAPキナーゼ：細胞増殖やストレスシグナルに応答し，転写因子として作用する重要なタンパク質をリン酸化する酵素（14.4）

mobile phase (eluent) 移動相（溶離液）：クロマトグラフィーにおいて，分離される試料が移動する相（5.2）

Moloney murine leukemia virus (MMLV) モロニーマウス白血病ウイルス：遺伝子治療によく使われるベクターの一つ（14.2）

Monera モネラ界：生物を分類するのに使われる五大生物界の一つ．原核生物を含む（1.7）

monoclonal antibody 単クローン抗体：単一の細胞の子孫細胞が生産する単一の抗原に特異的な抗体（14.3）

monomer 単量体：高分子（ポリマー）を形成するもとになる低分子化合物（1.3）

monosaccharide 単糖：1個のカルボニル基と2個以上のヒドロキシ基を含む化合物（16.1）

motif モチーフ：繰り返し現れる超二次構造（4.3）

mRNA (messenger RNA) mRNA（メッセンジャーRNA）：タンパク質のアミノ酸配列を決定するRNA（9.5）

mucopolysaccharide ムコ多糖：ゼラチン様の性質を示す多糖（16.4）

multifunctional enzyme 多機能酵素：単一のタンパク質が複数の反応を触媒する酵素（21.6）

multiple cloning site (MCS) マルチクローニングサイト：複数の制限部位をもつ細菌プラスミドの領域（13.3）

multiple sclerosis 多発性硬化症：脂質に富む神経線維の鞘が徐々に崩壊していく疾患（8.2）

mutagen 変異原：変異を生じる試薬．DNAに変化をもたらす放射線や化学試薬など（10.5）

mutation 変異：DNAにおける変化．生物体に子孫に遺伝する変化を生じる（10.5）

myelin ミエリン：神経細胞の周りを取り巻く脂質に富んだ鞘（8.2）

native conformation 天然のコンホメーション：生物活性をもつタンパク質の三次元構造（4.1）

natural killer (NK) cell ナチュラルキラー（NK）細胞：自然免疫系の細胞成分（14.3）

negative cooperativity 負の協同性：最初のリガンドが酵素やタンパク質に結合すると，次のリガンドに対する親和性が減少する協同効果（7.2）

nick translation ニックトランスレーション：損傷を受けたDNAを修復するプロセスの一つ（10.5）

nicotinamide adenine dinucleotide ニコチンアミドアデニンジヌクレオチド：代謝における重要な補酵素で，酸化型および還元型が存在する（7.8, 15.5）

nitrification 硝化：アンモニアを硝酸イオンに酸化すること（23.1）

nitrogenase ニトロゲナーゼ：窒素をアンモニアに変換する酵素複合体（23.2）

nitrogen fixation 窒素固定：分子状窒素をアンモニア，硝酸イオンなどに変換すること（23.1）

noncompetitive inhibition 非競合阻害：酵素の阻害形式の一つ．阻害剤は活性中心以外の部位に結合し，酵素活性を阻害する（6.7）

nonheme (ion-sulfur) protein 非ヘム（鉄-硫黄）タンパク質：鉄や硫黄を含むが，ヘムを含まないタンパク質（19.4）

nonoverlapping, commaless code 重なりのない，句読点のない暗号：アミノ酸を指定する3個の塩基配列（トリプレット）．トリプレットは互いに重複することなく，また，塩基の一部が読みとばされることもない（12.2）

nonpolar bond 非極性結合：二つの原子が電子を均等に保持している結合（2.1）

nontemplate strand 非鋳型鎖：鋳型から合成されたRNAと同じ配列をもつDNA鎖（11.2）

N-terminal N末端：タンパク質やペプチドの遊離アミノ基をもつ（他のアミノ酸とペプチド結合していない）末端（3.4）

nuclear magnetic resonance (NMR) spectroscopy 核磁気共鳴（NMR）分光法：溶液中のタンパク質の三次元構造を決定する方法（4.4）

nuclear region 核域：原核生物のDNAを含む領域（1.5）

nuclease ヌクレアーゼ：核酸を加水分解する酵素．DNAあるいはRNAに特異的（13.2）

nucleic acid 核酸：ヌクレオチドの重合により形成される巨大分子（1.3）

nucleic-acid base (nucleobase) 核酸塩基（核塩基）：含窒素有機化合物の一種．核酸の暗号情報を含む部分（9.2）

nucleolus 核小体：RNAに富む核内の構造物（1.6）

nucleophile 求核性試薬：電子に富む試薬で，正に荷電あるいは分極化した部位と反応する（7.5）

nucleophilic substitution reaction 求核置換反応：求核的攻撃により，ある官能基が他の官能基に置き換えられる反応（7.6）

nucleoside ヌクレオシド：プリンあるいはピリミジン塩基が糖（リボースあるいはデオキシリボース）に結合したもの（9.2）

nucleosome ヌクレオソーム：DNA がヒストン重合体に巻き付いた球状の構造体（9.3）

nucleotide ヌクレオチド：プリンあるいはピリミジン塩基が糖（リボースあるいはデオキシリボース）に結合し，さらにこれにリン酸基が結合したもの（9.2）

nucleotide-excision repair ヌクレオチド除去修復：損傷を受けた DNA を修復するプロセスの一つ（10.5）

nucleus 核：真核生物細胞内の遺伝子を含むオルガネラ（1.6）

Okazaki fragment 岡崎フラグメント：DNA 複製時のラギング鎖に形成される短い DNA 断片．後に DNA リガーゼにより連結する（10.3）

oligomer オリゴマー：いくつかの小単位（モノマー）の結合により形成される集合体．結合は共有結合の場合も非共有結合の場合もある（4.5）

oligosaccharide オリゴ糖：数個の糖がグリコシド結合で結合したもの（16.1）

oncogene がん遺伝子：刺激によりがんを発生する遺伝子（14.1, 14.4）

one-carbon transfer 1 炭素転移反応：通常，炭酸ガス，メチル基，ホルミル基の形で炭素原子1個の転移を行う反応（23.4）

open complex 開鎖複合体：転写の際に形成される RNA ポリメラーゼと DNA の複合体（11.2）

operator オペレーター：タンパク質合成のリプレッサーが結合する DNA 領域（11.3）

operon オペロン：1 個のオペレーター，プロモーター，構造遺伝子からなる単位（11.3）

opsin オプシン：網膜の桿体および錐体に見られるタンパク質．視覚に重要な働きをもつ（8.7）

optical isomer 光学異性体：stereoisomers（立体異性体）の項を参照（16.1）

order of a reaction 反応次数：実験的に求められる反応速度の基質濃度依存性（6.3）

organelle オルガネラ，細胞小器官：細胞内の膜に囲まれた顆粒．各々特徴的な機能をもつ（1.4）

organic chemistry 有機化学：炭素を含む化合物，特に，炭素，水素を含む化合物およびその誘導体に関する化学（1.2）

origin of replication 複製起点：DNA の複製開始の際，DNA 二重らせんが巻き戻される場所（10.2）

origin recognition complex (ORC) 複製起点認識複合体：細胞周期を通して DNA 複製起点に結合し，複製調節に関わる幾つかのタンパク質に対する結合部位として働くタンパク質複合体（10.6）

oxidation 酸化：電子の消失（1.9）

β-oxidation β 酸化：脂肪酸分解の主要経路（21.2）

oxidative decarboxylation 酸化的脱炭酸：酸化反応を伴う二酸化炭素の消失（19.2）

oxidative phosphorylation 酸化的リン酸化：ATP 産生機構の一つ．電子伝達系により，ミトコンドリア内に生じた pH 勾配に依存する（19.1）

oxidizing agent 酸化剤：他の物質から電子を受け取る物質（15.4）

oxygen-evolving complex 酸素発生複合体：光化学系 II の一部で水を分解して酸素を発生する部分（22.2）

palindrome パリンドローム，回文：右から読んでも左から読んでも同一の配列（13.2）

palmitate パルミチン酸：炭素数16個の飽和脂肪酸．動物体内での脂肪酸合成の最終生成物（21.6）

passive transport 受動輸送：エネルギー非依存的に細胞内へ物質を輸送すること（8.6）

pause structure 休止構造：転写減衰過程において形成されるヘアピンループ構造で，転写を早期に停止させる（11.3）

pectin ペクチン：ガラクツロン酸のポリマー．植物細胞壁に存在（16.4）

pentose phosphate pathway ペントースリン酸回路：五炭糖と NADPH を生じる糖代謝経路（18.4）

peptide bond ペプチド結合：タンパク質中のアミノ酸の間のアミド結合（3.4）

peptide ペプチド：2 個より数十個のアミノ酸がアミド結合で連結された分子（3.3）

peptidoglycan ペプチドグリカン：細菌の細胞壁に含まれる，ペプチドにより架橋された多糖（16.4）

peptidyl transferase ペプチジルトランスフェラーゼ：タンパク質合成において，ペプチド結合を形成する酵素．50S リボソームサブユニットの一つ（12.4）

percent recovery パーセント回収率：酵素の精製実験で，各精製段階で回収される酵素の量の表示（5.1）

peripheral protein 周辺タンパク質：生体膜の外側に付着しているタンパク質（8.2）

peroxisome ペルオキシソーム：膜に囲まれたオルガネラの一つ．過酸化水素（H_2O_2）の代謝に関係した酵素を含む（1.6）

pH pH：溶液の酸性度を示す値（2.3）

phenylketonuria フェニルケトン尿症：小児時の精神遅滞を特徴とする疾患．フェニルアラニンをチロシン

に変換する酵素の欠損により生じる（3.5）

pheophytin フェオフィチン：マグネシウム原子の代わりに二つの水素原子が結合した光合成色素（クロロフィル）（22.2）

phosphatidic acid ホスファチジン酸：2分子の脂肪酸と1分子のリン酸がグリセロールの三つのヒドロキシ基にエステル結合した化合物（8.2）

phosphatidylinositol 4,5-*bis*phosphate (PIP$_2$) ホスファチジルイノシトール 4,5-ビスリン酸：セカンドメッセンジャーとしての Ca^{2+} の作用を仲介する膜結合物質（24.3）

phosphoacylglycerol (phosphoglyceride) ホスホアシルグリセロール（ホスホグリセリド）：ホスファチジン酸（上記参照）のリン酸基に他のアルコールがエステル結合したもの（8.2）

3´,5´-phosphodiester bond 3´,5´-ホスホジエステル結合：ヌクレオシドの3´ヒドロキシ基と隣のヌクレオシドの5´ヒドロキシ基の間にリン酸がホスホジエステル結合したもの．核酸の基本構造（9.2）

phosphofructokinase ホスホフルクトキナーゼ：解糖における重要な酵素でアロステリック調節を受ける．フルクトース 6-リン酸のリン酸化を行う（17.2）

phospholipase ホスホリパーゼ：リン脂質を加水分解する酵素（21.2）

phosphorolysis 加リン酸分解：グリコーゲンのグリコシド結合にリン酸基を付加し，グルコースリン酸と一残基短いグリコーゲンを生じるような反応．加水分解（結合に水を付加する）に類似の反応（18.1）

photophosphorylation 光リン酸化：光合成に共役した ATP 合成（22.2）

photorespiration 光呼吸：植物が光の存在下で好気的に糖質を酸化すること（22.6）

photosynthesis 光合成：太陽からの光エネルギーを使い，糖質を合成すること（22.1）

photosynthetic unit 光合成単位：光合成の反応中心とそれに付属する集光性クロロフィルからなる光合成色素集団（22.2）

photosystem I 光化学系 I：光合成装置の一部で NADPH の産出を行う場所（22.2）

photosystem II 光化学系 II：光合成装置の一部で水を酸素に分解する場所（22.2）

pituitary 下垂体：視床下部の支配のもとに内分泌腺を刺激するホルモンを放出する（24.4）

plasma membrane 原形質膜：細胞膜の別名．細胞の外側の境界（1.4）

plasmid プラスミド：小型，環状の DNA 分子．薬剤耐性遺伝子を含んでいることが多い．しばしば遺伝子クローニングに用いられる（13.2）

plastocyanin プラストシアニン：銅を含むタンパク質．光合成において二つの光化学系を結ぶ電子伝達系の一部（22.2）

plastoquinone プラストキノン：補酵素 Q に似た物質．光合成において二つの光化学系を結ぶ電子伝達系の一部（22.2）

β-pleated sheet β プリーツシート，β 構造：最も重要なタンパク質の二次構造の一つ．タンパク質の骨格は，隣り合ったポリペプチド鎖間の水素結合により安定化され，ほぼ完全に直線的に伸びている（4.3）

polar bond 極性結合：二つの原子が不均等に結合電子を共有する結合（2.1）

polyacrylamide gel electrophoresis (PAGE) ポリアクリルアミドゲル電気泳動：電気泳動の一種．ポリアクリルアミドゲルは支持体として，また分子篩（ふるい）として働いている（5.2）

poly A tail ポリ(A)テール，ポリ(A)鎖：真核細胞 mRNA の 3´ 末端に付加されているアデニル酸残基の長い連続配列（11.7）

polylinker ポリリンカー：細菌プラスミドにおいて多数の制限酵素認識部位をもつ部分（13.3）

polymer ポリマー：小単位の結合により生じる高分子（1.3）

polymerase chain reaction (PCR) ポリメラーゼ連鎖反応：クローニングではなく，単離された酵素を用いる反応により少量の DNA を増幅する方法（13.6）

polypeptide chain ポリペプチド鎖：タンパク質の基本骨格．アミノ酸がペプチド（アミド）結合により連結することにより形成される（3.4）

polysaccharide 多糖：糖のポリマー（16.4）

polysome ポリソーム：一つの mRNA に結合した数個のリボソームの集合体（12.4）

P/O ratio P/O 比：酸化的リン酸化により産出される ATP と電子伝達系において消費される酸素原子の比（20.4）

porphyrin ポルフィリン：四つのピロール環が連結して形成される大きな環状化合物．鉄と結合してヘムを形成する（4.5）

positive cooperativity 正の協同性：酵素あるいはタンパク質に一つのリガンドが結合すると，同じ分子の

他の部分への次のリガンドの結合親和性が増大する協同的効果（4.5）

pre－replication complex (pre－RC)　複製前複合体：真核生物におけるDNA複製の開始に必要な複合体．DNA，複製開始点認識複合体（ORC），活性化タンパク質（RAP），認可因子群（RLFs）より成る（10.6）

Pribnow box　プリブナウボックス：原核細胞遺伝子のプロモーターの一部に見られる塩基配列．転写開始位置より10塩基上流に位置している（11.2）

primary structure　一次構造：タンパク質中でアミノ酸がペプチド結合で連なっている順序（4.1）

primer　プライマー：DNA複製において，最初短いRNA鎖が鋳型DNAに水素結合し，これに新しいDNA鎖が結合していく．この短いRNA鎖（10.3）

primosome　プライモソーム：DNA合成において複製フォークに見られる複合体．RNAプライマー，プライマーゼおよびヘリカーゼより成る（10.4）

prion　プリオン：神経組織や脳に自然の状態で含まれるタンパク質であり，いくつかの高次構造をとる．異常型プリオンは狂牛病，ヒト海綿状脳症（クロイツフェルト－ヤコブ病）などプリオン病の原因になる（4.6）

probe　プローブ：放射標識したDNA鎖．混合物中より相補鎖を選ぶのに使う（13.5）

processivity　連続伸長性：DNAポリメラーゼの反応において，ポリメラーゼが鋳型DNAから解離するまでに，伸長中のDNA鎖に取り込まれるヌクレオチド数（10.3）

prokaryote　原核生物：明確な核や膜に囲まれたオルガネラをもたない微生物（1.4）

promoter　プロモーター：転写開始の際に，RNAポリメラーゼが結合するDNA部分（11.2）

proofreading　校正：DNA複製が進行する際に，誤ったヌクレオチドを取り除くこと（10.5）

propeller－twist　プロペラツイスト：DNA二重らせん内の塩基対のねじれにより，より強い塩基のスタッキング相互作用が生じること（9.3）

prostaglandin　プロスタグランジン：5員環をもつ一群のアラキドン酸誘導体．医薬品として重要（8.8）

prosthetic group　補欠分子族：アミノ酸以外のタンパク質成分（4.1）

protease　プロテアーゼ：タンパク質を加水分解する酵素（7.5）

proteasome　プロテアソーム：特別に標識されたタンパク質の分解を触媒する多サブユニットタンパク質複合体（12.7）

protein　タンパク質：アミノ酸の重合により生じる高分子（1.3）

protein kinase　プロテインキナーゼ：タンパク質にリン酸基を付加する一群の酵素（7.3）

proteome　プロテオーム：細胞のタンパク質全体（13.9）

proteomics　プロテオミクス：細胞のすべてのタンパク質間の相互作用の研究（13.9）

Protista　原生生物：全生物を分類する五大生物界の一つ．単細胞真核生物を含む（1.7）

proton gradient　プロトン勾配：ミトコンドリアのマトリックスと膜間腔との間の水素イオン濃度の差．酸化とリン酸化の共役の基盤（20.1）

purine　プリン：5員環と結合した6員環を有する含窒素芳香族化合物．グアニンとアデニンの二つの核酸塩基の母分子（9.2）

pyranose　ピラノース：5員環を含む糖．ピランの構造に似ているので命名された（16.1）

pyranoside　ピラノシド：ピラノースを含む配糖体（16.1）

pyrimidine　ピリミジン：6員環を有する含窒素芳香族化合物．数種の核酸塩基の母分子（9.2）

pyrrole ring　ピロール環：1個の窒素原子を含む5員環化合物．ポルフィリンやヘムの構造に含まれる（4.5）

pyruvate dehydrogenase complex　ピルビン酸デヒドロゲナーゼ複合体：ピルビン酸をアセチルCoAと二酸化炭素に変換する多酵素複合体（19.3）

pyruvate kinase　ピルビン酸キナーゼ：あらゆる解糖系に共通の最終段階を触媒する酵素（17.3）

Q cycle　キノンサイクル：電子伝達系におけるユビキノンの関与する一連の反応．2電子転移反応と1電子転移反応の間をつなぐ（20.3）

quaternary structure　四次構造：オリゴマータンパク質のサブユニット間の相互配置を含む立体構造（4.1）

rate constant　速度定数：反応速度を記述する式における比例定数（6.3）

rate－limiting step　律速段階：反応機構における最も遅い段階．反応の最大速度を決定する（6.3）

reaction center　反応中心：太陽からの光エネルギーを捕捉するための特別なクロロフィル対がある場所（22.1）

reaction order　反応次数：化学反応の速度が，単数または複数の反応物の濃度の何次関数に比例するかを示

す．実験により求められる（6.3）

reading frame　読み枠：遺伝情報の読み始めの部位（12.2）

receptor protein　受容体タンパク質：細胞外物質に対する特異的な結合部位をもつ細胞膜上のタンパク質（8.4）

recombinant DNA　組換え DNA：二つの異なった起源からの DNA を結合して作成した DNA（13.3）

reducing agent　還元剤：他の物質に電子を与える試薬（15.4）

reducing sugar　還元糖：遊離カルボニル基をもつ糖．酸化剤と反応する（16.2）

reduction　還元：電子の獲得（1.9）

reduction potential　還元電位：標準状態で還元半反応が起こる電位（20.2）

regulatory gene　調節遺伝子：リプレッサータンパク質の合成を支配する遺伝子（11.3）

repair　修復：DNA から誤ったヌクレオチドの酵素的除去と正しいヌクレオチドによる置換（10.5）

replication　複製：DNA の複製（10.1）

replication activator protein (RAP)　複製活性化タンパク質：真核生物における DNA 複製の開始に必要なタンパク質（10.6）

replication fork　複製フォーク：DNA 複製において，新しい DNA 鎖が形成される部位（10.2）

replication licensing factors (RLFs)　複製認可因子群：真核生物における DNA 複製に必要なタンパク質群（10.6）

replicator　レプリケーター：真核生物 DNA に見られる複数の複製開始点（10.6）

replicon　レプリコン：複製の機能的単位．DNA 合成が行われる染色体の部分（10.6）

replisome　レプリソーム：複製フォークに見られる DNA ポリメラーゼ，RNA プライマー，プライマーゼ，ヘリカーゼより成る複合体（10.4）

repressor　リプレッサー：オペレーター遺伝子に結合し，転写を阻害し最終的にはオペレーターの支配下にある構造遺伝子の翻訳を阻害するタンパク質（11.3）

residue　残基：モノマー単位の間から水が除かれて形成されるポリマーの中のモノマーの部分（3.4）

resonance structures　共鳴構造：電子の位置だけが互いに異なる二つの構造（3.4）

respiratory complex　呼吸複合体：ミトコンドリア内膜の電子伝達反応を担う酵素複合体（20.3）

response element　応答配列：代謝経路の一般的な調節に関与している転写因子が結合する DNA 塩基配列（11.3）

restriction-fragment length polymorphism (RFLP)　制限断片長多型：同一の制限酵素によって，同一生物種の異なる個体の DNA から生成する DNA 断片の長さの多様性．DNA から生物試料を同定する科学捜査上の技術（13.7）

restriction nuclease　制限ヌクレアーゼ：DNA 二重鎖をある特定の塩基配列の場所で切断する酵素（13.2）

retinal　レチナール：ビタミン A のアルデヒド形（8.7）

retrovirus　レトロウイルス：逆転写酵素により RNA の塩基配列をもとに DNA を合成するウイルス（14.2）

reverse transcriptase　逆転写酵素：RNA を鋳型として DNA を合成する酵素（14.2）

reverse turn　β ターン：ポリペプチド鎖が折り返して重なるようなタンパク質の部分（4.3）

reversible inhibitor　可逆的阻害剤：酵素に非共有結合で結合する阻害剤．阻害剤を除くと活性が回復する（6.7）

R group　R 基：アミノ酸の個々の特徴を決める側鎖（3.1）

rho-dependent termination　ρ 因子依存性転写終結：ρ 因子による転写の終結（11.2）

rhodopsin　ロドプシン：視覚を司る分子．レチナールとオプシンより成る（8.7）

ribonucleoside　リボヌクレオシド：核酸塩基がリボースとグリコシド結合した化合物（9.2）

ribose　リボース：RNA 構造に含まれる糖（9.2）

ribosome　リボソーム：すべての生物におけるタンパク質合成の場所．RNA とタンパク質より成る（1.5）

ribozyme　リボザイム：触媒活性をもつ RNA（11.8）

ribulose-1,5-bisphosphate　リブロース 1,5-ビスリン酸：光合成により糖を生成する際の重要な中間体（22.5）

RNA　RNA：リボ核酸（9.2）

RNAi　RNAi：RNA 干渉（9.5）

RNA polymerase　RNA ポリメラーゼ：DNA を鋳型として RNA を合成する酵素（11.2）

RNA polymerase II　RNA ポリメラーゼII：真核細胞での mRNA 合成に関与する RNA ポリメラーゼ．RNA ポリメラーゼ B RNA polymerase B とも呼ぶ（11.4）

rRNA (ribosomal RNA)　rRNA（リボソーム RNA）：リボソームに含まれる RNA（9.5）

rubisco (ribulose-1,5-*bis*phosphate carboxylase/oxygenase) ルビスコ（リブロース1,5-ビスリン酸カルボキシラーゼ/オキシゲナーゼ）：光合成における炭酸ガス固定反応の最初の段階を触媒する酵素（22.5）

salting out 塩析：塩溶液におけるタンパク質の溶解度の差を利用したタンパク質精製法の一つ（5.1）

salvage reaction 再利用経路，サルベージ経路：プリンのような，合成するのに大量のエネルギーを必要とする代謝化合物を再利用する反応（23.8）

saponification けん化：トリアシルグリセロールが塩基と反応して，グリセロールと3モルの脂肪酸を生じる反応（8.2）

saturated 飽和：すべての炭素-炭素結合が単結合であること（8.2）

SDS-polyacrylamide-gel electrophoresis (SDS-PAGE) SDSポリアクリルアミドゲル電気泳動：タンパク質を大きさに基づき分離する電気泳動技術（5.3）

secondary structure 二次構造：ポリペプチド鎖の骨格原子の空間配置（4.1）

second messenger セカンドメッセンジャー：ホルモンが細胞表面の受容体に結合すると産生あるいは遊離される物質．細胞に真の反応を引き起こす（24.3）

semiconservative replication 半保存的複製：DNAが複製するとき，1本の鎖は親DNAより，他方は新たに合成されたDNA鎖より成ること（10.2）

sense strand センス鎖：鋳型から合成されたRNAと同一の配列をもつDNA鎖（11.2）

sequencer シークエンサー：ペプチドのアミノ酸配列や核酸の塩基配列を自動的に決定する装置（5.4）

sequential model 逐次モデル：アロステリックタンパク質の作用様式の一つ．一つのサブユニットのコンホメーション変化が他のサブユニットに順次伝わっていくモデル（7.2）

serine protease セリンプロテアーゼ：触媒作用にセリンのヒドロキシ基が必須の働きをしているタンパク質分解酵素（7.5）

severe combined immune deficiency (SCID) 重症複合免疫不全症：免疫系細胞内のDNA合成に影響を与える先天性疾患（14.2）

Shine-Dalgarno sequence シャイン-ダルガーノ配列：原核細胞mRNAの翻訳開始点の上流に見られるリーダー配列（12.4）

side-chain group 側鎖基：各々のアミノ酸に固有の性質を与える部分（3.1）

sigmoidal S字状：グラフ上のS字状曲線．協同的相互作用を示す（4.5）

silencer サイレンサー：転写因子が結合し，転写速度を減衰させるDNA配列（11.3）

simple diffusion 単純拡散：特別な担体やエネルギーを必要とすることなく，膜の穴や隙間を通って物質輸送されること（8.6）

single-strand binding protein (SSB) 一本鎖DNA結合タンパク質：DNA複製の際に，一本鎖となり露出したDNAをヌクレアーゼから保護するタンパク質（10.4）

siRNA (small interfering RNA) siRNA：遺伝子を選択的に抑制することにより遺伝子発現を調節する短鎖RNA（9.5）

S_N1 S_N1機構：1分子求核置換反応．生化学で見られる最も一般的な有機化学反応．反応速度は一次反応式に従う（7.6）

S_N2 S_N2機構：2分子求核置換反応．生化学で見られる重要な有機化学反応．反応速度は二次反応式に従う（7.6）

snRNA (small nuclear RNA) 核内低分子RNA：真核細胞核内に存在し，スプライシングやある種の転写調節に関与している（9.5）

snRNP (small nuclear ribonucleoprotein particle) 核内低分子リボ核タンパク質粒子：核に見出されるタンパク質/RNA複合体．RNA分子がサイトゾルへ輸送されるようにRNAプロセシングを促進する（9.5）

sodium-potassium ion pump ナトリウム-カリウムイオンポンプ：ナトリウムイオンを細胞内から外へ，同時にカリウムイオンを細胞内へ，いずれも濃度に逆らって輸送するポンプ（8.6）

Southern blotting サザンブロッティング：電気泳動後，DNAをアガロースゲルからニトロセルロースなどの膜シート上に移す技術（13.7）

spacer region スペーサー領域：真核細胞DNAのヌクレオソームとヌクレオソームとの間の領域（9.3）

sphingolipid スフィンゴ脂質：スフィンゴシンを含む脂質（8.2）

sphingosine スフィンゴシン：長鎖アミノアルコール．多くの脂質の基本構造となる（8.2）

spliceosome スプライソソーム：RNA分子のスプライシングを行う多サブユニット複合体．リボソームと

同程度の大きさをもつ（11.7）

split gene　分断遺伝子：成熟 mRNA には見られない，介在配列を含む遺伝子（11.7）

spontaneous　自発的：反応やプロセスが熱力学的に外からの介入なく進行すること（1.10）

standard state　標準状態：化学反応を比較するため標準化した反応条件（15.1）

starch　デンプン：グルコースのポリマー．植物におけるエネルギー貯蓄の役割をもつ（16.4）

stationary phase　固定相：クロマトグラフィーにおいて，試料の移動を選択的に遅らせ，分離させるための物質（5.2）

steady state　定常状態：酵素反応による連続的な基質の代謝回転があるにもかかわらず，酵素-基質複合体の濃度が一定に保たれている状態（6.6）

stereochemistry　立体化学：分子の三次元的な形を扱う化学の一分野（3.1）

stereoisomer　立体異性体：互いに立体配置（三次元構造）のみが異なる分子．光学異性体 optical isomer とも呼ぶ（3.1）

stereospecific　立体特異的：立体異性体を区別すること（7.6）

steroid　ステロイド：特徴的な縮合環状構造をもつ脂質の一種（8.2）

sticky end　付着末端：二重鎖 DNA の末端の短い一本鎖構造．重なり合うことにより DNA 分子が連結する場所となる（13.2）

(−) strand　マイナス鎖：RNA 合成の鋳型として使われる DNA 鎖（11.2）

(+) strand　プラス鎖：鋳型から合成された RNA と同じ塩基配列をもつ DNA 鎖（11.2）

stroma　ストロマ：クロロプラストにおける，ミトコンドリアのマトリックスに相当する部分．光合成における糖産生の場所（22.1）

structural gene　構造遺伝子：調節遺伝子の制御のもとにタンパク質の合成を指令している遺伝子（11.3）

substrate　基質：酵素による触媒反応を受ける化合物（6.4）

substrate cycling　基質循環：反対向きの反応が異なった酵素により触媒されること．一種の調節の仕組み（18.3）

substrate-level phosphorylation　基質レベルのリン酸化：高エネルギー結合を有する基質から ADP（あるいは GDP）に直接リン酸を転移し，それぞれ ATP（GTP）を合成するリン酸化反応（17.3）

subunit　サブユニット：より大きな分子の部分構成物．例えば，一つのタンパク質を構成している各々のポリペプチド鎖など（4.1）

sugar-phosphate backbone　糖-リン酸骨格：リン酸とデオキシリボース（DNA の場合）またはリボース（RNA の場合）間における長い一つながりのエステル結合（9.2）

supercoiling　超らせん：閉じた環状 DNA が（二重らせんに加えて）さらにねじれること（9.3）

supersecondary structure　超二次構造：タンパク質中の二次構造モチーフの特徴的な集まり（4.3）

suppressor tRNA　サプレッサー tRNA：遺伝子変異によって生じた終止コドンをアミノ酸に対応するコドンとして読むなど遺伝子変異を抑制する tRNA（12.5）

TATA-box　TATA ボックス：真核細胞の転写開始点から 25 塩基上流にあるプロモーター配列（11.4）

TATA-box binding protein (TBP)　TATA ボックス結合タンパク質：真核生物の転写の基本転写因子の一部．プロモーターの TATA ボックスの部分に結合する（11.4）

TATA-box binding protein associated factors (TAFs)　TATA ボックス結合タンパク質関連因子：TATA ボックス結合タンパク質と結合するタンパク質群（11.4）

T cell　T 細胞：免疫系で重要な働きをもつ二種の白血球のうちの一種．キラー T 細胞は感染細胞を破壊し，ヘルパー T 細胞は B 細胞の成熟に関与する（14.3）

template (antisense) strand　鋳型（アンチセンス）鎖：RNA 合成の鋳型として使われる DNA 鎖（11.2）

termination site　終結部位：転写終結に関与する DNA 上の部位．DNA と RNA の間にヘアピンループを形成したり，弱い結合の部位を生じる（11.2）

termination step　終結段階：タンパク質合成において，停止シグナルの所にくると，新たに合成されたタンパク質はリボソームより遊離する（12.4）

3・4 terminator　3・4 ターミネーター：転写終結過程で形成されるヘアピンループ構造．その結果，未熟な RNA 転写物を早期に遊離する（11.3）

tertiary structure　三次構造：タンパク質のすべての原子の空間的配置（4.1）

tetrahydrofolate　テトラヒドロ葉酸：ビタミンである葉酸の代謝的に活性な型，1 炭素単位の担体（23.4）

tetramer　四量体：4 個のサブユニットからなる集合

体（4.5）

thermodynamics　熱力学：エネルギーの変換と転移に関する研究．古典物理学の一分野（1.9）

thiamine pyrophosphate　チアミンピロリン酸：2炭素単位の転移反応に関係する補酵素（17.4）

thioester　チオエステル：エステルの類似体で硫黄を含む（19.3）

thylakoid disk　チラコイド：クロロプラストにおける光捕捉反応の場所（22.1）

thylakoid space　チラコイド腔：クロロプラストのチラコイドの間の空間（22.1）

thymidylate synthetase　チミジル酸シンテターゼ：DNA 合成に必要なチミンヌクレオチドを生成する酵素．がん化学療法のターゲット分子の一つ（23.11）

thymine　チミン：核酸のピリミジン塩基の一つ（9.2）

thymine dimer　チミン二量体：紫外線の作用により生じる DNA 構造の欠陥（10.5）

titration　滴定：一定量の酸に塩基を測りながら加えていく実験（2.4）

α-tocopherol　α-トコフェロール：ビタミンEの最も活性な型（8.7）

topoisomerase　トポイソメラーゼ：閉じた環状 DNA 中の超らせんを巻き戻す酵素（9.3）

torr　トル：圧力の単位．0℃で水銀柱1 mm の圧力（4.5）

transaldolase　トランスアルドラーゼ：糖の代謝において2炭素単位を転移する酵素（18.4）

transamination　アミノ基転移：アミノ基を一つの分子から他の分子へ転移すること．アミノ酸の同化・異化に重要な反応（23.4）

transcription　転写：DNA を鋳型として RNA が合成される反応（9.5）

transcription-activation domain　転写活性化ドメイン：DNA に直接結合せず，他のタンパク質と相互作用し，複合体を形成する転写因子の一部（11.5）

transcription bubble　転写バブル：転写が活発に進行しているときの分離した一本鎖 DNA と RNA ポリメラーゼとの複合体（11.2）

transcription-coupled repair　転写共役修復：転写の間に進行する DNA 修復（11.4）

transcription factor　転写因子：DNA 塩基配列に結合して転写の基本レベルを変動させるタンパク質あるいは他の分子複合体（11.3）

transcription start site　転写開始点：最初のリボヌクレオチドを使って，RNA 合成が開始する鋳型 DNA 鎖上の位置（11.2）

transcriptome　トランスクリプトーム：同一時間内に転写される一群の遺伝子（13.9）

transition state　遷移状態：反応の中間段階．古い結合が開裂し，新しい結合が形成される（6.2）

transition-state analogue　遷移状態アナログ：酵素反応における遷移状態の形に似せて合成された化合物（7.7）

translation　翻訳：タンパク質の生合成過程．タンパク質のアミノ酸配列はタンパク質をコードする遺伝子上の塩基配列により決定される（9.5）

translocation　トランスロケーション：タンパク質の生合成において，遺伝情報が読まれるにつれて mRNA 上をリボソームが移動すること（12.4）

transport protein　輸送タンパク質：物質を特異的に細胞内へ取り込む反応を媒介する膜タンパク質（8.4）

triacylglycerol (triglyceride)　トリアシルグリセロール（トリグリセリド）：グリセロールに脂肪酸が3分子エステル結合して形成される脂質（8.2）

tricarboxylic acid cycle　トリカルボン酸回路：クエン酸回路の別名（19.1）

trimer　三量体：3個のサブユニットからなる集合体（4.5）

triosephosphate isomerase　トリオースリン酸イソメラーゼ：ジヒドロキシアセトンリン酸をグリセルアルデヒド3-リン酸に変換する酵素（17.2）

triplet code　三文字暗号：mRNA 中の3個の隣接する塩基よりなるコドン（トリプレット）．これによりタンパク質のアミノ酸が指定される（12.2）

tRNA (transfer RNA)　tRNA（トランスファーRNA）：伸長しつつあるポリペプチド鎖に取り込まれる前段階としてアミノ酸が結合する RNA（9.5）

tropic hormone　刺激ホルモン：視床下部からの指令により，下垂体が産出するホルモン．種々の内分泌腺から特異的なホルモンを遊離させる（24.3）

trypsin　トリプシン：塩基性アミノ酸残基のC末端側を切断するタンパク質分解酵素（5.4）

tumor suppressor　がん抑制遺伝子：細胞分裂を抑制するタンパク質をコードする遺伝子（14.4）

turnover number　代謝回転数：酵素分子1モル当たり，1秒間に反応する基質のモル数（6.6）

uncoupler　脱共役剤：ミトコンドリアのプロトン勾配を解消する試薬．電子伝達系はリン酸化を伴わずに進

む（20.4）

universal code 普遍暗号：すべての生物種において共通の遺伝暗号（12.2）

unsaturated 不飽和：炭素-炭素間に二重結合または三重結合を含むこと（8.2）

UP element UPエレメント：原核細胞のプロモーター配列の一つ．転写開始点の40〜60塩基上流に含まれる（13.2）

upstream 上流：転写においては，転写される遺伝子よりも3′末端に近いDNA領域．DNAは3′末端より5′末端方向に読まれ，RNAは5′末端より3′末端方向に合成される．翻訳においては，mRNAの5′末端に近い領域を指す（13.1）

uracil ウラシル：核酸を構成するピリミジン塩基の一つ（9.2）

urea cycle 尿素回路：窒素代謝，特にアミノ酸代謝の老廃物を排泄するための回路（23.6）

uric acid 尿酸：含窒素化合物，特にプリンの代謝産物．ヒトでは関節に蓄積し，痛風の原因となる（23.8）

vacuole 液胞：典型的には一重膜で囲まれた細胞質中の小胞．分泌，排泄または貯蔵などの機能を果たす（1.6）

van der Waals bond ファンデルワールス結合：一過性に生じる双極子引力による弱い非共有結合．ファンデルワールス相互作用 van der Waals interaction とも呼ぶ（2.1）

vector ベクター：組換えDNA実験においてDNA断片を運ぶ目的に用いられるDNA分子（13.3）

virion ビリオン：核酸とコートタンパク質からなる完全なウイルス粒子（14.1）

V system Vシステム：アロステリック酵素と阻害剤あるいは活性化剤との組合せにおいて，阻害剤あるいは活性化剤により，V_{max}は変化するが，$1/2\,V_{max}$を与える基質濃度（$K_{0.5}$）は変わらない系（7.1）

wobble ゆらぎ：tRNAとmRNAの間の相補的結合において，コドンの第三番目の塩基対形成にはいくらかの自由度（ゆらぎ）が許される（12.2）

X-ray crystallography X線結晶構造解析法：タンパク質の三次構造あるいは四次構造を決定する実験方法（4.4）

Z-DNA Z型DNA：左巻きらせんをもつDNA．ある種の環境のもとでは天然に存在することが知られている（9.3）

zero order ゼロ次反応：反応速度が反応物の濃度と無関係に一定な化学反応（6.3）

zinc-finger motif ジンクフィンガーモチーフ：転写因子のDNA結合領域によく見られるモチーフ（11.6）

zwitterion 双性イオン：分子内に正荷電と負荷電の両方をもつ分子（2.5）

zymogen チモーゲン：それ自身不活性なタンパク質で，ペプチド結合が特異的な加水分解を受け活性化される（7.4）

練習問題の解答

Chapter 1

1.1 基本的なテーマ

1. ポリマーとは，より小さい単位（モノマー）がつながることによって形成される非常に大きい分子である．タンパク質はアミノ酸の結合によってつくられるポリマーである．核酸はヌクレオチドの結合によってつくられるポリマーである．触媒作用とは，非触媒反応の速度に比べて化学反応の速度を増大させる過程のことをいう．生物学的触媒は，ほとんどすべての場合，タンパク質である；唯一の例外は，ある種のRNAで，そのRNA自身の代謝反応を触媒することができる．遺伝暗号とは，あらゆる生物の構造と機能に対する情報を一つの世代から次の世代へと伝えていく手段である．DNA中のプリンおよびピリミジンの配列が遺伝暗号を担っている（ある種のウイルスではRNAが暗号物質となっている）．

1.2 生化学の化学的基盤

2. 官能基とその官能基を含む化合物の正しい対応は次のとおりである．

アミノ基	$CH_3CH_2NH_2$
カルボニル基（ケトン）	CH_3COCH_3
ヒドロキシ基	CH_3OH
カルボキシ基	CH_3COOH
カルボニル基（アルデヒド）	CH_3CH_2CHO
チオール基	CH_3SH
エステル結合	$CH_3COOCH_2CH_3$
二重結合	$CH_3CH=CHCH_3$
アミド結合	$CH_3CON(CH_3)_2$
エーテル	$CH_3CH_2OCH_2CH_3$

3. 化合物中の官能基は以下のようである．

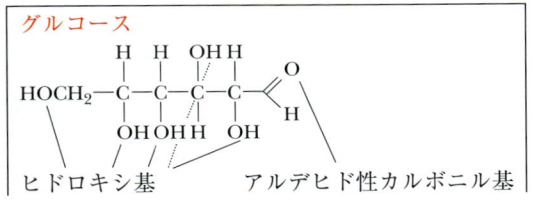

   グルコース: ヒドロキシ基，アルデヒド性カルボニル基

   トリグリセリドの1種: エステル結合

   ペプチドの1種: アミノ基，ペプチド結合，カルボキシ基

   ビタミンA: 二重結合，ヒドロキシ基

4. 1828年までは，有機化合物は生命体によってのみつくられ，実験室での研究という枠を越えたものであるという，生気論の概念が支配していた．ヴェーラーの合成は，有機化合物も無機化合物と同様に，生命力という説明を要せず，むしろ化学と物理学の法則に従い，実験室での研究対象になるものであるということを示した．その後この考えは，生化学というさらにずっと複雑ではあるが，検証可能な分野にまで拡大された．

5. 尿素は，すべての有機化合物と同様，生物体によって産生されたものであってもなくても，同じ分子構造を有している．

6.

項目	有機化学	生化学
溶媒	種々（悪臭がある）	（通常）水
濃度	高い	低い（mM, μM, nM）
触媒を用いるか？	通常なし	ほぼ常に（酵素）
速度	分，時間，日	マイクロ秒，ナノ秒
温度	種々（高い）	等温，常温
収率	低い〜良い（90 %）	高い（100 %もあり得る）
副反応	しばしば*	なし
内部調節	ほとんどなし	非常に高い**—選択性
ポリマー（生成物）	通常はなし	一般的（タンパク質，核酸，多糖）
結合力	強い（共有結合）	強い，弱い（ポリマーで）
結合距離	決定的でない	決定的（ぴったり適合）
区画分け	なし	あり（特に真核生物）
強調事項	一反応	反応経路，互いに関連（調節**，選択†）
系	閉鎖系または開放系	開放系（$+\Delta G$にうち勝つ）

*副反応の例：グルコース→G6PまたはG1PまたはG2P.
**調節のレベル：酵素，ホルモン，遺伝子.
†選択の例：

$$\text{Glucose} \underset{E_1}{\leftrightarrow} \text{G6P} \underset{E_2}{\leftrightarrow} \text{F6P} \xrightarrow{E_3} \text{FBP} \to \text{Pyruvate} \quad (\text{ATP, NADH})$$

グリコーゲン ↑↓ ，アラニン ↗，クレブス回路 ↗
ペントースリン酸 + NADPH，オキサロ酢酸，乳酸

7. 5；二つのシクロプロパン誘導体を入れると7.

8. 13種の異なるアルコール，11のアルデヒド/ケトン，10のエポキシドと10のエーテル.

1.3 生物学の始まり：生命の起源

9. 炭素は，地球上のものも，地球外のものも含めてあらゆる生命の基本分子であると一般に信じられているからである．

10. 18残基は20^{18}すなわち2.6×10^{23}の可能性を与える．したがって，少なくともアボガドロ数（6.022×10^{23}）だけの可能性をもつためには19残基が必要であろう．

11. その数は4^{40}すなわち1.2×10^{24}であり，アボガドロ数の2倍である．

12. RNAは遺伝暗号と触媒機能の両方の働きをもつことができる．

13. 触媒は，生命体に化学反応を，それ（触媒）がないときよりもずっと効率よく行わせることができるからである．

14. 最も明らかに有利な二つの点は，速度と特異性である．さらにまた，酵素は，一定温度で働く，つまりほとんど熱を発しない．

15. 遺伝暗号は細胞の再生産を可能にするからである．

16. 遺伝暗号に関しては，RNAタイプのポリヌクレオチドは，複製のもととなるRNAがなくても，その反応を触媒する酵素がなくても，モノマーから生成されている．現存する，いくつかのRNA分子は，それ自身のプロセシング反応を触媒することができることが観察されているが，このことはRNAが一般に触媒反応において役割を果たしていることを示唆している．この二重の役割をもつことから，RNAは生命の起源において最初の情報高分子であったかもしれないと考えられる．

17. 細胞が原形質膜をもたない裸の細胞質から生じることができたということは，ありそうもないことである．膜の存在は細胞成分を外界から保護し，細胞成分と外界とが互いに混じりあって散逸することを防ぐものである．細胞内の分子は互いにより接近することにより反応しやすくなる．

1.4 最も大きい生物学的区分——原核生物と真核生物

18. 原核生物と真核生物とで異なっている五つの点は次のようである．（1）原核生物は明確に区分された核をもたないが，真核生物は二重膜によって細胞の他の部分と明確に区分された核を有している．（2）原核生物は原形質（細胞）膜のみを有するが，真核生物は種々の細胞内の膜系を有する．（3）真核生物の細胞は膜に囲まれたオルガネラをもつのに対し，原核生物の細胞はもたない．（4）真核生物の細胞は通常，原核生物の細胞よりも大きい．（5）原核生物は単細胞生物であるのに対し，真核生物には単細胞生物もあり，多細胞生物もある．

19. タンパク質合成は原核生物でも真核生物でもリボソーム上で起こる．真核生物では，リボソームは小胞体に結合しているものもあれば，細胞質中に浮遊して存在しているものもある．一方，原核生物ではリボソームは細胞質中に浮遊して存在している．

1.5 原核生物細胞

20. ミトコンドリアが細菌中に見出されるということは，ありそうにないことである．なぜなら，この真核生物のオルガネラは二重膜によって囲まれているが，細菌は細胞内に膜系をもたない．また，真核生物の細胞に見られるミトコンドリアはほとんどの細菌自体のサイズと同じ大きさである．

1.6 真核生物細胞

21. 図 1.11 に示した動物細胞の各部の機能については Sec. 1.6 を参照せよ．
22. 図 1.11 に示した植物細胞の各部の機能については Sec. 1.6 を参照せよ．
23. 緑色植物では，光合成は膜で囲まれた大きなオルガネラであるクロロプラストの膜系で起こる．光合成細菌では，原形質膜がクロマトフォアと呼ばれる細胞の内部へと伸びており，そこで光合成が行われる．
24. 核，ミトコンドリア，クロロプラストは二重膜で囲まれている．
25. 核，ミトコンドリア，クロロプラストはすべて DNA を含んでいる．ミトコンドリアとクロロプラストに見出される DNA は核の DNA と異なる．
26. ミトコンドリアは細胞の酸化（エネルギー産生）反応の大部分を行っている．ミトコンドリアは ATP 合成の主要な部位である．
27. ゴルジ装置は，糖がタンパク質に結合する場所であり，また細胞からの物質の分泌に関与している．リソソームは加水分解酵素を含み，ペルオキシソームは（過酸化水素の代謝に必要な）カタラーゼを含み，グリオキシソームは植物のグリオキシル酸回路に必要な酵素を含んでいる．これらのオルガネラはそれぞれ一重膜によって囲まれた，平たく押しつぶされた嚢状の外観を有している．

1.7 生物の五界説と 3 ドメイン説

28. モネラ界は細菌（例えば，大腸菌 *E. coli*）と藍藻類（シアノバクテリア）を含む．原生生物界はユーグレナ *Euglena*，オオヒゲマワリ *Volvox*，アメーバ *Amoeba*，ゾウリムシ *Paramecium* を含む．菌界はカビとキノコを含む．植物界はシダ，オークの木などである．動物界は，クモ，鮭，ガラガラヘビ，コマドリ，犬などである．
29. モネラ界は原核生物より成り，その他の生物界は真核生物より成る．
30. モネラ界は生化学的な違いに基づき，真正細菌類と古細菌類に分けられる．真核生物ドメイン（ユーカリア）は四つの真核生物界から成る．

1.8 すべての細胞に共通の基盤

31. 最大の利点は特化した機能（したがって仕事を分担する）をもつ区画分け（オルガネラ）をもつことである．もう一つの利点は，区画分けをもつことにより，細胞の表面積と容量の関係に縛られることなく大きいサイズをもち得るということである．
32. Sec. 1.8 の内部共生説についての考察を参照せよ．
33. 問題 32 を参照せよ．細胞における仕事の分担は，仕事の効率を非常に良くし，数多くの個体を生み出した．いい換えれば，このことは，進化と種分化により多くの機会を与えたことになるであろう．

1.9 生化学エネルギー論

34. エネルギーを遊離する過程は起こりやすい．

1.10 エネルギーとその変化

35. 自発的というのは，エネルギー的に起こりやすいことを意味し，必ずしも速いということを意味しない．

1.11 生化学反応の自発性

36. 系は非極性の溶質と水から成り，溶液ができたときには，系はより無秩序になる．ΔS_{univ}, ΔS_{sys} は正であるが比較的小さい．ΔS_{surr} は負であり，比較的大きい．なぜなら，溶液を生成しにくいため，エンタルピーの変化が起こりにくいことを反映しているからである．
37. 過程 (a) および (b) が自発的であるのに対し，過程 (c) および (d) は非自発的である．自発的過程は無秩序さの増大（宇宙のエントロピー増大）を示し，定温，定圧下で負の $\Delta G°$ を有する．非自発的過程はこの逆である．
38. すべてのケースでエントロピーの増大がある．すべてのケースで最終状態の乱雑さが最初の状態を上回る．
39. 式は ΔS に T を掛ける計算を含んでいるので，ΔG の値は温度に依存する．
40. エントロピーは無秩序さの基準であると考えれ

ば，より高い温度で，分子が分子運動の増大に依存して無秩序さを増すようになることは理屈に合っている．

41. ΔS の値が正であると仮定すれば，温度の上昇は全体のエネルギー変化に対するエントロピー成分の $-\Delta G$ の寄与を増すことになる．

42. より冷たくなっていくという熱交換は，全エネルギー変化のエンタルピーあるいは ΔH 成分を反映している．このエントロピー変化は，エンタルピー成分を相殺するために高くあらねばならないし，結局，全体として $-\Delta G$ になることを意味している．

43. エントロピーは増大するであろう．二つの分子，ADP と P_i は，分子一つである ATP よりも，よりいろいろな方向に無秩序になりうる．

1.12 生命と熱力学

44. オルガネラを生み出すのに必要なエントロピーの低下が周囲のエントロピーを増大させ，全体として宇宙のエントロピーが増加する．

45. オルガネラで区画分けすることにより，反応成分をお互いに接近させる．反応のエネルギー変化は影響を受けないが，反応成分同士が近くにあることにより，反応は進みやすい．

46. DNA は，鎖が別々に離れて存在しているほうがエントロピーが高いであろう．1 本の二本鎖のかわりに，2 本の一本鎖があることになり，一本鎖は，立体配置的により大きい可動性をもつ．

47. 問題 43 の答えを参照せよ．細胞が裸の細胞質としてできてきたということは依然としてありそうにないことであるが，反応物がお互いに接近して存在するということは，ある反応のエネルギー変化よりもここではより重要なポイントである．

48. 現存するような細胞が，巨大ガス惑星でできてきたとは考えにくい．固体と液体の上で凝集物が生成するが，ガス惑星にはこれらがないということが大きな違いである．

49. （ガス惑星では）利用できる材料物質が今まで地球上で見出されてきたものとは異なり，また温度や圧力の条件も大きく異なる．

50. 火星．火星は，地球上の条件とよく似ているためである．

51. タンパク質のフォールディング過程には，多くのエネルギー的に起こりやすい相互作用が進行し，その結果，究極的には宇宙のエントロピーが増大する．

52. 光合成は，太陽からの光エネルギーを必要とする吸エルゴン的過程である．グルコースの完全な好気的酸化は発エルゴンであり，ヒトを含む多くの生物にとってのエネルギーの源である．これらの二つの過程が別々に起こり，吸エルゴン反応に必要なエネルギーを提供していることは理にかなっている．

Chapter 2

2.1 水分子の極性

1. 水が水素結合に適しているという特徴的な性質が，多くの重要な生体分子の性質を決めている．水はまた，酸としても塩基としても働き，種々の生化学反応を非常に起こりやすいものにしている．

2. もし，原子がその電気陰性度において差がなければ，極性結合というものはないであろう．これは，酸素あるいは窒素を含む官能基が関与しているすべての反応，すなわち，生化学の反応のほとんどに非常に大きな影響を与える．

2.2 水素結合

3. タンパク質と核酸は，その構造の重要な部分に水素結合をもっている．

4. DNA の複製と RNA への転写は，DNA の鋳型鎖に相補的な塩基の水素結合を必要とする．

5. C-H 結合には，その両端で電子の非常に不均等な分布をもたらすほど十分な極性がない．また，水素結合受容体となる不対電子対が存在しない．

6. 多くの分子が水素結合を形成できる．例として，H_2O，CH_3OH，NH_3 などがある．

7. 水素結合と呼ばれる結合には，O，N，あるいは F に共有結合した水素が必要である．この水素原子が，他の O，N，あるいは F と水素結合を形成する．

8. 酢酸の水素結合二量体においては，分子 1 のカルボキシ基の -OH 部分が分子 2 のカルボキシ基の -C=O 部分に，あるいはその逆に，水素結合で結合している．

9. グルコース = 17，ソルビトール = 18，リビト

ール = 15 である．それぞれのアルコール基は 3 個の水分子に，環中の酸素は 2 個の水分子に結合可能である．糖アルコールは対応する糖よりも多くの水分子に結合する．

10. 負に荷電しているリン酸基に電気的に引かれる結果，正に荷電したイオンが核酸に結合するであろう．

2.3 酸，塩基，pH

11. (a) $(CH_3)_3NH^+$（共役酸）
    $(CH_3)_3N$（共役塩基）
    (b) $^+H_3N-CH_2-COOH$（共役酸）
    $^+H_3N-CH_2-COO^-$（共役塩基）
    (c) $^+H_3N-CH_2-COO^-$（共役酸）
    $H_2N-CH_2-COO^-$（共役塩基）
    (d) $^-OOC-CH_2-COOH$（共役酸）
    $^-OOC-CH_2-COO^-$（共役塩基）
    (e) $^-OOC-CH_2-COOH$（共役塩基）
    $HOOC-CH_2-COOH$（共役酸）

12.

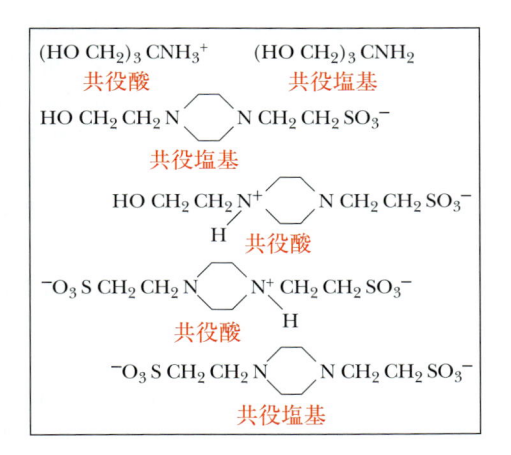

| $(HOCH_2)_3CNH_3^+$ | $(HOCH_2)_3CNH_2$ |
| 共役酸 | 共役塩基 |

$HOCH_2CH_2N\bigcirc NCH_2CH_2SO_3^-$
共役塩基

$HOCH_2CH_2N^+\bigcirc NCH_2CH_2SO_3^-$
  H
共役酸

$^-O_3SCH_2CH_2N\bigcirc N^+CH_2CH_2SO_3^-$
              H
共役酸

$^-O_3SCH_2CH_2N\bigcirc NCH_2CH_2SO_3^-$
共役塩基

13. アスピリンは胃の pH において電気的に中性であり，小腸におけるよりもより容易に膜を通過できる．

14. pH の定義は $-\log[H^+]$ である．対数関数であるため，濃度が 10 変わると，pH が 1 変わることになる．10 の（常用）対数は 1 であり，100 の（常用）対数は 2 である，等々．

15. 血漿，pH 7.4
    $[H^+] = 4.0 \times 10^{-8} M$
    オレンジジュース，pH 3.5
    $[H^+] = 3.2 \times 10^{-4} M$
    ヒトの尿，pH 6.2
    $[H^+] = 6.3 \times 10^{-7} M$

一般家庭用アンモニア，pH 11.5
$[H^+] = 3.2 \times 10^{-12} M$
胃液，pH 1.8
$[H^+] = 1.6 \times 10^{-2} M$

16. 唾液，pH 6.5
    $[H^+] = 3.2 \times 10^{-7} M$
    肝臓の細胞内液，pH 6.8
    $[H^+] = 1.6 \times 10^{-7} M$
    トマトジュース，pH 4.3
    $[H^+] = 5.0 \times 10^{-5} M$
    グレープフルーツジュース，pH 3.2
    $[H^+] = 6.3 \times 10^{-4} M$

17. 唾液，pH 6.5
    $[OH^-] = 3.2 \times 10^{-8} M$
    肝臓の細胞内液，pH 6.9
    $[OH^-] = 7.9 \times 10^{-8} M$
    トマトジュース，pH 4.3
    $[OH^-] = 2.0 \times 10^{-10} M$
    グレープフルーツジュース，pH 3.2
    $[OH^-] = 1.6 \times 10^{-11} M$

2.4 滴定曲線

18. (a) 解離により生成した物質の濃度を非解離型の酸の濃度で割って得られる定数：$[H^+][A^-]/[HA]$．
    (b) 酸（HA）がどれくらい解離して水素イオンを出すかを示す定量的または定性的記述．
    (c) 極性領域と非極性領域の両方をもつ分子の性質．
    (d) pH 変化が大きく変わる前までに，その緩衝液に加えることができる酸または塩基の量．
    (e) 滴定曲線において，加えた酸または塩基が滴定する前に存在していた塩基または酸の量に等しくなる点．
    (f) 水に容易に溶ける分子の性質（すなわち，水を愛する，の意味）．
    (g) 水に溶けない分子の性質（すなわち，水を嫌う，の意味）．
    (h) 水に溶けない分子の性質．電子対を均等に共有している共有結合で，双極子モーメント（部分電荷）をもたない．
    (i) 水に溶ける分子の性質．電子対を均等に共有しておらず，双極子モーメント（部分電

荷）が存在する．

(j) 酸または塩基を，ある化合物の溶液に徐々に加えていき，そのpHを，加えた物質の関数として測定する実験．

19. 図2.15の滴定曲線と最も類似した滴定曲線を得るためには，$H_2PO_4^-$のpK_aに最も近いpK_a値をもつ化合物を滴定しなければならない．表2.8より，MOPSが近いpK_a, 7.2 をもっている．

20. TRISの滴定曲線はリン酸よりも右にシフトする．交差する点は，pH 7.2 ではなく，pH 8.3 になる．

2.5 緩衝液

21. 緩衝液のpK_aはつくりたい緩衝液のpHに近くなければならない．また，選んだ物質は研究しようとする反応を妨害してはならない．

22. ある緩衝液の有効なpH範囲とは，その緩衝液のpK_a ± 1 pH 単位である．

23. ヘンダーソン–ハッセルバルヒの式を用いなさい．

$$pH = pK_a + \log\left(\frac{[CH_3COO^-]}{[CH_3COOH]}\right)$$

$$5.00 = 4.76 + \log\left(\frac{[CH_3COO^-]}{[CH_3COOH]}\right)$$

$$0.24 = \log\left(\frac{[CH_3COO^-]}{[CH_3COOH]}\right)$$

$$\frac{[CH_3COO^-]}{[CH_3COOH]} = 0.24\text{の真数} = \frac{1.7}{1}$$

24. ヘンダーソン–ハッセルバルヒの式を用いなさい．

$$pH = pK_a + \log\left(\frac{[CH_3COO^-]}{[CH_3COOH]}\right)$$

$$4.00 = 4.76 + \log\left(\frac{[CH_3COO^-]}{[CH_3COOH]}\right)$$

$$-0.76 = \log\left(\frac{[CH_3COO^-]}{[CH_3COOH]}\right)$$

$$\frac{[CH_3COO^-]}{[CH_3COOH]} = -0.76\text{の真数} = \frac{0.17}{1}$$

25. ヘンダーソン–ハッセルバルヒの式を用いなさい．

$$pH = pK_a + \log\left(\frac{[TRIS]}{[TRIS-H^+]}\right)$$

$$8.7 = 8.3 + \log\left(\frac{[TRIS]}{[TRIS-H^+]}\right)$$

$$0.4 = \log\left(\frac{[TRIS]}{[TRIS-H^+]}\right)$$

$$\frac{[TRIS]}{[TRIS-H^+]} = 0.4\text{の真数} = \frac{2.5}{1}$$

26. ヘンダーソン–ハッセルバルヒの式を用いなさい．

$$pH = pK_a + \log\left(\frac{[HEPES]}{[HEPES-H^+]}\right)$$

$$7.9 = 7.55 + \log\left(\frac{[HEPES]}{[HEPES-H^+]}\right)$$

$$0.35 = \log\left(\frac{[HEPES]}{[HEPES-H^+]}\right)$$

$$\frac{[HEPES]}{[HEPES-H^+]} = 0.35\text{の真数} = \frac{2.2}{1}$$

27. ヘンダーソン–ハッセルバルヒの式により計算すると，pH 7.5 では，$[HPO_4^{2-}]/[H_2PO_4^-]$ は2/1 である（$H_2PO_4^-$のpK_a = 7.2）．K_2HPO_4 は塩基型であるが，塩基/酸の比が 2/1 であることより，その 3 分の 1 を酸型に変えるために，HCl が加えられなければならない．K_2HPO_4 を 8.7 g（式量 174 g/モルより 0.05 モルに相当）秤量し，少量の蒸留水に溶かし，16.7 mL の 1 M HCl（0.05 モルの水素イオンの 1/3 に相当し，0.05 モルの HPO_4^{2-} の 1/3 を $H_2PO_4^-$ に変える）を加える．得られた混合液を 1 L に希釈する．

28. 緩衝液の pH はいずれの問題でも同じであるから，ここでも塩基型対酸型の 2/1 という比が必要となる．NaH_2PO_4 は酸型として働くが，これの 3 分の 2 を塩基型に変えるまで NaOH を加えなければならない．6.0 g の NaH_2PO_4（式量 120 g/モルより 0.05 モルに相当）を秤量し，少量の蒸留水に溶かし，33.3 mL の 1 M NaOH（0.05 モルの水酸化物イオンの 2/3 に相当し，0.05 モルの $H_2PO_4^-$ の 2/3 を HPO_4^{2-} に変える）を加える．得られた混合液を 1 L に希釈する．

29. 混合後，緩衝液（100 mL）は，0.75 M の乳酸と 0.25 M の乳酸ナトリウムを含むことになる．乳酸のpK_aは 3.86 である．ヘンダーソン–ハッセルバルヒの式を用いなさい．

$$pH = pK_a + \log\left(\frac{[CH_3CHOHCOO^-]}{[CH_3CHOHCOOH]}\right)$$

$$\text{pH} = 3.86 + \log\left(\frac{[\text{CH}_3\text{CHOHCOO}^-]}{[\text{CH}_3\text{CHOHCOOH}]}\right)$$
$$\text{pH} = 3.86 + \log(0.25\,M/0.75\,M)$$
$$\text{pH} = 3.86 + (-0.48)$$
$$\text{pH} = 3.38$$

30. 混合後，緩衝液（100 mL）は，0.25 M の乳酸と 0.75 M の乳酸ナトリウムを含むことになる．乳酸の pK_a は 3.86 である．ヘンダーソン－ハッセルバルヒの式を用いなさい．

$$\text{pH} = \text{p}K_a + \log\left(\frac{[\text{CH}_3\text{CHOHCOO}^-]}{[\text{CH}_3\text{CHOHCOOH}]}\right)$$
$$\text{pH} = 3.86 + \log\left(\frac{[\text{CH}_3\text{CHOHCOO}^-]}{[\text{CH}_3\text{CHOHCOOH}]}\right)$$
$$\text{pH} = 3.86 + \log(0.75\,M/0.25\,M)$$
$$\text{pH} = 3.86 + (0.48)$$
$$\text{pH} = 4.34$$

31. ヘンダーソン－ハッセルバルヒの式を用いなさい．

$$\text{pH} = \text{p}K_a + \log\left(\frac{[\text{CH}_3\text{COO}^-]}{[\text{CH}_3\text{COOH}]}\right)$$
$$\text{pH} = 4.76 + \log\left(\frac{[\text{CH}_3\text{COO}^-]}{[\text{CH}_3\text{COOH}]}\right)$$
$$\text{pH} = 4.76 + \log(0.25\,M/0.10\,M)$$
$$\text{pH} = 4.76 + 0.40$$
$$\text{pH} = 5.16$$

32. 正しい．二つの型のモル数を計算し，ヘンダーソン－ハッセルバルヒの式に当てはめなさい．（2.02 g = 0.0167 モル，5.25 g = 0.0333 モル）

33. この溶液は緩衝液である．なぜなら，これは酸型の TRIS と遊離アミン型の TRIS を等量含んでいるからである．二つの溶液を混合すると得られた溶液の濃度は（反応しないとすると）希釈により 0.05 M の HCl と 0.1 M の TRIS となる．HCl は存在する TRIS のうちの半分と反応し，0.05 M の TRIS（プロトン化された型）と 0.05 M の TRIS（遊離アミン型）を生じる．

34. 酸型と塩基型の濃度が等しい緩衝液はいずれもその pK_a に等しい pH をもつであろう．したがって，問題 33 の緩衝液は pH 8.3 となるであろう．

35. まず，その緩衝液のモル数を計算しなさい．100 mL = 0.1 L，0.1 M TRIS 緩衝液の 0.1 L は 0.01 モルに相当する．緩衝液はその pK_a において，等濃度の酸型と塩基型を含む．したがって，TRIS の量は 0.005 モルであり，TRIS－H$^+$ の量も 0.005 モルである．1 M HCl を 3.0 mL 加えると，0.003 モルの H$^+$ を加えることになるであろう．この反応は，次のように書ける．

$$\text{TRIS} + \text{H}^+ \longrightarrow \text{TRIS}-\text{H}^+$$

緩衝液成分を使い切るまで，それは律速の試薬である TRIS であると考えられるが，この式が成り立つ．新しい量は以下に示すように計算できる．

$$\text{TRIS}-\text{H}^+ = 0.005 \text{ モル} + 0.003 \text{ モル}$$
$$= 0.008 \text{ モル}$$
$$\text{TRIS} = 0.005 \text{ モル} - 0.003 \text{ モル}$$
$$= 0.002 \text{ モル}$$

ここで，この値をヘンダーソン－ハッセルバルヒの式に当てはめなさい．

$$\text{pH} = 8.3 + \log([\text{TRIS}]/[\text{TRIS}-\text{H}^+])$$
$$= 8.3 + \log(0.002/0.008)$$
$$\text{pH} = 7.70$$

36. まず，その緩衝液のモル数を計算しなさい（端数は切り捨てる）．100 mL = 0.1 L，0.1 M TRIS 緩衝液の 0.1 L は 0.01 モルに相当する．緩衝液は pH 7.70 であるので，問題 35 で見たように，TRIS の量は 0.002 モルであり，TRIS－H$^+$ の量は 0.008 モルである．1 M HCl を 1.0 mL 加えると，0.001 モルの H$^+$ を加えることになるであろう．この反応は，次のように書ける．

$$\text{TRIS} + \text{H}^+ \longrightarrow \text{TRIS}-\text{H}^+$$

緩衝液成分を使い切るまで，それは律速の試薬である TRIS であると考えられるが，この式が成り立つ．

TRIS は全量 TRIS－H$^+$ になる：

$$\text{TRIS}-\text{H}^+ = 0.01 \text{ モル}$$
$$\text{TRIS} = \sim 0 \text{ モル}$$

TRIS の緩衝能をすべて使い切ってしまったことになる．約 0.1 L の溶液中に 0.001 モルの H$^+$，つまり，約 0.01 M H$^+$ である．

$$\text{pH} = -\log 0.01$$
$$\text{pH} = 2.0$$

37. 純粋な酸に対しては [H$^+$] = [A$^-$] である．したがって，K_a = [H$^+$]^2/[HA]．

$$[\text{H}^+]^2 = K_a \times [\text{HA}]$$
$$-2\log[\text{H}^+] = \text{p}K_a - \log[\text{HA}]$$
$$\text{pH} = (\text{p}K_a - \log[\text{HA}])/2$$

38. ヘンダーソン－ハッセルバルヒの式を用いなさ

い．[酢酸イオンのモル濃度]/[酢酸のモル濃度]
= 2.3/1

39. pK_a が 3.9 の物質は緩衝範囲が 2.9 〜 4.9 である．これは pH 7.5 では効果的な緩衝液とはならない．

40. ヘンダーソン-ハッセルバルヒの式を用いなさい．[A$^-$]/[HA] の比は 3981 対 1 になるであろう．

41. どの場合も，適当な緩衝領域とはその pK_a ± 1 pH 単位の範囲をカバーする領域である．
    (a) 乳酸（pK_a = 3.86）とそのナトリウム塩，pH 2.86 〜 4.86
    (b) 酢酸（pK_a = 4.76）とそのナトリウム塩，pH 3.76 〜 5.76
    (c) プロトン化型と遊離アミン型の TRIS（表 2.8 参照：pK_a = 8.3），pH 7.3 〜 9.3
    (d) 双性イオン型と陰イオン型の HEPES（表 2.8 参照：pK_a = 7.55），pH 6.55 〜 8.55

42. いくつかの緩衝液，すなわち，TES, HEPES, MOPS, PIPES が適している．しかし，最もよい緩衝液は MOPS であろう．なぜなら，pK_a が 7.2 であり，作ろうとしている緩衝液の pH 7.3 に最も近いからである．

43. 緩衝液の濃度は，通常，二つのイオン型の合計で表されるからである．

44. 酢酸の滴定における当量点では，CH$_3$COOH ⇌ H$^+$ + CH$_3$COO$^-$ の平衡により少量の酢酸が残っている．少量ではあるが，ゼロではない量の酢酸が存在するからである．

45. 緩衝能は緩衝液中に存在する酸型と塩基型の量に依存する．高い緩衝能をもつ溶液は大量の酸または塩基を加えても pH は劇的には変化しない．緩衝能の低い溶液は比較的少量の酸または塩基によって pH の変化を示す．緩衝液の濃度が高ければ高いほど，緩衝能力は高い．ここに挙げた緩衝液の中では緩衝液（a）は緩衝液（b）の緩衝能の 10 分の 1 であり，緩衝液（b）の緩衝能は緩衝液（c）の緩衝能の 10 分の 1 である．これら三つの緩衝液はすべて同じ pH を示す．なぜなら，これらはすべて酸型と塩基型の相対的な量が同じであるからである．

46. HEPES 塩基を用いてつくり始めるほうが効率がよい．pK_a より高い pH をもつ緩衝液をつくりたいということは，この緩衝液を調製し終わった時点では，塩基型のほうが多いことを意味する．塩基型のいくらかを酸型に変えるほうが酸型の大部分を塩基型に変えるよりも容易である．

47. pK_a より高い pH をもつ緩衝液中では，塩基型のほうが多い．こういった緩衝液は，H$^+$ を生成する反応用の緩衝液として有用であるだろう．なぜなら，生成した水素イオンと反応できる塩基型を多く供給できるからである．

48. 双性イオンは生化学反応を干渉しにくい傾向がある．

49. 測定条件が変わっても安定な pH を保つ緩衝液が有用である．希釈は起こりうる変化の一つである．

50. 測定条件が変わっても安定な pH を保つ緩衝液が有用である．温度変化は起こりうる変化の一つである．

51. $^+$H$_3$N — CH$_2$ — COO$^-$ が唯一の双性イオンである．

52. 過小呼吸は血液の pH を低下させる．

Chapter 3

3.1 アミノ酸は三次元に存在する

1. D-および L-アミノ酸は，α 炭素に関する立体配置が異なる．D-アミノ酸を含むペプチドは細菌の細胞壁やいくつかの抗生物質中に見出される．

3.2 個々のアミノ酸：構造と性質

2. 厳密にいえば，プロリンはアミノ基をもたないのでアミノ酸ではない．キラル炭素原子をもっていないアミノ酸はグリシンである．

3. R 基に次のものをもつアミノ酸は以下の通りである．
    ヒドロキシ基（セリン，トレオニン，チロシン）
    硫黄原子（システイン，メチオニン）
    二つ目のキラル炭素原子（イソロイシン，トレオニン）
    アミノ基（リシン）
    アミド基（アスパラギン，グルタミン）
    酸性基（アスパラギン酸，グルタミン酸）
    芳香族環（フェニルアラニン，チロシン，トリプトファン）
    分枝した側鎖（ロイシン，バリン，イソロイシ

4. ペプチド Val - Met - Ser - Ile - Phe - Arg - Cys - Tyr - Leu の中で，極性アミノ酸は Ser，Arg，Cys および Tyr，芳香族アミノ酸は Phe と Tyr，硫黄を含むアミノ酸は Met と Cys である．

5. ペプチド Glu - Thr - Val - Asp - Ile - Ser - Ala の中で，非極性アミノ酸は Val，Ile および Ala であり，酸性アミノ酸は Glu と Asp である．

6. 20種の標準アミノ酸以外の特殊なアミノ酸は，標準アミノ酸の一つが修飾されたものである．図 3.4 のこれらの修飾アミノ酸の構造を参照せよ．ヒドロキシプロリンとヒドロキシリシンはコラーゲン中に見出され，チロキシンはチログロブリン中に見出される．

3.3 アミノ酸は酸としても塩基としても働く

7. グルタミン酸，ロイシン，トレオニン，ヒスチジン，アルギニンの pH 7 におけるイオン形

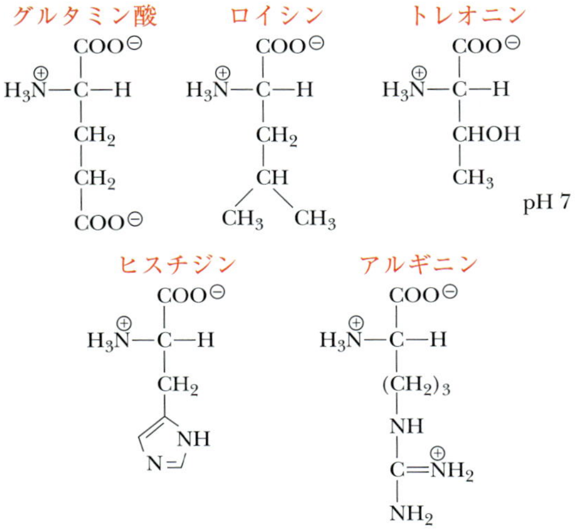

8.

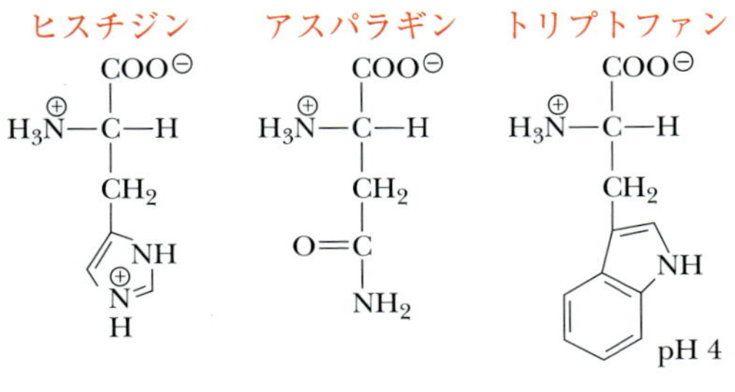

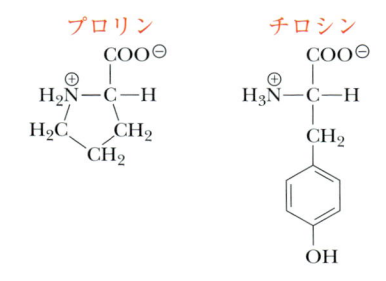

9. ヒスチジン：α-アミノ基が主に脱プロトン化され，イミダゾール基も脱プロトン化される．アスパラギン：α-アミノ基が脱プロトン化される．トリプトファン：α-アミノ基が主に脱プロトン化される．プロリン：α-アミノ基は部分的に脱プロトン化される．チロシン：α-アミノ基が主に脱プロトン化されるが，フェノール性ヒドロキシ基はプロトン化体と脱プロトン化体の比率が約 50：50 になる．

10. グルタミン酸，3.22；セリン，5.63；ヒスチジン，7.58；リシン，9.74；チロシン，5.66；アルギニン，10.76．

11. システインは pH 5.02 ＝ (1.71 ＋ 8.33)/2 において実効電荷が 0 となる（下の滴定曲線を参照）．

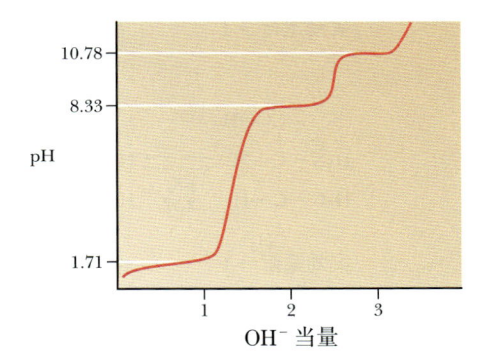

12.

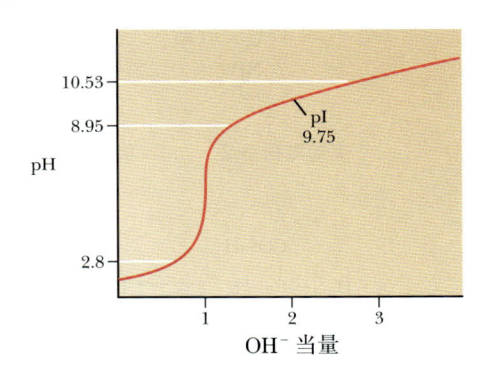

13. いずれの場合も，その収率は 0.95^n となる．すなわち，10残基の場合，収率は60％，50残基の場合は8％，100残基の場合は0.6％となる．これでは満足のいく収率とはいえない．酵素の特異性を利用することにより，この問題を解決することができる．

14. 共役酸・塩基対が緩衝剤として働くのは pH 1.09〜3.09 の範囲である．

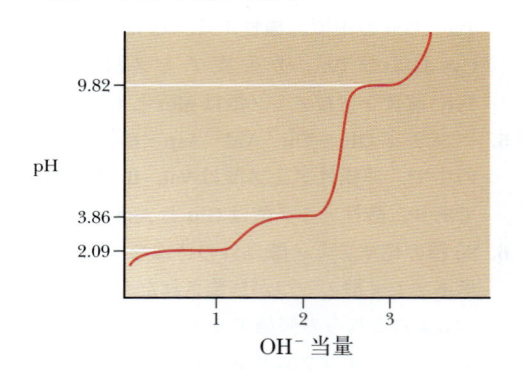

15. 極端に酸性またはアルカリ性に片寄った pH では，アミノ酸は実効電荷をもち，分子は互いに反発する傾向を示すからである．実効電荷が0のとき，アミノ酸は凝集しやすくなる．

16. アスパラギン酸，バリン，ヒスチジン，セリン，リシンのイオン解離反応

アスパラギン酸

実効電荷 +1 ⇌ (pK_a 2.09) 実効電荷 0 ⇌ (pK_a 3.86) 実効電荷 −1 ⇌ (pK_a 9.82) 実効電荷 −2

バリン

実効電荷 +1 ⇌ (pK_a 2.32) 実効電荷 0 ⇌ (pK_a 9.62) 実効電荷 −1

ヒスチジン

実効電荷 +2 ⇌ (pK_a 1.83) 実効電荷 +1 ⇌ (pK_a 6.0) 実効電荷 0 ⇌ (pK_a 9.2) 実効電荷 −1

セリン

実効電荷 +1 ⇌ (pK_a 2.21) 実効電荷 0 ⇌ (pK_a 9.15) 実効電荷 −1

リシン

COOH		COO⁻		COO⁻		COO⁻
$H_3\overset{\oplus}{N}$–C–H	$\underset{2.18}{\overset{pK_a}{\rightleftarrows}}$	$H_3\overset{\oplus}{N}$–C–H	$\underset{8.95}{\overset{pK_a}{\rightleftarrows}}$	$H_2\overset{..}{N}$–C–H	$\underset{10.53}{\overset{pK_a}{\rightleftarrows}}$	$H_2\overset{..}{N}$–C–H
$(CH_2)_4$		$(CH_2)_4$		$(CH_2)_4$		$(CH_2)_4$
$\overset{\oplus}{N}H_3$		$\overset{\oplus}{N}H_3$		$\overset{\oplus}{N}H_3$		NH_2
実効電荷 +2		実効電荷 +1		実効電荷 0		実効電荷 -1

17. システインのチオール基のイオン化反応のpK_aは 8.33 であるので，このアミノ酸は pH 7.33 〜 9.33 の範囲で $-SH$ から $-S^-$ へ相互変換することにより緩衝剤として働く．アスパラギンとリシンの α-アミノ基の pK_a はそれぞれ 8.80 および 8.95 である．どちらも緩衝剤として働く可能性はもっているが，緩衝範囲は限界に近い．

18. pH 4 では，α-カルボキシ基は脱プロトン化されてカルボキシレートイオンとなるが，側鎖カルボキシ基の 50 % 以上は依然としてプロトン化体である．また，二つのアミノ基はプロトン化体である．pH 7 では，α-カルボキシ基および側鎖カルボキシ基はともに脱プロトン化されてカルボキシレートイオンとなる．また，二つのアミノ基はプロトン化体である．pH 10 では，α-カルボキシ基および側鎖カルボキシ基はともに脱プロトン化されてカルボキシレートイオンとなっている．また，α-アミノ基は主に脱プロトン化され，もう一つのアミノ基はプロトン化体と脱プロトン化体の混合物となる．

19. pI = 6.96 である．pH 6.96 では，このアミノ酸の両方のカルボキシ基は脱プロトン化し，また両方のアミノ基はプロトン化している．

20. pH 1 で電荷をもつ官能基は，バリンの N 末端の NH_3^+ およびアルギニンのプロトン化したグアニジノ基であり，実効電荷は +2 である．pH 7 ではこれらに C 末端のロイシンのカルボキシ基が加わり，実効電荷は +1 になる．

21. pH 1 では，どちらのペプチドも N 末端のアミノ基がプロトン化するので +1 の電荷をもつ．pH 7 では，ペプチド Val - Trp - Cys - Leu は N 末端のアミノ基がプロトン化し，C 末端のカルボキシ基が負に荷電するので実効電荷は 0 であるのに対し，ペプチド Phe - Glu - Ser - Met は N 末端および C 末端の電荷に加えてグルタミン酸の側鎖のカルボキシ基の電荷により実効電荷は -1 となる．

22. (a) リシン；側鎖にアミノ基をもっているため．
    (b) セリン；側鎖にカルボキシ基をもっていないため．

23. グリシンは，そのカルボキシ基の pK_a 付近の酸性領域における緩衝剤としてよく用いられている．その緩衝能は pH 1.3 〜 3.3 である．

3.4 ペプチド結合

24. 図 3.10 を参照せよ．

25. 共鳴構造は，C−N 結合に部分的に二重結合の性質を与えることによって，平面構造を維持している．

26. チロシン，トリプトファンとその誘導体である．

27. モノアミン酸化酵素は，神経伝達物質などのアミノ基を有する物質を分解する酵素であり，ヒトの精神状態の制御に関与している．

28. これら二つのペプチドはアミノ酸組成は同じであるが，アミノ酸配列が異なる．

29. 二つのペプチドの滴定曲線はほぼ同じ形となる．また，α-アミノ基と α-カルボキシ基の pK_a は異なるだろう．さらに厳密に曲線を描くと，側鎖のカルボキシ基とペプチド両末端の荷電した官能基までの距離が異なるため，側鎖の pK_a 値にわずかな違いが出ると思われる．そのような変化は特にタンパク質で顕著である．

30. Asp - Leu - Phe, Leu - Asp - Phe, Phe - Asp - Leu, Asp - Phe - Leu, Leu - Phe - Asp, Phe - Leu - Asp

31. DLF, LDF, FDL, DFL, LFD, FLD

32. おそらく $20^{100} \approx 1.27 \times 10^{130}$ 種類の分子が得られるであろう．その体積は，ほぼ地球 10^{84} 個分である．同様の計算をペンタペプチドについて行えば，もう少しわかりやすい数字となる．

33. 二つのペプチドは異なる立体構造をもつため，味覚受容体への結合様式が異なり，一つは甘味を，もう一つは苦味を呈する．

34. ミルクタンパク質中に含まれている高濃度のトリプトファンによって，脳をリラックスさせるセロトニン濃度が穏やかに上昇するからであろう．

35. ミルク中のトリプトファンは眠けを誘うのに対し，チーズに含まれるチラミンは脳を活性化させる．

36. アミノ酸は，両性イオンであるために比較的安定である．またアミノ酸は一般に高い融点をもっている．

37. ほとんど疑いなく，答えはノーである．"水分子の性質をその構成物である水素と酸素の原子あるいは分子の性質から予測することは難しい"のと同じである．しかし，仮にタンパク質の性質がわかっているならば，アミノ酸の性質をある程度予測することはできるかも知れない．

38. アミノ酸のチロキシンやヒドロキシプロリンを含むタンパク質の種類は非常に少ない．チロキシンやヒドロキシプロリンは遺伝暗号としてはコードされていないため，これらはそれぞれチロシンとプロリンが翻訳後修飾されることによってつくられる．

39. これら二つのペプチドは化学的に異なるものである．直鎖型のペプチドでは遊離のN末端とC末端が存在するが，環状型ペプチドではペプチド結合しか存在しない．

40. 直鎖型ペプチドのC末端とN末端はどちらもpHに応じて荷電するが，環状型ペプチドではそのようなことは起こらない．この違いを利用して，直鎖型ペプチドと環状型ペプチドを電気泳動法によって分離することができる．

41. 糖質はアミノ酸の生合成に必要な窒素の供給源にはならないからである．

42. カルボキシ基はカルボキシレートイオン（$-COO^-$）として，アミノ基は荷電した状態（$-NH_3^+$）で書くように提案する．

43. 側鎖に架橋を形成する官能基をもつアミノ酸は少ないからである．

44. ペプチド結合が自由回転するため，とり得るコンホメーションの数がより多くなってしまう．

45. ペプチド鎖内部やペプチド鎖間でのジスルフィド架橋が起こらなくなり，とり得るコンホメーションはさらに増えるだろう．チオール基やジスルフィド基の関与する酸化還元反応が起こらなくなってしまうだろう．

46. 大きな違いはすべてのポリペプチドやタンパク質のコンホメーションにおいて，立体特異性が消失することである．その結果，タンパク質による反応の種類に重大な違いが生じることになるだろう．

3.5 生理活性をもつ小さなペプチド

47. オキシトシンの3番目のアミノ酸はイソロイシン，8番目はロイシンで，分娩時には子宮平滑筋の収縮，授乳時には乳腺の収縮を引き起こす．バソプレッシンは3番目のアミノ酸がフェニルアラニン，8番目はアルギニンで，腎臓における水分の再吸収を促進し，血圧を上げる．

48. 還元型グルタチオンは三つのアミノ酸からなり，−SH基をもっている．酸化型グルタチオンは六つのアミノ酸からなり，2分子の還元型グルタチオンがジスルフィド結合でつながったものである．

49. エンケファリンはペンタペプチドであり（Y−G−G−F−Lはロイシンエンケファリン，Y−G−G−F−Mはメチオニンエンケファリン），天然に存在する鎮痛剤である．

50. 多くの場合，D−アミノ酸は毒性があるからであろう．D−アミノ酸は自然界では抗生物質や細菌の細胞壁に見出される．

Chapter 4

4.1 タンパク質の構造と機能

1. (a)（iii）；(b)（i）；(c)（iv）；(d)（ii）．

2. タンパク質が変性しているとき，二次構造，三次構造およびすべての四次構造を決定する相互作用は変性剤の存在によって打ち消されている．一次構造だけが元のままである．

3. タンパク質のランダム構造部分は，αヘリックスまたはβ構造のようなタンパク質分子中で繰り返し現れる構造モチーフを含んではいないが，あるタンパク質分子のランダム構造部分の三次元的な特徴は，別の分子においても繰り返されている．したがって，<u>ランダムrandom</u>という用語はいささか不適切な名称である．

4.2 タンパク質の一次構造

4. タンパク質が共有結合的に修飾されると，その一次構造は変化する．一次構造はタンパク質の

最終的な三次元構造を決定する．この修飾は折りたたみの過程を破壊するものといえる．

5. (a) セリンは，比較的極性の高いあらゆる環境に適合できる小さい側鎖をもっているからである．(b) トリプトファンは，標準アミノ酸の中で最大の側鎖をもち，非極性の環境を必要とする傾向があるからである．(c) リシンとアルギニンはともに塩基性アミノ酸であるので，片方をもう一方に置換しても側鎖の pK_a にあまり大きな影響を与えない．類似のことが，ともに非極性であるイソロイシンからロイシンへの置換にも適用できる．

6. グリシンの側鎖は，大きな側鎖を収容できない小さな空間に適合できるので，グリシンはしばしば進化上，保存される残基である．

7. アラニンをイソロイシンに置換すると，天然のコンホメーションにはイソロイシンの大きな側鎖のための十分な空間がない．その結果，タンパク質が活性を失うのに十分な大きいコンホメーション変化が起こる．イソロイシンを次にグリシンに置換すると，小さい側鎖の存在によって，活性のあるコンホメーションが回復する．

8. 肉は主にタンパク質と脂肪から成る．肉の調理に用いる温度は，通常，肉のタンパク質を変性させるのに十分に高い．

9. プリオン病は免疫系と関係している．プリオンタンパク質は，リンパ球に結合してリンパ系を移動し，最終的に神経組織に到達し，そこで正常なプリオンタンパク質を異常なプリオンタンパク質に変形させ始めると考えられている．

10. スクレイピーに非常に罹りやすい遺伝体質というものがあるかもしれないが，それだけでは病気は起こらない．この病気は，変化したコンホメーションの PrP^{SC} をすでにもつプリオンを摂取することにより始まるに違いない．

4.3 タンパク質の二次構造

11. 形状，溶解性および生物学的機能の種類（静的で構造的か，あるいは動的で触媒的か）．

12. タンパク質の効率比とは，ある与えられたタンパク質の必須アミノ酸含量に基づく値である．

13. 卵は最も高い PER 値をもつ．

14. 身体が十分な量を合成できないため，食餌で摂取しなければならないアミノ酸．

15. 遺伝子改変した食品をつくる理由は，タンパク質含量を増やし，貯蔵期間を延長し，昆虫または他の有害生物に対する抵抗性を増し，栽培するための殺虫剤の必要性を減らすことにある．

16. アミド平面が α 炭素の周りで回転するときのアミド平面の角度．二つの平面が一つの平面のカルボニル基ともう一方の平面の NH 基とが接触するように重なるとき，ゼロと定義する．

17. β バルジは，逆平行 β 構造にしばしば見出される繰り返しのない不規則性である．間違った整列が β 構造のペプチド鎖間で起こり，片側を外向きに曲げる．

18. β ターンは，方向が約 180° 変化するポリペプチド鎖の領域である．プロリンを含むものと，含まないものの 2 種類がある．例えば，図 4.6 を参照せよ．

19. α ヘリックスは完全には伸びきっておらず，その水素結合はタンパク質繊維に平行である．β 構造はほとんど完全に伸びきっており，その水素結合はタンパク質繊維に直角である．

20. $\alpha\alpha$ ユニット，$\beta\alpha\beta$ ユニット，β メアンダー，ギリシャキー，β バレル．

21. プロリン残基の立体構造は α ヘリックスには適合しないが，β ターンにはうまく適合する．図 4.7C を参照せよ．

22. グリシンは，コラーゲンの三重らせんの重要な位置に適合するのに十分に小さい唯一の残基である．

23. 羊毛（ウール）の主要な成分はタンパク質ケラチンであり，それは α ヘリックス構造の典型的な一例である．一方，絹の主要な成分はタンパク質フィブロインであり，それは β プリーツシート構造の典型的な一例である．これらの記述はやや単純化しすぎているが，基本的には正しい．

24. 主にタンパク質ケラチンから構成される羊毛は，α ヘリックスコンホメーションのために縮む．羊毛は伸びたり縮んだりする．絹は主にタンパク質フィブロインから構成されており，完全に伸びた β 構造コンホメーションをもち，伸びたり縮んだりする傾向はずっと少ない．

4.4 タンパク質の三次構造

25. α ヘリックス（二次構造）を形成している水素結合については，図 4.2 を参照せよ．三次構造を形成している水素結合（側鎖の水素結合）に

26. リシンとアスパラギン酸の側鎖間に見られるような静電的相互作用については，図 4.13 を参照せよ．
27. ジスルフィド結合の例については，図 4.13 を参照せよ．
28. 疎水性相互作用の例については，図 4.13 を参照せよ．
29. 立体配置 configuration とは，共有結合した基の位置を指す．例として，シス cis とトランス trans 異性体や光学異性体がある．立体配座 conformation とは，単結合の周りの回転による基の空間配置を指す．一つの例は，エタンの重なり形配座とねじれ形配座の違いである．
30. タンパク質の可能な立体配置と立体配座を制限する五つの要因．
    (1) 20 種類のアミノ酸のいずれもがそれぞれの位置にくることは可能であるが，そのタンパク質をコードする遺伝子に指令されて，特定の位置には特定のアミノ酸が用いられる．
    (2) それぞれの位置に D- または L-アミノ酸のいずれか（グリシンを除いて）を用いることができるが，実際には L-アミノ酸のみが用いられる．
    (3) ペプチド結合は平面状なので，シス cis およびトランス trans 配置のみが観察される．トランス型はより安定で，タンパク質で一般的に見出される型である．
    (4) 角度 ϕ と ψ は，理論的に 0° から 360° までのいずれの値もとることができるが，立体障害のために，いくつかの角度は可能ではない．立体的に許される角度が，α ヘリックスにおけるような安定化相互作用をもっているとは限らない．
    (5) 一次構造は，"第二の遺伝暗号" に従って，最適な三次構造を決定する．
31. 確かに，コラーゲンは複数のポリペプチド鎖をもつので，四次構造をもっている．しかし，四次構造に関するたいていの議論は，球状タンパク質のサブユニットについて行われ，コラーゲンのような繊維状タンパク質は含まれない．多くの科学者は，コラーゲンの三重らせんは二次構造の一例と考えている．

4.5 タンパク質の四次構造

32. 類似性：両者はヘムを含む．両者は酸素を結合する．二次構造は基本的に α ヘリックスである．相異：ヘモグロビンは四量体であるが，ミオグロビンは単量体である．ヘモグロビンに対する酸素の結合は協同的であるが，ミオグロビンに対する酸素の結合は非協同的である．
33. 両タンパク質において重要な残基はヒスチジンである．
34. ミオグロビンの最高レベルの構造は三次構造である．ヘモグロビンの最高レベルの構造は四次構造である．
35. ヘモグロビンの機能は酸素輸送である．その S 字状の酸素結合曲線は，酸素圧が少し高くなるとヘモグロビンは酸素と容易に結合し，少し低くなると酸素を放出できるという事実を反映している．ミオグロビンの機能は酸素貯蔵である．双曲線型の酸素結合曲線によって示されるように，ミオグロビンは低い圧力で容易に酸素によって飽和される．
36. H^+ と CO_2 が存在すると（これらはいずれもヘモグロビンに結合する），ヘモグロビンの酸素結合容量は低下する．
37. 2,3-ビスホスホグリセリン酸の非存在下では，ヘモグロビンによる酸素結合はミオグロビンの酸素結合と似ており，協同性を示さない．2,3-ビスホスホグリセリン酸は，ヘモグロビン分子の中心部に結合して協同性を増大させ，ヘモグロビンのデオキシ型コンホメーションを安定化して，毛細血管中で酸素が容易に放出されるように酸素の結合を調節する．
38. 胎児ヘモグロビンは成人ヘモグロビンよりも強く酸素と結合する．図 4.25 を参照せよ．
39. β 鎖のヒスチジン 143 は，γ 鎖ではセリンに置換されている．
40. デオキシヘモグロビンはオキシヘモグロビンよりも弱い酸である（より高い pK_a をもつ）．いい換えれば，デオキシヘモグロビンはオキシヘモグロビンよりも強く H^+ と結合する．ヘモグロビンに対する H^+（および CO_2）の結合は，ヘモグロビンのデオキシ型への四次構造の変化にとって都合がよい．
41. あなたの友達の論理の基本的な欠点は，pH の定義（pH $= -\log[H^+]$）が逆になっていること

とである．ヘモグロビンによる水素イオンの放出または結合がボーア効果の基本的な因子であるならば，そのpH変化は実際に観察される変化と反対になる．pH変化に対するヘモグロビンの応答が重要なポイントである．pHが増加すると水素イオン濃度は減少し，水素イオン濃度が増大するとpHは低下する．

42. γ鎖におけるヒスチジンのセリンへの置換によって，BPGと相互作用をすることができた正に荷電したアミノ酸が除去される．このようにして，切断すべき塩橋が少なくなるので，β鎖の場合よりも結合はより容易である．

43. 鎌状赤血球の遺伝形質をもつ人は異常ヘモグロビンをもつ．高度の高い所では酸素が少ないので，この異常ヘモグロビンのデオキシ型の濃度が増加する．少ない酸素しか結合できないので，呼吸困難を引き起こすことがある．

44. 胎児ヘモグロビンでは，サブユニット構成はβ鎖がγ鎖に置換された$\alpha_2\gamma_2$である．鎌状赤血球を引き起こす変異はβ鎖に影響を与えるので，HbSに対してホモ接合型の胎児は正常な胎児ヘモグロビンをもっている．

45. 相対的な酸素親和性の違いによって，胎児の細胞が母親のHbから酸素を受けとることができるからである．

46. 鎌状赤血球症の人々は慢性的に貧血なので，酸素送達システムの障害を補うために，胎児ヘモグロビンをもついくつかの細胞が産生される．

47. 酸素がカバーガラスの下に入り，デオキシヘモグロビンをオキシヘモグロビンに変換させたため，結晶形が変化した．

4.6 タンパク質フォールディングの動力学

48. この程度の一次構造の相同性では比較モデリングを適用するには不十分である．この方法を試みた上，さらに別の方法（fold recognition approach）によって得られる結果と比較すべきである．

49. タンパク質の折りたたみは様々なプロセスによって形成される．直感的なものとしては，共有結合，静電的結合，および水素結合による官能基の直接的相互作用がある．これらは，なぜタンパク質の部分同士が互いに引き合うのかや，なぜタンパク質がこれらの結合を可能にする形をとるのかを説明する．しかし，タンパク質の折りたたみ過程の多くはエントロピー効果に依っている．われわれは，なぜタンパク質の非極性部分が，通常，タンパク質の内側でクラスターを形成するのかということの説明として，疎水性相互作用について言及した．しかし，実際には，このプロセスを進めるのは非極性アミノ酸同士の相互作用ではない．実際には，溶媒である水のエントロピー増大が原因である．タンパク質の非極性部分が内部に隔離されると，タンパク質を取り囲んでいる水分子の回転や動きがより自由になる．したがって，タンパク質の折りたたみを起こす主な要因は，ある特別なアミノ酸の結合におけるΔHの変化ではなく，むしろ溶媒のΔSの増大である．

50. Protein Data Bankを参照せよ．

51. シャペロンとは，他のタンパク質が正しく折りたたまれるのを助け，そのタンパク質が最終的な完成形に達する前に他のタンパク質と会合するのを防ぐタンパク質である

52. プリオンは，哺乳動物に多様な型で見出される潜在的に感染性のタンパク質であり，しばしば神経組織に濃縮される．それは本来，正常な細胞タンパク質が異常化したものである．プリオンは神経組織を破壊するプラークをつくる傾向があり，それらは動物種を越えて伝染することがわかった．

53. 一連の脳障害encephalopathyは，異常なプリオンによって引き起こされることがわかった．ウシにおいてプリオンにより引き起こされる病気は，ウシ海綿状脳症またはもっと一般的には狂牛病と呼ばれる．羊では，この病気はスクレイピーと呼ばれ，ヒトではクロイツフェルト・ヤコブ病と呼ばれる．

54. プリオンタンパク質の正常型は，β構造よりも高い含量のαヘリックスをもっている．異常型ではβ構造含量が増加している．

55. アルツハイマー病，パーキンソン病およびハンチントン病は，誤って折りたたまれたタンパク質が凝集したものが溜まることにより引き起こされる．この章ではプリオン病についても考察した．プリオンが誤って折りたたまれると狂牛病やヒトのクロイツフェルト-ヤコブ病のような海綿状脳症を引き起こす．

56. タンパク質の表面に非極性部分が露出すると，

988　練習問題の解答

タンパク質の凝集物ができる．タンパク質は非極性部分を介して互いにくっつく．一つの例はプリオン病で，正常ならば α ヘリックスであるべき部分が β 構造をとってしまう．

57. グロビン遺伝子とヘモグロビン形成の根本的な問題は，β グロビン遺伝子一つに対して α グロビン遺伝子が二つあり，ヘモグロビンを形成するにはそれらが 1：1 で結合しなければならないことにある．したがって理論上可能な解決法は遺伝子の存在比が 2：1 でなければ良かったということである．もう一つの問題は，これら二つの遺伝子が別々の染色体上にあるということである．それらはおそらく別々に発現制御されている．これら二つの遺伝子が同一染色体上の近いところに存在すれば，それらは同一のシグナルによって制御され，正しい量が産生されるだろう．

58. プリオン病を最も発症しやすくするプリオンのアミノ酸配列の変異は，129 番のアミノ酸残基のメチオニンへの置換である．

59. 潜伏期間の長い病気は，多くの場合，より危険である．プリオン病が種を越えて伝染することの最初の発見および 1990 年代後半に英国で起きた BSE 恐慌以来，研究者達は，われわれが未だ見ていない潜伏性プリオン病保有者がいるのではないかと心配している．同様のことはウシやヒツジにもいえる．未だ世界的流行が起きていないからといって，これからも起きないという保証はない．

60. 海綿状脳症は遺伝病的な性質と感染症的な性質とを併せもっている．動物は，変異型プリオンタンパク質を含んでいる肉や他の組織を食べることによって，感染する可能性がある．ニュージーランドヒツジのように，異常プリオンに曝されていないものは，本来プリオン病に感染しやすいものであっても，病気に罹らない．しかし，プリオン病に罹りやすい体質には遺伝的な要素もある．プリオンタンパク質にはいろいろな変異が知られており，そのうちのいくつかはこの病気に罹りやすくする．これらの変異は家系の中で伝えられていく．

Chapter 5

5.1　細胞から純粋なタンパク質の抽出

1. ブレンダー，ポッター–エルベージェム型ホモジナイザー，または超音波細胞破砕装置を用いる．

2. オルガネラの構造の完全性を維持する必要があるならば，ポッター–エルベージェム型ホモジナイザーはより温和なのでより優れている．肝臓のような組織はこの道具を用いるのに十分柔らかい．

3. 塩析とは，多価イオン性の塩を加えることにより，タンパク質の溶解度を下げ，タンパク質が沈殿し，遠心分離できるようにする操作である．塩は溶液中で水とイオン–双極子結合を形成し，タンパク質を水和するのに利用できる水を少なくする．非極性の側鎖がタンパク質分子間で相互作用し始め，タンパク質は不溶性になる．

4. アミノ酸組成と配置により，あるタンパク質は他のタンパク質よりも可溶性になる．表面に極性の高いアミノ酸をもつタンパク質は，表面に疎水性のアミノ酸をもつタンパク質よりも可溶性である．

5. まず，ポッター–エルベージェム型ホモジナイザーを用いて肝細胞をホモジナイズする．壊れていない細胞や核を沈降させるために，ホモジネートを $500 \times g$ で遠心する．上清を $15{,}000 \times g$ で遠心分離し，ミトコンドリアを含む沈渣（ペレット）を集める．

6. できない．ペルオキシソームとミトコンドリアは似通った沈降特性をもっている．これらの二つのオルガネラを分離するためには，ショ糖密度勾配遠心分離のような他の技術を用いなければならない．

7. そのタンパク質がサイトゾルの成分であるならば，細胞を破砕し，$100{,}000 \times g$ で遠心分離すると，オルガネラのすべては沈渣内にくるのに対し，その酵素は，他のサイトゾルのすべての酵素と一緒に上清中にくる．

8. 分画遠心分離またはショ糖密度勾配遠心分離によってミトコンドリアを単離する．次に，酵素を膜から遊離させるために，強い界面活性剤と組み合わせた別のホモジナイゼーション技術を

用いる．

9. 一定のパーセント飽和を得るために，何グラムの硫酸アンモニウム $(NH_4)_2SO_4$ を加えたら良いかを示す表がある．一つの良い方法は，ホモジネートをとり，硫酸アンモニウムを加えて20％飽和溶液を得ることである．試料を氷の上に15分間放置した後，遠心分離する．その上清を沈殿から分離する．研究しているタンパク質について上清と沈殿の両方を分析する．上清にさらに硫酸アンモニウムを加えて40％飽和溶液とする．この過程を繰り返すことにより，目的とするタンパク質を沈殿させるために硫酸アンモニウムの何パーセント飽和が必要かを見出すことができる．

10. 適度に厳しいホモジナイゼーションによって，壊れやすいペルオキシソームから可溶性のタンパク質Xを遊離させることができる．15,000 $\times g$ での遠心分離によって，（壊れた，または元のままの）ミトコンドリアを沈降させる．上清はそのときタンパク質Xを含むが，タンパク質Yは含んでいない．凍結融解法や超音波処理でも同じ結果を得ることができるが，ミトコンドリアとペルオキシソームは，最初にショ糖密度勾配遠心分離によって分離することができる．

5.2 カラムクロマトグラフィー

11. (a) サイズ，(b) 特異的リガンドの結合能，(c) 実効電荷．

12. 最も大きいタンパク質が最初に溶出する．最も小さいタンパク質は最後に溶出する．大きなタンパク質はゲルビーズの内部から排除されるので，通過できる小さなカラム空間しかもっていない．基本的に，大きなタンパク質は短い距離を移動し，最初に溶出する．

13. 化合物は，塩濃度を上げるか，または結合したタンパク質に対し固定相の樹脂リガンドより高い親和性をもつ移動相リガンドを加えることにより，溶出することができる．塩は安価であるが特異性は低い．特異的リガンドは特異的であるが，しばしば高価である．

14. 化合物は，塩濃度を上げるか，またはpHを変えることによって溶出することができる．塩は安価であるが，特定のタンパク質に対し特異的であるというわけではない．pHを変えることは，狭いpI範囲では特異的であるが，極端なpHはタンパク質を変性させる．

15. 塩濃度を上げることは比較的安全である．たいていのタンパク質はこのやり方で溶出され，酵素の場合には活性を保っている．塩は，必要ならば後で透析によって取り除くことができる．電荷をなくすのに十分なほどpHを変えることは，タンパク質の変性を引き起こす．多くのタンパク質は等電点で可溶性でない．

16. たいていの担体基材はアガロース，セルロース，デキストラン，またはポリアクリルアミドである．

17. 図5.7を参照せよ．

18. ゲル沪過カラムの分画範囲内において，分子は溶出体積と log MW の直線関係に従って溶出する．一連の分子量既知の標準試料を流し，カラムを標準化する．次に未知試料の溶出体積を測定し，標準試料と比較することにより未知試料の分子量を決定する．

19. 両タンパク質は素通り画分に一緒に溶出するので，分離されない．

20. できる．β-アミラーゼは素通り画分に溶出するが，ウシ血清アルブミンはカラムビーズ内に入り込むので，遅れて溶出する．

21. Q-セファロース（四級アミン）のような陰イオン交換カラムを用意する．タンパク質Xが負の実効電荷をもつpH 8.5でカラムを流す．タンパク質Xを含むホモジネートをカラムにかけ，出発緩衝液で洗浄する．タンパク質Xはカラムに結合する．次に，塩の濃度勾配をかけることによって溶出させる．

22. CM-セファロースのような陽イオン交換カラムを用い，pH 6で流す．タンパク質Xは正の電荷をもつので，カラムに結合するだろう．

23. 四級アミンをもつカラム樹脂は常に正の実効電荷をもつので，緩衝液のpHがカラムの型を変化させることを心配する必要はない．三級アミンでは，解離可能な水素があるので，樹脂は緩衝液のpHに依存して，正または中性の荷電状態をとる．

24. ミトコンドリアをペルオキシソームから最初に分離するための最も容易な方法は，ショ糖密度勾配遠心を用いることである．次に，ミトコンドリアを厳しいホモジナイゼーションまたは超

音波処理によって破壊した後，遠心分離する．沈渣はタンパク質Bを含むが，上清はタンパク質Aを含む．不純物はまだ存在するが，それらはセファデックスG-75のゲル沪過，次にpH 7.5でのQ-セファロースのイオン交換クロマトグラフィーを行うことによって取り除くことができる．ゲル沪過では酵素Aと酵素Bから，酵素Cが分離され，イオン交換クロマトグラフィーでは酵素Bは中性なので素通り画分に溶出するが，酵素Aはカラムに結合する．

25. カラムのpHがグルタミン酸のpIに近いので，グルタミン酸が最初に溶出する．ロイシンとリシンは正に荷電しているので，カラムに結合する．ロイシンを溶出させるには，pHを6あたりにまで上げる．リシンを溶出させるには，pHを11あたりにまで上げる．

26. 非極性の移動相溶媒は非極性アミノ酸を最も速く移動させるので，フェニルアラニンが最初に溶出し，次にグリシンが，その次にグルタミン酸が溶出する．

27. 非極性アミノ酸が最も強く固定相に結合するので，グルタミン酸が一番速く移動し，次にグリシンが，その次にフェニルアラニンが移動する．

28. 硫酸アンモニウム沈殿したタンパク質溶液をゲル沪過カラムにかけると，目的とするタンパク質は素通り画分に溶出する．塩は非常に小さいので，カラムの中をゆっくりと移動する．このようにして，タンパク質は，塩を後ろに残して，塩を含まない状態でカラムから出てくる．

5.3 電気泳動

29. サイズ，形状，および電荷．

30. アガロースとポリアクリルアミド．

31. ポリアクリルアミド．

32. タンパク質も分離できるが，DNAはアガロースゲル電気泳動で最もよく分離される分子である．

33. 最も高い電荷/質量比をもつものが最も速く移動する．電気泳動には考慮すべき三つの変数があるが，たいていの電気泳動はそれらのうち，二つを除外するような方法で行われるため，分離はサイズのみ，または電荷のみによるものであり，それらの両方によるものではない．

34. ドデシル硫酸ナトリウムポリアクリルアミドゲル電気泳動．SDS-PAGEでは，タンパク質の電荷と形状の違いは除外されるので，移動度を決定する唯一のパラメーターは，タンパク質のサイズである．

35. SDSは，タンパク質1g当たり1.4g SDSの一定比でタンパク質に結合する．SDSはタンパク質を負の電荷でコートし，ランダムコイルの形状にする．このようにして，電荷と形状は除外される．

36. ゲル沪過クロマトグラフィーのために用いられるポリアクリルアミドゲルでは，大きなタンパク質はビーズの周りを移動し，したがって移動するための短い道のりをもつので，より速く溶出する．電気泳動では，タンパク質はマトリックスを通り抜けることを強いられるが，タンパク質が大きい場合ほど大きな摩擦があるので，ゆっくりと移動する．

37. その分子量は37,000 Daである．

5.4 タンパク質の一次構造の決定

38. エドマン分解では，最初のサイクルでN末端のアミノ酸が同定されるので，別の実験をする必要はない．

39. タンパク質が純粋であるかどうか，またはサブユニットがあるかどうかを教えてくれるだろう．

40.

41. エドマン試薬の量は，最初の反応におけるN末端の量と正確に合致しなければならない．エドマン試薬が少なすぎると，N末端のいくらかは反応しない．多すぎると，2番目のアミノ酸

残基のいくらかが反応する．いずれの場合にも，別の PTH 誘導体が少量混入する．この誤りは，反応のサイクル数とともに大きくなり，最終的には，二つのアミノ酸が等量遊離し，どちらが正しい配列かを知ることができなくなる．

42. 最初のサイクルで，N 末端から 1 番目と 2 番目のアミノ酸が反応し，PTH 誘導体として遊離する．二重のシグナルを得るので，どちらが真の N 末端であるかを知ることができない．

43. Val−Leu−Gly−Met−Ser−Arg−Asn−Thr−Trp−Met−Ile−Lys−Gly−Tyr−Met−Gln−Phe

44. Met−Val−Ser−Thr−Lys−Leu−Phe−Asn−Glu−Ser−Arg−Val−Ile−Trp−Thr−Leu−Met−Ile

45. あなたのタンパク質は純粋でなく，単一のポリペプチドを得るまでにさらなる精製段階が必要である可能性がある．また，別の可能性として，そのタンパク質がいくつかのサブユニットをもっており，複数のポリペプチド鎖がそのような結果を与えていると考えられる．

46. トリプシンが特異的なリシンやアルギニンでない C 末端をもつ二つの断片がある．通常，Arg または Lys でないアミノ酸で終わる唯一の断片があれば，ただちにそれが C 末端であることがわかる．ヒスチジンは塩基性アミノ酸であるが，通常は中性で，トリプシンとは反応しない．ヒスチジンは反応の pH 環境で正に荷電し，トリプシンにより認識された可能性がある．

47. 種々のアミノ酸の相対的な濃度がわかる．これは配列決定の実験をよりよく計画するのに役立つので，重要である．たとえば，タンパク質のアミノ酸組成に芳香族アミノ酸がないなら，キモトリプシン消化を用いるのは時間の無駄であることがわかる．

48. 臭化シアンは，メチオニンがないので役に立たない．トリプシンは，タンパク質が 35 % もの塩基性残基を含むので良くない．トリプシンは，そのタンパク質を 30 個以上の断片に細かく切断するので，解析が非常に困難になる．

49. キモトリプシンは良い選択である．4 残基以上の芳香族アミノ酸がある．100 個のアミノ酸のタンパク質が 4 カ所で切断され，おそらく 20 〜 30 個のアミノ酸の長さの適切な断片を生じ，エドマン分解により効果的に配列決定することができる．

50. 芳香族アミノ酸残基がタンパク質中に散らばっていると，それは最もうまく働く．その方法で適正なサイズの断片が生じる．四つの芳香族アミノ酸残基のすべてが最初の 10 アミノ酸残基中にあるならば，配列決定ができない一つの長い断片を生じるであろう．

51. プロテオミクスはある生物の完全なタンパク質の全量（すなわち，**プロテオーム proteome**）の系統的な解析である．分子生物学の基本ドグマ（DNA → RNA → タンパク質）を学んだように，現在利用できる技術によって，科学者は生物の全 DNA をゲノムといい，全 RNA をトランスクリプトームといい，つくられた全タンパク質をプロテオームというのである．一つの細胞におけるタンパク質の流れを理解することは細胞の代謝を理解することになる．

52. ベイトタンパク質は特有のアフィニティータグをもつようにつくられる．ベイトタンパク質は目的とする細胞タンパク質と相互作用し，タグを介してアフィニティーカラムと結合する．このようにして，目的とする細胞タンパク質を見出し単離することができる．

53. p.175 の《身の周りに見られる生化学》に書かれた実験の背景には多くの仮定がある．タグの性質はタンパク質の結合を変えなかったということを仮定しなければならない．例えば，タグをつけることによってあるタンパク質が結合しやすくなったり，あるいは結合しにくくなるのであれば，結合する細胞タンパク質についての結論は間違っているかもしれない．例えば，2 種類のタンパク質が一緒に結合して代謝機能を果たすと結論づけるかもしれないが，この結合は実験条件上の人為的結果であるかもしれない．また，タンパク質にタグをつけることが，タグとアフィニティーカラム間の親和性を変えないということも仮定しなければならない．

Chapter 6

6.1 酵素は極めて効率のよい生体触媒である

1. 酵素は非酵素触媒に比べて触媒活性は 10 の何乗倍も高い．

2. ほとんどの酵素はタンパク質であるが，ある種のRNA（リボザイム）は触媒活性を有することが知られている．
3. 約3秒（1年 × $1/10^7$ × 365日/年 × 24時間/日 × 3600秒/時間 = 3.15秒）
4. 酵素は基質を空間的に好ましい位置に保持して結合し，遷移状態を安定化する．すべての触媒は活性化エネルギーを低下させるものであり，この性質は酵素だけのものではない．

6.2 触媒作用：反応の速度論と熱力学的側面

5. この反応は熱力学的には自由エネルギー変化が負であるので自発的な反応である．しかし，活性化エネルギーの壁を越えるだけのエネルギーを与えない限り，グルコースは酸素ガス中に置いても特に変化しない．
6. 最初の問について，おそらくそのようになる．各成分の濃度（質量作用の法則）がその反応の方向を決める要因となる．2番目の問について，おそらくそうはならず，正方向に進む．-5.3 kcalというかなり大きな$\Delta G°$に打ち勝って逆反応を進めるには，各成分の濃度の違いだけでは十分でないだろう（しかし，例外的なものとして，解糖系のアルドラーゼを参照）．
7. タンパク質を熱すると変性する．酵素活性はそのタンパク質の三次元構造が正しいかどうかに依存している．基質と結合することにより，安定化されて失活しにくくなる．
8. その結果だけでは酵素反応モデルが正しいとは証明できない．他の実験ではそのモデルは否定されるかもしれない．その場合，新しい実験データに適合するように修正が必要である．
9. 触媒は反応の速度を変える．標準自由エネルギー変化は熱力学的な性状であり，反応速度に関与しない．すなわち，触媒は標準自由エネルギー変化に影響を与えない．
10. 触媒は反応の活性化エネルギーを低下させる．
11. 酵素は，すべての触媒でもそうであるが，正反応と逆反応の速度を同じ程度に増加させる．
12. ある反応で得られる生成物の量はその平衡定数に依存し，触媒はそれに影響しない．

6.3 酵素反応速度論

13. この反応は基質AあるいはBからみて，それぞれ一次反応であり，全反応として二次反応となる．AとBがそれぞれ1モルずつ反応に関与している．
14. この反応の速度を経時的に計る一番簡単な方法は，NADHの減少による340 nmの吸光度の減少を測定することである．
15. pHメーターを用いてこの反応の速度を測定するのはよい方法とはいえない．多分，この反応では緩衝液を用いてpHを一定にして行っているはずである．もし緩衝液中で反応を行っていないなら，酵素が酸により失活するおそれがある．
16. 酵素はかなり鋭いpH至適性をもつので，反応溶液を至適pHに保つ必要がある．水素イオンを要求する，あるいは生成する反応では特に重要である．

6.4 酵素−基質複合体の形成

17. 鍵と鍵穴モデルでは，酵素は比較的硬く，基質はその構造にぴったりと合う活性部位と結合する．誘導適合モデルでは，酵素は基質と結合する際に立体構造の変化を起こし，酵素の活性部位が基質に適応した形をとる．
18.

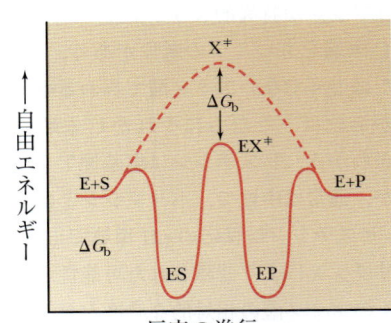

図に示すように，遷移状態への活性化エネルギーが小さくなることもなく，したがって触媒作用を示さない．
19. ES複合体はエネルギー的に谷間にあり，そのため遷移状態になるためには多くの活性化エネルギーが必要である．
20. アミノ酸配列上では遠く離れているが，それらのアミノ酸はタンパク質の折れ曲がりによって三次元的に近くに配置している．活性に必須なアミノ酸残基が活性部位に存在する．
21. そのタンパク質が全体として，活性部位のアミノ酸が適正に配置されるような構造をとる必要がある．

22. 強い阻害剤は活性部位に強く結合しているので，その化合物は遷移状態アナログと考えられる．

6.5 酵素触媒反応の例

23. 図6.6および図6.7を参照．
24. すべての酵素がミカエリス-メンテン式に従うわけではない．アロステリック酵素にはミカエリス-メンテン式は適応できない．
25. 基質濃度と反応速度の関係をグラフに描くと，アロステリック酵素ではS字状の曲線になり，ミカエリス-メンテン型酵素では双曲線となる．

6.6 ミカエリス-メンテンモデルによる酵素反応速度論

26. 酵素濃度を増やしても反応速度は変わらない．理論的には可能でも，実際には酵素を大量に使えない．
27. 定常状態とは，反応中に酵素-基質複合体の濃度が一定であり，その複合体の生成速度と解離速度が同じであると仮定する．これにより酵素反応速度式を単純化することができる．
28. 代謝回転数 = $V_{max}/[E_T]$
29. 式6.16を用いて計算する．(a) $V = 0.5\, V_{max}$ (b) $V = 0.33\, V_{max}$ (c) $V = 0.09\, V_{max}$ (d) $V = 0.67\, V_{max}$ (e) $V = 0.91\, V_{max}$
30. 図を参照：$V_{max} = 0.681$ mM 分$^{-1}$，$K_M = 0.421$ mM． 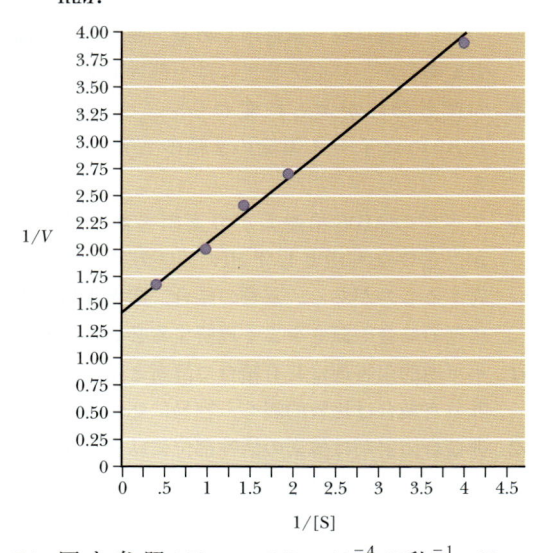
31. 図を参照：$V_{max} = 2.5 \times 10^{-4}$ M 秒$^{-1}$，$K_M = 1.0 \times 10^{-2}$ M． 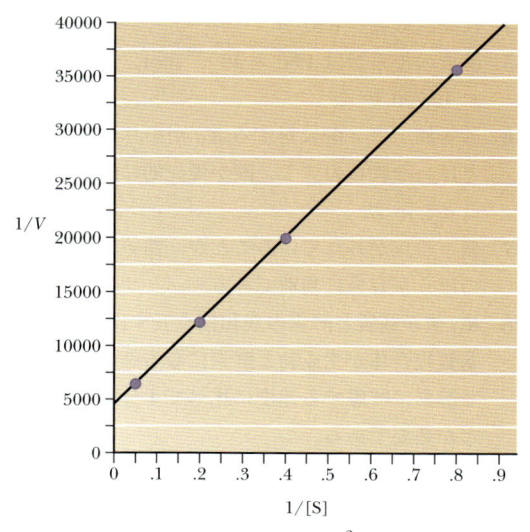
32. 図を参照：$K_M = 2.86 \times 10^{-2}$ M．濃度を直接測定せず，便宜上，吸光度を用いている． 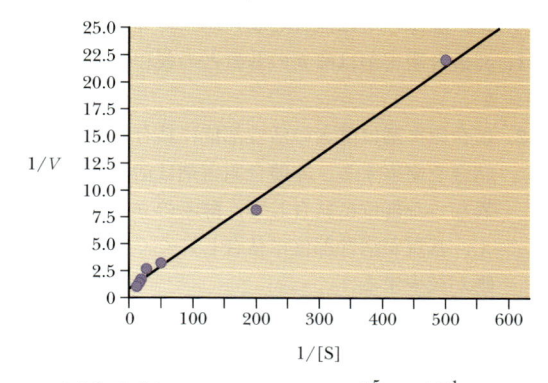
33. 図を参照：$V_{max} = 1.32 \times 10^{-5}$ M 分$^{-1}$，$K_M = 1.23 \times 10^{-3}$ M．

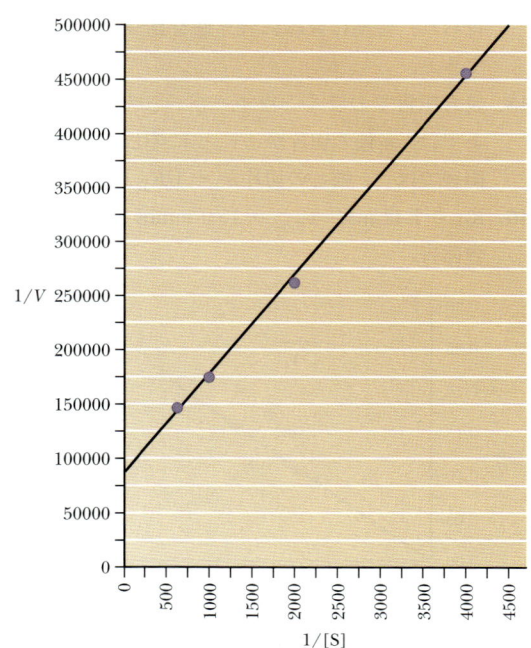

34. 代謝回転数 = 6.81 分$^{-1}$
35. 酵素のモル数は 1.56×10^{-10} mol，代謝回転数 = 10,700 秒$^{-1}$.
36. 芳香族アミノ酸に対する K_M が小さいということは，それらのアミノ酸が優先的に酸化されることを示す．
37. 個々の点が外れていることが，曲線よりも直線のほうが容易に判別できる．
38. K_M 値が基質と酵素の親和性を表すには，酵素–基質複合体が生成物と酵素になる速度が，基質と酵素に解離する速度に比べて十分に小さいことが必要である．

6.7 酵素反応の阻害

39. 競合阻害では K_M 値は増加し，非競合阻害では K_M 値は変化しない．
40. 競合阻害剤は酵素の基質との結合を妨害するが，触媒作用は阻害しない．
41. 非競合阻害剤は酵素の基質との親和性を変えない．
42. 競合阻害剤は酵素の活性部位に結合して基質の結合を阻害する．非競合阻害剤は活性部位とは異なった部位に結合して，酵素の立体構造を変え，基質が活性部位に結合しにくくなって生成物が減少する．
43. 競合阻害では，基質が大過剰であれば阻害はなくなる．しかし他のタイプの阻害では違う場合がある．
44. ラインウィーバー–バークプロットでは直線が得られ，容易に直線に合う値を見つけることができる．
45. 競合阻害でのラインウィーバー–バークプロットでは，y 軸の切片が $1/V_{max}$ に等しい．非競合阻害では，x 軸との切片が $-1/K_M$ に等しい．
46. $K_M = 7.42$ mM，$V_{max} = 15.9$ mmol 分$^{-1}$，非競合阻害． 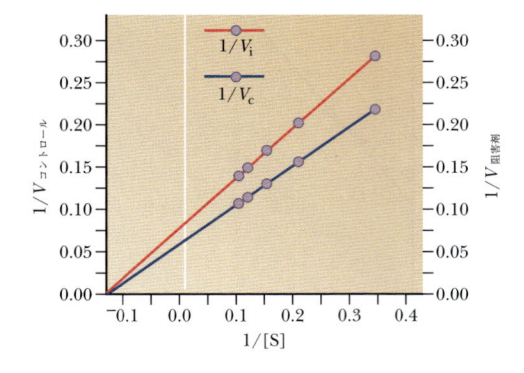
47. 競合阻害，$K_M = 6.5 \times 10^{-4} M$．ここで重要なことは誤差範囲内で V_{max} が同じであることである． 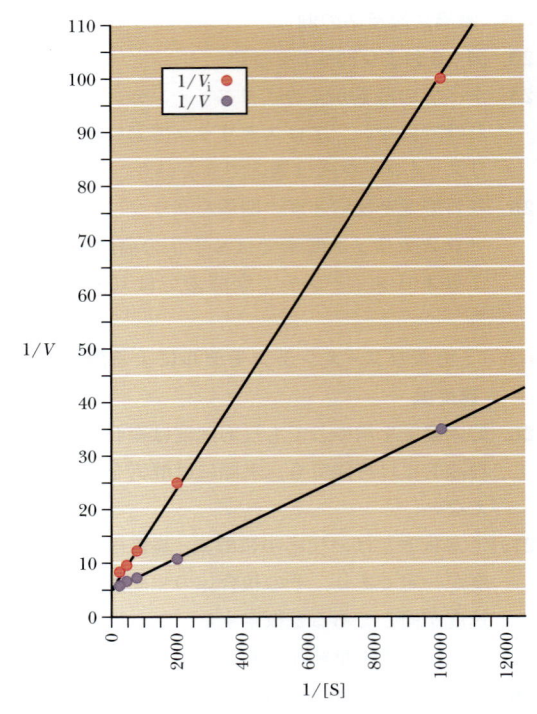
48. 非競合阻害剤の場合には非常に良いことである．生体の多くの代謝は，下流の生成物阻害によるフィードバック制御によって調節されている．競合阻害では多分に問題があるが，生体ではあまり起こらないことである．だが，ある種の抗生物質は競合阻害剤である（病人には好都合であるが，バクテリアには不都合である）．
49. 勾配と切片がともに変わり，二つの直線は $1/[S]$ のマイナス領域の x 軸の上方で交差する．
50. すべての AIDS 治療薬が酵素阻害剤ではないが，重要なものとして HIV プロテアーゼを阻害するものがある．基質の結合，阻害作用，阻害剤の結合の概念をよく理解する必要がある．
51. 不可逆的阻害剤は共有結合で酵素と結合する．非共有結合は比較的弱く，容易に切れる．
52. 非競合阻害剤は酵素の活性部位に結合しないので，その化学構造は基質と類似する必要がない．

Chapter 7

7.1 アロステリック酵素の性質

1. 基質濃度に対して反応速度をプロットしたとき，アロステリック酵素はシグモイド（S字状）曲線を示す．
   一方，ミカエリス-メンテン型酵素では双曲線となる．アロステリック酵素は，通常，いくつかのサブユニットから成っており，基質やエフェクター分子が一つのサブユニットに結合すると，他のサブユニットの結合特性が変化する．
2. この酵素はシチジンヌクレオチド生合成経路の初期段階の反応に関与している．
3. ATCアーゼに対して，ATPは正のエフェクターとして，CTPは負のエフェクター（阻害剤）として作用する．
4. K_Mという用語はミカエリス-メンテン型の反応速度論が適用される酵素に対して使用すべきである．したがって，アロステリック酵素にはこの用語は用いられない．競合阻害や非競合阻害も厳密にはミカエリス-メンテン型酵素に限られる用語であるが，考え方はすべての酵素に当てはまる．アロステリック酵素において，基質と同じ結合部位に結合する阻害剤は，いわゆる競合阻害剤と似ている．また，基質と異なる結合部位に結合する阻害剤は，非競合阻害剤と似ている．しかし，競合阻害や非競合阻害に特徴的な反応式やグラフはアロステリック酵素には当てはまらない．
5. Kシステムとは，アロステリック酵素に阻害剤が結合することによって，1/2 V_{max}に達するのに必要な基質濃度$K_{0.5}$が変化する場合である．
6. Vシステムとは，アロステリック酵素に阻害剤が結合することによって，$K_{0.5}$ではなく，V_{max}が変化する場合である．
7. ホモトロピック効果とは，いくつかの同一物質がタンパク質に結合するときに起こるアロステリック相互作用のことである．同一の基質分子が酵素の異なる部位に結合する場合に見られ，ATCアーゼに対するアスパラギン酸の結合はホモトロピック効果の一例である．一方，ヘテロトロピック効果とは，異種の物質（阻害剤や基質など）がタンパク質に結合するときに起こるアロステリック相互作用のことである．ATCアーゼ反応におけるCTPによる阻害やATPによる活性化は，ともにヘテロトロピック効果の例である．
8. ATCアーゼは2種類の異なるサブユニットから構成されている．一つは触媒サブユニットであり，6個のサブユニットが二つの三量体を形成している．もう一つは調節サブユニットであり，これも6個のサブユニットが三つの二量体を形成している．
9. 協同性を示すアロステリック酵素では，その反応速度は基質濃度に対して双曲線を示さず，シグモイド（S字状）曲線となる．協同性の程度は，そのシグモイド曲線の形状から判断することができる．
10. 阻害剤によって，曲線はよりS字状となり，協同性が強まる．
11. 活性化剤によって，S字状曲線は双曲線型に近づき，協同性は弱まる．
12. $K_{0.5}$は最大速度の1/2の速度を与える基質濃度である．この用語は，K_Mという用語を用いるのが適切でないアロステリック酵素に対して用いられる．
13. 水銀化合物はATCアーゼのサブユニットを分離するために用いられた．サブユニットを分離すると，触媒サブユニットは触媒活性を保持してはいるが，アロステリック効果を受けないので，CTPによって阻害されない．一方，調節サブユニットはATCアーゼ活性をもたないが，CTPやATPを結合することができる．

7.2 アロステリック酵素の協奏モデルと逐次モデル

14. 協奏モデルでは，アロステリック酵素のすべての構成サブユニットはT型あるいはR型のいずれか一方をとる．そして，それぞれの酵素において，サブユニットは固有のT/R比で平衡状態にある．逐次モデルでは，各々のサブユニットは個別にT型からR型へ変化する．
15. 逐次モデルによって負の協同作用を説明することができる．このモデルを適用することにより，T型サブユニットに基質が結合することによって，他のサブユニットもT型に変化し，結果的に基質が結合しにくくなることを説明できるからである．
16. T/R比が高くなるにつれ，協同性が強まる．また，T型に対する基質の解離定数が大きくなっても，協同性は強まる．
17. L値とは，平衡状態でのT/R比のことである．

c 値とは，T 型および R 型酵素に対する基質の解離定数の比であり，$c = K_R/K_T$ で表される．

18. 多くのモデルが想定できる．われわれは酵素の反応機構をすべて知ることはできない．むしろ，実際の酵素の性状を説明するために，モデルを構築しているのである．それゆえ，他のモデルも十分に想定される．

7.3 リン酸化による酵素活性の調節

19. プロテインキナーゼとは，リン酸供与体としてATPなどの高エネルギーリン酸化合物を用いて，タンパク質をリン酸化する酵素である．

20. プロテインキナーゼが作用するタンパク質では，主としてセリン，トレオニン，チロシンの三つのアミノ酸残基がリン酸化される．アスパラギン酸も，時としてリン酸化されることがある．

21. アロステリック効果が速いのは，この効果が単純な結合平衡反応に基づいているためである．例えば，AMP がグリコーゲンホスホリラーゼのアロステリック活性化剤であれば，筋肉収縮時における AMP の急激な上昇は，筋肉グリコーゲンホスホリラーゼをより活性化し，収縮している筋肉にエネルギーを供給する．この酵素のリン酸化には，グルカゴンやエピネフリンによって引き起こされるホルモン作用のカスケードが必要である．グリコーゲンホスホリラーゼがリン酸化されるまでに多くの反応が介在するので，グリコーゲンの分解には時間がかかる．しかし，カスケード効果によって，活性化されたホスホリラーゼ分子が数多く産生され，その効果はより長く，強くなる．

22. Na^+/K^+ ATPアーゼの機能に関連して，Na^+/K^+ ATP アーゼはリン酸化されるアスパラギン酸残基をもっている．このリン酸化によって酵素のコンホメーションが変化し，細胞膜の片側の面が閉鎖し，反対側の面が開口することによりイオンが移動する．

23. グリコーゲンホスホリラーゼはいくつかの分子によってアロステリックに制御される．筋肉ではAMPはアロステリック活性化剤である．肝臓ではグルコースがアロステリック阻害剤である．グリコーゲンホスホリラーゼにはリン酸化型と脱リン酸化型が存在し，リン酸化型はより活性が高い．

7.4 チモーゲン

24. 消化酵素のトリプシンやキモトリプシンは，チモーゲンによる活性調節の例として古くから知られている．また，血液凝固因子であるトロンビンもこの機構に従う．

25. トリプシン，キモトリプシン，トロンビンはすべてプロテアーゼである．トリプシンは，正電荷の側鎖をもつアミノ酸 (Lys と Arg) のところでペプチド結合を切断する．キモトリプシンは，芳香族側鎖をもつアミノ酸のところでペプチド結合を切断する．トロンビンは，フィブリノーゲンを切断してフィブリンにする．

26. チモーゲンであるプロトロンビンは，切断されて活性型酵素のトロンビンになる．トロンビンは次に可溶性のフィブリノーゲンを切断して，不溶性のフィブリンにする．フィブリンは凝血塊を形成するタンパク質の一つである．

27. キモトリプシノーゲンは不活性なチモーゲンである．これはアルギニンなどの塩基性アミノ酸残基を切断するトリプシンによって活性化される．トリプシンによって，キモトリプシノーゲン内部のアルギニンとイソロイシンの間が切断され，いくぶん活性のある π-キモトリプシンが生成される．さらに，この分子の自己消化によって，活性型の α-キモトリプシンが生成される．最初の切断反応で形成されるイソロイシンの α-アミノ基は，α-キモトリプシンの構造上，活性部位近傍に位置し，活性発現に必要である．

28. チモーゲンは消化酵素系でよく見出される．消化酵素はその産生臓器と実際に働く臓器が別である．消化酵素が，産生されてすぐに活性をもっていると，他のタンパク質を分解してしまい，生体に大きな傷害を与える．チモーゲンとして生成されれば，胃や小腸など消化器官へ移動してはじめて活性化されるので，生体にとって安全である．

29. これは，ホルモンが必要な時にすばやく応答できるようにするためである．ホルモンはあらかじめ合成されるが，活性化されるためには，通常，1 あるいは 2 か所，ホルモン内部の結合が切断される必要がある．すなわち，ホルモンはいつでもその要求に対応できるように準備されているのである．

7.5 活性部位の性質

30. セリンとヒスチジンがキモトリプシンの活性部位にある二つの重要なアミノ酸残基である.

31. 第一反応の生成物としてアシル化酵素中間体が生成されるが，その生成反応が，水分子が活性部位に入ることによって起こる酵素−アシル結合の切断反応（第二反応）に比べて急速に起こるため，二相性の反応が見られる.

32. 反応の第一段階では，セリンのヒドロキシ基が求核試薬として，基質のペプチド結合を攻撃する．第二段階では，水が求核試薬として，アシル化酵素中間体を攻撃する.

33. 57番目のヒスチジンは一連の反応で，最初は一般塩基触媒として働き，その後，一般酸触媒として働く．第一段階の反応では，195番目のセリンから水素を受け取る塩基として働く．次いで，切断されるペプチド結合のアミド基に水素を供与する酸として働く．同様なことが第二段階の反応でも起きている.

34. 第一相のほうが第二相より速い理由として，いくつかのことが考えられる．最初の求核攻撃において，195番目のセリンは強力な求核試薬である．これによって，アシル化酵素中間体がすばやく形成される．これに対して，第二相では水分子が求核試薬として働くが，水分子が拡散によってその求核攻撃部位に到達するのに時間がかかると考えられる．また，水分子はセリンのように強い求核試薬ではない．したがって，水分子が求核攻撃してアシル化酵素中間体を切断するには，セリンがアシル化酵素中間体を生成するのに比べて時間がかかる.

35. キモトリプシンの触媒反応において，57番目のヒスチジンはプロトン化したものと，していないものの両方で存在する．それは，ヒスチジンのpK_aが6.0であり，生理的なpH領域で，両方の形をとり得るからである.

36. フェニルアラニン部分（キモトリプシンの基質構造に類似）の代わりに，トリプシンの基質構造に類似した窒素を含む塩基性官能基部分を入れたものをつくればよい.

7.6 酵素の触媒機構に見られる化学反応

37. 金属イオンはルイス酸（電子対受容体）として作用することにより，酵素の触媒機構に関与している.

38. 誤り．酵素の触媒機構は有機化学反応と同じである．しかし，酵素では反応が進行するための環境は複雑である.

39. 酵素反応における一般酸触媒とは，アミノ酸などの分子が他の分子に水素イオンを供与することである.

40. S_N1反応とは，単分子求核置換反応のことである．単分子と呼ぶのは，この反応が一次反応に従うからである．置換反応式を「R:X + Z: → R:Z + X:」として表したとき，S_N1反応では，反応速度はXがRから脱離する速さに依存する．ZはXが脱離した後にやってきて，R:Xの切断速度に比べ，ずっと速く結合する．一方，S_N2反応は，二分子求核置換反応である．S_N2反応では，R:X分子からXが脱離する前にZが攻撃する．したがって，R:XとZ:の両方の濃度が重要であり，反応速度は二次反応に従う.

41. S_N1反応では，X基は求核基が攻撃する前に脱離するので，立体特異性が消失する．このことは，求核基が二つの異なる方向から攻撃することができ，その結果，異なる立体異性体が生じることを意味している.

42. この結果のみでは反応機構が正しいとはいえない．別の実験をすれば，想定した機構と矛盾する結果が得られることもあり得るからである．その場合，新しい実験結果に合うように反応機構を修正する必要がある.

7.7 活性部位と遷移状態

43. 遷移状態では，一時的に正四面体構造が形成されるので，良い遷移状態アナログをつくるには，アミドのカルボニル炭素原子のように，正四面体構造を形成できる炭素原子をもっていなければならないだろう．また，活性部位に対して十分な特異性がでるように，その炭素原子に酸素が結合していることも必要だろう.

44. 誘導適合モデルでは，酵素と基質の両方が完全に結合できるように互いの構造が変化すると考えられる．したがって，はじめは酵素と基質の構造は完全には一致していないが，生成物を生じる過程で酵素と遷移状態における基質の構造が一致するようになる．すなわち，このモデルでは，遷移状態アナログは酵素と密に結合する.

45. 目的とする反応の遷移状態アナログを宿主動物に注射することによって，アブザイムを作製で

きる．宿主動物はこの外来分子に対する抗体を産生し，この抗体は遷移状態における酵素に類似した特異的な結合部位をもっている．この方法の目的は触媒活性を有する抗体を産生することである．

46. コカインは，シナプスにおいて神経伝達物質のドパミンの再取込みを阻害する．したがって，ドパミンはシナプス間隙に長く留まり，脳の報酬系神経を過剰に刺激することにより，コカイン依存症を引き起こす．ドパミン受容体遮断薬を使用してもコカイン依存症には無効である．おそらくシナプス間隙からのコカインの消失がより起こりにくくなるだけであろう．

47. コカインは，その化学構造内のエステル結合を加水分解する特異的な酵素によって分解することができる．この加水分解の過程で，コカインはその構造が変化した遷移状態を通過しなければならない．コカインの加水分解反応時の遷移状態に対する触媒抗体は，コカインを加水分解して安息香酸とエクゴニン酸メチルエステルという二つの無毒な分解産物を生じる．コカインは分解されると，ドパミン再取込みを阻害することはできない．その結果，神経刺激の延長が起こらなくなり，コカインの中毒作用はいずれ消失する．

7.8 補酵素

48. ニコチンアミドアデニンジヌクレオチドは酸化・還元反応，フラビンアデニンジヌクレオチドも酸化・還元反応，補酵素Aはアシル基転移反応，ピリドキサールリン酸はアミノ基転移反応，ビオチンはカルボキシ化反応，リポ酸はアシル基転移反応に関与する．

49. ほとんどの補酵素は，ビタミンと呼ばれる化合物の誘導体である．例えば，ニコチンアミドアデニンジヌクレオチドはナイアシンからつくられる．また，フラビンアデニンジヌクレオチドはリボフラビンからつくられる．

50. ビタミンB_6は，アミノ基転移反応で用いられるピリドキサールリン酸の原材料である．

51. 酵素反応において，補酵素は活性部位の必須アミノ酸残基と同様の働きをする．例えば，金属イオンは一般酸あるいは一般塩基として働く．また，チアミンピロリン酸の反応性カルボアニオンのように，補酵素の一部が触媒反応を進めるための求核試薬として働くものもある．

52. 選択性がある．補酵素や基質は酵素内に固定されているので，水素化物イオン（$H:^-$）は決まった位置にある官能基からくるだろう．したがって，水素化物イオンは一つの方向のみから配位する．

Chapter 8

8.1 脂質の定義

1. 溶解性という性質（水性または極性溶媒に不溶，非極性溶媒に可溶）である．脂質の中には，構造的に全く関係していないものもある．

8.2 脂質類の化学的性質

2. 両脂質とも，グリセロールがカルボン酸とエステル結合している．そのようなエステル結合がトリアシルグリセロールには三つあり，ホスファチジルエタノールアミンには二つある．構造上の違いは，グリセロールと結合した3番目のエステル結合にある．ホスファチジルエタノールアミンでは，グリセロールの3番目のヒドロキシ基がカルボン酸ではなく，リン酸とエステル結合している．そのリン酸部分は，一方でエタノールアミンとエステル結合している（図8.2および8.5を参照）．

3.

4. スフィンゴミエリンとホスファチジルコリンは，ともにアミノアルコールにエステル結合したリン酸をもつ．アミノアルコールは，ホスファチジルコリンの場合はコリンでなければならないが，スフィンゴミエリンの場合はコリンでもよい．両者はリン酸とエステル結合している二つ目のアルコールが異なる．ホスファチジルコリンでは，二つ目のアルコールはグリセロールであり，グリセロールはさらに2個のカルボ

ン酸とエステル結合している．スフィンゴミエリンでは，二つ目のアルコールは，別のアミノアルコールであるスフィンゴシンで，スフィンゴシンは脂肪酸とアミド結合をしている（図8.6 を参照）．

5. その脂質は，スフィンゴ脂質の一つであるセラミドである．
6. スフィンゴ脂質は，タンパク質と同様にアミド結合をもつ．両者とも疎水性部分と親水性部分をもつ．また，両者とも細胞膜に存在するが，その機能は異なっている．
7. 脂肪酸はどのような組合せでも可能である．

$$
\begin{array}{l}
\text{グリセロール部分} \\
\begin{array}{l}
CH_2-O-\overset{O}{\underset{\|}{C}}-(CH_2)_{14}CH_3 \quad \text{パルミチン酸部分}\\
CH-O-\overset{O}{\underset{\|}{C}}-(CH_2)_7CH=CH-CH_2-CH=CH(CH_2)_4CH_3 \quad \text{リノール酸部分}\\
CH_2-O-\overset{O}{\underset{\|}{C}}-(CH_2)_7(CH=CHCH_2)_3CH_3 \quad \text{リノレン酸部分}
\end{array}
\end{array}
$$

8. ステロイドは，他の脂質がもっていない特徴的な縮合環状構造をもっている．
9. ろうは，長鎖カルボン酸と長鎖アルコールがエステル結合したものである．それらは，保護的被覆物として用いられることが多い．
10. リン脂質は，コレステロールよりもより親水的である．リン酸基は荷電しており，それに結合しているアルコール部分は，荷電しているか極性をもつ．これらの基は容易に水と相互作用する．コレステロールは1個の極性基（−OH）しかもたない．
11.

$$
\begin{array}{l}
CH_2-O-\overset{O}{\underset{\|}{C}}-(CH_2)_{14}CH_3\\
CH-O-\overset{O}{\underset{\|}{C}}-(CH_2)_7CH=CH-CH_2-CH=CH-(CH_2)_4CH_3\\
CH_2-O-\overset{O}{\underset{\|}{C}}-(CH_2)_7-(CH=CH-CH_2)_3CH_3
\end{array}
$$

↓ **NaOH** 水溶液

$$
\begin{array}{l}
CH_2OH \quad\quad CH_3-(CH_2)_{14}-\overset{O}{\underset{\|}{C}}-O^{\ominus}Na^{\oplus}\\
CHOH \;+\; CH_3-(CH_2)_4-CH=CH-CH_2-CH=CH-(CH_2)_7-\overset{O}{\underset{\|}{C}}-O^{\ominus}Na^{\oplus}\\
CH_2OH \quad\quad CH_3(CH_2-CH=CH)_3-(CH_2)_7-\overset{O}{\underset{\|}{C}}-O^{\ominus}Na^{\oplus}
\end{array}
$$

12. ろう状の表面コーティングは，水分の損失を防ぐための防護壁である．
13. 表面のろうは，水の損失を防ぐことにより野菜や果物を新鮮に保つ．
14. コレステロールは極めて水に溶けにくい．しかし，レシチンは良い天然の界面活性剤であり，溶解度の低い脂肪を血液中で運搬しているリポタンパク質の一部である．
15. 卵黄中のレシチンは，閉じた小胞を形成することで乳化剤として働く．バター中の脂質（主としてトリアシルグリセロール）は小胞の中に保持されて，分離した層を形成しない．
16. 油の除去は，羽に存在する天然の油やろうも除去してしまう．水鳥が放たれる前に，それらが作られる必要があるため．

8.3　生体膜

17. トリアシルグリセロールは，動物の生体膜には見出されていない．
18. (c)，(d) が膜について知られている事実と一致する．脂質とタンパク質との間の共有結合(e)は，いくつかのアンカーモチーフで見られるが，それはまれである．タンパク質は脂質二重層の間にはさまれている（a）というよりも，そこ

に"浮遊"している．かさ高い分子は外側の脂質層に見られることが多い（b）．

19. 多不飽和脂肪酸は健康に良いという考えが一般に受け入れられており，トランス配置はより口当たりの良い硬さを与える．しかし，近年，そのような食品がある程度，飽和脂肪酸に類似しているという懸念が出てきている．

20. 部分的に水素添加した植物油は，マーガリンやテレビ食のような多くの食品に対して，適切な硬さをもたらすからである．

21. 二重結合の多くが飽和されているからである．クリスコは"部分的に水素添加された植物油"を含んでいる．

22. 心臓病の低下は，飽和脂肪酸含量の低い食事と関連している．

23. 不飽和脂肪酸が主成分である脂質二重層の転移温度は，飽和脂肪酸の割合が高い脂質二重層の転移温度よりも低い．不飽和脂肪酸より成る二重層は，飽和脂肪酸の割合が高い二重層よりも不規則である．

24. ミエリンは，主に脂質（とある種のタンパク質）から成る何層もの被膜で，神経細胞の軸索に巻きついて絶縁作用をもち，神経インパルスの伝達を促進する．

25. 膜は低温では流動性が低い傾向にある．不飽和脂肪酸がより多く存在することで，飽和脂肪酸の割合が高い場合に比べ，同じ温度において膜の流動性が増加し，低温による流動性の低下を打ち消している．

26. 寒冷な気候で膜内の不飽和脂肪酸の割合が高いのは，膜流動性を高めるためである．

27. 炭化水素の尾部の間での疎水的相互作用が，脂質二重層形成における主な熱力学的推進力である．

8.4 膜タンパク質の種類

28. 糖タンパク質は，タンパク質と糖質との間で共有結合が形成されてつくられる．一方，糖脂質は，糖質と脂質との間で共有結合が形成されてつくられる．

29. 膜に結合しているタンパク質は，必ずしも膜を貫通する必要はない．あるものは部分的に膜に埋め込まれており，また，あるものは膜の外側と非共有結合的に相互作用することで膜と結合している．

30. 膜標品 100 g 中，タンパク質は 50 g，ホスホグリセリドが 50 g 含まれている．

    50 g 脂質 × 1 モル脂質 / 800 g 脂質
    $= 0.0625$ モル脂質
    50 g タンパク質 × 1 モルタンパク質 / 50,000 g
    タンパク質 $= 0.001$ モルタンパク質
    タンパク質に対する脂質のモル比は 0.0625/0.001，すなわち 62.5/1 である．

31. 自然は有利に機能するものを選ぶ．これは，大きなタンパク質と，ATP のエネルギーの効率的な利用の例である．

32. 膜を貫通しているタンパク質においては，非極性残基は分子の表面にあり，細胞膜の脂質と結合している．極性残基は分子の内側にあり，イオンが細胞に出入りするチャネルの内側を覆っている．

8.5 膜構造の流動モザイクモデル

33. （c），（d）は正しい．縦方向の拡散はごくまれにしか見られない（b）．"モザイク"という言葉は，脂質二重層内のタンパク質の分布の様式を表したものである（e）．周辺タンパク質もまた膜の一部と考えられる（a）．

8.6 膜の機能

34. 生体膜は極めて非極性の環境である．荷電したイオンが，単純拡散によって膜を通過しようとするとき，この環境に溶け込む必要があるが，実際にはこのような環境から排除される傾向にある．

35. （a）と（c）は正しい．（b）は正しくない．なぜなら，イオンと大きな分子，特に極性の分子は，チャネルタンパク質を必要とするからである．

8.7 脂溶性ビタミンとその機能

36. コレステロールはビタミン D_3 の前駆体であり，その変換反応には環が開くことが必要である．

37. ビタミン E は抗酸化剤である．

38. イソプレン単位は炭素 5 個から成り，脂溶性ビタミンを含む数多くの天然化合物の構造をつくる上で役立っている．

39. 表 8.3 を参照．

40. ロドプシン中のレチナールのシス-トランス異性化は，視覚における主要な光化学的反応であり，視神経へのインパルスの伝達を引き起こす．

41. ビタミンDは体内でつくられるからである．
42. 脂溶性ビタミンは脂肪組織に蓄積し，有害作用を引き起こす．一方，水溶性ビタミンは排出されるので，過剰摂取となる機会は著しく減少する．
43. ビタミンKは，血液凝固過程に関連している．したがって，その作用を阻害すると，抗血液凝固作用が現れる．
44. ビタミンAおよびEは，細胞に酸化的障害を与え得るフリーラジカルを消去することが知られている．
45. ニンジンを食べることは両方に良い．ニンジンに豊富に含まれるビタミンAは，視覚において重要な役割を果たしている．野菜の豊富な食事をすることは，がんの発生率の低下につながる．

8.8 プロスタグランジンとロイコトリエン

46. $\omega-3$脂肪酸とは，メチル末端から数えて三番目の炭素に二重結合をもつ脂肪酸のことである．
47. ロイコトリエンは，三つの共役二重結合をもつカルボン酸である．
48. プロスタグランジンは，その構造中に五員環をもつカルボン酸である．
49. プロスタグランジンとロイコトリエンが，アラキドン酸由来である．これらは，炎症，アレルギー，喘息発作などに関与しているからである．
50. 血小板のプロスタグランジンは，血小板の凝集を阻害する．これはプロスタグランジンの重要な生理機能の一つである．

Chapter 9

9.1 核酸構造のレベル

1. (a) 二本鎖DNAは，超らせん（三次）やタンパク質との会合（四次）を考慮に入れなければ，通常，二次構造をとっていると考えられる．(b) tRNAは，三次元空間の中に多くの折りたたみやねじれをもった三次構造をとっている．(c) mRNAは，他の構造が見当たらないことから，通常，一次構造をとっていると考えられる．

9.2 ポリヌクレオチドの共有結合構造

2. チミンはC-5位にメチル基をもっているが，ウラシルはもっていない．

3. アデニンはC-6位にアミノ基をもっているが，ヒポキサンチンではカルボニル基である．

4.

A	アデニン	アデノシン（デオキシアデノシン） アデノシン5′-三リン酸（デオキシアデノシン5′-三リン酸）
G	グアニン	グアノシン（デオキシグアノシン） グアノシン5′-三リン酸（デオキシグアノシン5′-三リン酸）
C	シトシン	シチジン（デオキシシチジン） シチジン5′-三リン酸（デオキシシチジン5′-三リン酸）
T	チミン	デオキシチミジン デオキシチミジン5′-三リン酸
U	ウラシル	ウリジン ウリジン5′-三リン酸

5. ATPは，アデニン，リボース，およびリボースの5′-ヒドロキシ基に結合した3個のリン酸から成る．dATPは，糖がデオキシリボースである以外はATPと同じである．

6. 各塩基配列（すべて5′→3′方向へ読む）の相手鎖の塩基配列は次の通りである．

    ACGTAT　　TGCATA
    AGATCT　　TCTAGA
    ATGGTA　　TACCAT

7. 配列にウラシルではなく，チミンが含まれているので，それらはすべてDNAの塩基配列である．

8. (a) その通り．壊れてほしくないものがあるとすれば，それは遺伝情報の倉庫にしまってあるものすべてではないだろうか（*.exeファイルのすべてを消し去った時のコンピュータの有用性を想像するとよいだろう）．(b) メッセンジャーRNAの場合はその通り．mRNAは，タンパク質合成のための情報伝達の役割をしているが，特定のタンパク質を必要とするときのみに必要なものである．mRNAが長期間留まれば，そのタンパク質は不要になっても合成され続けることになる．このことは，エネルギーを浪費し，有害な影響をもたらす．したがって，ほとんどのmRNAの寿命は短く（数分），タンパク質がさらに必要になれば，mRNAも増産される．

9. 4種類の塩基，すなわち，アデニン，シトシン，グアニンおよびウラシルがRNAの主要な構成塩基であるが，これらだけではない．特にtRNAには，ある程度修飾された塩基が存在す

10. リボースは，2′，3′，5′位にリン酸とエステル結合できる3個のヒドロキシ基をもっているが，デオキシリボースでは，遊離のヒドロキシ基が存在するのは3′，5′位のみであるということから，この推論が生じた．

11. RNAの加水分解は，環状2′,3′-ホスホジエステル中間体が形成されることによって大きく増大する．DNAは2′-ヒドロキシ基をもたないため，中間体を形成することができず，加水分解に抵抗性を示す．

9.3 DNAの構造

12.

構造	核酸の種類
A型らせん	二本鎖RNA
B型らせん	DNA
Z型らせん	反復CGCGCG配列をもつDNA
ヌクレオソーム	真核細胞の染色体
環状DNA	細菌，ミトコンドリアおよびプラスミドの各DNA

13. 図9.8を参照．

14. (c) と (d) が正しい．(a) と (b) は誤り．

15. 正しい．DNAの主溝にも副溝にも塩基対に接近して結合できる空間が存在する．

16. B型DNAの主溝と副溝は，非常に異なる大きさ（幅）をもっているが，A型DNAではそれらの幅は類似している．

17. (c) が正しい．(a) と (b) は誤り．(d) はB型DNAでは正しいが，A型およびZ型DNAでは誤り．

18. 超らせんとは，DNAの二重らせんのねじれに，さらにねじれが加わったものである．正の超らせんとは，末端同士が結合して環状DNAになる前に，らせんが過剰に巻かれることによって起こるDNAの余分なねじれを指す．トポイソメラーゼとは，超らせんDNAの1本の鎖に切れ目を入れて超らせんを弛緩させた後，再結合する酵素のことである．負の超らせんとは，末端同士が結合して環状DNAになる前に，二重らせんが巻き戻されることを指す．

19. プロペラ様ツイスト（ねじれ）とは，塩基対の二つの塩基が同一平面からずれて，ねじれることである．

20. AG/CTステップとは，二本鎖DNAの中で一方の鎖が5′-AG-3′で，他方が5′-CT-3′となっている小さな領域を指し，二重らせんの形状に多大な影響を及ぼす．

21. プロペラ様ツイスト（ねじれ）は，水素結合の強度を減少させるが，塩基の疎水領域を水環境外へ移動させてエントロピー的に有利にするからである．

22. B型DNAは右巻きのらせん構造をしており，1回転が10塩基対，主溝と副溝との間には有意な差異が認められるなどの特色がある．Z型DNAは左巻きの二重らせん構造をしており，1回転が12塩基対，主溝と副溝とが類似しているなどの特色がある．

23. 環状DNAの正の超らせんは，左巻きである．

24. クロマチンは，DNAと塩基性タンパク質との複合体であり，真核細胞の核内に存在する（図9.17を参照）．

25. p.312の《身の周りに見られる生化学》の三重らせんDNAの図を参照せよ．

26. 負の超らせん，ヌクレオソームの巻き上げ，Z型DNA．

27. DNAジャイレースが，DNAに結合すると，その回りにDNAループができる．この酵素は，一方のDNAループの二本鎖を切断し，その切断部をもう一方のループに通して，再閉環する．

28. ヒストンは，多くのアルギニンおよびリシン残基をもつ塩基性が非常に強いタンパク質である．これらのアミノ酸残基は，生理的なpHで正に荷電した側鎖をもっている．このことがDNAとヒストンが引き合う原因である．すなわち，DNAは負に荷電したリン酸基をもっており，ヒストンの$-NH_3^+$はDNA鎖の$-O-P-O^-$を引き付ける．

　ヒストンがアセチル化されると，側鎖は$-NH-COCH_3$となり，正電荷を失う．その結果，そのヒストンはもはやDNAのリン酸基と結合することはできない．ヒストンがリン酸化されるような状況はあまり起こらない．なぜなら，ヒストンもDNAも負電荷をもつことになるからである．

29. アデニン-グアニン塩基対は，二重らせんの内部に収まりきれないくらい大きな空間を占める．一方，シトシン-チミン塩基対は小さすぎて，相補的な塩基対が共有結合している部位間

の距離を埋められない．通常，このような塩基対は DNA 中に存在しない．

30. DNA のリン酸基は，生理的な pH では負に荷電している．これらの基が長い繊維の中心部に密集しているとすれば，著しい静電的反発を引き起こすであろう．そのような構造は不安定である．

31. シトシン量はグアニン量に等しく，22 % である．したがって，この DNA の G-C 含量は 44 % となり，A-T 含量は 56 % であることが示唆される．アデニン量はチミン量に等しいため，アデニンとチミンは各々 28 % 含まれている．

32. DNA が二本鎖でないとすれば，必要条件，G = C および A = T が成立しなくなる．

33. 塩基の分布に，A = T および G = C の関係はなく，したがって，総プリン含量が総ピリミジン含量と等しくない．

34. ヒトゲノムプロジェクトの目的は，ヒトゲノムの完全解読である．理由は数多くあるが，一つは，人類についてわかることはすべて知っておきたいという願望を満たすための基礎研究である．いま一つは医学的な要素を含むものであり，遺伝病のさらなる解明，発生および増殖がどのように制御されているかなどを知ることである．比較生物学的なものとして，ヒトと他種間のゲノムの類似点ならびに相違点の解明という目的がある．ヒト DNA はチンパンジーの DNA と少なくとも 95 % 同一であるが，われわれは明らかにチンパンジーとは異なっている．われわれは，ゲノムを理解することによって，人類を他の霊長類やその他の動物と区別させているものが何であるかを知ることができるだろう．

35. ヒトの遺伝子治療に対しては，法的，倫理的に考慮すべき点が多くある．一つは道徳的，哲学的な観点からであり，われわれにヒトの DNA を操作する権利があるのか，神の領域を侵してはいないか，"テーラーメイド" 人間をつくることは許されるべきものかどうか．もう少し科学的な観点から見ても，われわれは，それを正しく行う知識を持ち合わせているのか．もし，誤りを犯したらどのような事態になるか．他の方法で治療を受けていたら死ななかった患者が，遺伝子治療によって死んでしまうことはないだろうかなどである．

36. 有益な点は，人々が指示されたライフスタイルを選択できることである．将来，動脈硬化症に罹患する可能性がある遺伝形質をもった人は，若いときから食習慣や日常の運動に配慮することによって発症を回避したり，または遅らせることができる．彼らはまた，発症を予防するための薬を早期から服用することも可能になる．不利益な点については，個人の遺伝情報を知る権利に関する法律上の問題に触れなくてはいけない．薬物やアルコールに対する依存症になりやすいとか，将来，病気に罹ることが予見されるような遺伝子マーカーをもった被雇用者は，雇用者がはじめから排除することもありうる．遺伝学に基づいたカースト制度がよみがえる可能性もありうる．

37. DNA ポリメラーゼによる DNA 複製などの系では反応をスタートするためのプライマーが必要であり，そのプライマーは RNA または DNA で，鋳型となる鎖に結合できなくてはいけない．したがって，適正なプライマーを作製するためには，鋳型 DNA の塩基配列が十分に明らかなものである必要がある．

9.4 DNA の変性

38. A-T 塩基対は 2 個の水素結合をもっているが，G-C 塩基対では 3 個である．G-C 塩基対を多く含む DNA の構造を壊すには，より多くのエネルギーとより高い温度が必要になる．

9.5 主要な RNA の種類と構造

39. 図 9.24 および図 9.27 を参照せよ．

40. 核内低分子 RNA（snRNA）は，真核細胞の核内に存在し，他の RNA のスプライシング反応に関与する．snRNP とは，核内低分子リボ核タンパク質粒子である．核内低分子 RNA とタンパク質の複合体は，RNA のスプライシングを触媒する．

41. リボソーム RNA（rRNA）分子が最大で，トランスファー RNA（tRNA）分子が最小である．

42. メッセンジャー RNA（mRNA）が最も二次構造（水素結合）を形成しにくい．

43. 二本鎖の塩基は，あたかも他の塩基の影に隠れたかのように，非常に近接した他の塩基によって分光光度計の光線が当たりにくい．二本鎖がほどけると，塩基が露出して光を吸収することができ，吸光度は増加する．

44. RNA 干渉は，低分子 RNA が遺伝子の発現を抑制する過程である．

45. mRNA よりも tRNA において，より広範に水素結合が存在する．tRNA の折りたたみ構造は，タンパク質の合成過程で tRNA がリボソームに結合する際に重要であるが，原子間の水素結合配列によるものである．mRNA のコード配列はタンパク質のアミノ酸の配列を指令するため，近づきやすいことが条件であり，水素結合の存在によって接近不能になってはいけない．

46. 特殊な塩基は，分子内水素結合（tRNA に見られる通常の A-U および C-G 結合）の形成を妨害し，機能的に必須なループを形成する．中でも最も重要なのがアンチコドンループである．

47. mRNA のターンオーバーは，細胞が特定のタンパク質を必要とするときにすばやく対応する必要があるため，迅速でなくてはならない．rRNA を含めてリボソームの構成サブユニットは，数多くのタンパク質合成が繰り返される間，再利用される．したがって，mRNA は，rRNA よりもより速く分解されている．

48. DNA に対する誤りのほうが有害である．なぜならば，細胞分裂のたびにその誤りは伝えられるからである．転写時の誤りは，一時的に誤った RNA 分子を生じるが，次の転写では正しいものに置き換えられる．

49. 真核生物の mRNA は DNA の転写によって核内で生成する．mRNA 転写物はスプライシングによってイントロンが取り除かれ，ポリ(A)テールが 3′ 末端に付加される．5′ 末端にはキャップ構造が付加される．これが mRNA の完成形であり，リボソーム上での翻訳作業のために核外へ移行する．

50. 50S，30S などの数字は，超遠心のときの相対的な沈降速度を表しており，直接的な数値ではない．分子量以外にも分子の形状や密度などの要素が沈降特性に影響するからである．

Chapter 10

10.1　細胞内における遺伝情報の流れ

1. 複製は鋳型 DNA を使って新しい DNA を合成すること．転写は鋳型 DNA を使って RNA を合成すること．翻訳は DNA の塩基配列を反映している mRNA の指示に従ってタンパク質を合成すること．

2. 誤りである．レトロウイルスでは情報の流れる方向が RNA → DNA．

3. DNA は遺伝情報を恒久的に保存しているものであり，RNA はそれを一時的に写し取っているものである．転写の誤りによって，変異したタンパク質が一時的に生じても生物は生きて行けるが，DNA が変異してしまえばそうはいかない．

10.2　DNA の複製

4. DNA の半保存的複製とは，1 本の新しい鎖と 1 本の（鋳型となっている）元の鎖で構成される新しい二本鎖 DNA 分子がつくられることを意味する．半保存的複製に対する実験的根拠は，密度勾配遠心法（図 10.3 参照）によるものであり，複製が全保存的に行われているならば，DNA は，元になる DNA の重い鎖と新しくつくられた DNA の軽い鎖をもつ．

5. 複製フォークとは新しい DNA がつくられている場所である．元の DNA の二本の鎖が分離し，それぞれの鎖を鋳型にして新しい鎖がつくられている．

6. 複製起点は，DNA の途中に "バブル" を形成しており，"バブル" の両端には新しいポリヌクレオチド鎖を合成している二つの場所がある（図 10.4）．

7. 2 本の DNA 鎖を分離するには二重らせん構造の巻戻しが必要である．

8. もし，メセルソンとスタールの実験でもっと長い DNA 断片が使われていたなら，結果はそれほど明瞭なものにはなっていなかったであろう．細菌の生育段階が完全に同調していなければ，培養した菌体の集団から得られる DNA は，複数の異なる世代のものの混合物になってしまう．

9. 複製には DNA 鎖が 1 本になっていることが必要で，その状態は二重らせん DNA を巻き戻さなければ実現しない．

10.3　DNA ポリメラーゼ

10. ほとんどの DNA ポリメラーゼがエキソヌクレアーゼ活性をもっている．

11. DNA ポリメラーゼ I の主な役目は修復酵素と

しての働きであり，DNAポリメラーゼⅢは主として新しいDNAの合成に関与している．表10.1参照．
12. DNAポリメラーゼの連続伸長性は，酵素が鋳型鎖から解離するまでに取り込むことができるヌクレオチドの数である．この値が高いと複製の効率が良いことになる．
13. 反応物はデオキシリボヌクレオシド三リン酸である．これらの分子は，鎖に追加される残基（デオキシリボヌクレオチド）としてだけでなく，反応を進めるためのエネルギー供給源となっている（dNTP → 鎖に挿入されるNMP + PP_i，PP_i → $2P_i$）．
14. 生成物であるピロリン酸を加水分解して取り除き，反応の逆行を防いでいる．
15. 新生される鎖の一方は3′から5′に向かう鎖を鋳型に使うが，5′から3′に向かう鋳型鎖で問題が起こる．自然は，この問題を新しくつくられる鎖を多くの小さな断片として合成し，DNAリガーゼで連結することで解決している（図10.6参照）．
16. 遊離の3′末端はヌクレオチドが付加する場所として必要である．多くの抗ウイルス薬が，何らかの方法で3′末端をなくす作用をもっている．
17. 大きな負の自由エネルギー変化で逆反応による脱重合化が起こること防いでいる．必要以上に過剰なエネルギーを消費することは，反応を逆行させないことが重要なときに見られる一般的な戦略である．
18. 求核置換反応は極めて一般的な機構であり，伸長中のDNA鎖の3′末端ヒドロキシ基は求核試薬の例としてよく引用される．
19. 活性部位とは別の場所に基質認識部位をもつ酵素はいくつもある．DNAポリメラーゼⅢでは，滑る留め金が（合成反応を触媒する）酵素の本体部分を鋳型となるDNAにつなぎとめている．このことによって酵素の連続伸長性が高められている．

10.4 DNA複製に必要なタンパク質

20. 4種すべてのデオキシリボヌクレオシド三リン酸，鋳型となるDNA，DNAポリメラーゼ，4種すべてのリボヌクレオシド三リン酸，プライマーゼ，ヘリカーゼ，一本鎖DNA結合タンパク質，DNAジャイレース，DNAリガーゼ．
21. DNAは5′→3′の方向に合成され，新しい鎖と鋳型鎖は逆平行になる．巻戻しに際して，一方の鋳型鎖は3′末端に向けて露出されていくので，この鎖では，5′→3′という合成の方向を守って短いDNA断片が逆向きに合成され，DNAリガーゼでつなぎ合わされる．図10.6参照．
22. DNAジャイレースは，複製フォークの前方にスイベル点をつくる．プライマーゼは，プライマーRNAを合成する．DNAリガーゼは，ラギング鎖で合成される短いDNA断片を連結して長いDNAをつくる．
23. 複製の過程において一本鎖DNAになった部分は，特異的なタンパク質と複合体を形成する．
24. DNAリガーゼは新生DNA鎖に残るニックをつなぐ．
25. DNA複製に必要なプライマーとは，伸長中のDNAの起点に結合している短いRNAのことである．
26. DNAを切断して複製フォークの前進によって生じる超らせんを取り除き，複製がうまく進行するように働く特異的な酵素がある．
27. ポリメラーゼⅢは，一つ前に取り込んだ塩基が正しい塩基相補性で結合していることを確かめてから次のデオキシリボヌクレオチドを取り込む．したがって，たとえその塩基がリボヌクレオチドであっても，一つ前の塩基が必要である．

10.5 校正と修復

28. 誤った塩基対の形成によって伸長中のDNA鎖に不正な塩基が取り込まれると，DNAポリメラーゼの3′エキソヌクレアーゼ活性が不正な塩基を取り除き，同じ酵素が正しいヌクレオチドを取り込み直す．
29. 大腸菌においては，DNAポリメラーゼⅠが二つの異なった種類のエキソヌクレアーゼ活性をもっており，それが修復酵素として機能する．
30. エンドヌクレアーゼがチミン二量体近傍でDNAにニックを入れる．ポリメラーゼⅠがまずヌクレアーゼとして働いて不正なヌクレオチドを取り除き，次いでポリメラーゼとして正しい塩基を取り込む．最後に，DNAリガーゼが残されたニックをつなぐ．
31. DNAのシトシンは自然に脱アミノ化してウラ

シルに変化することがある．DNA がウラシルではなく余分のメチル基をもつチミンをピリミジン塩基の一つとしていることで，ウラシルが存在する場所に本来あるべき塩基はシトシンであることが明確になるのである．

32. 約 5000 冊の本ということになる．理由：(10^{10} 文字／エラー）×（1 冊／2×10^6 文字）=（5×10^3 冊／エラー）

33. 1 分間当たり 12,000 語に相当する．理由：(1000 文字／秒）×（1 語／5 文字）×（60 秒／分）= 12,000 語／分

34. 16.5 週間に相当する．理由：(1 秒／1000 文字）×（10^{10} 文字／エラー）= 10^7 秒／エラー = 16.5 週間／エラー

35. 原核生物は複製後直ちに DNA をメチル化する．これはミスマッチ修復に対する準備であり，この修復を行う酵素はメチル基の存在によって正しい鎖を識別することができる．なぜなら，誤った塩基を取り込んだ新生鎖は，メチル化されていないからである．

36. DNA は，環境中の要因や自然に起こる突然変異によって常に損傷されている．それらのエラーが蓄積すると，有害に作用するアミノ酸の置換や欠失が起こる．その結果，細胞の分裂やプログラム細胞死の制御に関与する必須タンパク質の不活性化や活性亢進が起こって，がんを生じることになる．

37. 原核生物には，ひどい DNA の損傷を処理するための最後の頼みとなる機構がある．この機構は SOS 応答と呼ばれ，DNA の交叉を用いる反応である．この機構による複製は誤りを起こしやすいが，細胞が生き残るという点で役立っている．

10.6 真核生物における DNA の複製

38. 真核生物には，通常，複数の複製起点があるが，原核生物にはただ一つの複製起点しかない．

39. DNA 複製の一般的な特徴は原核生物と真核生物でよく似ている．主な違いは，真核生物の DNA ポリメラーゼがエキソヌクレアーゼ活性をもたないことである．また，合成された後，真核生物の DNA はタンパク質と複合体を形成するが，原核生物ではそのようなことが起こらない．

40. ヒストンは真核生物の DNA に結合しているタンパク質である．ヒストンの合成は DNA 複製に同調した速度で進み，それによって DNA とタンパク質が正しく組み合わされる．

41. (a) 真核生物の DNA 複製ではヒストンの合成を同時に進める必要がある．また，真核生物の直鎖状 DNA は極めて長い分子であり，末端部分では特別な処理を必要とする．
    (b) 細胞内オルガネラでの DNA 複製に固有のポリメラーゼが使われるからである．

42. 真核生物はより多くの DNA ポリメラーゼをもっており，それらは原核生物のものより大きな分子である．真核生物の DNA ポリメラーゼはエキソヌクレアーゼ活性をもたないことが多い．真核生物では複製起点の数が多く岡崎フラグメントの長さは短い．表 10.5 参照．

43. 真核生物には，細胞周期の間で S 期にただ一度だけ DNA 合成が起こるような機構が備わっている．DNA 合成の準備は G_1 期に行われており，実際に合成が起こるタイミングは厳密に制御されている．

44. テロメラーゼが不活性化されると，最終的には DNA 合成が止まってしまう．テロメラーゼは，DNA 合成のたびに末端部分が分解されるのを補うために，鋳型鎖の 3′ 末端を修復している．DNA の末端部分の分解は，鋳型鎖の 3′ 末端の RNA プライマーが DNA 合成のたびに分解されてしまうことによって起こる．

45. もしヒストンの合成が DNA 合成より速く起これば，結合する相手となる DNA のないヒストンを無駄につくってしまうことになり，タンパク質合成に必要とするエネルギー投資という面で極めて不利益である．

46. 複製認可因子群（RLFs）は真核生物の DNA に結合するタンパク質群である．その名前の由来は，これらのタンパク質が結合しなければ DNA の複製が起こらないからである．RLF のあるものはサイトゾル中に見出される．それらは，有糸分裂が始まって核膜が消失しているときにだけ染色体に接近できる．また，それらが結合しなければ複製を行うことができない．この性質によって真核生物の DNA 複製が細胞周期と結び付けられている．RLFs が結合すれば，DNA は複製できる状態になる．

47. 原核生物のほうが速い．それは，原核生物では

DNAが小さく，複製に関わる細胞内の区画化がないからである．真核生物におけるDNAの複製は細胞周期と同調して起こり，原核生物の細胞は真核生物の細胞より速く増殖する．

48. 逆転写酵素の働きによって，1本鎖のRNAを鋳型にして1本の相補的なDNA鎖が合成される．その後，合成されたDNA鎖が鋳型となって2番目のDNA鎖が合成される．

49. 環状のDNAは末端をもたない．このことによって，鋳型鎖の3′末端のRNAプライマーを除く際にその部分の構造を維持する仕組みが不要になる．つまり，環状DNAにはテロメアやテロメラーゼは不要である．

50. ミトコンドリアでのみ働くDNAポリメラーゼの存在は，この細胞内オルガネラが細菌の細胞内共生によってもたらされたものであるという考え方に合致する．この細菌は進化の初期段階ではもともと単独で生活していたものである．

Chapter 11

11.2 原核生物における転写

1. DNAをRNAに転写する際にはプライマーが不要である．

2. 大腸菌のRNAポリメラーゼは約500,000の分子量をもち，4種のサブユニットで構成されている．RNAの合成にはDNAの片方の鎖だけを鋳型として使い，5′から3′の方向に重合反応を進める．

3. ホロ酵素のサブユニット構成は，$\alpha_2\beta\beta'\sigma$である．

4. σサブユニットを欠いているのがコア酵素で，それをもっているのがホロ酵素である．

5. RNAポリメラーゼがRNA合成の鋳型にする鎖は鋳型鎖，非コーディング鎖，アンチセンス鎖，または（−）鎖と呼ばれる．もう一方の，TがUに替わっている以外は，配列が転写で生じるRNAと一致する鎖は，非鋳型鎖，コーディング鎖，センス鎖，または（+）鎖と呼ばれる．

6. プロモーター領域は，転写を始めるためにRNAポリメラーゼが結合するDNA上の領域である．この領域はRNAに転写される遺伝子本体の上流（鋳型鎖の3′末端側）に存在する．多くの生物について，プロモーター領域のDNA塩基配列は共通している（コンセンサス配列）．コンセンサス配列は，転写開始点の10塩基対および35塩基対上流に存在することが多い．

7. コーディング鎖の5′から3′の方向に存在順に列挙すると，Fis部位，UPエレメント，−35領域，プリブナウボックス，そしてTSS（転写開始点）である．

8. 内因性終結反応にはRNAのヘアピンループ形成が関与する．ヘアピンループがRNAポリメラーゼを失速させてA-U塩基対に富んだ領域上で転写が終結すると，転写物が遊離する．ρ因子依存性終結反応でも同様にヘアピンループ形成が関与するが，それに加えてRNA上を転写バブルに向けて移動するρ因子が関わる．RNAポリメラーゼがヘアピンループで失速することでρ因子が転写バブルに追いつき，転写を終わらせる．

9. 図11.1参照．上側のDNA鎖はRNA合成に利用されない非鋳型鎖で，TがUに置き換わる以外は転写で生じるRNAと同じ塩基配列をもつことからコーディング鎖と呼ばれる．この鎖は，その塩基配列がタンパク質産物の正しいアミノ酸配列を指示するのでセンス鎖とも呼ばれ，正の情報の配列を持つので（+）鎖と呼ばれることもある．下側の鎖はRNA合成の鋳型になるので鋳型鎖と呼ばれ，転写されたRNAとは塩基配列が異なるので非コーディング鎖とも呼ばれる．また，この鎖は同じ理由でアンチセンス鎖や（−）鎖とも呼ばれる．

11.3 原核生物における転写調節

10. インデューサーとは，オペロンに含まれる構造遺伝子の転写を促す物質である．リプレッサーとは，オペロンに含まれる構造遺伝子の転写を抑制する物質である．

11. σ因子とは原核生物のRNAポリメラーゼのサブユニットであり，ポリメラーゼに特異的なプロモーターに向かう指示を与える．これは，原核生物が遺伝子発現を調節する一方法である．

12. σ^{70}は大腸菌RNAポリメラーゼの通常のσサブユニットであり，RNAポリメラーゼに対して通常の条件下におけるほとんどの遺伝子転写を指示する．σ^{32}は，細胞が高温の環境で生育するときに産生される選択的なサブユニット

で，RNAポリメラーゼに対して熱ショック状態で発現が必要となる別の遺伝子の転写を指示する．

13. カタボライト活性化タンパク質は，*lac*オペロンの構造遺伝子の転写を促す大腸菌の転写因子である．このタンパク質は，cAMP濃度に応答し，細胞がラクトースを唯一の栄養源として使わねばならないときにだけ，*lac*オペロンを転写する．

14. 転写の減衰は，原核生物に見られる過程で，産生されつつあるmRNAで同時進行する翻訳速度に基づいて，転写の継続か途中での停止かを選択するものである．この過程は，アミノ酸合成に関わるタンパク質を産生する遺伝子によく見られる．

15. オペロンは，プロモーター，オペレーターおよび構造遺伝子で構成されている．リプレッサーがオペレーターに結合すると，構造遺伝子の転写開始に必要なRNAポリメラーゼのプロモーターへの結合ができなくなる．インデューサーがあると，インデューサーがリプレッサーに結合して不活性化し，不活性なリプレッサーはオペレーターに結合できなくなり，RNAポリメラーゼがプロモーターに結合するので，構造遺伝子の転写が起こる．

16. 図11.6を見よ．

17. *B. subtilis*に感染するファージSPO1を例にする．このウイルスの初期遺伝子群は，通常のσサブユニットを使う宿主のRNAポリメラーゼによって転写される．ウイルス初期遺伝子の一つによってコードされているgp28と呼ばれるタンパク質は，感染中期に宿主のRNAポリメラーゼにウイルス遺伝子を優先的に転写させる別のσサブユニットである．中期における転写で産生されるタンパク質のgp33とgp34は共に後期遺伝子の転写を指示する別のσサブユニットである．

18. 図11.16参照．トリプトファン濃度が低いと，*trp*tRNA^{trp}が不足してmRNAのトリプトファンコドン上でリボソームが立ち往生する．そこでリボソームが止まると，アンチターミネーターループが形成されるので，転写が中断されることなく全長のmRNAが生成される．そこでリボソームが止まらないと，ターミネーターループが形成されてリーダー部分を転写した状態でmRNAが離れてしまう．

11.4 真核生物における転写

19. エキソンは，発現される情報をもつDNAの領域であり，最終的に生成されるmRNAはこの部分の塩基配列を反映している．イントロンは，最終的な遺伝子産物中には現れない介在配列であり，mRNAを作るスプライシングの過程で除かれる．

20. 原核生物では1種だが，真核生物には3種のRNAポリメラーゼがある．真核生物には多くの転写因子があり，複合体を形成してRNAポリメラーゼの動員に関わる．真核生物では，転写後にRNAが徹底したプロセシングを受け，多くの場合，mRNAが核から出なければ翻訳が起こらない．これに対して，原核生物は転写と翻訳を同時に行うことができる．

21. RNAポリメラーゼⅠはrRNAの大部分を産生する．RNAポリメラーゼⅡはmRNAを産生する．RNAポリメラーゼⅢはtRNA，リボソームの5Sサブユニットおよび核内低分子量RNAを産生する．

22. 第一の要素は，エンハンサーやサイレンサーとして働くさまざまな上流エレメントで，コアプロモーターの近くには二つの共通配列がある．それらは，GGGCGGというコンセンサス配列をもつGCボックス（−40）とGGCCAATCTというコンセンサス配列をもつCAATボックス（−110付近まで）である．第二の要素は，−25付近に見出されるTATAA(T/A)というコンセンサス配列をもつTATAボックスである．第三の要素は，+1の転写開始点を含み，開始エレメント（Inr）と呼ばれる配列に囲まれている．最後の要素として，下流の調節部位が存在する可能性もある．

23. TFⅡA，TFⅡB，TFⅡD，TFⅡE，TFⅡF，およびTFⅡHが基本転写因子である．TFⅡDはTATAボックス結合因子であり，TAF（TBP結合因子）群とも結合する．

24. その主要な機能は，転写開始反応のための開鎖複合体形成に関わる基本転写因子としてのものである．この因子は，基本転写ユニットに結合してヘリカーゼ活性によってDNAを解離させ，RNAポリメラーゼのCTDをリン酸化して

プロモーターからの解離を促す．その他にもサイクリン依存性キナーゼ活性をもっており，TFⅡHは転写を細胞周期に結びつけることにも関与する．また，DNAの修復にも関与する．

11.5 真核生物における転写調節

25. 熱ショック配列は，温度の上昇に応答する．金属応答配列は，カドミウムなど重金属の存在に応答する．cAMP応答配列は細胞内のcAMP濃度によって多様な遺伝子を制御する．

26. CREBはcAMP応答配列に結合する転写因子であり，細胞内cAMP濃度に依存する数百の遺伝子の転写に関与している．cAMPの存在下でCREBはリン酸化され，CREと基本転写装置を結び付けるCREB結合タンパク質と結合できるようになり，転写を促進する．

27. 真核生物における調節はより複雑である．原核生物における調節は，σサブユニットの選択，プロモーターの性質，およびインデューサーとリプレッサーを利用することによって行われている．真核生物における調節には，多様なプロモーター配列，転写因子，およびコアクチベーターが関与している．それに加えて，転写するにはDNAをヒストンから解離させる必要があるため，ヒストンの修飾も関連している．

28. 合成途中にあるmRNAにリボソームが結合して翻訳が始まる．mRNAのリーダー配列がリーダーペプチドをつくる．mRNAには異なる役割をもつ複数のループ構造がつくられる．ループ構造のある組合せができると転写が終結してしまう．このとき，形成されるループ構造の組合せは，mRNA上をリボソームが移動する速度によって制御されており，移動速度は，翻訳に利用できる特定のtRNAの量によって支配されている．（訳注：転写減衰は真核生物ではなく，原核生物において見られる転写調節機構である．）

29. 遺伝子には基底レベルの転写速度があると考えられる．エンハンサーに転写因子が結合すると，転写速度がそれ以上に上昇するが，サイレンサーに転写因子が結合すると，転写の速度は基底レベル以下に下がる．

30. 応答配列は，特異的な転写因子と結合して標的遺伝子の転写レベルを上昇させるエンハンサー配列である．しかし，応答配列による調節は，cAMP，グルココルチコイド，重金属類などといった一般的な細胞内シグナルに応答して起こる．応答配列は，多数の遺伝子群を調節したり，また，一つの遺伝子が複数の応答配列の制御下に置かれていることもある．

31. 下図に示すように，CREBはCREに結合する．リン酸化されるとCREBはCBPとも結合し，基本転写複合体と架橋構造を形成する．

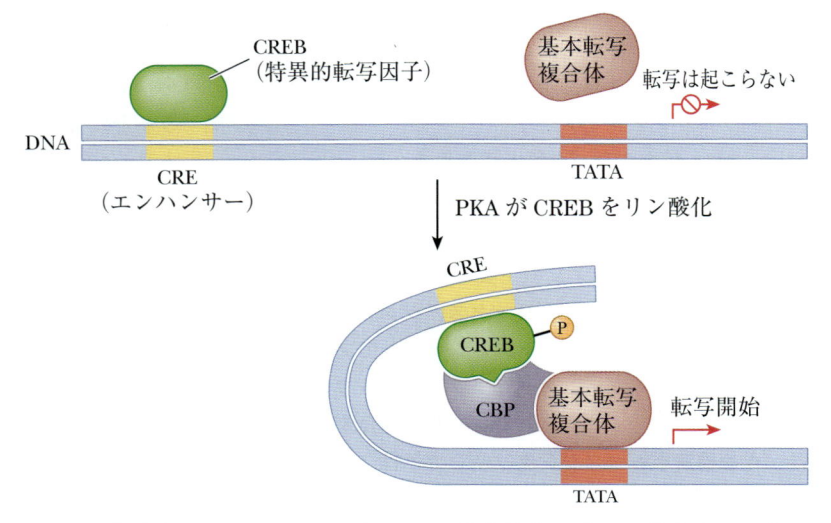

32. TFⅡDは，RNAポリメラーゼⅡが作動するための基本転写因子の一つで，そのサブユニットの一つは真核生物プロモーターのTATAボックスに結合するタンパク質である．TATAボックスとTBPに複合体をつくって結合するのが，TBP結合因子群（TBP associated factors），すなわちTAFsと呼ばれる複数のタンパク質である．

33. この記述は誤りである．TATA ボックスは多くの真核生物プロモーターがもっているが，もたないものもある．

34. 真核生物の転写における伸長反応は複数の方法で調節されている．それには，RNA ポリメラーゼが一時停止する休止部位や，RNA ポリメラーゼに正常な転写終結点を過ぎるまで転写できるようにする抗終結機構がある．基本転写因子である TFⅡF は，開始反応に関与するとともに，RNA ポリメラーゼⅡに休止部位を読み飛ばさせることで転写を促進する．別の伸長因子である TFⅡS は，休止部位で一旦止まったRNA ポリメラーゼに転写の再開を促すことから，停止解除因子と呼ばれている．また，P-TEF および N-TEF と呼ばれる別のタンパク質もあり，それぞれ，伸長反応に対して正および負の影響を与える．

35. CREB は，多くの遺伝子に関与することが見出されている普遍的な転写因子である．cAMP 濃度が高いと CREB はリン酸化され，遺伝子の活性化を引き起こす．CREB が仲介する転写は，細胞増殖，細胞分化，精子形成，ソマトスタチンの分泌，成熟 T 細胞の発育，低酸素条件下での神経細胞の保護，サーカディアンリズム，運動への適応，糖新生の調節，ホスホエノールピルビン酸カルボキシキナーゼや乳酸デヒドロゲナーゼの転写調節，学習と長期記憶の保持に関わっている．

36. 酸性ドメイン，高グルタミンドメイン，および高プロリンドメイン．

11.6 DNA 結合タンパク質の構造モチーフ

37. ヘリックス・ターン・ヘリックス，ジンクフィンガーおよび塩基性領域-ロイシンジッパー．

38. DNA 結合タンパク質の主要なモチーフは，ヘリックス・ターン・ヘリックス，ジンクフィンガー，塩基性領域-ロイシンジッパーである．ヘリックス・ターン・ヘリックスモチーフは，二つのヘリックスが DNA の主溝に適合するような構造をもつ．ジンクフィンガーは，システインおよび/またはヒスチジンの組合せが亜鉛イオンと錯体を形成し，それを囲むようにタンパク質のループが形成されている．このループは DNA の主溝に適合し，複数のループが DNA の主溝にらせん状に巻き付いている．塩基性領域-ロイシンジッパーは，二つのドメインをもつ．一つのドメインには，7 残基ごとに存在するロイシンが α ヘリックスの同じ側に並び，他のドメインの対応する構造と結合して二量体を形成する働きをする．塩基性の領域は，リシンとアルギニンに富んでおり，静電的相互作用で DNA 鎖に強く結合する．

11.7 RNA の転写後修飾

39. スプライシングでイントロンが除かれる．塩基が修飾される．mRNA の 3′ 末端にポリ(A) テール，5′ 末端にキャップが付加される．

40. snRNP 群の 1 種である U-1 が自己の免疫系に攻撃される標的になっている．

41. どちらも mRNA のスプライシングの違いによる複数のアイソフォームをもっている．

42. トリミングは，転写で生じた RNA を適切なサイズに整えるために必要である．tRNA は，複数の tRNA が 1 本の長い RNA 分子として転写されることが多く，活性な tRNA 分子となる過程でトリミングされる必要がある．

43. 真核生物の mRNA を作るプロセッシングでは，キャップの付加，ポリアデニル化およびコーディング配列のスプライシングが行われる．

44. snRNP は，核に存在する小型のリボ核タンパク質粒子であり，mRNA のスプライシングの場となる．

45. RNA は，mRNA，tRNA および rRNA という古くから知られた役割の他に，スプライシング反応，トリミング反応，ペプチジルトランスフェラーゼによるペプチド合成反応などの他の機能も果している．また，低分子 RNA が産生され，それらは特異的な DNA に結合して転写を止めるサイレンサーとして作用することも示されている．

46. 図 11.36 を見よ．

47. ヒトゲノムプロジェクトは，ヒトは生物学的にも生化学的にもずいぶん複雑に見えるけれども，ヒトの遺伝子の数は以前に考えられていたよりずっと少ないと結論づけた．そのように少ない遺伝子でより多くの種類のタンパク質をいかにして作るかという問題に対する一つの可能な答えは，mRNA のスプライシングを多様にすることである．こうすれば，同じ量の DNA からより多くの遺伝子産物を得ることができ

11.8 リボザイム

48. リボザイムは活性中心にタンパク質が関係することなく触媒活性を示す RNA であり，RNase P の触媒部位はリボザイムである．テトラヒメナの rRNA の自己スプライシングは古典的な例であるが，最近になって，リボソームのペプチジルトランスフェラーゼの活性が，実はリボザイムによるものであることが示された．

49. RNA の自己スプライシングには二つの機構が知られている．グループ I リボザイムでは，外部からのグアノシンがスプライス部位に結合してイントロンの一端を切り離し，遊離されたエキソンの末端が次のエキソンの末端と反応して二つのエキソンを連結する．この過程でイントロンは環状構造になる（図 11.38 参照）．グループ II リボザイムは，投げ縄機構をとり，イントロン内にあるアデノシンの 2′-OH がスプライス部位と反応する（図 11.36 参照）．

50. タンパク質は RNA に比べて，より効率的な触媒である．その理由は，タンパク質がより多様な立体構造をもち，その結果，特定の反応を行うために最大の効率が得られるように活性部位をつくり上げることができるからである．

Chapter 12

12.1 遺伝情報を翻訳するということ

1. 図 12.1 を参照せよ．

12.2 遺伝暗号

2. 1 アミノ酸を 2 塩基で表すコードでは，16（4×4）通りのコドンしか作れないから，20 種のアミノ酸をコードするには不適切である．

3. 縮重したコードとは，1 種類のアミノ酸を指定するトリプレットが複数あるということである．

4. フィルター結合法では，1 種類のアミノ酸だけを ^{14}C で放射標識した 20 種類のアミノアシル tRNA 混合物を，フィルターに結合させた合成 RNA トリプレットとリボソームの複合体に反応させる．放射活性がフィルターに結合すれば，標識したアミノ酸をもつ tRNA がそのトリプレットに結合したことになり，それが標識アミノ酸に対応するコドンであることが決定できる．この実験をすべてのトリプレットが決まるまで繰り返し行った．

5. ゆらぎ塩基となるのは，ウラシル，グアニン，ヒポキサンチンである．

6. UAA，UAG，UGA の 3 種が終止コドンである．これらのコドンは，tRNA によっては認識されず，終結因子と呼ばれるタンパク質によって認識される．終結因子は，新しいアミノアシル tRNA の結合を妨げるだけでなく，ペプチジルトランスフェラーゼに作用して，その活性をペプチド鎖の C 末端と tRNA の結合を加水分解するように変える．

7. mRNA は鋳型鎖に対して逆平行に合成されるので，mRNA のコドンは DNA 鋳型鎖のコドンと逆向きになることに注意すること．

   (a) 位置 1 は中程度の効果をもつ．この位置でのプリン塩基同士の置換が起こるとすべての場合にアミノ酸が変化する．この変化は保存的である傾向が高く，考えられる 16 通りの変化のうち疎水性から親水性への変化をもたらすのは 4 種の置換だけである．ここでは，グリシンは疎水性でも親水性でもないと考える．置換の結果生じるタンパク質は，2 番目の塩基が置換した場合より機能を保持している可能性が高いが，3 番目の塩基の置換に比べれば影響は大きい．

   (b) 位置 2 は最も重要な情報をもっており，どのような塩基置換が起こってもアミノ酸が変化する．しかし，この場合，疎水性アミノ酸同士の置換という保存的変化になる可能性が高く（75 %），タンパク質の機能が保持される可能性が期待できる．残りの 25 % はセリンまたはトレオニンへの置換で，極性は変化するが，側鎖に電荷の変化はないので，タンパク質は機能を保持する可能性がある．

   (c) この変化は荷電変化を含めて，アミノ酸の型が変化してしまう可能性が高い．この変化の結果，タンパク質が正しい機能を保持する可能性はかなり低い．

   (d) 位置 3 は情報としての重要性が低い．置換があってもアミノ酸が変化しない可能性が高い．タンパク質は機能を保つことができることが多い．

8. "ゆらぎ"という概念は，コドンの初めの2文字は同じになっているが，3番目の塩基には変化する余地があることを指している．これは実験的にもその通りである．

9. ヒポキサンチンは最も融通性の高い"ゆらぎ"塩基であり，アデニン，シトシン，ウラシルと塩基対を形成できる．

10. これは理にかなっている．あるアミノ酸のコドンが一つか二つの共通したヌクレオチドをもっていれば，突然変異で機能を失ったタンパク質を生じる機会が減ることになる．将来における生存にとって価値があるものは，進化の過程で選択されることが保証されている．

11. 曖昧な暗号はタンパク質のアミノ酸配列に変化を起こし，機能を失った多くのタンパク質の生成などタンパク質の機能変化を起こす結果となるだろう．

12. ミトコンドリアの遺伝暗号がゲノムの遺伝暗号と異なっていることは，ミトコンドリアが進化の初期の歴史において，もともと独立した細菌として存在していたという考えを支持するものである．

12.3 アミノ酸の活性化

13. ATPのAMPとPP$_i$への加水分解が，活性化段階を進めるためのエネルギーを供給する．

14. アミノ酸の活性化における校正は二段階で行われる．最初の段階は，アミノアシルtRNAシンテターゼ上の加水分解部位を必要とするものであり，tRNAにエステル結合した不適切なアミノ酸がここで取り除かれる．第二段階の校正は，アミノアシルtRNAシンテターゼ上のtRNA認識部位を必要とするもので，誤ったtRNAは酵素にしっかりと結合できない．

15. タンパク質合成の忠実度を保証しているのは，以下の諸因子である．アミノアシルtRNAの生成段階では，アミノ酸とtRNAを正しく組み合わせて結合させる酵素の基質特異性，アミノアシルアデニル酸の生成段階での校正機能，ならびにエネルギーの"過剰消費"（訳注：反応の不可逆性を意味する）が関与する．他の要因としては，mRNAとリボソームおよびコドンとアンチコドン間の正しい水素結合が関与する（なお，後者の結合は比較的ゆっくりと起こり，ミスマッチしたままペプチド結合が形成される前に解離させる時間がある）．タンパク質合成の忠実度は，正しい塩基対形成とエネルギーの過剰消費に加えて校正機構をもっているDNA合成の忠実度ほど高くはないが，エネルギーの過剰消費と塩基対形成のみによるRNA合成の忠実度よりは高い．

16. 個々のアミノ酸に対して別々のシンテターゼがあり，各シンテターゼがそのアミノ酸に対応するすべてのtRNA分子に対して働くことができる．

17. アミノ酸のtRNAとの結合は，アミノアシルエステルの一種であるということ．

18. 活性化段階での校正では，アミノ酸とtRNAの両方に対して選択機能が働く．校正がコドン-アンチコドン認識の段階だけで行われるなら，正しいアミノ酸がtRNAにエステル結合していることを保証する機構がなくなってしまう．

19. アミノ酸の活性化の全反応過程は，二つのリン酸エステル結合が加水分解されることで，エネルギー論的には都合のよい反応（訳注：自由エネルギーが大きく減少する反応）になっている．そのようなエネルギー供給がなければ，アミノ酸活性化反応は不利な（訳注：自由エネルギーが増加する）反応となる．

12.4 原核生物における翻訳

20. ペプチジルトランスフェラーゼは，タンパク質合成において新しいペプチド結合の形成を触媒する．伸長因子EF-TuとEF-Tsは，アミノアシルtRNAのA部位への結合に必要である．第三の伸長因子であるEF-Gは次のアミノ酸に対するコドンを提示するためにmRNAがリボソームに対して相対的に移動するトランスロケーション段階に必要である．

21. 大腸菌の開始複合体は，mRNA，リボソーム30Sサブユニット，fMet-tRNA^{fMet}，GTPおよびIF-1，IF-2，IF-3と呼ばれる3種のタンパク質性開始因子を必要とする．IF-3は，mRNAとリボソーム30Sサブユニットの結合に必要であり，他の2種の開始因子は，fMet-tRNA^{fMet}とmRNA-30Sサブユニット複合体との結合に必要である．

22. タンパク質合成が伸長反応の段階に進むには，リボソーム50Sサブユニットが開始複合体のリボソーム30Sサブユニットに結合すること

が必要である.

23. リボソームのA部位とP部位はそれぞれ，タンパク質合成中のリボソーム上において，アミノ酸または伸長中のペプチドを結合したtRNAが結合している部位である．P（ペプチジル）部位は，伸長中のペプチドが結合しているtRNAの結合部位である．A（アミノアシル）部位は，アミノアシルtRNAが結合する部位であり，そのアミノ酸が新生ペプチド鎖に追加される．E（離脱）部位は，転移反応が終わってペプチド鎖を離したtRNAがリボソームから解離するまで結合している部位である．

24. ピューロマイシンは，ペプチド鎖のC末端にペプチド結合して新しいペプチド結合の生成を妨げ，ペプチド鎖の伸長反応を終結させる（図12.14参照）．

25. 終止コドンは，アミノアシルtRNAのリボソームへの結合を妨げるタンパク質である終結因子と結合して，新生タンパク質を遊離させる．

26. タンパク質の合成過程において，mRNAはリボソームの小サブユニットに結合している．

27. シャイン-ダルガーノ配列は，原核生物mRNAのプリン塩基に富むリーダー部分である．この配列は，リボソーム30Sサブユニットに含まれる16S rRNAのピリミジンに富む配列と結合して，mRNAをAUG開始コドンから始まる翻訳に適した位置にもってくる．

28. その友人は誤解している．水素結合した領域はtRNAの全体構造の保持に関与している．水素結合はまた，アミノアシルtRNA合成酵素によるtRNAの認識においても重要である．

29. $tRNA^{fMet}$に結合したメチオニンはホルミル化されているが，$tRNA^{Met}$に結合したメチオニンはホルミル化されていない．

30. 異なるtRNAと異なる因子群が関与することで区別している．開始反応にはIF-2が関与し，この因子はMet-$tRNA^{Met}$ではなくfMet-$tRNA^{fMet}$を認識する．これとは逆に，伸長反応においては，EF-TuがfMet-$tRNA^{fMet}$ではなくMet-$tRNA^{Met}$を認識する．

31. tRNAのメチオニンのアンチコドン（UAC）が，タンパク質合成の開始信号であるmRNA配列中のメチオニンのコドン（AUG）を認識する（訳注：原著のこの答えは質問に合っていない．開始コドンをN-ホルミルメチオニンをもつtRNAが認識する機構は，上記のコドン-アンチコドン認識と共に，リボソームの30SサブユニットがシャインーダルガーノⅠ配列直後のAUGを認識し，fMet-$tRNA^{fMet}$が30SリボソームとmRNAの複合体と特異的に結合する（問題30の解答参照）ことによる）．

32. タンパク質合成の忠実度を保証する機会は，タンパク質合成の過程で2回ある．最初の機会はアミノ酸の活性化段階であり，2回目の機会はmRNA上でコドンとアンチコドンを塩基対形成させるときである．

33. (a) 150AAから成るタンパク質の合成に必要な，活性化のサイクル数：150
    (b) 同じく，開始反応サイクル数：1
    (c) 同じく，伸長反応サイクル数：149
    (d) 同じく，終結反応サイクル数：1

34. 1アミノ酸当たり，四つの高エネルギーリン酸結合：アミノアシルtRNA合成段階で二つ，EF-Tuによる伸長反応に一つ，EF-Gが関与するA部位からP部位へのトランスロケーションに一つ．ペプチド結合形成には約5 kcal/molが必要．以上を合計すると，ペプチド結合を作るために消費されるエネルギーは，約30 kcal/molとなり，これがペプチド形成によるエントロピーの減少と高い忠実度に対するコストである．

35. 厳密な計算は無理である．編集や校正に必要なエネルギー支出を無視すれば，最大値は高エネルギーリン酸結合の数に基づいて計算できる．高エネルギーリン酸結合を～Pで表せば，それがアミノ酸1残基当たりで四つ，リボヌクレオチドまたはデオキシリボヌクレオチド1残基当たりで二つ必要なので，以下のような計算ができる．（4～P/アミノ酸）＋（6～P/コドン）＋（6～P/DNAトリプレット）＝16～P/アミノ酸（約117 kcal/molアミノ酸）．しかし，現実の値は，以下のいくつかの要因でもっと少なくてすむ．すなわち，1分子のmRNAは分解されるまでに多くのタンパク質の合成に繰り返し利用できる．DNAの合成は細胞1世代で1回しか起こらず，一つの遺伝子は多くのmRNAの合成に使われる．さらに，rRNAやtRNAは比較的寿命が長く，タンパク質合成に

36. ペプチジルトランスフェラーゼが生物界で最も高いアミノ酸配列の保存性を示すものの一つである．この事実は，この酵素が生命進化の極めて早い段階に出現し，その構造を変化させることができなかったほど，生命にとって重要なものであることを示している．

37. 精製度の低いリボソーム標品にはポリソームが混入しており，ポリソームは単独のリボソームよりタンパク質の合成活性が高いからである．

38. 初期の段階では，ペプチド結合の形成はRNAによって触媒されていたが，進化の時を経て，タンパク質性の触媒が出現し，それがより効率的なものになったことで，タンパク質酵素がリボソームに不可欠な要素となった．

39. 電子顕微鏡は，リボソームの構造と機能に関する情報を与えるが，X線結晶構造解析法を使えば，さらに詳しい情報が得られる．

40. リボソーム上で二つのtRNAが相互に接近して結合していることで，伸長中のポリペプチド鎖とそれに付加されることになるアミノ酸が互いに近づくことができる．この状態が次に起こるペプチド結合の形成を促している．

41. ウイルスは感染した細胞のタンパク質合成装置を乗っ取り，自分の核酸と細胞のリボソームを使ってタンパク質を合成する．

12.5 真核生物における翻訳

42. 細菌と真核生物のタンパク質合成の類似点：開始コドン，終止コドンが同一である．同じ遺伝暗号を使っている．合成反応の化学的機構が同じである．tRNAが両者間で交換可能である．主要な相違点：原核生物では，シャイン－ダルガーノ配列があり，イントロンはない．真核生物では，mRNAに5′-キャップと3′ポリ(A)テールがあり，イントロンがスプライシングで除かれている．

43. 元々のN末端メチオニン残基は，翻訳後修飾の過程で除かれることがある．

44. ピューロマイシンはウイルス感染症の治療に有効であるが，クロラムフェニコールは有効ではない．ウイルスのmRNAは，真核生物の翻訳系によって翻訳されるので，真核生物の系に有効な抗生物質を使用しなければならない．

45. 原核生物におけるタンパク質合成は，mRNAへの転写とmRNAの翻訳が同時に起こるという，共役した過程で進行する．これは，原核生物の細胞が区画化されていないことで可能になっている．真核生物では，mRNAは核内で転写され，プロセシングされてから，タンパク質合成を行うべく細胞質に出ていく．

46. 突然変異によって終止コドンが導入されてしまうことがあるので，このような変異によって不完全なタンパク質ができるのを抑制する機構をもつことは細胞にとって有益である．

12.6 タンパク質の翻訳後修飾

47. ヒドロキシプロリンは，四つのコドンをもつアミノ酸であるプロリンから，コラーゲン前駆体の翻訳後修飾の過程で生成される．

12.7 タンパク質の分解

48. ユビキチンは真核生物で高度に保存されている小さな (76アミノ酸残基) ポリペプチドである．ユビキチンがタンパク質に結合すると，そのタンパク質にプロテアソームで分解される目印を付けたことになる．

49. 分解されるべきタンパク質が目印となる信号をもたなければ，分解の過程がランダムに起こり，効率的とはいえない．

50. タンパク質の分解が細胞内のあらゆる場所で起こるならば，機能を有するタンパク質の無差別な分解が起こり得るので，それはありそうもないことである．分解すべきタンパク質に目印をつけ，細胞内の特定の場所で分解する機構をもつことは，細胞にとってずっと有益である．

Chapter 13

13.1 核酸の精製と検出

1. 安全性である．使用に特別な許可もいらないし，簡単に廃棄できる．

2. DNAを^{32}Pで標識してゲルで電気泳動した後，ゲルをX線フィルムに感光させて現像すると，放射活性をもつ部分がX線フィルム上に黒いバンドとして現れる．これをオートラジオグラフィーと呼ぶ．

3. ゲル電気泳動にかけるDNAは普通，制限酵素によって切断した直鎖状の断片であり，DNA分子の形状が揃っている．また，DNAの電荷はヌクレオチドがもつリン酸によるものであ

り，構成単位当たりの電荷は一定している．このことより，DNA断片の形状と重量当たりの電荷が均一になるので，分離は分子のサイズのみに基づいて行われ，短いものほどゲル内を速く移動する．

13.2 制限酵素

4. 特異性の異なる複数の制限酵素を使うと，得られる断片には配列の重なった部分ができ，そこを重ね合わせることで複数の断片の配列をつなぎ合わせて長いDNA全体の塩基配列を決めることができる．

5. 制限酵素はメチル化されている認識配列は切断しない．

6. 制限酵素を産生する生物のDNAでは，その制限酵素の認識部位がメチル化などによって修飾されているからである．

7. 塩基配列の違いに起因する対立遺伝子間での制限酵素断片長の違い（制限酵素断片長多型またはRFLPs）が，7番染色体上における嚢胞性繊維症遺伝子の正確な位置を決めるためのマーカーとして使われた．

8. エンドヌクレアーゼは，核酸を末端から順にではなく，鎖の中間で切断する酵素である．制限という言葉は，この酵素をもつ細菌がバクテリオファージのDNAを切断することによって，感染細菌内でのファージの増殖が制限されることに由来する．

9. これらはいずれも回文（後の二つの場合の句読点とスペースは無視する）であり，DNA配列中に見られる回文配列もこれに似ている．これら五つの例は，声に出して読んだ時に区別できるのと同様，DNAの異なる回文配列は，特異性の高い制限酵素によって区別され，その作用を受ける．

10. GGATCC，GAATTC，AAGCTT（これらは5′から3′の方向に記されていることを思い出し，相補鎖の配列を5′から3′に向けて読むと同じ配列になること確かめておくこと）．

11. *Hae*IIIは4塩基の配列をその中央で切断して平滑末端をつくる．*Bam*HIは6塩基の配列を5′側から2番目の塩基の位置で切断し，付着末端をつくる．

12. 付着末端は，二本鎖DNAの末端から突き出した短い一本鎖の部分である．この末端は，ある種の制限酵素による切断でつくられるが，平滑末端をもつ二本鎖DNAに短い一本鎖を化学的に結合させてつくることもできる．付着末端は，起源の異なるDNA同士（例えば，同じ付着末端をもつ外来遺伝子とプラスミド）が，相補鎖間の水素結合によって互いを見つけ出す上で重要である．付着末端で貼り付いた二つの鎖を共有結合でつなぎ合わせるには，DNAリガーゼが用いられる．

13. *Hae*IIIを使うことの利点は平滑末端を生じることである．平滑末端を生じる制限酵素で切断したDNAは，他の平滑末端を与える制限酵素で切断したいかなるDNAとでも結合することができる．付着末端を生じる他の制限酵素で切断されている場合は，その一本鎖部分を速やかに取り除く酵素もある．*Hae*IIIの欠点は，認識配列が4塩基であり，ゲノム中における出現頻度が高いため，目的DNAが途中で切断されることが多いことである．また，平滑末端では，付着末端を利用する場合に比べ，二つのDNAを特異的に結合させることがやや面倒である．

13.3 クローニング

14. 外来性DNAの一部を，適当なベクター（細菌のプラスミドであることが多い）に組み込んで細菌に導入し，その細菌を培養することでそのDNAを何倍にも増やすことができる．なお，ベクターとしてウイルスもよく利用される．

15. 最も一般的なベクターは細菌のプラスミドである．組み込む外来DNAのサイズによっては，ウイルスやコスミドをベクターに用いることもできる．

16. ベクターとして使うプラスミドには，目的DNAが組み込まれていることと，ベクターが宿主細胞に取り込まれていることの両方に対するマーカーをもたせておく必要がある．典型的なマーカーとしては，アンピシリン耐性遺伝子があり，プラスミドを取り込んだ細胞だけがアンピシリンを含む平板培地で増殖できる．目的DNAを取り込んだプラスミドを選択するためには，外来DNAを第二のマーカーの中に組み込むことが一般的である．第二のマーカーは異なる抗生物質耐性遺伝子またはβ-ガラクトシダーゼ遺伝子のような別の遺伝子とすることが多い．

17. 青・白スクリーニングを行うことができるプラスミドの重要な特徴は，β-ガラクトシダーゼのαサブユニット遺伝子をもっていることである．このプラスミドは，β-ガラクトシダーゼのαサブユニットを欠損した大腸菌株に導入する．β-ガラクトシダーゼは X-gal と呼ばれる無色の糖誘導体を青色の色素に変換する．プラスミドを制限酵素で切断する場所は β-ガラクトシダーゼ遺伝子の中に設けられている．プラスミドを取り込んだ細胞はアンピシリン存在下で増殖し，目的遺伝子を取り込まずに再閉環（セルフライゲーション）したプラスミドを取り込んだ細胞のコロニーは青色になるが，目的 DNA を組み込んだプラスミドを取り込んだ細胞は（β-ガラクトシダーゼ遺伝子が破壊されているため）青色を生じない．

18. DNA を切断するための制限酵素，DNA を再結合させるための DNA リガーゼ，外来 DNA を組み込む適切なベクター，ベクターの受容細胞株，および目的の形質転換体を選択するための適切な方法．

19. 大部分の組換え DNA は細菌またはウイルス中に保持されるから，変異したウイルスや細菌が外部に漏れ出して，他の生物に感染したり，薬剤に抵抗性をもった細菌などが致死的な可能性のある新たな感染症をつくり出してしまうのではないかということが大きな懸念となる．この問題に対する予防措置として，組換え DNA 生物を完全に殺してから廃棄するために，培養したものは頻繁に滅菌すること，組換え DNA をもつ生物を外部と隔離できる安全キャビネット内で実験すること，および用いるベクターの選択に注意を払うことである．研究室以外の環境では自己複製できない安全なベクターとして，特定の細胞内でしか自己複製しない欠損ベクターが用いられる．

13.4 遺伝子工学

20. 病害への抵抗性，病原体への抵抗性，保存性，窒素固定の量（タンパク質含量），および極端な温度に対する抵抗性の増強．

21. インスリン，ヒト成長ホルモン，組織プラスミノーゲンアクチベーター，エンテロキナーゼ，エリスロポエチン，およびインターフェロン．

22. その畑で栽培されているトウモロコシは遺伝子改変されているということ．導入されている遺伝子は細菌の *Bacillus thuringiensis* に由来するものである．

23. LDH3 は，H_2M_2 というサブユニット構成をもつ．それぞれのサブユニットは別々の遺伝子によってコードされているので，LDH3 をクローニングするには M サブユニットと H サブユニットの遺伝子を別々にクローニングしなければならない．それぞれの遺伝子を別の発現細菌株にクローニングしてタンパク質を発現させた後，個々のサブユニットを混ぜ合わせると四量体ができ，その一部が LDH3 になる．LDH3 が構築されたことは，未変性ゲル電気泳動で確認する．

24. pET5 プラスミドのような発現ベクターは，普通のクローニングベクターのどれもがもっている構成要素（すなわち，複製起点，選択マーカー，マルチクローニングサイト）の他に，組み込まれた DNA を転写させる能力をもつことが必要である．発現ベクターは，T7 ポリメラーゼのような RNA ポリメラーゼに対するプロモーターと転写終結配列をもっており，両者の間にマルチクローニングサイトがおかれる．これらのベクターは，誘導によって T7 RNA ポリメラーゼを産生するような細菌株と共に用いる．

25. 融合タンパク質は，発現ベクターがコードするタンパク質と目的遺伝子によってコードされるタンパク質がつながったものである．よく用いられるものの一つに，転写，翻訳後の目的タンパク質にヒスチジンタグとエンテロキナーゼが結合したものがある．このようなタグは，得られる目的タンパク質の精製を容易にするために利用される．大量発現させた目的タンパク質は，精製を容易にするような性質をもたせた融合タンパク質として精製することで，宿主細胞の他のタンパク質から素早く分離できる．

26. ウシの成長ホルモンは，タンパク質であるため腸管内で変性し消化されてしまう．また，このホルモンはすべての牛乳にある程度は含まれている．

27. αグロビンを産生する目的で細菌のプラスミドに組み込む DNA 配列は，αグロビン mRNA に相補的な配列をもつ cDNA でなければならない．cDNA は mRNA を鋳型にして，逆転写酵

素が触媒する反応でつくることができる．

28. 適切なプローブを使って成長ホルモンをコードする遺伝子を単離する．この遺伝子を細菌のゲノムに組み込む．細菌を増殖させてヒトの成長ホルモンを産生させる．

29. 一般の人々は，哺乳動物に由来するプリオンによる汚染を心配している．したがって，細菌を用いて目的とする哺乳動物のタンパク質を大量に発現させることができれば，プリオンによる汚染の危険性はなく，安全である．

13.5 DNA ライブラリー

30. DNA ライブラリーは，一つの生物種のゲノム由来の DNA 断片のすべてをクローン化した細胞の集合体である．cDNA ライブラリーは，生物から分離した mRNA を cDNA に変換してクローニングし，ライブラリー化したものであるので，cDNA ライブラリーには mRNA を分離した組織で発現していた遺伝子の配列が保存されることになる．

31. DNA ライブラリーがある生物のゲノム全体の DNA をカバーするためには，ゲノムから得られる各々の DNA 断片のそれぞれに対応するクローンを少なくとも一つは含んでいなければならない．このことは，ライブラリーにすべての DNA 断片が存在することを保証するには，数十万個のクローンを分離する必要があることを意味する．

32. DNA ライブラリーを構築するのは膨大な作業であることから，一旦構築されたライブラリーを科学界全体で共有できるようにすることが望ましく，これによって無駄な労力が不要になるからである．

13.6 ポリメラーゼ連鎖反応

33. ポリメラーゼ連鎖反応では，二本鎖 DNA の分離とそれに続くプライマーのアニーリングのサイクルを繰り返す．二本鎖の分離には，アニーリングよりかなり高い温度が必要であり，厳密な温度制御が要求される．

34. ポリメラーゼ連鎖反応では，過程の一部に高い温度が必要である．耐熱性 DNA ポリメラーゼを用いれば，増幅反応を繰り返すたびに新しい酵素を加える必要がないが，DNA ポリメラーゼが耐熱性でなければ毎回新しい酵素を補給することが必要になる．

35. "良い"プライマーとは，正，逆両プライマーの GC 含量がほぼ同じで，プライマー間およびプライマー内で二次構造を形成する可能性が極めて少なく，増幅する遺伝子に対して十分な特異性を与えるだけの長さをもつが，それほど高価ではないものである．

36. 混入している DNA も目的の DNA と同じように PCR の各段階で増幅されるので，不純な生成物を与える．（訳注：原本の上記の答えには，文頭に"混入している DNA に同じプライマーと反応する配列があれば，"という但し書きが必要である．）

37. (a) 二つのプライマーの GC 含量が違い過ぎる．
    (b) 正方向のプライマーがそれ自身で二次構造を形成してしまう（両端に存在する逆方向の G と C の連続によるヘアピンループ形成）
    (c) 正方向と逆方向のプライマーが相互に結合してしまう．

13.7 DNA フィンガープリント法

38. ポリメラーゼ連鎖反応は，目的とする DNA を大量に増やすことができ，他の方法では性質が調べられないほど微量な DNA 標品であっても正確に同定することが可能である．この方法は，被疑者が犯行現場にいたことを確定する目的で，現場で見つかった毛髪や血液にも適用される．この方法はまた，殺人事件の被害者と思われる遺体の身元確認にも使うことができる．

39. 二つの DNA 標品が異なるものであることを示すことは，両者が同一であることを証明するよりずっとやさしいからである．

13.8 DNA の塩基配列決定法

40. 5′GATGCCTACG 3′

41. これには二つの要因が関係している．第一の要因は，配列を決定するために大きな高分子を扱いやすい大きさに切断する時，タンパク質を分解するエンドプロテアーゼの切断部位に対する特異性が，ある程度特異的であるとはいえ，完璧というにはほど遠く，雑多な混合物を与えることである．一方，制限酵素は DNA 中の回文塩基配列に対して完璧な特異性を示し，長さの揃ったきれいな断片を与えるので，精製が容易である（目的タンパク質の遺伝子が入手できなくても，mRNA が利用できるなら，逆転写酵

素を使って cDNA を作ることができることにも注目）．第二の要因は，断片内部で追加の切断をしなければ，タンパク質の配列解析は比較的短い断片しか扱えないということである．例えば，エドマン分解法は 50 アミノ酸未満のペプチドにしか適用できない．これに対してDNA では，ポリアクリルアミドゲル電気泳動と組み合わせたジデオキシ法を利用すれば，10〜20 倍長い DNA 断片を取り扱うことができる．

42. DNA の情報には遺伝子中に存在するイントロンの配列が含まれていることが多いので，DNA の塩基配列についての知識からだけでは最終的に産生されるタンパク質のアミノ酸配列について誤った答えを与えてしまう可能性がある．また，タンパク質は翻訳後修飾を受けるので，タンパク質のアミノ酸配列には DNA に反映されないものがあるかもしれない．

43. 自由回答．

44. 利益になる例：将来の心臓疾患の危険性をもつ人は食事や運動により注意を払うことができるし，前もって薬を服用することで発症を抑えることもできるであろう．医師は遺伝子情報からより正確な診断と迅速な処置を指示することができるようになるに違いない．
    有害となる例：雇用が健全な遺伝子型であるか否かという予見に基づいて行われたり，リスクの大きい遺伝子型をもつ人が，健康保険や生命保険への加入を断られる可能性がある．“遺伝子型に問題があること”に対する新しいタイプの偏見と差別が起こり得る．

13.9 ゲノミクスとプロテオミクス

45. ゲノムは，その生物のすべての遺伝子を含む，細胞にある DNA 全体である．プロテオームはそれに相応するタンパク質全体のことである．

46. ショウジョウバエ *Drosophila melanogaster* のプロテオーム解析が行われている．

47. ロボット技術を用いて，数千種類の特異的な一本鎖 DNA 断片をガラス板または“チップ”に結合させる．被検試料から RNA を集め，蛍光タグをつけた cDNA に変換する．この試料をチップに加えて cDNA を結合させる．チップの蛍光を蛍光検出装置で読み取り，チップ上のどの DNA に cDNA が結合したかを明らかにする．RNA を産生しているのは転写が活性な遺伝子だけなので，この結果はどの遺伝子が活発に転写中であるかを教えてくれる．

48. 酵母を二つの条件で培養し，mRNA を集める．次に，mRNA を cDNA に変換し，それぞれの cDNA を異なる色の蛍光色素で標識する．このように調製した検体を，酵母ゲノム由来の DNA を結合させた遺伝子チップに反応させる．遺伝子チップの示す蛍光標識の色によって，それぞれの条件下でどの遺伝子が活性であったかを知ることができる．

49. がん化した細胞は，遺伝子レベルでは代謝に変化が起こっている．既知のがんをもつ患者の遺伝子発現パターンは，そのがんの指紋のような働きがある．診断対象の患者から RNA を採取して cDNA に変換する．cDNA 試料をヒトゲノムの遺伝子チップと反応させ，蛍光標識を利用して結合状態を解析し，そのパターンを既知のがんに特徴的なパターンと比較して診断する．

50. DNA マイクロアレイには数千種類に及ぶ一本鎖 DNA が結合している．それらは，与えられた生物試料中に存在する mRNA を検出するために用いられ，mRNA を cDNA に変換して，解析する．これに対してタンパク質アレイには，特異的で高度に精製された抗体が結合している．生物組織由来の試料をこのチップと反応させると，チップ上の抗体に対する抗原が結合する．この状態のチップに，蛍光標識した二次抗体を反応させ，蛍光検出装置を用いて測定する．得られたパターンから組織試料中に存在する抗原を知ることができ，患者の診断に利用することができる．

Chapter 14

14.1 ウイルス

1. DNA をもつウイルスもあれば，RNA をもつウイルスもある．ウイルスゲノムは一本鎖のものもあれば，二本鎖のものもある．

2. (a) ビリオンとは，ウイルス粒子全体のことである．
   (b) キャプシドとは，ウイルスの核酸を取り囲むタンパク質の殻のことである．
   (c) ヌクレオキャプシドとは，核酸とキャプシ

ドの組合せのことをいう．
　(d) スパイクとは，膜タンパク質であり，ウイルスが宿主に結合することを助ける．
3. ウイルスを分類する主要な要素は，そのゲノムがDNAかあるいはRNAか，あるいはそのウイルスがエンベロープ膜をもつかどうかである．さらに，核酸が一本鎖か二本鎖か，あるいはウイルスが宿主にどのように取り込まれるかという点も考慮される．
4. ウイルスは，宿主細胞の形質膜の特異的なタンパク質に結合し，自身の核酸をその細胞内に注入する．
5. 溶菌経路では，ウイルス核酸は宿主細胞内で複製され，新たなウイルス粒子としてパッケージされ，その後宿主細胞が溶解する．溶原性経路では，ウイルスDNAは宿主のDNAに組み込まれる．
6. 相関はない．エボラ出血熱ウイルスのようなウイルスは速効性で致命的である．一方，HIVのように，感染過程は遅いがやはり致命的なウイルスもある．インフルエンザウイルスは速効性であるが，今日では命に関わることはまれである．
7. ウイルスの特異的なスパイクタンパク質を攻撃する薬物は良い選択といえるだろう．これは，スパイクタンパク質に対する抗体でもよいし，宿主細胞との結合を妨げる薬物でもよい．レトロウイルスにおける逆転写酵素のような重要なウイルス酵素や，あるいはウイルス粒子の再封入に関わる酵素を阻害する薬物もまた良い選択といえるだろう．
8. ウイルスは宿主細胞の状況に基づいて，しばしば二つの経路を使い分ける．もし宿主が良好な健康状態であれば，ウイルスが複製し，新たなウイルス粒子を作り上げるには十分な材料がある．一方，宿主細胞が飢餓状態である場合や不健康な場合は，ウイルスの複製や粒子の形成に用いることができるエネルギーや資材は限られている．そうしたときに，溶原化が起こることにより，ウイルスDNAが宿主に組み込まれ，細胞の健康状態が回復するまで待機することができるようになる．
9. 例えば，CD4を欠くヘルパーT細胞をもつヒトが該当するだろう．HIVはその宿主細胞への結合の過程で，CD4に結合しなければならない．

14.2 レトロウイルス

10. レトロウイルスはRNAゲノムをもち，DNAへと逆転写される過程を経て，宿主のDNAに組み込まれる．
11. 逆転写酵素．
12. 一点目は，レトロウイルスが発がんと関連するからである．二点目は，HIVがレトロウイルスであるからである．三点目は，遺伝子治療に応用できるからである．
13. 遺伝子治療とは，ある遺伝子の機能を失った個体の細胞にその遺伝子を導入することである．
14. *Ex vivo* 遺伝子治療では，患者から細胞が採取され，治療に用いる遺伝子が組み込まれたウイルスをその細胞に感染させる．一方，*in vivo* 遺伝子治療では，必要な遺伝子を含むウイルスを患者に直接感染させる．
15. 最もよく利用されているものは，モロニー白血病ウイルス（MMLV）とアデノウイルスである．どちらも，ウイルスの複製に重要な遺伝子は除かれ，治療のための遺伝子を含む発現カセットに差し替えられている必要がある．
16. MMLVのようなレトロウイルスを利用する場合には，治療のための遺伝子が別の遺伝子を破壊してしまうような場所に挿入されてしまうという危険性がある．偶然と考えられる以上の確率で，がん抑制遺伝子を破壊するような場所で起こるようであり，結果としてがんを引き起こす．治療のための遺伝子を導入するためのウイルスに強く反応する患者が現れるという危険性も考えられる．少なくとも1件，致命的な結果となった事例がある．
17. 最も重要なことは，治療のための遺伝子をどこへ送り込まなければならないかである．一部のウイルスは非常に特異的に標的細胞に感染する．例えば，疾患が肺で起こるものであれば，肺の細胞を攻撃することが得意な，アデノウイルスのようなウイルスが有効な選択である．この場合は，*in vivo* 遺伝子治療が有用である．なぜなら，肺の細胞は生体から採取し，置換することが困難だからである．一方，免疫細胞に問題がある場合，骨髄細胞は採取可能で，形質転換して患者に戻すことができる．したがっ

て，*ex vivo* 遺伝子治療が選択肢となる．

18. 遺伝子治療に危険はつきものである．SCID の患者は免疫系に障害をもつために通常の生活を送ることは不可能であり，患者が通常の生活を送れるような医薬品もほとんど存在しない．そのため，SCID は実験的な手法を用いる上で最初の候補となった．糖尿病は，危険性が低く，確立された別の方法によって効果的に病状を調整することができる．

14.3　免疫系

19. AIDS は免疫系の障害として最も有名な問題である．SCID もまたよく知られている．アレルギー全般も自己免疫疾患と同様に，免疫系の障害である．糖尿病の多くは，免疫系により自身の膵臓の細胞が攻撃されるという自己免疫疾患により引き起こされる．

20. 自然免疫とは，さまざまな防御反応を指しており，最前線の防御として，皮膚や粘膜，涙液が挙げられる．その次には，樹状細胞，マクロファージ，NK 細胞といった防御陣が控えている．これらは常時存在しており，自然免疫系の細胞は常に全身を巡回している．獲得免疫とは，B 細胞や T 細胞が関与する反応であり，抗原刺激に応じて対応する一部の細胞が活性化され，さらにそれらが増殖する．

21. 物理的なバリアとして，皮膚，粘膜，涙液が挙げられる．自然免疫系の細胞としては，樹状細胞，マクロファージ，NK 細胞がある．

22. B 細胞は抗体を産生し，キラー T 細胞はウイルスに感染した細胞を破壊し，ヘルパー T 細胞は B 細胞の活性化を助ける．

23. 主要組織適合性抗原（MHC）とは，抗原提示細胞がもつ受容体である．MHC は感染細胞内で分解された抗原断片と結合し，それを細胞表面に提示する．T 細胞はそれで感染細胞に結合する．

24. クローン選択とは，ある特定の T 細胞や B 細胞が刺激を受け，増殖することをいう．提示された抗原を認識できる受容体をもつ細胞のみが選択される．

25. 自然免疫系の細胞が，ウイルスや細菌，がん化した細胞といった病原体を最初に攻撃する．その後，その細胞は自身の MHC を介して病原体由来の抗原を細胞表面に提示する．獲得免疫系の細胞は，MHC/抗原複合体を認識し，それに結合して，獲得免疫系の応答を始動させる．

26. インターフェロンはごく少量しか産生されないサイトカインであり，がん化した細胞を攻撃する NK 細胞を刺激する．がんの最初の治療の一つが，NK 細胞を活性化させるインターフェロンの患者への投与であった．したがって，がんの治療上，クローン化されたインターフェロンの大量供給は有用であった．

27. T 細胞や B 細胞が分化する際に，両者はある意味で"訓練"を受ける．これらの細胞が自己抗原を認識する受容体をもつとき，その細胞は分化初期の段階で排除される．また，こうした細胞がいかなる抗原も認識しない場合，その細胞は放置されて死滅してしまう．その結果，一部の自己は認識しないが，外来抗原は認識できる一群の細胞が生き残る．

28. 自然免疫の一部であるマクロファージは"諸刃の剣"である．その存在はがん細胞の攻撃に重要であり，マクロファージが徹底した攻撃を行えば，がん細胞は破壊される．しかしながら，マクロファージは炎症反応を引き起こし，そのために生き残ったがん細胞が成長することを間接的に助ける働きをしていることも近年明らかにされている．

29. ヘルペスウイルスの小さな ncRNA が，このウイルスが免疫系から逃れる能力と関連している．

30. ヘルペスウイルスは，宿主細胞のミトコンドリアの呼吸鎖を安定させる ncRNA を産生する．この仕組みのために，宿主の免疫系による早い段階での感染細胞の破壊が妨げられる．同時に，ウイルスにより産生される miRNA は NK 細胞を引き寄せる細胞表面のタンパク質の産生を阻害する．

14.4　がん

31. がん細胞は，周囲の細胞が増殖シグナルを発していないような，正常な細胞が増殖しないような状況においても継続的に増殖する．がん細胞はまた，周辺の組織が"増殖停止"シグナルを送っているような状況においてさえ，増殖し続ける．がん細胞は体内の血管系を利用して血管新生を誘導し，がん化した細胞に栄養が送られるようにする．がん細胞は本質的に不死であり，

無限に分裂，増殖を続ける．がん細胞は周囲の拘束から離脱し，身体の別の場所へと移動し，新たながん化した領域を形成する．これは転移として知られる過程である．

32. がん抑制因子とは，細胞が分裂，増殖する能力を制限する分子のことである．がん遺伝子は，その産物であるタンパク質が細胞の分裂，増殖を促進するものである．

33. p53 というタンパク質は，がん抑制因子である．p53 の変異は，ヒトのがんの半数以上で認められる．Ras は細胞分裂に関わり，このタンパク質の変異はヒト腫瘍の30%と関連がある．

34. ウイルスは多くのがんと関連づけられている．レトロウイルスは，宿主の DNA に自らの DNA を挿入することから，とりわけ危険である．これが，がん抑制遺伝子で起こった場合，がん抑制因子は不活性化され，がんの原因となる．また，がん原遺伝子とがん遺伝子は類似しているので，何度もウイルスが感染するうちに，がん原遺伝子ががんを起こす能力をもつようになることもよくある．

35. ウイルス療法とは，ウイルスを用いてがんを治療する試みのことをいう．ウイルス療法には2種類の戦略がある．一つはがん細胞を直接攻撃，死滅させるためにウイルスを利用するものである．この場合，ウイルスはがん細胞に特異的なタンパク質をその表面にもっている．感染したウイルスはがん細胞を死滅させる．もう一つは，がん細胞に遺伝子を導入し，化学療法に対する感受性を高める方法である．

36. もし喫煙ががんの原因であるとするならば，喫煙するヒトはすべてがんになることになるが，これは真実ではない．喫煙はがんと関連があり，将来，がんが発症することを強く予測させる因子である．しかしながら，がんは，細胞内で様々な誤りが重なった結果生じるものであり，単一の決定的な原因というものはない．

37. がん抑制因子は，細胞の分裂と増殖の制御を補助するタンパク質である．車にたとえれば，スピードを緩めるブレーキのようなものである．多くのがんで，がん抑制因子の変異が関係している．がん遺伝子の産物は細胞の分裂や増殖を刺激する．車でたとえれば，これはアクセルである．その他の多くのがんにおいて，がん遺伝子の過剰な活性化が，最終的にはがんを引き起こしている．

38. Ras, Jun, Fos は，すべてがん遺伝子と考えられている．細胞分裂の過程において，Ras は必要な因子であるが，通常は細胞が分裂しなければいけないときのみ活性化する．がん原性の Ras は過剰に活性化しており，過剰な細胞分裂を引き起こす．Ras はがん化の過程では早い段階に位置している．Jun と Fos は転写因子であり，合わせて AP-1 という．AP-1 は CBP が関与する転写活性化経路に関わる．

39. 初期の試みの多くは，活性化型の p53 遺伝子を遺伝子治療の手法で特異的に輸送するというものであった．しかしながら，そのような遺伝子輸送は，多くの場合でヒトの患者に対しては実際的ではなかった．現在，研究者は p53 の発現量が増大するような薬物を探索している．

40. Prima-1 と CP-31398 の二つの薬物は変異した p53 を再度活性化させる．Nutlins は MDM2 という，p53 の内在性の阻害剤であるタンパク質の働きを妨げる．

41. p53 の機能を回復する方法は複数ある．一つは，遺伝子治療の手法により，p53 を欠くヒトに機能のある p53 遺伝子を供与する方法である．また，細胞内で p53 を阻害する分子を中和するという方法もある．他に，p53 遺伝子の転写を刺激し，p53 タンパク質の合成を促進するような薬物を投与する方法もある．さらに，p53 の阻害剤として働く分子の転写を抑制する薬物を使うアプローチもある．

42. 自然免疫系は，がんとの戦いに役立つシステムである．がん化した細胞は，救援を求めるシグナルとして働く特定のタンパク質をその細胞表面に発現する．マクロファージや NK 細胞といった自然免疫系の細胞は，こうしたがん関連抗原を細胞表面に提示している細胞を攻撃する．これらの細胞は，しばしばがん化した細胞を破壊し，危機は終焉する．ところが，がん化した細胞が死滅しなかった場合は，自然免疫系の細胞が存在することにより炎症反応が起こる．近年の研究からは，炎症反応は前がん段階の細胞を一人前のがん細胞へと転換させるスイッチとなることが示されている．このように，自然免疫の細胞が，がん細胞の攻撃に失敗して死滅さ

せられなかった場合には，むしろ，がん細胞は強化される．

43. がんの進行が炎症により促進されるという認識により，一部の科学者は，根治より症状のコントロールに注力するべきという考え方に至っている．彼らは，がん細胞の存在の可能性が実際にあるとしても，もし炎症反応を抑制することができるのであれば，がん細胞は増殖も転移もしないかもしれないと考えている．

Chapter 15

15.1 自由エネルギー変化に関わる標準状態

1. 関係がある．このことは本章における最も重要な点の一つである．それは，式 $\Delta G^{\circ\prime} = -RT \ln K'_{eq}$ で表すことができる．

2. 反応 (a) は，発エルゴン反応と共役するときだけ起こる．反応 (b) は，発エルゴン反応と共役するときだけ進行する．反応 (c) は，記述通りに進行する．

3. ここで与えられた情報は，反応の熱力学について論じたもので，速度論に関するものではない．したがって，反応の速度を予測することはできない．

15.2 生化学的応用のための標準状態の補正

4. 通常の熱力学的標準状態は，pH = 0 において適用される．これでは，生化学における有用性は全くない．

5. 記述 (a) は正しいが，記述 (b) は正しくない．溶質の標準状態は，通例，単位活量（最も厳密な研究を除けば，すべて $1 M$）として定義されている．生物学的な系における pH は，おおむね中性域（すなわち，H^+ は $10^{-7} M$ 近傍）にある．したがって，補正は利便性の問題である．水は溶質ではなく溶媒であり，その標準状態は純粋な液体である．

6. 記号 $\Delta G^{\circ\prime}$ は，生物学的な標準状態を示している．符号（′）が付されていない場合は，化学的な標準状態を示す．

7. できない．熱力学的な量である ΔG と速さの間には関連はない．ΔG° は，標準状態における熱力学的な可能性を反映し，速さは，反応を触媒する酵素の能力と細胞内の基質濃度に基づく速度論的な量である．

8. 有効数字1桁と仮定すると，20 kJ mol^{-1}，0 kJ mol^{-1}，+30 kJ mol^{-1}．

9. $\Delta G^{\circ\prime} = \Delta H^{\circ\prime} - T\Delta S^{\circ\prime}$ と $\Delta S^{\circ\prime} = 34.9$ J mol^{-1} K^{-1} = 8.39 cal mol^{-1} K^{-1}．式の反応物側には二つの粒子があり，生成物側には三つの粒子がある．これは無秩序さの増大を表している．

10. 298 K で有効数字1桁と仮定すると，(a) −50 kJ mol^{-1}；(b) −20 kJ mol^{-1}；(c) −20 kJ mol^{-1}．

11. 基質および生成物の濃度は反応の真の ΔG に影響する．このとき ΔG は，小問 (a) のように 0 から高い値まで変化する．ΔG は，生成物よりも基質の量が多いときに負となる．

12. 全体の $\Delta G^{\circ\prime} = -260.4$ kJ mol^{-1} または -62.3 kcal mol^{-1}．大きな負の $\Delta G^{\circ\prime}$ であることから明らかなように，反応は発エルゴン的である．

13. 3333 対 1 より大きい．

14. 反応 (a) は，示された方向には進行しない；$\Delta G^{\circ\prime} = +12.6$ kJ mol^{-1}．反応 (b) は，示された方向に進行する；$\Delta G^{\circ\prime} = -20.8$ kJ mol^{-1}．反応 (c) は，示された方向には進行しない；$\Delta G^{\circ\prime} = +31.4$ kJ mol^{-1}．反応 (d) は，示された方向に進行する；$\Delta G^{\circ\prime} = -18.0$ kJ mol^{-1}．

15. 標準値からの温度や濃度の差を補正すれば，使用できる．

16. 二つの見方がある．(a) in vivo 濃度が標準濃度であることはまずあり得ない；実際 ΔG（ΔG° ではない）値は，特に反応物分子の数と生成物分子の数が同じでない場合は，それらの局所の濃度に強く依存する．(b) ΔG° 値は，厳密には平衡に達し得る閉鎖系に対してのみ適用できる．しかし，生化学的な系は開放系であり，平衡に達しない．もし人が平衡状態にあったとすれば，その人は死んでいるはずである．代謝経路は連続した反応から構成されており，代謝経路自体が周囲から物質を取り込み，老廃物を周囲に放出する過程を含み，相互に連結している．

15.3 代謝の本質

17. グループ1：異化，酸化的，エネルギー放出性．グループ2：同化，還元的，エネルギー要求性．

18. 生体が関係する局所的なエントロピーの減少は，生体の存在に起因する外界のエントロピーの増大によって釣り合いがとられている．反応の共役は，宇宙におけるエネルギーの全体的な

分散を招くことになる．

19. 光合成による植物における糖の合成は吸エルゴン的であり，太陽からの光エネルギーを必要とする．

20. タンパク質の生合成は，吸エルゴン的であり，多量のエントロピー減少を伴う．

21. 生体によって絶えず産生されるATPは，吸エルゴン過程のための化学エネルギーの供給源となっている．分子の代謝回転は盛んに起こっているが，正味の変化はない．

15.4 代謝における酸化と還元の役割

22. (a) NADHは酸化される．$H^+ + NADH \longrightarrow NAD^+ + 2e^- + 2H^+$．アルデヒドは還元される．$CH_3CH_2CHO + 2e^- + 2H^+ \longrightarrow CH_3CH_2CH_2OH$

    (b) Fe^{2+}は酸化される．$Fe^{2+} \longrightarrow Fe^{3+} + e^-$．$Cu^{2+}$は還元される．$Cu^{2+} + e^- \longrightarrow Cu^+$．

23. (a) アルデヒドは酸化剤であり，NADHは還元剤である．

    (b) Cu^{2+}は酸化剤であり，Fe^{2+}は還元剤である．

15.5 生物学的に重要な酸化−還元反応に関与する補酵素類

24. NAD^+，$NADP^+$およびFADは，いずれもADP部分を含んでいる．

25. NADPHでは，アデニンに結合しているリボースの2′位のヒドロキシ基にリン酸基が結合している．

26. 両者の反応には，ほとんど影響がない．両者ともに酸化−還元反応に関与する補酵素である．リン酸基の存在は，二つの別々の補酵素のプールを区別するのに役立っている．それゆえ，異なったNADPH/$NADP^+$比とNADH/NAD^+比が維持できる．

27. どの記述も正しくない．一部の補酵素は，基転移反応に関係している（Chap. 7参照）．また，多くの補酵素はリン酸基を含んでおり，CoAは硫黄を含んでいる．ATPは貯蔵エネルギーを表してはいないが，要求があり次第，ATPは産生される．

28. 酸化還元反応である．同化過程においては，NAD^+またはNADPHが使われるであろう．FADはその自由エネルギー変化がかなり小さいので，おそらく使われないものと思われる．

29. 2番目の半反応（NADHを含む反応）が酸化であるのに対し，1番目の半反応（O_2を含む反応）は還元である．全体の反応は，
$\frac{1}{2}O_2 + NADH + H^+ \longrightarrow H_2O + NAD^+$
O_2は酸化剤であり，NADHは還元剤である．

30. 図15.3および図15.4を参照．

31. グルコース6−リン酸が酸化され，$NADP^+$は還元される．$NADP^+$が酸化剤であり，グルコース6−リン酸は還元剤である．

32. FADが還元され，コハク酸は酸化される．FADが酸化剤であり，コハク酸は還元剤である．

33. 酸化還元に関わる補酵素に，異なる二つのプールがあることは重要である．サイトゾルでは，NAD^+/NADH比が高いが，NADPH/$NADP^+$比も高い値を示す．このことは，同化反応がサイトゾルで起こることを示す一方で，解糖といった異化反応も起こり得ることを意味している．もし，このような異なる二つの補酵素プールがなかったならば，単一の細胞部位で異化と同化の双方が起こることはない．二つの異なった，しかし，構造的に似通った還元剤をもつことは，互いに異なる同化と異化反応を保持するのに役立っている．

15.6 エネルギーの生成と利用の共役

34. 基質と生成物の比は，321,258：1である．

35. クレアチンリン酸 + ADP $\longrightarrow$
    クレアチン + ATP；$\Delta G°' = -12.6 \text{ kJ mol}^{-1}$
    ATP + グリセロール $\longrightarrow$ ADP + グリセロール3−リン酸；$\Delta G°' = -20.8 \text{ kJ mol}^{-1}$
    クレアチンリン酸 + グリセロール $\longrightarrow$
    クレアチン + グリセロール3−リン酸；
    全体の$\Delta G°' = -33.4 \text{ kJ mol}^{-1}$

36. グルコース1−リン酸 $\longrightarrow$ グルコース + P_i；
    $\Delta G°' = -20.9 \text{ kJ mol}^{-1}$
    グルコース + P_i $\longrightarrow$ グルコース6−リン酸；
    $\Delta G°' = +12.5 \text{ kJ mol}^{-1}$
    グルコース1−リン酸 $\longrightarrow$ グルコース6−リン酸；$\Delta G°' = -8.4 \text{ kJ mol}^{-1}$

37. 両方の反応とも，全反応は，ATP + $2H_2O$ $\longrightarrow$ AMP + $2P_i$となる．エネルギーのような熱力学的パラメーターは，加算性が成り立つ．全体の経路が同じであるから，全体のエネルギーは同じになる．

38. ホスホアルギニン + ADP ⟶
　　アルギニン + ATP； $\Delta G^{\circ\prime} = -1.7 \text{ kJ mol}^{-1}$
　　ATP + H_2O ⟶ ADP + P_i；
　　　　　　　　$\Delta G^{\circ\prime} = -30.5 \text{ kJ mol}^{-1}$
　　ホスホアルギニン + H_2O ⟶
　　アルギニン + P_i； $\Delta G^{\circ\prime} = -32.2 \text{ kJ mol}^{-1}$

39. 荷電分布とリン酸イオンの共鳴安定化の喪失のために，ATP は ADP と P_i よりも不安定である．ATP は，加水分解されると負の自由エネルギー変化を生じ，安定化（エネルギーの分散）する．

$$ADP + P_i + H^+ \longrightarrow ATP + H_2O$$
$$\Delta G^{\circ\prime} = 30.5 \text{ kJ mol}^{-1} = 7.3 \text{ kcal mol}^{-1}$$

構造反応式で示すと

40. 中等度である．したがって，ATP は，局所の濃度に依存してリン酸の供与体として，または，リン酸の受容体（ADP）として働く．

41. クレアチンリン酸は，ADP をリン酸化して ATP にすることができる．したがって，そのこと自体は，生化学的に見て"真実の兆し"を含んでいるが，このようなサプリメントの有効性となると，別問題である．

42. 一つの分子が五つの別々な分子に加水分解されるのに伴い，大幅なエントロピーの増大が起こる．

43. PEP は，加水分解されるとエネルギーを放出するので，高エネルギー化合物である．その理由は，加水分解によって遊離した無機リン酸の共鳴安定化と，生成物ピルビン酸で起こるケト-エノール互変異性化に依拠している．図 15.8 を参照．

44. $\Delta G^{\circ\prime} = -31.4 \text{ kJ mol}^{-1}$．ある反応が熱力学的に有利であるということは，その反応が生物学的に起こることを意味しているわけではない．たとえ，PEP から 2ATP を産生するに足るエネルギーがあるとしても，その反応を触媒する酵素が存在しない．

45. 短距離走やそれに類する短時間の運動では，エネルギー供給源として嫌気的な代謝に依存しており，その結果，乳酸が生成する．長時間の運動では，好気的な代謝も利用する．

15.7　代謝経路の活性化における補酵素 A の役割

46. 活性化の段階は，経路中の発エルゴン的な次の段階につながっている．それは，有機化学者が一連の反応において次の段階に対して都合の良い脱離基を付加したいと望むのと似ている．

47. 一般に小さなエネルギー変化は，緩和な条件を意味している．また，このような反応は，比較的小さな濃度変化に敏感であるため，制御しやすい．

48. チオエステル類が高エネルギー化合物であると見なせるのは，加水分解後の生成物に起こる解離と共鳴構造に起因している．

49. 補酵素 A は，いろいろな目的に利用されている．本化合物は，高エネルギー化合物の一つであり，代謝経路の最初の段階を活性化する．また，本化合物は，特定の経路の分子に"目印"をつける付け札として使われている．本化合物は大きく，膜を透過できないので，補酵素 A と代謝物との結合は代謝経路の細胞内区画化に影響を及ぼす．

50. 本分子のサイズと複雑さが，特定の酵素が触媒する反応をより特異的なものにしている．さらに，本分子が膜を透過できないことから，アシル CoA および他の CoA 誘導体は細胞内で隔離される．

Chapter 16

16.1　糖：構造と立体化学

1. 多糖は単糖のポリマーである．単糖は 1 個のカルボニル基と数個のヒドロキシ基をもつ化合物である．フラノースはフランに類似した五員環構造をもつ環状型の糖である．ピラノースはピ

ランに類似した六員環をもつ環状型の糖である．アルドースはアルデヒド基をもつ糖であり，ケトースはケトン基をもつ糖である．グリコシド結合は二つの糖を連結するアセタール結合である．オリゴ糖は数個の単糖がグリコシド結合で連結してできた化合物である．糖タンパク質はタンパク質に糖が共有結合してできたものである．

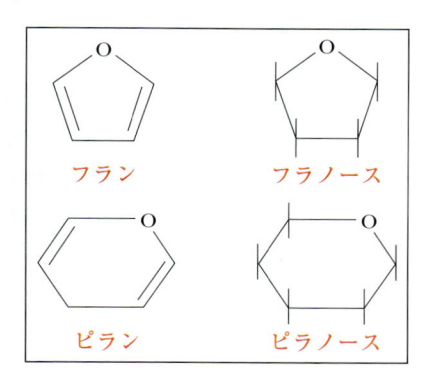

フラン　フラノース

ピラン　ピラノース

2. D-マンノースとD-ガラクトースはD-グルコースのエピマーであり，それぞれC-2とC-4の立体配置が逆になっている．D-リボースは炭素を5個しかもっておらず，この問題に出てくる残りの糖は6個の炭素をもっている．

3. すべてがアルドースとケトースの組合せである．

4. エナンチオマーは重ね合わせられず，鏡像の関係にある立体異性体である．ジアステレオマーは重ね合わせられず，鏡像でもない立体異性体である．

5. D-グルコースには単一の炭素で逆の立体配座をもつ4個のエピマーが存在する．これはC-2からC-5までの炭素で可能である．

6. フラノースとピラノースはそれぞれ五員環と六員環である．この大きさの環は最も安定で最も形成しやすいことが有機化学で知られている．

7. グルコースの直鎖型では4個の不斉中心が存在する（C-2からC-5まで）．環状化によってヘミアセタール形成に関わる炭素が新たに不斉中心となり，環状型では合計5個の不斉中心が生じる．

8. エナンチオマー：①と⑥，②と④．エピマー：①と③，①と④，①と⑤，②と③，②と⑤，②と⑥．

（構造式 1〜6：CHO を上端にもつ Fischer 投影式）

9. L-ソルビトールは生化学の歴史の初期にL-ソルボースの誘導体として名付けられた．D-グルコースの還元によってD-グルシトールと安易に名付けることができる水酸化糖が生じるが，それは本来L-ソルビトールと名付けられたものであったのでその名前が定着した．

10. アラビノースはリボースのエピマーである．リボースの代わりにアラビノースに置換したヌクレオシドはリボヌクレオシドの関与する反応の阻害剤として働く．

リボース　アラビノース

11. ある糖のエピマーへの変換には不斉中心における立体配座の逆転が必要である．これは，共有結合の切断と再形成によって初めて可能となる．

12. 環状型の糖では，アノマー炭素のヒドロキシ基の位置は2通りの可能性がある．その2通りの可能性が新しい不斉中心を生み出している．

16.2 単糖の反応

13. この化合物は乳酸側鎖をもつ．

14. リン酸化糖では糖のヒドロキシ基の一つとリン酸との間でエステル結合が形成される．グリコ

シド結合はアセタールであり，加水分解されると2個の元の糖のヒドロキシ基を再生する．

15. 還元糖は遊離のアルデヒド基をもつ糖である．そのアルデヒドは酸化されやすく，酸化剤を還元する．

16. ビタミンCは環化炭素のうちの二つの間に二重結合を有するラクトン（環状エステル）である．二重結合の存在によってビタミンCは空気酸化を受けやすくなる．

16.3 重要なオリゴ糖

17. 類似性：スクロースとラクトースは二糖であり，グルコースを含む．相違点：スクロースはフルクトースを含み，ラクトースはガラクトースを含む．スクロースは $\alpha,\beta(1\rightarrow 2)$ グリコシド結合をもち，ラクトースは $\beta(1\rightarrow 4)$ グリコシド結合をもつ．

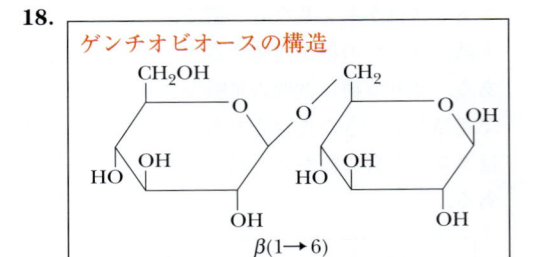

18. ゲンチオビオースの構造 $\beta(1\rightarrow 6)$

19. ラクトース（乳糖）をその構成成分であるグルコースとガラクトースに分解する酵素が欠落している場合や，ガラクトース代謝を亢進するためのガラクトースをグルコースに異性化する酵素が欠損している場合である．

20.
A: $\beta(1\rightarrow 4)$
B: $\alpha,\alpha(1\rightarrow 1)$
C: $\beta(1\rightarrow 6)$

21. 牛乳はラクトースを含む．多くの人々がラクトースに過敏であり，別の飲み物を必要とする．

16.4 多糖の構造と機能

22. 植物の細胞壁は主にセルロースから成り，細菌の細胞壁は主にペプチドで架橋された多糖から成る．

23. キチンは N-アセチル-β-D-グルコサミンのポリマーであり，セルロースはD-グルコースのポリマーである．両方のポリマーは構造的な役割をもつがキチンは無脊椎動物の外骨格に存在し，セルロースは主に植物に存在する．

24. グリコーゲンとデンプンは主に分枝の程度が異

なる．両者はエネルギーの貯蔵手段として利用される．動物ではグリコーゲンが，植物ではデンプンが利用される．

25. セルロースとデンプンはグルコースのポリマーである．セルロースではグルコースは β-グリコシド結合でつながっており，デンプンではグルコースが α-グリコシド結合でつながっている．

26. グリコーゲンは高度に分岐したポリマーとして存在する．デンプンは直鎖型と分岐型があり，グリコーゲンほど高度に分岐していない．

27. 植物の細胞壁は主にセルロースから成っており，細菌の細胞壁は主にペプチドで架橋された多糖で構成されている．

28. ペクチンの繰り返し二糖の構造は次の通りである．

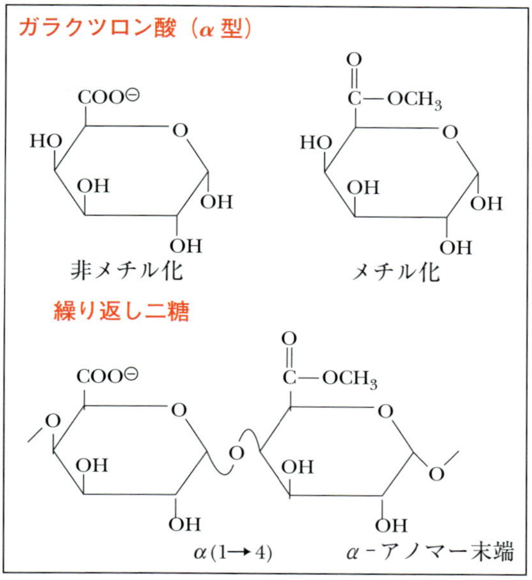

29. グルコースとフルクトース．

30. 構造上の違い：セルロースは直線の繊維から成り，デンプンはコイル型である．機能上の違い：セルロースは構造的な役割を果たし，デンプンはエネルギーの貯蔵に使われる．

31. 還元基の濃度が低すぎて検出できない．

32. 2,500 単位長：1 か所，0.02 %．1,000 単位長：4 か所，0.08 %．200 単位長：24 か所，0.48 %．

33. 下記のポリマーは構造的役割をもつと予想される．シロアリのような昆虫，ウシやウマなどの草食動物はその消化管に β-結合を分解できる細菌を宿しているので，β-グリコシド結合が存在する多糖は，これらの昆虫や動物でのみ食物として役に立つ．

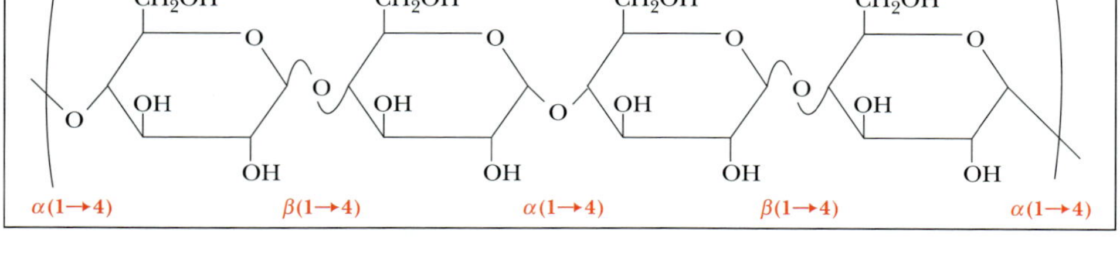

34. 加水分解によるエネルギー供給の際に，グリコーゲン分子は分岐があるため，同時にかなり多くの利用可能なグルコース分子を生じる．直鎖状の分子では同時にたった 1 分子の利用可能なグルコースしか生成しない．

35. これらの動物の消化管にはセルロースを加水分解できる酵素をもつ細菌が存在する．

36. ヒトはセルロース（β-グリコシド結合）を加水分解する酵素をもっていない．さらに，たとえヒトがそれに必要な酵素をもっていたとして

も，セルロースの繊維状構造によりセルロースは非常に水に溶けにくく，消化されにくい．

37. β-アミラーゼはエキソグリコシダーゼであり，多糖を末端から分解する．α-アミラーゼはエンドグリコシダーゼであり，内部のグリコシド結合を開裂する．

38. 繊維質は消化管の中で多くの毒性物質と結合し，摂取物の体内での通過時間を減少させるので，発がん物質のような有害化合物は，繊維質の少ない食事の場合よりも早く体内から除去される．

39. セルラーゼ（セルロースを加水分解する酵素）は，β-グリコシド結合で結合したグルコース残基を認識しその結合を加水分解することができる活性部位を必要とする．デンプンを分解する酵素はα-グリコシド結合で結合したグルコース残基に関して同じ活性部位を必要とする．

40. 架橋は，機械的な強度が重要とされる多糖の構造において役割を果たしていると予想される．セルロースとキチンがその例である．これらの架橋は広範囲にわたる水素結合によって容易に形成される（図16.19を参照）．

41. 多糖における単糖の配列は遺伝子にコードされたものではない．この意味でそれは情報を含んでいない．

42. 直鎖状ポリマーには二つの末端しかないが，分枝状ポリマーにはかなり多くの末端があることが特徴であり，この方が多糖にとって有利であるといえる．できる限り速く末端から単糖残基を放出する必要性のある場合にこのことが当てはまるだろう．多糖は分枝点で糖残基と$(1\to 4)$および$(1\to 6)$グリコシド結合することによって分枝する．

43. キチンはその機械的強度により無脊椎動物の外骨格に適した材料である．個々のポリマー鎖は水素結合によって架橋し，その強度を生み出している．セルロースは同様な架橋をもった別の多糖であり，よく似た役割を果たすことができる．

44. 細菌の細胞壁が主としてタンパク質から成るとはいえない．多糖は容易に形成でき，かなりの機械的強度を与える．多糖が主な役割を果たすといえる．

45. 運動選手は試合前にグリコーゲンの貯蔵を増やそうとする．このグルコースポリマーの量を増やす最も直接的な方法は糖質を食べることである．

46. ヨウ素は滴定中の反応混合液に加えられる試薬である．終点に達したときに，さらにヨウ素を滴下すると，デンプン指示薬の存在下で特徴的な青色を呈する．

47. ヘパリンは抗凝固剤である．その存在が血液凝固を妨げる．

48. グリコシド結合はセリンまたはトレオニンの側鎖のヒドロキシ基と糖のヒドロキシ基の間で形成される．さらにアスパラギン酸またはグルタミン酸の側鎖のカルボキシ基と糖のヒドロキシ基の間でエステル結合が形成される可能性がある．

16.5 糖タンパク質

49. 糖タンパク質は糖質が共有結合で結合したタンパク質である．それらは真核生物の細胞膜でしばしば外部分子の認識部位としての役割を果たす．抗体（イムノグロブリン）は糖タンパク質である．

50. 血液型糖タンパク質の糖部分は抗原性の差の原因である．

Chapter 17

17.1 解糖系の概観

1. ATPを必要とする反応：グルコース6-リン酸を生成するためのグルコースのリン酸化，フルクトース1,6-ビスリン酸を生成するためのフルクトース6-リン酸のリン酸化．ATPを生成する反応：1,3-ビスホスホグリセリン酸からADPへのリン酸基の転移，ホスホエノールピルビン酸からADPへのリン酸基の転移．ATPを必要とする反応を触媒する酵素：ヘキソキナーゼ，グルコキナーゼ，ホスホフルクトキナーゼ．ATPを生成する反応を触媒する酵素：ホスホグリセリン酸キナーゼ，ピルビン酸キナーゼ．

2. NADHを必要とする反応：ピルビン酸の乳酸への還元，アセトアルデヒドのエタノールへの還元．NAD^+を必要とする反応：1,3-ビスホスホグリセリン酸を生成するためのグリセルアルデヒド3-リン酸の酸化．NADHを必要とする反応を触媒する酵素：乳酸デヒドロゲナーゼ，

アルコールデヒドロゲナーゼ，NAD^+ を必要とする反応を触媒する酵素：グリセルアルデヒド3-リン酸デヒドロゲナーゼ．

3. ピルビン酸は乳酸，エタノール，アセチル CoA のいずれかに変換される．

17.2 グルコースのグリセルアルデヒド3-リン酸への変換

4. アルドラーゼは，フルクトース1,6-ビスリン酸のグリセルアルデヒド3-リン酸とジヒドロキシアセトンリン酸への逆アルドール縮合を触媒する．

5. アイソザイムはオリゴマー酵素であり，臓器によってそのアミノ酸組成がわずかに異なる．乳酸デヒドロゲナーゼとホスホフルクトキナーゼはともにその例である．

6. 細胞によって異なる要求に応じるためにアイソザイムが酵素の微妙な調節を可能にしている．例えば，肝臓では乳酸デヒドロゲナーゼはほとんどの場合，乳酸をピルビン酸に変換するのに使われるが，筋肉では逆反応に使われることが多い．筋肉と肝臓で異なるアイソザイムをもつことによって，これらの反応が最適化されるのである．

7. フルクトース1,6-ビスリン酸は解糖の反応を受けるしかない．この段階より前の解糖構成成分は他の代謝的運命をもつことができる．

8. グルコースからグリセルアルデヒド3-リン酸への反応の $\Delta G°'\,mol^{-1}$ の値を加算する．その結果，$2.5\,kJ\,mol^{-1} = 0.6\,kcal\,mol^{-1}$ となる．

9. その二つの酵素は異なった組織分布と速度論的パラメータをもつ．グルコキナーゼはヘキソキナーゼよりグルコースに対してより高い K_M 値をもつ．したがって，グルコース濃度が低い条件では，肝臓はグルコースをグルコース6-リン酸に変換せず，他の必要とする場所でグルコースを利用する．しかし，グルコース濃度が十分高いときはグリコーゲンとして貯蔵できるように，グルコキナーゼがグルコースのリン酸化反応を触媒する．

10. その酵素のM型の合成を制御する遺伝子を欠いたヒトは，肝臓では解糖により糖を代謝することができる．しかし，筋肉ではその酵素を欠いているために筋力低下に苦しむことになる．

11. ヘキソキナーゼは基質を結合すると劇的に形状が変化し，酵素分子自体が基質に適合する誘導適合説に当てはまる酵素である．

12. ATPはホスホフルクトキナーゼを阻害する．これはATPが解糖の後期反応で生成されるという事実と整合性がとれている．

17.3 グリセルアルデヒド3-リン酸のピルビン酸への変換

13. アルドラーゼがフルクトース1,6-ビスリン酸をジヒドロキシアセトンリン酸とグリセルアルデヒド3-リン酸に分割する反応からすべての反応過程が2倍になる（通常，一つのグリセルアルデヒド3-リン酸からの経路のみが示される）．

14. NADH依存性デヒドロゲナーゼ：グリセルアルデヒド3-リン酸デヒドロゲナーゼ，乳酸デヒドロゲナーゼ，アルコールデヒドロゲナーゼ．

15. 基質の加水分解の自由エネルギー変化が，基質レベルのリン酸化のエネルギー駆動力である．1,3-ビスホスホグリセリン酸の3-ホスホグリセリン酸への変換はその例である．

16. 解糖の調節段階は，ヘキソキナーゼ，ホスホフルクトキナーゼ，およびピルビン酸キナーゼによって触媒される反応である．

17. ヘキソキナーゼは，グルコース6-リン酸によって阻害される．ホスホフルクトキナーゼは，ATPとクエン酸によって阻害される．ピルビン酸キナーゼは，ATP，アセチルCoA，およびアラニンによって阻害される．ホスホフルクトキナーゼは，AMPとフルクトース2,6-ビスリン酸によって活性化される．ピルビン酸キナーゼは，AMPとフルクトース1,6-ビスリン酸によって活性化される．

18. 多くのデヒドロゲナーゼがNADHを利用するので，NADHを結合する活性部位の部分が最も保存されている部分であろう．

19. (a) 高エネルギーリン酸化合物を用いて基質をリン酸化する．(b) 実験式を変えないで分子の形態を変える（すなわち，ある異性体を別の異性体に変換する）．(c) アルドール開裂をして糖を二つのより小さな糖に変える．(d) 水素の除去と同時に補酵素（NADH，$FADH_2$ など）の酸化状態を変えることによって基質の酸化状態を変える．

20. イソメラーゼはその実験式を変えることなく基質の形を変える酵素の総称である．ムターゼはリン酸のような官能基を基質の新しい位置に動かす酵素である．

21. 2-ホスホグリセリン酸のホスホエノールピルビン酸への反応は酸化還元反応ではなく，脱水（水の喪失）反応である．

22. グリセルアルデヒドのC-1はアルデヒド基で，カルボン酸へと酸化状態を変化させる．それと同時にカルボン酸はリン酸化を受ける．

23. ATPは他の異化経路と同様に，解糖のいくつかの段階の阻害剤である．異化過程の目的はエネルギーの産生であり，高濃度のATPはすでに細胞が十分なエネルギーをもっていることを意味している．グルコース6-リン酸はヘキソキナーゼを阻害し，これは生成物阻害の例である．もしグルコース6-リン酸の濃度が高いなら，グリコーゲンの分解で十分量のグルコースが利用できること，あるいは解糖の次の酵素反応がゆっくり進んでいることを意味しているのかもしれない．いずれにせよ，さらにグルコース6-リン酸を産生する理由はないのである．ホスホフルクトキナーゼは，特別のエフェクター分子であるフルクトース2,6-ビスリン酸によって阻害される．そしてその濃度はホルモンによって調節を受ける．ホスホフルクトキナーゼはクエン酸によっても阻害される．それはおそらく脂肪酸やアミノ酸の分解によって，クエン酸回路から生じるエネルギーが満たされていることを意味している．ピルビン酸キナーゼもまたアセチルCoAによって阻害される．アセチルCoAの存在は，脂肪酸がクエン酸回路でのエネルギー生産に使われていることを意味する．解糖の主要な機能はクエン酸回路に炭素単位を供給することである．したがってこれらの炭素骨格が他の材料から提供されているときには，解糖は阻害されてグルコースを他の目的のために貯えておくのである．

24. 15種類のLDHアイソザイムが可能であり，それは3種類のサブユニットを四つ結合させる組合せである．MとHのみを含む5種類のアイソザイムに加えて，C_4, CH_3, C_2H_2, C_3H, CH_2M, C_2HM, C_3M, CHM_2, C_2M_2, CM_3 も存在するだろう．

25. グルタミン酸は，pK_a値が4.25である酸性側鎖をもっている．したがって，pH 8.6では負に荷電しておりHサブユニットはMサブユニットより陽極（＋）側に泳動するだろう．したがって，H_4であるLDH 1が最も移動度が大きく，M_4であるLDH 5は最も移動度が小さい．他のアイソザイムはLDH 1とLDH 5の間をHサブユニットの量に比例して移動する．

26. フルクトース1,6-ビスリン酸の生成は解糖系に入っていく段階である．それはまた解糖においてエネルギーを必要とする反応の一つでもある．

27. グルコース6-リン酸（G6P）はG6P自身の生成に関わる酵素であるヘキソキナーゼを阻害する．解糖のさらなる反応がG6Pを使い切ってしまうので，阻害が解除される．

28. ほとんど例外なく，生化学反応は一般的に基質に対してたった1箇所の化学修飾を行う．その結果，最終的なゴールに達するのに数段階から多段階の反応が必要である．

29. ホスホグリセロムターゼは，セリン，トレオニン，ヒスチジンなどのアミノ酸残基上にリン酸基を結合している．基質は分子内のリン酸基をC-3の位置から酵素上の別のアミノ酸残基に渡し，続いて酵素に元々結合していたリン酸基を受け取る．したがって，基質上に存在した^{32}Pは酵素に移動し，放射標識されていないリンが生成物のC-2の位置に結合する．

17.4　ピルビン酸の嫌気的反応

30. ビールの泡はアルコール発酵で生成する二酸化炭素（CO_2）である．筋肉の疲労と痛みは嫌気的解糖の代謝産物である乳酸の蓄積で起こる．

31. 乳酸に関する問題は，それが酸であるということである．乳酸形成によって生じるH^+が筋肉の焼け付くような感覚の原因である．乳酸ナトリウムは乳酸の共役弱塩基で，肝臓における糖新生によってグルコースに再変換される．したがって，点滴によって乳酸ナトリウムを与えることは血中グルコースを間接的に供給するのに良い方法である．

32. 乳酸を産生する反応の目的はピルビン酸を還元してNADHをNAD^+に酸化することである．NAD^+はグリセルアルデヒド3-リン酸デヒドロゲナーゼによって触媒される反応で必要である．

33.

Ⓐ
$CH_3-C(\ddot{\underset{..}{O}})-COO^-$ + [H-C(H)=C(CONH_2)-CH=N(R) ring (NADH)] + H^+ ⟶ $H_3C-\underset{H}{\overset{\ddot{\underset{..}{O}}H}{C}}-COO^-$ + [NAD$^+$ ring]

ピルビン酸   NADH   乳酸   NAD$^+$

Ⓑ
$CH_3-\overset{H}{C}\!::\!\ddot{\underset{..}{O}}:$ + NADH + H^+ ⟶ $CH_3-\underset{H}{\overset{H}{C}}-\ddot{\underset{..}{O}}:H$ + NAD$^+$

アセトアルデヒド   エタノール

Ⓒ
$\underset{CH_2OPO_3^{2-}}{\underset{CHOH}{H:C::\ddot{\underset{..}{O}}:}}$ + NAD$^+$ + P_i ⟶ $\underset{CH_2-OPO_3^{2-}}{\underset{CHOH}{\overset{:\ddot{O}:}{C}:O^-}}$ + NADH + $2H^+$

グリセルアルデヒド 3-リン酸   3-ホスホグリセリン酸

---

34. チアミンピロリン酸は2炭素単位の転移反応における補酵素で，アルコール発酵におけるピルビン酸デカルボキシラーゼによる触媒反応に必要である．

35. チアミンピロリン酸（TPP）の重要な部位は五員環で，そこでは窒素原子と硫黄原子の間に挟まれて炭素原子が位置している．この炭素はカルボアニオンを形成し非常に反応性が高い．カルボニル基を求核攻撃して異なる代謝経路におけるいくつかの化合物の脱炭酸反応をもたらす．

36. チアミンピロリン酸（TPP）は，ピルビン酸デカルボキシラーゼで触媒される反応に必要な補酵素である．この反応はエタノール代謝の一部であるので，TPPはそれを必要とする他の酵素反応の補酵素としてあまり利用できなくなる．

37. 走って死んだ動物は，筋肉組織に大量の乳酸を蓄積しており，それが肉の酸味の原因となる．

38. グルコースのピルビン酸への変換ではNADHを再生利用できないが，グルコースの乳酸への変換ではNADHを再生利用することができる．

39. これは可能であり，かつまた実際に使われている．これらの毒物は皮膚や毛髪，腸の上皮細胞，そして特に免疫系と赤血球などにも影響を与える．化学療法中の患者は健康な人よりも感染症にかかりやすく，またしばしば貧血気味である．

17.5 解糖のエネルギー論的考察

40. 解糖のすべての反応で遊離されるエネルギーは，グルコース1分子当たり184.5 kJである．解糖で遊離したエネルギーは，グルコース1分子ごとに2分子のADPがATPにリン酸化される反応に利用され，グルコース1分子当たり61.0 kJのエネルギーが捕捉される．(61.0/184.5) × 100 = 33 %の計算から利用効率33 %が求められる．

41. 解糖で消費されたグルコース1分子当たり2分子のATPが正味に獲得される．

42. グルコース1分子当たり合計4分子のATPが生成する．しかし同時に解糖反応ではグルコース1分子当たり2分子のATPを消費する．

43. ヘキソキナーゼ，ホスホフルクトキナーゼ，グリセルアルデヒド3-リン酸デヒドロゲナーゼ，ホスホグリセリン酸キナーゼ，およびピルビン酸キナーゼによって触媒される反応．

44. ヘキソキナーゼ，ホスホフルクトキナーゼ，ピルビン酸キナーゼによって触媒される段階．

45. ホスホエノールピルビン酸 ⟶

$$\text{ピルビン酸} + \text{P}_i$$
$$\Delta G°' = -61.9 \text{ kJ mol}^{-1}$$
$$= -14.8 \text{ kcal mol}^{-1}$$
$$\text{ADP} + \text{P}_i \longrightarrow \text{ATP}$$
$$\Delta G°' = 30.5 \text{ kJ mol}^{-1} = 7.3 \text{ kcal mol}^{-1}$$
$$\text{ホスホエノールピルビン酸} + \text{ADP} \longrightarrow$$
$$\text{ピルビン酸} + \text{ATP}$$
$$\Delta G°' = -31.4 \text{ kJ mol}^{-1} = -7.5 \text{ kcal mol}^{-1}$$

46. その三つの基質のいずれが使われても，解糖で生成する正味のATPは同じ2分子である．ヘキソースのピルビン酸への変換のエネルギー量は，ヘキソースの種類によらず同じである．

47. グルコース1-リン酸から始めると，活性化反応の一つはもはや行われないので，正味のATP生成分子数は3である．したがって，解糖においてグリコーゲンは遊離のグルコースに比べてより効率的なエネルギー源である．

48. $\text{ホスホエノールピルビン酸} + \text{ADP} \longrightarrow$
$\text{ピルビン酸} + \text{ATP}$
$\Delta G°' = -31.4 \text{ kJ/mol}^{-1}$
$\underline{\text{ADP} + \text{P}_i \longrightarrow \text{ATP} \quad \Delta G°' = \quad 30.5 \text{ kJ/mol}^{-1}}$
合計 $\qquad \Delta G°' = \quad -0.9 \text{ kJ/mol}^{-1}$
したがって，その反応は標準状態のもとで熱力学的に可能である．

49. 問題48に示した反応は自然界には存在しない．それを触媒できる酵素が進化しなかったためと推定される．自然は100％効率的というわけではない．

50. 正の$\Delta G°'$値は必ずしもその反応が正のΔG値をもっていることを意味しない．基質濃度によっては正の$\Delta G°'$値であっても負のΔG値になることがある．

51. 経路全体を一つの大きな共役反応として見ることができる．したがって，もし経路全体で負のΔG値をもつなら，個々の段階で正のΔG値をもっていても経路を先に進めることが可能である．

Chapter 18

18.1 グリコーゲンはどのように合成され分解されるか

1. これら二つに反応経路は，同じ細胞区画内で起こる．もし両者が同時に起こると，ATP加水分解回路が無駄に作動する．同じ機構を使って，この二つの反応をon/off，off/onさせることは非常に効果的である．

2. 加リン酸分解では，結合が切れて，リン酸が付加する．一方，加水分解では，水分子が付加して結合の開裂が起こる．

3. グルコース6-リン酸はすでにリン酸化されている．これで，解糖の初期段階でATP1当量が節約できる．

4. 各グルコース残基は，伸長しつつあるグリコーゲン分子にUDPGから付加される．

5. グリコーゲンシンターゼは，共有結合性修飾とアロステリック調節の支配を受ける．酵素はリン酸化された形で不活性であるが，脱リン酸化されると活性になる．AMPは，グリコーゲンシンターゼのアロステリック阻害剤であるが，ATPとグルコース6-リン酸は，アロステリック活性化剤である．

6. グルコースではなく，グリコーゲンが解糖の出発物質であると，ATPの正味の収量は，2個ではなく，3個となる．

7. グリコーゲンにグルコースを1個付加するのに，ATP1当量（UTP→UDP）が必要である．分解では，およそ90％のグルコースは，グルコース1-リン酸を産生するのにATPを必要としない．残りの10％は，グルコースをリン酸化するのに，ATPを必要とする．平均すると，ATP0.1個に相当するので，全体として，ATP1.1個になる．一方，解糖では，G6PからATP3個が得られる．

8. ATPの消費量は同じであるが，好気的代謝では，30個以上のATPが得られる．

9. 激しい運動の前，数日間，高糖質食を摂取するのは体内にグリコーゲンを蓄積するためである．グリコーゲンは必要なエネルギーを補うために使われる．

10. 二糖類であるスクロースは，グルコースとフルクトースに加水分解される．いずれも，グリコーゲンの直前の前駆体であるグルコース1-リン酸に容易に変換される．これは，"グリコーゲン増量"の一般的な形ではない．

11. おそらくそうではないであろう．なぜなら，糖の急増は，まずインスリンの急速な増加をもたらし，これが血中のグルコース濃度の低下，肝

臓でのグリコーゲン貯蔵の増加につながるからである．
12. 短距離走は本質的に嫌気的であり，解糖でグルコースから乳酸が産生されるからである．乳酸は，糖新生でグルコースに再生される．
13. この発見が他の研究者によって確認されることは，ありそうにない．グリコーゲンの高度に枝分かれした構造は，必要時にグルコースを遊離するのに適したものだからである．
14. 伸長しているグリコーゲン鎖に付加されるグルコース残基は，ウリジン二リン酸グルコースに由来している．リン酸エステル結合が開裂して，ヌクレオチド二リン酸を生じる際に，必要なエネルギーが供給される．
15. 伸長しているグリコーゲン鎖へのグルコース残基の付加を触媒する酵素は，遊離のグルコース同士を結合させることはできない．プライマーが必要である．
16. グリコーゲンシンターゼ反応は，リン酸エステルの加水分解と組み合わさっているので，全体として発エルゴン的である．
17. (a) ATP濃度の増加は，糖新生，グリコーゲン合成のいずれにも有利に働く．(b) フルクトース1,6-ビスリン酸濃度の減少は，糖新生やグリコーゲン合成ではなく解糖を刺激する．(c) フルクトース6-リン酸の濃度は，糖質代謝のこれらの回路に，顕著な調節効果をもたない．
18. "死にもの狂い" の激しい運動は，乳酸の産生を伴う．これは筋肉でのグルコースの嫌気的代謝で生じる．
19. 糖ヌクレオチドは，二リン酸体である．全体として，加水分解で二つのリン酸イオンを遊離し，より多くのエネルギーを放出する．このエネルギーが，グリコーゲンへのグルコース残基の付加を起こし，重合化の方向へ進める．

18.2 糖新生はピルビン酸からグルコースを生成する

20. アセチルCoAを必要とする反応：なし．ビオチンを必要とする反応：ピルビン酸のオキサロ酢酸へのカルボキシ化．
21. 解糖のうち3種の反応が生理的条件下では不可逆的である．これらは，ホスホエノールピルビン酸からのピルビン酸とATPの産生，フルクトース6-リン酸からのフルクトース1,6-ビスリン酸の産生，グルコースからのグルコース6-リン酸の産生である．これらの反応は糖新生においては迂回される．糖新生の反応はこの点で解糖と異なり，別の酵素によって触媒される．
22. ビオチンは二酸化炭素がピルビン酸に付加する過程で，二酸化炭素と結合する分子である．反応により，オキサロ酢酸が生じる．次いでこれは糖新生の反応に入る．
23. 糖新生で，グルコース6-リン酸は脱リン酸化されグルコースになる（経路の最終段階）．解糖では，グルコース6-リン酸はフルクトース6-リン酸に異性化する（経路の初期段階）．
24. グリコーゲン生成，糖新生，ペントースリン酸回路の三つの行程のうち，糖新生のみが，ビオチン要求酵素を含んでいる．この酵素は，ピルビン酸カルボキシラーゼで，糖新生の初期段階において，ピルビン酸のオキサロ酢酸への変換を触媒する．
25. フルクトース1,6-ビスリン酸の加水分解は，強い発エルゴン反応である．解糖での逆反応，すなわちフルクトース6-リン酸のリン酸化は，ATPの加水分解で供給されるエネルギーに依存しているため，不可逆的である．

18.3 糖質代謝の調節

26. ATPを必要とする反応：グルコース1-リン酸とUTPからのUDP-グルコースの産生（UTPの再生にATPが必要であるから，間接的に必要である），UTPの再生，ピルビン酸のオキサロ酢酸へのカルボキシ化．ATPを産生する反応：なし．ATP要求性反応を触媒する酵素：UDP-グルコースピロホスホリラーゼ（間接的に必要），ヌクレオシドリン酸キナーゼ，ピルビン酸カルボキシラーゼ．ATP産生反応を触媒する酵素：なし．
27. フルクトース2,6-ビスリン酸は，ホスホフルクトキナーゼ（解糖酵素）のアロステリック活性化剤で，フルクトースビスホスファターゼ（糖新生経路の酵素）のアロステリック阻害剤である．
28. ヘキソキナーゼは数種類の六炭糖にリン酸基を付加するのに対して，グルコキナーゼはグルコースに特異的である．グルコキナーゼはヘキソキナーゼよりもグルコースに対する親和性が低

い．したがって，グルコキナーゼは，特に肝臓で過剰のグルコースを処理する傾向がある．ヘキソキナーゼは六炭糖をリン酸化する一般的な酵素である．

29. コリ回路は，筋肉の解糖と肝臓の糖新生によってグルコースが巡回する回路である．血液は乳酸を筋肉から肝臓へ，そしてグルコースを肝臓から筋肉へ輸送する．

30. 基質回路は，ATPの加水分解以外には正味の変化がないという意味では無駄である．しかし，基質回路は，それぞれ異なる酵素により触媒されるとき，互いに逆方向の反応に強い制御をかけることが可能である．

31. 二つの制御機構があるので，調節の微調整を可能にしたり，増幅したりできる．二つの機構の対応は素早く，アロステリック調節はミリ秒，共有結合性修飾は秒から分のオーダーで応答する．

32. 異なる調節機構はそれぞれ固有の応答時間をもつ．アロステリック調節は，ミリ秒で起こるが，共有結合性修飾は，秒から分のオーダーで起こる．遺伝子発現制御は，それらのどちらよりも長い応答時間をもっている．

33. 増幅の仕組みで最も重要なことは，調節機構が，それ自身が触媒である因子に影響を及ぼすということである．したがって，10の何乗もの増加が，さらにその10の何乗にも増幅される．

34. 酵素はあらゆる触媒と同じように，反応を前向き，逆向きのいずれにも，同程度に加速する．両者の速度を，独立に制御しようとすれば，別々の触媒をもたねばならない．

35. 筋肉は大量のグルコースを消費する．その過程で乳酸を産生する．肝臓は乳酸をグルコースに再生する糖新生の重要な場である．

36. フルクトース 2,6-ビスリン酸は，ホスホフルクトキナーゼ（解糖の酵素）のアロステリック活性化剤で，フルクトースビスホスファターゼ（糖新生経路の酵素）のアロステリック阻害剤である．したがって，フルクトース 2,6-ビスリン酸は，互いに完全な逆反応でない二つの回路で働いている．

37. 細胞内のフルクトース 2,6-ビスリン酸の濃度は，その合成（ホスホフルクトキナーゼ-2で触媒される）と分解（フルクトースビスホスファターゼ-2で触媒される）のバランスに依存している．フルクトース 2,6-ビスリン酸の合成と分解を制御するそれぞれの酵素は，リン酸化/脱リン酸化の機構により調節されている．

38. グリコーゲンは，デンプンより，はるかに枝分かれしており，動物にとって，グルコースのより有効な貯蔵体である．というのは，エネルギーが必要になると，より容易にグルコースを動員できるからである．

18.4 グルコースは時にペントースリン酸回路を介して転用される

39. NADPH は NADH よりリン酸基が1個多い（分子中のアデニンヌクレオチドのリボース環の2′位に付いている）．NADH は ATP を生成する酸化反応で産生される．NADPH は生合成反応における還元剤である．NADH を補酵素として利用する酵素は，NADPH を必要とする酵素とは異なる．

40. グルコース 6-リン酸は，グルコース（糖新生），グリコーゲン，ペントースリン酸（ペントースリン酸回路），あるいはピルビン酸（解糖）に変換される．

41. 溶血性貧血はペントースリン酸回路の不全によって起こり，NADPH が欠乏する．NADPH は赤血球の保全に間接的に寄与している．ペントースリン酸回路は，赤血球における唯一の NADPH 供給源である．

42. (a) 酸化反応のみを使う；(b) 酸化反応，トランスアルドラーゼとトランスケトラーゼ反応ならびに糖新生を使う；(c) 解糖反応ならびにトランスアルドラーゼとトランスケトラーゼ反応を逆に使う．

43. トランスケトラーゼは，炭素2個の単位の転移を触媒するが，トランスアルドラーゼは炭素3個の単位の転移を触媒する．

44. 赤血球では，ヘモグロビンや他のタンパク質のSH基を還元型に保持したり，ヘモグロビンの Fe(Ⅱ) を還元型に保つのに，還元型グルタチオンの存在が必要である．グルタチオンはまた，過酸化物と反応することによって，赤血球を守っている．さもなければ，過酸化物は，細胞膜の脂肪酸側鎖を分解してしまう．

45. チアミンピロリン酸は，ペントースリン酸回路の非酸化的反応の一つを触媒する酵素であるト

ランスケトラーゼの働きに必要な補助因子である．

46.

$$\underset{\text{グルコース 6-リン酸}}{\begin{array}{c}H-C{:}\ddot{O}{:}H\\H-C-OH\\HO-C-H\\H-C-OH\\H-C\\CH_2OPO_3^{2-}\end{array}} + \underset{NADP^+}{\begin{array}{c}H\\C\\C\quad CONH_2\\C\\N\\R\end{array}} \longrightarrow \underset{\text{6-ホスホグルコノ-}\delta\text{-ラクトン}}{\begin{array}{c}C{:}\ddot{O}{:}\\H-C-OH\\HO-C-H\\H-C-OH\\H-C\\CH_2OPO_3^{2-}\end{array}} + \underset{NADPH}{\begin{array}{c}H\quad H\\C\\C\quad CONH_2\\C\\N\\R\end{array}} + H^+$$

47. 同化と異化の経路では異なる還元剤が機能するので，これらの経路は代謝的に切り離されている．別個の制御を受けるのでエネルギーの無駄がない．

48. 細胞が NADPH を必要とすると，ペントースリン酸回路の全反応が進行する．細胞がリボース5-リン酸を必要とすると，回路の酸化反応部は迂回されて，非酸化的組換え反応のみが起こる．ペントースリン酸回路は，細胞の ATP 供給には，大きな影響を与えない．

49. エステル結合は，糖の環状構造を形成するどの結合よりも，容易に開裂できるからである．経路の次の段階で，ラクトンのエステル結合が加水分解される．

50. ペントースリン酸回路の組換え反応には，エピメラーゼとイソメラーゼの両者が関与している．イソメラーゼが存在しなければ，糖はすべてケト体となる．ケト体は，組換え過程の鍵酵素の一つであるトランスアルドラーゼの基質とならない．

Chapter 19

19.1 代謝におけるクエン酸回路の中心的役割

1. グルコースの嫌気的代謝において重要な経路は，解糖とペントースリン酸回路である．好気的解糖とクエン酸回路は，グルコースの好気的代謝である．

2. 1分子のグルコースから嫌気的代謝経路では2分子，好気的代謝経路では臓器により 30～32 分子の ATP が産生される．

3. クエン酸回路は，クレブス回路，トリカルボン酸回路または TCA 回路と呼ばれる．

4. 両方向性とは，異化と同化反応の両方を含む代謝経路である．

19.2 クエン酸回路の概説

5. クエン酸回路はミトコンドリアマトリックスに，解糖はサイトゾルに存在する．

6. ピルビン酸をサイトゾルからミトコンドリアへ運ぶ輸送体がミトコンドリア内膜に存在する．

7. NAD^+ と FAD がクエン酸回路で働く電子受容体である．

8. クエン酸回路で産生される間接的なエネルギー原料は NADH と $FADH_2$ であり，直接的なエネルギー原料は GTP である．

19.3 ピルビン酸のアセチル CoA への変換

9. 哺乳動物のピルビン酸デヒドロゲナーゼ複合体は，5種の酵素から構成されている．ピルビン酸デヒドロゲナーゼは二炭素化合物を TPP に転移し，二酸化炭素を遊離する．ジヒドロリポイルトランスアセチラーゼは二炭素化合物であるアセチル基をリポ酸，次いで補酵素 A に転移する．ジヒドロリポイルデヒドロゲナーゼはリポ酸を再酸化し，NAD^+ を NADH に還元する．ピルビン酸デヒドロゲナーゼキナーゼはピルビン酸デヒドロゲナーゼをリン酸化する．ピルビン酸デヒドロゲナーゼホスファターゼはリン酸基を加水分解で除く．

10. リポ酸は，酸化還元反応とアセチル基の転移反応の両方を行う．

11. 5種類の酵素がアセチル基を分子間で効率的に運搬するために，またリン酸化によって酵素複合体を効率的に調節するために，非常に接近した位置にある．

12. チアミンピロリン酸はビタミン B_1 のチアミンに由来し，リポ酸はビタミンそのものである．NAD^+ と FAD はそれぞれナイアシンとビタミン B_2 のリボフラビンに由来する．

13.

(チアゾール環構造：HO−C(CH₃)−C=N⁺−...−S−)

14. 図 19.4 を参照せよ．

19.4 クエン酸回路の各反応

15. 縮合反応とは，新しい炭素−炭素結合を生成する反応である．アセチル CoA とオキサロ酢酸の反応は新しい炭素−炭素結合によりクエン酸を生成する．

16. シンターゼとは，反応のために高エネルギーリン酸化合物からの直接的なエネルギー供給を必要としない酵素である．したがって，クエン酸シンターゼは，ATP を使用せずにクエン酸の合成を行う．

17. フルオロ酢酸は自然において，ある種の植物で作られ，好ましくない害虫に対する毒物となる．この物質は，クエン酸シンターゼによりクエン酸回路の阻害剤であるフルオロクエン酸となるため，毒性を示す．

18. この反応では，アキラルな化合物であるクエン酸がキラルな化合物であるイソクエン酸に変換されるからである．

19. ピルビン酸からアセチル CoA，イソクエン酸から α−ケトグルタル酸，α−ケトグルタル酸からスクシニル CoA への変換反応である．

20. ピルビン酸からアセチル CoA，イソクエン酸から α−ケトグルタル酸，α−ケトグルタル酸からスクシニル CoA，コハク酸からフマル酸，リンゴ酸からオキサロ酢酸への変換反応である．

21. これらの酵素が触媒するのは酸化的脱炭酸反応である．

22. 反応は同じ機構と同じ補酵素を用いて行われる．異なる点は，基質がピルビン酸か α−ケトグルタル酸であるかの点と，ピルビン酸デヒドロゲナーゼ複合体では転移させるのがアセチル基であるのに対し，α−ケトグルタル酸デヒドロゲナーゼ複合体ではスクシニル基である点である．

23. シンテターゼとは，合成反応のために高エネルギーリン酸化合物からのエネルギー供給を必要とする酵素である．

24. ヌクレオシド二リン酸キナーゼは GTP を ATP に変換するので，GTP は ATP と等価であると考えられる．

25. NAD^+ を還元する酵素は，すべて可溶性でミトコンドリアマトリックスに存在するが，コハク酸デヒドロゲナーゼは膜結合型である．NAD^+ を補酵素とするデヒドロゲナーゼは，例えばアルコールをアルデヒドに，さらにアルデヒドをカルボン酸にと炭素や酸素原子を酸化する．FAD を補酵素とするデヒドロゲナーゼは炭素−炭素単結合を炭素−炭素二重結合へと酸化する．

26. NADH の構造には，デヒドロゲナーゼと特異的に結合するアデニンヌクレオチド部分の構造がある．

27. フマル酸からリンゴ酸への変換は水の付加反応であり，酸化還元反応ではない．

28.

```
CH₂—COO⁻           CH₂—COO⁻
⁻OOC—C—H           H—C—COO⁻
H—C—OH             H—C—OH
COO⁻               COO⁻

CH₂—COO⁻
⁻OOC—C—H
HO—C—H
COO⁻
```

29.

A

$CH_3-C(=O):\ddot{O}:^- + CoA-SH \longrightarrow CH_3-C(=O)-S-CoA + H^+ + :\ddot{O}::C::\ddot{O}: + 2e^-$

ピルビン酸　　　　　　　　　　アセチル CoA　　　　二酸化炭素

Ⓑ
```
   COO⁻              COO⁻
   |                 |
   CH₂               CH₂
   |                 |
H—C—COO⁻     →   H—C—H      + CO₂ + 2e⁻ + H⁺
   |                 |
  :Ö:C:H             C::Ö
   H |               |
     COO⁻            COO⁻
```
イソクエン酸   α-ケトグルタル酸

Ⓒ
```
   :Ö:                        S—CoA
   ::                          |
   C:Ö:⁻                       C=O
   |                           |
   C=O                         CH₂
   |         + CoA-SH  →       |         + :Ö::C::Ö: + 2e⁻ + H⁺
   CH₂                         CH₂
   |                           |
   CH₂                         COO⁻
   |
   COO⁻
```
α-ケトグルタル酸   スクシニル CoA

Ⓓ
```
   COO⁻              COO⁻ H
   |                 \   /
   H:C—H              C
   |            →    ::          + 2e⁻ + 2H⁺
   H—C:H              C
   |                 /   \
   COO⁻              H    COO⁻
```
コハク酸   フマル酸

Ⓔ
```
   COO⁻              COO⁻
   |                 |
   H:Ö:C:H     →     C::Ö:      + 2e⁻ + 2H⁺
   |                 |
   CH₂               CH₂
   |                 |
   COO⁻              COO⁻
```
リンゴ酸   オキサロ酢酸

19.5 クエン酸回路のエネルギー論とその調節

30. ピルビン酸デヒドロゲナーゼ，クエン酸シンターゼ，イソクエン酸デヒドロゲナーゼ，α-ケトグルタル酸デヒドロゲナーゼが触媒する反応である．

31. ピルビン酸デヒドロゲナーゼはアロステリックな調節を受ける．この酵素は ATP，アセチル CoA や NADH で阻害される．また，この酵素はリン酸化により調節されている．ピルビン酸デヒドロゲナーゼキナーゼがピルビン酸デヒドロゲナーゼをリン酸化すると，酵素は不活性化される．ピルビン酸デヒドロゲナーゼホスファターゼにより脱リン酸化されると，再活性化される．

32. ATP と NADH の二つが最も一般的な阻害剤である．

33. 細胞内での ADP 量が ATP 量より増加すると，細胞はエネルギー（ATP）を必要とする．この状態ではエネルギーを産生するクエン酸回路が働き，イソクエン酸デヒドロゲナーゼが活性化されるとともに，電子伝達系や酸化的リン酸化による ATP 産生のために NADH や FADH₂ の生成が活性化される．

34. 細胞内の NADH 量が NAD⁺ 量より増加すると，細胞はいくつかのエネルギー産生反応を停止する．クエン酸回路を活性化する必要がなくなり，その結果，ピルビン酸デヒドロゲナーゼの活性が低下する．

35. 細胞内で ATP/ADP 比または NADH/NAD⁺ 比が高くなると，クエン酸回路は不活性化される．これらの比は細胞が"高いエネルギー状態"にあることを示し，クエン酸回路によるエネルギー生産を必要としないことを示す．

36. チオエステルは，反応基の転移反応を行う"高エネルギー化合物"である．したがって，反応にエネルギーを与えるため，加水分解の $\Delta G^{\circ\prime}$ が大きなマイナスの値である．

37. アセチル CoA の加水分解により発生するエネルギーが，アセチル基とオキサロ酢酸から縮合反応でクエン酸が生成するために必要である．

スクシニル CoA の加水分解により発生するエネルギーは，GDP のリン酸化により GTP が生成するために必要である．

38. 表 19.2 には，クエン酸回路に入ったアセチル CoA 1 モルにつき，各反応のエネルギーの総和が -44.3 kJ（-10.6 kcal）であることが示されている．

39. この表現は，酸化還元反応により代謝中間体から多くのエネルギーが取り出されることを表わしている．9 個の反応のうち，ピルビン酸デヒドロゲナーゼの反応を含む 5 個の反応が，酸化還元反応である．一方，解糖では，10 段階のうち酸化還元反応は一つだけである．エネルギーは，炭素化合物から素早く取り出されて，その結果，エネルギーをもたない二酸化炭素が生成し，次に使われる NAD^+ や FAD に転移される．

40. 乳糖はグルコースとガラクトースから成る二糖類である．二つの単糖間の結合の加水分解にはエネルギーは必要でないから，基本的には二つのヘキソースを考えればよい．どのヘキソースでも同じ量のエネルギーを発生するので，臓器や使用されるシャトル系によって異なるが，60 〜 64 分子の ATP がラクトースの好気的代謝から得られる．

19.6　グリオキシル酸回路：クエン酸回路に関連した代謝経路

41. イソクエン酸デヒドロゲナーゼ，α-ケトグルタル酸デヒドロゲナーゼとスクシニル CoA シンテターゼである．

42. イソクエン酸をコハク酸とグリオキシル酸に変換する反応は，イソクエン酸リアーゼにより，グリオキシル酸とアセチル CoA をリンゴ酸に変換する反応はリンゴ酸シンターゼにより，それぞれ行われる．

43. グリオキシル酸回路をもつ細菌は，酢酸をアミノ酸，糖質や脂質に変換できる．ヒトは酢酸をエネルギー源として利用し脂質を生成する．

19.7　異化反応におけるクエン酸回路

44. クエン酸回路は中心的な代謝経路であり，間接的にエネルギーを産生している．この回路は他の代謝経路の多くの部位から代謝中間体を受け取り，電子伝達系に入る還元型電子運搬体を産生する．また，他の物質を生合成するために代謝中間体を取り出す同化作用ももっている．

45. クエン酸回路は細胞質膜よりも透過の選択性の高いミトコンドリアマトリックスに存在する．

46. 酸化的脱炭酸反応では，酸化される分子はカルボキシ基を二酸化炭素として失う．酸化的脱炭酸の例として，ピルビン酸からアセチル CoA，イソクエン酸から α-ケトグルタル酸，および α-ケトグルタル酸からスクシニル CoA への変換がある．

47. なる．クエン酸は二酸化炭素と水に完全に分解されるだけでなく，ミトコンドリア中に効率よく吸収される．

19.8　同化反応におけるクエン酸回路

48. 次の一連の反応によって，NADH は NADPH に変換される．
オキサロ酢酸 + NADH + H^+ ⟶
　　　　　　　　　　　リンゴ酸 + NAD^+
リンゴ酸 + $NADP^+$ ⟶
　　　　　　ピルビン酸 + CO_2 + NADPH + H^+

49. アミノ酸がクエン酸回路の代謝中間体に変換される補充反応は多数ある．さらに，ピルビン酸と二酸化炭素からピルビン酸カルボキシラーゼの働きでオキサロ酢酸が生成する．

50. 脂肪，糖質やアミノ酸など多くの化合物はアセチル CoA を生成する．また，アセチル CoA はクエン酸回路に送り込まれるだけでなく，脂肪やケトン体に変換されるからである．

19.9　酸素との関連

51. クエン酸回路で生成される NADH や $FADH_2$ は，酸素へつながる電子伝達系における電子供与体である．このため，クエン酸回路は好気的代謝の一部であるといえる．

Chapter 20

20.1　代謝における電子伝達系の役割

1. 電子は NADH からフラビン含有タンパク質を経て補酵素 Q へ渡される．補酵素 Q からは，電子はキノンサイクルを経て，b 型シトクロムへ，さらにシトクロム c へ移動し，続いてシトクロム aa_3 に渡る．電子は，シトクロム aa_3 複合体から最終的に酸素に渡される．

2. 電子伝達と酸化的リン酸化は異なる過程である．電子伝達にはミトコンドリア内膜の呼吸鎖

複合体が必要であり，酸化的リン酸化には同じくミトコンドリア内膜にあるATPシンターゼが必要である．酸化的リン酸化を伴わなくても，電子伝達は起こり得る．

3. 全反応において，電子は鎖中のある反応体の還元型から次の反応体の酸化型に渡される．記号[Fe-S]は，多数の鉄-硫黄タンパク質の一つを表す．

複合体Ⅰの反応

$NADH + E-FMN \longrightarrow NAD^+ + E-FMNH_2$

$E-FMNH_2 + 2[Fe-S]_{酸化型} \longrightarrow$
$\qquad\qquad E-FMN + 2[Fe-S]_{還元型}$

（ATP産生に十分なエネルギーを遊離する）

補酵素Qへの伝達

$2[Fe-S]_{還元型} + CoQ \longrightarrow$
$\qquad\qquad 2[Fe-S]_{酸化型} + CoQH_2$

複合体Ⅲの反応，キノンサイクルの反応

$[Fe-S]_{還元型} + Cyt\ c_{1\,酸化型} \longrightarrow$
$\qquad\qquad [Fe-S]_{酸化型} + Cyt\ c_{1\,還元型}$

（ATP産生に十分なエネルギーを遊離する）

シトクロムcへの伝達

$Cyt\ c_{1\,還元型} + Cyt\ c_{酸化型} \longrightarrow$
$\qquad\qquad Cyt\ c_{1\,酸化型} + Cyt\ c_{還元型}$

複合体Ⅳの反応

$Cyt\ c_{還元型} + Cyt\ aa_{3\,酸化型} \longrightarrow$
$\qquad\qquad Cyt\ c_{酸化型} + Cyt\ aa_{3\,還元型}$

$Cyt\ aa_{3\,還元型} + \frac{1}{2}O_2 \longrightarrow$
$\qquad\qquad Cyt\ aa_{3\,酸化型} + H_2O$

（ATP産生に十分なエネルギーを遊離する）

4. $FADH_2$が電子伝達の出発点である場合は，電子は複合体Ⅰをバイパスして，複合体Ⅱによる反応で$FADH_2$から補酵素Qに渡される．

$FADH_2 + 2[Fe-S]_{酸化型} \longrightarrow$
$\qquad\qquad FAD + 2[Fe-S]_{還元型}$

$2[Fe-S]_{還元型} + CoQ \longrightarrow$
$\qquad\qquad 2[Fe-S]_{酸化型} + CoQH_2$

5. ミトコンドリアは，クエン酸回路で産生された還元型の電子伝達体をマトリックスに閉じ込める構造をしている．ここで還元型電子伝達体は電子伝達系の呼吸鎖複合体に近づくことになる．そして複合体がクエン酸回路により産生された伝達体の電子を，電子や水素の最終的な受け入れ物質である酸素に渡す．

20.2 電子伝達系における還元電位

6. 電子伝達系は，化学的変化により荷電粒子を運ぶ．化学エネルギーと電気エネルギーの変換過程は，電池で起こっている現象と全く同じである．

7. 比較のために，すべての反応は同一方向で記述されている．それらは慣例として，酸化反応ではなく，還元反応として書かれる．

8. $\Delta G^{\circ\prime} = -48.2\ kJ\ mol^{-1}$

9. 表20.1に示す半反応の足し算をすればよい．

$\qquad\qquad\qquad\qquad\qquad\qquad E^{\circ\prime}$ (V)
$NAD^+ + 2H^+ + 2e^- \rightarrow NADH + H^+ \quad -0.320$

この反応は逆の方向なので，式の左右と電位差の符号を逆にすればよい．

	$E^{\circ\prime}$
$NADH + H^+ \rightarrow NAD^+ + 2H^+ + 2e^-$	0.320
$\frac{1}{2}O_2 + 2H^+ + 2e^- \rightarrow H_2O$	0.816
$NADH + H^+ + \frac{1}{2}O_2 \rightarrow NAD^+ + H_2O$	1.136

10. 表20.1に示す半反応の足し算をすればよい．

$\qquad\qquad\qquad\qquad\qquad\qquad E^{\circ\prime}$ (V)
$NAD^+ + 2H^+ + 2e^- \rightarrow NADH + H^+ \quad -0.320$

この反応は逆の方向なので，式の左右と電位差の符号を逆にすればよい．

$NADH + H^+ \rightarrow NAD^+ + 2H^+ + 2e^-$	0.320
ピルビン酸 $+ 2H^+ + 2e^- \rightarrow$ 乳酸	-0.185
$NADH + H^+ +$ ピルビン酸 $\rightarrow NAD^+ +$ 乳酸	0.135

11. 表20.1に示す半反応の足し算をすればよい．

$\qquad\qquad\qquad\qquad\qquad\qquad E^{\circ\prime}$ (V)
フマル酸 $+ 2H^+ + 2e^- \rightarrow$ コハク酸 $\quad 0.031$

この反応は逆の方向なので，式の左右と電位差の符号を逆にすればよい．

コハク酸 $\rightarrow$ フマル酸 $+ 2H^+ + 2e^-$	-0.031
$\frac{1}{2}O_2 + 2H^+ + 2e^- \rightarrow H_2O$	0.816
コハク酸 $+ \frac{1}{2}O_2 \rightarrow$ フマル酸 $+ H_2O$	0.785

12. シトクロムが電子供与体で，フラビン部位が電子受容体である．表20.1に示す半反応の足し算をする．

$\qquad\qquad\qquad\qquad\qquad\qquad E^{\circ\prime}$ (V)
シトクロム $c\ (Fe^{3+}) + e^- \rightarrow$ シトクロム $c\ (Fe^{2+}) \quad 0.254$

この反応は逆の方向なので，式の左右と電位差の符号を逆にすればよい．

$$\begin{array}{ll}
2\text{ シトクロム } c\ (Fe^{2+}) \\
\quad \rightarrow 2\text{ シトクロム } c\ (Fe^{3+}) + 2e^- & -0.254 \\
[FAD] + 2\,H^+ + 2\,e^- \rightarrow [FADH_2] & 0.091 \\
\hline
[FAD] + 2\,\text{Cyt}\,c\,(Fe^{2+}) + 2\,H^+ \\
\quad \rightarrow [FADH_2] + 2\,\text{Cyt}\,c\,(Fe^{3+}) & -0.163
\end{array}$$

この値は結合型のフラビンの最大値である．符号が負であることは，この反応がエネルギー的に好ましくなく，この方向には起こらないことを示している．

13. 標準還元電位に基づく解説を述べる．

$$\begin{array}{lr}
 & E^{\circ\prime}\ (V) \\
\text{フマル酸} + 2\,H^+ + 2\,e^- \rightarrow \text{コハク酸} & 0.031
\end{array}$$

この反応は逆の方向なので，式の左右と電位差の符号を逆にすればよい．

$$\begin{array}{lr}
\text{コハク酸} \rightarrow \text{フマル酸} + 2\,H^+ + 2\,e^- & -0.031 \\
FAD + 2\,H^+ + 2\,e^- \rightarrow FADH_2 & -0.219 \\
\hline
\text{コハク酸} + FAD \rightarrow \text{フマル酸} + FADH_2 & -0.250
\end{array}$$

もう一つの可能性についても同様に計算できる．

$$\begin{array}{lr}
\text{コハク酸} \rightarrow \text{フマル酸} + 2\,H^+ + 2\,e^- & -0.031 \\
NAD^+ + 2\,H^+ + 2\,e^- \rightarrow NADH + H^+ & -0.320 \\
\hline
\text{コハク酸} + NAD^+ \rightarrow \text{フマル酸} + NADH & -0.351
\end{array}$$

どちらの還元電位も，反応がエネルギー的に起こりやすくないことを示しており，NAD^+ は FAD よりさらに起こりにくい．しかし，生きた細胞では他の要因も考えなければならない．第一に，反応は標準条件下で起こるわけではないので還元電位は異なる値となる．第二に，還元型の電子伝達体（NADH と $FADH_2$）は再酸化される．ここで見ている反応が，他の反応と共役することもまた反応を起こりやすくする．

14. 酸化半反応 $NADH + H^+ \longrightarrow NAD^+ + 2H^+ + 2e^-$ が，全反応のピルビン酸 + $NADH + H^+ \longrightarrow$ 乳酸 + NAD^+（$\Delta G^{\circ\prime} = -25.1$ kJ mol^{-1} = -6.0 kcal mol^{-1}）と同様に，強く発エルゴン的（$\Delta G^{\circ\prime} = -61.3$ kJ mol^{-1} = -14.8 kcal mol^{-1}）であるからである．

20.3　電子伝達系複合体の構成

15. ほとんどのシトクロムでヘム側鎖に若干の違いはあるものの，シトクロム，ヘモグロビン，ミオグロビンはすべてヘムをもつという共通点がある．

16. シトクロムは電子を伝達するタンパク質で，ヘム鉄は Fe（II）と Fe（III）の間で変化する．ヘモグロビンとミオグロビンの機能はそれぞれ酸素の運搬と貯蔵である．鉄は Fe（II）状態にとどまっている．

17. 補酵素 Q は呼吸鎖複合体に結合しておらず，ミトコンドリア内膜の中で自由に動く．

18. 複合体 II の一部はクエン酸回路中のコハク酸からフマル酸への変換反応を触媒する．

19. 四つの呼吸鎖複合体の内の三つは ADP をリン酸化して ATP を生成するのに十分なエネルギーを産生する．複合体 II だけは例外である．

20. シトクロム c はミトコンドリア膜に固く結合しておらず，細胞成分分画操作中に簡単に失われる．このタンパク質はほとんどの好気的生物で非常に類似しているので，どの生物のシトクロム c でも簡単に他の生物のシトクロム c の代わりになる．

21. コハク酸 + $\tfrac{1}{2}O_2 \longrightarrow$ フマル酸 + H_2O

22. 電子伝達系の構成成分が適切に並んでいるのは，一つの成分から次の成分に電子を素早く伝達するためである．もし構成成分が溶液中にあるならば，その速度は拡散速度により制限される．第二の利点は，実際に必要なことだが，構成成分が適当に位置することにより，プロトンのマトリックスから膜間腔への輸送が促進されることである．

23. 進化の立場から見ると，同一の構造，あるいはほとんど同一の構造でタンパク質部分が少しだけ異なった構造，が二つの異なる機能を発揮している．二つがまったく別の経路で進化しなければならないとすると，そのために多量のエネルギーが必要であるが，生命体はそのエネルギーを使わずに済んでいる．

24. ここで問題となるのは，変異を受けにくい活性部位ではなく，これらの分子のタンパク質部分についてである．シトクロムは膜タンパク質で他の電子伝達系の構成分子と結合している．ほとんどの変異はこの分子間の適合性を壊すだろう．そうするとその変異は保てなくなる（変異が致死的であるので）．一方，グロビンは水溶性タンパク質で，他のタンパク質との結合はあるものの，一定の限界までは変異が許容される．加水分解酵素は水溶性タンパク質で，基質を除

けば他のポリペプチドとの結合はないだろう．したがって，加水分解酵素は高い割合で変異を許容することができる．

25. 膜結合型の呼吸鎖複合体に加えて可動性の電子伝達体があるために，いつも同じ複合体を使うのではなく，その時々で最も使いやすい複合体を使って電子伝達ができるようになる．

26. キノンサイクルは，2電子伝達体（NADHとFADH$_2$）から1電子伝達体（シトクロム）へ電子を円滑に移行させることを可能にする．

27. それぞれのシトクロムで鉄の周りのタンパク質環境が異なっており，それが還元電位の違いを生み出している．

28. 電子伝達系のすべての反応は電子を輸送する反応であるが，反応物や生成物のいくつかは，場合にもよるが，一つまたは二つの電子を輸送する性質を本来的にもっている．

29. いろいろな種類のシトクロムにおけるヘムはわずかに異なっている．タンパク質環境の違いによる変化が主たる分光学的違いの原因である．

30. 呼吸鎖複合体は，多種類のタンパク質を含み，そのいくつかはとても大きいものである．これが複合体を取り出す際の第一の難しさである．また，ほとんどの膜結合型タンパク質がそうであるように，呼吸鎖複合体の成分を膜環境から取り出すと容易に変性する．

20.4 電子伝達系とリン酸化の連結

31. ミトコンドリア ATP シンターゼにおいて，マトリックスに突出している F_1 部分が ATP 合成部位である．

32. ミトコンドリア ATP シンターゼの F_0 部位はミトコンドリア内膜中に存在するが，F_1 部位はマトリックスに突き出ている．

33. P/O 比は，$\frac{1}{2}$ O$_2$ + 2H$^+$ + 2e$^-$ ⟶ H$_2$O の反応で消費される酸素原子1モルに対する，ADP + P$_i$ ⟶ ATP の反応で消費される無機リン酸 P$_i$ のモル数である．これは，電子伝達に対して ATP の産生がどれくらい共役しているかを示す値である．

34. ミトコンドリア ATP シンターゼの F_1 部位は固定子ドメイン（$\alpha_3\beta_3\delta$ ドメイン）と回転子ドメイン（$\gamma\epsilon$ ドメイン）を有している．これはモーターとして必要な構成そのものである．

35. コハク酸の酸化の場合は，最初の呼吸鎖複合体を通らずに，フラビンタンパク質を介して補酵素 Q に電子を渡すので，P/O 比は 1.5 になると考えられる．

36. プロトンの汲み出しや ADP のリン酸化の系は複雑であるため，P/O 比を正確に求めることは難しい．リン酸化される ADP の分子数は膜を介して移動したプロトンの数に直接関係するという図式が，論争の的となってきた．確定できない化学量論は，化学者も生化学者も受け入れにくいということである．

37. 呼吸鎖複合体によるミトコンドリア内膜を挟んでのプロトンの汲み出し量を正確に求めるのが難しいのは，これらの複合体が，膜環境に埋め込まれたタンパク質の巨大な集合体として活性を有するためである．

20.5 酸化的リン酸化における共役機構

38. 化学浸透圧共役説は，活発に呼吸しているミトコンドリアにおける膜間腔とマトリックス間の水素イオン濃度差に基づいている．この水素イオン濃度勾配は，電子伝達に伴うプロトンの汲み出しによって形成される．ATP シンターゼ中のチャネルを通ってのマトリックスへの水素イオンの逆流が，ADP のリン酸化に直接共役している．

39. 無傷のミトコンドリア膜は，プロトンの汲み出しに必要な区画化された空間を作るのに必要である．

40. 脱共役剤は，酸化的リン酸化の基となるプロトン勾配をなくしてしまう．

41. 化学浸透圧共役では，プロトン勾配が ATP 産生に関わっている．プロトン勾配が複数のタンパク質の構造変化を引き起こし，その結果，シンターゼに強く結合した ATP を遊離させる．

42. ジニトロフェノールは酸化的リン酸化の脱共役剤である．ダイエットに使われた理由は，エネルギーを熱として消散させるためである．

43. プロトンが F 粒子を通過する時に放出されるエネルギーが，実際に F_1 タンパク質の構造変化を起こすために使われる．これにより ATP が遊離する．基質を"固く"結合した状態（T，L，O の三つの構造変化の一つである T 状態）が疎水性の場を提供し，ここで直接的なエネルギーを要することなく ADP が P$_i$ によりリン酸化される．

20.6 呼吸阻害剤は電子伝達系の研究に使われる

44. (a) アジ化物は，シトクロム aa_3 から酸素への電子伝達を阻害する．
    (b) アンチマイシン A は，シトクロム b からキノンサイクルにおける補酵素 Q への電子伝達を阻害する．
    (c) アミタールは，NADH レダクターゼから補酵素 Q への電子伝達を阻害する．
    (d) ロテノンは，NADH レダクターゼから補酵素 Q への電子伝達を阻害する．
    (e) ジニトロフェノールは，酸化的リン酸化の脱共役剤である．
    (f) グラミシジン A は，酸化的リン酸化の脱共役剤である．
    (g) 一酸化炭素は，シトクロム aa_3 から酸素への電子伝達を阻害する．

45. 試料中に存在する電子伝達系成分の酸化型と還元型の量を測定する方法がある．もし，ある呼吸阻害剤を加えると，電子伝達系の阻害点以前の成分は還元型で蓄積する．一方，阻害点直後の成分は酸化型が蓄積する．

46. 脱共役剤は電子伝達により作られたプロトン勾配を消失させるものであり，呼吸阻害剤は電子の流れを阻害するものである．

20.7 シャトル機構

47. グルコース 1 分子の完全酸化は，筋肉や脳では 30 分子の ATP を，肝臓，心臓，腎臓では 32 分子の ATP を産生する．この相違の理由は，解糖によりサイトゾルで産生された NADH からの電子をミトコンドリアに輸送するシャトル機構が違うためである．

48. リンゴ酸–アスパラギン酸シャトルにより輸送された（マトリックス内の）産物は NADH であり，グリセロールリン酸シャトルの産物は $FADH_2$ である．後者のシャトルは膜を介した NADH の濃度勾配に逆らって作動することができるが，前者はできない．

20.8 グルコースの完全酸化による ATP の収量

49. (a) 34，(b) 32，(c) 13.5，(d) 17，(e) 2.5，(f) 12.5

50. ATP の最大産生収量で最も近い整数は 3 である．
    102.3 kJ（放出エネルギー）× 1 ATP/30.5 kJ
    = 3.35 ATP

実際には ATP 1 分子が産生されるのであるから，本過程の効率は
 （1 ATP/3 ATP）× 100 = 33.3 %

Chapter 21

21.1 脂質はエネルギーの産生と貯蔵に関わる

1. (a) 動く生物（例えば，あちこち移動中のハチドリ）にとって，体重は決定的要因であり，ほとんどのエネルギーを最も少ない重さに詰め込むことは明らかに有利である（2.5 g のハチドリは移動するためのエネルギーとして約 2 g の脂肪を加える必要があり，そのため体重が 80 % 増加する）．等量のエネルギーをグリコーゲンとして蓄えると約 5 g となり，体重は 200 % 増加する．この鳥は地面から飛び立つことは決してできないだろう．
   (b) 動かない植物にとって，体重は決定的要因ではなく，デンプンに比べ，脂肪／油をつくるのには，よりエネルギーがかかる（熱力学第 2 法則によれば，油から得られるエネルギーは，油をつくるのに費やされるエネルギーより少ない．望むなら計算から実証できる）．植物のタネの場合には，光合成ができるくらい生長するまでは自足しなければならないので，"コンパクト" なエネルギーが有益である．

21.2 脂質の分解

2. ホスホリパーゼ A_1 はグリセロール骨格の 1 位の炭素へのエステル結合を加水分解し，ホスホリパーゼ A_2 は骨格の 2 位の炭素へのエステル結合を加水分解する．

3. ホルモン信号はアデニル酸シクラーゼを活性化し，cAMP をつくらせる．cAMP はプロテインキナーゼを活性化し，これがリパーゼをリン酸化することにより活性化する．

4. アシル CoA は高エネルギー化合物で，β 酸化を開始するのに十分なエネルギーをもっている．また CoA は，結合した分子が酸化を受ける運命にあることを示す目印の役割ももっている．

5. アシル基はカルニチンにエステル結合して，ミトコンドリアマトリックス内に移動する．この

過程にはアシル CoA からカルニチンへ，そしてアシルカルニチンから CoA へのエステル交換反応が存在する（図21.5 を参照）．

6. アシル CoA デヒドロゲナーゼは補酵素として FAD を用い，隣合った炭素から水素を除くことにより二重結合を形成する．βヒドロキシ CoA デヒドロゲナーゼは補酵素として NAD^+ を用い，アルコールを酸化してケトン基とする．

7. $$CH_3CH_2CH_2\textbf{CH}_2\textbf{CH}_2-\underset{\underset{O}{\|}}{C}-S-CoA$$

太字で表した二つの炭素の間に二重結合ができる．その配位はトランスである．

8. 7 回の炭素－炭素結合が β 酸化により切断されるからである（図21.6 を参照）．

9. 肝臓ではグリコーゲンの分解や糖新生が起こるだろう．筋肉ではグリコーゲン分解と解糖が起こるだろう．

21.3 脂肪酸酸化からのエネルギー収量

10. ステアリン酸では，炭素原子当たり 6.7 ATP，グラム当たりでは 0.42 ATP，これに対しグルコースでは炭素原子当たり 5 ATP，グラム当たり 0.17 ATP という値が得られる．グルコースよりステアリン酸からのほうが，より多くのエネルギーが得られる．

11. β 酸化で生成する NADH と $FADH_2$ が処理される場合より，クエン酸回路と電子伝達系を通してアセチル CoA が処理される場合のほうが，より多くのエネルギーを産生する．

12. 7 サイクルの β 酸化で，アセチル CoA 8 分子，$FADH_2$ 7 分子，NADH 7 分子．クエン酸回路によるアセチル CoA 8 分子の処理で，$FADH_2$ 8 分子，NADH 24 分子，GTP 8 分子．全 $FADH_2$ と NADH の再酸化によって，$FADH_2$ 15 分子から ATP 22.5 分子，NADH 31 分子から ATP 77.5 分子が生成する．GTP 8 分子から ATP 8 分子．小計は ATP 108 分子となる．ATP 2 分子は活性化段階で使われるので，総計は ATP 106 分子となる．ステアリン酸では総計 ATP 120 分子である．

13. ラクダは，水を蓄えているのではなく，分解すれば代謝水になる脂質をこぶに含んでいる．

21.4 不飽和脂肪酸および奇数個の炭素から成る脂肪酸の分解

14. 奇数炭素の脂肪酸の β 酸化は，最終段階までは普通に反応が進む．5 炭素が残ったところで β 酸化が起こると，アセチル CoA 1 分子とプロピオニル CoA 1 分子が遊離する．プロピオニル CoA はこれ以上 β 酸化では代謝されないが，別の酵素群によりスクシニル CoA に変換されてクエン酸回路に入る．

15. 誤りである．不飽和脂肪酸のアセチル CoA までの酸化にはシス－トランス異性化と還元が必要で，これらの反応は飽和脂肪酸の酸化には見られない．

16. 1 価不飽和脂肪酸の β 酸化には，もう一つの酵素が必要で，それはエノイル CoA イソメラーゼである．

17. 多価不飽和脂肪酸の β 酸化には他にもう二つの酵素が必要で，それらはエノイル CoA イソメラーゼと 2,4 -ジエノイル CoA レダクターゼである．

18. 7 サイクルの β 酸化でアセチル CoA 7 分子，プロピオニル CoA 1 分子，$FADH_2$ 7 分子，NADH 7 分子．クエン酸回路によるアセチル CoA 7 分子の処理で，$FADH_2$ 7 分子，NADH 21 分子，GTP 7 分子．プロピオニル CoA の処理ではスクシニル CoA への変換で ATP －1 分子，クエン酸回路で GTP 1 分子，NADH 1 分子と $FADH_2$ 1 分子が生じる．全 $FADH_2$ と NADH の再酸化によって，$FADH_2$ 15 分子から ATP 22.5 分子，NADH 29 分子から ATP 72.5 分子が生成する．GTP 8 分子から ATP 8 分子．小計は ATP 103 分子となる．ATP 2 分子は活性化段階で使われ，スクシニル CoA への変換で ATP 1 分子使われているので，総計は ATP 100 分子となる．

19. 炭素数 18 の飽和脂肪酸からは ATP 120 分子となる．1 価不飽和脂肪酸では二重結合により $FADH_2$ を産生する段階がなくなるので，オレイン酸のほうが ATP 1.5 分子少なく，総計 ATP 118.5 分子となる．

20. 炭素数 18 の飽和脂肪酸からは ATP 120 分子となる．Δ^9 と Δ^{12} の位置に結合をもつ 2 価不飽和脂肪酸では，最初の二重結合により 1 分子の $FADH_2$ が除かれ，第 2 の二重結合には 1 分子の NADPH（NADH と同じエネルギーと考える）が使われる．したがって，飽和脂肪酸と比べて ATP 4 分子が失われ，総計は ATP 116 分子とな

21. 7サイクルのβ酸化で炭素14個がアセチルCoAとして遊離する．残りの炭素3個はプロピオニルCoAとして遊離する．
22. 脂肪はアセチルCoAの2炭素単位でクエン酸回路に入るため，グルコース産生に至ることができない．初期の数段階で2炭素が二酸化炭素として遊離する．しかし奇数炭素の脂肪酸は部分的に糖新生的と考えることができる．それは最後の3炭素が脱炭酸段階の後にスクシニルCoAとなってクエン酸回路に入るからである．もし過剰のスクシニルCoAが加えられれば，スクシニルCoAはクエン酸回路の中間体の定常濃度を保ちながら，過剰分はマレイン酸として回路を離れ糖新生に使われる．

21.5 ケトン体

23. 糖質分解に比べ脂質分解の不均衡が生じたときにケトン体がつくられる．脂肪酸がβ酸化されアセチルCoAが産生されたとき，糖新生によってオキサロ酢酸が不十分であると，アセチルCoA分子同士が結合してケトン体を形成する．
24. 2分子のアセチルCoAが結合してアセトアセチルCoAとなる．これは補酵素Aを遊離してアセト酢酸ができ，さらにβヒドロキシ酪酸かアセトンに変換される．
25. もし糖尿病がうまくコントロールされていないために患者が気絶したのであれば，使われなかった糖質が脂肪やケトン体に変換されるため，医師は，吐息にアセトン臭がするだろうと予想する．
26. エタノールはアセトアルデヒドに変換され，酢酸になる．ヒトは酢酸をエネルギー源としてしか使うことができない．すなわち，酢酸は脂肪酸や他の脂質に変換される．
27. 金属のような味覚はアセトンのためであろう．このことは友人が，軽度のケトーシスであることを意味する．友人が医師にダイエット計画について相談したかどうかを尋ね，そのような低カロリーの食事をやめ，アセトンが完全に体外へ排出されるように水をたくさん飲むことを勧めると良いだろう．

21.6 脂肪酸の生合成

28. 共通の性質：アセチルCoAとチオエステルが関係する．1回の分解か合成が2炭素単位で起こる．相違点：生合成にはマロニルCoAが関与するが分解には関与しない．分解に関与するチオエステルはCoAであり，生合成ではアシルキャリヤータンパク質である．生合成はサイトゾルで起こり，分解はミトコンドリアマトリックスで起こる．分解はNAD^+とFADを必要とする酸化過程で，電子伝達と酸化的リン酸化によりATPを産生する．一方，生合成はNADPHとATPを要する還元過程である．
29. ステップ1　カルボキシ基の供給源として重炭酸イオン（HCO_3^-）を用い，ビオチンがカルボキシ化される．
    ステップ2　カルボキシ化ビオチンがビオチン運搬タンパク質により酵素結合型アセチルCoAの近傍に運ばれる．
    ステップ3　カルボキシ基がアセチルCoAに転移し，マロニルCoAを生成する．
30. マロニルCoA自身が脂肪酸合成に使われる．これはまたカルニチンアシルトランスフェラーゼの強力な阻害剤であり，β酸化を停止させる．
31. ACP，サイトゾル，トランス二重結合，D-アルコール，β還元，NADPH，マロニルCoA（ただし1分子のアセチルCoAを除く），そして多機能酵素複合体．
32. β酸化ではFADが最初の酸化反応の補酵素であり，NAD^+が第2の酸化の補酵素である．脂肪酸合成においては，NADPHが両方の段階で補酵素として働く．β酸化においてβヒドロキシアシル基はL型の立体配位であるが，脂肪酸合成ではD型の立体配位である．
33. 両方とも活性末端にホスホパンテテイン基をもつ．補酵素Aでは，この基は2′ホスホAMPに結合しているが，ACPではタンパク質のセリン残基に結合している．
34. ACPはアシル基が脂肪酸合成のためのものであるという目印を付ける分子である．これによりアシルCoAとは別に取り扱われる．またACPはアシル基に"振り子の腕"のように結合し，アシル基を脂肪酸合成複合体につなぎ止めている．
35. リノール酸やリノレン酸は体内で合成できないので，食物から摂らなければならない．哺乳動物は，脂肪酸の9位の炭素より先に二重結合を

付加できない．

36. アシル CoA 中間体は，脂肪酸を他の脂質に変換するために必須である．

37. アセチル基はオキサロ酢酸と縮合しクエン酸を生成する．これはミトコンドリア膜を透過できる．サイトゾルでは逆反応により再びアセチル基が生み出される．

38. ミトコンドリアのマトリックスでアセチルカルニチンが生成されると，カルニチントランスロカーゼによりサイトゾルに移動できる．これは脂質生成のために，ミトコンドリアからアセチル基を運び出す，もう一つの方法である．

39. アセチル基を伸長する脂肪酸に縮合するにはエネルギーが必要である．理論的には，ATP を使うことにより，アセチル CoA でも縮合を行うことができる．しかし実際には ATP はアセチル CoA からマロニル CoA への変換に使われる．アセチル基のマロニル CoA への縮合の一部は，それに伴う脱炭酸により進められ，エネルギーの付加はいらない．なぜアセチル CoA でなくマロニル CoA を経由するかについて考えられる理由は，代謝経路の混乱を避けるためであろう．（細胞内に仕切りのない）原核生物では，おそらく特に重要であろう．分解により得られたアセチル CoA が即座に合成に使われることを想像してみるとよい．マロニル CoA は "合成"，アセチル CoA は "分解" を表している．

40. (a) ピルビン酸デヒドロゲナーゼ複合体の "振り子の腕" であるリポ酸．
    (b) "腕"（ACP）は反応基を一つの酵素から別の酵素に運ぶ（拡散律速の過程を避けるとともに，鍵になる反応基を正しい位置にもっていく）．ACP の場合，反応基（β炭素）は，伸長している脂肪酸の長さに関係なく，ACP から常に等距離におかれている．かくして決定的に重要な基が，関連する酵素の活性部位近傍に常に位置するようになる．

21.7 アシルグリセロールと複合脂質の合成

41. グリセロールは，他のアシルグリセロールの分解物や，解糖由来のグリセロール 3-リン酸からきている．

42. アシルグリセロールに見出される活性基はシチジン二リン酸である．

43. 原核生物では，CTP がホスファチジン酸と反応して CDP-ジアシルグリセロールとなる．次にセリンと反応してホスファチジルセリンが生成し，脱炭酸されてホスファチジルエタノールアミンとなる．真核生物では，CDP-エタノールアミンがジアシルグリセロールと反応してホスファチジルエタノールアミンが生成する．

21.8 コレステロールの生合成

44. ステロイド生合成において，まず 3 分子のアセチル CoA が縮合して 6 炭素のメバロン酸ができ，次に 5 炭素のイソプレノイド単位となる．第 2，第 3 のイソプレノイド単位が縮合して，10 炭素さらに 15 炭素の単位となる．15 炭素単位が二つ縮合して 30 炭素のコレステロール前駆物質が形成される．

45. 図 21.24 を参照．

46. 胆汁酸とステロイドホルモン．

47. すべてのステロイドは特徴的な多環構造を有しており，共通の生合成に由来することを暗に示している．

48. エポキシドの形成には O_2 の一つの酸素原子が必要であり，NADPH はもう一つの酸素原子を還元して水にするために必要である．

49. コレステロールは極性が低く，水溶液である血液には溶解しないからである．

50. 胆汁酸はコレステロールからつくられる．また，コレステロールは胆汁として身体から腸管内へ排出される．

Chapter 22

22.1 クロロプラストは光合成の場である

1. 秋には葉のクロロフィルが失われ，赤や黄色の補助色素が見えるようになる．これが秋に紅葉を呈する理由である．

2. 消費者の多くは緑色のもやしを買わないので，緑色にならないように暗所で栽培されているからである．

3. クロロプラストでは鉄とマンガンが用いられ，ミトコンドリアでは鉄と銅が用いられる．これらの金属はすべて，酸化・還元反応を受けやすい遷移金属である．

4. クロロプラストもミトコンドリアも，共に内膜

と外膜をもっている．またどちらも独自のDNAとリボソームをもっている．しかし，クロロプラストには3番目の膜であるチラコイド膜がある．

5. クロロフィルはテトラピロール環に接したシクロペンタノン環をもっているが，これはヘムにはない特徴である．ヘムは鉄をもっているのに対して，クロロフィルはマグネシウムをもっている．クロロフィルはイソプレノイド骨格から成る長い側鎖をもっているが，ヘムにはない．

6. クロロフィルによって吸収されるのは可視光線スペクトルの比較的わずかな部分であるが，補助色素はさらに広範囲の波長域の光を吸収する．その結果，光化学反応において可視光線スペクトルの大部分を利用することができる．

7. それは，クロロプラストが独立したバクテリアから進化したことを支持する証拠の一つである．

22.2 光化学系Ⅰ・Ⅱと光合成の明反応

8. クロロプラストにおけるNADPHの合成は，大まかにはミトコンドリアにおけるNADHの酸化反応の逆反応といえる．電子の流れる方向はクロロプラストとミトコンドリアでは逆であり，電子の伝達体は異なっている．

9. ロドシュードモナスの反応中心に光が照射されると，反応中心の特別なクロロフィル対は励起エネルギー準位に励起される．1個の電子が特別なクロロフィル対から，補助色素であるフェオフィチン，メナキノン，そして最後にユビキノンへと渡されていく．特別なクロロフィル対から失われた電子は，可溶性シトクロムによって補充され，シトクロムは拡散していく．電荷の分離はエネルギーの貯蔵に相当する（図21.9を参照）．

10. 光エネルギーは，光化学系Ⅰおよび光化学系Ⅱにおいて，反応中心クロロフィルをより高いエネルギー準位に上げるのに必要である．光エネルギーは強力な還元剤を作り出すために必要であり，その還元力によって電子は反応経路の一連の化合物に次々と渡されていく．

11. 誤り．大部分のクロロフィルは集光性分子であり，それらは明反応を行う特別なクロロフィル対に光エネルギーを渡す．

12. クロロプラストの電子伝達系は，ミトコンドリアの電子伝達系と同様，プラストシアニンなどのタンパク質や，シトクロム b_6-f のようなタンパク質複合体から成っている．また，フェオフィチンやプラストキノン（補酵素Qに相当）などの可溶性電子伝達体をもっていることもミトコンドリアと同じである．

13. おそらくクロロプラストの電子伝達系であろう．クロロプラストは分子状酸素を発生する．そしてミトコンドリアはその酸素を利用する．初期の地球の大気が分子状酸素を含んでいなかったことはほぼ間違いない．光合成によって大気中に酸素が存在するようになって初めて，酸素が利用されるようになったと考えられる．

14. 電子の伝達とATP合成は互いに共役しており，その機序はミトコンドリアとクロロプラストにおいて同じである．この共役反応には，ミトコンドリアでは内膜を介したプロトン勾配の形成が，またクロロプラストではチラコイド膜を介したプロトン勾配の形成が必須である．

15. ミトコンドリアではプロトン勾配（化学的）と電気化学的勾配（電荷）の両方が形成され，その両方が全体のポテンシャルエネルギーとして寄与しているのに対し，クロロプラストではプロトン勾配だけが形成されるからである．その理由は種々のイオンがチラコイド膜を通過し，電荷が中和されるからである．プロトン勾配だけでは効率はかなり低くなる．

16. ごくわずかの例外を除いて，生命は，直接または間接的に光合成に依存している．ここでの電流とは，水から $NADP^+$ への電子の流れのことであり，この反応には光が必要である．この電子の"流れ"は光を必要としない反応でも続いており，電子はNADPHから1,3-ビスホスホグリセリン酸へと流れ，最終的にグルコースがつくられる．

17. 光化学系Ⅱは光化学系Ⅰに比べ，より高いエネルギーを必要とする．短波長の光は振動数が高く，振動数は光エネルギーに正比例するからである．

18. 光合成における各電子伝達反応の標準還元電位を挙げることは大変意味のあることである．それらはミトコンドリアにおける電子伝達反応と全くよく似たものであるからである．ミトコンドリアの標準還元電位はChap. 20に示した．

19. 光合成反応中心がバッテリーに似ているとする理由は，その反応が電荷の分離を引き起こすからである．電荷の分離はバッテリーにおけるエネルギー貯蔵に相当する．

20. ミトコンドリアとクロロプラストの電子伝達系は類似している．ミトコンドリアではアンチマイシンAはキノンサイクルでのシトクロムbから補酵素Qへの電子伝達を阻害する．同様に，アンチマイシンAはプラストキノンからシトクロムb_6-fへの電子の流れを阻害すると考えられる．キノンサイクルはクロロプラストでも作動していると思われる．

21. 光合成で発生する酸素はH_2Oに由来している．酸素発生複合体は，水からNADPHへの一連の電子伝達反応の一部をなしている．CO_2は暗反応に関与しており，暗反応は酸素発生とは別の反応であり，クロロプラストにおいてその反応が起こる場所も異なっている．

22. 光合成において，電子が光化学系Ⅱから光化学系Ⅰの方向に流れることはよく知られている．このような名称が付けられた理由は，光化学系Ⅰは光化学系Ⅱに比べて単離するのが容易で，初期の研究においてより詳しく研究されていたからである．

23. チラコイド膜を横切って汲み出されるプロトン数を確定するには，多くの研究が必要であろう．これはミトコンドリアでの経験からいえることであり，また，クロロプラストの構造がずっと複雑であることからも予想される．

24. 酸素を発生する過程において，光化学系Ⅱの酸素発生複合体は4個の電子の移動に伴って一連の五つの酸化状態（S_0からS_4）を経る（図22.6）．光子1個当たり，1個の電子が水分子から引き抜かれて光化学系Ⅱに渡される．この過程で，反応中心の構成成分は順に酸化状態S_1からS_4に進む．S_4は自発的に崩壊してS_0状態に戻るが，このとき2分子の水が酸化されて1分子の酸素が発生する．このとき4個のプロトンが同時に放出される．

25. ゆるく結合しているシトクロムが反応中心から拡散していくと，電荷の分離が引き起こされる．この電荷の分離は貯蔵エネルギーに相当する．

26. クロロプラストとミトコンドリアにおけるATPシンターゼの類似性は，これらはともに独立して生育する（寄生的でも共生的でもない）バクテリアから進化したという考えを支持するものである．

22.3 光合成とATP合成

27. 循環的光リン酸化反応では，光化学系Ⅰの励起されたクロロフィルはその電子を，通常は光化学系ⅡとⅠを連結している電子伝達系へ直接渡す．この電子伝達系はATP合成と共役している（図22.9を参照）．

28. どちらのATP合成も，電子の流れの結果生じたプロトン勾配に依存している．クロロプラストでは，このプロトンは水が分解して酸素を発生する反応に由来している．ミトコンドリアでは，このプロトンはNADHの酸化反応に由来し，最終的には酸素と反応して水を生じる．

29. 非循環的光リン酸化反応では，二つの光化学系をつないでいる電子伝達系が作動することにより，プロトン勾配が形成される．

30. もし何らかの方法でプロトン勾配が形成されるなら，光がなくてもクロロプラストによるATP産生は起こる．

31. 植物が，ATPは必要であるがNADPHはあまり必要でないとき，循環的光リン酸化反応が起こる．どちらも必要なときは非循環的光リン酸化反応が起こる．

22.4 酸素を発生する光合成と発生しない光合成の進化上の関連性

32. 光合成では水以外にも多くの電子供与体が利用できる．特に光合成細菌の光化学系では水を酸化できるほど強力な酸化剤が存在しない．そこで水に代わる電子供与体としてH_2Sや有機化合物が用いられている．

33. クロロフィルaとクロロフィルbの両方をもつ原核生物がいるならば，それはクロロプラストの進化上のある時点のものが現在まで生き残ったものであろう．

22.5 光合成の暗反応により二酸化炭素が固定される

34. ルビスコは，すべての緑色植物のクロロプラストにおける主要なタンパク質である．緑色植物は広く分布していることから，ルビスコはおそらく自然界で最も豊富に存在するタンパク質である．

35. ルビスコの触媒サブユニットのアミノ酸配列は

クロロプラスト遺伝子にコードされているのに対して，調節サブユニットのアミノ酸配列は核遺伝子にコードされている．

36. 糖新生やペントースリン酸回路には，光合成の暗反応における反応と類似した反応が多くある．

37. 熱力学的観点からは，光合成における糖の合成は，グルコースなどの糖が完全酸化されて CO_2 と水になる反応の逆である．1 モルのグルコースが完全に酸化されると，6 モルの CO_2 を生成する．1 モルの CO_2 の固定に要するエネルギー変化を得るには，グルコースの完全酸化で得られるエネルギーの符号を逆にし，6 で除せばよい．

38. 光合成によって合成されるグルコースは，均一に標識されるわけではない．なぜなら，1 分子の CO_2 のみが各リブロース 1,5 - ビスリン酸 1 分子に取り込まれ，それが糖の合成経路に入っていくからである．

39. 新しいタンパク質の進化は，それまでに存在しているタンパク質を修飾したり適応させたりすることに基づいているので，もしルビスコが生命の進化の初期段階で現れた最初のタンパク質性酵素の一つであったなら，後から進化してきたタンパク質性酵素ほど効率は高くないものと考えられる．

40. クロロプラストやミトコンドリアの DNA は環状であること．またそれらのリボソームは真核生物のものより，むしろバクテリアのものに類似していること．それらのアミノアシル tRNA シンテターゼは，真核生物の tRNA ではなくバクテリアの tRNA を用いていること．一般に，それらの遺伝子はイントロンを含まず，mRNA にはシャイン-ダルガーノ配列が存在している．

41. この経路はペントースリン酸回路の非酸化的経路と糖新生経路から多くの部分を借用している．これらの経路は生合成に必要な還元力としての NADPH だけでなく，糖をつくることができるので，ほんの二，三の酵素が変異によって進化するだけでカルビン回路を完全に機能させることができたと考えられる．

42. 大気中の酸素は光合成の結果つくられたものである．したがって，ルビスコは大気中に大量の酸素が存在する前に進化していた．

43. 実際の炭酸固定はリブロース 1,5 - ビスリン酸と二酸化炭素が縮合して 2 分子の 3 - ホスホグリセリン酸を生成する反応だけである．カルビン回路のあとの部分はリブロース 1,5 - ビスリン酸を再生するための反応である．

44. 生物はカルビン回路に必要な酵素をつくるのに，ほんの二，三の遺伝子変異を加えるだけでよかった．カルビン回路の残りの部分はすでに存在していたからである．

45. カルビン回路では 6 分子の二酸化炭素が固定されて 1 分子のグルコースをつくるわけではない．放射性標識実験によるとカルビン回路に入る 6 分子の二酸化炭素の 6 個の炭素原子はそれぞれ別の糖に取り込まれる．

22.6 熱帯の植物による炭酸固定

46. 熱帯植物では，カルビン回路以外に C_4 経路も働いている．

47. C_4 植物では，CO_2 が葉の気孔を通って内部に入ると，葉の葉肉細胞において，まずホスホエノールピルビン酸と反応してオキサロ酢酸と P_i を生成する．オキサロ酢酸は NADPH によってリンゴ酸に還元される．次にリンゴ酸は，葉肉細胞と維管束鞘細胞（次の層）をつないでいるチャネルを通って，維管束鞘細胞に運ばれる．これらの反応は C_3 植物では起こらない．

48. 光呼吸とは，ルビスコがカルボキシラーゼとしてではなくオキシゲナーゼとして働き，基質のグリコール酸が酸化される反応経路である．光呼吸はまだ十分に理解されていないところがある．

49. 三つの理由が考えられる．(1) 熱帯では光エネルギーは通常，制限要因ではない．(2) 熱帯植物は水分の損失を最小限にするため気孔が小さく，そのため CO_2 の取込みも制限されている．(3) C_4 回路によって葉内部のクロロプラスト中の CO_2 濃度を上げることができる．C_4 回路がなければ，小さな気孔をもつ植物では CO_2 濃度を上げることは不可能である．

50. 光呼吸がなければ，ほとんどの植物はもっと多くの光合成産物をつくることができるだろう．しかし，光呼吸にはもう一つ別の面がある．オキシゲナーゼ活性はルビスコにとって，避けられない，無駄な活性のように思われる．光呼吸

は，ルビスコのオキシゲナーゼ活性によって失われてしまう炭素を節約するための再利用経路である．たとえATPと還元力を消費してでも，植物にとって光呼吸は必須である．このことは，光呼吸に影響を及ぼす遺伝子変異は致死的となることからも明らかである（訳注：光呼吸はむしろC_3植物が現在のCO_2濃度に適応するために不可欠なしくみと考えられている）．

Chapter 23

23.1 窒素代謝：その概観

1. 窒素固定細菌（大豆やアルファルファのようなマメ科植物の根に根粒を形成して共生している生物）および共生ではなく独立して生息する微生物の一部，またはシアノバクテリアなどが窒素を固定することができる．植物や動物にはできない．

23.2 窒素固定

2. 窒素はニトロゲナーゼの反応で固定され，N_2がNH_4^+へと変換される．このような窒素分子の三重結合の分解を触媒することができる酵素をもつ生物はごくわずかしか存在しない．さらにこの窒素はグルタミン酸デヒドロゲナーゼ反応とグルタミンシンテターゼ反応により同化される．

   $NH_4^+ + \alpha$-ケトグルタル酸 $\rightleftharpoons$
   　　　　グルタミン酸 + 水（NADPHが必要）

   $NH_4^+ +$ グルタミン酸 $\rightleftharpoons$
   　　　　グルタミン（ATPが必要）

3. H_2とN_2から化学的にアンモニアを合成する方法である．

4. ニトロゲナーゼによる還元反応は
   $N_2 + 8e^- + 16\,ATP + 10\,H^+ \longrightarrow$
   　　　　$2\,NH_4^+ + 16\,ADP + 16\,P_i + H_2$

であるが，酸化反応のほうは種によって異なる．

5. ニトロゲナーゼ酵素複合体はフェレドキシン，ジニトロゲナーゼレダクターゼおよびジニトロゲナーゼから構成されている．ジニトロゲナーゼレダクターゼは鉄-硫黄タンパク質であり，ジニトロゲナーゼは鉄-モリブデンタンパク質である．鉄-硫黄タンパク質は二量体を形成しており（"鉄の蝶々"），蝶々の頭の部分に鉄-硫黄クラスターが位置している．ジニトロゲナーゼのほうはもう少し複雑で，数種のサブユニットで四量体を形成している．

23.3 窒素代謝におけるフィードバック阻害

6. 窒素を使ってアミノ酸，プリン，ピリミジンをつくる経路はフィードバック阻害によって調節されている．例えばCTPのような最終産物が，合成経路の最初もしくはごく初期のステップの反応を阻害する．

7. フィードバック調節機構により，長い生合成経路の最初もしくは最初に近い部分の反応が遅くなるため，生体のエネルギーを節約することができる．

8. なぜならば，回路のすべての成分が再生されるため，ほんのわずかの量（"触媒量"）しか必要とされないからである．これはエネルギー的見地からも重要であり，また水に溶けにくいという問題を抱えるような物質にとってもおそらく重要である．

23.4 アミノ酸の生合成

9. それらは相互に関係しあっており，α-ケトグルタル酸はアミノ基転移反応もしくはグルタミン酸デヒドロゲナーゼ反応によりグルタミン酸に変換される．グルタミンシンテターゼはグルタミン酸からグルタミンをつくり出す．

10.

$$\underset{\alpha\text{-ケトグルタル酸}}{\begin{array}{c}COO^-\\|\\C=O\\|\\CH_2\\|\\CH_2\\|\\COO^-\end{array}} + \underset{L\text{-アラニン}}{\begin{array}{c}COO^-\\|\\H_3\overset{+}{N}-C-H\\|\\CH_3\end{array}} \rightleftharpoons \underset{L\text{-グルタミン酸}}{\begin{array}{c}COO^-\\|\\H_3\overset{+}{N}-C-H\\|\\CH_2\\|\\CH_2\\|\\COO^-\end{array}} + \underset{\text{ピルビン酸}}{\begin{array}{c}COO^-\\|\\C=O\\|\\CH_3\end{array}}$$

11.

$$NH_4^+ + {}^-OOC-CH_2-CH_2-\underset{\text{α-ケトグルタル酸}}{\overset{O}{\underset{\|}{C}}}-COO^- \underset{NADP^+}{\overset{NADPH + H^+}{\rightleftharpoons}} H_2O + {}^-OOC-CH_2-CH_2-\underset{\text{グルタミン酸}}{\overset{NH_3^+}{\underset{|}{CH}}}-COO^-$$

$$NH_4^+ + {}^-OOC-CH_2-CH_2-\underset{\text{グルタミン酸}}{\overset{NH_3^+}{\underset{|}{CH}}}-COO^- \xrightarrow{ATP \quad ADP + P_i} H_2O + H_2N-\overset{O}{\underset{\|}{C}}-CH_2-CH_2-\underset{\text{グルタミン}}{\overset{NH_3^+}{\underset{|}{CH}}}-COO^-$$

12. グルタミンシンテターゼは以下のエネルギー要求性反応を触媒する.

NH_4^+ + グルタミン酸 + ATP ⟶
  グルタミン + ADP + P_i + H_2O

一方,グルタミナーゼは次の反応を触媒するが,直接にはエネルギーを必要としない.

グルタミン + H_2O ⟶ グルタミン酸 + NH_4^+

13. 図 23.8 を参照せよ.

14. 主な補因子はテトラヒドロ葉酸と S-アデノシルメチオニンである.

15. 図 23.11 を参照せよ.

16. S-アデノシルメチオニンをメチル基供与体として,ホモシステインをメチオニンに変換しても,結局,得にはならないのは,1 個のメチオニンを生成するために別の 1 個のメチオニンが必要となってしまうからである.

17. グルタミン酸 + α-ケト酸 ⟶
  α-ケトグルタル酸 + アミノ酸

18. 図 23.15 の S-アデノシルメチオニンの構造を参照せよ.活性メチル基が示してある.

19. スルファニルアミドの作用は葉酸の生合成の阻害である.

20. メチオニンは二重の役割をもっており,疎水性基を供給することに加えて,(S-アデノシルメチオニンの形で)メチル基の供与体として働くことができるからである.

23.5 必須アミノ酸

21. 分枝鎖,芳香環および塩基性側鎖をもつアミノ酸は必須アミノ酸である.

22. 両者共に同じで,表 23.1 に挙げてある通りである.

23.6 アミノ酸の異化

23. 5 種の α-アミノ酸(オルニチン,シトルリン,アスパラギン酸,アルギニノコハク酸,アルギニン)が直接尿素回路に関与しており,このうち,タンパク質中に存在するのはアスパラギン酸とアルギニンのみである.

24. $H^+ + HCO_3^- + 2NH_3 + 3ATP \longrightarrow$
  $NH_2CONH_2 + 2ADP + 2P_i + AMP + PP_i + 2H_2O$

尿素回路は,フマル酸およびアスパラギン酸のところでクエン酸回路とつながっている.アスパラギン酸はアミノ基転移反応を受けた後,リンゴ酸に変換され得る(図 23.19 を参照).

25. オルニチンはリシンに似ているが,側鎖のメチレン基が 1 個少ない.シトルリンはアルギニンの側鎖の $C=NH_2^+$ が $C=O$ で置き換わったアミノ酸である.

26. アスパラギン酸とアルギニノコハク酸が両経路をつなぐアミノ酸である.アスパラギン酸は OAA からアミノ基転移反応を経て生成し,シトルリンと結合してアルギニノコハク酸となる.これがフマル酸を遊離することにより再び TCA 回路に戻ってくる.

27. カルバモイルリン酸の生成に 2 分子,またアルギニノコハク酸の生成においては(ATP → AMP)の反応を伴うので事実上 2 分子,したがって合計 4 分子の ATP が必要である.

28. 特異的なエフェクター分子である N-アセチルグルタミン酸によって調節されている.N-アセチルグルタミン酸自身もアルギニンの濃度によって調節を受けている.

29. アルギニンの濃度が上昇するということは,尿素回路の回転が遅すぎる,すなわちオルニチンと反応するべきカルバモイルリン酸の供給が十分ではないという状態を意味するからである.

30. グルタミン酸は,尿素回路に入るべきアンモニア基をミトコンドリアのマトリックスに運ぶ役割をもち,高濃度になると尿素回路を活性化する.

31. 糖原性アミノ酸はピルビン酸にまで分解されるか,コハク酸やリンゴ酸などのような,脱炭酸

反応のステップをいくつか経て生成するクエン酸回路の中間体にまで分解される．ケト原性アミノ酸はアセチル CoA かアセトアセチル CoA にまで分解される．

32. (a) 糖原性　(b) 糖原性　(c) 糖原性
    (d) ケト原性　(e) 糖原性　(f) ケト原性
33. 魚類は余分な窒素をアンモニアとして排泄し，鳥類は尿酸として排泄する．また哺乳類は尿素として排泄する．
34. ダチョウは飛ばないので，余分な窒素は尿素の形で排泄していると考えることも可能かもしれない．しかしながら，鳥であるからには，その仲間と同様の代謝系をもっていると考えられるので，尿酸の形で排泄するのであろう．
35. 尿素回路ではアルギニンはほんのわずかな触媒量があればよい．したがって，もしそのアルギニンがタンパク質合成に使われれば，回路が枯渇してしまうからである．
36. 高タンパク質食の摂取は尿素の産生を増加させる．その場合，水を多く飲むと尿量が増加するので，尿素がより高濃度存在する場合においても，腎臓にあまり負担をかけることなく尿素を体外に排出することが可能となるからである．
37. アミノ酸が代謝されると尿素回路の回転が高まるため，もっとのどが渇いて水が必要となるからである．
38. 尿素回路はいくつかの酵素から成り立っており，それらは突然変異で得られたものであるが，ほとんどの突然変異は，それが生存に適していなければ消滅してしまうという性質をもっている．そして，回路のすべての酵素に，必要性のある突然変異がほぼ同時に起こったとは考えにくいと言ってもよいであろう．しかし一方で，ただ一種の酵素（アルギナーゼ）だけが必要であったのだという前提に立つならば，回路の起源はむしろ容易に説明できるのである．すなわち，回路のこれ以外の酵素はアルギニンの生合成に必要な酵素ばかりである．そして，アルギニンはタンパク質の構成成分として，おそらく尿素回路が必要とされる以前から必要だったのであると考えられる．これは，自然が，すでにもっている性質を利用して新しい機能をつくり上げるという例の一つである．

23.7　プリンの生合成

39. 葉酸はプリンの合成に必須であるため，葉酸代謝の拮抗薬は化学療法剤として使われ，核酸合成や細胞増殖を阻害する．がんや腫瘍の細胞のように分裂速度の速い細胞はこのような拮抗薬の作用を受けやすい．
40. プリン環の4個の窒素原子はすべてアミノ酸に由来しており，2個がグルタミンから，1個がアスパラギン酸から，もう1個はグリシンから来る．5個の炭素原子の内の2個（グリシンの窒素原子の隣の炭素）もグリシンから来る．もう2個はテトラヒドロ葉酸の誘導体から，そして5番目の炭素原子は CO_2 から来る．
41. イノシンの6位の炭素はケトンとなっているが，アデノシンの6位の炭素はアミノ基と結合している．
42. テトラヒドロ葉酸は炭素の運搬体である．プリン環では二つの炭素原子がテトラヒドロ葉酸から供給される．
43. IMP が GMP に変換される際には，1分子の NADPH が産生され，また ATP が AMP に変換されるので2分子相当の ATP が消費される．NADPH は電子伝達系に導入されると2.5分子の ATP をもたらすので，この変換では，ATP は産生のほうに向いている．
44. プリン含有ヌクレオチドの生成系には複雑なフィードバック阻害のシステムが存在する．最終産物である ATP と GTP はリボース5-リン酸から始まる反応の最初のステップをフィードバック阻害する．また，AMP や ADP など，各々の中間体も最初のステップを阻害する．さらに，どちらの3種のヌクレオチドも，IMP から分岐する各々に専用のステップを阻害するので，最終的にどちらのプリンヌクレオチドが合成されるかが決められる．

23.8　プリンの異化

45. プリンの再利用経路の反応で GMP が生成するには2当量の ATP が必要である．一方，IMP を経て GMP に至る経路では8当量の ATP が必要である．
46. ほとんどの哺乳動物においては，尿酸はアラントイン酸に変換されるが，これは尿酸よりもはるかに水に溶けやすいからである．

23.9　ピリミジンの生合成と異化

47. プリンヌクレオチドの生合成ではリボースに共

有結合した状態でプリン環が形成されていくが，ピリミジンヌクレオチドの生合成では環が合成されてからリボースと結合する．

48. プリンの分解産物は生物種によって種々異なる．これらの分解産物はそれぞれの生物がもつ窒素排泄手段で排泄される．一方，ピリミジンの異化反応では NH_4^+ と CO_2 に加えて，再利用が可能な産物である β-アラニンが生成するが，これはシトシンおよびウラシル両者の分解産物である．

23.10 リボヌクレオチドのデオキシリボヌクレオチドへの変換

49. チオレドキシンとチオレドキシンレダクターゼはともに，リボヌクレオチドのデオキシリボヌクレオチドへの変換に関わるタンパク質である．チオレドキシンは電子の伝達中間体で，チオレドキシンレダクターゼはその反応を触媒する酵素である．

23.11 dUDP を dTTP に変換する反応

50. フルオロウラシルは DNA 合成時にチミンと置き換わる．その結果，がん細胞のような速やかに分裂している細胞では欠陥 DNA が生成するため，細胞が死んでしまう．

51. 毛囊細胞のように速やかに分裂している細胞の DNA は化学療法剤で損傷を受けるからである．

Chapter 24

24.1 代謝経路のつながり

1. ATP と NADPH が最も多くの経路をつないでいる二つの分子である．
2. アセチル CoA，ピルビン酸，PEP，α-ケトグルタル酸，スクシニル CoA，オキサロ酢酸，ならびにグルコース 6-リン酸やフルクトース 6-リン酸など数種の糖リン酸
3. (a) フルクトース 6-リン酸——ペントースリン酸回路（PPP）から　(b) オキサロ酢酸——糖新生ではホスホエノールピルビン酸へ，アスパラギン酸へ，またはアスパラギン酸から，クエン酸を経てグリオキシル酸回路へ　(c) グルコース 6-リン酸——PPP へ，動物ではグリコーゲンへ，またはグリコーゲンから．植物ではデンプンへ　(d) アセチル CoA——脂肪酸へ，または脂肪酸から．ステロイド（およびイソプレノイド）へ．ある種のアミノ酸の分解，クエン酸を経てグリオキシル酸回路へ　(e) グリセルアルデヒド 3-リン酸——逆行性 PPP へ　(f) α-ケトグルタル酸——グルタミン酸へ，またはグルタミン酸から　(g) ジヒドロキシアセトンリン酸——トリアシルグリセロールおよびホスホアシルグリセロールのグリセロール部分へ，またはグリセロール部分から　(h) スクシニル CoA——炭素数が奇数個の脂肪酸の分解，ある種のアミノ酸の分解　(i) 3-ホスホグリセリン酸——カルビン回路　(j) フマル酸——ある種のアミノ酸の分解　(k) ホスホエノールピルビン酸——糖新生でオキサロ酢酸から　(l) クエン酸——グリオキシル酸回路へ，脂肪酸およびステロイド合成のためのミトコンドリア膜を横断しての輸送．(m) ピルビン酸——発酵，糖新生へ，そしてアラニンへ，またはアラニンから

4. 糖新生のために身体がタンパク質を分解すると尿素の産生が増加し，その結果，尿生成も増加する．尿生成には体内に蓄えられた水分が使用される．脂肪の代謝もまた，多量の代謝水を生じる．

5. (a) 高濃度の ATP または NADH とクエン酸回路：イソクエン酸デヒドロゲナーゼ（したがってクエン酸回路）が阻害される．その結果，アセチル CoA（あるいはクエン酸）が蓄積し，脂肪酸とステロイドの合成，糖新生，そして（植物や微生物において）グリオキシル酸回路が促進される．(b) 高濃度の ATP と解糖系：ホスホフルクトキナーゼ-1（したがって解糖系）が阻害される．その結果，グルコース 6-リン酸が蓄積し，グリコーゲン（またはデンプン）合成，ペントースリン酸回路の酸化的経路，またはグルコース産生が促進される．(c) 高濃度の NADPH とペントースリン酸回路：ペントースリン酸回路の酸化的経路が阻害され，グルコース 6-リン酸が他の経路で利用されるようになる．それらの経路には，解糖，グリコーゲン合成，グルコース合成，およびペントースリン酸のみを生じる"逆行性"ペントースリン酸回路などがある．(d) 高濃度のフルクトース 2,6-ビスリン酸と糖新生：フルクトース 2,6-ビスリン酸は，フルクトース-1,6-ビスホスファタ

ーゼを阻害し，ホスホフルクトキナーゼ-1を活性化する．したがって，脂質合成に対して逆行性ペントースリン酸回路とグリセロールリン酸の生成がそうであるように，糖新生は阻害され，解糖は促進される．

6. オキサロ酢酸，ピルビン酸，アセチルCoAなどの多くの化合物はさまざまな代謝反応に関わっている．重要なことは，いくつかの経路において，その最終産物が別の代謝経路の出発物質になっているということである．各代謝経路は全体の代謝系からみれば一区画に過ぎない．

7. 生化学的経路の作用は可逆的である．その例として，解糖と糖新生，グリコーゲン合成，ならびにペントースリン酸回路がある．細かく見ていくと，反応は完全には可逆的ではない．ある一つの経路で不可逆的な段階は，別の酵素で触媒される別の反応で置き換わることがある．

8. 輸送のプロセスは，オキサロ酢酸のようなミトコンドリア膜を通過できないような物質にとっては特に重要である．電子に対しても同じことがいえる．重要な物質の還元型として電子を輸送するためのシャトル機構が存在していなければならない．膜を通過できない物質は，一旦，通過できるような形に変えられ，膜を通過した後に再び元の形に戻されなければならない．

9. 代謝経路が多くのステップから成っていると，扱いやすい大きさのステップでエネルギー変化を起こすことが可能である．経路の制御も，わずか数ステップの場合よりもステップが多いほうがきめ細かく行える．

10. 選択の可能性は無限にある．さらに言えば，思いもよらないような発見は，さらなる可能性を広げることがある．

24.2 生化学と栄養学

11. 以前のピラミッドはすべての糖質や脂質は同じであり，糖質は良くて，脂質は悪いものであると仮定していた．新しいピラミッドは，必ずしもすべての糖質が良いとは限らず，また必ずしもすべての脂質が悪いとは限らないことを認識している．新しいピラミッドでは，複合糖質は下位に置かれており，精製糖質は上位に置かれている．必須脂肪酸を含む脂肪は必要な食品目となっている．また，乳製品の摂取はあまり推奨されていない．

12. 脂肪や糖質は過剰に摂取すると蓄積される．脂肪はトリグリセロールとして，また糖質はグリコーゲンとして蓄えられる．しかし，過剰に摂取したタンパク質を蓄えることはできず，それらは分解される．その結果，アミノ基が尿素として放出され，炭素骨格部分は糖質または脂肪として蓄積される．

13. 飽和脂肪酸は，心臓疾患のハイリスクの指標であることが示されている高レベルのLDL値と関連がある．

14. レプチンは代謝に影響を及ぼすホルモンである．レプチンは脳に作用して，食欲を抑えるとともに，代謝に直接影響を与えて，脂肪酸酸化の促進や脂肪酸合成の抑制を引き起こす．

15. 正しい．コレカルシフェロールは体内で合成され，その働きの多くは，事実上，ホルモン様作用による．

16. 糖質は主なエネルギー源である．脂肪の過剰摂取は"ケトン体"生成や動脈硬化症につながる可能性がある．また，極端にタンパク質含量の高い食事を摂ると，腎臓に負担をかける可能性がある．

17. 肝臓は，アルコール代謝や薬物（合法的，違法的，あるいは偶発的に服用したもの）およびハロカーボン化合物の無毒化のための主要な臓器である．肝臓がこれらの余分な仕事に時間を費やせば，本来の代謝機能は低下する．つまり，長期間，このような毒性物質に曝露されると，肝臓は疲弊する．

18. ビタミンAは，脂溶性ビタミンであり，体内に蓄積する．したがって，このビタミンを過剰摂取すると毒性が発現する．

19. 食事中のヨード含量が低いと，甲状腺機能低下症や甲状腺の腫大（甲状腺腫）になりやすい．このようなヨードの欠乏は，市販の食卓塩にヨウ化ナトリウムを添加することによって回避することができる．

20. マグロに含まれるタンパク質は猫のルカラスの体内でアミノ酸にまで分解され，アミノ酸は尿素回路で処理を受け，次にChap. 23で述べたように，残りの炭素骨格が分解され，最終的にクエン酸回路および電子伝達系に導かれる．一方，グリセルダの場合は，タンパク質の異化に加えて，糖質は糖にまで分解される．糖は，さ

21. タンパク質を合成するためには，すべてのアミノ酸が同時に体内にそろっていなければならない．また，新たにつくられたタンパク質は未成熟ラットの成長には欠かせないものである．

22. 初期の体重減少は，水分の貯留によって引き起こされていた腹部膨満が是正されたためである．

23. ヒトでは成長期が過ぎると，多くのアミノ酸は体内で再利用される．たいていのタンパク質はこれら2種類のアミノ酸をある程度は含んでおり，身体を維持するのに必要な量は満たされる．ただし，注意すべきことは，アルギニンもヒスチジンも病気や組織傷害があると再び必須アミノ酸となることである．また，アルギニンは男性の精子形成に必要である．

24. 初期の入植者たちは，常に鉄製の鍋を使って調理をしていた．そのため，身体に吸収能力が十分ある限り，所要量を満たす量の鉄分が調理器具からしみ出ていた（ガラス製の調理器具は第一次世界大戦後まで，アルミ製のものは第二次世界大戦後まで使われることがなかった）．

25. 食物繊維を多く含む食事は，通常，脂肪，とりわけ飽和脂肪酸含量が低い．食物繊維はコレステロールやハロカーボンなどの有害性のある多くの物質を吸着し，体内への吸収を阻止する．また，食物繊維は消化物の腸内通過時間を短縮させるため，食物中の有害物質も同様に吸収されることなくすばやく通過し，障害を引き起こす機会が減少する．

26. この考えは化学的根拠に基づくものである．炭酸カルシウムは胃酸に溶解し，水和型でカルシウムイオンが遊離する．クエン酸カルシウムでは，鉄とヘムの結合様式に似た形でカルシウムイオンがクエン酸に結合しており，イオンの電荷は著しく減少している．したがって，クエン酸に結合したカルシウムは，水和型カルシウムイオンよりも容易に細胞膜を通過することができる．

27. アルコールは，カロリー源ではあるが，ビタミンの供給源ではない．これは栄養障害を引き起こす主要原因の一つである．飲酒量が多いとアルコールデヒドロゲナーゼだけでは処理が追いつかず，チアミンピロリン酸（TPP）を補因子とする別のアルコール代謝酵素が必要とされる．この補因子はビタミンB_1の代謝物であり，アルコールの過剰摂取によって重篤な欠乏を招く．

28. 金属イオンは，タンパク質およびいくつかの補酵素の構造と機能において一定の役割を果たしている．これは金属イオンがルイス酸として作用するためである．

29. グリコーゲンの激しい消費は，しばしば，リバウンド効果をもたらす．リバウンドが起こるとグリコーゲンが多量に産生され，その結果，グリコーゲンの一部が心臓などの不適切な組織に貯蔵されるとともに，電解質の不均衡が生じる．最良の方法は，グリコーゲンの増量を実施する前に，あまり激しくない運動をすることである．そうすることによって，グリコーゲンは，それが本来必要とされる肝臓と筋肉に，より効果的かつ安全に貯蔵される．

30. 体内では，栄養素と水は頻繁に代謝回転している．このことは，生体が開放系であることを意味している．平衡には閉鎖系が必要である．したがって，生体は定常状態に到達することはできるが，決して平衡状態には達しない．

24.3 ホルモンとセカンドメッセンジャー

31. ホルモンはその化学構造で数種類に分類することができ，ステロイド，ポリペプチド，およびアミノ酸誘導体に分けられる．

32. 下垂体前葉は刺激ホルモンを放出し，これらが特定の内分泌腺を刺激する．その結果，副腎皮質，甲状腺，性腺などが機能することができる．副腎皮質はグルココルチコイドおよびミネラルコルチコイドと呼ばれる副腎皮質ホルモンを生成する．グルココルチコイドは，糖質代謝，炎症反応，ストレス応答などに関与する．また，ミネラルコルチコイドは腎臓における水と電解質の排泄を調節する．アジソン病で見られるように，副腎皮質が十分に機能しなくなると低血糖，脱力，ストレス感受性の増大などの症状が現れる．逆に，副腎皮質機能亢進症としてクッシング症候群がある．

33. 視床下部はホルモン放出因子を分泌する．これらの因子によって，下垂体から刺激ホルモンが分泌され，これが特定の内分泌腺に作用する．そして各内分泌腺からホルモンが放出される．

34. チロキシンは，アミノ酸の誘導体であり，腸管から吸収されて直接血流に入る．インスリンを経口投与すれば，胃と腸でアミノ酸にまで分解されるであろう．

35. Gタンパク質はそれらが効果を発揮する上で，GTPと結合することからその名前がある．その一例としてエピネフリン受容体につながり，セカンドメッセンジャーとしてcAMPの産生を引き起こすGタンパク質がある．受容体型チロシンキナーゼは，これとは異なる作用様式を示す．受容体にホルモンが結合すると，受容体自身ならびに他の標的タンパク質のチロシン残基をリン酸化し，これがセカンドメッセンジャーとして働く．このような受容体型チロシンキナーゼに結合するホルモンの一つにインスリンがある．

36. cAMP，Ca^{2+}，インスリン受容体基質

37. ヒト成長ホルモンはペプチドホルモンである．もし成長ホルモンを経口投与したとすると，それは小腸でその構成成分であるアミノ酸にまで分解されるので，無効であろう．

24.4 ホルモンと代謝調節

38. エピネフリンとグルカゴンは，本書で最も詳しく取り上げた二つのホルモンである．

39. グルカゴンはグリコーゲンホスホリラーゼを活性化，グリコーゲンシンターゼを阻害，ホスホフルクトキナーゼ-1を阻害する．

40. エピネフリンはグリコーゲンホスホリラーゼとグリコーゲンシンターゼに対して，グルカゴンと同じ作用を示すが，ホスホフルクトキナーゼ-1に対しては反対の作用を示す．

41. Gタンパク質はGTPを結合するが，最終的にはGTPは加水分解されてGDPになる．そうなるとGタンパク質はアデニル酸シクラーゼから解離する．これにより，ホルモンが受容体から解離し，Gタンパク質が再び会合して三量体を形成し，次の応答が再開されるまでホルモン応答はストップする．

42. IP_3 は極性物質であるため，サイトゾルの水性環境に溶け込むことができるが，DAGは無極性物質であるため膜リン脂質の側鎖と相互作用する．

43. 刺激性ホルモンが細胞表面の受容体に結合すると，Gタンパク質を介してアデニル酸シクラーゼが活性化される．その結果，生成したcAMPにより，標的酵素をリン酸化するキナーゼが活性化され，細胞に対する作用が発揮される．

44. 表24.3を参照せよ．

45. 一つの代謝経路が制御機構なしで存在することはあり得ない．多くの経路はエネルギーを必要とするため，生成物が不要なときはその代謝経路を止めることは生体にとって好都合である．たとえ，ある代謝経路が多くのエネルギーを必要としない経路であっても，他の代謝経路とのつながりが多いため，重要代謝物の濃度の調節は行われる必要がある．

46. コレラに罹ると，アデニル酸シクラーゼは永続的に活性型となる．これによって上皮細胞からの Na^+ と水の能動輸送が促進され，下痢症状を招く．

47. (a) cAMP依存性プロテインキナーゼの活性化の段階．この活性化には，化学量論的なcAMP量が必要である．(b) グリコーゲンホスホリラーゼによる反応を含めて六つの触媒段階があり，各段階につき10モルが反応するので，結果として1モルのエピネフリンから 10^6（100万）モルのG1Pが生じる．(c) 主な利点は，迅速性にある．闘争するか逃走するかの状況下では，蓄えられたエネルギーを瞬時に使えることは重要である．第二は，制御が可能なことである．グリコーゲンホスホリラーゼはキナーゼによって活性化される．一方，これと競合する過程であるグリコーゲン貯蔵を行うグリコーゲンシンターゼは，キナーゼによって不活性化される．第三は，効率の高さである．1分子のエピネフリンは，多くのグリコーゲンホスホリラーゼ分子を活性化し，さらに多くのG1P分子を生成する．

48. ホスファターゼがグリコーゲンホスホリラーゼおよびグリコーゲンシンターゼを脱リン酸化し，グリコーゲンホスホリラーゼは不活性化し，グリコーゲンシンターゼは活性化する．このホスファターゼは高濃度のグルコースに応答して活性化される．

49. 大量の糖質を摂取すると血糖値が上昇するが，低糖質食は血糖の上昇を防ぐように設計されている．血糖値の上昇はインスリンの急激な上昇を引き起こす．インスリンは脂肪合成を促進し，脂肪酸酸化を抑制することが知られている．したがって，低糖質食は体重が増加しないと考えられる．

24.5 インスリンとその作用

50. インスリンの主な作用は，グルコースの血中から細胞内への輸送を促進することである．

51. セカンドメッセンジャーはインスリン受容体基質と呼ばれるタンパク質で，これはインスリン受容体キナーゼによって，チロシン残基がリン酸化される．

52. インスリンが受容体に結合すると，受容体キナーゼのβサブユニットが自己リン酸化される．これが起こると，インスリン受容体キナーゼはインスリン受容体基質のチロシン残基をリン酸化することができる．

53. インスリンは次のような効果を引き起こす．
    (a) グリコーゲン分解の抑制 (b) グリコーゲン合成の促進 (c) 解糖の促進 (d) 脂肪酸合成の促進 (e) 脂肪酸貯蔵の促進

54. インスリンとエピネフリンは，一般に反対の作用を示すが，どちらも筋肉の解糖を促進する．エピネフリンは瞬時に必要なエネルギー産生を伝達するホルモンであり，それは筋細胞が解糖によってグルコースを利用できなければならないことを意味している．インスリンはグルコースを使い果たす経路を活性化し，その結果，血中グルコース濃度を下げる．したがって，インスリンが解糖も促進することはもっともなことである．エピネフリンはcAMPを産生するアデニル酸シクラーゼを活性化することにより筋肉の解糖を促進する．cAMPはプロテインキナーゼAを活性化し，それはホスホフルクトキナーゼ-2やフルクトースビスホスファターゼ-2をリン酸化する．筋肉では，ホスホフルクトキナーゼ-2のリン酸化は，その酵素を活性化し，より多くのフルクトース2,6-ビスリン酸を生成し，それがホスホフルクトキナーゼ-1と解糖を活性化する．筋肉では，インスリンはホスホフルクトキナーゼとピルビン酸デヒドロゲナーゼを活性化することにより，解糖を促進する．

55. ランナーにとって，レース前の食事は極めて重要である．レースが9AMに始まる場合，ランナーは7AMに起床し，典型的なアメリカの朝食であるシリアル，トーストまたはホットケーキを食べるとすると，30分以内に高血糖状態になり，その後すぐにインスリン濃度が上昇する．このようにすると，ランナーがスタートラインに立つまでに，ランナーの代謝は脂肪合成とグリコーゲン合成に向かい，脂肪や糖質を燃焼させてはいない．ランナーはまさに燃料タンクが満タンで，これから燃料経路が開かれる直前の車のようである．

56. GLUT4輸送体は，身体の活動に応じてその活性の変わることが示されている．活動的な人は，輸送体の活性が高く，インスリンによく応答する．しかし，運動を止めて2, 3日すると，輸送体の活性は以前の量の約半分になってしまう．

57. GLUT4は筋細胞でのグルコース輸送体の一つである．GLUT4はインスリンに応答して，グルコースを血中から筋細胞内へ輸送する．2型糖尿病では，インスリンは存在しているが，その濃度で示すべき本来の効果が見られない．グルコースを血中から細胞内に輸送するのに，より多くのインスリンが必要である．2型糖尿病の人は，しばしば典型的な肥満の兆候を示す．GLUT4の活性の低下，肥満，糖尿病との間には相関性がある．

58. 多くの生物種において，カロリー制限が寿命を延ばすことは古くから知られている．科学者は，サーチュインと呼ばれるタンパク質ファミリーがこの寿命延長の現象の中心にあるらしいことを見出した．Sirt1は酵母で詳しく研究されたサーチュインの哺乳類版である．このタンパク質はヒストンデアセチラーゼであるが，他の多くの過程にも関与しているようである．サーチュインは食糧の欠乏に対して，生物を生き残らせるように反応する．*SIRT1*遺伝子を複数コピー導入したトランスジェニック動物では，より長い寿命を示し，またこの遺伝子の発現を増加させるような他のシグナルも同様の作用を示す．

日本語索引

ア

アイソザイム　185, 639
アイソフォーム　412
青・白スクリーニング　481
アガロース　160
アガロースゲル　166
アキラル　83
アクチベーター　394
アコニターゼ　702, 705
cis-アコニット酸　703
アジソン病　902
アシルキャリヤータンパク質　786
アシルグリセロール　791
N-アシルスフィンゴシン　796
アシル CoA　770
アシル CoA シンテターゼ　770
アスコルビン酸　602
アスパラギン　85, 86
アスパラギン酸　85, 86
アスパラギン酸トランスカルバモイラーゼ　191, 216
　　構造　219
アスパラギン酸プロテアーゼ　242
アスパルテーム　101, 609
アスピリン中毒　74
N-アセチルアミノ糖　606
N-アセチルグルタミン酸　867
アセチルコリンエステラーゼ　185
アセチル CoA　631
　　加水分解　584
アセチル CoA カルボキシラーゼ
　　784, 785, 793
N-アセチル-β-D-グルコサミン
　　606, 617
N-アセチル-β-ムラミン酸　606
アセトアセチル CoA　781
アセト酢酸　780
アセトン　780
アデニル酸シクラーゼ　903
　　調節　905
アデニロコハク酸リアーゼ　870
アデニロスクシナーゼ　870
アデニン　295
アデニン-チミン塩基対　303
アデノウイルス　533
S-アデノシルメチオニン　860, 861
アデノシン 5′-一リン酸　297
アデノシン三リン酸　6, 35, 219, 577
アデノシンデアミナーゼ　532
アデノシン二リン酸　35, 577

アテローム性動脈硬化症　806
アドレナリン　91, 910
あなたの好きな遺伝子　476
アノマー　597
アノマー炭素　597
アフィニティークロマトグラフィー
　　160, 492
アブザイム　240
アブシジン酸不感受性因子 4　837
油　252
アミタール　754
アミド　97
アミノアシル部位　439
アミノアシル tRNA シンテターゼ
　　433, 424
p-アミノ安息香酸　868
アミノ基　82
アミノ基転移　852
アミノ基転移反応　855
アミノ酸　82, 847
　　イオン化　93
　　異化　862
　　活性化　432
　　構造　86
　　生合成　851
　　代謝　721
D-アミノ酸　83
L-アミノ酸　83
アミノ糖　606
アミラーゼ　615
アミロース　614
アミロペクチン　614
誤りがちな修復　353
アラキジン酸　253
アラキドン酸　253, 254, 285
アラニン　83, 85, 86
　　滴定曲線　93
D-アラビノース　595
アラントイン　864
アラントイン酸　864
アルギニノコハク酸　865
アルギニン　85, 87, 865
アルコール中毒　890
アルコールデヒドロゲナーゼ　650, 654, 890
アルコール発酵　650, 651
アルジトール　601
アルドース　592, 594
アルドステロン　804, 805
アルドテトロース
　　立体異性体　594
アルドラーゼ　640, 835

D-アルトロース　595
アレル　503
アレルギー　534
D-アロース　595
アロステリック　135
アロステリックエフェクター　220
アロステリック効果　639
アロステリック酵素　216
アロステリック調節　851
アロステリック転移　221
アロプリノール　872
アンチコドン　429
アンチセンス鎖　367
アンチセンス RNA　399
アンチドーピング　930
アンチマイシン A_1　754
アンドロゲン　804, 902
暗反応　815
アンフェタミン　927
アンフォールディング　132
アンプレナビル　208
アンモニア　847, 863
α-キモトリプシン　228
$\alpha(1 \to 4)$グリコシド結合　604
$\alpha(1 \to 6)$グリコシド結合　604
α-D-グルコース　599, 604
α-D-グルコピラノース　599, 603
α-ケトグルタル酸　703
α-ケトグルタル酸デヒドロゲナーゼ
　　複合体　705
α-トコフェロール　282
α ヘリックス　113, 115
α-リノレン酸　253
$\alpha\alpha$ ユニット　118
Rep タンパク質　344
RNA
　　転写後修飾　406
RNA 活性化　399
RNA 干渉　319, 325, 399, 508
RNA 鎖
　　部分構造　298
RNA ポリメラーゼ　367
RNA ポリメラーゼⅡ　386
RNA ポリメラーゼ B　386

イ

硫黄　860
イオノフォア　750
イオン交換クロマトグラフィー　162
イオン-双極子間相互作用　50
異化　569

1058 索引

鋳型鎖 367
異化反応
　クエン酸回路 714
異型 DNA 307
異数体 943
異性化 632
イソクエン酸 702
イソクエン酸デヒドロゲナーゼ 703, 704
イソクエン酸リアーゼ 713
イソプレン単位 796
イソペンテニルピロリン酸 800
イソマルトース 608
イソメラーゼ 777
イソロイシン 85, 87
一塩基多型 936
Ⅰ型トポイソメラーゼ 310
一次構造 110
一次能動輸送 273
一次反応 187
1 炭素転移 857
1・2 休止構造 383
一般酸・塩基触媒 236
一本鎖結合タンパク質 344
遺伝暗号 12, 425
遺伝子 18
遺伝子改変農作物 484
遺伝子工学 482
遺伝子チップ 511
遺伝子治療 483, 532
遺伝子発現
　調節機構 381
遺伝情報
　伝達機構 332
　翻訳 424
遺伝子 X 476
移動相 158
D-イドース 595
イノシトール 1,4,5-トリスリン酸 907
イノシン 296
イノシン一リン酸 869
イミノ酸 84
陰イオン交換体 162
インサート 476
インジナビル 208
飲酒 890
インスリン 490, 914, 916
　合成 486
インスリン感受性プロテインキナーゼ 909
インスリン-グルコース指数 919
インスリン受容体 915
インスリン受容体基質 915
インスリン非依存性糖尿病 917
インスリン分解酵素 918
インスリン様増殖因子 2 459

インターロイキン 538
インテグラーゼ 208
インデューサー 377
イントロン 323, 410
インプリンティング 944
インフルエンザウイルス 932
E 部位 439
ES 細胞 944

ウ

ウイルス 522
　遺伝子治療 532
　クローニング 474
　種類 524
　生活環 526
ウイルス療法 557
ウォーカー 746
ウシ海綿状脳症 148
ウラシル 295, 351
ウリジン 5′-一リン酸 297
ウリジン二リン酸グルコース 665

エ

エイコサノイド 286
エイコサペンタエン酸 288
エイズ治療 208
エキソグリコシダーゼ 615
エキソヌクレアーゼ 469
エキソヌクレアーゼⅠ 349
エキソン 410, 485
液胞 26
エストラジオール 7, 261, 804
エストロゲン 7, 804, 902
エドマン分解 169, 172
エナンチオマー 593
エネルギー生成反応 577
エネルギー要求反応 577
エノラーゼ 647
エピジェネティクス 324, 944
エピトープ 543
エピネフリン 91, 910, 911, 912
エピマー 596
エフェドリン 927
エポジン 491
エボラウイルス 522
エムデン・マイヤーホフ経路 630
エリスロポエチン 458, 491, 762
D-エリトロース 594, 595
L-エリトロース 594
エレクトロポレーション 477
塩化シアニジン 606
塩基 58
　スタッキング 307
塩基除去修復 349
塩基性領域-ロイシンジッパー 401

塩基性領域-ロイシンジッパーモチーフ 404
塩酸グアニジン 134
塩析 158
エンタルピー 39
エンテロキナーゼ 491, 492
エンドグリコシダーゼ 615
エンドサイトーシス 276
エンドヌクレアーゼ 469
エントロピー 39
エンハンサー 376, 377, 394
エンベロープタンパク質 531
エンベロープ膜 522
A 型 DNA 305
A 部位 439
ABC エキシヌクレアーゼ 351
AP エンドヌクレアーゼ 350
AP サイト 350
ATC アーゼ 192, 216
ATP
　生成反応 6
ATP アーゼ 274
ATP シンターゼ 745
Fis 部位 376
HAART 療法 951
HIV 治療法 947
HIV プロテアーゼ 208, 242
HMG-CoA レダクターゼ 807
H5N1 型インフルエンザウイルス 934
HPV ワクチン 940
HTH モチーフ 401
lac オペロン 379
　タンパク質結合部位 379
lac リプレッサー
　作用機構 378
lacZ 遺伝子 481
LDL 受容体
　作用様式 276
MAP キナーゼ 398, 552
MAP キナーゼキナーゼ 553
MHC クラスⅡ 541
mRNA
　キャップ構造 409
mRNA 前駆体
　スプライシング 411
N 末端 98
NADH 依存性デヒドロゲナーゼ 644
NADH-CoQ オキシレダクターゼ 735
Na^+/K^+ ポンプ 225
Na^+/K^+ ATP アーゼ 274
S 字状 136
SDS-ポリアクリルアミドゲル電気泳動 166
S_N1 反応 236
S_N2 反応 236

SOS 応答　353
SSB タンパク質　344
X 線結晶構造解析法　127

オ

応答配列　377, 395
岡崎フラグメント　338
オキサロコハク酸　703
オキサロ酢酸　671, 701, 708
オキシトシン　102, 104
オキシヘモグロビン　137
オートラジオグラフィー　468
オートラジオグラム　468
オプシン　278
オペレーター　379
オペロン　377
オリゴ糖　592, 608
オリゴマー　135
オルガネラ　18
オルニチン　102, 865
オルニチンカルバモイルトランスフェ
　ラーゼ欠損症　533
オレイン酸　253, 254
オロト酸　876
温度安定性伸長因子　439
温度不安定性伸長因子　439
ω_3 系脂肪酸　288

カ

壊血病　602
開鎖複合体　370, 389
開始エレメント　388
開始信号　437
開始前複合体　388
開始反応　370, 424, 435, 448
開始複合体　437, 438
回折パターン　127
解糖　630, 680
解糖系　630
解糖経路　672
回文　471
界面活性剤　134
外来 DNA　476
開裂　632
化学浸透圧共役　730, 748
科学捜査　502
鍵と鍵穴モデル　189
核域　20
核塩基　295
核酸　10, 294
　検出方法　468
　精製　466
　分離技術　466
核酸塩基　295
核磁気共鳴分光法　127

核小体　22
拡張プロモーター　370
獲得免疫　537
核内低分子リボ核タンパク質粒子
　325, 411
核内低分子 RNA　316, 323
核二重膜　22
核膜　22
過呼吸　74
下垂体　901
カスケード　911
家族性高コレステロール血症　807
カタボライト活性化タンパク質　380
カタボライトリプレッション　380
褐色脂肪組織　756
活性化　583, 770
活性化エネルギー　182
活性部位　188
滑面小胞体　23
鎌状赤血球貧血症　111
ガラクトシドパーミアーゼ　274
D-ガラクトース　595
カラムクロマトグラフィー　158
加リン酸分解　663
カルジオリピン　256
カルニチン　771
カルニチンアシルトランスフェラーゼ
　771
カルニチントランスロカーゼ　772
カルニチンパルミトイルトランスフェ
　ラーゼ　772
カルノシン　98
カルバモイルリン酸　865
カルバモイルリン酸シンテターゼ
　865
カルビン回路　832, 833
カルビンサイクル　833
カルボキシ基　82
カルボキシペプチダーゼA　236
カルボキシルトランスフェラーゼ
　784
がん　358, 549
がん遺伝子　528, 551
ガングリオシド　796
　構造　260
還元　34, 571
還元型グルタチオン　99
還元型ニコチンアミドアデニンジヌク
　レオチドリン酸　683
還元剤　571
還元的ペントースリン酸回路　833
還元電位　732
還元糖　600, 605
幹細胞　943
がん細胞　549
緩衝　66
環状アデノシン 3′,5′-一リン酸　906

緩衝作用　67
緩衝能　70
緩衝溶液　66
完全アセタール　603
完全タンパク質　114
完全な共有結合構造　126
官能基　5
がん抑制遺伝子　550
がん抑制因子　553
γ-カルボキシグルタミン酸　284

キ

キサントシン 5′-リン酸　870
基質　188
基質回路　679
基質レベルのリン酸化　646
基質連関タンパク質進化法　952
D-キシリトール　602
D-キシルロース　602
キシルロース 5-リン酸エピメラーゼ
　835
D-キシロース　595
寄生共生　31
キチン　617
基底レベル　394
キナーゼ　636, 645
キノンサイクル　741
ギブス　37
ギブスの自由エネルギー　568
基本転写因子　388
キメラ DNA　472
キモトリプシノーゲン　228
キモトリプシン　170, 191, 229
　三次構造　233
　反応機構　234
逆転写酵素　332, 359, 531
逆平行 β 構造　118
逆行性シグナル伝達　837
5′キャップ構造　323, 448
吸エルゴン的　38
求核試薬　234
求核置換反応　235
休止部位　391
球状タンパク質　124
求電子試薬　234
狂牛病　148
競合阻害　201
　ラインウィーバー-バークの二重逆
　　数プロット　205
競合阻害剤　203
協同的結合　136
共鳴構造　97
共役　581
共役した翻訳　447
極性　48, 49
極性結合　48

巨人症　903
キラーT細胞　538, 536
キラル　82
ギリシャキー　118
ギリシャ雷文　118
菌界　27
銀鏡　601
筋ジストロフィー　282
均質化　156
金属イオン触媒　236
金属応答配列　395

ク

グアニン　295
グアニン-シトシン塩基対　303
グアノシン 5′-一リン酸　297
グアノシン三リン酸　696
グアノシン二リン酸　696
空間的配置　82
クエン酸　701
クエン酸回路　694, 697, 702, 889
　異化反応　714
　同化反応　716
クエン酸シンターゼ　702
クッシング症候群　902
組換え型エリスロポエチン　929
組換え型ヒトインスリン　487
組換え DNA　472
　作成　473
クラウンゴール　489
クラス II トポイソメラーゼ　342
グラナ　23, 814
グラナ間ラメラ　814
グラミシジン A　746, 747
グラミシジン S　102
グリオキシソーム　25, 714
グリオキシル酸　839, 864
グリオキシル酸回路　25, 713, 714, 716
グリコゲニン　616, 665
グリコーゲン　615, 662
　合成　667
　代謝　667
グリコーゲンシンターゼ　665
グリコーゲンシンターゼ D　669
グリコーゲンシンターゼ I　669
グリコーゲン脱分枝酵素　664
グリコーゲン蓄積病　617
グリコーゲンホスホリラーゼ　227, 616, 663
グリコサミノグリカン　621
グリコシド　603
グリコシド結合　295, 603
グリコール酸　839
グリシン　85, 86
クリステ　23, 695
グリセルアルデヒド　83, 592, 593

D-グリセルアルデヒド　593, 595
L-グリセルアルデヒド　593
グリセルアルデヒド 3-リン酸　239, 635, 641
グリセルアルデヒド 3-リン酸デヒドロゲナーゼ　644
グリセロール　254
グリセロールリン酸シャトル　755
グリーンケミストリー　247
クールー　148
グルカゴン　913
グルココルチコイド　902
グルココルチコイド応答配列　395
グルコース　7, 634, 636
　酸化による ATP の収量　758
　フィッシャー投影式　598
D-グルコース　594, 595
L-グルコース　594
グルコース 6-ホスファターゼ　676
グルコース 6-リン酸　636
グルコースリン酸イソメラーゼ　637
グルコースリン酸エステル
　生成　603
グルコース 6-リン酸デヒドロゲナーゼ　683
グルコセレブロシド　258
グルコピラノース　599
グルタチオン　99
グルタチオンレダクターゼ　687
グルタミン　85, 86, 851
グルタミン酸　85, 86, 100, 851
グルタミン酸：オキソグルタル酸アミノトランスフェラーゼ　855
グルタミン酸シンターゼ　855
グルタミン酸デヒドロゲナーゼ　854
グルタミンシンテターゼ　851, 854
くる病　280
グループ I リボザイム　414
グループ II リボザイム　414
クレアチンキナーゼ　185
クレブス　865
クレブス回路　694, 697
クロイツフェルト-ヤコブ病　148
D-グロース　595
クローニング　472, 474
クローニングベクター　487
クローバー葉構造　320
クロマチン　22, 310
クロマトグラフィー　158
クロマトフォア　19
クロロフィル　814
　吸収スペクトル　817
クロロフィル a　815, 816
クロロフィル b　815, 816
クロロプラスト　19, 21, 814, 827, 836
クローン　474
クローン選択　539

クローンヒツジ　466
クワシオルコル　861

ケ

蛍光　469
軽鎖　545
形質転換　477
ケイ皮アルデヒド　607
血液型抗原決定基　623
血液ドーピング　928
血管内皮細胞増殖因子　458
結合　11
結合エネルギー　55
血友病　483
ケト原性アミノ酸　862
ケトーシス　780
ケトース　592, 594
ケトン体　780, 782
ゲノミクス　510
ゲノム　18
ゲノムワイド関連解析法　937
ケラタン硫酸　622
ゲル電気泳動　165, 466
ゲル濾過クロマトグラフィー　159
けん化　254
原核生物　18
　転写　367
　転写調節　375
　翻訳　435
原核生物細胞　20
原核生物 DNA　308
原がん遺伝子　551
嫌気性紅色光合成細菌　824
嫌気性代謝　652
嫌気的解糖　632
原始細菌　27
原生生物界　27
元素
　存在量　8

コ

コアクチベーター　397
コア酵素　367
コアプロモーター　370
コインデューサー　381
好塩菌　30
光化学系　817
光化学系 I　818
光化学系 II　818
光学異性体　592
光学特異性　238
後期遺伝子群　375
高グルタミンドメイン　405
抗原　538
抗原決定基　622

抗原抗体反応　544
抗原提示細胞　536
光合成
　Zスキーム　820
光合成単位　817
光呼吸　839
抗酸化剤　282
鉱質コルチコイド　804, 805
恒常性　899
甲状腺機能亢進症　902
甲状腺機能低下症　902
甲状腺腫　902
校正　341, 346
合成テストステロン　930
合成mRNA　427
酵素　11, 182
　活性部位　229
　構造遺伝子　378
酵素-基質複合体　188
高速液体クロマトグラフィー　169
酵素触媒反応　191
酵素反応
　阻害　201
酵素反応速度論　186
抗体　541, 543, 622
抗転写終結　391
後天性免疫不全症候群　522, 531
好熱好酸菌　30
高プロリンドメイン　405
高分子　13
酵母RNAポリメラーゼⅡ　386
光リン酸化　828
光リン酸化反応　818
コカイン　244
呼吸オルガネラ　19
呼吸鎖複合体　735
呼吸阻害剤　752, 753
　作用部位　754
コケイン症候群　392
古細菌　27, 28
古細菌群　28
コザック配列　448
五生物界　27
五生物界分類法　28
固定相　158
コーディング鎖　368
コード　425
コートタンパク質　531
コドン　425, 429
コニフェリルアルコール　621
コハク酸　706
コハク酸デヒドロゲナーゼ　707
コハク酸-CoQオキシドレダクターゼ　738
小人症　903
コラーゲン
　三重らせん　121

コリ回路　679, 680
コリプレッサー　382
ゴルジ装置　24
ゴルジ体　453
コルチゾン　804, 805
コレカルシフェロール　280
コレステロール　260, 261, 797, 808
　生合成　798
　胆汁酸の合成　803
コレラ　907
コロニーハイブリダイゼーション　496
混合型阻害　209
コンセンサス配列　370, 387
根頭がん腫病菌　489
コンドロイチン-4-硫酸　622
コンドロイチン-6-硫酸　622

サ

細菌　18
細菌群　28
サイクリックAMP　906
サイクリックAMP応答配列　395
サイクリン　354
サイクリン依存性タンパク質キナーゼ　354
サイクリン依存性プロテインキナーゼ　554
最終生成物阻害　216
サイズ排除クロマトグラフィー　159
サイトゾル　19, 25
細胞クローニング　475
細胞骨格　25
細胞再プログラミング　944
細胞質　19
細胞傷害性T細胞　536
細胞壁　21
細胞膜　21
再利用経路　872
サイレンサー　377, 394
サイレント変異　426, 455
鎖間結合　116
サキナビル　208
サザンブロット　500
サーチュイン　920
サッカリン　609
鎖内結合　116
サブマリンゲル　467
サブユニット　110, 134
サプレッサーtRNA　451
サーモゲニン　756
サラセミア　147
サルベージ経路　872
酸　58
　強度　59
酸化　34, 571, 633

酸解離定数　59, 61
酸化型グルタチオン　99
酸化-還元反応　571
サンガー-クールソン法　507
酸化剤　571
酸化的脱炭酸　696
酸化的リン酸化　694, 730, 745
酸化半反応　573
三次構造　110
三重らせん　123
三重らせんDNA　312
30S開始複合体　438
酸性ドメイン　405
酸性N末端タンパク質　460
酸素発生複合体　821
三大生物群　27
三大生物群分類法　28
3炭素原子　632
三炭糖　593
3・4ターミネーター　383
三量体　134

シ

ジアシルグリセロール　792, 907
ジアシルグリセロールリン酸　792
ジアステレオマー　596
シアノバクテリア　18, 32
ジイソプロピルフルオロリン酸　231
2,4-ジエノイルCoAレダクターゼ　778
色素性乾皮症　351, 392
ジギタリス　607
子宮頸がん　940
シークエンサー　172
刺激ホルモン　901
始原細胞　17
自己免疫疾患　534, 546
脂質同化　719
脂質二重層　262
視床下部　901
システイン　85, 87
　生合成　860
システインプロテアーゼ　242
シス-トランスイソメラーゼ　777
ジスルフィド結合　126
自然免疫　535
シチジン　296
シチジン5′-一リン酸　297
シチジン三リン酸　216, 793
質量作用の法則　674
2′,3′-ジデオキシリボヌクレオシド三リン酸　506
自動制御　382
自動DNA塩基配列解析法　510
シトクロム　738
　ヘム　743

シトクロムレダクターゼ　739
シトクロム b　739
シトクロム c　144
シトクロム c オキシダーゼ　741
シトシン　295, 351
シトルリン　865
ジニトロゲナーゼ　848
ジニトロゲナーゼレダクターゼ　848
2,4-ジニトロフェノール　746, 747
自発的　36
5,6-ジヒドロウラシル　296
ジヒドロキシアセトン　592, 593
ジヒドロキシアセトンリン酸　239
ジヒドロキシフェニルアラニン　91
ジヒドロ葉酸レダクターゼ　880
ジヒドロリポイルデヒドロゲナーゼ　698
ジヒドロリポイルトランスアセチラーゼ　698
脂肪　252
脂肪酸　252, 768
　　合成　783
脂肪酸酸化
　　エネルギー収量　774
脂肪酸シンターゼ　786, 789
脂肪族　84
脂肪滴　277
ジホスファチジルグリセロール　256
シミアンウイルス40　527
N^6-ジメチルアデニン　296
ジメチルアリルピロリン酸　800
シャイン-ダルガーノ配列　438
シャトル機構　755
シャペロニン　452
シャペロン　147, 452
自由エネルギー　37
自由エネルギー変化　566
臭化エチジウム　469
臭化シアン　170
終結因子　442
終結反応　373, 391, 424, 442, 451
終結部位　373
重鎖　545
重症複合型免疫不全症　483, 532
従属栄養生物　829
修復　341, 346
周辺タンパク質　267
主溝　303
樹状細胞　535
受動輸送　272
主要栄養素　889
腫瘍細胞　550
主要組織適合性抗原　536
受容体型チロシンキナーゼ　909
受容体タンパク質　268
循環的光リン酸化反応　830
順行性シグナル伝達　837

準備期　634
硝酸同化　847
ショウジョウバエ　508
脂溶性ビタミン　278
状態関数　581
情報高分子　12
小胞体　19, 23, 453
初期遺伝子群　375
除去エキソヌクレアーゼ　350
触媒活性　11
触媒作用　12, 182, 271
食品指導ピラミッド　894
食品ピラミッド　896
植物界　27
食物繊維　618
除草剤　829
ショ糖　608
真核生物　18, 28
　　遺伝子工学　489
　　開始因子　448
　　細胞周期　352
　　転写　385
　　転写調節　394
　　複製フォーク　357
　　分断遺伝子　409
　　翻訳　447
　　DNAの複製　352
　　DNAポリメラーゼ　355, 356
真核生物群　28
真核生物細胞　21
真核生物 DNA　310
真核生物 DNA ポリメラーゼ　356
ジンクフィンガー　401, 403
親水性　49
真正細菌　27, 28
伸長反応　371, 391, 424, 439, 451
シンナスタチン　800
シンビノリン　800
C_4 回路　839
C末端　98
C末端ドメイン　386
C領域　543
cAMP依存性プロテインキナーゼ　397
cAMP応答配列　400
cAMP応答配列結合タンパク質　397
CCAAT ボックス　405
CD8陽性細胞　539
cDNA
　　生成　497
cDNA ライブラリー　495
CDP ジアシルグリセロール　794
CoQH$_2$-シトクロム c オキシドレダクターゼ　739
CREB 結合タンパク質　397
gag 遺伝子　950
Gag タンパク質　950

GC ボックス　405
GM 農作物　484
gp41 タンパク質　949
gp120 タンパク質　949

ス

水素結合　53
水素結合供与体　53
水素結合受容体　53
スクアレン　800
スクアレンエポキシド　800
スクシニル CoA シンテターゼ　706
スクラロース　609
スクロース　608, 609
スコウ　746
スター（*）活性　472
ステアリン酸　773, 775
ステム　320
ステロイド　252, 260, 928
ステロイドホルモン　803
ステロール　768
ストロマ　815
ストロマトライト　32
スナープス　325, 411
スパイク　522
スフィンゴ脂質　252, 258
　　生合成　797
スフィンゴシン　258, 796
スフィンゴミエリン　259, 796
スプライシング　408
スプライシング反応　410
スプライス部位　410
スプライソソーム　412
スペーサー領域　310
スベドベリ単位　321
スポーツ
　　代謝　760
　　ドーピング　927

セ

制限酵素　469, 470
制限酵素断片長多型　503
制限増殖　470
生殖系列細胞　489
成人発症型糖尿病　918
生体分子　2, 10
生体膜　261
正の協同性　136
正の調節　380
正の転写伸長因子　391
世界アンチ・ドーピング機関　930
セカンドメッセンジャー　903
絶対特異性　237
セドヘプツロースビスホスファターゼ　835

索引

セファデックス 160
セファリン 256
セファロース 160
セラミド 259, 796
セリン 85, 86, 857
　生合成 858
セリンアシルトランスフェラーゼ 857
セリンヒドロキシメチルトランスフェラーゼ 857
セリンプロテアーゼ 231, 242
セルラーゼ 612
セルロース 612, 621
セレノシステイン 442
セレブロシド 260, 796
ゼロ次反応 188
セロトニン 90
セロビオース 609, 611
遷移状態 183
遷移状態アナログ 240
繊維状タンパク質 124
前駆細胞 943
染色体 22
全身性エリテマトーデス 413
センス鎖 368
選択 477
選択的 RNA スプライシング 412
選択的 σ 因子 375
選択マーカー 477
先端巨大症 903
全能性幹細胞 943
Z 型 DNA 306
Z スキーム 821

ソ

臓器移植 534
双極子 49
双極子-双極子間相互作用 50
双極子-誘起双極子間相互作用 51
双曲線形 136
走査機構 448
増殖細胞核抗原 357
双性イオン 74, 92
相対特異性 238
相同性 142
相同的 136
相補鎖 302
相利共生 31
阻害剤 201, 218
　作用様式 204
側鎖 82
促進拡散 272
速度定数 187
組織プラスミノーゲンアクチベーター 491
疎水結合 51

疎水性 51
疎水性相互作用 51, 125, 143
粗面小胞体 23
D-ソルビトール 602
D-ソルボース 602

タ

ダイサー 508
体細胞 489
胎児アルコール症候群 653
胎児ヘモグロビン 140
代謝 569
代謝回転数 200
代謝経路 888
代謝水 776
代謝調節機構 678
大腸菌
　DNA ポリメラーゼ 339
　RNA ポリメラーゼ 367
　SOS 応答 353
対立遺伝子 503
多価不飽和脂肪酸 779
多機能酵素 789
蛇行構造 118
多剤併用療法 951
脱共役剤 746
脱水 634
脱窒素 847
脱分枝酵素 615, 663
多糖 592, 612
多能性幹細胞 943
多能性成体前駆細胞 945
多発性硬化症 259
ダブルポジティブ細胞 546
D-タロース 595
単クローン抗体 545
胆汁酸 803
単純拡散 272
単糖 592
　反応 600
　立体化学的関係 595
タンパク質 10
　一次構造 111
　折りたたみ経路 453
　コンホメーション 142
　三次構造 125
　精製 156
　二次構造 112
　分解 456
　変性 132
　翻訳後修飾 453
　四次構造 134
　リン酸化 225
タンパク質アレイ 512
タンパク質効率比 114, 891
タンパク質発現ベクター 487

単分子求核置換反応 236

チ

チアミン 651
チアミンピロリン酸 651, 699
チェーンターミネーション法 506
チオエステル 698
チオレドキシン 879, 880
チオレドキシンレダクターゼ 879, 880
逐次モデル 223
窒素固定 846, 847
チミジル酸シンテターゼ 880, 881
チミン 295, 351
チモーゲン 228
チャイニーズレストラン症候群 100
中和抗体 951
超新星 9
調節遺伝子 379
調節部位 379
超二次構造 110, 118, 120
超らせん化 342
超らせん化 DNA 308
超らせん形成 308
直線形水素結合 53
チラコイド 814
チラコイド内腔 815
チラコイド膜 270
チロキシン 89
チロシジン A 102
チロシン 85, 87, 90, 911
沈降係数 321

ツ

痛風 872

テ

低血糖症 899
低酸素状態 458
低酸素誘導因子 458
停止解除因子 391
定常状態 195
低糖質食 624, 916
低密度リポタンパク質 275
デオキシアデノシン 5′-一リン酸 297
デオキシグアノシン 296
デオキシグアノシン 5′-一リン酸 297
デオキシシチジン 5′-一リン酸 297
デオキシチミジン 5′-一リン酸 297
デオキシ糖 601
デオキシヘモグロビン 137
デオキシリボヌクレオシド 295

デオキシリボヌクレオチド　297
デキストラン　160
滴定　63
滴定曲線　63
テストステロン　7, 261, 804, 928
鉄　893
鉄-硫黄結合　744
鉄-硫黄タンパク質　708
鉄含有タンパク質二量体　850
テトラヒドロ葉酸　857, 859, 868
テトラヒメナ　414
デュシェンヌ型筋ジストロフィー　483
テルペン　796
デルマタン硫酸　622
テロメア　358
テロメラーゼ　358
転移　550
電気陰性度　48
電気泳動　95, 165
電子伝達系　694, 730
　エネルギー論　737
電子伝達反応
　エネルギー論　742
転写　317, 332, 366
　減衰　383
転写因子　377, 388
転写開始点　369
転写活性化ドメイン　400, 405
転写共役修復　392
転写後修飾　407
転写バブル　371
天然のコンホメーション　110
デンプン　612, 614
デンプン-ヨウ素複合体　615
de novo 予測法　143
DNA
　塩基配列決定法　506
　構造　301
　半不連続複製モデル　338
　複製　333
　変性　313
　メチル化　469
DNA 依存性 RNA ポリメラーゼ　366
DNA 鑑定　502
DNA グリコシラーゼ　349
DNA 系統樹　300
DNA 結合ドメイン　400
DNA 鎖
　部分構造　299
DNA ジャイレース　310, 342
　作用機構　309
DNA チップ　511
DNA フィンガープリント法　500
DNA ポリメラーゼ　337, 339
　校正　346
　修復　347

DNA マイクロアレイ　511
DNA ライブラリー　493
DNA リガーゼ　338, 473
DnaB タンパク質　344
T 細胞　537
　記憶　543
　分化　547
T 細胞受容体　538
T7 ターミネーター　488
T7 ポリメラーゼ　488
Taq ポリメラーゼ　497
TATA ボックス　388
TATA ボックス結合タンパク質　389
TBP 結合因子　389
TCA 回路　694, 697
trp オペロン　382
　転写減衰　384

ト

糖
　酸化-還元反応　600
　ハース表記法　598
　ラクトンへの酸化　601
同化　571
同化ステロイド　928
同化反応
　クエン酸回路　716
糖原性アミノ酸　862
糖原病　617
糖脂質　252, 259
糖質　592
糖質コルチコイド　804, 805
糖質代謝
　アロステリック効果　678
　調節　676
糖新生　671, 680
糖新生経路　672
糖タンパク質　601, 622
等電点　95
等電点電気泳動　166
糖尿病　917
動物界　27
動脈硬化症　261
当量点　63
糖-リン酸骨格　298
独立栄養生物　830
トシル-L-フェニルアラニルクロロ
　メチルケトン　231
突然変異　346
ドデシル硫酸ナトリウム　134
L-ドパ　91
ドパミン　91
ドーピング
　スポーツ　927
トポイソメラーゼ　310
ドメイン　110, 118

トランスアルドラーゼ　685
トランスクリプショナル・ターゲッティング　588
トランスクリプトーム　511
トランスケトラーゼ　685, 835
トランスジェニックトマト　489
トランスダクショナル・ターゲッティング　558
トランスファー RNA　316, 319, 406
トランスフォーミング増殖因子 α　459
トランスロケーション　439
トリアシルグリセロール　252, 254
　加水分解　255
　生合成経路　792
鳥インフルエンザ　932
トリオース　592
トリオースリン酸イソメラーゼ　640
トリカルボン酸回路　694, 697
トリグリセリド　254
トリプシン　169
トリプトファン　85, 87, 90
トリプトファンオペロン　381
トリプレット　425
トリメトプリム　868
D-トレオース　594, 595
L-トレオース　594
トレオニン　85, 87
トレンス試薬　600
トロポコラーゲン　123
トロポニン T 遺伝子　412
トロンボキサン　286
トロンボキサン A_2　287

ナ

内因性の終結　373
内在性タンパク質　267
内部共生　32
内分泌系　898
内分泌腺　901
投げ縄構造　411
ナチュラルキラー細胞　535, 536
ナトリウム-カリウムイオンポンプ　273
70S 開始複合体　438

ニ

2 型糖尿病　917
II 型トポイソメラーゼ　309, 310
ニコチンアミド　574
ニコチンアミドアデニンジヌクレオチド　573
　構造　243
2·3 アンチターミネーター　383
二次元電気泳動　167

二次構造　110
二次能動輸送　274
二次反応　187
二重起源説　17
二重らせん　301, 302
ニックトランスレーション　347
二糖　608
ニトロゲナーゼ　848
p-ニトロフェニル酢酸　191
p-ニトロフェノレート　191
二分子求核置換反応　236
乳酸　75
乳酸デヒドロゲナーゼ　185, 649, 650
乳酸発酵　650
乳糖　610
乳幼児突然死症候群　756
尿酸　863, 864, 872
尿素　134, 863, 864
尿素回路　865, 866
二量体　134

ヌ

ヌクレアーゼ　333, 469
ヌクレオキャプシド　522
ヌクレオシド　295
ヌクレオシド二リン酸キナーゼ　706
ヌクレオソーム　310
ヌクレオチド　294
ヌクレオチド除去修復　350

ネ

ネイティブゲル　166
ネガティブセレクション　546
熱ショック　477
熱ショックタンパク質　147, 452
熱ショック配列　395
熱帯植物
　炭酸固定　838
熱力学　34

ノ

ノイラミニダーゼ　932
濃色効果　314
能動輸送　272, 273
濃度勾配　272
囊胞性線維症　483, 505, 533

ハ

胚性幹細胞　943
胚性腫瘍細胞　943
ハイブリドーマ　545
配列の相同性　142
バクテリオクロロフィル a　815, 816

バクテリオファージ　470
バクテリオロドプシン　749
ハース投影式　598
パーセント回収率　156
バソプレッシン　102, 104
バター　266
発エルゴン的　37
白血球　535
発現カセット　532
発現ベクター　487
発光　468
発酵　633
ハッチ–スラック回路　837
バニリン　607
バブルボーイ症候群　483
バリノマイシン　746, 747
バリン　85, 86
パルミチン酸　786
　合成経路　787
パルミチン酸ナトリウム　52
パルミトレイン酸　254
反応性低血糖症　916
反応中心　817
半反応　572
半保存的複製　333
π-キモトリプシン　228

ヒ

ヒアルロン酸　622
非鋳型鎖　368
ビオチン　673, 785
ビオチンカルボキシラーゼ　784
ビオチンキャリヤータンパク質　784
比較モデリング法　142
比活性　156
光合成　817, 820
光呼吸　839
光リン酸化　828
光リン酸化反応　818
非競合阻害　202
　ラインウィーバー–バークの二重逆
　　数プロット　206
非競合阻害剤　206
非共役ゲノム 1　837
非極性　48
非コーディング RNA　399
非循環的光リン酸化反応　830
微小球　17
微小柱網状格子　25
ヒスタグ配列　492
ヒスタミン　100
ヒスチジン　85, 87
　滴定曲線　94
ヒストン　310
2,3-ビスホスホグリセリン酸　139
ビタミン　892

ビタミン A　278
ビタミン B_1　651
ビタミン B_2　696
ビタミン B_6　246
ビタミン C　602
　欠乏症　602
ビタミン D　280
ビタミン D_3　280
ビタミン E　282
ビタミン K　283
ビタミン K_1　284
ビタミン K_2　284
ビタミン K エポキシドレダクターゼ
　509
非直線形水素結合　53
ビッグバン　8
必須アミノ酸　100, 861
必須アミノ酸残基　231
必須栄養素　889
必須脂肪酸　790
ヒトゲノムプロジェクト　314
ヒトサイトメガロウイルス　548
ヒト成長ホルモン　490
ヒトパピローマウイルス　940
ヒト免疫不全ウイルス　208, 522, 530,
　947
5-ヒドロキシトリプトファン　90
ヒドロキシプロリン　89, 122
3-ヒドロキシ-3-メチルグルタリル
　CoA　798
ヒドロキシメチルグルタリル CoA レ
　ダクターゼ　807
p-ヒドロキシメルクリ安息香酸　218
ヒドロキシリシン　89, 122
非平衡熱力学　570
非ヘム鉄タンパク質　708, 743
ヒポキサンチン　296
ヒポキサンチン–グアニンホスホリボ
　シルトランスフェラーゼ　875
肥満　897
肥満遺伝子　791
肥満症　897
非誘導性　382
ピューロマイシン　441
表現促進現象　398
標識　231
標準アミノ酸
　pK_a 値　94
標準還元電位　734
標準還元電位測定　733
標準自由エネルギー　637
標準自由エネルギー変化　182
標準状態　566
ビラセプト　208
ピラノシド　603
ピラノース　599
ビリオン　522

ピリドキサミン 246
ピリドキサミンリン酸 246
ピリドキサール 246
ピリドキサールリン酸 246, 856
ピリドキシン 246
ピリミジン 847
　異化反応 878
　合成経路 876
ピリミジン塩基 295
ピリミジンヌクレオチド 876
微量栄養素 892
ピルビン酸 631, 671, 710
　嫌気的反応 649
ピルビン酸カルボキシラーゼ 672, 717
ピルビン酸キナーゼ 648, 681
ピルビン酸デカルボキシラーゼ 651
　反応機構 653
ピルビン酸デヒドロゲナーゼ 698
　反応機構 700
ピルビン酸デヒドロゲナーゼキナーゼ 698, 711
ピルビン酸デヒドロゲナーゼ複合体 698
　構造 701
ピルビン酸デヒドロゲナーゼホスファターゼ 698
ピロール 130
B型DNA 304
B細胞 536, 537
Btコーン 490
bZIP転写因子 404
P糖タンパク質 936
P部位 439
PIP_2 セカンドメッセンジャー系 908
P/O比 746
PolⅡプロモーター 387
pUCプラスミド 478

フ

ファラデー定数 734
ファルネシルピロリン酸 800
ファンデルワールス相互作用 53
フィッシャー 593
フィッシャー投影式 596
フィードバック阻害 216, 850
フィードバック調節機構 900
フィルター結合分析法 429
フィロキノン 284
フェオフィチン 822
フェニルアラニン 85, 87, 91
フェニルイソチオシアネート 172
フェニルケトン尿症 103
フォールド認識法 143
不完全転写 373
不競合阻害 207

副溝 303
副腎皮質機能亢進症 902
副腎皮質ホルモン 902
複製 317, 332, 342
複製因子C 357
複製活性化タンパク質 354
複製起点 335
複製起点認識複合体 354
複製前複合体 354
複製認可因子群 354
複製フォーク 335, 343
父子鑑定 502, 504
付着末端 472
負の協同作用 224
負の調節 379
負の転写伸長因子 391
不飽和脂肪酸 252, 254
　酸化 778
フマラーゼ 708
フマル酸 707, 865
プライマー 340, 344
プライマーゼ 344
プライモソーム 344
プラーク 476
プラークハイブリダイゼーション 496
プラス鎖 368
プラストキノン 821, 822
プラストシアニン 822
プラスミド 473
フラノシド 603
フラノース 599
フラビンアデニンジヌクレオチド 575, 696
フラビンモノヌクレオチド 575, 736
プランク 819
フーリエ級数 127
プリオン 148
プリゴジン 570
プリーツシート 116
フリップ-フロップ 265
プリブナウボックス 369
フリーラジカル 282
プリン 847
　異化反応 872
　再利用経路 874
　生合成 869
プリン塩基 295
フルオロアセチルCoA 705
フルクトース 7, 594
フルクトース1,6-ビスホスファターゼ 675
フルクトースビスホスファターゼ-2 677
フルクトース1,6-ビスリン酸 239, 675
フルクトース2,6-ビスリン酸 677

プレグネノロン 804
ブレンステッド-ローリーの定義 236
プロインスリン 914, 915
プロゲステロン 261, 804
プロスタグランジン 285
プロテアーゼ 242
プロテアソーム 456
プロテインキナーゼ 226, 770
プロテインキナーゼA 397
プロテインキナーゼC 907
プロテオグリカン 623
プロテオミクス 175, 511
プロテオーム 175, 511
プロトポルフィリンⅨ 130
プロトロンビン 284
プロトン勾配 730
プロトンポンプ 275
プロペラ様ツイスト 307
プロモーター 368
　塩基配列 369
プロモーター部位 368
プロリン 85, 86
プロリンヒドロキシラーゼ 458
プロリンラセマーゼ 240
分画遠心分離 157
分岐部位 410
分枝アミノ酸 100
分枝酵素 666
分析用超遠心 321
分断遺伝子 410
V領域 543

ヘ

平滑末端 472
平衡 38
閉鎖複合体 370
ヘキソキナーゼ 636
ヘキソース一リン酸経路 686
ベクター 476
ペクチン 621
ヘテロ核RNA 323
ヘテロ接合 503
ヘテロ多糖 612
ヘテロトロピック効果 220
ヘパリン 622
ペプチジルトランスフェラーゼ 439
ペプチジル部位 439
ペプチド 97
ペプチドグリカン 620, 623
ペプチド結合 96, 439
ペプチドホルモン 104
ヘマグルチニン 932
ヘマトクリット 929
ヘミアセタール 597, 603
ヘミケタール 597

索引

ヘム 129, 130
ヘモグロビン 135, 743
ヘリカーゼ 344
ヘリックス・ターン・ヘリックス 118, 401
ヘリックス・ターン・ヘリックスモチーフ 401
ペリリピン 277
ペルオキシソーム 25
ヘルパーT細胞 536, 541
ヘルペスウイルス 548
ヘロイン 244
変異型クロイツフェルト-ヤコブ病 148
変異型Creリコンビナーゼ 952
変異原 347
変性 132
ヘンダーソン-ハッセルバルヒの式 62, 67, 138
ペントースリン酸回路 682, 684
　解糖 686
β-アラニル-L-ヒスチジン 98
β-アラニン 98
β-ガラクトシダーゼ 378
β-カロテン 278
β-D-グルコース 599, 604
β-D-グルコピラノース 597, 599
β-ケトアシル-S-ACPシンターゼ 786
β構造 113, 116
β酸化 772
β-セロビオース 613
βターン 117, 119
βバルジ 117, 119
β-ヒドロキシアシルCoA 773
β-ヒドロキシ酪酸 780
β-ヒドロキシ-β-メチルグルタリルCoA 798
βメアンダー 118
β-メルカプトエタノール 134
β-D-リボース 599
β-D-リボフラノース 599
βαβユニット 118
β,β(1→1)グリコシド結合 604

ホ

ボーア効果 137
ボイヤー 746
補因子 243
法医学分析 503
報酬期 641
飽和脂肪酸 253
　β酸化 772
補完タンパク質 114
補欠分子族 110
補酵素 243, 574
補酵素A 583, 631, 788
補酵素Q 735, 736, 740
補充 718
補充経路 716
補助色素 816
ホスファチジルイノシトール 256
ホスファチジルイノシトール4,5-ビスリン酸 907, 908
ホスファチジルエステル 256
ホスファチジルエタノールアミン 256, 794
　生合成経路 794
ホスファチジルグリセロール 256
ホスファチジルコリン 256
ホスファチジルセリン 256, 794
ホスファジン酸 256, 792, 794
ホスホアシルグリセロール 252, 256, 769, 793
ホスホエノールピルビン酸
　加水分解 580
ホスホエノールピルビン酸カルボキシキナーゼ 673
ホスホグリセリド 262, 793
3-ホスホグリセリン酸 239, 831
ホスホグリセリン酸キナーゼ 645
ホスホグリセロムターゼ 646, 647
ホスホグルコムターゼ 663
6-ホスホグルコン酸デヒドロゲナーゼ 683
3′,5′-ホスホジエステル結合 298
ホスホパンテテイン基 788
ホスホフルクトキナーゼ 639, 677
ホスホプロテインホスファターゼ 667, 711
ホスホペントースイソメラーゼ 685
ホスホペントース3-エピメラーゼ 683
ホスホリパーゼ 768
ホスホリパーゼC 907
ホスホリブロキナーゼ 835
ホスホリボシルピロリン酸 873, 874
ホスホリラーゼキナーゼ 667
ホスホリラーゼa 668
ホスホリラーゼb 668
ポッター-エルベージェム型ホモジナイザー 156
ホモジナイゼーション 156
ホモ接合 503
ホモ多糖 612
ホモトロピック効果 220
ポリアクリルアミド 160
ポリアクリルアミドゲル 166
ポリアデニル化 408
ポリアデニル酸テール 408
ポリグルタミン 398
ポリソーム 445
ポリヌクレオチド

共有結合構造 294
ポリペプチド鎖 97
ポリマー 10
ポリメラーゼ連鎖反応 497
ポリリボソーム 445
ポリリンカー 478
ポリ(A)結合タンパク質 448
ポリ(A)テール 323, 448
ポリ(T)テール 408
ボルツマン 39
ポルフィリン 847
N-ホルミルメチオニルtRNA^{fMet} 436
ホルモン 898
ホルモン調節 901
ホロ酵素 367
翻訳 317, 332

マ

マイクロアレイ 511
マイクロRNA 316
マイナス鎖 367
-35エレメント 369
-35領域 369
マーガリン 266
膜
　機能 271
　薬物送達 271
膜間腔 696
膜受容体 275
膜タンパク質 267
膜輸送 272
マクロファージ 535
マトリックス 23, 695
マリス 498
マルチクローニングサイト 478
マルトース 608, 611
マロニルCoA 784
D-マンノース 595

ミ

ミエリン 259
ミオグロビン 129, 743
　酸素結合部位 131
ミカエリス定数 195
ミカエリス-メンテンモデル 193
ミクソチアゾール 753
ミクロスフェア 17
水
　イオン積 60
　構造 49
　溶媒特性 49
水分子
　極性 48
ミスマッチ修復 348

ミセル　51
密度勾配遠心法　334
ミトコンドリア　19, 23, 735
ミトコンドリアマトリックス　695
ミネラル　893
ミネラルコルチコイド　902
ミラー-ユーレイの実験　11
ミリスチン酸　253

ム

無機リン酸　577
虫歯　652

メ

明反応　814
メタン生成菌　30
メチオニン　85, 87, 857
メチオニンエンケファリン　100
メチル-α-D-グルコピラノシド　603
メチル化　348
5-メチルシトシン　296, 324
2′-O-メチルリボシル基　407
メッセンジャーRNA　316, 323, 408
メディエーター　397
メナキノン　284, 826
メバロン酸　798
　生合成　799
メビノリン酸　799, 800
免疫グロブリン　541
免疫系　534

モ

モジュール　121
モチーフ　120, 121
モネラ界　27
モノアシルグリセロールリン酸　792
モノアミン酸化酵素　90
モノマー　10
モノー-ワイマン-シャンジューモデル　221
モロニーマウス白血病ウイルス　532

ユ

有機化学　4
融合タンパク質　492
誘導　377
誘導酵素　378
誘導適合仮説　223
誘導適合モデル　189
輸血　624
輸送　271
輸送タンパク質　268

ユビキチン化　456
ユビキチン活性化酵素　456
ユビキチン結合タンパク質　456
ユビキチンリガーゼ　456, 458
ユビキノン　736, 824, 826
ゆらぎ　429
ゆらぎ塩基　426
UDP-グルコースピロホスホリラーゼ　665
UPエレメント　370

ヨ

陽イオン交換体　162
溶菌経路　527
溶血性貧血　687
溶原性　527
葉酸　868
　構造と反応　858
溶離液　158
抑制性Gタンパク質　905
四次構造　110
読み枠　429
四量体　134

ラ

ラインウィーバー-バークの二重逆数プロット　198
ラウス肉腫ウイルス　551
ラウリン酸　253
ラギング鎖　338
ラクトース　378, 608, 610
ラクトースオペロン　381
ラクトース不耐症　610
ラクトン　600
ラセミ化反応
　プロリンラセマーゼ　241
ラノステロール　800
ラマチャンドラン角　113
藍藻　32
ランダム　127
ランダムコイル　110, 127

リ

リガンド　160
D-リキソース　595
リグニン　621
リシン　85, 87
リソソーム　25
リゾホスファチジン酸　792
立体異性体　83, 592
立体構造共役　750
立体配置　593
リーディング鎖　338
リトナビル　208

リノール酸　253, 254, 779
リノレン酸　254
リパーゼ　254, 768
リフォールディング　132
リプレッサー　379
リブロース1,5-ビスリン酸　831, 833
リブロース1,5-ビスリン酸カルボキシラーゼ/オキシゲナーゼ　833
リボ核タンパク質粒子　21, 410
リボザイム　414
リポ酸　698
D-リボース　595
リボース5-リン酸イソメラーゼ　835
リボソーム　19, 20, 294, 435, 444
　構造　445
リポソーム　145, 271
　模式図　144
リボソームRNA　316, 320, 406
リポタンパク質　805
リボヌクレアーゼ
　変性　133
　リフォールディング　133
リボヌクレアーゼP　406
リボヌクレオシド　295
リボヌクレオシドレダクターゼ　879
リボヌクレオチド　297
リボヌクレオチドレダクターゼ　880
リボフラノース　599
リボフラビン　575, 696
流動モザイクモデル　269
両親媒性　51, 252
両方向性　694
リンゴ酸　708
リンゴ酸-アスパラギン酸シャトル　756, 757
リンゴ酸酵素　719, 720
リンゴ酸シンターゼ　713
リンゴ酸デヒドロゲナーゼ　708, 719, 720
リン酸化　225, 632
リン酸基転移　633, 634
リンパ球
　分化　538
リンパ球系幹細胞　536

ル

ルイス酸・塩基触媒　236
ルビスコ　833

レ

レアトリル　607
レシチン　256
レスベラトロール　921
レチナール　280

レチノール　278
レッシュ-ナイハン症候群　875
レドックス反応　571
レトロウイルス　332, 530
　　遺伝子治療　533
レトロワクチネーション　951
レプチン　277, 897
レプリケーター　354
レプリコン　354
レプリソーム　345

連続伸長性　339

ロ

ロイコトリエン　286
ロイコトリエン C　286
ロイシン　85, 86
ロイシンエンケファリン　100
ろう　258
6 炭素原子　632

ロテノン　754
ロドシュードモナス属　824
ロドシュードモナス・ビリディス　824
ロドプシン　280
ロバスタチン　799, 800
ρ 因子　374

ワ

ワクチン　535

外国語索引

A

ABC excinuclease 351
abortive transcription 373
abscisic acid insensitive 4 837
absolute specificity 237
abzyme 240
accessory pigment 816
ACE 185
acetoacetate 780
acetone 780
N-acetyl amino sugar 606
acetyl-CoA carboxylase 784
N-acetyl-β-D-glucosamine 617
achiral 83
acid dissociation constant 59
acidic domain 405
acid strength 59
aconitase 702, 705
cis-aconitate 703
ACP 786
acquired immunodeficiency syndrome 522, 531
acromegaly 903
activating protein 1 398
activating transcription factor 1 400
activation 583, 770
activation energy 182
activator 394
active site 188
active transport 272, 273
acyl carrier protein 786
acyl-CoA synthetase 770
N-acylsphingosine 796
Addison's disease 902
adenine 295
adenosine deaminase 532
S-adenosylmethionine 861
adenovirus 533
adenylate cyclase 903
A-DNA 305
ADP 35, 577
adrenalin 910
adrenocortical hormone 902
adult-onset diabetes 918
affinity chromatography 160
agarose 160
Agrobacterium tumefaciens 489
AIDS 522, 531
alanine 85
alcohol dehydrogenase 654
alcoholic fermentation 651

alditol 601
aldolase 640, 835
aldose 592
aldosterone 805
aliphatic 84
allele 503
allergy 534
allopurinol 872
allosteric 135
allosteric effector 220
amide 97
amino acid 847
aminoacyl site 439
aminoacyl-tRNA synthetase 424
amino group 82
amino sugar 606
ammonia 847, 863
amphibolic 694
amphipathic 51, 252
amprenavir 208
amylase 615
amylopectin 614
amylose 614
anabolism 571
anaerobic glycolysis 632
analytical ultracentrifugation 321
anaplerotic 718
anaplerotic reaction 716
androgen 902
aneuploid 943
anion exchanger 162
anomer 597
anomeric carbon 597
anterograde signaling 837
antibody 541, 622
antigen 538
antigenic determinant 622
antigen-presenting cell 536
antioxidant 282
antisense strand 367
antitermination 391
2·3 antiterminator 383
AP-1 398, 552
APC 536
AP endonuclease 350
AP site 350
arachidonic acid 285
Archaea 28
Archaebacteria 27
arginine 85, 865
argininosuccinate 865
arrest release factor 391
asparagine 85

aspartame 101
aspartate transcarbamoylase 191
aspartic acid 85
aspirin poisoning 74
ATCase 191
ATF-1 400
atherosclerosis 261
ATP 35, 219, 577
ATP synthase 745
5´-AUG-3´ 436
autoimmune disease 534, 546
autoradiogram 468
autoradiography 468
autoregulation 382
autotroph 830
Azotobacter vinelandii 850

B

b12 951
Bacillus thuringiensis 490
bacteria 18
Bacteria 28
bacteriochlorophyll a 815
bacteriophage 470
basal level 394
base-excision repair 349
base stacking 307
basic-region leucine zipper 401
BAT 756
B cell 536, 537
B-DNA 304
big bang 8
bile acid 803
biomolecule 2
biotin 673
biotin carboxylase 784
biotin carrier protein 784
2,3-bisphosphoglycerate 139
blood doping 928
blue/white screening 481
blunt end 472
Bohr effect 137
Boltzmann 39
Boyer 746
BPG 139
branching enzyme 666
branch site 410
brown adipose tissue 756
BSE 148
bubble-boy syndrome 483
buffer 66
buffering capacity 71

buffer solution 66
β-bulge 117
bZIP 401

C

Caenorhabditis elegans 508
Calvin cycle 833
cAMP 906
cAMP-dependent protein kinase 397
cAMP-response element modulating protein 400
CAP 380
5′-cap 323, 448
capping 408
carbamoyl phosphate 865
carbamoyl-phosphate synthetase 865
carbohydrate 592
carboxyl group 82
carboxyl transferase 784
carnitine 771
carnitine acyltransferase 771
carnitin palmitoyltransferase 772
carnitin translocase 772
β-carotene 278
cascade 911
catabolism 569
catabolite activator protein 380
catabolite repression 380
catalysis 12, 182, 271
catalytic activity 11
cation exchanger 162
CBP 397
CD8$^+$ cell 539
CDK 354, 554
cDNA library 495
C domain 543
cell membrane 21
cellobiose 609, 611
cell reprogramming 944
cellulase 612
cellulose 612, 621
cell wall 21
CEM-15 950
ceramide 259, 796
cerebroside 260, 796
chain elongation 424
chain initiation 370, 424
chain termination 424
chaperonin 452
chemiosmotic coupling 730, 748
chimeric DNA 472
Chinese restaurant syndrome 100
chiral 82
chitin 617
chlorophyll 814
chlorophyll *a* 815

chlorophyll *b* 815
chloroplast 19, 21, 814
cholera 907
cholesterol 260, 797
chromatin 22, 310
chromatography 158
chromatophore 19
chromosomes 22
chymotrypsin 170, 191, 229
cis-trans isomerase 777
citrate 701
citrate synthase 702
citric acid cycle 694, 889
citrulline 865
CK 185
cleavage 632
clonal selection 539
clone 474
cloning 474
cloning vector 487
closed complex 370
cloverleaf structure 320
coactivator 397
coat proteins 531
Cockayne syndrome 392
coding strand 368
codon 425
coenzyme 243, 574
coenzyme Q 735
cofactor 243
co-inducer 381
column chromatography 158
comparative modeling 142
competitive inhibition 201
complementary proteins 114
complementary strand 302
complete covalent structure 126
complete protein 114
concentration gradient 272
concerted model 221
configuration 593
conformational coupling 750
coniferyl alcohol 621
consensus sequence 370, 387
control site 379
cooperative binding 136
CoQH$_2$-cytochrome *c* oxidoreductase 739
core enzyme 367
co-repressor 382
core promoter 370
Cori 680
Cori cycle 679
cortisone 805
coupled translation 447
coupling 581
CP 531
CP-31398 556

CPT-Ⅰ 772
CPT-Ⅱ 772
CRE 395, 400
CREB 397, 400
CREB-binding protein 397
CREM 400
Creutzfeldt-Jakob disease 148
cristae 23
crown gall 489
CTD 386
C-terminal 98
C-terminal domain 386
CTF-1 405
CTP 216, 793
Cushing's syndrome 902
cyanobacteria 18
cyanogen bromide 170
cyclic AMP-response element 395
cyclic AMP-response element binding protein 397
cyclin 354
cyclin-dependent protein kinase 354, 554
cysteine 85
cystic fibrosis 483, 533
cytidine triphosphate 793
cytochrome 738
cytochrome *c* oxidase 741
cytoplasm 19
cytosine 295
cytoskeleton 25
cytosol 19, 25

D

DAG 907
ddNTPs 506
debranching enzyme 615, 663
dehydration 634
denaturation 132
dendritic cell 535
denitrification 847
de novo prediction 143
density-gradient centrifugation 334
deoxyribonucleic acid 12
deoxyribonucleoside 295
deoxy sugar 601
detergent 134
dextran 160
diacylglycerol 792, 907
diastereomer 596
Dicer 508
2′,3′-dideoxyribonucleoside triphosphate 506
2,4-dienoyl-CoA reductase 778
differential centrifugation 157
diffraction pattern 127
dihydrofolate reductase 880

dihydrolipoyl dehydrogenase 698
dihydrolipoyl transacetylase 698
dihydroxyacetone 592
dimer 134
dimethylallyl pyrophosphate 800
dinitrogenase 848
dinitrogenase reductase 848
2,4-dinitrophenol 746
DIPF 231
diphosphatidyl glycerol 256
dipole-induced dipole interaction 51
dipoles 49
disaccharide 608
disulfide bond 126
DNA 12, 294
DNA-binding domain 400
DnaB protein 344
DNA chip 511
DNA-dependent RNA polymerase 366
DNA fingerprinting 500
DNA glycosylase 349
DNA gyrase 310, 342
DNA library 493
DNA ligase 338, 473
DNA microarray 511
DNA polymerase 339
DNP 747
domain 110
doping 927
double helix 301
double-origin theory 17
DP cell 546
Drosophila melanogaster 508
dTTP 880
Duchenne muscular dystrophy 483
dUDP 880
dwarfism 903

E

early genes 375
Ebola virus 522
*Eco*RI 471
Edman degradaton 169
EF-Ts 439
EF-Tu 439
eIF 448
electronegativity 48
electron transport 694
electron transport chain 730
electrophile 234
electrophoresis 95, 165
electroporation 477
−35 element 369
eluent 158
Embden-Meyerhoff pathway 630
embryonal carcinoma cell 943

embryonic stem cells 943
enantiomer 593
endergonic 38
endocrine gland 901
endocrine system 898
endocytosis 276
endoglycosidase 615
endonuclease 469
endoplasmic reticulum 19, 23, 453
endosymbiosis 32
enhancer 377
enolase 647
enterokinase 492
enthalpy 39
entropy 39
envelope proteins 531
enzyme 11, 182
EP 531
EPA 288
epigenetic 944
epimer 596
epitope 543
EPO 458, 762
Epogen 491
equilibrium 38
equivalence point 63
error-prone repair 353
erythropoietin 458
essential amino acid 100, 861
essential fatty acid 790
estradiol 804
estrogen 902
ethidium bromide 469
Eubacteria 27
Eukarya 28
eukaryote 18
eukaryotic initiation factor 448
excision exonuclease 350
exergonic 37
exit site 439
exoglycosidase 615
exon 410, 485
exonuclease 469
exonuclease I 349
expression cassette 532
expression vector 487
extended promoter 370

F

facilitated diffusion 272
FAD 575, 696, 707
familial hypercholesterolemia 807
farnesyl pyrophosphate 800
fat 252
fatty acid 252
fatty acid synthase 786
FBPase-2 677

feedback inhibition 216, 850
fibrous protein 124
filter-binding assay 429
first order 187
Fischer 593
Fischer projection method 596
Fis site 376
flip-flop 265
fluid-mosaic model 269
fluorescence 469
fluoroacetyl-CoA 705
$fMet-tRNA^{fMet}$ 436
FMN 575, 736
fold recognition 143
foreign DNA 476
N-formylmethionyl-$tRNA^{fMet}$ 436
Fos 553
Fourier series 127
F2,6P 677
free energy 37
free radical 282
fructose-1,6-bisphosphatase 675
fructose bisphosphatase-2 677
FTO 791
full acetal 603
fumarase 708
fumarate 707, 865
functional group 5
furanose 599
furanoside 603
fusion protein 492

G

2G12 951
ganglioside 796
GC box 405
GDH 854
GDP 696
gel electrophoresis 467
gel-filtration chromatography 159
gene chip 511
general acid-base catalysis 236
general transcription factor 388
gene 18
gene therapy 483, 532
genetic anticipation 398
genetic code 12
genetic engineering 482
gene X 476
genome 18
genome uncoupled 1 837
Gibbs 37
gigantism 903
globular protein 124
glucocorticoid 805, 902
glucocorticoid-response element 395

glucogenic amino acid 862
gluconeogenesis 671, 680
glucose-6-phosphatase 676
glucose-6-phosphate dehydrogenase 683
glucosephosphate isomerase 637
GLUT4 917
glutamate 851
glutamate dehydrogenase 854
glutamate synthase 855
glutamic acid 85
glutamine 85, 851
glutamine-rich domain 405
glutamine synthetase 854
glyceraldehyde 592
glyceraldehyde-3-phosphate dehydrogenase 644
glycerol 254
glycerol-phosphate shuttle 755
glycine 85
glycogen 615
glycogenin 616, 665
glycogen phosphorylase 616, 663
glycogen synthase 665
glycogen synthase D 669
glycogen synthase I 669
glycolate 839
glycolipid 252, 259
glycolysis 630, 680
glycoprotein 601
glycosaminoglycan 621
glycoside 603
glycosidic bond 295, 603
glyoxylate 840
glyoxylate cycle 25, 713
glyoxysome 25, 714
GOGAT 855
goiter 902
Golgi apparatus 24, 453
gout 872
gp28 375
gp33 375
gp34 375
gp41 529
gp120 529
gramicidin A 746
grana 23, 814
GRB2 552
GRE 395
Greek key 120
green chemistry 247
GroEL 452
GroES 452
Group Ⅰ ribozyme 414
Group Ⅱ ribozyme 414
GSH 99
GSSG 99
GTF 388

GTP 696
guanidine hydrochloride 134
guanine 295
GUN 1 837

H

HA 932
HAART 951
Hae Ⅲ 472
half reaction 572
halophiles 30
Hatch-Slack pathway 837
Haworth projection formula 598
Hb F 140
HDL 805
heat shock 477
heat-shock element 395
heat-shock protein 147
helicase 344
α-helix 113
helix-turn-helix 401
helper T cell 536, 541
hemagglutinin 932
hematocrit 929
heme 129
hemiacetal 597
hemiketal 597
hemolytic anemia 687
hemophilia 483
Henderson-Hasselbalch equation 62, 138
HEPES 72
heterogenous nuclear RNA 323
heteropolysaccharide 612
heterotroph 829
heterotropic 220
heterozygous 503
hexokinase 636
hexose monophosphate shunt 686
HGP 314
HGPRT 875
HIF 458
highly active antiretroviral therapy 951
high-performance liquid chromatography 169
histidine 85
histone 310
HIV 208, 522, 530, 947
HMG-CoA 798, 799
hnRNA 323
holoenzyme 367
homeostasis 899
homogenization 156
homologous 136
homology 142
homopolysaccharide 612

homotropic 220
homozygous 503
hormone 898
HPLC 169
HPV 940
HSE 395
Hsp 60 452
Hsp 70 452
HTH 401
Human Genome Project 314
human immunodeficiency virus 522, 530
hybridoma 545
hydrogen-bond acceptor 53
hydrogen-bond donor 53
hydrogen bonding 53
hydrophilic 49
hydrophobic 51
hydrophobic bond 51
hydrophobic interaction 51
β-hydroxybutyrate 780
p-hydroxymercuribenzoate 218
β-hydroxy-β-methylglutaryl-CoA 798
hyperbolic 136
hyperchromicity 314
hyperfunction of the adrenal cortex 902
hyperthyroidism 902
hyperventilation 74
hypoglycemia 899
hypothalamus 901
hypothyroidism 902
hypoxia 458
hypoxia inducible factor 458

I

IDE 918
IDL 805
IGF2 459
imino acid 84
immunoglobulin 541
IMP 869
imprinting 944
indinavir 208
induced-fit model 189
inducer 377
inducible enzyme 378
induction 377
inhibitor 201, 218
inhibitory G protein 905
initiation complex 438
30S initiation complex 438
70S initiation complex 438
initiator element 388
innate immunity 535
inorganic phosphate 577

inositol-1, 4, 5-trisphosphate   907
insert   476
insulin-degrading enzyme   918
insulin-like growth factor 2   459
insulin-receptor substrate   915
insulin-sensitive protein kinase   909
integral protein   267
interchain bonds   116
intergranal lamellae   814
interleukin   538
intermembrane space   696
intrachain bonds   116
intrinsic termination   373
intron   323, 410
ion-exchange chromatography   162
ionophore   750
ion product constant for water   60
IP_3 907
IPTG   488
iron-sulfur protein   708
IRS   915
isocitrate   702
isocitrate dehydrogenase   703
isocitrate lyase   713
isoelectric focusing   166
isoelectric pH   95
isoelectric point   95
isoform   412
isoleucine   85
isomaltose   608
isomerase   777
isomerization   632
isopentenyl pyrophosphate   800
isoprene unit   796
isopropylthiogalactoside   488
isozyme   185, 639

J

Jun   553

K

ketogenic amino acid   862
α-ketoglutarate   703
α-ketoglutarate dehydrogenase complex   705
ketone body   780
ketose   592
ketosis   780
killer T cell   536, 538
kinase   636, 646
Kozak sequence   448
Krebs   865
Krebs cycle   694
kuru   148
kwashiorkor   861

L

labeling   231
lactate dehydrogenase   649
lactone   600
lactose   378, 608, 610
lagging strand   338
lanosterol   800
late genes   375
law of mass action   674
LDH   185
LDL   275, 805
leading strand   338
leptin   277
Lesch-Nyhan syndrome   875
leucine   85
leukocyte   535
leukotriene   286
ligand   160
light reaction   814
lignin   621
Lineweaver-Burk double-reciprocal plot   198
linkage   11
lipase   254, 768
lipid bilayer   262
lipoic acid   698
liposome   145, 271
lock-and-key model   189
lovastatin   799
luminescence   468
lymphoid stem cell   536
lysine   85
lysogeny   527
lysophosphatidate   792
lysosome   25
lytic pathway   527

M

macronutrient   889
macrophage   535
major groove   303
major histocompatibility complex   536
malate   708
malate-aspartate shuttle   756
malate dehydrogenase   708, 719
malate synthase   713
malic enzyme   719
malonyl-CoA   784
maltose   608, 611
MAO   90
MAP   945
MAPK   398, 552
MAPKK   553
matrix   23

MCS   478
β-meander   118
mediator   397
membrane envelope   522
β-mercaptoethanol   134
messenger RNA   316
metabolic water   776
metabolism   569
metal-ion catalysis   236
metal-response element   395
metastasis   550
methanogens   30
methionine   85
methylation   348
mevalonate   798
mevinolinic acid   799
MHC   536
micelles   51
Michaelis constant   195
micronutrient   892
microRNA   316
microsphere   17
microtrabecular lattice   25
milk sugar   610
mineral   893
mineralocorticoid   805, 902
minor groove   303
miRNA   316
mismatch repair   348
mitochondria   19, 23
mitochondrial matrix   695
mitogen-activated protein kinase   398, 552
mitogen-activated protein kinase kinase   553
mixed inhibition   209
MK-0518   208
MMLV   532
mobile phase   158
Moloney murine leukemia virus   532
Monera   27
monoclonal antibody   545
monomer   10
monosaccharide   592
motif   120
MRE   395
mRNA   316, 323
Mullis   498
multifunctional enzyme   789
multiple cloning site   478
multiple sclerosis   259
multipotent adult progenitor cells   945
muscular dystrophy   282
mutagen   347
mutation   346
mutualism   31
myelin   259

索　引

myxothiazol　753

N

NA　932
NAD^+　574
NADH　573
NADH-CoQ oxidoreductase　735
NADPH　683, 720
native conformation　110
native gel　166
natural killer cell　535, 536
negative cooperativity　224
negative regulation　379
negative selection　546
negative-transcription elongation factor　391
neuraminidase　932
neutralizing antibody　951
nick translation　347
nitrate assimilation　847
nitrogenase　848
nitrogen fixation　846
NMR　127
noncompetitive inhibition　202
nonheme iron protein　708, 743
nonpolar　48
nontemplate strand　368
N-TEF　391
N-terminal　98
nuclear double membrane　22
nuclear magnetic resonance spectroscopy　127
nuclear region　20
nuclease　333, 469
nucleic acid　10
nucleic acid base　295
nucleobase　295
nucleocapsid　522
nucleolus　22
nucleophile　234
nucleophilic substitution reaction　235
nucleoside　295
nucleoside diphosphate kinase　706
nucleosome　310
nucleotide　294
nucleotide-excision repair　350

O

obesity　897
oil　252
Okazaki fragment　338
oligomer　135
oligosaccharide　592
oncogene　528, 551
open complex　370, 389

operator　379
operon　377
opsin　278
optical isomer　592
ORC　354
organelle　19
organic chemistry　4
organ transplant　534
oriC　335
origin of replication　335
origin recognition complex　354
ornithine　865
ornithine transcarbamoylase deficiency　533
oxaloacetate　701
oxalosuccinate　703
oxidation　34, 571, 633
β-oxidation　772
oxidation-reduction reaction　571
oxidative decarboxylation　696
oxidative phosphorylation　694, 730
oxidizing agent　571
oxygen-evolving complex　821

P

p21　554
$p21^{ras}$　553
p53　554
P_{680}　819
P_{700}　819
PABA　868
Pabp1　448
palindrome　471
palmitate　786
parasitic symbiosis　31
passive transport　272
pause site　391
1・2 pause structure　383
payoff phase　641
pBR322　477
PC　822
PCNA　357
PCR　497
PDH　698
pectin　621
pentose phosphate pathway　682
PEPCK　673
peptide　97
peptide bond　96, 439
peptidoglycan　620, 623
peptidyl site　439
peptidyl transferase　439
PER　114
percent recovery　156
perilipin　277
peripheral protein　267
peroxysome　25

PFK-2　677
P-glycoprotein　936
pH　59
phenylalanine　85
phenyl isothiocyanate　172
pheophytin　822
phosphatidate　792
phosphatidic acid　256
phosphatidylcholine　256
phosphatidylester　256
phosphatidylethanolamine　256, 794
phosphatidylinositol　256
phosphatidylinositol-4,5-bisphosphate　907
phosphatidylserine　256
phosphoacylglycerol　252, 256
3′,5′-phosphodiester bond　298
phosphoenolpyruvate carboxykinase　673
phosphofructokinase　639
phosphofructokinase-2　677
phosphoglucomutase　663
6-phosphogluconate dehydrogenase　683
3-phosphoglycerate　831
phosphoglycerate kinase　645
phosphoglyceride　262
phosphoglyceromutase　647
phospholipase　768
phospholipase C　907
phosphopentose-3-epimerase　685
phosphopentose isomerase　685
phosphoprotein phosphatase　667, 711
phosphoribulokinase　835
phosphorolysis　663
phosphorylase a　668
phosphorylase b　668
phosphorylase kinase　667
phosphorylation　632
photophosphorylation　818
photorespiration　839
photosystem　817
photosystem I　818
photosystem II　818
pI　95
PIP_2　907, 908
PIPES　72
pituitary　901
PK　680
PKU　103
Planck　819
plaque　476
plasmid　474
plastocyanin　822
plastoquinone　822
pleated sheet　116
β-pleated sheet　113

polar 49
polar bonds 48
poly A binding protein 448
polyacrylamide 160
polyadenylate tail 408
polyadenylation 408
poly(A)tail 448
3′poly(A)tail 323
polylinker 478
polymer 10
polymerase chain reaction 497
polypeptide chain 97
polyribosome 445
polysaccharide 592, 612
polysome 445
poly-T tail 408
P/O ratio 746
porphyrin 847
positive cooperativity 136
positive regulation 380
positive-transcription elongation factor 391
pp60^{src} 551
PQ 822
pregnenolone 804
preinitiation complex 388
preparation phase 634
pre-RC 354
pre-replication complex 354
Pribnow box 369
Prigogine 570
Prima-1 556
primary active transport 273
primary structure 110
primase 344
primer 340
primosome 344
processivity 339
progesterone 804
proinsulin 915
prokaryote 18
proliferating cell nuclear antigen 357
proline 85
proline hydroxylase 458
proline-rich domain 405
promoter locus 368
proofreading 341, 346
propeller-twist 307
prostaglandin 285
prosthetic group 110
proteasome 456
protein 10
protein efficiency ratio 114, 891
protein kinase 226
protein kinase A 397
protein kinase C 907
protein spike 522
proteoglycan 623

proteome 175, 511
proteomics 175, 511
Protista 27
protocell 17
proton gradient 730
proton pump 275
proto-oncogene 551
PRPP 874
PS Ⅰ 818
PS Ⅱ 818
P-TEF 391
purine 847
purine base 295
pyranose 599
pyranoside 603
pyrimidine 847
pyrimidine base 295
PyrP 856
pyruvate carboxylase 672, 717
pyruvate decarboxylase 651
pyruvate dehydrogenase 698
pyruvate dehydrogenase complex 698
pyruvate dehydrogenase kinase 698, 711
pyruvate dehydrogenase phosphatase 698
pyruvate kinase 648

Q

Q cycle 741
quaternary structure 110

R

Raf 553
Ramachandran angle 113
randon coil 110
RAP 354
Ras 553
rate constant 187
reaction center 817
reactive hypoglycemia 916
reading frame 429
RecA 353
receptor protein 268
receptor tyrosine kinase 909
recombinant DNA 472
reducing agent 571
reducing sugar 600
reduction 34, 571
reduction potential 732
reductive pentose phosphate cycle 833
-35 region 369
regulatory gene 379
relative specificity 238

release factor 442
repair 341
replication 332
replication activator protein 354
replication factor C 357
replication fork 335
replication licensing factors 354
replication protein A 360
replicator 354
replicon 354
replisome 345
Rep protein 344
repressor 379
resonance structure 97
respiratory complex 735
respiratory inhibitor 752
response element 377, 395
restricted growth 470
restriction endonuclease 470
restriction-fragment length polymorphisms 503
resveratrol 921
retinal 280
retinol 278
retrograde signaling 837
retrovaccination 951
retrovirus 332
reverse transcriptase 332, 359, 531
reverse turn 117
RF-1 442
RF-2 442
RF-3 442
RFC 357
RFLPs 503
Rhodopseudomonas 824
Rhodopseudomonas viridis 824
rhodopsin 280
ribonucleic acid 14
ribonucleoprotein particle 21, 410
ribonucleoside 295
ribonucleotide reductase 880
ribose-5-phosphate isomerase 835
ribosomal RNA 316
ribosome 19, 20, 294
ribozyme 414
ribulose-1,5-bisphosphate 831
ribulose-1,5-bisphosphate carboxylase/oxygenase 833
rickets 280
RISC 508
ritonavir 208
RLFs 354
RNA 14, 294, 316
RNAa 399
RNA activation 399
RNAi 319, 399
RNA-induced silencing complex 508
RNA interference 319

RNA polymerase 367
RNA polymerase B 386
RNase P 406
RNPs 410
rough endoplasmic reticulum 23
Rous sarcoma virus 551
RPA 360
RPB 386
rRNA 316, 320
RT 531
rubisco 833

S

saccharin 609
Saccharomyces cerevisiae 386
salting out 158
salvage reaction 872
SAM 860, 861
Sap-1a 398
saponification 254
saquinavir 208
SARS 948
scanning mechanism 448
SCID 483, 532
SDS 134
SDS-PAGE 166
SDS-polyacrylamide gel electrophoresis 166
secondary active transport 274
secondary structure 110
second messenger 903
second order 187
sedimentation coefficient 321
sedoheptulose bisphosphatase 835
selectable marker 477
selection 477
semiconservative replication 333
sense strand 368
Sephadex 160
Sepharose 160
sequence homology 142
sequencer 172
sequential model 223
serine 85
serine acyltransferase 857
serine hydroxymethyltransferase 857
serine protease 231
severe combined immune deficiency 483, 532
β-sheet 113
Shine-Dalgarno sequence 438
sickle-cell anemia 111
side-chain group 82
SIDS 756
sigmoidal 136
silencer 377
silent mutation 426

simian virus 40 527
simple diffusion 272
single nucleotide polymorphism 936
single-strand binding protein 344
siRNA 316
Sirt1 921
sirtuin 920
size-exclusion chromatography 159
Skou 746
SLE 413
small interfering RNA 316
small nuclear ribonucleoprotein particle 325, 411
small nuclear RNA 316, 323
smooth endoplasmic reticulum 23
SNPs 936
snRNA 316, 323
snRNPs 325, 411
sodium-potassium ion pump 273
Sos 553
Southern blot 500
Sp1 405
spacer region 310
specific activity 156
sphingolipid 252, 258
sphingomyelin 259, 796
sphingosine 258, 796
spliceosome 412
splice site 410
splicing 408
split gene 410
spontaneous 36
squalene 800
squalene epoxide 800
standard free energy change 182
standard state 566
star (*) activity 472
starch 612, 614
start signal 437
state function 581
stationary phase 158
steady state 195
stem 320
stereochemistry 82
stereoisomer 83, 592
stereospecific 238
steroid 252, 260
steroid hormone 803
sticky end 472
(−) strand 367
(+) strand 368
stroma 815
structural gene 378
submarine gel 467
substrate 188
substrate cycling 679
substrate-level phosphorylation 646
substrate-linked protein evolution

952
subunit 110, 134
succinate 706
succinate-CoQ oxidoreductase 738
succinate dehydrogenase 707
succinyl-CoA synthetase 706
sucrose 608, 609
sudden infant death syndrome 756
sugar-phosphate backbone 298
supercoiling 308
supernovas 9
supersecondary structure 110
suppressor tRNA 451
SV40 527
Svedberg unit 321
synthetic mRNA 427
systemic lupus erythematosus 413

T

TAMLs 247
Taq polymerase 30, 497
TATA box 388
TATA box-binding protein 389
TBP 389
TBP-associated factor 389
TCA cycle 694
T_C cell 536
T cell 537
T-cell receptors 538
TCR 392, 538
techniques of genome-wide association 937
telomere 358
temperature-stable elongation factor 439
temperature-unstable elongation factor 439
template strand 367
termination site 373
3・4 terminator 383
terpene 796
tertiary structure 110
testosterone 804
tetra-amino macrocyclic ligands 247
tetrahydrofolate 857
tetramer 134
TFⅡH 392
TFⅡS 391
TGFα 459
thalassemia 147
T_H cell 536
thermacidophiles 30
thermodynamics 34
thermogenin 756
Thermus aquaticus 497
THF 868
thiamine pyrophosphate 651, 699

thioester 698
thioredoxin 880
thioredoxin reductase 880
threonine 85
thylakoid disk 814
thylakoid space 815
thymidylate synthetase 880
thymine 295
titration 63
α-tocopherol 282
Tollens' reagent 600
topoisomerase 310
TPCK 231
T7 polymerase 488
TPP 651, 699
transaldolase 685
transamination 852
transcription 332, 366
transcription-activation domain 400
transcriptional targeting 558
transcription attenuation 383
transcription bubble 371
transcription-coupled repair 392
transcription factor 377, 388
transcription start site 369
transcriptome 511
transductional targeting 558
transfer RNA 316
transformation 477
transforming growth factor α 459
transition state 183
transition state analog 240
transketolase 685, 835
translation 317, 332
translocation 439
transport 271
transport protein 268
Tre 952
triacylglycerol 252, 254
tricarboxylic acid cycle 694
triglyceride 254
trimer 134
triose 592
triosephosphate isomerase 640
triplet 425
TRIS 72

tRNA 316, 319
tropic hormone 901
tropocollagen 123
trypsin 169
tryptophan 85, 90
TSS 369
T7 terminator 488
tumor suppressor 550, 553
turnover number 200
tyrosine 85, 90

U

ubiquitin-activating enzyme 456
ubiquitin-carrier protein 456
ubiquitin ligase 458
ubiquitin-protein ligase 456
ubiquitinylation 456
UDPG 665
UDP-glucose pyrophosphorylase 665
UL 458
uncompetitive inhibition 209
uncoupler 746
unfolding 132
uninducible 382
$\alpha\alpha$ unit 118
$\beta\alpha\beta$ unit 118
universal cloning plasmid 478
UP element 370
uracil 295
urea 134, 863
urea cycle 865
uric acid 863, 872

V

vaccine 535
vacuole 26
valine 85
valinomycin 746
van der Waals interaction 53
variant Creutzfeldt-Jakob disease 148
vascular endothelial growth factor 458

vCJD 148
V domain 543
vector 476
VEGF 458
viracept 208
virion 522
virotherapy 557
vitamin A 278
vitamin D 280
vitamin E 282
vitamin K 283
vitamin K epoxide reductase 509
VKOR 509
VLDL 805
v-src 551
VX-478 208

W

WADA 930
Walker 746
wax 258
wobble 426, 429

X

xeroderma pigmentosum 351, 392
XMP 870
X-ray crystallography 127
xylulose-5-phosphate epimerase 835

Y

YFG 476
your favorite gene 476

Z

Z-DNA 306
zero order 188
zinc finger 401
Z scheme 821
zwitterion 74, 92
zymogen 228